Bujard-Baiers Hilfsbuch

für

Nahrungsmittelchemiker

zum Gebrauch im Laboratorium

für die Arbeiten der Nahrungsmittelkontrolle
gerichtlichen Chemie und anderen Zweige der
öffentlichen Chemie

Vierte, umgearbeitete Auflage

Von

Prof. Dr. E. Baier

Direktor des Nahrungsmittel-Untersuchungsamts der Landwirtschaftskammer
für die Provinz Brandenburg zu Berlin

Mit 9 Textabbildungen

Springer-Verlag Berlin Heidelberg GmbH
1920

ISBN 978-3-662-23515-7   ISBN 978-3-662-25587-2 (eBook)
DOI 10.1007/978-3-662-25587-2

Copyright 1920 by Springer-Verlag Berlin Heidelberg
Ursprünglich erschienen bei Julius Springer in Berlin 1920.
Sfotcover reprint of the hardcover 4th edition 1920

Aus dem Vorwort der dritten Auflage.

Wie schon sein Titel besagt, soll das Hilfsbuch lediglich praktischen Zwecken dienen, jedoch die vorhandenen bewährten Lehrbücher der Nahrungsmittelchemie weder ersetzen noch ergänzen. Seinem Inhalte gemäß eignet sich das Hilfsbuch in erster Linie für den Gebrauch des Nahrungsmittelchemikers selbst, es kann aber auch anderen Chemikern sowie Apothekern, Ärzten und Juristen in manchen Fällen als praktischer Ratgeber und Nachschlagebuch dienen.

Das Hilfsbuch gliedert sich in drei Hauptteile, einen chemischen, einen bakteriologischen und einen aus allgemeinen Hilfstabellen, Reichgesetzen und -Verordnungen usw. bestehenden Anhang.

Da der Nahrungsmittelchemiker meistens sich auch mit gerichtlicher Chemie und Harnanalyse zu befassen und technische Untersuchungen, wie die der Dünge- und Futtermittel, der Gerbmaterialien, von Bienenwachs, Seife, Schmiermittel, sowie zolltechnische Untersuchungen usw. auszuführen hat, so wurden auch diese Gegenstände sowie die der Überwachung durch das Nahrungsmittelgesetz und die Spezialgesetze unterliegenden Gebrauchsgegenstände, soweit es der enge Rahmen des Hilfsbuches zuließ, wie bei der ersten und zweiten Auflage berücksichtigt. Das biologische Untersuchungsverfahren zur Unterscheidung der Blutarten wurde in die Abschnitte „Fleisch- und Wurstwaren" sowie „gerichtliche Chemie" als neuer Zweig der Untersuchungstechnik aufgenommen.

Der nahrungsmittelchemische Teil, dem wie bisher ein Abschnitt über Probeentnahme vorangestellt ist, bedurfte einer den Fortschritten der Nahrungsmittelchemie und -Gesetzgebung entsprechenden völligen Umarbeitung. Ein Vergleich der zweiten Auflage gibt darüber am besten Auskunft. Ferner waren wir aber auch bestrebt, durch zahlreiche Literaturhinweise das Aufsuchen der Originalarbeiten zu erleichtern und die Aufmerksamkeit auch auf die neueren Veröffentlichungen zu lenken. Außerdem wurde auch bei der Beurteilung dem

heutigen Stand der Rechtsprechung unter Hinweis auf die
wichtigsten Entscheidungen sowie den Beschlüssen der freien
Vereinigung deutscher Nahrungsmittelchemiker in entsprechender Weise Rechnung getragen.

Der bakteriologische Teil umfaßt die Beschreibung der
Untersuchungsmethoden sowie eine Übersicht über die wichtigsten bakteriologischen bzw. mykologischen Vorgänge bei der
Herstellung und Aufbewahrung der Nahrungs- und Genußmittel. Bei der Auswahl und Anordnung der medizinisch-
bakteriologischen Methoden wurden nur die in der Praxis des
Nahrungsmittelchemikers tatsächlich vorkommenden Untersuchungen berücksichtigt. Auf eine Anleitung zu Tierversuchen
wurde als eine dem Nahrungsmittelchemiker im allgemeinen
nicht zukommende Arbeit verzichtet, dagegen die Untersuchung
von Wasser auf Koli- und Typhusbakterien sowie Choleraspirillen
aufgenommen. Ferner finden sich in diesem Teil noch die
Methoden des Tuberkelbazillennachweises in Sputum und Milch
und diejenigen zur Prüfung von Desinfektionsmitteln sowie die
bewährtesten Anleitungen zur Vornahme von Desinfektionen.

Stuttgart und Berlin, im April 1911.

Die Verfasser.

Vorwort zur vierten Auflage.

Mein bisheriger Mitherausgeber, Direktor Dr. A. Bujard,
hat die neue Auflage, deren Bearbeitung er kurz vor seinem
Heimgang in Angriff genommen hatte, nicht mehr erlebt. Bei
ihrem Erscheinen gedenke ich warmen und dankbaren Herzens
meines langjährigen treuen und tatkräftigen Mitarbeiters, dessen
weiter Blick für die Erfordernisse der praktischen Labora-
toriumstätigkeit dem Werke stets zustatten kam.

Eine Ausdehnung des Umfanges des Buches war trotz vor-
sichtiger Beschränkung des Stoffes in Anbetracht der andauern-
den Fortschritte in den einschlägigen Gebieten unvermeidbar.
Die Gliederung des Inhaltes erfuhr eine Änderung, die, wie ich
hoffe, sich beim Nachschlagen bewähren wird. Die wichtigsten
physikalisch-chemischen Methoden sind mit Rücksicht auf ihre
zum Teil vielseitige Verwendungsweise im allgemeinen Untersuchungsgang zusammengefaßt. Auch sind die bisher erschienenen amtlichen Entwürfe zu Festsetzungen über Lebensmittel

den betreffenden Abschnitten zugrunde gelegt. Ersatzmittel haben bei den einzelnen Gegenständen nebst den wichtigsten dazu gehörigen Verordnungen Aufnahme gefunden; letztere bilden selbst für den Fall, daß sie aufgehoben werden sollten, auch später wichtige Anhaltspunkte für die Beurteilung. Kriegsverordnungen allgemeiner Art, z. B. diejenige gegen irreführende Bezeichnung, wurden in die Gesetzsammlung eingefügt, da mit ihrem längeren Bestehen mindestens bis zur Ergänzung des Nahrungsmittelgesetzes zu rechnen sein dürfte.

Mehrfach geäußertem Wunsche zufolge sind sämtliche Hilfstafeln in den Anhang verlegt worden, da sie dort leichter auffindbar sind als bei ihrer Verteilung im Text.

Allen Fachgenossen, die durch Mitteilungen und Hinweise Beiträge geliefert haben, insbesondere Herrn Dr. C. Pfizenmaier, der mich bei der Sichtung, Auswahl und Druckberichtigung des Stoffes aufs tatkräftigste unterstützte, möchte ich an dieser Stelle meinen wärmsten Dank aussprechen.

Berlin, Juni 1920.

E. Baier.

Inhaltsübersicht.

Die Probeentnahme.

Chemischer Teil.

A. Allgemeine physikalisch-chemische Untersuchungsverfahren.

B. Allgemeine chemische Untersuchungsverfahren.

Anhang.

Hilfstafeln, sowie Gesetze und Verordnungen.

Die Probeentnahme.

A. Allgemeines.

Die entnommene Probe soll der durchschnittlichen Beschaffenheit der zu untersuchenden Ware entsprechen; man muß daher die Ware, namentlich aber bei sichtbar vorhandener oder naturgemäß zu erwartender Ungleichmäßigkeit, erst entweder einer Durchmischung durch Umrühren, Schütteln, Kneten usw. unterziehen oder durch Entnahme kleiner Mengen an verschiedenen Stellen der Ware und Vermengen derselben eine Durchschnittsprobe zu gewinnen suchen. Unter besonderen Umständen müssen jedoch auch die von einzelnen Stellen entnommenen Proben gesondert aufbewahrt und untersucht werden. Gebrauchsgegenstände und solche Erzeugnisse, die in besonderer Verpackung (Original-) im Handel sind und bei denen es sich sinngemäß um kein eigentliches Probeziehen handeln kann, müssen einzeln wie sie sind untersucht werden.

Bei Nahrungsmittelrohstoffen ungleichartiger Beschaffenheit oder Art, wie Gemüse, Obst und dgl. kommt Entnahme größerer und kleinerer Stücke oder solcher verschiedenen Aussehens in Betracht. Wo die Oberfläche lediglich durch Verdunsten oder durch Wasseranziehen ihr Aussehen geändert hat, genügt eine Probe aus der Tiefe, wo aber die Oberfläche in den Verdacht kommt zum Zweck der Täuschung von besserer Beschaffenheit zu sein als die übrigen Teile der Ware, sind von beiden Teilen Proben zu entnehmen.

Bei größeren Warensendungen bedient man sich zur Entnahme der Proben bisweilen besonderer Geräte, z. B. der Probestecher bei Fetten, Heber und dgl. Vgl. auch Wasserprobeentnahme.

Da sich fast in jedem Falle die Probeentnahme dem Zweck der Untersuchung und der Art und Beschaffenheit des Gegenstandes anzupassen hat, können nur ganz allgemeine Andeutungen für die Ausführung der Entnahme gemacht werden.

Im allgemeinen ist in den einzelnen Abschnitten noch mancher Wink für die Probeentnahme gegeben.

Die Proben sind derartig zu verpacken, daß eine Veränderung, Verunreinigung oder ein Verlust, sowie eine Vermengung von mehreren gleichzeitig versandten Proben ausgeschlossen ist. Am zweckmäßigsten werden doppelte Papierhüllen genommen, deren äußere Pergamentpapier ist. Waren, welche leicht feucht werden, austrocknen oder den Geruch verlieren bzw. verändern können (Salz, Seife, Butter, Schmalz, Fleisch, Früchte und dgl.), sind in Gefäßen aus Glas, Porzellan, Steingut unter Pergament- oder Korkverschluß oder mit luftdicht schließenden Glasstöpseln zu verschicken. Die Versendung von Flüssigkeiten hat entweder in den Originalgefäßen oder in Flaschen zu geschehen, welche vorher sorgfältig gereinigt und darauf mit einer kleinen Menge der betreffenden Flüssigkeit nachgespült sind, übrigens unter Verschluß mit neuen, guten Korken.

Sämtliche Proben sind mit der Bezeichnung, welche die Vorratsgefäße im Kaufladen zeigten, oder mit welcher sie von dem Verkäufer bezeichnet wurden, zu versehen. Hat der Verkäufer außer dieser Bezeichnung noch eine andere angegeben, z. B. bei Kognak, Rum etc. „Verschnitt", bei Speisefetten „Schmalz, Vegetabilisches Fett, Kunstspeisefett, Margarine", bei Essig „Weinessig" und dgl., bei Schokolade (-pulver) „mit Mehlzusatz" usw., ohne daß diese Bezeichnung auch auf dem betreffenden Vorratsgefäß vermerkt wäre, oder ist die Ware unter solcher Bezeichnung verkauft worden, so ist dies besonders zu vermerken. Außerdem ist darauf zu achten, ob Ersatzstoffe unter täuschenden oder irreführenden Bezeichnungen und sonstigen Angaben feilgehalten und verkauft werden. (Siehe das Nahrungsmittelgesetz vom 14. Mai 1879; die Verordnung gegen irreführende Bezeichnungen vom 26. Juni 1916 und die Ersatzmittelverordnung vom 7. März 1918, Anhang, S. 850).

Die Versiegelung der Proben ist wegen der etwa zu erwartenden gerichtlichen Verfahren notwendig. Bei unversiegelten Proben kann unter Umständen die Identität angezweifelt werden.

Außer der deutlichen Bezeichnung (womöglich mit Tinte) auf den einzelnen Proben, sei es durch Nummern oder durch die volle Benennung, wobei einer Verwechselung mehrerer gleichartiger Proben vorgebeugt sein muß, ist ein Verzeichnis der eingesandten Proben erforderlich, in welchem neben der Warenbezeichnung (bzw. Nr.) der Name und der Wohnort des Verkäufers, wenn möglich auch des Lieferanten, der Preis der Ware nach Gewicht, Maß oder Stückzahl, das Datum der Entnahme und besondere Beobachtungen bei der Entnahme vermerkt sein müssen. Da viele Waren raschem Verderben ausgesetzt sind, müssen die Proben unverzüglich und auf dem kürzesten Wege, bei besonders leicht verderblichen Gegenständen durch Eilboten, versandt werden.

B. Probeentnahme bei der amtlichen Nahrungsmittelkontrolle[1]).

Zur erfolgreichen Durchführung der amtlichen (polizeilichen) Nahrungsmittelkontrolle gehört unbedingt eine sachgemäße und ein-

---

[1]) Für die praktische Unterweisung der Beamten eignen sich die ausführlichen Leitfäden von A. Hasterlick, „Die praktische Lebensmittelkontrolle", Stuttgart 1906, sowie E. von Raumer und E. Späth, „Die Vornahme der Lebensmittelkontrolle", München 1907, sowie besonders die vom Kgl. bayer. Staatsminist. erlassene Anweisung vom 24. Dezbr. 1912, Zeitschr. f. Unters. d. Nahr.- u. Genußm. (Ges. u. Verord.) 1913, 67.

wandsfreie Probeentnahme. Letztere kann unter Umständen sogar
(z. B. in gerichtlichen Fällen) von großer Wichtigkeit sein. Die mit
der Probeentnahme beauftragten Personen (Polizeibeamte, Gendarmen
oder sonstige Vertrauenspersonen) sind deshalb entsprechend eingehend
zu unterweisen und namentlich mit der normalen Zusammensetzung, den
Verfälschungen und Nachmachungen, den einschlägigen Gesetzen, Verordnungen, Erlassen und wichtigen Gerichtsentscheidungen völlig ver-
traut zu machen. Die Verwendung von Sachverständigen (Nahrungsmittelchemikern) ist besonders bei umfangreicheren Beschlagnahmen und
bei Waren, die eine besonders vorsichtige Entnahme erfordern, wichtig.
In ländlichen Bezirken ist der Kontrolle durch Sachverständige oder
erfahrene Probenehmer der Vorzug zu geben. Neben der im Nahrungsmittelgesetz vorgesehenen „öffentlichen" Probeentnahme kann auf dem
üblichen Wege des einfachen Einkaufs mit Hilfe von Vertrauenspersonen,
Probenehmern und Sachverständigen die „geheime" Kontrolle bewirkt
werden. Dieser Art der Kontrolle ist namentlich in Verdachtsfällen
der Vorzug vor der öffentlichen zu geben.

Nach § 2 des Nahrungsmittelgesetzes (s. S. 681) sind die Beamten
befugt, „in die Räumlichkeiten, in welchen Gegenstände der in § 1
bezeichneten Art feilgehalten [1]) werden, während der üblichen Geschäftsstunden oder während die Räumlichkeiten dem Verkehr geöffnet sind,
einzutreten [2]). Sie sind befugt von den Gegenständen der in § 1 bezeichneten Art, welche in den angegebenen Räumlichkeiten sich befinden oder welche an öffentlichen Orten, auf Märkten, Plätzen, Straßen
oder im Umherziehen verkauft oder feilgehalten werden, nach ihrer Wahl
Proben zum Zwecke der Untersuchung gegen Empfangsbescheinigung
zu entnehmen [3]). Auf Verlangen ist dem Besitzer ein Teil der Probe
(sog. Gegenprobe) [4]) amtlich verschlossen oder versiegelt zurückzulassen.

----

[1]) Es empfiehlt sich, die Rechtsprechung über die Auslegung der Begriffe Verkaufen und Feilhalten nachzulesen. Als Feilhalten gilt auch das
Vorrätighalten und Aufbewahren in Kellern, Fabrikräumen; auch nicht direkt
sichtbare oder zur Schau gestellte Gegenstände gelten als feilgehalten.

Verkaufen schließt die Bezahlung und Übergabe der Ware an den
Käufer ein. (Siehe übrigens Urt. d. R.-Ger. vom 17. Oktbr. 1910; Auszüge und
Entscheidungen 1912, 8, 697). Warenentnahme gemäß § 2 des Nahr.-Ges.
gilt nicht als Kauf (Urt. d. R.-Ger. vom 5. Dezbr. 1901 (Zeitschr. f. Unters. d.
Nahr.- u. Genußm., Gesetze 1911, 3, 298). Geschieht die Probeentnahme geheim und gibt der Beamte sich erst nach Empfang der Ware als solcher zu erkennen, so gilt dies im allgemeinen als Verkauf. Im übrigen sind Zweifel darüber meist bedeutungslos, da fast stets Feilhalten vorliegt.

[2]) Manche Sondergesetze, z. B. das Gesetz vom 15. Juni 1897, gestatten
auch den Eintritt in die Fabrik- und Aufbewahrungsräume. Das Weingesetz vom 7. April 1909 schreibt direkt die Kontrolle der Geschäftsräume vor.
Siehe diese Gesetze im Anhang.

[3]) Proben sind zu versiegeln. Verweigerung des Zutritts bzw. der Probeentnahme ist mit Geld- bzw. Haftstrafe bedroht (§ 9 d. Nahr.-Ges.). Für Beschlagnahme und Durchsuchung sind die Bestimmungen der Strafprozeßordnung
(§ 94 u. ff.) maßgebend. Vgl. im übrigen § 3 und 4 d. Nahr.-Ges.

[4]) Nach einem Reichsgerichtsurteil bleibt die Gegenprobe, sofern sie einen
Teil der entnommenen Marktprobe darstellt, zur Verfügung der Polizei- oder
Gerichtsbehörden.

Für die entnommene Probe ist Entschädigung in Höhe des üblichen Kaufpreises zu leisten" [1]).

Nach § 3 dieses Gesetzes sind die „Beamten der Polizei befugt, bei Personen, welche auf Grund der §§ 10, 12, 13 dieses Gesetzes zu einer Freiheitsstrafe verurteilt sind, in den Räumlichkeiten, in welchen Gegenstände der in § 1 bezeichneten Art feilgehalten werden, oder welche zur Aufbewahrung oder Herstellung solcher zum Verkaufe bestimmter Gegenstände dienen, während der im § 2 angegebenen Zeit Revisionen vorzunehmen.

Diese Befugnis beginnt mit der Rechtskraft des Urteils und erlischt mit dem Ablauf von drei Jahren von dem Tage an gerechnet, an welchem die Freiheitsstrafe verbüßt, verjährt oder erlassen ist".

Der Verkehr mit Nahrungsmitteln, Genußmitteln und Gebrauchsgegenständen ist in einigen Bundesstaaten noch durch besondere landesrechtliche Verordnungen [2]) des näheren geregelt, in Preußen sind in einzelnen Regierungsbezirken Polizeiverordnungen erlassen. Nach diesen unterliegen der polizeilichen Beaufsichtigung auch die Art der Zubereitung, der Aufbewahrung, der Verpackung und des Feilhaltens, sowie die Beförderung, das Ausmessen und Auswägen der in dem Gesetz genannten Waren, welche für den Verkehr bestimmt sind.

Dieser Beaufsichtigung unterliegen außer den Verkaufsstätten und Speisewirtschaften auch alle Räumlichkeiten, Einrichtungen und Gerätschaften, welche der Zubereitung, Aufbewahrung, dem Feilhalten, der Verpackung, Beförderung, dem Ausmessen und Auswägen von Nahrungs- und Genußmitteln, von Spielwaren, Eß-, Trink-, Kochgeschirr und Petroleum dienen.

Es handelt sich im wesentlichen um eine hygienische Kontrolle der Verkaufs-, Herstellungs- und Aufbewahrungsorte und -räume. Dabei ist aber die Revisionsbefugnis nicht nur den Beamten, sondern auch den Sachverständigen der Polizei zugesprochen. (Vgl. u. a. die Polizei-Verordnung für die Regierungsbezirke Düsseldorf vom 2. April 1912 [3]) und Berlin vom 12. Februar 1913 [4]).

Betreffs Erstattung der Kosten für die Untersuchung und Verwendung der Geldstrafen im Falle der Verurteilung siehe § 16 und 17 des Nahr.-Ges. und die betr. Bestimmungen der Sondergesetze. Eingehende Erläuterungen hierzu hat A. Juckenack gegeben: Zeitschr. f. Unters. d. Nahr.- u. Genußm. 1908. **16.** 129.

---

[1]) Die Bestimmungen des Nahr.-Ges. schließen den Ankauf von Proben durch Mittelspersonen (Geheimankauf für amtliche Zwecke) nicht aus. Die Entschädigung ist nicht sofort zu zahlen, wenn die Probe gegen Empfangsbescheinigung entnommen ist (Urt. d. preuß. Kammerger. v. 7. März 1905; Zeitschr. f. Unters. d. Nahr.- u. Genußm. (Gesetze u. Verordn.) 1912, 50).

[2]) Vgl. § 4 des Nahr.-Ges.

[3]) Zeitschr. f. Unters. d. Nahr.- u. Genußm. (Gesetze u. Verordn.) 1912, 390.

[4]) Ebenda 1913, 132.

Verzeichnis der Gegenstände, welche auf Grund der Reichsgesetze und Verordnungen der polizeilichen Überwachung unterliegen [1]).

Gegenstand	Einzusendende Menge
1. Alkoholfreie Getränke, vgl. Wein, Limonade, Fruchtsäfte usw.	1—2 Fl.
2. Biere, auch Flaschenbier von Wagen:	
a) Untergärige [dunkles, helles Pilsener, Münchener (bayerisch)];	
b) obergärige (Weiß-, Jung-, Werdersches-, Braunbier, Malz-Kraftbier usw.)	1—2 l
c) Bierersatz, Bier-Selbstbereitungsstoffe u. dgl. 2 Fl. oder	1—2 Pakete
3. Blei- und zinkhaltige Gegenstände, als	
a) Eß-, Trink-, Kochgeschirre und Flüssigkeitsmaße von Zinn, verzinntem Blech und gelöteten Metallen (ausgenommen Deckel und Beschläge der Bierkrüge)	1 Stück
b) Desgleichen aus emailliertem oder glasiertem Eisen, Ton und Steingut	1 Stück
c) Bierdruckvorrichtungen zum Bierausschank, besonders metallene Leitungsröhren [2])	2—3 cm
d) Siphons für kohlensäurehaltige Getränke	1 Stück
e) Metallteile für Kindersaugflaschen	1 Stück
f) Metallene Ausbesserungen (Ausgüsse an Mühlsteinen) .	2—3 g
Hinsichtlich der Verzinnung des Herstellungsapparates für Mineralwasser s. bei Mineralwässer.	
g) Metallfolien (Stanniol als Packung für Schnupf-, Kautabak und Käse (nicht für Tee, Schokolade, Konfekt u. dgl.)	200 qcm
h) Konservenbüchsen	1 Stück
i) Mundstücke für Saugflaschen mit Bezug auf den Kautschuk	1 Stück
k) Saugringe und Schläuche an Saugflaschen.	1 Stück
l) Warzenhütchen	1 Stück
m) Leitungsschläuche für Wein, Bier oder Essig	10—20 cm
n) Spielsachen, bei welchen außer der Untersuchung des Kautschuks als zweiter Gegenstand der Prüfung auch die Farbe in Betracht kommen kann.	1 Stück
o) Trillerpfeifen, Torpedoflöten, Kindertrompeten, Bleisoldaten . . . . 1 Stück bzw. 1 Schachtel	
4. Branntwein, gewöhnlicher; Nordhäuser, Korn, Breslauer Korn und ähnl., Kognak, Arrak, Rum, auch zur Untersuchung auf Denaturierungsmittel	1 bzw. 2 l
Kirschwasser usw., Liköre, besonders Fruchtliköre (Himbeer), Eierkognak	0,5 l
5 Brot und Backwaren, Kuchen, Torten, Kleingebäck, Keks, Zwieback, auch Milchgebäcke und solche namentlich, bei welchen die Verwendung von Butter durch Plakat besonders angekündigt ist	250 g
6. Butter, -Schmalz (Butterpulver 1 Paket)	250 g
7. Dörrgemüse (auch Pilze), -obst s. Nr. 14.	

---

[1]) Die Liste kann naturgemäß nicht alle Arten, sondern nur die wichtigsten und bekanntesten Gruppen von Nahrungs-, Genußmitteln und Gebrauchsgegenständen enthalten; in den Kriegsjahren haben insbesondere die Erzeugnisse der „Nahrungsmittelindustrie" (Phantasie- und Ersatzstoffe, Mischprodukte für schnelle Zubereitung u. dgl.) an Reichhaltigkeit sehr zugenommen.

Bei der Probeentnahme sind solche Waren, die täuschende und irreführende Bezeichnungen, Anpreisungen und Inhaltsangaben tragen, besonders zu berücksichtigen.

[2]) Betreffs der Einrichtung und Reinhaltung der Bierdruckvorrichtungen sind landes- bzw. ortspolizeiliche Vorschriften erlassen. Siehe Näheres S. 390.

Gegenstand	Einzusendende Menge

8. Eier, mehrere, je nach Umständen: Eierpulver, -konserven, Eiersatzstoffe und ähnl. . . . 100—200 g (oder mehrere Originalpakete)

9. Essig, Essigsprit, -essenz und Wein-, Frucht-, Obstessig   0,3 l oder Originalflasche

10. Fette und Fettwaren . . . . 250 g
    (s. auch Nr. 38).

11. Fische, frisch, besonders zubereitet, geräuchert, getrocknet als Salz- (Klipp)-, Stock- (Lute-)fisch, als Konserven in Dosen (Öl, Gelee, Tunke) . . . . je nach Größe 1 oder mehrere Stücke

12. Fleisch, namentlich Hackfleisch, gepökeltes, Fleischextrakt, Fleischpepton . . . . 125—250 g
    Fleischbrühwürfel, Bouillon- und Suppenwürfel nebst Ersatz   10—15 St.
    Fleischkonserven in Dosen . . . . 1 Stück
    (Unter Berücksichtigung der Bombage gegebenenfalls mehrere Dosen.)

13. Fruchtsäfte aller Art (auch alkoholfreie Getränke) . . 1 Fl. bzw. 250 g

14. Früchte, Gemüse, Pilze, frische und getrocknete (Dörrgemüse, -obst), sowie Leguminosen wie Erbsen, Linsen, Bohnen . . . . 100 g

15. Geheimmittel (Spezialitäten) . . . . 1 Stück

16. Gefärbte Gegenstände, als:
    a) Nahrungs- und Genußmittel (siehe diese);
    b) Gefäße, Verpackungen und Umhüllungen, ohne Rücksicht auf die Möglichkeit des Überganges der Farbe in das Nahrungsmittel, also auch wenn die Farben sich außen auf der Umhüllung befinden. . . . . 1 Stück
    c) Schutz für Nahrungs- und Genußmittel, wie Fliegenschränke und Glocken aus gefärbtem Drahtgeflecht . . 1 Stück
    d) Kosmetische Mittel, wie Seifen, Zahnseifen, Zahnpulver, Mundwasser, Puder, Schminken, Pomaden, Creme, Haarfärbemittel, ohne Rücksicht darauf, ob die Farbe zum Färben des Mittels dient oder die Farbgebung erst bei Verwendung auf dem menschlichen Körper auftritt . . . . 1 Stück
    e) Spielwaren, ausgenommen solche mit in Glasmasse und Glasuren eingeschlossener Farbe . . . . 1 Stück
    f) Bilderbücher, Bilderbogen, Tusch- und Malkasten für Kinder . . . . 1 Stück
    g) Blumentopfgitter, künstliche Christbäume . . . . . . 1 Stück
    h) Tapeten . . . . 50 g oder ½ qm
    i) Teppiche oder die zur Herstellung verwandten Gespinste   50 g
    k) Möbel- und Vorhangstoffe, besonders bedruckte . . 50 g oder ½ qm
    l) Masken . . . . 1 Stück
    m) Kerzen (bunte Christbaumkerzen) . . . . 1 Stück
    n) Künstliche Blätter, Blumen und Früchte . . . . . . 1 Stück
    o) Schreibmaterialien (Tinte, Buntstifte, buntes Papier) . . 10—30 g
    p) Lampenschirme, Lichtschirme und Manschetten . . . . 10—30 g
    q) Oblaten (auch weiße) . . . . 10—30 g
    r) Wasser- und Leimfarben zum Anstrich von Fußböden, Decken, Wänden, Türen, Fenstern der Wohn- und Geschäftsräume, von Roll-, Zug- oder Klappläden oder Vorhängen, von Möbeln und sonstigen häuslichen Gebrauchsgegenständen . . . . 30—100 g
    s) Gelatine . . . . 50 g

17. Gemüsekonserven gedörrt, in Büchsen eingemacht, eingesäuert als Sauerkohl, Sauerkohlrüben, Bohnen; in Essig eingemacht (Essiggurken, Cornichons, Mixed Pickles) . . 50—250 g od. Originalgefäße

Gegenstand	Einzusendende Menge

18. Gewürze, gemahlene und ganze, aller Art . . . . 50—100 g
  Von Safran und Vanille . . . . einige g
  Kuchengewürzpulver (auch Vanille- und Vanillinzucker) einige Paketchen
19. Gummiwaren, wie Mundstücke, Saugstöpsel, Warzenhütchen, Trinkbecher, Spielwaren, Leitungsschläuche für Wein, Bier und Essig (s. 3 k—o).
20. Hefe (Preß- und Getreidepreß-, Bier-) sowie Backpulver 250 g od. einige Paketchen
21. Honig, Kunsthonig, Honigpulver und ähnliche Ersatzstoffe 250 g bzw. 1—2 Orig.-Pakete
22. Käse, unter genauer Angabe der Art (Bezeichnung), auch Margarine- (Verpackung in Metallfolie s. bei 3 g) . . . . . 300—500 g
23. Kaffee, ganz, roh und gebrannt, in letzterem Zustande auch gepulvert, Kaffeesurrogate, Zichorien (Verpackung s. bei 3 g) 250 g
  Kaffeetabletten, -Extrakt. . . . . 75—100 g od. Orig.-Pack.
24. Kakao und -präparate sowie Ersatzstoffe 250 g ev. in Originalverpackung
25. Kaviar . . . . 50—100 g od. Originalpackung
26. Kochgeschirre (besond. Töpferwaren, emailliertes Geschirr) 1 Stück
27. Konditorwaren, besonders gefärbte, sowie mit Schokolade überzogene (Kuvertüre) und Marzipan, Sahne-, Milchbonbons 25—50 g
28. Konserven [Fleisch-, Fische-, Krustentiere- (Krabben), Muscheln, auch eingemacht in Öl, Gelee (Aspik), Tunken, marinierte als Rollmops u. dgl.] . . . . 1 Dose
  wobei als zweiter Untersuchungsgegenstand (nach 3 h) die Büchse in Betracht kommt.
29. Krustentiere (Krabben, Hummern, Seemuscheln, Austern) frisch, eingemacht, auch in Gelee (Aspik), Tunken, auch als Dauerwaren in Dosen . . . . 100 g oder 1 Dose
30. Liköre vgl. Branntwein.
31. Limonaden,, Brauselimonaden (alkoholfreie Getränke) mit Angabe der Fruchtart . . . . 2 Fl.
  auch in Pulver- oder Würfelform . . . . in Originalpackung
32. Marmeladen, Muse, Gelees, Obstkraut u. dgl., insbesondere unter Angabe der verarbeiteten Obstart . . . . 250 g
33. Margarine; in der vom Verkäufer abgegebenen Umhüllung. 250 g
34. Mehle mit Angabe des Ursprunges, Müllereiprodukte (Grieß, Graupen, Flocken, Grütze) und alle Stärkesorten, Kindermehle usw. . . . . 125—250 g
  Mehlmischungen mit aromatischen Stoffen, Trockenei, Mandeln, Farbe usw. als Puddingpulver, Torten- und Kuchenmehl, in Verbindung mit Leguminosenmehl, Kartoffelmehl u. dgl. als Fleischersatz, Klopspulver u. dgl. . . 125—250 g od. Orig.-Pack.
35. Milch in der Regel nach Benennung in den betr. Polizeiverordnungen, sowie Buttermilch (Marktmilchkontrolle, Stallprobe usw. s. Anweisung S. 8), Milchpräparate (homogenisierte Milch und Sahne in Dosen; kondensierte Milch, Milchpulver, Trockenmilch) . . . . . 150 g bzw. 1 l oder Dose, Flasche
36. Mineralwässer, natürliche und künstliche . . . . 1—2 l
  mit Beziehung auf die Verzinnung der Herstellungsapparate 5 l
37. Obst, namentlich Dörrobst (Apfelschnitte, Birnen, Pflaumen, Aprikosen, Kirschen, Heidelbeeren, auch Feigen, Rosinen, Datteln u. dgl., sowie gemischtes Dörrobst . . . . . . 125 g
  Obstkonserven, eingemachte Früchte, Dunstobst, Marmeladen, Muse, Gelees, Obstkraut, Pasten, kandierte Früchte . 250 g bzw. Originalpaket

| | Einzusendende |
| Gegenstand | Menge |

38. Öle mit Angabe der Bezeichnung, z. B. Olivenöl, Ölersatz-
stoffe in flüssiger oder fester Form (auch Bratpulver). . . 100 g bzw.
Originalpackung
39. Petroleum, Petroläther, Gasoline, Benzine . . . . 0,3 l
40. Rahm (Sahne) s. auch Milch . . . . 0,25 l
41. Schmalz (Butter-, Schweine-, Kokos-), Kokosnußfett (Palmin), andere Speisefettarten, Kunstspeisefett butter- bzw.
schweineschmalzähnlicher Beschaffenheit . . . . 250 g
42. Schnupf- und Kautabak (betr. Umhüllung s. bei 3 g), Tabak
und Zigarren . . . . 50 g
43. Schokolade, auch Milch- und Rahmschokolade (-pulver,
Vanillesuppenpulver) usw. . . . . 125—250 g bzw. 1 Tafel
44. Seife . . . . 50 g oder 1 Stück
45. Senf . . . . 125—250 g
(Auch hinsichtlich von Metallgefäßen s. 3 a.)
46. Soda und andere Chemikalien . . . . 100 g
47. Stanniol (s. bei 3 g).
48. Sirup (mit Angabe der Bezeichnung desselben) . . . . . 100 g
49. Suppenwürze, Tunkenpulver in flüssiger und fester Form . 100 g bzw. in
Originalpackung
50. Talg . . . . 100 g
51. Tee, auch in Tabletten, in sog. Bomben, in Extraktform. . 20—50 g
bzw. Originalpackung
52. Teigwaren, namentlich Eierteigwaren (-nudeln) . . . . . . 250 g
53. Trinkwasser (mit Beschreibung der Brunnen) in besonderen
Fällen 5 l und mehr. Für die bakteriologische Untersuchung
geschieht die Entnahme am besten an Ort und Stelle durch
einen Sachverständigen (s. auch die Anweisung S. 10) . . 2 l
54. Wein, weißer, roter, Süßwein, auch alkoholfreier (unter Angabe
der Sorte, Herkunft), je nach der Ausdehnung der Analyse 1—2½ l
Weinhaltige Getränke (Glühwein, Wein-, Punschextrakte und
-essenzen, Wermutwein, Maiwein, Weinbrause, Bowlen, Arzneiwein (z. B. Pepsinwein), landesübliche Getränke, wie die
sog. Gewürzweine (Muskat) . . . . 1 Fl.
Weinähnliche Getränke (Obst-, Beeren-, Malz-, Malton-, Rhabarberwein, auch gespritete Fruchtsäfte . . . . 1 Fl.
55. Wurstwaren, unter Angabe ihrer Bezeichnung, auch Leberkäse, Leberpaste, letztere auch in Büchsen . . . . 250—500 g
bzw. ganze Würste
oder Dose
56. Zitronenöl und -Essenzen (als Kuchengewürz) sowie ähnliche
Erzeugnisse aus Vanille, Bittermandelöl und deren Ersatzstoffe . . . . 20—50 ccm
57. Zucker (auch künstl. Süßstoff) . . . . 25—50 g
oder einige Tabletten
58. Zuckerwaren . . . . 25—50 g

C. Sonder-Anleitungen für Probeentnahme.

I. Stallprobeentnahme von Milch[1]).

Die Stallprobe ist nur möglich, wenn sicher festgestellt werden
kann, aus welchem Stalle die fragliche Milch stammt, und hat nur Zweck,

---

[1]) Allgemeine Probeentnahme und Haltbarmachung der Milch, s. Abschnitt Milch.

wenn genau bekannt ist, von welcher Melkzeit die Milch herrührt. Zu dem Zwecke sind spätestens innerhalb dreier Tage nach der Beanstandung einer Handelsmilch die Kühe, welche die fragliche Milch geliefert haben, zu der gleichen Melkzeit, zu welcher die beanstandete Milch gewonnen wurde, in Gegenwart eines geeigneten Sachverständigen (oder Polizeibeamten) zu melken.

Es ist besonders darauf zu achten, daß die Kühe in der sonst üblichen Reihenfolge gemolken und die Milch einzeln oder in Gemischen, wie es gewohnheitsmäßig geschieht, in die Melk- bzw. Handelsgefäße (Kannen usw.) gelangt. Noch besser ist es, um etwaigen späteren Einwänden mit Sicherheit begegnen zu können, jedes Milchtier für sich melken zu lassen, die ermolkene Menge zu messen und dann die Probe daraus zu entnehmen.

Vorschrift für die Vornahme der Stallprobe:

Bei der Stallprobe, die durch den Sachverständigen selbst oder eine hinreichend erfahrene Person (Polizeibeamten) erfolgen muß, ist auf folgende Punkte besonders, und zwar stets Rücksicht zu nehmen:

1. Die Stallprobe ist bei derjenigen Melkzeit bzw. denjenigen Melkzeiten vorzunehmen, welcher bzw. welchen die fragliche Probe entstammte.

2. Die Stallprobe ist am besten schon nach 24 Stunden, auf keinen Fall später als 3 Tage nach der Melkzeit der fraglichen Milch vorzunehmen.

3. Die Probe muß sich auf alle Kühe, aber auch nur auf diejenigen erstrecken, welchen die fragliche Milch entstammte.

4. Es ist dafür zu sorgen, daß sämtliche Kühe vollständig ausgemolken werden, und dies von demjenigen, welcher die Stallprobe vornimmt, kontrolliert wird.

5. Von der gut durchmischten, abgekühlten Milch sämtlicher in Frage kommenden Kühe ist eine Durchschnittsprobe von $1/2$ bis 1 Liter in einer reinen, trockenen, vollständig gefüllten Flasche versiegelt möglichst schnell der Kontrollstelle einzusenden. Zur Haltbarmachung (Vermeidung des Gerinnens) werden der Milch einige Tropfen Formalin zugesetzt.

6. Es ist möglichst genau zu erforschen und anzugeben:

   a) die Anzahl der vorhandenen milchenden Kühe, von denen die Milch stammt;

   b) Ernährungs- und Gesundheitszustand, sowie Zeit der Laktation der Kühe;

   c) ob und welche Veränderungen in der Haltung (z. B. Übergang von der Haltung im Stalle zum Weidegang) und Fütterung der Kühe zwischen der Zeit, welcher die fragliche Probe entstammt bzw. kurz vorher, und der Zeit der Stallprobe stattgefunden haben;

   d) ob in dieser Zeit ein Witterungsumschlag stattgefunden hat;

e) die Art der Wasserversorgung des Anwesens und insbesondere
des Stalles (Pumpbrunnen, Wasserleitung); liegt der Verdacht
der Wässerung bei der Marktprobe vor, so sind auch Wasserproben zur Ermittlung des Salpetergehaltes von den vorhandenen Brunnen oder Leitungen zu entnehmen.

Es empfiehlt sich, für die Stallprobe gedruckte Vorschriften vorrätig zu halten, auf denen die unter 1—6 angegebenen Punkte angeführt sind. Die unter 6 bezeichneten Angaben sind möglichst ausführlich zu machen und gleichzeitig mit der entnommenen Milchprobe
der Kontrollstelle einzusenden.

2. Entnahme von Trinkwasserproben [1]).

a) Für chemische Untersuchung.

Bei einfacheren Untersuchungen genügt die Einsendung von
$1^1/_2$—2 Liter Wasser, bei ausführlichen sind 3—10 Liter und noch mehr,
je nach dem Umfang der Analyse nötig. Die Abfüllung des Wassers geschehe in völlig reine trockene Flaschen, die gründlich unter Benützung
von Soda, Sand und anderen Putzmitteln zu reinigen und gründlich
nachzuspülen sind. Bei der Entnahme spült man dann mit dem zu
entnehmenden Wasser noch einmal nach. Zum Verschließen der Flaschen
müssen entweder Glasstopfen oder neue ungebrauchte, ausgekochte
Korke verwendet werden, die mit Wasser zuvor abzuwaschen sind.
Man lasse vor der Entnahme das Wasser einige Zeit (bei Wasserleitungen
etwa 5 Minuten oder länger, wenn es die Verhältnisse erfordern) aus den
Brunnenröhren usw. auslaufen. Pumpbrunnen sind zuvor etwa 10
Minuten oder länger abzupumpen. Das Wasser läßt man, wenn angängig
am besten direkt in die Flasche einfließen; es kann auch mit einem
reinen Schöpfgefäß (-löffel) eingegossen werden. Bei niedrigem Wasserstand (Quellen oder dgl.) muß das Aufwirbeln von Bodenteilen (Sand,
Schlamm) vermieden werden. Bei Entnahme aus Bohrlöchern ist ebenfalls vorher längere Zeit mit einer besonders angelegten Pumpe (für
Hand- oder Maschinenbetrieb) zu pumpen. Gestandenes Wasser eignet
sich, wenn nicht besondere Verhältnisse seine Untersuchung erforderlich
machen, nicht zur Untersuchung. Außer der näheren Bezeichnung des
Wassers und Angabe des Zwecks der Untersuchung, sind noch folgende
allgemeine Angaben zu machen über:

---

[1]) Für die Entnahme von Abwasserproben können keine allgemeinen
Grundsätze angeführt werden, da die Vorkehrungen für dieselbe dem einzelnen
Falle angepaßt werden müssen. — Für die Entnahme mehrerer Proben an Ort
und Stelle sowie von Proben aus der Tiefe sind besondere Schöpfvorrichtungen,
wie sie von Spitta-Imhof, Kolkwitz, Bujard u. a. konstruiert worden sind,
und auch Transportkasten nötig, s. W. Klut, Untersuchung des Wassers an
Ort und Stelle, sowie Ohlmüller und Spitta, Untersuchung und Beurteilung
des Wassers und Abwassers, Verlag: J. Springer, Berlin 1910. J. Tillmanns,
Die chemische Untersuchung von Wasser, Halle 1915. Für die an Ort und Stelle
vorzunehmende Bestimmung der freien Kohlensäure und des Sauerstoffes
(s. Abschnitt Wasser), sowie für die bakteriologische Untersuchung sind besondere
Gefäße erforderlich.

1. Art der Entnahmestelle (ob Kessel-, Tief- [Abessinier-, Röhren-], artesischer Brunnen, Wasserleitung [Quell-, Fluß-, Teich-] usw.);
2. Beschaffenheit der Entnahmestelle (Brunnen, Leitung usw.):
    a) Alter und Tiefe (Länge der Leitung);
    b) Brunnenrohr, ob aus Holz, Eisen; bei Wasserleitungen die Röhren, ob aus Eisen, Ton, Blei, Zement;
    c) Art und baulicher Zustand des Brunnenschachtes, der Quellfassung;
    d) Deckung, ob mit Bohlen, Stein, Metallplatten usw.;
3. Beschaffenheit der Umgebung (ob Ställe, Dunggruben, Aborte, Fabriken, Straßenrinnen usw. vorhanden);
4. Bodenbeschaffenheit;
5. Meteorologische Verhältnisse bei der Entnahme;
6. Sonstige Angaben, z. B. über fehlerhafte äußere Beschaffenheit und namentlich auch über frühere Verunreinigungen des Wassers.

b) Für die bakteriologische Untersuchung

werden die Proben am besten, wenn möglich von einem Sachverständigen oder mindestens einer sehr zuverlässigen, auf die Probenahmen eingeübten Person an Ort und Stelle entnommen. Gefäße von etwa 100 bis 200 ccm Inhalt mit eingeriebenem Glasstöpsel oder Wattebausch und Gummikappe versehen müssen vorher sterilisiert werden (siehe im bakteriologischen Teil) und sind mit dem betreffenden Wasser zuvor mehrfach auszuspülen. Der Stöpsel der Flasche darf nur an dem oberen Rande berührt werden [1]. Die Flasche darf erst unmittelbar vor der Probenahme geöffnet werden. Aus Pumpbrunnen und Wasserleitungen muß das Wasser zuerst einige Zeit (vgl. a) abgelaufen sein. Bei der Probenahme aus Seen, Teichen usw. ist zu verhüten, daß abgesetzter Schlamm und dgl. mit in das Gefäß gelangt. Für die Entnahme aus der Tiefe empfiehlt sich der Abschlagapparat nach Sclavo-Czaplewski. Bei Probenahmen für Wasserversorgungszwecke (Grundwasser) aus Bohrlöchern, Nadeln mittels Pumpen hat man sehr lange pumpen zu lassen, zuvor die Pumpen gut zu reinigen, jeweils bei Handpumpen für gekochtes Nachgießwasser beim Versagen der Pumpe bzw. für Bereithaltung von mindestens demselben gepumpten Wasser für Nachgießzwecke zu sorgen. Pumpen und Bohrröhren sind unter Umständen mit Dampf oder Phenolschwefelsäure zu desinfizieren. Die Proben sind sofort, wenn davon nicht an der Entnahmestelle Platten gegossen werden (letzteres Verfahren ist vorzuziehen, wenn es zu ermöglichen ist), gut verschlossen und versiegelt durch die Post oder wo möglich Eilpost, in Eis verpackt (geschieht am besten in einer Blechbüchse) einzusenden. (Bei Frostwetter ist Eisverpackung nicht nötig.) Siehe auch die Probenahme von Wasser im bakteriologischen Teil, S. 591 und 615.

---

[1] Bujard hat den Stöpsel von solchen Glasgefäßen (30—50 ccm Inhalt) mit einem Glasschutzmantel umgeben lassen, der noch $1/2$ cm über den Stöpsel hervorragt, um ein achtloses Berühren des Stöpsels zu vermeiden, das Beiseitelegen desselben während der Entnahme aber zu ermöglichen. (Vgl. Forschungsberichte, 1896, S. 132.)

3. Entnahme von Margarine, Margarinekäse und Kunstspeisefett.

Die damit beauftragten Personen (revidierenden Beamten) haben besonders die Vorschriften des Gesetzes betr. den Verkehr mit Butter, Käse, Schmalz und deren Ersatzmitteln vom 15. Juni 1897 §§ 1, 2, 4 und 8 und die Ausführungsbestimmungen zu diesem Gesetze (siehe S. 698), sowie den Abschnitt „Probenahme" in der amtlichen Anleitung zur chemischen Untersuchung, siehe Abschnitt Butter, zu berücksichtigen.

4. Weinkellerkontrolle.

Die Kontrolle des Verkehrs mit Wein, weinhaltigen und weinähnlichen Getränken erfolgt im Deutschen Reich nach §§ 21—24 des Reichsgesetzes vom 7. April 1909 nebst Vollzugs- und Ausführungsbestimmungen (vgl. S. 772 u. ff.). Zur Ausübung derselben werden im Hauptberufe tätige Sachverständige von den Landesregierungen besonders aufgestellt.

Auf die im Abschnitt Weinbeurteilung angegebenen Kommentare zum Weingesetz sei ausdrücklich hingewiesen.

Chemischer Teil.

Vorbemerkung: Der Untersuchende hat vor Beginn der Untersuchung folgendes zu berücksichtigen:

1. Die Aufschrift und Nummer der Probe ist auf Übereinstimmung mit der in dem Begleitschreiben enthaltenen Bezeichnung zu prüfen und der Zustand des Siegels und die sonstige Verpackungsart (Verschnürung usw.) aufzuschreiben; ferner sind für den Fall, daß das Begleitschreiben oder die mitgesandten Akten ein bestimmtes Zeichen (Asservatnummer) oder eine Geschäftsnummer (Aktenzeichen) tragen, entsprechende Vermerke im Analysenbuch zu machen.

2. Die Menge der Probe ist festzustellen; sofern dies nicht durch Abschätzen, z. B. bei Weinflascheninhalt, geschehen kann, ist erst das Bruttogewicht der ganzen Probe samt Umhüllung oder Gefäß festzulegen und dann oder am Schlusse der Untersuchung das Nettogewicht zu ermitteln.

3. Die Bezeichnung (der Aufdruck, die Aufschrift, namentlich bei Originalpackung) ist einschließlich des Namens des Herstellers, Verkäufers u. dgl. aufzuschreiben.

4. Dasselbe gilt vom Datum des Beginns der Untersuchung, die sich des weiteren zunächst auf eine genaue Beschreibung des Zustandes der Ware hinsichtlich Farbe, Konsistenz, Geruch, Geschmack und sonstige Merkmale, besonders auch auf Genußfähigkeit oder Verdorbenheit zu erstrecken hat. Um jeden Zweifel von Anfang an auszuscheiden, muß die Feststellung der äußeren Eigenschaften der Ware sofort nach dem Eintreffen in der Untersuchungsanstalt erfolgen. Dasselbe gilt auch für die Vornahme der chemischen oder bakteriologischen Feststellung derjenigen Bestandteile der Ware, die durch Lagern der Ware etwa Veränderungen erleiden könnten (z. B. Säuregrad, dumpfer Geruch von Mehl, Wassergehalt in Butter usw.).

5. Die in das Analysenbuch einzutragenden übrigen Angaben (Tara, Gewichtsbefunde, qualitative Befunde) sind übersichtlich zu ordnen. Nebenrechnungen sind zu vermeiden. Jeder Kontrollierende muß alles so geordnet und übersichtlich vorfinden, daß er in der Lage ist, die Analyse auf ihre Richtigkeit zu prüfen. Auch die Unterschrift des Analytikers und das Datum des Abschlusses der Untersuchung dürfen nicht fehlen.

6. Die Probenreste und besondere Beweisstücke, wie Ausfärbungen, Mikrophotographien, die Umhüllungen und Aufschriften sind im Falle der Beanstandung aufzubewahren oder gegebenenfalls den Gutachten oder Akten beizufügen.

A. Allgemeine physikalisch-chemische Untersuchungsverfahren.

Bestimmung des spezifischen Gewichtes.

Das spezifische Gewicht (s) eines Körpers ist das Verhältnis zwischen seinem Gewicht und dem Gewicht eines gleichen Volumen Wassers von + 4⁰ C. Man drückt das spezifische Gewicht bezogen auf 1 g = 1 ccm Wasser aus.

In der Praxis wird das spezifische Gewicht meistens bei + 15⁰ C bestimmt; der Inhalt der Meßapparate ist in der Regel nach dem Eichungssystem $\frac{15^0}{15^0}$ (760 = mittlerer Barometerstand) oder nach dem System $\frac{15^0}{4^0}$ (0 = luftleerer Raum)der Normaleichungskommission[1])geeicht.

Das spezifische Gewicht von Flüssigkeiten bestimmt man mit Senkwagen (Aräometer mit Skala, Densimeter), bei welchen man den gesuchten Wert alsbald nach dem Einsenken des Instrumentes in die Flüssigkeit an einer Skala ablesen kann. Die Senkwagen sind stets für eine bestimmte Temperatur (meistens die Normaltemperatur 15⁰ oder 17,5⁰) eingestellt. Aräometer mit Prozentangabe des Gehalts werden für Flüssigkeiten wie Weinmost, Alkohol, Zuckerlösungen, konzentrierte Säuren und dgl., für Milch das sog. Laktodensimeter angefertigt.

Die Anwendung der Senkwagen setzt im allgemeinen das Vorhandensein einer größeren Substanzmenge voraus. Fehlen Spezialsenkwagen oder steht nur wenig Flüssigkeit zur Verfügung, so bedient man sich der sog. Westphalschen (oder Mohrschen, hydrostatischen) Wage, die so beschaffen ist, daß ein am Wagebalken angehängter Senkkörper (Thermometer), der in eine Flüssigkeit von 15⁰ eintaucht, durch entsprechende Gewichtsstücke, die auf den in 10 Teilstriche geteilten Wagebalken in Form von Reitern aufgesetzt werden, genau ins Gleichgewicht gebracht wird. Man stellt die Wage auf Wasser bei 15⁰ = 1,0 ein. Ist das spezifische Gewicht der zu prüfenden Flüssigkeit größer als 1,0, so wird der dem Gewicht des vom Senkkörper verdrängten destillierten Wassers entsprechende Reiter dicht über dem Senkkörper aufgehängt; ist das spezifische Gewicht geringer als 1,0, so wird dieser Reiter nicht benützt. Die Dezimalzahlen des spezifischen Gewichts ergeben sich in beiden Fällen durch Auflegen der kleineren je um den zehnten Teil leichter beschaffenen Reiter in die Einschnitte des Wagebalkens.

Bei Flüssigkeiten, die leicht der Verdunstung unterliegen, z. B. bei alkoholischen Lösungen und wenn nur geringe Mengen zur Verfügung stehen, oder sehr genaue Feststellungen erforderlich sind, wird das spezifische Gewicht mit dem Pyknometer ausgeführt.

In der Nahrungsmittelanalyse wird fast ausschließlich das Pyknometer mit langem Hals und Millimetereinteilung benutzt. Die Anwendungsweise ist in den Abschnitten Wein, Bier, Fruchtsäfte und Branntwein eingehend beschrieben.

Das spezifische Gewicht von festen Körpern ermittelt man mit Hilfe der Pyknometer, die man mit der betreffenden Substanz, die feinpulverig sein muß, anfüllt. Auf dem Prinzip der hydrostatischen Wage beruht ferner die sog. Kartoffelwage, mit welcher das spezifische Gewicht der Kartoffeln bestimmt wird. Dieses läßt einen Rückschluß auf den Stärkegehalt zu.

---

[1]) Spez. Gewichte, die auf Wasser von 15⁰ bezogen sind, werden durch Division mit 1,00087 auf die Einheit Wasser von 4⁰ umgerechnet.

Bestimmung des Schmelzpunktes von Fetten [1]) (nach Polenske).

Zur Aufnahme des Fettes [2]) dienen U-förmig gebogene, dünnwandige Glasröhrchen [3]) von 1,4—1,5 mm lichter Weite. Durch Eintauchen des einen Schenkels des Glasröhrchens in das geschmolzene Fett bringt man eine etwa 2 cm lange Fettsäule in die Kapillare und erreicht durch vorsichtiges Erwärmen der wieder umgedrehten Kapillare, daß das Fett in beiden Schenkeln gleich hoch steht. Danach wird das Fett durch sofortiges Eintauchen der Kapillare in Eiswasser zum Erstarren gebracht. Die so gefüllten Röhrchen (von jeder Fettprobe mehrere) werden etwa 24 Stunden in einem Gefäß auf Eis aufbewahrt. Der Schmelzpunkt ist in folgender Weise zu bestimmen:

Die Kapillare wird mit einer zweiten mit klarem Öl beschickten Kapillare an einem Thermometer (am besten Anschütz-) so befestigt, daß das Fett in der Kapillare sich in gleicher Höhe mit der Quecksilberkugel des Thermometers befindet. Die Erwärmung findet in einer Lösung von 200 ccm Glyzerin und 100 ccm Wasser statt; diese Mischung darf nicht wärmer als 20⁰ sein. Während des Erwärmens des Bades muß umgerührt werden; die Temperatursteigerung soll anfangs in der Minute etwa 2⁰, bei Annäherung an die Schmelztemperatur des Fettes nur $^3/_4$⁰ betragen.

Als Schmelzpunkt nach Polenske ist diejenige Temperatur anzusehen, bei der die letzte opalisierende Trübung des Fettes eben verschwindet und das Fett die Klarheit des Öles in der Vergleichskapillare annimmt. Eine etwa noch vorhandene schwache Trübung der beiden Oberflächenschichten des geschmolzenen Fettes in Dicke von etwa 1 mm ist dabei nicht zu berücksichtigen. Es ist das Mittel von zwei Beobachtungen zu nehmen, falls diese um nicht mehr als 0,3⁰ voneinander abweichen.

Bestimmung des Erstarrungspunktes von Fetten.

Zur Ermittelung des Erstarrungspunktes bringt man eine 2—3 cm hohe Schicht des geschmolzenen Fettes in ein dünnes Probierröhrchen oder Kölbchen und hängt in dasselbe mittels eines Korkes ein Thermometer so ein, daß die Kugel desselben ganz von dem flüssigen Fette bedeckt ist. Man hängt alsdann das Probierröhrchen oder Kölbchen in ein mit warmem Wasser von 40—50⁰ gefülltes Becherglas und läßt allmählich erkalten. Die Quecksilbersäule sinkt nach und nach und bleibt bei einer bestimmten Temperatur eine Zeitlang stehen, um dann weiter zu sinken. Das Fett erstarrt während des Konstantbleibens; die dabei herrschende Temperatur ist der Erstarrungspunkt.

Mitunter findet man bis zum Anfange des Erstarrens ein Sinken der Quecksilbersäule und alsdann während des vollständigen Erstarrens

---

[1]) Der Nahrungsmittelchemiker kommt fast nur in die Lage, den Schmelzpunkt von Fetten, Fettsäurenglyzeride oder Fettsäuren zu bestimmen.

[2]) Vgl. Entwürfe, Heft 2, 29. Für die Bestimmung von Schmelz- und Erstarrungspunkten ist nur klares, wasserfreies Fett zu verwenden.

[3]) Lichte Weite 0,75 mm, ein Schenkel mit trichterförmiger Erweiterung, nach Bömers Verfahren zur Schmelzpunktbestimmung der Glyzeride.

wieder ein Steigen. Man betrachtet in diesem Falle die höchste Temperatur, auf welche das Quecksilber während des Erstarrens wieder steigt, als den Erstarrungspunkt.

Polenske [1]) hat einen besonderen Apparat zur Ermittelung des Erstarrungspunktes konstruiert und bezeichnet die Differenz zwischen dem Schmelzpunkt und Erstarrungspunkt (beide nach seinem Verfahren bestimmt) als „Differenzzahl nach Polenske". Vgl. auch S. 77, Abschnitt Fette.

Refraktometrische Prüfungen.

Die Bestimmung des Lichtbrechungsvermögens wird in der Nahrungsmittelchemie einesteils zur Erkennung der Reinheit der Substanzen (Identitätsbestimmung), anderenteils zur Messung des Gehaltes (der Konzentration) von Lösungen bestimmter Substanzen angewendet.

Die wichtigsten Refraktometerkonstruktionen [2]) für praktische Zwecke sind:

1. Das Butterrefraktometer (nach Wollny) und das Milchrefraktometer, beide von der Firma Zeiß, Jena, hergestellt. Diese Apparate bestehen aus einem heizbaren Abbeschen Doppelprisma, wovon das rechte aufklappbar ist, und einem fest mit dem linksseitigen Prisma verbundenen Fernrohr, dessen Objektiv man mit einer Mikrometerschraube in einer Schlittenführung verschieben kann. In der Brennebene des Fernrohres befindet sich eine von 0—100 (bzw. — 5 bis + 105) bezifferte Skala. Diese umfaßt im Butterrefraktometer die B.echungsindices $n_D = 1,42$ bis $n_D = 1,49$, im Milchrefraktometer $n_D = 1,33$ bis $n_D = 1,42$. Sobald das Untersuchungsmaterial zwischen die Prismen gebracht ist, entsteht in der Ebene der Skala eine farbige Grenzlinie, auf die mit Hilfe der Mikrometerschraube die Skala genau auf $1/10$ Teile einstellbar ist. Die Skalenteile des Refraktometers lassen sich mit Hilfe einer Tabelle [3]) in die Brechungsexponenten umrechnen. In der Refraktometrie der Nahrungsmittel findet im allgemeinen eine Umrechnung auf Brechungsexponenten nicht statt. Maßgebend sind aus praktischen Rücksichten die abgelesenen Skalenteile. Die Benützung des Refraktometers erfordert eine geeignete Heizvorrichtung für die Erwärmung und Bewegung des dazu benutzten Wassers, das die Prismen mit möglichst gleichbleibender Wärme zu umgeben hat. Solche Heizvorrichtungen sind von der Firma Zeiß, Jena, erhältlich. Bewährt hat sich auch besonders die von R. Wollny konstruierte Vorrichtung. Die Temperatur des Heizwassers beträgt beim Butterrefraktometer, das im übrigen auch für die Prüfung sämtlicher anderer Fettarten, sowie von Tran, Kohlenwasserstoffen, Glyzerin usw. benutzt wird, im allgemeinen 25, 30, 35 oder 40° (40° bei den festen Fetten), beim Milchrefraktometer 17,5°. Letzteres Instrument dient außer zur Bestimmung des Fettgehaltes der Milch noch zur Feststellung des Gehaltes von Lösungen

---

[1]) Arb. a. d. Kais. Gesundh.-Amt 1907. 26. 444; 1908. 29. 272, sowie Entwürfe 2 (Speisefette und -öle), 30.

[2]) Die optischen Grundlagen der Refraktometrie sind eingehend in J. Königs Handbuch, III. Bd., 1. Teil, behandelt.

[3]) S. Entwürfe. 2. 33.

aller Art; in allen Fällen sind die für die einzelnen Konzentrations-
verhältnisse zugehörigen Skalenteile in Tabellen festzulegen.

Von Zeit zu Zeit ist eine Justierung (Prüfung) der Refraktometer mit einer Normalflüssigkeit vorzunehmen. Durch Lösen der
Mikrometerschraube kann die Neujustierung dann vorgenommen werden;
sie ist aufs vorsichtigste und genaueste auszuführen.

Als Lichtquelle dient am besten Tageslicht oder zu genaueren Ablesungen Natriumlicht, das mit Hilfe eines Spiegels dem Instrument zugeführt wird. Jedem Instrument ist ein Thermometer beigegeben, das
in die Heizflüssigkeit eintaucht. Wird beim Butterrefraktometer die
Temperatur nicht auf eine entsprechende Höhe (z. B. 40° bei festen Fetten)
konstant gehalten, so tritt eine Umrechnung in der Weise ein, daß man
für jeden Grad, um den die Temperatur bei der Bestimmung zu hoch
war, der abgelesenen Refraktometerzahl 0,55 Teilstriche, dem Brechungsindex 0,00036 zuzählt, während man für jeden Grad, um den die Temperatur zu niedrig war, ebensoviel abzieht. Beim Milchrefraktometer
muß mit konstanter Temperatur gearbeitet werden.

Das Aufbringen des Fettes oder der Lösungen auf die Prismenfläche
muß mit Hilfe stumpfer Gegenstände oder mit kleinen Pipetten (Röhrchen) erfolgen. Für leichtflüchtige (ätherische) Lösungen befindet sich
am Milchrefraktometer eine besondere Einlauföffnung. Die Prismen-
flächen sind stets rein zu halten, insbesondere nach jeder Ablesung sofort
abzuwischen. Eine Wandtafel für Lehrzwecke zum praktischen Gebrauch
des Butterrefraktometers ist von G. Baumert und der Firma Zeiß herausgegeben. Vgl. auch Zeitschr. f. Unters. d. Nahr.- u. Genußm. 1905. 9. 134.

2. Das Eintauchrefraktometer unterscheidet sich von dem
Butter- und Milchrefraktometer einerseits dadurch, daß das Prisma in
die zu prüfende Flüssigkeit eingetaucht wird, und andererseits, daß das
Instrument selbst keine Erwärmungsvorrichtung braucht; die zu unter-
suchende Flüssigkeit ist auf 17,5° einzustellen. Die Genauigkeit über-
trifft bei diesem Meßverfahren die der anderen Refraktometer, weil die
Grenzlinie schärfer erscheint und dem Fernrohre eine erheblich stärkere
Vergrößerung gegeben ist als bei den anderen Refraktometern. Die zu
prüfende Flüssigkeit befindet sich in kleinen Bechergläsern, die in ein
Temperierbad eingehängt werden. Das Refraktometer wird darüber an
einem Bügel aufgehängt und von einem Glas zum anderen weitergerückt.
Die Temperiervorrichtungen sind verschiedener Konstruktion, von Form
rund und quadratisch. Das Eintauchrefraktometer eignet sich am
besten für wäßrige Lösungen, die ohne Luftabschluß untersucht werden
können; für schnell verdampfende Lösungen sind besondere verschließbare Becher zu benützen. Die Justierung hat von Zeit zu Zeit mit
destilliertem Wasser zu geschehen. Dieses zeigt bei 17,5° = 15,0 Skalenteile. Das Eintauchrefraktometer wird fast ausschließlich zur Ermittelung
der Dichte des Chlorcalciumserums bei der Milchanalyse, außerdem zur
Alkohol- und Extraktbestimmung in Bier und ähnlichen Flüssigkeiten
(s. diese Abschnitte) benützt.

Jedem Refraktometer werden von der Firma Zeiß in Jena Anweisungen beigegeben, woraus noch Näheres zu entnehmen ist. Vgl.
auch J. König, Handbuch, III. Bd., 1. Teil.

Ein dem Refraktometer an die Seite zu stellendes Instrument ist das sog. Interferometer [1]) für Flüssigkeiten und Gase. Die tragbare Konstruktion dient zu Untersuchungen an Ort und Stelle, z. B. zur Bestimmung des Salzgehaltes, der organischen Substanzen und dgl. von Wasser. Siehe auch Abschnitt Wasser.

Polarimetrische Prüfungen [2]).

Zur Anwendung gelangen Apparate mit Kreisgradteilung und solche mit Zuckerskala, erstere sind vorzugsweise in Untersuchungsanstalten, letztere in Spezialinstituten und in der Industrie eingeführt. Kreisgradapparate sind die von: Wild, Mitscherlich, Landolt, Laurent und Lippich (Schmidt und Hänsch), wovon die vier letztgenannten die gebräuchlichsten Systeme und sog. Halbschattenapparate sind. Mit den Apparaten mit Kreisgradteilung ($0-360^0$) kann jede Substanz, die Drehungsvermögen besitzt, untersucht werden. Außer den am meisten in Betracht kommenden Zuckerarten werden in der analytischen Praxis auch Öle (namentlich Harzöle), sowie ätherische Öle und deren Lösungen polarimetrisch untersucht.

Für technische Zuckeruntersuchungen haben sich die Halbschattenapparate mit Zuckerskala von Soleil-Ventzke-Scheibler [3]), Soleil-Dubosq sowie Schmidt und Hänsch eingebürgert. An Stelle der Kreisgrade befinden sich auf der Skala der Drehscheibe Angaben über den Gehalt der polarisierten Lösungen an Zucker (Rüben-, Rohr-) in 100 Teilen.

Für die praktische Handhabung ist besonders folgendes wissenswert: Polarisationsapparate sind mit monochromatischem Licht, am besten Natriumlicht zu beleuchten. Bei genaueren Messungen und größeren Drehungen hat man das Lippichsche Natriumlichtfilter einzuschalten, das den Zweck hat, fremde Strahlen aus dem Natriumlicht zu entfernen. Dieses Lichtfilter besteht einerseits aus einer Kaliumbichromatlösung und andererseits einer Uranosulfatlösung. Näheres über die Herstellung dieser Flüssigkeiten enthält u. a. J. Königs Handbuch, Bd. III, Teil 1, S. 95. Bei den in den Laboratorien zu praktischen Zwecken dienenden kleinen Apparaten, wie z. B. dem von Mitscherlich, sind Lichtfilter entbehrlich; das Lichtfilter bedarf des peinlichst genauen Einhaltens der Vorschrift und wiederholter Erneuerung. Die Natriumlampe ist in einer Entfernung von 30 cm vom Apparatenende bei Apparaten für Röhren von 200 mm Länge aufzustellen. Die Beobachtungsröhren dürfen keine Luftblasen enthalten; bei den neuerdings benutzten Patentröhren schadet eine kleine eingeschlossene Luftblase nichts, da sie bei horizontaler Lage in eine besondere Erweiterung am Verschlußstück eintritt.

Über die Herstellung der zu prüfenden Lösungen geben die Einzelabschnitte nähere Auskunft. (Vgl. auch S. 46.)

---

[1]) Hergestellt von der Firma Zeiß in Jena; F. Löwe, Zeitschr. f. Instrumentenkunde 1910, 11.

[2]) Die optischen Grundlagen müssen als bekannt vorausgesetzt werden. Vgl. auch das Handbuch von J. König, Bd. III, Teil 1.

[3]) Umrechnung der Kreisgrade auf Soleil-Ventzke-Grade des Steuerapparates bei kondensierter Milch: $\dfrac{\text{Kreisgrade}}{0,347}$ = Soleil-Ventzke-Grade.

Bei Vornahme der Messungen, die am besten in einem verdunkelten Raume vorgenommen werden, hat man das Fernrohr scharf auf die Trennungslinie der Vergleichsfelder (beiden Halbschatten) einzustellen. Man geht zunächst von dem Nullpunkte der Gradeinteilung des Apparates aus und macht bei leerem Apparate mehrere Einstellungen auf gleiche Helligkeit hintereinander, jedesmal den Nonius ablesend. Man schaltet dann die aktive Substanz ein, stellt das Fernrohr von neuem ein, macht wieder einige Einstellungen und stellt schließlich bei leerem Apparate nochmals einige Male ein. Vor und nach dem Einschalten der Substanz ist deren Temperatur zu messen. (Im allgemeinen können bei den für die Praxis erforderlichen Messungen kleine Abweichungen von der mittleren Temperatur 17,5⁰ C außer Betracht bleiben.) Das Mittel der Ablesungen gilt als Resultat.

Für die Ablesung des Drehungswinkels mit Hilfe des Nonius möge folgendes Beispiel als Richtschnur dienen:

Liegt der Nullstrich des drehbaren, rechts innenliegenden Nonius z. B. beim kleinen Mitscherlich-Apparat zwischen dem zweiten und dritten Teilstrich des feststehenden Kreises und fällt von den Strichen des Nonius der achte mit einem Teilstrich des Kreises zusammen, so ist die Ablesung $2 + 0,8 = 2,8^0$. (Näheres vgl. im Königschen Handbuch, Bd. III, Teil 1.)

Der Nullpunkt der Apparate ist von Zeit zu Zeit zu kontrollieren und gegebenenfalls mit Hilfe einer Quarzplatte einzustellen.

Bei der polarimetrischen Bestimmung von Zuckerlösungen ist auf mancherlei Einflüsse, die das Untersuchungsergebnis verändern könn∙n, Rücksicht zu nehmen; manche Zuckerlösungen, z. B. Glucoselösungen, zeigen Birotation, die durch 24stündiges Stehen der Lösung, nach Aufkochen oder Zusatz von $0,1^0/_0$ Ammoniak aufgehoben wird. Auch Anwesenheit von Alkohol kann zu Fehlern führen. Das Nähere ist im Abschnitte „Zucker" angegeben.

Berechnung der spezifischen Drehung einer in einer inaktiven Flüssigkeit gelösten Substanz:

Die spezifische Drehung ist die in Kreisgraden ausgedrückte Ablenkung der Polarisationsebene, welche durch eine 1 dm lange Schicht der Lösung von 100 g Substanz in 100 ccm der Lösung hervorgerufen wird, bezogen auf 20⁰ und bei Natriumlicht (Linie D des Spektrums) und wird $[\alpha]_D^{20}$ bezeichnet,

$$[\alpha]_D^{20} = \frac{100\,\alpha}{1 \cdot c}$$

$\alpha =$ der abgelesene Drehungswinkel,
$1 =$ Rohrlänge in dm
$c =$ Anzahl Gramme Substanz in 100 ccm Lösung.

Dann ist der Gehalt c∙ein∙r drehenden Flüssigkeit an einer Substanz von der spez. Drehung $[\alpha]_D^{20} : c = \dfrac{100 \cdot \alpha}{1 \cdot [\alpha]_D^{20}}$.

Über die Werte der spezifischen Drehung der einzelnen Zuckerarten siehe den Abschnitt Zucker.

Polarisationserscheinungen werden auch in Verbindung mit
der mikroskopischen Untersuchung von Kristallen (von Nahrungsmitteln kommen die Fette in Betracht) als Kriterium verwendet. Hierzu
dienen besondere Polarisationsmikroskope oder Polarisationsapparate,
die am Mikroskop angebracht werden. Wegen ihrer relativ seltenen
Anwendung kann hier nicht näher darauf eingegangen werden. (Siehe
auch Abschnitt Fette.)

Spektroskopische Untersuchungen.

Bei der Spektralanalyse unterscheidet man Emmissionsspektra,
d. h. die Spektra glühender Dämpfe oder Gase (in stark verdünntem
Zustande) und Absorptionsspektra, das sind solche, die bei der
Untersuchung von gefärbten Lösungen gewisser Stoffe durch Absorption
bestimmter Lichtstrahlen entstehen (Absorptionsstreifen).

Die Nahrungsmittelchemie macht im allgemeinen selten von
der Spektralanalyse Gebrauch; die Anwendung dieses Hilfsmittels bleibt
auf den Nachweis von Farbstoffen beschränkt. In solchen Fällen ist
die Spektralanalyse eine sehr wertvolle Ergänzung der chemischen Untersuchungen bei gefärbten Gegenständen, da sie auf rasche Weise die
nähere Ermittelung der Art eines Farbstoffes ermöglicht, was auf chemischem Wege oft gar nicht oder nur auf sehr umständliche Weise geschehen
kann. Die Kenntnis der Art eines Farbstoffes gewinnt jedoch auch nur
dann Bedeutung, wenn es sich um die Feststellung eines als gesundheitsschädlich bekannten Farbstoffs handelt. Für den erwähnten Zweck ist
die Spektralanalyse besonders von J. Formanek [1]) ausgebaut. Nähere
Beschreibung nebst ausführlichen Tafeln über die Absorptionsspektren
zahlreicher Farbstoffe findet sich in J. Königs Handbuch, III. Bd.,
1. Teil, S. 570.

In der gerichtlichen Chemie spielt der spektroskopische Nachweis von Blut und mancher Alkaloide eine Rolle. Die Erkennung von
Blut mit Hilfe des Spektroskops ist im Abschnitt „Gerichtliche Chemie"
eingehend beschrieben. Bezüglich der Ermittelung von Alkaloiden und
Glucosiden (Gewinnung der Lösungen, Wellenlänge der Absorptionsspektra) sei auf das Königsche Werk verwiesen.

Für praktische Zwecke ist das einfache Spektroskop mit beweg-
lichem Fernrohr nach Kirchhoff-Bunsen ausreichend. Zur schnellen
Beobachtung der Absorptionsspektren eignen sich Taschenspektroskope,
am besten solche mit Vergleichsprisma, Orientierungsskala oder Skala
für die Ermittelung der Wellenlängen. Für den Gebrauch sind die den
Apparaten [2]) beigegebenen Anweisungen und die in Königs Handbuch
enthaltenen ausführlichen Beschreibungen zu beachten.

Kolorimetrische Untersuchungen

sind vergleichende Bestimmungen der Farbentiefe von zwei Flüssigkeiten zum Zwecke der Ermittelung des unbekannten Gehaltes einer der

---

[1]) Die qualitative Spektralanalyse, Berlin 1895 und spektralanalytischer
Nachweis künstlicher organischer Farbstoffe. Berlin 1900.

[2]) Besonders bekannt sind die Apparate von Schmidt und Hänsch, Berlin.

beiden Flüssigkeiten, gemessen an der festgelegten Farbentiefe der anderen Flüssigkeit mit bekanntem Gehalt. Kolorimetrische Untersuchungen lassen sich also zu quantitativen Bestimmungen in solchen Fällen ausbilden, wo sonst keine sichere analytische Grundlage vorhanden ist, jedoch Farbenreaktionen nutzbar gemacht werden können. Als Vergleichsflüssigkeiten dienen entweder Flüssigkeiten, die mit Reagenzien je nach dem Gehalt der Flüssigkeiten an der in Betracht kommenden Substanz Farbentöne verschiedener Stärke geben, oder aus anderen Stoffen erzeugte Farbentypen.

Die erstgenannte Art wird z. B. angewendet, wenn man die Menge an salpetersauren Salzen in Wasser mittels der Brucinreaktion (Rotfärbung) feststellen will, wobei man als Vergleichsflüssigkeiten Lösungen von verschiedenem Salpetergehalt verwendet. Im anderen Falle, z. B. bei der Bestimmung des Kreatinins in Fleischextrakt wird der Vergleich mit einer Kaliumdichromatlösung von bekanntem Gehalt ausgeführt. Wie schon angedeutet, kann man den Vergleichsflüssigkeiten Färbungen von verschiedener Tiefe geben und diese einzeln mit der zu untersuchenden Flüssigkeit vergleichen, jedoch auch so verfahren, daß man die Vergleichsflüssigkeit solange verändert (verdünnt), bis sie mit der Flüssigkeit unbekannten Gehaltes dieselbe Farbentiefe hat. Der Grad der Verdünnung muß dabei genau festgestellt werden.

Zur Ausführung der kolorimetrischen Prüfungen dienen Vorrichtungen verschiedenster Art, von einfachen graduierten zylindrischen Gefäßen an (z. B. den Kolorimetern nach Hehner, Leyser und Neßler-Stockes, J. König) bis zu den Präzisionsinstrumenten mit feinster Einstellung, von welchen die nach dem Prinzip von Dubosq-Laurent sowie von Stammer konstruierten Apparate[1]) in Untersuchungsämtern am gebräuchlichsten sind. Das Kolorimeter von Hehner besteht aus 2 graduierten, mit Ausflußöffnungen über dem Boden versehenen Zylindern (a und b), von denen der eine (a) die zu untersuchende, der andere (b) die Vergleichsflüssigkeit, je bis zum Teilstrich 100 enthält. Ist letztere bei Durchsicht von oben, stärker gefärbt als die zu untersuchende Flüssigkeit, so läßt man aus dem Zylinder (b) soviel von der Vergleichsflüssigkeit ausfließen, bis Farbengleichheit hergestellt ist; die beiden verschiedenen Flüssigkeitsmengen enthalten dann die gleiche Menge färbender Substanz. Ist c der Prozentgehalt der Vergleichsflüssigkeit a und m der Teilstrich im Zylinder b, bei der Farbengleichheit beobachtet wird, so enthalten die 100 ccm der zu prüfenden Flüssigkeit

eine Farbstoffmenge $x = \dfrac{c}{100} m$.

Ist umgekehrt die zu untersuchende Flüssigkeit im Zylinder a stärker gefärbt als die Vergleichsflüssigkeit im Zylinder b, so kann man die Flüssigkeit in a entweder so lange verdünnen, bis Farbengleichheit eingetreten ist, oder man kann umgekehrt aus a soviel Flüssigkeit ablassen, bis die Schicht in a bei Teilstrich m die gleiche Farbentiefe wie

---

[1]) Hergestellt von den Firmen Krüß in Hamburg, Schmidt und Hänsch in Berlin.

in b hat.   In ersterem Fall ist dann die zu suchende Farbstoffmenge

$x = c \times$ der Verdünnung, in letzterem Falle ist $x = \dfrac{100\,c}{m}$ (nach

J. Königs Handbuch).

Die Kolorimeter von J. König sind an Stelle von Vergleichsflüssigkeiten mit Farbstoffstreifen für die Bestimmung des Ammoniak-,
des salpetrigen Säure- und des Eisengehaltes im Wasser versehen. Der
Vergleich beruht auf den bekannten im Abschnitt „Wasser“ angeführten
Reaktionen mit Neßlers Reagens, Jodzinkstärkelösung mit Schwefelsäure und Rhodanammoniumlösung mit Salzsäure.

Bei den Kolorimetern von Dubosq, Stammer u. a. kann die
Vergleichung unter Ausschluß etwa störender Nebenerscheinungen vorgenommen werden. Die aus den Flüssigkeitsschichten austretenden
Lichtstrahlen werden durch Glasprismen parallel zu sich einander genähert und durch ein Fernrohr betrachtet. An Stelle von Glaszylindern
mit seitlichem Ausfluß dienen neuerdings für die Aufnahme der Flüssigkeiten nur oben offene Zylinder, in denen mittels eines Zahntriebes zwei
oben offene und unten durch planparallele Platten verschlossene Tauch-
röhren verschiebbar sind, wodurch die Höhe der Flüssigkeitsschichten
beliebig verändert werden kann. Der Zahntrieb trägt zur Messung der
Schichtenhöhen eine Millimetereinteilung.

Bei der Handhabung der Apparate hat man darauf zu achten, daß
die einfallende Flächenhelle in beiden Zylindern gleich ist, weshalb eine
vorherige Prüfung der Helligkeit der beiden Hälften des Gesichtsfeldes
mit den leeren Absorptionszylindern notwendig ist. Die Flüssigkeiten
müssen auch völlig frei von Schwebestoffen sein und gleiche Temperaturen
besitzen.

Zu den kolorimetrischen Untersuchungen rechnet man auch Feststellungen über den Grad der Trübung oder der Lichtdurchlässig-
keit einer Flüssigkeit, wie dies u. a. bei Wässern, solchen von Flußläufen und dgl., an Ort und Stelle oder auch im Laboratorium, nötig ist.
Näheres siehe im Abschnitt „Wasser“. Ein für wissenschaftliche Zwecke
dienendes Instrument ist das Diaphonometer nach J. König, hergestellt von A. Krüß in Hamburg, dessen Einrichtung des näheren in
J. Königs Handbuch erläutert ist.

Kapillaranalyse.

Diese physikalische Methode beruht auf der Beobachtung, daß Körper
bzw. deren Lösungen ein verschiedenes Kapillar- und Adsorptionsverhalten
mit gesetzmäßigen Steighöhen besitzen. Man hängt zu dieser Feststellung
Streifen von Filtrierpapier mit ihrem einen Ende 3—5 cm tief in flüssige Körper
oder Lösungen ein. Die auf den Streifen aufgezogenen Flüssigkeiten bilden
dann meist eine oder mehrere Zonen, die sich durch besondere Farben anzeigen
und mit Reagenzien entsprechend untersucht werden können. Für die korrekte
Durchführung des Verfahrens bedarf es des Einhaltens verschiedener Einzelheiten, auf die in Königs Handbuch des näheren hingewiesen ist; ebenso auf
die zahlreichen Veröffentlichungen Goppelsröders dortselbst, der die Kapillaranalyse wissenschaftlich bearbeitet hat. Ihre praktische Anwendungsweise
für Nahrungs- und Genußmitteluntersuchungen bleibt auf den Nachweis von
Farbstoffen, Alkaloiden, das Auffinden kleiner Mengen von Einzelbestand-

teilen, z. B. in Mineralwässern u. a. beschränkt. In den meisten Fällen ist sie aber auch dafür entbehrlich, weil sicherere und brauchbarere Methoden vorhanden sind. Bei Mangel an Untersuchungsmaterial kann die Kapillaranalyse aber ein gutes Hilfsmittel sein. Einzelfälle für die Anwendungsweise sind in den betreffenden Abschnitten beschrieben.

Kryoskopische Untersuchungen [1]).

Von einiger Bedeutung für die Nahrungsmittelchemie ist die Bestimmung des Gefrierpunkts einer Lösung. Nach J. Königs Handbuch steht das Verfahren an Einfachheit der theoretischen Grundlage wie der Ausführung anderer Verfahren, die auf der Lehre vom osmotischen Druck beruhen, voran.

Die theoretische Grundlage bilden die Sätze:

1. Die Gefrierpunktserniedrigung, die ein Lösungsmittel durch Auflösung eines indifferenten Stoffes erfährt, ist proportional der molekularen Konzentration dieses zugesetzten Stoffes.

2. Äquimolekulare Lösungen verschiedener Stoffe in demselben Lösungsmittel ergeben gleiche Gefrierpunktserniedrigungen.

Was die Beschreibung und die Handhabung des in erster Linie in Betracht kommenden Gefrierapparates nach Beckmann betrifft, so muß auf das anfangs erwähnte Werk verwiesen werden.

Als Beispiel für die praktische Anwendung der Methode sei auf die ausführliche Arbeit von Pritzker, betr. Gefrierpunktserniedrigung von Milch, Zeitschr. f. Unters. d. Nahr.- u. Genußm. 1917, 34, 69, verwiesen.

Bestimmung der Radioaktivität

mit dem Fontaktoskop [2]). Die Bestimmung kommt ausschließlich bei Mineralwasser, Moor und dgl. in Betracht und beruht auf dem Verhalten der radioaktiven Substanzen, ein Gas (sog. Emanation) von der Fähigkeit auszusenden, die umgebende Luft leitfähig zu machen. Die Leitfähigkeit bestimmt man durch Elektroskope und berechnet aus der gefundenen Größe die Radioaktivität. Die Messungen bezieht man nach Mache auf denjenigen Sättigungsstrom (i, ausgedrückt in absoluten elektrostatischen Einheiten), den die in 1 Liter Wasser enthaltene Emanation während einer Stunde unterhalten kann × 1000. Eine Macheeinheit ist die Größe i × 10³ bezogen auf 1 Liter und 1 Stunde. (Vgl. auch Pharm. Zentralhalle 1910, 579; Ohlmüller und Spitta, Die Untersuchung und Beurteilung des Wassers und Abwassers 1910, 27.)

Bestimmung der kritischen Lösungstemperatur

ist eine bei der Untersuchung von Fetten angewandte seltene Methode. Die Temperatur, bei welcher eine unter bestimmten Umständen hergestellte Lösung eines Fettes in Alkohol oder Eisessig beim Abkühlen sich trübt, bezeichnet man als die kritische Lösungstemperatur. Das Nähere ergibt sich aus der Literatur über Fette.

Bestimmung der Viskosität.

Als Viskosität bezeichnet man den „Flüssigkeitsgrad", d. h. die Auslaufzeit einer bestimmten Flüssigkeit, gemessen an einer bestimmten Menge von einem bestimmten Wärmegrad und mit einer Auslauföffnung von bestimmter Weite. Für Nahrungsmittel kommt das Reischauersche Viskosimeter in Betracht. Praktische Bedeutung hat die Methode, die eine verschiedenfache Bearbeitung erfahren hat, bisher nicht angenommen [3]).

Bei der Untersuchung von technischen Produkten, wie Schmierölen (Viskosimeter nach Engler) ist die Ermittelung der Viskosität unentbehrlich. Siehe Näheres S. 496.

---

[1]) Feststellung des Gefrierpunktes bzw. der Gefrierpunktserniedrigung.
[2]) Beziehbar von Günther und Tegetmeyer in Braunschweig. auch als Reiseapparat.
[3]) Betreffs Milch vgl. E. Örtel, Milchw. Zentralbl. 1911, 7, 137.

Bestimmung der elektrolytischen Leitfähigkeit.

Über die Apparatur und Ausführung siehe die Angaben von Beckmann und Jordis [1] bzw. G. Rupp [2]).

Die Bestimmung der Leitfähigkeit läßt sich auch bei Milch, Honig, Bier, Wein, Wasser vornehmen; eine praktische Bedeutung für die Nahrungsmittelchemie hat sie jedoch bisher nicht erlangt. Auf die wissenschaftliche Bedeutung für die Weinanalyse ist im Abschnitt „Wein" hingewiesen.

Elektrolytische Bestimmung von Metallen [3]).

Man bedarf zur Durchführung jeder elektrolytischen Fällung einer geeigneten Stromquelle für den galvanischen Strom (Elemente von Bunsen, Thermosäulen usw.) oder des Stromes von Akkumulatoren, Dynamomaschinen, wie ihn jede elektrische Hausleitung bietet. Die Regulierung des Stromes wird durch Zwischenschalten von Widerständen (Rheostaten) erreicht. Zur Bestimmung der Stromstärke, deren Einheit = Ampère heißt, benützt man sog. Amperemeter (Galvanometer), von denen es verschiedene Konstruktionen gibt. Zur Messung der Elektrodenspannung = Volt (Elektrode ist die zur Abscheidung des Metalles dienende Fläche) benutzt man Voltmeter (auch Torsionsgalvanometer). Die Messung der Elektrodenspannung ist jedoch bei einfachen Bestimmungen, z. B. von Kupfer aus Salzlösungen nicht erforderlich.

Als Elektroden eignen sich am besten Platinschalen mit glatten Flächen einerseits und Scheibenelektroden, die in die Schalen hineingehängt werden, andererseits. Scheibenelektroden sollen aus einem etwa 0,3 mm starken Platinblech, welches am Stiele (von 1,5—2 mm Stärke) durch Platinlötung befestigt ist, bestehen. Die Scheiben tragen Öffnungen. Besonders geeignet sind die Winklerschen Drahtnetzelektroden.

Bei Ausführung der Elektrolyse wird die Scheibenelektrode so in die die Metallösung enthaltende Platinschale eingeführt, daß sie von jener etwa 1,5 cm absteht. Je nachdem Metall oder Hyperoxyd ausfallen soll, verbindet man die Schale mit dem negativen oder positiven Pole der Stromquelle. Die jeweils anzuwendende normale Stromdichte = $N.D_{100}$ ist bei den einzelnen Metallen verschieden. Die Ausführung elektrolytischer Bestimmungen muß als bekannt vorausgesetzt werden oder ist aus einem analytischen Lehrbuch, wie z. B. Miller-Kiliani, Kurzes Lehrbuch der analytischen Chemie zu entnehmen.

Die nahrungsmittelchemische Praxis macht im allgemeinen wenig Gebrauch von der Elektrolyse und ist auf die Ausfällung von Kupfer aus Aschen von gekupferten Gemüsen und ähnlichen Feststellungen beschränkt. In Laboratorien, denen eine Einrichtung für die Elektrolyse zur Verfügung steht, bereitet die quantitative Bestimmung von Kupfer keine Schwierigkeit. Nähere Angaben darüber siehe aber noch im Abschnitt „Gemüse" (elektrolytische Methode zur quantitativen Bestimmung von Kupfer von G. Stein, Zeitschr. f. Unters. d. Nahr.- u. Genußm. 1909, 18, 548).

Kalorimetrische Bestimmungen

worden zur Ermittelung des Wärme-(Energie-)Wertes angestellt. Der Wärmewert der Nahrungsmittel ist ein sehr verschiedener, er kann trotz gleichen prozentualen Gehaltes an Elementen sehr verschieden sein, da die Bindung der Elemente(Kohlenstoff, Wasserstoff, Stickstoff usw.) untereinander mitbestimmend ist. Isomere Verbindungen können verschiedene Wärmewerte aufweisen. Die Bestimmung des Wärmewertes bei Nahrungsmitteln hat bis jetzt lediglich wissenschaftliche Bedeutung erlangt, für die Zwecke der praktischen Nahrungsmittelkontrolle ist das Verfahren zu umständlich und kostspielig. Die Kenntnis des Wärmewertes hat dagegen in der Ernährungslehre und namentlich in der Technik (Heizwertbestimmung von Brennmaterialien) Bedeutung erlangt. Bezüglich der Ausführung des Verfahrens mit der „kalorimetrischen Bombe" sei auf die Sonderliteratur (u. a. J. Königs Handbuch, Bd. III, 1. Teil, 1909, 79) verwiesen.

---

[1]) Forschungsberichte 1895, 2, 367.
[2]) Zeitschr. f. Unters. d. Nahr.- u. Genußm. 1905, 10, 37.
[3]) Nach Miller und Kiliani, Kurzes Lehrbuch der analytischen Chemie.

Mikroskopische Untersuchungen.

Neben den Lupen, die zu Vorprüfungen und zur Feststellung von gröberen Beimengungen oder Verunreinigungen mannigfache Verwendung finden, ist das Mikroskop ein wichtiges Instrument in der Hand des Nahrungsmittelchemikers. Die Konstruktion und Handhabung der Mikroskope mit ihren Hilfsapparaten (Kreuztisch, Zeichen-, Beleuchtungs- und Polarisationsapparate) muß als bekannt vorausgesetzt werden. Die mikroskopische Untersuchung erfolgt im wesentlichen:

1. zur Prüfung von pflanzlichen oder tierischen, sowie auch mineralischen Stoffen und Erzeugnissen zwecks Feststellung ihrer Art und Reinheit (Gewürze, Kakao, Kaffee, Tee, Mehle, Obst- und Gemüsedauerwaren, Fleisch- und Wurstwaren und dgl.);

2. zur Prüfung auf Verunreinigungen, die durch niedere Pilze (Schimmel-, Hefe- und dgl.) hervorgerufen sind;

3. zum Nachweis von Bakterien, insbesondere auf dem Wege des Färbens.

Stoffe, die auf mikroskopischem Wege untersucht werden sollen, müssen häufig einer Vorbereitung zum Zwecke deutlicher Sichtbarmachung ihrer charakteristischen Merkmale unterworfen werden. Soweit diese Arbeiten nicht direkt auf dem Objektträger mit Hilfe der üblichen Hilfsinstrumente (Nadeln, Messer und dgl.) vorgenommen werden können oder die Körper nicht ohne besondere Zerkleinerung oder Vorbehandlung, wie z. B. pulverförmige Substanzen mikroskopierfähig sind, werden erforderlichenfalls Schnitte mit dem Rasiermesser oder mit dem Mikrotom vorgenommen. Im allgemeinen kommt der Nahrungsmittelchemiker mit dem erstgenannten Gegenstand aus.

Die Herstellung von Schnitten erfordert neben Geschicklichkeit, Geduld und Ruhe namentlich Übung. Man stellt erst eine glatte Oberfläche durch Abschneiden des Untersuchungsobjektes her und zieht das Rasiermesser durch das Objekt durch. Die Schnitte müssen so fein als möglich sein und werden mit einem feuchten Pinsel oder einem Schnittfänger auf den Objektträger in einen Tropfen Wasser gebracht. Aufgerollte Schnitte muß man mit Nadel, Messer und Pinzette glätten. Unhandliche (kleine oder weiche) Objekte spannt man zwischen den in ein Stückchen Holundermark oder einen guten Flaschenkork eingeschnittenen Spalt. Besonders weiche Gegenstände kann man durch Einlegen in Alkohol härten. Das Mikrotom ermöglicht die Herstellung besonders feiner Schnitte und ersetzt den Mangel einer sicheren Hand. Die verschiedenartigen Konstruktionen und deren Handhabung sind den bekannten nahrungsmittelchemischen Handbüchern von J. König und von Beythien, Hartwich, Klimmer zu entnehmen.

Bevor zur mikroskopischen Untersuchung geschritten wird, sind fetthaltige Substanzen, z. B. Kakaopulver, manche Gewürze und dgl. mit Äther zu entfetten und dann mit Aufhellungsmitteln zu behandeln. Besonders geeignet sind Lösungen von Chloralhydrat (3 Teile Chloralhydrat + 2 Teile Wasser) und Natriumsalicylat (Lösung mit Wasser zu gleichen Teilen), ferner Laugen (Kali- oder Natron-). Die Einwirkung

letzterer darf nicht zu lange dauern, da sonst starke Aufquellung und sogar
Zerstörung der Zellen eintreten kann. Entfärbend und zugleich auf-
hellend wirkt Javelle-Wasser (Natriumhypochlorit), auch hier ist wegen
der zerstörenden Wirkung der unterchlorigsauren Salze Vorsicht beim
Gebrauche am Platz. Will man die einzelnen, namentlich holzigen
Gewebselemente zur eingehenden Untersuchung bloßlegen, so erwärmt
man das Objekt mit Schultzeschem Gemisch (Salpetersäure mit einigen
Körnchen Kaliumchlorat) im Reagenzglase und wäscht mit Wasser die
isolierten Fasern aus. Luftblasen im Präparat entfernt man durch Einlegen der Präparate in frisch ausgekochtes Wasser oder Alkohol. —

Zur deutlichen Kenntlichmachung gewisser Pflanzenzellen oder
deren Inhalt werden den Wasserpräparaten chemische Reagenzien zugesetzt oder diese Reagenzien an Stelle des Wassertropfens benützt.
Die wichtigsten Reagenzien sind folgende:

Konzentrierte alkoholische Phloroglucinlösung nebst $10^0/_0$iger Salzsäure (Rotfärbung verholzter Zellwände). Man betupft das Objekt mit
der Phloroglucinlösung und gibt dazu einen Tropfen Salzsäure auf die
betupfte Stelle.

Jodkalium (1: 100) dazu Jod im Überschuß nebst konzentrierter
Schwefelsäure (Blaufärbung der Cellulose; Jod-Jodkalium allein in verdünnter Lösung zum Nachweis von Stärke-Blaufärbung).

Chlorzinkjod (25 g Chlorzink + 8 g Jodkalium in 8,5 g Wasser gelöst und Jod bis zur Sättigung beigegeben) — Cellulose färbt sich blau
bis violett, verholzte Membranen gelb. Reaktion tritt langsam ein.

Kupferoxydammoniak (aus $CuSO_4$ mit NaOH gefälltes und gut
ausgewaschenes Kupferoxydhydrat wird in $20^0/_0$igem Ammoniak gelöst) löst Zellulosemembranen (Baumwolle usw.).

Osmiumsäure, $1^0/_0$ige Lösung, färbt Fette schwarz.

Chromsäure in $50^0/_0$iger wäßriger Lösung löst verkorkte und
kutikularisierte Zellwände langsamer als andere.

Weitere in entsprechender Weise zu verwendende Reagenzien sind:
Absoluter Alkohol, Äther (s. Fette), Fehlingsche Lösung (Zucker),
Eisenchlorid (Gerbstoffe) und andere.

Bezüglich der Färbung von Schnitten sei auf die Sonderliteratur
verwiesen, da die mikroskopische Untersuchung von Nahrungs- und
Genußmitteln im allgemeinen nur selten davon Gebrauch macht.

Dauerpräparate stellt man in der Regel durch Einbetten in Glyzeringelatine her (1 Teil farblose Gelatine in 6 Teilen Wasser auf dem Wasserbad aufweichen, 7 Teile Glyzerin zufügen, das Ganze im Wasserbad gut
erwärmen und sorgfältig durchmischen und auf 100 Teile der Mischung
1 Teil Phenol zufügen; wird am besten in kleinen Fläschchen gut zugestopft verwahrt). Wenn das Präparat unter dem Deckgläschen sauber
und in die Mitte des Objektträgers gerichtet eingeschlossen ist, was
immerhin einige Übung und Erfahrung erfordert, läßt man es einige
Wochen liegen bis die Gelatine völlig erstarrt ist. Man kratzt dann die
eingetrockneten Gelatineränder ab und umgibt das Deckgläschen mit
einem Lackring (Asphaltlack).

(Vgl. auch O. Linde, Die Anfertigung pharmakognostischer Dauerpräparate 1910, Friedr. Viehweg & Sohn, Braunschweig.)

Als wichtige Hilfsmittel für die mikroskopische Prüfung, namentlich von Mischungen, z. B. von Gewürzpulvern seien empfohlen das Spitzglas und die Sedimentiergefäße von C. Hartwich [1]). Letztere sind besonders geeignet zur Vornahme einer Trennung der einzelnen Bestandteile nach ihrer Schwere. Derselbe Autor empfiehlt zur annähernden, quantitativen Feststellung der einzelnen Bestandteile (z. B. in Gemischen verschiedener Mehlsorten) die sog. Zählkammer [2]) (vgl. das unten angegebene Werk S. 36). Im allgemeinen ist man auf Schätzungen angewiesen, die man mit Hilfe von künstlichen Vergleichsmischungen noch besonders beweiskräftig gestalten kann. Immerhin ist bei Schätzungen ein reichlicher Spielraum oder Abrundung des Resultates nach unten und nicht nach oben vorzunehmen.

Ein weiterer Nebenapparat ist das Mikrometer (Meßapparat zur Feststellung der Größe des Objektes, z. B. von Stärkekörnern verschiedener Art). Ein Mikron (μ) entspricht einem tausendstel Millimeter = 0,001 mm. Es ist ein Glasplättchen mit eingesetztem Maßstab, das man zum Gebrauch in das Okular legt (Teilung nach oben). Da die mit dem Okularmikrometer gemessene Größe von der Schärfe des Objektivs abhängig ist, hat man mit Hilfe eines Objektivmikrometers die wahre Größe des Gegenstandes festzustellen. Der wahre Mikrometerwert ergibt sich aus dem Quotient zwischen den mit dem Objektivmikrometer und den mit dem Okularmikrometer erhaltenen Werten. Der Wert für das Okularmikrometer ist von den optischen Firmen angegeben.

Zur mikroskopischen Prüfung benütze man als Vergleichsmaterial Dauerpräparate von zuverlässig reinen Materialien, von denen eine Sammlung anzulegen ist. Gegebenenfalls verfertige man sich davon entsprechende Mischungen. Außerdem ist die Benützung von Atlanten und Spezialwerken für mikroskopische Untersuchungen von Tschirch-Österle, C. Hartwich, Möller, Schimper u. a. Autoren aufs dringendste zu empfehlen.

Über die Ausführung der mikroskopischen Prüfung von Schimmelpilzen, Hefen und Bakterien siehe den bakteriologischen Teil. Für die Ausführung der mikrochemischen Analyse, deren Zweck es ist, mit Hilfe chemischer Reaktionen unter dem Mikroskop äußerst geringe Mengen eines Stoffes (meistens mineralischer Natur) festzustellen, sei auf die Beschreibung des Verfahrens in Königs Handbuch und auf die Anleitungen zur mikrochemischen Analyse von H. Behrens und von Emmich aufmerksam gemacht.

---

[1]) Die Sedimentiermethode, ein Hilfsmittel zur mikroskopischen Untersuchung von Pulvern. Schweiz. Wochenschr. f. Chem. u. Pharm. 1907, 36, sowie derselbe, Botan. mikrosk. Teil des Handbuchs von Beythien, Hartwich, Klimmer.

[2]) C. Hartwich und A. Wichmann, Archiv Pharm. 1912. 250. 452; Z. f. U. N. 1913. 26. 759.

Einführung in die Mikrophotographie [1]).

Für den chemischen Experten ist der Nutzen der Mikrophotographie ein ganz bedeutender, und zwar insbesondere auf dem Gebiete der gerichtlichen Chemie (Nachweis von Blut, Haaren, Spermatozoiden, Rasuren, nachträgliche Abänderungen von Schriften usw.). Die lichtempfindliche photographische Platte, welche die Stelle der Netzhaut des Auges vertritt, nimmt das Bild auf, wie es sich darbietet, und zwar mit ganz erstaunlicher Schärfe. Der Experte ist sonach imstande, das Gesehene als ein objektives, haltbares Beweismaterial dem Richter vorzulegen. Auch für die Nahrungsmittelchemie, z. B. für die Gewürzuntersuchung, sowie auch für die Bakteriologie und für die Untersuchung von Geheimmitteln usw. leistet die Mikrophotographie sehr gute Dienste und kann namentlich in gerichtlichen Fällen eine praktische Bedeutung gewinnen.

Die notwendigen Apparate bestehen aus dem Mikroskop und der photographischen Camera. Letztere ist insofern verschiedener Konstruktion, als es Apparate gibt, mit welchen das Bild in vertikaler Stellung, und solche, mit welchen es in horizontaler Lage oder in jeder beliebigen Stellung aufgenommen werden kann.

Die ersten dienen hauptsächlich zur Herstellung kleiner, später zu vergrößernder Bilder und sind namentlich für bewegliche flüssige Objekte, welche in horizontaler Lage ablaufen würden, brauchbar; nur wird, wenn das Tageslicht zur Aufnahme nicht genügt, eine besondere Beleuchtung, welche die Benützung von Spiegeln umgehen läßt, notwendig.

Als Lichtquellen kann man das Kalklicht und elektrisches Licht, Auerlicht und Petroleum benützen. Die Apparate mit horizontaler Lage haben den Vorzug, daß man bei Weglassung der Spiegel künstliche Lichtquellen ohne weiteres anwenden kann; auch ist ihnen leichter eine feste Lage zu geben, so daß etwaige Erschütterungen durch Hin- und Hergehen usw. während der Aufnahme ohne Einfluß sind. Das Mikroskop muß dabei umgelegt werden können.

Das auf einem Tisch befindliche umlegbare Mikroskop wird direkt mit einer gewöhnlichen photographischen Camera mit lang ausziehbarem Balg, welche auf dem ihr zugehörenden Stativ steht, lichtdicht verbunden, indem man über den Tubus des Mikroskopes einen aus schwarzem Tuch gefertigten ärmelartigen Hohlzylinder zieht und das andere Ende über einen an der Stirnseite der Camera befestigten Tubus von geschwärzter Pappe streift. Beide Ansatzstellen sind noch mit Schnur oder mit Gummiringen zu befestigen. Diese Verbindung gestattet die Beweglichkeit der Camera und des Mikroskops. Die Länge dieses Ärmels richtet sich nach der Länge des Balges an der Camera; die Entfernung der Visierscheibe bis zum mikroskopischen Präparat soll sich bis auf wenigstens 1,5 m erstrecken können. Ist der Balg der Camera an sich schon weit ausziehbar, so kann der Vorstoß an der Stirnseite der Camera kürzer sein und umgekehrt.

Die Einstellung des Bildes mit der Visierscheibe genügt in vielen Fällen; zur feinen Einstellung mit der Mikrometerschraube muß bei der Länge des Apparates eine Vorrichtung angebracht sein, daß man vom Beobachtungsplatze aus die Drehung der Mikrometerschraube bewerkstelligen kann. Die einfachste Vorrichtung ist die Neuhauß sche Klemme, ein mit einem kleinen Hebel versehener, an die Mikrometerschraube angeschraubter Ring, an welchem Leitungsschnüre angebracht sind, mittels welcher die Mikrometerschraube durch Anziehen derselben vom Beobachtungspunkte aus beliebig gedreht werden kann. Dieselben Dienste leistet der Hookesche Schlüssel, welcher durch Zahnübersetzung die Bewegungen auf die Mikrometerschraube überträgt. Anstatt der gewöhnlichen Okulare ist die Verwendung von Projektionsokularen zu empfehlen. Firmen wie Zeiß, Leitz, Winkel in Göttingen liefern Apparate von großer Vollkommenheit.

Das geeignetste Licht zum Photographieren ist das Sonnenlicht. Von ihm macht man sich jedoch, weil es in unseren Breitegraden nicht zu allen

---

[1]) Literatur: R. Neuhauß, Lehrbuch der Mikrophotographie. 2. Aufl. 1907. Leipzig. Baumert-Dennstedt-Voigtländer. Außer mikrophotographischen Aufnahmen können von dem Gerichtschemiker auch sonstige photographische Aufnahmen, z. B. von Fingerabdrücken, Blutflecken, Handwerkszeug, des Tatortes selbst usw. verlangt werden.

Zeiten zu haben ist, gerne unabhängig und wendet sich deshalb den künstlichen Lichtquellen zu, unter denen als sehr brauchbar das Auersche Gasglühlicht sich erwiesen hat. Das Objekt beleuchtet man mit Hilfe des Abbeschen Beleuchtungsapparates und einer Sammellinse. Trotz scharfer Einstellung des Bildes werden aber oft unscharfe Bilder erhalten. Dies hat seinen Grund in Fokusdifferenzen des Linsensystems. Diese Fokusdifferenz wird durch Einschaltung von sog. Lichtfiltern gehoben, indem man parallelwandige, mit Kupferoxydammoniaklösungen gefüllte Gefäße einschaltet. Ist die Flüssigkeitsschicht sehr dick, so werden nur die blauen und violetten und die lichtempfindliche Platte am kräftigsten wirkenden Strahlen (Wellenlänge 475—400) durchgelassen. In dünneren Schichten tritt allmählich blaugrünes und grünes Licht hinzu. Man benützt am besten die sog. orthochromatischen, lichthoffreien Platten, die auch für rotes Licht empfindlich sind. Für gefärbte bakteriologische Präparate empfiehlt Zettnow ein Kupferchromfilter einzuschalten, welches aus 160 Teilen salpetersaurem Kupfer, 14 Teilen Chromsäure und 250 Teilen destilliertem Wasser besteht. Es wandern durch diese Flüssigkeit nur Strahlen von etwa 560 Wellenlänge, also grüne und grüngelbe Strahlen, welche zum Photographieren von gefärbten Bakterienpräparaten notwendig sind. Man benützt diese Lichtfilter in einer Schicht von 1 cm Dicke. Nur braun gefärbte Bakterienpräparate erfordern die Kupferoxydammoniaklichtfilter.

Zur Aufnahme stellt man die Lichtquelle in größerer Entfernung vom Mikroskop auf, bringt vor die Flamme eine Sammellinse in den Brennpunkt und wirft das Licht in die Objektebene. Verwendet man einen Beleuchtungsapparat, so stellt man eine matte Scheibe vor den selben auf und stellt das Lichtbild auf diese Scheibe ein.

Nach der Zentrierung der Beleuchtungsapparate bringt man das Objekt unter das Objektiv, sucht mit der Visierscheibe die passende Stelle und stellt ein. Nachdem scharf eingestellt ist, ersetzt man die matte Visierscheibe durch eine Spiegelscheibe, schaltet die Absorptionslösung in den Beleuchtungsapparat ein und stellt mit der Lupe ein. Beim Einstellen des Bildes bedeckt man die Camera mit dem Einstelltuch.

Über die Technik der Aufnahme selbst, über das Entwickeln der Platten und über die Herstellung der photographischen Bilder braucht bei der weiten Verbreitung der Übung im Photographieren nichts mehr gesagt zu werden. Die richtige Wahl der Expositionsdauer bleibt der Erfahrung überlassen; im allgemeinen gesagt, dauert die Belichtungszeit von wenigen Sekunden bis zehn und mehr Minuten. Die Firmen, welche mikrophotographische Apparate liefern geben ausführliche Anleitungen zum Mikrophotographieren bei. Auf diese sowie auf das eingangs vermerkte Lehrbuch sei verwiesen.

B. Allgemeine chemische Untersuchungsverfahren.

Als Untersuchungsmaterial müssen stets Durchschnittsproben [1]) genommen werden. Bei jeder Bestimmung wird in der Regel eine Kontrollbestimmung ausgeführt; das Mittel aus beiden näher übereinstimmenden Bestimmungen gilt als Resultat. Dies gilt besonders für Beanstandungen.

Der chemischen Untersuchung hat öfters auch ein praktischer Zubereitungsversuch (Koch-, Back-, Aufguß-) vorauszugehen oder nachzufolgen zum Zwecke der Prüfung der Kennzeichnung oder Anwendungsvorschrift auf ihre Richtigkeit oder zur Feststellung des allgemeinen Genuß- und Gebrauchswertes, der Ungenießbarkeit oder der Verdorbenheit. Besondere Vorschriften lassen sich hierzu nicht geben, da die Art der Zubereitung dem Einzelfall angepaßt werden muß. Die für die Herstellung von Aufgüssen z. B. von Kaffee und Kaffeeersatzstoffen, Kakao, Fleischbrühe und ähnlichen Zubereitungen geeigneten Verhältnisse sind in den einschlägigen Abschnitten angegeben.

---

[1]) Siehe Probenahme S. 1 sowie die besonderen Angaben bei den einzelnen Gegenständen.

Einer großen Anzahl von Nahrungs- und Genußmitteln ist die Ermittelung folgender Bestandteile durch die chemische Analyse gemeinsam:

Bestimmung von Wasser und Trockensubstanz.

Anzuwendende Substanz: Im allgemeinen nicht weniger als 10—20 g. Die Bestimmung wird meistens je nach der Natur der Substanz in einer Platin- (Nickel-) oder Porzellan- (Quarz-) schale ausgeführt. Stark hygroskopische Substanzen werden in einer Wägeglasschale, pulverförmige, nicht hygroskopische Substanzen zwischen zwei durch eine Klammer zusammengehaltenen Uhrgläsern getrocknet. Im Trockenschrank [1]) werden die Gläser geöffnet oder auseinander genommen. Das Trocknen wird bei 100—110⁰ C vorgenommen; gewogen wird (bei hygroskopischen Körpern unter Bedecken des Glases) von Stunde zu Stunde bzw. auch in kürzeren Zeitabständen, bis das Gewicht konstant bleibt. Die Abnahme des Gewichtes gibt den Wasserverlust bzw. den Wassergehalt an, der auf Prozente umgerechnet wird.

Der Rückstand von eingedampften Flüssigkeiten heißt Trockensubstanz (Extrakt); er wird meistens in 50 ccm der Flüssigkeit ausgeführt und, wo nicht eine Berechnung auf Prozente nötig ist, in Grammen in 100 ccm angegeben. Die Angabe in Prozenten setzt ein direktes Abwägen der Flüssigkeit oder die Möglichkeit, mit Hilfe des besonders zu bestimmenden spezifischen Gewichtes der Flüssigkeit, eine entsprechende Umrechnung der Kubikzentimeter in Grammen anzustellen, voraus. Die Trockensubstanz wird entweder durch direktes Eindampfen oder durch Eindampfen in passenden Schälchen mit geglühtem Sand oder Bimssteinstückchen oder auch ohne Auflockerungsmittel [2]) auf dem Wasserbade (Porzellanring, auch Emaillering), Trocknen bei 100—105⁰ im Trockenschrank bis zum konstant bleibenden Gewicht, bestimmt. Bei Anwesenheit von sonstigen flüchtigen Bestandteilen muß auf diese Rücksicht genommen werden und man gibt in diesem Fall als Resultat den Gewichtsverlust als Wasser + flüchtige Substanzen an. Leicht zersetzliche Stoffe müssen ohne Wärmezufuhr im Vakuumexsikkator über Schwefelsäure getrocknet werden, was naturgemäß oft längere Zeit in Anspruch nimmt.

Sirupöse, gelatinöse und ähnliche Substanzen, insbesondere Sirupe, Extrakte usw. oder Flüssigkeiten, die einen sirupösen Rückstand erwarten lassen, trocknet man unter Zusatz von Auflockerungsmitteln wie Bimsstein, Seesand, Holzwolle ein. Selbstverständlich müssen diese selbst zusammen mit der Schale und einem Glasstäbchen scharf getrocknet

---

[1]) Im allgemeinen verwendet man nicht Luft-, sondern Wasserdampftrockenschränke, oder solche mit anderen Heizflüssigkeiten (Glyzerin, Kochsalzlösung usw.); die Bauart der Trockenschränke ist eine verschiedene, besonders bekannte Formen sind die Soxhletsche und der Weintrockenschrank. Trockenschränke mit Gaszuführregulatoren sind zur Sicherung einer konstanten Temperatur sehr zweckmäßig. Namentlich hat sich die von der Firma G. Christ & Co Berlin-Weißensee eingeführte Konstruktion sehr bewährt. Vakuumtrockenschränke sind bei hygroskopischen Substanzen sowie zum schnellen Arbeiten besonders geeignet.

[2]) Die Art des Eindampfens ist bei den einzelnen Materialien besonders angegeben.

und gewogen sein. Das weitere Trocknen derartiger schwer zu trocknender Substanzen bis zum konstanten Gewicht geschieht im luftverdünnten Raume (Vakuumtrockenschrank). Vgl. auch die von Fiehe und Stegmüller[1]) sowie von U. Fabris[2]) für Honig angegebenen Apparate.

Für manche Körper empfiehlt sich ein Vortrocknen durch Anwendung gelinderer Wärme (z. B. bei Brotkrume). Es empfiehlt sich überhaupt die Temperatur allmählich zu steigern. Bei Kräutern, Wurzeln usw. wird ab und zu ein Vortrocknen vor der eigentlichen Bestimmung nötig. Diese führt man aus, wie es die Vereinbarungen[3]) angeben: Das Vortrocknen geschieht bei etwa 40—50⁰ C im Dampftrockenschranke, indem man entweder, wie z. B. Wurzelgewächse oder ähnliches unter möglichster Vermeidung eines Wasserverlustes in dünne Scheiben schneidet und sie an einem Drahtbügel aufspießt, oder bei krautartigen Gemüsen und dgl., indem man sie nach dem Zerschneiden in flachen Porzellanschalen oder auf Hürden auseinanderbreitet und einige Tage bei obiger Temperatur vortrocknet. Man verwendet hierbei eine größere abgewogene Menge (etwa 500 g), läßt sie nach der Entfernung aus dem Trockenschranke etwa 2—3 Stunden an der Luft liegen, damit sie die für die lufttrockene Substanz normale Feuchtigkeit annimmt und beim darauf folgenden Wägen und Zerkleinern keine weiteren wesentlichen Feuchtigkeitsmengen wieder aufnimmt. Die mit Luftfeuchtigkeit gesättigte Substanz wird dann gewogen, mit der Schrotmühle zerkleinert und sofort in gutschließende Glasbüchsen gefüllt. Von der zerkleinerten Masse dienen kleinere Proben für die vollkommene Austrocknung bei 100—110⁰ C, wie eingangs angegeben, und für die übrigen Bestimmungen. Aus beiden Wasserbestimmungen berechnet man den Wassergehalt der natürlichen Substanz. Den Gehalt an sonstigen Bestandteilen berechnet man zunächst auf Trockensubstanz und hiernach mittels des gefundenen Gesamtwassergehaltes auf die natürliche Substanz.

Da manche Substanzen infolge rascher Zersetzung, Gehalts an flüchtigen Stoffen usw., wie z. B. Fleisch, Wurst, Käse auf dem beschriebenen Wege keine fehlerlose Bestimmung des Wassergehaltes ermöglichen, sogar große Differenzen eintreten können, sind von H. Kreis[4]), von C. Mai und E. Rheinberger[5]), sowie von A. Besson[6]), Michel[7]) Verfahren, welche auf dem Prinzip der Destillation des Wassers mit Hilfe von hochsiedenden Flüssigkeiten (Xylol, Petroleum, Terpentinöl) beruhen, angegeben. Vgl. S. 131 und 138.

Bestimmung der Asche (Mineralbestandteile), der Alkalität und des Sandes (in Salzsäure unlöslicher Teil).

Die angewandte Substanzmenge richtet sich nach dem zu erwartenden Aschengehalt. Die Bestimmung wird meistens nach der

---

[1]) Arb. aus dem Kaiserl. Ges.-Amte 1912, 40, 308.
[2]) Zeitschr. f. Unters. d. Nahr.- u. Genußm. 1911, 22, 353.
[3]) I. Teil, S. 1—2.
[4]) Chem. Ztg. 1908, 32, 1042.
[5]) Zeitschr. f. Unters. d. Nahr.- u. Genußm. 1912, 24, 125.
[6]) Chem. Ztg. 1917, 41, 346.
[7]) Ebenda 1916, 37, 353.

Trockensubstanz-, Wasser-, Extrakt- usw. bestimmung mit der dabei angewandten Menge vorgenommen. Die Substanz soll womöglich ganz
wasserfrei sein, um ein etwaiges Spritzen zu verhindern. Man verascht
entweder über der Bunsenflamme, oder wenn eine Beeinflussung der Zusammensetzung der Asche durch die Verbrennungsprodukte des Heiz-
gases zu befürchten ist, mit der Spiritus- oder Benzinlampe (Barthel-
brenner). Mindestens sind die Verbrennungsprodukte des Gases durch
eine um den Tiegel bzw. die Schale gelegte Asbèstplatte oder dgl. möglichst vom Inhalt derselben fern zu halten, weil die Alkalität der Asche
sich unter der Einwirkung der entweichenden SO_2 erheblich verändern
kann. (Vgl. Abschnitte Fruchtsäfte, Wein usw.).

Die Veraschung in Muffelöfen kann nur angewendet werden, wenn
die Ermittelung leichtflüchtiger Salze oder Metalle nicht in Betracht
kommt. Im allgemeinen ist das schärfere Glühen der Aschen bei der
Nahrungsmittelanalyse stets zu vermeiden. Man verkohlt erst unter
zeitweiligem Entfernen der Flamme oder mit Pilzbrenneraufsatz bei
möglichst niedriger Flammenstellung so weit, bis alle Extraktivstoffe verbrannt sind, dann laugt man mit etwas Wasser aus, filtriert von der Kohle
ab und verascht das Filter, dessen Asche später abzuziehen ist, mit dem
Kohlerückstand zusammen, gibt die Lauge wieder zu, dampft sie ein
und glüht nochmals, aber vorsichtig, unter Hin- und Herbewegen der
Flamme. Bei schwer zu veraschenden Massen (Phosphaten usw.),
welche schmelzen und Kohleteilchen einschließen, muß die Asche mit
Wasser oder chemisch reinem schwefelsäurefreiem $3^0/_0$igem H_2O_2 befeuchtet, dann wieder geglüht, und diese Operation je nach Umständen
mehrmals wiederholt werden. Als allgemeine Regel gilt, die Hitze erst
allmählich zu steigern. Erhitzt man sofort stark, so findet viel leichter
Schmelzen mit Kohlebildung statt; die Kohle verbrennt dann sehr schwer,
und man ist genötigt, sie mit Wasser oder je nach der Substanz auch mit
salpetersäurehaltigem Wasser auszulaugen, um schließlich ihre Veraschung zu bewirken. Die Asche darf keine Kohlenteilchen mehr erkennen lassen. Hiervon überzeugt man sich dadurch, daß man sie mit
etwas Wasser befeuchtet, worauf die fein zerteilte Kohle deutlich sichtbar
wird. Zur Verhütung des Entweichens gewisser Stoffe, wie Arsen usw.,
hat man entsprechende Zusätze zum Aufschließen gemäß den Regeln
der analytischen Chemie vorzunehmen. Vgl. ,,Nachweis von Metallen'',
S. 34.

Wenn der Aschenbestimmung die Bestimmung des Sandes folgt,
löst man die Asche unter Erwärmen in verdünnter $10^0/_0$iger Salzsäure,
filtriert ab, wäscht aus, verbrennt das Filter samt Rückstand, glüht
und wägt. Rückstand minus Filterasche = Sand (wird oft auch als
,,salzsäureunlöslicher Teil'' angegeben). Aus diesen Daten ergibt sich
auch die Menge der Reinasche bzw. der in Salzsäure löslichen
Aschenbestandteile, — Angaben, welche ebenfalls zuweilen erforderlich sind.

Enthält der in $10^0/_0$iger Salzsäure unlösliche Rückstand noch
wesentliche Mengen löslicher Kieselsäure, so entfernt man dieselbe aus
dem Rückstande durch halbstündiges Auskochen mit einer kalt gesättigten
Lösung von Natriumkarbonat, der man etwas Natronlauge zusetzt, in

einer geräumigen Platinschale. Die Menge der Gesamtasche abzüglich des so erhaltenen Rückstandes ergibt die Menge der Reinasche.

Die Alkalität der Asche wird dadurch ermittelt, daß man die Asche unter Versetzen mit 10 ccm (gegebenenfalls auch mehr) $\frac{n}{2}$ Schwefelsäure und mit heißem Wasser in ein Becherglas spült, die Kohlensäure durch Erhitzen und Kochen vertreibt und die überschüssige Säure mit $\frac{n}{2}$-Lauge zurücktitriert. Die Alkalität wird ausgedrückt in Kubikzentimeter Normalsäure berechnet auf 100 g der angewandten Substanz. Bei dieser im allgemeinen gebräuchlichen Bestimmung der Alkalität werden die basisch reagierenden tertiären Phosphate mitermittelt. K. Farnsteiner[1]) hat Methoden zur Bestimmung der wahren Alkalität angegeben. Über Alkalitätszahl nach Buttenberg vgl. Zeitschr. f. Unters. d. Nahr.- u. Genußm. 1905. 9. 141 und den Abschnitt Fruchtsäfte.

Aschenanalyse:

Für die Ermittelung und Trennung der einzelnen Aschenbestandteile nach zweckmäßigen und genauen analytischen Methoden müssen, soweit das Hilfsbuch in einzelnen Abschnitten, z. B. Wasser und Düngemittel, keine Anhaltspunkte bietet, die Lehrbücher der analytischen Chemie (besonders geeignet ist Treadwell, Kurzes Lehrbuch der analytischen Chemie) zu Rate gezogen werden. Ausführliche und gründliche Bearbeitungen finden sich im III. Teil, I. Bd. des Werkes J. König, Chemie der menschlichen Nahrungsmittel usw. und bei A. Beythien, Handbuch der Nahrungsmitteluntersuchung.

Der Gang der Aschenanalyse[2]) sei hier kurz angedeutet:

a) Kieselsäure und Erdalkalien. Die Asche wird mit rauchender Salzsäure in einer Porzellanschale mehrmals zur Trockne verdampft, dann mit heißem Wasser auf einem gewogenen Filter gesammelt und nach dem Trocknen gewogen. Verunreinigungen von Sand, Kohle und dgl. werden durch Behandlung des Filterinhaltes mit Soda und etwas Natronlauge als Rückstand nach dem Auswaschen und Trocknen gewogen. Die erhaltene salzsaure Lösung wird zu einem bestimmten Volumen aufgefüllt und für die Ermittelung der Tonerde, des Kalkes, der Magnesia und des Eisens benützt.

b) Schwefelsäure wird in einem zweiten Volumen in üblicher Weise als schwefelsaures Barium gefällt und weiter behandelt. Die von dem Niederschlag abfiltrierte Flüssigkeit wird zur Bestimmung

c) der Alkalien durch Eindampfen weiterverarbeitet, indem man zunächst, nachdem man den Rückstand mit einer wiederholt gewaschenen Kalkmilch längere Zeit gekocht hat, Kalk und Magnesiasalze, Phosphorsäure, Eisen usw. mit Ammoniumkarbonat daraus ausscheidet. Die davon abfiltrierte Lösung wird eingedampft, um aus dem Rückstand die Ammoniumsalze durch schwaches Glühen zu verjagen. Die Kalkbehandlung wird mehrmals mit kleinen Mengen der Reagenzien vorgenommen. Das endlich zurückbleibende Gemisch von Kalium- und Natriumchlorid kommt zur Wägung. Man bestimmt darin das Kalium als Kaliumplatinchlorid (s. S. 513). Durch Abziehen des als Chlorid berechneten Kaliums von dem Gesamtgewicht an Alkalichloriden ergibt sich das Natriumchlorid. Man kann die Chloride auch durch Überführen in Sulfate

---

[1]) Zeitschr. f. Unters. d. Nahr.- u. Genußm. 1907, 13, 305. Vgl. auch L. Grünhut, Zeitschr. f. analyt. Chemie 1909, 48, 319.

[2]) Vgl. auch R. Berg, Chem. Ztg. 1912, 36, 509. Vermeiden der durch das Veraschen entstehenden Verluste durch Anwendung von Aufschließmethoden (Kjeldahl, Salpetersäure, Chromsäuregemisch usw.).

mittels Abrauchens mit Schwefelsäure hinreichend genau bestimmen. Berechnung siehe Beythiens Handb. S. 56.

d) Phosphorsäure nach den im Abschnitt Wein beschriebenen Methoden [1]).

e) Chlor wird in der mit Salpetersäure gelösten Asche am besten gewichtsanalytisch durch Fällen mit $AgNO_3$ oder titrimetrisch nach Volhard mit Eisenoxydammonalaun bestimmt.

f) Kohlensäure, direkte Bestimmung durch Absorption im Natronkalkrohr oder im Geißlerschen Apparat in üblicher Weise. Siehe auch Backpulver.

Nachweis von Metallen (anorganischen Giften). Nichtflüchtige Metalle können in der Asche nach den üblichen Methoden der qualitativen und quantitativen Analyse ermittelt werden Im allgemeinen empfiehlt es sich jedoch, die Zerstörung der organischen Substanz nach Fresenius-Babo mit Salzsäure und Kaliumchlorat oder nach Neumann-Wörner [2]) mit einer Mischung gleicher Teile Schwefelsäure und konzentrierter Salpetersäure (s = 1,4) vorzunehmen. Auf 5 g Substanz nimmt man 10 ccm dieses Gemisches. Näheres darüber sowie über den Analysengang ist aus dem Abschnitt „Ausmittelung von Giften" S. 540 zu entnehmen. Vgl. ferner die amtliche Anleitung für die Untersuchung von Nahrungs- und Genußmitteln, Farben, Gespinsten und Geweben auf Arsen und Zinn (zum Farbengesetz gehörig), S. 691 sowie auch die im Abschnitt Gemüsedauerwaren beschriebenen Methoden zum Nachweis von Metallen.

Bestimmung des Stickstoffes, der Eiweißstoffe (Proteinstoffe) und sonstiger stickstoffhaltiger Bestandteile.

Der Stickstoffgehalt gibt multipliziert mit 6,25 [3]) (vereinbarte Zahl, wobei Tiereiweiß als im Mittel 16% N enthaltend angenommen ist) den Gesamteiweißgehalt.

Bei Körpern, die noch Ammoniak- und Amido- usw. Verbindungen enthalten, müssen die dafür in Betracht kommenden Stickstoffmengen bei der Berechnung in Betracht gezogen werden.

Die Kjeldahlsche Methode wird wohl heute ausschließlich benützt. Von den verschiedenen Möglichkeiten zur Aufschließung der Substanz ist folgende für die Zwecke der Nahrungsmitteluntersuchung besonders geeignet und ausreichend; bezüglich anderer sei auf J. König, Chemie der menschlichen Nahrungs- und Genußmittel, 1910, III. Bd., I. Teil, S. 240, sowie A. Beythien, Handbuch der Nahrungsmitteluntersuchung, S. 5, verwiesen. Weitere Winke, namentlich auch hinsichtlich der Apparatur vgl. C. Beger, Zeitschr. f. analyt. Chemie 1910, 49, 427.

Anzuwendende Menge der Substanz:

1. Feste Körper: von Fleisch, Fleischextrakten usw. nimmt man 0,5 g, von Brot, Mehl, Futtermitteln usw. 1—2 g, bei N-ärmen Substanzen auch größere Mengen in Arbeit.

Zur Analyse von Substanzen, bei denen es nicht möglich ist, eine kleine Durchschnittsprobe für die Stickstoffbestimmung sich herzustellen, wie bei Fleischwaren, Würsten, Gemüsen, und auch bei Futtermitteln bedient man sich

---

[1]) Vgl. auch Pfyl, Maßanalytische Bestimmung der Phosphate in der Asche von Lebensmitteln. Arb. aus dem Kaiserl. Ges.-Amt 1914, 47, 1.
[2]) Zeitschr. f. Unters. d. Nahr.- u. Genußm. 1908, 15, 732.
[3]) Die Anwendung eines anderen Faktors ergibt sich aus den einzelnen Abschnitten.

der in landwirtschaftlichen Versuchsstationen üblichen Methode, welche auch die „Vereinbarungen" angeben: 10—20 g der gemischten Substanz verrührt man unter Erwärmen auf dem Wasserbad mit 150 g reiner konzentrierter Schwefelsäure mit einem Glasstab solange, bis ein flüssiger, gleichmäßiger Brei entsteht. Diesen bringt man in einen 200 ccm-Glaskolben, spült mit derselben Säure nach und stellt auch mit derselben Säure nach dem Erkalten auf 200 ccm ein. Nach dem genügenden Durchmischen unter kräftigem Umschütteln pipettiert man 20 ccm des Gemisches (= 1—2 g Substanz) in einen Zersetzungskolben und verfährt wie eingangs angegeben.

2. Flüssigkeiten dampft man in dem Zersetzungskolben (s. unten) entweder direkt oder unter Zusatz von etwas Schwefelsäure ein und verfährt wie bei den festen Körpern; manchmal empfiehlt sich auch das Eindampfen unter Zusatz von Sand im Hofmeisterschen Schälchen, welches dann nach vorausgegangenem Trocknen zertrümmert und in den Zersetzungskolben gebracht wird. Z. B. man nimmt von Milch etwa 20 ccm, von Wasser mindestens 250 ccm. Das Eindampfen im Zersetzungskolben geht leicht und rasch vor sich, wenn man in das auf dem Wasserbade befindliche Gefäß einen erhitzten Gebläseluftstrom über die Flüssigkeitsoberfläche leitet. Die heiße Luft führt den sich bildenden Dampf in sehr kurzer Zeit aus dem enghalsigen Kolben. Substanzverlust wird dabei völlig vermieden.

Ausführung der Bestimmung:

Zu der Substanz im Zersetzungskolben (Jenaer Kaliglaskolben mit langem Hals) gibt man 20 ccm reine konzentrierte Schwefelsäure[1]), 1 g (etwa 1 Tropfen) metallisches Quecksilber oder 0,5 g Kupferoxyd, erhitzt zunächst mit kleiner Flamme und steigert allmählich die Hitze. Nachdem die Substanz verbrannt ist und sich die Mischung in eine klare farblose oder bläuliche Flüssigkeit verwandelt hat, erhitzt man noch etwa 15 Minuten lang.

Es ist empfehlenswert, das Gemenge vorher etwa 6—12 Stunden (wenn angängig) auf die Substanz einwirken zu lassen, indem man den Kolben mit einer Glaskugel schließt und an einem ammoniakfreien Orte (Glasglocke) stehen läßt. Namentlich ist zu beachten, daß die Substanz oder der eingedampfte Rückstand vollständig von der zugesetzten Säure durchtränkt wird. Der Kolben darf nur langsam angewärmt und etwa $^1/_2$—$^3/_4$ Stunde einer ganz geringen Hitze ausgesetzt werden. Nach und nach wird dann die Hitze gesteigert. Man vermeide ein rasches Anheizen, weil dadurch Stickstoffverlust eintreten kann. Die Zerstörung der Substanz ist sodann in der Regel in etwa 2—2$^1/_2$ Stunden vollendet[2]). In dieser Lösung ist nun der Stickstoff als schwefelsaures Ammoniak enthalten. Man verdünnt die erkaltete Lösung mit etwa 250 ccm Wasser, unterschichtet vorsichtig 80—100 ccm ammoniakfreie Natronlauge (1,35), die mittels eines Tropftrichters zugeführt wird, fügt 25 ccm Schwefelkaliumlösung (40 g K_2S im Liter) oder etwas mehr falls erforderlich zur vollständigen Ausfällung des Hg zu und destilliert etwa

---

[1]) Die Schwefelsäure kann mit 10% Phosphoranhydrid verstärkt werden; Zusätze von Oxydationsstoffen wie Hg und CuO können dann bei leichtzerstörbaren Stoffen unterbleiben.

[2]) Zucker- und stärkereiche Substanzen erfordern oft längere Zeit.

150—200 ccm unter Verwendung eines Reitmaierschen Destillations-
aufsatzes mittels eines Liebigschen Kühlers oder auch mit Luftkühlung
sowie mit einer an die Apparatur angeschlossenen Wasserdampfstrom-
einrichtung in eine Vorlage von etwa 250 ccm ab. Beim Destillieren ohne
Wasserdampfstrom gebe man zur Vermeidung des Siedeverzuges einige
Stückchen Zink in den Kolben, nachdem die Natronlauge vorsichtig
unterschichtet wurde. Sofort ist aber hinterher der Destillationsaufsatz
auf den Kolben zu bringen und die Verbindung mit dem Kühler herzustellen. Die Vorlage enthält die mit einem Indikator (Kongorot oder
Methylorange) versetzte Normalsäure $\left(\dfrac{n}{4}\right.$ oder eine anders eingestellte
solche). 1 ccm verbrauchte $\dfrac{n}{4}$-Säure = 3,5 mg N. Man titriert mit der
entsprechenden Normallauge zurück und berechnet aus der verbrauchten
Säure den Stickstoffgehalt.

Neuerdings empfiehlt L. W. Winkler [1]), das ammoniakalische Destillat
in Borsäurelösung zu leiten und dann unter Anwendung eines geeigneten In-
dicators das Ammoniak unmittelbar mit Säure zu messen. Bei diesem Verfahren ist folgendes zu beachten:

1. Die Borsäure soll in gehörigem Überschuß sein. In der Praxis genügt
es, in die Vorlage 5—10 g kristallisierte Borsäure und 100 ccm destilliertes
Wasser zu geben.

2. Die Vorlage muß gut gekühlt werden.

3. Die Vorlage soll möglichst enghalsig sein. Zu aller Vorsicht kann man
die Öffnung noch mit Borsäurewatte verschließen.

4. Es ist wenig Kongorot oder Methylorange anzuwenden und nach dem
Erkalten der Borsäurelösung zu titrieren.

5. Die Meßflüssigkeit ist am besten $\dfrac{n}{10}$ oder $\dfrac{n}{4}$-Salzsäure, da bei Schwefelsäure der Umschlag weniger scharf ist.

Die Bestimmung des Ammoniaks soll bei Anwendung dieser Methode
verschärft werden. Das Nähere muß aus der Originalarbeit entnommen werden.

Die Verwendung der Kjeldahlschen Methode zur Zerstörung
der organischen Stoffe für den Nachweis von Metallen in organischen
Stoffen empfehlen Gras und Gintl, namentlich für die Untersuchung
von Teerfarben, sowie A. Halenke [2]) für Mehl. Sie nehmen auf 10 g
Substanz 60—80 g konzentrierte Schwefelsäure, die 10% Kaliumsulfat
enthält.

Über N-Bestimmung in Milch, namentlich fettreicher, vgl. M. Popp und
G. Wiegner [3]).

Bestimmung des Stickstoffs bei Anwesenheit von Nitraten, Nitriten,
Nitro, Nitroso-, Azo-, Cyan- usw. Verbindungen nach Jodlbaur oder
von Salpeterstickstoff überhaupt s. Abschnitte Düngemittel S. 511 und
Wasser S. 464.

Im allgemeinen genügt die vorstehend angegebene Bestimmung
der Gesamtstickstoffsubstanz (Rohproteins) für die Untersuchung und
Begutachtung der verschiedenen Nahrungsmittel usw.; für eingehendere
Analysen, Trennung und Unterscheidung des in verschiedenen Formen

[1]) Zeitschr. f. ang. Chemie 1913. 26. I. 231; 1914. 27. I. 630.
[2]) Zeitschr. f. Unters. d. Nahr.- u. Genußm. 1899, 2, 128.
[3]) Milchw. Zentralbl. 1906, 263.

vorhandenen Stickstoffes als Reineiweiß, Peptone, Albumosen, Amino-
säuren usw. und als nicht eiweißartiger Stickstoff, als Leim-, Ammoniak-,
Amid- und Salpeterstickstoff muß auf die Literatur und den Abschnitt
Fleisch und Fleischextrakte, sowie Milch verwiesen werden.

Die Bestimmung des verdaulichen Eiweißes siehe im Abschnitt „Futtermittel" S. 506.

Noch ist zu bemerken, daß der Stickstoff im tierischen Eiweiß
etwa 16%, im Pflanzeneiweiß etwa 16,6% beträgt, nichtsdestoweniger
aber berechnet man den Stickstoff in der Regel (siehe jedoch Abschnitt
Milch) durch Multiplikation mit 6,25 auf Eiweiß oder Protein; man hat
aber, was aus oben Gesagtem schon hervorgeht, zu berücksichtigen, daß
manche Körper auch noch anderen Stickstoff als lediglich Eiweißstickstoff haben, so ist z. B. der N bei Kartoffeln bis zu etwa 40% auf Amido-
körper (hier auch Solanin), bei Pilzen desgl. zu etwa 30% zu beziehen,
bei Kakao ist auf Theobrominstickstoff zu achten usw.

Der qualitative Nachweis von Stickstoff geschieht durch Schmelzen
kleiner Substanzmengen mit Kalium oder Natrium, Auflösen der Schmelze
und Anstellen der Berlinerblaureaktion; die Lösung mit gelbem Schwefelammonium eingedampft gibt nach Ansäuern mit Eisenchlorid die blutrote Färbung
von Sulfocyaneisen. Das Verfahren von Castellana siehe Zeitschr. f. Unters.
d. Nahr.- u. Genußm. 1905, 10, 690. Ref.

Eiweiß-(Protein-)Reaktionen s. S. 562.

**Bestimmung von Kohlenstoff und Wasserstoff, des Schwefels und der Halogene
(Elementaranalyse).**

Die Kenntnis dieses Verfahrens muß vorausgesetzt werden. Der Nahrungsmittelchemiker kommt im übrigen nur selten in die Lage, dies Verfahren
anwenden zu müssen. Empfehlenswert ist die Anleitung zur vereinfachten
Elementaranalyse nach M. Dennstedt [1]).

Bestimmung des Fettes (Rohfettes, Äther-Extraktes).

Unter Fett versteht man bei der Nahrungsmittelanalyse den Ätherextrakt der wasserfreien Substanz, d. h. alle aus der wasserfreien Substanz durch wasserfreien, d. h. über Natrium oder Natriumamalgam
destillierten, Äther extrahierbaren, bei einstündigem Trocknen im
Dampftrockenschrank nicht flüchtigen Bestandteile.

Verfahren mit dem Extraktionsapparat nach Soxhlet und dessen
Kugelkühler oder einer anderen geeigneten Kühlvorrichtung.

Anzuwendende Menge etwa 5—10 g der gepulverten Substanz.

Man bereitet sich zunächst eine Papierhülse [2]) aus fettfreiem Filtrierpapier, indem man das Papier um einen zylindrischen Holzstab zweimal herumrollt und dessen unteres, durch Zusammenfalten des Papiers
gebildetes Ende mit entfetteter Watte belegt. Sodann bringt man die
Substanz oder den auf Bimsstein, Sand usw. angetrockneten Extrakt
usw. in Pulverform ohne Verlust hinein, legt wieder Watte darauf, und
schließt das überstehende Papier durch Zusammenfalten so, daß eine

---

[1]) Hamburg 1906 und Chemik. Ztg. 1909, 33, 769; siehe auch J. Königs
Handbuch, III. Bd., 1. Teil, S. 224.

[2]) Statt dieser sind die Extraktionshülsen von Schleicher & Schüll,
Macherey, Nagel & Co., Düren u. a. zu empfehlen.

Hülse entsteht. — Ist die Substanz nicht schon durch die vorbereitenden Bearbeitungen vollständig getrocknet worden, so muß die gefüllte Hülse im Dampftrockenschrank noch getrocknet werden. Im Extraktionsapparat, dessen Einrichtung als bekannt vorausgesetzt wird, wird dann etwa 4—6 Stunden [1]) je nach dem Fettgehalt und dem Grade der Ausziehungsfähigkeit der Substanz mit Äther extrahiert. Im gewogenen und zuvor gut getrockneten Kolben wird der Äther verdampft oder abdestilliert und das Zurückgebliebene im Dampftrockenschrank eine Stunde getrocknet und nach dem Erkalten im Exsikkator gewogen.

Es empfiehlt sich, einen zweiten tarierten Kolben vorrätig zu halten und noch eine Zeitlang aufs neue zu extrahieren, um zu sehen, ob noch eine weitere Menge Fett ausgezogen wird.

Die Bestimmung der freien Fettsäuren (des Säuregrades) dieser Extrakte siehe S. 59.

Bestimmung und Trennung der stickstofffreien Extraktivstoffe (namentlich der Kohlenhydrate).

Die Gesamtmenge der stickstofffreien Extraktivstoffe, welche eine ganze Reihe von Verbindungen in den Nahrungsmitteln umfassen, nämlich die Zuckerarten, Stärke, Gummi, Pflanzenschleime und Säuren, Bitter- und Farbstoffe usw., rechnet man gewöhnlich aus der Differenz, indem man die Summe des Wasser-, Rohprotein-, Rohfett-, Holzfaser- und Aschegehaltes von 100 abzieht.

Hat man eine ausführlichere Analyse der Extraktivstoffe [2]) zu machen oder einzelne derselben zu bestimmen, so verfährt man wie folgt:

Man erschöpft die meistens erst durch Äther entfettete Substanz zuerst mit kaltem, dann mit heißem Wasser und bringt die wäßrige Lösung auf ein bestimmtes Volumen. Hiervon nimmt man unter Vernachlässigung des Volumens des unlöslichen Rückstandes zu folgenden Bestimmungen je einen aliquoten Teil.

1. Bestimmung der in Wasser löslichen Stoffe.

Einen aliquoten Teil, etwa 50—100 ccm kocht man zur Entfernung von Albumin [3]) auf, filtriert, wäscht mit Wasser nach, dampft ein, trocknet bei 105° bis zur Gewichtskonstanz und wägt. Alsdann verascht man den Inhalt der Schale und wägt wieder. Die Differenz beider Wägungen ergibt die Menge der wasserlöslichen Kohlenhydrate (Vereinbarungen). Man kann bequemer, namentlich bei stärkemehlreichen Stoffen, diese Bestimmung in der ursprünglichen Substanz (etwa 3—5 g)

---

[1]) Bisweilen mehr.

[2]) Die Ermittelung der Zuckerarten und -mengen sowie des Stärkegehaltes bringt das Nachfolgende; betreffend der übrigen oben angeführten Extraktivstoffe muß auf die einzelnen Sonderabschnitte verwiesen werden.

[3]) Dieses und andere lösliche Stickstoffverbindungen können ebenfalls in einem besonderen Teil der Lösung bestimmt werden. Ein Teil — entsprechend 2—5 g der ursprünglichen Substanz — der wäßrigen Lösung wird nach der Kjeldahlschen Methode behandelt (vgl. S. 34), nachdem man die Lösung in dem Aufschließungskolben erst über kleiner Flamme unter vorheriger Zugabe von verdünnter Schwefelsäure auf etwa 20—30 ccm eingedampft hat.

indirekt vornehmen, indem man die meistens vorher entfettete mit Wasser extrahierte Substanz nach mehrmaligem Nachwaschen auf einem tarierten Filter sammelt, bei 105⁰ trocknet und wägt; bei der Berechnung hat man den Wassergehalt der Substanz, der in einer besonderen Durchschnittsprobe bestimmt werden muß, zu berücksichtigen.

2. Bestimmung von Trockensubstanz (Extrakt) und Asche.

Man dampft ein bestimmtes, etwa 4 g der Substanz entsprechendes Volumen der Lösung in einer Platinschale ein, trocknet bei 105⁰ bis zum konstant bleibenden Gewicht und wägt. Sodann äschert man den gewogenen Abdampfungsrückstand vorsichtig ein (vgl. S. 30 und 31) und wägt.

3. Bestimmung der löslichen Kohlenhydrate (Zuckerarten und Dextrine).

Vorbereitung des Untersuchungsstoffes.

Man bereite sich, falls keine Flüssigkeit zur Untersuchung vorliegt, einen wäßrigen Auszug der Substanz durch mehrmaliges Ausziehen mit Wasser und Zusammengießen der entstehenden Lösungen. Von der Flüssigkeit, aus der man durch Absetzenlassen die unlöslichen Stoffe abtrennt, filtriere man einen aliquoten Teil (im allgemeinen 100 ccm) ab. Enthält die Substanz schwer filtrierbare oder quellbare Stoffe (Stärke, Gelatine usw.), so zieht man die Zuckerstoffe mit Alkohol von 96 Maßprozenten aus. Fetthaltige Substanzen sind unter allen Umständen zuvor stets mit Äther zu behandeln. Aus dem alkoholischen Auszuge ist der Alkohol durch Verdampfen zu entfernen und der Rückstand mit Wasser aufzunehmen.

Zur Befreiung der so gewonnenen wäßrigen Lösungen der Zuckerarten oder sonstiger zuckerhaltiger Flüssigkeiten von anderen gelösten oder von feinsuspendiert vorhandenen Stoffen oder von Färbungen müssen den Lösungen noch Klärungsmittel zugesetzt werden.

Im Gebrauche sind:

a) Tierkohlepulver (reines). Auf 100 ccm Lösung setzt man etwa 1 g zu und schüttelt damit die Lösung bis zur Entfärbung. Tierkohle ist zwar ein gutes Entfärbungsmittel, hat aber den Nachteil, kleinere Mengen Zucker zurückzuhalten. Die Kohle wird abfiltriert und gut mit Wasser nachgewaschen. Die erhaltene Lösung wird auf ein bestimmtes Maß eingestellt.

b) Bleiessig (Deutsches Arzneibuch, 5) ist das für die meisten Fälle tauglichste Klär- und Entfärbungsmittel. Die Zugabe erfolgt tropfenweise unter Umschütteln. Man vermeide einen unnötigen Überschuß. Das in Lösung gebliebene Bleisalz wird mit einer Lösung von Natriumsulfat oder -phosphat (1 + 7) entfernt. (Nochmaliges Abfiltrieren eines aliquoten Teiles zur Entfernung des Bleisulfats bzw. -phosphates.)

c) Aluminiumhydroxyd (sog. Tonerdebrei) herzustellen nach folgender Vorschrift: Man fällt eine 1%ige Aluminiumchloridlösung mit Ammoniak bis zur alkalischen Reaktion und befreit den gebildeten Niederschlag durch wiederholtes Dekantieren vom Chlorammonium und

Ammoniak. Nach längerem Absetzen hebert man die klare Flüssigkeit ab und bewahrt den Tonerdebrei in verschlossener Flasche auf. Auf 100 ccm Zuckerlösung verwendet man in der Regel 2—3 ccm Tonerdebrei. Über die Anwendung von kolloidalem Eisenhydroxyd als Klärungsmittel bei der Bestimmung des Milchzuckers vgl. Grimmer und Urbschat, Milchwirtsch. Zentralbl. 1917, 17, 257.

d) Gerbsäure (Tannin) und Bleiessig in einer Lösung soll nach Großfeld [1]) für polarimetrische Untersuchungen von Zucker- und Dextrinlösungen, nicht aber für Stärkelösungen geeignet sein.

Zusammenfassend sei bemerkt, daß möglichst mit Bleiessig zu klären ist, da die meisten der störend wirkenden Stoffe damit entfernt werden. Sollte die Entfärbung nicht in dem gewünschten Maße zu erreichen sein, so kann mit etwas Tierkohle (3 Minuten Schütteln ohne Wärmezufuhr) nachgeholfen werden. Sollte eine Neutralisation der Lösung, z. B. nach der Inversion nötig sein, so ist hierzu Magnesiumoxyd zu empfehlen. Ein Eindampfen von Zuckerlösungen darf nur in genau neutraler Lösung erfolgen.

Chemische Zuckerbestimmungen.

a) Qualitativ:

Einige Kubikzentimeter geklärter und entfärbter sowie auch von überschüssigen Klärmitteln befreiter, filtrierter, klarer, neutraler Lösung werden zum Sieden erhitzt und mit derselben Menge Fehlingscher Lösung (Bereitung und Behandlung s. S. 42) versetzt. Das Gemisch wird über direkter Flamme erhitzt und einige Zeit im Sieden erhalten. Eine Ausscheidung von rotem Cu_2O (Kupferoxydul) deutet auf die Gegenwart von direkt reduzierendem Zucker, wie z. B. Glucose (auch Stärkezucker), Fructose, Invertzucker, Maltose und Milchzucker.

Falls keine oder nur eine geringe Ausscheidung von Cu_2O erfolgt ist, werden einige weitere Kubikzentimeter der Lösung mit einigen Tropfen verdünnter Salzsäure erhitzt (invertiert). Die Flüssigkeit wird darauf neutralisiert und in derselben Weise, wie beschrieben, auf ihr Verhalten gegen Fehlingsche Lösung (s. S. 42 unter α) geprüft. Eine danach eingetretene oder stärker als ohne Inversion eingetretene Abscheidung von Cu_2O läßt die Gegenwart von Saccharose erkennen. Der Nachweis von Saccharose kann auch nach Rothenfußer (s. Abschnitt Milch und Wein) und der Glycosearten (Glucose, Fructose usw.), auch mit Phenylhydrazin erfolgen (Osazonbildung). Näheres siehe in den bekannten Handbüchern.

b) Quantitativ:

Gewichtsanalytische Bestimmung nach dem Kupferreduktionsverfahren von Allihn. Die hierzu verwendeten nach S. 39 geklärten neutralen Lösungen dürfen keinesfalls mehr als 1%, müssen bei einigen Zuckerarten sogar weniger als 1% Zucker enthalten.

---

[1]) Zeitschr. f. Unters. d. Nahr.- u. Genußm. 1915, 29, 51; siehe auch Baumann und Großfeld, ebenda 1917. 33. 98, die polarimetrische Bestimmung der Stärke bei Gegenwart sonstiger optisch aktiver Stoffe.

Bei genauer Beachtung der im nachstehenden gegebenen Vorschriften und sorgfältigem Arbeiten lassen sich sehr gute übereinstimmende Resultate erzielen. Da die angewandten Zuckerlösungen sehr zuckerarm sein müssen, vervielfacht sich jeder Fehler bei hohem Zuckergehalt der angewandten Substanz.

Herrichtung der Filtrierröhrchen: Feinsten Seidenasbest behandelt man aufeinanderfolgend mit 20%iger Natronlauge, heißem Wasser, Salpetersäure, entfernt die Säure mit heißem Wasser und trocknet. In die Glasröhrchen (Filtrierröhrchen) bringt man zuerst einen siebartig durchlochten Platinkonus, stopft hierauf den präparierten Asbest in etwa 1 cm hoher Schicht mäßig fest, setzt das Röhrchen auf eine Saugflasche, wäscht mit heißem Wasser, darauf mit Alkohol, dann mit Äther aus und trocknet im Trockenschrank. Die gebrauchten Röhrchen richtet man sich für eine neue Bestimmung her, indem man sie mit heißer Salpetersäure füllt, die Säure etwa 12 Stunden einwirken läßt und dann mit heißem Wasser, Alkohol und Äther auswäscht und trocknet.

Man erhitze die frisch zusammengemischte Fehlingsche Lösung[1]) in einer Porzellansiedeschale oder einem Erlenmeyerkolben zum Sieden, gebe die für die Einzelverfahren vorgeschriebene Menge der Lösung zu, koche die vorgeschriebene Zeit und filtriere die heiße Lösung durch ein in oben beschriebener Weise hergestelltes Asbestfiltrierröhrchen mittels der Wasserstrahlpumpe. Zum Eingießen der heißen Lösung setze man ein Trichterchen auf. Das ausgeschiedene Kupferoxydul wasche man mit heißem Wasser etwa 5 mal nach und spüle es mit Hilfe eines Gummiwischers usw. in das Röhrchen. Dieses soll bis zum Abnehmen von der Wasserstrahlpumpe immer mit Wasser möglichst gefüllt sein. Endlich wasche man noch mit Alkohol und Äther nach, nachdem zuvor die Saugflasche ausgeleert wurde, und trockne das Röhrchen im Trockenschranke; durch das trockene Röhrchen leite man unter schwachem Glühen des Kupferoxyduls Wasserstoff, bis alles Kupferoxydul reduziert ist, was daran zu erkennen ist, daß einige Tröpfchen gebildetes Wasser erscheinen und endlich der Wasserstoff am Ende des Röhrchens sich entzündet. Einfacher und weniger zeitraubend ist, statt Wasserstoff solange während des Glühens mit der Saugpumpe Luft[2]) durch das Röhrchen zu leiten, bis alles Kupferoxydul zu Kupferoxyd oxydiert ist, was sehr leicht erkannt wird. Statt der Filtrierröhrchen können auch Goochtiegel verwendet werden. H. Röttger löst das im Filtrierröhrchen gesammelte Kupferoxydul sofort in rauchender Salpetersäure, dampft die Lösung im Porzellantiegel ein und wiegt das Kupfer als CuO. Auf diese Weise wird gleichzeitig das Filtrierröhrchen für die weitere Benutzung vorgereinigt.

Das im Wasserstoff- bzw. Luftstrom erkaltete Röhrchen wird dann gewogen und aus dem erhaltenen Kupfer bzw. Kupferoxyd nach den verschiedenen Tafeln (s. S. 643 u. f.) die entsprechende Zuckermenge entnommen und mit Berücksichtigung der Verdünnung umgerechnet.

---

[1]) Die Bereitung der zu verwendenden Lösungen usw. siehe umstehend.
[2]) K. Farnsteiner, Forschungsberichte 1895, 235; R. Hefelmann, Forschungsberichte 1895, 235 und Pharm. Zentralbl. 36, 637 u. a.

42   Chemischer Teil.

Auf die Bestimmung der Zuckerarten mittels Kupferkaliumkarbonat-
lösung nach H. Ost wird verwiesen [1]).

Einzelverfahren:

α) **Bestimmung der Glucose nach E. Meißl und F. Allihn.** Fehlingsche Lösung, 30 ccm Kupfersulfatlösung (69, 278 g chemisch reiner
Kupfervitriol zu einem Liter Wasser gelöst), 30 ccm Seignettesalzlösung
(346 g Seignettesalz und 250 g KOH zu 1000 ccm gelöst) und 60 ccm
Wasser erhitzt man zum Sieden, fügt 25 ccm der nicht mehr als einprozentigen Zuckerlösung zu, erhält 2 Minuten im Sieden, verfährt nach
der oben beschriebenen Methode und schlägt die dem gefundenen Kupfer
entsprechende Menge Glucose in der Tafel S. 646 nach.

β) **Bestimmung des Invertzuckers nach E. Meißl.** 25 ccm obiger
Kupfersulfatlösung, 25 ccm Seignettesalz-Natronlauge [2]), (173 g Seignettesalz löst man zu 400 ccm Wasser und fügt 100 ccm Natronlauge hinzu,
welche 516 g Natriumhydroxyd im Liter enthält [3]) und soviel Kubikzentimeter Invertzuckerlösung, als im Höchstbetrage 0,245 g Invertzucker entsprechen, bringt auf 100 ccm, erhitzt zum Sieden und kocht
dann 2 Minuten lang (s. Tafel S. 647).

Enthalten Invertzuckerlösungen auch Saccharose, z. B. in Fruchtsäften,
Marmeladen usw., so wird mehr Kupferlösung reduziert, als wenn nur Invertzucker auf überschüssige alkalische Kupferlösung einwirkt. Starke Abweichungen, die durch entsprechende Korrektion auszugleichen sind, fallen jedoch
praktisch nur ins Gewicht, wenn mehr als 90 Teile Saccharose auf 10 Teile
Invertzucker kommen. Bei Anwendung der maßanalytischen Methode zur
Bestimmung des Invertzuckers nach F. Soxhlet, bei welcher ein Überschuß
von Kupferlösung vermieden wird, wirkt die Saccharose nicht vermehrend
auf die Reduktion ein. Nach dieser Methode kann man also auch bei Gegenwart
von Saccharose den Invertzucker bestimmen.

γ) **Bestimmung der Maltose nach E. Wein.** 25 ccm Kupferlösung,
25 ccm Seignettesalz-Natronlauge (nach β) und 25 ccm der nicht mehr
als 1%igen Maltoselösung (Würze usw.) werden gemischt zum Sieden
erhitzt und dann 4 Minuten im Kochen erhalten (s. T. S. 649).

δ) **Bestimmung der Lactose nach F. Soxhlet.** 25 ccm obiger Kupferlösung, 25 ccm Seignettesalz-Natronlauge (nach β), 20—100 ccm Lactose-
lösung je nach der Konzentration werden gemischt, das Ganze auf
150 ccm gebracht, dann zum Sieden erhitzt und 6 Minuten lang im
Sieden erhalten (s. T. S. 650, s. auch Kapitel Milch über Milchzucker-
bestimmung).

ε) **Bestimmung der Saccharose** (durch Inversion [Hydrolyse] zu
Invertzucker mittels Salzsäure); 75 ccm Zuckerlösung werden in einem
100 ccm-Kölbchen mit 5 ccm Salzsäure (1,19) genau 5 Minuten auf 67
bis 70° erhitzt, dann sofort abgekühlt (am besten unter der Wasserleitung) und nach dem Neutralisieren [4]) bei 15° bis zur Marke 100 auf-

---

[1]) Chem. Ztg. 1895, 1784.
[2]) Die Seignettesalz-Natronlauge ist auch für die Bestimmung der Glucose
anwendbar und umgekehrt die für letztere angegebene auch für die des Invertzuckers. Kupfersulfat und Seignettesalzlösung sind stets getrennt aufzubewahren; letztere möglichst frisch zu verwenden.
[3]) Durch Titration zu ermitteln.
[4]) Bei Lösungen, die zur Polarisation bestimmt sind, ist Neutralisation
nicht erforderlich.

gefüllt. Man verdünnt sodann mit Wasser, bis eine nicht mehr als $1^0/_0$ Invertzucker enthaltende Lösung entsteht und verfährt wie bei der Invertzuckerbestimmung nach Meißl S. 42. Zur Trennung der Zuckerarten ist es unter Umständen zweckmäßig, die Inversion mit anderen Hilfsmitteln auszuführen; Näheres s. unter Trennungsverfahren, S. 51.

Sind direkt reduzierende Zuckerarten vorhanden, so zieht man die vor der Inversion gefundene Invertzuckermenge von der nach der Inversion gefundenen Invertzuckermenge ab. Die gefundene Menge Invertzucker, multipliziert mit 0,95, gibt die vorhandene Saccharose an.

Polarimetrische Bestimmung der Saccharose siehe S . 46.

Bemerkungen zu obigen Zuckerbestimmungen:

Kjeldahl[1]) hat die Meißl-Allihnsche Methode modifiziert, in der Absicht, den Einfluß der Luft auf die Abscheidung des Kupferoxyduls während des Kochens zu beseitigen. Zu diesem Zweck empfiehlt er das Kochen der zusammengemischten Lösungen in einem Erlenmeyerschen Kolben im Wasserstoffstrom (oder Leuchtgasstrom) vorzunehmen, und zwar 20 Minuten lang zu kochen und die schließlich erhaltenen, nicht mehr mit den Meißl-Allihnschen übereinstimmenden Kupferwerte aus einer von ihm besonders entworfenen, von R. Woy[2]) auch auf CuO als Wägungsform berechneten Tabelle zu entnehmen. Diese Methode hat den Vorteil, alle Zuckerarten einer und derselben Behandlung unterwerfen zu können[3]). Da die Methode bis jetzt, wie es scheint, sich nicht eingebürgert hat, wird von ihrer eingehenderen Wiedergabe abgesehen.

Die Allihnsche gewichtsanalytische Methode hat man auf verschiedene Weise zu modifizieren versucht. Einige Autoren empfehlen das Kupferoxydul als solches nach dem Trocknen bei 100^0 direkt zur Wägung zu bringen, andere wieder die Filtration durch Papierfilter oder durch Goochtiegel an Stelle der Allihnschen Röhrchen. Manche Autoren empfehlen wieder das abfiltrierte Kupferoxydul aufzulösen und titrimetrisch zu bestimmen[4]).

ζ) **Maßanalytische Zuckerbestimmung nach Soxhlet**[5]). Man bringt 25 ccm Kupfersulfatlösung und 25 ccm Seignettesalzlösung (Herstellung s. unter β) S. 42) zum Sieden und läßt soviel Zuckerlösung hinzutropfen, bis nach einer der betreffenden Zuckerart entsprechenden Kochdauer (s. unter α—ε) die Lösung nicht mehr blau ist. Auf diese Weise wird ungefähr festgestellt, wie viele Kubikzentimeter Zuckerlösung 50 ccm Fehlingscher Lösung entsprechen, bzw. wie viele Prozente Zucker die betreffende Zuckerlösung enthält. Durch Verdünnen oder Eindampfen macht man die Lösung ungefähr $1^0/_0$ig. Sodann

---

[1]) Zeitschr. f. analyt. Chemie 1896, **35**, 344.

[2]) Zeitschr. f. öffentl. Chemie 1897, **3**, 445; 1900, **6**, 514.

[3]) Vgl. ferner H. Jessen-Hansen, Zeitschr. f. Unters. d. Nahr.- u. Genußm. 1900, **3**, 175 (Refr.), betr. Invertzuckerbestimmung neben Saccharose nach Kjeldahl (verbesserte Kjeldahlsche Methode).

[4]) Vgl. u. a. auch Ruoß, Zeitschr. f. analyt. Chemie 1896, **35**, 152; Lehmann, Zeitschr. f. Unter. d. Nahr.- u. Genußm. 1898, **1**, 325; Riegler, Zeitschr. f. Unters. d. Nahr.- u. Genußm. 1902, **5**, 308; Sonntag, Arb. aus dem Kaiserl. Gesundh.-Amt 1903, **19**, 441; Zeitschr. f. Unters. d. Nahr.- u. Genußm. 1904, **7**, 285; Bang, Zeitschr. f. Unters. d. Nahr.- u. Genußm. 1907, **13**, 559 u. 1909, **18**, 223.

[5]) Journ. f. prakt. Chemie, N. F. 1880, **21**, 227.

erhitzt man wieder 50 ccm Fehlingscher Lösung zum Sieden und setzt aus einer Bürette von der etwa 1%igen Zuckerlösung so viel hinzu, als der Menge entspricht, die beim Vorversuche 50 ccm Fehlingscher Lösung völlig reduziert hatte. Man kocht dann solange, als für die betreffende Zuckerart notwendig ist und gibt dann die ganze Flüssigkeit auf ein dichtes Faltenfilter, wobei keine Spur Kupferoxydul durchs Filter gehen darf. Ist das Filtrat noch blau oder grün gefärbt, so ist noch Kupfer in Lösung und es bedarf keiner Prüfung; ist es gelb, so prüft man eine Probe nach Ansäuern mit Essigsäure durch Zusatz von Ferrocyankaliumlösung auf Kupfergehalt.

Ist das Filtrat so stark gefärbt, daß die Reaktion mit Ferrocyankalium nicht deutlich sichtbar ist, so versetzt man dasselbe mit einigen Tropfen Zuckerlösung, kocht 1 Minute und läßt 3—4 Minuten stehen. Gießt man dann vorsichtig ab, so lassen sich Spuren von rotem Kupferoxydul entweder so erkennen oder indem man mit einem Stückchen Filtrierpapier über den Boden der Schale wischt.

War im Filtrat noch Kupfer nachzuweisen, so gibt man bei einem neuen Titrationsversuch etwas mehr Zuckerlösung, im entgegengesetzten Falle etwas weniger Zuckerlösung zu der Fehlingschen Lösung und wiederholt diese Versuche solange, bis von zwei aufeinander folgenden Titrationen die eine noch eine Spur Kupfer im Filtrate zeigt, während die folgende mit einer 0,1 ccm vermehrten Menge Zuckerlösung ausgeführte Titration eine vollständige Reduktion der Kupferlösung ergibt. Die richtige, 50 ccm Fehlingscher Lösung genau reduzierende, Menge Zuckerlösung liegt in der Mitte.

Aus der jeweilig verbrauchten Anzahl Kubikzentimeter Zuckerlösung berechnet man den Zuckergehalt unter Berücksichtigung der von Soxhlet für die verschiedenen Zuckerarten ermittelten Reduktionsverhältnisse, nach denen in etwa 1%igen Lösungen 50 ccm Fehlingscher Lösung entsprechen

$$= 0,2375 \text{ g Glucose,}$$
$$= 0,2572 \text{ g Fructose,}$$
$$= 0,2470 \text{ g Invertzucker,}$$
$$= 0,3890 \text{ g Maltose,}$$
$$= 0,3380 \text{ g kristallisierter Lactose.}$$

Zur annähernden Ermittelung des Zuckergehaltes kann man sich auch des Reischauerschen Titrationsverfahrens bedienen. Näheres siehe J. König, Die Untersuchung landwirtschaftlich und gewerblich wichtiger Stoffe. Berlin 1911 und das Handbuch der Untersuchung der Nahrungs- und Genußmittel, III. Teil, 1. Bd.

Auf die maßanalytische Bestimmung nach K. B. Lehmann[1]), E. Riegler[2]) und H. Barth sei verwiesen[3]).

η) **Bestimmung der Dextrine.** Zur Ermittelung des Dextringehaltes stellt man sich 3 Lösungen von je 200 ccm mit Wasser her und erhitzt je eine der Lösungen mit 20 ccm Salzsäure (vom spezifischen Gewicht 1,125) je 1, 2 und 3 Stunden lang im kochenden Wasserbade am Rückflußkühler. Nach dem Erhitzen wird rasch abgekühlt, mit Natronlauge bis zur schwach sauren Reaktion versetzt und soweit verdünnt, daß die Lösung höchstens 1% Glucose enthält. In 25 ccm jeder Lösung wird Glucose nach Meißl und Allihn S. 42 bestimmt. Aus der gefundenen Menge Glucose wird durch Multiplikation mit 0,90 die Menge des vorhandenen Dextrins erhalten; das höchste Resultat wird als das richtige angesehen.

Polarimetrische Zuckerbestimmungen.

Die nach S. 39 geklärten und entfärbten Lösungen der Zuckerarten haben die Eigenschaft, die Ebene des polarisierten Lichtes zu drehen.

---

[1]) Arch. f. Hyg. 30, 267.
[2]) Zeitschr. f. anal. Chemie 1898, 22.
[3]) Zeitschr. f. Unters. d. Nahr.- u. Genußm. 1900, 3, 174 (Ref. n. Schweiz. Wochenschr. f. Chir. u. Pharm. 1899, 37, 290).

Die Größe des Drehungswinkels ist unter gewissen Voraussetzungen eine Funktion des Zuckers und geeignet, den Gehalt einer Lösung an Zucker anzuzeigen. Das Polarisationsvermögen ist eine Eigenschaft, die auch zur Unterscheidung einzelner Zuckerarten dienen kann (Beispiele: Saccharose durch sein Verhalten vor und nach der Inversion, erst rechts-, dann linksdrehend; Glucose — rechtsdrehend; Invertzucker — linksdrehend usw.). Bezüglich der Handhabung der gebräuchlichsten Polarisationsapparate sei auf den Physikal.-chemischen Teil S. 18 verwiesen.

Bei polarimetrischen Messungen ist eine Temperatur von 20⁰ C möglichst inne zu halten. Für helle farblose Lösungen ist das 2 dm (200 mm) lange, für nicht ganz helle oder nicht farblose Lösungen das 1 dm (100 mm) lange Rohr zu verwenden.

Die Drehung wird als negativ bezeichnet, falls die Skala zur Erzielung gleichmäßiger Beschattung des Gesichtsfeldes im Sinne des Uhrzeigers verschoben (gedreht) werden muß, anderenfalls bzw. im entgegengesetzten Sinne als positiv. Die Angabe der Drehung erfolgt bei den Kreisgradapparaten (Näheres s. S. 18) in Winkelgraden, bei den Apparaten mit direkter Zuckerskala in Zuckerprozente (Saccharose). Diese Einrichtung beruht auf der Tatsache, daß eine wäßrige Lösung von 26,00 g chemisch reiner Saccharose zu 100 ccm bei 20⁰ bei den Apparaten (Saccharimetern) von Soleil-Ventzke-Scheibler, sowie von Schmidt und Hänsch und von 16,29 g zu 100 ccm bei 20⁰ bei dem Apparat von Soleil-Dubosq = 100 Graden (Skalenteilen) im 200 mm Rohr entsprechen. Die genannten Zuckergewichte nennt man die „Normalgewichte". Das Normalgewicht für die Kreisgradapparate ist 75 g zu 100 ccm. Bei den mit Kreisgradteilung versehenen Apparaten von Mitscherlich, Laurent, Landolt bzw. dem jetzt in wissenschaftlichen Laboratorien vielfach im Gebrauch befindlichen Halbschattenapparat mit Quarzkeilkompensation von Schmidt und Hänsch mit willkürlich gewählter Skala müssen die abgelesenen Winkelgrade auf Prozente umgerechnet werden. Bei Benutzung dieser Apparate sind 15 g zu 100 ccm zu lösen. Die im 200 mm-Rohr erhaltenen Resultate sind dann mit 5 zu vervielfachen, da das Normalgewicht 75,0 g eine zu konzentrierte Lösung gäbe.

Vorstehende Angaben beziehen sich nur auf Feststellungen des Saccharosegehaltes in Zucker (Handelszucker) oder saccharosehaltigen Rohstoffen und Gemengen (vgl. auch die steueramtliche Ermittelung des Zuckergehaltes der Zuckerabläufe nach den Ausführungsbestimmungen zum deutschen Zuckersteuergesetz vom 27. Mai 1896 und 6. Januar 1903, S. 736).

Die Grundlage zur quantitativen Ermittelung der verschiedenen Zuckerarten bildet die spezifische Drehung, d. h. die in Kreisgraden ausgedrückte Ablenkung der Polarisationsebene, welche durch eine 1 dm lange Schicht der Lösung von 100 g Substanz in 100 ccm der Lösung hervorgerufen wird. Die spezifische Drehung, welche bei 20⁰ und bei Verwendung von Natriumlicht (Linie D des Spektrums) festgestellt wird = $[\alpha]_D^{20}$, ist für jede Zuckerart verschieden, wobei auch die Konzentration eine Rolle spielt. (Vgl. auch den Physik.-chemischen Teil S. 19).

Die Zuckerarten haben folgende verschiedenen Merkmale:

1. **Saccharose** $[\alpha]_D^{20} = + 66{,}67^0$ (ist von Konzentration und Temperatur sehr wenig abhängig und kann für Temperaturen zwischen $13-22^0$ als konstant angesehen werden); Alkoholzusatz hat keinen Einfluß.

Die Berechnung der Ergebnisse der Polarisation einer Saccharoselösung von unbekanntem Gehalt gestaltet sich demnach folgendermaßen, wenn der gefundene Polarisationswert im 1 dm-Rohr = 4,5 betrug:

$$\frac{100 \cdot 4{,}5}{66{,}67} = 6{,}74 \text{ g Saccharose in 100 ccm Lösung.}$$

Man kann den Gehalt einer Saccharoselösung (c), bestimmt mit der Rohrlänge l (ausgedrückt in dm) und abgelesener Drehung α auch nach folgender Formel berechnen:

$$c = 1{,}504 \frac{\alpha}{l}.$$

Für praktische Zwecke hinreichend genau ist auch die folgende Berechnungsweise. Von einer im 200 mm-Rohr polarisierten Saccharoselösung entspricht eine Drehung von $+ 1^0$ im Polarisationsapparat mit Kreisgradteilung = 0,75 g Zucker in 100 ccm Lösung. Die Umrechnung der Skalenteile der Saccharimeter von Soleil-Ventzke-Scheibler und Schmidt und Hänsch in Winkelgrade geschieht durch Multiplikation mit 0,346, die des Apparates von Soleil-Dubosq mit 0,217.

Tritt der Fall ein, daß eine Inversion (s. S. 42) auszuführen ist, da die Art des Zuckers von vornherein nicht feststand, so läßt sich der Saccharosegehalt, ermittelt in der Lösung 1 : 10 im 200 mm-Rohr durch Multiplikation des Differenzergebnisses der Polarisation vor und nach der Inversion mit 5,7 in praktisch hinreichend genauer Weise ermitteln. (Siehe die Ableitung nach der Formel von Clerget im Abschnitt Trennung der Zuckerarten, S. 48.)

Zu beachten ist, daß für die Differenzberechnung folgende 3 Fälle in Frage kommen: a = Polarisation vor der Inversion; b = Polarisation nach der Inversion:

1. $(+a) - (+b) = a - b$; 2. $(+a) - (-b) = a + b$;
3. $(-a) - (-b) = b - a$.

2. **Invertzucker** $[\alpha]_D^{20} = - 20{,}59^0$ (bei Verwendung einer $10^0/_0$-igen Lösung). Alkoholzusatz verringert die Drehung und ist infolgedessen vor der Invertierung (Hydrolyse) zu entfernen. Berechnungsweise wie bei Saccharose.

3. **Glucose** $[\alpha]_D^{20} = + 52{,}74^0$ (bei Verwendung einer $10^0/_0$igen Lösung). Glucoselösungen zeigen Birotation und dürfen erst nach 24-stündigem Stehen oder nach Aufkochen oder nach Zusatz von $0{,}1^0/_0$ Ammoniak, wodurch die Birotation aufgehoben wird, polarisiert werden. Berechnungsweise wie bei Saccharose oder auch nach folgender Formel $c = 1{,}894 \frac{\alpha}{l}$. c = Anzahl Gramme Glucose in 100 ccm, l = Rohrlänge in Dezimetern, α = abgelesene Winkelgrade.

Verwendet man zur Polarisation Glucoselösungen, welche *bis* zu 14 g wasserfreie Glucose in 100 ccm enthalten, so entspricht 1^0 Drehung im 200 mm-Rohr = 0,9434 g Glucose in 100 ccm.

4. **Fructose** $[\alpha]_D^{20} = -93,78^0$ (bei Verwendung einer $10^0/_0$igen Lösung nach **Hetper**)[1]); Alkohol verringert die Drehung, Säuren erhöhen sie.

Berechnungsweise wie bei Saccharose.

5. **Lactose** (wasserfrei) $[\alpha]_D^{20} = +55,24^0$. Die spezifische Drehung ist von der Konzentration der Lösung bis zu einem Gehalt von $36^0/_0$ unabhängig; zeigt Birotation, worauf Rücksicht zu nehmen ist (siehe Glucose).

6. **Galaktose** $[\alpha]_D^{20} = +80,47^0$ (bei Verwendung einer $10^0/_0$igen Lösung. Birotation s. Glucose).

7. **Maltose** $[\alpha]_D^{20} = +137,5^0$ für eine $10^0/_0$ige Lösung (Birotation s. Glucose).

8. **Raffinose** $[\alpha]_D^{20} = +104,5^0$ (für Lösungen von $10^0/_0$). Nach Inversion infolge Abspaltung der Fructose $[\alpha]_D^{20} = +53,32^0$. Nachweis von Raffinose in Saccharose s. S. 290.

9. **Dextrin** $[\alpha]_D^{20} = +194,8^0$ (nach **Tollens**).

Vgl. auch J. **Hetper**, Die Zuckerpolarisation in praktischer Anwendung. Zeitschr. f. Unters. d. Nahr.- u. Genußm. 1910. **19**. 633.

Zuckerbestimmungen mit Gärungsverfahren.

Dieses Verfahren zur quantitativen Ermittelung der einzelnen Zuckerarten wird verhältnismäßig wenig angewandt, da die Bestimmung im allgemeinen viel Zeit in Anspruch nimmt. Es beruht darauf, daß man die betreffenden Zuckerarten mit bestimmten Hefearten (s. unten) vergärt und die entstandenen Gärprodukte (Alkohol und Kohlensäure) ermittelt. Häufiger verwendet wird es bei der Trennung der verschiedenen Zuckerarten, insbesondere auch zur Bestimmung der Dextrine neben Zucker. Die Vergärung führt man in der Weise aus, daß man eine annähernd 5 g Trockensubstanz entsprechende Menge Zucker in 100 ccm **Raulin**scher[2]) Nährlösung in einem Gärkolben auflöst und mit der entsprechenden Hefe versetzt. Nach dem Wägen des Apparates stellt man ihn in einen Thermostaten von beständig $30-32^0$, saugt nach 24stündigem Stehen zur Entfernung der Kohlensäure einen langsamen Luftstrom hindurch und wägt. Man wiederholt dieses Verfahren solange, bis das Gewicht des Apparates (in der Regel 5—6 Tage) konstant bleibt. Zum Vergleich stellt man mit der gleichen Menge Hefe, der gleichen Menge Nährlösung ohne Zusatz der Zuckerlösung einen Kontrollversuch an und bringt den hierbei beobachteten Gewichtsverlust in Anrechnung (Näheres siehe J. **König**, Untersuchung von Nahrungs- und Genußmitteln und Gebrauchsgegenständen, Bd. III, S. 426).

Die Wirkung der Hefe auf Saccharoselösungen ist derart, daß aus 100 Teilen Zucker theoretisch 48,89 Teile Kohlensäure und 51,11 Teile Alkohol entstehen. In Wirklichkeit kommen aber infolge der Bildung

---

[1]) Zeitschr. f. Unters. d. Nahr.- u. Genußm. 1905, **10**, 169.
[2]) Die **Raulin**sche Nährsalzlösung enthält in 1500 ccm Wasser; Ammoniumtartrat 4,0 g, Ammoniumnitrat 4,0 g, Ammoniumphosphat 0,6 g, Ammoniumsulfat 0,25 g, Kaliumcarbonat 0;6 g, Kaliumsilicat 0,4 g, Magnesiumsulfat 0,4 g, Eisensulfat 0,07 g, Zinksulfat 0,07 g.

von Nebenprodukten wie Glyzerin, Bernsteinsäure usw., deren Mengen man rund zu etwa 5% annehmen kann, auf 100 Teile Zucker etwa 46,4 Teile Kohlensäure und 48,6 Teile Alkohol.

Multipliziert man daher bei den Gärversuchen die Kohlensäuremenge mit 2,16 oder den gefundenen Alkohol mit 2,06, so erfährt man den Zuckergehalt der betreffenden Zuckerlösung. Zur Vergärung des Zuckers kann, wenn es sich nur um die Bestimmung einer einzelnen Zuckerart, wie Saccharose, Invertzucker, Glucose, Fructose handelt, gewöhnliche mit Wasser gewaschene Preßhefe verwendet werden. P. Lindner [1] hat angegeben, wie sich die einzelnen Heferassen gegen die Zuckerarten und Dextrine verhalten. Siehe S. 51.

Raffinose wird nach Prior [2] durch alle Unterhefen, welche Invertin ausscheiden, völlig vergoren, mit Oberhefe etwa aber nur zu einem Drittel vergoren, wobei die Raffinose in Fruktose und Melibiose zerlegt wird, wovon die Melibiose in Lösung bleibt, die Fruktose aber vergärt.

Trennung der einzelnen Zuckerarten voneinander sowie von Dextrin.

Einleitend sei darauf hingewiesen, daß die Disaccharide und Polysaccharide durch Hydrolysierung (Einwirkung von verdünnten Säuren) unter Wasseraufnahme in die entsprechenden Monosaccharide zerlegt werden. Saccharose liefert hierbei je 1 Molekül Glucose und Fructose, Lactose je 1 Molekül Glucose und Galactose, Maltose 2 Moleküle Glucose.

Bestimmung des Invertzuckers und der Saccharose nebeneinander.

Die neben Invertzucker vorhandene Saccharose bestimmt man am genauesten in der Weise, daß man einen anderen Teil der Zuckerlösung nach S. 42 invertiert, nun die Summe des ursprünglich vorhandenen und des neugebildeten Invertzuckers gewichts- oder maßanalytisch bestimmt, und hiervon den vor der Inversion vorhandenen Invertzucker abzieht. Die übrigbleibende Invertzuckermenge, mit 0,95 multipliziert, ergibt die Menge der neben dem Invertzucker vorhandenen Saccharose.

Die beiden Zuckerarten können auch auf polarimetrischem Wege nach den im vorigen Abschnitte beschriebenen Verfahren ermittelt werden.

Die Bestimmung der Saccharose neben Invertzucker kann auch durch Polarisation der zuckerhaltigen Lösung vor und nach der Inversion nach dem Vorschlage von Clerget (Ber. deutsch. chem. Ges. 1888, 21, 191, auch Zeitschr. für analytische Chemie, 1889, 28, 203) ausgeführt werden.

Die Clergetsche Formel [3] beruht auf der Tatsache, daß eine Lösung von 26,0 g reiner Saccharose (Normalgewicht der Polarisationsapparate mit Zuckerskala von Soleil-Ventzke) zu 100 ccm gelöst im 200 mm-Rohr eine direkte Polarisation von + 100°, nach der Inversion mit Salzsäure aber eine solche von — 32,66 Skalenteile bei 20° zeigt. Da die Drehungsverminderung somit 132,66 Skalenteile beträgt, so berechnet sich der Zuckergehalt Z gemäß der Gleichung:

$$132,66 : 26 = (v-n) : x$$

$$x \text{ oder } Z = \frac{26\,(v-n)}{132,66}$$

wobei v die Polarisation vor Inversion, n die Polarisation nach Inversion bedeutet.

---

[1] Wochenschau f. Brennerei 1900, 17, 49—50. Die Verwendungsweise der Hefen ist von P. Hörmann und J. König (Zeitschr. f. Unters. d. Nahr.- u. Genußm. 1917, 13, 113) nachgeprüft.

[2] Zeitschr. f. Unters. d. Nahr.- u. Genußm. 1903, 6, 916.

[3] Vgl. auch die Ausführungsbestimmungen zum Zuckersteuergesetz S. 760 und die Abschnitte Honig, Fruchtsäfte und Wein.

Da 1° Soleil-Ventzke $= 0,346$ Kreisgrade ist, mithin die Drehungsverminderung von 132,66 Skalenteile 45,64 Winkelgraden entspricht, so berechnet sich der Saccharosegehalt für die Apparate mit Kreisteilung gemäß der Gleichung:

$$45,64^\circ : 26 = (v-n) : x$$

$$x \text{ oder } Z = \frac{26\,(v-n)}{45,64} = 0,57\,(v-n).$$

Bestimmung des Invertzuckers und der Raffinose im steueramtlichen Interesse siehe Abschnitt „Handelszucker" und die Ausführungsbestimmungen zum Zuckersteuergesetz.

Für die polarimetrische Bestimmung der Saccharose neben anderen Zuckerarten wie Glucose, Fructose, Galaktose, Maltose, Lactose in alkalischer Lösung haben Jolles[1], sowie Bardach und Silbersterns[2] Methoden angegeben.

Bestimmung des Invertzuckers neben Glucose oder anderer Zuckerarten nebeneinander.

Um zwei Zuckerarten nebeneinander zu bestimmen oder die Identität einer Zuckerart mit einer bekannten festzustellen, bedient man sich der Eigenschaft der Zuckerarten, Fehlingsche Kupferlösung und Sachssesche Quecksilberlösung, in verschiedenen, aber unter gleichen Arbeitsbedingungen konstanten Verhältnissen zu reduzieren. Die Ausführung der Zuckerbestimmung mittels Fehlingscher Kupfer- und Sachssescher Quecksilberlösung geschieht auf maßanalytischem Wege. Die Titration mit Fehlingscher Lösung wird mit der Änderung vorgenommen, daß 100 ccm Fehlingscher Lösung angewendet werden und die Zuckerlösung bis zu 1% Zucker enthalten kann. Die Kochdauer ist dieselbe, wie bei den einzelnen Zuckerarten angegeben ist. Ein Vorversuch zur Einstellung (Verdünnung) der Zuckerlösung ist jedesmal auszuführen. Mit der Sachsseschen Quecksilberlösung (18 g reines und trocknes Jodquecksilber werden mit Hilfe von 25 g Jodkalium in Wasser gelöst, dann 80 g in Wasser gelöstes Kalihydrat hinzugefügt und auf 1 l Flüssigkeit gebracht) operiert man in ähnlicher Weise. Man verwendet davon zum Versuch 100 ccm und kocht, bis alles Quecksilber gefällt ist. Die Endreaktion nimmt man mit Zinnoxydullösung (käufliches Zinnchlorür wird mit Ätzkali im Überschuß versetzt) oder mit solcher getränktem Papier vor. Anfangs entsteht eine schwarze Fällung, dann eine leichte Bräunung und wenn alles Quecksilber ausgefällt ist, bleibt die Farbe unverändert.

Für die Berechnung der Mengen der vorhandenen Zuckerarten hat F. Soxhlet gefunden, daß je 1 g der verschiedenen Zuckerarten in 1%igen Lösungen folgende Mengen Fehlingscher und Sachssescher Lösungen reduziert bzw. daß 100 ccm der letzteren (unverdünnt) durch nebenstehende Zuckermengen in 1%igen Lösungen reduziert werden:

Zuckerart	1 g Zucker in 1%iger Lösung reduziert		100 ccm der Lösungen von	
	Fehling	Sachsse	Fehling	Sachsse
			werden reduziert in 1%iger Lösung durch	
	ccm	ccm	mg	mg
Glucose	210,4	302,5	475,3	330,5
Invertzucker	202,4	376,0	494,1	266,0
Fructose	194,4	449,5	514,4	222,5
Lactose	148,0	214,5	675,7	466,0
Desgl. (nach der Inversion). .	202,4	257,7	494,1	388,0
Galaktose	196,0	226,0	510,2	442,0
Maltose	128,4	197,6	778,8	506,0

[1] Zeitschr. f. Unters. d. Nahr.- u. Genußm. 1910, 20, 631.
[2] Ebenda 1911, 21, 540.

Wenn man in Zuckerlösungen von 1% Gehalt an zwei verschiedenen Zuckerarten, z B. an Glucose (durch Inversion von Dextrin erhalten) und an Invertzucker (durch Inversion von Saccharose erhalten) einerseits mit Fehlingscher Kupferlösung, andererseits mit Sachssescher Quecksilberlösung, wie vorstehend angegeben ist, titriert, so berechnet sich der Gehalt an Glucose (Traubenzucker) und Invertzucker aus den beiden Gleichungen:

$$ax + by = F; \quad cx + dy = S,$$

worin bedeutet:

a die Anzahl der ccm Fehlingscher Lösung, welche durch 1 g Glucose (Traubenzucker) reduziert werden,

b die Anzahl der ccm Fehlingscher Lösung, welche durch 1 g Invertzucker reduziert werden,

c die Anzahl der ccm Sachssescher Lösung, welche durch 1 g Glucose (Traubenzucker) reduziert werden,

d die Anzahl der ccm Sachssescher Lösung, welche durch 1 g Invertzucker reduziert werden,

F die Anzahl der für 1 Vol. der Zuckerlösung (etwa 100 ccm) verbrauchten ccm Fehlingscher Lösung,

S die Anzahl der für 1 Vol. der Zuckerlösung (etwa 100 ccm) verbrauchten ccm Sachssescher Lösung,

x die Menge der gesuchten Glucose (Traubenzucker) in Gramm, enthalten in 1 Vol. der Zuckerlösung,

y die Menge des gesuchten Invertzuckers in Gramm, enthalten in 1 Vol. der Zuckerlösung.

Handelt es sich also um Bestimmung von Glucose und Invertzucker nebeneinander, so würden die obigen Formeln lauten:

$$210{,}4 \; x + 202{,}4 \; y = F,$$
$$302{,}5 \; x + 376{,}0 \; y = S.$$

Hieraus berechnet man die vorhandenen Glucose- und Invertzuckermengen in bekannter Weise.

Statt dieses Verfahrens kann man sich auch des Verfahrens von Kjeldahl (s. S. 50) bedienen, welches darauf beruht, daß man zunächst das Reduktionsvermögen gegen eine geringe Menge (etwa 15 ccm) Fehlingscher Lösung feststellt und alsdann unter Anwendung einer vielfachen (n) Menge Zuckerlösung eine Bestimmung unter Benutzung von 50 oder 100 ccm Fehlingscher Lösung ausführt.

Bestimmung der Glucose, Fructose durch Reduktion und Polarisation.

Geschieht nach dem Verfahren von Halenke und Möslinger [1]), indem ein Teil der Zuckerlösung bei 20° polarisiert und in einem anderen Teil der Gesamtzucker als Invertzucker nach Meißl bestimmt wird. Unter Berücksichtigung der spezifischen Drehung der Fructose und Glucose berechnet sich für 100 ccm Zuckerlösung

$$F \text{ (Fruktose)} = \frac{0{,}525 \; s \div (\alpha)}{1{,}455} \text{ und}$$

$$G \text{ (Glukose)} = \frac{0{,}955 \; s + (\alpha)}{1{,}455} \text{ oder}$$

$$G = s - F.$$

Hierbei bedeutet s = Gesamtzucker, (α) = Drehungsgrade einschließlich Vorzeichen bei 20° und im 100 mm-Rohr. Dieses Verfahren kann unter Berechnung des Gesamtzuckers als Invertzucker und unter der Voraussetzung, daß Glucose und Fructose nicht sehr weit voneinander abweichen, zur annähernden Ermittelung der Glucose und Fructose dienen.

Trennung der Zuckerarten durch Gärung.

Glucose und Fructose, Saccharose und Maltose lassen sich auch quantitativ nebeneinander durch Vergären mit verschiedenen Hefen bestimmen.

---

[1]) Zeitschr. f. analyt. Chemie 1895, **34**, 263.

Nach den Angaben von P. Lindner[1]) bezüglich des Verhaltens der einzelnen Hefen gegen Zuckerarten und Dextrine vergärt

1. Torula pulcherrima nur Glucose und Fructose;
2. Saccharomyces Marxianus (und Saccharomyces Ludwigii) Glucose, Fructose und Saccharose;
3. Hefe aus Danziger Jopenbier alle vier Zuckerarten, Glucose, Fructose, Saccharose und Maltose.

Während man die Fructose und Glucose neben Saccharose besser durch Bestimmung des Zuckers vor und nach der Inversion nach Meißl-Allihn bestimmt, kommt für die quantitative Bestimmung der Maltose neben Glucose und Fructose bzw. Invertzucker nur das Gärungsverfahren in Betracht. Die einzige Möglichkeit der quantitativen Bestimmung von Stärkezucker bzw. Stärkesirup neben Maltose bietet die Vergärung einerseits mit Torula pulcherrina, andererseits mit Jopenbierhefe.

Bestimmung von Saccharose, Glucose, Fructose, Maltose, Isomaltose und Dextrin nebeneinander.

Bei gleichzeitiger Anwesenheit obiger Zuckerarten und des Dextrins bestimmt man:

a) Das Reduktionsvermögen für Fehlingsche Lösung:
   α) in der Lösung direkt,
   β) nach der Inversion mit Invertin (bei 50—55°),
   γ) in dem Gärrückstande nach dem Vergären mit einer geeigneten, d. h. Maltose nicht vergärenden, reingezüchteten Weinhefe direkt,
   δ) in dem nach γ) erhaltenen Gärrückstande nach der Inversion mit Salzsäure nach Sachsse mit 1, 2 und 3 Stunden Kochdauer.
b) Die Dextrine durch Alkoholfällung in der ursprünglichen Lösung.

Aus diesen Bestimmungen ergeben sich:

1. die Saccharose aus der Differenz von α) und β),
2. die Summe von Glucose, Fructose und Invertzucker aus der Differenz von α) und γ),
3. die Summe von Maltose und Isomaltose aus der Differenz von δ) und b),
4. der Gehalt an Dextrinen aus b).

Sind einzelne der angeführten Zuckerarten nicht zugegen, so können unter Umständen Vereinfachungen eintreten.

Aus dieser Übersicht ergibt sich keine Trennung von Maltose und Isomaltose und keine Trennung von Glucose und Invertzucker; auch ist keine Rücksicht genommen auf den Einfluß, den die Gegenwart von Saccharose auf das Reduktionsvermögen anderer Zuckerarten ausübt.

Eine wertvolle Ergänzung der gewichtsanalytischen Bestimmungen ergibt sich unter Umständen durch Heranziehung der polarimetrischen Zuckerbestimmung in den verschiedenen, in obigem Gang in Betracht kommenden Flüssigkeiten. In dieser Beziehung gibt das Handbuch (Chemischer Teil) von A. Beythien wünschenswerte Auskunft.

Trennung der Dextrine von den Zuckerarten.

Da die Dextrine in kaltem Wasser löslich, aber in 90%igem Alkohol unlöslich sind, so verfährt man zur Trennung derselben von den Zuckerarten in der Weise, daß man einen etwa 2,5 g Trockensubstanz entsprechenden Teil einer auf Dextrine und Zucker zu untersuchenden Flüssigkeit gegebenenfalls nach Neutralisieren mit Soda in einer Porzellanschale auf dem Wasserbade fast bis zur Trockne eindampft, den Sirup in 10 oder 20 ccm warmem Wasser löst und die Lösung unter fortwährendem Umrühren allmählich mit 100 bzw. 200 ccm Alkohol von 95 Vol.-% versetzt. Sobald sich die Dextrine zu Boden gesetzt haben, filtriert man die fast klare alkoholische Lösung in eine Porzellanschale ab und wäscht den Rückstand mehrmals mit kleinen Mengen Alkohol (1 Vol. Wasser + 10 Vol. Alkohol von 95 Vol.-%) aus. Der Rückstand der Alkoholfällung wird in Wasser gelöst und in derselben Weise nochmals mit Alkohol behandelt. In gleicher Weise empfiehlt es sich, die erste alkoholische Lösung

---

[1]) L. c.

von Alkohol zu befreien, den Rückstand in 10 ccm Wasser zu lösen und mit Alkohol zu fällen.

Der Rückstand der Alkoholfällung enthält die Dextrine. Dieselben werden in heißem Wasser gelöst und in bekannter Weise nach Inversion mittels Salzsäure als Glucose bestimmt. Die vereinigten alkoholischen Filtrate, welche die Zuckerarten enthalten, werden von Alkohol befreit und zur Bestimmung und Trennung der Zuckerarten auf ein bestimmtes Volumen gebracht.

Bestimmung von Glucose und Dextrin nebeneinander.

Die Bestimmung erfolgt nach Sieben mit neutraler Kupferacetatlösung oder auf dem Wege der Vergärung, siehe Abschnitt Stärkezucker und Stärkesirup.

Trennung von Invertzucker und Stärkezucker (-sirup) ist im Abschnitt Fruchtsäfte und Honig eingehend erörtert.

Die in der Praxis sehr häufig vorkommende Trennung von Saccharose und Lactose (in kondensierter Milch, Milch- und Rahmschokolade und ähnlichen Erzeugnissen) ist in den betreffenden Abschnitten behandelt.

4. Bestimmung der Stärke.

Stärke [1]) wird durch überhitzten Wasserdampf, Diastase oder Säuren invertiert; die nach der Inversion erhaltene Lösung reduziert Fehlingsche Lösung. Da nach den Untersuchungen von J. König u. a. (Landw. Versuchsst. 1897, 48, 81 und 1909, 70, 343) gleichzeitig mehr oder weniger Pentosane usw. mit aufgeschlossen und in Zucker übergeführt werden, so fallen die nach diesem Verfahren erhaltenen Werte zu hoch aus.

Brauchbarere Ergebnisse liefern die polarimetrischen Bestimmungen der mit Hilfe von Salzsäure löslich gemachten Stärke. Auch die Einfachheit der Ausführung ist ein Vorzug dieser Verfahren.

Druckverfahren. Man entfettet 3—5 g Substanz (siehe S. 37), entfernt Zucker und Dextrin durch Wasser, vermengt dann die zurückgebliebene stärkehaltige Substanz mit 100 ccm Wasser, erhitzt etwa 8 Stunden im Druckkölbchen nach Reischauer (Öl-, Glyzerin- oder Kochsalzbad bei 108 bis 110° C) oder in Soxhlets Dampftopf 3—4 Std. bei 3 Atmosphären Druck, filtriert, ergänzt das Filtrat auf etwa 200 ccm und erhitzt mit 20 ccm Salzsäure (S = 1,125) 3 Stunden lang am Rückflußkühler im siedenden Wasserbade. Nach Reinke wird das Überführen von Stärke in Dextrin usw. im Dampftopf mit 30 ccm Wasser und 25 ccm 1%iger Milchsäure ausgeführt. Nach dem Abkühlen gibt man NaOH bis zur schwach sauren Reaktion hinzu, filtriert [2]) ev. noch durch Watte und füllt auf 500 ccm auf. Die in dieser Lösung enthaltene Glucose wird nach Meißl-Allihn (S. 42) bestimmt. Glucose $\times$ 0,9 = Stärke.

Diastaseverfahren nach Märker. 3 g wie beim Druckverfahren vorbehandelte Substanz wird in einer Reibschale mit lauwarmem Wasser angerieben, damit sich keine Klümpchen bilden. Das Ganze wird in einen 200 ccm-Kolben mit so viel Wasser gespült, daß die Gesamtmenge desselben etwa 100 ccm beträgt. Durch Erwärmen im Wasserbade wird

---

[1]) bezw. die „in Zucker überführbaren Stoffe". Der qualitative Nachweis von Stärke mit Jod-Jodkalium wird als bekannt vorausgesetzt; siehe übrigens Abschnitt „Gewürze" und „Fleischwaren".

[2]) Der Filtrationsrückstand darf unter dem Mikroskop keine Stärkereaktion mit Jodlösung erkennen lassen.

nun die Stärke verkleistert und nach Abkühlung auf 60—65° C 10 ccm eines Malzauszuges (100 g Malz auf 1 Liter Wasser) oder einer Lösung von reiner Diastase [1]) hinzugefügt. Zur Einwirkung der Diastase auf die Stärke wird 2 Stunden lang auf 65° C erwärmt, dann $1/_2$ Stunde gekocht, wieder auf 65° abgekühlt und nochmals etwa $1/_2$ Stunde mit 10 ccm Malzauszug bei 65° gehalten, dann auf 200 ccm aufgefüllt und filtriert. 200 ccm des Filtrats werden darauf mit 15 ccm einer Salzsäure von 1,125 spezifisches Gewicht versetzt und 3 Stunden lang im kochenden Wasserbade erhitzt, das Ganze mit Natronlauge bis zur schwach sauren Reaktion versetzt und auf 250 ccm aufgefüllt. Von dieser Lösung werden 25 ccm zur Bestimmung der Glucose verwendet. Falls Malzauszug zur Verzuckerung gedient hat, ist der Zuckergehalt desselben zu bestimmen und in Abzug zu bringen. Bei Anwendung einer Lösung von reiner Diastase ist die vorherige Zuckerbestimmung unnötig. Filtrationsrückstand unter dem Mikroskop durch Jod auf ungelöste Stärke prüfen!

Polarimetrische Verfahren:

a) nach E w e r s [2]).

5 g Substanz (von rohen Kartoffeln 10 g) werden mit 25 ccm Salzsäure, welche für Getreidestärke 1,124 Gew.-$^0/_0$ HCl und für Kartoffel- und Marantastärke 0,421 Gew.-$^0/_0$ HCl enthält, in einem 100 ccm-Kölbchen gleichmäßig zusammengeschüttelt und mit weiteren 25 ccm derselben Säure nachgespült. Der Kolben wird nach nochmaligem Umschwenken genau 15 Minuten in ein siedendes Wasserbad gestellt, wobei während der ersten 3 Minuten mehrmals umgeschwenkt wird. Sodann wird mit kaltem Wasser auf 90 ccm aufgefüllt, auf 20° abgekühlt, mit molybdänsaurem Natrium [120 g zu 1 l] geklärt, aufgefüllt, filtriert und polarisiert. An Molybdänlösung sollen für 5 g Weizen und Weizenmehl 2,5—3 ccm, für Gerste, Reis, Mais 2 ccm, für 5—10 g Stärke 0,5 ccm und für 10 g Kartoffeln 1,5 ccm angewendet werden. Die spezifische Drehung beträgt bei dieser Arbeitsweise für Kartoffelstärke + 195,4°, bei Marantastärke + 193,8° und bei den Getreidestärkearten 181,3 bis 185,9°, Berechnung siehe unter b.

b) nach L i n t n e r [3]).

2,5 g der feinst gepulverten Substanz werden mit 10 ccm Wasser verrieben, dann mit 15—20 ccm Salzsäure (s = 1,19) innig vermischt. Man spült darauf das Gemisch, das $1/_2$ Stunde stehen blieb, mit Salzsäure (s = 1,125) in ein 100 ccm-Kölbchen, setzt 5 ccm einer 4$^0/_0$igen Lösung von phosphorwolframsaurem Natrium hinzu, füllt auf 100 ccm auf, mischt, filtriert und polarisiert im 200 mm-Rohr (Hartgummiverschluß). Spezifische Drehung der Getreidestärkearten im Mittel + 202°.

---

[1]) Herstellung der Diastase: 2 kg frisches Grünmalz werden in einem Mörser mit einer Mischung von 1 l Wasser und 2 l Glyzerin übergossen und durchgemischt, dann 8 Tage stehen gelassen. Darauf preßt man die Flüssigkeit möglichst gut aus und filtriert; das Filtrat wird mit dem 2—2,5 fachen Vol. Alkohol gefällt, der Niederschlag abfiltriert, mit Alkohol und Äther behufs Entwässerung ausgewaschen, über Schwefelsäure getrocknet und für den Gebrauch in glyzerinhaltigem Wasser gelöst.

[2]) Zeitschr. f. öff. Chemie 1908. 14. 150.

[3]) Z. f. U. N. 1907. 14. 205; vgl. auch B e l s c h n e r, Inaug.-Dissert. München 1907.

Berechnung: Hat man z. B. 2,5 g Weizenstärke zu 100 ccm gelöst und im 200 mm-Rohr einen Drehungswinkel von 8,5⁰ gefunden, so enthalten die 100 ccm, entsprechend 2,5 g Stärke, 8,5 × 0,2475 = 2,1037 g Stärke oder 100 g Weizenstärke = 2,1037 × 40 = 84,15% Stärke. Allgemeine Formel:

$$C = \frac{100 \times a}{2 \times 202},$$

wo C = Gehalt an Stärke

a = den beobachteten Drehungswinkel

2 = die Länge des Rohrs in Dezimetern bedeutet.

c) nach Baumann und Großfeld [1].

10 g möglichst fein gemahlene Substanz werden in einem 100 ccm fassenden Kölbchen mit 75 ccm Wasser 15 Minuten, bei Gegenwart von Dextrin länger — bis zu 1 Stunde — ausgelaugt, dann mit 5 ccm Tanninlösung (1 : 10) vermischt, unter weiterem Umschütteln 5 ccm Bleiessig zugegeben, schließlich mit Natriumsulfat aufgefüllt und durch ein trockenes Faltenfilter filtriert. 50 ccm (= 5 g Substanz) des stärkefreien Filtrates werden sodann mit 3 ccm 25%iger Salzsäure versetzt, im kochenden Wasserbade 15 Minuten erhitzt, nach dem Erkalten mit 20 ccm Salzsäure von 25% und 5 ccm einer Lösung von phosphorwolframsaurem Natrium [120 g Natriumphosphat und 200 g Natrium-Wolframat zu 1 Liter gelöst] versetzt und nach Auffüllen mit Wasser auf 100 und Filtrieren durch feinporiges Papier im 200 mm-Rohr polarisiert.

In weiteren 5 g wird nach Evers (s. oben) die Gesamtstärkepolarisation im 200 mm-Rohr, aber gleichfalls unter Klärung mit phosphorwolframsaurem Natrium unter Zusatz von 20 ccm Salzsäure bestimmt.

Die Differenz der beiden Drehungswinkel ergibt mit 5,444 multipliziert den Gehalt der Substanz an Stärke in 100 g.

Das Verfahren eignet sich namentlich zur Bestimmung der Stärke in Gebäcken, Wurstwaren sowie in mit Teerfarbstoff gefärbten Puddingpulvern. In letzterem Falle wird die Substanz in Salzsäure nach Lintner (s. b.) unter Zusatz eines Tropfens Zinnchlorür gelöst. Die Klärung mit Wolframsäure muß unterbleiben. Näheres s. Originalarbeit.

Bestimmung der Pentosane und der Rohfaser (Zellulose).

Pentosane kommen nur in seltenen Fällen bei der Nahrungsmittelanalyse in Betracht (z. B. bei Pfeffer und Kakao zum Nachweis eines Schalengehaltes), öfter bei Futtermitteln. Behufs Ausführung muß auf die Spezialliteratur, namentlich die bereits mehrfach erwähnten Königschen Werke verwiesen werden.

Rohfaser 1. nach Weender:

Die Ausführung dieses Verfahrens erfolgt gemäß den Vereinbarungen nach den Angaben von Fr. Holdefleiß [2] unter Anwendung einer besonderen Glasbirne von etwa 300 ccm Inhalt

oder einfacher und schneller in folgender Weise:

---

[1] Zeitschr. f. U. N. 1917. **33**. 97; namentlich bei Gegenwart sonstiger optisch aktiver Stoffe. Siehe auch F. Großfeld, Über die Wirkung der Bleitannatfällung bei der polarimetrischen Untersuchung von Zucker-, Dextrin- und Stärkelösungen, ebenda 1915. **29**, 51.

[2] Landw. Jahrbücher 1877, Supplementheft S. 103.

3 g der lufttrockenen, nötigenfalls entfetteten Substanz werden in einer Porzellanschale, welche bis zu einer im Innern angebrachten kreisförmigen Marke 200 ccm Flüssigkeit faßt, mit 200 ccm $1^1/_4 \%$-iger Schwefelsäure (von einer Lösung, welche 50 g konzentrierter Schwefelsäure im Liter enthält, nimmt man 50 ccm und setzt 150 ccm Wasser hinzu) genau $^1/_2$ Stunde unter Ersatz des verdampfenden Wassers gekocht, sofort durch ein dünnes Asbestfilter filtriert und mit heißem Wasser hinreichend ausgewaschen. Darauf spült man das Filter mit seinem Inhalt in die Schale zurück, gibt 50 ccm Kalilauge hinzu, welche 50 g Kalihydrat im Liter enthält, füllt bis zur Marke der Schale auf, kocht wiederum genau $^1/_2$ Stunde unter Ersatz des verdampfenden Wassers, filtriert durch ein neues Asbestfilter (am besten Goochtiegel und Saugnutsche) und wäscht mit einer reichlichen Menge kochenden Wassers und darauf nach Entfernung des Filtrats aus der Saugflasche je 2- bis 3-mal mit Alkohol und Äther nach. Das alsdann sehr bald lufttrocken gewordene Filter nebst Inhalt bringt man in eine ausgeglühte Platinschale (beim Goochtiegel fällt diese Arbeit natürlich weg) und trocknet 1 Stunde bei 105—110⁰ C. Nachdem die Schale im Exsikkator erkaltet ist, wird sie so schnell wie möglich gewogen, darauf kräftig geglüht, bis kein Aufleuchten von verbrennenden Rohfaserteilchen mehr stattfindet, im Exsikkator erkalten gelassen und wiederum schnell gewogen. Der Unterschied zwischen der ersten und zweiten Wägung ergibt die Menge der in 3 g Substanz vorhandenen Rohfaser.

Die auf diese Weise erhaltene Rohfaser ist die aschefreie, enthält aber noch vielfach nicht unbeträchtliche Mengen (2—5%) Stickstoffsubstanz, welche nötigenfalls in einem gleichbehandelten Teile der Substanz nach dem zweiten Filtrieren nach Kjeldahl (S. 34) ermittelt und von der Rohfaser in Abzug gebracht werden kann.

Auf die Verfahren von E. Späth, Zeitschr. f. U. N. 1905. 9. 589 (für Gewürze s. S. 271) und von Lebbin, Arch. f. Hygiene 1897. 28. 212 sei verwiesen.

2. Nach König [1].

Dieses Verfahren verdient den Vorzug, weil es eine annähernd pentosanefreie Rohfaser liefert und die Lignine und das Cutin dabei nicht angegriffen werden. 3 g lufttrockene [2] bzw. 5—14% Wasser enthaltende Substanz (bei Fettgehalt über 10% erst entfetten) in einem 500—600 ccm-Kolben bzw. in einer Porzellanschale mit 200 ccm Glyzerin (s = 1,23), welches 20 g konzentrierter H_2SO_4 in 1 Liter enthält, versetzen, gut verteilen und entweder am Rückflußkühler bei 133—135⁰ 1 Stunde kochen oder im Autoklaven bei 137⁰ (= 3 Atmosphären) ebensolange dämpfen. Nach dem Erkalten den Inhalt ungefähr auf 400 bis 500 ccm verdünnen, nochmals aufkochen und heiß durch Asbestfilter im Platin-Goochtiegel vermittels der Saugpumpe filtrieren. Man wäscht den Rückstand auf dem Filter mit etwa 400 ccm siedendem Wasser, dann mit

---

[1] Vgl. Bd. II. Abt. I v. Königs Chemie der menschlichen Nahrungs- und Genußmittel 1910; ferner Zeitschr. f. U. N. 1898. 1. 1; sowie 1903. 6. 769; siehe ebenda auch die Methode zur Bestimmung der Zellulose, des Lignins und Cutins.

[2] Dickflüssige oder breiartige Massen (Marmeladen usw.) kann man in Mengen, die etwa 3 g Trockensubstanz entsprechen, vorher in den betreffenden Gefäßen auf dem Wasserbade eintrocknen und dann wie sonst weiter behandeln.

angewärmtem Alkohol von 80—90% und mit einem warmen Gemisch von Alkohol und Äther, bis das Filtrat vollkommen farblos abläuft. Trocknen bei 105—110° und wägen; veraschen und wieder wägen.

Die Berechnung des Nährwertes der Nahrungsmittel.

Im Anschluß an die Bestimmungen der 3 Hauptgruppen der Nährstoffe, Eiweiß, Fett und Kohlehydrate sei einiges über die Verwendung derselben zur Berechnung des Nährwertes hinzugefügt:

1. Berechnung als Kalorien - (Verbrennungs -, Wärme -) Wert

		Proteinstoffe	Fett	Kohlehydrate
nach König	für 1 g	4,8	9,3	4,0
nach Rubner	für 1 g	4,1	9,3	4,1
nach der Kriegs-sanitätsordnung	für 1 g	3,4	9,0	3,7

In den beiden ersten Fällen ist vorausgesetzt, daß Fett und Kohlehydrate ganz verbrannt sind, während der Zerfall der Proteinstoffe im Organismus bis zur Harnstoffbildung geht und ein dementsprechend niedrigerer Wert (theoret. Wert = 5,71) zugrunde gelegt ist; bei den Rubnerschen Zahlen ist die Verbrennungswärme sämtlicher im Harn und Kot auftretenden Zersetzungsprodukte in Abgang gestellt, im dritten Falle ist noch ein Abzug für Verdauungsarbeit in Rechnung gesetzt.

2. Berechnung als Nährwerteinheiten, wobei nach König das Verhältnis für Proteinstoffe, Fett und Kohlehydrate wie 5 : 3 : 1 angenommen ist. Nach Multiplikation des chemisch ermittelten Gehaltes mit den oben angegebenen Zahlengrößen wird das Resultat auf 1 kg oder wenn es sich um die Berechnung bestimmter Beköstigungssätze handelt, auf diese umgerechnet.

Die Ermittelung des Nährwerts ist im übrigen rein theoretischer Natur und hat nur Zweck, wenn man ähnliche Produkte miteinander vergleicht, da ein großer Teil der Nahrungsmittel nicht vollständig ausgenutzt wird, auch der Nährwert mancher Bestandteile der Nahrung sich nicht in Zahlen ausdrücken läßt und schließlich auch die einzelnen Individuen diese mehr. oder weniger gut verdauen. Die Summe der Nährwerte gibt allein auch deshalb kein zutreffendes Bild von dem Nährgehalt eines Nahrungsmittels, weil die einzelnen Nährstoffgruppen (Eiweiß, Fett, Kohlehydrate) nicht oder nur in gewissem Grade gegenseitig ersetzbar sind. Diese 3 Gruppen müssen daher stets in einem gewissen Verhältnis zueinander stehen.

Bei Genußmitteln läßt sich ein Nährwert überhaupt nicht berechnen. In neuerer Zeit haben König [1]), Fendler [2]) und Seel [3]) sich eingehend über den Wert der Nährwertsberechnung geäußert. In Anbetracht der zum Teil weit auseinandergehenden Anschauungen und der verschiedenen Grundlagen für die Berechnung empfiehlt es sich daher, in Gutachten und Veröffentlichungen stets die Art der Berechnung anzugeben.

Nachweis von Farbstoffen (künstlichen Färbungen).

1. Teerfarbstoffe. Am gebräuchlichsten ist das Ausfärbeverfahren, das darauf beruht, in einer auf das etwa 5—20fache Volumen verdünnten Lösung oder in einer in entsprechender Weise hergestellten Flüssigkeit unter Zusatz von 5—10 ccm einer 10%igen Kaliumbisulfatlösung einige Fäden weißer entfetteter Wolle etwa 10 Minuten lang zu kochen. Da manche Teerfarbstoffe sich nur auf gebeizte Wolle auffärben lassen, empfiehlt N. Arata diese erst mit Alaun und essigsaurem Natrium zu beizen. Die gefärbten Fäden sind mehrmals mit Wasser heiß nachzuwaschen und werden auf ihr Verhalten zu Ammoniak geprüft. Nach

---

[1]) Zeitschr. f. U. N. 1916. 32. 5. 399; 1917. 33. 209.
[2]) Ebenda 1916. 391; 1917. 193.
[3]) Ebenda 1916. 32. 1.

E. Späth[1]) kann man dem Untersuchungsmaterial den künstlichen Farbstoff auch erst durch eine Natriumsalizylatlösung (5 g in 100 ccm) entziehen.

Zur Vermeidung von Täuschungen, die durch pflanzliche Farbstoffe entstehen können, nimmt man die von Fresenius empfohlene Umfärbung vor. Man löst den Farbstoff mit Ammoniak aus der Wolle und kocht in der mit Salzsäure angesäuerten Lösung einen neuen Wollfaden. Pflanzenfarbstoffe, mit Ausnahme von Orseille, lassen sich nicht zweimal auffärben.

Entzieht man den zu untersuchenden Erzeugnissen den Teerfarbstoff durch wiederholte Zugabe frischer Wolle zur Lösung, so lange bis keine Auffärbung der Wolle mehr stattfindet, so kann man aus der Farbe oder Farblosigkeit der zurückbleibenden Lösung Schlüsse auf die Beschaffenheit der Ware ziehen.

Das Ausschüttelverfahren von E. Späth[2]) ist umständlicher als das Auffärbeverfahren, eignet sich aber auch zum Nachweis gewisser Pflanzenfarbstoffe. Man schüttelt die Lösungen direkt, ferner nach dem Ansäuern mit Schwefelsäure und nach dem schwachen Übersättigen mit Alkali mit Amylalkohol aus. Die Abgabe von Farbstoff an Amylalkohol beweist zwar die Anwesenheit von Farbstoffen, jedoch bedarf es noch näherer Feststellungen, ob natürlicher Farbstoff oder Teerfarbstoff vorhanden ist. Für letztere Art bedient man sich am besten der Auffärbemethode, für Pflanzenfarben der dafür gültigen Spezialreaktionen (Späth l. c.).

Ein von Cazeneuve angegebenes Verfahren beruht auf der Behandlung mit Quecksilberoxyd, das selten und im allgemeinen nur bei Fruchtsäften und Wein benützt wird. Näheres siehe dort. Für die Ermittelung der Art und Zugehörigkeit zu einer bestimmten Gruppe von Teerfarbstoffen sei auf die tabellarische Übersicht der im Handel befindlichen künstlichen organischen Farbstoffe von G. Schultz und P. Julius, Berlin 1902[3]), zum spektroskopischen Nachweis (vgl. auch S. 20) auf die Werke von J. Formánek, die quantitative Spektralanalyse, Berlin 1895 und spektralanalytischer Nachweis künstlicher organischer Farbstoffe, Berlin 1900, verwiesen.

2. Pflanzenfarbstoffe. Über das Verhalten dieser Farbstoffe gegen verschiedene chemische Reagenzien hat E. Späth eingehende Vergleichsversuche angestellt und die Ergebnisse tabellarisch[4]) angeordnet. Von der Wiedergabe an dieser Stelle muß abgesehen werden, da die Mehrzahl der aufgeführten Farbstoffe ihre praktische Bedeutung verloren haben. Für die namentlich in Obsterzeugnissen und -dauerwaren vorkommenden Farbstoffe des Kirsch- und Heidelbeersaftes sind besondere Verfahren zum Nachweis in den betreffenden Abschnitten angegeben. Soweit Pflanzenfarbstoffe für die Färbung von Butter, Margarine

[1]) Zeitschr. f. U. N. 1901. 4. 1020; 1904. 7. 310.
[2]) ebenda 1899. 2. 633.
[3]) Vgl. auch J. König, Chemie der menschlichen Nahrungs- und Genußmittel III. Bd. I. Teil. Berlin 1910.
[4]) Siehe K. von Buchka, Das Lebensmittelgewerbe Bd. II, Obstdauerwaren S. 371.

und andere Fette in Frage kommen, sei auf diese Abschnitte besonders verwiesen.

Karamel (gebrannter Zucker oder zuckerhaltige gebrannte Stoffe) ist in den Abschnitten „Branntweine" und „Wein" behandelt.

Das Färben mit gesundheitsschädlichen Farbstoffen ist gemäß dem für alle Nahrungs- und Genußmittel sowie für zahlreiche Gebrauchs- gegenstände erlassenen Farbengesetz vom 5. VII. 87 (s. S. 688) sowie auch nach dem Nahrungsmittelgesetz (§§ 12—14) verboten. Im wesentlichen werden giftige Metallfarben und damit verunreinigte Teerfarbstoffe sowie einige spezifisch giftige Teerfarbstoffe damit getroffen. Von den üblichen Teerfarbstoffen ist schon in Anbetracht ihrer großen Ausgiebig- keit und des damit zusammenhängenden sparsamen Verbrauchs keine Gesundheitsschädigung zu befürchten und bisher auch nicht bekannt geworden.

Das Färben von Nahrungs- und Genußmitteln ist unter entsprechen- der Kennzeichnung zulässig. Das Färben zählt im allgemeinen nicht zu der anerkannten. herkömmlichen und normalen Herstellungsweise und nicht zum Wesen der meisten Lebensmittel, sondern erfolgt ent- weder zur Verdeckung unlauterer Machenschaften (Entziehung wert- voller Bestandteile oder Verarbeitung von minderwertigen Ersatzstoffen) oder auch zur Sicherung eines besonders günstigen Aussehens für den Fall, daß Mängel bei der Aufbewahrung und Herstellung eingetreten sind oder während der letzteren erwartet werden. Oft soll also den Waren der Anschein einer besseren Beschaffenheit verliehen werden. (Aus- nahmen bildet das Färben von Butter und Margarine, von ganzen Früchten und dergl.) Näheres enthalten die einzelnen Abschnitte.

Nachweis von Konservierungsmitteln.

Die Untersuchung auf Konservierungsmittel ist zwar eine bei einer größeren Zahl von Lebensmitteln häufig wiederkehrende Arbeit. Die einschlägigen Verfahren lassen sich aber nicht im allgemeinen be- schreiben, da die Vorbereitung des Untersuchungsmaterials, auch wenn es sich um die Feststellung eines und desselben Konservierungsmittels handelt, bei den verschiedenen Lebensmitteln jeweils eine besondere ist. Für die Untersuchung mehrerer Gegenstände wie Fleisch, Fett, Wein auf Konservierungsmittel sind überdies amtliche Methoden vorgeschrieben. Auch die Beurteilung hat nach verschiedenen Gesichtspunkten zu er- folgen; es sei daher auf die einzelnen Abschnitte, insbesondere Fleisch, Milch, Fette, Obsterzeugnisse, Bier und Wein verwiesen.

Nachweis von künstlichen Süßstoffen.

Ähnliche Gründe, wie sie im vorhergehenden Abschnitt angegeben, gelten auch für die künstlichen Süßstoffe. Es sei daher auf die Abschnitte Obsterzeugnisse, Wein und den besonderen Abschnitt „Künstliche Süß- stoffe" verwiesen.

Allgemeine chemische Untersuchungsmethoden für Fette[1]).

Bestimmung der freien Fettsäuren (des Säuregrads).

5 bis 10 g Fett werden in 30 bis 40 ccm einer säurefreien Mischung gleicher Raumteile Alkohol und Äther gelöst und unter Verwendung von Phenolphthalein (in 1%iger alkoholischer Lösung) als Indikator mit $^1/_{10}$-Normal-Alkalilauge titriert. Sollte während der Titration eine teilweise Ausscheidung des Fettes eintreten, so muß man vom Lösungsmittel von neuem zusetzen. Die freien Fettsäuren werden in Säuregraden ausgedrückt. Unter Säuregrad eines Fettes versteht man die Anzahl Kubikzentimeter Normal-Alkali, die zur Sättigung von 100 g Fett erforderlich sind. 1 ccm $^1/_{10}$-Normalalkali = 0,0282 Ölsäure.

Bestimmung der flüchtigen, in Wasser löslichen Fettsäuren (Reichert-Meißl-Zahl).

Zu 5 g Fett gibt man in einem Stehkolben aus Jenaer Geräteglas von etwa 300 ccm Inhalt 20 g Glyzerin[2]) und 2 ccm Natronlauge (erhalten durch Auflösen von 100 Gewichtsteilen Natriumhydroxyd in 100 Gewichtsteilen Wasser, Absetzenlassen des Ungelösten und Abgießen der klaren Flüssigkeit). Die Mischung wird unter beständigem Umschwenken über einer kleinen Flamme erhitzt; sie gerät alsbald ins Sieden, das mit starkem Schäumen verbunden ist. Wenn das Wasser verdampft ist (in der Regel nach 5 bis 8 Minuten), wird die Mischung vollkommen klar; dies ist das Zeichen, daß die Verseifung des Fettes vollendet ist. Man erhitzt noch kurze Zeit und spült die an den Wänden des Kolbens haftenden Teilchen durch Umschwenken des Kolbeninhalts herab. Dann läßt man die flüssige Seife auf etwa 80 bis 90° abkühlen und wägt 90 g Wasser von etwa 80 bis 90° hinzu. Meist entsteht sofort eine klare Seifenlösung; anderenfalls bringt man die abgeschiedenen Seifenteile durch Erwärmen auf dem Wasserbade in Lösung. Zu der warmen Lösung fügt man sofort 50 ccm verdünnte Schwefelsäure (25 ccm reine Schwefelsäure im Liter enthaltend) und etwa 0,6—0,7 g grobes Bimssteinpulver.

Dann wird nach sofortigem Verschluß des Kolbens die Flüssigkeit der Destillation unterworfen, unter genauer Innehaltung der in der Abbildung S. 79 angegebenen Größen- und Formverhältnisse.

Der Kolben wird dabei auf eine Asbestplatte gestellt, aus der eine kreisrunde Scheibe von 6,5 cm Durchmesser herausgeschnitten ist, so daß nur der Kolbenboden der Einwirkung der Flamme unmittelbar ausgesetzt ist. Die Heizflamme ist so einzustellen, daß in 19—21 Minuten 110 ccm Destillat übergehen. Sobald das Destillat die 110-ccm-Marke in der Vorlage erreicht hat, wird die Flamme gelöscht und die Vorlage durch ein anderes Gefäß ersetzt. Ohne das Destillat zu mischen, stellt

---

[1]) Unter Benützung der amtlichen Anweisung zum Gesetz vom 15. Juni 1897 (Margarinegesetz) und der im Reichsgesundheitsamt ausgearbeiteten Entwürfe zu Festsetzungen über Lebensmittel (Speisefette und Speiseöle) 1912.
[2]) Dieses Verfahren (von Leffmann u. Beam angegeben, Analyst 1891. 153 und 1896, 251) ist neuerdings allgemein im Gebrauch.

man die Vorlage so tief wie möglich in Wasser von 15⁰. Nach etwa 10 Minuten wird das Destillat in dem mit Glasstopfen verschlossenen Gefäße
durch 4—5 maliges Umkehren unter Vermeidung starken Schüttelns gemischt und dann durch ein gut anliegendes trocknes Filter von 8 ccm
Durchmesser filtriert. 100 ccm des klaren Filtrates werden nach Zusatz
von 3—4 Tropfen einer $1^0/_0$igen alkoholischen Phenolphthaleinlösung mit
$1/_{10}$ normaler Alkalilauge titriert. Die um $1/_{10}$ ihres Betrages vermehrte
Menge der verbrauchten Lauge ergibt den Verbrauch für das gesamte
Filtrat. Bei jeder Versuchsreihe führt man einen blinden Versuch aus,
indem man ein Gemisch von 20 g Glyzerin, 2 ccm der Natronlauge, 90 ccm
Wasser und 50 ccm der verdünnten Schwefelsäure genau wie beim Hauptversuch destilliert, das Destillat filtriert und titriert; die hierbei verbrauchte Lauge wird von der bei dem Hauptversuche verbrauchten
abgezogen.

Die so erhaltene Anzahl von Kubikzentimetern $1/_{10}$ normaler Alkalilauge, die zur Neutralisation der flüchtigen, wasserlöslichen Fettsäuren
von 5 g Fett erforderlich sind, ist die Reichert-Meißl-Zahl.

Bestimmung der Verseifungszahl (Köttstorfer Zahl).

Man wägt 2,5—3 g Fett oder Öl in einem Kölbchen aus Jenaer
Glas von 150 ccm Inhalt ab, setzt 30 ccm einer annähernd $1/_2$-normalen
alkoholischen Kalilauge hinzu, verschließt das Kölbchen mit einem
durchbohrten Korke, durch dessen Öffnung ein 75 cm langes Kühlrohr
aus Kaliglas führt und erhitzt die Mischung auf dem kochenden Wasserbade 15 Minuten lang zum schwachen Sieden. Um die Verseifung zu
vervollständigen, mischt man den Kolbeninhalt durch öfteres Umschwenken, jedoch unter Vermeidung des Verspritzens an Kork und Kühlrohr-
verschluß.

Das Ende der Verseifung ist daran zu erkennen, daß der Kolbeninhalt eine gleichmäßige, vollkommen klare Flüssigkeit darstellt, in der
keine Fetttröpfchen mehr sichtbar sind. Man versetzt die vom Wasserbade genommene noch heiße Lösung mit einigen Tropfen alkoholischer
Phenolphthaleinlösung und titriert sie sofort mit $1/_2$-Normalsalzsäure
zurück. Die Grenze der Neutralisation ist sehr scharf; die Flüssigkeit
wird beim Übergang in die saure Reaktion rein gelb gefärbt.

Bei jeder Versuchsreihe sind mehrere blinde Versuche in gleicher
Weise, aber ohne Anwendung von Fett auszuführen, um den Wirkungswert der alkoholischen Kalilauge gegenüber der $1/_2$-normalen Salzsäure
festzustellen.

Aus den Versuchsergebnissen berechnet man, wieviel Milligramm
Kaliumhydroxyd erforderlich sind, um in 1 g des Fettes oder Öles die
etwa vorhandenen freien Säuren zu binden und die Ester zu zerlegen.
Dies ist die Verseifungszahl oder Köttstorfer-Zahl.

Berechnung des Resultats nach folgendem Beispiel: Angewandte
Fettmenge — 1,7955 g. a) Blinder Versuch 30 ccm Kalilauge = 28,2 ccm
Salzsäure. 1 ccm $1/_2$ n-Salzsäure = 28,1 mg KOH. b) Hauptversuch:
Titration mit Salzsäure ergibt 13,6 ccm; demnach

$$28,2 \ \mathrm{HCl}$$
$$- \ 13,6 \ \text{,,}$$
$$= 14,6 \ \mathrm{ccm} \ \mathrm{HCl}.$$

$$\mathrm{VZ} = \frac{14,6 \times 28,1}{1,7955} = 228,5.$$

Nach Henriques werden zur Herstellung der alkoholischen Kalilauge 30 g gepulvertes reinstes Kaliumhydroxyd mit 1 Liter reinstem 95 %igen Alkohol am Rückflußkühler bis zur Lösung gekocht und die Lösung nach 24 stündigem Stehen filtriert [1]).

W. Fahrion [2]) hält für die genaue Bestimmung der Verseifungszahl folgendes für besonders beachtlich: 1. Einwage mindestens 3 g; 2. Lauge soll unter 10 % Wasser enthalten. 3. Ein $^1/_2$ stündiges Kochen mit der alkoholischen Lauge ist überflüssig. Die Verseifung ist beendet, wenn die Lösung klar und durchsichtig ist. Wenn man dann noch einige Minuten kocht, hat man volle Sicherheit, daß alles Fett verseift ist. 4. Beim Zurücktitrieren darf der Wassergehalt der Lösung nicht über 50 % betragen. Man kann direkt auf dem Drahtnetz unter Umschwenken kochen. Kühlung ist überflüssig, wenn man den verdunsteten Alkohol vor dem Titrieren wieder ersetzt.

Abscheidung und Bestimmung der wasserunlöslichen Fettsäuren (Hehner-Zahl).

3—4 g Fett werden in einer Porzellanschale mit 1—2 g Natrium- oder Kaliumhydroxyd und 50 ccm Alkohol versetzt und unter wiederholtem Umrühren auf dem Wasserbad erwärmt, bis das Fett vollständig verseift ist. Die Seifenlösung wird bis zur Sirupdicke und völligen Entfernung des Alkohols verdampft, der Rückstand in 100—150 ccm Wasser gelöst und mit Salzsäure oder Schwefelsäure angesäuert. Man erhitzt, bis sich die Fettsäuren als klares Öl an der Oberfläche gesammelt haben und filtriert durch ein Filter aus sehr dichtem Papiere. Um ein trübes Durchlaufen der Flüssigkeit zu vermeiden, füllt man das Filter zunächst zur Hälfte mit heißem Wasser an und gießt erst dann die Flüssigkeit mit den Fettsäuren darauf. Man wäscht mit siedendem Wasser bis zu 2 Liter Waschwasser aus, wobei man stets nachfüllt, ehe das Wasser vollständig abgelaufen ist.

Nachdem die Fettsäuren erstarrt sind, werden sie in Äther gelöst und die Lösung in ein gewogenes Kölbchen gebracht; sodann wird das Lösungsmittel in einem Strome trockenen Kohlendioxyds auf dem Wasserbade verdunstet und der Rückstand auf die gleiche Weise bis zur Gewichtsbeständigkeit getrocknet und gewogen. Aus dem Ergebnisse berechnet man, wieviel Gewichtsteile unlösliche Fettsäuren in 100 Gewichtsteilen Fett enthalten sind und erhält so die Hehner - Zahl.

Die Hehner-Zahl wird heute nicht mehr als zuverlässiges Erkennungsmittel für Verfälschungen (insbesondere des Butterfettes) angesehen, für die Gewinnung von Fettsäurenmaterial zur Ausführung anderer Bestimmungen (wie Schmelzpunkt, Molekulargewicht usw.) ist die Ausführung der Methode aber sehr geeignet. Man wendet dann entsprechend größere Fettmengen an.

---

[1]) M. Siegfeld, Chem.-Zeitg. 1908. **32**. 63 u. Zeitschr. f. U. N. 1909. **17**. 134 gibt praktische Winke für eine rasch herzustellende alkoholische Kalilauge.

[2]) Chem. Umschau 1917. 57.

Bestimmung der Jodzahl [1]).

Erforderliche Lösungen:

a) Es werden einerseits 25 g Jod, andererseits 30 g Quecksilber-chlorid in je 500 ccm reinem Alkohol von 95 Volumprozent gelöst, letztere Lösung, wenn nötig, filtriert und beide Lösungen getrennt aufbewahrt. Gleiche Teile beider Lösungen werden mindestens 48 Stunden vor dem Gebrauche gemischt.

b) Natriumthiosulfatlösung. Sie enthält im Liter etwa 25 g des kristallisierten Salzes. Die zweckmäßigste Methode zur Titerstellung ist folgende: 3,866 g wiederholt umkristallisiertes Kaliumbichromat löst man zu 1 Liter auf. Man gibt 15 ccm einer 10%igen Jodkaliumlösung in ein dünnwandiges Kölbchen mit eingeschliffenem Glasstopfen von etwa 250 ccm Inhalt, fügt 5 ccm 25%ige Salzsäure, 100 ccm Wasser und unter tüchtigem Umschütteln 20 ccm der Kaliumbichromatlösung zu. Nach viertelstündigem Stehen des verschlossenen Kölbchens läßt man nun unter Umschütteln von der Natriumthiosulfatlösung zufließen, wodurch die anfangs stark braune Lösung immer heller wird, setzt, wenn sie nur noch gelblich ist, etwas Stärkelösung hinzu und läßt unter jeweiligem kräftigem Schütteln noch so viel Natriumthiosulfatlösung vorsichtig zu-fließen, bis der letzte Tropfen die Blaufärbung der Jodstärke eben zum Verschwinden bringt.

Da 1 ccm der Kaliumbichromatlösung 0,01 g Jod freimacht, entspricht die verbrauchte Menge der Natriumthiosulfatlösung 0,2 g Jod.

c) Reines Chloroform, das beim Schütteln mit Jodkalium farblos bleibt.

d) 10%ige Jodkaliumlösung.

e) Stärkelösung: Man erhitzt eine Messerspitze voll „löslicher Stärke" [2]) in etwas destilliertem Wasser; einige Tropfen der unfiltrierten Lösung genügen für jeden Versuch.

Ausführung der Bestimmung.

Man bringt von trocknenden Ölen 0,15—0,18 g, von nichttrocknen-den Ölen 0,3—0,4 g, von Schweineschmalz 0,6—0,7 g, von den übrigen festen Fetten 0,8—1 g in ein Kölbchen der beschriebenen Art, löst das Fett in 15 ccm Chloroform und läßt 30 ccm Jodquecksilberchloridlösung zufließen, wobei man die Pipette bei jedem Versuch in genau gleicher Weise entleert. Sollte die Flüssigkeit nach dem Umschwenken nicht völlig klar sein, so wird noch etwas Chloroform hinzugefügt. Tritt binnen kurzer Zeit fast vollständige Entfärbung der Flüssigkeit ein, so muß man noch eine weitere abgemessene Menge Jodquecksilberchloridlösung

---

[1]) Ursprünglich nach von Hübl. Die Jodzahl der flüssigen ungesättigten Fettsäuren wird in gleicher Weise wie die der Fette ausgeführt. Die Abscheidung der flüssigen Fettsäuren erfolgt nach S. 000.

[2]) Darstellung: Eine beliebige Menge Kartoffelstärke wird mit 7 1/2%iger Salzsäure gemischt, so daß die Säure über der Stärke steht. Nach siebentägigem Stehen bei gewöhnlicher Temperatur oder dreitägigem Stehen bei 40° hat die Stärke die Fähigkeit, sich zu verkleistern, verloren. Durch Dekantieren wäscht man nun mit kaltem Wasser aus, bis das ablaufende Wasser nicht mehr sauer reagiert, saugt das Wasser dann ab und trocknet die Stärke an der Luft. Das so erhaltene Präparat ist in heißem Wasser klar und leicht löslich.

zugeben. Der Jodüberschuß muß so groß sein, daß noch nach 2 Stunden die Flüssigkeit stark braun gefärbt erscheint. Nach dieser Zeit ist die Reaktion im allgemeinen beendet. Die Versuche sind bei Temperaturen von 15—18° anzustellen, die Einwirkung direkten Sonnenlichts ist zu vermeiden.

Man versetzt dann die Mischung mit 15 ccm Jodkaliumlösung, schwenkt um und fügt 100 ccm Wasser hinzu. Scheidet sich hierbei ein roter Niederschlag aus, so setzt man noch etwas Jodkaliumlösung hinzu. Man läßt nun unter häufigem Schütteln so lange Natriumthiosulfat-lösung zufließen, bis die wässerige Flüssigkeit und die Chloroformschicht nur noch schwach gefärbt sind. Alsdann wird unter Zusatz von Stärke-lösung zu Ende titriert. Mit jeder Versuchsreihe ist ein sogenannter blinder Versuch, d. h. ein solcher ohne Anwendung eines Fettes zur Prüfung der Reinheit der Reagentien (namentlich auch des Chloro-forms) und zur Feststellung des Gehaltes der Jodquecksilberchlorid-lösung zu verbinden; bei längerer Einwirkungszeit ist sowohl zu Beginn als auch am Ende der Versuchszeit ein blinder Versuch auszuführen und für die Berechnung des Wirkungswertes der Jodquecksilberchlorid-lösung das Mittel dieser beiden Versuche zugrunde zu legen..

Man berechnet aus den Versuchsergebnissen, wieviel Gramm Jod von 100 g Fett oder Öl aufgenommen worden sind, und erhält so die Jodzahl des Fettes oder Öles.

Da sich bei der Bestimmung der Jodzahl die geringsten Versuchs-fehler in besonders hohem Maße multiplizieren, so ist peinlich genaues Arbeiten erforderlich. Zum Abmessen der Lösungen sind genau ein-geteilte Pipetten und Büretten, und zwar für jede Lösung stets das gleiche Meßinstrument zu verwenden.

Das Verfahren von J. A. Wiß [1]) beruht auf der Anwendung einer Lösung von Jodmonochlorid in Eisessig, wobei als Fettlösungsmittel Tetrachlorkohlen-stoff benutzt wird. Das Verfahren soll vor dem von Hüblschen den Vorzug haben, daß die Lösung in ihrer Wirksamkeit viel beständiger und die Reaktion schneller beendigt ist. Die Jodzahlen sollen dieselben sein wie die Hüblschen. Lewkowitsch empfiehlt das Verfahren sehr [2]). Bezüglich der sonstigen zahl-reich vorgeschlagenen Modifikationen und Ersatzmethoden für das von Hüblsche Verfahren muß auf die Spezialliteratur verwiesen werden.

Bestimmung der Acetylzahl.

Ermittlung der Oxyfettsäuren siehe Benedikt - Ulzer 5. Aufl. S. 143.

Bestimmung der unverseifbaren Bestandteile.

a) 10 g Fett werden in einer Schale mit 5 g paraffinfreiem Ätzkali und 50 ccm Alkohol verseift; die Seifenlösung wird mit einem gleichen Raumteile Wasser verdünnt und mit Petroleumäther aus-geschüttelt. Der mit Wasser gewaschene Petroleumäther wird ver-dunstet, der Rückstand nochmals mit alkoholischer Kalilauge verseift und die mit dem gleichen Raumteile Wasser verdünnte Seifenlösung mit Petroleumäther ausgeschüttelt. Der mit 50%igem Alkohol oder

---

[1]) Berichte d. deutsch. chem. Gesellsch. 1898. 31. 750 u. Zeitschr. f. U. N. 1902. 5. 497 usw.

[2]) Vgl. J. König, Die Untersuchung landwirtschaftlich und gewerblich wichtiger Stoffe. 1911. Berlin.

mit Wasser gewaschene Petroleumäther wird verdunstet, der Rückstand getrocknet und gewogen.

b) Sollen die unverseifbaren Stoffe auf Phytosterin oder auf Paraffin untersucht werden, so ist die Bestimmung der unverseifbaren Stoffe folgendermaßen auszuführen:

100 g Fett oder Öl werden in einem Kolben von etwa 1 Liter Inhalt auf dem Wasserbad erwärmt und mit 200 ccm alkoholischer Kalilauge, die aus paraffinfreiem Ätzkali und Alkohol von 70 Volumprozenten hergestellt ist und in 1 Liter 200 g Kaliumhydroxyd enthält, auf dem kochenden Wasserbad etwa $1/_2$ Stunde am Rückflußkühler verseift. Nach beendeter Verseifung wird die Seifenlösung mit 600 ccm Wasser versetzt und nach dem Erkalten in einem Schütteltrichter viermal mit Äther ausgeschüttelt. Zur ersten Ausschüttelung verwendet man 800 ccm, zu den folgenden je 400 ccm Äther. Aus diesen Auszügen wird der Äther abdestilliert und der Rückstand nochmals mit 10 ccm der Kalilauge 5—10 Minuten im Wasserbad erhitzt, die Lösung mit 20 ccm Wasser versetzt und nach dem Erkalten zweimal mit je 100 ccm Äther ausgeschüttelt. Die ätherische Lösung wird viermal mit je 10 ccm Wasser gewaschen, danach durch ein trockenes Filter filtriert und der Äther abdestilliert. Der Rückstand wird in ein etwa 8 ccm fassendes zylinderförmiges, mit Glasstopfen versehenes Gläschen gebracht, bei 100° getrocknet und nach dem Erkalten des Gläschens im Exsikkator gewogen.

Das Gewicht gibt die Menge der unverseifbaren Stoffe in 100 g des Fettes oder Öles an.

Prüfung auf Phytosterin.

a) Nach dem Ausschüttelverfahren (Börner [1])). Der bei der Bestimmung b der unverseifbaren Stoffe erhaltene Rückstand wird mit 1 ccm unterhalb 50° siedendem Petroläther übergossen und mit einem Glasstabe zu einer pulverförmigen Masse zerdrückt. Alsdann wird das verschlossene Gläschen 20 Minuten lang in Wasser von 8—10° gestellt. Hierauf bringt man den Inhalt des Gläschens in einen kleinen, mit Wattestopfen versehenen Trichter und bedeckt diesen mit einem Uhrglase. Nachdem die klare Flüssigkeit abgetropft ist, werden Glasstab, Gläschen und Trichterinhalt fünfmal mit je 0,5 ccm kaltem Petroläther nachgewaschen. Der am Glasstabe, im Gläschen und Trichter sich befindende ungelöste Rückstand wird in Äther gelöst, die Lösung in ein Glasschälchen gebracht und der Rückstand nach dem Verdunsten des Äthers bei 100° getrocknet. Darauf setzt man 1—2 ccm Essigsäureanhydrid hinzu, erhitzt unter Bedeckung des Schälchens mit einem Uhrglas auf dem Drahtnetz etwa $1/_2$ Minute lang zum Sieden und verdunstet den Überschuß des

[1]) Siehe die Originalarbeiten von A. Börner, Zeitschr. f. U. N. 1898. 1. 21, 81, 532; 1899. 2. 46; 1901. 4. 865, 1070; 1902. 5. 1018. Die Methode, ursprünglich v. E. Salkowski, Zeitschr. f. anal. Chem. 26, 557 zum Nachweis von Pflanzenfetten empfohlen, dient auch zum Nachweis des Cholesterins, bzw. um damit den Nachweis einer Beimischung von Pflanzenfetten in tierischen Fetten herbeizuführen. Vgl. auch die amtliche Anweisung, Anlage d der Ausführungsbestimmungen zum „Fleischbeschaugesetz" für die Untersuchung des Schweineschmalzes auf Pflanzenfette betr. Phytosterinnachweis S. 733.

Essigsäureanhydrids auf dem Wasserbade. Der Rückstand wird 3—4 mal aus geringen Mengen, etwa 1—2 ccm, absolutem Alkohol umkristallisiert. Die einzelnen Kristallisationsprodukte werden jeweils durch Absaugen unter Anwendung eines kleinen Platinkonus, der an seinem spitzen Ende mit zahlreichen äußerst kleinen Löchern versehen ist, von der Mutterlauge getrennt. Von der zweiten Kristallisation ab wird jedesmal der Schmelzpunkt bestimmt. Schmilzt das letzte Kristallisationsprodukt erst bei 117⁰ (korrigierter Schmelzpunkt) oder höher, so ist der Nachweis von Phytosterin als erbracht anzusehen.

A. Bömer gibt noch folgende sehr beachtenswerte Winke:

Die vorstehenden Mengenverhältnisse müssen genau innegehalten werden, weil anderenfalls die Ausschüttelungen unter Umständen Schwierigkeiten bieten.

Will man nur 50 g oder weniger Fett anwenden, so müssen die anzuwendenden Mengen Kalilauge, Wasser und Äther bei der ersten Verseifung entsprechend erniedrigt werden.

Da sich die alkoholische Kalilauge bei längerem Stehen meist etwas verändert (Braunfärbung), kann man auch eine wässerige Kalilauge (200 g Kalihydrat mit Wasser zu 300 ccm gelöst) vorrätig halten und statt der 200 ccm alkoholischen Kalilauge 60 ccm der wässerigen Lauge und 140 ccm 95%igen Alkohol zur Verseifung verwenden.

Um den Äther wieder zu weiteren Ausschüttelungen verwenden zu können, muß man ihn durch mehrmaliges Ausschütteln mit Wasser von seinem Alkoholgehalt möglichst befreien.

Die Unterschiede in den Kristallformen werden am besten durch den praktischen Versuch kennen gelernt; bezüglich der Abbildungen muß auf die Bömersche Originalarbeit [1]) verwiesen werden.

Es empfiehlt sich die Schmelzpunktbestimmungen mit einem verkürzten Normalthermometer 100—150⁰ nach Gräbe - Anschütz auszuführen und dasselbe bis mindestens zu dem Teilstrich 116⁰ bzw. dem zu erwartenden Schmelzpunkte in die Heizflüssigkeit eintauchen zu lassen. In diesem Falle ist eine Korrektur des Schmelzpunktes nicht erforderlich. Benützt man dagegen ein längeres Thermometer, so muß man den Schmelzpunkt für den aus der Heizflüssigkeit hervorragenden Quecksilberfaden korrigieren nach der Gleichung:

$$S = T + n\,(T - t).\,0{,}000154$$

S = korrigierter Schmelzpunkt.

T = beobachteter Schmelzpunkt.

n = Länge des aus der Heizflüssigkeit hervorragenden Quecksilberfadens in Temperaturgraden.

t = die mittlere Temperatur der die hervorragende Quecksilbersäule umgebenden Luft, gemessen mittels eines zweiten Thermometers, welches man an der Mitte des hervorragenden Quecksilberfadens anbringt.

b) Nach dem Digitonin (Fällungs-) verfahren [2]).

50 g Fett werden in einem mit Uhrglas bedeckten Jenaer Becherglas von 500—600 ccm Inhalt mit 100 ccm alkoholischer Kalilauge (100 g KOH in 100 ccm Wasser gelöst und mit 350 ccm 96%igem Alkohol verdünnt) auf dem Wasserbad verseift. Die klare Seifenlösung wird

---

[1]) l. c.

[2]) Literatur: A. Windaus, Ber. d. Deutsch. Chem. Gesellsch. 1909. 42. 238; Marcusson und Schilling, Chem. Ztg. 1913. 37. 1001; Klostermann, Zeitschr. f. U. N. 1913. 26. 435; Fritsche, ebenda 1913. 26. 645; Wagner, ebenda 1915. 30. 265; Klostermann und Opitz, ebenda 1914. 29. 119; Kühn und Wewerinke, ebenda 1914. 28. 369; dieselben und Bengen, ebenda 1915. 29. 327; Pfeffer, ebenda 1917. 31. 38. Das beschriebene Verfahren hat sich aus vorstehenden Angaben herausgebildet.

mit 150 ccm heißem Wasser verdünnt und sofort mit 50 ccm Salzsäure
(1,124) zersetzt. Die Fettsäuren werden heiß durch ein angefeuchtetes
großes glattes Papierfilter von der Chlorkalium-Glyzerinlauge möglichst
getrennt und nach Durchstoßen des Filters durch ein trockenes, am
besten gehärtetes Faltenfilter in ein Jenaer Becherglas von etwa 200 ccm
filtriert. Zu dem klaren noch warmen Filtrat gibt man 25 ccm einer Lösung
von 1 g Digitonin (Merck) in 100 ccm 96%igem Alkohol, rührt bis zur
innigen Vermischung um und stellt das Reaktionsgemisch unbedeckt
auf ein geschlossenes siedendes Wasserbad, wo es allmählich eine Temperatur von etwa 70° annehmen soll. Entweder beginnt sofort die Ausscheidung des Sterindigitonids, oder es zeigt sich eine Trübung, die allmählich in die Ausscheidung des Niederschlags übergeht. Durch Zusatz
einiger Tropfen Wasser kann man diesen Vorgang beschleunigen, was
offenbar mit dem Kristallwassergehalt der Doppelverbindung zusammenhängt. Während des Erwärmens ist gut umzurühren. Nach Verlauf von
$1/_2$ Stunde — bei Gegenwart geringer Mengen Sterin von 1 Stunde —
ist die Ausscheidung des Niederschlags beendet; er schwimmt jetzt
häufig oben und die Fettsäuren sind klar geworden. Man filtriert nun
im Wassertrockenschrank durch ein glattes, quantitatives Filter von
9 cm Durchmesser. Dabei läßt man die Tür offen, um unnötig hohe
Erwärmung zu vermeiden. Man prüft das Filtrat durch Zusatz einer
kleinen Menge Digitoninlösung, ob es frei von Sterin ist. Nach Filtration
wäscht man den Rückstand und das Filter zuerst mit heißem Chloroform und dann mit Äther vollkommen fettsäurefrei, läßt die Haupt-
menge des Äthers an der Luft verdunsten, trocknet noch 5 Minuten
bei 90—100° und kann dann meist den Niederschlag leicht und ohne
Verlust vom Filter ablösen. Man kocht ihn nun in einem kleinen Becherglas mit 3—5 ccm Essigsäureanhydrid, wobei man nötigenfalls das fort-
dampfende Anhydrid tropfenweise durch frisches ersetzt. Die Azety-
lierung ist in der Regel nach 5 Minuten langem Kochen beendet, und
das Digitonid hat sich dann klar gelöst. Eine geringe Trübung ist ohne
Belang. Man versetzt die etwas abgekühlte Anhydridlösung tropfenweise
mit dem 4fachen Volumen 50%igen Alkohols, kühlt mit kaltem Wasser
ab und filtriert nach 5—10 Minuten das ausgeschiedene Azetat durch
ein kleines Papierfilter. Nach mehrmaligem Auswaschen des Niederschlags mit kaltem 50%igem Alkohol spült man das von Alkohol befreite Azetat mittels einiger ccm Äther durch das Filter in eine Kri-
stallisierschale, worin man nach Entfernung des Äthers die Kristalli-
sationen sofort vornehmen kann.

  Für die quantitative Bestimmung ist das vortreffliche, aber etwas
umständliche Verfahren von Klostermann und Opitz [1] anzuwenden.

  In einer neueren Arbeit zeigt Marcusson [2], daß eine Verseifung
in allen Fällen zur qualitativen Ermittelung von Pflanzenölen in tierischen
Fetten nicht notwendig ist.

  Nach diesen Autoren stören Paraffin, Mineralöle, höhere Alkohole
nicht. In einem Gemisch von Talg, Mineralöl und Sesamöl konnte noch
$1/_2$% des pflanzlichen Öles ermittelt werden.

---

[1] Zeitschr. f. U. N. 1914. **27.** 718 und **28.** 143.
[2] Chem. Ztg. 1917. 577.

Nachweis und Bestimmung von Paraffin [1].

Der bei der Bestimmung b der unverseifbaren Stoffe erhaltene Rückstand oder der durch Zurückgießen der Petrolätherauszüge von der Phytosterinprüfung in das Wägegläschen und Abdunsten der Lösungsmittel erhaltene Rückstand wird mit 5 ccm konzentrierter Schwefelsäure übergossen. Hierauf wird das mit Glasstopfen und Gummikappe gut verschlossene Gläschen 1 Stunde lang bis an den Hals in ein Glyzerinbad (40 Teile Glyzerin und 60 Teile Wasser) von 104—105° gestellt. Während der letzten halben Stunde wird das in ein Tuch eingewickelte Gläschen dreimal mit je 10 ccm unterhalb 50° siedendem Petroläther je 1 Minute lang kräftig ausgeschüttelt. Die in einem Scheidetrichter vereinigten farblosen Petrolätherauszüge werden dreimal mit je 10 ccm Wasser gewaschen; dem zweiten Waschwasser werden einige Tropfen Chlorbariumlösung zugesetzt. Alsdann wird die Petrolätherlösung durch ein getrocknetes kleines Filter in ein Wägegläschen filtriert und der Rückstand nach dem Verdunsten der Flüssigkeit bei 100° getrocknet und gewogen.

Das Gewicht gibt die Menge des Paraffins in 100 g Öl oder Fett an.

Abscheidung der flüssigen (ungesättigten) Fettsäuren [2].

20 g Fett oder Öl werden mit 15 ccm wässeriger 50%iger Kalilauge und 45 ccm etwa 95%igem Alkohol auf dem Wasserbade verseift. Die Seifenlösung wird nach Zusatz von Phenolphthalein mit Essigsäure neutralisiert, in eine siedende Lösung von neutralem Bleiacetat (20 g in 300 Wasser) in dünnem Strahl unter fortwährendem Umschwenken eingegossen und das Gemisch unter der Wasserleitung abgekühlt. Die über der Bleiseife fast klare Flüssigkeit wird abgegossen und der Rückstand dreimal mit je etwa 100 ccm Wasser von etwa 70° gewaschen. Man erwärmt zur Abtrennung der ätherlöslichen Bleisalze der flüssigen Fettsäuren die Seife mit etwa 220 ccm Äther 20 Minuten lang am Rückflußkühler zum gelinden Sieden, wobei man den Kolben wiederholt umschüttelt, um die Seife von Wand und Boden des Kolbens abzulösen. Nach etwa halbstündigem Abkühlen filtriert man die ätherische Lösung in einen Kolben von 200 ccm Inhalt, den man ganz mit Äther auffüllt, verschließt und etwa 12 Stunden lang im Eisschrank stehen läßt, wobei sich meist ein Niederschlag abscheidet. Man filtriert dann die ätherische Lösung in einen Scheidetrichter und schüttelt sie zur Zerlegung der Bleisalze erst mit 100 ccm, dann noch mit 50 ccm 20%iger Salzsäure, zuletzt mit 100 ccm Wasser aus. Die zurückbleibende ätherische Lösung der flüssigen Fettsäuren wird durch ein trockenes Filter in einen Kolben filtriert, der Äther bis auf ein Volumen von 40—50 ccm abdestilliert und die Lösung von dem etwa abgeschiedenen Wasser in ein Kölbchen abgegossen. Zur Vertreibung des Äthers und zum Trocknen der flüssigen Fettsäuren wird durch das bis an den Hals in ein siedendes Wasserbad getauchte Kölbchen ein Strom reinen, trocknen (mit Bicarbonatlösung und konzentrierter Schwefelsäure gewaschenen) Kohlendioxyds durchgeleitet.

Bei Kokosfett, Palmkernfett und ähnlichen Fetten ist der Rückstand wiederholt mit heißem Wasser auszuziehen, um die wasserlöslichen gesättigten Fettsäuren, deren Bleisalze ebenfalls in Äther leicht löslich sind, zu entfernen.

Zur Bestimmung der Jodzahl der ungesättigten flüssigen Fettsäuren verwendet man zweckmäßig 0,2—0,3 g (etwa 10—12 Tropfen).

Kritische Lösungstemperatur nach Crismer siehe S. 23 sowie das Werk Benedikt - Ulzer 5. Aufl. S. 104. 577.

Polarisation.

Diese Methode hat größere Bedeutung für die Unterscheidung ausländischer Fette, die als Medikamente Verwendung finden (Rizinus-, Krotonöl usw.) als für Speisefette. Fette giftiger Hydnokarpusarten, die gelegentlich in der Margarinefabrikation Verwendung fanden, wiesen

---

[1] Nach den amtlichen Entwürfen zu Festsetzungen über Lebensmittel.
[2] Nach den amtlichen Entwürfen; nach Tortelli und Ruggeri.

Rechtsdrehungen $[a]_D = 54—64{,}5$ [1]) auf. Feste Fette sind in geeigneten Lösungsmitteln entsprechend zu verdünnen.

Farbenreaktionen zur Unterscheidung der Fette
finden sich im nächstfolgenden Abschnitt „C I Speisefette".

Weitere Fettuntersuchungsmethoden finden sich in den nachfolgenden Abschnitten über Speisefette.

C. Untersuchung und Beurteilung der Nahrungsmittel, Genußmittel und Gebrauchsgegenstände.

I. Speisefette.

Flüssige Fette (Öle) [2]).

Aus dem gut durchmischten Ölvorrate sind mindestens 100 g Öl zu entnehmen; die Ölproben sind in reinen, trockenen Glasflaschen, die mit Kork oder eingeriebenen Glasstöpseln verschließbar sind, aufzubewahren und zu versenden. Falls die Öle ungelöste Bestandteile enthalten, sind sie zu erwärmen und, wenn sie dann nicht vollkommen klar sind, durch ein trockenes Filter zu filtrieren (nach der amtlichen Anweisung).

In der Regel genügt es zur Identifizierung eines Öles oder zum Nachweis einer Verfälschung desselben von obigen Bestimmungen diejenige der Refraktometerzahl, der Jod- und Verseifungszahl, des Schmelz- oder Erstarrungspunktes der Fettsäuren auszuführen (Konstanten S. 655); in besonderen Fällen sind noch folgende Bestimmungen vorzunehmen:

a) zur Unterscheidung von Tier- und Pflanzenfetten die Phytosterinprobe (s. S. 64),

b) zur Unterscheidung von trocknenden und nichttrocknenden Ölen (Fetten) die Elaidinprobe: 10 g Öl, 5 g Salpetersäure vom spezif. Gewicht 1,410 werden in einem Reagensglase längere Zeit (2 Minuten) stark geschüttelt, dem Gemisch dann 1 g Quecksilber zugesetzt und dieses durch starkes Schütteln gelöst. Sodann läßt man die Mischung etwa $^1/_2$ Stunde stehen; Olein geht dabei in festes Elaidin (gelbgefärbte Masse) über, während die Glyzeride der Leinölsäure etc. flüssig bleiben. — Statt Quecksilber kann auch Kupfer (1,0 : 10 ccm 25%iger Salpetersäure) verwendet werden. Die Vereinbarungen empfehlen etwa 2 g Öl und an Stelle von Kupfer und Salpetersäure eine konzentrierte Auflösung von Kaliumnitrat und verdünnter Schwefelsäure. Nichttrocknende Öle geben Elaidin. Trocknende Öle geben kein Elaidin.

Zu den nichttrocknenden Ölen gehören:
Olivenkernöl, Olivenöl, Mandelöl, Erdnußöl, Palmöl, Rizinusöl, Kokosnußöl.

---

[1]) Zeitschr. f. U. N. 1911. **22.** 441; 1912. **23.** 360.
[2]) Siehe bezügl. des Reinheitsgrades von Oliven-, Mandel- und Rizinusöl auch die Vorschriften des Deutschen Arzneibuches V.

Zu den trocknenden Ölen gehören:
Mohnöl, Hanföl, Walnußöl, Leinöl, Dorschlebertran.
Außerdem gibt es halbtrocknende Öle:
Sesamöl, Baumwollsaatöl (Kottonöl), Rüböl.

Ferner dienen:

c) zur Identifizierung eines Pflanzenöles und zum Nachweise der
Art einer Verfälschung folgende Reaktionen:

1. Reaktionen allgemeiner Art:

a) die Belliersche Reaktion siehe S. 732.

Bei den verschiedenen reinen Ölen treten nach Olig und Brust
folgende Färbungen ein:

Mohnöl	indigoblau, rotviolett
Leinöl	blau
Kottonöl	violett
Sesamöl	grünblau, schmutzigblau, violett
Maisöl	blau, rot, rotviolett
Rüböl	indigoblau, blauviolett, grünblauviolett
Erdnußöl	intensiv blau
Olivenöl	schmutzig grün, mißfarbig
Kokosfett	ebenso.

β) die Reaktion nach Kreis mit Salpetersäure und Phlorogluzin;
Olivenöl gibt blaß gelbrote Färbung, Erdnußöl, Sesamöl, Kottonöl,
Nußöl u. a. geben starke himbeerrote Färbungen der öligen Schicht.

2. Reaktionen besonderer Art:

a) Nachweis von Sesamöl durch die Baudouinsche Furfurol-Probe
und die Soltsiensche Zinnchlorürprobe siehe Abschnitt Butter S. 83.

β) Nachweis von Baumwollsamenöl (Kottonöl) durch die Halphen-
sche Reaktion (siehe S. 733) oder, falls das Öl erhitzt und damit
der die Reaktion bedingende Körper im Öl zerstört war, mit der
Hauchecorneschen Salpetersäurereaktion, welche folgendermaßen auszuführen ist: Gleiche Volumina Öl und Salpetersäure vom spezifischen
Gewicht 1,375 werden geschüttelt; nach längerer Zeit — bis 24 Stunden
— tritt dann kaffeebraune Färbung ein.

γ) Nachweis von Rüböl kann an der Erhöhung der Jodzahl der
festen Fettsäuren (62^0), dem Schmelzpunkt der festen Fettsäuren (41
bis 42^0) und der kritischen Lösungswärme der Na-Salze der flüssigen
Fettsäuren[1]) (50—45^0) sowie der Verseifungszahl erkannt werden.

δ) Nachweis von Erdnußöl (Arachis-). (Geringe Mengen kommen
im Olivenöl, im Erdnußöl etwa 5% vor).

1. Vorprüfung nach Bohrisch[2]). 10 ccm Öl werden mit 125 ccm $\frac{n}{2}$
alkoholischer Kalilauge verseift und darauf 4—5 Stunden bei Zimmertemperatur
sich selbst überlassen. Ist die Flüssigkeit nach dieser Zeit noch klar, so kann
man sicher sein, daß größere Mengen Erdnußöl (über 10%), sowie Sesamöl und
Baumwollsamenöl (über 20%) fehlen, während die Entstehung einer Trübung
oder eines Niederschlages auf die Anwesenheit eines der 3 fremden Öle hindeutet. Im letzteren Falle erwärmt man auf dem Wasserbade bis zur Lösung,

---

[1]) Verfahren von Tortelli und Fortini, Chem. Ztg. 1910. 34. 689;
Zeitschr. f. U. N. 1911. 22. 665; 1912. 23. 619; Gaz. chim. ital. 1911. 41. I. 173.

[2]) Pharm. Zentralh. 1910. 51. 454.

neutralisiert sofort mit konz. Salzsäure möglichst genau gegen Phenolphthalein, stellt 10 Minuten lang in Wasser von 15° und filtriert durch ein glattes Filter von 12 cm Durchmesser ab. Bleibt auf diesem nur ein feiner weißer Rückstand, so ist die Anwesenheit größerer Mengen Erdnußöl (15—20%) und Baumwollsamenöl (40—50%) ausgeschlossen. Ist das Filter aber mit einem groben Kristallbrei bis zu $\frac{1}{5}$ gefüllt, so liegt eines dieser Öle vor. In diesem Falle bringt man 10—20 ccm des Filtrates in ein Reagensglas und stellt dieses in Wasser von 9—10°. Entsteht nach $\frac{1}{2}$ Stunde keine Trübung, so ist das Öl frei von Erdnußöl sowie erheblicheren Mengen Sesamöl oder Baumwollsamenöl (10% und darüber). Hat sich aber eine Trübung oder ein Niederschlag gebildet, so läßt man den Rest des Filtrates über Nacht im Eisschranke stehen und löst den entstandenen, abfiltrierten Niederschlag in 10 ccm 90%igem Alkohol. Die Lösung wird einige Minuten auf dem Wasserbade erwärmt und dann 1 Stunde bei Zimmertemperatur sich selbst überlassen. Entsteht kein flockiger Niederschlag, so ist Erdnußöl abwesend, ist aber eine flockige Abscheidung entstanden und hat die Baudouinsche Reaktion die Abwesenheit von Sesamöl ergeben, so kann mit Sicherheit auf die Anwesenheit von Erdnußöl geschlossen werden. Es sollen noch 5% Erdnußöl auf diese Weise nachweisbar sein.

2. Durch Abscheidung von Arachinsäure nach Renard[1]), de Negri und Fabris[2]).

Bestimmung der Arachinsäure, Verfahren von Tortelli und Ruggeri[3]).

Der bei der Abscheidung der flüssigen Fettsäuren (s. S. 67) erhaltene Rückstand (Bleisalze) werden samt dem Filter im Soxhlet-Apparat nochmals mit Äther ausgezogen. Danach wird der Rückstand mit etwa 200 ccm Äther in einem Scheidetrichter mit 100 ccm 20%iger Salzsäure zerlegt und mit 100 ccm Wasser ausgeschüttelt. Von der ätherischen Lösung wird der Äther abdestilliert. Der erhaltene Rückstand wird in 50 ccm 90%igem Alkohol unter leichtem Anwärmen im Wasserbade (Sieden ist zu vermeiden) gelöst. Der nach langsamem Abkühlen und dreistündigem Stehen entstehende Niederschlag wird bei 15—20° abfiltriert, dreimal mit je 10 ccm 90%igem Alkohol und noch mehrmals mit 70%igem Alkohol gewaschen. Der Rückstand wird mit siedendem absolutem Alkohol in einen gewogenen Kolben übergeführt, der Alkohol abdestilliert, der Rückstand bei 100° getrocknet und dann gewogen. Der Schmelzpunkt der so erhaltenen Roharachinsäure liegt bei etwa 72—75°. Liegt er unter 70° oder war der Niederschlag nicht feinblätterig kristallinisch, so ist er nochmals in derselben Weise umzukristallisieren. Die durch Umkristallisieren in 90%igem Alkohol entstandenen Verluste werden durch Addition nachstehender Werte korrigiert:

Gewogene Menge	Korrektur für 100 ccm 90%igen Alkohol		
	bei 15°	bei 17,5°	bei 20°
bis 0,1 g	0,033 g	0,04 g	0,045 g
0,1—0,5 g	0,05 g	0,06 g	0,07 g
0,5 u. mehr	0,07 g	0,08 g	0,09 g

Durch Multiplikation der so gefundenen Menge von roher Arachinsäure mit 20 erhält man annähernd die Menge des im untersuchten Fett oder Öl vorhandenen Erdnußöles.

d) Hinsichtlich Kakaoöl(-fett), Pfirsichkern-, Aprikosenkern- und Mandelöl siehe die Abschnitte Kakao und Schokolade, Zuckerwaren und Marzipan.

[1]) Zeitschr. f. anal. Chem. 1873. 12. 231.
[2]) Ebenda 1894. 33. 553; siehe auch Kreis, Chem.-Ztg. 1895. 19. 451; Smith, Journ. Americ. Chem. Soc. 1907. 29. 1786; Zeitschr. f. U. N. 1908. 15. 615.
[3]) Chem.-Ztg. 1898. 22. 600; siehe auch Adler, Zeitschr. f. U .N. 1912. 23. 676; nach den amtlichen Entwürfen.

Über die serologische Differenzierung von pflanzlichen Ölen von Popoff und Konsuloff, Zeitschr. f. U. N. 1916. 32. 123.

e) Gehärtete Öle sowie Trane. Näheres über Gewinnung und Verhalten dieser Fette hat A. Bömer [1]) veröffentlicht. Die Konstanten der gehärteten Öle nähern sich vollständig denen des Schweinefettes, die des Waltranes denen des Rindertalges. Auch in ihrer äußeren Beschaffenheit sind Unterschiede nicht vorhanden. Die Jod- und Refraktionszahlen der ursprünglichen Öle sinken, die Schmelz- und Erstarrungspunkte steigen höher. Unverändert bleiben Verseifungszahl und Phytosterinprobe. Vgl. auch die Angaben über den Nachweis von gehärteten tierischen und pflanzlichen Fetten im Schweinefett nach dem Schmelzpunktdifferenzverfahren von A. Bömer im Abschnitt „Schweinefett" unter „Talgnachweis".

Kreis und Roth [2]) äußern sich über den Einfluß des Härtens auf die Farbenreaktionen der Öle und den Nachweis der Arachinsäure bei Erdnußöl. Die Reaktionen von Bellier, Baudouin und Soltsien bleiben unbeeinflußt, der Nachweis von Baumwollsamenöl mit der Reaktion nach Halphen bleibt negativ. Für die Abscheidung der Arachinsäure wird eine besondere Methode angegeben.

Über die Herkunft gehärteter Fette und die Farbreaktionen nach Tortelli und Jaffe [3]) vgl. J. Prescher, Z. f. U. N. 1915. 36. 357.

Für den Nachweis kleiner Mengen Nickel, die vom Katalysator herrühren, gibt Prall (Z. f. U. N. 1912. 24. 109) folgendes Verfahren an:

5—10 g Fett werden mit dem gleichen Volumen konz. Salzsäure $\frac{1}{2}$ Stunde unter Umschütteln im Wasserbade erwärmt. Die durch ein feuchtes Filter abfiltrierte saure Lösung dampft man in einer Porzellanschale ein und betupft den Rückstand mit einer 1%igen alkoholischen Lösung von Dimethylglyoxim- Rotfärbung, bei Zusatz von NH$_3$ noch besser hervortretend. Der saure Auszug ist mit Tierkohle zu entfärben, falls er gefärbt ist. Manche Fette geben aber schon allein leichte Rotfärbungen. Die Probe ist daher nicht immer beweiskräftig.

Beurteilung.

Von den Speiseölen unterliegt fast nur das Olivenöl, auch Baum- [4]) und namentlich sehr häufig Provenceröl genannt, der Verfälschung. Diese besteht im Zusatz minderwertiger und billigerer Öle, wie Baumwollsamen-, Sesam-, Erdnußöl. Die beste Sorte von Olivenöl wird als Nizzaöl, Jungfernöl, Aixeröl usw. verkauft. Der Nachweis der Verfälschung mit fremden Ölen geschieht mit Hilfe der Jodzahl und der Spezialreaktionen, bisweilen bietet auch die Refraktometerzahl und die Ermittelung anderer Konstanten brauchbare Anhaltspunkte (Tabelle der Konstanten S. 655). Speiseöle, deren Bezeichnung auf eine bestimmte Pflanzenart hinweist, sofern sie nicht ausschließlich das Öl dieser Pflanzenart enthalten, sind als verfälscht, nachgemacht oder irreführend bezeichnet anzusehen. Mischungen verschiedener Öle werden häufig als Tafelöl, Speiseöl, ff. Speiseöl, Salatöl und unter ähnlichen Bezeichnungen

---

[1]) Zeitschr. f. U. N. 1912. 24. 104.
[2]) Zeitschr. f. U. N. 1913. 25. 81.
[3]) Chem. Ztg. 1915. 39. 14.
[4]) Die Untersuchung des Baumöls gemäß zollamtlicher Vorschrift umfaßt die Bestimmung des spezifischen Gewichts, des Brechungsvermögens, der Jodzahl nach von Hübl, der Elaidinprobe, Prüfungen auf Baumwollsamen-, Sesam- und Erdnußöl. Die Methoden weichen von den vorstehend angegebenen nicht ab.

in Verkehr gebracht. Da diese Bezeichnungen nur den Verwendungszweck in sich schließen, können sie nicht beanstandet werden, dagegen
ist es nicht zu billigen, daß solche Mischungen auch als Provenceröl
gehandelt werden. Diese Bezeichnung ist nur dem Olivenöl eigen. Eine
Mischung verschiedener Öle als Olivenöl bezeichnet, ist als Nachmachung [1])
aufzufassen, nicht aber das Unterschieben eines anderen Öles an Stelle
des Olivenöls, in letzterem Falle liegt eine irreführende Bezeichnung vor.
Eine geringe Menge fremden Öls kann als Verunreinigung vorkommen
und ist nicht zu beanstanden.

Kupfer(Grünspan-)haltige Olivenöle (Malagaöl) sollen schon vorgekommen sein. Mohnöl, Raps-, Leinöl etc. werden selten zum Verfälschen
der Olivenöle benutzt. Leinöl wird in frisch abgepreßtem Zustande
(häufig noch mit Samenresten behaftet), als Speisefett auf dem Land
als Beigabe zu Kartoffeln benutzt.

Ranzige Öle sind als verdorben zu beanstanden (Säuregrad).

Mineralölzusätze erkennt man an größeren Mengen an Unverseifbarem, wobei zu berücksichtigen ist, daß die Pflanzenfette selbst 1—2 g
davon enthalten (s. Beurteilung S. 100). Erdnußöl gibt sich durch
Isolierung größerer Mengen Arachinsäure und Lignocerinsäure (Schmelzpunkt des Gemisches 74 bis 75,5⁰) zu erkennen, sein Gehalt beträgt
etwa 4—5⁰/₀. Sesamöl enthält Sesamin und Sesamol [2]).

Als „Salatöl-Ersatz" kamen etwa 1⁰/₀ige gefärbte Gelatine- oder
Pflanzenschleimlösungen von öliger Konsistenz in Handel, die vom Reichsgericht am 30. III 1917 [3]) als nachgemacht angesehen worden sind.

Feste Fette.

Butter [4]) (Butter-, Rindschmalz, Schmelzbutter).

Probenentnahme.

Die Entnahme der Proben hat an verschiedenen Stellen des Butter-
vorrats zu erfolgen, und zwar von der Oberfläche, vom Boden und
aus der Mitte. Zweckmäßig bedient man sich dabei eines Stechbohrers
aus Stahl. Die entnommene Menge soll mindestens 250 g betragen.

Die einzelnen entnommenen Proben sind mit den Handelsbezeichnungen (z. B. Dauerbutter, Tafelbutter usw.) zu versehen.

Aufzubewahren und zu versenden ist die Probe in sorgfältig gereinigten Gefäßen von Porzellan, glasiertem Tone, Steingut (Salbentöpfe der Apotheker) oder von dunkel gefärbtem Glas, welche sofort
möglichst luft- und lichtdicht zu verschließen sind. Papierumhüllungen
sind zu vermeiden. Die Versendung geschehe ohne Verzug. Insbesondere für die Beurteilung eines Fettes auf Grund des Säuregrades
ist jede Verzögerung, ungeeignete Aufbewahrung, sowie Unreinlichkeit
von Belang.

---

[1]) Urt. d. Landger. Berlin II vom 26. V. 1908 und des Kammergerichts
vom 25. VIII. 1908, Z. f. U. N. (Ges. u. Verordn.) 1910. 2. 503.

[2]) Kreis, Chem.-Ztg. 1903. 27. 1030.

[3]) Auszüge 1917. 591. Siehe auch die Anford. d. Ersatzm.-Verord. Bd. 10.

[4]) Unter Benützung der Entwürfe zu Festsetzungen über Lebensmittel
1912 und der amtlichen Anweisung vom 1. April 1898.

Die genaue Ermittelung des Wassergehalts erfordert die Entnahme einer größeren Probe, mindestens eines $1/_2$ Pfunds; gute Durchmischung der Probe und rasche Untersuchung.

Untersuchung.

Die Untersuchung erstreckt sich neben der stets auszuführenden Sinnenprüfung (Konsistenz, Farbe, Geruch, Geschmack, besondere Merkmale) in den meisten Fällen auf Wassergehalt, Fettgehalt und Ermittelung von fremden Fetten und Konservierungsmitteln, im Einzelfalle auch auf Kasein, Kochsalz und Verdorbenheit.

Die erste Vorbereitung für die Untersuchung auf fremde Fette besteht in Beobachtung der beim langsamen Abschmelzen einer größeren Buttermenge eintretenden Erscheinungen (siehe Ziff. 8) und im Filtrieren des abgeschmolzenen Fettes durch ein trockenes Papierfilter.

1. Bestimmung des Wassers [1]).

5 g Butter, die von möglichst vielen Stellen des Stückes zu entnehmen sind, werden in einer mit gepulvertem, ausgeglühtem Bimsstein beschickten, tarierten flachen Nickelschale abgewogen, indem man mit einem blanken Messer dünne Scheiben der Butter über den Schalenrand abstreift; hierbei ist für möglichst gleichförmige Verteilung Sorge zu tragen. Die Schale wird in einen Soxhletschen Trockenschrank mit Glyzerinfüllung oder einen Vakuumtrockenapparat gestellt. Nach einer halben Stunde wird die im Trockenschrank erfolgte Gewichtsabnahme festgestellt; fernere Gewichtskontrollen erfolgen nach je weiteren 10 Minuten, bis keine Gewichtsabnahme mehr zu bemerken ist; zu langes Trocknen ist zu vermeiden, da alsdann durch Oxydation des Fettes wieder Gewichtszunahme eintritt.

Über die Bestimmung auf dem Wege der Destillation mit Hilfe hochsiedender Flüssigkeiten (Petroleum, Xylol usw.) vgl. S. 31 und den Abschnitt Käse; ferner das Verfahren von Aschmann und Arend [2]).

2. Bestimmung von Kasein, Milchzucker und Mineralbestandteilen (Kochsalz).

5—10 g Butter werden in einer Schale unter häufigem Umrühren etwa 6 Stunden im Trockenschranke bei 100° C vom größten Teile des Wassers befreit; nach dem Erkalten wird das Fett mit etwas absolutem Alkohol und Äther gelöst, der Rückstand durch ein gewogenes Filter von bekanntem geringem Aschengehalte filtriert und mit Äther hinreichend nachgewaschen.

Der getrocknete und gewogene Filterinhalt ergibt die Menge des wasserfreien Nichtfetts (Kasein + Milchzucker + Mineralbestandteile).

---

[1]) Für rasche Orientierung über den Wassergehalt ist die Funkesche Wage „Perplex" (vgl. auch G. Fendler und W. Stüber, Zeitschr. f. U. N. 1909. 17. 90) und die damit verbundene Methode geeignet; die hiermit ermittelten Werte weichen bei richtiger Handhabung von den gewichtsanalytisch ermittelten kaum oder nur wenig ab. Im übrigen genügt oft schon der Ausfall der Schmelzprobe (vgl. S. 76) zur Orientierung über den Wassergehalt der Butter.

[2]) Chem.-Ztg. 1906. 30. 953; Zeitschr. f. U. N. 1907. 14. 711.

Zur Bestimmung der Mineralbestandteile wird das Filter samt Inhalt in einer Platinschale mit kleiner Flamme verkohlt. Die Kohle wird mit Wasser angefeuchtet, zerrieben und mit heißem Wasser wiederholt ausgewaschen; den wässerigen Auszug filtriert man durch ein kleines Filter von bekanntem geringem Aschengehalte. Nachdem die Kohle ausgelaugt ist, gibt man das Filterchen in die Platinschale zur Kohle, trocknet beide und verascht sie. Alsdann gibt man die fil-trierte Lösung in die Platinschale zurück, verdampft sie nach Zusatz von etwas Ammoniumkarbonat zur Trockne, glüht ganz schwach, läßt im Exsikkator erkalten und wägt.

Zieht man den auf diese Weise ermittelten Gehalt an Mineral-bestandteilen von der Gesamtmenge von Kasein + Milchzucker + Mineralbestandteilen ab, so erhält man die Menge des im wesentlichen aus Kasein und Milchzucker bestehenden „organischen Nichtfetts".

Die Bestimmung des Chlors erfolgt entweder gewichtsanaly-tisch oder maßanalytisch in dem wässerigen Auszuge der Asche, bzw. bei hohem Kochsalzgehalte der Asche in einem abgemessenen Teile des auf ein bestimmtes Volumen gebrachten Aschenauszugs (s. S. 32).

Zur Bestimmung des Kaseins wird aus einer zweiten etwa gleich-großen Menge Butter durch Behandlung mit Alkohol und Äther und darauffolgendes Filtrieren durch ein schwedisches Filter die Haupt-menge des Fettes entfernt. Filter nebst Inhalt gibt man in ein Rund-kölbchen aus Kaliglas, fügt 25 ccm konzentrierte Schwefelsäure und 0,5 g Kupfersulfat hinzu und erhitzt zum Sieden, bis die Flüssigkeit hellgrün geworden ist. Alsdann übersättigt man die saure Flüssigkeit in einem geräumigen Destillierkolben mit ammoniakfreier Natronlauge, destilliert das dadurch freigemachte Ammoniak über, fängt es in einer abgemessenen überschüssigen Menge $^1/_{10}$-Normalschwefelsäure auf und titriert die Schwefelsäure zurück. Durch Multiplikation der gefundenen Menge des Stickstoffs mit 6,37 erhält man die Menge des vorhandenen Kaseins.

Der Milchzucker wird aus der Differenz von Kasein + Milch-zucker + Mineralbestandteilen und den einzeln ermittelten Mengen von Kasein und Mineralbestandteilen berechnet.

Methoden, die die gleichzeitige Bestimmung von Wasser, Nichtfett und Fett gestatten, sind von Spaeth[1]), Glimm[2]), Lührig und Widmann[3]) u. a. angegeben. Ihre Ausführung ist im allgemeinen an die Benutzung be-sonderer Apparate gebunden, weshalb auf die Literatur verwiesen werden muß.

3. Bestimmung des Fettes [4]).

a) **Indirekt.** Der Fettgehalt der Butter wird mittelbar be-stimmt, indem man die für Wasser, Kasein, Milchzucker und Mineral-bestandteile gefundenen Werte von 100 abzieht.

[1]) Zeitschr. f. ang. Chem. 1893. 6. 513; Milchztg. 1901. 30. 499; Zeitschr. f. U. N. 1902. 5. 219.
[2]) Zeitschr. f. U. N. 1910. 19. 644.
[3]) Ebenda 1904. 8. 247.
[4]) Chem.-Ztg. 1905. 29. 362. Die besonders zum Gebrauch für Laien empfohlenen Methoden von Gerber (Acidbutyrometrie), Vogtherr usw. geben keine zuverlässigen Werte, können also höchstens als Vorprüfungen gelten.

b) **Direkt.** α) Man trocknet 5 g Butter auf 20 g Gipspulver 6 Stunden bei etwa 100° C und extrahiert nachher im Extraktionsapparat.

β) Methode Röse - Gottlieb - Röhrig (übliche Methode): 1—1,3 g der Butter werden mit etwa 10 ccm heißem Wasser mittelst eines kurzhalsigen Trichters in den Röhrigschen Zylinder gebracht und nach Zugabe von 1 ccm Ammoniak und 10 ccm Alkohol gut durchgeschüttelt, bis sich die Eiweißstoffe aufgelöst haben. Nach Abkühlung der Mischung gibt man 25 ccm Äther zu, schüttelt um, gibt noch 25 ccm Petroläther zu und schüttelt nochmals durch. Im übrigen erfolgt die Weiterbehandlung wie bei „Milch" angegeben ist.

(Die von Hesse [1]) angegebene Modifikation des Gottlieb - Röseschen Verfahrens ist weniger praktisch.)

4. Bestimmung des Säuregrades.

Außer dem Säuregrad des Butterfettes (Ausführung S. 59) ist es unter Umständen auch von Wichtigkeit, den der Butter in ungeschmolzenem Zustande zu kennen.

5. Nachweis von Verdorbenheit

kann am besten durch grobsinnliche Wahrnehmungen geführt werden (Geruch, Geschmack, Aussehen usw.). Als unterstützend können noch mikroskopische Prüfungen bei schimmliger oder sonstwie durch Mikrobeneinwirkung (Butterfehler) veränderter Butter, und bisweilen auch chemische Feststellungen, insbesondere der Säuregrad, herangezogen werden. Im allgemeinen hat man dabei zu unterscheiden, ob es sich um eine Spaltung der Glyzeride (Entstehung freier flüchtiger Fettsäuren und deren Ester), Oxydationsprodukte aldehydartigen Charakters oder um eine Zersetzung (Abbau) der Eiweißstoffe (Käsegeruch) handelt. Einschlägige Untersuchungsverfahren sind den Handbüchern zu entnehmen. Ein bestimmter Gradmesser für Ranzigkeit ist der Säuregrad aber nicht (C. Schmid, Mayrhofer u. a.). Für talgige Butter hat Kreis [2]) eine Verdorbenheitsreaktion angegeben: Gleiche Volumina geschmolzenes Fett und Salzsäure (S = 1,19) werden 1 Minute geschüttelt, hierauf mit einer 1%igen ätherischen Phlorogluzinlösung versetzt und geschüttelt. Es entsteht eine starke Rotfärbung. Eingehende Studien über das Ranzig- und Talgigwerden der Butter haben Orla Jensen [3]) und E. Salkowski [4]) gemacht.

Beurteilung verdorbener Butter siehe den betreffenden Abschnitt S. 88, sowie auch im bakteriologischen Teil.

6. Nachweis wiederaufgefrischter (oder sog. Renovated- oder Prozeß-) Butter.

Sichere Methoden können zurzeit noch nicht angegeben werden. Gewisse Anhaltspunkte bietet nach Bömer [5]) die Untersuchung im

---

[1]) Zeitschr. f. U. N. 1904. 8. 673.
[2]) Chem.-Ztg. 1902. 26. 1014; 1904. 28. 956.
[3]) Zentralbl. f. Bakteriol. 2. Abt. 1902. 8. 11 u. Forts.; Zeitschr. f. U. N. 1903. 6. 376.
[4]) Zeitschr. f. U. N. 1917. 34. 305.
[5]) Zeitschr. f. U. N. 1908. 16. 27.

Polarisationsmikroskop (vgl. S. 20). Nach Crampton[1]) soll die sogenannte Waterhouse - Probe[2]) am zuverlässigsten sein.

7. Nachweis von Konservierungs- (Frischhaltungs-) mitteln.

Vergleiche die Anweisung Anlage d der Ausführungsbestimmungen D
zum Fleischbeschaugesetz S. 729 und S. 722 und den Abschnitt Fleisch.
Quantitative Methode zum Borsäurenachweis ebendaselbst.

Auf das etwas langwierige gute Resultate liefernde Verfahren von Baumann und Großfeldt, Zeitschr. f. U. N. 1915. 29. 397. 465 sei verwiesen.

8. Untersuchung des Butterfettes auf fremde Fette und Farbstoffe.

Vorprüfung an der Butter selbst mittels „Schmelzprobe".

Die Probe besteht darin, daß man etwa 50 g Butter in einem Bechergläschen bei etwa 50° abschmilzt und dabei den Verlauf des Abschmelzens
beobachtet. Bei einiger Übung läßt sich die Probe zur Auffindung von
Verdachtsmomenten wohl verwerten. Während Butter im allgemeinen
klar abschmilzt, gibt Margarine infolge seiner anderen physikalischen
Beschaffenheit eine völlig trübe Schmelze, bei Mischungen beider ist
die Schmelze von entsprechend schwächerer Trübung. Zu berücksichtigen
ist, daß alte bzw. stark ranzige und käsige oder sonstwie verdorbene
Butter bisweilen auch Trübungen beim Schmelzen aufweisen.

Die neuerdings öfter auftauchende, wieder aufgefrischte Butter
verhält sich wie Margarine, da sie auch ein mit Wasser bzw. Milch emul-
giertes, geschmolzenes Fett ist.

Wurde die Butter mit Misch- und Knetmaschinen bearbeitet, so
erscheint die Schmelze zwar klar, das Abschmelzen verläuft indessen
meist anders als bei normal zubereiteter, nur mit dem Butterknetteller
hergestellter Butter. Als besonders charakteristisch ist dabei das Em-
portreiben (bisweilen in länglichen Fäden) des Käsestoffes an die Oberfläche der Fettschicht. Dieses Verhalten der Butter gibt einen Anhaltspunkt dafür, daß die Butter wahrscheinlich zwecks Vermehrung des
Wassergehaltes oder Zusatzes von Fremdfetten nachbearbeitet wurde.

Endlich läßt sich aus der Menge des wässerigen Bodensatzes ein
gewisser Rückschluß auf die Menge bzw. ein Übermaß von Wasser ziehen.

Chemische Untersuchung des Butterfettes.

Zur Gewinnung des Butterfettes wird die Butter bei 50—60° C
geschmolzen und das abgeschmolzene Fett nach einigem Stehen durch
ein trockenes Filter filtriert.

Die Untersuchung des gewonnenen Fettes hat teils nach dem
Abschnitt „Allgemeine chemische Untersuchungsmethoden der Fette",
teils nach den im nachstehenden beschriebenen Methoden zu erfolgen.

Der gegenwärtige Stand der Untersuchungs- und Verfälschungs-
technik ermöglicht es in der Regel nicht, kleinere Mengen fremder Fette

---

[1]) Zeitschr. f. U. N. 1904. 7. 43 (Referat).
[2]) Ebenda 1905. 9. 174 (Referat).

mitSicherheit nachzuweisen. Der Nachweis von Margarine (latent gefärbter) gelingt im allgemeinen am leichtesten mit Hilfe der Reaktion auf Sesamöl, der von Baumwollsamenöl mit der Reaktion nach Halphen; auch Kokosfett läßt sich namentlich mit Hilfe der Verseifungszahl und der Polenske-Zahl nachweisen, dagegen sind Schmalz, Talg und Mischungen dieser beiden Fettarten mit Kokosfett als schwieriger nachweisbare und zur Verfälschung dienende Beimengungen bekannt. Im allgemeinen kann man sich auf die nachstehend genannten Verfahren beschränken. In seltenen Fällen wird man noch das Molekulargewicht der nicht flüchtigen unlöslichen Fettsäuren, den Nachweis von Phytosterin (bei Vermutung von Pflanzenfetten), das Polarisationsmikroskop (bei Verfälschungen mit Schmalz und Talg) und noch weitere Methoden (siehe S. 81 u. 82) zu Rate ziehen. Es muß dem Urteil des Analytikers überlassen bleiben, ob er es für geboten erachtet, schon aus den Ergebnissen einzelner Bestimmungsarten oder erst aus dem Gesamtanalysenbild sich ein Urteil zu bilden. In ganz besonderen Fällen kann auch die Stallprobe den erwünschten Aufschluß über die Reinheit der untersuchten Butter geben. Die Ausführung der Methoden [1]) für die Untersuchung des Butterfettes ist folgende:

    a) Die Reichert-Meißl-Zahl s. S. 59.

    b) Die Verseifungszahl (s. S. 60) nebst der Juckenackschen Differenzberechnung s. S. 87 unter Beurteilung.

    c) Die Schmelz- und Erstarrungspunkte nach E. Polenske.

Bestimmung des Schmelzpunkts s. S. 15.

Die Bestimmung des Erstarrungspunktes wird in dem von Polenske hierzu besonders konstruierten Apparat [2]) vorgenommen. Er besteht aus einem großen, zur Aufnahme von Kühlwasser bestimmten, starkwandigen Glasgefäß von etwa 20 cm Höhe und 15 cm lichter Weite mit Deckel, Rührer, Thermometer und Hebereinrichtung. In das Kühlwasser taucht ein durch den Deckel gestecktes kleineres Gefäß von 15 cm Höhe und 5 cm lichter Weite aus 1 mm starkem Glase mit abgerundetem Boden, das als Luftkühler dient und in das man vor der Bestimmung etwa 2 ccm konzentrierte Schwefelsäure gießt, um ein Beschlagen der Wände zu vermeiden. In dieses Gefäß ragt, durch einen Korken befestigt, das zur Aufnahme des Untersuchungsfettes bestimmte Erstarrungsgefäß von 17 cm Höhe und 1,8 cm lichter Weite aus 1 mm dickem Glase. In der Außenseite des Erstarrungsgefäßes sind 1 cm oberhalb seines flachen Bodens zwei geschwärzte wagerechte parallele Striche eingeritzt, die 2 mm lang, 0,5 mm breit und 0,25 mm voneinander entfernt sind. 2,7 cm vom Boden befindet sich noch eine wagerechte schwarze Strichmarke, 2 mm oberhalb dieser Marke beginnt eine kugelförmige Erweiterung des Gefäßes, deren Durchmesser etwa 2,5 cm beträgt. Das Erstarrungsgefäß wird so tief in den Luftmantel hineingeschoben, daß sein unteres Ende etwa 3 cm vom Boden des Luftmantels entfernt ist. Es wird für die Bestimmung der Erstarrungspunkte bis zu der Strichmarke mit dem angewandten (wie für die Schmelzpunktbestimmung (s. o.) getrockneten Fette angefüllt, wobei möglichst zu vermeiden ist, daß Fetteile an den Gefäßwänden haften bleiben. Mit Hilfe des auf dem Erstarrungsgefäß angebrachten Stopfens wird ein in Fünftelgrade eingeteiltes Anschütz-Thermometer so eingetaucht, daß sich die Quecksilberkugel etwa in der Mitte des Fettes befindet. Außerdem taucht in das Erstarrungsgefäß ein Rührer aus Nickeldraht, der durch einen Motor auf und ab bewegt wird (180—200 Umdrehungen in der Minute). Der Rührer soll das Fett von oben bis unten durchlaufen, ohne jedoch

---

[1]) Siehe auch Zeitschr. f. U. N. 1907. 14. 47. Arnold hat in dieser Arbeit „Beiträge zum Ausbau der Chemie der Speisefette" besondere Vorschläge für den Gang der Butterfettuntersuchung gemacht.

[2]) Zu beziehen von Paul Altmann, Berlin; nach den amtlichen Entwürfen.

am Boden aufzustoßen oder über die Oberfläche des Fettes hinaufgehoben zu werden. Die beiden kleinen parallelen schwarzen Striche müssen sich an der dem Beobachter abgekehrten Seite des Gefäßes befinden. An der Außenwand des Wasserkühlgefäßes wird ein kartenblattgroßes Stück mit Glycerin durchtränktes Fließpapier so angeklebt, daß das Fett sich gerade vor diesem Papierstück befindet.

Die Bestimmung muß bei hellem, durchfallendem Tageslicht ausgeführt werden.

Vor dem Beginn der Bestimmung wird das Fett in dem Erstarrungsgefäß in einem Wasserbad auf etwa 15° über seinen Schmelzpunkt erhitzt und das Kühlwasser auf 16° gebracht. Danach wird das Gefäß senkrecht in den Apparat gesetzt, der Rührer mit dem bereits in Gang befindlichen Motor verbunden und unter wiederholter Kontrolle der Kühlwassertemperatur und der Geschwindigkeit des Rührers die fortschreitende Abkühlung und Trübung des Fettes beobachtet.

Als ,,Erstarrungspunkt nach Polenske" ist die Temperatur zu bezeichnen, bei der die Trübung des Fettes so weit vorgeschritten ist, daß die beiden Parallelstriche an der Hinterwand des Erstarrungsgefäßes sich nicht mehr als getrennt unterscheiden lassen, sondern verschwommen zusammenhängend erscheinen.

Sollte das Fett bei 19° noch nicht erstarren, so wird die Temperatur des Kühlwassers in der Weise weiter erniedrigt, daß sie bis zum Beginn der Trübung des Fettes stets etwa 4—5° unter der Temperatur des Fettes liegt.

Die Differenz zwischen dem Schmelzpunkt und Erstarrungspunkt eines Fettes — beide nach obigen Vorschriften bestimmt — wird als ,,Differenzzahl nach Polenske" bezeichnet.

Festgestellte Grenzwerte für die Differenzzahl [1]):

Butterfett	11,15—16,80	Pferdefett	15,00—16,30
Gänsefett	14,00—16,70	Premier jus, amerik.	14,40—14,60
Hammeltalg	13,00—15,00	Preßtalg	12,50—12,70
Kokosfett	4,80— 6,00	Rindertalg	12,80—15,30
Kalbsfett	12,30—14,20	Schweineschmalz	18,16—21,68

d) Die Phytosterinazetatprobe (s. S. 64).

e) Die Bestimmung des Lichtbrechungsvermögens (Refraktometerzahl) Ausführung vgl. S. 16.

Die Bedeutung der Refraktometerzahl hat an Wert sehr abgenommen, seitdem die Butterfälschungen unter Benützung der Erfahrungen von Wissenschaft und Technik ausgeübt werden. Als Ergänzungsmethode wird sie sich aber in einfacheren Fällen noch brauchbar erweisen.

Konstanten des Brechungsvermögens bei 40° : 1,4520—1,4566 Brechungsindex, entsprechend den Skalenteilen 39,4—46,0 des Butterrefraktometers (s. auch S. 16).

E. Baier [2]) hat nachgewiesen, daß zwischen Sommer- und Winterbutter folgende Unterschiede bestehen:

	C 25°	35°	40°
Obere Grenze für			
Winterbutter (November bis Mai)	51,2	45,7	43,0
Sommerbutter (Juni bis Oktober)	53,2	47,7	45,0

Ein Thermometer mit ,,besonderer Einteilung" hat er dazu angegeben [3]).

Farnsteiner empfiehlt statt dieses Thermometers die Anwendung des Normalthermometers mit Korrektionsskala (0,55° für 1° Temperaturdifferenz).

f) Die Polenske-Zahl [4]).

Die Methode dient ausschließlich zum Nachweis von Kokosfett. Über ihre Leistungsfähigkeit siehe ,,Beurteilung".

---

[1]) Nach A. Beythiens Handbuch 267.
[2]) Zeitschr. f. U. N. 1902. 5. 1145.
[3]) Siehe auch G. Baumert ebenda 1905. 9. 134.
[4]) Arbeiten a. d. Kais. Gesundh.-Amte 1904. 20. 545 und Zeitschr. f. U. N. 1904. 7. 273.

Die Ausführung der Methode hat in dem in Fig. 1 dargestellten Reichert-Meißl-Zahl-Destillationsapparat, sofort nach der Ermittlung der Reichert-Meißl-Zahl, zu erfolgen [1]).

Nach der Bestimmung der Reichert-Meißl-Zahl wäscht man dreimal nacheinander mit je 15 ccm Wasser das Kühlrohr des Destillationsapparates, die zweite Vorlage, den 110 ccm-Kolben und das

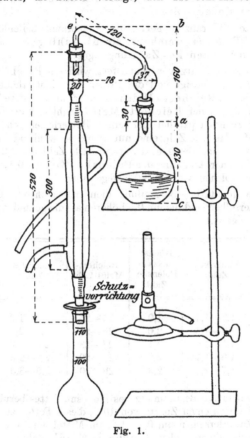

Fig. 1.

Filter aus und beseitigt das Filtrat. Danach werden die ungelöst gebliebenen Fettsäuren aus Kühlrohr, Vorlage, Kolben und Filter durch dreimaliges Waschen mit je 15 ccm neutralem 90%igen Alkohol in Lösung gebracht und durch das Filter filtriert. Das Filter wird jeweils erst nach

[1]) Arnold hat ein kombiniertes Verfahren für die R.-M.-Z., die P.-Zahl und die Verseifungszahl angegeben; Zeitschr. f. U. N. 1905. 10. 205; 1907. 14. 147. Weitere Literaturangaben: A. Hesse, Milchw. Zentralbl. 1905. 1. 13. M. Siegfeld, ebend. 155. W. Arnold, Zeitschr. f. U. N. 1905. 10. 201. Orla Jensen, ebenda 265. M. Fritzsche, ebenda 1908, 15. 193. Heiduschka und Pfizenmaier, ebenda 1912. 23. 28.

völligem Ablaufen der Flüssigkeit nachgefüllt. Die vereinigten alkoholischen Filtrate werden nach Zusatz von 3—4 Tropfen einer $1^0/_0$igen alkoholischen Phenolphthaleinlösung mit $^1/_{10}$ normaler Alkalilauge titriert.

Die erhaltene Anzahl von Kubikzentimetern, die zur Neutralisation der flüchtigen, wasserunlöslichen Fettsäuren aus 5 g Fett erforderlich sind, ist die Polenske - Zahl.

Vertalgte und ranzige Fette, die eine braune Seifenlösung beim Verseifen des Fettes (s. Reichert - Meißl - Zahl) geben, sind für die Bestimmung der Polenske - Zahl ungeeignet.

Durch einen Zusatz von Kokosfett wird die Reichert - Meißl-Zahl der Butter erniedrigt und die Polenske - Zahl erhöht. Normale Butter mit niederer Reichert - Meißl - Zahl hat auch niedere Polenske-Zahl; das Ansteigen der Reichert - Meißl - Zahl und der Polenske-Zahl verläuft ziemlich parallel, bei reinen Butterfetten gehört zu jeder Reichert - Meißlschen Zahl eine nur wenig schwankende Polenske-Zahl. Eine Erhöhung der Reichert - Meißl - Zahl um 1,0 entspricht bis zur Zahl 27 einer Erhöhung der Polenske - Zahl um 0,1; Zahlen von 27—30 stehen solchen von 0,2—0,5 gegenüber.

Für die qualitative Beurteilung dient nachstehende Tabelle von Polenske; derselben sind die um 0,5 höheren als die gefundenen obersten Grenzwerte beigefügt.

Reichert-Meißl-Zahl	Polenske-Zahl	Höchst zulässige Polenske-Zahl	Reichert-Meißl-Zahl	Polenske-Zahl	Höchst zulässige Polenske-Zahl
20—21	1,3—1,4	1,9	25—26	1,8—1,9	2,4
21—22	1,4—1,5	2,0	26—27	1,9—2,0	2,5
22—23	1,5—1,6	2,1	27—28	2,0—2,2	2,7
23—24	1,6—1,7	2,2	28—29	2,2—2,5	3,0
24—25	1,7—1,8	2,3	29—30	2,5—3,0	3,5

Die quantitative Bestimmung des Kokosnußfettes beruht auf dem Befunde, daß durch einen Zusatz von $10^0/_0$ dieses Fettes zu Butter die Polenske - Zahl derselben um 0,8—1,2, im Mittel um 1,0 erhöht wird. Man hat zunächst die gefundene Reichert - Meißl - Zahl mit der gleichhohen vorstehender Tabelle zu vergleichen und zu ermitteln, ob die gefundene Polenske - Zahl ebenso hoch oder höher ist, als sie nach der Tabelle bei reinen Butterfetten sein soll. Ist sie größer, dann entspricht jede Erhöhung der Polenske - Zahl um 0,1 theoretisch einem Zusatz von $1^0/_0$ Kokosfett. Eine Erhöhung um weniger als 0,5 soll noch nicht als Fälschung angesehen werden. Ist aber die Differenz, die sich aus beiden Polenske-Zahlen ergibt, größer als $+$ 0,5, dann ist sie ihrem ganzen Betrage nach (vgl. Spalte 3 der Tabelle) auf Kokosfett zu berechnen. Die praktische Erfahrung hat gelehrt, daß die Höchstgrenze je um 0,3 höher zu legen ist.

g) **Bestimmung des mittleren Molekulargewichts der nichtflüchtigen in Wasser unlöslichen Fettsäuren (nach A. Juckenack und R. Pasternack [1]).**

Die Methode dient zur Erkennung von Kokosfett und Schweinefett in Butter. Naturgemäß schwankt auch dieser Wert bei reiner Butter in relativ weiten Grenzen, weshalb die Methode in zweifelhaften Fällen auch nicht als allein ausschlaggebend angesehen wird. In Verbindung mit anderen Konstanten kann sie aber als wertvolle Ergänzung herangezogen werden [2]).

10 g Butterfett werden mit 40 g einer 5%igen Glyzerin-Natronlauge in einem 300 ccm fassenden Kolben aus Jenaer Glas verseift. Die Seife [3]) versetzt man mit 80 ccm verdünnter Schwefelsäure (1 : 10) und destilliert die flüchtigen Fettsäuren im starken Wasserdampfstrom ab. (In derselben Weise, wie die flüchtigen Säuren im Weine.) Man fängt etwa 300 ccm Destillat auf. Die im Kolben zurückbleibende Mischung von festen Fettsäuren und verdünnter Schwefelsäure verdünnt man mit heißem Wasser und läßt erkalten. Die danach festgewordenen, oben schwimmenden Fettsäuren werden wiederholt mit Wasser gewaschen (abwechselnd Heißwasserzugabe und erkalten lassen) und dann in Äther gelöst. Die ätherische Lösung wird noch 3—4 mal mit Wasser ausgeschüttelt, dann mit Chlorkalzium getrocknet und durch Trocknen im Wassertrockenschranke vom Äther befreit.

Ungefähr 2 g der Fettsäuren werden in einem Erlenmeyerkölbchen genau abgewogen, bei gelinder Wärme in Alkohol gelöst, der nach Zusatz von Phenolphthalein mit Kalilauge genau neutralisiert war; dann wird die Lösung der Fettsäuren mit $^1/_4$ N.-Kalilauge titriert. Das mittlere Molekulargewicht (M) dieser Fettsäuren berechnet sich aus der Formel

$$M = \frac{P \cdot 1000}{K}$$

P = das Gewicht der angewendeten Fettsäuren

K = verbrauchte ccm $\frac{n}{1}$ — Alkali.

Das mittlere Molekulargewicht der nichtflüchtigen Fettsäuren der Butter liegt nach bisherigen Beobachtungen zwischen 251,8 und 269,1; das des Kokosfettes zwischen 208,5 und 210,5; das des Schweinefettes zwischen 271,5 und 273,5.

h) **Die Anwendung des Polarisationsmikroskops**

zum Nachweis von Schmalz, Talg und Oleomargarin usw. erfordert viel Erfahrung und bietet nur gewisse Anhaltspunkte. Reine, frische Butter erscheint bei gekreuzten Nikolschen Prismen isotrop, d. h. gleichmäßig dunkel, dagegen treten bei geschmolzenen Fetten (Talg, Schweinefett, Oleomargarin, Kokosfett und auch wieder aufgefrischter Butter [Renovated-Butter vgl. S. 75]) mehr oder weniger deutliche Polarisationserscheinungen (durch Kristallbildungen) ein. Da solche auch bei älterer Butter vorkommen können, muß man in der Beurteilung sehr vorsichtig sein. Im Gegensatz zu den meist reichlich vorhandenen Kristallen der zugesetzten Fremdfette sind solche aber bei älterer Butter mehr vereinzelt. Auf die Beobachtungen Bömers S. 86 sei verwiesen.

i) **Das Schmelzpunktdifferenzverfahren** (Glyzeride und Fettsäuren) nach A. Bömer s. Abschnitt Schweinefett. Eingehende Beiträge zur Kenntnis der Glyzeride des Butterfettes lieferte C. Amberger, Zeitschr. f. U. N. 1913. **26.** 65 u. 1918. **35.** 313.

Nachweis von Talg und gehärteten Fetten in Butterfett von C. Amberger, Zeitschr. f. U. N. 1916. **31.** 297. Das Verfahren

---

[1]) Zeitschr. f. U. N. 1904. **7.** 202. Siehe dort auch Bestimmung des Molekulargew. der flüchtig. wasserl. Fettsäuren.

[2]) W. Arnold l. c. führt das Verfahren in Verbindung mit den anderen üblichen Verfahren aus. Weitere Orientierungsquellen A. Olig u. J. Tillmanns, ebenda 1904. **8.** 728; 1906. **11.** 81; H. Lührig 1906. **11.** 11.

[3]) Vgl. auch die Gewinnung der Fettsäuren bei Ermitelung der Hehner-Zahl S. 61.

beruht auf der Verschiedenheit der Löslichkeit der Glyzeride des Butterfettes und der tristearinreicher Fette wie Talg u. dgl. in Äther (siehe auch die Beurteilung).

k) Auf die Bestimmungen des Molekulargewichts der flüchtigen wasserlöslichen Fettsäuren nach Henriques [1] und Farnsteiner [2]), der Silberzahl [3]), der Cadmiumzahl [4]), des Verfahrens nach O. Jensen [5]) (Bestimmung der Capron-, Capryl- und Caprinsäure), der Laurinsäure- und Myristinsäurezahl [6]), der Magnesiumzahl [7]) und der Kirschnerzahl (s. Margarine) kann nur verwiesen werden.

Auf das Anreicherungsverfahren nach Arnold ist bei Margarine (Beurteilung) hingewiesen.

l) Nachweis von synthetischem Triacetin (künstliche Erhöhung der flüchtigen Fettsäuren-Reichert-Meißl-Zahl) nach Fincke [8]).

m) Nachweis fremder Farbstoffe [9]).

50 g des geschmolzenen Fettes werden in 75 ccm absolutem Alkohol in der Wärme gelöst. Die unter Umschütteln in Eis abgekühlte und filtrierte Lösung wird in einem Probierrohre von 18—20 mm Weite im durchfallenden Licht beobachtet, eine deutlich gelbe oder rötlichgelbe Färbung zeigt die Gegenwart fremder Farbstoffe an.

Zum Nachweis bestimmter Teerfarbstoffe werden 5 g Fett in 5 ccm Äther oder Petroläther gelöst. In Probierröhrchen wird die Hälfte der Lösung mit 5 ccm Salzsäure (s = 1,124), die andere Hälfte der Lösung mit 5 ccm Salzsäure (s = 1,19) kräftig durchgeschüttelt. Bei Gegenwart gewisser Azofarbstoffe ist in dem einen oder anderen Falle die unten sich absetzende Salzsäureschicht deutlich rot gefärbt [10]).

H. Sprinkmeyer und H. Wagner [11]) lösen zum Nachweis von Farbstoff 10 g geschmolzenes Fett in einem kleinen Schütteltrichter in 10 ccm Petroläther und schütteln die Lösung nach Zusatz von 15 ccm Eisessig kräftig durch; bei Farbstoffzusatz ist die Eisessigschicht gelb oder rosa gefärbt (evtl. ist Einengen der Eisessiglösung zur Erkennung geringer Zusätze nötig).

Leeds gibt eine Methode zur Unterscheidung von Butterfarbstoffen, namentlich pflanzlicher Herkunft wie Curcuma, Safran usw. Näheres siehe die Handbücher.

Auf die Methode von L. Grünhut [12]) sei verwiesen. Über künstliche Färbung von Krebsbutter haben sich Schwarz und Weber, sowie Theopold und Meyering [13]) geäußert.

---

[1] [2]) Chem. Rev. Fett- u. Harz-Ind. 1898. 5. 169. 195; Zeitschr. f. U. N. 1899. 2. 385.
[3]) Zeitschr. f. U. N. 1906. 11. 267; 12. 588; Milchztg. 1908. 37. 123; Pharm. Zentralhalle 1908. 49. 81.
[4]) Ebenda, C. Paal und C. Amberger 1909. 17. 23.
[5]) Ebenda 1905. 10. 265.
[6]) G. Fendler, Arbeiten a. d. Pharm.-Inst. d. Univ. Berlin 1908. 5. 261. Zeitschr. f. U. N. 1909. 17. 550; 1910. 19. 547.
[7]) E. Ewers, ebenda, 1910. 19. 529.
[8]) Zeitschr. f. U. N. 1908. 16. 666.
[9]) Wasserlösliche, in das Schmelzwasser übergehende Farbstoffe werden heutzutage kaum mehr verwendet.
[10]) Nach den amtlichen Entwürfen 1912.
[11]) Zeitschr. f. U. N. 1905. 9. 598.
[12]) Zeitschr. f. öffentl. Chem. 1898. 4. 563.
[13]) Zeitschr. f. U. N. 1911. 22. 622. 624.

n) Nachweis von Ölen.

Nachweis von Sesamöl [1].

(Nach der amtlichen Anweisung vom 1. April 1898 und nach den amtlichen Entwürfen 1912; vgl. auch die amtliche Anweisung zum Fleischbeschaugesetz, S. 732.)

1. Wenn keine Farbstoffe vorhanden sind, die sich mit Salzsäure rot färben, so werden 5 ccm geschmolzenes Butterfett in 5 ccm Petroläther gelöst und mit 0,1 ccm einer alkoholischen Furfurollösung (1 Raumteil farbloses Furfurol in 100 Raumteilen absoluten Alkohols gelöst) und mit 10 ccm Salzsäure vom spezifischen Gewicht 1,19 mindestens $1/2$ Minute lang kräftig geschüttelt. Wenn die am Boden sich abscheidende Salzsäure eine nicht alsbald verschwindende deutliche Rotfärbung zeigt, so ist die Gegenwart von Sesamöl nachgewiesen.

2. Wenn Farbstoffe vorhanden sind, die Salzsäure rot färben, so werden 5 ccm geschmolzenes Fett in 10 ccm Petroläther gelöst und 2,5 ccm stark rauchender Zinnchlorürlösung [2]) zugesetzt. Die Mischung wird kräftig durchgeschüttelt, so daß alles gleichmäßig gemischt ist (aber nicht länger) und nun in Wasser von 40° getaucht. Nach Abscheidung der Zinnchlorürlösung taucht man die Mischung in Wasser von 80°, so daß dieses nur die Zinnchlorürlösung erwärmt und ein Sieden des Petroläthers verhindert wird. Bei Gegenwart von Sesamöl zeigt die Zinnchlorürlösung nach 3 Minuten langem Erwärmen eine deutliche bleibende Rotfärbung.

Gegen die Baudouinsche Reaktion als Erkennungszeichen für Margarine in Butter sind mehrfach Einwände erhoben worden, z. B. daß der die charakteristische Reaktion des Sesamöls mit Furfurol und Salzsäure bedingende Stoff beim Füttern von Sesamkuchen in das Milchfett übergehe, und daß manche zum Färben von Butter benutzten Teerfarbstoffe sich mit Salzsäure der Sesamölreaktion ähnlich rot färben und dieser Farbstoff mit Salzsäure oft erst nach Waschen entfernen ließe, wobei dann auch der Reaktionsstoff des Sesamöles mit ausgewaschen würde u. dgl.

Es würde hier zu weit führen, alle die erschienenen einzelnen Arbeiten für und wider die Kennzeichnung der Margarine mit Sesamöl und die Durchführung dieses Nachweises einzeln zu behandeln, weshalb auf die Literatur verwiesen werden muß. Jedoch möge betont sein, daß die meisten Angriffe widerlegt wurden oder sich praktisch als bedeutungslos erwiesen haben. Im ganzen hat sich die Reaktion als Erkennungsmittel bewährt.

Im übrigen ist stets Vorsicht bei Beurteilung von schwach eingetretenen Reaktionen zu empfehlen. Jeder Nahrungsmittelchemiker sollte selbst Versuche mit Sesamöl, mit Mischungen von Butter, Sesamöl und Margarine in verschiedenen Mengenverhältnissen und mit Butterfarbstoffen usw. anstellen, um darüber orientiert zu sein, welche Anforderungen er an diese Reaktion stellen kann. Längeres Erwärmen des mit Salzsäure und Furfurol versetzten Butterfettes ist jedenfalls zu unterlassen. Nur deutliche, sofort eintretende Rotfärbungen sind als positiv anzusehen.

Die Vorschrift zur Schätzung des Sesamölgehaltes befindet sich im Abschnitt Margarine S. 89. (An Stelle von Sesamöl wird z. Zt. noch Stärkemehl verwendet (Verordnung S. 699); Nachweis wie bei Margarine und Fleischwaren).

---

[1]) Auf Grund der Ausführungsbestimmungen v. 15. Juni 1897 müssen 100 Gewichtsteile Margarinefett mindestens 10 Gewichtsteile Sesamöl enthalten. Die angegebenen Methoden sind ursprünglich von Baudouin und von Soltsien ausgearbeitet.

[2]) Herstellung siehe die amtliche Anweisung zum Fleischbeschaugesetz, S. 732, Abs. d, β.

Nachweis von Baumwollsamenöl, Erdnußöl usw. siehe S. 69, Abschnitt „Speiseöle".

o) **Nachweis von Paraffin nach E. Polenske**[1]).

Betr. „Butterpulver" siehe die Beurteilung.

Beurteilung.

Gesetzliche Bestimmungen: Das Nahrungsmittelgesetz und das Gesetz, betr. den Verkehr mit Butter, Käse, Schmalz und deren Ersatzmitteln vom 15. Juni 1897 (Margarinegesetz); die auf Grund des § 11 dieses Gesetzes erlassene Bekanntmachung des Bundesrats vom 1. März 1902, betr. Mindestfettgehalt und Höchstwassergehalt sowie die vorläufig noch gültige Bekanntmachung über fetthaltige Zubereitungen vom 26. Juni 1916 (s. Anhang).

Das sog. Margarinegesetz enthält namentlich Vorschriften für den Verkehr mit Margarine und anderen Kunstspeisefetten, aber auch solche für Butter. Von wesentlicher Bedeutung ist der § 3 (Vermischungsverbot), § 4 (Trennung der Räume); siehe hierzu das unter Beurteilung der Margarine Gesagte; § 8, weil er Revisionen der Verkaufs-, Aufbewahrungs- und Verpackungsräume gestattet, ferner der § 11, der die Grundlage bildet für die schon erwähnte Bekanntmachung vom 1. März 1902. Im übrigen bleiben laut § 20 die Vorschriften des Nahrungsmittelgesetzes unberührt. Vereinzelt sind Polizei-Verordnungen erlassen betr. den Kochsalzgehalt.

Während Margarine unter die Bestimmungen des Fleischbeschaugesetzes fällt, trifft dies für Butter (Butterschmalz) nicht zu.

Begriffsbestimmung: Butter ist das durch Buttern aus der Milch oder aus Rahm abgeschiedene, erstarrte Fett, welches noch eine geringe Menge anderer Milchbestandteile (Buttermilch) enthält und vielfach auch mit Kochsalz versetzt ist.

Butterschmalz ist das durch Schmelzen der Butter von den Milchbestandteilen getrennte klare, erstarrte Fett.

Handelsbezeichnungen für Butter[2]): Teebutter (ungesalzen), Tafelbutter, Bauern-, Land-, Gras-, Sauerrahm-, Süßrahm-, Winter-, Sommer-, Faktorei-, Prozeß-, Renovated- usw. Butter; für Butterschmalz: Schmelzbutter, Rindschmalz (Süddeutschland). Aus Molken gewonnene Butter heißt Molken- und Vorbruchbutter.

Mittlere Zusammensetzung ungesalzener Butter:

Wasser	14 %	Milchzucker	0,5%
Fett	84,5%	Salze	0,2%
Kasein	0,8%		

Der Fett- und Wassergehalt sind abhängig von der Bearbeitung der Butter. Der Fettgehalt normaler Butter schwankt zwischen 82 bis 90%, der Wassergehalt zwischen 8—16%, in der Regel 12—14%. Nach

---

[1]) Angewendet in geringen Zusätzen zur Verhinderung des Phytosterinnachweises. Arbeiten a. d. Kais. Gesundh.-Amte 1905. **22**. 576. Zeitschr. f. U. N. 1905. **10**. 559; siehe S. 67.

[2]) Gemeint ist stets nur Kuhbutter. Betr. Zusammensetzung von Ziegenbutter vgl. Fischer und Alpers, Zeitschr. f. U. N. 1908. **15**. 1. Schafbutter kommt selten vor.

der Bekanntmachung vom 1. III. 1902 darf Butter, welche in 100 Gewichtsteilen weniger als 80 Gewtl. oder im ungesalzenen Zustande mehr als 18 Gewtl., im gesalzenen Zustande mehr als 16 Gewtl. Wasser enthält, gewerbsmäßig nicht verkauft oder feilgehalten werden. Butterschmalz soll nicht mehr als 0,5% Wasser enthalten. Der Kochsalzgehalt beträgt bei gesalzener Butter bis zu 2%, bei Dauerbutter [1]) etwa 5%. Für den Gehalt an Kasein, Milchzucker und Salzen (Milchbestandteilen) bildet die festgesetzte Grenze für den Fettgehalt indirekt schon die Richtlinie; im allgemeinen gelten 2% zusammen für diese Bestandteile als Höchstgrenze. Die Zusammensetzung des Butterfettes selbst kann mit dem Fortschreiten der Laktation, mit dem Übergang der Stallfütterung zur Weidefütterung sich ändern. Die Einwirkung einzelner Futtersorten ist ebenfalls festgestellt. Der Übergang von gewissen charakteristischen Stoffen (z. B. der die Sesamöl- und Baumwollsamenölreaktionen bedingenden Stoffe) tritt bei normaler Fütterungsweise nicht ein.

Verfälschungen und Nachahmungen: Grobe Zusätze von Mehl, Kartoffeln usw. kommen kaum vor, ihr Nachweis ist unter den Untersuchungsmethoden nicht vorgemerkt, da sie vorkommenden Falls leicht zu entdecken sind. Ungenügender Entzug von Wasser (Buttermilch) über die gesetzlichen Höchstgrenzen bei Herstellung der Butter gilt als Verfälschung [2]). Häufig fehlt es jedoch an Anhaltspunkten dafür, daß er zum Zwecke der Täuschung geschehen ist. Künstliche Erhöhung (nachträgliche) des Wassergehalts ist Fälschung und geschieht meist zum Zwecke der Täuschung. Verfälschung liegt auch dann vor, wenn selbst die gesetzliche Grenze des Wassergehalts durch die Erhöhung nicht überschritten ist (z. B. Urteil des Kammergerichts vom 4. Juli 1905[3]), des Landger. I Berlin vom 2. März 1910[4]) und 24. März 1911[5])). Die vom Bundesrat festgesetzten Grenzzahlen haben nur Bezug auf normal hergestellte Butter. Zum Beimischen von Wasser werden Mischmaschinen benutzt. Als Vorwand für die Notwendigkeit der Behandlung von Butter mit Wasser (insbesondere bei der Vermengung verschiedener Sorten in- und ausländischer usw. Butter) wird öfters die Erzielung von Geschmeidigkeit und Salzreichtum angeführt. Über die Erkennungsmöglichkeit übermäßig gewässerter Butter und die in der Nichtbeachtung derselben liegende Fahrlässigkeit vgl. Entscheidung des Preuß. Kammergerichts vom 7. April 1904[6]). Dasselbe Gericht spricht sich übrigens im Urteil vom 22. November 1904[7]) dahin aus, daß der Verkauf wasserhaltiger Butter erst strafbar ist, wenn die Handlungsweise mindestens als fahrlässige festgestellt ist. In der Schweiz ist der Höchstwassergehalt auf 16, in Holland auf 14, der Mindestfettgehalt in der Schweiz auf 82, in

---

[1]) Vgl. auch Arbeiten a. d. Kais. Gesundh.-Amt 1905. 22. 235; E. Krauß und M. Müller, Untersuchung über den Einfluß der Herstellung, Verpackung und des Kochsalzgehaltes der Butter auf ihre Haltbarkeit mit besonderer Berücksichtigung des Versands in die Tropen.
[2]) Entscheidung des Reichsgerichts Bd. IV. Urteil vom 24. Dez. 1888.
[3]) Auszüge 1912. 8. 12.
[4]) Desgl. 1917. 9. 13.
[5]) Desgleichen.
[6]) Auszüge 1908. 7. 11.
[7]) Zeitschr. f. U. N. 1909. (Ges. u. Ver.) 60.

Holland auf 80 % festgesetzt. Ein größerer Kochsalzgehalt als 3% macht scharfen, salzigen Geschmack und ist als Verfälschung anzusehen bzw. ist solche übersalzene Butter unter Umständen als verdorben zu bezeichnen. Bei Dauerbutter kommt Verfälschung nicht in Frage, weil diese Menge als Konservierungsmittel für überseeische Zwecke dient und vor dem Genuß der Butter wieder zum größten Teil ausgeknetet wird; in diesem Falle findet deshalb auch keine Täuschung oder Beschwerung statt. Zusätze von anderen Konservierungs-(Frischhaltungs-)mitteln als Kochsalz werden aus denselben Gründen, wie bei Fleisch (S. 163) und Obstdauerwaren, als unzulässig beanstandet. Die Bestimmungen des Fleischbeschaugesetzes und die dazu erlassene Bekanntmachung vom 18. Februar 1902 sind auf Butter nicht anwendbar. Das Färben der Butter mit unschädlichen Farbstoffen ist eine in Deutschland so verbreitete Sitte, daß gesetzlich bisher dagegen nicht eingeschritten wurde und auch die Rechtslage eine andere geworden ist, als sonst bei Färbung von Nahrungsmitteln usw. Unter Umständen aber, z. B. wenn alter, blaß oder grau aussehender Butter durch Gelbfärbung der Anschein von Grasbutter oder dgl. gegeben würde, könnten die objektiven Tatbestandsmerkmale des § 10 des Nahrungsmittelgesetzes (Verschlechterung und Täuschung) als erfüllt gelten. Wird alte bzw. ranzige oder überhaupt minderwertige (auch sogen. renovierte) [1]) Butter mit frischer Ware vermengt oder z. B. fremde Butter mit Molkereibutter eigener Herstellung vermischt, dieses Gemenge aber als frische Butter bzw. als „Molkereibutter" in Verkehr gebracht, so liegt im ersteren Falle Verfälschung, im letzteren Nachmachung [2]) vor. Der Zusatz von anderen Speisefetten (Margarine, Schweinefett, Talg, Oleomargarin, Kokosfett usw. oder Mischungen solcher Fremdfette) zum Zwecke des Handelns ist auf Grund der §§ 3, 14 des Gesetzes vom 15. Juni 1897 verboten und als Verfälschung im Sinne des § 10 des Nahrungsmittelgesetzes anzusehen. Butter hat einen höheren Genuß- und physiologischen Wert als die übrigen Speisefette, deren Zusatz zu Butter eine Verschlechterung letzterer bedeutet. Die Rechtsprechung war in dieser Beziehung übereinstimmend.

Für die Beurteilung der Reinheit bzw. Verfälschung bilden, sofern es sich um gröbere Verfälschungen (Margarine) handelt, die Reichert-Meißl-Zahl, die Verseifungs-Zahl und evtl. die Sesamöl- oder Stärkemehlreaktion die Grundlagen, bei teilweisem oder ganzem Versagen dieser Methoden sind die S. 82 beschriebenen Verfahren anzuwenden. Die Reichert-Meißl-Zahl beträgt bei reinem Butterfett 20—34, vereinzelt sogar bis zu 17 herab, die Verseifungs-Zahl 219—232 (natürliche Beeinflussungen siehe oben); solche Mindest- oder Höchstzahlen sind schon beobachtet, aber meist nur bei Butter, welche aus Milch einzelner oder einiger Kühe gewonnen ist. Da die größere Mehrzahl der Handelsbutter eine zwischen 26—30 liegende Reichert-Meißl-Zahl aufweist, können darunter liegende Werte schon als verdachterregend gelten; man wird aber in jedem Falle Jahreszeit und Ursprung der

---

[1]) A. Bömer, Über die Beurteilung und den Nachweis wiederaufgefrischter Butter. Zeitschr. f. U. N. 1908. 16. 27 u. Urt. d. Ldg. Arnsberg v. 16. April 1908; Auszüge 1912. 20.

[2]) S. auch Urteil des Ldg. Magdeburg v. 19. Mai 1911; Zeitschr. f. U. N. (Ges. u. Ver.) 1912. 4. 62.

Butter [1]) zu berücksichtigen haben. Mangels derartiger Anhaltspunkte empfiehlt sich die Beanstandungsgrenze der Reichert - Meißl - Zahl eventuell noch weiter zurückzusetzen. Beimischung von Kokosfett erkennt man an der Erhöhung der Verseifungs-Zahl, Abnahme der Reichert - Meißl - Zahl und Refraktometerzahl, Erhöhung der Polenske - Zahl, an der Erniedrigung des Molekulargewichts der nichtflüchtigen Fettsäuren und der Erhöhung des Phytosterinacetat-Schmelzpunktes. Dieselben Erscheinungen können auch durch starke Fütterung mit Kokoskuchen [2]) eintreten. Vergleiche im übrigen die S. 655/6 angegebenen Konstanten und im vorhergehenden gegebenen Anhaltspunkte. Das Polenskesche Verfahren und das Börmersche Phytosterinacetat-Verfahren vermag am ehesten zum Nachweis von Kokosfett zu verhelfen; neuerdings kommt allerdings auch phytosterinfreies Kokosfett in Handel, wodurch auch letztere Methode hinfällig wird. Mit der Polenske - Zahl lassen sich weniger als 10 % Kokosfett kaum noch nachweisen. Ziegen- und Schafbutter haben meist hohe Polenske - Zahl. Wenig Aussicht auf Erfolg bieten die Differenzverfahren von Polenske (Schmelz- und Erstarrungspunkt) S. 77 und von Börmer (Schmelzpunktdifferenz zwischen Glyceriden und Fettsäuren) S. 95, mehr die von Amberger (Ermittelung der Glyzeridmengen) S. 81.

Außer den angeführten bzw. an anderer Stelle beschriebenen Methoden sind auch zahlenmäßige zwischen Reichert - Meißl - Zahl und Verseifungs - zahl, sowie zwischen Reichert-Meißl-Zahlen und Refraktometer-Zahlen bestehende Beziehungen zur Beurteilung empfohlen worden. Juckenack und Pasternack [3]) haben den Differenzwert (a—b) — 200 zum Nachweis von Kokosfett vorgeschlagen, wobei a die Reichert - Meißl - Zahl, b die Verseifungszahl bedeutet. Bei Butter soll die Differenz im allgemeinen = ± 0 sein, kann aber auch positiv oder negativ sein. Bei Anwesenheit von Kokosfett wird folgende „Differenz"-Veränderung bewirkt, je nachdem diese positiv, neutral oder negativ ist:

a) eine ursprüngliche + Differenz geht in ± oder (bei sehr viel Kokosfett) in — Differenz über.

b) eine ursprüngliche ± Differenz geht in — Differenz über,

c) eine ursprüngliche — Differenz wird erheblich größer.

Die Differenzbestimmung hat infolge der Zunahme der Doppelfälschungen, wie die anderen Methoden, an Bedeutung verloren.

Juckenack und Pasternack haben die Bestimmung des mittleren Molekulargewichts der nichtflüchtigen festen in Wasser unlöslichen Fettsäuren zur Erkennung von Kokosfett und Schweinefett mit zu Rate gezogen (s. S. 81).

Noch schwieriger gestaltet sich die Aufdeckung der Butterverfälschungen, wenn außer Kokosfett auch noch andere, die Konstanten des Kokosfettes kompensierende Zusätze wie Schmalz, Talg usw. vorgenommen werden und wenn, wie dies namentlich in Holland geschehen sein soll, als Ausgangsprodukt eine mit möglichst hoher Reichert - Meißl - Zahl bedachte Butter genommen ist. In solchen Fällen vermag vielleicht die Heranziehung aller einigermaßen aussichtsversprechenden Methoden zum Ziele führen, aber wahrscheinlich nur selten. Verschiedene Methoden, z. B. die Bestimmung der Refraktometer-Zahl, versagen dabei völlig.

Nachmachungen von Butter und Butterschmalz sind Margarine und Margarineschmalz bzw. gelbgefärbte andere Speisefette (s. S. 91). Der Verkauf solcher Erzeugnisse als Butter usw. kann gemäß § 10 Z. II beurteilt werden. Mehrere Gerichte haben diese Tat aber auch als Betrug

[1]) Einwirkung der Fütterung; über die Einwirkung der Rübenblattfütterung auf die Konstanten des Butterfetts vgl. Lührig und Hepner, Pharm.-Zeitg. 1907. 48. 1049 u. 1067. M. Siegfeld, Zeitschr. f. U. N. 1907. 13. 513; 1909. 17. 171. M. Fritzsche, ebenda 533.

[2]) Lührig, Zeitschr. f. U. N. 1905. 9. 734; 1906. 11. 14; Siegfeld, Zeitschr. f. U. N. 1907. 14. 533 und Milchw. Zentralbl. 1906. 2. 289; Paal u. Amberger, Zeitschr. f. U. N. 1909. 17. 36 u. a.

[3]) Zeitschr. f. U. N. 1904. 7. 193; ferner K. Farnsteiner, ebenda 1905. 10. 51.

(Unterschiebung) angesehen, wenn der geforderte Preis dem von Butter angemessen war. Muß der Käufer aus dem Preise auf Margarine schließen, so können lediglich Verfehlungen gegen § 2, Abs. 3, 4 des Margarinegesetzes in Frage kommen.

Gesundheitsschädlich (§§ 12 bis 14 des Nahrungsmittelgesetzes) kann Butter sein infolge Gehalts an pathogenen Bakterien (vgl. den bakteriologischen Teil), an Konservierungsmitteln, an gesundheitsschädlichen Farben, an Metallen, z. B. Blei, Kupfer, aus Umhüllungspapier oder Gefäßen stammend, sowie auch durch hochgradige allgemeine Verdorbenheit (Ranzigkeit, hoher Säuregrad[1]) [18—33] usw.). Die Beurteilung ist im allgemeinen Sache der Ärzte.

Verdorbenheit (§ 10, 2, § 11 des Nahrungsmittelgesetzes) ist gekennzeichnet durch hohe Ranzigkeit, talgige, käsige, schimmlige und faulige Beschaffenheit, wie überhaupt durch vom normalen Aussehen, Geruch und Geschmack abweichende, die Genußfähigkeit beeinträchtigende, bzw. ekelerregende Eigenschaften, aber auch durch die auf unrichtige Bearbeitung oder fehlerhaftes Rohmaterial (namentlich bei Land-, Bauernbutter) oder ungeeignete Fütterung, z. B. mit Fischmehl, zurückzuführenden Butterfehler, z. B. bitteren oder öligen Geschmack. Die Ranzigkeit ist der häufigste Butterfehler, häufig aber unabhängig vom Säuregrad. Bei sogen. wieder aufgefrischter [2]) Butter tritt Ranzigkeit usw. oft schon bald nach Herstellung und bei sehr niedrigem Säuregrad (2—3) ein, weil wohl die Säure abgestumpft wurde, nicht aber die Organismen völlig abgetötet waren. Für die Feststellung der Ranzigkeit usw. gibt es keine zuverlässigen chemischen Methoden (s. im übrigen S. 75), sie wird am besten durch Sinnenprüfung ermittelt. Charakteristisch für Ranzigkeit ist besonders der kratzende Nachgeschmack. Koch- und Backbutter, wie überhaupt im Preis herabgesetzte Butter, muß natürlich anders bewertet werden als Tafelbutter bzw. eine zum normalen Tagespreis erstandene Ware.

Die Eigenschaften ersterer dürfen aber nicht sehr erheblich von normaler Ware abweichen oder die Gebrauchsfähigkeit ausschließen. Nach einer Entscheidung des Oberlandesgerichts Dresden vom 8. Jan. 1904 kommt es sogar nur auf den Zustand im Augenblicke des Verkaufs an, nicht aber darauf, ob mit der fraglichen verdorbenen Butter noch genießbare Backwaren hergestellt werden können. Mit Fasern durchsetzte (von verwendetem Werg, Seihtuch oder dergl. herrührend) Butter ist als verdorben zu beanstanden.

Butterpulver, -Streckungsmittel sind aromatisierte und nichtaromatisierte Mischungen von Stärkemehl und doppeltkohlensaurem Natrium, die eine Beimischung großer Wassermengen ermöglichen. Es bedarf keiner näheren Ausführungen darüber, daß die Verwendung solcher Erzeugnisse keinerlei wirtschaftliche Vorteile bringt und ihre unrechtmäßige Verwendung strafrechtlich verfolgt wird.

---

[1]) Urteil d. Oberl.-Ger. Hamburg v. 26. Febr. 1904, Auszüge 1905. 7. 16; Ldger. Leipzig v. 3. Nov. 1905, Auszüge 1912. 8. 21.

[2]) Siehe im übrigen d. Urt. d. Ldger. Arnsberg v. 16. April 1908, Auszüge 1912. 8. 23.

Margarine (auch Schmelzmargarine).

Die Untersuchung wird sinngemäß nach den für „Butter" angegebenen Verfahren (s. S. 73), sowie ferner unter Anwendung der S. 719 u. 729 befindlichen Anlage d, zweiter Abschnitt, der Ausführungsbestimmungen [1]) D §§ 15 und 16 zum Schlachtvieh- und Fleischbeschaugesetz betr. Untersuchung von zubereiteten Fetten vorgenommen.

Ferner ist noch folgendes zu beachten:

1. Prüfung des Sesamöls auf die für den Zusatz von Margarine vorgeschriebene Beschaffenheit. 0,5 ccm Sesamöl werden in Petroläther zu 100 ccm gelöst. 10 ccm dieser Lösung werden mit 10 ccm Salzsäure (s = 1,19) und 0,1 ccm einer einprozentigen alkoholischen Lösung von farblosem Furfurol geschüttelt. Nimmt die sich absetzende Salzsäure eine deutliche Rotfärbung an, so hat das Sesamöl die für den Zusatz zu Margarine vorgeschriebene Beschaffenheit.

Schätzung des Sesamölgehaltes der Margarine [2]). Wenn keine Farbstoffe vorhanden sind, die Salzsäure rot färben, so werden 0,5 ccm des geschmolzenen, klar filtrierten Margarinefettes in 9,5 ccm Petroläther gelöst und mit 0,1 ccm einer einprozentigen alkoholischen Lösung von farblosem Furfurol und 10 ccm Salzsäure (s = 1,19) mindestens $\frac{1}{2}$ Minute lang kräftig geschüttelt.

Wenn Farbstoffe vorhanden sind, die Salzsäure rot färben, so löst man 1 ccm des geschmolzenen klar filtrierten Margarinefettes in 19 ccm Petroläther und schüttelt diese Lösung in einem kleinen zylindrischen Scheidetrichter mit 5 ccm Salzsäure (s = 1,124) etwa $\frac{1}{2}$ Minute lang. Die unten sich ansammelnde rot gefärbte Salzsäureschicht läßt man abfließen und wiederholt dieses Verfahren, bis die Salzsäure nicht mehr rot gefärbt wird. Alsdann läßt man die Salzsäure abfließen und prüft 10 ccm der so behandelten Petrolätherlösung nach dem oben angegebenen Verfahren.

Hat die Margarine den vorgeschriebenen Gehalt an Sesamöl von der vorgeschriebenen Beschaffenheit, so muß in jedem Falle die sich absetzende Salzsäure eine nicht alsbald verschwindende deutliche Rotfärbung zeigen.

2. A. Kirschner [3]), Verfahren zum Nachweis des Butterfetts neben Kokosfett in Margarine; von Wichtigkeit bei Nachprüfung, ob kokosfetthaltige Margarine den Bestimmungen des § 3 des Gesetzes vom 15. Juni 1897 entspricht.

3. Schmelzprobe siehe Butter.

4. Nachweis von Eigelb (zum Bräunen und Schäumen zugesetzt) nach Mecke [4]). 100 g Margarine werden bei 45° C geschmolzen und mit 50 ccm einer 1%igen NaCl-Lösung im Scheidetrichter geschüttelt.

---

[1]) In der durch Bekanntmachung des Bundesrats vom 4. Juli 1908 abgeänderten Form.
[2]) An Stelle von Sesamöl ist vorerst noch Stärkemehl vorgeschrieben (s. S. 699); Nachweis in üblicher Weise (s. S. 83).
[3]) Zeitschr. f. U. N. 1905. 9. 65.
[4]) Zeitschr. f. öffentl. Chem. 1899. 231, 496.

Nach dem Absetzen wird die wässerige Lösung abgelassen, mit Petroleumäther ausgeschüttelt und nach Zusatz von Tonerdehydrat durch ein dichtes Filter filtriert; die Lösung bleibt gewöhnlich trübe. Das Filtrat wird mit 250 ccm Wasser verdünnt. Bei Anwesenheit von Eigelb scheidet sich beim Verdünnen Vitellin in weißen Flocken ab.

Das etwas weitläufigere Verfahren von Fendler[1]) verspricht den Nachweis von kleinen Mengen Eigelb, die nach dem Meckeschen Verfahren nicht ermittelt werden können.

5. Nachweis von Rohrzucker neben Milchzucker nach Mecke. 100 g Margarine werden in einem Mörser mit 60 ccm einer erwärmten schwachen Sodalösung versetzt (um Inversion durch Milchsäure zu vermeiden), gemischt und in ein Spitzglas gegossen. Letzteres wird einige Stunden in warmes Wasser gestellt, dann läßt man erkalten, durchbohrt den Fettkuchen, gießt die wässerige Lösung ab, säuert zur Abscheidung des Kaseins mit Zitronensäure an und filtriert. 25 ccm des Filtrats werden direkt, weitere 25 ccm nach der Inversion mit Zitronensäure mit Fehlingscher Lösung in bekannter Weise behandelt. Aus der aus der ersten Partie erhaltenen Kupfermenge läßt sich der Milchzucker, aus der zweiten der Rohrzucker berechnen. Bei der Berechnung ist der Wassergehalt der Margarine zu berücksichtigen.

Das Verfahren von Rothenfußer zum Nachweis von Rohrzucker in Milch (s. S. 119) gibt rascheren Aufschluß als obige Methode.

6. Gesundheitsschädliche Stoffe. Neben dem Nachweis von Konservierungsmitteln kommen auch die Rohstoffe selbst in Betracht. Nachweis durch Tierversuch. Die Fette von Hydnocarpusarten (Kardamonfett, Chaulmugraöl, Marattifett u. a.) konnten auch durch Polarisation nachgewiesen werden.

Beurteilung.

Gesetzliche Bestimmungen. Das Gesetz betr. den Verkehr mit Butter, Käse, Schmalz und deren Ersatzmitteln vom 15. Juni 1897 (auch kurz das Margarinegesetz genannt) nebst Ausführungsbestimmungen vom 4. Juli 1897 (s. S. 698) gibt Begriffsbestimmung im § 1, Abs. 2, Bestimmungen für den Einzelverkauf und das Feilhalten (§ 1, Abs. 1 und § 2, Abs. 3 und 4), für Verkaufen und Feilhalten in größeren Quantitäten (§ 2, Abs. 1 und 2), für das Vermischen mit Butter und Butterschmalz (§ 3), für die Trennung der Verkaufsräume (§ 4), für das Ankündigen in öffentlichen Angeboten (§ 5), für den Zusatz von Sesamöl (§ 6), (zur Zeit als Ersatz für Sesamöl gemäß Beschluß des Bundesrats Stärkemehl zu nehmen s. S. 699), für die Probenahme (§ 8), für die Herstellung und Anzeigepflicht (§ 9). Näheres ist dem Gesetze selbst zu entnehmen. Von den zahlreichen Auslegungen können nur wenige hier erörtert werden.

Die Begriffsbestimmung lautet nach den amtlichen Entwürfen 1912 folgendermaßen: „Margarine sind diejenigen der Butter oder dem

---

[1]) Zeitschr. f. U. N. 1903. 6. 977.

Butterschmalz ähnlichen Zubereitungen, deren Fettgehalt nicht oder [1]) nicht ausschließlich der Milch entstammt." ❜

Für den Begriff der Ähnlichkeit kommen in der Hauptsache die äußeren Merkmale, das ist Farbe und Konsistenz des Fettes, in Betracht, so zwar, daß eine Fettzubereitung, deren Aussehen eine Verwechslung mit Butter oder Butterschmalz durch die gewöhnlichen Käufer zuläßt, als butter- oder butterschmalzähnlich auch dann betrachtet werden muß, wenn bezüglich des Geschmacks oder Geruchs merkliche Verschiedenheit vorhanden ist. Gelb gefärbtes Pflanzenfett wird danach meist als Margarine anzusehen sein [2]).

Betreffs Einzelankauf der Margarine in Würfeln und würfelförmigen Umhüllungen ist durch Urteil des Kammergerichts vom 21. Juni 1907 [3]) entschieden worden, daß für würfelförmige Margarinestücke nicht eine doppelte Kennzeichnung, Einpressung der Inschrift und Umhüllung mit Inschrift, sondern nur wahlweise das eine oder andere in Betracht kommt. Es genüge, wenn würfelförmige Margarinestücke die eingepreßte, im übrigen den gesetzlichen Erfordernissen entsprechende Inschrift haben.

Umhüllungen können, wie mehrfach gerichtlich entschieden wurde, noch andere Bezeichnungen tragen, wie z. B. Süßrahm-Margarine, wenn nur die Deutlichkeit der vorgeschriebenen Inschrift nicht leidet und nicht die Täuschung hervorgerufen wird, die Ware sei nicht Margarine, sondern Butter. Fälle, in denen solche Täuschungen angenommen wurde, führten zu Verurteilungen auf Grund des Margarinegesetzes bzw. des Gesetzes betr. unlauteren Wettbewerbs. (Urt. d. Landger. Mainz vom 9. März 1912 und Reichsger. vom 9. Mai 1912 [4]); des Landger. Berlin II vom 28. April 1914 und Reichsger. vom 15. Dez. 1914 [5]).

Durch Urteil des Oberlandesgerichts zu Hamburg vom 31. Jan. 1908 [6]) ist außerdem entschieden worden, daß Würfelstücke weder auf den Stücken selbst noch auf ihrer Umhüllung den Namen oder die Firma des Verkäufers zu tragen brauchen. (Gegensatz zu den sonstigen Bestimmungen betr. den Einzelverkauf von Margarine (§ 2, Abs. 3)). Siehe im übrigen den Zusatz (vom Jahre 1912) zu den Ausführungsbestimmungen vom 4. Juli 1897, S. 698.

Für das Feilhalten von Margarine in Stückenform auf Flachtellern kommen die Vorschriften des § 2, Abs. 1 (nicht verwischbare Inschrift Margarine und roter Streifen) nicht in Betracht. (Urteile des Landgerichts Hagen vom 8. Juli 1908 und des Kammergerichts am 15. III. 1912 [7]).

---

[1]) Die Worte „nicht oder" sind in der älteren Begriffsbestimmung des § 1 Abs. des Margarinegesetzes nicht enthalten. Diese Erweiterung war notwendig, da es auch Margarinesorten gibt, die ohne Milch hergestellt werden (Sorten von Pflanzenfettmargarine).

[2]) Vgl. auch Urteil d. Reichsger. v. 12. Dez. 1907, Auszüge 1912. 8. 50. Vgl. auch den Abschnitt über gelbgefärbtes weichgemachtes Kokosfett S. 104 und die dort angeführten Urteile.

[3]) Zeitschr. f. U. N. 1907 (Ges. u. Verord.) 110.

[4]) Ebenda (Ges. u. Verord.) 1913. 5. 5.

[5]) Ebenda 1915. (Ges. u. Verord.) 7. 217.

[6]) Ebenda 1909. 1. 114.

[7]) Zeitschr. f. U. N. 1909. (Ges. u. Verord.) 1. 116 u. 1913. (Ges. u. Verord.) 5. 23. 153.

Bezüglich Trennung der Verkaufsräume gemäß. § 4 gelten
gemäß Runderlaß des preuß. Minist. vom 24. März 1898 folgende
Grundsätze: Die Räume können einen gemeinschaftlichen Zugang
haben. Abschließende Wände müssen aus Brettern, Glas, Zement- oder
Gipsplatten hergestellt sein; Lattenverschläge usw. sind zulässig. Die
Wände brauchen nicht bis an die Decke zu reichen. Der Händler darf
die aus einem abgegrenzten Raume geholte Margarine im Butterverkaufs-
raum verkaufen. Ein Wagen ist kein „Raum" im Sinne des § 4.

Das Fleischbeschaugesetz vom 3. Juni 1900 (§§ 4, 16, 21) und
dessen Ausführungsbestimmungen, sowie die Bekanntmachung des
Bundesrats vom 18. Februar 1902 geben umfangreiche Vorschriften
über den Verkehr mit Margarine, besonders auch betr. gesundheitsschädliche und täuschende Zusätze (Konservierungsmittel); die Bestimmungen erstrecken sich namentlich auch auf die tierischen Rohmaterialien.

Handelsbezeichnungen. Margarine, Margarinebutter, Kunstbutter [1]),
(Schmelzmargarine, Margarineschmalz). Neben den gesetzlichen Bezeichnungen tragen die Umhüllungen meist noch besondere Wortzeichen,
wie „Mohra", „Sana" usw. (s. das vorher Gesagte).

Mittlere Zusammensetzung, ähnlich wie bei Butter, in bezug auf
die Zusammensetzung des Fettes natürlich davon gänzlich abweichend
und durchaus verschieden. Besondere Bestandteile in jedoch nicht ins
Gewicht fallender Menge sind bisweilen Eigelb (etwa 2%), Lecithin (etwa
$0,2\%$), Glukose (Stärkesirup), Rohrzucker, Wachs, Kasein; Aromastoffe
(Margol, Käseextraktaroma, flüchtige Säuren), ferner Farbstoffe und Konservierungsmittel (neuerdings namentlich Benzoesäure seit dem Verbot
der Borsäure).

Als Fettrohmaterialien kommen in Betracht: Premier jus, Oleomargarin, Talg, Schweinefett (Neutrallard), Kokosfett, Baumwollsamenöl
(-stearin), Sesamöl, Erdnußöl, im Ausland auch Maisöl usw.

Das verwendete Milchmaterial wird verschiedenartig vorbehandelt
— pasteurisiert, gesäuert usw. Statt Kuhmilch wird auch Mandelmilch
(Margarine Sana) genommen.

Verfälschungen und Nachahmungen. Die Verfälschungen sind in
bezug auf den Nichtfettgehalt (Wasser, Käsestoff, Salze, Mehl, gröbliche
Zusätze wie Kartoffelbrei usw.) die gleichen wie bei Butter. Der Kochsalzgehalt soll nach den amtlichen Entwürfen nicht mehr als 3%, bei
Dauermargarine nicht mehr als 5% betragen. Bezüglich der Beurteilung
des Wassergehalts, der bisweilen weit mehr als 16%, bei normaler Herstellungsweise durchschnittlich aber kaum 12% beträgt, schwanken die
Ansichten beträchtlich, da Margarine nicht als Naturprodukt in dem Sinne
wie Butter angesehen wird und eine gesetzliche Grenze für den Wassergehalt nicht vorgeschrieben ist. Unseres Erachtens sollte jeder übermäßige, mindestens 16% übersteigende Wassergehalt (wie bei Butter)
als Verfälschung beanstandet werden. Des Näheren haben sich Bey-

---

[1]) In Deutschland ist nur die Bezeichnung „Margarine" gesetzlich zulässig.

thien [1]), Reinsch [2]) und Buttenberg [3]) u. a. zu dieser Frage ausgesprochen. Während der Kriegszeit haben wiederholt Verurteilungen wegen eines 20% übersteigenden Wassergehaltes stattgefunden. Vorerst ist die am 26. Juni 1916 erlassene Verordnung betr. fetthaltige Zubereitungen, in welcher als Höchstwassergehalt 20% festgesetzt ist, noch rechtsgiltig. Schmelzmargarine soll nicht mehr als 0,5% Wasser enthalten. In bezug auf die Fettbestandteile kommen Verfälschungen nicht in Frage. Der Zusatz von Butter bzw. Gehalt an Milchfett ist durch § 3 des Margarinegesetzes verboten bzw. beschränkt. Der Butterfettgehalt einer derart hergestellten Margarine wird also höchstens 4% betragen. Dementsprechend müssen also Reichert - Meißlsche Zahlen bis zu etwa 3,0 unbeanstandet gelassen werden. Durch erheblichen Zusatz von Kokosfett kann zwar die Reichert - Meißlsche Zahl noch erhöht werden, jedoch lassen sich solche Zusätze an den hohen Verseifungs- und Polenskezahlen und an der negativen Juckenackschen Differenzzahl erkennen. Am besten ermittelt man in diesen Fällen den Butterfettgehalt nach dem Anreicherungsverfahren von Arnold [4]) oder nach dem Verfahren von A. Kirschner [5]). Die Refraktometerzahlen wechseln entsprechend der Zusammenstellung der Fette erheblich.

Als Verfälschungen kommen ferner in Betracht: Konservierungsmittel (vergl. Butter); mehrere sind überhaupt als verboten im Fleischbeschaugesetz bzw. in der Bundesratsbekanntmachung v. 18. Febr. 1902 namhaft gemacht, beim Zusatz von Benzoesäure hat das Oberlandesgericht Dresden keine Verfälschung angenommen (Urteil v. 7. Juni 1911 [6])); die Verarbeitung von minderwertigen oder gar verdorbenen Materialien ist ebenfalls Fälschung. Nachmachungen von Margarine gibt es selbstredend nicht, da Margarine selbst eine Nachmachung (Ersatzstoff) und ihrem ganzen Wesen nach butterähnlich ist [7]). Verkauf von Margarine unter der Bezeichnung Butter ist daher nach dem Nahrungsmittelgesetz strafbar. Insoweit als die Margarine dabei nicht in entsprechender Umhüllung oder in anderer als Würfelform verkauft wird, kommt das Margarinegesetz in Anwendung. Außerdem kann auch Betrug unter Umständen angenommen werden.

Gesundheitsschädlichkeit und Verdorbenheit. Die Beurteilung erfolgt im wesentlichen nach den für Butter angegebenen Grundsätzen. Die Verwendung von tierischen und Pflanzenfetten, sowie Zusatzstoffen, welche widerlich schmecken oder riechen oder für den menschlichen Genuß untauglich sind, fällt unter dieses Kapitel.

Betr. giftiger Pflanzenfette s. S. 90 und das Urteil des Landgerichts Altona vom 9. Juli 1911 [8]).

---

[1]) Zeitschr. f. U. N. 1908. 16. 46.
[2]) Ebenda 1908. 15. 613.
[3]) Ebenda 1907. 13. 542 und 1908. 16. 48.
[4]) Ebenda 1907. 14. 147.
[5]) Siehe S. 89.
[6]) Zeitschr. f. U. N. (Ges. u. Verord.) 1912. 74.
[7]) Betr. Butterähnlichkeit von Margarine s. S. 91; s. ferner auch Abschnitte Kokosfett und Rinderfett.
[8]) Zeitschr. f. U. N. 1913. 5. 138.

Über die Gesundheitsschädlichkeit der verbotenen Konservierungsmittel, Borsäure usw. vergl. den Abschnitt Fleisch; Benzoesäure gilt
nicht als gesundheitsschädlich; näheres s. den Abschnitt Fruchtsäfte.

Schweinefett (Schmalz) [1]).

Probeentnahme s. Butter S. 72 und Fleisch S. 137.

1. Bestimmung des Wassers.

Die Bestimmung des Wassers erfolgt in gleicher Weise wie bei
Butter.

Für die Bestimmung geringer Wassermengen hat Polenske eine
sehr sinnreiche Methode ausgearbeitet [2]). Siehe außerdem die amtliche
Anleitung zum Nachweis geringer Mengen Wasser im Schweineschmalz
Anlage 2 zur preuß. Ministerialverfügung betr. die Untersuchung ausländischen Fleisches vom 24. Juni 1909, S. 734.

2. Bestimmung der Mineralbestandteile.

10 g Schmalz werden geschmolzen und durch ein getrocknetes,
dichtes Filter von bekanntem, geringem Aschengehalte filtriert. Man
entfernt die größte Menge des Fettes von dem Filter durch Waschen
mit entwässertem Äther, verascht alsdann das Filter und wägt die Asche.

3. Bestimmung des Fettes.

Man erhält den Fettgehalt des Schmalzes, indem man den Gehalt
an Wasser und die Asche von der Gesamtmenge abzieht.

Falls größere Mengen nicht schmelzbarer Bestandteile vorhanden
sind, so sind diese wie die nicht fetten Bestandteile der Butter zu bestimmen und in Abzug zu bringen.

4. Untersuchung auf fremde Fette [3]).

a) Bestimmung des Schmelz- und Erstarrungspunktes, S. 15.
b) Bestimmung des Brechungsvermögens, S. 16.
c) Bestimmung der freien Fettsäuren (des Säuregrades),
   S. 59.
d) Bestimmung der Reichert-Meißl-Zahl (selten), S. 59.
e) Bestimmung der Verseifungszahl, S. 60.
f) Bestimmung der Hehner-Zahl (selten), S. 61.
g) Bestimmung der Jodzahl [4]), S. 62.
h) Bestimmung der unverseifbaren Bestandteile, S. 63.
i) Prüfung auf Paraffin, S. 67.
k) Nachweis von Pflanzenölen, S. 69 und S. 83.
l) Phytosterinacetatprobe, S. 64.

Diese Bestimmungen erfolgen in derselben Weise wie bei Butter.

---

[1]) Unter Benützung der amtlichen Entwürfe zu Festsetzungen über
Lebensmittel 1912.
[2]) Arbeiten a. d. Kais. Gesundh.-Amte. 1907. 25. 505.
[3]) Das Schmalz ist vor Ausführung der Bestimmungen klar zu filtrieren.
Vgl. auch die Anweisung zum Fleischbeschaugesetz S. 728 ff.
[4]) Die Bestimmung der Jodzahl der flüssigen ungesättigten Fettsäuren
kann unter Umständen auch gute Dienste leisten.

m) Schmelzpunkt-Differenzprobe nach Bömer (Nachweis von Talg und gehärteten Ölen sowie Tran).

Dieses Verfahren[1]) beruht auf der Tatsache, daß in den Differenzen zwischen den Schmelzpunkten der Glyzeride und den der aus ihnen dargestellten Fettsäuren beim Schweinefett und Rindstalg wesentliche Unterschiede bestehen. Es gelingt mit diesem hervorragenden Beurteilungswert besitzenden Verfahren der Nachweis geringer Mengen Talg in Schweinefett. Von Preßtalg lassen sich 5% noch gut nachweisen, weiche Oleomargarinesorten entziehen sich dem Nachweis. Hartes Oleomargarin, als Zwischenprodukt zwischen dem eigentlichen Oleomargarin und Talg, läßt sich um so leichter nachweisen, je höher die Temperatur bei der Oleomargarinpressung war. Ranzige und talgige Beschaffenheit von Fetten steht der Anwendung des Bömerschen Verfahrens nicht entgegen[2]).

Das Verfahren eignet sich auch zum Nachweis von Schweinefett bzw. Talg in Kokosnußfett[3]).

Der Wert des Verfahrens besteht namentlich auch darin, daß es außer zum Nachweise von Verfälschungen des Schweinefettes mit Rindertalg, auch zum Nachweise solcher mit diesem ähnlichen Fettarten wie Hammeltalg, Preßtalg, gehärteten Pflanzenölen, gehärtetem Tran dient.

Der Nachweis von Rindertalg und diesem ähnlichen Fetten in Schweineschmalz ist folgender:

I. Darstellung der hochschmelzenden Glyzeride.

50 g des geschmolzenen und klar filtrierten Schmalzes werden in einem Becherglas von etwa 150 ccm Inhalt in 50 ccm Äther gelöst; die mit einem Uhrglas bedeckte Lösung läßt man unter wiederholtem Umrühren bei 15° erkalten. Falls nach einer Stunde noch keine oder nur eine geringe Kristallabscheidung erfolgt ist, läßt man die Lösung weiterhin noch $1/_2$ bis 1 Stunde lang bei 5 bis 10° stehen. Der abgeschiedene Kristallbrei wird auf einem Filtertrichter abgesaugt und durch Pressen möglichst von der Mutterlauge befreit. Die abgepreßten Kristalle werden dann noch zweimal in derselben Weise aus 50 ccm Äther umkristallisiert. Liegt der nach dem nachstehenden Abschnitt III zu bestimmende Schmelzpunkt der so erhaltenen lufttrockenen Glyzeride unter 61°, so muß der Rückstand wiederholt in gleicher Weise aus Äther umkristallisiert werden, bis Glyzeride mit einem Schmelzpunkte über 61° erhalten werden. Für die Schmelzpunktbestimmungen dürfen die Glyzeride nur an der Luft getrocknet, keinesfalls vorher geschmolzen werden.

II. Darstellung der zugehörigen Fettsäuren.

Eine Durchschnittsprobe von 0,1—0,2 der nach Abschnitt I erhaltenen Glyzeride wird zu einem vollkommen gleichmäßigen Pulver

[1]) A. Bömer, Zeitschr. f. U. N. 1913. 26. 559.
[2]) Zeitschr. f. U. N. 1916. 31. 381; siehe noch Zeitschr. f. U. N. 1914. 27. 142; 1914. 27. 361.
[3]) Zeitschr. f. U. N. 1914. 27. 163.

verrieben. Etwa die Hälfte dieses Pulvers wird durch etwa 10 Minuten langes Kochen mit 10 ccm annähernd $^1/_2$ normaler, möglichst farbloser, alkoholischer Kalilauge vollständig verseift. Man spült die Seifenlösung mit 100 ccm Wasser in einen Scheidetrichter, säuert mit 3 ccm 25 v. H. starker Salzsäure an und bringt die abgeschiedenen Fettsäuren durch kräftiges Schütteln mit 25 ccm Äther in Lösung. Die ätherische Lösung wird zweimal mit je 25 ccm Wasser gewaschen und danach durch ein trockenes Filter filtriert. Nach dem Abdestillieren des Lösungsmittels wird der Rückstand mit wenig Äther in ein Schälchen gebracht und nach dem Verdunsten des Äthers bei 100° getrocknet. Die nach dem Abkühlen erstarrten Fettsäuren werden in dem Schälchen mit einem kleinen Pistill zu einem feinen, gleichmäßigen Pulver zerdrückt und, falls sie nicht sofort untersucht werden, im Exsikkator über Schwefelsäure aufbewahrt.

III. Bestimmung der Schmelzpunkte.

Die Schmelzpunktbestimmung der Glyzeride und der zugehörigen Fettsäuren soll gleichzeitig ausgeführt werden. Zur Aufnahme der Proben dienen U-förmig gebogene, gleichmäßig dünnwandige Glasröhrchen von $^3/_4$ mm lichter Weite, deren einer Schenkel trichterförmig erweitert ist. Das Pulver wird zweckmäßig mittels eines Platindrahtes durch die trichterförmige Erweiterung des Schmelzröhrchens eingeführt und etwa $^1/_2$—1 cm über der Biegung des Röhrchens zu einem festen Säulchen von 2—3 mm Länge zusammengeschoben. Die beiden die Glyzeride und die Fettsäuren enthaltenden Schmelzröhrchen werden mit ihren leeren Schenkeln mit Hilfe eines dünnen Kautschukringes an einem in Fünftelgrade geteilten Anschütz-Thermometer so befestigt, daß die Proben in den Schmelzröhrchen sich in gleicher Höhe mit der Quecksilberkugel des Thermometers befinden. Das Thermometer wird in eine in einem Becherglase befindliche Lösung von 200 ccm Glyzerin und 100 ccm Wasser so hineingebracht, daß sich die Quecksilberkugel etwa in der Mitte des Bades befindet. Darauf erwärmt man das Bad allmählich, so daß etwa von 50° an die Wärme in der Minute nur um $1^1/_2$—2° steigt. Durch ständiges Bewegen der Flüssigkeit mittels eines Rührers muß dafür gesorgt werden, daß die Wärme innerhalb des ganzen Bades gleichmäßig ist. Als Schmelzpunkt sind diejenigen Wärmen anzusehen, bei denen die geschmolzenen Proben keine Trübung mehr zeigen. Die Schmelzpunktbestimmungen sind mit neuen Proben in derselben Weise zu wiederholen. Aus je zwei um höchstens 0,2° abweichenden Beobachtungen ist das Mittel zu nehmen.

Man bezeichnet den — gegebenenfalls für den aus dem Glyzerinbade herausragenden Quecksilberfaden berichtigten — Schmelzpunkt für Glyzeride mit Sg, den der daraus dargestellten Fettsäuren mit Sf und die Schmelzpunktabweichung Sg—Sf mit d.

Ist der Wert Sg + 2d kleiner als 71, so ist der Nachweis von Rindertalg oder diesem ähnlichen Fettarten (Hammeltalg, Preßtalg, gehärteten Pflanzenölen, gehärtetem Tran) als erbracht anzusehen.

Rühle, Bengen und Wewerinke [1]) bestätigen die von Börner gemachten Erfahrungen, wie folgt:

1. Gemische von Schweinefett und Talg lassen sich mittelst des Verfahrens der Schmelzpunktdifferenz schon bei sehr geringen Gehalten an Talg als solche nachweisen.

2. Gehärtete tierische und pflanzliche Fette verhalten sich im Hinblick auf den Nachweis von Talg in Schweinefett nach vorliegendem Verfahren wie Talg. Tierische gehärtete Fette können also einen Gehalt an Talg vortäuschen. Pflanzliche gehärtete Fette im Gemisch mit Schweinefett sind darin mittels des Phytosterinacetatverfahrens nachweisbar.

3. Der Grad der Härtung tierischer und pflanzlicher Fette beeinflußt ihre Einwirkung auf die Schmelzpunktdifferenz und damit ihren Nachweis mit Hilfe derselben.

4. Natürliche pflanzliche Öle im Gemisch mit Schweinefett und Talg hindern den Nachweis des letzteren mittels vorliegender Methode nicht.

J. Prescher [2]) stellt das Börnersche Verfahren über das Polenskesche (s. das Nachstehende).

Berechnung des Talggehaltes in Fettgemischen von demselben [3]).

Unter Umständen, aber selten, gibt die Jodzahl einen Anhaltspunkt, jedoch nur unter gleichzeitiger Berücksichtigung der übrigen Konstanten.

Das Verfahren von Goske [4]), aufgebaut auf den Nachweis der verschiedenen Kristallformen der Stearine (Heptadekyldistearin bei Schweinefett und Palmidodistearin bei Rind- und Hammeltalg) [5]) versagt namentlich bei geringeren Zusätzen. Das Verfahren von E. Polenske [6]) zur Bestimmung des Schmelz- und Erstarrungspunktes (Temperaturdifferenzverfahren) verspricht den Erfahrungen K. Fischers und K. Alpers [7]) zufolge sich zum Nachweis von gröberen Fälschungen des Schmalzes mit Talg zu eignen (s. S. 87 bei Butter).

n) Nachweis fremder Farbstoffe
o) Nachweis von Konservierungs- (Frischhaltungs-)mitteln
} siehe die Ausführungsbestimmungen zum Fleischbeschaugesetz, 2. Abschn. der Anlage d S. 729, sowie ferner die Untersuchung von Fleisch.

Beurteilung.

Gesetzliche Bestimmungen: Das Fleischbeschaugesetz, das Nahrungsmittelgesetz, das Gesetz betr. Butter, Käse, Schmalz und deren Ersatzmitteln; für fetthaltige Zubereitungen, welche Schweineschmalz zu ersetzen bestimmt sind, die Verordnung vom 26. Juni 1916.

Begriffsbestimmung und Handelsbezeichnungen: Durch § 1, Abs. 4 des Gesetzes vom 15. Juni 1897 ist die Unterscheidung von Schweinefett und Kunstspeisefett (schweineschmalzähnliche Zubereitung) bestimmt. Schmalz, Schweinefett, -Schmalz, Schmeer ist das durch Ausschmelzen der inneren Fettpartien (Darm-, Nierenfett, Flomen, Liesen, Schmeer, Gekröse-[Mieker-]Fett usw. genannt) des Schweins gewonnene Fett.

[1]) Zeitschr. f. U. N. 1915. **30.** 59.
[2]) Zeitschr. f. U. N. 1915. **29.** 433.
[3]) Zeitschr. f. U. N. 1916. **32.** 318.
[4]) Chem.-Zeitg. 1892. **16.** 1560 und 1895. **19.** 1035.
[5]) H. W. Wiley, Zeitschr. f. anal. Chem. 1891. **30.** 510; H. Kreis u. A. Hafner, Zeitschr. f. U. N. 1904. **7.** 641.
[6]) Arbeiten a. d. Kais. Gesundh.-Amte 1907. **26.** 444 nebst Anhang ebenda 1908. **29.** 272. Zeitschr. f. U. N. 1907. **14.** 758.
[7]) Zeitschr. f. U. N. 1909. **17.** 181; vgl. ferner M. Fritzsche ebenda, 531; L. Laband, ebenda **18.** 289.

Es wird aber auch nicht selten aus anderen fettreichen Körperteilen (Rücken-, Bauchspeck) gewonnen, angeblich sogar aus den Borsten. Anerkanntermaßen ist an Güte das aus der Bauchwand entnommene Schweinefett das beste. Auf andere Weise gewonnenes Schweinefett wird meist unter Zugabe von Zwiebeln, Brot, Salbei und anderen Gewürzstoffen ausgelassen (-gebraten).

Das amerikanische Schweineschmalz spielt eine große Rolle im Handel. Bezeichnungen: Neutrallard, Prime Steam-Lard usw. sind in den Vereinigten Staaten gültige Namen für die Gewinnung und die Herstellung aus den verschiedenen Körperteilen.

Schmalzöl (Specköl) ist das aus Schweineschmalz bei niedriger Temperatur durch Pressung gewonnene Öl. Der Preßrückstand heißt Schmalzstearin (Solarstearin).

Das Schweinefett hat eine sehr schwankende Zusammensetzung, weshalb die früher als besonders wertvoll für die Beurteilung von Schweinefett angesehene Jodzahl erheblich an Gültigkeit gelitten hat, was namentlich für die Schweinefette ausländischer Herkunft zutrifft. Nach bisherigen Erfahrungen soll die Jodzahl zwischen 46 und 64 liegen; bei ausländischen Fetten steigen die Werte jedoch bis 85.

Verfälschungen: 1. Zusatz von Pflanzenfetten, Baumwollsamenöl und -stearin, Erdnuß-, Sesam-, Kokosöl. 2. Zusatz von Preßtalg, Rindertalg und Hammeltalg. 3. Gleichzeitiger Zusatz von Talg und Pflanzenfetten. 4. Zusatz von gewichtsvermehrenden Stoffen außer Fetten, sowie das vereinzelt beobachtete teilweise Verseifen (mit Soda und dergl.) zur Bindung größerer Wassermengen. Derartige Verfälschungen dürften wohl kaum in großem Maßstabe vorkommen.

Der Nachweis pflanzlicher Fette und Öle ist erbracht, wenn die Prüfung auf Phytosterin positiv ausgefallen ist. Ein positiver Ausfall der Bellierschen Reaktion weist auf Pflanzenöle im allgemeinen, der Halphenschen Reaktion auf Baumwollsamenöl, der Baudouinschen und Soltsienschen Reaktion auf Sesamöl hin. Indessen sind diese Farbenreaktionen nicht ausschlaggebend, da einerseits bei Fütterung der Schweine mit Baumwollsamenmehl oder Sesamkuchen u. dgl. die die Reaktionen hervorrufenden Stoffe in das Schweinefett übergehen [1]) und andererseits bei geeigneter Vorbehandlung der zur Verfälschung benutzten Öle die Reaktionen ausbleiben können. Der Nachweis wesentlicher Mengen von Arachinsäure läßt auf Verfälschung mit Erdnußöl schließen. (Amtl. Entwürfe 1912.)

Vgl. auch die Übersicht über die chemischen und physikalischen Konstanten.

Der Zusatz von Kokosfett gilt als erwiesen, wenn die Jodzahl unter 45, die Verseifungszahl über 200, die Reichert-Meißl-Zahl über 1 und die Polenske-Zahl über 1 beträgt. Bei Kokosfett, das arm an Phytosterin ist, kann die Phytosterinacetatprobe versagen.

---

[1]) Siehe Fulmer, Journ. Amerik. Chem. Soc. 1902. 24. 1149; 1904. 26. 837; Zeitschr. f. U. N. 1904. 7. 49; 1905. 9. 177; Emmett u. Grindley, ebenda 1905. 27. 263; Zeitschr. f. U. N. 1905. 9. 735; Farnsteiner, Zeitschr. f. U. N. 1905. 10. 58; Lendrich, 1908. 15. 326; König u. Schluckebier, 1908. 15. 641.

Gehärtete Öle und Trane werden wie Talg nachgewiesen (s. das Nachstehende).

Talgzusatz kann unter Umständen an der Erniedrigung der Jodzahl erkannt werden. Rindstalg hat nämlich die Jodzahlen 35,0—40,0
und Rindspreßtalg geht bis zu 17—20 herab; doch ist hierbei zu beachten, daß von Einfluß auf die Jodzahl nach Amthor und Zink[1]),
sowie E. Spaeth[2]) auch das Alter des Schweinefettes sein kann, insofern
als mit einer Zunahme von freien Fettsäuren eine Abnahme der Jodzahl
Hand in Hand geht und daß eine unter 46 sinkende Jodzahl auch von
einem Gehalt desselben an Kokosöl oder Palmkernöl herrühren kann.

Talg sowie hartes Oleomargarin lassen sich aber einwandfrei nach
dem Verfahren von A. Börmer (Schmelzpunktdifferenz zwischen den
Glyzeriden und den aus ihnen hergestellten Fettsäuren) noch in Mengen
bis zu 5% nachweisen. Nähere Angaben s. die Ausführung des Untersuchungsverfahrens selbst.

Für den Nachweis fremder tierischer Fette (Talg u. dgl.) ist auch
die Differenzzahl nach Polenske (s. S. 78) maßgebend. Schweineschmalz, dessen Differenzzahl kleiner als 18 ist, ist als mit fremden Fetten
verfälscht anzusehen. Es sollen noch 15% Talg nachweisbar sein und
auch die Anwesenheit von Baumwollsamenöl bis zu 10% soll keine Störung
des Nachweises[3]) hervorrufen.

Über den Nachweis von Talg mittels der Kristallform des Talg-
stearins besteht zur Zeit noch große Unsicherheit (s. auch S. 97).

Die auf der Schmelz- und Wulstprobe und ähnlichen physikalischen
Erscheinungen beruhenden Prüfungsmethoden sind ebenfalls nicht zuverlässig und bleiben daher außer Betracht.

Zusätze von Wasser, mineralischen Stoffen und organischen
Füllmitteln außer Fett, wie Stärkemehl, sowie von Konservierungsmitteln
und Farbstoffen, sind als Verfälschungen zu beanstanden. Von den beiden
zuletzt genannten Stoffen sind die in der Bundesratsbekanntmachung
vom 18. Februar 1902 angeführten (S. 707) als Zusätze zu Schmalz,
ebenso wie zu Margarine verboten. Nach der Ministerialverfügung vom
24. Juni 1909 ist Schweineschmalz mit einem höheren Wassergehalt als
0,3% als gefälscht anzusehen und von der Einfuhr zurückzuweisen.

Nachmachungen im Sinne des Nahrungsmittel-Gesetzes sind
Mischungen von Schweinefett mit vorwiegend fremden Fetten oder
solche gänzlich anderer Fette, sofern sie die Bezeichnung Schweineschmalz
führen. Alle dem Schweineschmalz ähnlichen Zubereitungen, deren
Fettgehalt nicht ausschließlich aus Schweinefett besteht, sind entsprechend den Bestimmungen des § 1, Abs. 4 des Gesetzes vom 15. Juni
1897 als Kunstspeisefette zu bezeichnen. Der Verkauf letzterer unterliegt gewissen gesetzlichen Bestimmungen in der Art wie bei Margarine
(§§ 2, 4 und 5 des Gesetzes vom 15. Juni 1897), siehe Anhang. Ausge-

---

[1]) Zeitschr. f. anal. Chem. 1892. 31. 534.
[2]) Forschungsberichte über Lebensmittel usw. 1894. 1. 344 und Zeitschr.
f. analyt. Chemie 1896: 35. 471.
[3]) Mezger, Jesser u. Hepp, Pharm. Zentralh. 1912. 53. 99; Zeitschr.
f. U. N. 1912. 24. 640.

nommen sind unverfälschte [1]) Fette bestimmter Tier- und Pflanzenarten, welche unter den ihrem Ursprung entsprechenden Bezeichnungen in den Verkehr gebracht werden. Bratenschmalz oder Schmalz ist gleichbedeutend mit Schweinefett. Kokosschmalze, -bratenschmalze (schmalzartige Mischungen von Kokosfett mit Baumwollsamenöl) sind Kunstspeisefette (Nachmachungen).

Vergl. im übrigen die Ausführungen in den Abschnitten Rinderfett (Talg), Kokosfett usw.

Fetthaltige Zubereitungen mit Wasser, Stärkemehl, Gelatine usw. von schweinefettähnlicher Beschaffenheit (oft mit Phantasienamen wie „Speckosa" belegt), dürfen gemäß der Verordnung vom 26. Juni 1916 weder gewerbsmäßig hergestellt noch feilgehalten, verkauft oder sonstwie in Verkauf gebracht werden.

Über die Verwendung von Mineralöl an Stelle von Bratfett s. Klostermann und Scholta, Zeitschr. f. U. N. 1916. **32.** 353, Keller, ebenda 1917. **33.** 114. Mineralöle sind keine Fette, sondern Kohlenwasserstoffe und können daher Fett nicht ersetzen. Die Verwendung als Bratfett verstößt schon gegen das Nahrungsmittelgesetz, weil dieses Öl gesundheitsschädlich ist.

Gesundheitsschädlichkeit und Verdorbenheit: Beurteilung wie bei Butter und Margarine.

Rinderfett, Kalbsfett, Hammelfett [2]) (-Talg), Premier jus, Oleomargarin, Preßtalg und Gänsefett.

Die chemische Untersuchung dieser Fette erfolgt nach denselben Grundsätzen und Methoden wie bei Butter und Schweinefett und nach den durch das Fleischbeschaugesetz und seine Ausführungsbestimmungen vorgeschriebenen Methoden. Für die zolltechnische Unterscheidung des Talges usw. ist nachstehende Anweisung erlassen.

Instruktion
für die zolltechnische Unterscheidung des Talgs, der schmalzartigen Fette und der unter Nr. 26i des Zolltarifs fallenden Kerzenstoffe [3]).
Vom 6. Februar 1896.

„Zur zolltechnischen Unterscheidung des Talgs (No. 26 1), der schmalzartigen Fette (No. 26 h), soweit sie nicht in Schmalz von Schweinen oder Gänsen bestehen, und der unter dem Namen Stearin in den Handel kommenden, nach No. 26 i zu tarifierenden festen, harten Fettsäuregemische der Stearin- und Palmitinsäure sowie ähnlicher Kerzenstoffe, dient in erster Linie die von den Zollämtern vorzunehmende Feststellung des Erstarrungspunktes. Liegt der ermittelte Erstarrungspunkt der Fette unter 30° C, so sind sie als schmalzartige Fette, liegt er zwischen 30 und 45° C, so sind sie als Talge, und liegt er über

---

[1]) Gewürze, Zwiebeln usw. sind herkömmliche Zusätze und keine Verfälschungen.

[2]) Dieses, sowie Pferdefett kommt als menschliches Nahrungsmittel kaum in Betracht. Siehe jedoch die auf dem Verhalten des Pferdefettes gegen Jod (Jodzahl) beruhende Methode zum Nachweis von Pferdefleisch im Fleischbeschaugesetz S. 721. Kalbsfett ist eine Sorte von Rindertalg.

[3]) Auszugsweise; nach dem Finkenerschen Verfahren.

45° C, so sind sie als Kerzenstoffe zu behandeln. Jedoch wird Preßtalg, der als solcher deklariert ist, noch mit einem Erstarrungspunkt von 50° C zur Verzollung als Talg zugelassen, wenn er nicht mehr als 5% freie Fettsäure enthält.

Behufs der Prüfung ist eine Durchschnittsprobe der Ware in der Weise herzustellen, daß mittels eines Bohrlöffels aus verschiedenen Höhenlagen des zu prüfenden Fettes, und zwar sowohl aus der Mittelachse als auch aus den gegen die Seitenränder hin gelegenen Teilen desselben, Proben entnommen und miteinander vermischt werden. Bei größeren Fettposten von augenscheinlich gleicher Beschaffenheit und gleichem Ursprung genügt es, wenn aus 2 bis 5% der Kolli je eine Durchschnittsprobe entnommen wird. Jede Probe ist für sich zu untersuchen; zeigt hierbei der Inhalt auch nur eines Kollo der Sendung eine abweichende Beschaffenheit, so ist die Prüfung auf sämtliche Kolli der Sendung auszudehnen.

Zur Feststellung des Erstarrungspunktes dient der abgebildete, vorgeschriebene Apparat (zur Bestimmung des Talgtiters), der besonders zu beschaffen ist.

Das Verfahren der Feststellung des Erstarrungspunktes, welches etwa 2 Stunden Zeit in Anspruch nimmt, ist folgendes:

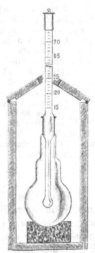

Man bringt 150 g der Durchschnittsprobe des zu untersuchenden Fettes in einer unbedeckten Porzellanschale auf einem siedenden Wasserbade zum Schmelzen, läßt sie nach dem Eintritt der Schmelzung mindestens 10 Minuten oder so lange auf dem siedenden Wasserbade stehen, bis das geschmolzene Fett eine vollständig klare Flüssigkeit darstellt, und füllt alsdann aus der außen abgetrockneten Schale Fett in das Kölbchen des Apparates bis zur Marke. Das Kölbchen stellt man, nachdem der Schliff, wenn nötig, abgeputzt und das Thermometer eingesetzt ist, sofort in den Kasten, klappt den Deckel desselben zu und fängt, wenn das Thermometer auf 50° C gesunken ist, an, den Stand desselben mit Zwischenräumen von 2 Minuten abzulesen und aufzuschreiben.

Bei harten Fetten fängt das Thermometer nach einiger Zeit an langsamer zu fallen, bleibt einige Minuten stehen, steigt wieder, erreicht einen höchsten Stand und sinkt abermals. Dieser höchste Stand ist der Erstarrungspunkt.

Bei weichen Fetten fängt das Thermometer nach einiger Zeit an langsamer zu fallen, bleibt mehrere Minuten auf einem sich nicht ändernden Stand stehen und sinkt dann, ohne den vorigen dauernden Stand wieder zu erreichen. Der beobachtete höchste, sich auf einige Zeit nicht ändernde Stand gibt den Erstarrungspunkt an.

Fig. 2.

In zweifelhaften Fällen ist die Bestimmung des Erstarrungspunktes in der Weise zu wiederholen, daß das Fett direkt im Kolben, nachdem man das Thermometer herausgenommen hat, durch Einstellen in das Heißwasserbad abermals geschmolzen und demnächst nochmals auf seinen Erstarrungspunkt geprüft wird.

Eine genaue Regelung der Temperatur des Zimmers, in welchem die Untersuchung vorgenommen wird, ist, wenn dieselbe von einer gewöhnlichen Zimmertemperatur nicht sehr stark abweicht, nicht erforderlich. Das Abkühlen des mit einer Temperatur von 100° C in den Kolben gebrachten Fettes auf 50° C dauert etwa dreiviertel Stunden. Wenn die Untersuchung beendet ist, bringt man das Fett in dem Kölbchen durch Einstellen des letzteren in siedendes Wasser zum Schmelzen, nimmt erst dann das Thermometer heraus, gießt das Fett aus und spült das erkaltete Kölbchen mit einigen Kubikzentimetern Äther einige Male aus.

Bestehen über die Richtigkeit der Ermittelungen nach dem Verfahren der Prüfung des Fettes in bezug auf den Erstarrungspunkt Zweifel oder Meinungsverschiedenheiten, so ist durch einen Chemiker die Jodzahl des Fettes zu bestimmen. Zu dem Zwecke bringt man etwa 0,35—0,45 g des fraglichen Fettes (genau gewogen) in eine 500—700 ccm fassende, mit gut eingeschliffenem

Stopfen versehene Flasche, löst in 20 ccm Chloroform und setzt 20 ccm Hüblsche Jodlösung, die 30—36 ccm $^1/_{10}$ N.-Natriumthiosulfatlösung entsprechen müssen, hinzu. Man verschließt die Flasche gut, läßt sie 2 Stunden unter öfterem Umschwenken bei 15—20° C stehen und titriert dann, nachdem man noch 20 ccm Jodkaliumlösung (1 : 10) und 200 ccm Wasser hinzugesetzt hat, den Jodüberschuß mit $^1/_{10}$ N.-Natriumthiosulfatlösung zurück.

Die Jodlösung ist unmittelbar vor dem Gebrauch, unter Zusatz von Chloroform, Jodkaliumlösung und Wasser in den oben angegebenen Mengenverhältnissen zu kontrollieren. Ist sie schwächer, als oben vorgeschrieben ist, so hat man dementsprechend mehr zu nehmen.

Liegt die ermittelte Jodzahl zwischen 30 und 42, so ist das Fett als Talg anzusprechen, bei Abweichungen von diesen Zahlen aber nach Maßgabe des gefundenen Erstarrungspunktes entweder als Kerzenstoff oder als schmalzartiges Fett zu behandeln. Die schmalzartigen Fette zeigen höhere Jodzahlen als 42, die Kerzenstoffe dagegen niedrigere als 30.

Wenn die vorbezeichneten Untersuchungsmethoden sich nicht so weit ergänzen, daß eine endgültige Entscheidung getroffen werden kann, oder wenn es sich um die Unterscheidung des Stearins von dem sogenannten Preßtalge handelt, d. i. den durch das Auspressen von tierischen Fetten in niederer oder höherer Temperatur gewonnenen Preßrückständen von nicht schmalzartiger Konsistenz, welche im wesentlichen Neutralfette sind und in der Regel einen Erstarrungspunkt über 50° C zeigen, bzw. nicht mehr als 5% freier Fettsäure enthalten, so hat der mit der Sache befaßte Chemiker eine Untersuchung der Durchschnittsprobe auf ihren Gehalt an Fettsäure im Wege des Titrierverfahrens vorzunehmen. Wird bei der Titration in der Warenprobe ein Gehalt von mehr als 30, in Proben von Preßtalg ein Gehalt von mehr als 5% freier Fettsäure ermittelt, so ist die betreffende Ware als Kerzenstoff anzusehen." Als Grundlage für die Berechnung der freien Fettsäure hat die Durchschnittszahl (270) des Molekulargewichts der Stearinsäure (284) und der Palmitinsäure (256) zu dienen.

Beurteilung.

Rinderfett (-Talg) wird als solches „ausgelassen" direkt verwendet oder technisch raffiniert durch Ausschmelzen bei 60—65°; das Produkt ist premier jus. Durch Auskristallisieren desselben bei 30° und Abpressen erhält man das Oleomargarin (für die Margarinefabrikation); der Preßrückstand ist der sogen. Preßtalg (Stearin); minderwertiges Oleomargarin, d. h. bei höherer Temperatur abgepreßtes enthält entsprechend mehr Stearin. Die Fettkonstanten (siehe S. 656), namentlich die Jodzahlen, schwanken deshalb teilweise innerhalb erheblicher Grenzen, außerdem ist das Fett der einzelnen Körperteile zum Teil sehr verschieden. „Differenzzahlen" nach Polenske S. 78.

Mischungen mit anderen Fetten dürfen nicht unter täuschenden Bezeichnungen feilgehalten oder verkauft werden (Nahrungsmittelgesetz). Nach den Bestimmungen des Fleischbeschaugesetzes und der dazu erlassenen Bundesratsbekanntmachung sind Zusätze von Farbstoffen und gewissen Konservierungsmitteln verboten. Fettgemische bestehend aus Rinderfett und anderen Fetten von einer der Butter und dem Butterschmalz ähnlichen Zubereitung müssen den für Margarine vorgeschriebenen Sesamölgehalt enthalten und als Margarine (-schmalz) bezeichnet werden, solche von schweineschmalzähnlicher Beschaffenheit müssen als Kunstspeisefett gekennzeichnet sein (Gesetz vom 15. Juni 1897). Rinderfett fällt aber als solches nicht unter die Bestimmungen dieses Gesetzes. Sofern also Mischungen von Rinderfett mit anderen Fetten keine schweine- oder butterschmalzartige Zube-

reitung darstellen, können sie unter geeigneter Bezeichnung in Verkehr
gebracht werden. Vergl. im übrigen die betr. gefärbtes Kokosnußfett
gemachten Ausführungen und die dabei erwähnten Gerichtsentscheidungen"[1]. Gänseschmalz wird häufig mit Schweinefett vermischt, in manchen Gegenden soll ein gewisser Vermischungsgrad ortsüblich sein. Die einander sehr naheliegenden Konstanten dieser Fette
lassen solche Zusätze jedoch nicht erkennen. Aussichtsvoller scheint
die Methode der „Differenzzahl" nach Polenske (s. S. 78) dafür zu sein.

Betreffs Verdorbenheit und Gesundheitsschädlichkeit siehe Butter
und Schweinefett. Hammeltalg zeichnet sich meistens durch seinen besonderen Geruch aus.

Kokosfett[2]).

Die Untersuchung dieses Fettes erfolgt sinngemäß nach den bei
„Butter usw." angegebenen Verfahren.

Betreffs Nachweis von Kokosfett in Butter und Margarine vergl.
S. 86. Charakteristisch sind mehrere der S. 656 zusammengestellten
Konstanten wie hohe Verseifungszahl, niedere Jodzahl, niedrige Refraktion,
ferner Polenskezahl. Schon kleine Mengen pflanzl. Öle und von Mineralölen (Paraffinöl), die bisweilen dem Kokosfett zur Erzielung von Streich-
fähigkeit beigefügt werden, sind an der Veränderung der Konstanten
erkennbar. Näheres siehe Arnold, Zeitschr. f. U. N. 1908. 15. 280.

Für die Beurteilung kommt hauptsächlich § 1 Abs. 4 des Gesetzes
betr. Verkehr mit Butter, Käse, Schmalz und deren Ersatzmitteln vom
15. Juni 1897 in Betracht, nicht aber das Fleischbeschaugesetz, da Kokosfett pflanzl. Ursprungs ist. Wird unvermischtes Kokosfett mit Phantasienamen, wie Vegetaline, Kunerol, Laureol, Kaiserpallin usw. in Verkehr
gebracht, so ist nach der Entscheidung des Reichsgerichts vom 15. Januar
1906 und dem Urteil des Landgerichts zu Hamburg vom 2. August 1905
neben dem Phantasienamen noch die deutliche Bezeichnung „Kokosfett"
anzubringen, weil nach § 1, Abs. 4 des Gesetzes vom 15. Juni 1897 nur
unverfälschte Fette bestimmter Tier- und Pflanzenarten unter den
ihrem Ursprung entsprechenden Bezeichnungen in Verkehr gebracht
werden dürfen. Bildliche Darstellungen von Palmen und dergl. auf den
Verpackungen sind keine genügende Kennzeichnung im Sinne dieser
gesetzlichen Bestimmung. Die Inschrift „Pflanzenfett" oder „Pflanzen-
butter" ist nach dem Urteil des Landgerichts Dortmund vom 19. April
1909 und des Ober-Landesgerichts Hamm[3]) vom 19. Juli 1909 nicht als
ausreichende Bezeichnung des Ursprungs angesehen worden, dagegen ist
die Inschrift Palmin, Palmenfett, Palmbutter im allgemeinen als ausreichend erachtet worden.

Ungemischtes und ungefärbtes weichgemachtes Kokosfett darf,
wenn es schweineschmalzähnlich ist, nur unter der seinem Ursprung
entsprechenden Bezeichnung, andernfalls nur als Kunstspeisefett in Verkehr gelangen.

---

[1]) s. S. 104.
[2]) Man versteht darunter Kokosnußöl und Palmkernöl, aber nicht Palmöl.
[3]) Zeitschr. f. U. N. (Ges. u. Verord.) 1911. 3. 392.

Ungefärbte Gemische von Kokosfett mit Ölen von schmalzartiger Beschaffenheit dürfen nicht als Kokosbratenschmalz und ähnlichen täuschenden Bezeichnungen, -sondern müssen als Kunstspeisefette in Verkehr gelangen [1]). Hierbei ist also vorausgesetzt, daß diese Mischungen nicht als „unverfälscht", d. h. „reine" Fette im Sinne des § 1 Abs. 4 des Gesetzes vom 15. Juni 1897 gelten können. Am 11. Januar 1917 hat das Reichsgericht [2]) ein Gemisch von Schweinefett mit Kalbsfett nicht als ein verfälschtes Fett, d. h. Kunstspeisefett, sondern als ein richtig bezeichnetes Gemisch reiner tierischer Fette bezeichnet. Nur Mischungen von tierischen und pflanzlichen Fetten würden danach unter den Begriff Kunstspeisefett fallen.

Ungemischtes gefärbtes (weichgemachtes) Kokosfett (Pflanzenfett) unterlag mehrfach strafrechtlicher Entscheidung und verstößt als butterschmalzähnlich gegen die §§ 1, Abs. 2 bzw. 14 des Gesetzes vom 15. Juni 1897. Vergl. Urteil des Landgerichts Hamburg vom 2. August 1905 bzw. des Reichsgerichts vom 15. Januar 1906 [3]); desselben Gerichts vom 12. Dezember 1907 [4]), insbesondere bezüglich des Begriffes „ähnlich" in der Begriffsdefinition zu § 1 des Gesetzes vom 15. Juni 1897; des Land- und Oberlandgerichts Stuttgart vom 14. Januar 1907 bzw. vom 15. April 1907 [5]); vgl. ferner Preuß. Ministerialerlaß vom 17. Nov. 1908 betr. gelbgefärbtes Pflanzenfett [6]); bayerischen Ministerialerlaß betr. den Vollzug des Gesetzes vom 15. Juni 1897 usw. [7]). Gelbgefärbtes, butterschmalzähnliches Kokosfett muß darnach als Margarine angesehen werden und demgemäß den dafür erlassenen Bestimmungen für Herstellung (Sesamölzusatz von $10^0/_0$) und Verkauf entsprechen.

Gelbgefärbte Mischungen von Kokosfett mit Ölen, sowie Emulsionen von Kokosfett mit Wasser und Eigelb und ähnliche Erzeugnisse müssen ebenso beurteilt werden.

Verfälschungen i. S. d. N.-G. sind Wassergehalt über $0{,}3^0/_0$, Zusätze fremder Fette, auch gehärteter Öle und Trane, von Mineralölen und Frischerhaltungsmitteln. Bezüglich letzterer kommt das Fleischbeschaugesetz nicht zur Anwendung.

Kunstspeisefette.

Die Untersuchung erfolgt nach den unter „Schweinefett" angegebenen Verfahren, gegebenenfalls unter Berücksichtigung des Fleischbeschaugesetzes wegen Feststellung der Herkunft des Fettes von Tieren oder von Pflanzen. Über die Definition der Kunstspeisefette siehe das Gesetz vom 15. Juni 1897 (§ 1 Abs. 4) und die vorhergehenden Abschnitte.

Kunstspeisefett, das unter Verwendung widerlich schmeckender oder riechender oder für den menschlichen Genuß untauglicher Fette

---

[1]) Zahlr. Urt., Zeitschr. f. U. N. (Ges. u. Verord.) 1911. **3**, sowie Auszüge 1912. **8**. 40.
[2]) Marg. Ind. 1917. **10**. 89.
[3]) Zeitschr. f. U. N. 1907. **13** 762.
[4]) Ebenda 1909. **1**. 41.
[5]) Zeitschr. f. U. N. (Ges. u. Verord.) 1909. **1**. 62, 65.
[6]) Zeitschr. f. U. N. (Ges. u. Verord.) 1909. **1**. 40.
[7]) Zeitschr. f. U. N. (Ges. u. Verord.) 1909. **1**. 41.

oder Öle oder derartiger Ersatzstoffe hergestellt ist, kann als gesundheitsschädlich, verdorben oder irreführend bezeichnet gelten.

Betreffend fetthaltiger Zubereitungen, die Schmalz, Kunstspeisefette usw. ersetzen sollen, ist das Nötige im Abschnitt Schweinefett
gesagt.

II. Milch[1]) und Milcherzeugnisse.

Vor jeder chemischen Untersuchung hat eine Prüfung auf äußere
Beschaffenheit und gründliche Durchmischung der Milch durch Umrühren oder Umgießen zu erfolgen. Natürliche Minderwertigkeit sowie
Verfälschungen, die durch Fettentzug (Entrahmen bzw. Magermilch-
zusatz), Wasserzusatz oder durch diese beiden Verfälschungsarten gleichzeitig entstanden sind, werden bei einiger Übung an dem Übergang
der weiß-gelblichen Milchfarbe ins Bläuliche erkannt. Diese Veränderungen
treten namentlich an den Rändern der Milchoberfläche, beim Umgießen,
bei Benützung des Laktodensimeters, der Meßgefäße usw. in Erscheinung. Wegen Schmutzgehaltes, gänzlich veränderter unnatür-
licher Beschaffenheit und Milchfehler siehe die Beurteilung und den
bakteriologischen Teil.

Die Untersuchung geronnener Milch soll am besten gänzlich unterbleiben, insbesondere, wenn die Milch sich schon länger als
24 Stunden in diesem Zustande befunden hat; in gewissen Fällen läßt sich
jedoch auch die Untersuchung stärker geronnener Milch nicht umgehen.

Man schüttelt die geronnene Milch gut durch und teilt sie in 2 Portionen. Die eine Portion filtriert man ab; im Filtrat bestimmt man
das spezifische Gewicht des Serums bei 15⁰ C; die andere Portion versetzt man mit 25%igem Ammoniak (für $1/_2$ Liter Milch etwa $1/_2$ ccm
Ammoniak), schüttelt kräftig durch und läßt die Mischung $1/_2$ bis 1 Stunde
je nach Bedarf stehen, bis die Milch dünnflüssig geworden ist. Die einzelnen Bestimmungen werden dann darin wie in frischer Milch ausgeführt.
Der Fettgehalt läßt sich in der Regel auch in geronnener Milch auf diese
Weise noch ziemlich genau, das spezifische Gewicht dagegen nicht mehr
ermitteln. Sind größere Mengen Ammoniak erforderlich, so hat eine
entsprechende Umrechnung stattzufinden.

Physikalische Untersuchung.

Das spezifische Gewicht wird pyknometrisch, mit der Westphalschen Wage, in der Regel aber aräometrisch ermittelt. Von den

---

[1]) Probeentnahme: Von der gut durchgemischten Milch ist eine Probe
von $1/_4$—$1/_2$ l in eine trockene Flasche einzufüllen. Rahmteile, die durch längeres
Stehen der Milch sich an den Gefäßwänden abgesetzt haben, sind in der Milch
aufs Feinste zu verteilen. Gefrorene oder teilweise gefrorene Milch darf nur
entnommen und untersucht werden, wenn feststeht, daß keine Trennung des
flüssigen und festen Anteils eingetreten ist. Das Auftauen darf nur bei einer
Temperatur unter 50⁰ stattfinden. Haltbarmachung der Milch für Unter-
suchungszwecke geschieht durch 1,5—2 g Kaliumbichromat oder 1 ccm 40%iges
Formaldehyd (Formalin) auf 1 Liter Milch; erstere Substanz schließt Prüfung
auf Nitrate aus. Vgl. auch K. Windisch, Milchw. Zentralbl. 1908, 97.
Mehr Formalin beeinflußt die Ausführung der Fettbestimmung nach Gerber
ungünstig oder verhindert gänzlich die Ausführung derselben.

Milcharäometern (Laktodensimetern) wird am besten das von Soxhlet konstruierte benutzt. Die darauf befindlichen Zahlen (Grade) bedeuten die Tausendstel des betreffenden spezifischen Gewichtes. Wenn z. B. die Zahl 32,5 abgelesen wird, so bedeutet dies = 1,0325 spezifisches Gewicht. Eine Ablesung von $^1/_{10}$ Graden ist bei dem Gradabstand von 8—10 Millimetern noch möglich. Daß die Laktodensimeter mit dem Pyknometer auf Richtigkeit geprüft werden müssen, ist selbstverständlich. Das spezifische Gewicht bestimmt man bei 15° C in der gut durchmischten Milch, nachdem man durch Abkühlen oder Erwärmen die Milch, welche nach dem Melken gekühlt und mehrere Stunden gestanden haben soll, auf diese Temperatur gebracht hat. Ist dieses nicht angängig, so kann man sich der Umrechnungstafeln von Fleischmann, S. 657 bedienen oder man zieht für jeden Grad unter 15° 0,2 Skalenteile ab und umgekehrt, was in der Regel für praktische Zwecke, wenn der Wärmegrad der Milch von 15° nicht erheblich (unter 10° oder über 20°) abweicht, ausreicht. Bei Milch, die mit Kaliumbichromat[1] konserviert ist, muß nach Feststellung dessen Menge (s. S. 115) vom spezifischen Gewicht 0,007 für jedes Gramm $K_2Cr_2O_7$ abgezogen werden. Für die Marktkontrolle sind in manchen Orten sog. Milchprober (Laktodensimeter) mit Korrektionsangaben für die Umrechnung auf 15° im Gebrauch. Abgesehen von der häufigen Ungenauigkeit solcher Instrumente lassen sich damit nur grobe Wässerungen nachweisen. Die absolute Unzuverlässigkeit und Ergebnislosigkeit solcher Vorprüfung ist längst erwiesen.

Das spezifische Gewicht geronnener (NB. nur schwach geronnener) Milch, die mit starkem Ammoniak im Verhältnisse 100 : 10 brauchbar gemacht wurde, wird nach der Formel von Weibull $S = \dfrac{11\,S^1 - S^2}{10}$ berechnet,

S^1 = das spezifische Gewicht der Milchammoniakmischung;
S^2 = das spezifische Gewicht des Ammoniaks.

Das spezifische Gewicht des Milchserums wird in derselben Weise wie das der Milch, und zwar bei 15° bestimmt. An Stelle des Laktodensimeters benutzt man das kleine Aräometer nach Poda[2]), weil es nur geringe Serummengen erfordert. Die Herstellung des Serums geschieht in der Weise, daß man entweder die Milch auf natürlichem Wege bzw. mit Hilfe von Milchsäurereinkulturen durch Einstellen in einen Thermostaten oder an einen anderen warmen Ort gerinnen läßt (Spontanserum) und das Serum vom Quark abfiltriert, oder daß man zu 100 ccm der auf 40° erwärmten Milch 2 ccm Essigsäure (20%ige) zusetzt[3]), das Serum wird dann durch Filtrieren wie oben erhalten.

Besonders klare und fettfreie Sera erhält man nach dem Verfahren von Pfyl und Turnau[4]).

---

[1]) S. Siegfeld, Zeitschr. f. U. N. 1903. 6. 397.
[2]) Zeitschr. f. U. N. 1907. 14. 70; 1908. 16. 7.
[3]) Dieses Verfahren ist vom Verein Deutsch. Nahrungsmittel-Chem. angenommen. Vgl. auch A. Burr, F. M. Berberich, Fr. Lauterwald, Milchwirtschaftl. Zentralbl. 1908. 4. 225; Zeitschr. f. U. N. 1908. 16. 529. Das spez. Gewicht des Spontanserums ist um 0,0008 Grade niedriger als das des Essigsäureserums.
[4]) Arb. a. d. Kais. Ges.-Amte 1912. 40. 246.

Tetraserum I (albumin- und globulinhaltiges): 50 ccm Milch werden mit etwa 5 ccm reinem Tetrachlorkohlenstoff in einer Stöpselflasche gut durchgeschüttelt, darauf mit 1 ccm einer 20%igen Essigsäure versetzt und nach dem Durchschütteln zentrifugiert.

Tetraserum II (frei von gerinnbarem Eiweiß). Etwa 60 ccm Milch erwärmt man 20 Minuten lang am Rückflußkühler im kochenden Wasserbade, spült nach dem Erkalten das im Kühler befindliche Kondenswasser mit der Milch im Kolben völlig herunter und behandelt dann 50 ccm der Milch wie unter I.

Die Herstellung der Tetrasera ist für praktische Zwecke etwas umständlich.

Die Herstellungsart des Serums ist stets in den Gutachten anzugeben, da die verschiedenen Verfahren keine unter sich vergleichbaren Werte geben.

Die Refraktion nach E. Ackermann [1]) mittels Eintauchrefraktometers der Firma Zeiß in Jena wird häufig an Stelle des spezifischen Gewichts des Serums vorgenommen.

30 ccm Milch werden in entsprechend großen Reagenzzylindern, die man sich zweckmäßig mit Marke bei 30 ccm und einem aufgeschliffenen Schild für die Nummern versehen läßt, mit 0,25 ccm einer Chlorcalciumlösung vom spezifischen Gewicht 1,1375, die nach der Verdünnung 1 : 10 im Eintauchrefraktometer bei 17,5° eine Refraktion von 26,0 zeigt, vermischt, nach Aufsetzen eines Kautschukstopfens mit einer 22 cm langen Kühlröhre 15 Minuten im lebhaft siedenden Wasserbade erhitzt und dann durch Einstellen in kaltes Wasser abgekühlt.

Nach dem Abkühlen muß nach Mai und Rothenfußer [2]) jedes Reagenzglas außen gut abgetrocknet und dann nach Verschluß des Kühlrohres mit dem Finger so lange in schräg abwärts geneigter Lage gedreht werden, bis alles an den Wandungen sitzende Kondenswasser mit dem Serum gleichmäßig vermischt ist. Eine Filtration ist nicht nötig, vielmehr deutet eine etwaige Trübung darauf hin, daß die Milch sauer war. In diesem Falle muß auf die Bestimmung überhaupt verzichtet werden, weil die aus der Laktose entstandene Milchsäure eine stärkere Lichtbrechung als der Zucker besitzt. Falls das Serum klar ist, wird es in das kleine Bechergläschen des Temperierbades [3]), welches genau 17,5° besitzt, abgegossen und nach 8 Minuten mit Hilfe des ebenfalls auf 17,5° gebrachten Refraktometers geprüft. Man taucht das Prisma des Apparates vollständig in das Serum ein, stellt den Spiegel so, daß das Licht durch die Flüssigkeit fällt, und dreht nun so lange an dem geriefelten Ring des Okulars, bis der Farbensaum verschwindet, und die Grenzlinie scharf hervortritt. Die ganzen Skalenteile werden direkt, die Dezimalen an der Mikrometerschraube abgelesen. Zu letzterem Zwecke dreht man die Mikrometerschraube so lange, bis der notierte Skalenteil mit der Grenzlinie zusammenfällt.

Zur Prüfung des Apparates auf richtige Justierung wird destilliertes Wasser benutzt und die abgelesene Zahl mit der beigegebenen Tabelle verglichen (s. auch S. 17).

---

[1]) Zeitschr. f. U. N. 1907. 13. 186.
[2]) Zeitschr. f. U. N. 1908. 16. 7.
[3]) Beziehbar von der Firma Zeiß, Jena.

Bestimmung des Gefrierpunktes (Kryoskopie) [1]) und der elektrischen Leitfähigkeit [2]) (s. die allg. Untersuchungsverfahren); sie haben mehr wissenschaftliche als praktische Bedeutung.

Die mikroskopische Untersuchung gibt Aufschluß über die Größe der Fetttröpfchen zur Unterscheidung gekochter von ungekochter Milch, zum Nachweis von Kolostrum und homogenisierter Milch, von Blut, Eiter usw. Bakteriologische Untersuchung s. S. 595.

Chemische Methoden:

1. Trockensubstanz (bzw. fettfreie Trockensubstanz) [3]) und spezifisches Gewicht der Trockensubstanz.

Der Gehalt an Trockensubstanz wird entweder aus dem genau ermittelten spezifischen Gewicht und dem Fettgehalt nach der unten angegebenen Formel berechnet oder durch Eindampfen von 2—3 g Milch ermittelt. Diese werden auf der Analysenwage in einer mit Deckel versehenen, flachen Schale abgewogen, im Wassertrockenschrank (oder Soxhletschen) bis zur möglichsten Gewichtskonstanz getrocknet und dann gewogen. Bei größeren Milchmengen dienen als Auflockerungsmittel Bimsstein, Sand, Holzwolle usw.

Wie schon wiederholt festgestellt wurde, fällt die Trockensubstanz nach der quantitativen Methode etwas zu niedrig aus.

Berechnung des Trockensubstanzgehaltes aus dem spezifischen Gewicht und dem Fettgehalt.

a) Nach Fleischmann:

$$t = 1,2\,f + 2,665 \left(\frac{100\,s - 100}{s} \right),$$

f = Fett in Prozenten,

t = Trockensubstanz in Prozenten,

s = spezifisches Gewicht bei 15° C.

Die jedesmalige Berechnung kann man sich durch Anschaffen eines Ackermannschen automatischen Rechners oder durch die von Fleischmann, Herz, Siats u. a. herausgegebenen Hilfstafeln ersparen.

Die Werte von $2,665 \times \dfrac{100\,s - 100}{s}$ sind ebenfalls von Fleischmann berechnet und in der Tabelle (S. 659) zusammengestellt.

Beispiel einer Berechnung von t unter Benutzung dieser Tabelle:

Es sei   s = 1,0321; f = 3,456 %,

so ist nach dieser Tabelle:

$$2,665 \times \frac{100\,s - 100}{s} = 8,289$$

1,2 f ist (1,2 × 3,456) = 4,147   plus

Summe = 12,436

t = 12,436 %.

---

[1]) Der Gefrierpunkt ist abhängig vom Milchzucker und von den Salzen, er gibt daher Aufschluß über Wasserzusatz; außerdem angeblich auch über Veränderungen der genannten Bestandteile durch Krankheit der Kühe (s. auch Beurteilung S. 126, Fußnote 1 sowie Pritzker, Zeitschr. f. U. N. 1917. 34. 69).

[2]) Wasserzusatz erniedrigt die Leitfähigkeit; ihre Feststellung ist weniger zuverlässig als die der Kryoskopie. Näheres ergibt sich aus der Literatur.

[3]) R. Eichloff hat zur Feststellung des Trockensubstanzgehaltes (fettfreier Trockensubstanz) von Magermilch einen Milchprüfer nach Art des Laktodensimeters konstruiert (Jahrb. d. Milchwirtsch. 1. 109); beziehbar von P. Funke, Berlin.

b) Nach Halenke und Möslinger:

$$t = \frac{f + 0,2d}{0,8}$$

d = Laktodensimetergrade; f = Fett.

Berechnung des spezifischen Gewichtes der Trockensubstanz und des Gehaltes an fettfreier Trockensubstanz in der Milch.

a) Das spezifische Gewicht der Milchtrockensubstanz (m) berechnet sich aus dem spezifischen Gewichte (s) und dem Trockensubstanzgehalte (t) der Milch nach der Formel

$$m = \frac{ts}{ts - 100\,s + 100}$$

b) Der Gehalt an fettfreier Trockensubstanz (r) wird durch Subtraktion des Fettgehaltes (f) vom Trockensubstanzgehalt (t) erhalten.

$$r = t - f$$

oder

$$r = \frac{d}{4} + \frac{f}{5} + 0,2$$

d = Tausendstelgrade des spezifischen Gewichtes.

2. Fett.

a) Nach Gottlieb-Röse-Farnsteiner[1]): 10 ccm der auf das spezifische Gewicht geprüften und mit einer Pipette entnommenen Milch werden in den Röse-Gottliebschen Schüttelapparat (Glasröhre von besonderer Form und Einteilung)[2]) gebracht und darauf der Reihe nach mit 2 ccm 10%igem Ammoniak, 10 ccm absolutem Alkohol[3]), 25 ccm Äther und 25 ccm niedrig siedendem Petroleumäther (Siedepunkt 50—80°) versetzt. Nach jedem Zusatz muß kräftig umgeschüttelt werden. Der Zusatz des Petroleumäthers erfolgt am besten erst nach einigen Minuten, wenn sich die ätherische und wässerige Schicht vollständig getrennt haben. Man läßt die Röhre nunmehr 1—2 Stunden ruhig stehen, wonach das Volumen der Ätherschicht, deren Grenzflächen bei genauer Einhaltung der angegebenen Mengenverhältnisse stets in die graduierten Teile der Röhre fallen, abgelesen wird. 25 oder 40 ccm der ätherischen Lösung werden hierauf mit einer Pipette entnommen, in ein gewogenes Kölbchen gebracht, das Lösungsmittel verdunstet, der Fettrückstand 1 Stunde oder nach Bedarf länger bei 100° getrocknet und nach dem vollständigen Erstarren gewogen. Aus der Menge des gefundenen Fettes, der angewendeten Ätherlösung und dem Gesamt-

---

[1]) Zur Zeit die beste gewichtsanalytische Methode.

[2]) Es genügt auch ein in 1/10 ccm geteilter Meßzylinder mit Stopfen. Neue sehr brauchbare Konstruktionen der Gottliebschen Röhre von A. Röhrig, Zeitschr. f. U. N. 1905. 9. 531, sowie von E. Rieter, Zeitschr. f. U. N. 1910, 19. 671; erstere ermöglicht das Entnehmen der Fettlösung mittelst eines Ablaßhahnes, letztere ein Ausgießen derselben. R. Eichloff u. Grimmer, Milchw. Zentralbl. 1910, 114, Abänderungen zu obiger Methode (sog. Greifswalder Methode)·

[3]) Mindestens 90 Vol.-%. Mats. Weibull, Zeitschr. f. U. N. 1909. 17. 443.

volumen der letzteren berechnet man die in der angewendeten Milchmenge vorhandene Fettmenge, die man auf Gewichtsprozente durch
Division mit dem spezifischen Gewicht der Milch umrechnet.

Sahne wägt man indirekt in Gottl. Röhre, ergänzt mit Wasser auf 10 ccm
und erwärmt nach dem Alkoholzusatz im Wasserbade bis zur Lösung (Alkohol
darf dabei nicht verdunsten), sonst wie oben. Nach Hesse [1]) soll man aber
nicht einen aliquoten Teil der Fettlösung, sondern soviel als möglich davon
abnehmen und den Rückstand nochmals mit 50 ccm der Äther-Petroläthermischung ausschütteln und die neue Fettlösung mit der übrigen vereinigt abdampfen.

b) Adamsche Papiermethode: Mit fettfreiem, zuvor getrocknetem
Filtrierpapierstreifen [2]), der in Spiralform gebracht und mittels eines
feinen Platindrahtes umwickelt wird, saugt man von 5—6 g Milch einen
Teil auf und wägt die übrige Milch zurück; als Gefäß zum Abwägen
der Milch dient entweder ein kleines, mit Uhrglas zu bedeckendes Bechergläschen oder auch eine kleine Spritzflasche; die Spirale wird alsdann
bei 100⁰ C getrocknet, im Ätherextraktionsapparat (Soxhlets) extrahiert
und das Fett getrocknet und gewogen.

Säuerliche oder saure, mit Ammoniak verflüssigte, mit Formalin versetzte, stark abgerahmte und homogenisierte Milch kann nach dieser Methode
nicht untersucht werden.

c) Nach Gerbers Acidbutyrometrie (besonders gebräuchliches
Schnellverfahren):

10,0 ccm technisch reine Schwefelsäure (spezifisches Gewicht 1,820
bis 1,825) bringt man mittels einer Pipette (oder automatischer Abmeß-
vorrichtung) in das schräg gehaltene Butyrometer [3]) (besonders konstruierte Glasröhre mit zugeschmolzenem unteren Ende), wobei man
die Säure so einfließen läßt, daß der Butyrometerhals möglichst wenig
davon befeuchtet wird. Darauf mißt man 11 ccm Milch von 15⁰ ab,
läßt dieselbe aus der Pipette an der Bauchung des Butyrometers entlang langsam auf die Säure fließen, so daß sich beide möglichst wenig
vermischen, alsdann gibt man 1 ccm Amylalkohol (spezifisches Gewicht
0,815 und Siedepunkt 128—130⁰) zu. Diese Reihenfolge ist genau inne-
zuhalten. Nachdem sämtliche Butyrometer auf diese Weise beschickt
sind, verschließt man jedes einzelne mit einem trockenen und risse-
freien Gummipfropfen und schüttelt rasch und kräftig, mehrere Butyrometer gleichzeitig mit Schüttelgestellen, bis sich die Milch unter Erwärmung und Dunkelbraunfärbung zu einer gleichmäßigen Flüssigkeit
ohne Flocken gelöst hat. Die Butyrometer bringt man einige Minuten
in ein Wasserbad [4]) von 60—70⁰ (möglichst 65⁰) und alsdann in die
Zentrifuge [5]) (5 Minuten lang; in 1 Minute etwa 700—800 Umdrehungen).

---

[1]) Molk.-Ztg. Hildesheim, 1903, 277.
[2]) Papierhülsen und Papierstreifen können bezogen werden.
[3]) Es gibt verschiedene Konstruktionen; Rund- und Flachbutyrometer
sind die besten; neue Rahmbutyrometer nach du Roi und Hoffmeister
sowie nach Köhler.
[4]) Beschreibungen vgl. P. Vieth, Die neuen Massenfettbestimmungs-
verfahren für Milch. Leipzig, 1895, sowie die Milchwirtschaftl. Lehrbücher von
Fleischmann, Kirchner usw.
[5]) Besonders geeignete Zentrifugen für die verschiedensten Anforderungen sowie praktische Wasserbäder werden von den bekannten Firmen geliefert.

Nach dem Zurückbringen in das Wasserbad liest man den Fettgehalt ab, indem man die Butyrometer gegen das Licht hält und den Stopfen etwas hereindrückt, bis die untere scharfe Grenze der Fettschicht genau mit einem Hauptteilstrich zusammenfällt. Die Höhe der Fettschicht ist in $^1/_{10}$ Teilstrichen (Grade) abzulesen. Bei Vollmilch gilt der niedrigste, bei fettarmer Milch (Mager-, Buttermilch) dagegen der mittlere Punkt des oberen Meniskus als der richtige Ablesungspunkt. Die abgelesenen Grade geben die Fettprozente an, z. B. $35 \times {}^1/_{10} = 3{,}5\%$ Fett. Die Ablesung kann mit Sicherheit auf $^1/_2{}^0 = 0{,}05$ Gew.-$\%$ geschehen; geringere Grade ($^1/_3$, $^1/_4$) lassen sich, namentlich mittels Lupe, noch abschätzen. Man liest stets zweimal ab, wobei zu beachten ist, daß der untere Einstellungspunkt mit dem Pfropfen auch wirklich festgehalten wird. Stimmen zwei Ablesungen nicht untereinander, so setzt man das Butyrometer nochmals kurze Zeit ins Wasserbad und liest ab.

Bei Anwesenheit zu großer Mengen Formaldehyd können leicht Fehler entstehen (s. auch S. 105). Bei Magermilch und homogenisierter Milch muß unter allen Umständen das Butyrometer zweimal ins Wasserbad gestellt werden. Für Magermilch gibt es besondere Butyrometer mit stark verengter Fettsäule.

Sehr fettreiche Milch oder Rahm muß erst mit warmem Wasser gewichtsprozentisch verdünnt werden; man korrigiert das Resultat durch Multiplikation mit 1,03; für Rahm gibt es besondere Verdünnungsapparate, bei denen das Abwägen des Rahmes vermieden wird. Selbstverständlich hat man die Butyrometer, bevor man sie in Gebrauch nimmt, gewichtsanalytisch auf ihre Genauigkeit zu prüfen.

Von anderen Zentrifugalmethoden sind zu erwähnen: als ältere das Lactokritverfahren, das Babcocksche, Lindströmsche und Thörnersche; als neuere das Sinacidverfahren von Sichler und Richter und Gerbers Salmethode [1]) (bei beiden Methoden Anwendung von Salzen statt Schwefelsäure) sowie die Neusalmethode [2]).

d) Soxhlets Ätherextraktionsmethode: Die durch Zugabe eines Auflockerungsmittels (Holzwolle, Bimsstein usw.) erhaltene Trockensubstanz der Milch wird nach S. 37 in eine Hülse gebracht und diese im Soxhletschen Extraktionsapparat mit Äther extrahiert; das so gewonnene Fett wird getrocknet und gewogen.

e) Soxhlets aräometrische Methode: Milch wird in bestimmten Mengen mit Äther und Alkalilauge geschüttelt, dann das spezifische Gewicht der Ätherfettlösung bei $17{,}5^0$ genommen und aus einer der Tabellen der Fettgehalt in Prozenten abgelesen. Dem zur Ausführung der Bestimmung erforderlichen besonderen Apparate ist auch eine genaue Anleitung mit Tabellen beigegeben.

Die Methode wird wegen der Schwierigkeit der Ausführung in der allgemeinen Untersuchungspraxis kaum mehr benutzt.

f) Die refraktometrische Fettbestimmung nach R. Wollny[3]) beruht auf der lichtbrechenden Eigenschaft einer Ätherfettlösung.

g) Fettbestimmungsapparate und Methoden, welche nur die annähernde Fettbestimmung ermöglichen, sind das Laktobutyrometer

---

[1]) Molkereizeitung 1910, Nr. 37.
[2]) Milchzeitung 1910, Nr. 20.
[3]) Ausführung vgl. Naumann, Milch-Ztg. 1900. 29. 50; E. Baier und P. Neumann, Zeitschr. f. U. N. 1907. 13. 369.

von Marchand, das Cremometer von Chevallier und das Fesersche
Laktoskop, der Bernsteinsche Magermilchprüfer, der Milchspiegel
von Hausner u. a. Seitdem man die Zentrifugalmethoden besitzt,
wird der Fettgehalt der Milch fast ausschließlich damit bestimmt. Bisweilen finden obige Apparate in technischen Betrieben und als Vor-
prüfungsinstrumente bei Polizeibehörden und Milchhändlern Anwendung.

3. Stickstoffsubstanz.

Gesamtstickstoff nach Kjeldahl, 15—20 g, vgl. S. 34. Nach
Popp[1]) setzt man zur Schwefelsäure 1—2 g Hg und einige Stückchen
scharfkantiger Glasstücken zu. Man erhitzt 10 Minuten mit kleiner
Flamme bis das Schäumen vorüber ist, setzt noch 10 g Kaliumsulfat
zu und kocht 30 Minuten stark. Man verfährt dann weiter wie üblich.
Das Ammoniak wird mit Natronlauge in eine 25 ccm $1/_2$-normale (oder
auch $1/_4$-normale) Schwefelsäure enthaltende Vorlage abdestilliert und
der Überschuß derselben mit dem entsprechenden normalen Ammoniak
(oder Natronlauge) zurücktitriert. Durch Multiplikation der gefundenen
Menge Stickstoff mit 6,37 erhält man die Menge Gesamtstickstoffsubstanz.

Gesamteiweiß (Kasein, Globulin, Albumin) nach Ritthausen.

25 g Milch werden mit 400 ccm Wasser verdünnt, mit 10 ccm
Kupfersulfatlösung (69,268 g $CuSO_4$ im Liter) und mit 6,5—7,5 ccm
einer Kali- oder Natronlauge versetzt, welche 14,2 g KOH oder 10,2 g
NaOH im Liter enthält. Diese Mischung wird auf 500 ccm aufgefüllt.
Die Flüssigkeit darf nach dem Absetzen des Niederschlages nur schwach
sauer oder neutral, aber keinesfalls alkalisch reagieren. Die klargewordene
Flüssigkeit wird durch ein Filter von bekanntem Stickstoffgehalt filtriert,
der Niederschlag einige Male mit Wasser dekantiert, dann aufs Filter
gebracht, mit Wasser ausgewaschen und samt dem Filter nach Kjeldahl verbrannt. Von dem gefundenen Stickstoff wird der des Filters
abgezogen, und die Stickstoffsubstanz wie oben durch Multiplikation
mit 6,37 berechnet.

Die Eiweißkörper können auch mit einer Gerbsäurelösung (4 g
Gerbsäure, 8 ccm 25%ige Essigsäure und 190 ccm 40—50%igem Alkohol)
oder mit Phosphorwolframsäure gefällt werden.

Von den vielen Vorschlägen, die zur Bestimmung von Kasein
gemacht sind, sei besonders hervorgehoben das Verfahren von Schloßmann[2]), nach welchem 10 ccm Milch nach Zusatz von 40 ccm Wasser
auf 40° erwärmt und mit 1 ccm einer konzentrierten Lösung von Kalialaun versetzt werden. Tritt nach dem Umrühren keine Fällung ein,
so setzt man weitere Mengen (je etwa $1/_2$ ccm) Kalialaun zu. Nach dem
Auswaschen des Koagulums wird kjeldahlisiert. Die Essigsäuremethode
haben Slyke und Hart[3]) folgendermaßen gestaltet: 10 ccm Milch
werden mit 90 ccm Wasser von 40—42° verdünnt und mit 5 ccm 10%iger
Essigsäure geschüttelt. Im übrigen wie vorher.

---

[1]) Milchw. Zentralbl. 1906. 2. 263; Zeitschr. f. U. N. 1907. 13. 704.
[2]) Zeitschr. f. physiol. Chem. 1897. 22. 197.
[3]) Journ. Amer. Chem. Soc. 1903. 29. 150; Zeitschr. f. U. N. 1905. 9. 168.

Man kann auch nach dem von E. Baier u. P. W. Neumann zur Untersuchung von Milchschokolade angegebenen Verfahren (s. S. 340) die Fällung des Kaseins mit Uranacetat vornehmen.

Kasein und Globulin wird durch Fällen mit gesättigter Magnesiumsulfatlösung im Überschuß erhalten.

Albumin ergibt sich aus der Differenz von Gesamteiweiß und Kasein + Globulin oder kann durch Kochen des neutralisierten Essigsäure-(Kasein-)Filtrates ausgeschieden werden.

Weitere Trennungsmethoden siehe die Handbücher.

4. Milchzucker,

im Filtrat der Ritthausenschen Eiweißbestimmung nach dem Kupferreduktionsverfahren (S. 42) bestimmt.

Fällung der Eiweißstoffe mit kolloidal gelöstem Eisenhydroxyd nach Grimmer und Urbschat[1]).

Die Bestimmung des Milchzuckers kann auch auf titrimetrischem Wege [2]), ferner mit Hilfe des Zeiß-Wollnyschen Milchrefraktometers [3])[4]), und besonders polarimetrisch nach A. Scheibe[5]) ausgeführt werden.

Man fällt die Eiweißstoffe mit Brückeschem Reagens[6]) aus, indem man zu 75 ccm Milch 7,5 ccm Reagens und 7,5 ccm einer 20%igen Schwefelsäure zusetzt, auf 100 ccm auffüllt und im 4 dm-Rohre bei 17,5° polarisiert. 1 Skalenteil des Halbschattenapparates mit doppelter Quarzkeilkompensation von Schmidt und Hänsch = 0,1642 g Milchzucker in 100 ccm Lösung. 1 Winkelgrad (Ablesung bei 20°) der Polarisationsapparate mit Kreisgraden = 0,4759 g Milchzucker.

Das Ergebnis der Polarisation ist bei Vollmilch mit 0,94, bei Magermilch mit 0,97 zu multiplizieren (Beseitigung des Fehlers, der durch den voluminösen Niederschlag entsteht). Bei Rahm hat man zu demselben Zwecke folgende Bestimmungen auszuführen. Man stellt eine Lösung von 10 g reinem Milchzucker in 75 ccm Wasser her, fällt mit Brückes Reagens wie oben und polarisiert. Die erhaltene Menge Milchzucker ist = M_1. Man löst ferner 10 g reinen Milchzucker in 75 ccm des zu untersuchenden Rahms unter Erwärmen auf, setzt nach dem Abkühlen 0,5 ccm konzentriertes Ammoniak und nach 10 Minuten Brückesreagens und Schwefelsäure wie oben zu. Von der ermittelten Drehung zieht man die durch 75 ccm Milchzuckerlösung erhaltene Drehung ab. Das Differenzergebnis ist = M_2 (scheinbarer Gehalt).

Das Volumen des Niederschlages V ist:

$$V = \frac{100 \, (M_2 - M_1)}{M_2}.$$

Der wirkliche Milchzuckergehalt ergibt sich aus dem scheinbaren durch Multiplikation mit $\dfrac{100 - V}{100}$.

---

[1]) Milchwirtsch. Zentralbl. 1917. 17. 257.
[2]) Riegler, Zeitschr. f. analyt. Chemie 1898. 37. 24.
[3]) Braun, Milchzeitung 1901. 30. 578.
[4]) E. Baier und P. W. Neumann, Zeitschr. f. U. N. 1907. 13. 369.
[5]) Zeitschr. f. analyt. Chemie 1901. 40. 1.
[6]) Man schüttelt 55 g HgO mit 200 g Wasser und 40 g KJ, füllt zu 500 ccm auf und filtriert.

Siehe auch E. Feder[1]) über die polarimetrische Bestimmung des Milchzuckers, ebenso Oppenheim[2]).

5. Mineralbestandteile,

durch Eindampfen von 10—15 g Milch in einer Platinschale, Einäschern und Wägen zu ermitteln. Näheres siehe im allgemeinen Untersuchungsgang.

Die Reaktion der Asche ist schwach alkalisch. Alkalität n. S. 33.

B. Sprinkmeyer und A. Diedrichs[3]) benutzen den Aschengehalt des Spontanserums zum Nachweis von Wässerungen.

Feststellung des Eisengehaltes in sog. Eisenmilch siehe C. Mai, Zeitschr. f. U. N. 1910. 19. 21; Fendler, Frank und Stüber, ebenda 1910. 19. 369; Nottbohm und Weißwange, ebenda, 1912. 23. 514.

6. Säuregrad und Nachweis der Frische.

50 ccm Milch + 2 ccm einer alkoholischen 2%igen Phenolphthaleinlösung werden mit $^1/_4$-Normalnatronlauge bis zur schwachen Rotfärbung titriert (Methode von Soxhlet und Henkel). Mit Wasser darf nicht verdünnt werden.

100 ccm Milch verbrauchen etwa 6,8—7,5 ccm der $^1/_4$-Lauge (= Säuregrade). Schwankungen 5,5—9,0.

Die Frische der Milch wird auch durch die Koch- und die Alkoholprobe ermittelt. Frische Milch darf weder beim Kochen noch mit dem gleichen Volumen 68—70 Vol.-%igen Alkohols versetzt, gerinnen.

H. Große-Bohle[4]) hat die Alkoholprobe näher auf ihren Wert geprüft und faßt seine Ergebnisse in folgenden Sätzen zusammen:

1. Frische oder schwach zersetzte Milch (bis etwa 8 Säuregrade) gerinnt nicht mit dem doppelten Volumen 70%igen Alkohols.

2. Mäßig zersetzte Milch (etwa 8—9 Säuregrade) gerinnt mit dem doppelten Volumen 70%igen, aber nicht mit dem doppelten Volumen 50%igen Alkohols.

3. Stark zersetzte Milch (9 Säuregrade und darüber) gerinnt mit dem doppelten Volumen 50%igen Alkohols.

7. Konservierungsmittel.

Der Nachweis erfolgt nur in besonderen Verdachtsfällen, insbesondere wenn die zu untersuchende Milch eine über normale Verhältnisse hinausgehende Haltbarkeit besitzt.

a) Salicylsäure: 100 ccm Milch und 100 ccm Wasser von 60° C werden mit je 8 Tropfen Essigsäure und salpetersaurem Quecksilberoxydul gefällt, geschüttelt und filtriert. Das Filtrat wird mit 50 ccm Äther ausgeschüttelt. Im Verdunstungsrückstand wird dann die Salicylsäure mit $FeCl_3$ (stark verdünnte Lösung) nachgewiesen.

Süß[5]) fällt mit Chlorcalcium und läßt das abfiltrierte Serum tropfenweise durch Äther fallen. Der Verdunstungsrückstand wird mit $FeCl_3$-Lösung geprüft.

---

[1]) Zeitschr. f. U. N. 1914. 28. 20. Siehe auch Milchschokolade S. 341.
[2]) Chem.Ztg. 1909. 927.
[3]) Zeitschr. f. U. N. 1909. 17. 505.
[4]) Ebenda 1907. 14. 78. Vgl. ferner Th. Henkel, Milchw. Zentralbl. 1907. 340. Die Acidität der Milch, deren Beziehungen zur Gerinnung b. Kochen u. mit Alkohol usw., u. A. Auzinger, ebenda 1909. 293. Studien über die Alkoholprobe und ihre Verwendung zum Nachweis abnormer Milch usw.
[5]) Pharm. Zentralbl. 1900. 41. 417; Zeitschr. f. U. N. 1901. 4. 78.

b) **Borsäure**: Verdampfen einiger Kubikzentimeter Milch mit verdünnter H_2SO_4, Rückstand mit Alkohol anrühren und entzünden. Grünfärbung der Flamme; oder man setzt zu 15 ccm Milch 5 ccm HCl und prüft das Filtrat mit Curcumapapier (rotbraune Färbung); siehe auch die bei Fleisch angegebenen qualitativen und quantitativen Methoden.

c) **Natriumkarbonat** und **-bikarbonat**: Eine mit Alkalikarbonaten versetzte Milch wird meist eine, wenn auch schwache, alkalische Reaktion zeigen. Durch Bestimmung des Aschengehalts, welche durch Eindampfen von 25 ccm Milch unter Zusatz einiger Tropfen Alkohol und vorsichtiges Einäschern erfolgt, lassen sich nur größere Mengen von solchen Karbonaten nachweisen. Da aber kaum mehr als 1,5 g zu 1 Liter zugesetzt werden, so ist der Nachweis aus der Erhöhung der Milchasche unsicher; er wird eher durch die relative Erhöhung des Kohlensäuregehaltes der Asche geführt. Reine Milchasche enthält nicht mehr als 2% Kohlensäure, während ein Sodazusatz von 1 g pro Liter den CO_2-Gehalt (wasserfreie Soda = $41,2\%$ CO_2) mehr als verdreifacht. Nach P. Süß[1]) kann man noch $0,05\%$ Alkalikarbonate nachweisen, wenn man zu 100 ccm Milch 5—10 ccm Alizarinlösung [2]) hinzufügt — Rotfärbung.

d) **Formaldehyd**: Man destilliert von 100 ccm 20 ccm ab und prüft nach den bei Fleisch und Fetten angegebenen Methoden oder man verbindet die Untersuchung mit der Gerberschen Fettbestimmung (Nachweis von Nitraten).

e) **Benzoesäure**: Nach E. Meißl[3]) werden 250—500 ccm Milch mit etwas Kalk- oder Barytwasser alkalisch gemacht, etwa auf den vierten Teil und dann unter Zusatz von Gipspulver zur Trockne verdampft; die trockene, gepulverte Masse wird mit etwas verdünnter Schwefelsäure befeuchtet und 3—4 mal mit kaltem, 50%igem Alkohol ausgeschüttelt. Die sauren alkoholischen Auszüge neutralisiert man mit Barytwasser und dampft sie auf ein kleines Volumen ein. Dieser Rückstand wird wieder mit verdünnter Schwefelsäure angesäuert und nun mit Äther ausgeschüttelt. Die nach dem Verdunsten desselben zurückgebliebene, fast reine Benzoesäure wird in Wasser gelöst, mit einem Tropfen Natriumacetat und neutraler Eisenchloridlösung versetzt. Es entsteht ein rötlicher Niederschlag von benzoesaurem Eisen. Aus dem Ätherrückstand, in wenig absolutem Alkohol gelöst, mit etwas konzentrierter Salzsäure versetzt und damit zum Sieden erhitzt, entsteht Benzoesäureester.

Siehe auch die im Abschnitt Fleisch angegebenen Methoden.

K. Baumann und F. Großfeld [4]) beschrieben ein Verfahren, das zwar umständlich ist, aber gute Resultate liefert.

f) **Kaliumbichromat** nach B. Grewing[5]): Zu 10 ccm der zu untersuchenden Milch fügt man im Reagenzglas 4 ccm einer 3%igen

[1]) Pharm. Zentralbl. 1900. 41. 465.
[2]) 2 g in 1 l 90%igem Alkohol unter Erwärmen lösen.
[3]) Zeitschr. f. analyt. Chemie 1882. 21. 531.
[4]) Zeitschr. f. U. N. 1915. 29. 307.
[5]) Zeitschr. f. U. N. 1913. 26. 287.

wässerigen Amidobenzollösung (Anilin pur.), mischt das Reagens mit der Milch gut durch und gießt dann vorsichtig längs der Wand des schräg zu haltenden Reagenzglases etwa 3 ccm chemisch reine Schwefelsäure hinzu. An der Berührungsstelle der Milch mit der Säure entsteht, je nach der Menge des vorhandenen Kaliumbichromats, nach $^1/_2$—2 Minuten eine deutliche blaue Zone mit violetter Unterzone —0,1 bis 0,05 g $K_2Cr_2O_7$ im Liter Milch geben zuerst grüne, dann allmählich in Blau übergehende Zone. 0,025 bis 0,01 g $K_2Cr_2O_7$ im Liter Milch geben an den Berührungsstellen der mit Amidobenzollösung gemischten Milch mit der Schwefelsäure eine nach etwa 5—8 Minuten deutlich erkennbare rosaviolette Färbung. Nitrate, Formalin und Wasserstoffsuperoxyd stören die Reaktion nicht.

g) Wasserstoffsuperoxyd [1]. Mit einer Lösung von Titansäure in verdünnter Schwefelsäure tritt deutliche Gelbfärbung ein oder man fügt zu 10 ccm Milch 3 Tropfen einer Lösung von präzip. Vanadinsäure (1 g auf 100 ccm verdünnter Schwefelsäure) und dann noch 10 ccm verdünnte Schwefelsäure zu. — Rotfärbung. Bei gekochter Milch ist nur letztere Reaktion anwendbar und außerdem folgende: Man schüttelt 10 ccm der gekochten oder 15 ccm der rohen Milch mit 3 Tropfen einer frisch bereiteten 2%igen wässerigen p-Phenylendiaminlösung — Blaufärbung [2].

Benzidinreaktion nach Wilkinson und Peters, in der Ausführung von Rothenfußer (Zeitschr. f. U. N. 1908. 16. 172. 589). Man gibt zu 10 ccm Milch oder Serum 10 Tropfen einer 2%igen alkoholischen Benzidinlösung und einige Tropfen verdünnter Essigsäure — Blaufärbung.

h) Fluorwasserstoffsäure. S. den Abschnitt: Fleisch.

8. Nachweis der Salpetersäure.

Nach Tillmanns und Splittgerber [3]:

25 ccm Milch werden mit 25 ccm einer Mischung aus gleichen Teilen einer 5%igen Quecksilberchloridlösung und einer 2%igen Salzsäure (8 ccm Salzsäure [s = 1,125] + 92 ccm Wasser) kurz geschüttelt. Darauf wird filtriert und das klare Filtrat mit Diphenylaminreagens (s. nachstehend) versetzt. Zur Ausführung der Reaktion gibt man 4 ccm des Reagenses in ein Reagenzglas und läßt genau 1 ccm des Filtrates zufließen; die Mischung wird geschüttelt, sofort unter der Wasserleitung stark abgekühlt und unter wiederholtem Umschütteln 1 Stunde beobachtet. Blaufärbung zeigt Salpetersäure an. Nitratfreie Milch gibt einen gelblichen oder Rosafarbenton. (Schwefelsäure und destilliertes Wasser müssen nitratfrei sein.)

Zur Bereitung des Diphenylaminreagenses.bringt man 0,085 g Diphenylamin in einen 500 ccm-Meßkolben, übergießt zunächst mit 190 ccm verd. Schwefelsäure (1 + 3); darauf mit konzentr. Schwefelsäure (s = 1,84) und füllt nach Auflösung des Diphenylamins (umschütteln) zunächst bis nahe zur Marke

---

[1] Mit diesen Reagentien lassen sich noch Mengen von 0,01—0,02 % H_2O_2 nachweisen. Da H_2O_2 aber von Milch leicht zerlegt wird, ist der Nachweis nicht immer zu liefern.

[2] S. Arnold und Mentzel, Zeitschr. f. U. N. 1903. 6. 305; Amberg, ebenda 1907. 13. 571.

[3] Z. f. U. N. 1911. 22. 401.

und nach dem Abkühlen bis zur Marke genau mit konzentr. Schwefelsäure auf. Das Reagens ist in verschlossenen Flaschen unbegrenzt haltbar. Schwefelsäure, die noch Spuren von Salpetersäure enthält, kann brauchbar gemacht werden, wenn das fertige Reagens auf etwa 110° bis zum Verschwinden der Blaufärbung erhitzt wird. Vorsichtshalber stelle man dann noch einen blinden Versuch an [1]).

Das Verfahren läßt sich auch zu einer quantitativen kolorimetrischen Bestimmung ausbilden, indem man ·Lösungen von bekanntem Salpetergehalt (Nollsche Lösung 100 mg N_2O_5 = 0,1871 KNO_3) herstellt. Die Bestimmung der Salpetersäure bei Gegenwart von Wasserstoffsuperoxyd, das Salpetersäure vortäuscht, geschieht nach Strohecker[2]) dadurch, daß das mit der Titansäure nachweisbare H_2O_2 mit $\dfrac{n}{10}$ $KMnO_4$ unter Zusatz von Schwefelsäure zerstört wird.

Nach Möslinger:

a) 100 ccm Milch werden unter Zusatz von 1,5 ccm 20 %iger Chlorcalciumlösung aufgekocht und filtriert (oder man verwendet das nach dem Verfahren von Ackermann für die Bestimmung der Refraktion in ähnlicher Weise hergestellte Serum, s. S. 107).

b) 20 mg Diphenylamin werden in 20 ccm verdünnter Schwefelsäure (1 + 3 Vol.-Teile) gelöst und diese Lösung zu 100 ccm mit reiner, konzentrierter Schwefelsäure aufgefüllt.

c) 2 ccm Diphenylaminlösung werden in ein kleines, weißes Porzellanschälchen gebracht. Alsdann läßt man vom Filtrat (a) $^1/_2$-ccm tropfenweise in die Mitte der Lösung fallen und das Ganze, ohne zu mischen, 2—3 Minuten ruhig stehen. Erst dann bewege man die Schale anfangs langsam hin und her, überlasse wieder einige Zeit sich selbst usf., bis die bei Vorhandensein von Salpetersäure zunächst auftretenden, mehr oder weniger intensiv blauen Streifen sich verbreitert haben, und schließlich die ganze Flüssigkeit gleichmäßig mehr oder weniger intensiv blau gefärbt erscheinen lassen. (Bericht über die 7. Versammlung bayerischer Chemiker in Speier 1888).

Formaldehydmethode [3]). Nachweis ohne Herstellung eines Serums. Etwa 10 ccm Milch werden in einem Reagenzglase mit 5 Tropfen Formalinlösung (auf 250 ccm Wasser 10 Tropfen käufliche Formalinlösung) versetzt, umgeschüttelt und diese Mischung vorsichtig mit etwa 5 ccm Schwefelsäure (s = 1,71) unterschichtet. Je nach der Menge vorhandener Salpetersäure tritt früher oder später blauviolette Ringbildung auf. Die Schwefelsäure vom spez. Gew. 1,71 erhält man durch Vermischen von 350 ccm konzentr., absolut salpetersäurefreier Schwefelsäure (s = 1,84) mit 150 ccm destill. Wasser. — Die Reaktion tritt auch bei der Gerberschen Fettbestimmung, wenn die Milch mit Formalin konserviert und nitrathaltig war, ein.

9. Bestimmung des Schmutzgehaltes.

In der Regel genügt es einen übermäßigen Schmutzgehalt durch Absetzenlassen des Schmutzes in einer größeren Menge Milch ($^1/_2$—1 l) nach Verlauf einer Stunde festzustellen. Zur quantitativen oder vergleichsweisen Ermittelung der Mengen eignen sich die Milchfilter von Bernstein und Fliegel oder der Gerbersche Milchschmutzfänger.

Quantitative Methoden von Renk, Münch. med. Wochenschr. 1891. Nr. 6 und 7; von Stutzer, Die Milch als Kindernahrung, Bonn 1895; von R. Eichloff, Zeitschr. f. U. N. 1898. S. 678; P. Bohrisch und A. Beythien, daselbst 1900. 3. 319; A. Schlicht, daselbst 1900. 3. 343; G. Fendler und O. Kuhn, Über die Bestimmung und Beurteilung des Schmutzgehaltes der

---

[1]) W. Tönius, Zeitschr. f. U. N. 1916. 31. 322.
[2]) Zeitschr. f. U. N. 1917. 34. 319.
[3]) Zeitschr. f. U. N. 1913. 26. 341 (Ausführung von R. Barth.)

Milch, Zeitschr. f. U. N. 1909. 17. 513 und H. Weller, ebenda 18. 309; Seif-
fort, Über Milchschmutz und seine Bekämpfung, Zeitschr. f. Fleisch- u. Milchhyg. 1909. 361. Auch die quantitativen Methoden geben nur Annäherungswerte.

10. Unterscheidung pasteurisierter und gekochter Milch von ungekochter (frischer) Milch.

1. Nach Storch [1]).

Erforderlich ist eine filtrierte Lösung von 1 g Paraphenylendiamin in
50 ccm warmem Wasser und eine· Lösung von Wasserstoffsuperoxyd (eine
1 %ige H_2O_2-Lösung wird mit der fünffachen Menge Wasser verdünnt und dazu
eine sehr geringe Menge Schwefelsäure — 1 ccm konz. SO_4 zu 1 Liter —
zugesetzt).

Die Reaktion wird in der Weise ausgeführt, daß man 10 ccm Milch
mit einem Tropfen der Wasserstoffsuperoxydlösung und zwei Tropfen
der Paraphenylendiaminlösung schüttelt. Wird Milch (Rahm oder
Molke) sofort stark gefärbt (Milch oder Rahm indigoblau, Molke violett-
rotbraun), so ist nicht bis 78° C oder überhaupt nicht erwärmt worden.
Wird Milch deutlich, entweder sofort oder binnen $1/_2$ Minute hellblau-
grün gefärbt, so ist auf 79—80° C erwärmt worden. Wenn Milch (Rahm)
die weiße Farbe behält oder nur einen äußerst schwach violettroten
Farbenton annimmt, so ist über 80° C erwärmt worden. Für höher erhitzte (gekochte) Milch reicht die Methode nicht aus.

2. Guajakprobe: Ungekochte Milch gibt mit frisch bereiteter Guajaktinktur, (hergestellt aus Guajakharz mit Azeton) und etwas Wasserstoffsuperoxyd Blaufärbung.

3. Nach Rothenfußer [2]). Man vermischt eine Lösung von 2 g
kristallisiertem Guajakol in 135 ccm 96%/igem Alkohol mit einer Lösung
von 1 g Paraphenylendiaminchlorhydrat in 15 ccm Wasser (Aufbewahrung
in dunkelgefärbten Gläsern). Zur Prüfung der Milch versetzt man diese
mit 5 Tropfen der Lösung sowie 1—2 Tropfen einer 0,2%/oigen Wasserstoffsuperoxydlösung. Die Reaktion ist zur Unterscheidung gekochter
und frischer Milch sehr zuverlässig und läßt sich auch bei Rahm, Magermilch und Buttermilch anwenden.

Die einfachste Probe auf abgekochte Milch geschieht durch Erhitzen des Serums (bei frischer Milch muß sich Albumin ausscheiden).

11. Nachweis von Enzymen.

Katalaseprobe. Gärröhrchen (siehe Abschnitt Hefe oder Harn)
werden mit einer Mischung von 5 ccm einer Mischung von 1 Teil einer
1%/oigen H_2O_2-Lösung mit 2 Teilen destilliertem Wasser und 15 ccm
Milch beschickt; nach 2stündiger Erwärmung bei 22° wird der gebildete
Sauerstoff abgelesen. Beträgt die gebildete O-Menge mehr als 2,5 ccm,
so ist die Milch zu reich an Bakterien (bzw.·Enzymen), also zu alt, um
noch als Kindermilch Verwertung finden zu können [3]).

[1]) Kopenhagen; 40. Beretning fra· den kgl. Vetrinär og Landbohojskols
Laboratorium for landökonomiske Forsög 1898.
[2]) Zeitschr. f. U. N. 1908. 16. 63.
[3]) Koning, Biologische und biochemische Studien über Milch (über-
setzt von Kaufmann). Milchwirtsch. Zentralbl. 1907. 58. 235; Orla Jensen,
Über den Ursprung der Oxydasen und Reduktasen der Kuhmilch. Zentralbl.
f. Bakt. Abt. II. 1907. 18. 211. A. Faitelowitz, Milchw. Zentralbl. 1910.
299 u. ff. betr. Entstehung der Katalase und deren Bedeutung für die Milch-
kontrolle; Henkel, Berl. Molkerei-Ztg. 1909. 279 u. 1910. 13 u. 25.

Der Katalasegehalt normaler, guter, frischer Milch ist im allgemeinen durch obige O-Menge begrenzt.

Die Reduktaseprobe nach Barthel[1]) mit Methylenblau kann ebenfalls als Anhaltspunkt für die Gegenwart eines Bakterienreichtums gelten. Peroxydaseprobe siehe Ziffer 10.

Diastaseprobe siehe Abschnitt Mehl.

12. Nachweis von Saccharose.

Nach Rothenfußer[2]) wird der Milch bei Wässerungen bisweilen Rohrzucker zugesetzt, um das spezifische Gewicht der Milch und des Serums wieder zu erhöhen. Der Nachweis ist wie folgt:

Die Milch wird auf 85—90° im Wasserbad erwärmt. 30 ccm der-selben werden mit dem gleichen Volumen einer frisch bereiteten Mischung von 2 Teilen Bleiazetatlösung (500 g in 1200 ccm Wasser gelöst) und 1 Teil Ammoniak (s = 0,944 = 14, 469°/$_0$NH$_3$) versetzt, sofort $^1/_2$ Minute tüchtig durchgeschüttelt und filtriert. 3 ccm des Filtrats werden mit dem gleichen Volumen Diphenylaminreagens (10 ccm 10°/$_0$ige alko-holische Diphenylaminlösung, 25 ccm Eisessig und 65 ccm Salzsäure 1,19) gemischt und bis 10 Minuten in ein kochendes Wasserbad gebracht. Bei Anwesenheit von Saccharose tritt nach 1—2 Minuten Blaufärbung ein, die nach 5 Minuten intensiv wird. Nach 10 Minuten erst eintretende geringe Blaufärbung ist außer Betracht zu lassen.

Zur Kontrolle versetzt man einen Teil des Filtrats mit dem gleichen Volumen Fehlingscher Lösung und erhitzt mit der anderen Probe im Wasserbad. Tritt bei deutlicher Diphenylaminreaktion keine Reduk-tion der Fehlingschen Lösung ein, so ist Saccharose sicher vorhanden. Empfindlichkeit etwa 0,1—1°/$_0$; Nitrate und Konservierungsmittel schaden nicht. Die mit K$_2$Cr$_2$O$_7$ in der Kälte eintretende Blaufärbung verschwindet beim Erhitzen. Das Verfahren ist für Milch und Milch-produkte aller Art verwendbar.

13. Nachweis von Zuckerkalk
nach E. Baier und P. Neumann[3]).

a) Nachweis der Saccharose in Milch und Rahm.

25 ccm Milch oder Rahm werden in einem kleinen Erlenmeyer-Kölbchen mit 10 ccm einer 5°/$_0$igen Uranacetatlösung versetzt, umgeschüttelt, etwa 5 Min. stehen gelassen und durch ein Faltenfilter filtriert. Das Filtrat ist in der Regel vollkommen klar und braucht nur in seltenen Fällen nochmals durch dasselbe Filter zurückgegossen zu werden. Von dem Filtrat gibt man 10 ccm in ein Re-agenzglas — bei Rahm erhält man kaum mehr als 10 ccm, sodaß man hier das gesamte Filtrat nehmen kann — gibt 2 ccm einer kalt gesättigten Ammonium-molybdatlösung und 8 ccm einer Salzsäure hinzu, die auf 1 Teil 25°/$_0$iger Säure 7 Teile Wasser zugesetzt erhalten hat. Man schüttelt dann um und setzt in ein auf 80° C gebrachtes Wasserbad, worin man das Reagenzröhrchen zunächst 5 Minuten beläßt. Nach dieser Zeit ist bei Anwesenheit von Saccharose in Milch und Rahm die Lösung mehr oder weniger blau, je nach der vorhandenen Menge der zugesetzten Saccharose. Ein längeres Stehen der Röhrchen im Wasser-bade bewirkt, daß die blaue Farbe noch stärker wird. Nach 10 Minuten ist sie

[1]) Zeitschr. f. U. N. 1908. 15. 385.
[2]) Zeitschr. f. U. N. 1909. 18. 135; 1910. 19. 465.
[3]) Zeitschr. f. U. N. 1908. 16. 51.

tief blau, während bei normaler Milch die Farbe nach 5 Minuten schwach grünlich, nach 10 Minuten etwas stärker grünlich ist, jedoch ohne den charakteristischen blauen Farbenton aufzuweisen. Nimmt man die Röhrchen nach 10 Minuten aus dem Wasserbade und läßt sie im Reagenzgestell zugestopft über Nacht stehen, so hat sich ein schwacher, bläulicher Niederschlag am Boden abgesetzt, während die darüber stehenden klaren Lösungen von tiefblauer Farbe sind, bei normaler Milch ohne Saccharose dagegen von rein grüner Farbe. Die Farbentöne sind am besten bei durchfallendem Lichte zu beobachten. Die Reaktion ist so empfindlich, daß auch geringere Mengen als $0,095\%$ Saccharose mit Sicherheit noch nachweisbar sind.

b) Kalknachweis bei Milch.

250 ccm Milch von etwa $15°$ werden mit 10 ccm einer 10%igen Salzsäure versetzt, umgeschüttelt und eine halbe Stunde bei gewöhnlicher Temperatur stehen gelassen, alsdann wird durch ein Faltenfilter filtriert. Das zuerst Durchgehende fängt man im Reagenzglase wieder auf und gießt es aufs Filter zurück. Die Filtration geht, ähnlich wie bei der Gewinnung des Milchserums, langsam; man muß, um alles Serum zu erhalten, nötigenfalls über Nacht filtrieren lassen. Der Trichter ist, um Verdunstungen vorzubeugen, zu bedecken. Vom Filtrat nimmt man 104 ccm, entsprechend 100 ccm Milch, gibt sie in ein 200 ccm-Kölbchen, fügt 10 ccm einer 10%igen Ammoniaklösung hinzu, füllt mit Wasser von $15°$ bis zur Marke auf, läßt eine halbe Stunde stehen und filtriert durch ein Faltenfilter, wobei man das zuerst Durchgehende wieder besonders in einem Reagenzgläschen auffängt und auf das Filter zurückgießt. Von diesem Filtrat versetzt man 100 ccm, entsprechend 50 ccm Milch, mit 10 ccm einer 5%igen Ammoniumoxalatlösung und führt dann die Kalkbestimmung vollends in der üblichen Weise, jedoch ohne zu erwärmen, aus. Das Ergebnis multipliziert man mit 2.

Auch schon qualitativ kann man einen Zuckerkalkzusatz nach diesem Verfahren deutlich erkennen; am deutlichsten tritt dieser qualitative Unterschied auf, wenn man folgendermaßen verfährt:

Von den mit Salzsäure erhaltenen Sera der beiden Vergleichsproben normaler und gefälschter Milch nimmt man je 15 ccm ab, gibt 1 ccm Ammoniak hinzu, schüttelt um und filtriert. Zu je 10 ccm dieses Filtrats läßt man dann in jedes Gläschen schnell hintereinander je 1 ccm Ammoniumoxalatlösung fließen und beobachtet bei durchfallendem Lichte die Entstehung der Trübung. Man wird dann wahrnehmen, daß die Trübung bei der zuckerkalkhaltigen Probe schneller erscheint und daß das Röhrchen dieser Probe infolge der Zunahme der Trübung bald weniger durchscheinend wird als bei der nicht zuckerkalkhaltigen Probe. Voraussetzung bleibt dabei, daß immer eine Gegenprobe mit reiner Milch angestellt wird und die verwendeten Reagenzgläschen denselben Durchmesser haben. Bei einiger Übung wird man, nachdem man mehrere Vergleichungsversuche angestellt hat, schon auf Grund der qualitativen Prüfung hin eine zuckerkalkhaltige Milchprobe zu erkennen imstande sein.

c) Kalknachweis bei Rahm.

200 ccm Rahm von $15°$ werden mit 8 ccm einer 10%igen Salzsäure versetzt, umgeschüttelt und eine halbe Stunde stehen gelassen. Alsdann filtriert man das Serum durch ein Faltenfilter und zwar auch wieder mit der Vorsicht, daß man das zuerst durchlaufende Filtrat wieder in einem Reagenzglase auffängt. Von dem Serum nimmt man nun $\dfrac{208}{4} = 52$ ccm entsprechend 50 ccm Rahm ab, gibt diese 52 ccm in ein Kölbchen von 100 ccm, fügt 5 ccm 10%igen Ammoniaks hinzu, füllt es mit Wasser bis zur Marke auf, läßt eine halbe Stunde stehen und filtriert. Von dem Filtrat versetzt man 50 ccm, entsprechend 25 ccm Rahm, mit 10 ccm 5%iger Ammoniumoxalatlösung und läßt die Flüssigkeit in einem kleinen Becherglässchen über Nacht stehen. Die Bestimmung des Kalkes geschieht weiter in derselben Weise, wie oben bei Milch beschrieben worden ist. Das Ergebnis multipliziert man mit 4.

Nachprüfungen dieser Methoden sind erfolgt von K. Frerichs [1]), H. Lührig [1]), A. Beythien und A. Friedrich [1]), S. Rothenfußer [4]), Röhrig [5]) und Eichholz [6]). Nach den Angaben letzterer tritt bei erhitzter Milch eine schwache Reaktion auf Saccharose ein. Der Nachweis ist daher durch den von Kalk zu ergänzen.

14. Nachweis von Mehl

in bekannter Weise mit Jodlösung. Zu 10 ccm Milch sollen 12—13 ccm $^1/_{100}$-Normaljodlösung zugesetzt werden. Milch bindet selbst erhebliche Mengen Jod.

15. Nachweis von Saccharin

geschieht im Serum der Milch durch Ausschütteln mit Äther-Petroläther (vgl. Abschnitt Bier).

16. Nachweis von Alkohol.

Uhl und Henzold, Milch-Ztg. 1901. 30, 181, 248; C. Teichert, desgl. 1901. 30, 148. 217.

17. Nachweis von Farbstoffen (auch Karamel).

Zeitschr. f. U. N. 1906. 11. 289. (5. Bericht des Hamburger Hygien. Instituts.) Ferner A. E. Leach, desgl. 1905. 9. 164.

18. Nachweis von Ziegenmilch.

Nach R. Steinegger, Zeitschr. f. U. N. 1910. 19. 38.

19. Milcheiterprobe (Leukozyten-) nach Trommsdorf siehe den bakteriol. Teil.

Milchprodukte und -präparate.

Wie Milch werden in entsprechender Weise abgerahmte Milch, Rahm, Buttermilch und Molken, sowie die durch künstliche Veränderung von Kuhmilch gewonnene Säuglingsmilch (nach Backhaus, Szekely usw.) untersucht; bei letzterer kommt namentlich die Kenntnis des Milchzuckers und der einzelnen Eiweißstoffe in Betracht.

Die Bewertung von Rahm (Sahne) wird nach dem Fettgehalt, die der Magermilch, Buttermilch und Molken außerdem nach dem spezifischen Gewicht ermittelt. Die Fleischmannschen Formeln sind für die genannten Milchprodukte nicht anwendbar, die Trockensubstanz muß gewichtsanalytisch bestimmt werden.

Die Untersuchung von Milchkonserven (-präparaten), kondensierter und sterilisierter, homogenisierter Milch, Kumys, Kefir, Yoghurt, Milchpulver, -tafeln usw. erstreckt sich in der Regel auf folgende Bestandteile: Wassergehalt, Milchzucker, Fett [7]), Protein (Eiweißkörper), Rohrzucker, Asche; ferner kommt noch in Betracht der Nachweis von Verunreinigungen, Zusätzen oder Verfälschungsmitteln, wie Mehl usw., von

---

[1]) Zeitschr. f. U. N. 1908. 16. 682.
[2]) Hildesheimer Molk.-Ztg. 1909. 226.
[3]) Pharm. Zentralh. 1907. 48. 39.
[4]) Zeitschr. f. U. N. 1909. 18. 135.
[5]) Ebenda 1911. 22. 305.
[6]) Ebenda 1911. 21. 428.
[7]) Das Fett ist auch auf Abstammung nach den bei Butterfett angegebenen Methoden nachzuprüfen. Neuerdings enthalten manche Milchpulver (z. B. sog. Backmilch) Pflanzenfette.

Konservierungsmitteln, des Säuregrades, von Metallen, und die mikroskopische bzw. bakteriologische Prüfung auf Unverdorbenheit, Haltbarkeit, Yoghurtbazillen usw. Siehe den bakteriologischen Teil.

Der Gesamtzuckergehalt (Milch- und etwa zugesetzter Rohrzucker)
wird nach Abzug von Fett, Eiweiß und Salzen von der Trockensubstanz
erhalten. Annähernd erhält man den Rohrzuckergehalt, wenn man den
Milchzuckergehalt zu 60 % des Gehaltes der Milch an Fett, Eiweiß und
Salzen annimmt. Die Bestimmung von Rohrzucker neben Milchzucker
geschieht nach den Vorschriften der Anlage E der Ausführungsbestimmungen (vom 18. Juni 1903) zum Zuckersteuergesetz vom 27. V. 1896
bzw. 6. I. 1903 [1]) S. 765 oder man stellt sich eine Lösung der betreffenden
Milchpräparate her, fällt daraus mit Bleiessig in der bekannten Weise
die Eiweißstoffe aus und bestimmt in der davon befreiten Lösung (nach
dem Entbleien!) den Milchzucker nach den S. 113 angegebenen Methoden.
In einem zweiten Teile derselben Lösung führt man den Rohrzucker
in Invertzucker über (Inversion mit 1 ccm konzentrierter HCl[2]) für
20 ccm Milchlösung 1 : 5 etwa $1/_2$ Stunde auf dem Wasserbade) und
bestimmt denselben in der später neutralisierten Lösung. Da bei der
Inversion der Milchzucker ebenfalls in Invertzucker umgewandelt worden
ist, so ist der für sich direkt bestimmte Milchzuckergehalt in Invertzucker umzurechnen. Milchzucker: Invertzucker = 134 : 100.

Nach Abzug desselben ergibt sich der als Invertzucker bestimmte
Rohrzuckergehalt; ersterer wird durch Multiplikation mit 0,95 dann
auf den letzteren berechnet.

Siehe auch die Feststellung des Milchzuckers nach Scheibe S. 113.

Über die Berechnung des Eindickungsgrades kondensierter
Milch und Trockenmilch oder über die Berechnung der Zusammen-
setzung der ursprünglichen Milch geben die Handbücher nähere
Aufschlüsse.

Zur Auffindung von Trockenmilch in Gemengen mit anderen
Rohstoffen (Suppenmehlen, Puddingpulvern u. a.) kann der Nachweis nach C. Griebel[3]) mit Hilfe des Mikroskopes erfolgen, dies gilt
insbesondere für Magermilchpulver. Nach Sedimentierung in einer
indifferenten Flüssigkeit (Chloroform) prüft man mit Jod auf Vorhandensein von Eiweiß (Gelb- bis Braunfärbung). Magermilchpulver stellt
im allgemeinen dünnblätterige, unregelmäßige Schollen dar, die im
durchfallenden Lichte grau-bräunlich sind. Bei stärkerer Vergrößerung
sind häufig wellenförmig verlaufende Spalten bemerkbar. Charakteristisch ist das Verhalten im reflektierten Tageslicht: Milchpulverschollen
reflektieren bei Dunkelstellung bläulichweißes Licht und heben sich
sofort von allen übrigen Eiweißstoffen ab. Kaseinschollen haben diese
Eigenschaft in schwächerem Maße. Chemische Anhaltspunkte sind in
solchen Fällen: Glühprobe und Dialyse. Dialysat nach Einengen auf
Reduktionsfähigkeit, auf Chloride und Phosphate prüfen.

---

[1]) Siehe auch die Angaben von Grünhut und Riiber, Zeitschr. f. analyt. Chem. 1900. **39**. 19; Zeitschr. f. U. N. 1900. **3**. 645, sowie S. 341.
[2]) Mit 2 % iger Zitronensäure nach A. W. Stockes und R. Bodmer.
[3]) Zeitschr. f. U. N. 1916. **31**. 246; derselbe über eine eigenartige Trocken-
milchform ebenda 1916. **32**. 445.

Kondensierte Milch wird zur Analyse mit warmem Wasser etwa im Verhältnis 1 : 1 verdünnt. Vor Entnahme der notwendigen Mengen ist die Flüssigkeit aber wieder auf etwa 15° abzukühlen. Die Fettbestimmung wird nach Gottlieb Röse ausgeführt; von Milchpulver wägt man 1 g in den Ausschüttelapparat (nach Röhrig) ab und löst dieses mit 9 ccm warmem Wasser auf. Die Anwendung des Gerberschen Verfahrens setzt die Benützung besonderer sog. Produktenbutyrometer für kondensierte Milch voraus, für Milchpulver eignet sich dieses Verfahren überhaupt nicht. Die Adamsche Methode kann in keinem Falle verwendet werden, die Soxhletsche Extraktionsmethode nur dann, wenn man das Fett gleichzeitig mit den Eiweißstoffen nach Ritthausen ausfällt und den lufttrocken gewordenen gesammelten Niederschlag extrahiert. Für homogenisierte Milch eignet sich am besten das Gottlieb-Röse Verfahren, bei Anwendung des Gerberschen muß wiederholt zentrifugiert und erwärmt werden.

Beurteilung.

Gesetze und Verordnungen; Begriffsbestimmung. Der Verkehr mit Milch unterliegt den Bestimmungen des Nahrungsmittelgesetzes und des § 367, Abs. 7 des D.St.G.B. Ein einheitliches Spezialgesetz für das ganze Reich hat sich in Anbetracht der verschiedenen Verhältnisse in Nord und Süd bis jetzt nicht verwirklichen lassen. Die meisten Bundesstaaten haben aber Grundsätze [1]) aufgestellt oder Ministerialverordnungen für die Regelung des Verkehrs mit Milch erlassen. Außerdem haben zahlreiche Polizeibehörden und Magistrate besondere Verordnungen herausgegeben.

Unter Milch versteht man im allgemeinen nur Kuhmilch; Milch anderer Tiere (Ziegen, Schafe usw.) ist unter entsprechender deutlicher Benennung zulässig. Die in Verkehr gebrachte Milch soll die ganze aus dem Euter zurzeit durch Melken erhältliche Milch enthalten, also das ganze Gemelke umfassen. Durch Polizei-Verordnungen [2]) sind in manchen Orten und Gegenden bestimmte Handelsbezeichnungen eingeführt, Vollmilch, Marktmilch usw. Für Kindermilch und andere Vorzugsmilch müssen namentlich betr. hygienischer Gewinnung besondere Garantien geleistet sein.

Untersuchungsgang. Zur Umschau, ob man es mit einer verfälschten (gewässerten, entrahmten, mit Magermilch versetzten bzw. auf mehrfache Weise verfälschten) Milch zu tun hat, hat man das spezifische Gewicht bei 15° C genau zu nehmen und den Fettgehalt festzustellen. Den Trockensubstanzgehalt berechnet man dann aus den beiden ersteren, s. S. 108. Aus dem Ausfall dieser 3 Werte und namentlich, wenn auch noch die Werte m und r (s. S. 109) berechnet werden, ist dann hinreichend ersichtlich, ob die betreffende Probe verfälscht oder einer Verfälschung verdächtig ist; zu ihrer Beanstandung besonders auch für gerichtliche Zwecke, versäume man nicht, Doppelbestimmungen auszuführen und auch Fett und Trockensubstanz gewichtsanalytisch zur Kontrolle zu ermitteln; wenn es sich um den Nachweis von Wasserzusätzen handelt, ist noch das spezifische Gewicht des Serums bei 15° C oder das Lichtbrechungsvermögen desselben zu bestimmen und der

---

[1]) Preuß. Runderlaß vom 26. VII. 1912. Zeitschr. f. U. N. (Gesetze und Verordn.) 1912. 381.

[2]) Wegen unklarer bzw. unrichtiger Begriffserklärung wurden in letzter Zeit wiederholt solche Polizeiverordnungen durch Gerichte für ungültig erklärt. Vgl. Zeitschr. f. U. N. (Gesetze u. Verord.) 1909. 130; ebenda 1910, 175.

Salpetersäurenachweis vorzunehmen. Dieser kann jedoch nur in manchen Fällen als Ergänzung dienen.

Die Prüfung auf Konservierungsmittel kann auf verdächtige Fälle beschränkt werden. Die Ermittelung des Stickstoff- (Eiweiß-) und Milchzucker-Gehalts erfolgt nur in besonderen Fällen, z. B. bei Nährwertbestimmungen von Kindermilch usw.

Die Zusammensetzung von Milch schwankt innerhalb ziemlich bedeutender Grenzen. Die Vereinigung der Deutschen Nahrungsmittel-Chemiker [1]) gibt für die Schwankungen der Milch einzelner Kühe folgende Zahlen an:

Grenzen der Schwankungen:

Wasser	86,0—89,5%
Fett	2,5—4,5%
Trockensubstanz	10,3—14,5%
Fettfreie Trockensubstanz	7,8—10,5%
Spezifisches Gewicht	1,0270—1,0350

Dieser Wechsel in der Zusammensetzung der Milch steht im Zusammenhange mit der Rasse, Veranlagung des Milchtieres, der Futterweise, dem Geschlechtstrieb, der Laktation, dem Gesundheitszustand usw. der Milchtiere. Die Höhenschläge zeichnen sich im allgemeinen durch fettreichere und überhaupt gehaltreichere Milch gegenüber den sog. Niederungsarten aus. Die Milch der in Deutschland gehaltenen Viehschläge hat folgende Durchschnittszusammensetzung:

Wasser	87,75%
Fett	3,40%
Eiweißstoffe	3,50%
Milchzucker	4,60%
Mineralbestandteile	0,75%

Der Einfluß der Laktation macht sich insofern geltend, als die Milch frischmilchender Kühe in der Regel etwas weniger gehaltreich ist und der Fettgehalt im letzten Drittel der Laktation zumeist ansteigt und teilweise recht hoch werden kann. In den letzten Wochen des Laktationsstadiums aber unterliegt bei manchen Kühen der Fettgehalt der Milch großen täglichen Schwankungen. Infolge Rinderns (Brunst) tritt oft ein starkes Sinken im Fettgehalt der Milch bei einer der Tagesmelkzeiten ein. Gewöhnlich weist darnach die Morgenmilch einen niedrigeren Fettgehalt auf; der Gehalt an Trockenmasse ändert sich dabei in gleichem Sinne. Meist schnellt der Fettgehalt am gleichen Tage noch, also bei der nächsten Melkung schon, um fast den gleichen Betrag wieder in die Höhe, so daß man am Tagesgemelke kaum einen Unterschied gegenüber anderen Tagesgemelken bemerkt.

Der Einfluß der Melkzeit macht sich in der Weise bemerkbar, daß der Fettgehalt der Milch mit der größeren Zwischenmelkzeit der niedrigere ist und umgekehrt. Bei dreimaligem Melken ist daher den ungleichen Zwischenmelkzeiten entsprechend die Mittag- und Abendmilch fettreicher als die Morgenmilch. Bei zweimaligem Melken ist

---

[1]) Zeitschr. f. U. N. 1907. 14. 65 und 1908. 16. 5.

gewöhnlich die Zeit zwischen Abend- und Morgenmilch länger, daher der Fettgehalt der Morgenmilch geringer.

Die Fütterung übt gewöhnlich einen größeren Einfluß auf die Milchmenge als auf den Fettgehalt der Milch aus; der unter Umständen geringe Einfluß des Futters auf das Fett macht sich aber auch bei allen anderen Bestandteilen geltend. Einen wesentlichen Einfluß auf den Fettgehalt hat aber eine rasche Änderung in der Fütterung (ohne Übergang), nicht nur bei einzelnen Tieren, sondern sogar auf ganze Viehstapel. Die Art des Futters und die Witterung (bei Weidegang) sind von Einfluß; im allgemeinen tritt bei Übergang zur Weide Erhöhung des Fettgehaltes um einige Zehntelprozente ein. Von nachteiligem Einfluß können auf die Beschaffenheit der Milch auch noch andere äußere Umstände sein, wie ungewöhnliche Arbeitsleistung, unrichtiges Melken, Beunruhigung der Tiere. (Beschlüsse der Freien Vereinigung deutscher Nahrungsmittel-Chemiker.)

Verfälschungen [1]. Für den Nachweis derselben können bestimmte Grenzwerte nicht aufgestellt werden. Bei Milch weniger Kühe kann man nur mit Hilfe einer Stallprobe (s. S. 8) bestimmte Schlüsse auf Verfälschung durch Wässerung oder Fettentzug, ziehen. Die auch zwischen Stall- und Marktmilchprobe sich ergebenden normalen Schwankungen dürfen dabei nicht außer acht gelassen werden. Um ein in jeder Hinsicht bedenkenfreies Urteil abzugeben, empfiehlt sich bei Milch einzelner Kühe wiederholt Untersuchungen hintereinander nebst Stallproben vorzunehmen.

Bei Misch- und Sammelmilch kann man häufig ohne Stallprobe auskommen; zum Vergleich legt man die in der betreffenden Gegend ermittelten Durchschnittswerte von Stallproben zugrunde.

Für Mischmilch [2] ergeben sich selten niedrigere Werte als nachstehende:

Spezifisches Gewicht bei 15^0 C (s) 1,029
Fettgehalt (f) 2,50%
Trockensubstanz (t) 10,50%
Fettfreie Trockensubstanz (r) 8,00%
Das spezifische Gewicht von t = (m) soll nicht übersteigen 1,4
Der Fettgehalt der Trockensubstanz (p) nicht unter 20,0 %
Das spezifische Gewicht des Serums (se) nicht unter 1,026

---

[1] Nachmachungen von Milch sind denkbar, bisher aber noch nicht vorgekommen. Siehe indessen die Nachmachung von „Vollmilch“, S. 127.

[2] In Anbetracht der oft erheblichen Schwierigkeiten, welche der Nachweis des subjektiven Verschuldens bei Verfälschungen bereitet, enthalten die Polizeiverordnungen neben den hygienischen Bestimmungen auch solche betr. Anforderungen an Fettgehalt und spezifisches Gewicht; die aufgestellten Normen tragen den jeweiligen örtlichen Verhältnissen Rechnung. C. Mai, Zeitschr. f. U. N. 1910. 19. 24 verwirft die Aufstellung von Grenzzahlen in solchen Polizei-Verordnungen und tritt für eingehende Verfolgung der Verfälschungen durch Entnahme an Stallproben usw. ein. Dieser Forderung kann indessen nur bedingungsweise beigetreten werden. Siehe die nachfolgenden Ausführungen über Entrahmung.

Das Lichtbrechungsvermögen (Refraktion) (l) nicht weniger als 36,5 Skalenteile [1]) betragen.

Mittlerer Gefrierpunkt (g) [2]) . . . . —0,555⁰

Wasserzusatz erniedrigt die Lichtbrechung im allgemeinen um 1,3 Skalenteile bei 5%, um 2,3 Skalenteile bei 10%, sofern ein Vergleich mit der Stallprobe möglich ist. Der Säuregrad der Milch darf nicht mehr als 15 [3]) betragen, da die Milchsäure die Refraktion beeinflußt.

Wasserzusatz gibt sich in der Regel zu erkennen durch Sinken der Werte s, t, f, r, se, l durch Steigen von g (Erniedrigung der Refraktion und Erhöhung des Gefrierpunktes kann auch Erkrankung der Tiere anzeigen); p und m bleiben unverändert; unter Umst. Nitratreaktion.

Entrahmung (Zumischen von Mager- [abgerahmter] Milch) gibt sich zu erkennen durch Steigen von s, m, durch Fallen von p, t und namentlich f; r und se bleiben unverändert.

Wasserzusatz und Entrahmung nebeneinander geben sich zu erkennen durch Sinken von se, l, p, f, t und r und Steigen von m und g, s kann normal sein. (Nitratreaktion).

Im allgemeinen unterliegt der Fettgehalt größeren Schwankungen, erheblich weniger der Kaseingehalt, ziemlich beständig ist die Menge des Milchzuckers und namentlich die der Salze (Asche). Der Gehalt an Asche sinkt nicht unter 0,70 g in 100 ccm. Erhöhung der Asche über 0,75 g gibt Verdacht auf Zusatz von Kalk (Zuckerkalk s. S. 119) und Karbonaten. Mit Rohrzuckerzusatz kann normales spezif. Gewicht der Milch und des Serums vorgetäuscht sein.

Um den Grad einer Verfälschung mit Hilfe einer Stallprobe (Vergleichsprobe) annähernd festzustellen, bedient man sich der nachstehenden Formeln von Fr. J. Herz.

a) bei gewässerter Milch

$$1. \ w = \frac{100 \ (r_1 - r_2)}{r_1}$$

$$2. \ v = \frac{100 \ (r_1 - r_2)}{r_2}$$

b) bei Entrahmung

$$\text{Fettentzug} \ \varphi = f_1 - f_2 + \frac{f_2 \ (f_1 - f_2)}{100}; \ \text{Entrahmungsgrad (E) ist:}$$

$$E = \frac{100 \ (f_1 - f_2)}{f_1}$$

c) bei gleichzeitiger Wässerung und Entrahmung

$$\varphi = f_1 - \frac{\left[100 - \left(\frac{M f_1 - 100 f_2}{M}\right)\right] \cdot \left[f_1 - \left(\frac{M f_1 - 100 f_2}{M}\right)\right]}{100}$$

w = das in 100 Teilen gewässerter Milch enthaltene zugesetzte Wasser.
v = das zu 100 Teilen reiner Milch zugesetzte Wasser.

---

[1]) Vgl. C. Mai und S. Rothenfußer, Molkereizeitung. Berlin, 1909. 19. 37; Zeitschr. f. U. N. 1908. 16. 7 u. 1909. 18. 737. Zahlreiche zustimmende und auch ablehnende Äußerungen s. die Handbücher. Rippers Annahme, daß die Refraktion ein Diagnostikum zur Erkennung von Milch kranker Kühe sei, ist von anderer Seite widersprochen worden.
[2]) Literaturangabe S. 108.
[3]) Eigene Beobachtung des Verf.

φ = das von 100 Teilen reiner Milch durch Entrahmung hinweggenommene Fett.

r = den Gehalt der Milch an fettfreier Trockensubstanz.

f = den Fettgehalt der Milch.

M = 100 — w = die in 100 Teilen gewässerter Milch enthaltene Menge ursprünglich ungewässerter Milch.

Die mit Index 1 bezeichneten Größen beziehen sich auf die Stallprobenmilch, die mit dem Index 2 auf die verdächtige Milch. Fälschungen unter $10^0/_0$ sind höchstens bei Wässerungen, aber auch nicht weiter als bis zu $5—7^0/_0$ nachweisbar. Solche geringe Fälschungen können meistens nur durch Serienuntersuchungen nachgewiesen werden. Fettunterschiede unter $20^0/_0$ können bei Milch einzelner oder weniger Kühe nicht als Entrahmung gedeutet werden. Je nach Umständen lassen sich aber bei Mischmilch (Milch des Großhandels) oder auf Grund von Serienuntersuchungen auch geringere Entrahmungsgrade einwandfrei ermitteln.

Entrahmung kann durch Abschöpfen des ganzen oder eines Teils des nach etwa 12stündigen Stehens der Milch gebildeten Rahmes, ferner durch mechanische Trennung (Zentrifugieren) der Milch in Rahm und Magermilch oder auch durch Zusatz von abgerahmter Milch (Mager-) zu unverfälschter Milch (Voll-) erfolgen. Solche Milch ist verfälscht, da sie ihres wertvollsten Bestandteils ganz oder teilweise beraubt ist. Jeder Fettentzug gilt als Verfälschung [1]), die Festsetzung eines Mindestfettgehalts in polizeilichen Verordnungen kann nicht so ausgelegt werden, daß sie die Einstellung der Milch auf diesen verlangten Mindestfettgehalt ausdrücken soll; sie bezieht sich nur auf unverfälschte Milch. Fahrlässige Unterlassung der Prüfung ist strafbar. Betr. Erkennbarkeit entrahmter Milch siehe die eingangs gemachten Angaben über die äußere Beschaffenheit. Als Fahrlässigkeit gilt auch die Unterlassung des Durchmischens der Milch vor dem Verkauf. Der Verlust an Fett beträgt erfahrungsgemäß, wenn eine Durchmischung beim Verkauf stattfindet, selbst bei längerer Verkaufsdauer (10 Stunden) nur einige Zehntelfettprozente. Eine Mischung von Magermilch und Rahm ist keine Vollmilch, sondern eine Nachmachung von Vollmilch.

Wasserzusatz verschlechtert und wird allgemein als Verfälschung beurteilt. Die Verwendung untauglichen Trinkwassers (mit salpetersauren Salzen) ist zudem hygienisch bedenklich. Unter Wasserzusatz fällt auch das sog. Nachspülen der Milchgefäße und das Eindringen von Wasser aus undichten Kühlapparaten, -trögen usw. Besonders verdachterregend ist das vielfach zum Zweck des Verfälschens während des Verkaufs unter Ladentischen und ähnlichen höchst ungeeigneten Plätzen des Verkaufsraumes vorrätig gehaltene sowie auf den Verkaufswagen in Karren mitgeführte Wasser oder Milchwasser (mit Milch zur Täuschung der Käufer gefärbtes Wasser). Regenwasser kann durch die relativ engen Öffnungen der Kannen und Milchfässer kaum eine einiger-

---

[1]) Entscheidungen des Reichsger. vom 10. Juni 1901 u. vom 21. Dez. 1899, Zeitschr. f. U. N. (Gesetze u. Verord.) 1909, 128; des Landger. II Berlin vom 21. Sept. 1915 u. Kammerger. vom 4. Febr. 1916; Zeitschr. f. U. N. (Gesetze u. Verord.) 1916. 8. 425. R.-G. vom 21. Dez. 1899 (Deutsches Nahrungsmittelbuch 1909. S. 45).

maßen erhebliche Verwässerung der Milch herbeiführen. Im Zweifelsfalle empfiehlt es sich die von der meteorologischen Station zu ermit-
telnde Niederschlagsmenge der Berechnung zugrunde zu legen.

Nach zahlreichen Entscheidungen gilt es als Fahrlässigkeit, wenn
man die Milch nicht vor dem Feilhalten und Verkaufen mittelst einer
Senkwage oder grobsinnlich auf Wasserzusatz prüft.

Es bedarf kaum eines besonderen Hinweises, daß bei sog. kombinierter Verfälschung (Entrahmung und Wässerung) dieselben Grundsätze für die Beurteilung maßgebend sind wie bei einer der beiden genannten Verfälschungsarten. Bei kombinierter Verfälschung kann das
spezifische Gewicht der Milch trügen, da es normal sein kann. Dies
ist bei der Vorkontrolle zu beachten. Wie schon im Untersuchungsgang
erwähnt ist, muß daher stets eine Prüfung der äußeren Beschaffenheit
vorgenommen werden.

Nachmachungen von Milch sind im allgemeinen eine Seltenheit, kamen jedoch schon vor, z. B. eine mit Pflanzenfett hergestellte
sog. Backmilch, die zum Verbrauch in Bäckereien hergestellt und verkauft wurde.

Verschmutzte Milch [1]) gilt nach allgemeiner Rechtsprechung als
verdorben. Grenzwerte lassen sich nicht aufstellen; Gegenstand der
Beanstandung können nur gröbere leicht vermeidbare Schmutzmengen
sein, die auch nach der S. 117 beschriebenen Untersuchungsmethode festgestellt sind. Dabei in Erscheinung tretende Schmutzmengen bleiben
stets relativ gering; es ist jedoch zu berücksichtigen, daß auch schon
durch kleine Mengen Kuhkot der Milch größere Mengen von Bakterien
und üblen Geruchstoffen zugefügt werden können.

Normale Milch soll nicht mehr als 9 Säuregrade (Soxhlet-Henkel)
aufweisen und beim Zusatz des gleichen Volumens 68—70 Vol.-%igen
Alkohols nicht gerinnen (s. auch S. 114). Erhitzte Milch usw. ist entsprechend zu bezeichnen. Über Milchfehler finden sich Angaben im
bakteriologischen Teil.

Das spezifische Gewicht der

Magermilch schwankt zwischen etwa . . .	1,032—1,036 bei 15⁰ C
Buttermilch „ „ „ . . .	1,032—1,035 bei 15⁰ C
Molken „ „ „ . . .	1,027—1,030 bei 15⁰ C

Als unterste Grenze gilt bei Buttermilch 1,0260 bei 15⁰. Das spezifische Gewicht, auch das von gewässerter Buttermilch sinkt nach Verlauf von 4 Tagen nur in geringem Grade. Bei Buttermilch kann ein
Wasserzusatz von 25% als technisch unvermeidlich unter Deklaration
zugelassen werden.

---

[1]) Urteil: Landger. I Berlin vom 21. Juli 1907, Auszüge 1912. 8. 119;
Landger. II Berlin vom 20. Juni 1910; Zeitschr. f. U. N. (Gesetze u. Verord.)
1910. 2. 442. R.-G. vom 4. Mai 1907, ebenda Landger. Krefeld vom 15. Febr.
1915 u. R.G. vom 10. Mai 1915. Zeitschr. f. U. N. (Gesetze u. Verord.) 1915.
7. 408. Betr. Prüfungspflicht Oberlandesger. Köln vom 8. Aug. 1906. Auszüge
1912. 8. 119.

Im Rahm ist der Gehalt der fettfreien Trockensubstanz entsprechend seinem Fettgehalt geringer als in Milch. Der Wasserzusatz berechnet sich nach der Formel von Höft[1])

$$x = \frac{100\,f + 950 - 110\,t}{1,1 \times t - f}$$

x = die zu 100 g Rahm hinzugesetzte Menge Wasser,
f = Fett,
t = Trockensubstanz.

Kaffeerahm (Sahne) soll mindestens 10% Fett, Schlagsahne mindestens 25 % Fett enthalten. Verdünnen eines fettreichen Rahmes mit Milch oder Magermilch auf den notwendigen niedrigen Fettgehalt ist zulässig; jedoch kann bei Überstreckung unter das festgesetzte Maß (Polizei-Verord.) Verfälschung in Frage kommen[2]).

Der Milch oder dem Rahm Konservierungsmittel[3]), Farbstoffe oder Verdickungsmittel wie Zuckerkalk zuzufügen, ist unstatthaft.

Nach Lührig[4]) und Beythien[5]) sollen erst Kalkreste (Methode Baier-Neumann) von 0,030% bei gleichzeitigem Eintreten der Saccharosereaktion als Beweis für Zusatz von Zuckerkalk anzusehen sein.

Biestmilch (Kolostrum) kann unter Deklaration verkauft werden. Milch anderer Säugetiere oder Mischungen solcher Milch mit Kuhmilch sind besonders zu kennzeichnen.

Ziegenmilch läßt sich als solche in ganz frischem Zustande chemisch ermitteln, nicht aber in Gemischen mit anderen Milcharten.

Im allgemeinen werden die Erfordernisse für den Marktverkehr durch Polizei-Verordnungen[6]) geregelt, insbesondere auch hinsichtlich der hygienischen Eigenschaften, namentlich betr. Beschaffenheit von Kindermilch[7]), Säuglingsmilch, Milchfehler, infizierter Milch, Kuhhaltung, Transportgefäßen. Jede das natürliche Aussehen entstellende oder

---

[1]) Milchw. Zentralbl. 1910. 6. 506; Zeitschr. f. U. N. 1911. 21. 427.

[2]) Vgl. auch Urteile des Landgerichts I Berlin und des Kammergerichts betr. Rechtsgültigkeit einer Polizei-Verordnung über den Fettgehalt der Sahne und Verfälschung von Sahne, Zeitschr. f. U. N. (Gesetze u. Verord.) 1909. 1. S. 134. Schlagsahneersatzmittel s. Ersatzmittelverordnung B 8 a.

[3]) K. kommen zum Teil in Mischungen und unter Phantasienamen oder als Milcherhaltungspulver in Handel. Verschiedene Urteile betr. Formaldehydzusatz s. Zeitschr. f. U. N. (Gesetze u. Verord.) 1909. 1. 139; Gutachten der preuß. wissenschaftl. Deputation für das Medizinalwesen betr. Zulässigkeit von Formaldehyd zu Handelsmilch, Zeitschr. f. U. N. (Gesetze u. Verord.) 1909. 1. 68. Zusatz von Soda gilt als Verfälschung; Urt. d. R.-G. vom 15. März 1912; Zeitschr. f. U. N. (Gesetze u. Verord.) 1912. 4. 472.

[4]) Hildesh. Molk.-Ztg. 1905. 19. 547; 1909. 23. Nr. 9; Zeitschr. f. U. N. 1906. 11. 608.

[5]) Handbuch der Nahrungsmitteluntersuchung S. 236.

[6]) Grundsätze hierzu sind in den meisten Bundesstaaten aufgestellt (z. B. preuß. Ministerialerlaß vom 12. Dezember 1905). Bezüglich der Rechtsgültigkeit erlassener Polizeiverordnungen sind zahlreiche Entscheidungen ergangen.

[7]) Jede beliebige Vollmilch kann nicht als Kindermilch bezeichnet werden. Entscheid. d. Reichsger. vom 21. April 1898, Zeitschr. f. U. N. 1900. 3. 873; betr. der zu erwartenden Sauberkeit bei Milchgewinnung und Vermeidung von Schmutz siehe Entscheid. d. Reichsger. vom 3. Mai 1906. D. Nahrungsmittelbuch, II. Aufl. 47. Siehe auch Beurteilung hinsichtlich Katalasegehalt S. 118.

die Tauglichkeit der Milch ungünstig beeinflussende Veränderung [1]) der Milch fällt unter die Begriffe „verdorben oder auch gesundheitsschädlich".

Das Einlegen von Eis zum Zwecke der Kühlung ist vom hygienischen Standpunkte aus unzulässig und außerdem wegen der damit verbundenen Verdünnung der Milch auch als Verfälschung anzusehen.

An kondensierte Milch, Trockenmilchpulver, Milchtabletten müssen sinngemäß dieselben Anforderungen gestellt werden, wie an Milch; insbesondere sind nur aus Magermilch bestehende, oder mit Zusätzen von Milchzucker, Rohrzucker, Kasein gewonnene Erzeugnisse entsprechend zu deklarieren. Schädliche aus Büchsen stammende Metalle werden wie bei Gemüse- und Obstdauerwaren beurteilt. Verdorbenheit ist vielfach durch Ranzigkeit hervorgerufen. Gänzliche oder unvollständige Löslichkeit von Trockenmilchpräparaten kann durch fehlerhafte Herstellung oder längere Lagerung entstehen.

III. Käse [2]).

Probeentnahme und Vorbereitung der Käseproben.

Der zur Untersuchung gelangende Teil des Käses darf nicht der Rindenschicht oder dem inneren Teile entstammen, sondern muß einer Durchschnittsprobe entsprechen. Bei großen Käsen entnimmt man mit Hilfe des Käsestechers senkrecht zur Oberfläche ein zylindrisches Stück, bei kugelförmigen Käsen einen Kugelausschnitt. Kleine Käse nimmt man ganz in Arbeit. Die zu entnehmende Menge soll etwa 200—300 g betragen.

Die Versendung der Käseproben muß entweder in gut gereinigten, schimmelfreien und verschließbaren Gefäßen von Porzellan, glasiertem Tone, Steingut oder Glas oder in Pergamentpapier eingehüllt geschehen. Stanniol- oder Papierumhüllung darf nicht entfernt werden. Harte Käse zerkleinert man vor der Untersuchung auf einem Reibeisen; weiche Käse werden mittels einer Reibkeule in einer Reibschale zu einer gleichmäßigen Masse verarbeitet.

Ausführung der Untersuchung.

Die Auswahl der bei der Käseuntersuchung auszuführenden Bestimmungen richtet sich nach der Fragestellung. Handelt es sich um die Entscheidung der Frage, ob Milchfettkäse oder Margarinekäse vorliegt, so genügt die Untersuchung des Käsefettes.

Da das Material nicht immer gleichmäßig ist, behandelt man erst ein größeres Stück, das für die ganze Analyse ausreicht und entnimmt davon die nötigen Mengen.

Der chemischen Untersuchung hat eine Sinnenprüfung auf Farbe, Geruch, Geschmack, Konsistenz, Anzeichen von Verdorbenheit und sonstigen Unregelmäßigkeiten voranzugehen.

---

[1]) Siehe auch den bakteriologischen Teil.
[2]) Unter Benützung der Anweisung des Bundesrates vom 1. April 1898 und des Entwurfs zu Festsetzungen über Lebensmittel (Käse).

1. Wasser und Trockensubstanz.

3—5 g Käsemasse (Rinde und vertrocknete Außenflächen sind
zu entfernen) werden in einer Platinschale mit geglühtem Sande oder
Bimssteinpulver so gut wie möglich vermischt und darauf im Trockenschrank bei 105—110° getrocknet. Das Gewicht wird nach Ablauf
einer Stunde, ebenso nach je weiteren 30 Minuten festgestellt, bis keine
Gewichtsabnahme mehr zu bemerken ist.

Das Destillationsverfahren nach Mai und Rheinberger
gibt genauere Werte und besteht darin, das Wasser mit hochsiedenden
Flüssigkeiten überzudestillieren und in einer graduierten Vorlage zu
messen. Die Destillation geschieht mit Petroleum, das etwa zur Hälfte
bei 200° übergeht und außer Kohlenwasserstoffen keine anderen flüchtigen
Stoffe enthält. Die Autoren der Methode wenden eine Meßröhre[1] mit
Seitentubus an, auf deren Beschreibung hier nicht weiter eingegangen
werden kann. Die Verbindungen und Stopfen müssen aus Gummi hergestellt sein. Die Destillation findet im Sandbade statt.

Der Untersuchungsgang ist im wesentlichen folgender: Man wägt
8—12 g, von Quark oder besonders wasserreichem Käse 5 g in den völlig
trockenen Kolben, füllt diesen bis zur Marke, setzt noch 3—5 g ausgeglühte
Bimsteinkörnchen zu und destilliert mit nicht zu großer Flamme auf dem
Sandbade. Hat die Temperatur etwa 90° erreicht, so beginnt die Destillation, wobei ein Siedeverzug zu vermeiden ist. Man erhitzt dann stärker,
bis auf etwa 180°. Das Destillat darf 100 ccm nicht erreichen. Die
Vorlage wird auf 15° temperiert und dann das Volumen der scharf abgegrenzten Wasserschicht abgelesen.

Siehe auch das Verfahren von F. Michel, Chem.-Ztg. 1916. 37. 353.

2. Fett[2]).

3—5 g der Durchschnittsprobe des Käses werden in einem weiten
Kölbchen mit 10 ccm 38%iger Salzsäure sowie einigen Körnchen
Bimstein über kleiner Flamme bis zur Lösung der Eiweißstoffe erhitzt.
Nach dem Erkalten wird die Mischung in einen Glaszylinder von etwa
20 mm lichter Weite und 100 ccm Inhalt, mit Teilung in halbe Kubikzentimeter und seitlichem Ausflußrohr mit Glashahn oberhalb der Marke
25 ccm gebracht. Das Kölbchen wird mit 10 ccm absolutem Alkohol,
dann mit 25 ccm Äther, schließlich mit 25 ccm Petroläther nachgewaschen.
Die Waschflüssigkeiten werden einzeln der Käselösung zugefügt und
der mit einem Glasstopfen verschlossene Zylinder nach jedem Zusatz
etwa 20—30 mal vorsichtig umgeschwenkt und bis zur Trennung der
Schichten stehen gelassen. Nach 2—3 stündigem Stehen des erhaltenen
Gesamtgemisches muß die ätherische Schicht, die das Fett enthält,
sich völlig klar abgeschieden haben. Nach Ablesung des Volumens der
Fettlösung wird ein möglichst großer, durch Ablesung festgestellter
Teil davon in ein gewogenes, etwa 120 ccm fassendes Glaskölbchen

---

[1] Von Apparatehandlungen beziehbar.
[2] Siehe auch Ratzlaff, Milch-Ztg. 1903. 32. 65 bzw. Zeitschr. f. U. N.
1904. 7. 409. Siegfeld, ebenda 1904. 33. 289. Derselbe, siehe auch Milchwirtsch.
Zentralbl. 1910. 352 über Wasser- u. Fettbestimmung in Käse, sowie Windisch, Arb. aus dem Kaiserl. Gesundh.-Amt 1900. 17. 281.

abgelassen, das Lösungsmittel abdestilliert, das zurückbleibende Fett eine Stunde bei etwa 100° getrocknet und nach dem Erkalten im Exsikkator gewogen. Die gefundene Fettmenge, auf das gesamte Volumen der Fettlösung umgerechnet, ergibt den Fettgehalt der angewandten Menge Käse.

Man kann an Stelle der graduierten Ablesevorrichtung auch eine Gottliebsche (Röhrigsche) Röhre (s. Milch S. 109) benutzen. Nach Abkühlung der mit Salzsäure gelösten Käsemasse gieße man diese in die Röhre und spüle das Kölbchen mit 10 ccm Alkohol (95 %) sowie 2—3 mal mit (im ganzen 25 ccm) Äther nach; dann 25 ccm Petroleumäther zufügen usw.; weiter verfahren wie bei Milch angegeben ist.

Bei überreifen Käsen und solchen, welche Zusätze erhalten haben, empfiehlt sich nach Devarda eine Reinigung des Rohfettes durch Auflösen in kaltem Äther.

Bezüglich weiterer Fettbestimmungsmethoden, namentlich für technische Zwecke sei auf das azidbutyrometrische Verfahren nach Gerber, sowie auf das neue lipometrische Verfahren nach Burstert[1] verwiesen.

Man gibt im allgemeinen den Fettgehalt nicht als solchen, sondern als Fettgehalt der Trockensubstanz an.

3. Gesamtstickstoff.

1—2 g Käsemasse werden in einem Rundkolben aus Kaliglas mit 25 ccm konzentrierter Schwefelsäure und 0,5 g Kupfersulfat gekocht, bis die Flüssigkeit farblos (grün) geworden ist; man verfährt dann weiter wie bei der Bestimmung des Kaseins in der Butter.

4. Lösliche Stickstoffverbindungen.

15—20 g Käsemasse werden bei etwa 40° C getrocknet und die getrocknete Masse in üblicher Weise mit Äther extrahiert. 10 g der fettfreien Trockensubstanz verreibt man mit Wasser zu einem dünnflüssigen Brei, spült diesen in einen 500 ccm-Kolben, füllt mit Wasser bis zu etwa 450 ccm auf und läßt das Ganze unter zeitweiligem Umschütteln 15 Stunden bei gewöhnlicher Temperatur stehen. Dann füllt man die Flüssigkeit bis zur Marke auf, schüttelt um und filtriert. 100 ccm Filtrat werden in einem Rundkolben aus Kaliglas eingedampft und der Rückstand mit 25 ccm konzentrierter Schwefelsäure und 0,5 g Kupfersulfat gekocht, bis die Flüssigkeit hellgrün wird. Zur Bestimmung des Stickstoffes verfährt man dann weiter wie bei der Bestimmung des Kaseins in der Butter.

Über Trennungsverfahren L. L. van Slyke und E. B. Hart, Zeitschr. f. U. N. 1905. 9. 168 (Refer.).

Aminosäurenstickstoff durch Formoltitrierung nach Soerensen[2]).

5. Freie Säure.

10 g Käsemasse werden mehrmals mit Wasser ausgekocht, die Auszüge vereinigt, filtriert und auf 200 ccm aufgefüllt. In 100 ccm der

---

[1]) Siehe die Gebrauchsanweisungen zu den beiden letzten Verfahren sowie Burstert, Zentralbl. f. Milchwirtschaft 1908. 4. 193.

[2]) Biochem. Zeitschr. 1908. 7. 1; Zeitschr. f. U. N. 1912. 23. 380. Siehe auch Abschnitt V.

Flüssigkeit titriert man nach Zusatz einiger Tropfen einer alkoholischen Phenolphthaleinlösung die freie Säure mit $^1/_{10}$-Normal-Alkalilauge. Die Säure des Käses ist auf Milchsäure zu berechnen; 1 ccm $^1/_{10}$-Normal-Alkalilauge entspricht 0,009 g Milchsäure.

Flüchtige Fettsäuren zur Charakterisierung der einzelnen Käsesorten bestimmt man nach Orla Jensen [1]).

6. Mineralbestandteile (besonders Kochsalz).

3—5 g der Durchschnittsprobe werden in einer Platinschale mit kleiner Flamme verkohlt. Weiter wird wie bei der Bestimmung der Mineralbestandteile in der Butter verfahren, ebenso bei der Bestimmung des Kochsalzes in der Käseasche.

Zur Vermeidung von NaCl-Verlusten versetzt man die Käsemasse mit $^1/_2$ g wasserfreier Soda und erhitzt vorsichtig. Die durch Auslaugung der Kohle gewonnene Lösung wird dann auf Cl bzw. NaCl weiter untersucht.

7. Milchzucker.

Die Käsemasse muß getrocknet und entfettet werden (s. S. 132); darnach wird der Milchzucker mit Wasser ausgezogen und im Auszug wie bei Milch bestimmt.

8. Untersuchung des Käsefetts auf seine Abstammung.

a) Abscheidung des Fettes aus dem Käse [2]).

Je nach dem Fettgehalt des Käses werden etwa 50—100 g der Durchschnittsprobe des Käses in einer Porzellanschale mit einer ausreichenden Menge entwässerten Natriumsulfates innig vermischt, bis eine gleichmäßige krümelige Masse entsteht. Diese wird in einem Kolben mit einer zur Lösung des Fettes genügenden Menge Petroläther wiederholt durchgeschüttelt. Nach mehrstündigem Stehen wird der Kolbeninhalt auf ein Filter gebracht und der auf dem Filter verbliebene Rückstand nochmals mit Petroläther nachgewaschen. Aus dem Filtrate wird der Petroläther abdestilliert und das zurückbleibende Käsefett in der Wärme mehrmals durch ein Faltenfilter gegeben.

b) Untersuchung des Käsefettes.

Das Käsefett wird nach den für Speisefette angegebenen Grundsätzen (s. S. 76) untersucht. Siehe insbesondere Schätzung des Sesamölgehaltes in Margarine S. 89.

9. Konservierungsmittel.

Wegen des seltenen Vorkommens von Konservierungsmitteln in Käse sei auf die in den Entwürfen zu Festsetzungen über Lebensmittel angegebenen Vorschriften verwiesen. Im wesentlichen lassen sich die in den Abschnitten Speisefette und Milch beschriebenen Verfahren sinngemäß anwenden.

Untersuchung auf fremde Beimengungen wie Mehl, Kartoffeln (quantitative Stärkebestimmung s. Abschnitt Fleisch und Wurst-

---

[1]) Landw. Jahrb. d. Schweiz 1904. 319; Zeitschr. f. U. N. 1906. 12. 199.

[2]) Gemäß den Angaben von P. Buttenberg und W. König, Zeitschr. f. U. N. 1910. 19. 478.

waren), Farbstoffe, sowie Untersuchung auf anorganische Stoffe (außer NaCl), Metalle, Kupfer, Zinn (Stanniol) usw. in üblicher Weise; betr. letzteren siehe auch Abschnitt Gebrauchsgegenstände. Urinnachweis[1]) in der Käserinde durch Murexidprobe. Man löst den Käse in verdünnter NaOH, kocht die abfiltrierte Lösung auf und gießt in heiße verdünnte Schwefelsäure. Die ausfallende Harnsäure wird abfiltriert, gewaschen und mit HNO_3 zur Trockene verdampft. Nach Betupfen mit NH_3 tritt Rotfärbung, darauf mit Natronlauge Umschlag in Blau ein. Die bakteriologische Untersuchung (Feststellung der Käsefehler) siehe im bakteriologischen Teil.

Beurteilung[2]).

Gesetze und Verordnungen. Außer dem Nahrungsmittelgesetz finden noch die Bestimmungen des Gesetzes betr. den Verkehr mit Butter, Käse, Schmalz und deren Ersatzmittel vom 15. Juni 1897 (Margarinegesetz) nebst Bekanntmachung vom 4. Juli desselben Jahres und die Verordnung gegen irreführende Bezeichnungen vom 26. Juni 1916 Anwendung. Es kann auch das Gesetz zum Schutz der Warenzeichen und das Gesetz gegen unlauteren Wettbewerb in Betracht kommen[3]). Für Stanniolumhüllungen ist das Blei- und Zinkgesetz maßgebend.

Begriffsbestimmung: Käse ist das aus Milch, Rahm, teilweise oder vollständig entrahmter Milch (Magermilch), Buttermilch oder Molke oder aus Gemischen dieser Flüssigkeiten durch Lab oder durch Säuerung (bei Molke durch Säuerung und Kochen) abgeschiedene Gemenge aus Eiweißstoffen, Milchfett und sonstigen Milchbestandteilen, das meist geformt und gesalzen, auch mit Gewürzen versetzt ist und entweder frisch oder auf verschiedenen Stufen der Reifung zum Genusse bestimmt ist[4]).

Unterscheidung: Nach Tierart (Kuh-, Schaf-, Ziegenkäse; nach der Art der Abscheidung (Lab-, Sauermilchkäse); nach der Konsistenz (Hart-, Weichkäse); nach dem Fettgehalt[5]):

1. Rahmkäse mit mindestens . . . . . . 50% ⎫
2. Fettkäse (vollfetter) mit mindestens . . 40% ⎪ Fett auf
3. Dreiviertelfetter Käse mit mindestens . 30% ⎪ Trocken-
4. Halbfetter Käse mit mindestens . . . . 20% ⎬ masse
5. Viertelfetter Käse mit mindestens . . . 10% ⎪ berechnet
6. Magerkäse mit weniger als . . . . . : 10% ⎭

---

[1]) Nach Beythiens Handbuch.

[2]) Unter Benützung der Entwürfe zu Festsetzungen über Lebensmittel betr. Käse. Siehe auch die Beschlüsse d. freien Vereinig. Deutsch. Nahr.-Chemiker, Zeitschr. f. U. N. 1910. 20. 376; 1912. 24. 131 (Weigmann).

[3]) Urt. d. Ldg. Augsburg vom 29. Jan. 1914 u. d. R. G. betr. deutschen Camembert mit nachgemachter französ. Bezettelung. Zeitschr. f. U. N. (Ges. u. Verord.) 1914. 6. 291; Urt. d. Ldg. Ulm v. 17. Jan. 1912 und des R.-G. v. 1. Juli 1912, Anpreisung von Käse mit Bezettelung, die auf fetteren Käse schließen ließ, ebenda 1912, 4, 473.

[4]) Demnach ist z. B. ein Gemenge von Kasein, Milchfett und Salzen kein Käse. Aus Molkeneiweiß hergestellter Käse ist zu kennzeichnen.

[5]) Die Berechnung des Fettgehaltes der zur Herstellung des Käses verwendeten Milch unterliegt erheblichen Schwierigkeiten; siehe darüber die Handbücher; s. auch P. Buttenberg, O. Penndorf u. K. Pfizenmaier, Untersuchungen über Käse des Handels. Zeitschr. f. U. N. 1912. 23. 669.

Ferner werden verschiedene Käsesorten nach den Einzelheiten der Herstellungsweise und nach dem Orte durch entsprechende Bezeichnungen unterschieden.

Der Verkehr mit Margarinekäse ist durch das Margarinegesetz geregelt.

Verfälschungen und Nachmachungen. Als verfälscht, nachgemacht oder irreführend bezeichnet sind anzusehen:

1. Als Käse oder mit Namen von Käsesorten bezeichnete Erzeugnisse, die der Begriffsbestimmung für Käse nicht entsprechen.

2. Als Rahmkäse [1]), Fettkäse (vollfetter Käse) usw. oder gleichsinnig bezeichnete Käse, die den Begriffsbestimmungen dieser Käse nicht entsprechen.

3. Käse, bei dem ein bestimmter Fettgehalt angegeben ist, sofern er dieser Angabe nicht entspricht [2]).

4. Käse, bei dem der Fettgehalt in Prozenten angegeben ist, sofern er nicht daneben seinem Fettgehalt entsprechend als „Fettkäse", dreiviertelfetter Käse usw. bezeichnet ist [3]).

5. Als Gervais, Imperial oder Stilton bezeichnete Käse mit weniger als 50 % Fett, auf Trockenmasse berechnet, sofern sie nicht dem geringeren Fettgehalt entsprechend bezeichnet sind.

6. Alle Käse mit weniger als 40 % Fett, auf Trockenmasse berechnet, sofern sie nicht dem geringeren Fettgehalt entsprechend bezeichnet sind, ausgenommen: Limburger, Parmesan-, alle Sauermilchkäse, Backstein-, Quadratkäse, Holsteiner, Leder-, Grau-, Schicht-, Yoghurtkäse.

7. Als Limburger, Parmesan- oder Yoghurtkäse bezeichnete Käse mit weniger als 20 % Fett, auf Trockenmasse berechnet, sofern sie nicht dem geringeren Fettgehalt entsprechend bezeichnet sind.

An alle Sauermilchkäse, z. B. Kräuter-, Kümmelkäse, Mainzer-, Harzer-Backsteinkäse usw. sind bezüglich des Fettgehaltes nur die Ansprüche wie an Magerkäse zu stellen. Limburger, Parmesan- und Yoghurtkäse sind also ohne Angabe des Fettgehaltes „halbfette Käse"; geringerer Fettgehalt als 20 % i. d. Tr. ist zu kennzeichnen.

Alle sonstigen Käse, auch solche, die mit Phantasienamen (z. B. Schloßkäse, Frühstückskäse) oder als „Käse" schlechthin bezeichnet sind, sind ohne weitere Angabe des Fettgehaltes als Fettkäse anzusehen und zu beurteilen; haben sie einen geringeren Fettgehalt als 40 % in der Trockenmasse, so muß dies durch die Bezeichnung z. B. „Holländer, dreiviertelfett mit 37 % Fett in der Trockenmasse" oder „Schloßkäse, viertelfett" oder „Frühstückskäse Magerkäse" kenntlich gemacht werden.

8. Als Rahmschichtkäse (Sahneschichtkäse) bezeichneter Käse, der nicht Schichten von Rahmkäse enthält.

9. Mit dem Namen einer bekannten Käsesorte bezeichneter Käse, dessen Eigenschaften dieser Bezeichnung nicht entsprechen.

Z. B. „Roquefort" oder „Schweizer".

---

[1]) „Sahnekäse" dürfen nicht aus Magermilch hergestellt sein. Siehe die Urteile des Ldg. Elberfeld und Oberldg. Köln vom 28. Mai 1910; Zeitschr. f. U. N. (Ges. u. Verord.) 1911. 3. 60 und des Ldg. Altona vom 5. Juli 1913. ebenda 1914. 6. 378. (Siehe auch Ziff. 8.)

[2]) 1 % Mindergehalt an Fett gilt als innerhalb der Versuchsfehlergrenze liegend.

[3]) Beispiel: Limburger halbfett mit 28 % Fett in der Trockenmasse.

10. Mit einem Herkunftsnamen bezeichneter Käse, dessen Herkunft dieser Bezeichnung nicht entspricht, sofern diese nicht Gattungsbezeichnung geworden ist; als Gattungsbezeichnungen sind insbesondere anzusehen:

Schweizer, Emmentaler, Tilsiter, Ragniter, Holländer, Gouda, Edamer, Münster, Limburger, Harzer, Mainzer, Nieheimer, Thüringer, Brie, Camembert [1]), Neufchâteller.

11. Mit einem Herkunftsnamen, der Gattungsbezeichnung geworden ist, bezeichneter Käse, sofern durch die besondere Art der Bezeichnung, Verpackung oder Aufmachung der Eindruck erweckt wird, daß eine Herkunftsbezeichnung vorliegt, die Herkunft der Bezeichnung aber nicht entspricht.

Z. B. sind Schweizerkäse und Camembert Gattungsbezeichnungen geworden. Doch ist es unzulässig, durch besondere Kennzeichen den täuschenden Eindruck zu erwecken, daß es sich doch um ein Erzeugnis des betr. Ortes oder Landes handele, z. B. wenn deutscher Camembert in Deutschland mit französischer Bezettelung in den Handel gebracht wird.

12. Als Ziegen- oder Schafkäse bezeichneter Käse, der nicht vorwiegend aus Ziegenmilch bzw. Schafmilch hergestellt ist.

13. Käse, bei dessen Herstellung andere Konservierungsmittel als Kochsalz oder sonstige fremde Stoffe verwendet worden sind, unbeschadet der Verwendung von Natriumbikarbonat, Salpeter und Chlorkalzium, der Einführung von Reifungsbakterien, bei Roquefortkäse auch in Form von verschimmeltem Brot, des Zusatzes von anderen stärkemehlhaltigen Stoffen [2]) als verschimmeltem Brot (bei Roquefortkäse) und Gewürzen [3]), sofern dieser Zusatz aus der Bezeichnung des Käses hervorgeht, der Färbung mit kleinen Mengen unschädlicher Farbstoffe, des Aufbringens kleiner Mengen unschädlicher Stoffe auf die Außenfläche [4]).

Käse mit übermäßig hohem Wassergehalt (namentlich Quark mit der Höchstgrenze von 75% (Kriegsverordnung). Unreife Hartkäse, wie Tilsiter, Holländer enthalten oft auch zuviel Wasser; ob im Verkaufe solcher Käse ein Verstoß gegen das Nahrungsmittelgesetz oder Betrug zu erblicken ist, hängt von den besonderen Umständen ab. Der nachträgliche Wasserzusatz hat stets als Verfälschung gegolten.

14. Dem Käse ähnliche Zubereitungen, deren Fettgehalt nicht oder nicht ausschließlich der Milch entstammt [5]), sofern sie nicht als Margarinekäse bezeichnet sind.

---

[1]) Buttenberg und Guth, Zeitschr. f. U. N. 1907. 14. 677; 1908. 15. 416; 1910. 19. 475; Lührig und Blau, Pharm. Zentralh. 1909. 50. 191, sowie Schäffer, Zeitschr. f. U. N. 1911. 21. 237 fanden, daß der Camembert des Handels in den weitaus meisten Fällen vollfett bzw. fett war. Siehe auch das Urt. d. Ldg. I Berlin vom 26. Febr. 1912; Zeitschr. f. U. N. (Ges. u. Verord.) 1914. 6. 294.

[2]) Z. B. Kartoffeln in Kartoffelkäse.

[3]) Z. B. bei Liptauerkäse; gewöhnlicher Kuhmilchquark, mit Kümmel oder Paprika versetzt, ist kein Liptauer. P. Buttenberg und K. Pfizenmaier, Kokosfett in Liptauer Käse. Zeitschr. f. U. N. 1912. 23. 340.

[4]) Umhüllungsmittel wie Gips, Schwerspat, Paraffin, Öl usw.

[5]) P. Buttenberg und W. König haben in Kräuterkäse Kokosfett nachgewiesen. Zeitschr. f. U. N. 1909. 18. 413. Bei der Deutung der

15. Margarinekäse muß aus genußtauglichen Fetten hergestellt sein. Gesetzwidrig ist Margarinekäse, der in 100 Gewichtsteilen der angewandten Fette und Öle nicht mindestens 5 Gewichtsteile Sesamöl von der vorgeschriebenen Beschaffenheit enthält.

Verdorbene oder fehlerhafte Käse entstehen durch Maden, Milben und Mikroorganismen (siehe den bakteriologischen Teil). Verdorbenheit kann auch durch übermäßigen Säuregehalt (z. B. bei Quark) entstehen. Mit Urin behandelter Käse ist ekelerregend und daher verdorben.

Gesundheitsschädigungen können durch Krankheitsbakterien und deren Toxine, durch Ptomaine sowie giftige Metalle, wie Blei [1]), Kupfer, Zinn (Stanniol [2]) hervorgerufen werden.

Sog. Käsearomapulver haben keine Daseinsberechtigung.

IV. Fleisch und Wurstwaren [3]), Fische, Krustentiere und deren Konserven sowie Kaviar.

Probeentnahme.

Bei der Entnahme des Untersuchungsmaterials kommt es im wesentlichen darauf an, gute Durchschnittsmuster zu erhalten also eine gründliche Durchmischung des Materials vorzunehmen. Der eingehenden Untersuchung hat eine genaue Sinnenprüfung sofort nach Einlieferung der Probe voranzugehen. Dabei ist der Zustand nach Art, Gewicht, Form, Zubereitung, Farbe, Geruch und Geschmack, insbesondere hinsichtlich abweichender Beschaffenheit festzustellen. Näheres ist dem Ziffer 10 über Nachweis von Verdorbenheit gewidmeten Ab-

---

Untersuchungsergebnisse ist zu berücksichtigen, daß bei Reifungsvorgängen aus den Fetten freie Fettsäuren abgespalten werden, die zum Teil verflüchtigt sein können. Im allgemeinen werden daher die Konstanten stets etwas niedriger ausfallen als bei den Neutralfetten.

[1]) Auch bleihaltiges Pergamentpapier.

[2]) A. Eckardt, Über Zinnvergiftungen. Zeitschr. f. U. N. 1909. 18. 193.

[3]) Die Untersuchung von Fleisch auf Genußtauglichkeit und Verdorbenheit im Sinne des Schlachtvieh- und Fleischbeschaugesetzes ist Sache der dafür aufgestellten Tierärzte und Laienfleischbeschauer. Die Pflichten und Befugnisse derselben sind in den Ausführungsbestimmungen des genannten Gesetzes vorgeschrieben. Die Untersuchung des Fleisches und namentlich der Fette auf fremde und gesundheitsschädliche Zusätze ist dem Chemiker (Nahrungsmittelchemiker) zugewiesen. Die neuerdings für die Unterscheidung der Blut-, Eiweiß- und Fleischarten in Anwendung gebrachte Uhlenhuthsche biologische Methode kann von Tierärzten und Nahrungsmittelchemikern ausgeführt werden. Der Nachweis von Verdorbenheit (Fleischfäulnis, Ranzigkeit und andere Veränderungen) im Sinne des Nahrungsmittelgesetzes fällt in das Gebiet der Ärzte, Tierärzte und Nahrungsmittelchemiker. Die Frage der Gesundheitsschädlichkeit ist dem Arzt zur Begutachtung überlassen. Sofern der Nachweis von Verdorbenheit und Gesundheitsschädlichkeit sich nicht lediglich auf äußere Merkmale oder auf bakteriologische Feststellungen (z. B. Nachweis von pathogenen Bakterien, Paratyphus usw.) gründet, ist der Chemiker imstande, auch noch chemische Methoden zu Rate zu ziehen.

Die Untersuchung von Fleisch und Wurstwaren usw. auf Konservierungsmittel, Metalle, Farbstoffe, Mehl usw., sowie die Ermittelung der Zusammensetzung hinsichtlich Nährwert usw. gehört ausschließlich zum chemischen Gebiet.

schnitt zu entnehmen. Die erlassenen Ausführungsbestimmungen vom 28. Juli 1902 bzw. 22. Februar 1908 Anlage c zum Schlachtvieh- und Fleischbeschaugesetz vom 3. Juni 1910 (siehe das Fleischbeschaugesetz S. 702) können auch bei der allgemeinen Nahrungsmittelkontrolle zur Richtschnur dienen.

1. Wasser.

Ausführung nach den im allgemeinen Untersuchungsgang angegebenen Methoden durch Trocknen bei 105° bis zum konstanten Gewicht nach vorausgehendem Vortrocknen.

E. Feder[1]) führt die Bestimmung derart aus, daß er 10 g der zerkleinerten Probe in eine mit Sand und Glasstäbchen gewogene Nickelschale bringt, mit Alkohol durchfeuchtet, bei 60° vortrocknet und dann weiter wie angegeben verfährt. Die Fleischprobe ist mit dem Sand gut zu vermengen und dieses während des Trocknens zu wiederholen.

Man kann den Wassergehalt auch nach der Destillationsmethode (s. Abschnitt Käse), am besten mit Xylol oder indirekt nach Abzug des Fett-, Stickstoffsubstanz- und Aschengehaltes ermitteln.

2. Gesamtstickstoff (Eiweiß).

Ausführung nach Kjeldahl S. 34, die Abänderung des Verfahrens bei Anwesenheit von Salpeter (Wurstwaren, Gepökeltes) ebenda. Rein- eiweiß und verdauliches Eiweiß wird nach den S. 506 (Futtermittel) angegebenen Verfahren ermittelt.

Die Bestimmungen von Peptonen, Albumosen, von Fleischbasen, wie Kreatinin, von Abbauprodukten, wie Aminosäuren sind im Abschnitt Fleischextrakte usw. beschrieben.

3. Fett (Ätherextrakt).

Ausführung durch Extraktion im Soxhletapparat nach den im allgemeinen Untersuchungsgang gegebenen Winken. Als Untersuchungs- material dient zweckmäßig der Trockenrückstand, der verlustfrei zu zerkleinern ist, um eine vollständige Extraktion zu erzielen.

Sicherer und schneller zum Ziele führt die Methode von E. Bauer und H. Barschall[2]) in der von Polenske[2]) ergänzten Form:

1—1,5 g Substanz werden mit 5 ccm konzentrierter Schwefelsäure und 5 ccm Wasser unter Erhitzen gelöst und noch weitere 10 Minuten erhitzt. Die Lösung verdünnt man mit 40 ccm Wasser, schüttelt sie zunächst mit 50 ccm Äther 2 Minuten und dann mit 50 ccm Petroläther 1 Minute aus und läßt sie dann 15—20 Minuten in Wasser von 18° stehen, bis die Schichten sich getrennt haben. Ein gewisser Teil der Äther-Petroläthermischung wird abpipettiert und dessen Rückstand nach dem Verdunsten des Äther-Petroläthers etwa $^3/_4$ Stunden getrocknet und dann gewogen.

Polenske benutzt eine Pipette mit besonderer Einteilung (nach Palm- quist) zum Abnehmen der ätherischen Fettlösung.

---

[1]) Siehe die Berechnungsmethode zur Feststellung eines künstlichen Wasserzusatzes S. 160.

[2]) Arb. a. d. Kaiserl. Ges.-Amte 1909. 30. 50; 1910. 33. 563; Zeitschr. f. U. N. 1909. 17. 417 u. 1910. 19. 657.

P. Fritzsche [1]) behandelt das Fleisch mit alkohol. Kalilauge, zersetzt die Seife mit HCl und schüttelt die Fettsäuren mit Äther aus, deren Menge dann durch Titration bestimmt wird. Durch Umrechnung mit dem Faktor 67,5 für 1 ccm $^1/_4$-Lauge wird der Gehalt an Fetten ermittelt. Die Methode ist nicht exakt, kann aber als Schnellmethode in manchen Fällen, insbesondere bei Vergleichsversuchen mit Fleischwaren gleichartiger Fette, brauchbar sein. Der Faktor kann der Art des Fettes entsprechend korrigiert werden.

4. Asche und Alkalität }

5. Aschenanalyse } siehe den allgemeinen Untersuchungsgang.

Untersuchung von Pökelfleisch auf Kochsalz nach Anlage a § 13 Abs. 2 des Fleischbeschaugesetzes (s. S. 715).

6. Extraktivstoffe des Bindegewebes und der Muskelfaser.

Da diese Untersuchungen nur vereinzelt vorkommen und außerhalb des Rahmens der allgemeinen Nahrungsmittelkontrolle liegen, kann hier nur darauf verwiesen werden. Vgl. E. Kern und H. Wattenberg; Journal f. Landwirtschaft 1878. 549 u. 610 und Vereinbarungen I, S. 30.

7. Nachweis der Abstammung.

Die Ermittelung der Abstammung der einzelnen Fleischarten auf Grund anatomischer Merkmale (Knochen usw.) ist im wesentlichen Sache des Tierarztes. Die sichere Unterscheidung des Fleisches stammverwandter Tiere auf Grund äußerer Beschaffenheit ist bisweilen überhaupt nicht möglich; dagegen hat sich von den nachfolgenden Verfahren namentlich das zunächst genannte bewährt.

Biologisches Verfahren nach Uhlenhuth [2]).

Es beruht darauf, daß durch wiederholte Injektion des Blutserums eines Tieres in die Blutbahn eines Kaninchens in letzterem ein Serum erzeugt wird, welches in dem Serum des betreffenden Tieres Ausscheidungen (Präzipitate) hervorbringt. Diese präzipitierenden Sera nennt man Antisera. Die Präzipitate sind Eiweißkörper. Das Verfahren läßt sich nach Uhlenhuth nicht nur am Blut, sondern auch an Fleisch (eiweiß-) -lösungen anwenden, wodurch die Identifizierung der Fleischsorten bzw. der Nachweis derselben in Gemengen, auch Würsten usw. ermöglicht ist, unter der Voraussetzung, daß eine erhebliche Erwärmung über die Gerinnungstemperatur der Eiweißkörper (Erhitzung, Kochung) bei denselben nicht stattgefunden hat. Bestandteile von Mehl sollen in den Fleischlösungen nicht vorhanden sein. Die Gewinnung zuverlässiger Antisera ist Sache der dazu besonders eingerichteten Spezialinstitute [3]), sie können jedoch auch bei entsprechender Einrichtung und Übung vom Chemiker selbst hergestellt werden.

---

[1]) Chem.-Ztg. 1917. **43**. 307.

[2]) Über das biologische Verfahren zur Erkennung von Menschen- und Tierblut. Jena 1905. Verlag von Gustav Fischer. Siehe auch das im Abschnitt „Über die Erkennung von Blutflecken und Unterscheidung der Blutarten" Gesagte.

[3]) Bezugsquellen: Die bakteriologische Abteilung des Kais. Gesundh.-Amtes in Berlin; das Hygien. Institut der Univ. Greifswald; Farbwerke Meister Lucius u. Brüning, Höchst a. M. u. a.

Die Ausführung des biologischen Verfahrens (Anstellung der Reaktion nebst den nötigen Vor- und Kontrollarbeiten) im Laboratorium erfordert große Sorgfalt und Erfahrungen, weshalb es sich empfiehlt, Anleitung und praktische Winke bei erfahrenen Hygienikern, Chemikern oder Tierärzten einzuholen, sowie die Literatur eingehend durchzusehen.

Für die Zwecke der Nahrungsmittelkontrolle kommt am meisten der Nachweis von Pferdefleisch[1]), namentlich in Würsten, in Betracht. Außerdem kann auch Untersuchung auf Hühner-, Ziegen-, Kaninchen-, Hunde-, Katzen-, Rehfleisch vorkommen oder eine solche auf Rind-, Schweine- usw. -fleisch gefordert werden. In jedem Falle sind die betreffenden spezifischen Antisera erst zu besorgen. Für die praktische Ausführung der biologischen Untersuchung ist die in den Ausführungsbestimmungen zum Schlachtvieh- und Fleischbeschaugesetz erlassene Anweisung D (Anlage a) § 16, Anm. 3 für die tierärztliche Untersuchung des in das Zollinland eingehenden Fleisches maßgebend, die im Anhang abgedruckt ist. Weitere Anhaltspunkte bieten die Arbeiten von O. Weidanz[2]), Fiehe[3]), Baier und Reuchlin[4]), Behre[5]), Schüller, Müller[6]), O. Mezger[7]) u. a. Die Zahl der Veröffentlichungen auf diesem Gebiete ist sehr groß. In erschöpfender Weise ist das Verfahren von Uhlenhuth und O. Weidanz in deren „Praktische Anleitung zur Ausführung des biologischen Eiweißdifferenzierungsverfahrens" beschrieben. Siehe ferner P. Th. Müller, Technik der serodiagnostischen Methoden, beide Bücher Jena 1909.

Das für die Zwecke der Fleischbeschau vorgeschriebene Verfahren ist folgendes:

Zur Ausführung der biologischen Untersuchung auf Pferdefleisch und anderes Einhuferfleisch sind mit einem ausgeglühten oder ausgekochten Messer aus der Tiefe des verdächtigen Fleischstückes etwa 30 g Muskelfleisch, möglichst ohne Fettgewebe, von einer frisch hergestellten Schnittfläche zu entnehmen und auf einer ausgekochten, mit ungebrauchtem Schreibpapier bedeckten Unterlage durch Schaben mit einem ausgekochten Messer zu zerkleinern. Die zerkleinerte Fleischmasse wird in ein ausgekochtes oder sonst durch Erhitzen sterilisiertes, etwa 100 ccm fassendes Erlenmeyersches Kölbchen gebracht, mit Hilfe eines ausgekochten sterilisierten Glasstabes gleichmäßig verteilt und mit 50 ccm sterilisierter 0,85%iger Kochsalzlösung übergossen. Gesalzenes Fleisch ist zuvor in einem größeren sterilisierten Erlenmeyerschen Kolben zu entsalzen, indem man es mit sterilem destilliertem Wasser übergießt und letzteres, ohne zu schütteln, während 10 Minuten mehrmals erneuert. Das Gemisch von Fleisch und 0,85%iger Kochsalzlösung bleibt zur Ausziehung der im Fleisch vorhandenen Eiweißsubstanzen etwa 3 Stunden bei Zimmertemperatur oder über

---

[1]) Verdächtige äußere Merkmale siehe S. 143.
[2]) Zeitschr. f. Fleisch- u. Milchhyg. 1907. 18. 33.
[3]) Zeitschr. f. U. N. 1907. 13. 744.
[4]) Ebenda 1908. 15. 513.
[5]) Ebenda 1908. 15. 521.
[6]) Zeitschr. f. Fleisch- u. Milchhyg. 1908. Heft 1, 2 u. 3.
[7]) Chem.-Ztg. 1910. 31. 346, Mitteilung aus dem städt. Laboratorium Stuttgart.

Nacht im Eisschrank stehen und darf, um eine klare Lösung zu erhalten, nicht geschüttelt werden. Zur Feststellung, ob die für die Untersuchung nötige Menge Eiweiß in Lösung gegangen ist, sind etwa 2 ccm der Auszehungsflüssigkeit in ein sterilisiertes Reagenzglas zu gießen und tüchtig durchzuschütteln. Entwickelt sich dabei ein feinblasiger Schaum, der längere Zeit stehen bleibt, so ist der Auszug verwendbar. Die zu untersuchende Eiweißlösung muß für die Ausführung der biologischen Untersuchung wie alle übrigen zur Verwendung kommenden Flüssigkeiten vollständig klar sein. Zu diesem Zwecke muß der Fleischauszug filtriert werden und zwar entweder durch gehärtete Papierfilter, oder, wenn hierbei ein klares Filtrat nicht erzielt wird, durch ausgeglühte Kieselgur auf Büchnerschen Trichtern oder auch durch Berkefeldsche Kieselgurkerzen. Das Filtrat ist für die weitere Prüfung geeignet, wenn es wie der unfiltrierte Auszug beim Schütteln schäumt und außerdem eine Probe (etwa 1 ccm) beim Kochen nach Zusatz eines Tropfens Salpetersäure vom spezifischen Gewicht 1,153 eine opalisierende Eiweißtrübung gibt, die sich nach etwa 5 Minuten langem Stehen als eben noch erkennbarer Niederschlag zu Boden senkt.

Dann besitzt das Filtrat die für die biologische Prüfung zweckmäßigste Konzentration des Eiweißes in der Ausziehungsflüssigkeit (etwa 1 : 300). Ist das Filtrat zu konzentriert, so muß es so lange mit sterilisierter Kochsalzlösung verdünnt werden, bis die Salpetersäure-Kochprobe den richtigen Grad der Verdünnung anzeigt. Ferner soll das Filtrat neutral, schwach sauer oder schwach alkalisch reagieren.

Von der filtrierten, neutralen, schwach sauren oder schwach alkalischen, völlig klaren Lösung wird mit ausgekochter oder anderweitig durch Hitze sterilisierter Pipette je 1 ccm in 2 Reagenzröhrchen von je 11 cm Länge und 0,8 cm Durchmesser (Röhrchen 1 und 2) gebracht. In ein Röhrchen 3 wird 1 ccm eines ebenfalls klaren, neutral, schwach sauer oder schwach alkalisch reagierenden, aus Pferdefleisch in gleicher Weise hergestellten Filtrats eingefüllt. Weitere Röhrchen 4 und 5 werden mit je 1 ccm einer ebenso hergestellten Schweine- und Rindfleischlösung beschickt. In ein Röhrchen 6 wird 1 ccm sterilisierter 0,85%iger Kochsalzlösung gegossen. Die Röhrchen werden in ein kleines passendes Reagenzglasgestell eingehängt. Sie müssen vor dem Gebrauch ausgekocht oder anderweitig durch Hitze sterilisiert und vollkommen sauber sein. Zum Einfüllen der verschiedenen Lösungen in die einzelnen Röhrchen sind je besondere sterilisierte Pipetten zu benutzen. Zu den, wie angegeben, beschickten Röhrchen wird mit Ausnahme von Röhrchen 2, je 0,1 ccm vollständig klares, von Kaninchen gewonnenes Pferdeeiweiß ausfällendes Serum von bestimmtem Titer so zugesetzt, daß es an der Wand des Röhrchens herabfließt und sich auf seinem Boden ansammelt. Zu Röhrchen 2 wird 0,1 ccm normales, ebenfalls völlig klares Kaninchen-Serum in gleicher Weise gegeben.

Die Röhrchen sind bei Zimmertemperatur aufzubewahren und dürfen nach dem Serumzusatze nicht geschüttelt werden.

Beurteilung der Ergebnisse: Tritt in Röhrchen 1 ebenso wie in Röhrchen 3 nach etwa 5 Minuten eine hauchartige, in der Regel am Boden des Röhrchens beginnende Trübung auf, die sich innerhalb weiterer

5 Minuten in eine wolkige umwandelt und nach spätestens 30 Minuten als Bodensatz absetzt, während die Lösungen in den übrigen Röhrchen völlig klar bleiben, so handelt es sich um Pferdefleisch (oder anderes Einhuferfleisch). Später entstehende Trübungen dürfen als positive Reaktion nicht aufgefaßt werden. Zur besseren Feststellung der zuerst eintretenden Trübung können die Röhrchen bei auffallendem Tages- oder künstlichem Lichte betrachtet werden, indem hinter das belichtete Reagenzglas eine schwarze Fläche (z. B. schwarzes Papier oder dgl.) geschoben wird.

Das ausfällende Serum muß einen Titer 1 : 20 000 haben, d. h. es muß noch in der Verdünnung 1 : 20 000 in einer Lösung von Pferde- blutserum binnen 5 Minuten eine beginnende Trübung herbeiführen. Derartiges Serum ist bis auf weiteres vom kaiserlichen Gesundheitsamt erhältlich. Das Serum wird in Röhrchen. von 1 ccm Inhalt versandt. Getrübtes oder auch nur opalisierendes Serum ist nicht zu verwenden. Serum, das durch den Transport trüb geworden ist, darf nur gebraucht werden, wenn es sich in den oberen Schichten binnen 12 Stunden voll- kommen klärt, so daß die trübenden Bestandteile entfernt werden können. Zur Untersuchung soll stets nur der Inhalt eines Röhrchens, nicht da- gegen eine Mischung mehrerer Röhrchen verwendet werden.

Vorstehende praktische Ausführung des biologischen Verfahrens läßt sich sinngemäß auch beim Identitäts-Nachweis von Fleisch anderer- Tiere anwenden, indem man die dafür entsprechenden Sera bzw. Anti- sera benutzt.

Nach Uhlenhuth und Weidanz kommen bei genauem Einhalten dieser Vorschriften Täuschungen durch heterologe Trübungen nicht vor. Sog. Verwandtschaftsreaktionen (betr. Pferdefleisch z. B. bedingt durch Esel- oder Mauleselfleisch usw.) können unter Umständen ein unrichtiges Ergebnis vortäuschen, kommen aber bei Pferdefleisch praktisch in Deutsch- land wenigstens nicht in Betracht. Die Reaktion tritt auch bei gepökeltem, geräuchertem und faulendem Fleisch ein; bei solchem Untersuchungs- material muß man aber die Auslaugungszeit zwecks Gewinnung einer brauchbaren Eiweißlösung verlängern. In erhitztem oder gebratenem. Fleisch bleiben meistens reaktionsfähige Eiweißkörper zurück; bei Sup- penfleisch versagt aber die Methode meist gänzlich. Die Auslaugung solchen Materials ist 24 Stunden und länger fortzusetzen, Reaktionen können auch oft erst nach 10—20 Minuten eintreten.

Auch mit dem aus Fettproben z. B. Rohtalg gewonnenen Eiweiß lassen sich biologische Untersuchungen auf Herkunft anstellen.

Oben beschriebene Methode ist sinngemäß auch auf Würste an- wendbar. Zweckmäßig wendet man etwa 50 g an, die zuvor mit einem sterilen Messer möglichst fettfrei gemacht sind. Die Wurstmasse ist mög- lichst klein zu schneiden. Die Auslaugung mit 0,85%iger NaCl-lösung beansprucht bei Wurst meist mehr Zeit als bei Fleisch, namentlich bei stark geräucherten, erhitzten usw. Würsten; 20 Minuten ist Mindest- dauer. Die Herstellung eines klaren Filtrates, sowie dessen Verdünnung von 1 : 300 erfolgt wie oben. Das verwendete Antiserum muß sehr hochgradig sein, um auch geringere Mengen Pferdefleisch nachzuweisen. Nach Uhlenhuth soll die Wirkung noch in Verdünnungen 1 : 20 000 eintreten. Da im allgemeinen aber geringere Pferdefleischzusätze als 25—30°/₀ kaum vorkommen, wird man auch mit einem Antiserum 1 : 10 000 in der Praxis meistens auskommen. Man hat womöglich jedesmal eine Kontrollwurst, die etwa 30°/₀ Pferdefleisch enthält, mit in Arbeit zu nehmen.

Für die Ausführungen der Reaktionen kommen folgende 6 Röhrchen in Betracht (je 1 ccm Lösung, in den ersten fünf mit 0,1 ccm Pferdeantiserum):

I. Zu untersuchende Wurstlösung.
II. Normales Kaninchenserum.
III. Pferdefleisch enthaltende Wurstlösung.
IV. Kein Pferdefleisch enthaltende Wurstlösung.
V. Physiologische (0,85°/₀ige) Kochsalzlösung,
VI. Zu untersuchende Wurstlösung ohne Antiserum.

Chemischer Nachweis von Pferdefleisch.

Äußere Eigenschaften und Merkmale für Pferdefleisch sind die meist dunkelrote, braunrote Farbe der Fleisch- und Wurstmasse, der süßliche Geschmack (bei frischem Fleisch) und die grobfaserige Struktur, die man durch Anschneiden und Auseinanderziehen bei Dauerwürsten feststellt. Fleisch von alten Schlachttieren (Rind) oder minderwertige Fleischteile derselben, wie Kopffleisch, das vielfach zur Wurstfabrikation verwendet wird, zeigt bisweilen aber ebenfalls letztere Eigenschaften.

Der chemische Nachweis hat an Bedeutung verloren, seitdem das biologische Verfahren eingeführt ist. Zur Erhärtung des Befundes des letzteren oder in besonderen Fällen können aber auch die chemischen Methoden mit Erfolg herangezogen werden. Die auf der Untersuchung des Pferdefettes beruhende chemische Methode ist, namentlich bei Wurstwaren, deshalb häufig nicht anwendbar, weil das Pferdefett wegen seines tranigen Geschmackes und seiner gelben Farbe im Fleischereigewerbe nicht verwendet werden kann, sondern durch Schweinefett ersetzt werden muß. Die auf dem Glykogennachweis beruhende Methode versagt, weil das Glykogen aus dem Fleisch nach dem Schlachten rasch abnimmt bzw. ganz verschwindet [1]). Bei Anwesenheit von Stärke ist die Methode überhaupt nicht anwendbar. Der chemische Nachweis von Pferdefleisch bleibt deshalb im wesentlichen auf das rohe, unbearbeitete Fleisch beschränkt [2]).

a) **Untersuchung des Pferdefettes,** vgl. Ausführungsbestimmungen zum Fleischbeschaugesetz (Anlage d, II. Abschnitt, im Abschnitt Fette S. 721.

b) **Glykogennachweis,** Methode Niebel [3]), nach Umgestaltungen von Külz [4]) und Brücke [5]) zerfällt in 3 Teile [6]):

---

[1]) Umwandlung durch Enzyme in Zucker. Der Glykogengehalt des Pferdefleisches ist etwas beständiger als der der anderen Fleischarten.
[2]) Über den Wert der Glykogenmethode vgl. auch Martin, Zeitschr. f. U. N. 1906. 11. 249.
[3]) Zeitschr. f. Fleisch- u. Milchhyg. 1891. 1. 185.
[4]) Zeitschr. f. Biologie 1886. 22. 161.
[5]) Sitzungsber. d. Wiener Akad. d. Wissensch. 1874. Abt. 2. 63.
[6]) Der Untersuchungsgang ist den früheren Ausführungsbestimmungen zum Fleischbeschaugesetz entnommen.

α) Bestimmung des Glykogens. 50 g von anhaftendem Fett möglichst befreites und zerhacktes Fleisch werden in einer Porzellanschale in 200 ccm kochendes Wasser gebracht und eine halbe Stunde unter Ersatz des verdunstenden Wassers im Sieden erhalten. Dann gießt man vorsichtig die Flüssigkeit ab, zerreibt den Rückstand ohne Verlust möglichst fein, bringt ihn in die Flüssigkeit zurück, fügt 2 g Kalihydrat hinzu und läßt auf dem Wasserbade eindunsten, bis das Volumen etwa 100 ccm beträgt. Ist noch nicht alles gelöst, oder ist auf der Oberfläche eine Haut vorhanden, so bringt man den Inhalt der Schale in ein Becherglas und erhitzt bei aufgelegtem Uhrglas, bis völlige Lösung erfolgt ist (4—8 Stunden). Die erkaltete Flüssigkeit neutralisiert man mit Salzsäure und setzt abwechselnd tropfenweise Salzsäure und Kaliumquecksilberjodidlösung (Brücke-Reagens[1]) zu. Der reichliche, flockige Niederschlag enthält alles Eiweiß (Pepton usw.); man filtriert ihn ab. Ist das Filtrat nicht klar, sondern milchig, so versetzt man nach Pflüger[2]) die Flüssigkeit mit dem doppelten Volumen 96—98%igem Alkohol, läßt den Niederschlag sich vollkommen absetzen, hebt oder filtriert den Alkohol ab. Man löst den Niederschlag in 2%iger Kalilauge, neutralisiert und fällt von neuem mit Salzsäure und Kaliumquecksilberjodid, solange noch ein Niederschlag entsteht. Letzterer wird nun abfiltriert, noch feucht in einer Schale mit Wasser verrührt, dem einige Tropfen Salzsäure und Kaliumquecksilberjodid zugefügt sind, und nochmals auf das Filter gebracht. Diese Behandlung wird viermal wiederholt. Zu den vereinigten Filtraten gibt man unter Umrühren das doppelte Volumen 96%igen Alkohols, läßt 12 Stunden absetzen und filtriert. Den Niederschlag löst man in wenig warmem Wasser, versetzt nach dem Erkalten mit einigen Tropfen Salzsäure und Kaliumquecksilberjodid, um Spuren von Eiweiß zu entfernen, filtriert und fällt das Filtrat wieder mit Alkohol. Das gefällte Glykogen wird auf einem gewogenen Filter gesammelt, zuerst mit Alkohol, dann mit Äther, zuletzt noch mit absolutem Alkohol gewaschen, bei 110° getrocknet und gewogen.

Das so gewonnene Glykogen muß ein amorphes, weißes Pulver sein; die wässerige Lösung desselben muß eine starke, weiße Opaleszenz zeigen; die Lösung muß mit Jod eine burgunderrote Färbung geben, darf Fehlingsche Lösung nicht reduzieren und weder Stickstoff noch Asche enthalten.

β) Bestimmung des Zuckers (Traubenzuckers). 100 g von anhaftendem Fett möglichst befreites, fein zerhacktes Fleisch werden mit der fünffachen Menge destillierten Wassers 2 Minuten gekocht und die Masse dann durch ein Koliertuch filtriert.

Der auf dem Tuche verbleibende Rückstand wird gut ausgepreßt, in einer Reibeschale gründlich verrieben, darauf noch zweimal mit geringen Mengen Wasser ausgekocht und weiter wie vorstehend behandelt. Nachdem man den schließlich verbliebenen Rückstand gut ausgepreßt

---

[1]) Herstellung: Zu einer 5—10%igen KJ-Lösung wird unter Erwärmen und Umrühren solange HgJ_2 zugesetzt, bis ein Teil desselben ungelöst bleibt, und die Lösung nach dem Erkalten abfiltriert.

[2]) Arch. d. ges. Physiol. 1893. 53. 491.

hat, dampft man die vereinigten Filtrate auf dem Wasserbade auf weniger als 100 ccm ein und filtriert darauf durch gewöhnliches Filtrierpapier. Das klare Filtrat wird mit Natronlauge schwach alkalisch gemacht und auf 150 ccm aufgefüllt. In einem abgemessenen Teile dieser Lösung wird der Traubenzucker (die Glucose) bestimmt (vgl. S. 42).

γ) Bestimmung der fettfreien Trockensubstanz. Man bringt 2 g der zu untersuchenden Probe in eine Mischung von Alkohol und Äther, läßt eine halbe Stunde darin, filtriert und wäscht mit Äther nach. Der Rückstand wird auf 100° erwärmt, wieder mit Äther gewaschen, bei 110° getrocknet und gewogen. Der so erhaltene Rückstand ist die fettfreie Trockensubstanz.

Die gefundene Glykogenmenge wird auf Traubenzucker umgerechnet (162 Teile Glykogen = 180 Teile Traubenzucker oder 9 Teile Glykogen = 10 Teile Traubenzucker; Glykogen × 1,11 = Traubenzucker) und diese Zahl zu der gefundenen Menge Traubenzucker zugezählt. Die so erhaltene Summe darf 1% der fettfreien Trockensubstanz der Fleischware nicht übersteigen, andernfalls ist anzunehmen, daß Pferdefleisch vorliegt.

Methode Mayrhofer[1]-Polenske[2]. 50 g zerhacktes, möglichst fettfreies Fleisch werden in einem Becherglase mit 150 ccm alkohol. Kalilauge (80 g KOH in 1 l Alkohol von 90 Vol.-%) bei aufgelegtem Uhrglase und unter zeitweiligem Umrühren bis zur Lösung der Fleischfaser auf dem Wasserbade erwärmt. Die heiße Flüssigkeit wird mit 100 ccm 50%igem Alkohol versetzt und nach dem Erkalten mit Hilfe einer Wittschen Platte abfiltriert. Der Rückstand wird mit 30 ccm 50° warmer alkoholischer Kalilauge, dann mit 90%igem Alkohol so lange gewaschen, bis das Filtrat mit verdünnter Salzsäure nicht mehr getrübt wird, und darauf in einem 110 ccm-Kolben mit 50 ccm wässriger n-Alkalilauge ½ Stunde zur Lösung des Glykogens auf dem Wasserbade erwärmt. Nach dem Erkalten wird mit konzentrierter Essigsäure angesäuert, mit Wasser auf 110 ccm aufgefüllt und filtriert. 100 ccm des Filtrates werden mit 150 ccm absolutem Alkohol versetzt, das ausgeschiedene Glykogen nach 12 Stunden durch einen Goochtiegel oder ein gewogenes Filter filtriert, mit 70%igem Alkohol, bis das Filtrat keinen Rückstand mehr hinterläßt, darauf mit absolutem Alkohol und schließlich mit Äther ausgewaschen. Man trocknet zuerst bei 40°, dann bei 100° bis zum konstanten Gewicht und zieht den Aschengehalt ab. Gefundener Wert, multipliziert mit 2,2 = Prozentgehalt des Fleisches an Glykogen, der auf fettfreie Trockensubstanz umzurechnen ist.

Zur Trennung des Glykogens von Stärke werden 0,3—0,5 g des erhaltenen Glykogens in 30 ccm Wasser gelöst und mit 11 g festem, feinst gepulvertem Ammoniumsulfat versetzt. Die abgeschiedene Stärke wird abfiltriert und mit einer Lösung von 11 g Ammoniumsulfat in 30 ccm Wasser ausgewaschen. Aus dem 60 ccm betragenden Filtrate fällt man nach Zusatz von 300 ccm Wasser das Glykogen mit 500 ccm Alkohol

---

[1] Forschungsber. 1896. 3. 141 und 429; Zeitschr. f. U. N. 1901. 4. 1101; vgl. auch A. Bujard, Forschungsber. 1897. 4. 47.

[2] Arb. a. d. Kaiserl. Gesundh.-Amte 1906. 24. 576. Z. f. U. N. 1907. 13. 355; s. auch Kickton u. Murdfield, ebenda 1907. 14. 501.

aus und filtriert. Der Stärkeniederschlag wird mit 50%igem Alkohol
gewaschen. Beide Niederschläge werden im Wassertrockenschrank
getrocknet und dann gewogen.

8. Prüfung auf Bindemittel.

1. Mehl, Stärkemehl, Semmel.

a) Qualitativ

durch Betupfen der frischen Schnittflächen von Wurst oder von möglichst
glattgestrichenem Hackfleisch (kommt im allgemeinen nur bei Schweine-
hackfleisch oder Wurstfüllmasse, sogen. Brät, vor) mit Jodjodkalilösung.
Bei Anwesenheit von Mehl oder Stärke ist die betupfte Stelle blau
bis schwarz-blau. Stärkemehlfreie, aber gepfefferte Fleischware zeigt,
wenn überhaupt Reaktion eintritt, mit bloßem Auge kaum zu erkennende
blaue, vereinzelte Pünktchen auf der mit Jodlösung betupften Stelle.
Blaugefärbte Teile sind noch mikroskopisch nachzuprüfen. Die kleinen
Stärkekörner des Pfeffers sind leicht von denjenigen der Getreidearten
und der Kartoffel zu unterscheiden. Die Unterscheidung, ob Mehl oder
Semmel zugesetzt ist, ist meist eine unsichere, weil z. B bei Würsten
ebenso eine Verkleisterung der Stärke eingetreten sein kann, wie bei
gebackenen Semmeln.

b) Quantitative Prüfung.

Empfehlenswert ist das von Großfeld[1]) vereinfachte polarimetrische Verfahren von Lehmann und Schowalter[2]):

25 g zerkleinerte Wurstware werden im Becherglas auf dem Wasserbad mit 50 ccm etwa 8%iger alkoholischer Kalilauge so lange erwärmt,
bis sich die vorhandenen Fleisch- und Fetteilchen gelöst haben, was
durch Zerdrücken der gröberen Teile mit dem Glasstabe beschleunigt
wird. Dann wird durch ein Papierfilter möglichst durch Dekantation
abfiltriert, anfangs mit 50—55%igem Alkohol (auch aus denaturiertem
Spiritus hergestelltem), dann mit stärkerem ausgewaschen und schließlich mit reinem Alkohol behandelt, bis die Waschflüssigkeit mit Essigsäure keine Trübung mehr gibt bzw. farblos ist, und zum Schluß mit
etwas Äther übergossen. Es ist darauf zu achten, daß tunlichst wenig
Stärke auf das Filter gelangt. Nach dem Trocknen gibt man den Filterrückstand in das Becherglas zurück, zerkleinert das Filter durch Zerschneiden mit der Schere über einem Blatt Glanzpapier und bringt die
Stückchen quantitativ in ein 100 ccm-Kölbchen. Den Rückstand im
Becherglas übergießt man mit 20 ccm Wasser unter gutem Durchweichen,
hierauf mit 30—40 ccm Salzsäure (1,19) und bringt alles zu den Papier-
schnitzeln in das 100 ccm-Kölbchen, wobei man das Becherglas mit etwas
Salzsäure (1,125) nachspült. Nach halbstündigem Stehen gibt man sodann eine Messerspitze mit Säuren gereinigtes Kieselgur zu und füllt
mit Salzsäure (1,125) bis zur Marke auf. Nach kräftigem Umschütteln
und Filtrieren durch ein trockenes Filter erhält man so ein Filtrat, das
am besten in einem Polarisationsröhrchen mit Hartgummiverschluß

---

[1]) Z. f. U. N. 1916. 31. 237.
[2]) Z. f. U. N. 1912. 24. 319.

polarisiert wird. Nimmt man den mittleren molekularen Drehungs-
winkel zu + 202° an, so entspricht nach der Gleichung $b = \dfrac{100 \times a}{2 \times 202}$,
wobei b der Gehalt der Lösung an Stärke, a der Drehungswinkel ist,
je ein Grad der Kreisteilung im 200 mm Rohr = 0,2475 g Stärke in
100 ccm. Bei Verwendung von 25 g Substanz erhält man daher den
Prozentgehalt an Stärke durch Multiplikation des abgelesenen Drehungswinkels mit 0,99.

Das Verfahren von Mayrhofer[1]) ist wegen seiner schnellen
Ausführbarkeit und gleichzeitig hinreichenden Genauigkeit ebenfalls
brauchbar.

10—20 g getrocknetes Fleisch oder zerkleinerte Wurst (die anzuwendende Menge ergibt sich aus der qualitativen Reaktion) werden
in einem Becherglase mit etwa 50 ccm alkoholischer Kalilauge (80 g
KOH im Liter Alkohol von 90 Vol.-%) unter Bedecken mit Uhrglas
auf dem kochenden Wasserbade zum Lösen gebracht und alsdann mit
heißem 50%igem Alkohol bis zum 2 bis 3-fachen Volumen verdünnt.
Nach dem Absitzen wird durch einen mit Asbest belegten Trichter oder
Goochtiegel filtriert und noch 2 mal mit heißer 8%iger Kalilauge nachgewaschen. Weiteres Nachwaschen mit heißem 50%igem Alkohol
ist dann noch so lange erforderlich, bis das Filtrat auf Zusatz von Säure
vollkommen klar bleibt und die alkalische Reaktion verschwunden ist.
Der Filtrationsrückstand wird nunmehr in das ursprüngliche Gefäß
zurückgegeben und mit etwa 60 ccm einer etwa normalen Kalilauge
etwa $\frac{1}{2}$ Stunde auf dem Wasserbade behandelt. Nach dem Erkalten
bringt man das Volumen der Flüssigkeit, ohne das Filter zu berücksichtigen, auf 200 ccm, hebert nach dem Absitzen 50 ccm der nicht filtrierten
Lösung ab, säuert mit Essigsäure schwach an und fällt durch Zusatz des
gleichen Volumens 95%igen Alkohols die Stärke aus. Den Niederschlag sammelt man im Goochtiegel und wäscht ihn mit 50%igem
Alkohol aus, bis nach dem Verdampfen einer Probe kein Rückstand verbleibt. Man wäscht mit Alkohol von 96 Vol.-% nach, verdrängt den
Alkohol mit Äther und trocknet bei 105° bis zur Gewichtskonstanz.

Diastaseverfahren [2]).

Etwa 20 g der getrockneten und noch durch Extraktion entfetteten
(Ausführung vergl. „Allgemeine Untersuchungsverfahren", S. 37) Fleischware
kocht man etwa eine halbe Stunde lang mit Wasser, wobei wegen des Schäumens
der Masse vorsichtig zu verfahren ist, läßt auf etwa 60° erkalten, gibt 0,1 bis
0,2 g Diastase oder 15 Tropfen Diastaselösung [3]) zu und hält etwa 5 Stunden
bei 60 bis 65°. Zur Abscheidung der Eiweißstoffe kocht man die Flüssigkeit
noch einmal auf, filtriert durch Asbest in einen 150 ccm-Kolben, wäscht mit
wenig heißem Wasser aus (der Rückstand ist auf ungelöste Stärke zu prüfen),
versetzt das Filtrat mit Tonerdebrei, füllt mit Wasser auf 150 ccm auf und läßt
den Niederschlag sich absetzen. Dann filtriert man 75 oder 100 ccm und invertiert diese mit 7,5 bzw. 10 ccm 25%iger Salzsäure (1,125) durch dreistündiges
Erhitzen am Rückflußkühler im kochenden Wasserbade. Nach dem Erkalten
wird die Flüssigkeit mit Natronlauge (300 g NaOH in 1 Liter) oder festem
kohlensaurem Natrium fast neutralisiert, wenn erforderlich filtriert und mit
Wasser auf 100 oder 150 ccm gebracht. In je 25 oder 50 ccm dieser Lösung

[1]) Forschungsber. 1896. 3. 141. 429.
[2]) Forschungsber. 1897. 4. 204.
[3]) Herstellung S. 53.

bestimmt man die Glucosemenge nach Allihn (S. 42); — die gefundene Zuckermenge mit 0,9 multipliziert gibt die Stärkemenge.

Bei dem Verfahren wird unter Umständen Glykogen mitbestimmt. Dieses
wird nach S. 143 besonders bestimmt. Mayrhofer[1]) gibt ein besonderes Trennungsverfahren an. S. auch S. 145.

Zur Umrechnung des Stärkewertes auf Getreidemehl ist das
Resultat mit 0,6 zu dividieren.

Weitere Verfahren sind von Baumert u. Bode[2]) und von Lintner[3])
im allgemeinen Untersuchungsgang angegeben.

2. Eiweiß (Albumin, Kleber usw.).

Kickton[4]), sowie E. Feder[5]) weisen auf den meistens hohen
Aschengehalt, auf die hohe Alkalität und die veränderte Zusammensetzung der Asche der Eiweißbindemittel gegenüber der Fleischasche,
namentlich bezüglich des Kalkgehaltes (bei Verwendung von Milch-
pulvern und Kasein) hin. Die Fähigkeit eines wässerigen, warmen
Auszuges der Wurstware, leicht zu gelatinieren, deutet unter Umständen
auf die Verwendung von Eiweißbindemitteln (Hühnereiweiß) hin. Bisweilen enthalten solche Eiweißbindemittel auch Stärkemehle (Erkennung mit Jodjodkaliumlösung); die mikroskopische Untersuchung[6])
ist ebenfalls zu Hilfe zu nehmen.

9. Nachweis von Farbstoffen.

Qualitativ am besten nach A. Kickton und W. König[7]).

20 bis 25 g Wurstmasse oder 5 bis 10 g (auch weniger), der möglichst von Fett und Fleisch befreiten Wursthüllen werden im Becherglase mit 96%igem Alkohol derart übergossen, daß letzterer etwa 1 cm
über der Substanz steht; das Glas wird darauf mit einem Uhrglas bedeckt,
$1/4$ bis $1/2$ Stunde auf dem kochenden Wasserbade erhitzt und die Lösung
abgegossen. Nach starkem Abkühlen (Abscheiden des Fettes) wird
die Flüssigkeit filtriert und das Filtrat nach Zusatz von 5 bis 10 ccm
einer 5%igen Weinsäure- oder 10%igen Kaliumbisulfatlösung mit einem
entfetteten Wollfaden auf kochendem Wasserbade bis zur Verjagung
des Alkohols und unter Ersatz des verdampfenden Wassers im Wasserbade weiter erhitzt. Der gefärbte Wollfaden wird dann noch zur Entfernung anhaftender organischer Substanzen mit Wasser, Alkohol und
Äther nachgewaschen und dann getrocknet. Vergl. auch Ed. Späth[8]).

Die amtliche Anweisung der Ausführungsbestimmungen zum Schlacht-
vieh- und Fleischbeschaugesetz vom 3. Juni 1900 (Wortlaut siehe S. 726)
ist im wesentlichen eine Zusammenfassung der Methoden von Klinger
und Bujard[9]), Späth[10]), Bremer[11]), Merl[12]) u. a. Nach letzterem

[1]) Z. f. U. N. 1901. 4. 1101.
[2]) Zeitschr. f. angew. Chemie 1900. 13. 1074 u. 1111; 1901. 14. 461.
[3]) Z. f. U. N. 1907. 14. 205.
[4]) Z. f. U. N. 1908. 16. 561.
[5]) Ebenda 1909. 17. 191.
[6]) A. Behre, Z. f. U. N. 1908. 16. 360.
[7]) Ebenda 1909. 17. 433.
[8]) Ebenda 1909. 18. 587.
[9]) Zeitschr. f. angew. Chemie 1891. 515.
[10]) Pharm. Zentralh. 1897. 38. 884.
[11]) Forschungsber. 1897. 4. 45.
[12]) Pharm. Zentralh. 1909. 11. 215.

reißt die beim Ansäuern der Extraktionsflüssigkeit ausfallende Salicylsäure den Farbstoff zum Teil mit. Die gefärbten Kristalle sammelt
man auf Glaswolle, wäscht oberflächlich mit kaltem Wasser nach und
löst dann die Salicylsäure in heißem Wasser auf. Aus dieser Lösung
lassen sich auch geringe Farbstoffmengen auf Wolle auffärben. Auf
andere Methoden, bei welchen als Lösungsmittel Amylalkohol, Ammoniak (bei Karmin) usw. vorgeschlagen ist, sei verwiesen. Vgl. A. Juckenack u. R. Sendtner[1]), E. Späth[2]), Ed. Polenske[3]), A. Reinsch[4]).
Der Nachweis von Farbstoffen ist insbesondere auch in den Abschnitten
„Fruchtsäfte und Wein" eingehend behandelt. Auf die beschriebene
Umfärbung nach Fresenius zur Kontrolle der Richtigkeit des
Prüfungsergebnisses sei besonders hingewiesen. Mit Kochsalz, Zucker,
Salpeter oder mit schwefligsauren Salzen erzeugte Röte (Salzungs-)
(beim Pökeln) gibt an die Lösungsmittel keinen Farbstoff ab, der sich
festhalten läßt; die Färbung verschwindet auch meist schon beim Kochen.
Ausfärbungen sind als Beweismittel aufzubewahren. Statt der Färbung
mit Teerfarbstoffen oder Karmin wird auch mit Paprika (dem sehr milden
oder der Schärfe beraubten Rosenpaprika) mangelnder frischer Wurst-
farbe aufzuhelfen versucht. Bisweilen ist solcher Paprika noch mit Teerfarbe gemischt. Paprika-Färbungen sind meist schon am gelbroten
Aussehen der Würste zu erkennen. Die auf den Auszügen schwimmende
Fettschicht ist dunkelgelb. Paprikazusätze, welche zwecks Färbung
der Fleischmasse gemacht sind, sind als Verfälschung wie die anderen
Farbstoffzusätze zu betrachten.

Der Nachweis der Darmfarbe (Räucher-) geschieht wie derjenige
der Wurstmasse; der Darm ist von der Wurstmasse vorher zu trennen.
Nicht selten dringt die Darmfarbe auch mehr oder weniger in das Wurst-
innere ein.

10. Nachweis von Konservierungsmitteln.

Vgl. die amtlichen Anweisungen für Fleisch und Fette,
S. 722 und 729.

Zur Ergänzung sei noch folgendes hinzugefügt:

a) Borsäure und deren Salze.

Zur Auffindung sehr geringer Mengen Borsäure sind verschiedene
Methoden vorgeschlagen. Goske[5]) verwendet die Kapillaranalyse.
Arbeiten von v. Spindler[6]) und Mezger[7]) beziehen sich auf die Flammenreaktion. Zum Nachweis minimaler Mengen Borsäure, wie sie in Kochsalz (0,6 bis 3,0 mg in 100 g) vorkommen, eignen sich die Methoden
von Hebebrand[8]) (kolorimetrisch) und von Partheil und Rose[9]) (Perforation), letztere zu forensen Zwecken.

---

[1]) Z. f. U. N. 1899. 2. 177.
[2]) Ebenda 1901. 4. 1020.
[3]) Arbeiten a. d. Kais. Gesundh.-Amt 1900. 17. 568.
[4]) Z. f. U. N. 1902. 5. 581 und Zeitschr. f. öffentl. Chemie 1900. 485.
[5]) Zeitschr. f. U. N. 1905. 10. 242.
[6]) Ebenda 1905. 10. 578.
[7]) Ebenda 1905. 10. 243.
[8]) Chem. Ztg. 1905. 29. 566; Z. f. U. N. 1902. 5. 55. Hierzu ist ein besonderes Kolorimeter erforderlich.
[9]) Ebenda 1901. 4. 1172 und 1902. 5. 1049.

Quantitative Methode zur Feststellung der Borsäure (Verfahren von Jörgensen nach den Vorschlägen von Beythien und Hempel[1]): Zerkleinerte Fleisch- und Wurstwaren werden mit Sodalösung in einer Platinschale getrocknet und verascht. Nachdem die Asche mehrfach mit heißem Wasser ausgelaugt ist, werden die vereinigten Filtrate mit Schwefelsäure versetzt, dann zur Austreibung von etwa vorhandener Kohlensäure kurze Zeit schwach erwärmt und nach dem Abkühlen mit kohlensäurefreier $n/_{10}$-Natronlauge unter Zusatz von Phenolphthalein genau neutralisiert. Man fügt nun zu der etwa 50 ccm betragenden Flüssigkeit 25 ccm reines neutrales Glyzerin oder 1 bis 2 g Mannitpulver und titriert mit $n/_{10}$-Natronlauge bis zum Eintritt schwacher Rotfärbung. Dabei tritt eine Fällung von Phosphaten ein, die unberücksichtigt bleiben kann; Zusatz von neutralem Alkohol verschärft die Erkennung des Farbenumschlags. Mittelst einer Borsäurelösung (hergestellt durch Lösung von 2 g chemisch reiner kristallisierter Borsäure in 1 Liter kohlensäurefreiem Wasser-Lösung I), von welcher ebenfalls 50 ccm unter Zugabe von Phenolphthalein erst mit $n/_{10}$-Natronlauge bis zur Rotfärbung versetzt, dann mit 25 ccm Glyzerin oder 1 bis 2 g Mannitpulver gemischt und dann wiederum mit $n/_{10}$-Natronlauge austitriert werden, wird der Titer der Natronlauge festgestellt. Ergibt die annähernde Berechnung einen Gehalt von etwa 0,4 g Borsäure, so stellt man eine Lösung von 8 g Borsäure zu 1 l kohlensäurefreiem Wasser (Lösung II) her und ermittelt in 50 ccm dieser Lösung wie angegeben den Titer. Bei Borsäuremengen zwischen 0,1 und 0,4 g nimmt man entsprechende Anteile dieser Lösung II, bei weniger als 0,1 die Lösung I; bei 0,2 g z. B. 25 ccm und verdünnt diese auf 50 ccm. Beträgt z. B. der Titer 15,80 ccm $n/_{10}$ Natronlauge, so entspricht 1 ccm = 0,00620 g H_3BO_3 = 0,00343 g B_2O_3.

Da die Methode[2]) in dieser Ausführung sehr gute Resultate liefert, so genügt es darauf hinzuweisen, daß zahlreiche Abänderungsvorschläge keine Verbesserungen bedeuten.

Über Borsäurenachweis haben u. a. noch Beiträge geliefert: G. Fendler[3]), L. Wolfrum und I. Pinnow[4]), Ch. E. Cassal und H. Gerrans[5]), R. Riechelmann und E. Leuscher[6]). Siehe auch „Wein".

b) Benzoesäure und deren Salze.

Eine amtliche[7]) Anweisung zum Nachweis ist nicht erlassen.

Die unter Wärmezufuhr hergestellte wässerige Lösung (Ausschüttelung bei Fetten) wird mit verdünnter Schwefelsäure oder Phosphorsäure angesäuert und mit Äther mehrmals ausgezogen. Die ätherische Lösung wird zweimal mit 5 ccm Wasser gewaschen und mit 2 ccm $n/_2$ Alkalilauge ausgeschüttelt. Der alkalische Auszug wird in einem

---

[1]) Zeitschr. f. U. N. 1899. 2. 842.
[2]) Sie eignet sich auch für Milch, Margarine und Butter.
[3]) Zeitschr. f. U. N. 1906. 11. 137.
[4]) Ebenda 1906. 11. 144.
[5]) Chem. News 1903 u. Zeitschr. f. U. N. 1904. 7. 315.
[6]) Zeitschr. f. öffentl. Chemie 1902. 8. 205.
[7]) Nach den Entwürfen zu Festsetzungen über Lebensmittel. (Speisefette und Öle).

Probierrohre bei 100—115⁰ zur Trockne eingedampft. Den erhaltenen Rückstand erhitzt man mit 8—10 Tropfen konzentrierter Schwefelsäure und etwa 0,1 g Kaliumnitrat 10 Minuten lang im Glyzerinbade auf 120—130⁰. Nach dem Erkalten fügt man etwa 1 ccm Wasser hinzu, macht deutlich ammoniakalisch und erhitzt zum Kochen. Auf die Oberfläche der wieder erkalteten Lösung läßt man vorsichtig 1 Tropfen Schwefelammoniumlösung fließen. Waren Benzoesäure oder Benzoate vorhanden, so entsteht ein brauner Ring, der bei längerem Kochen der Flüssigkeit wieder verschwindet.

K. Fischer und O. Gruenert[1]) haben für Benzoesäurenachweis im Fleisch und in Fetten folgendes Verfahren ausgearbeitet: 50 g des zerkleinerten Fleisches usw. werden mit 100 ccm 50⁰/₀igen Alkohols durchgemischt, mit verdünnter H_2SO_4 angesäuert und ½ Stunde lang unter öfterem Umrühren ausgelaugt. Man preßt dann die Masse durch ein Gazetuch ab. Die alkalisch gemachte Flüssigkeit wird solange auf dem Wasserbad erwärmt, bis der Alkohol verdampft ist. Dann füllt man auf etwa 50 ccm auf, versetzt mit 5 g NaCl und erhitzt nach dem Ansäuern mit verdünnter H_2SO_4 bis zum Sieden. Nach dem Filtrieren wird das Filtrat mit Äther ausgeschüttelt. Ätherflüssigkeit mit H^2O waschen und dann verdampfen. Die Prüfung des Rückstandes erfolgt wie im Nachstehenden beschrieben ist.

Oder: 50 g geschmolzenes oder gut gemischtes Fett mit 100 ccm Alkohol von 20 Vol.-⁰/₀ und 0,2 g HCl (1,124) in verschlossenem Kolben 40 bis 50 mal kräftig umschütteln. Erwärmen des Gemisches auf dem Wasserbad bei etwa 70⁰, im Scheidetrichter das Fett vom wasserig-alkoholischen Teil trennen und letzteren mit KOH neutralisieren, Alkohol verjagen, dann erwärmen und nach dem Erkalten filtrieren.

Die nach beiden Verfahren hergestellte wässerige Lösung des Rückstandes wird vorsichtig mit verdünnter Kalilauge neutralisiert und mit Natriumazetatlösung und stark verdünnter Eisenchloridlösung versetzt. Oder man löst die Benzoesäure in ammoniakalischem Wasser, dampft die Lösung auf ein kleines Volumen bis zur neutralen Reaktion ein und versetzt mit einigen Tropfen 1⁰/₀iger Eisenchloridlösung.

Die Benzoesäure kann auch durch Sublimation aus dem aus der wässerigen Lösung erhaltenen Rückstand in bekannter Weise ermittelt werden.

A. Röhrig[2]) führt die Benzoesäure in Benzoesäureäthylester über. Der bekannte Rückstand wird mit wenig absolutem Alkohol und konzentrierter Schwefelsäure einmal aufgekocht. Nach dem Erkalten verdünnt man mit Wasser, setzt 5 ccm Äther hinzu und schüttelt aus. Man taucht einen Streifen Filtrierpapier in die ätherische Lösung, worauf der charakteristische Geruch beim Verdunsten des Äthers deutlich hervortritt. (Bei geräucherten Waren nicht anwendbar).

Zur Anstellung der Salizylsäureprobe nach Fischer und Gruenert[3]) wird der alkalische Verdampfungsrückstand der ätherischen

---

[1]) Zeitschr. f. U. N. 1909. 17. 721; siehe auch W. von Genersisch, ebenda 1908. 16. 223.
[2]) Bericht d. Unters.-Anstalt Leipzig 1906. 12.
[3]) l. c.

Lösung im Silbertiegel mit etwa 2 g gepulvertem Ätzkali geschmolzen. Die Schmelze darf nicht länger als 2 Minuten im Fluß gehalten werden, dann zersetzt man sie mit H_2SO_4, schüttelt mit Äther aus usw. wie beim Nachweis von Salizylsäure.

K. B. Lehmann[1]) führt die Benzoesäure in Benzaldehyd in folgender Weise über. Die alkalisch gemachte wässerige Lösung des Ausschüttelungsrückstandes wird auf $1/2$—1 ccm eingedampft, im Uhrglase angesäuert, mit einem Körnchen Natriumamalgam versetzt und mit einem zweiten Uhrglase bedeckt. Bittermandelölgeruch nach beendigter Wasserstoffentwicklung.

Nachweis von Benzoesäure nach Meißl siehe Abschnitt „Milch".

Statt Benzoesäure soll auch schon Zimtsäure verwendet worden sein. Betr. Nachweises siehe „Wein".

Die quantitative Bestimmung der Benzoesäure wird in analoger Weise wie bei der Salizylsäure ausgeführt (s. Wein).

Ein etwas umständliches qualitatives und quantitatives Verfahren geben R. Baumann und F. Großfeld[2]) an.

Ferner sei auf eine von A. Krüger[3]) beschriebene Methode hingewiesen.

c) Kochsalz, Salpeter und salpetrigsaure Salze.

Zum Nachweis von Kochsalz in Pöckelfleisch ist eine amtliche Anweisung erlassen, s. S. 715. Diese kann auch in anderen Fällen sinngemässe Anwendung finden.

Eine amtliche Anweisung zum Nachweis von Salpeter ist nicht erlassen.

Man zieht das entfettete Fleisch mit heißem Wasser aus und prüft die Lösung mit den bekannten Nitratreagentien (siehe Wasser). Quantitativ bestimmt man den Salpeter im wässerigen Auszug nach Ulsch oder gasvolumetrisch nach Schlösing und Tiemann (vgl. „Wasser"), (Modifikation nach K. Farnsteiner und W. Stüber[4]). Auf das Nitronverfahren nach Paal und Mehrtens[5]), auf das Verfahren von B. Pfyl[6]), auf das von Tillmanns und Splittgerber[7]) sei verwiesen.

Salpetrigsaure Salze werden nach dem vom Kaiserl. Gesundheitsamte veröffentlichten Entwurf (s. S. 726) nachgewiesen. Vergl. auch Auerbach u. Riess, Bestimmung kleiner Mengen salpetrigsaurer Salze, besonders im Pöckelfleisch. Arb. a. d. Reichsges. Amt 1919, 51, 532.

Acel[8]) hat einen qualitativen und quantitativen Nachweis von Nitraten und Nitriten auf die Naphtylamin-Sulfanilsäurereaktion (n. Grieß) aufgebaut.

---

[1]) Chem.-Ztg. 1908. 32. 949.
[2]) Zeitschr. f. U. N. 1915. 29. 465.
[3]) Ebenda 1913. 26. 12.
[4]) Ebenda 1905. 10. 330.
[5]) Ebenda 1906. 12. 410.
[6]) Ebenda 1905. 10. 101.
[7]) Ebenda 1912. 23. 49.
[8]) Ebenda 1916. 31. 332.

d) Formaldehyd.

Außer der in der amtlichen Anweisung S. 723 angegebenen Methode (nach·Romijn[1]), die als die schärfste gilt, sei noch auf folgende hingewiesen; hierbei sei vorausgeschickt, daß die Reaktionen in Destillaten auszuführen sind, die gemäß der amtlichen Vorschrift gewonnen sind.

Reaktion nach Rimini[2]) mit Abänderung von C. Arnold und C. Mentzel[3]). 10 ccm formaldehydhaltige Flüssigkeit mit 10 ccm absolutem Alkohol durchschütteln, absitzen lassen, nötigenfalls überstehende Flüssigkeit durch ein trockenes Filter filtrieren; zu 5 ccm Filtrat 0,03 g festes Phenylhydrazinchlorid, dann 4 Tropfen $FeCl_3$ und schließlich unter Kühlung allmählich 12 Tropfen konzentrierte H_2SO_4 hinzufügen. Bei Vorhandensein von Formaldehyd entsteht rote, sonst nur gelbe Färbung (Acetaldehyd gibt die Reaktion nur in Verdünnungen von 1:150, Benzaldehyd, Chloral, Aceton überhaupt nicht, wohl aber Akrolein, das bei ranzigem Fett vorhanden sein kann). Folgende Vorschrift wird dadurch nicht beeinflußt:

In etwa 5 ccm der Lösung bringt man ein erbsengroßes Stück salzsaures Phenylhydrazin und 2—4 Tropfen einer 5—10%igen Nitroprussidnatriumlösung sowie darnach tropfenweise (8—12 Tropfen) eine 10—15%ige Alkalilauge. Sofort entsteht blaue bis blaugrüne ziemlich beständige Färbung. An Stelle von Nitroprussidnatrium kann Ferrizyankalium treten, es tritt eine stark scharlachrote Färbung auf.

Reaktion mit Morphin nach A. Jorissen[4]). Man stellt die formaldehydhaltige Flüssigkeit unter eine Glasglocke und daneben ein Gefäß enthaltend einen Kristall Morphinchlorhydrat mit 10 Tropfen Schwefelsäure (6 Teile H_2SO_4 + 1 Teil Wasser). Purpurrote, in Blau übergehende Färbung, die von anderen Aldehyden nicht hervorgerufen wird.

Reaktion von O. Hehner in der Ausführung von F. v. Fillinger[5]). Man versetze das Destillat mit etwa 0,1 g Witte-Pepton, gibt zu 10 ccm der Lösung einen Tropfen 5%ige Ferrichloridlösung und unterschichtet mit 10 ccm konzentrierter Schwefelsäure. Violettblauer Ring; beim Durchschütteln ebenso, bei sehr geringem Gehalte rötlich violette Färbung.

Phloroglucinreaktion nach Tollens und Weber[6]). Erhitzen der Formaldehydlösung mit einigen Tropfen 1%iger Phloroglucinlösung und gleichen Raumteilen HCl (1,19) 2 Stunden lang. Zunächst weißliche Trübung, später Ausscheidung von rotgelben Flocken. (Quantitative Anwendung der Methode auch möglich, siehe Literatur.)

Reaktion nach O. Hehner[7]) mit Schwefelsäure (namentlich für Milch anwendbar). Man verdünnt die Milch mit dem gleichen Volumen Wasser und läßt konzentrierte H_2SO_4 zufließen. Berührungszone bei Anwesenheit von Formaldehyd violetter Ring; die Sicherheit und

[1]) Pharm. Ztg. 1895. 40. 407.
[2]) Z. f. U. N. 1898. 1. 858.
[3]) Ebenda 1902. 5. 353 u. Chem. Ztg. 1902. 26. 246.
[4]) Zeitschr. f. U. N. 1899. 2. 867.
[5]) Ebenda 1908. 16. 226.
[6]) Bericht der deutsch. chem. Ges. 1897. 30. 2510; 1899. 32. 2841; vgl. auch Utz, Apothek.-Ztg. 1900. 15. 884.
[7]) Zeitschr. f. anal. Ch. 1900. 39. 331.

Schärfe der Reaktion wird erhöht, wenn man vorher der Milch etwas Pepton zusetzt (K. Farnsteiner[1]) u. a.

Weitere zahlreiche Reaktionen auf Formaldehyd sowie quantitative Methoden finden sich in den Handbüchern von J. König, A. Beythien, Röttger usw.

e) Schweflige Säure, schwefligsaure und unterschwefligsaure Salze.

Vgl. die amtliche Anweisung S. 724.

Qualitativ läßt sich schweflige Säure auch nach H. Schmidt[2]) nachweisen, indem man Stärkepapier mit 1 Tropfen einer stark verdünnten Jod-Jodkaliumlösung betupft; die entstehende Blaufärbung wird durch SO_2 aufgehoben. — Mit Zink und Salzsäure tritt Reduktion zu H_2S ein — Bleipapier! (Zink auf H_2S-Entwickelung erst prüfen!) —

Unterschwefligsaure Salze (Thiosulfate) werden neben schwefligsauren Salzen nach C. Arnold und C. Mentzel[3]) auf folgende Weise nachgewiesen: Etwa 10 bis 12 g des feingehackten Materials mit ebensoviel einer Mischung gleicher Raumteile Wasser und Weingeist mit einem Glasstab im Reagensglase durcharbeiten, langsam unter Umschwenken zum Sieden erhitzen und nach dem Abkühlen filtrieren. Bei genügender Abkühlung läuft das Filtrat klar ab. Zu 2 bis 3 Tropfen davon etwa 1 bis 2 ccm 0,5%iges Natriumamalgam und nach 10 Minuten langer Entwickelung von Wasserstoff (Umschwenken!), in kurzen Zwischenräumen 2 bis 3 Tropfen einer 2%igen Nitroprussidnatriumlösung zusetzen. Rötliche Färbung (infolge H_2S-Bildung) bei Anwesenheit von Thiosulfat. Gelbfärbung, wenn nur Sulfit zugegen ist.

Nach A. Gutmann[4]) werden 50 g kleinzerhacktes Fleisch in 100 ccm einer Mischung gleicher Mengen von Alkohol und Wasser verteilt und mit einigen Tropfen Sodalösung bis zur schwach alkalischen Reaktion unter gelindem Kochen erhitzt. Der nach dem Erkalten abgepreßte Auszug wird mit 1—3 ccm einer 10%igen Cyankaliumlösung nicht ganz bis zur Trockene eingedampft. Dieser Rückstand wird mit etwa 20 ccm einer Mischung von gleichen Teilen Alkohol und Wasser aufgenommen, mit verdünnter Salzsäure angesäuert und nach dem Filtrieren mit 2 ccm einer 10%igen Eisenchloridlösung versetzt. Es entsteht eine blutrote Färbung durch gebildetes Rhodankalium bei Gegenwart von unterschwefligsauren Salzen.

Bezüglich quantitativer Methoden sei auf die von Th. Schuhmacher und E. Feder[5]) angegebene Methode verwiesen. Die amtlich vorgeschriebene und allbekannte quantitative Methode wird wohl in der Regel zu bevorzugen sein.

Betreffs freier und gebundener SO_2 siehe bei „Obstdauerwaren".

f) Fluorwasserstoffsäure und deren Salze.

Qualitativ siehe amtliche Anweisung S. 725 und Abschnitt Wein S. 426.

Quantitative Bestimmungen siehe Treadwell und Koch, Zeitschr. f. analyt. Chemie 1904. 43. 469 Zeitschr. f. U. N. 1904. 7. 510.

[1]) Forschungsber. 1896. 3. 363.
[2]) Arbeiten a. d. Kaiserl. Gesundh.-Amte 1904. 21. 283.
[3]) Zeitschr. f. U. N. 1903. 6. 550.
[4]) Ebenda 1907. 13. 261.
[5]) Ebenda 1905. 10. 649.

g) Salicylsäure und deren Verbindungen.

Methoden zum Nachweis siehe amtliche Anweisung S. 725 sowie auch die Abschnitte „Milch" und „Wein".

Zur quantitativen Bestimmung der Salicylsäure gibt es zur Zeit für die Praxis keine völlig exakten Methoden. Da es sich in den meisten Fällen auch nur um annähernde Feststellungen der Menge handeln dürfte, genügt es im allgemeinen, die gewichtsanalytische Bestimmung durch Verdunsten des Ätherpetrolätherauszuges[1]) und vorsichtiges Trocknen (wegen Sublimation) bei niedriger Temperatur bzw. über Schwefelsäure vorzunehmen. Erhält man keine reinen, weißen Kristalle, so empfiehlt es sich, das Objekt mit Chloroform umzukristallisieren. Auf die kolorimetrische Methode von W. L. Dubois[2]) sei verwiesen.

h) Chlorsaure Salze.

Siehe die amtliche Anweisung S. 726 oder man setzt zu der nach der amtlichen Vorschrift hergestellten Lösung einige Tropfen Anilinwasser[3]) (1 ccm Anilin in 40 ccm Wasser) und darauf dasselbe Volumen Salzsäure (s = 1,19). Rotviolette Färbung, die in starkes Dunkelblau und dann in Grün umschlägt. (Die Reaktion tritt auch bei Chlor und Hypochloriten auf).

i) Rohrzucker.

Ausführung nach E. Polenske[4]).

k) Essigsaure Tonerde.

Nachweis von Aluminium in üblicher Weise und von Essigsäure durch Erhitzen der Fleischlösung mit Alkohol (Essigätherprobe).

l) Alkali-, Erdalkalihydroxyde und -carbonate
nach der amtlichen Vorschrift für Fette (siehe S. 730).

Vorstehende Untersuchungsmethoden finden sinngemäß auch bei der Untersuchung der Konservierungs- und Farberhaltungsmittel selbst entsprechende Anwendung. Als Ersatz für die verbotenen schwefligsauren Salze werden häufig Mischungen von Kochsalz Salpeter, Zucker, Holzessig, essigsaurer Tonerde, Benzoesäure und deren Salze, Acetate und Phosphate verschiedener Basen unter Fantasienamen in Verkehr gebracht. Der Nachweis dieser Stoffe erfolgt, soweit derselbe nicht durch obige Methoden erbracht werden kann, nach dem allgemeinen Gang der qualitativen und quantitativen Analyse. Bestimmte Untersuchungswege lassen sich dafür nicht zum voraus angeben. Mit Vorteil kann man sich jedoch die Alkalitätsbestimmung der Fleischasche nach dem von K. Farnsteiner ausgearbeiteten Fällungsverfahren[5]) zunutze machen. Vergl. auch A. Kickton, die Alkalitätsbestimmungen bei Fleischasche[6]). Die Alkalitätshöhe läßt auch Schlüsse auf eine etwa zugesetzte Kochsalzmenge ziehen. Über die Beurteilung dieser nicht unter das Fleischbeschaugesetz fallenden Konservierungsmittel als täuschende Zusätze zu Fleisch usw. siehe S. 162.

---

[1]) Ed. Späth nimmt 3 Teile Petroläther und 2 Teile Chloroform (Zeitschr. f. U. N. 1901. 4. 924).

[2]) Ebenda 1907. 13. 656.

[3]) Lafilte u. Tiagés, Chem. Ztg. 1903. 27. 585; Zeitschr. f. U. N. 1910. 19. 500; Popp u. Becker, ebenda 1905. 9. 474.

[4]) Arb. a. d. Kais. Gesundh.-Amte 1898. 14. 149; Zeitschr. f. U. N. 1898. 1. 782.

[5]) Zeitschr. f. U. N. 1907. 13. 305.

[6]) Ebenda 1908. 16. 561.

11. Erkennung gefrorenen Fleisches.

Hierzu sind verschiedene chemische und physikalische Methoden
angegeben, über die die Handbücher, insbesondere A. Beythiens
Handbuch näheren Aufschluß geben.

12. Feststellung der Abstammung der Öle

von Ölsardinen, der Butter von Sardellenbutter, Krebsbutter u. a.
erfolgt nach den im Abschnitt „Fette" angegebenen Verfahren.

13. Nachweis minderwertiger Fische

in Konserven. Besondere Unterscheidungsmerkmale siehe Merks
Warenlexikon, herausgegeben von A. Beythien u. C. Dreßler, Verlag
von G. A. Glöckner, Leipzig, sowie Lebbin, Allg. Nahrungsmittelkunde,
Verlag L. Simion N. F. Berlin 1911.

14. Nachweis von minderwertigen Stoffen und Verdorbenheit[1])

kann meist nur durch Sinnenprüfung erbracht werden; von wesentlicher Bedeutung ist dabei, daß die zu untersuchende Ware möglichst
in allen Teilen, an äußeren und inneren, geprüft wird. Würste werden
zu diesem Zwecke langseitig oder diagonal durchschnitten. (Auch
das Gewicht und die Form ist zu notieren.) Des weiteren ist die Ware
teils makroskopisch, teils mit der Lupe auf fremdartige oder unge-
wohnte Beimengungen (Knorpeln, Därme usw.) durchzusehen. Alte
eingehackte Würste sind bisweilen, wenn sie nicht gründlich zerhackt
sind, an besonderer Umgrenzung und an den Farbenunterschieden zu
erkennen, auch Därme von eingearbeiteten Würsten und dergl. mehr
lassen sich bisweilen auffinden. Neben der Prüfung der Ware auf Geruch
und Geschmack in ursprünglichem Zustand empfiehlt sich auch die
Geruchsprobe nach dem Erwärmen mit oder ohne Wasser.

Sichere Anzeichen für Fleischfäulnis sind neben den durch den
Geruchssinn wahrzunehmenden Veränderungen: Graugrüne bis schwärzliche Verfärbung, sowie schmierige Beschaffenheit (Fingereindrücke
bleiben längere Zeit bestehen), Vorhandensein von Hohlräumen, Schimmelansatz, fauliger oder saurer (ranzigsaurer) Geruch. Die Querstreifung
der Muskelfasern (unter dem Mikroskop) ist teilweise oder ganz ver-
wischt; alkalische Reaktion, abgesehen von solchen Fällen, wo Säuerung
eingetreten ist. Zu beachten ist aber, daß alkalische Reaktion auch bei
gänzlich normalem Zustande z. B. bei gewissen, frischen Organen und
Blut usw., bei gepökeltem und geräuchertem Schinken, marinierten
Fischen (Trimethylamin) und ähnlichen Fleischwaren eintreten kann.

Erkennungszeichen für Verdorbenheit von Fischen sind: Bläße der
roten Kiemen, Glanzlosigkeit der Augen. Bei Krebsen, welche erst
einige Zeit nach dem Tode abgekocht wurden und deshalb giftig sein
können, behält der Schwanz die gestreckte Lage bei, während lebende
Krebse, in siedendes Wasser gebracht, ihren Schwanz so krümmen,
daß er am Bauche liegt. An Fleisch- und Fischkonserven in Büchsen

---

[1]) Vgl. auch die Ausführungsbestimmungen D zum Schlachtvieh- und
Fleischbeschaugesetz über die Feststellung äußerer Merkmale, insbesondere
von Verdorbenheit S. 715.

ist das äußere Erkennungszeichen beginnender oder vorhandener Verderbnis, daß die Deckel- oder Bodenwand der Büchsen eine mehr oder weniger starke Wölbung (Bombage) zeigt. Bei normaler Ware müssen beide glatt oder eingezogen sein. Es kommt vor, daß bombierte Büchsen zwecks Entfernung der Gase angebohrt und wieder verlötet werden. Selbstverständlich ist eine solche Tat höchst verwerflich. Man muß bei der Prüfung derartiger Ware stets nach solchen Bohrstellen suchen. Bei marinierter Ware sind schleimige und trübe Beschaffenheit, sowie strenger, unangenehmer, bisweilen übler Geruch der Brühe, Aspicmasse (Gallerte) sichere Kennzeichen für Fäulnis oder anderweitige Zersetzungserscheinungen. Verdorbenheit von Dauerwaren kann auch in Ranzigkeit des Specks und dem bei alten Waren öfters eingetretenen muffigen Geruch bestehen; auch Maden, Milben und deren Exkremente können die Ursache von Verdorbenheit bilden.

Als Ersatz für die echte Trüffel ist der giftige Pilz Scleroderma vulgare Hornemann verwendet worden. Verdacht auf die falsche Trüffel besteht, wenn der Alkohol, in welchem sie längere Zeit gehärtet wird, sich braunrot färbt; bei der echten Ware bleibt der Alkohol ungefärbt. Ausschlaggebend für den Nachweis ist die verschiedene Form der Sporen. Näheres siehe O. Falck, Zeitschr. f. U. N. 1911. 21. 209. 641.

Die chemischen Untersuchungsmethoden auf Verdorbenheit[1]) sind folgende:

1. Nachweis von Ammoniak nach W. Eber[2]). 1 ccm einer Mischung von 1 Teil reiner Salzsäure, 3 Teilen 96%igen Alkohols und 1 Teil Äther bringt man in ein möglichst weites Reagensglas und führt ein an einem Draht befestigtes Stückchen des Untersuchungsmaterials in die Nähe der Mischung. Eine Berührung der Wände mit der Probe ist zu vermeiden. Bei Fleischfäulnis tritt Nebelbildung (salzsaures Ammonium) ein. (Beobachtung bei durchfallendem Licht oder vor einem dunklen Hintergrund). Siehe im übrigen das Vorhergesagte betreffs Ammoniakbildung bei unverdorbenen Waren. Selbstverständlich ist, daß in dem Raum, wo die Prüfung stattfindet, nicht Ammoniakdämpfe vorhanden sind.

Der quantitative Nachweis erfolgt durch Zerreiben der Fleisch- (Wurst-) massen mit Wasser, Filtrieren der Lösung und Destillation eines aliquoten Teils mit Magnesia. Das Weitere, wie im Abschnitt „Wasser" angegeben ist. (Die Feststellung des absoluten Ammoniakgehaltes ist indessen zwecklos, man muß das Verhältnis zwischen Ammoniak und Gesamtstickstoff des Fleisches ermitteln.

Mai[3]) beobachtete ein Ansteigen des Ammoniaks im Verhältnis zum Gesamt-Stickstoff bei fortschreitender Fäulnis.

2. Ottolenghi[4]) benutzt die bekannte Sörensensche Formol-Titration (s. S. 171) zur Bestimmung der Aminosäuren, um die Fleischfäulnis nachzuweisen. Doch wird durch diese Bestimmung die Fäulnis erst dann mit Sicherheit angezeigt, wenn das Fleisch bereits im nahrungsmittelchemischen Sinne als verdorben anzusprechen ist.

---

[1]) S. auch C. Mai, Zeitschr. f. U. N. 1901. 4. 18.
[2]) Arch. f. wissenschaftl. und prakt. Tierheilk. 1891. 17.
[3]) Zeitschr. f. U. N. 1901. 4. 18.
[4]) Zeitschr. f. U. N. 1913. 26. 728.

3. Das Sauerstoffverfahren nach Tillmanns und Mildner[1]) beruht darauf, daß im Stadium der beginnenden Fäulnis zahlreiche Bakterien im Fleisch vorhanden sind, die Sauerstoff verbrauchen. Verfahren: 50 g zerkleinertes Fleisch bzw. Wurst (Haut eingeschlossen) werden mit $2^1/_2$ l dest. Wasser übergossen. Die Mischung wird im Schüttelapparat 1 Stunde geschüttelt und dann in Eiswasser $^1/_2$ Stunde gekühlt. (Flüssigkeit soll 8—10 ^{0} haben.) Kühlung ist nötig, um das Fett möglichst zum Erstarren zu bringen und die Fleischlösung filtrierbar zu machen. Das Fett muß entfernt werden, da es bei der Sauerstoffbestimmung Jod verbrauchen würde. Die abgekühlte Mischung filtriert man durch Faltenfilter unter Vermeidung des Aufbringens von Fleischstücken auf das Filter in mehrere Sauerstoffbestimmungsflaschen (s. Wasser). Die Flaschen werden wie üblich ohne Luftblase gefüllt, luftdicht verschlossen und in einen Brutschrank bei 37 ^{0} gesetzt. Sobald die Fleischlösung nicht mehr in dünnem Strahl filtriert, sondern tropfenweise durchläuft, ist ein neues Filter zu nehmen. Von den in den Brutschrank gebrachten Flaschen nimmt man nach 2, 4, 6, 8 und 10 Stunden je eine heraus und bestimmt nach Winklers Methode den noch vorhandenen Sauerstoff. Zu dem Zweck öffnet man den Stopfen und läßt je 1 ccm einer 80 $^0/_0$igen Manganchlorürlösung und einer 33 $^0/_0$igen NaOH einfließen, setzt den Stopfen auf und schüttelt um. Nach dem Absitzen des bei Anwesenheit von Sauerstoff gelb-braun gefärbten Niederschlags gibt man einige Körnchen festes KJ und etwa 5 ccm rauchende HCl zu, schließt die Flasche wieder, schüttelt um, bis der Niederschlag gelöst ist unter Jodabscheidung und titriert sofort das ausgeschiedene Jod mit $n/_{10}$ Natriumthiosulfat; 1 ccm derselben = 0,8 mg Sauerstoff. Man berechnet den Sauerstoffgehalt auf 1 l Flüssigkeit, indem man von dem Gehalt der Flasche 2 ccm für zugesetzte Reagenzien abzieht, die gefundenen Milligramm Sauerstoff durch diese Zahl dividiert und mit 1000 multipliziert.

Fleisch oder Wurst, deren auf obige Weise hergestellter wässeriger Auszug, bei 37 ^{0} bebrütet, nach 4 Stunden schon allen gelösten Sauerstoff verloren hat (nach Winklers Verfahren ermittelt), befindet sich im Stadium beginnender Fäulnis.

4. Auf den S. 34 der „Vereinbarungen", 1. Teil, empfohlenen Nachweis der Fleischfäulnis durch Ermittelung einzelner Fäulnisprodukte wie Skatol usw. sei verwiesen. Es muß dem Urteil des Einzelnen überlassen bleiben, ob er sich von dem dort angegebenen Wege Erfolg verspricht oder nicht.

5. Nachweis von Schwefelwasserstoff geschieht dadurch, daß die Probe in ein Glas gebracht und in dieses mittelst eines Korkes ein mit Bleiacetat befeuchteter Filtrierpapierstreifen hineingehängt wird.

6. Der Säuregrad des Wurstfettes[2]) wird wie folgt bestimmt: 5—8 g des herausgesuchten Wurstfettes werden mit Sand verrieben und mit Äther ausgezogen. Die Ätherfettlösung wird filtriert, zu 50 ccm aufgefüllt, 5 ccm davon in einem Erlenmeyerkölbchen eingedampft und nach $^3/_4$ stündigem Trocknen im Wassertrockenschranke gewogen.

---

[1]) Zeitschr. f. U. N. 1916. 32. 69.
[2]) Methode des Schweizer. Gesundheitsamtes.

Die übrigen 45 ccm werden mit 45 ccm 45%igem Alkohol versetzt und nach Zusatz von Phenolphthalein mit $n/_{10}$ Natronlauge titriert.

$$S = \frac{10\,b}{9\,a} \quad \begin{cases} S = \text{Säuregrad,} \\ a = \text{die in 5 ccm Ätherlösung enthaltene Fettmenge,} \\ b = \text{Anzahl verbrauchter } n/_{10} \text{ Lauge.} \end{cases}$$

7. Nachweis von Verdorbenheit auf bakteriologischem Wege s. S. 601.

15. Nachweis von gesundheitsschädlichen Stoffen.

a) Metalle vgl. die Abschnitte „Die Ausmittelung von Giften in gerichtlichen Fällen" und Gemüse- und Obstdauerwaren, insbesondere auch wegen der aus Konservendosen stammenden Metalle.

b) Alkaloide und Ptomaine. Erstere werden nach dem Abschnitt: „Die Ausmittelung von Giften in gerichtlichen Fällen" ermittelt. Der Nachweis letzterer erfordert viel Material und Zeitaufwand, daneben sind physiologische Versuche notwendig. Von praktischer Bedeutung ist dieser Nachweis nicht und kann daher nur auf die Literatur verwiesen werden[1].

Beurteilung.

a) Gesetze und Verordnungen. Das Nahrungsmittelgesetz; § 367 Abs. 7 des St.-G.-B.; Gesetz betr. die Schlachtvieh- und Fleischbeschau vom 3. Juni 1900 (insbesondere die §§ 4, 11, 18, 21) nebst Ausführungsbestimmungen[2]) und Bekanntmachung des Bundesrates über gesundheitsschädliche und täuschende Stoffe vom 18. Februar 1902, vom 4. Juli 1908 und 14. Dezember 1916; Verordnung gegen irreführende Bezeichnungen vom 26. Juni 1916 und Bekanntmachung über fetthaltige Zubereitungen vom 26. Juni 1916. Letztere sowie das Gesetz über den Verkehr mit blei- und zinkhaltigen Gegenständen kommen nur in besonderen Fällen zur Anwendung.

b) Begriffsbestimmung und Zuständigkeit. Als Fleisch hat man der deutschen Gesetzgebung folgend alle diejenigen tierischen Teile anzusehen, welche in den Ausführungsbestimmungen zum Schlachtvieh- und Fleischbeschaugesetz vom 3. Juni 1900 D § 1 Ziffer 1 benannt sind; dazu gehören auch Körperfette und Würste. Nach Ziffer 2, sind Fleischerzeugnisse, wie z. B. Fleischextrakt dazu nicht zu rechnen. Über zubereitetes Fleisch vgl. § 2 der vorerwähnten gesetzlichen Bestimmungen. Wurst ist nach der Auffassung des preußischen Kammergerichts (Urteil vom 24. Januar 1901)[3]) nur ein Gemenge von Fleischteilen und Gewürzen. Die Beurteilung von Fleisch ist, soweit rohes Fleisch in Betracht kommt, meist Sache des Tierarztes, der über die Tauglichkeit, bedingte oder Nichttauglichkeit des inländischen und vom Ausland eingeführten Fleisches gemäß dem Fleischbeschaugesetz, entscheidet; die Beurteilung

---

[1]) L. Brieger, Vereinbarungen III. 18 und Deutsche med. Wochenschrift 1885. Nr. 53 (betr. Mytilotoxinnachweis in giftigen Miesmuscheln).
[2]) Die zugehörigen Anleitungen zur chemischen und biologischen Untersuchungen sind im Gesetzesteil abgedruckt.
[3]) Auszüge 6. 450.

zubereiteten (gepökelten, geräucherten, gebratenen, gekochten, marinierten, konservierten Fleisches, Büchsen-Fleisches, von Pasteten, von Wurstwaren) ist häufiger Sache des Nahrungsmittelchemikers als des Tierarztes. Vgl. im übrigen das S. 137 Gesagte.

c) Verfälschungen und Nachmachungen. Verarbeitung minderwertiger, nicht als normale Bestandteile giltiger Fleischteile (unappetitlicher Reste und Abfälle, alter Würste, von Geschlechtsteilen, Hautfleisch und dergl., sowie von Hundefleisch, Pferdefleisch[1])), Ziegen-, Kaninchen-, Robben- und anderen Fleischsorten ist als Verfälschung, Unterschiebung gewisser Fleischsorten für andere, z. B. Pferdefleisch für Rindfleisch, Rindsleber für Kalbsleber ist als Betrug (§ 263 St.G.B.) und als irreführende Bezeichnung im Sinne der Verordnung vom 26. Juni 1916 anzusehen. Außerdem ist der § 18 des Fleischbeschaugesetzes für den Handel mit Pferdefleisch maßgebend. Als Nachmachung beurteilt das Reichsgericht[2]) am 15. Mai 1882 Schwartenmagen mit Schmer und Kuttelflecken, statt mit Fleisch, Schwarte und Speck. Verfälschung mit Wasser kommt weniger bei Fleisch als bei Würsten (frischen) in Betracht. Schweinegehacktes nimmt eine erhebliche Menge (bis zu etwa 30%), namentlich unter Zuhilfenahme von Bindemitteln ohne äußere augenfällige Veränderungen auf. Bei Brühwürsten (Wiener-, Jauersche-, Breslauer-, Knobländer- usw.) ist ein Wasserzusatz zur Erzielung der Saftigkeit und des Knackens beim Brechen und Verzehren notwendig. Die Größe des Wasserzusatzes hängt natürlich auch von der relativen Trockenheit des Fleisches ab. Nach den „Vereinbarungen" soll der Wassergehalt bei Dauerwürsten nicht über 60%, bei solchen, welche für den augenblicklichen Konsum (namentlich Brühwürsten) bestimmt sind, nicht über 70% betragen. Feder[3]) gibt eine Zahl an, welche das Verhältnis des Wassergehaltes zum organischen Nichtfett ausdrückt. Die Summe von Wasser, Fett und Asche sowie gegebenenfalls von Stärke, abgezogen von 100 bildet das „organische Nichtfett". Aus zahlreichen Analysen ist die Verhältniszahl durchschnittlich zu 3,43 gefunden worden. Werte über 4 waren selten, so daß man berechtigt ist, mit Feder den Wert 4 anzunehmen, d. h. auf 1 Teil organischen Nichtfetts sollen nicht mehr als 4 Teile Wasser entfallen.

Man berechnet danach den

a) „Fremdwassergehalt" nach folgender Formel:

$$H = W - 4 \times ONF.$$

H = Fremdwassergehalt; W = Wassergehalt; ONF = organisches Nichtfett.

---

[1]) Z. B. Urteil des Landgerichts Hamburg v. 22. Juni 1900; Auszüge 4. 349.

[2]) sowie Entscheidungen des Reichsger. betr. nachgemachter Würstchen vom 1. März 1898; Auszüge 5. 334, des Oberlandger. Köln v. 27. Okt. 1906, ebenda 1908. 7. 635.

[3]) Zeitschr. f. U. N. 1913. 25. 576; Chem. Ztg. 1914. 38. 709; 1916. 40. 157; Zeitschr. f. U. N. 1917. 33. 6. 25. 167.

Siehe ferner Baumann u. Großfeld, ebenda 1916. 32. 489; 1917. 33. 308; Burmeister u. Schenk, ebenda 1915. 29. 145; Krug, ebenda 1917. 33. 31; v. Raumer, Chem. Ztg. 1916. 40. 925; 1917. 41. 450; Scholter, ebenda 1916. 40. 639; Schubert, Zeitschr. f. U. N. 1916. 32. 29; Seel, Chem. Ztg. 1915. 39. 469 u. 431; Beckel u. Wellenstein, Zeitschr. f. U. N. 1917. 34. 257.

b) Mindestwasserzusatz (M.W.Z.)[1]) nach folgender Formel:

$$\text{M.W.Z.} = \frac{100 \cdot x}{100 - x}; \text{ wo } x = \text{Fremdwassergehalt.}$$

Eine Vereinfachung des Verfahrens suchen Baumann und Großfeld[2]) dadurch herbeizuführen, daß sie den Wassergehalt direkt auf den Stickstoff des betreffenden Fleisches beziehen. Nach diesem Verfahren genügen zur Ermittelung des Wasserzusatzes zwei Bestimmungen, nämlich Wasser- und Stickstoffbestimmung. Für eine gleichmäßige Mischung der Probe muß Sorge getragen werden, da für die Stickstoffbestimmung nur 2—3 g Substanz angewendet werden. Bei Anwendung der höchsten Verhältniszahl 4 ergibt die Berechnung den Mindestwasserzusatz; wird die der Wirklichkeit mehr entsprechende Verhältniszahl 3,43 benützt und damit der wahrscheinlichste Wasserzusatz berechnet, so ergibt sich bei einem Verhältnis von Wasser: Stickstoff = 18,3 der wahrscheinlichste Wasserzusatz (W. Z.)

W.Z. = Wasser — (18,3 × Stickstoff).

Man kann natürlich analogerweise der Federschen Zahl 4 entsprechend den Mindestwasserzusatz (M.W.Z.) aus der Gleichung

M.W.Z. = Wasser — (21,4 × Stickstoff)

herleiten. Jedenfalls sind geringere Wassergehalte, die den 21,4 fachen Wert des Stickstoffs nicht erreichen, nicht zu beanstanden.

Die Federsche Methode hat eine vielfache Nachprüfung erfahren und ist mit Ausnahme einiger gegenteiligen Äußerungen im wesentlichen als brauchbar anerkannt worden.

Bei Anrührwürsten der erwähnten Art darf der Zusatz in keinem Falle 1 Gewichtsteil Wasser oder Brühe auf 3 Gewichtsteile ungewässerter Wurstmasse übersteigen (s. Ersatzmittelverordn., S. 859).

Mehl, (Stärkemehl, Semmel, Grütze) gehören nicht zu den normalen Bestandteilen von Würsten und ähnlichen Erzeugnissen (Leberkäse und dergl.); vgl. auch die S. 159 gegebene Erklärung des Kammergerichts. Als ortsüblich zugelassen ist in manchen Gegenden ein Zusatz von 1 bis 2 $^0/_0$ und mehr für einzelne oder auch für alle Wurstsorten; im allgemeinen beschränkt sich diese Ortsüblichkeit auf die billigen Sorten (insbesondere Semmelzusatz zu frischen Blut- und Leberwürsten)[3]). Ob Ortsüblichkeit besteht, dafür kann natürlich nicht die Ansicht der Schlächter allein maßgebend sein. Das Publikum kennt im allgemeinen den Mehlzusatz nicht, Semmelzusatz nur ausnahmsweise; wo letzterer gemacht wird, handelt es sich um Herkömmlichkeit, dagegen ist Zusatz von Kartoffelmehl usw. stets auf absichtliche Täuschung gerichtet und dem Publikum der Zweck[4]) dieses Zusatzes nicht bekannt. Mindestens ist deutliche Kennzeichnung des Zusatzes erforderlich. Das Aushängen eines Plakates genügt nach den Urteilen des Kammergerichts vom 16. Januar 1902 und 28. März 1904[5]) nicht. Mehlzusatz ist deshalb als

---

[1]) Beckel, l. c.

[2]) l. c.

[3]) Nach dem Urteil vom 3. Juli 1906 des Oberst. Landgerichts München betr. Leberkäse darf auch die Grenze der Ortsüblichkeit nicht überschritten werden (vgl. Auszüge 7. 636). Das Landgericht Berlin I hat eine Leberpastete (Leberwurstkonserven in Dosen) wegen Mehlgehaltes als verfälscht erachtet. (Urt. vom 4. Juli 1916; Zeitschr. f. U. N. [Gesetz. u. Verord.] 1917. 9. 16).

[4]) Vgl. auch Urteil des Reichsger. vom 14. Oktober 1904, Auszüge 6. 514; Urteil des Kammergerichts vom 24. Jan. 1901, ebenda 6. 450 des Oberlandesger. Stuttgart vom 19. Okt. 1908 betr. Kartoffelmehl (Fécule), Zeitschr. f. U. N. (Gesetz u. Verord.) 1909. 542.

[5]) Zeitschr. f. U. N. (Ges. u. Verord.) 1911. 3. 528.

eine Verschlechterung (Verfälschung) anzusehen, weil er Bindung minderwertiger, nicht bindungsfähiger Fleischteile ermöglicht, also dem Gefüge der Wurst bessere oder normale Beschaffenheit erteilt, ferner das Fleisch wasseraufnahmefähiger macht. Bei größeren Mehlzusätzen (über 2%) spielt auch die Gewichtsvermehrung und Beschwerung durch einen billigeren und minderwertigeren Stoff als Fleisch eine Rolle. Der in der Wurst gebildete Stärkekleister gibt auch Veranlassung zu raschem Verderben (namentlich Sauerwerden).

Bezüglich Beachtung von Stärkekörnern aus Pfeffer ist unter Nachweis S. 146 bereits das Nötige gesagt. Die üblichen anderen Gewürze, Koriander, Macis, Nelken, Majoran, Paprika enthalten keine Stärke.

Eiweißbindemittel (Albumin- und Kleberpräparate mit verschiedenartigen Fantasienamen, Sirona, Proteid sowie Hühnereiweiß, Trockenmilch[1]) und dergl.) sind ebenso wie Mehl zu beurteilen. Wegen ihres Bakterienreichtums sind solche Bindemittel, schon der Haltbarkeit der Würste wegen, direkt schädlich; v. Raumer[2]) stellte auch Zusätze von Magnesiumsalzen (besonders essigsaurem Magnesium) fest.

Das Verarbeiten der unechten Trüffel in Trüffelleberwurst ist Verfälschung.

Die Verwendung täuschender und gesundheitsschädlicher Stoffe (Färbe- und Konservierungsmittel) bei der Zubereitung von Fleisch verbietet § 21 des Fleischbeschaugesetzes vom 3. Juni 1900 in Verbindung mit den Bundesratsbekanntmachungen vom 18. Februar 1902 und 4. Juli 1908, womit namentlich auch die Verwendung von schwefliger Säure und Borsäure sowie die Färbung der Wurstwaren mit Teerfarbstoffen und Karmin und die zwecks Vortäuschung von Räucherung vorgenommene Färbung der Wursthüllen[3]) mit Kesselrot usw. getroffen werden soll. Nur bei Gelbwurst ist gelbe Färbung des Darmes zugelassen. (Siehe die Gesetze.) Das künstliche Färben (mit Farbstoffen oder farbebildenden Stoffen) von Hackfleisch, Wurstwaren einschließlich Wursthüllen, welche zwecks Vortäuschung von Räucherung gefärbt werden, ist auch als Verfälschung im Sinne des § 10 des Gesetzes vom 14. Mai 1879 anzusehen. Das Gesundheitsamt[4]) gibt dazu folgende Begründung.

1. „Bei Verwendung geeigneten farbstoffreichen Fleisches und unter Beobachtung der handwerksgerechten Sorgfalt und Reinlichkeit läßt sich eine gleichmäßig rot gefärbte Dauerwurst ohne Benutzung künstlicher Färbemittel herstellen;

2. der Zusatz von Farbstoff ermöglicht es, einer aus minder geeignetem Material oder mit nicht genügender Sorgfalt hergestellten Wurst den Anschein einer besseren Beschaffenheit zu verleihen, mithin die Käufer über die wahre Beschaffenheit der Wurst zu täuschen;

3. im Einklang mit den von dem Reichsgericht aufgestellten Rechtsgrundsätzen nimmt die Mehrzahl der bisher mit der Frage befaßten Gerichte

---

[1]) Urteil des Obersten Landger. München v. 17. April 1909 u. dess. Gerichtshofes in Karlsruhe v. 14./19. Juni 1909 (Zeitschr. f. U. N., Gesetze, 1912. 77 u. folg.)

[2]) Zeitschr. f. U. N. 1905. 9. 405.

[3]) Betr. Färben von Würsten vgl. Urteil des Reichsger. vom 8. März 1901 und vom 12. Januar 1903; Urteil des Reichsger. vom 28. Nov. 1916; Zeitschr. f. U. N. (Ges. u. Verord.) 1917. 9. 194; betr. Würsthüllen vgl. Urteil des Kammerger. vom 1. Nov. 1907.

[4]) Denkschrift über die Färbung der Wurst sowie des Hack- und Schabefleisches; 1898.

an, daß die in manchen Gegenden eingeführte Färbung von Wurst vom Standpunkte des Nahrungsmittelgesetzes als ein berechtigter Geschäftsgebrauch nicht anzuerkennen ist;

4. bei Verwendung giftiger Farbstoffe vermag der Genuß damit gefärbter Wurst die menschliche Gesundheit zu schädigen;

5. aus frischgeschlachtetem Fleisch läßt sich ohne Anwendung von chemischen Konservierungsmitteln unter Beobachtung handwerksgerechter Sauberkeit Hackfleisch herstellen, das bei Aufbewahrung in niedriger Temperatur seine natürliche Farbe länger als 12 Stunden behält;

6. der Zusatz von schwefligsauren Salzen[1]) und solche Salze enthaltenden Konservierungsmitteln ist geeignet, die natürliche Färbung des Fleisches — aber nicht das Fleisch selbst — zu verbessern und länger haltbar zu machen; dem Hackfleisch kann mithin hierdurch der Anschein besserer Beschaffenheit verliehen werden;

7. der regelmäßige Genuß von Hackfleisch, welches mit schwefligsauren Salzen versetzt ist, vermag die menschliche Gesundheit, namentlich von kranken und schwächlichen Personen, zu schädigen."

Auf die Verwendung von sog. mildem Paprika (Rosenpaprika)[2]) als Färbemittel ist bereits unter Nachweis von Farbstoffen hingewiesen. Die Verwendung solcher pflanzlicher Färbemittel fällt übrigens unter das Verbot der Bekanntmachung vom 18. Februar 1902, da dort ganz allgemein von „Farbstoffen" die Rede ist. Verfälschung im Sinne des N.-G. ist ebenfalls anzunehmen.

Von Konservierungsmitteln sind in der schon erwähnten Bekanntmachung verschiedene genannt, deren Zusatz verboten ist. Ihr Zusatz kann aber unter besonderen Umständen auch als Vergehen bzw. Verbrechen im Sinne der §§ 12 bis 14 des Nahrungsmittelgesetzes angesehen werden, wenn dadurch der Fleischware eine gesundheitsschädliche Beschaffenheit verliehen wurde. Von derartigen Konservierungsmitteln kommen am meisten Borsäure und schweflige Säure und deren Salze in Betracht. Formaldehyd und Verbindungen, die solches abspalten (Hexamethylentetramin, das auch als Urotropin gehandelt wird), Fluorwasserstoffsäure usw. kommen seltener vor; während über die große Schädlichkeit der beiden letzteren keinerlei Zweifel geltend gemacht wurden, rief die Frage, inwieweit die erstgenannten die menschliche Gesundheit zu beschädigen geeignet sind, zahlreiche Meinungsäußerungen hervor. Die relative Giftigkeit der schwefligen Säure (s. oben Ziff. 7) und namentlich der Borsäure geht aus zahlreichen, von deutschen und ausländischen Medizinern und Hygienikern[3]) angestellten Versuchen

---

[1]) Am bekanntesten ist das als „Präservesalz" bezeichnete schwefligsaure Natrium. Neuerdings wird dasselbe auch als „Scheuersalz" angeboten, wodurch indirekt der Verwendung von Präservesalz Vorschub geleistet wird. Verschiedene Winke über die Beurteilung des Zusatzes von schwefligsauren Salzen zu Fleisch (insbesondere zu Hack- und Schabefleisch). s. Preuß. Ministerialerlaß vom 7. Jan. 1910; Zeitschr. f. U. N. (Ges. u. Verord.) 1910. 51.

[2]) Vgl. auch Polenske, Arbeiten aus dem Kais. Gesundh.-Amte 1904. 20. 567; A. Beythien, Zeitschr. f. U. N. 1902. 5. 858; Urt. des Oberlandesger. Breslau v. 12. Juli 1910; Pharm. Zentralh. 1911. 52. 1306.

[3]) Kionka, Giftwirkung der schwefligen Säure. Zeitschr. f. Hyg. 1896. 22. 351; Rost, Wirkung der Borsäure. Arbeiten aus dem Kais. Gesundh.-Amt 1902. 19. 1; H. W. Wiley, Die Wirkungen der Borsäure. U. S. Dep. of Agricult. Bur. of Chem. Circ. 15; Pharm. Zentralh. 1905. 154. Die Aufnahme von SO_2 aus den Verbrennungsprodukten des Leuchtgases ist so gering, daß sie unter normalen Verhältnissen gar nicht in Frage kommen kann. (A. Kickton, Zeitschr. f. U. N. 1905. 10. 159.)

hervor und ist auch vom XIV. internationalen Hygienischen Kongreß 1906[1]) anerkannt worden. Weitere Anhaltspunkte finden sich in der technischen Begründung des Bundesratsbeschlusses vom 18. Februar 1902 betr. gesundheitsschädliche und täuschende Zusätze zu Fleisch und dessen Zubereitungen[2]). Folgende Sätze mögen davon hervorgehoben sein: „Bei der Beurteilung der Frage, welche Konservierungsmittel eine gesundheitsschädliche Beschaffenheit des Fleisches herbeizuführen oder eine minderwertige Beschaffenheit desselben zu verdecken geeignet sind, ist davon auszugehen, daß man allen chemischen Konservierungsmitteln, welche nicht gleich dem Kochsalze, dem Salpeter und den beim Räuchern entstehenden Produkten durch lange Übung eingebürgert sind, mißtrauisch gegenübertreten muß, solange nicht ihre Unschädlichkeit erwiesen ist. Besonders muß aber der Verwendung solcher Stoffe entgegengetreten werden, die einer an sich nicht einwandfreien Ware den Anschein der Frische und der guten Beschaffenheit oder der sachgemäßen Zubereitung verleihen." Nach dem Urteil des Reichsgerichts vom 28. Nov. 1904[3]) ist die Verwendung der in der vorgenannten Bekanntmachung zum § 21 des Fleischbeschaugesetzes angeführten Stoffe, ohne Rücksicht darauf, ob die in Einzelfällen verwendete Menge gesundheitsschädliche Wirkungen hervorzubringen vermag, überhaupt verboten. Im übrigen erfolgten bisher, sofern nicht die Gesundheitsschädlichkeit besonders bejaht war, Beanstandungen gemäß § 10 des N.-G. wegen Verfälschung. Siehe auch Urteil des Reichsgerichts vom 27. März 1908, Minist.-Bl. f. Mediz. usw. Angel. 1908, 266. Auch die Entscheidungen des preußischen Kammergerichts[4]) betr. Borsäure zu Eierkognak, bzw. Salicylsäure zu Citronensaft und Bier lassen sich ohne weiteres auch auf Fleischwaren usw. anwenden; darnach sind alle fremden Zusätze, die das kaufende Publikum nicht erwartet, als eine Verschlechterung und damit als Verfälschung im Sinne des § 10 des Nahrungsmittelgesetzes anzusehen. In diesem Sinne können auch andere Konservierungsmittel wie Benzoesäure[5]), welche nicht zu den

---

[1]) M. Gruber, K. B. Lehmann und Th. Paul, Der Stand der Verwendung von Konservierungsmitteln für Nahrungsmittel. Bericht des Hyg. Kongresses 1907, ref. Zeitschr. f. U. N. 1909. 17. 102.

[2]) Deutscher Reichsanz. vom 24. Febr. 1902. Nr. 47, abgedruckt in Zeitschrift f. öffentl. Chemie 1902. 8. 61. Siehe auch die Abschnitte Konservierungsmittel im Kapitel Obstdauerwaren.

[3]) Auszüge 7. 599; 28. Juni 1911; Auszüge 1912. 8. 980; Landger. Elberfeld v. 14. Juni 1910, Zeitschr. f. U. N. (Ges. u. Verord.) 1910. 2. 472; Auszüge 1912. 8. 999.

[4]) Vom 16. Mai 1905; Auszüge 7. 389.

[5]) Urteile über Benzoesäure und benzoesaure Salze. Landger. Glogau vom 10. Febr. 1908, Auszüge 1912. 8. 985; Langder. Magdeburg vom 31. Mai 1910 u. Reichsger. vom 10. Okt. 1910, Zeitschr. f. U. N. (Ges. u. Verord.) 1911. 3. 67; Landger. Düsseldorf vom 22. Nov. 1913, Zeitschr. f. U. N. (Ges. u Verord.) 1914. 6. 371; bezügl. tho Seeths neues Hacksalz. Siehe auch Gutachten der Wissenschaftl. Deput. f. d. Medizinalwesen vom 13. März 1913; Zeitschr. f. U. N. (Ges. u. Verord.) 1913. 5. 509; über tho Seeths neues Hacksalz einer Mischung von benzoesaurem Natrium, Dinatriumphosphat und weinessigsaurer Tonerde.) Landger. Altona vom 22. März 1904 u. Oberlandesger. Kiel vom 23. Juni 1904 Auszüge 1908. 7. 606; bezügl. Salpeter Landger. Frankfurt a/O. vom 28. Juni 1911, Auszüge 1912. 8. 980; Landger. Elberfeld vom 14. Juni 1910, Zeitschr. f. U. N. (Ges. u. Verord.) 1910. 2. 472, Auszüge 1912. 8. 999.

verbotenen der Bekanntmachung zählen, auch ohne als gesundheitsschädlich zu gelten, als unzulässig beanstandet werden. Die frischhaltende Wirkung dieser Mittel ist im allgemeinen eine noch geringere, als sie das schwefligsaure Natrium hervorzubringen imstande ist. Besonders trifft dies für die neuerdings als Ersatz für schweflige Säure benutzte Benzoesäure und deren Salze (siehe auch Abschnitt Obstdauerwaren) sowie für Salpeter zu. Essigsaure Tonerde, Alkaliphosphate und -acetate wirken wegen ihrer starken Alkaleszenz wie Hydroxyde und Carbonate der Alkalien; Chlorate und Nitrite sind zur Zubereitung neuerdings ebenfalls verboten. Siehe auch preuß. Ministerialerlaß vom 24. Januar 1917.

Aus Fischen[1]), Muschelfleisch, Krabben, Krebsen und Ähnlichem hergestellte Zubereitungen wie Würste, Pasten, Brotaufstrich, Gelee, Sulze, Pains, Konserven werden wie Fleischwaren beurteilt. Die Bestimmungen des Fleischbeschaugesetzes und dessen Sonderverordnungen kommen jedoch hierfür nicht in Betracht, da in diesen nur von Fleisch warmblütiger Tiere die Rede ist.

Fälschungen des Kaviars bestehen in Zusätzen von Öl, Sago, minderwertigen Fischeiern, Farbstoffen, Konservierungsmitteln; die Farbe des Kaviars ist dunkelgrau bis schwarz. Reaktion ist neutral. (Unter Kaviar versteht man die von den häutigen und faserigen Teilen befreiten Eier der verschiedenen Störe oder Acipenseriden.) Bei gutem Kaviar sind die Eier unverletzt und glatt, bei geringeren Sorten eingeschrumpft. Mit Ruß geschwärzter Dorschrogen ist als Nachmachung behandelt worden. Kaviar enthält stets Kochsalz in Mengen von 4 bis 12% beigemengt; sein Eiweißgehalt ist sehr hoch, etwa 31%. Das Bestreichen der Kiemen von Fischen mit roter Farbe zwecks Verdeckung von Minderwertigkeit oder Verdorbenheit, bzw. Erweckung des Scheins besserer Beschaffenheit ist einer Reichsgerichts-Entscheidung vom 18. Februar 1882 zufolge als Verfälschung anzusehen. Auf derselben Grundlage muß das Färben von Krabben, Krebsschwänzen, Hummern und die Behandlung von Wildbret oder Fischen mit Kaliumpermanganat zur Geruchlosmachung oder Verbesserung des Aussehens beurteilt werden[2]). Beimengungen von Mehl, Brot usw. zu Pasteten, Pains und dergl. sind unzulässig. Anchovispasten werden mit Ocker rot gefärbt. Während diese Färbung als erlaubt gilt, ist das Färben von Krebs- und Krabbenpräparaten, -extrakten, -pulvern (Nachweis S. 82) wegen der dabei in Betracht kommenden Täuschung zu beanstanden. Bei borsäurehaltigen Krabben nimmt das Reichsgericht[3]) Gesundheitsschädlichkeit und Verfälschung an. Krebsbutter darf nur aus Krebsen und Butter hergestellt sein; Zusatz von Fremdfetten und künstliche Färbung ist Fälschung[4]).

---

[1]) Die wichtigsten Fischarten für Genußzwecke sind in der Salzabgabenbefreiungsordnung aufgeführt. Z. f. U. N. 1913. (Ges. u. Verord.). 337.

[2]) Siehe auch K. Borchmann, Beiträge zur Marktkontrolle der animalischen Nahrungsmittel, Begutachtung von Büchsenkonserven. Zeitschrift f. Fleisch- u. Milchhyg. 1906. 16. 289.

[3]) Urt. vom 16. Sept. 1912, Deutsche Nahrungsmittel-Rundschau 1912. 10. 191. Siehe auch P. Buttenberg, über die Herstellung von borsäurefreien Krabben, Zeitschr. f. U. N. 1908. 16. 92 u. 1910. 20. 311.

[4]) Vgl. auch Urteil des Landger. I Berlin v. 22. Mai 1905; Zeitschr. f. U. N. 1906. 11. 124. Über Sardellenbutter und ähnl. siehe Lührig, Bericht,

Die Büchsen von Fleischkonserven müssen den Bestimmungen des Gesetzes betr. den Verkehr mit blei- und zinkhaltigen Gegenständen vom 25. Juni 1887 entsprechen. Das Olivenöl der Fischkonserven verändert[1]) seine ursprüngliche chemische Beschaffenheit, da es allmählich mit Fischtran sich vermengt, also Vorsicht bei der Beurteilung!

d) Verdorbenheit und Gesundheitsschädlichkeit (§ 10, Abs. 2, § 11 und §§ 12—14 des Gesetzes v. 14. Mai 1879; ferner § 367, Abs. 7, St.G.B.).

Im wesentlichen geben das Fleischbeschaugesetz und die dazu erlassenen Ausführungsbestimmungen (s. S. 708) Auskunft über die Auslegung des Begriffes „Verdorben". (Dieses Gesetz unterscheidet außerdem noch nach Genußtauglichkeit (bedingter) und Minderwertigkeit). Als objektives Tatbestandsmerkmal des Begriffs Verdorben gilt beim Nahrungsmittelgesetz, daß erhebliche Abweichung vom Normalen vorhanden ist. Da es bisweilen schwierig ist, namentlich bei Fischen, Würsten und sonstigen Zubereitungen aus Fleisch die Grenze zwischen Minderwertigkeit und Verdorbenheit zu ziehen, empfiehlt es sich nur dann die Beanstandung auszusprechen, wenn mehrere der getroffenen Feststellungen übereinstimmen. In Anbetracht der schweren Schädigungen, die durch verdorbene Fleischware, Fische, Krustentiere usw. entstehen können, muß andererseits die Beurteilung solcher Waren strenger als bei manchen anderen Nahrungsmitteln gehandhabt werden. Zu seiner Orientierung wird der Sachverständige sich die Rechtsanschauungen[2]) und ergangenen Entscheidungen in solchen Fällen ganz besonders zu Nutze machen.

Auf die hauptsächlichsten Merkmale der Verdorbenheit dieser Waren ist bereits unter „Nachweis" hingewiesen. Zu den verdorbenen Fleischwaren ist auch leuchtendes Fleisch zu rechnen; die erwähnte durch Bakterien hervorgerufene Eigenschaft ist, wenn auch nicht gesundheitsschädlich, so doch mindestens ekelerregend. Aufgeblasenes, finniges, trichinöses, madiges, embryonales und von ungeborenen oder zu früh geborenen, gehetzten oder verendeten Tieren stammendes Fleisch gilt als verdorben, ebenso Fleisch, das von Tieren stammt, die mit Fischen oder dergl. gefüttert sind, und deshalb einen tranigen Geschmack hat. Für die Annahme einer Straftat im Sinne der gesetzlichen Bestimmungen ist von wesentlicher Bedeutung, daß die fraglichen Waren feilgehalten oder verkauft sind. Bei Beschlagnahme und Abfassung des Gutachtens ist darauf besonders Wert zu legen. Sind z. B. verdorbene Würste im Nebenraum einer Schlächterei gefunden worden, so ist es fraglich, ob der betreffende Verkäufer usw. sich strafbar gemacht hat; §§ 10, 11 des Nahrungsmittelgesetzes erfordern auch den Nachweis eines gewissen Täuschungszweckes (wissentlich oder fahrlässig), während § 367, 7,

---

Chemnitz 1903. 62; Buttenberg und Stüber, Zeitschr. f. U. N. 1906. 12. 340; Behre und Frerichs, ebenda, 1912. 24. 676; Urteile über Anchovispaste (Landger. Leipzig 1907 und Oberlandesger. Dresden 1908); Auszüge 1912. 8. 858.

[1]) O. Klein, Zeitschr. f. angew. Chemie 1900. 559.

[2]) Vgl. C. A. Neufeld, Der Nahrungsmittelchemiker als Sachverständiger. Verlag von J. Springer, Berlin 1907 und andere Spezialliteratur wie z. B. R. Ostertag, Handbuch der Fleischbeschau. Stuttgart 1904.

St.G.B. (Übertretung) das Feilhalten und Verkaufen verfälschter und verdorbener Nahrungsmittel schlechtweg verbietet.

Konserven von Fleisch, Fischen, Hummer, Krabben usw. können durch Aufgetriebensein (Bombage), durch Schwärzung und andere Ursachen verdorben sein. Siehe auch Obstdauerwaren und im bakteriologischen Teil.

Die Frage der Gesundheitsschädlichkeit muß dem Arzt oder Tierarzt überlassen bleiben. Wo sich feststehende Ansichten darüber gebildet haben, kann sich auch der Nahrungsmittelchemiker unter entsprechendem Hinweis auf medizinische Obergutachten äußern, z. B. bei den Konservierungsmitteln (Borsäure, schweflige Säure und dergl.). Näheres ist darüber bei Besprechung der Verfälschungen schon ausgeführt. Die Gesundheitsschädlichkeit braucht nicht bereits eingetreten zu sein, es genügt, daß eine Fleischware als „geeignet die menschliche Gesundheit zu beschädigen" (§ 12) angesehen wird. Fleischvergiftungen können durch faulige Zersetzungen (Botulismus) oder Veränderungen (infolge kranker Organe) oder durch pathogene Bakterien z. B. den Paratyphusbazillus hervorgerufen werden; bisweilen fehlen die äußeren Kennzeichen vollständig (Bakterien, Fäulnisalkaloide), z. B. bei den häufig epidemisch auftretenden Hackfleisch-, Austern- und Miesmuschelvergiftungen. Dasselbe kann auch bei Büchsenkonserven (namentlich solchen von Fischen und Krustentieren) vorkommen.

V. Fleischextrakte, Fleischsäfte, Peptone, fleischhaltige Nährmittel, Fleischbrühwürfel, Suppenwürzen,-Mehle sowie Ersatzstoffe [1]).

Vorbemerkung. Falls die Präparate nur geringe Mengen von in kaltem Wasser unlöslichen Bestandteilen enthalten, nimmt man von festen und sirupösen Präparaten 10 bis 20 g, von flüssigen entsprechend mehr (25 bis 50 g), löst in kaltem Wasser, filtriert und füllt das Filtrat auf 500 ccm auf. Der unlösliche Rückstand ist besonders zu bestimmen und mikroskopisch auf seine Eigenart zu prüfen.

Von dem klaren Filtrate dienen entsprechende aliquote Teile zur Bestimmung der einzelnen Bestandteile. Nur für die Bestimmung des Gesamtstickstoffes, sowie der Mineralstoffe verwendet man bei festen und sirupösen Präparaten vorteilhaft auch vielfach die unveränderte Substanz; ebenso muß man die letztere verwenden zur Bestimmung des Wassers und Stickstoffs, falls ein Teil der Substanz in kaltem Wasser unlöslich ist.

Der Untersuchung hat auch eine Prüfung der äußeren Beschaffenheit, sowie u. U. eine bakteriologische Untersuchung vorauszugehen.

1. Wasser. Man trocknet in einer mit Sand usw. beschickten Platinschale einen aliquoten Teil der obigen Lösung oder, falls ein Teil der Substanz in kaltem Wasser unlöslich ist, so viel von der ursprünglichen Substanz, die man direkt in die Schale gewogen und in warmem Wasser zur Verteilung gelöst hat, ein, als 1 bis 2 g Trockensubstanz entspricht,

---

[1]) Im Wesentlichen nach den Vereinbarungen I. Teil.

und verfährt im übrigen nach S. 30, gemäß dem Vorschlag für sirupöse Substanzen.

2. Gesamtstickstoff [1]). In einem aliquoten Teile der Lösung oder in so viel der ursprünglichen Substanz, als höchstens 1 g Trockensubstanz entspricht, wird der Gesamtstickstoff nach Kjeldahl bestimmt. Bei ungleichmäßigen Gemischen verfährt man zur Erzielung einer besseren Durchschnittsprobe nach S. 1.

3. Stickstoff in Form von Fleischmehl oder unveränderten Eiweißstoffen und koagulierbarem Eiweiß (Albumin)[2]). Enthalten die Fleischerzeugnisse in kaltem Wasser unlösliche Substanzen (Fleischmehl usw.), so löst man, wie oben angegeben, bei festen oder sirupösen Erzeugnissen 10 bis 20 g in kaltem Wasser oder verdünnt bei flüssigen Erzeugnissen 25 bis 50 g mit etwa 100 bis 200 ccm, unter Umständen auch mehr kaltem Wasser und filtriert nach dem Absetzen des Unlöslichen durch ein Filter von bekanntem Stickstoffgehalt, wäscht mit kaltem Wasser hinreichend nach und verbrennt das Filter mit Inhalt nach Kjeldahl. Die so gefundene Stickstoffmenge, von welcher die Stickstoffmenge des Filters in Abzug zu bringen ist, mit 6,25 multipliziert, ergibt die Menge der vorhandenen unlöslichen Eiweißstoffe (Fleischmehl usw.). Das etwaige Vorhandensein des letzteren ist durch mikroskopische Untersuchung nachzuweisen.

Das Filtrat, oder wenn die Substanz in kaltem Wasser vollständig löslich ist, die wässerige Lösung der Substanz wird mit Essigsäure schwach angesäuert und gekocht. Scheidet sich hierbei koagulierbares Eiweiß (Albumin) in Flocken ab, so wird dasselbe ebenfalls durch ein Filter von bekanntem Stickstoffgehalt abfiltriert, mit heißem Wasser gewaschen und nach Kjeldahl verbrannt; die gefundene Stickstoffmenge abzüglich des Filterstickstoffs mit 6,25 multipliziert, ergibt die Menge des vorhandenen koagulierbaren Eiweißes (Albumin). Das Filtrat wird auf 500 ccm aufgefüllt.

Wenn die Fleischerzeugnisse nur geringe Mengen unlösliches und gerinnbares Eiweiß enthalten, so ist eine Trennung derselben nicht erforderlich.

4. Albumosen. Zur Bestimmung der Albumosen verwendet man 50 ccm der ad 3 hergestellten klaren Lösung des Präparates oder des auf 500 ccm aufgefüllten Filtrates der Albumin- usw. Fällung.

Diese 50 ccm werden nach A. Bömer[3]) mit verdünnter Schwefelsäure (1 + 4) schwach angesäuert (um das Ausfallen von unlöslichen Zinksalzen sowie Phosphaten usw. zu verhindern) und darauf mit fein gepulvertem Zinksulfat in der Kälte gesättigt[4]). Nachdem sich die ausgeschiedenen Albumosen an der Oberfläche der Flüssigkeit abgeschieden haben und am Boden des Glases noch geringe Mengen des ungelösten Zinksulfates vorhanden sind, werden sie abfiltriert, mit kaltgesättigter Zinksulfatlösung hinreichend nachgewaschen und nach Kjeldahl verbrannt. Durch Multiplikation der gefundenen Stickstoffmenge

---

[1]) Bestimmung des verdaulichen Stickstoffes (Protein) nach Stutzer, siehe Abschnitte Futtermittel, S. 506.
[2]) Qualitative Fällungs- und Farbreaktionen siehe im Abschnitt „Harn".
[3]) Zeitschr. f. analyt. Chemie 1895. 34. 562.
[4]) Erkennbar am Auskristallisieren bei längerem Stehen (z. B. über Nacht).

abzüglich des Filterstickstoffs mit 6,25 erhält man die derselben entsprechenden Albumosen. Da Fleischextrakte und Peptone in der Regel nur wenig Ammoniakstickstoff zu enthalten pflegen und bei Gegenwart geringer Mengen von Ammoniaksalzen in einer mit Zinksulfat gesättigten Lösung kein unlösliches Doppelsalz von Ammonsulfat mit Zinksulfat sich abscheidet, so kann von einer Bestimmung des Ammoniakstickstoffes in der Zinksulfatfällung bei der Bestimmung der Albumosen abgesehen werden.

Sind dagegen nennenswerte Mengen Ammoniak in den Präparaten, so werden weitere 50 ccm der obigen Lösung in derselben Weise mit Zinksulfat gefällt, in dem Niederschlage nach 6 der Ammoniakstickstoff bestimmt und letzterer von dem Gesamtstickstoff des Zinksulfatniederschlages abgezogen.

5. Peptone und Fleischbasen. Für den qualitativen Nachweis von Pepton empfiehlt sich die Biuret-Reaktion nach dem von R. Neumeister[1]) empfohlenen Verfahren.

Man verwendet hierzu zweckmäßig das Filtrat der Zinksulfatfällung (siehe Ziffer 4) oder sättigt einen neuen Teil der wässerigen Lösung mit Zinksulfat, wie oben angegeben ist. Darauf wird filtriert, das Filtrat mit so viel konzentrierter Natronlauge vermischt, bis das anfänglich sich ausscheidende Zinkhydroxyd sich wieder vollständig gelöst hat, und zu der klaren Lösung einige Tropfen einer 1%igen Lösung von Kupfersulfat hinzugefügt. Eine rotviolette Färbung zeigt Pepton an.

Bei dunkelgefärbten Präparaten (Liebigs Fleischextrakt) können sich wegen der erforderlichen starken Verdünnung geringe Mengen von Pepton dem Nachweise entziehen.

Für den qualitativen Nachweis von Fleischbasen neben Pepton versetzt man einen neuen Anteil der wässerigen filtrierten Lösung mit überschüssigem Ammoniak bis zur deutlichen alkalischen Reaktion, filtriert von etwa entstehendem Niederschlage (Phosphate) ab, und fügt zum Filtrat eine Lösung von salpetersaurem Silber (etwa 2,5 g Silbernitrat in 100 ccm Wasser) hinzu. Der entstehende Niederschlag enthält die Silberverbindung der Xanthinbasen und beweist die Anwesenheit von Fleischbasen[2]).

Eine quantitative Trennung der Peptone und der Fleischbasen ist zur Zeit nicht durchführbar, erstere werden in folgender Weise bestimmt:

250 ccm des Filtrates der Zinksulfatfällung werden stark mit Schwefelsäure angesäuert und mit der üblichen Lösung des phosphorwolframsauren Natriums[3]), zu der man auf 3 Raumteile 1 Raumteil verdünnte Schwefelsäure (1 : 3) hinzusetzt, so lange versetzt, als noch ein

---

[1]) Zeitschr. f. Biologie 1890 (N. F.) 8. 324.
[2]) Eigentlich nur die Anwesenheit von Hypoxanthin und Xanthin; weil diese aber in allen Fleischsorten und Fleischerzeugnissen in geringerer Menge vorkommen als Kreatin und Kreatinin usw., mindestens letztere stets begleiten, so kann aus dem erhaltenen Niederschlage auch auf die Anwesenheit der anderen Fleischbasen geschlossen werden.
[3]) Bereitung: 120 g phosphorsaures und 200 g wolframsaures Natrium löse man in 1 l destillierten Wassers und gebe zu dieser Lösung 10 ccm Salpetersäure.

Niederschlag entsteht; der Niederschlag wird nach 12stündigem Stehen durch ein Filter von bekanntem Stickstoffgehalt filtriert, mit verdünnter Schwefelsäure (1: 3) ausgewaschen, samt Filter noch feucht in einen Kolben gegeben und darin der Stickstoffgehalt nach Kjeldahl ermittelt. Durch Multiplikation des gefundenen Stickstoffgehaltes mit 6,25 erhält man die Menge des vorhandenen Peptons.

Bei Gegenwart von Fleischbasen neben Pepton oder von Fleischbasen allein ist eine Berechnung des Gehaltes an Pepton + Fleischbasen oder der Fleischbasen allein wegen des hohen Stickstoffgehaltes der letzteren durch Multiplikation des Stickstoffes mit 6,25 nicht angängig. Es empfiehlt sich in solchen Fällen nur die Angabe der „in Form von Pepton und Fleischbasen vorhandenen Stickstoffmenge".

Fleischbasen und Peptone können auch zusammen mit den Albumosen in der ursprünglichen wässerigen Lösung in der angeführten Weise mit Phosphorwolframsäure gefällt werden; in diesem Falle ist der durch Zinksulfat fällbare Albumosenstickstoff von der gefundenen Stickstoffmenge in Abzug zu bringen und der Rest als Pepton- + Fleischbasenstickstoff zu bezeichnen.

Die Phosphorwolframsäurefällung entsteht erst allmählich, die Probe ist daher einige Tage (5 bis 7) stehen zu lassen.

Durch Phosphorwolframsäure wird der Ammoniakstickstoff gefällt, bei der Berechnung des Pepton- + Fleischbasenstickstoffes ist der nach 6) gefundene Ammoniakstickstoff von der durch Phosphorwolframsäure gefällten Stickstoffmenge abzuziehen, besser ist es jedoch, in einer zweiten Phosphorwolframsäure-Fällung den Ammoniakstickstoff durch Destillation mit Magnesia nach 6) zu bestimmen und abzuziehen.

6. Ammoniakstickstoff.

100 ccm der Fleischextraktlösung werden mit etwa 100 ccm Wasser verdünnt und aus dieser Lösung das Ammoniak durch Magnesia oder Bariumkarbonat abdestilliert.

7. Sonstige Stickstoffverbindungen

ergeben sich aus der Differenz zwischen dem Gesamtstickstoff und der Summe der unter 3 bis 6 bestimmten Stickstoffmengen.

8. Leimstickstoff.

Enthält das zu untersuchende Präparat Leim, so findet man denselben nach den vorstehenden Methoden als Albumosen.

Zur Trennung des Leimes von den Eiweißkörpern gibt A. Striegel[1]) folgendes Verfahren an: 2,5—5 g der leimhaltigen Substanz werden im 500 ccm-Kolben mit etwa 200 ccm Wasser 4—5 Stunden lang am Rückflußkühler gekocht, um alles Kollagen in Glutin überzuführen. Das Reaktionsgemisch wird dann mit etwa 1 g Weinsäure versetzt und damit noch ungefähr 30 Minuten lang gekocht. Man erhält so eine Leimlösung, welche auch in der Kälte nicht gelatiniert. Diese wird mittelst Natron-

---

[1]) Chemiker-Zeitung 1917. 44.

oder Kalilauge soweit neutralisiert, daß nur noch eine ganz schwach-
saure Reaktion bestehen bleibt. Hierbei fällt Acidalbumin größtenteils
aus und wird ebenso wie etwa vorhandene Albumosen durch Zusatz
von 10—20 ccm einer gesättigten Lösung von Zinksulfat oder Kupfersulfat völlig niedergeschlagen. Nach einiger Zeit füllt man mit Wasser
zur Marke auf, filtriert und bestimmt in einzelnen Teilen des Filtrats
den Stickstoff nach Kjeldahl. Der so gefundene Stickstoff ist Leimstickstoff (einschl. Amidstickstoff, siehe unten). Zur Kontrolle kann
man auch den Rückstand von der Auskochung nach völligem Auswaschen
mit heißem Wasser auf Stickstoff nach Kjeldahl prüfen. Für reines
Glutin berechnet sich der Multiplikationsfaktor zu 5,61, für Leim zu 6,25.

Enthält das zu untersuchende Material Stickstoffverbindungen
amidartiger Natur, so findet man deren Stickstoff zusammen mit dem
Leimstickstoff. Zur Trennung genügt es, einen abgemessenen Teil der
Leimlösung mit schwach essigsaurer Tanninlösung zu versetzen und das
Filtrat von dem sofort entstehenden Niederschlag für sich auf Stickstoff
nach Kjeldahl zu prüfen. Die darin gefundene Stickstoffmenge
entspricht dem Amidstickstoff und ist von der zuerst gefundenen Menge
Leimstickstoff in Abzug zu bringen.

Auf das Verfahren von König, Greifenhagen und Scholl[1]) sei hingewiesen.

9. Aminosäuren[2]).

Man versetzt 50 ccm der Lösung (10 g : 100 ccm) mit 2 g $BaCl_2$,
1 ccm Phenolphthaleinlösung und soviel gesättigtem Barytwasser, bis
Rotfärbung eintritt, sowie mit noch 5 ccm davon. Dann füllt man auf
100 ccm auf und filtriert nach 15 Minuten. Vom klaren Filtrat werden
80 ccm mit n/$_4$ HCl gegen Lakmuspapier neutralisiert und mit ausgekochtem Wasser auf 100 ccm aufgefüllt. Man setzt dann zu 40 ccm
der Lösung 10 ccm neutralisiertes Formalin und titriert mit n/$_4$ NaOH
bis zur starken Rotfärbung. 1 ccm n/$_4$ NaOH = 3,5 mg Aminosäurenstickstoff.

Bei Gegenwart von Ammoniak muß der Ammoniakstickstoff
bestimmt werden und von dem erhaltenen Aminosäurenstickstoff abgezogen werden.

10. Fleischbasen.

a) Kreatinin.

Je nach dem vorhandenen Fleischextraktgehalt wird eine 10%ige
oder stärkere Lösung der zu untersuchenden Brühwürfel hergestellt

---

[1]) Zeitschr. f. U. N. 1914. 22. 723.
[2]) Die Methode stammt von Sörensen, Biochem. Zeitschr. 1907. 7.
45 und ist von Ottolenghi, Zeitschr. f. U. N. 1913. 26. 733 in obiger Weise
gestaltet worden. Grünhut u. Lüers, Zeitschr. f. U. N. 1919, 37, 304, haben
eine besondere Vorschrift ausgearbeitet und benutzen zur Erzielung eines genauen
Sättigungspunktes der bisweilen gefärbten Lösungen ein besonderes Koloriskop.
— P. W. Neumann (persönliche Mitteilung) entfärbt die neutralisierte Lösung
mit etwas Tierkohle. Siehe auch A. Micko, Analysengang für die Erkennung
und Bestimmung der durch Hydrolyse des Eiweißes entstehenden Eiweißkörper,
Zeitschr. f. U. N. 1907. 14. 253.

— notwendigenfalls ist die Prüfung mit stärkeren Lösungen zu wiederholen —, die zur Beseitigung des vorhandenen Fettgehaltes filtriert
werden muß. Von der klaren Lösung wird ein aliquoter Teil, etwa 10
bis 20 ccm, mit 10 ccm Normal-Salzsäure in einer Porzellanschale in einer
Zeit von etwa 2 Stunden auf dem Wasserbad zur Trockene verdampft.
Der schwarzbraune Rückstand wird mit Wasser aufgenommen und mit
$n/_2$ Lauge unter Verwendung von Lackmuspapier (Tüpfelmethode)
genau neutralisiert. Die Flüssigkeit wird quantitativ in ein weithalsiges
Erlenmeyer-Kölbchen übergeführt und auf etwa 75 ccm verdünnt.
Zu dieser Lösung setzt man solange tropfenweise etwa 1 %ige Kalium-
permanganatlösung zu, bis ein geringer Überschuß vorhanden ist, der
an einer braunroten Färbung, etwa vom Farbenton des Malagaweines,
erkannt wird. Nach anderweitigen Beobachtungen ist bei ungesalzenen
Substanzen Kochsalz zuzusetzen; man verwendet daher zweckmäßig eine
Kaliumpermanganatlösung, die 2,5 % Kochsalz enthält. Bei reichlichem
Verbrauch an $KMnO_4$-Lösung kann unter Umständen ein braunschwarzer
Brei entstehen; in solchem Falle wird eine weitere Verdünnung vorgenommen. Ist ein Überschuß an $KMnO_4$ zu erkennen, der sich einige
Minuten lang hält, so setzt man tropfenweise eine 3 %ige H_2O_2-Lösung,
die auf 100 ccm 1 ccm Eisessig enthält, zu, bis zwischen den MnO_2-Flocken
eine gelbe klare Flüssigkeit sichtbar wird. Sodann erhitzt man das Gemisch etwa 5—10 Minuten auf dem Wasserbad, bis sich das MnO_2 völlig
entweder am Boden oder auch teilweise an der Oberfläche abgeschieden
hat. Das MnO_2 wird durch Filtration der noch heißen Flüssigkeit durch
ein Asbestfilter entfernt (Saugpumpe) und bis zum fast völligen Verschwinden der Chlorreaktion nachgewaschen. Das meist fast farblose
Filtrat wird in einer Abdampfschale auf dem Wasserbad eingeengt.
Die konzentrierte Flüssigkeit wird mit geringen Mengen Wasser quantitativ in einen 500 ccm Meßkolben übergespült, auf etwa 20 ccm aufgefüllt und mit 10 ccm einer 10 %igen Natronlauge und 20 ccm einer gesättigten Pikrinsäurelösung versetzt. Nach Ablauf von 5 Minuten wird
die Lösung bis zur Marke aufgefüllt und im Duboscqschen oder einem
ähnlichen Kolorimeter mit $n/_2$-Kaliumbichrómatlösung verglichen.
Sollte sich beim Eindampfen noch etwas MnO_2 abgeschieden haben,
so ist die Flüssigkeit vor der Prüfung im Kolorimeter nochmals zu filtrieren. 8 mm $n/_2$-Kaliumbichromatlösung entsprechen 10 mg Kreatinin[1].

Kreatinin wird durch Multiplikation mit 1,16 in Kreatin umgerechnet.
Wegen der Unbeständigkeit des Kreatins ist es sicherer, dessen Anhydrid, das
Kreatinin, zu bestimmen.

Bestimmung des Xanthinbasenstickstoffs und Trennung der einzelnen
X-Basen von K. Micko[2] und Kutscher[3].

---

[1] Die Methode beruht auf der Reaktion von Jaffé mit Pikrinsäurelösung, Zeitschr. f. physiol. Chemie 1886. 10. 399, die von Folin ebenda 1904.
41. 223, und Anderen zu einer kolorimetrischen ausgebildet wurde. Die vor-
liegende Form ist dem Verfahren von Sudendorf und Lahrmann, Zeitschr.
f. U. N. 1915. 29. 1, gegeben worden, sie zeichnet sich auch durch größere Einfachheit aus als die ebenfalls auf die Jaffésche Reaktion aufgebaute Methode
von R. Micko, Zeitschr. f. U. N. 1910. 19. 426, auf die jedoch als ebenfalls
zum Ziele führend, verwiesen sei.

[2] Zeitschr. f. U. N. 1902. 5. 208; 1903. 6. 781; 1904. 7. 257; 8. 223.

[3] Ebenda 1905. 10. 528; 1908. 16. 658.

11. Fett.

Diese Bestimmung geschieht in der mit Sand eingetrockneten, wasserfreien, zerriebenen Masse durch Ätherextraktion und Verdunsten der ätherischen Lösung in einem gewogenen Kölbchen. Vgl. im übrigen S. 138 Fettbestimmung des Fleisches.

12. Zucker und Dextrin.

Bestimmung erfolgt in der wässerigen Lösung nach den allgemeinen Untersuchungsmethoden. Lösung erst kochen zur Entfernung von Albumin, dann Fällung mit Bleiessig usw. Zur Dextrinbestimmung wird die Lösung zur Sirupdicke eingedampft und das Dextrin mehrmals mit 95%igem Alkohol ausgefällt, dann Lösung in Wasser usw.

13. Mineralstoffe (auch Kochsalz).

Man verfährt nach S. 74. Darin ev. Bestimmung von Kali, Phosphorsäure; siehe die Abschnitte „Wein" und „Düngemittel".

14. Alkoholextrakt.

2 g Extrakt werden in einem Becherglase in 9 ccm Wasser gelöst, die Lösung mit 50 ccm Weingeist von 93 Volumprozent versetzt. Der sich bildende Niederschlag setzt sich fest ans Glas an, worauf der klare Weingeist in eine vorher gewogene Schale abgegossen werden kann. Der Niederschlag wird wiederholt mit je 50 ccm Weingeist von 80 Volumprozent ausgewaschen, der Weingeist zu dem ersten Auszuge gegeben, die gesamte Lösung im Wasserbade bei etwa 70° abgedampft und der Rückstand bis zum gleichbleibenden Gewicht (was oft 20 bis 24 Stunden erfordert) bei 100° getrocknet.

15. Freie Säure.

Etwa 2 g Fleischextrakt werden in etwa 50 ccm kaltem Wasser gelöst und mit n/4-Natronlauge (Tüpfeln auf Lackmuspapier!) titriert.

16. Bernsteinsäure.

Es sei auf die von Lebbin in der Schrift „Neue Untersuchungen über Fleischextrakt" 1915, Aug. Hirschwald, Berlin, angegebene Methode verwiesen.

17. Untersuchung von Fleischsäften.

Neben der Ermittelung der allgemeinen Zusammensetzung gemäß der für Fleisch- und Fleischextrakt angegebenen Verfahren, kommen noch in Betracht:

a) Chem. Blutnachweis, s. S. 543.
b) Biologisch auf Abstammung, s. S. 139.
c) Feststellung des Gerinnungspunktes und des Verhaltens gegen Essigsäure (Eieralbumin)[1] nach Micko.
d) Glyzerinnachweis nach Micko.

---

[1] Zeitschr. f. U. N. 1910. 20. 537.

18. Nachweis von Hefeextrakt[1]).

Das Verfahren beruht auf dem Nachweis des von Salkowski (Berichte d. Deutsch. chem. Ges. 1894, **27**, 499) in Hefen entdeckten Hefegummis. Zum Nachweise löst man 1 Teil Extrakt in 3 Teilen heißem Wasser und versetzt die Lösung mit Ammoniak in mäßigem Überschuß. Das von dem entstandenen Niederschlage getrennte Filtrat wird nach dem Abkühlen auf gewöhnliche Temperatur mit frisch bereiteter natronhaltiger, ammoniakalischer Kupferlösung (100 ccm 13%ige Kupfersulfatlösung, 150 ccm Ammoniak, 300 ccm 14%ige Natronlauge) im Überschuß vermengt. Bei Gegenwart von Hefeextrakt entsteht ein klumpiger Niederschlag, der auf Leinwand gebracht, möglichst gut abgepreßt und in verdünnter Salzsäure gelöst wird. Die Lösung wird mit dem dreifachen Volumen Alkohol vermengt. Der ausgeschiedene Gummi wird getrocknet. Eigenschaften des Gummis: klar in Wasser löslich, starke Klebekraft, spz. Drehung $[\alpha]_D = -90{,}1°$, wird durch Säuren in einen gärungsfähigen, schwach rechtsdrehenden Zucker übergeführt. Unterscheidet sich vom Gummi arabicum dadurch, daß er durch Fehlingsche Lösung ohne Natronlaugezusatz sofort gefällt und in 1%iger wässeriger Lösung beim Versetzen mit dem gleichen Volumen Salzsäure und Phosphorwolframsäure klar bleibt. Über weitere Verfahren zum Nachweis von Hefeextrakt siehe die Handbücher.

Mikroskopisch findet man bisweilen noch Hefezellen in dem gelösten und zentrifugierten Extrakt.

19. Farbstoffe.
s. Abschnitte Fleisch, Obstdauerwaren.

20. Karamel.
s. Abschnitt Liköre.

21. Konservierungsmittel.
s. Abschnitt Fleisch.

Beurteilung.

a) Gesetze und Verordnungen. Das Nahrungsmittelgesetz; die Verordnung gegen irreführende Bezeichnungen; das Gesetz betr. den Verkehr mit Fleischbrühwürfeln vom 25. Okt. 1917 ; unter Umständen auch das Gesetz über den Verkehr mit blei- und zinkhaltigen Gegenständen.

Für Fleischextrakte sind von Lebbin[2]) folgende in ihren wichtigsten Punkten wiedergegebenen Leitsätze aufgestellt, die die früher in die Vereinbarungen aufgenommenen Liebigschen Forderungen gemäß dem neueren wissenschaftlichen Standpunkt ergänzen und verbessern.

---

[1]) Micko, Zeitschr. f. U. N. 1904. 8. 225. Dort auch die auf den Xanthinstickstoff gegründete Methode.
[2]) Lebbin, Neue Untersuchungen über Fleischextrakt, Berlin 1915. Verlag von Hirschwald.

1. Wassergehalt etwa 16%, höchstens etwa 21%.

2. Gesamtmineralstoffgehalt etwa 18% im Mittel (soll in der Trockensubstanz 27% nicht übersteigen, codex alim. Austr.).

3. Der Chlorgehalt berechnet auf NaCl, beträgt in reinen Fleischextraktaschen nicht über 10%.

4. Der Phosphorsäuregehalt der Asche beträgt 30—40%. Mengen über 41% und unter 29% deuten auf abweichende Beschaffenheit.

5. Der Gesamtstickstoff in der fettfreien organischen Substanz soll wenigstens 14 und höchstens 17% betragen.

6. Vom Gesamtstickstoff sollen wenigstens 12,5% in Form von Kreatininstickstoff vorhanden sein.

7. Vom Gesamtstickstoff dürfen in Form von Ammoniakstickstoff nicht mehr als 3% vorhanden sein.

8. Der Albumosenstickstoff darf nicht mehr als 25% des Gesamtstickstoffs betragen (Bestimmung des österr. Codex).

9. Leim ist bisher noch nicht quantitativ bestimmt worden.

10. An Gesamtkreatinin wurden von Lebbin in selbsthergestellten Extrakten in Mittel etwa 4,8% gefunden.

11. Fleischextrakt enthält Bernsteinsäure, deren Mengen durch das Alter des verarbeiteten Fleisches bestimmt werden. Ein erhöhter Gehalt an Bernsteinsäure ist deshalb ein sicherer Ausdruck für die Verwendung autolysierten Fleisches. (Gehalt in Extrakten aus frischem Fleisch nicht über 0,35%.)

12. Aminosäuren sind stets als nennenswerter Anteil des Gesamtstickstoffs zugegen.

13. Milchsäure ist in nicht unerheblicher Menge, etwa 10%, zugegen.

Die in den Vereinbarungen s. Z. von Liebig aufgestellten Anforderungen an Fleischextrakte sind folgende:

1. Fleischextrakte sollen kein Albumin und Fett (letzteres = Ätherextrakt nur bis 1,5%) enthalten.

2. Der Wassergehalt darf 21% nicht übersteigen.

3. In Alkohol von 80 Volumprozent sollen etwa 60% löslich sein.

4. Der Stickstoff soll 8,5 bis 9,5% betragen.

5. Der Aschengehalt soll zwischen 15 und 25% liegen und neben geringen Mengen Kochsalz vorwiegend aus Phosphaten bestehen.

6. Fleischextrakte dürfen keine oder nur Spuren unlöslicher (Fleischmehl usw.) oder koagulierbarer Eiweißstoffe (Albumin) oder Fett enthalten.

7. Von dem Gesamtstickstoff dürfen nur mäßige Mengen in Form von durch Zinksulfat ausfällbaren löslichen Eiweißstoffen vorhanden sein.

8. Fleischextrakte dürfen nur geringe Mengen Ammoniak enthalten.

9. Fleischextrakte, welche in der Asche einen über 15% Chlor entsprechenden Kochsalzgehalt haben, sind als mit Kochsalz versetzt zu bezeichnen.

An Fleischpeptone sind folgende Anforderungen zu stellen:

10. Sie dürfen keine oder nur Spuren von unlöslichen oder koagulierbaren Eiweißstoffen oder Fett enthalten.

11. Der Stickstoff derselben soll möglichst vollkommen durch Phosphorwolframsäure fällbar sein, d. h. es sollen möglichst geringe Mengen von stickstoffhaltigen Fleischzersetzungsprodukten vorhanden sein, wobei für den Gehalt an Ammoniak dasselbe gilt, wie bei den Fleischextrakten.

Alle übrigen Fleischpräparate (Fleischsaft[1]) usw.) fallen nicht unter die obigen Ausführungen.

---

[1]) Nach d. Urt. des Landger. München v. 27. Okt. 1910 und des Reichsger. vom 11. April 1911 ist ein Fleischextrakt u. Albumin hergestellter sog. Fleischsaft „Puro", eine Nachmachung.

Als Nachahmungen für Fleischextrakte kommen aus Pöckelbrühe hergestellte Extrakte sowie Hefen- und Pflanzenextrakte, als Verfälschungen Mischungen solcher mit Fleischextrakten im Handel vor.

An derartige Ersatzmittel für Fleischextrakt stellen die Richtlinien der Ersatzmittelverordnung (s. S. 861) folgende Anforderungen: Durch Ausziehen pflanzlicher oder tierischer Stoffe hergestellte Erzeugnisse[1]), die zum Würzen von Suppen, Tunken, Gemüsen bestimmt sind, dürfen nicht als „Würze" — für sich oder in Wortverbindungen — bezeichnet sein; als „Auszug" oder „Extrakt" dürfen sie nur dann bezeichnet sein, wenn zugleich der Rohstoff angegeben ist, aus dem sie durch Ausziehen hergestellt sind. Ihr Kochsalzgehalt darf den bei Würze (s. das nachstehende) entsprechender Form zugelassenen nicht übersteigen.

Für Würzen (durch Abbau von Eiweiß und eiweißähnlichen Stoffen hergestellte, zum Würzen von Suppen, Tunken, Gemüsen bestimmte Erzeugnisse) bestimmt die Ersatzmittelverordnung folgendes:

1. Zum Abbau des Eiweißes oder der eiweißähnlichen Stoffe dürfen Salzsäure und Schwefelsäure nur als technisch reine arsenfreie Säuren verwendet sein; Kaliumverbindungen dürfen bei der Herstellung nicht verwendet sein, Kalziumverbindungen nur zur Neutralisation und Fällung von Schwefelsäure oder zur Fällung von Sulfaten, Ammoniak oder Ammoniumverbindungen nur zum Abbau, nicht aber zur Neutralisation der Säure oder als nachträglicher Zusatz.

2. In 100 g der fertigen Würze sollen, je nachdem sie in flüssiger oder pastenartiger Form in Verkehr gebracht werden, enthalten sein:

bei flüssiger Würze		bei pastenartiger Würze	
mindestens	18,0 g	32,0 g	organische Stoffe,
„	2,5 g	4,5 g	Gesamtstickstoff,
„	1,0 g	1,8 g	Aminosäurenstickstoff,
höchstens	23,0 g	50,0 g	Kochsalz.

Die Erzeugnisse müssen, abgesehen von einem etwaigen geringen Rückstand, in warmem Wasser löslich sein.

Für trockene Würzen gelten die gleichen Mindestgehalte, wie für pastenartige, ihr Kochsalz soll 55 vom Hundert nicht übersteigen; sofern trockene Würzen diesen Anforderungen nicht entsprechen, sollen sie aber den Anforderungen und Bestimmungen im § 2 der Bundesratsverordnung über Fleischbrühwürfel und deren Ersatzmittel vom 25. Oktober 1917 (s. S. 861) genügen, also z. B. der Vorschrift, daß ihrer handelsüblichen Bezeichnung das Wort „Ersatz" beigefügt sein muß.

Zur Geschmacksprüfung sind bei flüssigen Erzeugnissen 3,5 g, bei pastenartigen 2,0 g in 100 ccm warmem Wasser, gegebenenfalls unter Zusatz von Kochsalz, aufzulösen.

Der Verkehr mit Fleischbrühwürfel, (Bouillon-) und deren Ersatzmitteln ist durch die Verordnung vom 25. Oktober 1917 (s. S. 861) geregelt. Darunter fallen nicht blos Würfel, sondern auch Tafeln, Kapseln, Körner, Pulver. Das Wort Ersatz nicht tragende Erzeugnisse müssen aus Fleischextrakt oder eingedickter Fleischbrühe und aus Kochsalz mit Zusätzen von Fett oder Würzen oder Gemüseauszügen oder Gewürzen

---

[1]) Die durch Abbau von Eiweißstoffen gewonnenen Erzeugnisse (Würzen) kommen hierfür nicht in Betracht (s. Würzen).

bestehen. Ihr Gehalt an Gesamtkreatinin muß mindestens 0,45 vom Hundert und an Stickstoff als Bestandteil der den Genußwert bedingenden Stoffe mindestens 3 vom Hundert (= 18,75 v. H. Eiweißstoffe) betragen; der Kochsalzgehalt darf 65 vom Hundert nicht übersteigen; Zucker und Sirup jeder Art darf nicht verwendet sein.

Bei Ersatzmitteln für Fleischbrühwürfel fällt die Forderung eines Kreatiningehalts weg; der Gesamtstickstoff muß mindestens 2 vom Hundert (= 12,5 g Eiweißstoffe) betragen, der Kochsalzgehalt darf 70 vom Hundert nicht übersteigen. Zucker und Sirup sind ebenfalls unzulässig. Das Wort „Ersatz" muß in leicht erkennbarer Weise mit der handelsüblichen Bezeichnung verbunden sein.

Diese Bestimmungen werden nach der Bekanntmachung vom 30. IX. 19 (S. 859) noch dahin ergänzt, daß an wasserunlöslichen Stoffen abgesehen von Fett nur ein unerheblicher Rückstand von Suppenkräutern und Gewürzen vorhanden sein, der Mindestgehalt an Aminosäurenstickstoff mindestens 1,0% (Bestandteil der den Genußwert bedingenden Stoffe) und nach Inversion der Höchstgehalt an reduzierenden Stoffen nicht mehr als 1,5% Invertzucker entspricht, betragen darf. Zur Geschmacksprüfung sind die Erzeugnisse nach den Angaben der Gebrauchsanweisung zu behandeln, falls eine solche fehlt, sind 4 g in 250 ccm warmem Wasser aufzulösen.

Für den Verbraucher bestimmte Kleinpackungen dürfen bei den echten Erzeugnissen und Ersatzmitteln nicht weniger als 4 g wiegen.

Suppenwürfel, -tafeln usw. sind keine Brühwürfelerzeugnisse, sondern Mischungen von Leguminosen-, Kartoffel- und Getreidemehlen, deren Zubereitungen eine sämige Beschaffenheit und einen höheren Nährwert als Fleischbrühe haben. Nach den für solche Ersatzmittel erlassenen Richtlinien B 14 darf der Mindestgehalt an Getreidemehl oder mehlartigen Stoffen, und solchen, die geeignet sind, Mehl für diesen Zweck zu ersetzen, 50% betragen. Der Gehalt an Wasser darf 15% nicht übersteigen. Der Kochsalzzusatz ist in der für einen Teller Suppe (mindestens 250 ccm) bestimmten Menge auf 3,0 g bemessen. Zusätze wie Brühwürfelextrakt, Kräuter, Gemüse sowie Fleischteile können enthalten sein. Es muß die Anforderung gestellt werden, daß die wesentlichen Bestandteile (z.B. Erbsen mit Reis, Erbswurst mit Schweinsohren) gekennzeichnet werden, und ein der Bezeichnung entsprechender Geruch und Geschmack vorhanden sei (z. B. nach Pilzen bei Pilzsuppen). Die für einen Teller bestimmte Menge muß mindestens 25 g betragen. Die geringste im Handel abzugebende Menge soll 50 g wiegen.

Die Beurteilung des Färbens, Haltbarmachens, der Verdorbenheit, Gesundheitsschädlichkeit usw. ist dieselbe wie im Abschnitt IV. Fleischwaren usw.

VI. Eier[1]) und Eikonserven.

Die Untersuchung der Eier erstreckt sich meist nur auf Genußtauglichkeit, bestehend in Bestimmung des spezifischen Gewichts und in Durchleuchtung.

---

[1]) Im Handel versteht man unter dieser Bezeichnung „Hühnereier"; Gänse-,- Enten-, Kiebitzeier usw. sind besonders zu benennen.

Frische Eier haben ein spezifisches Gewicht von 1,0784 bis 1,0942; das Gewicht nimmt täglich um annähernd 0,0018 ab. In einer 11%igen NaCl-Lösung (1,0733) sinken frische Eier unter, während ältere mehr oder weniger an die Oberfläche steigen. Eier sind meist faul, wenn sie in solcher Lösung auf der Oberfläche schwimmen oder in einer 8%igen NaCl-Lösung nicht untersinken.

Großfeld[1]) ermittelt die Tauglichkeit der Eier durch Feststellung des „Eigewichts unter Wasser" mit einem besonderen Aräometer.

Für die Durchleuchtung benützt man den sogen. Eierspiegel[2]) — ein Kasten, in dessen Innern sich ein im Winkel von 45° gegen die obere Wand geneigter Spiegel befindet; die obere Wand enthält kreisrunde Löcher zur Aufnahme der Eier, die mit dem spitzen Ende hineingestellt werden. An der dem Spiegel zugekehrten Wand befinden sich 2 Okular-löcher für den Prüfenden. Das Licht geht nun durch die Eier, fällt auf den Spiegel und wird von diesem nach dem Okular reflektiert. Der Beschauende kann aus der Größe der Luftblase, sowie aus der im Ei wahrzunehmenden Trübung auf das Alter des Eies schließen. Bequemer ist die Verwendung eines Blechgefäßes für die Einlage je eines Eies mit elektrischer Glühbirne oder gewöhnlichem Licht für direkte Beobachtung nach Hallmayer[3]).

Als „Trinkeier" gekennzeichnete Eier dürfen höchstens 2 Wochen alt sein (Handelskammer Berlin). Schwach dumpfige Eier können als Backeier in Verkehr gelangen. Modrig riechende Eier sind als verdorben im Sinne des Nahrungsmittelgesetzes zu bezeichnen. Verdorbenheit ist keine seltene Erscheinung bei Eiern; durch unzweckmässiges Auf-bewahren (in dumpfen Räumen, muffigem Stroh usw.), langes Lagern, lange Beförderung kann leicht Verdorbenheit eintreten; insbesondere unterliegen angebrütete Eier leicht der Verderbnis. Zersetzung des Eies findet namentlich durch Eindringen der Bakterien von außen her statt.

Kalkeier werden durch Feststellung des Kalkes im veraschten Eiweiß nachgewiesen. Das Eiweiß eines frischen Eies hat nur etwa 1,50—2,00% CaO. Der Eisengehalt der Eier wird durch Füttern der Hühner mit eisenhaltigen Präparaten anscheinend nicht erhöht[4]).

Verdorbene Eier pflegen meist, wenn man die Zunge an die Enden bringt, an beiden Enden gleichmäßig warm zu sein, im Gegensatz zu guten Eiern, die an der Spitze kühler als am breiten Ende sind. Knickeier können auf natürliche Weise beschädigte Eier und daher noch genuß-fähig sein. Mit Knickeiern, die einen begehrten Handelsartikel von Bäckern und Konditoren bilden, wird aber vielfach ein unreeller Handel getrieben, insofern alte bzw. fleckige Eier künstlich geknickt werden, um die Feststellung des Alters zu verhindern[5]).

---

[1]) Zeitschr. f. U. N. 1916. 32. 209.
[2]) Für Marktkontrolle besonders geeignet.
[3]) Zu beziehen von Robert Hallmayer, Stuttgart.
[4]) S. Kreis, Zeitschr. f. U. N. 1902. 5. 213; Hartung, ebenda 1903. 6. 810.
[5]) Vgl. K. Borchmann, Amtliche Kontrolle des Marktes mit Eiern. Zeitschr. f. Fleisch- u. Milchhyg. 1907. 17. 3; sowie Prall, Zeitschr. f. U. N. 1907. 14. 445.

Gaffky und Abel[1]) beantworten die Frage, unter welchen Voraussetzungen Fleckeier als verdorben, und unter welchen sie als gesundheitsschädlich anzusehen sind, sowie ob und unter welchen Vorsichtsmaßregeln etwa Fleckeier für Menschen genießbar sein würden, wie folgt:

„1. Fleckeier, d. h. Eier, bei denen sich bei der Durchleuchtung, dem sog. „Klären", sichtbare Schimmelpilzwucherungen entwickelt haben, sind ausnahmslos als verdorben anzusehen.

2. Beobachtungen über Gesundheitsschädigungen durch den Genuß von Fleckeiern liegen nicht vor. Es läßt sich aber nicht ausschließen, daß unter besonderen Umständen, namentlich bei bereits bestehenden krankhaften Veränderungen der Verdauungsorgane, der Genuß von Fleckeiern, in denen sich Pilze, wie Aspergillus- und Mukorarten, entwickelt haben, gesundheitsschädigend wirkt.

3. Die von der Pilzwucherung offensichtlich durchsetzten Teile sind als genießbar nicht anzusehen. Die für das bloße Auge unveränderten oder wenig veränderten Teile sind zwar nicht als ungenießbar, aber stets als minderwertig anzusehen und daher vom freien Verkehr auszuschließen. Falls ihre Verwendung als Nahrungsmittel oder zur Herstellung von Nahrungs- und Genußmitteln zugelassen wird, müssen Vorkehrungen dahin getroffen werden, daß der Käufer über die Beschaffenheit der Eier und der mit ihnen hergestellten Waren nicht im Zweifel gelassen wird".

Faulige Eier sind von der wissenschaftlichen Deputation und in zahlreichen Urteilen als gesundheitsschädlich[2]) bezeichnet worden.

Verfälschungen und Nachmachungen kommen nicht vor. Das Unterschieben von konservierten (Kalk-, -Wasserglaseiern usw.) oder Kühlhauseiern usw. für frische ist Betrug.

Eikonserven, namentlich flüssiges oder pulverförmiges Eigelb werden vielfach durch Konservierungsmittel[3]) (Borsäure, Benzoesäure, Fluorwasserstoff, auch Methylalkohol[4]) usw.), sowie durch Wasser (bei flüssigen Konserven), Mehl, Milchkasein, Gelatine, Dextrin, Farbstoffe, deren Nachweis nach den in den Abschnitten Fleisch und Milch und Obstdauerwaren angegebenen Methoden erfolgt, verfälscht. Auch völlige Nachmachungen von Eipulvern usw. kommen vor, insbesondere solche, die im wesentlichen nichts anderes als Triebmittel (gefärbte Backpulver sind). Die Richtlinien der Ersatzmittelverordnung stellen an Ersatzmittel für Eipulver folgende Anforderungen:

---

[1]) Gutachten der Preuß. wissenschaftlichen Deputation für das Medizinalwesen. Vierteljahrsschr. für gerichtliche Medizin usw. 1909. 38. 332, sowie Zeitschr. f. U. N. (Ges. u. Verord.) 1910. 20. 299; Schüller, Zeitschr. f. Fleisch- und Milchhygiene 1909. 3. 89 (Referat).

[2]) s. Auszüge 6—9.

[3]) Über die Beurteilung wegen Gesundheitsschädlichkeit s. die Ausführungen zu Fleischwaren S. 167. Das Landger. Stuttgart beurteilte am 13. Juli 1904 u. am 6. Febr. 1907 (Auszüge 1908. 7. 352 u. 1912. 8. 694) borsäurehaltiges Eigelb als verfälscht, ebenso das Landger. II Berlin vom 23. Sept. u. das Kammergericht am 11. Dez. 1908. Zeitschr. f. U. N. (Ges. u Verord.) 1912. 3. 240 u. 1913. 5. 185.

[4]) Nachweis siehe Abschnitt Branntwein.

a) Die Bezeichnung als Eiersatz ist nur für solche Erzeugnisse zulässig, die das Ei sowohl in seinem Nährwert als auch in seinem Gebrauchswert im wesentlichen zu ersetzen vermögen; Leim oder Gelatine dürfen in solchen Erzeugnissen nicht enthalten sein.

b) Mittel, die den Anforderungen unter a) nicht entsprechen, dürfen nicht mit einer das Wort „Ei" enthaltenden Wortverbindung bezeichnet sein. Sofern in Anpreisungen oder Anweisungen für derartige Mittel auf Eier Bezug genommen wird, muß ausdrücklich bemerkt sein, daß sie das Ei nur in seinen färbenden und lockernden Eigenschaften zu ersetzen vermögen. Abbildungen von Eiern oder Geflügel auf den Packungen oder den Anpreisungen und Anweisungen sind unzulässig.

c) Die unter a) genannten Erzeugnisse dürfen als mineralische Triebmittel nur Backpulver bis zur Höhe von 20 vom Hundert des Gesamtgewichts enthalten. Für die anorganischen Bestandteile der unter b) genannten Erzeugnisse gelten die gleichen Richtlinien wie für Backpulver.

d) Künstliche Färbung ist auch ohne Kennzeichnung zulässig. Diese Forderungen dürften auch der allgemeinen Beurteilung nach dem Nahrungsmittelgesetz und nach der Verordnung gegen irreführende Bezeichnungen zugrunde gelegt werden können. Bezüglich Verdorbenheit und Gesundheitsschädlichkeit gelten dieselben Grundsätze wie bei Milchpulver und ähnlichen Erzeugnissen. Die übrigen Bestimmungen (Wasser-, Stickstoff-, Fett- und Aschengehalt) werden bei Eierkonserven nach dem allgemeinen Gang S. 29 ausgeführt. Über Bestimmungen von Lezithin, Cholesterin- und Luteinnachweis siehe den Abschnitt Eiernudeln.

Über die Zusammensetzung des Hühnereies seien folgende Anhaltspunkte mitgeteilt, da dieselben zur Berechnung des Eigehalts einer Ware bisweilen gebraucht werden:

Ein Durchschnittsei enthält:

	Trockensubstanz	Ges.-P_2O_5	Lezith.-P_2O_5
16 g Eigelb =	7,8	0,2046	0,1316
31 g Eiweiß =	4,5	0,0097	—
47 g Eiinhalt =	12,3 g	0,2143 g	0,1316 g

Eigelb besteht aus:

47 bis 54 % Wasser
0,5 bis 1,6 % Mineralstoffe ⎫
15,6 bis 17,5 % Eiweiß (Vitellin usw.) ⎬ Lezithin
28,7 bis 36,2 % Fett ⎭ etwa 7 %
also etwa 49 % Trockensubstanz.

Die Mineralbestandteile des Eigelbs enthalten 64 bis 67 % P_2O_5.
Im Eigelb ist enthalten etwa 0,823 % Lezithinphosphorsäure.

Eiweiß besteht aus:

85 % Wasser
0,3—0,8 % Mineralstoffe
12—13 % Eiweiß
also etwa 14 % Trockensubstanz.

Die Mineralstoffe des Eiweißes enthalten 3,2 bis 4,8 % P_2O_5.

Verteilung der Gesamt-P_2O_5 im Ei:

$$\text{Eigelb} \quad = 1{,}279\,{}^0/_0 \; P_2O_5$$
$$\text{Eiweiß} \quad = 0{,}031\,{}^0/_0 \; P_2O_5$$
$$\text{Das ganze Ei} \; = 0{,}443\,{}^0/_0 \; P_2O_5$$

Durchschnittlich somit etwa   0,214 g P_2O_5.

Eieröl: Jodzahl 68—82; Refraktion (bei 25^0) 68,5.

Die Deutsche Nahrungsmittel-Rundschau 1916, S. 117 gibt folgende Verhältniswerte an:

1 Vollei = 45 g; 1 Eidotter = 15 g; 1 Eiweiß = 30 g;
1 kg Volleimasse = 22 Eier = 275 g Trockenganzei (mit 6$^0/_0$ Wasser);
1 kg Eigelb = 66 Eidotter = 500 g Trockeneigelb (mit 5$^0/_0$ Wasser);
1 kg Trockenganzei = 80 Eier = 3600 g Volleimasse;
1 kg Trockeneigelb = 133 Eidotter = 2 kg Eigelbmasse, also die Dottermasse aus 6 kg Vollei.

VII. Getreide- und Hülsenfrüchte nebst Mahlprodukten; Back- und Teigwaren; Kindermehle; Backpulver.

Zunächst ist eine Prüfung auf äußere Beschaffenheit, insbesondere auf Abweichungen des Aussehens, des Geruchs und Geschmacks und sonstiger Eigenschaften vorzunehmen. Siehe Ziffer 8 betr. Nachweis von Verdorbenheit.

Die Untersuchung sowohl der Rohstoffe[1]) als auch der daraus hergestellten Nahrungsmittel kann sich auf folgende Bestimmungen erstrecken:

A. Chemische Untersuchung.

1. **Wasser**[2]), siehe allgemeiner Gang S. 31 (Vortrocknen bei niederer Temperatur).

Beispiel zur Berechnung des Resultates der Wasserbestimmung in Brot mit Vortrocknen.

100 g Brot geben durch Vortrocknen 43$^0/_0$ Wasser = 57$^0/_0$ Trockensubstanz.

5 g dieser Trockensubstanz geben bis zum konstanten Gewicht noch 0 358 g Wasser.

5 g dieser Trockensubstanz = 8,77 g Brot, dessen Wassergehalt
$$(8{,}77{-}5) + 0{,}358 = 4{,}128 \text{ g}; \; 8{,}77 : 4{,}128 = 100 : x$$
Gesamt-Wassergehalt x = 47,07 $^0/_0$.

2. **Asche, Sand** (in HCl-Unlösliches), **Metalle,** siehe allgemeiner Gang S. 34. Als rasche Probe zum Nachweis gröblicher Beimengungen oder Verunreinigungen dient die Chloroformprobe. 2 bis 4 g Mehl und 30 bis 40 ccm Chloroform schüttelt man tüchtig in einem Reagensglase zusammen, setzt 40 bis 50 Tropfen Wasser zu und läßt stehen. Das etwa Abgesetzte ist auf Schwerspat, Gips, Marmor, Sand, Alaun, Metalle usw. zu prüfen.

---

[1]) Die Wertbestimmung für technische Zwecke (Hektolitergewicht, Tausendkörnergewicht, Keimfähigkeit usw.) ist für den Nahrungsmittelchemiker von untergeordneter Bedeutung und daher nicht aufgenommen.

[2]) Für Schnellwasserbestimmungen haben Fornet u. A. Trockenschränke mit Wage konstruiert, die in praktischen Betrieben gute Dienste leisten.

Der Nachweis von NaCl, Kalk und Phosphorsäure[1]), Metalle wie
Zink, Kupfer, Blei (siehe auch den Abschnitt Gemüsedauerwaren) erfolgt in üblicher Weise.

3. Fett (Ätherextrakt). Bestimmung in der Regel nach den S. 37
angegebenen Gesichtspunkten.

Für Brot hat E. Polenske[2]) nachstehende Methode angegeben:

10 g Brotpulver mit 50 ccm Wasser und 1 ccm HCl (1,124) in
einer Stöpselflasche von etwa 200 ccm Inhalt $1^1/_2$ Stunden in kochendem
Wasserbad am Rückflußkühler erhitzen (invertieren der Stärke). Die
erkaltete Flüssigkeit vorsichtig mit 1 g gepulvertem Marmor versetzen
und nach dem Erkalten mit genau 50 ccm Chloroform 15 Minuten lang
schütteln. 24 Stunden stehen lassen, dann 25 ccm der klaren Chloroformlösung entnehmen, durch ein mit Chloroform angefeuchtetes Filter
gießen, nachspülen mit Chloroform, dieses verdampfen und Rückstand
nach dem Trocknen bei 105° C wägen.

Man kann die invertierte Flüssigkeit auch mit NaOH-Lauge neutralisieren und unter Benutzung von Methylorange als Indikator wieder
schwach ansäuern, die Lösung eindampfen und den Rückstand nach
dem Trocknen im Soxhlet ausziehen.

J. Großfeld empfiehlt folgendes Verfahren[3]), das in ursprünglicher Form von Berntrop[4]) zur Abscheidung einer größeren Fettmenge zur Untersuchung derselben angewendet wird.

10 g lufttrockene Substanz werden im Becherglase 10—15 Minuten
mit 100 ccm Salzsäure, 1,12%ig, auf freier Flamme gekocht, dann
wird die Kochflüssigkeit mit Natronlauge abgestumpft, bis sie gegen
Kongopapier noch ganz schwach sauer reagiert, und nach Zugabe von
fettfreiem Papier oder Zellstoffschnitzeln mit kaltem Wasser auf ein
mehrfaches Volumen verdünnt. Vollständige Neutralisation ist zu vermeiden, da dadurch vorhandene freie Fettsäuren in Seife übergeführt
und der Bestimmung entzogen werden könnten. Die Schnitzel sollen
ein Zusammenkleben der Protein- und Rohfaserteilchen verhindern,
um ein glattes Filtrieren, dann aber auch eine tunlichst vollständige
Durchdringung bei der folgenden Ätherextraktion zu gewährleisten.
Das ganze Gemisch wird dann auf ein feuchtes, dichtes Faltenfilter
gegossen, durchfiltriert und mit kaltem Wasser nachgewaschen. An der
Wandung des Becherglases haftende Reste lassen sich durch Abwischen
mit etwas Zellstoffwatte oder Filtrierpapier beseitigen. Quantitatives
Auswaschen ist nicht erforderlich. Bisweilen ist das Filtrat trübe, anscheinend von Proteinpartikelchen, nicht von Fett. Das Filter wird getrocknet und in der üblichen Weise im Soxhlet-Apparat mit Äther ausgezogen.

Das ausgezogene, gereinigte und getrocknete Fett wird wie Butterfett, Schmalz, Margarine usw. (vgl. Abschnitt „Fette") weiter unter-

---

[1]) Die Herstellung von Asche geschieht am besten unter Beimischen von
10 g Na₂CO₃ u. 8 g KNO₃ zu 10 g der Probe (insbesondere bei Eiernudeln).
[2]) Arb. a. d. Kais. Gesundh.-Amte 1893. 8. 678; 1910. 33. 563.
[3]) Zeitschr. f. U. N. 1917. 34. 490.
[4]) Zeitschr. f. angew. Chem. 1902. 15. 121.

sucht[1]). Die Fettkennzahlen werden jedoch durch das Fett (Öl der Zerealien, aus den Keimen stammend) erheblich beeinflußt. Folgende Kennzahlen des Weizenöls sind gefunden:

Refraktion bei 25⁰ C . . . . = 92
Verseifungszahl . . . . = 166,4; 182,2
Jodzahl . . . . = 101,5; 115,2
Reichert-Meißlsche Zahl . . . . = 2,8

Der Nachweis des Ölens von Weizen läßt sich durch Übergießen einer Probe mit heißem Wasser, — Öltropfen sammeln sich an der Oberfläche — erbringen. Weitere Methoden siehe in den Handbüchern.

Für den Nachweis eines Milchzusatzes zu Backwaren kann man außer der Feststellung der Art des Fettes nach J. Großfeld[2]) auch die Bestimmung des Kalkgehaltes und die des Milchzuckers durch Überführen in Schleimsäure heranziehen. Betr. Ausführung sei auf die Originalarbeit verwiesen.

Bei der auf den Fettgehalt gegründeten Methode müssen zur Gewinnung einer ausreichenden Fettmenge größere Mengen des Ausgangsstoffes verarbeitet werden, die ihrerseits wieder einen großen Aufwand an Äther als Extraktionsmittel erfordern. Hierin liegt ein erheblicher Nachteil der Methode. Beim Kalkgehalt ist zu berücksichtigen, daß auch durch Backzutaten (z. B. Backpulver) Kalk in die Backwaren gelangt sein kann. Nach Großfeld bietet die Schleimsäureprobe in ungesüßten Backwaren keine besonderen Schwierigkeiten. Bei Gegenwart von viel Zucker versagt sie, wenn man die Hauptmenge des Zuckers nicht vorher beseitigt. Dies kann mit Alkohol und Äther in entsprechender Weise geschehen.

Seife, die in Zwieback schon angetroffen wurde, kann unter Umständen an der Erhöhung der Aschenalkalität und der Alkalität des Alkoholätherauszuges erkannt werden[3]).

Bestimmung des Milchanteils in Kindermehlen usw. Anhaltspunkte gibt der Fettgehalt sowie die Bestimmung des Gehalts an Lactose, wobei zu beachten ist, daß durch die Bereitungsweise auch Glukose entstanden sein kann. Die Mehle an sich enthalten nur etwa 0,5⁰/₀ Fett, ein höherer Fettgehalt weist auf Milchzusatz hin, falls die Konstanten des Milchfetts sich ergeben. Siehe auch Abschnitt „Milchkonserven".

4. Eiweiß (Rohprotein), siehe S. 34.

Wasserlösliches Protein[4]).

40 g Mehl oder fein geschrotetes Getreide werden mit 800 ccm Wasser übergossen und so fein verteilt, daß keine Klümpchen vorhanden sind. Man schüttelt wiederholt bei 2stündigem Stehen und filtriert durch ein Faltenfilter. 200 ccm des Filtrates werden unter Zugabe von 12,5 ccm starker Schwefelsäure auf dem Sandbade eingedampft, bis Schwefelsäuredämpfe entstehen. Man gibt darauf noch 12,5 ccm konzentrierte Schwefelsäure zu und behandelt nach Kjeldahl weiter.

---

[1]) Siehe auch E. Hofstädter, Über die Untersuchung des Buttergebäckes. Zeitschr. f. U. N. 1909. 17. 436 (betr. Sesamölreaktion).
[2]) Zeitschr. f. U. N. 1918. 35. 457.
[3]) S. Schwarz u. Hartwig, Zeitschr. f. U. N. 1907. 13. 59; Fischer und Gruenert ebenda 692.
[4]) Auch zur Feststellung von beigemischter Gelatine z. B. in Pudding-Pulvern. Weiteres siehe Obstdauerwaren.

Alkohollösliches Protein (Gliadin).

25 g Substanz werden mit 500 ccm eines Alkohols von 55 Gewichtsprozenten, wie vorher beschrieben, ausgezogen und von der Lösung 100 ccm nach Kjeldahl weiter behandelt.

Bestimmung der proteolytischen (eiweißlösenden) Kraft des Malzes[1]) oder ähnlicher Stoffe.

Man bereitet einen Malzauszug, indem man das feingeschrotete Malz $1^1/_2$ Stunde mit der 4fachen Menge destillierten Wassers bei 15° digeriert und klar filtriert.

Neun gekennzeichnete Reagenzgläser werden in einen Ständer gebracht und in Wasser von 40° eingestellt; jedes Reagenzglas erhält einen Zusatz von 6 ccm Thymolgelatine[2]). Dem ersten Reagenzglas wird kein Wasser zugesetzt, dem zweiten 1 ccm, dem dritten 2 ccm usw. Das neunte Reagenzglas, welches 8 ccm erhalten hat, wird mit 1 ccm des Malz- oder anderen Auszuges versetzt, während den anderen Reagenzgläsern der Reihe nach entsprechend größere Mengen zugesetzt werden, so daß zuletzt jedes der Reagenzgläser 15 ccm Flüssigkeit enthält. Es muß eine gute Vermischung in den Reagenzgläsern stattfinden. Diese werden dann aus dem Wasserbade entfernt und in einen Thermostaten gebracht, wo sie 20 Stunden lang bei 40° gehalten werden. Darnach werden sie rasch auf 15° abgekühlt und 1 Stunde lang bei dieser Temperatur gehalten. Zu Anfang und gegen Mitte dieser Frist, d. h. also nach etwa $^1/_2$ Stunde, werden die Reagenzgläser zweimal geschwenkt, damit die Temperatur des Inhalts eine durchaus gleichmäßige ist. Die geringste Menge Malz oder Auszug, welche erforderlich ist, um unter diesen Umständen das Gelatinieren zu verhüten, wird angemerkt und in 100 dividiert. Die erhaltene Zahl nennt man die proteolytische Kraft. Beispiel: Das 5 ccm Auszug enthaltende Reagenzglas zeigt fast ganze, das 6 ccm enthaltende ganze Verflüssigung. Reagenzglas 5 war bedeutend mehr flüssig als Glas 6, die Zahl wurde daher mit 0,25 angenommen; die proteolytische Kraft ist somit 100: 5,25 = 19.

5. **Kleber** (Ermittelung der Backfähigkeit, sowie Prüfung auf allgemeine handelstechnische Beschaffenheit).

Die frühere Annahme, daß im wesentlichen die Klebermenge eines Mehles (Weizen- und Roggen-) und die Dehnbarkeit des Klebers den Grad der Backfähigkeit bedinge, ist zahlreichen, neueren Untersuchungen zufolge fallen gelassen. Die auf die Ermittelung und Beschaffenheit des nach dem Auswaschen gewonnenen Weizenklebers gegründeten Verfahren, wozu teilweise besondere Apparate (Aleurometer nach Boland, Farinometer nach Kunis, Apparat von Liebermann) nötig sind, haben

---

[1]) Nach Schidrowitz; siehe auch M. P. Neumann, Brotgetreide u. Brot. Lehrbuch, Verlag P. Parey, Berlin, 1914.
[2]) Herstellung: 32 g feinster Blattgelatine werden in 368 ccm heißem Wasser aufgelöst, Lösung auf etwa 45° abgekühlt und das halbe Weiße eines mittelgroßen Hühnereies, welches vorher zu Schnee geschlagen ist, zugesetzt. Das Ganze wird gut umgeschüttelt und langsam auf dem Wasserbade bis zu 80—90° erhitzt. Diese Temperatur hält man wenigstens 10 Minuten lang. Es wird sodann heiß filtriert und dem Filtrat nach dem Abkühlen auf 50—60° 2 g gepulvertes Thymol zugesetzt. Es muß mehrfach während des Abkühlens geschüttelt werden. In gut verschlossenen Gläsern aufzubewahren.

deshalb an Bedeutung verloren. Auch der von Kosutány empfohlene Festigkeitsprüfer von Rejtö hat keinen besonderen Vorzug. E. Fleurents[1] chemische Ermittelungsweise (Verhältnis von Glutenin: Gliadin; Gliadimeter) ist zahlreichen Versuchen gemäß ebenfalls kein zutreffender Ausdruck für die Backfähigkeit[2]).

Da alle chemischen und physikalischen Methoden mehr oder weniger fehlschlagen, kann nur der zunftgemäße Backversuch als geeignetes Auskunftsmittel empfohlen werden. Die Handhabung des Bäckergewerbes (namentlich des Teigmachens) ist jedoch so verschiedenartig, daß auch diese Feststellung der Backfähigkeit nicht immer als zuverlässige Methode gelten kann. Backversuche im kleinen mit dem Kreuslerschen Backapparat, Sellnickschen Artopton und dgl. kommen der Wirklichkeit zu wenig nahe. Für größere Versuche mit Broten natürlicher Größe und Form leistet der von der Firma Christ & Co., Berlin-Weißensee konstruierte Versuchsbackofen mit hochsiedender Flüssigkeit und Dampfentwickler gute Dienste. Man vermag mit diesem Laboratoriumsbackofen unabhängig vom Bäcker zunftgemäße Backversuche auszuführen. (Backvorschrift siehe das Nachfolgende).

Für die Volumenbestimmung der Gebäcke sind verschiedene Apparate gebräuchlich.

Die Teiggärprobe wird namentlich in der Praxis gleichzeitig mit dem Backversuche ausgeführt. Man läßt den Teig bei 33—35° 2 Stunden gären und mißt seine Steighöhe im Vergleich mit anderen aus gutem Mehl hergestellten Teigen. Man kann die Probe auch zur Kontrollprobe für die Güte der Hefe als Bäckerhefe anwenden.

Hierzu gibt der Verband der Deutschen Preßhefefabrikanten folgende Vorschrift: Aus 5 g Hefe, 4 g Kochsalz, 2 g Zucker, 280 g Mehl und 160 ccm destilliertem Wasser wird innerhalb 10 Minuten oder bei Verwendung einer besonderen Knetmaschine innerhalb 5 Minuten ein Teig bereitet, den man in einer sogenannten Kastenform bei 35° C bis zu 70 mm aufgehen lässt. (Man benützt hierzu einen gut regulierbaren, am besten mit Asbest umkleideten geräumigen Trockenschrank). Die Zeit, welche vergeht, bis diese Höhe erreicht ist, gilt als Wertmaß für die Hefe.

Die Ermittelung der Backfähigkeit ist im übrigen mehr ein Mittel zur Beurteilung des Mehles auf Handelswert und hat deshalb für den Nahrungsmittelchemiker nur eine allgemeine Bedeutung. Eingehendere Sachkenntnis über die wasserbindende Kraft (wichtig für die Teigausbeute), Kleberbestimmung und Ermittelung der Kleberbeschaffenheit muß aus der Literatur[3]) erworben werden.

Für die rasche Ermittelung des Klebergehaltes und zur raschen Feststellung darüber, ob ein Mehl überhaupt teigbildende Eigenschaften besitzt oder nicht, kann nachstehend angegebener Weg eingeschlagen werden.

50 g Mehl und 13 ccm Wasser oder soviel Wasser (am besten gesättigtes Gipswasser) als zur Herstellung eines knetbaren von der

---

[1]) Compt. rendus 1896. **123.** 755; Annal. sciensc. Agron. 1898 [²]. 4. 371; Zeitschr. f. U. N. 1899. **2.** 583 und 1904. **7.** 298.

[2]) A. Maurizio, Landw. Jahrb. 1902. **31.** 179—234; Zeitschr. f. U. N. 1903. **6.** 169 (Ref.).

[3]) Zeitschr. f. das gesamte Getreidewesen, herausg. v. J. Buchwald u. M. P. Neumann, Berlin; M. P. Neumann, Brotgetreide u. Brot, Verlag v. Paul Parey, 1916 sowie A. Maurizio, Getreide, Mehl und Brot. Berlin, I. Teil, 1903; II. Teil 1919 erschienen in demselben Verlag.

Schüssel leicht sich lösenden Teiges erforderlich ist, werden zu einem gleichmäßigen Teig gemacht und dieser 1 Stunde lang unter eine Glasglocke gelegt. Schlecht backendes Mehl zeigt oft schon nach $^1/_2$ Stunde Glanz und beginnendes Zerfließen; nach 12 Stunden ist solcher Teig meist ganz zerflossen. Teig aus gutem Mehl bleibt trocken und fest. Darnach wird die Stärke mittelst Wasser völlig ausgewaschen, der zuzurückbleibende Kleber im feuchten Zustand gewogen, und auf seine Eigenschaften geprüft. Die Trockensubstanzmenge wird durch Trocknen des ausgebreiteten oder in kleine Teile zerrissenen Klebers bei 105°, gegebenenfalls unter Anwendung des Bremerschen Tonzylinders[1]) und Wägen bestimmt. Kleberverluste werden dadurch vermieden, daß man beim Auswaschen das ablaufende Wasser durch ein Sieb aus Müllergaze Nr. 12 laufen läßt, in welchem sich der etwa mitgerissene Kleber sammelt; jedenfalls Doppelbestimmung ausführen.

Von den mechanischen Proben, die zur zóll- und handelstechnischen Beurteilung der Mehle (Ausmahlungsgrad) dienen und eigentlich nur für die praktische Müllerei in Betracht kommen, sind anzuführen:

1. Die Siebprobe mit Müllergaze No. 8 (= etwa 0,2 mm) unter Anwendung von 50 g Kleie; gesiebt wird 3 Minuten. Die Gaze wird auf einem Holzrahmen von 22 cm Länge, 15 cm Breite und 5 cm Höhe gespannt. Das abgesiebte Mehl soll nach der Zollvorschrift höchstens 50% betragen und keine hellere als eine weißlichgelbe Farbe haben. Im Zweifelsfalle wird der Aschengehalt des abgesiebten Mehles bestimmt, der mindestens 0,5% betragen muß.

2. Das Pekarisieren[2]) (Bestimmung der Mehlfarbe) ist bei den Steuerbehörden zur Beurteilung von Ausfuhrmehlen (Zurückerstattung des Eingangszolles für den Rohstoff) eingeführt. Das Verfahren beruht auf dem Farbenunterschied der einzelnen Mehlsorten und Qualitäten, für die bestimmte Typen eingeführt sind; ergeben sich dabei Zweifel, so entscheidet der durch einen Chemiker bestimmte Aschengehalt (Grenzzahlen, S. 210). Fornet hat einen Apparat zur Bestimmung gebaut.

Bei ganzen Getreidekörnern kann im zolltechnischen Interesse die Feststellung des Tausendkörnergewichts und des Hektolitergewichts mit einem amtlich geeichten Getreideprober in Betracht kommen. Siehe den Abschnitt Braugerste S. 373.

6. **Kohlenhydrate**[3]), **(Zucker, Dextrin und Stärke):**
25 g Mehl schüttele man mit 1 Liter kalten Wassers, lasse absitzen oder sauge ab, und bestimme in einem aliquoten Teil der klaren Lösung Zucker (als Glukose oder Maltose), in einem anderen Zucker und Dextrin in bekannter Weise (vgl. S. 44 und S. 51). Stärke wird direkt nach den S. 52 angegebenen Verfahren, am besten polarimetrisch ermittelt.

---

[1]) Zeitschr. f. U. N. 1907. 14. 682.
[2]) (Einfuhrscheinordnung, Zentralblatt f. d. Deutsche Reich 1906, 241 u. 316; 1909, 679. Anweisung zur zollamtl. Prüfung von Roggen- und Weizenmehl, gemäß § 4 der gen. Verordnung).
[3]) Die Summe dieser Stoffe gibt man in der Regel als stickstofffreie Extraktivstoffe an und berechnet sie durch Abziehen der für Wasser, Asche, Fett, Stickstoffsubstanz und Rohfaser ermittelten Werte von 100.

Nachweis von künstlichen Süßstoffen siehe S. 419.

Bestimmung der löslichen Kohlenhydrate (nach Gerber und Radenhausen).

α) Bei diastasierten Kindermehlen.

3 bis 5 g entfetteter Substanz rührt man mit dem 10fachen Gewicht Wasser an, digeriert 3 Stunden lang bei 70 bis 75° C, setzt unter Umrühren 100 ccm 50%igen Alkohol zu, läßt dann klar absitzen, filtriert ab (Saugpumpe), wäscht den Rückstand mit 50%igem Weingeist gut aus (mindestens 100 ccm) und bringt das Filtrat auf ein bestimmtes Volumen (250 oder 500 ccm). Ein aliquoter Teil wird eingedampft (scheidet sich hierbei Albumin aus, so muß abfiltriert werden) und in einer gewogenen Platinschale zur Trockne gebracht, bei 100 bis 105° C bis zur Gewichtskonstanz getrocknet, gewogen und eingeäschert. Extrakt minus Asche = lösliche Kohlenhydrate.

Nachweis des Diastasegehaltes bzw. der diastatischen Kraft nach Lintner.

25 g Substanz zieht man 6 Stunden mit 500 ccm Wasser unter häufigem Durchschütteln aus. Man gibt dann je 10 ccm zu einer 2%igen Lösung löslicher Stärke[1]) in 10 Reagenzgläser und läßt nacheinander 0,1—1,0 ccm des filtrierten Auszuges zufließen. Man schüttelt gut durch und läßt eine Stunde stehen; darauf läßt man 5 ccm Fehlingsche Lösung zufließen, schüttelt durch und läßt die Gläser 10 Minuten in einem Gestell im kochenden Wasserbad stehen. Man beobachtet nach Herausnehmen des Gestelles, bei welchem Gläschen gerade vollständige Reduktion der 5 ccm der Fehlingschen Lösung eingetreten ist, was sich in einer deutlich gelben Färbung der über dem ausgefallenen Kupferoxydulniederschlag stehenden Flüssigkeit zeigt.

Die diastatische Kraft ist = 100, wenn 0,1 ccm des wässerigen Auszuges (25:500) der Substanz hinreichen, um die Fehlingsche Lösung zu entfärben. Werden 0,2 ccm bis zur vollständigen Entbläuung der Fehlingschen Lösung gebraucht, so ist die diastatische Kraft halb so groß, also 50 usw. Ist bei 0,1 bereits vollständige Reduktion eingetreten, so könnte die diastatische Kraft über 100 liegen; der verwendete Auszug muß daher verdünnt werden. Es empfiehlt sich stets einen Vorversuch anzustellen über die Stärke der Lösung.

β) Bei gewöhnlichen Kindermehlen.

3 bis 5 g entfettete Substanz mischt man mit der 10fachen Menge Wasser, kocht 5 Minuten unter stetem Umrühren, gibt nach dem Erkalten 100 ccm 50%igen Alkohol zu, rührt wiederholt um, läßt dann klar absitzen, filtriert ab, wäscht mit 50%igem Alkohol aus, bringt das Filtrat auf ein bestimmtes Volumen und verfährt wie bei α).

Den Filterrückstand kann man zur Bestimmung der Stärke benützen und ihn noch feucht nach S. 52 behandeln.

7. Rohfaser und Pentosane.

Die Bestimmung derselben erfolgt nach S. 54.

---

[1]) 2 g lösliche Stärke werden mit etwas Wasser zu einem Brei verrieben, den man unter stetem Umrühren allmählich zu 100 ccm kochenden Wassers zufließen läßt.

Methode der Versuchsanstalt f. Getreideverarbeitung zur Rohfaserbestimmung siehe M. P. Neumann, Lehrbuch Brotgetreide und Brot. Berlin,
Verlag P. Parey. S. 566.

8. Nachweis von Verdorbenheit geschieht, sofern nicht eine myko-
logische Untersuchung namentlich auf Schimmelpilze (s. d. bakteriol.
Teil) in Betracht kommt, durch Anwärmen, durch Kauen des Objektes
zur Feststellung des Geruches und Geschmackes sowie durch die Gawa-
lowskysche Probe[1]) und die Prüfung von Zega[2]), durch Absieben der
Verunreinigungen (Gespinste der Mehlmotte, Larven und Käfer, Metall-
teile, Steine, Unkrautsamen, Mäusekot usw.). Milben lassen sich nach
dem Glattstreichen von Mehl an den von denselben gebildeten Gängen und
Häufchen nach mehrstündigem Stehen erkennen; auch das Durchmustern
mit der Lupe führt meist bald zu ihrer Entdeckung. In Mühlen vielfach
verbreitet ist die amerikanische Mehlmotte (Ephestia Kühniella); weitere
Schädlinge sind: der Mehlkäfer (Larve ist der bekannte ziemlich lange
Mehlwurm), Tenebrio molitor; der Kornbohrer (Calandra granaria oder
Sitophylus granarius) mit weißer Larve, höhlt ganze Körner (Reis,
Graupen usw.) aus; der Getreideschmalkäfer oder roter Kornwurm (Apion
frumentarius); die Kornmotte (Tinea granella); das Weizenälchen
(Anguillula tritici). Vereinzelte Stücke solcher Schädlinge können
stets vorkommen; wo sie in größerer Zahl vorhanden oder größere Ver-
unreinigungen und Schäden angerichtet haben, ist Verdorbenheit erwiesen.

Betreffs Getreidekrankheiten siehe Ziffer 13 und den mikrosk. Teil.

9. Säuregrad. Man schüttelt 10 g Mehl mit 100 ccm Wasser an
und läßt unter öfterem Umschütteln 24 Stunden stehen. 50 ccm der
abfiltrierten Flüssigkeit titriert man mit $n/_{10}$ Natronlauge unter
Zusatz von Phenolphthalein bis zur bleibenden schwachen Rotfärbung.
Berechnung auf 100 g Mehl. Für die Feststellung des Säuregrades
sind verschiedene Methoden angegeben, von denen die Titration in
wässeriger Lösung die gebräuchlichere geworden ist. Da das erhaltene
Resultat jedoch kein absolutes ist und nur als Vergleichswert dienen
kann, so ist die Ausführung der Methode stets anzugeben.

Der Säuregrad von Brot wird in 50 g Krume ermittelt, die in
etwa 200 g heißen Wassers etwa 1 Stunde lang aufgeweicht wurde, man
füllt auf 250 ccm auf und titriert in einem aliquoten Teil.

10. Verbesserungsmittel. Kupfersulfat: Dieses Salz kann dem
Brot, bzw. auch dem Mehl schon durch Wasser entzogen und mit Ferrozyankalium nachgewiesen werden. Bei einem Zusatz von etwa 550 mg
$CuSO_4$ zu 1 kg Brot tritt grünliche Färbung ein. Am besten bestimmt man
das Kupfer in der Asche, die mit HCl digeriert wird (Kieselsäure abschei-

---

[1]) Man verrührt 1 g Mehl in einem weiten Reagenzglase mit 4—5 ccm
konzentrierter KOH. Das nach 5—10 Minuten aufgequollene Mehl erwärmt
man auf annähernd 30° bis zur Verflüssigung und gießt vorsichtig verdünnte
Schwefelsäure (1 + 2) hinzu. Bei mulstrigem Mehl tritt ein unangenehmer
charakt. Geruch auf, der bei gutem Mehl nur kleisterartig ist.

[2]) 1 g Mehl mit 10 g Wasser geschüttelt und mit 1 ccm fuchsinschwefliger
Säure versetzt, soll sich bei Verdorbenheit sofort rot färben. Gutes Mehl soll
2—3 Minuten farblos bleiben. Herstellung der fuchsinschwefligen Säure siehe
Abschnitt Branntwein.

den!). Spuren von Kupfer sind übrigens natürliche Bestandteile von Mehl, deshalb Vorsicht bei der Beurteilung!

Zinksulfat nach den im Abschnitt Gemüsedauerwaren angegebenen Verfahren.

Alaun[1]): a) Mehl. In einem Becherglase befeuchte man Mehl mit Wasser und Alkohol, setze alsdann einige Kubikzentimeter Alkohol und einige Tropfen Kampecheholztinktur[2]) zu (durch Digerieren von 5 g mit 100 g 96%igem Alkohol erhalten), schüttle den Brei, fülle mit gesättigter NaCl-Lösung auf und setze eine starke Messerspitze voll festes Natriumbikarbonat zu. Man schüttelt kräftig durch. Bei Gegenwart von Aluminium bildet sich ein stark blaugefärbter Niederschlag eines Aluminiumfarblacks. b) Brot. Man tauche Brot 6 bis 7 Minuten in oben beschriebene Kampecheholztinktur und drücke es aus; nach 2 bis 3 Stunden muß es bei Alaunzusatz eine violette Färbung zeigen (nach Horseley).

Persulfate[3]): Man bereitet einen Teig und übergießt ihn mit einer 2—3%igen alkoholischen Benzidinlösung. Blaufärbung der Persulfatteile (Reaktion von Rothenfußer).

11. **Prüfung auf künstliche Bleichung** nach J. Buchwald und H. Treml[4]) mit dem Grieß-Illoswayschen Reagens auf Stickstoffdioxyd (0,5 g Sulfanilsäure, 0,1 g α-Naphtylamin in je 150 ccm 30%iger Essigsäure warm gelöst und zusammengemischt) — eintretende schwache Rötung der Reagenzien wird durch Zusatz von Zn-staub verhindert. Man drückt das Mehl mit einer Glasplatte oder einem Stempel fest zusammen und träufelt 3 Tropfen des Reagenzes darauf. Innerhalb einer Minute eintretende blaßrosa oder rote Färbung beweist das Vorliegen gebleichten Mehles. Nach 3 Minuten zeigt sich auch bei nicht gebleichten Mehlen Rotfärbung.

12. **Nachweis von Unkrautsamen.** Man schüttele einige Gramm Mehl mit etwa 10 ccm 70%igen Alkohols, der mit 5% Salzsäure (1,19) versetzt ist, und beobachte nach dem Absitzen des Mehles die Färbung der Flüssigkeit.

Färbung der überstehenden Flüssigkeit:

    bei reinem Weizen- und Roggenmehl = vollkommen farblos,
    bei reinem Hafer- und Gerstenmehl . = blaß- bis strohgelb,
    bei groben Mehlen . . . . = gelblich.

Die Flüssigkeit wird, wenn mehr als 5% beigemengt sind:

    bei Kornrade . . = orangegelb,
    bei Wicken . . . = rosenrot,
    bei Mutterkorn . = intensiv fleischrot,
    bei Rhinantaceen = bräunlich bis bräunlichrot, nach einigen

Stunden oder im Wasserbade von 40° C nach 10 bis 30 Minuten immer intensiver blau bis blaugrün (nach Vogel).

---

[1]) Nach Herz, Repert. f. analyt. Chemie 1886. 359.
[2]) Man kann auch Alizarin nehmen.
[3]) Hinks, Analyst 1912. 37. 90 u. Zeitschr. f. U. N. 1913. 25. 70.
[4]) Zeitschr. f. d. ges. Getreidewesen 1909. 1. 96; Zeitschr. f. U. N. 1910. 19. 284. Andere Methoden von Shaw, Journ. Americ. Chem. Soc. 1906. 28. 687; Zeitschr. f. U. N. 1907. 13. 199.

Man darf sich auf diese Reaktionen nicht vollständig verlassen, sondern muß auch auf mikroskopischem Wege den Nachweis führen.

Nachweis von Saponin (der Kornrade) nach A. Petermann siehe J. König, Die Untersuchung landw. und gewerbl. wichtiger Stoffe, 1911, sowie H. Medicus und H. Kober, Zeitschr. f. U. N. 1902. 5. 1077. Siehe auch Saponinnachweis in Limonaden S. 246.

13. Nachweis[1]) von kranken Getreidesorten.

Mutterkorn:

a) Mit Kalihydrat erwärmt = Geruch nach Trimethylamin (Heringslakegeruch), (Wittstein); diese Reaktion geben auch in Zersetzung begriffene Mehle.

b) Vergleiche oben Ziffer 12.

c) Man rühre das Mehl mit Wasser an, extrahiere mit Äther, filtriere, versetze das Filtrat mit Oxalsäure und erwärme. Rötliche Farbe der Ätherlösung (nach Elsner).

d) Man befeuchte etwa 15 g Mehl mit 30 ccm Äther und 10 Tropfen verdünnter Schwefelsäure, lasse 5 bis 6 Stunden stehen, filtriere, wasche mit Äther aus, bis man 30 ccm hat. Dieses Filtrat versetze man mit 10 bis 15 Tropfen einer kalt gesättigten Natriumbikarbonatlösung und schüttle; letztere nimmt den Mutterkornfarbstoff auf und färbt sich violett (Hoffmann und Kandel). Nach Hilger sollen nach dieser Methode noch 0,01 bis 0,005 % Mutterkorn nachweisbar sein. Die Reaktion soll nach Medicus und Kober auch von Körnern hervorgerufen werden.

Diese Lösung kann auch zum spektroskopischen Nachweis[2]) nach J. Petri dienen; Auslöschung nahe vor der Linie D in stark gefärbten Lösungen. In schwach gefärbten Lösungen bei Aufhellung des vorher absorbierten Teils des Spektrums drei deutliche an den Rändern verwaschene Absorptionsbänder, darunter zwei sehr charakteristische im Grün, ein drittes schwächeres im Blau.

14. Prüfung auf Holzmehl. Man befeuchtet das Mehl oder die Schnittfläche der Brotkrume mit stark phosphorsäurehaltigem Alkohol und erwärmt mit einer salzsauren Phloroglucinlösung[3]). Die Holzteilchen färben sich alsbald karmoisinrot, während die Getreidespelzen farblos bleiben oder sich nur leicht rot färben.

Paraphenylendiamin (20 %ig)[3]) und darauffolgendes Betupfen mit Essigsäure färbt Holzteile gelbrot (Ligninfärbung).

15. Nachweis von Talkum und Phosphaten[4]). Talkum wird an poliertem Reis, polierten Graupen und Hülsenfrüchten nach A. Forster durch Ausschütteln von etwa 20 bis 30 g Substanz mit Chloroform abgespült; nach dem Verjagen des letzteren wird der Rückstand geglüht und gewogen. Der Nachweis kann auch durch völliges Veraschen,

---

[1]) Quantitativ nach R. Bernhart, Zeitschr. f. U. N. 1906. 12. 321.
[2]) Nähere Beschreibung der spektroskopischen Prüfung. Zeitschr. f. analyt. Chemie 1879. 119—211.
[3]) Le Roy, Zeitschr. f. U. N. 1898. 1. 436; Paganini, ebenda 1906. 11. 530.
[4]) Zeitschr. f. öffentl. Chemie 1905. 11. 36. Weitere Beiträge lieferten: Krzizan, ebenda 1906. 11. 641; E. v. Raumer, Zeitschr. f. U. N. 1905. 10. 744; H. Matthes, Zeitschr. f. öffentl. Chemie 1905. 11. 76; R. Hefelmann usw., ebenda 309. Betr. Phosphate vgl. v. Buchka, Das Lebensmittelgewerbe. Bd. III. 198.

Ausziehen des säurelöslichen Teils der Asche mit verdünnter HCl, Abfiltrieren, Glühen und Wägen des Rückstandes geschehen. Das Talken geschieht bisweilen unter Verwendung von Sirup und Farbstoffen (bei Reis blauen), worauf gegebenenfalls zu achten ist.

Diese Methoden, sowie die von Matthes und Müller (siehe Anmerkung 4, S. 190) liefern nur Annäherungswerte, die in der Regel genügen; genauer ist das Verfahren von Krzizan (ebenda).

Zum Nachweis von Phosphaten [Zusatz zur Mehlverbesserung (s. auch S. 188)] schüttelt man 5 g Mehl mit 40—50 ccm Tetrachlorkohlenstoff, zentrifugiert und trennt das Mehl vom Bodensatz. Dieser wird nach dem Auflösen in Salpetersäure wie üblich mit molybdänsaurem Ammonium geprüft. Brot muß vorher getrocknet und fein zerrieben und mit dem Tetrachlorkohlenstoff am Rückflußkühler 1 Stunde gekocht werden.

16. Nachweis von Farbstoffen. Färben von Mehl (mit Berlinerblau, Ultramarin- oder Anilinblau zur Hebung der weißen Farbe) dürfte kaum vorkommen; neuerdings soll letzteres mit Ozonisieren (Bleichen) geschehen (Nachweis siehe S. 189). Die zum Färben von Reis, Graupen etwa verwendeten mineralischen Farbstoffe können mit Chloroform abgespült werden (siehe beim Talkumnachweis) und lassen sich mikroskopisch und mikrochemisch am ehesten nachweisen.

Der Nachweis von künstlicher Färbung in Teigwaren (erst zu pulverisieren) spielt eine größere Rolle. In der Regel handelt es sich um Teerfarbstoffe, selten um Curcuma, Orleans usw., deren Extraktion auf verschiedene Weise erreicht wird; mit 70%igem Alkohol oder Äther (nach A. Juckenack)[1]; mit alkoholischer Salzsäure — 10 Teile Alkohol und 1 Teil HCl — (A. L. Winton und A. W. Ogden)[2]; mit 60%igem Aceton oder 70%igem Alkohol, nachdem das Extraktionsmittel schwach alkalisch gemacht ist (F. Fresenius)[3]. Weitere Vorschläge von W. Schmitz-Dumont[4], A. Heiduschka und H. Murschhauser[5]. Ausfärbung des Farbstoffes findet nach dem Extrahieren mit Alkohol (50% Vol.) unter Beifügen von Weinsäure mit Wollfaden statt (vgl. Abschnitt „Obstdauerwaren" und „Wein"). Für die Bestimmung der Art des Farbstoffes, besonders auch schädlicher Farbstoffe, wie Pikrinsäure, Martiusgelb (Dinitronaphtol) usw. kann der Gang nach F. Coreil[6] einige Anhaltspunkte bieten. Siehe auch Abschnitt „Zuckerwaren" und das Gesetz vom 7. Juli 1887 betr. gesundheitsschädliche Farben.

Nachweis eosinhaltiger Gerste in Roggenbrot s. F. Schwarz u. O. Weber, Zeitschr. f. U. N. 1910. 19. 441.

17. Nachweis von schwefliger Säure (namentlich als Bleichmittel bei Graupen usw. benutzt) **sowie anderer Konservierungsmittel.** Qualitative und quantitative Bestimmung erfolgt wie bei Fleisch und Dörrobst.

[1] Zeitschr. f. U. N. 1900. 3. 1.
[2] Zeitschr. f. U. N. 1902. 5. 671 u. 1906. 11. 36.
[3] Ebenda 1907. 13. 132.
[4] Zeitschr. f. öffentl. Chemie 1902. 424.
[5] Pharm. Zentralh. 1908. 49. 177; Zeitschr. f. U. N. 1909. 17. 687.
[6] Hilgers Vierteljahrsschr. 1888. 3. 378.

18. Lezithinphosphorsäure (Eigelb) nach A. Juckenack[1]).

Etwa 5 g feinst gemahlener Teigware (Exzelsiormühle!)[2]) werden mit absolutem Alkohol im Soxhletschen Extraktionsapparat mindestens 12 Stunden ausgezogen. Nach dem Verjagen oder Abdestillieren des Alkohols wird der Rückstand mit 5 ccm alkoholischer Kalilauge (siehe unter Ziff. 19) verseift, in Wasser gelöst, in einer Platinschale zur Trockne verdampft und bis zur Verkohlung verascht. Die Kohle wird mit HNO_3 ausgezogen (langsam zugeben unter Bedecken der Schale); dann filtriert man die Lösung ab, verascht das Filter für sich und gibt zur Filterasche die salpetersaure Lösung; die ganze Lösung dampft man nochmals zur Trockne, löst Rückstand in verdünnter HNO_3 und bestimmt die Phosphorsäure nach den S. 422 „Wein" angegebenen Methoden. Gefundene P_2O_5 wird auf Prozente der Trockensubstanz der angewendeten Teigware berechnet. Aus nachstehender von Juckenack aufgestellten Tabelle erfährt man, wieviel Eier bzw. Eidotter aus den erhaltenen Mengen an Lezithinphosphorsäure und Ätherextrakt auf 1 Pfund Mehl verwendet wurden. Der Ätherextrakt ist gesondert zu bestimmen, kann aber allein nicht maßgebend sein, weil er durch Fettzugabe zur Teigware möglicherweise verändert ist; auch der Eiweiß-, Asche- und Gesamtphosphorsäuregehalt kann künstlich erhöht sein.

19. Qualitativer Nachweis von Eigelb.

a) Cholesterinprobe nach Juckenack. 15 g der zu grießartiger Feinheit zermahlenen Substanz werden in einem Kölbchen mit 30 ccm Äther übergossen und unter zeitweiligem Umschütteln mehrere Stunden bei Seite gestellt. Man filtriert die Lösung und schüttelt den Rückstand nochmals mit 20 ccm Äther aus. Die vereinigten Äthermengen werden abdestilliert und der Rückstand mit etwa 2 ccm alkoholischer Kalilauge (20 g KOH in 100 ccm 70 Vol.-%igem Alkohol gelöst) verseift. Aus der in 5 ccm Wasser gelösten Seife wird mit Äther das Rohcholesterin ausgeschüttelt, das in derselben Weise noch gereinigt wird. Man löst dann das Cholesterin in 12 ccm Chloroform auf.

In der einen Hälfte der Lösung verdunstet man das Chloroform, kristallisiert den Rückstand aus Alkohol um und beobachtet dann unter dem Mikroskop die Kristallisation des Cholesterins[3]). Läßt man vom Rande des Deckgläschens 1 : 5 (n. Volumen) verdünnte Schwefelsäure hinzutreten, so schmelzen die Kristalltafeln, falls Cholesterin vorliegt, vom Rande und färben sich karminrot, bei nachträglichem Zusatz von Jod-Jodkaliumlösung violett.

Die zweite Hälfte der Chloroformlösung wird auf 2 Reagenzgläser gleichmäßig verteilt. Zu dem einen Teile gibt man 3 ccm konzentrierte Schwefelsäure und läßt 3 Stunden stehen. Bei Abwesenheit von Eigelb (Cholesterin) färbt sich die Lösung von der Berührungszone aufwärts höchstens schwach rosa, während sie bei Gegenwart von nur 1 Eidotter auf 1 Pfd. Mehl stark rot gefärbt wird, und die unten stehende Schwefelsäure grüngelb fluoresziert (Salkowskische Reaktion).

[1]) Zeitschr. f. U. N. 1900. 3. 1. Nähere Einsichtnahme in diese Arbeit ist sehr empfehlenswert. Siehe auch die Methode von Arragon, Schweiz. Lebensmittelbuch u. Zeitschr. f. U. N. 1906. 11. 520 u. 12. 456.

[2]) Bei Porzellankugelmühlen ist schon erhebliche Zunahme des Mineralstoffgehalts nachgewiesen worden.

[3]) Siehe auch S. 64 u. A. Römer, Zeitschr. f. U. N. 1898. 1. 42.

Tabelle A.

Bei Verwendung des Gesamteiinhaltes

Stückzahl Eier auf 1 Pfund Mehl	Die Trockensubstanz der so dargestellten Nudeln enthält im Mittel			
	Asche %	Gesamtphosphorsäure %	Lezithinphosphorsäure %	Ätherextrakt %
1 Ei	0,565	0,2716	0,0513	1,56
2 Eier	0,664	0,3110	0,0786	2,42
3 „	0,758	0,3482	0,1044	3,24
4 „	0,848	0,3834	0,1289	4,01
5 „	0,933	0,4172	0,1522	4,75
6 „	1,013	0,4490	0,1744	5,45
7 „	1,090	0,4795	0,1954	6,11
8 „	1,163	0,5086	0,2155	6,75
9 „	1,234	0,5362	0,2348	—
10 „	1,300	0,5626	0,2531	—
11 „	1,364	0,5880	0,2707	—
12 „	1,426	0,6123	0,2875	—

Tabelle B.

Bei Verwendung von Eidotter

Stückzahl Eier auf 1 Pfund Mehl	Die Trockensubstanz der so dargestellten Nudeln enthält im Mittel			
	Asche %	Gesamtphosphorsäure %	Lezithinphosphorsäure %	Ätherextrakt %
1 Ei	0,488	0,2720	0,0518	1,57
2 Eier	0,516	0,3127	0,0801	2,47
3 „	0,542	0,3520	0,1075	3,33
4 „	0,568	0,3901	0,1339	4,17
5 „	0,593	0,4268	0,1594	4,98
6 „	0,617	0,4625	0,1842	5,75
7 „	0,640	0,4968	0,2081	6,51
8 „	0,662	0,5301	0,2313	7,26
9 „	0,683	0,5622	0,2537	—
10 „	0,705	0,5937	0,2755	—
11 „	0,725	0,6239	0,2966	—
12 „	0,745	0,6533	0,3171	—

Aus dem zweiten Reagenzglase verdunstet man das Chloroform, löst den Rückstand in etwa 3 ccm Essigsäureanhydrid und setzt dann einige Tropfen konzentrierte Schwefelsäure zu. Nach dem Umschütteln tritt bei Anwesenheit von nur 1 Eidotter auf 1 Pfd. Mehl eine vorübergehende stark rosenrote, darnach tiefblau bis. blaugrün werdende Färbung ein (Liebermannsche Reaktion).

Der Nachweis von Cholesterin kann auch nach Windaus durch Überführen in Dibromcholesterin erfolgen. In die ätherische Cholesterinlösung, die auf etwa 10 ccm eingeengt ist, gibt man ein paar Tropfen Brom in Eisessig (1 g Brom in 10 g Eisessig). Dibromcholesterin tritt in nadelförmigen Büscheln auf. A. Bömer[1]) fand im Eieröl 4,49% Cholesterin. Nach P. Berg und J. Angerhausen[2]) schwankte der Cholesteringehalt im Eieröl zwischen 3,0 und 4,44%. Sie wendeten das Digitoninverfahren (siehe S. 65) an.

b) Luteinprobe. Lutein (das natürliche Dottergelb) löst sich in Äther, entfärbt sich auf Zusatz von wässeriger, salpetriger Säure; mit wenig salpetrige Säure enthaltender Salpetersäure tritt vorübergehend pfirsichrote Färbung auf. Lutein kommt auch in geringen Mengen im Weizenmehl vor.

Die Bestimmung von Fett und Stickstoff, Asche und Gesamtphosphorsäure ist oft unwesentlich für den Nachweis von Eigelb bzw. Eisubstanz (s. oben). Die Jodzahl des Fettes (Eieröl hat eine Jodzahl von 68 bis 82, Refraktometerzahl bei 25° = 68,5; Verseifungszahl 184 bis 191) kann unter Umständen von Bedeutung sein.

Biologischer Nachweis von Eigelb nach D. Ottolenghi[3]).

20. Nachweis von Kartoffeln. In der Regel auf mikroskopischem Wege (siehe S. 204). Der chemische Nachweis gründet sich bei der Untersuchung von Brot auf Kartoffeln auf die Menge an Asche, Alkalität und Azidität. Näheres siehe Klostermann und Scholta[4]) sowie Ivan Rözsényi[5]).

Solaninnachweis siehe G. Baumert, Lehrbuch der gerichtl. Chemie, Bd. 1, II. Aufl., Braunschweig 1907, 392; M. Wintgen, Zeitschr. f. U. N. 1906. 12. 113.

Über die chemische Zusammensetzung von Roggen- u. Maiskeimen, Zeitschr. f. das gesamte Getreidewesen 1917. 167.

21. Hefe, Preßhefe als Backhilfsmittel siehe Abschnitt „Bier" und den bakteriologischen Teil.

22. Backpulver.

a) Prüfung auf Triebkraft und Überschuß an Karbonaten nach Tillmanns, Strohecker und Heublein[6]).

Mit Hilfe eines besonderen Kohlensäureentwickelungsapparates[7]), dessen Einrichtung aus der Gebrauchsanweisung hervorgeht, die jedem Apparat beigegeben ist, wird die mit Salzsäure aus dem Backpulver

---

[1]) Zeitschr. f. U. N. 1898. 1. 81.
[2]) Ebenda 1914. 28. 145 u. 1915. 29. 9.
[3]) Ebenda 1904. 8. 438 u. F. Gothe, ebenda, 1915. 30. 389.
[4]) Ebenda 1916. 32. 171.
[5]) Ebenda 31. 65; Chem. Ztg. 1907. 31. 559.
[6]) Zeitschr. f. U. N. 1917. 34. 357; 1919, 37, 377. Das Verfahren hat sich wegen seiner Einfachheit und Zuverlässigkeit allgemein eingebürgert.
[7]) Zu beziehen von der Firma Deckert in Frauenwald in Thüringen.

entwickelte Kohlensäure durch Messen einer von ihr verdrängten halbgesättigten Kochsalzlösung bestimmt.

Hierzu führt man folgende Bestimmungen aus:

1. **Gesamte Kohlensäure.** 0,5 g des Pulvers werden in das trockene Glasschiffchen gebracht. In den unteren Teil des Apparates gibt man 20 ccm Salzsäure (1, 124). Das Schiffchen wird nun eingeschoben und der Oberteil des Apparates, dessen Abflußhahn gut eingefettet und geschlossen ist, fest aufgesetzt. Nach Verschließen des oberen Stopfens wird der Hahn geöffnet. Nun fließen einige Kubikzentimeter Flüssigkeit aus. Ist Gleichgewicht vorhanden, so stellt man ein frisches Glas unter den Hahn und dreht dann das Schiffchen um, damit das Pulver herausfällt. Die entwickelte Kohlensäuremenge bewirkt ein Ablaufen der Flüssigkeit. Ist die erste heftige Entwickelung vorüber, so schließt man den Hahn und schwenkt leicht den Apparat durch kreisende Bewegungen um, ohne ihn jedoch vom Tische zu erheben. Das Anfassen des Apparates darf nur an dem Schliff geschehen, der den Unterteil mit dem Oberteil verbindet. Hierbei darf keine Flüssigkeit in das Steigrohr gelangen. Man öffnet nun wieder den Hahn, läßt auslaufen und verfährt so noch einige Male, bis keine oder nur noch vereinzelte Tropfen kommen. Die gesammelte Flüssigkeit nach der Gleichgewichtseinstellung wird gemessen und als Vortrieb in Rechnung gesetzt. Bei hohen Bikarbonatüberschüssen wird es vorkommen, daß ein absolutes Aufhören nur schwer eintritt. Das Resultat ist erreicht, wenn der Ausfluß bei wiederholtem Umschwenken nur mehr 2—3 Tropfen ergibt.

2. **Unwirksame Kohlensäure.** 0,5 g Backpulver werden in einem Becherglase mit 50 ccm Wasser auf dem Drahtnetz gekocht.

Vom beginnenden Sieden an gerechnet, hält man $1/_4$ Stunde lang im Kochen. Alsdann wird die Flüssigkeit restlos in eine Porzellanschale befördert und zur Trockne gedampft. Den Trockenrückstand durchfeuchtet man mit 5 ccm 10%igem Ammoniak und dampft abermals zur Trockne. Der Rückstand wird darauf $1/_2$ Stunde lang bei $120°$ getrocknet.

Man bringt nun den Rückstand mit ungefähr 20 bis höchstens 25 ccm destillierten Wassers in den Backpulverapparat, füllt das Schiffchen mit Salzsäure und bestimmt nun in derselben Weise wie bei Ziffer 1 die Kohlensäure.

Der Unterschied zwischen Gesamtkohlensäure und unwirksamer Kohlensäure ist der **Gesamttrieb.**

3. **Vortrieb und Nachtrieb.** Man beschickt den Apparat mit 20 ccm Wasser, bringt in das trockene Schiffchen 0,5 g Backpulver und bestimmt die entwickelte CO_2 gemäß Ziff. 1. Im Wesen des Vortriebes liegt es, daß hier ein völliges Aufhören des Tropfens selten eintritt. Wenn deshalb nach mehrfachem Umschütteln wiederholt nur noch 2—3 Tropfen Flüssigkeit austreten, betrachtet man die Bestimmung als beendet. Man füllt nun das Schiffchen mit HCl, stellt erneut das Gleichgewicht ein und bestimmt die Restkohlensäure, die zum Vortrieb addiert, die Gesamtkohlensäure ergeben muß. Der Unterschied zwischen Gesamttrieb und Vortrieb ist der Nachtrieb.

Zur Umrechnung der Kubikzentimeter CO_2 in Gramm (Trieb-kraft in 0,5 g Backpulver, die für 1 Pfund Mehl berechnet werden), multipliziert man die erhaltenen Kubikzentimeter mit 1,977 (1 ccm CO_2 = 1,977 mg) und dividiert durch 1000.

4. Unwirksames Bikarbonat. Der Inhalt eines ganzen Päckchens wird in 100—200 ccm Wasser aufgeschwemmt und nun genau so behan-delt, wie bei Bestimmung der unwirksamen Kohlensäure angegeben ist. Den bei 120° getrockneten Rückstand bringt man mit Wasser restlos in ein 100 ccm-Kölbchen, wäscht und filtriert. 25 ccm des klaren Filtrates werden in den Backpulverapparat gebracht und mit einem Tropfen Methylorange versetzt. Man füllt das Schiffchen mit Salzsäure, stellt das Gleichgewicht ein und bestimmt in üblicher Weise die Kohlensäure. Die erhaltenen Kubikzentimeter, multipliziert mit 0,03 geben die Gramme überschüssigen Natriumbikarbonats eines Päckchens.

A. Beythien, H. Hempel und P. Pannwitz[1]) bestimmen die Triebkraft in folgender Weise: 1 g des Backpulvers wird in einem kleinen Erlenmeyerkölbchen mit 20 ccm Wasser übergossen und min-destens eine halbe Stunde gelinde gekocht. Nach Austreibung der Koh-lensäure wird der Rückstand mit möglichst wenig Wasser in das Zer-setzungskölbchen eines Geißlerschen oder Mohrschen Kohlensäure-Bestimmungsapparates übergeführt und hierauf die noch vorhandene Rest-Kohlensäure in üblicher Weise durch Austreibung mit HCl er-mittelt. Nach Abzug der Rest-Kohlensäure von der gesondert bestimmten Gesamt-Kohlensäure erhält man die mit Wasser austreibbare (aktive) Kohlensäure.

Schellbach und Bodinus[2]) geben folgendes Verfahren für die Bestimmung der Triebkraft und des Überschusses an Natrium-bikarbonat:

1 g der zu untersuchenden Substanz werden in ein 200 ccm fassendes Erlenmeyerkölbchen gebracht, das mit einem doppelt durchbohrten Stopfen aus Gummi verschlossen ist, durch dessen eine Bohrung ein Scheidetrichter, durch dessen andere ein rechtwinklig gebogenes Glas-rohr hindurchführt. Letztere Röhre schneidet mit dem Gummistopfen ab. Das freie Ende derselben wird mittelst Gummischlauch mit einem andern Glasrohr verbunden, das in einen 7 ccm 33%ige wässerige Kali-lauge enthaltenden 12—15 ccm fassenden Meßzylinder tief eintaucht. Das Eintauchen muß ein Steigen der Lauge auf etwa 10 ccm bewirken, so daß die Kohlensäure eine etwa 9 cm hohe Schicht Lauge zu durch-streichen hat. Wird durch den Scheidetrichter Wasser in den Kolben gebracht, so geht nach Schließen des Hahnes Kohlensäure in die Lauge und wird absorbiert. Diese durch Wasser entbundene Kohlensäure ist gleich der Summe von Vor- und Nachtrieb eines Backpulvers, also die sogen. aktive Kohlensäure.

---

[1]) Zeitschr. f. U. N. 1917. 34. 383.
[2]) Zeitschr. f. U. N. 1918. 35. 236. Das Verfahren kann neueren Unter-suchungen zufolge in Backpulvern, die Bikarbonatüberschüsse, Phosphate und Ammoniaksalze enthalten, ungenaue Werte liefern. Weitere Äußerungen über Triebkraft, Keller, Zeitschr. f. öff. Chemie 1917. 23. 50, sowie E. Gerber, Zeitschr. f. U. N. 1917. 34. 391. Bolm u. v. Umbach, ebenda 1918. 35. 420.

Die vollständige Austreibung der Kohlensäure geschieht durch langsames Erwärmen der im Kolben befindlichen Lösung, bzw. Aufschlemmung bis zum Kochen, wobei die Wärmezufuhr so zu regeln ist, daß die Blasen langsam in der Lauge emporsteigen. Sie ist beendet, wenn Dämpfe in den Zylinder übertreten. Will man weiter die Restkohlensäure ermitteln, so löst man Zylinder und Glasrohr vom Kolben, versieht mit einem neuen Glasrohr und neuer Lauge, bringt durch den Scheidetrichter eine genügende Menge Phosphorsäure oder (bei Abwesenheit organischer Körper) Schwefelsäure in den Kolben und beginnt die Bestimmung von neuem (25 ccm 5%ige Phosphorsäure).

Die Lauge, welche die gebundene Kohlensäure enthält, wird durch quantitatives Ausspülen des Zylinders und Glasrohrs mit heißem Wasser in einen 200 ccm Kolben übergeführt und bis zur Marke mit destilliertem Wasser (nach dem Erkalten) aufgefüllt. Je 20 ccm der alkalischen Lösung werden in 2 Erlenmeyerkolben pipettiert. Unter Hinzufügen eines Tropfens Methylorange wird in der Kälte mittelst n/2-Salzsäure die Gesamtalkalität des Inhalts des einen Kolbens bestimmt; der Inhalt des anderen Kolbens wird zum Kochen erhitzt und mit Bariumchloridlösung im Überschuß versetzt, sofort tief gekühlt und ohne Filtration mit n/2-Salzsäure die Menge des freien Alkalis durch rasche Titrierung bei lebhaftem Umschütteln bestimmt. (Indikator: Phenolphthalein!) Die Differenz zwischen beiden Titrationen ergibt die Anzahl Kubikzentimeter n/2-Säure, die von dem vorhandenen Karbonat verbraucht wurden. Ein blinder Versuch muß angesetzt werden, um die Kohlensäure der Lauge zu bestimmen. Dieser blinde Versuch gilt für alle Bestimmungen. 1 ccm n/2-Säure = 0,011 g Kohlensäure.

Berechnung:

α) blinder Versuch:

Ermittelung der Gesamt-Alkalität, Verbrauch: 9,10 ccm n/2-Säure
Ermittelung der freien Alkalität, Verbrauch: 8,75 ccm n/2-Säure

Verbliebene Anzahl ccm n/2-Säure für das gebildete Karbonat ($^{20}/_{200}$)   0,35 ccm n/2-Säure

β) Bestimmung der Kohlensäure in Kalziumkarbonat.

Angewandte Menge 0,733 g.

Ermittelung der Gesamt-Alkalität ($^{20}/_{200}$)   9,00 ccm n/2-Säure
Ermittelung der freien Alkalität ($^{20}/_{200}$)   5,80 ccm n/2-Säure

Verbliebene Anzahl ccm n/2-Säure für das gebildete Karbonat ($^{20}/_{200}$)   3,20 ccm n/2-Säure

Abzüglich blinder Versuch: 3,20—0,35 ccm n/2 = 2,85 ccm n/2 = 2,85 n/2 . 10 ccm für 0,733 g CaCO₃. Für 1 g also: 38,89 ccm n/2-Säure. Dies entspricht, da 1 ccm n/2 = 11 mg CO₂, 42,78 % CO₂ oder 97,2% CaCO₃.

Der Überschuß eines Backpulvers an Natriumbikarbonat läßt sich wie folgt ermitteln:

Es wird genau 1 g Substanz in einem Becherglas abgewogen, mit 50 ccm Wasser versetzt und hierauf im Wasserbad die Flüssigkeit auf etwa die Hälfte eingedampft. Es wird filtriert, das Ungelöste gut ausgewaschen und schließlich das Filtrat auf 200 ccm gebracht. In 100 ccm

wird die Alkalität bestimmt, indem man einen Überschuß an $n/_2$-Salz-
säure zusetzt, zur Entfernung der Kohlensäure kurz aufkocht und den
Überschuß an Säure mit $n/_2$-Lauge bei Gegenwart von Phenolphthalein
zurückmißt. Nach der Gleichung $HCl + NaHCO_3 = NaCl + H_2O +$
CO_2 entspricht 1 ccm $n/_2$-Säure = 0,042 g Natriumbikarbonat.

b) Feststellung der Bestandteile.

Nachweis von Weinsäure. Man bringt in ein Reagenzglas
0,2—0,3 g des Backpulvers, gibt eine Messerspitze Resorcin (pur. crist.
alb.) und 5—10 ccm konzentrierte Schwefelsäure (1,84) hinzu. Darauf
wird langsam über kleiner Flamme erwärmt. Rotviolette Färbung. —
Zitronen- und Äpfelsäure geben die Reaktion nicht. Bei Anwesenheit
von Mehl im Backpulver ist die Weinsäure erst mit 5%iger Salzsäure
aus dem Backpulver auszulösen. Das Filtrat ist einzudampfen. Quantit.
Bestimmung von Weinsäure auf polarimetr. Wege s. Tillmanns l. c.

Für den Nachweis von Milchsäure wird · die Reaktion von
Denigès empfohlen: Man erhitzt 2 ccm der 0,2%igen Milchsäure
mit 2 ccm Schwefelsäure (1,84) 2 Minuten im Wasserbade und setzt nach
dem Abkühlen 1—2 Tropfen einer 5%igen alkoholischen Guajakol-
oder Kodeinlösung hinzu. Nach dem Umschütteln gibt Guajakol noch
mit 0,01 mg Milchsäure eine schöne fuchsinrote, Kodein eine gelbe
Färbung.

Der Nachweis von Schwefelsäure, Phosphorsäure, Ammoniak,
sowie von Kalium, Natrium, Kalzium, Aluminium erfolgt in üblicher
Weise [1].

Der Gang der qualitativen Analyse bei Gegenwart von
Phosphaten ist folgender:

Eine kleine Probe des Backpulvers wird in Salzsäure gelöst, darauf
gibt man Ammoniak im Überschusse und hierauf nicht zu starke Essigsäure zu und kocht kurz auf. Etwa vorhandene Tonerde scheidet sich als
Phosphat ab, während Kalziumphosphat wieder in Lösung geht. In
dieser wird der Kalk mit oxalsaurem Ammonium in üblicher Weise
(heiß fällen!) gefällt. Im Filtrate der Kalkfällung wird Magnesia nachgewiesen.

Für quantitative Zwecke muß die Phosphorsäure in üblicher Weise
abgeschieden werden. Man kann dazu auch folgende Methode benutzen:
Man löst das Backpulver in Salpetersäure und fällt die Phosphorsäure
mit Molybdänlösung in bekannter Weise. Im Filtrat wird das überschüssige Molybdän mit Schwefelnatrium unter Erwärmen gefällt. Es
entsteht ein sich schnell zusammenballender, schwerer Niederschlag
von Schwefelmolybdän, der sich leicht abfiltrieren läßt. Nach dem Ansäuern und nach Verjagung des überschüssigen H_2S können im Filtrate alle
Stoffe ohne Schwierigkeit wie üblich bestimmt werden.

Zur Unterscheidung, ob Schwefelsäure als Gips oder als
Bisulfat vorhanden ist, kann man, da Gips bis zu 10% in Backpulver

---

[1] Über die Ermittelung der wichtigsten Mineralstoffe in Backpulvern
usw. siehe auch J. Großfeld, Zeitschr. f. öffentl. Chemie 1917. 360; 1919. 56.
Über die Veränderungen, welche bei Einwirkung der basischen und sauren
Bestandteile eintreten, haben sich eingehend namentlich A. Beythien (l. c.)
u. L. Grünhut, Zeitschr. f. U. N. 1919. 37. 400 geäußert.

gestattet ist, die Schwefelsäurereaktion in folgender Weise ausführen und deuten:

Man löst 1 g Backpulver in HCl auf und kocht die CO_2 fort. Darauf fügt man 10 ccm einer Chlorbariumlösung hinzu, welche 14,2 g wasserhaltiges Salz in 1 Liter gelöst enthält. Wenn das Filtrat noch Barium enthält, so entsprach der vorhandene Schwefelsäuregehalt weniger als $10^0/_0$ wasserhaltigen Gipses. In diesem Falle kann eine Beanstandung unterbleiben. Ist aber kein Barium mehr vorhanden, so liegt mehr Schwefelsäure vor, als $10^0/_0$ Gips entspricht. In diesem Falle ist das Backpulver stets zu beanstanden, sei es, daß mehr als $10^0/_0$ Gips in ihm enthalten sind, sei es, daß es Bisulfate enthält.

Bestimmung des gesamten Natriumbikarbonates. 2 g Backpulver werden in ein Becherglas gebracht und mit einigen Tropfen Benzin oder Petroläther durchfeuchtet. Darauf gießt man 100 ccm eines Gemisches von Ammoniak und Ammoniumoxalat auf das Pulver und schüttelt durch. (Das Reagenz wird so hergestellt, daß man 20 ccm $10^0/_0$igen Ammoniaks mit 25 ccm Ammoniumoxalatlösung $(1 + 5)$ vermischt und mit destilliertem Wasser auf 1 l füllt). Man gibt einige Tropfen Methylorange zu. Nach einigem Stehen, währenddessen öfters umgeschüttelt wird, filtriert man durch ein trockenes Filter ab. 25 ccm des Filtrates = 0,5 g Backpulver werden in den Apparat gebracht und dort nach Zugabe von HCl die CO_2 menge gemäß Ziffer 1. bestimmt. Durch Multiplikation mit 3,75 und Division durch 1000 erhält man das in 0,5 g Backpulver enthaltene Natriumbikarbonat in Gramm.

Weil das Reagenz CO_2 anzieht, ist Ausführung eines blinden Versuches erforderlich; dessen Resultat ist abzuziehen.

Bestimmung des kohlensauren Kalks. Zu verbinden mit voriger Ausführung. Man bringt den mit Hilfe von Ammoniak-Ammoniumoxalatlösung gesammelten Niederschlag vollständig auf das Filter, wäscht ihn aus, bringt ihn samt Filter in den Apparat, gibt 20 ccm Wasser zu und zerstückelt das Filter mit einem Glasstabe. Nun wird das Schiffchen mit Säure gefüllt und die Kohlensäure gemäß Ziffer 1. ermittelt. Diese wird durch Multiplikation mit 4,5 und Division durch 1000 auf $CaCO_3$ umgerechnet.

Man kann den kohlensauren Kalk auch aus dem Unterschied von Gesamtkohlensäure und Bikarbonatkohlensäure berechnen.

Bezüglich quantitativer Feststellung der Phosphate der verschiedenen Bindungsformen sei auf die sehr eingehende Originalarbeit (s. S. 198) verwiesen; siehe auch Abschnitt Düngemittel.

Für den Nachweis von Aluminium kommen folgende besondere Reaktionen in Betracht.

1. Mit Kampecheholztinktur siehe S. 189, Ziffer 10.

2. Mit Morinlösung[1]) (Gelbholzextrakt von Maclura [Morus] tinktoria).

Bei Abwesenheit von Phosphorsäure behandelt man 1 g Substanz mit verdünnter Essigsäure und versetzt das Filtrat mit einer Auflösung

---

[1]) Reaktion von Goppelsröder u. A. Beythien und seinen Mitarbeitern. l. c. 379.

von 0,1 g Morin (Merk) in 100 ccm Alkohol. Aluminiumsalz erzeugt
Fluoreszenz.

Bei Anwesenheit von Phosphorsäure behandelt man mit Salzsäure,
entfernt die Phosphorsäure aus der Lösung durch Chlorkalzium und
Natronlauge oder durch Barytwasser und Natronlauge, wobei Natrium-
aluminat in Lösung bleibt, säuert das Filtrat mit Essigsäure an und
versetzt mit Morinlösung.

Ist Ammoniak zugegen, so empfiehlt es sich dessen Menge zu bestimmen, diese in Kubikzentimetern auszudrücken und die in der Packung
vorhandenen Kubikzentimeter Ammoniak gesondert anzugeben. 1 mg
Ammoniak entspricht 1,32 ccm Ammoniak.

Schwermetalle, Nachweis in üblicher Weise. Teerfarbstoff,
Nachweis s. b. Wein und Fruchtdauerwaren. Bei Backpulver müssen
die Teerfarbstoffe gegen Karbonate unempfindlich sein.

Mikroskopische Untersuchung auf Stärkemehl, Mehl, Holzmehl
usw. siehe unter Abschnitt Mehl.

23. Kuchengewürze, Zitronenöl, Aromastoffe siehe in den Abschnitten „Gewürze", „Zucker- und Konditorwaren".

B. Mikroskopische Untersuchung[1]).

Mehl, Stärkemehl und Brot, sowie deren Streckungs- und
Verfälschungsmittel.

Vorbemerkung.

Bei mikroskopischen Untersuchungen[2]) nimmt man stets Vergleichsobjekte (verschiedene Mischungen) von bekannten unverfälschten
Substanzen zu Hilfe. Die mikroskopische Untersuchung mit dem
rohen Mehl direkt auszuführen, ist im allgemeinen nicht angängig, wenn
nicht schon die Form und Größe der Stärkekörner oder andere besondere
Merkmale auf gewisse Unregelmäßigkeiten hinweisen, da das Aufsuchen
der Haare und anderer Gewebsteile im rohen Mehl schwierig und
zeitraubend ist. Man kommt am schnellsten zum Ziele durch die

Vorbereitung zur mikroskopischen Untersuchung.

Um möglichst viel Gewebsteile aufzusammeln, bedient man sich
der sogenannten Schaumprobe:

Man verrührt etwa 3 g Mehl mit etwa 100 ccm Wasser unter Erwärmen bis zum Kochen; in dem an der Oberfläche der Flüssigkeit

---

[1]) A. J. W. Schimper, Anleitung zur mikroskopischen Untersuchung
der Nahrungsmittel. Jena 1910; J. Möller, Mikroskopie der Nahrungs- und
Genußmittel, Berlin 1905; Tschirch und Österle, Anatomischer Atlas der
Pharmakognosie und Nahrungsmittelkunde. Leipzig 1893 usw. Hartwich,
Botanischer Teil des Handbuchs Beythien, Hartwich, Klimmer. W.
Kinzel, mikroskopische Futtermittelkontrolle, die auch dem Nahrungsmittel-
chemiker manche Anhaltspunkte bietet. 1918. Verlag E. Ulmer, Stuttgart.
Siehe auch den allgemeinen Teil über die Ausführung der mikroskopischen
Prüfung.

[2]) Bei Verfälschungen von Mehl mit Mehl (z. B. Roggenmehl mit Weizenmehl oder umgekehrt) kann nur die mikroskopische Untersuchung ausschlaggebend sein.

entstehenden Schaum ist dann ein großer Teil der Haare enthalten. Man mikroskopiert diesen unter Verwendung von Chloralhydratlösung (8 Teile in 5 Teile Wasser) oder noch besser, nachdem man den in dünner Schicht auf den Objektträger gestrichenen Schaum vorsichtig erwärmt hat, unter Zugabe von 1 Tropfen Nelken- oder Zitronenöl[1]). Die Haare von Weizenmehl erscheinen dann wie dünne schwarze Striche in hellem Gesichtsfeld, Roggenmehlhaare sind mehr breit und grau aussehend. In schwierigen Fällen sind außer den Haaren auch die Längs- und Querzellen zu berücksichtigen.

Statt der Schaumprobe kann man namentlich behufs Anreicherung der anderen Gewebselemente außer den Haaren die Bodensatzprobe[2]) machen:

Man mischt 2 g des Mehles mit 100 ccm Wasser, fügt 2 ccm konzentrierte Salzsäure zu und läßt in einer Porzellanschale etwa 10 Minuten kochen. Nach dem Absitzenlassen im Spitzglase oder Sedimentierapparat mit besonderen Becherchen untersucht man in einem Tropfen Chloralhydrat (nach Schimper). Es kann auch mit NaOH alkalisch gemacht und aufs neue gekocht werden; doch kann dabei leicht ein Aufquellen der Zellränder eintreten.

Man kann auch nach Hartwich zuerst mit 5%iger Natronlauge kochen, wäscht mit Wasser aus und kocht von neuem mit Glyzerinessigsäure (2 Vol. Glyzerin + 1 Vol. Essigsäure von 60%).

Wichtige Unterscheidungsmerkmale der Mehle und Stärkemehle.

Weizen.	Roggen.
Haare[3]).	**Haare**[3]).
Die Dicke der Wand ist beinahe stets mit Ausnahme der bauchigen Auftreibung des Grundes des Haares größer, als die Breite des Lumen, oder demselben zum mindesten gleich (Ausnahme: Spelt).	Die Dicke der Wand ist in der Regel, mit Ausnahme der Spitze, geringer als die Breite des Lumen.
Die Querzellen sind dickwandig, stark getüpfelt, an den Seiten dachig zugespitzt.	Die Querzellen sind dünnwandig, schwach getüpfelt, an den Seiten gerundet; meist mit Interzellularen zwischen den Querzellen.

---

[1]) Nach Vogl, die wichtigsten veget. Nahr.- u. Genußmittel. Wien u. Leipzig 1899, mischt man 2 g Mehl mit alkoholischer Naphthylenblaulösung (1:5000 = 0,1 N-blau, 100 absol. Alkohol und 400 Wasser) mit einem Glasstabe zusammen, streicht davon auf den Objektträger, läßt eintrocknen und mikroskopiert mit einem Tropfen ätherischen Sassafrassöls oder analogen ätherischen Öles oder Kreosot. N-blau färbt alles blau mit Ausnahme der Membran der Stärkekörnerzellen und der Stärkekörner.

[2]) Vorteilhaft lassen sich auch außerdem die Methoden für die Rohfaserbestimmung S. 54 anwenden.

[3]) Bei Schätzungen der Größe der Verfälschung ist in Rechnung zu ziehen, daß Weizen von Hause aus etwa viermal mehr Haare hat als Roggen.

Stärkekörner beider Mehlarten einander ähnlich, doch verschieden genug, um auseinandergehalten werden zu können. Großkörner bei beiden etwa gleich, dick linsenförmig. Beim Roggen häufig große Körner einen 3 oder 4strahligen Spalt tragend, beim Weizen kommt bisweilen nur eine dunkle Linie zum Vorschein, kein Spalt. Kleinkörner kommen beim Weizen ziemlich unvermittelt neben Großkörnern vor, beim Roggen sind reichlich Zwischenformen vorhanden. Keimungsvorgänge (Auswachsen des Getreides infolge Feuchtwerdens beim Aufstapeln oder auch bei feuchtem Zustande des Mehles) sind an beginnender Auflösung der Stärkekörner erkennbar.

Größe der Stärkekörner im Maximum

etwa 42 μ[1]) Durchmesser. | etwa 53 μ Durchmesser.

Verkleisterungsprobe nach Wittmack.

1 g Mehl wird in einem Becherglase mit 50 ccm Wasser zu einem dünnen Brei angerührt, das Becherglas dann in ein Wasserbad gesenkt und letzteres mit kleiner Flamme so lange unter Umrühren mit einem in $^1/_{10}$ Grade eingeteilten Thermometer erwärmt, bis der Mehlbrei genau 62,0° erreicht hat. Man nimmt dann das Becherglas sofort heraus und taucht es in kaltes Wasser, nachdem die Temperatur noch auf 62,5° gestiegen ist.

Damit ist die Probe zum Mikroskopieren vorbereitet. Die Roggenstärkekörner sind bei 62,5° meist aufgequollen oder schon geplatzt, haben also ihre ursprüngliche Form verloren. Die Weizenkörner bleiben völlig unverändert, lichtbrechend und an ihren schwarzen, scharfen Rändern erkennbar; die Stärkekörner des Roggens zeigen dagegen Verkleisterungsmerkmale (geplatzte Wände, Risse, Einbuchtungen).

Gerste.

Das sicherste Unterscheidungsmerkmal bei Gerste sind Bruchstücke der Spelzen, Epidermis und Fasern. Die Epidermis ist scharf verdickt und zickzackartig hin- und hergebogen mit eingeschalteten Kurzzellen von kreisrunder und Halbmondform. Querzellen sind ganz glatt und dünnwandig. Haare sind kurz kegelförmig. Stärkekörner klein, etwa 10 bis 30 μ groß; im allgemeinen denen von Weizen und Roggen ähnlich, meist etwas kleiner und selten mit Spalt; das Vorkommen nierenförmiger Körner bildet ein gewisses Unterscheidungsmerkmal.

Aus Gerste bereitetes Malzmehl wird als Backhilfsmittel verwendet (s. Beurteilung).

Mais.

Um die Maiskörner in anderen Mehlen (besonders in Weizen) besser sichtbar zu machen, macht man die folgenden Verkleisterungsproben:

a) Eine kleine Probe des Mehles wird mit 5 g Wasser und 8 g Chloralhydrat 24 Stunden verschlossen stehen gelassen oder, wenn soviel nicht zur Verfügung steht, erwärme man 2 g Mehl in 100 g Wasser

---

[1]) $\mu = ^1/_{1000}$ mm.

bei 70—72⁰. Die Weizenstärke soll dann verkleistert, die Maisstärke noch unverändert sein;

b) nach Baumann[1]): Etwa 0,1 g Mehl schüttelt man in einem Reagenzglase mit 10 ccm 1,8$^0/_0$iger Kalilauge um und während der nächsten 2 Minuten noch einige Male, um ein Absetzen der Stärke zu verhüten. (Konzentration und Zeitdauer genau einhalten!) Nach dieser Zeit gibt man 4 bis 5 Tropfen konzentrierter Salzsäure (etwa 25$^0/_0$ige) hinzu und schüttelt um. Die Flüssigkeit muß alkalisch bleiben; nun bringt man einen Tropfen auf ein Objektglas und betrachtet unter dem Mikroskop. Die Weizenstärke ist völlig verquollen, und um so deutlicher tritt die unversehrt gebliebene Maisstärke hervor. (Die Methode ist auch für Roggenmehl brauchbar.)

Am charakteristischsten sind die Stärkekörner, weil sie dicker, auch meist kleiner sind, als Weizenstärke und mehr „Körperlichkeit" (schwarze scharfe Ränder) haben, teilweise eckig erscheinen. Bei den rundlichen Körnern ist meistens auch ein Spalt oder kreisförmige Kernhöhle erkennbar. Größe 9—23 μ, selten mehr. F. T. Hanausek[2]) hat festgestellt, daß im österr. Kriegsbrot, das mit Maiszusatz hergestellt wurde, die polyedrischen Maiskörner auch im gequollenen Zustande noch die kantigen Umrisse und die etwas erweiterte Kernspalte gut erkennen lassen. Gewisse Unterschiede bestehen zwischen den verschiedenen Maissorten (Zucker-, Perl-, Pferdezahnmais). Näheres ist der Literatur zu entnehmen. Das Parenchym der Fruchtschale ist sternförmig. Quer- und Schlauchzellen sind sich sehr ähnlich und kreuzen sich.

Hafer.

Charakteristisch sind die vielseitigen Formen der Stärkekörner (sichel-, spindel- und zitronenförmige, Zwillinge und mehrfach zusammengesetzte bis 7 μ große Teilkörner). Weitlumige, kegelförmige oft sehr lange Haare sehr zahlreich vorhanden, da das entspelzte Haferkorn auf seiner ganzen Oberfläche behaart ist, im Gegensatz zu Weizen, Roggen, Gerste, Mais.

Das Spelzmehl des Hafers ist von gelbgrauer Farbe, feinfaserig, ohne Mehlkörper, aber wiederholt als Streckungsmittel für Brot verwendet worden. Diese Beimengung ist als gesundheitsschädlich anzusehen, da durch die darmreizende Wirkung eine reichliche Sekretion der Säfte ausgelöst und eine Herabsetzung des Nährwertes mitgenossener Speisen hervorgerufen wird. Als Streumehl ist Spelzmehl verwendbar.

Hirse.

Gelbliches Mehl. Epidermis der Frucht- und Samenschale mit faltigen Längsseiten. Stärke ähnlich dem Mais, aber kleiner mit kleinen Kernhöhlen oder durchscheinendem Kern. Größe 4—10 μ, selten bis 15 μ.

Buchweizen.

Stärkekörner teils polyedrisch oder abgerundet mit hellem Kern, teils spitzdreieckig oder spindelförmig. Zusammengesetzt stabförmig oder gekrümmt wurmförmig. Größe bei einfachen Körnern bis 12 μ.

---

[1]) Zeitschr. f. U. N. 1899. 2. 27.
[2]) Archiv f. Chemie u. Mikroskopie 1915. 8. 72.

Reis.

Die Epidermis der Spelzen hat sehr tief gebuchtete lange Wände mit bis 500 μ langen und 40 μ breiten geraden einzelligen Haaren. Querzellen sind besonders dünnwandig mit gekreuzten Schlauchzellen.

Da der Reis meist geschält wird, ist man oft allein auf den Nachweis der Stärkekörner angewiesen; diese sind kantig, eckig, oft zu Komplexen zusammengesetzt. Größe 2—9 μ.

Tapioka (Manihot).

Teilweise zusammengesetzte, meist in Einzel- oder Zwillingskörner zerfallene Stärkekörner mit einer stark gewölbten und einer flachen Fläche (Kesselpaukenform). Größe 5—33 μ.

Sago.

Stärkekörner vielfach eirund und stark exzentrisch mit strahliger Höhlung oder Spalt. Oft mit einem oder wenigen Nebenkörnern besetzt, wo diese losgerissen deutliche Flächen sichtbar, ähnlich Tapiokastärke. Größe bis 70 μ, Nebenkörner 10—20 μ.

Arrowroot (Marantastärke).

Stärkekörner ähnlich Sagostärke, kleiner als Kartoffelstärke, aber unregelmäßig und weniger exzentrisch, häufig mit deutlichem Querspalt am Kern. Größe 27—55, selten bis 70 μ.

Hülsenfrüchte.

Bohnen (Phaseolus-, Vicia- und Sojaarten), Erbsen (Pisum-), Linsen (Ervum Lens) und Lathyrusarten. Hauptunterscheidungsmerkmale sind die verschieden geformten Pallisadenzellen und die darunter befindlichen Trägerzellen (T-trägerform). Stärkekörner mit großen Spalten, die unter dem Mikroskop schwarz erscheinen, bis an den Rand gehen und länglich, oval und nierenförmig sind. Größe verschieden.

Die Stärkekörner der Hülsenfrüchte sind in einer proteinreichen Grundsubstanz eingebettet, die sich auf Zusatz von Alaunkarmin erst färbt; diese Grundsubstanz tritt bei den Hülsenfrüchten viel mehr hervor, als bei den Getreidefrüchten. Bei der Verkleisterungsprobe nach Wittmack verquellen die Stärkekörner der Bohnen nicht. Unterschied zwischen Weizen- und Bohnenstärke besonders hervortretend, wenn man das erwärmte Gemisch einige Tage stehen läßt. Mehl von Vicia faba ist sogenanntes Kastormehl[1]), das manchmal dem Weizenmehl zur Erhöhung der Backfähigkeit zugesetzt wird.

Kartoffel.

Stärkekörner: Ovale, dreieckige oder viereckige Form der Stärkekörner mit deutlicher Schichtung und exzentrischem Kern. Mittlere Größe 70 bis 90 μ; selten bis 140 μ.

---

[1]) J. Buchwald, Zeitschr. f. U. N. 1904. 8. 436.

Charakteristisch für die Gewebselemente der Kartoffel[1]) sind:

a) Das Korkgewebe der Schale. Der die Kartoffelknolle bedeckende großzellige Kork besteht aus dünnwandigen, in der Flächenansicht polygonalen Zellen. Im Walzmehl findet man vorwiegend größere Trümmer des Korkgewebes in Gestalt von flächenförmigen Komplexen, die sofort durch die braune Farbe der Zellwände auffallen. Da das Gewebe sehr durchsichtig ist, so sieht man häufig — namentlich bei etwas schräger Lage des Objektes — die Zellen der einzelnen Korkschichten genau etagenartig übereinander liegen. Die Anwesenheit dieser sehr charakteristischen Gewebetrümmer im Brot beweist allein schon das Vorhandensein von Kartoffelwalzmehl.

b) Die Gefäßelemente (Spiral-, Ring- und Netzgefäße bzw. Tracheiden). Als weiteres Kennzeichen sind die Gefäße zu nennen, die in Form von Spiral-, Ring- und Netzgefäßen bzw. Tracheiden in den Leitbündeln der Kartoffeln vorkommen. Während man im Walzmehl häufig größere Bruchstücke der ganzen Gefäßbündelstränge beobachtet, kann man im Brot nicht immer mit der Auffindung so großer Fragmente rechnen; es kommen hier vielmehr hauptsächlich die Trümmer einzelner oder mehrerer nebeneinander liegender Gefäße in Frage. Besonders charakteristisch sind auch die Netztracheiden, die oft einen beträchtlichen Durchmesser besitzen. Die Weite der Gefäßelemente beträgt meist 25 bis 50 μ, während die im Roggen- und Weizenmehl vorkommenden Spiroiden kaum einen Durchmesser von 10 μ erreichen, so daß eine Verwechselung beider ausgeschlossen sein dürfte.

c) Eigentümliche, verhältnismäßig wenig verdickte, poröse Zellen, die aus der Rindenschicht der Kartoffel stammen. Diese Zellen fallen in den aus Walzmehl hergestellten Präparaten sofort durch die starke Quellung der Wandverdickungen auf, die durch die Behandlung mit Chloralhydrat hervorgerufen wird.

Nachweis im Brot.

5 g Brotkrume werden in einer Reibschale mit Wasser durchfeuchtet und zu einem dünnen Brei zerrieben. Die möglichst klumpenfreie Mischung wird mit 20 ccm Kalilauge (10%ig) und 40 ccm Wasser versetzt, 15 Minuten auf dem siedenden Wasserbade erwärmt und dann mit heißem Wasser auf etwa 500 ccm verdünnt. Nach dem Absetzen der schweren Partikel (etwa nach 30 Minuten) gießt man die trübe, überstehende Flüssigkeit ab und füllt nochmals mit heißem Wasser auf. Dies wird nötigenfalls so lange wiederholt, bis die Flüssigkeit klar erscheint. Das Sediment ist nunmehr unmittelbar zur mikroskopischen Betrachtung geeignet und wird in Wasser oder Chloralhydrat untersucht. Es empfiehlt sich übrigens, gleich zwei aus verschiedenen Teilen des Brotes entnommene Proben in dieser Weise zu behandeln.

Da die naturgemäß sehr spärlich vorhandenen Elemente der Kartoffel in der Masse der Kleiebestandteile fast vollständig verschwinden, so ist man gezwungen, eine ganze Reihe von Präparaten (10 und mehr von jeder Probe) genau abzusuchen.

---

[1]) C. Griebel, Zeitschr. f. U. N. 1909. **17.** 661.

Färbemethoden.

Bengen[1]) färbt Teig und Brot nach dem Vermischen mit Methylenblau und kurzem Schleudern der Mischung. Der Rückstand wird mikroskopiert. Brot wird außerdem mit Lauge und Bromwasser zum Lösen gebracht, worauf sich hierin die Gewebsteile leicht und schnell absetzen. Man erkennt:

Kartoffelstärkemehl: Stärkekörner, im Teig und fast immer im Brot durch Methylenblau färbbar. Keine Gewebselemente;

Kartoffelflocken oder Patentwalzmehl, Stärkekörner meist nicht mehr zu erkennen. Gewebselemente: Kork, Spiralgefäße, Netzgefäße, Riesenzellen. Zahlreiche Parenchymzellen, deren Inhalt im Teig färbbar.

Gekochte und geriebene Kartoffeln ohne Schale; Stärkekörner nicht zu erkennen und nicht färbbar.. Gewebselemente wenig Kork, Spiralgefäße, Netzgefäße, Riesenzellen; zahlreiche Parenchymzellen mit verquollenem nicht mehr färbbarem Inhalt.

W. Herter[2]) untersucht Brot auf Kartoffel mit dem Farbgemisch „Schwarz-Weiß-Rot"[3]). Dabei färben sich die Stärkekörner der Gramineen (Roggen, Weizen, Gerste, Hafer, Reis, Hirse, Mais) sowie des Buchweizens schwärzlich-grau bis braun, die Stärkekörner der Palmen und anderer Monokodyledonen (Sago, Maranta, Bananen), der Kartoffel, der Eichel, der Kastanien, der Leguminosen bleiben weiß und stark lichtbrechend, rot gefärbt werden aus reiner Zellulose bestehende Zellmembranen, vor allem die Speicher- oder Kleisterzellen[4]), ferner jugendliche Gewebe (Keimlinge), schließlich Stücke der Aleuron- und der hyalinen Schicht beim Getreide. Zur Anreicherung dieser Gewebselemente und Unterscheidung von den ungefärbt bleibenden Teilen der Frucht- und Samenschale, der Spelzen, Gefäße und Korkschale kann auch die Kochprobe (S. 201) mit Salzsäure angestellt werden.

Herter hat auch eine quantitative mikroskopische Analyse ausgearbeitet. Näheres ist der Originalarbeit zu entnehmen.

Das zu untersuchende Brot wird eingeweicht und ein einziges Stück nach sorgfältigem Verreiben in einem Tropfen Wasser unter dem Mikroskop mit Okular 1 und Objektiv 5 (Leitz) ausgezählt, wobei nicht mehr als 25 Körnchen im Gesichtsfeld sein sollen. Zur Bestimmung des Kartoffelgehaltes dienen aber nicht die absoluten Zahlen der Körnchen, sondern ihr Volumverhältnis, das durch Abschätzung in jedem Gesichtsfeld festzustellen ist. Durch Addition der in 2 Rubriken untergebrachten Zahlen ergibt sich durch einfache Rechnung der Gehalt an Kartoffelstärke. Beispiel: In Rubrik A werden 885 Roggenkörner gefunden, in Rubrik B an Kartoffelstärkevolumen soviel als 215 Roggenstärkekörner einnehmen müßten, also beträgt der Gehalt an Kartoffelstärke:

$$\frac{215 \cdot 100}{215 + 885} = 19,5 \%.$$

[1]) Zeitschr. f. U. N. 1915. 29. 247. Siehe auch C. Posner, ebenda 329.

[2]) Zeitschr. f. d. ges. Getreidewesen 1917. 9. 44, siehe auch ebenda 1914. 7. 205, sowie C. Posner, Farbenanalyse d. Brotes 1915. 10. 189; Zeitschr. f. U. N. 1915. 29. 335.

[3]) Beziehbar durch die Werkstattabteilung der Versuchsanstalt f. Getreideverarbeitung, Berlin N., Seestraße.

[4]) Gemeint sind damit diejenigen Zellen, die Stärke und sonstige Reservestoffe enthalten. Kleisterzellen sind also mit verkleisterter Stärke ausgefüllte Speicherzellen. Siehe auch Herter, Zeitschr. f. d. ges. Getreidewesen 1915. 7. 39.

Weitere Färbemethode G. S ch ü t z u. L. W e i n, Chem. Ztg. 1915. **39**. 143.

A. Lin g e l s h e i m, Zeitschr. f. U. N. 1915. **29**. 361 benützt zum schnellen Auffinden und zur sicheren Kennzeichnung von Kartoffelstärke bzw. -mehl im Brot die Anwendung des polarisierten Lichtes.

Die Färbungsmethoden bieten im allgemeinen keine erheblichen Vorteile gegenüber der üblichen einfachen mikroskopischen Untersuchung. Ohne Übung und praktische Erfahrung nützen auch Färbemethoden nichts. Siehe auch die chemische Untersuchungsmethode auf Kartoffel S. 194.

Bananen.

Flache eiförmige bis stark gestreckte Körner mit stark exzentrischem Kern und deutlicher Schichtung, z. T. stark gestreckte und verbogene Körner (Zwillingskörner wie ein gebogenes Horn). Größe 65—90 μ und mehr.

Kastanien.

Roßkastanie, unregelmäßige, eiförmige, birnförmige, häufig auch bucklige Stärkekörner, vielfach mit deutlicher Schichtung. Größe bis 30 μ. Eßkastanie sehr wechselnde Form und Größe, selten mit Spalt. Größe 1,5 bis 24 μ, selten bis 30 μ.

Rüben[1]).

Charakteristische Merkmale sind das großzellige Parenchym und die Korkzellen. Bei der Mohrrübe ist das Parenchym kleinzellig (30 bis 75 μ groß) und enthält Karotin. Dieses färbt sich mit Schwefelsäure blau.

Unkrautsamen, Verunreinigungen und Krankheiten.

Radenmehl (Agrostemma Githago).

Die Stärkekörner sind von meist unregelmäßiger, rundlicher, spindel- und keulenförmiger Gestalt und von bräunlicher Farbe; sie zerfallen leicht in zahllose ganz kleine Körner mit Molekularbewegung. Die Samen selbst sind schwarz, nierenförmig, höckrig, bis 4 mm groß; das im Keim enthaltene Sapotoxin ist giftig. Fragmente der schwarzen Samenschale findet man meist schon in der Bodensatzprobe. Erkennungszeichen: zackige, wellig gebuchtete, stark verdickte Oberhautzellen, die nach außen buckelartig vorspringen. Beobachtung in Chloralhydrat, Stärkekörner in Glyzerinwasser, worin sie nicht so leicht in ihre Teilkörner zerfallen. Größe mindestens 70 μ bis zu 122 μ.

Taumellolchmehl (Lolium temulentum).

Wirkt giftig; manchmal zufällige Verunreinigung, aber dann stets in geringer Menge vorhanden.

Der Nachweis desselben ist nicht sehr einfach, siehe Spezialliteratur und A. L. W i n t o n, Zeitschr. f. U. N. 1904, **7**, 321.

---

[1]) G r i e b e l, Zeitschr. f. U. N. 1919. **38**. 129.

Bilsenkrautsamen im Mohnsamen[1]).

Ersterer zeichnet sich durch seine feingrubige Oberfläche, letzterer durch wellig gebogene Wände der Oberhautzellen aus. Chem. Nachweis von Hyoscyamin s. den forens. Teil sowie auch M. Joachimowitz, Z. f. U. N. 1919. 37. 183.

Weitere Unkrautsamen, wie Wachtelweizen, Wicken, Klapper-topf, Ranunkulaceen usw. siehe die Handbücher.

(In der Bodensatzprobe auszuführen.)

Mutterkorn (kommt am meisten in Roggenmehl vor).

Unter dem Mikroskop in Nelken- oder Zitronenöl sind rosenrote Flecken zu sehen und Mutterkornfragmente (siehe Vergleichsobjekte). Dieselben sind unregelmäßige Klumpen, die farblose, glänzende Kugeln (Öltropfen) einschließen. Sie färben sich mit Überosmiumsäure schwarz oder braun. (Siehe auch A. Gruber, Arch. f. Hygiene 1898, 24, 228.) Mutterkorn ist giftig; siehe auch den chemischen Nachweis S. 190.

Brandpilze.

Tilletia Caries und Tilletia laevis, kommt nur im Weizen vor. Im Roggenmehl kommt Tilletia (secalis) nur selten vor. Der Nachweis von Tilletia im Roggenmehl läßt daher auf eine Beimengung von Weizenmehl schließen.

Kugelige Sporen bei Tilletia Caries mit netzartigen Verdickungen versehen. Bei Tilletia laevis enthalten die Sporen Öltropfen, erscheinen aber glatt. Mit Überosmiumsäure werden letztere schwarz. Ob der Weizenbrand (Stinkbrand) giftig ist, ist bis jetzt noch nicht erwiesen. (Trimethylaminbildung.)

Quantitative Bestimmung der Brandsporen in Kleie s. G. Bredemann, Arch. f. Chemie u. Mikroskopie 1915. 8. 87—95; Zeitschr. f. U. N. 1916.32. 275.

Beurteilung.

Gesetze: Nahrungsmittelgesetz, Verordnung gegen irreführende Bezeichnungen, Süßstoffgesetz und Gesetz betr. den Verkehr mit ge-sundheitsschädlichen Farben usw.

Getreidefrüchte[2]) und ihre Verwertungsarten. Roggen wird fast ausschließlich zur Brotbereitung (Schwarzbrot, Pumpernickel, Soldaten-brot, Schrotbrot, Simonsbrot usw.) verwendet, die sehr verschiedenartig ist und vielfach mit Ortsgebräuchen zusammenhängt. Weizen (Dinkel) wird namentlich zur Semmeln, Weißbrot, Paniermehl, Feingebäck und im Küchenbedarf, der kleberreiche Hartweizen, ein Produkt heißer Länder, zu Makkaroni, Nudeln usw. verarbeitet. Als Backmehl zur Feinbäckerei unter verschiedenen Benennungen kommen Mischungen von Weizen-mehl, Natriumbikarbonat und Weinstein usw., z. T. mit Eierpulver, Eierersatzpulver, Kuchengelb (Teerfarbe), Vanille und Rosinen vermischt in den Handel.

---

[1]) C. Griebel u. C. Jakobsen, Zeitschr. f. U. N. 1913. 25. 352.
[2]) Rohe Getreidefrüchte sind Nahrungsmittel.

Weitere Produkte des Weizens sind Grieß, Graupen, Weizenstärke (Kraftmehl); der bei Gewinnung letzterer als Nebenprodukt abfallende Kleber wird als Zusatz zu Nudeln, Makkaroni, sowie zur Herstellung von Nährpräparaten (Aleuronat, Roborat usw.) benutzt. Neuerdings werden auch entfettete Getreidekeime[1]) zu Suppenmehlen verarbeitet. Grünkern ist unreifer, bespelzter Weizen und dient zu Suppenmehlen; Gerste wird zu Rollgerste, Graupen und Suppenmehlen, letztere auch diastasiert, verarbeitet. Anforderungen an Puddingpulver und rote Grütze s. S. 857.

Verwertung anderer Getreidefrüchte: Hafer in Form von Flocken, Grütze, gequetscht (Quäcker Oats), in aufgeschlossener (präparierter) Form. Reis, geschält, Reismehl, Reisstärke, Reisflocken, aufgedämpft, getrocknet und vermahlen, neuerdings als Backhilfsmittel (siehe unten) empfohlen. Mais, als Mehl (Polenta) und Grieß, als Stärke (Maizena); ferner Buchweizen und Hirse.

Andere Mehlfabrikate sind der Sago (Perlsago), ein verkleistertes, zu runden Körnern geformtes Stärkemehl aus dem Stamme verschiedener Palmen und das aus brasilianischen Wurzelknollen gewonnene Manihot-Tapiokamehl, das auch zu Sago verarbeitet wird und als Tapiokasago im Handel ist; das Stärkemehl ist unter dem Namen Arrowroot bekannt.

Die Zusammensetzung der Getreidefrüchte ist sehr verschieden und auch bei einzelnen Arten schwankend. Zulässiger Wassergehalt 15—16%, höchstens 17%. Stickstoffsubstanz zwischen 6 und 18%, Fettgehalt meist 1 bis 2%, bei Hafer und Mais jedoch 5 bis 12%, Asche 0,2 bis 4%[2]).

Verfälschungen: Rohstoffe durch grobe Verunreinigungen (Erde, Steine, Spelzen usw.), durch Ölen oder Befeuchten mit Wasser zur Erhöhung des Hektolitergewichtes; Verarbeitungsprodukte wie Graupen, Reis, Hirse durch Überziehen und Polieren mit Talkum, Bleichen mit SO_2[3]), Färben der mehlförmigen Produkte und Präparate: mit Gips, Kreide, Schwerspat und anderen mineralischen Beschwerungsmitteln; mit Alaun, Kupfer, Zink, die als Mittel zur Hebung der Backfähigkeit in Betracht kommen; Blei kann von Mühlsteinen herrühren. Die wichtigste Mehlverfälschung ist die Vermengung mit Stroh-, Holz-, Spelz-, Steinnußmehl, ferner mit Mehlen anderer Art (siehe mikroskopische Untersuchung) oder mit minderwertigen (sog. Fuß- und Nachmehl, Kleie, Mehl von ausgewachsenen Getreide) oder verdorbenen (hart und

---

[1]) Genauere Angaben über Zusammensetzung s. H. Kalning, Zeitschr. f. d. ges. Getreidewesen 1917. 9. 167.

[2]) Diese Zahlen sollen nur einen gewissen Anhaltspunkt bieten.

[3]) Nach einem Rundschr. d. Reichskanzl. v. Jahre 1904 sollen wägbare Mengen Talkum als Verfälschung beanstandet werden. Nach der schweizerischen Verordnung sind bis zu 0,2% ohne Kennzeichnung gestattet. Die Rechtsprechung war bisher noch schwankend (s. Urteil des Oberlandesger. Breslau v. 9. April 1907; Zeitschr. f. U. N. (Ges. u. Verord.) 1910. 180 und des Oberlandesger. Hamburg v. 13. Dez. 1911, sowie des Reichsger. v. 21. Juni 1912, ebenda 1913. 5. 219. Auf die Gutachten des Kais. Gesundh.-Amtes v. 3. Nov. 1904 u. 26. Jan. 1905 u. d. preuß. Minist.-Erl. v. 18. Jan. 1905 sei verwiesen (Veröffentl. d. Kais. Ges.-Amtes 1904. 28. 1260). Plücker u. Flebbe, Zeitschr. f. U. N. 1914. 28. 549 haben die Frage des Schwefelns u. Talkumierens durch eingehende Versuche aufs neue ins Rollen gebracht.

pilzig gewordenen) Sorten. Bleichen des Mehles mit Ozon und Stickoxyden dient zur Vortäuschung feinerer Qualität. Verfälschung kann auch in größeren Beimengungen von Unkrautsamen, krankem Getreide (Mutterkorn bei Roggen, Brandsporen bei Weizen) von mehr als 0.2%, Schädlingen erblickt werden. In solchen Fällen kommt auch Verdorbensein oder gar Gesundheitsschädlichkeit in Frage. Über die verschiedene Möglichkeit der Verunreinigungen bzw. des Verdorbenseins vgl. den Untersuchungsgang S. 188. Verschimmelter Mais gilt als gesundheitsschädlich (Pellagrakrankheit).

Im allgemeinen werden folgende Anforderungen an brauchbare Mehle gestellt. Mehl soll „griffig" (lose, etwas körnig), nicht „schliffig" (feucht und weich) sein und keinerlei unangenehmen dumpfigen oder gar muffigen Geruch und Geschmack haben, es darf nicht kreidig oder verfärbt, auch nicht zusammengeballt sein; außerdem soll Mehl backfähig sein. Die Backfähigkeit ist ein technisches Wertmerkmal hinsichtlich Ausbeuteverhältnisse nach Gewicht und Volumen, Aufarbeitungsfähigkeit (näheres siehe Neumann l. c.) und kommt daher nahrungsmittelrechtlich nur dann in Betracht, wenn das Mehl wegen besonderer ungewöhnlicher Eigenschaften (Verdorbenheit) die Backfähigkeit teilweise oder ganz eingebüßt hat. Handelsweizenmehl nimmt zur Bildung eines brauchbaren Teiges 60 bis 66% Wasser auf, Roggenmehl etwa 50 bis 55%. Über Backfähigkeit siehe das S. 184 Gesagte. Der feuchte Klebergehalt beträgt 25 bis 35%. Wassergehalt $12—14\%$, Höchstgrenze 16%. Mineralstoffe in der Trockensubstanz des Weizenmehls etwa: Auszugmehl 0.40%, helles Semmelmehl 0.62%, dunkles Semmelmehl 0.76%; des Roggenmehls etwa: Vordermehl 0.60%, Vollmehl 1.00%; Sand (HCl-Unlösliches) soll 0.1% nicht übersteigen. Größere Mengen machen sich in der Regel durch Knirschen zwischen den Zähnen bemerkbar.

Amtlich festgesetzte Aschegehaltszahlen[1]) der Trockensubstanz für die Ausfuhrmehltypen:

	Roggen			Weizen	
	Ausmahlungsgrad	Asche $\%$ i. d. T.		Ausmahlungsgrad	Asche $\%$ i. d. T.
Kl. I.	0—60	0,93	Kl. I.	0—30	0,44
II.	60—65	1,40	II.	30—70	0,75
III.	0—65	0,98	III.	70—75	2,29
			IV.	0—70	0,67
			V.	0—75	0,76.

Die Aschenmengen geben einen Anhaltspunkt über den Ausmahlungsgrad, der Stärkegehalt kann natürlich hierzu ebenfalls dienen. Gerum[2]) fand folgende Verhältnisse zwischen Ausmahlungsgrad (Am.) und Stärke (St.) bzw. Asche (A.):

---

[1]) Nachstehende Werte beziehen sich nur auf einen bestimmten Jahrgang; alljährlich findet eine Ermittelung der Grenzwerte statt.
[2]) Zeitschr. f. U. N. 1916. 31. 176 u. 1919. 37. 145. Die Bestimmung der Stärke erfolgte polarimetrisch.

	Am.	St.	A.
Roggenmehl	82%	58,7%	1,40%
„	85%	57,4%	1,44%
„	94%	50,8%	1,76%
Weizenmehl.	50—60%	70,0%	0,65%
„	60%	65,9%	0,76%
„	70%	64,7%	1,08%
„	80%	60,7%	1,12%
„	94%	52,7%	1,30%

Gerum hat auch zwei Formeln aufgestellt, durch welche die Menge Weizennachmehl ermittelt werden kann, die 94%igem Roggenmehl zugesetzt ist.

Der Säuregrad eines normalen Mehles nimmt mit der Höhe des Ausmahlungsgrades zu; er beträgt bei:

Roggen		Weizen	
Vordermehl etwa 2,0—2,5		Auszugsmehl etwa	1,0—1,7
Vollmehl etwa 2,5—3,5		Helleres Semmelmehl etwa	2,0—3,5
		dunkleres „ „	3,5—4,0

Bei verdorbenen Mehlen steigt der Säuregrad oft auf 6° und mehr an.

Hülsenfrüchte. (Bohnen[1]), Erbsen, Linsen, Lupinen) enthalten etwa 20 bis 25% Eiweißstoffe, darunter namentlich Pflanzenkasein (Legumin); werden in ungeschälter und geschälter, sowie in aufgeschlossener Form (gedämpft, gedarrt und feinvermahlen) als Suppen- und Kindermehle, in Mischungen mit Gewürzen als Suppentafeln, mit Fleisch oder Speck zu wurstförmigen Konserven (Erbswurst) usw. zur menschlichen Ernährung verwendet. Lupinen[2]) sind nur in entbittertem Zustande genußfähig.

Verfälschungen kommen im wesentlichen nur bei den ganzen geschälten Produkten vor und bestehen in Färben und Polieren (Ausfüllen von angefressenen Stellen) mit Talkum[3]). Die Ursachen der Verdorbenheit sind dieselben wie bei den Getreidefrüchten und Mehlen; am bedeutungsvollsten ist der verschiedene Nährwert[4]), sowie die Haltbarkeit und Schmackhaftigkeit der Fabrikate im Hinblick auf Massenverpflegung und auch für die allgemeine (namentlich Kinder-) Ernährung.

Brot[5]) (sonstige Backwaren, Kuchen), seine Ersatzstoffe und Verfälschungen. Als Maßstab für die Brotausbeute gelten im allgemeinen auf 100 Teile Mehl 136 Teile Brot. Ein Roggenbrot von 2 kg Gewicht verliert in den ersten beiden Stunden nach Verlassen des Back-

---

[1]) Die neuerdings in Aufnahme gekommene Sojabohne hat folgende durchschnittliche Zusammensetzung: 33% N-Substanz, 19% Fett, 5% Asche.

[2]) Anweisung zur Untersuchung von Lupinenerzeugnissen, Zeitschr. f. öff. Ch. 1919. 25. 246. (Anlage zu einem Schreiben d. Reichswirtschaftsministeriums v. 13. Okt. 1919).

[3]) Siehe auch den vorigen Abschnitt.

[4]) Chemische Zusammensetzung siehe J. König, Chemie d. menschl. Nahrungsmittel usw. 1903. 1; H. Wagner, J. Clement, Zeitschr. f. U. N. 1909. 18. 314.

[5]) Über den augenblicklichen Stand der Brotfrage vom volkswirtschaftlichen, technischen und hygienischen Standpunkt aus beurteilt gibt die Schrift von R. Hüppe, „Unser tägliches Brot". Verlag Steinkopf, Dresden.

ofens etwa 0,4—0,7% an Gewicht, in den ersten 3 Tagen je etwa 1% innerhalb 24 Stunden; später wird der Verlust allmählich geringer. Bei Kleingebäck (Semmeln) ist der Verlust größer, in den ersten 2 Stunden beträgt er schon etwa 2%, in weiteren 24 Stunden 2,40—3,6%. Das Altbackenwerden entsteht durch Zustandsänderungen der gequollenen Stärke. Brot muß von gutem Geschmack und Geruch, locker, gut durchgebacken sein und eine feste gleichmäßige und braune Kruste aufweisen. Die Struktur des Brotes soll gleichmäßig sein, Risse, ungleichmäßige Porenbildung usw. verraten ungenügende Durcharbeitung des Teiges bzw. Beimengung minderwertigen Mehles. Wasserstreifen, klitschige Stellen, krümelige Beschaffenheit können verschiedene Ursachen haben, zu heißen Ofen, zu festen Teig, zu wasserreichen Teig usw. In Backwaren, die auf die Verwendung bestimmter Mehlsorten oder Zutaten (z. B. Weizenmehl, Milch, Butter) hindeutende Bezeichnungen tragen, dürfen die zu erwartenden Stoffe nicht ganz oder teilweise durch Stoffe anderer Art ersetzt sein; z. B. Weizenmehl nicht durch Roggenmehl, Kartoffelmehl; Milch nicht durch Magermilch oder gar Wasser usw.; Butter nicht durch Margarine, Kokosnußfett usw. Das Ankündigen in Schaufenstern, Plakaten usw., daß die Backwaren mit Butter[1]) gebacken sind, sofern dies nicht zutrifft, ist ebenso als gesetzwidrig anzusehen, wie wenn die Ware direkt als Buttergebäck (z. B. Butterhörnchen) feilgehalten worden wäre. Bei jeder Backware, die unter Zusatz eines Fettes hergestellt zu werden pflegt, ausschließlich Butterfett zu verlangen, ist eine unbillige Forderung. Im übrigen sind auch örtliche Gebräuche maßgebend. Zusatz alter eingeweichter Brotreste, namentlich wenn deren Minderwertigkeit oder Unappetitlichkeit erwiesen ist, gilt als Verschlechterung bzw. als Verfälschung[2]); auch Zusatz von verschimmelten Backwaren ist Verfälschung[3]). Altbackenes Brot soll angeblich ein Mittel zur Hebung der Backfähigkeit sein; derartige Zusätze können aber ohne Wissen und Willen des Publikums nicht geduldet werden, weshalb sie entsprechend gekennzeichnet sein müssen, ebenso wie andere Backhilfsmittel, die nicht lediglich zum Lockern des Teiges dienen (wie Hefe, Backpulver, Eiweißschaum, Alkohol usw.), sondern das Mehl für Aufnahme von Wasser besonders günstig beeinflussen; solche Backhilfsmittel sind z. B. gequollene Erzeugnisse von Reis, Mais, Kartoffel, ferner Kartoffelmehl (-walzmehl), Tätosin. Bei Malzpräparaten wie Diamalt u. a. kann mit einer günstigen Beeinflussung der Backfähigkeit gerechnet werden. Die diastatische Kraft von Malzen schwankt zwischen 50 und 150, die von Getreidemehlen zwischen 18 und 40. Spelzmehl, Strohmehl u. ähnliche magenfüllende aber keinen Nährwert besitzende Streckungsmittel sind der Gesundheit nicht zuträglich. Mineralische Zusätze zur Erhöhung der

---

[1]) Urteil des Kammerger. v. 30. Mai 1904; Auszüge 7. 336.

[2]) Urt. d. Reichsger. v. 10. Jan. 1899. Auszüge 5. 237; des Oberlandesger. Dresden vom 10. Aug. 1904, ebenda 1902. 7. 344; des Landger. Gießen v. 13. Sept. 1912; Zeitschr. f. U. N. (Gesetz. u. Verord.) 1913. 5. 86; des Landger. Schweidnitz v. Febr. 1912, ebenda 1915. 7. 366.

[3]) Desgl. v. 20. Januar 1888, Auszüge 5. 696; des Landger. München vom 27. Nov. 1912 u. d. Reichsger. v. 24. Sept. 1912; Zeitschr. f. U. N. (Gesetz. u. Verord.) 1915. 7. 356.

Backfähigkeit wie Phosphate (Einführung ins Mehl durch das Thomas-Humphries-Einspritzverfahren), Zink-, Kupfer-Tonerdeverbindungen sind aus denselben Gründen unzulässig und außerdem, soweit Schwermetalle in Betracht kommen, auch noch gesundheitsgefährlich.

Die Herstellung sog. Vollkornbrote nach den Systemen von Steinmetz, Gelinck, Finkler, Schlüter, Klopfer, Groß und Witt (Growittbrot) u. a. beruhen auf besonderen Mahl- und Backverfahren.

Bei Pumpernikel ist Zusatz von Sirup zulässig; die Verwendung von Laugen gehört zu dem normalen Herstellungsverfahren von Freiburger- und Laugenbrezeln.

Der Wassergehalt des Brotes (Krume) übersteigt ordnungsgemäß 40—46%, der Mineralstoffgehalt bei Weizenbrot 1%, bei Roggenbrot 2% (ausschließlich NaCl) nicht. Die Höhe des zulässigen Wassergehaltes wird vielfach durch Polizeiverordnungen geregelt. Sandgehalt von mehr als 0,2% zeigt sich in der Regel durch Knirschen beim Kauen an. Der Säuregehalt hängt von der Art der Bereitung ab. Nach K. B. Lehmann[1]) sind 3 bis 5 ccm N.-Alkaliverbrauch für 100 g Brot erwünscht, 7 bis 10 ccm als oberste noch zu duldende Grenze zu bezeichnen.

Die Frage, ob ein Kuchen mit Hefe als Triebmittel oder mit Backpulver hergestellt ist, beantworten Spreckels und Beythien[2]) wie folgt:

1. Auf Grund mikroskopischer Prüfung allein läßt sich kein völlig sicheres Urteil darüber gewinnen, ob ein Kuchen unter Verwendung von Hefe hergestellt ist.

2. Kuchen, der keinen Alkohol, nur vereinzelt Hefezellen und nur geringe Mengen reduzierenden Zuckers, d. h. weniger als 1% auf ursprüngliche Substanz und weniger als 10% des Gesamtzuckers berechnet, enthält, ist als ohne Hefe hergestellt anzusprechen.

3. Kuchen, bei dem ein erheblicher Teil (etwa 20%) des vorhandenen Gesamtzuckers in Form von Invertzucker zugegen ist, hat als unter Verwendung von Hefe hergestellt zu gelten. Das Vorhandensein zahlreicherer Hefezellen und deutlicher Mengen Alkohol ist als ein weiterer Beweis für die Verwendung von Hefe anzusehen, doch kann bei längerer Zeit aufbewahrten Proben der Alkohol verschwunden sein.

Zur Vermeidung einer Hydrolyse von Milchzucker ist durch Kochen mit einer Zitronensäurelösung zu invertieren.

Die Zusammensetzung von Feingebäcken schwankt sehr; ortsübliche Gebräuche spielen eine erhebliche Rolle; die Gelbfärbung von Kuchen mit Teerfarben oder Safran ist sogar ein allgemeiner alter Gebrauch.

Indessen bestehen für manche Gebäcke einheitliche Auffassungen, z. B. daß Makronen mit Mandeln hergestellt werden, demgemäß müssen mit Kokosnuß hergestellte solche Gebäcke entsprechend gekennzeichnet werden. Waren, aus deren Benennung auf Verwendung bestimmter Zusätze wie Nüsse, Honig, Schokolade (als Überzug oder Füllung), schließen läßt, müssen damit hergestellt sein. Ersatzstoffe sind zu kennzeichnen.

---

[1]) Arch. f. Hyg. 1893. 19. 363.
[2]) Zeitschr. f. U. N. 1916. 32. 75.

Zusatz von Seife zu Zwieback als Fettersatzmittel gilt als Verfälschung.

Backstreumittel aus Holz, Haferspelzen usw. sind zulässig, da sie beim Backprozeß ihre holzigen Eigenschaften verlieren, dagegen erscheint Kieselguhr wegen der harten Kieselskeletteile weniger geeignet und dürfte den menschlichen Därmen gefährlich sein. Mit Gips oder anderen Mineralstoffen vermischte Streumehle sind als verfälscht anzusehen. Mit 1 % Holzmehl vermischtes Brot hat das Landgericht Köln als verfälscht erachtet[1]).

Brotfehler, die durch Bakterien, insbesondere fadenziehende, erzeugt sind, siehe im bakteriologischen Teil; solche Fehler sowie Verunreinigungen wie Sand, Kohle, Mäusekot, Gespinste, Haare, ranziges Fett berechtigen zu der Annahme von Verdorbenheit bzw. Gesundheitsschädlichkeit.

Paniermehl muß aus gebackenem Brotteig hergestellt sein. Rotgefärbter Grieß ist kein Paniermehl.

Teigwaren und ihre Verfälschungen[2]). Man unterscheidet eihaltige Ware (Eiernudeln, Eiergraupen) und eifreie Ware, also Wasserware (Nudeln, Hausmachernudeln, Makkaroni, Spagetti usw.). Die Form der Nudeln, ob Faden-, Band-, Sternnudeln usw. hat kein nahrungsmittelrechtliches Interesse[3]). Sämtliche Nudelsorten werden aus Weizenmehl und -grieß hergestellt. Als Maßstab für den Eigehalt entscheidet in erster Linie der Gehalt an Lezithinphosphorsäure, ferner auch die Ätherextraktmenge (siehe oben bei Untersuchung) und das Vorhandensein von Cholesterin, Lutein. Der Lezithingehalt der Weizenmehlsorten (etwa zwischen 0,010 bis 0,030 % schwankend) beeinflußt indessen die Feststellung des aus Ei stammenden Lezithingehalts; bei geringem Eigehalt (unter $\frac{1}{2}$ Eigelb pro 1 Pfund Mehl) ist deshalb auch die Entscheidung, ob Ei verwendet ist, schwierig. Bei fabrikmäßiger Herstellung von Eierteigwaren wird das Eigelb vielfach nicht nach der Zahl der Eier, sondern nach Maß oder Gewicht zugegeben (s. auch S. 193). Der Einwand, daß die Lezithinphosphorsäure beim Lagern der Eiernudeln zurückgehe, hat sich insofern bestätigt, als bei Nudeln mit einem erheblich größeren Eigehalt, als er bei den üblichen Handelswaren vorhanden ist (siehe unten), ein Rückgang der Lezithinphosphorsäure tatsächlich in nennenswertem Umfang eintritt; ebenso bei der üblichen Handelsware, die in gepulvertem Zustande aufbewahrt wurde. Als wesentlicher Einfluß scheint die Art der Herstellung und die Aufbewahrung dabei in Betracht zu kommen, jedoch sind diese Beobachtungen praktisch bedeutungslos, weil gepulverte Eiernudeln nicht gehandelt und in diesem Zustande auch nicht mehr als Nudeln angesprochen werden können, und weil im Hin-

---

[1]) Urteil vom 23. Juni 1916 u. des Oberlandesger. Köln v. 6. Sept. 1916, Zeitschr. f. U. N. (Gesetze u. Verord.) 1917, 9. 30. Preuß. Ministerialerlaß vom 19. Juni 1916 über Spelzmehl, ebenda 1916. 418; über Pauliniummehl (ein aus Bohnen- u. Roggenstroh hergestelltes Mehlstreckungsmittel) vom 30. Dez. 1916, ebenda 1917. 9. 158.

[2]) Siehe auch A. Juckenack und R. Sendtner, Zeitschr. f. U. N. 1902. 5. 997.

[3]) Eiermilchnudeln siehe W. Plücker, Zeitschr. f. U. N. 1907. 14. 748; Lezithingehalt bleibt unverändert, Fettgehalt wird erhöht, Reichert-Meißl-Zahl des Fettes auf etwa 12 herabgedrückt.

blick auf den verlangten Mindesteigehalt von nur 2 Eiern die Frage des Lezithinphosphorsäurerückganges gar nicht weiter berührt wird. Auf die zahlreichen Veröffentlichungen[1]), welche die Frage hervorrief, kann hier nur verwiesen werden. Das Gesagte gilt als überwiegender Meinungsausdruck. Das Eigelb verleiht den Teigwaren besondere Vorzüge hinsichtlich ihrer stofflichen Zusammensetzung, wie auch in bezug auf Nähr- und Genußwert und ist nicht lediglich als nebensächlicher Hilfsstoff zur Teigbildung, etwa wie Kleber oder andere Eiweißstoffe anzusehen, wie öfter behauptet wird[2]).

Die Vereinigung Deutscher Nahrungsmittelchemiker[3]) sieht als Eierteigware ein Erzeugnis an, bei dessen Herstellung auf je 1 Pfund Mehl die Eimasse von mindestens 2 Eiern durchschnittlicher Größe Verwendung fand und stellt dieselben Anforderungen an Hausmachereiernudeln[4]). Künstliche Färbung ist bei Eier- und Wasserwaren zu beanstanden, da sie stets höheren Eigehalt vortäuscht[5]). Gefärbte Wassernudeln müssen gegenüber Eiernudeln als nachgemacht gelten. Konserviertes Eigelb, das zur Verwendung gelangt, kann Borsäure, Flußsäure oder andere bedenkliche Konservierungsmittel enthalten.

Bezüglich Verdorbenheit von Eiernudeln gelten dieselben Gesichtspunkte wie bei Mehl, Brot und anderen Nährmitteln.

Backpulver[6]) sollen in der für 0,5 kg Mehl bestimmten Menge Backpulver wenigstens 2,35 g (entsprechend etwa 1200 ccm CO_2) und nicht mehr als 2,85 g (entsprechend etwa 1450 ccm CO_2) wirksames Kohlendioxyd enthalten; natriumbikarbonathaltige Backpulver sollen so viel Kohlensäure austreibende Stoffe enthalten, daß bei der Umsetzung rechnerisch nicht mehr als 0,8 g Natriumbikarbonat im Überschusse verbleiben.

Als kohlensäureaustreibende Stoffe sind Sulfate, Bisulfate, Bisulfite, Alaun und andere Aluminiumsalze unzulässig, desgleichen Milchsäure, sofern diese in einem mineralischen Aufsaugungsmittel enthalten ist.

Vorerst ist als Trennungsmittel ein Zusatz von reinem gefälltem Kalziumkarbonat bis zu 20 vom Hundert des Gesamtgewichts ohne Kennzeichnung zulässig. Ein höherer Zusatz dieses Stoffes oder ein Zusatz anderer mineralischer Füll- oder Trennungsmittel ist auch unter Kennzeichnung unzulässig. Kalziumsulfat und Trikalziumphosphat sind als Nebenbestandteile saurer Kalziumphosphate nicht zu beanstanden,

---

[1]) Zeitschr. f. U. N. u. Zeitschr. f. öffentl. Chemie 1904—1910 (Jäckle, Sendtner, Juckenack, Lührig, Lepère, Beythien und Athenstädt, Ludwig, Popp, Heiduschka und Scheller u. a.).
[2]) Die von Hausfrauen und im Kleingewerbe (Bäckereien usw.) hergestellten Eiernudeln enthalten 3—5 Eier.
[3]) Zeitschr. f. U. N. 1902. 5. 998.
[4]) Hausmachernudeln waren stets eihaltig ohne besondere Betonung des Eigehalts. Nach dem Urteil des Oberlandesger. Dresden v. 13. Juli 1913, Zeitschr. f. U. N. (Ges. u. Verord.) 1913. 5. 489 müssen ,,Hausmachernudeln'' 2—4 Eier auf 1 Pfd. Mehl enthalten.
[5]) Vgl. auch Entscheid. d. Reichsger. vom 23. Jan. 1908. Zeitschr. f. U. N. (Gesetz. u. Verord.) 1909. 551. Dieses Urteil bildet die Richtschnur für die Beurteilung; die Frage, welche Eimenge zu verlangen ist, ist zwar durch dieses Urteil nicht geklärt, es stellt aber die Interessen der Verbraucher in Vordergrund.
[6]) Beurteilung nach den einheitlichen Richtlinien für Ersatzmittel.

jedoch darf die Menge des Kalziumsulfates (berechnet als kristallwasserhaltiger Gips) im Backpulver je 10 vom Hundert des Gesamtgewichtes nicht übersteigen. Das Gesamtgewicht der für 0,5 kg Mehl
bestimmten Menge eines phosphathaltigen Backpulvers darf im allgemeinen 18 g, sofern aber gleichzeitig mehr als 0,45 g Ammoniak
enthalten ist, 13 g nicht übersteigen.

In Backpulvern sind Ammoniumverbindungen mit Ausnahme von
Ammoniumsulfat insoweit zulässig, als ihr gesamter Ammoniakgehalt
beim Backverfahren freigemacht wird, unbeschadet geringer Mengen,
die durch die zulässigen sauren Salze gebunden werden.

Mittel von der Zusammensetzung der Backpulver müssen als
„Backpulver" bezeichnet sein. Andere den Verwendungszweck angebende
Bezeichnungen, wie Eierkuchenpulver, Eierkuchenbackpulver, Klöße-
kochpulver, Eisparmittel und dergl. sind als irreführend anzusehen.
Aromatisierte oder gewürzte Backpulver sind nicht zuzulassen.

VIII. Gemüse und Gemüsedauerwaren.

A. Prüfung auf allgemeine Beschaffenheit.

Frischgemüse sind einer Prüfung auf Genuß- und Marktfähigkeit,
Verdorben- und Unverdorbenheit, sowie einer botanischen Prüfung
auf Untermengung oder Unterschiebung von Ersatzstoffen oder gesundheitsschädlichen (bei Pilzen) Waren zu unterziehen.

Die in Verkehr gebrachten Gemüse müssen von gutem Aussehen,
natürlicher Farbe, nicht welk, frei von Schmutz und Staub (Wurzelgewächse gewaschen und abgebürstet) sein. Sie dürfen keine oder wenigstens keine erheblichen fauligen oder schimmeligen oder durch Pflanzenkrankheiten veränderten (Pilzwucherungen) Stellen zeigen. Kartoffeln
dürfen nicht ausgewachsen sein oder Spuren von abgerissenen Keim-
entwickelungen zeigen. Ebensowenig dürfen Schnecken, Würmer, Maden
und Insekten oder von solchen angefressene Stellen in größerer Menge
vorhanden sein. Über Zusammensetzung, Nährgehalt der Gemüse
vergl. J. König, Die menschlichen Nahrungs- und Genußmittel, Bd. 2,
Aufl. III; betr. Pilze das vom Reichs-Gesundheits-Amte herausgegebene
„Pilzmerkblatt" und die Abhandlungen von K. Giesenhagen[1] (betr.
Überwachung und Kontrolle des Verkehrs mit Pilzen), sowie den preußischen Erlaß betreffend den Knollenblätterschwamm[2]). Gegebenenfalls
sind noch botanische Werke zu Rate zu ziehen.

Dörrgemüse sind auf allgemeine Beschaffenheit, Genießbarkeit,
fremde Beimengungen sowie auf Schädlinge zu untersuchen.

Bei Büchsenkonserven ist neben der Prüfung des Inhalts
der Büchsen auch eine Besichtigung der letzteren selbst vorzunehmen.
Die Außenseite, insbesondere die Böden zeigen im Falle eingetretener
Gasbildung im Innern Wölbungen (Bombage). Der Büchseninhalt
ist auf Aussehen, Geruch und Geschmack zu prüfen. Trübe oder schleimige

---

[1]) Z. f. U. N. 1902. 5, 593; 1903. 6. 942.
[2]) Ebenda (Ges. u. Verord.) 1912. 469.

Brühe deutet auf Gärungs- bzw. Fäulniserscheinungen hin. Bei stark verkochten Gemüsen tritt Zerfall und damit leicht auch Trübung der Brühe ein. Zur Feststellung der Unverdorbenheit gehört bisweilen auch die Feststellung der Keimzahl, die mit einer unangebrochenen Büchse auszuführen ist, indem man an einer steril gemachten Stelle der Büchse mit einem sterilen Instrument eine kleine Öffnung zur Entnahme des Materials macht. Prüfung auf gasbildende Mikroorganismen kann durch 36—48stündiges Aufbewahren der Büchse im Brutschrank bei 37° erfolgen (siehe den bakteriologischen Teil).

Bei eingesäuerten (eingesalzenen) und in Essig eingemachten Gemüsekonserven handelt es sich im allgemeinen um Feststellung von Aussehen, Geruch und Geschmack, Trübungen usw. Für die Ermittelung der Ursache einer fehlerhaften Beschaffenheit kann unter Umständen die eingehende bakteriologische Untersuchung zweckdienlich sein. Über die biologischen Vorgänge und krankhaften Erscheinungen gibt der bakteriologische Teil Anhaltspunkte.

B. Chemische Untersuchung.

Frisch- und Dörrgemüse bedürfen im allgemeinen keiner chemischen Untersuchung[1]), sofern nicht aus besonderen Gründen bei letzteren der Nachweis von Farbstoffen, Schwermetallen, namentlich Kupfer (von künstlicher Grünung herrührend), und von Konservierungsmitteln in Betracht kommt. Hierfür finden die im nachstehenden für Büchsengemüse und für Dörrobst angegebenen Methoden in sinngemäßer Weise Anwendung.

Für die Untersuchung von Büchsengemüsen sind im Jahre 1912 von einer von der Handelskammer in Braunschweig eingeladenen Kommission von Fabrikanten und Nahrungsmittelchemikern folgende Grundsätze aufgestellt worden, die den Anforderungen auf diesem Gebiete vollständig Rechnung tragen.

1. Freie Säure in der Konservenflüssigkeit (nach dem Vorschlage von Bömer): 50 ccm der Brühe werden mit $^1/_{10}$ N.-Alkalilauge titriert. Der Sättigungspunkt wird durch Tüpfeln auf empfindlichem violettem Lackmuspapier festgestellt; dieser Punkt ist erreicht, wenn ein auf das trockene Lackmuspapier aufgesetzter Tropfen keine Rötung mehr hervorruft. Der Säuregehalt wird in Kubikzentimeter Normallauge für 100 ccm Brühe angegeben.

2. Trockensubstanz (nach dem Vorschlage von Lendrich): Nach Feststellung des Bruttogewichtes wird die Büchse geöffnet und auf einen großen Trichter mit Siebplatte entleert. Die nach 10 Minuten abgetropfte Brühe, sowie die leere Büchse wird gewogen und so zugleich das Gewicht des festen Inhalts ermittelt.

25 g der Brühe werden in einer Platinweinschale auf dem Wasserbade eingedampft und dann bis zur Gewichtskonstanz im Weintrockenschrank bei 100° getrocknet.

Von der festen Substanz zerreibt man etwas zu einem feinen Brei, dampft 25 g davon in einer Platinweinschale ein und trocknet 4 Stunden im Weintrockenschrank.

---

[1]) Siehe chem. Unterscheidung einiger Pilzsorten S. 223.

3. **Wasserlösliche Stoffe.** Da die Extraktivstoffe in der Brühe und in den festen Gemüsen gleichmäßig verteilt sind, genügt in der Regel die Bestimmung des Trockensubstanzgehalts der Brühe.

Zu ihrer direkten Bestimmung zerreibt man bei Spargel 50 g der von der Brühe befreiten Stangen mit Wasser, füllt mit Wasser bis zum Gewicht von 250 g auf, erhitzt zum Sieden und erhält 5 Minuten darin. Nach dem Abkühlen wird das ursprüngliche Gewicht durch Zusatz von Wasser wieder hergestellt und die von neuem gemischte Masse filtriert. 100 g des Filtrates werden wie bei Ziffer 2 eingedampft und 4 Stunden getrocknet.

4. **Asche.** Die nach vorstehenden Methoden erlangten Trockenrückstände der Brühe, des festen Anteils und der wässerigen Auskochung werden vorsichtig verbrannt und unter Ausziehen der Kohle verascht. Von der Asche wird der gesondert bestimmte Kochsalzgehalt abgezogen.

5. **Konservierungsmittel.** (Nach dem Vorschlage von Beythien.) Im Verhältnis des Gewichtes der festen und flüssigen Anteile wägt man insgesamt 100 g ab und stellt daraus durch Zerkleinern der festen Masse eine Durchschnittsprobe her.

a) **Salizylsäure und Benzoesäure.** 30 g der Durchschnittsprobe werden mit etwas Phosphorsäure angesäuert und mit 30 ccm einer Mischung von drei Teilen niedrig siedendem frisch destilliertem Petroläther und zwei Teilen Chloroform zweimal ausgeschüttelt. Die vereinigten Auszüge werden zweimal mit je 30 ccm Wasser gewaschen und darauf in ein 100 ccm-Kölbchen filtriert. Nach dem Auswaschen des Filtrates mit der Petrolätherchloroformmischung füllt man bis zur Marke auf.

Zur Prüfung auf **Salizylsäure** werden 20 ccm der Lösung mit 2—3 ccm Wasser und 1—2 Tropfen stark verdünnter Eisenchloridlösung (0,05%) geschüttelt. Rotviolettfärbung zeigt die Gegenwart von Salizylsäure an.

Zur Prüfung auf **Benzoesäure** dampft man, wenn keine Salizylsäure zugegen ist, den Rest der Lösung in einer Schale bis auf 5 ccm, dann auf einem Uhrglase von 6 cm Durchmesser vorsichtig zur Trockne ein. Das Uhrglas wird sodann mit einem anderen Uhrglase von gleicher Größe bedeckt und zwischen beide ein Stück Filtrierpapier von etwas größerem Durchmesser gelegt. Dann erhitzt man das untere Glas ziemlich schnell, aber vorsichtig mit einer sehr kleinen Flamme. Bei Gegenwart von Benzoesäure entsteht ein Sublimat von weißen Kristallen. Ein Teil derselben wird in zwei Tropfen Natriumazetatlösung aufgenommen und mit einem Tropfen 0,05%iger Eisenchloridlösung versetzt (rotbrauner Niederschlag von Ferribenzoat), ein anderer Teil wird mit 2 g gepulvertem Ätzkali im Silbertiegel geschmolzen, die in Wasser gelöste Schmelze nach dem Ansäuern mit Schwefelsäure mit Äther ausgeschüttelt und die Lösung wie vorhin auf Salizylsäure geprüft.

Außerdem kann noch die Äthylester- und die Benzaldehydprobe angestellt werden (vgl. Abschnitt Obstdauerwaren).

Bei gleichzeitiger Anwesenheit von Salizylsäure löst man das Sublimat in 25 ccm Äther und schüttelt mit 25 ccm alkoholischer Natriumbikarbonatlösung aus. Die abgehobene Lösung des Natriumbenzoates wird eingedampft und wie vorhin weiter behandelt.

b) Borsäure. Der nach dem Ausschütteln mit Petrolätherchloroform hinterbleibende Rückstand wird mit Kalkmilch alkalisch gemacht, eingedampft und verascht. Die Asche wird mit Salzsäure gelöst und mit Kurkumapapier geprüft.

c) Schweflige Säure. 30 g der Durchschnittsprobe werden in einem Erlenmeyerkolben mit Phosphorsäure angesäuert. Darauf verschließt man den Kolben mit einem geschlitzten Korkstopfen, dessen Spalt einen Streifen Kaliumjodatstärkepapier trägt und erhitzt auf dem Wasserbade. Blaufärbung deutet schweflige Säure an.

Die gewichtsanalytische Bestimmung erfolgt durch Destillation im Kohlensäurestrom; näheres s. im Abschnitt Dörrobst.

6. Schwermetalle. Für die Untersuchung der Gemüsedauerwaren sind nach dem Vorschlage von Kerp von der erwähnten Kommission folgende allgemeine Grundsätze aufgestellt worden:

Die Prüfung hat sich in erster Linie auf einen Gehalt an Zinn und Kupfer zu erstrecken, unter Umständen kann auch Blei in Frage kommen. Um einer Verunreinigung des Untersuchungsmaterials (besonders durch Zinn) vorzubeugen, muß darauf geachtet werden, daß beim Öffnen der Dosen keine Metallsplitter in den Doseninhalt hineinfallen. Zur Analyse verwendet man bei Erbsen, Bohnen und Spargelkonserven die auf einer Siebplatte von der Brühe getrennte Substanz, bei Spinatkonserven den gut gemischten Büchseninhalt.

Für die Bestimmung der einzelnen Schwermetalle kommen nachstehende Methoden in Betracht.

a) Kupfer. Zum qualitativen Nachweis legt man einen blanken eisernen Gegenstand (Nagel, Spatel) in die zerriebene Konserve, der sich bei Anwesenheit von Kupfer mit einem Kupferbelag überzieht. Nach Rieß[1]) tritt die Reaktion nur dann sicher ein, wenn die Substanz zum Zwecke der Freimachung des Kupfers aus der komplexen Verbindung desselben mit den Eiweißsubstanzen und dem Phyllozyanin der Gemüse mit Salzsäure angesäuert wurde. Stein[2]) hält eine Erwärmung auf 50 bis 60° für günstig.

Quantitative Methoden:

α) Elektrolytische Methode nach G. Stein[3]). 100 g einer guten Durchschnittsprobe werden durch Umherrollen auf Filtrierpapier von den letzten Resten der Einbettungsflüssigkeit befreit und getrocknet. Nach Veraschung[4]) des Trockenrückstandes wird die Asche mit einem Achatpistill zerrieben, wobei zur Erzielung einer vollständigen Veraschung Anfeuchten mit heißem Wasser und nochmaliges Glühen bisweilen nötig ist. Zur Entfernung der bei der Elektrolyse störenden Chloride wird die Asche mit etwas verdünnter Schwefelsäure (1 + 3) versetzt und auf dem Wasserbade, später über freier Flamme bis nicht ganz zur Trockne eingedampft. Der Rückstand wird mit Salpetersäure von 8 Vol. % gelöst und zu 250 ccm dieser Lösung 10 ccm konzentrierte Schwefelsäure zugesetzt. Die Lösung wird mit einem Strom von 0,25 Ampère bei einer Klemmenspannung von 2,0—2,5 Volt elektrolysiert. Als Kathode dient ein Platinkonus mit Schlitzen, um eine bessere Zirkulation des Elektrolyten und

---

[1]) Arb. a. d. Kais. Ges.-Amt 1905. 663.
[2]) Z. f. U. N. 1909. 18. 547.
[3]) Z. f. U. N. 1909. 18. 548.
[4]) Die Zerstörung der organ. Substanz geschieht am besten im Muffelofen.

eine dementsprechende gleichmäßige Abscheidung des Kupfers auf dem Konus zu erreichen. Den Endpunkt der Analyse stellt man am besten durch Entnahme eines Tropfens der Flüssigkeit, den man auf einer Porzellanplatte mit Kaliumferrozyanid auf Kupfer prüft, fest.

Da sich das Kupfer sehr leicht in Salpetersäure löst, wird der Platinkonus mit dem Kupferniederschlag bei geschlossenem Strom mittels eines Hebers bis zur Entfernung der Säure mit Wasser ausgewaschen. Der Konus wird sodann mit heißem Wasser und absolutem Alkohol gewaschen, im Luftbade bei 80—90° getrocknet und nach dem Erkalten gewogen.

An Stelle des Platinkonus kann man auch die Drahtnetzelektroden nach Clemens Winkler verwenden und in diesem Falle das Kupfer nach der Methode von Förster[1] in reiner schwefelsaurer Lösung mit einem Strom von 2 Volt Spannung abscheiden, wie dies in der Anweisung des Großherzogl. Badischen Ministeriums vom 16. April 1909 den Untersuchungsämtern zur Anwendung empfohlen ist.

β) **Ausfällungsmethode mittelst Zink.** Diese von Brebeck[2] zuerst in Vorschlag gebrachte Methode wurde von G. Stein[3] in folgender Weise ausgestaltet:

100 g Konserven werden in der unter α) angegebenen Weise getrocknet und verascht. Die Veraschung muß eine vollständige sein, was in diesem Falle von besonderer Wichtigkeit ist. Mit der Asche verfährt man wie unter α) angegeben ist. Den eingedampften Rückstand versetzt man mit Wasser und 2 ccm konzentrierter Schwefelsäure, digeriert auf dem Wasserbade, läßt absitzen und filtriert in ein Becherglas. In dem Filtrat entsteht, wenn man es eindampft oder bei längerem Stehen, ein weißer Niederschlag in der Hauptsache aus Sulfaten und Kieselsäure. Um die Kupferbestimmung ausführen zu können, muß man eine völlig klare Lösung haben. Man filtriert daher durch ein kleines Filter vom Niederschlag ab und wäscht diesen mit kaltem Wasser aus. Das Filtrat wird in einer gewogenen Platinschale aufgefangen. Man darf nur ganz blanke Platinschalen verwenden, die mit Seesand gereinigt und mit Alkohol und Äther entfettet sind. Man versetzt nun die etwa 4%ige Schwefelsäurelösung in der Platinschale mit einem Stückchen Zink. Die Abscheidung des Kupfers erfolgt am besten in der Kälte und ist in 2—3 Stunden beendet. Der Wasserstoffentwickelung wegen bedeckt man die Platinschale mit einem Uhrglase, das man von Zeit zu Zeit abspült. Weitere Behandlung wie unter α).

Brebeck scheidet das Kupfer aus der salzsauren Lösung ab, fällt Tonerde- und Eisensalze mit Ammoniak und bestimmt in dem mit Salzsäure angesäuerten Filtrat das Kupfer mit Zink. Graff[4] fand, daß die Fällung mit Ammoniak unterbleiben kann und löst die Asche an Stelle von Salzsäure mit Salpetersäure. Dieses Verfahren verwirft indessen Brebeck und auch nach Stein kommt es leicht vor, daß sich das Kupfer dann nicht immer in der gewünschten Reinheit abscheidet, was zu Fehlerquellen Veranlassung gibt. H. Yamagisana[5] verwendet statt Zink das Kadmium; K. Lakus[6] benutzt ein amalgamiertes Zinkstäbchen, das er folgendermaßen herstellt:

Ein 4—5 cm langes Stäbchen wird unter Zugabe einiger Kubikzentimeter Salzsäure in Quecksilber umhergewälzt, bis es vollständig silberglänzend erscheint. Auch die Bruchflächen des Zinks müssen gut amalgamiert sein. Man spült mit Wasser ab und entfernt das anhaftende Quecksilber durch kräftiges Abschleudern. Man umwickelt das Stäbchen mit 2—3 Windungen Kupferdraht, dessen Enden so über den Rand der Schale gelegt werden, daß das Zink 1 cm tief in Schalenmitte in die Lösung hineinreicht, der Kupferdraht aber unbenetzt bleibt.

γ) **Kolorimetrische Bestimmung nach H. Serger[7].** Das nach α) vorbereitete Material wird bei 110° getrocknet und verascht. Die Asche wird

[1] Zeitschr. f. angew. Chemie 1906. 19. 1890.
[2] Z. f. U. N. 1907. 13. 550; 1909. 18. 416.
[3] Z. f. U. N. 1909. 18. 549.
[4] Z. f. U. N. 1908. 16. 459.
[5] Journ. d. pharm. Ges. Japan 1908. 1013; Z. f. U. N. 1908. 16. 546.
[6] Z. f. U. N. 1911. 21. 662.
[7] Chem. Ztg. 1911. 35. 935; Z. f. U. N. 1912. 23. 477.

mit 10 ccm Salzsäure gelöst, die Lösung mit 40 ccm Wasser verdünnt und mit Ammoniak im Überschuß versetzt. Nach kurzem Absetzenlassen filtriert man die blaue Lösung in einen Stehzylinder von 100 ccm und wäscht Filter und Niederschlag so lange, bis die Menge der blauen Flüssigkeit 100 ccm beträgt. In ein anderes Zylinderglas von gleicher Höhe und Skala bringt man 5 ccm Ammoniak, füllt bis 80 ccm mit Wasser und läßt aus einer Bürette unter öfterem Umschwenken eine 0,5 % Kupfersulfat enthaltende Lösung hinzufließen. Die beiden Zylinder stellt man auf eine weiße Unterlage. Die Farbenintensität wird nach Einstellung gleich hoher Flüssigkeitssäulen durch Hineinsehen von oben in die Zylinder beurteilt. Man liest dann die Menge der verbrauchten Kupfersulfatlösung ab. 1 ccm derselben = 0,005 g Cu SO^4 + 5 H$_2$O = 0,00126 g Cu. — Die Methode soll sehr brauchbar sein, dürfte aber mehr Zeit als die Ausfällung mit Zink oder die elektrolytische Methode beanspruchen. Die Ansicht Graffs[1]), wonach der Ammoniakniederschlag bedeutende Mengen Kupfer festhalten solle, konnte Serger nicht bestätigt finden.

b) Nachweis von Nickel. Für diesen wohl sehr seltenen Fall bei Gemüsekonserven sei auf die von O. Brunck[2]) angegebene Methode mit Dimethylglyoxim verwiesen.

c) Zinn (nach dem Vorschlage von Kerp). Die in einer Quarzschale im Muffelofen hergestellte Asche von 50—100 g Substanz wird mit verdünnter Salzsäure ausgezogen und die Lösung abfiltriert (Lösung I). Das mit Wasser gut ausgewaschene Filter wird samt seinem Inhalt getrocknet und verascht, die Asche vorsichtig mit kleiner Flamme im Silbertiegel mit Kaliumhydroxyd geschmolzen und die Schmelze nach dem Erkalten mit Wasser aufgenommen und filtriert. Das Filtrat (Lösung II) wird mit Lösung I vereinigt, noch vor dem Ansäuern mit Schwefelwasserstoffwasser versetzt und darauf in die mit Salzsäure schwach angesäuerte Lösung Schwefelwasserstoff eingeleitet. Der nach mehrstündigem Stehen auf gehärtetem Filter gesammelte Niederschlag wird mit ein wenig warmer Salzsäure unter Zusatz einiger Tropfen Salpetersäure aufgenommen, in die nach dem Verdünnen filtrierte Lösung nochmals Schwefelwasserstoff eingeleitet und der entstehende Niederschlag nach einigen Stunden abfiltriert, getrocknet und im gewogenen Porzellantiegel langsam verascht und geglüht. Hierauf erwärmt man die Asche im bedeckten Tiegel einige Zeit auf dem Wasserbade mit 8%iger Salpetersäure, wobei das Kupfer in Lösung geht, filtriert die Lösung ab und verascht den gewaschenen Rückstand von neuem. Aus dem Gewicht des hinterbleibenden Zinnoxyds (SnO$_2$) erfährt man durch Multiplikation mit 0,7881 den Zinngehalt.

Für die Bestimmung des Zinns in der Brühe dampft man 100 g der vorher filtrierten Flüssigkeit ein und verfährt im übrigen wie oben.

d) Blei. Der Nachweis erfolgt nach den für die Untersuchung der Konservenbüchsen angegebenen Verfahren. Da es sich naturgemäß in der Regel nur um einen sehr geringen Bleigehalt handeln kann, müssen größere Mengen Substanz als beim Nachweis von Kupfer und Zinn verarbeitet werden.

Ist die Ermittelung von Metallen an den Büchsen selbst vorzunehmen, so kommt in Betracht:

1. Die Menge des Gesamtüberzugs auf dem Blech, d. h. die Zinnblei-

---

[1]) Z. f. U. N. 1908. 16. 459.
[2]) Z. f. angew. Ch. 1907. 20. 834 u. 1844.

legierung bzw. des Zinns allein. H. Serger[1]) hat die von K. Meyer[2]) angegebene Methode in folgender zweckmässiger Weise abgeändert:

5 × 5 cm gut gereinigtes Weißblech wird in kleine Schnitzel geschnitten, diese auf einem Uhrglase bei 100 ° kurze Zeit getrocknet und nach dem Erkalten im Exsikkator genau gewogen. Die Schnitzel werden dann in einer geräumigen Porzellanschale mit 30 ccm Wasser übergossen, auf etwa 80 ° erwärmt und bei andauerndem Rühren mit einem Glasstab mit etwa 1 g Natriumperoxyd versetzt. Nach 2 Minuten langem Kochen, unter andauerndem Rühren werden die Schnitzel wieder mit 1 g Natriumperoxyd versetzt und nach 2 Minuten langem Kochen abermals. Die mit destilliertem Wasser und dann mit Alkohol gewaschenen und bei 100 ° getrockneten Schnitzel werden auf dem zuerst benutzten Uhrglase gewogen. Die Gewichtsdifferenz mit 4 vervielfältigt, gibt die Menge des Zinnbleiüberzugs auf 100 qcm Blech an.

Unter Berücksichtigung, daß der Bleigehalt der Verzinnung höchstens 1 % betragen darf, kann auch nachstehendes Verfahren zur Bestimmung des Gesamtüberzuges oder des Zinns allein angewendet werden.

Etwa 1 g (10 qcm) gut gereinigtes Weißblech wird in kleine Stückchen zerschnitten, getrocknet und gewogen. Darauf übergießt man die Schnitzel in einem Becherglase mit 20 ccm 12,5 %iger Salzsäure, kocht 5 Minuten ohne Ersatz des verdampfenden Wassers lebhaft und filtriert durch ein kleines Filter. Das Filter und die Schnitzel wäscht man mit soviel Wasser nach, daß die Gesamtsubstanz von Filtrat und Waschwasser 100 ccm beträgt. In die etwas erwärmten 100 ccm Flüssigkeit leitet man so lange Schwefelwasserstoff ein, bis der Niederschlag sich abzusetzen beginnt, und filtriert durch ein quantitatives Filter. Dieses wird genügend ausgewaschen, in einem gewogenen Porzellan-, Quarz- oder Zirkontiegel getrocknet, verascht und geglüht. Den Rückstand betrachtet man als reines Zinnoxyd (SnO_2) und erhält durch Multiplikation mit 0,7881 die Menge des Zinnes auf den in Angriff genommenen 10 qcm. Wenn im Durchschnitt auf 10 qcm 0,02 Zinn enthalten sind, ist in diesen 0,002 g Blei vorhanden; der Fehler, den man durch Vernachlässigung des Bleigehaltes in diesem Fall begeht, ist also unbedeutend.

Serger gibt auch eine mechanische Methode zur Bestimmung des Gesamtüberzuges, die brauchbare Resultate liefert; für die Feststellung des reinen Zinnbelages können auch noch die Methoden von Mastbaum[3]) und Angenott[4]) angewendet werden, die im übrigen nach Wintgens und nach Sergers Erfahrungen gegenüber der Meyerschen keine Vorzüge haben.

2. Die Menge des Bleies von Verzinnung und Lot. Der kolorimetrischen Methode hat H. Serger[5]) folgende Form gegeben: 0,1 g vorsichtig vom erhitzten Blech abgeschabte eisenfreie Verzinnung (s. nachfolgende Anmerkung zu [1]) S. 223) wird auf einem größeren Uhrglase oder dem Wasserbade mit 3 ccm konzentrierter Salpetersäure übergossen und die Lösung zur Trockene verdampft. Diese Behandlung wird dreimal wiederholt. Man gibt dann 10 ccm Wasser auf das Uhrglas, rührt mit einem Glasstabe um und läßt 10 Minuten auf dem schwach erwärmten Wasserbade stehen. Danach filtriert man in ein 100 cm-Kölbchen und wäscht mit so viel Wasser nach, daß das Filtrat 100 ccm beträgt. 10 ccm dieser Lösung, die völlig blank sein muß, werden in ein Reagenzglas von 15 cm Höhe und 1,5 cm Weite eingefüllt und 10 ccm frisch bereitetes Schwefelwasserstoffwasser zugegeben. Die entstandene Färbung vergleicht man mit dem Inhalt von Reagenzgläsern, die mit 2, 5, 10 Tropfen Bleinitratlösung (0,16 : 100) zu 10 ccm Wasser + 10 ccm Schwefelwasserstoffwasser gefüllt sind. Gegebenenfalls hat man in die Vergleichsskala noch Zwischenstufen einzuschalten. Es muß bekannt sein, wieviel Tropfen der verwendeten Pipette 1 ccm ergeben. Beispiel: Die Färbung des Versuchsglases entspricht der des Probeglases mit 5 Tropfen Bleinitratlösung. 5 Tropfen sind 0,20 ccm. Es enthalten somit diese 0,20 ccm = 0,00032 g Bleinitrat oder 0,0002 g metallisches Blei. Diese sind in 10 ccm-Lösung = 0,01 g Verzinnung enthalten. Letztere enthält also 2 % Blei.

[1]) Z. f. U. N. 1913. 25. 469.
[2]) Z. f. angew. Ch. 1909. 22. 68.
[3]) Z. f. angew. Ch. 1897. 10. 329.
[4]) Z. f. angew. Ch. 1904. 17. 521.
[5]) a. a. O.

Quantitatives Verfahren von Busse[1]) und Knöpfle[2]). 0,5—1,0 g
der abgeschabten Legierung werden in einer Porzellanschale mit so viel konzentrierter Salpetersäure versetzt, daß auf je 0,1 g Legierung 1 ccm Säure kommt.
Man bedeckt mit einem Uhrglase und fügt unter geringer Lüftung des Uhrglases
tropfenweise so viel Wasser zu, bis keine roten Dämpfe mehr entweichen. Man
dampft dann so weit auf dem Wasserbade ein, daß der Rückstand noch gerade
gut durchfeuchtet bleibt. Nun übergießt man unter Umrühren mit einer heißen
Lösung von Dinatriumphosphat, fügt noch ungefähr 50 ccm heißes Wasser
hinzu und filtriert den sich rasch absetzenden kristallinischen Niederschlag
von Stanniphosphat ab; im Filtrat bestimmt man das Blei wie gewöhnlich
als Sulfat.

Weitere empfehlenswerte, aber weniger rasch zum Ziele führende Methoden
sind die von H. Will, von E. Krato, von J. H. Goodwin[3]).

Giftstoffe: Für den Nachweis bei Pilzen fehlen zurzeit noch
die nötigen Grundlagen. Zur Unterscheidung des Champignons von
anderen Pilzen, namentlich vom Knollenblätterschwamm, unterschichtet
man nach M. Löwy[4]) den wässerigen Auszug mit konzentrierter Schwefelsäure (66° Bé).. Champignon gibt danach eine tiefviolette Zone, andere
Pilze zeigen mit Ausnahme des giftigen Knollenblätterschwammes,
der eine Gelbfärbung erzeugt, keine Farberscheinungen.

Über den Nachweis der bisweilen zum Färben .von Trüffelkonserven benutzten Stoffe (Tannin- und Eisensalze) vgl. Frehse[5]).

Zucker (Saccharose) wird in Erbsenkonserven nach Schwarz
und Riechen[6]) nachgewiesen, indem Zucker und Dextrine mit 90%igem
Alkohol ausgezogen und aus dieser Lösung nach dem Eindampfen erst
mit 95%igem Alkohol die Dextrine gefällt werden. Man klärt schließlich
die Lösung mit Bleiessig und Natriumphosphat und bestimmt den Zucker
durch Polarisation und nach der Inversion gewichtsanalytisch nach
Allihn.

Zur chemischen Untersuchung von Sauerkohl, von eingemachten Gurken und Bohnen auf Säuregehalt, Zucker und Mannit
verfährt man am besten nach E. Feder[7]).

Beurteilung.

Die Grundlage für die Beurteilung bilden in Deutschland das Gesetz
betr. den Verkehr mit Nahrungsmitteln, Genußmitteln und Gebrauchsgegenständen vom 14. Mai 1879, sowie die beiden Sondergesetze: 1. das
Gesetz betr. die Verwendung gesundheitsschädlicher Farben vom 5. Juli
1887, 2. das Gesetz betr. blei- und zinkhaltige Gegenstände vom 25. Juni
1887, letzteres, weil auch die Konservenbüchsen bestimmten Vorschriften
zu entsprechen haben.

---

[1]) Z. f. Analyt. Ch. 1898. 37. 53.
[2]) Z. f. U. N. 1909. 17. 760. Die Methode gibt auch bei etwas Eisengehalt
genaue Resultate. Zur Vermeidung einer gröberen Verunreinigung durch Eisen
empfiehlt H. Serger das Blech über einem Bunsenbrenner bis zur Erweichung
der Verzinnung zu erwärmen und dann diese mit einem stumpfen Messer ab-
zuschaben.
[3]) Siehe Z. f. U. N. 1913. 25. 473; ferner H. Nissenson u. F. Crotogin,
Chem. Ztg. 1902. 26. 847.
[4]) Chem. Ztg. 1909. 33. 1251; Z. f. U. N. 1911. 20. 655.
[5]) Annal. chim. analyst. 1906. 11. 98; Z. f. U. N. 1907. 13. 713.
[6]) Z. f. U. N. 1904. 7. 550.
[7]) Z. f. U. N. 1911. 22. 295.

Die beiden Sondergesetze haben durch die darin ausgesprochenen strikten Verbote den Zweck, einer Gesundheitsgefährdung durch giftige Stoffe, insbesondere Metallgifte unter allen Umständen vorzubeugen, weil nach den Bestimmungen des Nahrungsmittelgesetzes (§§ 12 bis 14) in jedem einzelnen Falle erst festgestellt werden muß, ob oder inwieweit ein Gegenstand geeignet ist, die menschliche Gesundheit zu beschädigen. Diese Absicht des Gesetzgebers ist im wesentlichen erreicht worden.

Die österreichischen Verordnungen vom 13. Oktober 1897 bzw. 29. Juni 1906 enthalten im wesentlichen dieselben Vorschriften.

Gesundheitsschädlichkeit kann beim Genusse von giftigen Pilzen (siehe Giesenhagen usw. l. c.) eintreten. Die Beimengung von giftigen Pilzen, z. B. giftiger Agarikusarten unter die Feldchampignons, kann mindestens als Fahrlässigkeit im Sinne des § 14 ausgelegt werden.

Auch der Geruch fauliger oder von Pflanzenkrankheiten stark befallener Gemüse (auch Kartoffeln) kann unter Umständen Gesundheitsstörungen hervorrufen. Gefrorene und ausgekeimte Kartoffeln, namentlich auch am süßen Geschmack erkennbar, gelten nicht als gesundheitsschädlich. Über Solanin siehe S. 194. Beim Verkauf von Kartoffelbovisten als Trüffeln[1]) ist neben Betrug auch Vergehen gegen §§ 12—14 d. N. G. angenommen worden.

Die Ursachen der Gesundheitsschädlichkeit von Gemüsedauerwaren können sehr verschieden sein; Fälle, in denen durch den Genuß von Gemüsedauerwaren Menschen schwer erkrankt oder verstorben sind, gehören zu den Seltenheiten. Ptomaine oder Toxine können zwar ebenso wie bei den Fleischwaren (s. d.) auch ohne besondere Anzeichen von Zersetzung in Gemüsekonserven vorhanden sein. Weiteres siehe im bakteriologischen Teil.

Durch Fäulnis- oder Gärungsvorgänge (Bombage) veränderte oder verdorbene Ware kann schwere und leichte Schädigungen hervorrufen. Bei der Beurteilung des Schwarzwerdens der Innenwandungen der Büchsen hat man zu berücksichtigen, daß leicht zersetzliche Amidoschwefelverbindungen, z. B. des Spargels und der Erbsen Schwefelammonium bilden. Demgemäß müssen Konserven, die sich in marmorierten oder geschwärzten Büchsen befinden, als unbedenklich und genießbar erachtet werden. Hat sich die Schwarzfärbung aber auf den Inhalt selbst übertragen, was durch Abscheidungen von Zinnsulfür u. dgl. hervorgerufen sein kann, so ist eine derartige Ware wegen ihres unappetitlichen Aussehens und auch wegen ihrer hygienischen Beschaffenheit unbrauchbar geworden und verdorben.

Die Beurteilung der Metallgifte erstreckt sich einerseits auf die Beschaffenheit der Büchsen bzw. deren Lot, Gummidichtung, Verzinnung u. dgl. und andererseits auf die von den Gemüsedauerwaren etwa aufgenommenen Mengen an Blei, Zinn, Zink, sowie auf durch

---

[1]) Urt. d. Ldg. Greifswald vom 15. Februar 1917. Pharm. Ztg. 1917. 62. 543.

[2]) Urt. d. Ldg. Breslau betr. verdorbene Pilze vom 25. November 1913. Auszüge 1917. 9. 588.

Grünung der Gemüse in die Ware gelangendes Kupfer und Nickel[1]).
Über den zulässigen Höchstgehalt des Büchsenmaterials an Blei
enthält das Gesetz vom 25. Juni 1887 besondere Vorschriften. Hinsichtlich des Eindringens von Lot in die Büchsen, das bisweilen einen
höheren Bleigehalt, als er nach dem Gesetz zulässig ist, aufweist, jedoch
nur zur Außenlötung benutzt wird, ist allgemein auf eine weniger strenge
Handhabung der gesetzlichen Bestimmungen hingewiesen worden,
weil die Technik in der Herstellung von Konservenbüchsen solche Fortschritte gemacht hat, daß Konservenbüchsen mit Lötmasse, welche
von außen in das Innere gedrungen ist, nur noch selten vorkommen.
Der Zinn- und Zinkgehalt der Büchsen selbst ist besonderen Vorschriften nicht unterworfen. Infolge der Vervollkommnung der Technik
der Büchsenherstellung ist das früher öfter konstatierte Vorkommen
von Blei und Zinn zur Seltenheit geworden. Beschädigungen des Lackes,
mangelhafter Lacküberzug der Innenwandungen, können jedoch bei
reichlichem Säuregehalt zu einer Lösung von Schwermetallen aus dem
Büchsenmaterial führen. Die Beurteilung darüber, welche Mengen
an Schwermetallen gesundheitsschädlich sind, steht allein dem Arzte
zu. Über kupferhaltige Waren folgt Beurteilung im Abschnitt Färbung.

Verdorben im Sinne des Nahrungsmittelgesetzes und des § 367,
Abs. 7 des Strafgesetzbuches haben Gemüse und Gemüsedauerwaren
aller Art zu gelten, die mit unnormalen Eigenschaften behaftet
und den Anschauungen des Durchschnitts der Verbraucher zuwider
sind. Derartige Mängel sind im wesentlichen im Abschnitt „Prüfung"
erwähnt.

Verfälschungen: Das an manchen Orten vorgenommene Einlegen des Spargels in Wasser zum Zwecke der Frischerhaltung ist
als Verfälschung gemäß §§ 10, 11 des Nahrungsmittelgesetzes anzusehen,
weil dadurch erhebliche Mengen an Nährstoffen entzogen werden. Nach
W. Windisch und Ph. Schmidt[2]) betrug die Wasseraufnahme in
2 Tagen schon fast 10%, der Verlust an Mineralstoffen 4,17%, an Stickstoff 4,2%; nach 5 Tagen fehlten 8,36% Mineralstoffe und 6,30% Stickstoff. Schulz[3]) fand noch eine größere Wasseraufnahmefähigkeit, hält
aber allerdings den Verlust an Nährstoffen für geringer. Das Wässern
von Sauerkraut ist ebenfalls als Verfälschung anzusehen. Bestimmte
Beobachtungen über Zuckerzusatz zu Erbsen sind zwar nicht bekannt
geworden, liegen aber immerhin im Bereiche der Möglichkeit. Die von
Schwarz u. Riechen[4]) gefundenen Werte für Saccharose in der Trockensubstanz der Erbsen (22,69 und 30,48%) deuten allerdings auf große
Schwankungen hin. Versüßung von Zuckererbsen mit künstlichen
Süßstoffen stellte E. Commenducci[5]) fest (betr. das Süßstoffgesetz
siehe S. 799). Aus naheliegenden Gründen kommen Nachmachungen
überhaupt nicht in Betracht. Die Beimengung minderwertigen

---

[1]) Siehe das Nähere darüber an späterer Stelle.
[2]) Zeitschr. f. U. N. 1904. 8. 352.
[3]) Konserv. Ztg. 1905. 163. Über das Wässern von Kohlrüben siehe
H. Claasen, Chem. Ztg. 1917. 339; Spreckels, Z. f. U. N. 1917. 34. 24.
[4]) Siehe S. 223.
[5]) Boll. chim. Farmac. 1910. 49. 791; Z. f. U. N. 1912. 23. 478.

Materials kommt am ehesten bei Pilzen, namentlich bei den teueren Champignons und Trüffelkonserven in Frage, denen andere geringe Agarikusarten oder Kartoffelboviste zugesetzt sein können (siehe auch oben).

Chemische Zusätze zur Haltbarmachung kommen bei der fabrikmäßigen Herstellung von Gemüsedauerwaren kaum vor; die hochentwickelte Technik zur Haltbarmachung durch Trocknen oder Sterilisieren macht derartige Zusätze gänzlich entbehrlich. Vorkommendenfalls richtet sich die Beurteilung nach den bei den „Obstdauerwaren" aufgestellten Grundsätzen.

Als Bleichmittel werden im wesentlichen kleine Mengen von schwefliger Säure, Zitronensäure, Alaun und ähnliche Stoffe benutzt. Sofern diese Stoffe zum Zweck der Erhaltung der weißen Naturfarbe bei Gemüsearten wie Spargel, Artischocken, Champignons, Sellerie, die unter der Einwirkung der Luftoxydation eine dunkle Färbung annehmen würden, geschieht, kann man diesem Verfahren die Berechtigung nicht absprechen, zumal der Verbrauch an derartigen Hilfsstoffen schon im Interesse der Erhaltung des natürlichen Aromas selbst auf das geringste Maß beschränkt wird. Man hat diese Behandlung zum Zwecke des Bleichens bisher geduldet und kann an diesem Standpunkt festhalten, wenn nicht Anzeichen dafür vorliegen, daß das Bleichen zum Zwecke unlauterer Bearbeitung, Verdeckung von Minderwertigkeit oder Verdorbenheit, ausgeführt wird. Bei den Büchsenkonserven werden im übrigen die Bleichmittel durch mehrfaches Waschen der Ware wieder entfernt, so daß eine Verschlechterung der Ware durch die Anwesenheit von derartigen Fremdstoffen an sich nicht in Frage kommen kann. Der österr. Codex alimentarius verbietet mehr als 50 mg schweflige Säure in 1 kg Dörrgemüse. In Preußen ist gemäß Ministerial-Erlaß vom 12. Januar 1904 eine Höchstmenge von $0,125^0/_0$ bei Dörrgemüse gestattet.

Das Färben der Gemüsedauerwaren (Reverdissage) spielt in nahrungsmittelrechtlicher Hinsicht eine größere Rolle als das Bleichen. In erster Linie kommt die Behandlung mit Kupfer in Betracht. Nach dem bereits erwähnten Gesetz vom 5. Juli 1887 ist die Verwendung von kupferhaltigen Färbemitteln verboten. Diese Bestimmung wurde jedoch namentlich im Hinblick auf die in Frankreich geübte milde Beurteilung des Kupferns von der deutschen Konservenindustrie als Härte empfunden, weshalb sich zahlreiche Forscher mit dem Studium des Wesens der Kupferung und des Einflusses der gekupferten Gemüse auf den tierischen Organismus beschäftigten und auch die Reichsregierung aufs neue diesem Gegenstand eingehende Prüfung und Fürsorge angedeihen ließ. Mit der Frage beschäftigten sich namentlich Tschirch[1]), K. B. Lehmann[2]), J. Brandel[3]), W. Filehne[4]) und K. Spiro[5]). Die mildere Beurteilung der kupferhaltigen Gemüsekonserven ist auf die

---

[1]) Das Kupfern vom Standpunkt der Chemie, Toxikologie und Hygiene, Stuttgart 1893.
[2]) Arch. f. Hygiene 1895. 24. 1. 18. 73; 1896. 27. 1; 1897. 31. 279.
[3]) Arb. a. d. Kais. Gesundh.-Amt 1896. XIII. 104.
[4]) Deutsche med. Wochenschrift 1895. 297; 1896. 145.
[5]) Münch. med. Wochenschr. 1909. 1070.

Bindung des Kupfers an die Phyllozyaninsäure der grünen Gemüse und an die Eiweißstoffe der Leguminosen (grüne Erbsen) zurückzuführen. Die entstandenen Verbindungen werden von den Verdauungssäften nicht aufgelöst.

Ein am 15. Juli 1908 erstattetes Obergutachten der Preußischen wissenschaftlichen Deputation für das Medizinalwesen über Spinat gibt 55 mg als äußerste Grenze an. Damit stellte Deutschland dieselbe Forderung auf, wie sie seit dem Jahre 1899 in Österreich bereits Gültigkeit hatte. Die genannte Menge von 55 mg ist seither auch von den anderen Bundesstaaten, insbesondere Baden, ebenfalls anerkannt worden.

Freie wasserlösliche Kupfersalze dürfen selbstverständlich in den Konserven nicht nachweisbar sein.

Nach dem schweizerischen Lebensmittelgesetz vom 29. Januar 1909 sind 100 mg Kupfer für 1 kg Konserven ohne Deklaration zulässig.

In Frankreich ist das frühere Verbot der Verwendung von Kupfersalzen zur Herstellung von Gemüsekonserven aufgehoben.

Belgien sprach sich gegen das Kupfern aus.

In Bulgarien ist das Kupfern nicht gestattet.

Italien gestattet bis 100 mg metallisches Kupfer in 1 kg grüner Gemüsekonserven.

In Spanien darf der Kupfergehalt 100 mg auf 1 kg fester Substanz nicht überschreiten.

In Portugal gilt das Kupfern in mäßigen Grenzen nicht als gesundheitsschädlich.

In England besteht zurzeit kein Verbot des Grünens mit Kupfer.

Rußland hat die Herstellung und Einfuhr mit Kupfer gegrünter Waren verboten.

In den Vereinigten Staaten von Nordamerika darf ebenfalls mit Kupfer gegrüntes Gemüse nicht eingeführt werden.

Der II. Internationale Kongreß zur Unterdrückung der Lebensmittelfälschung hat im Jahre 1909 beschlossen, den zulässigen Kupfergehalt auf 120 mg in 1 kg Konsummasse (ohne Brühe) zu erhöhen.

Die künstliche Grünfärbung mit Kupfersalzen ist von den Gerichten im allgemeinen als den Vorschriften des § 1 des Farbengesetzes vom 5. Juli 1887 zuwiderlaufend angesehen worden[1]). Das Ldg. III Berlin[2]) hielt eine Verfälschung zum Zwecke der Täuschung für vorliegend; das Ldg. Darmstadt und das Reichsgericht[3]) haben auf Grund des Nahrungsmittelgesetzes und des Farbengesetzes verurteilt. Gesundheitsschädigung im Sinne der §§ 12—14 des Nahrungsmittelgesetzes ist in keinem Falle angenommen worden.

Für die künstliche Färbung mit unschädlichen Teerfarbstoffen haben bisher im wesentlichen dieselben Grundsätze wie bezüglich der Kupferfärbung gegolten; fast ausschließlich kommen derartige Färbungen bei eingemachten Tomaten und Tomatenbrei in Betracht, selten auch bei Spinat und anderen Waren. Das Färben von Trüffeln

---

[1]) Urt. d. Oberldg. Kolmar vom 18. Mai 1896, Auszüge 1902. 5. 251; des Ldg. Dresden vom 16. Dezember 1902 und des Oberldg. dort vom 19. Februar 1903, Auszüge 1905. 6. 281; des Ldg. Mannheim vom 28. Juni 1906, Auszüge 1908. 7. 429. Siehe auch das neueste Urteil des Reichsgerichts im Abschnitt Obstdauerwaren.

[2]) Vom 3. Oktober 1910, Z. f. U. N. (Ges. u. Verord.) 1914. 6. 362.

[3]) Vom 30. November 1914 bzw. 1. März 1915, Z. f. U. N. (Ges. u. Verord.) 1916. 8. 104.

mit Tannin und Eisensalzen hatte den selbstverständlich verwerflichen Zweck, den geringeren weißen Trüffeln das Aussehen der mehr geschätzten schwarzen Trüffeln zu erteilen. Die Behandlung gewisser Gemüse mit Natriumbikarbonat u. dgl. beim Dämpfen der Gemüse bzw. vor dem Dörren zum Zwecke der Farberhaltung oder des Verhinderns des Gelierens bei den grünen Erbsen wird man ebenso wie das Bleichen als eine unumgängliche technische Maßnahme ansehen müssen.

IX. Obst (Früchte), Obstdauerwaren, sowie alkoholfreie Getränke.

A. Frischobst.

Die Untersuchung und Beurteilung für den Marktverkehr auf Unverdorbenheit geschieht durch Sinnenprüfung, wofür die bei „Gemüse" angegebenen Gesichtspunkte in Betracht kommen. Die Feststellung geschieht bisweilen unter Benutzung einer Lupe oder eines Mikroskops. Zur unnormalen Beschaffenheit zählen sinnfällige Veränderungen wie Schimmelbelag, Milben, Maden, Käfer, Fäulnis- und Gärungserscheinungen, Exkremente von Mäusen usw. Im allgemeinen wird man über kleine Mängel hinweggehen, bei erheblichen Veränderungen oder Verschmutzung aber die Ware als verdorben ansprechen.

Die chemische Untersuchung auf Bestandteile geschieht nach den im Abschnitt Marmeladen angegebenen Methoden[1]). Von besonderer Wichtigkeit ist dabei die Herstellung einer guten Durchschnittsprobe. (Stiele, Steinkerngehäuse sind zu entfernen; Beeren- und Kernobst in Porzellanmörser zerreiben und mischen; Kernobst mittels Reiber zerkleinern.)

Von Verfälschungen oder Nachmachungen kommt die künstliche Rotfärbung des Fruchtfleisches von Apfelsinen zum Zwecke des Nachahmens der Blutapfelsinen[2]), das Schwefeln von Walnüssen zwecks Vortäuschung jüngeren Alters durch hellere Farbe u. a. in Betracht. Mandeln werden mit Pfirsich- und Aprikosenkernen vermengt oder durch solche ersetzt.

B. Obstdauerwaren [3]) (einschließlich alkoholfreier Getränke und Brauselimonaden).

Vorbemerkung: Jede Ware ist zunächst auf äußere Merkmale, insbesondere den Zustand der Genießbarkeit zu prüfen.

Zur Vermeidung von Wiederholungen sind im nachstehenden die Untersuchungsmethoden für sämtliche Obstdauerwaren gemeinsam aufgeführt. In Anbetracht der verschiedenen Art und ihrer Konsistenz ist es jedoch erforderlich, die Lösungsverhältnisse gegebenenfalls in entsprechender Weise abzuändern. Insbesondere betrifft dies die Unter-

---

[1]) Vgl. A. Beythien u. P. Simmich, Z. f. U. N. 1910. **20.** 249; E. Hotter, Die chemische Zusammensetzung steirischer Obstfrüchte, III. Teil, Z. f. landw. Versuchswesen in Österreich 1906. **9.** 747.
[2]) Pum u. Micko, Z. f. U. N. 1900. **3.** 729.
[3]) Hierzu zählen: Dörrobst, eingemachte Früchte, Marmeladen, Kompotte, Jams, Muse, Gelee, Apfelkraut, Rübenkraut, Pasten, Kanditen, Fruchtsäfte, Fruchtsirupe, alkoholfreie Getränke und Ersatzmittel.

suchung von Dauerwaren festerer Konsistenz wie z. B. von Marmeladen, Musen, Pasten usw. Der für die einzelnen Gruppen im folgenden angegebene Untersuchungsgang möge dies erleichtern. Im übrigen befinden sich in jeder Beschreibung der Untersuchungsverfahren zahlreiche Hinweise über deren Zweck und Anwendung. Für eine gute Durchschnittsprobe ist in jedem einzelnen Falle in entsprechender Weise Sorge zu tragen.

Untersuchungsgang für:

a) Dörrobst. In den weitaus meisten Fällen kommt nur die Bestimmung der schwefligen Säure, bisweilen in ihren verschiedenen Bindungsformen, sowie Zink, bei Backpflaumen auch das Vorhandensein von Glyzerin in Betracht.

b) Eingemachtes Obst, Marmeladen, Jams, Muse, Apfelkraut (-gelee), Pasten, Kanditen usw. Nach dem Vorschlage von A. Beythien und P. Simmich[1]) sind die „Unlöslichen Stoffe" (vgl. Ziff. 8 u. 9 d. Untersuchungsmethoden) gesondert zu ermitteln; für die übrigen Bestimmungen stellt man eine sog. „Grundlösung" her, indem man 100 g der Probe mit etwa 200 ccm Wasser verrührt, darauf zum Sieden erhitzt, die erhaltene Lösung in einen 1000 ccm-Kolben überführt, nach dem Abkühlen zur Marke auffüllt und filtriert. Diese Lösung dient zur Ausführung der üblichen Bestimmungen, Ziffer 2—3, 5—6, 10—14, 19, 22 u. 25.

Bei eingemachtem Obst (Dunstobst, Kompotten u. dgl.) genügt in der Regel die Untersuchung der Einmacheflüssigkeit auf Stärkesirup, Farbstoffe und Konservierungsmittel, die letzteren beiden Stoffe sind gegebenenfalls auch in den Früchten selbst festzustellen.

c) Fruchtsäfte (nicht mit Zucker eingekochte). Von den nachstehend angegebenen Prüfungen sind in der Regel folgende auszuführen: 1—6, 10—14 (15 bei besonderem Verdacht, 22 sowie 23 im allgemeinen nicht); auf die Prüfung von Zitronensäften nach K. Farnsteiner sei besonders hingewiesen.

d) Fruchtsirupe. Dieselben Prüfungen wie unter c); außerdem auch die Feststellung des invertierten Extraktes und des Stärkesirups (22). Man stellt eine Grundlösung 1 : 10 her.

e) Alkoholfreie Getränke und Brauselimonaden werden wie Fruchtsäfte untersucht; zu berücksichtigen sind auch Schaumerzeugungsmittel.

Die Feststellung von künstlichen Süßstoffen, gesundheitsschädlichen Stoffen, wie Schwermetallen und der anderen nicht besonders genannten Stoffe (16, 17, 18, 20, 24, 26, 27, 28—32) wird besonderen Verdachtsfällen vorzubehalten sein.

Untersuchungsmethoden.

1. Das spezifische Gewicht (S) wird bei Fruchtsäften und -sirupen (bei letzteren in Lösung 1: 10) mit dem Pyknometer[2]) bei 15° bestimmt.

2. Die Bestimmung des Extrakt- bzw. Trockensubstanzgehaltes verbindet man bei Fruchtsäften usw. mit der des Alkohols (siehe

---

[1]) Z. f. U. N. 1910. 20. 268.
[2]) Mit engem Hals und Einteilung.

Ziffer 4) dadurch, daß man von dem spezifischen Gewicht (S) der ursprünglichen Flüssigkeit, das um 1 vermehrt wird, das spezifische Gewicht des Destillates (D) (s. Bestimmung von Alkohol) abzieht. Der dem erhaltenen Wert entsprechende Extraktgehalt wird dann aus der Zucker-(Extrakt)Tabelle nach K. Windisch[1]) entnommen.

Aus Brauselimonaden ist die Kohlensäure durch Anwärmen zu verjagen; das Entgeisten fällt bei alkoholfreien Getränken, sofern tatsächlich kein Alkoholgehalt in Betracht kommt, weg.

Die Ermittelung des Extraktes direkt durch Eindampfen oder aus der direkt hergestellten entgeisteten Flüssigkeit empfiehlt sich wegen der Veränderungen, die durch die Inversion des Rohrzuckers beim Eindampfen eintreten, nicht. Der Extrakt von zuckerfreien Fruchtsäften (ausschließlich Zitronensaft), alkoholfreien Getränken und Limonaden wird aber direkt wie bei „Wein" bestimmt.

Bei Fruchtsäften, deren Extrakt zum größten Teil aus freier Säure besteht, z. B. bei Zitronensäften, wird indessen auch die indirekt mit Hilfe der Zuckertabelle ausgeführte Methode ungenau. K. Farnsteiner[2]) hat auf Grund der ursprünglichen Formel von Tabarié[3]) eine besondere Tabelle zur Ermittelung des Extraktgehaltes (Zitronensäuregehaltes) in zuckerfreien Zitronensäften aus dem spezifischen Gewicht der entgeisteten Flüssigkeit aufgestellt.

Spezifisches Gewicht und Gehalt wäßriger Zitronensäurelösungen an wasserfreier Zitronensäure.

$S \frac{15^0}{15^0}$	In 100 ccm $\left(\frac{15^0}{4^0}\right)$ $C_6H_8O_7$ g	$S \frac{15^0}{15^0}$	In 100 ccm $\left(\frac{15^0}{4^0}\right)$ $C_6H_8O_7$ g	$S \frac{15^0}{15^0}$	In 100 ccm $\left(\frac{15^0}{4^0}\right)$ $C_6H_8O_7$ g
1,020	4,762	1,034	8,130	1,047	11,284
21	5,001	35	8,372	48	11,528
22	5,241	36	8,614	49	11,771
23	5,481	37	8,856	50	12,015
24	5,721	38	9,098	51	12,259
25	5,961	39	9,340	52	12,503
26	6,202	40	9,582	53	12,748
27	6,442	41	9,825	54	12,992
28	6,683	42	10,068	55	13,237
29	6,924	43	10,311	56	13,482
30	7,165	44	10,554	57	13,727
31	7,406	45	10,797	58	13,972
32	7,647	46	11,040	59	14,217
33	7,888				

Bei Zitronensäften mit erheblichem Zuckergehalt (8—10 %) muß das sog. Additionsverfahren nach Farnsteiner angewendet werden, nach welchem das spezifische Gewicht der einzelnen Extraktbestandteile, nämlich der Zitronensäure, des Zuckers, der Mineralbestandteile, der an letztere gebundenen Zitronensäure, des etwa vorhandenen Glyzerins und des sog. totalen Extraktrestes bei der Berechnung des Extraktgehaltes in Betracht zu ziehen

---

[1]) Siehe S. 660.
[2]) Z. f. U. N. 1903. 6. 1; 1904. 8. 593.
[3]) Näheres vgl. Fresenius u. Grünhut Z. f. analyt. Chemie 1912.

ist. Der totale Extraktrest verbleibt nach Abzug aller auf analytischem Wege ermittelten Substanzen, insbesondere der vorgenannten. Zu seiner Berechnung werden die spezifischen Gewichte des entgeisteten Saftes und der erwähnten Extraktbestandteile benutzt. Es muß somit im einzelnen festgestellt werden, um wieviel schwerer 1 ccm einer Lösung a wiegt als 1 ccm Wasser. Setzt man a_E als den dem spezifischen Gewicht des entgeisteten Saftes (S_E) entsprechenden Wert, so setzt dieser sich zusammen aus der Gesamtzitronensäure (a_C), dem Gesamtzucker (a_z), dem Kaliumzitrat ($a_{m\,+\,c}$) und dem Glyzerin (a_g), die Summe dieser Werte zieht man von a_E ab. Der totale Extraktrest sei a_e. Somit ist $a_e = a_E - (a_C + a_z + a_m + c + a_g)$.

Den Wert für a_C (Gesamtzitronensäure) findet man mittels nachstehender Tabelle:

Tabelle zur Ermittelung des Wertes a_C.

g $C_6H_8O_7$ in 100 ccm	Zehntelgramme									
	0,0	0,1	0,2	0,3	0,4	0,5	0,6	0,7	0,8	0,9
1	4,22	4,64	5,06	5,48	5,91	6,33	6,75	7,17	7,59	8,02
2	8,44	8,86	9,27	9,69	10,11	10,53	10,95	11,37	11,79	12,21
3	12,63	13,05	13,46	13,88	14,30	14,72	15,14	15,56	15,98	16,40
4	16,82	17,23	17.65	18,07	18,49	18,91	19,32	19,74	20,16	20,57
5	20,99	21,41	21,82	22,24	22,66	23,07	23,49	23,91	24,32	24,74
6	25,16	25,57	25,99	26,41	26,83	27,24	27,96	28,07	28,49	28,90
7	29,32	29,73	30,14	30,56	30,97	31,39	31,80	32,22	32,63	33,05
8	33,46	33,88	34,29	34,70	35,12	35,53	35,94	36,35	36,77	37,18
9	37,59	38,01	38,42	38,83	39,25	39,66	40,07	40,49	40,90	41,31
10	41,72	42,13	42,54	42,95	43,37	43,78	44,19	44,60	45,01	45,42
11	45,84	46,25	46,66	47,06	47,47	47,88	48,29	48,70	49,11	49,52
12	49,93	50,34	50,75	51,16	51,57	51,98	52,39	52,80	53,21	53,62
13	54,03	54,44	54,85	55,26	56,66	56,07	56,48	56,89	57,30	57,71
14	58,11	58,52	58,93							

Es ist indessen zu beachten, daß nur die freie und die organische an Alkohol gebundene (veresterte) Zitronensäure dem Wert a_C entspricht, die anorganisch gebundene Zitronensäure sich als CO_2 in der Asche wiederfindet (siehe unter $a_{m\,+\,c}$).

Zur Ermittelung des Wertes a_z (Zucker) bedient man sich der amtlichen Zuckertabelle.

Den Wert $a_{m\,+\,c}$ (Kaliumzitrat) erhält man durch Multiplikation der Summe der Mineralstoffe und der an diese gebundenen Zitronensäure mit der Zahl 7. Man bestimmt die in Form von Kaliumzitrat vorhandene Zitronensäure aus der Alkalität der Asche, indem man die gefundene Alkalität mit 0,069 multipliziert (jeder Kubikzentimeter Normallauge entspricht = 0,069 K_2CO_3 oder 0,102 Kaliumzitrat; 0,102—0,069 = 0,033) und addiert die gefundene Menge Kaliumzitrat zu der Asche.

Den Wert a_g (für Glyzerin) erhält man durch Multiplikation des Glyzerin-gehaltes mit 2,39 (1 g Glyzerin in 100 ccm wäßriger Lösung = 1,00239 spezifisches Gewicht). Das Glyzerin bestimmt man nach der Jodidmethode (siehe Wein) oder nach dem Verfahren von Benedikt-Zsigmondy. Bei Anwendung der amtlichen Methode und der Weinvorschrift, muß man vom Rohglyzerin 0,3 % in Abzug bringen.

Bei der Ausrechnung des totalen Extraktrestes a_e (Formel s. oben) ist noch folgendes zu berücksichtigen:

Da im entgeisteten Saft der veresterte Alkohol nicht zur Berechnung gelangt, jedoch auch noch Berücksichtigung finden muß, hat Farnsteiner diesen Wert einer Korrektur unterworfen dergestalt, daß S_E (korrigiertes spezifisches Gewicht) = $S_E - S_a + 1$ ist, wobei S_a das spezifische Gewicht des Esteralkohols bedeutet (Bestimmung der in Form von Estern gebundenen Zitronensäure vgl. Ziff. 14). Der mit Zitronensäure veresterte Alkohol wird durch Multiplikation der ersteren mit 0,719 berechnet.

Das korrigierte spezifische Gewicht des Saftes ist als Wert für a_E in die Berechnung des Wertes a_E einzusetzen.

Den eigentlichen Wert des totalen Extraktrestes (a_e) entnimmt man dann der amtlichen Zuckertabelle. Sämtliche Werte rechnet man noch auf alkoholfreie Substanz um.

Der Extraktgehalt wird bei Fruchtsirupen aus dem spezifischen Gewicht einer Lösung des Sirups 1:10 und dem spezifischen Gewicht des alkoholischen Destillates, das ebenfalls aus einer Lösung des Sirups 1:10 hergestellt ist, ermittelt; der zugehörige Zuckergehalt wird aus der Tabelle Windisch entnommen und das Ergebnis mit 10 multipliziert. In Gelees, Marmeladen, Jams, Pasten und dergleichen wird der Extraktgehalt aus dem spezifischen Gewicht der invertierten Lösung 1:10 ermittelt. Nach A. Beythien gibt man 80 ccm der Grundlösung (= 8 g Substanz) in ein 100 ccm-Kölbchen, versetzt nach Juckenack mit aschefreier Tierkohle und invertiert nach Zugabe von 5 ccm Salzsäure (Sp. G. = 1,19) 5 Min. lang auf 67—70° (Thermometer in die Lösung einstellen!). Man kühlt dann rasch ab, füllt auf 100 ccm auf und ermittelt nun pyknometrisch das spez. Gewicht der invertierten Lösung und zieht davon dasjenige einer Salzsäurelösung (5:100) ab. Durch Zuzählen von 1,000 zu der erhaltenen Differenz erhält man dann das wahre spez. Gewicht der invertierten Lösung. Aus der Zuckertabelle nach Windisch entnimmt man den diesem spez. Gewicht entsprechenden Extraktgehalt der invertierten Lösung, der durch Multiplikation mit $\dfrac{100}{8}$ noch in den Extraktgehalt der invertierten Grundlösung (Marmelade) umzurechnen ist.

3. Der Wassergehalt wird durch Abziehen des indirekt bestimmten Extrakt- und Alkoholgehaltes (s. nächste Ziffer) von 100 berechnet.

Bei Obstdauerwaren festerer Konsistenz wie Marmeladen wird der Wassergehalt durch Abziehen des Unlöslichen und des Extraktes von 100 bestimmt. Die Bestimmung des Wassers in Dörrobst und anderen festen Dauerwaren wird in der Weise ausgeführt, daß man 5—10 g der möglichst weitgehend zerkleinerten Masse in flachen Schalen bei 100° oder noch besser im Vakuumtrockenschrank so lange trocknet, bis die Differenz von zwei Wägungen im Verlaufe von einer halben Stunde nur noch 0,1% beträgt.

Nachweis eines Wasserzusatzes in Fruchtsäften bei Anwesenheit von Salpetersäure nach J. Tillmanns und A. Splittgerber[1]. Naturreine Fruchtsäfte enthalten in der Regel nicht über 1 mg N_2O_5 im Liter; bei einem Himbeer- und einem Heidelbeersaft sind 5 mg N_2O_5 gefunden worden. Eine andere Methode ist von R. Cohn angegeben (Zeitschr. f. öff. Chemie 1911. 17. 361).

---

[1] Z. f. U. N. 1913. 25. 417.

4. **Alkohol:** Die Bestimmung erfolgt mit der indirekten Extrakt-bestimmung aus dem spezifischen Gewicht des Destillates (D). Die Aus-führung der Bestimmung geschieht nach der im Abschnitt „Wein" angegebenen Vorschrift. Der in Form des Esters an Zitronensäure (vgl. Ziff 14) gebundene Alkohol wird durch Multiplikation der veresterten Zitronensäure mit 0,719 berechnet. Kleine Mengen Alkohols, namentlich in alkoholfreien Getränken, ermittelt man im Destillat mit der Jodoform-probe (Kalilauge und Jodjodkaliumlösung).

5. **Mineralstoffe (Asche)** n. S. 31: Man arbeitet mit einer Spirituslampe[1]) zur Vermeidung einer Beeinflussung der Alkalität.

6. **Alkalität.** Asche und Alkalität geben Anhaltspunkte über stattgefundene Verdünnung von Fruchtsäften mit Wasser oder Nachpresse.

7. **Aschenanalyse** [2]): Die Feststellung des Mengenverhältnisses der Aschenbestandteile kann oft wertvollen Aufschluß über die Echtheit eines Saftes geben, bei der Untersuchung der Zitronensäfte ist die Aschen-analyse überhaupt meistens unentbehrlich. Die Bestimmung von Stron-tian und Kalk kann zum Nachweise eines Zusatzes von Melasse zu Obst- und Rübenkraut in Betracht kommen. Im übrigen muß auf die analyti-sche Literatur[3]), sowie auf S. 33 hingewiesen werden.

Bei Marmeladen, Musen usw. kommt nur die Feststellung der **Phosphorsäure** in Betracht, nicht die ganze Aschenanalyse.

8. **Unlösliche Stoffe nach A. Beythien und P. Simmich**[4]). 25 g der gut durchmischten Probe werden in einem Becherglase mit 200 ccm Wasser sorgfältig verrührt, die Mischung darauf zum Sieden erhitzt und in einen 250 ccm-Kolben übergeführt. Nach dem Abkühlen füllt man zur Marke auf, filtriert und benützt das Filtrat zur Bestimmung der löslichen Bestandteile. Sobald die Flüssigkeit abgelaufen ist, setzt man den Trichter auf einen leeren Kolben, bringt den unlöslichen Rück-stand quantitativ auf ein glattes Filter und wäscht bis zum Verschwinden der sauren Reaktion aus. Man spritzt dann den Filterinhalt in eine gewogene Schale, dampft ein und trocknet, bis das Gewicht sich nicht mehr verändert. Der Rückstand kann zur Bestimmung der Rohfaser, des Stickstoffes und der Asche dienen.

Das Verhältnis des Gehaltes an Unlöslichem einerseits zum zuckerfreien Extrakt und andererseits zur Alkalität kann nach E. Baier, P. Neumann und P. Hasse[5]) bei Marmeladen, die aus einer bestimmten Fruchtart bestehen, einen gewissen Anhalt zur Feststellung der Echtheit dieser Marmeladen geben. Besonders weisen die Beerenfrüchte infolge ihres hohen Gehaltes an unlöslichen Stoffen bei meistens niedrigem Gehalte an zuckerfreiem Extrakt erhebliche Unterschiede gegenüber Pflaumen und Kirschen auf. Letztere haben wenig unlösliche Stoffe, jedoch größere Mengen zuckerfreien Extraktes.

Derartige Unterschiede lassen sich namentlich an folgenden Verhältnis-zahlen feststellen:

$$\frac{e - z}{u} \quad \text{und} \quad \frac{u}{a} \qquad \begin{array}{ll} e = \text{Extrakt} & u = \text{Unlösliches} \\ z = \text{Zucker} & a = \text{Alkalität.} \end{array}$$

[1]) Empfohlen sei der Spiritusbrenner „Pallad" der Firma Barthel in Dresden.
[2]) Vgl. auch den von A. Farnsteiner eingehaltenen Analysengang Z. f. U. N. 1907. 13. 317.
[3]) Vgl. Sutthoff und Großfeld, Z. f. U. N. 1914. 27. 183.
[4]) Z. f. U. N. 1910. 20. 268.
[5]) Desgl. 1907. 13. 675 u. 1908. 15. 140.

Die Menge des Unlöslichen kann aber durch Zusatz von Tresterbestand-
teilen erheblich vermehrt werden, auch die natürlichen Schwankungen an
Unlöslichem sowie die Stärke der Einkochung sind von erheblicher Wirkung
auf das Resultat, wie namentlich Beythien und Simmich[1]) gezeigt haben.
Auf andere Autoren, wie Ludwig[2]), Fischer und Alpers[3]) sowie Olig[4]) sei
verwiesen.

9. Nachweis fremder Fruchtbestandteile auf mikroskopischem Wege.

Die notwendigen Feststellungen werden am besten unter Benutzung
selbstverfertigter Vergleichspräparate und guter Abbildungen getroffen. Vgl.
u. a. A. L. Winton, Z. f. U. N. 1902. 5. 785 (Anatomie des Beerenobstes);
J. Möller, Mikroskopie der Nahrungs- und Genußmittel aus dem Pflanzenreiche,
II. Aufl. Berlin 1905; Handbuch der Nahrungsmitteluntersuchungen von A. Beythien, C. Hartwich, M. Klimmer, II. Botanisch-mikroskopischer Teil,
Leipzig, 1913/14; Schindler, Z. f. U. N. 1904. 7. 309 (Johannisbeermarmelade).

Besonders wichtige Unterscheidungsmerkmale seien daraus
wiedergegeben. Als billige Verfälschungsmittel in Beerenobstmarmeladen,
Jams und Konfitüren kommen namentlich Erzeugnisse von Äpfeln
und Birnen in Betracht. Charakteristische Merkmale bilden bei diesem
Obst die sogenannten Fensterzellen der Schale, die bei Äpfeln jedoch
erheblich größer sind als bei Birnen (bei unreifen Früchten ist Stärke
nachweisbar); bei Quitten finden sich Steinzellen, die durch Parenchym-
rosetten umgeben sind; Erdbeeren besitzen lange dickwandige, in ihrem
unteren Teil weitlumige zugespitzte Haare und lange Leitbündelstränge
im Parenchymbrei; diagnostisch wichtig ist auch der charakteristische
Bau der Kerne (Nüßchen) und der leicht erkennbare Griffel. Bei den
Himbeeren sind Griffel und Kerne kaum mit freiem Auge festzustellen;
das fleischige Perikarp ist behaart, der Griffel hat eine verbreiterte haarige
Basis und ist länger als der der Erdbeeren. Bei Brombeeren fehlen die
Haare; der Fruchtboden, der beim Pflücken der Himbeeren nicht mitgeht,
ist mit den Früchten verwachsen, man findet daher in Brombeermarme-
laden Gewebeteile desselben. Bei den roten Johannisbeeren treten die
sklerenchymatischen Zellen des Endokarps und die Kristallschicht
der Samenteile in Erscheinung. Die schwarze Johannisbeere besitzt
auf der Frucht sitzende gelbe, glänzende, scheibenförmige, bis 0,2 mm
große Drüsen. Bei der Stachelbeere ist namentlich auf das Vorhandensein
des oft über 1 mm langen Stachels zu achten, er kann spitz oder kugel-
förmig endigen; sonst bieten sich wenige charakteristische anatomische
Unterscheidungsmerkmale zwischen den Stachel- und den Johannisbeeren. Bei Preißelbeeren ist die Samenoberhaut, deren Zellen nach
innen hufeisenförmig verdickt sind (20 μ), charakteristisch. An Stelle
von Preißelbeeren werden Moosbeeren zum Zwecke der Verfälschung
verwendet; Näheres vgl. C. Griebel[5]). Das Fruchtfleisch der Heidelbeere
enthält vereinzelt schwach verdickte Steinzellen, das Endokarp ist
gruppenweise sklerosiert. Die amerikanische Hucklebeere ist größer
und im Bau sehr verschieden von der Heidelbeere. Bei Bananen fallen

---

[1]) Z. f. U. N. 1910. 20. 258.
[2]) Desgl. 1907. 13. 5.
[3]) Desgl. 1908. 15. 146.
[4]) Desgl. 1910. 19. 558.
[5]) Desgl. 1909. 17. 65.

die Gewebsreste durch braune Riesenzellen auf; sie enthalten Bananenstärke (Guyana Arrowroot). Im Gewebe des Fruchtfleisches der Ananas finden sich große Kristallnadeln. Pflaumen sind durch kahle Oberhaut und oft auch Bruchstücke von Kernen gekennzeichnet. Pfirsiche besitzen nach beiden Seiten zugespitzte einzellige Haare; wenn die Früchte geschält sind, gelingt es jedoch kaum, Haare nachzuweisen. Bei Aprikosen treten besondere Merkmale nicht hervor; auch für Kirschen lassen sich keine besonders hervortretenden Merkmale anführen. In Tomatenkonserven findet man spärliche Teile der Oberhaut und Samen, reichlich Samenhaare. Bei Kürbis besteht die Oberhaut der Fruchtwand aus 50 μ hohen und 25 μ breiten gelben Pallisadenzellen. Von Rüben kommen in Betracht: die Mohrrübe, weiße oder Wasserrübe, die Kohlrübe (Wrucke, Erdkohlrabi); die rote und die Zuckerrübe. Unterscheidungsmerkmale sind wenige vorhanden; am charakteristischsten zeigen sich die Korkzellen. Das Karotin der Mohrrübe wird von konzentrierter Schwefelsäure blau gefärbt.

10. Nachweis von Teerfarbstoffen siehe allgemeiner Teil S. 56 sowie den Abschnitt „Wein".

Entzieht man den zu untersuchenden Produkten den Teerfarbstoff durch wiederholte Zugabe frischer Wolle zur Lösung, solange bis keine Auffärbung der Wolle mehr stattfindet, so kann man aus der Farbe oder Farblosigkeit der zurückbleibenden Lösung Schlüsse auf die Beschaffenheit der Ware ziehen.

11. Nachweis von Pflanzenfarbstoffen, hauptsächlich von Kirsch- und Heidelbeersaft. Seltener finden Brombeeren-, rote Rüben-, Kermesbeerensäfte sowie Kochenille und Orseille Verwendung.

Zur Feststellung von Kirschsaft verfährt man nach Langkopf[1]) derart, daß man von etwa 50—100 ccm des zu untersuchenden Fruchtsaftes einige Kubikzentimeter abdestilliert und das Destillat mit einer aus Kupfersulfatlösung (1:10 000), etwas Alkohol und einigen Tropfen frisch bereiteter Guajakharzlösung bestehenden Mischung versetzt. Bei Gegenwart von nur 3 % Kirschsaft soll die auf der Anwesenheit von Blausäure beruhende Blaufärbung noch eintreten. Die von W. Kaupitz[2]) angegebene Methode der Überschichtung eines mit Zuckerlösung bis zur Blaßrosafärbung verdünnten Saftes mit Natronlauge oder Ammoniak, wonach an der Berührungsstelle ein blaßgrüner Ring entstehen soll, kann als zuverlässig nicht empfohlen werden.

Heidelbeersaft wird nach W. Plahl[3]) in der Weise nachgewiesen, daß die schwach alkalisch gemachte Flüssigkeit auf die Hälfte ihres Volumens eingedampft und nachdem sie nach dem Abkühlen wieder auf das ursprüngliche Volumen aufgefüllt wurde, mit Bleiessig gefällt wird. Nach dem Entbleien der abfiltrierten Lösung mit Natriumsulfat und Entfernen des gebildeten Bleisulfats mittels Filtration wird die Lösung mit dem halben Volumen verdünnter Salzsäure im Wasserbade erhitzt. Die Lösung färbt sich bei Anwesenheit von Heidelbeersaft

[1]) Pharm. Zentralh. 1900. 41. 421.
[2]) Pharm. Zentralh. 1900. 41. 665.
[3]) Z. f. U. N. 1907. 13. 1; 1908. 15. 262.

alsbald blau. Plahl hat die Methode für vollkommen vergorenen Rotwein ermittelt. Die Reaktion tritt bei Fruchtsäften nur dann ein, wenn die Säfte vergoren sind.

Kermesbeeren (Phytolacca) werden dadurch nachgewiesen, daß man etwa 20 ccm Saft mit 5 ccm Bleiessig fällt; bei Anwesenheit von Kermesbeeren färbt sich der Niederschlag rotviolett.

Nach Hilger und Mai[1]) läßt man die Säfte einige Tage mit Jodjodkaliumlösung stehen und entfärbt dann mit Natriumthiosulfat, der Kermesbeerenfarbstoff bleibt dabei unverändert.

Zur Ausführung der Kapillaranalyse kann man das namentlich von F. Goppelsröder[2]) angegebene Verfahren anwenden, das darauf beruht, daß man Streifen von Filtrierpapier senkrecht (aufgehängt) in die Saftlösung eintauchen läßt, wonach sich bei Anwesenheit von fremden Farbstoffen (namentlich auch Teerfarben) besondere gefärbte Zonen bilden. Vergleichsversuche mit reinen Säften sind im Zweifelsfalle anzustellen.

12. Nachweis gesundheitsschädlicher Metalle (As, Sn, Pb, Cu, Zn usw.). Siehe Abschnitt „Gemüsedauerwaren“.

Bei Anwesenheit von Arsen bedarf es einer Zerstörung der organischen Substanz mit Salzsäure und Kaliumchlorat gemäß der amtlichen Anleitung für die Untersuchung von Nahrungs- und Genußmitteln, Farben, Gespinnsten und Geweben auf Arsen und Zinn, die zum Reichsgesetz betr. die Verwendung gesundheitsschädlicher Farben bei der Herstellung von Nahrungsmitteln, Genußmitteln und Gebrauchsgegenständen vom 5. Juli 1887 (S. 688) erlassen ist.

Für die Untersuchung des Büchsenmaterials finden sich im Abschnitt „Gemüsedauerwaren“ die nötigen Hinweise.

Für die Bestimmung von Zink in Dörrobst (namentlich in Ringäpfeln) kommen folgende praktisch erprobte Methoden in Betracht:

a) Man trocknet etwa 50—100 g der zerkleinerten Ringäpfel, zerreibt die Trockenmasse und verascht sie, nachdem man vorher die Kohle mit verdünnter Salz- oder Salpetersäure ausgezogen hat. Nach völliger durch starkes Glühen erzielter Veraschung der Kohle wird die ausgezogene Lösung zur Asche gegeben, mit dieser eingedampft und dann die Gesamtasche nochmals schwach geglüht. Die Asche wird mit etwas Salpetersäure eingedampft, darauf mit Wasser aufgenommen und filtriert. Aus dem mit Natriumkarbonat genau neutralisierten Filtrate fällt man durch Zusatz von Natriumazetat und Essigsäure (Kochen der Lösung!) die alkalischen Erden, sowie Eisen und Phosphorsäure usw. und nach dem Abfiltrieren das Zink durch Schwefelwasserstoff. Das gefällte Schwefelzink muß zur völligen Reinigung nochmals aufgelöst und mit Schwefelwasserstoff gefällt werden[3]).

b) Die gemäß Ziffer a) hergestellte salzsaure Aschenlösung wird mit einigen Körnchen Kaliumchlorat zur Oxydation des Eisenoxydulsalzes versetzt und dann so lange unter Nachfüllen des verdampfenden Wassers gekocht, bis alles freie Chlor aus der Lösung entfernt ist. Man fällt darauf Eisen und Tonerde unter Zugabe von einem Tropfen Eisenchlorid mit Ammoniak und filtriert den Niederschlag ab. In das mit

---

[1]) Forschungsberichte 1895. 2. 343.

[2]) Die Kapillaranalyse, Basel 1901, vgl. auch J. Königs Handbuch III. Bd., Teil I; siehe auch S. 22.

[3]) L. Janke, Chem. Ztg. 1896. 20. 800, zerstört 50 g der feingeschnittenen bei 120° getrockneten Ringäpfel mit einem Gemenge von 25 ccm Salpetersäure (1,31) und 10 ccm konzentrierter Schwefelsäure. Nach der stürmisch verlaufenden Reaktion wird bei kaum beginnender Rotglut mit aufgelegtem Deckel verascht

Essigsäure angesäuerte Filtrat wird Schwefelwasserstoff eingeleitet, der entstandene Niederschlag in Salzsäure gelöst, mit Natriumkarbonat gefällt und weiter durch Glühen als Zinkoxyd bestimmt.

13. Nachweis von Konservierungsmitteln[1]).

a) **Borsäure und deren Salze** werden in eingedampften und in bekannter Weise veraschten (s. Aschenbestimmung) Säften ermittelt. Für die quantitative Ermittelung, die im allgemeinen selten vorkommen dürfte, seien die Methoden nach Rosenbladt, Gooch und ferner nach Jörgensen nach den Vorschlägen von Beythien und Hempel erwähnt. Weitere Anhaltspunkte siehe die Abschnitte „Fette und Fleisch".

b) **Benzoesäure und deren Salze.** 50 g Saft werden nach Zugabe von 30 ccm Chloroform im Scheidetrichter geschüttelt (Ansäuern ist im allgemeinen nicht erforderlich). Nach Trennung der beiden Schichten wird das Chloroform abgelassen, der Schütteltrichter mit Wasser ausgespült und das Chloroform zurückgegeben. Man setzt 10 ccm Wasser und 2 Tropfen 10%iges Ammoniak hinzu und schüttelt wiederum aus. Die wäßrige deutlich alkalische Lösung wird nach dem Ablassen des Chloroforms in ein Reagenzglas filtriert und zur Entfernung des freien Ammoniaks so lange über freier Flamme gekocht, bis die Lösung nicht mehr alkalisch reagiert (erforderlich etwa 3 Min.). Nach dem Erkalten fügt man tropfenweise stark verdünnte Eisenchloridlösung (1 Tr. auf 15 ccm Wasser) hinzu, bis keine Fällung mehr erfolgt. Benzoesäure gibt einen fleischfarbigen Niederschlag. Die qualitative Prüfung kann auch sinngemäß nach der im Abschnitt „Gemüsedauerwaren" angegebenen Sublimationsmethode (vgl. auch A. Nestler[2]) sowie nach E. Leach[3]) erfolgen. Betreffs weiterer Reaktionen — Überführen der Benzoesäure in Benzoesäureäthylester, in Benzaldehyd, in Anilinblau, in Salizylsäure — sei auf die Literatur verwiesen[4]). Vgl. auch den Benzoesäurenachweis im Abschnitt „Gemüsedauerwaren", sowie O. Biernath, nach dessen Vorschlag die Isolierung der Benzoesäure nach Maradier, die Prüfung nach A. Jonescu erfolgt[5]).

Die neuerdings an Stelle von Benzoesäure benutzte m-Kresotinsäure reagiert auf Eisenchlorid wie Salizylsäure, hat einen Schmelzpunkt von 177°. Nachweis von Benzoesäure neben Salizylsäure siehe „Gemüsedauerwaren".

Zur Bestimmung der in Beerenfrüchten (namentlich Preißelbeeren) natürlich vorkommenden Benzoesäuremengen ist von Polenske[6]) eine Methode angegeben worden, die auch bei Marmeladen u. dgl. Anwendung finden kann.

c) **Salizylsäure und deren Salze.** Qualitativer Nachweis siehe Abschnitt Wein S. 425[7]).

---

[1]) Als Einmachehilfe für Haushaltungszwecke werden Konservierungsmittel wie Salicylsäure, Benzoesäure und deren Salze in besonderen Packungen in Handel gebracht. Solche Erzeugnisse sind nicht selten mit anderen Substanzen z. B. mit Weinsäure vermischt und werden mit Phantasienamen ausgestattet.

[2]) Ber. d. Deutsch. Bot. Gesell. 1909. **27.** 63; Z. f. U. N. 1909. **18.** 690.

[3]) Z. f. U. N. 1905. **9.** 50.

[4]) Röhrig, Ber. d. chem. Untersuchungsanstalt d. Stadt Leipzig, 1906. 12; sowie K. Fischer u. O. Gruenert a. a. O.

[5]) Veröffentl. a. d. Geb. des Militärsanitätswesens 1912, **52.** 59—71.

[6]) Arb. a. d. Kaiserl. Gesundheitsamt 1911. **38.** 149; Pharm. Zentralh. 1912. **53.** 486.

[7]) Zeitschr. f. U. N. 1901. **4.** 925; Süddeutsche Apoth.-Ztg. 1906. **46.** Nr. 1—3.

Die quantitative Bestimmung wird für praktische Zwecke hinreichend genau unter Anwendung der beschriebenen Methode auf kolorimetrischem Wege ausgeführt. Zum Vergleich dient eine Salizylsäurelösung von 1 mg in 500 ccm. Ein weiterer Weg ist, den nach dem Ausschütteln zurückgebliebenen Rückstand in Chloroform zu lösen, die Lösung zu filtrieren und das Filter nachzuwaschen, dann das Chloroform abzudampfen und den Rückstand durch Einblasen von Luft von den letzten Chloroformresten zu befreien. Nach mehrstündigem Trocknen über Schwefelsäure wägt man die Salizylsäure.

Exakte Methoden zur quantitativen Bestimmung von Salizylsäure (auch bei Anwesenheit von Saccharin) siehe Th. v. Fellenberg[1]), H. Serger[2]), der die qualitative Methode von E. Späth zu einer quantitativen ausgearbeitet hat, sowie W. Heintz und R. Limprich[3]).

d) Ameisensäure und deren Salze. Der qualitative Nachweis wird mikrochemisch durch Bildung des Blei- und des Zerosalzes[4]) ausgeführt. Man destilliert etwa 150—200 ccm aus etwa 50—100 ccm Flüssigkeit unter Wasserdampfeinleitung (Landmannscher Apparat) ab, fügt zu einem Teil des Destillats Bleioxyd in Menge von höchstens 0,05 g und dampft zur Trockne. Die Anwesenheit von Ameisensäure zeigt sich durch lebhaft glänzende Nadeln im Rückstand an. Das etwa mitgebildete Azetat kann durch Digerieren mit 50%igem Alkohol ausgewaschen werden, den danach bleibenden Rückstand kristallisiert man aus Wasser um.

Für den Nachweis von Zeroformiat dampft man das Destillat nach Zusatz von 0,02—0,05 g Zinkoxyd zur Trockne. Enthält der Rückstand viel Zinkazetat, was sich an seinem glänzenden Aussehen bemerkbar macht, so muß dieses Salz durch mehrmaliges Ausziehen mit warmem Alkohol entfernt und das Filtrat durch Abdampfen der Lösung in fester Form erhalten werden. Ein Stückchen des Formiats von der Größe eines Stecknadelkopfes wird nun in einem linsengroßen Tropfen Wasser gelöst und ebensoviel Zeronitrat zugegeben, kräftig umgerührt und die Mischung beiseite gesetzt. Bei Gegenwart von Ameisensäure kristallisiert dann dessen Zerosalz in Form von Pentagondodekaedern und radialstrahligen Scheiben aus.

Der mikrochemische Nachweis von Ameisensäure erfordert ziemlich viel Übung. Der Nachweis des Zerosalzes ist zuverlässig.

Makrochemisch verfährt man folgendermaßen: Man verdünnt 100 g des Fruchtsaftes mit etwa 400 ccm Wasser, versetzt mit Weinsäure, und destilliert danach etwa 500 ccm im Wasserdampfstrom ab. Das Destillat wird mit Natronlauge schwach alkalisch gemacht, bis auf etwa 10 ccm eingedampft und nach dem Filtrieren mit Bariumhydroxyd im Überschuß versetzt. Die entstehende Fällung wird darauf durch Filtration von der Flüssigkeit getrennt und in letzterer mit Schwefelsäure das gelöste Barium gefällt. Die nach dem Filtrieren zurückbleibende Flüssigkeit gibt folgende für Ameisensäure charakteristische Reaktionen:

---

[1]) Z. f. U. N. 1910, 20, 63.
[2]) Z. f. U. N. 1914, 27, 319.
[3]) Ebenda 1913, 25, 706.
[4]) Behrens, Anleitung zur mikrochemischen Analyse der organischen Verbindungen. Heft 4.

Beim Kochen mit Quecksilberchloridlösung scheidet sich Kalomel ab[1]), beim Erwärmen mit ammoniakalischer Silbernitratlösung tritt Abscheidung von dunklem metallischem Silber ein; nach Zugabe von Ammoniak und Eindampfen des Destillates entsteht mit einigen Tropfen Eisenchlorid eine Rotfärbung, die von Essigsäure oder Ameisensäure hervorgebracht sein kann. Beim Schütteln mit 96%igem Ammoniak geht Ameisensäure aber in einen rotbraunen Niederschlag über. Überschuß an Essigsäure kann störend wirken und läßt sich entfernen[2]).

Nachweis mit schwefelsaurer Chromsäurelösung n. P. Szeberenyi[3]). Von den zahlreichen Verfahren zur quantitativen Bestimmung der Ameisensäure hat sich das von H. Fincke[4]) am meisten bewährt (siehe Abschnitt Essig).

Maßanalytische Bestimmung der Ameisensäure im Anschluß an die Finckesche Methode nach Auerbach und Plüddemann[5])·

Bei einer von M. Weger[6]) angegebenen Methode wird die Ameisensäure in Wasser und Kohlensäure zerlegt und letztere volumetrisch gemessen.

D. S. Macnair[7]) titriert die Ameisensäure vor und nach der Oxydation mit Kaliumdichromat und Schwefelsäure und berechnetdaraus die Ameisensäuremenge. Über Ameisensäurenachweis unter Verwendung der Vakuumdestillation vgl. Th. Merl[8]).

e) Nachweis von Fluorwasserstoffsäure und deren Salzen. Anzuwenden 100—200 ccm Fruchtsaft. Ausführung wie im Abschnitt „Fleisch".

Für die quantitative Bestimmung sei auf die volumetrische Methode von Penfield, modifiziert von Treadwell und Koch[9]) verwiesen.

f) Nachweis von schwefliger Säure.

Gesamte schweflige Säure: Zum qualitativen Nachweis dient die für Dörrobst von Beythien und Bohrisch[10]) ausgearbeitete Methode, die sinngemäß auch auf andere Obsterzeugnisse übertragen werden kann. Man übergießt 20 g der zerkleinerten Probe in einem Kolben mit Wasser, verschließt den Kolben mit einem geschlitzten Korkstopfen, in dessen Spalt ein mit frischbereiteter Kaliumjodat-Stärke-lösung befeuchteter Papierstreifen eingeklemmt ist, und erwärmt auf dem Wasserbad. Bei Gegenwart von schwefliger Säure nimmt das Papier eine blaue Färbung an. Versetzt man den Kolbeninhalt mit Zink und Salzsäure und nimmt statt des Kaliumjodatpapiers einen mit Bleiazetat getränkten Papierstreifen, so entsteht durch Bildung von Schwefelwasserstoff Braun- bis Schwarzfärbung.

Quantitative Bestimmung der gesamten schwefligen Säure siehe Abschnitt „Fleisch".

Freie schweflige Säure. Die schweflige Säure kommt in organisch gebundener und in freier Form in Obsterzeugnissen vor. Im ersterem

---

[1]) Vgl. Croner und Seligmann, Z. f. Hygiene. 1907, 56, 387; Chem. Ztg. Rep. 1907, 31, 287.
[2]) Serger, Chem.-Ztg. 1911, 35, 1151.
[3]) Z. f. U. N. 1916, 31, 16.
[4]) Z. f. U. N. 1911, 21, 1 und 22, 88.
[5]) Arbeiten aus dem Kaiserl. Gesundheitsamte 1909, 30, 178; Z. f. analyt. Chemie 1909, 48, 495.
[6]) Z. f. analyt. Chemie 1903. 42. 427
[7]) Ebenda 1888. 27. 398.
[8]) Z. f. U. N. 1914. 27. 733.
[9]) Z. f. analyt. Chemie 1904. 43. 469; s. auch Abschnitt „Bier und Wein".
[10]) Z. f. U. N. 1902. 5. 401.

Falle ist die schweflige Säure an Glukose, jedoch zum Teil nur lose gebunden. In wäßriger Lösung zerfällt diese Verbindung unter Abspaltung freier schwefliger Säure. (Siehe auch die Beurteilung.) Die freie schweflige Säure wird in Fruchtsäften u. dgl. nach dem im Abschnitt Wein angegebenen Jodtitrationsverfahren bestimmt, in Dörrobst nach W. Fresenius und L. Grünhut[1]) wie folgt: Man zerkleinert 50 g Dörrobst in möglichst weitgehender Weise, begießt sie in einem 500 ccm fassenden Meßkolben mit 400 ccm kaltem destilliertem Wasser und schüttelt eine halbe Stunde lang in einer Schüttelmaschine; darauf wird mit Wasser derselben Art bis zur Marke aufgefüllt, gut durchgemischt und durch ein Faltenfilter filtriert. Man titriert 100 ccm unter Zusatz von Stärkelösung mit einer Jod-Jodkaliumlösung, die 1 g Jod im Liter enthält, bis die entstehende Blaufärbung nach 4—5 maligem Umschwenken nicht mehr verschwindet und mindestens $\frac{1}{2}$ Minute verbleibt.

Das Verfahren gibt nur gewisse Anhaltspunkte und keine absolut genauen Werte, da bei der Herstellung der Lösung durch Berührung der Früchte mit Wasser eine Spaltung der organisch gebundenen schwefligen Säure eintritt, die je nach Umständen (Temperatur, Dauer der Einwirkung des Wassers) von verschiedener Stärke sein kann. Vgl. auch Farnsteiner, Z. f. U. N. 1904, 7. 461 und Kerp, Arb. aus dem Kais. Gesundh.-Amte 1904. 21. 180.

Zur Ermittelung der organisch gebundenen schwefligen Säure wird der Gehalt der ermittelten freien Säure von der gesamten schwefligen Säure abgezogen.

g) Nachweis von Formaldehyd. Die Verwendung von Formaldehyd als Konservierungsmittel bei Obstdauerwaren ist im allgemeinen nicht üblich. Siehe die amtliche Anweisung für „Fleisch".

14. Freie Säure (Gesamtsäure). Entsprechend der Art der Obstdauerwaren (siehe den Analysengang) werden 10 g Substanz oder 50 bis 100 ccm der Grundlösung oder 10 ccm verdünnter Fruchtsaft mit $\frac{n}{10}$ Natronlauge unter Verwendung von Phenolphthalein als Indikator titriert. Der Sättigungspunkt wird durch Tüpfeln auf empfindlichem violettem Lackmuspapier (oder Azolithminpapier) festgestellt. Dieser Punkt ist erreicht, wenn ein auf dem trocknen Lackmuspapier aufgesetzter Tropfen keine Rötung mehr hervorruft. Das Resultat wird bei Stein- und Kernobst auf Apfelsäure (1 ccm $\frac{n}{10}$ Lauge = 0,0067), bei Beerenobst, Apfelsinen, Zitronen auf wasserfreie Zitronensäure (1 ccm $\frac{n}{10}$ Lauge = 0,0064)[2]) berechnet.

Für die genaue Ermittelung der Zitronensäure in Zitronensäften ist folgendes zu beachten: Die Menge der freien Zitronensäure ergibt sich durch Multiplikation der flüchtigen Säure (Ziffer 15) mit 1,067 und Abziehen des erhaltenen Resultats von der freien Gesamtsäure. Die in Form von Estern vorhandene (an Alkohol gebundene) Zitronensäure wird in folgender Weise ermittelt. 10 ccm Saft werden mit so viel $\frac{1}{2}$ Normal-Lauge versetzt, daß noch 10 ccm mehr davon, als bei der Bestimmung der freien Gesamtsäure verbraucht wurden, vorhanden sind. Nach 2 stündiger Einwirkung bei Zimmertemperatur im fest verschlossenen Kölbchen ermittelt man durch Zurücktitrieren

[1]) Z. f. analyt. Chemie 1903. 42. 38.
[2]) Z. f. U. N. 1909. 18. 31.

mit $^1/_2$ Normal-Salzsäure und Phenolphthalein den Überschuß an Lauge. Der Alkaliverbrauch (Differenz zwischen der verbrauchten Menge und der Menge, die zur Ermittelung der freien Gesamtsäure dient), ergibt durch Multiplikation mit 0,32 die Menge der veresterten Zitronensäure. Die Gesamtzitronensäure ergibt sich aus der Addition der freien Zitronensäure und der veresterten Zitronensäure. Nach A. Beythien tritt bei alkoholhaltigen Zitronensäften schon nach kurzer Zeit Veresterung ein.

15. Flüchtige Säure[1]); ihr Vorkommen in Obstdauerwaren in größeren Mengen deutet auf Verdorbenheit (Gärung); siehe Abschnitt „Wein".

16. Nachweis von Weinsäure, deren Vorkommen in Obstdauerwaren im allgemeinen verdächtig ist. Nach E. Späth[2]) wird der mit der fünffachen Menge Wasser verdünnte Saft (im ganzen 50 ccm) mit 50 ccm Alkohol und 5—10 ccm Bleiessig versetzt. Der abfiltrierte Niederschlag wird mit verdünntem Alkohol ausgewaschen und mit heißem Wasser in einen Erlenmeyerkolben gespült, in dem sich etwas Seesand befindet. Man steckt nun auf den Kolben einen doppelt durchbohrten Korken mit einer Gaszuleitungs- und einer -ableitungsröhre aus Glas und leitet in die im Kolben befindliche Masse Schwefelwasserstoff ein. Der Überschuß an Schwefelwasserstoff wird durch Einleiten von Luft verdrängt und das gefällte Schwefelblei unter öfterem Nachwaschen abfiltriert. Das Filtrat wird darauf auf 10 ccm eingedampft, genau neutralisiert und mit 2,5 ccm Eisessig, 2 ccm einer 20%igen Kaliumazetatlösung und 40 ccm einer 20%igen Kaliumchloridlösung versetzt. Nach Zugabe von 50 ccm 96%igem Alkohol und unter Reiben der Glaswände mit einem Glasstab scheidet sich der gebildete Weinstein aus. Man filtriert jedoch erst nach 12—18 Stunden ab. Der abfiltrierte Niederschlag wird zweimal mit absolutem Alkohol gewaschen, dann in Wasser gelöst und mit $\dfrac{n}{10}$ Natronlauge titriert. (1 ccm = 0,0075 Weinsäure.)

17. Nachweis von Zitronensäure; ihr Vorkommen namentlich in abnormen Mengen deutet bisweilen auf Zusatz. Siehe im übrigen den Abschnitt „Wein" sowie Ziffer 14 Abs. 2.

18. Nachweis von Apfelsäure und Trennung dieser Säure von Zitronen- und Weinsäure. Siehe Abschnitt „Wein".

19. Pektinstoffe. Ihr gänzliches Fehlen in Obstdauerwaren läßt auf künstliche Herstellung schließen. Sie werden dadurch ermittelt, daß man den Fruchtsaft oder Marmeladenauszug in einem Reagenzglase mit absolutem Alkohol überschichtet. Die Anwesenheit von Pektinstoffen zeigt sich durch Entstehung eines weißen Ringes an der Berührungszone an. Für die gewichtsmäßige Ermittelung bringt man die Pektinstoffe in 25 ccm Lösung mit 125 ccm Alkohol von 96 Vol. % zur Fällung, sammelt den Niederschlag auf einem gewogenen Filter, wäscht ihn mit Alkohol derselben Stärke aus, trocknet und wägt. (Gewicht der Asche und des Eiweißgehaltes (N × 6,25) des Niederschlages ist in Abzug zu bringen.)

---

[1]) Milchsäure kommt nur bei vergorenen Produkten (vgl. Abschnitt „Wein") in Betracht.
[2]) Z. f. U. N. 1901. 4. 537.

20. **Stickstoff** wird nach dem **Kjeldahlschen** Verfahren (S. 34) bestimmt. Trennung der einzelnen Stickstoffarten nach Windisch und. K. Böhm[1]). Zum Nachweis von Rübenkraut bzw. Melasse im Obstkraut kann die Ermittelung des Basenstickstoffs (Betains u. a.) nach Sutthoff und Großfeld dienen[2]).

21. **Künstliche Süßstoffe** (Saccharin) siehe Abschnitt „Wein" und „Bier".

22. **Zucker und Stärkesirup.**

a) **Direkt reduzierender Zucker.** Zu 100 ccm einer durch Abdampfen auf etwa $\frac{1}{3}$ des Volumens vom Alkohol befreiten und mit Wasser auf das ursprüngliche Volumen wieder ergänzten Lösung, die nicht mehr als 1 g gelöste Stoffe in 100 ccm enthält (die Kenntnis des Extraktes [vgl. Ziff. 2, vorletzter Abs.] der zu untersuchenden Lösung ist hierfür Voraussetzung), setzt man 10 ccm Bleiessig, schüttelt um und filtriert einen aliquoten Teil ab. Das überschüssige basische Bleiazetat wird durch Zufügen von Dinatriumphosphat in fester Form oder in gesättigter Lösung gefällt, die Lösung auf eine bestimmte Marke aufgefüllt, geschüttelt, wiederum filtriert und 25 ccm des Filtrates zur Bestimmung des Zuckers (Traubenzuckers) nach der von Allihn angegebenen Vorschrift benutzt (Näheres siehe Abschnitt „Zuckerbestimmungen im allgemeinen Teil). Die vorgenommene Verdünnung der ursprünglichen Lösung ist in Rechnung zu ziehen.

b) **Gesamtzucker.** Der Ausdruck umfaßt den direkt reduzierenden Zucker nebst der durch Inversion in Invertzucker übergeführten Saccharose[3]). Man benutzt hierzu die gemäß a) erhaltene, für die Zuckerbestimmung vorbereitete Lösung, neutralisiert diese, setzt dann noch 2,5 ccm konzentrierte Salzsäure (spez. Gew. 1,19) auf 100 ccm hinzu und erhitzt unter Einstellung des Thermometers genau 5 Minuten auf 67—70⁰. Die unter der Wasserleitung sofort abgekühlte Lösung wird dann aufs neue neutralisiert und zur Marke aufgefüllt. Die Bestimmung des Gesamtzuckers in dieser Lösung erfolgt nach Allihn (S. 42) als Invertzucker. Hat man den Extrakt aus dem spezifischen Gewicht der invertierten Lösung 1:10 (vgl. unter Ziffer 2 letzter Absatz) ermittelt, so hat man nach entsprechender Verdünnung dieser Lösung (vgl. unter 22a.) nur noch mit Natronlauge zu neutralisieren und die Lösung nach Allihn zu verwenden.

c) **Rohrzucker (Saccharose).** Aus der Differenz des Gesamtzuckers und des nach a) erhaltenen direkt reduzierenden Zuckers gemäß S. 42. Der Saccharosegehalt kann auch annähernd aus den Ergebnissen der Polarisation vor und nach der Inversion nach der Clergetschen Formel ermittelt werden; vgl. Abschnitt Zuckerbestimmungen im allgemeinen Teil sowie Anlage E zum Zuckersteuergesetz (Ermittelung des Zuckergehaltes von zuckerhaltigen Waren). Der ungefähre Saccharosegehalt ergibt sich durch Multiplikation des Differenzergebnisses

---

[1]) Z. f. U. N. 1904. 8. 347.
[2]) Ebenda. 1914. 27. 177 u. 183.
[3]) Vgl. auch den Abschnitt „Zuckerbestimmungen" im allg. Teil.

der Polarisation vor und nach der Inversion mit 5,7 (ermittelt in der Lösung 10 g:100 ccm im 200 mm-Rohr).

Zur Ausführung der Polarisation vor und nach der Inversion verfährt man nach S. 46.

Bei Marmeladen u. dgl. benützt man die invertierte Lösung, wie sie zur Feststellung des Extraktes hergestellt wird. (Vgl. Ziffer 2 letzter Absatz). Man verwendet 80 ccm der Grundlösung, neutralisiert genau, entfärbt, füllt auf 100 ccm auf und polarisiert.

Die Polarisation der nichtinvertierten Lösung der Obstdauerwaren ist im allgemeinen nicht erforderlich. Die abgelesene Drehung wird bei Apparaten mit Kreisgradteilung in Winkelgraden sowie unter Erwähnung der Rohrlänge und der Verdünnungsgrade der benutzten Lösung angegeben. Zur Umrechnung der bei Apparaten mit Zuckerskala abgelesenen Werte auf Kreisgrade siehe S. 18. Die Berechnung des spezifischen Drehungsvermögens des gesamten Invertzuckers erfolgt nach S. 46.

d) Stärkesirup. Qualitativ nach J. Fiehe[1]); 10 g Substanz (Fruchtsaft) werden mit 10 g Wasser verdünnt, nach Zugabe von 5 Tropfen einer $10^0/_0$igen Ammoniumoxalatlösung aufgekocht, mit Tierkohle nochmals aufgekocht und dann filtriert. 2 ccm des klaren Filtrates versetzt man mit 2 Tropfen Salzsäure (1,19) und mit 20 ccm Alkohol von $94^0/_0$. Reine Säfte bleiben völlig klar, während selbst ein geringer Prozentsatz Stärkesirup sich durch Trübung bemerkbar macht.

Zur quantitativen Bestimmung verfährt man nach A. Juckenack und A. Pasternack[2]), indem man die entfärbte, 1:10 verdünnte, invertierte Lösung (Näheres siehe unter Zuckerbestimmung) bei 20^0 polarisiert und die erhaltene Drehung ($[a]_D$) auf spezifische Drehung von 100 g Extrakt in 100 ccm im 100 mm-Rohr umrechnet und aus dem Resultat einen etwa sich ergebenden Stärkesirupgehalt der Tabelle S. 654 entnimmt. Das folgende Beispiel möge diese Berechnung noch näher erläutern.

Das spezifische Gewicht eines alkoholfreien Fruchtsaftes (für Marmeladen kommt eine Verdünnung in Betracht, wie sie sich aus dem mitgeteilten Untersuchungsgang ergibt; siehe auch die nachfolgenden Ausführungen) sei 1,3260 = 65,99 g Extrakt in 100 g, die Drehung der invertierten Lösung (10 g : 100 ccm im 200-mm-Rohr) sei + 4,3°, so drehen 10 g Saft im 100-mm-Rohr = + 2,15°, also 100 g ursprünglicher Saft im 100-mm-Rohr = + 21,5°.

Die spezifische Drehung des Extraktes (Drehung von 100 g Extrakt im 100-mm-Rohr) beträgt somit

$$\frac{21,5 \times 100}{65,99} = 32,6^0.$$

Dieser Wert entspricht gemäß der Tabelle (S. 654) 42,4 wasserhaltigem Stärkesirup in 100 g Extrakt; in 65,99 g Extrakt (= 100 g ursprünglicher Saft) sind somit

$$\frac{65,99 \times 42,4}{100} = 27,98 \text{ g}$$

Stärkesirup enthalten.

---

[1]) Z. f. U. N. 1909. 18. 31.
[2]) Z. f. U. N. 1904. 8. 10; A. Beythien hat hierzu eine mathematische Begründung gegeben, vgl. Z. f. U. N. 1911. 21. 271 sowie A. Beythien und B. Simmich, ebenda 1910. 20. 241; L. Grünhut, Z. f. analyt. Chemie 1910. 49. 745.

Zur Ermittelung des Stärkesirupgehaltes in Marmeladen und ähnlichen Produkten benutzt man das Ergebnis der „invertierten Lösung" (vgl. Extraktbestimmung Ziffer 2, letzten Absatz), indem man es durch Division mit 2 auf das 100 mm-Rohr umrechnet; darauf dividiert man den erhaltenen Wert durch den Extraktgehalt derselben Lösung und multipliziert mit 100. Das Resultat ist = spez. Drehung des invertierten Extraktes. Die weitere Berechnung ergibt sich sinngemäß aus dem vorher aufgeführten Beispiel.

Da kleine Schwankungen in der Zusammensetzung des Stärkesirups vorkommen (die mittlere spezifische Drehung des Stärkesirups ist = + 134,1° festgestellt, die spezifische Drehung des Invertzuckers beträgt = 21,5°), so gilt als analytische Fehlergrenze 5% bei Fruchtsäften, 10% bei Marmeladen (vgl. auch die Heidelberger Beschlüsse im Abschnitt „Beurteilung").

Auf Pflaumenmus und Apfelkraut läßt sich die Stärkesirupmenge nicht nach der Juckenackschen Tabelle berechnen, da der invertierte Extrakt wegen mangelnden Zuckergehalts der Muse fast = 0, bei Apfelkraut, in dem die Fruktose vorwiegend ist, im Mittel etwa — 40° ist. Nach A. Beythien ist daher der Berechnung bei Musen die Formel

$$x = \frac{100}{134,1} \cdot D; \quad \text{bei Apfelkraut} \quad x = \frac{100}{174,1} (D + 40) \text{ zugrunde zu legen.}$$

wobei x = der Gehalt an wasserfreiem Stärkesirup in der vorhandenen Extraktmenge, D = die spezifische Drehung des invertierten Extraktes bedeutet. Die Menge des wasserhaltigen Stärkesirups ist dann der Juckenackschen Tabelle zu entnehmen. Im übrigen ist das erhaltene Resultat noch auf 100 g Mus zu berechnen. Bei Rübenkraut läßt sich die Tabelle von Juckenack direkt anwenden, da die spezifische Drehung des invertierten Extraktes etwa — 17° bis 19° beträgt, also der des Invertzuckers (— 21,5°) sehr nahe liegt. Bei Wacholdermus beträgt die spezifische Drehung des Extraktes nur etwa — 10 bis — 11° (nach Lührig[1]) und Köpke[2]). Somit ergibt sich die Gleichung

$$x = \frac{100}{134,1 + 10,5} (D + 10,5).$$

P. Hasse wendet zur Berechnung des Stärkesirupgehaltes unter der Voraussetzung, daß die invertierte Lösung (10 g : 100 ccm) im 200 mm-Rohr polarisiert ist, folgende Formeln an:

α) für Fruchtsirupe = 0,17 E + 3,9 p (E = Extraktgehalt in Prozenten, p = Polarisation) oder 10 + 4mal Polarisation.

β) Für Marmeladen: 1/6 Extrakt + 4mal Polarisation.

γ) Für Pflaumenmus: 4,5 Extrakt × Polarisation.

Zum steueramtlichen Nachweis von Stärkesirup in Fruchtdauerwaren siehe die Ausführungsbestimmungen zum Zuckersteuergesetz Anlage E S. 759.

23. Zuckerfreier Extrakt. Dieser Wert gibt über die Echtheit bzw. Verdünnung der Fruchtsäfte usw. gewisse Anhaltspunkte und wird durch Subtraktion des Gesamtzuckers vom Extraktgehalt, bei Marmeladen, Jams und Pasten vom Extraktgehalt der invertierten Marmelade (vgl. Ziffer. 2, letzter Abs.) ermittelt.

---

[1] Pharm. Zentralh. 1908. 49. 277.
[2] Ebenda 279.

24. Rohfaser wird im allgemeinen sehr selten, gegebenenfalls nach den S. 54 angegebenen Methoden bestimmt. Man kann die Bestimmung entweder in der Marmelade selbst oder auch in dem entfetteten unlöslichen Rückstand (vgl. „Unlösliche Stoffe") ausführen.

25. Gelatine und Agar (Gelose) sind Verfälschungsmittel von Marmeladen, Obstkraut, Gelees und auch Fruchtsirupen, daneben aber auch normale Bestandteile von zusammengesetzten Artikeln, wie Geleespeisen, Marmeladeextrakten u. dgl.

Nach dem Verfahren von A. Bömer[1]) fällt man eine konzentrierte Lösung des Materials mit der 10 fachen Menge Alkohols von 96 Vol. % und bestimmt in dem getrockneten Niederschlag den Stickstoffgehalt (s. Bestimmung der Pektinstoffe). Bei Zusatz von Gelatine ist dieser Niederschlag erheblich reicher an Stickstoff als bei reinen anderen Produkten. Beckmann[2]) gibt zur Lösung während des Eindampfens Formaldehyd, das mit Gelatine eine unlösliche Verbindung eingeht. O. Henzold[3]) versetzt die heiße Lösung mit Kaliumbichromat (1 + 9) im Überschuß, kocht auf und setzt nach sofortigem Abkühlen 2 oder höchstens 3 Tropfen konzentrierte Schwefelsäure hinzu, worauf das Entstehen eines weißen, feinflockigen Niederschlags, der sich rasch zusammenballt, auf Gelatine hinweist. Agar-Agar (Gelose) enthält, wenn es nicht gut gereinigt ist, Diatomeen, die nach Marpmann nachgewiesen werden können, nachdem die Substanz mit 5 %iger Schwefelsäure und einigen Kristallen von Kaliumpermanganat gekocht ist. Im Rückstand werden die Diatomeen mikroskopisch nachgewiesen.

Zum Nachweis von Gelatine und Gelose nach A. Desmoulières[4]) dampft man 200 ccm einer Lösung der Marmelade 1 : 10 zum Sirup ein und fällt mit 100 ccm eines 90 %igen Alkohols. Der durch Dekantieren gewonnene Niederschlag wird in zwei Teile geteilt, wovon man den einen in Wasser löst und die Lösung mit Pikrinsäure und Tannin auf Gelatine prüft, die in diesen Lösungen Niederschläge hervorruft. Der andere Teil wird mit Kalziumoxyd erhitzt, wobei Gelatine Ammoniak entwickelt. Zur Prüfung auf Agar wird, falls Gelatine vorhanden ist, der durch Alkohol gefällte Niederschlag in kochendem Wasser gelöst, mit Kalkwasser alkalisch gemacht, 2—3 Minuten gekocht und durch feine Leinwand filtriert. Das mit Oxalsäure neutralisierte Filtrat engt man auf dem Wasserbade ein, versetzt mit Formaldehyd und dampft zur Trockne. Der mit Wasser einige Minuten gekochte Rückstand wird durch einen Heißwassertrichter filtriert, das Filtrat auf 7—8 ccm eingedampft und in ein Reagenzglas gegossen. Bei Gegenwart von Agar-Agar entsteht nach dem Abkühlen eine steife Gallerte, welche beim Umdrehen des Glases nicht ausfließt. Ist keine Gelatine vorhanden, so fällt die Behandlung mit Formaldehyd fort.

Nach Härtel und Sölling[5]) werden 30 g der Marmelade mit 270 g heißem Wasser unter beständigem Umrühren zum Kochen erhitzt, 2—3 Minuten im Kochen erhalten und sofort heiß filtriert. Bei Gegenwart von Agar-Agar entsteht innerhalb 24 Stunden ein feinflockiger Niederschlag, der sich beim Reiben zwischen den Fingern als Agar zu erkennen gibt und beim Erwärmen zu einem dünnen Häutchen eintrocknet. Sind größere Mengen zugegen, so wäscht man die Ausscheidung mit kaltem Wasser, erhitzt sie darauf mit wenig Wasser im siedenden Wasserbade und läßt erkalten. Bei Anwesenheit von 0,1 % Agar-Agar entsteht eine feste Gallerte nach Art eines bakteriologischen Nährbodens.

An Stelle von Gelatine unterschobener Leim (Rohleim) ist an seiner meist gelbbraunen Farbe und am Geruch und Geschmack (Koch-

[1]) Chem.-Ztg. 1895. 552.
[2]) Forschungsberichte über Lebensmittel 1896. 3. 324.
[3]) Zeitschr. f. öff. Chem. 1900. 6. 292.
[4]) Rep. Pharm. 1902. 14. 337; Z. f. U. N. 1903. 6. 763.
[5]) Z. f. U. N. 1910. 20. 168.

probe) und geringerer Gelierfähigkeit erkennbar. Siehe auch Buttenberg[1]).

26. Pentosane. Ihre Bestimmung kann namentlich in Obst-
und Rübenkraut notwendig werden (vgl. die Beurteilung) und erfolgt
am besten nach dem von J. König[2]) angegebenen Verfahren.

27. Glyzerin siehe Abschnitt Wein.

28. Künstliche Fruchtäther werden häufig Fruchtsirupen,
alkoholfreien Getränken und Limonaden, sowie Aromatisierungsmitteln
für Fruchtspeisen, sogenannten Geleespeisen, -extrakten und Marmeladeextrakten zugesetzt und lassen sich mit Sicherheit nur am Geruch erkennen. Methoden zum Nachweis geben das Schweizerische Lebensmittelbuch, sowie Kreis[3]) und Landolt[4]) an.

29. Schaumerzeugungsmittel sind namentlich Saponin (gewonnen als wäßriger Auszug aus der Seifenwurzel, namentlich der
levantinischen, und der Quillayarinde), sowie Glyzyrrhizin (aus Süßholz)
und finden bei der Herstellung kohlensaurer alkoholfreier Getränke
Verwendung. Neben Saponin enthält der wäßrige Auszug der Quillayarinde noch die Glykoside Quillayasäure und Sapotoxin (Blut- und Plasma-
gifte). Reines Saponin gibt folgende Identitätsreaktionen:

Mit Wasser geschüttelt einen feststehenden Schaum; bei Berühren
mit Schwefelsäure entsteht zunächst am Rande Rot-, dann Violettfärbung.
Nach der von E. Schär angegebenen Reaktion wird eine Lösung von Saponin
in Chloralhydrat auf konzentrierte Schwefelsäure geschichtet, wodurch
eine gelbe Zone, später eine purpurrote und malvenviolette Färbung hervorgerufen wird. Mit Fröhdes Reagens (100 ccm konzentrierte Schwefelsäure + 1 g
Ammonmolybdat) gibt Saponin etwa $^1/_4$ Stunde nach dem Verreiben eine blauviolette Färbung, die nach einer weiteren $^1/_4$ Stunde in ziemlich reines Grün
übergeht, dann verblaßt und schließlich grau wird. Die Gewinnung des reinen
Schaumerzeugungsmittels aus den Limonaden ist eine unerläßliche Bedingung
für den Nachweis. Hierzu eignet sich besonders das Verfahren von Brunner
und Rühle[5]). Da die Identitätsreaktionen unter Umständen versagen können,
verfährt man am sichersten nach dem hämolytischen Verfahren, nach der von
J. Rühle[6]) gegebenen Darstellung.

30. Kohlensäure wird wie bei Bier und Schaumwein ermittelt.

31. Nachweis von Betain und des in Melasse enthaltenen **Gesamt-
basenstickstoffs** nach Suthoff und Großfeld[7]). Die Ermittelung
kann zur Feststellung von Melasse in Rübenkraut und Obstkraut sowie
auch zum Nachweis von Rübenkraut in Obstkraut zweckdienlich sein.

32. Stärke wird in bekannter Weise qualitativ und quantitativ
nachgewiesen; kommt übrigens in unreifen Früchten vor. Siehe auch
Haupt, Z. f. U. N. 1916. **32.** 411.

Saponinnachweis nach Müller-Hössly, Mitt. a. d. Gebiet der Lebensm.-
Unters. u. Hygiene des Schweizer Gesundh.-Amtes 1917. 113; Pharm. Zentralh.
1917. 468.

[1]) Z. f. U. N. 1918. **35.** 101.
[2]) Handbuch; Chemie der menschl. Nahrungs- u. Genußmittel, III. Band.
1. Teil.
[3]) Chem.-Ztg. 1907. **31.** 399.
[4]) Desgl. 1911. **35.** 677.
[5]) Z. f. U. N. 1902. **5.** 1197 und 1908. **16.** 165.
[6]) Desgl. 1912. **23.** 566.
[7]) Desgl. 1914. **27.** 177. 183.

Beurteilung.

Das Feilhalten und Verkaufen von Frischobst sowie die Herstellung, das Feilhalten und Verkaufen der Obsterzeugnisse unterliegt den Bestimmungen des Gesetzes betr. den Verkehr mit Nahrungs- und Genußmitteln sowie Gebrauchsgegenständen vom 14. Mai 1879 und einigen Ergänzungsgesetzen, auf die an geeigneter Stelle eingegangen ist.

Zur Vermeidung von Wiederholungen seien die für alle Arten von Obsterzeugnissen gültigen Beurteilungsnormen den übrigen vorangestellt:

1. Betr. gesundheitsschädliche Metalle auf Grund folgender gesetzlicher Bestimmungen: Der §§ 12—14 des Nahrungsmittelgesetzes und des § 1 des Gesetzes betr. die Verwendung gesundheitsschädlicher Farben bei der Herstellung von Nahrungs- und Genußmitteln vom 5. Juli 1887 sowie der §§ 1—3 des Gesetzes betr. den Verkehr mit blei- und zinkhaltigen Gegenständen vom 25. Juni 1887.

Die über das Vorkommen von Metallen wie Kupfer, Blei, Zinn, Zink im Abschnitt Gemüsedauerwaren gemachten Ausführungen sind in vollem Umfange auf Obsterzeugnisse übertragbar, insbesondere auch soweit es sich um die Aufnahme von Metallen aus Gefäßen, namentlich aus Einkochkesseln, den Konservendosen (-büchsen) und um die Aufgrünung (Färbung) mit Kupfer handelt. Kupfer und Zink können auch in sehr kleinen Mengen natürliche Bestandteile sein. Bestimmte Grenzen für die im Einzelfalle zu duldende Menge lassen sich nicht ziehen. Diese Feststellung bleibt den Entscheidungen der Hygieniker und Pharmakologen vorbehalten.

Bezüglich des Kupfergehalts[1]) kann man die für Gemüsedauerwaren von 55 mg in einem Kilogramm festgesetzte Grenze auch auf Obsterzeugnisse übertragen. Österreich verbietet in 1 kg mehr als 50 mg unlöslicher und mehr als Spuren löslicher Kupferverbindungen in Dörrobst.

Blei- und Arsengehalt auch in kleinsten Mengen ist schädlich und verlangt besondere Aufmerksamkeit und Nachforschen nach der Ursache.

Über bleihaltiges Pflaumenmus s. Klostermann u. Scholta, Z. f. U. N. 1917. 33. 304.

Betreffs Zinns sei auf das Gutachten[2]) der Preußischen Deputation für das Medizinalwesen vom 13. Mai 1914 verwiesen. 100 mg in 1 kg gelten noch als zulässig.

Zink ist namentlich in Dörrobst (besonders in Apfelschnitten) beobachtet worden und gelangt entweder durch Aufstreuen von Zinkoxyd zum Zwecke der Erzielung einer weißen Farbe oder durch Trocknen auf Zinkhorden in die getrockneten Früchte. Das Aufstreuen von Zinkoxyd bedeutet mindestens einen Verstoß gegen § 10 des Nahrungsmittelgesetzes

---

[1]) Nach dem Urteil des Reichsgerichts vom 18. Mai 1914 (Z. f. U. N., Gesetze u. Verordn., 1914. 362) ist die Färbung mit Kupfersalzen unter allen Umständen eine Nahrungsmittelfälschung, da der Zusatz von Kupfer nach § 1 des Farbengesetzes grundsätzlich verboten ist (vgl. auch die früheren Urteile im Abschnitt „Gemüsedauerwaren").

[2]) Z. f. U. N. (Gesetze u. Verordnungen) 1915. 369.

wegen Vortäuschens von frischem Aussehen. Zink soll aber auch aus verzinkten Einkochkesseln durch Muse und Marmeladen aufgelöst werden[1]).

Die Schweiz verbietet die gesundheitsschädlichen Metallverbindungen in Obstkonserven. Zinkhaltiges Dörrobst gilt in Österreich als gesundheitsschädlich.

2. Betr. Verdorbenheit und Gesundheitsschädlichkeit infolge Verdorbenheit (§§ 10—14 des Nahrungsmittelgesetzes) sowie § 367 Abs. 7 des Strafgesetzbuches.

Das Verderben von Frischobst ist in der Regel das Werk von Mikroorganismen oder von Schädlingen wie Milben, Maden u. dgl. (Dörrobst), seltener auf chemische (fermentative) Vorgänge zurückzuführen. Die auf Kleinlebewesen zurückzuführenden Erzeugnisse der Veränderungen und Fehler sind Gärungserscheinungen, Gas- (Bombage), Alkohol-, Essigsäurebildung, Schimmelansatz, Verfärbung, Trübung, fadenziehende und schleimbildende Beschaffenheit, seltener übelriechende faulige Zersetzung. Für toxinbildende Mikroorganismen sind Obsterzeugnisse im allgemeinen wegen der fast gänzlich mangelnden Eiweißstoffe kein Boden.

3. Betr. das Färben.

Das Färben von Obstdauerwaren mit gesundheitsschädlichen Farben ist gemäß dem für alle Nahrungs- und Genußmittel sowie für zahlreiche Gebrauchsgegenstände erlassenen Farbengesetz sowie auch gemäß dem Nahrungsmittelgesetz (§§ 12—14) verboten.

Das Färben, auch mit unbedenklichen Farkstoffen (es kommen fast ausschließlich Teerfarbstoffe in Betracht; von Pflanzensäften die von Heidelbeeren und Kirschen, selten Orseille, Kermesbeeren [Phytolacca]) gilt als Verfälschung im Sinne des § 10 des Nahrungsmittelgesetzes und ist daher nur unter Deklaration statthaft. Der Zusatz von Farbstoffen zählt nicht zu der anerkannten herkömmlichen und normalen Herstellungsweise und nicht zum Wesen der Obstdauerwaren, sondern erfolgt zur Verdeckung unlauterer Manipulationen (Entziehung wertvoller Bestandteile oder Verarbeitung von minderwertigen Ersatzstoffen) oder auch zur Sicherung eines besonderen günstigen Aussehens für den Fall, daß Mängel bei der Herstellung und Aufbewahrung der Waren eingetreten sind oder während der letzteren erwartet werden. Durch Färben soll den Obsterzeugnissen der Anschein einer besseren Beschaffenheit verliehen werden.

Auch das Auffärben mit dunkelroten Fruchtsäften, die naturgemäß eine erhebliche (8—10fache) Färbekraft besitzen, wie z. B. des Saftes gewisser Kirschsorten und von Heidelbeeren, ist der Färbung mit Teerfarben als gleichwertig zu erachten. Nach den Heidelberger Beschlüssen vom Jahre 1909[2]) ist bei der Deklaration eines Färbemittels das Wort „gefärbt" zu verwenden. Das Wort genügt unter allen Umständen[3]).

---

[1]) Über zinkhaltige Pflaumenmuse, Salkowski, Z. f. U. N. 1917. 33. 1.

[2]) Z. f. U. N. 1909. 18. 37.

[3]) Vgl. auch die eingehenden Abhandlungen von Ed. Späth über die künstliche Färbung unserer Nahrungs- und Genußmittel; Pharm. Zentralh. 1910. 51. 935 nebst Fortsetz.

In zahlreichen Entscheidungen ist das Färben als Verfälschung angesehen; z. B. im Urteil des Kammergerichts Berlin vom 10. April 1902[1]) und des Oberst. Ldg. zu München vom 13. VI. 1908[2]).

Das Urteil des Oberldg. Dresden vom 30. Oktober 1902[3]) stellt fest, daß das Färben mit Kirschsaft eine Verfälschung ist.

Im Urteil des Ldg. Koblenz vom 4. Januar 1911[4]) ist ausgeführt, daß der gleichzeitige Zusatz von Kirschsaft und Teerfarbstoff bei einem Fruchtsaft, der als „mit Kirschsaft gedunkelt und gefärbt" bezeichnet war, als Verfälschung erachtet wird, weil diese Deklaration nur auf den „Kirschsaft", nicht aber auch gleichzeitig auf den Teerfarbstoff anwendbar sei.

Nach einem Urteil des Ldg. Chemnitz[5]) ist ferner die Bezeichnung „Beerenrot" keine genügende Deklaration der künstlichen Färbung. Dasselbe trifft somit auch auf die oft zu beobachtenden Worte „mit Konditorrot, wo Farbe verlangt wird" oder „mit Konservenrot" u. dgl. zu.

Künstliche Färbungen bei Marmeladen, Gelees, Kompotten, Musen sind von den Gerichten ebenso bewertet worden wie bei Fruchtsäften. Vgl. auch die Beurteilung derselben in den nachfolgenden besonderen Teilen. Bei ganzen Früchten (eingemachten, kandierten usw.) ist Färbung nur unter gewissen Voraussetzungen zu beanstanden, z. B. wenn das Färben zum Zweck der Verdeckung von Minderwertigkeit erfolgt ist. (Urteil des R.-G. vom 8. Mai 1914[6]).

In der Schweiz ist das Färben von Obsterzeugnissen mit unschädlichen Farbstoffen ohne Deklaration gestattet, in Österreich verboten.

4. Betr. chemische Frischerhaltungs- (Konservierungs-) mittel.

Der Verein Deutscher Nahrungsmittelchemiker hat im Jahre 1906[7]) darüber folgenden Beschluß gefaßt: „Der Zusatz von Konservierungsmitteln ist nur insoweit gestattet, als ihre Gesundheitsunschädlichkeit bei dauerndem Genuß feststeht. Der Zusatz ist in jedem Falle nach Art und vorhandener Menge zu deklarieren."

Dieser Beschluß steht in vollständiger Übereinstimmung mit den Ansichten der Hygieniker. In mehreren Gutachten der preußischen wissenschaftlichen Deputation für das Medizinalwesen und solcher anderer Bundesstaaten ist die Frage der Gesundheitsschädlichkeit der zurzeit wichtigsten Frischerhaltungsmittel, der Ameisensäure, Benzoesäure, der Salizylsäure und deren Salze sowie die Unzulänglichkeit der chemischen Erhaltungsverfahren und deren nachteilige Wirkung auf Obstdauerwaren eingehend behandelt und im allgemeinen der Standpunkt vertreten, daß der Zusatz von Konservierungsmitteln ohne Deklaration als Verfälschung gemäß § 10 d. N. G. anzusehen ist. Im Einzelfalle ist die Beurteilung dem medizinischen Sachverständigen zu überlassen. In Betracht kommen:

---

[1]) Auszüge 1905. 6. 251.
[2]) Z. f. U. N. (Gesetze u. Verordn.) 1909. 65.
[3]) Auszüge 1905. 6. 272.
[4]) Z. f. U. N. (Gesetze u. Verordn.) 1911. 460.
[5]) Bericht d. Unters.-Amts Chemnitz 1914. S. 27.
[6]) Z. f. U. N. 1914. 362.
[7]) Ebenda 1906. 12. 34.

Das Gutachten[1]) der Königl. Preuß. wissenschaftlichen Deputation für das Medizinalwesen vom 22. März 1911 über Ameisensäure[2]). Die Gesundheitsschädlichkeit ist verneint worden. In einem Urteil des Landgerichts II Berlin wurde ausgesprochen, daß durch Zusatz von Fruktol (verdünnte Ameisensäure) zu Himbeersaft der Verkehrswert desselben verringert würde. Die Deklaration „mit Fruktol konserviert" genüge nicht, denn diese Bezeichnung für Ameisensäure sei dem großen Publikum ganz unbekannt.

Die Gutachten der Königl. Preußischen Wissenschaftlichen Deputation für das Medizinalwesen vom 17. Februar 1904[3]) und vom 9. Januar 1908 über Salizylsäure[4]), deren Gesundheitsschädlichkeit grundsätzlich nicht bezweifelt wird. Urteile: betr. Gesundheitsschädlichkeit Ldg. Dessau vom 11. Mai 1909[5]); betr. Verfälschung Ldg. I Berlin vom 4. Februar 1905, Kammerger. vom 16. Mai und 15. November 1905[6]).

Das Gutachten der Königl. Preußischen Wissenschaftlichen Deputation für das Medizinalwesen über Benzoesäure[7]), deren Wirkung auf den menschlichen Organismus weniger bedenklich ist als die der Salizylsäure.

Urteil des Ldg. Stettin vom 1. Mai 1912 betr. Apfelmus mit Benzoesäure[8]).

Urteil des Ldg. Darmstadt vom 9. September 1913 und des Reichsgerichts vom 19. Januar 1914[9]) betr. Zusatz von Bazidolin (Benzoaten und Sulfiten zu Pflaumenmus und alkoholfreien Getränken).

Die übrigen Konservierungsmittel werden wie folgt beurteilt: Schweflige Säure und Sulfite sind, in beschränktem Maße benutzt, erlaubte Hilfsmittel bei der Obstverwertung. Außer in der Kellerwirtschaft, bei der Behandlung der Obstweine und Obstsäfte, haben jedoch diese Stoffe im wesentlichen nur bei der Fabrikation des

---

[1]) Z. f. U. N. (Gesetze u. Verordn.) 1911. 923. Veranlassung dazu gab ein Fruchtsaft mit 2,5 g Ameisensäure im Liter.

[2]) Im Handel in 10%iger Lösung auch Fruktol, Werderol usw. genannt.

[3]) Ist nicht veröffentlicht.

[4]) Z. f. U. N. 1908. 15. 440. Die Schweiz gestattet bis zu 250 mg Salizylsäure in 1 kg Konfitüren oder Gelees.

[5]) Auszüge 1912. 8. 583.

[6]) Auszüge 1908. 7. 397.

[7]) Nach Zeitschr. f. öff. Chemie 1911. 238. Im Handel auch Kordin, Bazidol, Hydrinsäure, Benzoazyt usw. genannt. Als Ersatz für Benzoesäure kommt Zimtsäure (sog. Phenakrol) und Metakresotinsäure vor; Gesundheitsschädigungen sind nicht bekannt geworden. Mikrobin heißt ein neues Erhaltungsmittel, das aus Chlorbenzoesäure besteht. Das natürliche Vorkommen minimaler Mengen von Salizyl- und Benzoesäure in Früchten ist für die Beurteilung dieser Stoffe als Frischerhaltungsmittel bedeutungslos. Die natürlichen Mengen sind so klein, daß sie gegenüber den zur Haltbarmachung benötigten Mengen nicht in Betracht kommen.

In 100 g Himbeeren sind 0,10 bis 0,25 mg Salizylsäure

„ „ „ „ „ 0,4 „ 0,7 „ Borsäure.

„ „ „ Preißelbeeren „ 4,5 „ 22,4 „ Benzoesäure

„ „ „ Brombeeren „ 2,1 „ 6,1 „ „

nachgewiesen.

[8]) Z. f. U. N. (Gesetze u. Verordn.) 1914. 389.

[9]) Ebenda (Gesetze u. Verordn.) 1914. 223.

Dörrobstes (insbesondere der Prünellen, Aprikosen, und der Apfelschnitte)
entsprechende Bedeutung erlangt. Da die schweflige Säure neben der
keimtötenden auch eine bleichende Wirkung ausübt, ist das Nähere
im nachfolgenden Abschnitt enthalten.

Flußsäure (Fluorwasserstoff und dessen Salze) besitzt, wie allgemein bekannt ist, den Nachteil größter Gesundheitsschädlichkeit
schon in kleinsten Mengen. Wenn auch die Art ihrer Anwendung (Ausfällung durch Kalk vor dem Verarbeiten der Rohsäfte zu Sirupen[1])
die wesentlichen Bedenken ausschließt, so können doch durch Unachtsamkeit Unglücksfälle bei Anwendung dieses Verfahrens entstehen.
Zudem läßt sich das Verfahren auch ohne Schädigung des Gehalts und
Geschmacks der Rohsäfte nicht anwenden, da ein unvermeidlicher
Verlust an Fruchtsäuren bei Ausfällung der Flußsäure mit kohlensaurem
Kalk eintritt. Mit einer Verschlechterung der Ware im Sinne des § 10
des Nahrungsmittelgesetzes muß also ebenfalls gerechnet werden, wenn
auch in anderem Sinne, als dies bei Anwendung von Stoffen wie der
Ameisensäure u. dgl. der Fall ist, die in den Obsterzeugnissen verbleiben.
Man hat im übrigen auch mit dem Zurückbleiben von kleinen Mengen
gelöster Fluorsalze zu rechnen.

Chemische Erhaltungsmittel wurden wiederholt schon unter Phantasienamen und ohne Angabe der Bestandteile in den Verkehr gebracht
und zur Herstellung von Obstdauerwaren empfohlen. Im Hinblick
auf die Eigenschaften der Erhaltungsmittel muß ein solches Vorgehen
als verwerflich bezeichnet werden.

Die Verwendung von Alkohol in mäßigen Mengen, z. B. in Frucht-
rohsäften ist als zulässig erachtet. Vgl. auch Gutachten des Kaiserl.
Gesundheits-Amtes[2]).

Nach dem Urteil des Ldgs. Görlitz[3]) vom 1. November 1905 ist
noch ein Gehalt von 8—10 Vol. $^0/_0$ Alkohol statthaft. Das Landgericht I
Berlin verurteilte am 21. September 1906 den Verkäufer eines Zitronen-
saftes, dessen Alkoholgehalt 14,95 Vol. $^0/_0$ betrug, wegen Verletzung
der §§ 12—14 des Nahrungsmittelgesetzes. Der Saft war zu Kurzwecken
empfohlen und daher als geeignet, die menschliche Gesundheit zu schädigen, angesehen worden. Das Urteil ist am 18. Januar 1907 vom Kammergericht Berlin[4]) bestätigt worden.

5. Betr. Schaumerzeugungsmittel (Saponine). Diese sind
nach Kobert[5]) und Schär[6]) Substanzen von verschiedener relativer
Giftigkeit. Die Schädlichkeit läßt sich nur mittels Tierversuche feststellen. Das Reichsernährungsamt hat bestimmt, daß die Ersatzmittelstellen 30 mg im Liter unschädlicher Saponine in Fertiggetränken unbeanstandet lassen sollen. Der Nachweis ist durch Belege zu erbringen.

6. Betr. künstliche Süßstoffe: Gemäß § 1 des Süßstoffgesetzes
vom 7. Juli 1909 ist der Zusatz von künstlichen Süßstoffen zu Obstdauer-

---

[1]) Sog. Frutverfahren.
[2]) Zeitschr. f. öffentl. Chemie 1905. 11. 163.
[3]) Z. f. U. N. 1907. 7. 399.
[4]) Z. f. U. N. (Gesetze u. Verordn.) 1910. 510.
[5]) Lehrbuch d. Intoxikationen 1906.
[6]) Z. f. U. N. 1906. 12. 50.

waren, Fruchtlimonaden usw. verboten. Nähere Ausführungen s. Abschnitt „Bier".

7. Betr. die Verwendung von künstlichen Fruchtäthern (Estern). Derartige Zusätze tragen stets den Charakter von Nachahmungen (Kunsterzeugnissen), wenn sie ausschließlich an Stelle von Fruchtbestandteilen treten. Sind sie zur Verstärkung des Fruchtgeschmackes zugesetzt, so handelt es sich um Verfälschung; jedenfalls ist stets ihre Kennzeichnung durch die Worte „künstlich" oder „Kunstprodukt" erforderlich.

8. Betr. Deklaration von außerordentlichen Zusätzen ist nach den Heidelberger Beschlüssen folgendes vereinbart:

Alle Deklarationen müssen auf der Seite angebracht sein, auf welcher der Inhalt der Gefäße bezeichnet ist. Die Deklarationen können auf der Hauptetikette oder auf einem besonderen Etikett angebracht sein; letztere muß sich jedoch alsdann über oder unter der Hauptetikette befinden. Falls nur eine Etikette gewählt wird, muß sich die Deklaration unmittelbar über oder unter der Warenbezeichnung in gleichgroßer Schrift befinden.

Auf Gefäßen bis zu 16 cm Höhe sollen die kleinen Buchstaben der Deklaration 3 mm und auf Gefäßen von über 16 cm Höhe 5 mm groß sein. Bei Kunstmarmeladen, Kunstgelees usw. darf kein Wort der Etikette größer sein als das Wort „Kunst".

Für die Deklaration muß eine leicht lesbare, dunkle Schrift auf weißem Grund genommen werden. Wenn normale Bestandteile auf den Etiketten besonders hervorgehoben werden, darf dies nicht in einer Schrift geschehen, die größer ist als die der Deklaration.

Die einzelnen Gattungen von Obsterzeugnissen sind außerdem noch nach folgenden Gesichtspunkten zu beurteilen:

a) Dörrobst. Behandlung mit schwefliger Säure (Schwefeln) kann den Zweck haben, die Haltbarkeit des Dörrobstes zu erhöhen, dient aber vielfach auch zur Erzielung eines weißlichen Aussehens (Bleichung) und ermöglicht einen größeren Feuchtigkeitsgehalt ohne Schaden für die Haltbarkeit der Ware festzuhalten als ohne Anwendung des Schwefelns möglich wäre.

Nach den Untersuchungen von W. Kerp, H. Schmidt, G. Sonntag, Fr. Sonntag und E. Rost[1]) besitzt die schweflige Säure die Fähigkeit, mit verschiedenen Nahrungsmitteln, insbesondere auch der Glykose des Obstes Verbindungen einzugehen, deren toxikologischer Charakter unter sich verschieden ist und dem der schwefligen Säure an Stärke nicht gleichkommt. Die glykoseschweflige Säure zerfällt jedoch sehr leicht, weshalb sich fast stets neben gebundener schwefliger Säure auch freie schweflige Säure als Produkt hydrolytischer Spaltung im Dörrobst vorfindet. Bei der üblichen Zubereitung des Dörrobstes können somit größere Mengen schwefliger Säure frei werden. Eine nennenswerte Verflüchtigung der Säure dürfte nicht in Betracht kommen.

Als Höchstmenge sind 0,125 g in 100 Teilen zugelassen (Preußischer Ministerialerlaß vom 12. Januar 1904).

In Österreich dürfen bis 100 mg in 1 kg Dörrobst vorkommen.
In Dänemark darf nach den Verordnungen getrocknete Ware nicht mehr als 1.25 g (bisher 1 g) freier und gebundener schwefliger Säure auf 1 kg enthalten.

---

[1]) Arb. a. d. Kais. Gesundheits-Amte 21. sowie Z. f. U. N. 1904. 8. 53. Vgl. ferner A. Beythien Z. f. U. N. 1904. 8. 36.

In der Schweiz ist die künstliche Färbung und Bleichung beim Dörrobst verboten. Zur Konservierung darf außer Kochsalz und Zucker schweflige Säure bis zu 1,25 g per 1 kg in Dörrobst vorkommen. Kalifornisches Dörrobst, das mehr als 1,25 g schweflige Säure in 1 kg enthält, darf nur dann eingeführt werden, wenn auf der Verpackung die Bemerkung „übermäßig geschwefelt, nur gut gekocht zu genießen" angebracht wird.

Nach dem Urteil des Landgerichts I Berlin vom 8. Mai 1915 war in dem Schwefeln von Walnüssen ein Verstoß gegen § 10 des Nahrungsmittelgesetzes zu erblicken, da die Nüsse durch die Behandlung minderwertig geworden waren; sie enthielten in den Schalen 0,0517 %, in den Kernen 0,0192 % schweflige Säure und schmeckten nach schwefliger Säure. Es wurde jedoch angenommen, daß durch das Schwefeln der Anschein eines höheren Wertes, einer besseren Beschaffenheit nicht hervorgerufen wurde; es gäbe keine Nüsse von höherer oder normaler Güte, die im Naturzustand — ungebleicht — das bleiche Aussehen hätten wie die geschwefelten Nüsse.

Der Wassergehalt ist öfter zu hoch und erreicht bis 45 %. Eine solche übergroße Wassermenge gereicht dem Dörrobst aber zum Nachteil. Grenzen für den Wassergehalt sind allerdings bisher nicht festgesetzt. Betreffs Zinkgehalt, Verdorbenheit usw. vgl. S. 247 u. 248.

Analysen von Dörrobst siehe Königs Handbuch, sowie A. Kickton, R. Reich, G. Groß-Michel u. R. Stecher Z. f. U. N. 1904. 1911. 1905 u. 1906.

b) Eingemachte Früchte (Obstkonserven, Kompott- und Dunstfrüchte, in-Essig und Branntwein eingemachte Früchte).

Als Verfälschungsmittel und täuschende Zusätze kommen im wesentlichen Stärkesirup, Farbstoffe, Konservierungsmittel sowie künstliche Süßstoffe in Betracht; die Anwesenheit und Menge des ersteren ergibt sich aus der von J. Fiehe angegebenen Reaktion und aus der Ermittlung der Polarisation (Spez. Drehung nach der Inversion).

Die rechtliche Beurteilung schließt sich im wesentlichen der der Marmeladen an. Über Metalle, insbesondere Kupfer (Aufgrünen von Reineklauden u. dgl.) ist das Nötige im vorhergehenden und im Abschnitt Gemüse-Dauerwaren erwähnt. Bei ganzen Kompottfrüchten ist nach den Heidelberger Beschlüssen[1]) Weinsäure- und Zitronensäurezusatz ohne Kennzeichnung zulässig. Eingesottene Preißelbeeren sind hiervon ausgeschlossen.

Nach der schweizerischen Verordnung müssen Obstkonserven frei von künstlichen Süßstoffen, von künstlichen Fruchtäthern und von gesundheitsschädlichen Metallverbindungen sein. Sie dürfen außer Alkohol, Essig, Gewürzen, Kochsalz und Zucker keine Konservierungsmittel enthalten. Das Färben der Obstkonserven mit unschädlichen Farbstoffen ohne Deklaration ist gestattet.

Zusatz von Stärkesirup ist nach dem Urteil des Ldg. I Berlin vom 12. April 1907[2]), das künstliche Färben nach demselben Urteil wie auch nach dem des Ldg. III Berlin vom 22. März 1911[3]) als Verfälschung zu beanstanden. Von höherinstanzlichen Urteilen sei das Urteil des Ob.-Ldg. in München vom 13. Januar 1903 erwähnt[4]). Es handelt sich um Preißelbeerenkompotte.

Die Beimengung von 20—30 % fremder geringwertiger Beerenfrüchte (Moosbeeren) zu Preißelbeeren hat das Ldg. I Berlin im Urteil

[1]) Siehe S. 256.
[2]) Auszüge 1912. 8. 579.
[3]) Auszüge 1912. 8. 580.
[4]) Pharm. Zentralh. 1910. 1104 (n. Späth).

vom 27. November 1908 bzw. das Kammergericht am 22. Januar 1909[1])
als Verfälschung erachtet.

Bei ganzen, eingemachten Früchten kann Färbung nur dann
als Verfälschung gelten, wenn die Verdeckung minderwertiger Beschaffenheit erwiesen ist. Nach dem Urteil des Ldg. Mainz vom 26. Juni 1911[2])
ist Freisprechung erfolgt, ebenso nach einem Urteil des R.-G. vom 18. Mai
1914[3]), da diese Voraussetzungen nicht zutrafen. Allerdings sollte es
kaum fraglich erscheinen, daß Früchte mit den Bezeichnungen wie
„natürliche Früchte" oder „fruits naturels" u. dgl. nicht gefärbt sein
dürfen.

In der Stärkesirupfrage weicht die Beurteilung auch bei diesen
Früchten von der der übrigen Obsterzeugnisse nicht ab. (Urteil des
Ldg. Elberfeld[4]) vom 21. Juni 1913.)

   Analysen von Kompottfrüchten vgl. Juckenack u. Prause, Z. f. U. N.
1904. 8. 32. Wegen Verdorbenheit usw. s. S. 248.

   c) Früchte in Dickzucker, kandierte Früchte (Beleg-
früchte), glasierte Pasten.

Während erstere kaum eine analytische Würdigung erfahren haben,
bilden Analysen von Pasten von Härtel und Sölling[5]) eine schätzens-
werte Bereicherung.

Für die Erkennung von Verfälschungen gelten hinsichtlich Dick-
zucker- und kandierten Früchten die im Abschnitt über „eingemachte
Früchte" angegebenen Merkmale. Die Schlußfolgerungen aus den bei
Pasten gefundenen Untersuchungsergebnissen sind dieselben, wie sie
für Marmeladen und Gelees angegeben sind.

Im allgemeinen werden diese Produkte auch nach den für Marmeladen und Muse angegebenen Normen beurteilt. Als der Verkehrsauf-
fassung widersprechende Zusätze gelten organische Säuren (Wein- und
Zitronensäure), Konservierungsmittel, künstliche Aromastoffe (Frucht-
ester) und namentlich künstliche Gelierstoffe wie Gelatine, Agar-Agar;
auch Stärkesirup und Stärkezucker sind bei Pasten ohne Deklaration
nicht zulässig; bei Dickzucker, glasierten und kandierten Früchten
bildet ein Zusatz von Stärkesirup[6]) jedoch eine notwendige Fabrikations-
beigabe, weshalb bei diesen Fruchterzeugnissen von seiner Kennzeichnung
abgesehen werden kann. Bezüglich der künstlichen Färbung sind die bei
ganzen eingemachten Früchten angegebenen Gesichtspunkte maßgebend.

   Analysen von echten und nachgemachten Pasten siehe F. Härtel und
J. Sölling, Z. f. U. N. 1910. 20. 708; 1912. 24. 605.

   d) Muse, Marmeladen, Jams, Konfitüren.

   1. Muse[7]). Unter Mus versteht man mit und ohne Zucker[8]) ein-
gekochtes Fruchtmark frischer oder getrockneter Früchte (insbesondere

---

[1]) Z. f. U. N. (Gesetze u. Verordn.) 1911. 13. 12. Auszüge. Bd. VIII. 579.
[2]) Ebenda (Gesetze u. Verordn.) 1912. 14. 76.
[3]) Ebenda (Gesetze u. Verordn.) 1914. 362.
[4]) Ebenda (Gesetze u. Verordn.) 1914. 387.
[5]) Z. f. U. N. 1910. 20. 708; 1912. 24. 605.
[6]) Vgl. u. a. auch F. Härtel und A. Kirchner, Untersuchung von Zi-
tronat, Z. f. U. N. 1911. 22. 350.
[7]) Pflaumenmus heißt auch Powidl.
[8]) Türkisches Pflaumenmus wird ohne Zucker hergestellt. Siehe auch
Nahrungsmittel-Rundschau 1914. 12. 103.

Pflaumen). Die chemische Untersuchung der Muse bleibt im allgemeinen auf den Nachweis von Stärkesirup aus der ermittelten spezifischen Drehung nach der Inversion sowie aus der Reaktion nach Fiehe und auf den Nachweis von Rohrzucker aus den Ergebnissen der Polarisation vor und nach der Inversion beschränkt. Die spezifische Drehung des Pflaumenmuses bzw. dessen löslichen Extraktes beträgt im allgemeinen 0 Grade. Linksdrehung weist daher auf zugesetzten invertierten Rohrzucker hin. Kleine Rohrzuckerreste können nach der von Rothenfußer[1]) angegebenen Methode gefunden werden. Die Berechnung des Stärkesirupzusatzes erfolgt nach der S. 244 angegebenen Weise, die von der für Marmeladen angegebenen abweicht. Rohrzucker ist in der Regel nicht oder höchstens in kleiner Menge vorhanden. Anhaltspunkte zur Feststellung der Reinheit bietet unter Umständen die Berechnung der Verhältniswerte (vgl. Marmelade) sowie die mikroskopische Untersuchung. Betr. Erkennung von verwendetem Dörrobst vgl. Abschnitt „Marmeladen".

Analysen serbischer Pflaumenmuse s. Brunetti, Z. f. U. N. 1911. 22. 408. 1913. 25. 499; von deutschen Musen Juckenack und Prause ebenda 1904. 8. 32.

Die rechtliche Beurteilung erfolgt im übrigen nach den für Marmeladen aufgestellten Grundsätzen.

2. Marmeladen (in weniger breiigem Zustande Jams und Konfitüren genannt)[2]). S. auch S. 256.

Zur Ermittlung des Verhältnisses von ursprünglich verwendeter Fruchtmasse und Zuckerzusatz, das nach S. 256 mindestens 45: 55 betragen soll, muß die Umrechnung auf wasserfreie Substanz unterbleiben; ebenso beim Nachweis von Tresterzusätzen, der sich in der Erhöhung des Gehalts an unlöslichen Stoffen ausdrückt. Vgl. im Abschnitt „Untersuchung".

Für die Feststellung der Fruchtarten bei Marmeladen ist man auf das Resultat der mikroskopischen Untersuchung der unlöslichen Teile (Trester) angewiesen. Als Verfälschungsmittel wird namentlich das Mark von Äpfeln, Birnen und Johannisbeeren, von Kürbissen, Rüben, Mohrrüben, Bananen benutzt. Als Ersatz und zur Verfälschung von Preißelbeeren dienen die damit verwandten Moosbeeren[3]). Die Ermittlung der Verhältniswerte nach den Vorschlägen von E. Baier, P. Hasse und P. W. Neumann: Zuckerfreies Extrakt zu Unlöslichem $\dfrac{e-z}{u}$

und Unlösliches zu Alkalität $\dfrac{u}{a}$[4]), kann die mikroskopische Untersuchung in manchen Fällen unterstützen. Bei Beeren- und Steinobst sind die Unterschiede am beträchtlichsten. Auf die Verwendung von Dörrobst weist unter Umständen ein Gehalt an schwefliger Säure, insbesondere bei niedriger Alkalitätszahl (weniger als 10) hin.

---

[1]) Z. f. U. N. 1909. 18. 135.
[2]) Beythien Z. f. U. N. 1910. 20. 261 empfiehlt Umrechnung auf wasserfreie Substanz.
[3]) Griebel (a. a. O.)
[4]) Vgl. S. 233.

Von organischen Säuren kommt Weinsäure in Obstmarmeladen nicht vor; ihre Anwesenheit deutet daher auf Beimengung dieser Säure; dagegen kann der Nachweis von Zitronen-. und Apfelsäure wegen des natürlichen Vorkommens dieser Säuren in den Früchten nur bei erheblicher, den natürlichen Gehalt übersteigender Menge als erbracht gelten. Die genaue Feststellung der aus der Drehung der invertierten Marmeladen zu berechnenden Menge an Stärkesirup wird durch die aus den Früchten stammenden kleinen und wechselnden Mengen an Glukose und Fruktosezucker in geringem Grade beeinflußt, weshalb eine Korrektur des Untersuchungsergebnisses vereinbart wurde. (Vgl. S. 257). Die Reaktion von Fiehe auf Stärkesirup unterstützt die polarimetrischen Feststellungen und gestattet namentlich auch kleine Mengen an Stärkesirup noch qualitativ zu ermitteln. Die Ermittlung von Farbstoff, Konservierungsmitteln, Gelatine, Agar erfordert keine besondere chemische Deutung.

Analysen von deutschen Marmeladen s. Juckenack und Prause, Z. f. U. N. 1904. 8. 32; Analysen ausländischer Marmelade s. Härtel und Kirchner[1]), ebenda 1913. 25. 94.

Für die Beurteilung sind vorerst die in Gemeinschaft mit den Vertretern der Obstdauerwarenindustrie seitens des Vereins deutscher Nahrungsmittelchemiker im Jahre 1909 in Heidelberg beschlossenen Grundsätze[2]) maßgebend, die folgendermaßen lauten:

Als Grundlage für die Beurteilung eines Nahrungsmittels gilt die normale Beschaffenheit. Abweichungen von dieser Beschaffenheit werden als zulässig erachtet, sofern sie richtig deklariert und die Zusätze nicht gesundheitsschädlich oder wertlos sind. Die beim Einkochen eines Obsterzeugnisses entweichenden und wiedergewonnenen Stoffe dürfen denselben Produkten wieder zugesetzt werden, ohne daß Deklaration nötig ist.

Breiige oder breiig-stückige Fruchtzubereitungen, welche als Konfitüren oder Jams bezeichnet werden, sind als Marmeladen zu beurteilen. Marmeladen sind Zubereitungen aus frischen Früchten und Zucker.

Als Zusätze von Obsterzeugnissen sind unzulässig: unter Zusatz von Wasser ausgelaugte oder der Destillation unterworfen gewesene Preßrückstände sowie Preßrückstände von Saueräpfeln, die mit mehr als 50% Wasser gekocht worden sind.

Bei der Herstellung von Marmeladen, die nach einer bestimmten Fruchtart benannt sind, müssen mindestens 45% der Frucht, deren Namen die Marmelade trägt, als Einwage genommen werden. Auf Marmeladen aus bitteren Orangen und Zitronen findet diese Bestimmung keine Anwendung.

Bei der Herstellung gemischter Marmeladen sind mindestens 45% Gesamtfruchtmasse zu verwenden. In diesen 45% sind 25% Apfelmark, die mit Deklaration zugesetzt werden dürfen, und 8% Apfelsaft (s. später) einbegriffen.

---

[1]) Die Analysenwerte sind nach dem von den genannten Autoren benutzten Untersuchungsgang (Z. f. U. N. 1911. 21. 168) ermittelt.
[2]) Siehe S. 248.

Zusatz von Stärkesirup muß deklariert werden.

Bei Obsterzeugnissen mit mehr als 25% Stärkesirup im fertigen Produkt ist die Deklaration „mit mehr als 25% Stärkesirup" anzuwenden.

Die Deklaration „mit mehr als 25% Stärkesirup" deckt einen Stärkesirupgehalt bis zu 50%. Die analytische Fehlergrenze der zur Bestimmung des Stärkesirups vorgeschriebenen Methode von Juckenack wird zu 10% der gefundenen Werte festgesetzt, so daß ein Befund von $27,5\%$ statt 25% und von 55% statt 50% noch keinen Grund zur Beanstandung bildet.

Als Geliermittel darf Apfelsaft oder ein anderer geeigneter Saft bis zu einem Gehalt von 8% ohne Deklaration verwendet werden. Außerdem darf das vollwertige Mark einer anderen Fruchtart hinzugesetzt werden. Ein solcher Zusatz ist zu kennzeichnen „mit Zusatz von Apfelmark" oder ähnlich. Diese Deklaration deckt einen Zusatz bis zu 25% der angewandten Gesamtfruchtmasse.

Zusätze von Agar, Gelatine und ähnlichen Geliermitteln sind zu kennzeichnen. Zu Marmeladen mit dem Namen einer bestimmten Fruchtart dürfen diese Geliermittel nicht verwendet werden.

Preß- und Obstrückstände, also auch teilweise entsaftete Beeren, dürfen nicht für Marmeladen mit dem Namen einer bestimmten Fruchtart verwendet werden.

Gemischte Marmeladen, bei deren Herstellung Preßrückstände Verwendung gefunden haben, sind zu kennzeichnen als „gemischte Marmeladen mit Zusatz von Obst-Preßrückständen". Diese Deklaration deckt einen Zusatz bis zu 25% der angewandten Gesamtfruchtmasse.

Marmeladenartige Zubereitungen, die mit mehr Obstrückständen[1]) hergestellt sind, als 25% der Gesamtfruchtmasse entspricht, oder welche von Stärkesirup und anderen fremden Bestandteilen mehr als 50% enthalten, müssen als „Kunstmarmelade" bezeichnet werden.

Bei der Deklaration eines Farbstoffzusatzes ist das Wort „gefärbt" zu verwenden. Das Wort „gefärbt" genügt unter allen Umständen. (Im Codex alimentarius austriacus sind Zusätze von Teerfarbstoffen verboten. Die Schweiz läßt Färbung zu.)

Außerdem ist über die Verwendung von Konservierungsmitteln in Berücksichtigung der bisher geübten Rechtsprechung folgender Standpunkt eingenommen:

Konservieren mit gesundheitsschädlichen Stoffen ist unerlaubt, unter allen Umständen ist eine derartige Behandlung auch mit unbedenklichen Stoffen zu deklarieren. (Vgl. auch S. 249.) Das Konservierungsmittel ist auf der Etikette zu benennen. Die einfache Aufschrift „konserviert" u. dgl. genügt nicht. Weitere Angaben über Erhaltungsmittel finden sich am Eingang dieses Abschnittes.

Wegen Verdorbenheit usw. s. S. 248.

---

[1]) Pomosinextrakt ist ein aus Obstrückständen hergestelltes Streckungsmittel.

Wichtig ist die Begriffsbestimmung, die das Ldg. Leipzig in dem Urteil vom 3.—16. Juli 1907 über Marmeladen ausgesprochen hat. Das R.-G.[1]) ist dem Urteil am 30. Dezember 1907 beigetreten. Weitere Urteile über die Begriffsbestimmungen und richtige Kennzeichnung sind vom Ldg. Freiberg[2]) am 11. Januar 1909 und R.-G. vom 27. April 1909 sowie vom Ldg. I Berlin v. 26. Febr. 1909[3]) gefällt worden. Als Verfälschung ist vom Ldg. I Berlin vom 27. September 1907[4]) bzw. R.-G. vom 10. Dezember 1907 die Vermengung der natürlichen Bestandteile der Marmelade mit ausgelaugten Apfelschnitten bezeichnet worden. Die Bezeichnung Melange-Marmelade II und frische gem. Fruchtmarmelade mit der Deklaration von Bestandteilen auf einer talergroßen besonderen Etikette, die besagte: „Diese Marmelade hat einen Zusatz von Obstrückständen, Kapillärsirup und ist mit Konditorrot nachgefärbt" wurde nicht als ausreichend angesehen.

Zusätze von Stärkesirup (Kapillär-), von Farbstoffen, Obsttrestern und Geliermitteln sind wiederholt als Verfälschung erklärt worden. U. a. seien erwähnt die Urteile des R.-G. vom 11. November 1897 mit nachfolgendem Urteil des Ldg. Hagen vom 23. März 1898 betr. die Herstellung „Gemischter Frucht-Marmeladen" mit 60% Stärkesirup ohne Deklaration, ferner das Urteil des R.-G. vom 3. Januar 1898, das eine gemischte Marmelade betrifft, die aus 50 Teilen Stärkesirup, 50 Teilen Obstkraut und Teerfarbstoff bestand; ferner die bereits erwähnten beiden Urteile des Ldg. Freiberg bzw. R.-G. Mit Gelierstoffen versetzte Marmeladen sind als verfälscht anzusehen (dieselben Urteile).

Nachgemachte Marmeladen (Kunst-) sind zweifellos solche, die entsprechend der geltenden Begriffsbestimmung — daß Nachahmung eines Nahrungsmittels die Herstellung eines Erzeugnisses bedeutet, das einem bereits bekannten Nahrungsmittel in der äußeren Erscheinungsform ähnlich, aber nach Wesen und Gehalt nicht gleichwertig ist — aus Ersatzstoffen hergestellt sind. Nach den schon erwähnten Urteilen des Leipziger Ldg. vom 3.—16. Juli 1907 und des R.-G. vom 30. Dezember 1907 ist eine Marmelade schon als nachgemacht anzusehen, wenn die Hälfte der Marmelade aus fremden Stoffen besteht.

Sogenannte Marmeladenextrakte sind Mischungen von Verdickungsmitteln (Gelatine, Agar, Kartoffelstärke usw.), Fruchtsäuren, Farb- und Aromastoffen; sie haben keinen Anspruch auf die Bezeichnung Marmelade; ebensowenig aus Rüben, Caragheenschleim, Gelatine und ähnlichen Verdickungsstoffen hergestellte Kunstprodukte.

Siehe auch die Richtlinien der Ersatzmittelverordnung über Marmeladenpulver, Marmeladenextrakt u. dergl. S. 857.

e) Gelee, Obst- und Rübenkraut.

1. Gelee. Die Schlußfolgerungen aus der Analyse und die rechtlichen Beurteilungsformen entsprechen den bei Marmeladen und Fruchtsirupen besprochenen.

Analysen s. Juckenack und Prause, Z. f. U. N. 1904. 8. 32.

[1]) Z. f. U. N. 1908. 15. 496—510; Auszüge 1912. 8. 614.
[2]) Z. f. U. N. (Gesetze u. Verordn.) 1909. 524.
[3]) Auszüge 1912. 580.
[4]) Z. f. U. N. (Gesetze u. Verordn.) 1909. 520.

Nach dem Urteil des Ldg. Koblenz vom 15. September 1909, bestätigt durch das Oberldg. Köln vom 3. Dezember 1909[1]) ist „Haushaltungsgelee" mit 67% Stärkesirup, obwohl es mit dem Aufdruck „die Obsterzeugnisse enthalten außer Fruchtbestandteilen auch Stärkesirup und Raffinade zusammen oder eines der beiden, unter Umständen Wein- oder Zitronensäure, nötigenfalls auch Gelierstoffe und gesetzlich erlaubte Konservierungsmittel und sind gefärbt, wo erforderlich" (Marke der deutschen Geleefabrikanten) versehen war, als verfälscht beanstandet worden.

Versüßtes Apfelgelee, bestehend aus Auszügen getrockneter Apfelschalen und Kernen und eines größeren Quantums Stärkesirup (60—65% durchschnittlich) gelten nach dem Urteil des Ldg. Cöln vom 4. April 1907 bzw. dem des Oberlandesgerichts dortselbst[2]) als nachgemacht.

Sogenannte Geleeextrakte s. Marmeladenextrakte. Aus Gelatine, Farbstoff, bisweilen auch etwas Fruchtsaft und Aromastoffen hergestellte Waren sind Kunstgelees. Siehe auch die Richtlinien der Ersatzmittelverordnung betr. Geleepulver u. dgl. S. 857.

2. Obst- und Rübenkraut. Die Drehung einer Lösung von Obstkraut in Wasser im Verhältnis 1 : 10 im 200 mm-Rohr ist ungefähr = —5°, da der Zucker des Apfelkrauts in der Hauptsache Invertzucker ist; die spezifische Drehung des gesamten invertierten Zuckers ist ungefähr —36°. Rohrzucker zeigt sich durch erhebliche Verminderung der Linksdrehung oder sogar Übergang in Rechtsdrehung an.

Bei Rübenkraut beträgt die Drehung der Lösung 1 : 10 im 200 mm-Rohr mindestens +2,5°, da der Zucker vorwiegend Rohrzucker ist; die spezifische Drehung des gesamten invertierten Zuckers liegt nicht über —20°.

Die Erkennung von Rohrzucker wird bisweilen durch die beim Kochen eintretende vollständige Inversion verhindert. Bei größeren Mengen zugesetzten Zuckers erleiden jedoch auch der Stickstoff, die Asche, die Säure und Phosphorsäure, wie überhaupt alle Bestandteile, soweit sie nicht Zucker sind, eine nachweisbare Verminderung.

Ein Zusatz von Stärkesirup wirkt in größeren Mengen ebenso erniedrigend auf die Gesamtbestandteile wie ein Zuckerzusatz. Zu seinem Nachweis kann die Tabelle von Juckenack bei Apfelkraut nicht verwendet werden (besondere Formel vgl. S. 244 im Abschnitt „Untersuchung"). Im übrigen zeigt sich Stärkesirup durch sein starkes Rechtsdrehungsvermögen an, wobei jedoch bezüglich Rübensaftes zu berücksichtigen ist, daß die Polarisation nach der Inversion durch starkes Dämpfen der Rüben unter Druck beeinflußt und auf eine geringe Links-, Null- oder schwache Rechtsdrehung herabgedrückt sein kann. In diesem Fall hat man nach vorgenommener Vergärung durch Bierhefe (s. Abschnitt Honig) die Stärkedextrine polarimetrisch zu ermitteln. Bei Apfelkraut führt überhaupt nur dieser Weg zum Nachweis von Stärkesirup.

---

[1]) Auszüge Bd. VIII. 586.
[2]) Ebenda Bd. VIII. 587.

Melasse unterscheidet sich von Obst- und Rübenkraut durch ihren größeren Gehalt an Mineralstoffen, hohe Alkalität der Asche, geringen Phosphorsäuregehalt der Asche, hohen Stickstoff-(basen-), hohen Kalium-, geringen Pentosanegehalt; unter Umständen kann auch Strontium in der Asche vorhanden sein. Zur Erkennung einer Verfälschung von Obstkraut mit Rübenkraut gibt es außer dem auf dem verschiedenen Drehungsvermögen beruhenden Unterscheidungsmerkmal vorerst keine sicheren Anhaltspunkte. Der Unterschied von Obstkraut und Rübenkraut beruht im wesentlichen auf dem Verhältnis der Phosphorsäure zur Asche, sowie auf dem Pentosane- und Stickstoffgehalt. Im übrigen ist auf die ausführlichen Arbeiten von Sutthoff und Großfeld, sowie von Heuser und Haßler (a. a. O.) zu verweisen[1]).

Verfälschungsmittel sind hauptsächlich Rohrzucker, Stärkesirup, sowie Melasse und Trester. Hinsichtlich des Rohrzuckers ist in neuerer Zeit eine mildere Auffassung eingetreten. Nach den Heidelberger Beschlüssen (a. a. O.) wird angeregt, im fertigen Apfelkraut einen Gehalt von Rohr- oder Rübenzucker in Mengen von höchstens 20% ohne Kennzeichnung zuzulassen, soweit ein solcher Zusatz erforderlich ist. Diesen Wünschen entspricht der Ministerialerlaß, betr. Zusatz von Zucker zu Apfelkraut vom 26. Juni 1914[2]). Wegen Verdorbenheit usw. siehe S. 248.

Nach dem Urteil des R.-G. vom 12. April 1912[3]) ist die Bezeichnung „reines Apfelkraut" für ein gesüßtes Erzeugnis nicht statthaft.

Aus Abfällen der Ringäpfelfabrikation hergestellte Produkte gelten als verfälscht, wie auch aus dem Gutachten der Kgl. preußisch. Technischen Deputation für Gewerbe vom 19. November 1897[4]) hervorgeht.

Beimengungen wie Gelatine oder Agar-Agar, Fruchtsäuren, Farbstoffe, Frischerhaltungsmittel u. dgl. sind unzulässig.

Obst- und Rübenkrautanalysen sind von Sutthof und Großfeld[5]) veröffentlicht.

Von Urteilen seien erwähnt das des Ldg. Aachen vom 21. Oktober 1909, bestätigt vom Oberldg. in Cöln vom 17. November 1909[6]), wonach sog. „feinstes süßes Obstkraut" wegen Gehalts von 15—20% Stärkesirup als verfälscht bezeichnet ist. Von denselben Gerichten wurde in den Urteilen vom 15. Dezember 1910 bzw. 10. Februar 1911[7]) „garantiert reines Apfelkraut", das zu 25% aus amerikanischen Apfelabfällen hergestellt war, als verfälscht erklärt.

---

[1]) Siehe auch das Rundschreiben des Reichskanzlers (Reichsschatzamt) vom 4. Februar 1915 betr. Untersuchung von Obstkraut auf Zusatz von Rübensaft und anderen zuckerartigen Stoffen (Nachrichtenblatt f. d. Zollstellen 1915. 50 ff.; Z. f. U. N. [Gesetze u. Verordn.] 1915. 145). Der Anleitung zur Untersuchung von Obstkraut sind zahlreiche analytische Belege in Tabellen beigefügt.
[2]) Preuß. Ministerialbl. f. Medizinalang. 1914. 28.
[3]) Nahrungsmittelrundschau 1912. 10. 70.
[4]) Zeitschr. f. öff. Ch. 1899. 5. 37.
[5]) Z. f. U. N. 1914, 27, 190. S. a. Heuser und C. Haßler, ebenda 177.
[6]) Auszüge 8. 586.
[7]) Z. f. U. N. (Gesetze u. Verordn.) 1911. 269.

f) Fruchtsäfte (Rohe und ungezuckerte)[1]).

Die Zusammensetzung der rohen Fruchtsäfte schwankt nicht nur unter den verschiedenen Fruchtsorten sehr erheblich, sondern auch bei einer und derselben Fruchtart.

Für den Gehalt an freien Säuren lassen sich aus dem in der Fruchtsaftstatistik[2]) niedergelegten großen Material etwa folgende Grenzen feststellen, bei

Himbeersaft   von 1,0—3,7 % berechnet als Äpfelsäure
Kirschsaft   „   0,3—2,0 „   „   „   „
Stachelbeersaft   „   1,6—4,0 „   „   „   „
Johannisbeersaft „   1,3—5,7 „   „   „   „
Brombeersaft   „   0,5—1,6 „   „   „   „
Heidelbeersaft   „   0,5—1,2 „   „   „   „
Preißelbeersaft   „   1,4—2,6 „   „   „   „
Erdbeersaft   „   0,5—3,5 „   „   „   „

Der Säuregehalt der Zitronensäfte schwankt nach zahlreichen Analysen etwa zwischen 4,1 und 8,00 g in 100; in der Regel beträgt er etwa 5—7 g. Apfelsinensäfte sind wesentlich säureärmer. Flüchtige Säuren sind in normalen Säften nur in geringen belanglosen Mengen enthalten. In Zitronensäften sind bis 0,1 % gefunden worden. Bei Anwesenheit von Alkokol kann eine teilweise Veresterung der Säuren eintreten (vgl. auch Abschnitt „Untersuchung“).

Kirschsäfte enthalten etwas Blausäure[3]).

An Salpetersäure (salpetersauren Salzen) sind nach J. Tillmanns und A. Splittgerber[4]) Spuren, etwa 1 mg N_2O_5 im Liter Saft, auch in naturreinen Säften nachgewiesen worden.

Minimale Glyzerinmengen finden sich in vergorenen Säften.

Der Gehalt an Mineralstoffen (Asche) und deren Alkalität weist ebenfalls beträchtliche Schwankungen auf. Nach dem in der Fruchtsaftstatistik niedergelegten Material, das hauptsächlich Himbeersäfte betrifft, kommen etwa folgende Werte in Betracht:

	Asche	Alkalität (ccm $^1/_1$ Normallauge)
für Himbeersaft	von 0,33—0,90 %,	von 3,3—10,3
für Zitronensaft	von 0,3—0,6 %,	von 3,9—7,1

Mit Ausnahme der Heidelbeer- und Preißelbeersäfte liegen die Werte bei den anderen Beerensäften in ähnlicher Höhe; bei den erstgenannten ergaben sich geringere Zahlen, für Asche etwa 0,2—0,5, für Alkalität 2,0—4,7. Die Zahlengrößen für Asche und Alkalität stehen nach zahlreichen Beobachtungen meist annähernd im Verhältnis von 1 : 10. Durch Vergärung erleiden die Aschenbestandteile eine unbedeu-

---

[1]) Fruchtsirupe s. unter g; s. auch alkoholfreie Getränke, Abschnitt h.
[2]) Z. f. U. N. der Jahrgänge 1900—1913; die Statistik umfaßt die Beiträge zahlreicher Untersuchungsanstalten, die zur Gewinnung objektiv sicherer Werte die zur Untersuchung dienenden Säfte selbst hergestellt haben.
[3]) Außerdem kommen Borsäure, Salizylsäure und Benzoesäure in kleinen Mengen natürlich in den Früchten vor.
[4]) Z. f. U. N. 1913. 25. 417.

tende Abnahme, die vernachlässigt werden kann[1]). Die Feststellung
des Aschegehaltes und Alkalitätsgrades hat eine große Bedeutung in
den Fruchtsaftanalysen gewonnen, da sie unter gewissen Voraussetzungen
wertvolle Anhaltspunkte für den Nachweis von Verfälschungen der
Fruchtsäfte mit Nachpresse und Wasser[2]) gibt.

Es ist jedoch zu beachten, daß die Zusammensetzung der Früchte
durch Klima, Bodenbeschaffenheit, Düngung und Witterung beeinflußt
wird und daher ziemlich erhebliche Schwankungen erleiden kann. Die
mit Regen benetzten, feucht geernteten Früchte erfahren nach den
Untersuchungen von Beythien[3]) sowie Lührig[4]) jedoch nur eine geringe
Verringerung (höchstens 10%) der Asche und Alkalitätswerte. Die Grenzen der natürlichen Schwankungen sind in der sog. „Fruchtsaftstatistik"
angegeben. Bei Benützung derselben ist in Betracht zu ziehen, daß die
Untersuchungen des für die Fruchtsaftstatistik bearbeiteten Rohmaterials,
z. T. aus kleinen Beerenmengen, ja sogar von Beeren einzelner Bäume,
Sträucher und Stauden gewonnen waren, während die Fruchtsäfte
des Handels im allgemeinen aus Großbetrieben stammen, wo die etwa
vorhandenen Unterschiede des Gehalts der Früchte ausgeglichen werden.
Man kann daher mit Recht Mittelzahlen als Grundlage einer Beurteilung auf Verfälschungen benützen.

Neben dem Asche- und Alkalitätswert bildet besonders auch die

Alkalitätszahl nach Buttenberg $A = \dfrac{\text{Alkalität} \times 1{,}00}{\text{Asche}}$ einen Anhalts-

punkt; die Alkalitätszahl soll etwa 10 betragen.

Die Zusammensetzung der Asche von natürlichen Fruchtsäften ist nach Analysen von A. Beythien[5]) u. a. folgende:

Bestandteile der Asche von Fruchtsäften.
g in 100 g der Asche.

Bezeichnung	Kali (K$_2$O)	Natron (Na$_2$O)	Kalk (CaO)	Magnesia (MgO)	Phosphor-säure (P$_2$O$_5$)	Schwefel-säure (SO$_3$)	Chlor (Cl)
Himbeersaft . .	43,21—49.75	—	5,87—10,07	4,04—7,33	2,85—12,16	3,26—6,01	1,21—1,95
Kirschsaft . .	50,26	5,10	5,20	2,92	8,15	1,58	0,43
Johannisbeer-saft	52,95		4,83	3,45	10,64	1,46	0,22
Erdbeersaft . .	42,50		12,05	4,10	8,56	1,00	0,31
Zitronensaft (n. Farnsteiner) .	43,50—50,01	1,96—3,45	7,00—9,28	3,27—5,57	3,40—7,22	1,83—2,12	0,27—1,59
Apfelsinensaft .	49,61	2,29	6,95	4,26	5,66	2,69	1,12

---

[1]) Vgl. auch Destillateur-Zeitung 1914, Nr. 5, 3. Beilage. Versuche
von Duntze und Anders. (Institut für Gärungsgewerbe, Berlin.)
 [2]) Vgl. auch E. Späth, Z. f. U. N. 1900. 4. 529.
 [3]) Z.. f. U. N. 1904. 8. 544.
 [4]) Ebendort 1905. 10. 141.
 [5]) Z. f. U. N. 1905. 10. 339, sowie Beythien und Waters, ebenda 726.
Vgl. auch J. König: Die menschlichen Nahrungs- und Genußmittel, Bd. III.
2. 886, sowie Analysen von Oliveri und Guerriere, ebenda Bd. I. 83.

Die Aschenanalyse ist bei Feststellung von Nachahmungen bisweilen unentbehrlich und hat besonders beim Nachweis künstlicher Zitronensäfte schon wertvolle Dienste geleistet. Das veröffentlichte Zahlenmaterial ist jedoch vorerst noch gering.

Von anderen Bestandteilen vermögen höchstens die Stickstoffwerte beim Vergleich von unerhitzten Rohprodukten, sowie der zuckerfreie Extraktgehalt einige Anhaltspunkte zu bieten. Bei Fruchtsäften aller Art sind jedoch $2^0/_0$ als Minimum an zuckerfreiem Extrakt anzusehen. Zucker, Gerbstoff- und Pektingehalt gibt keinen Aufschluß über Verfälschung. Der Gehalt an ersterem schwankt erheblich. Letztere beide dürfen aber in Naturprodukten nie fehlen. Gärung ist ohne erheblichen Einfluß auf die Beurteilung. Flüchtige Säure (Essigsäure) in Mengen von mehr als 0,3 g in 100 g weist auf Verdorbenheit hin, die sich aber gleichzeitig auch aus dem Geschmack und Geruch der Ware ergeben muß.

Weitere Gründe zur Beurteilung bieten die Resultate der Untersuchung auf Teerfarbstoffe, auf Zusätze von Kirschsaft und Heidelbeersaft, von Frischerhaltungsmitteln (wie insbesondere Ameisensäure, Benzoesäure und Salizylsäure) sowie von Alkohol, künstlichen Bukettstoffen und Süßstoffen, worüber das Nötige bereits erörtert ist.

Zur Beurteilung der Zitronen- und Apfelsinensäfte[1]) hält man sich vorzugsweise an den totalen Extraktrest[2]), der im Mittel etwa $0,5^0/_0$, im äußersten Fall nur etwa $0,3^0/_0$ beträgt, und an die Zusammensetzung der Aschenbestandteile, die bei völligen Kunsterzeugnissen meist in den Rahmen des bei Naturprodukten ermittelten Mengenverhältnisses der Bestandteile nicht hineinpaßt. Am bedeutungsvollsten ist der Kalk-, Magnesia- und Phosphorsäuregehalt. Der Zuckergehalt von Naturzitronensäften beträgt kaum $1^0/_0$, größere Mengen deuten auf Zusatz; bei Anwendung der Glyzerinbestimmungsverfahren ergeben sich unter Umständen geringe Mengen wägbarer Substanzen, von denen es unsicher ist, ob sie als Glyzerin angesehen werden können. Es empfiehlt sich daher, derartige Mengen, sofern sie nicht mehr als etwa 0,4 g in 100 g betragen, unberücksichtigt zu lassen. Der Stickstoffgehalt ist höchstens im ganzen Analysenbild verwendbar, sonst aber nicht ausschlaggebend.

Zu Verfälschungen und Nachmachungen dienen: Zusätze von Wasser (Nachpresse), Mineralstoffe, Glyzerin, Alkohol, künstliche Gelierstoffe, künstliche Fruchtessenzen, Frischerhaltungsmittel, künstliche Süßstoffe, sowie die künstliche Färbung mit Teerfarbstoffen oder mit Fruchtsäften. Unter Voraussetzung der Unschädlichkeit können Farbstoffe, Frischerhaltungsmittel, Alkohol, Zucker und Nachpresse gegen deutliche Kennzeichnung, bei größeren Zusätzen unter Angabe der Menge, gestattet werden.

Beispiele aus der Rechtsprechung s. Abschnitt „Beurteilung von Fruchtsirupen". Betreffend Zitronensaft sei auf folgende Gesichtspunkte und Entscheidungen hingewiesen:

Für die Beurteilung ist der Grundsatz maßgebend, daß als Zitronensaft nur der aus den geschälten Zitronen ausgepreßte und in entsprechender

---

[1]) Über Apfelsinensaft s. W. Stüber, Z. f. U. N. 1908. 15. 273.
[2]) Indirekt bestimmt nach Farnsteiner.

Weise geklärte Saft anzusehen ist. Zur Haltbarmachung können Alkohol oder auch Frischerhaltungsmittel unter Deklaration verwendet sein. Wegen ihres Wertes als diätetische Genußmittel (auch zu direkten Zitronensaftkuren) sollten Zitronensäfte jedoch nur durch Pasteurisieren haltbar gemacht werden. Lösungen der Zitronensäure können den vollwertigen Saft der Zitronen, der auch noch Enzyme, gewisse Mineralstoffe und andere noch nicht näher bekannte Stoffe enthält, nicht ersetzen. Zitronensäfte unterscheiden sich nicht nur im Geschmack von Zitronensäurelösungen und zitronensäurehaltigen Kunstgemischen, sondern zeichnen sich auch durch bessere Bekömmlichkeit aus.

Als Verfälschungen der Zitronensäfte kennt man vor allen Dingen Verdünnungen mit Wasser oder mit wäßrigen Zitronensäurelösungen, sowie auch mit Alkohol. Der an Bord von Kauffahrteischiffen mitzuführende Zitronensaft muß jedoch 8% Alkohol enthalten (§ 22 der Anleitung zur Gesundheitpflege an Bord usw.). Bezüglich ersterer sei auf die Urteile des Oberldg. Dresden vom 3. April 1905 und des Ldg. Dresden[1]) vom 4. März 1905 sowie auf die des Ldg. Görlitz vom 3. August 1905 und 1. November 1905[2]) verwiesen; Urteile s. S. 251 wegen Alkoholgehalts.

Nachgemachte Zitronensäfte (Kunstprodukte ohne oder mit Zusatz von natürlichem Saft und unter Verwendung von kristallisierter Zitronensäure, Gemischen von Mineralsubstanzen, Glyzerin, Zucker u. dgl.) vgl. Urteile des Oberldg. Hamburg vom 28. Juni 1900[3]), des Ldg. Lübeck vom 31. März 1900[4]), des Ldg. Görlitz vom 8. März 1905[5]), des Ldg. Dresden vom 7. November 1905[6]) und des Ldg. Prenzlau vom 26. September 1911; letzteres Urteil ist vom Kammergericht bestätigt worden.

Wegen Zusatzes von Frischerhaltungsmitteln, Verdorbenheit usw. s. S. 248 u. 249.

g) Fruchtsirupe (auch Fruchtsäfte genannt).

Der gegebenen Begriffsbestimmung zufolge sind Fruchtsirupe Gemische von reinem Muttersaft mit Rüben- oder Rohrzucker; das Verhältnis der beiden Bestandteile zueinander entspricht im allgemeinen ganz oder annähernd dem im Deutschen Arzneibuch angegebenen, das 7 Teile Saft auf 13 Teile Zucker vorschreibt.

Der Nachweis eines Wasser- oder Nachpressezusatzes beruht auf der Verminderung des Mineralstoffgehaltes und des Alkalitätsgrades. Bei gefälschten Himbeersirupen der erwähnten Konzentration sinkt ersterer unter 0,18%, letzterer etwa unter 1,8 ccm. Wegen der Schwankungen des Zuckergehaltes empfiehlt es sich jedoch, den Gesamtextrakt zu bestimmen und die beiden Werte auf den Anteil an Rohsaft (100 weniger Extrakt) zu berechnen. Über die für Rohsaft gefundenen Grenzwerte ist das Nötige S. 261 angegeben.

Die spezifische Drehung des invertierten Extraktes beträgt nach A. Juckenack bei normalen Sirupen theoretisch etwa — 21,5°; analytisch meistens etwas weniger.

---

[1]) Auszüge Bd. VII. 417.
[2]) Ebenda 399.
[3]) Auszüge V. 280.
[4]) Auszüge V. 280.
[5]) Auszüge VII. 399.
[6]) Auszüge VII. 399.

Nach den Heidelberger Beschlüssen[1]) soll durch die Deklaration „mit Stärkesirup" ein Gehalt an solchem bis zu 10% gedeckt werden. Einen höheren Stärkesirupgehalt erachten selbst die Vertreter der Fruchtsirupindustrie für überflüssig. Ein Zusatz von 10% soll die Möglichkeit bieten, das Auskristallisieren zu verhindern.

Bei Anwendung des Juckenackschen Verfahrens zur Feststellung des Stärkesirupgehalts sollen als Fehlergrenze 10% der gefundenen Werte gelten. Wenn 11% statt 10% gefunden werden, so soll deshalb keine Beanstandung ausgesprochen werden.

Der Säuregehalt der verschiedenen Fruchtsirupsorten gibt keinen Anhaltspunkt für die Beurteilung. Für reine Fruchtsirupe ist ein geringer Zusatz von Weinsäure ohne Kennzeichnung zulässig; bei der Deklaration eines Farbstoffzusatzes ist das Wort „gefärbt" zu verwenden. Das Wort „gefärbt" genügt unter allen Umständen. Über Deklaration der übrigen Bestandteile vgl. die allgemeinen Bestimmungen Ziffer 8.

Alkoholzusatz ist deklarationspflichtig. Kleine Mengen von 1—2% können natürlichen Ursprungs sein, wenn der verwendete Rohsaft vergoren oder gespritet war.

Betreffend Frischerhaltungsmittel, künstliche Süßstoffe, Fruchtessenzen und Verdorbenheit sei auf die Ausführungen S. 248 verwiesen.

Von gerichtlichen Entscheidungen sind besonders folgende bemerkenswert: Betr. Begriffsbestimmung, Urteil des R.-G. vom 26. April 1900[2]), betr. gewässerte oder mit Nachpresse versetzte Fruchtsäfte seitens des R.-G. am 20. Dezember 1909[3]), Ldg. I Berlin am 12. August 1903[4]), Ldg. Chemnitz am 27. Oktober 1911[5]), des Ldg. Bochum vom 6. Juli 1912 und des Oberldg. Hamm i. W. vom 15. Oktober 1912[6]).

Verfälschung: Urteile über künstliche Färbung siehe die allgemeine Beurteilung von Obsterzeugnissen S. 248. Zahlreiche bezüglich Stärkesirupzusatzes ergangene Urteile sind durch die Heidelberger Beschlüsse überholt.

Nachgemachte Säfte bzw. Sirupe sind solche, die durch Vermischung von Fruchtsäuren, Essenzen, Farbstoffen mit oder ohne Verwendung von Natursäften entstanden sind. Urteile des R.-G. vom 12. Januar, vom 20. November 1900[7]) und vom 4. März 1902[8]), nach welch letzterem auch eine als „Himbeerlimonadensirup" bezeichnete Ware ein normaler Himbeersirup sein muß. Das Ldg. II und das Kammerg. [9]) Berlin verwarfen am 30. April 1906 bzw. 9. August 1906 selbst die Bezeichnung „Himbril", die einem zur Herstellung von sog. „Weiße mit" nachgemachten Himbeersirup gegeben war.

Erzeugnisse in fester Form sind meistens Mischungen von Zucker und Wein- oder Zitronensäure (auch Brausepulvermischungen), Farbe

---

[1]) a. a. O.
[2]) Auszüge 5. 259.
[3]) Z. f. U. N. 1902. 5. 190.
[4]) Auszüge 7. 391.
[5]) Auszüge 8. 598.
[6]) Z. f. U. N. (Ges. u. Verordn.) 1914. 6. 382.
[7]) Auszüge 5. 260.
[8]) Z. f. U. N. 1904. 8. 331.
[9]) Ebenda 1907. 13. 233.

und Aromastoffen. Insoweit sie mit täuschenden Bezeichnungen, wie Himbeerlimonadenpulver, -würfel, Zitronenwasser, Zitrone in der Tüte u. dgl. bezeichnet werden, sind sie als Nachmachungen zu behandeln: Vgl. Urteil des Ldg. II Berlin vom 5. Januar 1916 und des Kammergerichts vom 3. März 1916[1]).

Siehe auch die Richtlinien der Ersatzmittelverordnung über künstliche Fruchtsäfte S. 860.

h) Alkoholfreie Getränke.

1. Alkoholfreie Obstsäfte und Weine.

Die Beurteilung dieser Erzeugnisse nach der chemischen Zusammensetzung schließt sich im wesentlichen an diejenige der Fruchtsäfte an; es ist jedoch zu berücksichtigen, daß diese Getränke vielfach mit Wasser verdünnt und mit Zucker gesüßt genossen werden. Im verdünnten Zustand in Handel gebracht sind sie Limonaden. Betr. „Brauselimonaden" siehe unter h 4.

Auf der 6. Jahresversammlung des Vereins Deutscher Nahrungsmittelchemiker hat A. Beythien[2]) für Obstgetränke folgende Leitsätze aufgestellt, die allgemeine Anerkennung gefunden haben, wie auch aus gerichtlichen Erkenntnissen hervorgeht.

„Alkoholfreie Weine sind Erzeugnisse, welche durch Sterilisation von Traubenmosten oder durch Entgeisten von Wein und nachherigem Zusatz von Zucker hergestellt und eventuell mit Kohlensäure imprägniert werden.

Alkoholfreie Getränke, deren Namen darauf hinweisen, daß sie aus natürlichen Fruchtsäften bestehen, z. B. Heidelbeermost, Apfelsaft dürfen nur den ihrer Bezeichnung entsprechenden event. geklärten und mit Kohlensäure gesättigten Preßsaft frischer Früchte enthalten. Eine Beimischung von Wasser und Zucker darf nur insoweit erfolgen, als dadurch eine erhebliche Vermehrung nicht verursacht wird. Zusätze von organischen Säuren, Farbe und Aromastoffen, sowie Dörrobstauszügen sind ohne Deklaration unzulässig.

Alkoholfreie Getränke, welche neben oder ohne Zusatz von natürlichem Fruchtsaft und kohlensaurem Wasser noch organische Säuren oder natürliche Aromastoffe enthalten, dürfen nur unter deutlicher Deklaration dieser Bestandteile in den Verkehr gebracht werden. Ihre Bezeichnung darf nicht geeignet sein, die Erwartung eines ausschließlichen Fruchtsaftgetränkes zu erregen.

Die Verwendung künstlicher Fruchtäther und saponinhaltiger Schaummittel[3]) ist für alle alkoholfreien Getränke unzulässig. Als „alkoholfrei" bezeichnete Getränke dürfen in 100 ccm nicht mehr als 0,42 g entsprechend 0,5 Vol. % Alkohol enthalten".

Nach Art. 211 der in der Schweiz erlassenen Bestimmungen müssen die unter der Bezeichnung alkoholfreie Obstweine in den Verkehr gebrachten Getränke aus dem reinen Safte von frischem Kernobst ohne irgend einen Zusatz hergestellt sein.

---

[1]) Ebenda (Gesetze u. Verordn.) 1916. 8. 431.
[2]) Z. f. U. N. 1907. 14. 26.
[3]) Betreffend die Gesundheitsschädlichkeit derselben sei auf die allgemeinen Ausführungen S. 247 verwiesen.

Aus der Rechtsprechung sind folgende Fälle hervorzuheben:

Wasserzusätze wurden, wenn sie über den Rahmen des zur Herabminderung der Säuren notwendigen Wassergehaltes hinausgingen, als zur Streckung dienende unerlaubte Handlungen angesehen. Z. B. Urteil des Ldg. Glogau vom 2. Juli 1906 bzw. des Oberldg. Breslau[1]), vom 15..August 1906. Ein wäßriger Auszug aus Dörräpfeln gilt nach dem Urteil des R.-G. vom 22. Juni 1906[2]) als nachgemachter Apfelsaft.

Nach dem Urteil des Ldg. Cöln vom 28. September 1907 und des Oberldg. Cöln vom 7. Dezember 1907[3]) ist ein mit Wasser aus getrockneten Äpfeln hergestelltes Produkt nachgemacht. Weitere Urteile sind in ähnlichen Fällen vom Kammergericht am 28. Oktober 1907 und vom R.-G. am 26. November 1908[4]) gefällt worden.

Nach dem Urteil des Ldg. Bremen vom 3. August 1909[5]) muß „Cider" ein Fruchtsaft und kein kohlensaures, limonadenartiges Getränk sein.

Herstellung und Verkauf von „feinstem Erdbeermost, alkoholfrei, durch Zusatz von Zuckerlösung und äußerst wenig Salizylsäure genußfähig und haltbar gemacht" verstößt nach dem Urteil des Ldg. Chemnitz vom 2. Oktober 1911 und Oberldg. Dresden vom 13. Dezember 1911[6]) gegen das Nahrungsmittelgesetz.

Alkoholfreie Weine, d. h. süße Säfte aus Traubenmost, unterliegen, wie das Reichsgericht am 9. Juni 1904[7]) entschieden hat, den Bestimmungen des Nahrungsmittelgesetzes und nicht denjenigen des Weingesetzes vom 7. April 1909, da nach § 1 des Weingesetzes nur gegorener Traubensaft als Wein anzusehen ist. Alkoholfreie Schaumweine, alkoholfreier Sekt, Kaisersekt u. dgl. sind Bezeichnungen, die mit Kohlensäure imprägnierte Traubensäfte voraussetzen. (Urteile des Ldg. Dresden vom 3. Dezember 1907 bzw. des R.-G. vom 7. November 1908[8]), sowie des Ldg. Dresden vom 16. Februar 1912[9]). Getränke anderer Art, namentlich nach Art der Brauselimonaden, gelten als nachgemacht. Die Form der Flaschen (Champagner-) und die Etikettierung (nebst nachgemachter Steuerbanderolle) solcher Produkte sind zur Täuschung geeignet.

2. Alkoholfreie Biere.

Nach Beythien (s. h l.) sind alkoholfreie Getränke, deren Name darauf hindeutet, daß sie Malz enthalten, wie alkoholfreies Bier, Malzgetränk, Malzol, Erzeugnisse, welche im wesentlichen aus Wasser, Hopfen und Malz, eventuell unter teilweisem Ersatz des letzteren durch Zucker hergestellt werden und mit Kohlensäure imprägniert sind. Mindestens

---

[1]) Z. f. U. N. (Gesetze u. Verordn.) 1910. 504.
[2]) Z. f. U. N. 1907. 16. 270.
[3]) Z. f. U. N. (Gesetze u. Verordn.) 1910. 2. 508.
[4]) Auszüge 8. 578.
[5]) Ebenda 8. 607.
[6]) Z. f. U. N. (Gesetze u. Verordn.) 1912. 246; 1914. 6. 134.
[7]) Auszüge 7. 295; vgl. auch A. Günther u. R. Marschner (Weingesetz) 1909. 50.
[8]) Z. f. U. N. (Gesetze u. Verordn.) 1909. 119.
[9]) Pharm. Zentralh. 1912. 53. 400. Bericht des städt. Unters.-Amtes Dresden.

die Hälfte des Extraktes soll dem Malz entstammen. Zusätze von Stärkesirup, Farb- und Aromastoffen, mit Ausnahme des Hopfenöls, sind
unzulässig. Bezüglich Saponin und Alkoholgehalt siehe unter 1.

Lediglich mit Karamel oder Teerfarben gefärbte aromatisierte
brausende Getränke sind wie Brauselimonaden zu beurteilen und können
nicht als alkoholfreies Bier gelten. Siehe im übrigen auch den Abschnitt
„Bier" und die Richtlinien der Ersatzmittelverordnung Ziff. 16 h S. 860
betr. Bierersatzgetränke.

3. Alkoholfreie Heißgetränke sind die Gegenstücke zu den alkoholhaltigen Glühpunschextrakten und ähnlichen (auch weinhaltigen) Getränken (s. S. 447) und werden mit und ohne Fruchtsäftezusatz, mit
künstlichen Essenzen, Gewürzen, wie Nelken, Zimt, Kardamomen
oder deren ätherischen Ölen, Zucker und Farbstoffen hergestellt. Die
Bezeichnung muß der Eigenart des Getränkes entsprechend, z. B. Heiß-
getränk mit punschähnlichem Geschmack[1]) lauten.

Siehe auch die Richtlinien der Ersatzmittelverordnung über alkoholfreie und alkoholarme Heißgetränke und deren Vorerzeugnisse S. 860.

4. Brauselimonaden.

Der Verein Deutscher Nahrungsmittel-Chemiker hat folgende
Grundsätze für die Beurteilung aufgestellt:

A. Brauselimonaden mit dem Namen einer bestimmten Fruchtart
sind Mischungen von Fruchtsäften mit Zucker und kohlensäurehaltigem
Wasser.

Die Bezeichnung der Brauselimonaden muß den zu ihrer Bereitung
benutzten Fruchtsäften entsprechen, letztere müssen den an echte Fruchtsäfte zu stellenden Anforderungen genügen.

Eine Auffärbung der Brauselimonaden mit anderen Fruchtsäften
(Kirschsaft), sowie ein Zusatz von organischen Säuren ist nur zulässig,
wenn sie auf der Etikette in deutlicher Weise angegeben werden.

Mit dem Saft von Zitronen, Orangen und anderen Früchten der
Gattung „Citrus" hergestellte Brauselimonaden dürfen einen Zusatz
eines entsprechenden Schalenaromas ohne Deklaration erhalten.

B. Unter künstlichen Brauselimonaden versteht man Mischungen,
die neben oder ohne Zusatz von natürlichem Fruchtsaft, Zucker und
kohlensäurehaltigem Wasser organische Säuren oder Farbstoff oder
natürliche Aromastoffe enthalten. In solcher Weise zusammengesetzte
Brauselimonaden dürfen nicht unter dem Namen „Brauselimonade"
allein gehandelt werden, sondern müssen die deutliche Kennzeichnung
„Künstliche Brauselimonade" oder „Brauselimonade mit Himbeer-,
Erdbeer- usw. Geschmack" tragen.

C. Hinsichtlich Frischerhaltungsmittel gilt das bei Fruchtsäften
im allgemeinen Teil der Beurteilung Gesagte.

D. Saponinhaltige Schaumerzeugungsmittel sind bei den unter
A und B aufgeführten Produkten unzulässig (s. auch den allgemeinen
Abschnitt).

---

[1]) Siehe A. Juckenack Z. f. U. N. 1919. 37. 220.

Das zu verwendende Wasser muß den an künstliche Mineralwässer zu stellenden Anforderungen genügen.

Die Verwendung von künstlichen Süßstoffen ist nach dem Süßstoffgesetz verboten.

Auf dem Boden dieser Grundsätze steht auch der vom Bundesrat erlassene Normalentwurf für zu erlassende Polizeiverordnungen aufdiesem Gebiete. Der Entwurf ist von den meisten Bundesstaaten angenommen und in Preußen mit einem erläuternden Ministerialerlaß veröffentlicht worden (beide s. S. 842 u. 844). Es sei besonders auf die Erläuterungen zu § 1 des Erlasses zum Normalentwurfe aufmerksam gemacht.

Im wesentlichen sind zweierlei Arten von Limonaden (mit oder ohne Kohlensäure) zu unterscheiden, nämlich mit Fruchtsäften hergestellte und künstliche (nachgemachte). Verfälschungsarten ersterer ergeben sich aus obigen Grundsätzen (A Abs. 3). Entsprechende Kennzeichnung stattgefundener wesensfremder Zusätze ist mindestens erforderlich. Als zweckmäßige Kennzeichnung hat sich, sofern nicht lediglich Phantasienamen, die keinerlei Täuschung einschließen, gewählt sind, die Hervorhebung des Charakters als Kunstprodukt durch das vorgesetzte Wort „künstlich" und „mit . . . -Aroma", also z. B. „künstliche Brauselimonade mit Himbeeraroma", „künstliche karamelfarbige Brauselimonade" usw. erwiesen.

Für Limonaden hat die Schweiz annähernd gleiche Bestimmungen erlassen.

Das österr. Ministerium des Innern hat in einem Erlaß zum Ausdruck gebracht, daß ein Zusatz von Essigsäure zu künstlichen Limonaden als eine Verfälschung anzusehen und somit zu beanstanden sei.

Siehe auch die Richtlinien der Ersatzmittelverordnung über Kunstlimonaden und deren Vorerzeugnisse S. 860.

Beispiele aus der Rechtsprechung über nachgemachte Brauselimonaden: Ldg. Posen vom 18. August 1911 und Oberldg. Posen vom·7. Oktober 1911[1]); Ldg. Weimar vom 25. November 1911 und Oberldg. Jena vom 17. Januar 1912[2]); Ldg. Graudenz vom 7. Januar 1914 und Kammerg. vom 6. April 1914[3]); Ldg. Bielefeld vom 24. Oktober 1914 und Kammerg. vom 21. Dezember 1914[4]); Ldg. Stuttgart vom 25. März 1913 und R.-G. vom 27. Oktober 1913 (Joghurtbrause)[5]).

Limonaden- und Brauselimonadenpulver und -körner, Limonaden in der Tüte usw. sind wie flüssige Limonaden zu beurteilen. S. auch S. 265.

i) Speiseeis s. Abschnitt Zuckerwaren.

---

[1]) Z. f. U. N. (Gesetze u. Verordn.) 1914. 6. 383.
[2]) Ebenda 1913. 5. 257.
[3]) Ebenda 1914. 6. 290.
[4]) Ebenda 1915. 7. 293.
[5]) Ebenda 1915. 7. 10.

X. Gewürze und Aromastoffe.

Die Untersuchung der Gewürze[1]) geschieht chemisch und mikroskopisch. Der mikroskopischen Untersuchung läßt man am besten erst eine makroskopische Besichtigung (Lupe) und Auswahl des auf einem weißen Bogen Papier oder dergleichen ausgebreiteten Materials vorausgehen. Die Probe[2]) ist durchzusieben und deren feinere und gröbere Teile je für sich zu untersuchen.

Die chemische Untersuchung erstreckt sich im allgemeinen auf die Bestimmung des Trockenverlustes[3]) (Wasser), der Asche, der Alkalität und des Sandgehaltes, in manchen Fällen auch auf die Bestimmung des Kaltwasser-Extraktes, des Alkohol- oder Ätherextraktes, des Stickstoffs, der Stärke, des Zuckers (die Fehlingsche Lösung reduzierenden Stoffe), der Rohfaser und des ätherischen Öles. Wo außerdem noch besondere Verfahren in Betracht kommen, sind dieselben angegeben[4]).

Von diesen Bestimmungen sind die meisten im allgemeinen Teil S. 29 bis 58 ausführlich beschrieben. Im übrigen ist folgendes zu beachten:

Wasser (Trockenverlust): Etwa 5 g Gewürz 3 Stunden über Schwefelsäure stehen lassen, und dann bei 100° trocknen. Ein konstantes Gewicht erhält man wegen nachheriger Zunahme des Gewichtes durch Oxydationsvorgänge nur schwer; deshalb wiegt man zum ersten Mal nach $1^1/_4$ Stunden, dann alle $^1/_2$ Stunden, bis das Gewicht zunimmt, und nimmt die vorletzte Wägung als die richtige an. Da die Bestimmung auch mit Verlust an flüchtigen Stoffen (ätherischen Ölen usw.) verbunden ist, gibt sie nur annähernde Werte, d. h. den gesamten Trockenverlust.

Extrakte. Man schüttelt 5 g Gewürzpulver, die in einem 25 ccm Meßkolben mit Wasser (Kaltwasserextrakt) bis zur Marke übergossen sind, halbstündig während einer Frist von 8 Stunden und läßt dann das Gemisch 16 Stunden ruhig stehen. Nach dem Durchmischen wird filtriert und von 50 ccm der filtrierten Lösung der Extrakt in üblicher Weise bestimmt. In derselben Weise unter Ersatz des Wassers durch 95%igen Alkohol kann man den Alkoholextrakt herstellen. Im übrigen wird die Extraktion mit Lösungsmitteln wie Alkohol, Äther, Petroläther, Azeton usw. im Soxhletschen Apparat wie bei der Fettbestimmung vorgenommen.

---

[1]) Beratungen der Vereinigung Deutscher Nahrungmittelchemiker (Ref. Ed. Späth), Zeitschr. f. U. N. 1905. 10. 16—37; sowie namentlich Ed. Späth, Die chemische und mikroskopische Untersuchung der Gewürze und deren Beurteilung, Pharm. Zentralh. 1908 (Umfassende Monographie.)

[2]) Zu beachten ist, daß man eine wirkliche Durchschnittsprobe erhält; durch häufiges Hin- und Herbewegen der Aufbewahrungsgefäße tritt bisweilen teilweise Entmischung ein.

[3]) Indirekte Bestimmung nach Winton, Ogden u. Mitchell, Annual Report. Connect. 1898. 2. 184. Zeitschr. f. U. N. 1899. 2. 939. A. Scholl und R. Strohecker, ebenda 1916. 32. 493 empfehlen Wasserbestimmung nach dem Destillationsverfahren (Xylol mit einem Zusatz von 5% Toluol). Näheres s. S. 31.

[4]) Mit Schimmelpilzen usw. durchsetzte Gewürzpulver sind verdorben (siehe auch im bakteriologischen Teil). Über kleine Verunreinigungen kann man hinwegsehen.

Späth benutzt zur Aufnahme des Gewürzpulvers ein gewogenes Wägeglas, das im Boden und Deckel mit 3 Öffnungen versehen ist und dessen untere Seite mit einer filtrierenden Asbestschicht bedeckt ist. Durch Rückwägung des getrockneten Gläschens erhält man indirekt als Gewichtsverlust den entsprechenden Extrakt.

Zur Ausführung der Bestimmung Fehlingscher Lösung reduzierender Stoffe[1]) muß das Gewürzpulver (4 g) erst mit Äther extrahiert werden. Der Rückstand wird darauf mit 10%igem Alkohol ausgewaschen und mit 200 ccm Wasser und 20 ccm HCl (S = 1,125) 3 Stunden im kochenden Wasserbade invertiert. Man neutralisiert die Lösung und bestimmt die Zuckerstoffe als Invertzucker oder Glukose. Anwendung der Polarisation siehe bei Zimt.

Der Gehalt an Stärke[2]) und Rohfaser wird nach den im allgemeinen Teil angegebenen Verfahren ermittelt. Ed. Späth[3]) gibt folgendes Verfahren für die Bestimmung der Rohfaser an: 3 g der feingepulverten, durch ein 0,5 mm Sieb gesiebten Probe mit 50 ccm Alkohol und 25 ccm Äther versetzen und am Rückflußkühler im Wasserbade eine Stunde lang extrahieren. Die Alkoholätherlösung durch ein Asbestfilter (Goochtiegel) vorsichtig von dem abgesetzten Pulver abgießen, den Rückstand noch einige Male ebenso behandeln. Das Asbestfilter in eine Porzellanschale (ringförmige Marke für 200 ccm Flüssigkeit) bringen, dazu das entölte Gewürzpulver unter Nachspülen mit 1,25%iger Schwefelsäure bringen und den zu 200 ccm fehlenden Rest solcher Schwefelsäurelösung nachgießen. Im übrigen wird weiter verfahren nach der Weender Methode.

Über Bestimmung der Pentosane s. S. 54.

Ätherisches Öl wird folgendermaßen[4]) bestimmt: 10—20 g des zerkleinerten Gewürzes werden mit 100 ccm Wasser angerührt und so lange mit Wasserdampf destilliert, als noch ätherisches Öl übergeht. Zur Verhinderung des Schäumens kann etwas fettes Öl hinzugeben werden. Das Destillat versetzt man in einem Scheidetrichter mit Kochsalz (35 g für je 100 ccm Flüssigkeit), schüttelt dreimal mit je 50 ccm Äther und filtriert die vereinigten Lösungen durch ein trockenes Filter in eine gewogene Glasschale. Nach dem Verdunsten des Äthers läßt man den Rückstand in einem evakuierten Schwefelsäureexsikkator trocknen und wägt. Bestimmung des Senföls s. S. 281.

Zur mikroskopischen Prüfung stelle man sich Dauerpräparate (auch Mikrophotographien) von zuverlässig reinen, selbst gemahlenen Gewürzen her, ebenso beschaffe man sich die Pulver der häufigsten Verfälschungsmittel und verfertige davon Mischungen in verschiedenen Verhältnissen, von denen man sich auch Dauerpräparate herstellen kann. Außerdem bediene man sich der Atlanten und Handbücher der Mikroskopie von Tschirch-Österle, Möller, Schimper, Beythien-Hartwich und anderer Autoren.

---

[1]) Über die Bestimmung des sog. „Glukosewertes" (Fehlingsche Lösung reduzierende Stoffe) siehe Härtel, Zeitschr. f. U. N. 1907. 13. 668.
[2]) Besonderes Verfahren f. Senf S. 281.
[3]) Zeitschr. f. U. N. 1905. 9. 589.
[4]) Vereinbarungen II, 57. Klassert gibt zur Verdunstung ohne Kondenswasserniederschlag eine besondere Vorrichtung an; Zeitschr. f. U. N. 1909. 17. 131.

Über die Technik des Mikroskopierens, die Vorbereitung
des Untersuchungsstoffes, die Herstellung von Präparaten
und Dauerpräparaten und die Anwendung der wichtigsten
Reagentien siehe den chemisch-physikalischen Teil S. 25.

Pfeffer [1]).

Schwarzer Pfeffer. Definition: Die getrockneten unreifen
Früchte von Piper nigr. Linné. Piperaceen.

Weißer Pfeffer. Definition: Die reifen von dem äußeren
Teil der Fruchtschale, dem Perikarp befreiten (geschälten) Früchte von
Piper nigr. Linné.

Wichtige mikroskopische Merkmale: Dunkelgelbe, stark-
verdickte Membrane der Steinzellen des äußeren Teils der Frucht, braungelbe Fragmente der inneren Steinzellenschicht. Diese Schicht wird
mit Phloroglucin und Salzsäure rotgefärbt. Endospermzellen mit den
kleinen polyedrischen Stärkekörnchen und auch Ölzellen. Parenchymfetzen und zahlreiche Stärkekörnchen. Beim Pulver des weißen Pfeffers
fehlen aber die Steinzellen des Hypodermas, die braunen Stücke der
Oberhaut und die äußeren Parenchymschichten des Mesokarps.

Chemische Untersuchung.

In Betracht kommen Wasser, Asche, Sand, alkoholischer
Extrakt, unter Umständen auch Stickstoff, letzterer namentlich
auch bei Verfälschungen mit Pulver von Olivenkernen, die nur $1,2\%$
N.-Substanz haben. Pfeffer hat 10 bis $13,7\%$.

Entfettete Olivenkerne färben sich mit einer frisch bereiteten
Lösung von Paraphenylendiamin und einigen Tropfen Essigsäure
leuchtend rot (Reaktion Bondil [2])).

Kalküberzug (namentlich bei Penangpfeffer) wird mit 10%iger
Essigsäure abgewaschen und in üblicher Weise weiter bestimmt. Der
natürliche Kalkgehalt aus der äußeren Schale (nach Beythien bis etwa
$0,04\%$) ist in Abzug zu bringen.

Piperin: 10 g Substanz mit absolutem Äther ausziehen und in
dem nach dem Verdunsten des Äthers erhaltenen Rückstand den N nach
Kjeldahl bestimmen. Verbrauchte $1/_{10}$ ccm N.-Schwefelsäure durch
Multiplikation mit 0,0285 auf Piperin umrechnen. Piperin läßt sich
vom Harz dadurch trennen, daß man den durch Verdunsten des Alkohols erhaltenen Rückstand mit einer kalten Lösung von Natriumkarbonat
behandelt, in welcher sich das Harz löst. Konzentrierte Schwefelsäure
erzeugt mit Piperin eine tiefrote Färbung.

Bleizahl nach W. Busse [3]): 5 g Pfefferpulver mit absolutem
Alkohol vollkommen extrahieren und dann trocknen; darnach mit wenig
Wasser zu Brei anrühren und mit etwa 50 ccm heißem Wasser in einen
200 ccm fassenden Kolben spülen. 25 ccm 10%ige NaOH zusetzen
und am Rückflußkühler 5 Stunden lang unter Umschütteln digerieren.

---

[1]) Die bekanntesten Handelssorten sind: Malabar-, Tellichery, Aleppo-,
Singapore-, Penang- und Lampongpfeffer.

[2]) Zeitschr. f. U. N. 1913. 25. 415; n. Anal. de falsific. 1911. 4. 36.

[3]) Arbeiten aus dem Kais. Gesundh.-Amte 1894. 9. 509.

Sodann die Flüssigkeit mit konzentrierter Essigsäure fast neutralisieren, in einen 250-Meßkolben spülen und bis zur Marke mit Wasser auffüllen, kräftig schütteln und über Nacht stehen lassen. 50 ccm Filtrat in einem 100 ccm-Kölbchen mit Essigsäure ansäuern und dann mit 20 ccm einer 10%igen Lösung von Bleiacetat von bekanntem Gehalt versetzen und mit H_2O auf 100 auffüllen. Dann abfiltrieren und in 10 ccm Filtrat nach Zusatz von verdünnter H_2SO_4 und Alkohol das Blei als Sulfat fällen. Menge des erhaltenen Bleisulfats wird zur Umrechnung auf Blei mit 0,6822 multipliziert und das Produkt von der in 2 ccm der angewendeten Bleiacetatlösung enthaltenen Bleimenge abgezogen. Differenz = Menge Blei, welche durch die in 0,1 g des Pfeffers vorhandenen bleifällenden Körper gebunden wurde. Die Bleimenge × 10, d. h. also auf 1 g Substanz = Bleizahl.

Beurteilung[1]. Ganzer, schwarzer Pfeffer muß aus vollwertigen, Schale und Perisperm enthaltenden, ungefärbten Körnern bestehen; der Höchstgehalt an tauben Körnern, Fruchtspindeln und Stielen betrage 15%.

Ganzer, weißer Pfeffer bestehe aus vollwertigen, reifen oder geschälten schwarzen unreifen Körnern. Überziehen von Penangpfeffer mit Ton oder Kalk[2]) oder Färbung ist als Fälschung anzusehen.

Gemahlene Pfeffer müssen aus den Früchten der oben definierten Pfefferarten hergestellt sein, ohne Beimischung von Pfefferschalen[3]), -spindeln, sogen. Pfefferköpfen, abgesiebter (Bruch), extrahierter Ware usw.; jedenfalls sollen nicht mehr als einige Prozente davon enthalten sein.

Weitere Verfälschungen: Erdige Bestandteile, Preßrückstände ölhaltiger Samen (chemischer Nachweis von Olivenkernen siehe den Abschnitt chemische Untersuchung), Nußschalen, Reisspelzen, Holzmehl, Rindenpulver, Mehl von Cerealien, Pfeffermatta[4]), mineralische Zusätze, Wachholderbeerpulver usw., Färben mit Ruß.

Nachmachungen: Künstliche Pfefferkörner werden aus Ton, Mehlteig und ähnlichen Stoffen mit oder ohne Zusatz schärfender Stoffe hergestellt; sie zerfallen im Wasser; Kunstpfefferpulver ist aus gemahlenem mit Piperin und Strohmehl versetztem Buchweizen hergestellt worden.

Als Pfefferersatz bezeichnete Ware enthielt 50 und mehr Teile vom 100 an Kochsalz, außerdem neben kleinen Pfeffermengen Paprika,

---

[1]) Nach den von der Vereinigung Deutscher Nahrungsmittel-Chemiker aufgestellten Grundsätzen. Zeitschr. f. U. N. 1905. 10. 27.

[2]) Urt. d. Landger. Dresden v. 22. Aug. 1905 u. d. Oberlandesger. daselbst v. 12. Okt. 1905; Auszüge 1908. 7. 360. 361; Urt. d. Landger. Breslau v. 12. Okt. 1900, ebenda 1902. 5. 296. Das Kalken soll angeblich tierische Schädlinge fernhalten, insbesondere beim überseeischen Transport; da diese Behandlung jedoch oft erst im Inlande vorgenommen wird, so fällt dieser Grund weg. Im wesentlichen handelt es sich um die Erweckung des Anscheins besserer Beschaffenheit und unter Umständen auch um Beschwerung.

[3]) Urt. d. Landger. Dresden v. 18. Dez. 1902, v. 9. Okt. 1903 (Oberlandesgericht dasselbst), 1905. 6. Nov. 1903, Auszüge 1905. 6. 224; 1908. 7. 354 u. ff.; die Rechtslage über Pfefferbruch ist noch ungeklärt; Urt. d. Landger. Leipzig u. des Reichsger. 1905—07, Auszüge 1908. 7. 365. 373; 1912. 8. 774. 776; des Landger. Mannheim u. des Oberlandesger. Karlsruhe 1909, ebenda 777; auch Zeitschr. f. U. N. (Ges. u. Verord.) 1911. 3. 340.

[4]) Besteht aus Kleie, Spelzen, Ruß und anderen Gemischen.

Ingwer, Koriander, Lavendelblüten u. a. m. Siehe im übrigen die Richtlinien über Gewürzersatz S. 856.

Am meisten kommen Verfälschungen mit Pfefferschalenstielen und sonstigen Pfefferabfällen vor. Zu ihrem Nachweis dient die Bestimmung von Rohfaser, Piperin und Stärke, sowie die Feststellung der sogen. Bleizahl und des nichtflüchtigen Ätherextraktes bzw. dessen Stickstoffgehalts, auch die Ermittelung der Pentosane (Furfurolhydrazon).

Höchst-Grenzzahlen:	schwarzer	weißer Pfeffer
1. Mineralbestandteile (Asche)	$7,0\%$	$4,0\%$
2. In 10%iger Salzsäure Unlösliches (Sand)	$2,0\%$	$1,0\%$
3. Rohfaser	nicht über $17,5\%$	nicht über $7,0\%$
4. Bleizahl (in wasserfr. Pulver) für 1 g.	„ „ $0,08$ g per 1 g	„ „ $0,03$ g

Als wertvolle Anhaltspunkte können eventuell gelten:

	schwarzer	weißer Pfeffer
5. Stärke (Diastaseverfahren)	$30—38\%$	$45—60\%$
6. Piperin	$4,0—7,5\%$	$5,5—9,0\%$
7. Nichtflüchtiger Ätherextrakt } im ganzen Stickstoff in 100 Teil.	nicht unter $6,0$	nicht unter $6,0$
desselben	„ „ $3,25$	„ „ $3,5$
8. Furfurolhydrazon (Pentosane) (auf 5 g bei 100^0 getrockneten Pfeffer berechnet)	$0,20—0,23$ g	$0,046—0,052$ g

Pfefferschalen enthalten nur 4 bis 14% Stärke, etwa 30% Rohfaser und etwa $0,2\%$ Piperin; ihre Bleizahl ist 0,1 und darüber.

Pfefferköpfe[1]) $31,6\%$ Rohfaser; 0,129 Bleizahl. Im allgemeinen wird die Ermittelung der 4 erstgenannten Bestimmungen ausreichen.

Siehe auch G. Graff, Zur Beurteilung des schwarzen Pfeffers, Zeitschr. f. öffentl. Chemie 1908, 14, 425; ferner H. Lührig und R. Thamm, Zeitschr. f. U. N. 1906, 11, 129; Ed. Späth, ebenda 1905, 10, 577; A. Hebebrand, 1903, 6, 345; A. Beythien, ebenda 1903, 6, 957; A. Forster, Zeitschr. f. öff. Chemie 1898, 4, 626; A. Rau, ebenda 1899, 5, 22.

Verunreinigte Ware ist als verdorben zu beanstanden.

Paprika (Span. Pfeffer)[2]).

Definition: Die getrockneten reifen Früchte mehrerer Capsicumarten (Ungarn, Italien, Spanien, Serbien), insbesondere von Capsicum annuum L. u. longum. Solanaceen. Cayennepfeffer kommt von den kleinfrüchtigen Capsicum-Arten. Rosenpaprika ist eine besonders milde Art ohne Placenten und mit geringen Samenmengen.

Mikroskopischer Bau: Zahlreiche orangegelbe und rote Öltropfen in den Collenchym- und Parenchymzellen der Fruchtwand. Sie färben sich mit konzentrierter Schwefelsäure indigoblau (Capsicinreaktion). Unregelmäßig verdickte Zellen der Samenschale. Stengel

---

[1]) Nach A. Beythien, Jahresber. d. Unters.-Amtes Dresden. 1903. 14.
[2]) A. Nestler, Über sog. capsaicinfr. Paprika, Zeitschr. f. U. N. 1907, 16, 739; A. Beythien, Einige Paprikaanalysen, ebenda, 1912. 5. 858; R. Krzizan, ebenda, 1906. 12. 223 betr. Färben; derselbe, Z. f. öff. Chemie 1907. 161 betr. Extraktion von Paprika und die Beurteilung des Extraktgehaltes.

und Kelchteile mit Drüsenhaaren. Längliche wellig konturierte, an ihren Seitenwänden getüpfelte Steinzellen der Innenepidermis. Sehr kleine Stärkekörner in geringer Anzahl.

Chemische Untersuchung:

Asche, Sand, Kaltwasser-, Alkohol- und Ätherextrakt. G. Heuser und C. Heßler empfehlen hierzu die Ausführung nach Gottlieb-Röse (s. Milch) und ziehen den Ätherextrakt dem mit Alkohol gewonnenen vor. Als wertvolles Ergänzungsmittel bezeichnen sie die direkte Jodzahl des Ätherextraktes. Mineralische Beimengungen (Unters. d. Asche) wie bei Pfeffer. Nachweis von Farbstoff durch Befeuchten des auf Filtrierpapier ausgebreiteten Pulvers mit Wasser oder Alkohol, wobei durch Teerfarbstoff gefärbte Punkte entstehen. In Aceton, Äther, Alkohol gelöster Paprikafarbstoff färbt sich mit Schwefelsäure blau. Durch Zusatz von verdünnter Essigsäure, essigsaurer Tonerde oder Zinnchlorürlösung zur Acetonfarbstofflösung läßt sich der Farbstoff auf Wolle auffärben. Beim Trocknen der Wolle verschwindet der Farbstoff wieder, während der von Teerfarbstoffen bleibt.

Beurteilung: Die Asche soll rein weiß sein und $6,5\%$ nicht übersteigen. Salzsäure Unlösliches höchstens 1%. Wiederholt ist Schwerspat nachgewiesen. Der Alkoholextrakt soll mindestens 25% betragen.

Verfälschungen: Sandelholz, Zigarrenkistenholz, Preßrückstände ölhaltiger Samen, Cerealienmehl, Rindenmehl, Ocker, Ziegelmehl, Teerfarbstoffe (Sulfoazobenzol-β-Naphtol), Schwerspat, Beimischung extrahierter Ware; letztere kommt auch als „edelsüßer oder Rosenpaprika" (Färbe-) in den Handel.

Muskatblüte (Macis) und Muskatnüsse[1].

Definition: Myristica fragrans, Muskatnuß und deren getrocknete und gepulverte Samenmäntel (arilli) Muskatblüte oder das Macis (Banda-).

Mikroskopischer Bau: Das Macispulver enthält zahlreiche kleine Körnchen von Amylodextrin (mit Jod sich rotbraun färbend). Die Gewebetrümmer bestehen aus derbwandiger Epidermis und parenchym. Zellen mit Ölräumen. Muskatnußpulver hat dünnwandige Endospermzellen mit eingelagertem Fett, Eiweiß und Stärke; im Primärperisperm Kristalle sichtbar.

Chemische Untersuchung:

Nachweis von Bombay-Macis. Der Alkohol-Auszug (3:30 absoluten Alkohols) soll nach dem Verdünnen mit der dreifachen Menge Wasser mit Kaliumchromatlösung (1%) erhitzt nur gelb gefärbt werden. Rötliche Färbung zeigt Bombay-Macis an.

1 ccm des alkoholischen Auszuges mit 3 ccm Wasser und einigen Tropfen NH_3 versetzt: reine Macis rosa; Bombay-Macis tieforange (schon bei $2,5\%$) bis gelbrot (5%).

---

[1] W. Busse, Arbeiten a. d. Kais. Gesundh.-Amte. 1895. 11. 390 (Muskatnüsse) und ebenda 1896. 12. 628 (Macis); J. Vonderplanken, Chem.-Ztg. 1900. 24. Rep. 31; F. Ranwez, ebenda und 149.

Curcuma zeigt sich durch grünliche Fluoreszenz der alkoholischen Lösung an. (Waage, Pharm. Zentralh. 1892, 33, 372; 1893, 34, 131; P. Soltsien, Zeitschr. f. öffentl. Chemie 1897, 253.)

Zuckernachweis siehe bei Zimt. Extraktion wird durch Bestimmung des fetten (Ätherextrakt)[1]) und ätherischen Öles (s. S. 271) erkannt.

Asche und Salzsäure-Unlösliches in bekannter Weise (siehe Pfeffer).

Kapillaranalyse von W. Busse, Arbeiten des Kais. Gesundh.-Amtes 1896. XII. 628 und Vierteljahrsschr. 1896. 11. 193. (Ref.) Filtrierpapier in Streifen von 15 mm Breite wird in die in Bechergläsern befindlichen alkoholischen. Auszüge (1:10) eingehängt, so daß es 10—12 mm tief eintaucht. Die mit Macisauszug (s. oben) 30 Min. lang getränkten und sodann getrockneten Papierstreifen werden schnell in ein zum Sieden erhitztes, gesättigtes Barytwasser getaucht und dann sofort auf reinem Filtrierpapier zum Trocknen ausgebreitet. Zunächst tritt dann bei reiner Macis wie bei Mischungen mit Bombay-Macis Braunfärbung der Streifen ein, die sich jedoch schon nach kurzer Zeit durch Verblassen und Auftreten rötlicher Töne verändert. Erst nachdem die Streifen völlig trocken geworden, läßt sich das Ergebnis beurteilen. Bei reiner echter Macis sind dann die Gürtel bräunlich-gelb gefärbt, der untere Teil der Streifen ist blaßrötlich; (ähnlich, nur bedeutend schwächer, reagiert Papua-Macis). Bei Gegenwart von Bombay-Macis erscheinen die Gürtel ziegelrot. Beim Betupfen der mit Barytwasser behandelten trockenen Streifen mit verdünnter Schwefelsäure tritt Gelbfärbung ein. Zieht man die schwach getrockneten Papierstreifen durch kaltgesättigte wässerige Borsäurelösung, so färben sie sich rotbraun. Betupfen mit KOH gibt einen blauen Ring (bei Bombay-Macis einen roten). (Vergleichsreaktion anstellen!). Vgl. auch P. Schindler, Zeitschr. f. öffentl. Chemie 1892. 8. 132. 288.

Nachweis von Papuamacis[2]). Je 0,1 g reiner gemahlener Bandamacis und des zu prüfenden Pulvers werden in Reagenzgläsern mit je 10 ccm leicht siedenden Petroläthers übergossen und diese Gemische eine Minute lang kräftig durchgeschüttelt. Ein Teil der Filtrate (etwa je 2 ccm) wird mit dem gleichen Volumen Eisessig gemischt und dann möglichst schnell hintereinander vorsichtig mit konzentrierter Schwefelsäure unterschichtet. Bei reiner Bandamacis entsteht an der Berührungszone ein gelblicher Ring, bei Gegenwart von Papuamacis eine rötliche Färbung. Falls nach 1 bis 2 Minuten nicht eine deutlich rötliche Färbung eingetreten ist, ist die Reaktion als negativ anzusehen, weil später auch bei Bandamacis ähnliche Farbentöne entstehen. Aus diesem Grunde ist auch die Kontrollprobe mit reiner Bandamacis nötig und es empfiehlt sich, den Schwefelsäurezusatz bei dieser zuerst vorzunehmen. Bombaymacis gibt bei gleicher Behandlung eine farblose Zone.

Es lassen sich auf diese Weise weniger als 20 % Papuamacis nicht sicher erkennen. In zweifelhaften Fällen empfiehlt es sich deshalb mit noch verdünnteren Lösungen zu arbeiten, und zwar nimmt man dann 0,1 g Pulver auf 20 ccm Petroläther. In diesen dünnen Lösungen treten die Färbungen zwar langsamer auf (2 bis 4 Minuten), auch bleiben sie schwächer, aber sie sind so leichter zu unterscheiden.

Zur besseren Wahrnehmung der Farbenunterschiede kann man unter die Reagenzgläser weißes Papier legen und im auffallenden Licht beobachten. Dasselbe erreicht man auch durch Heben der Reagenzgläser und Betrachtung der Ringzone von unten gegen das Licht. Bei einiger Übung gelingt es, auf diesem Wege auch geringere Mengen als 20 % Papuamacis (bis etwa 10 %) wahrzunehmen, namentlich wenn man mit selbsthergestellten Mischungen Kontrollen anstellt. Für die Praxis kommen geringere Zusätze kaum in Betracht.

---

[1]) Mit dem Fett kann Jod- und Verseifungszahl bestimmt werden.

[2]) C. Griebel, Zeitschr. f. U. N. 1909. 18. 202.

Beurteilung: Macis-Asche nicht über 3%. Salzsäure-Unlösliches nicht über 0,5%. Bombaymacis hat höheren Fettgehalt (Ätherextrakt bis zu 50% bzw. 67%) als Bandamacis (Fettgehalt bis 24%). Jodzahl des Fettes der letzteren 77 bis 80; der ersteren 50 bis 53.

Muskatnüsse enthalten: 8—15% ätherisches Öl und im Mittel 34% Fett; Aschengehalt höchstens 3,5%; Salzsäure-Unlösliches höchstens 0,5%. Kunstprodukte von Muskatnüssen bestehen aus Leguminosenmehl, Bruchstücken oder Pulver von schlechten Nüssen, Ton und Muskatbutter. Durch Insektenfraß verdorbene Muskatnüsse kommen öfter vor. Kalküberzug wird durch Einlegen in verdünnte Salzsäure erkannt.

Verfälschungen: Papuamacis, auch Makassarmacis genannt von Myr. argentia, einer weniger aromatischen Muskatnuß; Bombay-Macis[1], (wilde geschmack- und geruchlose Sorte Myr. malabarica); Curcuma, gemahlener Zwieback, Maismehl, Muskatnußpulver, gefärbte Olivenkerne, Zucker u. a.

Gewürz-Nelken[2].

Definition: Die nicht vollständig entfalteten, getrockneten und gepulverten Blütenknospen von Eugenia aromatica Baillon u. and. Sorten (Myrtaceen). Sie müssen unverletzt, voll sein und aus Unterkelch und Köpfchen bestehen. Beim Drucke mit dem Fingernagel muß sich aus dem Unterkelch leicht ätherisches Öl absondern. Nelkenpulver soll braun und von gutem, kräftigem Geruch sein.

Mikroskopischer Bau: Ölbehälter, Bruchstücke der Epidermis, der Gefäßbündel mit ihren schmalen Spiralgefäßen; Parenchymfetzen. Durch Fe_2Cl_6 wird das Gewebe der Nelken tiefblau gefärbt. Bringt man zu ölhaltigen Schnitten konzen. KOH, so entstehen säulen- oder nadelförmige Kristalle (nelkensaures Kali); ihr Entstehen kann unter dem Mikroskop beobachtet werden. Kalkoxalatdrusen.

Chemische Untersuchung: Asche und Salzsäure-Unlösliches, auch Analyse der Asche. Bestimmung des Gehaltes an ätherischem Öl siehe Muskatblüte.

Untersuchung des Nelkenöls (Eugenolbestimmung) nach K. Thoms, Zeitschr. f. U. N. 1904. 7. 123 (Ref.) u. E. Reich, ebenda 1908. 16. 452. u. 1909. 18. 406.

Beurteilung: Asche höchstens 8%. Salzsäure-Unlösliches höchstens 1%; bei Nelkenstielen nicht mehr als etwa 10%. Ätherisches Öl mindestens 10%. Der Gehalt an letzterem schwankt in der Regel von 16—20%; bei Stielen etwa 5%. (Abnahme an ätherischem Öl, Zunahme an Asche.)

Verfälschungen: Entölte Nelken, Nelkenstiele, Mutternelken (Antophylli, die Früchte des Nelkenbaumes), Kakaoschalen, Holzpulver, mineralische Zusätze, Mehl und andere mehr wie bei Pfeffer, Sandelholz in gemahlenen Nelken. Zusatz von mehr als 10% Nelkenstielen

---

[1] Zahlreiche Urteile. Auszüge 1905 u. 1908.
[2] R. Thamm, Zeitschr. f. U. N. 1906. 12. 168; W. Suthoff, Zusammensetzung einiger seltener Gewürze, Zeitschr. f. U. N. 1915. 30. 27,

wurde von den Landgerichten Nürnberg und Leipzig [1]) als Verfälschung beurteilt.

Safran [2]).

Definition: Die getrockneten Blütennarben der im Herbste blühenden kultivierten Form von Crocus sativ. L. Iridaceen.

Mikroskopische Merkmale: Zartzelliges, von engen Gefäßen durchzogenes Parenchym, Narbenpapillen, Pollenkörner. Zur Erkennung der Gewebselemente wird in Chloralhydrat aufgehellt und der Farbstoff ausgewaschen.

Ringelblumen haben vielzellige Haare, Saflor ist kenntlich an den Harzschläuchen und den langgestreckten Oberhautzellen.

Mikrochemische Untersuchung: Unter Paraffin betrachtet ist extrahierter Safran und Feminell (Griffelteile) hellgelb, echter Safran orangegelb.

Läßt man zu trockenem Safranpulver vom Rande des Deckgläschens aus konzentrierte Schwefelsäure fließen, so entstehen bei echtem Safran dunkelblaue, bald in schmutzig violett und braun übergehende Strömungen in der Flüssigkeit. Bei Anwesenheit von Saflor (von der Färberdistel Carthamus tinctorius L. stammend), Sandelholz, Anilinfarben, treten andere Färbungen auf.

Chemische Untersuchung: Feuchtigkeitsgehalt, Asche und Salzsäure-Unlösliches. Daneben ist besonders auf Kochsalz, Borax, Salpeter und andere mineralische Beschwerungsmittel zu prüfen. M. Pierlot [3]) hält die Stickstoffbestimmung zur Kenntnis der Reinheit des Safrans für zweckmäßig. Identitätsreaktion siehe den mikrochemischen Nachweis.

Nachweis von Griffeln oder von extrahiertem Safran:

a) nach Dowzard [4]): 0,2 g gepulverter Safran mit 20 ccm 50%igem Alkohol im Glaszylinder übergießen und $2^{1}/_{2}$ Stunden in Wasser von 50° stellen, die Lösung abkühlen und filtrieren, 10 ccm Filtrat = 0,1 g Safran mit Wasser auf 50 ccm auffüllen und Tiefe der Färbung mit einer Chromsäurelösung vergleichen, welche 78,7 g Chromsäure pro 1 enthält; davon entsprechen 100 ccm = 0,15 g Rohcrocin in 100 ccm Wasser. Gute Safranproben sollen nicht unter 50% Crocin enthalten. Nach dem Deutschen Arzneibuch sollen 100 000 Teile Wasser durch 1 Teil Safran deutlich und rein gelb gefärbt werden.

b) Verfahren von Pfyl und Scheitz, siehe Zeitschr. f. U. N. 1908. 16. 347; Teichert, ebenda 753 (Kupferzahl).

Nachweis fremder Farben durch Kapillaranalyse nach Gopelsröder-Kayser.

5 g Safran digeriert man mit 50 ccm Wasser 24 Stunden lang (nicht kochen!) und hängt in den Auszug 4—5 cm breite Filtrierpapierstreifen.

---

[1]) Auszüge 1912. 8. 771 u. 1908. 7. 372. 365.
[2]) Vgl. R. Krzizan, Zeitschr. f. U. N. 1905. 10. 249; Fresenius und Grünhut, ebenda. 1900. 3. 810. Safran ist kein Farbstoff, sondern ein Lebensmittel.
[3]) Schweiz. Apoth. Ztg. 1916. 36. 490; Pharm. Ztg. 1916. 804 (Ref.).
[4]) Zeitschr. f. U. N. 1899. 2. 522.

Nach etwa 6stündigem Stehen findet man bei Anwesenheit fremder Farbstoffe die Streifen in verschiedener Höhe verschieden gefärbt. Man schneidet nach dem Trocknen die einzelnen gefärbten Stücke heraus, wäscht mit heißem Wasser aus, kapillarisiert diese Lösungen zur vollständigen Trennung der Teerfarbstoffe unter Umständen nochmals und stellt endlich Reaktionen (Auffärbungen auf Wolle oder Seide in weinsaurer Lösung, die von Safran nicht gefärbt werden) mit den so gewonnenen wässerigen Lösungen an. Noch besser ist die folgende Methode Kaysers: Einen wässerigen Safranauszug behandelt man mit wenig Alkali in der Wärme, neutralisiert und filtriert das abgeschiedene Crocetin ab. Die Lösung behandelt man kapillaranalytisch wie oben.

Feststellung der Art der zugesetzten Teerfarben vgl. auch Vereinbarungen für das Deutsche Reich II, 67.

Rohrzucker kann mikroskopisch und in der wässerigen Lösung mit α-Naphtol und Schwefelsäure (Violettfärbung) erkannt werden. **Quantitative Bestimmung** nach Nockmann, Zeitschr. f. U. N. 1912. 13. 453.

Glyzerin ebenda.

Sandelholz wird nach A. Beythien[1]) durch Ermittelung des Rohfasergehalts nach vorherigem Auswaschen des Crocins mit siedendem Wasser nachgewiesen. Safran hat etwa $5^0/_0$, Sandelholz etwa $62^0/_0$ Rohfaser.

Beurteilung: Feuchtigkeitsgehalt nicht über $15^0/_0$ (im Wassertrockenschrank bestimmt).

Asche höchstens $8,0^0/_0$; Salzsäure-Unlösliches höchstens $1^0/_0$. Safranasche enthält Al_2O_3; Kalendulaasche: Mn; Saflorasche: Fe.

Verfälschungen: 1. Durch Extrahieren und nachheriges Auffärben mit Saflor, Sandelholz, Teerfarbstoffen. 2. Durch Beschweren mit löslichen und unlöslichen Mineralstoffen in Verbindung mit Honig, Sirup, Glyzerin, Baryt, Zinnoxyd, Borax, Kochsalz, Kreide, Magnesiumsulfat, gefärbtem Mehl, Curcuma usw. 3. Durch Unterschiebung von Ringelblumen, Saflor, Sandelholz, Fleischfasern, Maisgriffel, Griffeln der Safranblüte. Die Bezeichnung Feminell wird nicht nur auf Safrangriffel, sondern auch auf Ringelblumen angewendet, weshalb sie ganz vermieden werden sollte (Ed. Späth).

Ein mäßiger Gehalt an Safrangriffeln (Feminell) — etwa $10^0/_0$ — wird nicht beanstandet. Sogenannter elegierter Safran muß aber ganz frei von Griffeln und Griffelenden sein. Verfälschung von Safran mit Rohrzucker, Borax und Ammonsulfat vgl. Urt. d. Reichsger.[2]) vom 16. Febr. 1915; wegen Verfälschung mit Griffeln siehe Urt. des Landger. Leipzig vom 4. Okt. 1906[3]) und des Landger. Karlsruhe vom 4. Sept. 1909.

Piment[4]).

(Nelkenpfeffer, Neu- und Modegewürz, Almodi.)

Definition: Die getrockneten nicht völlig reifen Früchte von Pimenta officin. Lindl. Myrtaceen.

---

[1]) Zeitschr. f. U. N. 1901. 4. 368.
[2]) Auszüge 1917. 9. 584.
[3]) Auszüge 1912. 13. 774. 777.
[4]) R. Thamm, Zeitschr. f. U. N. 1906. 12. 168.

Mikroskopische Merkmale: Teils farblose, teils gelbe Stein-
zellen von verschiedener Wandstärke, stark verdickte Trichome, farblose
oder weinrote, dünnwandige Fetzen des Keimes, Ölbehälter, Haare,
Kalkoxalatdrusen, kleine einfache oder gepaarte, meist zerbrochene
Stärkekörnchen. Pigment mit Fe_2Cl_6 blau, mit Säuren (HCl, H_2SO_4,
Essigsäure) sich rot färbend.

Chemische Untersuchung: Asche, Salzsäure-Unlösliches, u. U.
auch Analyse der Asche; Ermittelung des Gehaltes an ätherischem Öl,
Cellulose usw. Eisenockerüberzug durch Abwaschen mit verdünnter
Salzsäure (Berlinerblaureaktion).

Beurteilung: Asche höchstens 6,0, Salzsäure-Unlösliches höchstens 0,5%, ätherisches Öl mindestens 2%. Stiele und Blätter nicht
über 2%; überreife Früchte nicht über 5%.

Verfälschungen: Wie bei Pfeffer, auch mit Pimentmatta (das
Mehl gedörrter Birnen), Nelkenstielen, Kakaoschalen, Sandelholz,
Steinnuß usw.; künstlicher Pimentkörner; Färben mit Eisenocker.

Zimt[1]).

Definition: Die getrocknete, von der Oberhaut bzw. dem Peri-
derm mehr oder weniger entblößte Rinde verschiedener Cinnamom-
arten, besonders von Cinnamomum Ceylanicum Breyne und Cinnamom.
Cassia Blume. Handelssorten: Ceylonzimt, chinesischer Zimt, Holzzimt.

Mikroskopischer Bau: Mannigfach geformte, teilweise nur
einseitig verdickte Steinzellen und spindelförmige Bastfasern. Im
Rindenparenchym sind zuweilen einzelne Schleimzellen zu erkennen.
Reichlich Stärke (meist etwa 8 μ große und zu 2—8 zusammengesetzte
Körner) und Trümmer des charakteristischen Steinkorkes. Die mikro-
skopischen Unterscheidungsmerkmale der verschiedenen Arten von
Zimtrinden müssen in den Handbüchern nachgelesen werden.

Die von Zimtbruch herrührenden Rindenstücke zeigen Epidermis
mit Spaltöffnungen und kurzen Haaren. Innen anhaftende Holzbestand-
teile des Cinnamomchips. Verkleisterte Stärke zeigt an, daß die Rinde
durch Destillation mit Wasserdampf ihres ätherischen Öls beraubt worden
ist. Nach Molisch färben sich alle Zimtrinden mit konzentrierter HCl
intensiv blutrot, insbesondere enthalten die gegen das Cambium vor-
springenden Markstrahlen den sich rötenden Farbstoff, der sich leicht
mit Wasser extrahieren läßt. Ungefärbt gebliebene Teile weisen auf
Fälschungen hin.

Chemische Untersuchung: Bestimmung des alkoholischen
Extrakts. (Hierzu nimmt man Alkohol von 0,833 spez. Gew.) Trocknen
bis zur Gewichtskonstanz im Wassertrockenschrank und Wägen des
getrockneten Extraktes. Nachweis von Zucker durch Polarisation in
der wässerigen Lösung; man schüttelt 10 g mit Wasser, filtriert und versetzt 50 ccm des Filtrates mit 2,5 ccm Bleiessig und etwas Tonerdebrei.
Nach dem Auffüllen zu 55 wird filtriert und polarisiert. Vorprüfung

---

[1]) E. Späth, Forschungsber. 1896. 3. 291; Zeitschr. f. U. N. 1906. 11.
447; H. Lührig und R. Thamm, ebenda 129; R. Hefelmann, Pharm.
Zentralh. 1896. 27. 699. G. Rupp, Zeitschr. f. U. N. 1899. 2. 209.

durch Schütteln mit Chloroform (Zuckerkristalle im Bodensatz). Bestimmung des Zimtaldehyds[1]), Asche, Sand usw.

Beurteilung: Asche soll grauweiß sein; nicht über 5%; in HCl Unlösliches höchstens 2%. Äther. Öl nicht unter 1%, alkoholischer Extrakt nicht unter 18%. Ceylonzimt zeigt im Polarisationsapparat schwache Linksdrehung. Zimtbruch hat in der Regel 8 und mehr Prozent Asche und über 4% Sand.

Verfälschungen: Zimtabfälle, bruch (Cinnamomchips) mit fremden Rinden, mit der ihres ätherischen Öls beraubten Zimtrinde, Zimtmatta (= Hirsespelzenmehl), Sandelholz, Zucker, Walnußschalen, auffallend durch Sklerenchymzellen, Ocker, Kakaoschalen, Mandelkleie usw.

Seychellenzimt ist arm an ätherischem Öl und daher minderwertig. Zimtersatz sind mit Zimtaldehyd durchtränkte indifferente Pulver von braunem Aussehen wie z. B. Faulbaumrinde oder Strohmehl. Siehe auch die Richtlinien zu Gewürzersatz S. 856.

Aus Zimtbruch hergestelltes Zimtpulver muß deutlich als solches bezeichnet werden. Siehe auch das Urteil des Landger. Bielefeld vom 30. Juni 1911 und Oberlandesger. Hamm vom 29. Aug. 1911[2]).

Senf[3]):

Definition. a) Schwarzer Senf-Samen (bzw. -Mehl) von Brassica nigra Koch. b) Weißer Senf-Samen von Sinapis alba L. c) Sarepta-Senf-Samen von Sinapis juncea L. Cruciferen.

Mikroskopischer Bau: Querschnitt der Samenschale zeigt an der Epidermis Großzellen; Steinzellenschicht wie kammartige Leiste mit hufeisenartig verdickten Schichten. Samenoberfläche (Flächenansicht) zeigt Felder mit Punkten (Vertiefungen). Die Kleberschicht und das zartzellige Gewebe des Keimlings ist charakteristisch.

Mikroskopische Untersuchung: Kalilauge färbt weißes Senfpulver sofort gelb, beim Erwärmen tief orange. Schwarzer Senf bleibt auch beim Erwärmen gelb. Fremde Cruciferen-Samen sind nur durch Vergleichspräparate zu erkennen.

Chemische Untersuchung: Bestimmung von N, Fett usw. Bestimmung des Senföls

nach Schlicht (Zeitschr. f. analyt. Chem. 1891. 661 mit Verbesserungen, Zeitschr. f. öffentl. Chem. 1903. 9. 37): 25 g (auch weniger bei starker Senfölentwickelung) Senfmehl mit Wasser 4 Stunden bei Zimmertemperatur behandeln, die Masse ungefähr 15 Minuten lang zum Sieden erhitzen. Nach völligem Abkühlen Myrosinlösung[4]) zusetzen und diese, ohne zu erwärmen, 16 Stunden einwirken lassen oder man behandelt den gepulverten Samen mit 300 ccm Wasser, in welchem 0,5 g Weinsäure gelöst sind, 16 Stunden bei Zimmertempe-

---

[1]) J. Hanus, Zeitschr. f. U. N. 1903. 6. 817 und 1904. 7. 669.
[2]) Zeitschr. f. U. N. 1912. 4. 238.
[3]) Eingemachter Senf, Tafelsenf (Mostrich) ist mit Essig, Gewürzen und auch Zucker hergestellt.
[4]) Man digeriert weißen Senfsamen mit kaltem Wasser, fällt die abfiltrierte Lösung mit absolutem Alkohol und wäscht den auf dem Filter gesammelten Niederschlag mit Alkohol, bis Eisenchlorid, Chlorbarium (n. Wasserzusatz) und Ammoniak keine Reaktion mehr geben. Das Myrosin wird ohne Anwendung von Wärme getrocknet.

ratur. In beiden Fällen hat man von vornherein den Entwickelungskolben mit der eine alkalische Permanganatlösung enthaltenden Vorlage verbunden. Nach dem Digerieren in beiden Fällen unter Vermeidung jeglicher Kühlung möglichst viel aus dem Entwickelungskolben abdestillieren. Nach beendeter Destillation Inhalt der Vorlage unter tüchtigem Durchschütteln erwärmen, das überschüssige Permanganat durch Zusatz von reinem Alkohol zerstören, das ganze auf ein bestimmtes Volumen füllen, mischen, durch ein trockenes Filter filtrieren und in einem aliquoten Teil des Filtrats die Schwefelsäure bestimmen. Man setzt noch zu dem abgegossenen Teil nach dem Ansäuern mit Salzsäure etwas Jod zu und fällt erst nach dem Erwärmen mit $BaCl_2$; erhaltenes $BaSO_4$ multipliziert mit 0,424 g = Senfölgehalt.

Methode von Vuillemin, Zeitschr. f. U. N. 1905. 10. 699.

Siehe auch die Methode des deutschen Arzneibuchs.

Nachweis künstlicher Färbung[1]). Vorprüfung mit einigen Tropfen Salzsäure (1: 3) (Tropäoline) bzw. mit Ammoniak (Curcuma).

Zu eingehender Prüfung löst Bohrisch 20 g Senf (Mostrich) in 100 ccm Wasser auf dem Wasserbad, filtriert die Lösung und kocht 50 ccm der Lösung nach Zusatz von 10 ccm einer $10^0/_0$igen Kaliumbisulfatlösung mit einem ungebeizten Wollfaden. Ist der Faden sowohl nach dem Auswaschen mit Wasser als auch mit Ammoniak zitronengelb, so sind Teerfarbstoffe vorhanden. Oder 50 g Speisesenf mit 75 ccm $70^0/_0$igem Alkohol schütteln, 10 Minuten stehen lassen und filtrieren. Ein Teil des Filtrates $+ 10^0/_0$ Salzsäure (Rot- oder Violettfärbung bei Gegenwart von Tropäolinen, Methylorange usw.). Einen weiteren Teil des Filtrates $+ 10^0/_0$ Ammoniak (Kurkuma), einen dritten Teil des Filtrates unter Zusatz von etwas Weinsäure mit Wollfaden ausfärben und Prüfung mit Salzsäure; einen vierten Teil des Filtrates kapillaranalytisch prüfen. Bei Anwesenheit von Kurkuma starke Gelbfärbung, nach dem Trocknen der Streifen mit Borsäurelösung in Rot übergehend.

Nachweis von Stärke qualitativ wie üblich; quantitativ nach Kreis[2]); 5 g Senf werden auf dem Wasserbade am Rückflußkühler mit 50 ccm $8^0/_0$iger alkoholischer Kalilauge 1 Stunde erhitzt, darauf mit $50^0/_0$igem Alkohol verdünnt und durch einen Goochtiegel filtriert. Der mit $50^0/_0$igen Alkohol ausgewaschene Rückstand wird mit 50 ccm N.-Natronlauge 1 Stunde auf dem Wasserbade erwärmt, zu 250 ccm aufgefüllt und durch Asbest abfiltriert. 50 ccm des Filtrates werden mit 50 ccm $95^0/_0$igem Alkohol versetzt, nach dem Absitzen zentrifugiert und durch einen Goochtiegel filtriert. Nachwaschen des Rückstandes mit 50 und $95^0/_0$igem Alkohol, dann mit Äther, Trocknen, Veraschen und Wägen. Berechnung auf asche- und wasserfreie Stärke mit $3^0/_0$ Abzug vom Endresultat als Versuchsfehler.

Beurteilung: Senfpulver: Asche $4,5^0/_0$, Sand $0,5^0/_0$. Senfölgehalt: Destillation von schwarzem Senf etwa $1^0/_0$, von weißem Senf = 0. Beide Sorten enthalten etwa $30^0/_0$ durch Äther extrahierbares fettes Öl.

Verfälschungen: Mit dem Samen anderer Cruciferen, besonders Rapsarten. Senfpulver und eingemachter Senf (Mostrich) mit Getreidemehl, Kurkuma, Leinsamenmehl, Rapskuchen, Maismehl, Teerfarbstoffen, Konservierungsmitteln (Salicylsäure, Benzoesäure usw.).

[1]) P. Süß, Pharm. Zentralh. 1905. 46. 291; A. E. Leach, Zeitschr. f. U. N. 1905. 9. 697 (Ref.); A. Beythien, ebenda 1904. 8. 283; T. Bohrisch, ebenda 1904. 8. 285; P. Köpke, Pharm. Zentralh. 1905. 293; Merl, ebenda, 1908. 15. 526.

[2]) Chem. Ztg. 1910. 34. 1021; Zeitschr. f. U. N. 1911. 21. 762.

Urteil des Oberlandesgerichts Cöln betr. Senffärbung (Speisesenf) vom
19. Aug. 1908, Zeitschr. f. U. N. 1909 (Ges. u. Verord.) 118 und Landger. Entsch.
Leipzig v. 10. April 1906, ebenda 1910, 20 (Ges. u. Verord.) 325. Über bleihaltigen Senf vgl. Ed. Späth, Zeitschr. f. U. N. 1909. 18. 656.

Vanille[1]).

Definition: Die nicht völlig ausgereiften und getrockneten
Fruchtkapseln der aromatischen Vanille (Vanilla planifolia Andrews);
Orchidee Mexikos und der Insel Réunion (Bourbon-Vanille). Orchidaceen.

Mikroskopischer Bau: Besondere Anhaltspunkte hat man
an den Gefäßbündeln, dem Parenchym mit Raphidenschläuchen und
einzelnen Raphiden an der äußeren Epidermis mit Kalkoxalatkristallen.

Chemische Untersuchung: Vanillinbestimmung, Extrak-
tion von etwa 5 g zerkleinerter mit Sand gemischter Vanille mit Äther;
Ausschütteln des Äthers mit einer Mischung von Natriumbisulfitlauge
und H_2O zu gleichen Teilen. Zersetzen der Lösung mit H_2SO_4 und nach
Entweichen der SO_2, die durch Einleiten von CO_2 ausgetrieben wird,
nochmals Ausschütteln mit Äther. Verdunsten des Äthers bei 40—50⁰.
Trocknen im Exsikkator, Wägen des Rückstandes. Die wässerige Lösung
der Vanillinkristalle färbt sich mit Eisensalzen violett, ebenso diejenige
des künstlichen Vanillins.

Nachweis von Benzoesäure nach Lecomte: Man mischt eine
schwache Lösung von Phloroglucin in Alkohol mit dem gleichen Volumen
Salzsäure und gibt zu der Mischung einen Kristall des vermutlichen
Vanillins. Bestand derselbe wirklich aus Vanillin, so färbt sich die Mischung
sofort schön rot, bestand der Kristall aus Benzoesäure, so bleibt die
Mischung farblos.

Zur Trennung von Vanillin und Benzoesäure schüttelt man die ätherische Lösung mit Natriumbisulfitlösung aus und prüft den nach dem Verdunsten des Äthers zurückbleibenden Rückstand auf Benzoesäure nach
dem S. 150 beschriebenen Verfahren.

Beurteilung: Vanillin mindestens 2⁰/₀. Feuchtigkeit höchstens
20—28⁰/₀. Asche höchstens 5⁰/₀.

Verfälschungen: Extrahierte Vanille mit Perubalsam bestrichen
und mit Benzoesäurekristallen bestreut. Beimengung schlechterer Sorten
(La Guayra-, Pompona-, brasilianische Vanille, die sog. Vanillons oder
Vanilloes). Sie enthalten neben Vanillin noch Piperonal; meist kürzer
und stets breiter als echte Vanille. Aufgesprungene, dünne, gelblich-
braune, steife Früchte sowie heliotropartig (Piperonal) riechende sind
keine normale Ware. Solche als Tahitivanille bekannte Ware ist schon
mit Vanillin bestreut als „Veredelte Tahitivanille" bezeichnet worden
(Verfälschung); als „Vanille" in Verkehr gebracht, kommt Nachmachung in Betracht. Urt. d. Oberlandesger. Düsseldorf v. 5. Aug. 1910[2]).

---

[1]) W. Busse, Arbeiten aus dem Kais. Gesundh.-Amte. 1899. 15. 1;
J. Hanus, Zeitschr. f. U. N. 1900. 3. 531. 657 und 1905. 10. 585.
  Über Vanilleextrakte (vielfach aus Vanillin, Cumarin hergestellt) vgl.
A. E. Leach, Zeitschr. f. U. N. 1904. 8. 523; Ref. und A. L. Winton, E. Monroe
Bailey, Zeitschr. f. U. N. 1906. 11. 350.
  [2]) Zeitschr. f. U. N. (Ges. u. Verord.) 1912. 4. 91.

Die nachstehenden teilweise seltener benützten Gewürze sind nach denselben Grundsätzen zu untersuchen. In Betracht kommt fast nur die botanische und mikroskopische Prüfung; bei pulverförmigen Gegenständen die Ermittelung des Gehalts an Asche und von in HCl Unlöslichem; Beimischung von extrahierten Materialien ist durch Er- mittelung des Gehaltes an Öl bzw. ätherischem Öl feststellbar.

a) **Anis** (auf Verwechslung mit Schierlingssamen achten!). Asche nicht über 10%; HCl-Unlösliches höchstens $2,5\%$; ätheri- sches Öl $2-3\%$.

b) **Kardamomen**[1]) Asche nicht über 10%; HCl-Unlösliches nicht über 4%. Ätherisches Öl nicht unter 3%.

Verfälschung: Unterschiebung von geringwertigen Sorten, entölte Ware, Mehl.

c) **Fenchel** (entölte ganze Früchte sind meistens geschmackloser, verschrumpfter, dunkler und spröder als gute Ware, bisweilen auch aufgefärbt)[2]). Als Farbstoffe dienen: Schüttgelb, ein durch Fällung mit Alaun und Kreide oder Barytsalzen ge- wonnener gelber Farbstoff der Gelbbeeren und Quercitron- rinde, ferner Chromgelb oder grüner Eisenocker. Asche höchstens 10%, HCl-Unlösliches höchstens $2,5\%$, ätherisches Öl $3-6\%$. Künstliche Färbung ist Fälschung. Vgl. auch das Reichsgesetz betr. den Verkehr mit gesundheitsschäd- lichen Farben vom 5. Juni 1887.

d) **Ingwer** (wird meist geschält, mit SO_2 oder Cl gebleicht oder gekalkt; gelber Ingwer ist Kurkuma). Kalk darf nicht mit vermahlen werden. Asche höchstens 8%, HCl-Unlösliches höchstens 3%. Kalküberzug mit verd. HCl abwaschen und be- stimmen. Extrahierter Ingwer kann auch an erniedrigtem Gehalt der Gesamtasche und besonders der wasserlöslichen Aschenbestandteile erkannt werden. Ätherisches Öl etwa 2%.

e) **Koriander**: Asche ·höchstens 7%, HCl-Unlösliches höchstens 2%; ätherisches Öl bis etwa 1%.

f) **Kümmel**: (extrahierter Kümmel ist besonders dunkel); Asche höchstens 8%; HCl-Unlösliches höchstens 2%; ätherisches Öl $4-7\%$. Kümmelersatz ist Mutter- oder Kreuzkümmel (Cuminum Cyminum), muß gekennzeichnet sein.

g) **Majoran**: geschnittener soll höchstens 12% Asche und $2,5\%$ in HCl Unlösliches, Gerebelter oder Blatt-Majoran höchstens 16% bzw. $3,5\%$ enthalten. Beim französischen Majoran muß man noch um je 1% in Aschengehalt und im HCl-Unlöslichen höher gehen. Ätherisches Öl $0,7-0,9\%$. Unterschiebung von fremden Blättern (Cistus albidus sowie insbesondere Coriaria myrtifolia (Gerbersumach). Nähere Angaben auch über die Untersuchungsweise siehe R. Seeger[3]).

---

[1]) W. Busse, Arbeiten des Kais. Gesundh.-Amtes 1898. 14. 139; R. Thamm, Zeitschr. f. U. N. 1906. 12. 168.

[2]) Nachweis n. d. Verfahren von A. Juckenack und R. Sendtner, ebenda, 1899. 2. 69. 329.

[3]) Zeitschr. f. U. N. 1915. 29. 156; Netolitzky, ebenda 1910. 19. 205. C. Griebel, ebenda 1919. 38. 141.

h) **Kapern:** Nachweis von Teerfarbstoff und Kupfergrünung s. Gemüsedauerwaren.

i) **Zwiebel:** Bestimmung von Senföl wie bei Senf.

k) **Gewürzpulvermischungen** sind Mischungen verschiedener Gewürze, die besonderen Zwecken dienen sollen, z. B. Leberwurstgewürz für Schlächter, Lebkuchengewürz-, Kuchengewürzmischung; alle derartige Erzeugnisse dürfen außer Gewürzen keine anderen Stoffe, etwa Kochsalz bzw. Zucker enthalten. Derartige Waren tragen oft zur Verschleierung der wahren Zusammensetzung dienende Bezeichnungen.

l) **Gewürzersatz** (Gewürzpulver, -würfel u. dgl.). Die zur Durchführung der Ersatzmittelverordnung erlassenen Richtlinien dürften den allgemeinen Verkehrsanschauungen Rechnung tragen.

a) Gewürz-Ersatzmittel sind nur zuzulassen, sofern sie in ihrem Würzwert nach Art und Stärke demjenigen Gewürze, das sie zu ersetzen bestimmt sind, entsprechen.

b) Nach einem bestimmten Gewürz benannte Gewürzersatzmittel dürfen nicht lediglich durch Streckung des betreffenden Gewürzes mit indifferenten Stoffen hergestellt sein.

c) Gewürz-Ersatzmittel, die unter Verwendung auf chemischem Wege gewonnener Würzstoffe hergestellt sind, müssen als Kunsterzeugnisse gekennzeichnet sein.

d) Gewürzsalze, die unter Verwendung ätherischer Öle hergestellt sind, sind nur zuzulassen, wenn sie einen ausreichenden, der Bezeichnung entsprechenden Würzwert haben; sonstige Gewürz-Ersatzmittel und Gewürzmischungen dürfen nicht mehr als 50 v. Hundert Kochsalz enthalten.

e) Der Zusatz anderer anorganischer Stoffe als Kochsalz oder zum menschlichen Genuß ungeeigneter Stoffe bei der Herstellung von Gewürzersatzmitteln und Gewürzmischungen ist unzulässig, jedoch soll der Zusatz von Stroh- oder Spelzmehl nicht beanstandet werden; der Gehalt an Sand (in 10%iger Salzsäure unlöslichen Mineralstoffen) darf 2,5 vom Hundert des Gewichts nicht übersteigen.

Anhang: Kochsalz und Gewürzsalze: Fälschungen kommen kaum vor, vereinzelt mit vergälltem Kochsalz (Vieh-), gröbere Verunreinigungen selten, und dann meist zufällig. Natürliche Beimengungen in kleinen Mengen sind Gips, Magnesiumsulfat, Chlormagnesium, bisweilen auch Borsäure; der Wassergehalt wechselt wegen Feuchtigkeitsanziehung, steigt bis etwa 3% (ungebundenes Wasser); die natürlichen Verunreinigungen Natriumsulfat und Calciumsulfat sollen nicht mehr als je 1%, Magnesiumchlorid nicht mehr als 0,5% betragen. Kleine Zusätze von Phosphaten, die zur Vermeidung des Zusammenbackens des Salzes gemacht werden, sind nicht zu beanstanden. Viehsalz wird mit Eisenoxyd vergällt, für gewerbliche Zwecke sind besondere Vergällungsmittel vorgeschrieben. Gewürzsalze sind Mischungen von Salzen mit Selleriewurzel- und -samenpulver und anderen Gewürzen.

Aromastoffe. Zitronenöl: Spezifisches Gewicht 0,858 bis 0,861; Zusatz von fettem Öl erkennbar durch Hinterlassung eines Fettfleckes auf Fließpapier. Das ätherische Zitronenöl ist flüchtig (daher zur quantitativen Trennung geeignet) und hat eine spezifische Drehung

$$[\alpha]_D = + 60 \text{ bis} + 64^0.$$

Terpenfreie und sesquiterpenfreie Zitronenöle weisen Linksdrehung auf. Zusätze von fettem Öl und von Alkohol erniedrigen die Polarisation. Alkoholbestimmung: Man versetzt 25 ccm mit je 2 ccm konzentrierter Aluminiumchlorid- und Natriumphosphatlösung, füllt mit Wasser auf 110 ccm auf, mischt durch und filtriert. 100 ccm des Filtrates verdünnt man mit 25 ccm Wasser, destilliert in die 100 ccm-Pyknometer und bestimmt das spezifische Gewicht des Destillates, aus dem der Alkohol mit Hilfe der Tabelle, S. 664, abgelesen wird. Alkoholnachweis im Destillat mit Jodoformprobe, Methylalkohol nach dem S. 358 angegebenen Prüfungsverfahren. Terpentinöl hat ein spezifisches Gewicht von 0,859—0,872 und eine Polarisation von —20 bis —40° bei franz., + 9° bis —15° bei amerikanischen Produkten und eine Refraktion von 65—67 Skalenteilen bei 25°.

Zitronenessenzen (-aroma) sind in der Regel alkoholische Lösungen von Zitronenöl.

Bittermandelöl und -Essenzen. Nachweis von Blausäure und Nitrobenzol s. Abschn. Konditorwaren (insbesondere Marzipan).

Vanillezucker und -milchzucker, Vanillinzucker und -milchzucker (auch -salz). Untersuchungsweise sinngemäß nach den Angaben bei „Vanille", S. 283. Beurteilung: Für Vanillezucker und -Milchzucker ist ein bestimmter Gehalt an Vanille nicht vorgeschrieben. Dieser muß aber derart sein, daß das Vanillearoma dem Zweck solcher Mischungen entspricht. Für Ersatz (Vanillin-) erzeugnisse ist durch die folgenden Richtlinien ein Mindest-Vanillingehalt vorgeschrieben.

Die zur Durchführung der Ersatzmittelverordnung erlassenen Richtlinien über Aromastoffe dürften den allgemeinen Verkehrsanschauungen entsprechen.

a) Als Träger für Vanillin ist ausschließlich Rohrzucker (Rübenzucker), sofern aber das Erzeugnis als Vanillinsalz bezeichnet ist, auch Kochsalz zulässig.

b) Zur Bezeichnung von Erzeugnissen, die unter Verwendung von Vanillin hergestellt sind, ist jede das Wort „Vanille" enthaltende Wortverbindung als Irreführung anzusehen.

c) Vanillinzucker soll mindestens 1 vom Hundert, Vanillinsalz mindestens 2 vom Hundert Vanillin enthalten.

d) Zum Aromatisieren von Speisen, auch von Backwerk bestimmte trockene Zubereitungen (Pulver, Täfelchen und dgl.), die andere Aromastoffe als Vanillin enthalten, sind nicht zuzulassen.

Die Verwendung von Piperonal (Heliotropin) oder Kumarin an Stelle von Vanillin für Vanillinpulver und dgl. ist also unzulässig.

Aromalösungen z. B. von Zitronenöl, Bittermandelöl sind als „Essenzen" zu bezeichnen, wenn sie zur Herstellung von Kunstlimonaden, als „Aroma", wenn sie zur Bereitung von Speisen, auch Backwerk bestimmt sind. Ein bestimmter Gehalt an ätherischem Öl ist nicht festgesetzt. Man muß indessen von derartigen Erzeugnissen einen so reichlichen Gehalt an aromatischen Bestandteilen verlangen, daß sie ihren Zweck vollkommen erfüllen. Weitere Forderungen z. B. betr. Deklaration s. die Ersatzmittelverordnung S. 861.

XI. Zucker und Zuckerwaren, künstliche Süßstoffe.

A. Rohr- und Rübenzucker, Speisesirup.

1. **Wasser** (und Trockensubstanz). 10 g des feingepulverten Zuckers (Sirupen, Melassen setze man Sand oder Bimsstein zu) werden bis zum konstant bleibenden Gewicht bei 105 bis 110° C getrocknet. Besser

wird im Vakuum getrocknet (siehe auch Abschnitt Honig). Bei gleichzeitiger Anwesenheit von Invertzucker und Glukose bestimmt man das
spezifische Gewicht einer hergestellten Zuckerlösung mittels Pyknometers und entnimmt den Tafeln S. 660 den Zuckergehalt.

2. **Asche und Alkalität** wird wie bei Fruchtsäften, Honig und anderen
zuckerhaltigen Stoffen ermittelt. Siehe auch den allgemeinen Gang S. 31.

Technische Methode nach Scheibler: 3 g Zucker werden in einer
flachen Platinschale getrocknet, dann mit reiner konzentrierter Schwefelsäure durchfeuchtet, nach einigen Minuten über einer möglichst großen
Flamme erhitzt und schließlich im Muffelofen weiß gebrannt (der Zucker
bläht sich, deshalb Vorsicht!). Von dem Resultat sind 10% in Abzug
zu bringen (Korrektur wegen Verwendung von Schwefelsäure).

3. **Mineralische Beimengungen** und **Metalle**. Gips, Kreide, Schwerspat mikroskopisch und durch die Untersuchung der Asche. (Kommen
wohl selten vor.) Spuren von SO_3, Ca, Cl lassen sich in gewöhnlichem
Zucker sehr häufig nachweisen, können aber nicht beanstandet werden.
Metalle wie üblich.

4. **Nachweis von Mehl, Stärke.** Mikroskopisch und mit Jodlösung
in der üblichen Weise.

5. **Saccharose:**

a) Polarimetrisch[1]). Das für die Polarisationsapparate mit Zuckerskala geltende Normalgewicht (siehe unten) löst man in Wasser, klärt
wenn nötig mit Bleiessig oder Tonerdehydrat, füllt auf 100 ccm auf,
filtriert und polarisiert im 200 mm-Rohr; entfärbt man mit frisch ge-
glühter Knochenkohle, so ist für absorbierten Zucker der mit den Normal-
gewichten hergestellten Lösungen eine Korrektur in der Weise anzubringen,
daß man die Resultate um $0,3-0,5\%$ für 3—5 g angewendeter Knochenkohle erhöht. Für den Soleil-Ventzke-Scheibler-Apparat und für den
Halbschattenapparat von Schmidt und Haensch ist das abzuwägende
Normalgewicht 26 g zu 100 ccm. Das Normalgewicht für den Soleil-
Dubosq-Apparat ist 16,35 g zu 100 ccm, das für die Kreisgradapparate
75 g. Beobachtet man im 200 mm-Rohr, so entspricht bei den mit
Zuckerskala versehenen Apparaten jeder Grad $= 1\%$ Zucker. Bei den
mit Kreisgradteilung versehenen Apparaten von Mitscherlich, Laurent,
Landolt und Wild bzw. dem jetzt am meisten gebräuchlichen deutschen
Halbschattenapparat von Schmidt und Haensch müssen die abgelesenen Gradzahlen auf Prozente umgerechnet werden. Bei Benutzung
dieser Apparate sind 15 g Zucker zu 100 zu lösen, da das Normalgewicht
(75) dafür eine zu konzentrierte Lösung gäbe. Die im 200 mm-Rohr
gefundenen Resultate sind mit 5 zu multiplizieren, wenn man Gewichtsprozente Reinzucker erhalten will. Ebenso ist die Korrektur bei Verlust durch Klärung in Anrechnung zu bringen (s. oben).

Die für Lösungen unbekannter Stärke gefundenen Grade entsprechen dem Drehungsvermögen des vorhandenen Zuckers. Wird z. B.
eine Saccharoselösung im 200 mm-Rohr bei $17,5^\circ$ polarisiert, so entspricht 1° Drehung im Polarisationsapparat

---

[1]) Nähere Ausführungen siehe im allgemeinen Gang S. 44 sowie in den
Ausführungsbestimmungen vom 18. Juni 1903 zum deutschen Zuckersteuergesetz vom 27. Mai 1896 bzw. 6. Januar 1903. Anlage C. S. 744.

mit Kreisgradteilung   0,75 g   Zucker in 100 ccm Lösung

mit Zuckerskala
{
Soleil-Ventzke-
   Scheibler   0,26 g   „   „ „   „   „
Schmidt-Haensch
          0,26 g   „   „ „   „   „
Soleil-Dubosq   0,1635 g   „   „ „   „   „
}

Die spezifische Drehung (αD) der Saccharose beträgt bei 17,5° C
= + 66,5°. Man kann den Gehalt einer Saccharoselösung (c), bestimmt mit Rohrlänge 1 (ausgedr. in dm) und abgelesener Drehung α
auch nach folgender Formel berechnen:

$$c = 1,504\,\frac{\alpha}{1}.$$

In Sirupen und Melassen (Zuckerabläufen) wird die Polarisation
nach Anlage A der Ausführungsbestimmungen zum Zuckersteuergesetz
unter Anwendung des halben Normalgewichts der Substanz (13,00 g)
ausgeführt. (Verdoppelung der Polarisationsgrade!)

Berechnung des Saccharosegehaltes aus der Differenz der direkt
und nach Inversion erhaltenen Polarisationswerte s. Abschnitt Honig,
S. 303. Bei Gegenwart von Invertzucker oder Raffinose wird durch
deren Drehung die Rechtsdrehung der Saccharose verändert. Da nach
Meißl 1 Teil Invertzucker 0,34 Teile Saccharose aufhebt, so hat man
den bei der Saccharosebestimmung durch Polarisation gefundenen Zucker-
prozenten die auf chemischem Wege ermittelte Menge Invertzucker
multipliziert mit 0,34 hinzuzuzählen, um den wahren Gehalt an Rohrzucker zu finden.

b) Gewichtsanalytisch nach der Inversionsmethode siehe S. 42.

6. **Invertzucker neben Saccharose.**   Als frei von Invertzucker
gilt Saccharose, wenn keine Reduktion eintritt, nachdem 10 g Zucker
in 50 ccm Wasser gelöst und mit 50 ccm Fehlingscher Lösung 2 Minuten
in einem Kolben von 250 ccm Inhalt gekocht wurden.

Quantitativ nach A. Herzfeld[1]). In einer Vorprobe ist festzustellen, ob der Invertzuckergehalt unter oder über 1% beträgt.

Ist weniger als 1% vorhanden, so löst man 27,5 g Zucker im 125 ccm
Kölbchen, klärt mit Bleiessig gemäß Anleitung S. 39, füllt bis zur Marke
und filtriert 100 ccm in einen mit 2 Marken bei 100 und 110 ccm versehenen trockenen Kolben ab. Man setzt Natriumkarbonatlösung bis
zur Marke 110 zu, mischt und filtriert. 50 ccm des Filtrates = 10 g Substanz werden nach der Invertzuckervorschrift (mit 50 Fehlingscher
Lösung 2 Minuten) gekocht.

Bei Anwesenheit von mehr als 1% Invertzucker verwendet man
eine entsprechend geringere Menge der Zuckerlösung, oder setzt, weil
damit eine besondere Rechnung erforderlich wird, eine entsprechende
Menge invertzuckerfreien Rohrzucker zu, so daß wiederum 10 g Substanz benutzt werden können. Die dem abgeschiedenen Kupfer entsprechende Menge Invertzucker kann man nachstehender Tabelle entnehmen, welche direkt Prozente angibt.

---

[1]) Zeitschr. Vereins deutsch. Zuckerindustrie. 1890. 27. 195. **Beythien**,
Handbuch. S. 614.

Wenn nicht 27,5 g Zucker zur Verfügung stehen, löst man 10 g Zucker zu 50 ccm und verwendet vom Filtrate 25 ccm. In diesem Falle ist die Tafel von Baumann[1]) zu benutzen.

Tafel

zur Berechnung des Prozentgehaltes an Invertzucker bei Gegenwart von Saccharose aus dem gefundenen Kupfer bei Anwendung von 10 g Substanz.

Cu mg	Invertzucker %	Cu mg	Invertzucker %	Cu mg	Invertzucker %
50	0,05	140	0,51	230	1,02
55	0,07	145	0,53	235	1,05
60	0,09	150	0,56	240	1,07
65	0,11	155	0,59	245	1,10
70	0,14	160	0,62	250	1,13
75	0,16	165	0,65	255	1,16
80	0,19	170	0,68	260	1,19
85	0,21	175	0,71	265	1,21
90	0,24	180	0,74	270	1,24
95	0,27	185	0,76	275	1,27
100	0,30	190	0,79	280	1,30
105	0,32	195	0,82	285	1,33
110	0,35	200	0,85	290	1,36
115	0,38	205	0,88	295	1,38
120	0,40	210	0,90	300	1,41
125	0,43	215	0,93	305	1,44
130	0,45	220	0,96	310	1,47
135	0,48	225	0,99	315	1,50

Tafel

zur Berechnung des Prozentgehaltes an Invertzucker bei Gegenwart von Saccharose aus dem gefundenen Kupfer bei Anwendung von 5 g Substanz (nach Baumann).

Cu mg	Invertzucker %	Cu mg	Invertzucker %	Cu mg	Invertzucker %
(35)	(0,04)	135	1,10	235	2,21
40	0,09	140	1,15	240	2,27
45	0,14	145	1,21	245	2,33
50	0,19	150	1,26	250	2,39
55	0,25	155	1,31	255	2,44
60	0,30	160	1,37	260	2,50
65	0,35	165	1,42	265	2,56
70	0,40	170	1,48	270	2,62
75	0,45	175	1,54	275	2,68
80	0,51	180	1,59	280	2,74
85	0,56	185	1,65	285	2,79
90	0,61	190	1,70	290	2,85
95	0,66	195	1,76	295	2,91
100	0,72	200	1,82	300	2,97
105	0,77	205	1,87	305	3,03
110	0,83	210	1,93	310	3,09
115	0,88	215	1,98	315	3,15
120	0,93	220	2,04	320	3,21
125	0,99	225	2,10		
130	1,04	230	2,16		

[1]) Zeitschr. d. Vereins d. deutsch. Zuckerindustrie. 1898. 779.

7. Raffinose in Saccharose.

Raffinose (Melitriose) ist hauptsächlich in der Melasse enthalten, stärker rechtsdrehend als Rohrzucker, reduziert Fehlingsche Lösung nicht, gärt aber leicht mit Hefe. Wegen des stärkeren Rechtsdrehungsvermögens der Raffinose kann darnach zur Ausfuhr bestimmter Zucker zuckerreicher erscheinen, als er ist; derselbe würde alsdann eine höhere Summe bei der Ausfuhr als Steuerbonifikation erhalten, als er seinem wirklichen Saccharosegehalt nach erhalten würde.

Spießige oder nadelförmige Kristallisation des Zuckers läßt Raffinosegehalt vermuten, desgl. auffällig hohe Polarisation. Qualitative Prüfung, Überführung der Raffinose in Schleimsäure mit Salpetersäure [1]) oder durch Vergärung der Zuckerlösung mit Oberhefe und Bestimmung der gebildeten Melibiose als Osazon.

Quantitativ (polarimetrisch) nach Herzfeld nach der Raffinoseformel:

$$Z = \frac{0,5124 \; P - J}{0,839} \qquad\qquad R = \frac{P - Z}{1,572}$$

Z = Saccharose   J = Polar. n. Inv.
P = Polar. vor Inversion   R = Raffinosehydrat.
P und J bezogen auf das ganze Normalgewicht.

8. Stärkezucker (Glukose) **in Saccharose** durch Vergärung (vgl. unter B und im Abschnitt Honig) bestimmbar. Ist Saccharose frei von Stärkezucker, so bleibt die Drehung bei der Polarisation der vergorenen Flüssigkeit ± 0. Vgl. auch Methode Juckenack-Pasternack im Abschnitt Fruchtsäfte.

9. Untersuchung der Zuckerabläufe auf Invertzucker und Raffinose und Feststellung des Quotienten siehe die Ausführungsbestimmungen vom 18. Juni 1903 zum Zuckersteuergesetz im Anhang. Quotient ist der Zuckergehalt, ausgedrückt in Prozenten in der Trockensubstanz (Brix-Prozente).

10. Unterscheidung von Rübenzucker und Zuckerrohrzucker. Indigokarmin (indigschwefelsaures Kalium) entfärbt sich beim Erwärmen mit konzentrierten Lösungen von Rübenzucker bei einer Temperatur, bei welcher diese noch nicht die zum Erstarren notwendige Konsistenz haben infolge des Gehaltes an geringen Spuren von Nitraten, mit Zuckerrohrlösungen dagegen nicht.

11. Schweflige Säure. Nachweis s. Obstdauerwaren.

Beurteilung.

Rohzucker zeigt 94—98° Polarisation (Saccharose); 0,5—1,6% Asche und 0,7—2,5% Wasser; reine Handelsware enthält nur Spuren von Mineralstoffen und Wasser, Invertzucker und Raffinose. Konsumzuckersorten sind Raffinade, Brot-, (Hut-), Würfel-, Pilé-, Farin- und Kandiszucker. Verfälschungen mit Mineralstoffen und Mehl usw. lassen sich leicht erkennen. Ultramarinzusatz ist erlaubt.

Die Vorschriften des Zuckersteuergesetzes siehe S. 736.

Speise- und Bäckersirupe sind meistens Mischungen von Abläufen der Rübenzuckerfabriken und Stärkesirup, Aschengehalt nicht mehr als 7%. Die polarimetrische Untersuchung stößt vielfach auf Schwierigkeiten, da diese Sirupe schwer oder oft gar nicht entfärbbar sind. Man muß meistens mit stark verdünnten Lösungen arbeiten, sowie mit Bleiessig (s. Wein) und danach mit Tierkohle entfärben. Siehe auch die Untersuchung und Beurteilung von Rübenkraut S. 259.

---

[1]) Herzfeld, Zeitschr. d. Vereins d. deutschen Zuckerindustrie. 1892. 42. 150.

B. Stärkezucker und Stärkesirup.

1. Wasser. Man löst 10 g Trauben-Stärkezucker bzw. Sirup in 100 ccm Wasser, gibt hiervon 25 oder 50 ccm in eine mit Seesand beschickte Schale, dampft auf dem Wasserbad, soweit es geht, ein und trocknet 4—5 Stunden bei 105° C; oder besser im Vakuum (siehe auch unter A). Indirekte Bestimmung des Extraktes bzw. Wassers aus dem spezifischen Gewicht der 10%igen Lösung; vgl. auch unter A.

2. Asche, siehe unter A.

3. Unlösliche Stoffe durch Filtrieren, Trocknen und Wägen des Niederschlages in der üblichen Weise.

4. Säure[1]) durch Titration einer Lösung 1:10 mit $^1/_{10}$ Normallauge und Phenolphthalein; Berechnung auf Normallauge für 100 g Substanz. Qualitativ oder quantitativ auf schweflige Säure zu prüfen. (Vgl. die Abschnitte Fleisch und Wein.)

5. Glucose und Dextrin.

a) Glucose.

α) Gewichtsanalytisch[2]) nach Allihn siehe S. 42. Unter Umständen ist vorher mit Bleiessig zu entfärben und das überschüssige Blei mit phosphorsaurem Natrium zu entfernen. Hierbei ist zu berücksichtigen, daß die Dextrine des Stärkezuckers und -sirups stets das Resultat fehlerhaft machen.

β) Bestimmung durch Gärung[3]): Man stellt eine 5%ige Lösung her, versetzt 100 ccm derselben mit 20—30 g reiner ausgewaschener Bierhefe und überläßt diese Lösung mehrere (3—4) Tage der Gärung (die Zusammenstellung des Gärapparates und weitere Behandlung ist im Abschnitt Hefe beschrieben). Der Gewichtsverlust an Kohlensäure mit 2,15 multipliziert, gibt den Glucosegehalt. Man kann auch so verfahren, daß man den Alkoholgehalt in der vergorenen Flüssigkeit bestimmt. Durch Multiplikation der gefundenen Zahl mit 2,06 erfährt man den Gehalt an Glucose.

Oder man bestimmt mittels spezifischen Gewichts den Zucker- (Extrakt-) gehalt einer 10%igen Lösung nebst zugegebener Hefe, läßt unter Schwefelsäureverschluß so lange gären, bis keine Gewichtsabnahme mehr stattfindet, und bestimmt dann wieder den Zuckergehalt (Extrakt-) der Lösung, nachdem man zuvor den durch die Gärung entstandenen Alkohol durch Eindampfen der Lösung auf etwa $^1/_3$ verjagt und dann die Lösung mit Wasser auf das ursprüngliche Volumen gebracht hat; die Differenz vor und nach der Gärung × 10 = Glucosegehalt in Prozenten.

Die Dextrine und unvergärbaren Stoffe des Stärkezuckers drehen stark rechts, mittels 90%igem Alkohol können sie aus einer stark konzentrierten Lösung ausgefällt werden; nach der Reinigung durch Wasser ist ihre nähere Untersuchung (Polarisation) möglich. Die Dextrine

---

[1]) Schweiz. Lebensmittelbuch. II. Aufl.
[2]) Siehe auch das Verfahren nach Rössing, Zeitschr. f. öffentl. Chem. 1903. 9. 133 und 1904. 10. 1. 61. 277.
[3]) Methode Jodlbaur, Zeitschr. des Vereins f. Rübenindustrie. 38. 308 und Zeitschr. f. analyt. Chem. 1889. 28. 625.

können auch nach einem unter b mitgeteilten Verfahren quantitativ ermittelt werden.

b) Dextrine.

α) Bestimmung nach S. 44 durch Inversion im allgemeinen Untersuchungsgang unter Abzug der Glucosemenge, die gleichzeitig gewichtsanalytisch ermittelt wird.

β) Trennung von Glucose und Dextrin mit Alkohol S. 39 im allgemeinen Untersuchungsgang oder nach Sieben[1]) mit $^1/_2$ normaler Kupferacetatlösung[2]).

10 g Stärkezucker oder Sirup löse man in 500 ccm Wasser, versetze hiervon 50 ccm mit 100 ccm der Kupferacetatlösung, verschließe und lasse 2 Tage lang bei 45⁰C stehen. Nun ziehe man 75 ccm der klaren Flüssigkeit ab, und koche, wenn nach eintägigem Stehen keine Reduktion mehr erfolgt, mit 45 ccm Seignettesalzlösung und 40 ccm der 1⁰/₀ig gemachten Glucoselösung, wäge das Kupferoxydul und berechne auf Cu. Die Differenz zwischen der ursprünglich angewendeten und zuletzt noch in Lösung befindlichen Kupfermenge gibt die von der Glucose reduzierte Menge Kupfer. Das Dextrin wird durch Inversion nach b α bestimmt. Die vorher gefundene Glucose muß abgezogen werden; der Rest mit 0,9 multipliziert = Dextrin (vgl. auch die Tafel S. 651) oder man fällt die Dextrine durch Alkohol, wie unter b, β angegeben ist.

6. Zuckercouleur (vgl. die Abschnitte Bier und Spirituosen) ist meist aus Stärkezucker (-sirup) unter Zusatz von etwas Natriumcarbonat hergestellt.

a) Rumcouleur muß in 84⁰/₀igem Alkohol löslich sein.

b) Biercouleur muß in 75⁰/₀igem Alkohol löslich sein. Der Gehalt an Asche soll nicht mehr als 0,5⁰/₀ betragen. Melassecouleur hat jedoch einen höheren Aschegehalt.

Beurteilung.

Der Stärkezucker des Handels ist weiß (Prima-) und gelb (Sekundaware), sehr hygroskopisch, klar löslich. Wassergehalt 15—20⁰/₀; Glucosegehalt (nebst Maltose) 65—75⁰/₀ (Rest: Dextrine, unvergärbare Stoffe usw. etwa 5 bis 15⁰/₀), Asche 0,2—0,5⁰/₀. Reiner Stärkezucker ist kein Handelsartikel.

Der Stärke- (Kartoffel-) sirup ist wasserhell und gelb; sogenannter Kapillärsirup ist wasserhell, sowie reiner und gehaltreicher als Stärkesirup (44⁰ Baumé); Wassergehalt 15—20⁰/₀; Glucosegehalt 25—49⁰/₀, Dextrine etwa 28—44⁰/₀; Asche 0,2—0,7⁰/₀. Freie Säure in 100 g = 0,25—2,00 ccm N-NaOH verbrauchend. Stärkesirupe enthalten häufig schweflige Säure. Kleine Mengen sind nicht zu beanstanden (s. auch die Abschnitte Dörrobst S. 252 und Wein S. 435). Die früher angenommene Gesundheitsschädlichkeit der unvergärbaren Stoffe (Gallisine) wird neueren Untersuchungen zufolge verneint. Stärkezucker bzw. Stärkesirup besitzen höchstens $^1/_3$—$^1/_4$ der Süßkraft des Rohr- (Rüben-)

---

[1]) Zeitschr. des Vereins für Rübenzuckerindustrie. 1884. 837.

[2]) Man stellt sich eine Lösung von tunlichst neutralem Kupferacetat her, bestimmt darin den Kupfergehalt durch Reduktion mit überschüssiger Traubenzuckerlösung, die Essigsäure durch Übersättigen mit titrierter Natronlauge mit Zurücktitrieren mit Schwefelsäure, und verdünnt die Lösung so, daß sie im Liter 15,86 g Cu enthält.

Zuckers. Stärkesirup wird zur Verdickung von Marmeladen, Fruchtsäften, Likören, Marzipan und ferner in der Bonbonfabrikation verwendet. Die Beurteilung dieser Anwendungsform ist eine verschiedene, vgl. deshalb die einzelnen Abschnitte, bei welchen Stärkesirup vorkommt.

Gutachten des Kaiserl. Gesundh.-Amtes über die Verwendung von Kartoffelsirup bei der Herstellung von Nahrungsmitteln. Zeitschr. f. öff. Chem. 1906. 295.

C. Invertzucker.

Untersuchung auf Wasser, Mineralstoffen, Metalle, Zuckerarten wie bei Honig. Invertzucker kann schweflige Säure oder andere namentlich von der Inversion herrührende Mineralsäuren enthalten. Prüfung auf Metalle, auch Arsen. Invertzuckersirupe enthalten meistens erhebliche Mengen Rohrzucker, wenn sie nicht genügend invertiert wurden.

D. Milchzucker.

Untersuchung auf Reinheit durch Feststellung des Aschen- und Stickstoffgehaltes. Kochprobe der Lösung gibt Anhaltspunkte, ob Albumin vorhanden ist. Mit Milchteilen verunreinigter Milchzucker löst sich trüb in Wasser.

Nachweis von Rohrzucker nach Rothenfußer oder Baier und Neumann s. Abschnitt Milch. Beythien und Friedrich haben verschiedene andere Methoden zum Rohrzuckernachweis geprüft, siehe Zeitschr. f. U. N. 1908, 15. 699 u. Pharm. Zentralbl. 1907. 48. 39. Prüfung auf Metalle in der Asche, namentlich auf Blei u. Kupfer.

Milchzucker muß neutral reagieren, darf keinen unnatürlichen (ranzigen oder käsigen) Geruch aufweisen. Wassergehalt höchstens 0,2 %, Aschengehalt höchstens 0,25 %; Laktose (kristallwasserhaltig) 99,5 %.

E. Zucker- und Konditorwaren, Speiseeis, Marzipan, Malzextrakt.

Zucker- und Konditorwaren und Speiseeis.

a) Mineralische Körper wie Kreide, Gips, Schwerspat ermittelt man wie den Aschengehalt in bekannter Weise.

b) Farbstoffe.

1. Prüfung auf Metallfarben:

Man schabt den Farbstoff ab, oder man behandelt die Substanz direkt mit HCl und KClO$_3$ und untersucht auf Metalle nach den Regeln der anorganischen Analyse. (Siehe die verbotenen Farbstoffe im Gesetz vom 5. Juli 1887 S. 688 und die amtliche Anleitung zur Untersuchung auf Arsen und Zinn S. 691. Vgl. auch den toxikologischen Teil betr. Nachweis von Metallen.)

2. Teerfarbstoffe.

Der Nachweis geschieht durch Probefärben mit Wolle usw., sowie durch die besonderen Reaktionen, die mit dem abgeschiedenen Farbstoffe vorzunehmen sind. Siehe Abschnitt Wein, Fruchtsäfte, Senf.

Nachweis von Dinitrokresol oder Pikrinsäure: Man zieht die Probe mit Alkohol aus, verdunstet den Alkohol und übergießt den Rückstand mit 10%iger Salzsäure. Pikrinsäure entfärbt sich sofort, Dinitrokresol nach einigen Minuten. Mit metallischem Zink versetzt entsteht nach 1—2 Stunden bei Anwesenheit von Pikrinsäure eine blaue Färbung, von Dinitrokresol eine hellblutrote.

c) Bestimmung des Rohrzuckergehaltes nach Anlage E des Zucker-steuergesetzes (s. S. 759), von Honig, von Stärkesirup, Dextrinen, siehe die betreffenden Abschnitte.

d) Künstliche Süßstoffe in der üblichen Weise, siehe die Abschnitte Bier, Wein und Süßstoffe, sowie Zeitschr. f. U. N. 1910, 20, 489 (Nachweis in Gebäcken usw.).

e) Umhüllungen von Stanniol auf Blei usw.

f) Hühnereigelb vgl. Eiernudeln S. 192.

g) Fette insbesondere bei Milch- und Sahnenbonbons, Feststellung der Kennzahlen von Milchfett, Kokosnußfett u. dgl.

h) Saponin s. Brauselimonaden.

i) Mehl (Stärkemehl) in üblicher Weise chemisch und mikroskopisch.

k) Fruchtbestandteile in Speiseeis mikroskopisch s. Abschnitt Obstdauerwaren.

l) Konservierungsmittel, insbesondere Ameisensäure, Benzoesäure, Flußsäure, schweflige Säure. Siehe Abschnitt Obstdauerwaren.

m) Künstliche Aromastoffe siehe Fruchtsäfte; bezügl. Vanille und Vanillin s. Gewürze.

Marzipan.

Bei der Untersuchung ist stets in erster Linie eine **Fettextraktion** nach Soxhlet auszuführen, nachdem die Masse mit Sand verrieben und bei 100^0 getrocknet war. An diese Bestimmung knüpft sich die Ermittelung der **fettfreien Trockensubstanz** und **des Wassers** (indirekt). Ferner **Mineralstoffe** und **Alkalität**. Der Gehalt an **Saccharose** wird durch Polarisation vor und nach der Inversion festgestellt, nachdem 10 g der Masse entfettet und im 200 ccm-Kölbchen mit lauwarmem Wasser angerührt, die erhaltene Lösung mit 6 ccm Bleiessig und 12 ccm gesättigter Natriumsulfatlösung versetzt und dann die Flüssigkeit auf 200 ccm aufgefüllt wurde. Zur Inversion (Ausführung S. 42) werden 100 ccm des Filtrates verwendet. Berechnung mittels der Formel von Clerget nach S. 48 und S. 760 im allgemeinen Untersuchungsgang. Da das Resultat durch den erheblichen Gehalt an unlöslichen Stoffen beeinflußt wird, empfiehlt sich die Entfernung dieser nach der in der steueramtlichen Vorschrift, Anlage E B f (S. 763) gegebenen Anweisung.

Stärkesirupbestimmung siehe Abschnitt Fruchtsäfte S. 243.

Nachweis von Mandeln und deren Ersatzstoffe. Nach Fendler, Frank und Stüber[1] wird das Fett durch Verreiben der Substanz mit entwässertem Natriumsulfat und Ausziehen mit Petroläther gewonnen. Nach dem Abdunsten desselben soll der Rückstand nicht lange getrocknet werden. Dieser wird in folgender Weise untersucht:

1. Gleiche Volumina Öl, gesättigte Resorcinlösung in Benzol und Salpetersäure (s = 1,40) werden gemischt. Pfirsich- und Aprikosenkernöl geben schöne purpurviolette Färbung (Reaktion nach Bellier).

---

[1] Zeitschr. f. U. N. 1910. 19. 371; siehe auch Härtel und Hase ebenda 1908. 16. 602.

2. 5 Volumina Öl werden mit 1 Volumen eines frisch bereiteten Gemisches gleicher Teile Schwefelsäure, rauchender Salpetersäure und Wasser durchgeschüttelt. Mandelöl bleibt unverändert, Aprikosenkernöl färbt sich pfirsichblütenrot. Pfirsichkernöl soll ähnliche aber schwächere Färbung annehmen. Parallelversuch mit Mandelöl anstellen (Reaktion nach Bieber).

3. Werden 1 ccm rauchende Salpetersäure, 1 ccm Wasser und 2 ccm Mandelöl bei 10° kräftig durchgeschüttelt, so soll ein weißliches, nicht rotes oder braunes Gemenge entstehen, welches sich nach 2, höchstens 6 Stunden in eine feste, weiße Masse und eine braun gefärbte Flüssigkeit scheidet (Deutsch. Arzneibuch).

Blausäure, qualitativ n. F. Schwarz[1]). 25 g Marzipan werden mit 30 ccm Wasser, das mit einigen Tropfen Kalilauge versetzt ist, 1 Stunde ausgezogen. Der Auszug wird mit Schwefelsäure angesäuert und destilliert. Das 3 ccm betragende Destillat wird auf Berlinerblau und Rhodaneisenbildung geprüft.

Die quantitative Bestimmung erfolgt durch Titrieren des mit einigen Tropfen Kalilauge und einer Spur NaCl versetzten Destillates mit $n/_{20}$ AgNO$_3$-lösung bis zur bleibenden Trübung. 1 ccm dieser Lösung = 0,0027 g HCN. Außerdem gewichtsanalytisch in üblicher Weise.

. Zum Nachweis von Nitrobenzol wird die Substanz mehrere Stunden mit 30 ccm Alkohol ausgelaugt, der Auszug mit dem gleichen Volumen Wasser, einer Messerspitze Zinkstaub und 3 g KOH versetzt und der Alkohol auf dem Wasserbade zum größten Teil verjagt. Die vom Zinkstaub klar abgegossene Lösung wird mit Äther ausgeschüttelt und der nach dem Verdampfen des Äthers erhaltene Rückstand mit Chlorkalk und stark verdünnter Schwefelsäure auf Anilin geprüft. Violett bis Rotfärbung noch in Verdünnung 1 : 250 000.

Mandel-, Pfirsich- und Aprikosenkerne haben keine mikroskopisch erkennbaren Merkmale, andere Ersatzstoffe wis Kokosnuß, Erdnuß und Haselnuß können unter Zuhilfenahme von Vergleichspräparaten auf diesem Wege ermittelt werden.

Malzextrakt.

Die Untersuchung erstreckt sich in der Regel auf den Gehalt an Wasser, Mineralstoffe, Phosphorsäure, Stickstoffsubstanz, Fett, Glyzerin, Stärkesirup, Rohrzucker nach dem in den Abschnitten Bier, Fruchtsäfte angegebenen Methoden. Bezüglich der Trennung der Zuckerarten sei auf den allg. Gang S. 48 verwiesen.

Beurteilung.

Neben dem Nahrungsmittelgesetz und der Verordnung über irreführende Bezeichnungen kommen das Farben- und das Süßstoffgesetz in Betracht.

---

[1]) Zeitschr. f. U. N. 1904. 7. 705.

Bittermandelöl ist Benzaidehyd-Cyanwasserstoff; zur Herstellung von Essenzen u. Aromaerzeugnissen darf nur blausäurefreies Bittermandelöl benutzt werden. Künstlicher Benzaldehyd ist in der Regel chlorhaltig. Nachweis des Chlors siehe E. Schmidt, Lehrbuch d. Pharmaz. Chemie. 1911. Bd. II, 1132. Es kommt auch chlorfreier Benzaldehyd im Handel vor. Das Ausbleiben der Chlorreaktion könnte demnach kein Beweis für die Echtheit des Bittermandelöls sein; Chlorgehalt würde aber stets auf künstlichen Benzaldehyd deuten.

Zucker- und Konditorwaren können gänzlich aus Zucker bestehen oder auch Zutaten wie Milch, Sahne, Kakao, Mandeln, Honig, Fruchtsäfte usw. enthalten. Manche Sorten werden mit künstlichen Fruchtestern aromatisiert und gefärbt, auch mit Weinsäure und Zitronensäure versetzt. Stärkesirup ist bei Bonbons notwendig und, weil nicht zur Täuschung dienend, zulässig; Mehl oder Stärkemehl dagegen nicht, wohl aber Traganth und sonstige Schleim- und Bindestoffe.

Kandierte Früchte und Pasten sind in gewissem Sinne auch Konditorwaren, aber bei den Obstdauerwaren behandelt. Mit Zucker überzogene und gebrannte Mandeln und ähnliches gelten als Konditorwaren. Zu den Konditorwaren rechnet man ferner Kleinbackwerk, Leb- und Honigkuchen, Torten, Schaumspeisen, Waffeln u. dgl. Diese werden unter Verwendung von Mehl, Milch und Eier hergestellt, können aber auch gefärbt sein. Soweit sie auf die Verwendung besonderer Zutaten hinweisende Bezeichnungen tragen wie z. B. Schokoladewaffeln, Mandelgebäck, Honigkuchen usw. müssen sie in entsprechender Weise hergestellt sein (siehe auch den Abschnitt Backwaren betr. Buttergebäck). Diese Zutaten können auch in Form von Überzugs- oder Füllmasse vorhanden sein. Der Ersatz von Mandeln in gebrannten Mandeln durch Pfirsichkerne oder geraspelte Kokosnuß oder von Kakao durch braune Farbe ist daher als Verfälschung[1]) oder Nachmachung anzusehen. Gesundheitsschädliche Farben sind zu vermeiden; ebenso blausäurehaltiges Bittermandelöl und Nitrobenzol als Ersatz für Bittermandelöl wegen der Giftigkeit dieser Stoffe. Beimischungen von Beschwerungsmitteln wie Kalk, Schwerspat, Gips sind Verfälschungen. Blei, Kupfer, Zinn können namentlich durch ungeeignete Geräte oder unvorsichtige Behandlung, Arsen durch verunreinigte Rohstoffe in die Waren gelangen. Siehe auch die Richtlinien der Ersatzmittelverordnung zu B 3, 7 u. 8.

Verdorbenheit kommt am häufigsten bei Backwaren, Torten u. dgl. vor. Anlässe dazu sind Schimmelpilze, Insekten- und Mäusefraß, Ranzigkeit, starke Feuchtigkeitsaufnahme (z. B. bei Eisbonbons), überschüssiges Alkali oder Ammoniak von Backpulvern und dergl.

Bei Speiseeis (Gefrorenem)[2]) war es, den Handelsgebräuchen entsprechend bisher üblich, daß bei Waren mit der Bezeichnung Fruchteis (Himbeer-, Johannisbeer-, Zitronen- usw.) die Verwendung von Fruchtsäften oder anderen Obstdauerwaren (Marmeladen, Kompotten) erwartet wurde, ebenso bei Schokoladeeis. Vanilleeis muß Milch oder Sahne und Eier oder Eigelb enthalten. Zusätze von Mehl und anderen Verdickungsmitteln sind unzulässig. Aus der Rechtsprechung seien folgende Urteile erwähnt. Urt. d. Landger. Elberfeld v. 4. Jan. 1912 und des Oberlandesger. Düsseldorf v. 11. März 1912[3]), des Landger. Heidelberg v. 2. Jan. 1914 und des Oberlandesger. Karlsruhe v. 2. März 1914[4]); Urt. d. Landger. Leipzig v. 7. März 1916[5]).

---

[1]) Vgl. auch Urt. des Landger. Schneidemühl v. 1. Okt. 1914; Auszüge 1917. 9. 502.

[2]) Vgl. auch J. König u. W. Buchberg, Zeitschr. f. U. N. 1914. 27. 784 über die verschiedenen Arten von Speiseeis und deren Herstellungsweise.

[3]) Zeitschr. f. U. N. (Ges. u. Verord.) 1912. 4. 269.

[4]) Auszüge 1917. 9. 581.

[5]) Ebenda 582.

Speiseeis soll nicht zu kalt sein, höchstens —4° haben. Die vielfach unhygienisch betriebene Herstellung des Speiseeises hat in manchen Orten und Bezirken zum Erlassen von Verordnungen geführt. Vgl. u. a. Bek. der Stadt Leipzig v. 9. Aug. 1911[1]).

Marzipan wird aus Mandeln und Zucker hergestellt. Rohmarzipan besteht zu $^2/_3$ aus Mandeln, zu $^1/_3$ aus Zucker und wird durch Anwirken mit Zucker zu Marzipan und -waren verarbeitet.

Nach den Beschlüssen der interessierten Kreise gelten folgende Begriffsbestimmungen:

Rohmarzipanmasse ist ein Gemenge von feuchtgeriebenen Mandeln mit Zucker. Der Feuchtigkeitsgehalt darf nicht über 17%, der Zusatz von Zucker nicht über 35% der fertigen Marzipanmasse betragen. Außerdem ist der Gehalt der Mandeln an Traubenzucker, z. T. in freiem Zustande, z. T. in Glykosidbindung[2]) zu berücksichtigen.

Als Verfälschung gilt ein Zusatz jeder Art (Hasel-, Wal-, Erd , Kokosnüsse, Cashew, Pistazienkerne, Pfirsich- und Aprikosenkerne, Mehl- und Stärkemehl enthaltende Naturprodukte und Mischungen sowie Glyzerin und Stärkesirup).

Marzipanwaren sollen bestehen aus einem Teil der festgesetzten Rohmarzipanmasse mit Zusatz bis zu $1^1/_2$ Teilen Zucker. Zur Frischerhaltung kann bis zu 3,5% Stärkesirup hinzugesetzt werden. Der Zusatz des Stärkesirups ist dann aber in die Gewichtsmenge des Zuckerzusatzes zu legen.

Die Verwendung von Zuckerguß, von Früchten und sonstigen Stoffen bei angewirktem Marzipan hat hierbei außer Rechnung zu bleiben.

Ein durch Mitverarbeitung bitterer Mandeln entstehender Blausäuregehalt soll nach K. B. Lehmann[3]) in Marzipanmasse nicht mehr als 7—10 mg, in Marzipanwaren nicht mehr als 3,5—5 mg in 100 g betragen. Nitrobenzol ist gesundheitsschädlich.

Malzextrakt ist ein aus wässerigen Malzauszügen durch Eindampfen zum Sirup oder zur Trockne gewonnenes Erzeugnis. Zusätze von Rohrzucker und Stärkesirup oder Melasse sowie von Verdickungsmitteln (Glyzerin, Gelatine u. a.) sind unzulässig. Auf Malzzuckerwaren fand die für Malzextrakt gültige Begriffsbestimmung bisher keine Anwendung. Malzzuckerbonbons werden auch aus Rohrzucker und Stärkesirup mit Karamelfarbe hergestellt; andere Zusätze sind aber unzulässig.

F. Künstliche Süßstoffe.

1. **Saccharin** (Benzoesäuresulfimid) kommt, auch als Natriumsalz (mit 2 Mol. Kristallwasser), unter verschiedenen Namen (Zuckerin, Sykose, Monnets Süßstoff usw.) vor. Diese Süßstoffe zeichnen sich durch einen etwa 300—500 mal süßeren Geschmack aus, als ihn Rohr- bzw. Rübenzucker besitzt. Der Geschmack ist aufdringlich und sehr nachhaltig. Chemischer Nachweis bzw. Identitätsreaktionen: durch Schmelzen

---

[1]) Zeitschr. f. U. N. (Ges. u. Verord.) 1912. 392.
[2]) In Rohmarzipan bis zu 6%, in angewirktem bis zu 2%.
[3]) Chem. Zeitg. 1915. 39. 574.

mit Ätznatron, Erhitzen der Schmelze $^1/_2$ Stunde im Ölbade bei 210 bis 220°, Überführung in Salicylsäure (Bruylants, C. Schmidt), Nachweis letzterer mit Eisenchlorid[1]); oder durch Oxydation des im Saccharin enthaltenen Schwefels zu Schwefelsäure durch Schmelzen erst mit Ätzkali und dann mit Salpeter, darauf Zersetzen der Schmelze mit verdünnter Salpetersäure und Fällen der gebildeten Schwefelsäure mit Bariumchlorid. Schwefelprobe durch Glühen von Saccharin mit einem Körnchen metallischem Natrium, das entstandene Natriumsulfid wird mit Nitroprussidnatrium nachgewiesen (Purpurrotfärbung). Reaktion nach Riegler mit Paradiazonitranilin siehe die Handbücher.

Den Nahrungs- und Genußmitteln muß beigemischtes Saccharin erst auf ziemlich umständliche Weise entzogen werden (vgl. „Bier" und „Wein"). Das dabei gewonnene Saccharin ist häufig mit Gerbstoffen, Hopfenharzen usw., von denen es schwer zu trennen ist, verunreinigt. Zur Beseitigung dieser Stoffe empfiehlt Ed. Späth[2]) Zusatz von etwas Kupfernitrat, J. de Brevans[3]) behandelt mit Eisenchlorid und kohlensaurem Kalk. A. Herzfeld und F. Wolff[4]) isolierten Saccharin durch Sublimation in besonderer Weise. Für die Geschmacksprüfung ist Zusatz einiger Tropfen verdünnter Sodalösung zu dem Extraktionsrückstand zu empfehlen. Zur quantitativen Bestimmung kann die Schwefelsäureprobe verwendet werden. 1 mg $BaSO_4 = 0,785$ Saccharin. Nach einer vom Kaiserlichen Gesundheits-Amt ausgearbeiteten Methode[5]) wird eine Stickstoffbestimmung wie folgt ausgeführt: 0,5—0,7 g oder bei geringerem Gehalte der künstlichen Süßstoffzubereitung an reinem Süßstoff entsprechend größere Mengen werden mit 20 ccm oder einer entsprechend größeren Menge einer etwa 20%igen Schwefelsäure 2 Stunden am Steigrohre zum gelinden Sieden erhitzt. Nach dem Erkalten wird die Flüssigkeit mit 200 ccm Wasser sowie mit Natronlauge in geringem Überschuß versetzt, das hierdurch entbundene Ammoniak überdestilliert und in einer $^1/_{10}$ N-Schwefelsäure aufgefangen. Erhaltener N multipliziert mit 13,045 = Saccharin. (Andere N-Verbindungen dürfen natürlich nicht vorhanden sein.)

Trennung des Saccharins von organischen Säuren, wie Salicylsäure und Benzoesäure, sowie von Fetten, Duftstoffen siehe Zeitschr. f. U. N. 1909. 18. 577 (G. Testoni); sowie E. Schowalter, ebenda, 1919, 38, 185.

Siehe auch die amtliche Anweisung zur Untersuchung von Saccharin selbst S. 804.

2. Dulcin (Paraphenetolcarbamid) etwa 400 mal süßer als Rübenzucker, durch Chloroform den Nahrungsmitteln entziehbar. Nachweis nach Jorissen[6]). Das extrahierte Dulcin wird in einem Reagensglase.

---

[1]) Die Resorzinreaktion (grüne Fluoreszenz) nach Börnstein ist nicht brauchbar, da auch zahlreiche andere organische Substanzen diese Reaktion veranlassen können.
[2]) Zeitschr. f. angew. Chemie. 1897. 579.
[3]) Zeitschr. f. U. N. 1901. 4. 180. (Ref.)
[4]) Zeitschr. d. Vereins f. Rübenzuckerindustrie. 1898. 558 und Zeitschr. f. U. N. 1898. 1. 839. (Ref.)
[5]) Zeitschr. f. N. U. 1903. 6. 861.
[6]) Chemiker-Ztg. 1896. 20. Rep. 114.

in 5 ccm Wasser suspendiert, mit 2—4 Tropfen einer frisch bereiteten salpetersauren Lösung von Merkurinitrat versetzt und das Gläschen dann 8—10 Minuten in siedendes Wasser gebracht, wobei eine schwachviolette Färbung eintritt, die auf Zusatz geringer Mengen von Bleisuperoxyd an Stärke zunimmt; bei Anwesenheit von 0,01 g Dulcin noch sehr deutliche Reaktion. Merkurinitratlösung wird folgendermaßen hergestellt: 1—2 g frisch gefälltes HgO wird in HNO_3 gelöst, zur Lösung so lange NaOH zugesetzt, bis der entstehende Niederschlag sich nicht mehr ganz löst; man verdünnt mit H_2O auf 15 ccm, läßt absitzen und dekantiert.

Weitere Reaktionen z. B. nach Berlinerblau usw. siehe Vereinbarungen für das Deutsche Reich.

3. Glucin (Nasalz eines Gemisches einer Mono- und Disulfosäure einer Verbindung $C_{19}H_{16}N_4$) 300 mal süßer als Zucker; in verdünnter Salzsäure gelöst und nach dem Abkühlen Natriumnitritlösung und der Mischung eine alkalische α-Naphthollösung zugegeben, gibt rote, mit Resorcin oder mit Salicylsäure ebenfalls in alkalischer Lösung, eine hellgelbe Lösung.

Zur Wertbestimmung von Süßstofftabletten und sonstigen Süßstofferzeugnissen ist auch die Bestimmung anderer Stoffe (Verdünnungsstoffe wie Zucker, Natriumbikarbonat usw.) nötig[1]). Das Kaiserl. Gesundh.-Amt gibt hierzu eine Anweisung (s. S. 804).

Die Beurteilung der Zusätze von künstlichen Süßstoffen zu Nahrungs- und Genußmitteln ergibt sich aus dem Süßstoffgesetz und dessen Ausführungsbestimmungen S. 799, sowie aus den einzelnen Abschnitten.

Beimengungen von Mehl, Zucker und anderen Streckungsmitteln zu künstlichen Süßstoffen ist als Nahrungsmittelfälschung zu erachten.

XII. Honig[2]) und Kunsthonig.

Der Honig ist auf Aussehen, Konsistenz, Geruch und Geschmack zu prüfen. Insbesondere ist auf sogenannten Bonbongeschmack, auf Karamelgeschmack sowie auf künstliches Aroma zu achten (Festsetzungen). Von nachstehenden Untersuchungsverfahren kommen für Kunsthonig namentlich die Ziff. 1—6 und 9 in Betracht.

1. Wasser und Trockensubstanz. 1—2 g Honig werden mit 5—10 g ausgeglühtem reinem Quarzsand in einer flachen Glas- oder Platinschale nebst einem kurzen Glasstabe abgewogen, mit 5 ccm Wasser vermischt und im Wasserbade unter Umrühren eingetrocknet. Das weitere Trocknen bis zum konstanten Gewicht wird im luftverdünnten Raum[3]) bei einer Temperatur, die 70° nicht übersteigt, ausgeführt. Die Schale wird in bedecktem Zustande gewogen und der Gewichtsverlust als Wasser angesehen.

Der Trockenrückstand und damit das Wasser kann auch aus der Dichte der Honiglösung bestimmt werden: Man wägt in einem kleinen

---

[1]) Zeitschr. f. U. N. 1903. 6. 861.
[2]) Unter Benützung des Entwurfs zu Festsetzungen über Honig.
[3]) Hierzu hat Fiehe einen besonderen Trockenapparat angegeben, der bei P. Altmann, Berlin erhältlich ist.

Bechergläschen 10 g Honig ab, löst diese Menge in etwa 25 ccm destilliertem Wasser und füllt die Lösung durch einen Kapillartrichter in ein Pyknometer von etwa 50 ccm Inhalt. Gläschen und Trichter werden wiederholt mit Wasser nachgespült und das Pyknometer bei 15° bis zur Marke aufgefüllt, wobei auf eine gute Durchmischung des Pyknometerinhaltes zu achten ist.

Aus der gefundenen Dichte d (bezogen auf 4°) der Honiglösung, wird der Prozentgehalt des Honigs an Trockenrückstand A nach folgender Formel ermittelt: $A = \dfrac{d - 0{,}99915}{0{,}000771}$ (Festsetzungen). Für die mehr gebräuchliche auf Wasser von 15° bezogene Dichte ergibt sich die Formel

$$\frac{d - 1}{0{,}000771}.$$

Da durch Auskristallisieren des Honigs bisweilen eine Entmischung eintritt, ist eine gründliche Durchmischung der ganzen Honigprobe vorzunehmen. Erwärmung darf dabei höchstens bis zu 50° stattfinden.

2. Freie Säure. 10 g Honig werden in 50 ccm Wasser gelöst. Die Lösung wird mit $^1/_{10}$ normaler Alkalilauge titriert, bis ein Tropfen der Lösung empfindliches blaues Lackmuspapier nicht mehr rötet. Der Gehalt an freier Säure ist in Milligrammäquivalenten (= ccm Normallauge) für 100 g Honig[1]) anzugeben.

3. Asche und Alkalität. 10 g Honig werden in einer Platinschale mit kleiner Flamme verkohlt. Die Kohle wird wiederholt mit kleinen Mengen heißen Wassers ausgezogen, der wässerige Auszug durch ein kleines Filter von bekanntem Aschengehalt filtriert und das Filter samt der Kohle in der Schale mit möglichst kleiner Flamme verascht. Alsdann wird das Filtrat in die Schale zurückgebracht, zur Trockne verdampft, der Rückstand ganz schwach geglüht und nach dem Erkalten im Exsikkator gewogen.

Die Asche wird mit überschüssiger $^1/_{10}$ normaler Salzsäure und Wasser in ein Kölbchen aus Jenaer Geräteglas gespült, das mit einem Uhrglase bedeckte Kölbchen 10 Minuten lang auf dem siedenden Wasserbad erwärmt und die erkaltete Lösung nach Zusatz von einem Tropfen Methylorange- und wenigen Tropfen Phenolphthaleinlösung mit $^1/_{10}$ normaler Alkalilauge bis zum Umschlag des Methylorange titriert. Darauf setzt man 10 ccm etwa 40%ige neutrale Chlorkalziumlösung hinzu und titriert weiter bis zur Rötung des Phenolphthaleins.

Die zur Neutralisation gegen Methylorange verbrauchten mg-Äquivalente Säure (= ccm Normalsäure) ergeben die Alkalität der Asche; die vom Umschlag des Methylorange bis zum Umschlag des Phenolphthaleins verbrauchten mg-Äquivalente Alkali (= ccm Normallauge) ergeben mit 47,52 multipliziert die in der Asche enthaltenen mg Phosphatrest (PO_4).

4. Direkt reduzierender Zucker. 50 ccm einer etwa 0,4%igen Honiglösung werden mit 50 ccm Fehlingscher Lösung in einem etwa

---

[1]) Die Säure des Honigs besteht im wesentlichen aus Apfelsäure und Milchsäure, zum kleinsten Teil aus Ameisensäure. Bestimmung dieser Säuren siehe Abschnitt Wein und Obstdauerwaren.

300 ccm fassenden Erlenmeyerschen Kolben zum Sieden erhitzt. Das Anwärmen der Flüssigkeit soll möglichst rasch unter Benutzung eines Dreibrenners, eines Drahtnetzes und einer darübergelegten Asbestpappe mit kreisförmigem Ausschnitt vorgenommen werden und $3^1/_2$ bis 4 Minuten in Anspruch nehmen; sobald die Flüssigkeit kräftig siedet, wird der Dreibrenner mit einem Einbrenner vertauscht und die Flüssigkeit genau 2 Minuten im Sieden erhalten. Nach Ablauf der Kochdauer wird die Flüssigkeit in dem Kolben sofort mit etwa der gleichen Raummenge luftfreien kalten Wassers verdünnt und durch ein gewogenes Asbestfilter filtriert. Das ausgewaschene Kupferoxydul ist als Kupferoxyd oder Kupfer zur Wägung zu bringen und mit den für Invertzucker geltenden Reduktionsfaktoren auf Zucker umzurechnen.

5. Prüfung auf Dextrine des Stärkezuckers und Stärkesirups.

a) Nach den Festsetzungen. 5 g Honig werden in 100 ccm Wasser gelöst; die Lösung wird mit 0,5 ccm einer 5%igen Gerbsäurelösung versetzt und nach erfolgter Klärung filtriert. Ein Teil des Filtrates wird nach Zugabe von je 2 Tropfen konzentrierter Salzsäure (s = 1,19) auf jedes Kubikzentimeter der Lösung mit der 10 fachen Menge absoluten Alkohols gemischt.

Durch das Auftreten einer milchigen Trübung wird die Gegenwart von Dextrinen des Stärkezuckers oder Stärkesirups angezeigt (Verfahren von J. Fiehe[1])).

Zur Bestätigung der Gegenwart von Dextrinen des Stärkezuckers oder Stärkesirups kann die Bestimmung des spezifischen Drehungsvermögens der Dextrine dienen. Zu diesem Zwecke sind in der Honiglösung die Dextrine mit Alkohol zu fällen, durch wiederholtes Auflösen in Wasser und Fällen mit Alkohol zu reinigen und bei 105° zu trocknen. In einem Teil der getrockneten Dextrine wird die Aschenmenge bestimmt (a %), ein anderer Teil (bg) dient nach Lösung in Wasser (zu v ccm) zur Messung der Drehung polarisierten Natriumlichtes. Aus dem abgelesenen Drehungswinkel (α_D) und der Länge des Rohres (l dm) wird die spezifische Drehung der wasser- und aschefreien Dextrine berechnet nach der Formel:

$$[\alpha]_D = \frac{\alpha_D \cdot v \cdot 100}{l \cdot b \cdot (100 - a)}.$$

Eine spezifische Drehung von + 170° oder darüber[2]) läßt auf die Gegenwart von Dextrinen des Stärkezuckers oder Stärkesirups schließen.

Bemerkt sei, daß Rechtsdrehung der direkt polarisierten Lösung kein genügender Verdachtsgrund auf Stärkesirup ist, da auch natürliche rechtsdrehende Honige vorkommen und überdies die Rechtsdrehung auch von einem Saccharosegehalt herrühren kann. Jeder Honig muß also vor und nach der Inversion polarisiert werden. Starke Linksdrehung kann im übrigen auch die Anwesenheit dextrinhaltiger Abbauprodukte der Stärke verdecken.

b) Die Feststellung der spezifischen Drehung nach der Vergärung gibt keine zuverlässigen Resultate.

---

[1]) Zeitschr. f. U. N. 1909. 18. 30. Das Verfahren hat sich bewährt.
[2]) Bei Honigdextrinen fanden Hilger und Wolff 119,9 bis 157°. Zeitschr. f. U. N. 1904. 8. 110.

c) Das Verfahren von Beckmann[1]) beruht darauf, daß die Dextrine des Stärkezuckers und Stärkesirups, insbesondere deren Barytverbindung durch Methylalkohol leicht gefällt werden, die Dextrine des Naturhonigs dagegen nicht.

Qualitativ[2]): Man bringt in ein Reagenzglas 5 ccm einer 20%igen Honiglösung, versetzt sie mit 3 ccm Barythydratlösung (2 g Ba(OH)$_2$ zu 100 ccm) und fügt zu der noch klaren Mischung sofort auf einmal 17 ccm Methylalkohol. Liegt reiner Honig vor, so bleibt die Mischung beim Umschütteln klar oder wird nur wenig getrübt. Bei starker flockiger Trübung (ev. Niederschlag) ist auf Zusatz von Stärkesirup oder Dextrin des Handels zu schließen.

Die quantitative Bestimmung erfolgt ebenso, nur nimmt man bei geringer Trübung konzentriertere (bis 50%ige) Honiglösungen. Der Niederschlag wird in einen bei 55—60° getrockneten Gooch-Tiegel gebracht und dann mit 10 ccm Methylalkohol und 10 ccm Äther gewaschen, bei 55—60° getrocknet und gewogen. 5 ccm einer 5%igen Stärkesiruplösung sollen 0,116 g Fällung geben; durchschnittlich berechnet sich auf 1 g Sirup = 0,455 g Fällung. 5 ccm einer 5%igen Stärkezuckerlösung geben 0,036 g Fällung; durchschnittlich gibt 1 g Stärkezucker 0,158 g Fällung. (Die Durchschnitte sind aus Versuchen mit 5,10 und 15%igen Lösungen berechnet.)

d) Das Verfahren von König und Karsch[3]) kommt zur Ausführung, wenn der Honig rechtsdrehend ist.

40 g Honig werden in einem Meßzylinder auf 40 ccm mit Wasser aufgefüllt. 20 ccm dieser Lösung werden in einem $^1/_4$ l-Kolben unter langsamem Zuträufeln und fortgesetztem Umschwenken mit absolutem Alkohol bis zur Marke aufgefüllt und unter Umschütteln 2—3 Tage stehen gelassen. Von dem nach dieser Zeit herzustellenden Filtrat werden 100 ccm nach Verjagung des Alkohols nicht ganz zur Trockne verdampft, der noch flüssige Rückstand mit Wasser auf 20 ccm gebracht, nachdem er zuvor mit Bleiessig in bekannter Weise geklärt war. Die Lösung wird polarisiert. Falls Rechtsdrehung eintritt, muß die Lösung noch nach Inversion durch Polarisation auf Saccharose (siehe Ziffer 6) geprüft werden.

6. Saccharose wird neben Invertzucker nach vorgenommener Inversion gewichtsanalytisch bestimmt. Die Inversion des Honigs wird in einer Lösung 1:10 ausgeführt. Man löst zunächst 10 g Honig in 75 ccm Wasser, gibt 5 ccm HCl (s = 1,19) zu und füllt auf 100 ccm auf. Die weitere Ausführung nach S. 41. Die Differenz beider Invertzuckerbestimmungen multipliziert mit 0,95 = Saccharose. Die meisten Honige enthalten geringe Mengen Saccharose. Saccharose kann auch durch Polarisation vor und nach Inversion nachgewiesen werden. Rechtsdrehung des direkt polarisierten Honigs beweist noch nicht Anwesenheit von Saccharose; es kann vielmehr auch Glucose bzw. Stärkesirup oder Dextrin vorhanden sein. Man muß also stets invertieren bzw. nach Ziffer 5 verfahren,

---

[1]) Zeitschr. f. analyt. Chemie 1896, 263; Zeitschr. f. U. N. 1901. 4. 1065.
[2]) Zeitschr. f. U. N. 1907. 14. 21.
[3]) Zeitschr. f. analyt. Chemie 1895. 34. 1.

um einen tieferen Einblick in die Zusammensetzung der Zuckerstoffe zu erhalten. Ausführung:

a) 10 g Honig löst man in 50 ccm Wasser, klärt mit etwas Tonerde-hydratbrei, füllt auf 100 ccm auf, filtriert und polarisiert nach dem Abkühlen im 200 mm-Rohr nach 24 Stunden (Birotation kann jedoch mit 1—2 Tropfen Ammoniak aufgehoben werden).

b) 50 ccm voriger Lösung 10 g : 100 ccm geklärt wie oben, invertiert man mit 5 ccm Salzsäure (s = 1,19) 5 Minuten auf dem Wasserbad bei 67—70⁰, kühlt sofort ab, neutralisiert, bringt auf 100 ccm und polarisiert wie unter a) Resultat × 2. Zunahme vorhandener ursprüng-licher Linksdrehung oder Abnahme vorhandener ursprünglicher Rechts-drehung deutet auf Rohrzucker.

Der Saccharosegehalt läßt sich aus den Ergebnissen der Polari-sation einer Honiglösung 10 g : 100 ccm im 200 mm Rohr vor und nach der Inversion berechnen, indem man nach P. Lehmann und H. Stad-linger[1]) die Differenz beider Werte[2]) mit 5,725 multipliziert. Produkt = Saccharose in Prozenten. Fiehe und Stegmüller[3]) fanden die Werte bei dieser Bestimmung etwas, jedoch nicht über 1,5⁰/₀, höher als bei der Gewichtsanalyse.

7. Stickstoff nach Kjeldahl vgl. S. 34.

8. Besondere Reaktionen zum Nachweis von Verfälschungen.

a) Reaktion nach Fiehe[4]): Nachweis von künstlichem Invert-zucker bzw. Kunsthonig. Bei der Inversion von Saccharose mit Säuren bildet sich β-Oxy-δ-methylfurfurol, welches auf Zersetzung des Invertzuckers, besonders der Fruktose zurückzuführen ist. Die auf den Nachweis dieses Zersetzungsproduktes begründete Reaktion wird nach den Festsetzungen folgendermaßen angestellt: 5 g Honig werden mit reinem, über Natrium aufbewahrtem Äther im Mörser verrieben, der ätherische Auszug wird in ein Porzellanschälchen abgegossen. Nach dem Verdunsten des Äthers bei gewöhnlicher Temperatur wird der Rückstand mit einigen Tropfen einer frisch bereiteten oder unter Lichta'bschluß aufbewahrten Lösung von 1 g Resorcin in 100 g Salzsäure (s = 1,19) befeuchtet. Eine dabei auftretende starke mindestens eine Stunde be-ständige, kirschrote Färbung läßt auf die Gegenwart von künstlichem Invertzucker schließen, während schwache rasch verschwindende Orange- bis Rosafärbungen von einer Erhitzung des Honigs herrühren können.

Anderweitige Vorschriften zur Ausführung der Reaktion stellen keine Verbesserungen dar. Verfährt man genau nach der Fieheschen Vorschrift unter Hinziehung einwandfreien Materials zu Kontroll-prüfungen, so erhält man einen sicheren Blick über die Fehlerquellen und die Tragweite der Methode. Schwache Rotfärbungen sind nicht als positive Reaktion anzusehen, ebensowenig nachträglich nach kurzer

---

[1]) Zeitschr. f. U. N. 1907. **13**. 415.
[2]) In Frage kommen drei Fälle; a = Polarisation vor der Inversion; b = Polarisation nach der Inversion.
1. (+ a) — (+ b) = a—b; 2. (+ a) — (—b) = a + b; 3. (— a) — (— b) = b — a.
[3]) Arb. a. d. Kais. Gesundh.-Amt 1912. **40**. 305.
[4]) Zeitschr. f. U. N. 1908. **16**. 75; weitere Literatur siehe die Handbücher.

Beobachtungsdauer (etwa 5 Minuten) eintretende Färbungen. Der Einwand, daß das Erhitzen des Honigs auf 100° allein schon zu einer positiven Reaktion führe, wird von der Mehrzahl der Autoren bestritten. Wenn dies bei noch höherer Temperatur bis zu einem gewissen Grade der Fall ist, so kann diesem Umstand aber keine praktische Bedeutung beigemessen werden. Allmählich scheint erfreulicherweise der Wert der Methode erkannt zu werden[1]).

Die Reaktion nach Jägerschmid[2]) stellt eine Modifikation der Fieheschen Reaktion dar. Zahlreiche Beobachtungen sind bisher damit nicht gemacht.

b) Reaktion nach Ley[3]) zur Unterscheidung des Naturhonigs von Kunsthonig: 5 ccm der filtrierten Honiglösung 1 + 2 werden in einem Reagenzglase mit 5 Tropfen einer möglichst frisch bereiteten Silberlösung gemischt, die man durch Fällen einer Lösung von 1,0 g Silbernitrat in 10,0 ccm Wasser mit 2,0 ccm 15%iger Natronlauge, Lösen des gesammelten und mit etwa 40,0 ccm Wasser gewaschenen Silberoxyds in 10%igem Ammoniak zum Gewichte von 11,5 g erhält. Das Reagenzglas wird dann mit einem Wattepfropfen verschlossen in ein siedendes Wasserbad gesetzt; nach 5 Minuten (unter Lichtabschluß) wird es herausgenommen und beobachtet. Naturhonige geben nach Ley ein Gemisch von dunkler Farbe, das nicht durchsichtig, aber fluoreszierend ist, letzteres namentlich bei Heidehonigen. Beim Umschütteln wird das Gemisch braunrot, durchsichtig, an der Glaswandung einen braungrünlichen bzw. gelbgrünlichen Schein zurücklassend, das ein besonders bezeichnendes Merkmal der Reaktion sein soll. Kunsthonige, Honigsurrogate oder deren Gemische mit Naturhonigen erscheinen nach gleicher Behandlung undurchsichtig braun bis schwarz, besonders aber fehlt der gelblichgrüne Schein. Die von vielen Seiten nachgeprüfte Methode ist nicht zuverlässig. Die Reaktion ist vom Eiweißgehalt abhängig; dieser ist aber bekanntlich bei Honigen besonders schwankend.

c) Die Brownsche Reaktion[4]) zum Nachweis von Kunsthonig: 5 ccm der ursprünglichen Lösung 1 + 2 werden in einem Reagenzglase vorsichtig mit etwa 2 ccm einer Mischung von 5 ccm Anilin mit 5 ccm Wasser und 2 ccm Eisessig überschichtet. Die Berührungszone soll bei Kunsthonig rot sein.

d) Eiweißfällung mit Gerbsäure nach R. Lund[5]) zur Erkennung von Kunsthonig: 10 ccm einer 20%igen Honiglösung läßt man nach dem Filtrieren in eine Röhre fließen, die etwa 32,5 cm Länge und im oberen Teile 16, im unteren 8 mm lichte Weite hat. Der untere Teil faßt etwa 4,5 ccm und ist in Kubikzentimeter geteilt. Der Übergang vom unteren zum oberen Teil verteilt sich auf 3—4 cm Länge, die Ver-

---

[1]) Literatur zur Fieheschen Reaktion siehe die Handbücher.
[2]) Zeitschr. f. U. N. 1909. 17. 113. Siehe auch H. Witte, ebenda. 18. 628.
[3]) Zeitschr. f. U. N. 1904. 8. 519. Eingehende Literatur, insbesondere über die praktische Brauchbarkeit siehe die Handbücher.
[4]) Zeitschr. d. Vereins deutscher Zuckerindustrie. 1908. 45. 751; Zeitschr. f. U. N. 1909. 17. 469.
[5]) Zeitschr. f. U. N. 1909. 17. 128; die Methode beruht auf der Ausfällung der Eiweißstoffe (Enzyme) durch Tannin. Soltsien fällt mit Ferrocyankalium in essigsaurer Lösung; vgl. Pharm.-Ztg. 1907. 52. 1071.

jüngung ist also eine allmähliche. Der obere Teil trägt Marken bei 20, 35 und 40 ccm. Das Filter wird nachgewaschen bis zur Marke 35 ccm. Man fügt dann 5 ccm einer 0,5%igen Gerbsäurelösung hinzu und mischt vorsichtig. Nach 24 Stunden wird das Volumen des entstandenen Niederschlages abgelesen. Die an den Wandungen haftenden Niederschläge lassen sich leicht durch Neigen oder Drehen usw. der Röhre loslösen. Dunkle Färbung des Niederschlages weist auf Fe-Gehalt hin.

9. Nachweis von Farbstoffen und künstlichen Süßstoffen wie bei Wein, Fruchtsäften usw. Sofortige Rot- oder Rosafärbung einer Honiglösung nach Zugabe von Mineralsäuren läßt auch ohne Verwendung eines Wollfadens auf Teerfarbstoffe schließen (Festsetzungen). Da auch der natürliche Honigfarbstoff mit Mineralsäuren beim Erhitzen Rotfärbungen gibt, so sind nur die sofort und in der Kälte auftretenden Färbungen als kennzeichnend anzusehen[1]).

10. Die biologische Untersuchung mit Hilfe von Antisera wird in der Schweiz praktisch verwendet. Vgl. quantitative Präzipitinreaktion nach Thöni[2]).

11. Prüfung auf Fermente nach Auzinger[3]).

a) Diastatische Probe. 5 ccm einer frisch bereiteten 20%igen Honiglösung werden mit 1 ccm einer 1%igen Lösung von löslicher Stärke versetzt und 1 Stunde im Wasserbad bei 40° erwärmt. Sodann werden einige Tropfen einer Jod-Jodkaliumlösung (1 g Jod und 2 g Jodkalium in 300 ccm Wasser gelöst) hinzugefügt. Sind diastatische Fermente abwesend, zerstört oder geschwächt, so ist noch unveränderte Stärke vorhanden, die nunmehr durch Jod gebläut wird; bei ungeschwächten diastatischen Fermenten tritt dagegen eine gelbe bis gelbgrüne oder hellbraune Färbung auf. Nur die sofort nach Zugabe der Lösung auftretenden Färbungen sind als kennzeichnend anzusehen (Wortlaut der Festsetzungen).

b) Parareaktion I und II. 10 ccm je einer Honiglösung der in Anmerkung angegebenen Zubereitungsweise[4]) werden mit 10 Tropfen einer frisch bereiteten 2%igen Paraphenylendiaminlösung versetzt, umgeschüttelt und hierauf 10 Tropfen 1%ige Wasserstoffsuperoxydlösung hinzugefügt und nochmals umgeschüttelt. Die Proben bleiben 20 Stunden bei 15° stehen. Nach dieser Zeit werden manche Honige sich ganz oder teilweise entfärbt haben. Man stellt dann die Proben weitere 5—10 Stunden in ein Wasserbad von 45°, worauf man nach jeder Stunde die etwa entfärbten Proben herausnimmt und aufzeichnet.

Die rohen unerhitzten Honigproben werden innerhalb 3—15 Stunden lila bis tiefblauviolett, dann werden die Lösungen bis hellgelb, hell-

---

[1]) v. Buchka, Das Lebensmittelgewerbe. Bd. II. 77.
[2]) Mitteil. d. Schweizer Gesundh.-Amt 1911. 2. 81; 1912. 3. 74; 1913. 4. 71; vgl. auch J. Langer, Zeitschr. f. U. N. 1910. 20. 596. Kontroll. Bienenantiserum kann von den amtl. schweiz. Untersuch.-Anstalten beim Schweiz. Gesundh.-Amt bezogen werden.
[3]) Z. f. U. N. 1910. 19. 65; siehe auch F. Gothe, ebenda, 1914. 28. 273. 286.
[4]) 100 g Honig werden mit 200 g gekochtem und wieder auf 45° abgekühltem destilliertem Wasser gut gemischt und nötigenfalls zur leichteren Lösung auf kurze Zeit in ein Wasserbad bei 40° gestellt. Die Lösung wird nicht filtriert.

orange, hellrötlichbraun. Je nach der Stärke und Art der Erhitzung schlägt der Farbenton von tiefblauviolett in andere Farbentöne als die angegebenen über. Kunsthonige und gefälschte Honige haben einen tiefschmutzigroten oder schwarzbraunen Ton, öfters mit Bodensatz. Der Teil der Reaktion bis zur tiefvioletten Färbung wird Parareaktion I genannt, der andere Teil bis zur Entfärbung, Parareaktion II.

c) Die Katalasereaktion, beruhend auf der Abspaltung von Sauerstoff aus Wasserstoffsuperoxyd, der gemessen wird. 10 ccm frisch bereitete Honiglösung (Anm. 4 v. S.) werden mit 10 ccm 1%iger H_2O_2lösung (1 Teil 30%iges Perhydrol + 29 Teile abgekochtes, abgekühltes destilliertes Wasser) vermischt. Beide Lösungen müssen möglichst gleiche Temperatur von 15° haben. Echte Honige, bei deren Gewinnung Temperaturen von unter 50° verwendet wurden, spalteten innerhalb 24 Stunden über 10 mm Sauerstoff, gemessen im Einhornschen Saccharometer, ab; ungedeckelte Blütenhonige 2 und 1,5 mm. Zuckerfütterungshonige enthalten nach Auzinger keine Katalase.

12. Die mikroskopische Untersuchung auf Pollenkörner, Wachs usw. dient zum Nachweis, ob Blütenhonig vorliegt; ist aber nicht als ausschlaggebend zu betrachten, da diese Bestandteile auch künstlich zugesetzt sein können. Vorbereitung durch Verdünnen des Honigs, Absetzen lassen oder Zentrifugieren. Spuren von Stärke können aus Pflanzen stammen, die von den Bienen besucht waren.

Beurteilung:

a) Honig.

Gesetze: Das Nahrungsmittelgesetz, die Verordnung gegen irreführende Bezeichnungen und das Süßstoffgesetz.

Begriffsauslegung und Eigenschaften. Nach den „Festsetzungen" ist „Honig der süße Stoff, den die Bienen erzeugen, indem sie Nektariensäfte oder auch andere in lebenden Pflanzenteilen sich vorfindende Säfte aufnehmen, in ihrem Körper verändern, sodann in den Waben aufspeichern und dort reifen lassen". Nach Art der Gewinnung sind zu unterscheiden: Scheiben- oder Wabenhonig, Tropf-, Lauf-, Senk- oder Leckhonig; Schleuderhonig, Preßhonig, Seimhonig, Stampfhonig. Ihrer Herkunft entsprechend, unterscheidet man Blütenhonige, z. B. Akazien-, Heide-, Obstblütehonig usw. und Honig von anderen Pflanzenteilen z. B. Honigtau- und Coniferenhonig[1]). Nach dem Orte der Gewinnung: deutscher Honig, Chile-, Havannahonig usw.[2]). Zum Zwecke des Handels werden vielfach verschiedene Honigsorten miteinander vermischt und dazu auch ausländische Honige verwendet.

Die Farbe des Honigs ist eine sehr verschiedenartige — weiß bis dunkelbraun — und kann nicht als Maßstab für die Echtheit gelten.

---

[1]) Diese Honige weichen in ihren äußeren Eigenschaften und in der Zusammensetzung wesentlich von Blütenhonig ab. Sie sind von dunkler Farbe und gewürzhaftem, harzigem oder auch melasseartigem Geruch und Geschmack. Ihre Lösung dreht das polarisierte Licht nach rechts. Gehalt an Saccharose und Dextrinen, sowie an Asche größer als in Blütenhonig (Saccharose 5—10%, Asche 0,4—0,8%).

[2]) K. Lendrich und F. E. Nottbohm, Beiträge zur Kenntnis ausländischer Honige. Zeitschr. f. U. N. 1911. 22. 633; 1913. 26. 1.

Das Kristallisieren der Honige tritt meist allmählich ein und hängt mit dem verschiedenen Gehalt an Glucose und Fructose zusammen. Die Kristallisierfähigkeit hört in der Regel nach dem Erwärmen auf 70 bis 90° gänzlich auf. Zum Zweck der Vermischung mehrerer Honigsorten und bequemeren Handhabung wird das Erwärmen des Honigs neuerdings öfter vorgenommen. Das öftere Erwärmen und dasjenige auf höhere Temperaturen ist dem Aroma des Honigs schädlich.

Zusammensetzung und Auslegung der Befunde. Der Prozentgehalt der Honigbestandteile schwankt, abgesehen vom Wassergehalt, innerhalb erheblicher Grenzen. Blütenhonig hat etwa folgende mittlere Zusammensetzung: Wasser 20%, Invertzucker $70-80\%$; Saccharose bis zu 5%; zuckerfreier Trockenrückstand 1,5 und mehr Prozente, darunter organische Säuren $0,1-0,2\%$, Stickstoffverbindungen $0,3-0,8\%$; Asche $0,1-0,35\%$.

Ein Wassergehalt des Honigs von mehr als 22% läßt auf Zusatz von Wasser oder auf unreifen Honig schließen[1]).

Bei einem Säuregehalt von mehr als 5 Milligrammäquivalent in 100 g ist der Honig als verdorben anzusehen.

Bei negativem Ausfall der Prüfung auf diastatische Fermente ist eine zu starke Erhitzung des Honigs nachgewiesen.

Karamelgeschmack und dunkle Farbe lassen auf übermäßig erhitzten (angebrannten) Honig schließen.

Bei einem positiven Ausfall der Fieheschen Reaktion ist die Gegenwart von künstlichem Invertzucker nachgewiesen, wenn gleichzeitig die Prüfung auf diastatische Fermente positiv ausfällt; im andern Fall beweist ein positiver Ausfall der Fieheschen Reaktion, daß entweder künstlicher Invertzucker vorhanden ist oder der Honig übermäßig erhitzt war.

Enthält ein Honig weniger als $1,5\%$ zuckerfreien Trockenrückstand (Überschuß des Trockenrückstands über die Summe von Saccharose und direkt reduzierendem Zucker), so ist mit Sicherheit auf Zusatz von Invertzucker, Rohr- oder Rübenzucker oder Glycose zu schließen.

Eine Aschenmenge unter $0,1\%$ ist im allgemeinen verdächtig und geeignet, den bestehenden Verdacht einer Verfälschung mit Invertzucker zu bestärken.

Bei Honig, der nicht durch seine sonstigen Eigenschaften als Honigtau- oder Coniferenhonig gekennzeichnet ist, läßt ein Saccharosegehalt von mehr als 8%, bei Honigtau- oder Coniferenhonig in der Regel ein solcher von mehr als 10% auf einen Zusatz von Zucker zum Honig oder auf eine Fütterung der Bienen mit Zucker oder zuckerhaltigen Zubereitungen schließen.

Der Nachweis der Dextrine des Stärkezuckers oder Stärkesirups läßt auf den Zusatz dieser Stoffe schließen.

Bei Honig, der nicht durch seine sonstigen Eigenschaften als Honigtau- oder Coniferenhonig gekennzeichnet ist, läßt eine nach der Inversion verbleibende Rechtsdrehung sowie auch eine Aschen-

---

[1]) Das spezifische Gewicht einer Lösung (1 + 2) sei nicht unter 1,11, entsprechend einem Wassergehalt von 21,5 %.

menge von mehr als 0,4 % in der Regel auf Zusatz von Stärkezucker oder Stärkesirup schließen.

Von den besonderen Reaktionen ist namentlich die Fiehesche sehr wertvoll, weniger dagegen die Leysche; siehe auch Analyse. Erhitzung des Honigs bis auf 100° beeinflußt die praktische Bedeutung der Fieheschen Methode nicht. Deutliche Kirschrotfärbung weist auf künstliche Inversion hin. Auf die Ermittelung des Stickstoffsubstanzgehaltes wird von mehreren Seiten neuerdings Wert gelegt. Grenzwerte können nicht angegeben werden, der Stickstoffgehalt schwankt innerhalb erheblicher Grenzen; 0,3 bis 0,8 %. Ebenso ist die Eiweißfällung nach Lund noch nicht als sicheres Kriterium erwiesen. Schwankungen bei echten Honigen wurden von 0,1—4,3 beobachtet. Auch der Säuregehalt kann für den Nachweis von Fälschungen nur unter gewissen Umständen von Bedeutung sein. Schwankungen zwischen 0,03—0,21 %. Erheblichere Mengen von schwefelsauren Salzen in der Asche verraten bisweilen künstlichen Invertzucker-(Kunsthonig)-Zusatz (Juckenack).

Nach dem heutigen Stand der Honiganalyse kann man die Anwesenheit von Saccharose und Stärkesirup, erstere auch in den kleinsten Mengen ohne Mühe und mit Sicherheit konstatieren. Der Nachweis von Invertzucker (bzw. Kunsthonig im allgemeinen), mit dem die meisten Verfälschungen und Nachmachungen ausgeführt werden, beruht zurzeit auf der Feststellung verschiedener Nebenerscheinungen und Bestimmung verschiedener nichtzuckerartiger Stoffe, wie Eiweißstoffe (Fermente), Asche usw. Die darauf gegründeten Methoden entbehren noch teilweise allgemeiner Anerkennung als in allen Fällen untrüglich zuverlässige Hilfsmittel, bzw. fehlt es noch an hinreichendem statistischem Material über die Zusammensetzung der Honigsorten. Laufen jedoch mehrere oder alle Ermittelungen auf unnormale Beschaffenheit hinaus, so ist dieser Umstand ein genügender Grund für eine Beanstandung.

Verfälschungen und Nachmachungen.

Als verfälscht, nachgemacht oder irreführend bezeichnet sind nach den Festsetzungen anzusehen:

1. Erzeugnisse, die als Honig bezeichnet sind, ohne der Begriffsbestimmung für Honig zu entsprechen[1]);
2. nach einem bestimmten Gewinnungsverfahren bezeichneter Honig, der ganz oder zum Teil nach einem Verfahren gewonnen worden ist, das ein geringwertiges Erzeugnis liefert[2]);
3. als „Blütenhonig" oder nach bestimmten Blütenarten bezeichneter Honig, der nicht wesentlich aus Nektariensäften stammt;
4. honigähnliche, von Bienen aus Zucker oder zuckerhaltigen Zubereitungen erzeugte Stoffe, auch in Mischung mit Honig, sofern sie nicht als „Zuckerfütterungshonig" bezeichnet sind[3]);

---

[1]) Auch als Tafelhonig, Gesundheitshonig und unter ähnlichen Bezeichnungen in Verkehr gebrachte Honige müssen echte Erzeugnisse sein. Mel depuratum des Arzneibuches ist aber kein Honig schlechthin.

[2]) Z. B. kann warm oder kalt gepreßter Honig nicht als „Schleuderhonig" bezeichnet werden.

[3]) Das Füttern mit Saccharose oder sogenannten Bienenfuttermitteln (Nectarin usw.), die meist mehr oder weniger Saccharose enthalten, ist zur Überwinterung der Bienenvölker bisweilen unumgänglich nötig, namentlich bei

5. honigähnliche Zubereitungen, deren Zucker nicht oder nur zum Teil dem Honig entstammt, sofern sie nicht als „Kunsthonig" bezeichnet sind[1]);

6. Honig, dem Wasser zugesetzt ist, oder dem Säuren, Farbstoffe, Aromastoffe oder sonstige fremde Stoffe unmittelbar oder auf dem Wege der Fütterung der Bienen zugeführt sind, sofern er nicht als „Kunsthonig" bezeichnet ist[1]);

7. Honig, der so stark erhitzt worden ist, daß die diastatischen Fermente zerstört sind, sofern nicht die Art der Vorbehandlung aus der Bezeichnung hervorgeht[2]).

Betreffs Honigverfälschungen siehe auch den preuß. Ministerialerlaß vom 1. April 1908 in den Veröffentlichungen des Kaiserl. Gesundh.-Amtes 1908, 32, 676—679; sowie Zeitschr. f. U. N. (Ges. u. Verord.)

Honigmangel, jedoch darf damit eine Honiggewinnung nicht verbunden sein. Nach Literaturangaben älteren Datums sollen zwar auch schon in vereinzelten Fällen 18 % und darüber an Saccharose durch Zuckerfütterung (Entnahme desselben durch die Bienen aus Zuckerfabriken) vorgekommen sein. Diesen Angaben steht aber die neuere Beobachtung gegenüber, daß die Bienen auch bei reiner Zuckerfütterung Honige mit nur solchem Saccharosegehalt liefern, der auch bei normalen Bienenhonigen vorkommt. Siehe u. a. E. Baier, Jahresber. d. Nahrungsm.-Unters.-Amtes der Landw.-Kammer f. d. Provinz Brandenburg. 1908, Zeitschr. f. U. N. 1910. 19. 346. (Ref.) u. a. Dem durch Füttern gewonnenen Produkt fehlen die den Wert des Honigs in erster Linie bedingenden Aromastoffe, Eiweißkörper (Fermente) usw. mehr oder weniger, die sonst bei regelrechter Honiggewinnung den Blütennektarien entnommen und mit als Honig eingesammelt werden; es hat also keinen Anspruch auf die Bezeichnung Honig. Vgl. auch Urt. d. Landger. Augsburg v. 11. März 1912 u. d. Oberst. Landger. München v. 18. Mai 1912; Zeitschr. f. U. N. (Ges. u. Verord.) 1912. 4. 416 u. Auszüge 1917. 9. 558.

[1]) Verfälscht werden Honige am meisten mit Rohrzucker, Invertzucker und Stärkesirup, seltener auch mit Wasser, künstlichem Aroma, Farbstoff, Mehl u. Pollen. Neuere Urteile betr. Rohrzucker: Landger. Neuburg a. D. v. 23. Mai 1910, Auszüge 1912. 8. 219; Landger. Dresden v. 23. Nov. 1902, ebenda 1917. 9. 566; Landger. II Berlin v. 14. Mai 1912, ebenda 574; Landger. Hamburg v. 7. Januar 1914, ebenda 572. Betr. Invertzucker: Landger. Leipzig v. 17. März 1910 u. Reichsger. v. 24. Febr. 1914, Auszüge 1917. 9. 569 u. Zeitschr. f. U. N. (Ges. u. Verord.) 1915. 7. 303; Landger. Berlin II v. 23. Juni 1914, Auszüge 1917. 9. 554. Betr. künstl. Färbung: Landger. Hamburg v. 9. Dez. 1912 u. Reichsger. v. 3. April 1912; Zeitschr. f. U. N. (Ges. u. Verord.) 1913. 5. 383. Neben dem vielfach vorkommenden Unterschieben von Kunsthonig als Honig, Bienenhonig, Naturhonig usw. findet nicht selten eine unzulässige Anpreisung insbesondere bei Gemischen von Honig mit Kunsthonig oder Invertzucker sowie Raffinade zu Täuschungszwecken statt, z. B. als feinster präparierter Tafelhonig (vgl. Entscheidung des Reichsger. bzw. Landger. zu Güstrow v. 4. Januar 1906, Auszüge 1908. 7. 442, ferner des preuß. Kammerger. zu Berlin v. 21. Dez. 1906 und des Landger. I daselbst v. 5. September 1906), Florida-Blütenhonig, feinster Tafelhonig, Bestandteile: Reiner Naturbienenhonig mit ff. Invertraffinade. Zeitschr. f. U. N. 1905. 9. 56 (Entscheidung des Reichsger. bzw. Landger. I zu Berlin v. 14. Juni 1904, Zeitschr. f. U. N. 1907. 14. 735. Zuckerhonig, Schweizerhonig ist ebenfalls eine für Kunsthonig öfters unrechtmäßig benutzte Bezeichnung. Während letztere natürlich unzulässig ist, galten bisher Mischungen von Honig mit Rohrzucker oder Invertzucker, nicht aber solche mit Stärkesirup unter der Bezeichnung Zuckerhonig als erlaubt. Verschnitthonige können Mischungen inländischer und ausländischer Honige, aber nicht solche von echten mit unechten sein.

[2]) Die Zerstörung der diastatischen Fermente tritt erst bei längerer Erhitzung auf 80° ein. Die Bezeichnung muß entsprechend der Behandlung „erhitzter", „pasteurisierter" usw. Honig lauten.

1909. **1,** 85. Über Zusammensetzung, Gewinnung und Verfälschung der Honige siehe auch die Denkschrift des Kaiserl. Gesundheits-Amtes vom Jahre 1902.

Die Zuziehung von praktischen Sachverständigen (Imkern, Honig-händlern) zum Zwecke der Geschmacksprüfung ist meist nur dann an-gängig und zweckmäßig, wenn Honige zur Beurteilung vorliegen, deren Charakter den betreffenden Sachverständigen bekannt sind, andernfalls ist sie wertlos.

Honig, der gärt, sauer geworden, durch Brut oder sonst stark verunreinigt, verschimmelt oder angebrannt (karamelisiert) ist oder ekelerregend riecht oder schmeckt, ist als verdorben anzusehen. Gesund-heitsschädliche Eigenschaften entstehen durch Entnahme vom Honig giftiger Pflanzen. Der Honig nicht aller giftigen Pflanzen ist aber gesundheitsschädlich. Durch Verfütterung von Honig, der von ruhr-kranken oder von der Faulbrut befallenen Völkern gewonnen ist, können diese Krankheiten leicht weiter verbreitet werden; s. auch den bakterio-logischen Teil.

b) **Kunsthonig.**

Kunsthonige (nachgemachte Honige) bestehen meist gänzlich aus Invertzucker und enthalten bisweilen auch größere Mengen Saccharose und auch Stärkesirup. Färbung wird durch entsprechendes Karameli-sieren bzw. auch durch Zusatz von Farbstoffen erhalten. Zur Ver-besserung des Aromas bzw. Aromagebung überhaupt erhalten Kunst-honige mehr oder weniger große Zusätze von Bienenhonig; beliebt sind dazu besonders aromakräftige ausländische Honige. Von inländischen soll sich dazu besonders der Heidehonig eignen. Auch künstliches Aroma wird verwendet. Neuerdings wird Kunsthonig in fester Form und Würfelpackung hergestellt. Mit dieser Maßnahme würde dem Schutz des Honigs und des Kunsthonigs in gleicher Weise gedient sein. Kunsthonig muß nach der Ersatzmittelverordnung (Bekanntm. v. 30. Sept. 1919) mindestens 78 v. H. Trockenmasse und darf höchstens 10 v. H. Rohr-zucker enthalten. Stärkesirup ist nicht gebilligt. Kunsthonig muß ausreichendes honigähnliches Aroma haben. Bezüglich der Kennzeich-nung stellt die Ersatzmittelverordnung noch besondere Forderungen (s. S. 857).

Honigessenzen, -pulver und ähnliche Produkte sind fälsch-lich so genannt, da ihre Bestimmung nur sein kann, Kunsthonig herzu-stellen. Ihr Grundbestandteil ist eine Säure, mittels welcher die Inversion von Zucker erreicht wird. Die flüssigen Präparate enthalten meistens Salzsäure, Phosphorsäure, Milch- oder Essigsäure, die pulverförmigen Wein- oder Zitronensäure, letztere meistens in Mischung mit etwas Zucker. Außerdem enthalten diese Produkte Farbstoffe und Aromastoffe (Honig-aroma). Siehe im übrigen die einschränkenden Vorschriften der Ersatz-mittelverordnung (Richtlinien) S. 857. Der Gang der Untersuchung ergibt sich aus dem Gesagten. Es ist eine klare nicht zu Täuschungen führende Kennzeichnung und Angabe der Anwendungsweise zu fordern.

Türkischer Honig ist weder Honig noch Kunsthonig, sondern eine Konditorware.

XIII. Kaffee und Kaffeeersatzstoffe [1]).

Der Vorrat ist vor der Entnahme und die entnommene Probe, auch solche in kleinerer Packung, vor der Untersuchung gut durchzumischen.

Sinnenprüfung: Der Kaffee ist auf Aussehen und Geruch, gerösteter Kaffee auch auf Geschmack zu prüfen.

Bei rohem Kaffee ist auf ungewöhnliche Farbe infolge von Havarie oder von künstlicher Färbung, auf fremde Bestandteile (Kaffeekirschen, Erdteilchen, Holzstückchen u. dgl.), etwa bestehende Fäulnis oder Schimmelbildung, auf fremdartigen Geruch sowie darauf zu achten, ob sich in der Furche Rückstände von Poliermitteln befinden.

Geröstete Bohnen können auch verkohlte Bohnen, fremde Samen (Lupinen, Sojabohnen, Mais u. dgl.) und künstliche Kaffeebohnen enthalten. Mit Überzugsstoffen hergestellter Kaffee ist meist an dem Glanze der Bohnen zu erkennen. Ist dies der Fall, so ist der Kaffee auch nach dem Abwaschen mit heißem Wasser und Trocknen auf Aussehen, Geruch und Geschmack zu prüfen.

Bei gemahlenem Kaffee ist noch darauf zu achten, ob sich ohne weiteres erkennbare fremde Bestandteile vorfinden.

Die Geschmacksprüfung des gerösteten Kaffees wird zweckmäßig an einem mit heißem Wasser bereiteten Aufguß vorgenommen.

Für eine Tasse von etwa 150 g Inhalt nimmt man etwa 5 g gemahlenen Kaffee; man erhält dann kräftigen Kaffeeaufguß; in Haushaltungen wird allerdings in der Regel weniger Kaffee genommen (etwa 10—15 g auf $^1/_2$ Liter). Man überbrüht das Kaffeepulver mit kochendem Wasser, rührt um und läßt noch 2 Minuten aufkochen. Der Aufguß bleibt dann zur Klärung noch 5—10 Minuten stehen. Man prüfe den Kaffeeaufguß ohne jeglichen Zusatz, aber auch mit Zusatz von Milch und Zucker.

1. Ungebrannter Kaffee:

a) Farbstoffe.

Die künstliche Färbung havarierter, verdorbener, unreifer oder überhaupt minderwertiger Bohnen wird mit Berlinerblau, Indigo und Kurkuma, Chromverbindungen, Kupfer-, Eisenvitriol, Kohle, Smalte, Ultramarin, Ocker, Teerfarbstoffen u. dgl., zu welchem Zweck mit denselben Mischungen verschiedenartiger Farben hergestellt werden, ausgeführt.

Der Nachweis dieser Stoffe geschieht nach den üblichen analytischen Methoden, am besten auf mikroskopischem Wege, Teerfarbstoff durch Ausfärben. Bei Anwesenheit gewisser Zusätze, wie Graphit, Kohle, Talk usw., wird nur das Mikroskop entscheiden können.[2])

Nach den Entwürfen zu Festsetzungen über Lebensmittel (E) wird hierzu der Kaffee in folgender Weise[3]) vorbereitet:

Etwa 50 g Kaffeebohnen werden in einem Kolben mit soviel Petroläther übergossen, daß sie damit bedeckt sind. Der Kolbeninhalt wird am Rückflußkühler auf 50° erwärmt, eine halbe Stunde unter wiederholtem Schütteln auf dieser Temperatur erhalten und die trübe Flüssigkeit in einen hohen Glaszylinder abgegossen. Dann läßt man stehen, bis der Petroläther völlig klar ist, gießt ihn soweit als möglich ab, bringt den Rückstand in ein Becherglas, verdunstet den Rest des Petroläthers bis auf etwa $^1/_2$ ccm und fügt etwa 10 ccm Chloroform hinzu. Hierbei

---

[1]) Unter Benützung der Entwürfe zu Festsetzungen über Kaffee und Kaffeeersatzstoffe (E).

[2]) v. Raumer, Forschungsberichte 1896. 333: „Über den Nachweis künstlicher Färbung bei Rohkaffee". Derselbe hat auch einen einfachen Reibeapparat zum Ablösen der Farbe von den Bohnen konstruiert.

[3]) Morpugo, Zeitschr. f. Nahr.-Unters., Hyg. u. Warenkunde 1898. 4. 69.

trennen sich die Gewebsteile der Kaffeebohnen sowie etwa zum Färben benutzte Kohle, Sägemehl u. dgl., indem sie auf der Oberfläche schwimmen, von mineralischen Farbstoffen, die auf dem Boden bleiben.

b) Nachweis von Seewasser in havarierten Bohnen: Man zieht mit Wasser aus und ermittelt im Auszug den Gehalt an Chlor.

c) Bestimmung des Wassergehaltes, von Koffein usw. siehe unter gebrannte Bohnen.

2. Gebrannter Kaffee (ganz und gemahlen):

a) Bestimmung fremder Bestandteile in unzerkleinertem Kaffee.

Aus 100 g Kaffee werden die fremden Bestandteile ausgelesen und gewogen. Bei Gegenwart größerer Mengen einer bestimmten Art von fremden Bestandteilen z. B. Lupinen, ist deren Menge für sich zu bestimmen (E).

b) Vorprüfung von Kaffeepulver auf Zichorie, Feigenkaffee und Karamel. Eine Messerspitze des Kaffeepulvers wird vorsichtig auf Wasser geschüttet. Bei Anwesenheit von Zichorie, Feigenkaffee oder Karamel umgeben sich deren Teilchen mit braunen Wölkchen, die das Wasser in Strichen durchziehen; außerdem sinken die Teilchen schneller zu Boden als die des Kaffees (E).

c) Nachweis von Überzugs- und Beschwerungsstoffen.

1. Wasser wird wie bekannt in 10 g gemahlenem Kaffee durch Trocknen im Dampftrockenschranke bestimmt. Es ist zu beachten, daß sich bei der Wasserbestimmung auch noch andere Substanzen verflüchtigen.

2. Glyzerin wird mit Wasser mehrmals ausgezogen, die Lösungen werden filtriert und eingedampft, zum Rückstand setzt man Natriumsulfat; die erhaltene Trockenmasse wird mit Äther-Alkohol ausgezogen; der nach dem Verdunsten des Äther-Alkohols verbliebene Rückstand wird eine Stunde im Dampftrockenschrank erhitzt und mit etwa der doppelten Menge gepulvertem Borax zu einer gleichmäßigen Masse verrieben. Bei Gegenwart von Glyzerin tritt Grünfärbung der Bunsenflamme ein, wenn die Masse an den Rand derselben gebracht wird (E).

3. Fette, Vaselinöl, Paraffin, Schellack usw. werden dadurch nachgewiesen, daß man etwa 100—200 g Bohnen mehrmals mit Äther oder Petroläther schüttelt, die Filtrate eindampft, wiederum in Äther aufnimmt, nochmals filtriert und den Äther verjagt. Der Rückstand wird auf Verseifbarkeit und andere Eigenschaften geprüft. (Vgl. Abschnitt Fette.) Reiner gerösteter Kaffee hinterläßt im allgemeinen nicht mehr als 0,5 Fett. Schellack und andere Harze werden in folgender Weise nachgewiesen: 50 g Kaffeebohnen werden mit soviel Alkohol von 80 Volumprozent übergossen, daß sie eben damit bedeckt sind und bis zum Aufkochen des Alkohols auf dem Wasserbad erwärmt; der alkoholische Auszug wird filtriert und eingedampft. Bei Gegenwart von Schellack oder anderen Harzen ist der verbleibende Rückstand in der Wärme zähe, erstarrt aber beim Erkalten lackartig. Ein Teil des Rückstandes wird vorsichtig über einer kleinen Flamme erhitzt, wobei Schellack keinen besonderen Geruch abgibt, während sich die Anwesenheit von Kolophonium und den meisten anderen Harzen durch ihren eigenartigen Geruch zu erkennen gibt. Durch Bestimmung der Säure- und Jodzahl des Rückstandes lassen sich unter Umständen weitere Anhaltspunkte zur Erkennung einzelner Harze gewinnen (E).

4. Abwaschbare Stoffe, Saccharose, Stärkesirup (Karamel), Dextrin, Tragant, Agar-Agar, Gummi, Gelatine, Eiweiß, Gerbsäure und dgl. können nach folgenden Methoden bestimmt werden: Nach den amtlichen Entwürfen (E):

20 g Kaffeebohnen werden dreimal mit je 50 ccm Alkohol von 50 Volumprozent in der Weise ausgezogen, daß nach dem Übergießen der Bohnen sofort eine Minute geschüttelt wird und die Bohnen alsdann mit dem Alkohol eine halbe Stunde in Berührung bleiben. Die filtrierten Auszüge werden vereinigt und mit Wasser auf 250 ccm aufgefüllt. 50 ccm dieser Lösung werden in einer flachen Platinschale auf dem Wasserbade eingedampft und der Rückstand nach dreistündigem Trocknen im Dampftrockenschranke gewogen. Sodann wird der Rückstand verascht. Die Differenz zwischen dem Gewicht des Trockenrückstandes und dem der Asche gibt die Menge der abwaschbaren Stoffe an.

Nach der Vorschrift des Schweizerischen Lebensmittelbuches werden 20 g Bohnen mit 500 ccm Wasser 5 Minuten geschüttelt. 250 ccm des Filtrates werden verdampft und 3 Stunden getrocknet.

Die Bestimmung des Zuckers der abwaschbaren Substanz erfolgt in der etwa auf 50 ccm eingeengten Abwaschflüssigkeit, nachdem man erst mit Bleiessig gefällt bzw. das überschüssige Blei entfernt hat, nach den S. 40 angegebenen Methoden. Bei Anwesenheit von Saccharose muß invertiert werden.

Zum Nachweis von Tragant bereitet man aus etwa 5 g feingemahlenen Kaffees durch Verreiben mit 25%iger Schwefelsäure einen dicken Brei und vermischt diesen mit etwa 10 Tropfen Jod-Jodkaliumlösung. Tragant gibt sich bei der mikroskopischen Prüfung (100—200fache Vergrößerung) durch blaugefärbte Körnchen zu erkennen, die größer und dunkler als Stärkekörner sind. (Vergleichspräparate.) E.

Reaktion auf Harze nach Th. v. Fellenberg, Mitteilungen des Schweizer Gesundheits-Amtes 1910. 1. 301.

Prüfung auf arsenhaltigen[1] Schellack. 100 g Kaffeebohnen werden etwa eine halbe Stunde mit 100 bis 150 ccm 96%igem Alkohol und 10 ccm einer etwa 10%igen alkoholischen Kalilauge unter wiederholtem Umrühren auf dem Wasserbade erwärmt. Die Lösung wird abgegossen und eingedampft. Der Rückstand wird mit alkoholischer Kalilauge bis zur Auflösung behandelt und dann fast zur Trockne verdampft. Die trockene Masse wird mit etwa 10 ccm Wasser aufgenommen, mit Salzsäure angesäuert, worauf die Lösung filtriert und das Filtrat nach dem Verfahren von Marsh auf Arsen geprüft wird (E).

Zur Feststellung der Art anderer wasserlöslichen Überzugstoffe bereitet man eine Lösung, die durch Schütteln von etwa 20 g Kaffeebohnen mit 50 ccm lauwarmem Wasser erzielt ist. In der filtrierten Lösung werden:

α) Dextrin und Stärkesirup durch Versetzen eines Teils der Lösung mit der 10fachen Menge absoluten Alkohols (weißliche Färbung),

β) Gelatine mit Tanninlösung (flockiger weißlicher Niederschlag),

γ) Eiweiß mit Pikrinsäurelösung (gelber Niederschlag),

---

[1] Von Auripigment, herrührend.

δ) Gerbsäure mit Eisenchloridlösung (blauschwarzer Niederschlag) nachgewiesen.

Agar-Agar kann unter sinngemäßer Anwendung der im Abschnitt Obsterzeugnisse S. 245 angegebenen Methode gefunden werden.

d) Extrakt (wässeriger Auszug bzw. in Wasser löslicher Teil). Nach Trillich:

10 g Kaffeepulver (lufttrockene Substanz) werden in einem 400 ccm haltigem Becherglase oder Messingbecher mit 200 ccm Wasser übergossen und mit einem Glasstabe gewogen. Man erhitzt die Mischung dann zum Sieden und erhält sie dabei unter fleißigem Umrühren 5 Minuten lang, füllt nach dem Erkalten auf das ursprüngliche Gewicht auf, filtriert, dampft 25 ccm ein und trocknet den Rückstand im Wasserdampftrockenschrank. Das Resultat wird auf 100 g Kaffee umgerechnet.

e) Zucker, Stärke und Rohfaser.

10 g feingemahlener Kaffee werden mit Petroläther entfettet, getrocknet und dann mit 75%igem Alkohol eine halbe Stunde unter Benützung eines Rückflußkühlers ausgezogen; der alkoholische Auszug wird filtriert und der Alkohol abdestilliert. Das Pulver wird noch mehrmals in gleicher Weise behandelt, worauf die filtrierten Auszüge vereinigt und eingedampft werden. Der erhaltene Rückstand wird mit Wasser aufgenommen, dann mit Bleiessig behandelt und überschüssiges Blei mit H_2S oder gesättigter Na_2SO_4 oder Na_2HPO_4-Lösung entfernt. Das Filtrat wird darauf mit Salzsäure $^1/_2$ Stunde im Wasserbade invertiert und dann der Zucker, Invertzucker nach S. 42, bestimmt. Stärke wird in dem mit Äther und Alkohol behandelten rückständigen Kaffeepulver nach einer der S. 52 angegebenen Methoden bestimmt.

Rohfaser vgl. S. 54 (Methode König).

f) Stickstoffsubstanzen werden nach Kjeldahl S. 34 bestimmt.

g) Fettgehalt[1]), Mineralstoffe (Asche) und Salzsäureunlösliches, Chlorgehalt, Metalle nach den bekannten Methoden. Bestimmung der Alkalität der Asche, der löslichen und unlöslichen Phosphate siehe Abschnitt Kakao, S. 333 sowie auch den allgemeinen Untersuchungsgang. Prüfung auf Borax s. Abschnitt Milch, S. 115. Eisen, Aluminium, Chlor und Kieselsäure werden nach den bekannten Methoden bestimmt. In dem Entwurf zu Festsetzungen über Lebensmittel (Kaffee) sind diese Methoden eingehend beschrieben.

h) Säuregehalt (Azidität) wird in der Extraktlösung (d) in üblicher Weise bestimmt.

i) Koffein.

1. Nach A. Juckenack und A. Hilger[2]):

20 g fein gemahlener Kaffee werden mit 900 g Wasser bei Zimmertemperatur einige Stunden aufgeweicht und dann unter Ersatz des verdampfenden Wassers vollständig ausgekocht (Dauer bei Rohkaffee

---

[1]) Rohkaffee ist vor der Extraktion zu trocknen; als Extraktionsmittel dient Petroläther. Das vom Lösungsmittel befreite Rohfett wird 3 mal durch vorsichtiges Schwenken mit konzentrierter Kochsalzlösung gereinigt und dann mit Petroläther aufgenommen. Die Fettlösung wird mit wasserfreiem Natriumsulfat getrocknet und filtriert. Refraktion d. Kaffeefettes b. 40° = 70—80.

[2]) Forschungsber. 1897. 4. 49, 119.

3 Stunden, bei geröstetem $1\frac{1}{2}$ Stunde). Nach dem Erkalten auf 60—80° setzt man 75 g einer Lösung von basischem Aluminiumazetat (7,5 bis 8%ig) und während des Umrührens allmählich 1,9 g Natriumbikarbonat zu, kocht nochmals etwa 5 Minuten auf und bringt das Gesamtgewicht nach dem Erkalten auf 1020 g. Nun wird filtriert, 750 g des klaren Filtrats (= 15 g Substanz) werden mit 10 g gefälltem, gepulvertem Aluminiumhydroxyd und mit etwas mittels Wasser zum Brei angeschütteltem Filtrierpapier unter zeitweiligem Umrühren im Wasserbade eingedampft, der Rückstand im Wassertrockenschrank völlig ausgetrocknet und im Soxhletschen Extraktionsapparat 8—10 Stunden mit reinem Tetrachlorkohlenstoff ausgezogen. Als Siedegefäß dient zweckmäßig ein Schottscher Rundkolben von etwa 250 ccm, der auf freiem Feuer über einer Asbestplatte erhitzt wird. Der Tetrachlorkohlenstoff, der stets völlig farblos bleibt, wird schließlich abdestilliert, das zurückbleibende rein weiße Koffein im Wassertrockenschranke getrocknet und gewogen.

Es empfiehlt sich, die so erhaltenen Zahlen durch eine N-Bestimmung zu kontrollieren.

Nach Gadamer[1]), Wäntig[2]), Lendrich und Murdfield[3]) gibt die Methode gegenüber anderen etwas zu geringe Werte.

2. Nach K. Lendrich und E. Nottbohm[4]):

Von dem gut durchgemischten fein gemahlenen Kaffeepulver werden 20 g in einem geeigneten Becherglase mit 10 ccm 10%iger Ammoniaklösung versetzt und sofort gut durchgemischt. Den durchfeuchteten Kaffee überläßt man bei bedecktem Becherglase, falls Rohkaffee vorliegt, unter zeitweiligem Umrühren einer zweistündigen, anderenfalls einer einstündigen Weichdauer. Alsdann wird das Kaffeepulver mit 20 bis 30 g grobkörnigem Quarzpulver gemischt und in einer Extraktionshülse (33 × 94) im Soxhlet-Apparat mit Tetrachlorkohlenstoff 3 Stunden lang ausgezogen. Die Erhitzung des Extraktionskolben erfolgt auf einem Drahtnetze.

Der bei der Extraktion erhaltene Auszug des Kaffees wird mit etwa 1 g festem Paraffin versetzt, durch Destillation vom Tetrachlorkohlenstoff befreit und hierauf zuerst mit 50, dann dreimal mit je 25 ccm heißem Wasser ausgezogen. Das auf Zimmertemperatur abgekühlte Filtrat wird durch ein angefeuchtetes Filter filtriert, wobei vermieden wird, daß erstarrte Paraffinteilchen mit auf das Filter gelangen; schließlich wird gut mit kochendem Wasser nachgewaschen.

---

[1]) Arch. d. Pharm. 1899. **237**. 58.
[2]) Arbeiten aus dem Kais. Gesundh.-Amt. 1906. **23**. 315.
[3]) Zeitschr. f. U. N. 1908. **16**. 649.
[4]) Zeitschr. f. U. N. 1909. **17**. 250; Die Methode ist in die Entwürfe zu Festsetzungen über Lebensmittel aufgenommen. (Neuerdings empfiehlt Lendrich [Zeitschr. f. U. N. 1917. **34**. 56] an Stelle von Ammoniak eine gesättigte Kochsalzlösung und an Stelle von Tetrachlorkohlenstoff eine Mischung von 75 Teilen dieses Lösungsmittels mit 25 Teilen Chloroform. Es bedarf keiner besonderen Weichdauer und die Extraktion ist in 2—3 Stunden beendet. Die Extraktion ist besonders wirksam in den Extraktionshülsen mit Seele, beziehbar von Macherey, Nagel u. Co., Düren i. Rh.) Dieselben ebenda. **18**. 299; über den Koffeingehalt des Kaffees und den Koffeinverlust beim Rösten des Kaffees.

Der etwa 200 ccm betragende, auf Zimmertemperatur abgekühlte
wässerige Auszug wird bei Rohkaffee mit 10, bei geröstetem Kaffee
mit 30 ccm einer 1%igen Kaliumpermanganatlösung versetzt und
15 Minuten stehen gelassen. Man fügt dann zur Abscheidung des Mangans
tropfenweise eine etwa 3%ige Wasserstoffsuperoxydlösung hinzu, die
auf 100 ccm 1 ccm Eisessig enthält. Für gerösteten Kaffee sind in der
Regel 2—3 ccm Wasserstoffsuperoxyd erforderlich, für rohen Kaffee, der
nur verhältnismäßig geringe Mengen Permanganat verbraucht, etwas mehr.

Man stellt den Kolben etwa $\frac{1}{4}$ Stunde auf ein siedendes Wasserbad,
wobei die Abscheidung allmählich zu Boden sinkt, filtriert heiß und wäscht
das Filter mit heißem Wasser nach. Das so gewonnene, völlig blanke
Filtrat wird am besten in einer Glasschale auf dem Wasserbade zur
Trockne verdampft.

Die nach der Permanganatbehandlung erhaltenen blanken Lösungen sind bei Rohkaffee vollkommen farblos, bei geröstetem Kaffee
weingelb gefärbt. Die wässerige Lösung wird in einer geeigneten Glasschale auf dem Wasserbade zur Trockene abgedampft und hierauf
$\frac{1}{4}$ Stunde im Wassertrockenschranke nachgetrocknet. Der erhaltene
Trockenrückstand wird sofort mit heißem Chloroform auf dem Wasserbade unter Auflage eines Uhrglases aufgenommen und filtriert. Die alsbaldige Aufnahme des koffeinhaltigen Trockenrückstandes mit Chloroform
ist notwendig, weil die das Koffein jetzt noch begleitenden, färbenden
Extraktstoffe und Salze hygroskopisch sind und entsprechend der Wasseranziehung beim Stehen an der Luft in Chloroform löslich werden. Zur
Extraktion des Koffeins genügt ein etwa 4—5 maliges Ausziehen mit
je 25—30 ccm Chloroform, so daß einschließlich des Nachwaschens des
Filters mit heißem Chloroform etwa 150—170 ccm Lösung erhalten
werden.

Zur Vermeidung von Verlusten an Koffein, die bei Verwendung einer Schale
leicht dadurch entstehen, daß die Chloroformlösung beim Abdunsten auf dem
Wasserbade über den Rand der Schale kriecht, ist es zweckmäßig, die Schale mit
einem dünnen zylindrischen Kupferblechmantel, der den Rand der Schale
um mindestens 5 cm überragen muß, zu umgeben.

Nach dem Abdestillieren des Chloroforms ist das Koffein bei Rohkaffee
rein weiß, bei geröstetem Kaffee hat es noch einen Stich ins Gelbliche, ohne daß
hierdurch das Gewicht des Koffeins merklich beeinflußt wird.

An Stelle des Eindampfens des mit Kaliumpermanganat gereinigten
Koffeinauszuges kann man diesem das Koffein auch durch Ausschütteln mit
Chloroform entziehen. Es genügt hierzu ein viermaliges Ausschütteln der
wässerigen Lösungen in der Weise, daß man zuerst 100 ccm, dann dreimal
50 ccm Chloroform anwendet.

Das Verfahren zur Bestimmung des Koffeins im Kaffee läßt sich mit
geringen Abänderungen auch auf wässerige Kaffeeauszüge, sowie auf andere
koffein- oder theobrominhaltige Drogen anwenden.

Falls der nach vorstehendem Verfahren ermittelte Koffeingehalt
bei „koffeinfreiem" Kaffee mehr als $0,08\%$ oder bei „koffeinarmem"
Kaffee mehr als $0,2\%$ beträgt, ist die Reinheit des erhaltenen Koffeins
durch Ermittlung seines Stickstoffgehalts nach dem Verfahren von
Kjeldahl nachzuprüfen. Wird hierbei weniger Stickstoff gefunden,
als der erhaltenen Menge Koffein entspricht, so ist die durch Multiplikation der ermittelten Menge Stickstoff mit 3,464 berechnete Menge
Koffein als maßgebend anzusehen (E).

Auf die Methoden von I. Katz[1]), Beitter[2]) sowie G. Fendler und W. Stüber[3]) kann nur verwiesen werden; letztere haben die von Katz, Lendrich und Nottbohm ausgearbeiteten Verfahren zur Grundlage einer rascher ausführbaren Methode gemacht.

k) **Die mikroskopische Untersuchung von gebranntem Kaffeepulver** erfordert Übung. Zunächst hat man sich die zur Verfälschung dienenden Materialien roh, ungemahlen, aber auch geröstet und gemahlen zu verschaffen und dieselben in Beziehung auf ihren Bau, ihre charakteristischen Eigenschaften usw., sowie auch echte Kaffeebohnen mikroskopisch eingehend zu studieren,- wozu die Werke von Schimper, Beythien-Hartwich, Tschirch-Oesterle, Möller, T. F. Hanausek, J. König hauptsächlich zu benützen sein würden.

Ersatzstoffe, die zur Verfälschung von Kaffeepulver dienen, sind Zichorien-, Rüben- und Möhrenwurzeln, Feigen, Lupinen, Eicheln, Johannisbrot, Steinnuß, Erdnuß, Sojabohne, Sakka (geröstetes Kaffeefruchtfleisch), Dattelkerne, Getreide, namentlich Gerste und Malz, gedörrtes Obst usw.

Kaffeepulver zerreibe man zuvor im Mörser möglichst fein (grießartig). Die mikroskopische Untersuchung wird zum Teil mit dem nicht geweichten Pulver vorgenommen, das dazu erst einige Stunden mit Natriumhypochloritlösung (s. S. 26) aufgehellt wird.

Kaffeepulver zeigt im Mikroskop gelbbraune, unregelmäßig eckige Körner, deren Zellgewebe in fast allen Teilen sichtbar ist. Die den peripheren Teilen der Bohnen entstammenden Zellen haben glatte Wände, an den meisten Zellen finden sich jedoch die charakteristischen knotenartigen Verdickungen. Auch die neben den Körnern vorhandenen zahlreichen Bruchstücke der Zellränder des Endosperms lassen in der Regel diese Verdickungen erkennen. Außer den Endospermstückchen finden sich regelmäßig Teile der Samenschale, die an den Sklerenchymzellen leicht erkennbar sind. Nur ausnahmsweise finden sich im Kaffee Stückchen von Spiralgefäßen, auch Stärkekörner werden nur selten angetroffen. Für die Gewebsteile des Kaffees — im Gegensatz zu den meisten Fälschungsmitteln, namentlich Zichorie und Feigen — ist das starke Lichtbrechungsvermögen der Zellwände sowie das Vorhandensein farbloser Öltröpfchen in fast allen Zellen und neben den Zellstücken kennzeichnend (E).

Die einzelnen Fälschungsmittel zu erkennen, ist sehr schwer; dagegen läßt sich die Feststellung, daß ein Kaffeepulver nicht rein ist, auf mikroskopischem Wege treffen. Betreffs Nachweis von Verunreinigungen namentlich von Schimmelpilzen usw. siehe den bakteriologischen Teil.

3. Künstliche Bohnen

werden meist aus Weizen- oder Lupinenmehl unter Zusatz von Koffein hergestellt; sie zerfallen in Wasser, sinken in Äther unter, und werden durch Oxydationsmittel (HCl und $KClO_3$) weniger rasch entfärbt wie echte Bohnen (Stutzer).

Das Fehlen des Samenhäutchens (Silber-) in der Rinne charakterisiert den Kunstkaffee (Hanausek, Samelson).

---

[1]) Arch. Pharm. 1904. 242. 43; Zeitschr. f. U. N. 1902. 5. 1213.
[2]) Ber. d. Deutsch. Pharm. Ges. 1901. 11. 339; Zeitschr. f. U. N. 1902. 5. 1163.
[3]) Zeitschr. f. U. N. 1914. 28. 9; 1915. 30. 274.

4. Ersatzstoffe[1]).

Sinnenprüfung. Bei der Prüfung des Aussehens eines Kaffeeersatzstoffes oder Kaffeezusatzstoffes ist darauf zu achten, ob das Erzeugnis verkohlt,
von Milben, Käfern oder dgl. befallen ist oder Schimmelpilzfäden aufweist.
Falls die Masse in Stücke gepreßt oder infolge von Austrocknung zusammen-
gebacken ist, ist sie zu zerbröckeln.

Die Probe selbst sowie ein daraus mit heißem Wasser hergestellter Aufguß sind auf Geruch und Geschmack zu prüfen, dabei ist festzustellen, ob die
Probe oder der wässerige Aufguß einen dumpfen oder sonst fremdartigen oder
gar ekelerregenden Geruch oder Geschmack aufweist, ferner, ob der Aufguß
des Kaffeeersatzstoffes kaffeeähnlich riecht und schmeckt, derjenige des Kaffeezusatzstoffes geeignet ist, als Zusatz zu Kaffee oder Kaffeeersatzstoffen zu
dienen.

Bei der Prüfung ungemahlener, nach einem bestimmten Rohstoff bezeichneter Kaffeeersatzstoffe ist tunlichst zu ermitteln, ob sie den Bezeichnungen
entsprechen. Aus Getreide hergestellte Kaffeeersatzstoffe können durch die
eigenartige Gestalt der einzelnen Körner leicht erkannt und unterschieden werden. Bei Malzkaffee weisen die einzelnen Körner im Längsschnitt eine durch den
Stoffverbrauch des wachsenden Keimes hervorgerufene Höhlung auf, die bei
den aus ungemälztem Getreide hergestellten Kaffeeersatzstoffen fehlt. Geröstete
Lupinen und Sojabohnen sowie nicht zu kleine Bruchstücke von gerösteten
Eicheln und Erdnüssen können ebenfalls an der ihnen eigentümlichen Gestalt
erkannt werden; die beiden letzteren sind durch die größere Härte der gebrannten
Eicheln leicht zu unterscheiden.

In Zweifelsfällen, ebenso wenn die Kaffeeersatzstoffe in gemahlenem
Zustand vorliegen, ist eine mikroskopische Untersuchung vorzunehmen.

Prüfung der aus Getreide hergestellten Kaffeeersatzstoffe auf fremde Samen und andere Verunreinigungen.

Von ungemahlenen Kaffeeersatzstoffen aus Getreide oder Malz
werden 100 g ausgebreitet und die fremden Bestandteile ausgelesen.
Diese werden gewogen, von etwa vorhandenen Überzugsstoffen durch
Abwaschen befreit und auf Kornraden- und Taumellolchsamen sowie
auf Mutterkorn geprüft, wobei in Zweifelsfällen Vergleichsproben zu benutzen oder eine mikroskopische Prüfung vorzunehmen ist.

Bei gemahlenen Kaffeeersatzstoffen aus Getreide oder Malz ist
gelegentlich der mikroskopischen Untersuchung auf das Vorhandensein
von Verunreinigungen Rücksicht zu nehmen.

Mikroskopische Untersuchung[2]).

Durch das Rösten der zur Herstellung der Kaffeeersatzstoffe dienenden Pflanzenteile wird deren morphologischer Bau meist nicht wesentlich
verändert. Die stark färbenden und daher die mikroskopischen Beobachtung störenden Röststoffe lassen sich in der Regel dadurch beseitigen, daß die Probe mit Wasser behandelt wird. Da die gepulverten
Kaffeeersatzstoffe meist eine genügende Menge feinster Bruchstückchen
enthalten, so ist in vielen Fällen eine weitere Behandlung der Probe
nicht nötig. Bisweilen ist jedoch eine Aufhellung erforderlich, wozu
Ammoniaklösung, Alkalilauge, Kalium- oder Natriumhypochloritlösung

---

[1]) Nach dem Entwurf zu Festsetzungen über Kaffeeersatzstoffe.
[2]) Siehe auch Beiträge zur mikroskopischen Untersuchung der Kaffeeersatzstoffe von C. Griebel; Zeitschr. f. U. N. 1917. 34, 185, Derselbe, Kaffee-
ersatz aus Weißdornfrüchten, ebenda 33. 65. Über verschiedene Kaffeeersatz-
mittel von E. Seel u. K. Hils, ebenda, 190.

oder Chloralhydratlösung dienen können. Die letztere eignet sich besonders für Sojabohnen und Erdnüsse. Handelt es sich bei Kaffeeersatzmischungen um die annähernde Schätzung des Mischungsverhältnisses, so ist ein Teil der sorgfältig durchmischten Probe im Porzellanmörser zu einem feinen Pulver zu zerreiben.

Die Untersuchung ist nach den Regeln der Mikroskopie vorzunehmen, wobei die nachstehenden Angaben über die auffallendsten Gewebselemente der wichtigsten zur Herstellung und zur Verfälschung von Kaffeeersatzstoffen dienenden Pflanzenteile und deren Verunreinigungen als Anhaltspunkte dienen können.

Zichorienwurzeln. Besonders augenfällig sind die Gefäße, deren Seitenwände mit quergestreckten Tüpfeln besetzt sind. Im Rindenteil finden sich reichlich enge, einen Durchmesser von 6 bis 10 μ aufweisende, netzartig verbundene Milchröhren.

Zuckerrüben. Das Parenchym besteht aus sehr großen Zellen. Besonders kennzeichnend sind die Gefäße mit grob netzartig verdickten Querwänden.

Möhren. Das Gewebe ist dem der Zuckerrübe sehr ähnlich, unterscheidet sich aber durch die kleineren Parenchymzellen und besonders durch die Anordnung der schmäleren Tüpfel der Gefäße.

Feigen. Der Feigenkaffee ist ausgezeichnet durch weite ungegliederte Milchröhren, deren Durchmesser bis 50 μ beträgt, durch Spiral- oder Ringgefäße, Oxalatdrusen und die aus der Fruchtschale der Nüßchen stammenden, sehr dickwandigen Sklerenchymzellen.

Getreide und Malz[1]). Die Spelzen der Gerste zeigen stark verkieselte, eigentümlich gestaltete, meist langgestreckte Epidermiszellen mit gewellten Seitenwänden. Das Hypoderm besteht aus dickwandigen getüpfelten Sklerenchymfasern, deren Länge bis zu 300 μ, deren Dicke bis zu 20 μ beträgt. Von Roggen und Weizen unterscheidet sich die Frucht der Gerste dadurch, daß die Haare ihrer Fruchtschale dünnwandiger sind und die Kleberschicht zwei- bis vierreihig ist. Die Stärke der Gerste ist der des Roggens und Weizens ähnlich, die Körner sind jedoch kleiner. Weizen und Roggen sind im anatomischen Bau sehr ähnlich. Die Epidermiszellen der Fruchtschale des Weizens sind meist langgestreckt und im Gegensatz zu denen des Roggens reihenweise angeordnet. Die perlschnurartigen Wände der Oberhautzellen sind beim Weizen dicker. Die Haare der Fruchtschale des Weizens unterscheiden sich von denen des Roggens durch die Dicke der Wandungen im Vergleich zum Durchmesser des Lumens. Die Querzellen besitzen beim Weizen derbe, getüpfelte Wände, beim Roggen sind nur die Längsseiten undeutlich getüpfelt. Die Schlauchzellen sind im Roggen kürzer und weniger zahlreich als im Weizen. Malz läßt sich von der zu seiner Herstellung verwendeten Getreideart mikroskopisch nur durch die zum Teil korrodierten Stärkekörner unterscheiden.

Lupinen sind frei von Stärke und haben 120 bis 170 μ lange Epidermiszellen der Samenschale von eigentümlicher Gestalt. Das Gewebe der Kotyledonen ist dickwandig.

Sojabohnen enthalten ebenfalls keine Stärke. Die Epidermiszellen der Samenschale unterscheiden sich von denen der Lupinen durch die geringere Länge (50 bis 60 μ) sowie durch die Gestalt.

Erdnüsse. Die Faserschicht der weniger zur Verwendung kommenden Fruchtschalen besteht aus Zellen, deren Wände stark verdickt sind und meist mit spitzen, zahnartigen Fortsätzen ineinandergreifen. Das Gewebe der Keimblätter enthält Aleuronkörner, Fett und kugelige Stärkekörner mit zentralem Kern.

Kichererbsen. Die Epidermis der Samenschale unterscheidet sich von der anderer Leguminosen durch die ungleiche Länge der Palisadenzellen (35 bis 125 μ) und deren weites Lumen (12 bis 20 μ); die zarten Seitenwände der Palisadenzellen sind fein gerunzelt.

---

[1]) Über Malzkaffee, Doepmann, Zeitschr. f. U. N. 1914. **27.** 453.

Eicheln. Das Gewebe der Keimblätter besteht im wesentlichen aus 30 bis 90 μ großen, dünnwandigen Zellen, in denen die beim Eichelkaffee aufgequollenen Stärkekörner gewöhnlich noch erkennbar sind. Infolge der Quellung der Stärkekörner, der Bräunung des Protoplasten und der Koagulierung der Eiweißhülle stellt der Zellinhalt des Eichelkaffees ein von einem bräunlichen Netz mit weißen Maschen umgebenes Gebilde dar.

Johannisbrot. Große, dünnwandige Parenchymzellen, die im gerösteten Zustande rötlichgelbe bis rotbraune Pigmentkörper enthalten. Mit verdünnter Kalilauge erwärmt, werden diese violett, bei vorsichtigem Erwärmen mit starker Kalilauge dunkelblau.

Dattelkerne. Stark verdickte, grob getüpfelte Endospermzellen. Die Dicke der doppelten Zellwände beträgt in der Regel 15 bis 30 μ.

Steinnüsse. Das Endosperm besteht aus äußerst dickwandigen, radial gestreckten Zellen. Die Dicke der doppelten Zellwände beträgt bis zu 50 μ und mehr.

Kaffeefruchtfleisch. Die Epidermis besteht aus polyedrischen, ziemlich dickwandigen Zellen. Die Hauptmasse bilden das aus großen, ziemlich dickwandigen, teilweise zusammengedrückten Parenchymzellen bestehende Fruchtfleisch und die Leitbündel mit dünnen Spiralgefäßen und oft mehr als 1 mm langen und bis 25 μ breiten, dickwandigen Sklerenchymfasern.

Kola. Das Gewebe der Keimblätter besteht aus zarten, Stärke enthaltenden Zellen.

Die Zahl der insbesondere während der Kriegsdauer zu Kaffeeersatzstoff verarbeiteten Vegetabilien ist durch vorstehende Angaben keineswegs erschöpft. Eine genaue Übersicht darüber bietet die Schrift von G. Beitter, 1918, Verlag von J. Hoffmann, Stuttgart, sowie auch der Vortrag von M. Klassert, Zeitschr. f. U. N. 1918. 35. 80.

Bestimmung des Zuckers.

Je nach der zu erwartenden Menge Zucker sind 5 bis 20 g des feingemahlenen Kaffeeersatzstoffes oder Kaffeezusatzstoffes zu verwenden, die, falls nennenswerte Mengen Fett vorhanden sind, zweckmäßig zunächst entfettet werden. Zu diesem Zweck wird die Masse in einem Becherglase mit etwa der doppelten Menge Petroläther gemischt, das Gemisch wiederholt umgeschüttelt, die Lösung nach etwa einer Viertelstunde abgegossen und diese Behandlung bei stark fetthaltigen Erzeugnissen ein- oder zweimal wiederholt. Die gegebenenfalls so vorbehandelte und wieder getrocknete Probe wird in einem mit Rückflußkühler versehenen Kölbchen eine halbe Stunde mit 100 ccm 75%igem Alkohol in leichtem Sieden erhalten. Die Lösung wird abfiltriert und der Rückstand noch zweimal mit je 50 ccm des Alkohols zehn Minuten lang auf die gleiche Weise behandelt. Die vereinigten Auszüge werden sodann nach der in den „Festsetzungen über Kaffee", S. 314, angegebenen Vorschrift weiterbehandelt.

Prüfung auf Mineralöle.

Aus 50 g der Probe werden durch einstündiges Behandeln im Soxhletschen Apparate mit Petroläther die darin löslichen Stoffe ausgezogen. Das Lösungsmittel wird verdunstet, der Rückstand mit alkoholischer Kalilauge verseift und nach dem Verdunsten des Alkohols das hinterbleibende Gemisch mit heißem Wasser aufgenommen. Bei Gegenwart von Mineralöl findet sich dieses in Tröpfchen auf der Oberfläche der Lösung oder als feine Emulsion. In Zweifelsfällen ist die Lösung mit etwa 10 ccm Petroläther auszuschütteln, die obere Schicht

zu filtrieren, und die Lösung in einem Glasschälchen zu verdunsten,
wobei etwa vorhandenes Mineralöl in reinem Zustand zurückbleibt.

Prüfung auf Glyzerin.

50 g der Probe werden mit 100 ccm Wasser aufgekocht. Die Lösung
wird abfiltriert und der Rückstand nochmals in der gleichen Weise behandelt. Nachdem die vereinigten Filtrate auf dem Wasserbade möglichst weit eingedampft sind, wird die dabei hinterbliebene sirupartige
Masse mit so viel entwässertem Natriumsulfat versetzt, daß sich beim
Verreiben des Gemisches eine möglichst trockene Masse bildet. Diese
wird mit etwa der doppelten Menge eines Äther-Alkohol-Gemisches,
das aus einem Raumteil Alkohol und anderthalb Raumteilen Äther
besteht, verrührt; das Lösungsmittel wird abgegossen und diese Behandlung noch zweimal wiederholt. Die vereinigten Auszüge werden
eingedampft. Der Rückstand wird eine Stunde im Dampftrockenschrank erhitzt und mit etwa der doppelten Menge gepulvertem Borax
zu einer gleichmäßigen Masse verrieben. Ein Teil hiervon wird mit
einer Platindrahtöse an den Rand einer Bunsenflamme gebracht, die
bei Gegenwart von Glyzerin eine Grünfärbung annimmt.

Falls die Menge des nach dem Eindunsten der äther-alkoholischen
Lösung hinterbleibenden Rückstandes erheblich ist, ist das Verreiben
mit Natriumsulfat und Ausziehen mit Äther-Alkohol zu wiederholen
und der Rückstand, wie angegeben, weiterzubehandeln.

Sonstige Bestimmungen.

Die Bestimmung des **Wassers**, der **Asche**, der **wasserlöslichen
Stoffe**, der in **Zucker überführbaren Kohlehydrate**, des **Fettes**,
der **Rohfaser**, der **Eiweißstoffe** und des **Koffeins** erfolgt nach den
in den „Festsetzungen über Kaffee" angegebenen Vorschriften.

Zur Bestimmung des **Sandes** (der in Salzsäure unlöslichen Aschenbestandteile) wird die Asche mit $10\,^0/_0$iger Salzsäure erwärmt, der ungelöste Rückstand auf ein kleines Filter gebracht, mit diesem verascht,
geglüht und gewogen.

Beurteilung [1]).

Gesetzliche Bestimmungen. Neben dem Nahrungsmittelgesetz
und der Verordnung gegen irreführende Bezeichnungen kommt noch die
kaiserliche Verordnung betr. das Verbot von Maschinen zur Herstellung
künstlicher Kaffeebohnen vom 1. Februar 1891 und das Farbengesetz
in Betracht.

a) Kaffee.

Begriffsbestimmung und Zusammensetzung. Die Kaffeebohnen
des Handels sind die von der Fruchtschale vollständig und der Samenschale (Silberhaut) größtenteils befreiten rohen oder gerösteten, ganzen
oder zerkleinerten Samen von Pflanzen der Gattung Koffea. Bohnenkaffee
ist gleichbedeutend mit Kaffee. Die Namen der Handelssorten richten sich

---

[1]) Vgl. auch die vom Kais. Gesundh.-Amte herausgegebene Schrift „Der
Kaffee", Verlag J. Springer, Berlin 1903.

nach den Ursprungsländern, nach der pflanzlichen Abstammung (Coffea arabica, Coffea liberica), nach der Stufe der Zubereitung (roher, gerösteter, gemahlener Kaffee). Perlkaffee stammt aus einsamig entwickelten Kaffeefrüchten; Bruchkaffee (Kaffeebruch) sind zerbrochene Kaffeebohnen; Kaffeemischungen und gleichsinnig bezeichnete Erzeugnisse sind Gemische verschiedener Kaffeesorten. Der Wassergehalt ungerösteter Handelsware beträgt 9—11%; der Koffeingehalt 1,0—1,75%; an Kohlehydraten sind Rohrzucker, Pentosane und andere Hemizellulosen enthalten, keine direkt reduzierenden Zuckerarten; der Fettgehalt 10—14%; der Aschegehalt etwa 5—6%; Kaffeegerbsäure (hauptsächlich Chlorogensäure) 4—8%; Eiweißstoffe (Legumin, Albumin) 10 bis 15%.

Beim Rösten des Kaffees bilden sich Essigsäure, Baldriansäure, Furfurol, Aceton, Resorcin, Ammoniak, Pyridinbasen usw. Der geröstete Kaffee hat folgende Zusammensetzung: Wasser 1,5—3,5, Rohfaser 20—30, Zucker 0—2, in Zucker überführbare Stoffe etwa 20, Fett 11—15, Eiweißstoffe 12—17, Koffein 1—1,5, Kaffeegerbsäure 4—7, Asche 4—5, in Wasser lösliche Stoffe 23—33%. Zur Erhaltung des Kaffeearomas werden Glasurmittel verwendet (kandierter, glasierter, karamelisierter Kaffee), über deren Zulässigkeit Näheres aus dem Nachfolgenden hervorgeht.

Schlußfolgerungen aus den Untersuchungsergebnissen. Die Herkunft des Kaffees läßt sich durch chemische oder mikroskopische Untersuchungsverfahren im allgemeinen nicht ermitteln. Einige Kaffeesorten weisen in Farbe und Gestalt ausgesprochene Kennzeichen auf. In einzelnen Fällen läßt sich auch ein Anhaltspunkt durch die Feststellung des Koffeingehaltes gewinnen.

Ein Wassergehalt des rohen Kaffees von mehr als 12% ist gewöhnlich durch feuchte Lagerung verursacht, kann aber auch ein Zeichen von absichtlicher Beschwerung oder von Havarie sein; im letzteren Falle beträgt der Gehalt der Asche an Chlor meist über 1% (bezogen auf die Asche), auch zeigt der Kaffee oft ein ungewöhnliches Aussehen.

Ein Wassergehalt des gerösteten Kaffees von mehr als 5% weist auf feuchte Lagerung oder auf Beschwerung durch Wasser oder flüssige Überzugmittel hin.

Werden in unzerkleinertem Kaffee mehr als 2% fremde Bestandteile gefunden, so ist ohne weiteres zu folgern, daß der Kaffee nicht soweit als technisch möglich gereinigt oder daß er mit fremden Bestandteilen vermischt ist; unter Umständen ist dieser Schluß auch schon bei einem geringeren Gehalt an fremden Bestandteilen zu ziehen.

Ein weniger als 23% betragender Gehalt des gerösteten Kaffees an wasserlöslichen Stoffen läßt namentlich dann, wenn gleichzeitig der Koffeingehalt geringer als 1,0% ist, darauf schließen, daß dem Kaffee Bestandteile, die seinen Genußwert bedingen, entzogen worden sind.

Eine ungewöhnlich hohe Aschenmenge des gerösteten Kaffees läßt eine Behandlung mit Alkalien, Kalkverbindungen oder Borax vermuten; das Ergebnis der Untersuchung der Asche kann näheren Aufschluß darüber geben.

Wenn sich bei der mikroskopischen Untersuchung des gemahlenen Kaffees in nennenswerter Menge Gewebsteile finden, die nicht den Kaffeebohnen eigentümlich sind, so ist in der Regel eine Verfälschung des Kaffees als erwiesen anzusehen. Aus dem mikroskopischen Befunde läßt sich auch folgern, ob es sich um einen Zusatz von Kaffeeersatzstoffen oder dgl., um mangelhafte Reinigung des Rohkaffees von fremden Bestandteilen (Kaffeekirschen od. dgl.) oder um Reste von Poliermitteln (Holzmehl od. dgl.) handelt.

Auf eine Verfälschung des gerösteten Kaffees mit Kaffeeersatzstoffen weisen ferner hin:

1. ein ungewöhnlich hoher Gehalt an wasserlöslichen Stoffen; die meisten Kaffeesorten enthalten 24—27%, einige Sorten, besonders Liberiakaffee, bis zu 33% wasserlösliche Stoffe; durch die Behandlung mit Überzugstoffen, namentlich Zucker, kann dieser Gehalt um einige Prozente erhöht sein;

2. ein ungewöhnlich niedriger Koffeingehalt;

3. ein Zuckergehalt, der 2%, und ein Gehalt an in Zucker überführbaren Kohlehydraten, der 20% übersteigt;

4. eine Aschenmenge von weniger als 3,9%; bei reinem geröstetem Kaffee von normalem Wassergehalt beträgt sie in der Regel mehr als 4,0%, bei den meisten Kaffeeersatzstoffen — mit Ausnahme von Zichorie — erheblich weniger;

5. eine Alkalität der Asche von weniger als 57 Milligramm-Äquivalenten auf 100 g Kaffee; bei reinem geröstetem Kaffee von normalem Wassergehalt beträgt diese Zahl in der Regel gegen 60, bei den meisten Kaffeeersatzstoffen erheblich weniger, bei solchen aus Getreide nur gegen 10;

6. ein Gesamtgehalt der Asche an Phosphatrest, der 0,70 g PO_4 auf 100 g Kaffee überschreitet; bei reinem geröstetem Kaffee liegt diese Zahl in der Regel zwischen 0,50 und 0,65, bei gerösteten Getreidearten und Lupinen zwischen 1,00 und 1,25 g.

7. ein Eisen- und Aluminiumgehalt, der bei der Bestimmung der Phosphate in der Asche mehr als 12% des Gesamtphosphatrestes bindet; bei reinem Kaffee liegt diese Zahl in der Regel zwischen 5 und 10%, bei Zichorien- und Feigenkaffee zwischen 25 und 50%;

8. das Vorhandensein einer nennenswerten Menge von Kieselsäure in der Asche; reiner Kaffee enthält solche nicht oder in einzelnen Fällen nur bis zu 0,5% (bezogen auf die Asche), während namentlich Zichorie, Feigenkaffee und geröstete Getreidearten erheblich mehr enthalten (E).

Grundsätze für die Beurteilung. Als gesundheitsschädlich gilt Kaffee, der mit gesundheitsschädlichen Stoffen gefärbt, mit arsenhaltigem Schellack überzogen oder mit Borax behandelt ist.

Als verdorben ist anzusehen: Kaffee, der infolge unzweckmäßiger Art der Ernte, der Erntebereitung oder der weiteren Behandlung, infolge Beschädigung durch See- oder Flußwasser („Havarie"), ungeeigneter Lagerung oder anderer Umstände in rohem oder geröstetem Zustande oder in dem daraus bereiteten Kaffeegetränk eine derart ungewöhnliche Beschaffenheit, insbesondere einen so fremdartigen oder widerwärtigen Geruch oder Geschmack aufweist, daß er zum Genusse ungeeignet ist; Kaffee, der verschimmelt oder sonst stark verunreinigt oder beim Rösten verkohlt ist; gerösteter Kaffee, der aus verdorbenem rohem Kaffee hergestellt ist.

Als verfälscht, nachgemacht oder irreführend bezeichnet sind anzusehen:

1. als Kaffee oder mit Namen von Kaffeesorten bezeichnete Erzeugnisse, die der Begriffsbestimmung für Kaffee nicht entsprechen (Kunstkaffee);

Der Begriffsbestimmung müssen auch solche Erzeugnisse entsprechen, die nicht ausdrücklich als Kaffee, sondern nur mit dem Namen einer Kaffeesorte, z. B. Menado, Mokka, Melange, bezeichnet sind.

2. mit einem Herkunftsnamen bezeichneter Kaffee, der nicht aus dem entsprechenden Erzeugungsgebiete stammt; mit Herkunftsnamen bezeichnete Kaffeemischungen, sofern die Bestandteile, die der Menge nach überwiegen und die Art bestimmen, nicht aus den entsprechenden Erzeugungsgebieten stammen;

Z. B. muß „Javakaffee" aus Java stammen; „Guatemalamischung" muß zu mehr als der Hälfte aus Guatemalakaffee bestehen und den diesem eigentümlichen Geruch und Geschmack hervortreten lassen.

3. Kaffee, der nicht soweit als technisch möglich von minderwertigen oder wertlosen Bestandteilen befreit worden ist, ausgenommen solcher Kaffee, der sich als „ungelesener" Kaffee noch im Großhandel befindet;

Z. B. Steinchen, Erd- und Holzstückchen, eingetrocknete Kaffeefrüchte, (Kaffeekirschen), Bohnen in der Pergamentschicht, Stiele, Schalen und fremde Samen. Nach dem Urteil des Oberlandesgericht Hamburg vom 7. Oktober 1912 sollen nicht mehr als 3 % Kaffeekirschen vorhanden sein; Auszüge 1917. 9. 495.

4. durch See- oder Flußwasser in seinem Genußwerte herabgesetzter („havarierter") Kaffee, auch in Mischung mit anderem Kaffee, sofern nicht die minderwertige Beschaffenheit aus der Bezeichnung des Kaffees hervorgeht;

5. roher Kaffee, dessen Wassergehalt 12 %, gerösteter Kaffee, dessen Wassergehalt 5 % übersteigt;

6. Kaffee, der unmittelbar oder mittelbar mit Wasser beschwert worden ist;

Eine mittelbare Beschwerung mit Wasser kann z. B. dadurch eintreten, daß Kaffee in feuchten Räumen gelagert wird. Das Waschen oder Befeuchten des Kaffees vor dem Rösten wird in der Regel nicht als Beschwerung anzusehen sein. Waschen und Quellenlassen im Wasser zum Zwecke der Beschwerung, sowie auch künstliche Fermentation (Quellen und Färben zur Herstellung sog. Fabrikmenado) ist unzulässig. S. auch Ziff. 8.

7. Kaffee, dem Holzmehl oder andere bei seiner Reinigung verwendete Stoffe in einer technisch vermeidbaren Menge anhaften;

8. künstlich, auch durch Anrösten (Appretieren), gefärbter Kaffee;

Bekannt gewordene Färbemittel: Berlinerblau, Indigo, Ultramarin, Ocker, Bleichromat, org. Farbstoffe, Kohle, Graphit, Talk u. a., z. T. miteinander gemischt.

9. Kaffee, dessen minderwertige Beschaffenheit durch Überzugstoffe verdeckt worden ist;

Die Verwendung von Überzugstoffen beim Rösten des Kaffees ist unter allen Umständen verboten, wenn sie zur Täuschung über Minderwertigkeit des Kaffees dienen kann.

10. Kaffee, der mit anderen Überzugstoffen als Rohr- oder Rübenzucker oder Schellack versehen worden ist;

Rohr- und Rübenzucker müssen für Genußzwecke tauglich sein. Andere
Zuckerarten sowie Zuckersirup oder -lösungen sind nicht zulässig. Der verwendete Schellack muß technisch rein und darf nicht gefärbt sein. Körnerlack oder andere Harze sowie Schellacklösungen sind nicht zulässig. Die zulässige Menge der Überzugstoffe ist durch die Ziffern 12 und 13 geregelt.

11. Kaffee, der mit Überzugstoffen versehen und nicht dementsprechend als „mit gebranntem Zucker überzogen" oder „mit Schellack
überzogen" bezeichnet ist;

Die Bezeichnung des mit Überzugstoffen versehenen Kaffees muß dem
Wortlaute nach, nicht nur dem Sinne nach, den angegebenen Bezeichnungen
entsprechen.

12. unter Verwendung von Zucker gerösteter Kaffee, bei dem mehr
als 7 Teile Zucker auf 100 Teile rohen Kaffee verwendet worden sind
oder der mehr als 3% abwaschbare Stoffe enthält;

13. mit Schellack überzogener Kaffee, bei dem mehr als 0,5 Teile
Schellack auf 100 Teile rohen Kaffee verwendet worden sind;

14. Kaffee, der mit Soda, Pottasche, Kalk, Zuckerkalk (Kalzium-
saccharat) oder Ammoniumsalzen behandelt worden ist;

15. Kaffee, dem Koffein durch besondere Behandlung entzogen
ist, sofern er nicht dementsprechend bezeichnet ist;

16. als „koffeinfrei" oder gleichsinnig bezeichneter Kaffee, der
mehr als 0,08% Koffein enthält;

17. als „koffeinarm" oder gleichsinnig bezeichneter Kaffee, der
mehr als 0,2% Koffein enthält;

18. Kaffee, dem andere Bestandteile als Koffein, die für den Genußwert des Kaffeegetränks von Bedeutung sind, durch besondere Behandlung entzogen sind;

Für den Genußwert des Kaffees sind in erster Linie die wasserlöslichen Stoffe von Bedeutung. Kaffee, der bereits mit Wasser ausgezogen
ist, ist daher als verfälscht anzusehen, ebenso auch koffeinarmer oder koffein-
freier Kaffee, dem bei der Koffeinentziehung andere wasserlösliche Stoffe in
nennenswerter Menge entzogen worden sind.

19. Mischungen von Kaffeebohnen mit künstlichen Kaffeebohnen
oder mit Lupinen oder mit Sojabohnen oder anderen Kaffeeersatzstoffen,
die in der Mischung mit Kaffebohnen verwechselbar sind;

(Z. B. Blatterbsen, gespaltene Erdnüsse, Kaffeeschalen, Kaffeesatz.)

20. andere als die unter Ziffer 19 genannten Mischungen von Kaffee
mit Kaffeeersatzstoffen oder Kaffeezusatzstoffen, sofern sie nicht ausdrücklich als „Kaffeeersatzmischung" bezeichnet sind und, falls sie unter
Hinweis auf den Gehalt an Kaffee in den Verkehr gebracht werden.
der Anteil der Gesamtmenge der fremden Stoffe in der Mischung nicht
zahlenmäßig angegeben ist;

Bezeichnungen wie Kaffeemischung, Berliner Mischung, Brühkaffee-
mischung u. a. für Mischungen von Kaffee mit Ersatzstoffen sind unzulässig,
wie aus zahlreichen gerichtlichen Urteilen hervorgeht. Das unter Ziffer 20 Gesagte
trifft auch auf Kaffeetabletten zu.

21. Kaffee, dem andere Stoffe als Kaffeeersatzstoffe oder Kaffeezusatzstoffe beigemischt sind;

(Z. B. Nährsalz, Hämatin, Milchzucker oder Zucker.)

22. mit Wortzusammensetzungen, die das Wort „Kaffee" enthalten,
bezeichnete kaffeeartige Erzeugnisse, die nicht ausschließlich aus Kaffee

bestehen, unbeschadet der Bezeichnungen „Zichorienkaffee", „Feigenkaffee", „Gerstenkaffee", „Roggenkaffee", „Kornkaffee", „Weizenkaffee", „Malzkaffee", „Eichelkaffee" sowie „Kaffeeersatz", „Kaffeezusatz", „Kaffeegewürz";

(Z. B. Phönixkaffee, Gesundheitskaffee.)

23. als „Kaffeeextrakt" oder „Kaffeeessenz" bezeichnete Erzeugnisse, die aus anderen Stoffen als Kaffee und Wasser bereitet sind, unbeschadet eines geringen Zusatzes von Zucker und von Milch, sofern diese Zusätze aus der Bezeichnung hervorgehen.

b) Ersatzstoffe.

Begriffsbestimmungen und Zusammensetzung. Kaffeeersatzstoffe sind Zubereitungen, die durch Rösten von Pflanzenteilen, auch unter Zusatz anderer Stoffe, hergestellt sind, mit heißem Wasser ein kaffeeähnliches Getränk liefern und bestimmt sind, als Ersatz des Kaffees oder als Zusatz zu ihm zu dienen.

Kaffeezusatzstoffe (Kaffeegewürze) sind Zubereitungen, die durch Rösten von Pflanzenteilen oder Pflanzenstoffen oder Zuckerarten oder Gemischen dieser Stoffe, auch unter Zusatz anderer Stoffe, hergestellt und bestimmt sind, als Zusatz zu Kaffee oder Kaffeeersatzstoffen zu dienen.

Als Rohstoffe kommen hauptsächlich in Betracht: Zuckerhaltige Wurzeln (z. B. Zichorien, Zuckerrüben, Möhren); zuckerreiche Früchte (z. B. Feigen, Johannisbrot); stärkereiche Früchte und Samen (z. B. Gerste, Roggen, Eicheln); gemälztes Getreide (z. B. Gerstenmalz, Roggenmalz); fettreiche Früchte (z. B. Erdnüsse, Sojabohnen); Zuckerarten.

Als Zusätze zu diesen Rohstoffen vor, bei oder nach dem Rösten finden unter anderem Anwendung: zucker-, gerbsäure- und koffeinhaltige Pflanzenauszüge, Kolanüsse, Speisefette und Speiseöle, Kochsalz und Alkalikarbonate, Wasser.

Im Handel werden zahlreiche Sorten von Kaffeeersatzstoffen und Kaffeezusatzstoffen unterschieden, die meist nach den Rohstoffen, den Herstellern oder mit Phantasienamen bezeichnet sind.

Kaffeeersatzstoffe müssen als Hauptbestandteil geröstete Pflanzenteile enthalten; bei Zubereitungen, die nur als Kaffeezusatzstoffe oder Kaffeegewürze in den Verkehr gebracht werden, können auch Pflanzensäfte oder -auszüge oder Zuckerarten den Grundstoff bilden.

Kaffeeersatzstoffe müssen für sich mit heißem Wasser ein kaffeeähnliches Getränk liefern, bei den nur als Zusatzstoffe bezeichneten Erzeugnissen ist dies nicht erforderlich. Kaffeeersatzstoffe werden daher im allgemeinen auch als Kaffeezusatzstoffe bezeichnet werden können, während das Umgekehrte häufig nicht der Fall ist.

Bei Zichorienkaffee ist nur der „Zusatz" von Zuckerrüben erlaubt, nicht ihre Beimengung in beliebiger Menge. Von einem „Zusatz" wird nicht mehr gesprochen werden können, wenn die Zuckerrüben mehr als ein Viertel der Gesamtmenge ausmachen (vgl. Ziffer 11 der Beurteilungsgrundsätze).

Kornkaffee ist gleichbedeutend mit Roggenkaffee, Kornmalz-kaffee mit Roggenmalzkaffee. Unter **Malzkaffee** schlechthin ist stets Gerstenmalzkaffee zu verstehen. Die Bezeichnung **Getreidekaffee** ist nicht vorgesehen und daher nach Ziffer 10 der Beurteilungsgrundsätze nicht zulässig. Malzkaffee, Roggenmalzkaffee usw. müssen im Unterschiede zu Gerstenkaffee, Roggenkaffee usw. aus **gemälzten** Früchten hergestellt sein. Ein bestimmter Keimungsgrad der Gerste usw. ist nicht vorge-schrieben, es muß jedoch „Malz" im gewöhnlichen Sinne vorliegen. Falls dem Malz ungemälztes Getreide beigemischt wird, fällt das Erzeugnis nicht mehr unter den Begriff „Malzkaffee". Die Bezeichnung „Malz-gerstenkaffee" für ein aus ungemälzter Malzgerste hergestelltes Erzeugnis wäre irreführend.

Unter „Keimen", von denen das Malz zu befreien ist, sind nur die aus dem Korn ausgetretenen Teile, also im allgemeinen nur die Würzel-chen, nicht die Blattkeime, zu verstehen.

Die chemische Zusammensetzung der bekannteren **Kaffeeersatzstoffe** ist in der Regel folgende:

Bezeichnung	Gehalt in Prozenten								
	Wasser	Rohfaser	Zucker	Sonstige Kohlen-hydrate	Fett	Eiweiß-stoffe	Asche	In Wasser lösliche Be-standteile	Be-merkungen
Zichorien-kaffee . . .	4–30	6–20	7–25	10–25 (Inulin)	1,5–3,5	6–10	3,5–8	50–80	rea-giert sauer
Malzkaffee .	1–10	10–12	3–10	30–40	1,5–2,5	10–17	1,3–2,8	35–60	
Roggenkaffee	1–10	etwa 8	etwa 4	50–55	etwa 3,5	etwa 12	2–3,5	35–55	
Feigenkaffee .	10–20	etwa 7	20–40	–	3–4,5	etwa 4	3,5–5,5	40–80	
Eichelkaffee .	5–15	3–6	2,6–4,2	etwa 60	3–4,2	etwa 6	2–3	23–50	
Geröstete Sojabohnen	etwa 5	etwa 5	–	etwa 35	etwa 20	30–40	etwa 5	etwa 50	
Geröstete Erdnüsse .	3–7	2–6	–	12–16	15–50	30–50	2–4,5	etwa 25	

Grundsätze für die Beurteilung. Als gesundheitsschädlich gelten Kaffeeersatzstoffe und Kaffeezusatzstoffe, die unter Verwendung solcher Pflanzenteile oder Stoffe hergestellt sind, deren Unschädlich-keit für den Menschen nicht feststeht oder die aus Getreide hergestellt sind, das nicht von giftigen[1] Samen, insbesondere Kornraden- und Taumellolchsamen und Mutterkorn, bis auf technisch nicht vermeidbare Spuren befreit worden ist.

[1] Diese Eigenschaft ist in jedem Falle durch den medizin. Sachverstän-digen besonders festzustellen. Durch Verpackung in bleireichen Metallfolien kann diese Eigenschaft auch hervorgerufen werden.

Als verdorben sind anzusehen Kaffeeersatzstoffe und Kaffeezusatzstoffe, die aus verdorbenen oder stark verunreinigten Rohstoffen
hergestellt, beim Rösten verkohlt sind, die verschimmelt oder sauer
geworden sind oder die als solche oder in dem daraus bereiteten Getränk
einen ekelerregenden Geruch oder Geschmack aufweisen, die Käfer,
Milben od. dgl. enthalten oder sonst stark verunreinigt sind (z. B. mit
Sand, siehe die nachfolgenden Grenzzahlen).

Als verfälscht, nachgemacht oder irreführend bezeichnet
sind anzusehen:

1. als Kaffeeersatzstoffe oder Kaffeezusatzstoffe in den Verkehr
gebrachte Erzeugnisse, die den Begriffsbestimmungen nicht entsprechen;

Den Begriffsbestimmungen für Kaffeeersatzstoffe oder Kaffeezusatzstoffe müssen die Erzeugnisse auch dann entsprechen. wenn sie nicht
ausdrücklich als solche bezeichnet, aber nach der Art, wie sie in den Verkehr
gebracht werden, offenbar als solche bestimmt sind.

2. Kaffeeersatzstoffe und Kaffeezusatzstoffe, die aus ungenügend
gereinigten Rohstoffen hergestellt sind;

3. als Kaffeeersatzstoffe oder Kaffeezusatzstoffe in den Verkehr
gebrachte Erzeugnisse, die ausgelaugte Zuckerrübenschnitzel, Steinnuß-
abfälle, ausgelaugten Kaffee (Kaffeesatz), Farbstoffe oder andere für
den Genuß des daraus bereiteten Getränks wertlose Stoffe enthalten;

4. als Kaffeeersatzstoffe oder Kaffeezusatzstoffe in den Verkehr
gebrachte Erzeugnisse, die unter Verwendung von Mineralölen, Glyzerin
oder Rückständen der Melasseentzuckerung hergestellt sind;

5. Kaffeeersatzstoffe, die mit anderen Überzugsstoffen als Rohrzucker, Rübenzucker, Zuckersirup, Invertzucker, Stärkezucker, Stärkesirup oder Schellack versehen sind;

Der verwendete Schellack muß technisch rein und darf nicht gefärbt
sein. Körnerlack oder andere Harze sind nicht zulässig.

6. Kaffeeersatzstoffe, die mehr Wasser enthalten, als einer handelsüblichen Ware entspricht; als handelsüblich ist anzusehen:

bei Zichorienkaffee ein Wassergehalt bis höchstens $30^0/_0$,

bei Feigenkaffee ein Wassergehalt bis höchstens $20^0/_0$,

bei Kaffeeersatzstoffen aus gemälztem oder ungemälztem Getreide
ein Wassergehalt bis höchstens $10^0/_0$;

7. aus Zichorien oder anderen Wurzelarten, Feigen oder anderen
zuckerreichen Früchten hergestellte Kaffeeersatzstoffe, die mehr als
$8^0/_0$ — bei Feigen mehr als $7^0/_0$, bei anderen zuckerreichen Früchten
mehr als $4^0/_0$ — Asche ergeben, oder die mehr als $2,5^0/_0$ — bei Feigen
und anderen zuckerreichen Früchten mehr als $1^0/_0$ — Sand (in Salzsäure
unlösliche Aschenbestandteile) enthalten;

8. Kaffeeersatzstoffe und Kaffeezusatzstoffe, auch in Mischung
mit Kaffee, die als Kaffee oder mit Namen von Kaffeesorten oder als
Kaffeemischung oder gleichsinnig bezeichnet sind;

Mischungen von Kaffeeersatzstoffen oder Kaffeezusatzstoffen dürfen
hiernach auch nicht als „Mokka", „Mokkamischung" oder „Melange" bezeichnet werden.

9. Kaffeeersatzmischungen, die Kaffee enthalten und unter Hinweis
auf den Gehalt an Kaffee in den Verkehr gebracht werden, sofern nicht

der Anteil der Gesamtmenge der übrigen Stoffe in der Mischung zahlenmäßig angegeben ist:

Gewisse Mischungen von Kaffeeersatzstoffen mit Kaffee sind in den „Festsetzungen über Kaffee" durch Ziffer 19 der Beurteilungsgrundsätze verboten, nämlich solche von Kaffeebohnen mit Sojabohnen oder anderen Kaffeeersatzstoffen, die in der Mischung mit Kaffeebohnen verwechselbar sind. Im übrigen sind Kaffeeersatzmischungen mit einem Gehalte an Kaffee ohne weiteres zulässig, wenn auf diesen Gehalt an Kaffee in keiner Weise hingewiesen wird. Geschieht dies aber, so muß auch gleichzeitig der Anteil der übrigen Stoffe in der Mischung seiner Gesamtmenge nach angegeben werden, z. B. „Kaffeemischung mit Javakaffee; enthält 70 % Kaffeeersatzstoffe".

10. mit Wortzusammensetzungen, die das Wort „Kaffee" enthalten, bezeichnete kaffeeartige Erzeugnisse, die nicht ausschließlich aus Kaffee bestehen, unbeschadet der Bezeichnungen „Zichorienkaffee", „Feigenkaffee", „Gerstenkaffee", „Roggenkaffee", „Kornkaffee", „Weizenkaffee", „Malzkaffee", „Eichelkaffee" sowie „Kaffeeersatz", „Kaffeezusatz", „Kaffeegewürz";

Die Beschränkung für das Wort „Kaffee" in Wortzusammensetzungen bezieht sich nur auf Erzeugnisse, die äußerlich oder nach der Art ihrer Bestimmung dem Kaffee ähnlich sind. Die zugelassenen Ausnahmen sind erschöpfend aufgeführt. Andere als die genannten Kaffeeersatzstoffe dürfen nicht mit Wortzusammensetzungen, die das Wort „Kaffee" enthalten, bezeichnet werden. Daher ist z. B. auch die Bezeichnung „Nährsalzkaffee" für Mischungen von Kaffeeersatzstoffen mit Salzen unzulässig.

11. nach einem bestimmten Rohstoff benannte Kaffeeersatzstoffe, die nicht ausschließlich aus diesem Rohstoff hergestellt sind, unbeschadet des Zusatzes von Zuckerrüben zu Zichorie bis zu einem Viertel des Gesamtgewichtes sowie geringer Mengen von Speisefetten, Speiseölen, Kochsalz, Alkalikarbonaten und der Verwendung der zulässigen Überzugstoffe.

„Malzkaffee" muß ausschließlich aus Malz, „Feigenkaffee" ausschließlich aus Feigen hergestellt sein, abgesehen von den oben genannten Überzug- und Hilfsstoffen. Kaffeeersatzstoffe, die nicht nach einem bestimmten Rohstoffe, sondern mit Phantasie- oder Firmennamen benannt sind, werden durch diese Bestimmung nicht getroffen.

12. als „Kaffeeextrakt" oder „Kaffeeessenz" bezeichnete Erzeugnisse, die aus anderen Stoffen als Kaffee und Wasser bereitet sind, unbeschadet eines geringen Zusatzes von Zucker und von Milch, sofern diese Zusätze aus der Bezeichnung hervorgehen.

XIV. Tee.

Sinnenprüfung auf Aussehen und Geruch, insbesondere auch auf Verunreinigungen, fremde Bestandteile sowie Schimmelpilzansätze. Zur Tassenprobe[1]) werden 2 g Tee mit 200 ccm siedendem, weichem Wasser übergossen und nach 3 Minuten langem Ziehen Farbe, Klarheit, Geruch und Geschmack festgestellt.

1. Chemische Untersuchung:

a) Asche[2]), Feuchtigkeit, Fett, Rohfaser nach den bekannten Methoden.

---

[1]) A. Besson, Mitt. d. Schweiz. Gesundh.-Amtes 1911. 2. 343; Zeitschr. f. U. N. 1912. 24. 477.

[2]) Die Asche ist wegen ihres Kali- und Natronreichtums nach dem Auslaugeverfahren zu bestimmen; sie ist in der Regel grün (Mangangehalt).

b) **Extrakt zur Unterscheidung von ausgezogenem und unausgezogenem Tee** (siehe Kaffee). Nach Bell bestimmt man das spezifische
Gewicht (bei 15⁰ C) des Aufgusses 1:10. Diese Methoden sind nicht
ganz zuverlässig.

Beythien, Bohrisch und Deiter[1]) haben daher folgende indirekte
Methode angegeben: Man kocht 5 g Tee mindestens 4 mal mit je 750 ccm
Wasser $^1/_4$ Stunde oder zieht 8—10 Stunden im Extraktionsapparat
aus. Darauf wägt man den unlöslichen Rückstand. Für Massenunter-
suchen empfehlen die genannten Autoren die sogenannte Säckchen-
methode.

c) **Tein**: Die Teinbestimmung wird nach den bei Kaffee für Koffein
angegebenen Methoden ausgeführt. Oft genügt die Feststellung der
Anwesenheit von größeren Mengen Teins überhaupt. Nach A. Nestler[2])
wird etwas Tee zwischen den Fingern verrieben und zwischen zwei Uhrgläsern, über einem Mikrobrenner auf Asbest oder Drahtnetz erhitzt.
Auf die Außenfläche des oberen Uhrglases bringt man einen Tropfen
Wasser; darunter setzen sich dann an der Innenseite feine Nadeln von
Tein ab. Teeauszug kann nach dem Eindampfen einiger Tropfen ebenso
behandelt werden.

d) **Gerbstoff** nach Eder[3]), nach Löwenthal, S. 503 oder nach
Tatlock und Thomson[4]).

e) **Prüfung auf künstliche Färbung**: Zum Auffärben von
Tee dienen Berlinerblau, Bleichromat, Caramel, Indigo, Kurkuma, Catechu,
Campecheholz, Graphit usw. Der Nachweis geschieht wie bei Kaffee.

Eder weist Catechu und Campecheholz folgendermaßen nach:

1 g Tee wird mit 100 ccm Wasser ausgekocht, mit Bleiazetat im
Überschuß und das Filtrat mit Silberlösung versetzt. Catechu zeigt
sich durch einen starken, gelbbraun flockigen Niederschlag an, reiner
Tee gibt nur eine geringe Trübung von braunem metallischem Silber.
Chromsaures Kali gibt mit Teedekokt von Tee, der mit Campecheholz
gefärbt ist, schwärzlichblaue Färbung.

f) **Ätherische Öle** siehe Abschnitt Gewürze.

2. Botanische und mikroskopische Untersuchung:

Die Vorbereitung erfolgt in der Weise, daß man einige Gramm
Tee mit warmem Wasser aufweicht und dann auf einer Glasscheibe die
Blätter ausbreitet.

Die Untersuchung erfolgt mit einer Lupe; für die genauere mikroskopische Untersuchung legt man die Blätter zuvor zwei Tage lang in
Chloralhydratlösung (3:1 Wasser).

Vergleiche mit reinen Teesorten hat man stets anzustellen. Nach
Schimper[5]) sind es „die Haare, die Steinzellen und die zahlreichen
kleinen Kalkoxalatdrusen, auf welche man bei der Untersuchung der
Teeblätter seine Aufmerksamkeit vor allem zu lenken hat. Wenn alle

---

[1]) Zeitschr. f. U. N. 1900. **3**. 145.
[2]) Zeitschr. f. U. N. 1901. **4**. 289; 1902. **5**. 476. 1903. **6**. 408.
[3]) Zeitschr. f. analyt. Chemie 1880. **19**. 106.
[4]) Analyst. 1910. **35**. 103; Zeitschr. f. U. N. 1911. **22**. 531.
[5]) Anleitung zur mikroskopischen Untersuchung der Nahrungs- und
Genußm. Jena. Vgl. auch die im Abschnitt Gewürze erwähnten Werke.

drei Merkmale, oder doch die Steinzellen und die Kalkoxalatdrusen
vorhanden sind, und die Blätter im übrigen mit Teeblättern übereinstimmen, so wird man mit Sicherheit auf Echtheit der Ware schließen
dürfen; findet man diese nie fehlenden Bestandteile des Teeblattes nicht,
so wird man ebenso sicher sein dürfen, daß man es mit einer Fälschung
zu tun hat". Als Fälschungsmittel werden Blätter von Weiden, Weiden-
röschen, des Schlehdornes, der Erdbeere, der Brombeere, von Rosen,
des Kirschbaumes, von Epilobium und Lithospermumarten usw. verwendet; die betreffenden Arten festzustellen, wird jedoch öfters nicht
möglich sein.

Beurteilung.

Gesetze wie bei Kaffee (mit Ausnahme des betr. künstlichen
Kaffee erlassenen).

Begriffsbestimmung. Tee ist die gerollte und getrocknete
Blattknospe oder das junge Blatt von Thea chinensis (Teestrauch). Man
unterscheidet nach der Art der Gewinnung grünen und schwarzen Tee.
Zur Herstellung wird der Tee noch einem Fermentierungsprozeß unterworfen. Je nach Herkunft und Behandlung (Sortierung) unterscheidet
man zahlreiche Sorten. Abfälle von der Herstellung des Tees, Teestaub
werden mit Klebemitteln zu Klümpchen geformt und minderen oder
schlecht gerollten Sorten beigemengt (Lie-tea, Lügentee, Breakfasttee);
in Backsteinform gepreßter Teestaub gibt Ziegel- und Backsteintee.
Verfälschungen und Unterschiebungen mit Blättern anderer Pflanzen
sind namentlich in Rußland beobachtet. Kaukasischer Tee sind die
Blätter von Vacciniumarten (Heidelbeerstrauch usw.), Bourbontee
die Blätter von einer Orchidee.

Zusammensetzung. Der Teingehalt beträgt etwa 1,3—4,5%,
und soll mindestens 1,0% betragen; ätherisches Öl 0,9—1,0%. Der
Gehalt an ätherischem Öl ist neben dem Koffein den Genußwert be-
stimmend.

Wasser etwa 8—12%. Asche 5—7% (nicht unter 3% und nicht
über 8%). Von der Asche sollen mindestens 50% in Wasser löslich sein.
Asche grün (Mangan). In Salzsäure Unlösliches nicht über 2%. Das
spezifische Gewicht des Aufgusses von unausgezogenem Tee beträgt
nach Bell im Mittel 1,0124, das des ausgezogenen Tees im Mittel 1,0036.

Wasserlösliche Stoffe mindestens 29% bei grünem, lufttrockenem
Tee, 24% bei schwarzem, lufttrockenem Tee. Nach A. Beythien beträgt der Extraktgehalt guter Sorten 30—40%. Gerbsäuregehalt mindestens 10% bei grünem, und 7,5% bei schwarzem Tee.

Verfälschungen usw.: Beimischungen überwiegender Mengen
von Stengel und Rippen, fremder Teeersatzmittel oder gebrauchter
Teeblätter, von Färbemitteln und Beschweren mit indifferenten Stoffen
(Ton, Gips usw.). Havarierter Tee ist verdorben. Gesundheitsschädlich
können Verpackungsmaterialien (Zinnfolie mit Blei) oder Farben (Bleichromat) sein.

Teeersatzmittel sind: Erdbeer-, Brombeerblätter und ähnliche.
Nach der Ersatzmittelverordnung (Richtlinien S. 858) dürfen Teeersatzmittel keine erheblichen Mengen gesundheitlich bedenklicher oder wert-

loser Pflanzenteile enthalten und ihre Bezeichnungen und Umhüllungen nicht den Anschein erwecken, daß sie aus echtem Tee bestehen.

Maté (Jesuitentee und Paraguaytee genannt), die Blätter von Ilex paraguayensis, enthält 0,8—1,2% Tein.

XV. Kakao und Kakaowaren [1]).

Pulverförmige Kakaoerzeugnisse sind vor der Untersuchung gut durchzumischen, feste Kakao- oder Schokolademasse ist fein zu schaben oder mit einem Reibeisen zu einem möglichst feinen Pulver zu zerreiben. Vor der chemischen Untersuchung findet eine Sinnenprüfung auf Aussehen, Geruch und Geschmack statt.

1. Bestimmung des Wassers. „5 g der fein gepulverten Probe werden mit 20 g ausgeglühtem Seesande (in einer mit Deckel versehenen Nickelschale) gemischt und bei 100—105° C getrocknet, bis keine Gewichtsabnahme mehr stattfindet (nicht über eine Dauer von 4 Stunden). Der Gewichtsverlust wird als Wasser in Rechnung gesetzt."

2. Bestimmung der Gesamtasche und ihrer wasserlöslichen Alkalität[2]). „5 g der Probe werden in einer ausgeglühten und gewogenen Platinschale durch eine mäßig starke Flamme verkohlt. Die Kohle wird mit heißem Wasser ausgelaugt, das Ganze durch ein möglichst aschefreies Filter oder ein solches von bekanntem Aschegehalt in ein kleines Becherglas filtriert und mit möglichst wenig Wasser nachgewaschen. Das Filter mit dem Rückstande wird alsdann in der Platinschale getrocknet und vollständig verascht, bis keine Kohle mehr sichtbar ist. Zu diesem Rückstande gibt man nach dem Erkalten der Schale das erste Filtrat hinzu, dampft auf dem Wasserbad unter Zusatz von kohlensäurehaltigem Wasser ein, setzt gegen Ende des Eindampfens nochmals mit Kohlensäure gesättigtes Wasser hinzu, dampft vollends zur Trockne, erhitzt bis zur Rotglut und wägt nach dem Erkalten. Die Asche wird alsdann mit 100 ccm heißem Wasser ausgezogen und in dem filtrierten Auszuge die Alkalität durch Titrieren mit $1/_{10}$ Normalsäure ermittelt."

3. Bestimmung der Phosphate in der Asche. „Etwa 20 g Kakaopulver, genau gewogen, werden in einer flachen Platinschale mit kleiner Flamme verkohlt. Der Rückstand wird wiederholt mit geringen Mengen heißen Wassers ausgezogen, der wäßrige Auszug durch ein kleines aschenarmes Filter filtriert und das Filter samt der Kohle in der Schale verascht. Darauf wird das Filtrat in die Schale zurückgebracht, zur Trockne verdampft und schwach geglüht.

Die Asche wird mit Wasser befeuchtet und mit einigen Tropfen 30%igem Wasserstoffsuperoxyd fein zerrieben. Nach vorsichtigem Zusatz von 10 ccm 25%iger Salzsäure wird die Masse auf dem Wasserbade zur Trockne verdampft, der Rückstand mit einigen Tropfen konzentrierter Salzsäure verrieben, mit

---

[1]) Die in Anführungszeichen stehenden Abschnitte sind der vom Reichsgesundheits-Amt ausgearbeiteten Anleitung zur chemischen Untersuchung von Kakaowaren entnommen.

Ausführungsbestimmungen zum Gesetze betr. Vergütung des Kakaozolls vom 22. April 1892. Zentralbl. f. d. Deutsche Reich. 1903. 429.

[2]) Analyse der Asche und Gesamtalkalität nach S. 33. Vgl. auch Hüppe, Untersuchungen über Kakao usw. Berlin 1905. Verlag von A. Hirschwald; Mansfeld, Österr. Chem.-Ztg. 1904. 7. 175; A. Fröhner und H. Lührig, Zeitschr. f. U. N. 1905. 9. 263; besonderes Verfahren für diese Bestimmung: K. Farnsteiner, Nachweis der Kakaoaufschließungsverfahren. Zeitschr. f. U. N. 1908. 16. 626.

heißem ausgekochtem Wasser aufgenommen und in eine kleine Porzellanschale filtriert, wobei Kieselsäure und Kohleteilchen auf dem Filter zurückbleiben. Das abgekühlte Filtrat wird nach Zugabe von 2 Tropfen Methylorange-lösung (0,1 g in 100 ccm Wasser gelöst) mit $^1/_4$ normaler Alkalilauge fast bis zum Umschlag des Methylorange versetzt. Nach 5 Minuten langem Erwärmen auf dem Wasserbade wird der Lösung in der Kälte erforderlichenfalls noch soviel $^1/_{10}$ normale Alkalilauge zugegeben, daß sie nur noch schwach sauer gegen Methylorange bleibt. Von dem aus Eisen- und gegebenenfalls Aluminium-phosphat bestehenden Niederschlage wird die Lösung in einen Meßkolben von 100 ccm Inhalt abfiltriert, das Filterchen mit wenig heißem Wasser nach-gewaschen und das Filtrat bei 15° bis zur Marke aufgefüllt.

a) Bestimmung der löslichen Phosphate. 10 ccm des die löslichen Phosphate enthaltenden Filtrats — entsprechend $^1/_{10}$ der Gesamtmenge — wer-den mit 30 ccm einer neutralen 40%igen Kalziumchloridlösung[1]) versetzt und nach Zugabe von einigen Tropfen Phenolphthaleinlösung (1 g in 100 ccm 60%igem Weingeist gelöst) bei 14 bis 15° mit $^1/_{10}$ normaler Alkalilauge bis zur Rötung des Phenolphthaleins titriert. Nach zweistündigem Stehen der Lösung in Wasser von 15° wird die etwa inzwischen entfärbte Lösung nachtitriert. 1 ccm $^1/_{10}$ normale Alkalilauge entspricht unter diesen Umständen 4,75 mg PO_4 in der angewandten oder 47,5 mg PO_4 in der gesamten Lösung.

b) Bestimmung der unlöslichen Phosphate ($FePO_4$ und $AlPO_4$). 30 ccm Trinatriumzitratlösung[2]) werden etwa 5 Minuten in Eiswasser gekühlt und nach Zugabe eines Tropfens Phenolphthaleinlösung in Eiswasser mit $^1/_{10}$ normaler Salzsäure bzw. $^1/_{10}$ normaler Alkalilauge so eingestellt, daß die Lösung farblos ist, aber durch 1 Tropfen $^1/_{10}$ normale Alkalilauge gerötet würde. In diese Lösung bringt man das Filter mit den unlöslichen Phosphaten und erhitzt das mit einem Stopfen verschlossene Kölbchen 20 Minuten auf dem siedenden Wasserbade. Nach halbstündigem Kühlen in Eiswasser titriert man die Lösung im Eiswasser mit $^1/_{10}$ normaler Alkalilauge bis zur beginnenden Rötung. 1 ccm $^1/_{10}$ normale Alkalilauge entspricht unter diesen Umständen 9,5 mg PO_4.

c) Berechnung. Die gefundenen Mengen löslicher Phosphate und un-löslicher Phosphate werden je auf 100 g Kakaopulver umgerechnet; ihre Summe ergibt die Gesamtmenge Phosphatrest (PO_4) in der Asche von 100 g. Der Anteil von PO_4, der in Form unlöslicher Phosphate gefunden worden ist, wird in Pro-zenten des Gesamtphosphatrestes ausgedrückt.

4. Bestimmung von Zucker und Ermittlung der Menge an Kakao-masse, besonders in Schokoladen.

a) „Saccharose und Stärkezucker nach Anlage E der Zucker-steuer-Ausführungsbestimmungen (S. 759)."

b) Invertzucker, Glukose und Saccharose auf dem S. 42 angegebenen und üblichen gewichtsanalytischen Wege zu bestimmen, dürfte keine weiteren Schwierigkeiten haben, nachdem man die Substanz zuvor entfettet und den Zucker mit Alkohol ausgezogen und gegebenen Falles invertiert hat. Gefärbte Lösungen sind zuvor mit Bleiessig zu klären. Da die zur Reduktion mit Fehlingscher Lösung zu verwendende Zuckerlösung nicht mehr als 1%ig sein darf, so ist zuvor die alkoholische Zuckerlösung einzudampfen, der Rückstand zu wägen und in einer ent-sprechenden Menge Wassers zu lösen.

---

[1]) Zur Herstellung der Lösung wird 1 kg kristallisiertes Chlorkalzium ($CaCl_2 . 6 H_2O$) in 250 ccm ausgekochtem Wasser gelöst. Die Lösung ist brauch-bar, wenn 20 ccm mit 10 ccm ausgekochtem Wasser verdünnt und mit einem Tropfen Phenolphthaleinlösung versetzt, farblos sind, aber durch 1 Tropfen $^1/_{10}$ n-Alkalilauge dauernd gerötet werden.

[2]) Zur Herstellung der Lösung werden 200 g Trinatriumzitrat in 300 ccm ausgekochtem Wasser gelöst. Die Lösung wird zweckmäßig im Eisschrank aufbewahrt.

c) Saccharose durch Polarisation nach R.. Woy[3]).

Das halbe Normalgewicht geraspelter Schokolade, 13 g (für den Apparat von Soleil-Ventzke-Scheibler oder den Halbschattenapparat von Schmidt und Hänsch oder bei Benützung eines anderen Apparates das diesem entsprechende Halbnormalgewicht, vgl. S. 45) wird in je einem 100 ccm-Kölbchen und einem 200 ccm-Kölbchen mit Alkohol befeuchtet, mit heißem Wasser (bei stärkehaltiger Schokolade nicht über 50°C) übergossen, kräftig geschüttelt und 4 ccm Bleiessig zugefügt. Nach dem Abkühlen wird zu den Marken aufgefüllt, geschüttelt und filtriert. Die Filtrate polarisiert man im 200 mm-Rohr.

Berechnung:

a = Polarisation des Filtrates aus dem 100 ccm-Kölbchen.

b = Polarisation des Filtrates aus dem 200 ccm-Kölbchen.

x = Volumen des unlöslichen Teils + Bleiessigniederschlag (x ist selbstverständlich für beide Kölbchen gleich).

Die im halben Normalgewicht enthaltene Zuckermenge ist im 100 ccm-Kölbchen gelöst in (100—x) ccm, im 200 ccm-Kölbchen in (200—x) ccm. Zu vollen 100 ccm gelöst würde erstere $\dfrac{a\,(100-x)}{100}$ und letztere ebenfalls zu vollen 100 ccm gebracht $\dfrac{b\,(200-x)}{100}$ polarisieren. Beide Polarisationen müssen dann gleich sein, also: a (100—x) = b (200—x). Beispiel: Es sei Polarisation im Soleil-Ventzke im 100-Kölbchen 26,9° und im 200-Kölbchen 13,0°. Aus 26,9 (100—x) = 13,0 (200—x) ergibt sich 2690—26,9 x = 2600 — 13 x oder 90 = 13,9 x oder x = 6,47 ccm als Volumen des im Wasser unlöslichen Teils des halben Normalgewichtes. Also hat man 100—6,47 = 93,53 ccm und diese polarisieren

$$\frac{93,53 \times 26,9}{100} = 25,16°,$$

die Schokolade enthielt 25,16 mal 2 = somit 50,32 % Zucker.

Nach Grünhut verfährt man genau so, wie bei der Bestimmung des Rohrzuckers in Milchschokoladen. Man hat aber nur P_1 und P_2 zu ermitteln.

$$R\ (\text{Rohrzucker}) = \frac{2{,}167\ P_1 P_2}{(P_2 - P_1)}\ (\text{giltig für Ventzkegrade}); \text{ mittels}$$

des Umrechnungsfaktors 0,347 ergibt sich für Kreisgrade $R = \dfrac{6{,}244\ P_1 P_2}{(P_2 - P_1)}.$

Ermittelung von Rohrzucker neben Milchzucker in Milchschokoladen s. Ziffer 12g.

d) Die Menge an Kakaomasse ergibt sich nach Abzug des Zuckers von 100. (Siehe aber auch Beurteilung des Stickstoffgehaltes der fett-freien Trockenmasse, S. 345).

---

[3]) Zeitschr. f. öffentl. Chem. 1898. 224.

5. Bestimmung und Prüfung des Fettes[1]) (Ätherextraktes).

a) „5—10 g der wasserfreien Probe werden mit der vierfachen Menge Seesand innig verrieben, in eine doppelte Hülse von Filtrierpapier gebracht und im Soxhletschen Extraktionsapparate bis zur Erschöpfung, mindestens 10—12 Stunden[2]) lang mit Äther[3]) ausgezogen. Sodann wird der Äther abdestilliert, der Rückstand eine Stunde im Wasserdampftrockenschranke getrocknet und nach dem Erkalten gewogen."

b) Nach W. Lange[4]). Zur Entfettung dient ein etwa 250 ccm fassendes weithalsiges Kölbchen, durch dessen Gummistopfen ein kurzes, zweckmäßig unten verengtes und hakenförmig aufgebogenes Saugrohr sowie ein Filterrohr von 3,5 bis 4 cm oberem Durchmesser eingeführt sind. Der etwa 8 cm lange erweiterte Teil des Filtrierrohrs trägt unten eine (am besten eingeschliffene) Filterplatte aus Porzellan mit $^3/_4$ bis 1 mm weiten Öffnungen. Durch Eingießen einer Aufschwemmung von gereinigtem Asbest und Absaugen wird die Filterplatte mit einer 3 bis 4 mm dicken Asbestschicht[5]) bedeckt und diese unter Anwendung der Luftpumpe gründlich mit Wasser durchgespült, sodann mit Alkohol und Äther getrocknet. Nachdem das Kölbchen gewogen ist, bringt man etwa 5 g Kakaopulver, genau gewogen, auf das Filter, ebnet die Masse mit einem Glasstab, übergießt sie mit 10 bis 15 ccm Äther, bedeckt das Filterrohr mit einem Uhrglas und wartet, bis die Fettlösung von der Filtrierplatte abzulaufen beginnt. Dann saugt man mit der Luftpumpe vorsichtig ab und wiederholt das Ausziehen mit je 7 bis 10 ccm Äther so lange, bis im ganzen etwa 100 ccm verbraucht sind. In der Masse entstehende Risse oder Öffnungen sind durch Aufrühren mit einem Glasstab zu beseitigen. Aus der in dem Kölbchen enthaltenen Fettlösung wird der Äther abdestilliert, der Rückstand im Dampftrockenschrank getrocknet und gewogen.

Zur näheren Prüfung des Fettes müssen größere Materialmengen in Arbeit genommen werden.

---

[1]) Hanus führt die Fettbestimmung nach der Gottlieb-Röseschen Methode (Milch) aus. Zeitschr. f. U. N. 1906. 11. 738. Kooper gestaltet das Gerbersche Zentrifugalverfahren zur Fettbestimmung in Kakao usw. aus; Zeitschr. f. U. N. 1915. 30. 453. Auf diese sowie auf mehrere andere Fettbestimmungsverfahren kann nicht eingegangen werden.

[2]) Nach K. Farnsteiner, Zeitschr. f. U. N. 1908. 16. 627 ist die Extraktion bei Kakaopulver meist früher (nach 3—4 Stunden) beendet. Wassergesättigter Äther und Chloroform ziehen verschiedene Nichtfettstoffe (Theobromin) wesentlich schneller als gewöhnlicher trockener Äther aus. Zur Beseitigung des mit dem Fett durch Äther Mitextrahierten schlägt Kooper (l. c.) vor, das bei 105° getrocknete Fett wieder mit Äther zu lösen, wonach Fremdbestandteile in Krusten zurückbleiben sollen.

[3]) Wauters empfiehlt Tetrachlorkohlenstoff als Extraktionsmittel. Zeitschr. f. U. N. 1902. 5. 84. (Ref.).

[4]) Arb. a. d. Reichsgesundh.-Amt 1915. 50. 149—157; in die amtl. erlassene Vorschrift zur Untersuchung von Kakaopulver auf einen unzulässigen Gehalt an Kakaoschalen übernommen; Zeitschr. f. U. N. (Ges. u. Verord.) 1916. 8. 722.

[5]) Der Asbest darf sein Gewicht nicht merklich verändern, wenn er nacheinander mit verdünnter Schwefelsäure und verdünnter Kalilauge gekocht und sodann ausgeglüht wird.

Die zur Identitätsbestimmung des Fettes bzw. zum Nachweis von fremden Fetten erforderlichen Methoden[1]) sind:

Als physikalische Vorproben die Arzneibuchprobe (D. A.-B. V.), die Björklundsche Ätherprobe und die Alkoholätherprobe nach Filsinger.

Von chemischen Verfahren kommen in Betracht:

a) Bestimmung des Brechungsvermögens.

b) Bestimmung des Schmelzpunktes.

Das mit dem Kakaofett gefüllte Schmelzpunktröhrchen soll mindestens 3 Tage lang bei etwa 10 liegen.

c) Bestimmung der Jodzahl.

d) Bestimmung der Verseifungszahl, der Reichert-Meißlschen und der Säurezahl.

Außerdem kommen e) die Polenske-Zahl und f) die Aussalzmethode von R. Cohn, Z. f. U. N. 1908. 16. 407 in Betracht.

g) Prüfung auf Anwesenheit von Sesamöl, Erdnußöl, Baumwollsamenöl usw.

Bei der Sesamölreaktion können leichte Rotfärbungen auch durch störende Nebenbestandteile entstehen.

Ausführung von a—e und g siehe Abschnitt „Allgemeine Untersuchungsmethoden der Fette" und die Tafel über die Konstanten, S. 656.

A. Grimme[2]) empfiehlt zur Auffindung schwierig feststellbarer Verfälschungen die Bestimmung der kritischen Lösungswärmegrade in Alkohol und Eisessig sowie die Bestimmung des Schmelzpunktes des in Ätheralkohol höchstschmelzenden Glyzerids und vor allem auf das Aussehen und den Erstarrungspunkt der Fettsäuren das Augenmerk zu richten.

6. Bestimmung der Stickstoffverbindungen.

1—2 g der Probe werden nach dem Verfahren von Kjehldal behandelt.

Der Theobrominstickstoff ist abzuziehen.

7. Nachweis eines Zusatzes von stärkemehlhaltigen Stoffen und Bestimmung des Stärkemehls.

Der Nachweis fremder Stärke im Kakao und in Schokolade ist zunächst auf mikroskopischem Wege auszuführen. Zur Bestimmung ihrer Menge werden 5—10 g der fein gepulverten Probe, welche durch Äther von Fett und durch Alkohol von 70 Vol.-Proz. von Zucker befreit ist, in einem bedeckten Fläschchen oder noch besser in einem bedeckten Zinnbecher von 150—200 ccm Raumgehalt mit 100 ccm Wasser gemengt und nach dem Druckverfahren weiter behandelt.

Bei Gegenwart größerer Mengen Mehl läßt sich nach Beythien und Hempel, Zeitschr. f. U. N. 1901. 4. 23 aus der Menge des Fettes und dessen Jodzahl der Mehlgehalt annähernd berechnen.

Bestimmung des Hafermehlgehalts im Kakao.

Siehe R. Peters, Pharm. Zentralh. 1901. 42. 819 u. 1902. 43. 324; Zeitschr. f. U. N. 1902. 5. 1168 u. 1903. 6. 468 sowie Beythien l. c.

---

[1]) P. Bohrisch und F. Kürschner, Pharm. Zentralh. 1914. 55. 191. unterziehen den praktischen Wert dieser Methoden einer eingehenden Beurteilung unter Angabe ihrer Ausführung.

[2]) Ebenda, 285.

8. Bestimmung der Rohfaser geschieht nach den S. 54 angegebenen Methoden; die besten Werte gibt die dort beschriebene Methode von J. König[1]). Siehe auch unter Nachweis eines Schalengehaltes, Ziffer 11.

9. Bestimmung von Theobromin, einschließlich Koffein (Xanthinbasen). _

Nach H. Beckurts und J. Fromme[2]): 6 g gepulverter Kakao oder 12 g gepulverte Schokolade werden mit 200 g einer Mischung von 197 g Wasser und 3 g verdünnter Schwefelsäure in einem tarierten (1 Liter) Kolben am Rückflußkühler $^1/_2$ Stunde lang gekocht. Hierauf fügt man weitere 400 g Wasser und 8 g damit verriebene Magnesia hinzu und kocht noch 1 Stunde. Nach dem Erkalten wird das verdunstete Wasser genau ergänzt. Man läßt darauf kurze Zeit absetzen und filtriert 500 g, entsprechend 5 g Kakao bzw. 10 g Schokolade, ab und verdunstet das Filtrat für sich oder in einer Schale, deren Boden mit Quarzsand belegt ist, zur Trockne.

Sofern das Filtrat ohne Quarzsand verdunstet wurde, wird der Rückstand mit einigen Tropfen Wasser verrieben, mit 10 ccm Wasser in einen Schüttelzylinder gebracht und 8 mal mit je 50 ccm heißem Chloroform ausgeschüttelt. Das Chloroform wird durch ein trockenes Filter in ein tariertes Kölbchen filtriert, das Filtrat durch Destillation von Chloroform befreit, der Rückstand (Theobromin und Koffein) bei 100° zur Gewichtsbeständigkeit getrocknet und gewogen. Man kann auch den Rückstand mit etwas Wasser in einem geeigneten Perforator auf Chloroform schichten und mit letzterem 6—10 Stunden perforieren. Ist das Filtrat mit Quarzsand eingedunstet, so kann man den fein verriebenen Rückstand in einem geeigneten Fettextraktionsapparat mit Chloroform bis zur Erschöpfung ausziehen. Die getrennte Bestimmung von Theobromin oder Koffein kommt praktisch wegen der geringen Koffeinmengen kaum in Betracht. Ausführung im übrigen nach den angegebenen Literaturhinweisen.

Auf die Methoden von Mulder, J. Decker[3]), Hilger und Eminger[4]), und A. Kreutz[5]) sei verwiesen.

Das Theobromin läßt sich auch nach der von Lendrich und Nottbohm für Koffein im Kaffee angegebenen Methode bestimmen, siehe S. 315.

10. Nachweis von Fettsparern und Befestigungsstoffen in Schokolade.

a) Dextrin nach der S. 44 angegebenen Inversionsmethode (quantitativ); qualitativ durch Vermischen von 10 ccm des wässerigen entfetteten Auszuges mit der 4 fachen Menge 96%igen Alkohols.

Näheres siehe P. Welmans, Zeitschr. f. öffentl. Chemie 1900. 6. 481.

b) Gelatine ergibt sich eventuell aus hohem Gesamtstickstoffgehalt. P. Onfroy[6]) verteilt 5 g Schokolade in 50 ccm siedendem Wasser und setzt 5 ccm einer 10%igen Bleizuckerlösung zu. Das Filtrat gibt

---

[1]) Vgl. auch W. Ludwig, Zeitschr. f. U. N. 1906. 12. 153; H. Matthes und F. Müller, 12. 159. Beiträge zur Kenntnis des Kakaos.
[2]) Apothek.-Ztg. 1903. 18. 593; 1904. 19. 85; Zeitschr. f. U. N. 1905. 9. 377; 1906. 12. 83.
[3]) Zeitschr. f. U. N. 1903. 6. 842.
[4]) Forschungsber. 1894. 1. 262; 1896. 3. 275.
[5]) Zeitschr. f. U. N. 1908. 16. 579.
[6]) Zeitschr. f. U. N. 1899. 2. 288. (Ref.)

bei Anwesenheit von Gelatine mit konzentrierter Pikrinsäurelösung einen gelben Niederschlag.

c) Tragant: Mikroskopisch durch Ermittelung der Anwesenheit von den in Tragant enthaltenen Stärkekörnern. P. Welmans[1]) und F. Filsinger[2]) haben besondere Vorbereitungsmethoden für die mikroskopische Untersuchung angegeben.

11. Nachweis von Kakaoschalen [3]).

Das Kakaopulver wird zunächst mikroskopisch geprüft.

a) Weist der mikroskopische Befund darauf hin, daß Schalenteile in unzulässiger Menge vorhanden sind, so ist noch die Bestimmung der Rohfaser nach dem unten angegebenen Verfahren auszuführen. Werden dabei mehr als 6,0 % Rohfaser, berechnet auf fettfreie Trockenmasse, gefunden, so ist anzunehmen, daß das Kakaopulver mehr als die technisch unvermeidbaren Mengen von Kakaoschalenteilen enthält.

b) Bleibt das Ergebnis der mikroskopischen Prüfung zweifelhaft, insbesondere auch deshalb, weil das Pulver zu fein ist, um die einzelnen Gewebselemente einwandfrei erkennen zu lassen, so ist noch die Bestimmung der Rohfaser und diejenige der Phosphate in der Asche nach den unten angegebenen Verfahren auszuführen. Werden dabei mehr als 6,0 % Rohfaser, berechnet auf fettfreie Trockenmasse, gefunden und übersteigt gleichzeitig der Gehalt an unlöslichen Phosphaten 4,0 % des Gesamt-Phosphatrestes, so ist anzunehmen, daß das Kakaopulver mehr als die technisch unvermeidbaren Mengen von Kakaoschalenteilen enthält.

c) Ergibt sich bei der mikroskopischen Prüfung mit Sicherheit, daß Schalenteile in unzulässiger Menge nicht vorhanden sind, so kann von weiteren Untersuchungen abgesehen werden.

1. Mikroskopische Prüfung. Eine Probe des entfetteten Kakaopulvers wird entweder mit konzentrierter Chloralhydratlösung oder nach dem Verfahren von Hanausek (Apotheker-Zeitung 1915. 590) oder nach dem Verfahren von B. Fischer (Jahresbericht des Chemischen Untersuchungsamtes der Stadt Breslau 1899/1900. 34 u. Zeitschr. f. U. N. 1903. 6. 844, vgl. auch Beythien und Pannwitz, Zeitschrift f. U. N. 1916. 31. 267) vorbehandelt und in einer größeren Reihe von Präparaten mikroskopisch geprüft. Hierbei ist besonders auf die den Kakaoschalen eigentümlichen Schleimzellen und Steinzellen (Sklereiden) zu achten. Ein reichliches Vorkommen dieser Zellen weist auf einen unzulässig hohen Gehalt an Kakaoschalen hin.

Verfahren von Hanausek zur Ermittelung der Schleimzellen.

Diese liegen unter der Epidermis der Samenschale in Parenchym eingebettet, sind durch enorme Größe — 150 μ in der Breite, tangential gemessen — ausgezeichnet, völlig von farblosem Schleim erfüllt und oft durch sehr zarte radiale Scheidewände gekammert. Von der Fläche gesehen, haben sie einen polygonalen, im Querschnitt einen breitelliptischen Umriß.

Die Bruchstücke dieser Schleimzellen sind nun in jedem mit Schalen versetzten Kakaopulver in einer der zugesetzten Schalenmenge proportionalen Anzahl enthalten.

Um sie deutlich zu erkennen, genügt es, von dem entfetteten Pulver ein Wasserpräparat anzufertigen, so daß es eine gleichmäßig dünne, also gewissermaßen einheitliche Schicht bildet, und es zu erwärmen, bis sich die erste kleine Blase zeigt. Blasenbildung ist tunlichst zu vermeiden.

---

[1]) Zeitschr. f. öffentl. Chem. 1900. 478.

[2]) Ebenda 1903. 9. 9.

[3]) Diese Anweisung ist vom Kais. Gesundh.-Amt ausgearbeitet, ihre Anwendung ist durch preuß. Minist.-Erl. v. 10. 8. 1916 verfügt worden, Zeitschr. f. U. N. (Ges. u. Verord.) 1916. 8. 722. K. Höpner, Zeitschr. f. U. N. 1919. 37. 26 macht Vorschläge zu einer Abänderung der Anweisung; an Stelle der Bestimmung der Phosphate setzt er die des Eisenoxyds und der säureunlöslichen Asche. Die sehr eingehend begründete und in Anlehnung an die amtliche Anweisung gemachten Vorschläge sind sehr beachtenswert.

Man sieht dann die Schleimzellenpartikel als farblose oder rötliche bzw. bräunliche, homogene, stark lichtbrechende Körper in dem von den übrigen Geweben (und deren Inhaltskörpern) etwas dunklen Gesichtsfelde. Meist bilden sie scharfkantige und unregelmäßig vierseitige Stücke, bei welchen zwei einander gegenüberliegende Seiten von einer Lage eines ganz undeutlichen dunkelgrauen Gewebes begrenzt sind. Mitunter treten sie auch derart auf, daß sie einen lichten, unregelmäßig polygonalen Hof um ein dunkles Gewebepartikel bilden. Oft ist die homogene Masse von feinen Streifen durchsetzt, den Resten der radialen Scheidewände.

Bei Auffindung von durchschnittlich mehr als 6 Schleimzellen in jedem Präparat kann auf einen Schalengehalt von etwa 5 % geschlossen werden.

Verfahren von B. Fischer zur Auffindung von Sklereiden.

5 g des entfetteten Kakaopulvers oder 8 g der entfetteten Schokolade werden mit 250 ccm Wasser unter Zusatz von 5 ccm 25 %iger Salzsäure 10 Minuten in einem Porzellankasserol gekocht. Man läßt absitzen, dekantiert die überstehende Flüssigkeit, kocht nochmals mit 250 ccm Wasser und dekantiert wiederum. Den Rückstand kocht man etwa 5 Minuten mit 100 ccm 5 %iger Natronlauge, verdünnt mit 200 ccm heißem Wasser, läßt absitzen und dekantiert von neuem. Der hiernach verbleibende Rückstand wird mit Natrium-hypochloritlösung (10 %ige Natronlauge in der Kälte mit Chlor gesättigt und dann mit dem gleichen Volumen 10 %iger Natronlauge versetzt) angeschüttelt, mit Wasser verdünnt und in ein Sedimentierglas gebracht. Nach dem Absitzen verteilt man den Rückstand in einer Petrischen Kulturschale und fertigt nunmehr Präparate zur mikroskopischen Untersuchung an. Unter Umständen kann man die Gewebselemente färben.

Findet man in jedem Präparate, ohne angestrengt suchen zu müssen, die charakteristischen Sklerenchymzellen der Kakaoschale, so sind Kakaoschalen in unzulässiger Menge vorhanden. Muß man erst sorgfältig ein Präparat durchmustern, um gelegentlich die Sklerenchymzellen zu finden, so ist die Anwesenheit von Schalen nur als zufällige und unvermeidliche Verunreinigung anzusehen.

2. Bestimmung der Rohfaser in der fettfreien Trockenmasse. a) Bestimmung des Wassers s. Ziffer 1. b) Bestimmung des Fettes s. Ziffer 5.

c) Bestimmung der Rohfaser. Der Rückstand von der Entfettung in dem Filterrohr wird nach völliger Verdunstung des Äthers zusammen mit dem verwendeten Asbest mit Wasser in einem Kolben von etwa 1 Liter Inhalt gespült, der mit einer das Volumen von 200 ccm bezeichnenden Marke versehen ist. Nach Zusatz von 50 ccm 5 %iger Schwefelsäure füllt man mit Wasser bis zur Marke auf und kocht bei aufgesetztem Kühlrohr genau 1 Stunde lang, von beginnendem Sieden an gerechnet. Hierauf wird die Masse sofort durch einen etwa 70 ccm fassenden Filtertiegel, in den eine dünne Schicht gereinigten Asbests gebracht ist, abgesaugt. Den mit heißem Wasser ausgewaschenen Rückstand spült man mit dem Asbest in den Kolben zurück, gibt 50 ccm 5 %iger Kalilauge und Wasser bis zur Marke hinzu, kocht wiederum genau eine Stunde, saugt durch ein neues Asbestfilter ab und wäscht mit heißem Wasser aus. Der Rückstand wird in der gleichen Weise je noch einmal mit der Schwefel-säure und der Kalilauge ausgekocht. Wenn hierbei wegen der Gegenwart des Asbestes die Flüssigkeit stoßweise siedet, so kann dem durch Zugabe einer kleinen Menge grob zerkleinertem gebrannten Ton abgeholfen werden. Nach dem letzten Auskochen wird der abgesaugte Rückstand gründlich mit heißem Wasser und sodann (nach Entfernung des Filtrats) mit Alkohol und Äther ausgewaschen, in eine Platinschale übergeführt, bei etwa 105° getrocknet und gewogen. Hierauf wird die Schale zur völligen Verbrennung der Rohfaser geglüht und wieder gewogen.

Der Unterschied der beiden Wägungen gibt die Menge der aschefreien Rohfaser an; diese wird unter Berücksichtigung des bei den Bestimmungen 1 und 5 gefundenen Wasser- und Fettgehalts auf 100 g fettfreie Trockenmasse umgerechnet.

3. Bestimmung der Phosphate in der Asche. S. Ziffer 2 und 3.

Die zahlreichen übrigen teils mechanischen teils chemischen Verfahren zum Nachweis von Schalen haben sich als minder geeignet für den praktischen

22*

Gebrauch und auch als weniger zuverlässig erwiesen. Bezüglich dieser Verfahren muß daher auf die Handbücher verwiesen werden.

12. Ermittelung von Milch und Rahm in Schokolade nach E. Baier und P. Neumann[1]).

α) Bestimmung des Kaseingehaltes: 20 g der fein zerriebenen Schokolade werden in eine Soxhletsche Extraktionshülse locker hineingegeben und 16 Stunden lang mit Äther extrahiert. Von dem extrahierten Rückstande werden nach dem Verdunsten des Äthers an der Luft 10 g zur Bestimmung des Kaseins verwendet. Diese werden hierzu in einem Mörser unter allmählichem Zusatz einer 1%igen Natriumoxalatlösung ohne Klumpenbildung gleichmäßig verrührt und in einen mit Marke versehenen 250 ccm-Kolben gespült, bis hierzu 200 ccm der Natriumoxalatlösung verbraucht sind. Alsdann wird der Kolben auf ein Asbestdrahtnetz gesetzt und mit einer Flamme, die das Drahtnetz berührt, unter öfterem Umrühren erhitzt, bis der Inhalt eben ins Kochen kommt. Die Öffnung des Kolbens wird während der Zeit mit einem unten zugeschmolzenen Trichterchen bedeckt. Hierauf füllt man nicht ganz bis zum Ansatz des Kolbenhalses siedend heiße Natriumoxalatlösung hinzu, läßt den Kolben anfangs unter öfterem Umschütteln bis zum anderen Tage stehen, füllt dann mit Natriumoxalatlösung bei 15° bis zur Marke auf, schüttelt ordentlich um und filtriert durch ein Faltenfilter. Zu 100 ccm des Filtrates werden 5 ccm einer 5%igen Uranazetatlösung und tropfenweise unter Umrühren so lange 30%ige Essigsäure hinzugegeben, bis der Niederschlag entsteht (etwa 30—120 Tropfen, je nach der vorhandenen Kaseinmenge). Es wird dann noch ein Überschuß von etwa 5 Tropfen Essigsäure hinzugefügt. Der Niederschlag trennt sich auf diese Weise sehr schnell von der völlig klaren, darüber stehenden Flüssigkeit; er wird durch Zentrifugieren von der Flüssigkeit getrennt und mit einer Lösung, die in 100 ccm 5 g Uranazetat und 3 ccm 30%ige Essigsäure enthält, so lange ausgewaschen, bis Natriumoxalat durch Kalziumchlorid nicht mehr nachweisbar ist (etwa nach dreimaligem Zentrifugieren). Alsdann wird der Inhalt der Röhrchen mittels der Waschflüssigkeit auf das Filterchen gespült, letzteres in einem Kjeldahl-Kolben mit konzentrierter Schwefelsäure und Kupferoxyd zerstört und der gefundene Stickstoff durch Multiplikation mit 6,37 auf Kasein umgerechnet. Unter Berücksichtigung des Fettes wird hierauf der Kaseingehalt auf ursprüngliche Schokolade prozentisch umgerechnet.

β) Bestimmung des Gesamtfettgehaltes der Schokolade nach den Angaben S. 335.

γ) Feststellung der Reichert-Meißl-Zahl des nach β gewonnenen wasserfreien Fettes.

Aus diesen drei Komponenten berechnet man mit Hilfe nachstehender Formeln die Menge des Milchfettes, die gesamte Milchtrockensubstanzmenge, das Verhältnis des Kaseins zu Milchfett, den Fettgehalt der ursprünglich verwendeten Milch bzw. des Rahms und die fettfreie Milchtrockenmasse in Milch- oder Rahmschokolade.

---

[1]) Zeitschr. f. U. N. 1909. 18. 13; vgl. auch O. Laxa, 1904. 7. 471.

a) Berechnung der Menge vorhandenen Milchfettes.

$$\text{Formel: } F = \frac{b\,(a-1)}{27}$$

F = gesuchte Milchfettmenge,
b = gefundener Gesamtfettgehalt,
a = mittlere Reichert-Meißlsche Zahl des Gesamtfettes.

b) Berechnung der übrigen Milchbestandteile (Gesamteiweißstoffe, Milchzucker[1]), Mineralstoffe) zum Zwecke der Feststellung der Gesamtmilchtrockensubstanzmenge (T)
Formel:

Gesamteiweißstoffe (E) = gefundenes Kasein × 1.111
Milchzucker (M) = gefundenes Kasein × 1.111 × 1,3
Mineralstoffe (A) = gefundenes Kasein × 1.111 × 0,21.

c) Berechnung der gesuchten Milchtrockensubstanzmenge (T)
Formel: T = F + E + M + A.
(Zeichenerklärung wie bei den Berechnungen a und b.)

d) Berechnung des Verhältnisses von Kasein zu Milchfett und des sich daraus ergebenden Quotienten (Q).

$$\text{Formel: } Q = \frac{\text{Gefundene Fettmenge}}{\text{Gefundene Kaseinmenge}}.$$

e) Berechnung des Fettgehaltes der ursprünglich verwendeten Milch oder des Rahmes. Diese geschieht durch Multiplikation des aus dem Verhältnis von Kasein zu Fett gewonnenen Quotienten mit dem Kaseingehalt (a) der betreffenden normalen Durchschnittsmilchpräparate (bei Milch 3,15, bei 10%igem Rahm 3,06 usw.).
Formel: X = Q × a
Q = Quotient der Formel d,
a = Faktor für Kasein (3,15 bzw. 3,06 usw.),
X = Fettgehalt der ursprünglichen Milch.

f) Berechnung der fettfreien Milch- bzw. Rahmtrockenmasse. Diese findet man in der üblichen Weise durch Subtraktion des Fettgehaltes von der Trockenmasse; sie ist = (T — F).

g) Bestimmung des Rohrzuckers und Milchzuckers in Milchschokoladen nach Grünhut[2]).
Man wägt 2 mal je 30 g fein geraspelte Milchschokolade ab und bringt eine Portion in einen 500 ccm Meßkolben, die andere in einen 250 ccm Meßkolben. Man feuchtet mit Alkohol an und gibt 200 ccm kochendes Wasser darüber. Nach Umschütteln und 1/4 stündigem Stehen wird auf 20° abgekühlt und in jeden Kolben 10 ccm Bleiessig gegeben. Darnach wird zur Marke aufgefüllt und nach dem Umschütteln durch ein Faltenfilter filtriert. Die Filtrate werden im 200 mm Rohr polarisiert. Die Polarisation des Filtrats aus dem 500 ccm Kolben sei P_1, die des Filtrats aus dem 250 ccm Kolben sei P_2. Von dem Filtrat aus dem 250 ccm Kolben werden 75 ccm in ein 100 ccm Kölbchen gegeben und 7,5 ccm Salzsäure 1,124 zugefügt. Nach Inversion (5 Minuten auf 67

---

[1]) Siehe auch die direkte Bestimmung des Milchzuckers, Ziffer g.
[2]) Persönl. Mitteilung.

bis 70°) und Abkühlung wird bei 20° aufgefüllt. Die Polarisation der Flüssigkeit im 200 mm Rohr wird mit J_2 bezeichnet.

Bei Ablesung von Kreisgraden ist der prozentische Rohrzuckergehalt R

$$R = \frac{1,576 \cdot P_1 \, (3 \, P_2 - 4 \, J_2)}{P_2 - P_1}$$

und der prozentische Milchzuckergehalt M

$$M = \frac{7,93 \cdot P_1 P_2}{P_2 - P_1} - 1,27 \, R.$$

Der auf diese Weise gefundene Wert für den Milchzuckergehalt dient als Kontrolle für jenen Wert, der sich aus der nach den Ziffern b und c ermittelten Trockensubstanz ergibt. Da dieser letztere Wert aus dem für Kasein gefundenen berechnet wird, so liegt in dieser Kontrolle des Milchzuckergehaltes zugleich auch die Kontrolle für die Richtigkeit der Kaseinbestimmung.

Stimmt der nach vorstehender Vorschrift gefundene Wert für Rohrzucker mit dem nach Ziffer 4c (Verfahren Grünhut) ermittelten überein, so enthält die Schokolade nur Rohrzucker, ist dieser zweite Wert kleiner als jener, so enthält die Schokolade noch andere rechtsdrehende Zuckerarten, also Milchzucker oder Stärkezucker.

Das Verfahren beruht auf derselben Grundlage wie das zur Untersuchung von kondensierter Milch (Zeitschr. f. analyt. Chem. 1900. 39. 19.). Die doppelte Verdünnung geschieht zwecks Ausschaltung des durch den Bleiessigniederschlag hervorgerufenen Fehlers. Das Vorzeichen von J_2, das meist negativ ist, ist zu berücksichtigen. Das Aufgießen von kochendem Wasser hebt die Multirotation des Milchzuckers auf. Die Untersuchungstemperatur sei auf 0,3° genau; die Ablesung bis 0,05 Kreisgrade.

h) Berechnung der Kakaomasse in Milch oder Rahmschokolade. Nach Abzug der Milchtrockensubstanz und des Rohrzuckers von 100 erhält man die Kakaomasse.

13. Künstliche Süßstoffe siehe diesen Abschnitt sowie Bier und Wein.

14. Teerfarbstoffe siehe Abschnitt Fruchtsäfte und Wein.

Sandelholz[1]) gibt folgende chemische Reaktionen: alkoholischer Auszug mit Na_2CO_3 = dunkelviolett, $FeSO_4$ = violett, SO_3 = kochenillerot, $ZnSO_4$ = rot, $SnCl_2$ = blutrot. Sandelholz wird namentlich Suppenmehlen und verfälschten Schokoladepulvern zugesetzt.

15. Mikroskopische Prüfung[2]).

Die Untersuchung von Kakaopulver (Schokolade usw.) wird an Wasser-, Chloralhydrat-, Natriumhypochlorit- und an Ammoniakpräparaten vorgenommen (siehe Gewürze, Kaffee und diesen Abschnitt S. 338). Vergleichspräparate aus zweifellos reinem Material sind stets heranzuziehen. Als Verfälschungsmittel werden hauptsächlich benutzt:

---

[1]) Vgl. auch Riechelmann und Leuscher, Zeitschr. f. öffentl. Chemie 1902. 203; Zeitschr. f. U. N. 1903. 6. 467.

[2]) Siehe die im Abschnitt Gewürze angeführten Handbücher.

a) Mehl (die gewöhnliche Verfälschungsart): Der Nachweis desselben bereitet kaum Schwierigkeiten, da die Stärkekörner von fast allen Mehlarten größer sind, als die der Kakaofrucht. Am ähnlichsten mit denen der letzteren ist Eichelmehl.

b) Mineralstoffe: Ziegelmehl, Ocker, Bolus usw. Ihr Nachweis ist zugleich Sache der chemischen Untersuchung.

c) Geriebene Hasel-, Erd-, Kokosnüsse und Mandeln. Man sucht am besten nach Fragmenten der Samenhaut.

d) Kakaoschalen (Samenschalen der Kakaobohne). Nachweis nach S. 338.

Geringe Mengen von Zimt und Vanille werden zum Würzen der Schokolade häufig verwendet; bei der mikroskopischen Untersuchung ist dies zu berücksichtigen. Vanille wird übrigens durch Vanillin, Peru-, Tolubalsam, Storax, Benzoe usw. ersetzt.

Anhang: Kola wird wie Kakao untersucht.

Beurteilung [1]).

Gesetzliche Bestimmungen. Das Nahrungsmittelgesetz und das Süßstoffgesetz sowie die Bekanntmachung über den Verkehr mit Kakaoschalen vom 19. August 1915 nebst Ergänzungsbekanntmachung vom 9. März 1917 (Kriegsverordnungen); außerdem sei auf die Ausführungsbestimmungen vom 25. Juni 1903 des Gesetzes betr. die Vergütung des Kakaozolls vom 22. April 1892 verwiesen:

§ 1. Für nachstehende Waren
a) Kakaomasse in Teig-, Pulver- und sonstiger Form;
b) Schokolade, die aus Kakaomasse und Zucker (Rüben- oder Rohrzucker) besteht und mindestens 40 % Kakaomasse enthält;
c) Kakaohaltige Zuckerwaren, einschließlich der nicht unter b fallenden Schokolade, die mindestens 60 % Kakaomasse und Zucker, darunter mindestens 10 % Kakaomasse enthalten;
d) Haferkakao, welcher mindestens $33^1/_3$ % Kakaomasse enthält, wird, wenn zu ihrer Herstellung im freien Verkehr Kakao verwendet worden ist, bei der Ausfuhr oder bei der Niederlegung in einer öffentlichen Niederlage oder in einem Privatlager unter amtlichem Mitverschluß der Zoll für den verwendeten Kakao nach Maßgabe der nachstehenden Bestimmungen vergütet.
(Die Kakaomasse steht im Sinne dieser Ausführungsbestimmungen der Kakaobutter gleich.)

§ 2. Die Kakaomasse muß ohne Beimischung von anderen Stoffen, insbesondere auch von Abfällen der Verarbeitung von Rohkakao (Staub, Grus, Schalen usw.) hergestellt sein.

Kakaopulver (Kakaomasse in Pulverform, mehr oder weniger entölt) darf bei der Herstellung zugesetzte Alkalien und medizinische Stoffe bis zu 3 % enthalten.

Bei Schokolade (§ 1 unter b) ist ein Zusatz von Gewürzen und medizinischen Stoffen bis zu 2 % gestattet.

1. Kakao.

Herkunft und Zusammensetzung der Rohprodukte und Fabrikate. Kakaobohnen sind die Samen des ursprünglich mexikanischen Kakaobaumes, Theobroma Kakao (Büttneriaceen); seine Kultur ist aber über mehrere Weltteile verbreitet; der Wassergehalt der entschälten und

---

[1]) Unter Verwendung der Beschlüsse des Vereins deutscher Nahrungsmittel Chemiker, Zeitschr. f. U. N. 1909. 18. 13.

gerösteten Bohnen beträgt 4—8%, der N-gehalt 13—16%, der Fettgehalt 47—52%, der Theobromingehalt 1,3—1,7%, der Stärkegehalt 7—12%, Asche 3—5%, wasserlösliche Asche 1,8—3,6%, Alkalität der letzteren (% K_2CO_3) 0,6—1,2%, Rohfaser 3—5,5%.

Kakaomasse ist das Produkt, welches lediglich durch Mahlen und Formen der gerösteten und enthülsten Kakaobohnen gewonnen wird. Kakaomasse darf keinerlei fremde Beimengungen enthalten. Kakaoschalen[1]) dürfen nur in Spuren vorhanden sein. Die beim Reinigen der Kakaobohnen sich ergebenden Abfälle dürfen weder der Kakaomasse zugefügt, noch für sich auf Kakaomasse verarbeitet werden.

Kakaomasse hinterläßt 2,5—5% Asche und enthält 52—58% Fett.

Umrechnung des Aschengehaltes von Kakao auf Kakaomasse mit 55% Fett:

$$W = \frac{w \cdot 45}{100 - f}$$

wo f = Fettgehalt
w = Asche
W = Asche auf Kakaomasse von 55%

Fettgehalt.

Aufgeschlossene Kakaomasse ist eine mit Alkalien, Karbonaten von Alkalien bzw. alkalischen Erden, Ammoniak oder dessen Salzen bzw. mit Dampfdruck behandelte Kakaomasse.

Kakaobutter ist das aus enthülsten Kakaobohnen oder aus Kakaomasse gewonnene Fett. Anforderungen an die Reinheit (s. Verfälschungen und Nachmachungen).

Kakaopulver, entölter Kakao, löslicher Kakao, aufgeschlossener Kakao sind gleichbedeutende Bezeichnungen für eine in Pulverform gebrachte Kakaomasse bzw. in Pulverform gebrachte, geröstete enthülste Kakaobohnen, nachdem diese durch Auspressen in der Wärme von dem ursprünglichen Gehalte an Fett teilweise befreit und in der Regel einer Behandlung mit Alkalien, Karbonaten von Alkalien bzw. alkalischen Erden, Ammoniak und dessen Salzen bzw. einem starken Dampfdruck ausgesetzt worden sind.

Unter 20% Fett enthaltende (sog. entölte) Kakaopulver[2]), sowie gewürzte (aromatisierte oder parfümierte) Kakaopulver müssen entsprechend gekennzeichnet sein. Betreffs Verfälschungen des Kakaofettes siehe unter Schokolade.

Kakaopulver usw. darf keine fremden Beimengungen enthalten. Kakaoschalen (-Keime) dürfen nur in Spuren (siehe Fußnote [1])) vorhanden sein. (Siehe im übrigen die Bekanntmachungen über den Verkehr

---

[1]) Unvermeidlich sind 1—2%. Siehe auch Huß, Zeitschr. f. U. N. 1911. 21. 94.

[2]) Nach A. Juckenack, Zeitschr. f. U. N. 1905. 10. 41, Hueppe (l. c.) u. a. verliert der Kakao mit der Steigerung des Fettentzuges an Aroma. Durch starkes Entfetten wird dem Kakao das Aroma z. T. entzogen. Die Würzung solchen Kakaos wird daher eine besondere Beschaffenheit vortäuschen. R. O. Neumann, Zeitschr. f. U. N. 1906. 12. 101, sowie Hueppe geben dem weniger stark entölten Kakao in physiologischer Beziehung den Vorzug vor dem stark (auf etwa 13% Fett) entölten Kakao. Ferner A. Beythien u. K. Frerichs, Zeitschr. f. U. N. 1908. 16. 679 u. a.

mit Kakaoschalen, S. 834). Die beim Reinigen der Kakaobohnen sich ergebenden Abfälle dürfen weder dem Kakaopulver zugefügt, noch für sich auf Kakaopulver verarbeitet werden. (Siehe Ziffer 11, über die Anforderungen an Rohfaser- und Schalengehalt).

Urt. des Ldg. I Berlin vom 7. April 1909; Auszüge 1912. 8. 636; des Ldg. Aachen u. des Reichsger. vom 11. Febr. 1916 bzw. 2. Mai 1916; Z. f. U. N. (Ges. u. Verord.) 1916. 8. 459.

Der Zusatz von Alkalien oder alkalischen Erden darf 3% des Rohmaterials nicht übersteigen.

Diese Nachprüfung setzt nach Beythien die Bestimmung der Menge der zugesetzten Mineralstoffe voraus. Eine Methode zur Ermittelung der Art und ungefähren Menge der zugesetzten Aufschließungsmittel hat Farnsteiner angegeben (s. S. 332 und Beythiens Handbuch, I. Aufl. 860).

Nur gepulverter Kakao und mit Ammoniak und dessen Salzen behandeltes oder starkem Dampfdruck ausgesetztes Kakaopulver hinterläßt, auf Kakaomasse mit einem Gehalte von 55% Fett umgerechnet, $3—5\%$ Asche (s. auch S. 344).

Mit Alkalien und mit alkalischen Erden aufgeschlossene Kakaopulver dürfen, auf Kakaomasse mit 55% Fett umgerechnet, nicht mehr als 8% Asche hinterlassen.

Der Gehalt an Wasser darf 9% nicht übersteigen. Zusätze von Farbstoffen, Zucker, Mehl usw. sowie völlige Nachmachungen kommen nur ganz vereinzelt vor. Siehe im übrigen bei Schokolade.

Der N-Substanzgehalt der fettfreien Trockenmasse ist bei Kakao $30—34\%$.

Kakaowürfel und -tabletten sind wie Kakaopulver zu beurteilen. Kakaowürfel mit Zucker oder mit Milch und Zucker sollen mindestens zur Hälfte aus Kakao bestehen. Haferkakao, Haferzuckerkakao und Bananenkakao muß dieselbe Mindestmenge Kakao enthalten. Nährkakao und ähnliche Bezeichnungen sollen in der Regel Zusätze von Milchzucker, Mehl, Stärke und dgl. decken, sind aber irreführend; unter Umständen kann Verfälschung oder Nachmachung angenommen werden. Vgl. auch die Urteile in Sachen Hämatogenkakao[1]). Verstümmelungen der Bezeichnung Kakao wie z. B. Kakaol, Kaol u. dgl. zum Zwecke der Beimischung von Streckungsmitteln dürften ebenso zu beurteilen sein.

2. Schokolade.

Begriffsbestimmung und Zusammensetzung. Schokolade ist eine Mischung von Kakaomasse mit Rüben- oder Rohrzucker neben einem entsprechenden Zusatze von Gewürzen (Vanille, Vanillin, Zimt, Nelken u. dgl.). Manche Schokoladen enthalten außerdem einen Zusatz von Kakaobutter.

Der Gehalt an Zucker in Schokolade darf nicht mehr als 68% betragen. Zusätze von Stoffen zu diätetischen und medizinischen Zwecken zu Schokolade sind zulässig, doch darf dann die Summe dieses Zusatzes und des Zuckers nicht mehr als 68% ausmachen.

Anforderungen an die Reinheit (Verfälschungen und Nachmachungen.)

---

[1]) Zeitschr. f. U. N. 1908. 15. 121.

Schokoladen, welche Mehl, Mandeln, Wal- oder Haselnüsse, sowie Milchstoffe enthalten, müssen mit einer diesen Zusatz anzeigenden, deutlich erkennbaren Bezeichnung versehen sein, doch darf auch dann die Summe dieses Zusatzes und des Zuckers ebenfalls nicht mehr als 68% betragen.

Der Gehalt an Asche darf 2,5% nicht übersteigen.

Außer dem Zusatze von Gewürzen dürfen der Schokolade andere pflanzliche Zusätze (also Mehl oder Stärkemehl von Kartoffeln, Bananen, Weizen, Reis, Mais usw.) nicht gemacht werden. Auch darf Schokolade kein fremdes Fett und keine fremden Mineralbestandteile enthalten. Kakaoschalen dürfen nur in Spuren vorhanden sein. Die beim Reinigen der Kakaobohnen sich ergebenden Abfälle dürfen weder der Schokolade zugesetzt[1]), noch für sich auf Schokolade verarbeitet werden.

Teerfarbstoffe, Sandelholz, Ocker und andere Färbemittel geben den Anschein wertvollerer Beschaffenheit und bilden somit eine Verfälschung; Ersatz des Kakaofettes durch fremde Fette[2]) (bekannt sind als solche: Kokosfett, Sesamöl, Margarine, Rindsfett, Paraffin, Dickafett, Illipefett[3]) u. a.), künstliche Mischungen mehrerer Fette oder mit Teilen derselben, auch sog. Fettsparer (vgl. S. 337) ist Verfälschung. Bezeichnungen[4]) wie Bruch-, Nähr-, Haushaltschokolade, Schokolanda u. a. entbinden nicht von den für Schokolade im allgemeinen getroffenen Verkehrsanschauungen. Siehe auch das bei „Kakao" darüber Gesagte.

Kuvertüre oder Überzugsmasse muß den an Schokolade gestellten Anforderungen genügen, auch wenn die damit überzogenen Waren Bezeichnungen tragen, in welchen die Worte Kakao oder Schokolade nicht vorkommen, jedoch dürfen diesen ohne Kennzeichnung Zusätze von Nüssen, Mandeln und Milchstoffen bis zu 5% gemacht werden.

Über Milch- oder Rahm- (Sahne-) Schokolade[5]) sind von der fr. Vereinigung Deutscher Nahrungsmittelchemiker mit dem Verbande Deutscher Schokoladefabrikanten folgende Grundsätze beschlossen worden.

1. Rahm- (Sahne), Milch- und Magermilchschokolade sind Erzeugnisse, welche unter Verwendung eines Zusatzes von Rahm (Sahne), Voll- bzw. Magermilch in natürlicher, eingedickter oder trockener Form hergestellt sind. Sie müssen als Rahm- (Sahne), Milch- bzw. Magermilch-Schokolade eindeutig bezeichnet werden.

2. Der Fettgehalt der Vollmilch soll mindestens 3%, derjenige von Rahm (Sahne) mindestens 10% betragen. Wird Vollmilch- oder Rahmzusatz in eingedickter oder trockener Form gemacht, so muß die Zusammensetzung solcher Zusätze diesen Anforderungen entsprechen. Da jedoch ein Rahmpulver mit 55% Fettgehalt zurzeit nicht hergestellt werden kann, so ist bis auf weiteres als Normalware von Rahmschokolade noch ein Erzeugnis anzusehen, das mindestens 5,5% Milchfett in Form von Rahm oder Rahm nebst Milch enthält

---

[1]) Abfallschokolade ist aber eine aus Schokoladeabfällen (-Resten) hergestellte Ware und darf nicht mehr Schalen als Schokolade enthalten.

[2]) Urt. d. Reichsger. v. 8. Okt. 1909, Z. f. U. N. (Gesetze u. Verordn.) 1911. 3. 226 (Kakaoabfallmasse).

[3]) Siehe F. Sachs, Chem. Rev. (Umschau), Fett- und Harzind. 1908. 15. 933; Zeitschr. f. U. N. 1909. 17. 556.

[4]) Urt. d. Landger. II, Berlin über Nähr-Eiweiß-Schokolade usw. v. 15. Mai 1916. Zeitschr. f. U. N. (Ges. u. Verord.) 1917. 9. 36.

[5]) Zeitschr. f. U. N. 1911. 22. 122.

3. Milch- und Magermilchschokolade sollen mindestens 12,5 % Milch-
bzw. Magermilchtrockenmasse, Rahmschokolade mindestens 10 % Rahmtrockenmasse enthalten.

4. Milch- oder Rahm-Bestandteile dürfen nur an Stelle von Zucker treten;
der Gehalt an Kakaomasse muß demjenigen der Schokolade entsprechen.

5. Butterschokolade soll mindestens 5,5 % Butterfett enthalten.

Nach den Entscheidungen des Landgerichts zu Potsdam vom
31. März 1909 bzw. preußischen Kammergerichts vom 12. Jan. 1909[1])
ist eine als Rahmschokolade bezeichnete, jedoch nur mit Milch hergestellte
Ware als Nachahmung anzusehen.

Nachmachungen von Schokolade selbst sind schon vereinzelt vorgekommen und an ihrer gänzlich abweichenden Zusammensetzung
erkannt worden; verbreiteter sind dagegen Nachmachungen von Scho ko-
ladenpulvern mit Mehl, Farbstoffen, Sandelholz, Kakaoschalen usw.
und auch als Vanillenpulver, Suppenmehl geführte Waren. Auch bei
den sog. „Suppenpulvern", deren Bezeichnung zwar auf Kakao nicht
hindeutet, die aber meistens den Anschein eines Kakaogehaltes haben,
ist Färbung, auch mit Sandelholz zu verwerfen. Schokoladenmehl muß
als gleichbedeutend mit Schokoladenpulvern angesehen werden. Letzteres
darf nicht mehr als 68 % Zucker enthalten.

Verdorbene bzw. gesundheitsschädliche Kakaowaren kommen
seltener bzw. kaum vor; zu lange oder in ungünstigen Räumen vorgenommene Aufbewahrung leistet dem Entstehen von Ranzigkeit,
Verpilzung, Insektenfraß usw. Vorschub. Havarierte Kakaobohnen
können verdorben sein.

Kola enthält etwa 2 % Koffein, 8,3 % N-Substanz, 0,5 % Fett,
43 % Stärke und 3,0 % Asche.

XVI. Tabak.

Tabakadern und -rippen sind vor der Untersuchung zu entfernen
bzw. deren Menge besonders festzustellen.

Die Untersuchung zerfällt in die Bestimmung von:

1. Wasser durch Trocknen im Exsikkator, **Stickstoff** (Gesamt-),
Rohfaser, Fett, Asche und **Aschebestandteile,** insbesondere **Chlor sowie
Sand** (s. S. 32) nach dem allgemeinen Untersuchungsgang.

2. Nikotin (nach R. Kießling)[2]):

Der nach Ziffer 1 getrocknete entrippte und zerschnittene Tabak
wird pulverisiert. 10 g dieses Pulvers werden hierauf mit ebensoviel
Bimsteinpulver gemischt und mit 10 ccm einer 5 %igen wäßrigen Natronlauge angerührt. Diese Masse wird im Extraktionsapparat mit Äther
2—3 Stunden extrahiert. Letzterer wird sodann größtenteils abdestilliert,
der Rückstand mit 50 ccm Natronlauge (4 g NaOH in 1000 g Wasser)
aufgenommen und diese Flüssigkeit mit Wasserdampf destilliert. Je
100 ccm Destillat (man destilliert etwa 500 ccm ab) werden dann gesondert aufgefangen; das Volumen betrage am Ende des Versuches

---

[1]) Z. f. U. N. (Ges. u. Verord.) 1911. 3. 231.
[2]) Vgl. auch Chem.-Ztg. 1904. 28. 775; Zeitschr. f. U. N. 1905. 10. 261.

25 ccm. Man titriert mit $^1/_{10}$ Normalschwefelsäure und Luteol als Indikator:

$$1 \text{ ccm} = 0,0162 \text{ g Nikotin.}$$

Bei Anwesenheit von Ammoniak gibt die Kellersche Methode, Zeitschr. f. U. N. 1899, 2. 523, bessere Werte. Bezüglich der Bestimmung durch Polarisation sei auf die Handbücher verwiesen.

3. **Ammoniak** nach den in den Vereinbarungen ångegebenen Methoden.

4. **Harz** n. Kießling (l. c).

5. **Zucker** wird im wässerigen Extrakt, der mit Bleiessig behandelt und dem das Blei im Filtrat mit Na_2HPO_4 entzogen ist, in üblicher Weise bestimmt.

Schnupftabake enthalten bisweilen infolge der Umhüllung mit Bleifolie größere Mengen von Blei.

6. Wegen der Bestimmung der **Gesamtsäure** und der **flüchtigen Säuren** siehe F. Toth, sowie namentlich Kißling; Chem.-Ztg. 1906. 80. 57; 1908. 32. 242; 1909. 33. 719.

7. **Mikroskopische Untersuchung.**

Zu Verfälschungszwecken werden folgende Blätter verwendet:

Ampfer-, Zichorien-, Huflattig-, Linden-, Kirsch-, Kartoffel-, Rosen-, Weichsel-, Runkelrübenblätter usw. Vergleichspräparate mit echten Tabaksblättern müssen angefertigt werden.

Auf Suxlands Versuche über die Tabaksfermentation kann hier nur verwiesen werden (siehe Zentralblatt für Bakteriologie, S. 723, Bd. XII und den bakteriologischen Teil).

Beurteilung.

Gesetzliche Bestimmungen: Das Nahrungsmittelgesetz (Tabak ist ein Genußmittel) und das Gesetz betr. blei- und zinkhaltige Gegenstände vom 25. Juni 1887. In Frage kommen bei Schnupf- und Kautabak Beimengungen von Verunreinigungen (Sand) und Beschwerungsmitteln (Mineralstoffen) und Blei durch bleihaltigen Staniol. Der Aschengehalt schwankt innerhalb erheblicher Grenzen (etwa 9—33 $^0/_0$). Betreff der übrigen Zusammensetzung sei auf die Handbücher verwiesen. Bei Zigarren und Rauchtabak bedeutet Ersatz des echten Tabaks durch Ersatzstoffe und minderwertige Teile der Tabakpflanze, z. B. der holzigen, nikotinfreien Tabakstrünke[1] Fälschung bzw. Nachmachung oder auch Betrug. Die Beurteilung der Güte erfolgt nach Aussehen, Geruch, Glimmdauer (Brennzahl[2]) usw.

Nach den Versuchen von Thoms (Ber. d. Deutsch. Pharm. Ges. 1900., 10..19) gehen in den Rauch über bzw. entstehen: Nikotin, Pyridin, ätherisches Öl, Kohlensäure, Buttersäure, Blausäure, Kohlenoxyd (geringe Mengen). Der Nikotingehalt ist verschieden und für die Wertschätzung nicht maßgebend. Siehe auch J. Toth, Chem.-Ztg. 1910. 34. 298; 1909. 33. 866. 1301.

---

[1] Urt. d. Reichsger. v. 4. Juni 1881.
[2] Siehe J. Toth, Zeitschr. f. angew. Chem. 1904. 17. 1818.

XVII. Branntweine und Liköre.

Die Untersuchung ist bezüglich Feststellung des Alkoholgehaltes, des Nachweises von Vergällungsmitteln, Branntweinschärfen, Methylalkohol bei beiden Spirituosensorten dieselbe. Bei den Likören usw. kommt dem Charakter der Produkte entsprechend die Bestimmung des Extraktes, der Mineralstoffe, der Alkalität, des Zuckers, Nachweis von Stärkesirup, Farbstoffen, Eibestandteilen, Prüfung auf Süßstoffe usw. in Betracht.

Die Erzeugnisse sind auf Geruch und Geschmack, Rum und Arrak usw. auch in Form von Grog zu prüfen.

1. Spezifisches Gewicht.

In bekannter Weise mit Pyknometern, Aräometern usw. Die pyknometrische Bestimmung wird, wie bei Wein angegeben, vorgenommen.

2. Alkohol.

Qualitativer Nachweis. Das zu prüfende Destillat

a) mit verdünnter Kalilauge versetzt, auf 56—60° erwärmt und dann mit einigen Tropfen einer verdünnten Lösung von Jod in Jodkalium versetzt, gibt Gelbfärbung bis zur Ausscheidung von Jodoform und dessen Geruch. (Aldehyd, Äther, Essigäther, Azeton und andere Stoffe geben diese Reaktion auch);

b) mit Kaliumbichromat und verdünnter Schwefelsäure erwärmt scheidet grünes Chromoxydsulfat ab. Andere Substanzen geben aber die Reaktion auch;

c) mit Benzoylchlorid und dann mit KOH bis zur alkalischen Reaktion versetzt und schwach erwärmt, ergibt Benzoesäureäthylestergeruch, der besonders charakteristisch ist.

Ebenso läßt sich Nitrobenzoylchlorid in Nitrobenzoesäureäther überführen (Geruch);

d) mit Essigsäure erwärmt entwickelt sich Essigäther (Geruch).

Quantitativ:

a) Mit geprüften Alkoholometern bei Branntweinen und alkoholischen Flüssigkeiten, die nur Alkohol und Wasser enthalten. Der Alkoholgehalt wird in Volumprozenten ermittelt bei genau 15° oder nach Feststellung eines anderen Wärmegrades aus der den Alkoholometern beigegebenen Reduktionstabelle[1]) abgelesen.

Gewichtsanalytisch mit dem Pyknometer oder mit Hilfe einer besonderen sog. Brennvorrichtung für Steuerzwecke vgl. S. 816.

b) Durch Destillation, wenn außer Alkohol und Wasser noch andere Stoffe in der alkoholischen Flüssigkeit enthalten sind[2]). (Siehe Alkoholbestimmung des Weines S. 395.) Der dem gefundenen spez. Gewicht entsprechende Alkoholgehalt wird der Tafel von K. Windisch, S. 664, entnommen. An Alkohol hochprozentige Branntweine verdünnt man vor der Destillation mit Wasser 1:1. Liköre, Essenzen usw., die viel ätherisches Öl enthalten, sind zuvor mit Kochsalz (siehe die Ausführungsbestimmungen zum Branntweinsteuergesetz, Anlage 2 zu § 16 der Alkohol-

---

[1]) Siehe die Anleitung der steueramtlichen Ermittelung des Alkoholgehaltes im Branntwein. J. Springer, Berlin.

[2]) Gegebenenfalls ist das Destillat noch qualitativ auf die Identität des Alkohols, ob außer Äthyl- auch Methylalkohol vorhanden, zu prüfen. Siehe Ziffer 2 a, sowie S. 358.

ermittlungsordnung; S. 817 oder mit Petroläther[1]) zu behandeln (siehe Anlage 21 der Alkoholbefreiungsordnung S. 819).

Zetsche[2]) verfährt nach folgendem Verfahren:

In einer 300 ccm fassenden Bürette mit Glasstöpsel werden 100 ccm der Probe mit Wasser auf 200 ccm verdünnt und mit 50 ccm Petroläther (oder Tetrachlorkohlenstoff) ausgeschüttelt. Nach Trennung der Schichten wird das Volumen der wäßrigen Schicht abgelesen und dann abgelassen. Man schüttelt dann den Petroläther mit 50 ccm Wasser, liest wieder das Volumen ab und läßt das Waschwasser zu der ersten Lösung fließen. ³/₄ der wäßrig-alkoholischen Mischung werden in derselben Bürette mit Kochsalz gesättigt und mit 25 ccm Petroläther ausgeschüttelt. Nach erfolgter Trennung der Schichten liest man das Volumen der wässerigen Lösung ab, läßt ²/₃ davon in einen Kolben fließen und destilliert 100 ccm ab.

c) Refraktometr. Alkoholbestimmung[3]) ist nur anwendbar, wenn außer Alkohol keine lichtbrechenden Substanzen (z. B. ätherische Öle oder Bukettstoffe) in den Destillaten enthalten sind.

3. Bestimmung des Fuselöls[4]) (der Nebenerzeugnisse der Gärung und Destillation). Nach der amtlichen Anweisung vom 1. Oktober 1900 (S. 820) bzw. nach der ursprünglichen Röseschen von Stutzer, Reitmaier, Sell modifizierten Methode[5]). Diese beruht im wesentlichen auf dem verschiedenen physikalischen Verhalten des fuselölhaltigen und des reinen Alkohols gegen Chloroform, welches die höheren Glieder der Alkohole der Methanreihe, nicht aber den Äthylalkohol bei wäßriger Lösung in größerer Menge aufzunehmen vermag.

Ausführung:

200 bei 15° C abgemessene Kubikzentimeter der zu untersuchenden alkoholischen Flüssigkeit destilliert man unter Zusatz von etwas Alkali zu ⅓ ab, mit dem Zweck, die Substanzen, welche auch von Chloroform aufgenommen würden, zu beseitigen. Das Destillat wird mit Wasser wieder auf 200 ccm von 15° C aufgefüllt, der Alkoholgehalt in bekannter Weise pyknometrisch ermittelt und dann diese 200 ccm mit Hilfe der Tafeln (S. 667 u. 671, so mit destilliertem Wasser verdünnt, daß 30 Volum%iger Alkohol entsteht mit dem spezifischen Gewicht von 0,9656 bei 15° C.

Man füllt nun in den völlig trockenen Röse-Herzfeld-Windischschen Apparat[6]), der in Wasser von 15° C gestanden hatte, mittels einer langen Trichterröhre auf 15° C temperiertes Chloroform bis zum Teilstrich 20, sodann 100 ccm des ebenfalls auf 15° C temperierten 30 Vol.-%igen Alkohols und 1 ccm Schwefelsäure (s = 1,2857) und schüttelt den mit einem Korkstopfen verschlossenen Apparat 150 mal kräftig durch. Man setzt dann den Apparat in ein Temperierbad (Kühlzylinder) von 15° C. Das Chloroform scheidet sich nun in großen Tropfen ab, die zu Boden sinken; durch Drehen des Apparates um seine Vertikalachse wird die Abscheidung des Chloroforms beschleunigt. Man liest die Steighöhe ab und entnimmt aus der nachstehenden Tafel den entsprechenden Fuselölgehalt. Die Ablesung gibt jedoch zunächst nur die „scheinbare" Steighöhe des Chloroforms an, da das Chloroform beim Schütteln mit verdünntem reinem Alkohol stets einen gewissen Prozentgehalt Alkohol aufnimmt, also sein Volumen vergrößert. Um nun die „absolute" Steighöhe zu erhalten, muß die

---

[1]) Hefelmann, Pharm. Zentralbl. 1896. 37. 683.
[2]) Pharm. Zentralbl. 1903. 44. 163; Zeitschr. f. U. N. 1904. 7. 567.
[3]) A. Frank-Kamenetzky, Zeitschr. f. öffentl. Chem. 1908. 10. 185 u. J. Race, Zeitschr. f. U. N. 1909. 17. 286.
[4]) Qualitativ, indem man 200 ccm eines auf 20 % verdünnten Alkohols mit 20 ccm Chloroform ausschüttelt; nach dem Verdunsten des letzteren soll kein Geruch nach Fuselöl nachweisbar sein (Uffelmann).
[5]) Arbeiten aus dem Kais. Gesundh.-Amt. 1888. 4. 109; Zeitschr. f. angew. Chem. 1890. 6. 522.
[6]) Ebenda 1889. 5. 391.

bei reinem Spiritus erhaltene Steighöhe von der bei der Untersuchung des Branntweines beobachteten Steighöhe des Chloroforms abgezogen werden. Für reinen 30 Vol.-%igen Alkohol ist eine absolute Steighöhe von 1,64 gefunden worden.

Tafel zur Ermittelung des Fuselölgehaltes.

Abgelesen ccm	Vol.-% Fuselöl	Abgelesen ccm	Vol.-% Fuselöl
21,64	0	21,98	0,2255
21,66	0,0133	22,00	0,2387
21,68	0,0265	22,02	0,2520
21,70	0,0398	22,04	0,2652
21,72	0,0530	22,06	0,2785
21,74	0,0663	22,08	0,2918
21,76	0,0796	22,10	0,3050
21,78	0,0928	22,12	0,3183
21,80	0,1061	22,14	0,3316
21,82	0,1194	22,16	0,3448
21,84	0,1326	22,18	0,3581
21,86	0,1459	22,20	0,3713
21,88	0,1591	22,22	0,3846
21,90	0,1724	22,24	0,3979
21,92	0,1857	22,26	0,4111
21,94	0,1989	22,28	0,4244
21,96	0,2122	—	—

Der nach der obigen Tafel entnommene Fuselölgehalt bedarf noch einer Umrechnung nach nachstehender Formel, da der untersuchte Branntwein nicht 30% (wie nachträglich eingestellt), sondern einen Alkoholgehalt von n Prozenten hatte.

$$x = \frac{f\,(100 + a)}{100}$$

x = ccm Fuselöl in 100 ccm des ursprünglichen Branntweins.
f = ccm Fuselöl, welche in dem 30%igen Alkohol (Branntwein) gefunden wurden.
a = Anzahl ccm Wasser bzw. Alkohol, welche zu 100 ccm Branntweindestillat zu dessen Verdünnung auf 30% zugesetzt werden mußten.

Auf die Methoden von Allen-Marquardt, Girard[1]), sowie E. Beckmann[2]) sei verwiesen. Komarowsky u. Roth (rasche kolorimetrische Bestimmung der höheren Alkohole), Zeitschr. f. U. N. 1904. 7. 568, siehe darüber auch H. Kreis, Chem.-Ztg. 1907. 31. 999 u. Th. Fellenberg, Mitteil. d. Schweiz. Gesundh.-Amt 1910. 1. 311; Zeitschr. f. U. N. 1911. 21. 495. 631 (Erkennung der Art der vorhandenen höheren Alkohole).

4. Bestimmung der Gesamtsäure (organischen und Mineralsäuren): mit $^1/_{10}$ Normal-Lauge unter Benutzung des Phenolphthaleins als Indikator. Bei gefärbten Likören ist auf violettes Lackmuspapier zu tüpfeln. Die gefundene Menge wird als Essigsäure ausgedrückt. 1 ccm = 0,006 $C_2H_4O_2$.

Über Nachweis und Trennung der gebundenen (esterifizierten) und flüchtigen Säuren (Fettsäuren) vgl. E. Sell, Arb. a. d. Kaiserl. Gesundheitsamt 1891 und 1892, sowie K. Windisch, Beiträge zur Kenntnis der Edelbranntweine, ebenda 18, 292 und Zeitschr. f. U. N. 1904. 8. 465. Ameisensäurenachweis siehe „Fruchtsäfte".

[1]) J. König, Die Untersuchung landwirtschaftlich und gewerblich wichtiger Stoffe. 1906. 682.
[2]) Zeitschr. f. U. N. 1899. 2. 709; 1901. 4. 1059; 1905. 10. 143.

5. Bestimmung von freien Mineralsäuren siehe Essig, S. 366.

6. Freie Blausäure qualitativ nach Neßler und Barth: 10 ccm werden mit 3 Tropfen einer $CuSO_4$-Lösung (1: 1000) und 1,5 ccm einer frisch bereiteten Guajaktinktur (0,1 g Guajakharz mit 50 ccm Alkohol gelöst und mit 50 ccm Wasser verdünnt) vermischt. Freie Blausäure gibt sich durch Blaufärbung zu erkennen.

Zum Nachweis der gebundenen HCN (ohne Anwesenheit freier HCN) macht man den Branntwein alkalisch, dann nach einigen Minuten mit Essigsäure schwach sauer und verfährt weiter wie beim Nachweis der freien Blausäure. Ist neben der freien HCN auch gebundene HCN vorhanden, so führt man die Reaktion mit und ohne vorhergehende Behandlung der gleichen Menge Branntwein mit Alkali aus und vergleicht die Stärke der Reaktion. Es empfiehlt sich, gegebenenfalls mit Wasser zu verdünnen, damit die Unterschiede besser hervortreten können.

Quantitativ: Freie Blausäure fällt man in mindestens 100 ccm Branntwein bzw. dessen Destillat mit überschüssiger $^1/_{50}$ N.-AgNO$_3$-Lösung, füllt zur Marke 300 auf und titriert in einem aliquoten Teil der abfiltrierten Lösung das überschüssige Silber mit $^1/_{50}$ N.-Rhodanammoniumlösung (Eisenalaun als Indikator) zurück. 1 ccm $^1/_{50}$ N.-AgNO$_3$-lösung = 0,541 mg HCN.

Gesamte HCN wird nach Amthor und Zink[1]) folgendermaßen bestimmt. Mindestens 100 ccm Branntwein bzw. sein Destillat (wenn Chloride anwesend sind) werden mit NH_3 stark alkalisch gemacht, mit $^1/_{50}$N.-AgNO$_3$-Lösung versetzt und sofort mit Salpetersäure angesäuert. Man füllt auf 300 ccm auf, filtriert Niederschlag durch trockenes Filter ab und titriert wie im vorhergehenden beschrieben ist. Gebundene HCN ergibt sich aus Differenz der gesamten und freien HCN.

Die von Neßler und Barth angegebene Methode zum Nachweis freier Blausäure kann auch zur kolorimetrischen quantitativen Prüfung dienen.

7. Extrakt und Mineralstoffe, Glyzerin, Weinsteinsäure usw. werden wie im Abschnitt Wein bestimmt.

Metalle werden nach den allgemeinen Regeln der Analyse in der entgeisteten Flüssigkeit oder in dem aus größeren Mengen des Untersuchungsobjektes erhaltenen Abdampfungsrückstande und in der Asche nachgewiesen. Geringe Kupfermengen (0,2—1 mg) bestimmt man kolorimetrisch als Kuperoxydammoniak oder mit Guajakharztinktur und mit Cyankalium (siehe Ziffer 6).

8. Zucker und die verschiedenen Zuckerarten werden nach dem Neutralisieren, Entgeisten und Wiederauffüllen der Flüssigkeit auf das ursprüngliche Volumen, nach Allihn, S. 42 ff. oder polarimetrisch (siehe Abschnitte allgemeiner Untersuchungsgang und die Abschnitte Wein, Fruchtsäfte und Honig) bestimmt; gefärbte Liköre entfärbt man mit ausgeglühter Tierkohle und Tonerdebrei (auch Teerfarbstoffe werden durch die Kohle zurückgehalten). Vgl. auch die Ausführungsbestimmungen zum Zuckersteuergesetz S. 736.

9. Künstliche Süßstoffe (Saccharin, Dulcin usw.) siehe Abschnitt S. 297, sowie Bier, S. 385 und Wein, S. 419.

10. Ätherische Öle: Man schüttelt die spirituöse Flüssigkeit mit Äther aus, läßt verdunsten und prüft auf Geschmack bzw. Geruch.

---

[1]) Forschungsber. 1897. 4. 362.

Die ätherischen Öle können nach der Aussalzmethode (Ziff. 2) bestimmt werden.

Zum Nachweis der schädlichen Bestandteile des Absynths, des Thujon[1]) setzt man zu 10 ccm des Destillates 1 ccm frisch bereiteter $10^0/_0$iger Nitroprussidnatriumlösung, 5 Tropfen Lauge und 1 ccm Essigsäure — Rotfärbung bei Gegenwart von Thujon (1: 1000).

11. Gesamtester: 50—100 ccm Branntwein, Destillat von Likören oder gefärbter und extraktreicher Branntweine im Hartglaskolben (!) mit $^1/_{10}$ Normal-Alkali und Phenolphthalein genau neutralisieren und dann mit einer abgemessenen Menge desselben Alkali 10 Minuten am Rückflußkühler kochen. Darnach das überschüssige Alkali mit $^1/_{10}$ Normal-Schwefelsäure zurücktitrieren. Esterzahl = Verbrauch an Normal-Alkali für 100 ccm angewendetes Untersuchungsmaterial. Oder Berechnung als Essigester, 1 ccm $^1/_{10}$ N.-L. = 0,0088 g.

12. Besondere Geruchsstoffe (namentlich von Kognak und Rum) nach K. Micko[2]). ·

200 ccm des Branntweins werden nach Zusatz von 30 ccm Wasser so destilliert, daß 7 Fraktionen von je 25 ccm und eine 8. Fraktion, soweit sie ohne Anbrennen erzielt werden kann, entstehen. Zu dem Rückstande gibt man 20 bis 30 ccm Wasser und destilliert nochmals in die letzte Fraktion. Die Destillate gibt man in Bechergläser, gießt den Inhalt dann in andere bereit gehaltene Bechergläser und schwenkt dann die entleerten Bechergläser in der Luft um. Beim Verdunsten dieser Reste beobachtet man die Gerüche.

Beim Rum enthalten die ersten beiden Fraktionen neben Alkohol die leichtflüchtigen Ester der Ameisensäure und Buttersäure; die nächstfolgenden beiden Fraktionen zeigen oft Gerüche, welche dem Kunstrum, aber nicht dem Jamaika-Rum eigen sind. Die folgenden 3 Fraktionen enthalten den typischen Riechstoff, der bei alkoholreicheren Proben meist schon in der 5., sonst besonders in der 6. Fraktion auftritt. Bei Originalrum ist er meist in 2—3 Fraktionen, bei stark gestreckten Erzeugnissen nur in einer Fraktion wahrnehmbar.

Kunstrum weist oft, namentlich in der 6., 7. und 8. Fraktion Geruch nach Zimt, Vanille oder anderen Fremdstoffen auf. Diese können noch besonders aus den Fraktionen durch Ausschütteln mit Chloroform isoliert werden.

Die letzte oder vorletzte Fraktion zeigt bei nicht allzu stark verdünnten Branntweinen meist eine Trübung, welche auf Zusatz von NaOH verschwindet; bei Kunstrum sind diese Fraktionen klar. Um wenig Kunstrum neben viel Rum nachzuweisen, empfiehlt es sich, die verdächtigen späteren Destillate nochmals zu fraktionieren.

Zur Beseitigung der störenden Ester gibt Micko noch eine besondere Methode an. Man destilliert eine andere Probe von 100 ccm nach Zusatz von 25 ccm Wasser bis auf 10 ccm ab, neutralisiert das Destillat gegen Phenolphthalein und läßt dann 20 ccm $^1/_3$ N.-Lauge hinzufließen. Der Überschuß an Lauge wird nach 2 tägigem Stehen im verschlossenen Kolben zurücktitriert. Ein anderes ebenso gewonnenes Destillat versetzt man mit derselben Menge Lauge und läßt 1 Tag in verschlossener Flasche stehen. Der Geruch des Esters verschwindet dann, während der typische Geruch des Jamaika-Rums selbst in starker Verdünnung noch deutlich wahrnehmbar ist. Zur Isolierung des Riechstoffs kann auch diese Probe nach dem Ansäuern mit Weinsäure fraktioniert werden. Der typische Riechstoff findet sich in der 3. und 4. Fraktion, während die 5. und 6. Fraktion einen eigenartigen Geruch nach Juchtenleder aufweisen.

Kuba-Rum enthält neben dem typischen Riechstoff der 5. und 6. Fraktion noch einen Pfirsich-Geruch, der sich aus der 7. und 8. Fraktion durch Chloroform ausscheiden läßt. Ähnlich verhält sich Demara-Rum.

---

[1]) Schaffer u. Philippe, Mitteil. d. Schweiz. Gesundh.-Amt 1910. 1. 1; Ambühl, ebenda, 83; Zeitschr. f. U. N. 1911. 21. 59, 495. Weitere Angaben enthält das Handbuch von Beythien 747.

[2]) Zeitschr. f. U. N. 1908. 16. 433; 1901. 19. 305.

Kognak hat in den mittleren Fraktionen weinbukettartige Riechstoffe, Önanthäther geht vorher über.

Arrak, Zwetschgenbranntwein usw. haben besondere typische Riechstoffe.

13. Farbstoffe.

Nachweis von Teerfarbstoffen: Siehe unter Wein; vgl. auch die durch das Gesetz vom 5. Juli 1887 verbotenen Farbstoffe. Eine braungelbe Färbung kann durch Lagern in Eichenholzfässern verursacht sein (Holzfarbstoff, Gerbsäure); ist dies der Fall, so entsteht bei Zusatz von Eisenchlorid eine schwarzgrünliche Färbung.

14. Karamel (Zuckerkulör) wird nach Amthor nachgewiesen, indem man 10 ccm der spirituösen Flüssigkeit mit 30—50 ccm Paraldehyd mischt (es ist bisweilen Alkoholzusatz nötig, um eine richtige Mischung zu erhalten), wodurch Karamel nach 24 Stunden zur Abscheidung gebracht wird. Man filtriert dann den Niederschlag ab, löst in Wasser, engt die Lösung ein und prüft das Filtrat mit 1 g salzsaurem Phenylhydrazin und 2 g essigsaurem Natrium auf Zucker. Es muß ein gelblichrötlicher Niederschlag entstehen, der sich in Ammoniak löst und durch Salzsäure wieder gefällt wird.

Nach A. Jägerschmid[1]): 100 ccm des Branntweins mit Eiweiß-lösung (gleiche Teile frisches Hühnereiweiß und Wasser) in hohem Becherglase gehörig durchmischen und auf direktem Feuer unter stetem Bewegen bis zur vollständigen Abscheidung des Eiweißes erhitzen. Das Filtrat auf dem Dampfbade bis zur Sirupkonsistenz eindampfen und einen Teil desselben mit Äther, den anderen mit Azeton in einer Porzellanschale emulgieren. Die ätherische Lösung nach und nach (Porzellantüpfelplatte) abgießen, nach dem Verdunsten des Äthers 1—2 Tropfen einer frisch bereiteten Resorzinlösung (1 g zu 100 g konzentrierter HCl) zuträufeln — kirschrote Färbung. Der nötigenfalls filtrierte Azetonauszug gibt mit dem gleichem Teil konzentrierter HCl in einem Reagensglase übergossen karmoisinrote Färbung.

15. Vergällungsmittel [2]).

Die Vergällung des Trinkbranntweins geschieht durch Zusatz von 2,5 Liter eines Gemisches von 4 Raumteilen Holzgeist und 1 Raumteil Pyridinbasen auf je 100 l Alkohol. Diesem Gemisch kann Lavendelöl oder Rosmarinöl bis zu 50 g auf jedes volle Liter hinzugesetzt werden. Außerdem dürfen ein Gemisch von 1,25 l des allgemeinen Vergällungsmittels und 2—20 l Benzol genommen werden. Für besondere gewerbliche Zwecke sind andere Vergällungsmittel vorgeschrieben (s. die Anweisung für die Untersuchung dieser Stoffe S. 822). Nach der amtlichen Anweisung[3]) soll zunächst auf Azeton, dann auf Pyridin-basen geprüft werden. Erzielt eine dieser Prüfungen positive Resultate, so wird auf Methylalkohol geprüft.

a) Azeton: 500 ccm werden in einem 750 ccm fassenden Kolben mit 10 ccm N.-Schwefelsäure versetzt und nach Zugabe von Bims-steinchen, sowie nach Verwendung eines einfachen Destillationsauf-satzes von etwa 20 cm Länge und eines absteigenden Kühlers von etwa 25 cm Länge auf dem Wasserbade auf $^1/_3$ abdestilliert. Für die Verbindung

---

[1]) Zeitschr. f. U. N. 1909. **17.** 269.
[2]) Zeitschr. f. U. N. 1906. **12.** 765.
[3]) Zentralbl. f. d. Deutsche Reich 1912. 599; Zeitschr. f. U. N. (Ges. u. Verord.) 1913. **5.** 89. Erforderliche Menge 2 l. Amtliche Anleitung zur Untersuchung auf Vergällungsmittel siehe S. 829.

der Glasteile des Destillationsgerätes sind Glasschliffe anzuwenden. Ein in Kubikzentimeter geteilter Meßzylinder ist vorzulegen. Der Rückstand im Kolben wird zum Nachweis von Pyridinbasen verwendet.

Das etwa 100—150 ccm betragende Destillat wird mit einigen Siedesteinchen in einen kleinen Kolben gegeben und mit Hilfe eines wirksamen Fraktionsaufsatzes (nach Vigreux) am absteigenden Kühler mit Vorstoß auf dem Wasserbade nochmals sorgfältig fraktioniert. Die Fraktionierung wird in der Weise vorgenommen, daß von der langsam in Tropfen übergehenden Flüssigkeit jedesmal etwa soviel, wie die Hälfte des Kolbeninhaltes beträgt, aufgefangen und sodann aus einem anderen Kölbchen erneut mit dem gleichen Fraktionsaufsatz fraktioniert wird, bis man ein Destillat von 25 ccm erhalten hat. Dieses wird schließlich nochmals fraktioniert, und nun der erste übergehende Kubikzentimeter in einem mit Glasstopfen verschließbaren Probiergläschen gesondert aufgefangen, ebenso auch der zweite in einem anderen Probiergläschen. Man destilliert dann noch 10 ccm ab und verwahrt diese unter Verschluß. (Die 3. Fraktion dient zum Nachweis von Methylalkohol unter b.) Zu dem Inhalt der beiden Probiergläschen wird je 1 ccm Ammoniak (0,96) unter Umschütteln gegeben, die Röhrchen verschlossen und 3 Stunden beiseite gestellt. Darnach wird in jedes Probiergläschen je 1 ccm einer 15%igen NaOH, sowie je 1 ccm einer frischbereiteten $2^1/_2$%igen Nitroprussidnatriumlösung gegeben. Bei Gegenwart von Azeton entsteht in beiden oder mindestens in dem Probiergläschen, das den zuerst übergegangenen Kubikzentimeter des Destillats enthält, eine deutliche Rotfärbung, die auf tropfenweisen und unter äußerer Kühlung erfolgenden vorsichtigen Zusatz von 50%iger Essigsäure in Violett übergeht. Ist Azeton nicht vorhanden, so tritt, selbst bei Anwesenheit von Aldehyd, höchstens eine goldgelbe Färbung auf, die auf Essigsäurezusatz verschwindet oder in mißfarbenes Gelb umschlägt.

Siehe auch die S. 829 angegebene amtliche Anleitung[1]) zum Nachweise von Azeton der im § 48 der Branntweinsteuerbefreiungsordnung genannten Erzeugnisse.

b) **Methylalkohol.** 500 ccm des zu prüfenden Trinkbranntweines werden in der soeben beschriebenen Weise fraktioniert bis die Menge des Destillats 25 ccm beträgt. Diese wird mit der bei der Prüfung auf Azeton erhaltenen Endfraktion (10 ccm) gemischt. Aus diesem Gemische wird ein Vorlauf von 10 ccm herausfraktioniert und dieser nach dem von K. Windisch[2]) umgearbeiteten Verfahren nach Riche und Bardy auf die Anwesenheit von Methylalkohol in folgender Weise geprüft:

Der erhaltene Vorlauf wird in einem Kölbchen mit Rückflußkühler mit 15 g gepulvertem Jod und 2 g amorphem Phosphor versetzt. Nach Beendigung der heftigen Umsetzung werden die entstandenen Alkyljodide auf dem Wasserbade am absteigenden Kühler abdestilliert und in einem kleinen 30—40 ccm destilliertes Wasser enthaltenden Scheidetrichter aufgefangen. Die ein schweres, schwach rötliches Öl bildenden Alkyljodide werden nach beendeter Destillation in ein etwa

[1]) Zeitschr. f. Zollwesen u. Reichssteuern 1911. 11. 117; Z. f. U. N. (Ges. u. Verordn.) 1911. 3. 359.

[2]) Arbeiten aus dem Kais. Gesundh.-Amt 1893. 286.

100 ccm fassendes Kölbchen mit nicht zu weitem Hals abgelassen, indem
sich 6 ccm frisch destilliertes Anilin befinden. Nach dem Aufsetzen
eines als Kühler dienenden langen Glasrohres erwärmt man das Kölbchen
auf dem Wasserbade etwa 10 Minuten lang auf 50—60⁰, wobei eine
heftige Umsetzung eintritt, nach deren Beendigung der Kolbeninhalt
zu einem Kristallbrei erstarrt. Dann fügt man etwa 30—40 ccm siedendes Wasser hinzu und kocht nach Zugabe von Siedesteinchen so lange,
bis die Lösung klar geworden ist. Durch Zusatz von 20 ccm 15%iger
Natronlauge scheidet man die entstandenen Basen ab, bringt sie durch
Wasserzugabe in den Hals des Kölbchens, läßt sie sich dort klären und
hebt sie dann ab. Zur Oxydation der Basen dient ein Gemisch von 2 g
Chlornatrium und 3 g Kupfernitrat mit 100 g Sand. Man verreibt diese
Stoffe gleichmäßig, trocknet das Gemisch bei 50⁰, zerdrückt die zusammen-
gebackenen Klümpchen; 10 g dieses Gemisches bringt man in ein 2 cm
weites Probierröhrchen, läßt 1 ccm der erhaltenen Basen darauf tropfen,
mischt das Ganze mit einem Glasstabe gut durch und erhitzt 10 Stunden
lang im Wasserbade auf 90⁰. Die erhaltene schwarze Masse zerreibt man
in einer Porzellanschale, kocht mit 100 ccm absolutem Alkohol kurz
auf, filtriert durch ein Faltenfilter und löst 1 ccm des Filtrates in 500 ccm
destilliertem Wasser auf. Bei Gegenwart selbst geringer Mengen von
Methylalkohol ist diese Lösung deutlich violett gefärbt. Reiner Äthylalkohol gibt nur eine ganz schwach rötlichgelb gefärbte Lösung. Es sind
stets mit reinem Äthylalkohol, gegebenenfalls auch mit selbsthergestellten
Mischungen von Methyl- und Äthylalkohol Gegenversuche anzustellen.

    Siehe auch die S. 829 angegebene amtliche Anleitung[1]) zum Nachweise
von Methylalkohol der im § 48 der Branntweinsteuerbefreiungsordnung
genannten Erzeugnisse.

    Siehe auch Ziff. 17; Nachweis von Methylalkohol, der als Alkohol-
ersatzmittel verwendet ist.

    c) Pyridinbasen:

    Die bei der Prüfung auf Azeton und Methylalkohol erhaltenen
sauren Destillationsrückstände werden in einer Porzellanschale auf dem
Wasserbade bis auf etwa 10 ccm oder bei hohem Extraktgehalt bis zur
Dickflüssigkeit eingeengt. Der Schaleninhalt wird mittels destillierten
Wassers in ein etwa 100—150 ccm fassendes Rundkölbchen übergespült,
auf dieses ein Kugelaufsatz aufgesetzt und an einen absteigenden Kühler
angeschlossen. Das Ende des Kühlers trägt einen Vorstoß, der in ein
10 ccm Normal-Schwefelsäure enthaltendes Porzellanschälchen hineinragt. In das Destillationskölbchen werden einige Siedesteinchen gegeben
und sein Inhalt wird durch Zusatz von 20 ccm Natronlauge von 15%
Gehalt alkalisch gemacht. Man destilliert dann unter Verwendung eines
Baboschen Siedeblechs mittels freier Flamme etwa die Hälfte der im
Kölbchen enthaltenen Flüssigkeit ab und engt den Inhalt des Porzellan-
schälchens auf dem Wasserbade bis auf etwa 5 ccm ein. Nach dem Erkalten wird der Rückstand mit neutral reagierendem Kalziumkarbonat
übersättigt, wobei die Gegenwart von Pyridinbasen sich oft schon durch
den Geruch bemerkbar macht und darauf auf einer mit Filtrierpapier
belegten kleinen Wittschen Platte kräftig abgesaugt. Das etwa 3 ccm

---

    [1]) Siehe Anmerkung S. 354.

betragende klare Filtrat wird in einem Probiergläschen mit 5—6 Tropfen einer 5%igen Bariumchloridlösung versetzt und der entstandene Niederschlag durch ein gehärtetes Filter abfiltriert. Das völlig klare Filtrat, welches durch Zusatz eines weiteren Tropfens Bariumchlorid nicht getrübt werden darf, wird alsdann mit 1—2 Tropfen einer heiß gesättigten und wieder erkalteten wässerigen Kadmiumchloridlösung versetzt. Bei Gegenwart von Pyridinbasen entsteht sehr bald, oft aber auch nach 2—3 tägigem Stehen eine weiße kristallinische Fällung. Zur Unterscheidung von zuweilen eintretenden durch die Gegenwart anderer basischer Stoffe in Trinkbranntweinen verursachten Fällungen bringt man eine geringe Menge des erhaltenen Niederschlags mit Hilfe eines Glasstabes aus dem Probiergläschen auf einen Objektträger unter das Mikroskop. Bei etwa 100—150 facher Vergrößerung betrachtet, erscheinen die Kristalle des Pyridinkadmiumchlorids als spießige, oft sternförmig gruppierte Nadeln.

Als weiteres Erkennungszeichen dient der Geruch nach Pyridinbasen, der auftritt, wenn man eine kleine Probe des abfiltrierten Niederschlages mit 1 Tropfen Natronlauge in einem verschlossenen Probiergläschen erwärmt und dann den Stopfen entfernt.

Etwa ¼—½ Liter Branntwein mit Schwefelsäure ansäuern, Alkohol abdestillieren und Rückstand stark einengen. Auf Zusatz von festem Alkali und Anwärmen Geruch nach Pyridinbasen. Eindampfen des Branntweins mit Schwefelsäure, genau neutralisieren, mit 5%iger wässeriger Lösung von Cadmiumchlorid versetzen — weißer Niederschlag. Letztere Reaktion allein deutet nicht unter allen Umständen auf Pyridin.

Quantitativ verfährt man so, daß man von 100—200 ccm mit Schwefelsäure angesäuertem Branntwein den Alkohol zunächst abdestilliert, dem alkalisch gemachten Destillationsrückstand Wasser hinzufügt und nochmals destilliert unter Auffangen des Destillates in etwa 25 ccm ¹/₁₀ N.-HCl. Man titriert die nicht verbrauchte ¹/₁₀ N.-Säure mit Alkali unter Zusatz von Dimethylorange als Indikator zurück. 1 ccm ¹/₁₀ N.-HCl = 0,0079 Pyridin. Vor dem Versuch ist mit Phenolphthalein die Abwesenheit von Alkalien festzustellen; Pyridin wirkt auf diesen Indikator nicht ein.

Nachweis anderer Vergällungsmittel wie Benzol, Äther, Terpentinöl usw. siehe die Handbücher.

Der Nachweis von vergälltem Branntwein gilt als erbracht, wenn zwei der vorstehenden Proben unzweifelhaft eingetreten sind.

16. Nachweis von Aldehyd und Furfurol.

a) Aldehyd: 25—50 ccm zuckerfreier Branntwein oder besser das Destillat desselben werden mit durch SO_2 entfärbter Fuchsinlösung[1]) versetzt. Rotfärbung bei Aldehyd. Der Branntwein darf nur 30 Vol.-% Alkohol enthalten. (Atmosphärische Luft abhalten!) Vergleichsobjekt Lösung von Aldehydammoniak 1:10000.

Ammoniakalische Silberlösung wird durch Aldehyd reduziert.

Metaphenylendiaminchlorhydratlösung 1:3 gibt mit Aldehyd in warmer Lösung gelbrote-schwachgelbe Zone, wenn man Reagens und Branntwein bzw. Destillat überschichtet. Die Reaktion muß innerhalb 3—5 Minuten auftreten. Nach W. Windisch verschwindet dieselbe auf

---

[1]) 0,5 g reinstes Diamantfuchsin werden in ½ l Wasser unter schwachem Erwärmen gelöst, die Lösung filtriert und mit einer Lösung von 3,9 g SO_2 in ½ l Wasser gemischt. Der Gehalt der SO_2 ist jodometrisch festzustellen. Nach Verlauf einiger Stunden ist die Mischung wasserhell, falls ein reines Fuchsin verwendet wurde.

Zusatz von NH_3 oder Alkalien und erscheint auf Zusatz von HCl wieder. Nach demselben èntsteht beim Vermischen von Branntwein mit einigen Tropfen Neßlers Reagens (Herstellung S. 463) ein hellgelber bzw. rotgelber Niederschlag.

b) Furfurol: 10 ccm Branntwein bzw. dessen Destillat werden mit 10 Tropfen Anilinöl und 2—3 Tropfen HCl (1,125) versetzt: Rosafärbung bei Anwesenheit von Furfurol (Jorissen). Zur kolorimetrischen Bestimmung diene eine Vergleichslösung von 1 Teil Furfurol in 500 000 Teilen Alkohol von 50%.

17. Methylalkohol.

Qualitativ:

a) Nach der amtlichen Anleitung, die zur Branntweinsteuer-Befreiungsordnung erlassen ist, s. S. 829.

b) Nach Fendler und Mannich[1]) destilliert man von 10 ccm Branntwein, dem gegebenenfalls ätherische Öle entzogen sind (s. Ziffer 2) 1 ccm ab, fügt 4 ccm 20%ige Schwefelsäure und dann unter Abkühlen im ganzen etwa 1 g $KMnO_4$ nach und nach in pulverisiertem Zustande hinzu. Nach eingetretener Entfärbung wird die Lösung filtriert, 20—30 Sekunden zum schwachen Sieden erhitzt und abgekühlt. Zu 1 ccm dieser Flüssigkeit gibt man unter gutem Abkühlen 5 ccm konzentrierte Schwefelsäure und nach abermaligem Abkühlen 2,5 ccm einer frisch bereiteten Lösung von 0,2 g salzsaurem Morphin in 10 ccm Schwefelsäure. Man rührt mit einem Glasstab um und läßt 20 Minuten bei Zimmertemperatur stehen. $0,5\%$ Methylalkohol rufen eine violette bis rotviolette Farbe hervor.

c) Nach A. Bono[2]). In einen etwa 200 ccm fassenden Kolben (Entwickler), der mit Trichterrohr, an dem sich ein Verschlußhahn befindet, versehen ist, läßt man 25 ccm des Branntweins und dann 50 ccm Wasser einfließen. Der Kolben wird mit einem zweiten gleichgroßen Kolben durch ein doppelt gebogenes Rohr, das im Entwicklungskolben unter dem Gummistopfen endigt und bis nahe zum Boden des 2. Kolbens reicht, verbunden. Das Rohr muß gegen den 2. Kolben aufsteigend gerichtet sein. Ferner ist in derselben Weise an diesen Kolben ein Kugelkühler stehend angeschlossen. Als Vorlage dient ein graduierter Zylinder. Die in dem Entwickler befindliche Flüssigkeit wird zum Sieden erhitzt und deren Dämpfe in einer im 2. Kolben befindlichen Mischung von 50 ccm kaltgesättigter Dichromatlösung mit 60 ccm Schwefelsäure im Liter aufgefangen. Die Dämpfe werden durch den Kühler und in den Zylinder geleitet. Die ersten 25 ccm Destillat enthalten nur Azetaldehyd und werden entfernt, die nächstfolgenden 25 ccm Destillat zur Prüfung auf das aus dem Methylalkohol entstandene Formaldehyd verwendet.

Beythien empfiehlt folgende Reaktion. 2 ccm des Destillates werden mit 10 Tropfen einer wäßrigen $\frac{1}{2}\%$igen Lösung von Phenylhydrazinchlorhydrat, 1 Tropfen einer $\frac{1}{2}\%$igen Nitroprussidnatriumlösung und 10 Tropfen einer 10%igen Natronlauge versetzt. 1—2$\%$

---

[1]) Apoth.-Ztg. 1905. 20. 569; Zeitschr. f. U. N. 1906. 11. 354. Siehe auch den Entwurf zu einer Anweisung der Kaiserl. Techn. Prüfungsstelle. Zeitschr. f. U. N. (Ges. u. Verord.) 1911. 3. 360.

[2]) Chem.-Ztg. 1912. 36. 1171; Zeitschr. f. U. N. 1912 24. 666.

Methylalkohol geben charakteristische Blaufärbung, die alsbald ins Grüne und Gelblichrote übergeht.

Auf die Methoden von Sailer, Pharm.-Ztg. 1917. 143 sowie auf andere in den Handbüchern angegebene Methoden sei hingewiesen.

Nachweis von wenig Äthylalkohol in,-Methylalkohol nach Denigès, Zeitschr. f. U. N. 1912. 23. 150 (Ref.).

Quantitativ:

Nach A. Juckenack, Zeitschr. f. U. N. 1912. 24. 7; nach W. König, Chem.-Ztg. 1912. 36. 1025; Zeitschr. f. angew. Chem. 1913. 26. 12; siehe ebenda Schlicht sowie Zeitschr. f. öffentl. Chem. 1912. 18. 337; nach J. Hetper, Zeitschr. f. U. N. 1912. 24. 731; nach A. E. Leach u. Lythgoe, Zeitschr. f. anal. Chem. 1909. 48. 492 (Ref.).

18. Branntweinschärfen[1]). Um einen höheren Alkoholgehalt vorzutäuschen, wird Branntweinen bisweilen eine scharfe Würze, die in der Regel aus Paprika, Pfeffer, Paradieskörnerauszügen (Verstärkungsessenzen, Kornschärfen usw.) besteht, zugesetzt. Auch Schwefelsäure ist dazu schon verwendet worden. Der Nachweis der scharfen Würze geschieht im Extrakt durch Geschmacksprüfung, bei Anwesenheit von SO_3 tritt beim Eindampfen meist Schwärzung des Extraktes ein; zur Isolierung und Identitätsbestimmung der Bestandteile (Harze) von Paprika, Ingwer und Paradieskörnern behandelt man den Abdampfrückstand eingedampfter Branntweine oder Essenzen mit alkalisch gemachtem Wasser (Harz geht in Lösung, Piperin bleibt zurück), die filtrierte alkalische Lösung wird mit Petroläther gereinigt und nach Ansäuern mit Schwefelsäure mit Petroläther ausgeschüttelt. Man prüft nach dem Abdunsten des Lösungsmittels mit Schwefelsäure und Zucker.

Harze des spanischen Pfeffers färben vorübergehend schmutzigblau, die Lösung färbt sich bald vom Rande kirschrot. Harze von Paradieskörnern und Ingwerwurzeln färben gelb, innerhalb 1 Minute färbt sich der Rand der Lösung grün, bald darauf blau. Tritt beim Betupfen des Harzes mit einem Tropfen verdünnter $FeCl_3$-lösung und wenig Alkohol eine vorübergehende rötlich-violette Färbung ein, so handelt es sich um Harz der Paradieskörner, tritt eine hellgrün-gelbliche Färbung auf, so handelt es sich um Ingwerwurzelharz.

Zum Nachweis von Piperin wird der eingedampfte Rückstand mit schwefelsäurehaltigem Wasser verrieben und mit Chloroform ausgeschüttelt. Den Auszug dampft man mit Kalkmilch zur Trockne, schüttelt hiernach mit Petroläther aus und dampft das Lösungsmittel ab. Mit konzentrierter Schwefelsäure entsteht tiefrote Färbung.

Pflanzliche Bitterstoffe siehe bei Bier. Andere seltenere Stoffe wie Kampfer siehe die Handbücher.

Zum Nachweis der Branntweinschärfen haben namentlich E. Polenske[2]), Beythien und Bohrisch[3]) sowie Kickton[4]) wertvolle Beiträge geliefert..

19. Bestandteile von Trinkwasser mit dem der Schnaps (verdünnt) hergestellt wurde: Nachweis von N_2O_3, N_2O_5, NaCl.

---

[1]) Aufzählung der verschiedenen Arten siehe den Entwurf einer Verordnung S. 815.

[2]) Arbeiten aus dem Kais. Gesundh.-Amte 1898. 14. 684.

[3]) Zeitschr. f. U. N. 1901. 4. 107.

[4]) Ebenda 1904. 8. 678.

20. Nachweis von Stärkesirup, Lezithin- (Eigelb-) gehalt, Borsäure, Stärke, Eiweiß, Tragant, Milch[1]) in Eierkognak, -likör usw. vgl. Abschnitte „Fruchtsäfte", sowie „Eiernudeln", „Schokolade" sowie die üblichen Methoden zum Nachweis. Um klare zur Polarisation brauchbare Lösungen zu erhalten, fällt man die Stickstoffsubstanzen am besten mit 5 ccm einer 10%igen Gerbsäurelösung, 5 ccm Bleiessig und 10 ccm einer 10%igen Bi-Naphosphatlösung, die hintereinander nach jedesmaligem Umschütteln zugesetzt werden. Für die Feststellung der Lezithinphosphorsäure ist die aus 50 g Eierkognak gewonnene Trockensubstanz erst zu entfetten.

Siehe auch E. Feder, Zeitschr. f. U. N. 1913. 25. 277.

Beurteilung [2]).

Gesetzliche Bestimmungen: das Branntweinsteuergesetz vom 15. Juli 1909 und das Gesetz, betr. Beseitigung des Branntweinkontingents vom 14. Juni 1912, das Nahrungsmittelgesetz, die Verordnung gegen irreführende Bezeichnungen und betr. Kognak das Weingesetz, ferner das Süßstoffgesetz.

Begriffsbestimmung, Zusammensetzung[3]), Verfälschung und Nachmachungen. Branntweine im wahren Sinne des Wortes sind Destillate von Rohstoffen, die Zucker oder in Zucker überführbare Stoffe enthielten und einem Gärungsprozeß unterworfen waren. Die Destillate erhalten bisweilen noch Zuckerzusätze. Man unterscheidet Kornbranntweine, die unter Zufügen von Gewürzen, z. B. Kümmel, Wacholder usw. destilliert und dementsprechend benannt sind; Obstbranntweine (Kirsch-, Zwetschenwasser u. a.), ferner Kognak (Wein-), Rum (Zuckerrohrmelasse-), Arrak (Reisdestillat).

Außerdem gibt es noch die sogenannten „gewöhnlichen" Trinkbranntweine, die entweder als „Branntwein" oder unter Phantasiebezeichnungen in den Verkehr gelangen. Solche Erzeugnisse werden nicht durch Destillation, sondern lediglich durch Zusammenmischen von verdünntem Alkohol mit Essenzen u. dgl. (sog. Würzeverfahren) hergestellt.

Zu den Branntweinen zählt man außerdem auch mit Pflanzenauszügen bereitete sogenannte bittere Schnäpse, schlechtweg auch „Bitter" genannt. Da sie oft erhebliche Mengen Zucker enthalten und auf kaltem Wege durch Mischungen hergestellt werden, stehen sie den Likören im allgemeinen näher als den Branntweinen.

Bei Likören unterscheidet man zwischen solchen, welche die Bezeichnung ihrer wesentlichsten Grundbestandteile tragen, wie z. B. die

---

[1]) A. Juckenack, Zeitschr. f. U. N. 1903. 6. 830; A. Kickton, ebenda, 1902. 5. 554; Boes, ebenda. 1903. 6. 474.

[2]) Unter Verwendung der Beschlüsse des Vereins deutscher Nahrungsmittelchemiker. Zeitschr. f. U. N. 1912. 24. 86.

[3]) Nähere Angaben über die Zusammensetzung behufs „Wertbestimmung" sind den Handbüchern zu entnehmen; hier können nur solche Platz finden, die nahrungsmittelrechtlich von Interesse sind. Vgl. auch E. Sell, Über Kognak, Rum und Arak (Arb. a. d. Kaiserl. Gesundh.-Amte, Bd. VI und VII) und K. Windisch, „Über die Zusammensetzung der Trinkbranntweine" (Kornbranntwein, Kirsch- und Zwetschgenbranntwein), ebenda Bd. VIII, XI, XIV, ferner von Amthor und Zink; „Zur Beurteilung der Edelbranntweine", Forschungsberichte 1897, 362ff.

Frucht- oder Eierliköre (-Kognaks), Schokoladenlikör usw. und solchen, welche ihres Aromas wegen benannt sind, Rosen-, Pfefferminz-, Kaffeelikör; die größte Gruppe bilden wohl die Fantasieliköre, die zum Teil nach erprobten feststehenden Rezepten hergestellt sind (Halb und Halb, Maraschino, Benediktiner usw.). Besonders dickflüssige, meist eihaltige Liköre werden auch Creme, Cocktail usw. benannt.

Der Alkoholgehalt der Trinkbranntweine und der Liköre schwankt im allgemeinen zwischen 20—30 Vol.-%; Grenzen sind nicht gezogen. Die übliche Trinkstärke ist bei den einzelnen Sorten angegeben.

Die Frage, ob ein Branntwein echt ist, kann auf chemischem Wege oft nicht mit Sicherheit beantwortet werden; unter Umständen gibt die Geruchs- und Geschmacksprobe darüber eher Auskunft, besonders nach Ausführung der fraktionierten Destillation nach Micko. Der Gehalt an Estern, Furfurol, Aldehyden usw., an aromagebenden Stoffen und an Fuselöl schwankt bei den einzelnen Destillaten sehr erheblich und kann daher im allgemeinen als Maßstab für die Echtheit eines Destillats nicht angesehen werden.

Unter der Bezeichnung „Kornbranntwein" darf nur Branntwein in den Verkehr gebracht werden, der ausschließlich aus Roggen, Weizen, Buchweizen, Hafer oder Gerste hergestellt und nicht im Würzeverfahren erzeugt ist.

Als Kornbranntweinverschnitt darf nur Branntwein in den Verkehr gebracht werden, der aus mindestens 25 Hundertteilen Kornbranntwein neben Branntwein anderer Art besteht.

(§ 19 d. Gesetzes betr. Beseitigung des Branntweinkontingents v. 14. Juni 1912 sowie § 107 des Branntweinsteuergesetzes).

Außer der Bezeichnung Kornbranntwein sind nach den Beschlüssen des Vereins deutscher Nahrungsmittelchemiker auch eingebürgerte Namen wie Breslauer, Cottbuser, Korn, Fruchtbranntwein, Kümmel, Steinhäger u. dgl. zulässig. Nach der Auffassung der Interessentenkreise handelt es sich bei diesen Bezettelungen nicht um Herkunft — sondern um Gattungsbegriffe.

Verdünnungen mit Wasser[1]) sind als Verfälschung anzusehen. Alter Breslauer, der aus Kartoffelspiritus, Kornwürze und Farbe hergestellt war, wurde als nachgemacht[2]) angesehen, da die Farbe vom Lagern herrühren müsse.

Der Zusatz von sog. Schärfungs- und Verstärkungsessenzen zu gewöhnlichen Branntweinen, die mit Paprika-, Pfeffer- oder Kockelskörnerextrakt, Methylalkohol und Vergällungsmitteln, Mineralsäuren usw. (Schwefelsäure zur Erzeugung des sog. Perlens) hergestellt sind, ist Verfälschung[3]); erstere täuschen einen höheren Alkoholgehalt vor. Von diesen Stoffen ist Methylalkohol (Holzgeist) als gesundheitsschäd-

---

[1]) Urteil d. Landger. Halle v. 6. Januar 1912, Zeitschr. f. U. N. (Ges. u. Verord.) 1912. 4. 284.

[2]) Urt. d. Landger. Brieg u. d. Oberlandesger. Breslau v. 19. Febr. 1915 bzw. 13. April 1915; Zeitschr. f. U. N. (Ges. u. Verord.) 1915. 7. 375.

[3]) Siehe den Entwurf zu einer Verordnung über Branntweinschärfen, in welcher die verschiedenen Arten derselben aufgeführt sind. Entsch. des Hanseat. Oberlandesger. Hamburg vom 22. Dez. 1905; des Preuß. Kammerger. v. 7. April 1902.

lich gemäß § 12 des N.-G. zu beanstanden. Urt. d. Landger. I Berlin
v. 4. Mai 1912 u. des Reichsger., Auszüge 1917. 9. 400. Gutachten des
K. K. Obersten Sanitätsrates, betr. die Gesundheitsschädlichkeit der
gewerblichen Verwendung von mit Holzgeist denaturiertem Spiritus[1]).
Erlaß des österr. Minist. d. Innern betr. die Verwendung von Methylalkohol zu Genußzwecken vom 8. Dezember 1911[2]). Metalle, wie Pb, Cu
usw., dürfen in Brantweinen nicht enthalten sein.

Der Mindestalkoholgehalt der Kornbranntweine soll 30 Vol.-%
betragen.

Bei den gewöhnlichen Trinkbranntweinen sind Zusätze von
Schärfen, Methylalkohol, Wasser usw. ebenfalls unzulässig; Alkohol
mindestens 25 Vol.-%.

Von den Obstbranntweinen sind für Kirsch- und Zwetschenwasser gemäß § 19 d. Ges. v. 14. Juni 1912, Abs. 3 folgende Bestimmungen
maßgebend: Unter der Bezeichnung K. oder Z. oder ähnlichen Bezeichnungen, die auf die Herstellung aus Kirschen oder Zwetschen hinweisen,
darf nur Branntwein in Verkehr gebracht werden, der ausschließlich
aus Kirschen oder Zwetschen hergestellt ist. Für Verschnitt gilt dasselbe
wie für Kognakverschnitt (s. dort). Die Verwendung anderer als der
normalen Rohstoffe zur Herstellung von Obstbranntweinen und deren
Verschnitten — unbeschadet eines Zusatzes von Wasser zu hochprozen-
tigen Destillaten — insbesondere die Verwendung blausäure-, benzal-
dehyd- und nitrobenzolhaltiger Zubereitungen zur Herstellung künstlicher Steinobstbranntweine ist unzulässig. Alkoholgehalt mindestens
45 Vol.-%. Der Blausäuregehalt beträgt bis zu 15 mg in 100 ccm. Andere
Obstbranntweine (z. B. Mirabellen-, Himbeer- usw.) werden in derselben
Weise beurteilt; auch Enzian gehört zu dieser Gruppe, obwohl kein
Obstbranntwein; zur Maische zuckerarmer Rohstoffe soll Zuckerzusatz
erlaubt sein.

Der Verkehr mit Kognak ist durch die §§ 10, 16, und 18 des Weingesetzes vom 7. April 1909 geregelt. Der Name Kognak stellt nach der
amtlichen Denkschrift keinen Herkunfts-, sondern einen Gattungsbegriff
dar; das als Kognak bezeichnete Destillat muß aber von der Art des in
Frankreich (Charente) gewonnenen Erzeugnisses sein; nicht jedes Weindestillat ist also Kognak. Die technische Gewinnung ist vielmehr ausschlaggebend. Wird Kognak in Deutschland aus französischem Wein
hergestellt, so ist dieses Produkt deutscher Kognak. Enthält die Bezeichnung aber einen Hinweis auf französische Firmen usw., so muß er
auch dementsprechender Abstammung sein.

Ob die Auffassung, daß der Name Kognak keine Herkunfts-, sondern
eine Gattungsbezeichnung ist, aufrecht erhalten werden kann, erscheint nach
Art. 274 des Friedensvertrags fraglich. Darnach verpflichtet sich Deutschland,
die Natur- und Gewerbeerzeugnisse der feindlichen Staaten gegen jede Art von
unlauterem Wettbewerb zu schützen und für die Herkunftsbezeichnungen
fremder Weine und geistiger Getränke die Gesetze, Verwaltungs- und Gerichtsentscheidungen der Ursprungslande zu beobachten.

---

[1]) Das österreich. Sanitätswesen 1911. 23. 69—75; Zeitschr. f. U. N.
(Ges. u. Verord.) 1912. 139.
[2]) Ebenda 1912. 24. 21 bzw. 1912. 144.

Die in den Ausführungsbestimmungen zu § 10 bzw. 16 des genannten Gesetzes verbotenen Stoffe dürfen auch im Kognak nicht enthalten sein. Zum Färben ist also nur gebrannter Zucker (Zuckerkulör) in kleinen Mengen zulässig. In den Ausführungsbestimmungen zum § 16 sind die erlaubten Stoffe und Verfahren aufgeführt (s. S. 774). Zusätze von Essenzen, Glyzerin, Stärkesirup u. dgl. sind verboten. Vorschriften, betreffend die Kennzeichnung, das Feilhalten und Verkaufen vergleiche Ausführungsbestimmungen zu § 18, S. 776. Der Extraktgehalt des Kognaks ist für die Beurteilung ohne Bedeutung.. Aus Essenzen herge-stellte Erzeugnisse dürfen nicht als Kognak in Verkehr kommen, auch Bezeichnungen, wie Kunst-, Fassonkognak und ähnliche klingende Namen, z. B. Konak, sind unzulässig. Kognakextrakte und -essenzen d. h. konzentrierte Flüssigkeiten zur Herstellung von Kognak auf kaltem Wege, wie sie für den Hausgebrauch in Verkehr gebracht werden, können durch das Gesetz gegen den unlauteren Wettbewerb[1]) verfolgt werden. Kognak und Kognakverschnitt dürfen nicht weniger als 38 Raumprozente Alkohol enthalten. Höherer Alkoholgehalt darf also auf diese Trinkstärke mit Wasser herabgesetzt werden. Im Verschnitt mit Spiritus müssen $1/_{10}$ des Alkohols aus Wein gewonnen sein. Bezeichnung muß lauten: Kognakverschnitt; auch geteilt auf zwei Linien, aber stets auf einem Eti-kett und durch Bindestrich verbunden und in ein und derselben Buch-stabengröße. Bei Verschnitten ist Herkunftsbezeichnung nicht nötig, muß aber gegebenenfalls der Wahrheit und den Ausführungsbestimmungen (§ 18) entsprechen.

Die Bezeichnung Medizinalkognak ist statthaft für ein den Bestim-mungen des § 18 und des Deutschen Arzneibuches entsprechendes Er-zeugnis. — Eierkognak muß aus Kognak hergestellt sein; Eierlikör, Advokat, Eiercreme und andere Benennungen ohne Kognak machen Kognakzusatz nicht erforderlich.

Siehe auch das Weingesetz und dessen Ausführungsbestimmungen[2]).

Rum ist ein durch Vergären von Zuckerrohrsaft-, -melasse und -Rückständen in Jamaika, Cuba, Barbados und anderen Erzeugungs-ländern gewonnenes Destillat. Bisweilen sollen vor der Destillation auch aromatische Pflanzen zugesetzt werden. Der Alkoholgehalt des echten (Original-) Rums beträgt etwa 75—80 Vol.-%; die übliche Handelsware ist durch Wasser auf 45 Vol.-% herabgesetzt, hat aber dann keinen Anspruch mehr auf die Bezeichnung echt oder Original[3]). Rum wird in den Ursprungsländern schon vielfach mit Zuckerkulör gefärbt. Verschnitte mit Sprit müssen entsprechend klar deklariert werden. Im Hinblick auf die Bestimmungen für Kognakverschnitte, kann man auch bei Rum verlangen, daß mindestens $1/_{10}$ des Alkohols aus Rum

---

[1]) Urteile d. Kammerger. u. Reichsger. sind in den Jahren 1911 und 1912 ergangen; Zeitschr. f. U. N. (Ges. u. Verord.) 1917. 9. 186.

[2]) K. Windisch, Weingesetz vom 7. April 1909; Berlin P. Parey, 1910 und O. Zöller, Das Weingesetz für das Deutsche Reich, München und Berlin, J. Schweitzer. A. Günther u. R. Marschner, Weingesetz; Berlin 1910; ferner Urteil des Landger. Trier und des Reichsger. v. 12. Dezember 1916, Nahrungs-mittelrundschau 1917. 15. 8.

[3]) Urteil des Ldg. I zu Berlin vom 2. November 1906; Zeitschr. f. U. N. 1907. 14. 337.

besteht. (Urt. d. Oberlandesger. Köln v. 17. Mai 1912, Zeitschr. f. U. N. (Ges. u. Verord.) 1913. 5. 46.) Künstliche Färbung mit Teerfarben ist (auch bei Verschnitten) als Verfälschung anzusehen. (Urt. d. Reichsger. v. 3. Juli 1913. Zeitschr. f. U. N. (Ges. u. Verord.) 1913. 5. 464. Nachmachúngen wie Kunstrum, Fassonrum, Rumextrakt usw. müssen ausdrücklich gekennzeichnet sein. Letztere Bezeichnung auf eine Essenz angewendet, verstößt nach dem Urt. d. Kammerger. v. 22. Okt. 1911 gegen das Gesetz gegen unlauteren Wettbewerb (Günther, Sammlurg II, 94). Die vielfach gebrauchten Bezeichnungen in fremden Sprachen führen das unkundige Publikum irre; auf deutsche allgemein verständliche Kennzeichnung muß Wert gelegt werden.

Erzeugungsländer für Arrak sind Goa, Java, Ceylon;. als Rohstoffe kommen Palmblattsaft (Kokospalme), gemälzter Reis, gegorener Zuckerrohrsaft, Kajusaft usw. in Betracht. Der Alkoholgehalt des Originaldestillats beträgt etwa 60 Vol.%. Dem Arrak wird bisweilen etwas gebrannter Zucker zugesetzt. Betreffs Herabsetzung der Alkoholstärke, Verschnitt mit Sprit und Nachmachungen trifft dasselbe wie bei Rum zu.

Der Nachweis der typischen Riechstoffe nach der Methode von K. Micko ist für die Untersuchung auf Echtheit sehr zu empfehlen.

Sogenannte Bittere sollen mindestens 25 Vol.-% Alkohol enthalten; Methylalkohol, Branntweinschärfen, gesundheitsschädliche Drogenauszüge sind unzulässig; solche scharf schmeckende Bestandteile von Drogen, die einen integrierenden Bestandteil bestimmter Branntweinsorten bilden, sind erlaubt.

Bei Likören, soweit es sich um Fantasieprodukte (siehe oben) handelt, kommen als Fälschungsmittel künstliche Süßstoffe, giftige Farben, Metalle, Konservierungsmittel, giftige Bitterstoffe usw. in Frage. Stärkesirup kann in Fantasieprodukten enthalten sein. Fruchtliköre (Himbeer-, Kirsch- usw.) dürfen ohne Deklaration nicht mit Teerfarbstoff oder dunklen Fruchtsäften (Kirschsaft) gefärbt, sondern müssen ihrer Bezeichnung entsprechend zusammengesetzt sein. Bei Fruchtlikören bilden normale Fruchtsäfte, bei Eierlikören[1] (und Eikreme) ausreichende Mengen Eigelb (20—25% = 12—16 Eigelb von Eiern mittlerer Größe) die Grundstoffe; die Eigelbmenge berechnet sich meist in ziemlicher Übereinstimmung aus Lezithinphosphorsäure, Ätherextrakt und Stickstoffsubstanz; die ersten beiden sind am meisten maßgebend. (Siehe betreffs Berechnung die Abschnitte „Eier" und „Eierteigwaren"). E. Feder[2] erachtet Zusatz von Eigelbersatzstoffen für vorliegend, wenn die doppelte Menge der zuckerfreien Trockensubstanz erheblich (über 3%) mehr beträgt als die aus der Lezithinphosphorsäure berechnete Eidottermenge. Den Alkohol des verarbeiteten Kognaks in Gew.-% (x) berechnet er nach der Formel

$$x = \frac{100\,a}{100 - 2\,b + c} \qquad \begin{array}{l} a = \text{Gramm Alkohol} \\ b + c = \text{Gramm Extrakt und Zucker} \end{array}$$

sämtliche in 100 g Eierkognak. Diese Berechnung hat aber nur Wert, wenn feststeht, daß der Alkohol tatsächlich einem Kognak entstammt.

---

[1] Siehe auch A. Juckenack, Zeitschr. f. U. N. 1903. 6. 830.
L. c.

Verdickungsmittel wie Stärkesirup, Sahne, Eiweißstoffe, Gelatine, Tragant, Glyzerin sowie Farbstoffe[1]) usw. sind Verfälschungsmittel. Bezüglich Kognak in Eierkognak siehe oben. Konservierungsmittel wie Borsäure[2]), Fluorwasserstoffsäure können namentlich in Eierlikören usw. vorkommen, da vielfach nicht frisches, sondern haltbar gemachtes Eigelb Verwendung findet.

Wasserzusatz ist nur insoweit statthaft, als die Auflösung des Zuckers es erfordert. Der Alkoholgehalt von Fruchtsaftlikören soll mindestens 20 Vol.-$^0/_0$, der von Eierlikören mindestens 18 Vol.-$^0/_0$ betragen. Cherry Brandy ist eine Mischung von Kirschwasser (auch Verschnitt) und Kirschsirup und soll 27 Vol.-$^0/_0$ Alkohol enthalten.

Als „Himbeer", „Waldmeister" usw. werden häufig Produkte in den Handel gebracht, die ihrem Wesen und ihrer Zusammensetzung entsprechend den Fruchtsäften meist näher stehen als den Likören. Der Zweck ihrer Verwendung ist als Geschmacksverbesserungsmittel — sog. „Schuß" — zu Weißbier, Kornschnaps usw. zu dienen. Den Gewohnheiten des Publikums entsprechend, sollen solche Produkte völlige Fruchtsirupe sein; man wird sie deshalb auch in der Regel so zu beurteilen haben, wenn die Analyse dies zuläßt. Himbeerliköre[3]) oder „Himbeer" werden oft mit viel Nachpresse, Wasser, Kirschsaft oder Teerfarbstoffen hergestellt.

Zusatz bzw. ausschließliche Verwendung von vergälltem Branntwein zu Spirituosen bedeutet Fälschung und außerdem Steuerhinterziehung. Des unangenehmen Geschmackes wegen muß derartiger Trinkbranntwein auch als verdorben gelten.

Kakaolikör dürfte den Erwartungen nur entsprechen, wenn er einen Kakaoauszug enthält. Alkoholfreie Liköre sind nach der Ersatzmittelverordnung im Handel nicht zugelassen, da die Zusammensetzung solcher Erzeugnisse dem Wesen der Liköre völlig widerspricht. Grog und Punsch sind im allgemeinen keine Handelsprodukte mit Ausnahme des bekannten Schwedischen Punsch (Kaloric), der ein likörartiges Getränke mit Punschgeschmack ist. Grog- und Punschessenzen sollen mindestens 30—35$^0/_0$, fertige Groge und Punsche mindestens 10—12 Vol.-$^0/_0$ Alkohol enthalten. Grog- und Punschwürfel sind wiederholt als nachgemacht bezeichnet worden, weil sie zu wenig Alkohol enthielten[4]).

Alkoholfreie wie Punsch und Grog zuzubereitende Getränke können wohl als „Heißgetränke mit punschähnlichem Geschmack" u. dgl. nicht aber als „alkoholfreier Punsch" u. dgl. bezeichnet werden. Anforderungen S. 860 in der Ersatzmittelverordnung.

Beurteilung dieser Getränke bezüglich Branntweinschärfen, Methylalkohol usw. wie bei Likör, hinsichtlich Farbstoffzusatzes wie bei Rum.

---

[1]) Künstliche Färbung täuscht höheren Eigelbgehalt vor. Reichsger.-Urteil vom 12. Nov. 1900.
[2]) Urt. d. Reichsger. v. 27. Mai 1908 u. d. Kammerger. v. 11. Dez. 1908; Zeitschr. f. U. N. (Ges. u. Verord.) 1909. 1. 43. 49; 1913. 5. 186.
[3]) Urteil des Preußischen Kammergerichts vom 29. Januar 1909 und Landgericht zu Landsberg a. W. vom 14. Dezember 1908.
[4]) Urteil d. Landger. II Berlin v. 23. April 1915; Zeitschr. f. U. N. (Ges. u. Verord.) 1915. 7. 544; desselben Gerichts v. 19. Febr. 1916; ebenda 1917. 9. 46.

Gesundheitsschädlichkeit kann in Betracht kommen bei Zugabe drastisch wirkender Bitterstoffe, von Konservierungsmitteln, Farben, Branntweinschärfen, von Vergällungsmitteln, Methylalkohol und Nitrobenzol, bei hohem Fuselölgehalt usw.

XVIII. Essig und Essigessenz[1]).

Sinnenprüfung: Man gießt etwa 50 ccm Essig in ein weites Becherglas, stellt die Farbe fest und prüft, ob der Essig klar ist, Kahm oder Bodensatz zeigt oder schleimig zähe Flocken enthält. Essigälchen können mit bloßem Auge erkannt werden. Ferner ist festzustellen, ob der Essig für sich oder nach der Neutralisation mit Alkalilauge einen fremdartigen Geruch oder — nötigenfalls nach dem Verdünnen — einen dem normalen Essig nicht eigenen, scharfen oder beißenden Geschmack oder faden Nachgeschmack aufweist.

Essigessenz ist auf ihre Farbe und nach dem Verdünnen auf Geruch und Geschmack zu prüfen.

1. Säure (freie):

10—20 ccm Essig bzw. 10—20 g der mit kohlensäurefreiem Wasser auf das zehnfache Gewicht verdünnten Essigessenz titriert man mit Normalalkali und Phenolphthalein [2]). 1 ccm Normalalkali $= 0,06$ g Essigsäure (CH_3COOH).

2. Freie Mineralsäuren.

a) **Qualitativ:** Von einer $0,1^0/_0$igen Lösung von Methylviolett setzt man 2 Tropfen zu 10 ccm Essig oder Essigessenz, die auf $2^0/_0$ Säuregehalt verdünnt sind. Mineralsäuren verändern die blauviolette Farbe in blau-grün bis grün. Die Färbung ist gegen einen weißen Hintergrund zu beobachten und mit der durch die ·gleiche Menge Methylviolett in 10 ccm reiner $2^0/_0$iger Essigsäure hervorgerufenen Färbung zu vergleichen.

Stark gefärbter Essig wird vor der Prüfung durch Kochen mit Knochenkohle entfärbt und nach dem Filtrieren, wie angegeben, behandelt. Die Knochenkohle ist vor ihrer Verwendung darauf zu prüfen, ob eine mit ihr behandelte $2^0/_0$ige Essigsäure, die etwa $0,03^0/_0$ Salzsäure enthält, einen Farbenumschlag des Methylvioletts hervorruft.

b) **Quantitativ** [3]):

20 ccm Essig bzw. 20 g der auf das zehnfache Gewicht verdünnten Essigessenz werden mit 5 ccm $^1/_2$ normaler Alkalilauge zur Trockne verdampft. Der Rückstand wird mit einem Gemisch von 2 ccm Wasser und 2 ccm absolutem Alkohol aufgenommen und mit einer $^1/_2$ normalen Schwefelsäure, die durch Auffüllen von 500 ccm Normalsäure mit absolutem Alkohol auf 1 Liter hergestellt worden ist, unter Verwendung von Methylorangepapier titriert [4]). Der Sättigungspunkt ist erreicht,

---

[1]) Unter Benützung des Entwurfs des Kaiserl. Gesundh.-Amtes über Essig und Essigessenz; Verlag Jul. Springer 1912.

[2]) Gefärbter Essig ist mit kohlensäurefreiem Wasser zu verdünnen.

[3]) S. auch Brode und Lange, Arb. a. d. Kaiserl. Gesundh.-Amte 1909. 30. 1; Zeitschr. f. Unters. d. Nahr.- u. Genußm. 1909. 15. 715.

[4]) Wird durch Eintauchen von Filtrierpapier in eine $0,1^0/_0$ige Lösung des Farbstoffes und darauf folgendes Trocknen bereitet.

wenn ein Tröpfchen der Flüssigkeit auf dem Papier sofort einen braunroten Fleck hervorbringt; eine nach dem Verdunsten des Alkohols entstehende Färbung ist außer acht zu lassen. Wenn schon nach Zusatz der ersten Tropfen $^1/_2$ normaler Säure eine Braunrotfärbung entsteht, so ist der Versuch unter Anwendung einer größeren Menge $^1/_2$ normaler Lauge zu wiederholen. Die angewandte Menge $^1/_2$ normaler Alkalilauge vermindert um die Menge der verbrauchten $^1/_2$ normalen Schwefelsäure, entspricht der in 20 ccm Essig bzw. 2 g Essigessenz enthaltenen freien Mineralsäure.

Die Menge der freien Mineralsäure ist in mg-Äquivalenten (= ccm Normallauge) auf 100 ccm Essig bzw. 100 g Essigessenz anzugeben.

Das Verfahren von Hilger[1]) ist nur bei reinen Essigsäurelösungen mit Erfolg anwendbar; das Verfahren von Richardson und Bowen[2]) wird verschieden beurteilt.

3. Fremde organische Säuren.

a) Ameisensäure (qualitativ). Von 100 ccm Essig bzw. zehnfach verdünnter Essigessenz werden nach Zusatz von 10 g Kochsalz und 0,5 g Weinsäure etwa 75 ccm abdestilliert. Das Destillat wird mit 10 ccm Normalalkalilauge auf dem Wasserbade zur Trockne verdampft. Der Rückstand wird, wenn die Prüfung auf Formaldehyd (der Nachweis von Formaldehyd wird im allgemeinen mit dem der Ameisensäure verbunden, s. S. 369) positiv ausgefallen war, nach einstündigem Erhitzen auf 130⁰, im anderen Falle ohne weiteres mit 10 ccm Wasser und 5 ccm Salzsäure (s = 1,124) aufgenommen und die Lösung in einem kleinen, mit einem Uhrglas zu bedeckenden Kölbchen nach und nach mit 0,5 g Magnesiumspänen versetzt. Nach zweistündiger Einwirkung des Magnesiums werden 5 ccm der Lösung in ein geräumiges Probierglas abgegossen und in der angegebenen Weise mit Milch[3]) und eisenchloridhaltiger Salzsäure auf Formaldehyd geprüft. Färbt sich hiebei die Flüssigkeit oder wenigstens das unmittelbar nach Beendigung des Kochens sich abscheidende Eiweiß deutlich violett, so ist der Nachweis von Ameisensäure erbracht.

Weitere Methoden s. im Abschnitt „Fruchtsäfte".

Quantitativ[4]) 100 ccm Essig bzw. 100 g der auf das zehnfache Gewicht verdünnten Essigessenz werden in einem langhalsigen Destillierkolben von etwa 500 ccm Inhalt mit 0,5 g Weinsäure versetzt. Durch den Gummistopfen des Kolbens führt ein unten verengtes Dampfeinleitungsrohr sowie ein gut wirkender Destillationsaufsatz, der durch zweimal gebogene Glasröhren in einen zweiten, gleich großen und gleich geformten Kolben überleitet. Dieser enthält in 100 ccm Wasser aufgeschwemmt soviel reines Kalziumkarbonat, daß es die zur Bindung der gesamten angewandten Essigsäure erforderliche Menge um etwa 2 g überschreitet. Das in den zweiten Kolben führende Einleitungsrohr ist für eine wirksame Ausführung zweckmäßig unten zugeschmolzen und dicht darüber mit vier horizontalen, etwas gebogenen Auspuffröhrchen von enger Öffnung versehen.

[1]) Arch. Hyg. 1888. 8. 448; Zeitschr. f. analyt. Chem. 1890. 29. 622.
[2]) Journ. Soc. Chem. Ind. 1906. 25. 836; vgl. auch Schidrowitz, sowie Ratcliff, Analyst 1907. 32. 3, 82; Zeitschr. f. Unters. d. Nahr.- u. Genußm. 1907. 14. 725.
[3]) Die Milch muß frei von Formaldehyd sein und auf Zusatz von Formaldehyd die Reaktion geben.
[4]) Nach dem von B. Finke angegebenen Verfahren. Zeitschr. f. Unters. d. Nahr.- u. Genußm. 1911. 21. 1 u. 22. 88.

Der Kolben trägt ebenfalls einen gut wirkenden Destillationsaufsatz, der durch einen absteigenden Kühler zu einer geräumigen Vorlage führt. Nachdem die Kalziumkarbonat-Aufschwemmung zum schwachen Sieden erhitzt ist, wird durch den Essig ein Wasserdampfstrom geleitet (Achtung wegen übermäßiger Schaumbildung!); der Essig wird ebenfalls erhitzt und auf etwa ein Drittel seines Volumens verdampft. Nachdem etwa 750 ccm abdestilliert sind, wird die Destillation unterbrochen, das Kalziumkarbonat mit heißem Wasser ausgewaschen und das Filtrat auf dem Wasserbade zur Trockene eingedampft. Der Rückstand wird eine Stunde lang auf 125—130° erhitzt, in etwa 100 ccm Wasser gelöst und die Lösung zweimal mit je 25 ccm Äther ausgeschüttelt. Zu der klaren Lösung setzt man 2 g kristallisiertes Natriumazetat, einige Tropfen Salzsäure bis zur schwach sauren Reaktion und 40 ccm 5%iger Quecksilberchloridlösung hinzu und erhitzt die Lösung zwei Stunden lang im siedenden Wasserbade, in das der mit einem Kühlrohr versehene Kolben bis an den Hals eintauchen muß.

Das ausgeschiedene Kalomel wird unter wiederholtem Dekantieren mit warmem Wasser auf einen Platinfiltertiegel gebracht, mit Alkohol und Äther gewaschen und bis zur Gewichtskonstanz — etwa eine Stunde — getrocknet und gewogen.

Die gefundene Menge mit 0,0975 multipliziert, ergibt die in 100 ccm Essig bzw. in 10 g Essigessenz enthaltene Menge Ameisensäure.

Durch Erhitzen des wässerigen Filtrates mit weiteren 5 ccm Quecksilberchloridlösung überzeugt man sich, daß ein hinreichender Quecksilberüberschuß vorhanden war.

Schweflige Säure wird mit 1 ccm n-Alkalilauge und 5 ccm 3%iger Wasserstoffsuperoxydlösung (auf etwa 100 ccm eingeengtes Filtrat der CaCO$_3$-Aufschwemmung zugesetzt) unschädlich gemacht. Überschüssiges Wasserstoffsuperoxyd wird durch frisch gefälltes oder feucht aufbewahrtes Quecksilberoxyd zerstört. Zur Fernhaltung von Salizylsäure werden 2 g NaCl der mit HgCl$_2$ zu erhitzenden Lösung zugesetzt.

b) Oxalsäure: Man fällt mit ammoniakalischer Gipslösung; quantitativ durch Titration des Niederschlages mit Kaliumpermanganat.

c) Weinsäure (gesamte): Man setzt zu 100 ccm Essig 1 ccm n-Alkalilauge, löst 15 g gepulvertes Chlorkalium darin und setzt 20 ccm Alkohol von 95 Maßprozent zu. Man verfährt weiter wie bei Wein (S. 415) angegeben ist.

d) Äpfelsäure: siehe Wein S. 400.

4. Scharf schmeckende Stoffe.

Der mit Alkalilauge gegen Phenolphthalein genau neutralisierte Essig wird auf dem Wasserbade soweit eingeengt, daß die Ausscheidung von Kristallen beginnt, und der Rückstand nach dem Erkalten auf seinen Geschmack geprüft. Die Masse wird alsdann mit Äther ausgezogen und der beim Verdunsten des Äthers hinterbleibende Rückstand ebenfalls auf seinen Geschmack geprüft. Feststellung der Art scharfschmeckender Stoffe siehe Abschnitt Branntwein.

5. Schwermetalle (Blei, Kupfer, Zink, Zinn).

Essigsäure durch Abdampfen entfernen. Rückstand mit HCl und KClO$_3$ behandeln gemäß dem S. 34 angegebenen Verfahren. Erhaltene Lösung wie üblich mit H$_2$S weiter behandeln.

6. Konservierungsmittel.

Formaldehyd. Von 100 ccm Essig oder zehnfach verdünnter Essigessenz werden nach Zusatz von 10 g NaCl und 0,5 g Weinsäure etwa 75 ccm abdestilliert. 5 ccm des umgeschüttelten Destillates werden, wie S. 153 angegeben, weiter geprüft. Für den Nachweis von Salicyl- und Benzoesäure werden vorstehend genannte Untersuchungsgegenstände erst mit einigen Tropfen Schwefelsäure versetzt und dann mit Äther ausgeschüttelt. Weitere Behandlung des Abdunstungsrückstandes siehe S. 150 u. 115.

Borsäure wird in den schwach alkalisch eingedampften Proben in üblicher Weise mit Kurkumapapier und mit der Flammenreaktion nachgewiesen (s. S. 115). Nachweis von schwefliger Säure nach S. 154.

7. Teerfarbstoffe und **Karamel** siehe den allgemeinen Gang und den Abschnitt Branntwein.

8. Bei der Prüfung von Wein-, Obst-, Bieressig und ähnlichen Erzeugnissen kommt außerdem noch die Bestimmung des Trockenrückstandes, der Asche nebst Alkalität, der Phosphorsäure und anderer Aschenbestandteile, von Glyzerin und der Weinsäure sowie der Nachweis von Proteinstoffen und von Dextrinen in Betracht. Ausführung nach den im Abschnitt Wein angegebenen Verfahren, Glyzerin nach dem von Zeisel und Fanto; für Weinsäure ist eine Methode in diesem Abschnitt schon angegeben. Proteinstoffe werden mit Gerbsäurelösung gefällt. Die abfiltrierte Lösung dient nach dem Ansäuern mit HCl (s = 1,19) zur Fällung der Dextrine mit absolutem Alkohol. Vgl. auch Abschnitt Wein, Bier usw. Sichere Feststellung der Abstammung ist jedoch manchmal schwierig, da bei der Essigsäuregärung ein Rückgang mancher Bestandteile der ursprünglichen Rohstoffe (Wein usw.) eintritt.

Zur Unterscheidung dienen folgende Anhaltspunkte: Sprit- (Branntwein-)essig hat sehr geringen Abdampf- und Glührückstand; letzterer neutral oder schwach alkalisch. Abdampfrückstand von Wein-, Bier- und Obstessig 0,5—1,5%, Asche etwa 0,25%. Kali und Phosphorsäure, freie Weinsäure, Weinstein, Glyzerin weisen auf Obst- und Weinessiggehalt hin; Bier- und Malzessig enthalten Dextrin, fällbar durch Alkohol.

9. Essigessenz, Essenzessig und Kunstessig sind neben der Ermittlung des Essigsäuregehalts auf freie Mineralsäuren, Schwermetalle und Konservierungsmittel, gegebenenfalls auch auf Vergällungsmittel wie Methylalkohol, Azeton und Pyridin, sowie auf Phenole, zu prüfen.

Die Prüfung auf Methylalkohol beruht auf dem Nachweis des zu Formaldehyd oxydierten Methylalkohols nach Fendler und Mannich (s. S. 358) oder durch Oxydation mit Kaliumdichromat nach Bono (s. S. 358). Azeton wird nach Neutralisation des Essigs mit Kalilauge (schwacher Überschuß) abdestilliert und das Destillat mit einer frischbereiteten 1%igen wässerigen Lösung von Nitroprussidnatrium nach Zusatz von Natronlauge und Ansäuern mit Essigsäure geprüft. Azeton ergibt mit NaOH eine rötlichbraune Färbung, mit Essigsäure in Violett übergehend. Bei Abwesenheit verursacht NaOH eine hellgelbe Färbung, die beim Ansäuern mit Essigsäure verschwindet (s. Näheres in der Essigsäureordnung S. 831). Pyridin wird nach Neutralisieren bis zur schwach alkalischen Reaktion abdestilliert und das Destillat nach dem Ansäuern mit verdünnter Schwefelsäure mit Wismutjodid-Jodkaliumlösung [1]) versetzt, worauf bei Gegenwart von Pyridin ein roter Niederschlag entsteht (s. auch Abschnitt Branntwein). Phenole werden mit Bromwasser erkannt (Erkennung von Holzessig).

10. Unterscheidung von Gärungsessig und Essenzessig nach F. Rothenbach, Zeitschr. f. U. N. 1902, 817. Zur Unterscheidung dient auch besonders die Prüfung auf Ameisensäure und deren Bestimmung. Ein bestimmter Schluß ist nicht in allen Fällen zulässig.

11. Steueramtliche Prüfung der Essigsäure S. 831.

Beurteilung.

Gesetzliche Bestimmungen: Das Nahrungsmittelgesetz, die Verordnung gegen irreführende Bezeichnungen vom 26. Juni 1916, S. 687

---

[1]) S. S. 530.

und die Verordnung vom 14. Juli 1908 betr. den Verkehr mit Essigessenz (S. 871).

Gemäß den Entwürfen zu Festsetzungen über Lebensmittel, her-
ausgeg. im Reichs-Gesundh.-Amte erfolgt die Beurteilung von Essig
und Essigessenz nach folgenden Grundsätzen:

I. Essig (Gärungsessig)[1]) ist das durch die sog. Essiggärung aus
alkoholhaltigen Flüssigkeiten gewonnene Erzeugnis mit einem Gehalt
von mindestens 3,5 g Essigsäure in 100 ccm.

Essigessenz ist gereinigte wässerige, auch mit Aromastoffen
versetzte Essigsäure mit einem Gehalt von etwa 60—80 g Essigsäure
in 100 g.

(Siehe auch unter II.)

Essenzessig ist verdünnte Essigessenz mit einem Gehalt von
mindestens 3,5 g und höchstens 15 g Essigsäure in 100 ccm.

Kunstessig ist mit künstlichen Aromastoffen versetzter oder
mit gereinigter Essigsäure (auch Essenzessig oder Essigessenz) vermischter
Essig mit einem Gehalt von mindestens 3,5 g und höchstens 15 g Essigsäure in 100 ccm.

Als Essigsorten werden unterschieden:

1. nach den Rohstoffen des Essigs oder der Essigmaische:
   Branntweinessig (Spritessig, Essigsprit), Weinessig (Trauben-
   essig), Obstweinessig, Bieressig, Malzessig, Stärkezuckeressig,
   Honigessig und andere;

2. nach dem Gehalte an Essigsäure: Speise- oder Tafelessig mit
   mindestens 3,5 g Essigsäure, Einmacheessig mit mindestens
   5 g Essigsäure, Doppelessig mit mindestens 7 g Essigsäure
   und Essigsprit sowie dreifacher Essig mit mindestens 10,5 g
   Essigsäure in 100 ccm.

Kräuteressig (z. B. Estragonessig), Fruchtessig (z. B. Him-
beeressig), Gewürzessig und ähnlich bezeichnete Essigsorten sind
durch Ausziehen von aromatischen Pflanzenteilen mit Essig hergestellte
Erzeugnisse.

II. Essig, Essigessenz, Essenzessig oder Kunstessig, die unter Zusatz der nachbezeichneten Stoffe hergestellt sind, dürfen für Genußzwecke
nicht in den Verkehr gebracht werden[2]):

Ameisensäure[3]), Benzoesäure, Borsäure, Eisencyanverbindungen,
Flußsäure, Formaldehyd und solche Stoffe, die bei ihrer Verwendung
Formaldehyd abgeben, Methylalkohol, Salicylsäure, schweflige Säure
(abgesehen von sachgemäßem Schwefeln der Fässer), Salze und Verbindungen der vorgenannten Säuren.

Essig, Essigessenz, Essenzessig oder Kunstessig, die Blei oder
mehr als Spuren von Kupfer, Zink oder Zinn[4]) enthalten, dürfen für
Genußzwecke nicht in den Verkehr gebracht werden.

---

[1]) Mehr als 14—15% entstehen nicht durch Gärung.
[2]) Beanstandungen fallen unter die §§ 10—14 des Nahrungsmittelgesetzes.
[3]) Finke, Zeitschr. f. Unters. d. Nahr.- u. Genußm. 1911. 22. 100 fand
in Weinessig 0,06—0,51; bei Essigsprit 0—0,38 g auf 1000 g Gesamtsäure.
[4]) Diese Metalle können durch Benützung von Metallhähnen, Trichtern,
Gummischläuchen usw. in den Essig gelangen.

Essigessenz darf nur gemäß den Vorschriften der Verordnung,
betreffend den Verkehr mit Essigsäure, vom 14. Juli 1908 in den Verkehr gebracht werden.

III. Als verdorben [1]) anzusehen sind Essig, Essigessenz, Essenzessig und Kunstessig,

die Essigälchen [2]) oder gallertartige oder andere durch Kleinlebewesen gebildete Wucherungen oder Trübungen in erheblichem Maße enthalten oder kahmig sind,

die unmittelbar oder nach dem Verdünnen fade oder fremd-
artig riechen oder schmecken,

die sonst stark verunreinigt sind (z. B. starker Bodensatz, Urt.
d. Landger. Elberfeld 1905 u. 1906, Auszüge 1908. 7. 466.)

die aus den vorbezeichneten verdorbenen Erzeugnissen zubereitet sind.

Die Landgerichte Bonn und Ratibor u. a. (Auszüge 1912. 8. 794 und
1917. 9. 595) haben in den Jahren 1910, 1912 und 1914 entschieden, daß Essig
mit reichlichem Älchengehalt als verdorben anzusehen ist.

Als verfälscht, nachgemacht (§§ 10, 11 d. N. G.) oder irreführend (Verordnung vom 26. Juni 1916) bezeichnet sind anzusehen [3]):

1. als Essig, Essigessenz, Essenzessig oder Kunstessig bezeichnete
Flüssigkeiten, die den Begriffsbestimmungen (I) nicht entsprechen;

2. als Éinmacheessig oder gleichsinnig bezeichneter Essig sowie
entsprechend bezeichneter Essenzessig und Kunstessig, die
weniger als 5 g Essigsäure in 100 ccm enthalten;

3. als Doppelessig oder gleichsinnig bezeichneter Essig sowie
entsprechend bezeichneter Essenzessig und Kunstessig, die
weniger als 7 g Essigsäure in 100 ccm enthalten;

4. als dreifach oder gleichsinnig bezeichneter Essig, Essenzessig und Kunstessig, die weniger als 10,5 g Essigsäure in
100 ccm enthalten;

5. als Weinessig (Traubenessig) oder Weinessigverschnitt (Traubenessigverschnitt) bezeichneter Essig, der weniger als 5 g
Essigsäure in 100 ccm enthält;

6. als Essigsprit bezeichneter Essig, der weniger als 10,5 g Essigsäure in 100 ccm enthält;

7. Essig, der nach einem bestimmten Rohstoffe benannt ist,
sofern er nicht ausschließlich aus diesem Rohstoffe, gegebenenfalls unter Verdünnung mit Wasser, hergestellt ist, unbeschadet
des Zusatzes kleiner Mengen von Nährstoffen für die Essigbakterien zu Branntwein;

---

[1]) Im Sinne der §§ 10, 11 des Nahrungsmittelgesetzes und § 367 Abs. 7
des Deutsch. Strafgesetzbuches.

[2]) Anguillula oxophila; auch die Essigfliege (Drosophila funebris) ist
zu berücksichtigen. Siehe ferner den bakteriologischen Teil S. 610.

[3]) Die zum Teil erhebliche Rechtsunsicherheit auf diesem Gebiete ist
durch die Festsetzungen des Entwurfes beseitigt. Hinweise auf zahlreich
ergangene Urteile erübrigen sich.

8. als Weinessig (Traubenessig) bezeichneter Essig, dessen Rohstoff (Wein, Traubenmost, Traubenmaische) nicht verkehrsfähig
   im Sinne von § 13 des Weingesetzes vom 7. April 1909 gewesen ist [1]);

9. als Weinessigverschnitt (Traubenessigverschnitt) bezeichneter
   Essig, dessen Essigsäure nicht mindestens zum fünften Teile
   den in Nr. 8 bezeichneten Rohstoffen für Weinessig entstammt [2]);

10. als Weinessigverschnitt (Traubenessigverschnitt) bezeichneter
    Essig, der unter Verwendung von Weinschlempe hergestellt ist;

11. Weinessig (Traubenessig) und Weinessigverschnitt (Trauben-
    essigverschnitt), deren Bezeichnung auf die Art oder die Her-
    kunft der verwendeten Traubenerzeugnisse hindeutet, sofern
    sie diesen Angaben nicht entsprechen;

12. ganz oder zum Teil durch Zerlegung essigsaurer Salze ge-
    wonnene, dem Essig oder der Essigessenz ähnliche, zu Genuß-
    zwecken bestimmte Flüssigkeiten, sofern sie nicht als Essenz-
    essig, Kunstessig oder Essigessenz bezeichnet sind;

13. Essig, der unter Zusatz von fremden Säuren, scharf schmecken-
    den Stoffen, Konservierungsmitteln oder künstlichen Aroma-
    stoffen hergestellt oder künstlich gefärbt ist, jedoch unbe-
    schadet des Zusatzes von Kohlensäure, des sachgemäßen
    Schwefelns der Fässer, der Verwendung von aromatischen
    Pflanzenteilen, des Zusatzes von Wein und der Färbung mit
    kleinen Mengen gebrannten Zuckers;

14. Essig und Kunstessig, die unter Verwendung von vergälltem
    Branntwein hergestellt sind, sofern zur Vergällung andere
    Stoffe als Essig verwendet sind;

15. Essigessenz, Essenzessig und Kunstessig, die unter Zusatz
    von fremden Säuren, scharf schmeckenden Stoffen oder Kon-
    servierungsmitteln hergestellt sind, jedoch unbeschadet des
    Zusatzes von Kohlensäure und des sachgemäßen Schwefelns
    der Fässer;

16. Essigessenz, Essenzessig und Kunstessig, die mehr als 0,5 g
    Ameisensäure auf 100 g Essigsäure oder andere Verun-
    reinigungen in größeren als den technisch nicht vermeid-
    baren Mengen enthalten.

---

[1]) Das schweizerische Lebensmittelbuch schreibt vor, daß der lediglich
aus Wein hergestellte und mit Wasser auf einen Säuregehalt von 4% verdünnte
Weinessig mindestens 8 g zuckerfreies Extrakt in 1 l enthalten muß; der Mindestgehalt an Asche darf nicht weniger als 0,1% betragen.
[2]) Nach K. Farnsteiner, Forschungsber. 1896. 3. 54, Zeitschr. f. Unters.
d. Nahr.- u. Genußm. 1899. 2. 198 beträgt der zuckerfreie Extrakt in 100 ccm
eines derartigen Weinessigverschnittes (20% Maische) mindestens 0,4 g. Nach
neueren Anschauungen hat man jedoch noch mit einem Rückgange bei der
Essiggärung von etwa 10% zu rechnen. Die Entscheidung, ob Weinessig,
oder Weinessigverschnitt vorliegt, hängt wesentlich auch von dem Gehalt an
Glyzerin, Stickstoff, Alkalität und Phosphorsäure ab; in Anbetracht der Schwierigkeit einer richtigen Beurteilung sei auf die bekannten Handbücher und deren
zahlreiche Literaturangaben verwiesen.

XIX. Bier und seine Rohstoffe; auch Hefe.

A. Materialien.

1. Brauwasser.

Das verwendete Wasser soll hinsichtlich Reinheit den Anforderungen, die man an Trinkwasser stellt, entsprechen. Siehe die „Anforderungen der industriellen Betriebe an Gebrauchswasser" S. 518 und die Ausführungsbestimmungen zum Reichsbrausteuergesetz S. 809. Bezüglich Feststellung des Keimgehaltes siehe die zymotechnische Wasseruntersuchung im bakteriologischen (mykologischen) Teil.

2. Gerste [1]. Probeentnahme wie bei Malz.

a) Bestimmt wird der Gehalt an Stärkemehl in der geschroteten Gerste nach S. 52, der Stickstoff nach Kjeldahl (S. 34), die Asche nach S. 31, der Phosphorsäuregehalt nach S. 422 und der Wassergehalt in üblicher Weise durch Austrocknen bei 100—105° C (S. 30). Weitere Bestimmungen, Eiweißstickstoff usw. siehe bei den Futtermitteln.

b) Prüfung auf Keimungsenergie und Keimfähigkeit. Von der zuvor 6 Stunden lang in Brunnenwasser eingeweichten Gerste zählt man 400—500 Körner ab, legt sie zwischen mehrere Lagen Löschpapier, bringt das Ganze unter eine Glasglocke oder auch in eine Doppelglasschale (feuchte Kammer), hält das Papier mäßig feucht und die Temperatur auf 15—20° C, und zählt nach Verlauf von 3 Tagen ab, was ausgekeimt ist. Das Ergebnis ist die Keimungsenergie, sie soll mindestens 90 % betragen. Die Keimfähigkeit wird erst nach 10—12 Tagen ermittelt und soll bei guter Braugerste mindestens 95—96 % betragen.

c) Die Prüfung auf Schimmelpilze erfolgt nach der im bakteriologischen Teil angegebenen Methode.

d) Prüfung auf Schwefelung. Etwa 10 g Gerste mit 50 ccm Wasser anrühren, 1 Stunde lang unter öfterem Schütteln digerieren und die abgegossene Flüssigkeit mit verdünnter Phosphorsäure und Aluminiumblech oder schwefelfreiem Zink versetzen und mit Bleipapier den sich bei Anwesenheit von schwefliger Säure bildenden Schwefelwasserstoff nachweisen. Quantitativ: 10 g Gerste mit 250 ccm Wasser übergießen und nach Zusatz von etwas Phosphorsäure im CO_2-strom in Jodlösung destillieren. Oxydation der SO_2 zu SO_3. Fällen mit $BaCl_2$. $BaSO_4 \times 0,27439 = SO_3$.

e) Prüfung mittels der Schnittprobe. Man schneidet eine Anzahl der Gerstenkörner in der Mitte durch und stellt das Verhältnis der mehligen, halbspeckigen und ganzspeckigen Mehlkörper in Prozenten fest. Zum Durchschneiden und Prüfen der Schnitte bedient man sich eines sog. Farinotoms und eines Diaphanoskops (nach Ashton).

f) Nachweis des Eosins in den aus gekennzeichneter (für zollamtliche Zwecke) Gerste hergestellten Erzeugnissen siehe unten.

Beurteilung:

Gesetz betr. die zollwidrige Verwendung von Gerste vom 3. Aug. 1909 (Reichsgesetzbl. S. 899) siehe Zeitschr. f. Unters. d. Nahr.- u. Genußm. 1910. 20, Beiheft 274, ebenda 275 Gerstenzollordnung (Beschluß des Bundesrats vom 27. Juli 1909) nebst Anweisung für die technische und chemische Untersuchung der Gerste und die Erzeugnisse aus gekennzeichneter Gerste.

Diese Anweisung zerfällt in nachstehende Abschnitte:

    I. Reinigen der Gerste;

    II. Feststellung des Hektolitergewichts;

    III. Absieben der Gerste;

    IV. Prüfung der Gerste nach äußerer und innerer Beschaffenheit. Tausendkörnergewicht. Sog. nackte Gerste.

    V. Untersuchung der Gerste durch die Kaiserl. Techn. Prüfungsstelle.

    VI. Prüfung der Gerste auf Keimfähigkeit.

---

[1] Die nachstehenden Untersuchungsmethoden können auch aus der amtl. Anweisung zur Gerstenzollordnung entnommen werden. Weiteres siehe unter Beurteilung.

VII. Nachweis des Eosins[1]) in den aus gekennzeichneter Gerste her-gestellten Erzeugnissen. Näheres siehe Anleitung zur zollamt-lichen Kennzeichnung von Gerste[2]).

Äußere Merkmale guter Braugerste sind frischer Strohgeruch, glänzendes Aussehen, sowie möglichst gleichmäßig gelbe Farbe. Die Körner sollen groß, etwas bauchig, hart und feinhülsig sein und eine bestimmte Schwere haben. Letztere wird durch das Gewicht eines Hektoliters Gerste bestimmt:

    62—63 kg ist ein niederes (Stärkearmut),
    64—67 kg ist ein mittleres und
    68—72 kg ein hohes Hektolitergewicht (Stärkereichtum).

Die Prüfung sub I ist zur Beurteilung der Braugerste nur von untergeord-neter Bedeutung. Proteinarme und stärkereiche Gerste wird der protein-reichen und stärkearmen vorgezogen. Günstigster Proteingehalt 8—10,5%. Er sei nicht über 11,5%.

Wassergehalt etwa 10—16%.

Das aus speckiger Gerste gewonnene Malz ist hart, verarbeitet sich im Maischprozeß schlecht und gibt eine geringere Ausbeute.

3. Malz[3]).

(Vereinbarungen der Brauereiversuchsstationen Berlin, Hohenheim, München, Nürnberg, Weihenstephan, Wien und Zürich, betreffend die Aus-führung der Handelsmalzuntersuchung[4]).

a) Probenahme. Die zur Untersuchung dienende Malzprobe soll einer wirklichen Durchschnittsprobe entsprechen. Unter Berücksichtigung, daß auf-geschüttetes Malz in den verschiedenen Teilen des Haufens ungleiche Zusammen-setzung hat, ist die ganze Malzpartie vorher gründlich um- und überzuschaufeln. Alsdann werden von verschiedenen Stellen möglichst viele gleichgroße Proben entnommen, gut gemischt und aus dieser Mischung die Untersuchungsprobe gezogen. Für die Probenahme aus Silos und Säcken ist es besonders wichtig, aus verschiedenen Tiefen Teilproben zur Probemischung zu erhalten, wozu der Probestecher von Barth-Eckhardt mit verschließbaren Kammern anzuwenden ist. Von in Säcken lagerndem Malz sind die Stichproben aus 10% der Säcke zu entnehmen.

b) Größe und Verpackung der Probe. Die Menge des zur Analyse einzusendenden Malzes muß mindestens 500 g betragen. Die Verpackung muß eine Veränderung des Malzes, insbesondere hinsichtlich des Wassergehaltes, aus-schließen. Glasflaschen (Bierflaschen) mit Korkstöpsel oder Patentverschluß, Pulvergläser mit eingeriebenem Stöpsel, Konservengläser oder auch gut schließende Musterblechdosen sind dazu geeignet; Steinkrüge, Kartons, Säcke oder Holzschachteln sind ausgeschlossen. Die Restprobe ist zwei Monate auf-zubewahren und vor Wasseranziehung in geeigneter Weise zu schützen. Bei etwaigen Differenzen wird die Restprobe geteilt: a) zur eigenen Kontrolle, b) zur Absendung an eine der sieben Versuchsstationen zum Obergutachten, sofern der Auftraggeber einen solchen Auftrag stellt. Die Wahl der Versuchs-station steht dem Einsender frei.

c) Vorbereitung der Probe zur Analyse. Es sind nur grobe Fremd-körper (Steinchen, Bindfadenreste, Holzstückchen usw.) zu entfernen und ist hierüber eine Angabe in dem Attest zu machen, die jedoch nicht zahlenmäßig zu erfolgen hat. Eine weitere Reinigung (Unkrautentfernung, Entstauben) darf nicht stattfinden.

d) Untersuchung. Jede Untersuchung, auch die auf besonderen Wunsch eventuell vorzunehmende mechanische Analyse, ist doppelt auszuführen und die Mittel werden im Analysenattest angegeben.

1. Chemische Untersuchung[5]): a) Auf Wasser. Zweimal 55 g werden auf einer rasch mahlenden Mühle gemahlen (d. h. ein Mahlgut, welches nach ein-

---

[1]) Das Natriumsalz des Tetrabromfluoreszeins.
[2]) Nachrichtenblatt f. d. Zollstellen. Beilage zu Nr. 21 vom 1. November 1910 u. Zeitschr. f. Unters. d. Nahr.- u. Genußm. (Gesetze u. Verordn.) 1911, 136.
[3]) H. Trillich, Was ist Malz? Zeitschr. f. öffentl. Chem. 1905. 11. 259.
[4]) Zeitschr. ges. Brauw. 1907. 30. 501—503; Zeitschr. f. Unters. d. Nahr.- u. Genußm. 1909. 17. 705.
[5]) Bestimmung der proteolytischen Kraft des Grünmalzes nach Schidro-witz siehe S. 184.

maligem Durchgang des Malzes durch die Mühle 85 % Mehl liefert) und von
dem Mehl sofort je etwa 4 g zur Wasserbestimmung entnommen. Der Rest
bleibt zum Vermaischen. Das Trocknen der vorher tarierten, mit Mehl beschickten, genau abgewogenen Wägegläschen oder Schiffchen hat im Schol-
vieuschen oder Ulschschen Schrank zu erfolgen, und zwar dauert die Trocken-
zeit mindestens zwei, höchstens vier Stunden bei 104—105° C. Zwei Parallel-
bestimmungen dürfen um 0,25 % differieren, die Fehlergrenze bei zwei an verschiedenen Stationen gemachten Bestimmungen beträgt 0,5 %. Die Feinmehl-
mühle ist etwa jeden 8. Tag auf den Grad des Mahlgutes nachzuprüfen. b) Auf
Extrakt. Zur Extraktbestimmung dient das aus dem Malz hergestellte, zum
Vermaischen auf genau 50 g gebrachte Mehl, von dem vorher schon ein Teil
zur Wasserbestimmung abgenommen wurde. Behufs Erzielung einer einheitlichen Maischzeit ist die erste Wasserzugabe — 200 ccm von etwa 45—47° C —
erst dann vorzunehmen, wenn sämtliche Maischbecher fertig beschickt und
abgewogen sind. Zum Maischen ist ein mechanisches Rührwerk anzuwenden,
seine Konstruktion und die Tourenzahl bleibt freigestellt. Auch während des
Verweilens bei 45° C in der ersten halben Stunde ist das Rührwerk einzuschalten.
Sind dann beim Aufmaischen in 25 Minuten 70° C erreicht (gleichmäßige Steigerung in einer Minute um einen Grad), dann werden 100 ccm destilliertes Wasser
von 70° zum Abspülen des Maischrandes im Becher zugegeben und bei ständig
laufendem Rührwerk 1 Stunde bei 70° vermaischt. — Die Prüfung auf Verzuckerung ist 10 Minuten, nachdem die Maische 70° erreicht hatte, auszuführen,
und zwar mit treberhaltiger Maische auf Gipsplättchen (Jodlösung 2,5 g Jod
und 8 g Jodkalium in 1 Liter Wasser). Die Verzuckerungszeit ist als beendet
anzusehen, sofern ein rein gelber Fleck auf der Gipsplatte resultiert. Ist die
Verzuckerung bei der ersten Prüfung nicht erreicht, so wird von 5 zu 5 Minuten
weiter beobachtet. Die Angabe der Verzuckerung hat im Attest in Perioden
zu erfolgen. (1. Periode 15—15 Minuten, 2. Periode 15—20 Minuten usw.)
Das Ergebnis der Verzuckerungszeit darf zwischen höchster und niedrigster
Zeit bei Kontrollanalysen der einzelnen Stationen um 10 Minuten differieren.
·Nachdem 1 Stunde bei 70° C verweilt, wird das Rührwerk ausgeschaltet, die
Rührer abgespült, die Becher herausgenommen, ihr Inhalt rasch auf etwa 17° C
abgekühlt und die Maische durch Zusatz von Wasser auf das Gewicht von
450 g gebracht. Die gewogene und gründlich durchgerührte Maische wird nunmehr auf ein zur Aufnahme der ganzen Maische genügend großes unbefeuchtetes
Faltenfilter gegossen und filtriert. Ein Bedecken des Trichters ist nicht erforderlich, auch ein bestimmtes Filtrierpapier wird nicht vorgeschrieben. — In
dem Analysenattest wird nur angegeben, ob die Würze schnell oder langsam
abläuft. Die Dichte der Würze wird bei 14° R = 17,5° C mit enghalsigem
Pyknometer bestimmt und aus der Balling-Tabelle der Extraktgehalt entnommen. — Bei den vergleichenden Analysenzahlen der einzelnen Stationen
ist eine Differenz von 0,8 % Extrakt, auf wasserfreie Substanz berechnet, gestattet. — c) Auf Farbe der Würze. Als Ausgang für die Farbenbestimmung
dient ¹/₁₀ N.-Jodlösung, 12,7 g Jod, 40 g Jodkalium auf 1 Liter Wasser. Als
Ersatz hierfür ge'ten die Brandschen Farbenkästen mit der Erweiterung,
daß zwischen den Farbenflaschen, welchen eine Farbentiefe von 0,15 und 0,2 ccm
¹/₁₀ N.-Jodlösung entspricht, ein neues Farbenglas, entsprechend 0,175 ccm
¹/₁₀ N.-Jodlösung einzuschalten ist. Die Angabe der Farbentiefe erfolgt in
Intervallen und zwar 0,15—0,175, 0,175—0,2, 0,2—0,25 ccm ¹/₁₀ N.-Jodlösung
usw. Eine Umrechnung auf 10-grädige Würze findet nicht statt. — Als Fehlergrenze von zwei an verschiedenen Stationen gemachten Farbenbestimmungen
ist eine Differenz von 0,1 ccm ¹/₁₀ N.-Jodlösung zwischen höchstem und niedrig-
stem Wert zulässig. Zur Gleichstellung opalisierender Würze sind von 7 Stationen
Versuche vorgesehen (vorgeschlagen wurden Zusätze von alkoholischer Kolo-
phoniumlösung, Hefepartikelchen, Hausenblase, Hordein).

2. Mechanische Untersuchung. Die mechanische Analyse wird nur auf
besonderen Wunsch des Einsenders vorgenommen und hat im gegebenen Falle
doppelt zu erfolgen. a) Hektolitergewicht. Dasselbe ist mit der von der deutschen Normaleichungskommission eingeführten Getreidewage festzustellen, und
zwar ohne Korrektur. b) Das Tausendkörnergewicht ist mindestens mit je
500 Körnern zu ermitteln, das erhaltene Gewicht auf Malztrockensubstanz zu
berechnen; c) die Beschaffenheit des Mehlkörpers ist durch die Schnittprobe
mittels Farinotoms von Pohl, Printz oder Grobecker zu prüfen, wozu wenig-

stens 200 Körner zu verwenden sind. Angegeben wird nur in Prozenten der Gehalt an mehligen und weißen, gelben und braunen Körnern. Die Bestimmung der Blattkeimentwicklung fällt fort.

Beurteilung:

Gutes Malz soll nur aus ganzen Körnern bestehen, eine gleichmäßige Farbe haben und leich¹ zerreiblich sein. Schimmelpilze, verbrannte und glasige Körner dürfen nicht darin enthalten sein.

Die Verzuckerungszeit beträgt etwa 25 Minuten und schwankt zwischen 15—45 Minuten (Aubry), schlechtes Malz braucht länger.

Die Extraktausbeute in der Trockensubstanz = 74—82%, Verhältnis der Maltose (M) zu Nichtmaltose (NM), Nichtmaltose ist Extrakt minus Maltose.

Münchner Malz M: NM = 1 : 0,6;
Lichtes Malz M: NM = 1 : 0,45—0,5;
Fermentativvermögen: Grünmalz = 80;
bayer. Darrmalz = 15—20;
lichtes Malz = 25—30;
Säure in Malz, als Milchsäure berechnet: = 0,2—0,5%.

Bei der Würze charakterisiert man den Geruch, bestimmt die Filtrationsdauer der Würze (beim Extraktausbeuteversuch) nicht nach Minuten, sondern gibt nur an, ob sie rasch oder langsam, klar oder trüb durchs Filter läuft.

4. Hefe [1]. (Über Hefeersatzmittel (Backpulver) siehe den Abschnitt „Mehl und Brot").

a) Prüfung auf Gärkraft [2].

Als Maßstab gilt die Menge Kohlensäure, die aus einer bestimmten Menge Zucker bei bestimmter Temperatur und Zeit gebildet wird.

Gebräuchliche Methoden:

1. Nach Meißl, welcher die gebildete Kohlensäure gewichtsanalytisch bestimmt.

2. Nach Hayduk-Kusserow, welche die gebildete Kohlensäure in einem dem Scheiblerschen Apparat ähnlichen Apparat messen. Für technische Zwecke. (Apparat mit Gebrauchsanweisung käuflich) [3]. Nach eigenen Erfahrungen gibt die Methode keine zuverlässigen Resultate.

Die Meißlsche Methode verdient jedenfalls den Vorzug.

Ausführung [4]: Man stellt sich eine Mischung im Verhältnis von 400 g feinster Saccharose, 25 g Ammoniumphosphates und 25 g Kaliumphosphates her, gibt hiervon 4,5 g in ein Erlenmeyer-Kölbchen und löst sie in 50 ccm gipshaltigem Wasser (15 Teile gesättigte Gipslösung werden mit 35 Teilen destilliertem luftgesättigtem Wasser verdünnt) auf. In diese Lösung verbringt man genau 1 g Hefe, verteilt dieselbe aufs feinste, so daß eine gleichmäßige Aufschwemmung ent-

---

[1] In diesem Abschnitte ist auch gleichzeitig die Untersuchung von Preßhefe (Getreidepreßhefe), auch Backhefe und Bärme genannt, miteingeschlossen. Die Verwendung von Bierhefe als Backhefe kommt auch vor. Siehe im übrigen die Beurteilung. Betreffs Hefenextrakt vgl. Abschnitt Fleischextrakt.

[2] „Triebkraft" ist nicht gleichbedeutend mit „Gärkraft". Man versteht darunter die Wirkung der Hefe auf den Brotteig. Ein zuverlässiges Urteil über die Triebkraft erhält man nur mit Hilfe eines Backversuches und Messen des Brotvolumens. Siehe die Hefekontrollprobe in Verbindung mit der Teiggärprobe S. 185.

[3] Siehe auch die bekannten Handbücher für Nahrungsmitteluntersuchungen von J. König; H. Röttger, Beythien usw.

[4] Zeitschr. f. ges. Brauwesen 1884. 6. 312.

steht, setzt einen doppelt durchbohrten Kautschukstopfen auf, der ein
bis auf den Boden des Gläschens reichendes, am oberen Ende mit Kautschukstöpsel verschlossenes Röhrchen und ein kleines Chlorcalciumrohr
oder ein mit Schwefelsäure gefülltes sog. Gärventil trägt. Das so her-
gerichtete Kölbchen wird gewogen, in Wasser oder einen Brutschrank
von 37° C gestellt und nun 6 Stunden auf dieser Temperatur gehalten.
Nach Ablauf dieser Zeit nimmt man das Kölbchen heraus, kühlt rasch
mit Eis ab, entfernt den Kautschukstöpsel, saugt 3 Minuten lang Luft
durch, um die CO_2 völlig zu verjagen, und wägt das Kölbchen wieder.
Der Gewichtsverlust ist gleich der Menge der durch Vergärung des Zuckers
entstandenen Kohlensäure. (Mehrere Bestimmungen ausführen.)

Berechnung: Zum Vergleich einer Hefe mit einer anderen, nimmt
Meißl eine Normalhefe an, welche unter den gleichen Bedingungen
wie oben 1,75 g CO_2 entwickelt und setzt deren Gärkraft = 100.

Die Proportion lautet dann:

1,75 : n = 100 : x

n = gefundene Menge CO_2 der untersuchten Hefe.

b) Bestimmung der Stärke nach den S. 52 bei den allgemeinen Untersuchungsmethoden angegebenen Methoden. Rascher durch
die von A. Hebebrand[1]) angegebene Methode. 1 g Hefe wird mit
20 ccm Sodalösung (7%iger) angerieben, in ein Kelchglas gebracht
und in das Gemisch eine Minute lang Chlor geleitet. (4—5 Gasblasen
in der Sekunde.) Danach wird das Gefäß mit Wasser aufgefüllt, $^1/_2$ Stunde
stehen gelassen und vom Bodensatz vorsichtig abgegossen. Dieser
wird dann aufgerührt, mit Wasser gewaschen und das Waschwasser
wieder vorsichtig vom Bodensatz abgegossen. Das Auswaschen wird
öfters wiederholt. Endlich wird der Bodensatz auf ein Filter gebracht,
mit Alkohol und Äther behandelt, bei 100—105° getrocknet und gewogen.
Annähernd erfährt man nach Prior den Stärkegehalt, indem man eine
in Wasser suspendierte Menge Hefe mit Jod-Jodkalilösung behandelt
und die entstehende Blaufärbung mit selbsthergestellten Hefe-Stärke-
mischungen, die in derselben Weise hergestellt sind, vergleicht.

Andere Verfahren von Filsinger-Kusserow[2]), sowie von Neu-
mann-Wender[3]).

c) Wasser und Mineralstoffe in üblicher Weise.

Wasser kann auch nach C. Mai durch Destillation bestimmt werden,
vgl. S. 131.

d) Säuregrad. 20 g Hefe werden mit destilliertem Wasser angerieben und die Masse auf 100 ccm mit Wasser aufgefüllt. 50 ccm
des Filtrats mit Phenolphthalein und $^1/_{10}$ n-Alkali titrieren. Säuregrad =
Anzahl der ccm n-Alkali auf 100 g Hefe. 1 ccm n-Alkali = 0,09 g
Milchsäure.

e) Nachweis von Bierhefe (Unterhefe) in Preßhefe (Oberhefe).

1. Nach A. Bau[4]). Man bringt in 3 Reagensgläser je 10 ccm
einer 1%igen Raffinose-Lösung und je 0,4 g der zu prüfenden Hefe

[1]) Zeitschr. f. Unters. d. Nahr.- u. Genußm. 1902. 5. 58.
[2]) Chem.-Zeitg. 1894. 18. 842.
[3]) Zeitschr. f. angew. Chem. 1902. 15. 1040.
[4]) Zeitschr. f. Spiritusind. 1894. 17. 374; 1895. 18. 372 ff.; 1898. 21. 241.

und verschließt mit Watte. Die Reagensgläser werden bei 30⁰ warm gehalten und je ein Gläschen nach ein-, zwei- und dreimal 24 Stunden filtriert, 3 ccm Filtrat mit 1 ccm frisch bereiteter Fehlingscher Lösung versetzt und 5 Minuten im kochenden Wasserbade (Reischauerscher Stern) erhitzt. Ist die Flüssigkeit über dem Niederschlage des ersten Röhrchens, welches 24 Stunden bei 30⁰ gestanden war, blau, so war die Hefe mit 10⁰/₀ Unterhefe (Bierhefe) vermischt. Ist das gleiche nach 48 Stunden der Fall, so ist auf eine Beimischung von 5⁰/₀, nach 72 Stunden von 1⁰/₀ und darüber zu schließen. Zeigt die Lösung dagegen nach 72 Stunden eine gelbe oder braungelbe Farbe, so war keine Unterhefe vorhanden.

Das Verfahren hat sich bewährt. Die Prozentangabe nach der Dauer der Einwirkungszeit ist allerdings ungenau. Die Anwesenheit von Bierhefe ist nach dem ersten Versuch (nach 24 Stunden) als erwiesen anzusehen. Diese Feststellung genügt. Ältere Hefe muß vor dem Versuch erst gewaschen werden. Neben dieser Methode kann die nachfolgende Vorprüfungsmethode von H. Herzfeld angewendet werden.

2. Methode nach H. Herzfeld. 10 ccm einer 1⁰/₀igen Raffinoselösung werden mit 1 g Hefe gut gemischt, in das Einhornsche Gärungssaccharometer ohne Luftblasen eingefüllt, durch einen Tropfen Quecksilber im offenen Schenkel abgesperrt und bei 30⁰ 24 Stunden lang aufbewahrt. Die gleiche Probe wird mit abgekochtem Wasser an Stelle der Raffinoselösung durchgeführt und die hierbei entwickelte CO_2 von der dort entwickelten in Abzug gebracht. Ergibt die Differenz in einem Saccharometer, welches 5 ccm faßt, 2 bis höchstens 2,5 ccm, dann ist die Hefe als rein oder nahezu rein aufzufassen. Bei 4,5 ccm und darüber ist dagegen der Nachweis einer Mischung mit Unterhefe als erbracht anzusehen. Zwischen 2,5 und 4,5 ist das Ergebnis zweifelhaft.

3. Mykologischer Nachweis siehe S. 606 (Tröpfchenadhäsionskulturverfahren). Sehr empfehlenswert.

4. Teiggär- und Backversuche geben in praktischer Hinsicht die beste Auskunft über die Qualität einer Backhefe (Triebkraft); siehe auch Abschnitt Mehl sowie unter 1.

f) Mikroskopische Hefeprüfung und -beurteilung siehe den bakteriologischen Teil S. 605.

Anhaltspunkte zur Beurteilung [1]).

Bierhefe kann ober- oder untergärig sein, als Verfälschungsmittel der Preßhefe kommt untergärige Hefe und Stärkemehl in Betracht; Preßhefe ist obergärig; man heißt sie auch Korn- oder Getreidebzw. Getreidepreßhefe. Hefe ist nach den Entscheidungen des Reichsgerichts vom 28. Mai und 29. September 1900 [2]) als Nahrungsmittel zu beurteilen. Sie ist zwar im wesentlichen nur Backhilfsstoff, verbleibt aber in den Backwaren. Gesunde gute Hefe riecht obstartig und ist von heller Hefenfarbe; bei schlecht gereinigter Bierhefe ist noch Biergeruch bemerkbar; Hopfenharze usw. sind schwer oder gar nicht

[1]) Vgl. auch H. Trillich, Zeitschr. f. öffentl. Chem. 1899. 5. 379.
[2]) Entsch. Bd. XXIII, 301 und 386. Preuß. Minist.-Erl. v. 7. Nov. 1899; Urt. d. Ldg. Aachen, Zeitschr. f. Unters. d. Nahr.- u. Genußm. (Gesetze u. Verord.) 1913. 5. 428; Auszüge 1917. 9. 538.

entfernbar. Saure oder faulige (käsige), verpilzte Hefe ist verdorben und unter Umständen gesundheitsschädlich. Vertrocknete Hefe ist minderwertig. Der Wassergehalt der Preßhefe schwankt zwischen 50—70%. Der Gebrauchswert wird hauptsächlich nach der Gär- oder Triebkraft beurteilt. Bierhefe hat geringere Gärkraft als Preßhefe; Beimischungen der ersteren sind deshalb als Verfälschung anzusehen; Stärkemehl (meist Kartoffelmehl) ebenfalls. Bezeichnungen wie Doppel- oder gemischte Hefe usw. ohne nähere Kennzeichnung sind unzulässig. Für die rechtliche Beurteilung ist § 22 des Gesetzes betr. die Beseitigung des Branntweinkontingents vom 14. Juni 1912 (s. S. 814) maßgebend. Nach der Methode Meißl soll gute Preßhefe 75—85% Gärkraft auf- weisen. Backversuche geben Aufschluß über Gebrauchswert (Triebkraft) (siehe unter Mehl). Siehe auch die Ausführungsbestimmungen zum Brau- steuergesetz betr. Unterscheidung von untergäriger und obergäriger Hefe S. 811.

5. Hopfen.

Über die Qualität des Hopfens gibt die chemische Untersuchung im allgemeinen wenig Auskunft. Man bestimmt meist nur den Wassergehalt. die petrolätherlöslichen Bestandteile, prüft auf Schwefelung des Hopfens und bestimmt das Lupulin und auch die Asche.

Der Verlust an ätherischem Öl soll angeblich auch beim 11 stündigen Trocknen auf 100—105° nur unwesentlich sein.

1. Wassergehalt. 3—5 g zerzupfter Hopfenzapfen werden auf Uhr- gläsern im Vakuum über konzentrierter Schwefelsäure bei gewöhnlicher Tem- peratur bis zum konstant bleibenden Gewicht getrocknet; zwei an zwei auf- einander folgenden Tagen ausgeführte Wägungen sollen Gewichtskonstanz ergeben.

2. Der Aschengehalt wird in bekannter Weise bestimmt.

3. Petrolätherlösliche Bestandteile. 5 g getrocknete und zer- kleinerte Dolden werden in eine Extraktionshülse verbracht, im Soxhletschen Extraktionsapparat mit niedrig siedendem Petroläther extrahiert und der Hopfenrückstand bei 100° getrocknet und gewogen. Der Gewichtsverlust, durch Zurückwägen der extrahierten Hopfenmenge ermittelt, gibt die Menge des Petrolätherextrakts an.

4. Prüfung auf schweflige Säure wie bei Gerste, S. 373, unter Ver- wendung von 10 g zerschnittenen Hopfens.

5. Lupulin (Hopfenmehl)-Bestimmung (mechanisch-botanische Ana- lyse nach Haberland)[1]: 10—20 Dolden werden abgewogen, einzeln mittels zweier feiner Pinzetten über einem Sieb mit 0,5 mm weiten Löchern so zer- zupft, daß die Deckblätter einzeln auf das Sieb fallen. Fruchtspindeln und Stiele sammelt man in einem Glasschälchen; die Deckblätter aber im Sieb scheuert man mittels eines Pinsels tüchtig, so daß das Lupulin abfällt und durch das Sieb geht und auf einem untergelegten Glanzpapier leicht gesammelt werden kann; auch die Spindeln usw. befreit man auf die gleiche Weise vom Lupulinmehl.

Man wägt alle Teile einzeln, addiert die Gewichte, zählt etwaige Ver- luste zum Gewichte der Deckblätter und berechnet danach den Prozentsatz an den einzelnen Bestandteilen.

Um den wahren Gehalt an Lupulin zu erfahren, wird das nach der Haber- landschen Methode sorgfältig gesammelte Lupulin (einschl. Hülsen) gewogen und in bekannter Weise im Extraktionsapparat mit Chloroform extrahiert. Mittels einer Federfahne wird, nachdem das Chloroform verdunstet, der Rück- stand in ein Wägegläschen gebracht, bei 100° getrocknet und gewogen (nach Reinitzer[2]).

Man erfährt so die Lupulinhülsen und aus der Differenz den Lupulin- gehalt.

---

[1] Wiener landw. Ztg. 1875. Nr. 44.

[2] Allgem. Br. u. Hopfenztg. 1889, 1335.

6. Gerbstoffgehalt: 10 g Hopfen werden durch zweistündiges Kochen mit Wasser extrahiert und unter Auswaschen des Rückstandes filtriert. Das Filtrat bringt man auf 1 Liter. In 20 ccm wird die Gerbsäure mit überschüssiger ammoniakalischer Zinkacetatlösung gefällt, dann auf $^1/_5$ des Volumens eingedampft. Der Niederschlag wird abfiltriert, mit warmem Wasser ausgewaschen, in verdünnter H_2SO_4 (1 : 4) gelöst und der Gerbstoff nach der Löwenthalschen Methode (Abschnitt Gerbstoffbestimmungsmethoden) bestimmt.

7. Bittersäuren und Harze siehe in den Handbüchern.

Beurteilung (nach dem chemischen Befund)[1]): Der Wassergehalt soll 10, höchstens 17% betragen; die Asche nicht mehr als 6—10% ausmachen. Guter Hopfen gibt an Alkohol 30—40% ab. Die Zahlen schwanken aber zwischen 18 und 45%. Gerbsäure 2—6%. Nach Haberland schwankt der Gehalt an Lupulin bei verschiedenen untersuchten Hopfen von 7,9—15,7; an Deckblättern von 70—78%, an Spindeln und Stengeln von 8,5—17,5%, an reifen Früchten von 0—8%.

B. Erzeugnisse.

Würze.

Man hat unter Umständen zu bestimmen: Extrakt, Maltose, Dextrin (vgl. Malzuntersuchung sowie Bier), Stickstoffsubstanz (nach S. 34), Säure nach S. 382), Asche (nach S. 383), sowie Farbentiefe (nach S. 375).

Bier.

Vorbemerkung über die Probenahme. Hier gelten die allgemeinen Regeln: reine Flaschen, guter, neuer Kork oder Bügelverschluß, reine Gummiringeinlage. Bei Probenahme vom Faß: Vorlaufenlassen von mindestens 1 Liter Bier. Bei Pressionen und Leitungen: Auslaufenlassen der Leitung, ehe die Probenahme erfolgt.

Bezüglich der Bieruntersuchung halten wir uns in der Folge im wesentlichen an die Bestimmungen der bayerischen freien Vereinigung[2]).

Prüfung auf äußere Beschaffenheit, Farbe, Klarheit, Trübung, Süße, Vollmundigkeit, Frische usw.

1. Spezifisches Gewicht.

Mittels des Pyknometers oder der Westphalschen Wage bei 15° C (mit letzterer weniger genau) unter Berücksichtigung der vierten Dezimale (siehe auch Bestimmung des spezifischen Gewichtes von Wein); das Bier ist zuvor durch Schütteln oder mehrfaches Umgießen in andere Gefäße von der Kohlensäure zu befreien und zu filtrieren; dies gilt auch für die folgenden Bestimmungen.

2. Alkohol.

Man wägt in einem Destillationskölbchen 75 ccm Bier genau ab und destilliert unter Verwendung eines Kugelaufsatzes und nach Zugabe von etwas Tannin zur Verhinderung des Schäumens in ein 50 ccm-Pyknometer (siehe ad 1), bis das Destillat durch den dem Pyknometer beigegebenen Trichter bis nahe zur Marke des Pyknometerhalses gestiegen ist, dann bringt man dasselbe auf 15°, füllt mit Wasser zur

---

[1]) Weitere Beurteilung vgl. König, Die Untersuchung landwirtsch. und gewerbl. wichtiger Stoffe, l. c. Vgl. auch Fruhwirth: Hopfenbau und -behandlung, Parey. Berlin 1888.

[2]) Vereinbarungen betr. die Untersuchung und Beurteilung des Bieres 1898. Siehe auch die Vereinbarungen f. d. Deutsche Reich Bd. III, 1902.

Marke auf und wägt (vgl. Alkoholbestimmung im Wein). Den Alkoholgehalt des Destillates (δ) entnimmt man aus der Windischschen Tabelle S. 664. Stark saure Biere sind vor der Destillation zu neutralisieren.

Der prozentische Alkoholgehalt (A) des Bieres wird unter Berücksichtigung der verwendeten Biermenge (g = Gramme Bier oder 75 ccm × spezifisches Gewicht = s), des Alkoholgehaltes des Destillates δ und des Gewichtes des Destillates (D) nach der Gleichung $A = \dfrac{D\,\delta}{g}$ oder $\dfrac{D\,\delta}{75\,.\,s}$ berechnet.

Verwiesen wird auch auf die Methoden von E. Ackermann und A. Steinmann: Alkoholbestimmung mittels des Zeißschen Eintauchrefraktometers, Zeitschr. f. d. gesamte Brauwesen 1905. **28.** 33. 259, O. Mohr, Wochenschr. f. Brauerei 1905. **22.** 616, sowie 1908. **25.** 454 und Zeitschr. f. U. N. 1906. **11.** 306. Siehe auch G. Barth dortselbst 307.

3. Extrakt wird zweckmäßig mit der Ermittelung des Alkohols verbunden. (Kein Tanninzusatz in diesem Falle.)

75 ccm Bier werden gewogen und in einer Schale oder einem Becherglase auf der Asbestplatte unter Vermeidung des Kochens auf 25 ccm abgedampft und nach dem Erkalten mit Wasser wieder auf das ursprüngliche Gewicht gebracht. Von der sorgfältig gemischten Flüssigkeit bestimmt man das spezifische Gewicht bei 15⁰ wie unter 1., und benutzt als Extrakttabelle die Zuckertafel nach Windisch S. 660. Benützt man eine andere Extrakttabelle (Schultze-Ostermann, Balling usw.), so ist dies in der Analysenzusammenstellung anzugeben. Etwa beim Eindampfen ausgeschiedene Eiweißflocken dürfen aus der Flüssigkeit nicht entfernt werden.

Vgl. auch Ackermann und v. Spindler, Zeitschr. f. d. gesamte Brauwesen 1903. **26.** 441 und Zeitschr. f. Unters. d. Nahr.- u. Genußm. 1904. **7.** 510 u. 1906. **11.** 306, betr. Verwendung des Eintauchrefraktometers [1]) zur Extraktbestimmung. Diese läßt sich mit der Bestimmung des Alkohols verbinden. Für die Umrechnung der Refraktionswerte in Extrakt- und Alkoholwerte hat Ackermann eine besondere Rechenscheibe konstruiert, auf die verwiesen sei.

4. Extraktgehalt der Stammwürze und Vergärungsgrad.

a) Man findet den Extraktgehalt der ursprünglichen Würze (sog. Stammwürze) durch Verdoppelung des Alkoholgehaltes und Addierung des letzteren zum Extraktgehalt des Bieres (Vorschrift des Schweizerischen Lebensmittelbuches).

b) Nach den bayerischen Vereinbarungen:

$$e = \frac{100\,(E + 2{,}0665\,A)}{100 + 1{,}0665\,A}$$

den **Vergärungsgrad V** durch die Formel:

$$V = 100\left(1 - \frac{E}{e}\right) \text{ oder } 100\,\frac{e - E}{e}$$

E = Extraktgehalt des Bieres,
A = Alkoholgehalt des Bieres,
e = Stammwürzeextraktgehalt.

---

[1]) Über die Bestimmung von Alkohol und Extrakt nach H. Tornöes spektrometrisch-aräometrischer Methode s. Forschungsberichte 1897, S. 304.

5. Zucker (Rohmaltose). (Wert für Zucker + Reduktionswert der Dextrine.)

50 ccm entkohlensäuertes Bier werden entgeistet und auf 200 ccm mit Wasser verdünnt. Auch das zur Extraktbestimmung entgeistete und auf das ursprüngliche Gewicht gebrachte Bier kann man entsprechend verdünnen und verwenden; von diesen werden 25 ccm mit 50 ccm Fehlingscher Lösung zum Sieden erhitzt, 4 Minuten im Sieden erhalten und nach der Weinschen Methode weiter verfahren nach S. 42.

Saccharose (bisweilen findet man noch Reste davon in obergärigen Bieren) wird auf dem üblichen Wege durch Polarisation (siehe Fruchtsäfte, Wein, Honig) oder auf gewichtsanalytischem Wege festgestellt (siehe S. 42). Qualitativer Nachweis nach Rothenfußer [1]: 10 ccm Bier + 10 ccm Wasser werden mit 10 ccm einer $10^0/_0$igen Kaseinlösung und 9 ccm ammoniakalischer Bleizuckerlösung (500 + 1200) versetzt und das von Maltose und Dextrin befreite Filtrat mit Diphenylaminreagens (siehe Abschnitt „Milch") geprüft. Stärkesirupnachweis gelingt nicht, da die Malzdextrine sich von den Kartoffelsirupdextrinen nicht mit Sicherheit unterscheiden lassen.

6. Dextrin.

50 ccm des Bieres versetzt man mit 80 ccm Wasser und 20 ccm Salzsäure (s = 1,125) und erhitzt 3 Stunden hindurch am Rückflußkühler im siedenden Wasserbade; alsdann neutralisiert man nach dem Erkalten mit Natronlauge, füllt auf 250 ccm auf und bestimmt in 25 ccm dieser Flüssigkeit die gebildete Glukose mit alkalischer Kupferlösung: Glukose verringert um die gefundene Menge Maltose, entspricht dem im Biere enthaltenen Dextrin; Maltose $\times$ 1,052 oder $\dfrac{20}{19}$ = Dextrose.

Der Rest mit 0,925 multipliziert ergibt dann die enthaltene Menge Dextrin in Gewichtsprozenten (nach H. Ost). Glukosebestimmung S. 42.

7. Stickstoff.

20 ccm Bier werden in einem Kaliglasrundkolben auf dem Wasserbade (unter Einleitung eines erhitzten Luftstromes mittels des Wasserstrahlgebläses) unter Zusatz von 1—2 Tropfen konzentrierter Schwefelsäure eingedampft und der Abdampfungsrückstand nach Kjeldahl weiter behandelt (siehe S. 34).

8. Säure (Gesamtsäure, Säuregrad, Acidität).

50 ccm mit dem doppelten Volumen aufgekochten destillierten Wassers verdünntes Bier erwärmt man zur Entfernung der CO_2 auf 40^0 C etwa $^1/_2$ Stunde lang und titriert mit $^1/_{10}$ N.-Lauge unter Verwendung von rotem Phenolphthalein [2] als Indikator im bedeckten Becherglase. Die Acidität wird in Kubikzentimeter Normalalkali für 100 ccm Bier ausgedrückt.

---

[1] Vorschr. d. Cod. alim. austr. 1. Bd. 351.
[2] Das als Indikator dienende rote Phenolphthalein, das jedesmal frisch zu bereiten ist, wird durch Zusatz von 10—12 Tropfen der alkoholischen Phenolphthaleinlösung (s. S. 637) und 0,2 ccm $^1/_{10}$ Normallauge (nicht mehr!) zu 20 ccm kohlensäurefreiem Wasser erhalten.

Von dem roten Phenolphthalein bringt man vermittels eines Glasstabes einen großen Tropfen in eine der napfförmigen Vertiefungen einer weißen Porzellanplatte. Die Titration ist beendet, wenn 6 Tropfen der Flüssigkeit zu einem Tropfen des Indikators gegeben und vermischt, die Rotfärbung nicht zum Verschwinden bringen.

Die Vereinbarungen lassen auch als Indikator die Tüpfelprobe auf sog. neutralem Lackmuspapier zu. Die Methode gibt aber niedrigere Zahlen. Vgl. Glaser, Zeitschr. f. Unters. d. Nahr.- u. Genußm. 1899. 2. 61.

9. Flüchtige Säuren.

Die Bestimmung erfolgt nach dem Verfahren von Landmann durch Einleitung von Wasserdampf wie bei Wein, S. 399. Es wird auf Essigsäure berechnet.

1 ccm $^1/_{10}$ N.-Alkali = 0,006 g Essigsäure.

Trennung und Bestimmung der Säuregruppen erfolgt nach E. Prior[1]).

10. Glyzerin.

50 ccm Bier werden mit etwa 2—3 g Ätzkalk versetzt, zum Sirup eingedampft, dann mit etwa 10 g grob gepulvertem Marmor oder Seesand vermischt und zur Trockne gebracht. Der ganze Trockenrückstand wird zerrieben, in eine Extraktionshülse gebracht und 6—8 Stunden mit 50 ccm starkem Alkohol in einem Extraktionsapparat extrahiert. Zu dem gewonnenen, schwach gefärbten Auszuge wird das $1^1/_2$ fache Volumen wasserfreier Äther hinzugefügt und die Lösung nach einigem Stehen in ein gewogenes Kölbchen abgegossen oder durch ein kleines Filter filriert und mit etwas Alkoholäther nachgewaschen. Nach Abdunstung des Ätheralkohols wird der Rückstand im Dampftrockenschranke 1 Stunde lang getrocknet und gewogen.

Bei sehr extraktreichen Bieren kann noch der Aschengehalt des Glyzerins bestimmt und in Abzug gebracht werden. Bei etwaigem Zuckergehalte des Glyzerins ist dieser nach Meißl bzw. Kjeldahl zu bestimmen und ebenfalls in Abrechnung zu bringen.

Genauer ist das Jodidverfahren nach Zeisel und Fanto (vgl. Abschnitt Wein).

11. Asche (Mineralbestandteile), Phosphorsäure und Alkalität.

50 ccm Bier werden eingedampft und der Rückstand langsam verbrannt (siehe bei Wein). Extraktreiche Biere versetzt man zuvor mit einer Spur Hefe und läßt im Brutschrank vergären und dampft dann erst ein.

Phosphorsäure siehe „Wein".

Die Alkalität wird, wie bei Wein angegeben, ermittelt.

Siehe auch die für diese Bestimmungen im allgemeinen Teil angegebenen Vorschriften.

12. Kohlensäure nach Langer-Schultze.

1 Liter-Kolben wird luftleer gemacht, gewogen, etwa 300 ccm Bier eingesaugt und gewogen. Der Kolben wird mit einem als Rückflußkühler aufgestellten Destillierapparat, Chlorcalciumrohr, Kugelapparat

---

[1]) Cod. alim. austr. Bd. I. 351; Nachweis von Milchsäure nach W. Windisch, Vierteljahresschrift 1887. 2. 280.

mit konzentrierter SO_3, Kaliapparat (mit Kalilauge) usw. wie bei der Elementaranalyse verbunden. Mäßige Erwärmung und schließliches Durchleiten von Luft. Die Gewichtszunahme des Kaliapparates usw. entspricht der vorhandenen Kohlensäure.

Ist das Bier in gut verkorkten Flaschen eingesandt, so stellt man die Flasche in ein Wasserbad, das langsam erwärmt wird, steckt durch den Kork einen sog. Champagnerhahn, verbindet ihn mit Schlauch und Glasröhren und den nötigen Vorlagen zur Zurückhaltung der Feuchtigkeit, und fängt die CO_2 in U-förmigen Natronkalkröhren oder Kaliapparaten auf und wägt. Die ganze Vorrichtung muß jedoch so eingerichtet sein, daß zum Schluß ein kohlensäurefreier Luftstrom durchgeleitet werden kann. Siehe Vereinbarungen für das Deutsche Reich III. 10.; Zeitschr. f. d. gesamte Brauwesen 1879. **2.** 369. Bode, Wochenschr. f. Brauereien 1904. **21.** 510.

13. Konservierungsmittel.

1. **Schweflige Säure.** Siehe Wein, Fleisch, Milch, Dörrobst usw. Betr. Vorkommens als aldehydhaltige schweflige Säure siehe E. Jalowetz, Zeitschr. f. U. N. 1903. **6.** 189, 715.

2. **Salicylsäure.** Siehe Wein usw.

3. **Benzoesäure.** Siehe ebenda.

4. **Formaldehyd.** Siehe ebenda.

5. **Borsäure** ist in Spuren ein normaler Bierbestandteil. Qualitativ im wässerigen Auszuge des zuvor mit verdünnter Kalilauge alkalisch gemachten, eingedampften und verkohlten Bieres (nach Brand, Zeitschr. f. d. gesamte Brauwesen 1892. **15.** 426). Die aus mindestens 100 ccm Bier durch Auslaugen der Kohle gewonnene alkalische Flüssigkeit wird in einer Pt-Schale auf etwa 1 ccm eingedampft und nach dem Ansäuern ein Streifen Kurkumapapier eingehängt. Quantitativ nach Rosenbladt u. a. durch Überführen in Borsäuremethylester (Zeitschr. f. analyt. Chemie 1897, S. 568 u. f., siehe auch die Abschnitte Wein, Fleisch, Milch usw.). Man verwende die Asche von 200—300 ccm Bier.

6. **Fluorverbindungen** nach W. Windisch [1]). 500 ccm entkohlensäuertes Bier werden zum Sieden erhitzt und mit Kalkwasser bis zur starkalkalischen Reaktion versetzt. Vom Niederschlag hebert man die überstehende klare Flüssigkeit ab, erhitzt den Niederschlag zum Kochen, filtriert durch Leinwand, preßt ihn in derselben zwischen Fließpapier ab, kratzt ihn mit einem Messer von der Leinwand ab, bringt ihn in einen Pt-Tiegel, trocknet, glüht und pulvert, durchfeuchtet mit etwa 3 Tropfen Wasser, gibt 1 ccm konzentrierter Schwefelsäure zu und bedeckt ihn mit einem beschriebenen und mit Wachs überzogenen Uhrglas und erhitzt auf einer Asbestplatte. Um das Schmelzen des Wachses zu verhüten, legt man in das Uhrglas ein Stückchen Eis. Methode Hefelmann und Mann: Zeitschr. f. analyt. Chemie 1887, S. 18 u. 364. H. Ost und Schumacher: Über die quantitative Bestimmung des Fluors durch Ätzverlust, Berl. Ber. 1893. **26.** 151. Siehe ferner auch

---

[1]) Wochenschr. f. Br. 1896. 449. Siehe auch J. Flamand, Bull. Soc. Chim. Belg., 1908. **22.** 451; Zeitschr. f. Unters. d. Nahr.- u. Genußm. 1909. **17.** 709; A. G. Woodman u. H. P. Talbot, ebenda 1907. **14.** 311.

Zeitschr. f. U. N. 1904. 7. 510. F. P. Treadwell und A. A. Koch,
Volumetrische Bestimmung des Fluors im Bier nach Penfield (im
schweiz. Lebensmittelbuch 1909 angenommen), siehe Abschnitt Wein.

14. Künstliche Süßstoffe.

Siehe den besonderen Abschnitt „Künstliche Süßstoffe" und die
bei „Wein" beschriebenen Methoden. Siehe das besonders für Bier
ausgearbeitete Verfahren von Gunner-Jörgensen, Ann. Falsif. 1909.
2. 58; Zeitschr. f. U. N. 1909. 18. 760; 1910. 20. 175.

15. Neutralisationsmittel.

Zusätze von Neutralisationsmitteln werden oft schon an der geringen
Gesamtazidität des Bieres (unter 1,2 ccm), selten an der Zunahme des
Aschengehaltes erkannt. Nach Ed. Späth[1]) werden 500 ccm Bier
mit 100 ccm 10%igem Ammoniak versetzt, 4—5 Stunden stehen gelassen,
worauf man den entstandenen, die an CaO und MgO gebundene Phosphorsäure enthaltenden Niederschlag abfiltriert.

a) Zweimal je 60 ccm des Filtrates, entsprechend 50 ccm Bier,
werden eingedampft, verascht und in der Asche die Phosphorsäure nach
der Molybdänmethode bestimmt (siehe Wein).

b) 250 ccm des ammoniakalischen Filtrates werden, ohne das
Ammoniak zu verjagen, zur Ausfällung der Phosphorsäure mit 25 ccm
Bleiessig versetzt, tüchtig geschüttelt und nach 5—6 stündiger Ruhe
filtriert.

Vom Filtrat dampft man zur Entfernung des Ammoniaks 200 ccm
auf etwa 30—40 ccm ein, verdünnt nach dem Erkalten wieder auf 200 ccm,
gibt einige Tropfen Essigsäure zu und leitet Schwefelwasserstoff ein.
Der überschüssige Schwefelwasserstoff wird durch einen Luftstrom entfernt und das Schwefelblei abfiltriert. Von dem Filtrat werden 150 ccm
in einer Platinschale eingedampft und verascht. Die vollkommen weiße
Asche wird in Wasser aufgenommen, 15—20 Minuten CO_2 durch die
Lösung geleitet, bis zum Kochen erhitzt, 30—35 ccm $^1/_{10}$ N.-H_2SO_4
zugegeben und im Becherglas $^1/_4$ Stunde gekocht und der Alkaligehalt
durch Zurücktitrieren mit $^1/_{10}$ N.-KOH ermittelt.

Unter der Annahme, daß sämtliche an Alkali gebundene Phosphorsäure als primäres Phosphat im Bier enthalten ist, läßt sich aus der
gefundenen Phosphorsäure und dem Alkaligehalt der Zusatz des Neu-
tralisationsmittels berechnen. Da 0,01 der gefundenen Phosphorsäure
(P_2O_5) = 0,0191 KH_2PO_4 = 1,4 ccm $^1/_{10}$-Säure entsprechen, hat man
nur die gefundene Menge Phosphorsäure mit 1,4 zu multiplizieren, um
die für die normale Bierasche erforderliche Menge $^1/_{10}$-Säure zu erhalten.
Der Mehrverbrauch entspricht dem zugesetzten Neutralisationsmittel
und wird, da fast ausschließlich Natriumbicarbonat in Betracht kommt,
auf dieses berechnet: 1 ccm $^1/_{10}$-Säure = 0,00837 g $NaHCO_3$.

Nach diesem Verfahren wird in der Regel etwas Natriumbicarbonat
zu wenig gefunden, da bei der Ausfällung der Kalk- und Magnesia-
phosphate durch Ammoniak geringe Mengen lösliche Ammoniumphos-
phate gebildet werden. Der Fehler ist aber bei den geringen Mengen

---

[1]) Forschungsber. 1895. 2. 303; Zeitschr. f. Unters. d. Nahr.- u. Genußm.
1898. 1. 279; 1901. 4. 89.

von ursprünglich vorhandenen Kalk- und Magnesiaphosphaten sehr gering und kommt außerdem dem Bierpantscher zugute.

Die gefundene Menge Neutralisationsmittel entspricht daher stets der geringsten zugesetzten Quantität.

16. Hopfenharz, Bitterstoffe und Alkaloide.
Hopfenharz nach der Methode von V. Grießmayer, Zeitschr. f. analyt. Chemie 1878. 17. 381.

Pikrinsäure (nach Vitali): 10 ccm Bier mit 5 ccm Amylalkohol ausschütteln und den Abdampfrückstand mit KCN in der Wärme behandeln; es muß eine blutrote Färbung entstehen. Siehe auch S. 531.

Prüfung auf pflanzliche Bitterstoffe und Alkaloide siehe Dragendorff, Die gerichtl.-chem. Ermittlung von Giften.

17. Metalle (namentlich Arsen, Blei, Zink, Zinn; ersteres ist schon durch unreinen Stärkezucker ins Bier gelangt) **und Teerfarbstoffe** in üblicher Weise, siehe den allgemeinen Untersuchungsgang S. 34 u. 56. Zu beachten ist, daß auch Zuckercouleur auf Wolle und Seide auffärbbar ist.

18. Zuckercouleur (Karamel). Nachweis siehe im Abschnitt „Branntweine".

19. Farbentiefe. Für die Beurteilung der Würze wichtig. Vergleichung mit $n/_{10}$ Jodlösung oder Lösungen von geeigneten Teerfarbstoffen. Näheres siehe die Handbücher.

20. Prüfung auf Trübungen nach Will [1]).

1. Harztrübung: Das Mikroskop läßt hellgelbe und gelbe bis braune Körnchen oder krümelige Massen, die alter, wilder Hefe ähnlich sehen, erkennen. Durch einen Zusatz von 10%iger Kalilauge zu dem mikroskopischen Präparat unterscheidet man sie von letzterer. Wird häufig mit Glutintrübungen verwechselt, kommt selten vor. Der zentrifugierte Bodensatz mit Essigsäureanhydrid und konzentrierter Schwefelsäure behandelt, färbt sich rot (Harz).

2. Stärke- oder Kleistertrübung (durch fehlerhaften Betrieb im Maischprozeß entstanden). 10 ccm Bier versetzt man mit 50 ccm Alkohol, läßt absitzen, gießt ab, löst die ausgeschiedenen Dextrine und Stärke in sehr wenig Wasser und versetzt mit Jodjodkaliumlösung; es entsteht Blaufärbung.

3. Eiweiß- bzw. Glutintrübungen: Flockige Ausscheidungen, die unter dem Mikroskop die bekannten Eiweißreaktionen mit Jod usw. zeigen.

4. Bakterien- und Hefetrübungen: Siehe im bakteriol. Teil.

Manche Biere erleiden Trübungen durch starke Abkühlung (Kälteempfindlichkeit) oder durch Berührung mit Metall (Zinn). Helle Biere sind darin empfindlicher als dunkle.

21. Prüfung auf Pasteurisierung [2]).

22. Unterscheidung zwischen obergärigem und untergärigem Bier siehe den Abschnitt Hefe im bakteriol. Teil.

23. Untersuchung von alkoholfreiem Bier siehe Abschnitt alkoholfreie Getränke, Limonaden usw.

---

[1]) Vgl. Wills Arbeit in den Forschungsberichten 1894. 1. 389.

[2]) Nach A. Bau, Wochenschr. f. Brauerei 1902. 19. 44; Zeitschr. f. Unters. d. Nahr.- u. Genußm. 1903. 6. 189.

Beurteilung.

Gesetzliche Bestimmungen. Neben dem Nahrungsmittel-gesetz sind die Brausteuergesetze maßgebend. Zur Bereitung von Bier sind im Reichsbrausteuergebiete [1]) sowie in Bayern, Württemberg und Baden nur Gerstenmalz und Hopfen auf Grund besonderer Gesetze als Rohstoffe zulässig, zur Herstellung obergäriger Biere im Reichsbrau-steuergebiete auch technisch reiner Rohr-, Rüben- oder Invertzucker, Stärkezucker, auch aus solchem Zucker hergestellte Farbmittel, sowie auch Malze anderer Getreidearten; nicht aber solche aus Reis, Mais oder Dari. In Süddeutschland darf zu obergärigen Bieren außer Gerstenmalz nur Malz anderer Getreidearten verwendet werden. Die Brausteuergesetze sind unter Weglassung der nur für Brauereien und Steuerbehörden wichtigen Paragraphen im Anhang S. 808 u. f. nebst Ausführungsbestimmungen abgedruckt.

Zusammensetzung und Verfälschung. Untergäriges Bier wird hell oder dunkel (Zusatz von Farbmalz), schwach oder stark ein-gebraut (gewöhnliches sog. Lagerbier, auch bayerisch Bier genannt, ferner Doppel-, Bock-, Salvatorbier). Die Ortsgebräuche sind hinsicht-lich Brauart und Benennung sehr verschieden.

Als obergäriges Bier kennt man Weiß-, Braun- sog. Malz-, Grätzer-, Stangen-, Ammenbier, Schöps, englische Biere wie Porter, Ale usw.

Zur Herstellung des sog. Malzbieres müssen nach § 1 Abs. 4 des Brausteuergesetzes und § 6 der Ausführungsbestimmungen mindestens 15 kg Malz für 1 hl verwandt werden.

Sog. alkoholfreie Biere gibt es nicht; die Bezeichnung Bier ist an die Vergärung und damit an den Alkoholgehalt gebunden (Vorschrift des Reichsbrausteuergesetzes). Weitere Beurteilung siehe auch im Ab-schnitt alkoholfreie Getränke.

Als „Bierersatz" gelten alle bierähnlichen Getränke, die nach den im Herstellungsgebiete allgemein üblichen Bestimmungen, ins-besondere auch nach den steuerlichen Vorschriften und nach der beim Übergange in ein anderes Brausteuergebiet erfolgenden steuerlichen Be-handlung nicht als Bier anzusehen sind, also z. B. im norddeutschen Brausteuergebiet sowohl alle bierähnlichen Getränke im Sinne des Brausteuergesetzes vom 15. Juli 1909, als auch alle anderen bierähn-lichen Getränke (vgl. Stadthagen, Genehmigungspflicht für Ersatz-lebensmittel, Carl Heymanns Verlag, Berlin 1918); darunter fallen auch die alkoholfreien Biere.

Das Reichsbrausteuergesetz verbietet ferner den Zusatz von Wasser zum Bier nach Abschluß des Brauverfahrens. Bei untergärigem Bier galt eine solche Verdünnung schon immer als Nahrungsmittelverfälschung. Das Zusetzen von Wasser zu obergärigem Bier (namentlich Weiß- und Braunbier) war bisher in manchen Gegenden zum Schaden der Konsu-menten als erlaubter Gebrauch bezeichnet; durch das Reichsbrausteuer-gesetz ist auch diesem Unfug gesteuert. Die Ausführungsbestimmungen enthalten noch Bestimmungen über Zulässigkeit gewisser mechanisch

---

[1]) Auch Elsaß-Lothringen und das Großherzogl. Sächsische Vordergericht Ostheim sowie das Herzogl. Sachsen-Koburg und Gothaische Amt Königsberg sind außer den oben genannten größeren Bundesstaaten davon ausgenommen.

wirkender, sowie über verbotene Klärmittel, über die Verwendung von Kohlensäure, über die Qualität des Brunnenwassers und andere Dinge.

Gut vergorene normale Biere besitzen in der Regel einen wirklichen Vergärungsgrad von 48% und darüber, mindestens aber einen solchen von 44%. Bestimmte Vorschriften gibt es nicht. Österreich schreibt 45%, die Schweiz 46% als unterste Grenze vor.

Der Stammwürzegehalt ist wechselnd, bei untergärigen Bieren beträgt er zwischen $10-14\%$, bei obergärigen weniger. Der Stickstoffgehalt in Prozenten der Stammwürze beträgt $0,4-0,5\%$. Dasselbe gilt für Phosphorsäure.

Der Stickstoff- und Phosphorsäuregehalt soll bei normalem ohne Ersatzstoff hergestelltem Bier nach dem Schweizerischen Lebensmittelbuche nicht unter $0,4\%$ des Stammwürzegehaltes sinken. Aus diesen Werten kann man Rückschlüsse auf den wahren Malzgehalt eines Bieres ziehen.

Der Aschengehalt liegt selten über $0,3\%$; ein Mehr deutet mit Ausnahme besonders extraktreicher Biere, wie Bockbier usw. auf Zusatz von Neutralisationsmitteln (Moussierpulvern, Natriumbicarbonat usw.). Alkalität der Asche nicht über 0,4 ccm.

Die Gesamtsäure (ausschließlich CO_2) überschreitet bei untergärigen Sorten selten eine Menge, die 3 ccm N.-Alkali für 100 g Bier entspricht. Geht die Menge unter 1,2 ccm N.-Alkali, so ist das Bier der Neutralisation verdächtig. Geringe Überschreitung der Säurezahl beim Fehlen anderer Anhaltspunkte berechtigt jedoch nicht zur Beanstandung. Manche Biere, namentlich obergärige (Berliner Weiße usw.), weisen überhaupt höhere Säuregrade auf. An flüchtigen Säuren sollen nicht mehr als 10 ccm n/$_{10}$-Lauge in 100 ccm entspricht, in das Destillat übergehen.

Der Kohlensäuregehalt des im Konsum befindlichen Bieres schwankt zwischen 0,2 und $0,3\%$. bei Bier im Lagerfaß bis $0,4\%$ CO_2, Biere mit weniger als $0,2\%$ CO_2 werden schal. (Prior.)

Der Alkoholgehalt (A) und Extraktgehalt (E) schwankt bei den einzelnen Biersorten innerhalb weiter Grenzen (A = 1,5 — 6%, E 2 — 8%). Maßgebend dafür ist der Vergärungsgrad und die Stammwürzemenge. Alkoholzusatz ist dem Sinne des Brausteuergesetzes nach verboten, außerdem auf Grund des § 10 d. N.-G. zu beanstanden.

Der Glyzeringehalt normalen Bieres beträgt etwa $0,3\%$. Als äußerst zulässige Grenze gibt der Codex alim. austr. 0,35 Gew.-$\%$, das schweizer. Lebensmittelbuch 4 g Glyzerin in 1 Liter Bier an. Höhere Mengen deuten auf Zusatz, der ebenso wie Alkoholzusatz zu beurteilen ist.

Das Färben von Bier darf nur mit mehr oder weniger stark gedarrtem Malz (Farbmalz und Karamel) geschehen, soweit nicht die für obergäriges Bier im Reichsbrausteuergesetz zutreffenden Bestimmungen Platz greifen. Teerfarbstoffe sind überhaupt unzulässig.

Zusatz von künstlichen Süßstoffen ist in Deutschland gesetzlich verboten (Süßstoffgesetz.) Im Kleinhandel bzw. beim Straßenverkauf von obergärigem Bier werden nicht selten durch die Bierfahrer usw. Tabletten von künstlichem Süßstoff zum Bier gegeben. Nach dem Urteil des Reichsgerichts vom 2. Dezember 1904, Auszüge B. VII, 128, ist darin kein Schenkungsakt, sondern eine mit dem Verkauf verbundene Manipulation zu erblicken.

Salicylsäure [1]) und andere Konservierungsmittel dürfen nicht gebraucht werden, statthaft ist nur die Verwendung von Kohlensäure und das Pasteurisieren. Spuren von Fluß- und Borsäure (natürliche Bestandteile), sowie von schwefliger Säure (herrührend vom Schwefeln des Hopfens) können im Bier vorkommen, doch sollte der SO_2-Gehalt für 200 g Bier nicht mehr betragen als 10 mg $BaSO_4$ entspricht.

Außer den bereits erwähnten Verfälschungen kommen noch als solche in Betracht: das Vermischen einer besseren Biersorte mit einer geringwertigen, das auch als Nachmachung angesehen werden kann; Zusatz von Neigen- oder Tropf- oder abgestandenem oder von in anderer Weise verdorbenem Bier zu frischem Bier [2]); Zusatz von Alkohol, Wasser oder Zucker (letzterer darf untergärigem Bier überhaupt nicht zugesetzt werden, obergärigem nur im Reichsbrausteuergebiet), ferner von Glyzerin, Süßholz [3]), lösliche Klärmittel wie Gelatine, Karagheen, Hopfenersatz-(Bitter-) stoffe; Nachmachungen von Bier sind bisher nur vereinzelt vorgekommen.

Die sog. Champagnerweiße ist nach herkömmlicher Sitte obergäriges Weißbier. Die mißbräuchliche Übertragung dieser Bezeichnung auf bierähnlich aussehende Brauselimonaden ist unstatthaft. „Pilsener", „Münchener" usw. sind Ursprungsbezeichnungen, aber „Berliner Pilsener", „Pilsator" u. dgl. sind erlaubte Bezeichnungen (Urt. d. Reichsger. v. 19. April 1912, Auszüge 1917. 9. 152). Falschbenennungen kann neuerdings durch die Verordnung gegen irreführende Bezeichnungen entgegengetreten werden.

Als verdorben ist ein Bier zu bezeichnen, welches einen sauren und schlechten Geschmack hat, dessen Säuregrad (Azidität) 3 ccm Normalalkali pro 100 g Bier überschreitet und in dessen Bodensatz sich neben Hefe viele Säurebakterien nachweisen lassen. Bei obergärigem Biere ist das über den Gesamtsäuregehalt Gesagte zu berücksichtigen. Neutralisationsmittel sind Fälschungsmittel und auch nach dem Sinne der Biersteuergesetze nicht zulässig [1]).

Schal nennt man ein Bier, das viel CO_2 verloren, also längere Zeit ohne Verschluß gestanden hat und weniger als $0,2\%$ CO_2 enthält. Solches Bier kann nicht mehr als normales Genußmittel angesehen werden. Im allgemeinen ist untergäriges Bier völlig klar; bei stärker eingebrauten Sorten kommt leichter Hefeschleier vor, jedoch darf derselbe nicht so stark sein, daß sich nach Ablauf von 24 Stunden merkliche Hefemengen absetzen.

---

[1]) Reichsger.-Urt. vom 3. Juli 1906; Zeitschr. f. Unters. d. Nahr.- u. Genußm. 1907. 13. 300; Urt. d. Ldg. Amberg v. 24. April 1910; Auszüge 1917. 9. 132. Salicylsäurezusatz ist bei Exportbieren gestattet, die nach Ländern gesandt werden, in welchen ein solcher erlaubt ist.
[2]) Reichsger. I. Urteil vom 1. 10. 1885; II. Urteil vom 29. 11. 1889.
[3]) Urteil des Landger. Leipzig und des Reichsgerichts. Zeitschr. f. U. N. 1910. 20. Beiheft 329.
[4]) Neuere Urteile Regensburg 1908; Schweinfurt 1912, Auszüge 1917. 9. 129.

Hefetrübe Biere sind meist auch sauer. Derartige Biere gelten als verdorben. Gewisse Biersorten, wie Lichtenhainer, Berliner Weißbier usw. sind mit Hefetrübung zulässig.

Als verdorben gilt auch sog. Neigen-, Tropf-, Faßrestbier.

Gesundheitsschädlichkeit kann durch giftige Hopfenbitterersatzstoffe (Colchicin, Pikrinsäure), Metalle (z. B. Blei, Zinn aus Druckleitungen, Bleischrot, wie solches zum Reinigen von Bierflaschen schon verwendet wurde), hervorgerufen sein. Für Bierleitungen dürfen nur Röhren aus reinem, in 100 Gewichtsteilen nicht mehr als einen Gewichtsteil Blei enthaltendem Zinn verwendet werden. Ebenso müssen Spundaufsätze oder Anstichhähne, Stecherrohre (auch Stocherrohre) und Zapfhähne beschaffen sein. Der zwischen dem Spundaufsatz und dem Bierfange befindliche Teil der Leitungen für gasförmige Kohlensäure oder für die Druckluft muß aus bleifreiem Zinn bestehen. Die Kontrollfläche bei Kontrollvorrichtungen (-hähnen) muß durchweg gleichmäßig mit einem starken Überzug von reinem, in 100 Gewichtsteilen nicht mehr als einen Gewichtsteil Blei enthaltendem Zinn versehen sein (vgl. preuß. Normalentwurf betr. die Einrichtung und den Betrieb von Bierdruckvorrichtungen vom 30. Januar 1909 nebst Ausführungsanweisung, nebst Erlaß betr. Ergänzungen des Normalentwurfs vom 30. April 1912 [1]) sowie das Gesetz betr. den Verkehr mit blei- und zinkhaltigen Gegenständen vom 25. Juni 1887).

Die Verwendung von schädlichen Bitterstoffen dürfte kaum mehr vorkommen, die Gesundheitsschädlichkeit eines Bieres im allgemeinen auf zufälligen Verunreinigungen und Unachtsamkeit beruhen.

XX. Wein, weinähnliche und weinhaltige Getränke.

Vorbemerkung über die Untersuchung des Weinmostes und die Weinverbesserung.

Die Untersuchung [2]) des süßen Mostes bleibt meistens auf die Bestimmung des Zuckers und der Säure, die des angegorenen Mostes außerdem auf die Bestimmung des Alkohols beschränkt.

1. **Der Zucker- und Extraktgehalt** wird in süßen Mosten für praktische Zwecke hinreichend genau durch Ermittelung des spezifischen Gewichtes gefunden; hierzu dienen in der Praxis sog. Mostwagen von Oechsle, Schmidt-Achert, v. Babo, Wagner u. a.

a) Die Oechslesche Mostwage gibt die Grade 51—130, die den spezifischen Gewichten von 1,051—1,130 entsprechen, an. Die Schmidt-Achertsche Wage gibt außer den Oechsleschen Graden noch die Zuckerprozente an.

---

[1]) Zeitschr. f. U. N. (Ges. u. Verord.) 1912, 451, 460, 466. Der Entwurf bezieht sich im wesentlichen auf die technische und hygienische Prüfung der Bierdruckapparate.

[2]) Siehe die Beschlüsse der Kommission für Bearbeitung der Weinstatistik. (Zeitschr. f. analyt. Chemie 1893. 32. 648). Über die Ergebnisse der Weinmostuntersuchungen werden ebenso wie über die der vergorenen Weine der deutschen Weinbaubezirke durch das Kaiserl. Gesundheitsamt alljährlich fortlaufend Berichte gesammelt und veröffentlicht (Kommission für Weinstatistik). Vgl. Arbeiten a. d. Kaiserl. Gesundh.-Amt sowie Zeitschr. f. U. N.

b) Die v. Babosche oder Klosterneuburger Wage ist ein Saccharimeter mit direktor Anzeige der Zuckerprozente.

c) Die Wagnersche Mostwage ist mit einer willkürlichen Teilung versehen.

d) Das Ballingsche Saccharimeter gibt den Extraktgehalt der Flüssigkeiten an.

Die Feststellung geschieht bei 15° C. Der Most ist vor dem Wägen zu filtrieren. Zur Konservierung des Mostes setzt man 3 Tropfen Formalin zu $\frac{1}{2}$ l Most zu. Der Extrakt, Trockensubstanz- und Zuckergehalt ist aus der Tabelle (S. 671), welche die entsprechenden Zuckermengen bzw. eine vergleichende Zusammenstellung der Angaben der vier Mostwagen angibt, zu entnehmen. In der Praxis berechnet man den Zuckergehalt (= kg in 100 l), indem man die ermittelten Oechslegrade durch 4 dividiert und von dem erhaltenen Resultat in guten Jahren 2, in geringen 3 abzieht.

Genau wird der Zuckergehalt sowie auch Saccharosezusatz usw. nach dem Kupferreduktionsverfahren als Invertzucker nach Meißl oder auch mit Hilfe der Polarisation bestimmt (siehe „Wein").

Aus 100 Teilen Zucker entstehen etwa 45—46 Teile Alkohol.

In angegorenen Mosten bestimmt man den Alkoholgehalt, wie bei Wein S. 395 angegeben, und die ursprünglichen Oechsle-Grade wie folgt: Zu den direkt gefundenen Oechsle-Graden des angegorenen Mostes wird das Zehnfache der gefundenen Gramme Alkohol in 100 ccm Most hinzugezählt [1]), z. B.:

$$\begin{aligned} \text{direkt gefundene Oechsle-Grade} &= 80,4 \\ \text{Alkohol gefunden } 0,94 \times 10 &= 9,4 \\ \hline \text{Urspr. Oechsle-Grade} &= 89,8 \end{aligned}$$

Ist die Gärung schon weit fortgeschritten, so daß das Gewicht weniger als 40° Oechsle beträgt, so läßt man den Most vollends ganz vergären und findet das ursprüngliche Mostgewicht durch Multiplikation des Alkoholgehaltes mit 10.

2. Gesamtsäure wie bei Wein S. 398.

Außerdem können noch folgende Bestimmungen in Betracht kommen:

3. Spezifisches Gewicht des filtrierten Mostes pyknometrisch wie bei Wein S. 394.

4. Trockensubstanz. Man bestimmt das spezifische Gewicht nach Ziff. 3, des angegorenen Mostes wie bei Wein nach der Methode der indirekten Extraktbestimmung und entnimmt den Trockensubstanzgehalt aus der Tabelle von Halenke und Möslinger S. 671. 1° Oechsle = annähernd 0,25% Trockensubstanz.

5. Weinstein
6. Phosphorsäure } wie bei Wein, Fruchtsäften usw.
7. Mineralbestandteile

8. Konservierungsmittel (siehe Milch, auch bei Bier, Wein, Fruchtsäften, Fleisch); kommen bei pasteurisierten Trauben- und Obstsäften (alkoholfreien Getränken) in Betracht.

Zur gesetzlich erlaubten Weinverbesserung gemäß § 3 des Weingesetzes vom 7. April 1909 (siehe S. 765), sowie zur Umgärung der Weine geben die von P. Kulisch herausgegebene Anleitung sowie die von C. v. d. Heide und Jakob verfaßte Schrift, „Praktische Übungen in der Weinchemie und Kellerwirtschaft" und die Ausführungen Günthers in v. Buchkas „Das Lebensmittelgewerbe", S. 660 u. ff. eingehende Aufschlüsse. Man unterscheidet Trockenzuckerung und Verbesserung mit Zuckerwasser (Gallisieren), erstere findet im allgemeinen seltener statt. Der mutmaßliche natürliche Säurerückgang [2]) beträgt

---

[1]) Begründung dieser Berechnungsweise Zeitschr. f. analyt. Chemie 1893. 32. 648; Zeitschr. f. U. N. 1910. 20. 342.

[2]) Einen Teil der ursprünglichen Säure kann man auch durch Entsäuern (Chaptalisieren) entfernen. Zur Entsäuerung eines Hektoliters Wein nehme man für jedes zu entfernende 1°/₀₀ Säure 66,6 g $CaCO_3$ oder 92,0 g K_2CO_3.

etwa 4—5°/$_{00}$ und muß bei der Berechnung des Zuckerwasserzusatzes berücksichtigt werden. Auch beim Umgären älterer Weine muß man mit Säurerückgang rechnen. Die Verbesserung der Moste und das Umgären der Weine soll nur unter Wahrung des Charakters der Weine stattfinden, weshalb keine zu weitgehende Verdünnung und keine übermäßige Erhöhung des Alkoholgehaltes stattfinden soll. Im übrigen ist die Höchstgrenze des Zuckerwasserzusatzes durch das Weingesetz festgesetzt; er darf nicht mehr als 20°/$_0$ der Gesamtmenge betragen. Es dürfen nur Naturweine (-Moste, -Maischen) gezuckert werden. Siehe auch S. 439.

Eingedickter Traubenmost wird nach entsprechender Verdünnung, deren Höhe nach Feststellung des Wassergehaltes des eingedickten Mostes unter Zugrundelegung des Gehaltes von Most ähnlicher Art festzustellen ist, in derselben Weise wie frischer Most untersucht.

Die Beurteilung von Weinmost erfolgt nach den Vorschriften des Weingesetzes. Näheres ist am Schlusse des Abschnittes Wein ausgeführt.

I. Wein.

Amtliche Anleitung [1]) zur Untersuchung des Weines vom 25. Juni 1896.

A. Vorschriften für die Entnahme [2]) und Bezeichnung, für das Aufbewahren und Einsenden von Wein zum Zwecke der chemischen Untersuchung.

1. Von jedem Wein, welcher einer chemischen Untersuchung unterworfen werden soll, ist eine Probe von mindestens 1¹/$_2$ Liter zu entnehmen. Diese Menge genügt für die in der Regel auszuführenden Bestimmungen (siehe Nr. 5). Der Mehrbedarf für anderweite Untersuchungen ist von der Art der letzteren abhängig.

2. Die zu verwendenden Flaschen und Korke müssen vollkommen rein sein. Krüge oder undurchsichtige Flaschen, in welchen etwa vorhandene Unreinlichkeiten nicht erkannt werden können, dürfen nicht verwendet werden.

3. Jede Flasche ist mit einem das unbefugte Öffnen verhindernden Verschlusse und einem anzuklebenden Zettel zu versehen, auf welchem die zur Feststellung der Identität notwendigen Vermerke angegeben sind. Außerdem ist gesondert anzugeben: die Größe und der Füllungsgrad der Fässer und die äußere Beschaffenheit des Weines; insbesondere ist zu bemerken, wie weit etwa Kahmbildung eingetreten ist.

4. Die Proben sind sofort nach Entnahme an die Untersuchungsstelle zu befördern; ist eine alsbaldige Absendung nicht ausführbar, so sind die Flaschen an einem vor Sonnenlicht geschützten, kühlen Orte liegend aufzubewahren. Bei Jungweinen ist wegen ihrer leichten Veränderlichkeit auf besonders schnelle Beförderung Bedacht zu nehmen.

5. Zum Zweck der Beurteilung der Weine sind die Prüfungen und Bestimmungen in der Regel auf folgende Eigenschaften und Bestandteile jeder Weinprobe zu erstrecken [3]):

1. Spezifisches Gewicht, 2. Alkohol, 3. Extrakt, 4. Mineralbestandteile, 5. Schwefelsäure bei Rotweinen, 6. Freie Säuren (Gesamtsäure), 7. Flüchtige

---

[1]) Mit zahlreichen Literaturangaben sowie Bemerkungen und Ergänzungen der Verf. Die Untersuchung ist mit amtlich geeichten Meßgefäßen auszuführen.

[2]) Anweisung zur Probeentnahme und Feststellung der Gleichartigkeit der Sendungen von Wein für die Zollbehörden siehe die neue Weinzollordnung vom 29. VI. 1910, S. 789.

Betreffs Entnahme von Wein aus Fässern sei auf die Beobachtungen von Meißner, Kulisch, Baragiola und Mallmann, Zeitschr. f. U. N. 1907. 13. 292 u. 1910. 19. 399 verwiesen.

[3]) Neuerdings kommt man mit diesen Bestimmungen beim Nachweis von Verfälschungen nicht mehr aus. Das Nähere ergibt sich aus den nachstehenden Untersuchungsmethoden sowie aus der Beurteilung.

Säuren, 8. Nichtflüchtige Säuren, 9. Glyzerin, 10. Zucker, 11. Polarisation, 12. Unreinen Stärkezucker, qualitativ, 13. Fremde Farbstoffe bei Rotweinen. Unter besonderen Verhältnissen sind die Prüfungen und Bestimmungen noch auf nachbezeichnete Bestandteile auszudehnen: 14. Gesamtweinsäure, freie Weinsteinsäure, Weinstein und an alkalische Erden gebundene Weinsteinsäure, 15. Schwefelsäure bei Weißweinen, 16. Schweflige Säure, 17. Saccharin, 18. Salicylsäure, 19. Gummi und Dextrin, qualitativ, 20. Gerbstoff, 21. Chlor, 22. Phosphorsäure, 23. Salpetersäure, qualitativ, 24. Barium, 25. Strontium, 26. Kupfer.

Die Ergebnisse der Untersuchungen sind in der angegebenen Reihenfolge aufzuführen. Bei dem Nachweis und der Bestimmung solcher Weinbestandteile, welche hier nicht aufgeführt sind, ist stets das angewandte Untersuchungsverfahren anzugeben.

6. Als Normaltemperatur wird die Temperatur von 15° C festgesetzt; mithin sind alle im folgenden vorgeschriebenen Abmessungen des Weines bei dieser Temperatur vorzunehmen und sind die Ergebnisse hierauf zu beziehen. Trübe Weine sind vor der Untersuchung zu filtrieren; liegt ihre Temperatur unter 15° C, so sind sie vor dem Filtrieren mit den ungelösten Teilen auf 15° C zu erwärmen und umzuschütteln.

7. Die Mengen der Weinbestandteile werden in der Weise ausgedrückt, daß angegeben wird, wie viel Gramme des gesuchten Stoffes in 100 ccm Wein von 15° C gefunden worden sind.

Bemerkungen betreffend die Entnahme und Untersuchung der Auslandweine im zolltechnischen Interesse [1]).

Der Umfang der Analyse ist durch den Nachtrag Anlage 2 zur Wein-Zollordnung vom 17. Juli 1909 vorgeschrieben (siehe S. 792). Es sollen danach fünf vom Hundert der eingehenden Weine genauer analysiert und insbesondere auf verbotene Stoffe (§§ 10, 16 des Weingesetzes) geprüft werden, wobei namentlich den Stoffen Aufmerksamkeit zu schenken ist, die in dem betreffenden Auslande gestattet, nach der deutschen Gesetzgebung aber verboten sind. Es sind daher für diese Untersuchungen Stichprüfungen auszuwählen. Die Wahl dieser Prüfungen soll nicht schematisch geschehen, sondern ist der Bereitungsweise der betreffenden Weine bzw. den Gepflogenheiten des Landes bei der Weinbereitung und dem vorliegenden analytischen Bilde anzupassen. Zum Beispiel wäre dem Sinne und Zwecke der Weinzollordnung nicht entsprochen, wenn ein Rotwein, von dem man schon weiß, daß er eine gewisse Menge Schwefelsäure enthält, auf Barium und Strontium geprüft wurde.

Auf Fluorzusatz wird man namentlich solche Weine prüfen, bei deren Herstellung die Gärung unterbrochen worden ist, also z. B. bei Samosweinen, spanischen und griechischen Süßweinen; die solchen Weinen aber, die schon ein anderes Konservierungsmittel enthalten, z. B. den weißen Bordeauxweinen, die durch große Mengen von schwefliger Säure stumm gemacht werden, dürfte eine Prüfung auf Fluor kaum Erfolg haben. Bei der Prüfung auf extraktvermehrende Zusätze wird vor allem die Verschnittweine ins Auge zu fassen, da bei diesen der ermäßigte Zollsatz von einem Mindestgehalt an Extrakt abhängig gemacht wird (2,8 g in 100 ccm). Da für diese Weine auch eine Mindestgrenze für den Alkohol gezogen ist, so wäre die Möglichkeit einer Spritung im Auge zu behalten.

Auf Mineralstoffzusätze, die nach § 13 b verboten sind, zu prüfen, gibt auffällig hoher Aschengehalt, wie man ihn namentlich bei Malaga und französischen Rotweinen öfters findet, Veranlassung. Verschiedene Stoffe verraten sich unter Umständen dem geübten Geschmack; ein nur geringer Kupfergehalt gibt dem Wein einen ausgesprochenen metallischen Beigeschmack. Zusätze von 0,1 Ameisensäure und kleinen Mengen freier Weinsäure verraten sich mitunter im Geschmack.

---

[1]) Weinhaltige Getränke, wie Wermutwein, unterliegen nicht den Einfuhrbeschränkungen der Weinzollordnung.

B. Ausführung der Untersuchungen.

Vorprüfung. Bei allen Untersuchungen, besonders bei gerichtlichen, ist auf die Art der Verpackung, die Flaschen-Bezeichnung und vorhandenes Siegel Rücksicht zu nehmen.

Ferner ist zu berücksichtigen:

a) Die Farbe.

b) Die Klarheit. Ist der Wein klar, so bringt man etwa 20 ccm desselben in ein etwa 100 ccm fassendes Kölbchen, schüttelt den Wein öfters mit Luft, läßt 12—24 Stunden unbedeckt stehen und beobachtet, ob sich die Farbe des Weines nicht ändert (Braunwerden, Schwarzwerden des Weines).

Ist der Wein trüb, so gibt man eine Portion des Weines in ein Spitzglas, läßt ruhig absitzen und unterwirft den Bodensatz der mikroskopischen Prüfung; auch kann man den Wein filtrieren.

Weinproben in halbgefüllten Flaschen, welche eine weiße Kahmhaut zeigen, sind als verdorben anzusehen bzw. nur in gewisser Richtung zur Analyse verwendbar, da eine teilweise Zersetzung von Weinbestandteilen durch den Kahmpilz nicht ausgeschlossen ist.

c) Geschmack und Geruch. Prüfung auf erhebliche Mengen unvergorenen Zuckers, Hefegeschmack, Faßgeschmack, Essig-, Milchsäurestich, auf abnorm bitteren Geschmack, Böcksern usw.

1. Bestimmung des spezifischen Gewichtes.

Das spezifische Gewicht des Weines wird mit Hilfe des Pyknometers bestimmt.

Als Pyknometer ist ein durch einen Glasstopfen verschließbares oder mit becherförmigem Aufsatz für Korkverschluß versehenes Fläschchen von etwa 50 ccm Inhalt mit einem etwa 6 cm langen, ungefähr in der Mitte mit einer eingeritzten Marke versehenen Halse von nicht mehr als 6 mm lichter Weite anzuwenden.

Das Pyknometer wird in reinem und trockenem Zustande leer gewogen, nachdem es $^1/_4$—$^1/_2$ Stunde im Wagenkasten gestanden hat. Dann wird es, gegebenenfalls mit Hilfe eines fein ausgezogenen Glockentrichters, bis über die Marke mit destilliertem Wasser gefüllt und in ein Wasserbad von 15° C gestellt. Nach halbstündigem Stehen in dem Wasserbade wird das Pyknometer herausgehoben, wobei man nur den oberen leeren Teil des Halses anfaßt, und die Oberfläche des Wassers auf die Marke eingestellt. Letzteres geschieht durch Eintauchen kleiner Stäbchen oder Streifen aus Filtrierpapier [1]), welche das über der Marke stehende Wasser aufsaugen. Die Oberfläche des Wassers bildet in dem Halse des Pyknometers eine nach unten gekrümmte Fläche; man stellt die Flüssigkeit in dem Pyknometerhalse am besten in der Weise ein, daß bei durchfallendem Lichte der schwarze Rand der gekrümmten Oberfläche die Pyknometermarke eben berührt. Nachdem man den inneren Hals des Pyknometers mit Stäbchen aus Filtrierpapier gereinigt hat, setzt man den Stopfen auf, trocknet das Pyknometer äußerlich ab, stellt es $^1/_2$ Stunde in den Wagenkasten und wägt. Die Bestimmung des Wasserinhaltes des Pyknometers ist dreimal auszuführen und aus den drei Wägungen das Mittel zu nehmen.

---

[1]) Man saugt besser oder angenehmer als mit Filtrierpapier die überstehende Flüssigkeit mit einer gebogenen zu einer Spitze ausgezogenen feinen Glasröhre (Haarröhrchen) ab oder umwickelt ein Glasstäbchen mit Filtrierpapier. Für die Ausführung mehrerer Bestimmungen empfiehlt sich die Verwendung eines Temperierbads mit besonderer Reguliervorrichtung (Bezugsquelle G. Christ & Comp., Berlin-Weißensee) — Die Temperatur des Temperierbades wird zweckmäßig auf + 14,8° eingestellt. Abweichungen der Temperatur um mehr als ± 0,25° dürfen nicht stattfinden.

Nachdem man das Pyknometer entleert und getrocknet oder mehrmals mit dem zu untersuchenden Weine ausgespült hat, füllt man es mit dem Weine und verfährt genau in derselben Weise wie bei der Bestimmung des Wasserinhaltes des Pyknometers; besonders ist darauf zu achten, daß die Einstellung der Flüssigkeitsoberfläche stets in derselben Weise geschieht.

Die Berechnung des spezifischen Gewichtes geschieht nach folgender Formel.

Bedeutet:

    a das Gewicht des leeren Pyknometers,

    b das Gewicht des bis zur Marke mit Wasser gefüllten Pyknometers,

    c das Gewicht des bis zur Marke mit Wein gefüllten Pyknometers,

so ist das spezifische Gewicht s des Weines bei 15° C, bezogen auf Wasser von derselben Temperatur:

$$s = \frac{c - a}{b - a}.$$

Der Nenner dieses Ausdrucks, das Gewicht des Wasserinhaltes des Pyknometers, ist bei allen Bestimmungen mit demselben Pyknometer gleich; wenn das Pyknometer indessen längere Zeit in Gebrauch gewesen ist, müssen die Gewichte des leeren und des mit Wasser gefüllten Pyknometers von neuem bestimmt werden, da sich diese Gewichte mit der Zeit nicht unerheblich ändern können.

Bemerkung: Die Berechnung wird wesentlich erleichtert, wenn man ein Pyknometer anwendet, welches bis zur Marke genau 50 g Wasser faßt. Das Auswägen des Pyknometers geschieht in folgender Weise. Man bestimmt das Gewicht des Pyknometers in leerem, reinem und trockenem Zustande, wägt dann genau 50 g Wasser ein, stellt das Pyknometer 1 Stunde in ein Wasserbad von 15° C und ritzt an der Oberfläche der Flüssigkeit im Pyknometerhalse eine Marke ein. Das Auswägen des Pyknometers muß stets von dem Chemiker selbst ausgeführt werden. Bei Anwendung eines genau 50 g Wasser fassenden Pyknometers ist in der oben gegebenen Formel b — a = 50 und s = 0,02 . (c — a).

2. Bestimmung des Alkohols.

Der zum Zweck der Bestimmung des spezifischen Gewichtes (Nr. 1) im Pyknometer enthaltene Wein wird in einen Destillierkolben von 150—200 ccm Inhalt übergeführt und das Pyknometer dreimal mit wenig Wasser nachgespült. Man gibt zur Verhinderung etwaigen Schäumens ein wenig Tannin [1]) in den Kolben und verbindet diesen durch Gummistopfen und Kugelröhre mit einem Liebigschen Kühler [2]); als Vorlage benutzt man das Pyknometer, in welchem der Wein abgemessen worden ist. Nunmehr destilliert man (indem man einen lang ausgezogenen Glockentrichter auf das Pyknometer aufsetzt und den Trichter mit einer Pappscheibe, durch welche das Ende des Destillationsrohrs hindurchführt, bedeckt), bis etwa 35 ccm Flüssigkeit übergegangen sind, füllt das Pyknometer mit Wasser bis nahe zum Halse auf, mischt durch quirlende Bewegung so lange, bis Schichten von verschiedener Dichtigkeit nicht mehr wahrzunehmen sind, stellt die Flüssigkeit ¹/₂ Stunde in ein Wasserbad von 15° C und fügt mit Hilfe eines Haarröhrchens vorsichtig Wasser von 15° C zu, bis der untere Rand der Flüssigkeitsoberfläche gerade die Marke berührt. Dann trocknet man den leeren Teil des Pyknometerhalses mit Stäbchen aus Filtrierpapier, wägt und berechnet das spezifische Gewicht des Destillates in der unter Nr. 1 angegebenen Weise. Die diesem spezifischen Gewichte entsprechenden

---

    [1]) Ein Neutralisieren bzw. schwaches Alkalischmachen ist bisweilen nötig; z. B. bei essigstichigen Weinen.

    [2]) Für die Ausführung mehrerer Bestimmungen nebeneinander werden mehrere Kühler zu einem Apparat vereinigt. Solche Apparate sind käuflich.

Gramme Alkohol in 100 ccm Wein werden aus der zweiten Spalte der als Anlage beigegebenen Tafel I (S. 672) entnommen.

Anmerkung: Betr. Untersuchung von Verschnittweinen auf Alkohol vgl. S. 794.

3. Bestimmung des Extraktes (Gehaltes an Extraktstoffen).

Unter Extrakt (Gesamtgehalt an Extraktstoffen) im Sinne der Bekanntmachung vom 29. April 1892 [1]) (Reichs-Gesetzbl. S. 600) sind die ursprünglich gelöst gewesenen Bestandteile des entgeisteten und entwässerten ausgegorenen Weines zu verstehen.

Da das für die Bestimmung des Extraktgehaltes zu wählende Verfahren sich nach der Extraktmenge richtet, so berechnet man zunächst den Wert von x aus nachstehender Formel:

$$x = 1 + s - s_1.$$

Hierbei bedeutet

s das spezifische Gewicht des Weines (nach Nr. 1 bestimmt),

s_1 das spezifische Gewicht des alkoholischen, auf das ursprüng-liche Maß aufgefüllten Destillats des Weines (nach Nr. 2 bestimmt).

Die dem Werte von x nach Maßgabe der Tafel (S. 675) ent-sprechende Zahl E [2]) wird aus der zweiten Spalte dieser Tafel entnommen.

a) Ist E nicht größer als 3, so wird die endgültige Bestimmung des Extraktes in folgender Weise ausgeführt. Man setzt eine gewogene Platin-schale von etwa 85 mm Durchmesser, 20 mm Höhe und 75 ccm Inhalt, welche ungefähr 20 g wiegt [3]), auf ein Wasserbad mit lebhaft kochendem Wasser und läßt aus einer Pipette 50 ccm Wein von 15° C in dieselbe fließen. Sobald der Wein bis zur dickflüssigen Beschaffenheit eingedampft [4]) ist, setzt man die Schale mit dem Rückstande 2¹/₂ Stunden in einen Trockenkasten, zwischen dessen Doppelwandungen Wasser lebhaft siedet, läßt dann im Exsikkator er-kalten und findet durch Wägungen den genauen Extraktgehalt.

(Der Trockenkasten soll die von W. Möslinger angegebene Konstruktion (Forschungsber. 1896. 3. 286) besitzen. Am meisten ist der von Omeis empfoh-lene Weintrockenschrank mit 4 Zellen von je 10 cm Tiefe, 10 cm Breite und 5 cm Höhe im Gebrauche. Die Schalen müssen darin auf 10 mm hohen Draht-gestellen stehen.)

b) Ist E größer als 3, aber kleiner als 4, so läßt man aus einer Bürette in die beschriebene Platinschale eine so berechnete Menge Wein fließen, daß nicht mehr als 1,5 g Extrakt zur Wägung gelangen, und verfährt weiter, wie unter Nr. 3a angegeben.

Berechnung zu a und b. Wurden aus a Kubikzentimeter Wein b Gramm Extrakt erhalten, so sind enthalten:

$$x = 100 \, \frac{b}{a} \text{ Gramm Extrakt in 100 ccm Wein.}$$

c) Ist E gleich 4 oder größer als 4, so gibt diese Zahl endgültig die Gramme Extrakt in 100 ccm Wein an.

---

[1]) Die Bekanntmachung ist zwar außer Kraft; die Begriffsbestimmung für „Extrakt" hat aber heute noch dieselbe Bedeutung.

[2]) E = indirekt ermittelter Extraktgehalt.

[3]) Solche Platinschalen heißen allgemein „Weinschalen".

[4]) Nach etwa 40 Minuten; sobald der Wein dickflüssiger wird, soll man durch öfteres Neigen der Schale nach allen Seiten nach Möglichkeit dafür sorgen, daß alle Teile des Schaleninhaltes durch den noch herumfließenden Anteil immer aufs neue benetzt werden bis zum Eintritte des Endpunktes der Verdampfung, d. h. wenn nur noch sehr langsam Tropfen fließen können (W. Möslinger).

Um demgemäß den Extraktgehalt des vergorenen Weines (siehe Nr. 3, Absatz 1) zu ermitteln, sind die bei der Zuckerbestimmung (vgl. Nr. 10) gefundenen Zahlen zu Hilfe zu nehmen. Beträgt danach der Zuckergehalt mehr als 0,1 g in 100 ccm Wein, so ist die darüber hinausgehende Menge von der nach Nr. 3a, 3b oder 3c gefundenen Extraktzahl abzuziehen. Die verbleibende Zahl entspricht dem Extraktgehalt des vergorenen Weines [1]).

4. Bestimmung der Mineralbestandteile (und Alkalität) [2]).

Enthält der Wein weniger als 4 g Extrakt in 100 ccm, so wird der nach Nr. 3a oder 3b erhaltene Extrakt vorsichtig verkohlt, indem man eine kleine Flamme unter der Platinschale hin- und herbewegt. Die Kohle wird mit einem dicken Platindraht zerdrückt und mit heißem Wasser wiederholt ausgewaschen; den wässerigen Auszug filtriert man durch ein kleines Filter von bekanntem, geringem Aschengehalte in ein Bechergläschen. Nachdem die Kohle vollständig ausgelaugt ist, gibt man das Filterchen in die Platinschale zur Kohle, trocknet beide und verascht sie vollständig. Wenn die Asche weiß geworden ist, gießt man die filtrierte Lösung in die Platinschale zurück, verdampft dieselbe zur Trockne, benetzt den Rückstand mit einer Lösung von Ammoniumkarbonat, glüht ganz schwach, läßt im Exsikkator erkalten und wägt.

Enthält der Wein 4 g oder mehr Extrakt in 100 ccm, so verdampft man 25 ccm des Weines in einer geräumigen Platinschale und verkohlt den Rückstand sehr vorsichtig; die stark aufgeblähte Kohle [3]) wird in der vorher beschriebenen Weise weiter behandelt.

Berechnung: Wurden aus a ccm Wein b g Mineralbestandteile erhalten, so sind enthalten:

$$x = 100 \frac{b}{a} \text{ Gramm Mineralbestandteile in 100 ccm Wein.}$$

Bestimmung der Alkalität (gesamten und wasserlöslichen) der Asche [4]) siehe S. 416 bei der Bestimmung der freien Weinsteinsäure, sowie unter Abschnitt Fruchtsäfte. Die Neutralisierung soll besser mit Schwefelsäure als mit Salzsäure stattfinden. Tüpfelprobe mit Lackmus.

$$\text{Alkalitätsfaktor} = \frac{\text{Gesamtalkalität} \times 0,1}{\text{Mineralstoffgehalt}}$$

Aschenanalyse nach dem allgemeinen Untersuchungsgang S. 33.

---

[1]) Nach den Angaben von O. Krug, Zeitschr. f. U. N. 1907. 14. 117 soll man das Aussehen des Extraktes als Anhaltspunkt zur Beurteilung der Reinheit des Weines benützen können; besonders soll rauher, körniger und trockener Extrakt auf Tresterwein deuten.

[2]) Bei der Veraschung mögen nachstehende Winke beachtet werden. Verbrennung bei niedriger Temperatur mittels Pilzbrenner; der Boden der Schale darf nicht ins Glühen kommen, beim Nachlassen der Rauchentwickelung wird die Bunsenflamme allmählich vergrößert. Nachdem die Rauchentwickelung vorbei ist, wird ein blanker Nickeldeckel aufgelegt (Zweck: Zusammenhalten der Hitze; Schutz gegen Verunreinigungen von außen; Erkennung von etwaigen Alkalidämpfen [Beschlag]).

[3]) Vorsichtig verfahren! Bei zuckerreichen Weinen nur 20—25 ccm in Arbeit nehmen oder man kann zur Vermeidung von Verlusten, sofern es die Zeit gestattet, erst den Zucker durch Zusatz von etwas Hefe vergären.

[4]) Siehe auch den Beschluß der amtlichen Kommission f. Weinstatistik, Arb. a. d. Kaiserl. Gesundh.-Amte 1910. 35. 1; Zeitschr. f. U. N. 1911. 22. 426. Es soll die wasserlösliche Alkalität neben der Gesamtalkalität angegeben werden.

5. Bestimmung der Schwefelsäure in Rotweinen.

50 ccm Wein werden in einem Becherglase mit Salzsäure angesäuert und auf einem Drahtnetz bis zum beginnenden Kochen erhitzt; dann fügt man heiße Chlorbariumlösung (1 Teil kristallisiertes Chlorbarium in 10 Teilen destilliertem Wasser gelöst) zu, bis kein Niederschlag mehr entsteht. Man läßt den Niederschlag absitzen und prüft durch Zusatz eines Tropfens Chlorbariumlösung zu der über dem Niederschlage stehenden klaren Flüssigkeit, ob die Schwefelsäure vollständig ausgefällt ist. Hierauf kocht man das Ganze nochmals auf, läßt dasselbe 6 Stunden in der Wärme stehen, gießt die klare Flüssigkeit durch ein Filter von bekanntem Aschengehalte, wäscht den im Becherglase zurückbleibenden Niederschlag wiederholt mit heißem Wasser aus, indem man jedesmal absetzen läßt und die klare Flüssigkeit durch das Filter gießt, bringt zuletzt den Niederschlag [1]) auf das Filter und wäscht so lange mit heißem Wasser, bis das Filtrat mit Silbernitrat keine Trübung mehr erzeugt. Filter und Niederschlag werden getrocknet, in einem gewogenen Platintiegel verascht und geglüht; hierauf befeuchtet man den Tiegelinhalt mit wenig Schwefelsäure, raucht letztere ab, glüht schwach nach, läßt im Exsikkator erkalten und wägt.

Berechnung: Wurden aus 50 ccm Wein a Gramm Bariumsulfat erhalten, so sind enthalten:

$x = 0,6869$ a Gramm Schwefelsäure (SO_3) in 100 ccm Wein.

Diesen x Gramm Schwefelsäure (SO_3) in 100 ccm Wein entsprechen:

$y = 14,958$ a Gramm Kaliumsulfat (K_2SO_4) in 1 Liter Wein.

Bemerkung: Da es in den meisten Fällen darauf ankommt, zunächst nur zu erfahren, ob mehr als $0,2\%$ Kaliumsulfat in einem Weine vorhanden sind (§ 13 des Weingesetzes und dessen Ausführungsbestimmungen), so schlägt man folgendes abgekürzte Verfahren ein, ehe man eine quantitative Bestimmung vornimmt. Man setzt zu 10 ccm Wein 2 ccm reine Chlorbariumlösung (bestehend aus 14 g trockenem, kristallisiertem $BaCl_2 + 2 H_2O$, unter Zusatz von 50 ccm HCl vom spezifischen Gewicht 1,10 zum Liter gelöst) zu, von welcher 1 ccm $= 0,1$ g K_2SO_4 in 100 ccm entspricht, kocht auf, läßt absitzen (zentrifugiert), filtriert und prüft, ob das Filtrat noch eine Fällung mit $BaCl_2$ gibt [2]).

Bestimmung des Schwefelsäuregehaltes auf dem Wege der elektrolytischen Leitfähigkeit nach P. Dutoit und M. Duboux. Siehe die Beschreibung von L. Grünhut, Zeitschr. f. analyt. Chemie 1913. 52. 241.

6. Bestimmung der freien Säuren (Gesamtsäure) [3]).

[1]) Nach W. Fresenius, Borgmanns Anl. zur chem. Analyse des Weines, Wiesbaden, soll man zur Erleichterung des Filtrierens erst einige Tropfen NH_4Cl zusetzen.

[2]) E. Houdard, Berl. Ber. 1882, 264.

[3]) v. d. Heide und Baragiola ersetzen diese Bezeichnung durch „titrierbare Säure" und berechnen auf Kubikzentimeter Normallauge für 100 ccm. Landw. Jahrbücher 1910. 39. 1021; Zeitschr. f. U. N. 1911. 22. 675. Nach Th. Paul und A. Günther ist der Säuregrad des Weines der Ausdruck der Konzentration der darin enthaltenen Wasserstoffionen, ausgedrückt in Millimolen (Millimoläquivalenten nach v. d. Heide und Baragiola), gemessen an der Geschwindigkeit, mit welcher die einem auf 76° erwärmten Weine zugesetzte Saccharosemenge invertiert wird. Arb. a. d. Kaiserl. Gesundh.-Amt 1905. 23. 189; 1908. 29. 218; Zeitschr. f. analyt. Chemie 1911. 50. 777; Th. Paul, Zeitschr. f. N. U. 1914. 28. 509 sowie in Kerp, Nahrungsmittelchemie in Vorträgen 1914. 33.

25 ccm Wein werden bis zum beginnenden Sieden (nicht stärker!) erhitzt und die heiße Flüssigkeit mit einer Alkalilauge [1]), welche nicht schwächer als $1/4$-normal ist, titriert. Wird Normallauge verwendet, so müssen Büretten von etwa 10 ccm Inhalt benutzt werden, welche die Abschätzung von $1/100$ ccm gestatten. Der Sättigungspunkt wird durch Tüpfeln auf empfindlichem violettem Lackmuspapier [2]), festgestellt; dieser Punkt ist erreicht, wenn ein auf das trockene Lackmuspapier aufgesetzter Tropfen keine Rötung mehr hervorruft. Die freien Säuren sind als Weinsteinsäure zu berechnen.

Berechnung: Wurden zur Sättigung von 25 ccm Wein a ccm $1/4$-Normal-Alkali verbraucht, so sind enthalten:

x = 0,075 a Gramm freie Säuren (Gesamtsäure), als Weinsteinsäure berechnet, in 100 ccm Wein.

Bei Verwendung von $1/2$-Normal-Alkali lautet die Formel:

x = 0,1 a Gramm freie Säuren (Gesamtsäure), als Weinsteinsäure berechnet, in 100 ccm Wein.

7. Bestimmung der flüchtigen Säuren (Verfahren von Landmann).

Man bringt 50 ccm Wein in einen Rundkolben von 200 ccm Inhalt und verschließt den Kolben durch einen Gummistopfen mit zwei Durchbohrungen; durch die erste Bohrung führt ein bis auf den Boden des Kolbens reichendes, dünnes, unten fein ausgezogenes, oben stumpfwinkelig umgebogenes Glasrohr, durch die zweite ein Destillationsaufsatz mit einer Kugel, welcher zu einem Liebigschen Kühler führt. Als Destillationsvorlage dient eine 300 ccm fassende Flasche, welche an der einem Rauminhalt von 200 ccm entsprechenden Stelle eine Marke trägt. Die flüchtigen Säuren werden mit Wasserdampf überdestilliert. Dies geschieht in der Weise, daß man das bis auf den Boden des Destillierkolbens reichende enge Glasrohr [3]) durch einen Gummischlauch mit einer ein Sicherheitsrohr tragenden Flasche in Verbindung setzt, in welcher ein lebhafter Strom von Wasserdampf entwickelt wird. Durch Erhitzen des Destillierkolbens mit einer Flamme engt man unter stetem Durchleiten von Wasserdampf den Wein auf etwa 25 ccm ein und trägt dann durch zweckmäßiges Erwärmen des Kolbens dafür Sorge, daß die Menge der Flüssigkeit in demselben sich nicht mehr ändert. Man unterbricht die Destillation, wenn 200 ccm Flüssigkeit (nicht mehr, weil später merkliche Mengen Milchsäure ins Destillat übergehen) übergegangen sind (zweckmäßig $1/2$ Stunde). Man versetzt das Destillat mit Phenolphthalein und bestimmt die Säuren mit einer titrierten Alkalilösung. Die flüchtigen Säuren sind als Essigsäure ($C_2H_4O_2$) zu berechnen.

Berechnung: Sind zur Sättigung der flüchtigen Säuren aus 50 ccm Wein a Kubikzentimeter $1/10$ N.-Alkali verbraucht worden, so sind enthalten:

---

[1]) Halenke und Möslinger empfehlen Einstellung auf Normal-Weinsteinsäurelösung; 18,75 g = $1/4$ Aequ. chem. reiner krist. b. 100° getrockneter Weinsteinsäure. Zeitschr. f. analyt. Chemie 1895. 278.

[2]) Oder Azolithminpapier.

[3]) Lichte Weite der am oberen Ende rechtwinklig umgebogenen Dampfzuleitungsröhre 4 mm, der Ausströmungsspitze 1 mm.

x = 0,012 a Gramm flüchtige Säuren, als Essigsäure ($C_2H_4O_2$) [1]) berechnet, in 100 ccm Wein.

Siehe auch H. Windisch und Th. Roettgen, Zeitschr. f. U. N. 1911. 22. 155.

Bestimmung der flüchtigen Säuren des Weines im alkoholischen Destillat nach W. Hartmann, Zeitschr. f. U. N. 1916. 31. 10. — Schnellmethode zur Orientierung über den Gehalt an flüchtigen Säuren.

8. Bestimmung der nichtflüchtigen Säuren[2]).

Die Menge der nichtflüchtigen Säuren im Wein, welche als Weinsteinsäure anzugeben sind, wird durch Rechnung gefunden.

---

[1]) Milchsäure soll stets daneben vorkommen. Die Bestimmung der Milchsäure ist nach Möslingers Entdeckung (Rückgang der Säure durch Zerfall der Äpfelsäure in Kohlensäure und Milchsäure) für die Weinbeurteilung von erhöhter Bedeutung, wenn es sich um alte Weine handelt.

Methoden zum Nachweis von: W. Möslinger, Zeitschr. f. U. N. 1901. 4. 1120; Zeitschr. f. öffentl. Chemie 1903. 371; R. Kunz, Zeitschr. f. U. N. 1903. 6. 721 u. 728; A. Partheil, ebenda 1902. 5. 1053; K. Windisch, „Die chemischen Vorgänge beim Werden des Weines", Festschrift 1905; derselbe, „Die chemische Untersuchung des Weines", Verlag J. Springer, Berlin.

Qualitativer Nachweis von Milchsäure:

1. Nach Denigès (Zeitschr. f. U. N. Ref. 1910. 20. 722) erhitzt man 0,2 ccm der höchstens 0,2%igen Milchsäure mit 2 ccm Schwefelsäure (S = 1,84) 2 Minuten im Wasserbade und gibt nach dem Abkühlen 1—2 Tropfen einer 5%igen alkoholischen Guajakol- oder Kodeinlösung zu. Nach dem Umschütteln gibt erstere noch mit 0,01 mg Milchsäure eine schöne fuchsinrote, Kodein eine gelbe Färbung.

2. 10 ccm einer 4%igen nach Zugabe von 20 ccm Wasser und einigen Tropfen $FeCl_3$ blau gefärbter Karbolsäure werden durch Milchsäure bis zur Gelbfärbung verändert.

Quantitative Bestimmung der Milchsäure nach W. Möslinger.

Aus 50 oder 100 ccm Wein flüchtige Säure mit Wasserdampf abtreiben und zurückbleibende Flüssigkeit in Porzellanschale mit Barytwasser bis zur neutralen Reaktion gegen Lackmus absättigen. Nach Zusatz von 5—10 ccm 10%iger $BaCl_2$-Lösung auf 25 ccm eindampfen und mit einigen Tropfen Barytwasser aufs neue genaue Neutralität herstellen. Vorsichtig in kleinen Portionen unter Umrühren 95%igen Alkohol zusetzen, bis Flüssigkeit ca. 70—80 ccm beträgt, den ganzen Inhalt der Porzellanschale nun unter Nachspülen mit Alkohol in 100 ccm-Kolben überführen, mit Alkohol auffüllen und durch ein trockenes Faltenfilter unter Bedecken des Trichters filtrieren, 80 ccm des Filtrates (u. Umst. auch mehr) unter Zusatz von etwas Wasser in einer Porzellanschale verdampfen, Rückstand dann vorsichtig verkohlen, seine Alkalität in üblicher Weise mit ¹/₂ N.-HCl bestimmen und in ccm N.-Alkali ausdrücken. 1 ccm Aschenalkalität = 0,090 g Milchsäure, oder wenn diese in Weinsäure umzurechnen ist = 0,075 g Weinsäure.

Diese Methode ist die weitaus bequemste und dabei auch befriedigendste.

[2]) Zitronensäure, Bernsteinsäure, Äpfelsäure, Weinsteinsäure, Oxalsäure.

Für den qualitativen Nachweis der Zitronensäure kommen die Methoden von W. Möslinger, Zeitschr. f. U. N. 1899. 2. 93 und die von E. Baier und P. W. Neumann verbesserte, von Denigès angegebene, Zeitschr. f. U. N. 1915. 29. 410 in Betracht. Zu ersterer ist namentlich von O. Krug ebenda 1906. 11. 155, A. Devarda, ebenda 1904. 8. 624; Fresenius und Grünhut, Zeitschr. f. analyt. Chemie 1913. 52. 31 Stellung genommen worden. Für die quantitative Bestimmung eignet sich bei Abwesenheit anderer organischer Säuren das Verfahren von Matteo Spica (Chem.-Ztg. 1910. 34. 1141), das auf der Messung des aus Calciumzitrat entwickelten Kohlenoxyds beruht. Leichter kommt man zum Resultat durch Fällung der Säure als Bariumsalz

Bedeutet:

a die Gramme freie Säuren in 100 ccm Wein, als Weinsteinsäure berechnet,

und Überführung desselben in schwefelsaures Barium. Über die Bestimmung und Trennung organischer Säuren (Wein-, Bernstein- und Zitronensäure), Trennung der Zitronensäure von Äpfelsäure, Bestimmung der Äpfelsäure bei Anbzw. Abwesenheit von Zitronensäure, Identifizierung der Äpfelsäure vgl. G. Jörgensen, Zeitschr. f. U. N. 1907. 13. 241; 1909. 17. 396.

Nachweis von Zitronensäure nach W. Möslinger.

50 ccm Wein auf dem Wasserbade zu dünnem Sirup eindampfen; Rückstand unter stetem Rühren anfangs tropfenweise, später in dünnem Strahl mit 95 %igem Alkohol versetzen, bis keine weitere Trübung erfolgt (70—80 ccm Alkohol). Filtrieren und Alkohol verjagen, Rückstand mit 10 ccm H_2O aufnehmen, 5 ccm dieser Flüssigkeit mit 0,5 ccm Eisessig versetzen und tropfenweise gesättigte Lösung von Bleiacetat zusetzen. Bei Anwesenheit von Zitronensäure entsteht Fällung oder Trübung, welche sich in der Wärme auflöst, in der Kälte wieder erscheint. Um Täuschungen zu entgehen, muß man aber die Flüssigkeit nach Anstellen der Reaktion noch siedendheiß filtrieren und das Entstehen des Niederschlags im klaren Filtrate während oder nach dem Erkalten beobachten. Bei Abwesenheit von Weinsäure sollen noch 0,01 g und weniger Zitronensäure nachweisbar sein. Nach O. Krug (l. c.) hat man aber bei Vorhandensein eines Säurerestes von wesentlich mehr als 0,28 (bei viel Äpfelsäure) so zu verfahren, daß man den oben nach Möslinger erhaltenen Auszug von 10 ccm so verdünnt, daß die Lösungen in demselben Verhältnisse zueinander stehen wie der Mindestsäurerest von 0,28 zu dem gefundenen; betrug der Säurerest z. B. 0,56, so sind die 10 ccm also auf 20 zu verdünnen.

Vorhandene Weinsäure muß bei dieser Bestimmung stets erst durch Zusatz einer berechneten Menge N.-Alkali bzw. eines kleinen Überschusses derselben über die gefundene Weinsteinazidität in Weinstein übergeführt werden. Der Zusatz hat vor der Fällung mit Alkohol (siehe oben) stattzufinden.

Statt dieses Verfahrens, das nicht immer zum Ziele führt, kann man auch die von E. Báier und P. W. Neumann verbesserte Methode von Denigès anwenden:

25 ccm Wein, mit Lauge neutralisiert und mit Essigsäure gegen Lackmuspapier sauer gemacht, werden mit 3 g Blutkohle (frei von $CaCO_3$) 10 Minuten unter öfterem Umschütteln stehen gelassen und dann filtriert. Zu 10 ccm klaren Filtrats setzt man 1 ccm Denigès Reagens (5 g Quecksilberoxyd, 20 ccm konz. Schwefelsäure und 100 ccm Wasser), erhitzt bis zum Sieden und filtriert nur, falls eine Ausscheidung erfolgen sollte. Man setzt nun tropfenweise eine 1 %ige Lösung von $KMnO_4$ hinzu, bis die Oxyde des Mangans sich auszuscheiden beginnen. Letztere beseitigt man durch einige Tropfen H_2O_2-Lösung. Zitronensäure ergibt eine weiße starke Fällung, die nach einiger Zeit sich als flockiger Bodensatz absetzt.

Identifizierung des Niederschlages (acetondikarbonsaures Quecksilber). Der Niederschlag wird in einem Zentrifugenröhrchen 8 Minuten zentrifugiert, die saure Lösung abgegossen und mit wenig kaltem Wasser auf ein kleines Filter gebracht. Nach Auswaschen mit kleinen Mengen kalten Wassers wird der Niederschlag mit etwa 2—3 ccm einer 10 %igen Natriumchloridlösung übergossen, worin er sich leicht löst. (Gegebenenfalls mehrmaliges Zurückgießen.) Zu dem Filtrat bringt man einige Tropfen Eisenchloridlösung (1 Teil offizinelle Lösung in 10 Teilen Wasser), wodurch, sofern Zitronensäure vorhanden war, die Lösung sich himbeerrot färbt. (Acetondicarbonsaures Eisen ist in Lösung himbeerrot).

Von E. Dupont, Annal. chem. analyt. 1908. 13. 338; Zeitschr. f. U. N. 1909. 18. 571, sowie von W. Fresenius und L. Grünhut, Zeitschr. f. analyt. Chemie 1913. 52. 31 wird die Brauchbarkeit der Methode von Denigès angezweifelt. (Verf. haben mit der Reaktion bei Mengen über 0,05 % noch günstige Ergebnisse erzielt.)

Qualitativer Nachweis der Bernsteinsäure: Fällungen mit $AgNO_3$, $BaCl_2$, $FeCl_3$ und Bleiacetat.

b die Gramme flüchtige Säuren in 100 ccm Wein, als Essigsäure berechnet,

x die Gramme nichtflüchtige Säuren in 100 ccm Wein, als Weinsteinsäure berechnet,

so sind enthalten:

x = (a — 1,25 b) Gramm nichtflüchtige Säuren, als Weinsteinsäure berechnet, in 100 ccm Wein.

Quantitative Bestimmung der Bernsteinsäure. Nach C. v. d. Heide
u. H. Steiner, Zeitschr. f. U. N. 1909. 17. 304; ersterer und E. Schenk, Zeitschr.
f. analyt. Ch. 1912. 51. 628.

Das Verfahren stammt ursprünglich von R. Kunz (siehe bei Milchsäure).

Aus 50 ccm Wein wird nach dem amtlichen Verfahren die flüchtige Säure
abdestilliert und bestimmt. Hierauf wird der Rückstand in eine 200 ccm
fassende Porzellanschale gespült, mit 5 ccm 10%iger Bariumchloridlösung
und nach Zusatz von einem Tropfen alkoholischer Phenolphthaleinlösung
mit soviel heißer gesättigter Bariumhydroxydlösung versetzt, bis eintretende Rotfärbung das Überschreiten des Neutralisationspunktes anzeigt.
Den Barytüberschuß entfernt man unter gleichzeitigem Rühren der Flüssigkeit durch Einleiten von Kohlensäure. Man dampft auf etwa 10 ccm ein und
spült den Rückstand mit wenig Wasser in ein 100 ccm-Meßkölbchen, das auch
bei 20 ccm eine Marke besitzt. Bis dahin wird mit Wasser und darauf bei 15°
bis zur oberen Marke mit 96%igem Alkohol aufgefüllt. Hierdurch werden
neben anderen Bestandteilen die Bariumsalze der Bernstein-, Wein- und Äpfelsäure quantitativ niedergeschlagen, während die der Milchsäure und Essigsäure
in Lösung bleiben. (In einem aliquoten Teil kann die Milchsäure bestimmt
werden.) Nach mindestens 2-stündigem Stehen wird der Niederschlag abfiltriert und einige Male mit 80%igem Alkohol ausgewaschen, da hierdurch
besonders bei extraktreichen Weinen die spätere Oxydation erleichtert wird.
Ein sorgfältiges Überspülen des Niederschlages von der Schale auf das Filter
ist unnötig, weil nunmehr der gesamte Niederschlag mit heißem Wasser von
dem Filter in dieselbe Schale zurückgespritzt wird. Der Schaleninhalt wird
zur vollständigen Entfernung des Alkohols auf dem siedenden Wasserbade
auf etwa 30 ccm eingeengt und alsdann unter gleichzeitigem weiteren Erhitzen
mit je 3—5 ccm 5%iger Kaliumpermanganatlösung so lange versetzt, bis die
rote Farbe 5 Minuten bestehen bleibt. Man gibt jetzt nochmals 5 ccm der
Kaliumpermanganatlösung hinzu und läßt weitere 15 Minuten einwirken. Bei
einem etwaigen abermaligen Verschwinden der Rotfärbung ist diese letztere
Operation zu wiederholen.

Ist die Oxydation beendet, so zerstört man den Überschuß an Kaliumpermanganat durch schweflige Säure oder festes Natriumbisulfit. Nach dem
Verschwinden der Rotfärbung säuert man vorsichtig mit 25%iger Schwefelsäure an und fährt dann fort, schweflige Säure oder Na-Bisulfit zuzusetzen,
bis auch der Braunstein gelöst ist.

Alsdann dampft man auf einen Raumgehalt von etwa 30 ccm ein,
führt die Flüssigkeit mitsamt dem vorhandenen Niederschlag von Bariumsulfat
mit Hilfe der Spritzflasche quantitativ in einen Äther-Perforationsapparat
über, indem man durch Zusatz von 40%iger Schwefelsäure dafür sorgt, daß
die Flüssigkeit etwa 10% freie Schwefelsäure enthält.

Nach 9 Stunden kann in den meisten Fällen die Perforation (mit besonderem Apparat (Zeitschr. f. U. N. 1909. 17. 315) als beendet angesehen werden.
Nach 12 Stunden ist mit Sicherheit die Bernsteinsäure quantitativ in den Äther
übergegangen. Der Kolbeninhalt wird mit Hilfe von etwa 20 ccm Wasser
in ein Becherglas übergeführt, worauf man den Äther unter Vermeiden des
Siedens, das mit Verspritzen verbunden ist, am besten durch Stehenlassen
an einem warmen Ort verdunstet.

Unter Verwendung von Phenolphthalein neutralisiert man hierauf mit
einer völlig halogenfreien ¹/₁₀ N.-Lauge, führt den Inhalt des Becherglases in
ein 100 ccm Meßkölbchen über, versetzt mit 20 ccm ¹/₁₀ N.-Silbernitratlösung
und füllt unter tüchtigem Umschütteln bis zur Marke auf. Man filtriert vom
ausgefallenen bernsteinsauren Silber ab, bringt 50 ccm des Filtrates in ein Becherglas und titriert nach Zusatz von Salpetersäure und Eisenammoniakalaunlösung
mit ¹/₁₀ N.-Rhodanammonlösung das überschüssige Silbersalz zurück.

9. Bestimmung des Glyzerins.

a) In Weinen mit weniger als 2 g Zucker in 100 ccm.

Man dampft 100 ccm Wein in einer Porzellanschale auf dem Wasserbade auf etwa 10 ccm ein, versetzt den Rückstand mit etwa 1 g Quarzsand und soviel Kalkmilch von 40% Kalkhydrat, daß auf je 1 g Ex-

---

Hat man 50 ccm Wein verarbeitet, zur Titration der mit Äther ausgezogenen Säuren 20 ccm $^1/_{10}$ N.-Silbernitratlösung vorgelegt und zur Zurücktitration von 50 ccm Filtrat c ccm $^1/_{10}$ N.-Rhodanammonlösung verbraucht, so sind in 100 ccm Wein y = 0,0236 a Gramm Bernsteinsäure enthalten, wobei a = 10 — c ist.

Das Verfahren eignet sich auch für Moste und stark zuckerhaltige Weine.

Qualitativer Nachweis der Äpfelsäure nach Kunz und Adam, Zeitschr. f. U. N. 1906. 12. 670.

Der mit NaOH neutralisierte Wein wird mit Bleiacetat gefällt, der Niederschlag abfiltriert, in Wasser verteilt und mit H_2S entbleit. Das Filtrat wird mit NaOH neutralisiert, auf 25 ccm eingedampft und mit Chlorammonium- und Chlorcalciumlösung versetzt. Nach dem Stehen über Nacht scheidet sich kristallinisches Calciumtartrat ab, das auch zitronensauren Kalk (Wetzsteinform) enthalten kann. Man prüft mikroskopisch auf solche Formen und erhitzt gegebenenfalls das Filtrat längere Zeit zur Abscheidung der Zitronensäure. Die von den Kristallen abfiltrierte Lösung wird mit der zehnfachen Menge Alkohol versetzt, der abfiltrierte und mit Alkohol gewaschene Niederschlag in einer Platinschale mit 10 ccm Sodalösung (1 + 9) und 10 ccm NaOH (1 + 9) eingedampft und 3 Stunden lang auf 120—130° erhitzt. Der mit HCl angesäuerte Rückstand wird mit Äther ausgezogen. Nach dem Abdunsten des Äthers ist die entstandene Fumarsäure an ihrer Schwerlöslichkeit und Kristallisation leicht zu erkennen.

Auf die Umwandlungsmöglichkeit der Äpfelsäure in Fumarsäure hat Kunz, Zeitschr. f. U. N. 1903. 6. 721, eine quantitative Bestimmung aufgebaut; auf das von Hilger angegebene Verfahren, das auf der Reduktion von Palladiumchlorid beruht (Zeitschr. f. U. N. 1901. 4. 49), sei ebenfalls verwiesen.

Quantitative Bestimmung der Äpfelsäure. Nach C. v. d. Heide und H. Steiner, Zeitschr. f. U. N. 1909. 17. 307; ersterer und E. Schenk, Zeitschr. f. analyt. Ch. 1912. 51. 628.

Man bestimmt zuerst den Bernsteinsäuregehalt des Weines nach dem beschriebenen Verfahren. Hierauf ermittelt man die Menge der Bernstein- und Äpfelsäure zusammen auf einem sogleich näher anzugebenden Wege. Aus der Differenz dieser beiden Größen berechnet man die Menge der vorhandenen Äpfelsäure.

Den Äpfel- und Bernsteinsäuregehalt zusammen bestimmt man auf folgende Weise, indem man zuerst aus dem Weine die Weinsäure entfernt.

Man setzt zu 100 ccm Wein, die auf 20 ccm eingeengt sind, im noch warmen Zustande 3 g fein gepulvertes Kaliumchlorid, löst es darin durch Umrühren völlig auf und setzt 0,5 ccm Eisessig, 0,5 ccm einer 20%igen Kaliumacetatlösung und 6 ccm Alkohol von 96 Vol.-% zu. Nachdem man durch starkes, etwa 1 Minute anhaltendes Reiben des Glasstabes an der Wand des Becherglases die Abscheidung des Weinsteines eingeleitet hat, läßt man die Mischung wenigstens 15 Stunden bei Zimmertemperatur stehen und filtriert dann den kristallinischen Niederschlag durch einen mit Papierfilterstoff beschickten Goochtiegel ab. (Letzterer wird auf folgende Weise hergestellt. 30 g Filtrierpapier schüttelt man mit 1 l Wasser und 50 ccm Salzsäure (S = 1,12), saugt ab und wäscht bis zur neutralen Reaktion. Den Brei verteilt man auf 2 l Wasser und verwendet jedesmal 60 ccm des geschüttelten dünnflüssigen Breies.) Zum Auswaschen dient ein Gemisch von 15 g Chlorkalium, 20 ccm Alkohol von 96 Maßprozent und 100 ccm destilliertem Wasser. Das Becherglas wird dreimal mit wenigen Kubikzentimetern dieser Lösung abgespült, wobei man jedesmal gut abtropfen läßt. Sodann werden Filter und Niederschlag durch

trakt 1,5—2 ccm Kalkmilch kommen, und verdampft fast bis zur Trockne. Der feuchte Rückstand wird mit etwa 5 ccm Alkohol von 96 Maßprozent versetzt, die an der Wand der Porzellanschale haftende Masse mit einem Spatel losgelöst und mit einem kleinen Pistill unter Zusatz kleiner Mengen Alkohol von 96 Maßprozent zu einem feinen Brei zerrieben. Spatel und Pistill werden mit Alkohol von gleichem Gehalte abgespült. Unter

etwa dreimaliges Abspülen und Aufgießen von einigen Kubikzentimetern der Waschflüssigkeit ausgewaschen, von der im ganzen nicht mehr als 10 ccm verbraucht werden dürfen.

Der Niederschlag kann zur Weinsäurebestimmung nach Auflösen in heißem Wasser benutzt werden (siehe S. 415).

Das weinsäurefreie Filtrat wird auf 100 ccm gebracht, wovon 50 ccm nach Zusatz von einer 10%igen Chlorbariumlösung bis fast zur Trockene eingedampft werden. Die sich hierbei bildenden Kristallkrusten müssen wiederholt mit Hilfe eines Pistills zerdrückt werden. Wenn die Essigsäure zum größten Teile vertrieben ist, setzt man Barytlauge (unter Verwendung eines Tropfens Phenolphthaleïnlösung als Indikator) zu, bis bleibende Rotfärbung die alkalische Reaktion der Lösung anzeigt. Durch Einleiten von Kohlendioxyd in die Flüssigkeit bindet man hierauf das überschüssige Bariumhydroxyd. Zu der genau auf ein Maß von 20 ccm gebrachten Flüssigkeit werden nach dem Erkalten unter Umrühren 85 ccm Alkohol von 96 Maßprozent gegeben. Nach mindestens zweistündigem Stehen wird der entstandene Niederschlag abfiltriert und sorgfältig mit 80%igem Alkohol ausgewaschen. Alsdann wird der Niederschlag mit heißem Wasser vom Filter in die Schale zurückgespült und auf dem Wasserbade fast bis zur Trockne eingedampft, wobei die auskristallisierenden Kaliumsalzkrusten wiederholt mit einem Pistill zerdrückt werden müssen.

Nachdem man hierauf den gerade noch feuchten Rückstand mit 1—3 ccm 40%iger Schwefelsäure versetzt hat, gibt man unter sorgfältigem Umrühren mit einem Pistill und unter Vermeidung einer Überhitzung tropfenweise 1—1,5 ccm konzentrierte Schwefelsäure und darauf 20—30 g fein gepulvertes, wasserfreies Natriumsulfat hinzu, bis das Gemisch ein lockeres, trockenes Pulver darstellt, mit dem nun eine Schleichersche Papierhülse beschickt wird. Die gefüllte Papierhülse wird in einen Soxhlet-Apparat gebracht, oben mit einem Wattebausch bedeckt und 6 Stunden mit Äther extrahiert, wodurch die Äpfelsäure und Bernsteinsäure vollständig in Lösung gehen. Man unterbricht nach dieser Zeit die Extraktion, nimmt die Papierhülse aus dem Apparat, setzt diesen wieder zusammen, indem man gleichzeitig zu der ätherischen Säurelösung 10—20 ccm Wasser zugibt und benutzt ihn nunmehr zum Abdestillieren des Äthers, wobei man natürlicherweise für rechtzeitige Unterbrechung der Destillation Sorge tragen muß. Die letzten Anteile des Äthers läßt man am zweckmäßigsten durch Stehen des Extraktionskölbchens an einem mäßigwarmen Ort verdunsten. Die zurückbleibende wässerige Lösung wird mit einer angemessenen Menge (1—3 g) Tierkohle (die Tierkohle muß durch Behandlung mit Säuren von Salzen vorher sorgfältig gereinigt worden sein) versetzt und eine Stunde auf dem Wasserbad digeriert. Hierauf filtriert man die von Gerbstoff befreite Flüssigkeit in eine geräumige Platinschale und wäscht das Filter sorgfältig mit heißem Wasser aus. Das gesammelte Filtrat wird mit einem Tropfen Phenolphthaleïnlösung versetzt und mit Barytlauge genau neutralisiert. Darauf wird Kohlensäure eingeleitet, zur völligen Abscheidung des Bariumkarbonats erhitzt, die auf 20—30° abgekühlte Flüssigkeit in eine 150 ccm fassende Platinschale filtriert und der Niederschlag mit soviel Wasser ausgewaschen, daß das Gesamtvolumen 100 ccm beträgt. Nach dem Eindampfen wird vorsichtig verascht und der Rückstand nach 5 Minuten langem Erwärmen mit überschüssiger n/₆-HCl (etwa 50 ccm) mit n/₆-Lauge titriert.

Berechnung. Wurden für 50 ccm Filtrat von der Weinsteinfällung, entsprechend 50 ccm Wein d ccm n/₆-HCl vorgelegt und e ccm n/₆-Lauge zurücktitriert, so entsprechen die Karbonate aus 100 ccm Wein

$$C = \frac{1}{8}\,(d - e)\ \text{ccm Normalsäure.}$$

Da gleichzeitig 0,4 a ccm Normal-Bernsteinsäure vorhanden sind, so beträgt die Äpfelsäuremenge (C — 0,4 a) 0,067 g.

beständigem Umrühren erhitzt man die Schale auf dem Wasserbade
bis zum Beginn des Siedens und gießt die trübe alkoholische Flüssigkeit
durch einen kleinen Trichter in ein 100 ccm-Kölbchen. Der in der Schale
zurückbleibende pulverige Rückstand wird unter Umrühren mit 10 bis
12 ccm Alkohol von 96 Maßprozent wiederum heiß ausgezogen, der
Auszug in das 100 ccm-Kölbchen gegossen und dies Verfahren so lange
wiederholt, bis die Menge der Auszüge etwa 95 ccm beträgt; der unlösliche Rückstand verbleibt in der Schale. Dann spült man das auf dem
100 ccm-Kölbchen sitzende Trichterchen mit Alkohol ab, kühlt den alkoholischen Auszug auf 15⁰ C ab und füllt ihn mit Alkohol von 96 Maßprozent auf 100 ccm auf. Nach tüchtigem Umschütteln filtriert man
den alkoholischen Auszug durch ein Faltenfilter in einen eingeteilten
Glaszylinder. 90 ccm Filtrat [1]) werden in eine Porzellanschale übergeführt und auf dem heißen Wasserbade unter Vermeiden eines lebhaften
Siedens des Alkohols eingedampft. Der Rückstand wird mit kleinen
Mengen absoluten Alkohols aufgenommen, die Lösung in einen eingeteilten Glaszylinder mit Stopfen gegossen und die Schale mit kleinen
Mengen absolutem Alkohol nachgewaschen, bis die alkoholische Lösung
genau 15 ccm beträgt. Zu der Lösung setzt man dreimal je 7,5 ccm
absoluten Äther und schüttelt nach jedem Zusatz tüchtig durch. Der
verschlossene Zylinder bleibt so lange stehen, bis die alkoholisch-ätherische
Lösung ganz klar geworden ist; hierauf gießt man die Lösung in ein
Wägegläschen mit eingeschliffenem Stopfen. Nachdem man den Glaszylinder mit etwa 5 ccm einer Mischung von 1 Raumteil absolutem
Alkohol und 1½ Raumteilen absolutem Äther nachgewaschen und die
Waschflüssigkeit ebenfalls in das Wägegläschen gegossen hat, verdunstet

---

Nachweis von Weinsteinsäure usw. s. S. 415.
  Zur Bestimmung der sämtlichen organischen Säuren im Wein
verfährt man zweckmäßig in folgender Weise:
  1. In 50 ccm Wein wird nach der amtlichen Vorschrift die flüchtige Säure
bestimmt; im Rückstand wird nach Möslingers Angaben die Milchsäure
bestimmt. Der dabei erhaltene, in 80°/₀igem Alkohol unlösliche Niederschlag
dient zur Bestimmung der Bernsteinsäure nach C. v. d. Heide und H. Steiner.
  2. In 50 oder 100 ccm Wein wird nach der amtlichen Vorschrift die
Weinsäure bestimmt; das Filtrat dient zur Bestimmung der Äpfel- und Bernsteinsäure nach dem Verfahren von C. v. d. Heide und H. Steiner.
  3. Die Gerbsäure muß in einer besonderen Probe nach Neubauer-
Löwenthal, s. S. 503 oder nach Ruoß, Zeitschr. analyt. Chemie 1902. 41.
717. bestimmt werden.
  Nachweis von Oxalsäure nach Vaubel, Fresenius, Zeitschr. f. analyt.
Chemie 1899. 38. 33.

  [1]) Bei extraktreichen Weinen oder Verwendung eines zu großen Filters
erhält man keine 90 ccm Filtrat. Die erhaltene Filtratmenge ist dann in entsprechender Weise für die Berechnung des Glyzerins in Rechnung zu ziehen.
Um ein Überkriechen der alkoholischen Lösung zu verhindern, senkt man die
Porzellanschale möglichst tief in den Dampfraum des Wasserbades und füllt
dieses nur soweit, daß die gesamte Flüssigkeit vom Dampfe umgeben wird. Das
Wasserbad darf nur schwach „singen". Sobald nämlich der Alkohol siedet,
geht Glyzerin mit weg. Zum Abdampfen der ätherischen Lösung und zur
Wägung des Glyzerins nimmt man sog. Wägegläser von niedriger weiter Form
(Bodenfläche etwa 8 cm Durchmesser und mit etwa 4 cm weitem Halse). Das
Abdunsten kann bei einiger Vorsicht unbedenklich auf dem schwachsiedenden
Wasserbade geschehen, wenn man ein Uhrglas unterlegt, beim Abdunsten auf
dem Dampftrockenschrank legt man Papier unter.

man die alkoholisch-ätherische Flüssigkeit auf einem heißen, aber nicht kochenden Wasserbade, wobei wallendes Sieden der Lösung zu vermeiden ist. Nachdem der Rückstand im Wägegläschen dickflüssig geworden ist, bringt man das Gläschen in einen Trockenkasten, zwischen dessen Doppelwandungen Wasser lebhaft siedet, läßt nach einstündigem Trocknen im Exsikkator erkalten und wägt.

Berechnung. Wurden a Gramm Glyzerin gewogen, so sind enthalten:
x = 1,111 a Gramm Glyzerin in 100 ccm Wein.

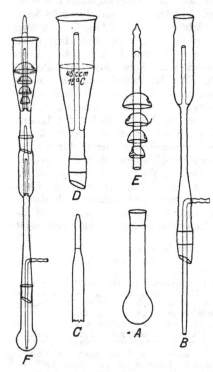

Abb. 3.

b) In Weinen mit 2 g oder mehr Zucker in 100 ccm.

50 ccm Wein werden in einem geräumigen Kolben auf dem Wasserbade erwärmt und mit 1 g Quarzsand und so lange mit kleinen Mengen Kalkmilch versetzt, bis die zuerst dunkler gewordene Mischung wieder eine hellere Farbe und einen laugenhaften Geruch angenommen hat. Das Gemisch wird auf dem Wasserbade unter fortwährendem Umschütteln erwärmt. Nach dem Erkalten setzt man 100 ccm Alkohol von 96 Maßprozent zu, läßt den sich bildenden Niederschlag absitzen, filtriert die alkoholische Lösung ab und wäscht den Niederschlag mit Alkohol von 96 Maßprozent aus. Das Filtrat wird eingedampft und der Rückstand nach der unter Nr. 9a gegebenen Vorschrift weiter behandelt.

Berechnung. Wurden a Gramm Glyzerin gewogen, so sind enthalten: x = 2,222 a Gramm Glyzerin in 100 ccm Wein.

Anmerkung. Wenn die Ergebnisse der Zuckerbestimmung nicht mitgeteilt sind, so ist stets anzugeben, ob der Glyzeringehalt der Weine nach Nr. 9a oder 9b bestimmt worden ist.

In Fachkreisen herrscht die Auffassung, daß die amtliche Methode fehlerhaft und durch andere als gut erprobte Methoden zu ersetzen ist. Eine solche ist die von Zeisel und Fanto [1]), die auf der Überführung des Glyzerins

---

[1]) Zeitschr. f. analyt. Chemie 1903. 42. 549; Zeitschr. f. N. U. 1904. 7. 292; 1905. 9. 115. Vgl. auch J. Schindler und H. Swoboda, ebenda 1909. 17. 735, sowie K. Windisch, Arbeiten a. d. Kaiserl. Gesundh.-Amte 1911. 39. 1; Zeitschr. f. U. N. 1913. 25. 107. Nach F. Zetzsche, Pharm. Zentralbl. 1907. 48. 797 versagt die Methode bei Gegenwart von Mannit.

durch kochende starke Jodwasserstoffsäure in Isopropyljodid beruht. Dieses wird durch Silbernitrat zersetzt und das entstandene Silberjodid bestimmt [1]). Ein zweckmäßiger Apparat [2]) ist hierneben abgebildet. Er besteht aus dem etwa 40 ccm fassenden Siedekölbchen A mit dem eingeschliffenen Kühlrohr B; in dieses ist ein Gaseinleitungsrohr eingeschmolzen, das bis auf den Boden von A reicht. Das obere Ende des Kühlrohrs ist durch das lose aufzusetzende, oben geschlossene Röhrchen C als Waschgefäß ausgebildet und trägt mittels eines Glasschliffes das aus den Teilen D und E bestehende Zersetzungsgefäß. F zeigt den zusammengesetzten Apparat.

Vorbereitung des Weines zur Jodidmethode.

Von 100 ccm Wein destilliert man, nach Zusatz von etwas Tannin und Bariumazetat in geringem Überschusse, unter Anwendung von guten Korkstopfen 70 ccm ab, spült den erkalteten Destillationsrückstand mitsamt dem Niederschlag in einen Meßkolben, füllt auf 50 ccm auf, mischt, läßt absetzen oder filtriert und entnimmt der klaren Flüssigkeit die für die Bestimmung nötigen 5 ccm, entsprechend 10 ccm Wein. Das Volumen der unlöslichen Bariumsalze wird hierbei nicht berücksichtigt. Diese Ungenauigkeit ist praktisch belanglos.

Bei Süßweinen wird der 30 ccm betragende Destillationsrückstand besser nicht auf 50, sondern auf 100 ccm aufgefüllt. 5 ccm hiervon, entsprechend 5 ccm Wein, werden dem Jodidverfahren unterworfen [2]).

Erforderliche Reagentien:

1. Jodwasserstoffsäure vom spezifischen Gewicht 1,96.
2. Aufschwemmung von rotem Phosphor in der zehnfachen Menge Wasser;
3. alkoholische Silbernitratlösung, durch Auflösen von 40 g Silbernitrat in 100 ccm Wasser und Auffüllen mit reinem absolutem Alkohol auf 1 Liter hergestellt.

Die Brauchbarkeit des Phosphors ist durch einen blinden Versuch festzustellen. Bildet sich hierbei in der Zersetzungsvorrichtung ein schwarzer Beschlag — ein leichter brauner Anflug kann vernachlässigt werden —, so ist der Phosphor nach einem der folgenden Verfahren zu reinigen:

a) 10 g roter Phosphor werden in einer Flasche mit 500 ccm Wasser übergossen und nach dem Absetzen mit 10 ccm einer wässerigen Jod-Jodkalium-lösung, die 5% Jod enthält, versetzt, worauf sofort kräftig umgeschüttelt wird. Das Zusetzen der Jodlösung und Umschütteln des Gemisches wird etwa 10 mal wiederholt. Nach dem Abgießen der überstehenden Lösung und dreimaligem Auswaschen mit Wasser ist der Phosphor gebrauchsfertig.

b) 20 g roter Phosphor werden unter dem Abzuge so lange mit 10%iger Kalilauge gekocht, bis der Geruch nach Phosphorwasserstoff fast verschwunden ist. Dann läßt man erkalten und filtriert. Zeigt der Phosphor beim Erwärmen mit frischer Kalilauge eine nennenswerte Gasentwickelung, so ist das Kochen zu wiederholen; anderenfalls wäscht man ihn mit Wasser, bis dieses vollkommen neutral abläuft.

Der Phosphor ist unter Wasser aufzubewahren.

Statt Phosphor kann als Waschmittel eine ziemlich konzentrierte Lösung von Natriumbrechweinstein Verwendung finden; Zeitschr. f. analyt. Chemie 1903, **42**, 589.

Ausführung der Bestimmung (vgl. Anm. [1])).

100 ccm Essig werden bis zur Sirupdicke oder bis auf etwa $1/_2$ ccm eingedampft; der Rückstand wird mit wenig Wasser in ein 50 ccm-

---

[1]) Im nachstehenden nach dem vom Kaiserl. Gesundh.-Amt herausgegebenen Entwurf für „Essig und Essigessenz".

[2]) Nach M. J. Stritar, in der Abänderung von v. d. Heide, beziehbar von C. Gerhardt, Bonn a. Rh.

[3]) Zeitschr. f. analyt. Chemie 1903, **42**, 557.

Meßkölbchen gespült, die Flüssigkeit so lange mit kleinen Mengen Tanninlösung versetzt, als noch eine Fällung entsteht, mit Barytwasser neutralisiert, bis zur Marke aufgefüllt und durch ein trockenes Filter filtriert.

5 ccm des Filtrates und 15 ccm der Jodwasserstoffsäure werden in das Siedekölbchen gebracht, nachdem das Waschgefäß mit 5 ccm der durchgeschüttelten Phosphoraufschwemmung beschickt und das Zersetzungsgefäß mit etwa 50 ccm alkoholischer Silbernitratlösung gefüllt worden ist, und der Apparat zusammengefügt. Sodann wird in das Rohr des Siedekölbchens gewaschenes und getrocknetes Kohlendioxyd — etwa drei Blasen in der Sekunde — eingeleitet und der Inhalt des Kölbchens, zweckmäßig mittels eines Ölbades od. dgl., zum langsamen Sieden gebracht. Durch Erwärmung des Waschgefäßes von außen oder durch Regelung des Siedens ist dafür zu sorgen, daß die Phosphoraufschwemmung dauernd handwarm ist. Nach etwa zweistündigem Sieden wird festgestellt, ob noch eine Bildung von Jodsilber erfolgt. Ist dies der Fall, so wird das Erhitzen fortgesetzt, andernfalls wird die Menge des gebildeten Jodsilbers in üblicher Weise ermittelt.

Das Gewicht des Jodsilbers, mit 3,921 multipliziert, ergibt die in 100 ccm Essig enthaltene Menge Glyzerin.

Weitere Methoden sind das Benzoylverfahren von Diez nach den Angaben Zetsches und verschiedene Oxydationsmethoden. Näheres ist den Handbüchern zu entnehmen.

10. Bestimmung des Zuckers.

Die Bestimmung des Zuckers geschieht gewichtsanalytisch mit Fehlingscher Lösung.

Herstellung der erforderlichen Lösungen.

1. Kupfersulfatlösung: 69,278 g kristallisiertes Kupfersulfat werden mit Wasser zu 1 Liter gelöst.

2. Alkalische Seignettesalzlösung: 346 g Seignettesalz (Kaliumnatriumtartrat) und 103,2 g Natriumhydrat werden mit Wasser zu 1 Liter gelöst und die Lösung durch Asbest filtriert.

Die beiden Lösungen sind getrennt aufzubewahren.

Vorbereitung des Weines zur Zuckerbestimmung.

Zunächst wird der annähernde Zuckergehalt des zu untersuchenden Weines ermittelt, indem man von dem Extraktgehalt desselben die Zahl 2 abzieht. Weine, die hiernach höchstens 1 g Zucker in 100 ccm enthalten, können unverdünnt zur Zuckerbestimmung verwendet werden; Weine, die mehr als 1 g Zucker in 100 ccm enthalten, müssen dagegen soweit verdünnt werden, daß die verdünnte Flüssigkeit höchstens 1 g Zucker in 100 ccm enthält. Die für den annähernden Zuckergehalt gefundene Zahl (Extrakt weniger 2) gibt an, auf das wievielfache Maß man den Wein verdünnen muß, damit die Lösung nicht mehr als 1% Zucker enthält. Zur Vereinfachung der Abmessung und Umrechnung rundet man die Zahl (Extrakt weniger 2) nach oben zu auf eine ganze Zahl ab. Die für die Verdünnung anzuwendende Menge Wein ist so auszuwählen, daß die Menge der verdünnten Lösung mindestens 100 ccm beträgt. Enthält beispielsweise ein Wein 4,77 g Extrakt in 100 ccm, dann ist der Wein zur Zuckerbestimmung auf das 4,77—2 = 2,77-fache oder abgerundet auf das dreifache Maß mit Wasser zu verdünnen. Man läßt in diesem Falle aus einer Bürette 33,3 ccm Wein von 15° C in ein 100 ccm-Kölbchen fließen und füllt den Wein mit destilliertem Wasser bis zur Marke auf.

Ausführung der Bestimmung des Zuckers im Weine.

100 ccm Wein oder, bei einem Zuckergehalte von mehr als 1%, 100 ccm eines in der vorher beschriebenen Weise verdünnten Weines werden in einem Meßkölbchen abgemessen, in eine Porzellanschale gebracht, mit Alkalilauge neutralisiert und im Wasserbade auf etwa 25 ccm eingedampft. Behufs Entfernung von Gerbstoff und Farbstoff fügt man zu dem entgeisteten Weinrückstande, sofern es sich um Rotweine oder erhebliche Mengen Gerbstoff enthaltende Weißweine handelt, 5—10 g gereinigte Tierkohle[1]), rührt das Gemisch unter Erwärmen auf dem Wasserbade mit einem Glasstabe gut um und filtriert die Flüssigkeit in das 100 ccm-Kölbchen zurück. Die Tierkohle wäscht man so lange mit heißem Wasser sorgfältig aus, bis das Filtrat nach dem Erkalten nahezu 100 ccm beträgt. Man versetzt dasselbe sodann mit 3 Tropfen einer gesättigten Lösung von Natriumkarbonat (zur Ausfällung des Calciumphosphates, das sonst als Kupfer zur Wägung kommen würde), schüttelt um, füllt die Mischung bei 15° C auf 100 ccm auf. Entsteht durch den Zusatz von Natriumkarbonat eine Trübung, so läßt man die Mischung 2 Stunden stehen und filtriert sie dann. Das Filtrat dient zur Bestimmung des Zuckers.

An Stelle der Tierkohle kann zur Entfernung von Gerbstoff und Farbstoff aus dem Wein auch Bleiessig benutzt werden. In diesem Falle verfährt man wie folgt: 160 ccm Wein werden in der vorher beschriebenen Weise neutralisiert und entgeistet und der entgeistete Weinrückstand bei 15° mit Wasser auf das ursprüngliche Maß wieder aufgefüllt. Hierzu setzt man 16 ccm Bleiessig, schüttelt um und filtriert. Zu 88 ccm des Filtrates fügt man 8 ccm einer gesättigten Natriumkarbonatlösung oder einer bei 20° C gesättigten Lösung von Natriumsulfat, schüttelt um und filtriert aufs neue. Das letzte Filtrat dient zur Bestimmung des Zuckers. Durch die Zusätze von Bleiessig und Natriumkarbonat oder Natriumsulfat ist das Volumen des Weines um $^1/_8$ vermehrt worden, was bei der Berechnung des Zuckergehaltes zu berücksichtigen ist.

Die in der amtlichen Anleitung angegebenen Mengenverhältnisse erwiesen sich als sehr unpraktisch. Bequemer ist folgendes Verfahren: 100 ccm Wein werden neutralisiert, entgeistet und nach Zusatz von 10 ccm Bleiessig zu 100 ccm aufgefüllt. 50 ccm des Filtrates werden in einem 100 ccm-Kölbchen mit 20 bis 25 ccm einer 5%igen Natriumsulfatlösung versetzt, zur Marke aufgefüllt und nochmals filtriert. Bei Süßweinen muß man eine dem vorhandenen Zuckergehalte (ungefähr aus dem Extraktgehalt zu ersehen) entsprechende Verdünnung des fertigen Filtrates vornehmen. 50 ccm desselben auf 250 bzw. 500 ccm vor der Zuckerbestimmung verdünnen. Siehe auch Nr. 11 Polarisation, S. 411. Man verbindet die Zuckerbestimmung am besten mit derjenigen der Polarisation.

Siehe im übrigen auch den Abschnitt „Zuckerbestimmung" bei den allgemeinen Untersuchungsmethoden S. 42.

a) Bestimmung des Invertzuckers.

In einer vollkommen glatten Porzellanschale (besser sind Erlenmeyerkolben, da sie meist glattere Flächen haben) werden 25 ccm Kupfersulfatlösung, 25 ccm Seignettesalzlösung und 25 ccm Wasser gemischt und auf einem Drahtnetz zum Sieden erhitzt. In die siedende Mischung läßt man aus einer Pipette 25 ccm des in der beschriebenen Weise vorbereiteten Weines fließen und kocht nach dem Wiederbeginn des lebhaften Aufwallens noch genau 2 Minuten. Man filtriert das ausgeschiedene Kupferoxydul unter Anwendung einer Saugpumpe sofort durch ein gewogenes Asbestfilterröhrchen und wäscht letzteres mit heißem Wasser und zuletzt mit Alkohol und Äther aus. Nachdem das Röhrchen mit dem Kupferoxydulniederschlage bei 100° C getrocknet ist, erhitzt man letzteren stark bei Luftzutritt, verbindet das Röhrchen alsdann mit einem Wasserstoff-Entwickelungsapparat, leitet trockenen und

---

[1]) Siehe auch A. Kickton, Zeitschr. f. U. N. 1906. 11. 65. Vergleichende Zuckerbestimmungen in entfärbten und nicht entfärbten Lösungen.

reinen Wasserstoff hindurch und erhitzt das zuvor gebildete Kupferoxyd
mit einer kleinen Flamme, bis dasselbe vollkommen zu metallischem
Kupfer reduziert ist. Dann läßt man das Kupfer im Wasserstoffstrom
erkalten und wägt. Die dem gewogenen Kupfer entsprechende Menge
Invertzucker entnimmt man der Tabelle Meißl S. 647.

Die Reinigung des Asbestfilterröhrchens geschieht durch Auflösen
des Kupfers in heißer Salpetersäure, Auswaschen mit Wasser, Alkohol
und Äther, Trocknen und Erhitzen im Wasserstoffstrome. Siehe im
übrigen weitere Winke betr. Ausführung des Kupferreduktionsverfahrens
S. 40.

Bei den gewöhnlichen Weinen kommt es meistens nur darauf an, größere
als 0,2 bzw. 0,1 g betragende Zuckermengen festzustellen. Durch nachstehendes
einfaches Verfahren läßt sich nachweisen, ob dies zutrifft: 5 ccm des mit festem
K_2CO_3 versetzten oder 5,5 ccm des zur Polarisation im Verhältnis 10 : 11 verdünnten, entgeisteten Weines werden mit 2 ccm Fehlingscher Lösung in
einem Reagensglase im siedenden Wasserbade erhitzt, bis die über dem entstandenen Niederschlage stehende Flüssigkeit völlig klar ist. Ist die Flüssigkeit
gelb, so war mehr als 0,2% Zucker vorhanden, ist sie blau geblieben, so war
weniger als 0,2% Zucker vorhanden. In derselben Weise wird verfahren mit
5 ccm Wein und 1 ccm Fehlingscher Lösung hinsichtlich der Feststellung,
ob der Wein mehr oder weniger als 0,1% Zucker enthält. Rotweine sind mit
Tierkohle oder bei mehr als 0,5% Zuckergehalt erst zu entfärben. Aus herben Rotweinen muß der Gerbstoff zuvor entfernt werden, da er vermöge
seines dem Zucker gleichen Reduktionsvermögens einen Zuckergehalt vortäuscht.

Der nicht vergärungsfähige Zuckerrest der Weine (etwa 0,03—0,13 g)
besteht nach Weivers, Zeitschr. f. U. N. 1907. 13. 53 aus l-Arabinose.

b) Bestimmung des Rohrzuckers.

Man mißt 50 ccm des in der vorherbeschriebenen Weise erhaltenen
entgeisteten, alkalisch gemachten, gegebenenfalls von Gerbstoff und
Farbstoff [1]) befreiten und verdünnten Weines mittels einer Pipette in
ein Kölbchen von etwa 100 ccm Inhalt, neutralisiert genau mit Salzsäure, fügt sodann 5 ccm einer 1%igen Salzsäure hinzu und erhitzt
die Mischung $1/_2$ Stunde im siedenden Wasserbade. Dann neutralisiert
man die Flüssigkeit genau, dampft sie im Wasserbade etwas ein, macht
sie mit einer Lösung von Natriumkarbonat schwach alkalisch und filtriert
sie durch ein kleines Filter in ein 50 ccm-Kölbchen, das man durch
Nachwaschen bis zur Marke füllt. In 25 ccm der zuletzt erhaltenen
Lösung wird, wie unter Nr. 10a angegeben, der Invertzuckergehalt
bestimmt.

Berechnung. Man rechnet die nach der Inversion mit Salzsäure erhaltene Kupfermenge auf Gramme Invertzucker in 100 ccm Wein um. Bezeichnet man mit

a die Gramme Invertzucker in 100 ccm Wein, welche vor der Inversion
mit Salzsäure gefunden wurden,

b die Gramme Invertzucker in 100 ccm Wein, welche nach der Inversion mit Salzsäure gefunden wurden,

so sind enthalten:

x = 0,95 (b—a) Gramm Rohrzucker in 100 ccm Wein.

Die Salzsäurekonzentration ist, wie Kulisch (Zeitschr. f. angew. Chemie
1897. 45 u. 205) schon angegeben hat, zu schwach; es wird unter Umständen
nicht alles invertiert. Kulisch empfiehlt bis zu 1 ccm 25%iger Salzsäure

---

[1]) Es ist stets anzugeben, ob die Entfernung des Gerbstoffes und Farbstoffes durch Kohle oder durch Bleiessig stattgefunden hat.

bei nicht verdünnten Weinen; bei solchen, welche weniger als aufs Fünffache, aber doch mindestens auf das Doppelte verdünnt sind, genügen 0,5 ccm 25%iger Salzsäure. Von diesem Autor ist auch ein ½ stündiges Erwärmen von 100 ccm Lösung mit 2 g Oxalsäure im siedenden Wasserbade angegeben. Man kann auch nach der Zollvorschrift (s. S. 739) invertieren (W. Fresenius und L. Grün- hut), wenn nicht ausdrücklich obige amtliche Anweisung vorgeschrieben ist, wie z. B. in der Weinzollordnung. Im ersteren Falle verfährt man bei nicht süßen Weinen nach folgender bewährter Vorschrift: 100 ccm mit Normal- NaOH neutralisieren und entgeisten, Rückstand in 100 ccm-Kölbchen spülen, mit soviel ccm Normal-HCl versetzen als vorher Normal-NaOH verbraucht war, auf 75 ccm bringen, 5 ccm Salzsäure (1,19) zufügen und danach invertieren (Zollvorschrift 5 Minuten auf 67—70° erwärmen, öfters umschütteln). Nach Ab- kühlen auf 100 ccm auffüllen, mit Tierkohle entfärben. Filtrieren. Vom Filtrat 50 ccm mit n-NaOH (30,9 ccm) neutralisieren, 3 Tropfen konz. Na_2CO_3-Lösung zufügen, auf 100 ccm ergänzen, davon 50 ccm zur Zuckerbestimmung.

Bei Süßweinen werden 75 ccm des entsprechend verdünnten Filtrats (s. auch S. 409) mit 5 ccm HCl (1,19) etc. behandelt, nach Abkühlen mit festem Na_2CO_3 nahezu neutralisiert und auf 150 ccm gebracht. Sonst wie oben. Be- rechnung der Saccharose wie in der amtlichen Vorschrift oben angegeben; diejenige der Fruktose und Glukose s. S. 50 im Abschnitt „Allgemeine Unter- suchungsmethoden".

Qualitative Prüfung auf Rohrzucker (Saccharose) nach Rothen- fusser [1].

Man erhitzt 5 ccm Most mit einem Gemisch von 6 g Bariumhydroxyd, in heißem Wasser gelöst, und 25 ccm einer 3%igen Wasserstoffsuper- oxydlösung 20 Minuten auf dem Wasserbad. Wenn Gelbfärbung ein- tritt, setzt man noch tropfenweise etwas Wasserstoffsuperoxyd bis zur Entfärbung hinzu, filtriert und erhitzt 5 ccm des Filtrats mit 5 ccm Diphenylaminreagens. (20 ccm der 10%igen alkoholischen Diphenyl- aminlösung, 60 ccm Eisessig und 120 ccm konzentrierter Salzsäure.) Bei Anwesenheit von Saccharose tritt nach 7—8 Minuten Blaufärbung ein.

Von trockenen Weinen erhitzt man 10 ccm mit 50 ccm einer 5%igen Barytlauge und 10 ccm einer 3%igen Wasserstoffsuperoxydlösung und verfährt wie bei Most.

Von Süßweinen schüttelt man 10 ccm mit 50 ccm Aceton ½ Minute, setzt etwas Infusorienerde zu und filtriert nach abermaligem Schütteln. 30 ccm des Filtrats werden zur Entfernung des Acetons mit 30 ccm Wasser auf dem Wasserbad erhitzt und dann mit 6 g Bariumhydroxyd und 25 ccm 3%iger Wasserstoffsuperoxydlösung wie oben weiterbehandelt.

11. Polarisation.

Zur Prüfung des Weines auf sein Verhalten gegen das polarisierte Licht sind nur große, genaue Apparate zu verwenden, an denen noch Zehntelgrade abgelesen werden können. Die Ergebnisse der Prüfung sind in Winkelgraden, bezogen auf eine 200 mm lange Schicht des ur- sprünglichen Weines, anzugeben. Die Polarisation ist bei 15° C aus- zuführen.

Ausführung der polarimetrischen Prüfung des Weines.

a) Bei Weißweinen. 60 ccm Weißwein werden mit Alkali neu- tralisiert, im Wasserbade auf ⅓ eingedampft, auf das ursprüngliche Maß wieder aufgefüllt und mit 3 ccm Bleiessig versetzt; der entstandene

---

[1] Zeitschr. f. N. U. 1910. 19. 261; 1912. 24. 93.

Niederschlag wird abfiltriert. Zu 31,5 [1]) ccm des Filtrates setzt man 1,5 ccm einer gesättigten Lösung von Natriumkarbonat oder einer bei 20° C gesättigten Lösung von Natriumsulfat, filtriert den entstandenen Niederschlag ab und polarisiert [2]) das Filtrat. Der von dem Weine eingenommene Raum ist durch die Zusätze um $^1/_{10}$ (= × 1,1) vermehrt worden, worauf Rücksicht zu nehmen ist.

b) Bei Rotweinen. 60 ccm Rotwein werden mit Alkali neutralisiert, im Wasserbade auf $^1/_3$ eingedampft, filtriert, auf das ursprüngliche Maß wieder aufgefüllt und mit 6 ccm Bleiessig versetzt. Man filtriert den Niederschlag ab, setzt zu 33 ccm des Filtrates 3 ccm einer gesättigten Lösung von Natriumkarbonat oder einer bei 20° C gesättigten Lösung von Natriumsulfat [2]), filtriert den Niederschlag ab und polarisiert das Filtrat. Der von dem Rotweine eingenommene Raum wird durch die Zusätze um $^1/_5$ (= × 1,2) vermehrt.

Gelingt die Entfärbung eines Weines durch Behandlung mit Bleiessig nicht vollständig, so ist sie mittels Tierkohle [3]) auszuführen. Man mißt 50 ccm Wein in einem Meßkölbchen ab, führt ihn in eine Porzellanschale über, neutralisiert ihn genau mit einer Alkalilösung und verdampft den neutralisierten Wein auf etwa 25 ccm. Zu dem entgeisteten Weinrückstande setzt man 5—10 g gereinigte Tierkohle, rührt unter Erwärmen auf dem Wasserbade mit einem Glasstabe gut um und filtriert die Flüssigkeit ab. Die Tierkohle wäscht man so lange mit heißem Wasser sorgfältig aus, bis je nach der Menge des in dem Weine enthaltenen Zuckers das Filtrat 75—100 ccm beträgt. Man dampft das Filtrat in einer Porzellanschale auf dem Wasserbade bis zu 30—40 ccm ein, filtriert den Rückstand in das 50 ccm-Kölbchen zurück, wäscht die Porzellanschale und das Filter mit Wasser aus und füllt das Filtrat bis zur Marke auf. Das Filtrat wird polarisiert; eine Verdünnung des Weines findet bei dieser Vorbereitung nicht statt.

Wenn man die Bestimmung des Zuckers mit der Polarisation verbinden will, was der rascheren Erledigung wegen vielfach praktisch ist, verfährt man nach den S. 409 angegebenen zweckmäßigeren Mengenverhältnissen mit der Maßgabe, daß bei Süßweinen mehr Bleiessig anzuwenden ist und die Verdünnung nur zur Zuckerbestimmung nicht aber auch zur Polarisation vorgenommen wird oder nach L. Grünhut [4]). Der Rückstand von 100 ccm des neutralisierten und entgeisteten Weines wird in einem 100 ccm-Kölbchen mit 10 ccm Bleiessig gefällt, auf 100 dann aufgefüllt und filtriert, 50 ccm des Filtrates fällt man in einem 100 ccm-Kölbchen mit Na_2CO_3 (Na_2SO_4), füllt zur Marke, filtriert und bestimmt in 50 ccm = 25 ccm Wein mit 50 ccm Fehlingscher Lösung den Zucker.

Weitere 30 ccm des Filtrates vom Bleiessigniederschlage werden mit 3 ccm Na_2CO_3 usw. gefällt. Nach dem Filtrieren verbleibt eine Lösung 10 : 11 wie in der amtlichen Anweisung oben unter a) zur Polarisation vorgeschrieben ist.

Bei Süßwein ist mehr Bleiessig (20—25 ccm) erforderlich.

---

[1]) Zur Vermeidung dieser für die Praxis ungünstig gewählten Mengen sei auf die diesem Abschnitt folgenden (Kleindruck) Anleitungen hingewiesen.

[2]) Die Fällung des Bleies mit Natriumkarbonat oder Natriumsulfat führt nach Bornträger, Zeitschr. f. analyt. Chemie 1898. 160; Woy, Seyda, Zeitschr. f. analyt. Chemie 1895. 286, und anderen zu kleinen Fehlern. Anstatt dieser wird empfohlen, das Blei als Phosphat mittels Dinatriumphosphats zu fällen.

[3]) Besser ist es, unter allen Umständen erst mit Bleiessig zu fällen und gegebenenfalls noch die letzten Farbstoffreste mit Tierkohle zu entfernen.

[4]) Zeitschr. f. analyt. Chemie 1897. 36. 175.

Man kann auf Invertzuckerzusatz annähernd in folgender Weise schließen. Die spezifische Drehung des Invertzuckers (d. h. 100 g in 100 ccm) beträgt im 100 mm-Rohr rund —20° bei 20° C. Bei Vornahme der Polarisation im 200 mm-Rohr wird also auf jedes Gramm vorhandenen Invertzuckers eine Drehung von —0,4° entfallen. Beträgt der Extraktgehalt eines Weines z. B. 13,5 g in 100 ccm, so wird der Zuckergehalt annähernd 11—11,5% betragen (Extrakt zu 2—2,5% geschätzt). Diesem Zuckergehalt (betrachtet als Invert-) entspricht demnach eine Drehung von 11 × 0,4 bzw. 11,5 × 0,4 = —4,4 bzw. —4,6°. Ist die gefundene Drehung des Weines größer als die berechnete, so würde dieser Umstand auf stattgefundene Gärung hindeuten, weil die Fruktose dann gegenüber der Glukose vorherrscht.

Will man den Nachweis von Saccharose durch Polarisation führen, so muß man noch invertieren S. 42, Abschnitt Wein S. 410 und „Allgemeiner Gang der Untersuchungen", S. 46, sowie Abschnitt „Fruchtsäfte" usw. (Vgl. auch die Berechnung der Saccharose aus der Polarisation im Abschnitt Honig S. 303).

12. Nachweis des unreinen Stärkezuckers durch Polarisation.

a) Hat man bei der Zuckerbestimmung nach Nr. 10 höchstens 0,1 g reduzierenden Zucker in 100 ccm Wein gefunden und dreht der Wein bei der gemäß Nr. 11 ausgeführten Polarisation nach links oder gar nicht oder höchstens 0,3° nach rechts, so ist dem Weine unreiner Stärkezucker nicht zugesetzt worden.

b) Hat man bei der Zuckerbestimmung nach Nr. 10 höchstens 0,1 g reduzierenden Zucker gefunden, und dreht der Wein mehr als 0,3° bis höchstens 0,6° nach rechts, so ist die Möglichkeit des Vorhandenseins von Dextrin in dem Weine zu berücksichtigen und auf dieses nach Nr. 19 zu prüfen. Ferner ist nach dem folgenden, unter Nr. 12d beschriebenen Verfahren die Prüfung auf die unvergorenen Bestandteile des unreinen Stärkezuckers vorzunehmen.

c) Hat man bei der Zuckerbestimmung nach Nr. 10 höchstens 0,1 g Gesamtzucker in 100 ccm Wein gefunden, und dreht der Wein bei der Polarisation mehr als 0,6° nach rechts, so ist zunächst nach Nr. 19 auf Dextrin zu prüfen. Ist dieser Stoff in dem Weine vorhanden, so verfährt man zum Nachweis der unvergorenen Bestandteile des unreinen Stärkezuckers nach dem folgenden, unter Nr. 12d angegebenen Verfahren. Ist Dextrin nicht vorhanden, so enthält der Wein die unvergorenen Bestandteile des unreinen Stärkezuckers.

d) Hat man bei der Zuckerbestimmung nach Nr. 10 mehr als 0,1 g Gesamtzucker in 100 ccm Wein [1]) gefunden, so weist man den Zusatz unreinen Stärkezuckers auf folgende Weise nach.

α) 210 ccm Wein werden im Wasserbade auf $\frac{1}{3}$ eingedampft; der Verdampfungsrückstand wird mit so viel Wasser versetzt, daß die ver-

---

[1]) Danach müßte jeder Jungwein einer Vergärung unterworfen werden, da solche Weine oft mehr als 0,1% Zucker enthalten; nach Grünhut ist dies aber nicht erforderlich, wenn man erst durch die Bestimmung des spezifischen Drehungsvermögens einen Schluß auf die vorhandene Zuckerart gezogen hat nach der Formel $[\alpha]_D = \dfrac{100\,\alpha}{2\,(c - 0,1)}$, in welcher α die Drehung des Weines im 200 mm-Rohre und c den Zuckergehalt darstellt. Saccharose oder unreiner Stärkezucker kann nur zugegen sein, wenn $[\alpha]_D$ zwischen —45 und 0 liegt oder positiv ist; dann ist Vergärung erforderlich. Dabei ist angenommen, daß, da bei der normalen Gärung des Weines die Glukose schneller vergärt als die Fruktose, die spezifische Drehung des Zuckerrestes (0,1%) nahe bei —90°, also dem Werte der Fruktose liegt und selbst bei einem Zuckergehalte von 2% selten unter —45° beträgt. Zeitschr. f. analyt. Chemie **36**. 168.

dünnte Flüssigkeit nicht mehr als 15% Zucker enthält; die verdünnte
Flüssigkeit wird in einem Kolben mit etwa 5 g gärkräftiger Bierhefe,
die optisch aktive Bestandteile nicht enthält, versetzt und so lange bei
20—25° C stehen gelassen, bis die Gärung beendet ist.

β) Die vergorene Flüssigkeit wird mit einigen Tropfen einer 20%igen
Kaliumazetatlösung versetzt und in einer Porzellanschale auf dem Wasserbade unter Zusatz von Quarzsand zu einem dünnen Sirup verdampft.
Zu dem Rückstande setzt man unter beständigem Umrühren allmählich
200 ccm Alkohol von 90 Maßprozent. Nachdem sich die Flüssigkeit
geklärt hat, wird der alkoholische Auszug in einen Kolben filtriert,
Rückstand und Filter mit wenig Alkohol von 90 Maßprozent gewaschen
und der Alkohol größtenteils abdestilliert. Der Rest des Alkohols wird
verdampft und der Rückstand durch Wasserzusatz auf etwa 10 ccm
gebracht. Hierzu setzt man 2—3 g gereinigte, in Wasser aufgeschlemmte
Tierkohle, rührt mit einem Glasstabe wiederholt tüchtig um, filtriert
die entfärbte Flüssigkeit in einen kleinen eingeteilten Zylinder und
wäscht die Tierkohle mit heißem Wasser aus, bis das auf 15° C abgekühlte
Filtrat 30 ccm beträgt. Zeigt dasselbe bei der Polarisation eine Rechtsdrehung von mehr als 0,5°, so enthält der Wein die unvergorenen Bestandteile des unreinen Stärkezuckers. Beträgt die Drehung gerade
+ 0,5° oder nur wenig über oder unter dieser Zahl, so wird die Tierkohle
aufs neue mit heißem Wasser ausgewaschen, bis das auf 15° C abgekühlte Filtrat 30 ccm beträgt. Die bei der Polarisation dieses Filtrates
gefundene Rechtsdrehung wird der zuerst gefundenen hinzugezählt. Wenn
das Ergebnis der zweiten Polarisation mehr als den fünften Teil der ersten
beträgt, muß die Kohle noch ein drittes Mal mit 30 ccm heißem Wasser
ausgewaschen und das Filtrat polarisiert werden.

Anmerkung: Die Rechtsdrehung kann auch durch gewisse Bestandteile mancher Honigsorten verursacht sein.

13. Nachweis fremder Farbstoffe in Rotweinen.

Rotweine sind stets auf Teerfarbstoffe und auf ihr Verhalten gegen
Bleiessig zu prüfen. Ferner ist in dem Weine ein mit Alaun [1]) und Natrium-
azetat gebeizter Wollfaden zu kochen und das Verhalten des auf der
Wollfaser niedergeschlagenen Farbstoffes gegen Reagentien zu prüfen.
Die bei dem Nachweise fremder Farbstoffe im einzelnen befolgten Ver-
fahren sind stets anzugeben.

Bemerkung der Verfasser: Zur Ermittelung der Teerfarbstoffe ist
außerdem das Ausschütteln von 100 ccm Wein mit Äther und nach dem
Übersättigen mit Ammoniak zu empfehlen. Die ätherischen Ausschüttelungen
sind nach dem Verdampfen des Äthers getrennt durch die Wollprobe in
der oben angegebenen Weise zu prüfen. Die zur Weinfärbung hauptsächlich
benutzten Teerfarbstoffe färben sich auf. Pflanzenfarbstoffe nicht. Rotwein
läßt auf dem Wollfaden zuweilen eine schwache schmutzige, braunrote Farbe
zurück, die aber nicht zu verwechseln ist mit Auffärbungen. Man zieht den
Wollfaden dann noch mit Ammoniak aus, wobei die Wolle entweder rot bleibt
oder gelblich wird; letztere Färbung geht beim Auswaschen des Ammoniaks
wieder in rot über. Die natürliche Rotweinauffärbung verfärbt sich mit Ammoniak grünlich.

Cazeneuves Verfahren nach Wolf. 10 ccm Wein werden mit 10 ccm
einer kaltgesättigten Quecksilberchloridlösung geschüttelt, sodann mit 10 Tropfen

---

[1]) 50 ccm Wein mit $^1/_{10}$ Vol. einer 10%igen Lösung von $KHSO_4$ versetzen, entfettete Wollfäden 10 Minuten darin kochen (Strohmer, Arata).

Kalilauge von 1,27 spezifischem Gewicht versetzt, wieder geschüttelt und durch ein trockenes Filter filtriert.

Das Filtrat kann sein:

1. Schwach gelblich (auch bei natürlichem Weinfarbstoff). Man versetzt mit Essigsäure bis zur sauren Reaktion; war Säurefuchsin zugegen, so färbt sich das Filtrat schön rosa.

2. Gelb-rot bis rosa bis rot-violett. Man säuert mit Salzsäure an; die Farbe bleibt unverändert oder wird nur rosa; Oxyazofarben (Bordeaurot, Ponceau usw.) [1]).

3. Die Farbe geht von gelb-rot über in blau-rot bis blau-violett: Amidoazofarben: z. b. Kongo, Benzopurpurin, Methylorange usw. Alkali im Überschuß färbt wieder gelb-rot.

Geht die ursprüngliche blau-rote Farbe des mit Salzsäure angesäuerten Filtrats in gelb-rot über und wird dieselbe mit Ammoniak wieder hergestellt, so ist der Farbstoff Cochenille oder Orseille, welche beide sich jedoch erst zu erkennen geben, wenn sie in ziemlich großer Menge vorhanden sind.

Auf die Ermittelung von Teerfarbstoffen auf spektroskopischem Weg kann hier nicht eingegangen werden (siehe Literatur, namentlich Formanek-Grandmougin, Verlag J. Springer, Berlin).

Von den Pflanzenfarbstoffen ist nur der Nachweis der Kermesbeerfarbe (Phytolacca), Malvenblüten und Heidelbeerfarbe möglich. Nachweis von Kermesbeeren: Mit Bleiessig versetzt fällt in einem solchen gefärbten Wein der Niederschlag rot-violett. Mit Ätzbaryt versetzt scheiden sich blaue bis violette Flocken aus. Nachweis von Malvenblütenauszug nach A. Straub (Pharm. Zentralh. 1911. 52. 868; Zeitschr. f. U. N. 1912. 24. 295). Man verdünnt 3 ccm Rotwein auf 25 ccm und erwärmt mit 1 ccm einer 1%igen Zinnchlorürlösung und 0,4—0,6 g Kaliumacetat. Es fällt zunächst der Weinfarbstoff aus und nach 4 bis 7 maliger Wiederholung der Behandlung entsteht bei Anwesenheit von Malven eine grünblaue Lösung. Nachweis von Heidelbeerfarbe nach Plahl, Zeitschr. f. U. N. 1908. 15. 262. Siehe auch den Abschnitt Nachweis von Farbstoffen im allgemeinen Untersuchungsgang S. 56 und besonders den Abschnitt Obstdauerwaren (Fruchtsäfte).

Nachweis von Karamel siehe S. 354, Abschnitt Branntweine.

14. Bestimmung der Gesamtweinsteinsäure, der freien Weinsteinsäure, des Weinsteins und der an alkalische Erden gebundenen Weinsteinsäure[2]).

Der qualitative Nachweis von Weinsäure gründet sich auf die Ausfällung als Kaliumtartrat (s. nachstehend unter a) und auf die Kristallform des Kalziumtartrats; nach Sullivan und Crampton, Chem. Ztg. 1907, Rep. 4, ist das Auftreten von kristallisiertem Kalziumtartrat ein scharfer Nachweis von Weinsäure oder Tartraten. Man fügt in schwach essigsaurer Lösung Kalziumazetat zu der Weinsäure enthaltenden Lösung und betrachtet die nach dem Stehen ausfallenden Kristalle. Über die Kristallform von Kalziumtartrat und über die Bedingungen zu seiner Bildung vgl. H. Behrens, Anleitung zur mikrochemischen Analyse.

Der Gegenwart anderer störender Stoffe wie im Wein empfiehlt A. Kling, Pharm. Zentralh. 1912, 378, die Weinsäure in Form von razemischem weinsaurem Kalk auszufällen. Vgl. ferner Brönsted, Über den Nachweis der gewöhnlichen Weinsäure mittels Links-Weinsäure, Zeitschr. f. analyt. Chemie 1903, 15 und das Handbuch von Beythien. Siehe auch Hilfsbuch S. 428.

---

[1]) Manche stark gefärbte echte Rotweine (z. B. von Trollinger und Portugieser Trauben) liefern nach eigener Beobachtung ebenfalls ein rotes Filtrat! Die Cazeneuvesche Probe allein ist daher nicht ausschlaggebend.

[2]) Siehe den Schlußabsatz dieses Abschnittes S. 418.

a) Bestimmung der Gesamtweinsteinsäure.

Man setzt zu 100 ccm Wein in einem Becherglase 2 ccm Eisessig,
3 Tropfen einer $20^0/_0$igen Kaliumazetatlösung und 15 g gepulvertes
reines Chlorkalium. Letzteres bringt man durch Umrühren nach Möglichkeit in Lösung und fügt dann 15 ccm Alkohol von 95 Maßprozent
hinzu. Nachdem man durch starkes, etwa 1 Minute anhaltendes Reiben
des Glasstabes an der Wand des Becherglases die Abscheidung des
Weinsteins eingeleitet hat, läßt man die Mischung wenigstens 15 Stunden
bei Zimmertemperatur stehen und filtriert dann den kristallinischen
Niederschlag ab. Hierzu bedient man sich eines Goochschen Platin-
oder Porzellantiegels mit einer dünnen Asbestschicht, welche mit einem
Platindrahtnetz von mindestens $^1/_2$ mm weiten Maschen bedeckt ist, oder
einer mit Papierfilterstoff bedeckten Wittschen Porzellansiebplatte; in
beiden Fällen wird die Flüssigkeit mit Hilfe der Wasserstrahlpumpe
abgesaugt. Zum Auswaschen des kristallinischen Niederschlages dient
ein Gemisch von 15 g Chlorkalium, 20 ccm Alkohol von 95 Maßprozent
und 100 ccm destilliertem Wasser. Das Becherglas wird etwa dreimal
mit wenigen Kubikzentimetern dieser Lösung abgespült, wobei man
jedesmal gut auslaufen läßt. Sodann werden Filter und Niederschlag
durch etwa dreimaliges Abspülen und Aufgießen von wenigen Kubikzentimetern der Waschflüssigkeit ausgewaschen; von letzterer dürfen
im ganzen nicht mehr als 20 ccm gebraucht werden. Der auf dem Filter
gesammelte Niederschlag wird darauf mit siedendem, alkalifreiem, destilliertem Wasser in das Becherglas zurückgespült und die erhaltene, bis
zum Kochen erhitzte Lösung in der Siedehitze mit $^1/_4$ N.-Alkalilauge unter
Verwendung von empfindlichem blauviolettem Lackmuspapier titriert.

Berechnung. Wurden bei der Titration a Kubikzentimeter $^1/_4$ N.-Alkali-
lauge verbraucht, so sind enthalten:

x = 0,0375 (a + 0,6) [1]) Gramm Gesamtweinsteinsäure in 100 ccm Wein.

b) Bestimmung der freien Weinsteinsäure [2]).

50 ccm eines gewöhnlichen ausgegorenen Weines, bzw. 25 ccm
eines erhebliche Mengen Zucker enthaltenden Weines, werden in der
unter Nr. 4 vorgeschriebenen Weise in einer Platinschale verascht.
Die Asche wird vorsichtig mit 20 ccm $^1/_4$ N.-Salzsäure versetzt und nach
Zusatz von 20 ccm destilliertem Wasser über einer kleinen Flamme bis
zum beginnenden Sieden erhitzt (Bedecken mit Uhrglas). Die heiße
Flüssigkeit wird mit $^1/_4$ N.-Alkalilauge unter Verwendung von empfindlichem, blauviolettem Lackmuspapier titriert.

Berechnung. Wurden a Kubikzentimeter Wein angewendet und bei
der Titration b Kubikzentimeter $^1/_4$ N.-Alkalilauge verbraucht, enthält ferner
der Wein c Gramm Gesamtweinsteinsäure in 100 ccm (nach Nr. 14a bestimmt)
so sind enthalten:

$$x = c - \frac{3,75\ (20 - b)}{a}\ \text{Gramm freie Weinsteinsäure in 100 ccm Wein.}$$

Ist a = 50, so wird x = c + 0,075 b — 1,5; ist a = 25, so wird
x = c + 0,15 b — 3.

---

[1]) Die Zahl 0,6 bedeutet die Korrektur für die Löslichkeit des Weinsteins in der Chlorkalium-Weingeistmischung.

[2]) = Alkalität der Gesamtasche; der Alkalitätsfaktor wird folgendermaßen
berechnet $\dfrac{\text{Gesamtalkalität} \times 0,1}{\text{Mineralstoffgehalt}}$ (s. u. „Deutung der Untersuchungsergebnisse").

c) Bestimmung des Weinsteins [1]).

50 ccm eines gewöhnlichen ausgegorenen Weines, bzw. 25 ccm eines erhebliche Mengen Zucker enthaltenden Weines, werden in der unter Nr. 4 vorgeschriebenen Weise in einer Platinschale verascht. Die Asche [2]) wird mit heißem destilliertem Wasser ausgelaugt, die Lösung durch ein kleines Filter filtriert und die Schale sowie das Filter [3]) mit heißem Wasser sorgfältig ausgewaschen. Der wässerige Aschenauszug wird vorsichtig mit 20 ccm $^1/_4$ N.-Salzsäure versetzt und über einer kleinen Flamme bis zum beginnenden Sieden erhitzt. Die heiße Lösung wird mit $^1/_4$ N.-Alkalilauge unter Verwendung von empfindlichem blauviolettem Lackmuspapier titriert.

Berechnung. Wurden d Kubikzentimeter Wein angewendet und bei der Titration e Kubikzentimeter $^1/_4$ N.-Alkalilauge verbraucht, enthält ferner der Wein c Gramm Gesamtweinsteinsäure in 100 ccm (nach Nr. 14a bestimmt), so berechnet man zunächst den Wert von n aus nachstehender Formel:

$$n = 26{,}67\,c - \frac{100\,(20 - e)}{d}.$$

α) Ist n gleich Null oder negativ, so ist sämtliche Weinsteinsäure in der Form von Weinstein in dem Weine vorhanden; dann sind enthalten: x = 1,2533 c Gramm Weinstein in 100 ccm Wein.

β) Ist n positiv, so sind enthalten:

$$x = \frac{4{,}7\,(20 - e)}{d}\ \text{Gramm Weinstein in 100 ccm Wein.}$$

Nach den Beschlüssen der Kommission für die amtliche Weinstatistik ist an Stelle der Worte „Die Asche wird ... bis .... ausgewaschen. Der wässerige Aschenauszug wird ...." folgende Einschaltung gemacht:

„Die Asche wird mit 20 ccm heißem Wasser übergossen und mit einer Gummifahne sorgfältig von den Schalenwandungen losgelöst. Die erhaltene Flüssigkeit wird mit den ungelösten Aschenteilen verlustlos unter wiederholtem Nachspülen mit kleinen Mengen heißen Wassers in einen 50 ccm-Kolben übergeführt und in diesem nach Abkühlung auf 15° mit destilliertem Wasser zu 50 ccm aufgefüllt. Die erhaltene Lösung wird durch ein kleines trockenes Filter in einen trockenen Kolben filtriert. 40 ccm dieses wässerigen Aschenauszuges werden ... ".

d) Bestimmung der an alkalische Erden gebundenen Weinsteinsäure.

Die Menge der an alkalische Erden gebundenen Weinsteinsäure wird aus den bei der Bestimmung der freien Weinsteinsäure und des Weinsteins unter Nr. 14b und c gefundenen Zahlen berechnet. Haben b, d und e dieselbe Bedeutung wie dort, und ist:

α) n gleich Null oder negativ gefunden worden, so ist an alkalische Erden gebundene Weinsteinsäure in dem Weine nicht enthalten;

β) n positiv gefunden worden und freie Weinsteinsäure vorhanden, so sind $x = \dfrac{3{,}75\,(e - b)}{d}$ Gramm an alkalische Erden gebundene Weinsteinsäure in 100 ccm Wein;

γ) n positiv gefunden worden und freie Weinsteinsäure nicht vorhanden, so sind $x = c - \dfrac{3{,}75\,(20 - e)}{d}$ Gramm an alkalische Erden gebundene Weinsteinsäure in 100 ccm Wein enthalten.

---

[1]) = wasserlösliche Alkalität.
[2]) Siehe die Abänderung dieser Vorschrift am Schlusse des Abschnittes c.
[3]) von höchstens 3 cm Radius, nach Grünhut, Zeitschr. f. analyt. Chemie 1899. 38. 474.

An Stelle dieser Berechnungsweise haben Fresenius und Grünhut (Zeitschr. f. analyt. Chemie 1899. 38. 474) eine andere bequemere
angegeben. — Die Kommission für die amtliche Weinstatistik hat indessen gemäß dem Vorschlage von v. d. Heide und Baragiola beschlossen, die Werte für freie und gebundene Weinsäure nicht
mehr anzugeben. Näheres siehe Arb. a. d. Kaiserl. Gesundh.-Amte
1910. 35. 1; Zeitschr. f. U. N. 1911. 22. 427. 675.

15. Bestimmung der Schwefelsäure in Weißweinen.

Das unter Nr. 5 für Rotweine angegebene Verfahren zur Bestimmung der Schwefelsäure gilt auch für Weißweine.

16. Bestimmung der schwefligen Säure[1]).

Zur Bestimmung der schwefligen Säure bedient man sich folgender
Vorrichtung. Ein Destillierkolben von 400 ccm Inhalt wird mit einem
zweimal durchbohrten Stopfen verschlossen, durch welchen zwei Glasröhren in das Innere des Kolbens führen. Die erste Röhre reicht bis
auf den Boden des Kolbens, die zweite nur bis in den Hals. Die letztere
Röhre führt zu einem Liebigschen Kühler; an diesen schließt sich
luftdicht mittels durchbohrten Stopfens eine kugelig aufgeblasene U-Röhre
(sog. Peligotsche Röhre).

Man leitet durch das bis auf den Boden des Kolbens führende
Rohr Kohlensäure, bis alle Luft aus dem Apparat verdrängt ist, bringt
dann in die Peligotsche Röhre 50 ccm Jodlösung (erhalten durch Auflösen von 5 g reinem Jod und 7,5 g Jodkalium in Wasser zu 1 Liter),
lüftet den Stopfen des Destillierkolbens und läßt 100 ccm Wein aus einer
Pipette in den Kolben fließen, ohne das Einströmen der Kohlensäure
zu unterbrechen. Nachdem noch 5 g sirupdicke Phosphorsäure zugegeben sind, erhitzt man den Wein vorsichtig und destilliert ihn unter
stetigem Durchleiten von Kohlensäure zur Hälfte ab.

Man bringt nunmehr die Jodlösung, die noch braun gefärbt sein
muß, in ein Becherglas, spült die Peligotsche Röhre gut mit Wasser
aus, setzt etwas Salzsäure zu, erhitzt das Ganze kurze Zeit und fällt
die durch Oxydation der schwefligen Säure entstandene Schwefelsäure
mit Chlorbarium. Der Niederschlag von Bariumsulfat wird genau in der
unter Nr. 5 vorgeschriebenen Weise weiter behandelt.

Berechnung. Wurden a g Bariumsulfat gewogen, so sind: $x =
0,2744$ a Gramm schweflige Säure (SO_2) in 100 ccm Wein.

Bemerkung 1. Der Gesamtgehalt der Weine an schwefliger
Säure kann auch nach dem folgenden Verfahren bestimmt werden.
Man bringt in ein Kölbchen von ungefähr 200 ccm Inhalt 25 ccm
Kalilauge, die etwa 56 g Kaliumhydrat im Liter enthält, und läßt
50 ccm Wein so zu der Lauge fließen, daß die Pipettenspitze während
des Auslaufens in die Kalilauge taucht. Nach mehrmaligem vorsichtigen Umschwenken läßt man die Mischung 15 Minuten stehen. Hierauf fügt man zu der alkalischen Flüssigkeit 10 ccm verdünnte Schwefelsäure (erhalten durch Mischen von 1 Teil Schwefelsäure mit 3 Teilen

---

[1]) Qualitativer Nachweis siehe Abschnitte Fleisch und Obstdauerwaren.

Wasser) und einige Kubikzentimeter Stärkelösung und titriert die Flüssigkeit mit $^1/_{50}$ N.-Jodlösung; man läßt die Jodlösung hierbei rasch, aber vorsichtig so lange zutropfen, bis die blaue Farbe der Jodstärke nach vier- bis fünfmaligem Umschwenken noch kurze Zeit anhält.

Berechnung der gesamten schwefligen Säure. Wurden auf 50 ccm Wein a ccm $^1/_{50}$ N.-Jodlösung verbraucht, so sind enthalten:

x = 0,00128 a Gramm gesamte schweflige Säure (SO_2) in 100 ccm Wein.

Zufolge neuerer Erfahrungen ist ein Teil der schwefligen Säure im Weine an organische Bestandteile gebunden[1]), ein anderer im freien Zustande oder als Alkalibisulfit im Weine vorhanden. Die Bestimmung der freien schwefligen Säure geschieht nach folgendem Verfahren. Man leitet durch ein Kölbchen von etwa 100 ccm Inhalt 10 Minuten lang Kohlensäure, entnimmt dann aus der frisch entkorkten Flasche mit einer Pipette 50 ccm Wein und läßt diesen in das mit Kohlensäure gefüllte Kölbchen fließen. Nach Zusatz von 5 ccm verdünnter Schwefelsäure wird die Flüssigkeit in der vorher beschriebenen Weise mit $^1/_{50}$ N.-Jodlösung titriert.

Berechnung der freien schwefligen Säure. Wurden auf 50 ccm Wein a Kubikzentimeter $^1/_{50}$ N.-Jodlösung verbraucht, so sind enthalten:

x = 0,00128 a Gramm freie schweflige Säure (SO_2) in 100 ccm Wein.

Der Unterschied der gesamten schwefligen Säure und der freien schwefligen Säure ergibt den Gehalt des Weines an schwefliger Säure, die an organische Weinbestandteile gebunden ist[2]).

Bemerkung 2. Wurde der Gesamtgehalt an schwefliger Säure nach dem in der Bemerkung 1 beschriebenen Verfahren bestimmt, so ist dies anzugeben. Es ist wünschenswert, daß in jedem Falle die freie bzw. die an organische Bestandteile gebundene schweflige Säure bestimmt wird.

17. Bestimmung des Saccharins.

Man verdampft 100 ccm Wein unter Zusatz von ausgewaschenem groben Sande in einer Porzellanschale auf dem Wasserbade, versetzt den Rückstand mit 1—2 ccm einer 30%igen Phosphorsäurelösung und zieht ihn unter beständigem Auflockern mit einer Mischung von gleichen Raumteilen Äther und Petroleumäther bei mäßiger Wärme aus. Man filtriert die Auszüge durch gereinigten Asbest in einen Kolben und fährt mit dem Ausziehen fort, bis man 200—250 ccm Filtrat erhalten hat. Hierauf destilliert man den größten Teil der Äther-Petroleumäthermischung im Wasserbade ab, führt die rückständige Lösung aus dem Kolben in eine Porzellanschale über, spült den Kolben mit Äther gut nach, verjagt dann Äther und Petroleumäther völlig, und nimmt den Rückstand mit einer verdünnten Lösung von Natriumkarbonat auf. Man filtriert die Lösung in eine Platinschale, verdampft sie zur Trockne, mischt den Trockenrückstand mit der vier- bis fünffachen Menge festem Natriumkarbonat und trägt dieses Gemisch allmählich in schmelzenden Kalisalpeter ein. Man löst die weiße Schmelze in Wasser, säuert sie vor-

---

[1]) An Aldehyd.
[2]) Methode M. Ripper, Forschungsber. 1895. 12. 35.

sichtig (mit aufgelegtem Uhrglase) in einem Becherglase mit Salzsäure an und fällt die aus dem Saccharin entstandene Schwefelsäure mit Chlor-barium in der unter Nr. 5 vorgeschriebenen Weise.

Berechnung. Wurden bei der Verarbeitung von 100 ccm Wein a Gramm $BaSO_4$ gewonnen, so sind enthalten:

$$x = 0,7857 \text{ a Gramm Saccharin in 100 ccm Wein.}$$

Methode nach F. Wirthle [1] (zum qualitativen Nachweis, namentlich von sehr geringen Mengen Saccharin). 200 ccm in einer Schale auf etwa 20 ccm eingeengten Wein bringt man in einen Scheidetrichter, spült den Rest in der Schale mit einigen Tropfen NaOH und etwas Wasser nach und schüttelt die mit HCl kräftig angesäuerte Flüssigkeit dreimal mit je 50 ccm Äther aus. Die ätherische Lösung wird filtriert, einige Tropfen konzentrierte NaOH und etwa 10 ccm Wasser zugesetzt, umgeschüttelt und hierauf der Äther abdestilliert. Den Rückstand dampft man, nachdem der Kolben mit einigen Tropfen NaOH und etwas Wasser nachgespült ist, in einer kleinen Porzellanschale ein, fügt etwa 1 g festes NaOH (kein KOH) hinzu und erhitzt in einem kleinen mit Ein-satz versehenen Lufttrockenschrank auf 215° und erhält die Tem-peratur $^1/_4$ Stunde zwischen 215 und 220°, wobei jedoch das Thermometer so in den Trockenschrank eingesetzt wird, daß dasselbe von 37° an über den Kork des Trockenschrankes hinausragt.

Die erkaltete Schmelze wird mit warmem Wasser gelöst, mit HCl langsam angesäuert und nach dem Abkühlen mit Äther-Petroleumäther ausgeschüttelt. Die ätherische Lösung wird vorsichtig verdampft, der Rückstand mit einigen Kubikzentimetern H_2O aufgenommen und tropfenweise zu der Lösung ver-dünnte $FeCl_3$-Lösung hinzugefügt. Wird die Farbe der Reaktion nicht deut-lich violett, sondern unsicher (schmutzigbraun), so löst man nochmals in Wasser auf und schüttelt nach dem Ansäuern mit Äther-Petroleumäther aus. Diese ätherische Lösung reinigt man durch dreimaliges Ausschütteln mit je etwa 20 ccm Wasser, worauf mit der ätherischen Lösung wie oben verfahren wird.

Zur Vorbereitung des Weines und Anreicherung des Saccharins kann man auch so verfahren, daß man 200 ccm Wein mit soviel $FeCl_3$-Lösung, als erforderlich zur Ausfällung des Gerbstoffes, versetzt und unter Erwärmen auf dem Wasserbade soviel $CaCO_3$ (Schlemmkreide) zufügt, daß die Flüssigkeit neutral oder schwach alkalisch reagiert. Nach dem Erkalten filtriert man und wäscht das Filter einige Male mit Wasser aus. Filtrat wird nach dem Eindampfen wie oben weiter behandelt.

Nachweis von Saccharin neben Salicylsäure [2].

Ist in einer Flüssigkeit Saccharin neben Salicylsäure vorhanden, so muß behufs einwandfreier Identifizierung des Saccharins mittels $FeCl_3$ die Salicyl-säure vorher entfernt werden. Dies geschieht nach Mac Kay Chace (Journ. Am. Chem. Soc. 1904. 26. 1627—1630; Zeitschr. f. U. N. 1905. 9. 232) durch Kochen mit $KMnO_4$-Lösung. Hierdurch werden nicht nur die Salicylsäure, sondern auch andere die $FeCl_3$-Reaktion ungünstig beeinflussende Substanzen wie Tannin zerstört. Man verfährt nach folgender Vorschrift: 50 ccm der zu untersuchenden Flüssigkeit werden mit Äther geschüttelt und der Rückstand des Ätherauszuges mit Petroleumäther extrahiert. In dem jetzt bleibenden Rückstand wird mit 0,5%iger $FeCl_3$-Lösung auf Salicylsäure geprüft, und gleichgültig, ob diese zugegen ist oder nicht, der Rückstand in 10 ccm Wasser gelöst, 1 ccm verdünnter H_2SO_4 zugesetzt, zum Kochen erhitzt und ein Über-schuß einer 5%igen $KMnO_4$-Lösung langsam hinzugefügt. Bei Anwesenheit von vorher nachgewiesener Salicylsäure wird jetzt 1 Minute gekocht, im anderen Falle sofort zur heißen Lösung ein Stückchen NaOH hinzugefügt und nach einigen Minuten der Fe- und Mn-Niederschlag abfiltriert. Das stark alkalische Filtrat wird im Ag-Tiegel zur Trockne gedampft und 20 Minuten bei 210—215° erhitzt. Der Rückstand wird in wenig Wasser gelöst, mit H_2SO_4 angesäuert,

---

[1] Chem. Ztg. 1901. 25. 816; Salicylsäure darf neben Saccharin nicht vorhanden sein; in diesem Falle Trennung wie unten angegeben. Geschmacks-proben sind daneben stets anzustellen.

[2] Siehe auch Nr. 26 über Nachweis von Salicylsäure S. 425.

mit Äther extrahiert und die Salicylsäure mit FeCl₃ nachgewiesen. Ein Zusatz von 10 mg Saccharin pro Liter kann nach dieser Methode noch mit Sicherheit erkannt werden.

Weitere Verfahren zur Trennung von organischen Säuren, Fetten, Duft-stoffen usw. vgl. Zeitschr. f. U. N. 1909. **18**. 577 (G. Testoni); Pharm. Zentralh. 1910. **51**. 303; von Benzoesäure s. Zeitschr. f. U. N. 1919. **38**. 185.

Siehe auch den Abschnitt Süßstoffe S. 297.

18. Nachweis von arabischem Gummi und Dextrin.

Man versetzt 4 ccm Wein mit 10 ccm Alkohol von 96 Maßprozent. Entsteht hierbei nur eine geringe Trübung, welche sich in Flocken ab-setzt, so ist weder Gummi noch Dextrin anwesend. Entsteht dagegen ein klumpiger, zäher Niederschlag, der zum Teil zu Boden fällt, zum Teil an den Wandungen des Gefäßes hängen bleibt, so muß der Wein nach dem folgenden Verfahren geprüft werden.

100 ccm Wein werden auf etwa 5 ccm eingedampft und unter Um-rühren so lange mit Alkohol von 90 Maßprozent versetzt, als noch ein Niederschlag entsteht. Nach 2 Stunden filtriert man den Niederschlag ab, löst ihn in 30 ccm Wasser und führt die Lösung in ein Kölbchen von etwa 100 ccm Inhalt über. Man fügt 1 ccm Salzsäure vom spezi-fischen Gewicht 1,12 hinzu, verschließt das Kölbchen mit einem Stopfen, durch welchen ein 1 m langes, beiderseits offenes Rohr führt, und erhitzt das Gemisch 3 Stunden im kochenden Wasserbade. Nach dem Erkalten wird die Flüssigkeit mit einer Sodalösung alkalisch gemacht, auf ein bestimmtes Maß verdünnt und der entstandene Zucker mit Fehling-scher Lösung nach dem unter Nr. 10 beschriebenen Verfahren be-stimmt. Der Zucker ist aus zugesetztem Dextrin oder arabischem Gummi gebildet worden; Weine ohne diese Zusätze geben, in der beschriebenen Weise behandelt, höchstens Spuren einer Zuckerreaktion.

Anmerkung der Verfasser: Mannit. Da man in einigen Fällen das Vorkommen von Mannit im Weine beobachtet hat, so ist beim Auftreten von spießförmigen Kristallen im Extrakt auf Mannit Rücksicht zu nehmen.

19. Bestimmung des Gerbstoffes.

a) Schätzung des Gerbstoffgehaltes.

In 100 ccm von Kohlensäure befreitem Weine werden die freien Säuren mit einer titrierten Alkalilösung bis auf 0,5 g in 100 ccm Wein abgestumpft, sofern die Bestimmung nach Nr. 6 einen höheren Betrag ergeben hat. Nach Zugabe von 1 ccm einer 40%igen Natriumazetat-lösung läßt man eine 10%ige Eisenchloridlösung tropfenweise so lange hinzufließen, bis kein Niederschlag mehr entsteht. Ein Tropfen der 10%igen Eisenchloridlösung genügt zur Ausfällung von 0,05 g Gerbstoff.

b) Bestimmung des Gerbstoffgehaltes.

Die Bestimmung des Gerbstoffes kann nach einem der üblichen Verfahren erfolgen; das angewendete Verfahren ist in jedem Falle an-zugeben.

Bemerkung der Verfasser. Von denselben ist die Bestimmung des Gerbstoffes (auch des Gerb- und Farbstoffes) nach Neubauer-Löwental [1]) am meisten zu empfehlen (siehe Hilfsbuch S. 503). Auf das Verfahren zur annähernden Gerbstoffbestimmung nach Neßler und Barth [2]) sowie auf das Verfahren von Wislicenus [3]) wird verwiesen.

20. Bestimmung des Chlors.

Man läßt 50 ccm Wein aus einer Pipette in ein Becherglas fließen, macht ihn mit einer Lösung von Natriumkarbonat alkalisch und erwärmt das Gemisch mit aufgedecktem Uhrglase bis zum Aufhören der Kohlensäureentwickelung. Den Inhalt des Becherglases bringt man in eine Platinschale, dampft ihn ein, verkohlt den Rückstand und verascht genau in der bei der Bestimmung der Mineralbestandteile (Nr. 4) angegebenen Weise. Die Asche wird mit einem Tropfen Salpetersäure befeuchtet, mit warmem Wasser ausgezogen, die Lösung in ein Becherglas filtriert und unter Umrühren so lange mit Silbernitratlösung (1 Teil Silbernitrat in 20 Teilen Wasser gelöst) versetzt, als noch ein Niederschlag entsteht. Man erhitzt das Gemisch kurze Zeit im Wasserbade, läßt es an einem dunklen Orte erkalten, sammelt den Niederschlag auf einem Filter von bekanntem Aschengehalte, wäscht denselben mit heißem Wasser bis zum Verschwinden der sauren Reaktion aus und trocknet den Niederschlag auf dem Filter bei 100⁰ C. Das Filter wird in einem gewogenen Porzellantiegel mit Deckel verbrannt. Nach dem Erkalten benetzt man das Chlorsilber mit je einem Tropfen Salpetersäure und Salzsäure, erhitzt vorsichtig mit aufgelegtem Deckel, bis die Säure verjagt ist, steigert hierauf die Hitze bis zum beginnenden Schmelzen, läßt sodann das Ganze im Exsikkator erkalten und wägt.

Berechnung: Wurden aus 50 ccm Wein a Gramm Chlorsilber erhalten, so sind enthalten:

$$x = 0,4945 \, a \text{ Gramm Chlor in 100 ccm Wein.}$$

oder

$$y = 0,816 \, a \text{ Gramm Chlornatrium in 100 ccm Wein.}$$

21. Bestimmung der Phosphorsäure.

50 ccm Wein werden in einer Platinschale mit 0,5—1 g eines Gemisches von 1 Teil Salpeter und 3 Teilen Soda versetzt und zur dickflüssigen Beschaffenheit verdampft [4]). Der Rückstand wird verkohlt, die Kohle mit verdünnter Salpetersäure ausgezogen, der Auszug abfiltriert, die Kohle wiederholt ausgewaschen und schließlich samt dem

---

[1]) Anal. Önologie 1873. 2. 1. und K. Windisch, die chem. Untersuchung und Beurteilung des Weines, S. 165, 1. Auflage.
[2]) Zeitschr. f. analyt. Chemie 1883. 22. 595 und K. Windisch, l. c.
[3]) Zeitschr. f. angew. Chemie 1904. 17. 801; Zeitschr. f. U. N. 1905. 9. 372.
[4]) Es genügt auch, die vorschriftsmäßig gewonnene Asche (n. S. 397) als Ausgangssubstanz für die Phosphorsäurebestimmung zu nehmen, und diese mit etwas Soda und Salpeter zu schmelzen. Bei Süßweinen kann auch eine vorherige Vergärung des Zuckers (W. Fresenius) vorgenommen werden oder man verfährt nach R. Woy (Chem.-Zeitung 1897, S. 471), indem man erst mit kleiner Flamme erhitzt, dann die Masse anzündet und mit voller Flamme verkohlt, mit Alkohol die Kohle anfeuchtet und mit einem Glaspistill zerdrückt. Die Platinschale bedeckt man zur Hälfte mit einem Platinblech, bis der Alkohol abgebrannt ist und brennt die Kohle weiß. Die Asche kann dann noch zur Rückverwandlung etwa gebildeter Pyrophosphate mit Soda geschmolzen werden.

Filter verascht. Die Asche wird mit Salpetersäure befeuchtet, mit heißem Wasser aufgenommen und zu dem Auszuge in ein Becherglas von 200 ccm Inhalt filtriert, zu der Lösung setzt man ein Gemisch [1]) von 25 ccm Molybdänlösung (150 g Ammoniummolybdat in 1%igem Ammoniak zu 1 Liter gelöst) und 25 ccm Salpetersäure vom spezifischen Gewichte 1,2 und erwärmt auf einem Wasserbade auf 80° C, wobei ein gelber Niederschlag von Ammoniumphosphormolybdat entsteht. Man stellt die Mischung 6 Stunden an einen warmen Ort, gießt dann die über dem Niederschlage stehende klare Flüssigkeit durch ein Filter, wäscht den Niederschlag 4—5 mal mit einer verdünnten Molybdänlösung [2]) oder Ammoniumnitratlösung [3]), indem man stets den Niederschlag absitzen läßt und die klare Flüssigkeit durch das Filter gießt. Dann löst man den Niederschlag im Becherglase in konzentriertem Ammoniak auf und filtriert durch dasselbe Filter, durch welches vorher die abgegossenen Flüssigkeitsmengen filtriert wurden. Man wäscht das Becherglas und das Filter mit Ammoniak aus und versetzt das Filtrat vorsichtig unter Umrühren mit Salzsäure, so lange der dadurch entstehende Niederschlag sich noch löst. Nach dem Erkalten fügt man 5 ccm Ammoniak und langsam und tropfenweise unter Umrühren 6 ccm Magnesiamischung (68 g Chlormagnesium und 165 g Chlorammonium in Wasser gelöst, mit 260 ccm Ammoniak vom spezifischen Gewichte 0,96 versetzt und auf 1 Liter aufgefüllt) zu und rührt mit einem Glasstabe um, ohne die Wandung des Becherglases zu berühren. Den entstehenden kristallinischen Niederschlag von Ammonium-Magnesiumphosphat läßt man nach Zusatz von 40 ccm Ammoniaklösung 24 Stunden bedeckt stehen. Hierauf filtriert man das Gemisch durch ein Filter von bekanntem Aschengehalte und wäscht den Niederschlag mit verdünntem Ammoniak (1 Teil Ammoniak vom spezifischen Gewichte 0,96 und 3 Teile Wasser) aus, bis das Filtrat in einer mit Salpetersäure angesäuerten Silberlösung keine Trübung mehr hervorbringt. Der Niederschlag wird auf dem Filter getrocknet und letzteres in einem gewogenen Platintiegel verbrannt. Nach dem Erkalten befeuchtet man den aus Magnesiumpyrophosphat bestehenden Tiegelinhalt mit Salpetersäure, verdampft dieselbe mit kleiner Flamme, glüht den Tiegel stark, läßt ihn im Exsikkator erkalten und wägt.

Berechnung: Wurden aus 50 ccm Wein a Gramm Magnesiumpyrophosphat erhalten, so sind enthalten:

$$x = 1{,}2751\ a\ \text{Gramm Phosphorsäureanhydrid (}P_2O_5\text{) in 100 ccm Wein.}$$

---

[1]) Die Molybdänlösung ist in die Salpetersäure zu gießen, nicht um gekehrt, da anderenfalls eine Ausscheidung von Molybdänsäure stattfindet die nur schwer wieder in Lösung zu bringen ist.

Die Molybdänlösung kann auch in folgender Weise hergestellt werden: 750 ccm konzentrierte reine Salpetersäure werden mit 750 ccm Wasser verdünnt und 600 g salpetersaures Ammoniak darin gelöst. Zu dieser Lösung setze man eine heiß bereitete Lösung von 225 g molybdänsaurem Ammoniak unter fortwährendem Umschwenken. Das Ganze wird dann auf 3 l gebracht.

[2]) 100 ccm Molybdänlösung der angegebenen Konzentration, 20 ccm Salpetersäure (1,19) und 80 ccm Wasser.

[3]) 150 g Ammoniumnitrat mit 10 ccm Salpetersäure (1,19) und Wasser zu 1 l gelöst.

Siehe auch die im Abschnitt „Düngemittel" angegebene abgekürzte Bestimmung der Phosphorsäure nach der Sulfat-Molybdänmethode von N. v. Lorenz (Landw. Versuchsstat. 1901, 55, 183). W. Plücker, Zeitschr. f. U. N. 1909. 17. 446 empfiehlt diese Bestimmung, die in landw. Versuchsstationen eingeführt ist. Der mit Sulfat-Molybdänreagens erhaltene Niederschlag wird direkt getrocknet.

Woy, Hundeshagen u. a. umgehen ebenfalls die Überführung in pyrophosphorsaure Magnesia, glühen aber den Niederschlag von phosphormolybdänsaurem Ammonium unter besonderen Bedingungen. Zeitschr. f. öffentl. Chemie 1897. 3. 321. Das Verfahren ist wenig gebräuchlich.

22. Nachweis der Salpetersäure.

1. In Weißweinen.

a) 10 ccm Wein werden entgeistet, mit Tierkohle entfärbt und filtriert. Einige Tropfen des Filtrates läßt man in ein Porzellanschälchen, in welchem einige Körnchen Diphenylamin mit 1 ccm konzentrierter Schwefelsäure übergossen worden sind, so einfließen, daß sich die beiden Flüssigkeiten nebeneinander lagern. Tritt an der Berührungsfläche eine blaue Färbung auf, so ist Salpetersäure in dem Weine enthalten.

b) Zum Nachweis kleinerer Mengen von Salpetersäure, welche bei der Prüfung nach Nr. 22 unter 1a nicht mehr erkannt werden, verdampft man 100 ccm Wein in einer Porzellanschale auf dem Wasserbade zum dünnen Sirup und fügt nach dem Erkalten so lange absoluten Alkohol zu, als noch ein Niederschlag entsteht. Man filtriert, verdampft das Filtrat, bis der Alkohol vollständig verjagt ist, versetzt den Rückstand mit Wasser und Tierkohle, verdampft das Gemisch auf etwa 10 ccm, filtriert dasselbe und prüft das Filtrat nach Nr. 22 unter 1a.

Nach J. Tillmanns soll man den Wein zur Entfernung störender Stoffe erst mit Tierkohle eindampfen und dann stark verdünnen; ferner wird besser das Tillmannsche Reagens angewendet (s. Abschnitte Wasser und Milch).

2. In Rotweinen.

100 ccm Rotwein versetzt man mit 6 ccm Bleiessig und filtriert. Zum Filtrate gibt man 4 ccm einer konzentrierten Lösung von Magnesiumsulfat und etwas Tierkohle. Man filtriert nach einigem Stehen und prüft das Filtrat nach der in Nr. 22 unter 1a gegebenen Vorschrift. Entsteht hierbei keine Blaufärbung, so behandelt man das Filtrat nach der in Nr. 22 unter 1b gegebenen Vorschrift.

Alle zur Verwendung gelangenden Stoffe, auch das Wasser und die Tierkohle, müssen selbstverständlich zuvor auf Salpetersäure geprüft werden [1]).

Die quantitative Bestimmung erfolgt nach Schulze-Tiemann oder nach der kolorimetrischen Methode von J. Tillmanns. Siehe Abschnitte Wasser und Milch.

23. und 24. Nachweis von Barium und Strontium.

100 ccm Wein werden eingedampft und in der unter Nr. 4 angegebenen Weise verascht. Die Asche nimmt man mit verdünnter Salzsäure auf, filtriert die Lösung und verdampft das Filtrat zur Trockne.

---

[1]) Neuerdings sind Nitrate auch in naturreinen Weinen beobachtet worden (s. Beurteilung).

Das trockene Salzgemenge wird spektroskopisch auf Barium und Strontium geprüft. Ist durch die spektroskopische Prüfung das Vorhandensein von Barium oder Strontium festgestellt, so ist die quantitative Bestimmung derselben auszuführen.

25. Bestimmung des Kupfers.

Das Kupfer wird in $^1/_2$—1 Liter Wein elektrolytisch bestimmt. Das auf der Platinelektrode abgeschiedene Metall ist nach dem Wägen in Salpetersäure zu lösen und in üblicher Weise auf Kupfer zu prüfen.

Literatur: Neumann, Theorie und Praxis der analytischen Elektrolyse der Metalle; Halle a. S. oder Alexander Classen, Quantitative Analyse durch Elektrolyse, Berlin, Julius Springer.

An Stelle der elektrolytischen Methode kann man selbstverständlich auch eine chemische anwenden.

Siehe auch namentlich den Abschnitt „Gemüsekonserven".

26. Konservierungsmittel [1]).

Nachweis der Salicylsäure.

50 ccm Wein werden in einem zylindrischen Scheidetrichter mit 50 ccm eines Gemisches aus gleichen Raumteilen Äther und Petroleumäther versetzt und mit der Vorsicht häufig umgeschüttelt, daß keine Emulsion entsteht, aber doch eine genügende Mischung der Flüssigkeiten stattfindet. Hierauf hebt man die Äther-Petroleumätherschicht ab, filtriert sie durch ein trockenes Filter, verdunstet das Äthergemisch auf dem Wasserbade und versetzt den Rückstand mit einigen Tropfen Eisenchloridlösung (am besten verdünnter!). Eine rot-violette Färbung zeigt die Gegenwart von Salicylsäure an.

Entsteht dagegen eine schwarze oder dunkelbraune Färbung, so versetzt man die Mischung mit einem Tropfen Salzsäure, nimmt sie mit Wasser auf, schüttelt die Lösung mit Äther-Petroleumäther aus und verfährt mit dem Auszug nach der oben gegebenen Vorschrift.

v. d. Heide und Jakob, Zeitschr. f. U. N. 1910. 19. 147 entfernen Gerbstoff, der die Eisenchloridreaktion stört, durch Ausschütteln mit 20%iger Schwefelsäure und Chloroform.

Quantitative Bestimmung auf kolorimetrischem Wege unter Anwendung obiger Methode oder durch Wägen des mehrmals gelösten und filtrierten Abdampfrückstandes des Auszuges. Siehe auch Obstdauerwaren Ziff. 13c.

In der amtlichen Anleitung nicht aufgenommen sind:

α) Nachweis des Abrastols [2]). Das Abrastol (auch Asaprol), ist das Calciumsalz der β-Naphtholsulfosäure. Der Nachweis beruht auf der Zerlegung desselben in β-Naphthol, Calciumsulfat und Schwefelsäure durch längeres Kochen mit Salzsäure. 200 ccm Wein werden mit 8 ccm HCl 1 Stunde am Rückflußkühler oder nach Verdampfen des Alkohols ½ Stunde über freiem Feuer gekocht oder 3 Stunden auf dem Wasserbade erhitzt. Nach dem Erkalten schüttelt man die Flüssigkeit mit Petroleumäther aus, filtriert den Aus-

---

[1]) Die Abschnitte 26—29 sind von den Verfassern eingefügt.

Betr. des für „Wein" wichtigsten Konservierungsmittels, der schwefligen Säure siehe Nr. 16.

[2]) Sanglé-Ferrière, Compt. rend. 1893, 117, S. 796. Vgl. Windisch, Die chemische Untersuchung und Beurteilung des Weines, Verlag von J. Springer, Berlin.

zug und verdampft ihn. Den Abdampfungsrückstand löst man in 10 ccm
Chloroform, gießt die Lösung in ein Reagensglas, gibt ein Stückchen Ätzkali
und einige Tropfen Alkohol zu und erhitzt das Ganze 2 Minuten zum Sieden.
Es entsteht eine dunkelblaue, rasch in Grün und dann in Gelb übergehende
Färbung. Enthielt der Wein nur kleine Mengen Abrastol, so ist das Chloro-
form grünlich, das Ätzkalistückchen aber blau gefärbt. Nach Scheurer-
Kestner [1]) soll das Abrastol geeignet sein, den Gips zu ersetzen, nach Sini-
baldi [2]) werden auf 1 Hektoliter Wein 10 g Abrastol zugesetzt.

β) Nachweis und Bestimmung der Borsäure; qualitativ siehe
S. 115 und 149, quantitativ als Borsäuremethylester in folgender Weise nach
Rosenbladt, Gooch [3]) usw.:

150 ccm Wein macht man mit Na_2CO_3-Lösung deutlich alkalisch, dampft
ein und verascht; die Asche versetzt man mit wenig Wasser und neutralisiert
mit HNO_3 (spezifisches Gewicht = 1,18), setzt dann noch 2 ccm HNO_3 zu und
füllt mit Wasser auf 50 ccm auf. 20 ccm dieser Lösung gießt man in ein 200 bis
300 ccm fassendes Fraktionierkölbchen, fällt etwa vorhandenes Chlorid mit
$AgNO_3$-Lösung aus, setzt einen mit Methylalkohol beschickten Scheidetrichter
auf den Fraktionskolben, setzt letzteren in ein auf 120° C erhitztes Öl- oder
Glyzerinbad, verbindet mit einem Kühler, der in 27%iges Ammoniak taucht,
läßt aus dem Scheidetrichter Methylalkohol zuerst tropfenweise, dann 1—2 ccm
auf einmal zufließen, bis 15 ccm verbraucht sind, destilliert zur Trockne und
wiederholt diese Manipulation so lange, bis eine Probe des Destillates keine
Borsäurereaktion mehr gibt (Kurkumapapierprobe); dann läßt man noch 3 ccm
Wasser ins Kölbchen fließen und destilliert nochmals zur Trockne. Die ammoniakalische Flüssigkeit der Vorlage wird darauf in eine mit etwa 0,5 g (genau
ausgewogen) frisch geglühten Ätzkalks beschickte Platinschale übergeführt,
zur Trockne verdampft, bei 160° getrocknet, vorsichtig bis zu konstant bleiben-
dem Gewicht stark geglüht und dann gewogen. Aus der Gewichtszunahme
wird der borsaure Kalk (B_2O_4Ca) berechnet.

γ) Nachweis von Fluor. Qualitative Untersuchung siehe bei Fleisch
und Bier; quantitative nach der Methode von Penfield gemäß den Angaben
von Treadwell und Koch, Zeitschr. f. analyt. Chemie 1904. 43. 469. Diese
Methode eignet sich auch für Fluornachweis in Bier. Siehe ebenda auch die
von Treadwell und Koch selbst angegebene Methode, die sich aber nur für
Wein eignet. Vgl. darüber Schweizer. Lebensmittelbuch 1909, II. Aufl. —
Siehe ferner die kritisierende Arbeit von A. Kickton und W. Behncke,
Zeitschr. f. Unters. d. N. U. 1910. 20. 193.

δ) Ameisensäure, Benzoesäure siehe Abschnitt Fruchtsäfte, Zimt-
säurenachweis C. v. d. Heide und F. Jakob, 1910. 19. 137.

Auf das natürliche Vorkommen von Salicylsäure, Benzoesäure, Fluor
und namentlich Borsäure in Trauben-, Beeren- und Kernobst sei ausdrücklich
verwiesen. Siehe auch Abschnitt Fruchtsäfte.

27. Nachweis von Schwefelwasserstoff.

Das in üblicher Weise gewonnene Destillat gibt mit alkalischer
Bleilösung (1 Bleiazetat, 10 Wasser und soviel Natronlauge bis der
entstehende Niederschlag sich eben wieder gelöst hat) eine braune
Färbung (bis Niederschlag), alkalisch gemacht entsteht mit Nitroprussidnatrium eine violette Färbung.

Quantitative Bestimmung: Man kann bei Abwesenheit von schwefliger Säure, die S. 418 für schwetlige Säure angegebene Methode benutzen, indem man anstatt Jodlösung salzsäurehaltiges Bromwasser vor-

---

[1]) Compt. rend. 1894. 118. S. 74. Vgl. Windisch, Die chemische Untersuchung und Beurteilung des Weines. Verlag von J. Springer, Berlin.

[2]) Monit. scientif. [4] 1893. 7. S. 842. Vgl. Windisch, Anm. 1.

[3]) Zeitschr. f. analyt. Chemie 1887. 26. 18, siehe auch K. Windisch,
Die chemische Untersuchung und Beurteilung des Weines. 1896. 236, ebenda
auch Verfahren nach Stromeyer (Bestimmung als Borfluorkalium), siehe
auch Thaddeef, Zeitschr. f. analyt. Chemie 1887. 26. 568.

legt. Die entstandene Schwefelsäure wird mit Bariumchloridlösung gefällt und in bekannter Weise zur Wägung gebracht.

Faktor für Schwefelwasserstoff = 0,1461.

Schwefelwasserstoff und freie schweflige Säure können nur kurze Zeit nebeneinander im Wein bestehen ($2 H_2S + SO_2 = 3 S + 2 H_2O$).

28. Stickstoff nach Kjeldahl (siehe Bier).

29. Schwermetalle[1]), Ferrocyankalium, Kalk, Magnesia, Alaun, Kieselsäure, Eisen und Tonerde, Mangan und Alkalien

werden in der nach Vorschrift (aus einer größeren Menge Weines) gewonnenen Asche nach den Regeln der analytischen Chemie untersucht und bestimmt (siehe auch den „allg. Untersuchungsgang" und die Abschnitte „Gerichtliche Chemie und Gebrauchsgegenstände"). Der Natriumgehalt der Weine hat neuerdings einige Bedeutung für die Beurteilung der Reinheit erlangt: Siehe die Beurteilung und die im § 16 des Weingesetzes verbotenen Mineralstoffe.

II. Weinähnliche und weinhaltige Getränke.

Vorbemerkung über die Untersuchung des Obstmostes und die Obstweinverbesserung.

Die Untersuchung des süßen Obstmostes erstreckt sich auf die Bestimmung von Zucker und Säure (siehe Weinmost).

Der Säuregehalt beträgt bei zweckmäßig hergestelltem Äpfelmost $8^0/_{00}$ im Mittel, bei Birnenmost $3^0/_{00}$ im Mittel, er wird als Zitronensäure berechnet und ausgedrückt.

1 ccm $^1/_{10}$-Normalalkali = 0,0067 Zitronensäure.

Äpfelmost zeigt in der Regel etwa 50—60° Oechsle; der Extraktgehalt schwankt zwischen 13,5—16 g in 100 ccm Most. 9—10 Ztr. Äpfel liefern erfahrungsgemäß etwa 300 Liter reinen Äpfelsaft.

Birnenmost zeigt in der Regel 50—60° Oechsle. Der Extraktgehalt beträgt etwa 13,5—16 g in 100 ccm Most. 9,5—10 Ztr. Birne liefern erfahrungsgemäß 300 Liter reinen Birnensaft.

Wasser- und Zuckerzusatz ist im allgemeinen überflüssig.

Durch Vermischen verschiedener (zuckerarmer oder -reicher und säurearmer oder -reicher) Obstsorten miteinander kann der Säure- oder Zuckergehalt leicht ausgeglichen werden.

Die Berechnung des Zuckerwasserzusatzes kann gegebenenfalls wie bei Weinmost erfolgen.

Bei der Bereitung des Beerenweines muß, da die Beerenobstsäfte reich an Säure und arm an Zucker sind, der Gehalt an letzteren festgestellt werden, um die nötige Verbesserung dieser Säfte vornehmen zu können. Die Ermittelung der Säure und des Zuckergehaltes erfolgt wie bei Weinmost. 1 kg Beerenfrüchte liefert durchschnittlich 0,9 Liter Saft. Die Berechnung des Wasser- und Zuckerzusatzes kann wie bei Weinmost vorgenommen werden. Siehe Näheres über die Obstwein-

---

[1]) Betr. Kupfer siehe Nr. 25.

bereitung in Dr. Barths Schrift „Die Obstweinbereitung" 5. Aufl., in H. Beckers oder in Timms „Der Johannisbeerwein", ferner bei Es. Hotter, Beiträge zur Obstweinbereitung[1]), E. Saillard[2]).

Weinähnliche und weinhaltige Getränke.

Die Untersuchung der als weinähnlich geltenden Obstweine geschieht wie die von „Traubenwein", diejenige der weinhaltigen Getränke, wozu namentlich Arzneiweine und die den Spirituosen nahestehenden Getränke, wie Weinpunschessenzen, -extrakte usw. (siehe Beurteilung S. 448), zählen, wird zum Teil auch nach den unter Fruchtsäften, Limonaden und Likören angegebenen Gesichtspunkten zu erfolgen haben.

Zum Nachweis von Obstwein, namentlich wenn Verdacht auf Beimischung zu Wein besteht, empfiehlt es sich die mikroskopische Untersuchung des Weingelägers (Hefe, Satz im Faß) auf Obsttresterbestandteile vorzunehmen. Außerdem ist Obstwein, auch in Gemischen mit Wein oft durch die Geschmacksprobe festzustellen. Zur Unterscheidung von Trauben- und Obstwein sind mehrere chemische Verfahren angegeben worden. Nach Mayer[3]) soll Traubenwein nach Zusatz von 1 Volumen Ammoniak und 12stündigem Stehen Ammonium-Magnesiumphosphat abscheiden, Obstwein dagegen phosphorsauren Kalk, die an ihren verschiedenen Kristallformen erkennbar sind. Formánek und Laser[4]) gründen ein Verfahren auf das verschiedene Verhalten der Farbstoffe bei der spektroskopischen Untersuchung.

Da im Traubenwein der Gehalt an Weinsäure vorherrschend ist, bei den Obstweinen diese Säure sehr zurücktritt, wird von mehreren Seiten auf den Nachweis der Rechtsweinsäure, insbesondere als Calciumtartrat Wert gelegt. Es sei auf die Arbeiten von A. L. Sullivan und C. A. Crampton[5]) und auf die von W. Schulte[6]) (quantitatives Verfahren) verwiesen. Die mikroskopische Untersuchung der Kristallform ist ebenfalls empfehlenswert.

A. Kling[7]) setzt dem mit Essigsäure angesäuerten Traubenwein Linksweinsäure im Überschusse und dann im geringen Überschusse essigsauren Kalk zu. Im Niederschlag sammelt sich die gesamte Rechtsweinsäure, die nach Zusatz von Schwefelsäure durch Titration mit $KMnO_4$ bestimmt werden kann.

Medinger und Michel[8]) haben im Natriumnitrit ein neues Unterscheidungsmittel gefunden. Mach und Fischler[9]) halten die Methode für unsicher.

Im ganzen haftet allen diesen Methoden der Mangel an, daß sie bei Mischungen von Traubenwein mit Obstwein im wesentlichen versagen.

---

[1]) Z. landw. Versuchsw. Österr. 1902, 333 und Zeitschr. f. U. N. 1903. 6. 1013.
[2]) Zeitschr. f. U. N. 1906. 11. 542. (Ref.).
[3]) Zeitschr. f. analyt. Chemie 1872. 11. 337.
[4]) Zeitschr. f. U. N. 1899. 2. 406.
[5]) Chem.-Zeitg. 1904 Rep. 4 u. Pharm. Zentralh. 1907. 48. 744.
[6]) Chem.-Zeitg. 1918. 133. 537.
[7]) Chem.-Zeitg. 1910 Rep. 506, Pharm. Zentralb. 1914. 50. 111.
[8]) Chem.-Zeitg. 1918. 56/57. 230.
[9]) Ebenda 1918. 80/81. 326.

Allgemeine Anhaltspunkte zur Deutung der Analysenergebnisse.

Die vielfach verschiedene und selbst bei einem und demselben Gewächs alljährlich mehr oder weniger erheblich wechselnde Zusammensetzung des Traubensaftes und Weines sowie auch die durch den Verschnitt mehrerer Weinsorten herbeigeführte Änderung der Zusammensetzung erschweren den sicheren Nachweis gesetzwidriger Manipulationen sehr häufig. Man ist deshalb in vielen Fällen auf einen Vergleich mit der Zusammensetzung bekannter naturreiner Weine derselben Gegend, derselben Lage, desselben Jahrgangs usw. angewiesen und zieht zu diesem Zwecke bei inländischen Weinen die Untersuchungsergebnisse der alljährlich erscheinenden amtlichen deutschen Weinstatistik [1]) zu Rate; auch bei ausländischen empfiehlt sich dasselbe Verfahren, sofern solche zuverlässige amtlichen Statistiken vorhanden sind. Soviel den Verfassern bekannt ist, sind aber nur in Ungarn und in der Schweiz amtliche Weinstatistiken (siehe auch S. 436) geführt.

Es wäre daher grundfalsch die im nachstehenden angegebenen oder sonst in der Literatur zu findenden Werte etwa als Grenzwerte anzusehen; dieselben sollen nur eine gewisse Vorstellung von den etwa in Betracht kommenden Zahlengrößen geben, die bisher etwa als äußerste Werte beobachtet sind. Für Beanstandungen gibt es kein Vorbild, sondern man muß von Fall zu Fall die Entscheidung treffen. Im allgemeinen, d. h. sofern es sich nicht um die Feststellung eines überhaupt abnormen Stoffes in einem Wein handelt, wird man aus einer Abweichung der üblichen Analysenwerte nie eine Beanstandung mit völliger Sicherheit ableiten können, vielmehr müssen stets mehrere in engeren Zusammenhang zu bringende Verdachtsgründe sowohl hinsichtlich der chemischen Zusammensetzung als auch des allgemeinen Charakters des Weines vorhanden sein.

Für die Deutung der Ergebnisse der chemischen Analyse der Dessertweine (Süß-) sind eingehende Aufschlüsse in den vom Verein deutscher Nahrungsmittelchemiker [2]) aufgestellten Leitsätzen für die Beurteilung der Dessertweine gegeben.

Alkohol: Die Feststellung der Alkoholmenge bietet allein keinen Maßstab für die Beurteilung. Inländische deutsche Naturweine enthalten etwa 5—11 g Alkohol in 100 ccm; derartige äußerste Grenzfälle wird man im allgemeinen bei Handelsweinen nicht antreffen, da diese durch Verschnitte mundgerecht und haltbar gemacht werden; bei Süßweinen steigt der Alkoholgehalt bis zu 18 g in 100 ccm. Die Süßweine sind oft erheblich gespritet; sofern die Gesetzgebung des betreffenden Landes, aus welchem solche Weine zur Einfuhr gelangen, es gestattet, läßt auch das deutsche Weingesetz den Alkoholzusatz bei derartigen Weinen zu (siehe im übrigen S. 443). Bei inländischen Weinen ist Alkoholzusatz verboten. Betreffend die zulässige Verwendung von Alkohol bei der Kellerbehandlung vgl. § 4 und die dazu erlassenen Ausführungsbestimmungen. Äpfel- und Birnenwein weisen im allgemeinen etwa 4—6 g

---

[1]) Arb. a. d. Kais. Gesundh.-Amte. Zeitschr. f. U. N. sowie J. König, Die Zusammensetzung der menschlichen Nahrungs- und Genußmittel. Bd. I. 1903.
[2]) L. Grünhut, Zeitschr. f. N. U. 1913. **26.** 498, 546; 1914. **28.** 586.

Alkoholgehalt auf, bei Beerenweinen nähert er sich nicht selten dem jenigen der Süßweine. — Zusatz von Alkohol ist an dem zwischen Alkohol- und Glyzeringehalt bestehenden Verhältnisse, das zwischen etwa 100 : 7 bis 100 : 14 bei Naturweinen schwankt, zu erkennen; bei verdorbenen oder sehr alten Weinen kann das Verhältnis steigen, zeigt aber dann auf natürliche Glyzerinvermehrung [1]). Bei den Dessertweinen kommen niedrigere Alkoholglyzerinverhältniswerte vor, da diese Weine vielfach keine ausgegorenen Weine sondern mehr oder weniger mit Alkohol stumm gemachte Moste sind. Die ausländischen Gesetze lauten bezüglich dieses Punktes sehr verschiedenartig. Siehe das über die ausländischen Weingesetze Gesagte S. 443.

Extrakt: Der Extraktgehalt bildet nur beim Vergleich mit Weinen derselben Gegend (oder Lage) und desselben Jahrganges, namentlich soweit nur geringwertige Sorten in Frage kommen, einen brauchbaren Anhaltspunkt. Im allgemeinen enthalten deutsche naturreine oder in den gesetzlichen Grenzen gezuckerte Weine nur ganz ausnahmsweise einen geringeren Extraktgehalt als 1,6 g in 100 ccm Weißwein und 1,8 g in 100 ccm Rotwein. Der zuckerfreie Extraktgehalt steigt ganz ausnahmsweise bis etwa 4,8%, bei Süßweinen bzw. stummgemachten Mosten noch erheblich höher (siehe auch S. 443). Die Mehrzahl der deutschen Handelsweine weist einen zwischen 2,00 und 2,50 g in 100 ccm betragenden Extraktgehalt auf. Doch sind in diesen Angaben keine Grenzzahlen zu erblicken. Dabei sind größere Zuckermengen als 0,1 g in 100 ccm in Abzug gebracht. Extraktarmut kann unzulässigerweise durch Verdünnen und Überstrecken der Weine bei der Weinverbesserung sowie bei der sog. Rückverbesserung (siehe S. 440) und bei der Herstellung von Kunst- weinen (aus Rosinen-, Most- und Bukettstoffen, organischen Säuren, Glyzerin usw. hergestellten Weinen) sowie bei der Herstellung von Trester- und Hefenweinen usw. (siehe S. 438 u. 442) entstehen. Dabei sei erwähnt, daß die sog. Rückverbesserung überstreckter (auch gezuckerter) oder übergipster Weine gemäß §§ 2, 13 d. W.G. verboten ist. Derartige Weine können nicht mehr in Verkehr gebracht, sondern nur noch als Haustrunk (§ 11) verwendet oder mit behördlicher Genehmigung zu bestimmten Zwecken (Weinessigfabrikation usw.) verarbeitet werden. (Siehe auch S. 443.)

Für den Gehalt der Süßweine an zuckerfreiem Extrakt sind Grenzen nicht festgesetzt. Nach dem Cod. alim. austr. sollen sog. konzentrierte Süßweine (Trockenbeer-, Süß- oder Dessertweine) bei einem Zucker- gehalte von 100 g im Liter nicht weniger als 30 g zuckerfreien Extrakt enthalten.

Extraktreste, zuckerfreie, können in zweierlei Weise gebildet sein, einerseits durch Abzug der nichtflüchtigen (fixen) Säuren (d. h. der freien Säuren abzüglich der flüchtigen Säure) vom Extraktgehalt; andererseits durch Abzug der gesamten titrierbaren Säure vom Ex- traktgehalt. Die dafür früher angenommenen Grenzwerte von 1,1 g bzw. 1,0 g in 100 ccm sind sehr niedrig gesetzt und entsprechen den wirklichen Extraktrestwerten der meisten Weine nicht.

---

[1]) Siehe auch K. Windisch, Die chemischen Vorgänge beim Werden des Weines 1905 (Festschrift).

Der **totale Extraktrest** verbleibt nach Abzug der Summe der nichtflüchtigen Säuren, der Mineralstoffe und des Glyzerins. Auch die hierfür angenommenen äußersten Werte von mindestens 0,45 g in 100 ccm bei Naturweinen bzw. 0,35 g bei normal gezuckerten Weinen dürften im allgemeinen zu niedrig gegriffen sein. Siehe auch unter Gerbstoff.

Mineralstoffe (Asche): Bestimmte Werte können dafür ebensowenig wie für den Extraktgehalt angegeben werden. Der Mineralstoffgehalt beträgt aber im allgemeinen etwa 10% (10 : 1) des Extraktgehaltes. Abweichungen kommen namentlich bei analytischen Grenzfällen vor. Tresterweine (petiotisierte Weine) kennzeichnen sich, abgesehen von anderen Anhaltspunkten durch Erhöhung des Mineralstoffgehaltes und des dadurch erheblich veränderten Verhältnisses von Extrakt: Mineralstoffen (bis 10 : 2 und mehr). Auch NaCl-Zusatz und Chaptalisieren (Entsäuerung mit Kalk, Pottasche) kann eine Erhöhung hervorrufen. Der Zusatz letzterer bewirkt eine Verbindung des Alkali mit Säuren, die im Wein zum Teil verbleiben (besond. Verbot dieses Zusatzes laut § 13 d. W.G.). Verringerung der Mineralstoffgehalte kann unter Umständen durch Abscheiden von Weinstein in größerer Menge (bei Frostwetter oder dgl.) eintreten.

Über die **Zusammensetzung der Asche** siehe S. 434.

Alkalität: kann an sich, da sie zu erheblich schwankt, keinen Hinweis auf Verfälschungen geben [1]); jedoch läßt sich der sog. Alkalitätsfaktor [2]) (siehe S. 397) als Merkmal für den Nachweis von Tresterweinen verwenden. Der Faktor soll normalerweise 0,8—1,0 betragen, kann bei Tresterwein erhöht sein; indessen können auch andere Ursachen die Erhöhung des Alkalitätsfaktors zur Folge haben, wie z. B. Zusatz organischer Säuren, Alkalibikarbonat. Starkes Schwefeln (Bildung von Schwefelsäure in größeren Mengen) sowie Gipsen drückt die Alkalität und den Alkalitätsfaktor herab. Auch die wasserlösliche Alkalität ist in die amtliche Weinstatistik aufgenommen.

Organische Säuren: Der Gehalt an **freier** Säure (gesamter titrierbare Säure) gibt keinen Aufschluß über die Naturreinheit eines Weines. Der natürliche Säuregehalt schwankt innerhalb weiter Grenzen (etwa 0,4—1,7 g in 100 ccm); bei Süßweinen ist er meist geringer als bei den üblichen leichteren Weinen. Der Säuregehalt wird im allgemeinen teils durch Zuckerwasserzusatz auf dem Wege der erlaubten Weinverbesserung, teils durch Verschneiden geeigneter Weine miteinander für Handelszwecke ausgeglichen. Die natürliche Säure der Traubenweine besteht im wesentlichen aus Wein- und Äpfelsäure, ferner aus Milchsäure, Bernsteinsäure und Essigsäure. Letztere drei sind Nebenerzeugnisse, die erst nach Eintritt der alkoholischen Gärung entstehen. Die Säure des ursprünglichen Mostes nimmt im Verlauf der Gärungsperiode infolge verschiedener Vorgänge an Menge erheblich ab (Säurerückgang siehe auch S. 439 bei Weinverbesserung). Die **Milchsäure** des Weines ist ein Zersetzungsprodukt der Äpfelsäure und ist ein normaler Bestandteil des Weines. Ihre Entstehung wird durch einen bei der Nachgärung nach der Zuckerver-

---

[1]) Sie soll nach Baragiola nicht unter 13 ccm Normalsäure in 1 l Weißwein und nicht unter 21 in 1 l Rotwein betragen.
[2]) W. Fresenius und L. Grünhut, Zeitschr. f. analyt. Chemie. 1899. **38**.

gärung sich vollziehenden, durch Bakterien veranlaßten biologischen
Prozeß hervorgerufen. Die Äpfelsäure zersetzt sich dabei in Milchsäure
und Kohlensäure. Der übliche Säurerückgang beträgt im allgemeinen
etwa 0,2—0,3 g; wenn er mit Zersetzung der Äpfelsäure verbunden ist,
erheblich mehr, etwa bis 0,7 g. Milchsäure in Mengen von etwa 0,08 g
kommen in jedem Wein vor; bei stärkerer Äpfelsäurezersetzung entstehen Mengen von über 0,1 g. Die Weinsäure ist zum größten Teil
als Weinstein im Wein vorhanden; der Gehalt an letzterem hängt
von der Löslichkeit des Weinsteins im Weine ab und ist daher sehr
schwankend. Ein Wein, der 8 g Alkohol in 100 ccm enthält, vermag
etwa 0,27 g Weinstein in Lösung zu halten. Freie Weinsäure kommt in
der vollreifen Traube meistens nicht vor. Nachweis von Rechtsweinsäure
(siehe S. 415). Die in der unreifen Traube enthaltene freie Weinsäure
wird beim Reifungsprozeß durch zuwanderndes Kali gebunden. Nur
ausnahmsweise, z. B. in Jahrgängen mit auffällig geringem Mineralstoffgehalt der Weine reicht das vorhandene Kali dazu nicht aus. Freie
Weinsäure kann also in Naturweinen bei mangelnder Traubenreife sowie
bei Mangel an Mineralstoffen vorhanden sein. Der ursprüngliche Wein-
säuregehalt nimmt teils durch Abscheidung von Weinstein, teils durch
biologische Vorgänge (Weinkrankheiten) ab. Weinsäure kann dem Wein
auch mit Kalk oder Alkalibikarbonaten entzogen werden (siehe S. 431).
Die Menge der an alkalische Erden gebundenen Weinsäure ist nur ausnahmsweise geringer als 0,1 g in 100 ccm. Die Entsäuerung soll sich
nicht auf die anderen Säuren erstrecken, weil äpfelsaurer und milch-
saurer Kalk leicht lösliche Salze bilden, daher im Wein verbleiben und
den Geschmack desselben beeinflussen können. Der Gesamt-Weinsäure-
gehalt der Weine schwankt innerhalb erheblicher Grenzen (0,04—0,56%)
und bildet daher wenig Anhaltspunkte für die Beurteilung. Der Gehalt
an freier Weinsäure soll möglichst niedrig sein; Schwankungen von
0—0,2% kommen aber vor. Äpfelsäure ist in Mengen von 0,5—0,9 g
im Most, nach dem Säurerückgange (siehe S. 439) aber nur noch in Mengen
von 0,4—0,3 und weniger im Weine enthalten. Bernsteinsäure und
Essigsäure sind Gärungsprodukte; letztere als flüchtige Säure ermittelt,
darf ein gewisses geringes Maß, das jedoch bei den einzelnen Weinsorten
verschieden sein kann, nicht übersteigen (siehe Verdorbenheit im Abschnitt
„Beurteilung"). Bei Süßweinen kann der Gehalt an flüchtiger Säure
normalerweise 0,25 g in 100 ccm betragen. Zitronensäure kommt
angeblich öfters in geringen Mengen als Bestandteil des · Traubensaftes bzw. -weines vor; ihre Anwesenheit deutet im übrigen auf
Obstwein (namentlich Beerenwein), Tamarindenwein (künstliche Most-
substanzen) bzw. direkten Zitronensäurezusatz. Jeder künstliche Säurezusatz (Weinsäure, Zitronensäure usw.) ist nach §§ 9 und 13 des W.G.
bzw. den dazu erlassenen Ausführungsbestimmungen verboten. Das
Verbot erstreckt sich auch auf Auslandsweine; selbst wenn Gesetze
dieser Länder solche Zusätze gestatten, sind derart verfälschte Weine,
bei denen eine nachträgliche Streckung möglich ist, nicht einfuhrfähig
und überhaupt vom Verkehr in Deutschland ausgeschlossen.

Säurerest (nach Möslinger) nennt man den vom Gesamtsäuregehalt (berechnet als Weinsäure) verbleibenden Rest nach Abzug der

auf Weinsäure umgerechneten flüchtigen Säuren und nach Abzug der gefundenen freien und der Hälfte der halbgebundenen Weinsäure (Weinstein). Siehe die Ergebnisse der amtlichen Weinstatistik betreffs der natürlichen Säurerestwerte. Besonders niedrige Säurereste lassen auf Tresterwein, Rosinenwein und namentlich stark überstreckten Wein schließen.

Schwefelsäure: ist von Natur aus nur in geringen Mengen (0,01 bis 0,14 g SO_3 in 100 ccm Wein = 3,8—25% der Weinasche) im Wein enthalten; jedoch kann Schwefelsäure durch starkes Schwefeln oder durch sog. Gipsen der Weine, welch letzteres zum Zweck des Schönens und Klärens der Rot- und Südweine geschieht, in den Wein gelangen. Nach § 13 des W.G. bzw. dessen Ausführungsbestimmungen bleiben vom Verkehr ausgeschlossen: Rotwein, mit Ausnahme von Dessertwein, desgleichen Traubenmost oder Traubenmaische zu Rotwein, deren Gehalt an Schwefelsäure in einem Liter Flüssigkeit mehr beträgt als 2 g neutralem, schwefelsaurem Kali (= 0,092% SO_3) entspricht. Dieses direkte Verbot trifft besonders die ausländischen Weine (abgesehen von den Dessertweinen), da im Auslande viel gegipst wird und der Gesundheit nachteilige Folgen durch das Gipsen eintreten können. Bei inländischen Weinen ist das Gipsen schon auf Grund des § 4 des W.G. ausgeschlossen. .

Zucker: Der Zuckergehalt spielt bei der Beurteilung der Analyse insofern im allgemeinen keine erhebliche Rolle, als er in der Regel bei den üblichen Tafel- (Trocken-) weinen völlig oder bis auf einen kleinen Rest vergoren ist. Die Verwendung von „reinem" Zucker in Form von Saccharose, Glukose (d. h. technisch reinem, aber nicht unreinem Stärkezucker) und Invertzucker ist zur Verbesserung mancher Weine in der durch das Weingesetz (siehe § 3) zugelassenen Anwendungsweise erlaubt. Verwendung von Stärkesirup ist laut §§ 3, 10, 13 und 16 des W.G. jedoch verboten. Das amtliche Verfahren zum Nachweis der unvergärbaren Stoffe des unreinen Stärkezuckers (-sirups) ist bei Dessertweinen in der Regel nicht zuverlässig. Bei edleren Weinsorten bleibt oft ein größerer unvergorener Invertzuckerrest zurück. Durch starkes Schwefeln zuckerreicher Weine wird öfters die Gärung frühzeitig aufgehoben, um noch Zucker im Wein zu erhalten und damit dem Wein den Charakter hochwertiger Sorten zu geben. Natürlich kann diese Manipulation auch nur bei besseren Sorten geschehen, weil der Charakter des Weines in allen Teilen eine gewisse Güte haben muß. Dieses Verfahren verstößt, wenn dabei eine falsche Benennung des Weines vorgenommen ist, gegen das W.G., im übrigen wird im Einzelfalle eventuell das Gesetz gegen den unlauteren Wettbewerb oder § 263 des St.G.B. (Betrug) in Frage kommen. Reste von Saccharose, die nach der Reaktion von Rothenfuß er leicht nachzuweisen sind, lenken Verdacht auf Trockenzuckerung oder Gallisierung. Im letzteren Falle sei auch auf den Nachweis der Salpetersäure als Bestandteil des verwendeten Wassers verwiesen.

Süßweine sind durch mehr oder weniger Zuckergehalt charakterisiert. Bestimmung der Glukose und Fruktose kann bisweilen über die Herstellungsweise von Süßweinen Auskunft geben (siehe auch S. 413). Im echten ungezuckerten, ohne Rosinen hergestellten Weine wird im allgemeinen die Fruktose die Glukose überwiegen, während im anderen Falle beide Zuckerarten in gleicher Menge (1 : 1) vorhanden sind. Saccharose weist auf Zuckerung hin.

Glyzerin: Der Glyzeringehalt schwankt innerhalb weiter Grenzen; er ist neueren Untersuchungen zufolge wahrscheinlich kein direktes Gärungs-, sondern ein Stoffwechselprodukt der Hefe (etwa durch Verseifen von Fett in der Hefe entstanden). Glyzerinzusatz ist geeignet, eine künstliche Erhöhung des Extraktgehaltes herbeizuführen sowie einem rauhen Wein eine gewisse Mundigkeit, Süße zu geben. Dieser Grund und die Möglichkeit, daß unreines Glyzerin gesundheitsschädliche Eigenschaften haben kann, führte zu dem direkten Verbote (§§ 4, 10 u. 16 d. W.G.). Bezüglich zulässiger Verwendung von Glyzerin in Arzneiwein siehe diese S. 448. Die erwähnten Alkohol-Glyzerinverhältnisse (S. 430) sind auch ein Maßstab für die Beurteilung des Glyzeringehaltes. Steigung der Verhältnisse deutet auf Glyzerinzusatz. Glyzerin beträgt in der Regel das 0,3—0,4fache des Extraktes; körperreiche Weine haben meist auch hohen Glyzeringehalt. Wenn bei einem 0,5 g in 100 ccm Wein übersteigenden Gesamtglyzeringehalte der Extraktgehalt nach Abzug der flüchtigen Säure zu mehr als $^2/_3$ aus Glyzerin besteht oder bei einem Verhältnisse von Glyzerin zu Alkohol von mehr als 10 : 100 der Gesamtextrakt nicht mindestens 1,8 g in 100 ccm oder der nach Abzug des Glyzerins vom Extrakt verbleibende Rest nicht 1 g in 100 ccm beträgt, soll nach den Beschlüssen der Kommission für Weinstatistik in Deutschland im Jahre 1898 ein Wein als mit Glyzerin versetzt gelten können.

Dessertweine, bei denen auf 100 Gewichtsteile Alkohol weniger als 6 Gewichtsteile Glyzerin kommen, haben einen Alkoholzusatz erfahren und sind als gespritete Dessertweine anzusehen.

Gespritete Dessertweine sollen wenigstens 3,6 g Glyzerin in 1 Liter enthalten; anderenfalls sind sie nicht Weine im Sinne des deutschen Weingesetzes.

Der Stickstoffgehalt: bildet im allgemeinen keinen Maßstab für Verfälschungen, da auch durch Schönen der N-gehalt des Weines sich erhöhen kann. Tresterweine haben meist sehr geringen N-gehalt.

Die Gerbstoffmenge: ist bei Rotweinen erheblich höher als bei Weißweinen. Hoher Gerbstoffgehalt erhöht bisweilen den normalen totalen Extraktrest (siehe S. 431). Bei Weißtresterweinen ist bisweilen der Gerbstoffgehalt sehr hoch; bei Tresterweinen tritt unter Umständen eine Abnahme des Gerbstoffgehaltes ein, weil der Gerbstoff vielfach in den Wein übergegangen ist. Durch Schönen kann übrigens auch der Gerbstoff teilweise entfernt sein. Näheres ist darüber aus der Literatur zu entnehmen.

Die Mineralbestandteile der Asche: zeigen keine Konstanz, weshalb sie sich im allgemeinen selten zur Feststellung von Gesetzwidrigkeiten verwerten lassen. Zum Nachweise von Fälschungen mögen folgende Anhaltspunkte unter Umständen von Wert sein. Der CaO-gehalt beträgt normalerweise etwa 0,003—0,05%; der MgO-gehalt 0,003 bis 0,03%, der K_2O-gehalt 0,02—0,2%. NaCl soll nicht mehr als 0,05 g in 100 ccm Wein enthalten sein (Deutschland, Österreich, Schweiz); in

Frankreich und in den Vereinigten Staaten 0,1 g, in Spanien 0,2 g in 100 ccm. O. Krug [1]) mißt dem Vorhandensein von Na_2O in Weinen Bedeutung bei, da nach seinen Beobachtungen Natriumsalze normalerweise nur in minimalen Mengen (von 0,0004—0,0006 g in 100 ccm) vorkommen; der Na_2O-gehalt beträgt 0,002—0,015 (NaCl-zusatz, der zur Erhöhung der Asche als Klärmittel in Betracht kommt, wird also schon bei verhältnismäßig geringen Mengen erkannt werden können). Der P_2O_5-gehalt schwankt sehr erheblich (etwa von 4—90 mg in 100 ccm), weshalb ihm nur in Ausnahmefällen eine besondere Bedeutung beizulegen sein dürfte. Bei konzentrierten Süßweinen soll der P_2O_5-gehalt mindestens 0,03 g, bei Ungarsüßwein mindestens 0,055 g in 100 ccm betragen.

Betr. Gips siehe unter „Schwefelsäure".

Von Schwermetallen kommen Zink und Kupfer am ehesten in Frage. Betr. Beurteilung vgl. Abschnitt „Gemüse- und Obstdauerwaren".

Bukett- und Essenzenstoffe: werden zwar häufig zur Kunstweinfabrikation verwendet, indessen ist ihr Nachweis im Weine chemisch schwer, eher aber durch die Geschmacksprobe und durch Nachforschungen mittels der Kontrollorgane möglich.

Verbotene Stoffe gemäß §§ 10, 16 d. W.G. siehe die allgemeine Beurteilung.

Bei Konservierungsmitteln ist auf das natürliche Vorkommen von Borsäure, Fluor, Salicylsäure usw. in den Früchten (auch Trauben, Äpfel und Birnen) hinzuweisen; vgl. auch S. 250. Fluor höchstens 1 mg in 100 ccm (keine Ätzung hervorrufend). Hinsichtlich der schwefligen Säure enthält das Weingesetz die Bestimmung (§ 4), daß beim Schwefeln nur kleine Mengen von SO_2 oder SO_3 in die Flüssigkeit gelangen dürfen. Gewürzhaltiger Schwefel ist nicht erlaubt. Schwefligsaure Salze (Sulfite aller Art) sind gemäß (§§ 4, 10, 16) verboten. Im übrigen ist zu unterscheiden zwischen freier und gebundener SO_2 (aldehydschwefliger Säure) [2]), da letztere als weniger gesundheitsgefährlich angesehen wird.

Als maßgebend haben vorläufig die von der Kommission für amtliche Weinstatistik festgesetzten Grenzzahlen zu gelten:

1. Die Höchstmenge für den zulässigen Gehalt der deutschen Konsumweine an schwefliger Säure ist festzusetzen auf 200 mg gesamte und 50 mg freie schweflige Säure im Liter.

2. Nur Konsumweine, die in den Verkehr gelangen, sollen von dieser Regelung betroffen werden.

3. Als Konsumweine sind diejenigen Weine anzusehen, deren Alkoholgehalt, vermehrt um die dem noch vorhandenen unvergorenen Zucker entsprechende Alkoholmenge, nicht mehr beträgt als 10 g in 100 ccm Wein.

4. Für Weine mit höherem Alkoholgehalt (Hochgewächse, Ausleseweine u. dgl.), für Ausschankweine (d. h. im offenen Anbruch liegende Weine) sowie für ausländische Weine ist vorerst von einer Begrenzung des Gehalts an schwefliger Säure abzusehen, da die bisherigen Erhebungen für eine Entscheidung hierüber nicht ausreichen.

5. Von einer Begrenzung des Gehalts der schwefligen Säure in Traubenmosten und Traubenmaischen ist abzusehen.

Auch mehrere ausländische Gesetze schreiben Grenzzahlen für Gesamt-SO_2 und freie SO_2 vor.

---

[1]) Zeitschr. f. U. N. 1908. **10.** 417.
[2]) Vgl. darüber W. Kerp, Arb. a. d. Kaiserl. Gesundh.-Amte. 1904. **12.** 141.

Beurteilung [1].

Die Weinbegutachtung ist schwierig und erfordert eingehende Kenntnisse des Weinbaues, der Weinchemie und der entsprechenden Literatur, sowie der bisherigen Weinrechtsprechung. Eine auch nur einigermaßen erschöpfende Darlegung kann nach Sachlage in dem Rahmen des Hilfsbuches nicht untergebracht werden. Die wichtigsten Gesichtspunkte dürften jedoch im nachstehenden erörtert sein.

I. Allgemeines.

Die Beschaffenheit und Zusammensetzung der Moste und Weine ist eine sehr verschiedenartige und von der Traubensorte, der Boden- und Düngungsart, von dem Klima, der Lage, den Witterungs-verhältnissen, die namentlich von Einfluß auf die Ausbreitung von Pflanzenkrankheiten (siehe bakteriol. Teil) sind, sowie auch von der Gewinnungsweise, der Behandlung und Pflege des Weines abhängig. Auf die näheren Umstände kann hier nicht eingegangen werden. Farbe, Geschmack und Geruch (Blume) bilden die für den Handel und Konsum maßgebenden Anhaltspunkte zur Beurteilung. Sie werden zusammen kurz mit der Bezeichnung „Charakter" ausgedrückt. Geübte Weinschmecker (-kenner) vermögen unter Umständen daraus auch Schlüsse auf die Naturreinheit sowie auf die Produktionsgegend, Zuckerung usw. zu ziehen, jedoch darf der Wert solcher Geschmacksprüfungen, so sehr wichtig dieselben für die amtliche Kontrolle und den Handel sind, doch nicht überschätzt werden. Bei den vielfach im Handel vor-kommenden Verschnitten versagt öfters die Geschmacksprüfung. Da auch die Weinchemie erhebliche Lücken aufweist, sind durch das Wein-gesetz zahlreiche Bestimmungen getroffen worden, welche die Über-wachung des Verkehrs mit Wein erleichtern (Weinkontrolle durch Be-amte im Hauptberufe, wobei auch in die Geschäftsbücher Einsicht genommen werden kann; siehe im übrigen das Weingesetz und dessen Ausführungsbestimmungen selbst). Die Bestandteile des Weines schwanken innerhalb erheblicher Grenzen [2] je nach Traubensorten, Ge-

---

[1] A. von Babo und E. Mach, Handbuch des Weinbaues und der Keller-wirtschaft, herausgegeben von J. Wortmann, Verlag von P. Parey, Berlin 1910; J. Wortmann, Die wissenschaftlichen Grundlagen der Weinbereitung und Kellerwirtschaft, in demselben Verlag 1905; P. Kulisch, Anleitung zur sachgemäßen Weinverbesserung einschließlich der Umgärung der Weine, bei demselben Verlag 1909; R. Meißner, Des Küfers Weinbuch, Verlag von E. Ulmer in Stuttgart; H. W. Dahlen, Die Weinbereitung, Verlag von Vie-weg in Braunschweig; F. Goldschmidt, Der Wein von der Rebe bis zum Konsum, nebst einer Beschreibung der Weine aller Länder, Verlag der Deutschen Weinzeitung, Mainz 1909; Deutsches Nahrungsmittelbuch, Verlag von C. Winter, Heidelberg 1910; A. Günther, Abschnitt Wein im Handbuch von K. v. Buchka, Das Lebensmittelgewerbe, Bd. II, Akad. Verlagsgesellschaft, Leipzig.

[2] Über die Zusammensetzung der deutschen Traubenmoste und Weine verschiedenster Sorten und Herkunft gibt die „Kommission für die amtliche Weinstatistik", deren Ergebnisse alljährlich veröffentlicht werden, nähere Aus-kunft; vgl. Arbeiten aus dem Kais. Gesundh.-Amt, Verlag J. Springer, Berlin. Über die Zusammensetzung ausländischer Weine vgl. J. König, Chemie der menschlichen Nahrungs- und Genußmittel 1903. 1. 1907. 2. Verlag von J. Springer, Berlin, sowie die Ungarische und Schweizerische Weinstatistik (Auszüge siehe Zeitschr. f. U. N. 1907).

winnungsart usw. Gewisse sinnenfällige und chemisch greifbare Unterscheidungsmerkmale bestehen zwischen Weiß-, Rot-, Dessert- und Schaumweinen, wobei innerhalb der beiden letzteren Gruppen noch besondere Untergruppen (trockene, herbe, süße, Likörweine usw.) bestehen. Der Weinhandel ordnet pflichtgemäß (teils in Anbetracht gesetzlicher Vorschriften, teils nach reellem Handelsgebrauch) die Preisliste nach Weingattung, Gewächs usw. und bezeichnet gewisse Sorten je nach Preislage als sog. Qualitätsweine, Hochgewächse, Schloßabzug, Auslese, Ausbruch usw., wobei man unter letzteren Benennungen namentlich solche Weine (Strohweine) versteht, welche aus Trockenbeeren edelfauler Trauben (nicht Rosinen) gewonnen sind. Das Weingesetz (§§ 6, 7, 8) gibt Vorschriften über die Benennungsweise der Weine (siehe auch weiter unten). Eine weitere Art Wein ist der sog. Haustrunk; indessen unterliegt dessen Herstellung und Verbrauch besonderer Beschränkung (§ 11 des W.G.; siehe auch S. 449).

    Gesetzliche Bestimmungen [1]): Das Weingesetz (W.G.) vom 7. April 1909 nebst Abänderungen vom 21. Mai und 27. Juni 1914 sowie die Bekanntmachung betr. Bestimmungen zur Ausführung des Weingesetzes vom 9. Juli 1909; die Weinzollordnung vom 17. Juli 1909 nebst Abänderungen vom 20. Juli 1910. Laut § 32 des Weingesetzes bleiben alle die Herstellung und den Vertrieb von Wein betreffenden Gesetze unberührt, soweit nicht die Vorschriften des Weingesetzes entgegenstehen. In Frage kommt in erster Linie das Nahrungsmittelgesetz, sowie ferner das Süßstoffgesetz. Diese Gesetze sind also nicht ausgeschaltet, werden jedoch nur in bestimmten Fällen, z. B. bei Verdorbenheit, Verwendung von künstlichen Süßstoffen, Verfälschungen von weinhaltigen Getränken, soweit sie nicht durch §§ 10, 16 d. W.G. getroffen werden, zur Anwendung gelangen.

    Das Weinsteuergesetz vom 26. Juli 1918 (R. G. Bl. 1918, 831—846) [2]); das Schaumweinsteuergesetz vom 9. Mai und 15. Juli 1909 (R. G. Bl. 1902, 155; 1909, 714) nebst Abänderungen vom 26. Juli 1918 (R. G. Bl. 1918, 847—849) [3]). Dem Weinsteuergesetz unterliegen auch weinähnliche und weinhaltige Getränke.

---

  [1]) Einschlägige Literatur: Der Weingesetzentwurf vom 19. Oktober 1908 sowie die amtliche Denkschrift zum Entwurf eines Weingesetzes und die Berichte der Kommission des Reichstages. Sämtliche sind ganz oder auszugweise in den nachbenannten Kommentaren sowie in den Gesetzbeilagen der Zeitschr. f. U. N. 1909 enthalten. Kommentare: A. Günther und R. Marschner, „Weingesetz", Verlag C. Heymann, Berlin 1910; O. Zöller, „Das Weingesetz", Verlag J. Schweitzer, München und Berlin; K. Windisch, „Das Weingesetz vom 7. April 1909", Verlag P. Parey, Berlin; G. Lebbin, „Das Weingesetz", Verlag Guttentag, Berlin; Goldschmidt, „Weingesetz vom 7. April 1909", Verlag J. Diemer, Mainz; A. Günther, „Die Gesetzgebung des Auslandes über den Verkehr mit Wein", Verlag C. Heymann, Berlin; ferner die Abhandlungen von P. Kulisch, „Das neue Weingesetz", Zeitschr. f. U. N. 1909. 18. 85, sowie „Beurteilung der Weine auf Grund der chemischen Untersuchung nach dem Weingesetz vom 7. April 1909", ebenda, 1910. 20. 323; A. Günther, Abschnitt Wein in v. Buchkas Handbuch, Das Lebensmittelgewerbe. Eine Auslese der wichtigsten Entscheidungen der letzten Jahre findet sich in der Sammlung von Entscheidungen in den Beiheften (Gesetze und Verordnungen) der Zeitschr. f. U. N., in der Sammlung von Entscheidungen, die vom Kais. Gesundh.-Amte herausgegeben und von A. Günther bearbeitet sind, ferner in den Auszügen aus gerichtlichen Entscheidungen, die als Beilage zu den Veröffentlichungen des Kais. Gesundh.-Amtes erscheinen.

  [2]) Z. f. N. U. (Gesetz- u. Verord.) 1918, 10, 387.

  [3]) In neuer Fassung v. 8. 8. 1918; Z. f. U. N. (Ges. u. Verord.) 1918. 10. 398.

Begriffsbestimmung. Nach § 1 des W.G. ist Wein das durch
alkoholische Gärung aus dem Safte der Weintraube hergestellte Getränk (gültig für in- und ausländische Weine, auch aus Trockenbeeren
[nicht aber aus Rosinen und Korinthen] gewonnene). Süße Moste, (ohne
jeden Alkoholgehalt) fallen nicht unter den Begriff Wein, sind aber ebenfalls durch das Weingesetz geschützt; ebenso weinähnliche (Obstweine)
und weinhaltige Getränke (z. B. Arzneiweine, Weinpunschessenzen,
siehe das Nachstehende). Als Dessertweine haben nur solche Weine
zu gelten, die zu ihrem wesentlichen Teile vergorene Weine im Sinne
des § 1 sind. Vielfach werden Dessertweine unter Zusatz erheblicher
Mengen von Rosinenauszügen, Mosten sowie Alkohol (gespritete Moste)
hergestellt. Im Inlande sollen Dessertweine nur unter Zuhilfenahme
von Trockenbeeren oder von getrockneten Beeren (nach dem Stroh-
weinverfahren) innerhalb der sonstigen durch das Weingesetz festgelegten
Grenzen hergestellt werden. (Leitsätze des Vereins deutscher Nahrungsmittelchemiker 1913.) Näheres über Dessertweine S. 443, 433 u. 434.

Betr. Hefepreßwein vgl. Reichsger.-Entsch. vom 17. Okt. 1910
(Günther, Sammlung von Entscheidungen, Heft I; Jul. Springer, Berlin).
Auch über der vollen Maische vergorener Wein ist Rotwein im Sinne
des § 1 (Reichsger.-Entsch. v. 6. Nov. 1911 siehe Günther, l. c.)

II. Inländische Weine.

a) Verschnitte [1]) (§ 2 des W.G., siehe auch § 8 und weiter unten
betr. Benennung der Verschnitte sowie § 12). Zulässig ist der Verschnitt
von Naturerzeugnissen verschiedener Herkunft, Jahr und Farbe (rot
mit weiß), deutschen oder ausländischen Ursprungs (untereinander oder
miteinander). Ferner ist es gestattet, Most mit Most, Maische mit Maische,
Trauben mit Trauben (rote und weiße Trauben zusammen gekeltert
geben den sog. Schillerwein), Wein mit Most und Wein oder Most mit
Maische zu verschneiden. Zu Most oder Wein kann auch teilweise ent-
mostete Maische zugesetzt werden. Der Verschnitt von Naturerzeugnissen
mit gezuckertem (vergorenem) Wein ist zulässig. Verboten ist das
Verschneiden von Weißwein (-most) sowie von Most und Maische mit
Dessertwein [2]); jedoch nicht, wenn die Menge des Dessertweines über-
wiegt und die Art, wie sie Dessertwein besitzt, gewahrt wird. Über
Dessertweine siehe Näheres im Abschnitt „ausländische Weine" [2]).

Alle Weine, welche zum Verschnitt dienen, müssen den gesetzlichen Anforderungen entsprechen; Rückverbesserung [3]) (siehe S. 440)
verfälschter oder sonst ungesetzlicher sowie verdorbener Weine durch
Verschnitt ist nicht erlaubt. Betr. Benennung der Verschnitte, auch

---

[1]) Die nachstehend erwähnten Vorschriften der §§ 2, 4—9 des Weingesetzes finden gemäß § 12 des Weingesetzes auch auf Traubenmost, die Vorschriften der §§ 4—9 auch auf Traubenmaischen Anwendung.

[2]) Urt. d. Landger. Halle v. 28. Juni 1910, Freiburg v. 21. Febr. 1912 und
Posen v. 20. Aug. 1915; Auszüge 1917. 9. 169, 176 und Zeitschr. f. U. N. (Gesetze)
1915. 7. 546.

[3]) Urt. d. bayer. Oberst. Landger. v. 18. Okt. 1904; Auszüge 1908. 9.
168; Günthers Sammlg. II. 4; Zeitschr. f. U. N. (Gesetze u. Verord.) 1914.
6. 6. 7. 184; ferner Urt. d. Reichsger. v. 4. Jan. 1909 u. v. 6. Nov. 1908. Auszüge 1912. 8. 315.

Rotweiß-Verschnitte vgl. §§ 7 und 8 des W.G. bzw. unter d. Nach § 12 finden die Vorschriften des § 2 auch auf Traubenmost Anwendung.

b) **Erlaubte Verbesserung** (§ 3 des W.G.). Der Zweck dieser Manipulation muß als bekannt vorausgesetzt werden (Beseitigung von Mangel an Zucker und eines Übermaßes an Säure, auch Gallisieren genannt). Nur inländische Erzeugnisse (Traubenmost, Wein, volle Rotweintraubenmaische) dürfen gezuckert werden. Die Zuckerung darf nur zu dem oben angedeuteten Zwecke und insoweit erfolgen, als das Erzeugnis der Beschaffenheit dem aus Trauben gleicher Art und Herkunft in guten Jahren ohne Zusatz gewonnenen entspricht. Der Zusatz darf jedoch in keinem Falle mehr als ein **Fünftel** der gesamten Flüssigkeit betragen (**räumliche Begrenzung**). Die Zuckerung kann auch ohne Zuhilfenahme von Wasser erfolgen (Trockenzuckerung), wenn der Säuregehalt nicht zu hoch ist bzw. bei starkem natürlichem Säurerückgang (siehe auch S. 392 u. 432). Trockenzuckerung wird selten angewendet. Die Bemessung der nötigen Zucker- bzw. Wassermenge geschieht auf Grund besonderer Feststellungen und Beobachtungen (siehe auch S. 391). Die Frage, wann ein Zusatz von Zucker oder Zuckerwasser zum Most zugelassen werden kann, hat das Reichsgericht in den Entscheidungen vom 25. April und 17. Januar 1911[1]) entgegen der allgemeinen Auffassung von Weinsachverständigen folgendermaßen beantwortet: „Überschreitet der durch Zuckerung verbesserte Wein weder hinsichtlich des Zucker- (Alkohol-) noch hinsichtlich des Säuregehaltes die für einen guten Jahrgang nach oben und nach unten gezogenen Grenzen, so ist gleichgültig, durch welche Art der Zuckerung — Trockenzuckerung oder Zusatz von Zuckerwasser — dieses Resultat erzielt worden ist, und für eine Bestrafung lediglich deshalb, weil allein Trockenzuckerung oder allein Zusatz von Zuckerwasser hätte angewendet werden dürfen, bietet das Gesetz nicht den mindesten Anhalt". Werden Trauben mit Absicht oder aus besonderen Gründen zu früh geerntet, so darf ihr Saft nicht zum Zwecke der Weingewinnung verbessert werden. Es dürfen nur inländische [2]) Naturweine minder guter Jahrgänge aufgezuckert werden; Moste oder Verschnitte inländischer Herkunft mit ausländischen, auch wenn sie eine inländische Benennung tragen, dürfen nicht gezuckert werden. Umgärung kranker Weine durch Zuckerzusatz ist verboten. Dagegen kann ein kranker Wein mit Hilfe eines Verschnittes mit Most oder Maische umgegoren werden (§ 2 des W.G.). Die Zuckerung ist **zeitlich begrenzt** (siehe § 3 Abs. 2 des W.G.) und darf auch nur in bestimmten Landesteilen (Weinbaugebieten) vorgenommen werden. Die Absicht des Zuckerns ist der zuständigen Behörde anzuzeigen; Nachzuckerung ist unzulässig [3]).

Die Rechtsprechung auf dem Gebiete der Weinverbesserung hat schon einen so großen Umfang angenommen, daß ein näheres Eingehen darauf nicht möglich ist. Auf die wichtigsten Nachschlagequellen ist wiederholt hingewiesen worden.

---

[1]) Zeitschr. f. U. N. (Gesetze) 1912. 99 u. ff.
[2]) Zahlr. Urteile s. Günther, Samml. I. 33; II. 5ff., sowie Auszüge 1917. 9. 169ff.; Zeitschr. f. U. N. (Gesetze) 1914 .6. 32.
[3]) Urt. d. Reichsger. v. 14. Febr. 1912 u. 23. Dez. 1911; Auszüge 1917,

c) **Kellerbehandlung** (erlaubte Stoffe). (§§ 4, 11, 12, 26 d.
W.G. sowie die dazu erlassenen Ausführungsbestimmungen S. 772.)
Siehe die dort angegebenen Stoffe und Verfahren. Andere als
die dort genannten Hilfsmittel sind verboten, abgesehen von gewissen
physikalischen Verfahren, wie Pasteurisieren, Peitschen u. dgl., bei
welchen eine Beimischung fremder Stoffe nicht in Frage kommt. Die
Kellerbehandlung erstreckt sich nicht bloß auf Wein, Most und Traubenmaische, sondern auch auf die Behandlung der Trauben. Auch die in
den §§ 10 u. 16 für weinähnliche und weinhaltige Getränke verbotenen
Stoffe dürfen bei der Weinkellerbehandlung nicht benutzt werden, erlaubt sind nur die im Rahmen des § 4 zugelassenen Stoffe. Als verboten
gelten insbesondere Alkohol, Wasser [1]), Glyzerin, Kochsalz, organische
Säuren, Farbstoffe, Bukettstoffe, eingedickte Moststoffe, Obstwein, sog.
Gewürzschwefel, Zinksalze, wie sie in Schnellklärungsmitteln vorkommen,
Konservierungsmittel u. a. Seit Erlaß des Weingesetzes sind zahlreiche
Urteile dieserhalb ergangen, die in der einschlägigen Literatur aufzu-
finden sind. — Der Zusatz von Zucker ist in dem durch § 3 bestimmten
Umfang gestattet, solcher gezuckerter Wein gilt nicht mehr als Natur-
wein (siehe auch § 5), dagegen bleibt reiner Naturwein jeder inländische
Wein, welcher nur die übliche Kellerbehandlung erfahren hat. Äußerlich
zulässig erscheinende Klärmittel sind bisweilen verfälscht oder mit un-
erlaubten Stoffen vermengt. Die Weiterverarbeitung von Wein zu
Schaumweinen, weinhaltigen Getränken, aromatisiertem Wein (Wermut-,
Arzneiwein usw.) fällt nicht unter § 4, sondern unter § 16. Über die
Ausnahmestellung des Haustrunkes und ausländischer Erzeugnisse bez.
des § 4 siehe S. 449 u. 430).

Nach § 12 findet § 4 auch auf Traubenmost und -maische Anwendung.

Die **Ankündigung**, das Feilhalten und Verkaufen unzulässiger
Stoffe, die zur Herstellung usw. von Wein, Schaumwein, weinhaltigen
und weinähnlichen Getränken dienen, ist gemäß § 26, Abs. 3 verboten.
Diese Bestimmung hat sich wiederholt als äußerst wirksam erwiesen,
z. B. bei Moststoffen, Schnellklärungsmitteln. Die betr. Getränke und
Stoffe müssen auch eingezogen werden.

Der Zusatz von Zucker zur Rückverbesserung überstreckter oder
zur Umgärung kranker Weine fällt unter die unerlaubten Handlungen
des § 4.

d) **Bezeichnungen und Herkunftsbenennungen** (§§ 5, 6,
7, 8 d. W.G.). Gezuckerter in- und ausländischer Wein darf nicht
mit der Bezeichnung als „rein", „naturrein" usw. feilgehalten und verkauft werden, auch dann nicht, wenn der ursprüngliche Naturwein mit
gezuckertem Wein verschnitten wurde. Gezuckerter Wein kann als
„Wein" bezeichnet werden. Die Zuckerung ist den Abnehmern nur
auf Verlangen mitzuteilen. Bezeichnungen wie „Original", „echt",
„garantiert", „unverfälscht" usw. und Phantasiebezeichnungen wie
„Naturperle" u. dgl. sind als „Reinheitsbezeichnungen" aufzufassen. Auf
die Verwendung besonderer Sorgfalt hindeutende Bezeichnungen wie

---

[1]) Alkohol und Wasser als sog. Mouillage.

„Auslese", „Schloßabzug", „Grand vin" sind nicht statthaft, wenn eine Zuckerung vorgenommen wurde, auch selbst dann nicht, wenn tatsächlich eine Auslese stattgefunden hat. Auch die Bezeichnungen Blut- oder Medizinalwein muß sinngemäß als unzulässig bezeichnet werden. Vgl. im übrigen S. 445 [1]). Bei einem gezuckerten Wein darf auch der Name eines bestimmten Weinbergbesitzers nicht genannt werden. (Vgl. des näheren die genannten Kommentare.) Die Traubensorte kann aber auch bei gezuckertem Wein genannt werden. Geographische Bezeichnungen müssen grundsätzlich bei in- (und ausländischen) Weinen wahrheitsgemäß sein; z. B. ist die Bezeichnung „Niersteiner" für Pfälzerwein [2]) oder „Deutscher Burgunder" für einen Wein, der aus in Deutschland gewachsenen Trauben der Burgunderrebe gewonnen ist [3]), unzulässig. Die Bezeichnung „Liebfrauenmilch" ist aber nach dem Urteil d. Landger. Mainz v. 21. Mai 1912 keine Herkunfts-, sondern eine für besonders hervorragende Rheinweine zulässige Gattungs- und Phantasiebezeichnung. § 6 enthält Bestimmungen betr. die unverschnittenen Weine. Nach denselben dürfen im „gewerbsmäßigen Verkehr" mit Wein geographische Bezeichnungen nur zur Kennzeichnung der Herkunft verwendet werden. Gestattet bleibt jedoch, die Namen einzelner Gemarkungen oder Weinbergslagen, die mehr als „einer" Gemarkung angehören, zu benutzen, um gleichartige und gleichwertige Erzeugnisse benachbarter oder nahegelegener Gemarkungen oder Lagen zu bezeichnen [4]).

Für die Benennungen der Verschnittweine sind im § 7 besondere Bestimmungen getroffen. Unter Verschnittweine sind nur Erzeugnisse verschiedener Herkunft, nicht aber solche nur verschiedener Jahrgänge zu verstehen. Die bezüglichen Vorschriften sind ebenfalls nur für den „gewerbsmäßigen Verkehr" erlassen. Ein Verschnitt aus Erzeugnissen verschiedener Herkunft darf nur dann nach „einem" Anteil allein benannt werden, wenn dieser in der Gesamtheit überwiegt und die Art bestimmt [5]). Gestattet bleibt, die Namen einzelner Gemarkungen oder Weinberglagen, die mehr als einer Gemarkung angehören, zu benutzen, um gleichartige und gleichwertige Erzeugnisse benachbarter oder nahegelegener Gemarkungen oder Lagen zu bezeichnen (§ 6 Abs. 2 Satz 2). Die Angabe einer Weinbergslage ist, abgesehen vom letzteren Falle, jedoch nur zulässig, wenn der aus der betreffenden Lage stammende Anteil nicht gezuckert ist. Nach § 7 Abs. 2 ist es verboten, in der

---

[1]) Verwendung von Heidelbeerwein zu Blutwein ist Nahrungsmittelfälschung (§ 10 d. N. G.) und verstößt gegen § 4 d. W.-G.; Urt. d. Landger. II, Berlin v. 31. Mai 1913 (Urt. d. Reichsger. v. 9. Dez. 1913); Zeitschr. f. U. N. (Gesetze) 1915. 7. 575.

[2]) Urt. d. Landger. Posen v. 20. 8. 1915, Zeitschr. f. U. N. 1915. 7. 546.

[3]) Preuß. Minist.-Erlaß v. 20. März 1912; Zeitschr. f. U. N. (Ges. u. Verord.) 1912. 4. 201.

[4]) Näheres ergibt sich aus den Kommentaren und den Reichstagsverhandlungen, Zeitschr. f. U. N. G. 1909 (Gesetze u. Verord.) 149, 266, 325.

[5]) Urt. d. Landger. Posen v. 20. Aug. 1915 betr. „Oberungar", der aus 139 l Ungarwein u. 696 l griechischem Weißwein bestand; Zeitschr. f. U. N. (Ges. u. Verord.) 1915. 7. 546. — Aber auch dann, wenn 50% des maßgebenden Bestandteils vorhanden sind, muß zugleich die Art des Verschnittweines durch jenen gegeben sein. Urt. d. Landger. Hamburg v. 6. Nov. 1911; Auszüge 1917. 9. 220 und weitere Urteile ebenda 248 u. ff.

Benennung anzugeben oder anzudeuten, daß der Wein Wachstum eines bestimmten Weinbergsbesitzers sei. Nach Abs. 3 des § 7 treffen diese Beschränkungen der Bezeichnung (Führung des Lagenamens und der Wachstumsbenennung) den Verschnitt durch Vermischung von Trauben oder Traubenmost mit Trauben oder Traubenmost gleichen Wertes derselben oder einer benachbarten Gemarkung und den Ersatz (Auffüllung) der Abgänge, die sich aus der Pflege des Weines ergeben, nicht. — Gemische von Rot- und Weißwein dürfen, wenn sie als Rotwein in den Verkehr gebracht werden sollen, nur unter einer die Mischung kennzeichnenden Bezeichnung (Rot-Weiß-Mischung) feilgehalten oder verkauft werden (§ 8 d. W.G.)[1]. Unter Rotwein sind nur rote in- (und ausländische) Tisch- und Tafelweine zu verstehen (nicht Dessertweine). Siehe im übrigen die Verschnittvorschriften des § 7. Die Rot-Weiß-Mischung kann auch als „Schillerwein" benannt werden ohne Hinweis auf Rot-Weiß-Mischung. Betr. echten Schillerwein vgl. S. 438.

e) Zur Nachmachung von Wein dienende Verfahren und Stoffe (§§ 9, 12).

In Betracht kommen hauptsächlich die Verwendung von überstrecktem Wein als Weingrundlage nebst Aufbesserung mit Chemikalien und künstlichen Moststoffen wie Glyzerin, Weinsäure, Zitronensäure, Alkohol, Bukettstoffen, Pottasche und anderen Mineralsalzen, getrockneten Weinbeeren (Rosinen, Zibeben), Korinthen, Sultaninen, Tamarindenmuß u. a.; die Herstellung von Wein aus Weintrestern (Tresterwein) und Heferückständen (Hefewein). Sog. Petiotisieren besteht darin, daß man die ausgepreßten Trester mit einem Aufguß von Zuckerwasser vergären läßt und dieses Erzeugnis mit dem aus dem Most erhaltenen wirklichen Wein vermischt; dieses Verfahren stellt somit eine Vermischung von Wein mit Tresterwein dar. Völlige, sozusagen synthetische Kunstprodukte, die also lediglich unter Ausschluß von natürlichem Weinrohstoff hergestellt wurden, dürften wohl kaum vorkommen. § 13 handelt vom Inverkehrbringen der zuwider hergestellten Weine usw.

Als nachgemacht sind in zahlreichen Fällen Getränke angesehen worden, die aus Kirschsaft, Obstwein, Spiritus, Essenzen, Farbstoffen, Wein- und Zitronensäure vielfach auch unter Verwendung von Samos, Sherry hergestellt waren und unter Bezeichnungen wie Muskat, Muskatlunel, Cider, Biesiada, Muskatlikör, Gelbwein, Coriando[2] u. a. in Verkehr gebracht waren und solche Eigenschaften besaßen, daß sie mit Wein verwechselt werden konnten. Im Geschmack als Gewürzgetränke erkennbare Getränke unterliegen den Bestimmungen des Nahrungsmittelgesetzes oder soweit sie Wein enthalten und Bezeichnungen in Verbindung mit dem Wort „Wein" tragen der Beurteilung als „weinhaltige Getränke".

Nach § 12 haben die Vorschriften des § 9 auch auf Traubenmost und -maische Anwendung.

Dem Haustrunk (§ 11 W.G.) siehe S. 449 ist ein besonderer Abschnitt gewidmet.

---

[1] Urt. d. Reichsger. v. 17. März 1914; Rundschau 1916. 14. 56. Aus roten Trauben gekelterter Weißwein ist aber Weißwein im Sinne des § 8 d. W.-G. Urt. d. Landger. Ravensburg v. 19. April 1912; Auszüge 1917. 9. 251.
[2] Zahlreiche Urteile sind in den Jahren 1911—1913 ergangen.

Dem § 15 d. W.G. unterliegt das Verbot, Wein, der nach § 13 vom Verkehr ausgeschlossen ist, zur Herstellung von weinhaltigen Getränken, Schaumwein und Kognak zu verwenden; die Möglichkeit einer Verwendung zu anderen Zwecken (Essigfabrikation) unter behördlicher Aufsicht ist aber ausdrücklich erwähnt.

III. Ausländische Weine [1]).

Das Weingesetz erstreckt sich nicht nur auf die inländischen, sondern auch auf die ausländischen Erzeugnisse. Zahlreiche Vorschriften gelten für beide Arten; im übrigen sind, abgesehen von einigen besonderen Vorschriften, welche namentlich gegen einige bei ausländischen Weinen öfter vorgekommene Verfälschungen gerichtet sind, die gesetzlichen Bestimmungen des Auslandes als maßgebend angesehen worden. Naturgemäß kann die Kontrolle der ausländischen Erzeugnisse keine so strenge sein, wie dies bei denjenigen des Inlandes möglich ist, da die Ausführung einer Kellerkontrolle nicht möglich ist. Indessen entbehren auch die Gesetze des Auslandes zum Teil nicht der nötigen Strenge und ist die Produktion des größten Teils des Auslandes eine so große, daß die Vornahme von Verfälschungen und Nachmachungen oft nicht lohnend genug sein dürfte. Außerdem ist durch § 14 des Weingesetzes und die im Anschluß daran erlassene Weinzollordnung für eine Untersuchung an den Zollstellen Sorge getragen, wodurch die Einfuhr gesetzwidriger Weine unterbunden ist. Die erlassenen Bestimmungen beziehen sich auf Traubenmaische, -Most oder -Wein.

Für die ausländischen Weine ist der § 1 des Weingesetzes ebenso maßgebend wie für inländische. Die Beurteilung der Süß-, Südweine bzw. „Dessertweine" bietet mancherlei Schwierigkeiten, da die Herstellungsweise dieser Erzeugnisse in den betreffenden Ländern sehr verschiedenartig vorgenommen wird [2]). Namentlich findet vielfach ein Alkohol- bzw. Zuckerzusatz statt. Dessertweine sollen mindestens 60 g Alkohol im Liter infolge eigener Gärung enthalten. Mit Alkohol versetzte Weine sind von der Einfuhr und dem Verkehr ausgeschlossen, wenn ihre Herstellung den Bestimmungen des Ursprungslandes nicht entspricht. Näheres ist den ausführlichen, von L. Grünhut im Verein deutscher Nahrungsmittelchemiker aufgestellten Leitsätzen [3]) zu entnehmen. Bezüglich „Samos", „Mistelas", Griechischem Sekt u. a. ergangene Urteile widersprechen sich. Das Urteil des Reichsger. v. 2. Dez. 1915 [4]) fordert nur, daß solche Erzeugnisse schwach angegoren sind. Das Medizinalkollegium in Hamburg [5]) will Dessertweine überhaupt nicht als Weine im Sinne des § 1 gelten lassen. § 2 handelt vom Verschnitt. Inwieweit ausländische Weine dazu benutzt werden können, geht aus S. 438 hervor (§ 12 nimmt auf Verschnitt mit Traubenmost,

---

[1]) A. Günther, Die Gesetzgebung des Auslandes über den Verkehr mit Wein, Berlin 1910.
[2]) Über die Bereitung der Dessertweine siehe u. a. A. Günther, Sonderausgabe über „Wein" usw. und v. Buchka, Das Lebensmittelgewerbe 1916, 654.
[3]) Zeitschr. f. U. N. 1913. **26**. 498, 546; 1914. **28**. 586; (Günther, l. c. 722).
[4]) Ebenda 346.
[5]) Rundschau 1913. **11**. 131; Mastbaum, Chem.-Zeitg. 1913. **37**. 1557.

-maische Bezug). Nach § 3, Abs. 3 (betrifft Zuckerung) dürfen aus ausländischen Trauben gewonnene Erzeugnisse oder Verschnitte solcher mit inländischen Erzeugnissen nicht gezuckert werden, auch wenn sie eine inländische Herkunftsbezeichnung tragen. Die im § 4 betr. Kellerbehandlung enthaltenen Vorschriften beziehen sich auch auf ausländische Erzeugnisse (§ 12 nimmt dieserhalb auch Bezug auf Traubenmost und -maische); jedoch gelten gemäß § 13 (Ausf.-Bestimmungen) für Auslandsweine diese Bestimmungen nur insoweit, als die Erzeugnisse nicht den im Ursprungsland geltenden Vorschriften entsprechen. Gemäß § 5 darf bei vorgenommener Zuckerung keine Bezeichnung, die auf Reinheit oder besondere Sorgfalt bei der Gewinnung der Trauben hindeutet, im Verkehr gebraucht werden. (Siehe die Ausführungen S. 440). Ungarische Süßweine, z. B. Ausbruchweine wie Tokajer oder Sorten wie Szamorodner, Hegyaljaer usw., dürfen nach dem Ungarischen Weingesetz vom 14. Dezember 1908 nicht gezuckert und auf Grund des Handelsvertrags mit Österreich-Ungarn nur naturrein eingeführt werden. § 6 regelt die Verwendung geographischer Bezeichnungen und Sammelnamen; diese dürfen nur zur Kennzeichnung der Herkunft verwendet werden (siehe S. 440)[1]). In einzelnen Ländern sind offizielle Bestimmungen über die Bezeichnungen der einzelnen Weinbaugegenden erlassen, z. B. in Ungarn und Frankreich, ebenso sind für die genaue Unterscheidung von Portwein und Madeira genaue Ursprungsbezeichnungen erlassen, welche gemäß des Deutsch-Portugiesischen Handels- und Schiffahrts-Vertrages vom 30. November 1908 in Deutschland anzuerkennen sind. (Bezüglich des näheren muß auf A. Günther, Die Gesetzgebung des Auslandes über den Verkehr mit Wein verwiesen werden.) Die Verwendung geographischer Bezeichnungen bei Verschnitt ist durch § 7 geregelt und betrifft auch ausländische Erzeugnisse (auch Dessertweine). Die Ursprungsbezeichnungen Portwein, Madeira und Tokajer Ausbruch, auch nicht in Verbindungen wie Portweinart, Portil, griechischer Portwein, Ersatz von Portwein usw., dürfen auf Verschnitte nicht angewendet werden. Die im § 8 verlangte Kennzeichnung von Rotweißverschnitt bezieht sich auch auf ausländische Weine.

Das Verbot des Nachmachens gemäß § 9 des Weingesetzes hat auch auf ausländische Weine volle Gültigkeit. Dessertweine sind ebenfalls damit getroffen (siehe die vom Verein Deutscher Nahrungsmittelchemiker aufgestellten Leitsätze l. c.). Diese Bestimmung ist gemäß § 12 auch auf Traubenmost und -maische gerichtet. Die Bestimmungen des § 13 regeln namentlich den Verkehr mit Wein und stellen die Vorschriften für die ausländischen Weine mit den inländischen mit folgenden Ausnahmen bzw. Sonderbestimmungen gleich. Der Verschnitt von Dessertwein mit weißem Wein (§ 2) anderer Art ist im Auslande zulässig. Ausländische Weine können die für den Verkehr innerhalb des Ursprungslandes erlaubte Kellerbehandlung (§ 13) erfahren. Rotwein mit Ausnahme von Dessertwein, auch Traubenmost oder -maische zu rotem Wein, deren Gehalt an SO_3 in 1 Liter Flüssigkeit mehr beträgt als 2 g

---

[1]) Urt. d. Landger. Bielefeld und d. Reichsger. betr. die Bezeichnung von Tokajer als Vergehen gegen § 16 des Warenzeichengesetzes v. 12. Mai 1894 vgl. Zeitschr. f. U. N. 1910. 19. Beilage S. 170.

neutralen schwefelsauren Kalis[1]) entsprechen, sowie Traubenmaische oder -most oder Weine, die einen Zusatz von Alkalikarbonaten (Pottasche od. dgl.), an organischen Säuren oder deren Salzen (Weinsäure, Zitronensäure, Weinstein, neutrales weinsaures Kalium od. dgl.) oder einen der im § 10 und 16 des Gesetzes und dessen Ausführungsbestimmungen genannten Stoffe erhalten haben, sind vom Verkehr ausgeschlossen.

Die namentlich auf ausländische Süßweine angewandte Bezeichnung „Medizinalwein", „Blutwein" usw. wird vom Verein Deutscher Nahrungsmittelchemiker [2]) als irreführend abgelehnt.

Für die Untersuchung und Begutachtung der Auslandsweine mag nachstehende Übersicht zweckdienlich sein.

Übersicht über die wichtigsten Bestimmungen der ausländischen Weingesetze [3]).

Frankreich. Erlaubt ist Zusatz von:
> Ammon- oder Calciumphosphat,
> schwefliger Säure bis 350 mg im Liter [4]),
> Alkalibisulfit bis 200 mg im Liter,
> Weinsäure zu Most,
> Zitronensäure bis 0,5 g im Liter,
> Chlornatrium bis 1 g im Liter.

Hiervon sind die vier letzten nach § 10 des deutschen Weingesetzes zu beanstanden.

Spanien. Erlaubt ist Zusatz von:
> Rohrzucker,
> Chlornatrium bis 0,2%,
> Gips bis 0,2% K_2SO_4,
> Weinstein.

Dessertweine dürfen mehr Gips enthalten.

Außer dem Rohrzuckerzusatz sind diese Stoffe in Deutschland verboten. Ein über die angegebene Grenze hinausgehender Gipsgehalt ist also auch bei weißen spanischen Trockenweinen verboten. Aschenreiche Weine wie Malaga sind gelegentlich außer Chlornatrium auf Zusatz von Magnesia oder löslichen Tonerdeverbindungen zu prüfen.

Österreich: a) Süßweine. Süßweine (Dessert-) sind solche Weine, deren Stammzucker sich zu mehr als 26 g in 100 ccm berechnet. Bei der Herstellung von solchen Weinen ist erlaubt die Verwendung von:
> Rohrzucker, Rosinen, Korinthen, sowie Alkohol bis zu einer Grenze
> von $22^1/_2$ Vol.-%.

b) Trockenweine. Gestattet ist der Zusatz von:
> 1 Vol.-% Alkohol,
> 50 mg Bisulfit im Liter,
> 0,1% Weinsäure.

Die beiden letzten Zusätze schließen den Wein von der Einfuhr in Deutschland aus. Unter den verbotenen Zusätzen sind Gips und Chlornatrium aufgeführt. Bei Rotweinen sind daher solche Weine, die bei der Prüfung auf Schwefelsäure ein gänzlich negatives Resultat geben, auf Entgipsung zu prüfen, d. h. auf einen Gehalt an Barium und Strontium.

Ungarn. Alle in der Liste der erlaubten Zusätze (Kellerbehandlung) nicht aufgeführten Stoffe sind verboten; insbesondere Weinsäure und andere

---

[1]) Urt. d. Reichsger. betr. übergipsten Rotwein; Zeitschr. f. U. N. 1910. 20. Beilage S. 426.

[2]) l. c.

[3]) Näheres siehe A. Günther, Die Gesetzgebung des Auslandes über den Verkehr mit Wein. Berlin 1910.

[4]) Weiße Bordeaux werden durch starke Schwefelung in der Gärung unterbrochen, um die diesen Weinen eigentümliche Süße zu erzielen.

Säuren. Wie in Österreich ist auch hier Chlornatrium- und Gipszusatz besonders untersagt; ferner Zusätze von Zucker und Rosinen, eingekochtem Most zur Herstellung von Süßwein.

Erlaubt ist:

Der Zusatz von 1 Vol.-% Alkohol,

Färbung mit Saflor mit Ausnahme der in der Tokajergegend erzeugten Weine (in Deutschland jedoch zu beanstanden, § 13 des Weingesetzes).

Italien. Bei Wein, der zum unmittelbaren Verbrauch in den Handel kommt, sind die höchsten zulässigen Mengen von schwefliger Säure im Liter 20 mg freie, 200 mg gesamte schweflige Säure.

Im übrigen sind im Ursprungslande außer 0,1% NaCl noch folgende Zusätze gestattet, deren Verwendung aber die Einfuhr nach Deutschland ausschließt:

Zitronensäure 0,1%,

Weinsäure und Kaliumtartrat,

Pottasche,

Kalium- oder Calciumsulfit.

Portugal. (Portwein und Madeira nehmen eine Sonderstellung ein; siehe Näheres Handels- und Schiffahrtsvertrag vom 30. Nov. 1908). Erlaubt ist Gehalt an:

Sulfiten oder schwefliger Säure bis zum Gehalt von 350 mg SO_2 im Liter,

Rosinenzusatz zu Most,

Moste dürfen mit soviel Weinsäure und Wasser versetzt werden, daß der Alkoholgehalt des Weines nicht unter 12 Vol.-% sinkt.

Weinsäure (nach Ausführungsbestimmungen § 13b zu beanstanden).

Besonders verboten sind Zusätze von

Zuckerarten, die nicht von der Weintraube herstammen,

Farbstoffen, die nicht von der Weintraube herstammen,

Alkohol, der nicht von der Weintraube herstammt,

Gips,

Kochsalz,

Gummi,

Schwefelsäure u. a. m.

Vereinigte Staaten von Amerika.

Von der amerikanischen Gesetzgebung interessiert für die Beurteilung für Einfuhr hauptsächlich, daß

der Chlornatriumgehalt nicht über 1% hinausgehen darf,

daß gewisse Teerfarbstoffe gestattet sind, sofern nicht der Zweck vorliegt, Minderwertigkeit zu verdecken.

Da Teerfarbstoffe im Wein nach § 13b dessen Einfuhr ausschließen, so ist auf Teerfarben bei amerikanischen Weinen besonders zu achten.

Kapkolonie. Erlaubt ist:

ein Chlornatriumgehalt von 0,05%,

schweflige Säure

a) in Trockenweinen 21 mg freie (= 1½ grains auf das Gallon),
200 mg gesamt im Liter (= 14 grains auf das Gallon),

b) in anderem Wein 32 mg freie SO_2 (= 2¼ grains auf das Gallon),
356 mg gesamte SO_2 im Liter (= 25 grains auf das Gallon).

Alkohol darf zugesetzt werden:

a) bei Trockenweinen bis zu einem Gehalt von 16 Vol.-% des Weines,

b) bei Süßweinen „ „ „ „ „ 20 Vol.-% „ „ ,

Gips,

Weinsäure (die Einfuhr nach Deutschland ausschließend).

Rumänien, Erlaubt sind Zusätze von:
Phosphaten,
konzentriertem Most,
Chlornatrium bis 0,05%,
schwefliger Säure, gesamte: 350 mg im Liter,
500 mg bei Dessertweinen,
Schwefelsäure bis 0,09% (= 2 g Kaliumsulfat im Liter).

Da diese Bestimmung auch für weiße Weine gilt, so sind rumänische Weißweine, wenn sie diesen Gehalt an Schwefelsäure überschreiten, nicht einfuhrfähig (§ 13 des Weingesetzes).

Zusätze von Weinsäure und Zitronensäure sind erlaubt, bei der Einfuhr nach Deutschland aber ausgeschlossen.

Schweiz. Gestattet sind:
Schweflige Säure bis zu 20 mg freier SO_2 im Liter,
Schweflige Säure bis zu 200 mg gesamter SO_2 im Liter,
Schwefelsäure bis 0,93 g im Liter.
In Mosten oder Sausern dürfen nicht mehr als 10 mg Kupfer
enthalten sein,
Färbung ist verboten.

IV. Weinähnliche und weinhaltige Getränke.

Weinähnliche Getränke sind Fruchtweine, (Obst-, Beeren-) auch gespritete Fruchtsäfte, sofern sie sonst weinähnlich sind (wie manche sog. Kirschweine und Gewürzweine), ferner aus Pflanzensäften hergestellte Getränke (z. B. Rhabarberwein), aus Malzauszügen gewonnene Getränke (Malz- und sog. Maltonweine). Die Herstellung solcher Getränke fällt gemäß § 10 des Weingesetzes nicht unter § 9 dieses Gesetzes. Die Bezeichnungen dieser Getränke in Verbindung mit dem Worte „Wein" müssen die „Stoffe" kennzeichnen, aus denen sie hergestellt sind, z. B. Apfelwein. Bestimmte gesundheitsgefährliche und täuschende Stoffe sind auch bei Herstellung von weinähnlichen Getränken verboten, (vgl. § 10, Abs. 2 und dessen Ausführungsbestimmungen). Soweit die Beurteilung der weinähnlichen Getränke nicht danach zu erfolgen hat, unterliegt dieselbe den Bestimmungen des Nahrungsmittelgesetzes. Ein aus verschiedenen Obstweinen gewonnenes und Obstsherry bezeichnetes Erzeugnis wurde weder als nachgemacht im Sinne des Nahrungsmittelgesetzes noch als nachgemacht im Sinne des Weingesetzes sondern als „weinähnlich" angesehen [1]).

Über die Zusammensetzung der Obstweine lassen sich Werte nicht angeben, da die Schwankungen sehr groß sind; bei Äpfel- und Birnenwein sind letztere im allgemeinen geringer als bei den Beerenweinen, die in verschiedenen Sorten als gewöhnliche Trink- und Tafel- sowie Likörweine hergestellt werden. Infolge eines meist großen Säuregehaltes muß bei Beerenweinen oft eine erhebliche Streckung mit Zuckerwasser vor der Vergärung vorgenommen werden. Der Zucker- und Säuregehalt der Äpfel und Birnen erfordert einen solchen Zusatz jedoch im wesentlichen nicht. Die vielfach gemachten erheblichen Wasser- und Nachpresse (Überstreckungs-)zusätze bei derartigen Obstweinen sind daher als Verfälschung im Sinne des § 10 des Nahrungsmittelgesetzes anzusehen. Nach Rechtsprechung des Reichsgerichts sind 10% Wasserzusatz

---

[1]) Landger. Posen v. 18. April 1914; Reichsger. 6. Nov. 1914; Zeitschr. f. U. N. (Gesetze u. Verord.) 1916. 8. 481.

als äußerste Grenze anzusehen; Zusatz von Weinsäure gilt ebenfalls als Verfälschung. Nach der Vergärung mit Zucker versetzte und gespritete Äpfelweine gelten als „gesüßte Äpfelweine". Der Extraktgehalt unverdünnter Äpfelweine beträgt etwa 2,5 g, der Aschengehalt etwa 0,25 g, der Alkoholgehalt 5—6 g in 100 ccm. Nach allgemeinen Grenzzahlen lassen sich Verfälschungen nicht nachweisen.

Bezüglich Malzweine sei auf die Ergänzung zu den Ausführungsbestimmungen des § 10 W.G. S. 774 verwiesen. Diese Bestimmungen sollen sinngemäß nur die Herstellung von Malz-Dessertweinen (Malton-) ermöglichen. Die Bezeichnung Maltonwein ist übrigens schon als ungenügend angesehen worden.

Weinhaltige Getränke sind solche, welche mit mehr oder weniger Wein zubereitet sind, z. B. Wermutwein [1]), Maiwein (Maitrank) [2]), Weinpunschessenzen, (Burgunder-) [3]),-extrakte [4]), Weinbrausen [5]), Bowlen, Schorle-Morle, sog. Gewürzweine (siehe auch S. 442), sowie ferner Arzneiweine wie Pepsinwein [6]), Chinawein usw. Nach § 16 bzw. dessen Ausführungsbestimmungen sind dieselben Stoffe als Zusätze zu diesen Getränke· wie bei weinähnlichen Getränken unter bestimmten Voraussetzungen verboten und fällt die übrige Beurteilung unter das Nahrungsmittelgesetz.

§ 15 verbietet, daß Wein bzw. Getränke, die nach § 13 vom Verkehr ausgeschlossen (verfälscht usw.) sind, zur Herstellung von weinhaltigen Getränken verwendet werden. Die Benennung weinhaltiger Getränke unterliegt nicht dem § 6 des Weingesetzes, sondern nur dem Warenzeichen- und Wettbewerbsgesetz. Werden die weinhaltigen und weinähnlichen Getränke mit Wein oder Traubenmost in einem Raume verwahrt, so müssen die Gefäße der ersteren mit einer deutlichen Bezeichnung des Inhalts an einer in die Augen fallenden Stelle versehen sein.

---

[1]) Nach zahlreichen Erörterungen um die Begriffsbestimmung von „Wermutwein" hat sich in Übereinstimmung mit dem Schweizer Lebensmittelbuche und dem italien. Weingesetz vom 5. Aug. 1905 die Ansicht Bahn gebrochen, daß Wermutwein im wesentlichen aus Naturwein bestehen muß. Als Zusätze sind außer dem Gewürz Alkohol und Zucker zulässig; Wasser nur in beschränkter Menge (etwa in gleicher Menge wie Zucker). Als unterste Grenze für den Weingehalt werden nach den Urteilen des Landger.· Elberfeld 1916, Zeitschr. f. U. N. (Gesetze u. Verord.) 1917. 9. 633 70% angegeben. Das Urteil des Landger. Chemnitz 1912 ebenda, 1913. 5. 248, das 50—55% als ausreichend hält, ist damit überholt. Siehe auch A. Behre und K. Frerichs, Zeitschr. f. U. N. 1913. 25. 429. Die Bezeichnung Vermouth di Torino ist nach dem Urteil des Kammergerichts 1913, Rundschau 1914. 12. 8 eine Herkunftsbezeichnung.

[2]) Entsch. d. Kammergerichts v. 10. Juni 1910 und v. 18. Febr. 1916. Zeitschr. f. U. N. (Ges. u. Verord.) 1910. 2. 430 u. 1917, 9. 41. Danach wird Maitrank wie Maiwein beurteilt. „Maiwein" und „Maitrank aus Traubenwein" müssen aus Traubenwein hergestellt sein.

[3]) Urt. d. Reichsger. v. 2. Okt. 1905; Auszüge a. d. gerichtl. Entscheid. 8. 258; Entscheidungen (Günther) I. 67, 77, 78; Zeitschr. f. U. N. (Gesetze u. Verord.) 1914. 6. 139, 147 u. 1915. 7. 404.

[4]) Urt. d. Landger. Chemnitz v. 31. März 1905; ebenda 263. Über „Glühextrakte" siehe die Urteile Auszüge 1917. 327 u. Zeitschr. f. U. N. (Gesetze u. Verord.) 1914. 6. 136 u. 152. Auch Kirschsaft wurde als unzulässiger Farbstoff angesehen.

[5]) Urt. d. Landger. I. Berlin v. 25. Juli 1910; ebenda 1917. 9. 328.

[6]) Pepsinwein kann Glyzerin enthalten, vgl. Arzneib. f. d. Deutsche Reich.

V. Haustrunk.

Haustrunk ist der für -den eigenen Haushalt hergestellte Wein oder Kunstwein. Gemäß § 11 des Weingesetzes finden die Vorschriften des § 2 Satz 2 und §§ 3 und 9 auf Haustrunk keine Anwendung (siehe S. 438). Erlaubt ist daher die Verwendung von Wein und Weinrückständen, Trestern, getrockneten Weinbeeren, Zuckerwasser. Dagegen finden auch die Vorschriften des § 4 betr. die zur Kellerbehandlung erlaubten Stoffe entsprechende Anwendung. Ausgeschlossen von der Verwendung sind Traubenmost und -maische (auch in eingedicktem Zustand), Tamarindenmus, Mostansätze, Kunstmostsubstanzen, Mostessenzen und Weinsäure, nicht aber Rosinen und Zitronensäure. Auch die Ankündigung erstgenannter Stoffe ist gemäß § 26 Nr. 3 strafbar. Dessertwein kann zum Verschneiden benutzt werden, nicht aber Obstwein.

Auf die zahlreich ergangenen Urteile, insbesondere des Reichsgerichts über die Auslegung des § 11 d. W.G. kann hier nur hingewiesen werden.

Die Bestimmungen des § 11 beziehen sich aber nicht auf jeden beliebigen Privathaushalt, sondern sollen solche Betriebe treffen, in welchen Wein gewerbsmäßig hergestellt oder in Verkehr gebracht wird und beziehen sich überhaupt nur auf den aus den Erzeugnissen des Weinstocks hergestellten Haustrunk. Die Betriebsinhaber haben die Verpflichtung, die Herstellung von Haustrunk unter Angabe der herzustellenden Menge und der zur Verarbeitung kommenden Stoffe den zuständigen Behörden anzuzeigen usw. Der gänzlich aus Kunstmoststoffen bereitete Haustrunk, der meistens in Süddeutschland hergestellt wird, soll nicht als Ersatz von Wein, sondern nur von Obstwein (dem sog. Most) gelten. Wird Haustrunk mit Wein in einem Raume gelagert, so ist an in die Augen fallender Stelle besondere deutliche Bezeichnung des Haustrunks erforderlich (§ 20 des Weingesetzes).

VI. Schaumwein [1]) und schaumweinähnliche Getränke sowie Kognak.

Der Verkehr mit diesen Genußmitteln ist durch die §§ 15, 16, 17 und 18 geregelt. Wie bei weinhaltigen Getränken ist die Verwendung verfälschter Produkte zu ihrer Herstellung (§ 15) sowie diejenige bestimmter Stoffe (§ 16) verboten.

Bezüglich des gewerbsmäßigen Verkaufens und Feilhaltens von Schaumwein und schaumweinähnlichen Getränken, wobei unter letzteren die Fruchtschaumweine zu verstehen sind, sind im § 17 und dessen Ausführungsbestimmungen eingehende Vorschriften erlassen. Die Nachmachung oder Verfälschung von Schaumwein fällt nicht unter § 9 des Weingesetzes, sondern unter § 10 des Nahrungsmittelgesetzes. Die Verarbeitung von Wein zu Schaumwein fällt nicht unter § 4 (Kellerbehandlung); ebenso braucht die Zuckerung des Weines behufs Schaumweinbereitung nicht nach den Vorschriften des § 3 des Weingesetzes durchgeführt zu werden. Fruchtschaumweine können künstlich eingepreßte CO_2 ohne Deklaration enthalten, bei Schaumwein ist letztere erforder-

---

[1]) Schaumweinsteuergesetzgebung, Literaturangabe s. S. 437.

lich (§ 17). Fruchtschaumweine ohne entsprechende Kennzeichnung
sind nachgemachte Schaumweine. Dasselbe gilt für die Verwendung
der Bezeichnung „Sekt" an Stelle von Schaumwein. Fruchtschaumweine sollen mindestens 80% Fruchtsaft enthalten. Auf die hauptsächlich in den Jahren 1911—1913 ergangenen Urteile sei verwiesen.
Die für den Verkehr mit Kognak erlassenen Bestimmungen (§ 18 des
Weingesetzes) sind im Abschnitt Branntwein und Liköre S. 362 erörtert.

VII. Sonstige Bestimmungen beziehen sich auf die Ausführung
der Buchführung [1]) und Weinkontrolle (§§ 19—23), auf die Einziehung
und Vernichtung der betreffenden Getränke (§ 31), auf Vollzugs- und
Strafbestimmungen (§§ 25—30), auf das Verhältnis des Weingesetzes
zu anderen Gesetzen (§ 32). Ferner sei auf die Weinzollordnung, insbesondere auf Anlage 2 derselben hingewiesen.

Siehe auch den Erlaß vom 30. November 1909, betr. Verwertung gerichtlich eingezogener Weine, Getränke und Stoffe S. 798.

Die Bestimmungen des Weinsteuergesetzes sind im allgemeinen
ohne erhebliches Interesse für den Nahrungsmittelchemiker, Literaturangabe
S. 437.

VIII. Fehlerhafte oder verdorbene Weine[2])

können auf verschiedene Weise entstehen; ihre tiefere Ursache läßt
sich häufig nicht ergründen, sofern nicht Mikroorganismen dabei im
Spiele sind. Die bekanntesten Weinfehler (-krankheiten) sind der Kahm,
der Essigstich, das Zäh- und Langwerden, das Bitterwerden, das Trüb-
werden (Umschlagen), der Milchsäurestich (Zickendwerden). Das Umschlagen (Brechen) besonders bei Rotweinen vorkommend, verursacht
Braunfärbung und Trübung sowie unangenehmen Geschmack und Geruch (Zerstörung der Weinsäure und Äpfelsäure). Über diese auf Tätigkeit von Mikroorganismen zurückführenden Weinfehler finden sich im
bakteriologischen Teil (S. 609) einige Angaben. Der Böckser wird durch
Bildung von Schwefelwasserstoff veranlaßt, das Schwarzwerden durch
die gleichzeitige Gegenwart von Eisenoxydsalzen und Gerbstoff verursacht. Das Braun- (Rahn-, Fuchsig-)werden von Weißweinen tritt
namentlich auf, wenn faulige Trauben mitgekeltert wurden oder der
Most längere Zeit auf den Trestern geblieben war.

Fehlerhafte Weine können als verdorben im Sinne des Nahrungsmittelgesetzes gelten, wenn die durch die Fehler hervorgerufene Abweichung vom Normalen im allgemeinen als unangenehm bzw. ekelerregend empfunden werden kann, womit jedoch nicht ausgeschlossen
ist, daß ein fehlerhafter Wein unter Umständen durch entsprechende
Behandlung wieder genußfähig gemacht werden kann.

In den meisten Fällen bildet „Essigstich" bzw. „Umschlagen"
den Grund der Beanstandung wegen Verdorbenheit. Als Maßstab dient
dafür im allgemeinen die Menge an flüchtiger Säure. Diese ist dann
häufig eine über 0,2 g pro 100 ccm hinausgehende, jedoch kommt ein

---

[1]) Buchführungspflicht besteht auch nach gerichtlichen Entscheidungen
für Zweiggeschäfte und Verkaufsstellen der Konsumvereine.

[2]) Über die Krankheiten des Weinstockes bzw. der Trauben am Stocke
selbst gibt die S. 436 aufgeführte Literatur Auskunft.

derartiger Gehalt auch bei normalen Weinen (insbesondere bei Dessertweinen) vor; andererseits gibt es auch Weine mit weniger flüchtiger
Säure, die trotzdem ungenießbar und verdorben sind. Wie bei der Beurteilung der Weine überhaupt, so muß auch die Erklärung, ob ein Wein
verdorben ist, mit Vorsicht abgegeben werden. Die Kostprobe ist dabei
oft wertvoller als die chemische Feststellung oder es ergänzen sich beide
Prüfungsarten zu einem sicheren Urteil.

Verdorben bzw. verfälscht würden Weine oder weinhaltige Getränke (z. B. Schorle-Morle) sein, wenn sie von Weinresten aus benutzten
Gläsern sowie Flaschenweinresten, die infolge Offenstehens der Flaschen
eine Veränderung erlitten haben, zusammengegossen sind. Vgl. auch
die Reichsger.-Urteile Zeitschr. f. U. N. (Gesetze) 1912. 4. 119 u. 121.
Siehe auch die Ausführungen zum Begriff „Verdorben" im Nahrungsmittelgesetz, sowie die Beurteilung von verdorbenem „Bier". Stichiger
zur Essigbereitung bestimmter Wein ist kein Wein im Sinne d. W.G.

IX. Gesundheitsschädlichkeit

kann, wenn nicht durch ganz besondere, nicht vorherzusehende Umstände hervorgerufen, zum Teil auch durch die in den §§ 10, 13, 16 des
Weingesetzes benannten verbotenen Stoffe oder auch durch Essigstich entstehen. Die Beurteilung ist dem medizinischen Sachverständigen
zu überlassen.

XXI. Wasser und Eis.

Beurteilung von Gebrauchswasser, Kesselspeisewasser und Abwasser siehe Hauptabschnitt D. Technische Untersuchungen.

Literatur: Klut, Untersuchung des Wassers an Ort und Stelle,
Springer, Berlin 1916; Flügge, Grundriß der Hygiene, 8. Aufl. 1915/16;
R. Abel, Handbuch der praktischen Hygiene, Jena 1913; L. Grünhut
in v. Buchkas Sammelwerk, das Lebensmittelgewerbe, Trink- und
Tafelwasser, Leipzig 1918; derselbe, Untersuchung und Begutachtung
von Wasser und Abwasser, Leipzig 1914; Tiemann-Gärtner, Handbuch der Untersuchung des Wassers, 1895 Braunschweig; A. Gärtner,
Die Hygiene des Wassers, Braunschweig 1915; R. Bunte, Das Wasser
in Muspratts Technol. Handbuch, 11. Bd; Fischer, Das Wasser, Berlin
1914; Ohlmüller und Spitta, Untersuchung und Beurteilung des
Wassers und Abwassers, Berlin 1910; J. Tillmanns, Die chemische
Untersuchung von Wasser und Abwasser, Halle a. S. 1915; X. Weldert
und Schiele, Wasser und Abwasser (Zentralblatt, Leipzig); Farnsteiner, Buttenberg und Korn, Leitfaden f. d. chem. Unters. von
Abwasser, 1902; K. B. Lehmann, Die Methoden der praktischen
Hygiene, 1901, 2. Aufl.; Rubner, Handbuch der Hygiene, 8. Aufl.,
1907 und 1911; auf andere wichtige Werke ist im nachstehenden öfters
verwiesen; ferner Anleitung des Bundesrates vom 16. Juni 1906 für die
Errichtung, den Betrieb und die Überwachung öffentlicher Wasserversorgungsanlagen, welche nicht ausschließlich technischen Zwecken
dienen, sowie kgl. preußischer Ministerialerlaß vom 23. April 1907 betr.

die Gesichtspunkte für Beschaffung eines brauchbaren, hygienisch einwandfreien Trinkwassers (§ 6) (Zeitschr. f. Unters. d. Nahr.- u. Genußm.
1910, Beilage S. 25 u. f.).

Vorbemerkung: In vielen Fällen, insbesondere bei der Beurteilung
von Wasservorkommen sind Untersuchungen an Ort und Stelle einzuleiten oder ganz durchzuführen, z. B. die Prüfung auf äußere Beschaffenheit, Temperatur, Gehalt an gelöstem Sauerstoff, Keimzahl usw.

Wo die Prüfung an Ort und Stelle vorgenommen werden muß
oder wo sich deren Vornahme empfiehlt, wird jeweils im nachstehenden
entsprechend angegeben werden.

Probenahme siehe S. 10.

Physikalische Untersuchung

erfolgt fast immer an Ort und Stelle.

a) Temperaturbestimmung: Man verwende ein geprüftes und
in halbe Grade geteiltes Thermometer und ermittle gleichzeitig die
Lufttemperatur. Angaben über die zur Zeit der Probenahme oder
Vorprüfung an Ort und Stelle herrschenden Witterungsverhältnisse
sind nützlich. Die Temperaturbestimmung gibt wertvolle Aufschlüsse
über die Herkunft der Wässer usw., oft auch über die Möglichkeit der
Kommunikation von Wässern.

b) Klarheit und Durchsichtigkeit. Vgl. § 5 des S. 451 erwähnten kgl. preußischen Ministerialerlasses. Die Klarheit ermittelt man
in etwa 30 cm langen und 3—5 cm weiten Glaszylindern. Als Grade der
Klarheit wähle man folgende Bezeichnungen: klar, schwach opal, opali-
sierend, schwach trübe, trübe und stark trübe. Die Durchsichtigkeit
oder der Durchsichtigkeitsgrad kann in folgender Weise gemessen werden:
In über 1 Meter langen Glasröhren mit ebenem Boden gießt man von dem
Wasser solange ein, bis eine auf ein Porzellanplättchen eingebrannte
schwarze Zeichnung, z. B. ein schwarzes Kreuz, der Röhre untergelegt,
beim Betrachten von oben eben unsichtbar wird; die Höhe der Wassersäule in dem Rohr wird gemessen oder wenn sich an dem Rohr eine
Zentimeterteilung befindet, direkt abgelesen. Die Anzahl Zentimeter
bedeutet den Durchsichtigkeitsgrad. Sonst benützt man auch einen
ebensolchen Glaszylinder, der aber ein am Boden befindliches, mit Gummi-
schlauchstück und Quetschhahn versehenes Abflußrohr hat. Man füllt
das Wasser in den Zylinder, legt die mit dem Zylinder aus den Apparatenhandlungen zu beziehende Snellsche Schriftprobe [1] unter, und läßt
solange von dem Wasser seitlich ausfließen, bis man die Schrift eben
lesen kann. An der am Zylinder befindlichen Zentimeterteilung liest
man den Durchsichtigkeitsgrad ab. Dieser Zylinder eignet sich seiner
Größenverhältnisse halber besonders für trübere Wasser und für Abwasser. Für Oberflächenwasser, Flußwasser, Seewasser usw. benützt man
auch eine Porzellanscheibe, die an einer mit Maßeinteilung versehenen
Kette hängt und die man im Wasser soweit versenkt, bis die Scheibe
eben unsichtbar wird. Die Kettenscheiben sind für stark fließendes
Wasser nicht geeignet, sie treiben weg. Man schraubt die Sichtscheibe

[1] S. H. Klut a. a. O.

am besten an einen bis zu 3 m langen zusammenschraubbaren 3 teiligen runden Stab mit Zentimetereinteilung.

Auf den „Wassergucker" von Kolkwitz (Mitteilungen der kgl. preußischen Prüfungsanstalt für Wasserversorgung und Abwasserbeseitigung in Berlin, Heft 9, 1907) sei verwiesen. Für genauere Bestimmungen wird Königs Diaphanometer (Zeitschr. f. Unter. d. Nahr.- u. Genußm. 1904, S. 129 und 587) empfohlen.

c) **Farbe.** Diese wird durch Besichtigung des Wassers in einem farblosen Glase und in dicken Schichten in langen Glaszylindern (vgl. Ziffer b) mit ebenem Boden vorgenommen. Gegebenenfalls empfiehlt sich Einwickeln der Röhre in schwarzes Papier. Unterlage: eine weiße Porzellanplatte. Suspendierte Stoffe müssen vorher abfiltriert werden.

Deutlich gefärbte Wässer müssen kolorimetrisch geprüft werden. Wir verweisen auf die Ohlmüllersche Methode mit Caramellösung (Ohlmüller und Spitta, Die Untersuchung und Beurteilung des Wassers und Abwassers, 3. Aufl. 1910, 13), auf die Verwendung des bei b) erwähnten Diaphanometers von König und auf die amerikanische Methode, bei welcher als Vergleichsflüssigkeit eine Mischung einer Kaliumplatinchloridlösung mit einer Kobaltchloridlösung verwendet wird. (Siehe Klut, Die Untersuchung des Wassers an Ort und Stelle, Springer, Berlin 1916; Gärtner, Journal für Gasbeleuchtung und Wasserversorgung, Bd. 49, 1906, S. 464.)

Die Farbe von Oberflächenwasser erkennt man auch durch Betrachtung des Wassers über der eingesenkten bei b) erwähnten Porzellanscheibe.

d) **Geschmack.** Die Geschmacksprüfung nimmt man, wenn angängig, am besten bei einer Temperatur von 10—12⁰, ferner nach dem Erwärmen des Wassers auf 30—35⁰ vor.

e) **Geruch.** Erwärmen des Wassers auf 40—50⁰ im Kolben oder im Becherglase. Man benützt hierfür am besten eine elektrisch heizbare Eisenplatte. Das Auftreten von Nebengerüchen durch die Heizflamme wird auf diese Weise vermieden.

f) **Radioaktivität** durch das Fontaktoskop (beziehbar von Günther & Tegetmeyer in Braunschweig, auch als Reiseapparat), vgl. auch Pharm. Zentralh. 1910, 579, Ohlmüller und Spitta, Die Untersuchung und Beurteilung des Wassers und Abwassers, Verlag von J. Springer 1910, S. 27. Die Bestimmung kommt ausschließlich bei Mineralwasser in Betracht. Sie beruht auf dem Verhalten der radioaktiven Substanzen, ein Gas (sog. Emanation) auszusenden von der Fähigkeit, die umgebende Luft leitfähig zu machen. Die Leitfähigkeit wird durch Elektroskope bestimmt, die Radioaktivität aus der gefundenen Größe berechnet. Die Messungen bezieht man nach Mache auf denjenigen Sättigungsstrom (i, ausgedrückt in absoluten elektrostatischen Einheiten), den die in 1 Liter Wasser enthaltene Emanation während einer Stunde unterhalten kann, vervielfacht mit 1000. Eine Mache-Einheit ist die Größe i mal 10³, bezogen auf 1 Liter und 1 Stunde.

g) **Elektrische Leitfähigkeit.** In Ohm gemessener Widerstand einer Flüssigkeitsschicht von 1 cm Länge und 1 qcm Durchschnitt. Man stellt ihn nach Kohlrausch mit der Wheatstoneschen Brücke fest. Gestattet gewisse Rückschlüsse auf die Menge der gelösten Stoffe. Pleißner (Arbeiten aus dem Kais. Gesundh.-Amt 1909, Heft 3) verfertigte einen selbsttätigen Apparat zur Kontrolle der Versalzung von Flußläufen durch Kaliendlaugen. Siehe auch die Mitt. d. Landesanst. f. Wasserhygiene 1914, 139.

h) Das Wasserinterferometer zur schnellen Orientierung über die Beschaffenheit eines Wassers an Ort und Stelle. Das Instrument ist in der Kgl. Preuß. Landesanstalt für Wasserhygiene im Gebrauch; es gestattet die Ermittlung einer Größe für den Gehalt auch an organischen Substanzen, während bei der elektrischen Leitfähigkeit nur die anorganischen Substanzen allein in Betracht kommen. Die Bestimmung im Wasser-Interferometer ist eine Differenzmessung, die durch den Unterschied der Lichtbrechung der untersuchten Wasserprobe und des Vergleichswassers (destilliertes Wasser) hervorgerufen wird. (Vgl. auch den Allg. Teil S. 18.)

Chemische Untersuchung.

Ständige Vorprüfung bildet die Feststellung der Reaktion mit Lackmuspapier. Ein etwa 10 ccm fassendes Porzellanschälchen spült man mit dem Wasser mehrmals aus, füllt es dann damit an und legt je einen roten und blauen Lackmuspapierstreifen, ohne daß sie sich gegenseitig berühren, hinein. Beobachtung nach 5—10 Minuten. Freie Mineralsäure prüft man mit Kongopapier oder mit Methylorangelösung: 50 ccm Wasser + 2 Tropfen von letzterer. Reaktion auf Basen (OH-Ionen) mittels Phenolphthalein.

1. Suspendierte (Sediment- und Schwebe-) Stoffe

werden entweder durch Filtrieren von 500—3000 ccm des Wassers durch ein getrocknetes und gewogenes Filter (oder Goochtiegel mit Asbest) und Wägen des getrockneten Niederschlages oder auf indirektem Wege bestimmt, indem man den Trockenrückstand (siehe bei 2) des filtrierten Wassers von einem zweiten Trockenrückstand, der aus unfiltriertem Wasser hergestellt ist, abzieht.

Die suspendierten Stoffe werden meist nur in besonderen Fällen, z. B. bei Abwässern und in den Vorflutern ermittelt. Die Probenahme hierfür gestaltet sich zuweilen besonders schwierig, wenn es sich um Durchschnittsproben handelt. Bei Abwässern, Schlamm usw. müssen die suspendierten Stoffe noch näher, z. B. auf Fettgehalt analysiert werden. Im übrigen ist jedes zu untersuchende Wasser, das nicht gänzlich frei von Schwimm- und Sinkstoffen ist, vor der chemischen Untersuchung zu filtrieren.

2. Trockenrückstand und Glühverlust.

Man verdampft auf dem Wasserbade 100—500 ccm Wasser in einer Platinschale, erhitzt etwa 2 Stunden lang im Trockenschrank bei 100 bis 110⁰[1]) und wägt nach dem Erkalten.

Durch Veraschen und Glühen des Trockenrückstandes, schwaches Abglühen mit Ammoniumcarbonat zur Erneuerung der zersetzten Karbonate und Differenzberechnung aus Trockenrückstand und Glührückstand erhält man den Glühverlust (namentlich bei Abwässern oft von Bedeutung). Das Glühen des Trockenrückstandes darf der Alkalichloride wegen nicht zu stark und nicht zu lange vorgenommen werden. Nitrate und Nitrite werden zerstört. Die Resultate haben nur

---

[1]) Der Grad und die Dauer der Erhitzung sind im Gutachten anzugeben. Einige Vorschriften geben auch 100—102° C an.

bedingten Wert. Auf Veränderungen beim Glühen, Geruch, Aussehen, etwaige Bräunung oder Schwärzung ist zu achten.

Bestimmung des organischen Kohlenstoffs im Glühverlust siehe J. König, Z. f. U. N. 1901, 4, 193.

3. Chlor.

Die Bestimmung des Chlor-Ions erfolgt in der Regel auf titrimetrischem Wege nach der Methode von Mohr.

Ausführung: Man versetzt 50—100 ccm Wasser mit 2—3 Tropfen einer $10^0/_0$igen Lösung von neutralem chromsaurem Kali und titriert solange mit $^1/_{10}$ Normal-Silbernitratlösung, bis der Niederschlag bleibend schwach rötlich gefärbt erscheint. Ammoniakhaltige oder überhaupt alkalisch reagierende und auch saure Wasser müssen vor der Titration neutral gemacht werden. Bei schwachem Chlorgehalt ist eine größere Menge Wasser auf das vorgeschriebene Volumen einzudampfen oder mit $n/_{20}$ Silbernitratlösung zu titrieren.

Die Anzahl der verbrauchten Kubikzentimeter $n/_{10}$-Silbernitratlösung multipliziert mit 0,00355 ergibt den Chlor-, mit 0,00585 den NaCl-Gehalt der angewendeten Wassermengen.

4. Schwefelsäure

wird im Trockenrückstande oder im Rückstand einer bestimmten Menge (je nach vorhandener SO_3) aus 250—1000 ccm Wasser unter Ansäuern mit Salzsäure und Zugabe siedender Chlorbariumlösung durch Verwandlung der Schwefelsäure in schwefelsauren Baryt bestimmt. Der Niederschlag wird getrocknet, geglüht und gewogen. Berechnung siehe Faktorentabelle.

Schweflige Säure siehe Abschnitt Fleisch.

5. Salpetersäure.

Abwässer sind vor Anstellung der Reaktionen erst zu klären und in manchen Fällen zu konzentrieren. Näheres siehe Literatur.

Tillmanns und Sutthoff[1] verschärfen die Diphenylaminreaktion durch Zufügen von 2 ccm kaltgesättigter Kochsalzlösung zu 100 ccm des zu untersuchenden Wassers. Zu beachten ist, daß salpetrige Säure und verschiedene andere Substanzen die Diphenylaminreaktion ebenfalls hervorrufen. Ferrosalze müssen in jedem Falle erst mit nitratfreier NaOH entfernt werden. Vornehmen der Reaktion am besten an Ort und Stelle.

Qualitativ: Mit der Diphenylaminreaktion (siehe S. 116). Mit der schärferen Brucinreaktion nach Winkler[2]: Nach Augenmaß mindestens 3 ccm konz. Schwefelsäure im Reagensglase tropfenweise mit 1 ccm des Wassers mischen, abkühlen und einige Milligramme Brucin zusetzen. Rotfärbung.

---

[1] Zeitschr. f. angew. Chemie 1911, 50, 473.
[2] Lunge und Winkler, Zeitschr. f. angew. Chemie 1902, S. 170 und 421. Die Brucinreaktion gestattet auch den Nachweis von Nitraten bei Anwesenheit von Nitriten.

Nitronreaktion nach Busch vgl. Zeitschr. f. Unter. d. Nahr.- u. Genußm. 1905, 9, 464; 1907, 13, 143; s. auch ·Gutbier, Zeitschr. f. angew. Chem. 1905, 18, 499 und Zeitschr. f. Unters. d. Nahr.- u. Genußm. 1906, 11, 55.

a) Quantitativ (nach Marx-Tromsdorff oder nach der . von Mayrhofer modifizierten Marxschen Methode). Keine zuverlässigen Resultate, nur Annäherungswerte. Ebenso die Indigomethode von Warrington. Auf die kolorimetrische Methode nach Noll, Zeitschrift für angewandte Chemie 1901, S. 1317 wird verwiesen. Sie basiert auf der Brucinreaktion und liefert gute Resultate. Tillmanns Diphenylaminreaktion lässt sich ebenfalls kolorimetrisch verwerten.

b) Nach Schulze-Tiemann:

Diese in der Hand eines erfahrenen Chemikers sehr genaue Methode beruht auf der Reduktion der Salpetersäure zu Stickoxyd mittels Salzsäure und Eisenchlorür und Messung des gebildeten Stickoxydvolumens.

100—300 ccm Wasser dampfe man auf 50 ccm ein und gebe den ganzen Rückstand in einen 150 ccm fassenden festen Kolben, durch dessen Stopfen zwei rechtwinklig gebogene Glasröhren gehen, deren eine unterhalb des Stopfens zu einer feinen Spitze ausgezogen ist und durch einen Kautschukschlauch mit einer unten spitz ausgegezogenen Glasröhre (Gaszuleitungsrohr), während die andere kürzere durch einen Kautschukschlauch mit der unten aufwärts gebogenen Gaszuführungsröhre verbunden ist. Beide Verbindungen sind mit Quetschhähnen zu versehen. Die Gaszuleitungsröhre taucht in eine mit $10^0/_0$iger ausgekochter NaOH gefüllte Glaswanne, in welche auch ein in $^1/_{10}$ ccm geteiltes Gasmeßrohr, das festgeschraubt ist, eintaucht. — Man läßt nun durch Kochen die Wasserdämpfe zur Vertreibung der Luft einige Minuten entweichen; ist alle Luft verdrängt, so drückt man ,den Schlauch der Gaszuleitungsröhre mit den Fingern zusammen, darauf steigt die Natronlauge schnell zurück, wobei man einen gelinden Schlag spürt. Nun kocht man nach dem Schließen des Verbindungsschlauches auf etwa 10 ccm ein, unter Offenlassen des anderen Glasrohres und verschließt dann mit einem Quetschhahn. Sodann entferne man die Flamme, bringe die Meßröhre über das Ende des Entwicklungsrohres und lasse nach Verlauf einiger Minuten durch das zuletzt geschlossene Glasrohr, welches zuvor mit ausgekochtem Wasser vollgespritzt war, unter Öffnen des Quetschhahns aus einem Becherglas etwa 15 ccm konzentrierter Eisenchlorürlösung und endlich konzentrierte Salzsäure in den Kolben sich einsaugen, bis die Eisenchlorürlösung aus dem . Rohr verdrängt ist. Man erwärmt dann den Kolben unter geschlossenen Quetschhähnen bis die Schläuche sich zu blähen beginnen, ersetzt dann den Quetschhahn der Gaszuleitungsröhre durch Daumen und Zeigefinger der rechten Hand und drücke noch solange den Schlauch zu, bis das entwickelte Stickoxydgas durch das Rohr in die Meßröhre überzusteigen vermag. Man kocht nun solange, bis das Volumen in der Meßröhre nicht mehr zunimmt. Letztere bringt man vorsichtig in einen großen mit Wasser gefüllten Glaszylinder. Nach 15—20 Minuten notiert man den Barometerstand, die Temperatur des Wassers und das Stickoxydvolumen, indem man das Rohr an einer Klemme soweit heraufzieht, daß die Flüssigkeit im Meßrohr und Zylinder gleiche Höhe hat und berechnet nach folgender Formel die Menge Stickoxyds.

$$V_1 = \frac{V\,(b-w)}{(1 + 0,00367)\cdot 760}$$

unter Reduktion auf 0^0 und 760 mm Barometerstand.

V_1 = Volum bei 0^0 und 760 mm Barometerstand,
V = abgelesenes Volum,
b = Barometerstand in Millimeter,
w = Tension des Wasserdampfes (s. Tabelle S. 568),
t = Temperatur des Wassers,
$V_1 \times 2,417$ = Salpetersäure in Milligrammen.

Die Anordnung der Apparatur wurde von Stüber[1], der ein Schiffsches Azotometer benützt, etwas vereinfacht.

c) Nach Ulsch:

500 ccm Wasser werden unter Zusatz von einigen Kubikzentimetern Lauge auf etwa 50 ccm eingedampft und quantitativ in einen Kolben von etwa 300 ccm Inhalt gespült. In denselben bringt man darauf 5 g Ferrum reductum und 10 ccm verdünnte Schwefelsäure von 1,35 Dichte. Man erhitzt nun dieses Gemisch mit schwacher Flamme etwa 5 Minuten lang zum schwachen Sieden und erhält die mäßig schäumende Flüssigkeit weitere 3—5 Minuten auf Siedetemperatur. Während dieser Operation ist der Kolben mit einer Glasbirne oder einem unten zugeschmolzenen Trichterchen zu bedecken. Hierauf setzt man 100 ccm destilliertes Wasser und 20—25 ccm Natronlauge ($S = 1,25$) bis zur Übersättigung zu, verbindet den Kolben rasch mit dem Destillationsrohr des Liebigschen Kühlers und destilliert etwa die Hälfte der Flüssigkeit in eine vorgelegte, abgemessene Menge $n/_{10}$ oder $n/_{20}$ Schwefelsäure oder in eine Borsäurelösung (s. S. 36) ab. Diese wird dann mit Kochenille oder Kongorot und $n/_{10}$ bzw. $n/_{20}$ Natronlauge zurücktitriert. 1 ccm $n/_{10}$ $SO_3 = 0,0014\,N = 0,0054\,N_2O_5$. Diese Methode ist sehr einfach, bequem und gibt sehr gute Resultate. Bei Trinkwässern kann sie stets angewandt werden. Bei Abwässern (Jauchen. usw.), die organische, durch MgO (siehe Ammoniakbestimmung) schwer zersetzbare und durch Wasserstoff reduktionsfähige Substanzen, wie Harnstoff usw. enthalten, können auch zu hohe Resultate erzielt werden; in diesem Falle ist die Methode Schulze-Tiemann anzuwenden.

Bemerkung zu den Salpetersäurebestimmungen: Etwa vorhandene salpetrige Säure wird mitbestimmt; ihre Menge ist besonders zu ermitteln und abzuziehen. In der Regel unterbleibt dies zwar und man gibt statt mg N_2O_5 einfacher den Gehalt von Salpeterstickstoff insgesamt an. Die qualitative Prüfung auf Nitrate an Ort und Stelle (an der Entnahmestelle) ist zweckmäßig.

d) Die Nitronmethode nach Busch, a. a. O., auf der Schwerlöslichkeit der Verbindungen einer von Busch entdeckten und Nitron genannten Base (Diphenylendanilodihydrotriazol) mit Salpetersäure beruhend.

---

[1] Zeitschr. f. Unters. d. Nahr.- u. Genußm. 1905, **10**, 330.

6. Bestimmung der salpetrigen Säure

(möglichst an Ort und Stelle festzustellen; siehe auch die Vorbemerkung bei Ziffer 5).

a) Qualitativ:

α) Mit Jodzinkstärkelösung [1]), indem man etwa 100 ccm farbloses oder mit Alaun (siehe Ammoniak) entfärbtes Wasser mit 3—5 Tropfen $25^0/_0$iger Phosphorsäurelösung und dem Reagens (10—12 Tropfen) versetzt. Vor direktem Sonnenlicht schützen! Blaufärbung zeigt salpetrige Säure an, jedoch ist eine Färbung, die erst nach 10 Minuten oder später auftritt, nicht mehr als sichere Reaktion zu betrachten (Tromsdorff). Fe_2O_3-Verbindungen, H_2O_2 und Ozon können Reaktionen vortäuschen. L. W. Winkler [2]) gibt eine Tabelle an:

Sofortige Blaufärbung der Flüssigkeit —0,5 mg N_2O_3 und mehr im Liter:

nach 10 Sekunden etwa 0,3 mg,
„ 30 „ „ 0,2 „
„ 1 Minute „ 0,15 „
„ 3 Minuten „ 0,10 „

β) Mit Metaphenylendiaminlösung, die in dem nach α angesäuerten Wasser mit salpetriger Säure eine gelbe oder gelbbraune Färbung erzeugt (Peter Grieß). Gebräuchlicher und sicherer als α; bei ozonhaltigem Wasser z. B. aus Ozonwasserwerken zu verwenden.

Herstellung des Reagenses: 1 g chemisch reines Metaphenylendiamin zu 150 ccm destilliertem Wasser, 3 ccm konzentrierte Schwefelsäure zusetzen und nach Lösung auf 200 ccm verdünnen. (Vor Licht und Luft schützen, braun gewordene Lösungen lassen sich durch Erwärmen mit Tierkohle entfärben.)

γ) Mit α-Naphthylamin-Sulfanilsäurelösung [3]). 20 ccm Wasser werden mit 2—3 ccm dieser Lösung auf 70—80° erwärmt, sofern nicht direkt schon Rosa-Rotfärbung eingetreten ist (Ilosvay, Grieß und Lunge). Die Reaktion ist zu empfindlich (Einfluß von HNO_2 der Luft).

Auch Rieglers Naphtholreagens ist zu empfehlen: Zeitschr. f. analyt. Chemie 1896, S. 677 und 1897, S. 377; ferner Vereinbarungen für Nahrungsm.-Unters. 1899, Heft 2, S. 155.

b) Quantitativ (kolorimetrisch) nach α oder auf Grund einer der anderen Methoden, für die meisten Fälle wird aber Winklers Schätzungstabelle ausreichen. Die Ausführung der kolorimetrischen Bestimmung ist folgende:

---

[1]) Man bereite sich aus 4 g Stärkemehl einen Stärkekleister, setze ihm nach und nach unter Umrühren eine heiße Lösung von 20 g $ZnCl_2$ in 100 ccm Wasser zu und erhitze diese Flüssigkeit unter Ersatz des verdampfenden Wassers, bis sie fast klar geworden ist. Man verdünne nun, gebe 2 g reines Zinkjodid zu, fülle zum Liter auf und filtriere. (Im Dunkeln bzw. in braunen Flaschen aufzubewahren.)

[2]) Zeitschr. f. Unters. d. Nahr.- u. Genußm. 1915, 29, 13.

[3]) Einerseits 0,5 g Sulfanilsäure in 150 ccm einer $30^0/_0$igen Essigsäure (s = 1,041), andererseits 0,1 g α-Naphthylamin (Schmelzpunkt 50°) durch Kochen mit 20 ccm H_2O lösen. Man mische die beiden Lösungen zu gleichen Teilen erst direkt vor dem Gebrauche, da die Mischung rot wird.

Man gibt in hohe Standzylinder 0,1, 0,2, 0,3, 0,4 usw. ccm einer Natriumnitritlösung von 0,1816 g $NaNO_2 = 100$ mg N_2O_3 in 1 Liter und füllt mit destilliertem Wasser bis zu 100 ccm auf. In gleiche Zylinder gibt man 100 ccm der Wasserprobe; zu jeder Probe setzt man 1 ccm $30^0/_0$iger H_2SO_4 und 2 ccm Reagens (siehe die vorige Seite). Nun wird nach 5 Minuten verglichen, die gleiche Färbung ermittelt und der Gehalt berechnet. Zur genaueren Vergleichung verwendet man besondere optische Apparate. Zu empfehlen ist z. B. das Kolorimeter von Dubosque. Tillmanns und Sutthoff[1] nehmen als Vergleichsflüssigkeit das verdünnte Nitratreagens (Diphenylamin). Herstellung siehe bei Milch. Das verdünnte Reagens reagiert nur mit salpetriger Säure. Im Liter Wasser dürfen nicht mehr als 2,5 mg N_2O_3 enthalten sein. 5 ccm des zu untersuchenden Wassers werden mit 5 ccm des verdünnten Reagenses gemischt, sofort abgekühlt und nach 10 Minuten mit den gleich-zeitig angestellten Vergleichsflüssigkeiten geprüft.

Auf die titrimetrische Methode mittels der Chamäleonmethode sowie auf Winklers jodometrisches Verfahren wird verwiesen. Siehe Vereinbarungen, Heft 2, S. 156.

7. Phosphorsäure. (Im Trinkwasser selten.)

1—4 Liter Wasser werden mit etwas Soda und Salpeter in einer Pt-Schale zur Trockne verdampft und der Rückstand geglüht. Den Glührückstand löst man in Salzsäure, spült die Lösung in eine Porzellanschale, scheidet durch Eindampfen mit Salzsäure die Kieselsäure ab, filtriert, setzt Salpetersäure zu und verdampft wiederholt mit Salpetersäure. Den Rückstand nimmt man mit Salpetersäure auf, filtriert und bestimmt die Phosphorsäure nach dem Molybdänverfahren. Auf Finkeners Modifikation[2] sei verwiesen.

8. Schwefelwasserstoff (möglichst an Ort und Stelle nachzuweisen).

(Im Wasser frei, als Sulfid oder als Hydrosulfid enthalten.)

Qualitativ: Durch den Geruch und durch angefeuchtetes Bleipapier im erwärmten Wasser nachzuweisen. Für die Wasserbegutachtung meist ausreichend. Sehr geringe Mengen nach E. Fischer durch Ansäuern von 100 ccm Wasser mit 10 ccm verdünnter Salpetersäure, Auflösen von einer Messerspitze voll salzsaurem Dimethylparaphenylendiamin und Zugeben eines Tropfens Ferrichloridlösung. Die Flüssigkeit soll sich nach 5—30 Minuten schön blau färben (Methylenblaubildung).

Quantitativ: Durch Titrieren mit Jodlösung nach Dupasquier-Fresenius[3]. Man titriere mit $n/_{100}$ Jod- und $n/_{100}$ Natriumthiosulfatlösung in bekannter Weise. Erdalkalien müssen zuvor abgeschieden werden. 1 ccm $n/_{100}$ Jodlösung = 0,17 mg H_2S oder 0,1116 ccm H_2S. Kolorimetrische Methode nach L. W. Winkler, Zeitschr. f. anal. Chem. 1901, 40, 772; Zeitschr. f. Unters. d. Nahr.- u. Genußm. 1903, 6, 43.

---

[1] Zeitschr. f. analyt. Chem. 1911, 50, 485.
[2] Ber. d. Deutsch. Chem.-Gesellsch. 11, 1638. Spuren von Phosphorsäure n. L. W. Winkler, Zeitschr. f. ang. Ch. 1915, 28, 22.
[3] Tiemann-Gärtner, Unters. des Wassers, 4. Aufl., S. 227; Tillmanns, Unters. des Wassers 1915, S. 49.

9. Eisen- und Manganverbindungen.

Eisen wird meist qualitativ ermittelt, und zwar empfiehlt sich die Vornahme der Reaktion an Ort und Stelle des Wasservorkommens. Fe ist vorwiegend in Form seiner Oxydulverbindungen (meist Bicarbonat) im Wasser vorhanden. Man prüft mit $10^0/_0$iger Natriumsulfidlösung und benützt einen etwa 30 cm hohen, 2—2,5 cm weiten Zylinder aus farblosem Glase und ebenem Boden. Der Zylinder steckt in einer schwarzen Metall- oder Papphülse. Man füllt ihn mit dem zu untersuchenden Wasser, versetzt mit 1 ccm der Natriumsulfidlösung und blickt von oben durch die Wassersäule auf eine weiße Unterlage (Porzellanplatte). Je nach der Eisenmenge tritt sofort, spätestens aber in 2 Minuten eine grün-gelbe bis blauschwarze Färbung ein. Die Farbe verschwindet auf Zugabe von einigen Kubikzentimetern Salzsäure. Bleibt Dunkelfärbung bestehen, so sind andere Schwermetalle, Kupfer, Blei zugegen.

Eisenoxydulsalze fallen auch vielfach schon beim Schütteln der Wasserprobe mit Luft als Oxydsalze aus. Letztere weist man in bekannter Weise mit Rhodankalium oder mit Ferrocyankalium in salzsaurer Lösung nach. Quantitativ ermittelt man Fe am besten kolorimetrisch in Hehnerschen Zylindern oder im Kolorimeter, nachdem man die Oxydulsalze erst im eingedampften Wasser durch Kochen mit etwas HNO_3 oxydiert hat. Als Vergleichslösung nimmt man reines umkristallisiertes Kaliumferrisulfat (Eisenalaunlösung, 0,901 g in 1 Liter), indem man die Lösung mit HCl ansäuert. Die Methode gibt noch Mengen von 0,05 mg Fe_2O_3 an.

Mangan. Qualitativ nach der Volhardschen Methode: 25 ccm des Wassers werden mit 10 ccm konzentrierter HNO_3 zum Kochen erhitzt, mit einer Messerspitze voll chemisch reinen Bleisuperoxydes versetzt und nach 2—3 Minuten gekocht. Die überstehende Flüssigkeit ist schwach bis deutlich rötlich bis violett gefärbt (Übermangansäure). Mit dieser Methode können noch 0,05 mg Mn in 1 Liter Wasser erkannt werden (Klut, Untersuchungen des Wassers an Ort und Stelle, Berlin 1916). Die Vornahme der Prüfung an Ort und Stelle des Wasservorkommens empfiehlt sich.

Nachweis nach Marschall, auch für kolorimetrische Bestimmung geeignet: 100 ccm Wasser mit wenig verdünnter H_2SO_4 ansäuern, mit 1 ccm $AgNO_3$-Lösung mehr versetzen als zur Chlorausfällung nötig, erwärmen und von AgCl abfiltrieren. Zum Filtrat eine Messerspitze voll Ammoniumpersulfat zugeben, 10 Minuten kochen, auf ursprüngliches Volumen auffüllen. Rosa bis Rotfärbung, Empfindlichkeit 0,1—0,05 mg Mn in 1 Liter.

Quantitativ: 5—10 Liter des Wassers dampft man unter Zusatz von 5 ccm Schwefelsäure ein, glüht den Rückstand mit einigen Körnchen Kaliumbisulfat, nimmt mit Wasser auf und filtriert. Das Filtrat wird auf 150 ccm verdünnt, mit 5 ccm Schwefelsäure (1 + 3) und 10 ccm Ammoniumpersulfatlösung 20 Minuten lang gekocht, das ausgeschiedene Mangansuperoxyd nach dem Abkühlen in 10 ccm Wasserstoffsuperoxyd gelöst und der Überschuß an letzterem mit $KMnO_4$ zurücktitriert. Der Titer der Wasserstoffsuperoxydlösung soll mit der $n/_{10}$-$KMnO_4$-Lösung annähernd übereinstimmen. Letztere wird auf Eisen eingestellt. Entspricht z. B. 1 ccm der Permanganatlösung 5,61 mg Fe, so berechnet sich der Mangantiter zu 2,7545 mg Mn. Vgl. Beythien, Hempel, Kraft, Zeitschr. f. Unters. d. Nahr.- u. Genußm. 1904, 7, 215 und Baumert und Holdefleiß, Zeitschr. f. Unters. d. Nahr.- u. Genußm. 1904, 8, 177; v. Knorre, Zeitschr. f. angew. Chemie 1901; Preßler, Pharm. Zentralhalle 1906; Haas, Zeitschr. f. Unters. d. Nahr.- u. Genußm. 1913, 25, 393; Noll, Zeitschr. f. angew. Chem. 20, 490.

Auf das Verfahren von Tillmanns und Mildner, Journal f. Gasbeleuchtung und Wasserversorgung 1914, 57, 496 sei verwiesen.

10. Tonerde (nebst Eisenoxyd), Kalk und Magnesia.

Der Trockenrückstand von 2, S. 454, wird mit verdünnter Salzsäure aufgenommen und filtriert, nach Zusatz einiger Körnchen $KClO_3$ gekocht, Eisenoxyd + Tonerde mit wenig Ammoniak gefällt und die Bestimmung sowie diejenige von Kalk und Magnesia im Filtrat nach den Regeln der quantitativen Analyse durchgeführt.

Der Kalk kann auch aus dem eingedampften Wasser mit NH_3 und einer überschüssigen Menge von $n/_{10}$ Oxalsäure ausgefällt und dann der Überschuß der letzteren durch Titration mit einer titrierten etwa $n/_{10}$-Permanganatlösung ermittelt werden. Die zur Fällung des CaO verbrauchte Oxalsäure ergibt sich dann durch Rechnung. 1 ccm $n/_{10}$-Oxalsäure = 0,0028 CaO.

11. Härte. (Titrimetrisches Verfahren nach Boutron und Boudet [1])).

Die Methode gibt unter gleichen Versuchsbedingungen für manche Zwecke brauchbare Annäherungswerte.

a) Gesamthärte: Man bedient sich hierzu des Hydrotimeters (einer einfachen, gläsernen Meßpipette besonderer Konstruktion). 22° B Seifelösung (Herstellung s. nachstehend) vermögen 8,8 mg $CaCO_3$ in 40 ccm wäßriger Lösung zu zersetzen. 22 mg $CaCO_3$ = 22° Seifelösung, 1° Seifelösung = 1 Teil $CaCO_3$.

Zur Ausführung gibt man 40 ccm des Wassers, oder wenn der Vorversuch (s. nachstehend) mehr als 22° am Hydrotimeter ergibt, eine entsprechend kleinere mit destilliertem Wasser auf 40 ccm verdünnte Menge Wasser in einen mit Glasstöpsel versehenen Meßzylinder, und fügt die im Hydrotimeter enthaltene Seifelösung in kleineren Mengen unter starkem Umschütteln solange zu, bis ein feinblasiger dichter Schaum entsteht, der sich mindestens fünf Minuten lang hält. Sind viel Magnesiasalze im Wasser, so tritt der Seifenschaum oft auf, ehe die vollständige Zersetzung der Erdalkalisalze beendet ist. Ein solcher Schaum verschwindet bei weiterem Zusatz von Seifelösung wieder. Hat man verdünnen müssen, so muß die erhaltene Gradzahl auf 40 ccm des untersuchten Wassers umgerechnet werden. Das Hydrotimeter gibt die französischen Härtegrade an, welche durch Multiplikation mit 0,56 in deutsche Grade (Methode Clark) umzurechnen sind.

---

[1]) Vgl. auch Klut, Über vergleichende Härtebestimmungen im Wasser. Mitteil. d. kgl. Prüfungsanstalt f. Wasserversorgung u. Abwasserbeseitigung 1908, 10, 75.

b) **Bleibende Härte** = Mineralsäure- oder Nichtkarbonat-Härte: Man kocht 100 ccm Wasser während einer halben Stunde unter Ersatz des verdampfenden Wassers mit destilliertem, filtriert dann die abgeschiedenen Salze ab, füllt nach dem Erkalten wieder bis 100 ccm auf und verfährt dann mit diesem Wasser wie bei Bestimmung der Gesamthärte. Die bleibende Härte ist auch $2 + (70 \times$ gefundene SO_3 im Liter).

c) **Temporäre Härte** = Karbonathärte oder vorübergehende Härte = Gesamthärte abzüglich bleibende Härte. Die temporäre Härte kann auch durch Titration von 100 Wasser in weißer Porzellanschale mit $n/_{10}$ Salzsäure und Methylorange als Indikator ohne zu erwärmen (Bestimmung der festgebundenen Kohlensäure) ermittelt werden. 1 ccm $n/_{10}$ HCl entspricht 0,028 g CaO oder 0,050 g $CaCO_3$ (Mg mit eingerechnet) im Liter bei Anwendung von 100 ccm Wasser. Multipliziert man die für 100 ccm Wasser verbrauchte Anzahl Kubikzentimeter $n/_{10}$ HCl mit 2,8, so erfährt man die deutschen, mit 5 die französischen und mit 3,5 die englischen temporären Härtegrade.

Bereitung der titrierten Seifen- und Bariumnitratlösung (nach Boutron und Boudet): 10 Teile medizinischer Kaliseife löse man in 260 Teilen Alkohol von 56 Vol.-%, filtriere heiß und lasse erkalten.

Vorversuch: Mit dem Hydrotimeter (bis zu dem Strich über dem Nullpunkte zu füllen) bestimmt man dann den Gehalt der Lösung, indem man 40 ccm Bariumnitratlösung (0,574 reines bei 100° getrocknetes Bariumnitrat in 1 Liter Wasser löst; 100 ccm dieser Lösung entsprechen 22 mg $CaCO_3$; 40 ccm dieser Lösung entsprechen 8,8 mg $CaCO_3$ = 22 französische Härtegrade), in einem Schüttelzylinder nach und nach unter jedesmaligem Umschütteln mit der Seifelösung versetzt, bis der gebildete Schaum sich mindestens 5 Minuten lang hält. Werden hierzu weniger als 22 auf dem Hydrotimeter verzeichnete Grade gebraucht, so ist die Seifenlösung zu konzentriert und muß mit 56%igem Alkohol soweit verdünnt werden, bis genau 22° Seifenlösung 40 ccm der Bariumnitratlösung entsprechen.

Eine weitere genauere Schnellmethode ist: Blachers Kaliumpalmitatmethode [1]. Sie beruht auf der quantitativen Ausfällbarkeit des Calciums und Magnesiums mit einer neutralen Kaliumpalmitatlösung. 100 ccm Wasser + 1 Tropfen 1%ige alkoholische Methylorangelösung sind mit $n/_{10}$ HCl auf deutlich rot zu titrieren. Kohlensäure ist durch Gebläseluft zu entfernen, der geringe Säureüberschuß unter Beifügung von Phenolphthalein durch $n/_{10}$ alkoholisches Kali abzustumpfen und mit Kaliumpalmitatlösung [2] auf Rotfärbung auszutitrieren. 1 ccm $n/_{10}$ Kaliumpalmitat $\times$ 2,8 = 1 deutscher Härtegrad.

---

[1] Vgl. Chem.-Ztg. **6**, 56 und Winkler, Zeitschr. f. angew. Chem. 1914, 409.

[2] Darstellung der $n/_{10}$-Lösung: 25,6 g reine Palmitinsäure, 500 ccm 96%iger Alkohol, 300 ccm destilliertes Wasser und 0,1 g Phenolphthalein werden in einem Literkolben auf dem Wasserbade bis zur Lösung erwärmt. Alsdann fügt man von einer 14—15%igen alkoholischen Kalilösung (96%iger Alkohol) bis zur Rotfärbung zu und füllt nach dem Erkalten mit 96%igem Alkohol zum Liter auf. Löst man 9,2 g Palmitinsäure und nimmt man 2,5 Kaliumhydroxyd wie oben zum Liter, so entspricht bei Verwendung von 100 ccm Wasser 1 ccm Lösung = 1 mg CaO = 1°.

Einstellung: 10 ccm einer Lösung von 4,355 $BaCl_2$ = 1 mg CaO in 1 ccm entsprechend, verdünnt auf 100, müssen 10 ccm Palmitatlösung entsprechen.

12. Berechnung der Härte aus der gefundenen Menge Kalk und Magnesia.

Diese Methode ist die beste. Die bleibende Härte erhält man durch eine Kalk- und Magnesiabestimmung in dem Filtrat des nach 11 b) gekochten Wassers, nur muß man je nach der Menge der gelösten Stoffe eine größere Menge Wassers in Arbeit nehmen, 200—500 ccm (vgl. auch S. 461).

Man multipliziert die gefundene Menge MgO mit 1,4 und addiert sie zu der gefundenen Menge CaO. 1 Teil CaO in 100 000 Teilen Wasser = 1⁰ deutscher Härte. Durch Division mit 0,56 erhält man die französischen Härtegrade (1⁰ = 1 Teil CaCO$_3$).

13. Bestimmung der Magnesia aus der Differenz zwischen Gesamthärte und Kalkbestimmung.

Die Differenz der Resultate aus Gesamthärte und Kalk mit $^5/_7$ multipliziert ergibt die Magnesia.

Über weitere Methoden vgl. S. 516 Kesselspeisewasser.

14. Kieselsäure und Alkalien

werden nach den Regeln der analytischen Chemie bestimmt. Siehe im übrigen auch die Abschnitte Allgemeine Untersuchungsmethoden (Mineralstoffe) und Düngemittel.

15. Ammoniak.

Qualitativ: Prüfung im Reagensglase mit 4—6 Tropfen Neßlers Reagens[1]. Gelbliche bis starke Gelbfärbung; bei viel Ammoniak orange- bis braunroter Niederschlag. Mineralstoffreiche Wässer sind erst in folgender Weise zu behandeln: Man versetze etwa 150 ccm Wasser mit 10 Tropfen Natronlauge (1 : 2) und 20 Tropfen Sodalösung (1 : 3) [beide Lösungen ammoniakfrei], schüttele und lasse die gefällten Erdalkalien absitzen; einem mit der Pipette abgezogenen Volumen von 100 ccm der klaren Flüssigkeit, welche man in besondere zylindrische Gefäße (eventuell Hehnersche Zylinder) bringt, setze man dann 1 ccm Neßlers Reagens zu.

Gefärbte Wässer kann man außerdem durch Zugabe einiger Tropfen Alaunlösung 1 : 10 entfärben.

Quantitativ:

a) Kolorimetrisch (Methode von Frankland und Armstrong) mit Neßlers Reagens und einer Ammoniumchloridlösung von bekanntem Gehalt (nach Ausfällung der Erdalkalien) wie bei der kolorimetrischen Bestimmung der salpetrigen Säure angegeben ist (Anwendung der

---

[1] 2,5 g Kaliumjodid, 3,5 g Quecksilberjodid und 3 g destilliertes Wasser werden zusammengemischt und der in wenigen Augenblicken entstandenen Lösung 100 g Kalilauge (15% KOH) zugesetzt. Nach einigen Tagen hat sich ein geringer Niederschlag abgesetzt, von dem die Lösung klar abgegossen wird. Um den Bodensatz dichter zu machen, kann man der Lösung etwa 0,5 g Talkum zusetzen. Um sie sofort gebrauchsfähig zu machen, filtriert man sie nach dem Zusatz von Talkum durch ein kleines Sandfilter (Bausch von Glaswolle oder Asbest mit etwa 3 cm hoher Schicht reinen Sandes); man wäscht das Filter erst einige Male mit destilliertem Wasser aus. Lösung vor Licht und Luft geschützt aufbewahren (Frerichs und Mannheim).

Hehnerschen Zylinder oder des Dubosqueschen Kolorimeters). Vergleichslösung 3,1359 g reines bei 100° getrocknetes Ammoniumchlorid zu 1 Liter Wasser; 1 ccm = 1 mg NH_3. Auch für diese Bestimmung hat König ein Kolorimeter konstruiert (s. S. 22).

b) Nach Miller.

Man destilliert in einer geräumigen Retorte 500—2000 ccm des Wassers mit 3 ccm einer gesättigten, durch Kochen zuvor von Ammoniak vollständig befreiten Sodalösung oder mit Kalkmilch. Das Destillat, das man durch einen Liebigschen Kühler leitet, wird in n/$_{10}$-Säure aufgefangen und mit n/$_{10}$-Lauge zurücktitriert.

1 ccm n/$_{10}$ Säure = 0,0017 NH_3.
„   „   „   = 0,0014 Ammoniakstickstoff.

Bei Abwässern treibt man das Ammoniak besser mit Magnesia (in Wasser aufgeschwemmt und durch Kochen von NH_3-Spuren befreit) aus, um nicht zuviel aus organischen Verbindungen durch starke Basen abspaltbares Ammoniak zu bekommen.

Das Ammoniak leicht zersetzlicher organischer Stickstoffverbindungen, das sog. Albuminoidammoniak, bestimmt man im Rückstand von b, indem man ihn mit etwa 100 ccm einer Lösung versetzt, die 200 g Kalihydrat und 8 g $KMnO_4$ im Liter enthält, kocht und das nun neu gebildete Ammoniak wie oben in titrierter n/$_{10}$ Säure auffängt. Vgl. auch L. W. Winkler, Chem. Zeitg. 1899, 23, 454, 541, Zeitsch. f. analyt. Chem. 1902, 290 u. Zeitschr. f. ang. Ch. 1914, 27, 440, betr. Proteidammoniak.

16. Gesamtstickstoff

(gesamte organische, auch unorganische stickstoffhaltige Substanzen).

Nach Kjeldahls Methode.

250—500 ccm des Wassers werden in einem geräumigen Hartglaskolben mit verdünnter Schwefelsäure angesäuert und auf etwa 20—50 ccm eingedampft; die Bestimmung des Stickstoffs erfolgt darauf wie S. 34 angegeben ist. Sind in dem betreffenden Wasser mehr als Spuren von Nitraten enthalten, so sind sie vor der Aufschließung zuvor zu reduzieren. Zu dem Zweck setzt man zu dem flüssigen Abdampfungsrückstand 30 ccm kalt gesättigter Lösung von schwefliger Säure und nach 5 Minuten einige Tropfen Eisenchloridlösung und erwärmt etwa 20 Minuten im Wasserbade, oder man reduziert die Nitrate nach Proskauer und Zülzer vor dem Eindampfen der Wässer durch eine lebhafte Wasserstoffentwicklung. Man kann auch nach Jodlbaur (s. S. 36) verfahren.

Zieht man von dem Gesamtstickstoff den Gehalt an Ammoniakstickstoff ab, so erfährt man bei nitratfreien Wässern den wirklichen Gehalt an organischem Stickstoff, bei nitrathaltigen den letzteren + dem Nitratstickstoff (= Reststickstoff). Die Nitrate sind übrigens in vielen Fällen gesondert zu bestimmen; ihr Stickstoff ist dann zur Ermittelung des organischen Stickstoffs von dem Reststickstoff abzuziehen.

Anmerkung: Bei Trinkwässern sind in der Regel Stickstoffbestimmungen nicht nötig: dagegen sind sie für die Beurteilung von Abwässern, Kanalwässern, Jauche usw. wie die quantitative Bestimmung von Ammoniak (durch Destillation) unentbehrlich.

Wasserproben, in denen Ammoniak und Stickstoffbestimmungen vorgenommen werden sollen, sind, falls sie nicht sofort in Untersuchung genommen werden, stets durch Ansäuern mit einer abgemessenen Menge verdünnter Schwefelsäure oder mit Chloroform zu konservieren.

17. Oxydierbarkeit (nach Kubel-Tiemann).

Lösungen: $n/_{100}$ Kaliumpermanganatlösung.

Man löse etwa 3,3 g käufliches Kaliumpermanganat in 1 Liter destilliertem Wasser auf, verdünne 100 ccm dieser $n/_{10}$ Kaliumpermanganatlösung auf 1 Liter.

$n/_{100}$-Oxalsäurelösung.

10 ccm Normaloxalsäurelösung (63 g reinste kristall. Oxalsäure im Liter) verdünne man auf 1 Liter. (Die Oxalsäurelösung ist lichtempfindlich und muß deshalb im Dunkeln aufbewahrt werden. Durch Zusatz einiger Tropfen Schwefelsäure läßt sich die Lösung für längere Zeit haltbar machen.)

Die Oxydierbarkeit wird durch Titrieren mit $n/_{100}$ Kaliumpermanganatlösung, die auf $n/_{100}$ Oxalsäure eingestellt ist, bestimmt; der Titer der Kaliumpermanganatlösung muß bei jeder neuen Versuchsreihe zuvor bestimmt werden. Die Gefäße sind zuvor mit der Kaliumpermanganatlösung und Schwefelsäure 1+3 auszukochen.

Titerbestimmung: 100 ccm [1]) destilliertes Wasser werden unter Zugabe von einigen Siedesteinchen mit etwa 5 ccm $n/_{100}$-Kaliumpermanganatlösung und mit 5 ccm Schwefelsäure (1+3) in Kochkölbchen 10 Minuten unter Auflegen eines Uhrglases im Sieden erhalten und mit $n/_{100}$-Oxalsäurelösung titriert, so daß die Flüssigkeit einen roten Farbenton behalten muß. Zu dem von oxydierbaren Stoffen befreiten Wasser setzt man nach dem Abkühlen 8 ccm $n/_{100}$-Permanganatlösung, erhitzt nach Auflegen des Uhrglases wieder genau 10 Minuten, gibt dann 10 ccm $n/_{100}$-Oxalsäurelösung zu und titriert mit der Kaliumpermanganatlösung bis zu derselben Rotfärbung aus; die verbrauchte Anzahl Kubikzentimeter Kaliumpermanganat ist dann der Titer für 10 ccm $n/_{100}$-Oxalsäure.

Man kann die Bestimmung des Titers und die der Oxydierbarkeit auch in alkalischer Lösung vornehmen (wenn z. B. viele Chloride im Wasser sind). Die Untersuchung ist dann folgende, s. S. 466:

---

[1]) Bei stark verunreinigten Wässern muß man mit reinem, von organischen Stoffen möglichst freiem, destilliertem Wasser verdünnen (s. auch S. 466), auch den $KMnO_4$-Verbrauch des destillierten Wassers besonders bestimmen und in Rechnung ziehen; außerdem ist natürlich auch die Verdünnung des Wassers bei der Ausrechnung des Resultates in Betracht zu ziehen.

Die Kaliumpermanganatlösung darf nur in Büretten mit Glashahn gegossen werden. Gummischläuche sind ganz zu vermeiden. Aufbewahrung der Lösung in braunen Glasflaschen.

Tabelle zur Berechnung der Oxydierbarkeit des Wassers nach Kubel-Tiemann.

T	$\dfrac{0,8\times10}{T}$	$\dfrac{3,16\times10}{T}$	T	$\dfrac{0,8\times10}{T}$	$\dfrac{3,16\times10}{T}$	T	$\dfrac{0,8\times10}{T}$	$\dfrac{3,16\times10}{T}$
9,0	0,888	3,51	11,0	0,727	2,87	13,0	0,615	2,43
9,1	0,879	3,47	11,1	0,720	2,85	13,1	0,610	2,41
9,2	0,869	3,43	11,2	0,714	2,82	13,2	0,606	2,39
9,3	0,860	3,40	11,3	0,708	2,80	13,3	0,601	2,38
9,4	0,851	3,36	11,4	0,701	2,77	13,4	0,597	2,36
9,5	0,842	3,33	11,5	0,695	2,75	13,5	0,592	2,34
9,6	0,833	3,29	11,6	0,689	2,72	13,6	0,588	2,32
9,7	0,824	3,26	11,7	0,683	2,70	13,7	0,584	2,31
9,8	0,816	3,22	11,8	0,677	2,68	13,8	0,579	2,29
9,9	0,808	3,19	11,9	0,672	2,66	13,9	0,575	2,27
10,0	0,800	3,16	12,0	0,666	2,63	14,0	0,571	2,26
10,1	0,792	3,12	12,1	0,661	2,61	14,1	0,567	2,24
10,2	0,784	3,09	12,2	0,655	2,59	14,2	0,563	2,23
10,3	0,776	3,07	12,3	0,650	2,57	14,3	0,559	2,21
10,4	0,769	3,04	12,4	0,645	2,55	14,4	0,555	2,19
10,5	0,761	3,01	12,5	0,640	2,53	14,5	0,552	2,18
10,6	0,754	2,98	12,6	0,635	2,51	14,6	0,548	2,16
10,7	0,748	2,95	12,7	0,629	2,49	14,7	0,544	2,15
10,8	0,740	2,93	12,8	0,625	2,47	14,8	0,540	2,13
10,9	0,734	2,90	12,9	0,620	2,45	14,9	0,536	2,12

Zu 100 ccm Wasser setze man etwa 10 ccm Kaliumpermanganat-lösung und $1/_2$ ccm Natronlauge (1 Teil reinstes NaOH in 3 Teilen Wasser) und erhitze die oben vorgeschriebene Zeit; nach dem Erkalten auf 50—60° C setze man sodann etwa 5 ccm verdünnte Schwefelsäure (1 : 3) zu und verfahre weiter wie qben angegeben worden.

Die Ausführung mit dem zu untersuchenden Wasser ist genau wie bei der Titerermittlung beschrieben und ist in demselben Kolben vorzunehmen, in welchem die Titerbestimmung vorgenommen wurde. Ist zuviel organische Substanz vorhanden, was sich dadurch anzeigt, daß die reine Permanganatfärbung sich verändert durch Übergehen in braunrot, braun oder gelb bzw. daß braunflockige Ausscheidungen eintreten, so muß das Wasser entsprechend verdünnt werden.

Berechnung: Man ziehe von der Gesamtmenge der beim Versuch verbrauchten Kubikzentimeter Kaliumpermanganatlösung die zur Titerstellung von 10 ccm n/$_{100}$ Oxalsäurelösung erforderlich gewesene Menge ab und multipliziere, wenn man die Teile Sauerstoff erfahren will, die Differenz mit

$$\frac{0,0008}{x}\ (x = \text{Titer}),$$

wenn man die Teile Kaliumpermanganat für 1 Liter Wasser erfahren
will (s. die vorstehende Tabelle), mit

$$\frac{0{,}00316}{y} \quad (y = \text{Titer}),$$

$$x = a \left(\frac{0{,}8 \times 10}{T} \right) = \text{verbrauchte Milligramme Sauerstoff im Liter,}$$

$$y = a \left(\frac{3{,}16 \times 10}{T} \right) = \text{verbrauchte Milligramme Kaliumpermanganat im Liter,}$$

T (Titer) . . . = Zahl der ccm Permanganatlösung, die 10 ccm $\frac{n}{100}$

Oxalsäure entsprechen und

a . . . . . = die zur Oxydation der organischen Substanz verbrauchten ccm Permanganatlösung.

Die früher beliebte Berechnung auf organische Substanz durch
Multiplikation des verbrauchten Permanganats mit der Zahl 5 ist fast
allgemein verlassen.

Da auch anorganische im Wasser häufig vorkommende Stoffe,
wie N_2O_3, FeO usw., durch Permanganat oxydiert werden, so ist deutlich
ersichtlich, daß diese Methode nur von bedingtem Werte ist; ihre Anwendung bietet aber die einzige Möglichkeit, die Menge an organischen
Substanzen in einem Zahlenausdruck rasch zu erfahren.

18. Gase [1].
I. Kohlensäure.

a) Bestimmung der gesamten Kohlensäure [2]:

Die Menge der gesamten Kohlensäure erhält man durch Addition
der freien und gebundenen Kohlensäure oder nach Winkler [3] durch
Zersetzung der Karbonate in einem gemessenen Volumen Wasser mit
Salzsäure, Austreiben der entstehenden freien Kohlensäure durch Wasserstoff (im Wasser durch Zink und Schwefelsäure entwickelt), Absorbieren
in einem Kaliapparat und Wägen. Winkler gibt zur Ausführung einen
besonders geeigneten Apparat an.

b) Bestimmung der freien Kohlensäure [4].

Qualitativ: 1 ccm reines destilliertes Wasser mit 1 Tropfen 1%iger
Phenolphthaleinlösung und 1 Tropfen n/100-Natronlauge versetzen. Der rosa
gefärbten Flüssigkeit werden 5—20 ccm des zu untersuchenden Wassers
zugefügt. Es tritt Entfärbung beim Vorhandensein freier Kohlensäure ein.
Reaktion bei Anwesenheit anderer freien Mineralsäuren nicht anwendbar.

---

[1] Betr. Stickstoff, Methan und anderer Gase siehe Lunge und Berl,
Chem.-techn. Untersuchungsmethoden, 4. Aufl., 1910, J. Springer, Berlin.
Schwefelwasserstoff s. S. 459.
[2] Erfolgt im allgemeinen nur selten, da die Feststellung der halbgebundenen und namentlich der freien CO_2 wichtiger ist.
[3] Zeitschr. f. analyt. Chem. 42, 735 (1903), 421 (1914); Zeitschr. f.
Unters. d. Nahr.- u. Genußm. 1904, 8, 168.
[4] Die Ausführung dieser Bestimmungen ist möglichst an Ort und Stelle
vorzunehmen. Glasstöpselflaschen sind stets gänzlich angefüllt zu übersenden.

Quantitativ: Methode von Trillich, Art der Ausführung nach Tillmanns und Heublein, Zeitschr. f. Unters. d. Nahr.- u. Genußm. 24, 1912.

Man läßt das Wasser aus einem Schlauch am Ort der Entnahme in langsamem stetigem Strahle eine Zeitlang ausfließen und dann in ein mit Gummi oder Korkstopfen verschließbares, bei 200 ccm mit einer Ringmarke versehenes Kölbchen langsam bis zur Marke aufsteigen. Man setzt dann 1 ccm einer Phenolphthaleinlösung (350 mg in 1 Liter 95%igen Alkohols gelöst) zu. Nun läßt man aus einer Bürette n/$_{20}$-Natronlauge oder n/$_{20}$-Natrium-Karbonatlösung (14,3 g Na_2CO_3, 10 H_2O im Liter) zufließen. Nach jedem Zusatz verschließt man und schüttelt vorsichtig um. Eine mindestens 5 Minuten lang bestehende Rosafärbung zeigt das Ende der Reaktion an. Man wiederholt die Titration mit der verbrauchten Menge Normallösung auf einmal und titriert dann aus.

1 ccm n/$_{20}$ NaOH entspricht 2,2 mg CO_2.

Ist das Wasser eisen- oder manganhaltig oder gefärbt, so muß die freie CO_2 indirekt aus der Differenz von gesamter CO_2 und gebundener CO_2 bestimmt werden. Bei größerer Härte als 10—10,5 Härtegrade oder 7—7,5 ccm Alkalität muß das Wasser entsprechend verdünnt werden.

c) Bestimmung der halbgebundenen (Bikarbonat-)Kohlensäure. Nach Lunge (Chem.-techn. Untersuchungsmethoden) titriert man 100 ccm Wasser mit n/$_{10}$ Salzsäure gegen Methylorange bis zum Umschlage von Gelb nach Rot. 1 ccm entspricht 4,4 mg Bikarbonat-Kohlensäure. — Bei Abwesenheit von Fe und bei einer Härte bis zu 10° ist das Verfahren einwandfrei (Tillmanns und Heublein), bei Abwässern versagt es, doch ist hier die CO_2-Bestimmung bedeutungslos.

d) Die aggressive (angreifende) Kohlensäure (nach Tillmanns[1]) der Eisen, Blei, Zement, Beton etc. angreifende Anteil an freier Kohlensäure). Seine Größe ist abhängig von dem Gleichgewicht zwischen der freien CO_2 und dem Bikarbonat-Ion. Tillmanns hat durch Versuche die Menge der freien CO_2 ermittelt, die eine bestimmte Menge von Calciumkarbonat vor dem Zerfall schützt, ein Anteil, der für die Metall etc.-Angreifbarkeit nicht in Betracht kommt. Mit Hilfe dieser Zahlen (bestätigt von Auerbach, Gesundheitsingenieur 35, 669) wird aus der gebundenen und freien CO_2 der angreifende Teil CO_2 berechnet. Die gebundene CO_2 ist die Hälfte der Bikarbonat-CO_2. Aus einer Tabelle (Gesundheitsingenieur 1912, l. c.), auch bei Klut, Untersuchung des Wassers an Ort und Stelle 1916, sind die Zahlen für angreifende CO_2 zu berechnen. Genauer kann man die angreifende CO_2 auf einer auf Millimeterpapier hergestellten Kurve nach Auerbach-Tillmanns ermitteln[2]).

Ob ein Wasser angreifende Eigenschaft besitzt oder nicht, wird am sichersten durch den Marmorlösungsversuch Heyer-Tillmanns (Journal für Gasbeleuchtung und Wasserversorgung 1913, S. 352) ermittelt:

---

[1]) Tillmanns und Heublein, Gesundheitsingenieur 1912, 35, Nr. 34.
[2]) Käuflich nebst Gebrauchsanweisung durch das Hygienische Institut der Universität Frankfurt a./M. zu beziehen.

In eine gut verschließbare, etwa 500 ccm fassende Medizinflasche bringt man 2—3 g Marmorpulver und füllt möglichst Kohlensäureverlust vermeidend mit dem zu untersuchenden Wasser auf. Verschließt gut, mischt und läßt bei weichem Wasser 3, bei hartem Wasser 7 Tage stehen. Von der abgeheberten Flüssigkeit titriert man 100 ccm mit $n/_{10}$ Salzsäure und Methylorange nach Lunge. Jeder Kubikzentimeter zeigt 2,2 mg gebundene CO_2 an.

Der Mehrverbrauch an Salzsäure gegenüber der nicht mit Marmor behandelten Wasserprobe zeigt die aggressive, freie CO_2 an.

II. Sauerstoff [1].

Die Bestimmung ist in biologischer Hinsicht sehr wertvoll und wird am zweckmäßigsten nach der Winklerschen (jodometrischen) Methode vorgenommen.

Zur Ausführung benutzt man

a) Starkwandige, braune Glasflaschen von etwa 250 ccm Inhalt, die mit Glasstopfen und am zweckmäßigsten einem Lübbert-Schneiderschen Flaschenverschluß (Klemme) versehen sind. Der genaue Fassungsraum ist an der äußeren Wand der Flasche eingeätzt. Die Glasstopfen sind eingeschliffen und unten abgeschrägt, wodurch die Entstehung einer Luftblase beim Einfüllen vermieden wird.

b) 3 ccm-Pipetten, deren Ausflußspitzen zu Kapillaren von etwa 12 cm Länge ausgezogen sind.

Ferner sind an Lösungen notwendig:

α) Manganchlorürlösung: 50 kristall. $MnCl_2$: 100 ccm destilliertem ausgekochtem Wasser.

β) Jodkalium-Natriumhydroxydlösung: 33 g NaOH : 100 ccm Wasser; darin löst man 16,5 g KJ auf; muß nitritfrei sein.

γ) $n/_{100}$ Natriumthiosulfatlösung: 2,481 g Na-Thiosulfat zu 1 Liter, 1 ccm $n/_{100}$ Thiosulfatlösung = 0,055825 ccm Sauerstoff bei 0° und 760 mm.

δ) $n/_{100}$ Kaliumbichromatlösung: 0,4908 g $K_2Cr_2O_7$ zu 1 Liter, zur Titerstellung der Thiosulfatlösung.

Ausführung:

Die Flasche, deren Inhalt in Kubikzentimetern genau bekannt ist, vorsichtig mit dem zu prüfenden Wasser füllen; dann auf den Boden der Gefäße die Reagenzien, erst 3 ccm Jodkaliumnatronlauge, dann 3 ccm Manganchlorürlösung zufließen lassen. Die Flasche sogleich verschließen

---

[1] Bei der Entnahme der Probe ist jede Beimengung von Luft zu vermeiden. Bei offenen Gewässern sind Apparate für die Entnahme aus der Tiefe (vgl. Abschnitt Probeentnahme S. 10) zu benützen; bei Entnahme aus Wasserleitungen läßt man das Wasser etwa 15 Minuten lang durch einen Gummischlauch ausfließen und, nachdem der Schlauch bis auf den Boden der Flasche geführt ist, mehrere Minuten auch nach völliger Füllung der Flasche einströmen. Der Schlauch wird noch während des Einströmens langsam aus der Flasche gezogen und diese dann mit dem Glasstopfen so verschlossen, daß keine Luftblasen vorhanden sind. Siehe auch unter a. Die Untersuchung muß möglichst an Ort und Stelle ausgeführt werden, zum mindesten ist sofort die Manganchlorürlösung und die Jodkaliumnatronlauge zuzusetzen. Titration nach 1 bis 2 Stunden kann im Laboratorium erfolgen.

und tüchtig umschwenken. Niederschlag absetzen lassen, dann zufügen
von 5 ccm reiner HCl (1,19); Flasche verschließen und durchschütteln
Die Flüssigkeit in Erlenmeyerkolben spülen und das ausgeschiedene
Jod mit n/$_{100}$ Thiosulfat und Stärkelösung titrieren.

Berechnung:

In 1 Liter Wasser sind x mg Sauerstoff enthalten:

$$x = \frac{0,08 \cdot n \cdot 1000}{v}$$

wobei n die Anzahl der verbrauchten Kubikzentimeter n/$_{100}$ Thiosulfatlösung,

v = der Inhalt der Flasche abzüglich der 6 ccm für Reagenzien.
Die zugegebene Salzsäuremenge bleibt bei der Berechnung außer Betracht.

Für die Wiederholung der Bestimmungen berechne man sich für
die zur Verwendung kommenden Gläser den Faktor:

$$\frac{80}{v - 6} \quad \text{oder} \quad \frac{55,8}{v - 6}$$

Für genaue Untersuchung müssen die Sättigungswerte korrigiert,
nach dem jeweils bestehenden Luftdruck, werden. Man verwende Kluts
vereinfachte Formel:

$$x = n \cdot \frac{B}{760}$$

n = Sättigungswert bei der betr. Temperatur und 760 mm Luftdruck,

B = beobachteter Barometerstand.

Ermittelung der Sauerstoffzehrung siehe bei Abwasser.

Über die Sauerstoffbestimmung in Nitrit und organische Substanz
enthaltenden Wässern siehe L. W. Winkler, Zeitschr. f. Unters. d. Nahr.-
u. Genußm. 1915, 29, 121. Siehe auch die Ausführungen von G. Bruhns
zum Winklerschen Verfahren, Ch. Ztg. 1915, 845; 1916, 45, 71, 985, 1011.

Will man den Sauerstoffgehalt in Kubikzentimetern bei 0⁰ und
760 mm Druck angeben, so setzt man in obige Formel statt 0,08 die
Zahl 0,0558 ein.

19. Zusammenstellung und Berechnung der analytischen Resultate (Basen und Säuren).

Die Resultate berechnet man der besseren Übersicht halber vorteilhaft auf Milligramme im Liter; die Metalle als Oxyde, die Säuren
als Anhydride. Die chemischen Formeln fügt man bei.

Über die Berechnung der Verteilung bzw. Zusammengehörigkeit
der Basen und Säuren siehe die schon erwähnten Lehrbücher. Man
pflegt übrigens nur bei Mineralwasseranalysen diese mehr äußerliche
Zwecke im Auge habende Berechnung zu verwenden. Eine einheitliche
Ausdrucksweise zeigt die physikalische Chemie, indem man die im Wasser
gelösten Stoffe als Ionen angibt. Metalle als Kationen, Säuren als An-
jonen, wie folgt:

Natriumion . . . Na .		Carbonation . . . . CO_3''	
Calciumion . . . Ca..		Hydrocarbonation HCO_3'	
Magnesiumion . . Mg..		Nitration . . . . . NO_3'	
Eisenion . . . . Fe..		Nitrition . . . . . NO_2'	
Manganion . . . Mn..		Sulfation . . . . . SO_4''	
		Chlorion . . . . . Cl'	
		Silication . . . . . SiO_3''	

Dennoch wird man oft bei der alten Methode, die Ergebnisse in Basenoxyden und Säureanhydriden, Chlor und Ammoniak etc. als solches anzugeben bleiben müssen, schon des Vergleichs mit den vielen vorhandenen Analysen halber.

20. Blei, Kupfer, Zink [1]).

Da es sich beim Nachweis dieser Metalle und deren Mengen in der Regel nur um kleine Beträge handeln kann, empfiehlt es sich die empfindlichsten Proben anzustellen:

a) Für Blei (auch neben Kupfer) die Reaktionen nach L. W. Winkler [2]). Hierzu sind zwei Lösungen erforderlich:

Lösung I. 100 g Ammoniumchlorid werden unter Zusatz von 10 ccm reiner konzentrierter Essigsäure in Wasser zu 500 ccm gelöst.

Lösung II. 100 g Ammoniumchlorid werden in 5%igem Ammoniak zu 500 ccm gelöst.

Zur Ausführung des qualitativen Nachweises versetzt man 100 ccm des klaren Wassers in einem 200 ccm fassenden Becherglase mit 10 ccm der Lösung I und 2—3 Tropfen (genau!) einer 10%igen Natriumsulfidlösung. Es entsteht schon bei Anwesenheit von 0,2 mg Blei eine bräunliche Färbung [3]). Da hierbei auch Kupfer mitgefällt sein kann, hat man auch folgende zweite Reaktion auszuführen. 100 ccm des klaren Wassers werden mit 2—3 Tropfen 10%iger Cyankaliumlösung versetzt. Nach Ablauf von 2—3 Minuten gibt man 10 ccm der Lösung II zu. Die danach entstehende Braunfärbung kann nur von Blei, nicht aber von Kupfer oder Eisen herrühren. Zur quantitativen (kolorimetrischen) Bestimmung werden dieselben Reaktionen in Hehnerschen Zylindern oder im Dubosqueschen Kolorimeter vorgenommen unter Verwendung einer Lösung von 0,160 g zerriebenen, bei 100° getrockneten Bleinitrates in Wasser zu 1000 ccm. Von dieser Lösung entspricht 1 ccm = 0,1 mg Pb.

Weniger für die Praxis geeignet ist die von Kühn [4]) angegebene genaue volumetrische Methode für die Bestimmung kleinster Bleimengen.

---

[1]) Arsen, Zinn u. dgl. dürften bei Trinkwasser kaum in Frage kommen; ersteres bei Heilquellen oder auch in Abwässern von Gerbereien usw. Auf obige Metalle wird auch nur bei bestehendem Verdacht (z. B. Aufnahme aus Leitungen) geprüft.

[2]) Zeitschr. f. angew. Chem. 1913, 26, 38.

[3]) Eine durch Eisen hervorgerufene Färbung kann durch Zusatz von 0,2 g Weinsäure beseitigt werden.

[4]) Arb. aus d. Kaiserl. Ges.-Amt 23, 389; siehe auch Pick, ebenda 1915, 48, 155.

Die übliche Bleichromatreaktion ist weniger empfindlich als die beschriebenen Methoden und dauert wegen der langsamen Abscheidung des Niederschlages länger als die von Winkler angegebene und insbesondere als die von H. Klut [1] zum Nachweis von Blei bei Ausschluß von Kupfer für die Ausführung an Ort und Stelle angegebene Ausführungsweise: 300 ccm Wasser werden mit 3 ccm Essigsäure ($10^0/_0$ig) und mit 1,5 ccm einer $10^0/_0$igen wäßrigen Lösung von reinem Na_2S versetzt (Glaszylinder muß völlig farblos sein). Wird die Flüssigkeit gelbbräunlich gefärbt, so enthält das Wasser über 0,3 mg Blei im Liter (s. Beurteilung).

Bezüglich Nachweises der Bleilösungsfähigkeit im Wasser siehe die Vorschriften des preuß. Minist.-Erlasses (Ministerialbl. f. Medizinalangeleg. 1907, S. 158; Zeitschr. f. Unters. d. Nahr.- u. Genußm. 1910, 25—51).

b) Zum qualitativen Nachweis von Kupfer versetzt man 100 ccm des Wassers mit 2—3 Tropfen frisch bereiteter Ferrocyankaliumlösung. 0,5 mg Cu zeigen schon rötliche Färbung an, die bei Zugabe von 2—3 Tropfen Cyankaliumlösung in grüngelb übergeht. Zur kolorimetrischen quantitativen Bestimmung des Cu dient als Vergleichsflüssigkeit eine Kupfersulfatlösung (0,3927 g krist. Salz zu 1 Liter destilliertem Wasser); 1 ccm = 0,1 mg Cu. Es wird auf Farbengleichheit eingestellt. Die Reaktion mit Cyankalium kann auch bei der kolorimetrischen Prüfung verwendet werden.

Durch Zusatz von 10 ccm der Lösung II (s. unter a) und 2—3 Tropfen Na_2S-Lösung tritt eine Entfärbung der kupferhaltigen Lösung ein. Bei gleichzeitiger Gegenwart von Blei entsteht eine braune Färbung, die zur kolorimetrischen Bestimmung dienen kann.

C. Reese und J. Droste [2] haben zwei zuverlässige Methoden der kolorimetrischen Bestimmung von Blei und Kupfer ausgearbeitet, die darauf gerichtet sind, die etwa in einem Wasser vorhandenen störenden Substanzen (organische Stoffe, Eisen) auszuschließen.

c) Zink kommt selten in Wasser vor; es ist nach den Regeln der allgemeinen qualitativen Analyse zu ermitteln. Der Nachweis von Blei, Kupfer, Eisen, Mangan erfordert die Anwendung besonderer Trennungsverfahren. Vgl. u. a. das Handbuch von A. Beythien, S. 880.

21. Mikroskopische Untersuchung.

Man läßt in einem Spitzglase oder in einem sonst geeigneten Gefäß das Sediment absitzen (zentrifugiert) und nimmt damit die mikroskopische Prüfung vor.

Als Verunreinigungen, die selbstredend in keinem Trink-, ja selbst in keinem Nutzwasser enthalten sein sollen, können folgende in Betracht kommen:

Durch Menschen und Tiere verursachte Abfälle, wie Sand, Lehm, Papier, Holzpartikel, Pflanzenteile, Haare (auch von Insekten) usw.,

---

[1] a. a. O.
[2] Zeitschr. f. ang. Chemie 1914, 27, (Aufsatzteil) 307.

Gespinste, Bestandteile von Stuhlentleerungen, Stärkekörner, Fleischfasern, ferner Infusorien, Diatomaceen, Confervaceen usw., Bakterien,
Eier von parasitischen Darmwürmern usw.

Man vgl. bei Vornahme dieser Prüfung gute Abbildungen der
einschlägigen Werke:
Tiemann-Gärtner, Handbuch der Untersuchung und Beurtei-
lung der Wässer, Braunschweig 1895; W. Ohlmüller und O. Spitta,
Die Untersuchung und Beurteilung des Wassers und Abwassers, 1910;
C. Mez, Das Mikroskop und seine Anwendung, Berlin 1898; C. Mez,
Mikroskopische Wasseranalyse, ebendaselbst; letztere 3 Werke im Verlag
von Julius Springer, Berlin, erschienen. Vgl. ferner den Abschnitt
Abwasser und die dort aufgeführten Werke.

Die bakteriologische bzw. biologische Untersuchung
des Wassers siehe im bakteriologischen Teil, S. 611 u. 620.

22. Prüfung auf Fäulnisfähigkeit.

(Siehe Abschnitt Abwasser.)

Beurteilung.

a) Von Trinkwasser [1]).

Die Genuß- und Gebrauchsfähigkeit eines Wassers läßt sich in
zutreffender und erschöpfender Weise am besten bei näherer Kenntnis
der geologischen und hydrologischen Verhältnisse und nach Vornahme
einer genauen Besichtigung der in Frage kommenden Örtlichkeit an Hand
der chemischen und bakteriologischen Befunde beurteilen. Bisweilen
kann von einer dieser beiden Untersuchungsarten abgesehen werden.
Die chemische Analyse gibt stets ein Bild über den Charakter eines
Wassers und ist deshalb in der Regel unerläßlich, die bakteriologische
Untersuchung ist nicht in allen Fällen erforderlich, kann aber öfters
den chemischen Befund wertvoll ergänzen und ist in manchen Fällen aus-
schlaggebend und unentbehrlich. Zum Nachweis von Krankheits- und
Fäkalkeimen (Cholera, Typhus, Coli) kann nur die bakteriologische
Untersuchung Anwendung finden; sie ist außerdem bei den periodischen
Kontrollen von Zentralwasserleitungen, Filteranlagen usw. zu benutzen.
(Siehe den bakteriologischen Teil.) Biologische Untersuchungen (Plank-
ton-) kommen bei Trinkwasser seltener vor (siehe unter Abwasser).
Die an dieser Stelle zunächst in Frage kommende Beurteilung der
chemischen Untersuchungsergebnisse läßt sich, wie aus dem oben
Gesagten hervorgeht, nicht an Grenzzahlen binden. Ausschlaggebend
können auch nicht einzelne Feststellungen, sondern nur das Gesamtanalysenbild sein. Folgende Zahlen nebst Erläuterungen geben aber

---

[1]) Auf die vom Bundesrat erlassene Anleitung für die Einrichtung, den
Betrieb und die Überwachung öffentlicher Wasserversorgungsanlagen usw. vom
16. Juni 1906, Veröff. d. Kais. Gesundh.-Amtes 1906, 777 sei verwiesen. Siehe
auch Preuß. Ministerialerlaß vom 23. April 1907 betreffend die Gesichtspunkte
für Beschaffung eines brauchbaren hygienisch einwandfreien Wassers. Zeitschr.
f. Unters. d. Nahr. u. Genußm. 1910, Beilage. Für den Geschäftskreis der Untersuchungsämter geben die preußisch. Grundzüge für die Errichtung von Bahnwasserwerken u. Vorschriften f. d. Wasseruntersuchung vom 12. Nov. 1910,
(Zeitschr. f. öff. Ch. 1911, 17, 129) wichtige Anhaltspunkte.

einen Maßstab für den Durchschnittsgehalt guter Trinkwässer, ausgedrückt in Milligramm im Liter.

Temperatur	7—11°. Wässer von über 15° schmecken schlecht, besonders salzhaltige Wässer (Marzahn, Mitt. d. K. Landesanstalt f. Wasserhygiene, Berlin 1915). Auffällig hohe Temperatur deutet auf Wasser aus geringer Tiefe, ebenso auffällig niedere Temperaturen (Winter). Vgl. auch den Erlaß vom 23. April 1907 betr. Leitsätze f. Beschaffung hygienisch einwandfreien Wassers § 6 (a. a. O.).
Abdampfrückstand	300—500; wird bei Wässern, je nach der geologischen Herkunft, sehr erheblich überschritten.
Chlor (in Form von NaCl)	7—30; höherer Cl-Gehalt, soweit er nicht in natürlichen Bodenverhältnissen begründet ist, bedeutet namentlich bei gleichzeitiger Anwesenheit von NH_3, N_2O_3, N_2O_5 Verunreinigung durch Abfallstoffe aus menschlichen Wohnstätten, Gruben, Ställen usw.
Ammoniak (NH_3)	keines; in eisenhaltigem Grund- und Moorwasser Spuren bis 1 mg und mehr, namentlich in der norddeutschen Tiefebene vielfach vorkommend.
Schwefelsäure (SO_3)[1]	60 (aus gipshaltigen Formationen stammende Wässer können erheblich größere Mengen enthalten, ohne bedenklich zu sein).
Salpetersäure (N_2O_5)	meist keine, selten Mengen bis zu 30. Größere Mengen N_2O_5 ohne NH_3 und N_2O_3 weisen auf zurückliegende Verunreinigung hin (Mineralisierung).
Salpetrige Säure (N_2O_3)	keine, kommt bisweilen spurenweise auch in Grundwasser infolge anorganischer Reduktion vor.

Oxydierbarkeit als:

Kaliumpermanganatverbrauch ($KMnO_4$) bzw.	10—12, bei Moorwässer kommen vielfach weit höhere Zahlen vor	Eisengehalt kann diese Werte erhöhen.
Sauerstoffverbrauch (O)	3,	
Gesamthärte	10—18 (mittelhart bis hart).	

---

[1] Wasser mit freier Schwefelsäure vgl. Lührig, Zeitschr. f. Nahr.- u. Genußm. 1913, 25, 241.

Betr. Karbonat- und Nichtkarbonathärte vgl. S. 462. Nach Klut sind für das Rohrmaterial von Trinkwasserleitungen 7—9 deutsche Härtegrade als geeignete Karbonathärte anzusehen.

[Für Kalk, Magnesia usw. lassen sich annähernde Grenzen nicht angeben; ihre Menge spielt bei der hygienischen Beurteilung keine irgendwie bedeutende Rolle, dagegen eine erhebliche bei der Bewertung für industrielle und unter Umständen auch für häusliche Zwecke (Wäsche usw.)].

Eisen (Fe) ist im allgemeinen als unschädlich zu betrachten, verleiht aber dem Wasser, in dem es zunächst als Oxydulbikarbonat gelöst, unsichtbar erscheint, bei Luftzutritt aber in gelbbraunen Flocken als Hydroxyd sich ausscheidet, bisweilen ein unappetitliches Aussehen; höherer Eisengehalt kann auch bei Zentralwasserversorgungen erhebliche Störungen (Verstopfungen) verursachen und schließt auch die direkte Verwendung solcher Wasser für technische und industrielle Zwecke aus. Die Entfernung des Fe [1]) geschieht für größere Betriebe mit Hilfe besonderer Enteisenungsanlagen, wofür verschiedene Verfahren und Systeme, die meistens auf Durchlüftung und Filtration beruhen, angewendet werden. Für Pumpbrunnen und sonstige kleine Anlagen kann man unter Umständen auch mit einem mit Koks beschickten Fasse (unten mit Ablaßhahn) auskommen.

H. Klut [2]) gibt folgende, jedoch nicht immer zutreffende allgemeine Anhaltspunkte für die Beurteilung des Fe-Gehaltes an:

Für größere Zentralwasserversorgungen bis zu 0,2 mg Fe pro Liter.

Für technische Betriebe (Wäschereien, Papierfabriken usw.) 0,1 mg und unter Umständen noch weniger. Näheres siehe im Abschnitt „Gebrauchswasser."

Als mittlerer Fe-Gehalt sind bei größeren Anlagen 0,2—1,0 mg Fe anzusehen. Mehr als 3 mg darf in diesem Fall als hoher Gehalt gelten.

Bei kleineren Anlagen (auch Brunnen), namentlich für Trinkzwecke dienenden, sind 0,75 mg noch als geringer Fe-Gehalt anzusehen. Bei größeren Mengen sollte man schon enteisenen.

Metallischer (tintenartiger) Geschmack kann unter Umständen schon bei 1,5 mg Fe beobachtet werden.

Vgl. auch den bakteriologischen Teil betr. eisenverzehrende Pilze (Crenothrix, Chlamydothrix, Galionella usw.) [3]).

Fe-Ausscheidungen treten infolge von Luftzufuhr, meist jedoch nur wenn der Fe-Gehalt mehr als 0,2 mg im Liter beträgt, ein.

Wasser aus moorigem Untergrund ist meistens gelb und eisenhaltig.

Mangan kommt als Karbonat und auch als Sulfat vielfach als Begleiter von Eisen im Grundwasser vor, oft in solchen Mengen, daß schwere Störungen daraus für die Zentralwasserwerke entstehen (z. B. Breslau). Mangan ist auch technischen Betrieben schädlich. Entfernung geschieht nach B. Proskauer meist gleichzeitig mit Fe, aber oft weniger

---

[1]) S. auch Klut, Über eisenauflösende Wasser, Hyg. Rundschau 1916, 24, 797.

[2]) Gesundheit 1907, 19.

[3]) A. Beythien, Zeitschr. f. Unters. d. Nahr.- u. Genußm. 1905, 9, 529 und 1904, 7, 215.

leicht als letzteres, durch Lüftung und Filtration; in größeren Mengen mit Ätzkalk (Lührig).

Näheres siehe H. Lührig, Zeitschr. f. Unters. d. Nahr.- u. Genußm. 1907, 14, 40; derselbe und Becker, Pharm. Zentralh. 1907, 137; Enzyklopädie der Hygiene von R. Pfeiffer und B. Proskauer, Leipzig 1905.

Kohlensäure: Die Menge der ganz und halb gebundenen Kohlensäure fällt nur bei der Härtebestimmung des Wassers ins Gewicht. Sind größere Mengen (mehr als 10 mg im Liter) freie Kohlensäure in einem Wasser vorhanden, so muß eine bleilösende Wirkung derselben in Betracht gezogen werden. Bei gleichzeitiger Anwesenheit von Sauerstoff und freier CO_2 nimmt das Bleilösungsvermögen mit sinkendem Gehalt an freier CO_2 ab [1]). Außer auf Blei kann die freie CO_2 auch auf andere Metalle (Zink, Kupfer, Eisen usw.) sowie auf Mörtel, Mauerwerk usw. zersetzend wirken [2]). Vgl. auch S. 468. Eine erschöpfende Darstellung des Einflusses der freien Kohlensäure auf Metalle und Baumaterialien gibt H. Klut in der Schrift „Über die aggressiven Wässer und ihre Bedeutung für die Wasserhygiene", Med. Klinik 1918, Nr. 17—19.

Phosphorsäure: Kommt in reinen Wässern so gut wie gar nicht vor, dagegen in Abwässern fast stets.

Schwefelwasserstoff: Weist häufig auf starke Verunreinigungen hin; kann aber auch natürliche Ursachen haben und ist dann bedeutungslos (s. unten); Vorkommen in „Schwefelquellen".

Sauerstoff: Der Gehalt an O spielt bei Trinkwasser keine Rolle; dagegen können schon von 5 ccm O im Liter Wasser ab korrodierende Wirkungen auf Fe-Rohre ausgeübt werden [3]). Vgl. auch das bei CO_2 betreffend Sauerstoffwirkung Gesagte. Im wesentlichen kommt der O-Gehalt eines Wassers hauptsächlich bei der Beurteilung der Reinheit von Flüssen und anderen offenen Gewässern, namentlich hinsichtlich ihres Einflusses auf die Fischerei in Betracht (s. S. 519).

Sauerstoffzehrung: Empfindliche Methode zur Erkennung des Verschmutzungsgrades von Fluß- oder Abwasser. Siehe bei Abwasser.

Giftige Metalle: Blei kommt in erster Linie in Frage. Wegen der großen Giftigkeit des Bleis sollte das Wasser am besten ganz frei davon sein. Wo bleilösende Wirkung besteht, sollte dieselbe keinesfalls mehr als 0,35 mg im Liter Wasser betragen (Rubner). Die bleilösende Wirkung eines Wassers ist durch Versuche (24stündiges Stehenlassen des Wassers in der betreffenden Leitung) oder durch das in dem Preußischen Ministerialerlaß vom 23. IV. 1907 l. c. angegebene Verfahren festzustellen. Hoher Gehalt an Chloriden befördert die Bleiaufnahme. Die Löslichkeit des Bleis beruht nicht immer auf freier CO_2 und Sauerstoff; auch vagabundierende, elektrische Ströme, die durch Bleirohre geführt werden oder denselben nahe kommen, können ihre Einwirkung darauf ausüben.

---

[1]) Vgl. Arb. d. Kais. Gesundh.-Amtes 1906, 23, 37 und die empfehlenswerte Schrift von H. Wehner, Die Sauerkeit der Gebrauchswässer 1904, Frankfurt a. M.

[2]) H. Klut, a. a. O. sowie Gesundheitsingenieur 1907, 32, 517—524, siehe auch die mehrfach erwähnten Handbücher und Zeitschriften.

[3]) H. Wehner, l. c.

Alle Feststellungen sind von Fall zu Fall besonders zu treffen. Arsen kommt in kleinen Mengen natürlich nicht nur in den bekannten Heilquellen von Levico usw. vor, sondern bisweilen in minimalen Mengen auch in anderen Wässern.

Über den hygienischen Wert der Radioaktivität hat man noch keine ausreichenden Kenntnisse.

J. König faßt die Forderung betreff der chemischen Grenzwerte folgendermaßen: „Der durchschnittliche Gehalt eines Gebrauchswassers darf nicht wesentlich den durchschnittlichen Gehalt des natürlichen, nicht verunreinigten Wassers derselben Gegend und derselben Formation überschreiten."

Äußere Beschaffenheit: Wasser soll möglichst farblos, klar, gleichmäßig kühl, frei von fremdartigem Geruch oder Geschmack, kurz von solcher Beschaffenheit sein, daß es gern genossen wird[1]).

Der Geruch und Geschmack kann die verschiedensten Ursachen haben (Fäulnis, Modrigkeit, teils vom Moorboden, teils von morschem Holz, z. B. bei Pumpbrunnen herrührend, Petroleum, Teerprodukte oder anderen technischen Verunreinigungen, auch Leuchtgas). Natürliches Vorkommen von Schwefelwasserstoff in eisenhaltigen Wässern beruht auf Umsetzung von Schwefeleisen und Kohlensäure. Nach Versuchen in der Landesanstalt für Wasserhygiene ist der Härtegrad eines Wassers durch den Geschmack nicht festzustellen. Näheres über die durch Geruch und Geschmack, insbesondere auch hinsichtlich salziger Verunreinigung feststellbare Beschaffenheit vgl. Klut a. a. O. und die dort angegebene Literatur.

Sonstige Hinweise: Bei Quellen und Brunnen[2]), die entfernt von menschlichen Wohnungen sind, gestalten sich die Bedingungen für die Beschaffung von brauchbarem Wasser bei geeigneter Bodenbeschaffenheit in der Regel günstig, denn es dauert oft recht lange Zeit, mitunter jahrelang, bis das in die Erdoberfläche einsickernde Wasser durch die Bodenschichten dringt. Durch den Boden werden Bakterien und schädliche Stoffe zurückgehalten, so daß das Quellwasser oder auch das Grundwasser in der Regel rein und brauchbar ist. Bakterienhaltiges Quellwasser hat sich mit den Bakterien zumeist beim Zutagetreten aus den oberen Erdschichten bereichert, ein Übelstand, der durch geeignete Quellfassung in der Regel gehoben werden kann. Bei Quell- und Grundwasser (letzteres ist durch eine geeignete und gegen nachträgliche Verunreinigung gesicherte Brunneneinrichtung rein zu beschaffen) ist daher an der Forderung einer geringen Keimzahl festzuhalten (vgl. im bakteriologischen Teil).

Anders liegt der Fall bei Brunnen (Pumpbrunnen) in der Nähe von Wohnungen, inmitten dicht bewohnter Städte und namentlich auch vielfach auf dem Lande. Reines Grundwasser gibt es hier nur in sehr seltenen Fällen. In der Regel hat hier der Boden oder der Untergrund seine Aufnahmefähigkeit durch Verschmutzung und Verjauchung verloren, und die Bedingungen sind für die Abscheidung und Oxydation der Verunreinigungen sehr ungünstig.

---

[1]) § 3 der Preuß. Mihisterialverf. v. 23. IV. 1907, vgl. S. 473.
[2]) Opitz, Die Brunnenhygiene, R. Schötz, Berlin.

Alle Brunnen, die Grundwasser zutage fördern, seien stets von Dunglagen und Abtritten usw. entfernt angelegt und durch Erhöhung der Umgebung und zementierte Abdeckung gegen das Eindringen von Schmutzwasser usw. geschützt. Kessel- sowie Schöpfbrunnen sind überhaupt zu verwerfen. Bei Tief- (Röhren-, Abessynier-) Brunnen von genügender Tiefe kommen nur ausnahmsweise Verunreinigungen vor.

Über die Wasserfiltration und Kontrolle von Filteranlagen, sowie die bakteriologische Beurteilung siehe den bakteriologischen Teil.

Beurteilung von Gebrauchswasser, Kesselspeisewasser und Abwasser siehe den Abschnitt „D. Technische Untersuchungen".

Nahrungsmittelrechtlich ist Wasser (Trinkwasser) ein Nahrungsmittel. Bei fahrlässiger oder wissentlicher Zufuhr von Verunreinigungen können die Bestimmungen der §§ 10—14 d. N.-G. in Anwendung kommen.

b) Beurteilung von natürlichem und künstlichem Mineralwasser.

Die Mineralwässer werden im allgemeinen wie Trinkwasser untersucht und deren besondere natürliche oder künstlich zugesetzte Bestandteile wie Brom-, Lithiumverbindungen usw. nach den Regeln der allgemeinen Analyse in dem Eindampfungsrückstand für sich bestimmt.

Bei natürlichen Mineralwässern kommt auch die Bestimmung der Radioaktivität (s. S. 453) in Anbetracht. Betreffend Untersuchung flüssiger Kohlensäure auf empyreumatische Stoffe und fremde Gase vgl. die Arbeit von H. Thiele und Deckert, Zeitschr. f. anal. Chem. 1907, 20, 737. Einschlägige Literatur: Fresenius, Quantitative Analyse, II. Bd. S. 184 u. ff., Braunschweig 1905; Mineralquellentechnik, Axel Winkler, Verlag Benno Köngen 1916.

Beschlüsse über die an natürliche Mineralwässer zu stellenden Anforderungen [1]) sind vom Verein der Kurorte Deutschlands, Österreich-Ungarns und der Schweiz gefaßt worden.

Die Beurteilung der Mineralwässer bezüglich hygienischer Beschaffenheit erfolgt nach den für reines Trinkwasser geltenden Grundsätzen. Veränderungen der Beschaffenheit natürlicher Mineralwässer sind als Verfälschungen oder Nachmachungen anzusehen. Auch unlauterer Wettbewerb ist nicht ausgeschlossen, insbesondere bei Nachmachung von Bezeichnungen. Hier wird auch die Verordnung gegen irreführende Bezeichnungen vom 26. Juni 1916 Platz greifen können.

Die Fabrikation künstlicher Mineralwässer steht in vielen Orten (Bezirken usw.) unter polizeilicher Kontrolle, was auch aus hygienischen Gründen sehr notwendig ist, da die Fabrikation vielfach gänzlich verständnislos, mit unsauberen und schlechten Apparaten und in schmutzigen Räumen usw. betrieben wird.

Die Herstellung und der Verkehr mit kohlensauren Getränken unterliegt in den meisten Bezirken der Beaufsichtigung mit Hilfe von

---

[1]) Balneol. Ztg. 1911, 22, Nr. 27; Zeitschr. f. öff. Ch. 1911, 17, 405.

Polizeiverordnungen, die unter Zugrundelegung des vom Bundesrat vom 9. November 1911 beschlossenen Normalentwurfs, der S. 842 abgedruckt und besprochen ist; außerdem können die §§ 10—14 des N.-G., wenn als Tatbestand Verfälschung, Nachmachung, Verdorbenheit oder Gesundheitsschädlichkeit vorliegt, in Anwendung kommen.

Die bestehenden Polizeiverordnungen stellen im allgemeinen bezüglich der Beschaffenheit der Apparate und der Mineralwässer (Selters, Soda usw.) folgende Anforderungen:

1. Prüfung auf gute Verzinnung der Apparate. Die Apparate werden je nach der Verwendung, zu der sie bestimmt sind, mit Mineralwasser oder Limonaden vollständig angefüllt und unter dem bei der Fabrikation üblichen höchsten Drucke unter amtlichem Verschluß mindestens 12 Stunden lang stehen gelassen.

Sollte der etwa gefundene Blei- und Kupfergehalt die zulässige Grenze überschreiten, so ist der betreffende Apparat außer Betrieb zu setzen und eine erneute Verzinnung zu veranlassen. Alsdann ist die Prüfung auf die Güte der Verzinnung noch einmal zu wiederholen. Blei und Kupfer ist zu beanstanden. Nach einem preußischen Ministerialerlaß vom 13. Aug. 1914 können praktisch belanglose Spuren von Kupfer- und Bleiverbindungen unberücksichtigt bleiben. Darunter zu verstehen sind Bruchteile eines Milligramms Blei und Kupfer in einem Liter Flüssigkeit. Es genügt Verfahren anzuwenden, die den Nachweis von 1 mg und mehr Blei und Kupfer in 1 Liter der in Betracht kommenden Flüssigkeit bedenkenfrei gestatten.

2. Zur Herstellung von Mineralwasser darf nur destilliertes oder mindestens nur Wasser, das in chemischer und bakteriologischer Hinsicht den hygienischen Anforderungen entspricht, benutzt werden. Atteste von Chemikern sind beizubringen.

3. Die bei der Mineralwasserfabrikation zu verwendenden Salze sollen den Vorschriften des Deutschen Arzneibuches entsprechen.

Auf die im § 1 Abs. 1b enthaltenen Bestimmungen der Verordnung betr. den Verkehr mit Arzneimitteln vom 22. Okt. 1901 sei hingewiesen (s. S. 835). Siehe auch das Mineralwassersteuergesetz nebst Ausführungsbestimmungen S. 845.

Über die Beurteilung von Brauselimonaden [1]), Fruchtsäften usw. siehe auch S. 264, 268.

c) Beurteilung von Eis.

Die Beurteilung geschieht nach den für Trinkwasser geltenden Grundsätzen. Sog. „Natureis" aus Seen, Tümpeln usw. ist oft sehr zweifelhafter Natur, doch wird es sehr gern dem milchweißen Kunsteis, das hygienisch weit besser ist, vorgezogen. Siehe auch den bakteriologischen Teil. Das glasharte, durchsichtige Gebirgseis ist am besten.

---

[1]) Der Entwurf schreibt auch die an Brauselimonaden zu stellenden Anforderungen vor. Siehe auch die Vorschriften der Ersatzmittelverordnung S. 860.

XXII. Gebrauchsgegenstände

(im Sinne des Nahrungsmittelgesetzes und dessen Ergänzungsgesetzen).

Die Untersuchung und Beurteilung richtet sich nach den Gesetzen
a) betreffend den Verkehr mit blei- und zinkhaltigen Gegenständen vom 25. Juni 1887,

b) betreffend die Verwendung gesundheitsschädlicher Farben bei
der Herstellung von Nahrungsmitteln, Genußmitteln und Gebrauchsgegenständen vom 5. Juli 1887[1]),

c) sowie nach den Bestimmungen des Gesetzes vom 14. Mai 1879,
§§ 12—14 betreffend Gesundheitsschädlichkeit.

Vor Beginn der Untersuchung ist stets das entsprechende
Gesetz zur Feststellung der analytischen Erfordernisse genau
nachzulesen.

In Frage kommen Eß-, Koch-[2]) und Trinkgeschirre, Töpferwaren,
emaillierte Gefäße, Konservenbüchsen, Spielwaren, Tuschfarben, Buntpapiere, Legierungen (Bierglasdeckel), Metallfolien, Faßhähne mit metal-
lener Abflußröhre, Gegenstände aus Kautschuck, kosmetische Mittel,
Tapeten, Abziehbilder usw. sowie Petroleum. Siehe Näheres in den
unter a) und b) bezeichneten Gesetzen selbst, im Anhang. Wo diese Sondergesetze keine Handhabe bieten, ist das Nahrungsmittelgesetz maßgebend.

Die Untersuchung der Gegenstände geschieht nach den allgemeinen
Regeln der Analyse. Außerdem mögen noch nachstehende Winke berücksichtigt werden:

Eß-, Trink- u. Kochgeschirre, emaillierte Gefäße, Töpferwaren werden zuvor mit heißem Wasser gut gereinigt und dann mit
50 ccm 4%iger Essigsäure eine halbe Stunde lang gekocht. Ein Teil
der Flüssigkeit (etwa 10—20 ccm) wird mit HCl angesäuert und mit
Schwefelwasserstoffwasser auf Blei geprüft. Dunkle Färbung oder braunschwarzer Niederschlag bedeutet aber nicht die sichere Anwesenheit
von PbS. Zur Vermeidung von Täuschungen ist es erforderlich, qualitativ
und quantitativ die Anwesenheit und Menge des Bleies in der übrigen
Flüssigkeit festzustellen.

Weitere Behandlung siehe Hefelmann, Zeitschr. f. öff. Ch. 1901, 7,
201; Z. f. U. N. 1902, 5, 279. Vgl. auch den preuß. Ministerialerlaß v. 1. 8. 1902,
Z. f. U. N. (Gesetz u. Verordn.) 1909, 1, 513; betr. Gutachten des Reichsgesundh.-
Amts vom 1. Aug. 1907, über Untersuchung von emailliertem Eß-, Trink- und
Kochgeschirr.

Siehe auch Beck, Löwe und Stegmüller, Arb. a. d. Kais. Gesundheitsamte 1910. 33. Heft 2 sowie die Denkschrift d. Kais. Gesundheits-Amtes betr.
die Bleiabgabe von glasiertem irdenem Eß-, Trink- und Kochgeschirr.

---

[1]) Es sei darauf besonders aufmerksam gemacht, daß dieses Gesetz nicht
in allen Fällen ausschließlich die giftigen Farben (z. B. Bleichromat), sondern
z. T. auch die im § 1 Abs. 3 ausdrücklich bezeichneten Stoffe (z. B. Blei) treffen
will (vgl. z. B. § 3 betr. Kosmetische Mittel und § 4 betr. Tuschfarben usw.
Siehe auch K. von Buchka, Zeitschr. f. U. N. 1910. 19. 417).

[2]) Nach einem Gutachten des Reichsgesundheits-Amtes vom August
1919 sind Geräte wie Siebe, Kartoffelpressen, Reibeisen usw. „Kochgeschirre"
im Sinne des zu a) bezeichneten Gesetzes.

Von Zinnbleilegierungen (Bierglasdeckeln[1]), Faßhähnen, Metallröhren an Bierdruckleitungen, Torpedoflöten, Trillerpfeifen, Schreihähnen[2]) usw.) feilt man zweckmäßig 0,5—1 g ab; Metallfolien zerschneidet man mit der Schere, löst zur Bestimmung des Gehaltes an Blei in Salpetersäure[3]), dampft zur Trockne ein, trocknet scharf, befeuchtet mit wenig verdünnter Salzsäure, löst in heißem Wasser, filtriert ab und wäscht gut aus (Metazinnsäure bleibt als ein weißes Pulver zurück). Das in Lösung gegangene Blei wird mit Schwefelsäure gefällt, der Lösung das gleiche Volum Weingeist zugefügt, das schwefelsaure Blei nach 24 Stunden abfiltriert, ausgewaschen, geglüht und gewogen. (Nicht zu vergessen ist, daß das Filter nach dem Verbrennen mit Salpetersäure oxydiert und mit einem Tropfen Schwefel-

---

[1]) Auch die Scharniere und Krücken der Bierglasdeckel dürfen wie die Deckel selbst nicht mehr als 10 Gewichtsteile Blei in 100 Gewichtsteilen enthalten (preuß. Ministerialerlaß v. 10. Juni 1901; z. T. auch in anderen Bundesstaaten in derselben Weise geregelt). Siehe auch Sackur, Arb. a. d. Kaiserl. Gesundheitsamte. Bd. 20. 3. u. Bd. 22. 1. über die Bleilöslichkeit (auch in Legierungen) in verdünnten Säuren.

[2]) Kinderspielwaren aus Metall, wie Pfeifen usw. soweit sie nicht den Gesetzen vom 25. Juni und 5. Juli 1887 (betr. blei- und zinkhaltige Gegenstände und gesundheitsschädliche Farben) unterliegen, fallen unter § 12, Abs. 2 des Nahrungsmittelgesetzes.

Bei Trillerpfeifen aus Hartblei mit sehr hohem (gegen 80—90 %) Bleigehalt soll nach Ansicht ärztlicher Sachverständiger die Gefahr der Gesundheitsschädigung nicht größer als bei den nach dem Gesetz ausdrücklich gestatteten Bleilegierungen für Eß-, Trinkgeschirre und Saugpfropfen sein. Entscheidung des Landgerichts I Berlin; vgl. Zeitschr. f. öffentl. Chemie. V. 1896; auch Bd. V. d. Auszüge aus gerichtl. Entscheidungen der Beilage zu den Veröffentlichungen des Kaiserl. Gesundheitsamtes 1902.

In der XVIII. Versammlung (1898) der freien Vereinigung bayerischer Vertreter der angewandten Chemie hat H. Stockmeier in einem Vortrage über die Beurteilung der Metallspielwaren mit Rücksicht auf § 12, Abs. 2 des Nahrungsmittelgesetzes berichtet.

Er vertritt zunächst auf Grund eingehender Versuche und längerer Erfahrungen den Standpunkt, daß die Reichslegierung (90 Zinn + 10 Blei) sich nicht besser verhält, als bleireichere Kompositionen, und daß die erstere außerdem teils aus technischen, teils aus nationalökonomischen Gründen nicht verwendbar sei, und stellt folgende Leitsätze für Kinderspielwaren auf:

1. Gegen die Herstellung und Weitergabe von Pfeifchen, Schreihähnchen etc. aus Blei, Zinn- und Antimonlegierungen mit einem Bleigehalt bis zu 80 %, welche vernickelt sind oder ein Mundstück mit nur 10 % Blei haben, ist eine Beanstandung nicht auszusprechen.
2. Puppengeschirre aus einer 40 % Blei und 60 % Zinn enthaltenden Legierung sind nicht zu beanstanden, A. Beythien hält diese Forderung für berechtigt, Zeitschr. f. U. N. 1900. 3. 221; auch A. Gärtner, C. Fränkel u. a. rechnen Puppengeschirre nicht zu den Eß- usw. Geschirren des Gesetzes.
3. Puppengeschirre aus verzinntem Blech sind wie Eßgeschirre nach dem Reichsgesetz zu behandeln.
4. Kindertrompeten und Puppengeschirr aus Zinkblech finden keine Beanstandung.
5. Herstellung und Vertrieb von Bleisoldaten und Bleifiguren aus Bleiantimon oder Bleizinn fällt bei dem voraussichtlichen oder bestimmungsgemäßen Gebrauch derselben nicht unter das Nahrungsmittelgesetz. Zur Beurteilung der Bleisoldaten siehe auch Stockmeier, Zeitschr. f. öffentl. Chemie 1908. 208.

[3]) Knöpfle, Zeitschr. f. U. N. 1909. 17. 670 gibt Verfahren an für den Fall, daß viel Eisen in der Legierung vorhanden ist.

säure abgeraucht wird.) Man kann auch nach E. Späth mit Königs-wasser aufschließen, dann mit Ammoniak versetzen und H_2S einleiten. Das gefällte PbS wird mit Schwefelammonium erwärmt und in verdünn-ter Salpetersäure gelöst. Die Lösung wird mit H_2SO_4 eingedampft und zur Bestimmung von $PbSO_4$, wie schon angegeben, weiter behandelt. Vgl. auch die Jodschmelzmethode von Merl[1]). Weitere Verfahren: das von Rössing[2]) und die Elektrolyse[3]). Quantitative Bestimmung von Blei und Zinn s. Vereinbarungen Heft 3, 119.

Zur Ermittelung des Zinnbleiüberzugs von Büchsen hat H. Serger[4]) die von K. Meyer[5]) angegebene Methode abgeändert. Für die Feststellung des reinen Zinnbelages kommen auch noch die Verfahren von Mast-baum[6]) und Angenott[7]) in Betracht. Um den Bleigehalt eines „Lotes" zu ermitteln, wird das Lot mittels Gebläses abgeschmolzen. Andere Legierungen sind auf Cu, Zn, Pb, ev. Fe und Ni zu untersuchen.

Gummi-Spielwaren, Gummiwaren, Schläuche, Kinder-sauger) usw. zerstört man mit Salpetersodamischung[8]) durch allmäh-liches Eintragen kleiner Stücke in die Schmelze und prüft die Schmelze auf gesundheitsschädliche Metalle (speziell Blei) (für Hg ist die Methode nicht anwendbar). Die Schmelze wird mit verdünnter Salzsäure (1:1) und unter Erwärmen gelöst. Die Lösung wird dann stark verdünnt und auf ein bestimmtes Volumen gebracht. Aus einem aliquoten Teil dieser Lösung wird das Zink nach dem Abstumpfen der Salzsäure mit Ammoniak und Wiederansäuern mit Essigsäure unter Zugabe von Natriumazetatlösung als Sulfid mit H_2S ausgefällt. Das gewaschene Zinksulfid wird mit verdünnter HCl gelöst, als Karbonat gefällt und als Zinkoxyd gewogen. Blei wird aus der stark verdünnten salzsauren Lösung mit H_2S gefällt, das erhaltene Bleisulfid mit gelbem Schwefelammonium gereinigt, in Salpetersäure gelöst und als Bleisulfat in üblicher Weise bestimmt. Man beachte, wenn es sich um die Prüfung auf Zink handelt, daß Schwefelzink, Schwefelantimon und Schwefelkadmium, weil in Wasser und Essigsäure unlöslich, dem Gummi zugesetzt werden dürfen. Kautschukschläuche für Bierdruckapparate dürfen Zink in jeder Form enthalten! Siehe auch die Ausnahmebestimmung betr. Bleigehalt von massiven Gummibällen.

Farben[9]) an Spielwaren, Bilderbogen, Bilderbüchern, Tuschfarben und Buntstiften für Kinder sowie an Blumentopf-gittern, künstlichen Christbäumen, Wachsguß usw. sucht man

---

[1]) Pharm. Zentralh. 1909. 50. 457.
[2]) S. Treadwell, quant. Analyse.
[3]) A. Westerkamp, Arch. Pharm. 1907. 245. 132; Zeitschr. f. U. N. 1907. 14. 245.
[4]) Zeitschr. f. U. N. 1913. 25. 469. Siehe auch Hilfsbuch S. 222.
[5]) Zeitschr. f. angew. Chemie 1909. 22. 68.
[6]) Zeitschr. f. angew. Chemie 1897. 10. 329.
[7]) Zeitschr. f. angew. Chemie 1904. 17. 521.
[8]) Henriques oxydiert zunächst mit konzentrierter Salpetersäure und schmilzt dann die eingedampfte Masse mit Salpetersodamischung. Chem.-Ztg. 1892. Nr. 87.
[9]) Nachweis der im Farbengesetz verbotenen Farben Gummigutti, Korallin und Pikrinsäure s. Grünhut, Zeitschr. f. öffentl. Chem. 1898. 4. 563; Zeitschr. f. U. N. 1899. 2. 538.

mit heißem Wasser abzulösen oder man schabt sie von einer gemessenen Oberfläche ab. Mit Lack überzogene gefärbte Spielwaren unterliegen nicht dem Reichsgesetz. Kerzen kommen bisweilen mit Zinnober gefärbt vor. Da das Hg beim Brennen in die Luft übergeht, ist der Zinnoberzusatz zu beanstanden. Die in § 1 Abs. 2 des Farbengesetzes aufgezählten Farben dürfen nicht verwandt werden. Siehe aber die zahlreichen Ausnahmen und Einschränkungen gemäß § 2 Abs. 2 u. § 4. Auf die Verwendung des sehr giftigen Rhodanquecksilbers zu Spielwaren (Hinterlader, Choleramännchen usw.) sei besonders hingewiesen. (P. Buttenberg, Zeitschr. f. U. N. 1910 (Ges. u. Verord.) 101.)

Bei der Untersuchung von Gespinsten[1]), Kleidungs-, Möbelstoffen, Tapeten, Masken, künstlichen Blumen und Früchten usw. auf Sb und As unterlasse man nie zu prüfen, ob diese Stoffe auch in wässerige Lösung übergehen; handelt es sich um Ba, so sehe man stets, ob das betreffende Salz in Wasser und in HCl löslich oder unlöslich ist. Organische Stoffe kann man auch durch Behandeln mit HCl und $KClO_3$ zerstören und die Metalle wie bei der forensischen Untersuchung angegeben in Lösung bringen. Die Untersuchung geschieht sodann nach dem allgemeinen Gang der Analyse, die von Arsen nach der amtlichen Anleitung, S. 691; Voruntersuchungen auf Arsen kann man mit folgenden Reaktionen ausführen:

a) Nach Gutzeit. Man entwickele in einem Reagensglase aus 1 g chemisch reinem arsenfreiem Zink und 4 ccm arsenfreier Salzsäure (s = 1,036) Wasserstoff und füge etwa 1 ccm der zu untersuchenden Lösung zu. Man schiebe einen losen Wattebausch in das Reagensglas und lege auf die Öffnung Filtrierpapier, das mit 1 Tropfen Silbernitratlösung (1:1) betupft ist. Man stelle das Reagenzglas ins Dunkle. Bei Entwicklung von Arsenwasserstoff entsteht auf dem Filtrierpapier ein gelber Fleck, der beim Befeuchten mit Wasser sofort schwarz wird. Die Wasserstoffentwicklung soll man 1 Stunde vor sich gehen lassen.

b) Nach Bettendorf. Die salzsaure Lösung erhitze man in einem Reagenzglase mit frisch bereiteter Zinnchlorürlösung. Eine Verstärkung der Reaktion tritt dadurch ein, daß man in die stark salzsaure Lösung einige Tropfen konzentrierter Schwefelsäure einfließen läßt (Salzsäuregasentwicklung), Arsen zeigt sich durch Braunfärbung (Reduktion) an.

Bezüglich der Beurteilung dieser Gegenstände ist zu bemerken, daß das Reichsgesetz vom 5. Juli 1887 nur über die Verwendung von Arsen sich ausspricht; die Beurteilung der anderen in Betracht kommenden Metalle hat nach dem Nahrungsmittelgesetz zu erfolgen. Die von Prior und Kayser aufgestellten und von der freien Vereinigung der bayerischen Chemiker seiner Zeit angenommenen Grenzwerte mögen hier, da sie allgemeine Anhaltspunkte geben, mitgeteilt werden:

In 100 g von den gestatteten Farben sollen als Verunreinigung von den verbotenen Metallen folgende Mengen erlaubt sein:

a) Sb, Pb, Cu und Cr zusammen oder von jedem 0,2 g,

b) Ba, Co, Ni, U, Zn und Sn zusammen oder von jedem 1,0 g.

Nach Prior sind zum Färben von 100 qcm bemalten Holzes oder 600 qcm Buntpapier oder Tapete 1 g Deckfarbe nötig. Außerdem sollen in den grünen gemischten Farben für Buntpapiere, Tapeten, künstliche Blumen usw. bis zu 12% Zinkchromat, in den Farblacken bis zu 3% Bariumkarbonat zu gestatten sein.

---

[1]) Techn. Untersuchung der Gespinste (Unterscheidung) s. S. 497.

Abziehbilder sind als Bilderbogen im Sinne des § 4 Abs. 1 d. Ges.
v. 5. Juli 1887 anzusehen (Kaiserl. Ges.-Amt). Nach der Entscheidung
des Obersten Landgerichts zu Nürnberg v. 15. Juli 1909 ist indessen
der § 5 des genannten Gesetzes maßgebend. Abziehbilder sind darnach
als mit Steindruck hergestellt anzusehen. Hiernach würde gemäß § 5
des Farbengesetzes nur ein Gehalt an Arsen nicht aber auch an Blei
verboten sein. Vgl. H. Schlegel, Jahresbericht der U.-Anstalt Nürnberg
(Ref. Zeitschr. f. Unters. d. Nahr.- u. Genußm. 1909. 18. 394) und
A. Röhrig, sowie Bujard, Mezger, Müller ebendort.

Auf die kosmetischen Mittel[1]) findet § 1 Abs. 2 des Gesetzes
vom 5. Juli 1887 Anwendung. Die giftigen Silbersalze sowie das ebenfalls
als schädlich erkannte Paraphenylendiamin (Haarfärbemittel) fallen nicht
unter das Gesetz, letzteres gilt in Bayern aber als Giftstoff.

Wo keine gesetzlich festgelegten Grenzzahlen bestehen, überläßt
man die Beurteilung der Gesundheitsschädlichkeit dem Arzte. (Siehe
auch die Beurteilung von Konserven S. 224.)

Petroleum.

1. Prüfung auf den Entflammungspunkt.

Im deutschen Reiche darf Petroleum, welches unter einem Barometerstande von 760 mm schon bei Erwärmung auf weniger als 21⁰ C
entflammbare Dämpfe entwickelt, nur unter besonderen Vorsichtsmaßregeln und als „feuergefährlich" bezeichnet, verkauft werden. Obli-
gatorisch eingeführt zu dieser Prüfung ist Abels Petroleumprober. Die
Kaiserliche Verordnung, betreffend das gewerbsmäßige Verkaufen und
Feilhalten von Petroleum vom 24. Februar 1882, siehe S. 833.

Jedem Apparat ist eine genaue Gebrauchsanweisung mit Reduktionstabelle beigegeben, wir können deshalb von einer näheren Beschreibung des Apparates absehen.

Mit dem Abelschen Petroleumprober können nur die gewöhnlichen Petroleumsorten auf ihren Entflammungspunkt geprüft werden,
ferner noch Öle, deren Entflammungspunkt nicht über 40⁰ C liegt,
jedoch muß bei der Prüfung letzterer von der amtlichen Vorschrift
insofern abgewichen werden, als bei den Ölen mit einem zwischen 30
und 40⁰ liegenden Entflammungspunkt das Wasserbad bei der Prüfung
anstatt auf 55 auf etwa 65⁰ zu erwärmen ist. Aber auch für höher test-
haltige, sogenannte Sicherheitsöle, deren Entzündungstemperatur weit
über 40⁰ C liegt, kann der Abelsche Apparat gebraucht werden, wenn
man höhere Temperaturen angebende Thermometer anstatt der nur
bis 40 bzw. 60⁰ C gehenden amtlichen Thermometer in den Apparat
einsetzt, und zwar erhitzt man nach dem Vorschlag Kisslings (Chem.
Zeitg. 1892) bei Ölen mit einem Entflammungspunkt zwischen 40 und
50⁰ C das Wasserbad auf etwa 75⁰, bei solchen mit höherer Entzündungstemperatur auf 75 bis 100⁰ bzw. bis zum Sieden des Wassers.

2. Das spezifische Gewicht dient nur zur Identitätsbestimmung. Für sich allein kann es nicht zur Beurteilung eines Öles dienen.

---

[1]) Siehe auch S. 480; nähere Bezeichnung der darunter fallenden Gegenstände; vgl. § 3 des Gesetzes.

3. Chemische Prüfung:

Gutes Petroleum soll wasserhell, nicht hellgelblich, aber bläulich schimmernd sein, es soll keinen empyreumatischen Geruch haben, mit dem gleichen Volumen Schwefelsäure (s = 1,53) geschüttelt, sich nicht dunkel färben, eine Mischung von 5 ccm Petroleum mit 2 ccm Ammoniaklösung und einigen Tropfen Silberlösung soll sich nicht bräunen oder schwärzen. Auf die Charitschkoffsche Natronprobe zur Ermittelung der Erdölsäuren wird verwiesen [1]). Für die Schwefelbestimmung, die über den Raffinationsgrad Auskunft gibt, dienen verschiedene Methoden, insbesondere die nach Heußer und Engler. Gutes Leuchtpetroleum soll nicht über $3\,^0/_0$ Schwefel und höchstens $0,02\,^0/_0$ Asche enthalten.

4. Die Destillationsprobe gibt Anhaltspunkte für die Beurteilung des Petroleums zum Brennen in den Lampen. Sind größere Mengen hochsiedender Bestandteile vorhanden, so ziehen sie sich nicht im Docht hoch. Zur Ausführung der fraktionierten Destillation sind besondere Apparate und Regeln vereinbart. (Siehe Post, Chem. Analyse, 1907, Bd. I, Heft 2, Lunge-Berl, Chem. Untersuchungsmethoden 1910, Holde, Untersuchung der Kohlenwasserstofföle und Fette, 1918; Springer, Berlin, sowie Fußnote 1.)

5. Brennprobe: Man vergleicht das Verhalten des Petroleums in Lampen gleicher Konstruktion durch Wägen der Lampen, ermittelt den stündlichen Verbrauch und vergleicht photometrisch.

Der Verkehr mit feuergefährlichen Stoffen im allgemeinen ist in den verschiedenen deutschen Bundesstaaten verschiedenartig geregelt.

D. Technische Untersuchungen.

Bienenwachs.

Grobe Verunreinigungen und Beschwerungsmittel werden erst durch Umschmelzen des Wachses in Wasser entfernt; ihre quantitative Bestimmung geschieht durch Auflösung des Wachses in etwa 10 Teilen Chloroform oder Tetrachlorkohlenstoff, Sammeln des Rückstandes auf einem gewogenen Filter, Auswaschen mit dem Lösungsmittel, Trocknen und Wägen.

Nachweis von Verfälschungen des Wachses nach der Methode von Hübl.

3 bis 4 g Wachs werden mit 70 ccm neutralem $90\,^0/_0$igem Alkohol im Wasserbade bis zum Schmelzen erwärmt und unter Umschütteln und erneutem Erwärmen mit $^1/_2$ normaler alkoholischer KOH und mit Phenolphthalein titriert. Man erhält auf diese Weise die Säurezahl als mg KOH in 1 g Wachs ausgedrückt. Nach der Titration gibt man weitere 20 bis 25 ccm der alkoholischen Lauge hinzu, verseift am Rückflußkühler (1 Stunde auf dem Drahtnetz) und titriert mit $^1/_2$ normaler

---

[1]) Rakusin, Die Untersuchung des Erdöls und seiner Produkte. Vieweg, Braunschweig 1906.

Salzsäure den Alkaliüberschuß zurück. Der Gesamtverbrauch an mg KOH in 1 g Wachs ergibt die Verseifungszahl[1]).

Zieht man von der Verseifungszahl die Säurezahl ab, so erhält man die Esterzahl und durch Division derselben durch die Säurezahl die Verhältniszahl.

Das Verhältnis der Säurezahl zur Esterzahl ist bei reinem Wachs wie 1: 3,6 bis 3,8 (Verhältniszahl).

Für reines Bienenwachs liegt die Säurezahl zwischen 19 und 21 (meist 20), die Esterzahl zwischen 73 bis 76 (meist 75), die Verseifungszahl zwischen 92 bis 97 (meist 95).

Reines Wachs und seine Verfälschungsmittel zeigen folgende Mittel-Werte:

	Säure-zahl	Ester-zahl	Ver-seifungs-zahl	Ver-hältnis-zahl
Japanwachs	20	200	220	10
Carnaubawachs	4	75	79	19
Talg u. Preßtalg	4	179	195	18,5—48
Stearinsäure	195	0	195	—
Harz	110—180	1,6—36	112—190	—
Paraffin und Ceresin . . .	0	0	0	0
Reines Wachs (gelbes) . .	20	75	95	3,75
Reines Wachs (weißes und gebleichtes)	21,5	78,5	100	3—4

Mit Hilfe dieser Zahlen läßt sich annähernd die Art der Verfälschung feststellen. Geringe Abweichungen von diesen Zahlen sind jedoch noch kein Beweis für eine Verfälschung (siehe auch das Nachfolgende).

Bei indischen und chinesischen Wachssorten fand G. Buchner[2]) andere Konstanten; eine Erniedrigung der Säurezahl bis gegen 6; desgleichen zum Teil eine solche der Verseifungszahl bis gegen 82; bei einigen jedoch auch eine Erhöhung bis 120,1; außerdem eine Erhöhung der Esterzahl bis zu 111,4 und eine solche der Verhältniszahl bis 17,9 (im Minimum 11,06). — Solche Zahlen sind unseres Wissens bei den gangbaren europäischen und afrikanischen Wachsarten noch nicht beobachtet worden.

Außer der v. Hüblschen Methode kann noch die Bestimmung des spezifischen Gewichts, Schmelzpunktes und der Jodzahl des Wachses wertvoll sein.

Das spezifische Gewicht[3]) bei 15° C liegt zwischen etwa 0,956 und 0,970; die Jodzahl liegt zwischen 8,3 und 11 (Buisine); der Schmelzpunkt durchschnittlich bei 60 bis 64°.

---

[1]) Über Verseifung von Bienenwachs siehe Chem.-Ztg. 1908, 31 (verschied. Arb. von G. Buchner, Berg u. Bohrisch) sowie letzterer, Pharm. Zentralh. 1919, Nr. 41.

[2]) Zeitschr. f. öffentl. Chemie 1897. S. 570.

[3]) Ausführung s. Bohrisch und Richter, Pharm. Zentralh. 1906. 47. 201 od. nach der bekannten Hagerschen Schwimmprobe.

Wird bei der v. Hüblschen Methode die kalte Verseifung nach Henriques[1]) vorgenommen, so muß ein Petroleumbenzin, das zwischen 100 bis 150° C siedet, verwendet werden (vgl. auch G. Buchner, Zeitschr. f. öffentl. Chemie 1897, S. 570).

G. Buchner[2]) stellt nach der Prüfung [3]) durch die v. Hüblsche Methode noch folgende Reaktionen auf das Vorhandensein von Stearinsäure, Harz, Japanwachs und Talg an, da auch bei richtigen v. Hüblschen Konstanten eine Vermischung mit einer Komposition der genannten Materialien hergestellt sein kann.

a) Prüfung auf Stearinsäure:

3,0 g Wachs werden mit 10 ccm 80%igem Alkohol einige Minuten gekocht und die Lösung auf 18 bis 20° C abgekühlt. Man filtriert und fügt zum Filtrat Wasser hinzu, darnach scheidet sich die Stearinsäure in Flocken ab und sammelt sich an der Oberfläche. Bei 7 bis 8% bleibt die Stearinsäure dicklich rahmartig im Wasser verteilt. Auch Harz kann Trübungen geben; siehe deshalb unter b).

Die Buchner-Zahl dient ebenfalls zum Stearinnachweis und wird auf folgende Weise bestimmt: 5 g Wachs und 100 ccm 80%iger Alkohol werden zusammen gewogen und 5 Minuten zum schwachen Sieden erhitzt. Man kühlt das Gefäß in kaltem Wasser vollständig ab und läßt unter häufigem Umschütteln mindestens 2 Stunden (besser mehr) stehen, ergänzt mit 80%igem Alkohol bis zum ursprünglichem Gewichte und filtriert durch ein trockenes Faltenfilter. 50 ccm des Filtrates werden mit $\frac{n}{10}$ alkoholischer Kalilauge titriert. Konstanten sind bei:

Bienenwachs	3,6—4,1	Preßtalg	1,1
Karnaubawachs	0,76—0,87	Kolophonium	150,3
Japantalg	14,9—15,3	Stearinsäure	65,8.

b) Prüfung auf Harz:

5,0 g Wachs erhitzt man in einem Kolben mit 20 bis 25 g roher Salpetersäure (1,32 bis 1,33) 1 Minute lang; übergießt dann die Masse mit dem gleichen Volumen Wasser und übersättigt unter Umschütteln mit Ammoniak. Gießt man nun die Flüssigkeit von dem ausgeschiedenen Wachse ab, so besitzt dieselbe bei reinem Wachse eine gelbe, bei Gegenwart von Harz eine mehr oder minder rotbraune Farbe. 1% Kolophonium ist noch auf diese Weise nachzuweisen.

c) Prüfung auf Glyzeride (Japanwachs, Talg):

Den Rückstand von der v. Hüblschen Verseifungs-Methode dampft man auf dem Wasserbade ein, bis der Alkohol verjagt ist, setzt dann Wasser zu, filtriert, dampft das Filtrat ein und reagiert durch Erhitzen des Rückstandes mit Kaliumbisulfat auf Glyzerin (Acrolein). Wenn diese drei Prüfungen negativ ausfallen und auch die v. Hüblschen Zahlen normal sind, kann die betr. Wachsprobe als „rein" gelten. Sind die letzteren aber abweichend, so liegt mit Bestimmtheit ein Zusatz

---

[1]) Zeitschr. für angew. Chem. 1895, S. 721; 1896, S. 221, 443; 1897, S. 366.
[2]) Chem.-Zeitg. 1893, 17. u. 1895. 19. 1422.
[3]) Das Wachs muß zuerst mit destilliertem Wasser so oft umgeschmolzen werden, bis das Wasser nicht mehr sauer reagiert.

(Verfälschung) vor. Eine Ausnahme davon könnte z. B. nur eintreten, wenn nur die Säurezahl eine etwas erhöhte ist, und die Probe auf Stearinsäure und Harz negativ ausfällt, da die Säurezahl bei chemisch gebleichtem Wachs bis auf 24 steigen kann.

Auf die Methode von Benedikt und Mangold, Chemikerzeitung 1891, S. 15, und Benedikt-Ulzer, Analyse der Fette, J. Springer, Berlin 1908, sei verwiesen. Nach den Untersuchungen von Dietrich, Kremel u. a. bietet die Methode gegenüber der v. Hüblschen jedoch keine Vorteile.

Bestimmung der Kohlenwasserstoffe (Paraffin, Ceresin) in Wachs siehe Ahrens und Hett, Zeitschr. f. öffentl. Chemie 1899, 5, 91 (Verbesserung der Methode von A. und P. Buisine). Reines Wachs enthält selbst etwa 12 bis 15 % Kohlenwasserstoffe.

Seifen und Waschmittel [1]).

1. Bestimmung des Wassergehaltes. In einem Platintiegel werden 2,5 bis 4 g Seife und mindestens die 3 fache Menge käuflichen Oleins genau abgewogen und vorsichtig mit einer kleinen Bunsenflamme erwärmt, bis nur noch einzelne Bläschen aufsteigen und die wasserfreie Seife sich klar im Olein gelöst hat. Abweichung höchstens bis zu 0,5 % bei Kontrollbestimmungen. Verfahren bei karbonathaltigen Seifen nicht anwendbar; in solchen Fällen ist die übliche Trockensubstanzbestimmung auszuführen, wobei dann aber unter Umständen flüchtige Stoffe wie Alkohol, Petroleum usw. als Feuchtigkeit mitbestimmt werden.

2. Bestimmung des Gesamtfettes (Gesamtfettsäuren) und des Gesamtalkalis.

2 bis 4 g Seife werden in warmem Wasser gelöst, die Lösung in einen Scheidetrichter gespült und nach dem Erkalten mit 25 ccm Äther und 10 ccm Normalsalzsäure oder Normalschwefelsäure — letztere gestattet auch Kochen, das aber selten nötig ist — tüchtig durchgeschüttelt. Man läßt längere Zeit, am besten über Nacht, stehen oder man schüttelt nach einigen Stunden ein zweites Mal mit 15 ccm Äther aus. Anstatt Äther kann man auch Petroläther vom Siedepunkt 65° verwenden, welcher aber gleichzeitig einen Gehalt an „Oxysäuren", z. B. in Leinölschmierseifen, anzeigt. Die vollkommen klare, saure, wässerige Lösung wird unten abgezogen, die Äther- bzw. Petrolätherlösung oben abgegossen und der Scheidetrichter zunächst mit Äther bzw. Petroläther, dann mit Wasser nachgespült. Man dunstet die gesammelten Äther- oder Petroläthermengen bei etwa 70° ab und trocknet das Fett, das aus Fettsäuren, Harzsäuren, Neutralfett und Unverseifbarem besteht, in einem gewogenen Kölbchen im Wassertrockenschranke [2]), beim Vorhandensein von Leinölsäuren im CO^2-strom; bei Gegenwart von Kokos- und Palmkernöl-Fettsäure darf die Trockentemperatur nicht höher als 55° sein. Die wässerige Lösung (Waschwasser) wird mit Phenolphthalein versetzt und

---

[1]) Vgl. die Einheitsmethoden des Verbands der Seifenfabrikanten; Berlin.
[2]) G. Fendler, Zeitschr. f. angew. Chemie 1909. 22. 252. 540, führt die Fettsäuren in Alkalisalze über, um Verluste an flüchtigen Fettsäuren beim Trocknen zu vermeiden.

mit Normallauge[1]) genau neutralisiert. Der Verbrauch, von 10 abgezogen, gibt das Gesamtalkali. Das erhaltene Gesamtfett löst man behufs näherer Untersuchung in Alkohol und bestimmt durch Neutralisieren mit Normallauge die Säurezahl und — bei Abwesenheit von Neutralfett — das mittlere Molekulargewicht der Fettsäuren. Ist Neutralfett zugegen, so läßt sich dieses in bekannter Weise durch Ausschütteln der entsprechend mit Wasser verdünnten, neutralen Lösung mit Petroläther abscheiden und durch Verseifung usw. schließlich auch noch vom Unverseifbaren trennen.

Auf die Methode von Simmich[2]) zur Fettsäurenbestimmung sei verwiesen; ihre Ausführung erfordert einen besonderen Apparat. Beythien bezeichnet diese Methode als die genaueste für alle Seifen.

Mit der Huggenbergschen[3]) Bürette kann man den Fettgehalt, das gebundene Alkali und das Gesamtalkali gleichzeitig bestimmen.

Die Bestimmung der Fettsäuren kann auch in folgender Weise ausgeführt werden.

Man löst 5 g der in Stücke geschnittenen Seife in einer geräumigen Porzellanschale in 200 ccm Wasser und zersetzt mit $^1/_2$ N.-Schwefelsäure unter Erwärmen die Seife. Hierauf läßt man erkalten, wobei die Fettsäuren erstarren. Bleiben sie jedoch flüssig, so kann dadurch abgeholfen werden, daß man eine genau gewogene, etwa gleich große Menge Paraffin oder Wachs usw. hinzufügt und nochmals erhitzt. Nachdem die Fettsäuren durch mehrmaliges Waschen (s. Ausführung der Hehnerschen Zahl S. 61) von Mineralsäure ganz frei sind, werden sie auf einem getrockneten und gewogenen Filter bei 102° getrocknet und dann gewogen. Die Menge des zugesetzten Paraffins usw. ist vom Resultat abzuziehen.

Die Fettsäuren werden meist als Anhydride angegeben; 100 Teile Fettsäuren sind gleich 96,75 Fettsäureanhydrid.

In Ton-Fettsäureseifen[4]) (sog. Kriegsseifen) wird die Extraktion am besten im Soxhlet mit Äther ausgeführt, nachdem die Fettsäuren durch Kochen nach dem schwachen Ansäuern mit verdünnter Schwefelsäure erst aus der Tonmasse befreit sind. Die ganze Masse wird mit Natriumsulfat versetzt, bis sie trocken ist und dann auf dem Wasserbad eingetrocknet, bevor sie extrahiert wird.

3. Bestimmung des freien Alkalis.

Bei Abwesenheit von Soda, Borax und Wasserglas erwärmt man 2 bis 4 g Seife mit 50 ccm etwa 55%igen Alkohols. Ein ungelöst gebliebener Rückstand wird abfiltriert, mit 50%igem Alkohol ausgewaschen und, wenn er lufttrocken geworden ist, mit Wasser behandelt und für sich auf Alkalität geprüft. Die alkoholische Seifenlösung wird mit Phenolphthalein versetzt. Tritt sofort starke Rötung ein, so liegt eine alkalische Seife vor und man bestimmt den Gehalt an freiem Alkali durch Titration mit Halbnormal- (auch Zehntelnormal-) salzsäure. Wenn die Seife Soda, Borax oder Wasserglas enthält, verwendet man

---

[1]) Man kann natürlich auch mit Halbnormalsäure und -lauge arbeiten.
[2]) Zeitschr. f. U. N. 1911. **21**. 37.
[3]) Seifenfabrikant 1906. **26**. 127; Zeitschr. f. U. N. 1907. **13**. 162.
[4]) Thieme, Seifensied.-Zeitg. 1916. **43**. 859; Taschenkalender für die Öl-, Fett-, Lack- und Firnisindustrie 1918.

nicht 55%igen, sondern absoluten Alkohol. In diesem Falle muß man häufig erwärmen, um Ausscheidungen hintanzuhalten. Besonders das Filtrieren wird dadurch umständlich und zeitraubend. Späth[1]) hat, um diese Übelstände zu vermeiden, vorgeschlagen, die getrocknete Seife in einem Wiegegläschen mit durchlöchertem Boden im Soxhletapparat mit absolutem Alkohol zu extrahieren. Im unlöslichen Rückstande sind alsdann die obigen alkalisch reagierenden Substanzen nach bekannten Methoden zu bestimmen, oder zu trennen, während das freie Alkali in die alkoholische Lösung übergeht.

4. Bestimmung des kohlensauren Alkalis.

Für die meisten Zwecke der Praxis macht es nichts aus, wenn letzteres als freies Alkali mitbestimmt und in Rechnung gesetzt wird. Bei Abwesenheit von Wasserglas und Boraten kann man den unter Ziffer 3 erhaltenen Rückstand benutzen, indem man ihn nach dem Auswaschen mit absolutem Alkohol in Wasser löst und mit $1/2$ N.-Salzsäure und Methylorange titriert. In manchen Fällen, z. B. in der Seidenfärberei, kann dagegen eine Differenz von 0,05% Na_2CO_3 von Bedeutung sein. Für solche Fälle empfiehlt Heermann[2]) einen Analysengang, auf welchen verwiesen werden muß.

5. Bestimmung von Harzsäuren nach der von Holde und Marcusson[3]) verbesserten Methode von Twitchell.

6. Bestimmung von organischen und anorganischen[4]) Füllmitteln wie Stärke, Kasein, kohlensaurem Kalk, Wasserglas, Ton erfolgt in üblicher Weise in dem nach Ziffer 3 verbleibenden Rückstande. Nachweis von Kieselsäure (Wasserglas) kann auch direkt in der Asche der Seife ermittelt werden (siehe auch den allgemeinen Untersuchungsgang S. 33).

7. Bestimmung von Glyzerin siehe Abschnitt „Wein". Methode Zeisel und Fanto. Über das Azetin- und das Oxydationsverfahren siehe die Handbücher.

8. Benzin, Petroleum, Terpentinöl werden durch Destillation im Wasserdampfstrom ermittelt. Ansäuern der Seifenlösung zur Verhinderung des Schäumens erforderlich. Vorlegen eines Meßzylinders zum Abmessen des Volumens der auf dem wässerigen Destillate befindlichen Kohlenwasserstoffe, die durch fraktion. Destillation, Feststellung der Refraktion usw. näher zu untersuchen sind.

9. Alkohol bestimmt man durch Destillation einer Seifenlösung, aus der die abgeschiedenen Fettsäuren durch Abfiltrieren entfernt sind. Zum Abscheiden der Fettsäuren darf die Lösung nur schwach erwärmt werden. Im Destillat Nachweis von Alkohol nach den im Abschnitt Branntwein angegebenen Methoden.

10. Zucker wird durch Polarisation vor und nach der Inversion oder auch quantitativ nach Allihn ermittelt. Die Ausfällung der Fettsäuren gelingt am besten mit einer 10%igen Chlorbariumlösung[5]).

---

[1]) Zeitschr. f. angew. Chemie 1893. 6. 513; 1896. 9. 5.
[2]) Chem.-Zeitung 1904. 28. 53.
[3]) Zeitschr. f. U. N. 1904. 7. 59.
[4]) Vgl. auch J. Großfeld, Zeitschr. f. öffentl. Chem. 1917. 360; 1919. 56.
[5]) F. Freyer, Österr. Chem.-Zeitg. 1900. 3. 25; Zeitschr. f. U. N. 1900. 3. 869.

11. Wasserstoffsuperoxyd bzw. Sauerstoff entwickelnde Stoffe. Zu ersteren gehören Perborate, Perkarbonate, Natriumsuperoxyd, zu den letzteren Persulfate. Für erstere Gruppe dient folgender Nachweis: 2 g der Substanz werden mit 20 ccm Wasser sodann mit verdünnter Schwefelsäure und 1 ccm Chloroform geschüttelt. 10 ccm der abfiltrierten Flüssigkeit werden mit 2—3 ccm Äther überschichtet und dann einige Tropfen stark verdünnter Kaliumbichromatlösung zugesetzt. Nach kräftigem Umschütteln färbt sich der Äther bei Anwesenheit von Superoxyd blau. Zur Ausführung der Titansäurereaktion gibt man einige Tropfen einer Auflösung von Titansäure in konzentrierter Schwefelsäure zu der beschriebenen sauren Ausgangslösung. Orangefärbung zeigt Superoxyd an.

Für Persulfate (O-entwickler) wird die saure Lösung mit oxydfreiem Ferroammoniumsulfat aufgekocht und nach dem Abkühlen mit Ferrozyankalium versetzt (Berlinerblaubildung[1])).

Bezüglich quantitativer Methoden sei auf die Handbücher und den Taschenkalender für die Öl-, Fett-, Lack- und Firnisindustrie 1918 verwiesen.

Beurteilung:

Gute Natronseifen sollen höchstens Spuren von Alkali und nicht mehr als 0,5% kohlensaures Alkali enthalten, Medizinalseifen sollen gar kein freies Alkali enthalten. Für die polizeiliche Kontrolle genügt es in der Regel, den in Alkohol unlöslichen Teil qualitativ und quantitativ auf schädliche Farben gemäß dem Farbengesetz vom 5. Juli 1887 zu untersuchen. Im übrigen richten sich die Eigenschaften von Seifen nach deren Preis und nach den gestellten Forderungen.

Einheitliche Bezeichnungen und Qualitätsbestimmungen bei öffentlichen Ausschreibungen von Seife sind folgende:

1. Harte Seifen.
a) Kernseife mit mindestens 60%
b) Halbkernseife mit mindestens 46% ⎱ Fettsäuregehalt
c) Kokosseife (Handseife) mit mindestens 60% ⎰

2. Weiche Seifen.
a) Naturkernseife ⎱ mit mindestens
b) Glatte Seife, grün, gelb oder braun ⎰ 40% Fettsäure-
c) Hellgelbe, sogenannte Silberseife ⎰ Gehalt

3. Harzseifen.
Bezüglich dieser Seifen wird im allgemeinen ein Harzzusatz von höchstens 20% gestattet.

Die gelieferten harten Seifen dürfen kein freies Alkali in merklicher Menge enthalten.

Salzabgabenbefreiungsordnung. (Zentralbl. für das Deutsche Reich 1913, S. 420 (s. auch S. 832.) Anweisung für die Prüfung und Verwendung der zur Vergällung von Salz bestimmten Stoffe.

(Anlage 2.)[2])

Chemische Untersuchung von Seifenpulver.

Zur Prüfung von Seifenpulver auf Verfälschungen ist eine stets frisch zuzubereitende Probeflüssigkeit aus gleichen Raumteilen 85%igen Alkohols und konzentrierter Essigsäure durch Mischen herzustellen.

---

[1]) Vgl. auch Lenz und Richter, Zeitschr. f. analyt. Chem. 1911. 50. 537
[2]) Zeitschr. f. U. N. (Ges. u. Verord.) 1913. 5. 343.

Von dem zu untersuchenden Pulver, bringt man ungefähr 1 g⁴ in ein Proberohr, gießt von der Probeflüssigkeit ungefähr 10 ccm darauf und erwärmt die Flüssigkeit bis eben zum Kochen. Reines Seifenpulver gibt hierbei eine fast klare Lösung; fremde der Seife beigesetzte Bestandteile setzen sich zu Boden. Man läßt die Trübungen sich vollkommen absetzen, gießt sodann die klargewordene Flüssigkeit vom Bodensatz ab und setzt 20 ccm Wasser hinzu. Die Fettsäuren der Seife scheiden sich alsbald an der Oberfläche als ölige Masse ab. Bei sogenanntem mineralischen Seifenpulver, Talk usw., tritt letztere Erscheinung nicht ein.

Dabei ist zu bemerken, daß auch etwa vorkommende Beimischungen von kohlensauren Alkalien (Soda), sowie von kohlensauren Erden (Kreide, Magnesia) sich in dem Gemisch von Alkohol und Essigsäure vollständig auflösen. Sind derartige Beimengungen vorhanden, so tritt beim Übergießen mit dem Säuregemisch ein starkes oder doch deutlich wahrnehmbares Aufbrausen von Kohlensäure ein. Bei unvermischtem Seifenpulver findet nur eine sehr geringe Entwickelung von Kohlensäure in einzelnen Bläschen statt, welche Erscheinung mit der aufbrausenden Entwickelung der Kohlensäure bei absichtlichen Zusätzen sehr verschieden ist.

Zur Ermittelung des Wassergehaltes werden 10 g Seife in einem Becherglase von etwa 200 ccm Raumgehalt, nachdem es zusammen mit etwa 20 g geglühtem Sand und einem Glasstäbchen gewogen worden ist, mit 25 ccm Branntwein von nicht weniger als 98 Gewichtsprozent übergossen, unter zeitweiligem Umrühren 2 Stunden lang auf dem Wasserbade erwärmt und nach dem Erkalten gewogen. Die Gewichtsabnahme soll 2 g nicht überschreiten.

Trane, Mineral-, Harz- und Teeröle[1]).

1. Trane

sind nichttrocknende Öle und geben kein Elaidin (siehe S. 68). Sie sind an ihrem eigentümlichen (Klupanodonsäure) Geruch und Geschmack leicht zu erkennen. Die Farbe ist je nach Herkunft (Robben-, Walfisch-Dorschlebertran) gelb bis dunkelbraun. — Beim Kochen mit NaOH werden sie braun oder rotbraun. Sehr charakteristisch ist die Reaktion mit Phosphorsäure. 5 Volumina Öl werden mit 1 Volumen sirupöser Phosphorsäure erwärmt: Sämtliche Trane geben, wenn sie auch verfälscht sind, intensivrote, braunrote bis braunschwarze Färbungen.

Dorschlebertran enthält 0,02 bis 0,03% Jod und bis 2,7% unverseifbare Stoffe, freie Fettsäuren 3,8 bis 28%. Mit Salpetersäure (s = 1,50) tritt an der Berührungsstelle von Öl und Säure rote, beim Umrühren feurig rosenrote Färbung ein, welche nach kurzer Zeit zitronengelb wird. Die Verseifungs- und Jodzahl gibt bei Tranen wenig Aufschluß.

Flüssige Wachse (aus Seetieren stammend) sind nichttrocknend, geben kein Elaidin und sind nur zum Teil verseifbar. Das Unverseifbare beträgt etwa 40% und ist eine feste Masse (Unterscheidung von Gemischen aus fetten Ölen und Mineralölen!).

2. Mineralöle[2])

sind Destillationsprodukte des Rohpetroleums etwa zwischen 100 und 250° siedend, haben ein spezifisches Gewicht von etwa 0,800 bis 0,880,

---

[1]) Post, Chem. techn. Analyse von B. Neumann, 1907; Chem. Techn. Untersuchungsmethoden von Lunge-Berl, 1910; Holde, Die Untersuchung der Kohlenwasserstofföle und Fette 1918, Springer, Berlin. In diesen Werken findet sich auch die Beschreibung der für die Untersuchung in Betracht kommenden, z. T. vereinbarten Apparate.

[2]) Das hierzu zu rechnende „Leuchtpetroleum" siehe S. 484 im Abschnitt „Gebrauchsgegenstände".

sind unverseifbar und zeigen in der Regel Fluoreszenz, jedoch ein wenig sicheres Kennzeichen. Die Fluoreszenz kann durch einen Nitronaphtalinzusatz verdeckt sein. Durch Ausziehen mit Alkohol und Eindampfen des Extraktionsmittels erhält man das Nitronaphtalin als gelbe Nadeln; als Entscheinungsstoffe werden außerdem Nitrobenzol und Anilinfarbstoffe angewendet. Die genannten Nitroverbindungen färben sich nach kurzem Kochen mit alkoholischer Kalilauge (etwa Doppeltnormaler) blutbis violettrot. Die Mineralöle verhalten sich bei der Polarisation indifferent. Die Jodzahl ist selten höher als 14. Opt. Drehungsvermögen = 0 bis + 3,1⁰. Mineralöle dienen als Gas-, Putz-, Transformatoren-, Treib-, Heiz-, Schmier- und Fußboden- (staubbindende) Öle und haben als solche besonderen Lieferungsbedingungen zu entsprechen. Bezüglich Schmieröle siehe den nachfolgenden Abschnitt Schmiermittel. Im hygienischen Interesse sind Zusätze von Teeröl zu Putzölen wegen ihres Gehaltes an Kreosot (hautreizendern Stoffen) unzulässig. Nachweis siehe Ziffer 4.

3. Harzöle

werden bei der Destillation des Fichtenharzes gewonnen.

Das spezifische Gewicht der Harzöle liegt in der Regel zwischen 0,97 bis 1,00.

Nachweis:

a) Durch die Polarisation.

Harzöle drehen rechts; das Harzöl muß zur Polarisation mit einem optisch inaktiven Lösungsmittel, z. B. Äther, zuvor verdünnt werden.

Spez. Drehung $[\alpha]_D = + 30$ bis 50^0, bei entsäuerten Harzölen weniger, etwa $+ 23^0$.

Fette Öle des Tier- und Pflanzenreiches mit Ausnahme gewisser seltener ausländischer Sorten (s. Abschnitt Margarine) $\pm 1^0$.

Formel zur Berechnung der spez. Drehung $[\alpha]_D$:

$$[\alpha]_D = \frac{100 \cdot \alpha}{1 \cdot d}$$

$[\alpha]_D =$ spezifische Drehung,
$\alpha =$ abgelesener Ablenkungswinkel,
$1 =$ Rohrlänge in dm,
$d =$ spezifisches Gewicht der untersuchten Flüssigkeit,

Versuchstemperatur und Art der Lösungsmittel sind stets anzugeben.

b) Die Jodzahl der Harzöle ist zwischen 43 und 48; bei Leinölfirnis beträgt sie in der Regel 150—172.

c) Farbenreaktionen.

Reaktion von Morawski-Storch-Liebermann.

Je 1 ccm Öl und Essigsäureanhydrid werden kräftig geschüttelt, nach einigem Stehen das letztere abgezogen und mit einem Tropfen Schwefelsäure (s = 1,53) versetzt. Harzöl zeigt sich durch violettrote Färbung an. — (Gute Probe, namentlich bei Mischungen von Harz- und Mineralölen.)

Sind fette Öle[1]) mit Harzöl vermischt, so nehmen erstere bei der Storchschen Reaktion wohl verschiedene Färbungen an, verhindern jedoch dadurch nur selten die Erkennung von Harzöl.

Reaktion nach Renard.

Beim Vermischen von 10 bis 12 Tropfen Harzöl mit 1 Tropfen wasserfreiem Zinnchlorid (-bromid nach Allen) tritt prachtvolle Violett-färbung auf.

Reaktion nach Holde.

Beim Schütteln gleicher Vol. Öl und Schwefelsäure (s = 1,6) entsteht Rotfärbung der sich absetzenden Säure.

Mit Azeton ist Harzöl in jedem Verhältnis mischbar. Mineralöl gebraucht das Mehrfache seines Volumens zur Lösung.

Weitere Methoden, insbesondere auch zum quantitativen Nach-weis siehe Literatur.

4. Teeröle

haben ein spezifisches Gewicht von über 1,010 und sind unverseifbar.

Mischungen von Teeröl mit Mineralöl kann man durch die leb-hafte Reaktion entdecken, die eintritt, wenn man das Ölgemisch mit Salpetersäure (1,45 spez. Gewicht) vermischt. Reines Mineralöl erwärmt sich nur schwach; teerhaltiges sehr stark. Teeröle sind in Alkohol löslich, riechen kreosotartig und werden durch konzentrierte Schwefel-säure zu wasserlöslichen Verbindungen.

Schmiermittel [2]).

1. Flüssige.

Diese können pflanzliche, tierische oder Mineralöle sein (letztere in der Hauptsache).

Ihre Untersuchung erstreckt sich neben der Prüfung auf Farbe, Konsistenz, Geruch, Trübungen usw.:

a) auf Reinheitsgrad (Verfälschungsnachweis):

α) Wasser; die Bestimmung geschieht nach Holde oder Mar-cusson (nach letzteren b. wasserreichen Ölen).

β) Mechanische Verunreinigungen; durch Abfiltrieren, Trocknen, Auswaschen mit einem Lösungsmittel und Wägen zu be-stimmen.

γ) Gehalt an freien Mineralsäuren u. freiem Alkali.

Man schüttelt im Scheidetrichter 100 g des Öles mit dem doppelten Volumen heißen Wassers wiederholt aus, läßt absitzen, ermittelt die Säure qualitativ und titriert dann mit $\frac{1}{2}$, $\frac{1}{4}$ oder $\frac{1}{10}$ Normalalkali mit Methylorange oder Phenol-phthalein als Indikator. Der ermittelte Gehalt wird entweder in Proz. Ölsäure oder als Säurezahl angegeben.

---

[1]) Die Gegenwart von Mineral- und Harzölen oder auch von Teerölen (seltener) in fetten Ölen ist meistens schon durch den Geruch und insbesondere durch deren Unverseifbarkeit zu erkennen.

[2]) Literatur wie S. 492.

Säurezahl = mg KOH, welche zur Neutralisation von 1 g
Öl erforderlich sind. Säurezahl 14 = 7,05% Ölsäure.

Öle, welche weniger als 0,07% freie Säure, berechnet als
Ölsäure, enthalten, gelten als säurefrei.

Freies Alkali wird direkt durch Titration mit $\frac{n}{10}$-HCl
mit Phenolphthalein in benzol-alkoholischer Lösung bei
hellen Ölen, im alkoholischen Auszug bei dunklen Ölen
bestimmt.

Organische Säuren können von harzartigen Körpern
und Naphtenkarbonsäuren herrühren. Man titriert das Öl
direkt und bezieht den Säuregehalt auf Prozente Ölsäure oder
auf Säurezahl. Indikator: Phenolphthalein, je nach Farbe der
Öle und Alkaliblau 6b von Höchst (mit Säure blau, mit
Alkali rot). Künstlich gefärbte Öle bedürfen einer besonderen
Behandlung, auf die verwiesen werden muß.

δ) Ermittlung eines Gehalts an Seife (Alkali, Ammoniak
oder Tonerde.)

Mit Seife werden manche Mineralöle verdickt. Die Anwesenheit von Seife macht sich durch die beim Schütteln
mit Wasser entstehenden, auf Zusatz von Mineralsäure
wieder verschwindenden Emulsionen bemerkbar. Erhebliche Mengen von Seifen scheiden sich beim Lösen der Öle
in Benzin aus. Quantitative Bestimmung siehe Holde, l. c.

ε) Bestimmung der unverseifbaren Substanz[1]) siehe
S. 63 oder der verseifbaren Substanz (fetten Öle)
siehe Verseifungszahl S. 60. Die zur freien Säure etwa
verbrauchten mg KOH sind bei der Verseifungszahl in Abrechnung zu bringen. — Zur Berechnung eines Zusatzes an
fettem Öl in Mineralöl kann man die Verseifungszahl 185
als mittleren Wert für fette Öle, für mineralische die Verseifungszahl 0 annehmen. 10% fettes Öl würde sich also
durch die Verseifungszahl 18,5 anzeigen. Die Art der einem
Schmieröl etwa zugesetzten fremden Öle läßt sich durch
die unter Fetten und Ölen (S. 68) und unter Teer-, Harz-
und Mineralöl angegebenen Reaktionen, bei Harzölen auch auf
polarimetrischem Wege ermitteln.

ζ) Prüfung auf freies alkohollösliches Harz (Kolophonium)
kommt fast nur für Mineralöl in Betracht, wenn freie Säure
gefunden worden ist. 8 bis 10 ccm Öl werden in einem Reagenzglas mit dem gleichen Volumen Alkohol von 70% heiß
durchgeschüttelt und dann mit Wasser abgekühlt. Nach
Trennung der alkoholischen und der Ölschicht wird die erstere
möglichst quantitativ in eine mit Glasstab gewogene Glasschale filtriert, die Flüssigkeit eingedampft und gewogen.
Ob der Rückstand Kolophonium ist, wird mit der Storch-
Liebermann-Morawskischen (s. S. 493) Reaktion geprüft:

---

[1]) Identität der unverseifbaren Bestandteile siehe Holde l. c.

Auflösen des Rückstandes in 1 ccm Essigsäureanhydrid
und Zusatz von 1 Tropfen -konzentrierter Schwefelsäure
(S = 1,53) erzeugt Violettfärbung. Mit alkoholischer Natronlauge bildet sich Harzseife, aus deren wässerigen Lösung sich
mit Mineralsäure klebrige- Harzteile abscheiden.

Die Harze von dunklem Mineralöle sind Pech- und As-
phaltharze. Man schüttelt etwa $^1/_2$ ccm Öl in einem Reagenzglas mit Petroleumbenzin (von höchstens 35° Siedepunkt)
und läßt die Lösung absitzen (etwa 1 Tag). Die ausfallenden dunklen Flocken trocknet man auf einem Filter (asphalt-
artiges Aussehen), sie sind frisch gefällt in Benzol löslich
(charakteristisch für Asphalt).

b) auf ihre Brauchbarkeit als Schmiermittel.

  α) Bestimmung der Zähigkeit (Viskosität) mit Englers
Viskosimeter. Der Apparat gestattet eine Ordnung der
Öle nach ihrer Zähflüssigkeit durch Ermittlung ihrer Aus-
flußzeiten aus einem engen Röhrchen unter gleichen Fluß-
bedingungen, d. h. gleicher Anfangsdruckhöhe und Temperatur. Als „Zähflüssigkeit" (Englergrad) wird der
Quotient aus Ausflußzeit von 200 ccm Öl bei der Versuchs-
wärme und der Ausflußzeit von 200 ccm Wasser bei 20° C
bezeichnet.

Mechanische Prüfung mit der Ölprobiermaschine von
A. Martens; Prüfungen mit dem Kälte- und dem Ver-
dampfungsprober nach Holde; ausführliche Beschreibungen derselben, sowie ihre Handhabung finden sich in
den Handbüchern.

  β) Die Bestimmung des spezifischen Gewichts geschieht am
besten mit den von der Normalaichungskommission ge-
aichten Öl-Aräometern, für schwere Mineralöle aber mittels
eines Pyknometers.

  γ) Bestimmung der Verdampfbarkeit (flüchtiger Öle).

Diese wird ausgeführt durch 24 Stunden langes Erwärmen
einer bestimmten Menge Öls in einem Luftbad bei derjenigen
Temperatur, welcher das Öl beim Gebrauch ausgesetzt werden
soll; nach dem Erkalten wird gewogen. Gefundene Verdampfung = Verdampfungsmenge.

Die fetten Öle geben bei diesen Temperaturen gewöhnlich
nichts ab, während Mineralöle (je nach vorangegangener
guter oder schlechter Reinigung usw.) flüchtige Beimengungen abgeben. Solche Schmieröle sind schon der Feuer-
gefährlichkeit halber unbrauchbar.

  δ) Bestimmung des Flammungspunktes.

  1. im Pensky-Martensschen Apparat. Genauere Beschreibung siehe Holde (l. c.);

  2. im Abelschen Petroleumprüfer, wenn die Schmieröle
niedrig siedende Produkte enthalten (s. S. 484).

3. Einfacher wird der Flammungspunkt durch Erhitzen einer Portion Öl im offenen Tiegel[1]), in welchen ein Thermometer hineingehängt wird, bestimmt, indem man die Temperatur abliest, bei welcher sich zündbare Dämpfe entwickeln. Der Flammungspunkt von Zylinderölen soll nach Allen nicht unter 200° C liegen.

4. Unter Umständen muß noch bestimmt werden: das Erstarrungsvermögen und die Refraktion des Schmiermittels; doch muß hierfür auf die Handbücher verwiesen werden.

ε) Das Angriffsvermögen auf Metalle und Zement wird im Autoklaven bestimmt.

2. Konsistente.

(Tokotefett, Kompoundfette, Kammradschmiere usw.)

Die Zusammensetzung, wie auch die Konsistenz dieser Fette ist eine sehr wechselnde.

Die Untersuchung hat sich zu erstrecken auf:

Schmelzpunkt, Öl, Seife, Wasser (nach Marcusson), Säure, Glyzerin, Beschwerungsmittel wie Kalk, $BaSO^4$ usw., Verunreinigungen anderer Art, freies Alkali und auf die unter 1a ($α$—$ζ$) aufgeführten Bestimmungen, auf Brauchbarkeit als Schmiermittel durch Bestimmung des Tropfpunktes und auf die Prüfung mit Kisslings Konsistenzmesser.

Gespinste.

Haare, Wolle, Seide, Baumwolle, Flachs, Jute, Hanf, Ramie usw.

Von untergeordneter Bedeutung sind anorganische Faserrohmaterialien wie Asbest; sie unterscheiden sich von den organischen durch ihre Nichtveraschbarkeit.

Die Untersuchung ist hauptsächlich eine mikroskopische. Ob pflanzliche oder tierische Fasern vorliegen, gibt sich in folgender Weise zu erkennen. (NB. Die Fasern sind zuvor zu reinigen, siehe unten.)

1. Pflanzliche Fasern brennen mit anhaltender Flamme; schmelzen nicht; Geruch nach Papier; werden in einer Mischung von Eisenchlorid und Ferrizyankalium blau. In einer mit H_2SO_4 versetzten alkoholischen 20%igen Lösung von $α$-Naphtol lösen sich pflanzliche Fasern mit tiefvioletter Farbe auf (Seide gelb).

2. Tierische Fasern erlöschen rasch (versengen); Geruch nach verbrannten Haaren; Wolle und Seide werden von Pikrinsäure direkt gefärbt, Baumwolle und andere Pflanzenfasern nicht.

Das Verhalten der Fasern gegen chemische Reagenzien ist in der nachfolgenden Übersicht (nach Lehmann)[2]) zusammengestellt:

---

[1]) Marcusson hat einen Apparat hergestellt, um auf diese Weise Eisenbahnwagenöle zu prüfen, einen anderen zur Bestimmung des Flammpunktes von Maschinen- und Zylinderölen.
[2]) Die Methoden der praktischen Hygiene. 1890. Wiesbaden.

Reagenzien	Wolle	Seide	Baumwolle	Flachs	Hanf	Jute
Kochende Kalilauge	etwas schwer löslich	leicht löslich	ungelöst	ungelöst	ungelöst	ungelöst
Kupferoxydammoniak	quillt langsam	unverändert	leicht löslich unter blasigem Aufquellen	Quellung ohne Lösung	Quellung ohne Lösung	Quellung ohne Lösung
Anilinsulfat	unverändert	unverändert	unverändert	unveräniert oder blaßgelb	stark gelb	stark gelb
Molischs Reagens (konz. SO$_3$ u. Thymol)	fehlt	fehlt	purpurviolett	purpurviolett	purpurviolett	purpurviolett

Auf den Gang zur chemischen Trennung der Faserstoffe usw. von Pinchon (siehe die Handbücher) sei hier verwiesen. Amtliche Anweisung zum Nachweis von Baumwolle in Wolle siehe nachstehend.

Ausschlaggebend ist stets die mikroskopische Prüfung. Über das mikroskopische Verhalten der Fasern, Gespinste und Stoffe muß auf die Handbücher verwiesen werden. Man verschaffe sich zum Vergleich reine Gespinstfasern.

Aus Gespinsten und Geweben müssen die Fasern (Ketten -und Schußfäden) möglichst unverletzt isoliert werden. Auf denselben haftende· Substanzen der Appretur, Schlichte, Farben usw. extrahiert man mit den entsprechenden Lösungsmitteln (Äther, Alkohol, Wasser, Säuren u. dgl.). Appreturmittel sind unlösliche Mineralstoffe wie die Sulfate von Ca, Ba, Pb; die Karbonate und Chloride von Mg und Ba; ferner Ton, Talkum usw.; von organischen Stoffen: Harze, Dextrin, Leimsubstanzen, Fette.

In der Regel genügt eine einfache Bestimmung [ohne Berücksichtigung der Art des Beschwerungs-(Appretur-)mittels] der Asche; der in Wasser und der in Alkohol (80%) löslichen Substanzen. Die Bestimmung der Feuchtigkeit der Gespinste und Gewebe erfolgt wie üblich bei 105° C.

Betreffs Verwendung gesundheitsschädlicher Farben siehe das Gesetz vom 5. Juli 1887 und die Anweisung zur Untersuchung in den Ausführungsbestimmungen S. 693 und

Kunstwolle (Shoddywolle) ist ein Gemisch von ungebrauchter Wolle (Wollfasern) mit mehr oder weniger bereits verarbeiteten Fasern.

Kunstseide wird aus Nitrozellulose, aus in Kupferoxydammoniak gelöster Zellulose, aus Zelluloseazetat, aus Gelatine u. a. Stoffen hergestellt. Über die Unterscheidung von Seide und der verschiedenen Kunstseidearten siehe Beythien Handbuch 1917. S. 988—90.

Amtliche Anleitung[1]) zur Bestimmung des Baumwollengehalts im Wollengarn.

In einem 1 Liter fassenden Becherglas übergießt man 5 g Wollengarn mit 200 ccm 10 %iger Natronlauge, bringt sodann die Flüssigkeit über einer kleinen Flamme langsam (in etwa 20 Minuten) zum Sieden und erhält dieselbe während weiterer 15 Minuten in einem gelinden Sieden. In dieser Zeit wird die Wolle vollständig aufgelöst.

Bei appretierten Wollengarnen hat der Behandlung mit Natronlauge eine solche mit 3 %iger Salzsäure voranzugehen; hierauf ist die zu untersuchende Probe so lange mit heißem Wasser auszuwaschen, bis empfindliches Lackmuspapier nicht mehr gerötet wird.

Nach der Auflösung der Wolle filtriert man die Flüssigkeit durch einen Goochschen Tiegel mit Asbesteinlage, trocknet bei gelinder Wärme und läßt die hygroskopische Masse vor dem Wägen noch einige Zeit an der Luft stehen.

Die Gewichtszunahme gibt die Menge der vorhandenen Baumwolle an.

Zündwaren.

Anweisung für die chemische Untersuchung von Zündwaren[2]) auf einen Gehalt an weißem oder gelbem Phosphor.

I. Vorbemerkung.

Die nachstehenden Untersuchungsvorschriften finden Anwendung bei der Prüfung

1. von rotem und von hellrotem Phosphor, sowie von Phosphor-, namentlich Schwefelphosphorverbindungen, welche zur Bereitung von Zündmassen Verwendung finden,
2. von Zündmassen,
3. von Zündhölzern, sowie sonstigen Zündwaren.

Von diesen sind Zündmassen, Zündhölzer und sonstige Zündwaren stets nach dem nachstehend unter III angegebenen Verfahren und bei positivem Ausfall weiter nach Verfahren IV zu untersuchen.

Roter Phosphor ist nur nach Verfahren III zu prüfen. Bei der Untersuchung von Schwefelphosphorverbindungen und hellrotem Phosphor findet das Verfahren III keine Anwendung.

II. Herrichtung der Probe zur Untersuchung.

Der zu prüfende Stoff wird zunächst, soweit es notwendig ist, im Exsikkator so lange getrocknet, bis eine Probe sich mit Benzol gut benetzt, und darauf, soweit die Explosionsgefährlichkeit dies zuläßt, möglichst zerkleinert. Bei Zündhölzern ist ein Trocknen im Exsikkator in der Regel nicht erforderlich; es wird hier die Zündmasse vorsichtig mit einem Messer abgeschabt. Läßt die leichte Entzündlichkeit der Zündmasse eine derartige Ablösung nicht zu, so werden die Zündköpfe möglichst kurz abgeschnitten. Die also vorbereitete Masse wird hierauf in einem mit einem Rückflußkühler verbundenen Kolben auf

---

[1]) Bundesratsbeschluß vom 30. Januar 1896, Bekanntmachung des Reichskanzlers vom 6. Februar 1896, Zentralbl. f. d. Deutsche Reich 1896, Nr. 7.

[2]) Nach dem Inkrafttreten des Weißphosphorverbotes ist auch der Handel mit Zündhölzern zu kontrollieren. Hierbei handelt es sich um den Nachweis von gelbem (weißem) Phosphor in den Zündholzköpfen. Bei den scharfen Methoden zum Phosphornachweis (siehe forensischer Teil, S. 525) käme z. B. auch der spurenweise Gehalt des amorphen Phosphors an gelbem Phosphor zum Nachweis, was nicht erwünscht ist, da man nur gröbere Beimengungen dem Nachweis unterwerfen will, die Verunreinigung des roten mit gelbem Phosphor aber außer Betracht bleiben soll. Die nachstehende amtliche Anweisung ist im Kaiserl. Gesundheitsamte eigens ausgearbeitet worden, und man hat sich genau an die Vorschrift zu halten. Das Gesetz siehe S. 833.

Vergl. auch Zündmittel im Muspratt Bd. X (Bearbeiter: Bujard) und Bujard, Zündwaren, Sammlung Göschen 1910.

kochendem Wasserbade eine halbe Stunde lang mit Benzol im Sieden erhalten, und zwar werden hierzu von Phosphor und Phosphorverbindungen je 3 g und je 150 ccm Benzol, von Zündmassen 3 g und 15 ccm Benzol, von Zündhölzern entweder 3 g der abgeschabten Zündmasse oder 200 Zündholzköpfe mit 15 ccm Benzol angewendet. Die gewonnene Benzollösung, welche den etwa vorhandenen weißen oder gelben Phosphor enthält, wird nach dem Erkalten durch ein Faltenfilter filtriert und dient zu den nachstehenden Prüfungen.

III. Prüfung mittels-ammoniakalischer Silbernitratlösung.

1 ccm der Benzollösung wird zu 1 ccm einer ammoniakalischen Silbernitratlösung gegeben, welche durch Auflösen von 1,7 g Silbernitrat in 100 ccm einer Ammoniakflüssigkeit vom spez. Gewicht 0,992 erhalten worden ist.

Tritt nach kräftigem Durchschütteln der beiden Lösungen und Absitzenlassen keine Änderung oder nur eine rein gelbe Färbung der wässerigen Schicht auf, so ist die Abwesenheit von weißem oder gelbem Phosphor anzunehmen. Die Beurteilung der Färbung hat sofort nach dem Durchschütteln und Absetzen der Flüssigkeiten und nicht erst nach längerem Stehen zu erfolgen.

Tritt dagegen nach dem Durchschütteln der Flüssigkeiten alsbald eine rötliche oder braune Färbung oder eine schwarze oder schwarzbraune Fällung in der wässerigen Schicht ein, so können diese sowohl von weißem oder gelbem Phosphor, als auch von hellrotem Phosphor oder von Schwefelphosphorverbindungen herrühren. Handelt es sich um die Untersuchung von rotem Phosphor, so ist bei dem vorstehend angegebenen Ausfall der Reaktion die Anwesenheit von weißem oder gelbem Phosphor nachgewiesen, und es bedarf einer weiteren Prüfung nicht mehr.

In allen anderen Fällen ist mit dem Rest der Benzollösung wie folgt zu verfahren.

IV. Prüfung auf Anwesenheit von weißem oder gelbem Phosphor mittels der Leuchtprobe.

Ein Streifen von Filtrierpapier von 10 cm Länge und 3 cm Breite wird durch Eintauchen in die Benzollösung mit dieser getränkt. Nach dem Abtropfen der überschüssigen Lösung, welche zu sammeln und aufzubewahren ist, wird der Streifen mittels eines Drahthakens an einem Korke befestigt, der seinerseits in das obere Ende eines Glasrohrs von 50 cm Länge und 4,5 cm Durchmesser eingesetzt wird. Dieses wird mittels einer Klammer in senkrechter Lage gehalten und ragt mit seinem unteren offenen Ende ungefähr 3 cm tief in den etwa 10 cm weiten Innenraum eines Viktor-Meyerschen Heizapparates hinein. In den Kork am oberen Ende des Glasrohrs wird ein Thermometer so eingesetzt, daß seine Quecksilberkugel etwa 20 cm vom unteren Ende des Glasrohrs entfernt ist. Der Heizapparat wird mit Wasser als Siedeflüssigkeit beschickt und das Wasser mittels eines Bunsen- oder Spiritusbrenners zum Sieden erhitzt, der durch einen Mantel aus Schwarzblech so umschlossen ist, daß möglichst wenig Licht nach außen dringen kann. Eine zylindrische Hülse aus dünnem Schwarzblech, welche den Heizapparat nebst Brenner umgibt, sowie eine schirmartige Hülle gleichfalls aus dünnem Schwarzblech, welche auf die erstgenannte Hülse aufgesetzt wird, dienen zum Abblenden der seitlichen und nach oben gerichteten Strahlen der Flamme (vgl. die Zeichnung).

Beim Aufsetzen des Korkes auf das Glasrohr ist darauf zu achten, daß weder der mit Benzollösung getränkte Papierstreifen die Glaswandung berührt, noch daß diese von der Benzollösung benetzt wird. Damit die notwendige Luftbewegung in dem Glasrohr stattfinden kann, ist der Kork, der zum Festhalten des Thermometers und des Papierstreifens dient, mit vier seitlichen Einschnitten zu versehen. Die Temperatur des Luftstromes im Glasrohr soll während des Versuchs 45—50° betragen. Diese wird in der Weise erzielt und geregelt, daß man das Glasrohr mehr oder weniger tief in den Innenraum des Heizapparates hineinragen läßt. In keinem Falle darf die Temperatur im Glasrohre über 55° steigen. Die Untersuchung ist in einem Raume auszuführen, der vollkommen verdunkelt werden kann, und es ist darauf zu achten, daß weder von außen, noch von der Flamme des Brenners aus ein Lichtschimmer in das Auge des Beobachters gelangen kann. Ferner ist es nötig, das Auge vor Beginn der Untersuchung durch einiges Verweilen in dem verdunkelten Raume an die Dunkelheit zu gewöhnen, da sonst die Leuchterscheinungen nicht mit der erforderlichen Sicherheit wahrgenommen werden. Die vor der eigentlichen Beobachtung notwendigen Handgriffe werden am besten bei einer schwachen, nach der Seite des Beobachters hin abgeblendeten künstlichen Beleuchtung ausgeführt. Auf die Einhaltung dieser Maßregeln ist besonderer Wert zu legen. Vor Ausführung der Untersuchung selbst ist der Apparat durch einen Vorversuch mittels einer Benzollösung, welche in 10 ccm 1 mg weißen Phosphor ent-

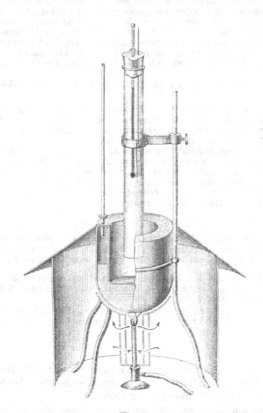

Fig. 4.

hält, auf seine Brauchbarkeit und Zuverlässigkeit zu prüfen; hierbei ist namentlich darauf zu achten, daß die Temperatur des Luftstroms in dem Glasrohre die angegebenen Grenzen nicht übersteigt.

Nach sorgfältiger Reinigung des Apparates wird nunmehr zur eigentlichen Prüfung geschritten.

Tritt bei dieser nach etwa 2—3 Minuten ein Leuchten des Papierstreifens ein, so ist die Anwesenheit von weißem oder gelbem Phosphor nachgewiesen. Die Leuchterscheinung selbst beginnt meist mit einem schwachen Leuchten des Papierstreifens an seinem unteren und oberen Ende und verbreitet sich nach der Mitte zu. Sind größere Mengen Phosphor — entsprechend etwa 1 mg Phosphor in 10 ccm Benzol oder mehr — zugegen, so nimmt das Leuchten an Stärke zu, und nach kurzer Zeit beginnen charakteristische Leuchtwolken von dem Streifen aus in dem Glasrohr emporzusteigen. Bisweilen erscheinen auch auf dem Papierstreifen, von unten und oben, oder von den Rändern beginnend, und nach der Mitte zu fortschreitend, schlangenförmig gewundene Leuchtlinien, und erst später kommt es auf kürzere Zeit zu einer flächenförmigen Lichterscheinung auf dem Papierstreifen. Das Auftreten der Leuchtwolken ist in diesem Falle auch etwas später, aber sonst in der gleichen Weise zu beobachten.

Tritt nach 2—3 Minuten eine Leuchterscheinung nicht auf, so ist der Versuch noch 2—3 Minuten fortzusetzen; erst nach Ablauf dieser Beobachtungsdauer darf beim Ausbleiben der Leuchterscheinung auf Abwesenheit von weißem oder gelbem Phosphor geschlossen werden. Nach Beendigung des Versuchs ist jedesmal festzustellen, ob die Temperatur nicht über 55° gestiegen ist; bejahendenfalls ist, wenn die Leuchterscheinung eintrat, der Versuch zu wiederholen. Ebenso ist zu verfahren, wenn das Ergebnis des Versuchs zweifelhaft war, sei es, daß die Leuchterscheinung undeutlich war, sei es, daß sie zu spät eintrat.

V. Prüfung auf die Anwesenheit von Schwefelphosphorverbindungen.

War mit ammoniakalischer Silbernitratlösung eine Reaktion eingetreten und liegt, gleichviel zu welchem Ergebnisse die Leuchtprobe geführt hatte, ein Anlaß vor, festzustellen, ob Schwefelphosphorverbindungen vorhanden sind, so ist noch die folgende Prüfung auszuführen:

1 ccm der ursprünglichen Benzollösung wird mit 1 ccm einer zweifach normalen wässerigen Bleinitratlösung versetzt und das Gemisch gut durchgeschüttelt. Entsteht nach dem Absetzen der Flüssigkeitsschichten eine braune Färbung an der Trennungsfläche beider Flüssigkeiten, oder ein schwarzer oder schwarzbrauner Niederschlag von Schwefelblei, so ist das Vorhandensein von Schwefelphosphorverbindungen nachgewiesen.

VI. Schlußbemerkung.

War mit ammoniakalischer Silbernitratlösung eine Reaktion eingetreten, verliefen dagegen die Leuchtprobe und die Reaktion mit Bleinitratlösung ergebnislos, so ist die Anwesenheit von hellrotem Phosphor anzunehmen.

Untersuchung von Zündhölzern auf allgemeine Zusammensetzung vgl. K. Fischer, Arb. a. d. Kaiserl. Gesundh.-Amte 1902. 19. 300; Zeitschr. f. U. N. 1904. 7. 381.

Bestimmung des elementaren weißen Phosphors in Mäuselatwerge von F. Mach und P. Enderle, Chemiker-Zeitg 1918, 491.

Gerbstoffe.

Nachstehende Methoden kommen in erster Linie für Gerbmaterialien in Betracht, können aber auch z. T. in entsprechender Form bei Nahrungsmitteln, Wein, Bier usw. Anwendung finden.

Die Probeentnahme von Gerbmaterialien, deren Vorbereitung für die Analyse, die Herstellung des Auszuges, Auflösung der Extrakte, das Ausziehen fester Gerbmaterialien, die Bestimmung der „Gerbenden Stoffe" und der „Nichtgerbstoffe" ist von den Chemikern für Lederindustrie international vereinbart; siehe Lunge-Berl, Chemisch-technische Untersuchungsmethoden - 6. Auflage.

1. Extrakte werden in heißem Wasser gelöst und filtriert.

2. Aus rohen Gerbmaterialien (Rinden, Früchten, Hölzern) werden die Gerbstofflösungen durch Auslaugen und Auskochen mit Wasser hergestellt; man benütze womöglich die Schrödersche Presse (Zeifschr. für analyt. Chmie 25, 132) oder zweckmäßiger einen Kochschen Extraktionsapparat[1]).

---

[1]) Dingl. polyt. Journal. 267. 513.

Anzuwendende Menge:

5—20 g je nach dem Gerbstoffgehalt des Materials. Der Wassergehalt des Gerbmaterials muß zuvor durch eine Bestimmung ermittelt
werden.

1. Methode nach Neubauer-Löwenthal, verbessert von v. Schröder.

Erforderliche Chemikalien:

a) Kaliumpermanganatlösung: 1,667 g $KMnO_4$ in 1 Liter Wasser.

b) Indigolösung: 10 g indigoschwefelsaures Natron (Indigotin)
wird in 1 Liter verdünnter Schwefelsäure (1:5) gelöst, dazu 1 Liter
destilliertes Wasser gegeben, stark geschüttelt bis zur Lösung und
filtriert.

Bei jeder Titration werden 20 ccm Indigolösung zu $^3/_4$ Liter Wasser
zugesetzt; diese reduzieren etwa 10,7 ccm der obigen Kaliumpermanganatlösung.

c) Hautpulver[1]): Es muß weiß-wollig sein und darf keine durch
Kaliumpermanganat reduzierenden Stoffe an kaltes Wasser abgeben.
Man stelle einen blinden Versuch mit 3 g Hautpulver an!

d) Tannin (chemisch reinstes).

Titerstellung der Kaliumpermanganatlösung.

Man löst 2 g lufttrockenes reines Tannin in 1 Liter Wasser und
bestimmt den gesamten Kaliumpermanganatverbrauch von 10 ccm dieser
Lösung und 20 ccm Indigolösung, deren bekannter Reduktionswert
abzuziehen ist. Ferner bestimmt man den Kaliumpermanganatverbrauch
der mit Hautpulver behandelnden Tanninlösung, indem man 50 ccm
Tanninlösung mit 3 g Hautpulver (das zuvor eingeweicht und dann wieder
gut ausgepreßt war) unter öfterem Schütteln 18—20 Stunden behandelt,
dann filtriert und hiervon 10 ccm mit Kaliumpermanganat und Indigo
titriert. Beträgt der Kaliumpermanganatverbrauch des Hautfiltrats
nicht mehr als $10^0/_0$ des Gesamtverbrauchs, so ist das Tannin zur Titerstellung brauchbar.

Der Wassergehalt des Tannins wird durch Trocknen bei 100° C
bestimmt; man berechnet nun aus dem Gesamtkaliumpermanganat-
verbrauch den Titer auf die Trockensubstanz des Tannins. Diesen
so erhaltenen Titer hat man mit 1,05 zu multiplizieren, um den wahren
Titer des Kaliumpermanganats zu finden.

Ausführung der Titration (Einkubikzentimeterverfah-
ren). Zu der die Indigo- und Gerbstofflösung (20 bzw. 10 ccm, von Wein
10 ccm[2])) enthaltenden, auf $^3/_4$ Liter verdünnten Flüssigkeit läßt man

---

[1]) Statt mit Hautpulver sind aussichtsvolle Versuche mit Formalingelatine
von Schmitz-Dumont gemacht worden. Zeitschr. f. öffentl. Chemie 1897.
III. S. 209.

[2]) 10 ccm der Lösung sollen 4—10 ccm Permanganatlösung reduzieren.
Bei Gerbstoffbestimmungen. in Flüssigkeiten wie Wein muß erst entgeistet
und wieder das ursprüngliche Volumen hergestellt werden. Der Oxydationswert
der $KMnO_4$-Lösung wird mit Hilfe einer $^1/_{10}$-Normaloxalsäurelösung ermittelt.
Einstellung mit Tanninlösung in diesem Falle entbehrlich. Statt mit Hautpulver wird der entgeistete Wein mit Tierkohle (chlorfreier) behandelt. 10 ccm
$^1/_{10}$ N.-Oxalsäure = 0,04157 g Tannin. Der mitoxydierte Farbstoff kann außer
acht gelassen werden,

aus einer Bürette 1 ccm-weise Kaliumpermanganatlösung einfließen und
rührt nach jedem Zusatz 5—10 Sekunden stark um. Ist die Flüssigkeit hellgrün geworden, so läßt man nur je 2—3 Tropfen einfließen,
und zwar so lange, bis die Flüssigkeit rein goldgelb erscheint. Um das
Ende der Reaktion zu erkennen, stelle man das Becherglas auf ein weißes
Papier.

Bei der Ausführung einer Gerbstoffbestimmung muß man genau
dieselben Bedingungen einhalten, wie bei der Titerstellung!

Da die gerbstoffhaltigen Materialien (Extrakte, Rinden, Hölzer usw.)
auch solche reduzierende Substanzen enthalten können, die nicht Gerbstoffe
sind, so bestimmt man in 10 ccm der wässerigen Lösung derselben den Kaliumpermanganatverbrauch, hierauf nach dem Ausfällen mit Hautpulver (3 g auf
80 ccm Lösung) die zur Oxydation notwendige Kaliumpermanganatlösung;
die Differenz beider Resultate ergibt den Kaliumpermanganatverbrauch, welcher der vorhandenen wahren Gerbstoffmenge entspricht. Die Gerbstofflösung
muß so bereitet sein, daß 100 ccm derselben 4—10 ccm Kaliumpermanganatlösung reduzieren. Zwischen dem Gerbstoffgehalt und dem Kaliumpermanganatverbrauch herrscht keine vollständige Verhältnisgleichheit, da der Kaliumpermanganatverbrauch von der Konzentration der Lösungen abhängig ist.

2. Gewichtsanalytische Methode nach v. Schröder.

Eignet sich für Laboratorien, welche Gerbstoffbestimmungen nicht
häufig auszuführen haben. Die gemäß vorhergehender Beschreibung
erhaltenen Lösungen bringe man auf 1 Liter und dampfe 100 ccm der
filtrierten Lösung ein, trockne den Rückstand bei 100° C, wäge, verasche
und ziehe die Asche des Rückstandes ab. Man erhält so das Gesamtgewicht
der organischen Stoffe in 100 ccm Lösung.

Nun behandele man 200 ccm derselben Gerbstofflösung mit 10 g
gut gereinigten Hautpulvers unter Schütteln $^1/_2$—1 Stunde, filtriere dann
durch ein Tuchfilter, presse vom Hautpulver ab und behandle das
Filtrat nochmals 20—24 Stunden mit 4 g Hautpulver. Von dem Filtrat
dieser Lösung endlich dampft man 100 ccm ein und behandelt weiter
genau wie oben. Man erhält so die organischen Nichtgerbstoffe. Die
Differenz zwischen dem Gesamtgewicht der organischen Stoffe und der
organischen Nichtgerbstoffe ergibt dann „die wahre gerbende Substanz".

3. Gewichtsanalytisches Verfahren nach Wislicenus

mit voluminösem Aluminiumhydroxyd; siehe Zeitschr. f. angew. Chem. 1904.
17. 801; Zeitschr. f. U. N. 1905. 9. 372; 1906. 12. 233.

Futtermittel und ähnliche Rohstoffe [1]).

Bei Körnern, Mehlen, Kleien usw. in Säcken werden Proben
mittels Probestecher entnommen. Bei Ölkuchen entnimmt man mehrere
ganze Kuchen an verschiedenen Stellen, zerkleinert sie bis auf Wal-
nußgröße, mischt und zieht hieraus die Durchschnittsprobe.

Bei Rohmaterialien, die in Schiffsladungen ankommen, wird
jedes fünfte Entladungsgefäß auf den Probehaufen gestürzt (Feinung

---

[1]) Es können im Rahmen dieses Buches nur die notwendigsten Methoden
angegeben werden. Auf das ausführliche Werk v. J. König, die Untersuchung
landwirtschaftlich und gewerblich wichtiger Stoffe, IV. Aufl. 1914 sei verwiesen.

auf Haselnußgröße). Von solchen Durchschnittsmustern werden 100 bis 200 g weiter zerkleinert (Mühle) und das Mehl durch ein Sieb mit 1 mm Maschenweite geschlagen. Bei einigen Futtermitteln ist eine weitergehende Pulverisierung erwünscht (Dreefsche Mühle, nach Angabe von Märcker von Mechaniker Dreef in Halle a. S. konstruiert).

Die Untersuchung kann sich erstrecken auf die Bestimmung von

a) Wasser; 5 g der Substanz werden in kleinen ca. 6 cm hohen Bechergläsern von 3 cm Durchmesser abgewogen und 3 Stunden lang im Wassertrockenschrank bei 100° bis 105° C erhitzt, im Exsikkator erkalten gelassen und gewogen. Für Handelsanalysen hinreichend genau! Für genaue Ermittelungen erhitzt man etwa 5 g Substanz bei 100—102° C in „Liebigschen Trockenenten"[1] im Wasserstoff- oder Leuchtgasstrom, der zuvor durch ein Trockensystem geleitet wird.

b) Fett (Rohfett) (s. S. 37); als Extraktionsmittel ist alkohol- und wasserfreier Äther zu benützen (internat. vereinbart Berlin 1903). Aus Malzkeimen, Biertrebern, Mohn, Fleischmehl wird das Fett nicht vollständig vom Äther herausgezogen (Beger, Chem. Ztg. 1902, S. 112). Bei wissenschaftlichen Versuchen verwendet man daher besser das Dormeyersche Verfahren: 3—5 g Substanz werden mit 1 g Pepsin, 480 g Wasser und 20 ccm 25%iger Salzsäure bei 37—40° während 24 Stunden der Verdauung unterworfen, das Unlösliche abfiltriert, ausgewaschen, getrocknet und mit Äther extrahiert. Das Filtrat wird mit Äther ausgeschüttelt und der Ätherrückstand dem Ätherextrakt des Unlöslichen hinzugefügt. Die Filtration erfolgt durch eine mit Asbest oder mit Papierfilterstoff belegte Siebplatte eines Trichters.

c) Protein (Rohprotein).

1. Rohprotein (Gesamtstickstoff):
nach S. 34; gefundener N × 6,25 = Protein.

2. Reines Protein nach A. Barnstein[2].)
1—2 g der feingemahlenen Substanz werden in einem Becherglas mit 50 ccm Wasser aufgekocht — stärkemehlhaltige Stoffe erwärme man 10 Minuten im Wasserbade —; hierauf setze man 25 ccm Kupfersulfatlösung (60 g krist. Kupfersulfat in 1 l Wasser) sowie unter Umrühren 25 ccm Natronlauge (12,5 g NaOH in 1 l) zu. Nach dem Absetzen wird die Flüssigkeit abgegossen, der Niederschlag wiederholt mit Wasser dekantiert, dann abfiltriert und mit warmem Wasser so lange ausgewaschen, bis das Filtrat mit Ferrozyankalium oder Chlorkalziumlösung keinen Niederschlag mehr gibt. Man verbrennt dann das Filter (stickstofffreies) mit Niederschlag nach Kjeldahl S. 34. Berechnung: Gefundener N × 6,25 = Reineiweiß.

3. Nichtprotein-Stickstoff.
Man koche 5 g der Substanz in einem 500 ccm fassenden Meßkolben mit 400 ccm Wasser auf, lasse erkalten und fälle

---

[1] Trockenröhren.

[2] Landw. Versuchsst. 1900. 54. 327. Verfahren v. Schjerning, Zeitschr. f. anal. Chem. 1900. 45. 545 u. 633.

das Eiweiß mit einer mit Essigsäure angesäuerten 5%igen
Tanninlösung und fülle auf 500 ccm mit Wasser auf; 100 ccm
der von dem Niederschlag abfiltrierten Flüssigkeit dampfe
man ein und behandle nach Kjeldahl (S. 34) weiter.

4. **Verdauliches Protein.** Stutzers Methode, modifiziert von
   Kühn und Kellner.

2 g der feingemahlenen Substanz werden in einer Verdauungs-
birne mit 500 ccm Magensaft [1]) bei 37—38°C im Wasserbad oder
Brutschrank erwärmt. Nach 12 Stunden werden 10 ccm einer
$12\frac{1}{2}$%igen HCl zugesetzt, ebenso nach 24, 36 und 48 Stunden,
so daß der Gehalt der Flüssigkeit an Salzsäure 1% beträgt.
Nach weiteren 12 Stunden läßt man den Magensaft ablaufen
und wäscht mit Wasser, Alkohol und Äther nach und trocknet
die Substanz durch Absaugen. Letztere wird dann samt Filter
nach Kjeldahl (S. 34) weiter behandelt. Der N-gehalt des Filters muß ermittelt und berücksichtigt werden. Sjollema und
Wedemayer wenden statt Magensaft etwa 1 g Pepsin, dessen
Wirkungswert nach dem deutschen Arzneibuche festzustellen
ist, an. Auf diese Modifikation (landwirtschaftliche Versuchsstationen Bd. 51, S. 385) wird verwiesen.

Gesamt-N abzüglich dem noch vorhandenen = Verdaulicher N.

Einige Futtermittel wie Kümmel, Anis, Koriander, Fenchel
müssen längere Zeit mit Magensaft behandelt werden (48 Stunden). Vers.-Stat. 44 S. 188 u. s. f.

5. **Leim**, nach der Methode von A. Striegel, s. S. 174.

In der Regel genügt es, den als reines Eiweiß (Protein) vorhandenen
Stickstoff und den Gesamtstickstoff zu bestimmen, den Stickstoff der
Nichteiweißstoffe aber aus der Differenz zu nehmen.

Bezüglich der Trennung letzterer muß auf die Handbücher verwiesen werden.

d) **Asche (Rohasche)** (die reine Asche ist Rohasche abzüglich Sand
   s. S. 31)[2]). Auf den Kieselsäuregehalt mancher Futtermittel ist
   Rücksicht zu nehmen.

e) **Zellulose (Rohfaser)** (s. S. 54).

f) **Stickstoffreie Extraktivstoffe** (s. S. 138).
   Außerdem noch

g) **Zucker, Stärke**, nach S. 49 und 52.

---

[1]) Die innere abgelöste Schleimhaut eines frischen Schweinemagens wird
mit der Schere in kleine Stücke zerschnitten und in einer weithalsigen Flasche
mit 5 l Wasser und 75 ccm einer Salzsäure, die 10 g HCl in 100 ccm enthält,
übergossen, 1—2 Tage unter öfterem Umschütteln stehen gelassen, durch ein
Flanellsäckchen, ohne auszupressen, gegossen und dann durch gewöhnliches
Filtrierpapier filtriert. Um den Magensaft mehrere Monate aufbewahren zu
können, setzt man dem salzsäurehaltigen Wasser bei der Extraktion 2—3 g
Salizylsäure pro Magen zu.

[2]) Zur qualitativen Prüfung auf Sand verfährt man so, daß man in einem
zugeschmolzenen Trichter Zinksulfatlösung (1 kg $ZnSO_4$: 700 ccm H_2O (s = 1,435)
mit 5 g des gepulverten Futtermittels mehrmals schüttelt. Der Sand sinkt nach
unten und kann schätzungsweise angegeben werden (Emmerlings Methode).

h) **Säure** (bei **Sauerfutter**) durch Titrieren des kalten, wässerigen Auszuges mit Normallauge (bzw. $^1/_{10}$-N-Lauge) und Berechnen auf Milchsäure oder Essigsäure. 1 ccm Normalalkali $= 0,09$ g Milchsäure, $= 0,06$ g Essigsäure.

i) **Gesamtphosphorsäure.** Siehe bei den Düngemitteln S. 508.

k) **Kali.** 25 g werden vorsichtig verascht, die Asche mit verdünnter Salzsäure ausgelaugt und in einen 250 ccm Meßkolben gespült. Man füllt auf 250 ccm auf, filtriert und bringt davon 100 ccm mittels einer Pipette in einen 200 ccm-Kolben, und fällt daraus SO_3, Erdalkalien usw. nach S. 513 (Kalibestimmung in Düngemitteln); dann füllt man auf 200 ccm auf, filtriert und dampft 50 ccm $= 2,5$ g in einer Platinschale ein und verfährt weiter, wie ebenfalls dort angegeben ist.

l) **Mikroskopische** (bakteriologische) **Untersuchung** siehe die Handbücher, insbesondere J. König, die Untersuchung landwirtschaftlich und gewerblich wichtiger Stoffe, Berlin, Paul Parey 1914, den allg. physikalisch-chemischen und den bakteriologischen Teil des Hilfsbuchs.

Beurteilung: Die chemische Untersuchung kommt hauptsächlich nur für die Beurteilung des Nähr- und Geldwerts (s. König, Unters. landw. usw. Stoffe) in Betracht. Bezüglich des Nachweises der Reinheit und von Verfälschungen und Verdorbenheit entscheidet am meisten und ehesten die mikroskopische Prüfung; neben den Feststellungen des Nährwertes, von groben Verunreinigungen, Sand, Holzfaser, Spelzen und ähnlichen Abfallstoffen kommt namentlich der mikroskopische Nachweis von Ersatzstoffen anderer Herkunft in Frage. Die Erkennung derselben erfordert viel Übung und Erfahrung im mikroskopischen und botanischen Arbeiten. Betreffs der Ranzidität und des Säuregrades von Ölkuchen usw. gilt das unter „Butter" Gesagte. (1 ccm Normal-Alkali $= 0,282$ Ölsäure $= 0,088$ Buttersäure). Muffige, schimmlige usw. Futtermittel sind zu verwerfen.

Düngemittel [1]).

Vorbereitung der Proben.

a) Trockene Proben von Phosphaten oder sonstigen künstlichen Düngemitteln müssen gesiebt und dann gemischt werden.

b) Bei feuchten Düngemitteln, bei welchen dieses nicht zu erreichen ist, hat sich die Vorbereitung auf eine sorgfältige Durchmischung mit der Hand zu beschränken.

---

[1]) Aufnahme können nur die am häufigsten benutzten Methoden finden. Eingehende Literatur vgl. J. König, Die Untersuchung landwirtschaftlich und gewerblich wichtiger Stoffe. Berlin 1914. IV. Aufl.; sowie namentlich die auch im Nachstehenden mitbenutzten Vereinbarungen der landwirtschaftlichen Versuchsstationen und die Methoden zur Untersuchung der Kunstdüngemittel, herausgegeben vom Verein Deutscher Düngerfabrikanten. Berlin 1903. 3. Aufl.; ferner P. Kriesche, Die Untersuchung und Begutachtung von Düngemitteln, Futtermitteln usw. Berlin.

c) Bei Rohphosphaten und Knochenkohle soll zum Nachweise der
Wesensübereinstimmung der Wassergehalt bestimmt werden.

d) Bei Substanzen, welche beim Pulvern ihren Wassergehalt ändern,
muß sowohl in der feinen wie in der groben Substanz der Wassergehalt bestimmt und das Resultat der Analyse auf den Wassergehalt der ursprünglichen groben Substanz umgerechnet werden.

Wasserbestimmung.

10 g werden bei 100° bis zum konstanten Gewicht, bei gipshaltigen
Substanzen 3 Stunden getrocknet. In solchen Materialien, welche flüchtige Stoffe (z. B. Ammonkarbonat) enthalten, werden diese für sich bestimmt und vom erstgefundenen Verluste abgezogen.

Asche und Sandbestimmung

in üblicher Weise.

Phosphorsäurebestimmung.

**In Superphosphaten, Präzipitaten, Rohphosphaten, Knochen-
mehl usw. außer Thomasmehl.**

1. Wasserlösliche und Gesamtphosphorsäure.

Die Extraktion der Superphosphate geschieht in der Weise, daß
20 g Superphosphat in einer Literflasche mit etwa 800 ccm Wasser
sofort bis zur Marke aufgefüllt und dann 30 Minuten lang rotiert[1]) und
darauf filtriert werden. Doppelsuperphosphatlösungen müssen vor der
Fällung der P_2O_5 mit HNO_3[2]) 24 Stunden stehen bleiben; auf 25 ccm
Lösung der Superphosphate sind 10 ccm konzentrierter HNO_3 anzuwenden.

Zur Bestimmung der P_2O_5 in Rohphosphaten, Guanos, Knochen-
mehl usw. sowie der Gesamtphosphorsäure in Superphosphaten und
Präzipitaten werden 5 g Substanz in einem Jenaer Hartglaskolben
mit Marke und Inhalt von 250 ccm mit 50 ccm Schwefelsäure oder
einem Gemisch von Schwefelsäure und Salpetersäure (50 ccm H_2SO_4;
20—40 ccm HNO_3 [s = 1,4]) kräftig solange gekocht (aufgeschlossen),
bis die Flüssigkeit im Kolben rein weiß ist, dann nach dem Erkalten aufgefüllt bis zur Marke und durch ein Faltenfilter filtriert.

In 50 ccm dieser Lösungen ($=1$ g Substanz[3])) bestimmt man dann
die Phosphorsäure entweder:

a) nach der Methode nach N. von Lorenz[4]).

Reagentien: Salpeterschwefelsäure, eine Mischung von 30 ccm Schwefelsäure (s = 1,84) mit Salpetersäure (s = 1,19—1,21) zu 1 l — Sulfatmolybdän-
reagenz. In einem 2—3 l fassenden Kolben übergießt man 100 g Ammoniumsulfat mit 1 l Salpetersäure (s = 1,35—1,36) und löst unter Umrühren. Ferner
löst man 300 g Ammoniummolybdat in einem 1 l-Kolben in heißem Wasser,
füllt nach dem Abkühlen auf Zimmertemperatur zur Marke auf und gießt die

---

[1]) 30—40 Umdrehungen.
[2]) Überführung von Pyrophosphorsäure in Orthophosphorsäure.
[3]) Sofern die Substanz nicht über 20 % P_2O_5 enthält; bei höher prozentigen
25 ccm = 0,5 g Substanz.
[4]) Landwirtsch. Versuchsstationen 1901. **55.** 183; Chem.-Zeitg. 1908. **32.**
707; s. auch Plücker, S. 424.

Lösung in dünnem Strahl unter Umrühren in die Ammoniumsulfatlösung. Nach frühestens 48 Stunden filtriert man durch ein dichtes säurefestes Filter und hebt die Lösung im Dunkeln auf. 2 %ige Ammoniumnitratlösung, die mit einigen Tropfen Salpetersäure schwach sauer zu machen ist, falls sie nicht schon sauer reagiert.

Die Lösung, die nicht mehr als 50 mg P_2O_5 enthalten darf, wird in einem mit Marke versehenen Becherglase von 200—250 ccm Inhalt bei 50 ccm auf etwa 25 ccm eingedampft und mit Salpeterschwefelsäure auf 50 ccm aufgefüllt. Das Becherglas wird dann auf dem Drahtnetze bis zum Aufsteigen der ersten Blasen erhitzt. Man schwenkt einige Male vorsichtig um und gießt in die Mitte der Lösung 50 ccm klares Sulfatmolybdänreagens in der Weise, daß die Wandungen nicht benetzt werden. Nach dem Absetzen der Hauptmasse des Niederschlages (spätestens nach 5 Minuten) rührt man mit Hilfe eines nunmehr in das Becherglas gebrachten Glasstabes $^1/_2$ Minute kräftig um. Nach 12—18 Stunden filtriert man durch einen Platingoochtiegel[1]), dessen Siebplatte mit asche- und fettfreiem Filtrierpapier vollständig bedeckt und befeuchtet ist, unter Absaugen und spült mit 2 %iger Ammoniumnitratlösung 4 mal nach. Man wäscht dann 2 mal mit 90—95 %igem Alkohol nach, indem man den Tiegel 1 mal ganz, das zweite Mal $^1/_2$ anfüllt und verfährt ebenso mit Äther (an Stelle von Alkohol und Äther kann auch Azeton genommen werden). Man bringt dann den mit einem trockenen Tuche abgetrockneten Tiegel in einen Exsikkator, der evakuiert werden kann, aber kein Trocknungsmittel (Schwefelsäure oder Chlorkalzium) enthält. Nach $^1/_2$ stündigem Stehen im Exsikkator wird der Tiegel gewogen. Der gefundene Niederschlag von Ammoniumphosphormolybdat mit 0,03295 multipliziert gibt die Menge an P_2O_5 an.

b) Nach der Molybdänmethode s. Abschnitt Wein.

c) Nach der Zitratmethode, indem man 50 ccm Zitratlösung (200 g krist. reine Zitronensäure in 20 %igem Ammoniak [s = 0,925] gelöst mit ebensolchem Ammoniak zu 1 l aufgelöst, filtriert) und 25 ccm Magnesiamixtur[2]) zugibt. Man rührt $^1/_2$ Stunde (ev. mit Rührwerk) um, läßt 2 Stunden stehen und filtriert die gefällte phosphorsaure Ammoniakmagnesia durch ein Filter oder durch den mit Asbest ausgelegten Goochschen Platintiegel, wäscht mit 2 %igem Ammoniak und glüht den Niederschlag zunächst schwach und dann 5 Minuten im Gebläse. Faktor = 0,638.

2. Zitratlösliche Phosphorsäure.

a) Nach Wagner. In einer 500 ccm fassenden, mit Marke versehenen Stohmannschen Schüttelflasche werden 5 g Superphosphat oder Präzipitat mit verdünnter Wagnerscher Zitratlösung[3]) von 17,5° C, mit welcher zur Marke aufgefüllt war, genau 30 Minuten (30—40 Umdrehungen in der Minute) im Rotier- oder Schüttelapparat ausgeschüttelt.

---

[1]) Neuerdings werden vielfach die von W. C. Heräus in Hanau angefertigten Neubauertiegel mit Platinschwammfilter benutzt.

[2]) 110 g $MgCl_2$ + 140 g NH_4Cl + 1300 ccm H_2O; Lösung mit NH_3 (s = 0,96) auf 2 l gebracht.

[3]) 150 g kristall. Zitronensäure + 23 g Ammoniakstickstoff pro 1 l (N ist analyt. zu ermitteln, konz. Lösung); 2 l mit 3 l H_2O verdünnen (verd. Lösung).

Der Raum, in welchem geschüttelt wird, muß eine konstante Temperatur von etwa 13—18° haben. Darnach wird sofort filtriert (bei trübem Durchlaufen der Flüssigkeit muß zurückgegossen werden) und werden 50 ccm Flüssigkeit nach der Molybdänmethode (s. oben; Zugabe von 1 ccm Molybdänlösung auf je 1 mg P_2O_5) weiter verarbeitet.

b) nach Petermann[1]). Superphosphate: 2,5 g Substanz mit mehr als 10% Phosphorsäure bzw. 5 g von Superphosphaten mit weniger als 10% Phosphorsäure und zusammengesetzten Düngern werden in einem kleinen Glasmörser zunächst trocken zerrieben, dann nach Zusatz von 20—25 ccm Wasser weiter innig zerrieben, die Flüssigkeit alsdann auf ein Filter dekantiert und in einen 250 ccm Kolben filtriert. Der Rückstand im Mörser wird noch 3 mal in derselben Weise behandelt, dann selbst auf das Filter gebracht und solange mit Wasser ausgewaschen, bis das Filtrat etwa 200 ccm beträgt. Letzteres wird mit einigen Tropfen Salpetersäure oder Salzsäure angesäuert, je nachdem die Phosphorsäure nach der Molybdän- oder Zitratmethode bestimmt wird, mit Wasser aufgefüllt und gemischt. Diese Bestimmung gibt die wasserlösliche Phosphorsäure, die im übrigen besser nach der besonderen Vorschrift, S. 508, ausgeführt wird, an.

Das Filter mit dem Rückstande wird in einem 250 ccm-Kolben mit 100 ccm Petermannscher Zitratlösung solange geschüttelt bis das Papier vollständig zerteilt ist. Die Einwirkung der Petermannschen Lösung dauert 15 Stunden bei Zimmertemperatur, dann 1 Stunde im Wasserbade bei 40°. Hierauf wird mit Wasser bis zur Marke aufgefüllt und filtriert und in dieser Lösung die zitratlösliche Phosphorsäure nach der Zitratmethode ermittelt.

Zur Bestimmung der Summe der wasserlöslichen und zitratlöslichen Phosphorsäure werden 50 ccm des Zitratauszuges mit 50 ccm des wässerigen Auszugs vereinigt und nach der Molybdän- oder Zitratmethode untersucht.

Präcipitate: 1 g Präcipitat mit 100 ccm obiger Lösung in einer Reibschale zerreiben, in einen $1/4$ Literkolben spülen, 15 Stunden hei gewöhnlicher Temperatur unter Umschütteln stehen lassen, dann bei 40° C 1 Stunde im Wasserbade digerieren, nach dem Erkalten auffüllen und filtrieren. Von dem Filtrat 50 ccm mit 10 ccm konzentrierter Salpetersäure 10 Minuten kochen und die Phosphorsäure nach der Molybdän- oder Zitratmethode fällen. Bei letzterer annähernd mit Ammoniak neutralisieren, 15 ccm Petermannsche Zitratlösung und 10 ccm Ammoniak, spezifisches Gewicht 0,91, zufügen, mit 25 ccm Magnesiamixtur tropfenweise versetzen und $1/2$ Stunde ausrühren.

3. Freie Phosphorsäure.

10 g des bei 100° bis zur Gewichtskonstanz getrockneten Superphosphats werden mit wasserfreiem Äther oder Alkohol in der Weise, wie dies bei Fettbestimmungen üblich, mit Rückflußkühler etwa 2 Stunden extrahiert. Nach dem Verdunsten des Alkohols bzw. Äthers

---

[1]) 173 g reine Zitronensäure werden in einem 1 l-Meßkolben gelöst, 42 g Ammoniakstickstoff in Form von Ammoniak (titrieren!) zugefügt und zur Marke aufgefüllt. 2,5 ccm der Lösung = 0,105 g N.

wird mit Wasser aufgenommen, wenn nötig filtriert und die Phosphorsäure in entsprechender Weise bestimmt.

In Thomasphosphatmehl.

1. Gesamtphosphorsäure.

Schwefelsäuremethode. 10 g des Phosphatmehls werden mit 50 ccm konzentrierter Schwefelsäure $1/4$ Stunde erhitzt, Wasser zugefügt und nochmals aufgekocht. Nach dem Auffüllen kann die Analyse sowohl nach der Zitrat- als auch nach der Molybdänmethode ausgeführt werden.

2. Zitronensäurelösliche Phosphorsäure.

5 g Substanz werden in einem 500 ccm Kolben mit 500 ccm obiger 2%iger Zitronensäure bei einer Temperatur von $17,5^0$ eine halbe Stunde lang im Rotierapparate digeriert. Der Rotierapparat soll 30—40 Umdrehungen in der Minute machen. Nach dem Filtrieren wird die Fällung nach Popp (Eisenzitratmethode) ausgeführt. Lösungen: 1000 g Zitronensäure, 30 g Eisenchlorid (unzersetzt!) + Wasser + 3,5 l Ammoniak (s = 0,91) zu 5 l gelöst. Wasserstoffsuperoxyd (30%iges Perhydrol) aufs zehnfache verdünnt. Ausführung: 50 ccm Auszug + 25 ccm Eisenzitrat + 1 ccm Wasserstoffsuperoxyd + 25 ccm Magnesiamischung. $1/2$ Stunde rühren.

Stickstoff-[1]) und Perchloratbestimmung.

Der Stickstoff von nitratfreien Düngemitteln wird wie der von Futtermitteln (s. S. 505) bestimmt, in nitrathaltigen und in Salpeter selbst wird der Stickstoff in folgender Weise bestimmt:

a) Verfahren von Jodlbaur[2]): 0,5 g des fein zerriebenen Salpeters oder etwa 1,0 g des salpetersäurehaltigen Stoffes werden in einer Reibschale mit 2—3 g gebranntem, fein gepulvertem Gips innig vermischt. Diese Mischung wird in den Kjeldahl-Kolben gebracht, unter Abkühlung mit 25 ccm Phenolschwefelsäure[3]), welche 40 g Phenol in 1 Liter konzentrierter Schwefelsäure von 66^0 Bé. enthält, versetzt und durch leichtes Hin- und Herbewegen mit der Säure gemengt. Nach Verlauf von ungefähr 5 Minuten fügt man ganz allmählich und unter Abkühlung des Kolbens 2—3 g durch Waschen mit Wasser gereinigten Zinkstaub, sowie 2 Tropfen metallisches Quecksilber hinzu. Nun wird die Mischung gekocht bis die Flüssigkeit nicht mehr gefärbt ist; nach dem Erkalten wird, wenn in einem kleinen Kolben verbrannt wird, in den Destillationskolben übergespült. mit Natronlauge übersättigt, 25 ccm Schwefelkaliumlösung (40 g K_2S zu 1 Liter) hinzugefügt und das Ammoniak abdestilliert.

Anmerkung: Von wesentlichem Belang für die Sicherheit dieses Verfahrens ist, daß die zu verbrennenden Stoffe nicht zu feucht, sondern genügend trocken sind.

---

[1]) Bestimmung in Blutmehl, Hornmehl, Fleischdünger, Fischguano, Kalkstickstoff, Stickstoffkalk u. a.
[2]) Landw. Versuchs-Stationen 1888. 35. 447.
[3]) Das Phenol wird durch die Salpetersäure nitriert; beim weiteren Verlaufe wird die Nitrogruppe in die Amidogruppe übergeführt und schließlich schwefelsaures Ammon gebildet.

Statt der Phenolschwefelsäure ist auch eine Auflösung von Benzoesäure (75 g für 1 Liter) oder von ebensoviel Salizylsäure in konzentrierter
Schwefelsäure vorgeschlagen.

b) Nach O. Förster[1]): 0,5 g Salpeter bzw. 1,0 g eines salpetersäurehaltigen Stoffes — oder Lösungen derselben nach vorherigem
Eindampfen im Kjehldahl-Kolben werden in letzterem mit 15 ccm
einer 6%igen Salizylsäure-Schwefelsäure vermischt, bis Lösung eingetreten ist; alsdann werden bis zu 5 g unterschwefligsaures Natrium, sowie
nach Zersetzung dieses Salzes noch 10 ccm reine Schwefelsäure und das
nötige Quecksilber hinzugefügt und erhitzt. Nach der vollzogenen Verbrennung wird weiter wie gewöhnlich verfahren.

Ammoniak bestimmt man am besten durch Destillation einer
wässerigen Lösung mit frisch gebrannter Magnesia (auf 1 g Ammonsalz
etwa 3 g Magnesia); das Ammoniak fängt man in titrierter Schwefelsäure
oder Salzsäure auf und titriert mit Natronlauge zurück.

Bestimmung des Perchlorats: Die quantitative Bestimmung des
Kaliumperchlorats im Chilisalpeter geschieht durch Ermittelung des
Chlorgehalts in der zu untersuchenden Substanz vor und nach der Zerstörung des Perchlorats. Die Überführung des Perchlorats in Chlorkalium bewirkt man entweder durch einfaches Glühen oder durch Glühen
unter Zusatz verschiedener Reagentien, wie metallisches Blei, Ätzkalk,
Natriumkarbonat, Mangansuperoxyd usf.

a) Nach Selkmann[2]): 5 g Salpeter, dessen Chlorgehalt ermittelt
ist, werden in einem Porzellantiegel von 40—50 ccm Inhalt mit 15—20 g
Blei in Form von Spänen, einer allmählich gesteigerten Hitze ausgesetzt.
Ist Salpeter und Blei geschmolzen, so rührt man mit einem hakenförmig
gebogenen Kupferdrahte fleißig um und hält durch Regelung der Temperatur das Entweichen von Gasen in mäßigen Grenzen. Wenn die Masse
teigig geworden ist und nur noch einige Blasen auftreten, steigert man
die Hitze bis zur dunklen Rotglut des Tiegelbodens und hält diese Temperatur etwa 1—2 Minuten. Die erkaltete Schmelze, die nun Alkali-
nitrit und -chlorid enthält, wird mit heißem Wasser aufgeweicht und in
ein Becherglas gespült. Man setzt 2—3 g doppeltkohlensaures Natron
hinzu und erwärmt mäßig. Im Filtrate wird mit Salpetersäure angesäuert und durch Zusatz von Silbernitrat das Chlor bestimmt.

Zieht man hiervon das vorher gefundene Chlor ab, so ergibt sich aus
der Differenz die Menge der Perchlorats. 1 Äquivalent Chlorsilber 143,4
entspricht 1 Äquivalent Kaliumperchlorat 138,6.

b) Nach Blattner-Brasseur[3]): 5 g Salpeter, bei 150—160° zwecks
Feuchtigkeitsbestimmung getrocknet, in welchem der Chlorgehalt ermittelt ist, werden mit 7—8 g reinem chlorfreien Kalkhydrat in einem
Porzellan- oder Platintiegel von 25—30 ccm Inhalt gemischt und der
zugedeckte Tiegel 15 Minuten über einem Bunsenbrenner erhitzt. Die
Lösung des Glührückstandes wird mit Salpetersäure neutralisiert und
das Chlor mit Silbernitrat entweder titriert oder gewichtsanalytisch
bestimmt.

---

[1]) Chem.-Zeitg. 1889. 13. 229. 1890. 14. 1673. 1690.
[2]) Zeitschr. f. angew. Chem. 1898. Heft 15.
[3]) Chem.-Zeitg. 1900. 72. 767.

Kali- (Alkalien-) Bestimmung.

. Zur Bestimmung des Kalis in Düngerlösungen als Kaliumplatinchlorid muß erst die Schwefelsäure und Phosphorsäure entfernt werden. Die salzsaure kalihaltige Lösung wird dieserhalb zum Kochen erhitzt, zunächst behufs Abscheidung der Schwefelsäure mit Chlorbarium versetzt, erkalten und absitzen gelassen, filtriert und ausgewaschen. Das Filtrat wird erhitzt, bei Vorhandensein von viel Phosphorsäure mit Eisenchlorid versetzt, ammoniakalisch gemacht und so lange mit Ammonkarbonatlösung versetzt, als eine Fällung entsteht. Nachdem sich die Flüssigkeit geklärt hat, wird filtriert, ausgewaschen und das Filtrat nebst Waschwasser in Ermangelung von großen geräumigen Platinschalen in einer gut glasierten Porzellanschale auf dem Wasserbade zur Trockne verdampft. Die trockene Masse wird mittels eines Platinspatels in eine kleinere Platinschale gebracht und über freier Flamme vorsichtig geglüht. Man läßt die Platinschale erkalten, spült mit heißem Wasser die noch in der Porzellanschale verbliebenen Reste in erstere hinein, setzt etwas kalifreie Oxalsäure zu und verdampft auf dem Wasserbade zur Trockne. Der gut getrocknete Rückstand wird vorsichtig und anhaltend geglüht, um die überschüssige freie Oxalsäure zu verjagen, sowie die oxalsauren Salze in Karbonate überzuführen. Auf diese Weise werden die Magnesia, sowie die noch vorhandenen kleinen Mengen von Kalk, Baryt und Mangan, Tonerde usw. von den Alkalien getrennt. Der Glührückstand wird mit wenig heißem Wasser aufgenommen, filtriert, quantitativ ausgewaschen, das Filtrat nochmals mit Oxalsäure in der Platinschale eingedampft, hinreichend geglüht, wieder mit wenig heißem Wasser aufgenommen, filtriert und ausgewaschen. Darauf wird das Filtrat mit einigen Tropfen Salzsäure angesäuert, in einer vorher gereinigten, ausgeglühten und gewogenen Platinschale zur Trockne verdampft, der Rückstand vorsichtig schwach geglüht und die Alkalien als Gesamt-Chlorkalium gewogen. Zur Bestimmung des Kalis werden letztere nach dem Wägen in Wasser gelöst, nötigenfalls filtriert, mit genügend Platinchlorid versetzt und im Wasserbad zur Trockne verdampft. Der trockene Rückstand darf nicht mehr nach Salzsäuregas riechen. Nach Zugabe von 1—2 Tropfen destillierten Wassers übergießt man mit Äther-Alkohol (1:3), filtriert die deutlich gefärbt sein sollende Flüssigkeit durch ein ausgewaschenes, bei 130° getrocknetes und gewogenes Filter, wäscht mit Äther-Alkohol aus, bis er farblos abläuft, läßt den anhaftenden Äther-Alkohol auf dem Filter an der Luft verdunsten, trocknet bei 130° und wägt. Auf die Modifikationen von Faßbänder, Vogel und Häfcke (Landw. Versuchsstationen, Ber. 1896. 47. 97) und auf die Bestimmung als $KClO_4$[1]) wird verwiesen.

Eisenoxyd-, Tonerde-, Kieselsäure-, Kohlensäure-, Kalk- und Magnesia-Bestimmung.

Eisenoxyd und Tonerde nach E. Glaser: 5 g Phosphat werden in bekannter Weise in 25 ccm Salpetersäure von 1,2 spezifischem Gewicht, sowie in etwa 12,5 ccm Salzsäure von 1,12 spezifischem Gewicht

---

[1]) Kriesche, l. c. S. 98.

gelöst und auf 500 ccm gebracht. 100 ccm Filtrat (= 1 g Substanz)
werden, in einen Kolben von 250 ccm gegeben und 25 ccm Schwefelsäure von 1,84 spezifischem Gewicht zugesetzt.

Man läßt den Kolben etwa 5 Minuten stehen und schüttelt ihn einige
Male, setzt dann etwa 100 ccm 95%igen Alkohol zu und kühlt den Kolben
ab, füllt mit Alkohol bis zur Marke auf und schüttelt gut durch. Hierbei findet Kontraktion statt. Man lüftet den ·Stöpsel, füllt abermals
mit Alkohol bis zur Marke auf und schüttelt von neuem. Nach halbstündigem Stehen wird filtriert. 100 ccm Filtrat (= 0,4 g Substanz)
werden in einer Platinschale eingedampft, bis der Alkohol entfernt ist.
Die alkoholfreie Lösung wird in einem Becherglase mit etwa 50 ccm
Wasser versetzt und zum Kochen erhitzt. Man setzt zu der Lösung
Ammoniak bis zur alkalischen Reaktion, aber, um ein zu starkes Aufbrausen zu vermeiden, nicht während des Kochens. Das überschüssige
Ammoniak wird weggekocht. Man läßt erkalten, filtriert ab, wäscht mit
warmem Wasser aus, kocht und glüht und wägt phosphorsaures Eisenoxyd + phosphorsaure Tonerde. Die Hälfte des ermittelten Gewichtes
nimmt man als aus $Fe_2O_3 + Al_2O_3$ bestehend an.

Das Glasersche Verfahren, welches sich in $1^1/_2$—2 Stunden aus-
führen läßt, liefert unter gewöhnlichen Verhältnissen genügend richtige
Ergebnisse; nur in Streitfällen soll es nach den Vereinbarungen deutscher
Düngerfabrikanten durch das Jonessche Verfahren[1]) ersetzt .werden.

Kalk, Magnesia, Kieselsäure und Kohlensäure ermittelt man nach
den bekannten analytischen Methoden (siehe auch den Abschnitt Wasser),
Kohlensäure am besten volumetrisch nach Scheibler.

Gesamtmenge der basisch wirkenden Bestandteile durch Titration
siehe Versuchsstationen 69. 5. 235. Magnesia wird bis zu 5% mit als
Kalk berechnet.

Boden.

A. Mineralboden.

Man nehme je nach der Ausdehnung des zu untersuchenden Grund-
stückes (Ackerkrume oder Untergrund) an 3 bis 12 Stellen Proben von
je 30—50 qcm, untersuche je nach Bedürfnis entweder· jede einzeln
oder nach dem Mischen der Probe eine Durchschnittsprobe. Zugleich
ist es notwendig, über die sonstige Beschaffenheit des betreffenden Bodens,
wie Untergrund, Art der Bestellung, Düngung, Ertragsfähigkeit, Be-
rieselung usw. sich zu unterrichten.

1. Mechanische bzw. Schlämmanalyse nach der Knop-
Wolfschen Methode.

2. Bestimmung des Absorptionskoeffizienten. (Größe
der Nährstoffaufnahme des Bodens aus Lösungen) nach Wolf.

Auf diese beiden und weitere zur Bestimmung der physikalischen
Eigenschaften des Bodens erforderliche Methoden sei hier verwiesen
(König, Die Untersuchung landwirtschaftlich und gewerblich wichtiger
Stoffe).

---

[1]) Methoden zur Untersuchung der Kunstdüngermittel. Berlin 1903.

3. Chemische Untersuchung in der Feinerde (< als 2 mm).

a) Ausziehen des lufttrockenen Bodens.

α) Mit 25%iger kalter Salzsäure.

(1 Gewichtsteil Boden, 2 Volumteile obiger Salzsäure, also etwa 750 g mit 1500 ccm).

Man bestimmt in dieser Lösung:

Kieselsäure, Eisenoxyd, Tonerde, Kalk, Magnesia, Alkalien, (Kali), Schwefelsäure, Phosphorsäure, je nach Maßgabe. (Aufschließen der Erden mit Königswasser; Abscheiden von Kieselsäure!) Zitratlösliche Phosphorsäure im Boden bestimmt man, indem man 60 g Erde mit 300 ccm 2%iger Zitronensäure 24 Stunden in der Kälte und unter Umschütteln digeriert; einen aliquoten Teil mißt man dann von der filtrierten Lösung in einen Kjeldahlschen Kolben ab und verfährt weiter wie bei Thomasmehl.

β) Oder mit heißer Salzsäure (1 Gewichtsteil Boden mit 2 Volumteilen 10%iger Salzsäure).

Man erhitzt 3 Stunden auf kochendem Wasserbade und verfährt wie bei α.

In beiden Fällen muß bei der Berechnung auf die enthaltenen Karbonate Rücksicht genommen werden.

γ) Mit kohlensäurehaltigem Wasser und weiterer Behandlung.

δ) Sandgehalt ergibt sich aus dem Rückstand, der nach der Behandlung der Säuren unlöslich geblieben ist.

b) Bestimmung von hygroskopischem Wasser und Glühverlust, (organische Substanz und Kohlensäure usw.), von Kohlensäure, nach den bekannten Methoden.

α) Bestimmung von Kohlenstoff nach Loges (siehe Fresenius, Quantitative Analyse, 6. Aufl., S. 675); besser durch die Elementaranalyse, nachdem die Kohlensäure zuvor mit verdünnter Phosphorsäure entfernt worden ist.

Die Bestimmung des Kohlenstoffs ist oft wichtig, wenn der Boden Abort-, Jauche- usw. Abflüsse aufnimmt.

Zur Berechnung nimmt man 58% C in den Humussubstanzen an, man hat deshalb die gefundene CO_2 mit 0,471 zu multiplizieren. (Jeder Boden enthält übrigens an und für sich schon etwas organischen Kohlenstoff!)

β) Gesamtstickstoff nach Kjeldahl (siehe allgem. Gang S. 34). Man kann auch Ammoniak und Salpetersäuregehalt für sich ermitteln.

B. Moorboden:

Die chemischen Methoden sind im allgemeinen die gleichen wie bei A., doch ermittelt man noch das Volumgewicht, indem man aus dem mit den Händen gekneteten, zusammengeballten Moorboden mit einem Blechwürfel von 10 oder 15 cm Höhe einen Würfel aussticht und diesen wägt. Die Substanz wird alsdann bei 90°C getrocknet und wieder gewogen. Die zerriebene, so gewonnene trockene Masse wird zur chemischen Untersuchung verwendet.

33*

Trockensubstanz: 2—3 g von der vorgetrockneten Probe trocknet man im Vakuum über Schwefelsäure. Es muß schnell gewogen werden, weil die trockene Substanz sehr hygroskopisch ist.

Mineralstoffe: Bei der Veraschung soll die Hitze nicht über Dunkelrotglut steigen. Die Moorasche ist ebenfalls hygroskopisch.

Die Bestimmung der einzelnen Substanzen erfolgt nach den bekannten Methoden; in erster Linie ist auf Stickstoff, Schwefel, Gesamtphosphor, Kalk, pflanzenschädliche Stoffe, sowie auf die Absorption wichtiger Pflanzennährstoffe und auf die Bestimmung der freien Humussäuren Rücksicht zu nehmen. Siehe Lunge, Chemisch-technische Methoden, Bd. I, S. 906, Springer, Berlin 1904, und die Bestimmung der freien Humussäure ebenda, und Zeitschr. f. angew. Chem. 1908. 21. 151; Landw. Vers.-Stat. 1909. 70. 13, Tacke-Süchting Verfahren.

Bei der Untersuchung von Moorschlamm (zu Heil- bzw. Badezwecken) kann auch der Nachweis von Radioaktivität in Frage kommen. Siehe darüber Abschnitt Wasser.

Über die bakteriologische Untersuchung des Bodens. Siehe den bakteriologischen Teil.

Untersuchung des Bodens auf Leuchtgas (nach G. Königs). Man verreibe größere Quantitäten des Bodens mit Wasser zu einem Brei, versetze mit Schwefelsäure und -destilliere mit Wasserdampfstrom aus großen Steinbehältern. Als Vorlage dienen mehrere unter sich verbundene Glasgefäße, die gut gekühlt sein müssen. Es destilliert Naphtalin über und schwimmt als Öl auf dem Wasser; dasselbe erstarrt später zu einer festen weißen Masse; man reinige dasselbe durch Destillation mit Kalilauge.

Die Identität des Naphtalins kann dann noch durch spezielle Reaktionen nachgewiesen werden.

Außer dem Naphtalin sind in dem wässerigen Destillat noch andere flüchtige Kohlenwasserstoffe enthalten, die sich durch den Geruch als solche erkennen lassen.

Gebrauchs- (Nutz-) Wasser.

Die allgemeine chemische und bakteriologische Untersuchung erfolgt nach den bei Trinkwasser bzw. im bakteriologischen Teil angegebenen Methoden.

Kesselspeisewasser[1]).

Die Anforderungen der industriellen Betriebe an dieselben sind sehr verschiedenartig.

Nach der preuß. Minist.-Verfügung vom 12. November 1910 betr. die Errichtung von Bahnwasserwerken sind Kesselspeisewasser gut, wenn in 1 l klarem Wasser nicht mehr als 150 mg Kesselsteinbildner (= 8,5 Deutsche Grade Gesamthärte) enthalten sind. Bei 150—250 mg (= 14 D. G.) ist das Wasser ziemlich gut, bei 250 bis 350 mg (= 20 D. G.) noch eben brauchbar.

[1]) Literatur: K. v. Buchka, Das Lebensmittelgewerbe. Bd. III. Abschnitt Trink- und Tafelwasser von L. Grünhut, Leipzig 1918; Derselbe, Untersuchung von Trink- und Abwasser, in W. Kerp., Nahrungsmittelchemie in Vorträgen. Leipzig 1914. J. König, Die Untersuchung landwirtschaftlich und gewerblich wichtiger Stoffe. 1914. IV. Aufl.; F. Fischer u. G. Basch, Beiträge zur Untersuchung von Kesselspeisewasser. Chem.-Zeitg. 1905. 878 u. f.

Im allgemeinen wird schon bei 10° Gesamthärte die Enthärtung vorgenommen.

Dampfkesselbetriebe erfordern: möglichst wenig bleibende und temporäre Härte wegen Kesselsteinbildung. Auf 60—70° Vorwärmen zur Austreibung von freier und halbgebundener CO_2. Durch vorsichtigen Zusatz von Kalkwasser lassen sich Bikarbonate, Fettsäuren usw., durch Zusatz von 1,9 g reiner kalzinierter Soda auf je 1° bleibender Härte für 100 Liter die Kalksalze nahezu entfernen. Statt Soda wird auch, namentlich wenn die bleibende Härte fast ausschließlich aus Gips besteht, Bariumchlorid verwendet. Zur Berechnung des Zusatzes ist eine Schwefelsäurebestimmung des Wassers vorzunehmen und auf 1 Teil SO_3 für 100 Liter Wasser 2,6 Teile wasserfreies Chlorbarium ($BaCl_2$) anzuwenden. — Bei unreiner (technisch reiner) Ware ist der Gehalt an Na_2CO_3 bzw. $BaCl_2$ erst festzustellen und dann die nötige Menge zu berechnen. Neuerdings verwendet man die künstlichen Aluminatsilikate (Zeolithe), als Permutit.

Näheres siehe R. Gans (Zeitschr. f. U. N. 1908. 16. 486); W. Appelius, Chem. Rev. Fett- u. Harzind. 1909. 16. 300 u. Zeitschr. f. U. N. 1910. 20. 484.

Am besten ist es, zuvor folgende von Lunge und anderen empfohlenen Prüfungen vorzunehmen:

1. Gesamtalkalität: Durch Titrieren von 200 ccm des Wassers ohne Erwärmen mit $^1/_5$ N.-HCl und Methylorange. 1 ccm $^1/_5$ N.-HCl = 0,050 g $CaCO_3$ für 1 l bei Anwendung von 200 ccm Wasser. Befund = temporäre Härte.

2. Gesamthärte: Als diese nimmt man den Glührückstand (S. 454) an. Er soll nur ganz schwach geglüht und wiederholt mit Ammonkarbonatlösung behandelt werden. Die Resultate sind nur annähernd richtig, jedoch besser als die mit Seifelösung gefundenen. Milligramme in 100 ccm sind gleich den französischen Härtegraden ($CaCO_3$ in 100 000 Teilen), deutsche Grade (CaO in 100 000 Teilen) erhält man durch Multiplikation der französischen mit 0,56. Oder man bestimmt sämtliche alkalische Erden. 200 ccm des Wassers werden mit einem Überschuß von Sodalösung eingedampft, der Rückstand wird auf etwa 180° erhitzt, mit heißem Wasser aufgenommen, filtriert und der Niederschlag ausgewaschen. Den Niederschlag löst man in $^1/_5$ N.-Salzsäure und titriert mit $^1/_5$ N.-Natronlauge und Methylorange zurück.

1 ccm verbrauchter $^1/_5$ N.-Säure = 0,028 CaO (einschließlich Magnesia) im Liter bei Verwendung von 200 ccm Wasser.

Umrechnung auf Härtegrade ergibt sich aus obigem und dem S. 463 Gesagten.

3. Sulfate: Spuren werden vernachlässigt. Die quantitative Bestimmung erfolgt nach S. 455. Die gefundene Schwefelsäure wird als Kalziumsulfat in Rechnung gebracht.

Man rechnet nun den Kalk des Kalziumsulfates auf den sub 2 gefundenen Gesamtgehalt an alkalischen Erden, zieht ihn davon ab und erhält so als Differenz die Karbonate. Gilt auch als Kontrolle für die Bestimmung der Karbonate nach No. 1.

Vorstehende Daten genügen in den meisten Fällen, um die Menge der Zusätze zum Weichmachen des Wassers berechnen zu können,

Zur Kontrolle der berechneten Werte ist die Anstellung nachstehenden praktischen Versuches [1]) zu empfehlen:

Man erhitzt 200 ccm des kalten zu enthärtenden Wassers mit 50 ccm
gesättigtem Kalkwasser von genau bekanntem Gehalt (= a ccm $^1/_{10}$ N.-
CaO) auf dem Drahtnetze bis nahe zum Sieden, füllt nach dem Erkalten
auf 250 ccm auf, filtriert durch ein Faltenfilter und neutralisiert 200 ccm
des Filtrates in einer Porzellanschale genau mit $^1/_{10}$ N-HCl (b ccm)
gegen Methylorange. Man setzt dann 20 ccm $^1/_{10}$ N.-Sodalösung zu,
erhitzt wieder bis zum beginnenden Sieden, spült dann die Flüssigkeit
nebst Niederschlag in einen 250 ccm-Kolben, füllt nach dem Abkühlen
auf 250 auf und filtriert. 200 ccm des Filtrates werden mit $^1/_{10}$ N.-HCl
(c ccm) titriert. 1 cbm Wasser sind dann zuzusetzen:

$$\text{Gramme: } CaO = 3,5 \, (4a-5b)$$
$$\qquad\quad Na_2CO_3 = 33,1 \, (20-b-1,25c).$$

Auf die Vorschläge, Verfahren und Arbeiten für die Untersuchung des
Kesselspeisewassers und die Ermittlung der Art und Menge der Zusätze von
Wartha und Pfeifer, Zeitschr. f. angew. Chem. 1902; I. 901; L. W. Winkler,
Zeitschr. f. anal. Chem. 1901. 82 u. Hundeshagen, Zeitschr. f. öffentl. Chemie
1907. 13. 466 sei verwiesen; Zeitschr. f. angew. Chem. 1910. 23. 2311.

Gute Kesselspeisewasser enthalten von Sulfaten-(Gips) nur etwa
20—30 mg, von fr. CO_2, O und H_2S höchstens Spuren; der Gehalt an
Chloriden soll nicht 200 mg im Liter übersteigen.

Brauereibetriebe (Gärungsgewerbe).

Diese brauchen möglichst weiches Wasser; ungünstig wirken
Magnesiasalze und Nitrate. Wenig organische Substanz und eine geringe
Bakterienzahl sollen vorhanden sein. Siehe auch S. 386 u. 608.

Maßgebend ist nach neuesten Forschungen [2]) für den Brauvorgang
(Maische, Abläuterung), daß möglichst wenig vorübergehende Härte
im Brauwasser vorhanden ist, weil sie die Bildung der Phosphatazidität
ungünstig beeinflußt. (Anforderungen an Wasser siehe auch das Reichsbrausteuergesetz im Anhang.)

**Molkereien, Leim-, Papierfabriken, Fabriken photo-
graphischer Papiere und Trockenplatten, Färbereien, Bleiche-
reien** bedürfen eines weichen, eisenfreien möglichst wenig organische
Substanzen und Bakterien enthaltenden Wassers; s. betr. Eisengehalt
auch die Beurteilung des Trinkwassers;

Zuckerfabriken eines wenig salpetersäure- und schwefelsäure-
haltigen Wassers;

Wäschereien eines sehr weichen, eisen- und manganfreien Wassers
(Seifeersparnis). 20 Härtegrade vernichten im Kubikmeter Wasser
2,4 kg Seife (nach H. Klut).

---

[1]) Drawe, Zeitschr. f. angew. Chem. 1910. 23. 52; Zeitschr. f. U. N.
1911. 21. 715.

[2]) Besonderes W. Windisch, Zeitschr. f. angew. Chem. 1913. 26. 429.
742. 778; 1914. 27. 292. 319.

Abwasser[1]).

(Verunreinigung der Wasserläufe durch Zufluß von Kanalwässern, gewerblichen Anlagen, Fabriken u. dgl.)

Die chemische Untersuchung von Abwässern erfolgt nach den im Hauptabschnitt „Wasser" angegebenen Verfahren. Dort befinden sich besondere Hinweise auf die Anwendung bei Abwasseruntersuchungen. Soweit der Nachweis von besonderen Stoffen in Betracht kommt, z. B. Rhodanverbindungen, Teerprodukten usw. sind die ausführlichen Handbücher (u. a. von Farnsteiner, Buttenberg und Korn, von Tillmanns, Ohlmüller und Spitta) zu Rate zu ziehen. Die Ausdehnung der Analyse muß dem Zwecke der Untersuchung und der Art des Abwassers angepaßt werden; ein besonderer Analysengang läßt sich dafür nicht aufstellen. Neben der Feststellung der anorganischen Bestandteile ist für die Beurteilung besonders der Gehalt an organischen Stoffen (Gesamtstickstoff, Ammoniakstickstoff, orgán. Stickstoff, suspendierte Stoffe, Glühverlust) sowie auch von Gasen (insbesondere Sauerstoff) usw. maßgebend.

Von Wichtigkeit kann die Feststellung der „Sauerstoffzehrung" eines Wassers sein (Fischereiwasser); darunter versteht man die Abnahme des Sauerstoffgehalts unter bestimmten Aufbewahrungsbedingungen während einer gewissen Zeit (n. Spitta). Die Sauerstoffzehrung beruht auf der Tätigkeit der Mikroorganismen, die den Sauerstoff verzehren.

Man verbindet diese Feststellung mit der des Sauerstoffs selbst, indem man von den S. 469 beschriebenen Flaschen eine nur mit dem zu untersuchenden Abwasser, nicht aber auch mit den dort angegebenen Reagenzien versetzt, sondern eine bestimmte Zeit (etwa 24 Std.) im Brutschrank bei 22° aufbewahrt. Die Flasche muß fest verschlossen sein. Nach Ablauf der Zeit werden die Reagenzien, wie beim Winklerschen Verfahren der Sauerstoffbestimmung zugesetzt und der Sauerstoffgehalt ermittelt. Die Differenz zwischen den beiden Sauerstoffbestimmungen ist die „Sauerstoffzehrung". Im Resultat sind die Zeit der Einwirkung der Kleinlebewesen und die Wärmegrade anzugeben.

Neben der chemischen Untersuchung ist die mikroskopische Prüfung und namentlich, wenn es sich um hygienische Fragen handelt, die bakteriologische Untersuchung, ferner für Städtewasser die Prüfung auf Fäulnisfähigkeit anzustellen.

Methylenblaumethode zum Nachweis der Fäulnisfähigkeit nach Spitta und Weldert: 50 ccm des Abwassers werden mit 0,3 ccm einer 0,05%igen wässerigen Lösung von Methylenblau (B. extra Kahlbaum) versetzt und im Brutschrank bei 37° aufbewahrt. Das hierzu benutzte Fläschchen muß vollständig angefüllt und mit eiñem Glasstopfen luftdicht verschließbar sein. Je nach der Menge der im Abwasser enthaltenen Fäulnisstoffe wird der Farbstoff nach wenigen Minuten oder nach mehreren Tagen gebleicht (Übergang in Leukobase). Ist nach 6 Stunden noch keine Entfärbung eingetreten, so kann man annehmen, daß ein Nachfaulen des Wassers auch nach Tagen nicht eintreten wird. — Die Fäulnisfähigkeit wird auf einfache Weise wie folgt festgestellt: Man läßt das Abwasser in offenen Glaszylindern oder in ver-

---

[1]) Konservierung der Abwasser, wenn sie nicht sofort nach Entnahme in Arbeit genommen werden, ist nötig und geschieht am besten mit Chloroform und Formalin; für denjenigen Teil, in welchem NH_3, Gesamt-N und Oxydierbarkeit bestimmt werden, auch mit H_2SO_4 bis zur sauren Reaktion.

schlossenen Glasflaschen während mehrerer Tage (3—10) stehen[1]), und prüft nach 3 Tagen, ob ein fauler Geruch oder ein Geruch nach H_2S vorhanden ist. Man beobachtet dann bis zum 10. Tage weiter. Abwesenheit von Fäulnis (H_2S) nach dieser Frist gilt als Beweis für Fäulnisunfähigkeit.

Für die Beurteilung eines Abwassers können Grenzzahlen natürlich in keiner Weise in Betracht kommen. Zu berücksichtigen ist dabei die Herkunft, die Jahreszeit, Zusammensetzung, Verdünnung, der Ablauf in ein Flußwasser, die Wassergefälle, Vorflutverhältnisse usw. Bei Verwendung von Flußwasser zu häuslichen und gewerblichen Zwecken kommen die in den Flußlauf gelangenden Abwässer besonders in Frage. Ein Urteil betreffs einer Schädigung[2]) oder Belästigung durch ein Abwasser läßt sich nur unter Berücksichtigung aller für den betreffenden Fall überhaupt denkbaren Umstände fällen. Als giftige Beimengungen kommen auch Arsen-, Zyan- und Chromsalze, SO_2 usw. in Betracht.

Für die Beurteilung des Reinheitsgrades von Flußläufen, Seen usw. namentlich auch betreffs Fischereiwesen[3]) gibt besonders die biologische (Plankton-) Untersuchung Auskunft. Zu ihrer Ausführung bedarf man verschiedener sachgemäßer Ausrüstungsgegenstände zwecks Einholung des Materials, z. B. Planktonnetz, Pfahlkratzer. Aus dem Fehlen oder Vorhandensein bestimmter Organismen lassen sich Schlüsse auf den Reinheits- bzw. Verunreinigungsgrad der Gewässer ziehen. Es würde zu weit führen, die große Zahl dieser Organismen[4]) und deren Formen usw. zu beschreiben. Einschlägige Literatur: R. Kolkwitz und M. Marsson, Mitteil. d. kgl. Prüfungsanstalt f. Wasserversorgung und Abwasserbeseitigung 1902 und folgende Jahrgänge; J. König, Die Verunreinigung der Gewässer, Jul. Springer, Berlin, II. Aufl.; C. Mez, Mikroskopische Wasseranalysen, Berlin 1898; B. Eyferth, Einfachste Lebensformen des Tier- und Pflanzenreiches, Braunschweig 1900; Knauth, Das Süßwasser, Neudamm 1907; C. Lampert, Das Leben der Binnengewässer, Leipzig 1908; A. Steuer, Planktonkunde, Leipzig 1905; Schiemenz u. a.

Über Abwasserreinigungs- und Klärverfahren sei auf folgende Fachliteratur verwiesen:

Vierteljahrsschrift für gerichtliche Medizin und öffentliches Sanitätswesen, Supplementhefte 1897/98 u. ff.; Mitteil. d. Landesanstalt für Wasserhygiene, (früher preuß. Prüfungsstelle für Wasserversorgung und Abwasserbeseitigung), Verlag Hirschfeld, Berlin; J. König, Die Verunreinigung der Gewässer; Tillmanns, Wasserreinigung und Abwasserbeseitigung, Halle (Wilh. Knapp) 1915; Thumm, Kontrolle von Abwasserreinigungsanlagen, Berlin, Aug. Hirschwald 1914; Handbuch der Hygiene, Wasser und Abwasser 1911;

---

[1]) Eine weitere Methode ist der Hamburger Test nach Korn und Kamman, Gesundh.-Ing. 1907. 30. 165. Diese auf den Nachweis von organischem Schwefel begründete Methode ist umständlich. — Thumm u. Dunbar halten ein geklärtes Abwasser, das mit dem Rohwasser verglichen, an Oxydierbarkeit um 60 % oder mehr herabgesetzt wurde, nicht mehr für fäulnisfähig.

[2]) Die Schädigungen oder Belästigungen sind entweder gesundheitlicher und hauswirtschaftlicher Natur, oder solche für Industrie und Fischerei.

[3]) Wesentliche Anforderungen an Fischereiwasser: der Gehalt an Sauerstoff betrage nicht unter 1 ccm O pro Liter in Wässern (Schiemenz).

[4]) Besonders häufig vorkommende Organismen sind im bakteriologischen Teil S. 612 erwähnt.

Haupt, Zeitschr. f. U. N. 1918, 35, 119; Tiemann-Gärtner, Handbuch der Untersuchung und Beurteilung der Wässer, Braunschweig, 4. Auflage; J. H. Vogel, Die Verwertung städtischer Abfallstoffe, Berlin; Weldert und Schiele, Wasser und Abwasser, Zentralblatt, Leipzig.

Abwasseranlagen gehören planmäßig chemisch kontrolliert.

Die Untersuchungsweise von Schlammproben deckt sich bisweilen bzw. zum Teil mit derjenigen von Abwasser; indessen wird die Analyse meist auf technische Verwertung des Schlammes als Düngemittel, zur Nutzbarmachung des darin enthaltenen Fettes, des Heizwertes brikettierten Schlammes usw. einzurichten sein. Das zur Erzielung des Schlammes benützte Klärverfahren ist natürlich von größtem Einfluß auf dessen Beschaffenheit. Neben der chemischen Untersuchung, insbesondere auf anorganische Stoffe (Phosphorsäure, Kali, Kalk, Ammoniak, Sand, Gesamtmineralstoffe) und organische Bestandteile (Stickstoffsubstanz, Zellulose) ist auch die grobsinnliche (groben Unrat, Fauna) und die mikroskopische Prüfung vorzunehmen.

E. Gerichtliche Chemie [1]).

Ausmittelung von Giften — Blutnachweis — Vergiftung mit Kohlenoxydgas — Schriften und Tinten — Sperma — Arznei- und Geheimmittel.

Ausmittelung von Giften [2]).

Vorbedingungen.

Man prüfe die zu verwendenden Reagenzien und nehme hierzu nicht zu kleine Mengen. Von arsenfreier Salzsäure und von Schwefelbarium zur Entwickelung von reinem H_2S halte man sich einen eisernen Bestand. Ebenso von arsenfreiem Zink. Man hat dann im Bedarfsfall die reinen Präparate sofort zur Hand. Die Apparate, Schalen usw. reinige man womöglich selbst und beachte, daß es häufig arsenhaltige Glassorten gibt. Äther, Amylalkohol, Benzin, Chloroform usw. müssen rein und vollkommen, ohne Rückstand zu hinterlassen, flüchtig sein (Alkaloidprüfung).

---

[1]) Außer den in nachstehenden Abschnitten behandelten Arbeiten können vom Gerichtschemiker auch photographische Aufnahmen von Blutflecken, Handwerkszeug, des Tatortes selbst, Fingerabdrücke usw. verlangt werden. Wichtige Anhaltspunkte für die Ausführung solcher Arbeiten finden sich in Baumerts Lehrb. d. gerichtl. Chem. Bd. 2, bearbeitet von Dennstedt und Voigtländer, 1906.

[2]) Kratter, Vierteljahrsschr. f. gerichtl. Med. 1907. Suppl. 119. „Über Giftwanderung in Leichen und die Möglichkeit der Giftnachweise bei späterer Enterdigung".

1. In den Leichnam eingeführte Gifte, namentlich Arsenik werden nach längerer Zeit auch in benachbarten Organen nachweisbar.
2. Leicht bewegliche Gifte sind Pflanzengifte (Strychnin, Atropin; Morphin dagegen nicht!); schwer bewegliche Gifte sind Metallgifte.
3. Für die Pflanzenalkaloide kommen Blut, Nieren und Harn, für die Metallgifte vor allem die Leber als größtes Giftfilter in Betracht.

Bei Ausgrabungen sind Kleider und Sargboden für die Untersuchung wichtig (sobald die Körperhöhlen geöffnet und der Körper zerfallen ist!).

Leichenteile, Magen, Speisenreste, Flüssigkeiten usw.[1]) zerkleinere man durch Zerschneiden mit blanker Schere und scharfem Messer und teile die Masse in vier annähernd gleiche Teile. Ein Teil der Objekte dient zur Untersuchung auf flüchtige Stoffe und metallische Gifte, ein zweiter Teil zur Untersuchung auf nichtflüchtige organische Stoffe (Alkaloide), der dritte Teil zum Nachweis der Stoffe S. 543 und der vierte Teil als Rücklage. Ist bei der Vorprüfung der Nachweis schon gelungen oder hat man den Auftrag, auf ein bestimmtes Gift zu prüfen, so vereinfacht sich die Untersuchung natürlich wesentlich, immer aber wird man sich einen Teil für alle Fälle zurücklegen. Hat man wenig Objekte, so kann man auch zum Nachweis der flüchtigen Körper, der Alkaloide und der metallischen Gifte ein und dieselbe Substanz benützen.

Vor Beginn der Untersuchungen ist das Gewicht des Eingelieferten aus der Differenz zwischen Brutto- und Taragewicht zu ermitteln.

Voruntersuchung.

Man nehme die Untersuchung ohne Verzögerung sofort in Angriff.

Man überzeuge sich von der unbeschädigten Beschaffenheit der Verpackung eingesendeter Objekte, der Siegel usw. und bestimme das Gewicht des Inhalts der einzelnen Gläser oder der einzelnen Gegenstände.

Man prüfe die zu untersuchenden Teile (verschiedene Organe von Leichenteilen u. dgl.) möglichst einzeln, wenn es die Umstände erlauben, auf Aussehen, Geruch, auf etwaige unorganische Beimengungen, graue, weiße oder farbige Partikelchen, Streichholzköpfchen, Reste fester Gifte (Stückchen von Arsenik, grauer Fliegenstein, Realgar, Schweinfurter Grün), sodann auf Pflanzenreste (Samen, Pilzfragmente, Fragmente von Blättern, Früchten sind manchmal in der Speiseröhre zu finden), Kanthariden. Man sammelt sie ev. mit der Pinzette. Man prüfe auf diese Stoffe chemisch, sowie mit Lupe oder Mikroskop (auch Mikrophotographie, s. S. 28). Der weitere Verlauf der Voruntersuchung sei gerichtet auf:

Geruch bei Öffnung des Gefäßes: HCN, P, CHCl$_3$, Phenole, Kresole.

Farbe: Gelbe Farbe deutet auf Cr-Verbindungen, Pikrinsäure, blaugrüne auf Cu und auf HCN-Verbindungen usw.

Reaktion: Mittels Lackmuspapier. Stark saure Reaktion deutet auf Mineralsäuren, Oxalsäure, sehr stark alkalische auf KOH, NaOH, NH$_3$.

Metalle und Schwefeldioxyd: Man behandelt einen Teil des Untersuchungsmaterials mit verdünnter arsenfreier Salzsäure, erwärmt fünf Minuten, filtriert und legt einen Streifen blanken Kupferbleches in das Filtrat. Ein grauer Niederschlag kann herrühren von Arsen, Quecksilber (flüchtig), Antimon, Zinn, Blei, Selen, Schwefeldioxyd. Erhitzt man das Blech in möglichst engen Röhren, so gibt Arsen Metallspiegel und reguläre Oktaeder oder nur letztere; Quecksilber gibt Kügelchen, Zinn, Blei und schweflige Säure geben kein Sublimat. Antimon bildet erst bei höherer Temperatur ein Sublimat, das aber nie

---

[1]) Gegebenenfalls in geeigneter Weise, namentlich durch Einpacken in Eis, zu konservieren.

aus Oktaedern besteht. Selendioxyd ist etwas flüchtig, der sich bildende Beschlag zerfließt bald durch Wasseraufnahme (Reinsch).

Leuchten im Dunkeln: Phosphor.

Das Leuchten des Phosphors findet jedoch nicht immer statt. Ammoniak, Alkohol, Terpentinöl verhindern dasselbe.

Phosphorkügelchen: Man verwandelt durch Oxydation mit HNO_3, Cl-Wasser oder Brom in H_3PO_4 und prüft mit molybdänsaurem Ammoniak oder mit NH_3 und Magnesiamischung.

Eine kleine Probe der angesäuerten Substanz bringe man in ein Glaskölbchen, verschließe mit einem Kork, klemme einen mit $AgNO_3$-Lösung und einen mit Bleiacetat getränkten Filtrierpapierstreifen hinein und stelle bei Lichtabschluß in ganz gelinde Wärme.

Ist das Silberpapier nur geschwärzt, so ist die Anwesenheit von P wahrscheinlich, sind beide Streifen geschwärzt (durch H_2S), so beweist die Reaktion nichts.

Blausäure erkennt man durch Einklemmen eines mit frisch bereiteter alkoholischer Guajakharzlösung (1 : 10) getränkten und nach dem Verdampfen des Alkohols mit einer $0,05\%$igen $CuSO_4$-Lösung befeuchteten Filtrierpapierstreifens in ein in gleicher Weise wie obiges hergerichtetes Kölbchen. Bleibt das Papier ungefärbt, so ist keine HCN vorhanden; wird es blau, so kann sie zugegen sein; bei Anwesenheit von H_2S wird das Papier schwarz, womit aber nichts bewiesen ist.

Hauptuntersuchung.

(Nachweis von Blausäure und deren Verbindungen, Chloroform, Äthyl- und Methyl-Alkohol, Äther, Phosphor, Karbolsäure, Kreosot, Chloralhydrat, Jodoform, Nitrobenzol, Aceton und Schwefelkohlenstoff, Bittermandelöl, Jod und Brom durch Destillation.)

Die zur Hauptuntersuchung bestimmte Substanz ist stets genau abzuwägen.

Bevor man qualitative Einzeluntersuchungen ausführt, fülle man die Lösungen stets auf bestimmte Volumina auf, um den Rest der Lösungen für die quantitativen Bestimmungen zurückstellen zu können (Beythien-Hempel).

Die gut zerkleinerte Masse wird, wenn nötig, mit etwas destilliertem Wasser verdünnt, mit Weinsäurelösung angesäuert und aus einem kurzhalsigen Kolben destilliert, unter Verwendung eines größeren, zweimalig rechtwinklig gebogenen Steigrohrs, das direkt in den aufrecht stehenden Kühler führt. So hergerichtet dient die Destillation gleichzeitig zum Nachweis von Phosphor nach Mitscherlich (siehe auch S. 525). Während der Destillation muß der Raum verdunkelt werden.

Zur Vermeidung von Verlusten wird der Kolben auf ein gereinigtes Wasserbad gesetzt und unter Einleitung von Wasserdampf destilliert.

Das Destillat kann enthalten:

Blausäure-HCN (auch von Cyaniden herrührend):

Reaktionen: Eine mit NaOH versetzte Probe wird mit 2—3 Tropfen $FeSO_4$-Lösung versetzt, gelinde erwärmt, dazu einige Tropfen verdünntes Eisenchlorid zugefügt, mit HCl angesäuert: blauer Niederschlag von Berlinerblau. Geringe Cyanmengen geben nur blaugrüne Färbung, bei längerem Stehenlassen scheiden sich dann noch Spuren eines Niederschlages ab (Berlinerblaureaktion).

Eine Probe wird mit NaOH und einigen Kubikzentimetern gelbem Schwefelammonium zur Trockene verdampft, der Rückstand in wenig Wasser gelöst, mit HCl schwach angesäuert und mit sehr wenig verdünntem Eisenchlorid versetzt: Blutrote Färbung, die durch HCl-Zusatz nicht verschwindet (Rhodanreaktion). Die sehr empfindliche Reaktion mit Guajak und $CuSO_4$ siehe S. 523.

Die HCN kann auch von Ferrocyankalium herrühren; man prüfe daher, wenn HCN gefunden wurde, eine mit Wasser verdünnte, abfiltrierte Probe von der Original-Substanz direkt durch Zusatz von Eisenchlorid. Vermutet man Ferrocyankalium neben giftigen Cyaniden und HCN, so destilliere man unter Zusatz von viel doppeltkohlensaurem Natron. Man hat so nur die von giftigen Cyaniden herrührende HCN im Destillat.

Hat man auf Cyanquecksilber zu prüfen, so ist es zweckmäßig, unter Zusatz von etwas NaCl, mit Oxalsäure angesäuert, zu destillieren; auch durch Zusatz von frischem Schwefelwasserstoffwasser erhält man die HCN im Destillat. Letztere Methode ermöglicht es, den Nachweis von Cyanquecksilber neben Ferrocyankalium zu führen: Man setzt Natriumbicarbonat (nicht zu wenig) und frisches Schwefelwasserstoffwasser zu und destilliert. Die HCN des Ferrocyankaliums geht auf diese Weise nicht in das Destillat.

Nachweis von anderen Cyaniden neben Ferrocyankalium (insbesondere Cyanquecksilber) nach der Barfoedschen Methode siehe Beythien, Handb. S. 1026.

Chloroform—$CHCl_3$: Das darnach riechende Destillat wird möglichst entwässert und das $CHCl_3$ aus dem Wasserbad nochmals destilliert. Reaktionen: Jod wird violett gelöst. Erwärmen mit einigen Tropfen alkoholischer KOH und wenig Anilin: widerlicher Geruch nach Phenylcarbylamin. Durchleiten der Dämpfe durch ein glühendes Glasrohr und Einleiten in Jodzinkstärkelösung: Bläuung durch gebildetes freies Jod. Beim Kochen einer Resorcinlösung mit etwas Chloroform und KOH: Rotfärbung, die beim Verdünnen schön grün fluoresziert. Mit Naphthol (α oder β) und konzentrierter KOH erwärmt, entsteht Blaufärbung. Fehlings Lösung, ammoniakalische Silberlösung werden beim Kochen mit etwas $CHCl_3$ reduziert, es wird Kupferoxydul bzw. metallisches Silber ausgefällt (infolge der Bildung von Ameisensäure durch das Alkali) vgl. auch bei Chloralhydrat.

Chloralhydrat: Läßt sich durch Wasserdampfdestillation oder durch Extraktion mit Äther isolieren. Zweckmäßig verbindet man beide Operationen und schüttelt das Destillat mit Äther aus.

Der kristallinische Ätherabdampfungsrückstand gibt wie Chloroform die Phenylcarbylamin-, die Resorcin- und Naphtholreaktion und geht beim Behandeln mit Alkalien (auch mit MgO) [$^1/_2$stündiges Erhitzen am Rückflußkühler im Wasserbad] in Chloroform und Formiat über, welch letzteres nach dem Neutralisieren des Reaktionsgemenges mit HCl auf Zusatz von Eisenchlorid an dem entstehenden Eisenformiat (braunrot) erkannt wird. Fehlingslösung und Silberlösung werden reduziert!

Chloralhydrat unterscheidet sich von Chloroform durch den anfangs ziegelroten, später heller werdenden und in Gelbgrün übergehenden Niederschlag, den es mit Neßlers Reagens erzeugt.

Äthylalkohol: Das Destillat muß rektifiziert werden. Charakteristisch ist der Geruch, dann die Brennbarkeit. Grünfärbung von $K_2Cr_2O_7$ in Schwefelsäure, mit letzterem destilliert Aldehyd gebend. Das Destillat, mit NaOH erwärmt, bildet Aldehydharz und wird bräunlich (Zimtgeruch des Aldehydharzes). Liefert, mit Natriumacetat und Schwefelsäure erwärmt, Essigäther. Jodoformreaktion: Zugeben von etwas Jod und KOH, bis eben entfärbt ist, und gelindes Erwärmen: Jodoformabscheidung. Aceton, Aldehyd, Milchsäure, Dextrin und eine Menge anderer Stoffe geben ebenfalls diese Reaktion.

Aceton: Kann als natürliches Produkt im Harn sein, ferner im Destillat der Leichenteile (Blut, Leber, Milz usw.). Giftig ist es nicht, aber sein Nachweis kann praktisch werden, wenn es sich um den Alkoholnachweis handelt, da es auch die Jodoformprobe liefert: Aceton weist man durch Zugabe von frisch bereiteter gesättigter Nitroprussidnatriumlösung und Übersättigen mit NaOH nach (rote Färbung, die bald in gelb übergeht); übersättigt man diese Mischung mit Essigsäure, so wird sie karmin- bis purpurrot. Aldehyd gibt diese Reaktion auch (Legalsche Reaktion). Eine weitere Reaktion beruht auf der Eigenschaft des Acetons, frisch gefälltes HgO aufzulösen. Die Lösung wird mit etwas $HgCl_2$ und überschüssiger alkoholischer KOH gut durchschüttelt, filtriert und das klare Filtrat mit Schwefelammonium überschichtet. Bei Anwesenheit von Aceton bildet sich an den Berührungsflächen eine schwarze Zone von Quecksilbersulfid (Reynolds Reaktion).

Methylalkohol: Siedet bei 66⁰, ist mit Wasser mischbar, gibt mit KOH und J erwärmt kein Jodoform und verhindert die Ammoniakreaktion durch Neßlers Reagens (Äthylalkohol verhindert diese Reaktion nicht). Nachweis kleiner Mengen nach der Methode Fendler und Mannich, siehe S. 358, Abschnitt Branntweine, sowie die Arbeit von A. Juckenack, Zeitschr. f. U. N. 1912, 24, 12.

Äther: Wird ebenfalls entwässert und rektifiziert, Spezialreaktionen fehlen. Charakteristisch ist sein Geruch und die leichte Entzündlichkeit, sein Siedepunkt und spezifisches Gewicht, wenn größere Mengen vorhanden sind.

Phosphor: Destillieren im dunklen Raume nach Mitscherlich[1]). (Vgl. S. 523.) Der P destilliert teils als solcher, teils als phosphorige Säure über; das Leuchten entsteht an der Stelle, wo die Dämpfe ins Kühlrohr eintreten. Geringe Mengen P geben im Destillat nur phosphorige Säure. Alkohol, Äther, ätherische Öle verhindern das Leuchten, destillieren jedoch zuerst über. Das Leuchten tritt dann erst ein, wenn

---

[1]) Vertikale Stellung des Destillationsapparates mit doppelt gebogenem Ableitungsrohr.

diese Stoffe abdestilliert sind. Man benützt hierzu vorteilhaft den Hilger-Nattermannschen Apparat, Destillation im CO_2-Strom.

Allgemeine Reaktionen siehe unter P (Vorprüfung, S. 523), auf die Dusart-Blondelotsche Reaktion sei hier kurz verwiesen: Das nach Mitscherlich erhaltene Destillat (wenn Silberlösung als Vorlage diente, das Phosphorsilber), phosphorige Säure und Phosphor geben mit Zn und verdünnter Schwefelsäure ein Wasserstoffgas, das angezündet einen smaragdgrünen Flammenkegel zeigt. Zweckmäßig nimmt man zur Prüfung der Reagenzien einen nebenhergehenden blinden Versuch vor. Die Reaktion ist bei Untersuchung von Leichenteilen nicht beweisend, da Selmi bei der in ähnlicher Weise vorgenommenen Destillation faulender, Phosphorverbindungen enthaltender, tierischer Stoffe (Gehirn usw.) ein Destillat erhalten hat, welches nach Dusart-Blondelot behandelt, dieselbe Flammenfärbung lieferte [1]).

Karbolsäure: Das wässerige Destillat schüttelt man mit Äther aus, verdunstet den Äther in gelinder Wärme, löst den Rückstand in etwas Wasser und prüft auf Geruch, sowie mit Eisenchlorid (Blaufärbung) und mit Millons Reagens [2]). Letzteres gibt beim Erwärmen Rotfärbung. Die wässerige Lösung gibt ferner mit Bromwasser Tribromphenol (Niederschlag weiß). Ist Karbolsäure vorhanden, so muß man für die quantitative Bestimmung so lange weiterdestillieren, bis man keine Phenolreaktion mehr erhält.

Quantitativ wird die Karbolsäure im Destillate aus einer bestimmten Menge des Untersuchungsobjektes oder einem aliquoten Teil des Destillates mit überschüssigem Bromwasser als Tribromphenol bestimmt. Letzteres sammelt man auf einem im Schwefelsäureexsikkator zuvor getrockneten und gewogenen Filterchen, wäscht gut aus und trocknet in demselben Exsikkator oder bei 80° C bis zum gleichbleibenden Gewicht. 331 Gewichtsteile Niederschlag = 94 Gewichtsteile Karbolsäure oder Tribromphenol × 0,2839 = Phenol. Spuren von Phenolen können sich in stark verfaulten Leichenteilen bilden!

Kreosot: Wird aus dem wässerigen Destillat wie Karbolsäure isoliert. Charakteristisch ist der Geruch und die Grünfärbung der wässerigen Lösung auf Zusatz von verdünntem Eisenchlorid. Die Grünfärbung ist nur vorübergehend. Unterscheidung von Karbol dürfte nicht immer gelingen.

Von Salicylsäure, welche man durch Extraktion mit Äther nachweist, trennt man das Kreosot durch Schütteln der ätherischen Lösung mit Natriumcarbonat, welches dem Äther die Salicylsäure, nicht aber die Phenole entzieht (Spezialreaktion siehe Abschnitt Wein).

Jodoform: Man schüttelt das schwach alkalisch gemachte Destillat mit Äther und läßt den Äther, ohne zu erwärmen, freiwillig verdunsten. Charakteristischer Geruch. Prüfung des Rückstandes unter dem Mikro-

---

[1]) Unterphosphorige Säure reduziert Silberlösung.
[2]) Vorschrift zur Herstellung: 1 Teil Hg wird in 2 Teilen HNO_3 (s = 1,42) zuerst kalt und dann warm gelöst und 1 Volumen der Lösung mit 2 Volumen Wasser verdünnt; man läßt nun einige Stunden absitzen und gießt die Flüssigkeit klar ab. Das Reagens dient sonst namentlich als Identitätsreaktion für Eiweiß.

skop = hexagonale Kristallform. Eine kleine Probe löst man in 2 bis 3 Tropfen Alkohol und erhitzt mit wenig Phenolnatrium. Die entstehende rötliche Abscheidung löst sich in verdünntem Weingeist mit karminroter Farbe.

Benzol in Leichenteilen vgl. Zeitschr. f. analyt. Chemie 1917. 80.

Nitrobenzol wird aus dem Destillat mit Äther ausgeschüttelt, charakteristisch ist der bittermandelölähnliche Geruch.

Reaktion: Man reduziert zu Anilin, indem man es in Weingeist löst, mit Zinkstaub und etwas verdünnter HCl digeriert und einige Zeit stehen läßt. Das entstandene Anilin kann sodann aus dem alkalisch gemachten Reaktionsgemenge durch Äther ausgeschüttelt werden. Das Anilin, mit wenig Wasser aufgenommen, gibt auf Zusatz von Chlorkalk oder NaOCl-Lösung eine blaue bis blauviolette Färbung, die allmählich in schmutzigrot übergeht. Unterschied von Bittermandelöl.

Bittermandelöl: Wird aus dem Destillat mit Äther ausgeschüttelt; charakteristischer Geruch; beim Stehen an der Luft bildet sich allmählich Benzoesäure, welche an der charakteristischen Kristallform, am Geruch und an der Benzolbildung beim Erhitzen mit Kalkhydrat zu erkennen ist oder man zerlegt das Bittermandelöl durch Schütteln mit frisch gefälltem Quecksilberoxyd in Benzaldehyd und Blausäure. Nachweis der letzteren siehe S. 523 u. S. 352.

Jod: Freies J oder bei saurer Reaktion freigewordenes J. Farbe der Dämpfe violett, löslich in CS_2, $CHCl_3$, Alkohol, Äther; Stärkemehl blau. —

Brom (freies): Farbe der Dämpfe gelb, Löslichkeit in CS_2 usw. wie oben; Stärkemehl gelb.

Ausmittelung der Alkaloide und ähnlich wirkender Stoffe.

Gang nach Stas-Otto.

I. Eine größere Quantität der erforderlichenfalls auf dem Wasserbad zuvor eingedickten Substanz wird mit dem doppelten Volumen 96%igen Alkohols, nachdem mit Weinsäure deutlich angesäuert worden ist, längere Zeit in der Wärme ausgezogen und nach dem Erkalten filtriert. In gleicher Weise stellt man einen zweiten Auszug her, filtriert, spült mit Alkohol nach und dampft die vereinigten Filtrate bei gelinder Wärme (40—50° C) ein, bis der Alkohol verjagt ist. Der wässerige Rückstand wird mit etwas destilliertem Wasser verdünnt, nach dem Erkalten durch ein benetztes Filter filtriert und das Filtrat bis zur Sirupkonsistenz eingedampft. Man kann auch die wässerige Flüssigkeit unter Zusatz von Sand eintrocknen, die Masse verreiben und dann mit heißem Alkohol ausziehen. Die sirupförmige Masse wird nun nach und nach vorsichtig mit absolutem Alkohol vermischt, dann von der ausgeschiedenen zähen Masse abfiltriert und eingedampft. Der Abdampfungsrückstand wird sodann mit Wasser aufgenommen, bei stark saurer Reaktion die Säure mit NaOH etwas abgestumpft und die noch deutlich saure, wässerige Flüssigkeit [1]) mit Äther im Scheidetrichter wieder-holt ausgeschüttelt. Die vereinigten Ätherauszüge werden alsdann durch ein trockenes Filter filtriert und in einer größeren Uhrschale verdunstet. Ein hierin verbleibender Rückstand ist zu untersuchen auf: Pikro-toxin, Digitalin, Colchicin, Cantharidin, Pikrinsäure, Acet-anilid, Antipyrin, Coffein (Spuren von Salicylsäure usw.). Re-aktionen siehe S. 530 ff.

Außer diesen Körpern werden der sauren Lösung auch in Äther lösliche Verunreinigungen, Farbstoffe usw. entzogen. Man reinigt daher den Abdampfungsrückstand, indem man ihn mit siedendem Wasser be-handelt, dabei lösen sich sämtliche Körper bis auf einen Teil von etwa vorhandenem Cantharidin, harzige Bestandteile bleiben aber zurück. Ist Colchicin zugegen, so ist die Lösung gelb gefärbt. Man verteilt sie auf mehrere Uhrschälchen oder Porzellanschälchen,· verdunstet in ge-linder Wärme zur Trockne und stellt mit den Rückständen die Reak-tionen an (S. 530 ff).

II. Die mit Äther ausgeschüttelte saure Flüssigkeit des ursprüng-lichen Rückstandes wird zur Verjagung des Äthers gelinde erwärmt, dann nach dem Erkalten [2]) mit NaOH [3]) deutlich alkalisch gemacht und nun diese alkalische Flüssigkeit zunächst mit Äther ausgeschüttelt. Die Ätherlösungen werden verdunstet und der Rückstand, wenn nötig, gereinigt. ·Man löst zu dem Zweck in mit Weinsäure angesäuertem Wasser, schüttelt wieder mit Äther oder Petroläther aus, um färbende Stoffe aufzunehmen, macht dann die saure, die Alkaloide usw. enthal-tende, wässerige Flüssigkeit mit NaOH alkalisch und schüttelt wieder mit Äther aus. Ist der Ätherabdampfungsrückstand nicht genügend rein, so muß das Verfahren wiederholt werden.

Aus der natronalkalischen Flüssigkeit gehen in den Äther über: Nikotin, Coniin, Veratrin, Strychnin, Brucin, Atropin, Hyos-cyamin, Emetin, Physostigmin, Cocain, Chinin, Narkotin, Codein (Spuren von Colchicin, Digitalin). Reaktionen S. 532 ff.

III. Die alkalische Flüssigkeit wird nach Verjagen des Äthers mit Chlorammonium ammoniakalisch gemacht und nun mit Äther aus-geschüttelt: Ätherabdampfungsrückstand:

Apomorphin. Reaktionen S. 536.

IV. Ist hierauf nicht Rücksicht zu nehmen, so schüttelt man direkt mit warmem Amylalkohol [4]) aus, andernfalls ist der Äther zuvor durch Erwärmen zu entfernen. Der Abdampfungsrückstand enthält:

---

[1]) Diese saure Flüssigkeit kann auch in Weingeist lösliche Gifte wie HgCl₂, As, Br und J-Verbindungen, Metallazetate, Oxalsäure usw. enthalten. Von deren Vorhandensein oder Nichtvorhandensein muß man sich durch vorzunehmende qualitative Reaktionen überzeugen.

[2]) Macht man die noch warme Flüssigkeit alkalisch, so können sich manche Alkaloide (z. B. Strychnin) kristallinisch ausscheiden, in welcher Form sie in Äther schwer löslich sind.

[3]) Hat man nur auf Apomorphin Rücksicht zu nehmen, so wird man einen größeren Überschuß von NaOH zu vermeiden haben, Morphin dagegen verlangt einen solchen.

[4]) Besser mit heißem Chloroform (Authenrieth, Ber. d. deutsch. pharm. Ges. 1901, 494) oder mit Isobutylalkohol (Nagelvoort).

Morphin und Narcein, letzteres teilweise. Reaktionen S. 537.

V. Ist der Rückstand noch gefärbt, so löse man ihn in wenig Amyl-alkohol und schüttele die Lösung mit angesäuertem (SO_3) Wasser aus. Die wässerige, saure Lösung ist sodann wieder ammoniakalisch zu machen und mit Amylalkohol auszuschütteln, ein Verfahren, das nötigenfalls zu wiederholen ist.

Die von Amylalkohol befreite ammoniakalische Flüssigkeit wird nun nach Dragendorff unter Zusatz von etwas Sand oder Glaspulver zur Trockne verdampft und der zerriebene Rückstand mit absolutem Alkohol längere Zeit ($^1/_2$ Tag) warm behandelt. Aus dieser Lösung fällt man durch Einleiten von getrockneter CO_2 die Alkalien aus, filtriert, wäscht mit absolutem Alkohol nach und verdunstet zur Trockne. Man nimmt sodann mit kaltem, mit HCl schwach angesäuertem Wasser auf — Narcein bleibt zurück — dunstet ein und behandelt den Rück-stand mit Chloroform. Der erste Auszug ist noch verunreinigt, die folgenden Auszüge hinterlassen als eine fast reine, sirupdicke, hygro-skopische Masse, das

Curarin: Reaktionen S. 537. Behandelt man dann den Ver-dunstungsrückstand (s. o.) mit warmem Wasser, filtriert, dampft zur Trockne ein, zieht mit heißem Alkohol aus und verdunstet letzteren, so erhält man

Narcein: Reaktionen S. 537.

Opium, Opiumtinktur. Für Opium charakteristisch sind (neben Narkotin und Morphin) die Meconsäure und das Meconin.

a) Meconsäure. Einen Teil der Originalsubstanz zieht man mit starkem, mit einigen Tropfen HCl angesäuertem Alkohol aus, filtriert, verdunstet das Filtrat im Wasserbad zur Trockne, nimmt mit Wasser auf und kocht nach dem Filtrieren mit überschüssigem MgO. Man filtriert nun ab, verdunstet das Filtrat auf ein kleines Volumen, säuert mit HCl an und versetzt mit ver-dünnter Eisenchloridlösung: Die Meconsäure gibt sich durch dunkelbraun-rote bis blutrote Färbung zu erkennen, welche weder beim Erhitzen noch auf Zusatz von HCl, sowie von $AuCl_3$-Lösung verschwinden darf (Unterschied von Essigsäure, Ameisensäure und Rhodanwasserstoffsäure).

Im Auszug von 0,03 g Opium läßt sich die Meconsäure noch nachweisen (Authenrieth, Auffindung der Gifte. 1909).

b) Das Meconin wird nach Dragendorff aus der sauren, wässerigen Lösung mit Benzol ausgeschüttelt: Die saure, wässerige Lösung erhält man, indem man die ursprüngliche Substanz mit schwefelsäurehaltigem Alkohol auszieht, filtriert, das Filtrat zur Sirupkonsistenz eindampft und mit wenig Wasser aufnimmt. Es löst sich der Verdunstungsrückstand in konzentrierter H_2SO_4 mit grüner, nach 24—48 Stunden in rot übergehender Farbe, wenn Meconin vorhanden ist.

Santonin: Ein Teil der Originalsubstanz wird mit Kalkmilch einige Stunden digeriert (auf dem Wasserbad), dann filtriert und das Filtrat mit Benzol ausgeschüttelt. Die abgetrennte wässerige Flüssig-keit wird nun mit HCl angesäuert und dann mit Chloroform ausge-schüttelt. Der Verdunstungsrückstand enthält das Santonin.

Reaktionen: Charakteristische, am Sonnenlicht gelb werdende Kristalle.

2 Volumen H_2SO_4, 1 Volum Wasser und etwas Santonin erhitze man bis zur Gelbfärbung auf kleiner Flamme. Nach dem Erkalten

Zusatz von sehr verdünnter Eisenchloridlösung und Erhitzen: Violettfärbung.

Alkoholische KOH löst namentlich das gelb gewordene Santonin
mit vorübergehend roter Färbung.

Gang nach Stas - Otto unter Anwendung des Gipsverfahrens.

Hilger, Jansen und Küster haben behufs Isolierung der Alkaloide
das sogenannte Gipsverfahren eingeführt: Die wie oben beschrieben erhaltene
saure Lösung wird, anstatt sie direkt mit Äther auszuschütteln, zur Konsistenz
eines dünnen Extraktes eingedampft und mit etwa 25,0 g gebrannten Gipses
zur Trockne gebracht. Die so erhaltene saure, fein gepulverte Gipsmasse
wird nun im Soxhletschen Apparat mit Äther extrahiert. Die ätherische
Lösung enthält die aus saurer Lösung in Äther übergehenden Alkaloide
(vgl. S. 528). Alsdann wird die saure Gipsmasse nach Verdunstung des noch
anhaftenden Äthers mit einer konzentrierten Lösung von kohlensaurem Natron
alkalisch gemacht und die getrocknete und gepulverte Masse wiederum im
Soxhletschen Apparat mit Äther extrahiert. Diese Lösung enthält die aus
der alkalischen Lösung in Äther übergehenden Alkaloide und Bitterstoffe.
Jansen empfiehlt, die alkalische Gipsmasse zur Reingewinnung der Alkaloide
mit Chloroform zu extrahieren, wobei man auch nachweisbare Mengen von
Morphin erhält, den Rest des Morphins aber in der vom Chloroform befreiten
Gipsmasse in ähnlicher Weise mit Amylalkohol auszuziehen.

Hervorzuheben ist, daß bei Anwendung des Gipsverfahrens die Extraktion der Alkaloide eine erschöpfende ist, daß sich ferner die Ptomaine größtenteils durch die Ätherextraktion der sauren Gipsmasse entfernen lassen und daß
der Gips die Farbstoffe bei der Extraktion so zurückhält, daß die Alkaloide
zumeist in genügender Reinheit direkt erhalten werden.

Reaktionen der Alkaloide und ähnlich wirkender Körper[1]).

I. Aus saurer Lösung in Äther übergehend:

1. **Colchicin.** In konz. HNO_3 lösen: schmutzig violett, dann mit
Wasser verdünnen (gelb werdend) und mit NaOH übersättigen: Orange-

---

[1]) **Allgemeine und spezielle Alkaloidreagenzien.**

1. Platinchloridlösung: 1 : 20.
2. Quecksilberchloridlösung: 1 : 20.
3. Goldchloridlösung: 1 : 30.
4. Jod-Jodkaliumlösung (Lugolsche): 1 Teil Jod, 2 Teile Jodkalium,
50 Teile Wasser.
5. Kaliumquecksilberjodidlösung (Mayers Reagens): 1,35 g $HgCl_2$, 5 g KJ,
100 g Wasser.
6. Wismutjodidjodkaliumlösung (Dragendorffs Reagens): Man löst
Wismutjodid in einer warmen konzentrierten wässerigen Lösung von Jodkalium auf und setzt das gleiche Volumen der Jodkaliumlösung hinzu.
7. Phosphormolybdänsäurelösung (Sonnenscheins Reagens): Man
sättigt eine wässerige Lösung von Natriumkarbonat mit reiner Molybdänsäure,
fügt auf 5 Teile der Säure 1 Teil kristallisiertes Dinatriumphosphat hinzu, verdunstet zur Trockne, schmilzt und löst den Rückstand in Wasser. Zu der abfiltrierten Flüssigkeit setzt man soviel Salpetersäure, bis die Lösung gelb gefärbt erscheint.
8. Phosphorwolframsäurelösung (Scheiblers Reagens): Zur wässerigen
Lösung von wolframsaurem Natrium setzt man wenig 20%ige Phosphorsäure.
9. Gerbstofflösung: 1 : 8.
10. Pikrinsäurelösung (wässerig konzentriert).
11. Erdmanns Reagens (salpeterhaltige Schwefelsäure): 20 ccm konzentrierte Schwefelsäure versetze man mit 10 Tropfen einer Lösung von 6 Tropfen
konzentrierter Salpetersäure in 100 ccm Wasser.
12. Fröhdes Reagens (Lösung von Molybdänsäure in konzentrierter
Schwefelsäure): Vor dem Gebrauche stets neu herzustellen: 1 g Natrium-
molybdat oder Ammon- in 100 ccm konzentrierter Schwefelsäure gelöst.
13. Vanadinschwefelsäure (Mandelins Reagens): Lösung von vanadin-
saurem Ammoniak in konzentrierter Schwefelsäure .'; …

rot, in Wasser mit gelber Farbe löslich, in konz. H_2SO_4 gelb, auf Zusatz von etwas Salpeter braunviolett, später violett. Auf die Zeiselsche Reaktion (Baumerts Gerichtschemie, 1907, S. 361) wird verwiesen.

2. Digitalin (deutsches). Konz. Lösung durch Gerbsäure fällbar. Konz. H_2SO_4 löst rötlichbraun, in kirschrot übergehend; Bromwasserzusatz: violettrot (Grandeausche Reaktion). Wässerige Lösung der Phosphormolybdänsäure grün, auf NH_3-Zusatz blau. Ein physiologischer Versuch am Froschherz in essigsaurer Lösung ist kaum entbehrlich.

Physiologische Wirkung: Verlangsamt die Herztätigkeit.

Näheres über die Digitaline und deren Reaktionen siehe in Baumert Gerichtschemie.

3. Cantharidin. Nicht löslich in kaltem Wasser, löslich in säure- und alkalihaltigem Wasser und in fetten Ölen. Wird in Ermangelung anderer Reaktionen mit wenig fettem Öl verrieben auf die Haut gebracht: Rötung der Haut; blasenziehende Wirkung.

4. Pikrotoxin. In heißem und in alkalischem Wasser löslich. Durch Gerbsäure, $HgCl_2$, $PtCl_4$ nicht fällbar, weil es kein Alkaloid ist. Reduziert alkalische Kupferlösung (Fehlingslösung). — Konz. H_2SO_4 löst orangerot, dann in gelb übergehend, mit dieser Lösung zugefügter Spur $K_2Cr_2O_7$ violett, mit mehr $K_2Cr_2O_7$ braun werdend. — Mit der dreifachen Menge Salpeter gemischt, mit konz. H_2SO_4 befeuchtet, entsteht auf Zusatz von NaOH im Überschuß: Rotfärbung (Langleysche Reaktion).

Ein Körnchen Pikrotoxin färbt sich mit 1—2 Tropfen einer Lösung von Benzaldehyd in absolutem Alkohol und 1 Tropfen konz. H_2SO_4 rot, die Flüssigkeit wird beim Bewegen rot-violett (Melzersche Reaktion). Phytosterin und Cholesterin geben diese Reaktion anfangs auch, die Farbe geht aber dann in dunkelviolett über [1]).

5. Pikrinsäure. Ausfärbung der Lösung mit Wolle- und Seidefäden: gelb; Baumwolle färbt sich nicht.

Erwärmen der wässerigen Lösung auf 50—60° C, Zusatz von einigen Tropfen Natronlauge und Cyankaliumlösung (1 : 2): Blutrote Färbung (Isopurpursäurereaktion).

6. Acetanilid (Antifebrin). Mit KOH erhitzen und nach $CHCl_3$-Zusatz aufkochen: Geruch nach Phenylcarbylamin.

Mit KOH erhitzt: Anilin gebend. Ausschütteln desselben mit Äther, Lösung des Verdunstungsrückstandes im Wasser, Zusatz von Chlorkalklösung: violettblaue Färbung.

Kocht man mit wenig HCl, so erhält man eine klare Lösung, die, erkaltet, auf Zusatz von einigen Kubikzentimetern 5%iger Karbolsäurelösung und einigen Tropfen frischer Chlorkalklösung zwiebelrot wird, überschichtet man mit Ammoniak, so färbt sich die obere Flüssigkeit schön indigoblau (Indophenolprobe). Phenacetin gibt diese Reaktion auch. Siehe übrigens S. 538.

Schmelzpunkt: 113—114° C.

7. Antipyrin. Gerbstofflösung fällt weiß. Wässerige Lösung färbt sich mit verdünnter H_2SO_4 und einigen Tropfen Natrium- oder

---

[1]) Kreis, Chem.-Ztg. 23, 1899. Näheres in Baumert, Gerichtl. Chem. 1907. S. 386.

Kaliumnitratlösung intensiv grün, werden dieser Lösung mehrere Tropfen
rauchende HNO_3 zugesetzt, so erhält man Rotfärbung.

Mit $FeCl_3$ (sehr verdünnt) wird die wässerige Lösung tiefrot;
auf Zusatz von H_2SO_4 hellgelb werdend.

Pyramidon, ein Derivat des Antipyrins, gibt dieselben Reaktionen.

Über den Nachweis einiger weiterer Arzneimittel siehe S. 538.

II. Ätherischer Auszug der natronalkalischen Lösung.

8. Nikotin. Farblose, an der Luft braun werdende, nach Tabaks-
lauge riechende Flüssigkeit von brennendem Geschmack. Mit Wasser
in allen Verhältnissen mischbar. Lösung (verdünnt) gibt mit $PtCl_4$,
$AuCl_3$ und Gerbsäure Fällungen.

Nikotin in Äther (1 : 100) gelöst, Zusatz von gleichem Volumen
ätherischer Jodlösung: Abscheidung eines rotbraunen, allmählich er-
starrenden Öles. Die hier gebildeten Kristallnadeln sind rubinrot,
im reflektierenden Lichte blau schillernd (Roussinsche Reaktion)
nach Kippenberger[1]) allein nicht beweisend. Schindelmeisters
Reaktion[2]): Man versetzt mit einem Tropfen $30^0/_0$iger Formaldehyd-
HNO_3: Rosa bis dunkelrote Färbung. Reichards Reaktion[3]): Mit
Wismutsubnitrat und Salzsäure gemischt: Tiefe Gelbfärbung. Coniin
und ähnliche Basen geben diese beiden Reaktionen nicht. Physiologische
Wirkung: Erzeugt Lähmung.

9. Coniin. Farblose, an der Luft braun werdende, allmählich ver-
harzende Flüssigkeit. Geruch stechend und an Mäuseharn erinnernd.
Schwer löslich in Wasser, in der Wärme noch schwerer löslich, daher
Trübung einer kalten wässerigen Lösung beim Erwärmen. (Charakteristisch für Coniin.)

Das salzsaure Salz bildet nadel- oder säulenförmige, sternförmig
zusammengelagerte oder balkengerüstartig ineinander gewachsene,
doppeltbrechende, farblose Kristalle. Man dampft mit HCl zur Trockne
ein, etwa auf vertieftem Objektträger, und mikroskopiert bei etwa
200facher Vergrößerung. Nikotin hat diese Kristallbildung nicht.

1 Tropfen Coniin in 2 ccm Alkohol gelöst gibt mit 5 Tropfen Schwe-
felkohlenstoff (einige Minuten schütteln) auf Zusatz einiger Tropfen
Kupfersulfats (1 : 200) einen gelben bis braunen Niederschlag, bei weniger
Coniin eine entsprechende Färbung (coniylthiocarbaminsaures Coniin)
Melzers Reaktion[4]).

Physiologischer Versuch: Lähmung der peripherischen Nerven.

10. Strychnin[5]). Rhombische Kristalle; schwer löslich in Wasser.
Intensiv bitterer Geschmack.

---

[1]) Zeitschr. f. analyt. Chem. 1903. 42. 232—276.
[2]) Pharm. Zentralhalle 1899. 40. 703.
[3]) Ebenda 1905. 46. 252 u. 309.
[4]) Zeitschr. f. analyt. Chem. 1898. 37. 345.
[5]) Über die Möglichkeit des Nachweises von Strychnin in Leichenteilen
bei fortgeschrittener Verwesung siehe Ibsen, Vierteljahrsschr. f. gerichtl.
Med. 1894. S. 1.

Lösung in konz. H_2SO_4 farblos. Zus tz eines Kriställchens $K_2Cr_2O_7$ und Neigen des Schälchens: violette Streifen, rührt man das Ganze durcheinander (mit Glasstab), so färbt sich die Flüssigkeit blau bis blauviolett. Die Färbung ist nicht sehr beständig und geht in rot, dann in schmutziggrün über. Die ätherische Lösung bildet mit gelöstem $K_2Cr_2O_7$ Strychninchromat (rote Kristalle), das mit konz. H_2SO_4 befeuchtet, violett wird.

Vanadinschwefelsäure [1 Teil vanadinsaures Ammoniak, 200 Teile H_2SO_4 (1 : 4)] löst erst blau, dann violett, dann zinnoberrot, auf Wasserzusatz: Rosafärbung.

Nach Reichard [1] färbt sich ein Körnchen Strychnin oder dessen Salz beim Erwärmen mit Titanschwefelsäure schwarzblau und löst sich beim Bewegen der Flüssigkeit mit dunkelbrauner Farbe auf. Die Lösung wird auf Zusatz von Wasser gelb. Brucin verhält sich wie Strychnin gegenüber der Titanschwefelsäure, nur wird die Lösung beim Verdünnen nicht gelb, sondern farblos.

Denigès Reaktion [2]): 1 kleines Tröpfchen Strychninsalzlösung (1: 1000!) verdunstet man vorsichtig auf einem Objektträger bei 40 bis 50°, fügt nach dem Erkalten 1 Tröpfchen Normalnatronlauge zu und beobachtet unter dem Mikroskop ohne Auflegen eines Deckgläschens: Prismatische Kristalle. Man soll so noch 0,0001 mg Strychnin erkennen können. Unterschied von Ptomainen.

Malaquins Reaktion, siehe Chem. Zentralbl. 1910. 577.

Physiologischer Versuch: Erzeugt Starrkrampf.

11. - **Brucin.** Monokline Kristalle. Identitätsreaktion: Konz. HNO_3 löst blutrot, allmählich orange und dann gelb werdend. Diese Lösung mit Wasser verdünnt, wird auf Zusatz von $SnCl_2$ (Pelletier und Caventon) oder farblosem NH_4HS (Fresenius) intensiv violett. Unterschied von Morphin, das sich gegen Salpetersäure allein ähnlich verhält.

Konz. H_2SO_4 löst farblos, auf Zusatz einer Spur HNO_3 intensiv blutrot, allmählich gelb werdend. Chlorwasser färbt hellrot, durch Ammoniak braun werdend.

12. **Strychnin und Brucin nebeneinander.** Beide in konz. H_2SO_4 lösen, mit HNO_3 auf Brucin prüfen (Rotfärbung) und zu der gelb gewordenen Lösung einen Kristall von $K_2Cr_2O_7$ fügen (violette Färbung). Die Trennung beider gelingt durch Zusatz von $K_2Cr_2O_7$ zur schwach essigsauren Lösung. Niederschlag: Strychninchromat.

13. **Veratrin.** Amorphes oder kristallinisches weißes Pulver. Reizt heftig zum Niesen, mit konz. H_2SO_4 benetzt, sich zusammenballend und sich langsam gelb lösend. Die Lösung wird dann allmählich orange, dann blutrot, schließlich kirschrot. Die gleiche Färbung entsteht durch Fröhdes und Erdmanns Reagens (S. 530).

Mit konz. HCl länger erwärmt: rosenrot bis intensiv rot. Mit der 5- bis 6fachen Menge Rohrzucker verrieben und mit wenig konz. H_2SO_4 gelöst: Lösung vom Rande aus allmählich grün, dann blau werdend (Weppens Reaktion). Wasserzusatz erzeugt die blaue Farbe sofort. Anstatt des Rohrzuckers kann man nach Laves auch einige Tropfen Furfurollösung verwenden. Die Farbe wird dann grün, blau und schließlich violett.

[1]) Chem.-Ztg. 1904. 28. 977.
[2]) Bull. Soc. Pharm. Bordeaux. 1903. 97. (Durch Baumerts Gerichtl. Chem. Braunschweig 1907.)

Grandeauẞche Reaktion: Mit konz. H_2SO_4 gelb werdend, schlägt die Farbe auf Zusatz von Bromwasser in purpurfarben um.

Vitalische Reaktion: Spur Veratrin mit rauchender HNO_3 eindampfen. Verbleibender gelber Rückstand färbt sich beim Befeuchten mit alkoholischem KOH rotviolett bis orangerot und gibt beim Erwärmen einen coniïnähnlichen Geruch. Nach Kondakow [1]) tritt der Geruch noch bei 0,00025 g Veratrin auf, während die Grenze der Farbenreaktion bei 0,0013 g liegt.

14. Atropin. Farblose spießige Nadeln. In Wasser kaum löslich. Mit Wasserdämpfen und Alkoholdämpfen flüchtig, sehr empfindliche Substanz, was bei der Abscheidung aus Objekten zu beachten ist. Mit einigen Tropfen rauchender HNO_3 verdampft und den gelben Rückstand mit nicht zu konzentrierter, frischer, alkoholischer KOH befeuchtet, gibt Violettfärbung, die bald in kirschrot übergeht. Diese Reaktion (Vitalische Reaktion) teilt das Atropin mit dem Veratrin, und nach Menyazzi [2]) auch mit den Strychninsalzen.

Geruchsreaktionen:

Im trocknen Reagenzglas bis zum Auftreten weißer Dämpfe erhitzt: Blumengeruch (orchideenartig). Mit konz. H_2SO_4 bis zur Bräunung erwärmen und sofortiger Zusatz von 2 Volumen Wasser: Angenehmer Geruch nach Schlehenblüten oder Spiräa. Von Reichard wurden einige weitere Reaktionen angegeben [3]).

Physiologische Wirkung: Pupillen erweiternd.

Empfindliche allgemeine Alkaloidreagenzien sind: Jodjodkalium und Phosphormolybdänsäure.

15. Hyoscyamin. In physiologischer und chemischer Beziehung dem Atropin ähnlich. Isomer mit Atropin. Unterschied beider in den Schmelzpunkten — Atropin bei 115° C, Hyoscyamin bei 108,5° C — und in dem Verhalten der Platin- und Gold-Chlorid-Doppelsalze: Das Platindoppelsalz des Atropins kristallisiert monoklin, das des Hyoscyamins rhombisch. Das Golddoppelsalz des Atropins schmilzt bei 135—137° C, unter siedendem Wasser jedoch schmelzend, das des Hyoscyamins schmilzt bei 159—160° C, unter siedendem Wasser nicht schmelzend. Die heiß gesättigte Atropin-Goldsalzlösung scheidet sich beim Erkalten nicht sofort ab, sondern trübt sich zuerst, ehe sich allmählich kleine, meist zu Warzen vereinigte Kristalle bilden, welche getrocknet ein gelbes glanzloses Pulver darstellen. Die heißgesättigte Lösung des Hyoscyamin-Goldsalzes scheidet beim Erkalten sofort, ohne sich zu trüben, die großen glänzenden, goldgelben Blättchen aus.

16. Emetin. In kleinen Blättchen kristallisierend.

Fröhdes Reagens (S. 530) löst schokoladebraun, auf HCl-Zusatz tiefblau, dann grün werdend.

Physiologisches Verhalten: Subkutan beigebracht, brechenerregend wirkend.

17. Physostigmin (Eserin). Farblose, rhombische Kristalle (auch amorph und firnisartig). Die wässerige Lösung wird, an der Luft stehend, rot. — Konz. HNO_3 löst gelb. Bromwasser färbt gelblich. — Spur Chlorkalklösung färbt rot. — Heißes Ammoniak löst gelbrot, verdunstet, blau bis blaugrau werdend; der Abdampfungsrückstand ist in Weingeist mit blauer Farbe löslich, die weingeistige Lösung, mit Essigsäure versetzt, fluoresziert und wird rot. Besonders empfindliche allgemeine Alkaloidreagenzien sind: Phosphormolybdänsäure, Jodjodkalium, Kalium-Wismutjodid. (Siehe S. 530.)

Physiologisches Verhalten: Pupillen verengernd.

---

[1]) Chem.-Ztg. 1899. 23. 4.
[2]) Boll. chirur. farmac. 1894. 33. 103.
[3]) Chem.-Ztg. 1904. 28. 1048.

18. Cocaïn. Schwer löslich in Wasser. Die Geruchsprobe mit dem Äthylester der Benzoesäure erfordert nach Autenrieth mindestens 0,2 g Cocaïn. Hat man so viel, so bestimmt man den Schmelzpunkt, der bei 98° C liegt.

Das Untersuchungsobjekt wird einige Minuten mit etwa 2 ccm konz. H_2SO_4 auf dem Wasserbad erwärmt und nach dem Erkalten unter weiterem Abkühlen Wasser hinzugefügt. Hierbei scheidet sich Benzoesäure als ein weißer kristallinischer Niederschlag aus. Weiterer Nachweis: Sublimation und Schmelzpunktbestimmung, oder man schüttelt die Benzoesäure mit Äther aus und erhitzt den Ätherrückstand mit 1 ccm absolutem Alkohol und gleich viel konz. H_2SO_4: Geruch nach Benzoesäureäthylester. Erhitzt man ein trockenes Gemisch von salzsaurem Cocaïn und äthylschwefelsaurem Kalium mit konz. H_2SO_4: Pfefferminzgeruch.

Mäßig konzentrierte, salzsaure Cocainsalzlösung und tropfenweiser Zusatz von $KMnO_4$-Lösung (1 : 100) bewirken Ausscheidung violetter Blättchen (Cocainpermanganat). Mit Selenschwefelsäure: Rosagelb (Mecke). Mit Titanschwefelsäure (d. i. konz. Schwefelsäure mit einer Messerspitze voll Titansäure erhitzt und erkaltet) farblos, beim Erwärmen violett bis blau, auf Wasserzusatz blauer Niederschlag. Beste Reaktion, wenn geringe Mengen vorhanden sind.

Weitere Reaktionen siehe in Baumerts gerichtl. Chemie, 1907.

Physiologische Wirkung: Lokale Anästhesie, indem man etwas von dem Ätherrückstand der alkalischen Lösung in einer Spur HCl auflöst, die Lösung verdunstet und den Rückstand mit etwas Wasser (1—2 Tropfen) aufnimmt und auf die Zunge bringt; hierbei entsteht eine vorübergehende Gefühllosigkeit.

19. Chinin. Meist amorph sich abscheidend. Blaue Fluoreszenz der Lösung in H_2SO_4-haltigem Wasser.

Thalleiochinreaktion: Man versetzt die Chininlösung mit einer Spur verdünnter Essigsäure, dann Chlorwasser und Ammoniak: Grünlich bis grüner Niederschlag bei größeren Mengen, im Überschuß von Ammoniak smaragdgrün löslich; mit einer Säure neutralisiert blau, damit übersättigt violett bis feuerrot werdend; Ammoniak macht wieder grün. Die Lösung in Chlorwasser, mit Ferricyankalium versetzt, wird auf Zusatz von Ammoniak dunkelrot.

Herapathitreaktion: Herapathit ist eine schwerlösliche Jodverbindung des Chinins, die wegen ihrer Schwerlöslichkeit die quantitative Bestimmung und Trennung von anderen leicht löslichen Jodverbindungen der Chinaalkaloide ermöglicht. Es sind grüne, metallisch glänzende aus Alkohol umkristallisierbare Blättchen: Man versetzt die Chininlösung (mindestens 0,01 g Chinin) mit 20 Tropfen einer Mischung von 30 Tropfen Essigsäure, 20 Tropfen absolutem Alkohol und 1 Tropfen verdünnter Schwefelsäure und versetzt mit 1 Tropfen 1%iger alkoholischer Jodlösung: Nach längerem Stehen scheiden sich oben beschriebene grüne Blättchen ab.

Eiolartsche Reaktion: Mit Bromwasser, Quecksilbercyanidlösung und Calciumcarbonat Rotfärbung selbst bei großer Verdünnung.

Nach Reichard [1]): Trockene Mischung von Chininsulfat und $K_2Cr_2O_7$ wird mit konz. H_2SO_4 tief dunkelblau (ebenso Cinchoninsulfat). Ammonpersulfat liefert mit dem Alkaloid und Schwefelsäure tiefe Gelbfärbung (Unterschied von Cinchonin).

20. Narkotin (ist ein Opiumalkaloid). Rhombische Nadeln, in kaltem Wasser fast unlöslich.

Konz. H_2SO_4 löst in der Kälte zuerst grünlichgelb, dann gelb, rotgelb bis himbeerrot; beim Erwärmen wird die Lösung in konz. H_2SO_4 rotgelb, vom Rande aus dann blauviolett, schließlich rotviolett. Dieselben Färbungen zeigt eine Narkotinlösung in verdünnter H_2SO_4 (1 : 5) bei der Verdunstung. — Die gelbe Lösung in H_2SO_4 wird auf Zusatz von einer Spur HNO_3 oder Fröhdes sowie Erdmanns Reagens rot. Fröhdes Reagens löst grünlich, wendet man konzentriertes Reagens an, so entsteht rote Färbung, wie zuvor angegeben. Wenige mg Narkotin mit etwa 20 Tropfen konz. H_2SO_4 und 1—2 Tropfen 1%iger Rohrzuckerlösung unter Umrühren 1 Minute lang erwärmen: Anfangs grüngelblich, durch gelbbraun, braunviolett in tiefes blau übergehend. Nach einigen Stunden mißfarbig werdend und einen schmutzigen Niederschlag absetzend (vgl. Wangerin [2])). Unterscheidet sich von anderen Opiumalkaloiden noch dadurch, daß es infolge seines geringen basischen Charakters (es gibt keine alkalische Reaktion) aus weinsaurer Lösung mit $CHCl_3$ ausgeschüttelt werden kann.

Sein Geschmack ist nicht bitter.

21. Codein (Methylmorphin). Farblose durchsichtige Oktaeder. In Wasser, Alkohol, Äther, Chloroform, Amylalkohol leicht löslich. Geschmack bitter.

Konz. H_2SO_4 löst farblos; setzt man eine Spur $FeCl_3$ zu, so wird die Lösung tiefblau (D. Arzn.-B.).

Konz. H_2SO_4-Lösung und 2 Tropfen konzentrierte Rohrzuckerlösung gelinde erwärmt, geben purpurrote Färbung.

Fröhdes Reagens löst gelb, dann grün und blau.

Codein zeigt wie Morphin die Pellagrische Reaktion.

III. Ätherauszug aus der ammoniakalischen Lösung.

22. Apomorphin (aus Morphium dargestellte Base). Leicht löslich in Alkohol, Äther, Chloroform und Amylalkohol. Weiß, amorph.

Konz. H_2SO_4 mit etwas HNO_3 versetzt, löst in der Kälte blutrot. — Salzsaures Apomorphin in wässeriger Lösung mit wenig alkoholischer Jodlösung versetzt, färbt sich beim Umschütteln grün. Äther nimmt beim Ausschütteln dieser Lösung das grüne Zersetzungsprodukt mit violetter Farbe auf (Pellagrische Reaktion). Die Lösung in Alkalilauge färbt sich an der Luft purpurrot, dann schwarz. Die Lösung in kalter konzentrierter Schwefelsäure wird durch eine Spur konzentrierter Salpetersäure sofort blutrot (Husemanns Reaktion).

---

[1]) Pharm. Ztg. 1905. 50. 314.
[2]) Pharm. Ztg. 1903. 48. 667.

IV. Amylalkoholauszug aus der wässerigen ammoniakalischen Lösung [1]).

23. Morphin (Opiumalkaloid). Wasserhaltig: rhombische Kristalle. Konzentrierte HNO_3 löst blutrot, allmählich gelb werdend, Zusatz von $SnCl_2$ färbt nicht violett (Unterschied von Brucin). Die auf 180° erhitzte Lösung in konz. H_2SO_4 (auch $^1/_2$stündiges Erhitzen auf dem Wasserbad genügt) gibt nach dem Erkalten auf Zusatz von einer Spur HNO_3 oder $KMnO_4$ oder $KClO_3$, eine violette, dann blutrot werdende, allmählich verblassende Färbung (beruht auf der Überführung des Morphins in Apomorphin, Husemanns Reaktion). — Aus HJO_3 scheidet Morphin J ab: Violettfärbung durch CS_2 oder $CHCl_3$, Stärkemehl blau. — Fröhdes Reagens löst violett. Vanadin- und Titanschwefelsäure liefern ähnliche Färbungen wie Fröhdes Reagens. Titanschwefelsäure gibt mit festem Morphinsalz an der Berührungsstelle eine. tiefschwarze Färbung, die beim Umschütteln blutrot wird und auf Wasserzusatz verschwindet (Reichard [2])). Verdünnte neutrale Eisenchloridlösung färbt neutrale Morphinlösung königsblau. 1 Morphin + 4 Rohrzucker in konz. H_2SO_4 gebracht, färben diese dunkelrot. — Gerbsäure fällt nicht oder nur schwach.

Die Pellagrische Reaktion (auch für Codein): Diese Reaktion ist zur Unterscheidung des Morphins von manchen Ptomainen, Leichenalkaloiden, welche mit Morphin ähnliche Reaktionen zeigen, besonders wichtig.. Letztere geben diese Reaktion nicht. Erwärmt man Morphin mit 1 ccm konz. HCl und einigen Tropfen konz. H_2SO_4 einige Zeit auf 100—120°, so tritt purpurrote Färbung ein. Versetzt man diese Lösung wieder mit wenig HCl und darauf mit einer konz. Lösung von $NaHCO_3$ bis zur neutralen oder schwach alkalischen Reaktion, so färbt sie sich häufig schwach violett. Bringt man nun eine Lösung von Jod in HJ hinzu, so erfolgt eine intensiv smaragdgrüne Lösung, welche mit Äther ausgeschüttelt diesen violett färbt.

Auf die quantitativen Morphinbestimmungen von Cloëtta und Rußwurm wird verwiesen. Siehe Gadamer, Lehrbuch der Chem. Toxikologie, 1909, Göttingen.

24. Narcein (Opiumalkaloid). Konz. HNO_3 und Erdmanns Reagens (S. 530) lösen gelb, dann braungelb, beim Erwärmen dunkelorange werdend. Festes Narcein wird durch Jodwasser blau. Aus Narceinlösungen fällt eine freies Jod enthaltende Kaliumzinkjodidlösung lange, haarförmige blaue Nadeln.

V. Aus der ammoniakalischen Lösung nicht in Amylalkohol übergehend.

25. Curarin, Alkaloid des Pfeilgiftes der Indianer (Curare). Vierseitige in Wasser und Alkohol leicht lösliche Prismen. Konz. H_2SO_4 löst blaßviolett, dann schmutzigrot bis rosenrot.

---

[1]) Vgl. die Fußnote [1]) S. 528. Siehe auch Gadamer, Chem. Toxikologie. Göttingen 1909.
[2]) Zeitschr. f. analyt. Chem. 1903. 42. 95.

Erdmanns Reagens löst bräunlich violett bis violett. Konz. HNO$_3$ löst purpurrot. Konz. H$_2$SO$_4$ + K$_2$Cr$_2$O$_7$ geben die für Strychnin charakteristische Reaktion; nur ist die Violettfärbung viel beständiger.

Physiologischer Versuch bei Fröschen: Subkutan, Lähmung der Atem-, sowie aller willkürlichen Bewegungen. Herz und Bewegung des Darmes bleiben intakt. Die Pupillen sind erweitert. (Sehr charakteristisch.)

26. **Opium.** (Siehe S. 529.)

27. **Santonin.** (Siehe S. 529.)

Reaktionen einiger Arzneimittel.

Veronal (Diäthylbarbitursäure) findet sich nach dem Stas-Ottoschen Gang im Ätherauszug der sauren Flüssigkeit, Schmelzpunkt 187—188°, sauer reagierend. Lösung in NH$_3$ oder NaOH scheidet auf Zusatz von HCl Kristalle wieder aus. Wässerige Lösung gibt mit Hg$_2$Cl$_2$-Lösung und dann Na$_2$CO$_3$-Lösung einen weißen Niederschlag.

Sulfonal: Nachweis durch Erhitzen mit der gleichen Menge Cyankalium in einem trockenen Röhrchen: Durchdringender Merkaptangeruch. Die wässerige Lösung des Rückstandes gibt nach dem Ansäuern mit HCl und Eisenchlorid die Rhodanreaktion (Vulpius).

Beim Erwärmen mit Eisenpulver: Knoblauchartiger Geruch, Rückstand mit HCl H$_2$S entwickelnd.

Mit der doppelten Menge Magnesiumpulver im trockenen Röhrchen erhitzt: Weiße Nebel von Schwefeldioxyd und öliges, erstarrendes Sublimat von penetrantem Geruch (Kippenberger).

Antifebrin. (Siehe S. 531.)

Antipyrin. (Siehe S. 531.)

Phenacetin. Schmelzpunkt 134—135°. In Alkohol leicht löslich, Nachweis im Harn, in welchen es leicht teils als solches, teils als Paraamidophenol übergeht.

Der sauer reagierende, ev. mit HCl angesäuerte Harn wird mit Tierkohle entfärbt.

1—2 ccm des entfärbten Harns liefern mit 4—5 Tropfen 3%iger Chromsäurelösung eine braune, allmählich in Rotbraun übergehende Färbung.

2 ccm mit verdünnter HCl erwärmt liefern mit 2—3 Tropfen Eisenchlorid rotbraune Färbung.

Mit 2 Tropfen HCl, 2 Tropfen Natriumnitritlösung (1%ig), α-Naphthollösung und etwas Natronlauge entsteht eine rote, auf Zusatz von HCl in Violett übergehende Färbung.

A. Grutterink, Beiträge zur mikrochemischen Untersuchung einiger Alkaloide. (Z. f. analyt. Chem. 51, 175—234 (1912); Ref. Z. f. analyt. Chem. 1913, 126; betr. Hydrastin, Novocain usw.). Über Desinfektionsmittel, wie Lysol, Kresol, Solveol und andere vgl. S. 539.

Bemerkungen zu dem Stas-Ottoschen Verfahren.

Der Stassche Gang ist einfacher und bequemer als der Dragen-
dorffsche, welch letzterer es allerdings ermöglicht, mit möglichst wenig
Material eine ganze Reihe von Alkaloiden usw. hintereinander zu isolieren [1]).

In der Praxis wird auf eine solche Kollektion von Alkaloiden nie
Rücksicht zu-nehmen sein, sondern es wird sich stets nur um einige
wenige (z. B. bei Brechnüssen — erkenntlich an den charakteristischen
Haaren unter dem Mikroskop — kann es sich nur um Strychnin und
Brucin handeln), oder um das eine oder andere Alkaloid handeln. Es
ist deshalb für den erfahrenen Experten nicht nötig, einen der beiden
Gänge scharf einzuhalten, besonders dann nicht, wenn auf ein bestimmtes
Alkaloid zu fahnden ist. In welcher Weise man dann vom Gange ab-
weichen kann und wie man direkt vorzugehen hat, ergibt sich aus dem
Gange selbst und durch die in der Praxis gemachten Erfahrungen, in
welcher sich die Untersuchungen in der Regel einfacher gestalten. Trotzdem aber haben wir, um ein ziemlich vollständiges Bild des Giftnach-
weises zu geben, auch den Nachweis von Stoffen angegeben, die in der
Praxis wohl nie oder nur ausnahmsweise einmal vorkommen dürften.

Folgende positive Befunde aus Leichenteilen kamen den Verf.
häufig vor: Karbolsäure, Schwefelsäure, Salzsäure, Cyankali, arsenige
Säure, Sublimat, Phosphor, Sauerkleesalz, Strychnin, Morphin, Opium,
Kohlenoxyd, Chloroform, neuere Schlaf- und Fiebermittel. Zum Teil
handelte es sich dabei um Selbstmord und eigene Unvorsichtigkeit der
betroffenen Personen. In einigen Fällen waren vorher Anhaltspunkte
vorhanden, so daß nur Identitätsnachweise notwendig waren.

Leichenalkaloide (Ptomaine) können bei der Untersuchung
von faulenden Fleischmassen, Leichenteilen usw. nach dem Verfahren
von Stas-Otto (und nach Dragendorff usw.) ebenfalls erhalten
werden. Man unterscheidet zwei Gruppen: sauerstofffreie und sauer-
stoffhaltige. Die ersten sind wie die sauerstofffreien Alkaloide (Nikotin,
Coniin) flüchtig und von bestimmtem Geruch, die sauerstoffhaltigen
sind fest, manchmal kristallinische Massen.

Alle Ptomaine sind stark reduzierende Substanzen, sie zersetzen
Jodsäure, Chromsäure und Silbernitrat; manche geben mit Kalium-
eisencyanür und Eisenchlorid Berlinerblau, werden durch viele der
allgemeinen Alkaloidreagenzien gefällt und teilen auch manche Spezialreaktionen der Alkaloide mit diesen, aber nicht alle einem bestimmten
Alkaloid zukommenden Reaktionen. Hat man daher ein Alkaloid
bei der Untersuchung gefunden, so müssen seine sämtlichen
bekannten Reaktionen eintreffen, auch sollte dessen physiologisches Verhalten geprüft werden, da hierin die etwa gefundenen
Ptomaine den größten Unterschied zeigen.

Kresol, Lysol, Kreolin, Kresin, Solveol u. dgl. Hierzu können
besondere Vorschriften nicht gegeben werden. Es sind meistens durch

---

[1]) Vgl. Dragendorff, Die gerichtl.-chem. Ermittelung von Giften in
gerichtlichen Fällen. 4. Aufl.

Auflösen in Seifen wasserlöslich gemachte Teerdestillationsprodukte. Sie werden durch Säuren zersetzt, scheiden die entsprechende Fettsäure und phenolartige Körper dabei aus, welche durch Ausschütteln mit Äther erhalten werden können. Übrigens geben sie auch die Phenolreaktionen. Quantitativ bestimmt man die Kresole nach dem Messinger-Vortmannschen Verfahren, welches auf der Fällbarkeit der Phenole bzw. Kresole durch titrierte Jodlösung und Rücktitrieren des überschüssigen Jodes mit Natriumthiosulfat beruht [1]).

Notiz über die allgemeinen und speziellen Alkaloidreagentien.

Diese geben mit vielen Alkaloiden, aber auch mit Ammoniak, Aminbasen, Proteinstoffen [2]), mannigfach gefärbte, teils amorphe, teils kristallinische Niederschläge. Sie werden verwendet, um nachzusehen, ob überhaupt ein Alkaloid usw. vorliegt und dienen also zur Vorprüfung, ehe man die speziellen Reaktionen vornimmt, wozu man die wässerige mit einer Spur HCl angesäuerte Alkaloidlösung nimmt. Die Aufzählung und Darstellung dieser Reagentien siehe S. 530.

Untersuchung auf mineralische Gifte [3]).

Hat man eine genügende Menge des Untersuchungsmaterials, so nimmt man zu dieser Prüfung einen besonderen Teil in Arbeit. Sind die von der Alkaloidprüfung verbleibenden Rückstände zu verwenden, so hat man zuvor den Alkohol zu verjagen, weil sonst bei der nachfolgenden Chlorentwickelung Explosionen entstehen, welche so heftig sein können, daß die Masse teilweise herausgeschleudert wird. Die organische Substanz wird sodann nach Fresenius und v. Babo durch Chlor im statu nascendi zerstört. Man übergießt die Masse mit mäßig konzentrierter HCl, gibt je nach dem Mengenverhältnis $KClO_3$ zu, läßt zweckmäßig längere Zeit kalt stehen (wenn angängig über Nacht) und erwärmt sodann unter Umrühren langsam auf dem Wasserbade, indem man von Zeit zu Zeit kleine Mengen $KClO_3$ zugibt, bis die Masse möglichst hellgelb geworden ist und beim Erwärmen sich nicht mehr bräunt. (Nicht alle organischen Stoffe werden ganz zerstört, bei Untersuchung von Leichenteilen bleiben namentlich Fett und Darmteile, Muskeln usw. zurück, auch wird die Lösung nicht immer hellgelb; sie bleibt vielfach braun.) Man verdampft schließlich den Überschuß von HCl unter Verdünnen mit Wasser und filtriert. Statt $KClO_3$ kann man nach Sonnenschein und Jeserich $HClO_3$ anwenden; man rührt die Masse mit Wasser zu einem dünnen Brei an, erwärmt, setzt nach und nach kleine Mengen $HClO_3$ zu, bis die Masse aufgetrieben erscheint, und fügt dann allmählich HCl zu. — Man erhält so einen Rückstand R und eine Lösung L.

---

[1]) Baumert, Gerichtl. Chem. Braunschweig 1907. S. 273.

[2]) Hat man z. B. Brot oder Mehl auf eine Beimischung von Alkaloiden zu untersuchen, so erhält man im Gange mit den Alkaloidreagentien häufig Niederschläge (Proteine).

[3]) Siehe auch S. 522 betr. Vorprüfung und Beurteilung der Befunde.

Diese Lösung L kann enthalten:

As, Sb, Sn — Hg, Pb, Bi, Cu — Zn, Cr, Ni — Ba.

Mit der verdünnten und auf ein bestimmtes Volumen aufgefüllten Lösung stellt man die Prüfung auf As nach Gutzeit[1]) und die auf $HgCl_2$ durch Einlegen eines blanken Kupferbleches in die Lösung an. Den gemessenen Hauptteil L verdünnt man entsprechend und sättigt ihn in üblicher Weise mit H_2S [2]).

Den gegebenenfalls entstandenen Niederschlag läßt man absitzen, bringt ihn auf ein Filter und darauf mitsamt dem Filter in das zur Fällung benutzte Gefäß zurück. Man übergießt ihn dann mit Wasser und etwas gelben Schwefelammonium und erwärmt einige Zeit auf dem Wasserbade. Etwa mitgefällte in dem Niederschlag befindliche organische Substanzen gehen meist völlig in Lösung.

Ungelöst gebliebener Rückstand kann Hg, Cu, Pb, Bi, (Ag) enthalten, worauf zu prüfen ist.

Das schwefelammoniumhaltige Filtrat wird auf dem Wasserbade zur Trockne gebracht und mehrere Male mit rauchender Salpetersäure eingedampft, bis eine neue Zugabe von Salpetersäure keine Änderung hervorbringt. Man übersättigt mit wenig Alkali, trocknet bei 105°, verreibt den Rückstand mit wasserfreier Soda und schmilzt mit einem Gemische von Soda und Natronsalpeter. Die Schmelze wird mit Wasser behandelt, bis möglichst vollständige Lösung eingetreten ist und dann in die mehr oder weniger trübe Flüssigkeit CO_2 eingeleitet. Der verbleibende Bodensatz ist auf Zinn und Antimon zu prüfen.

Das Filtrat übersättigt man mit Schwefelsäure und dampft es ein. Die erhaltene Trockenmasse wird erhitzt bis zum Auftreten weißer Schwefelsäuredämpfe, und nach dem Erkalten mit Wasser verdünnt. Die erhaltene Lösung wird auf ein bestimmtes Volumen aufgelöst und deren größerer Teil mit Schwefelwasserstoff gefällt. Das erhaltene Schwefelarsen dient zur quantitativen Bestimmung. Den kleineren Teil der Lösung prüft man nach der Marshschen Methode auf Arsen [3]) [4]).

Das von dem Schwefelwasserstoffniederschlag verbliebene Filtrat wird eingedampft und mit soviel Salpeter geschmolzen, daß die etwa vorhandene organische Substanz völlig zerstört wird. Die Schmelze ist wie üblich auf Cr, Zn, Ni, Co, Ba, Sr zu prüfen.

---

[1]) Vgl. S. 483.

[2]) Derselbe muß arsenfrei sein. Man entwickelt den H_2S daher im Kippschen Apparat aus reinem arsenfreiem Schwefelbarium.

[3]) C. Mai und H. Hurt (Zeitschr. f. Unters. d. Nahr.- u. Genußm. 1905. 9. 193) haben ein elektrolytisches quantitatives Verfahren angegeben.

Da As auch im Erdboden vorkommt und von da aus auch in Leichenteile gelangt, so hat man bei exhumierten Leichen stets darauf Rücksicht zu nehmen. Vgl. darüber auch H. Lührig, Zeitschr. f. Untersuch. d. Nahr.- u. Genußm. 1909. 18. 277 sowie Pharm. Zentralh. 1909. 50. 63.

[4]) Siehe auch A. F. Schulz, Arbeit. a. d. Kaiserl. Gesundheitsamt 1915, 48, 303; über den Arsengehalt moderner Tapeten und seine Beurteilung vom hygienischen Standpunkte.

Zur Marsh schen Methode:

Unterschiede der Arsen- und Antimonspiegel.

Arsenspiegel.	Antimonspiegel.
1. Bilden eine graue bis braunschwarze, in dünnen Schichten braunmetallglänzende, zusammenhängende Masse, die unter der Lupe nicht aus einzelnen Kügelchen zusammengesetzt erscheinen soll.	1. Schwarz, silberglänzend bis sammetschwarz.
2. Entsteht hinter der erhitzten Stelle der Röhre; Geruch nach Knoblauch.	2. Entsteht vor und hinter der erhitzten Stelle der Röhre; riecht nicht nach Knoblauch.
3. Der Arsenspiegel ist leicht flüchtig.	3. Schwer flüchtig.
4. Leicht löslich in unterchlorigsaurer Natronlösung.	4. Nicht löslich.
5. Beim Betupfen des Spiegels mit wenig Schwefelammoniumlösung und vorsichtigem Erwärmen bis zur Trockne entsteht ein gelber Rückstand von Schwefelarsen.	5. Antimonspiegel, der gleichen Behandlung unterworfen, liefern einen orangefarbenen Rückstand von Schwefelantimon.
6. In Salpetersäure von 1,3 spez. Gew. kalt gelöst, dann mit Silbernitrat und hierauf vorsichtig mit Ammoniak versetzt, entsteht ein gelber Niederschlag von arsenigsaurem Silberoxyd, sobald die Flüssigkeit neutral geworden ist.	6. Geht durch HNO_3 in unlösliches weißes Antimonoxyd über.

Der Rückstand R kann enthalten:

Ag, Pb und Ba.

Man trocknet den Rückstand gut aus, zerreibt, mischt mit der etwa dreifachen Menge Salpetersodamischung (2 Teile KNO_3, 1 Teil Na_2CO_3) und trägt die Mischung portionenweise in einen glühenden Porzellantiegel oder in einen mit heißer Säure gut gereinigten hessischen Tiegel ein und gibt noch eine kleine Menge Salpetersodamischung hinzu.

Bei richtig gewähltem KNO_3-Zusatz wird die organische Substanz völlig zerstört. Die Schmelze wird nach dem Erkalten mit Wasser aufgeweicht und zur Sättigung etwa vorhandenen Ätzkalis CO_2 in die trübe Flüssigkeit eingeleitet, hierauf aufgekocht, erkalten gelassen, filtriert und ausgewaschen.

Der Filterrückstand kann aus $PbCO_3$, $BaCO_3$ und metallischem Ag bestehen, welche durch Behandlung mit verdünnter HCl (AgCl), mit H_2S (PbS) und durch Zusatz von verdünnter H_2SO_4 ($BaSO_4$) in bekannter Weise getrennt und erkannt werden können.

Nachweis von chlorsaurem Kali (bzw. von Natriumchlorat).

Man zieht die zerkleinerten Massen mit heißem Wasser aus, verdünnt die Lösung und bringt sie auf einen Dialysator, in welchem man das Wasser im äußeren Gefäße während 24 Stunden ein- bis zweimal wechselt. Die vereinigten Dialysate dampft man auf dem Wasserbade ein, filtriert heiß und stellt das Filtrat zur Kristallisation bei Seite. Ist so wenig Kaliumchlorat vorhanden, daß keine Abscheidung des Salzes erfolgt, so prüft man diese Flüssigkeit auf Chlorsäure.

Prüfung auf Mineralsäuren, Oxalsäure und ätzende Alkalien.

Vorbemerkung: Zur Untersuchung auf Mineralsäuren wird sowohl Erbrochenes, als auch oft der Magen selbst genommen; des weitern ist, wenn möglich, auch der Harn zu untersuchen.

Ebenso müssen auch die säurewidrigen Mittel, die etwa als Gegenmittel angewendet wurden, zur Kenntnis gebracht werden.

1. Nachweis der Salpetersäure:

Die zu untersuchenden Körperteile sind mit kaltem Wasser auszuziehen, dann folgt Prüfung der Reaktion und Nachweis mit den bekannten Reagenzien, z. B. Indigolösung, H_2SO_4 + $FeSO_4$, Diphenylamin usw.

Als Beweisgegenstand gibt man die HNO_3 in der Form des Kalisalzes.

2. Nachweis der freien Salz- und Schwefelsäure:

Ausziehen der Massen mit absolutem Alkohol. Die Alkohollösung reagiert sauer. Neutralisieren der Lösung mit NaOH und Eindampfen unter Wasserzusatz zur Verjagung des Alkohols, sodann Fällen mit $AgNO_3$ bzw. $BaCl_2$. Sind Gegengifte (gebr. Magnesia, Kreide), gegeben worden, so säuert man die Massen mit HNO_3 an und fällt mit $AgNO_3$ bzw. $BaCl_2$.

3. Nachweis der Oxalsäure:

Ist Oxalsäure, gleichviel ob sie in freiem Zustand oder als Sauerkleesalz oder oxalsaurer Kalk vorhanden ist, nachzuweisen, so trocknet man die Substanz auf dem Wasserbad und kocht den Rückstand mit Salzsäurealkohol (5 ccm verdünnte HCl auf 100 Alkohol) aus; die heiß filtrierte Flüssigkeit wird eingedampft, mit Wasser aufgenommen und mit Essigsäure angesäuert, bleibt hierbei ein Rückstand (oxalsaurer Kalk), so filtriert man ab.

Den Rückstand prüft man auf oxalsauren Kalk, indem man in etwas verdünntem HCl löst und die Lösung mit überschüssigem essigsaurem Natrium essigsauer macht. Ein entstehender weißer Niederschlag ist oxalsaurer Kalk. Das Filtrat teilt man in zwei Teile, einen Teil versetzt man mit Chlorcalcium, den anderen mit Gipslösung; es muß auch auf Zusatz von Gipslösung ein Niederschlag entstehen.

Ein weißer, kristallinischer Niederschlag ist oxalsaurer Kalk; er muß beim gelinden Glühen $CaCO_3$ liefern.

Erkennung von Blutflecken und Untersuchung der verschiedenen Blutarten [1]).

1. Chemisch-physikalische Methode.

Zunächst unterwirft man die verdächtigen Gegenstände einer Besichtigung mit der Lupe und einfachen chemischen Vorproben zur

---

[1]) Spezialliteratur: Baumert, Lehrb. d. gerichtl. Chem., Verlag F. Vieweg u. Sohn, Braunschweig; Dennstedt u. Voigtländer, Verlag von F. Vieweg u. Sohn, Braunschweig; A. H. Schmidtmann, Handb. d. gerichtl. Med., Verlag A. Hirschwald, Berlin; H. Marx, Praktikum d. gerichtl. Med., derselbe Verlag; P. Uhlenhuth u. O. Weidanz, Praktische Anleitung zur Ausführung des biologischen Eiweißdifferenzierungsverfahrens, Verlag G. Fischer, Jena 1909.

Feststellung, ob überhaupt an den verdächtig aussehenden Stellen Blut vorhanden ist. Zu diesem Zwecke benutzt man Wasserstoffsuperoxyd (3%iges), welches Schaumbildung (Sauerstoffentwickelung) erzeugt bei Anwesenheit von Blut,. oder mit Terpentinöl versetzter Guajaktinktur (siehe S. 352), welche Blaufärbung des Blutfleckens hervorruft. Die Guajakprobe ist der Wasserstoffsuperoxydmethode vorzuziehen. Die Guajaktinktur ist jeweils aus dem Harz und 96%igem Alkohol frisch zu bereiten. Das Terpentinöl muß alt sein (Ozon). Reaktionsfähiges Terpentinöl erhält man durch Aufstellen desselben in flachen Schalen·bei Licht (Sonnenlicht). Auch ein Zusatz von Kolophonium ist zweckdienlich. Positive Reaktionen geben aber keine bestimmten Anhaltspunkte über das Vorhandensein von Blut, da auch andere organische Substanzen die Reaktion hervorrufen können, immerhin erleichtern diese Vorproben das Aufsuchen verdächtiger Stellen. Sicherer, weil spezifisch, ist die Benzidinprobe nach Ascarelli.

Eine Messerspitze voll Benzidin (pro analysi Merck oder Kahlbaum) löst man in 2 ccm Eisessig, gießt davon 10—12 Tropfen in ein Reagenzglas, fügt 2½—3 ccm 3%iger Wasserstoffsuperoxydlösung hinzu (in dieser Mischung darf eine Grün- oder Blaufärbung nicht auftreten) und gibt zu dieser Mischung einige Tropfen der Blutlösung (mit physiolog. NaCl-Lösung oder 10%igem Glyzerin ausgelaugte Blutflecke usw.). Bei Anwesenheit von Blut tritt eine grüne, blaugrüne bis rein blaue Färbung auf, je nach der Menge des vorhandenen Blutes. Bei sehr geringem Blutgehalt dauert es einige Zeit bis zum Eintreten der charakteristischen Färbungen. Das Reagens hält sich zwar einige Tage, doch benutzt man es am besten immer frisch bereitet. Die Reaktion ist sehr empfindlich. Die Methode versagt selbst beim geringsten Blutgehalt nicht. Eisen, Stoffproben stören die Reaktion nicht. Ein Nachteil ist, daß Eiter ebenfalls die Reaktion gibt, selbst wenn man die Lösung kocht. Oxydasen, pflanzliche und tierische Fermente geben die Reaktion ebenfalls, allein durch Kochen der auf Blut zu untersuchenden Auslaugungen wird deren Wirkung ausgeschaltet, für den Blutnachweis stört das Kochen der Lösung nicht. Im Zusammenhang mit dem mikroskopischen Nachweis (nachstehend) ist die Benzidinprobe demnach eine Methode, die man nicht mehr gern vermißt. Ist das Blut nicht alt, so kann man auf den Gegenständen selbst, z. B. Dolchen, Messerklingen und ähnlichen Objekten schon kleine Blutmengen unter Verwendung eines Vertikalilluminators unter dem Mikroskop erkennen. Für die gewöhnliche mikroskopische Untersuchung frischer Blutflecke bringt man etwas auf das Deckgläschen, feuchte oder erst eingetrocknete Flecke weicht man mit physiologischer Kochsalzlösung oder 10%igem Glyzerin auf. Deutlich erkennbar macht man die Blutkörperchen durch Färbung. Man streicht die Blutlösung dünn auf die Deckgläschen, fixiert durch Erwärmen auf 102—103° und legt einige Stunden in Karbolfuchsinglyzerin (1 g Fuchsin in 10 ccm absolutem Alkohol gelöst, dazu 100 ccm 5%ige Karbolsäureglyzerinlösung), spült mit Wasser ab und färbt mit Delafields verdünnter Hämatoxylinlösung [1]) nach.

Nach Beendigung dieser Vorprüfungen beginnt man mit dem eigentlichen Nachweis von Blut mittels der Teichmannschen Häminprobe und gegebenenfalls auch der Blutart.

Man kratzt Proben von den auf Messerklingen, Beilen, Holzstücken, auf Wäsche u. dgl. befindlichen Flecken ab, oder laugt sie zweckmäßig mit physiologischer Kochsalzlösung aus und trocknet das

---

[1]) 1 g Hämatoxylin in 6 ccm absolutem Alkohol warm lösen und filtrieren, mit 15 g Ammoniakalaun in 100 ccm destillierten Wassers zusammengießen. Mischung bleibt 3 Tage im offenen Gefäße am Licht stehen, wird filtriert und mit 25 ccm reinem Glyzerin und 25 ccm Methylalkohol versetzt. Nach wiederum 3 Tagen ist diese filtrierte Mischung für lange Zeit gebrauchsfähig.

ausgelaugte Blut auf Objektträgern an: Sodann betupft man mit wenigen Tropfen Eisessig, erwärmt bis zur Blasenbildung, legt das Deckglas auf und verdunstet den Eisessig entweder auf dem Wasserbad oder auf einer gelinde erwärmten Asbestplatte. Es kristallisieren nun die sogenannten Teichmannschen Blutkristalle oder Häminkristalle, zwar in verschiedenen Formen (Fig. 5 und 6), aber alle dem rhombischen System angehörend, aus. In der Regel sind es rhombische Tafeln von verschiedener Größe und von rotbrauner Farbe, die häufig zu mehreren kreuzweise angeordnet, übereinander liegen.

Man beobachte bei 300facher Vergrößerung. Ist die Untersuchung negativ ausgefallen, so wiederhole man die Eisessigbehandlung an demselben Präparat noch einmal, wobei man darauf achte, daß das Lösungsmittel recht langsam verdampft. Bei der zweiten Behandlung scheint die Kristallbildung leichter vor sich zu gehen. Da die Häminreaktion

Fig. 5. Fig. 6.

bei altem oder verändertem Blut öfters versagt, also ihr negativer Ausfall keineswegs auch die Abwesenheit von Blut anzeigt, so empfiehlt es sich, den Nachweis mit Hilfe des Spektroskopes zu führen.

Über Blutnachweis mittels Rhodamin siehe Pharm. Zentralhalle 1917, 467; O. v. Furth, Neue Modifikationen des forens.-chemischen Blutnachweises, Zeitschr. f. angew. Chem. 1911, 1625.

Die spektroskopische Untersuchung verdächtiger Flecke ist nach dem gegenwärtigen Stand der Wissenschaft für den Blutnachweis das wichtigste Hilfsmittel [1]). Die Erkennung des Blutes beruht auf der Hervorrufung der verschiedenartigen Absorptionsstreifen im Spektrum des Hämoglobins und mehrerer seiner Verbindungen. (Gruppe des Hämoglobins und Methämoglobins, des Hämatins und des Hämatoporphyrins siehe nachstehende Tafel, Fig. 7). Frisches Blut enthält Oxyhämoglobin; sein Absorptionsspektrum tritt bei einem Gehalte bis zu 0,25 pro Mille noch deutlich auf; auf Zusatz von Reduktionsmitteln $(NH_4)_2S$ entsteht Hämoglobin (Doppelreaktion). In wässerigen oder kochsalzhaltigen Lösungen älterer Blutflecken zeigt sich im Spektrum auch Methämoglobin (siehe Tafel) an. Durch Zusatz von Schwefelammonium entsteht Hämoglobin daraus. Hämatin (alte Flecke) löst sich nur in Säuren und Alkalien. Das für die Blutuntersuchung wichtige alkalische Hämatin erhält man durch Zusatz von Ammoniakalkohol oder einer wässerigen oder einer 1%igen alkoholischen KOH oder 10%

[1]) Siehe auch den physik.-chem. Teil.

igen wässerigen NaOH. Durch Behandlung des Blutfleckens mit Cyan-
kalilösung entsteht Cyanhämatin. Zusatz reduzierender Mittel zu

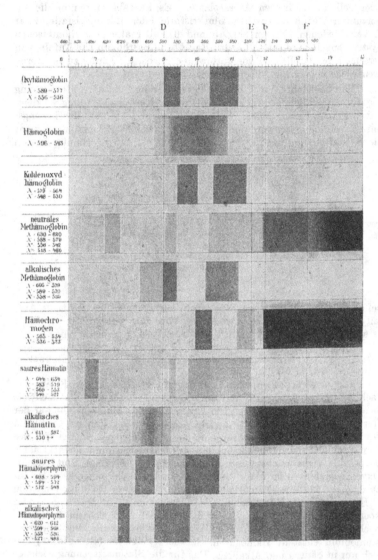

Fig. 7.

alkalischem oder Cyanhämatin erzeugt Hämochromogen bzw. Cyan-
hämochromogen. Die Hämochromogene sind für den Nachweis kleiner

Spuren von Blut besonders wichtig. Bei Blutflecken, welche höheren Temperaturen, (Überhitzung über 140° C) ausgesetzt waren, führt die Methode Kratter[1]) zum Ziel (Darstellung von Hämatoporphyrin mit konzentrierter H_2SO_4). Sehr alte, mit Rost untermischte Flecken behandelt man mit wasserfreier Karbolsäure oder einer Mischung gleicher Raumteile dieser Säure und absoluten Alkohols (Szigetti[2]). Sind die Blutmengen sehr gering, so kann die Anwendung des Mikroskopes[3]) zum Ziele führen.

Die Unterscheidung der Blutarten durch Größe und Form der Blutkörperchen ist schwierig und nicht objektiv beweisend, es gelingt nur die Unterscheidung von Menschen- und Säugetierblut einerseits, Vogelblut andererseits. Vollen Ersatz gibt Uhlenhuths biologisches Verfahren. Über Blutnachweis, Kritik einzelner Methoden vgl. auch die Verhandlungen der V. Tagung der Deutschen Gesellschaft für gerichtl. Medizin in Salzburg 1909, in Vierteljahrsschrift für gerichtl. Medizin, III. Folge, Bd. XXXIX, 1910, S. 42 u. ff.

Die Untersuchung der Blutarten auf biologischer Grundlage (Präzipitation) nach P. Uhlenhuth.

Auf die wissenschaftliche Seite dieses Verfahrens[4]) und seinen unschätzbaren Wert für die forensische Blut-, Fleisch- und Nahrungsmitteluntersuchung, überhaupt für die Erkenntnis verschiedener naturwissenschaftlicher Probleme (Abstammungslehre), für die medizinischen Wissenschaften und selbst für historische Zwecke (Altersbestimmung von Mumien) kann hier nicht näher eingegangen werden; es muß daher auf die in Uhlenhuths Werk (siehe oben) verzeichnete umfangreiche Speziallitteratur Uhlenhuths sowie seiner Vorläufer, Mitarbeiter und der übrigen auf diesem Gebiet tätigen zahlreichen Forscher hingewiesen werden.

Der Vorgang ist kurz folgender: Führt man auf intraperitonealem oder subkutanem Wege in die Blutbahn eines Tieres einige Zeit fremdes genuines Eiweiß (tierischer, vegetabilischer oder bakterieller Herkunft)[5]) ein, so wird ein präzipitierendes Eiweiß (Antiserum) in dem Tierkörper gebildet, welches die Eigenschaft besitzt, das eingespritzte Eiweiß (Präzipitinogen) zu fällen. Z. B. wird Pferdeserum (-eiweißlösung) durch ein Antiserum gefällt, das in einem Kaninchen durch wiederholte Einspritzungen von Pferdeblutserum erzeugt ist. Mit dem Eiweiß andern Ursprungs, etwa von Rinder- oder Schweineblut, Akazien-Honigeiweiß oder Typhusbazilleneiweiß, würde es nicht reagieren. Hier-

---

[1]) Vierteljahrsschr. f. gerichtl. Med. III. F., Bd. 4. 1892. S. 62: Über den Wert des Hämatoporphyrinspektrums für den forensischen Blutnachweis.
[2]) Ebenda. 1896. Bd, 12. Supplem. S. 103.
[3]) Außer dem üblichen Spektroskop eignet sich für die Blutuntersuchungen auch besonders das Mikrospektroskop nach Abbé.
[4]) P. Uhlenhuth u. O. Weidanz, Praktische Anleitung zur Ausführung des biologischen Eiweißdifferenzierungsverfahrens, Verlag von G. Fischer, Jena. 1909. S. 33.
[5]) Präzipitine dieser Art sind die Agglutinine, entstanden im Serum von Tieren, die mit spezifischen Bakterienkulturen immunisiert sind (siehe bakt. Teil S. 622).

für würden die spezifischen Antisera der genannten Eiweißträger nötig sein. Bemerkt sei jedoch, daß die Eiweißstoffe verwandter Tiere, z. B. des Pferds und Esels und deren Bastarde sich nicht mit Sicherheit unterscheiden lassen (Verwandtschaftsreaktionen).

Es ist hier nicht Raum zur Beschreibung der Gewinnung der Sera und Antisera. Die wichtigeren und praktisch am häufigsten gebrauchten Sera werden zur allgemeinen Erleichterung von Spezialinstituten und Fabriken geliefert; bei Identifizierung besonderer Tierarten wird man allerdings die Sera erst entweder selbst herstellen oder die Herstellung an Spezialinstitute in Auftrag geben müssen. Man sollte aber solches bezogene Material nie ohne vorherige Prüfung in Gebrauch nehmen.

Es sei ferner darauf aufmerksam gemacht, daß auch der in nachstehendem kurz angegebene Gang des biologischen Verfahrens (Ausführung der entscheidenden Reaktion nebst der erforderlichen Vorarbeiten) die Ausführung des Verfahrens nicht völlig erschöpfend darstellen kann. Zur Sicherung eines einwandfreien Ergebnisses der Untersuchung hat man sich der größten Vorsicht, Pünktlichkeit und Genauigkeit zu befleißigen und vor allem durch Versuche an bekannten Objekten und Materialien sich erst ein richtiges Bild von dem Gang und den möglichen Nebeneinflüssen und Störungen der Reaktionen und des Materials zu verschaffen.

Gang des biologischen Verfahrens.
Nach Uhlenhuth und Beumer [1]).

a) Vorversuch zur Bestimmung der Wirksamkeit des spezifischen Serums.

Die Verarbeitung des Untersuchungsmaterials für die biologische Methode ist erst dann in Angriff zu nehmen, wenn der Untersucher sicher ist, ein brauchbares spezifisch wirkendes Serum zu besitzen und nachdem er sich in einem Vorversuch von seiner Wirksamkeit überzeugt hat. Die Vorprüfung nimmt man im Gegensatz zur eigentlichen genauen Titerbestimmung (s. weiter unten) nicht mit genau hergestellten Verdünnungen und nicht ausschließlich mit Serum vor, sondern, um möglichst der Praxis gleiche Verhältnisse zu schaffen, mit angetrocknetem Blut. Zu diesem Zwecke soll sich jeder, der sich mit der Ausführung von Untersuchungen mittels der biologischen Methode beschäftigt, angetrocknetes Blut vorrätig halten. Zur Gewinnung desselben kann man sich der Antrocknungsmethode in Petrischalen (Uhlenhuth), auf Fließpapier, Gaze, Leinwand oder in Sand bedienen. Die Eintrocknung auf Fließpapier oder Gaze hat den Vorzug, daß eine schnellere Auslaugung stattfindet, und daß die so gewonnenen Lösungen immer klar sind (Nutall). Ferner wird man zur Vermeidung großer Altersunterschiede gut tun, wenigstens bei den leicht zu beschaffenden und für forensische Fälle vorzugsweise in Frage kommenden Blutsorten wie Menschen-, Rind-, Pferde-, Schweine-, Hammel-, Reh-, Hasen-, Ziegen-, Hunde- und Kaninchenblut, von Zeit zu Zeit (alle 4—6 Wochen) frisches Blut in der oben geschilderten Weise zu konservieren. Diejenige Blutart, auf

---

[1]) Praktische Anleitung zur gerichtsärztl. Blutuntersuchung mittels der biologischen Methode, Zeitschr. f. Medizinalbeamte 1903, Nr. 5 u. 6; siehe ferner: P. Uhlenhuth u. O. Weidanz, Praktische Anleitung zur Ausführung des biologischen Eiweißdifferenzierungsverfahrens, Verlag G. Fischer, Jena 1909; § 16 Abs. 3 der Anlage und zu den am 1. April 1908 erlassenen Ausführungsbestimmungen D zum Fleischbeschaugesetz siehe S. 720 dieses Hilfsbuches. Uhlenhuth, Weidanz u. Wedemann, Arb. a. d. Kaiserl. Gesundheitsamte, Bd. 28; O. Weidanz, Zeitschr. f. Fleisch- u. Milchhygiene, 1907. 18. 33; Vierteljahrsschr. f. gerichtl. Med. 1909, Bd. 37, 2. Suppl.-Heft; siehe im übrigen auch S. 143.

welche das Untersuchungsmaterial geprüft werden soll, wird dann zur Vorprüfung benutzt. Zur Herstellung der nötigen Bluteiweißlösung wird eine geringe Menge des angetrockneten Testblutmaterials in ein gewöhnliches Reagenzglas gebracht und hierzu etwa 5 ccm steriler physiologischer Kochsalzlösung gesetzt. Ohne zu schütteln — um eine möglichst klare Lösung zu erzielen — bleibt das Gemisch so lange stehen bis eine genügende Menge Eiweiß in Lösung übergegangen ist. Man erkennt das daran, daß beim Schütteln eines vorsichtig in ein zweites Reagenzglas übergegossenen Probequantums (2 ccm) eine längere Zeit stehenbleibender Schaum auftritt. Ist das der Fall, so wird auch der Rest der Lösung in das zweite Röhrchen gegossen; beim Übergießen hat man, besonders, wenn man angetrocknetes Blut benutzt hat, zu vermeiden, den noch nicht ganz aufgelösten Bodensatz aufzurühren. Die so gewonnene Lösung ist dann auf ihre Klarheit zu prüfen. Sollte sie nicht ganz klar sein, so muß sie filtriert werden und zwar genügt hier in fast jedem Falle ein Papierfilter.

Da für die biologische Reaktion eine Verdünnung des Untersuchungsmaterials von etwa 1 : 1000 verlangt wird, so hat man natürlich auch bei der Vorprobe diesen Konzentrationsgrad herzustellen. Man erkennt die geforderte Verdünnung, abgesehen von der beim Schütteln entstehenden Schaumbildung, an dem Ausfall der mit einer kleinen Menge von etwa 1 ccm unter Zusatz eines Tropfens 25%iger Salpetersäure angestellten Kochprobe. Es entsteht nämlich bei dieser Reaktion in einer Verdünnung von 1 : 1000 eine leicht opaleszierende Eiweißtrübung. Da nun die ausgelaugte Bluteiweißlösung im allgemeinen konzentrierter ist, so muß sie so lange mit steriler 0,85%iger Kochsalzlösung verdünnt werden, bis die Salpetersäurekochprobe den richtigen Grad der Verdünnung von annähernd 1 : 1000 angibt.

Für die Ausführung der Serumprüfung, wie überhaupt der biologischen Reaktion, benutzt man zweckmäßig das von Uhlenhuth und Beumer angegebene Reagenzgestell. Es ist so eingerichtet, daß es für 12 kleine Reagenzröhrchen von je 11 cm Länge und 0,9 cm Durchmesser Platz hat. An ihren offenen Enden haben die Röhrchen nach außen umgebogene Ränder, so daß man sie in den Löchern des Gestells pfeifenartig aufhängen kann. Der Übersichtlichkeit halber sind die Löcher, in welche die Röhrchen hineingehängt werden, mit Nummern von 1—12 versehen. Das Aufhängen der Röhrchen hat den Vorteil, daß man die am Boden des Röhrchens auftretende Präzipitinreaktion gut beobachten kann.

Für die Serumprüfung werden 3 gleichmäßig dicke und absolut saubere Reagenzröhrchen ausgesucht und in das Gestell hineingehängt. Im durchfallenden Licht, indem zwischen Lichtquelle und Reagenzglasgestell ein schwarzes Brettchen oder dgl. gehalten wird, sind die leeren Röhrchen vor Ansetzen jeder biologischen Reaktion nochmals auf ihre Sauberkeit zu prüfen. Denn nicht selten kann man gerade bei ganz neuen Röhrchen beim Übergang in die Kuppe einen horizontalen grauweißen Ring, der bei nicht sorgfältiger Herstellung der Gläschen entstehen soll, beobachten. Dieser kann dann leicht eine schwache spezifische Reaktion vortäuschen.

Mit einer sterilen Pipette wird in Röhrchen 1 und 2 je 1 ccm der verdünnten Blutlösung gebracht, während Röhrchen 3 mit demselben Quantum steriler Kochsalzlösung (0,85%) beschickt wird. Mit einer sterilen graduierten Pipette (1 ccm mit 100 Teilstrichen) werden zu Röhrchen 1 und 3 je 0,1 ccm des zu prüfenden absolut klaren Antiserums gesetzt, während in Röhrchen 2 0,1 ccm normales, ebenfalls vollständig klares, normales Kaninchenserum gegeben wird. Ohne zu schütteln, wird die Reaktion im durchfallenden Lichte betrachtet. Tritt nun in Röhrchen 1 sofort oder spätestens nach zwei bis fünf Minuten eine hauchartige in der Regel am Boden beginnende Trübung auf, die sich nach weiteren fünf Minuten in eine wolkige umwandelt und sich weiterhin als Bodensatz absetzt, während die Lösungen in den beiden übrigen Röhrchen völlig klar bleiben, so ist das Serum brauchbar. Die bei Zimmertemperatur ausgeführte Reaktion soll spätestens nach 20 Minuten abgeschlossen sein.

b) Behandlung des Untersuchungsmaterials zwecks Prüfung mittels der biologischen Methode.

Die auf fester Unterlage eingetrockneten Blutflecke werden mit einem reinen sterilen Instrument abgekratzt, indem man zweckmäßig einen großen

Bogen weißen Schreibpapiers als Unterlage benutzt. Die pulverisierte Masse wird vorsichtig in ein steriles Reagenzröhrchen geschüttet und mit 0,85%iger Kochsalzlösung zur Auflösung gebracht. Hat man nur ganz geringe Spuren von Material, so kann man auch Wachs um den Fleck herumlegen und in der so gebildeten Mulde den Fleck mit Hilfe von Kochsalzlösung auflösen. Andere Lösungsmittel wie 0,85%ige Kochsalzlösung sind nicht zu verwenden.

Handelt es sich um Material, welches in die Unterlage eingesogen ist, wie in Kleidungsstücke, Leinewand usw., so wird der Fleck herausgeschnitten, mit der Schere möglichst fein zerkleinert, mit Nadeln zerzupft und in einem kleinen Schälchen oder im Reagenzglase möglichst mit geringer Menge physiologischer 0,85%iger steriler Kochsalzlösung übergossen. Bei diesem Verfahren gewinnt man gewöhnlich bereits nach einer Stunde eine vollständige Auflösung der eingetrockneten Eiweißkörper. Handelt es sich um altes Material, so dauert die Auslaugung erheblich länger, bisweilen bis zu 24 Stunden. Es ist dann, um Bakterienwachstum möglichst zu verhindern, nötig, die auszulaugende Flüssigkeit in den Eisschrank zu stellen. Die genügend ausgelaugte Flüssigkeit wird dann filtriert. Die Filtration erfolgt zunächst mit gehärteten Papierfiltern (Schleicher und Schüll, Nr. 575, 603 oder 605) und nur wenn erfolglos durch Berkefeldsche Kieselgurfilter.

In ganz analoger Weise wie bei der Vorprobe wird auch von der zu untersuchenden Auslaugungsflüssigkeit eine Eiweißverdünnung von etwa 1 : 1000 hergestellt. Ist das geschehen, so muß möglichst bald die biologische Prüfung vorgenommen werden, denn die Aufbewahrung des Extraktes etwa bis zum nächsten Tage ist nicht angängig wegen des die Flüssigkeit trübenden Bakterienwachstums.

Zugleich mit der Vorbereitung des Untersuchungsmaterials werden aus Partikelchen von an- resp. eingetrocknetem Blute die Kontrolllösungen in derselben Weise hergestellt, und zwar wählt man hierzu Blutlösungen irgendwelcher Haustiere. Handelt es sich bei der Untersuchung um einen auf einem Stoff eingetrockneten Blutfleck, so hat man noch eine weitere Kontrolllösung nur aus dem in Frage kommenden Stoff herzustellen.

Vor dem Ansetzen des Versuchs sind die einzelnen Lösungen auf ihre Reaktion gegen Lackmuspapier zu prüfen. Die Lösungen sollen neutral reagieren. Stark saure oder stark alkalische Lösungen sind zu verwerfen, kommen praktisch auch wohl bei der starken Verdünnung der Untersuchungsflüssigkeit kaum vor. Reagieren sie ausnahmsweise sauer (Leder, Baumrinde, siehe u.), so werden sie mit 0,1%iger Sodalösung neutralisiert. Als Neutralisationsmittel für die Untersuchung wird Magnesiumoxyd angewendet.

Nachdem sämtliche Lösungen hergestellt sind, kann zur Ausführung der biologischen Reaktion geschritten werden. Als allgemeiner Arbeitsgrundsatz ist zu beachten, daß alle Gefäße, Röhrchen und Instrumente peinlich sauber und steril, und daß sämtliche Flüssigkeiten, die bei der Ausführung der Methoden benutzt werden, absolut klar sind. Die Sterilität der Gefäße und Instrumente ist notwendig, um eventuell anhaftende fremde Eiweißsubstanzen durch die Hitze zu zerstören. Es ist auch zu beachten, daß die Röhrchen infolge häufiger Sterilisation in trockener Hitze zahlreiche außerordentlich feine Unebenheiten aufweisen können, die, falls sie sich in größerer Menge an der Kuppe des Glases befinden, eine beginnende spezifische Trübung vortäuschen können.

c) Ausführung der biologischen Reaktion.

Behufs Ausführung der biologischen Reaktion werden in das kleine Reagenzglasgestell sechs bzw. sieben möglichst gleich dicke und gleich lange Röhrchen gehängt; sie sind auf dem Holzgestell mit Nummern eins bis sieben bezeichnet.

In Röhrchen 1 und 2 werden mit einer Pipette je 1 ccm der zu untersuchenden Blutlösung gebracht. Zu Röhrchen 3 wird 1 ccm der dem zugehörigen Antiserum entsprechenden Blutlösung gegeben. Röhrchen 4 und 5 werden mit je 1 ccm der Kontrollblutlösungen (z. B. Schweine- und Rinderblut) beschickt. In Röhrchen 6 wird 1 ccm steriler 0,85%iger Kochsalzlösung gegossen. Als weitere Kontrolle würde in einzelnen Fällen dann noch Röhrchen 7 mit einem Auszuge des in Frage kommenden Stoffes beschickt werden.

Zu den einzelnen mit je 1 ccm Lösung gefüllten Röhrchen wird mit Ausnahme von Röhrchen 2 je 0,1 ccm von dem im Vorversuch geprüften Antiserum mit einer graduierten Pipette (1 ccm mit 100 Teilstrichen) zugesetzt, während in Röhrchen 2 0,1 ccm normales, vollständig klares Kaninchenserum gegeben wird.

Beim Zusetzen des Serums zu den einzelnen Flüssigkeiten hat man darauf zu achten, daß es möglichst an der Wand des Reagenzröhrchens herunterfließt und nicht direkt auf die Flüssigkeit getropft wird. Das zugesetzte Serum sinkt in der Regel als spezifisch schwerer zu Boden. Die Röhrchen dürfen nach dem Serumzusatz nicht geschüttelt werden, weil sonst die beginnende Reaktion nicht so deutlich in die Erscheinung tritt.

Die Reaktion soll bei Zimmertemperatur, nicht im Brutschrank vor sich gehen. Zu einer Untersuchung soll stets nur der Inhalt eines Röhrchens, nicht dagegen eine Mischung des Inhaltes mehrerer Röhrchen verwendet werden. Man hat nämlich wiederholt beobachtet, daß Menschenantisera, die von verschiedenen Kaninchen stammten, zusammengemischt Präzipitate geben.

d) Beurteilung des Befundes.

Wenn die Reaktion als positiv gelten soll, so muß sofort oder spätestens nach 2 Minuten die Reaktion als hauchartige Trübung am Boden der Röhrchen 1 und 3 sichtbar sein. — Ist die Schichtung sehr vorsichtig erfolgt, so zeigt sich die Trübung in Form eines deutlich sichtbaren Ringes an der Berührungsschicht zwischen Untersuchungsflüssigkeit und Serum. — Innerhalb der ersten 5 Minuten muß sich die hauchartige Trübung in eine mehr wolkige verwandeln, die sich dann nach weiteren 10 Minuten gewöhnlich als flockiger Bodensatz absetzt. Während die angegebene Niederschlagbildung in Röhrchen 1 und 3 erfolgt, müssen die Kontrollröhrchen 2, 4, 5, 6 resp. 7 im Verlauf der gesamten Untersuchungszeit vollkommen unverändert klar bleiben. Später etwa entstehende Trübungen, die nach 20 Minuten auftreten, dürfen als positive Reaktion nicht aufgefaßt werden. Um die Reaktion in der geschilderten Weise beobachten zu können, dürfen die Röhrchen, wie oben erwähnt, nicht geschüttelt werden. Zur besseren Beobachtung der Trübung werden die Röhrchen bei durchfallendem Tages- oder künstlichem Licht betrachtet, indem zwischen Lichtquelle und Reagenzglas eine schwarze Tafel oder dgl. gehalten wird. Neuerdings ist von Dürck ein Apparat angegeben, der eine bessere Beobachtung schwacher Trübungen ermöglicht.

Um alle Fehlerquellen bei dem biologischen Verfahren sicher auszuschließen, sind, wie aus der obigen Anweisung hervorgeht, unbedingt 5 resp. 6 Kontrollen notwendig.

Die Kontrolle, Röhrchen 2 — Zusatz von normalem Kaninchenserum zu der Untersuchungslösung — die absolut klar bleiben muß, hat den Zweck, nachzuweisen, daß die in Röhrchen 1 etwa beginnende Trübung nicht auf allgemein physikalische Einwirkung infolge von Kaninchenserumzusatz zu beziehen ist.

Die Kontrolle, Röhrchen 3 — Zusatz von spezifischem Serum zu der homologen Blutlösung — dient nur zum Vergleich mit Röhrchen 1 und gibt nochmals über die Wirksamkeit des Antiserums Aufschluß.

Die Kontrollen, Röhrchen 4 und 5, in denen kein Niederschlag entstehen darf, beweisen, daß die in dem Untersuchungsröhrchen 1 sich etwa bildende Präzipitation durch eine spezifische Wirkung des zugesetzten Serums hervorgerufen wird.

Eine der wichtigsten Kontrollen ist die Kontrolle mit der zur Verdünnung der einzelnen Lösungen gebrauchten physiologischen Kochsalzlösung, Röhrchen 6; ihr Klarbleiben nach dem Zusatz des in Frage kommenden Antiserums beweist, daß einmal das zur Verwendung gekommene spezifische Serum vollkommen klar ist und nicht opalesziert und daß außerdem die 0,85%ige Kochsalzlösung nicht schon an und für sich beim Zusatz des spezifischen Serums Trübungen bildet, wie das z. B. beim Leitungswasser der Fall sein würde.

Die Kontrolle, Röhrchen 7, liefert endlich den Beweis, daß der Stoff, in dem das Blut eingezogen ist, nicht bereits für sich allein bei Zusatz des Antiserums eine Trübung hervorruft.

Um die Reaktion in der angegebenen Weise ausführen zu können, ist es nötig, mindestens 2 ccm der zu untersuchenden Lösung herzustellen, nämlich

Je 1 ccm für Röhrchen 1 und 2. Das Verhältnis zwischen den Flüssigkeiten und dem zuzusetzenden Antiserum, welches etwa 1 : 10 beträgt, hat sich nicht als unbedingt notwendig, wohl aber als praktisch erwiesen. 1 ccm von den zu untersuchenden Lösungen zu verwenden, ist insofern vorteilhaft, als man schon bei dieser Menge die allmählich vom Boden des Röhrchens aufsteigende Trübung gut beobachten kann.

Stehen ganz kleine Mengen von Untersuchungsmaterial zur Verfügung, so bedient man sich mit großem Vorteil der von G. Hauser [1] angegebenen Kapillarmethode. Neuerdings ist von Carnwath [2] diese Methode etwas modifiziert worden.

Die biologische Methode kann selbst bei altem faulen Blute noch Aufschluß geben. Die Reaktionsfähigkeit trockenen Blutes wird auch durch erhebliche Erhitzungen auf Temperaturen über 100° und mehrstündige Einwirkung der Hitze nicht aufgehoben oder nur vermindert, ebenso ist das Alter der Blutflecken, wenn es nicht eine ganz abnorme Höhe hat, im allgemeinen ohne Einfluß auf den positiven Ausfall der Reaktion. Durch besondere Umstände, namentlich durch die Beschaffenheit des Materials oder der Gegenstände, an welchen Blutflecken vorkommen, kann die Serumreaktion beeinflußt werden, z. B. durch den Gerbstoffgehalt von Leder und dgl.; alkalisch reagierende Substanzen können besonders verhängnisvoll sein; Säuren müssen abgestumpft werden.

Sind mehrere Blutarten in einer Substanz vorhanden, so müssen selbstverständlich entsprechende verschiedene Antisera angewendet werden. Es ist wohl möglich, in einer Mischung mehrere Blutarten jede einzeln für sich zu erkennen. Heterologe Trübungen oder Fällungen können nur entstehen, wenn nicht genau nach den Vorschriften gearbeitet ist.

Über die Komplementbindungsmethode (nach Neißer-Sachse), vgl. die oben angegebene Spezialliteratur: sie ist komplizierter als die Uhlenhuthsche Methode und soll auch an Brauchbarkeit hinter dieser zurückstehen. W. A. Schmidt [3] machte eingehende Studien über den Nachweis erhitzter Eiweißstoffe. Auf das „Hämolyseverfahren" kann ebenfalls nur verwiesen werden.

Die biologische Methode ist ebenso wie für die Untersuchung und Differenzierung der Blutarten, auch für diejenige der Fleischarten und ihrer Gemische in Wurstwaren, Fleischsaft und bluthaltigen Nährpräparaten usw. namentlich zwecks Nachweises von Pferdefleisch oder Beimengungen desselben anwendbar. Das Nähere siehe unter Abschnitt „Fleisch und Fleischwaren" S. 139.

Nachweis von Kohlenoxyd im Blut [4].

1. **Natronprobe.** Versetzt man das zu untersuchende Blut mit der 6—10fachen Menge Wasser und nimmt auf 10 ccm dieser Blutlösung etwa 5 Tropfen Natronlauge, so färbt sich Kohlenoxydblut mehr oder weniger zinnoberrot. Gewöhnliches Blut färbt sich grün bis schwarzbraun, besonders beim Erwärmen. Die Kohlenoxydhämoglobinlösung verändert bei gelindem Erwärmen mit Natronlauge (von 10% NaOH) ihre rote Farbe nicht.

2. **Ferrocyankaliprobe.** Man versetzt das unverdünnte Blut mit dem gleichen Volumen 20%iger Ferrocyankaliumlösung und 2 ccm verdünnter Essigsäure (1 + 2 Wasser) und schüttelt sanft durch; hierbei

---

[1] Über die Leistungsfähigkeit des Uhlenhuthschen serodiagnostischen Verfahrens bei Anwendung der Kapillarmethode. Festschrift für J. Rosenthal 1906.

[2] Zur Technik der Untersuchung kleinster Blutspuren. Arbeiten aus dem Kaiserl. Gesundheitsamte 1907. 27. Heft 2.

[3] Biochem. Zeitschr. 1908. 14. 294 u. Chem. techn. Rep. der Chem.-Ztg. 1908. 8. 32.

[4] Authenrieth, Die Auffindung der Gifte 1903.

koaguliert. das Blut allmählich. Normales Blut: schwarzes Koagulum; Kohlenoxydblut: hellrotes Koagulum. Der Unterschied verschwindet erst in Wochen vollständig.

3. Tanninprobe. Wässerige Blutlösung (1 : 4) und 3faches Volumen $1^0/_0$iger Tanninlösung gut schütteln; nach 24 Stunden ist normales Blut grau, kohlenoxydhaltendes karmoisinrot gefärbt. Diese Unterschiede sind noch nach Monaten bemerkbar.

Mit Hilfe der Proben 2 und 3 lassen sich noch $10^0/_0$ Kohlenoxyd-hämoglobin im Blut nachweisen.

4. Spektroskopische Untersuchung.

Das Kohlenoxydhämoglobin zeigt zwei Absorptionsstreifen, die denen des Oxyhämoglobins ähnlich sind, nur etwas näher aneinander und mehr zum Violett hin liegen; es unterscheidet sich vom O-hämo-globin dadurch, daß seine beiden Streifen durch reduzierend wirkende Substanzen nicht ausgelöscht werden.

Für die spektroskopische Untersuchung stellt man sich eine Blut-lösung 1 : 100 mit Wasser her und beobachtet in 1 cm starker Schicht. Zur Reduktion versetzt man diese $1^0/_0$ige Blutlösung mit einigen Tropfen $(NH_4)_2S$-Lösung; mischt gut durch und schichtet zweckmäßig noch einige Tropfen $(NH_4)_2S$ darüber, um die Luft abzuhalten. Nach etwa 6—8 Minuten beginnt die Reduktion. Man kann als Reduktionsmittel für Oxyhämoglobin auch eine mit überschüssigem NH_3 versetzte Lösung von Weinsäure und Ferrosulfat anwenden. Oxyhämoglobin geht nun in reduziertes Hämoglobin über, seine beiden Absorptionsstreifen ver-schwinden und an Stelle des hellen Zwischenraums tritt ein breites diffuses Band auf. Das CO-Spektrum bleibt nur dann unverändert, falls mindestens $27^0/_0$ des Hämoglobins mit CO gesättigt sind.

B. Tollens [1]) empfiehlt, der Blutlösung etwas Formaldehyd zu-zufügen, weil dieses die zwei Streifen des Oxyhämoglobins nicht ver-ändert; wenn man hierauf mit $(NH_4)_2S$ sehr gelinde erwärmt, erscheint fast in der Mitte zwischen den ursprünglichen allmählich verschwindenden Streifen ein dritter, fast ebenso scharfer schwarzer Streifen, der schließ-lich allein übrig bleibt. Schüttelt man hierauf die erkaltete Flüssigkeit mit Luft, so verschwindet der dritte Streifen und es erscheinen die beiden Streifen des Oxyhämoglobins wieder.

Bei Gegenwart von CO findet die beschriebene Einwirkung des Formaldehyds nicht statt.

Das Verhalten des Blutfarbstoffes.zum Kohlenoxyd läßt sich um-gekehrt zum Nachweis des Kohlenoxydes in der Luft benützen, indem man eine größere Menge der Luft mit einer sehr verdünnten wässerigen Blutlösung schüttelt und diese Lösung im Spektralapparat prüft (vgl. Abschnitt Luft).

---

[1]) Bericht d. deutsch. chem. Ges. 1901. 34. 1426.

Chemische Untersuchung von Schriften und Tinten [1]).

Der chemische Nachweis von Schriftfälschungen gründet sich auf das verschiedene Verhalten der Tinten gegen einzelne Reagenzien, sowie darauf, daß die Fälschungen fast nie mit der gleichen Tinte ausgeführt werden, mit der die betreffende Schrift hergestellt ist.

Als Reagenzien dienen folgende Lösungen: 1. 10%ige Oxalsäurelösung. 2. 3%ige Zitronensäurelösung. 3. 2%ige Chlorkalklösung. 4. Lösungen von 1 g Zinnchlorür und 1 g Salzsäure in 10 g Wasser. 5. 15%ige Schwefelsäure. 6. 10%ige Salzsäure. 7. 20%ige Salpetersäure. 8. Gesättigte wässerige Lösung von schwefliger Säure. 9. 4%ige Goldchloridlösung. 10. Lösung von 1 g Natriumthiosulfat und 1 g Ammoniak in 10 g Wasser. 11. 4%ige Natronlauge. 12. Lösung von 1 g Ferrocyankalium und 1 g Salzsäure in 25 g Wasser. 13. 10%ige wässerige Jodsäurelösung. 14. Lösung von Wasserstoffsuperoxyd und Chlorammonium. 15. Lösung von Wasserstoffsuperoxyd mit verdünnter Schwefelsäure. 16. Mischung von 2 Teilen Glyzerin und 1 Teil 4%iger Natronlauge. Die verschiedenen Tinten zeigen gegen diese Reagenzien folgendes Verhalten:

Gallentinte mit 1. verschwindet, 2. verblaßt, 3. verschwindet, 4. verschwindet, 5. verschwindet, 6. verschwindet unter Hinterlassung eines bräunlichen Fleckens, 7. verschwindet, 8. verblaßt, 9. verblaßt wenig, 10. tiefrot, 11. tiefrot, 12. blau.

Tinte von Kampecheholz mit Kaliumchromat mit 1: violett, 2: violett, 3: verschwindet, 4: rot, 5: rot, 6: purpurrot, 7: rot, 8: grauviolett, 9: rotbraun, 10: unverändert, 11: braun, 12: rot.

Tinte aus Kampecheholz mit Kupfersulfat: mit 1: orange, 2: orange, 3: verschwindet mit Hinterlassung eines braunen Fleckens, 4: scharlachrot, 5: purpurrot, 6: tiefrot, 7: purpurrot, 8: rot, 9: braun, 10: tiefblau, 11: tiefrot, 12: ziegelrot.

Nigrosine: mit 1. unverändert, 2. breitet sich tiefblau aus, 3. braun, 4. unverändert, 5. unverändert, 6. fast unverändert, 7. breitet sich aus, 8. unverändert, 9. unverändert, 10. und 11. tiefviolett sich ausbreitend, 12. unverändert.

Vanadintinte: mit 1. und 2. verblaßt und breitet sich aus, 3. unverändert, verblaßt, wenig 5., 6. und 7. ebenso, 8. verblaßt wenig und breitet sich aus, 9. unverändert, 10. und 11. breitet sich aus, 12. gelbbraun.

Resorcintinte: mit 1. blaßrot, 2. verschwindet, 3. braun, 4. verschwindet, 5., 6. und 7. blaurosa, 8. verschwindet, 9. breitet sich braun aus, 10. braun, 11. unverändert, 12. rosa.

Um eine Beschädigung des betreffenden Schriftstückes zu vermeiden, können die Reagenzien, welche dies erlauben, auch in Gasform angewendet werden. Mit diesen Methoden können nur einzelne Tintengruppen unterschieden werden. Zeigt eine Schrift durchaus verschiedene Reaktionen, so weiß man, daß es sich um zweierlei Tinten handelt. Sind die Reaktionen gleich, so kann die Tinte ein und desselben Ursprungs sein, es kann sich aber auch um verschiedene, nur in den Reaktionen ähnliche Fabrikate handeln, also um Tinten ein und derselben Gruppe. Daher Vorsicht in der Bewertung der Resultate!

Besonders gute Dienste zur Erkennung von Schriftfälschungen [2]) leistet die Photographie (siehe auch den Abschnitt Mikrophotographie S. 28). An vergrößerten Photogrammen sind oft Unregelmäßigkeiten beim Nachziehen von Buchstaben, Rasuren und andere Verletzungen zu bemerken, verkleinerte Photogramme lassen Farbenunterschiede deutlicher hervortreten und geben Form und Richtung der Striche schärfer wieder. Die Photogramme lassen sich in der Weise herstellen, daß man eine Schrift auf eine lichtempfindliche Platte

---

[1]) J. J. Hofmann, Rev. intern. fals. 1898, 11, 89—92 und 130 bis 133 und Zeitschr. f. Unters. d. Nahr.- u. Genußm. 1899. 2. 511. Näheres siehe Dennstedt und Voigtländer, Der Nachweis von Schriftfälschungen, Blut, Sperma, Braunschweig 1906.

[2]) Vgl. auch W. Hannikirsch, Ein Beitrag zur Erkennung von Schriftfälschungen. Z. f. U. N. 1917. 33. 74.

legt und exponiert. Eine Trennung der Farben läßt sich erzielen, wenn man beim Belichten verschieden gefärbte Glasplatten über das Schriftstück legt, oder indem man besondere Lichtquellen, wie z. B. Natriumlicht benutzt. Auch empfiehlt sich die Verwendung von Platten, deren Bromsilbergelatineschicht mit Eosin und Fluorescein gefärbt ist; diese absorbieren die Komplementärfarben und lassen die übrigen schärfer hervortreten. Rasuren erkennt man unter dem Mikroskop oder der Lupe an den zerrissenen Papierfasern, an Aufrauhungen und an dem Fehlen des Glanzes an den betreffenden Stellen. Setzt man radierte Stellen der Einwirkung von Joddampf aus, so färben sie sich blau. Um dem Papier an radierten Stellen seinen Glanz wiederzugeben, überziehen die Fälscher solche Stellen mit Leim oder Gummi [1]), welche beim Befeuchten mit Wasser oder Alkohol leicht zu erkennen sind. Zur Entfernung von Schriftzeichen dienen den Fälschern besonders Oxalsäure, Chlorkalk und schweflige Säure; um hierdurch entfernte Buchstaben wieder hervorzurufen [2]), behandelt man die betreffende Stelle mit gasförmiger oder wässeriger schwefliger Säure, um die Wirkung des Chlorkalks oder ähnlicher Oxydationsmittel aufzuheben, läßt dann zur Entfernung der überschüssigen schwefligen Säure Wasserstoffsuperoxyd einwirken und behandelt schließlich mit Ammoniak. Falls die Schrift nur undeutlich hervortritt, läßt sie sich mit Tannin verstärken, doch muß vorher durch Erwärmen des Papiers das Ammoniak verjagt werden.

Erkennung von Sperma.

Die menschlichen Samenfäden (Spermatozoen) sind aus Kopf und Schwanz gebildet und ausgestreckt von stecknadelähnlicher Form. Der Nachweis ist im wesentlichen ein mikroskopischer. Bei Sittenverbrechen handelt es sich meistens darum, die auf Leib- und Bettwäsche, Kleidern usw. eingetrockneten Spermaflecken festzustellen. Die große Widerstandsfähigkeit der Samenfäden, selbst bei völlig eingetrocknetem Material, begünstigt zwar den Nachweis, jedoch erheischt deren große Zerbrechlichkeit (namentlich Abreißen des Kopfes vom Schwanzteil) größte Sorgfalt und Vorsicht bei der Vorbereitung des Untersuchungsmaterials für die mikroskopische Untersuchung. Die Beurteilung des Befundes erfordert besondere Erfahrung und Kenntnisse wegen der Möglichkeit von Verwechslungen mit anderen organischen Objekten. Als besondere Hilfsmittel seien noch die Florencesche Reaktion (Kristallbildung bei Behandlung des Sperma mit konzentrierter Jodlösung) und die Herstellung von Mikrophotographien erwähnt.

Näheres siehe Baumert, Lehrb. d. gerichtl. Chem. Bd. 2, herausgegeben von M. Dennstedt und F. Voigtländer 1906.

Untersuchung von Arznei- und medizinischen Geheimmitteln [3]).

Man hat sich in der Regel auf den qualitativen Nachweis etwa vorhandener schädlicher Stoffe und auf Identitätsbestimmungen zu beschränken. Nähere Anhaltspunkte darüber, wie man die Untersuchung zu führen hat, lassen sich nicht geben: vielfach wird das über die „Ausmittelung der Gifte" Gesagte verwendet werden können. Solche Untersuchungen sind nicht immer von Erfolg. Pharmazeutische und namentlich pharmakologische Kenntnisse sind dabei nötig und führen oft allein zu gewissen Resultaten bei der Untersuchung.

---

[1]) Erkennung von Klebstoff auf Briefen siehe A. Heiduschka, Zeitschr. f. öff. Chem. 1916. 193.

[2]) Bruff, Wiederherstellung der Schriftzüge in verkohlten Dokumenten, Chem. Ztg. 1916. 84. 596; Pharm. Zentralh. 1916. 586. Rückfärbung erloschener Urkunden; s. Sauter, Pharm. Zentralh. 1914. 212.

[3]) Literatur: Hahn-Holfert-Arends, Verlag von J. Springer; Veröffentlichungen des Kaiserl. Gesundheitsamtes betr. Geheimmittel, deren öffentliche Anpreisung verboten ist. Zahlreiche Hinweise über die Zusammensetzung von Arznei- und Geheimmitteln finden sich in der Zeitschr. f. Unters. d. Nahr.- u. Genußm., der Pharmaz. Zentralhalle, der Pharm. Ztg. u. a. (Siehe namentlich die Originalarbeiten von C. Griebel.)

F. Physiologische und hygienische Untersuchungen.

Harn [1]).

Die Farbe des normalen Harns ist verschieden, hellgelb bis dunkelbraun. Abnorm gefärbt sind Harne durch pathologische Zustände.

Das spezifische Gewicht wird mit dem Aräometer oder mittels
des Pyknometers bestimmt und beträgt durchschnittlich etwa 1,017
bei 15⁰ C (1,012—1,025).

Aus dem spezifischen Gewicht läßt sich die Menge der festen
Stoffe in 100 ccm des Harns ungefähr berechnen: Die Häsersche Zahl
2,33 multipliziert man mit dem spezifischen Gewicht, indem man das
Komma des spezifischen Gewichts zuvor um zwei Stellen nach rechts
rückt und 1 vor dem Komma wegläßt.

Die Reaktion soll eine schwach saure sein. In besonderen patho-
logischen Fällen reagiert der Harn alkalisch. Der Harn von Herbivoren
reagiert neutral bzw. alkalisch; der von Carnivoren sauer. Die Bestimmung der Acidität erfolgt mit $^1/_{10}$ N.-Alkalilauge und Phenolphthalein
als Indikator. Endpunkt der Reaktion, wenn die rötliche Nuance bestehen bleibt. (Methode von Naegeli [2]). 1 ccm $^1/_{10}$ NaOH = 0,0063
Oxalsäure. Qualitativ mit empfindlichem blauen und roten Lackmuspapier, auch mit Curcumapapier zu prüfen.

Bestimmung normaler Bestandteile.

a) Bestimmung des Harnstoffes.

Methode von Pflüger, Bohland und Bleibtreu.

Zur Ausfällung der fremden Stickstoffsubstanzen (Eiweiß usw.)
dient eine Mischung von 900 ccm Phosphorwolframsäurelösung (1 : 10)
Merck mit 100 ccm Salzsäure (1,124), welche bei längerem Stehen in
2—4% iger Harnstofflösung keinen Niederschlag erzeugen darf, aber
Ammoniak vollständig fällt. Vor der Untersuchung ermittelt man die
erforderliche Menge des Fällungsmittels, indem man zu 10 ccm Harn
von der Lösung soviel zufließen läßt, bis 1 ccm der nach 5 Minuten langem
Stehen filtrierten Flüssigkeit durch 3 Tropfen der Phosphorwolframsäurelösung in 2 Min. nicht getrübt wird.

Zu 50—100 ccm Harn oder, bei einem spez. Gew. über 1,017 des
mit dem gleichen Volumen Wasser verdünnten Harns setzt man in einem
Meßzylinder die erforderliche Menge des Fällungsmittels, füllt mit Salzsäure 1 : 10 auf 150 oder 300 ccm auf und filtriert nach 24 Stunden
durch ein doppeltes Filter. Das klare Filtrat wird mit Kalkhydrat-
pulver bis zur alkalischen Reaktion versetzt und, sobald nach längerem

---

[1]) Als Spezialwerke zu empfehlen: Ed. Späth, Harnanalyse. 1908.
Verlag von J. A. Barth, Leipzig. Neubauer-Ruppert, Analyse des Harns,
11. Aufl. Kürzer behandelt ist die Harnuntersuchung bei Boythien, Hartwich, Klimmer, Handb. d. Nahrungsmitteluntersuchung. Zur Konservierung
von Harn nimmt man alkoholische Thymollösung (2,0 Thymol zu 1 l Harn,
auch Chloroform oder einige Stückchen Kampfer). Namentlich im Sommer
bei Einsendungen von auswärts nötig.

[2]) Zeitschr. f. physiol. Chem. 1900. 30. 313.

Stehen die blaue Farbe verschwunden ist, filtriert. Eine 10 ccm des Harns entsprechende Filtratmenge wird in einem Destillierkolben mit 10 g kristallisierter Phosphorsäure 5—7 Stunden im Trockenschrank auf 140—150° erhitzt und das hierdurch abgespaltene Ammoniak nach dem Übersättigen mit 20%iger Natronlauge in vorgelegte titrierte Schwefelsäure abdestilliert. 1 ccm $n/_{10}$ Säure $= 0,0014$ g N oder 0,003 g Harnstoff.

Weitere Methoden, namentlich die von Mörner-Sjöquist in der Ausführung nach Braunstein[1]), ferner von Folin[2]) und von Jolles[3]) vgl. die erwähnten Spezialwerke.

Ferner kann der Harnstoff mit dem Knop-Wagnerschen Azotometer bestimmt werden, ein Apparat, auf den hier nur verwiesen wird.

Mit Lunges Nitrometer mit Niveaurohr kann man den Harnstoff in Zeit von einer halben Stunde bestimmen. Die Resultate sind genaue. Die Abscheidung des Stickstoffes geschieht wie beim Azotometer mit Bromnatronlauge. Je 1 ccm Gas aus 5 ccm angewendetem Harn entspricht 0,06% Harnstoff, die Korrektion für die sog. Absorption des Stickstoffs ist hierbei berücksichtigt.

Die übrigen Harnstoffbestimmungen sind ungenau.

b) Bestimmung der Harnsäure

1. mikroskopisch (siehe Sedimente S. 565),

2. qualitativ mittels der Murexidreaktion. Man dampft den Harn mit Salpetersäure auf dem Wasserbade zur Trockne ein und nimmt den Rückstand mit Ammoniak auf: eine purpurrote Färbung zeigt Harnsäure an. Auf Zusatz von Alkali schlägt die Farbe in Violett um; beim Erwärmen verschwindet die violette Färbung rasch — Unterschied von Xanthinkörpern.

3. Quantitative Bestimmung.

α) Nach Salkowski-Ludwig mit den Abänderungen von Folin und Shaffer[4]). Mit folgenden Lösungen:

1. Magnesiamischung; 100 g $MgCl_2$ in Wasser gelöst, mit Ammoniak bis zum bleibenden starken Geruch, darauf mit kalt gesättigter Chlorammoniumlösung bis zur Lösung des Niederschlages versetzt und mit Wasser bis zu 1 l aufgefüllt.

2. Ammoniakalische Silberlösung (26 g $AgNO_3$ löst man in Ammoniak bis zur Lösung des Niederschlages und füllt zum Liter auf).

3. Schwefelalkalilösung (15 g Ätzkali oder 10 g Ätznatron [frei von HNO_3 und HNO_2] löst man in einem Liter, sättigt die eine Hälfte mit H_2S und vereinigt sie wieder mit der anderen).

---

[1]) Zeitschr. f. physiol. Chem. 1900. 31. 381.

[2]) Ebenda 1901. 32. 505.

[3]) Zeitschr. f. anal. Chem. 1900. 39. 143. (Nach Späth für klinische Zwecke brauchbare Methode.)

[4]) Zeitschr. f. physiol. Chem. 1901. 32. 505.

Je 20 ccm Magnesiamischung und ammoniakalische Silberlösung mischt man für sich zusammen und gibt so viel Ammoniak zu, daß sich der entstehende Niederschlag wieder löst. Erst dann versetzt man unter Umrühren 200 ccm des auf ein spez. Gewicht von 1,02 verdünnten Harns mit der so hergerichteten Lösung, läßt $^1/_2$ Stunde ruhig stehen, bringt den Niederschlag auf ein Saugfilter, wäscht ihn einige Male mit schwach ammoniakalischem Wasser nach, spritzt den Niederschlag vom Filter in ein Becherglas, gibt die 10 ccm Schwefelalkalilösung zu, erhitzt nahe zum Kochen, filtriert durch das erst benützte Filter ab und wäscht mit heißem Wasser nach.

Aus der vom Silbersulfid und Ammoniummagnesiumphosphat abfiltrierten Lösung wird nach Zusatz von Salzsäure bis zur schwach sauren Reaktion und Eindampfen auf ein kleines Volumen (10—15 ccm) und nach 12 stündigem Stehenlassen die Harnsäure ausgeschieden. Man bringt die Harnsäurekristalle mit Hilfe der Flüssigkeit selbst auf ein bei 110° C getrocknetes und gewogenes Filter, wäscht einigemal mit wenig destilliertem Wasser nach, trocknet bei 100°, wäscht dann, um den vorhandenen Schwefel zu entfernen, 3 mal mit je 2 ccm Schwefelkohlenstoff aus, verdrängt letzteren durch Äther und trocknet das Filter bei 110° bis zum konstant bleibenden Gewicht.

Auf je 100 ccm Harn ist nach Voit und Schwanert 0,0045 g Harnsäure behufs Korrektion zu addieren.

Statt die Harnsäure zu wägen, kann man sie auch unter Ermittelung ihres N-gehaltes nach Kjeldahl bestimmen oder mit Permanganatlösung titrieren.

β) 100—200 ccm Harn werden mit 5 ccm Salz- oder konzentrierter Essigsäure versetzt; nach 48 stündigem Stehen bei kühler Temperatur scheidet sich die Harnsäure ab; sie wird dann auf einem tarierten Filter gesammelt, mit wenig Wasser ausgewaschen, getrocknet und gewogen (bei 100° C).

c) Chlor (Chloride): nach der Volhardschen Titriermethode mit Silberlösung; oder man dampfe den Harn mit Salpeter ein und glühe den Rückstand; den Glührückstand löse man in Salpetersäure, neutralisiere mit $CaCO_3$ und titriere wie oben angegeben; ein Überschuß von $CaCO_3$ braucht nicht abfiltriert zu werden.

d) Schwefelsäure (Sulfate) kommt als Sulfatschwefelsäure (in den Sulfaten der Alkalien) vorgebildet und als Ätherschwefelsäure in Verbindung mit Phenol usw. vor. Die in letzter Form auftretende Schwefelsäure bildet mit Barium lösliche Salze, die in den Sulfaten enthaltene unlöslichen schwefelsauren Baryt. Diese beiden Formen trennt man nach Baumann folgendermaßen:

α) Sulfatschwefelsäure: Man versetze 100 ccm Harn mit konzentrierter Essigsäure und heißer Chlorbariumlösung. Der entstandene $BaSO_4$ wird in bekannter Weise bestimmt.

β) Ätherschwefelsäure: Der Harn wird eine halbe Stunde mit konzentrierter Salzsäure gekocht und mit Chlorbariumlösung versetzt. Aus dem entstandenen Niederschlag berechnet sich die Gesamtschwefelsäure.

Die Differenz zwischen der zweiten und der ersten Bestimmung ergibt die Ätherschwefelsäure.

e) **Phosphorsäure (Phosphate)**. Diese wird durch Titrieren mit Uranlösung oder nach der Molybdänmethode (siehe S. 422) bestimmt.

f) **Alkalien, Kalk, Magnesia, Eisen** werden nach den bekannten Methoden bestimmt.

Bestimmung zufälliger Bestandteile.

a) **Nachweis von Medikamenten:**

Antifebrin, Antipyrin, Phenacetin, Salicylsäure, Phenol, Santonin, Chrysophansäure, Alkaloide, Hg, Jod: vgl. den Stas-Ottoschen Gang, S. 538.

Bestimmung pathologischer Bestandteile.

A. Eiweiß (Albumin).

Trübe Harnproben müssen vor Anstellung der Reaktionen zentrifugiert und filtriert werden; Klärungsmittel dürfen nicht angewendet werden.

a) **Qualitative Proben:**

1. **Hellersche Probe:** Man schichtet den filtrierten Harn vorsichtig über in einem Reagenzglas befindliche konzentrierte Salpetersäure (etwa 5 ccm), so daß eine Mischung beider Flüssigkeiten nicht stattfinden kann. Bei Gegenwart von Albumin und auch Albumosen bildet sich an der Berührungsstelle, selbst bei den minimalsten Mengen, ein weißer scharfbegrenzter Ring. Ist der Harn reich an Uraten, so entsteht durch dieselben oft eine Trübung oder Fällung, die sich aber von dem Eiweißring dadurch unterscheidet, daß sich in der oberen Harnschicht bildet. Bei gelindem Erwärmen verschwindet der Uratniederschlag. (Scharfe und empfehlenswerte Reaktion!)

2. **Kochprobe:** Man erhitze eine Probe des Harns im Reagenzglase bis zum Aufkochen. Entsteht eine Trübung, so kann diese aus Eiweiß und Erdphosphaten oder aus beiden bestehen. Man setze deshalb 1—2 Tropfen Salpetersäure auf je 1 ccm Harn zu; jetzt darf nicht mehr gekocht werden. Bestand der Niederschlag aus Erdphosphaten, so löst er sich auf den Säurezusatz; bleibt ein flockiger Niederschlag, so ist Albumin nachgewiesen.

3. Man säure eine Probe des Harns mit Essigsäure stark an und versetze mit dem gleichen Volumen einer gesättigten Glaubersalzlösung und koche. Bei vorhandenem Eiweiß tritt Koagulation ein.

4. **Metaphosphorsäureprobe:** Diese in konzentrierter, frisch bereiteter Lösung dem Harn zugesetzt, fällt alle Eiweißkörper außer Pepton [1]).

5. **Ferrocyanprobe:** Man versetze den Harn reichlich mit Essigsäure und gebe nach und nach 5—6 Tropfen Ferrocyankaliumlösung

---

[1]) Die Reaktion ist sehr empfindlich.

(1 : 20) zu, ein Überschuß davon ist jedoch zu vermeiden. Bei Gegenwart von Albumin und Albumosen entsteht ein starker weißer Niederschlag. Trübt sich der Harn schon beim Zusatz von Essigsäure, so ist der Harn abzufiltrieren. Wir empfehlen diese äußerst empfindliche Probe sehr.

6. Spieglersprobe in der Modifikation von Jolles [1]).

4 ccm einer Lösung von 10 g $HgCl_2$, 20 g Bernsteinsäure und 20 g NaCl in 500 ccm Wasser werden vorsichtig mit 4—5 ccm des klaren, mit 1 ccm 30%iger Essigsäure angesäuerten Harns überschichtet. Eiweiß ruft einen scharfen weißlichen Ring hervor [2]).

b) Quantitative Methoden: Man trockne den nach obigen Methoden aus einer gemessenen Menge Harn erhaltenen, mit Wasser, Alkohol und Äther gut ausgewaschenen Niederschlag auf einem bei 100° getrockneten und gewogenen Filter bei 100° C, wäge, verasche und ziehe den Aschengehalt von der gewogenen Menge Eiweiß ab. Das Eiweiß kann auch durch Ermittelung des Stickstoffgehaltes des nach S. 559 gefällten Eiweißes festgestellt werden, 6,25 × N-Gehalt = Eiweiß. — Auf Christensens optische Eiweißprobe und Esbachs Albuminimetrie und die erforderlichen Apparate hierzu kann hier nur verwiesen werden.

Zur schnellen Bestimmung größter wie kleinster Eiweißmengen im Harn, sowie in anderen Flüssigkeiten eignet sich die Methode von O. Mayer [3]). Man führt die Probe in der Weise aus, daß man 5—10 ccm Reagens, bestehend aus einer Lösung von 5 g Sublimat, 5 g Zitronensäure und 40 g Kochsalz in 500 g Wasser, in konischem Gläschen langsam und vorsichtig aus fein ausgezogener Pipette mit etwa 5 ccm Harn überschichtet.

Bei einer Verdünnung von 1 : 100 000, entsprechend 0,001% Eiweiß bildet sich hierbei an der Grenze beider Flüssigkeiten nach Ablauf von ca. 1¼ Minuten vom Beginne des Zufließenlassens an gerechnet, ein scharf begrenzter weißlicher Ring. In eiweißreicherem Harne wird der Ring schon früher sichtbar; in solchem Falle verdünnt man den Harn mit einer gemessenen Menge Wasser — hierbei lasse man sich von dem Ausfall der Kochprobe leiten —, bis die Reaktion in der genannten Zeit eintritt und berechnet nun aus dem Verdünnungsgrade den Gehalt an Eiweiß.

Die einzelnen Manipulationen erleichtert die Tabelle, in welcher die Bereitung der Mischungsverhältnisse, sowie der jeder Verdünnung entsprechende Eiweißgehalt des ursprünglichen, unverdünnten Harnes in Prozenten angegeben ist.

----

[1]) Späth empfiehlt diese Probe wegen ihrer großen Empfindlichkeit in erster Linie anzustellen und bei positivem Ausfall die Proben 1, 2, 5 folgen zu lassen. Hammarsten (Lehrb. d. physiol. Chem. 7. Aufl. S. 745) stellt stets die Kochprobe und daneben die Proben 1 oder 5 an. Besonders empfindliche Reaktionen hält er nicht für geeignet, da Spuren von Eiweiß im Harn normalerweise vorkommen können.

[2]) Außer diesen 6 Proben existieren noch verschiedene, z. B. die Pikrinprobe; letztere fällt auch Pepton. (10 ccm Harn mit 10 ccm Esbachs Reagens gibt bei Anwesenheit von Albumin, Globulin und Pepton Trübung. Esbachs Reagens = Pikrinsäure 5,0, Zitronensäure 10,0, Wasser 500,0).

[3]) Süddeutsche Apoth.-Ztg. 1907. 41.

Ver-dünnung	Herstellung					°/₀ Eiweiß

Ver-dünnung	Herstellung	% Eiweiß
* 1 fach	Unverdünnt	0,001
2 ,,	4 ccm Harn + 4 ccm Wasser	0,002
3 ,,	3 ,, ,, + 6 ,, ,,	0,003
4 ,,	2 ,, ,, + 6 ,, ,,	0,004
* 5 fach	5 ccm Harn + 20 ccm Wasser	0,005
6 ,,	5 ,, ,, 5 fach + 1 ,, ,,	0,006
7 ,,	5 ,, ,, ,, + 2 ,, ,,	0,007
8 ,,	5 ,, ,, ,, + 3 ,, ,,	0,008
9 ,,	5 ,, ,, ,, + 4 ,, ,,	0,009
* 10 fach	5 ccm Harn + 45 ccm Wasser	0,01
20 ,,	5 ,, ,, 10 fach + 5 ,, ,,	0,02
30 ,,	2 ,, ,, ,, + 4 ,, ,,	0,03
40 ,,	2 ,, ,, ,, + 6 ,, ,,	0,04
50 ,,	2 ,, ,, ,, + 8 ,, ,,	0,05
60 ,,	2 ,, ,, ,, + 10 ,, ,,	0,06
70 ,,	2 ,, ,, ,, + 12 ,, ,,	0,07
80 ,,	2 ,, ,, ,, + 14 ,, ,,	0,08
90 ,,	2 ,, ,, ,, + 16 ,, ,,	0,09
* 100 fach	5 ccm Harn 10 fach + 45 ccm Wasser	0,1
150 ,,	4 ,, ,, 100 fach + 2 ,, ,,	0,15
200 ,,	4 ,, ,, ,, + 4 ,, ,,	0,2
250 ,,	4 ,, ,, ,, + 6 ,, ,,	0,25
300 ,,	2 ,, ,, ,, + 4 ,, ,,	0,3
350 ,,	2 ,, ,, ,, + 5 ,, ,,	0,35
400 ,,	2 ,, ,, ,, + 6 ,, ,,	0,4
450 ,,	2 ,, ,, ,, + 7 ,, ,,	0,45
500 ,,	2 ,, ,, ,, + 8 ,, ,,	0,5
550 ,,	2 ,, ,, ,, + 9 ,, ,,	0,55
600 ,,	2 ,, ,, ,, + 10 ,, ,,	0,6
650 ,,	2 ,, ,, ,, + 11 ,, ,,	0,65
700 ,,	2 ,, ,, ,, + 12 ,, ,,	0,7
750 ,,	2 ,, ,, ,, + 13 ,, ,,	0,75
800 ,,	2 ,, ,, ,, + 14 ,, ,,	0,8
850 ,,	2 ,, ,, ,, + 15 ,, ,,	0,85
900 ,,	2 ,, ,, ,, + 16 ,, ,,	0,9
950 ,,	2 ,, ,, ,, + 17 ,, ,,	0,95
1000 ,,	2 ,, ,, ,, + 18 ,, ,,	1,0

Um am schnellsten zum Ziele zu gelangen, bereitet man die mit * bezeichneten Verdünnungen und erfährt aus dem Ausfall der Schichtprobe die Grenzen, innerhalb welcher sich der Gehalt an Eiweiß bewegt.

Angenommen, der Harn lasse bei der qualitativen Prüfung (Kochprobe mit Salpetersäure) nur Spuren von Eiweiß erkennen, so wird die Ringprobe nach Ablauf von 1½—2 Minuten bzw. nur schwach eintreten; es ist dann Eiweiß unter 0,001%/₀ vorhanden. Ferner wird man bei leichter Trübung der Kochprobe 5 ccm Harn im Becherglase mit 20 ccm Wasser verdünnen und mit einem Teile dieser Mischung die Schichtprobe ausführen; entsteht die Zone gleich nach dem Zusammenbringen der Flüssigkeiten, so enthält der Harn erheblich mehr als 0,005%/₀ und man gehe zur nächsten mit * bezeichneten Verdünnung über. Zeigen sich schließlich bei der Kochprobe flockige Ausscheidungen, so mißt man mittels Pipette 5 ccm Harn in ein Becherglas ab und läßt aus der Bürette 45 ccm Wasser zufließen. Bei den weiteren Verdünnungen mißt man diesen zehnfach verdünnten Harn mittels Pipette ab und vermischt im Reagierzylinder mit der nötigen Menge Wasser aus jener Bürette. Im übrigen verfährt man in der aus der Tabelle ersichtlichen Weise.

Bei einiger Übung wird man mittels 2—3 Probeversuchen den Eiweißgehalt mit einer für klinische Zwecke genügenden Genauigkeit ermitteln können; jedenfalls lassen sich bei gleichmäßiger Ausführung der Proben tägliche Eiweißschwankungen mit aller Schärfe in kürzester Zeit feststellen.

Die Berechnung des Analysenresultates ist eine einfache, insofern nämlich der Eiweißgehalt gegeben ist durch das Produkt aus dem Verdünnungsgrade und dem Faktor 0,001 oder mit anderen Worten: Der Verdünnungsgrad drückt die in 100 ccm Harn enthaltene Menge Eiweiß in Milligrammen aus.

Die Grenze der Empfindlichkeit dieser Probe liegt bei einer Verdünnung von etwa 1 : 500 000 = 0,0002% oder $^1/_{100}$ mg Eiweiß in 5 ccm Flüssigkeit; bei dieser großen Verdünnung entsteht der Ring erst nach längerem Stehen und tritt auch minder scharf in die Erscheinung. Spuren von Eiweiß lassen sich demnach mit dieser Probe sehr wohl noch erkennen.

Die zur Ausführung der Methode gehörigen Gerätschaften werden von der Firma Johannes Greiner in München hergestellt.

Farbenreaktionen für den Nachweis und die Identitätsbestimmung von Eiweißkörpern.

1. Millonsche Reaktion: Eiweiß gibt beim Kochen mit Millons Reagens (1 Teil Hg auf 2 Teile HNO_3 vom spezifischen Gewicht 1,42 und Verdünnung der Lösung mit dem doppelten Volumen Wasser unter Zugabe einiger Tropfen rauchender Salpetersäure) eine rote Färbung. Die Probe ist auch bei Harn direkt anwendbar.

2. Biuretreaktion: Man mischt zu dem betreffenden Eiweiß bzw. zu der Eiweißkörper enthaltenden Lösung etwas Alkalilauge und dann tropfenweise verdünnte Kupfersulfatlösung: violette Färbung mit einem Stich ins Rötliche. (Anwendbar bei Untersuchung von Harn auf Albumosen und Pepton.)

3. Furfurolreaktion: Mit konzentrierter Schwefelsäure und sehr wenig Zucker geben Eiweißkörper eine schöne rote Färbung.

B. Zucker (Traubenzucker).

Im Hinblick auf die wechselnde Zusammensetzung des Harns während der einzelnen Tageszeiten empfiehlt es sich, einen aliquoten Teil des gesamten Tagesharns zur Untersuchung zu verwenden. Bei Harn mit höherem Zuckergehalt ist eine Verdünnung auf das 2- oder 3fache Volumen vorzunehmen. Eiweiß ist vorher durch Erhitzen mit einigen Tropfen Essigsäure zu entfernen. Zur Klärung werden 50 ccm Harn mit 5 ccm neutraler Bleiacetatlösung versetzt und das Filtrat mit Natriumsulfat entbleit (s. auch S. 39).

a) Qualitativ:

1. Fehlingsche Probe. 10 ccm Fehlingsche Lösung (siehe S. 43) erhitzt man im Reagierzylinder zum Sieden und fügt 0,5—5 ccm geklärten Harn zu. Bei Anwesenheit von Zucker treten zunächst braungelbe Wolken auf, welche bei weiterem Erhitzen in rotes Kupferoxydul übergehen. Entstehen Mißfarben (grün, grau usw.), so verdünnt man erst den Harn 2—5fach.

Um größere Mengen Harnsäure, welche ebenfalls Fehlingsche Lösung reduzieren, zu entfernen, kann man den mit Soda neutralisierten Harn mit wenig Kupfersulfat versetzen und das Filtrat benutzen.

2. Wismutprobe nach Böttger-Almén-Nylander.

Man versetze 5—10 ccm Harn mit 0,5—1,0 ccm alkalischer Wismutlösung [1]) und koche 3—5 Minuten; bei Anwesenheit von Traubenzucker färbt sich die Flüssigkeit gelb, braun bis schwarz. Nach einiger Zeit scheidet sich ein schwarzer Niederschlag ab. Um das heftige Stoßen der Flüssigkeit beim Kochen zu vermeiden, lege man eine kleine Platinspirale ein oder stelle eine unten und oben offene Glasröhre in das Reagenzglas hinein. Eiweiß ist vorher zu entfernen, Harnsäure und Kreatinin beeinflussen die Probe wenig. Die Probe ist sehr zu empfehlen.

4. Phenylhydrazin-Methode nach Schwarz.

10 ccm Harn werden mit 1—2 ccm Bleiessig versetzt, dann filtriert und vom Filtrat 5 ccm mit 5 ccm N.-Alkalilauge und 1—2 Tropfen Phenylhydrazin versetzt, geschüttelt und zum Sieden erhitzt. Bei Gegenwart von Harnzucker tritt Gelborangefärbung ein, mit Essigsäure übersättigt fällt ein gelber Niederschlag aus. (Zeitschr. f. analyt. Chemie Bd. 28, S. 380.) Oder:

50 ccm Harn erwärme man mit 2 g salzsaurem Phenylhydrazin und 4 g essigsaurem Natron etwa $^{1}/_{2}$—1 Stunde auf dem Wasserbade. Das abgeschiedene Phenylglykosazon bringt man auf ein Filter, löst es in heißem Alkohol, versetzt das Filtrat mit Wasser und verdampft den Alkohol. Das Phenylglykosazon kristallisiert dann in gelben Nadeln heraus; der Schmelzpunkt desselben ist bei 204—205° C.

5. Gärprobe siehe unter b).

b) Quantitativ.

1. Polarimetrische Probe: Man klärt den Harn, wie S. 562 angegeben ist, und bestimmt den Zuckergehalt in der völlig klaren Lösung mit dem Polarisationsapparat. Es eignet sich hierzu jeder Kreisgradapparat [2]). Vgl. auch S. 287.

2. Gärprobe. Der frische Harn muß klar und sauer sein oder bei alkalischer Reaktion mit Weinsäure angesäuert und zur Entfernung der Kohlensäure vorsichtig erwärmt werden. Man verreibt ein haselnußgroßes Stück stärke- und zuckerfreier Preßhefe mit 1—2 ccm Wasser und 25 ccm des Harns und füllt die Flüssigkeit so in ein Einhornsches Saccharimeter, daß sich beim Aufstellen des Apparates in der kalibrierten Röhre keine Spur von Luft ansammelt. Nach 12—24 stündiger Einwirkung bei etwa 30° zeigt sich bei zuckerhaltigem Harn Kohlensäure, deren Volumen abgelesen wird.

Zur Kontrolle stellt man unter Verwendung der gleichen Hefenmenge einen Versuch mit weinsäurehaltigem Wasser und einen dritten mit angesäuerter 0,5%iger Glucoselösung an. Der letztere zeigt, ob die Hefe wirksam ist, der andere, ob sie für sich allein CO_2 entwickelt, deren Menge von dem Resultat der Harnprobe abzuziehen wäre. Berechnung siehe S. 291.

---

[1]) Man verreibe 2 g Wismutsubnitrat mit 4 g Seignettesalz und löse die Mischung unter gelinder Erwärmung in 100 g 10%iger NaOH.

[2]) Formel zur Berechnung des Harnzuckers:

$$C = 1984 \frac{\alpha}{L}.$$

C = Gramm im Liter; L = Rohrlänge in mm; α = abgelesene Grade.

Die Gärprobe ist sehr zuverlässig. Störung durch Fruktose ist an der Linksdrehung zu erkennen (siehe S. 50).

Fruktose wird nach R. und O. Adler wie folgt erkannt:

10 ccm Harn werden mit 5 ccm 36%iger HCl 20 Sekunden lang gekocht. Alsdann gibt man zu der Hälfte der Flüssigkeit eine Messerspitze Resorcin und kocht auf. Die entstehende Färbung wird mit der der anderen Flüssigkeitshälfte verglichen. Fruktose zeigt sich durch Rotfärbung und einen alsbald sich absetzenden in Alkohol löslichen Niederschlag an.

3. Titrimetrische Methode: Mit Fehlingscher Lösung. (Siehe Bereitung S. 43). Der angewendete Harn muß so verdünnt werden, daß er nicht mehr als $0,5\%$ Zucker enthält.

10 ccm Fehlingscher Lösung und 40 ccm Wasser bringe man zum Sieden und lasse dann dazu aus einer Bürette nach und nach den Harn, der ev. zu verdünnen ist, zufließen, bis die Flüssigkeit entfärbt ist. Man filtriere dann einige Tropfen der Lösung vom ausgeschiedenen Cu_2O ab und teile diese in zwei Teile, wovon der eine mit Ferrocyankalium nach Ansäuern mit Essigsäure auf Kupfer geprüft wird; tritt keine Braunfärbung auf, so wird der andere mit einigen Tropfen Fehlingscher Lösung auf etwa überschüssig zugesetzten Harn geprüft. Es darf keine Kupferreduktion mehr eintreten. Am besten macht man zuerst einen Vorversuch und führt erst dann die endgültige Titration aus. Enthält ein Harn nur Spuren von Zucker, so behandelt man ihn zuvor mit Bleiessig usw. (siehe unter b 1).

10 ccm der Fehlingschen Lösung sind = 0,05 g Harnzucker. Am genauesten ist es jedoch, wenn man das ausgeschiedene Kupferoxydul in einem Filtrierröhrchen (siehe S. 41) absaugt und in bekannter Weise als Kupfer quantitativ bestimmt.

C. Nachweis von Aceton und Acetessigsäure

vgl. die eingangs des Abschnitts erwähnte Literatur.

D. Nachweis von Gallenfarbstoffen nach Gmelin-Rosenbach.

Man filtriert eine größere Menge Harn durch ein kleines Filter und betupft die innere Seite des Filters mit einer etwas rauchende Salpetersäure enthaltenden Salpetersäure. Gallenfarbstoffe rufen einen gelben Fleck hervor, der von innen nach außen von gelbroten, roten, violetten, blauen und grünen Ringen umgeben ist.

Bilirubinnachweis: Man fällt den Harn mit Chlorbarium, filtriert den Niederschlag ab, wäscht ihn mit Wasser aus; wenn dann der Niederschlag mit Alkohol und Salzsäure gekocht wird, entsteht eine grüne Lösung (nach Scherer).

E. Nachweis von Indican nach Jaffe.

Man mischt 10 ccm Urin mit 10 ccm konzentrierter HCl und fügt tropfenweise und in längeren Pausen filtrierte Chlorkalklösung (5 : 100) zu, bis Blaufärbung auftritt. Normale Urine können Rosafärbung annehmen. Man vermeide einen Überschuß von Chlorkalk.

F. Nachweis von Blut.

1. Mikroskopisch durch Nachweis der roten Blutkörperchen.

2. Spektroskopisch: Der klare und mit Essigsäure schwach angesäuerte Harn wird in einem Glastrog mit planparallelen Wänden mit
dem Spektroskop betrachtet (Spektraltafel S. 546). Oder man schüttelt
50 ccm Harn mit 50 ccm Eisessig und 40—50 ccm Äther aus. Die
ätherische Lösung wird 2 mal mit je 5 ccm Wasser und mit soviel
Ammoniak geschüttelt, daß die Reaktion alkalisch bleibt. Die
ammoniakalische Schicht wird in einen Glastrog abgelassen, mit
5—10 Tropfen gesättigtem Schwefelammonium versetzt und im
Spektroskop beobachtet. Bei Anwesenheit von Blut zeigt sich das
Absorptionsspektrum des Hämachromogens (siehe S. 546).

3. Chemisch durch die Teichmann-Hellersche Probe: Der blut-
haltige Harn wird mit einem Tropfen Essigsäure versetzt und zum
Kochen erhitzt, es entsteht ein braunrotes oder schwärzliches Koagulum.
Setzt man nun dieser heißen Lösung etwas Natronlauge zu, so klärt sie
sich und liefert einen Bodensatz von Erdphosphaten, die bei auffallendem
Lichte grünlich erscheinen (Dichroismus). Wird dieser Niederschlag auf
dem Filter gesammelt, so kann er zur Häminprobe[1]) gebraucht werden.
Ist in dem Niederschlag von Erdphosphaten nur wenig Blutfarbstoff enthalten, so entfernt man die Erdphosphate durch Auflösen in verdünnter
Essigsäure und benützt den Rückstand zur Darstellung der Häminkristalle.
Hat man es mit sehr kleinen Blutmengen zu tun, so macht man den
Harn mit Natronlauge schwach alkalisch, versetzt mit Tanninlösung
und säuert mit Essigsäure an. Den entstehenden Niederschlag (gerb-
saures Hämatin) sammelt man auf dem Filter, wäscht mit Wasser aus,
trocknet und benützt ihn zur Häminprobe.

Alménsche Probe: Man schüttelt 5 ccm altes verharztes Terpentinöl mit 5 ccm Guajakharztinktur (1 : 100) bis zur Emulsion und fügt
dann den sauren bzw. mit Essigsäure angesäuerten Urin hinzu. Nicht
rasch verschwindende blaue Färbung zeigt Blut an. Das Ausbleiben
der Reaktion beweist sicher die Abwesenheit von Blut, ihr' Eintreten
ist hingegen nicht immer beweisend.

G. Harnsedimente.

Hat der Harn ein Sediment, so muß dieses mikroskopisch untersucht
werden. Man läßt den Harn entweder in einem Gefäße absetzen (Spitzglas)
und gießt die Flüssigkeit vorsichtig ab, oder man sedimentiert mit einer kleinen
Laboratoriumszentrifuge.

Harnsedimente sind: Mechanische Verunreinigungen, Haare, Wollfäden usw.

1. Kristalle:

Gips
Tyrosin } feine Nadeln;

Saurer phosphorsaurer Kalk = rhombische Prismen;

Cystin = rhombische sechsseitige Tafeln;

---

[1]) Die Häminprobe bzw. Darstellung der Häminkristalle geschieht nach
S. 545.

Oxalsaurer Kalk = tetragonale Oktaeder (Briefumschlagform); Phosphorsaure Ammoniakmagnesia = drei- bis sechsseitige Prismen (Tripelphosphat, sog. Sargdeckelformen); Harnsäure = gelbrote oder braun gefärbte Kristalle (Wetzstein-formen); Gelbrote und braun gefärbte kugelige (Stechapfel-) Gebilde sind Urate.

Von diesen sind löslich in:

Essigsäure (einige Tropfen):
Phosphorsaurer und kohlensaurer Kalk;
Phosphorsaure Ammoniak-Magnesia.

Ungelöst bleiben:
Gips, oxalsaurer Kalk, Cystin, Xanthin, Harnsäure.

In Salzsäure:
Unlöslich ist nur Harnsäure und schwefelsaurer Kalk.

2. Schleim. Runde, stark granulierte Zellen, mit einem oder mehreren Kernen.

3. Epithelien, längliche oder polygonale, auch plattenförmige Zellen mit Kernen (oft sog. Pflasterepithelien).

4. Eiter kommt im eiweißhaltigen Harn vor, derselbe ist den weißen Blutkörperchen ähnlich.

5. Nierenzylinder. Zylinder oder schlauchförmige Körper. Sie sind Abdrücke der Harnkanälchen und bestehen aus granulierter Epithel- oder Blutmasse (namentlich bei Eiweißharnen vorkommend).

6. Pilze und Infusorien. Hefepilze, Sarzinen, Kokken, Vibrionen usw. sind meist nur in älterem Harn vorhanden. Nachweis von Tuberkelbazillen, Gonokokken usw. siehe im bakteriologischen Teil.

7. Weiße Blutkörperchen.

8. Spermatozoiden (siehe S. 555).

Der Nachweis dieser Sedimente ist mit Ausnahme der anorganischen Bestandteile und einiger organischer wie Oxalsäure, Harnsäure usw. ausschließ-lich ein mikroskopischer. Vgl. auch die Spezialwerke.

Für die Zwecke der Praxis genügt in der Regel folgender von E. Späth (l. c. S. 795) vorgeschlagener abgekürzter Gang der Harnuntersuchung:

1. Feststellung der 24stündigen Harnmenge. Reichliche Mengen weisen auf Diabetes (Prüfung auf Zucker), geringe auf Krankheiten mit Fieber, Nephritis (Prüfung auf Eiweiß), Typhus hin.

2. Feststellung von Farbe, Geruch, Reaktion, spez. Gewicht. Mikro-skopische Untersuchung des Bodensatzes.

3. Der Harn wird aufgekocht und, wenn Trübung eintritt, mit einigen Tropfen Salpetersäure versetzt. Verschwindet der Niederschlag hierbei, so besteht er aus Karbonaten oder Phosphaten; andernfalls ist auf Eiweiß Rücksicht zu nehmen.

4. Auf Zusatz von Kalilauge fällt ein weißer Niederschlag von Erdphosphaten. Eine Farbenänderung deutet auf Rhabarber, Santonin, Phenole, Tannin, ein gefärbtes Sediment auf Blut und Gallenfarbstoffe.

5. Mit Silbernitrat und Salpetersäure muß ein kräftiger Niederschlag entstehen. Eine geringe Fällung kann auf Fieberkrankheiten deuten und macht die quantitative Bestimmung erforderlich.

6. Eisenchlorid ruft bei Anwesenheit von Tannin, Phenolen, Salizylsäure eine schwärzliche oder violette Färbung hervor. Eine rote Färbung deutet auf Antipyrin oder, wenn sie beim Kochen verschwindet, auf Acetessigsäure.

7. Bleiacetat fällt normalen Harn weiß. Eine Braunfärbung deutet auf Schwefelwasserstoff oder Cystin.

8. Auf Zucker wird zunächst mit Hilfe alkalischer Wismutlösung und Fehlingscher Lösung geprüft. Eine Reduktion kann außer durch Zucker auch durch Kreatinin, Harnsäure, gepaarte Glykuronsäuren und Pentosen hervorgerufen werden. Auf letztere deutet besonders ein nach dem Kochen stattfindendes plötzliches Ausscheiden von Kupferoxydul.

Der sichere Nachweis erfolgt mit Hilfe der Gärprobe und der Polarisation, weil Pentosen nicht vergärbar und optisch inaktiv sind. Normaler Harn ist meist sehr schwach linksdrehend. Stärkere Linksdrehung deutet auf Eiweiß oder Fruktose.

9. Prüfung auf Eiweiß.

10. Prüfung auf Gallen- und Blutfarbstoffe.

11. Mit Millons Reagens tritt im normalen Harn oft eine blaßrötliche Färbung ein. Eine stärkere Färbung kann durch Phenole, Salizylsäure oder Tyrosin, ein ziegelroter Niederschlag durch Alkaptonsäuren verursacht werden.

12. Bezüglich der schließlich noch empfohlenen Prüfung auf Indikan und Urobilin und der Ehrlichschen Diazoreaktion sei auf die Spezialliteratur verwiesen.

Luft.

Bestimmung:

1. Der Temperatur: in bekannter Weise mit einem in $^1/_{10}$ Grade geteilten Thermometer, das womöglich mit einem Normalthermometer verglichen worden ist; in besonderen Fällen kann auch ein Alkoholthermometer (Kältegradmessung) oder ein Luftthermometer bzw. Pyrometer bei Temperaturen über + 300° nötig sein. Für meteorologische Zwecke kommt das Maximum- und Minimumthermometer in Betracht.

2. Der Luftbewegung (Windrichtung, -stärke) und der Helligkeit. Hierzu sind besondere Apparate zu gebrauchen, deren Handhabung und Einrichtung in der Spezialliteratur nachzusehen ist. Siehe auch Beythiens Handbuch.

3. Der Radioaktivität mittels des Fontaktoskops (s. S. 23 und den Abschnitt Wasser).

4. Der Feuchtigkeit (des Wasserdampfes) [1]; Resultate sind auf t = 0° und B = 760 mm zu berechnen, Formel siehe Wasser S. 457;

a) absolute = Gramme Wasserdampf in 1 cbm Luft mit dem Psychrometer von Lambrecht oder direkt durch Überleiten eines gewissen Volumens [2] Luft (0,5—1 cbm) mittels eines Aspirators über gewogenes Chlorcalcium und Wägen des letzteren, oder man leitet die Luft über gewogenen, mit Schwefelsäure getränkten Bimsstein. Auf letztere Weise wird nur der Durchschnittsgehalt der Luft an Wasserdampf während eines bestimmten Zeitabschnittes, d. h. der Zeit der Entleerung des Aspirators, niemals aber der Flüssigkeitsgehalt für einen bestimmten Zeitpunkt ermittelt.

b) relative = Verhältnis der aufgelösten Wasserdampfmenge zu derjenigen, welche das gleiche Volumen Luft bei gleicher Temperatur zu seiner Sättigung mit Wasserdampf bedarf; dasselbe wird mit dem Haarhygrometer von Lambrecht bestimmt. Mit dem Hygrometer nach Daniell wird der Taupunkt ermittelt, d. h. diejenige Temperatur, bei der der Wasserdampf aus nichtgesättigter Luft anfängt, sich niederzuschlagen. Mit Hilfe des Taupunktes läßt sich die relative Feuchtigkeit berechnen.

Das Verhältnis von wirklich vorhandener absoluter (a) und höchst möglicher (m) Feuchtigkeit in Prozenten ausgedrückt, ergibt die relative Feuchtigkeit (r). Über den höchstmöglichen Feuchtigkeitsgehalt bei der betreffenden Temperatur siehe die umstehende Tabelle; Berechnung nach der Formel

$$r = \frac{a \cdot 100}{m}.$$

---

[1] Literatur: O. Steffens, Methoden und Instrumente der Luftfeuchtigkeitsbestimmung, Berlin 1910.

[2] Das Volumen der durchgeleiteten Luft bestimmt man in der Weise, daß man die als Aspirator dienende, mit Wasser gefüllte Flasche wägt und nach Ablassen eines gewissen Teils des Wassers mittels Hebers wieder wägt. Gewichtsdifferenz = Menge der durchgeleiteten Kubikzentimeter Luft. — Einfacher mittels einer Experimentier-Gasuhr.

Höchstmöglicher Wassergehalt in 1 cbm Luft.

Temp. °C	Tension in mm	g Wasser	Temp. °C	Tension in mm	g Wasser
—10	2,0	2,1	14	11,9	12,0
— 8	2,4	2,7	15	12,7	12,8
— 6	2,8	3,2	16	13,5	13,6
— 4	3,3	3,8	17	14,4	14,5
— 2	3,9	4,4	18	15,2	15,1
0	4,6	4,9	19	16,0	16,2
1	4,9	5,2	20	17,4	17,2
2	5,3	5,6	21	18,5	18,2
3	5,7	6,0	22	19,7	19,3
4	6,1	6,4	23	20,9	20,4
5	6,5	6,8	24	22,2	21,5
6	7,0	7,3	25	23,6	22,9
7	7,5	7,7	26	25,0	24,2
8	8,0	8,1	27	26,5	25,6
9	8,5	8,8	28	28,1	27,0
10	9,1	9,4	29	29,8	28,6
11	9,8	10,0	30	31,6	30,1
12	10,4	10,6	50	92,0	113,4
13	11,1	11,3	70	233,3	199,3

5. Kohlensäurebestimmung.

a) Gewichtsanalytisch, indem man ein bestimmtes Volumen Luft (siehe Anmerkung S. 567) über mit SO_2 getränkten Bimsstein (zur Absorption von Wasserdampf und dann durch KOH (S = 1,27) oder Barytlauge leitet.

b) Titrimetrische Methode (nach Pettenkofer). Die hierzu notwendigen Normallösungen siehe unten [1]). Eine Flasche von bekanntem, oder genau festgestelltem Inhalt (etwa 5—6 Liter) füllt man mit der zu untersuchenden Luft mittels eines Blasebalges an (Atemluft fernhalten!), notiert Temperatur und Barometerstand, gibt 100 ccm der Barytlauge rasch zu und schüttelt die Flasche 15 Minuten lang. Das nun durch entstandenes Bariumkarbonat getrübte Barytwasser spült man in einen 100—200 ccm fassenden Zylinder mit Glasstöpsel und läßt absitzen. Von der klaren Flüssigkeit hebt man nun 25 ccm ab und gibt unter Zusatz von 1 %iger alkohol. Rosolsäurelösung so viel Oxalsäurelösung zu, bis die rote Farbe in Gelb umgeschlagen ist. Der Titer der Barytlösung muß zuvor bestimmt werden. Die Differenz des Oxalsäureverbrauchs für die ursprüngliche Barytlauge und für die nach dem Schütteln mit Luft gebliebene gibt den Säuregehalt an.

1 ccm Oxalsäurelösung = 0,25 ccm Kohlensäure.

Man berechnet die Kohlensäuremenge auf 100 ccm angewendete Barytlauge.

Die erhaltene Zahl gibt dann den Kohlensäuregehalt in dem betreffenden angewendeten Luftvolumen an; dieselbe muß jedoch auf 0° und 760 mm Barometerstand umgerechnet werden (s. Abschnitt Wasser S. 457).

Bei auswärts vorzunehmenden Kohlensäurebestimmungen nimmt man die titrierte Barytlauge in dünnwandige Glasröhren eingeschmolzen mit und

---

[1]) 1. Oxalsäurelösung: 1,406 g reinste umkristallisierte Oxalsäure zu 1 l H_2O gelöst; 1 ccm = 0,25 ccm CO_2. — 2. Barytwasser: 3,5 g reines kristallisiertes Bariumhydroxyd zu 1 l Wasser lösen. Das etwa vorhandene Bariumsulfat läßt man sich absetzen. Man prüfe auf Ätzalkalien in folgender Weise: die vollständig klare Barytlauge titriere man mit Oxalsäure, setze dann derselben etwas gefälltes reines $BaCO_3$ zu und titriere wieder; braucht man zur letzten Probe mehr Oxalsäure als zur ersteren, so ist Alkali vorhanden. (Das Barytwasser ist durch geeignete Vorkehrungen vor CO_2 geschützt aufzubewahren.)

läßt sie beim Gebrauch direkt in die Glasflasche gleiten. Durch geeignete Bewegung der Flasche, nachdem diese verschlossen worden ist, wird die Röhre zertrümmert.

Für diese Fälle eignet sich auch das von Hesse [1]) vereinfachte Pettenkofersche Verfahren.

Auf die Lunge-Zeckendorfsche minimetrische approximative Methode (Zeitschr. f. angew. Chem., 1888, S. 395 und 1889, S. 14) und die gasvolumetrische Methode von Petterson sowie Petterson und Palmquist (Zeitschr. f. angew. Chem. 1886, 25, 467 und Ber. d. deutsch. Chem. Ges. 1887, 20, 2129) kann nur verwiesen werden.

6. Kohlenoxydbestimmung.

a) **Mit Blut (Kohlenoxydhämoglobin).** Man schüttelt in einer geschlossenen Glasflasche von 5—10 l Inhalt die zu untersuchende Luft mit etwa 10 ccm einer Blutlösung 2 : 100 etwa 15—20 Minuten hindurch und stellt dann folgende Reaktionen an:

α) Die Ferrocyankaliumprobe nach Kunkel und Welzel (Modifikation von Franzen und von v. Mayer) [1]). 5 ccm Blut werden mit 7,5 ccm 20 %iger Ferrocyankaliumlösung versetzt, 1 ccm 33 %ige Essigsäure hinzugefügt und kräftig durchgeschüttelt. Kunkel und Welzel verdünnen das Blut mit der 4—10fachen Menge Wasser und versetzen 10 ccm dieser Blutlösung mit 5 ccm Ferrocyankaliumlösung und 1 ccm Essigsäure. Bei Vorhandensein von Kohlenoxyd im Blute entsteht ein rotes Koagulum, während normales Blut sich grünschwarz färbt. Die Farbentöne verschwinden rasch.

β) Die Tanninprobe nach Kunkel und Welzel und von Franzen und v. Mayer). 5 ccm Blutlösung (1 + 4) werden mit 15 ccm 1 %iger Tanninlösung heftig geschüttelt. Man mache daneben einen blinden Versuch mit normalem Blut. Der Niederschlag ist beim kohlenoxydhaltigen Blut rötlichbraun, beim normalen graubraun. Die Färbung tritt bei geringen Mengen Kohlenoxydhämoglobin oft erst nach einiger Zeit ein. Die Färbung hält sich monatelang und kann deshalb, in entsprechender Weise haltbar gemacht, für gerichtliche Zwecke aufbewahrt werden. 1 % Kohlenoxyd kann noch mit Sicherheit nachgewiesen werden.

γ) Hoppe-Seylersche Probe nach Salkowskis Modifikation. Franzen und v. Mayer verfahren folgendermaßen: 5 ccm Blut werden mit destilliertem Wasser auf 100 ccm verdünnt, 5 ccm dieser Lösung in einem Reagenzglase mit NaOH versetzt und durchgeschüttelt. Es entsteht eine zinnoberrote Fällung, deren Färbung bei 2,5 %/o CO sofort, bei 1 %/o erst nach 5 Minuten entsteht. Ein gleichzeitig anzustellender blinder Versuch mit normalem Blut ergibt grünbraune bis schwärzliche Masse.

b) **Spektroskopisch.** Siehe die forensische Analyse S. 546 u. 553.

Im allgemeinen werden diese leicht und rasch ausführbaren qualitativen Untersuchungsverfahren ausreichen.

Von den zahlreichen anderen Methoden, die zum Teil auch zur quantitativen Bestimmung der Kohlenoxyds ausgebildet sind, seien u. a. erwähnt: die Palladiumchlorürmethode von Cl. Winkler sowie O. Brunck, die mit Jodpentoxyd von Ditte und Gautier (Nicloux); mit Silberoxyd nach Dejust, die volumetrische Methode von Coquillions, die elektrische von Spitta. Hinweise auf die Ausführung und die entsprechenden Literaturstellen sind den bekannten Handbüchern (Lunge-Berl, Chem.-techn. Untersuchungsmethoden, K. B. Lehmann, die Methoden der praktischen Hygiene, Beythiens Handbuch) zu entnehmen.

7. Organische oxydable Substanzen (Grad der Verschlechterung der Luft) werden nach Ascher (Vierteljahrsschr. f. öffentl. Gesundh.-Pflege 1907, 39. 660) bestimmt. Zur Feststellung lokaler Rauchbelästigungen dient die Ermittelung des Rußgehaltes nach den Aspirationsmethoden von Rubner, Renk oder L. Ascher (Vestaapparat) sowie Aitken oder nach den Sedimentiermethoden von Heim und Liefmann. Eingehende Beschreibung der

---

[1]) Eulenberg, Vierteljahrsschr. f. gerichtl. Med. u. öffentl. Sanitätswesen N. F. 31, 2 (siehe auch Beythien, Handb. S. 917).

[2]) Zeitschr. f. analyt. Chem. 1911. 50. 672.

Methoden mit Literaturangabe findet sich in Beythiens Handbuch. Ebenda auch Hinweise auf Rauchgasuntersuchungen, Messung der Rauchstärke, Durchsichtigkeit des Rauches usw.

Die Bestimmung der organischen Substanzen und die der Keimzahl der Luft (siehe im bakteriologischen Teil) ist mehr als Maßstab für die Reinheit der Luft zu betrachten als die Bestimmung der Kohlensäure.

8. Ozonnachweis durch Jodkaliumstärkekleisterpapier, Thalliumoxydulhydratpapier oder Ursol D (Chopin)-Papier [1]; letzteres ist nicht empfindlich gegen H_2O_2, NO_2 und Cl wie die erstgenannten und färbt sich bei Gegenwart von Ozon blau (violett bis dunkelblau).

Methoden zur quantitativen Bestimmung des Ozons in Luft gibt es mehrere.

9. Der Nachweis und die Bestimmung von Wasserstoffsuperoxyd, Cyan, Ammoniak, Salzsäure, schwefliger Säure, Schwefelwasserstoff usw. nach den üblichen Methoden; vgl. auch H. Ost, Z. f. U. N. 1901, 4, 474. Nitrosedämpfe (Stickoxyde) fängt man in 5%iger Kalilauge auf und vermengt einen aliquoten Teil derselben mit Diphenylamin und Schwefelsäure (Salpetersäureprobe). Die Methode ist von F. Heim und A. Hebert [2] zu einer quantitativen ausgebildet worden. Als quantitatives Reagens wird auch α-Naphthylaminsulfanilsäure angegeben.

Derartige Bestimmungen kommen namentlich bei Feststellungen von Rauchbeschädigungen an Pflanzen in Betracht. Vgl. darüber J. König, Die Untersuchung landw. u. gewerbl. wichtiger Stoffe und sonstige Handbücher.

Beurteilung:

Zusammensetzung der kohlensäurefreien Luft: Sauerstoff 21 Vol.-%; Stickstoff 78 Vol.-%; Argon 0,9 Vol.-% (Kohlensäure etwa 0,03% in Höhen bis zu 4500 m).

Relative Feuchtigkeit 30—70% in der Zimmerluft. Der Kohlensäuregehalt soll in Wohnräumen 15—16%₀ nicht übersteigen. Betreffs der Zulässigkeitsgrenze anderer Gase (Fabrikgase, CO usw.), Größe des Rußgehaltes siehe Lehmann, Die Methoden der prakt. Hyg., 2. Aufl. 1901, sowie das Handbuch von A. Beythien.

---

[1] Von der Aktienges. f. Anilinfabrikation Berlin beziehbar.
[2] Chem. Zentralbl. 1909, 1, 2015.

Bakteriologischer Teil.

I. Allgemeiner Teil.

Die Methoden der bakteriologischen Untersuchung [1]).

A. Sterilisation.

Die zu gebrauchenden Instrumente und Gefäße sind zunächst sehr gut in gewöhnlicher Weise zu reinigen. Metallgegenstände usw. sterilisiert man durch Abglühen in der Flamme eines Bunsenbrenners (Scheren, Messer, Pinzetten, Platindrähte, Glasstäbe); da aber die Schneideinstrumente durch wiederholtes Glühen stumpf werden, so sterilisiert man sie besser, ebenso wie die Glasgefäße [2]), Reagenzgläser, Glasdosen, Kolben, ungelötete Metallgegenstände, im Heißlufttrockenschrank, einem mit oder ohne Asbest bekleideten doppelwandigen, von Schwarzblech oder Kupferblech nach Art der chemischen Trockenkästen hergestellten Apparat, bei einer Temperatur von 150⁰ etwa ¹/₂ bis 1 Stunde lang. Neue Glasgefäße sind vor dem Gebrauch mit salzsäurehaltigem Wasser auszukochen, dann selbstverständlich mit gewöhnlichem und destilliertem Wasser nacheinander auszuspülen, da das Glas häufig Alkalien an die Nährböden abgibt und diese trübt.

Auf die gleiche Weise sterilisiert man Leinwand, Papier usw. Als Watte wird die gewöhnliche sog. kartätschte Watte der gereinigten Verbandwatte vorgezogen. Man erhitze sie nicht über 180⁰ C, da sie sonst braun wird und zerfasert.

Kautschukstopfen, Schlauchstücke und andere, trockene Hitze nicht ertragende Gegenstände sterilisiert man im strömenden Wasserdampf, welchen man etwa ¹/₂ Stunde einwirken läßt, oder man legt sie

---

[1]) Literatur: L. Heim, Lehrb. d. Bakteriol., Verl. Ferd. Enke, Stuttgart, 2. Aufl. 1906; R. Abel, Bakteriol. Taschenb. 1917, 20. Aufl.; R. Abel und M. Ficker, Einfache Hilfsmittel zur Ausführung bakteriol. Untersuchungen, 1909, 2. Aufl.; Bakteriol.-chem. Praktikum von Dr. Joh. Prescher und Apoth. Viktor Rabs, 2. Aufl.; sämtliche Bücher im Verlag C. Kabitzsch, Würzburg erschienen; Handb. d. Nahrungsmittelunters., herausgegeben von Beythien, Hartwich, Klimmer Bd. 3, Bakteriol. und biol. Teil, Leipzig 1913 u. ff. bei Chr. Hermann Tauchnitz.

[2]) Glasgefäße kann man auch durch Ausspülen mit 1⁰/₀₀iger Sublimatlösung oder mit konzentrierter Schwefelsäure oder mit Äther kalt sterilisieren; diese Gefäße müssen aber dann erst mit der betreffenden Flüssigkeit, mit welcher sie gefüllt werden sollen, gut nachgespült werden.

$^1/_4$ Stunde lang in Sublimatlösung ($1^0/_{00}$), trocknet sie dann mit sterilisiertem Papier ab und wickelt sie, falls man sie aufbewahren will, in
sterilisiertes Papier ein.

Von Dampfsterilisierapparaten gibt es verschiedene Systeme; am
meisten dürfte wohl der Kochsche Dampfkochtopf im Gebrauche sein.

Zum Sterilisieren von Nährlösungen, Nährgelatinen usw. genügt in
der Regel ein einmaliges $^1/_2$stündiges Erhitzen im strömenden Wasserdampf. Sind widerstandsfähige Keime oder Sporen in der betreffenden
Substanz, wie z. B. meistens in Kuhmilch, so wendet man die fraktionierte Sterilisation an, d. h. man erhitzt die zu sterilisierende Substanz
(Nährböden usw.) an drei aufeinanderfolgenden Tagen je 20—60 Minuten
im Dampfstrom, wodurch erreicht wird, daß die in der Zwischenzeit
zu Bazillen ausgekeimten Sporen wieder zerstört werden.

Eine raschere Sterilisation erlauben die sog. Autoklaven, starkwandige, zylindrische Gefäße mit aufschraubbarem Deckel und Sicher-
heitsventil. Mit diesen Apparaten erreicht man höheren als Atmosphären-
druck und Temperaturen bis zu 130⁰ C, so daß die gegen Hitze sehr
widerstandsfähigen Sporen durch einmalige Sterilisierung abgetötet
werden. Bei der angegebenen Temperatur werden in einer Minute alle
Keime vernichtet.

Nährböden (Substanzen), die Hitze nicht ertragen, können ev.
auch kalt, unter Anwendung von Äther, der aus der Flüssigkeit wieder
herausgesaugt werden muß, sterilisiert werden.

Substanzen, die leicht filtrierbar sind, kann man auch durch Filtration mittels Ton- oder Kieselgurfiltern (nach Berkefeld oder nach
Chamberland u. a.) sterilisieren. (Trennung der Stoffwechselprodukte
von den Bakterienleibern bei Heilserum usw.)

Über die Sterilisation von Blutserum siehe S. 574 die Herstellung
desselben.

Beim bakteriologischen Arbeiten hat man sich ferner die Hände
gründlich zu reinigen (sterilisieren), was durch Abbürsten derselben,
und insbesondere der Nägel, mit Wasser und Seife geschieht, sodann
taucht man sie aufeinanderfolgend in Alkohol und dann in $1^0/_{00}$ige
Sublimatlösung oder Kresolseifenlösung 1 : 100, läßt darauf die Sublimatlösung entweder antrocknen oder trocknet die Hände an einem frisch
gewaschenen Handtuch.

B. Die Herstellung von Nährböden [1].

1. Nährbouillon nach Koch: 500 g feingehacktes fettfreies
Rind- oder Pferdefleisch [2] zieht man mit 1 Liter Wasser bei etwa 50⁰ C
$^1/_2$ Stunde lang aus und kocht dann noch etwa $^3/_4$ Stunden lang. Nach
dem Filtrieren und Erkalten füllt man die Flüssigkeit auf 1 Liter auf,
gibt 10—50 g Pepton (besonders Witte, Rostock) und 5 g Kochsalz
zu, kocht und neutralisiert mit Na_2CO_3- oder Biphosphatlösung (Tüpfel-

---

[1] Die Beschreibung umfaßt nur die allgemein gebräuchlichen Nährböden:
die Anweisungen zu Nährböden für die bakteriol. Diagnostik des Bact. typhi,
coli, Vibr. Choler. usw. siehe im speziellen Teil.

[2] Auch sog. Abgänge, die besonders billig sind.

probe mit Lackmuspapier). Nachdem nochmals $1/4$ Stunde erhitzt ist, wird abermals die Reaktion geprüft und entweder neutralisiert oder gegebenenfalls durch Zugabe von Na_2CO_3 (1,5 g kristallisierte) auf schwach alkalische Reaktion eingestellt und wenn nötig auch nochmals filtriert. Sterilisieren im Kolben oder nach Abfüllung in Röhrchen an zwei oder drei aufeinanderfolgenden Tagen je $1/4$—$1/2$ Stunde im Dampfstrom oder im Autoklaven gemäß gegebener Vorschrift. — Die Nährbouillon kann auch mit Fleischextrakt, Nährstoff Heyden u. a. in 1—2%iger Lösung hergestellt werden[1]); siehe die Vorschrift zur Herstellung von Nährgelatine nach der Anleitung des Kaiserlichen Gesundheitsamtes, S. 614.

2. Nährbouillon mit Zucker: Zu der nach 1. hergestellten Nährbouillon werden 0,1—0,3% Traubenzucker, jedoch erst nach Fertigstellung (Karamelisierung beim Kochen!) zugesetzt.

3. Nährgelatine: Zu der nach 1 bereiteten Nährbouillon gibt man nach dem Pepton- und Salzzusatz noch 100 g (im Sommer 150 g) weiße Speisegelatine (frei von SO_2), löst diese vollständig im Dampfkochtopf und stellt die Reaktion in derselben Weise ein wie bei Nährbouillon. Wird die Gelatine nach dem letzten Filtrieren nicht klar, so kann man die Klärung durch Zugabe eines Hühnereiweißes zu der auf etwa 50° abgekühlten Gelatine und nachfolgendes $1/4$stündiges Kochen und Filtrieren bewirken. Die Gelatine bleibt bis zu 24—27° fest und erstarrt geschmolzen bei Wärmegraden unter 20 bald wieder.

4. Nährgelatine nach der Vorschrift des Kaiserlichen Gesundheitsamtes siehe S. 614, sie wird mit Fleischextrakt hergestellt.

5. Nähragar[2]): Zu 1 Liter Fleischauszug (siehe Nährbouillon) fügt man 10 g Pepton, 5 g Kochsalz und 20 g fein zerschnittenes oder pulverförmiges Agar-Agar, kocht zunächst 1 Stunde auf dem Wasserbade, bis das Agar-Agar aufgequollen ist, und dann 5—6 Stunden direkt mit dem Drahtnetze unter Ersatz des verdampfenden Wassers, bis alles Agar gelöst ist. Es empfiehlt sich, einen ziemlich geräumigen Kochkolben zu benutzen und die kochende Flüssigkeit fleißig darin umzuschwenken. Das lange Kochen läßt sich wesentlich dadurch abkürzen, daß man das Agar-Agar erst mehrere Stunden in dem Fleischauszug aufquellen läßt und dann erst die übrigen Zusätze hinzufügt. Nach völliger Lösung des Agar-Agar wird in derselben Weise, wie bei Nährbouillon angegeben, neutralisiert (NB. man braucht aber wesentlich weniger Soda!) und entweder im Dampftopf oder mittels eines Heißwassertrichters filtriert. Letzteres wird am besten durch Watte oder Glaswolle vorgenommen. Nähragar bleibt auch nach dem Filtrieren opaleszierend.

6. Trockennährböden, zur Herstellung von Bouillon und Agar lassen sich aus Handelspräparaten wie Ragitbouillon und Ragitagar der Firma Merck-Darmstadt; Bram-Leipzig und Ungemach, A.-G., Straß-

---

[1]) Siehe auch Ziffer 6.
[2]) Agar-Agar ist ein aus Algen Ostindiens (Gattung Gracillaria, Gigartina usw. der Florideae) gewonnenes Kohlehydrat (Galaktan). Wiederholtes Erhitzen oder Kochen von Gelatine- oder Agarlösungen schädigt deren Erstarrungsvermögen. Siehe auch Ziffer 6.

burg-Schiltigheim beziehen. 22 g Ragit, in 1 l Wasser gekocht, geben normale Nährbouillon, 42 g Ragitagar in 1 l Wasser 1 Stunde im Dampftopf gekocht, ein Nähragar.

7. Glyzerin-Agar: Zu dem fertigen Nähragar werden noch 2 bis 8% Glyzerin zugefügt. (Nährboden für Tuberkelbazillen.)

8. Peptonwasser: Ist eine Lösung von 1—2% Pepton (Witte) mit $1/_2$—1% Kochsalz. Lösung wird wie Nährbouillon sterilisiert. Für die Zwecke der Wasseruntersuchung auf Coli usw. wird noch 0,01% KNO_3 (für Indolreaktion) und 0,02% kristallisierte Soda zugefügt. Vgl. auch S. 623.

Peptonwasser für Wasseruntersuchungen auf Bact. coli und auf Cholerabazillen vgl. S. 627.

9. Blutserum: Das beim Schlachten aus der Stichwunde austretende Blut wird in hohen, mit Sublimat, Alkohol und Äther sterilisierten Glaszylindern (von mehreren Litern Inhalt) aufgefangen und dann zweimal 24 Stunden im Eisschrank unberührt stehen gelassen. Das sich abscheidende Serum wird mit sterilisierter Pipette in sterilisierte Reagenzgläser gefüllt; hat man vorsichtig gearbeitet, so kann das Sterilisieren unterbleiben; ob dies geschehen ist, davon kann man sich dadurch überzeugen, daß man die Reagenzgläser 24 Stunden in den Brutschrank bringt und davon diejenigen ausscheidet, welche Entwicklungen zeigen, anderenfalls muß man 5—6 Tage hindurch je 1—2 Stunden lang im Brutschrank erwärmen. Das Blutserum läßt man in einem besonderen Apparat, der käuflich ist, unter Erwärmen auf 70⁰—90⁰ schräg erstarren (Kondenswasserausscheidung). Es soll bernsteingelb oder etwas heller gefärbt und durchscheinend sein.

Steriles Blutserum mit 2%igem sterilem Nähragar zu gleichen Teilen gemischt gibt einen festen Nährboden.

10. Bierwürzegelatine (als saurer Nährboden besonders gut für Schimmelpilze):

In gehopfter Bierwürze (von etwa 10—12 %) werden 14 % Gelatine gelöst, das Ganze einige Zeit im Dampftopf gekocht und filtriert. Neutralisiert wird nicht.

11. Milch: Frische Magermilch (mit amphot. Reaktion) wird in die betreffenden, mit Wattepfropf versehenen Gefäße oder Doppelschälchen eingefüllt und dann im Dampfkochtopf an drei aufeinanderfolgenden Tagen je 30—60 Minuten sterilisiert. Sterilität durch mindestens dreitägiges Stehen bei 37⁰ prüfen.

12. Kartoffeln [1]):

a) Ungeschälte Kartoffelhälften.

Die noch mit der Schale versehenen Kartoffeln (Salat-) werden durch Bürsten gründlich vom groben Schmutz befreit und „Augen" und nicht gesund erscheinende Stellen (faule Flecken) ausgeschnitten, dann $1/_2$—1 Stunde in 1%₀₀ige Sublimatlösung gelegt, hierauf mit Wasser gründlich abgespült und im Dampfkochtopf $3/_4$—1 Stunde gekocht. Die mit sterilisierten Händen und sterilisiertem Messer in zwei Hälften

---

[1]) Wie Kartoffeln können auch in zweckentsprechender Weise Mohrrüben, Birnen, Äpfel usw. als Nährböden dienen.

geteilten Kartoffeln werden dann in feuchten Kammern (siehe S. 579) aufbewahrt.

b) Geschälte Kartoffelscheiben.

Die Kartoffeln werden geschält, abgewaschen, Augen- und Faulflecke entfernt und dann in etwa 1 cm dicke Scheiben zerschnitten, die in Doppelschälchen hineinpassen. Man sterilisiert nun die Schälchen mit dem Inhalt an drei aufeinanderfolgenden Tagen im Dampfkochtopf je $^3/_4$—1 Stunde hindurch.

c) Kartoffelkeile ohne Schale.

Aus geschälten Kartoffeln werden mit einem Korkbohrer, dessen Durchmesser etwas kleiner als der des Reagierglases sein muß, zylindrische Stücke ausgestochen und zur Ermöglichung einer größen Oberfläche diese Zylinder schief abgeschnitten oder durch einen schrägen Längsschnitt in zwei gleiche Keile zerlegt, welche man mit der Basis nach unten in sterile Reagenzröhrchen verbringt. Die Sterilisation in den Reagenzgläsern erfolgt an drei aufeinanderfolgenden Tagen im Dampfkochtopf. Will man die Kartoffelscheiben bzw. -Stücke alkalisch machen, so träufelt man eine sterilisierte, verdünnte Natriumkarbonatlösung bis zur wahrnehmbaren Aufsaugung derselben auf. Eine Säuerung bewirkt man in gleicher Weise durch verdünnte, sterile Weinsäurelösung.

Vor Einbringen in die Reagenzgläser bringt man zur Aufnahme des entstehenden Kondenswassers etwas Watte oder entsprechende Glasrohrstücke von etwa 1 cm Länge in die Gläser; besser noch ist, die Reagenzgläser $1^1/_2$ cm über dem Boden derselben durch Einschmelzen über der Stichflamme eines Gebläses zu verengen.

d) Kartoffelbrei.

Geschälte Kartoffeln kocht man $^3/_4$ Stunden im Dampfkochtopf, preßt in Erlenmeyer-Kölbchen und sterilisiert.

Nach Eisenberg werden die heiß zerriebenen Kartoffeln mit einem Spatel in Glasdosen, auf welchen ein planer Glasdeckel aufgeschliffen ist, gepreßt und geglättet. Sterilisation wie früher. Verwendung zu Dauerkulturen mittels Paraffinverschlusses.

13. Brotbrei. Getrocknete Schwarzbrotkrume (Graubrot) wird zu Pulver zerrieben, hierauf in Erlenmeyersche Kölbchen $^1/_2$ cm hoch eingefüllt und mit wenig Wasser in einen Brei verwandelt. Mit saurer Reaktion für Schimmelpilze guter Nährboden. Sterilisation im Dampfkochtopf.

14. Frische Eier (nach Hüppe). Man reinigt die Schale gut mit Seife, sterilisiert sie durch Waschen mit $5^0/_{00}$iger Sublimatlösung, spült mit sterilem Wasser und trocknet mit steriler Watte ab. Die Infektion dieses so präparierten Eies geschieht mit Platindraht durch eine an der Spitze des Eies mit einem spitzen, geglühten Instrument gemachte feine Öffnung, die nachher mit einem Stückchen sterilem Papier bedeckt und mit einem Kollodiumhäutchen geschlossen wird. Dient zu anaeroben Kulturzwecken. Eier sind aber oft nicht steril.

15. Eiweißfreie Nährlösung nach Uschinsky-C. Fränkel. NaCl 5,0; Kalium- oder Natriumbiphosphat 2,0; Asparagin oder aspara-

ginsaures Na 4,0; milchsaures Ammon 6,0 (ev. MgSO$_4$ 0,5) werden in 1000 g Wasser gelöst. Neutralisieren und leicht alkalisieren mit NaOH, sterilisieren wie Nährbouillon.

16. Backpflaumenabkochung oder Traubenmost mit Agar (für Hefen und Schimmelpilze).

Allgemeine Bemerkungen zu dem vorstehenden Kapitel.

Es gibt noch eine Reihe von anderen Nährsubstraten, die aber besonderen Zwecken dienen und hier keine Erwähnung finden können oder im speziellen Teil erwähnt sind.

Die Neutralisation geschieht am besten mit n/$_{10}$ Normallösungen von NaOH und HCl. Hierbei ist zu beachten, daß die in den Fleischlösungen enthaltenen Diphosphate sich gegen Lackmus anders als gegen Phenolphthalein verhalten (gegenüber Lackmus neutral oder alkalisch, gegenüber Phenolphthalein sauer oder neutral).

Alkalische Nährböden können zum Teil nach Belieben Zusätze verschiedener Art, z. B. Lackmus, Phenolphthalein usw. erfahren, wie es eben die Umstände erfordern zur Feststellung von Säurebildnern. Nährgelatinen, Nähragar, Nährbouillon wird vielfach 2% Traubenzucker zugesetzt.

Die unter 1—12 aufgeführten Nährböden werden in reine mit Wattepfropfen versehene, sterilisierte Reagenzgläser (neue sind mit 1—2% HCl-haltigem Wasser zuvor auszuspülen) entweder mittels eines Abfüllapparates (Treskowscher) oder einfach eines mit Schlauch, Glasrohr und Quetschhahn versehenen Trichters abgefüllt. Man füllt etwa 5—10 ccm der Nährsubstanz in jedes Reagenzglas ein. (Oberen Rand nicht beschmutzen, da die Watte sonst festklebt!)

Wo nicht direkte Angaben gemacht sind, sterilisiert man alle Nährböden in der Weise, daß man sie in den zur Aufnahme bestimmten Gefäßen an drei aufeinanderfolgenden Tagen je 15—30 Min. im Dampfkochtopf kocht, um die beim ersten Kochen nicht zerstörten Sporen zum Auskeimen zu bringen, so daß sie beim zweiten Kochen leicht zu töten sind.

Zur Verhinderung des raschen Austrocknens der Röhrchen ziehe man im Dampfstrom sterilisierte Pergament- oder Gummikäppchen über dieselben oder man bewahre die Röhrchen in dicht verschließbaren Blechdosen oder dgl. auf.

Man notiere bei der Aufbewahrung Zusammensetzung, Reaktion und Tag der Herstellung.

Man läßt Agar- und Gelatineröhrchen in gerader und in schräger Lage erstarren.

C. Herstellung von Farbstofflösungen und anderen Reagenzien.

Man benützt dazu hauptsächlich:

Basische Anilinfarben: Gentianaviolett, Methylviolett, Methylenblau, Fuchsin, Rubin, Bismarckbraun, Malachitgrün.

Saure Anilinfarben: Eosin, Säurefuchsin, Safranin;

und Pflanzenfarbstoffe: Karmin, Hämatoxylin.

Die basischen Farbstoffe sind Kern- und Bakterienfarben, die übrigen vorzugsweise Kernfarben.

Gentianaviolett und Bismarckbraun besitzen große Färbekraft; letzteres wird jedoch nur zur Bakterienfärbung gebraucht, wenn die Präparate photographiert werden sollen; sonst dient es als Kontrastfarbe. Methylenblau färbt schwächer, überfärbt aber fast nie.

1. Herstellung konzentrierter Farbstofflösungen (Stammlösungen).

Konzentrierte alkoholische Teerfarbenlösungen stellt man in bekannter Weise durch Sättigen von absolutem Alkohol mit dem Farbstoff her. . Sie eignen sich nicht zu Färbungen. Sie dienen zur Herstellung von verdünnten Lösungen (siehe unten). Letztere verderben nämlich rasch, weshalb sie häufig frisch bereitet werden müssen.

2. Herstellung verdünnter Farbstofflösungen, wie sie zum Färben zu benutzen sind.

Von der Stammlösung eines Farbstoffes filtriert man so viel in destilliertes Wasser, daß die Lösung in Reagenzglasdicke eben anfängt, undurchsichtig zu werden.

3. Herstellung der gebräuchlichsten, sogenannten verstärkten Farblösungen.

a) Löfflersche Methylenblaulösung.

30 ccm konzentrierte, alkoholische Methylenblaulösung und 100 ccm Kalilauge 1 : 10 000 (= 0,01 g), also 1 ccm 1%ige KOH auf 100 ccm Wasser; haltbar.

b) Anilinwasser-Farblösungen.

5 ccm Anilinöl schüttelt man mit 100 ccm Wasser, läßt einige Minuten stehen (es muß noch Anilinöl ungelöst bleiben) und filtriert durch ein angefeuchtetes Filter. Dem völlig klaren Filtrat wird von den Stammlösungen (Methylviolett-, Gentiana-, Fuchsinlösung usw.) so viel zugefügt, bis die Flüssigkeit in einer 1 cm dicken Schicht undurchsichtig wird oder auf der Oberfläche der Flüssigkeit eine Opaleszenz erscheint. (Stets frisch zu bereiten.)

c) Farblösungen unter Zusatz von Karbolsäure hergestellt.

1. Ziehl-Neelsensches Karbolfuchsin: 10 ccm gesättigte alkoholische Fuchsinlösung, 100 ccm 5%iges Karbolwasser. Die Lösung hält sich längere Zeit und eignet sich vorzüglich zur Tuberkelbazillenfärbung. 3—4fach verdünnt färbt die Lösung langsamer, aber reiner; sehr haltbar.

2. Kühnes Lösung: 1,5 g Methylenblau, 10 g absoluter Alkohol und 100 ccm 5%iges Karbolwasser; haltbar.

3. Karbolglyzerinfuchsin nach Czaplewski: 1 g Fuchsin mit 5 ccm Karbolsäure (liquefact.) verreiben. 50 ccm Glyzerin, dann 100 ccm Wasser zusetzen. Auf das 4—10fache verdünnt zur Färbung brauchbar; haltbar.

d) **Pikrocarmin nach Friedländer.**

1 g Carmin löst man in 5 ccm Ammoniak und 50 ccm Wasser; darauf setzt man 50 ccm gesättigte wässerige Pikrinsäurelösung zu und filtriert nach dem Verdunsten des Ammoniaks. Mit einigen Tropfen Karbolsäure haltbar machen.

Dient hauptsächlich zum Färben von Geweben (Kernen).

e) **Hämatoxylin**, gesättigte Lösung in Brunnenwasser für Kern-färbung in Hefen.

4. Sonstige Reagenzien, Entfärbungsmittel und Beizen.

a) **Gramsche (Lugolsche) Lösung:**

1 g Jod, 2,0 g Jodkalium und 300 g destilliertes Wasser. Beim Gebrauch setzt man dieser Lösung in einem Schälchen so viel Wasser zu, bis dasselbe eine madeiraähnliche Farbe angenommen hat.

b) **Säurelösung zum Entfärben.**

Salpetersäure, Salzsäure, Schwefelsäure (etwa 25 ccm mit 75 ccm Wasser zu verdünnen). Essigsäure verwendet man in $1/2 - 1\%$iger Lösung.

Saurer Alkohol nach Kaatzer.

Salpetersäure 1 Teil, Alkohol 10 Teile oder
90%iger Alkohol 100 ccm, Wasser 200 ccm, konzentrierte Salz-säure 20 Tropfen.

Saurer Alkohol nach Günther.

Alkohol (90%iger) 100, Salzsäure 3,0.

c) **Ferrotannatbeize nach Löffler** (zur Geißelfärbung):

10 ccm 20%iger wässeriger Tanninlösung, 5 ccm kalt gesättigter Ferrosulfatlösung und 1 ccm alkoholischer oder wässeriger Fuchsin- oder Methylviolettlösung.

Manche Bakterien erfordern ein Erhitzen der Beizflüssigkeit (3 bis 4 mal je 10 Sekunden) bis zur Dampfbildung.

Andere Beizflüssigkeiten sind von **van Ermengem, Zettnow, Bunge** u. a. empfohlen; siehe Spezialliteratur, besonders **Abels** bakteriol. Taschenbuch, Würzburg 1917.

D. Die Kulturverfahren.

1. Platten-Kultur-Verfahren (n. Koch).

Dient zum **Trennen** der verschiedenen Bakterienarten und zur Gewinnung von Reinkulturen.

Man verflüssige 3 Gelatineröhrchen im Wasserbade bei 30—35°, bringe den Impfstoff mit ausgeglühter Platinnadel in Nr. 1 (Original) und stelle daraus die 1. und 2. Verdünnung her, indem jedesmal 3 Platin-drahtösen aus 1 in 2 und aus 2 in 3 gebracht und darin verteilt werden. (NB.! Die Röhrchen sind möglichst horizontal je zwischen 2 Fingern so zu halten, daß eine Infektion derselben durch die Luft gänzlich aus-geschlossen ist.) Wattestopfen und der Rand des Röhrchens sind stets vor dem Gebrauch steril zu machen. Die Platinnadel ist nach jeder

Manipulation wieder auszuglühen. Alle Operationen sind unter peinlichstem Ausschluß einer Infektion durch Luft, Hände usw. vorzunehmen. Flüssiger Impfstoff, z. B. Wasser, wird mit Hilfe einer graduierten kleinen Pipette entweder direkt oder nach vorhergehender entsprechender Verdünnung mit sterilem Wasser, das in abgemessenen Mengen vorher in kleinen Kölbchen mit Wattepfropfen sich befindet und durch längeres Kochen darin gewonnen war, in die Gelatineröhrchen gebracht· und darin durch mehrfaches Hin- und Herbewegen völlig verteilt. Nachdem vorher schon die Kochschen Platten aus den Büchsen (eisernen Taschen, s. unten) genommen und auf den Gießapparat (siehe unten) gelegt waren, wird dann langsam die geimpfte Gelatine darauf ausgegossen und mit dem vorher sterilisierten Rand des Reagenzgläschens verteilt. Alsdann setzt man die Glocke darauf und bringt die Platte nach dem Erstarren in die feuchte Kammer [1]). Anstatt der Glasplatten werden jetzt fast nur noch die sogenannten Petrischen [2]) DoppelGlasschalen benutzt.

Kochs Gießapparat besteht aus einem zum gleichmäßigen Einstellen mit Schraubenfüßen versehenen Holzdreieck, in welches ein Glasgefäß, das mit Wasser und Eisstücken angefüllt ist, eingesetzt wird. Dieses ist mit einer Glasplatte bedeckt, die mittels einer Wasserwage genau horizontal eingestellt wird. Auf die gut abgekühlte Glasplatte [3]) bringt man die bei 150° C in der eisernen Tasche (einem mit übergreifendem Deckel versehenen, behufs Sterilisierung zur Aufnahme einer größeren Anzahl von Kochschen Kulturplatten dienenden Gefäß von Eisenblech) sterilisierten Platten, indem man dieselben, eine nach der andern nach dem Abkühlen herausnimmt, wobei man sie nur an den Kanten berührt. Ist die Platte abgekühlt, so gießt man geimpfte Gelatine, wie oben beschrieben, darauf, bedeckt mit einer Glasglocke und bringt die erste Platte, nachdem sie erstarrt ist, in die feuchte Kammer. Sodann kommt die zweite Platte an die Reihe usw., die einzelnen Platten werden durch Glasbänkchen voneinander getrennt.

Dasselbe Verfahren kann sinngemäß auch bei den Petrischalen angewendet werden, ist aber meistens entbehrlich, wenn man die Schalen auf eine einigermaßen wagerechte Unterlage stellt. Statt der Glasdeckel kann man Deckel aus Eisenblech oder unglasiertem Ton [4]) nehmen, die die Bildung von Kondenswasser verhindern.

---

[1]) Große Glasdoppelschalen, sog. Kristallisierschalen. Vor dem Gebrauch gut zu reinigen, mit Sublimatlösung auszuspülen und auf den Boden eine mit sterilem Wasser angefeuchtete Lage Fließpapier zu verbringen.

[2]) Für die jetzt meist gebrauchten Petrischalen gibt es entsprechend geeignete in Zwischenräume geteilte Sterilisierblechgefäße, die zugleich auch für den Transport geeignet sind. (Transportkasten für bakteriologische Untersuchung von Wasser an Ort und Stelle).

[3]) Das Plattenverfahren wird von manchen durch die sog. „fraktionierte" Aussaat ersetzt, wobei das bakterienhaltige Material durch Ausstreichen auf der Oberfläche der Nährböden (Platten, Petrischalen, schräg erstarrten Röhrchen usw.) verteilt wird. Das Verfahren ist wohl für Reinkulturzwecke, aber nicht zu Keimzählungen geeignet.

[4]) Bezugsquellen: Tonwarenfabrik zu Burgel i. Thür., Eisenblechdeckel von Harkel und Picht, Berlin NO. Landsbergerstr. 109, lackiert mit Heizkörperglasurit von M. Winkelmann A.-G. in Hiltrup i. W.

Fraktionierte Aussaat als Ersatz des Plattenverfahrens s. S. 582.
Agarplatten.

Bei Agar müssen die Röhrchen im siedenden Wasserbade völlig geschmolzen und dann auf 40⁰ C abgekühlt werden. Dann wird geimpft und auf die über lauwarmem Wasser stehenden Platten oder in die Petrischalen, Dosen usw. gegossen.

2. Rollröhrchenkulturen.

Gelatine oder Agar wird im Reagenzgläschen verflüssigt, in bekannter Weise mit dem Impfmaterial versehen, durch Hin- und Herschwenken die Mischung bewirkt, hierauf eine festschließende Gummikappe über den Watteverschluß gezogen und dann durch gleichmäßiges wagerechtes Drehen des Röhrchens in einer Schale mit eiskaltem Wasser oder unter dem Wasserstrahle einer Wasserleitung die Verteilung der Gelatine an den Wänden des Röhrchens und das Erstarren derselben bewirkt. Der Wattepfropf darf aber durch die Gelatine nicht befeuchtet werden.

Vorteile der Methode: Schnelle Ausführung ohne besondere Apparate; Verhinderung von Luftinfektion. Als Nachteil ist anzuführen, daß das Herunterlaufen von die Gelatine verflüssigenden Kolonien störend für die weitere Beobachtung ist. Für Agarkultur überhaupt nicht anwendbar wegen des sich stets abscheidenden Kondenswassers.

3. Stichkulturen.

Werden angelegt, indem man den Wattepfropf des Gelatine- oder Agarröhrchens an seinem oberen Teil zwischen die Finger nimmt (nicht weglegt!), das Röhrchen, um Luftinfektion zu vermeiden, mit der Öffnung nach unten hält und nun mit der ausgeglühten und mit dem bazillenhaltigen Material versehenen Platinnadel (ohne Öse!) möglichst senkrecht in das Nährmaterial bis auf den Boden des Reagenzröhrchens einmal einsticht. Das Röhrchen wird dann mit dem Wattepfropf geschlossen und bezeichnet. Ältere Gelatineröhrchen, deren Oberfläche durch Austrocknen hart geworden ist, schmilzt man vorher um, läßt erstarren und führt dann erst die Platinnadel mit dem Material ein.

Bei Untersuchung eines Bakteriums bieten die Stichkulturen ganz wesentliche Unterscheidungsmerkmale, man sieht die Art der ev. Verflüssigung (trichter-, strumpfförmig usw.), Gasblasenbildung, Farbstoffbildung an der Oberfläche und in der Tiefe usw. Auf Agar ist das Wachstum der Bakterien nicht so charakteristisch, da kein Pilz das Agar verflüssigt; dagegen findet manchmal darauf reichlichere Farbstoffbildung statt.

5. Strichkulturen.

Um das Oberflächenwachstum zu studieren, benützt man schräg erstarrte Gelatine- und Agarröhrchen, sowie Kartoffelkulturen; das Impfmaterial wird einfach mittels der Platinnadel auf die Oberfläche des Nährbodens aufgestrichen, indem man einen oder mehrere nebeneinander herlaufende „Impfstriche" macht.

6. Anaerobien-Kulturen:

a) In hochgefüllten Bouillonröhrchen, wenn man die frisch aufgekochte Bouillon ohne Schütteln reichlich in den tiefsten Schichten besät und reduzierende Substanzen (frische Stücke von Tierleber, -milz, -nieren, -gehirn, gekochtes Ei, Kartoffeln oder Platinschwamm) zusetzt (Zusatz 1 g auf 10 ccm Bouillon). Sterilisieren mit der Bouillon; Besäung alsbald nach dem Abkühlen (vgl. auch Abel, l. c.).

b) Mit mechanischem Sauerstoffabschluß mittels der Luftpumpe nach Gruber. Das besäte Röhrchen ist mit einem durchbohrten paraffinierten Gummistopfen verschlossen, durch den ein dicht unter dem Stopfen endendes Glasröhrchen gezogen ist. Dieses wird mit der Luftpumpe verbunden. Das Röhrchen befindet sich während des Auspumpens im Wasserbad von 30—40⁰. Nach dem Austreiben der Luft ($^1/_4$ Stunde) wird das vorher ausgezogene Glasrohr zugeschmolzen. Das Röhrchen kann als Rollröhrchen weiter benutzt werden.

c) Unter Absorption des Sauerstoffes.

Buchner läßt die Kulturen in ein etwas größeres Gefäß verbringen, auf dessen Boden sich trockene Pyrogallussäure befindet. 1 g dieser Säure in 2—3 g Wasser gelöst, darauf 10 ccm einer 1,5%igen Kalilauge zugefügt und das Ganze gut verschlossen.

d) Verdrängung des Sauerstoffes durch Wasserstoff.

Kautschukstöpsel und die Gaszuleitungsröhren müssen, wo sie mit den Kulturgefäßen in Berührung kommen, sterilisiert sein.

Man verfährt nach Hüppe und Fränkel wie folgt:

Die im Reagenzglase verflüssigte Gelatine wird geimpft und dann ein doppelt durchbohrter, mit Gasleitungsröhren versehener Kautschukstöpsel aufgesetzt. Durch die längere Gasleitungsröhre, welche durch die Gelatine hindurch auf den Boden des Gefäßes reicht, leitet man in kurz aufeinanderfolgenden Blasen eine Viertelstunde lang einen Strom Wasserstoffgas, schmilzt dann die Enden der Gasleitungsröhren zu und verteilt die Gelatine als sogenannte Rollkultur (vgl. S. 580) an den Wänden des Reagenzrohres.

Dem Chemiker bietet es keine Schwierigkeit, ganze Reihen von Plattenkulturen in eine Wasserstoffatmosphäre zu setzen, das ,,Wie" kann demselben überlassen bleiben. Übrigens sei auf einen von Botkin konstruierten Apparat zur Aufnahme einer größeren Zahl von Platten, der in den Apparatenhandlungen fertig käuflich ist, aufmerksam gemacht.

Bemerkungen zu den Anaerobienkulturen: Außer den beschriebenen Methoden und Apparaten gibt es noch eine ganze Reihe anderer, z. B. von Gruber, Liborius, Fuchs, Epstein, Zupnik, A. Klein [1] u. a. Der Chemiker wird jedoch meistens mit den obigen auskommen.

Ein Zusatz von reduzierenden Substanzen, wie 0,3—0,5% ameisensauren Natrons, 1—2% Zuckers oder 0,1% indigschwefelsauren Natrons zu den für Anaerobienzüchtung bestimmten Nährböden erweist sich als praktisch.

Die Kulturplatten usw. werden zur Züchtung der Bakterien in den Brutschrank (Thermostat) gesetzt, der auf konstanter Temperatur 22—37⁰ gehalten wird. Gelatineplatten ertragen nur eine Wärme von 22—25⁰. Bei Agar- und flüssigen Nährböden können höhere Temperaturen

---

[1] Zentralbl. f. Bakteriol. usw. I. 1898, 24 und R. Abel, Bakteriol. Taschenbuch, l. c.

verwendet werden. Die Höhe der Temperatur richtet sich im allgemeinen nach dem Wärmebedürfnis der Bakterienart. Brutschränke müssen mit Thermoregulator und Sicherheitsbrenner [1]) ausgestattet sein.

E. Die Gewinnung von Reinkulturen.

Beim Betrachten einer mit Kolonien bewachsenen Kulturplatte, z. B. von Wasser, fällt sofort die Verschiedenheit vieler der gewachsenen Kolonien in die Augen. Da man jede Kolonie als aus einem Individuum hervorgegangen zu betrachten hat, so wird die Kolonie, von der man eine Reinkultur zu haben wünscht, mit dem sterilisierten Platindraht berührt und in eine geeignete Nährlösung, z. B. Bouillon, verflüssigte Fleischgelatine oder dgl. übergeimpft. Ist jedoch die Platte dicht mit Kolonien besät und sind dieselben sehr klein, so wird unter dem Mikroskop bei 60—90facher Vergrößerung mit der Platinnadel das Material von der gewünschten Kolonie entnommen. Dazu bringt man die Platte oder Schale auf den Objekttisch des Mikroskopes, stellt mit der schwachen Vergrößerung ein, sucht die gewünschte Kolonie heraus und entnimmt von der Kolonie, mit der zweckmäßig an ihrer Spitze zu einem kleinen Häkchen umgebogenen Platinnadel, während man durchs Mikroskop sieht, etwas Material, und stellt, wie oben angegeben, die Stichkultur her. Das eine gewisse Übung erfordernde Verfahren nennt man ,,Fischen". Es empfiehlt sich, jedesmal vor dem Abstechen die Kolonie zuvor mit dem Mikroskop näher zu besichtigen, namentlich darauf, ob sie nicht durch eine andere Kolonie verunreinigt ist. Mit der geimpften Flüssigkeit stellt man dann mehrere Verdünnungen her, die ihrerseits wieder zu Platten-(Schalen-)Kulturen verwendet werden. Um sicher zu einer Reinkultur zu gelangen, muß dieses Verfahren je nach Bedürfnis mehrmals wiederholt werden.

Mit den so gewonnenen Reinkulturen legt man dann zum weiteren Studium des isolierten Pilzes Plattenkulturen, Kartoffelkulturen usw. an (siehe Abschnitt G).

An Stelle des Plattenverfahrens kann auch die fraktionierte Aussaat treten. Man nimmt mit der Öse einer Platinnadel, einem sterilen Glasstabe oder einem sterilen Wattebäuschchen das auszusäende Material auf und streicht damit über die Oberfläche des in Doppelschalen, schräg erstarrten Röhrchen usw. befindlichen Nährsubstrates. Kondenswasser ist von Agarröhrchen erst auszugießen. Das Verfahren muß in der Regel mehrmals hintereinander angewendet werden, wenn man Reinkulturen gewinnen will.

Reinkulturen in Flüssigkeiten zu erzeugen, ist wesentlich schwieriger und zeitraubender. Bei Hefepilzen verfährt man nach verschiedenen Methoden; siehe Literatur. Auf Lindners Tröpfchenkultur sei verwiesen (Lindner, Mikroskopische Prüfungskontrolle im Gärungsgewerbe, Berlin). Siehe auch S. 606.

---

[1]) Von beiden gibt es verschiedene Systeme.

Bei Bakterien verfährt man so, daß man durch Desinfektion, Pasteurisierung u. dgl. die nicht gewünschten Arten zu unterdrücken oder abzutöten sucht. Hat nun in einer Flüssigkeit irgend eine Art die Oberhand gewonnen, so kann dieselbe durch längeres und häufiges Überimpfen in frische sterile Nährlösungen bis zur Reinkultur gebracht werden. Die Ermittelung von Mikroorganismen erfordert in manchen Fällen die Anwendung von Anreicherungsverfahren (sog. elektive Kulturverfahren), worüber im „besonderen Teil" nähere Anhaltspunkte gegeben sind.

Das Tuschpunktverfahren von Burri ermöglicht es ebenfalls, zu Reinkulturen zu gelangen. Vgl. S. 584.

Eine Petrischale mit erstarrter steriler Nährgelatine wird mit Hilfe der großen Platinöse mit 4 großen, nebeneinander gesetzten Tuschetröpfchen (Herstellung der Tuschelösung siehe S. 584) beschickt, sofort eine kleine Menge des keimhaltigen Materials in den ersten Tuschetropfen übertragen und darin zerrieben. Vom ersten so vorbereiteten Tuschetropfen mischt man in den zweiten über, verteilt und überträgt vom zweiten in den dritten usf. Alsdann wird ohne Verzögerung mit der unteren konkaven Seite einer sterilen Zeichenfeder aus den zwei letzten Verdünnungen der Tuschetropfen Material entnommen und auf die Gelatineplatte die Punkte in regelmäßigen Reihen aufgetragen, mit sterilem Deckglas bedeckt, durchmustert, bis man ein Tröpfchen mit einem einzelnen Keim findet. Man bezeichnet ihn am Boden der Schale mit Farbe, bebrütet bei 22° C und impft die gewonnene Kolonie weiter.

Zur Aufbewahrung für spätere Verwendung eignen sich hauptsächlich die Agarstrichkulturen, und es genügt, dieselben alle 1 bis 2 Monate in frische Röhrchen abzuimpfen. Das Abimpfen der im Reagenzröhrchen befindlichen Reinkultur in ein frisches, mit Nährmaterial versehenes Röhrchen geschieht wie folgt:

Man sengt zunächst die Wattepfröpfe der beiden Röhrchen an, um daraufgefallene Keime zu zerstören, nimmt dann das abzuimpfende Gläschen mit der Mündung nach unten zwischen Daumen und Zeigefinger, holt mit der zuvor ausgeglühten Platinnadel von dem Material heraus, versieht das Röhrchen mit dem Wattepfropf, stellt es weg, nimmt das zu impfende ebenfalls mit der Mündung nach unten, sticht die Platinnadel ein und setzt den Pfropf auf.

Die benutzte Platinnadel ist stets sofort nach dem Gebrauch auszuglühen.

Der Tierkörper kann bei pathogenen Bakterienarten auch als Reinkulturapparat benutzt werden. (Siehe den Abschnitt Tierversuch.)

F. Die mikroskopische Untersuchung und die Methoden der Bakterienfärbung.

Vorbemerkung:

Die mikroskopischen Arbeiten zerfallen in zwei Teile, nämlich erstens in solche Arbeiten, die man mit den Trockenlinsen (bei Platten: schwaches Objektiv, Einstellung mit der großen Triebschraube), und zweitens solche, welche man mit der Immersionslinse (Cedernöl als

Immersionsflüssigkeit, Einstellung mit der Mikrometerschraube), auszuführen hat. Zu den ersteren gehört das Zählen der Kolonien, das
Absuchen von Plattenkulturen behufs Anlegens von Reinkulturen und
die Bestimmung der Form und sonstiger besonderer Merkmale der Kolonien (siehe S. 582), zu den letzteren die Feststellung der Form, Beweglichkeit usw. des einzelnen Organismus, wozu jedoch folgende Vor-
bereitungen notwendig sind:

1. Die Herstellung ungefärbter Präparate im hohlen
Objektträger[1]) (hängender Tropfen).

Die Untersuchung ungefärbter Bakterien findet in der Regel statt,
um die Eigenbewegung und die Anordnung der Bakterien in ihren Wuchs-
verbänden wie Diplokokken, Tetraden, Streptokokken, Staphylokokken
usw. zu studieren. Die Eigenbewegung (Fortbewegung nach verschiedenen Richtungen) ist nicht zu verwechseln mit der Brownschen Molekularbewegung (Bewegung an Ort und Stelle), die auch manche leblose
Körper zeigen.

Mittels der Platinnadel bringt man hierzu ein Tröpfchen der zu
untersuchenden bakterienhaltigen Flüssigkeit oder ein Tröpfchen steriler
Bouillon, physiologischer Kochsalzlösung (0,85%iger) oder anderer
Nährflüssigkeiten (siehe S. 572), das mit dem zu untersuchenden Material
geimpft wird, auf ein gut gereinigtes Deckglas, kehrt das Deckglas schnell
um und befestigt dasselbe mit dem nun nach unten hängenden Tropfen
über der Höhlung eines hohl ausgeschliffenen Objektträgers, dessen
Ausschliffrand ringsum mit Vaseline bestrichen ist. Das Deckgläschen
muß rings fest auf die Vaseline gedrückt werden, damit ein völlig ge-
schlossener Raum entsteht.

Das Tröpfchen muß halbkugelförmig (möglichst flach), scharf-
randig sein und frei in die so gebildete, kleine, feuchte Kammer (den
Ausschliff des Objektträgers) hineinhängen. Man untersucht nun zunächst mit schwachem Objektiv und enger Blende und dann mit Ölimmersion, indem man scharf auf den Tropfenrand einstellt. Am Rande
des Tropfens sammeln sich die Bakterien.

Bei der mikroskopischen Besichtigung ungefärbter Präparate gebrauche man den Hohlspiegel und enge Blende (Irisblende); je stärker
aber das Objektiv ist, desto weiter muß die Blende geöffnet werden.
Die Beobachtung mittels der Dunkelfeldbeleuchtung[2]) ersetzt
die Anwendung des hängenden Tropfens.

Zur Betrachtung ungefärbter Bakterien ist das Burrische Tuscheverfahren[3]) zu empfehlen.

Man stellt sich aus flüssiger Pelikantusche (bezogen von Günther
und Wagner, Hannover) zwei verschiedene Tuschgemische 1 : 10 und

---

[1]) Es sei ein für allemal darauf hingewiesen, daß neue Objektträger und
Deckgläser stets mit einer Mischung gleicher Teile Alkohol und Äther oder mit
Xylol oder Benzin mittels feiner Leinwand oder dünnem Fließpapier zu reinigen
sind. Gebrauchte werden in rohe Schwefelsäure gelegt, mit KOH und Wasser
gespült, dann wie frische nachbehandelt.

[2]) Siehe S. 589.

[3]) Das Tuscheverfahren, Burri, Jena 1909.

1 : 3 mit destilliertem Wasser her, sterilisiert in mit Wattebausch verschlossenen zylindrischen Gefäßen $1/_2$ Stunde lang im Dampf, stellt zur
Absetzung größerer Teile etwa 14 Tage beiseite, gießt dann vorsichtig
vom Bodensatz in kleine, mit Watte verschlossene Reagenzgläser ab,
in welchen die Tuschaufschlemmung aufbewahrt wird. Beim Gebrauch
bringt man einige Ösen voll auf einen Objektträger, verteilt darin eine
Spur des zu untersuchenden Materials, legt ein Deckglas auf und beobachtet mit Trockensystem oder Ölimmersion. Zur Herstellung von
Dauerpräparaten trocknet man vor Auflegung des Deckglases bei gewöhnlicher Temperatur.

2. Die Herstellung gefärbter Präparate. Ausstrich- bzw.
Deckglastrockenpräparate[1]).

Auf ein gut gereinigtes Deckglas bringt man ein Tröpfchen der zu
untersuchenden Flüssigkeit (Platinöse von anderem Material), verdünnt,
wenn nötig, mit destilliertem Wasser, verteilt die Flüssigkeit mit einer
Platinnadel fein, oder man legt bei dickerem Material ein zweites Deckglas darüber, zieht beide Deckgläser in paralleler Richtung voneinander
ab (Klatschpräparate bekommt man, wenn man das Deckgläschen
auf das Material, z. B. auf eine Kolonie in einer Plattenkultur, auflegt,
schwach andrückt und dann wieder mit der Pinzette abzieht) und trocknet
an der Luft oder durch leichtes Erwärmen. Das Deckglas wird nun mit
der angetrockneten Masse noch dreimal mittels der Cornetschen Pinzette mäßig schnell durch die Gas- oder Spiritusflamme gezogen (fixiert)
und ist nun zum Färben bereit.

a) Einfache Färbung.

Man bringt so viel von einer der S. 576 beschriebenen Farbstofflösungen auf das präparierte Deckglas, daß dasselbe völlig damit bedeckt ist, läßt 5 Minuten in der Kälte und $1/_2-1$ Minute in der Wärme
(schwaches Erwärmen über der klein gestellten Bunsenschen Flamme)
einwirken, spült mit Wasser ab, entfernt das Wasser mit Filtrierpapier,
oder bläst es mit einem Luftstrom (Birnspritze) ab, und untersucht das
Präparat in einem Tropfen Cedernöl.

Soll das Deckgläschen nach der Färbung noch mit anderen Lösungen
behandelt werden, so bringt man dieselben wie die erste Farblösung
auf das Deckglas, oder man legt das letztere in ein mit der Lösung
beschicktes Uhrglas (Bechergläschen). Soweit nicht besonders angegeben,
verfährt man in derselben Weise auch bei den nachstehenden Färbemethoden:

b) Isolierte (Kontrast-) Färbung.

α) Methylenblau — Eosinfärbung für Ausstriche. $1/_2$ Minute mit
einer frischen Mischung von 30 g Löfflerscher Methylenblaulösung
(S. 577) mit 10 g gesättigter alkoholischer Eosinlösung behandeln. Abspülen in Wasser. Bakterien und Kern blau (matt), das Gewebe rot.

---

[1]) Statt auf Deckgläser kann das Material vorteilhaft auch auf Objektträger aufgestrichen werden. Die Einwirkung der Farbstoffe kann auf chemischem oder physikalischem Wege geschehen.

β) Gramsche Färbung [1]) (für Ausstriche):

Die mit einer Anilinwasserfarblösung (Gentiana, Methylviolett) [2]) mindestens 2 Minuten lang gefärbten Deckglaspräparate bringt man für $1/2$—2 Minuten in eine Jodjodkaliumlösung (S. 578) und dann sofort in absoluten Alkohol, bis das Präparat entfärbt erscheint. Dann wird mit Wasser abgewaschen. Zur Beschleunigung der Entfärbung kann nach Günther absol. Alkohol + 3% HCl für 10 Sekunden, dann absol. Alkohol, nach Nicolle absol. Alkohol und 10—30 Volumprozente Aceton angewendet werden. Die entfärbten Elemente können mit einer wässerig-alkalischen Bismarckbraun-, Fuchsin-, Eosin- oder Pikrocarminlösung nachgefärbt werden (Einwirkungsdauer 2—5 Minuten). Bakterien schwarzblau.

γ) Färbung nach Claudius:

Färben in 1%iger wässeriger Methylviolettlösung während einer Minute, dann Abspülen in gesättigter wässeriger Pikrinsäurelösung, Abspülen in Wasser, Trocknen, endlich Abspülen in Chloroform, bis das Präparat ungefärbt erscheint; Abtrocknen.

Weitere Färbemethoden nach Pick-Jakobsohn, Frosch, May-Grünwald siehe Abels Bakteriol. Taschenbuch, 20. Aufl., 1917, S. 48.

c) Sporenfärbung nach Möller:

Man lasse die Deckgläschen nach dem Fixieren 5 Sekunden bis 10 Minuten auf 5%iger Chromsäure schwimmen (Zeitdauer ausprobieren!), spüle mit Wasser ab und färbe mit Karbolfuchsin (1 Minute aufkochen), hierauf entfärbe man mit 5%iger Schwefelsäure 5 Sekunden lang, spüle in Wasser ab und färbe nach mit Methylenblau. Abspülen. Vor der Behandlung mit Chromsäure kann man die Präparate 2 Minuten in Chloroform bringen, um Sporen vortäuschende Fetttröpfchen usw. zu entfernen. Danach Abspülen in Wasser.

Weitere Methoden nach Aujeszky [3]) und Orszag [4]), Klein, Hauser usw.

d) Geißelfärbung [5]) nach Löffler:

Man nimmt am besten wässerige, an Eiweiß und Schleimstoffen, sowie an Salzen arme, bakterienhaltige Flüssigkeiten und streicht davon ohne weiteres, wie oben angegeben, auf einem ganz sauberen (siehe S. 584) Deckglas aus oder man verteilt von festem Material (namentlich jungen Agarkulturen) auf dem Deckglas ein wenig in einem Tröpfchen destillierten, sterilisierten Wassers, überträgt von diesem in ein zweites Tröpfchen, macht auf gleiche Weise eine dritte Verdünnung usf., läßt luft-

---

[1]) Modifikationen der Gramschen Methode bestehen im Ersatz des Anilinwassers durch Karbolwasser, in salzsäure- (3%) oder acetonhaltigem (20—30 Vol.-%) absolutem Alkohol zur Beschleunigung der Entfärbung. Die Methode eignet sich besonders zur deutlichen Darstellung der Bakterien und zur Diagnostik: bei Typhus-, Coli-, Cholera-, Hühnercholera-Bazillen u. a. ist die Gramsche Färbung nicht, dagegen bei Tuberkel-, Milzbrandbazillen anwendbar.

[2]) Besonders geeignet Methylviolett Höchst 6. B. u. B. N.

[3]) Zentralbl. f. Bakteriol. I. 1898. 23. S. 329.

[4]) Ebenda. I. 1898. 41. S. 397.

[5]) Beobachtung von Geißeln an lebenden Bakterien mit Dunkelfeldbeleuchtung (S. 589).

trocken werden, zieht womöglich nicht oder höchstens einmal durch die Flamme, da die Geißeln sehr leicht verbrennen. Oder man stellt von einer Aufschwemmung mit 0,85$^0/_0$iger Kochsalzlösung im Reagenzglas Ausstrichpräparate her, oder man verteilt etwas Material auf einem Objektträger in einem Tröpfchen Wasser und entnimmt davon eine Spur, die in einen größeren Wassertropfen übertragen wird unter Zusatz von 1—2 Ösen 2$^0/_0$iger Osmiumsäurelösung. Von diesem Tropfen stellt man Deckglasausstriche her. Man ergreift das Deckgläschen mit der Pinzette, bringt so viel Beizflüssigkeit (Darstellung siehe S. 578) darauf, daß das Gläschen ganz bedeckt ist und hält es unter ständiger Bewegung der Flüssigkeit so lange über die klein gestellte Flamme, bis die Flüssigkeit nach dem Wegnehmen von der Flamme Dampf zu bilden beginnt (nicht kochen!). Nach $^1/_2$—1 Minute gießt man nun die Beize ab, spült mit destilliertem Wasser das Deckglas gut ab, so daß dasselbe klar erscheint mit Ausnahme der grauweißlich erscheinenden gebeizten Stellen. Nachdem man das Deckgläschen zwischen Filtrierpapier getrocknet hat, färbt man mit 2—3 Tropfen schwach alkalischer Anilinwasser-Fuchsinlösung (Darstellung S. 577). Zusatz von 1$^0/_0$ einer 1$^0/_0$igen NaOH oder etwas mehr bis zur eintretenden Trübung. Darauf wird in Wasser wieder abgespült. Betr. anderer Methoden der Geißelfärbung sei auf die Handbücher hingewiesen.

e) Kapselfärbung:

Wird wie die Färbung gewöhnlicher Deckglaspräparate vorgenommen (längeres Erwärmen mit Löfflerscher oder Ziehlscher Lösung usw.). Besondere Verfahren sind von Weidenreich-Hamm, Johne, Klett, Friedländer, Nicolle u. a. angegeben, siehe die Spezialliteratur, insbesondere „Abels bakteriol. Taschenbuch, Würzburg 1917".

f) Kernfärbung (bei Hefen- und Schimmelpilzen), nach Möller. Man legt die Präparate mindestens 2 Stunden in 3—4$^0/_0$ige Lösung von schwefelsaurem Eisenoxyd-Ammoniak, spült mit Wasser ab, färbt $^1/_2$ Stunde in gesättigter Lösung von Hämatoxylin in Brunnenwasser, wäscht in Wasser aus. Man differenziert in der ersten Lösung für $^1/_2$—2 Min. bei beständiger Kontrolle unter dem Mikroskop, spült in Wasser ab und läßt lufttrocken werden (Abel, l. c.).

Schimmelpilzfäden zerzupft man erst mit der Nadel, benetzt mit Wasser oder 1—3$^0/_0$iger Alkalilauge ev. unter Nachhilfe mit etwas 50$^0/_0$igem Alkohol und Ammoniak, die man wieder absaugt. Man untersucht dann in Glyzerin. Von der Färbung macht man im allgemeinen nur bei Schnittpräparaten Gebrauch (Methylenblau 1—2 Stunden und Karbolfuchsin oder Bismarckbraun).

Sproßpilze färbt man meist mit gewöhnlichen Anilinfarben und auch nach Gram.

3. Das Färben von Schnitten.

Mit diesem Zweig der Bakteriologie wird sich der Chemiker wohl nur in Ausnahmefällen zu beschäftigen haben, es genügt daher, einige Anhaltspunkte für die Ausführung der Schnitteherstellung und Färbung zu. geben.

Die vorzunehmenden Operationen sind folgende:

a) Das Entwässern (Härten), Einbetten und Schneiden der Gewebeteile oder der Organe. Als Härtemittel bedient man sich des absoluten Alkohols, indem man Stücke der Organe usw. in den in gut verschließbaren, am besten in sog. Präparatengläsern befindlichen absoluten Alkohol derart verbringt, daß diese Stücke in der oberen Alkoholschicht schwimmen oder zu liegen kommen. Man erreicht dies durch Befestigung der Stücke an der Unterseite schwimmender Korkscheiben mittels Stecknadel, oder man bringt auf den Boden des Gefäßes einen größeren Bausch Filtrierpapier, auf welchen das zu härtende Stück gelegt wird. Nach 2—3 Tagen [1]), wenn die Stücke gehärtet sind, schneidet man sich kleine Stücke von etwa 5 mm Höhe und 1 qcm Grundfläche ab, entfernt den oberflächlich anhaftenden Alkohol mit etwas Fließpapier, sowie durch Verdunstenlassen und klebt die Stücke mit Gummiarabicumlösung oder einer aus 1 Teil Gelatine, 2 Teilen Wasser und 4 Teilen Glyzerin hergestellten Klebmischung auf die Querschnittfläche eines Korkes auf. Nach erfolgter Befeuchtung der aufgeklebten Stücke mit Alkohol bringt man den Kork mit dem angeklebten Stück nach unten zur Erhärtung des Klebmittels wieder in Alkohol, was etwa nach 2—6 Stunden der Fall sein wird. Alsdann kann geschnitten werden. Am besten stellt man die Schnitte mit Hilfe eines Mikrotoms her. Beim Schneiden sind Messer und Präparat stets mit Alkohol zu befeuchten. Mit einem auf einer Seite plangeschliffenen Rasiermesser können nach einiger Übung brauchbare Schnitte ebenfalls hergestellt werden.

Das Schneiden sehr zarter Gewebsstücke, das übrigens selten vorzunehmen ist, kann nur erfolgen, wenn man diese Stücke in ein Einbettungsmittel einschließt, hierzu dient Paraffin oder eine sirupdicke, aus Celloidin und gleichen Teilen Alkohol und Äther hergestellte Lösung. Man kann die Schnitte auch in Anisöl oder Kakaobutter einfrieren (Gefriermikrotom).

b) Das Färben. Man bringt die Schnitte in die Färbeschälchen, worin sie, namentlich nach Erwärmen im Brutschrank, gefärbt werden. Als Färbemittel können alle die wässerigen Farbflüssigkeiten dienen, welche auch zur Färbung von Deckglastrockenpräparaten gebraucht werden. Zwecks Hervorhebung der Gewebselemente erfolgt Behandlung in verdünnten Säuren oder verdünntem saurem Alkohol. Darauf folgt Entwässern in absolutem Alkohol und darnach Einlegen in Cedernöl (nicht das Immersions-, sondern das gewöhnliche Cedernöl) oder in Xylol. Besonders empfohlen wird die Löfflersche Färbemethode.

1. Färben in alkalischer Methylenblaulösung (5—30 Minuten).
2. Entfärbung in $1/2$—1%iger Essigsäure (Zeitdauer je nach Bedarf) bis zum Distinktwerden der Gewebe.
3. Entwässern in absolutem Alkohol.
4. Aufhellen in Cedernöl.

---

[1]) Schnellhärtungs- und Einbettungsverfahren von Henke-Zeller. Die 1—3 mm dicken Gewebsstücke bei 37° während 30—40 Minuten in wasserfreies Aceton und dann ebenso lang in Paraffin legen.

Das Mikroskopieren gefärbter Präparate:

Will man Dauerpräparate herstellen, so trockne man die Deckglaspräparate vollkommen (jedoch nicht mit Fließpapier) an der Luft und bringe statt eines Tropfens Cedernöl so viel Kanadabalsam unter das Deckglas, daß derselbe nicht über die Deckglasränder heraustreten kann; vor der Aufbewahrung des Präparates muß der Kanadabalsam fest geworden sein. Nicht zu vergessen ist das Bezeichnen des Präparates. — Gefärbte Präparate werden mit Planspiegel und ohne Blende mikroskopiert. Der Abbésche Beleuchtungsapparat ist so einzustellen, daß von der Lichtquelle und gleichzeitig auch von dem Untersuchungsobjekt ein scharfes Bild erhalten wird.

Direktes Sonnenlicht ist zu vermeiden. Abends verwendet man elektrisches oder Gasglühlicht oder eine Petroleumlampe mit vorgehängter Schusterkugel, welche mit Kupfersulfat-Ammoniak (0,25—0,5 g $CuSO_4$: 1000 H_2O mit HN_3 versetzt) gefüllt ist. Neuerdings hat man zur besonders scharfen Hervorhebung der Objekte die Dunkelfeldbeleuchtung, die mittels des sog. Ultramikroskops, des Spiegelkondensors nach Reichert oder Leitz oder des Paraboloidkondensors nach Zeiß hervorgebracht wird.

G. Anhaltspunkte zur Feststellung einer Mikroorganismenart.

Hat man irgend einen Mikroorganismus auf dem ihm zusagenden Nährboden reingezüchtet, so sind in erster Linie mikroskopische Prüfungen auf Form, Farbe, Lichtbrechungsvermögen und andere Merkmale der Kolonien und ferner auf Form der Mikroorganismen selbst, deren Beweglichkeit (Geißeln), Größe (in Mikromillimetern), Färbbarkeit, Sporenbildung usw. anzustellen. Diesen Untersuchungen folgen Züchtungen auf anderen Nährböden (auch flüssigen) (Stich-, Strich-, Anaerobienkulturen), ferner Prüfungen auf Farbstoff-, Säure-, Ammoniak-(Zusatz von Lackmus, Phenolphthalein, salpetrigsaurem Kali [Indolreaktion S. 623] zum Nährboden), auf Gas- (wie H_2S [durch Zusatz von $3\,^0/_0$ Eisentartrat zum Nährboden], CO_2, O, H, CH_4)bildung, auf Reduktionsvermögen mit $1\,^0/_0$iger Methylenblaulösung, auf Phosphoreszenz auf dünner Seefischgelatine (-Agar), Verhalten gegen Desinfektionsmittel, auf Proteinochrombildung [1]), Wärmeanpassungsvermögen usw. Zum Nachweis der Gasbildung bedient man sich am besten der Gärapparate zur Zuckerbestimmung im Harn. Man füllt das oben zugeschmolzene Ende des Gärrohres mit der betr. Nährflüssigkeit (Nährbouillon mit Traubenzucker vgl. S. 573) so, daß die Kugel unten etwa noch zu $^1/_3$ ihres Raumes gefüllt ist und verschließt die Öffnung mit einem Wattepfropfen. Der gefüllte Apparat wird in der üblichen Weise sterilisiert und geimpft. Luftblasen dürfen sich im Gärrohr nicht befinden. Zur näheren Untersuchung der Gase müssen zweckentsprechende größere ähnliche Apparate, die eine reichliche Gasentwickelung gestatten, benutzt werden. Die Zusammenstellung eines solchen Apparates dürfte dem Chemiker nicht schwer fallen.

Schimmelpilze kultiviert man auf den üblichen Bakteriennährböden (auch ohne Neutralisation, insbesondere auf Brotbrei, Bierwürze, Backpflaumenabkochung oder Traubenmostagar. Penizillien wachsen im allgemeinen bei Zimmertemperatur, manche Aspergillus- und Mucorarten bei 37^0. (Färbeverfahren siehe S. 587.)

---

[1]) Kulturen in $5\,^0/_0$iger Peptonbouillon oder $3\,^0/_0$igem Peptonwasser mit Essigsäure leicht ansäuern und dann tropfenweise mit frisch bereitetem gesättigtem Chlorwasser versetzen (Überschichten!); rotviolette Färbung.

Für Hefen benutzt man dieselben Nährböden wie für Schimmelpilze (Färbung der Kerne siehe S. 587).

Die Identifizierungsversuche haben sich unter Umständen außerdem auf das Studium der gebildeten Umsetzungs-(Stoffwechsel-)produkte und Gifte möglichst weit auszudehnen. Diese Versuche sind allerdings sehr schwierig und zeitraubend. Tierversuche sind unter Umständen zur Identifizierung und Reinzüchtung nötig. Material, das zahlreiche Bakterienarten enthält, kann, da sich nur eine spezielle Art in dem Tierkörper verbreitet, nach dem Tode des Tieres in dem betr. von den Bakterien angegriffenen Organ desselben fast in Reinkultur erhalten werden.

Photographische Aufnahmen werden von Kulturen und gefärbten Deckglaspräparaten angefertigt. (Siehe Einführung in die Mikrophotographie S. 28.)

H. Tierversuch.

Der Tierversuch erfordert bestimmte medizinische (namentlich anatomische) Vorkenntnisse, deren Beschreibung zu weit führen würde. Wer sich mit Tierversuchen befassen will, erwerbe sich bei einem medizinisch gebildeten Bakteriologen diese Kenntnisse.

J. Aufbewahrung der mikroskopischen Präparate und der Kulturen.

Einlegen der Präparate auf den Objektträger:

1. Schimmelpilze und Hefe bettet man am besten in Glyzeringelatine ein. (Die Bereitung der Glyzeringelatine siehe S. 26, Umranden mit Asphaltlack.)

2. Bakterien, Schnitte usw. bringt man in Kanadabalsam, welcher mit Xylol zweckentsprechend verdünnt ist; man beachte hierbei, daß zuvor jede Spur von Feuchtigkeit entfernt sein muß und daß der Balsam nicht über den Rand des Deckgläschens hervorquillt. Den Balsam läßt man eintrocknen. An Stelle von Balsam kann auch Immersionszedernöl verwendet werden, doch müssen dann die Ränder des Deckgläschens mit Deckglaskitt oder Wachs umrandet werden.

Aufbewahren der Kulturen.

1. Röhrchen: Man bringt auf das untere Ende des Wattepfropfens einige Tropfen Formalin, setzt den Pfropfen wieder auf und verschließt das Röhrchen mit einer Gummikappe. Soll die Kultur nicht eintrocknen, so schiebt man den Wattepfropfen mit ausgeglühter Pinzette etwas tiefer in das Röhrchen hinein und schmilzt dann entweder zu oder gießt Paraffin darauf oder überzieht mit Lack.

2. Schälchen und Platten:

Man setzt die Schalen und Platten Formalindämpfen aus. Die übergreifenden Deckel der Glasschälchen (-dosen) dichte man an der Berührungsstelle mit Paraffin oder lege ein breites Gummiband um den Rand der Schale.

Stückchen von Agarplatten überträgt man nach der Behandlung mit Formalin auf den Objektträger, legt sie in Glyzerin und umrandet das Deckglas mit Lack. Gelatine- und Agarplatten kann man auch direkt auf dem Deckglas anlegen, nach der Entwickelung trocknet man über Schwefelsäure, färbt das Deckglas wie ein Trockenpräparat und legt in Balsam ein.

II. Besonderer Teil.

A. Allgemeine Anleitung zur bakteriologischen Untersuchung von Nahrungs- und Genußmitteln[1].

Probeentnahme[2]:

Flaschen, Kölbchen, Dosen sind (allenfalls mit Watteverschluß) gut zu sterilisieren (siehe S. 571); ebenso Pipetten, metallene Geräte (z. B. Stecher für Erde) usw., die zum Entnehmen der Proben dienen. Eine Infektion[3] durch die Luft, durch die Hände, durch nichtsterilisierte Gegenstände ist unter allen Umständen zu vermeiden. Um ein sicheres und genaues Resultat zu erhalten, ist es unbedingt nötig, von den betr. Materialien sofort nach der Entnahme Kulturen (Platten usw.) anzulegen oder andere Nährböden damit zu impfen.

Wenn angängig nimmt man am besten eine volle Ausrüstung[4] von Gelatineröhrchen, Petrischalen, sterilisiertem Wasser, Platinnadeln, Spirituslampe usw. an Ort und Stelle, und legt dort Platten an; im besonderen gilt dies für Wasser und Milch. Ist dies nicht möglich, so muß die betreffende zu untersuchende Substanz in Eis verpackt und so rasch als möglich an die Untersuchungsstelle eingesandt werden. Siehe Näheres S. 11, Abschnitt Probenahme.

Das Anlegen und Zählen von Kulturen.

a) Von flüssigen Substanzen: z. B. Wasser.

Mit einer sterilen Pipette bringt man 0,5—1,0 ccm des Wassers in eine leere sterile Petrischale. Von sehr keimreichem Wasser (aus Pumpbrunnen, Flußläufen, Abwässern u. dgl.) verdünnt man vor der Aussaat 1 ccm mit 9—99 ccm, also auf das 10—100fache und sät von der Verdünnung 0,1—1,0 ccm in die Petrischalen aus. Zu dem in den Schalen befindlichen (nach der Aussaat sofort bedecken!) Wasser gießt

---

[1] Literatur A. Kossowisz, Einführung in die Mykologie der Nahrungsmittelgewerbe Berlin 1911, und derselbe, Lehrbuch der Chemie, Bakteriologie und Technologie der Nahrungs- und Genußmittel, Berlin 1914; M. Klimmer, bakteriol. und biol. Teil des Handbuchs der Nahrungsmitteluntersuchung A. Beythien, C. Hartwich, M. Klimmer, Leipzig 1917.
[2] Die Entnahme und Untersuchung von Wasserproben nach der Anleitung des Kaiserl. Gesundheitsamtes, siehe S. 615.
[3] Brunnen, Wasserleitungen muß man zuvor kurze Zeit abpumpen bzw. laufen lassen.
[4] Mit allen nötigen Hilfsmitteln versehene Transportkasten sind käuflich.

man nach Abbrennen des Randes die 30—40⁰ warme Nährgelatine und führt durch Neigen und Drehen des Schälchens die Vermengung beider herbei. Statt Platten (Schalen) können ev. (namentlich bei Wasser verwendet) auch Rollröhrchen [1]) S. 580 angewendet werden. Nach dem Anlegen läßt man die Schalen usw. auf wagerechter Unterlage erstarren und bringt dann die Platten usw. in den Brutschrank bei etwa 22—24⁰ C (wo nicht höhere Temperatur vorgeschrieben oder nötig ist); nach 24 Stunden werden die Kolonien zum ersten Male und dann nach 48 Stunden endgültig gezählt. Die Temperatur und Zeitdauer sind auf alle Fälle stets anzugeben. Die Zählung der Kolonien erfolgt entweder mit dem Wolffhügelschen Apparat oder mit der in Felder und Quadrate (Sektoren) eingeteilten Zählplatte von Petri oder Lafar [2]), in vielen Fällen genügt es, die Unterseite der Kulturplatte mit kreuzweise ge- zogenen Tuschestrichen in Felder zu teilen; man arbeitet am besten mit der Lupe oder, namentlich wenn die Kolonien sehr zahlreich sind, mit dem Mikroskop, zu welchem Zwecke man die Größe des Gesichts- feldes des angewandten Objektivs und Okulars sowie auch die Flächen- ausdehnung der Platten kennen muß, um die Zahl der Kolonien be- rechnen zu können. Dabei verwendet man die Okularzählscheibe von L. Heim und zum Ausmessen des Gesichtsfeldes ein Objektmikrometer, worauf ein Zentimeter in Millimeter und davon ein Millimeter in Zehntel- millimeter geteilt ist. Die Berechnung der Gesichtsfeldgröße wird am besten ein für allemal für die zur Verfügung stehende Kombination der vorhandenen Objektive und Okulare (60—100fache Vergrößerung) und Tubuslänge ausgeführt. Dann zählt man die Kolonien in mindestens 10 Gesichtsfeldern, zieht den Durchschnitt und multipliziert ihn mit dem Faktor, der angibt, wievielmal das Schälchen größer ist als ein Ge- sichtsfeld. So erfährt man, wie viele Kolonien in der Schale, also aus der angewendeten Wassermenge entstanden sind. Man berechnet daraus die Zahl der Keime in 1 ccm Wasser. Näheres siehe in den S. 571 er- wähnten Werken. Man begnüge sich nie mit der Zählung von nur einer Stelle, sondern zähle stets verschiedene Stellen und berechne aus dem Durchschnitt die Kolonienzahl. Bei Keimzählungen sind stets Doppel- proben (ev. unter Verwendung verschiedener Verdünnungen) anzulegen. Sollen die Kulturen nicht zum Zählen benutzt werden, so kann man sich statt fester auch flüssiger Nährböden bedienen, z. B. Nährbouillon, Milch, Bierwürze usw. je nach Bedarf.

Für den Nachweis einer geringen Keimzahl (Anreicherung) in großen Wassermengen empfiehlt es sich, das Verfahren von Hesse [3])

---

[1]) Für Rollröhrchenkulturen benutzt man den Esmarchschen Zähl- apparat.

[2]) Größe der Petrischalen i. A. = 63,6 qcm bei 9 cm lichter Weite bzw. r = 4,5 cm. Man zählt die Kolonien in mindestens 10 qcm (oder, wenn qcm nicht mehr zählbar sind, in 20 ¹/₉ qcm). Aus den erhaltenen Zahlen zieht man den Durchschnitt für die Kolon.-Zahl in 1, bzw. ¹/₉ qcm, berechnet durch Multi- plikation mit der Schalenfläche in qcm oder ¹/₉ qcm (Schalenfläche = r²π, r in cm ausgedrückt) die Zahl der gesamten Kolonien in dem Schälchen und bei Aussaat von weniger als 1 ccm, daraus wieder die Zahl der in 1 ccm Wasser enthaltenen Keime (Abel, l. c.).

[3]) Arch. f. Hyg. 69. 522; 70. 311.

mit sterilisierter Berkefeld-Filterkerze oder das Verdunstungsverfahren [1]) oder das Einsaugeverfahren mit Gipsplatten [2]) anzuwenden (siehe auch S. 620 bei Typhus).

Über Verdünnungsmethoden zum Zwecke der Keimzählung in Nährlösungen siehe Ohlmüller und Spitta (l. c.); betr. Thermophilentiter siehe Nachweis des Bact. coli S. 626.

b) Von festen Substanzen:

Das Anlegen der Kulturen geschieht etwa in derselben Weise wie bei den flüssigen Substanzen; es bedarf jedoch stets einer genauen Angabe, ob die angewandte Substanz nach dem Gewicht oder dem Volumen gemessen worden ist. Vgl. auch Abschnitt Boden. Mehr als die Zählkulturen sind bei den festen Nahrungsmitteln, wie Mehl, Brot, Konserven, gemahlenem Kaffee und Surrogaten, Gewürze, Preßhefe usw. qualitativ bakteriologische Prüfungen nötig, durch welche die betreffende Substanz auf Verdorbenheit [3]), namentlich Gehalt an Schimmelpilzen und Fäulnisbakterien, geprüft werden soll.

Man verfährt so, daß man die aus dem Innern der Substanz entnommene Probe in ein sterilisiertes, mit Wattebausch versehenes Kölbchen von etwa 50 ccm Inhalt bringt, mehr oder weniger mit sterilem Wasser, physiologischer Kochsalzlösung, steriler Nährbouillon oder dgl. in verschiedenem Verdünnungsgrad (1 : 100, 200, 500, 1000) verdünnt und von diesen Flüssigkeiten bestimmte kleine Mengen (0,1—1,0 ccm) in die verflüssigten festen Nährböden überträgt.

Ist der Gehalt der Bakterien besonders an spezifischen Arten, z. B. Bacter. coli gering, so kann eine Anreicherung durch vorheriges Bebrüten des Ausgangsmaterials in Nährflüssigkeiten erzielt werden. (Nur für den qualitativen Nachweis anwendbar.) Siehe auch S. 583.

Bei der Untersuchung von Eis nimmt man einige Eisstückchen mit ausgeglühter Pinzette, zieht sie rasch durch die Flamme und bringt sie in ein steriles Kölbchen mit Watteverschluß. Das geschmolzene Eis wird dann genau wie das Wasser zum Anlegen von Kulturen und zu weiterer Untersuchung benützt.

c) Von gasförmigen Substanzen siehe im Abschnitt Luft.

Die Identifizierung der durch die Platten- oder andere Kulturverfahren gewonnenen Kolonien und Mikroorganismen

geschieht mittels des Reinkulturverfahrens, des Studiums der morphologischen und biologischen Eigenschaften der betr. Arten durch Mikroskop, Tierversuch, chemische Untersuchung der Umsetzungsprodukte usw. nach den S. 589 gegebenen allgemeinen Anhaltspunkten.

Kontrolle sterilisierter (pasteurisierter), getrockneter, kondensierter oder chemisch dauerhaft gemachter Nahrungs- und Genußmittel auf Haltbarkeit.

Von diesen kommen hauptsächlich in Betracht: Milch (Kindermilch), Milchpräparate (kondensierte Milch usw.), Butter, Bier, Wein,

---

[1]) Vgl. Abel, l. c. S. 128.
[2]) A. Müller, Arb. aus dem Kaiserl. Gesundheitsamte 47, 513.
[3]) Die Verdorbenheit ist meist schon durch die Sinnenprüfung zu erkennen.

Fruchtsäfte, Konserven verschiedenster Art. Es ist in jedem einzelnen Falle der Zweck der Sterilisation zu berücksichtigen, z. B. ob eine Milch nur für eine kürzere Frist oder für eine (unbeschränkt) lange Zeit haltbar sein soll.

Für die Untersuchung [1]) kommt in Frage:

a) Die Plattenzählung; sie wird in üblicher Weise unter Anwendung des passenden Nährbodens bewerkstelligt. Man nimmt das Material unter Beachtung der nötigen Vorsichtsmaßregeln möglichst aus der Tiefe des Doseninhalts usw. Vereinzelte Keime (Luftkeime) können auch in einwandfreier Ware vorkommen. Von Trockenwaren müssen Lösungen oder Aufschwemmungen mit sterilem Wasser oder steriler Kochsalzlösung hergestellt werden.

b) Feststellung der vorhandenen Bakterienarten. Das Nötige ist schon erwähnt.

c) Die Prüfung auf Sporen (Dauerformen der Mikroorganismen). Man stellt die betr. Probe in den Thermostaten bei 22—24⁰ C oder bei einer anderen erforderlichen Temperatur und beobachtet, ob und wann Veränderung der Substanz in bezug auf Farbe, Geruch, Konsistenzveränderung (Verdorbensein) eintritt. Bei Flüssigkeiten, die in Glasflaschen aufbewahrt sind, läßt sich dies oft schon von außen, so z. B. an der eingetretenen Trübung, Kaseinfällung, bei Büchsen an Auftreibung (Bombage) infolge Gasbildung usw. beobachten. In Blechdosen, Porzellanbüchsen usw. verpackte Waren werden so lange im Thermostaten belassen, als ihre Haltbarkeit erwartet werden kann, dann werden sie geöffnet und grobsinnlich wie die Flüssigkeiten geprüft. Ist beim Schütteln einer Dosenkonserve, die ihrer Natur nach fest sein müßte, z. B. Fleischpaste, ein Geräusch wahrnehmbar, so ist der Inhalt wahrscheinlich durch Bakterien verflüssigt (Eiweißfäulnis). Die Büchse darf dabei nicht warm sein. Gasbildung kann unter Umständen auch auf chemischen Ursachen beruhen (Reduktionserscheinungen). Siehe auch Pfuhl und Wintgen, Zeitschr. f. Fleisch- u. Milchhygiene 16, 242ᵢ

d) Nachweis von gasbildenden Bakterien [2]) (Bakt. coli, botulinus usw.) siehe S. 589 u. S. 623.

Die Ursachen des Verderbens [3]) von Dauerwaren in Büchsen usw. können folgende sein: Ungeeignete schlechte, mit Mikroorganismen stark durchsetzte, wegen Dauerformen schwer sterilisierbare Rohstoffe, undichte Stellen an Lötstellen oder Fälsen, Rost, mangelhafter Gummiring usw. Unmittelbare technische Herstellungsfehler sind: ungleichmäßige Durchwärmung der Büchsen im Autoklaven, falsche Temperatur- und Manometerablesungen, ungenügende Einwirkungsdauer beim Sterilisieren u. a. Vor dem Inverkehrbringen sollen Konserven mindestens

---

[1]) Die unter a) und b) angegebenen Untersuchungen werden in der Regel nur in besonderen Fällen ausgeführt.

[2]) K. Brauer, Chem. Ztg. 1918. 104/5. 421.

[3]) Näheres siehe Alex. Kossowicz, Die Sterilisation der Fleischkonserven und die Betriebskontrolle in Fleischkonservenfabriken Chem. Ztg. 1917, 41, 211—213; 101/102, 673, 674; Serger, Jahresberichte d. Labor. d. Versuchsstation f. d. Konserv.-Industrie 1912—1917 (Sonderabdruck der Konservenzeitung Braunschweig); von Buchka, Das Lebensmittelgewerbe Bd. 2, Abschnitt f. Obst- und Gemüsedauerwaren, bearbeitet von E. Baier.

14 Tage bei 20—30⁰ gelagert werden. Bombierte Büchsen sind darnach zu entfernen. Die Zahl verdorbener (bombierter) Büchsen soll bei ordnungsmäßiger Sterilisierung 2—3 % nicht übersteigen.

Schwärzung und Marmorierung der inneren Büchsenwandungen allein ist kein sicherer Anhaltspunkt für die Verdorbenheit des Büchseninhalts, beruht auf Zinnsulfür- öder -sulfidbildung durch H_2S- oder Schwefelammoniumbildung, hervorgerufen durch leicht zersetzliche Schwefelverbindungen, z. B. von Gemüsen, wie Spargel, Erbsen, und ähnlichen Vorgängen.

Eine chemische Untersuchung auf Konservierungsmittel hat der Kontrolle auf Haltbarkeit nebenher zu gehen. Betreffs Unterscheidung von pasteurisierter (sterilisierter) und roher Milch, sowie Nachweis von Fermenten auf chemischem Wege siehe S. 118.

B. Kurze Übersicht über die in Nahrungs- und Genußmitteln, Wasser, Boden und Luft vorkommenden Mikroorganismen[1]).

Der Abschnitt enthält auch einige wichtige besondere Untersuchungsmethoden.

1. Milch.

Veränderungen der Milch durch Bakterien.

Dieselben treten durchweg erst mehr oder weniger lange nach dem Melken, oft auch erst an den Milcherzeugnissen hervor.

Solche Milchfehler sind:

a) Blaue Milch: verursacht durch Bac. cyanogenus Hüppe, (Symbiose mit Milchsäurebacillus), Bac. cyanofluorescens Zangemeister.

b) Rote Milch[2]). Micrococc. prodigiosus, Sarcina rosea Menge, Saccharomyces ruber Demme, Bac. lactis erythrogenes erzeugt totale Rotfärbung usw.

c) Gelbe Milch: Bac. synxanthus Schröter.

d) Schleimige oder fadenziehende Milch: Coccus der schleimigen Milch Schmidt-Mühlheim, Actinobacter der schleimigen Milch Duclaux, Bact. lactis viscosus Adametz, Micrococcus der schleimigen Milch (lange Wei) Streptococc. hollandicus, wirkt bei Bereitung des Edamerkäses mit, Weigmann usw., und noch verschiedene Kartoffel- oder Erdbazillen, sowie Kapselbakterien (Zooglöenform).

---

[1]) Literatur: Fleischmann, Lehrb. d. Milchwirtschaft, 1915; Lafar, Handb. d. techn. Mykologie, Verlag von Gustav Fischer, Jena, 5 Bände, 1904/8; L. Heim, Lehrb. d. Bakteriol., Verlag von Ferd. Enke, Stuttgart 1906; K. B. Lehmann u. O. Neumann, Bakteriol. Diagnostik (Atlas), Lehmanns Verlag, München 1907; W. Henneberg, Gärungsbakteriol. usw., Verlag P. Parey, Berlin 1909; ebenda P. Lindner, Betriebskontrolle in den Gärungsgewerben, 1905; Ohlmüller u. Spitta, Untersuchung und Beurteilung des Wassers und Abwassers, Verlag J. Springer, Berlin 1910; sowie die im späteren Teil öfters erwähnten Werke von A. Kossowicz und von M. Klimmer (Handb. Beythien); Zentralbl. f. Bakteriol. I. u. II. Teil u. a.

[2]) Kann auch durch Blut entstehen.

e) Bittere Milch [1]): Bac. lactis amari Weigmann, Micrococcus von Conn, Bac. liquefac. lactis amar. von Freudenreich usw. und eine große Anzahl peptonisierender Kartoffel- und Heubazillen.

f) Käsige Milch, wahrscheinlich durch verschiedene neben den Säurebakterien vorhandene Bakterien und Pilze verursacht, welche ein labartiges und ein peptonisierendes ꞁ Ferment enthalten und solche, welche Gasbildung bewirken. Die Milch säuert nicht in normaler Weise, sondern das Kasein scheidet sich in größeren Flocken und Klumpen zusammengeballt aus.

g) Seifige Milch [2]), zusammenfallend mit nicht gerinnender Milch oder nicht gerinnendem, schwer zu verbutterndem Rahm. Solche Milch hat einen unangenehm stechenden Geruch, einen laugig-seifigen Geschmack und gerinnt nicht bei längerem Stehen, sondern setzt nur einen schleimigen Bodensatz ab, während die überstehende Milch nach und nach dünnflüssiger und heller wird, vielfach auch bitter schmeckt. Ursachen sind: Bakterien (Bacillus lactus saponacei Weigmann, Micrococcus lactis amari Conn, Bacillus liquefaciens lactis amari v. Freudenreich, Bacillus foetidus lactis Jensen u. a.), Schimmelpilze, Oidien und Hefen, welche ein ,,Lab und Pepsin'' ähnliches Ferment abscheiden.

h) Gärende Milch wird durch gasbildende Bakterien (Bact. coli und Bact. aerogenes, Micrococcus Sornthalii Adametz, Saccharomyces lactis Duclaux) und Hefen verursacht. Das Gas ist nicht selten Wasserstoff und wird nicht immer allein durch Zersetzung des Milchzuckers erzeugt.

i) Faulige Milch, wahrscheinlich verursacht durch peptonisierende Bakterien, Schimmelpilze oder Oidien, welche stark riechende Gase erzeugen.

Unter den aufgeführten Mikroorganismen sind verschiedene Arten, welche überhaupt in jeder normalen Milch aufzufinden sind, darin aber unter gewissen Wachstumsbedingungen obige Milchfehler hervorrufen können, so namentlich die peptonisierenden Bakterien (Kartoffel- [Bacillus mesentericus vulgatus und Tyrothrix tenuis Duclaux] und Heubacillus [Bacillus subtilis], Oidienformen [Oidium lactis] und Hefen). Zu den ersteren sind auch die Buttersäure bildenden Bakterien zu rechnen (Buttersäurebakterien, da sie häufig neben ihrer eiweißlösenden Eigenschaft auch noch diejenige besitzen, Buttersäure zu bilden). Viele davon sind Anaerobionten und bilden widerstandsfähige Sporen (für den Sterilisierprozeß von großer Bedeutung). Zu nennen sind hauptsächlich Clostridium butyricum Prazmowski; Bacillus butyricus Hüppe; Bacillus butylicus Fitz und ein solcher von Botkin; Clostridium foetidum Liborius; Granulobacter butylicum Beyerinck (erzeugt auch Butylalkohol); Bacillus amylobacter I Gruber; Paraplectrum foetidum Weigmann; Clostridium foetidum lactis Freudenreich usw. Milch, die von solchen Bakterien kräftig befallen ist, kann gesundheitsschädlich sein (unvollkommen sterilisierte Flaschenmilch). In Dickmilch, deren Genuß

---

[1]) Kann auch durch Bitterstoffe des Futters entstehen (Wermut, Rainfarn). Bitter kann auch die Milch altmelkender oder an Euterentzündung erkrankter Kühe sein.

[2]) Auch unangenehm schmeckende Milch.

Übelkeit erregt hatte, fanden Weigmann und Th. Gruber große Mengen des gesundheitsschädlichen Bacillus coli immobilis, der vorzeitige und käsige Gerinnung der Milch bewirken kann, wobei also Säurebildner überwuchert sind.

Dieselben wirken wahrscheinlich auch zum Teil bei der Käsereifung mit.

In jeder Milch sind außerdem vorhanden: die Milchsäurebakterien, welche die Säuerung und Gerinnung (spontane) der Milch veranlassen. Von denselben sind verschiedene bekannt geworden, z. B.:

Bacillus acidi lactici Hüppe; Micrococcus acidi lactici Krüger; Sphaerococcus acidi lactici Marpmann; Streptococcus lacticus Kruse; Micrococcus acidi lactici Leichmann, Bacillus Delbrücki usw. Letztere scheinen die wichtigsten Vertreter zu sein, da sie die spontane Gerinnung der Milch hervorrufen. Die Milchsäurebakterien spalten den Milchzucker in Milchsäure, z. T. auch in Kohlensäure (vielleicht auch noch in andere Gase) und geringe Mengen von wahrscheinlich alkohol- und aldehydartigen Körpern. Zu den Milchzucker zerstörenden Bakterien zählen auch die Gasbildner, Bact. coli und Bact. lactis aerogenes. Ein Schimmelpilz, Oidium lactis, entwickelt sich auf jeder freiwillig geronnenen Milch, erzeugt selbst kleine Mengen Milchsäure, vernichtet selbst aber bald die Milchsäure und bereitet den peptonisierenden Bakterien (siehe oben) den Boden vor (Käsereifung).

Reinkulturen gewisser Milchsäurebakterien in flüssiger und trockener Form sind von H. Weigmann in die Molkereiwirtschaft zur Ansäuerung von Rahm für die Butter-(Sauerrahm-)bereitung mit Erfolg eingeführt worden. Sie leisten namentlich zur Unterdrückung und Beseitigung von Milch-(Butter-)fehlern gute Dienste und dienen auch zur Erzielung eines gleichmäßigen guten Aromas, besonders in Verbindung mit Reinkulturen anderer (aromaerzeugender) Bakterien.

Milchsäurebakterien sind auch in den sog. „Kefir-" und „Yoghurt"-Präparaten enthalten. Kefir [1]) ist eine schäumende, alkoholhaltige saure Milch (kaukasische Milch); außer den Milchsäurebakterien sind in den Kefirkörnern Hefe (Saccharomyces Kefir), einige Streptokokken und ein Bacillus caucasicus, anscheinend mit Dispora caucasica Kern identisch, enthalten. In welcher Weise dieselben zusammenwirken, ist noch nicht gänzlich aufgeklärt. Im Yoghurt (bulgarische Dickmilch) spielt neben Bacillus acid. lactici Leichmann, ein Streptococcus und der sog. Bacillus bulgaricus (letzterer als Aromabakterie) die Hauptrolle [2]). „Kumys" ist ein dem Kefir ähnliches aus Stutenmilch von den Tataren hergestelltes Getränk. Die „lange Milch" der Lappländer beruht auf der Wirkung fadenziehender Bakterien.

Von pathogenen Bakterien, welche in der Milch vorkommen können, sind namentlich zu nennen die Tuberkel-[3]), Typhus-[4]), Diphtherie- und Cholerabazillen und Bacillus enteritidis sporogenes. Im Euter

---

[1]) Näheres vgl. E. v. Freudenreich, Landw. Jahrb. d. Schweiz 1896. 10. 1.
[2]) Vgl. C. Griebel, Zeitschr. f. U. N. 1912. 24. 541.
[3]) Siehe auch den folgenden Abschnitt über „Butter".
[4]) Durch schlechtes Brunnenwasser nicht selten infiziert; sind in Milch oft lange lebensfähig, daher leicht Verschleppung der Typhusbazillen durch Kannen, Gefäße usw.

sitzende Tuberkulose scheint für die Übertragung auf Milch am gefähr-
lichsten zu sein; Colibakterien, die vielfach in der Milch zu finden sind,
treten im allgemeinen nicht pathogen auf.

Ihr Nachweis kann sicher nur durch Tierversuche mit Kaninchen,
Meerschweinchen usw. geliefert werden. Der Nachweis der Tuberkelbazillen in Milch direkt gelingt jedoch bisweilen durch Färbung. Die
Deckglaspräparate werden jedoch nicht durch die Flamme gezogen, wie
sonst üblich, sondern durch 24stündiges Einlegen in absoluten Alkohol
fixiert, sodann wird durch eintägiges Behandeln mit Äther das Fett
ausgezogen und nach den S. 617 enthaltenen Methoden behandelt. (Siehe
dort auch die Anreicherungsverfahren.)

Spezifische animalische Infektionskrankheiten, wie Milzbrand, infektiöse
Eutererkrankungen, Maul- und Klauenseuche, Strahlenpilzkrankheit (Aktinomykose) usw., die auch für den Menschen pathogen sind, werden bisweilen
durch Milch übertragen. Auf die Entstehung und Gesundheitsgefährlichkeit
der mit peptonisierenden Bakterien infizierten Milch ist bereits im vorhergehenden hingewiesen. Eutererkrankungen zeichnen sich namentlich durch eine
erhöhte Abscheidung von Leukocyten (weiße Blutzellen) aus. Die Ursache
dieser Erkrankung kann verschiedener Art sein. Vielfach ist Infektion (Strepto-
kokkenmastitis und gelber Galt [Streptococc. agalactiae contagiosae]) die
Ursache. Vermehrte Leukocytenabscheidung kann aber auch normalerweise
auf Milchstauung oder vorgeschrittenes Laktationsstadium zurückzuführen sein.
Ohne gleichzeitige klinische Untersuchung durch einen Tierarzt läßt sich kein
sicheres Urteil fällen. Die einfachste und schnellste Leukocytenprobe ist die
von Trommsdorff eingeführte Zentrifugiermeßmethode, bei der mittels geeichter Kapillare die Menge des abgeschiedenen Sediments direkt gemessen
werden kann. Das Sediment enthält natürlich neben den Leukocyten auch
andere Bestandteile, Epithelien usw. Von Wichtigkeit ist es, daß eine Vermehrung der ausgeschiedenen Leukozyten innerhalb der Beobachtungszeit eingetreten ist, auf die absolute Menge kommt es weniger an. Die Erreger selbst
sind auf dem üblichen Wege festzustellen. Näheres siehe in der sehr umfassen-
den Literatur: u. a. Trommsdorff, Die Milchleukocytenprobe, Münch. med.
Wochenschr. 1906, 12. — Derselbe, Zur Leukocyten- und Streptokokken-
frage der Milch. Berl. tierärztl. Wochenschr. 1906. 15; 1909. 4. — J. Bongert,
Die Eutererkrankungen. Sommerfelds Handb. d. Milchkunde. Wiesbaden,
Bergmann, 1909, 549. — W. Ernst, Über Milchstreptokokken und Strepto-
kokkenmastitis. Monatsh. f. prakt. Tierheilk. 20, 414, 496, 21, 55; derselbe,
Abschnitt Milch usw. im bakt. u. biolog. Teil des Beythienschen Handbuches.
Über Ferment-(Katalase)nachweis siehe S. 118, Abschnitt Milch. Der Erreger
der Maul- und Klauenseuche ist noch nicht entdeckt worden. Milch von Tieren,
die damit behaftet sind, ist vom Verkehr gänzlich auszuschließen oder höchstens
in gut pasteurisiertem Zustande zum Markte zuzulassen. (Besondere Verordnungen vorhanden.)

Der Bakteriengehalt der Milch ist ein Maßstab für die Sauberkeit bei ihrer Gewinnung.

2. Butter (Margarine, Schmalz und andere Fette).

Die von Bakterien in Milch hervorgerufenen Fehler treffen im
allgemeinen auch für Butter zu. Über sonstige Butterfehler siehe im
chemischen Teil.

Das Ranzigwerden [1]) von Butter kann durch Luft, Wärme und
Licht sowie auch durch Einwirkung verschiedener Mikroorganismen
und Fermente herbeigeführt werden. Ranzidität wird an der Zunahme
des Säuregehaltes und dem eigentümlichen buttersäureartigen (Spaltung

---

[1]) Näheres siehe Lafar, Handb. d. techn. Mykologie. II. S. 210. Gustav
Fischer, Jena 1904/8. Siehe außerdem die Angaben im chemischen Teil S. 88.

der Fettsäureglyzeride) und oft auch talgigen Geruch und Geschmack
(Oxydationsvorgang) erkannt; dabei geht die Menge der Keime aber beständig zurück.   An Pilzen fanden sich Oidium lactis und Cladosporium
butyri Jensen, sowie auch Bacillus fluorescens liquefaciens (also typische Fettspalter).   Naturgemäß können oft mehrere Ursachen gleichzeitig vorhanden
sein bzw. zusammenwirken.   Von den zahlreichen Arbeiten ist namentlich auf die von O. Jensen, Zentralbl. f. Bakt. II. Abt. 1902, 8, 11
und Zeitschr. f. Unters. d. Nahr.- u. Genußm. 1903. 6. 376 sowie
E. Salkowski, ebenda 1917. 34. 305 hinzuweisen; siehe auch die
Angaben im chemischen Teil.

Mit Schimmelpilzkolonien durchsetzte Butter, Margarine usw. ist
als verdorben zu beanstanden.   Derartige Waren haben meist käsigen
(Roquefort) Geruch und Geschmack.   In den Kreisen der Händler heißt
diese Eigenschaft „staffig".   Unnatürliche Färbungen der Butter und
Margarine können durch Schimmelpilze (Penicillium und Trachosporium),
Rosahefe u. a. entstehen.

Die in Milch vorkommenden pathogenen Arten können naturgemäß
auch in Butter vorkommen.   Nachzuweisen sind sie im allgemeinen nur
durch den Tierversuch.

Über das Vorkommen von Tuberkelbazillen in Butter [1]) und Margarine sind vielfach, namentlich aber auch in Deutschland, Untersuchungen angestellt worden.   Wie groß die Gefahr der Tuberkuloseüber-
tragung durch Molkereiprodukte ist, läßt sich jedoch darnach vorerst
noch nicht übersehen.   Es scheint aber, daß sie nicht so groß ist, als
ursprünglich von manchen Seiten angenommen wurde.   Siehe auch
unter Milch.

3. Käse.

Die wichtigsten Käsefehler [2]) sind folgende:

a) Das Blähen des Käses ist einer der häufigst vorkommenden
Käsefehler, der sich im Innern des Käses an der Lochung, im Äußern
an der Form des Käses und auch meist am Geschmack desselben bemerkbar macht.   Er ist die Folge des Vorhandenseins einer zu großen
Zahl gasproduzierender Mikroorganismen, wobei in den meisten Fällen
der Milchzucker das Material liefert [3]).   (Bacillus coli, Bacillus aerogenes,
Micrococcus Sornthalii u.a.)

b) Die sog. Gläsler (Glasler) sind Käse ohne Lochung.   Sie sind
im Geschmack usw. meist normal und haben nur den einen im Handel
ins Gewicht fallenden Fehler, daß sie eben ohne Lochung sind.

---

[1]) Lydia Rabinowitsch, Zeitschr. f. Hygiene u. Infektionskrankh.
1897. 26; Lydia Rabinowitsch und Walter Kempner, Zeitschr. f. Hyg.
u. Infektionskrankh. 1899. 31; Petri, Arb. a. d. Kaiserl. Gesundheitsamte
1898. 16; Obermüller, Hygienische Rundschau. 1895. 19; Ostertag, Zeitschr.
f. Fleisch- u. Milchhygiene. 1899. 221 sowie stadtärztl. bakteriol. Laboratorium
Stuttgart (Gastpar).

[2]) a—i nach den Vereinbarungen I. Teil und den Vorschlägen von A. Weigmann, Zeitschr. f. Unters. d. Nahr.- u. Genußm. 1910. 20. 379.

[3]) Eine Zusammenstellung der eine starke Gärung in der Milch und demnach eine Blähung im Käse leicht verursachenden Bakterien und Pilze findet
sich in: L. Adametz: Über die Ursachen und Erreger der abnormalen Reifungs-
vorgänge beim Käse. S. 54—55.

Der sog. Nißler ist Käse mit zahlreichen, sehr kleinen Löchern. Solche Käse werden meistens rasch brüchig.

c) Das Blauwerden (Blauschwarz-, Blaugrün-) der Käse. Es tritt am häufigsten auf bei mageren Backsteinkäsen und ist ebenfalls Folge einer in der Milch enthaltenen Bakterie oder zuweilen auch Folge der Gegenwart von Eisenrost, Kupfer oder Blei im Käse. Im ersteren Falle greift der Fehler im Käse-allmählich immer weiter um sich und wird auch von einem Käse auf den anderen übertragen. Das Auftreten kleiner ultramarinblauer Punkte im Edamer Käse, welches in Holland beobachtet worden ist und von Hugo de Vries näher beschrieben wurde, ist Folge einer Bakterie, welche Beyerinck in solchen Käsen gefunden und als Bacillus cyaneofuseus bezeichnet hat [1]).

d) Das Rotwerden der Käse (Bankrotwerden bei den Emmenthalerkäsen bedeutet Entstehung von rotbraunen Flecken, die sich von außen nach innen ziehen) und ähnliche Färbungen sind nicht minder Erscheinungen, welche durch das Wachstum bestimmter Pilze (Bakterien- oder Schimmelpilze) hervorgerufen werden können.

So werden rote Flecken auf Weichkäsen und auch, wiewohl seltener, auf Hartkäsen erzeugt und durch zwei von Adametz aufgefundene „Rote Käsemikrokokken", ebenso rote Färbung der Rinde, der äußeren Schichten und selbst des Innern durch eine von Schaffer aufgefundene und von Demme näher beschriebene Torulaart, Saccharomyces ruber, erzeugt. Milch, welche mit dieser Torulaart infiziert ist, erregt bei Kindern Erbrechen und Darmkatarrh. Adametz fand ferner auf einem Emmenthalerkäse mit rotbrauner Rinde einen Schimmelpilz, der diese Farbe erzeugt, und auf Weichkäsen mit runden orangegelben bis ziegelroten Flecken eine Oidiumart (Oidium aurantiacum). Der letztgenannte Pilz wirkt aber auch bei der normalen Reifung der Weichkäse, speziell des Briekäses mit.

e) Das Schwarzwerden der Käse wird ebenfalls durch Wachstum bestimmter Pilze verursacht.

Als Ursache dieses Fehlers wurde von Hüppe eine Schimmelhefe (braune oder schwarze Schimmelhefe), von Adametz ein Hyphenpilz, Cladosporium herbarum Link, gefunden. Adametz hält ferner zwei von Wichmann im Quellwasser gefundene braunschwarze Schimmelpilze, sowie einen von ihm ebenfalls aus Quellwasser isolierten schwarzen Rippenschimmel, sowie die von Marpmann aus Milch gezüchtete schwarze Hefe, Saccharomyces niger, eine Torulaart und ferner noch das Dematium pullulans für gelegentliche Ursachen der Schwarzfärbung der Käse. Der Fehler kann aber auch durch andere Umstände (bleihaltiges Einwickelpapier oder dgl.) hervorgerufen werden.

f) Bei überreifen Hart- und Weichkäsen, speziell bei wasserreichen, überreifen, mageren Backsteinkäsen, zeigt sich häufig eine starke Mißfärbung der Käsemasse mit Abtönung ins Gelbliche oder Graue. Es darf wohl angenommen werden, daß auch hier nur das Überhandnehmen einer bestimmten Pilz- oder Bakterienart die Schuld trägt.

---

[1]) Botan. Ztg. 1981. 49ff. Nr. 43 u. 47.

g) Das Bitterwerden der Käse ist eine Erscheinung, welche bei normalem Reifungsprozeß zu gewisser Zeit regelmäßig eintritt, aber auch bei reifem Käse sich zeigt und als ein Fehler angesehen wird. Daß es sich hierbei um ein durch die Tätigkeit gewisser peptonisierender Bakterien gebildetes peptonartiges Produkt handelt, ist wohl zweifellos. Aus bitterem Käse direkt gezüchtete Pilze, denen diese Eigenschaft zugeschrieben werden muß, sind die von E. v. Freudenreich rein gezüchtete Micrococcus casei amari und Torula amara Harisson.

h) Weitere Reifungsfehler sind das Weißschmierigsein der Käse, wenn der Käsekeller zu kalt und feucht ist; das Schimmligwerden, wenn infolge trockener Luft im Keller die Rinde der Käse spaltet und Schimmelpilze Gelegenheit haben, sich in den Spalten festzusetzen usw.

i) Das sog. Laufendwerden der Weichkäse besteht in einer Verflüssigung der reifen und überreifen Teile durch Einwirkung der Wärme.

Die Käsereifung ist zweifellos in der Hauptsache Mikroorganismenarbeit; an ihr beteiligen sich wahrscheinlich die verschiedensten Arten, peptonisierende (Buttersäure-) Bakterien, namentlich die sog. Thyrothrixarten, Milchsäurebakterien, Schimmelpilze usw. unter Mitwirkung chemischer Fermente wie Galaktase, Lab u. dgl. Je nach der Art der Herstellungsweise finden Wachstumsbegünstigungen gewisser Mikroorganismenarten statt, die dann ihrerseits dem Käsestoff eine bestimmte Reiferichtung (Limburger, Holländer, Emmenthaler usw.) geben. Über die Rolle, welche die einzelnen Arten dabei spielen, weiß man fast noch nichts, jedenfalls gehen die Meinungen der Forscher darüber noch auseinander. (Duclaux, Adametz, Weigmann, Jensen, v. Freudenreich u. a.) Letztere beiden glauben, daß beim Limburger- und Backsteinkäse der Bacillus casei limburgensis eine wesentliche Rolle spiele, Weigmann hält das anaerobe Paraplectrum foetidum als den wesentlichen Erreger. Milchsäurebildner haben erhebliche Bedeutung für die Käsereifung; nach den Arbeiten von E. von Freudenreich namentlich bei den Hartkäsen ein säurebildender Spaltpilz Micrococcus casei liquefaciens, sowie die gleichzeitig als enzymatisch wirksamen Bacillus casei α und ε (Emmenthaler, Tilsiter Käse). Die Augen-(Loch-)bildung kann verschiedene Ursachen haben. Jensen bringt sie bei Emmenthaler Käsen mit der Umbildung der milchsauren Salze in Propionsäure (CO_2-Abspaltung) in Verbindung, die durch spezifische Arten erzeugt wird. Reinkulturen von Schimmelpilzen werden bei der Herstellung des Roquefortkäses, solche des Micrococcus hollandicus (die „lange Wei") bei der Herstellung von Edamerkäse, Oidiumpilze zu Camembertkäsen verwendet. (Näheres über die Käsereifung siehe das Zentralbl. f. Bakteriol. und Parasitenkunde II. Abt.)

Tierische Parasiten sind die Maden der Käsefliege (Piophila casei); die Käsemilbe (Acarus siro und Acarus longior) usw. Krankheitskeime sterben im Käse bald ab. Käsevergiftungen können durch Koli-, Buttersäurebakterien usw. hervorgerufen werden.

4. Fleisch- und Wurstwaren; Fische, Krebse, Austern, Miesmuscheln usw. [1] und deren Dauerwaren sowie Eier.

Soweit pathogene Bakterien, Parasiten, Trichinen und Finnen (Cysticercus), Leberegeln usw. in Betracht kommen, ist ihre Feststellung Sache des Arztes bzw. Tierarztes.

---

[1] Literatur: L. Heim, l. c., siehe auch Kutscher, Zeitschr. f. Unters. d. Nahr.- u. Genußm. 1910, 19, 163; Berl. klin. Wochenschr. 1908, 12, 1283 u. Pharm. Zentralhalle 1908, 49. A. Dieudonné, Die bakteriellen Nahrungsmittelvergiftungen, Verlag C. Kabitzsch, Würzburg. E. Pfuhl, Zeitschr. f. Hyg. 50, 317 (Fleischkonserven in Büchsen); J. Belser, Arch. f. Hyg. 54, 107 (Gemüsekonserven) u. a.; Handb. d. Nahrungsmitteluntersuchung von A. Beythien, Hartwich und Klimmer, bakteriologischer und biologischer Teil (bearbeitet von Klimmer), 1917, sowie Kossowicz, Serger a. a. O.

Maden der Stubenfliege (Musca domest.), Schmeißfliege (M. vorni-
toria) sowie der nur an faulendem Objekte anzutreffenden grauen Fleisch-
fliege (Sarcophaga carnaria) sind mindestens ekelerregend; daher die
betreffenden Objekte bestimmt verdorben. Maden entwickeln sich schon
in 24 Stunden aus den Eiern.

Der Nachweis von Fäulnisbakterien (Saprophyten) erfolgt nach
den üblichen Kulturverfahren. Man unterscheidet Oberflächen- und
Tiefenfäulnis, erstere tritt durch Infektion von außen (unsaubere Bearbeitung usw.) ein, letztere wird namentlich durch infiziertes Material
(verdorbenes) hervorgerufen. Auch Säureerreger können Zersetzungen
entwickeln. Beurteilung verdorbenen Fleisches und verdorbener Fleischwaren siehe den chemischen Teil.

Der wichtigste Fleischkonservenverderber ist nach A. Kossowicz [1])
der anaerobe Bacillus putrificus, seine gänzliche Vernichtung erfordert
109—120° bei einer Sterilisierdauer von mindestens 40 Minuten und bei
dem vollen Druck von 1—1½ Atmosphären. Ferner kommen der Bacillus
vulgaris (Proteus), das Bact. coli besonders in Betracht. Bac. subtilis,
mesentericus u. a. kommen als Bombageerreger nicht in Betracht,
können aber Nebeninfektionen auch in bombierten Büchsen wohl hervorrufen.

Fleisch- und Wurstvergiftungen können verschiedene Ursachen
haben. Die Unterscheidung der beiden Vergiftungsarten bezieht sich
weniger auf die Objekte selbst, da sie nicht nur bei Fleisch, sondern
auch bei Krustentieren, Milch, Käse, Gemüsekonserven usw. vorkommen
können, als vielmehr auf die Art der auftretenden klinischen Erscheinungen. Bei Erkrankungen des Magendarmkanals (Fieber, Erbrechen,
Schwindel, Durchfälle) spricht man im allgemeinen von Fleischvergiftungen, solche ohne Fieber und Erbrechen, aber mit Störungen einzelner Nervenbahnen (Lähmungen, Augenstörungen, Doppeltsehen usw.)
verlaufende Erkrankungen fallen unter den Begriff Wurstvergiftung.

Fleischvergiftungen sind in der Hauptsache Infektionen verschiedener Bakteriengruppen (Coli, Proteus, Kasein peptonis. Arten usw.).
Man unterscheidet zwei Hauptgruppen, Bact. enteritidis Gärtner und
Bact. Paratyphus (Eigenschaften siehe S. 620). Die meisten Wurst-
und Hackfleischvergiftungen sind auf Paratyphus B zurückzuführen.

Wurstvergiftung (Botulismus, Allantiasis) im eigentlichen Sinne
wird durch den anaeroben Bacillus botulinus von Ermengem hervorgerufen. Das Gift des Bacillus ist filtrierbar, wird aber durch Kochen
zerstört. Der Bacillus ist von schlanker Form mit 4—8 peritrichen
Geißeln und hat endständige eiförmige Sporen. Wächst in Trauben-
zuckernährböden bei 25—30°; verflüssigt Gelatine und bildet Gas.
Vergiftungen kommen hauptsächlich bei Konserven (Büchsen-, Leber-
pasteten und ähnliches) vor.

Der Nachweis solcher Bakterien gehört im allgemeinen in das
Arbeitsgebiet der Medizinaluntersuchungsämter. Zum Nachweis von

---

[1]) Kossowicz u. R. Nassau, Wien. tierärztl. Monatsschr. 1916, 3, 81
u. 225; der erstgenannte, Zeitschr. f. Fleisch- u. Milchhyg. 1916, 27, 49; Chem.
Ztg. 1917. 211 u. 673, die Sterilisation der Fleischkonserven und die Betriebskontrolle der Fleischkonservenfabriken.

Typhus-, Paratyphus- und Colibakterien werden neben Kulturversuchen (Lackmuslaktoseagar, Endoagar, Malachitgrünagar nach Löffler, ev. anaerob nicht über 24⁰) auch solche an Tieren (subkutane Injektion), sowie ev. auch Agglutinationsversuche ausgeführt werden müssen (vgl. die S. 622 angegebenen Untersuchungsmethoden).

Fütterungsversuche sind meistens bedeutungslos.

Der chemische Nachweis der Toxine, Ptomaine u. dgl., Stoffwechselprodukte der Mikroorganismen, erfordert dagegen ausschließlich den Chemiker von Fach (siehe Spezialliteratur und den chemischen Teil des Hilfsbuches). Wegen der Schwierigkeit, des großen Zeitverbrauches und der häufigen Erfolglosigkeit sieht man indessen meistens von solchen Untersuchungen ab.

Leuchtendes Fleisch, leuchtende Fische werden durch Bakterien hervorgerufen (Photobakt. Pfluegeri). Derartige Gegenstände sind nicht gesundheitsschädlich, aber als verdorben anzusehen; ebenso sind andere bakterielle Veränderungen durch nichtpathogene Arten (Bac. prodigiosus usw.) zu beurteilen.

Über die biologische Eiweißdifferenzierung zum Nachweis von Verfälschungen siehe den chemischen Teil (Abschnitte Fleisch und forensischer Blutnachweis).

In marinierten Konserven können Coli- und Fleischvergiftungserreger und andere pathogene Arten sich nicht entwickeln. (Toxine können schon vor der Verarbeitung in den Fischen gebildet sein.) Ein Essigsäuregehalt von 0,25% unterdrückt schon ihr Wachstum. Bombage kann aber durch andere Bazillen, insbesondere der Erdbazillengruppe (besonders Mesentericusarten als aerobe Sporenbildner) auch bei höherem Essigsäuregehalt eintreten. (Fischkonserven und ähnliches werden nicht sterilisiert, sind Halbkonserven). In Öl konservierte Fische sind sterilisiert; Bombage ist selten. Kochsalz (Salzfische, Krabbenkonserven und ähnliche) hemmt bei einer Konzentration von 10−20% die Entwickelung der Bakterien, tötet aber nicht ab; ebenso Räucherung. Näheres siehe O. Sammet, Über verdorbene Fischkonserven in Büchsen, Inaug.-Diss. Zürich 1910.

Vergiftungen .infolge Genusses von Austern, Miesmuscheln und ähnlichen Schalentieren können verschiedene Ursachen haben (toxische Stoffwechselprodukte von Bakterien oder Erreger von Typhus, Paratyphus, Colibakterien u. a.). Derartige Infektionen entstehen, wenn die Schalentiere in verschmutztem und verunreinigtem Wasser lebten, sich an Tierleichen usw. ansiedelten. Durch mehrtägiges Verbringen in reines Wasser sollen die Schalentiere entgiftet werden können. Mit spezifischen Krankheiten (Seuchen) behaftete Fische und Krustentiere (Rotseuche des Aales, Lachspest, Krebspest usw.) sind den Menschen zwar nicht schädlich, aber untauglich zum menschlichen Genuß und daher als verdorben im Sinne des § 10 des N. G. anzusehen.

Zur Unterscheidung der Fischarten (auch von Kaviar) kann das biologische Eiweißunterscheidungsverfahren verwendet werden.

Fäulnis von Eiern entsteht nach A. Kossowicz[1]) hauptsächlich durch Bacillus proteus vulgaris; Fleckeier werden durch Eindringen von Schimmelpilzen, sowie Hefepilzen gebildet. Beurteilung vgl. S. 179. Infektionserreger können ebenfalls durch die Kalkschale eindringen. Bakteriologische Untersuchung von Eiern, Eikonserven, Öleitunken usw. nach den üblichen Methoden. Zum Nachweis von Eisubstanz kann das biologische Verfahren von Uhlenhuth dienen.

5. Mehl, Brot, Futtermittel, Kakao, Schokolade, Gewürze, Puddingpulver, Suppenmehle und ähnliche Erzeugnisse, sowie deren Ersatzstoffe.

In denselben kommen die verschiedensten Arten von Mikroorganismen vor; alle Arten, die in der Luft, speziell der den Gegenstand direkt umgebenden Luft verbreitet sind, werden sich auch wieder in obigen Substanzen finden lassen. Außerdem kommen noch solche dazu, welche bei der Herstellung oder sonstigen Bearbeitung hineingelangen.

Da die festen (pulverförmigen) Nahrungsmittel in erster Linie einen guten Nährboden für Schimmelpilze abgeben, namentlich wo auch genügend Feuchtigkeit geboten wird, so werden dieselben auch betreffs ihrer Genußfähigkeit am besten nach ihrem Gehalt an Schimmelpilzen beurteilt (Untersuchung siehe S. 593). Schimmelpilze rufen auf feuchtem Material muffigen Geruch und Geschmack hervor. Faulige Zersetzungen können durch Proteusarten entstehen.

Die häufigst vorkommenden Schimmelpilze sind:
1. Mucor Mucedo (Köpfchenschimmel) mit weißem Mycel und M. stolonifer (Rhizopus nigricans) mit langen schwarzen Sporangienköpfchen.
2. Penicillium glaucum (Pinselschimmel), erst weiße, dann grüne bis blaugrüne Überzüge bildend.
3. Aspergillus glaucus (Kolbenschimmel), feiner grüner bis blaugrüner Überzug.

Die Schimmelpilze unterscheiden sich durch die Form der Conidienträger, sowie die Art der Conidienanordnung. Einzelne Aspergillus- und Penicilliumarten können namentlich dem Geflügel schädlich sein; dem Menschen der Strahlenpilz (Aktinomyces — Aktinomykose).

Über die im Getreide, Mehl (Pellagra-Krankheit durch verdorbenen Mais), Müllereiprodukten und Brot vorkommenden Schädlinge und Pflanzenkrankheiten ist das Nähere schon S. 188 ausgeführt. Bei der freiwilligen Gärung von Teig (ohne Sauerteig) ist besonders das gasbildende Bacterium levans[2]) beteiligt.

Brotkrankheiten entstehen durch fehlerhafte Gärung und fehlerhaftes Verbacken (wasserstreifiges, schlecht gegangenes Brot); außerdem durch Verschimmeln und Bakterien bis zur Ungenießbarkeit verändertes Brot. Als solche sind neben Schimmelpilzen[3]) besonders zu nennen:

---

[1]) Die Fäulnis und Haltbarmachung der Eier, Wiesbaden 1913. Siehe ferner K. Poppe, Arb. a. d. Kaiserl. Gesundheitsamte 1910, 34, 186.

[2]) Neumann u. Knischewsky, Zentralbl. f. Bakteriol. 2. Abt. 1909. 25. 314.

[3]) Herter u. Fornet, system. Stud. über das Schimmeln von Brot, Zeitschr. f. das ges. Getreidewesen 1917, 9, 285.

Die „Kreidekrankheit" des Brotes (kreideartige weiße Flecken) entsteht durch Endomyces fibuliger Lindner, auch durch Monilia (Hyphomyceten).

Das Oidium aurantiacum (orangerot) [1]); in Frankreich oft epidemisch aufgetreten, und der Micrococcus prodigiosus (rot); Stoffwechselprodukte scheinen bei beiden jedoch nicht giftig zu sein.

„Fadenziehend" wird Brot durch Kartoffelbazillen, speziell durch
Bac. mesent. vulgatus (Flügge), Bac. mesent. panis viscosi I und II
Vogel [2]). Fadenziehendes Brot ist ekelerregend und daher verdorben,
die Krume wird schleimig, von süßlichem Geruch und Geschmack;
Gesundheitsschädlichkeit ist nicht erwiesen.

Knischewsky und Neumann [3]) haben besonders die für den
Bäckereibetrieb zur Unterdrückung dieser Brotkrankheit nötigen Maßregeln erforscht. Die Teige sind möglichst sauer zu führen und die Brote
gut und rasch auszukühlen.

Näheres siehe Lafar, Mykologie und im bakteriol. Zentralblatt,
II. Abteil. Betr. giftiger Bakterien siehe unter 4, sowie Mauricio,
Nahrungsmittel aus Getreide, 1. Bd., 1917.

**6. Zucker (und Materialien der Zuckerfabrikation), sowie Honig
(Bienen).**

Durch Leuconostoc mesenterioides Cienkowski erleiden der
Zucker, sowie die zuckerhaltigen Säfte Veränderungen, indem die Zuckerlösungen schleimig werden. Der Leuconostoc bildet zu Zooglöen vereinigte, mit einer Gallerthülle umgebene Kokken, die sich besonders
gern auf Zuckerrübenscheiben, Möhrenscheiben kultivieren lassen. Eine
ähnliche Einwirkung auf den Zucker bringt der von A. Koch entdeckte
Spaltpilz Bacterium pediculatum hervor.

Kleisterbildung entsteht durch den Bacillus viscosus sacchari
Kramer und andere. Derselbe verwandelt den Rüben- und Möhren-
saft zu einer kleisterartigen Masse.

Faulbrut entsteht bei Bienen durch Bac. alvei, Streptococ. apis,
Bac. Brandenburgiensis, letzterer namentlich bei Faulbrutseuchen.

7. Hefe.

Die Unterscheidung der Heferassen [4]) auf Grund ihrer Wachs-
tumsformen und biologischer Eigenschaften kann nur durch eingehende
Spezialstudien erlernt werden. Technisch unterscheidet man Kulturhefen und wilde Hefen, welche letztere wie Bakterien (namentlich Milchsäurebakterien und Sarcinaarten), Schimmelpilze und Moniliaarten usw.
als Verunreinigungen und Betriebsstörer gelten. Durch entsprechende

---

[1]) Vgl. auch die Beobachtung von W. Murtfeldt, Zeitschr. f. U. N.
1917, **34**, 407.
[2]) Zeitschr. f. Hyg. u. Infektionskrankh. **26**, 398; vgl. auch die Veröffentl.
von A. Juckenack, Zeitschr. f. U. N. 1899, **2**, 786 und Zeitschr. f. analyt.
Chem. 1900, **39**, 73; J. Thomann, Zentralbl. f. Bakteriol. II. 1900, **6**, 740;
J. Tillmanns, Zeitschr. f. U. N. 1902, **5**, 737.
[3]) Zeitschr. f. das gesamte Getreidewesen 1911. 187. 215. 242. 1918. 105.
[4]) W. Will, Anleitung zur biologischen Untersuchung und Begutachtung
von Bierwürze, Bierhefe und Bier, 1910, München und Berlin. Siehe auch
Anm. 1, S. 606.

Züchtung (ev. Reinzucht) können solche Verunreinigungen vermieden werden. Zu den Kulturhefen gehören zahlreiche Arten der Gattung der Saccharomyceten (Hauptvertreter Sacch. cerevisiae), von denen die obergärigen und die untergärigen die wichtigsten Gruppen sind. Sie kommen in der freien Natur wohl nicht vor und sie sind durch lange Kulturperioden wahrscheinlich aus den Weinhefen entstanden. Wilde Hefen sind Saccharomyceten, Mycoderma-, (Kahm-) Torulaarten usw.

Die einfache mikroskopische Prüfung gibt höchstens dem Geübteren Anhaltspunkte über die Art der Hefe, wobei u. a. die körnige Beschaffenheit des Plasmas der Kulturhefe gegenüber der homogenen der wilden Saccharomyceten ein Unterscheidungsmerkmal sein kann. Genaue Feststellungen werden mittels Kulturversuchen gemacht, wobei die sog. Tröpfchen- und Adhäsionskulturen nach P. Lindner [1]) oder das von P. Hansen [2]) eingeführte Verfahren, bei welchem man durch Kultur auf Gipsblöckchen die Hefe zur Sporenbildung bringt und die innerhalb verschiedener Temperaturgrenzen sich abspielende verschiedene Sporenbildung der echten und wilden Hefen beobachtet, anwendet. Auch Will [3]) hat ein auf Sporenbildung beruhendes Verfahren angegeben.

Für die Untersuchung von Preßhefe, Getreidehefe (obergärige) auf Bierhefe (untergärige) ist das von Lindner angegebene Tröpfchen-Adhäsionskulturverfahren [4]) geeignet.

Zu diesem Zwecke werden Objektträger mit Höhlung über der Flamme erwärmt und um die Höhlungen 4 Tropfen Vaseline aufgebracht. Auf mehrere Deckgläschen bringt man ebenfalls eine ganz geringe Spur Vaseline, entfernt dieselbe aber wieder durch Flambieren. Von verschiedenen Stellen des Hefestückes nimmt man mittels eines sterilen Spatels 5 kleine Stückchen und bringt sie je in 15 ccm sterilisierter Bierwürze, zerdrückt sie mit einem sterilen Platindraht und gießt, nachdem die ersten Tröpfchen zur Seite gegossen, 3 Tropfen in ein neues Fläschchen mit steriler Würze. Von letzterer entnimmt man mit steriler Zeichenfeder etwas und bringt auf 3 vorbereitete Deckgläschen je 12 parallele Striche. Zur Anlegung der zweiten Verdünnung spritzt man die Feder aus und gibt einen Tropfen steriler Würze auf die Feder, mischt den Inhalt durch geschicktes Hin- und Herbewegen und bringt wiederum je 12 Striche auf die Deckgläschen. Auf dieselbe Weise wird eine dritte Verdünnung hergestellt. Man drückt nun die Deckgläschen auf die Objektträger derart an, daß die aufgetragene Flüssigkeit in die Höhlungen der Objektträger hineinhängt, wobei man sorgfältig beobachtet, daß sich keine Luftblase bildet, da sonst die dünnen Tropfen austrocknen. Man bewahrt nun bei 10°, ein zweites bei 18° und ein drittes bei 30° 24—48 Stunden auf. Darnach wird mikroskopiert. Für die untergärige Hefe (Bierhefe) ist die geringe Ausbildung von Sproßverbänden charakteristisch, meistens liegen die Hefezellen einzeln oder in kleinen bzw. nicht stark auseinandergezogenen Verbänden, dagegen bildet obergärige Hefe sparrige (wie stark verzweigte Äste) meist vielzellige Sproßverbände. Die Unterscheidung der genannten beiden Hefetypen erfordert einige Übung, ist an sich aber nicht schwierig. Als weiteres Hilfsmittel dient die Feststellung des Verhaltens zu Raffinose (siehe Methode Bau S. 377).

Außerdem kann auch die Lindnersche Tropfenkultur Anhaltspunkte geben. Die Hefe wird in Würze fein verteilt und mittels einer sterilen Pipette auf beiden Hälften einer Petrischale eine größere Anzahl von Tropfen ange-

---

[1]) Mikroskopische Betriebskontrolle in dem Gärungsgewerbe. Berlin 1905; siehe auch J. König, Die Untersuchung landwirtschaftlich und gewerblich wichtiger Stoffe. Berlin 1911.

[2]) Jörgensen, Organismen der Gärungsindustrie, Berlin.

[3]) Zeitschr. f. d. gesamte Brauw. 1904, 27, 176—181, 193—198 und 210 bis 214.

[4]) Zeitschr. f. Spiritusindustrie 1904, 16 u. 22; F. W. Dafert und K. Kornauth, Experimentelle Beiträge zur Lösung der Frage nach der zweckmäßigsten gesetzlichen Regelung des Verkehrs mit Hefe (betr. Österreich), Wien 1908. Die kleine Schrift kann sehr empfohlen werden.

legt, deren jeder höchstens eine Zelle enthalten soll. Die Schale wird durch einen Gummiring luftdicht verschlossen. Schüttelt man eine solche Tropfenkultur vorsichtig, so ballt sich die Hefe in den Tropfen, die untergärige Hefe enthalten, zusammen, während die obergärige staubig aufgewirbelt wird. Siehe auch die amtliche Anweisung (Anlage A der Brausteuer-Ausführungsbestimmungen vom 24. Juli 1909 Zentralbl. f. d. deutsche Reich, 1909, 37, 515) für die Unterscheidung zwischen ober- und untergärigem Bier) (bzw. Hefen). Diese Probe dient indessen nur zur Orientierung für die Steuerbeamten.

Gute Preßhefe soll von gelber oder gelblichweißer Farbe und frischem obstartigem Geruch sein. Hinsichtlich Triebkraft siehe den chemischen Teil. Bakterien und Kokken dürfen in größerer Zahl nicht vorhanden sein. Milchsäureerreger und Essigsäurebildner scheinen der Hefe ungefährlich zu sein, nicht aber anscheinend Buttersäurebakterien und Schimmelpilze. Nachteilig für die Teiggärung ist ein Gehalt an Kahmhefe und wilden Hefen (Henneberg und Neumann)[1].

Bei der Sauerteiggärung (spontaner Gärung) spielen besonders Bakterien der Gruppe des Bact. coli commune eine Rolle. Siehe auch S. 604 betr. Bakterium levans.

Mikroskopische Prüfung der Hefe auf abgestorbene Hefezellen: Lebenskräftige Zellen nehmen nach Lintner keinen Farbstoff auf, abgestorbene werden davon sofort durchdrungen. Man nimmt zur Ausführung der Färbung wasserlösliches Methylenblau oder Gentianaviolett. Ferner wird hierzu Indigolösung[2] empfohlen. Man fügt zu einer Probe Hefe einen Tropfen Farbstofflösung, läßt einige Sekunden einwirken, verdünnt mit schwachem Zuckerwasser, mischt das Ganze gut durch und bringt davon einen Tropfen auf einen Objektträger und untersucht mit aufgelegtem Deckglas. Tote Zellen färben sich rascher und intensiver als lebende. Kranke, leere und absterbende Hefen, die keine Fortpflanzung mehr aufweisen, färben sich jedoch überhaupt nicht. Man hüte sich vor falschen Schlüssen. In guter Hefe darf man höchstens 3—4% gefärbter Hefezellen finden.

Färbung der Hefepilze. Das Färben kann wie bei den Bakteriendeckglastrockenpräparaten nach S. 585 mit allen Anilinfarben erfolgen. Empfohlen wird jedoch Methylenblau. Man spült nach der Färbung mit Wasser ab, taucht einen Moment in 33%ige Salpetersäure ein, spült wieder ab und färbt mit Eosin nach, so erscheinen die Hefezellen rosa, Sporen blau.

8. Gemüse- und Obstdauerwaren.

Auf die Ursachen fehlerhafter Büchsendauerwaren ist S. 602 hingewiesen. Es ist nicht festgestellt, ob bestimmte Gemüsearten ihre spezifischen Feinde besitzen; die Bakterienflora ist sehr reichlich; im wesentlichen werden die den Rohgemüsen anhaftenden Bakterien durch Reinigung, Vorkoch- und Sterilisierprozeß vernichtet; bei letzterem ist besonders auf die Abtötung widerstandsfähiger Sporen der Erdbazillen Bedacht zu nehmen. In verdorbenen Büchsenbohnen und -Erbsen sind die anaeroben Bacillus clostridioides und Bacillus amylobacter angetroffen worden. Bombagen sind bei Handelsware relativ selten. Anzeichen von Verdorbenheit sind außer Gasentwickelung, Säurebildung, Schwefelwasserstoff, auch Schimmelansatz, Fäulnis (Proteus). Trockengemüse enthalten zwar oft reichliche entwickelungsfähige Bakterienmengen, die aber nur bei Aufnahme von Feuchtigkeit verhängnisvoll für die Haltbarkeit werden können; sie werden beim Kochprozeß außerdem größtenteils vernichtet. Schimmelansatz ist die in erster Linie zu beachtende Veränderung.

---

[1] Zeitschr. f. d. ges. Getreidewesen, 1909, 1, 283.
[2] 1 Teil gepulverten Indigo mit 4 Teilen konz. H_2SO_4 zusammenreiben, 24 Stunden stehen lassen, dann mit dem 20—30 fachen Volumen Wassers verdünnen, auf 50° C erwärmen und mittels Kreide oder Soda neutralisieren.

Als gesundheitsschädliche Bakterien kommen bei Büchsenkonserven Bacillus enteritidis, Paratyphus in Betracht, insbesondere bei
den mit Fleisch gemischten Waren. Schädigungen waren bisher nur
vereinzelt bekannt geworden. Bei Trockengemüsen ist mit der Entwicklung solcher Schädlinge kaum zu rechnen.

Die Einsäuerung von Weißkohl zur Bildung von Sauerkraut, von
Rüben zu Rübensauerkraut, sowie die von Bohnen und Gurken beruht
auf der freiwillig oder künstlich durch Zugabe von besonderen Rein-
oder Mischkulturen entwickelten Tätigkeit verschiedener Bakterien und
Sproßpilze, sowie Oidien. Besonders sind Milchsäurebakterien (B. Delbrücki, Güntheri), ferner Bac. cucumeris fermentati, Bac. brassicae fer-
mentatae Henneberg u. a. zu nennen. Die bei der Einsäuerung sich
abspielenden Vorgänge sind wissenschaftlich sehr interessant und für
die Technik wichtiger als für die Nahrungsmittelkontrolle. Falsch ge-
leitete Gärungsvorgänge können zu Erzeugnissen von üblem oder ab-
normem Geruch und Geschmack oder sonstigen Fehlern führen, die ohne
weiteres sinnenfällig sind. Die bakteriologischen Ursachen können bisweilen durch Anwendung geeigneter Kulturverfahren aufgeklärt werden.

Bei Obsterzeugnissen und Dauerwaren kommen im allgemeinen als Erreger von Verdorbenheit nur Sproß- und Schimmelpilze
in Betracht; bei feuchten Konserven (Marmeladen, Gelee, Musen u. dgl.)
sind solche Vorgänge häufiger als bei Trockenwaren (Dörrobst, Pasten).

9. Bier [1]).

Im Brauereibetriebe kommen Sproßpilze (Saccharomyceten-Hefen),
Spaltpilze (Bakterien) und Schimmelpilze (Eumyceten, Hyphomyceten)
vor. Die ersteren sind die alkoholbildenden Fermente, soweit nicht
Krankheits- und wilde Hefen in Betracht kommen, z. B. Saccharomyces
Pastorianus Hansen, S. apiculatus, Mycoderma variabilis u. a. (siehe
auch bei Hefe S. 605); Spalt- und Schimmelpilze hemmen unter besonders
günstigen Wachstumsbedingungen den Verlauf der einzelnen Brauerei-
prozesse, oder sie lenken dieselben wenigstens in andere unerwünschte
Bahnen (Bierkrankheiten usw.), so z. B. Bacillus subtilis (der sog. Heu-
bacillus), Bacillus amylobacter und Bacterium termo, ferner Essigsäure-,
Milchsäurebakterien (saures Bier), Sarcinen (z. B. Pediococcus cerevisiae
und berolinensis, Sarcina candida Reinke, S. aurantiaca Lindner,
S. flava de Bary usw.) und Schimmelpilze usw. wie die Mucorarten
Penicillium glaucum, Oidium lactis, Monilia candida, Fusarium hordei,
Dematium pullulans. Das sog. Umschlagen des Bieres ist meist auf
Milchsäurebakterien zurückzuführen (Saccharobacillus pastorianus van
Laer). In der Weißbierbrauerei wird die Entwickelung der Milchsäure-
bakterien begünstigt. Fadenziehendes Bier entsteht durch die Wirkung
des Bacillus viscosus I und II (van Laer), ebenso trübes Bier; wilde
Hefe [2]) kann ebenfalls ein „Krankwerden" des Bieres verursachen.

„Bakterientrübung" wird bei Bieren im allgemeinen nur selten
beobachtet. „Hefentrübung" hat verschiedene Ursachen, namentlich

---

[1]) Siehe auch „Hefe".
[2]) Siehe S. 606.

zu große und zu geringe Viskosität (Maltodextringehalt) oder zu stür-
mische Nachgärung. Siehe auch den chemischen Teil.

Betr. Unterscheidung von ober- und untergärigem Bier siehe Hefe.

10. Wein.

Von den eigentlichen Weinhefen gibt es unzählige Rassen, besonders bekannt ist Saccharomyces ellipsoides (Rees); Weinhefen haben
auch einen Einfluß auf das Weinbukett.

Von Krankheiten (Fehlern [1]), welche auf Mikroorganismen zurückzuführen sind, sind bekannt:

Der Kahm (Kahmhaut); er wird durch Spaltpilze, Saccharomyces
mycoderma usw. hervorgerufen und entwickelt sich namentlich auf
noch jungen alkoholarmen Weinen. Man zieht solche kranke Weine
in ein frisch geschwefeltes Faß ab.

Die Bildung von Essigsäure (Umschlagen) geschieht durch Essig-
säurebakterien (Essigstich, Kahmhaut), siehe auch Abschnitt Essig.

Das Zickendwerden des Weines ist ebenfalls ein Umschlagen
und Brechen des Weines (durch Milchsäurebakterien), zeigt sich durch
Färbung, kratzigen Geschmack an; die Färbung kann so stark werden,
daß der Wein eine milchige Farbe bekommt (weißer Bruch). In manchen
Fällen geht der weiße Bruch in den schwarzen über, dabei tritt häufig
eine Ausscheidung von dunklen schleimigen Massen ein (Lafar). Säure-
arme Moste werden leicht von dieser Krankheit befallen. Mittel gegen
das Umsichgreifen der Essigsäure- [2] und Milchsäuregärungen gibt es
nicht. Nach den Untersuchungen von Kramer kann das Umschlagen
des Weines auch durch verschiedene Arten des Bacillus saprogenes vini
erzeugt werden, diese Krankheitsart endet gewöhnlich in einer fauligen
Gärung (modern).

Das Zähe-(Schleimig-)werden wird ebenfalls durch Spaltpilze (Bakterien) bewirkt, genannt wird besonders der Bacillus viscosus
vini. Hoher Alkoholgehalt schützt vor Zähewerden. Wein (Apfelwein,
Birnenwein usw.) kann unter Umständen, so lange er noch nicht sehr
zähe ist, durch Peitschen und Abziehen in ein frisch geschwefeltes Faß
wieder normal werden. Zusatz geringer Mengen von Gerbstoff wird
auch empfohlen.

Das Schwarzbraunwerden von Obstmost ist besonders in
solchen Jahrgängen beobachtet worden, in welchen das Obst naß, d. h.
wenig zuckerreich und sauer war. Das Braunwerden des Rotweines
ist nach neueren Untersuchungen [3] weder auf Bakterientätigkeit allein,
noch auf eine solche in Symbiose mit Hefe zurückzuführen. Es ist
lediglich eine Fermentwirkung (Oxydase), wenn schimmlige Trauben
mitgekeltert werden. Abhilfe SO_2 oder Pasteurisieren.

Auch bei Weißweinen kommt dieses mit ,,Rahnwerden'' zu be-
zeichnende Verfärben des Weines vor. Die Farbenänderung tritt oft
erst an der Luft, beim Eingießen vom Faß in ein Glas usw. ein, wobei

---

[1] Siehe auch den Abschnitt Weinfehler im chemischen Teil.
[2] Schwach essigstichigen Wein kann man pasteurisieren oder mit einem
weniger sauren Weine verschneiden.
[3] Hamm, Arch. f. Hyg. 56, 380.

die Färbung oben beginnt und immer tiefer geht. Neßler empfiehlt zur Verhütung dieser Krankheit, kräftiges Ausbrennen der Fässer (1 bis 2 g S pro hl).

Bittere Weine und solche mit sog. Mäuselgeschmack sollen ebenfalls durch Bakterien erzeugt werden.

11. Spiritus (Brennerei).

Als Kulturhefen dienen die obergärigen, siehe unter „Hefe". Die Buttersäurebakterien sind die Feinde der Brennerei; da sie gegen Säure empfindlich sind, so sucht man die Milchsäurebakterien möglichst die Oberhand gewinnen zu lassen (höhere Temperatur beim Maischen), oder gibt direkt Milchsäurereinkulturen zu. Durch Zugabe von Schwefelsäure oder Flußsäure, d. h. Fluorammonium ist nach Effront die Bekämpfung der Buttersäurebakterien ebenfalls zu erreichen; jedoch scheint sich das Verfahren nicht eingebürgert zu haben.

12. Essig.

Technisch unterscheidet man folgende Gruppen: Bieressig-, Weinessig- und Schnellessigbakterien.

Bieressigbakterien sind: Termobacterium aceti Zeitler, B. aceti (Hansen), B. acetosum (Henneberg), B. Pasteurianum, B. Kützingianum (Hansen), B. rancens (Beijerinck).

Die an zweiter und dritter Stelle genannten sind Kulturbakterien.

Weinessigbakterien: B. ascendens (Henneberg), B. vini acetati (Henneberg), B. xylinoides (letztere als Kulturrassen gebräuchlich), B. orleanense.

Schnellessigbakterien: Kulturrassen sind Bac. acetigenium, Bac. Schützenbachi, B. curvum.

Wilde Essigbakterie ist das B. xylinum; Feinde der Essiggärung sind im übrigen verschiedene andere Mikroorganismen, wie Buttersäure-, Milchsäurebakterien usw.

Die Essigbakterien bilden Häute, früher Mycoderma aceti (Essigmutter) genannt; diese Bakterienhäute sind Zooglöenmassen, d. i. die einzelnen Bakterien sind von Schleimhüllen umgeben. Diejenigen von Bacterium Pasteur. und Kützingian. werden durch Jodjodkaliumlösung blau gefärbt, diejenigen von Bacterium aceti nicht.

Die sog. Kahmhaut auf Wein und Bier ist aber nicht immer ein Anzeichen von Essigsäuregärung, sondern sie wird namentlich auch von Sproßpilzen (Mycoderma cerevisiae, Mycoderma vini Pasteur) gebildet.

Beiläufig sei hier angeführt, daß die namentlich in essigarmem Essig vorkommenden Essigälchen (Anguillula aceti) als unappetitlich anzusehen sind und daß solcher Essig als verdorben im Sinne des Nahrungsmittelgesetzes zu beanstanden ist, wenn sie in erheblichen Mengen darin vorkommen. Solcher Essig muß vor dem Verkauf filtriert werden. Vereinzelt oder auch in kleinen Mengen finden sich Essigälchen öfters im Essig. Eine Gesundheitsschädlichkeit der Essigälchen ist nicht erwiesen.

13. Tabak.

An der Tabaksfermentation beteiligen sich nicht nur Bakterien, sondern auch Schimmelpilze wie Aspergillus fumigatus, Monilia candida usw. (Behrens). C. Suchsland hat zuerst Bakterienreinzuchten von westindischen Tabaken bei minderwertigen (deutschen) Tabaken mit Erfolg angewendet.

14. Wasser und Eis.

Die im Wasser vorkommenden Organismen sind teils tierische, teils pflanzliche. Zu den ersteren gehören die Infusorien, Rädertierchen, Würmer usw., die allerdings fast nur in verunreinigten Wässern (alten Kesselbrunnen, Abwässern u. dgl.) vorkommen; zu den letzteren zählen: Algen, Schimmelpilze, Hefenpilze, Fadenbakterien und die niedersten Formen, die Bakterien (Kokken, Stäbchen, Spirillen usw.).

Von diesen sind die Algen, namentlich so lange sie nicht in größeren Massen auftreten, für die Beurteilung eines Wassers nur ausnahmsweise von Bedeutung; ebenso die Hefen und Schimmelpilze, wenn sie nur vereinzelt vorkommen, in größerer Anzahl deuten sie auf Verunreinigung durch Oberflächenwässer, Abwässer, je nachdem sogar auf Wässer von bestimmten Betrieben. Von den Fadenbakterien sind hauptsächlich die Crenothrix- und Chlamidothrix-Arten zu nennen, die namentlich in eisenreichen Brunnenwässern vorkommen und darin sich bisweilen so stark ausbreiten, daß Schlammbildungen und Trübungen entstehen. Diese braunen Crenothrix-Ablagerungen haben oft schon zu Schwierigkeiten bei der Wasserversorgung von Städten geführt, indem durch sie die Wasserleitungsröhren total verstopft worden sind. Die Beggiatoa-Arten sind ebenfalls Fadenbakterien, sie leben speziell in Gewässern und Abwässern, welche Schwefelwasserstoff enthalten; den Schwefel lagern sie in Form von kleinen Körnchen in sich ab.

Die eigentlichen Bakterien kommen meistens für die Beurteilung von Trink- und Nutzwässern in Betracht. Viele derselben sind harmlose typische und auch zufällige Wasserbewohner und daher ohne hygienisches Interesse. Außer diesen kommen aber auch Bakterien (nichtpathogene) im Wasser vor, die einen Schluß auf den Reinheitsgrad eines Wassers zulassen; es sind dies die Fäulniserreger (Proteusarten u. dgl.), welche an der Verflüssigung der Nährgelatine hauptsächlich zu erkennen sind (Eiweißzersetzung). In Wässern also, welche organische Stoffe in größerer Menge enthalten, finden solche Bakterien den besten Nährboden. Brunnen, welche solche Fäulniserreger in größerer Menge bergen, sind des Zuflusses aus Dungstätten, von Oberflächen- und Tagewässern usw. verdächtig. Grundwasser (aus entsprechender Tiefe genommen) ist in der Regel steril oder nahezu steril. Die in solchem gefundenen Mikroorganismen sind gewöhnlich erst bei der Probenahme in das Wasser gelangt.

Aus der Zahl der in einem Wasser enthaltenen Keime (Kolonien) ist ein Schluß auf die Güte eines Wassers ohne weiteres nicht zu ziehen; ein einzelnes Stück einer pathogenen Art unter sehr wenigen vorhandenen Arten kann ein Wasser schon unbrauchbar machen. Die Ermittelung der Arten ist zeitraubend und kostet unverhältnismäßig viel

Mühe. Hefen, Sarcinen, fluoreszierende, verflüssigende und nicht verflüssigende Bakterien und verschiedene Farbstoffbildner kann man ohne
weiteres an ihren Kolonien erkennen. Immerhin gibt aber die Keimzählung
gute Anhaltspunkte für die Beurteilung eines Wassers, und man kann 50
bis 100 Kolonien pro 1 ccm Wasser im Trinkwasser ohne weiteres passieren
lassen; je nach Umständen, namentlich wenn Fäulniserreger fast gar
nicht vorhanden sind, können auch höhere Zahlen bis zu mehreren 100
Kolonien noch nicht beanstandet werden; jedoch nur dann, wenn die
chemische Untersuchung ein gutes Resultat gegeben hat, und auch
die örtliche Besichtigung der Brunnen usw. irgend welche Mißstände
nicht ergab. Für die fortlaufende Kontrolle von Filteranlagen für Nutzwasser (städtische Wasserversorgungen) ist die Keimzählung unentbehrlich. Siehe die Anweisung des Gesundheitsamtes, S. 615.

Für die Prüfung von Wasserfiltern auf ihre Durchlässigkeit werden
farbstoffbildende Bakterien, wie Bact. prodigiosum, Bact. violaceum, für
die Prüfung auf durchgegangene lösliche Stoffe Fluorescein (Uranin II),
Methyleosin, Kochsalz, Lithiumsalze usw. benutzt.

Krankheitserreger, wie die von Typhus, Cholera, Bacterium coli
usw., werden nach S. 620 u. ff. nachgewiesen; wo sie vorhanden sind,
deutet der Befund auf eine Verunreinigung des Wassers durch menschliche und tierische Abfallstoffe. Siehe insbesondere den Nachweis des
Bact. coli als Maßstab für Verunreinigungen des Wassers. In England
wird der Bacillus enteritidis sporogenes (Klein), andernorts werden
Streptokokken als geeignete Objekte dafür angesehen.

Bei Prüfung des Grades von Flußverunreinigungen usw. ist die
Beschaffenheit des Planktons durch eingehende mikroskopische Untersuchung festzustellen. Literaturhinweise siehe im chemischen Teil.
Typische Abwasser-Organismen (Polysaprobien bzw. stark Mesosapro-
bien) sind Sphaerotilus natans, Leptomitus lacteus, Beggiatoa alba,
Oscillatoriaarten, Carchesium Lackmanni, Lamprocystis roseo-persi-
cina, Streptococcus margaritaceus, Euglena viridis, Spirillumarten usw.

Eis wird wie Wasser begutachtet. Es sei aber darauf hingewiesen,
daß sehr viele Bakterienarten, auch pathogene, z. B. Typhus, gegen die
Einwirkung von Kälte sehr empfindlich sind. Vorsicht beim Genuß
von Eis, namentlich von „Natureis" ist deshalb sehr zu empfehlen.
Siehe auch den chemischen Teil.

Grundsätze für die Reinigung von Oberflächenwasser durch Sandfiltration.

Erlaß des Reichsamts des Innern vom 13. Jan. 1899.

§ 1. Bei der Beurteilung eines filtrierten Oberflächenwassers sind folgende
Punkte zu berücksichtigen:

 a) Die Wirkung der Filter ist als eine befriedigende anzusehen, wenn
  der Keimgehalt des Filtrats jene Grenze nicht überschreitet, welche
  erfahrungsgemäß durch eine gute Sandfiltration für das betreffende
  Wasserwerk erreichbar ist. Ein befriedigendes Filtrat soll beim Verlassen des Filters in der Regel nicht mehr als ungefähr 100 Keime
  im Kubikzentimeter enthalten.

 b) Das Filtrat soll möglichst klar sein und darf in bezug auf Farbe, Geschmack, Temperatur und chemisches Verhalten nicht schlechter sein,
  als vor der Filtration.

§ 2. Um ein Wasserwerk in bakteriologischer Beziehung fortlaufend· zu kontrollieren, empfiehlt es sich, wo die zur Verfügung stehenden Kräfte es irgend gestatten, das Filtrat jedes einzelnen Filters täglich zu untersuchen. Von besonderer Wichtigkeit ist eine solche tägliche Untersuchung:

a) nach dem Bau eines neuen Filters, bis die ordnungsgemäße Arbeit desselben feststeht,

b) bei jedesmaligem Anlassen des Filters nach Reinigung desselben, und zwar wenigstens zwei Tage oder länger bis zu dem Zeitpunkte, an welchem das Filtrat eine befriedigende Beschaffenheit hat,

c) nachdem der Filterdruck über zwei Drittel der für das betreffende Werk geltenden Maximalhöhe gestiegen ist,

d) wenn der Filterdruck plötzlich abnimmt,

e) unter allen ungewöhnlichen Verhältnissen, namentlich bei Hochwasser.

§ 3. Um bakteriologische Untersuchungen im Sinne des § 1 a veranstalten zu können, muß das Filtrat eines jeden Filters so zugänglich sein, daß zu beliebiger Zeit Proben· entnommen werden können.

§ 4. Um eine einheitliche Ausführung der bakteriologischen Untersuchungen zu sichern, wird das in der Anlage angegebene Verfahren zur allgemeinen Anwendung empfohlen.

§ 5. Die mit der Ausführung der bakteriologischen Untersuchung betrauten Personen müssen den Nachweis erbracht haben, daß sie die hierfür erforderliche Befähigung besitzen. Dieselben sollen, wenn irgend tunlich, der Betriebsleitung selbst angehören.

§ 6. Entspricht das von einem Filter gelieferte Wasser den hygienischen Anforderungen nicht, so ist dasselbe vom Gebrauch auszuschließen, sofern die Ursache des mangelhaften Verhaltens nicht schon bei Beendigung der bakteriologischen Untersuchung behoben ist.

Liefert ein Filter nicht nur vorübergehend ein ungenügendes Filtrat, so ist es außer Betrieb zu setzen und der Schaden aufzusuchen und zu beseitigen.

§ 7. Um ein minderwertiges den Anforderungen nicht entsprechendes Wasser beseitigen zu können (§ 6), muß jedes einzelne Filter eine Einrichtung besitzen, die es erlaubt, dasselbe für sich von der Reinwasserleitung abzusperren und das Filtrat abzulassen. Dieses Ablassen hat, soweit es die Durchführung des Betriebes irgend gestattet, in der Regel zu geschehen:

1. unmittelbar nach vollzogener Reinigung des Filters und

2. nach Ergänzung der Sandschicht.

Ob im einzelnen Falle nach Vornahme dieser Reinigung bezw. Ergänzung ein Ablassen des Filtrats nötig ist und binnen welcher Zeit das Filtrat die erforderliche Reinheit wahrscheinlich erlangt hat, muß der leitende Techniker nach seinen aus den fortlaufenden bakteriologischen Untersuchungen gewonnenen Erfahrungen ermessen.

§ 8. Eine zweckmäßige Sandfiltration bedingt, daß die Filterfläche reichlich bemessen und mit genügender Reserve ausgestattet ist, um eine den örtlichen Verhältnissen und dem zu filtrierenden Wasser angepaßte mäßige Filtrationsgeschwindigkeit zu sichern.

§ 9. Jedes einzelne Filter soll für sich regulierbar und in bezug auf Durchfluß, Überdruck und Beschaffenheit des Filtrats kontrollierbar sein; auch soll es für sich vollständig entleert, sowie nach jeder Reinigung von unten mit filtriertem Wasser bis zur Sandoberfläche angefüllt werden können.

§ 10. Die Filtrationsgeschwindigkeit soll in jedem einzelnen Filter unter den für die Filtration jeweils günstigsten Bedingungen·eingestellt werden können und eine möglichst gleichmäßige und vor plötzlichen Schwankungen oder Unterbrechungen gesicherte sein. Zu diesem Behufe sollen namentlich die normalen Schwankungen, welche der nach den verschiedenen Tageszeiten wechselnde Verbrauch verursacht, durch Reservoire möglichst ausgeglichen werden.

§ 11. Die Filter sollen so angelegt sein, daß ihre Wirkung durch den veränderlichen Wasserstand im Reinwasserbehälter oder Schacht nicht beeinflußt wird.

§ 12. Der Filtrationsüberdruck darf nicht so groß werden, daß Durchbrüche der obersten Filtrierschicht eintreten können. Die Grenze, bis zu welcher der Überdruck ohne Beeinträchtigung des Filtrats gesteigert werden darf, ist für jedes Werk durch bakteriologische Untersuchungen zu ermitteln.

§ 13. Die Filter sollen derart konstruiert sein, daß jeder Teil der Fläche eines jeden Filters möglichst gleichmäßig wirkt.

§ 14. Wände und Böden der Filter sollen wasserdicht hergestellt sein, und namentlich soll die Gefahr einer mittelbaren Verbindung und Undichtigkeit, durch welche das unfiltrierte Wasser auf dem Filter in die Reinwasserkanäle gelangen könnte, ausgeschlossen sein. Zu diesem Zwecke ist insbesondere auf eine wasserdichte Herstellung und Erhaltung der Luftschächte der Reinwasserkanäle zu achten.

§ 15. Die Stärke der Sandschicht soll mindestens so beträchtlich sein, daß dieselbe durch die Reinigungen niemals auf weniger als 30 cm verringert wird, jedoch empfiehlt es sich, diese niedrigste Grenzzahl, wo der Betrieb es irgend gestattet, auf 40 cm zu erhöhen.

§ 16. Es ist erwünscht, daß von sämtlichen Sandfilterwerken im Deutschen Reiche über die Betriebsergebnisse, namentlich über die bakteriologische Beschaffenheit des Wassers vor und nach der Filtration dem Kaiserlichen Gesundheitsamt, welches sich über diese Frage in dauernder Verbindung mit der seitens der Filtertechniker gewählten Kommission halten wird, alljährlich Mitteilung gemacht wird. Die Mitteilung kann mittels Übersendung der betreffenden Formulare in nur je einmaliger Ausfertigung erfolgen.

Anlage zu § 4.

Ausführung der bakteriologischen Untersuchung.

1. Herstellung der Nährgelatine.

Die Anfertigung der Nährgelatine ist nach folgender, lediglich zu diesem besonderen Zwecke gegebenen Vorschrift vorzunehmen.

Fleischextraktpepton-Nährgelatine.

Fleischextrakt Liebig	10 g
Trockenes Pepton Witte	10 g
Kochsalz	5 g

werden in

Wasser	1000 g

gelöst; die Lösung wird ungefähr eine halbe Stunde im Dampfe erhitzt und nach dem Erkalten und Absetzen filtriert.

Auf neunhundert Teile dieser Füssigkeit	900 g

werden

einhundert Teile feinste weiße Speisegelatine	100 g

zugefügt, und nach dem Quellen und Einweichen der Gelatine wird die Auflösung durch (höchstens halbstündiges) Erhitzen im Dampfe bewirkt.

Darauf werden der siedendheißen Flüssigkeit

dreißig Teile Normalnatronlauge [1])	30 g

zugefügt und jetzt tropfenweise solange von der Normal-Natronlauge zugegeben, bis eine herausgenommene Probe auf glattem, blauviolettem Lackmuspapier neutrale Reaktion zeigt, d. h. die Farbe des Papiers nicht verändert. Nach viertelstündigem Erhitzen im Dampfe muß die Gelatinelösung nochmals auf ihre Reaktion geprüft und wenn nötig, die ursprüngliche Reaktion durch einige Tropfen der Normalnatronlauge wieder hergestellt werden.

Alsdann wird der so auf den Lackmusblauneutralpunkt eingestellten Gelatine 1½ Teil kristallisierte, glasblanke, nicht verwitterte Soda [2]) zugegeben und die Gelatinelösung durch weiteres halb- bis höchstens dreiviertelstündiges Erhitzen im Dampfe geklärt und darauf durch ein mit heißem Wasser angefeuchtetes feinporiges Filtrierpapier filtriert.

---

[1]) An Stelle der Normalnatronlauge kann auch eine 4%ige Natriumhydroxydlösung angewandt werden.

[2]) Statt 1,5 Gewichtsteile krist. Soda können auch 10 Raumteile Normal-Sodalösung genommen werden.

Unmittelbar nach dem Filtrieren wird die noch warme Gelatine zweckmäßig mit Hilfe einer Abfüllvorrichtung, z. B. des Treskowschen Trichters, in sterilisierte (durch einstündiges Erhitzen auf 130—150°) Reagenzröhren in Mengen von 10 ccm eingefüllt und in diesen Röhrchen durch einmaliges 15—20 Minuten langes Erhitzen im Dampfe sterilisiert. Die Nährgelatine sei klar und von gelblicher Farbe. Sie darf bei Temperaturen unter 26° nicht weich und unter 30° nicht flüssig werden. Blauviolettes Lackmuspapier werde durch die verflüssigte Nährgelatine deutlich stärker gebläut. Auf Phenolphthalein reagiere sie noch schwach sauer.

2. Entnahme der Wasserproben.

Die Entnahmegefäße müssen sterilisiert sein. Bei der Entnahme der Proben ist jede Verunreinigung des Wassers zu vermeiden, auch ist darauf zu achten, daß die Mündung der Entnahmegefäße während des Öffnens, Füllens und Verschließens nicht mit den Fingern berührt wird.

3. Anlegen der Kulturen.

Nach der Entnahme der Wasserproben sind möglichst bald die Kulturen anzulegen, damit die Fehlerquelle ausgeschlossen wird, die aus der Vermehrung der Keime während der Aufbewahrungszeit des Wassers entsteht. Die Gelatineplatten sind daher möglichst unmittelbar nach Entnahme der Wasserproben anzulegen.

Die zum Abmessen der Wassermengen für das Anlegen der Kulturplatten zu benutzenden Pipetten müssen mit Teilstrichen versehen sein, welche gestatten, Mengen von 0,1—1 ccm Wasser genau abzumessen. Sie sind in gut schließenden Blechbüchsen durch einstündiges Erhitzen auf 130—150° im Trockenschrank zu sterilisieren.

Für die Untersuchung des filtrierten Wassers genügt die Anfertigung einer Gelatineplatte mit 1 ccm der Wasserprobe; für die Untersuchung des Rohwassers dagegen ist die Herstellung mehrerer Platten in zweckentsprechenden Abstufungen der Wassermengen, meist sogar eine vorherige Verdünnung der Wasserproben mit sterilem Wasser, erforderlich.

Das Anlegen der Gelatineplatten soll in der Weise erfolgen, daß die aus der zu untersuchenden Wasserprobe mit der Pipette unter der üblichen Vorsicht herausgenommene Wassermenge in ein Petrischälchen entleert und dazu gleich der zwischen 30 und 40° verflüssigte Inhalt eines Gelatineröhrchens gegossen wird. Wasser und Gelatine werden alsdann durch wiederholtes sanftes Neigen des Doppelschälchens miteinander vermischt; die Mischung wird gleichmäßig auf den Boden der Schale ausgebreitet und zum Erstarren gebracht..

Die fertigen Kulturschälchen sind vor Licht und Staub geschützt bei einer Temperatur von 20—22° aufzubewahren; zu diesem Zwecke empfiehlt sich die Benutzung eines auf die genannte Temperatur eingestellten Brutschrankes.

4. Zählung der Keime.

Die Zahl der entwickelten Kolonien ist 48 Stunden nach Herrichtung der Kulturplatten mit Hilfe der Lupe und nötigenfalls einer Zählplatte festzustellen. Die gefundene Zahl ist unter Bemerkung der Züchtungstemperatur in die fortlaufend geführten Tabellen einzutragen.

Die zymotechnische Wasseranalyse (nach Hansen).

Für den Brauereibetrieb ist es wichtig, zu wissen, ob das zur Bierbereitung benutzte Wasser und die Luft solche Keime enthalten, welche sich in Würze und in Bier entwickeln können. Diese Feststellung kann nach Hansen durch die Kochsche bakteriologische Untersuchung mit Fleischwasserpeptongelatine nicht getroffen werden. Nebeneinander herlaufende Versuche nach Koch und Hansen zeigten schon in der Keimzahl ganz bedeutende Unterschiede (vgl. Jörgensen, Mikroorganismen der Gärungsindustrie, 5. Aufl. 1909, Berlin). Um brauchbare Resultate zu erhalten, verwendet man anstatt der Kochschen Nährgelatine die S. 574 erwähnte Bierwürzegelatine und legt mit dieser die Plattenkulturen in gewöhnlicher Weise an oder verfährt nach Hansen:

20—25 Freudenreichsche Kölbchen, welche je 20 ccm sterilisierte Würze oder Bier enthalten, werden mit je 1 Tropfen = $^1/_{13}$ ccm des zu untersuchenden Wassers oder mit entsprechenden Verdünnungen (mit sterilem Wasser) geimpft, wie dies auch bei der bakteriologischen Untersuchung der Fall ist. Nach 8 tägigem Stehen bei 25° C im Brutschrank und weiteren 8 Tagen bei Zimmertemperatur werden die Kulturkolben untersucht. Zeigt nur ein Teil von ihnen Entwickelung und bleiben andere steril, so ist es ziemlich sicher, daß die ersteren nur einen entwickelungsfähigen Keim empfangen haben. Hierdurch erhält man Aufklärung über die Zahl der entwickelungsfähigen Keime in einem gewissen Volumen.

15. Boden.

Der Boden beherbergt die verschiedensten Arten von Mikroorganismen; ihre Zahl ist eine sehr variable und richtet sich nach dessen Gehalt an Nährstoffen, Feuchtigkeit, Wärme usw. Der höchste Keimgehalt findet sich jedoch nicht in den obersten Schichten, sondern erst in einer Tiefe von 25—50 cm (nach R. Koch). Die bakterienfeindlichen Sonnenstrahlen und andere Umstände (Wechsel von Trockenheit und Feuchtigkeit) sind wohl daran schuld. Die bakteriologische Untersuchung des Bodens wird im hygienischen Interesse nur ausnahmsweise verlangt und hat für den Chemiker kein besonderes Interesse. Pathogene Bakterien weist man direkt durch Tierversuche nach.

Für die Landwirtschaft namentlich sind von den im Boden vorkommenden Bakterien besonders wichtig:

a) Die Stickstoffsammler, Bakterien, welche den Stickstoff der Luft entnehmen und den Pflanzen zuführen (Leguminosenknöllchenbakterien). In Reinkulturen für die Praxis zur Aussaat mit Alinit u. a. bezeichnet.

b) Die Nitratbildner (nitrifizierende Bakterien, Leptothrix), wovon die Nitrosobakterien Ammoniak zu salpetriger Säure oxydieren (Winogradsky) und die Nitrobakterien, welche die salpetrige Säure zu Salpetersäure oxydieren.

c) Die denitrifizierenden Bakterien zersetzen stickstoffhaltige Körper und bauen dieselben bis zum Ammoniak, ja Stickstoff ab. Zu den bis zum Ammoniak abbauenden zählen viele Arten von Spaltpilzen, Eumyceten (Schimmelpilzen) usw. Der Abbau bis zum Stickstoff findet bei den salpetersauren Salzen statt und wird durch einige spezifische Denitrifikationsbakterien, zu welchen auch das Bacterium coli commune, namentlich in Symbiose mit anderen Arten, gehört, ausgeführt.

Den unter b) und c) genannten Arten kommt wahrscheinlich auch eine wichtige Rolle bei der biologischen Klärung der Abwässer zu.

Zur Prüfung von Bodenproben schüttelt man eine mit einem sterilen Löffelchen von bestimmtem Inhalt entnommene Probe mit 0,85%iger Kochsalzlösung kräftig und sät dann einen aliquoten Teil in die Nährgelatine oder andere Nährsubstrate aus. Im Boden, besonders in den Tiefen, kommen vielfach anaerobe Bakterien vor. Für Entnahme aus tieferen Schichten benützt man den Fränkelschen Bohrer.

16. Luft.

Qualitativ durch offenes Aufstellen von mit Nährgelatine beschickten Petrischalen etwa $^1/_4$ Stunde lang. Alsdann bedecken. Es siedeln sich meist Hefen und Sarcinen an. Quantitativ mit der Hesseschen Röhre oder nach Petri, welche in kleine, beiderseitig offene, mit etwa 5 g sterilem Sand gefüllte Röhren die zu untersuchende Luft (gemessene Menge) durchsaugen läßt, den Sand alsdann mit Nährgelatine vermischt und Platten gießt. Ficker nimmt statt Sand Glaspulver. Vgl. im übrigen S. 570.

Das bei der zymotechnischen Wasseranalyse Gesagte ist in sinngemäßer Weise auch auf Luft übertragbar.

C. Anleitung zu medizinisch-bakteriologischen Untersuchungen.

1. Die Untersuchung von Sputum, Milch [1]) usw. auf Tuberkelbazillen.

Die Untersuchung von Sputum zerfällt in eine makroskopische und eine mikroskopische.

---

[1]) Betr. infektiöser Eutererkrankungen. Siehe S. 598.

Man prüft zunächst auf Aussehen, Geruch, Farbe, Konsistenz, Durchsichtigkeit, Blut, Eiter. Zu diesem Zweck breitet man Sputum auf einem schwarzen Teller aus. Eine Besichtigung mit der Lupe ergibt sodann weitere Beimengungen und bisweilen auch indifferente Körper, wie Brotkrumen, Fleischfasern usw.

Vorbereitung des Sputums für die mikroskopische Untersuchung auf Tuberkelbazillen und Kokken.

Man isoliert die einzelnen Partien, nimmt mittels zweier Platinnadeln, die jedesmal vor dem Gebrauch auszuglühen sind, ein kleines Flöckchen und namentlich die gelbkäsigen Knöllchen, sog. Linsen, heraus und bringt sie auf das Deckgläschen, streicht sie hier mit der Nadel in eine feine Schicht aus, oder man bringt sie zwischen zwei Deckgläschen und zieht diese unter mäßigem Zerreiben in paralleler Richtung voneinander ab. Eine Zusatzflüssigkeit zum Verdünnen des Sputums ist nur selten nötig; man nimmt hierzu entweder sterilisiertes, destilliertes Wasser oder 0,85%ige sog. physiologische Kochsalzlösung. Diese Präparate werden nun fixiert, indem man sie dreimal mäßig schnell durch die Flamme zieht. Sie können nun nach einer der nachstehenden Methoden gefärbt werden.

Man darf sich mit einem oder nur wenigen Präparaten nicht begnügen, wenn man nicht sofort die Tuberkelbazillen findet. Sind keine oder wenige Bazillen im Sputum vorhanden, so bediene man sich der folgenden, auf dem Prinzip der Sedimentierung beruhenden raschen Anreicherungsverfahren [1]):

a) Verfahren nach Biedert-Mühlhäuser-Czaplewski:

Man schüttele ein Volumen Sputum mit 2—4 Vol. 0,2%iger NaOH 1 Minute kräftig durch; falls die Masse noch nicht gleichmäßig ist, setze man noch mehr NaOH zu und schüttele wieder, sodann koche man, bis eine gleichmäßige Flüssigkeit entsteht. Nunmehr setze man 1 bis 2 Tropfen Phenolphthaleinlösung und tropfenweise 5%ige Essigsäure unter starkem Umrühren zu, bis die Rotfärbung verschwunden ist; dann lasse man im Spitzglase absitzen und dekantiere. Nach dem Durchmischen werden aus der Masse Präparate hergestellt. Oder man zentrifugiere nach Zusatz des doppelten Volumens 96%igen Alkohols und benütze das Sediment zu Präparaten.

b) Verfahren nach Sachs-Mücke:

Man setze zu dem Sputum nach und nach Wasserstoffsuperoxyd, wodurch das Sputum verflüssigt wird. Im durch Zentrifugieren gewonnenen Rückstand Nachweis der Bazillen ausführen.

c) Verfahren nach N. Abe (Arch. f. Hyg. 1908, S. 372).

Homogenisierung der Sputummasse und gleichzeitige Abtötung der Bakterien wird erreicht durch 10 minutenlanges Schütteln des Sputums im Glasstopfenglas mit 30 ccm einer Lösung von 2 g Sublimat, 10 g Kochsalz, 1000 ccm destilliertem Wasser. Dann wird zentrifugiert.

---

[1]) Von den biol. Verfahren (Nährbodenkulturen) und Tierversuchen, wovon letztere stets am besten den Nachweis erbringen, wird hier abgesehen. Vgl. Abel, bakteriol. Taschenbuch. l. c.

d) Mit Antiformin. 2—10 ccm Sputum werden mit der 2- bis
3fachen Menge 10%igen Antiformins im Reagenzglase mit Stopfen oder
Lentzschem Sicherheitsmischzylinder [1]) bis zur völligen Homogenisierung geschüttelt (etwa 5 Min.); die Masse wird sodann aufgekocht
und zentrifugiert. Das Antiformin wird abgesaugt. Das Sediment
wird mit etwas Wasser, dem etwas Eiweiß, Serum oder unbehandeltes
Sputum zum besseren Haften auf dem Objektträger zugesetzt ist, auf
diesem ausgebreitet. Weitere Methoden siehe Spezialliteratur.

Milch, Harn usw. werden in derselben Weise wie Sputum untersucht. Die verdächtigen Flüssigkeiten müssen längere Zeit erst stark
zentrifugiert (4000 Umdrehungen pro Minute) werden, um die Bakterien
im Bodensatze anzureichern.

Anstatt auf Deckgläschen kann man das Sputum, wie überhaupt
jedes andere Material direkt auf die Objektträger aufstreichen, trocknen
und fixieren; jedoch hat man sich zu vergegenwärtigen, daß das dicke
Glas langsamer durch die Flamme gezogen werden muß und daß das
Glas leicht zu heiß wird, so daß die Präparate verderben; man läßt deshalb die Präparate am besten lufttrocken werden. Die Färbung der
Ausstrichpräparate geschieht dann wie unten angegeben ist, die mikroskopische Untersuchung aber nach dem Trocknen des Objektträgers
direkt in Öl, ohne Auflegen eines Deckglases.

In Zweifelfällen und wo es die Zeit zuläßt, nimmt man die Ver-
impfung auf Tiere (Kaninchen) vor.

Färbmethoden für Ausstrichpräparate. Man benützt bis
heute die alten bewährten Verfahren:

a) Nach Ehrlich-Ziehl-Neelsen. Die fixierten Präparate färbt
man mit Kochscher Anilinwasser-, Fuchsin- oder Ziehl-Neelsenscher
Karbolfuchsinlösung, indem man das Uhrschälchen mit der Lösung,
auf der die Deckgläser mit der präparierten Seite nach unten schwimmen,
über dem Bunsenbrenner so lange erwärmt, bis die Farblösung dampft
und Blasen wirft. Man spült die Präparate dann im Wasser ab, bringt
sie einen Moment in 5%ige Schwefelsäure oder verdünnte Salpetersäure
(1 : 3) und dann in 70%igen Alkohol. Nachfärben mit Methylenblau.
Tuberkelbazillen sind rot, Gewebsteile und andere Organismen blau.
Sporen anderer Bakterien und Fettsäurekristalle färben sich auch rot.

b) Nach Kaatzer. Man färbt kalt mit übersättigter Gentiana-
violettlösung 24 Stunden hindurch oder durch Erwärmen auf 80° C
drei Minuten lang. Dann entfärbt man mit folgender Flüssigkeit: Mischung von 100 ccm 90%igem Alkohol, 20 ccm Wasser und 20 Tropfen
konzentrierter Salzsäure, spült mit 90%igem Alkohol ab und färbt
mit konzentrierter, wässeriger Vesuvinlösung nach.

Tuberkelbazillen dunkelviolett, die Gewebsteile und andere Organismen braun.

c) Nach Fränkel und Gabett. Die Präparate werden zwei
Minuten lang in Ziehl-Neelsenscher Lösung gefärbt, eine Minute
lang in Gabettsche Methylenblauschwefelsäure (25%ige Schwefelsäure 100 Teile, Methylenblau 1—2 Teile) oder Fränkelsche Methylen-

---

[1]) Zentralbl. f. Bakteriol. I. 70, 108.

blausalpetersäure (H_2O 30 g, Alkohol 50 g, Salpetersäure 20 g, Methylenblau bis zur Sättigung) gebracht und in Wasser abgespült.
Tuberkelbazillen rot, Gewebsteile usw. blau.

d) **Nach Pappenheim** [1]). Färben mit Karbolfuchsin 2 Min.
unter Aufkochen. Ohne Abspülen für 1 Min. in folgende Lösung: Coral-
lin 1, gesättigte Lösung von Methylenblau in Alcoh. absol. 100, Glyzerin 20. Abspülen in H_2O, trocknen.

e) **Nach Kronberger** [1]). Färben mit Karbolfuchsin bis zur
Dampfbildung. Entfärben mit $15^0/_0$iger HNO_3. Abspülen mit $60^0/_0$igem
Alkohol, Jodtinktur und 4facher Menge $60^0/_0$igen Alkohols einige
Sekunden, stark abspülen, trocknen.

Tuberkelbazillen rot mit dunkelroten bis schwarzen Körnchen,
die auch freiliegend gefärbt (**Muchsche Granula**) sind. Andere Bakterien
und Gewebe ungefärbt.

f) **Kontrastfärbung nach Aßmann** (Münch. med. Wochenschr.
1909, S. 658).

α) mit heißem Carbolfuchsin etwa 1 Minute lang und Entfärben abwechselnd in $5^0/_0$iger H_2SO_4 und absolutem Alkohol.

β) Abflößen mit Wasser und Trocknen mit Fließpapier.

γ) Einlegen in Petrischälchen und Bedecken mit 40 Tropfen Jenner-
scher Lösung [2]). 5 Minuten einwirken lassen.

δ) Übergießen mit 20 ccm Wasser, dem vorher 5 Tropfen einer $0,1^0/_0$igen
Kaliumkarbonatlösung zugesetzt worden sind. Umschütteln bis zur
gleichmäßigen Verdünnung und 3 minutenlanges Nachfärben.

ε) Herausnehmen, kurzes Abspülen mit destilliertem Wasser, vorsichtiges Abtrocknen mit Fließpapier. Ölimmersion: Protoplasmaleib
der Leukozyten scharf umschrieben in zartem Graurosaton gefärbt,
von dem sich die roten, bei intrazellularer Lagerung anscheinend
regelmäßig von einem schmalen Lichthof umgebenen Tuberkelbazillen scharf abheben. Alle nicht säurefesten Bakterien sind tiefblau
gefärbt.

g) **Nachweis der granulären, nach Ziehl nicht färbbaren Form von Tuber**
kelbazillen nach **Much-Schottmüller.**

1. Möglichst gleichmäßiger, dünner Ausstrich von Eiter oder Sputum
auf Objektträger;

2. Fixieren des Präparates kurz in Formolalkohol und Abtrocknen
mit Filtrierpapier;

3. 1—2 mal 24stündige Färbung bei Zimmertemperatur in einer alkoholischen Carbol-Methylviolettlösung (10 ccm alkoholische Methylviolettlösung in 100 ccm $2^0/_0$iger Carbolwasserlösung, sorgfältiges
Filtrieren des Gemisches). Aufrechtes Einstellen der Objektträger
in weite Reagenzgläser, um möglichst Niederschläge zu vermeiden.

4. Jodierung mit Lugolscher Lösung (s. S. 578) 10—15 Minuten;

5. $5^0/_0$ Salpetersäure 1 Minute;

6. $3^0/_0$ Salzsäure 10 Sekunden;

7. Acetonalkohol (gleiche Teile Aceton und Alkohol). Die Entfärbung
geschieht so lange, bis kein Farbstoff mehr abfließt. Wiederholte
Kontrolle des Präparates unter dem Mikroskop; Abtrocknen mit
Filtrierpapier;

---

[1]) Abel, l. c.
[2]) Darstellung der Jennerschen Färbeflüssigkeit: 1 g Methylenblau
med. Höchst, sowie 1 g Eosin B. A. extra Höchst löse man je in einem Liter
Wasser, gießt alsdann die Lösungen zusammen, mischt, läßt 1 Tag stehen,
sammelt den Niederschlag auf einem Filter, wäscht mit Wasser solange aus,
bis das ablaufende Wasser farblos erscheint, trocknet hierauf und löst 0,5 g
dieses eosinsauren Methylenblaus in 100 g reinem Methylalkohol.

8. Nachfärbung mit 1%iger Safraninlösung 5—10 Sekunden; Abspülen
mit Wasser; Abtrocknen mit Fließpapier;

9. Kurzes Trocknen ohne Flamme;

10. Besichtigung des Präparates mittels Ölimmersion.

Auf die modifizierte Hermansche Granulafärbung wird verwiesen.
Siehe Süddeutsche Apothekerzeitung 1909, Nr. 48.

2. Nachweis von Gonokokken in Urin, Sekreten usw.

Färbung nach Neißer:

Man bringt die Deckglaspräparate, die wie die von Sputum angefertigt werden, in konzentrierte alkoholische Eosinlösung, erhitzt die
Flüssigkeit, saugt dann die Eosinlösung mit Filtrierpapier ab, legt $\frac{1}{4}$ Mi-
nute in konzentrierte alkoholische Methylenblaulösung, spült mit Wasser
ab und bringt das Deckglas auf den Objektträger wie oben angegeben.
(Semmel- bzw. nierenförmige Diplokokken blau, Zellen rot, Zellkerne
ebenfalls blau.) Färbung besonders schön nach Unna-Pappenheims
Doppelfärbung: Färben 5—10 Min. in Methylgrün OO krist. gelbl.
Dr. Grübler Leipzig 0,15 + Pyronin 0,25 + 96%igen Alkohol 2,5
+ Glyzerin 20,0 + 0,5%iges Karbolwasser 100. Abspülen in Wasser.
Gewebe blaugrün, Bazillen rot.

Über die Kulturverfahren vgl. die Literatur.

3. Nachweis von Typhus- (Paratyphus-) und Kolibakterien im Wasser (Trink- und Abwasser).

Typhus. Es ist von vornherein zu betonen, daß der Nachweis von
Typhus im Wasser ein äußerst schwieriger und nur selten mit Sicherheit
zu erbringen ist, da die Wässer in der Regel schon reich an den ver-
schiedenartigsten anderen und typhusähnlichen Bakterien, wie die Coli-
arten usw., sind, wodurch die Typhuskeime schwer erkennbar werden.
Eine Anreicherung von Typhusbazillen kann man durch Filtrieren größerer
Mengen Wassers nach dem Verfahren von Hesse[1] durch sterilisiertes
Kieselgur, das um eine sterilisierte Berkefeld-Filterkerze gelegt wird,
oder durch Verdunstung von je 5—10 ccm Wasser auf einer größeren Zahl
von Platten oder nach Müller[2] durch Zusatz von 5 ccm offizineller
Eisenoxychloridlösung auf 3 Liter Wasser (Fällung zentrifugieren und auf
Platten aussäen) erreichen. Man unterscheidet die Typhusbakterien
von den Coliarten durch:

1. Züchten auf den nachstehend bezeichneten Nährböden (Bebrüten bei 37° während 16—24 Stunden):

Gelatine, Agar, Kartoffel, Bouillon und Peptonwasser (Indolbildung), Milch, deren Herstellungsweise im allgemeinen Teil S. 572
beschrieben ist, sowie auf bzw. in den folgenden besonderen Nährböden[3]:

---

[1] Zeitschr. f. Hygiene 69, 522 u. 70, 311.
[2] Zeitschr. f. Hygiene 51, 1.
[3] Die darin enthaltenen Stoffe halten das Wachstum anderer Bakterien
als der Typhusbakterien und verwandter Arten zurück.

a) **Lackmus(nutrose)agar** nach v. Drigalski und Conradi [1]). Zu 1 Liter verflüssigten Nähragar (Fleischwasser mit 3,5% Agar, 1% Pepton, 0,5% Kochsalz) wird, nachdem es ev. mit 1% Nutrose versetzt und gegen Lackmus schwach alkalisch ist, Lackmusmilchzuckerlösung zugesetzt. Letztere besteht aus 130 ccm Lackmuslösung (Fabrik. Kahlbaum), die, nachdem sie 10 Minuten gekocht ist, mit 15 g chemisch reinem Milchzucker versetzt und dann nochmals 15 Minuten (genau) gekocht ist. Dieser heiß zusammengegossenen Mischung von Agar und Lackmusmilchzuckerlösung setzt man sofort tropfenweise 10%ige Lösung wasserfreier Soda in dest. Wasser zu. Beim Umschütteln muß der entstehende rote Schaum in wenigen Sekunden blauviolett werden. Zu dem schwach alkalischen Nährboden werden 10 ccm frisch bereiteter Lösung von 0,1 g Kristallviolett B der Höchster Farbwerke in 100 ccm sterilem noch heißem destilliertem Wasser und 6 ccm einer sterilen warmen 10%igen Sodalösung hinzugefügt. Von der Mischung sind zu sofortigem Gebrauch Petrischalen oder größere Doppelschalen mit 2 mm Agarschichtdicke oder 200 ccm-Kölbchen vorrätig zu halten. Nach Aussaat bei 37° bebrüten.

b) **Fuchsinnährboden** nach Endo [2]): 1 l 3%iges Nähragar) wird neutralisiert und mit 10 ccm 10%iger Sodalösung alkalisiert. Dieses Nähragar versetze man mit 10 g chemisch reinem in wenig heißem Wasser gelöstem Milchzucker, dann mit 5 ccm gesättigter alkoholischer filtrierter Fuchsinlösung und darauf mit etwa 25 ccm frisch bereiteter 10%iger Natriumsulfitlösung, bis der heiße rosa gefärbte Nährboden kalt ganz oder fast farblos ist (es empfiehlt sich, eine Probeplatte zu gießen). Den sterilisierten Nährboden bewahre man in Dunkeln und möglichst unter Luftabschluß in kleinen Flaschen mit Patentverschluß auf.

c) **Kongorotagar** nach Liebermann und Acél [4]). Zu 1 l mit Sodalösung schwach alkalisiertem Nähragar werden 15 g Milchzucker und 3 g Kongorot hinzugefügt; die Lösung wird gekocht und nach dem Sterilisieren in kleinen Portionen aufbewahrt.

d) **Lackmusmolke** nach Petruschky. Magermilch und Wasser, zu gleichen Teilen gemischt, werden auf 40—50° erwärmt und mit soviel verdünnter Salzsäure versetzt, bis alles Kasein ausgefällt ist. Das Filtrat wird mit Sodalösung unter Zugabe von Lackmus genau neutralisiert. Man filtriert bis zur Klarheit und gibt sterile Lackmustinktur bis zur Violettfärbung zu. Die Mischung wird sterilisiert.

e) **Neutralrotagar** wird hergestellt aus Nähragar, 0,3% Traubenzucker und 1% kaltgesättigter wässeriger im Dampf sterilisierter Neutralrotlösung.

f) **Lackmus-Nutrose-Milchzucker-(Dextrose)-(Saccharose-)lösung** (Barsiekowscher Nährboden) wird aus dünner Lackmuslösung mit Zusatz von 1% Nutrose, 0,5% Kochsalz, 1% Milchzucker und ev. 1% Dextrose oder 1% Saccharose hergestellt. Schwach alkalisieren und bis zur Klarheit filtrieren.

g) **Lackmus-Mannit-(Maltose)-agar**. Bereitung wie a) unter Ersatz des Milchzuckers durch 2% Mannit bzw. Maltose.

h) **Malachitgrün-Safranin-Reinblauagar** nach Löffler [5]). 1 l 3%igen neutralisierten Nähragars (siehe S. 573) werden mit 5 ccm n-Natronlauge und am Schluß der Sterilisation mit 100 ccm 10%iger Nutroselösung versetzt und in Flaschen aus Jenenser Glas abgefüllt zum Klären durch Absitzen. Zum Gebrauch werden 100 ccm des verflüssigten, auf etwa 45° abgekühlten Agars mit folgenden Stoffen gut vermischt:

1. 3 ccm durch Kochen sterilisierte, filtrierte Rindergalle,
2. 1 ccm 0,2%ige wässerige Lösung von „Safranin rein“ (Dr. Grübler),
3. 3 ccm 1%ige wässerige Lösung von „Reinblau doppelt konzentriert“ (Höchster Farbwerke),
4. 3 bzw. 4 ccm 0,2%ige wässerige Lösung von „Malachitgrün, kristallisiert chemisch rein“ (Höchster Farbwerke).

[1]) Zeitschr. f. Hyg. 39, 283; nach Abel, l. c.
[2]) Zentralbl. f. Bakteriol. I. Originalarb. 35, 109. Die Firma Merck-Darmstadt bringt Endotabletten in Handel, die neutralem Nähragar zuzusetzen sind.
[3]) Siehe unter a.
[4]) Deutsch. med. Wochenschr. 1914, 2093.
[5]) Ebenda 1909, Nr. 30.

i) Auf das Ficker-Hoffmannsche Verfahren mit Koffein kann nur verwiesen werden. Im allgemeinen verfährt man derart, daß man die durch Anreicherung erhaltenen (siehe oben) Niederschläge auf Malachitgrünagar aufstreicht und bebrütet. Man schwemmt nach eingetretenem Wachstum mit 0,85%iger NaCl-Lösung ab und streicht die Abschwemmung auf v. Drigalski-Conradische Agarplatte und weiter auf die übrigen in der vorstehenden Übersicht angegebenen Nährsubstrate.

Typhusbazillen lassen sich auf allen üblichen auch sauren Nährböden züchten und wachsen auch bei Zimmertemperatur, sie können mit den gebräuchlichen· Farblösungen, jedoch nicht nach Gram gefärbt werden und sind lebhaft beweglich, zahlreiche, lange, leicht abreißende, peritriche Geißeln besitzend. Ihre nähere Charakteristik ergibt sich aus der am Schlusse des Abschnittes befindlichen Vergleichsübersicht (Typhus, Paratyphus A und B und Coli).

2. Agglutination (nach Gruber-Durham).

Man bedarf zu dieser Prüfung eines Typhusimmunserums von bekannter Wirksamkeit (1 : 10 000). Auf die Gewinnung desselben kann hier nicht näher eingegangen werden, es wird vielmehr der Bezug von staatlichen Instituten empfohlen. Überdies werden Trockensera vom Schweizer Serum- und Impf-Institut in Bern (Vertrieb durch J. D. Riedel A.-G., Berlin-Britz) hergestellt, ferner ist eine etwa 20stündige bei 37° gewachsene Agarkultur der zu prüfenden Bakterienart erforderlich. Der Agglutinierversuch [1]) zerfällt [2]) in folgende 2 Teile:

a) Vorläufige Prüfung im hängenden Tropfen (0,85%ige Kochsalzlösung) bei schwacher Vergrößerung mit dem spezifisch möglichst hochwertigen Serum (Verdünnungen 1 : 50 und 1 : 100) mit einer Nadelspitze frischer Kultur sofort. Beobachtung während eines 2stündigen Verweilens (des Präparates) im Brutschrank bei 37°. Deutliche Häufchenbildung.

b) Bestimmung im Reagenzglase. Man stellt mit 0,85%iger Kochsalzlösung Verdünnungen des Testserums 1 : 100, 1 : 500, 1 : 1000, 1 : 2000 her. Von diesen Verdünnungen wird je 1 ccm in geeignete kleine Reagenzröhrchen [3]) gegeben und je eine Öse der zu prüfenden 20 Stunden alten bei 37° gewachsenen Agarkultur darin verrieben und durch Schütteln gleichmäßig verteilt. Nach spätestens 3stündigem Aufenthalt im Brutschrank bei 37° werden die Röhrchen besichtigt. (Schräg halten und von unten nach oben betrachten, ev. mit Lupe.) Häufchenbildung gilt als positiver Ausfall. Möglichst Vergleichsversuche mit bekannter Typhuskultur anstellen.

3. Pfeifferscher Versuch (Bakteriolyse im Tierkörper) besteht darin, daß die zu prüfende Kultur mit hochwertigem Immunserum gemischt, Meerschweinchen intraperitoneal eingespritzt wird. Die

---

[1]) Unter Agglutination versteht man die Eigenschaft des Typhus-Immunserums (bzw. auch desjenigen anderer Bakterienarten), einer Aufschwemmung der betr. Bakterien zugesetzt, diese auszufällen und miteinander zu Haufen zu verkleben.

[2]) Vgl. Anleitung für die bakteriol. Feststellung des Typhus nach der amtlichen Dienstanweisung für die zur Typhusbekämpfung eingerichteten Untersuchungsämter (bes. Beilage zu den Veröffentl. d. Kaiserl. Gesundheitsamtes 1904, 1275.

[3]) Woithe hat besondere Reagenzglasgestelle für diese Zwecke angegeben.

Identität mit Typhus ist erwiesen, wenn nach kurzer Zeit Auflösung der Bakterien eingetreten ist. Im negativen Falle bleiben die Bakterien in ihren spezifischen Eigenschaften nachweisbar. Der Pfeiffersche Versuch wird nur in besonderen Fällen vorgenommen.

4. **Indolreaktion.** Dem durch Bakterienwachstum stark getrübten Peptonwasser (10 ccm) setzt man 1 ccm einer $0,02^0/_0$igen Lösung von KNO_2 zu und unterschichtet einige Tropfen konzentrierte Schwefelsäure. Rosa- bis Rotfärbung der Berührungszone der beiden Flüssigkeiten zeigt Indol an. Der Farbstoff läßt sich mit Amylalkohol ausschütteln. Typhusbakterien geben keine Indolreaktion, Bact. coli dagegen eine solche.

Kolibakterien werden, gegebenenfalls nach dem Anreichern nach den bei Typhus beschriebenen Verfahren mittels der **Eijkmannschen Gärprobe**[1]) wie folgt nachgewiesen:

Eijkmann fand, daß die Colibakterien bei einer Temperatur von 6^0 C die meisten anderen überwuchern und in Traubenzuckerlösung Gas bilden. Die Prüfung wird in einem Gärkölbchen[2]), wie Fig. 8 zeigt, durch Ansetzen von 100, 50 oder weniger ccm Wasser mit $^1/_6$—$^1/_8$ ihres Volumens sterilisierter wässeriger Lösung von $10^0/_0$ Glukose, $10^0/_0$ Pepton, $5^0/_0$ Kochsalz vorgenommen. Trübung und Gasbildung wird durch Bact. coli hervorgerufen. Bei positiver Reaktion ist Identifizierung nach den im späteren angegebenen Methoden vorzunehmen.

Stark verunreinigtes Wasser muß mit sterilisiertem destilliertem Wasser erst entsprechend verdünnt werden. Stets sind mehrere Kontrollbestimmungen zu machen. Bei besonders bakterienarmem Wasser empfiehlt es

Fig. 8.

sich, eine Anreicherung der Bakterien durch Bebrüten einer Mischung von 50 ccm des betreffenden Wassers mit derselben Menge neutraler Bouillon bei 37^0 während 24 Stunden vorzunehmen. Von dieser Kultur wird 1 ccm mit 10fach verdünnter Traubenzuckerpeptonlösung ebenfalls bei 46^0 im Gärkölbchen bebrütet. **Bulir**[3]) ersetzt den Traubenzucker durch Mannit (30 g zu 1 l Fleischwasserpeptonlösung) und setzt der mit Soda neutralisierten Lösung $2^0/_0$ einer sterilisierten wässerigen $0,1^0/_0$igen Neutralrotlösung zu. Bei Anwesenheit von Coli verwandelt sich die rote Farbe in eine gelbe, grünfluorescierende.

---

[1]) Zentralbl. f. Bakteriol. I. **37**, 742.

[2]) Man kann auch ein gewöhnliches Reagenzglas, das mit der sterilisierten Nährlösung beschickt ist, nehmen, in dem sich ein etwa 2—2,5 cm langes und 6—8 mm weites unten zugeschmolzenes Röhrchen befindet. Letzteres wird mit der Öffnung nach unten hineingestellt und muß völlig mit der Flüssigkeit gefüllt sein (Durham).

Da die in Wasser gelöste Luft als Luftblase am oberen Ende des geschlossenen Schenkels erscheint, so muß, um Irrtümer zu vermeiden, ein Parallelversuch nur mit Wasser gemacht werden.

In Amerika wird als sog. Presumptive test für B. coli die Milchzuckergallenmethode (Jackson) empfohlen. Näheres siehe Ohlmüller und Spitta, l. c.

[3]) Arch. f. Hygiene **62**, 1.

Kulturelle Merkmale¹).

	Typhus	Paratyphus A	Paratyphus B³)	Bact. coli
Beweglichkeit	lebhaft, 8—14 peritriche Geißeln	lebhaft, peritriche Geißeln	lebhaft, peritriche Geißeln	mäßig, 4—8 Geißeln
Gelatine	zart, grau, später gelbl., oberfl. Kol. Weinblattform (klein, 1—3 mm)	zart, grau, später gelbl., oberfl. Kol. rundlich	grauweiß, später gelbl., oberfl. Kol. rundlich, schleimig	grau, bald gelb-braun, oberfl. Kol. flach, wenig gefurcht
Agar	zart, durch-scheinend	zart, durch-scheinend	weißlich bis gelb	dick, weißlich
Kartoffel	kaum sichtbarer Rasen	kaum sichtbarer Rasen	graugelber Rasen	graubrauner Rasen
Bouillon u. Peptonw. Indolbildung	Trübung 0	Trübung 0	Trübung 0	Trübung stark
Milch	keine Gerinnung	keine Gerinnung	keine Gerinnung, nach 1—3 Wochen Aufhellung	Gerinnung
Lackmusmolke	sehr geringe Trüb., geringe Rötung	geringe Trübung und Rötung	Trübung und Rötung, nach einigen Tagen Aufhellung und Bläuung	starke Trübung und Rötung

Neutralrotagar	keine Veränderung	Fluoresz., Gasbildung, leichte Entfärbung	Fluoresz., Gasbildung, leichte Entfärbung	Fluoresz., Gasbildung, starke Entfärbung
Lackmus-Milchzucker-Agar nach Drigalski-Conradi	Kol. zart, durchsichtig, blau	Kol. zart, durchsichtig, blau	Kol. saftig, blau	Kol. undurchsichtig, rot
Endofuchsinagar	zart, farblos	zart, farblos	farblos	dick, rot, später Metallglanz
Kongorotagar	zart, durchsichtig rot	zart, durchsichtig rot	zart, rot	dick, blauschwarz
Lackmus-Nutrose-Dextroselösung	Rötung, (meist) Trübung	Rötung, Trübung	Rötung, Trübung	Rötung, Gerinnung, Gasbildung
Lackmus-Nutrose-Milchzucker-lösung	keine Veränderung	keine Veränderung	keine Veränderung	Rötung, Gerinnung, Gasbildung
Lackmus-Saccharoseagar	keine Veränderung	keine Veränderung	keine Veränderung	Rötung (nicht stets)
Lackmus-Mannitagar	Rötung	Rötung	Rötung	Rötung
Lackmus-Maltoseagar	Rötung	Rötung	Rötung	Rötung
Malachitgrünagar	blau durchscheinend [2]	rund, glashell, bläulich	ähnlich wie Typhus[4]	rot oder rötlich

[1]. Im wesentlichen nach Abel (l. c.).
[2]. Desgleichen Bac. enteritidis Gärtner.
[3]. Flach pyramidal mit unebener Oberfläche und Metallglanz nach mehr als 24 Stunden.
[4]. Bac. Gärtner rund, saftig, rot.

Man prüft dann noch die Flüssigkeit mit alkalischer Lackmustinktur
(100 g Tinktur Kahlbaum + 2 ccm Normalnatronlauge) auf Säure.
Umschlag in Rot bei Anwesenheit von Coli. Der nach Anreicherung
im Brutschrank und nach 48 Stunden getrübte Gärröhrcheninhalt wird
durch Ösenausstrich auf Drigalski-Conradi Nährböden, sowie auf die
übrigen S. 621 beschriebenen Nährsubstrate übertragen. Nach Pad-
lewsky, Pharmaz. Zentralhalle 1908, S. 736 wachsen auf einem rinder-
gallehaltigen Malachitgrünnährboden Kolikolonien grün, Typhus goldgelb. Haben die Plattenkulturen coliähnliche Keime ergeben, so werden
sie nach den übrigen gebräuchlichen diagnostischen Methoden, d. h. Anlegen von nach Gram gefärbten Präparaten (vgl. S. 586), Feststellung
von Bewegung und Gasbildung, Milchkoagulation, Indolbildung (Methode S. 623), Wachstum auf Kartoffel, Gelatine [1]) und Bouillon, sowie
durch die Agglutinationsprobe mit spezifischem Coli-Immunserum
(Näheres siehe bei Typhus) weiter untersucht. Siehe tabellarische Übersicht S. 624 über die Identitätsmerkmale. Bei der mikroskopischen
Untersuchung des bei 46° gärenden Inhaltes des Kolbens findet man
mit mehr oder weniger Eigenbewegung begabte, meist jedoch unbeweg-
liche Stäbchen, dann und wann mit Kokken vermischt.

Jedoch ist folgendes zu beachten. Die Agglutination tritt nicht
bei allen Stämmen auf. Gasbildner sind nicht immer echte Colibakterien; es gibt auch solche, die z. B. in Peptonwasser kein Indol geben,
Milch nicht zum Gerinnen bringen, oder eine andere typische Wuchsform
auf Gelatine und Kartoffel zeigen; jedoch verflüssigt keine Abart Gelatine. Auch die Intensität der Gasbildung ist verschieden.

Der Nachweis des typischen Bact. coli weist auf Infektionsverdächtig-
keit eines Wassers. Der Verdacht ist nach Ohlmüller und Spitta (l. c.)
besonders begründet, wenn der Nachweis in 1 ccm Wasser erfolgt ist.

Seltener angewendet wird das Verdünnungsverfahren, Thermophilentiter und Colititer genannt, nach Petruschky und Pusch [2]), Bact. coli
als Maßstab für Fäkalverunreinigung von Wässern.

Thermophilentiter ist diejenige Verdünnung, bei welcher nach der Bebrütung bei 37° noch Trübung von Bouillon bzw. Phenolbouillon eintritt; Colititer diejenige Verdünnung, bei welcher sich mittels des Plattenverfahrens
noch Colibakterien herauszüchten lassen.

Der Thermophilentiter wird in der Weise angelegt, daß von Wasser
   100 ccm mit 100 ccm Bouillon oder Phenolbouillon
     10 ,, ,, 50 ,,   ,,   ,,   ,,   ,,
      5 ,, ,, 10 ,,   ,,   ,,   ,,   ,,
      1 ,, ,, 10 ,,   ,,   ,,   ,,   ,,
    0,1 ,, ,, 10 ,,   ,,   ,,   ,,   ,,
vermischt und nach 24 stündiger Bebrütung bei 37° beobachtet werden. Weitere
Verdünnungen werden z. B. angelegt: 0,1 ccm Wasser + 10 ccm steriles Wasser,
davon 0,1 = 0,001 ccm des zu prüfenden Wassers mit 10 ccm Bouillon bzw.
Phenolbouillon. Die letzte Verdünnung, bei welcher Trübung eintrat, ist der
Thermophilentiter. Von dieser und der nächsthöheren Verdünnung werden
Plattenaussaaten angelegt. Die letzte Verdünnung, bei welcher noch Coli
mittels der Aussaat nachweisbar war, ist der Colititer.

Nicht jede Trübung rechtfertigt aber Coliverdacht; es müssen stets
die Eigenschaften des Bakteriums festgestellt werden.

---

[1]) Verdünnung 0,1—0,2 ccm in 100 ccm Wasser mit sterilem Pinsel aufstreichen.

[2]) Zeitschr. f. Hygiene 1903, 43, 304, sowie R. Hilgermann, Klin. Jahrb.
1909, 22, 315.

4. Nachweis von Choleravibrionen im Wasser [1]).

1 Liter des Wassers wird mit 100 ccm der Peptonstammlösung (vgl. unten) versetzt, gründlich durchgeschüttelt, dann zu je 100 ccm in Kölbchen verteilt und dieselben der Bruttemperatur (37⁰) 8—24 Stunden ausgesetzt. — Die Bakterien sammeln sich infolge ihres großen Sauerstoffbedürfnisses an der Oberfläche der Flüssigkeit, so daß sich unter Umständen ein sichtbares, feines Häutchen bildet und bei der mikroskopischen Untersuchung eines Tropfens der Flüssigkeit von der Oberfläche (Untersuchung im hängenden Tropfen- und Ausstrichpräparat) die charakteristischen gekrümmten Bazillen in großer Menge sich finden lassen. Man nimmt von demjenigen Kölbchen, an dessen Oberfläche die meisten Vibrionen vorhanden sind, das Material zum Anlegen von Dieudonné- und Agarplatten (siehe Bereitung und Behandlung im folgenden).

Die Agarplatten müssen, falls sie nicht bereits vollkommen trocken sind, erst im Brutschrank bei 60⁰ oder auch 37⁰ offen mit der Öffnung nach unten getrocknet werden. Dieudonnéplatten dürfen nicht eher als 24 Stunden und nicht später als 8—10 Tage, nachdem sie gegossen sind, verwendet werden; sie sind regelmäßig darauf zu prüfen, daß auf ihnen Choleravibrionen gut, Colibazillen nicht gedeihen.

Bereitung der Nährböden:

a) Peptonstammlösung: In 1 l dest. steril. Wasser werden 100 g Pepton Witte, 100 g NaCl, 1 g KNO₃ und 20 g krist. Na₂CO₃ warm gelöst; die Lösung wird filtriert, in Kölbchen zu je 100 ccm abgefüllt und sterilisiert.

b) Peptonlösung: 1 Teil Stammlösung mit 9 Teilen Wasser verdünnen und zu je 50 ccm und je 500 ccm in größere Kolben abfüllen und sterilisieren.

c) Fleischwasserpeptonagar: Herstellung siehe S. 573 unter 5. „Nähr-agar''. Man fügt zu je 100 ccm des neutralen Agar noch 3 ccm einer 10%igen Lösung von krist. Na₂CO₃, kocht nochmals ¼ Stunden, filtriert, füllt in Röhrchen oder Kölbchen und sterilisiert fraktioniert.

d) Dieudonné-Agar: Rinderblut wird in großen, Glasperlen enthaltenden sterilisierten Flaschen aufgefangen, defibriniert, mit gleichen Mengen Normalkalilauge versetzt und ¼ Stunden lang gekocht (in festverschlossenen Flaschen monatelang haltbar). 3 Teile werden mit 7 Teilen neutralem, 3%igem Agar vermischt und zu Platten gegossen (siehe die Bemerkung über die Behandlung der Platten im vorhergehenden). Sind brauchbare Dieudonnéplatten nicht vorrätig, so kann man sofort verwendbare Blutalkaliplatten nach Esch dadurch bereiten, daß man 5 g käufliches Hämoglobin im Mörser zerreibt, in 15 ccm Normalnatronlauge + 15 ccm dest. Wasser löst, die Lösung 1 Stunde im Dampftopf sterilisiert und von ihr 15 ccm zu 85 ccm neutralem Agar gibt.

Behandlung der Platten:

Nach 5—8 stündiger Bebrütung bei 37⁰ werden von der Oberfläche des Peptonkölbchens vorsichtig, ohne die Flüssigkeit zu schütteln, etwa 4 Ösen oder ein größerer Tropfen auf eine Dieudonnéplatte gebracht und mit einem Spatel auf diese sowie danach auf 2 Agarplatten verteilt. Eine zweite Aussaat wird aus demselben Pepton-

---

[1]) Nach der Anweisung zur Bekämpfung der Cholera (festgestellt in der Sitzung des Bundesrates vom 9. Dez. 1915); siehe Minist.-Bl. f. Medizinalangelegenheiten Berlin 1916, Nr. 15.

kölbchen, falls bis dahin nicht bereits eine positive Diagnose feststeht, nach 18—24 stündiger Bebrütung angelegt. Die Plattenkulturen werden nach 8—16 stündiger Bebrütung untersucht. Als negativ ist das Ergebnis erst dann anzusehen, wenn auch die zweite, nach 18—24 Stunden vorgenommene Aussaat aus dem Peptonkölbchen keine Cholerakolonien ergeben hat.

Entscheidend für die Feststellung der Cholera ist die Agglutinationsprobe. Ausführung wie bei Typhus angegeben. Kaninchenimmunserum soll mindestens einen Agglutinationstiter von 1 : 2000, Pferdeimmunserum einen solchen von 1 : 5000 haben und in der Verdünnung 1 : 100 sofort eine echte Cholerakultur agglutinieren. In besonderen Fällen kann auch der Pfeiffersche Versuch Anwendung finden (s. Typhusnachweis).

Eigenschaften der Choleravibrio.

Gekrümmte 2 μ lange Stäbchen mit einer endständigen Geißel und von rascher Beweglichkeit, sehr sauerstoffbedürftig, nach Gram nicht färbbar. Ausstrichpräparate mit Fuchsin färben.

Die Kolonien auf Agar sind „mäßig groß mit einem eigentümlichen, hell graubraunen, leicht irisierenden, transparenten Aussehen, während fast alle anderen in Frage kommenden (spirillenförmigen!) Bakterien weniger transparente Kolonien bilden [1]".

Dem Choleravibrio ähnliche Vibrionen zeigen im Dunkeln Phosphoreszenzerscheinungen.

Choleravibrionen geben die Nitroso-Indolreaktion, die, wie folgt, anzustellen ist.

Versetzt man eine Cholerapeptonkultur (10 ccm) mit 1 ccm konzentrierter Schwefelsäure, so nimmt die Mischung innerhalb 5 Minuten Rotfärbung an; die Bakterie reduziert die im Pepton enthaltenen Spuren von Nitraten zu Nitriten. Besonders empfindlich beim Überschichten der mit H_2SO_4 versetzten Kultur (Kitasato-Salkowski). Vgl. Indolreaktion im Abschnitt Typhus.

Nach Ehrlich [2] ist folgendes Verfahren besonders empfindlich. Zu 10 ccm flüssiger Kultur setze man 5 ccm einer Lösung, bestehend aus 4 Teilen Paradimethylamidobenzaldehyd, 380 Teilen Alkohol (96%) und 80 Teilen konzentrierter Salzsäure, sowie von 5 ccm einer gesättigten wässerigen Lösung von Kaliumpersulfat; schütteln, binnen 5 Minuten Rotfärbung bei Indolbildung.

5. Bakterien der Fleischvergiftungen (Paratyphus, Bac. enteritidis usw.).

Siehe Abschnitt A, Anleitung zur bakteriologischen Untersuchung von Nahrungsmitteln und die Übersicht S. 624, die den Untersuchungsgang ohne weiteres vorzeichnet. Dieser schließt sich im wesentlichen dem des Bact. typhi und Bact. coli an.

---

[1] Koch, Zeitschr. f. Hygiene u. Infektionskrankh. 14.
[2] Zentralbl. f. Bakteriol. I. 40, 129.

6. Prüfung von Desinfektionsmitteln und Desinfektionsapparaten auf ihre Wirkung.

Zu Desinfektionsversuchen verwendet man meistens Milzbrandbazillen und deren Sporen, Typhusbazillen, Choleravibrionen, den Staphylococcus pyogenes aureus, und auch Saprophyten, wie den Heubacillus und dessen Sporen, den Bacillus mesentericus vulgatus, den Bacillus prodigiosus u. a.

a) Prüfung von Flüssigkeiten und Salzen:

α) Man stellt sich eine Lösung von bestimmter Konzentration her, z. B. 10%, und setzt davon 1,0, 0,5, 0,4, 0,3, 0,1 ccm zu je 10 ccm verflüssigter Nähr-gelatine oder Agar (die Röhrchen enthalten dann 1%—0,1% des Desinfiziens) und legt mit dem zu kontrollierenden Pilz, Stich- oder Strichkulturen und Platten an. Verwendet man Sporen, so tötet man in sporenhaltigem Material durch ½ stündiges Erwärmen auf 70° C die darin enthaltenen Bazillen, impft damit und sieht, ob die Sporen in den mit dem Desinfektionsmittel versehenen Nähr-böden noch auskeimen. Durch eine solche Versuchsreihe erfährt man, wieviel Prozent des Desinfektionsmittels nötig sind, um Asepsis zu erreichen; d. i. die vegetativen Zustände der Mikroorganismen werden vernichtet, aber nicht die Dauerformen (Sporen).

β) Um zu erfahren, wieviel Prozent des Desinfektionsmittels nötig sind, um vollständige Antisepsis zu erreichen, züchtet man den zu untersuchenden Pilz in Bouillon und versetzt 10 ccm der noch sporenfreien, zur Abscheidung etwaiger Bazillenklümpchen, durch Asbest filtrierter Bouillon wie oben mit einer gewissen Desinfizienzlösung von bekanntem Gehalte. Aus diesem Röhrchen nimmt man nach 1 Minute, 5 Minuten, 10 Minuten, 30 Minuten, 1 Stunde usw. eine kleine Platinöse voll Material, bringt diese in 10 ccm verflüssigte Gelatine oder Agar und gießt Platten. Man erhält so Angaben, wieviel bestimmte Mengen des Desinfiziens in bestimmter Zeit die Keime abtöten. Hat man die Vermutung, daß die kleine Spur des Desinfiziens, welche mit der Platinöse übertragen worden ist, Entwickelungshemmung verursacht haben kann, die Keime also möglicher-weise nicht zerstört sind, so macht man zur Kontrolle eine Impfung von frischem Pilzmaterial in eine Gelatine, der man eine gleiche Spur des desinfizierenden Flüssigkeit zugesetzt hat.

Man kann Bazillen und Kokken, ähnlich wie die Sporen (s. unten), an Seidenfäden (R. Koch) oder an mit einem Korkbohrer ausgestanzte Fließ-papierstückchen antrocknen (im Exsikkator) und ähnlich wie die sporenhaltigen Präparate verwenden. Krönig u. Paul verwenden Tariergranaten[1]), Zeitschr. f. Hygiene u. Infektionskrankh. 1897. 25. 1.

γ) Herstellung von Sporenfäden.

Man entnimmt z. B. Milzbrandsporenmaterial von Kartoffelkulturen, welches man mit einem sterilen Messer abgeschabt hat und verrührt es tüchtig mit sterilisiertem, destilliertem Wasser in einer kleinen Schale. In diese Auf-schwemmung bringt man ¼ cm lange sterilisierte Seidenfäden, mischt dieselben damit und breitet sie auf sterilisierter Platte in einem Exsikkator zum Trocknen aus. In ähnlicher Weise trocknet man die Sporen an sterilisierten Papierblättchen, Glasstücken, eisernen Nägeln usw. an. Glasstücke und Nägel sind vorzuziehen, weil das Desinfektionsmittel nach der Einwirkung auf die Sporen gründlicher weggespült werden kann und man bei der Weiterbehandlung weniger Gefahr läuft, von dem Desinfektionsmittel störende Mengen mit in die Kulturen über-zuführen.

Anstatt die Sporen an Gegenständen anzutrocknen, kann man sicher mit sporenhaltigen Flüssigkeiten arbeiten, indem man die Versuche in analoger Weise, wie unter b angegeben ist, anstellt. Die sporenhaltige Bouillon wird her-gestellt, indem man auf schräge Agarkulturen der betreffenden Pilze ein wenig Bouillon gießt und mit sterilisierter Nadel etwas über die oberflächlichen Kultur-rasen hinstreift und die entstandene Aufschwemmung noch durch Glaswolle filtriert.

---

[1]) Dieses Verfahren empfiehlt besonders K. Laubenheimer in seiner Schrift: Phenol und seine Derivate als Desinfektionsmittel, Berlin 1909. Dort findet sich auch eine Übersicht über die Literatur sowie näheres über den Gang solcher Versuche.

δ) Hieran haben sich noch Versuche anzureihen, die dem praktischen Gebrauch der Desinfektionsmittel entsprechen. Wie diese vorzunehmen sind, ergibt sich aus der Verwendungsart, wie denn auch die Versuche mit den Reinkulturen noch auf mannigfache Weise angestellt werden können. Die Art und Weise der Versuchsvornahme muß der Erfahrung und dem Geschick der einzelnen Sachverständigen überlassen bleiben.

Man kann auch vergleichende Versuche mit Sporen anstellen, die 1, 2, 3, 4 und mehr Minuten in Leinwandbeutelchen im Dampftopf der Einwirkung des strömenden Dampfes ausgesetzt waren, und gibt nun an, daß x% des Desinfektionsmittels in y Zeit Sporen in der Entwickelung hemmen bzw. töten, die der Einwirkung des strömenden Wasserdampfes z Minuten standhielten.

b) Prüfung von Apparaten für die Desinfektion durch Hitze: Hierzu verwendet man in der Regel Milzbrandsporenfäden in sterilisiertes Papier eingeschlagen, Kartoffelstücke mit Kulturen von Milzbrandbazillen, kleine Packetchen sporenhaltiger Gartenerde, welche man in den zu prüfenden Apparat gibt. Da diese Apparate vorwiegend zur Desinfektion von Kleidern, Bettzeugen usw. dienen, so bringt man die Packetchen ins Innere von Wäschebündeln, Bettzeug usw.

Man setzt nun den Apparat in Gang und öffnet unter der Kontrolle eines Thermometers, welches die Innentemperatur des Raumes anzeigt (nachdem z. B. ½ Stunde oder 1 Stunde eine Temperatur von z. B. 100° oder 105° C im Desinfektionsraum geherrscht), denselben und konstatiert durch Kultur- und Impfversuche die Wirkung auf die Bakterien und Sporen. Man hat jedoch stets 14 Tage zu warten, ehe man die Kultur als steril ansieht, da häufig das Wachstum nur verlangsamt ist.

Desinfektionsmittel.

1. **Kalkmilch.** 1 Liter gebrannten Kalk mit 4 Liter Wasser abzulöschen. — Zur Desinfektion nimmt man auf ungefähr ein Teil Fäkalien usw. 1 Teil Kalkmilch. Braucht etwa 1 Stunde zur Wirkung. Zum Tünchen von Krankenzimmerwänden, Begießen beschmutzten Erdbodens, der Abtrittschläuche usw.

2. **Chlorkalk,** entweder unvermischt in Pulverform oder in Lösung; 2 Teile auf 100 Teile Wasser. Anwendung: 2 gehäufte Eßlöffel voll auf ½ Liter menschliche Abgänge. Für verdünntere Schmutzwässer genügt weniger. Wirkung nach 15 Minuten.

3. **Lösung von Kaliseife,** 3 Teile gelöst in 100 Teilen Wasser. Für Bett- und Leibwäsche derart zu verwenden, daß solche 24 Stunden darin eingelegt werden.

4. **Karbolsäure** in 5%iger Lösung. Die 100%ige rohe Säure wird durch 20 Teile Seifenlösung, die kristallisierte bloß durch Wasser gelöst. Für Wäsche: 12 Stunden lang einlegen; zum Abreiben von Leder, Papier, Holz- und Metallteilen, Wänden und Fußböden.

5. **Strömender Wasserdampf** von mindestens 105°, nur im Desinfektionsapparat ausführbar. Für Betten, Matratzen, Strohsäcke, Vorlagen, Teppiche, Wäsche, Kleider, Gardinen, nicht polierte Polstermöbel.

6. **Siedehitze,** mindestens 1 Stunde lang anzuwenden für Wäsche usw.

Außer diesen von der Reichs-Cholerakommission empfohlenen, leicht zu beschaffenden und im ganzen ungefährlichen Mitteln gibt es eine große Menge weiterer, deren Verwendung dem Fachmann vorbehalten bleibt: Sublimat (1%ige Lösung), freies Chlor, Brom, Jod, Arsenik, Kaliumpermanganat (5%), Terpentinöl, Ferrichlorid und Ferrosulfat, Mineralsäuren, Alaun, Metallsalze, Äther, Borsäure, Chromsäure, ätherische Öle, Kampfer, Teer, ferner die große Menge der neuen Antiseptica: Salizylsäure, Thymol, Kreolin, Saprol, Solveol, Solutol, Lysol, Jodoform, Aristol, Wasserstoffsuperoxyd, Aseptol, Antiseptol, Kresol, Xylol, Formalin (-aldehyd 1 : 1000), letzteres auch in Dampfform (Formalindesinfektionslampen von Schering, Schloßmann u. a.) usw. Schließlich ist noch die mechanische Entfernung der an den Zimmerwänden, Fußböden hängenden Keime durch Abreiben mit Brot, Schwamm usw. zu erwähnen.

Wohnungsdesinfektion.

1. Formaldehydverfahren.

Für 100 cbm des zu desinfizierenden Raumes sind erforderlich 800 ccm Formalin + 3200 ccm Wasser, welche mit Spirituslampe verdampft werden. Nach mindestens 7 stündiger Einwirkung sind 800 ccm 25%iger Ammoniakflüssigkeit zu verdampfen. Kosten pro 100 cbm etwa 3,50 Mk.; nach Flügge, Hyg. Rundschau 1901, 649.

Oder statt Formalin Glycoformal (Formalin + 10% Glyzerin) und verdampfen im Lingnerschen Apparat. Schloßmann, Berl. klin. Wochenschr. 1898. Nr. 25. Oder mit Carboformalglühblock durch Verdampfen von Paraformaldehydkugeln — oder Kerzen, Krell-Elbs siehe Dieudonné, Münch. med. Wochenschr. 1900. p. 1456. Formalin dringt nicht tief ein. Tiefenwirkung wird ermittelt an Reaktionskörpern von Czaplewski, z. B. an durch Natriumsulfit entfärbter Fuchsingelatine, welche durch Aldehyd wieder gefärbt wird. Die Luft muß stark mit Wasserdampf gesättigt sein, desgleichen soll höhere Temperatur im Zimmer vorhanden sein (im Winter durch Heizung), ev. kann die Luftmischung durch Flügelventilator beschleunigt werden.

Die zu desinfizierenden Räume müssen durch Einlegen angefeuchteter Wattestreifen zwischen Fenster und Türflügel und deren Rahmen, sowie durch Verstopfen der Schlüssellöcher mit feuchter Watte gründlich abgedichtet werden.

2. Autanverfahren, Patent der Farbwerke Bayer und Cie., Elberfeld.

Das Verfahren zeichnet sich durch Einfachheit und Feuersicherheit aus und eignet sich außer zur Wohnungs- noch zur Desinfektion von Büchern, Federbetten, wollenen Matratzen, Pelzwerk, Gardinen u.dgl. ferner von Krankenwagen, Personenfahrzeugen u. a. Bei der energischen Einwirkung von Barium superoxyd auf Paraform wird nur ein Teil des theoretisch vorhandenen Formaldehyds als solches in Freiheit gesetzt, indem sich ein großer Teil desselben zu Ameisensäure oxydiert, während der Rest nicht zur Verdampfung kommt. Um sozusagen die Brisanz der Einwirkung und die damit verbundenen Verluste herabzusetzen, wird Alkalikarbonat zugesetzt. Nach mehrstündiger Einwirkung des feuchten Formaldehydgases wird aus einem Ammonsalz durch caust. Alkali Ammoniak frei gemacht und nach einiger Zeit tüchtig gelüftet. Kosten 8,50 Mk. pro 100 cbm Raum.

3. Formalin-Permanganatverfahren.

Für 100 cbm des zu desinfizierenden Raumes werden 2 kg techn. Kaliumpermanganat, 2 Liter Formalin und 2 Liter Wasser verwendet. Die Herstellung des Gemisches geschieht wie beim Autanverfahren in Holzbottichen. Zur Schonung des Fußbodens sind wie bei diesem die Gefäße auf Linoleum oder Holzbretter zu stellen, da sich während des Verfahrens eine erhebliche Wärme entwickelt und bei niederen Gefäßen leicht ein Überschäumen des Gemisches und dadurch Beschmutzung und Anätzen des Fußbodens vorkommen kann. Nach 5 stündiger Einwirkung wird zur Entfernung des überschüssigen Formaldehyds gründlich gelüftet. Kosten etwa 5 Mk. pro 100 cbm Raum. Pharm. Ztg. 1908, 683.

Desinfektion von Büchern im großen.

Nach Gärtner, Zeitschr. f. Hygiene und Infektionskrankheiten, Bd. 62, H. 1.

Das Verfahren beruht auf Evakuierung und Verdampfung. Dabei wird als Grundlage nur eine Abtötung von nicht sporentragenden Bakterien gewählt, welche für die Praxis ausreichend erscheint. In dem von Gärtner konstruierten Apparat wird eine Erwärmung der Bücher auf 60° erzielt. Das Alkoholgemisch wirkt 1—1½ Stunden ein, worauf 10 Minuten lang Luft in den Apparat eingeleitet wird. Für 1000 Bücher werden 7 Liter Alkohol verbraucht. Bei zehnstündiger Arbeitszeit können 4000 Bücher desinfiziert werden. Sie erleiden hierbei keinerlei Beschädigung. Nur Bücher mit Ledereinband werden nach mehrmaliger Desinfektion brüchig.

Desinfektionsflüssigkeit für Hände.

Kaliumpermanganatsalze: 45 Teile Salzsäure + 1600 ccm Wasser + 500 ccm 4%iger Kaliumpermanganatlösung. Die Desinfektionswirkung soll stärker sein als die einer 5%igen Sublimatlösung. Entfärben mit 1,3%iger Oxalsäurelösung.

Sterilisierung von Metallinstrumenten.

Nach sorgfältiger mechanischer Reinigung 5 Minuten langes Kochen in 1%iger wässeriger Sodalösung. Die so sicher sterilisierten Instrumente werden bis zum Gebrauch in eine wässerige Lösung gelegt, die 1% Soda und 1% Karbolsäure enthält. Schimmelbusch, Arbeiten a. d. chir. Klinik d. k. Univ. Berlin, 1891, p. 46. Besser nimmt man 0,25% Natriumhydrat, um das Rosten zu vermeiden. Natriumhydrat bindet die im Wasser befindliche Kohlensäure, deren Mitwirkung das Zustandekommen des Rostens besonders begünstigt.

Anhang.

Hilfstafeln sowie Gesetze und Verordnungen.

A. Hilfstafeln für Berechnungen und Reagenzien.

1. Tafel der internationalen Atomgewichte [1]).

		Atom- gewichte	log				Atom- gewichte	log
Al	Aluminium	27,1	43 297		Na	Natrium	23,00	36 173
Sb	Antimon	120,2	07 990		Ni	Nickel	58,68	76 849
As	Arsen	74,96	87 483		Os	Osmium	190,9	28 081
Ba	Barium	137,37	13 789		Pd	Palladium	106,7	02 816
Pb	Blei	207,20	31 639		P	Phosphor	31,04	49 192
B	Bor	11,0	04 139		Pt	Platin	195,2	29 048
Br	Brom	79,92	90 266		Hg	Quecksilber	200,6	30 233
Cd	Cadmium	112,40	05 077		Ra	Radium	226,0	35 411
Ca	Calcium	40,07	60 282		O	Sauerstoff	16,00	20 412
Cl	Chlor	35,46	54 974		S	Schwefel	32,06	50 596
Cr	Chrom	52,0	71 600		Se	Selen	79,2	89 873
Fe	Eisen	55,84	74 695		Ag	Silber	107,88	03 294
F	Fluor	19,0	27 875		Si	Silicium	28,3	45 179
Au	Gold	197,2	29 491		N	Stickstoff	14,01	14 644
Ir	Iridium	193,1	28 578		Sr	Strontium	87,63	94 265
J	Jod	126,92	10 353		Ta	Tantal	181,5	25 888
K	Kalium	39,10	59 218		Ti	Titan	48,1	68 215
Co	Kobalt	58,97	77 063		U	Uran	238,2	37 694
C	Kohlenstoff	12,005	07 936		V	Vanadium	51,0	70 757
Cu	Kupfer	63,57	80 325		H	Wasserstoff	1,008	00 346
Li	Lithium	6,94	84 136		Bi	Wismut	208,0	31 806
Mg	Magnesium	24,32	38 596		W	Wolfram	184,0	26 482
Mn	Mangan	54,93	73 981		Zn	Zink	65,37	81 538
Mo	Molybdän	96,0	98 227		Sn	Zinn	118,7	07 445

---

[1]) Es sind nur die wichtigeren Atomgewichte aufgeführt. Vgl. auch
Zeitschr. f. angew. Chem. 1916. 29. I. 14.

2. Faktorentafel zur Berechnung der Analysen [1]).

Gesucht	Gefunden	Faktor	log
Ameisensäure — HCOOH	Quecksilberchlorür — HgCl . .	0,0974	98 856
Äpfelsäure — C₄H₆O₅ . . .	Äpfelsaures Calcium — CaH₄C₄O₅	0,7789	89 149
Aluminium — 2 Al	Tonerde — Al₂O₃	0,5303	72 455
Ammoniak — 2 NH₃ . . .	Ammoniumplatinchlorid		
	— (NH₄Cl)₂PtCl₄	0,0767	88 486
„ — NH₃	Platin — Pt	0,1745	24 176
„ — „	Stickstoff — N	1,2155	08 477
Antimon — 2 Sb	Antimontrisulfid — Sb₂S₃ . .	0,7142	85 382
„ — „	Antimonpentasulfid — Sb₂S₅ . .	0,5999	77 811
„ — „	Antimontetroxyd — Sb₂O₄ . . .	0,7898	89 749
Arsen — 2 As	Arsentrisulfid — As₂S₃ . . .	0,6092	78 475
„ — „	Arsenpentasulfid — As₂S₅ . . .	0,4833	68 419
„ — „	Pyroarsensaures Magnesium		
	— Mg₂As₂O₇	0,4827	68 372
Arsenige Säure — As₂O₃ .	Arsentrisulfid — As₂S₃ . . .	0,8042	90 538
„ „ — „ .	Arsenpentasulfid — As₂S₅ . . .	0,6380	80 482
„ „ — „ .	Pyroarsensaures Magnesium		
	— Mg₂As₂O₇	0,6373	80 435
Bariumoxyd — BaO . . .	Bariumkarbonat — BaCO₃ . . .	0,7770	89 044
„ — „ . . .	Bariumsulfat — BaSO₄	0,6570	81 758
„ — „ . . .	Bariumchromat — BaCrO₄ . . .	0,6052	78 193
Barium — Ba . . .	Bariumsulfat — BaSO₄	0,5885	76 973
Blei — Pb	Bleisulfid — PbS	0,8660	93 752
„ — „	Bleisulfat — PbSO₄	0,6832	83 457
Bleioxyd — PbO . . .	Bleisulfid — PbS	0,9329	96 982
„ — „ . . .	Bleisulfat — PbSO₄	0,7360	86 687
Brom — Br	Bromsilber — AgBr	0,4256	62 896
Calcium — Ca	Calciumkarbonat — CaCO₃ . . .	0,4004	60 247
„ — „	Calciumoxyd — CaO	0,7147	85 409
Calciumoxyd — CaO . . .	Calciumkarbonat — CaCO₃ . . .	0,5603	74 838
„ — „ . . .	Calciumsulfat — CaSO₄ . . .	0,4119	61 478
„ — „ . . .	Kohlensäure — CO₂	1,2742	10 523
Calciumkarbonat — CaCO₃	Calciumoxyd — CaO	1,7849	25 162
„ — „	Kohlensäure — CO₂	2,2743	35 685
Calciumsulfat — CaSO₄ . .	Calciumoxyd — CaO	2,4278	38 522
„ — „ . .	Bariumsulfat — BaSO₄	0,5832	76 579
Chlor — Cl	Chlorsilber — AgCl	0,2474	39 337
Dextrose (Glucose)			
„ — C₆H₁₂O₆	Kupfer — Cu (s. Tab. S. 646)		
„ „ — „	Kupferoxyd — Cuo (s.Tab.S.643)		
„ „ — „	Alkohol — 2 C₂H₆O	1,9555[2])	29 126
„ „ — „	Kohlensäure — 2 CO₂	2,0465[2])	31 101
Dextrin — nC₆H₁₀O₅ . . .	Kupfer — Cu (s. Tab. S. 651)		
Eisen — 2 Fe	Eisenoxyd — Fe₂O₃	0,6994	84 473
Eisenoxydul — 2 FeO . .	Eisenoxyd — Fe₂O₃	0,8998	95 415
Glukose — vgl. Dextrose			
Invertzucker — vgl. Tab.			
Jod — J	Jodsilber — AgJ	0,5405	73 283
Kaliumoxyd — K₂O . . .	Chlorkalium — 2 KCl	0,6317	80 051
„ — „ . . .	Kaliumplatinchlorid —		
	— (KCl)₂PtCl₄	0,1931	28 578
	empirisch		
„ — „ . . .	Überchlorsaures Kali — 2 KClO₄	0,3400	53 144
„ — „ . . .	Kaliumsulfat — K₂SO₄ . . .	0,5406	73 285
Kaliumchlorid — KCl . .	Überchlorsaures Kali — KClO₄ .	0,5381	73 087
„ — 2 KCl .	Kaliumplatinchlorid —(KCl)₂PtCl₄	0,3056	48 515
	empirisch		

---

[1]) Auszugsweise nach Küster, Logarithm. Rechentafeln für Chemiker. Leipzig 1916 und nach der von J. König, Unters. der menschl. Nahr.- u. Genußm. 1909. III. Aufl. 2. I. T. berechneten Tabelle, jedoch unter Zugrundelegung der neuesten Atomgewichte.

[2]) Richtiger für Alkohol 2,057, für Kohlensäure 2,153, da nur etwa 95% der Glucose zu Alkohol und Kohlensäure vergären.

Gesucht	Gefunden	Faktor	log
Kaliumkarbonat — K$_2$CO$_3$	Kohlensäure — CO$_2$	3,1408	49 704
Kohlensäure — CO$_2$ . . .	Calciumkarbonat CaCO$_3$	0,4397	64 315
„ — „ . .	Calciumoxyd —CaO	0,7848	89 477
Kupfer — Cu	Kupferoxyd — CuO	0,7989	90 250
„ — 2 Cu	Kupfersulfür — Cu$_2$S	0,7986	90 234
Lactose — vgl. Milchzucker			
Lecithin —	Pyrophosphorsaures Magnesium		
	— Mg$_2$P$_2$O$_7$	7,25	86 034
Magnesiumoxyd — 2 MgO	Pyrophosphorsaures Magnesium		
	— Mg$_2$P$_2$O$_7$	0,3621	55 879
Magnesium — Mg	Magnesiumoxyd — MgO . . .	0,6032	78 044
Magnesiumkarbonat	Pyrophosphorsaures Magnesium		
— MgCO$_3$	— Mg$_2$P$_2$O$_7$	0,7573	87 925
Maltose — vgl. Tab. 649			
Manganoxydul — 3 MnO .	Manganoxyduloxyd — Mn$_3$O$_4$.	0,9301	96 851
„ — MnO .	Mangansulfid — MnS . . .	0,8154	91 136
Milchzucker — vgl. Tab.650			
Natriumoxyd — Na$_2$O . .	Natriumchlorid — 2 NaCl . . .	0,5303	72 450
„ — „ . .	Natriumsulfat — Na$_2$SO$_1$ . . .	0,4364	63 992
Nickel — Ni	Nickeloxyd — NiO	0,7858	89 529
Nickeloxyd — NiO	Nickel — Ni	1,2726	10 471
Phosphorsäure — P$_2$O$_5$ . .	Pyrophosphorsaures Magnesium		
	— Mg$_2$P$_2$O$_7$	0,6379	80 477
„ — „ . .	Phosphormolybdänsaures		
	Ammon — (NH$_4$)$_3$PO$_4$.12 MoO$_3$	0,0376	57 462
	P$_2$O$_5$.24 MoO$_3$	0,0395	59 647
Phosphorsaures Calcium			
3 bas. — Ca$_3$(PO$_4$)$_2$	Pyrophosphorsaures Magnesium		
	— Mg$_2$P$_2$O$_7$	1,3932	14 401
Phosphorsaures Calcium			
3 bas. —Ca$_3$(PO$_4$)$_2$	Phosphorsäure — P$_2$O$_5$	2,184	33 924
Proteinstoffe	Stickstoff — N im Mittel . . .	6,25	79 588
„ bei Milch	Stickstoff — N im Mittel . . .	6,37	80 414
Quecksilber — Hg	Quecksilbersulfid — HgS . .	0,8620	93 553
„ — Hg . . .	Quecksilberchlorür — HgCl . .	0,8496	92 923
Saccharose (Rohrzucker)	Invertzucker × 0,95 (s. Tab. S.		
— C$_{12}$H$_{22}$O$_{11}$	647)		
Salpetersäure — N$_2$O$_5$. . .	Nitronnitrat — C$_{20}$H$_{14}$N$_4$.HNO$_3$	0,1439	15 810
„ — „ . .	Salmiak — NH$_4$Cl.	1,0095	00 412
„ — „ . .	Ammoniumplatinchlorid		
	— (NH$_4$Cl)$_2$PtCl$_4$	0,2433	38 612
„ — „ . .	Stickoxyd — 2 NO	1,7997	25 520
Salzsäure — HCl	Chlorsilber — AgCl	0,2544	40 557
Schwefel — S	Bariumsulfat — BaSO$_4$ . . .	0,1373	13 780
Schwefelsäure — SO$_3$ . .	„ — „ . . .	0,3430	53 526
Schweflige Säure — SO$_2$ . .	„ — „ . . .	0,2744	43 843
Senföl — C$_3$H$_5$.CNS . .	„ — „ . . .	0,4247	62 805
Silber — Ag	Chlorsilber — AgCl	0,7526	87 657
Stärke — nC$_6$H$_{10}$O$_5$ . .	Kupfer — Cu (s. Tab. S. 651)		
Stickstoff — N	Ammoniak — NH$_3$	0,8227	91 523
„ — 2 N	Ammoniumplatinchlorid		
	— (NH$_4$Cl)$_2$PtCl$_4$	0,0631	80 009
Strontium — Sr	Strontiumsulfat — SrSO$_4$ . . .	0,4770	67 856
Strontiumkarbonat			
— SrCO$_3$	Strontiumnitrat — Sr(NO$_3$)$_2$ . .	0,6976	84 353
Traubenzucker — C$_6$H$_{12}$O$_6$	Kupfer — Cu (s. Tab. S. 646)		
Wasserstoff — 2 H	Wasser — H$_2$O	0,1119	04 884
Weinsteinsäure — C$_4$H$_6$O$_6$.	Schwefelsäure — SO$_3$	1,8744	27 287
Weinstein — C$_4$H$_4$O$_6$.H.K	„ — „	2,3502	37 111
Wismutoxyd — Bi$_2$O$_3$ . .	Wismutoxychlorid — 2 BiClO .	0,8940	95 135
Wismut — 2 Bi	Wismutoxyd — Bi$_2$O$_3$	0,8965	95 257
Zink — Zn	Zinkoxyd — ZnO	0,8034	90 492
„ — „	Zinksulfid — ZnS	0,6710	82 669
Zinkoxyd — ZnO	„ — „	0,8352	92 177
Zinn — Sn	Zinnoxyd — SnO$_2$	0,7877	89 634
Zitronensäure — 2 C$_6$H$_8$O$_7$.	Schwefelsäure — 3 SO$_3$ . . .	1,5996	20 401

3. Faktorentafel zur Maßanalyse sowie Vorschriften zur Herstellung von Indikatoren.

		Molekular-gewicht bzw. Atom-gewicht	Abzuwägen-de Gramme für 1 Liter monovalen-ter Normal-lösung
Äpfelsäure	$C_4H_6O_5$	134,05	67,03
Ameisensäure	HCOOH	46,02	46,02
Ammoniak	NH_3	17,03	17,03
Ammoniumchlorid	NH_4Cl	53,50	53,50
Ammoniumsulfat	$(NH_4)_2SO_4$	132,14	66,07
Ammoniumsulfocyanat	NH_4CNS	76,12	76,12
Arsenige Säure	As_2O_3	197,92	49,48
Bariumoxyd	BaO	153,37	76,685
Bariumkarbonat	$BaCO_3$	197,38	98,69
Bariumsuperoxyd	BaO_2	169,37	84,685
Bleioxyd	PbO	223,20	111,60
Bleisuperoxyd	PbO_2	239,20	119,60
Brom	Br	79,92	79,92
Calciumkarbonat	$CaCO_3$	100,08	50,04
Calciumchlorid	$CaCl_2 + 6 H_2O$	219,09	109,545
Calciumhydroxyd	$Ca(OH)_2$	74,09	37,045
Calciumoxyd	CaO	56,07	28,035
Chlor	Cl	35,46	35,46
Chromsäure	CrO_3	100,00	33,33
Citronensäure	$C_3H_4OH(CO_2H)_3 + H_2O$	210,11	70,04
Cyanwasserstoff	HCN	27,02	27,02
Eisen	Fe	55,84	55,84
Eisenoxyd	Fe_2O_3	159,68	79,84
Eisenoxydul	FeO	71,84	71,84
Eisenoxydulammonsulfat	$FeSO_4(NH_4)_2SO_4 + 6 H_2O$	392,14	392,14
Essigsäure	CH_3COOH	60.04	60,04
Ferrocyankalium	$K_4Fe(CN)_6$	368,33	368,33
Jod	J	126,92	126,92
Jodkalium	KJ	166,02	166,02
Kaliumkarbonat	K_2CO_3	138,21	69,105
Kaliumbikarbonat	$KHCO_3$	100,11	100,11
Kaliumbichromat	$K_2Cr_2O_7$	294,2	49,03
Kaliumchlorat	$KClO_3$	122,56	122,56
Kaliumhydroxyd	KOH	56,11	56,11
Kaliumnitrat	KNO_3	101,11	101,11
Kaliumpermanganat	$KMnO_4$	158,03	31,606
Kupfer	Cu	63,57	31,785
Kupferoxyd	CuO	79,57	39,785
Kupfersulfat	$CuSO_4 + 5 H_2O$	249,71	124,855
Magnesia	MgO	40,32	20,16
Magnesiumkarbonat	$MgCO_3$	84,33	42,165
Mangansuperoxyd	MnO_2	86,93	43,465
Milchsäure	$C_2H_5O(CO_2H)$	90,06	90,06
Natriumhydroxyd	NaOH	40,01	40,01
Natriumkarbonat	Na_2CO_3	106,01	53,005
Natriumbikarbonat	$NaHCO_3$	84,01	84,01
Natriumchlorid	NaCl	58,46	58,46
Natriumsulfid	Na_2S	78,06	39,03
Natriumthiosulfat	$Na_2S_2O_3 + 5 H_2O$	248,20	248,20
Oxalsäure	$(CO_2H)_2 + 2 H_2O$	126,06	63,03
Quecksilberchlorid	$HgCl_2$	271,5	135,75
Sauerstoff	O	16	8
Salzsäure	HCl	36,47	36,47
Salpetersäure	HNO_3	63,02	63,02
Schwefelsäure	H_2SO_4	98,08	49,04
Schwefelwasserstoff	H_2S	34,08	17,04
Schweflige Säure	SO_2	64,06	32,03
Silber	Ag	107,88	107,88
Silbernitrat	$AgNO_3$	169,89	169,89
Wasserstoffsuperoxyd	H_2O_2	34,016	17,008
Weinsäure	$C_2H_2(OH)_2(CO_2H)_2$	150,07	75,035
Zinnchlorür	$SnCl_2$	189,6	94,8
Zinksulfat	$ZnSO_4 + 7 H_2O$	287,54	143,77

Bekanntlich ist die Zahl der vorgeschlagenen Indikatoren für die Acidimetrie und Alkalimetrie eine große. Wohl ist die Mehrzahl wenig angewendet worden, eine große Zahl eignet sich nicht für genaues Arbeiten, viele sind überflüssig, da in allen Fällen die nachstehend aufgeführten Indikatoren genügen:

Phenolphthalein:

1 g Phenolphthalein löst man in 100 ccm Alkohol von 60 Volum-Prozenten. Säuren machen die Flüssigkeit farblos, fixes Alkali erzeugt Rotfärbung. Nicht geeignet bei Gegenwart von Ammonium- und kohlensauren Salzen.

Lackmustinktur (nach Mohr):

Man zieht den Lackmus mit heißem, destilliertem Wasser wiederholt aus, filtriert und verdampft die mit Essigsäure übersättigte Lösung bis zur Extraktkonsistenz. Man bringt nun die Masse in eine Flasche und fällt den blauen Farbstoff mit einer hinreichenden Menge 90 %igen Alkohols (ein roter Farbstoff und essigsaures Kalium lösen sich), sammelt ihn auf einem Filter, löst ihn nach dem Auswaschen mit Weingeist in heißem Wasser und filtriert.

Aufbewahrung in offenen, mit Wattepfropf bedeckten Gefäßen.

Methylorange:

1 g wird in 1 Liter destilliertem Wasser gelöst. Man titriert mit kalten Lösungen.

Congorot:

1 g in 1 Liter 50 %igem Alkohol.

Näheres siehe in Lunge - Berl, Chem.-techn. Untersuchungsmethoden. 1, 1910, Verlag von J. Springer , Berlin.

4. Verdünnung des Alkohols mit Wasser.

Anzeigend wie viele Volumina Wasser nötig sind, um 100 Volumina Alkohol von bekanntem Gehalt auf ein bestimmtes spez. Gewicht resp. Grade (Tralles bei 15° C) zu verdünnen.

Das verdünnte Produkt soll zeigen:		Der zu verdünnende Weingeist zeigt:								
Spez.Gew.	Grade	0,816 95°	0,833 90°	0,848 85°	0,863 80°	0,876 75°	0,889 70°	0,901 65°	0,912 60°	0,923 55°
0,833 = 90° Tr.		6,40								
0,848 = 85° ,,		13,30	6,56							
0,863 = 80° ,,		20,90	13,79	6,83						
0,876 = 75° ,,		29,50	21,89	14,48	7,20					
0,889 = 70° ,,		39,10	31,05	23,14	15,35	7,20				
0,901 = 65° ,,		50,20	41,63	33,03	24,66	16,37	8,15			
0,912 = 60° ,,		63,00	53,65	44,48	35,44	26,47	17,37	8,76		
0,923 = 55° ,,		78,00	67,87	57,90	48,07	38,32	28,63	19,02	9,47	
0,933 = 50° ,,		95,90	74,71	73,90	63,04	52,43	41,73	31,25	20,47	10,35
0,942 = 45° ,,		117,50	105,34	93,30	81,38	60,54	57,78	46,09	34,47	22,90
0,951 = 40° ,,		144,40	130,80	117,34	104,01	90,76	77,58	64,48	51,43	38,46
0,958 = 35° ,,		178,70	163,28	148,01	132,88	117,82	102,84	87,98	73,08	58,21
0,964 = 30° ,,		223,61	206,22	188,57	171,05	153,61	136,04	118,94	101,71	84,54
0,970 = 25° ,,		285,50	266,12	245,15	224,30	203,53	182,83	162,21	141,65	121,16
0,975 = 20° ,,		381,96	355,80	329,80	304,01	278,26	252,68	226,98	201,43	175,95
0,980 = 15° ,,		539,43	505,27	471,00	436,85	402,81	398,83	334,91	301,07	267,29
0,985 = 10° ,,		855,53	804,54	753,65	702,89	652,31	601,60	551,06	500,59	450,19

5. Ammoniak.

bei 15° nach Lunge und Wiernik.

Spez. Gew. bei 15°	Proz. NH₃	1 Liter enthält NH₃ bei 15° g	Spez. Gew. bei 15°	Proz. NH₃	1 Liter enthält NH₃ bei 15° g
1,000	0,00	0,0	0,940	15,63	146,9
0,998	0,45	4,5	0,938	16,22	152,1
0,996	0,91	9,1	0,936	16,82	157,4
0,994	1,37	13,6	0,934	17,42	162,7
0,992	1,84	18,2	0,932	18,03	168,1
0,990	2,31	22,9	0,930	18,64	173,4
0,988	2,80	27,7	0,928	19,25	178,6
0,986	3,30	32,5	0,926	19,87	184,2
0,984	3,80	37,4	0,924	20,49	189,3
0,982	4,30	42,2	0,922	21,12	194,7
0,980	4,80	47,0	0,920	21,75	200,1
0,978	5,30	51,8	0,918	22,39	205,6
0,976	5,80	56,6	0,916	23,03	210,9
0,974	6,30	61,4	0,914	23,68	216,3
0,972	6,80	66,1	0,912	24,33	221,9
0,970	7,31	70,9	0,910	24,99	227,4
0,968	7,82	75,7	0,908	25,65	232,9
0,966	8,33	80,5	0,906	26,31	238,3
0,964	8,84	85,2	0,904	26,98	243,9
0,962	9,35	89,9	0,902	27,65	249,4
0,960	9,91	95,1	0,900	28,33	255,0
0,958	10,47	100,3	0,898	29,01	260,5
0,956	11,03	105,4	0,896	29,69	266,0
0,954	11,60	110,7	0,894	30,37	271,5
0,952	12,17	115,9	0,892	31,05	277,0
0,950	12,74	121,0	0,890	31,75	282,6
0,948	13,31	126,2	0,888	32,50	288,6
0,946	13,88	131,3	0,886	33,25	294,6
0,944	14,46	136,5	0,884	34,10	301,4
0,942	15,04	141,7	0,882	34,95	308,3

6. Kalilauge. KOH.

(Nach Schiff und Tünnermann bei 15° C.)

Spez. Gew.	Proz.	Spez. Gew.	Proz.	Spez. Gew.	Proz.	Spez. Gew.	Proz.
1,009	1	1,155	18	1,361	36	1,604	55
1,017	2	1,177	20	1,387	38	1,618	56
1,033	4	1,198	22	1,411	40	1,641	58
1,041	5	1,220	24	1,438	42	1,667	60
1,049	6	1,230	25	1,462	44	1,695	62
1,065	8	1,241	26	1,475	45	1,718	64
1,083	10	1,264	28	1,488	46	1,729	65
1,101	12	1,288	30	1,511	48	1,740	66
1,119	14	1,311	32	1,539	50	1,768	68
1,128	15	1,336	34	1,565	52	1,790	70
1,137	16	1,349	35	1,590	54		

7. Natronlauge. NaOH.
(Nach Schiff bei 15° C.)

Spez. Gew.	Proz.	Spez. Gew.	Proz.	Spez. Gew.	Proz.	Spez. Gew.	Proz.
1,012	1	1,202	18	1,395	36	1,591	55
1,023	2	1,225	20	1,415	38	1,60	56
1,046	4	1,247	22	1,437	40	1,622	58
1,059	5	1,269	24	1,456	42	1,643	60
1,070	6	1,279	25	1,478	44	1,664	62
1,092	8	1,300	26	1,488	45	1,684	64
1,115	10	1,310	28	1,499	46	1,695	65
1,137	12	1,332	30	1,519	48	1,705	66
1,159	14	1,353	32	1,540	50	1,726	68
1,170	15	1,374	34	1,560	52	1,748	70
1,181	16	1,384	35	1,580	54		

8. Kalkmilch.
(Lunge und Blattner bei 15° C.)

Grad Baumé	Gew. von 1 l Kalkmilch in g	CaO in 1 l g	CaO Gew. Proz.	Grad Baumé	Gew. von 1 l Kalkmilch in g	CaO in 1 l g	CaO Gew. Proz.
1	1007	7,5	0,745	16	1125	159	14,13
2	1014	16,5	1,64	17	1134	170	15,00
3	1022	26	2,54	18	1142	181	15,85
4	1029	36	3,54	19	1152	193	16,75
5	1037	46	4,43	20	1162	206	17,72
6	1045	56	5,36	21	1171	218	18,61
7	1052	65	6,18	22	1180	229	19,40
8	1060	75	7,08	23	1190	242	20,34
9	1067	84	7,87	24	1200	255	21,25
10	1075	94	8,74	25	1210	268	22,15
11	1083	104	9,60	26	1220	281	23,03
12	1091	115	10,54	27	1231	295	23,96
13	1100	126	11,45	28	1241	309	24,90
14	1108	137	12,35	29	1252	324	25,87
15	1116	148	13,26	30	1263	339	26,84

9. Chlornatrium. NaCl.
(Nach Gerlach bei 15° C.)

Spez. Gew.	Chlornatr. in 100 Teil.	Spez. Gew.	Chlornatr. in 100 Teil.	Spez. Gew.	Chlornatr. in 100 Teil.
1,00725	1	1,08097	11	1,15931	21
1,01450	2	1,08859	12	1,16755	22
1,02174	3	1,09622	13	1,17580	23
1,02899	4	1,10384	14	1,18404	24
1,03624	5	1,11146	15	1,19228	25
1,04366	6	1,11938	16	1,20098	26
1,05108	7	1,12730	17	1,20433	26,395
1,05851	8	1,13523	18	gesättigt	
1,06593	9	1,14315	19		
1,07335	10	1,15107	20		

10. Essigsäure. $C_2H_4O_2$.
(Nach Oudemans bei 15° C.)

Spez. Gew.	Proz.	Spez. Gew.	Proz.	Spez. Gew.	Proz.	Spez. Gew.	Proz.
1,0007	1	1,0324	23	1,0571	45	1,0744	74
1,0022	2	1,0337	24	1,0580	46	1,0747	76
1,0037	3	1,0350	25	1,0589	47	1,0748	78
1,0052	4	1,0363	26	1,0598	48	1,0748	80
1,0067	5	1,0375	27	1,0607	49	1,0746	82
1,0083	6	1,0388	28	1,0615	50	1,0742	84
1,0098	7	1,0400	29	1,0623	51	1,0736	86
1,0113	8	1,0412	30	1,0631	52	1,0726	88
1,0127	9	1,0424	31	1,0638	53	1,0713	90
1,0142	10	1,0436	32	1,0646	54	1,0705	91
1,0157	11	1,0447	33	1,0653	55	1,0696	92
1,0171	12	1,0459	34	1,0660	56	1,0686	93
1,0185	13	1,0470	35	1,0666	57	1,0674	94
1,0200	14	1,0481	36	1,0673	58	1,0660	95
1,0214	15	1,0492	37	1,0679	59	1,0644	96
1,0228	16	1,0502	38	1,0685	60	1,0625	97
1,0242	17	1,0513	39	1,0697	62	1,0604	98
1,0256	18	1,0523	40	1,0707	64	1,0580	99
1,0270	19	1,0533	41	1,0717	66	1,0553	100 [1])
1,0284	20	1,0543	42	1,0725	68		
1,0298	21	1,0552	43	1,0733	70		
1,0311	22	1,0562	44	1,0740	72		

11. Glyzerin. $C_3H_8O_3$.
(Nach Lenz bei 12 bis 15° C.)

Spez. Gew.	Proz.	Spez. Gew.	Proz.	Spez. Gew.	Proz.	Spez. Gew.	Proz.
1,269	100	1,194	72	1,121	46	1,049	20
1,263	98	1,189	70	1,115	44	1,044	18
1,258	96	1,183	68	1,110	42	1,039	16
1,253	94	1,176	66	1,104	40	1,034	14
1,248	92	1,170	64	1,099	38	1,029	12
1,242	90	1,164	62	1,093	36	1,024	10
1,237	88	1,158	60	1,088	34	1,019	8
1,232	86	1,153	58	1,082	32	1,014	6
1,221	82	1,148	56	1,077	30	1,009	4
1,215	80	1,143	54	1,071	28	1,005	2
1,210	78	1,137	52	1,066	26		
1,204	76	1,132	50	1,060	24		
1,199	74	1,126	48	1,055	22		

12. Kohlensaures Kalium. K_2CO_3.
(Nach Gerlach bei 15° C.)

Spez. Gew.	Proz.	Spez. Gew.	Proz.	Spez. Gew.	Proz.	Spez. Gew.	Proz.
1,009	1	1,102	11	1,203	21	1,312	31
1,018	2	1,112	12	1,214	22	1,324	32
1,027	3	1,122	13	1,224	23	1,335	33
1,036	4	1,131	14	1,235	24	1,347	34
1,045	5	1,141	15	1,245	25	1,358	35
1,055	6	1,152	16	1,256	26	1,370	36
1,064	7	1,162	17	1,267	27	1,394	38
1,074	8	1,172	18	1,279	28	1,418	40
1,083	9	1,182	19	1,290	29	1,480	45
1,098	10	1,192	20	1,301	30	1,544	50

[1]) Wie die Tafel ergibt, erreicht die Essigsäure bei einem spez. Gewicht von 1,0748 = 77—80°/₀ ihre größte Dichtigkeit und nimmt die letztere bei

13. Kohlensaures Natrium
bei 15° C nach Gerlach.

Prozente an $Na_2CO_3 + 10H_2O$	Spez. Gewicht bei 15° C	Prozente an $Na_2CO_3 + 10H_2O$	Spez. Gewicht bei 15° C	Prozente an $Na_2CO_3 + 10H_2O$	Spez. Gewicht bei 15° C
1	1,004	14	1,054	27	1,106
2	1,008	15	1,058	28	1,110
3	1,012	16	1,062	29	1,114
4	1,016	17	1,066	30	1,119
5	1,020	18	1,070	31	1,123
6	1,023	19	1,074	32	1,126
7	1,027	20	1,078	33	1,130
8	1,031	21	1,082	34	1,135
9	1,035	22	1,086	35	1,139
10	1,039	23	1,090	36	1,143
11	1,043	24	1,094	37	1,147
12	1,047	25	1,099	38	1,150
13	1,050	26	1,103		

14. Phosphorsäure
bei 15°. Gehalt derselben an H_3PO_4 sowie an P_2O_5.

Vol. Gew.	Prozent H_3PO_4	Prozent P_2O_5	Vol. Gew.	Prozent H_3PO_4	Prozent P_2O_5
1,0054	1	0,726	1,1962	31	22,506
1,0109	2	1,452	1,2036	32	23,232
1,0164	3	2,178	1,2111	33	23,958
1,0220	4	2,904	1,2186	34	24,684
1,0276	5	3,630	1,2262	35	25,410
1,0333	6	4,356	1,2338	36	26,136
1,0390	7	5,082	1,2415	37	26,862
1,0449	8	5,808	1,2493	38	27,588
1,0508	9	6,534	1,2572	39	28,314
1,0567	10	7,260	1,2651	40	29,000
1,0627	11	7,986	1,2731	41	29,766
1,0688	12	8,712	1,2811	42	30,492
1,0749	13	9,438	1,2894	43	31,218
1,0811	14	10,164	1,2976	44	31,944
1,0874	15	10,890	1,3059	45	32,670
1,0937	16	11,616	1,3143	46	33,496
1,1001	17	12,342	1,3227	47	34,222
1,1065	18	13,068	1,3313	48	34,948
1,1130	19	13,794	1,3399	49	35,674
1,1196	20	14,520	1,3486	50	36,400
1,1262	21	15,246	1,3573	51	37,127
1,1329	22	15,973	1,3661	52	37,852
1,1397	23	16,698	1,3750	53	38,578
1,1465	24	17,424	1,3850	54	39,304
1,1534	25	18,150	1,3931	55	40,030
1,1604	26	18,876	1,4022	56	40,756
1,1674	27	19,602	1,4114	57	41,482
1,1745	28	20,328	1,4207	58	42,208
1,1817	29	21,054	1,4301	59	42,934
1,1889	30	21,780	1,4390	60	42,666

weiterem Essigsäure-Gehalt wieder ab bis zu 1,0553. Zwischen den hier angegebenen Grenzen kann also das spez. Gewicht zwei Säuren von verschiedenem
Gehalt anzeigen. Dennoch ist die Unterscheidung leicht. Man braucht nach
der ersten Bestimmung des spez. Gewichts nur etwa 2% Wasser zuzufügen.
Wird dadurch das spez. Gewicht vermehrt, so hat man Säure von mehr als
81% Gehalt, wird solches vermindert, so hat man Säure von weniger als
77% Gehalt vor sich.

15. Salpetersäure
bei 15° C nach Lunge und Roy.

Spez. Gew. bei 15°	Proz. HNO₃	Spez. Gew. bei 15°	Proz. HNO₃	Spez. Gew. bei 15°	Proz. HNO₃	Spez. Gew. bei 15°	Proz. HNO₃
1,010	1,90	1,160	26,36	1,310	49,07	1,460	79,98
1,020	3,70	1,170	27,88	1,320	50,71	1,470	82,90
1,030	5,50	1,180	29,38	1,330	52,37	1,480	86,05
1.040	7,26	1,190	30,88	1,340	54,07	1,490	89,60
1,050	8,99	1,200	32,36	1,350	55,79	1,500	94,09
1,060	10,68	1,210	33,82	1,360	57,57	1,502	95,08
1,070	12,33	1,220	35,28	1,370	59,39	1,504	96,00
1,080	13,95	1,230	36,78	1,380	61,27	1,506	96,76
1,090	15,53	1,240	38,29	1,390	63,23	1,508	97,50
1,100	17,11	1,250	39,82	1.400	65,30	1,510	98,10
1,110	18,67	1,260	41,34	1,410	67,20	1,512	98,53
1,120	20,23	1,270	42,87	1,420	69,80	1,514	98,90
1,130	21,77	1,280	44,41	1,430	72,17	1,516	99,21
1,140	23,31	1,290	45,95	1,440	74,68	1,518	99,46
1,150	24,84	1,300	47,49	1,450	77,28	1,520	99,67

16. Salzsäure
bei 15° C nach Lunge und Marchlewski.

Spez. Gew. bei 15°	Proz. HCl	Spez. Gew. bei 15°	Proz. HCl	Spez. Gew. bei 15°	Proz. HCl	Spez. Gew. bei 15°	Proz. HCl
1,000	0,16	1,060	12,19	1,115	22,86	1,160	31,52
1,005	1,15	1,065	13,19	1,120	23,82	1,163	32,10
1,010	2,14	1,070	14,17	1,125	24,78	1,165	32,49
1,015	3,12	1,075	15,16	1,130	25,75	1,170	33,46
1,020	4,13	1,080	16,15	1,135	26,70	1,171	33,65
1,025	5,15	1,085	17,13	1,140	27,66	1,175	34,42
1,030	6,15	1,090	18,11	1,1425	28,14	1,180	35,39
1,035	7,15	1,095	19,06	1,145	28,61	1,185	36,31
1,040	8,16	1,100	20,01	1,150	29,57	1,190	37,23
1,045	9,16	1,105	20,97	1,152	29,95	1,195	38,16
1·050	10,17	1,110	21,92	1,155	30,55	1,200	39,11
1,055	11,18						

17. Schwefelsäure
bei 15° C nach Lunge und Isler.

Spez. Gewicht	Proz. H₂SO₄	Spez. Gewicht	Proz. H₂SO₄	Spez. Gewicht	Proz. H₂SO₄	Spez. Gewicht	Proz. H₂SO₄
1,010	1,57	1,260	34,57	1,500	59,70	1,740	80,68
1,020	3,03	1,270	35,71	1,510	60,65	1,750	81,56
1,030	4,49	1,280	36,87	1,520	61,59	1,760	82,44
1,040	5,96	1,290	38,03	1,530	62,53	1,770	83,32
1,050	7,37	1,300	39,19	1,540	63,43	1,780	84,50
1,060	8,77	1,310	40,35	1,550	64,26	1,790	85,70
1,070	10,19	1,320	41,50	1,560	65,08	1,800	86,90
1,080	11,60	1,330	42,66	1,570	65,90	1,810	88,30
1,090	12,99	1,340	43,74	1,580	66,71	1,820	90,05
1,100	14,35	1,350	44,82	1,590	67,59	1,825	91,00
1,110	15,71	1,360	45,88	1,600	68,51	1,830	92,10
1,120	17,01	1,370	46,94	1,610	69,43	1,835	93,43
1,130	18,31	1,380	48,00	1,620	70,32	1,837	94,20
1,140	19,61	1,390	49,06	1,630	71,16	1,839	95,00
1,150	20,91	1,400	50,11	1,640	71,99	1,840	95,60
1,160	22,19	1,410	51,15	1,650	72,82	1,8405	95,95
1,170	23,47	1,420	52,15	1,660	73,64	1,841	97,00
1,180	24,76	1,430	53,11	1,670	74,51	1,8415	97,70
1,190	26,04	1,440	54,07	1,680	75,42	1,8410	98,20
1,200	27,32	1,450	55,03	1,690	76,30	1,8405	98,70
1,210	28,58	1,460	55,97	1,700	77,17	1,8400	99,20
1,220	29,84	1,470	56,90	1,710	78,04	1,8395	99,45
1,230	31,11	1,480	57,83	1,720	78,92	1,8390	99,70
1,240	32,28	1,490	58,74	1,730	79,80	1,8385	99,95
1,250	33,43						

18. Bereitung von Schwefelsäure irgend welcher Konzentration durch Mischen der Säure von 1,85 Vol. Gewicht mit Wasser (Anthon).

100 Teile Wasser von 15—20° gemischt mit Teil. Schwefelsäure von 1,85 Vol. Gew.	Geben Säure vom Vol. Gew.	100 Teile Wasser von 15—20° gemischt mit Teil. Schwefelsäure von 1,85 Vol. Gew.	Geben Säure vom Vol. Gew.	100 Teile Wasser von 15—20° gemischt mit Teil. Schwefelsäure von 1,85 Vol. Gew.	Geben Säure vom Vol. Gew.
1	1,009	130	1,456	370	1,723
2	1,015	140	1,473	380	1,727
5	1,035	150	1,490	390	1,730
10	1,060	160	1,510	400	1,733
15	1,090	170	1,530	410	1,737
20	1,113	180	1,543	420	1,740
25	1,140	190	1,556	430	1,743
30	1,165	200	1,568	440	1,746
35	1,187	210	1,580	450	1,750
40	1,210	220	1,593	460	1,754
45	1,229	230	1,606	470	1,757
50	1,248	240	1,620	480	1,760
55	1,265	250	1,630	490	1,763
60	1,280	260	1,640	500	1,766
65	1,297	270	1,648	510	1,768
70	1,312	280	1,654	520	1,770
75	1,326	290	1,667	530	1,772
80	1,340	300	1,678	540	1,774
85	1,357	310	1,689	550	1,776
90	1,372	320	1,700	560	1,777
95	1,386	330	1,705	570	1,778
100	1,398	340	1,710	580	1,779
110	1,420	350	1,714	590	1,780
120	1,438	360	1,719	600	1,782

B. Hilfstafeln für Nahrungsmitteluntersuchungen.

Tafeln für die nach dem Kupferreduktionsverfahren ausgeführten Zuckerbestimmungen.

Umrechnung des gewogenen Kupferoxyds auf Kupfer [1]), zum Gebrauch für alle Zuckerarten. Nach A. Fernau.

CuO mg	Cu mg	CuO mg	Cu mg·	CuO mg	Cu mg	CuO mg	Cu mg
10	8,0	25	20,0	40	31,9	55	43,9
11	8,8	26	20,8	41	32,7	56	44,7
12	9,6	27	21,6	42	33,5	57	45,5
13	10,4	28	22,4	43	34,4	58	46,3
14	11,2	29	23,2	44	35,1	59	47,1
15	12,0	30	24,0	45	35,9	60	47,9
16	12,8	31	24,8	46	36,7	61	48,7
17	13,6	32	25,6	47	37,5	62	49,5
18	14,4	33	26,4	48	38,3	62,6	50,0
19	15,2	34	27,2	49	39,1	63	50,3
20	16,0	35	28,0	50	39,9	64	51,1
21	16,8	36	28,7	51	40,7	65	51,9
22	17,6	37	29,5	52	41,5	66	52,7
23	18,4	38	30,3	53	42,3	67	53,5
24	19,2	39	31,1	54	43,1	68	54,3

[1]) Der Faktor für die Berechnung von Cu aus CuO ist = 0,7989.

CuO mg	Cu mg	CuO mg	Cu mg	CuO mg	Cu mg	CuO mg	Cu mg
69	55,1	136	108,6	203	162,1	270	215,6
70	55,9	137	109,4	204	162,9	271	216,4
71	56,7	138	110,2	205	163,7	272	217,2
72	57,5	139	111,0	206	164,5	273	218,0
73	58,3	140	111,8	207	165,3	274	218,8
74	59,1	141	112,6	208	166,1	275	219,6
75	59,9	142	113,4	209	166,9	276	220,4
76	60,7	143	114,2	210	167,7	277	221,2
77	61,5	144	115,0	211	168,5	278	222,0
78	62,3	145	115,8	212	169,3	279	222,8
79	63,1	146	116,6	213	170,1	280	223,6
80	63,9	147	117,4	214	170,9	281	224,4
81	64,7	148	118,2	215	171,7	282	225,2
82	65,5	149	119,0	216	172,5	283	226,0
83	66,3	150	119,8	217	173,3	284	226,8
84	67,1	151	120,6	218	174,1	285	227,6
85	67,9	152	121,4	219	174,9	286	228,4
86	68,7	153	122,2	220	175,7	287	229,2
87	69,5	154	123,0	221	176,5	288	230,0
88	70,3	155	123,8	222	177,3	289	230,8
89	71,1	156	124,6	223	178,1	290	231,6
90	71,9	157	125,4	224	178,9	291	232,4
91	72,7	158	126,2	225	179,7	292	233,2
92	73,5	159	127,0	226	180,5	293	234,0
93	74,3	160	127,8	227	181,3	294	234,8
94	75,1	161	128,6	228	182,1	295	235,6
95	75,9	162	129,4	229	182,9	296	236,4
96	76,7	163	130,2	230	183,7	297	237,2
97	77,5	164	131,0	231	184,5	298	238,0
98	78,3	165	131,8	232	185,3	299	238,8
99	79,1	166	132,6	233	186,1	300	239,6
100	79,8	167	133,4	234	186,9	301	240,4
101	80,6	168	134,2	235	187,7	302	241,2
102	81,4	169	134,9	236	188,5	303	242,0
103	82,2	170	135,7	237	189,3	304	242,8
104	83,0	171	136,5	238	190,0	305	243,6
105	83,8	172	137,3	239	190,8	306	244,4
106	84,6	173	138,1	240	191,6	307	245,2
107	85,4	174	138,9	241	192,4	308	246,0
108	86,2	175	139,7	242	193,2	309	246,8
109	87,0	176	140,5	243	194,0	310	247,6
110	87,8	177	141,3	244	194,8	311	248,4
111	88,6	178	142,1	245	195,6	312	249,2
112	89,4	179	142,9	246	196,4	313	250,0
113	90,2	180	143,7	247	197,2	314	250,8
114	91,0	181	144,5	248	198,0	315	251,6
115	91,8	182	145,4	249	198,8	316	252,4
116	92,6	183	146,2	250	199,6	317	253,2
117	93,4	184	147,0	251	200,4	318	254,0
118	94,2	185	147,8	252	201,2	319	254,8
119	95,0	186	148,6	253	202,0	320	255,6
120	95,8	187	149,4	254	202,8	321	256,4
121	96,6	188	150,1	255	203,6	322	257,2
122	97,4	189	150,9	256	204,4	323	258,0
123	98,2	190	151,7	257	205,2	324	258,8
124	99,0	191	152,5	258	206,0	325	259,6
125	99,8	192	153,3	259	206,8	326	260,4
126	100,6	193	154,1	260	207,6	327	261,2
127	101,4	194	154,9	261	208,4	328	262,0
128	102,2	195	155,7	262	209,2	329	262,8
129	103,0	196	156,5	263	210,0	330	263,6
130	103,8	197	157,3	264	210,8	331	264,4
131	104,6	198	158,1	265	211,6	332	265,2
132	105,4	199	158,9	266	212,4	333	266,0
133	106,2	200	159,7	267	213,2	334	266,8
134	107,0	201	160,5	268	214,0	335	267,6
135	107,8	202	161,3	269	214,8	336	268,4

CuO mg	Cu mg	CuO mg	Cu mg	CuO mg	Cu mg	CuO mg	Cu mg
337	269,2	398	317,9	459	366,4	520	415,3
338	270,0	399	318,7	460	367,2	521	416,1
339	270,8	400	319,4	461	368,0	522	416,9
340	271,6	401	320,2	462	368,8	523	417,7
341	272,4	402	321,0	463	369,6	524	418,5
342	273,2	403	321,8	464	370,4	525	419,3
343	274,0	404	322,6	465	371,2	526	420,1
344	274,8	405	323,4	466	372,0	527	420,9
345	275,6	406	324,2	467	372,8	528	421,7
346	276,4	407	325,0	468	373,6	529	422,5
347	277,2	408	325,8	469	374,4	530	423,3
348	278,0	409	326,6	470	375,2	531	424,1
349	278,7	410	327,4	471	376,0	532	424,9
350	279,5	411	328,2	472	376,8	533	425,7
351	280,3	412	329,0	473	377,6	534	426,5
352	281,1	413	329,8	474	378,4	535	427,3
353	281,9	414	330,6	475	379,2	536	428,1
354	282,7	415	331,4	476	380,0	537	428,9
355	283,5	416	332,2	477	380,8	538	429,7
356	284,3	417	333,0	478	381,6	539	430,5
357	285,1	418	333,8	479	382,5	540	431,2
358	285,9	419	334,6	480	383,3	541	432,0
359	286,7	420	335,4	481	384,1	542	432,8
360	287,5	421	336,2	482	384,9	543	433,6
361	288,3	422	337,0	483	385,7	544	434,4
362	289,1	423	337,8	484	386,5	545	435,2
363	289,9	424	338,6	485	387,3	546	436,0
364	290,7	425	339,4	486	388,1	547	436,8
365	291,5	426	340,2	487	388,9	548	437,6
366	292,3	427	341,0	488	389,7	549	438,4
367	293,1	428	341,8	489	390,5	550	439,2
368	293,9	429	342,6	490	391,3	551	440,0
369	294,7	430	343,4	491	392,1	552	440,8
370	295,5	431	344,2	492	392,9	553	441,6
371	296,3	432	345,0	493	393,7	554	442,4
372	297,1	433	345,8	494	394,5	555	443,2
373	297,9	434	346,6	495	395,3	556	444,0
374	298,7	435	347,4	496	396,1	557	444,8
375	299,5	436	348,2	497	396,9	558	445,6
376	300,3	437	349,0	498	397,7	559	446,4
377	301,1	438	349,8	499	398,5	560	447,2
378	301,9	439	350,6	500	399,3	561	448,0
379	302,7	440	351,4	501	400,1	562	448,8
380	303,5	441	352,2	502	400,9	563	449,6
381	304,3	442	353,0	503	401,7	564	450,4
382	305,1	443	353,8	504	402,5	565	451,2
383	305,9	444	354,5	505	403,3	566	452,0
384	306,7	445	355,3	506	404,1	567	452,8
385	307,5	446	356,1	507	404,9	568	453,6
386	308,3	447	356,9	508	405,7	569	454,4
387	309,1	448	357,7	509	406,5	570	455,2
388	309,9	449	358,5	510	407,3	571	456,0
389	310,7	450	359,3	511	408,1	572	456,8
390	311,5	451	360,1	512	408,9	573	457,6
391	312,3	452	360,9	513	409,7	574	458,4
392	313,1	453	361,6	514	410,5	575	459,2
393	313,9	454	362,4	515	411,3	576	460,0
394	314,7	455	363,2	516	412,1	577	460,8
395	315,5	456	364,0	517	412,9	578	461,6
396	316,3	457	364,8	518	413,7	579	462,4
397	317,1	458	365,6	519	414,5	580	463,2

Tafel zur Ermittelung der Glucose. Nach Meißl - Allihn.

Kupfer mg	Glucose mg	Kupfer mg	Glucose mg	Kupfer mg	Glucose mg	Kupfer mg	Glucose mg
10	6,1	75	38,3	140	71,3	205	105,3
11	6,6	76	38,8	141	71,8	206	105,8
12	7,1	77	39,3	142	72,3	207	106,3
13	7,6	78	39,8	143	72,9	208	106,8
14	8,1	79	40,3	144	73,4	209	107,4
15	8,6	80	40,8	145	73,9	210	107,9
16	9,0	81	41,3	146	74,4	211	108,4
17	9,5	82	41,8	147	74,9	212	109,0
18	10,0	83	42,3	148	75,5	213	109,5
19	10,5	84	42,8	149	76,0	214	110,0
20	11,0	85	43,4	150	76,5	215	110,6
21	11,5	86	43,9	151	77,0	216	111,1
22	12,0	87	44,4	152	77,5	217	111,6
23	12,5	88	44,9	153	78,1	218	112,1
24	13,0	89	45,4	154	78,6	219	112,7
25	13,5	90	45,9	155	79,1	220	113,2
26	14,0	91	46,4	156	79,6	221	113,7
27	14,5	92	46,9	157	80,1	222	114,3
28	15,0	93	47,4	158	80,7	223	114,8
29	15,5	94	47,9	159	81,2	224	115,3
30	16,0	95	48,4	160	81,7	225	115,9
31	16,5	96	48,9	161	82,2	226	116,4
32	17,0	97	49,4	162	82,7	227	116,9
33	17,5	98	49,9	163	83,3	228	117,4
34	18,0	99	50,4	164	83,8	229	118,0
35	18,5	100	50,9	165	84,3	230	118,5
36	18,9	101	51,4	166	84,8	231	119,0
37	19,4	102	51,9	167	85,3	232	119,6
38	19,9	103	52,4	168	85,9	233	120,1
39	20,4	104	52,9	169	86,4	234	120,7
40	20,9	105	53,5	170	86,9	235	121,2
41	21,4	106	54,0	171	87,4	236	121,7
42	21,9	107	54,5	172	87,9	237	122,3
43	22,4	108	55,0	173	88,5	238	122,8
44	22,9	109	55,5	174	89,0	239	123,4
45	23,4	110	56,0	175	89,5	240	123,9
46	23,9	111	56,5	176	90,0	241	124,4
47	24,4	112	57,0	177	90,5	242	125,0
48	24,9	113	57,5	178	91,1	243	125,5
49	25,4	114	58,0	179	91,6	244	126,0
50	25,9	115	58,6	180	92,1	245	126,6
51	26,4	116	59,1	181	92,6	246	127,1
52	26,9	117	59,6	182	93,1	247	127,6
53	27,4	118	60,1	183	93,7	248	128,1
54	27,9	119	60,6	184	94,2	249	128,7
55	28,4	120	61,1	185	94,7	250	129,2
56	28,8	121	61,6	186	95,2	251	129,7
57	29,3	122	62,1	187	95,7	252	130,3
58	29,8	123	62,6	188	96,3	253	130,8
59	30,3	124	63,1	189	96,8	254	131,4
60	30,8	125	63,7	190	97,3	255	131,9
61	31,3	126	64,2	191	97,8	256	132,4
62	31,8	127	64,7	192	98,4	257	133,0
63	32,3	128	65,2	193	98,9	258	133,5
64	32,8	129	65,7	194	99,4	259	134,1
65	33,3	130	66,2	195	100,0	260	134,6
66	33,8	131	66,7	196	100,5	261	135,1
67	34,3	132	67,2	197	101,0	262	135,7
68	34,8	133	67,7	198	101,5	263	136,2
69	35,3	134	68,2	199	102,0	264	136,8
70	35,8	135	68,8	200	102,6	265	137,3
71	36,3	136	69,3	201	103,1	266	137,8
72	36,8	137	69,8	202	103,7	267	138,4
73	37,3	138	70,3	203	104,2	268	138,9
74	37,8	139	70,8	204	104,7	269	139,5

Kupfer mg	Glucose mg	Kupfer mg	Glucose mg	Kupfer mg	Glucose mg	Kupfer mg	Glucose mg
270	140,0	319	167,0	368	194,6	417	222,8
271	140,6	320	167,5	369	195,1	418	223,3
272	141,1	321	168,1	370	195,7	419	223,9
273	141,7	322	168,6	371	196,3	420	224,5
274	142,2	323	169,2	372	196,8	421	225,2
275	142,8	324	169,7	373	197,4	422	225,7
276	143,3	325	170,3	374	198,0	423	226,3
277	143,9	326	170,9	375	198,6	424	226,9
278	144,4	327	171,4	376	199,1	425	227,5
279	145,0	328	172,0	377	199,7	426	228,0
280	145,5	329	172,5	378	200,3	427	228,6
281	146,1	330	173,1	379	200,8	428	229,2
282	146,6	331	173,7	380	201,4	429	229,8
283	147,2	332	174,2	381	202,0	430	230,4
284	147,7	333	174,8	382	202,5	431	231,0
285	148,3	334	175,3	383	203,1	432	231,6
286	148,8	335	175,9	384	203,7	433	232,2
287	149,4	336	176,5	385	204,3	434	232,8
288	149,9	337	177,0	386	204,8	435	233,4
289	150,5	338	177,6	387	205,4	436	233,9
290	151,0	339	178,1	388	206,0	437	234,5
291	151,6	340	178,7	389	206,5	438	235,1
292	152,1	341	179,3	390	207,1	439	235,7
293	152,7	342	179,8	391	207,7	440	236,3
294	153,2	343	180,4	392	208,3	441	236,9
295	153,8	344	180,9	393	208,8	442	237,5
296	154,3	345	181,5	394	209,4	443	238,1
297	154,9	346	182,1	395	210,0	444	238,7
298	155,4	347	182,6	396	210,6	445	239,3
299	156,0	348	183,2	397	211,2	446	239,8
300	156,5	349	183,7	398	211,7	447	240,4
301	157,1	350	184,3	399	212,3	448	241,0
302	157,6	351	184,9	400	212,9	449	241,6
303	158,2	352	185,4	401	213,5	450	242,2
304	158,7	353	186,0	402	214,1	451	242,8
305	159,3	354	186,6	403	214,6	452	243,4
306	159,8	355	187,2	404	215,2	453	244,0
307	160,4	356	187,7	405	215,8	454	244,6
308	160,9	357	188,3	406	216,4	455	245,2
309	161,5	358	188,9	407	217,0	456	245,7
310	162,0	359	189,4	408	217,5	457	246,3
311	162,6	360	190,0	409	218,1	458	246,9
312	163,1	361	190,6	410	218,7	459	247,5
313	163,7	362	191,1	411	219,3	460	248,1
314	164,2	363	191,7	412	219,9	461	248,7
315	164,8	364	192,3	413	220,4	462	249,3
316	165,3	365	192,9	414	221,0	463	249,9
317	165,0	366	193,4	415	221,6		
318	166,4	367	194,0	416	222,2		

Tafel zur Bestimmung des Invertzuckers. Nach E. Meißl.

Kupfer mg	Invert-zucker mg	Kupfer mg	Invert-zucker mg	Kupfer mg	Invert-zucker mg	Kupfer mg	Invert-zucker mg
90 [1]	46,9	96	50,0	102	53,2	108	56,4
91	47,4	97	50,5	103	53,7	109	56,9
92	47,9	98	51,1	104	54,3	110	57,5
93	48,4	99	51,6	105	54,8	111	58,0
94	48,9	100	52,1	106	55,3	112	58,5
95	49,5	101	52,7	107	55,9	113	59,1

[1] Die für 10—89 mg Cu entsprechenden Mengen Invertzucker sind aus der vorhergehenden Tabelle für Glucose zu entnehmen.

Kupfer mg	Invertzucker mg	Kupfer mg	Invertzucker mg	Kupfer mg	Invertzucker mg	Kupfer mg	Invertzucker mg
114	59,6	181	95,7	248	133,5	315	172,7
115	60,1	182	96,2	249	134,1	316	173,3
116	60,7	183	96,8	250	134,6	317	173,8
117	61,2	184	97,3	251	135,2	318	174,5
118	61,7	185	97,8	252	135,8	319	175,1
119	62,3	186	98,4	253	136,3	320	175,6
120	62,8	187	99,0	254	136,9	321	176,2
121	63,3	188	99,5	255	137,5	322	176,8
122	63,9	189	100,1	256	138,1	323	177,4
123	64,4	190	100,6	257	138,6	324	178,0
124	64,9	191	101,2	258	139,2	325	178,6
125	65,5	192	101,7	259	139,8	326	179,2
126	66,0	193	102,3	260	140,4	327	179,8
127	66,5	194	102,9	261	140,9	328	180,4
128	67,1	195	103,4	262	141,5	329	181,0
129	67,6	196	104,0	263	142,1	330	181,6
130	68,1	197	104,6	264	142,7	331	182,2
131	68,7	198	105,1	265	143,2	332	182,8
132	69,2	199	105,7	266	143,8	333	183,5
133	69,7	200	106,3	267	144,4	334	184,1
134	70,3	201	106,8	268	144,9	335	184,7
135	70,8	202	107,4	269	145,5	336	185,4
136	71,3	203	107,9	270	146,1	337	186,0
137	71,9	204	108,5	271	146,7	338	186,6
138	72,4	205	109,1	272	147,2	339	187,2
139	72,9	206	109,6	273	147,8	340	187,8
140	73,5	207	110,2	274	148,4	341	188,4
141	74,0	208	110,8	275	149,0	342	189,0
142	74,5	209	111,3	276	149,5	343	189,6
143	75,1	210	111,9	277	150,1	344	190,2
144	75,6	211	112,5	278	150,7	345	190,8
145	76,1	212	113,0	279	151,3	346	191,4
146	76,7	213	113,6	280	151,9	347	192,0
147	77,2	214	114,2	281	152,5	348	192,6
148	77,8	215	114,7	282	153,1	349	193,2
149	78,3	216	115,3	283	153,7	350	193,8
150	78,9	217	115,8	284	154,3	351	194,4
151	79,4	218	116,4	285	154,9	352	195,0
152	80,0	219	117,0	286	155,5	353	195,6
153	80,5	220	117,5	287	156,1	354	196,2
154	81,0	221	118,1	288	156,7	355	196,8
155	81,6	222	118,7	289	157,2	356	197,4
156	82,1	223	119,2	290	157,8	357	198,0
157	82,7	224	119,8	291	158,4	358	198,6
158	83,2	225	120,4	292	159,0	359	199,2
159	83,8	226	120,9	293	159,6	360	199,8
160	84,3	227	121,5	294	160,2	361	200,4
161	84,8	228	122,1	295	160,8	362	201,1
162	85,4	229	122,6	296	161,4	363	201,7
163	85,9	230	123,2	297	162,0	364	202,3
164	86,5	231	123,8	298	162,6	365	203,0
165	87,0	232	124,3	299	163,2	366	203,6
166	87,6	233	124,9	300	163,8	367	204,2
167	88,1	234	125,5	301	164,4	368	204,8
168	88,6	235	126,0	302	165,0	369	205,5
169	89,2	236	126,6	303	165,6	370	206,1
170	89,7	237	127,2	304	166,2	371	206,7
171	90,3	238	127,8	305	166,8	372	207,3
172	90,8	239	128,3	306	167,3	373	208,0
173	91,4	240	128,9	307	167,9	374	208,6
174	91,9	241	129,5	308	168,5	375	209,2
175	92,4	242	130,0	309	169,1	376	209,9
176	93,0	243	130,6	310	169,7	377	210,5
177	93,5	244	131,2	311	170,3	378	211,1
178	94,1	245	131,8	312	170,9	379	211,7
179	94,6	246	132,3	313	171,5	380	212,4
180	95,2	247	132,9	314	172,1	381	213,0

Kupfer mg	Invert- zucker mg	Kupfer mg	Invert- zucker mg	Kupfer mg	Invert- zucker mg	Kupfer mg	Invert- zucker mg
382	213,6	395	221,8	408	230,7	421	239,9
383	214,3	396	222,4	409	231,4	422	240,6
384	214,9	397	223,1	410	232,1	423	241,3
385	215,5	398	223,7	411	232,8	424	242,0
386	216,1	399	224,3	412	233,5	425	242,7
387	216,8	400	224,9	413	234,3	426	243,4
388	217,4	401	225,7	414	235,0	427	244,1
389	218,0	402	226,4	415	235,7	428	244,9
390	218,7	403	227,1	416	236,4	429	245,6
391	219,3	404	227,8	417	237,1	430	246,3
392	219,9	405	228,6	418	237,8		
393	220,5	406	229,3	419	238,5		
394	221,2	407	230,0	420	239,2		

Tafel zur Bestimmung der Maltose. Nach E. Wein.

Kupfer mg	Maltose mg	Kupfer mg	Maltose mg	Kupfer mg	Maltose mg	Kupfer mg	Maltose mg
30	25,3	73	62,7	116	100,8	159	139,5
31	26,1	74	63,6	117	101,7	160	140,4
32	27,0	75	64,5	118	102,6	161	141,3
33	27,9	76	65,4	119	103,5	162	142,2
34	28,7	77	66,2	120	104,4	163	143,1
35	29,6	78	67,1	121	105,3	164	144,0
36	30,5	79	68,0	122	106,2	165	144,9
37	31,3	80	68,9	123	107,1	166	145,8
38	32,2	81	69,7	124	108,0	167	146,7
39	33,1	82	70,6	125	108,9	168	147,6
40	33,9	83	71,5	126	109,8	169	148,5
41	34,8	84	72,4	127	110,7	170	149,4
42	35,7	85	73,2	128	111,6	171	150,3
43	36,5	86	74,1	129	112,5	172	151,2
44	37,4	87	75,0	130	113,4	173	152,0
45	38,3	88	75,9	131	114,3	174	152,9
46	39,1	89	76,8	132	115,2	175	153,8
47	40,0	90	77,7	133	116,1	176	154,7
48	40,9	91	78,6	134	117,0	177	155,6
49	41,8	92	79,5	135	117,9	178	156,5
50	42,6	93	80,3	136	118,8	179	157,4
51	43,5	94	81,2	137	119,7	180	158,3
52	44,4	95	82,1	138	120,6	181	159,2
53	45,2	96	83,0	139	121,5	182	160,1
54	46,1	97	83,9	140	122,4	183	160,9
55	47,0	98	84,8	141	123,3	184	161,8
56	47,8	99	85,7	142	124,2	185	162,7
57	48,7	100	86,6	143	125,1	186	163,6
58	49,6	101	87,5	144	126,0	187	164,5
59	50,4	102	88,4	145	126,9	188	165,4
60	51,3	103	89,2	146	127,8	189	166,3
61	52,2	104	90,1	147	128,7	190	167,2
62	53,1	105	91,0	148	129,6	191	168,1
63	53,9	106	91,9	149	130,5	192	169,0
64	54,8	107	92,8	150	131,4	193	169,8
65	55,7	108	93,7	151	132,3	194	170,7
66	56,6	109	94,6	152	133,2	195	171,6
67	57,4	110	95,5	153	134,1	196	172,5
68	58,3	111	96,4	154	135,0	197	173,4
69	59,2	112	97,3	155	135,9	198	174,3
70	60,1	113	98,1	156	136,8	199	175,2
71	61,1	114	99,0	157	137,7	200	176,1
72	61,8	115	99,9	158	138,6	201	177,0

Kupfer mg	Maltose mg	Kupfer mg	Maltose mg	Kupfer mg	Maltose mg	Kupfer mg	Maltose mg
202	177,9	227	200,2	252	222,6	277	245,1
203	178,7	228	201,1	253	223,5	278	246,0
204	179,6	229	202,0	254	224,4	279	246,9
205	180,5	230	202,9	255	225,3	280	247,8
206	181,4	231	203,8	256	226,2	281	248,7
207	182,3	232	204,7	257	227,1	282	249,6
208	183,2	233	205,6	258	228,0	283	250,4
209	184,1	234	206,5	259	228,9	284	251,3
210	185,0	235	207,4	260	229,8	285	252,2
211	185,9	236	208,3	261	230,7	286	253,1
212	186,8	237	209,1	262	231,6	287	254,0
213	187,7	238	210,0	263	232,5	288	254,9
214	188,6	239	210,9	264	233,4	289	255,8
215	189,5	240	211,8	265	234,3	290	256,6
216	190,4	241	212,7	266	235,2	291	257,5
217	191,2	242	213,6	267	236,1	292	258,4
218	192,1	243	214,5	268	237,0	293	259,3
219	193,0	244	215,4	269	237,9	294	260,2
220	193,9	245	216,3	270	238,8	295	261,1
221	194,8	246	217,2	271	239,7	296	262,0
222	195,7	247	218,1	272	240,6	297	262,8
223	196,6	248	219,0	273	241,5	298	263,7
224	197,5	249	219,9	274	242,4	299	264,6
225	198,4	250	220,8	275	243,3	300	265,5
226	199,3	251	221,7	276	244,2		

Tafel zur Bestimmung der Lactose. Nach Fr. Soxhlet.

Kupfer mg	Lactose mg	Kupfer mg	Lactose mg	Kupfer mg	Lactose mg	Kupfer mg	Lactose mg
100	71,6	131	94,6	162	117,9	193	141,6
101	72,4	132	95,3	163	118,6	194	142,3
102	73,1	133	96,1	164	119,4	195	143,1
103	73,8	134	96,9	165	120,2	196	143,9
104	74,6	135	97,6	166	120,9	197	144,6
105	75,3	136	98,3	167	121,7	198	145,4
106	76,1	137	99,1	168	122,4	199	146,2
107	76,8	138	99,8	169	123,2	200	146,9
108	77,6	139	100,5	170	123,9	201	147,7
109	78,3	140	101,3	171	124,7	202	148,5
110	79,0	141	102,0	172	125,5	203	149,2
111	79,8	142	102,8	173	126,2	204	150,0
112	80,5	143	103,5	174	127,0	205	150,7
113	81,3	144	104,3	175	127,8	206	151,5
114	82,0	145	105,1	176	128,5	207	152,2
115	82,7	146	105,8	177	129,3	208	153,0
116	83,5	147	106,6	178	130,1	209	153,7
117	84,2	148	107,3	179	130,8	210	154,5
118	85,0	149	108,1	180	131,6	211	155,2
119	85,7	150	108,8	181	132,4	212	156,0
120	86,4	151	109,6	182	133,1	213	156,7
121	87,2	152	110,3	183	133,9	214	157,5
122	87,9	153	111,1	184	134,7	215	158,2
123	88,7	154	111,9	185	135,4	216	159,0
124	89,4	155	112,6	186	136,2	217	159,7
125	90,1	156	113,4	187	137,0	218	160,4
126	90,9	157	114,1	188	137,8	219	161,2
127	91,6	158	114,9	189	138,5	220	161,9
128	92,4	159	115,6	190	139,3	221	162,7
129	93,1	160	116,4	191	140,0	222	163,4
130	93,8	161	117,1	192	140,8	223	164,2

Kupfer mg	Lactose mg	Kupfer mg	Lactose mg	Kupfer mg	Lactose mg	Kupfer mg	Lactose mg
224	164,9	269	199,5	314	235,3	359	271,2
225	165,7	270	200,3	315	236,1	360	272,2
226	166,4	271	201,1	316	236,8	361	272,9
227	167,2	272	201,9	317	237,6	362	273,7
228	167,9	273	202,7	318	238,4	363	274,5
229	168,6	274	203,5	319	239,2	364	275,3
230	169,4	275	204,3	320	240,0	365	276,2
231	170,1	276	205,1	321	240,7	366	277,1
232	170,7	277	205,9	322	241,5	367	277,9
233	171,6	278	206,7	323	242,3	368	278,8
234	172,4	279	207,5	324	243,1	369	279,6
235	173,1	280	208,3	325	243,9	370	280,5
236	173,9	281	209,1	326	244,6	371	281,4
237	174,6	282	209,9	327	245,4	372	282,2
238	175,4	283	210,7	328	246,2	373	283,1
239	176,2	284	211,5	329	247,0	374	283,9
240	176,9	285	212,3	330	247,7	375	284,8
241	177,7	286	213,1	331	248,5	376	285,7
242	178,5	287	213,9	332	249,2	377	286,5
243	179,3	288	214,7	333	250,0	378	287,4
244	180,1	289	215,5	334	250,8	379	288,2
245	180,8	290	216,3	335	251,6	380	289,1
246	181,6	291	217,1	336	252,5	381	289,9
247	182,4	292	217,9	337	253,3	382	290,8
248	183,2	293	218,7	338	254,1	383	291,7
249	184,0	294	219,5	339	254,9	384	292,5
250	184,8	295	220,3	340	255,7	385	293,4
251	185,5	296	221,1	341	256,5	386	294,2
252	186,3	297	221,9	342	257,4	387	295,1
253	187,1	298	222,7	343	258,2	388	296,0
254	187,9	299	223,5	344	259,0	389	296,8
255	188,7	300	224,4	345	259,8	390	297,7
256	189,4	301	225,2	346	260,6	391	298,5
257	190,2	302	225,9	347	261,4	392	299,4
258	191,0	303	226,7	348	262,3	393	300,3
259	191,8	304	227,5	349	263,1	394	301,1
260	192,5	305	228,3	350	263,9	395	302,0
261	193,3	306	229,1	351	264,7	396	302,8
262	194,1	307	229,8	352	265,5	397	303,7
263	194,9	308	230,6	353	266,3	398	304,6
264	195,7	309	231,4	354	267,2	399	305,4
265	196,4	310	232,2	355	268,0	400	306,3
266	197,2	311	232,9	356	268,8		
267	198,0	312	233,7	357	269,5		
268	198,8	313	234,5	358	270,4		

Tafel zur Bestimmung der Stärke oder des Dextrins. Nach E. Wein.

Kupfer mg	Stärke oder Dextrin mg	Kupfer mg	Stärke oder Dextrin mg	Kupfer mg	Stärke oder Dextrin mg	Kupfer mg	Stärke oder Dextrin mg
10	5,5	21	10,4	32	15,3	43	20,2
11	5,9	22	10,8	33	15,8	44	20,6
12	6,4	23	11,3	34	16,2	45	21,1
13	6,8	24	11,7	35	16,7	46	21,5
14	7,3	25	12,2	36	17,0	47	22,0
15	7,7	26	12,6	37	17,5	48	22,4
16	8,1	27	13,1	38	17,9	49	22,9
17	8,6	28	13,5	39	18,4	50	23,3
18	9,0	29	14,0	40	18,8	51	23,8
19	9,5	30	14,4	41	19,3	52	24,2
20	9,9	31	14,9	42	19,7	53	24,7

Kupfer mg	Stärke oder Dextrin mg	Kupfer mg	Stärke oder Dextrin mg	Kupfer mg	Stärke oder Dextrin mg	Kupfer mg	Stärke oder Dextrin mg
54	25,1	120	55,0	186	85,7	252	117,3
55	25,5	121	55,4	187	86,2	253	117,7
56	25,9	122	55,9	188	86,7	254	118,2
57	26,4	123	56,3	189	87,1	255	118,7
58	26,8	124	56,8	190	87,6	256	119,2
59	27,3	125	57,3	191	88,1	257	119,7
60	27,7	126	57,8	192	88,6	258	120,2
61	28,2	127	58,2	193	89,1	259	120,7
62	28,6	128	58,7	194	89,5	260	121,2
63	29,1	129	59,1	195	90,0	261	121,6
64	29,5	130	59,6	196	90,5	262	122,1
65	30,0	131	60,0	197	91,0	263	122,6
66	30,4	132	60,5	198	91,4	264	123,1
67	30,9	133	60,9	199	91,8	265	123,6
68	31,3	134	61,4	200	92,3	266	124,0
69	31,8	135	61,9	201	92,8	267	124,5
70	32,2	136	62,4	202	93,3	268	124,9
71	32,7	137	62,8	203	93,8	269	125,5
72	33,1	138	63,3	204	94,3	270	126,0
73	33,6	139	63,7	205	94,8	271	126,5
74	34,0	140	64,2	206	95,2	272	127,0
75	34,5	141	64,6	207	95,7	273	127,5
76	34,9	142	65,1	208	96,2	274	128,0
77	35,4	143	65,6	209	96,7	275	128,5
78	35,8	144	66,1	210	97,1	276	129,0
79	36,2	145	66,5	211	97,6	277	129,5
80	36,7	146	67,0	212	98,1	278	130,0
81	37,2	147	67,4	213	98,6	279	130,5
82	37,6	148	67,9	214	99,0	280	131,0
83	38,1	149	68,4	215	99,5	281	131,5
84	38,6	150	68,9	216	100,0	282	132,0
85	39,1	151	69,3	217	100,4	283	132,5
86	39,5	152	69,8	218	100,9	284	133,0
87	40,0	153	70,3	219	101,4	285	133,5
88	40,4	154	70,7	220	101,9	286	134,0
89	40,9	155	71,2	221	102,4	287	134,5
90	41,3	156	71,6	222	102,9	288	135,0
91	41,8	157	72,1	223	103,3	289	135,5
92	42,2	158	72,6	224	103,8	290	135,9
93	42,6	159	73,1	225	104,3	291	136,4
94	43,1	160	73,5	226	104,8	292	136,9
95	43,6	161	74,0	227	105,2	293	137,4
96	44,0	162	74,5	228	105,7	294	137,9
97	44,5	163	75,0	229	106,2	295	138,4
98	44,9	164	75,4	230	106,7	296	138,9
99	45,4	165	75,9	231	107,1	297	139,4
100	45,8	166	76,3	232	107,6	298	139,9
101	46,3	167	76,8	233	108,1	299	140,4
102	46,7	168	77,3	234	108,6	300	140,9
103	47,2	169	77,8	235	109,1	301	141,4
104	47,6	170	78,2	236	109,6	302	141,9
105	48,1	171	78,7	237	110,1	303	142,4
106	48,6	172	79,1	238	110,6	304	142,9
107	49,1	173	79,6	239	111,1	305	143,4
108	49,5	174	80,1	240	111,5	306	143,9
109	50,0	175	80,6	241	112,0	307	144,4
110	50,4	176	81,0	242	112,5	308	144,9
111	50,9	177	81,5	243	113,0	309	145,4
112	51,3	178	82,0	244	113,4	310	145,8
113	51,8	179	82,4	245	113,9	311	146,3
114	52,2	180	82,9	246	114,4	312	146,8
115	52,7	181	83,4	247	114,8	313	147,3
116	53,2	182	83,8	248	115,3	314	147,8
117	53,6	183	84,3	249	115,8	315	148,3
118	54,1	184	84,8	250	116,3	316	148,8
119	54,5	185	85,2	251	116,8	317	149,3

Kupfer mg	Stärke oder Dextrin mg	Kupfer mg	Stärke oder Dextrin mg	Kupfer mg	Stärke oder Dextrin mg	Kupfer mg	Stärke oder Dextrin mg
318	149,8	355	168,4	392	187,5	429	206,8
319	150,3	356	168,9	393	188,0	430	207,4
320	150,8	357	169,5	394	188,5	431	207,9
321	151,3	358	170,0	395	189,0	432	208,5
322	151,8	359	170,5	396	189,5	433	209,0
323	152,3	360	171,0	397	190,0	434	209,5
324	152,8	361	171,5	398	190,5	435	210,0
325	153,3	362	172,0	399	191,1	436	210,5
326	153,8	363	172,5	400	191,6	437	211,0
327	154,3	364	173,1	401	192,2	438	211,6
328	154,8	365	173,6	402	192,7	439	212,1
329	155,3	366	174,1	403	193,2	440	212,7
330	155,8	367	174,6	404	193,7	441	213,1
331	156,3	368	175,1	405	194,2	442	213,7
332	156,8	369	175,6	406	194,8	443	214,3
333	157,3	370	176,1	407	195,3	444	214,8
334	157,8	371	176,6	408	195,8	445	215,3
335	158,3	372	177,1	409	196,3	446	215,9
336	158,8	373	177,7	410	196,8	447	216,4
337	159,3	374	178,2	411	197,4	448	216,9
338	159,8	375	178,7	412	197,9	349	217,5
339	160,3	376	179,2	413	198,4	450	218,0
340	160,8	377	179,7	414	198,9	451	218,5
341	161,3	378	180,2	415	199,4	452	219,1
342	161,8	379	180,7	416	200,0	453	219,6
343	162,3	380	181,3	417	200,5	454	220,1
344	162,8	381	181,8	418	201,0	455	220,6
345	163,4	382	182,3	419	201,5	456	221,1
346	163,9	383	182,8	420	202,1	457	221,7
347	164,4	384	183,3	421	202,6	458	222,2
348	164,9	385	183,8	422	203,1	459	222,7
349	165,4	386	184,3	423	203,7	460	223,3
350	165,9	387	184,9	424	204,2	461	223,8
351	166,4	388	185,4	425	204,7	462	224,4
352	166,9	389	185,9	426	205,2	463	224,9
353	167,4	390	186,4	427	205,7		
354	167,9	391	186,9	428	206,3		

Tafel zur Stärkesirupbestimmung[1]).

[a]$_D$ des invertierten Extraktes	Stärkesirup mit 18% Wasser %	wasserfrei %	[a]$_D$ des invertierten Extraktes	Stärkesirup mit 18% Wasser %	wasserfrei %	[a]$_D$ des invertierten Extraktes	Stärkesirup mit 18% Wasser %	wasserfrei %	[a]$_D$ des invertierten Extraktes	Stärkesirup mit 18% Wasser %	wasserfrei %
— 21,5	0,0	0,0	+ 18	31,0	25,4	+ 58	62,3	51,1	+ 98	93,7	76,8
— 21	0,4	0,3	+ 19	31,7	26,0	+ 59	63,1	51,7	+ 99	94,4	77,4
— 20	1,2	1,0	+ 20	32,5	26,7	+ 60	63,9	52,4	+ 100	95,2	78,1
— 19	2,0	1,6	+ 21	33,3	27,3	+ 61	64,7	53,0	+ 101	96,0	78,7
— 18	2,8	2,3	+ 22	34,1	27,9	+ 62	65,5	53,7	+ 102	96,8	79,4
— 17	3,5	2,9	+ 23	34,9	28,6	+ 63	66,2	54,3	+ 103	97,6	80,0
— 16	4,3	3,5	+ 24	35,6	29,2	+ 64	67,0	55,0	+ 104	98,4	80,7
— 15	5,1	4,2	+ 25	36,4	29,9	+ 65	67,8	55,6	+ 105	99,2	81,3
— 14	5,9	4,8	+ 26	37,2	30,5	+ 66	68,6	56,2	+ 106	99,9	81,9
— 13	6,7	5,5	+ 27	38,0	31,2	+ 67	69,4	56,9	+ 107	100,7	82,6
— 12	7,4	6,1	+ 28	38,8	31,8	+ 68	70,1	57,5	+ 108	101,5	83,2
— 11	8,2	6,8	+ 29	39,6	32,4	+ 69	70,9	58,2	+ 109	102,3	83,9
— 10	9,0	7,4	+ 30	40,4	33,1	+ 70	71,7	58,8	+ 110	103,1	84,5
— 9	9,8	8,0	+ 31	41,1	33,7	+ 71	72,5	59,4	+ 111	103,8	85,1
— 8	10,6	8,7	+ 32	41,9	34,4	+ 72	73,3	60,1	+ 112	104,6	85,8
— 7	11,4	9,3	+ 33	42,7	35,0	+ 73	74,1	60,7	+ 113	105,4	86,4
— 6	12,2	10,0	+ 34	43,5	35,7	+ 74	74,8	61,4	+ 114	106,2	87,1
— 5	12,9	10,6	+ 35	44,3	36,3	+ 75	75,6	62,0	+ 115	107,0	87,7
— 4	13,7	11,3	+ 36	45,1	37,0	+ 76	76,4	62,6	+ 116	107,8	88,4
— 3	14,5	11,9	+ 37	45,9	37,6	+ 77	77,2	63,3	+ 117	108,6	89,0
— 2	15,3	12,5	+ 38	46,6	38,2	+ 78	78,0	63,9	+ 118	109,3	89,7
— 1	16,1	13,2	+ 39	47,4	38,9	+ 79	78,8	64,6	+ 119	110,1	90,3
± 0	16,9	13,8	+ 40	48,2	39,5	+ 80	79,6	65,2	+ 120	110,9	90,9
+ 1	17,6	14,5	+ 41	49,0	40,2	+ 81	80,3	65,9	+ 121	111,7	91,6
+ 2	18,5	15,1	+ 42	49,8	40,8	+ 82	81,1	66,5	+ 122	112,5	92,2
+ 3	19,2	15,8	+ 43	50,6	41,5	+ 83	81,9	67,2	+ 123	113,3	92,9
+ 4	20,0	16,4	+ 44	51,3	42,1	+ 84	82,7	67,8	+ 124	114,0	93,5
+ 5	20,8	17,0	+ 45	52,1	42,7	+ 85	83,5	68,4	+ 125	114,8	94,2
+ 6	21,6	17,7	+ 46	52,9	43,4	+ 86	84,2	69,1	+ 126	115,6	94,8
+ 7	22,3	18,3	+ 47	53,7	44,0	+ 87	85,0	69,7	+ 127	116,4	95,4
+ 8	23,1	19,0	+ 48	54,5	44,7	+ 88	85,8	70,4	+ 128	117,2	96,1
+ 9	23,9	19,6	+ 49	55,2	45,3	+ 89	86,6	71,0	+ 129	118,0	96,7
+ 10	24,7	20,3	+ 50	56,0	46,0	+ 90	87,4	71,7	+ 130	118,7	97,3
+ 11	25,5	20,9	+ 51	56,8	46,6	+ 91	88,2	72,3	+ 131	119,5	98,0
+ 12	26,3	21,5	+ 52	57,6	47,2	+ 92	89,0	72,9	+ 132	120,3	98,7
+ 13	27,1	22,2	+ 53	58,4	47,9	+ 93	89,7	73,6	+ 133	121,1	99,3
+ 14	27,8	22,8	+ 54	59,2	48,5	+ 94	90,5	74,2	+ 134	121,9	99,9
+ 15	28,6	23,5	+ 55	60,0	49,2	+ 95	91,3	74,9	+ 134,1	122,0	100,0
+ 16	29,4	24,1	+ 56	60,7	49,8	+ 96	92,1	75,5			
+ 17	30,2	24,7	+ 57	61,5	50,5	+ 97	92,9	76,2			

[1]) Nach A. Juckenack; in der von A. Beythien und P. Simmich, Z. f. U. d. N. 1910. 20. 248 abgeänderten bequemeren Form.

Übersicht über die Konstanten der wichtigsten Fette.
A. Für flüssige Fette.

Fett	Spezifisches Gewicht bei 15°	Refraktometerzahl (Zeißsches Butter-refraktometer) bei 25°	Schmelzpunkt der Fettsäuren	Erstarrungspunkt der Fettsäuren	Jodzahl der		Verseifungszahl	Sonstige Konstanten[1]
					Fette	flüssigen Fettsäuren		
Baumwollsaatöl (Cottonöl)	0,920—0,930	65—69,4	34—43	32—35	101—117 Baumwollstearin = 89—104	142—152	191—198	—
Erdnußöl (Arachisöl) .	0,916—0,921	62,6—67,5	27—36[2]	22—32	86—99	111—123	189—197	—
Leinöl	0,930—0,941	81—87,5	13—24	13—21	168—176	190—210	188—195	—
Mandelöl, süßes .	0,914—0,920	64—64,8	13—14	5—12	93—102	102	188—195	—
Mohnöl	0,924—0,927	72—74,5	20—21	16—17	134—158	etwa 150	189—198	—
Olivenöl . . .	0,914—0,925	59,3—63,6	24—27	21—25	79—88	93—104	185—196	(Reichert-Meißl-Zahl = 0,3—1,5)
Maisöl	0,921—0,927	71,5	16—23	13—16	111—131	136—144	188—203	—
Rüböl (Raps-) . .	0,911—0,918	68,0—71,0	16—22	12—19	94—106	121—126	168—179	—
Sesamöl . . .	0,921—0,924	66,2—69	24—30	20—24	103—112 (116)	126—136	187—193	(Reichert-Meißl-Zahl = 0,1—1,2)[3]
Dorschlebertran .	0,920—0,941	75,0	21—25	13—24	123—181	167,6	171—206	—

[1] Siehe auch Anmerkung 5 bei „feste Fette".
[2] Schmelzpunkt der Arachinsäure (ein Gemisch von Arachinsäure und Lignocerinsäure bei etwa 72°. (Darstellung der Arachinsäure S. 69.)
[3] Drehung der Ebene des polarisierten Lichtes im 200-mm-Rohr bei 15°: + 1,9° bis + 4,09°.

Übersicht über die Konstanten der wichtigsten Fette.
B. Für feste Fette.

Fett	Spezifisches Gewicht bei 15°	Refraktometerzahl (Zeißsches Butterrefraktometer bei 40°)	Schmelzpunkt	Erstarrungspunkt	Schmelzpunkt der Fettsäuren	Erstarrungspunkt der Fettsäuren	Jodzahl der Fette	Jodzahl der flüssigen Fettsäuren	Verseifungszahl	Reichert-Meißlsche Zahl	Sonstige Konstanten[1]
Butterfett (Kuh-) . .	0,926—0,946	39,4—46	30—41	19—26	38—45	33—38	26—46	—	219—233	17—34[2]	(Polenske-Zahl 1,5—3,5) (Hehnersche Zahl 87,5) [3]
Gänsefett. . .	0,916—0,930	50—54	32—38	17—22	35—41	31—40	59—81	—	184—198	0,2—1,0	—
Hammeltalg (-fett) . .	0,937—0,961	46—48,7	48—52	34—38	41—57	39—52	35—46	92,7	192—198	0,1—1,2	—
Kakaofett . .	0,945—0,976	46—47,8	28—36	20—27	48—50	mind.48	27,9—41	—	192—202	0,2—1,6	—
Kokosfett[4] .	0,925—0,926	33,5—36,5	24—27	19—23	24—27	16—23	8—10	32—54	245—262	6,0—8,5	(Polenske-Zahl 16,8—18,2) (Hehnersche Zahl 84—91)
Palmöl (-kern-fett) . .	0,921—0,947	36—39	27—30	20—23	26—27	21—23	13—17	—	242—252	4—7	—
Pferdefett . .	0,916—0,933	51,0—68,8	15—39	20—48	36—44	30—38	71—86	124—125	190—199	0,2—2,1	—
Rindertalg (-fett) . .	0,943—0,953	46—48,5	43—51,0	30—38	41—47	39—47	32—46	89—92,4	193—198	0,1—0,6	—
Schweinefett (-Schmalz) .	0,931—0,938	48,5—52	41—51	22—31	35—47	34—42	46—77[5]	89—116	193—198	0,3—0,9	—

[1] Schmelzpunkt des reinen Cholesterinacetats 113,6°, des reinen Phytosterinacetats 125,6—137°; siehe auch S. 65.
[2] Die häufigsten Zahlen liegen zwischen 26 und 30; unter 22 und über 32 sind große Seltenheiten.
[3] Die Hehnersche Zahl beträgt bei den übrigen Fetten 95—96.
[4] Kokosfett erhöht die R.-M.-Z. (mit Ausnahme bei Verfälschungen von Butter) und Köttst.-Z. erheblich. Betr. Polenske-Zahl s. S. 80.
[5] Vgl. auch S. 99.

Tafel zur Umrechnung des spezifischen Gewichts von Milch auf den zur Vergleichung vereinbarten Wärmegrad von 15° C nach Fleischmann[1].

°C	14	15	16	17	18	19	20	21	22	23	24	25	26	27	28	29	30	31	32	33	34	35	°C
0	12,9	13,9	14,9	15,9	16,9	17,8	18,7	19,6	20,6	21,5	22,4	23,3	24,3	25,2	26,1	27,0	27,9	28,8	29,7	30,6	31,5	32,4	0
1	12,9	13,9	14,9	15,9	16,9	17,8	18,7	19,6	20,6	21,5	22,4	23,3	24,3	25,3	26,2	27,1	28,0	28,9	29,8	30,7	31,6	32,5	1
2	12,9	13,9	14,9	15,9	16,9	17,8	18,7	19,7	20,6	21,6	22,5	23,4	24,4	25,4	26,3	27,2	28,1	29,0	29,8	30,8	31,8	32,6	2
3	13,0	14,0	15,0	16,0	17,0	17,9	18,8	19,7	20,7	21,6	22,6	23,5	24,4	25,5	26,4	27,3	28,2	29,1	30,0	30,9	31,8	32,7	3
4	13,0	14,1	15,0	16,0	17,0	17,9	18,8	19,7	20,7	21,7	22,7	23,6	24,6	25,6	26,5	27,4	28,3	29,2	30,1	31,1	32,1	32,8	4
5	13,1	14,1	15,1	16,1	17,1	18,0	18,9	19,8	20,8	21,8	22,8	23,7	24,7	25,6	26,6	27,5	28,4	29,3	30,3	31,3	32,2	33,1	5
6	13,1	14,1	15,1	16,1	17,1	18,1	19,0	19,9	20,9	21,9	22,9	23,8	24,8	25,8	26,7	27,6	28,5	29,5	30,4	31,4	32,3	33,2	6
7	13,1	14,1	15,1	16,1	17,1	18,1	19,0	19,9	21,0	21,9	23,0	23,9	24,9	25,9	26,8	27,7	28,6	29,6	30,5	31,5	32,5	33,4	7
8	13,2	14,2	15,2	16,2	17,3	18,3	19,1	20,0	21,1	22,0	23,1	24,0	25,0	26,0	26,9	27,8	28,7	29,7	30,6	31,6	32,7	33,6	8
9	13,3	14,3	15,3	16,2	17,3	18,3	19,2	20,1	21,2	22,1	23,2	24,1	25,1	26,1	27,0	27,9	28,9	29,8	30,8	31,8	32,9	33,8	9
10	13,3	14,3	15,4	16,4	17,4	18,4	19,3	20,3	21,3	22,3	23,3	24,3	25,3	26,3	27,1	28,1	29,0	30,0	31,0	32,0	33,0	34,0	10
11	13,4	14,4	15,5	16,5	17,5	18,5	19,4	20,5	21,4	22,5	23,5	24,5	25,5	26,5	27,2	28,2	29,2	30,2	31,2	32,2	33,2	34,2	11
12	13,5	14,5	15,6	16,6	17,6	18,6	19,5	20,5	21,5	22,6	23,6	24,6	25,6	26,6	27,6	28,6	29,4	30,4	31,4	32,4	33,4	34,4	12
13	13,6	14,6	15,7	16,7	17,7	18,7	19,7	20,7	21,7	22,8	23,8	24,8	25,8	26,8	27,8	28,8	29,6	30,6	31,6	32,6	33,5	34,7	13
14	13,7	14,7	15,8	16,8	17,8	18,8	19,8	20,8	21,9	22,9	24,0	25,0	26,0	27,0	28,0	29,0	30,0	31,0	32,0	33,0	34,2	35,0	14
15	13,8	14,8	16,0	17,0	18,0	19,0	20,0	21,0	22,0	23,0	24,0	25,2	26,2	27,2	28,2	29,2	30,2	31,2	32,2	33,2	34,4	35,2	15
16	14,0	15,0	16,1	17,1	18,1	19,1	20,1	21,1	22,2	23,2	24,2	25,4	26,4	27,4	28,4	29,4	30,4	31,4	32,4	33,4	34,7	35,4	16
17	14,1	15,1	16,3	17,3	18,3	19,3	20,3	21,3	22,4	23,4	24,4	25,4	26,6	27,6	28,6	29,6	30,6	31,7	32,7	33,7	34,7	35,7	17
18	14,4	15,4	16,5	17,5	18,5	19,5	20,5	21,6	22,6	23,6	24,6	25,6	26,6	27,8	28,9	29,9	30,9	32,0	33,0	34,0	35,0	36,0	18
19	14,6	15,6	16,7	17,7	18,7	19,7	20,7	21,8	22,8	23,8	24,8	25,8	26,9	27,9	29,0	30,2	31,2	32,3	33,3	34,3	35,3	36,3	19
20	14,8	15,8	16,9	17,9	18,9	19,9	20,9	22,0	23,0	24,0	25,0	26,0	27,1	28,2	29,4	30,4	31,4	32,5	33,6	34,6	35,6	36,6	20
21	15,0	16,0	17,1	18,1	19,1	20,1	21,1	22,2	23,2	24,2	25,2	26,2	27,3	28,4	29,6	30,6	31,6	32,7	33,8	34,9	35,9	36,9	21
22	15,2	16,2	17,3	18,3	19,3	20,3	21,3	22,4	23,4	24,4	25,4	26,4	27,5	28,6	29,9	30,9	31,9	33,0	34,1	35,2	36,5	37,5	22
23	15,4	16,4	17,5	18,5	19,5	20,5	21,5	22,6	23,6	24,6	25,6	26,6	27,7	28,8	30,1	31,1	32,2	33,3	34,4	35,5	36,8	37,8	23
24	15,6	16,6	17,7	18,7	19,7	20,7	21,7	22,8	23,8	24,8	25,8	26,8	27,9	29,0	30,4	31,2	32,5	33,6	34,7	35,8	37,1	38,1	24
25	15,8	16,8	17,9	18,9	19,9	20,9	21,9	23,0	24,0	25,3	26,3	27,3	28,4	29,5	30,6	31,7	32,7	33,8	34,9	36,0	37,4	38,4	25
26	16,0	17,0	18,1	19,1	20,1	21,1	22,1	23,2	24,3	25,5	26,5	27,5	28,6	29,7	30,8	31,9	33,0	34,1	35,2	36,3	37,6	38,7	26
27	16,2	17,2	18,3	19,3	20,3	21,3	22,3	23,4	24,5	25,7	26,7	27,7	28,9	30,0	31,1	32,2	33,3	34,4	35,5	36,6	37,7	38,7	27
28	16,4	17,4	18,5	19,5	20,5	21,5	22,5	23,8	24,7	26,0	27,0	28,0	29,2	30,3	31,4	32,5	33,6	34,7	35,8	36,9	38,0	39,1	28
29	16,6	17,6	18,7	19,7	20,7	21,7	22,7	23,8	24,9	26,0	27,0	28,0	29,2	30,3	31,4	32,5	33,6	34,7	35,8	36,9	38,0	39,1	29
30	16,8	17,8	18,9	20,0	21,0	22,0	23,0	24,1	25,2	26,3	27,3	28,3	29,5	30,6	31,7	32,8	33,9	35,1	36,2	37,3	38,4	39,5	30

[1] Beispiel: Hat man das spezifische Gewicht einer Milch bei 24° C zu 29,7 Graden (= 1,0297 spez. Gew.) beobachtet, so würde es sich bei 15° C auf 31,2 + 0,1 . 7 = 31,9 stellen. Man findet nämlich bei 24° C für 29,0 und für 30,0 Grade die Zahlen 31,2 und 32,2; der Unterschied beträgt also 1,0, für einen Zehntelgrad 0,1 und für sieben Zehntel 0,1 . 7.

Tafel zur Umrechnung des spezifischen Gewichts von Magermilch auf den zur Vergleichung vereinbarten Wärmegrad von 15° C nach Fleischmann.

°C	18	19	20	21	22	23	24	25	26	27	28	29	30	31	32	33	34	35	36	37	38	39	40	°C
0	17,2	18,2	19,2	20,2	21,1	22,0	22,9	23,8	24,8	25,8	26,8	27,8	28,7	29,7	30,7	31,7	32,6	33,5	34,4	35,3	36,2	37,1	38,0	0
1	17,2	18,2	19,2	20,2	21,1	22,0	22,9	23,8	24,8	25,8	26,8	27,8	28,7	29,7	30,7	31,7	32,6	33,5	34,4	35,4	36,3	37,2	38,1	1
2	17,2	18,2	19,2	20,2	21,1	22,0	22,9	23,8	24,8	25,8	26,8	27,8	28,7	29,7	30,7	31,7	32,6	33,5	34,5	35,5	36,3	37,3	38,2	2
3	17,2	18,2	19,2	20,2	21,1	22,1	22,9	23,8	24,8	25,8	26,8	27,8	28,7	29,7	30,7	31,7	32,7	33,6	34,6	35,5	36,4	37,3	38,3	3
4	17,2	18,3	19,2	20,2	21,2	22,1	23,0	23,8	24,9	25,9	26,9	27,9	28,8	29,8	30,8	31,8	32,7	33,7	34,7	35,6	36,5	37,5	38,4	4
5	17,3	18,3	19,3	20,3	21,2	22,2	23,1	23,9	25,0	26,0	26,9	27,9	28,8	29,9	30,8	31,8	32,8	33,8	34,7	35,7	36,6	37,6	38,5	5
6	17,3	18,3	19,3	20,3	21,3	22,2	23,1	24,0	25,1	26,1	27,0	28,0	29,0	29,9	31,0	31,9	32,9	33,8	34,8	35,8	36,7	37,6	38,6	6
7	17,3	18,3	19,3	20,3	21,3	22,3	23,2	24,0	25,1	26,1	27,1	28,1	29,0	30,0	30,9	32,0	32,9	33,9	34,8	35,8	36,7	37,8	38,7	7
8	17,3	18,3	19,3	20,3	21,3	22,3	23,3	24,1	25,2	26,2	27,1	28,1	29,1	30,0	31,0	32,0	33,0	34,0	34,9	35,9	36,9	37,9	38,8	8
9	17,4	18,4	19,4	20,4	21,4	22,4	23,4	24,2	25,2	26,2	27,2	28,2	29,2	30,2	31,1	32,1	33,1	34,1	35,0	36,0	36,9	37,9	38,9	9
10	17,4	18,4	19,5	20,5	21,5	22,5	23,5	24,2	25,3	26,3	27,2	28,3	29,2	30,3	31,2	32,2	33,2	34,2	35,1	36,1	37,0	38,0	39,1	10
11	17,5	18,5	19,6	20,6	21,6	22,6	23,6	24,3	25,4	26,4	27,3	28,4	29,3	30,4	31,3	32,3	33,3	34,3	35,2	36,2	37,1	38,2	39,2	11
12	17,6	18,6	19,7	20,7	21,7	22,7	23,7	24,4	25,6	26,5	27,4	28,5	29,4	30,5	31,4	32,4	33,4	34,4	35,3	36,4	37,3	38,4	39,4	12
13	17,7	18,7	19,7	20,7	21,8	22,8	23,9	24,5	25,7	26,6	27,5	28,6	29,5	30,6	31,5	32,5	33,5	34,6	35,4	36,6	37,3	38,6	39,6	13
14	17,9	18,9	19,9	20,9	21,9	22,9	23,9	24,8	25,8	26,8	27,8	28,8	29,6	30,8	31,6	32,6	33,6	34,8	35,6	36,8	37,4	38,8	39,8	14
15	18,0	19,0	20,0	21,0	22,0	23,0	24,0	25,0	26,0	27,0	28,0	29,0	30,0	31,0	31,8	33,0	33,8	35,0	35,8	37,0	37,6	39,0	40,0	15
16	18,1	19,1	20,1	21,1	22,1	23,2	24,1	25,2	26,1	27,1	28,3	29,1	30,1	31,2	32,0	33,2	34,0	35,2	36,0	37,2	37,8	39,2	40,2	16
17	18,2	19,2	20,2	21,2	22,2	23,2	24,2	25,2	26,3	27,3	28,5	29,3	30,3	31,4	32,2	33,4	34,2	35,4	36,2	37,4	38,0	39,4	40,4	17
18	18,4	19,4	20,4	21,4	22,4	23,4	24,4	25,4	26,5	27,5	28,7	29,5	30,5	31,6	32,4	33,6	34,4	35,6	36,4	37,6	38,2	39,6	40,6	18
19	18,6	19,6	20,6	21,6	22,6	23,6	24,6	25,6	26,7	27,7	28,9	29,7	30,7	31,8	32,6	33,8	34,6	35,8	36,6	37,8	38,4	39,9	40,9	19
20	18,8	19,8	20,8	21,8	22,8	23,8	24,8	25,9	26,9	27,9	29,1	29,9	30,9	32,0	32,8	34,0	34,8	36,0	36,9	38,2	38,6	40,2	41,2	20
21	18,9	19,9	20,9	21,9	22,9	24,1	24,9	26,1	27,0	28,0	29,3	30,1	31,1	32,2	33,0	34,2	35,0	36,2	37,1	38,4	38,9	40,4	41,4	21
22	19,1	20,1	21,1	22,1	23,1	24,1	25,1	26,3	27,2	28,3	29,5	30,3	31,3	32,4	33,2	34,4	35,2	36,4	37,3	38,6	39,2	40,7	41,7	22
23	19,3	20,3	21,3	22,3	23,3	24,3	25,3	26,5	27,4	28,5	29,7	30,5	31,5	32,6	33,4	34,6	35,4	36,6	37,5	38,8	39,4	41,0	42,0	23
24	19,5	20,5	21,5	22,5	23,5	24,5	25,5	26,7	27,6	28,7	29,9	30,7	31,7	32,8	33,6	34,6	35,6	36,9	37,8	39,1	39,7	41,3	42,3	24
25	19,7	20,7	21,7	22,7	23,7	24,7	25,7	26,9	27,8	28,9	30,1	30,9	31,9	33,0	33,9	34,9	35,9	37,2	38,0	39,4	40,0	41,6	42,6	25
26	19,9	20,9	21,9	22,9	23,9	24,9	25,9	27,1	28,0	29,1	30,3	31,1	32,1	33,2	34,1	35,2	36,2	37,4	38,3	39,6	40,2	41,9	42,9	26
27	20,1	21,1	22,1	23,1	24,1	25,1	26,1	27,3	28,2	29,3	30,5	31,3	32,3	33,4	34,3	35,4	36,4	37,7	38,5	39,9	40,5	42,1	43,2	27
28	20,3	21,3	22,3	23,3	24,3	25,3	26,3	27,5	28,4	29,5	30,7	31,5	32,5	33,6	34,5	35,6	36,7	38,0	38,8	40,2	40,7	42,4	43,5	28
29	20,5	21,5	22,5	23,5	24,5	25,5	26,5	27,5	28,6	29,7	30,9	31,7	32,7	33,9	34,7	35,8	36,9	38,3	39,1	40,5	41,0	42,7	43,8	29
30	20,7	21,7	22,7	23,7	24,7	25,7	26,7	27,7	28,8	29,9	31,0	32,0	33,0	34,1	35,2	36,3	37,4	38,5	39,7	40,8	41,9	43,0	44,1	30

Tafel zur Berechnung der Trockensubstanz der Milch aus spezifischem Gewicht und Fett.

Fett-prozente	Gradzahlen des spezifischen Gewichts										
	24	25	26	27	28	29	30	31	32	33	34
1,50	8,05	8,30	8,55	8,81	9,06	9,31	9,56	9,81	10,06	10,31	10,56
55	11	36	61	87	12	37	62	87	12	37	62
60	17	42	67	93	18	43	68	93	18	43	68
65	23	48	73	99	24	49	74	99	24	49	74
70	29	54	79	9,05	30	55	80	10,05	30	55	80
75	35	60	85	11	36	61	86	11	36	61	86
80	41	66	91	17	42	67	92	17	42	67	92
85	47	72	97	23	48	73	98	23	48	73	98
90	53	78	9,03	29	54	79	10,04	29	54	79	11,04
95	59	84	09	35	60	85	10	35	60	85	10
2,00	65	90	15	41	66	91	16	41	66	91	16
05	71	96	21	47	72	97	22	47	72	97	22
10	77	9,02	27	53	78	10,03	28	53	78	11,03	28
15	83	08	33	59	84	09	34	59	84	09	34
20	89	14	39	65	90	15	40	65	90	15	40
25	95	20	45	71	96	21	46	71	96	21	46
30	9,01	26	51	77	10,02	27	52	77	11,02	27	52
35	07	32	57	83	08	33	58	83	08	33	58
40	13	38	63	89	14	39	64	89	14	39	64
45	19	44	69	95	20	45	70	95	20	45	70
50	25	50	75	10,01	26	51	76	11,01	26	51	76
55	31	56	81	07	32	57	82	07	32	57	82
60	37	62	87	13	38	63	88	13	38	63	88
65	43	68	93	19	44	69	94	19	44	69	94
70	49	74	99	25	50	75	11,00	25	50	75	12,00
75	55	80	10,05	31	56	81	06	31	56	81	06
80	61	86	11	37	62	87	12	37	62	87	12
85	67	92	17	43	68	93	18	43	68	93	18
90	73	98	23	49	74	99	24	49	74	99	24
95	79	10,04	29	55	80	11,05	30	55	80	12,05	30
3,00	85	10	35	61	86	11	36	61	86	11	36
05	91	16	41	67	92	17	42	67	92	17	42
10	97	22	47	73	98	23	48	73	98	23	48
15	10,03	28	53	79	11,04	29	54	79	12,04	29	54
20	09	34	59	85	10	35	60	85	10	35	60
25	15	40	65	91	16	41	66	91	16	41	66
30	21	46	71	97	22	47	72	97	22	47	72
35	27	52	77	11,03	28	53	78	12,03	28	53	78
40	33	58	83	09	34	59	84	09	34	59	84
45	39	64	89	15	40	65	90	15	40	65	90
50	45	70	95	21	46	71	96	21	46	71	96
55	51	76	11,01	27	52	77	12,02	27	52	77	13,02
60	57	82	07	33	58	83	08	33	58	83	08
65	63	88	13	39	64	89	14	39	64	89	14
70	69	94	19	45	70	95	20	45	70	95	20
75	75	11,00	25	51	76	12,01	26	51	76	13,01	26
80	81	06	31	57	82	07	32	57	82	07	32
85	87	12	37	63	88	13	38	63	88	13	38
90	93	18	43	69	94	19	44	69	94	19	44
95	99	24	49	75	12,00	25	50	75	13,00	25	50
4,00	11,05	30	55	81	06	31	56	81	06	31	56

Hilfstafel für die Mitberechnung der 4. Dezimale des spezifischen Gewichts.

1 = 0,03	4 = 0,10	7 = 0,18
2 = 0,05	5 = 0,13	8 = 0,20
3 = 0,07	6 = 0,15	9 = 0,23

42*

Hilfstafel zur Berechnung des prozentischen Gehaltes der Milch an Trockensubstanz t aus dem spezifischen Gewichte s und dem prozentischen Fettgehalte f. Nach der Fleischmannschen Formel.

$\frac{s}{\text{Tausend-stel}}$	$2{,}665\,\frac{d}{s}$	$\frac{s}{\text{Tausend-stel}}$	$2{,}665\,\frac{d}{s}$	$\frac{s}{\text{Tausend-stel}}$	$2{,}665\,\frac{d}{s}$	$\frac{s}{\text{Tausend-stel}}$	$2{,}665\,\frac{d}{s}$
19,0	4,967	23,0	5,992	27,0	7,006	31,0	8,013
1	994	1	6,017	1	032	1	038
2	5,021	2	042	2	057	2	063
3	047	3	068	3	082	3	088
4	072	4	093	4	107	4	113
5	098	5	119	5	133	5	138
6	122	6	144	6	158	6	163
7	149	7	170	7	183	7	188
8	173	8	195	8	208	8	213
9	199	9	221	9	234	9	239
20,0	5,225	24,0	6,246	28,0	7,259	32,0	8,264
1	251	1	271	1	284	1	289
2	277	2	297	2	309	2	314
3	302	3	322	3	334	3	339
4	328	4	348	4	360	4	364
5	353	5	373	5	385	5	389
6	379	6	398	6	410	6	414
7	405	7	424	7	435	7	439
8	430	8	449	8	460	8	464
9	456	9	475	9	485	9	489
21,0	5,481	25,0	6,500	29,0	7,511	33,0	8,514
1	507	1	525	1	536	1	539
2	532	2	551	2	561	2	563
3	558	3	576	3	586	3	588
4	584	4	601	4	611	4	613
5	609	5	627	5	636	5	638
6	635	6	652	6	662	6	663
7	660	7	677	7	687	7	688
8	686	8	703	8	712	8	713
9	711	9	728	9	737	9	738
22,0	5,737	26,0	6,753	30,0	7,762	34,0	8,763
1	762	1	779	1	787	1	788
2	788	2	804	2	812	2	813
3	813	3	829	3	837	3	838
4	839	4	855	4	863	4	863
5	864	5	880	5	888	5	888
6	890	6	905	6	913	6	912
7	915	7	930	7	938	7	937
8	941	8	956	8	963	8	962
9	966	9	981	9	988	9	987

Tafel [1]) zur Ermittelung des Zuckergehaltes wäßriger Zuckerlösungen aus der Dichte bei 15°.

Zugleich Extrakttafel für die Untersuchung von Bier, Süßweinen, Likören, Fruchtsäften usw. (nach K. Windisch).

Dichte bei 15° C $d\left(\frac{15°}{15°}\,C\right)$	Gewichtsprozent Zucker	Gramm Zucker in 100 ccm	Dichte bei 15° C $d\left(\frac{15°}{15°}\,C\right)$	Gewichtsprozent Zucker	Gramm Zucker in 100 ccm
1,000	0,00	0,00	1,005	1,28	1,29
1,001	0,26	0,26	1,006	1,54	1,55
1,002	0,52	0,52	1,007	1,80	1,81
1,003	0,77	0,77	1,008	2,05	2,07
1,004	1,03	1,03	1,009	2,31	2,32

[1]) Die 4. Dezimalen sind nicht abgedruckt worden; sie können jedoch für den Ausdruck „Gramm Zucker in 100 ccm" aus der Weinextrakttafel (Spalte E) bis zum spezifischen Gewicht 1,1150, entsprechend 29,99 g Zucker, entnommen werden (s. S. 675).

Dichte bei 15° C $d\left(\frac{15°}{15°}C\right)$	Gewichts-prozent Zucker	Gramm Zucker in 100 ccm	Dichte bei 15° C $d\left(\frac{15°}{15°}C\right)$	Gewichts-prozent Zucker	Gramm Zucker in 100 ccm
1,010	2,56	2,58	1,075	18,13	19,47
1,011	2,81	2,84	1,076	18,35	19,73
1,012	3,07	3,10	1,077	18,58	20,00
1,013	3,32	3,36	1,078	18,81	20,26
1,014	3,57	3,62	1,079	19,03	20,52
1,015	3,82	3,87	1,080	19,26	20,78
1,016	4,07	4,13	1,081	19,48	21,04
1,017	4,32	4,39	1,082	19,71	21,31
1,018	4,57	4,65	1,083	19,93	21,57
1,019	4,82	4,91	1,084	20,16	21,83
1,020	5,07	5,17	1,085	20,38	22,09
1,021	5,32	5,43	1,086	20,60	22,36
1,022	5,57	5,69	1,087	20,83	22,62
1,023	5,82	5,94	1,088	21,05	22,88
1,024	6,06	6,20	1,089	21,27	23,14
1,025	6,31	6,46	1,090	21,49	23,41
1,026	6,56	6,72	1,091	21,72	23,67
1,027	6,80	6,98	1,092	21,94	23,93
1,028	7,05	7,24	1,093	22,16	24,20
1,029	7,29	7,50	1,094	22,38	24,46
1,030	7,54	7,76	1,095	22,60	24,72
1,031	7,78	8,02	1,096	22,82	24,99
1,032	8,02	8,27	1,097	23,04	25,25
1,033	8,27	8,53	1,098	23,25	25,51
1,034	8,51	8,79	1,099	23,47	25,78
1,035	8,75	9,05	1,100	23,69	26,04
1,036	9,00	9,31	1,101	23,91	26,30
1,037	9,24	9,57	1,102	24,13	26,56
1,038	9,48	9,83	1,103	24,34	26,83
1,039	9,72	10,09	1,104	24,56	27,09
1,040	9,96	10,35	1,105	24,78	27,35
1,041	10,20	10,61	1,106	24,99	27,62
1,042	10,44	10,87	1,107	25,21	27,88
1,043	10,68	11,13	1,108	25,42	28,15
1,044	10,92	11,39	1,109	25,64	28,41
1,045	11,16	11,65	1,110	25,85	28,67
1,046	11,40	11,91	1,111	26,07	28,94
1,047	11,63	12,17	1,112	26,28	29,20
1,048	11,87	12,43	1,113	26,50	29,47
1,049	12,10	12,69	1,114	26,71	29,73
1,050	12,34	12,95	1,115	26,92	29,99
1,051	12,58	13,21	1,116	27,13	30,26
1,052	12,81	13,47	1,117	27,35	30,52
1,053	13,05	13,73	1,118	27,56	30,79
1,054	13,28	13,99	1,119	27,77	31,05
1,055	13,52	14,25	1,120	27,98	31,31
1,056	13,75	14,51	1,121	28,19	31,58
1,057	13,99	14,77	1,122	28,40	31,84
1,058	14,22	15,03	1,123	28,61	32,11
1,059	14,45	15,29	1,124	28,82	32,37
1,060	14,69	15,55	1,125	29,03	32,64
1,061	14,92	15,81	1,126	29,24	32,90
1,062	15,15	16,07	1,127	29,45	33,17
1,063	15,38	16,33	1,128	29,66	33,43
1,064	15,61	16,60	1,129	29,87	33,70
1,065	15,84	16,86	1,130	30,08	33,96
1,066	16,07	17,12	1,131	30,29	34,23
1,067	16,30	17,38	1,132	30,49	34,49
1,068	16,53	17,64	1,133	30,70	34,75
1,069	16,76	17,90	1,134	30,91	35,02
1,070	16,99	18,16	1,135	31,12	35,29
1,071	17,22	18,43	1,136	31,32	35,55
1,072	17,45	18,69	1,137	31,53	35,82
1,073	17,68	18,95	1,138	31,73	36,08
1,074	17,90	19,21	1,139	31,94	36,35

Dichte bei 15° C $d\left(\frac{15°}{15°}C\right)$	Gewichts- prozent Zucker	Gramm Zucker in 100 ccm	Dichte bei 15° C $d\left(\frac{15°}{15°}C\right)$	Gewichts- prozent Zucker	Gramm Zucker in 100 ccm
1,140	32,14	36,61	1,205	44,88	54,03
1,141	32,35	36,88	1,206	45,07	54,30
1,142	32,55	37,14	1,207	45,25	54,58
1,143	32,76	37,41	1,208	45,44	54,85
1,144	32,96	37,67	1,209	45,63	55,12
1,145	33,17	37,95	1,210	45,81	55,39
1,146	33,37	38,21	1,211	46,00	55,66
1,147	33,57	38,47	1,212	46,19	55,93
1,148	33,78	38,75	1,213	46,37	56,20
1,149	33,98	39,01	1,214	46,56	56,48
1,150	34,18	39,27	1,215	46,74	56,75
1,151	34,38	39,54	1,216	46,93	57,02
1,152	34,58	39,80	1,217	47,11	57,28
1,153	34,79	40,08	1,218	47,30	57,56
1,154	34,99	40,34	1,219	47,48	57,83
1,155	35,19	40,61	1,220	47,66	58,10
1,156	35,39	40,88	1,221	47,85	58,38
1,157	35,59	41,14	1,222	48,03	58,65
1,158	35,79	41,41	1,223	48,22	58,92
1,159	35,99	41,68	1,224	48,40	59,19
1,160	36,19	41,94	1,225	48,58	59,46
1,161	36,39	42,21	1,226	48,76	59,73
1,162	36,59	42,48	1,227	48,95	60,01
1,163	36,78	42,74	1,228	49,13	60,28
1,164	36,98	43,01	1,229	49,31	60,55
1,165	37,18	43,28	1,230	49,49	60,82
1,166	37,38	43,55	1,231	49,67	61,10
1,167	37,58	43,82	1,232	49,85	61,37
1,168	37,77	44,08	1,233	50,04	61,64
1,169	37,97	44,35	1,234	50,22	61,92
1,170	38,17	44,62	1,235	50,40	62,19
1,171	38,36	44,88	1,236	50,58	62,46
1,172	38,56	45,15	1,237	50,76	62,73
1,173	38,76	45,42	1,238	50,94	63,01
1,174	38,95	45,69	1,239	51,12	63,28
1,175	39,15	45,96	1,240	51,30	63,56
1,176	39,34	46,22	1,241	51,48	63,83
1,177	39,54	46,49	1,242	51,66	64,11
1,178	39,73	46,76	1,243	51,83	64,37
1,179	39,92	47,03	1,244	52,01	64,65
1,180	40,12	47,30	1,245	52,19	64,92
1,181	40,31	47,57	1,246	52,37	65,20
1,182	40,50	47,83	1,247	52,55	65,47
1,183	40,70	48,11	1,248	52,73	65,75
1,184	40,89	48,37	1,249	52,90	66,02
1,185	41,08	48,64	1,250	53,08	66,29
1,186	41,28	48,91	1,251	53,26	66,57
1,187	41,47	49,18	1,252	53,43	66,84
1,188	41,66	49,45	1,253	53,61	67,12
1,189	41,85	49,72	1,254	53,79	67,40
1,190	42,04	49,99	1,255	53,96	67,67
1,191	42,23	50,26	1,256	54,14	67,9f
1,192	42,42	50,53	1,257	54,32	68,22
1,193	42,62	50,80	1,258	54,49	68,49
1,194	42,81	51,07	1,259	54,67	68,77
1,195	43,00	51,34	1,260	54,84	69,04
1,196	43,19	51,61	1,261	55,02	69,32
1,197	43,37	51,87	1,262	55,19	69,59
1,198	43,56	52,15	1,263	55,37	69,87
1,199	43,75	52,42	1,264	55;54	70,14
1,200	43,94	52,68	1,265	55,72	70,42
1,201	44,13	52,95	1,266	55,89	70,69
1,202	44,32	53,22	1,267	56,06	70,97
1,203	44,50	53,49	1,268	56,24	71,25
1,204	44,69	53,76	1,269	56,41	71,52

Dichte bei 15° C d$\left(\frac{15°}{15°}C\right)$	Gewichts-prozent Zucker	Gramm Zucker in 100 ccm	Dichte bei 15° C d$\left(\frac{15°}{15°}C\right)$	Gewichts-prozent Zucker	Gramm Zucker in 100 ccm
1,270	56,58	71,80	1,327	66,15	87,71
1,271	56,76	72,08	1,328	66,31	87,99
1,272	56,93	72,35	1,329	66,48	88,27
1,273	57,10	72,63	1,330	66,64	88,55
1,274	57,27	72,90	1,331	66,80	88,84
1,275	57,45	73,18	1,332	66,96	89,12
1,276	57,62	73,46	1,333	67,12	89,40
1,277	57,79	73,73	1,334	67,29	89,69
1,278	57,96	74,01	1,335	67,45	89,97
1,279	58,13	74,29	1,336	67,61	90,25
1,280	58,31	74,57	1,337	67,77	90,53
1,281	58,48	74,85	1,338	67,93	90,81
1,282	58,65	75,12	1,339	68,09	91,09
1,283	58,82	75,40	1,340	68,25	91,38
1,284	58,99	75,68	1,341	68,41	91,66
1,285	59,16	75,95	1,342	68,57	91,94
1,286	59,33	76,23	1,343	68,73	92,23
1,287	59,50	76,51	1,344	68,89	92,51
1,288	59,67	76,79	1,345	69,05	92,79
1,289	59,84	77,07	1,346	69,21	93,08
1,290	60,01	77,35	1,347	69,37	93,36
1,291	60,18	77,63	1,348	69,53	93,65
1,292	60,35	77,90	1,349	69,69	93,94
1,293	60,52	78,19	1,350	69,85	94,21
1,294	60,69	78,46	1,351	70,01	94,50
1,295	60,85	78,73	1,352	70,16	94,79
1,296	61,02	79,02	1,353	70,32	95,07
1,297	61,19	79,30	1,354	70,48	95,35
1,298	61,36	79,57	1,355	70,64	95,64
1,299	61,53	79,86	1,356	70,80	95,93
1,300	61,69	80,13	1,357	70,96	96,21
1,301	61,86	80,41	1,358	71,12	96,49
1,302	62,03	80,69	1,359	71,27	96,78
1,303	62,20	80,97	1,360	71,43	97,07
1,304	62,36	81,25	1,361	71,59	97,35
1,305	62,53	81,53	1,362	71,75	97,64
1,306	62,70	81,81	1,363	71,90	97,92
1,307	62,86	82,09	1,364	72,06	98,21
1,308	63,03	82,37	1,365	72,22	98,50
1,309	63,19	82,65	1,366	72,38	98,78
1,310	63,36	82,93	1,367	72,53	99,07
1,311	63,52	83,21	1,368	72,69	99,35
1,312	63,69	83,49	1,369	72,85	99,64
1,313	63,86	83,77	1,370	73,00	99,92
1,314	64,02	84,05	1,371	73,16	100,21
1,315	64,19	84,34	1,372	73,31	100,50
1,316	64,35	84,61	1,373	73,47	100,79
1,317	64,52	84,90	1,374	73,62	101,07
1,318	64,68	85,18	1,375	73,78	101,36
1,319	64,85	85,46	1,376	73,94	101,65
1,320	65,01	85,74	1,377	74,09	101,93
1,321	65,17	86,02	1,378	74,25	102,23
1,322	65,34	86,30	1,379	74,40	102,51
1,323	65,50	86,58	1,380	74,56	102,81
1,324	65,66	86,86	1,381	74,71	103,09
1,325	65,82	87,14	1,382	74,87	103,38
1,326	65,99	87,43	1,383	75,02	103,66

Dichte bei 15° C $d\left(\frac{15°}{15°}C\right)$	Gewichtsprozent Zucker	Gramm Zucker in 100 ccm	Dichte bei 15° C $d\left(\frac{15°}{15°}C\right)$	Gewichtsprozent Zucker	Gramm Zucker in 100 ccm
1,380	74,56	102,81	1,480	89,40	132,20
1,390	76,10	105,69	1,490	90,82	135,21
1,400	77,63	108,59	1,500	92,23	138,23
1,410	79,14	111,49	1,510	93,63	141,26
1,420	80,64	114,41	1,520	95,03	144,32
1,430	82,13	117,35	1,530	96,41	147,38
1,440	83,61	120,29	1,540	97,78	150,46
1,450	85,07	123,25	1,550	99,15	153,55
1,460	86,52	126,22	1,55626	100,00	155,49
1,470	87,97	129,20			

Tafel zur Ermittelung des Alkoholgehaltes
von Alkohol-Wassermischungen aus dem spezifischen Gewichte; auf Wasser von 15° C = 1 bezogen. Nach K. Windisch.

Spezifisches Gewicht $d\left(\frac{15°}{15°}\right)$	Gewichtsprozente Alkohol	Maßprozente Alkohol	Gramm Alkohol in 100 ccm	Spezifisches Gewicht $d\left(\frac{15°}{15°}\right)$	Gewichtsprozente Alkohol	Maßprozente Alkohol	Gramm Alkohol in 100 ccm
1,0000	0,00	0,00	0,00	0,9825	11,09	13,72	10,89
0,9995	0,26	0,33	0,26	0	11,48	14,20	11,27
0	0,53	0,67	0,53	0,9815	11,88	14,68	11,65
0,9985	0,80	1,00	0,80	0	12,28	15,16	12,03
0	1,06	1,34	1,06	0,9805	12,68	15,65	12,42
0,9975	1,34	1,68	1,33	0	13,08	16,14	12,81
0	1,61	2,02	1,60	0,9795	13,49	16,64	13,20
0,9965	1,89	2,37	1,88	0	13,90	17,14	13,60
0	2,17	2,72	2,16	0,9785	14,32	17,64	14,00
0,9955	2,45	3,07	2,43	0	14,73	18,14	14,39
0	2,73	3,42	2,72	0,9775	15,15	18,64	14,79
0,9945	3,02	3,78	3,00	0	15,56	19,14	15,19
0	3,31	4,14	3,29	0,9765	15,98	19,65	15,59
0,9935	3,60	4,51	3,58	0	16,40	20,15	15,99
0	3,90	4,88	3,87	0,9755	16,82	20,65	16,39
0,9925	4,20	5,25	4,17	0	17,23	21,16	16,79
0	4,51	5,63	4,47	0,9745	17,65	21,66	17,19
0,9915	4,81	6,01	4,77	0	18,07	22,16	17,58
0	5,13	6,40	5,08	0,9735	18,48	22,65	17,98
0,9905	5,44	6,79	5,38	0	18,89	23,14	18,37
0	5,76	7,18	5,70	0,9725	19,30	23,63	18,76
0,9895	6,09	7,58	6,02	0	19,71	24,12	19,14
0	6,41	7,99	6,34	0,9715	20,12	24,60	19,53
0,9885	6,75	8,40	6,66	0	20,52	25,08	19,91
0	7,08	8,81	6,99	0,9705	20,92	25,56	20,28
0,9875	7,42	9,23	7,33	0	21,32	26,03	20,66
0	7,77	9,66	7,66	0,9695	21,71	26,50	21,03
0,9865	8,12	10,09	8,00	0	22,10	26,96	21,40
0	8,48	10,52	8,35	0,9685	22,49	27,42	21,76
0,9855	8,84	10,96	8,70	0	22,87	27,87	22,12
0	9,20	11,41	9,06	0,9675	23,25	28,32	22,47
0,9845	9,57	11,86	9,42	0	23,63	28,76	22,82
0	9,94	12,32	9,78	0,9665	24,00	29,20	23,17
0,9835	10,32	12,78	10,14	0	24,37	29,64	23,52
0	10,71	13,25	10,52				

Anmerkung: Die Alkoholmengen der zwischen 0 und 5 der 4. Dezimalstelle liegenden spezifischen Gewichte können durch Interpolieren gefunden werden, oder sind bis zum spezifischen Gewicht 0,9620 = 26,13 g Alkohol in 100 ccm bzw. 32,93 Volumprozenten Alkohol aus der Tafel S. 672 zu entnehmen. Betreffs noch genauerer Bestimmung des Alkohols mit der 5. Dezimalstelle siehe die ausführliche Alkoholtafel von K. Windisch. Für die Praxis genügt indessen in der Regel die 4. Dezimale.

Spezifisches Gewicht $d\left(\frac{15°}{15°}\right)$	Gewichtsprozente Alkohol	Maßprozente Alkohol	Gramm Alkohol in 100 ccm	Spezifisches Gewicht $d\left(\frac{15°}{15°}\right)$	Gewichtsprozente Alkohol	Maßprozente Alkohol	Gramm Alkohol in 100 ccm
0,9655	24,73	30,06	23,86	0,9325	43,55	51,14	40,58
0	25,09	30,49	24,19	0	43,79	51,39	40,78
0,9645	25,45	30,91	24,53	0,9315	44,03	51,64	40,98
0	25,81	31,32	24,85	0	44,27	51,89	41,18
0,9635	26,16	31,73	25,18	0,9305	44,51	52,14	41,38
0	26,51	32,14	25,50	0	44,75	52,39	41,58
0,9625	26,85	32,54	25,82	0,9295	44,98	52,64	41,78
0	27,19	32,93	26,13	0	45,22	52,89	41,97
0,9615	27,53	33,33	26,45	0,9285	45,46	53,14	42,17
0	27,86	33,71	26,75	0	45,69	53,39	42,37
0,9605	28,19	34,10	27,06	0,9275	45,93	53,63	42,56
0	28,52	34,47	27,36	0	46,16	53,88	42,76
0,9595	28,85	34,85	27,66	0,9265	46,39	54,12	42,95
0	29,17	35,22	27,95	0	46,63	54,36	43,14
0,9585	29,49	35,59	28,24	0,9255	46,86	54,60	43,33
0	29,81	35,95	28,53	0	47,09	54,84	43,52
0,9575	30,12	36,31	28,82	0,9245	47,32	55,08	43,71
0	30,43	36,67	29,10	0	47,55	55,32	43,90
0,9565	30,74	37,02	29,38	0,9235	47,78	55,56	44,09
0	31,05	37,37	29,66	0	48,01	55,80	44,28
0,9555	31,36	37,72	29,93	0,9225	48,24	56,03	44,47
0	31,66	38,06	30,21	0	48,47	56,27	44,65
0,9545	31,96	38,40	30,48	0,9215	48,70	56,50	44,84
0	32,25	38,74	30,74	0	48,93	56,74	45,03
0,9535	32,55	39,07	31,01	0,9205	49,16	56,97	45,21
0	32,84	39,40	31,27	0	49,39	57,21	45,40
0,9525	33,13	39,73	31,53	0,9195	49,61	57,44	45,58
0	33,42	40,06	31,79	0	49,84	57,67	45,76
0,9515	33,71	40,38	32,05	0,9185	50,07	57,90	45,95
0	33,99	40,70	32,30	0	50,29	58,13	46,13
0,9505	34,28	41,02	32,55	0,9175	50,52	58,36	46,31
0	34,56	41,33	32,80	0	50,75	58,59	46,49
0,9495	34,84	41,64	33,05	0,9165	50,97	58,82	46,67
0	35,11	41,95	33,30	0	51,20	59,05	46,86
0,9485	35,39	42,26	33,54	0,9155	51,42	59,27	47,04
0	35,66	42,57	33,78	0	51,65	59,50	47,22
0,9475	35,94	42,87	34,02	0,9145	51,87	59,72	47,39
0	36,21	43,17	34,26	0	52,09	59,95	47,57
0,9465	36,48	43,47	34,50	0,9135	52,32	60,17	47,75
0	36,75	43,77	34,73	0	52,54	60,40	47,93
0,9455	37,01	44,06	34,96	0,9125	52,76	60,62	48,11
0	37,28	44,35	35,20	0	52,99	60,84	48,28
0,9445	37,54	44,64	35,43	0,9115	53,21	61,06	48,46
0	37,80	44,93	35,66	0	53,43	61,29	48,64
0,9435	38,07	45,22	35,88	0,9105	53,65	61,51	48,81
0	38,33	45,50	36,11	0	53,88	61,73	48,99
0,9425	38,59	45,79	36,34	0,9095	54,10	61,95	49,16
0	38,84	46,07	36,56	0	54,32	62,17	49,33
0,9415	39,10	46,35	36,78	0,9085	54,54	62,39	49,51
0	39,35	46,63	37,00	0	54,76	62,61	49,68
0,9405	39,61	46,90	37,22	0,9075	54,98	62,82	49,86
0	39,86	47,18	37,44	0	55,20	63,04	50,03
0,9395	40,11	47,45	37,66	0,9065	55,43	63,26	50,20
0	40,37	47,72	37,87	0	55,65	63,47	50,37
0,9385	40,62	47,99	38,09	0,9055	55,87	63,69	50,54
0	40,87	48,26	38,30	0	56,09	63,91	50,71
0,9375	41,11	48,53	38,51	0,9045	56,31	64,12	50,89
0	41,36	48,80	38,72	0	56,52	64,34	51,06
0,9365	41,61	49,06	38,93	0,9035	56,74	64,55	51,23
0	41,85	49,33	39,14	0	56,96	64,76	51,39
0,9355	42,10	49,59	39,35	0,9025	57,18	64,98	51,56
0	42,34	49,85	39,56	0	57,40	65,19	51,73
0,9345	42,59	50,11	39,76	0,9015	57,62	65,40	51,90
0	42,83	50,37	39,97	0	57,84	65,61	52,07
0,9335	43,07	50,62	40,17	0,9005	58,06	65,82	52,24
0	43,31	50,88	40,38	0	58,27	66,03	52,40

Spezifisches Gewicht $d\left(\frac{15°}{15°}\right)$	Gewichtsprozente Alkohol	Maßprozente Alkohol	Gramm Alkohol in 100 ccm	Spezifisches Gewicht $d\left(\frac{15°}{15°}\right)$	Gewichtsprozente Alkohol	Maßprozente Alkohol	Gramm Alkohol in 100 ccm
0,8995	58,49	66,24	52,57	0,8665	72,58	79,18	62,84
0	58,71	66,45	52,74	0	72,79	79,37	62,98
0,8985	58,93	66,66	52,90	0,8655	73,00	79,55	63,13
0	59,15	66,87	53,07	0	73,21	79,73	63,27
0,8975	59,36	67,08	53,23	0,8645	73,42	79,91	63,41
0	59,58	67,29	53,40	0	73,63	80,09	63,56
0,8965	59,80	67,50	53,56	0,8635	73,83	80,27	63,70
0	60,02	67,70	53,73	0	74,04	80,45	63,85
0,8955	60,23	67,91	53,89	0,8625	74,25	80,63	63,99
0	60,45	68,12	54,05	0	74,46	80,81	64,13
0,8945	60,66	68,32	54,22	0,8615	74,67	80,99	64,27
0	60,88	68,53	54,38	0	74,87	81,17	64,41
0,8935	61,10	68,73	54,54	0,8605	75,08	81,34	64,55
0	61,31	68,94	54,71	0	75,29	81,52	64,69
0,8925	61,53	69,14	54,87	0,8595	75,50	81,70	64,74
0	61,75	69,34	55,03	0	75,70	81,87	64,97
0,8915	61,96	69,55	55,19	0,8585	75,91	82,05	65,11
0	62,18	69,75	55,35	0	76,12	82,23	65,25
0,8905	62,39	69,95	55,51	0,8575	76,32	82,40	65,39
0	62,61	70,16	55,67	0	76,53	82,57	65,53
0,8895	62,82	70,36	55,83	0,8565	76,74	82,75	65,67
0	63,04	70,56	55,99	0	76,94	82,92	65,81
0,8885	63,25	70,76	56,15	0,8555	77,15	83,10	65,94
0	63,47	70,96	56,31	0	77,35	83,27	66,08
0,8875	63,68	71,16	56,47	0,8545	77,56	83,44	66,22
0	63,90	71,36	56,63	0	77,76	83,61	66,36
0,8865	64,11	71,56	56,79	0,8535	77,97	83,78	66,49
0	64,33	71,76	56,94	0	78,17	83,96	66,63
0,8855	64,54	71,96	57,10	0,8525	78,38	84,13	66,76
0	64,75	72,15	57,26	0	78,58	84,30	66,90
0,8845	64,97	72,35	57,42	0,8515	78,79	84,47	67,03
0	65,18	72,55	57,57	0	78,99	84,64	67,16
0,8835	65,40	72,74	57,73	0,8505	79,20	84,80	67,30
0	65,61	72,94	57,88	0	79,40	84,97	67,43
0,8825	65,82	73,14	58,04	0,8495	79,60	85,14	67,57
0	66,04	73,33	58,19	0	79,81	85,31	67,70
0,8815	66,25	73,53	58,35	0,8485	80,01	85,47	67,83
0	66,46	73,72	58,50	0	80,21	85,64	67,96
0,8805	66,67	73,92	58,66	0,8475	80,42	85,81	68,09
0	66,89	74,11	58,81	0	80,62	85,97	68,23
0,8795	67,10	74,30	58,96	0,8465	80,82	86,14	68,36
0	67,31	74,49	59,12	0	81,02	86,30	68,49
0,8785	67,52	74,69	59,27	0,8455	81,22	86,46	68,62
0	67,74	74,88	59,42	0	81,43	86,63	68,75
0,8775	67,95	75,07	59,57	0,8445	81,63	86,79	68,88
0	68,16	75,26	59,73	0	81,83	86,95	69,00
0,8765	68,37	75,45	59,88	0,8435	82,03	87,11	69,13
0	68,58	75,64	60,03	0	82,23	87,28	69,26
0,8755	68,80	75,84	60,18	0,8425	82,43	87,44	69,39
0	69,01	76,02	60,33	0	82,63	87,60	69,52
0,8745	69,22	76,21	60,48	0,8415	82,83	87,76	69,64
0	69,43	76,40	60,63	0	83,03	87,92	69,77
0,8735	69,64	76,59	60,78	0,8405	83,23	88,08	69,90
0	69,85	76,78	60,93	0	83,43	88,23	70,02
0,8725	70,06	76,97	61,08	0,8395	83,63	88,39	70,15
0	70,27	77,15	61,23	0	83,83	88,55	70,27
0,8715	70,48	77,34	61,38	0,8385	84,03	88,71	70,40
0	70,70	77,53	61,52	0	84,22	88,86	70,52
0,8705	70,91	77,71	61,67	0,8375	84,42	89,02	70,65
0	71,12	77,90	61,82	0	84,62	89,18	70,77
0,8695	71,33	78,08	61,97	0,8365	84,82	89,33	70,89
0	71,54	78,27	62,11	0	85,01	89,48	71,01
0,8685	71,74	78,45	62,26	0,8355	85,21	89,64	71,14
0	71,95	78,64	62,40	0	85,41	89,79	71,26
0,8675	72,16	78,82	62,55	0,8345	85,60	89,94	71,38
0	72,37	79,00	62,69	0	85,80	90,09	71,50

Spezifisches Gewicht d $\left(\frac{15°}{15°}\right)$	Gewichtsprozente Alkohol	Maßprozente Alkohol	Gramm Alkohol in 100 ccm	Spezifisches Gewicht d $\left(\frac{15°}{15°}\right)$	Gewichtsprozente Alkohol	Maßprozente Alkohol	Gramm Alkohol in 100 ccm
0,8335	85,99	90,24	71,62	0,8135	93,49	95,76	75,99
0	86,19	90,40	71,74	0	93,67	95,88	76,09
0,8325	86,38	90,55	71,85	0,8125	93,85	96,00	76,19
0	86,58	90,70	71,97	0	94,03	96,13	76,29
0,8315	86,77	90,84	72,09	0,8115	94,20	96,25	76,38
0	86,97	90,99	72,21	0	94,38	96,37	76,48
0,8305	87,16	91,14	72,33	0,8105	94,55	96,49	76,57
0	87,35	91,29	72,44	0	94,73	96,61	76,67
0,8295	87,55	91,43	72,56	0,8095	94,90	96,73	76,76
0	87,74	91,58	72,67	0	95,08	96,85	76,86
0,8285	87,93	91,72	72,79	0,8085	95,25	96,96	76,95
0	88,12	91,87	72,90	0	95,43	97,08	77,04
0,8275	·88,31	92,01	73,02	0,8075	95,60	97,19	77,13
0	88,50	92,15	73,13	0	95,77	97,31	77,22
0,8265	88,69	92,30	73,24	0,8065	95,94	97,42	77,31
0	88,88	92,44	73,36	0	96,11	97,54	77,40
0,8255	89,07	92,58	73,47	0,8055	96,29	97,65	77,49
0	89,26	92,72	73,58	0	96,46	97,76	77,58
0,8245	89,45	92,86	73,69	0,8045	96,63	97,87	77,67
0	89,64	93,00	73,80	0	96,79	97,99	77,76
0,8235	89,83	93,14	73,91	0,8035	96,96	98,09	77,85
0	90,02	93,28	74,02	0	97,13	98,20	77,93
0,8225	90,20	93,41	74,13	0,8025	97,30	98,31	78,02
0	90,39	93,55	74,24	0	97,47	98,42	78,10
0,8215	90,58	93,68	74,35	0,8015	97,63	98,52	78,19
0	90,76	93,82	74,45	0	97,80	98,63	78,27
0,8205	90,95	93,95	74,56	0,8005	97,97	98,74	78,36
0	91,13	94,09	74,66	0	98,13	98,84	78,44
0,8195	91,32	94,22	74,77	0,7995	98,30	98,95	78,52
0	91,50	94,35	74,87	0	98,46	99,05	78,81
0,8185	91,68	94,48	74,98	0,7985	98,63	99,15	.78,69
0	91,87	94,61	75,08	0	98,79	99,26	78,77
0,8175	92,05	94,75	75,19	0,7975	98,95	99,36	78,85
0	92,23	94,87	75,29	0	99,11	99,46	78,93
0,8165	92,41	95,00	75,39	0,7965	99,28	99,56	79,01
0	92,59	95,13	75,49	0	99,44	99,66	79,08
0,8155	92,77	95,26	75,59	0,7955	99,60	99,76	79,16
0	92,96	95,38	75,69	0	99,76	99,86	79,24
0,8145	93,13	95,51	75,79	0,7945	99,92	99,95	79,32
0	93,31	95,63	75,89	0,79425	100,00	100,00	79,36

Hilfstafeln zur Fuselölbestimmung. Nach Röse.

I.

Verdünnung von höherprozentigem Branntwein auf 24,7 Gewichtsprozent (= 30 Vol.-%) mittels Wasser bei 15° C.

Zu 100 ccm Branntwein von Gewichtsprozent	sind zuzusetzen: Wasser ccm	Zu 100 ccm Branntwein von Gewichtsprozent	sind zuzusetzen: Wasser ccm	Zu 100 ccm Branntwein von Gewichtsprozent	sind zuzusetzen: Wasser ccm	Zu 100 ccm Branntwein von Gewichtsprozent	sind zuzusetzen: Wasser ccm
24,7	0,1	25,4	2,8	26,1	5,6	26,8	8,3
24,8	0,5	25,5	3,2	26,2	5,9	26,9	8,7
24,9	0,9	25,6	3,6	26,3	6,3	27,0	9,1
25,0	1,3	25,7	4,0	26,4	6,7	27,1	9,4
25,1	1,7	25,8	4,4	26,5	7,1	27,2	9,8
25,2	2,0	25,9	4,8	26,6	7,5	27,3	10,2
25,3	2,4	26,0	5,2	26,7	7,9	27,4	10,6

Zu 100 ccm Branntwein von Gewichtsprozent	sind zuzusetzen: Wasser ccm	Zu 100 ccm Branntwein von Gewichtsprozent	sind zuzusetzen: Wasser ccm	Zu 100 ccm Branntwein von Gewichtsprozent	sind zuzusetzen: Wasser ccm	Zu 100 ccm Branntwein von Gewichtsprozent	sind zuzusetzen: Wasser ccm
27,5	11,0	33,7	34,8	39,9	58,0	46,1	80,5
27,6	11,4	33,8	35,2	40,0	58,4	46,2	80,8
27,7	11,8	33,9	35,5	40,1	58,7	46,3	81,2
27,8	12,2	34,0	35,9	40,2	59,1	46,4	81,6
27,9	12,6	34,1	36,3	40,3	59,5	46,5	81,9
28,0	12,9	34,2	36,7	40,4	59,8	46,6	82,3
28,1	13,3	34,3	37,1	40,5	60,2	46,7	82,6
28,2	13,7	34,4	37,4	40,6	60,6	46,8	83,0
28,3	14,1	34,5	37,8	40,7	60,9	46,9	83,3
28,4	14,5	34,6	38,2	40,8	61,3	47,0	83,7
28,5	14,9	34,7	38,6	40,9	61,7	47,1	84,1
28,6	15,3	34,8	39,0	41,0	62,0	47,2	84,4
28,7	15,6	34,9	39,3	41,1	62,4	47,3	84,8
28,8	16,0	35,0	39,7	41,2	62,8	47,4	85,1
28,9	16,4	35,1	40,1	41,3	63,1	47,5	85,5
29,0	16,8	35,2	40,5	41,4	63,5	47,6	85,8
29,1	17,2	35,3	40,8	41,5	63,9	47,7	86,2
29,2	17,6	35,4	41,2	41,6	64,2	47,8	86,5
29,3	18,0	35,5	41,6	41,7	64,6	47,9	86,9
29,4	18,3	35,6	42,0	41,8	65,0	48,0	87,2
29,5	18,7	35,7	42,3	41,9	65,3	48,1	87,6
29,6	19,1	35,8	42,7	42,0	65,7	48,2	87,9
29,7	19,5	35,9	43,1	42,1	66,1	48,3	88,3
29,8	19,9	36,0	43,5	42,2	66,4	48,4	88,7
29,9	20,3	36,1	43,8	42,3	66,8	48,5	89,0
30,0	20,7	36,2	44,2	42,4	67,1	48,6	89,4
30,1	21,0	36,3	44,6	42,5	67,5	48,7	89,7
30,2	21,4	36,4	45,0	42,6	67,9	48,8	90,1
30,3	21,8	36,5	45,3	42,7	68,2	48,9	90,4
30,4	22,2	36,6	45,7	42,8	68,6	49,0	90,8
30,5	22,6	36,7	46,1	42,9	69,0	49,1	91,1
30,6	23,0	36,8	46,5	43,0	69,3	49,2	91,5
30,7	23,3	36,9	46,8	43,1	69,7	49,3	91,8
30,8	23,7	37,0	47,2	43,2	70,0	49,4	92,2
30,9	24,1	37,1	47,6	43,3	70,4	49,5	92,5
31,0	24,5	37,2	48,0	43,4	70,8	49,6	92,9
31,1	24,9	37,3	48,3	43,5	71,1	49,7	93,2
31,2	25,3	37,4	48,7	43,6	71,5	49,8	93,6
31,3	25,6	37,5	49,1	43,7	71,9	49,9	93,9
31,4	26,0	37,6	49,5	43,8	72,3	50,0	94,3
31,5	26,4	37,7	49,8	43,9	72,6	50,1	94,6
31,6	26,8	37,8	50,2	44,0	72,9	50,2	95,0
31,7	27,2	37,9	50,6	44,1	73,3	50,3	95,3
31,8	27,6	38,0	51,0	44,2	73,7	50,4	95,7
31,9	27,9	38,1	51,4	44,3	74,0	50,5	96,0
32,0	28,3	38,2	51,7	44,4	74,4	50,6	96,4
32,1	28,7	38,3	52,1	44,5	74,7	50,7	96,7
32,2	29,1	38,4	52,4	44,6	75,1	50,8	97,1
32,3	29,5	38,5	52,8	44,7	75,5	50,9	97,4
32,4	29,8	38,6	53,2	44,8	75,8	51,0	97,8
32,5	30,2	38,7	53,5	44,9	76,2	51,1	98,1
32,6	30,6	38,8	53,9	45,0	76,5	51,2	98,5
32,7	31,0	38,9	54,3	45,1	76,9	51,3	98,8
32,8	31,4	39,0	54,7	45,2	77,3	51,4	99,1
32,9	31,7	39,1	55,0	45,3	77,6	51,5	99,5
33,0	32,1	39,2	55,4	45,4	78,0	51,6	99,8
33,1	32,5	39,3	55,7	45,5	78,3	51,7	100,2
33,2	32,9	39,4	56,1	45,6	78,7	51,8	100,5
33,3	33,3	39,5	56,5	45,7	79,1	51,9	100,9
33,4	33,7	39,6	56,9	45,8	79,4	52,0	101,2
33,5	34,0	39,7	57,2	45,9	79,8	52,1	101,6
33,6	34,4	39,8	57,6	46,0	80,1	52,2	101,9

Zu 100 ccm Branntwein von Gewichtsprozent	sind zuzusetzen: Wasser ccm	Zu 100 ccm Branntwein von Gewichtsprozent	sind zuzusetzen: Wasser ccm	Zu 100 ccm Branntwein von Gewichtsprozent	sind zuzusetzen: Wasser ccm	Zu 100 ccm Branntwein von Gewichtsprozent	sind zuzusetzen: Wasser ccm
52,3	102,3	58,5	123,3	64,7	143,6	70,9	163,1
52,4	102,6	58,6	123,6	64,8	143,9	71,0	163,4
52,5	102,9	58,7	124,0	64,9	144,2	71,1	163,7
52,6	103,3	58,8	124,3	65,0	144,5	71,2	164,0
52,7	103,6	58,9	124,6	65,1	144,8	71,3	164,3
52,8	104,0	59,0	124,9	65,2	145,2	71,4	164,6
52,9	104,3	59,1	125,3	65,3	145,5	71,5	164,9
53,0	104,7	59,2	125,6	65,4	145,8	71,6	165,2
53,1	105,0	59,3	125,9	65,5	146,1	71,7	165,5
53,2	105,3	59,4	126,3	65,6	146,4	71,8	165,8
53,3	105,7	59,5	126,6	65,7	146,8	71,9	166,1
53,4	106,0	59,6	126,9	65,8	147,1	72,0	166,4
53,5	106,4	59,7	127,3	65,9	147,4	72,1	166,7
53,6	106,7	59,8	127,6	66,0	147,7	72,2	167,0
53,7	107,1	59,9	127,9	66,1	148,0	72,3	167,4
53,8	107,4	60,0	128,3	66,2	148,3	72,4	167,7
53,9	107,7	60,1	128,6	66,3	148,7	72,5	168,0
54,0	108,1	60,2	128,9	66,4	149,0	72,6	168,3
54,1	108,4	60,3	129,2	66,5	149,3	72,7	168,6
54,2	108,8	60,4	129,6	66,6	149,6	72,8	168,9
54,3	109,1	60,5	129,9	66,7	149,9	72,9	169,2
54,4	109,5	60,6	130,2	66,8	150,2	73,0	169,5
54,5	109,8	60,7	130,6	66,9	150,6	73,1	169,8
54,6	110,1	60,8	130,9	67,0	150,9	73,2	170,1
54,7	110,5	60,9	131,2	67,1	151,2	73,3	170,4
54,8	110,8	61,0	131,5	67,2	151,5	73,4	170,7
54,9	111,2	61,1	131,9	67,3	151,8	73,5	171,0
55,0	111,5	61,2	132,2	67,4	152,1	73,6	171,3
55,1	111,8	61,3	132,5	67,5	152,5	73,7	171,6
55,2	112,2	61,4	132,9	67,6	152,8	73,8	171,9
55,3	112,5	61,5	133,2	67,7	153,1	73,9	172,2
55,4	112,9	61,6	133,5	67,8	153,4	74,0	172,5
55,5	113,2	61,7	133,8	67,9	153,7	74,1	172,8
55,6	113,5	61,8	134,2	68,0	154,0	74,2	173,1
55,7	113,9	61,9	134,5	68,1	154,4	74,3	173,4
55,8	114,2	62,0	134,8	68,2	154,7	74,4	173,7
55,9	114,6	62,1	135,2	68,3	155,0	74,5	174,0
56,0	114,9	62,2	135,5	68,4	155,3	74,6	174,3
56,1	115,2	62,3	135,8	68,5	155,6	74,7	174,6
56,2	115,6	62,4	136,1	68,6	155,9	74,8	174,9
56,3	115,9	62,5	136,5	68,7	156,2	74,9	175,2
56,4	116,2	62,6	136,8	68,8	156,5	75,0	175,5
56,5	116,6	62,7	137,1	68,9	156,9	75,1	175,8
56,6	116,9	62,8	137,4	69,0	157,2	75,2	176,1
56,7	117,3	62,9	137,8	69,1	157,5	75,3	176,4
56,8	117,6	63,0	138,1	69,2	157,8	75,4	176,7
56,9	117,9	63,1	138,4	69,3	158,1	75,5	177,0
57,0	118,3	63,2	138,7	69,4	158,4	75,6	177,3
57,1	118,6	63,3	139,0	69,5	158,7	75,7	177,6
57,2	118,9	63,4	139,4	69,6	159,0	75,8	177,9
57,3	119,3	63,5	139,7	69,7	159,3	75,9	178,2
57,4	119,6	63,6	140,0	69,8	159,7	76,0	178,5
57,5	119,9	63,7	140,3	69,9	160,0	76,1	178,8
57,6	120,3	63,8	140,7	70,0	160,3	76,2	179,1
57,7	120,6	63,9	141,0	70,1	160,6	76,3	179,4
57,8	120,9	64,0	141,3	70,2	160,9	76,4	179,7
57,9	121,3	64,1	141,6	70,3	161,2	76,5	180,0
58,0	121,6	64,2	142,0	70,4	161,5	76,6	180,3
58,1	122,0	64,3	142,3	70,5	161,8	76,7	180,6
58,2	122,3	64,4	142,6	70,6	162,1	76,8	180,9
58,3	122,6	64,5	142,9	70,7	162,4	76,9	181,2
58,4	123,0	64,6	143,2	70,8	162,8	77,0	181,5

Zu 100 ccm Branntwein von Gewichtsprozent	sind zuzusetzen: Wasser ccm	Zu 100 ccm Branntwein von Gewichtsprozent	sind zuzusetzen: Wasser ccm	Zu 100 ccm Branntwein von Gewichtsprozent	sind zuzusetzen: Wasser ccm	Zu 100. ccm Branntwein von Gewichtsprozent	sind zuzusetzen: Wasser ccm
77,1	181,8	82,9	198,5	88,7	214,4	94,5	229,4
77,2	182,1	83,0	198,8	88,8	214,7	94,6	229,6
77,3	182,4	83,1	199,1	88,9	215,0	94,7	229,9
77,4	182,6	83,2	199,4	89,0	215,2	94,8	230,1
77,5	182,9	83,3	199,6	89,1	215,5	94,9	230,4
77,6	183,2	83,4	199,9	89,2	215,8	95,0	230,6
77,7	183,5	83,5	200,2	89,3	216,0	95,1	230,9
77,8	183,8	83,6	200,5	89,4	216,3	95,2	231,1
77,9	184,1	83,7	200,8	89,5	216,6	95,3	231,3
78,0	184,4	83,8	201,0	89,6	216,8	95,4	231,6
78,1	184,7	83,9	201,3	89,7	217,1	95,5	231,9
78,2	185,0	84,0	201,6	89,8	217,3	95,6	232,1
78,3	185,3	84,1	201,9	89,9	217,6	95,7	232,3
78,4	185,6	84,2	202,1	90,0	217,9	95,8	232,6
78,5	185,9	84,3	202,4	90,1	218,1	95,9	232,8
78,6	186,2	84,4	202,7	90,2	218,4	96,0	233,1
78,7	186,5	84,5	203,0	90,3	218,7	96,1	233,3
78,8	186,7	84,6	203,3	90,4	218,9	96,2	233,5
78,9	187,0	84,7	203,5	90,5	219,2	96,3	233,8
79,0	187,3	84,8	203,8	90,6	219,4	96,4	234,0
79,1	187,6	84,9	204,1	90,7	219,7	96,5	234,3
79,2	187,9	85,0	204,4	90,8	220,0	96,6	234,5
79,3	188,2	85,1	204,6	90,9	220,2	96,7	234,7
79,4	188,5	85,2	204,9	91,0	220,5	96,8	235,0
79,5	188,8	85,3	205,2	91,1	220,7	96,9	235,2
79,6	189,1	85,4	205,5	91,2	221,0	97,0	235,5
79,7	189,4	85,5	205,7	91,3	221,3	97,1	235,7
79,8	189,6	85,6	206,0	91,4	221,5	97,2	235,9
79,9	189,9	85,7	206,3	91,5	221,8	97,3	236,2
80,0	190,2	85,8	206,6	91,6	222,0	97,4	236,4
80,1	190,5	85,9	206,8	91,7	222,3	97,5	236,6
80,2	190,8	86,0	207,1	91,8	222,5	97,6	236,9
80,3	191,1	86,1	207,4	91,9	222,8	97,7	237,1
80,4	191,4	86,2	207,7	92,0	223,1	97,8	237,3
80,5	191,7	86,3	207,9	92,1	223,3	97,9	237,6
80,6	192,0	86,4	208,2	92,2	223,6	98,0	237,8
80,7	192,2	86,5	208,5	92,3	223,8	98,1	238,1
80,8	192,5	86,6	208,8	92,4	224,1	98,2	238,3
80,9	192,8	86,7	209,0	92,5	224,3	98,3	238,5
81,0	193,1	86,8	209,3	92,6	224,6	98,4	238,8
81,1	193,4	86,9	209,6	92,7	224,9	98,5	239,0
81,2	193,7	87,0	209,9	92,8	225,1	98,6	239,2
81,3	194,0	87,1	210,1	92,9	225,4	98,7	239,5
81,4	194,3	87,2	210,4	93,0	225,6	98,8	239,7
81,5	194,5	87,3	210,7	93,1	225,9	98,9	239,9
81,6	194,8	87,4	210,9	93,2	226,1	99,0	240,1
81,7	195,1	87,5	211,2	93,3	226,4	99,1	240,4
81,8	195,4	87,6	211,5	93,4	226,6	99,2	240,6
81,9	195,7	87,7	211,7	93,5	226,9	99,3	240,8
82,0	196,0	87,8	212,0	93,6	227,1	99,4	241,1
82,1	196,2	87,9	212,3	93,7	227,4	99,5	241,3
82,2	196,5	88,0	212,6	93,8	227,6	99,6	241,5
82,3	196,8	88,1	212,8	93,9	227,9	99,7	241,8
82,4	197,1	88,2	213,1	94,0	228,1	99,8	242,0
82,5	197,4	88,3	213,4	94,1	228,4	99,9	242,2
82,6	197,7	88,4	213,6	94,2	228,6	100,0	242,4
82,7	197,9	88,5	213,9	94,3	228,9		
82,8	198,2	88,6	214,2	94,4	229,1		

II.

Bereitung des Branntweines von 24,7 Gewichts-% (= 30 Vol.-%) aus niedriger prozentigem mittels Zusatzes von absolutem Alkohol bei 15° C.

Zu 100 ccm Branntwein von Gewichtsprozent	sind hinzuzusetzen absoluter Alkohol ccm	Zu 100 ccm Branntwein von Gewichtsprozent	sind hinzuzusetzen absoluter Alkohol ccm	Zu 100 ccm Branntwein von Gewichtsprozent	sind hinzuzusetzen absoluter Alkohol ccm	Zu 100 ccm Branntwein von Gewichtsprozent	sind hinzuzusetzen absoluter Alkohol ccm
22,50	3,52	23,05	2,63	23,60	1,74	24,15	0,85
22,55	3,44	23,10	2,55	23,65	1,66	24,20	0,77
22,60	3,36	23,15	2,47	23,70	1,58	24,25	0,69
22,65	3,28	23,20	2,39	23,75	1,50	24,30	0,61
22,70	3,20	23,25	2,31	23,80	1,42	24,35	0,53
22,75	3,11	23,30	2,23	23,85	1,34	24,40	0,45
22,80	3,04	23,35	2,15	23,90	1,26	24,45	0,37
22,85	2,96	23,40	2,07	23,95	1,18	24,50	0,29
22,90	2,88	23,45	1,98	24,00	1,09	24,55	0,21
22,95	2,79	23,50	1,90	24,05	1,01	24,60	0,12
23,00	2,71	23,55	1,82	24,10	0,93	24,65	0,04

Tafel für Angaben verschiedener Mostwagen.
Nach Halenke und Möslinger [1]).

Spez. Gew.	Trockensubstanz nach Halenke u. Mösl. g in 100 ccm	Oechsles Grade	Klosterneuburger Mostwage Zucker %	Wagners Mostwage Baumé Grade	Ballings Saccharometer Extraktproz.	Spez. Gew.	Trockensubstanz nach Halenke u. Mösl. g in 100 ccm	Oechsles Grade	Klosterneuburger Mostwage Zucker %	Wagners Mostwage Baumé Grade	Ballings Saccharometer Extraktproz.
1,051	13,39	51	10,5	7,0	12,5	1,091	23,98	91	18,3	12,0	21,7
1,052	13,66	52	10,7	7,1	12,8	1,092	24,24	92	18,5	12,1	21,9
1,053	13,92	53	10,9	7,3	13,0	1,093	24,51	93	18,6	12,3	22,2
1,054	14,18	54	11,1	7,4	13,2	1,094	24,78	94	18,8	12,4	22,4
1,055	14,44	55	11,3	7,5	13,5	1,095	25,05	95	18,9	12,5	22,6
1,056	14,71	56	11,5	7,6	13,7	1,096	25,31	96	19,0	12,6	22,8
1,057	14,97	57	11,7	7,7	14,0	1,097	25,58	97	19,2	12,7	23,0
1,058	15,23	58	12,0	7,9	14,2	1,098	25,85	98	19,3	12,8	23,2
1,059	15,50	59	12,2	8,0	14,4	1,099	26,11	99	19,5	13,0	23,5
1,060	15,76	60	12,4	8,15	14,7	1,100	26,38	100	19,7	13,1	23,7
1,061	16,02	61	12,6	8,3	14,9	1,101	26,65	101	19,9	13,2	23,9
1,062	16,29	62	12,8	8,4	15,1	1,102	26,92	102	20,1	13,3	24,1
1,063	16,55	63	13,0	8,5	15,4	1,103	27,18	103	20,3	13,4	24,3
1,064	16,82	64	13,3	8,65	15,6	1,104	27,45	104	20,5	13,5	24,5
1,065	17,08	65	13,5	8,8	15,8	1,105	27,72	105	20,8	13,7	24,8
1,066	17,34	66	13,7	8,9	16,1	1,106	27,99	106	21,0	13,8	25,0
1,067	17,61	67	13,9	9,0	16,3	1,107	28,22	107	21,2	13,9	25,2
1,068	17,87	68	14,1	9,1	16,5	1,108	28,48	108	21,4	14,0	25,4
1,069	18,14	69	14,2	9,25	16,8	1,109	28,75	109	21,6	14,1	25,6
1,070	18,40	70	14,4	9,4	17,0	1,110	29,05	110	21,8	14,3	25,8
1,071	18,66	71	14,6	9,5	17,2	1,111	—	111	22,0	14,4	26,1
1,072	18,93	72	14,8	9,6	17,5	1,112	—	112	22,2	14,5	26,3
1,073	19,19	73	15,0	9,75	17,7	1,113	—	113	22,4	14,6	26,5
1,074	19,46	74	15,2	9,9	17,9	1,114	—	114	22,6	14,7	26,7
1,075	19,72	75	15,4	10,0	18,1	1,115	—	115	22,8	14,8	26,9
1,076	19,99	76	15,6	10,2	18,4	1,116	—	116	23,0	14,9	27,1
1,077	20,25	77	15,8	10,3	18,6	1,117	—	117	23,2	15,1	27,3
1,078	20,52	78	15,9	10,4	18,8	1,118	—	118	23,5	15,2	27,5
1,079	20,78	79	16,1	10,5	19,0	1,119	—	119	23,8	15,3	27,8

[1]) König, Die Untersuchung landw. u. gewerbl. wichtiger Stoffe. Vgl. Zeitschr. f. analyt. Chemie 1895, 34, 263.

Spez. Gew.	Trockensubstanz nach Halenke u. Mösl. g in 100 ccm	Oechsles Grade	Klosterneuburger Mostwage Zucker %	Wagners Mostwage Baumé Grade	Ballings Saccharometer Extraktproz.	Spez. Gew.	Trockensubstanz nach Halenke u. Mösl. g in 100 ccm	Oechsles Grade	Klosterneuburger Mostwage Zucker %	Wagners Mostwage Baumé Grade	Ballings Saccharometer Extraktproz.
1,080	21,05	80	16,3	10,6	19,3	1,120	—	120	24,1	15,4	28,0
1,081	21,32	81	16,5	10,8	19,5	1,121	—	121	24,3	15,6	28,2
1,082	21,58	82	16,7	10,9	19,7	1,122	—	122	24,6	15,7	28,4
1,083	21,85	83	16,9	11,1	20,0	1,123	—	123	24,9	15,8	28,6
1,084	22,11	84	17,1	11,2	20,2	1,124	—	124	25,2	15,9	28,8
1,085	22,38	85	17,3	11,3	20,4	1,125	—	125	25,5	16,0	29,0
1,086	22,65	86	17,4	11,4	20,6	1,126	—	126	25,8	16,1	29,2
1,087	22,91	87	17,6	11,5	20,8	1,127	—	127	26,0	16,2	29,4
1,088	23,18	88	17,8	11,7	21,1	1,128	—	128	26,2	16,4	29,7
1,089-	23,44	98	18,0	11,8	21,3	1,129	—	129	26,4	16,5	29,9
1,090	23,71	90	18,2	11,9	21,5	1,130	—	130	26,8	16,6	30,1

Hilfstafeln für Weinuntersuchungen.

Tafel I.

Ermittelung des Alkoholgehaltes. Aus K. Windisch. Alkoholtafel. Berlin 1893.

Spezifisches Gewicht des Destillates	Gramm Alkohol in 100 ccm	Volumprozente Alkohol[1]	Spezifisches Gewicht des Destillates	Gramm Alkohol in 100 ccm	Volumprozente Alkohol
1,0000	0,00	0,00	0,9965	1,88	2,37
0,9999	0,05	0,07	4	1,93	2,44
8	0,11	0,13	3	1,99	2,51
7	0,16	0,20	2	2,04	2,58
6	0,21	0,27	1	2,10	2,65
5	0,26	0,33	0	2,16	2,72
4	0,32	0,40	0,9959	2,21	2,79
3	0,37	0,47	8	2,27	2,86
2	0,42	0,53	7	2,32	2,93
1	0,47	0,60	6	2,38	3,00
0	0,53	0,67	5	2,43	3,07
0,9989	0,58	0,73	4	2,49	3,14
8	0,64	0,80	3	2,55	3,21
7	0,69	0,87	2	2,60	3,28
6	0,74	0,93	1	2,66	3,35
5	0,80	1,00	0	2,72	3,42
4	0,85	1,07	0,9949	2,77	3,49
3	0,90	1,14	8	2,82	3,56
2	0,96	1,20	7	2,88	3,64
1	1,01	1,27	6	2,94	3,71
0	1,06	1,34	5	3,00	3,78
0,9979	1,12	1,41	4	3,06	3,85
8	1,17	1,48	3	3,12	3,93
7	1,22	1,54	2	3,17	4,00
6	1,28	1,61	1	3,23	4,07
5	1,33	1,68	0	3,29	4,14
4	1,39	1,75	0,9939	3,35	4,22
3	1,44	1,82	8	3,40	4,29
2	1,50	1,88	7	3,46	4,36
1	1,55	1,95	6	3,52	4,43
0	1,60	2,02	5	3,58	4,51
0,9969	1,66	2,09	4	3,64	4,58
8	1,71	2,16	3	3,69	4,65
7	1,77	2,23	2	3,75	4,73
6	1,82	2,30	1	3,81	4,80
			0	3,87	4,88

[1] Angabe der Gewichtsprozente s. Tafel S. 664.

Spezifisches Gewicht des Destillates	Gramm Alkohol in 100 ccm	Volum-prozente Alkohol	Spezifisches Gewicht des Destillates	Gramm Alkohol in 100 ccm	Volum-prozente Alkohol
0,9929	3,93	4,95	0,9869	7,73	9,74
8	3,99	5,03	8	7,80	9,83
7	4,05	5,10	7	7,87	9,91
6	4,11	5,18	6	7,94	10,00
5	4,17	5,25	5	8,00	10,09
4	4,23	5,33	4	8,07	10,17
3	4,29	5,40	3	8,14	10,26
2	4,35	5,48	2	8,21	10,35
1	4,41	5,55	1	8,28	10,43
0	4,47	5,63	0	8,35	10,52
0,9919	4,53	5,70	0,9859	8,42	10,61
8	4,59	5,78	8	8,49	10,70
7	4,65	5,86	7	8,56	10,79
6	4,71	5,93	6	8,63	10,88
5	4,77	6,01	5	8,70	10,96
4	4,83	6,09	4	8,77	11,05
3	4,89	6,16	3	8,84	11,14
2	4,95	6,24	2	8,91	11,23
1	5,01	6,32	1	8,98	11,32
0	5,08	6,40	0	9,06	11,41
0,9909	5,14	6,47	0,9849	9,13	11,50
8	5,20	6,55	8	9,20	11,59
7	5,26	6,63	7	9,27	11,68
6	5,32	6,71	6	9,34	11,77
5	5,38	6,79	5	9,42	11,86
4	5,45	6,86	4	9,49	11,95
3	5,51	6,94	3	9,56	12,05
2	5,57	7,02	2	9,63	12,14
1	5,64	7,10	1	9,70	12,23
0	5,70	7,18	0	9,78	12,32
0,9899	5,76	7,26	0,9839	9,85	12,41
8	5,83	7,34	8	9,92	12,50
7	5,89	7,42	7	9,99	12,59
6	5,95	7,50	6	10,07	12,69
5	6,02	7,58	5	10,14	12,78
4	6,08	7,66	4	10,22	12,88
3	6,14	7,74	3	10,29	12,97
2	6,21	7,82	2	10,36	13,06
1	6,27	7,90	1	10,44	13,16
0	6,34	7,99	0	10,52	13,25
0,9889	6,40	8,07	0,9829	10,59	13,34
8	6,47	8,15	8	10,66	13,44
7	6,53	8,23	7	10,74	13,53
6	6,59	8,31	6	10,81	13,63
5	6,66	8,40	5	10,89	13,72
4	6,73	8,48	4	10,96	13,82
3	6,79	8,56	3	11,04	13,91
2	6,86	8,64	2	11,12	14,01
1	6,93	8,73	1	11,19	14,10
0	6,99	8,81	0	11,27	14,20
0,9879	7,06	8,89	0,9819	11,34	14,29
8	7,12	8,98	8	11,42	14,39
7	7,19	9,06	7	11,49	14,48
6	7,26	9,15	6	11,57	14,58
5	7,33	9,23	5	11,65	14,68
4	7,39	9,32	4	11,72	14,77
3	7,46	9,40	3	11,80	14,87
2	7,53	9,48	2	11,88	14,97
1	7,60	9,57	1	11,96	15,07
0	7,66	9,66	0	12,03	15,16

Spezifisches Gewicht des Destillates	Gramm Alkohol in 100 ccm	Volum-prozente Alkohol	Spezifisches Gewicht des Destillates	Gramm Alkohol in 100 ccm	Volum-prozente Alkohol
0,9809	12,11	15,26	0,9749	16,87	21,26
8	12,19	15,36	8	16,95	21,36
7	12,27	15,46	7	17,03	21,46
6	12,34	15,55	6	17,11	21,56
5	12,42	15,65	5	17,19	21,66
4	12,50	15,75	4	17,27	21,76
3	12,58	15,85	3	17,35	21,86
2	12,65	15,95	2	17,42	21,96
1	12,73	16,04	1	17,50	22,06
0	12,81	16,14	0	17,58	22,16
0,9799	12,89	16,24	0,9739	17,66	22,26
8	12,97	16,34	8	17,74	22,35
7	13,05	16,44	7	17,82	22,45
6	13,13	16,54	6	17,90	22,55
5	13,20	16,64	5	17,98	22,65
4	13,28	16,74	4	18,05	22,75
3	13,36	16,84	3	18,13	22,85
2	13,44	16,94	2	18,21	22,95
1	13,52	17,04	1	18,29	23,05
0	13,60	17,14	0	18,37	23,14
0,9789	13,68	17,24	0,9729	18,45	23,24
8	13,76	17,34	8	18,52	23,34
7	13,84	17,44	7	18,60	23,44
6	13,92	17,54	6	18,68	23,54
5	14,00	17,64	5	18,76	23,63
4	14,08	17,74	4	18,84	23,73
3	14,15	17,84	3	18,91	23,83
2	14,23	17,94	2	18,99	23,93
1	14,31	18,04	1	19,07	24,02
0	14,39	18,14	0	19,14	24,12
0,9779	14,47	18,24	0,9719	19,22	24,22
8	14,55	18,34	8	19,30	24,32
7	14,63	18,44	7	19,37	24,41
6	14,71	18,54	6	19,45	24,51
5	14,79	18,64	5	19,53	24,60
4	14,87	18,74	4	19,60	24,70
3	14,95	18,84	3	19,68	24,80
2	15,03	18,94	2	19,76	24,89
1	15,11	19,04	1	19,83	24,99
0	15,19	19,14	0	19,91	25,08
0,9769	15,27	19,24	0,9709	19,98	25,18
8	15,35	19,34	8	20,06	25,27
7	15,43	19,44	7	20,13	25,37
6	15,51	19,55	6	20,21	25,47
5	15,59	19,65	5	20,28	25,56
4	15,67	19,75	4	20,36	25,66
3	15,75	19,85	3	20,43	25,75
2	15,83	19,95	2	20,51	25,84
1	15,91	20,05	1	20,58	25,94
0	15,99	20,15	0	20,66	26,03
0,9759	16,07	20,25	0,9699	20,73	26,13
8	16,15	20,35	8	20,81	26,22
7	16,23	20,45	7	20,88	26,31
6	16,31	20,55	6	20,96	26,41
5	16,39	20,65	5	21,03	26,50
4	16,47	20,75	4	21,10	26,59
3	16,55	20,86	3	21,18	26,69
2	16,63	20,96	2	21,25	26,78
1	16,71	21,06	1	21,32	26,87
0	16,79	21,16	0	21,40	26,96

Spezifisches Gewicht des Destillates	Gramm Alkohol in 100 ccm	Volum-prozente Alkohol	Spezifisches Gewicht des Destillates	Gramm Alkohol in 100 ccm	Volum-prozente Alkohol
0,9689	21,47	27,05	0,9653	23,99	30,23
8	21,54	27,14	2	24,06	30,32
7	21,61	27,24	1	24,13	30,40
6	21,69	27,33	0	24,19	30,49
5	21,76	27,42			
4	21,83	27,51	0,9649	24,26	30,57
3	21,90	27,60	8	24,33	30,66
2	21,97	27,69	7	24,39	30,74
1	22,05	27,78	6	24,46	30,82
0	22,12	27,87	5	24,53	30,91
			4	24,59	30,99
0,9679	22,19	27,96	3	24,66	31,07
8	22,26	28,05	2	24,73	31,16
7	22,33	28,14	1	24,79	31,24
6	22,40	28,23	0	24,85	31,32
5	22,47	28,32			
4	22,54	28,41	0,9639	24,92	31,41
3	22,61	28,50	8	24,99	31,49
2	22,68	28,59	7	25,05	31,57
1	22,75	28,67	6	25,12	31,65
0	22,82	28,76	5	25,18	31,73
			4	25,25	31,81
0,9669	22,89	28,85	3	25,31	31,89
8	22,96	28,94	2	25,37	31,98
7	23,03	29,03	1	25,44	32,06
6	23,10	29,11	0	25,50	32,14
5	23,17	29,20			
4	23,24	29,29	0,9629	25,56	32,22
3	23,31	29,38	8	25,63	32,30
2	23,38	29,46	7	25,69	32,38
1	23,45	29,55	6	25,76	32,46
0	23,52	29,64	5	25,82	32,54
			4	25,88	32,62
0,9659	23,59	29,72	3	25,95	32,70
8	23,65	29,81	2	26,01	32,78
7	23,72	29,89	1	26,07	32,85
6	23,79	29,98	0	26,13	32,93
5	23,86	30,06			
4	23,93	30,15			

Fortsetzung siehe die Tafel S. 665.

Tafel II.

(Zur Ermittelung der Zahl E, welche für die Wahl des bei der Extraktbestimmung des Weines anzuwendenden Verfahrens maßgebend ist.)

Nach den Angaben der Kaiserlichen Normal-Eichungs-Kommission berechnet im Kaiserlichen Gesundheitsamt.

x	E [1]	x	E	x	E	x	E
1,0000	0,00	1,0010	0,26	1,0020	0,52	1,0030	0,77
1	0,03	1	0,28	1	0,54	1	0,80
2	0,06	2	0,31	2	0,57	2	0,82
3	0,08	3	0,34	3	0,59	3	0,85
4	0,10	4	0,36	4	0,62	4	0,87
5	0,13	5	0,39	5	0,64	5	0,90
6	0,15	6	0,41	6	0,67	6	0,93
7	0,18	7	0,44	7	0,69	7	0,95
8	0,20	8	0,46	8	0,72	8	0,98
9	0,23	9	0,49	9	0,75	9	1,00

[1] E = g Zucker in 100 ccm; die Gewichtsprozente finden sich in der Tafel S. 660 im Abschnitt Zucker.

x	E	x	E	x	E	x	E
1,0040	1,03	1,0103	2,66	0,0166	4,29	1,0230	5,94
1	1,05	4	2,69	7	4,31	1	5,97
2	1,08	5	2,71	8	4,34	2	6,00
3	1,11	6	2,74	9	4,37	3	6,02
4	1,13	7	2,76			4	6,05
5	1,16	8	2,79	1,0170	4,39	5	6,07
6	1,18	9	2,82	1	4,42	6	6,10
7	1,21			2	4,44	7	6,12
8	1,24	1,0110	2,84	3	4,47	8	6,15
9	1,26	1	2,87	4	4,50	9	6,18
		2	2,89	5	4,52		
1,0050	1,29	3	2,92	6	4,55	1,0240	6,20
1	1,32	4	2,94	7	4,57	1	6,23
2	1,34	5	2,97	8	4,60	2	6,25
3	1,37	6	3,00	9	4,63	3	6,28
4	1,39	7	3,02			4	6,31
5	1,42	8	3,05	1,0180	4,65	5	6,33
6	1,45	9	3,07	1	4,68	6	6,36
7	1,47			2	4,70	7	6,38
8	1,50	1,0120	3,10	3	4,73	8	6,41
9	1,52	1	3,12	4	4,75	9	6,44
		2	3,15	5	4,78		
1,0060	1,55	3	3,18	6	4,81	1,0250	6,46
1	1,57	4	3,20	7	4,83	1	6,49
2	1,60	5	3,23	8	4,86	2	6,51
3	1,63	6	3,26	9	4,88	3	6,54
4	1,65	7	3,28			4	6,56
5	1,68	8	3,31	1,0190	4,91	5	6,59
6	1,70	9	3,33	1	4,94	6	6,62
7	1,73			2	4,96	7	6,64
8	1,76	1,0130	3,36	3	4,99	8	6,67
9	1,78	1	3,38	4	5,01	9	6,70
		2	3,41	5	5,04		
1,0070	1,81	3	3,43	6	5,06	1,0260	6,72
1	1,83	4	3,46	7	5,09	1	6,75
2	1,86	5	3,49	8	5,11	2	6,77
3	1,88	6	3,51	9	5,14	3	6,80
4	1,91	7	3,54			4	6,82
5	1,94	8	3,56	1,0200	5,17	5	6,85
6	1,96	9	3,59	1	5,19	6	6,88
7	1,99			2	5,22	7	6,90
8	2,01	1,0140	3,62	3	5,25	8	6,93
9	2,04	1	3,64	4	5,27	9	6,95
		2	3,67	5	5,30		
1,0080	2,07	3	3,69	6	5,32	1,0270	6,98
1	2,09	4	3,72	7	5,35	1	7,01
2	2,12	5	3,75	8	5,38	2	7,03
3	2,14	6	3,77	9	5,40	3	7,06
4	2,17	7	3,80			4	7,08
5	2,19	8	3,82	1,0210	5,43	5	7,11
6	2,22	9	3,85	1	5,45	6	7,13
7	2,25			2	5,48	7	7,16
8	2,27	1,0150	3,87	3	5,51	8	7,19
9	2,30	1	3,90	4	5,53	9	7,21
		2	3,93	5	5,56		
1,0090	2,32	3	3,95	6	5,58	1,0280	7,24
1	2,35	4	3,98	7	5,61	1	7,26
2	2,38	5	4,00	8	5,64	2	7,29
3	2,40	6	4,03	9	5,66	3	7,32
4	2,43	7	4,06	1,0220	5,69	4	7,34
5	2,45	8	4,08	1	5,71	5	7,37
6	2,48	9	4,11	2	5,74	6	7,39
7	2,50			3	5,77	7	7,42
8	2,53	1,0160	4,13	4	5,79	8	7,45
9	2,56	1	4,16	5	5,82	9	7,47
		2	4,19	6	5,84		
1,0100	2,58	3	4,21	7	5,87	1,0290	7,50
1	2,61	4	4,24	8	5,89	1	7,52
2	2,63	5	4,26	9	5,92	2	7,55

x	E	x	E	x	E	x	E
1,0293	7,58	1,0356	9,21	1,0420	10,87	1,0483	12,51
4	7,60	7	9,23	1	10,90	4	12,53
5	7,63	8	9,26	2	10,92	5	12,56
6	7,65	9	9,29	3	10,95	6	12,58
7	7,68	1,0360	9,31	4	10,97	7	12,61
8	7,70	1	9,34	5	11,00	8	12,64
9	7,73	2	9,36	6	11,03	9	12,66
1,0300	7,76	3	9,39	7	11,05	1,0490	12,69
1	7,78	4	9,42	8	11,08	1	12,71
2	7,81	5	9,44	9	11,10	2	12,74
3	7,83	6	9,47	1,0430	11,13	3	12,77
4	7,86	7	9,49	1	11,15	4	12,79
5	7,89	8	9,52	2	11,18	5	12,82
6	7,91	9	9,55	3	11,21	6	12,84
7	7,94	1,0370	9,57	4	11,23	7	12,87
8	7,97	1	9,60	5	11,26	8	12,90
9	7,99	2	9,62	6	11,28	9	12,92
1,0310	8,02	3	9,65	7	11,31	1,0500	12,95
1	8,04	4	9,68	8	11,34	1	12,97
2	8,07	5	9,70	9	11,36	2	13,00
3	8,09	6	9,73	1,0440	11,39	3	13,03
4	8,12	7	9,75	1	11,42	4	13,05
5	8,14	8	9,78	2	11,44	5	13,08
6	8,17	9	9,80	3	11,47	6	13,10
7	8,20	1,0380	9,83	4	11,49	7	13,13
8	8,22	1	9,86	5	11,52	8	13,16
9	8,25	2	9,88	6	11,55	9	13,18
1,0320	8,27	3	9,91	7	11,57	1,0510	13,21
1	8,30	4	9,93	8	11,60,	1	13,23
2	8,33	5	9,96	9	11,62	2	13,26
3	8,35	6	9,99	1,0450	11,65	3	13,29
4	8,38	7	10,01	1	11,68	4	13,31
5	8,40	8	10,04	2	11,70	5	13,34
6	8,43	9	10,06	3	11,73	6	13,36
7	8,46	1,0390	10,09	4	11,75	7	13,39
8	8,48	1	10,11	5	11,78	8	13,42
9	8,51	2	10,14	6	11,81	9	13,44
1,0330	8,53	3	10,17	7	11,83	1,0520	13,47
1	8,56	4	10,19	8	11,86	1	13,49
2	8,59	5	10,22	9	11,88	2	13,52
3	8,61	6	10,25	1,0460	11,91	3	13,55
4	8,64	7	10,27	1	11,94	4	13,57
5	8,66	8	10,30	2	11,96	5	13,60
6	8,69	9	10,32	3	11,99	6	13,62
7	8,72	1,0400	10,35	4	12,01	7	13,65
8	8,74	1	10,37	5	12,04	8	13,68
9	8,77	2	10,40	6	12,06	9	13,70
1,0340	8,79	3	10,43	7	12,09	1,0530	13,73
1	8,82	4	10,45	8	12,12	1	13,75
2	8,85	5	10,48	9	12,14	2	13,78
3	8,87	6	10,51	1,0470	12,17	3	13,81
4	8,90	7	10,53	1	12,19	4	13,83
5	8,92	8	10,56	2	12,22	5	13,86
6	8,95	9	10,58	3	12,25	6	13,89
7	8,97	1,0410	10,61	4	12,27	7	13,91
8	9,00	1	10,63	5	12,30	8	13,94
9	9,03	2	10,66	6	12,32	9	13,96
1,0350	9,05	3	10,69	7	12,35	1,0540	13,99
1	9,08	4	10,71	8	12,38	1	14,01
2	9,10	5	10,74	9	12,40	2	14,04
3	9,13	6	10,76	1,0480	12,43	3	14,07
4	9,16	7	10,79	1	12,45	4	14,09
5	9,18	8	10,82	2	12,48	5	14,12
		9	10,84				

x	E	x	E	x	E	x	E
1,0546	14,14	1,0610	15,81	1,0673	17,46	1,0736	19,10
7	14,17	1	15,84	4	17,48	7	19,13
8	14,20	2	15,87	5	17,51	8	19,16
9	14,22	3	15,89	6	17,54	9	19,18
1,0550	14,25	4	15,92	7	17,56	1,0740	19,21
1	14,28	5	15,94	8	17,59	1	19,23
2	14,30	6	15,97	9	17,62	2	19,26
3	14,33	7	16,00	1,0680	17,64	3	19,29
4	14,35	8	16,02	1	17,67	4	19,31
5	14,38	9	16,05	2	17,69	5	19,34
6	14,41	1,0620	16,07	3	17,72	6	19,37
7	14,43	1	16,10	4	17,75	7	19,39
8	14,46	2	16,13	5	17,77	8	19,42
9	14,48	3	16,15	6	17,80	9	19,44
1,0560	14,51	4	16,18	7	17,83	1,0750	19,47
1	14,54	5	16,21	8	17,85	1	19,50
2	14,56	6	16,23	9	17,88	2	19,52
3	14,59	7	16,26	1,0690	17,90	3	19,55
4	14,61	8	16,28	1	17,93	4	19,58
5	14,64	9	16,31	2	17,95	5	19,60
6	14,67	1,0630	16,33	3	17,98	6	19,63
7	14,69	1	16,36	4	18,01	7	19,65
8	14,72	2	16,39	5	18,03	8	19,68
9	14,74	3	16,41	6	18,06	9	19,71
1,0570	14,77	4	16,44	7	18,08	1,0760	19,73
1	14,80	5	16,47	8	18,11	1	19,76
2	14,82	6	16,49	9	18,14	2	19,79
3	14,85	7	16,52	1,0700	18,16	3	19,81
4	14,87	8	16,54	1	18,19	4	19,84
5	14,90	9	16,57	2	18,22	5	19,86
6	14,93	1,0640	16,60	3	18,24	6	19,89
7	14,95	1	16,62	4	18,27	7	19,92
8	14,98	2	16,65	5	18,30	8	19,94
9	15,00	3	16,68	6	18,32	9	19,97
1,0580	15,03	4	16,70	7	18,35	1,0770	20,00
1	15,06	5	16,73	8	18,37	1	20,02
2	15,08	6	16,75	9	18,40	2	20,05
3	15,11	7	16,78	1,0710	18,43	3	20,07
4	15,14	8	16,80	1	18,45	4	20,10
5	15,16	9	16,83	2	18,48	5	20,12
6	15,19	1,0650	16,86	3	18,50	6	20,15
7	15,22	1	16,88	4	18,53	7	20,18
8	15,24	2	16,91	5	18,56	8	20,20
9	15,27	3	16,94	6	18,58	9	20,23
1,0590	15,29	4	16,96	7	18,61	1,0780	20,26
1	15,32	5	16,99	8	18,63	1	20,28
2	15,35	6	17,01	9	18,66	2	20,31
3	15,37	7	17,04	1,0720	18,69	3	20,34
4	15,40	8	17,07	1	18,71	4	20,36
5	15,42	9	17,09	2	18,74	5	20,39
6	15,45	1,0660	17,12	3	18,76	6	20,41
7	15,48	1	17,14	4	18,79	7	20,44
8	15,50	2	17,17	5	18,82	8	20,47
9	15,53	3	17,20	6	18,84	9	20,49
1,0600	15,55	4	17,22	7	18,87	1,0790	20,52
1	15,58	5	17,25	8	18,90	1	20,55
2	15,61	6	17,27	9	18,92	2	20,57
3	15,63	7	17,30			3	20,60
4	15,66	8	17,33	1,0730	18,95	4	20,62
5	15,68	9	17,35	1	18,97	5	20,65
6	15,71			2	19,00	6	20,68
7	15,74	1,0670	17,38	3	19,03	7	20,70
8	15,76	1	17,41	4	19,05	8	20,73
9	15,79	2	17,43	5	19,08	9	20,75

x	E	x	E	x	E	x	E
1,0800	20,78	1,0863	22,43	1,0926	24,09	1,0990	25,78
1	20,81	4	22,46	7	24,12	1	25,80
2	20,83	5	22,49	8	24,14	2	25,83
3	20,86	6	22,51	9	24,17	3	25,85
4	20,89	7	22,54			4	25,88
5	20,91	8	22,57	1,0930	24,20	5	25,91
6	20,94	9	22,59	1	24,22	6	25,93
7	20,96			2	24,25	7	25,96
8	20,99	1,0870	22,62	3	24,27	8	25,99
9	21,02	1	22,65	4	24,30	9	26,01
1,0810	21,04	2	22,67	5	24,33		
1	21,07	3	22,70	6	24,35	1,1000	26,04
2	21,10	4	22,72	7	24,38	1	26,06
3	21,12	5	22,75	8	24,41	2	26,09
4	21,15	6	22,78	9	24,43	3	26,12
5	21,17	7	22,80			4	26,14
6	21,20	8	22,83	1,0940	24,46	5	26,17
7	21,23	9	22,86	1	24,49	6	26,20
8	21,25	1,0880	22,88	2	24,51	7	26,22
9	21,28	1	22,91	3	24,54	8	26,25
		2	22,93	4	24,57	9	26,27
1,0820	21,31	3	22,96	5	24,59		
1	21,33	4	22,99	6	24,62	1,1010	26,30
2	21,36	5	23,01	7	24,64	1	26,33
3	21,38	6	23,04	8	24,67	2	26,35
4	21,41	7	23,07	9	24,70	3	26,38
5	21,44	8	23,09			4	26,41
6	21,46	9	23,12	1,0950	24,72	5	26,43
7	21,49	1,0890	23,14	1	24,75	6	26,46
8	21,52	1	23,17	2	24,78	7	26,49
9	21,54	2	23,20	3	24,80	8	26,51
1,0830	21,57	3	23,22	4	24,83	9	26,54
1	21,59	4	23,25	5	24,85		
2	21,62	5	23,28	6	24,88	1,1020	25,56
3	21,65	6	23,30	7	24,91	1	26,59
4	21,67	7	23,33	8	24,93	2	26,62
5	21,70	8	23,35	9	24,96	3	26,64
6	21,73	9	23,38			4	26,67
7	21,75			1,0960	24,99	5	26,70
8	21,78	1,0900	23,41	1	25,01	6	26,72
9	21,80	1	23,43	2	25,04	7	26,75
		2	23,46	3	25,07	8	26,78
1,0840	21,83	3	23,49	4	25,09	9	26,80
1	21,86	4	23,51	5	25,12		
2	21,88	5	23,54	6	25,14	1,1030	26,83
3	21,91	6	23,57	7	25,17	1	26,85
4	21,94	7	23,59	8	25,20	2	26,88
5	21,96	8	23,62	9	25,22	3	26,91
6	21,99	9	23,65			4	26,93
7	22,02			1,0970	25,25	5	26,96
8	22,04	1,0910	23,67	1	25,28	6	26,99
9	22,07	1	23,70	2	25,30	7	27,01
		2	23,72	3	25,33	8	27,04
1,0850	22,09	3	23,75	4	25,36	9	27,07
1	22,12	4	23,77	5	25,38		
2	22,15	5	23,80	6	25,41	1,1040	27,09
3	22,17	6	23,83	7	25,43	1	27,12
4	22,20	7	23,85	8	25,46	2	27,15
5	22,22	8	23,88	9	25,49	3	27,17
6	22,25	9	23,91	1,0980	25,51	4	27,20
7	22,28			1	25,54	5	27,22
8	22,30	1,0920	23,93	2	25,56	6	27,25
9	22,33	1	23,96	3	25,59	7	27,27
		2	23,99	4	25,62	8	27,30
1,0860	22,36	3	24,01	5	25,64	9	27,33
1	22,38	4	24,04	6	25,67	1,1050	27,35
2	22,41	5	24,07	7	25,70	1	27,38
				8	25,72	2	27,41
				9	25,75		

x	E	x	E	x	E	x	E
1,1053	27,43	1,1079	28,12	1,1104	28,78	1,1130	29,47
4	27,46			5	28,81	1	29,49
5	27,49	1,1080	28,15	6	28,83	2	29,52
6	27,51	1	28,17	7	28,86	3	29,54
7	27,54	2	28,20	8	28,88	4	29,57
8	27,57	3	28,22	9	28,91	5	29,60
9	27,59	4	28,25			6	29,62
		5	28,28	1,1110	28,94	7	29,65
1,1060	27,62	6	28,30	1	28,96	8	29,68
1	27,65	7	28,33	2	28,99	9	29,70
2	27,67	8	28,36	3	29,02		
3	27,70	9	28,38	4	29,04	1,1140	29,73
4	27,72			5	29,07	1	29,76
5	27,75	1,1090	28,41	6	29,09	2	29,78
6	27,78	1	28,43	7	29,12	3	29,81
7	27,80	2	28,46	8	29,15	4	29,83
8	27,83	3	28,49	9	29,17	5	29,86
9	27,86	4	28,51			6	29,89
		5	28,54	1,1120	29,20	7	29,91
1,1070	27,88	6	28,57	1	29,23	8	29,94
1	27,91	7	28,59	2	29,25	9	29,96
2	27,93	8	28,62	3	29,28		
3	27,96	9	28,65	4	29,31	1,1150	29,99
4	27,99			5	29,33		
5	28,01	1,1100	28,67	6	29,36	Fortsetzung siehe
6	28,04	1	28,70	7	29,39	in der Tafel
7	28,07	2	28,73	8	29,41	S. 661.
8	28,09	3	28,75	9	29,44	

C. Gesetze und Verordnungen nebst Ausführungsbestimmungen [1].

I. Gesetz, betreffend den Verkehr mit Nahrungsmitteln, Genußmitteln und Gebrauchsgegenständen vom 14. Mai 1879.

(R.-G.-Bl. 1879, S. 145.)

§ 1.

Der Verkehr mit Nahrungs- und Genußmitteln sowie mit Spielwaren, Tapeten, Farben, Eß-, Trink- und Kochgeschirr und mit Petroleum unterliegt der Beaufsichtigung nach Maßgabe dieses Gesetzes [2].

§ 2 [3].

Die Beamten der Polizei sind befugt, in die Räumlichkeiten, in welchen Gegenstände der in § 1 bezeichneten Art feilgehalten werden, während der

[1] Da die Anwendung und Auslegung der einzelnen gesetzlichen Bestimmungen eine sehr verschiedenartige sein kann und ist, wie die praktische Erfahrung lehrt, so empfiehlt es sich, mittels Handbüchern und Kommentaren über Begutachtung und Nahrungsmittelrecht einen tieferen Einblick in die Auslegung der Gesetze und Einzelbegriffe zu erhalten. Den weitestgehenden Aufschluß erhält man beim Studium der Reichstag-Drucksachen (Regierungsvorlagen, Berichte der Kommissionen und des Plenums), welche die Ergebnisse der Beratungen über das Nahrungsmittelgesetz und die nachstehenden Sondergesetze enthalten. Ferner bilden die Entscheidungen des Reichsgerichts und anderer Gerichtshöfe eine reiche Quelle zum Studium und Nachschlagen der Rechtsauffassung in einzelnen Fällen. Der enge Rahmen des Hilfsbuches gestattet es nicht, des näheren auf die rechtliche Beurteilung von Nahrungsmitteln usw. einzugehen; einige kurze Hinweise befinden sich in den den einzelnen Paragraphen beigefügten Erläuterungen und in den Sonderabschnitten unter der Bezeichnung „Beurteilung". Literatur: C. Neufeld, Der Nahrungsmittelchemiker als Sachverständiger, Berlin 1907; J. König, Chemie der menschlichen Nahrungs- und Genußmittel, III. Bd., 2. u. 3 Teil, Berlin 1914/18; A. Beythien, Handbuch der Nahrungsmittel-Untersuchung von Beythien, Hartwich und Klimmer (Band über Beurteilung und Rechtsprechung), Leipzig 1917; H. Röttger, Lehrbuch der Nahrungsmittelchemie, Leipzig 1910; K. v. Buchka, Das Lebensmittelgewerbe, Leipzig 1914/17; G. Lebbin und G. Baum, Deutsches Nahrungsmittelrecht, Berlin 1907; G. Lebbin, Die Reichsgesetzgebung betr. den Verkehr mit Nahrungsmitteln, ebendaselbst 1900; Dennstedt, Die Chemie in der Rechtspflege, Leipzig 1910; Meyer und Finkelnburg, Das Gesetz betr. den Verkehr mit Nahrungsmitteln usw., Berlin 1885; v. Buchka, Die Nahrungsmittelgesetzgebung im Deutschen Reiche, Berlin 1912; Würzburg, Die Nahrungsmittelgesetzgebung im Deutschen Reiche und in den einzelnen Bundesstaaten, Leipzig 1894, Berlin 1894; Stenglin, Strafrechtliche Nebengesetze, Berlin 1903; G. Lebbin, Das Weingesetz vom 7. April 1909, Berlin 1909; K. Windisch, Weingesetz vom Jahre 1909, Berlin 1909; O. Zoeller, Das Weingesetz vom 7. April 1909, München, Berlin 1909; A. Günther und R. Marschner, Weingesetz vom 7. April 1909, Berlin 1910; Schröter, Das Fleischbeschaugesetz, 2. Aufl., Berlin 1904. Fortlaufend bringen Entscheidungen: Zeitschr. f. Unters. d. Nahr.- u. Genußm., sowie Beilagen, seit 1909; Veröffentlichungen des kaiserl. Gesundheitsamtes, Auszüge und Sammlung betr. gerichtl. Entscheidungen, sowie die Nahrungsmittelgesetzgebung von Coermann in Kartothekausgabe, Fuchsberger-Fulds Entscheidungssammlung.

[2] Nahrungsmittel sind Stoffe, welche, sei es in fester oder flüssiger Form, der Ernährung des menschlichen Körpers dienen, auch wenn zu deren Genießbarkeit eine vorherige Zubereitung erforderlich ist (Entsch. d. R.-G. vom 16. April 1888).

Genußmittel sind auch Gewürze, Hefe, Backpulver und ähnliche Hilfsstoffe. Arzneimittel können unter Umständen als Genußmittel gelten (Urt. d. R.-G. vom 11. Juli 1913; Zeitschr. f. Nahr.- u. Genußm. (Gesetze) 1915, 7, 231.

[3] Erläuterungen zu §§ 2 und 3 siehe Abschnitt Probeentnahme, S. 3 u. 4.

üblichen Geschäftsstunden oder während die Räumlichkeiten dem Verkehr geöffnet sind, einzutreten. Sie sind befugt, von den Gegenständen der in § 1 bezeichneten Art, welche in den angegebenen Räumlichkeiten sich befinden, oder welche an öffentlichen Orten, auf Märkten, Plätzen, Straßen oder im Umherziehen verkauft oder feilgehalten werden, nach ihrer Wahl Proben zum Zwecke der Untersuchung gegen Empfangsbescheinigung zu entnehmen. Auf Verlangen ist dem Besitzer ein Teil der Probe amtlich verschlossen oder versiegelt zurückzulassen. Für die entnommene Probe ist Entschädigung in Höhe des üblichen Kaufpreises zu leisten.

§ 3.

Die Beamten der Polizei sind befugt, bei Personen, welche auf Grund der §§ 10, 12, 13 dieses Gesetzes zu einer Freiheitsstrafe verurteilt sind, in den Räumlichkeiten, in welchen Gegenstände der in § 1 bezeichneten Art feilgehalten werden, oder welche zur Aufbewahrung oder Herstellung solcher zum Verkaufe bestimmter Gegenstände dienen, während der in § 2 angegebenen Zeit Revisionen vorzunehmen.

Diese Befugnis beginnt mit der Rechtskraft des Urteils und erlischt mit dem Ablauf von 3 Jahren von dem Tage an gerechnet, an welchem die Freiheitsstrafe verbüßt, verjährt oder erlassen ist.

§ 4.

Die Zuständigkeit der Behörden und Beamten zu den in den §§ 2 und 3 bezeichneten Maßnahmen richtet sich nach den einschlägigen landesrechtlichen Bestimmungen. Landesrechtliche Bestimmungen, welche der Polizei weitergehende Befugnisse als die in §§ 2 und 3 bezeichneten geben, bleiben unberührt [1]).

§ 5 [2]).

Für das Reich können durch kaiserliche Verordnung mit Zustimmung des Bundesrats zum Schutze der Gesundheit Vorschriften erlassen werden, welche verbieten:

1. Bestimmte Arten der Herstellung, Aufbewahrung und Verpackung von Nahrungs- und Genußmitteln, die zum Verkaufe bestimmt sind.

2. Das gewerbsmäßige Verkaufen und Feilhalten von Nahrungs- und Genußmitteln von einer bestimmten Beschaffenheit oder unter einer der wirklichen Beschaffenheit nicht entsprechenden Bezeichnung.

3. Das Verkaufen und Feilhalten von Tieren, welche an bestimmten Krankheiten leiden, zum Zwecke des Schlachtens, sowie das Verkaufen und Feilhalten des Fleisches von Tieren, welche mit bestimmten Krankheiten behaftet waren.

4. Die Verwendung bestimmter Stoffe und Farben zur Herstellung von Bekleidungsgegenständen, Spielwaren, Tapeten, Eß-, Trink- und Kochgeschirr, sowie das gewerbsmäßige Verkaufen und Feilhalten von Gegenständen, welche diesem Verbote zuwider hergestellt sind.

5. Das gewerbsmäßige Verkaufen und Feilhalten von Petroleum von einer bestimmten Beschaffenheit.

§ 6.

Für das Reich kann durch kaiserliche Verordnung mit Zustimmung des Bundesrats das gewerbsmäßige Herstellen, Verkaufen und Feilhalten von Gegenständen, welche zur Fälschung von Nahrungs- oder Genußmitteln bestimmt sind, verboten oder beschränkt werden. (Es ist bisher nur die kaiserl. Verordnung betr. das Verbot von Maschinen zur Herstellung künstlicher Kaffeebohnen erlassen, s. S. 834.)

---

[1]) Jeder in amtlicher Stellung tätige Nahrungsmittelchemiker hat sich pflichtgemäß darnach zu erkundigen.

[2]) Von dieser Bestimmung ist bisher wenig Gebrauch gemacht. Dagegen hat der Bundesrat Verordnungen (Ausführungsbestimmungen und Bekanntmachungen) erlassen, wie in verschiedenen Ergänzungsgesetzen besonders vorgesehen ist, z. B. im Fleischbeschau-, Margarine-, Süßstoff- und Weingesetz.
Kriegsverordnungen sind vom Bundesrat auf Grund eines besonderen Ermächtigungsgesetzes erlassen.

§ 7.

Die auf Grund der §§ 5,6 erlassenen kaiserlichen Verordnungen sind dem Reichstag, sofern er versammelt ist, sofort, andernfalls bei dessen nächstem Zusammentreffen vorzulegen. Dieselben sind außer Kraft zu setzen, soweit der Reichstag dies verlangt.

§ 8.

Wer den auf Grund der §§ 5, 6 erlassenen Verordnungen zuwiderhandelt, wird mit Geldstrafe bis zu einhundertfünfzig Mark oder mit Haft bestraft.

Landesrechtliche Vorschriften dürfen eine höhere Strafe nicht androhen.

§ 9.

Wer den Vorschriften der §§ 2—4 zuwider den Eintritt in die Räumlichkeiten, die Entnahme einer Probe oder die Revision verweigert, wird mit Geldstrafe von fünfzig bis einhundertfünfzig Mark oder mit Haft bestraft.

§ 10 [1]).

Mit Gefängnis bis zu sechs Monaten und mit Geldstrafe bis zu eintausendfünfhundert Mark oder mit einer dieser Strafen wird bestraft:

---

[1]) Unter Umständen können auch folgende gesetzliche Bestimmungen in Anwendung gebracht werden:

1. § 263 Abs. 7 (betr. Betrug), welcher lautet:
     „Wer in der Absicht, sich oder einem Dritten einen rechtswidrigen Vermögensvorteil zu verschaffen, das Vermögen eines anderen dadurch beschädigt, daß er durch Vorspiegelung falscher oder durch Entstellung oder Unterdrückung wahrer Tatsachen einen Irrtum erregt, wird wegen Betrug bestraft."
2. § 367 Abs. 7:
     „Mit Geldstrafe bis zu 150 Mark oder mit Haft wird bestraft, wer verfälschte oder verdorbene Getränke oder Eßwaren, insbesondere trichinenhaltiges Fleisch, feilhält oder verkauft."
     (Übertretung, siehe Anmerkung zu § 11 des N.-G.) Der § 367 Abs. 7 ist durch die Bestimmungen des § 10 Ziff. 2 und § 11 des N.-G. nicht überflüssig geworden. Er schließt „nachgemachte". Waren nicht ein und bezieht sich auf die nicht mit Vorsatz verübten und auf solche Fälle, in welchen das Feilhalten nicht unter einer zur Täuschung geeigneten Bezeichnung oder unter Verschweigung der Beschaffenheit stattgefunden hat.
3. Das Gesetz gegen den unlauteren Wettbewerb vom 7. Juni 1906 (R.-G.-Bl. S. 499).
     Von Interesse für den Nahrungsmittelchemiker sind folgende Bestimmungen:
     § 3. Wer in öffentlichen Bekanntmachungen oder in Mitteilungen, die für einen größeren Kreis von Personen bestimmt sind, über geschäftliche Verhältnisse, insbesondere über die Beschaffenheit, den Ursprung, die Herstellungsart oder die Preisbemessung von Waren oder gewerblichen Leistungen, über die Art des Bezugs oder die Bezugsquelle von Waren, über den Besitz von Auszeichnungen, über den Anlaß oder den Zweck des Verkaufs, oder über die Menge der Vorräte unrichtige Angaben macht, die geeignet sind, den Anschein eines besonders günstigen Angebots hervorzurufen, kann auf Unterlassung der unrichtigen Angaben in Anspruch genommen werden.
     § 4. Wer in der Absicht, den Anschein eines besonders günstigen Angebots hervorzurufen, in öffentlichen Bekanntmachungen oder in Mitteilungen, die für einen größeren Kreis von Personen bestimmt sind, über geschäftliche Verhältnisse, insbesondere über die Beschaffenheit, den Ursprung, die Herstellungsart oder die Preisbemessung von Waren oder gewerblichen Leistungen, über die Art des Bezugs oder die Bezugsquelle von Waren, über den Besitz von Auszeichnungen, über den Anlaß oder den Zweck des Verkaufs, oder über die Menge der Vorräte wissentlich unwahre und zur Irreführung geeignete Angaben macht, wird mit Gefängnis bis zu einem Jahre und mit Geldstrafe bis zu fünftausend Mark oder mit einer dieser Strafen bestraft.
     (Unter das Gesetz fallen somit marktschreierische und irreführende Anpreisungen u. dgl.; in dieser Hinsicht ist es während des Krieges von der Ver-

1. Wer zum Zwecke der Täuschung im Handel und Verkehr Nahrungs- oder Genußmittel nachmacht oder verfälscht;

2. wer wissentlich Nahrungs- oder Genußmittel, welche verdorben oder nachgemacht oder verfälscht sind, unter Verschweigung dieses Umstandes verkauft oder unter einer zur Täuschung geeigneten Bezeichnung feilhält [1]).

Erläuterungen zu § 10:

Ziff. 1. Als nachgemacht galt bisher nach gleichmäßiger Rechtsprechung des Reichsgerichtes ein Nahrungs- oder Genußmittel dann, „wenn es ein anderes zu sein schien, als es in Wirklichkeit war und nur den Schein, nicht aber das Wesen und den Gehalt der echten Ware (Normalware) besaß". In neuerer Zeit ist der Begriff Nachmachung erheblich weiter gefaßt worden. Die Nachmachung ist nicht von dem Vorhandensein einer echten (normalen) Ware abhängig gemacht, sondern gilt schon als vorliegend, wenn die Bezeichnung bei den Käufern die Erwartung hervorruft, daß die Ware eine solche bestimmter Art und Zusammensetzung ist, der Käufer sich also von der Ware eine bestimmte Vorstellung machen kann. (Urt. des Ldg. München v. 27. Okt. 1910 und R.-G. vom 11. April 1911 betr. Fleischsaft Puro; Urt. des R.-G. vom 27. Oktober 1913, Zeitschr. f. Nahr.- u. Genußm., Gesetze, 1915, 7, 10, betr. Joghurt.)

Unterschiebung eines geringwertigen Nahrungs- oder Genußmittels für ein höherwertiges, z. B. von Sesamöl für Olivenöl gilt nicht als Nachmachung, sondern gegebenfalls als Betrug, falls die Voraussetzungen hierzu erfüllt sind, was im allgemeinen selten zutrifft. Eine derartige Tat kann aber als ein Verstoß gegen die Kriegsverordnung vom 26. Juni 1916 angesehen werden, weil die Bezeichnung eine „irreführende" ist. Von dieser Verordnung werden auch viele als sog. „Ersatz" in Verkehr gebrachte Waren betroffen, soweit sie nicht als nachgemacht angesehen werden können, wie dies bei Erzeugnissen vorkommt, welche infolge ihrer stofflich gänzlichen Verschiedenheit von dem zu ersetzenden Lebensmittel als Ersatz gänzlich ungeeignet sind, z. B. mit Pflanzenschleim verdicktes gelbgefärbtes Wasser, das als „Salatölersatz" in Verkehr gebracht wurde. (Vgl. auch Urt. des R.-G. vom 20. März 1917, Zeitschr. f. Nahr.- u. Genußm., Gesetze, 1917. 9. 568.)

Verfälschung ist eingetreten, wenn:

a) eine Verschlechterung der Ware durch Zusatz eines den Nähr- oder Genußwert vermindernden Stoffes oder Nichtentfernung gewisser wertloser Bestandteile, deren Entfernung zur normalen Gewinnungs- und Herstellungsweise gehört, oder auch durch Weglassung gewisser den Nähr- und Genußwert bedingender Bestandteile festgestellt ist.

b) einer Ware der Anschein einer besseren Beschaffenheit erteilt wird (auch Vortäuschung).

ordnung gegen irreführende Bezeichnungen vom 26. 6. 1916 überholt worden, da bei letzterer die Strafverfolgung ex officio erfolgt, während das Gesetz gegen den unlauteren Wettbewerb vorsieht, daß die Strafverfolgung im wesentlichen auf Antrag eintritt.)

4. Bei Anstiftung und Beihilfe kommen folgende Bestimmungen des Strafgesetzbuches in Betracht:

§ 48. Als Anstifter wird bestraft, wer einen anderen zu der von demselben begangenen strafbaren Handlung durch Geschenke oder Versprechen, durch Drohung oder Mißbrauch des Ansehens oder der Gewalt, durch absichtliche Herbeiführung oder Beförderung eines Irrtums oder durch andere Mittel vorsätzlich bestimmt hat.

§ 49. Als Gehilfe wird bestraft, wer dem Täter zur Begehung des Verbrechens oder Vergehens durch Rat oder Tat wissentlich Hilfe geleistet hat.

(In der Anpreisung von Stoffen, die zur Verfälschung verwendet sind, kann Verletzung obiger Vorschriften erblickt werden. Vgl. z. B. Urteil des R.-G. vom 19. Jan. 1914, Zeitschr. f. Nahr.- u. Genußm., Gesetze, 1914, 229; sowie auch die Sonderbestimmungen des § 26 des Weingesetzes vom 7. April 1909.)

---

[1]) Straftaten im Sinne des § 10 des Nahrungsmittelgesetzes sind Vergehen, die erst nach 5 Jahren verjähren, wenn nicht innerhalb dieser Frist eine richterliche Handlung stattgefunden hat.

Besonders zu beachten ist, daß eine Person sich nur dann strafbar im Sinne des § 10, Ziff. 1 des Nahrungsmittelgesetzes macht, wenn sie die begangene Verfälschung oder Nachmachung „zum Zwecke der Täuschung" vorgenommen hat.

Ziff. 2 stellt das wissentliche Verkaufen und Feilhalten nachgemachter, verfälschter und verdorbener Lebensmittel unter Strafe.

Der Begriff „Verdorbenheit" setzt keine menschliche Handlungsweise voraus. Verdorbensein ist nach Entscheidungen des R.-G. in einer Veränderung der ursprünglich vorhanden gewesenen oder des normalen Zustandes zum schlechteren mit der Folge verminderter Tauglichkeit und Verwendbarkeit zu einem bestimmten Zwecke zu erblicken. Die Ware braucht nicht völlig ungenießbar oder gar gesundheitsschädlich zu sein. Als verdorben müssen auch solche Nahrungs- und Genußmittel bezeichnet werden, deren Genuß infolge einer Veränderung Ekel erregt, und zwar nicht bloß bei einzelnen Personen, sondern nach den gemeinen Anschauungen derjenigen Bevölkerungsklasse, welcher der Kauflustige angehört.

Verdorbenheit kann schon darin liegen, daß Speisen in unappetitlichen Gefäßen aufbewahrt sind (Urt. d. L.-G. II Berlin vom 8. Oktober 1909, Zeitschr. f. Nahr- u. Genußm., Gesetze, 1910, 314), oder wenn Speisereste, die von anderen übrig gelassen wurden, wieder zur Herstellung von neuen Speisen dienen. Die mit den Speisen vorgenommene Behandlung bzw. das Bewußtsein, daß die Speisen schon von andern berührt sein könnten, kann Ekelempfindung auslösen (vgl. auch Urt. vom L.-G. Dresden vom 19. November 1915, Zeitschr. f. Nahr- u. Genußm., Gesetze, 1916, 8, 445).

Der Umstand, daß die Ware nachgemacht, verfälscht oder verdorben ist, darf beim Verkauf nicht verschwiegen werden, was besonders bei verdorbener Ware (z. B. ranziger Butter) von Wichtigkeit ist. Das Anbringen von Plakaten wird vielfach nicht als genügende Kennzeichnung angesehen; das Plakat muß sich mindestens an in die Augen fallender Stelle in der Nähe des Gegenstandes befinden; sog. ortsübliche Gebräuche (z. B. Mehlzusatz zu Würsten) sind meistens nur in den Kreisen der Hersteller, nicht aber in denen der Verbraucher bekannt und bedürfen deshalb einer sehr deutlichen Kenntlichmachung.

Feilhalten ist strafbar, wenn es unter zur Täuschung geeigneter Bezeichnung geschieht, d. h. die Inschriften auf Gefäßen, Umhüllungen und dgl. müssen einwandfrei und deutlich sein; Deklarationen wie „Ersatz", „gefärbt", „mit Mehlzusatz" usw. dürfen nicht in besonders kleiner Schrift, undeutlich angebracht oder in Randverzierungen verdeckt sein. Abkürzungen wie z. B. „m. M." an Stelle von „mit Mehlzusatz" werden als Täuschung und Verschleierung gedeutet. Die Verschiedenartigkeit der unerlaubten Deklarationen ist eine zu große, um dieses wichtige Gebiet in diesem engen Rahmen erschöpfend zu behandeln. In jedem einzelnen Falle hat sich der Nahrungsmittelchemiker vor allem selbst die Frage vorzulegen, ob und inwieweit die Kennzeichnung (Deklaration) zur Täuschung dient.

Die Kriegsverordnung betr. irreführende Bezeichnungen v. 26. Juni 1916 ergänzt den § 10 des Nahrungsmittelgesetzes dahin, daß jede irreführende Bezeichnung strafbar ist ohne das Erfordernis des Nachmachens oder Verfälschens.

Auf § 367 Abs. 7 des Deutschen Strafgesetzbuches (Feilhalten von Nahrungsmitteln ohne Täuschungsabsicht) in der Anmerkung S. 683 sei verwiesen.

Der Preis einer Ware ist für die Beurteilung nach dem Nahrungsmittelgesetz gänzlich unerheblich.

§ 11.

Ist die in § 10 Abs. 2 bezeichnete Handlung aus Fahrlässigkeit [1] begangen worden, so tritt Geldstrafe bis zu einhundertfünfzig Mark oder Haft ein.

§ 12 [2].

Mit Gefängnis, neben welchem auf Verlust der bürgerlichen Ehrenrechte erkannt werden kann, wird bestraft:

---

[1] Nach 3 Monaten tritt Verjährung dieser Übertretung ein, wenn nicht innerhalb dieser Frist eine richterliche Handlung stattgefunden hat.

[2] Bezüglich der Auslegung der §§ 12—14 sei auf die ausführlichen Kommentare verwiesen. Die Beurteilung ist im übrigen im wesentlichen Sache der medizinischen Sachverständigen.

1. Wer vorsätzlich Gegenstände, welche bestimmt sind, anderen als Nahrungs- oder Genußmittel zu dienen, derart herstellt, daß der Genuß derselben die menschliche Gesundheit zu beschädigen geeignet ist, ingleichen, wer wissentlich Gegenstände, deren Genuß die menschliche Gesundheit zu beschädigen geeignet ist, als Nahrungs- oder Genußmittel verkauft, feilhält oder sonst in Verkehr bringt;

2. wer vorsätzlich Bekleidungsgegenstände, Spielwaren, Tapeten, Eß-, Trink- oder Kochgeschirre oder Petroleum derart herstellt, daß der bestimmungsgemäße oder vorauszusehende Gebrauch dieser Gegenstände die menschliche Gesundheit zu beschädigen geeignet ist, ingleichen, wer wissentlich solche Gegenstände verkauft, feilhält oder sonst in Verkehr bringt [1]). Der Versuch ist strafbar.

Ist durch die Handlung eine schwere Körperverletzung oder der Tod eines Menschen verursacht worden, so tritt Zuchthausstrafe bis zu fünf Jahren ein.

§ 13.

War in den Fällen des § 12 der Genuß oder Gebrauch des Gegenstandes die menschliche Gesundheit zu zerstören geeignet und war diese Eigenschaft dem Täter bekannt, so tritt Zuchthausstrafe bis zu zehn Jahren, und wenn durch die Handlung der Tod eines Menschen verursacht worden ist, Zuchthausstrafe nicht unter zehn Jahren oder lebenslängliche Zuchthausstrafe ein. Neben der Strafe kann auf Zulässigkeit von Polizeiaufsicht erkannt werden.

§ 14.

Ist eine der in den §§ 12, 13 bezeichneten Handlungen aus Fahrlässigkeit begangen worden, so ist auf Geldstrafe bis zu eintausend Mark oder Gefängnisstrafe bis zu sechs Monaten und, wenn durch die Handlung ein Schaden an der Gesundheit eines Menschen verursacht worden ist, auf Gefängnisstrafe bis zu einem Jahre, wenn aber der Tod eines Menschen verursacht worden ist, auf Gefängnisstrafe von einem Monat bis zu drei Jahren zu erkennen.

§ 15.

In den Fällen der §§ 12—14 ist neben der Strafe auf Einziehung der Gegenstände zu erkennen, welche den bezeichneten Vorschriften zuwider hergestellt, verkauft, feilgehalten oder sonst in Verkehr gebracht sind, ohne Unterschied, ob sie dem Verurteilten gehören oder nicht; in den Fällen der §§ 8, 10, 11 kann auf Einziehung [2]) erkannt werden.

Ist in den Fällen der §§ 12—14 die Verfolgung oder die Verurteilung einer bestimmten Person nicht ausführbar, so kann auf die Einziehung selbständig erkannt werden.

§ 16.

In dem Urteil oder dem Strafbefehl kann angeordnet werden, daß die Verurteilung auf Kosten des Schuldigen öffentlich [3]) bekannt zu machen sei.

Auf Antrag des freigesprochenen Angeschuldigten hat das Gericht die öffentliche Bekanntmachung der Freisprechung anzuordnen; die Staatskasse trägt die Kosten, insofern dieselben nicht dem Anzeigenden auferlegt worden sind. In der Anordnung ist die Art der Bekanntmachung zu bestimmen.

Sofern [4]) infolge polizeilicher Untersuchung von Gegenständen der im § 1 bezeichneten Art eine rechtskräftige strafrechtliche Verurteilung eintritt, fallen dem Verurteilten die durch die polizeiliche Untersuchung erwachsenen Kosten zur Last. Dieselben sind zugleich mit den Kosten des gerichtlichen Verfahrens festzusetzen und einzuziehen.

---

[1]) Inverkehrbringen kann auch Verschenken, freiwillige Abgabe und dgl. sein.

[2]) Es können nur die untersuchten Gegenstände nicht aber auch Maschinen etc., mittels welchen die Verfälschung ausgeführt wurde, eingezogen werden. Vgl. Urteil d. preuß. Kammerg. vom 13. XII. 1904, betr. Butterknet- und mischmaschinen.

[3]) Ist wiederholt auch durch Anschlag an Plakatsäulen und durch Aushang im Schaufenster des Verurteilten auf gerichtliche Anordnung geschehen.

[4]) Zusatz durch Gesetz vom 29. Juni 1887.

§ 17.

Besteht für den Ort der Tat eine öffentliche Anstalt zur technischen Untersuchung von Nahrungs- und Genußmitteln, so fallen die auf Grund dieses Gesetzes auferlegten Geldstrafen, soweit dieselben dem Staate zustehen, der Kasse zu, welche die Kosten der Unterhaltung der Anstalt trägt.

II. Bekanntmachung gegen irreführende Bezeichnung von Nahrungs- und Genußmitteln, vom 26. Juni 1916.
(R.-G.-Bl. S. 588) ¹).

Der Bundesrat hat auf Grund des § 3 des Gesetzes über die Ermächtigung des Bundesrats zu wirtschaftlichen Maßnahmen usw. vom 4. August 1914 (R.-G.-Bl. S. 327) folgende Verordnung erlassen:

§ 1.

Wer Nahrungs- oder Genußmittel unter einer zur Täuschung geeigneten Bezeichnung oder Angabe anbietet, feilhält, verkauft oder sonst in Verkehr bringt, wird mit Gefängnis bis zu sechs Monaten und mit Geldstrafe bis zu eintausendfünfhundert Mark oder mit einer dieser Strafen bestraft.

Neben der Strafe kann auf Einziehung der Gegenstände erkannt werden, auf die sich die strafbare Handlung bezieht, ohne Unterschied, ob sie dem Verurteilten gehören oder nicht.

Wird auf Strafe erkannt, so kann angeordnet werden, daß die Verurteilung auf Kosten des Schuldigen öffentlich bekannt gemacht wird. Die Art der Bekanntmachung wird im Urteil bestimmt.

§ 2.

Diese Verordnung tritt mit dem 3. Juli 1916 in Kraft. Der Reichskanzler bestimmt den Zeitpunkt des Außerkrafttretens.

III. Gesetz, betreffend den Verkehr mit blei- und zinkhaltigen Gegenständen, vom 25. Juni 1887.
(R.-G.-Bl. 1887, S. 273.)

§ 1.

Eß-, Trink- und Kochgeschirre, sowie Flüssigkeitsmaße dürfen nicht:

1. ganz oder teilweise aus Blei oder einer in 100 Gewichtsteilen mehr als 10 Gewichtsteile Blei enthaltenden Metalllegierung hergestellt,

2. an der Innenseite mit einer in 100 Gewichtsteilen mehr als 1 Gewichtsteil Blei enthaltenden Metalllegierung verzinnt oder mit einer in 100 Gewichtsteilen mehr als 10 Gewichtsteile Blei enthaltenden Metalllegierung gelötet,

3. mit Email oder Glasur versehen sein, welche bei halbstündigem Kochen mit einem in 100 Gewichtsteilen 4 Gewichtsteile Essigsäure enthaltenden Essig an den letzteren Blei abgeben.

Auf Geschirre• und Flüssigkeitsmaße aus bleifreiem Britanniametall findet die Vorschrift in Ziffer 2 betreffs des Lotes nicht Anwendung.

Zur Herstellung von Druckvorrichtungen zum Ausschank von Bier, sowie von Siphons für kohlensäurehaltige Getränke und von Metallteilen für Kindersaugflaschen dürfen nur Metalllegierungen verwendet werden, welche in 100 Gewichtsteilen nicht mehr als 1 Gewichtsteil Blei enthalten.

§ 2.

Zur Herstellung von Mundstücken für Saugflaschen, Saugringen und Warzenhütchen darf blei- oder zinkhaltiger Kautschuk nicht verwendet sein.

Zur Herstellung von Trinkbechern und von Spielwaren, mit Ausnahme der massiven Bälle, darf bleihaltiger Kautschuk nicht verwendet sein.

Zu Leitungen für Bier, Wein oder Essig dürfen bleihaltige Kautschukschläuche nicht verwendet werden.

---

¹) Bis auf weiteres giltige Kriegsverordnung.

§ 3.

Geschirre und Gefäße zur Verfertigung von Getränken und Fruchtsäften dürfen in denjenigen Teilen, welche bei dem bestimmungsgemäßen oder vorauszusehenden Gebrauche mit dem Inhalte in unmittelbare Berührung kommen, nicht den Vorschriften des § 1 zuwider hergestellt sein.

Konservenbüchsen müssen auf der Innenseite den Bedingungen des § 1 entsprechend hergestellt sein. Zur Aufbewahrung von Getränken dürfen Gefäße nicht verwendet sein, in welchen sich Rückstände von bleihaltigem Schrote befinden. Zur Packung von Schnupf- und Kautabak, sowie Käse dürfen Metallfolien nicht verwendet sein, welche in 100 Gewichtsteilen mehr als 1 Gewichtsteil Blei enthalten.

§ 4.

Mit Geldstrafe bis zu einhundertfünfzig Mark oder mit Haft wird bestraft:

1. wer Gegenstände der im § 1, § 2 Absatz 1 und 2, § 3 Absatz 1 und 2, bezeichneten Art den daselbst getroffenen Bestimmungen zuwider gewerbsmäßig herstellt;

2. wer Gegenstände, welche den Bestimmungen im § 1, § 2 Absatz 1 und 2 und § 3 zuwider hergestellt, aufbewahrt oder verpackt sind, gewerbsmäßig verkauft oder feilhält;

3. wer Druckvorrichtungen, welche den Vorschriften im § 1 Absatz 3 nicht entsprechen, zum Ausschank von Bier oder bleihaltige Schläuche zur Leitung von Bier, Wein oder Essig gewerbsmäßig verwendet.

§ 5.

Gleiche Strafe trifft denjenigen, welcher zur Verfertigung von Nahrungs- oder Genußmitteln bestimmte Mühlsteine unter Verwendung von Blei oder bleihaltigen Stoffen an der Mahlfläche herstellt oder derartig hergestellte Mühlsteine zur Verfertigung von Nahrungs- oder Genußmitteln verwendet.

§ 6.

Neben der in den §§ 4 und 5 vorgesehenen Strafe kann auf Einziehung der Gegenstände, welche den betreffenden Vorschriften zuwider hergestellt, verkauft, feilgehalten oder verwendet sind, sowie der vorschriftswidrig hergestellten Mühlsteine erkannt werden.

Ist die Verfolgung oder Verurteilung einer bestimmten Person nicht ausführbar, so kann auf die Einziehung selbständig erkannt werden.

§ 7.

Die Vorschriften des Gesetzes betreffend den Verkehr mit Nahrungsmitteln, Genußmitteln und Gebrauchsgegenständen vom 14. Mai 1879 (Reichs-Gesetzbl. S. 145) bleiben unberührt. Die Vorschriften in den §§ 16, 17 desselben finden auch bei Zuwiderhandlungen gegen die Vorschriften des gegenwärtigen Gesetzes Anwendung.

§ 8.

Dieses Gesetz tritt am 1. Oktober 1888 in Kraft.

IV. Gesetz, betreffend die Verwendung gesundheitsschädlicher Farben bei der Herstellung von Nahrungsmitteln, Genußmitteln und Gebrauchsgegenständen, vom 5. Juli 1887.

(R.-G.-Bl. 1887, S. 277.)

§ 1.

Gesundheitsschädliche Farben dürfen zur Herstellung von Nahrungs- und Genußmitteln, welche zum Verkaufe bestimmt sind, nicht verwendet werden.

Gesundheitsschädliche Farben im Sinne dieser Bestimmung sind diejenigen Farbstoffe und Farbzubereitungen, welche Antimon, Arsen, Barium, Blei, Cadmium, Chrom, Kupfer, Quecksilber, Uran, Zink, Zinn, Gummigutti, Korallin, Pikrinsäure enthalten.

Der Reichskanzler ist ermächtigt, nähere Vorschriften über das bei der Feststellung des Vorhandenseins von Arsen und Zinn anzuwendende Verfahren zu erlassen.

§ 2.

Zur Aufbewahrung und Verpackung von Nahrungs- und Genußmitteln, welche zum Verkaufe bestimmt sind, dürfen Gefäße, Umhüllungen oder Schutzbedeckungen, zu deren Herstellung Farben der im § 1 Absatz 2 bezeichneten Art verwendet sind, nicht benutzt werden.

Auf die Verwendung von

schwefelsaurem Barium (Schwerspat, blanc fixe),
Barytfarblacken, welche von kohlensaurem Barium frei sind,
Chromoxyd,
Kupfer, Zinn, Zink und deren Legierungen als Metallfarben,
Zinnober,
Zinnoxyd,
Schwefelzinn als Musivgold,

sowie auf alle in Glasmassen, Glasuren oder Emails eingebrannte Farben und auf den äußeren Anstrich von Gefäßen aus wasserdichten Stoffen findet diese Bestimmung nicht Anwendung.

§ 3.

Zur Herstellung von kosmetischen Mitteln [1]) (Mitteln zur Reinigung, Pflege oder Färbung der Haut, des Haares oder der Mundhöhle), welche zum Verkaufe bestimmt sind, dürfen die im § 1 Absatz 2 bezeichneten Stoffe nicht verwendet werden.

Auf schwefelsaures Barium (Schwerspat, blanc fixe), Schwefelcadmium, Chromoxyd, Zinnober, Zinkoxyd, Zinnoxyd, Schwefelzink, sowie auf Kupfer, Zinn, Zink und deren Legierungen in Form von Puder findet diese Bestimmung nicht Anwendung.

§ 4.

Zur Herstellung von zum Verkauf bestimmten Spielwaren (einschließlich der Bilderbogen, Bilderbücher und Tuschfarben für Kinder), Blumentopfgittern und künstlichen Christbäumen dürfen die im § 1 Absatz 2 bezeichneten Farben nicht verwendet werden.

Auf die im § 2 Absatz 2 bezeichneten Stoffe, sowie auf Schwefelantimon und Schwefelcadmium als Färbemittel der Gummimasse, Bleioxyd in Firnis, Bleiweiß als Bestandteil des sogenannten Wachsgusses, jedoch nur, sofern dasselbe nicht einen Gewichtsteil in 100 Gewichtsteilen der Masse übersteigt, chromsaures Blei (für sich oder in Verbindung mit schwefelsaurem Blei) als Öl- oder Lackfarbe oder mit Lack- oder Firnisüberzug, die in Wasser unlöslichen Zinkverbindungen, bei Gummispielwaren jedoch nur, soweit sie als Färbemittel der Gummimasse, als Öl- oder Lackfarben oder mit Lack- oder Firnisüberzug verwendet werden, alle in Glasuren oder Emails eingebrannten Farben findet diese Bestimmung nicht Anwendung.

Soweit zur Herstellung von Spielwaren die in den §§ 7 und 8 bezeichneten Gegenstände verwertet werden, finden auf letztere lediglich die Vorschriften der §§ 7 und 8 Anwendung.

§ 5.

Zur Herstellung von Buch- und Steindruck auf den in den §§ 2, 3 und 4 bezeichneten Gegenständen dürfen nur solche Farben nicht verwendet werden, welche Arsen enthalten.

§ 6.

Tuschfarben jeder Art dürfen als frei von gesundheitsschädlichen Stoffen, bzw. giftfrei, nicht verkauft oder feilgehalten werden, wenn sie den Vorschriften im § 4, Absatz 1 und 2 nicht entsprechen.

§ 7.

Zur Herstellung von zum Verkauf bestimmten Tapeten, Möbelstoffen Teppichen, Stoffen zu Vorhängen oder Bekleidungsgegenständen, Masken, Kerzen, sowie künstlichen Blättern, Blumen und Früchten dürfen Farben, welche Arsen enthalten, nicht verwendet werden.

Auf die Verwendung arsenhaltiger Beizen oder Fixierungsmittel zum Zwecke des Färbens oder Bedruckens von Gespinsten oder Geweben findet diese Bestimmung nicht Anwendung. Doch dürfen derartig bearbeitete Ge-

---

[1]) Siehe die Anmerkung S. 480.

spinste oder Gewebe zur Herstellung der im Absatz 1 bezeichneten Gegenstände nicht verwendet werden, wenn sie das Arsen in wasserlöslicher Form oder in solcher Menge enthalten, daß sich in 100 qcm des fertigen Gegenstandes mehr als 2 mg Arsen vorfinden.

Der Reichskanzler ist ermächtigt, nähere Vorschriften über das bei der Feststellung des Arsengehaltes anzuwendende Verfahren zu erlassen.

§ 8.

Die Vorschriften des § 7 finden auch auf die Herstellung von zum Verkauf bestimmten Schreibmaterialien, Lampen und Lichtschirmen, sowie Lichtmanschetten Anwendung.

Die Herstellung der Oblaten unterliegt den Bestimmungen im § 1, jedoch sofern sie nicht zum Genusse bestimmt sind, mit der Maßgabe, daß die Verwendung von schwefelsaurem Barium (Schwerspat, blanc fixe), Chromoxyd und Zinnober gestattet ist.

§ 9.

Arsenhaltige Wasser- oder Leimfarben dürfen zur Herstellung des Anstrichs von Fußböden, Decken, Wänden, Türen, Fenstern der Wohn- oder Geschäftsräume, von Roll-, Zug- oder Klappläden oder Vorhängen, von Möbeln und sonstigen häuslichen Gebrauchsgegenständen nicht verwendet werden.

§ 10.

Auf die Verwendung von Farben, welche die im § 1 Absatz 2 bezeichneten Stoffe als konstituierende Bestandteile, sondern nur als Verunreinigungen, und zwar höchstens in einer Menge enthalten, welche sich bei den in der Technik gebräuchlichen Darstellungsverfahren nicht vermeiden läßt, finden die Bestimmungen der §§ 2—9 nicht Anwendung.

§ 11.

Auf die Färbung von Pelzwaren finden die Vorschriften dieses Gesetzes nicht Anwendung.

§ 12.

Mit Geldstrafe bis zu einhundertfünfzig Mark oder mit Haft wird bestraft:
1. wer den Vorschriften der §§ 1—5, 7, 8 und 10 zuwider Nahrungsmittel, Genußmittel oder Gebrauchsgegenstände herstellt, aufbewahrt oder verpackt, oder derartig hergestellte, aufbewahrte oder verpackte Gegenstände gewerbsmäßig verkauft oder feilhält;
2. wer der Vorschrift des § 6 zuwiderhandelt;
3. wer der Vorschrift des § 9 zuwiderhandelt, ingleichen wer Gegenstände, welche dem § 9 zuwider hergestellt sind, gewerbsmäßig verkauft oder feilhält.

§ 13.

Neben der im § 12 vorgesehenen Strafe kann auf Einziehung der verbotswidrig hergestellten, aufbewahrten, verpackten, verkauften oder feilgehaltenen Gegenstände erkannt werden, ohne Unterschied, ob sie dem Verurteilten gehören oder nicht.

Ist die Verfolgung oder Verurteilung einer bestimmten Person nicht ausführbar, so kann auf die Einziehung selbständig erkannt werden.

§ 14.

Die Vorschriften des Gesetzes betreffend den Verkehr mit Nahrungsmitteln, Genußmitteln und Gebrauchsgegenständen vom 14. Mai 1879 (R.-G.-Bl. S. 145) bleiben unberührt. Die Vorschriften in den §§ 16, 17 desselben finden auch bei Zuwiderhandlungen gegen die Vorschriften des gegenwärtigen Gesetzes Anwendung.

§ 15.

Dieses Gesetz tritt mit dem 1. Mai 1888 in Kraft; mit demselben Tage tritt die kaiserliche Verordnung, betreffend die Verwendung giftiger Farben, vom 1. Mai 1882 (R.-G.- Bl. S. 55), außer Kraft.

Anleitung [1]) für die Untersuchung von Nahrungs- und Genußmitteln, Farben, Gespinsten und Geweben auf Arsen und Zinn.

A. Verfahren zur Feststellung des Vorhandenseins von Arsen und Zinn in gefärbten Nahrungs- und Genußmitteln. (§ 1 des Gesetzes.)

I. Feste Körper.

1. Bei festen Nahrungs- oder Genußmitteln, welche in der Masse gefärbt sind, werden 20 g in Arbeit genommen, bei oberflächlich gefärbten wird die Farbe abgeschabt und ist so viel des Abschabsels in Arbeit zu nehmen, als einer Menge von 20 g des Nahrungs- oder Genußmittels entspricht. Nur wenn solche Mengen nicht verfügbar gemacht werden können, darf die Prüfung auch an geringeren Mengen vorgenommen werden.

2. Die Probe ist durch Reiben oder sonst in geeigneter Weise fein zu zerteilen und in einer Schale aus echtem Porzellan mit einer zu messenden Menge reiner Salzsäure von 1,10—1,12 spez. Gewicht und so viel destilliertem Wasser zu versetzen, daß das Verhältnis der Salzsäure zum Wasser etwa wie 1 zu 3 ist. In der Regel werden 25 ccm Salzsäure und 75 ccm Wasser dem Zwecke entsprechen.

Man setzt nun 0,5 g chlorsaures Kalium hinzu, bringt die Schale auf ein Wasserbad und fügt — sobald ihr Inhalt die Temperatur des Wasserbades angenommen hat — von 5 zu 5 Minuten weitere kleine Mengen von chlorsaurem Kalium zu, bis die Flüssigkeit hellgelb, gleichförmig und dünnflüssig geworden ist. In der Regel wird ein Zusatz von im ganzen 2 g des Salzes dem Zwecke entsprechen. Das verdampfende Wasser ist dabei von Zeit zu Zeit zu ersetzen. Wenn man den genannten Punkt erreicht hat, so fügt man nochmals 0,5 g chlorsaures Kalium hinzu und nimmt die Schale alsdann von dem Wasserbade. Nach völligem Erkalten bringt man ihren Inhalt auf ein Filter, läßt die Flüssigkeit in eine Kochflasche von etwa 400 ccm völlig ablaufen und erhitzt sie auf dem Wasserbade, bis der Geruch nach Chlor nahezu verschwunden ist. Das Filter samt dem Rückstande, welcher sich in der Regel zeigt, wäscht man mit heißem Wasser gut aus, verdampft das Waschwasser im Wasserbade bis auf etwa 50 ccm und vereinigt diese Flüssigkeit samt einem etwa darin entstandenen Niederschlage mit dem Hauptfiltrate. Man beachte, daß die Gesamtmenge der Flüssigkeit mindestens das Sechsfache der angewendeten Salzsäure betragen muß. Wenn z. B. 25 ccm Salzsäure verwendet wurden, so muß das mit dem Waschwasser vereinigte Filtrat mindestens 150, besser 200 bis 250 ccm betragen.

3. Man leitet nun durch die auf 60—80° C erwärmte und auf dieser Temperatur erhaltene Flüssigkeit 3 Stunden lang einen langsamen Strom von reinem gewaschenen Schwefelwasserstoffgas, läßt hierauf die Flüssigkeit unter fortwährendem Einleiten des Gases erkalten und stellt die dieselbe enthaltende Kochflasche mit Filtrierpapier leicht bedeckt, mindestens 12 Stunden an einen mäßig warmen Ort.

4. Ist ein Niederschlag entstanden, so ist derselbe auf ein Filter zu bringen, mit schwefelwasserstoffhaltigem Wasser auszuwaschen und dann in noch feuchtem Zustande mit mäßig gelbem Schwefelammonium zu behandeln, welches vorher mit etwas ammoniakalischem Wasser verdünnt worden ist. In der Regel werden 4 ccm Schwefelammonium, 2 ccm Ammoniakflüssigkeit von etwa 0,96 spez. Gewicht und 15 ccm Wasser dem Zwecke entsprechen. Den bei der Behandlung mit Schwefelammonium verbleibenden Rückstand wäscht man mit schwefelammoniumhaltigem Wasser aus und verdampft das Filtrat und das Waschwasser in einem tiefen Porzellanschälchen von etwa 6 cm Durchmesser bei gelinder Wärme bis zur Trockne. Das nach dem Verdampfen Zurückbleibende übergießt man, unter Bedeckung der Schale mit einem Uhrglase, mit etwa 3 ccm roter rauchender Salpetersäure und dampft dieselbe bei gelinder Wärme behutsam ab. Erhält man hierbei einen im feuchten Zustande gelb erscheinenden Rückstand, so schreitet man zu der sogleich zu beschreibenden Behandlung. Ist der Rückstand dagegen dunkel, so muß er von neuem solange der Einwirkung

[1]) Nach der Bekanntmachung vom 10. April 1888 (Zentralbl. f. das Deutsche Reich, S. 131 u. ff.).

von roter, rauchender Salpetersäure ausgesetzt werden, bis er im feuchten Zustande gelb erscheint.

5. Man versetzt den noch feuchten Rückstand,mit fein zerriebenem kohlensaurem Natrium, bis die Masse stark alkalisch reagiert, fügt 2 g eines Gemisches
von 3 Teilen kohlensaurem mit 1 Teil salpetersaurem Natrium hinzu und mischt
unter Zusatz von etwas Wasser, so daß eine gleichartige breiige Masse entsteht.
Die Masse wird in dem Schälchen getrocknet und vorsichtig bis zum Sintern
oder beginnenden Schmelzen erhitzt. Eine weitergehende Steigerung der Temperatur ist zu vermeiden. Man erhält so eine farblose oder weiße Masse. Sollte
dies ausnahmsweise nicht der Fall sein, so fügt man noch etwas salpetersaures
Natrium hinzu, bis der Zweck erreicht ist [1]).

6. Die Schmelze weicht man in gelinder Wärme mit Wasser auf und
filtriert durch ein nasses Filter. Ist Zinn zugegen, so befindet sich dieses nun im
Rückstande auf dem Filter in Gestalt weißen Zinnoxyds, während das Arsen
als arsensaures Natrium im Filtrate enthalten ist. Wenn ein Rückstand auf dem
Filter verblieben ist, so muß berücksichtigt werden, daß auch in das Filtrat
kleine Mengen Zinn übergegangen sein können. Man wäscht den Rückstand
einmal mit kaltem Wasser, dann dreimal mit einer Mischung von gleichen Teilen
Wasser und Alkohol aus, dampft die Waschflüssigkeit so weit ein, daß das mit
dieser vereinigte Filtrat etwa 10 ccm beträgt, und fügt verdünnte Salpetersäure
tropfenweise hinzu, bis die Flüssigkeit eben sauer reagiert. Sollte hierbei ein
geringer Niederschlag von Zinnoxydhydrat entstehen, so filtriert man denselben
ab und wäscht ihn, wie oben angegeben, aus. Wegen der weiteren Behandlung
zum Nachweis des Zinns vergleiche Nr. 10.

7. Zum Nachweis des Arsens wird dasselbe zunächst in arsenmolybdän-
saures Ammonium übergeführt. Zu diesem Zwecke vermischt man die nach
obiger Vorschrift mit Salpetersäure angesäuerte, durch Erwärmen von Kohlensäure und salpetriger Säure befreite, darauf wieder abgekühlte, klare (nötigenfalls filtrierte) Lösung, welche etwa 15 ccm betragen wird, in einem Kochfläsch-
chen mit etwa dem gleichen Raumteile einer Auflösung von molybdänsaurem
Ammonium in Salpetersäure [2]) und läßt zunächst drei Stunden ohne Erwärmen
stehen. Enthielte nämlich die Flüssigkeit infolge mangelhaften Auswaschens
des Schwefelwasserstoffniederschlages etwas Phosphorsäure, so würde sich diese
als phosphormolybdänsaures Ammonium abscheiden, während bei richtiger Ausführung der Operationen ein Niederschlag nicht entsteht.

8. Die klare bzw. filtrierte Flüssigkeit erwärmt man auf dem Wasserbade
bis sie etwa 5 Minuten lang die Temperatur des Wasserbades angenommen hat [3]).
Ist Arsen vorhanden, so entsteht ein gelber Niederschlag von arsenmolybdän-
saurem Ammonium, neben welchem sich meist auch weiße Molybdänsäure
ausscheidet. Man gießt die Flüssigkeit nach einstündigem Stehen durch ein
Filterchen von dem der Hauptsache nach in der kleinen Kochflasche verbleibenden
Niederschlag ab, wäscht diesen zweimal mit kleinen Mengen einer Mischung
von 100 Teilen Molybdänlösung, 20 Teilen Salpetersäure von 1,2 spez. Gewicht
und 80 Teilen Wasser aus, löst ihn dann unter Erwärmen in 2—4 ccm wäßriger
Ammoniumflüssigkeit von etwa 0,96 spez. Gewicht, fügt etwa 4 ccm Wasser
hinzu, gießt, wenn erforderlich, nochmals durch das Filterchen, setzt ¹/₄ Raumteil Alkohol und dann 2 Tropfen Chlormagnesium-Chlorammonium-Lösung
hinzu. Das Arsen scheidet sich sogleich oder beim Stehen in der Kälte als weißes,
mehr oder weniger kristallinisches, arseniksaures Ammonium-Magnesium ab,
welches abzufiltrieren und mit einer möglichst geringen Menge einer Mischung
von 1 Teil Ammoniak, 2 Teilen Wasser und 1 Teil Alkohol auszuwaschen ist.

---

[1]) Sollte die Schmelze trotzdem schwarz bleiben, so rührt dies in der
Regel von einer geringen Menge Kupfer her, da Schwefelkupfer in Schwefelammonium nicht ganz unlöslich ist.

[2]) Die obenbezeichnete Flüssigkeit wird erhalten, indem man 1 Teil
Molybdänsäure in 4 Teilen Ammoniak von etwa 0,96 spez. Gewicht löst und die
Lösung in 15 Teile Salpetersäure von 1,2 spez. Gewicht gießt. Man läßt die
Flüssigkeit dann einige Tage in mäßiger Wärme stehen und zieht sie, wenn nötig,
klar ab.

[3]) Am sichersten ist es, das Erhitzen so lange fortzusetzen, bis sich Molybdänsäure auszuscheiden beginnt.

9. Man löst alsdann den Niederschlag in einer möglichst kleinen Menge verdünnter Salpetersäure, verdampft die Lösung bis auf einen ganz kleinen Rest und bringt einen Tropfen auf ein Porzellanschälchen, einen anderen auf ein Objektglas. Zu ersterem fügt man einen Tropfen einer Lösung von salpetersaurem Silber, dann vom Rande aus einen Tropfen wäßriger Ammoniakflüssigkeit von 0,96 spez. Gewicht; ist Arsen vorhanden, so muß sich in der Berührungszone ein rotbrauner Streifen von arsensaurem Silber bilden. Den Tropfen auf dem Objektglas macht man mit einer möglichst kleinen Menge wäßriger Ammonflüssigkeit alkalisch; ist Arsen vorhanden, so entsteht sogleich oder sehr bald ein Niederschlag von arsensaurem Ammonmagnesium, der, unter dem Mikroskope betrachtet, sich als aus spießigen Kriställchen bestehend erweist.

10. Zum Nachweis des Zinns ist das, oder sind die das Zinnoxyd enthaltenden Filterchen zu trocknen, in einem Porzellantiegelchen einzuäschern und demnächst zu wägen [1]. Nur wenn der Rückstand (nach Abzug der Filterasche) mehr als 2 mg beträgt, ist eine weitere Untersuchung auf Zinn vorzunehmen. In diesem Falle bringt man den Rückstand in ein Porzellanschiffchen, schiebt dieses in eine Röhre von schwer schmelzbarem Glase, welche vorn zu einer langen Spitze mit feiner Öffnung ausgezogen ist und erhitzt in einem Strome reinen, trockenen Wasserstoffgases bei allmählich gesteigerter Temperatur, bis kein Wasser mehr auftritt, bis somit alles Zinnoxyd reduziert ist. Man läßt im Wasserstoffstrome erkalten, nimmt das Schiffchen aus der Röhre, neigt es ein wenig, bringt wenige Tropfen Salzsäure von 1,10—1,12 spez. Gewicht in den unteren Teil desselben, schiebt es wieder in die Röhre, leitet einen langsamen Strom Wasserstoff durch dieselbe, neigt sie so, daß die Salzsäure im Schiffchen mit dem reduzierten Zinn in Berührung kommt und erhitzt ein wenig. Es löst sich dann das Zinn unter Entbindung von etwas Wasserstoff in der Salzsäure zu Zinnchlorür. Man läßt im Wasserstoffstrome erkalten, nimmt das Schiffchen aus der Röhre, bringt nötigenfalls noch einige Tropfen einer Mischung von 3 Teilen Wasser und 1 Teil Salzsäure hinzu und prüft Tropfen der erhaltenen Lösung auf Zinn mit Quecksilberchlorid, Goldchlorid und Schwefelwasserstoff, und zwar mit letzterem vor und nach Zusatz einer geringen Menge Bromsalzsäure oder Chlorwasser.

Bleibt beim Behandeln des Schiffchen-Inhaltes ein schwarzer Rückstand, der in Salzsäure unlöslich ist, so kann derselbe Antimon sein.

II. Flüssigkeiten, Fruchtgelees und dergleichen.

11. Von Flüssigkeiten, Fruchtgelees und dgl. ist eine solche Menge abzuwägen, daß die darin enthaltene Trockensubstanz etwa 20 g beträgt, also z. B. von Himbeersirup etwa 30 g, von Johannisbeergelee etwa 35 g, von Rotwein, Essig oder dgl. etwa 800—1000 g. Nur wenn solche Mengen nicht verfügbar gemacht werden können, darf die Prüfung auch an einer geringeren Menge vorgenommen werden.

12. Fruchtsäfte, Gelees und dgl. werden genau nach Abschnitt I mit Salzsäure, chlorsaurem Kalium usw. behandelt; dünne, nicht sauer reagierende Flüssigkeiten konzentriert man durch Abdampfen bis auf einen kleinen Rest und behandelt diesen nach Abschnitt I mit Salzsäure und chlorsaurem Kalium usw.; dünne, sauer reagierende Flüssigkeiten aber destilliert man bis auf einen geringen Rest ab und behandelt diesen nach Abschnitt I mit Salzsäure, chlorsaurem Kalium usw. In das Destillat leitet man nach Zusatz von etwas Salzsäure ebenfalls Schwefelwasserstoff und vereinigt einen etwa entstehenden Niederschlag mit dem nach Nr. 3 erhaltenen.

B. Verfahren zur Feststellung des Arsengehaltes in Gespinsten oder Geweben. (§ 7 des Gesetzes.)

13. Man zieht 30 g des zu untersuchenden Gespinstes oder Gewebes, nachdem man dasselbe zerschnitten hat, 3—4 Stunden lang mit destilliertem

[1] Sollte der Rückstand infolge eines Gehaltes an Kupferoxyd schwarz sein, so erwärmt man ihn mit Salpetersäure, verdampft im Wasserbade zur Trockne, setzt einen Tropfen Salpetersäure und etwas Wasser zu, filtriert, wäscht aus, glüht und wägt erst dann.

Wasser bei 70—80° C aus, filtriert die Flüssigkeit, wäscht den Rückstand aus, dampft Filtrat und Waschwasser bis auf etwa 25 ccm ein, läßt erkalten, fügt 5 ccm reine konzentrierte Schwefelsäure hinzu und prüft die Flüssigkeit im Marshschen Apparate unter Anwendung arsenfreien Zinks auf Arsen.

Wird ein Arsenspiegel erhalten, so war Arsen in wasserlöslicher Form in dem Gespinste oder Gewebe vorhanden.

14. Ist der Versuch unter Nr. 13 negativ ausgefallen, so sind weitere 10 g des Stoffes anzuwenden und dem Flächeninhalte nach zu bestimmen. Bei Gespinsten ist der Flächeninhalt durch Vergleichung mit einem Gewebe zu ermitteln, welches aus einem gleichartigen Gespinste derselben Fadenstärke hergestellt ist.

15. Wenn die nach Nr. 13 und 14 erforderlichen Mengen des Gespinstes oder Gewebes nicht verfügbar gemacht werden können, dürfen die Untersuchungen an geringeren Mengen, sowie im Falle der Nr. 14 auch an einem Teile des nach Nr. 13 untersuchten, mit Wasser ausgezogenen, wieder getrockneten Stoffes vorgenommen werden.

16. Das Gespinst oder Gewebe ist in kleine Stücke zu zerschneiden, welche in eine tubulierte Retorte aus Kaliglas von etwa 400 ccm Inhalt zu bringen und mit 100 ccm reiner Salzsäure von 1,19 spez. Gewicht zu übergießen sind. Der Hals der Retorte sei ausgezogen und in stumpfem Winkel gebogen. Man stellt dieselbe so, daß der an den Bauch stoßende Teil des Halses schief aufwärts, der andere Teil etwas schräg abwärts gerichtet ist. Letzteren schiebt man in die Kühlröhre eines Liebigschen Kühlapparates und schließt die Berührungsstelle mit einem Stück Kautschukschlauch. Die Kühlröhre führt man luftdicht in eine tubulierte Vorlage von etwa 500 ccm Inhalt. Die Vorlage wird mit etwa 200 ccm Wasser beschickt und, um sie abzukühlen, in eine mit kaltem Wasser gefüllte Schale eingetaucht. Den Tubus der Vorlage verbindet man in geeigneter Weise mit einer mit Wasser beschickten Péligotschen Röhre.

17. Nach Ablauf von etwa einer Stunde bringt man 5 ccm einer aus Kristallen bereiteten, kalt gesättigten Lösung von arsenfreiem Eisenchlorür in die Retorte und erhitzt deren Inhalt. Nachdem der überschüssige Chlorwasserstoff entwichen, steigert man die Temperatur, so daß die Flüssigkeit ins Kochen kommt, und destilliert, bis der Inhalt stärker zu steigen beginnt. Man läßt jetzt erkalten, bringt nochmals 50 ccm der Salzsäure von 1,19 spez. Gewicht in die Retorte und destilliert in gleicher Weise ab.

18. Die durch organische Substanzen braun gefärbte Flüssigkeit in der Vorlage vereinigt man mit dem Inhalte der Péligotschen Röhre, verdünnt mit destilliertem Wasser etwa auf 600—700 ccm und leitet, anfangs unter Erwärmen, dann in der Kälte reines Schwefelwasserstoffgas ein.

19. Nach 12 Stunden filtriert man den braunen, zum Teil oder ganz aus organischen Substanzen bestehenden Niederschlag auf einem Asbestfilter ab, welches man durch entsprechendes Einlegen von Asbest in einen Trichter, dessen Röhre mit einem Glashahn versehen ist, hergestellt hat. Nach kurzem Auswaschen des Niederschlages schließt man den Hahn und behandelt den Niederschlag in dem Trichter unter Bedecken mit einer Glasplatte oder einem Uhrglase mit wenigen Kubikzentimetern Bromsalzsäure, welche durch Auflösen von Brom in Salzsäure von 1,19 spez. Gewicht hergestellt worden ist. Nach etwa halbstündiger Einwirkung läßt man die Lösung durch Öffnen des Hahnes in den Fällungskolben abfließen, an dessen Wänden häufig noch geringe Anteile des Schwefelwasserstoffniederschlages haften. Den Rückstand auf dem Asbestfilter wäscht man mit Salzsäure von 1,19 spez. Gewicht aus.

20. In dem Kolben versetzt man die Flüssigkeit wieder mit überschüssigem Eisenchlorür und bringt den Kolbeninhalt unter Nachspülen mit Salzsäure von 1,19 spez. Gewicht in eine entsprechend kleinere Retorte eines zweiten, im übrigen dem in Nr. 16 beschriebenen gleichen Destillierapparates, destilliert, wie in Nr. 17 angegeben, ziemlich weit ab, läßt erkalten, bringt nochmals 50 ccm Salzsäure von 1,19 spez. Gewicht in die Retorte und destilliert wieder ab.

21. Das Destillat ist jetzt in der Regel wasserhell. Man verdünnt es mit destilliertem Wasser auf etwa 700 ccm, leitet Schwefelwasserstoff, wie in Nr. 18 angegeben, ein, filtriert nach 12 Stunden das etwa niedergefallene dreifache

Schwefelarsen auf einem, nacheinander mit verdünnter Salzsäure, Wasser und Alkohol ausgewaschenen, bei 110° C getrockneten und gewogenen Filterchen ab, wäscht den Rückstand auf dem Filter erst mit Wasser, dann mit absolutem Alkohol, mit erwärmtem Schwefelkohlenstoff und schließlich wieder mit absolutem Alkohol aus, trocknet bei 110° C und wägt.

22. Man berechnet aus dem erhaltenen dreifachen Schwefelarsen die Menge des Arsens und ermittelt, unter Berücksichtigung des nach Nr. 14 festgestellten Flächeninhaltes der Probe, die auf 100 qcm des Gespinstes oder Gewebes entfallende Arsenmenge.

V. Gesetz, betreffend den Verkehr mit Butter, Käse, Schmalz und deren Ersatzmitteln, vom 15. Juni 1897.

(R.-G.-Bl. 1897, S. 475.)

§ 1.

Die Geschäftsräume und sonstigen Verkaufsstellen, einschließlich der Marktstände, in denen Margarine, Margarinekäse oder Kunstspeisefett gewerbsmäßig verkauft oder feilgehalten wird, müssen an in die Augen fallender Stelle die deutliche, nicht verwischbare Inschrift „Verkauf von Margarine", „Verkauf von Margarinekäse", „Verkauf von Kunstspeisefett" tragen.

Margarine im Sinne dieses Gesetzes sind diejenigen, der Milchbutter oder dem Butterschmalz ähnlichen Zubereitungen, deren Fettgehalt nicht ausschließlich der Milch entstammt.

Margarinekäse im Sinne dieses Gesetzes sind diejenigen käseartigen Zubereitungen, deren Fettgehalt nicht ausschließlich der Milch entstammt.

Kunstspeisefett im Sinne dieses Gesetzes sind diejenigen, dem Schweineschmalz ähnlichen Zubereitungen, deren Fettgehalt nicht ausschließlich aus Schweinefett besteht. Ausgenommen sind unverfälschte Fette bestimmter Tieroder Pflanzenarten, welche unter den ihrem Ursprung entsprechenden Bezeichnungen in den Verkehr gebracht werden.

§ 2 [1]).

Die Gefäße und äußeren Umhüllungen, in welchen Margarine, Margarinekäse oder Kunstspeisefett gewerbsmäßig verkauft oder feilgehalten wird, müssen an in die Augen fallenden Stellen die deutliche, nicht verwischbare Inschrift „Margarine", „Margarinekäse", „Kunstspeisefett" tragen. Die Gefäße müssen außerdem mit einem stets sichtbaren, bandförmigen Streifen von roter Farbe versehen sein, welcher bei Gefäßen bis zu 35 cm Höhe mindestens 2 cm, bei höheren Gefäßen mindestens 5 cm breit sein muß.

Wird Margarine, Margarinekäse oder Kunstspeisefett in ganzen Gebinden oder Kisten gewerbsmäßig verkauft oder feilgehalten, so hat die Inschrift außerdem den Namen oder die Firma des Fabrikanten, sowie die von dem Fabrikanten zur Kennzeichnung der Beschaffenheit seiner Erzeugnisse angewendeten Zeichen (Fabrikmarke) zu enthalten.

Im gewerbsmäßigen Einzelverkaufe müssen Margarine, Margarinekäse und Kunstspeisefett an den Käufer in einer Umhüllung abgegeben werden, auf welcher die Inschrift „Margarine", „Margarinekäse", „Kunstspeisefett" mit dem Namen oder der Firma des Verkäufers angebracht ist.

Wird Margarine oder Margarinekäse in regelmäßig geformten Stücken gewerbsmäßig verkauft oder feilgehalten, so müssen dieselben von Würfelform sein, auch muß denselben die Inschrift „Margarine", „Margarinekäse" eingepreßt sein.

§ 3.

Die Vermischung von Butter oder Butterschmalz mit Margarine oder anderen Speisefetten zum Zwecke des Handels mit diesen Mischungen ist verboten.

Unter diese Bestimmung fällt auch die Verwendung von Milch oder Rahm bei der gewerbsmäßigen Herstellung von Margarine, sofern mehr als 100 Gewichtsteile Milch oder eine dementsprechende Menge Rahm auf 100 Gewichtsteile der nicht der Milch entstammenden Fette in Anwendung kommen.

---

[1]) Vgl. die Bekanntmachungen zu diesen Bestimmungen S. 698.

§ 4 [1]).

In Räumen, woselbst Butter oder Butterschmalz gewerbsmäßig hergestellt, aufbewahrt, verpackt oder feilgehalten wird, ist die Herstellung, Aufbewahrung, Verpackung oder das Feilhalten von Margarine oder Kunstspeisefett verboten. Ebenso ist in Räumen, woselbst Käse gewerbsmäßig hergestellt, aufbewahrt, verpackt oder feilgehalten wird, die Herstellung, Aufbewahrung, Verpackung oder das Feilhalten von Margarinekäse untersagt.

In Orten, welche nach dem endgiltigen Ergebnisse der letztmaligen Volkszählung weniger als 5000 Einwohner hatten, findet die Bestimmung des vorstehenden Absatzes auf den Kleinhandel und das Aufbewahren der für den Kleinhandel erforderlichen Bedarfsmengen in öffentlichen Verkaufsstätten, sowie auf das Verpacken der daselbst im Kleinhandel zum Verkaufe gelangenden Waren keine Anwendung. Jedoch müssen Margarine, Margarinekäse und Kunstspeisefett innerhalb der Verkaufsräume in besonderen Vorratsgefäßen und an besonderen Lagerstellen, welche von den zur Aufbewahrung von Butter, Butterschmalz und Käse dienenden Lagerstellen getrennt sind, aufbewahrt werden.

Für Orte, deren Einwohnerzahl erst nach dem endgiltigen Ergebnis einer späteren Volkszählung die angegebene Grenze überschreitet, wird der Zeitpunkt, von welchem ab die Vorschrift des zweiten Absatzes nicht mehr Anwendung findet, durch die nach Anordnung der Landeszentralbehörde zuständigen Verwaltungsstellen bestimmt. Mit Genehmigung der Landeszentralbehörde können diese Verwaltungsstellen bestimmen, daß die Vorschrift des zweiten Absatzes von einem bestimmten Zeitpunkt ab ausnahmsweise in einzelnen Orten mit weniger als 5000 Einwohnern nicht Anwendung findet, sofern der unmittelbare räumliche Zusammenhang mit einer Ortschaft von mehr als 5000 Einwohnern ein Bedürfnis hierfür begründet.

Die auf Grund des dritten Absatzes ergehenden Bestimmungen sind mindestens sechs Monate vor dem Eintritte des darin bezeichneten Zeitpunktes öffentlich bekannt zu machen.

§ 5.

In öffentlichen Angeboten, sowie in Schlußscheinen, Rechnungen, Frachtbriefen, Konnossementen, Lagerscheinen, Ladescheinen und sonstigen im Handelsverkehr üblichen Schriftstücken, welche sich auf die Lieferung von Margarine, Margarinekäse oder Kunstspeisefett beziehen, müssen die diesem Gesetz entsprechenden Warenbezeichnungen angewendet werden.

§ 6.

Margarine und Margarinekäse, welche zu Handelszwecken bestimmt sind, müssen einen die allgemeine Erkennbarkeit der Ware mittels chemischer Untersuchung erleichternden, Beschaffenheit und Farbe derselben nicht schädigenden Zusatz enthalten.

Die näheren Bestimmungen hierüber werden vom Bundesrat erlassen und im Reichs-Gesetzblatt veröffentlicht.

§ 7.

Wer Margarine, Margarinekäse oder Kunstspeisefett gewerbsmäßig herstellen will, hat davon der nach den landesrechtlichen Bestimmungen zuständigen Behörde Anzeige zu erstatten, hierbei auch die für die Herstellung, Aufbewahrung, Verpackung und Feilhaltung der Waren dauernd bestimmten Räume zu bezeichnen und die etwa bestellten Betriebsleiter und Aufsichtspersonen namhaft zu machen.

Für bereits bestehende Betriebe ist eine entsprechende Anzeige binnen zwei Monaten nach Inkrafttreten dieses Gesetzes zu erstatten.

Veränderungen bezüglich der der Anzeigepflicht unterliegenden Räume und Personen sind nach Maßgabe der Bestimmung des Absatzes 1 der zuständigen Behörde binnen drei Tagen anzuzeigen.

§ 8.

Die Beamten der Polizei und die von der Polizeibehörde beauftragten Sachverständigen sind befugt, in die Räume, in denen Butter, Margarine, Marga-

---

[1]) Vgl. die Bekanntmachungen zu diesen Bestimmungen S. 700.

rinekäse oder Kunstspeisefett gewerbsmäßig hergestellt wird, jederzeit in die
Räume, in denen Butter, Margarine, Margarinekäse oder Kunstspeisefett aufbewahrt, feilgehalten oder verpackt wird, während der Geschäftszeit einzutreten
und daselbst Revisionen vorzunehmen, auch nach ihrer Auswahl Proben zum
Zwecke der Untersuchung gegen Empfangsbescheinigung zu entnehmen. Auf
Verlangen ist ein Teil der Probe amtlich verschlossen oder versiegelt zurückzulassen und für die entnommene Probe eine angemessene Entschädigung zu
leisten.

§ 9.

Die Unternehmer von Betrieben, in denen Margarine, Margarinekäse
oder Kunstspeisefett gewerbsmäßig hergestellt wird, sowie die von ihnen bestellten Betriebsleiter und Aufsichtspersonen sind verpflichtet, der Polizeibehörde oder deren Beauftragten auf Erfordern Auskunft über das Verfahren
bei Herstellung der Erzeugnisse, über den Umfang des Betriebs und über die
zur Verarbeitung gelangenden Rohstoffe, insbesondere auch über deren Menge
und Herkunft zu erteilen.

§ 10.

Die Beauftragten der Polizeibehörde sind, vorbehaltlich der dienstlichen Berichterstattung und der Anzeige von Gesetzwidrigkeiten, verpflichtet,
über die Tatsachen und Einrichtungen, welche durch die Überwachung und
Kontrolle der Betriebe zu ihrer Kenntnis kommen, Verschwiegenheit zu beobachten und sich der Mitteilung und Nachahmung der von den Betriebsunter-
nehmern geheim gehaltenen, zu ihrer Kenntnis gelangten Betriebseinrichtungen
und Betriebsweisen, solange als diese Betriebsgeheimnisse sind, zu enthalten.

Die Beauftragten der Polizeibehörde sind hierauf zu beeidigen.

§ 11.

Der Bundesrat ist ermächtigt, das gewerbsmäßige Verkaufen und Feilhalten von Butter, deren Fettgehalt nicht eine bestimmte Grenze erreicht oder
deren Wasser- oder Salzgehalt eine bestimmte Grenze überschreitet, zu verbieten [1]).

§ 12.

Der Bundesrat ist ermächtigt,

1. nähere, im Reichs-Gesetzblatte zu veröffentlichende Bestimmungen
   zur Ausführung der Vorschriften des § 2 zu erlassen,
2. Grundsätze aufzustellen, nach welchen die zur Durchführung dieses
   Gesetzes, sowie des Gesetzes vom 14. Mai 1879, betreffend den Verkehr
   mit Nahrungsmitteln, Genußmitteln und Gebrauchsgegenständen
   (R.-G.-Bl. S. 145), erforderlichen Untersuchungen von Fetten und
   Käsen vorzunehmen sind.

§ 13.

Die Vorschriften dieses Gesetzes finden auf solche Erzeugnisse der im
§ 1 bezeichneten Art, welche zum Genusse für Menschen nicht bestimmt sind,
keine Anwendung.

§ 14.

Mit Gefängnis bis zu sechs Monaten und mit Geldstrafe bis zu eintausendfünfhundert Mark oder mit einer dieser Strafen wird bestraft:

1. wer zum Zwecke der Täuschung im Handel und Verkehr eine der nach
   § 3 unzulässigen Mischungen herstellt;
2. wer in Ausübung eines Gewerbes wissentlich solche Mischungen verkauft, feilhält oder sonst in Verkehr bringt;
3. wer Margarine oder Margarinekäse ohne den nach § 6 erforderlichen
   Zusatz vorsätzlich herstellt oder wissentlich verkauft, feilhält oder
   sonst in den Verkehr bringt.

Im Wiederholungsfalle tritt Gefängnisstrafe bis zu sechs Monaten ein,
neben welcher auf Geldstrafe bis zu eintausendfünfhundert Mark erkannt werden
kann; diese Bestimmung findet nicht Anwendung, wenn seit dem Zeitpunkt,
in welchem die für die frühere Zuwiderhandlung erkannte Strafe verbüßt oder
erlassen ist, drei Jahre verflossen sind.

---

[1]) Vgl. die dazu erlassene Verordnung, S. 701.

§ 15.

Mit Geldstrafe bis zu eintausendfünfhundert Mark oder mit Gefängnis bis zu drei Monaten wird bestraft, wer als Beauftragter der Polizeibehörde unbefugt Betriebsgeheimnisse, welche kraft seines Auftrags zu seiner Kenntnis gekommen sind, offenbart oder geheimgehaltene Betriebseinrichtungen oder Betriebsweisen, von denen er kraft seines Auftrags Kenntnis erlangt hat, nachahmt, solange dieselben noch Betriebsgeheimnisse sind.

Die Verfolgung tritt nur auf Antrag des Betriebsunternehmers ein.

§ 16.

Mit Geldstrafe von fünfzig bis zu einhundertfünfzig Mark oder mit Haft wird bestraft:

1. wer den Vorschriften des § 8 zuwider den Eintritt in die Räume, die Entnahme einer Probe oder die Revision verweigert;
2. wer die in Gemäßheit des § 9 von ihm erforderte Auskunft nicht erteilt oder bei der Auskunfterteilung wissentlich unwahre Angaben macht.

§ 17.

Mit Geldstrafe bis zu einhundertfünfzig Mark oder mit Haft bis zu vier Wochen wird bestraft:

1. wer den Vorschriften des § 7 zuwiderhandelt;
2. wer bei der nach § 9 von ihm erforderten Auskunfterteilung aus Fahrlässigkeit unwahre Angaben macht.

§ 18.

Außer den Fällen der §§ 14—17 werden Zuwiderhandlungen gegen die Vorschriften dieses Gesetzes sowie gegen die in Gemäßheit der §§ 11 und 12 Ziffer 1 ergehenden Bestimmungen des Bundesrates mit Geldstrafe bis zu einhundertfünfzig Mark oder mit Haft bestraft.

Im Wiederholungsfall ist auf Geldstrafe bis zu sechshundert Mark oder auf Haft, oder auf Gefängnis bis zu drei Monaten zu erkennen. Diese Bestimmung findet keine Anwendung, wenn seit dem Zeitpunkt, in welchem die für die frühere Zuwiderhandlung erkannte Strafe verbüßt oder erlassen ist, drei Jahre verflossen sind.

§ 19.

In den Fällen der §§ 14 und 18 kann neben der Strafe auf Einziehung der verbotswidrig hergestellten, verkauften, feilgehaltenen oder sonst in Verkehr gebrachten Gegenstände erkannt werden, ohne Unterschied, ob sie dem Verurteilten gehören oder nicht.

Ist die Verfolgung oder Verurteilung einer bestimmten Person nicht ausführbar, so kann auf die Einziehung selbständig erkannt werden.

§ 20.

Die Vorschriften des Gesetzes, betreffend den Verkehr mit Nahrungsmitteln, Genußmitteln und Gebrauchsgegenständen, vom 14. Mai 1879 (R.-G.-Bl. S. 145) bleiben unberührt. Die Vorschriften in den §§ 16, 17 desselben finden auch bei Zuwiderhandlungen gegen die Vorschriften des gegenwärtigen Gesetzes mit der Maßgabe Anwendung, daß in den Fällen des § 14 die öffentliche Bekanntmachung der Verurteilung angeordnet werden muß.

§ 21.

Die Bestimmungen des § 4 treten mit dem 1. April 1898 in Kraft.

Im übrigen tritt dieses Gesetz am 1. Oktober 1897 in Kraft. Mit diesem Zeitpunkte tritt das Gesetz, betreffend den Verkehr mit Ersatzmitteln für Butter, vom 12. Juli 1887 (R.-G.-Bl. S. 375) außer Kraft.

Bekanntmachung, betreffend Bestimmungen zur Ausführung des Gesetzes über den Verkehr mit Butter, Käse, Schmalz und deren Ersatzmitteln [1]).

Vom 4. Juli 1897.

Zur Ausführung der Vorschriften in § 2 und § 6 Absatz 1 des Gesetzes, betreffend den Verkehr mit Butter, Käse, Schmalz und deren Ersatzmitteln,

---

[1]) Während der Kriegszeit sind Erleichterungen amtlich zugestanden (Bekanntmachung über den Verkehr mit Margarine, vom 9. September 1915, R.-G.-Bl. S. 555).

vom 15. Juni 1897 (R.-G.-Bl. S. 475) hat der Bundesrat in Gemäßheit der § 12 Nr. 1 und § 6 Absatz 2 dieses Gesetzes die nachstehenden Bestimmungen beschlossen:

1. Um die Erkennbarkeit von Margarine und Margarinekäse, welche zu Handelszwecken bestimmt sind, zu erleichtern (§ 6 des Gesetzes, betreffend den Verkehr mit Butter, Käse, Schmalz und deren Ersatzmitteln, vom 15. Juni 1897), ist den bei der Fabrikation zur Verwendung kommenden Fetten und Ölen Sesamöl [1]) zuzusetzen. In 100 Gewichtsteilen der angewendeten Fette und Öle muß die Zusatzmenge bei Margarine mindestens 10 Gewichtsteile, bei Margarinekäse mindestens 5 Gewichtsteile Sesamöl betragen.

Der Zusatz des Sesamöls hat bei dem Vermischen der Fette vor der weiteren Fabrikation zu erfolgen.

2. Das nach Nr. 1 zuzusetzende Sesamöl muß folgende Reaktion zeigen: Wird ein Gemisch von 0,5 Raumteilen Sesamöl und 99,5 Raumteilen Baumwollsamenöl oder Erdnußöl mit 100 Raumteilen rauchender Salzsäure vom spezifischen Gewicht 1,19 und einigen Tropfen einer 2%igen alkoholischen Lösung von Furfurol geschüttelt, so muß die unter der Ölschicht sich absetzende Salzsäure eine deutliche Rotfärbung annehmen.

Das zu dieser Reaktion dienende Furfurol muß farblos sein.

3. Für die vorgeschriebene Bezeichnung der Gefäße und äußeren Umhüllungen, in welchen Margarine, Margarinekäse oder Kunstspeisefett gewerbsmäßig verkauft oder feilgehalten wird (§ 2 Absatz 1 des Gesetzes), sind die anliegenden Muster mit der Maßgabe zum Vorbilde zu nehmen, daß die Länge der die Inschrift umgebenden Einrahmung nicht mehr als das Siebenfache der Höhe, sowie nicht weniger als 30 cm und nicht mehr als 50 cm betragen darf. Bei runden oder länglich runden Gefäßen, deren Deckel einen größten Durchmesser von weniger als 35 cm hat, darf die Länge der die Inschrift umgebenden Einrahmung bis auf 15 cm ermäßigt werden.

4. Der bandförmige Streifen von roter Farbe in einer Breite von mindestens 2 cm bei Gefäßen bis zu 35 cm Höhe und in einer Breite von mindestens 5 cm bei Gefäßen von größerer Höhe (§ 2 Absatz 1 des Gesetzes) ist parallel zur unteren Randfläche und mindestens 3 cm von dem oberen Rande entfernt anzubringen. Der Streifen muß sich oberhalb der unter Nr. 3 bezeichneten Inschrift befinden und ohne Unterbrechung um das ganze Gefäß gezogen sein. Derselbe darf die Inschrift und deren Umrahmung nicht berühren und auf den das Gefäß umgebenden Reifen oder Leisten nicht angebracht sein.

5. Der Name oder die Firma des Fabrikanten, sowie die Fabrikmarke (§ 2 Absatz 2 des Gesetzes) sind unmittelbar über, unter oder neben der in Nr. 3 bezeichneten Inschrift anzubringen, ohne daß sie den in Nr. 4 erwähnten roten Streifen berühren.

6. Die Anbringung der Inschriften und der Fabrikmarke (Nr. 3 und 5) erfolgt durch Einbrennen oder Aufmalen. Werden die Inschriften aufgemalt, so sind sie auf weißem oder hellgelbem Untergrunde mit schwarzer Farbe herzustellen. Die Anbringung des roten Streifens (Nr. 4) geschieht durch Aufmalen. Bis zum 1. Januar 1898 ist es gestattet, die Inschrift „Margarinekäse", „Kunstspeisefett", die Fabrikmarke und den roten Streifen auch mittels Aufklebens von Zetteln oder Bändern anzubringen.

7. Die Inschriften und die Fabrikmarke (Nr. 3 und 5) sind auf den Seitenwänden des Gefäßes an mindestens zwei sich gegenüber liegenden Stellen, falls das Gefäß einen Deckel hat, auch auf der oberen Seite des letzteren, bei Fässern auch auf beiden Böden anzubringen.

8. Für die Bezeichnung der würfelförmigen Stücke (§ 2 Absatz 4 des Gesetzes) sind ebenfalls die anliegenden Muster zum Vorbilde zu nehmen. Es

---

[1]) An Stelle des in der Kriegszeit nicht erhältlichen Sesamöls ist durch Bekanntmachung des Reichskanzlers vom 1. Juli 1915 (R.-G.-Bl. S. 413) betr. Bestimmungen zur Ausführung des Gesetzes über den Verkehr mit Butter, Käse, Schmalz und deren Ersatzmitteln Kartoffelstärkemehl getreten.

In 1000 Gewichtsteilen der fertigen Margarine müssen mindestens zwei und dürfen höchstens drei Gewichtsteile Kartoffelstärkemehl in gleichmäßiger Verteilung enthalten sein.

findet jedoch eine Beschränkung hinsichtlich der Größe (Länge und Höhe) der Einrahmung nicht statt. Auch darf das Wort „Margarine" in zwei, das Wort „Margarinekäse" in drei untereinander zu setzende, durch Bindestriche zu verbindende Teile getrennt werden.

9. Auf die beim Einzelverkaufe von Margarine, Margarinekäse und Kunstspeisefett verwendeten Umhüllungen (§ 2 Absatz 3 des Gesetzes) findet die Bestimmung unter Nr. 3 Satz 1 mit der Maßgabe Anwendung, daß die Länge der die Inschrift umgebenden Einrahmung nicht weniger als 15 cm betragen darf. Der Name oder die Firma des Verkäufers ist unmittelbar über, unter oder neben der Inschrift anzubringen.

$$\boxed{\text{MARGARINE}}$$

$$\boxed{\text{MARGARINEKAESE}}$$

$$\boxed{\text{KUNST-SPEISEFETT}}$$

Werden für würfelförmige Stücke Umhüllungen aus festen Stoffen (Pappe oder dgl.) verwendet, so ist die Inschrift in einer gegenüber dem übrigen Aufdruck deutlich hervortretenden Weise auf den zur Öffnung bestimmten, mindestens aber auf 2 Seiten anzubringen. Die Länge der Einrahmung darf nicht weniger als 4 cm betragen. Der Name oder die Firma des Verkäufers braucht nur auf einer Seite angebracht zu werden [1].

Anmerkung: Um den nach § 8 des Gesetzes vom 15. Juni 1897 mit der Kontrolle zu beauftragenden Behörden die Vornahme der Untersuchungen zu erleichtern, ist mittels Rundschreiben des Reichskanzlers vom 28. August 1897 eine im Kaiserl. Gesundheitsamte ausgearbeitete Anweisung zur Prüfung von Margarine und Margarinekäse, sowie von Butter und Käse bekannt gegeben worden, auf deren Aufnahme wir verzichtet haben, da sie durch die „amtlichen Entwürfe zu Festsetzungen über Lebensmittel" (Fette und Öle) 1912 (s. S. 59) überholt ist.

Grundsätze, betreffend die Trennung der Geschäftsräume für Butter etc. und Margarine etc.[2]).

(§ 4 des Gesetzes, betreffend den Verkehr mit Butter, Käse, Schmalz und deren Ersatzmitteln, vom 15. Juni 1897, R.-G.-Bl. S. 475.)

Die Verkaufsstätten für Butter oder Butterschmalz einerseits und für Margarine oder Kunstspeisefett andererseits müssen, falls diese Waren nebeneinander in einem Geschäftsbetriebe feilgehalten werden, derart getrennt sein, daß ein unauffälliges Hinüber- und Herüberschaffen der Ware während des Geschäftsbetriebes verhindert und insbesondere die Möglichkeit, an Stelle von Butter oder Butterschmalz unbemerkt Margarine oder Kunstspeisefett dem kaufenden Publikum zu verabreichen, tunlichst ausgeschlossen wird. Die Entscheidung darüber, in welcher Weise diesen Anforderungen entsprochen wird,

---

[1] Beschluß des Bundesrates vom 23. Oktbr. 1912; Reichsgesetzbl. 1912, 57, 526.

[2] Während der Kriegszeit sind Erleichterungen zugestanden. Bekanntmachung vom 16. Juli 1916 (R.-G.-Bl. S. 751).

kann nur unter Berücksichtigung der besonderen Verhältnisse jedes Einzelfalles und namentlich der Beschaffenheit der dabei in Betracht kommenden Räume erfolgen. Doch werden im allgemeinen folgende Grundsätze zur Richtschnur dienen können:

1. Es ist nicht erforderlich, daß die Räume je einen besonderen Zugang für das Publikum besitzen. Es ist vielmehr zulässig, daß ein gemeinschaftlicher Eingang für die verschiedenen Räume besteht.

2. Wenn auch die Scheidewände nicht aus feuerfestem Material hergestellt zu sein brauchen, so müssen sie immerhin einen so dichten Abschluß bilden, daß jeder unmittelbare Zusammenhang der Räume, soweit er nicht durch Durchgangsöffnungen hergestellt ist, ausgeschlossen wird. Als ausreichend sind beispielsweise zu betrachten abschließende Wände aus Brettern, Glas, Zement- oder Gipsplatten. Dagegen können Lattenverschläge, Vorhänge, weitmaschige Gitterwände, verstellbare Abschlußvorrichtungen nicht als genügend betrachtet werden. Bei offenen Verkaufsständen auf Märkten können jedoch auch Einrichtungen der letzteren Art geduldet werden. Die Scheidewände müssen in der Regel vom Fußboden bis zur Decke reichen und den Raum auch in seiner ganzen Breite oder Tiefe abschließen.

3. Die Verbindung zwischen den abgetrennten Räumen darf mittels einer oder mehrerer Durchgangsöffnungen hergestellt sein. Derartige Öffnungen sind in der Regel mit Türverschluß zu versehen.

Die vorstehenden Grundsätze finden sinngemäße Anwendung auf die Räume zur Aufbewahrung und Verpackung der bezeichneten Waren.

Nach den gleichen Gesichtspunkten ist die Trennung der Geschäftsräume für Käse und Margarinekäse zu beurteilen.

Bekanntmachung, betreffend den Fett- und Wassergehalt der Butter.
Vom 1. März 1902 (R.-G.-Bl. S. 64).

Auf Grund des § 11 des Gesetzes, betreffend den Verkehr mit Butter, Käse, Schmalz und deren Ersatzmitteln, vom 15. Juni 1897 (R.-G.-Bl. S. 475) hat der Bundesrat beschlossen:

Butter, welche in 100 Gewichtsteilen weniger als 80 Gewichtsteile Fett oder in ungesalzenem Zustande mehr als 18 Gewichtsteile, in gesalzenem Zustande mehr als 16 Gewichtsteile Wasser enthält, darf vom 1. Juli 1902 ab gewerbsmäßig nicht verkauft oder feilgehalten werden.

VI. Bekanntmachung über fetthaltige Zubereitungen.
Vom 26. Juni 1916 (R.-G.-Bl. S. 589)[1].

Der Bundesrat hat auf Grund des § 3 des Gesetzes über die Ermächtigung des Bundesrats zu wirtschaftlichen Maßnahmen usw. vom 4. August 1914 (R.-G.-Bl. S. 327) folgende Verordnung erlassen:

§ 1.

Fetthaltige Zubereitungen, welche Butter oder Schweineschmalz zu ersetzen bestimmt sind, ausgenommen Margarine und Kunstspeisefett, dürfen gewerbsmäßig nicht hergestellt, feilgehalten, verkauft oder sonst in Verkehr gebracht werden.

Dies gilt insbesondere für Erzeugnisse, die außer Butter, Margarine oder einem Speisefett oder Speiseöl auch Milch (irgend einer Art), Wasser, Quark, Stärke, Mehl, mehlartige Stoffe, Kartoffel oder Gelatine enthalten. Der Reichskanzler kann Ausnahmen zulassen.

§ 2.

Margarine, die in 100 Gewichtsteilen weniger als 76 Gewichtsteile Fett oder mehr als 20 Gewichtsteile Wasser enthält, darf gewerbsmäßig nicht feilgehalten oder verkauft werden.

§ 3.

Mit Gefängnis bis zu sechs Monaten und mit Geldstrafe bis zu eintausend-fünfhundert Mark oder mit einer dieser Strafen wird bestraft:

---

[1] Bis auf weiteres giltige Kriegsverordnung.

1. wer der Vorschrift des § 1 zuwider fetthaltige Zubereitungen herstellt, feilhält, verkauft oder sonst in Verkehr bringt;
2. wer der Vorschrift des § 2 zuwider Margarine feilhält oder verkauft.

Neben der Strafe kann auf Einziehung der Gegenstände erkannt werden, auf die sich die strafbare Handlung bezieht, ohne Unterschied, ob sie dem Verurteilten gehören oder nicht.

Wird auf Strafe erkannt, so kann angeordnet werden, daß die Verurteilung auf Kosten des Schuldigen öffentlich bekannt gemacht wird. Die Art der Bekanntmachung wird im Urteil bestimmt.

§ 4.

Die Vorschriften des § 2 und des § 3 Nr. 2 treten mit dem 15. Juli 1916, im übrigen tritt diese Verordnung mit dem Tage der Verkündigung in Kraft. Der Reichskanzler bestimmt den Zeitpunkt des Außerkrafttretens.

VII. Gesetz, betreffend die Schlachtvieh- und Fleischbeschau [1]).
Vom 3. Juni 1900 (R.-G.-Bl. S. 547).

§ 1.

Rindvieh, Schweine, Schafe, Ziegen, Pferde und Hunde, deren Fleisch zum Genusse für Menschen verwendet werden soll, unterliegen vor und nach der Schlachtung einer amtlichen Untersuchung. Durch Beschluß des Bundesrats kann die Untersuchungspflicht auf anderes Schlachtvieh ausgedehnt werden. Bei Notschlachtungen darf die Untersuchung vor der Schlachtung unterbleiben.

Der Fall der Notschlachtung liegt dann vor, wenn zu befürchten steht, daß das Tier bis zur Ankunft des zuständigen Beschauers verenden oder das Fleisch durch Verschlimmerung des krankhaften Zustandes wesentlich an Wert verlieren werde oder wenn das Tier infolge eines Unglücksfalls sofort getötet werden muß.

§ 2.

Bei Schlachttieren, deren Fleisch ausschließlich im eigenen Haushalte des Besitzers verwendet werden soll, darf, sofern sie keine Merkmale einer die Genußtauglichkeit des Fleisches ausschließenden Erkrankung zeigen, die Untersuchung vor der Schlachtung und, sofern sich solche Merkmale auch bei der Schlachtung nicht ergeben, auch die Untersuchung nach der Schlachtung unterbleiben.

Eine gewerbsmäßige Verwendung von Fleisch, bei welchem auf Grund des Absatzes 1 die Untersuchung unterbleibt, ist verboten.

Als eigener Haushalt im Sinne des Absatzes 1 ist der Haushalt der Kasernen, Krankenhäuser, Erziehungsanstalten, Speiseanstalten, Gefangenenanstalten, Armenhäuser und ähnlicher Anstalten, sowie der Haushalt der Schlächter, Fleischhändler, Gast-, Schank- und Speisewirte nicht anzusehen.

§ 3.

Die Landesregierungen sind befugt, für Gegenden und Zeiten, in denen eine übertragbare Tierkrankheit herrscht, die Untersuchung aller der Seuche ausgesetzten Schlachttiere anzuordnen.

§ 4.

Fleisch im Sinne dieses Gesetzes sind Teile von warmblütigen Tieren, frisch oder zubereitet, sofern sie sich zum Genusse für Menschen eignen. Als Teile gelten auch die aus warmblütigen Tieren hergestellten Fette und Würste, andere Erzeugnisse nur insoweit, als der Bundesrat dies anordnet.

§ 5.

Zur Vornahme der Untersuchungen sind Beschaubezirke zu bilden; für jeden derselben ist mindestens ein Beschauer sowie ein Stellvertreter zu bestellen.

Die Bildung der Beschaubezirke und die Bestellung der Beschauer erfolgt durch die Landesbehörden. Für die in den Armeekonservenfabriken vorzu-

---

[1]) Nebst Ausführungsbestimmungen D. Die übrigen Ausführungsbestimmungen sind für den Nahrungsmittelchemiker ohne Interesse und daher fortgelassen.

nehmenden Untersuchungen können seitens der Militärverwaltung besondere Beschauer bestellt werden.

Zu Beschauern sind approbierte Tierärzte oder andere Personen, welche genügende Kenntnisse nachgewiesen haben, zu bestellen.

§ 6.

Ergibt sich bei den Untersuchungen das Vorhandensein oder der Verdacht einer Krankheit, für welche die Anzeigepflicht besteht, so ist nach Maßgabe der hierüber geltenden Vorschriften zu verfahren.

§ 7.

Ergibt die Untersuchung des lebenden Tieres keinen Grund zur Beanstandung der Schlachtung, so hat der Beschauer sie unter Anordnung der etwa zu beobachtenden besonderen Vorsichtsmaßregeln zu genehmigen.

Die Schlachtung des zur Untersuchung gestellten Tieres darf nicht vor der Erteilung der Genehmigung und nur unter Einhaltung der angeordneten besonderen Vorsichtsmaßregeln stattfinden.

Erfolgt die Schlachtung nicht spätestens zwei Tage nach Erteilung der Genehmigung, so ist sie nur nach erneuter Untersuchung und Genehmigung zulässig.

§ 8.

Ergibt die Untersuchung nach der Schlachtung, daß kein Grund zur Beanstandung des Fleisches vorliegt, so hat der Beschauer es als tauglich zum Genusse für Menschen zu erklären.

Vor der Untersuchung dürfen Teile eines geschlachteten Tieres nicht beseitigt werden.

§ 9.

Ergibt die Untersuchung, daß das Fleisch zum Genusse für Menschen untauglich ist, so hat der Beschauer es vorläufig zu beschlagnahmen, den Besitzer hiervon zu benachrichtigen und der Polizei-Behörde sofort Anzeige zu erstatten.

Fleisch, dessen Untauglichkeit sich bei der Untersuchung ergeben hat, darf als Nahrungs- oder Genußmittel für Menschen nicht in Verkehr gebracht werden.

Die Verwendung des Fleisches zu anderen Zwecken kann von der Polizeibehörde zugelassen werden, soweit gesundheitliche Bedenken nicht entgegenstehen. Die Polizeibehörde bestimmt, welche Sicherungsmaßregeln gegen eine Verwendung des Fleisches zum Genusse für Menschen zu treffen sind.

Das Fleisch darf nicht vor der polizeilichen Zulassung und nur unter Einhaltung der von der Polizeibehörde angeordneten Sicherungsmaßregeln in Verkehr gebracht werden.

Das Fleisch ist von der Polizeibehörde in unschädlicher Weise zu beseitigen, soweit seine Verwendung zu anderen Zwecken (Abs. 3) nicht zugelassen wird.

§ 10.

Ergibt die Untersuchung, daß das Fleisch zum Genusse für Menschen nur bedingt tauglich ist, so hat der Beschauer es vorläufig zu beschlagnahmen, den Besitzer hiervon zu benachrichtigen und der Polizeibehörde sofort Anzeige zu erstatten. Die Polizeibehörde bestimmt, unter welchen Sicherungsmaßregeln das Fleisch zum Genusse für Menschen brauchbar gemacht werden kann.

Fleisch, das bei der Untersuchung als nur bedingt tauglich erkannt worden ist, darf als Nahrungs- und Genußmittel für Menschen nicht in Verkehr gebracht werden, bevor es unter den von der Polizeibehörde angeordneten Sicherungsmaßregeln zum Genusse für Menschen brauchbar gemacht worden ist.

Insoweit eine solche Brauchbarmachung unterbleibt, finden die Vorschriften des § 9 Absatz 3—5 entsprechende Anwendung.

§ 11.

Der Vertrieb des zum Genusse für Menschen brauchbar gemachten Fleisches (§ 10 Absatz 1) darf nur unter einer diese Beschaffenheit erkennbar machenden Bezeichnung erfolgen.

Fleischhändlern, Gast-, Schank- und Speisewirten ist der Vertrieb und die Verwendung solchen Fleisches nur mit Genehmigung der Polizeibehörde gestattet; die Genehmigung ist jederzeit widerruflich. An die vorbezeichneten Gewerbetreibenden darf derartiges Fleisch nur abgegeben werden, soweit ihnen eine solche Genehmigung erteilt worden ist. In den Geschäftsräumen dieser Personen muß an einer in die Augen fallenden Stelle durch deutlichen Anschlag besonders erkennbar gemacht werden, daß Fleisch der im Absatz 1 bezeichneten Beschaffenheit zum Vertrieb oder zur Verwendung kommt.

Fleischhändler dürfen das Fleisch nicht in Räumen feilhalten oder verkaufen, in welchen taugliches Fleisch (§ 8) feilgehalten oder verkauft wird.

§ 12.

Die Einfuhr von Fleisch in luftdicht verschlossenen Büchsen oder ähnlichen Gefäßen, von Würsten und sonstigen Gemengen aus zerkleinertem Fleische in das Zollinland ist verboten.

Im übrigen gelten für die Einfuhr von Fleisch in das Zollinland bis zum 31. Dezember 1903 folgende Bedingungen:

1. Frisches Fleisch darf in das Zollinland nur in ganzen Tierkörpern, die bei Rindvieh, ausschließlich der Kälber, und bei Schweinen in Hälften zerlegt sein können, eingeführt werden.

Mit den Tierkörpern müssen Brust- und Bauchfell, Lunge, Herz, Nieren, bei Kühen auch das Euter in natürlichem Zusammenhange verbunden sein; der Bundesrat ist ermächtigt, diese Vorschrift auf weitere Organe auszudehnen.

2. Zubereitetes Fleisch darf nur eingeführt werden, wenn nach der Art seiner Gewinnung und Zubereitung Gefahren für die menschliche Gesundheit erfahrungsgemäß ausgeschlossen sind oder die Unschädlichkeit für die menschliche Gesundheit in zuverlässiger Weise bei der Einfuhr sich feststellen läßt. Diese Feststellung gilt als unausführbar insbesondere bei Sendungen von Pökelfleisch, sofern das Gewicht einzelner Stücke weniger als 4 kg beträgt; auf Schinken, Speck und Därme findet diese Vorschrift keine Anwendung.

Fleisch, welches zwar einer Behandlung zum Zwecke seiner Haltbarmachung unterzogen worden ist, aber die Eigenschaften frischen Fleisches im wesentlichen behalten hat oder durch entsprechende Behandlung wieder gewinnen kann, ist als zubereitetes Fleisch nicht anzusehen; Fleisch solcher Art unterliegt den Bestimmungen in Ziffer 1.

Für die Zeit nach dem 31. Dezember 1903 sind die Bedingungen für die Einfuhr von Fleisch gesetzlich von neuem zu regeln. Sollte eine Neuregelung bis zu dem bezeichneten Zeitpunkte nicht zustande kommen, so bleiben die im Absatz 2 festgesetzten Einfuhrbedingungen bis auf weiteres maßgebend.

§ 13.

Das in das Zollinland eingehende Fleisch unterliegt bei der Einfuhr einer amtlichen Untersuchung unter Mitwirkung der Zollbehörden. Ausgenommen hiervon ist das nachweislich im Inlande bereits vorschriftsmäßig untersuchte und das zur unmittelbaren Durchfuhr bestimmte Fleisch.

Die Einfuhr von Fleisch darf nur über bestimmte Zollämter erfolgen. Der Bundesrat bezeichnet diese Ämter, sowie diejenigen Zoll- und Steuerstellen, bei welchen die Untersuchung des Fleisches stattfinden kann.

§ 14.

Auf Wildbret und Federvieh, ferner auf das zum Reiseverbrauche mitgeführte Fleisch finden die Bestimmungen der §§ 12 und 13 nur insoweit Anwendung, als der Bundesrat dies anordnet.

§ 15.

Der Bundesrat ist ermächtigt, weitergehende Einfuhrverbote und Einfuhrbeschränkungen, als in den §§ 12 und 13 vorgesehen sind, zu beschließen.

§ 16.

Die Vorschriften des § 8 Absatz 1 und der §§ 9—11 gelten auch für das in das Zollinland eingehende Fleisch. An Stelle der unschädlichen Beseitigung des Fleisches oder an Stelle der polizeilicherseits anzuordnenden Sicherungsmaßregeln kann jedoch, insoweit gesundheitliche Bedenken nicht entgegenstehen, die Wiederausfuhr des Fleisches unter entsprechenden Vorsichtsmaßnahmen zugelassen werden.

§ 17.

Fleisch, welches zwar nicht für den menschlichen Genuß bestimmt ist, aber dazu verwendet werden kann, darf zur Einfuhr ohne Untersuchung zugelassen werden, nachdem es zum Genusse für Menschen unbrauchbar gemacht ist.

§ 18.

Bei Pferden muß die Untersuchung (§ 1) durch approbierte Tierärzte vorgenommen werden.

Der Vertrieb von Pferdefleisch sowie die Einfuhr solchen Fleisches in das Zollinland darf nur unter einer Bezeichnung erfolgen, welche in deutscher Sprache das Fleisch als Pferdefleisch erkennbar macht.

Fleischhändlern, Gast-, Schank- und Speisewirten ist der Vertrieb und die Verwendung von Pferdefleisch nur mit Genehmigung der Polizeibehörde gestattet; die Genehmigung ist jederzeit widerruflich. An die vorbezeichneten Gewerbetreibenden darf Pferdefleisch nur abgegeben werden, soweit ihnen eine solche Genehmigung erteilt worden ist. In den Geschäftsräumen dieser Personen muß an einer in die Augen fallenden Stelle durch deutlichen Anschlag besonders erkennbar gemacht werden, daß Pferdefleisch zum Vertrieb oder zur Verwendung kommt.

Fleischhändler dürfen Pferdefleisch nicht in Räumen feilhalten oder verkaufen, in welchen Fleisch von anderen Tieren feilgehalten oder verkauft wird.

Der Bundesrat ist ermächtigt, anzuordnen, daß die vorstehenden Vorschriften auf Esel, Maulesel, Hunde und sonstige seltener zur Schlachtung gelangende Tiere entsprechende Anwendung finden.

§ 19.

Der Beschauer hat das Ergebnis der Untersuchung an dem Fleische kenntlich zu machen. Das aus dem Ausland eingeführte Fleisch ist außerdem als solches kenntlich zu machen.

Der Bundesrat bestimmt die Art der Kennzeichnung.

§ 20.

Fleisch, welches innerhalb des Reiches der amtlichen Untersuchung nach Maßgabe der §§ 8—16 unterlegen hat, darf einer abermaligen amtlichen Untersuchung nur zu dem Zwecke unterworfen werden, um festzustellen, ob das Fleisch inzwischen verdorben ist oder sonst eine gesundheitsschädliche Veränderung seiner Beschaffenheit erlitten hat.

Landesrechtliche Vorschriften, nach denen für Gemeinden mit öffentlichen Schlachthäusern der Vertrieb frischen Fleisches Beschränkungen, insbesondere dem Beschauzwang innerhalb der Gemeinde unterworfen werden kann, bleiben mit der Maßgabe unberührt, daß ihre Anwendbarkeit nicht von der Herkunft des Fleisches abhängig gemacht werden darf.

§ 21.

Bei der gewerbsmäßigen Zubereitung von Fleisch dürfen Stoffe oder Arten des Verfahrens, welche der Ware eine gesundheitsschädliche Beschaffenheit zu verleihen vermögen, nicht angewendet werden. Es ist verboten, derartig zubereitetes Fleisch aus dem Ausland einzuführen, feilzuhalten, zu verkaufen oder sonst in Verkehr zu bringen.

Der Bundesrat bestimmt die Stoffe und die Arten des Verfahrens, auf welche diese Vorschriften Anwendung finden.

Der Bundesrat ordnet an, inwieweit die Vorschriften des Absatzes 1 auch auf bestimmte Stoffe und Arten des Verfahrens Anwendung finden, welche eine gesundheitsschädliche oder minderwertige Beschaffenheit der Ware zu verdecken geeignet sind.

§ 22.

Der Bundesrat ist ermächtigt:

1. Vorschriften über den Nachweis genügender Kenntnisse der Fleischbeschauer zu erlassen,

2. Grundsätze aufzustellen, nach welchen die Schlachtvieh- und Fleischbeschau auszuführen und die weitere Behandlung des Schlachtviehs und Fleisches im Falle der Beanstandung stattzufinden hat,

3. die zur Ausführung der Bestimmungen in dem § 12 erforderlichen Anordnungen zu treffen und die Gebühren für die Untersuchung des in das Zollinland eingehenden Fleisches festzusetzen.

§ 23.

Wem die Kosten der amtlichen Untersuchung (§ 1) zur Last fallen, regelt sich nach Landesrecht. Im übrigen werden die zur Ausführung des Gesetzes erforderlichen Bestimmungen, insoweit nicht der Bundesrat für zuständig erklärt ist oder insoweit er von einer durch § 22 erteilten Ermächtigung keinen Gebrauch macht, von den Landesregierungen erlassen.

§ 24.

Landesrechtliche Vorschriften über die Trichinenschau und über den Vertrieb und die Verwendung von Fleisch, welches zwar zum Genusse für Menschen tauglich, jedoch in seinem Nahrungs- und Genußwert erheblich herabgesetzt ist, ferner landesrechtliche Vorschriften, welche mit Bezug auf

1. die der Ausführung zu unterwerfenden Tiere,
2. die Ausführung der Untersuchungen durch approbierte Tierärzte,
3. den Vertrieb beanstandeten Fleisches oder des Fleisches von Tieren, der im § 18 bezeichneten Arten, weitergehende Verpflichtungen als dieses Gesetz begründen,

sind mit der Maßgabe zulässig, daß ihre Anwendbarkeit nicht von der Herkunft des Schlachtviehes oder des Fleisches abhängig gemacht werden darf.

§ 25.

Inwieweit die Vorschriften dieses Gesetzes auf das in das Zollinland eingeführte Fleisch Anwendung zu finden haben, bestimmt der Bundesrat.

§ 26.

Mit Gefängnis bis zu 6 Monaten und mit Geldstrafe bis zu 1500 Mark oder mit einer dieser Strafen wird bestraft:

1. wer wissentlich den Vorschriften des § 9 Absatz 2, 4, des § 10 Absatz 2, 3, des § 12 Absatz 1 oder des § 21 Absatz 1, 2 oder einem auf Grund des § 21 Absatz 3 ergangenem Verbote zuwiderhandelt,

2. wer wissentlich Fleisch, das den Vorschriften des § 12 Absatz 1 zuwider eingeführt oder auf Grund des § 17 zum Genusse für Menschen unbrauchbar gemacht worden ist, als Nahrungs- oder Genußmittel für Menschen in Verkehr bringt,

3. wer Kennzeichen der im § 19 vorgesehenen Art fälschlich anbringt oder verfälscht, oder wer wissentlich Fleisch, an welchem die Kennzeichen fälschlich angebracht, verfälscht oder beseitigt worden sind, feilhält oder verkauft.

§ 27.

Mit Geldstrafe bis zu 150 Mark oder mit Haft wird bestraft:

1. wer eine der im § 26 Nr. 1 und 2 bezeichneten Handlungen aus Fahrlässigkeit begeht,

2. wer eine Schlachtung vornimmt, bevor das Tier der in diesem Gesetze vorgeschriebenen oder einer auf Grund des § 1 Absatz 1 Satz 2, des § 3, des § 18 Absatz 5 oder des § 24 angeordneten Untersuchung unterworfen worden ist;

3. wer Fleisch in Verkehr bringt, bevor es der in diesem Gesetze vorgeschriebenen oder einer auf Grund des § 1 Absatz 1 Satz 2, des § 3, des § 14 Absatz 1, des § 18 Absatz 5 oder des § 24 angeordneten Untersuchung unterworfen worden ist;

4. wer den Vorschriften des § 2 Absatz 2, des § 7 Absatz 2, 3, des § 8 Absatz 2, des § 11, des § 12 Absatz 2, des § 13 Absatz 2 oder des § 18 Absatz 2—4, imgleichen wer den auf Grund des § 15 oder des § 18 Absatz 5 erlassenen Anordnungen oder den auf Grund des § 24 ergehenden landesrechtlichen Vorschriften über den Vertrieb und die Verwendung von Fleisch zuwiderhandelt.

§ 28.

In den Fällen des § 26 Nr. 1 und 2 und des § 27 Nr. 1 ist neben der Strafe auf die Einziehung des Fleisches zu erkennen. In den Fällen des § 26 Nr. 3 und des § 27 2—4 kann neben der Strafe auf Einziehung des Fleisches oder des Tieres erkannt werden. Für die Einziehung ist es ohne Bedeutung, ob der Gegenstand dem Verurteilten gehört oder nicht.

Ist die Verfolgung oder Verurteilung einer bestimmten Person nicht ausführbar, so kann auf die Einziehung selbständig erkannt werden.

§ 29.

Die Vorschriften des Gesetzes, betreffend den Verkehr mit Nahrungsmitteln, Genußmitteln und Gebrauchsgegenständen vom 14. Mai 1879 (R.-G.-Bl. S. 145) bleiben unberührt. Die Vorschriften des § 16 des bezeichneten Gesetzes finden auch auf Zuwiderhandlungen gegen die Vorschriften des gegenwärtigen Gesetzes Anwendung.

§ 30.

Diejenigen Vorschriften des Gesetzes, welche sich auf die Herstellung der zur Durchführung der Schlachtvieh- und Fleischbeschau erforderlichen Einrichtungen beziehen, treten mit dem Tage der Verkündigung dieses Gesetzes in Kraft. Im übrigen wird der Zeitpunkt, mit welchem das Gesetz ganz oder teilweise in Kraft tritt, durch kaiserliche Verordnung mit Zustimmung des Bundesrats bestimmt [1]).

Bekanntmachung, betreffend gesundheitsschädliche und täuschende Zusätze zu Fleisch und dessen Zubereitungen.

Vom 18. Februar 1902 (R.-G.-Bl. S. 48), vom 4. Juli 1908 (R.-G.-Bl. S. 470) und vom 14. Dezember 1916 (R.-G.-Bl. S. 1359).

Auf Grund der Bestimmungen in § 21 des Gesetzes, betreffend die Schlachtvieh- und Fleischbeschau, vom 3. Juni 1900 (R.-G.-Bl. S. 547) hat der Bundesrat die nachstehenden Bestimmungen beschlossen:

Die Vorschriften des § 21 Absatz 1 des Gesetzes finden auf die folgenden Stoffe sowie auf die solche Stoffe enthaltenden Zubereitungen Anwendung:

Borsäure und deren Salze,

Formaldehyd und solche Stoffe, die bei ihrer Verwendung Formaldehyd abgeben [2]),

Alkali- und Erdalkali-Hydroxyde und Karbonate,

Schweflige Säure und deren Salze, sowie unterschwefligsaure Salze,

Fluorwasserstoff und dessen Salze,

Salicylsäure und deren Verbindungen,

Chlorsaure Salze,

Salpetrigsaure Salze.

Dasselbe gilt für Farbstoffe jeder Art, jedoch unbeschadet ihrer Verwendung zur Gelbfärbung der Margarine und der Hüllen derjenigen Wurstarten, bei denen die Gelbfärbung herkömmlich und als künstliche ohne weiteres erkennbar ist, sofern diese Verwendung nicht anderen Vorschriften zuwiderläuft.

Anmerkung. Die Gelbfärbung der Margarine ist nach dem Reichsgesetze, betreffend den Verkehr mit Käse, Butter, Schmalz und deren Ersatzmitteln vom 15. Juni 1897 (R.-G.-Bl. S. 475) nicht verboten. Es lag keine Veranlassung dazu vor, nunmehr ein solches Verbot auszusprechen, sofern die zur Gelbfärbung verwendeten Farbstoffe (vgl. die technischen Erläuterungen zu dem Entwurfe des vorbezeichneten Gesetzes in den Arbeiten des Kaiserlichen Gesundheitsamtes, Bd. 12 für 1896, S. 551) aus gesundheitspolizeilichen Gründen nicht zu beanstanden sind.

Zur Änderung der ursprünglichen Fassung hat gemäß der Bekanntmachung vom 22. Februar 1908 die Erwägung geleitet, daß durch das bisher allgemein zugelassene Färben der Wurthüllen, namentlich mit roter Farbe, vielfach eine Täuschung über die mangelhafte Beschaffenheit der Würste hervorgerufen wird. Künftig wird deshalb nur noch die, soviel bekannt, besonders in einigen süddeutschen Gebieten übliche und beliebte Gelbfärbung (citronengelb) der Wurthüllen zugelassen sein, bei der Täuschungen der gedachten Art nicht zu befürchten sind. Alle anderen Arten von Wurthüllenfärbung, namentlich die Rotfärbung (Räucherfarbe) sind fortan selbst verboten, wenn nicht gesundheitsschädliche Farben verwendet werden.

Eine technische Begründung zu vorstehender Bekanntmachung, insbesondere betreffend die Wirkung der Frischerhaltungsmittel wie Borsäure auf den menschlichen Organismus ist im Deutschen Reichsanzeiger vom 24. Febr. 1902 veröffentlicht (siehe auch Zeitschr. f. Nahr.- u. Genußm. 1902, 333 u. ff.).

---

[1]) Kaiserliche Verordnung vom 30. Juni 1900 (R.-G.-Bl. 1900, S. 775) und Kaiserliche Verordnung vom 16. Februar 1902 (R.-G.-Bl. 1902, S. 47).

[2]) Hexamethylentetramin, im Fleischkonservierungsmittel Carvin.

**Ausführungsbestimmungen D [1]) zum Schlachtvieh- und Fleischbeschau-
gesetz vom 3. Juni 1900 [2]).**

**D. Untersuchung und gesundheitspolizeiliche Behandlung des in das Zollinland
eingehenden Fleisches.**

Allgemeine Bestimmungen.

§ 1. (1) Fleisch sind alle Teile von warmblütigen Tieren, frisch oder zubereitet, sofern sie sich zum Genusse für Menschen eignen. Als Teile gelten auch
die aus warmblütigen Tieren hergestellten Fette und Würste. Als Fleisch sind
daher insbesondere anzusehen:

Muskelfleisch (mit oder ohne Knochen, Fettgewebe, Bindegewebe und
Lymphdrüsen), Zunge, Herz, Lunge, Leber, Milz, Nieren, Gehirn, Brustdrüse
(Bröschen, Bries, Brieschen, Kalbsmilch, Thymus), Schlund, Magen, Dünn-
und Dickdarm, Gekröse, Blase, Milchdrüse (Euter), vom Schweine die ganze
Haut (Schwarte), vom Rindvieh die Haut am Kopfe, einschließlich Nasenspiegel,
Gaumen und Ohren, sowie die Haut an den Unterfüßen, ferner Knochen mit
daran haftenden Weichteilen, frisches Blut;

Fette, unverarbeitet oder zubereitet, insbesondere Talg, Unschlitt, Speck,
Liesen (Flohmen, Lünte, Schmer, Wammenfett), sowie Gekrös -und Netzfett,
Schmalz, Oleomargarin, Premier jus, Margarine und solche Stoffe enthaltende
Fettgemische, jedoch nicht Butter und geschmolzene Butter (Butterschmalz);

Würste und ähnliche Gemenge von zerkleinertem Fleische.

(2) Andere Erzeugnisse aus Fleisch, insbesondere Fleischextrakte, Fleischpeptone, tierische Gelatine, Suppentafeln gelten bis auf weiteres nicht als Fleisch.

§ 2. (1) Als frisches Fleisch ist anzusehen Fleisch, welches, abgesehen
von einem etwaigen Kühlverfahren, einer auf die Haltbarkeit einwirkenden
Behandlung nicht unterworfen worden ist, ferner Fleisch, welches zwar einer
solchen Behandlung unterzogen worden ist, aber die Eigenschaft frischen Fleisches
im wesentlichen behalten hat oder durch entsprechende Behandlung wieder
gewinnen kann.

(2) Die Eigenschaft als frisches Fleisch geht insbesondere nicht verloren
durch Gefrieren oder Austrocknen, ausgenommen bei getrockneten Därmen
(§ 3 Absatz 4), durch oberflächliche Behandlung mit Salz, Zucker oder anderen
chemischen Stoffen, durch bloßes Räuchern, durch Einlegen in Essig, durch
Einhüllung in Fett, Gelatine oder andere, den Luftabschluß bezweckende Stoffe,
durch Einspritzen von Konservierungsmitteln in die Blutgefäße oder in die
Fleischsubstanz.

(3) Als ganzer Tierkörper ist unbeschadet der Sonderbestimmung im § 6
das geschlachtete, abgehäutete und ausgeweidete Tier anzusehen; der Kopf
vom ersten Halswirbel ab, die Unterfüße einschließlich der sogenannten Schien-
beine und der Schwanz dürfen vorbehaltlich derselben Sonderbestimmung fehlen.

§ 3. (1) Als zubereitetes Fleisch ist anzusehen alles Fleisch, welches infolge einer ihm zuteil gewordenen Behandlung die Eigenschaften frischen Fleisches
auch in den inneren Schichten verloren hat und durch eine entsprechende Behandlung nicht wieder gewinnen kann.

(2) Hierher gehört insbesondere das durch Pökelung, wozu auch starke
Salzung zu rechnen ist, oder durch hohe Hitzegrade (Kochen, Braten, Dämpfen,
Schmoren) behandelte Fleisch. Als genügend starke Pökelung (Salzung) ist
nur eine solche Behandlung anzusehen, nach der das Fleisch auch in den innersten
Schichten mindestens 6% Kochsalz enthält; auf Speck findet diese Bestimmung
insofern Anwendung, als der angegebene Mindestgehalt an Kochsalz nur in den
etwa eingelagerten schwachen Muskelfleischschichten enthalten sein muß.

---

[1]) A, B, C, E handeln von Vorschriften, die lediglich die Tierärzte und
Fleischbeschauer angehen.

[2]) In den durch die Bekanntmachungen des Reichskanzlers vom 22. Febr.
1908 und 21. Juni 1912 festgesetzten abgeänderten Fassungen unter Weglassung
der ausschließlich die tierärztliche Untersuchung betreffenden Bestimmungen
nebst Anlagen a—d zu §§ 11—16 dieser Ausführungsbestimmungen.

(3) Als zubereitetes Fett sind anzusehen ausgeschmolzenes oder ausgepreßtes Fett mit oder ohne nachfolgende Raffinierung, insbesondere Schmalz, Oleomargarin, Premier jus und ähnliche Zubereitungen; ferner die tierischen Kunstspeisefette im Sinne des § 1 Absatz 4 des Gesetzes, betreffend den Verkehr mit Butter, Käse, Schmalz und deren Ersatzmitteln, vom 15. Juni 1897 (R.-G.-Bl. S. 475), sowie Margarine.

(4) Im Sinne des § 12 des Gesetzes und im Sinne der gegenwärtigen Ausführungsbestimmungen sind anzusehen:

als Schinken die von den Knochen nicht losgelösten oberen Teile des Hinter- oder Vorderschenkels vom Schweine mit oder ohne Haut;

als Speck die zwischen der Haut und dem Muskelfleische, besonders am Rücken und an den Seiten des Körpers liegende Fettschicht vom Schweine mit oder ohne Haut, auch mit schwachen in der Fettschicht eingelagerten Muskelschichten;

als Därme der Dünn- und der Dickdarm sowie die Harnblase vom Rindvieh, Schweine, Schafe, von der Ziege, vom Pferde, Esel, Maultier, Maulesel oder von anderen Tieren des Einhufergeschlechts, der Magen vom Schweine, sowie der Schlund vom Rindvieh;

als Würste und sonstige Gemenge aus zerkleinertem Fleische, insbesondere alle Waren, welche ganz oder teilweise aus zerkleinertem Fleische bestehen und in Därme oder künstlich hergestellte Wursthüllen eingeschlossen sind, ferner Hackfleisch, Schabefleisch, Mett, Brät, Sülzen aus zerkleinertem Fleische, Fleischpulver, Fleischmehl (ausgenommen Fleischfuttermehl) mit oder ohne Zusätze;

als luftdicht verschlossene Büchsen oder ähnliche Gefäße, insbesondere Büchsen, Dosen, Töpfe (Terrinen) und Gläser jeder Form und Größe, deren Inhalt mit oder ohne anderweitige Vorbehandlung durch Luftabschluß haltbar gemacht worden ist.

§ 4. (1) Die Vorschriften der §§ 12 und 13 des Gesetzes sowie die gegenwärtigen Ausführungsbestimmungen finden auch auf Renntiere und Wildschweine Anwendung, und zwar dergestalt, daß, unbeschadet der Bestimmungen im § 6 Absatz 4 und im § 27 unter A II. erstere dem Rindvieh, letztere den Schweinen gleichgestellt werden. Anderes Wildbret einschließlich warmblütiger Seetiere sowie Federvieh unterliegen weder den Einfuhrbeschränkungen in §§ 12, 13 des Gesetzes noch der amtlichen Untersuchung bei der Einfuhr; das gleiche gilt für das zum Reiseverbrauche mitgeführte Fleisch.

(2) Büffel unterliegen denselben Vorschriften wie Rindvieh.

Beschränkungen der Ein- und Durchfuhr.

§ 5. In das Zollinland dürfen nicht eingeführt werden:

1. Fleisch in luftdicht verschlossenen Büchsen oder ähnlichen Gefäßen, sowie Würste und sonstige Gemenge aus zerkleinertem Fleische;

2. Hundefleisch sowie zubereitetes Fleisch (mit Ausnahme der Därme), welches von Pferden, Eseln, Maultieren, Mauleseln oder anderen Tieren des Einhufergeschlechts herrührt;

3. Fleisch, welches mit einem der folgenden Stoffe oder mit einer solche Stoffe enthaltenden Zubereitung behandelt worden ist:

a) Borsäure und deren Salze,
b) Formaldehyd und solche Stoffe, die bei ihrer Verwendung Formaldehyd abgeben,
c) Alkali- und Erdalkali-Hydroxyde und -Karbonate,
d) Schweflige Säure und deren Salze sowie unterschwefligsaure Salze,
e) Fluorwasserstoff und dessen Salze,
f) Salicylsäure und deren Verbindungen,
g) Chlorsaure Salze,
h) Salpetrigsaure Salze,
i) Farbstoffe jeder Art, jedoch unbeschadet ihrer Verwendung zur Gelbfärbung der Margarine, sofern diese Verwendung nicht anderen Vorschriften zuwiderläuft.

§ 6. (1) Frisches Fleisch darf in das Zollinland nur in ganzen Tierkörpern (vgl. § 2 Absatz 3), die bei Rindvieh, ausgenommen Kälber, und bei Schweinen in Hälften zerlegt sein können, eingeführt werden. Als Kälber gelten Rinder im Fleischgewichte von nicht mehr als 75 kg. Mit den Tierkörpern müssen Brust- und Bauchfell, Lunge, Herz, Nieren, bei Kühen auch das Euter, mit den zugehörigen Lymphdrüsen in natürlichem Zusammenhange verbunden sein. In Hälften zerlegte Tierkörper müssen nebeneinander verpackt und mit Zeichen und Nummern versehen sein, welche ihre Zusammengehörigkeit ohne weiteres erkennen lassen. Die Organe und sonstigen Körperteile, auf welche sich die Untersuchung zu erstrecken hat (vgl. §§ 6—12 der Anlage a), dürfen nicht angeschnitten sein, jedoch darf in die Mittelfelldrüsen und in das Herzfleisch je ein Schnitt gelegt sein.

(2) Bei Rindvieh, ausgenommen Kälber (vgl. Absatz 1), muß auch der Kopf oder der Unterkiefer mit den Kaumuskeln, bei Schweinen auch der Kopf mit Zunge und Kehlkopf in natürlichem Zusammenhange mit den Körpern eingeführt werden; Gehirn und Augen dürfen fehlen. Bei Rindern darf der Kopf getrennt von dem Tierkörper beigebracht werden, sofern er und der Tierkörper derart mit Zeichen oder Nummern versehen sind, daß die Zusammengehörigkeit ohne weiteres erkennbar ist.

(3) Bei Pferden, Eseln, Maultieren, Mauleseln und anderen Tieren des Einhufergeschlechts müssen, außer den in Absatz 1 aufgeführten Teilen, Kopf, Kehlkopf und Luftröhre sowie die ganze Haut mindestens an einer Stelle mit dem Körper noch in natürlichem Zusammenhange verbunden sein.

(4) Bei Wildschweinen, die im übrigen den Schweinen gleich zu behandeln sind, dürfen Lunge, Herz und Nieren fehlen.

§ 7. (1) Pökel-(Salz-)Fleisch, ausgenommen Schinken, Speck und Därme, darf in das Zollinland nur eingeführt werden, wenn das Gewicht der einzelnen Stücke nicht weniger als 4 kg beträgt.

(2) Geräuchertes Fleisch, welches einem Pökelverfahren unterlegen hat, ist als Pökelfleisch zu behandeln.

(3) Die der Untersuchung zu unterziehenden Lymphdrüsen dürfen nicht fehlen oder angeschnitten sein, jedoch darf in die Mittelfelldrüsen und in das Herzfleisch je ein Schnitt gelegt sein.

§ 8. Das nachweislich bereits im Inlande vorschriftsmäßig untersuchte und nach dem Zollauslande verbrachte Fleisch ist im Falle der Zurückbringung der amtlichen Untersuchung nicht unterworfen.

§ 9. Auf das im kleinen Grenzverkehre sowie im Meß- und Marktverkehre des Grenzbezirkes eingehende Fleisch finden die Vorschriften in §§ 12, 13 des Gesetzes sowie die gegenwärtigen Ausführungsbestimmungen Anwendung, soweit die Landesregierungen nicht Ausnahmen zulassen.

§ 10. (1) Die unmittelbare Durchfuhr ist als Einfuhr im Sinne des Gesetzes nicht zu betrachten.

(2) Unter unmittelbarer Durchfuhr ist derjenige Warendurchgang zu verstehen, bei dem die Ware wieder ausgeführt wird, ohne im Inland eine Bearbeitung zu erfahren und ohne aus der zollamtlichen Kontrolle oder — im Postverkehr — aus dem Gewahrsam der Postverwaltung zu treten.

(3) Bei der Überführung von Fleisch auf ein Zollager gilt der Fall der unmittelbaren Durchfuhr nur dann als vorliegend, wenn, abgesehen von den in Absatz 2 bezeichneten Voraussetzungen, bereits bei der Anmeldung des Fleisches zur Niederlage sichergestellt wird, daß eine Abfertigung des Fleisches in den freien Verkehr ausgeschlossen ist.

Grundsätze für die gesundheitliche Untersuchung des in das Zollinland eingehenden Fleisches.

§ 11. (1) Für die Untersuchung des in das Zollinland eingehenden Fleisches ist als Beschauer ein approbierter Tierarzt und als dessen Stellvertreter ein weiterer approbierter Tierarzt zu bestellen. Zur Ausführung der Trichinenschau und zur Unterstützung bei der Finnenschau können andere Personen, welche nach Maßgabe der Prüfungsvorschriften für Trichinenschauer genügende Kenntnisse nachgewiesen haben, bestellt werden.

(2) Die Herrichtung des Fleisches für die tierärztliche Untersuchung (Herausnahme der Eingeweide, Loslösen der Liesen [Flohmen, Lünte, Schmer,

Wammenfett], Zerlegung der Schweine in Hälften, Aufhängen oder Auflegen der Fleischteile im Untersuchungsraum) erfolgt nach Anweisung des Tierarztes, und zwar soweit der Verfügungsberechtigte nicht selbst eine Hilfskraft stellt, gegen Entrichtung einer besonderen Gebühr nach Maßgabe der hierüber ergehenden Anweisung durch die Beschaustelle.

(3) Die chemischen Untersuchungen sind von einem besonders hierzu verpflichteten Nahrungsmittelchemiker, und nur wenn ein solcher nicht zur Verfügung steht, von einem in der Chemie hinreichend erfahrenen anderen Sachverständigen vorzunehmen. Die Vorprüfung der Fette ist von dem Chemiker oder dem Fleischbeschauer vorzunehmen. Ausnahmsweise können hiermit andere Personen, welche genügend Kenntnisse nachgewiesen haben, betraut werden.

§ 12. (1) Die Untersuchung des Fleisches hat sich insbesondere auf die in §§ 13—15 aufgeführten Punkte zu erstrecken.

(2) Sie ist bei frischem Fleische an jedem einzelnen Tierkörper, bei zubereitetem Fleische, und zwar bei Därmen und Fetten an den einzelnen Packstücken, im übrigen an den einzelnen Fleischstücken vorzunehmen, soweit nicht eine Beschränkung der Untersuchung auf Stichproben nach den Bestimmungen des folgenden Absatzes zulässig ist.

(3) Bei Sendungen von zubereitetem Fleische kann die Untersuchung auf Stichproben beschränkt werden, und zwar bei Fett und Därmen die gesamte Prüfung, bei sonstigem Fleische die Prüfung auf

a) Behandlung mit verbotenen Stoffen (§ 5 Nr. 3 und § 14 Absatz 1 unter b)
b) Mindestgewicht (§ 7 Absatz 1 und § 14 Absatz 1 unter c),
c) Durchpökelung oder sonstige genügende Zubereitung (§ 3 Absatz 1, 2 und § 14 Absatz 1 unter d).

Die Beschränkung der Untersuchung auf Stichproben ist jedoch nur insoweit zulässig, als die Sendung nach Inhalt der Begleitpapiere (Rechnungen, Frachtbriefe, Konnossemente, Ladescheine u. dgl.) eine bestimmte gleichartige, aus derselben Fabrikation stammende Ware enthält, die auch äußerlich nach der Art der Verpackung oder Kennzeichnung (vgl. Anlage c unter D) als gleichartig angesehen werden kann. Die Auswahl der Stichproben erfolgt nach den Bestimmungen im § 14 Absatz 3, 4 und § 15 Absatz 5.

(4) Führt die Untersuchung bei einer Stichprobe zu einer Beanstandung, so hat die Beschaustelle die Untersuchung zu unterbrechen und den Verfügungsberechtigten sofort unter Angabe des Beanstandungsgrundes zu benachrichtigen. Binnen einer eintägigen Frist nach der Benachrichtigung kann der Verfügungsberechtigte die Sendung, insoweit nicht eine unschädliche Beseitigung (§ 19 Absatz 1 unter I) oder eine Zurückweisung (§ 19 Absatz 1 unter II und § 21) erforderlich wird, vor der weiteren Untersuchung freiwillig zurückziehen (vgl. jedoch § 25 Absatz 3). Erfolgt die Zurückziehung nicht, so sind zunächst sämtliche nach § 14 Absatz 3, 4 und § 15 Absatz 5 entnommenen Stichproben auf den Beanstandungsgrund weiter zu untersuchen. Sofern nicht diese Untersuchung wegen Beanstandung aller Stichproben nach § 19 Absatz 1 unter II A oder § 21 Absatz 3 die Zurückweisung der ganzen Sendung zur Folge hat, ist der Verfügungsberechtigte zunächst wiederum von dem Ergebnisse der Untersuchung zu benachrichtigen. Binnen einer zweitägigen Frist nach dieser Benachrichtigung steht ihm erneut das Recht zu, den nicht beanstandeten Rest der Sendung freiwillig zurückzuziehen. Macht er auch von dieser Befugnis keinen Gebrauch, so ist die Untersuchung auf den Beanstandungsgrund bei Därmen und Fetten an der Gesamtheit der Packstücke, im übrigen aber an jedem einzelnen Fleischstücke des Restes der Sendung auszuführen. Die chemische Untersuchung ist jedoch in diesem Falle — abgesehen von Fetten — in der Weise fortzusetzen, daß aus allen noch zu untersuchenden Packstücken oder als solche zu behandelnden Sendungsteilen Proben nach § 14 Absatz 4 entnommen werden. Mit den nach diesem Absatz erforderlichen Benachrichtigungen ist ein Hinweis auf die dem Verfügungsberechtigten zustehenden Befugnisse und auf die sonstigen aus den Beanstandungen sich ergebenden Folgen, insbesondere auf die bei Ausdehnung der Stichprobenuntersuchung eintretenden Gebührenerhöhungen zu verbinden.

§ 13. (1) Bei frischem Fleische ist zu prüfen:

a) ob es den Angaben in den Begleitpapieren entspricht;
b) ob es unter die Verbote im § 5 fällt;
c) ob es den Bestimmungen im § 6 entspricht;
d) ob es in gesundheits- oder veterinärpolizeilicher Beziehung zu Bedenken Anlaß gibt. Insbesondere ist Schweinefleisch auf Trichinen zu untersuchen.

(2) Eine chemische Untersuchung des frischen Fleisches hat stattzufinden, wenn der Verdacht vorliegt, daß es mit einem der im § 5 Nr. 3 aufgeführten Stoffe behandelt worden ist.

§ 14. (1) Bei zubereitetem Fleische, ausgenommen Fette, ist zu prüfen:

a) ob die Ware den Angaben in den Begleitpapieren entspricht;
b) ob die Ware unter die Verbote im § 5 fällt;
c) ob die Ware der Vorschrift im § 7 Absatz 1 entspricht;
d) ob die Fleischstücke vollständig durchgepökelt (durchgesalzen), durchgekocht oder sonst im Sinne des § 3 Absatz 1 zubereitet sind;
e) ob die Ware in gesundheits- oder veterinärpolizeilicher Beziehung zu Bedenken Anlaß gibt. Insbesondere ist Schweinefleisch auf Trichinen zu untersuchen.

(2) Bei der gemäß Absatz 1 unter b vorzunehmenden Prüfung hat auch eine chemische Untersuchung stattzufinden.

a) Zur Feststellung, ob dem Verbot im § 5 Nr. 2 zuwider Pferdefleisch unter falscher Bezeichnung einzuführen versucht wird, wenn der Verdacht eines Versuchs besteht und die biologische Untersuchung (Anlage a § 16) nicht zu einem entscheidenden Ergebnisse führt;
b) zur Feststellung, ob das Fleisch mit einem der im § 5 Nr. 3 aufgeführten Stoffe behandelt worden ist; bei Schinken in Postsendungen bis zu 3 Stück, bei anderen Postsendungen im Gewichte bis zu 2 kg, bei Speck und bei Därmen sowie bei Sendungen, die nachweislich als Umzugsgut von Ansiedlern und Arbeitern eingeführt werden, jedoch nur, wenn der Verdacht einer solchen Behandlung besteht.

(3) Liegen die Voraussetzungen des § 12 Absatz 3 für eine Beschränkung der Untersuchung auf Stichproben vor, so hat sich die dort erwähnte Prüfung bei Sendungen, die aus 1 oder 2 Packstücken bestehen, auf jedes Packstück, bei Sendungen von 3—10 Packstücken auf mindestens 2 Packstücke, bei größeren Sendungen auf mindestens den 10. Teil der Packstücke zu erstrecken. Besteht die Sendung aus unverpackten Schinken oder sonstigen Fleischstücken, so sind bis zu 20 Stück als ein Packstück zu rechnen. Aus den hiernach auszuwählenden Packstücken oder als solche zu behandelnden Sendungsteilen ist zum Zwecke der Untersuchung — mit Ausnahme der in Absatz 4 geregelten chemischen Untersuchung nach Absatz 2 unter b — mindestens der 10. Teil des Inhalts, bei eigentlichen Packstücken aus verschiedenen Lagen zu entnehmen. Auf weniger als 2 Fleischstücke aus jedem einzelnen Packstück oder als solches zu behandelnden Sendungsteilen darf die Untersuchung nicht beschränkt werden.

(4) Zu der nach Absatz 2 unter b erforderlichen regelmäßigen chemischen Untersuchung sind aus jedem der nach Absatz 3 ausgewählten Packstücke oder als solche zu behandelnden Sendungsteile mindestens eine Mischprobe und, wenn ein Packstück mehr als 30 Fleischstücke enthält, mindestens 2 Mischproben aus möglichst vielen Fleischstücken und bei eigentlichen Packstücken aus verschiedenen Lagen zu entnehmen. Außerdem ist aus den ausgewählten Packstücken, falls das Fleisch von Pökellake eingeschlossen ist oder äußerlich die Anwendung von Konservesalz erkennen läßt, noch je eine Probe der Lake oder, wenn möglich, des Salzes zu entnehmen. Besteht bei gleichartigen Sendungen von Speck oder Därmen der Verdacht einer Behandlung mit einem der im § 5 Nr. 3 aufgeführten Stoffe, so hat die zur Aufklärung dieses Verdachts nach Absatz 2 unter b erforderliche chemische Untersuchung mindestens an Stichproben zu erfolgen, die nach vorstehenden Grundsätzen auszuwählen sind. Jedoch bedarf es bei Därmen — abgesehen von den darnach etwa zu untersuchenden Lake- oder Konservesalzproben — nur der Untersuchung je einer Mischprobe, die aus den zur Stichprobenuntersuchung ausgewählten Packstücken, und zwar aus verschiedenen Lagen zu entnehmen ist.

§ 15. (1) Die Untersuchung des zubereiteten Fettes zerfällt in eine Vorprüfung und in eine Hauptprüfung.

(2) Die Vorprüfung hat sich darauf zu erstrecken:

a) ob die Packstücke den Angaben in den Begleitpapieren entsprechen und gemäß den für den Inlandsverkehr bestehenden Vorschriften bezeichnet sind („Margarine", „Kunstspeisefett");

b) ob das Fett in den Packstücken eine der betreffenden Gattung entsprechende äußere Beschaffenheit hat, wobei insbesondere auf Farbe und Konsistenz, Geruch und nötigenfalls auf Geschmack, ferner auf das Vorhandensein von Schimmelpilzen oder Bakterienkolonien auf der Oberfläche oder im Innern sowie auf sonstige Anzeichen von Verdorbensein zu achten ist.

(3) Die Hauptprüfung ist nach folgenden Gesichtspunkten vorzunehmen:

a) es ist zu prüfen, ob äußerlich am Fette wahrnehmbare Merkmale auf eine Verfälschung oder Nachahmung oder sonst auf eine vorschriftswidrige Beschaffenheit hinweisen;

außerdem ist:

b) zu prüfen, ob das Fett verfälscht, nachgemacht oder verdorben ist, unter das Verbot des § 3 des Gesetzes vom 15. Juni 1897, betreffend den Verkehr mit Butter, Käse, Schmalz oder deren Ersatzmitteln, fällt oder ob es einen der im § 5 Nr. 3 der gegenwärtigen Bestimmungen aufgeführten Stoffe enthält;

c) Margarine auf die Anwesenheit des gemäß dem Gesetze vom 15. Juni 1897 und der Bekanntmachung, betreffend Bestimmungen zur Ausführung dieses Gesetzes, vom 4. Juli 1897 (R.-G.-Bl. 1897, S. 591) vorgeschriebenen Erkennungsmittels (Sesamöl) zu prüfen;

d) Schweineschmalz mit dem Zeiß-Wollnyschen Refraktometer zu untersuchen.

(4) Die Proben für die Hauptprüfung sind nach Maßgabe der Bestimmungen in Anlage c zu entnehmen und unverzüglich der zuständigen Stelle zu übermitteln. Bei Postsendungen und bei Warenproben im Gewichte bis zu 2 kg, ferner bei Sendungen, die nachweislich als Umzugsgut von Ansiedlern und Arbeitern eingeführt werden, hat die Hauptprüfung nur im Verdachtsfalle zu erfolgen.

(5) Liegen die Voraussetzungen des § 12 Absatz 3 für eine Beschränkung der Untersuchung auf Stichproben vor, so haben sich die Vorprüfung und die unter Absatz 3 a, c und d fallenden Untersuchungen der Hauptprüfung mindestens auf 2 Packstücke, bei 40 und mehr Packstücken bis zu 100 auf 5 vom Hundert, vom Mehrbetrage bis zu 500 Packstücken auf 3 vom Hundert, von einem weiteren Mehrbetrage auf 2 vom Hundert zu erstrecken.

(6) Die nach Absatz 3 unter b vorzunehmende Hauptprüfung ist unter gleicher Voraussetzung auf eine geringere Zahl der für die Hauptprüfung entnommenen Proben zu beschränken, und zwar sind dazu von weniger als 6 Proben 2, von weniger als 18 Proben 3, von weniger als 28 Proben 6 und von weiteren je 6 Proben je eine auszuwählen.

§ 16. Für die Ausführung der Untersuchungen sind maßgebend:

1. die Anweisung für die tierärztliche Untersuchung des in das Zollinland eingehenden Fleisches (Anlage a);

2. die Anweisung für die Untersuchung des Fleisches auf Trichinen und Finnen (Anlage b);

3. die Anweisung für die Probeentnahme zur chemischen Untersuchung von Fleisch einschließlich Fett sowie für die Vorprüfung zubereiteter Fette und für die Beurteilung der Gleichartigkeit der Sendungen (Anlage c);

4. die Anweisung für die chemische Untersuchung von Fleisch und Fetten (Anlage d).

Behandlung des Fleisches nach erfolgter Untersuchung.

§ 17. Unbeschadet der weitergehenden Maßregeln, welche auf Grund veterinärpolizeilicher oder strafrechtlicher Bestimmungen angeordnet werden, ist das beanstandete Fleisch nach den Vorschriften in §§ 18—21 zu behandeln.

(Die folgenden §§ 18 und 19 sind ohne Interesse für den Nahrungsmittelchemiker und daher weggelassen.)

§ 20.　In den Fällen der §§ 18, 19 kann an Stelle der unschädlichen Beseitigung des Fleisches die Zurückweisung treten, wenn die das Fleisch bean-
standende Beschaustelle im Auslande liegt.

§ 21.　(1) Zubereitetes Fett ist zurückzuweisen:

I. Auf Grund der Vorprüfung:

    a) wenn die Ware den Angaben in den Begleitpapieren nicht entspricht
       oder die zugehörige Packung nicht den für den Inlandsverkehr
       bestehenden Vorschriften entsprechend bezeichnet ist („Margarine",
       „Kunstspeisefett");

    b) wenn das Fett mit einem ranzigen, sauer-ranzigen, fauligen oder
       sauer-fauligen Geruch oder Geschmack behaftet oder innerlich mit
       Schimmelpilzen oder Bakterienkolonien durchsetzt oder sonst ver-
       dorben befunden wird;

    c) wenn das Fett in einem Packstück äußerlich derart mit Schimmel-
       pilzen oder Bakterienkolonien besetzt ist, daß der Inhalt des ganzen
       Packstücks als verdorben anzusehen ist;

II. Auf Grund der Hauptprüfung:

    a) in den unter Ia bis c angegebenen Fällen;

    b) wenn eine Probe einen der im § 5 Nr. 3 aufgeführten Stoffe enthält;

    c) wenn eine Probe als verfälscht oder nachgemacht befunden wird;

    d) wenn eine Probe Margarine den Bestimmungen des Gesetzes vom
       15. Juni 1897 oder den auf Grund desselben erlassenen Bestim-
       mungen (R.-G.-Bl. 1897, S. 475 und 591) nicht entspricht.

(2) Die Zurückweisung kann bei der Vorprüfung und Hauptprüfung in
Fällen zu Absatz 1 und Ia unterbleiben, wenn nachträglich das Packstück
mit den vorgeschriebenen Bezeichnungen versehen oder die Übereinstimmung
mit den Begleitpapieren herbeigeführt wird.

(3) Die Zurückweisung hat sich auf alle zu einer Sendung gehörigen
Packstücke einer Fabrikation zu erstrecken, wenn die Untersuchung sämtlicher davon entnommenen Stichproben (§ 15 Absatz 5) zu einer gleichen Beanstandung geführt hat (§ 12 Absatz 4), im übrigen hat sich die Zurückweisung
nur auf die einzelnen beanstandeten Packstücke zu erstrecken.

§§ 22—29.　Beziehen sich auf „Weitere Behandlung des Fleisches"
(§§ 22—24), „Kennzeichnung des Fleisches" (§§ 25—27), „Unschädliche Beseitigung des beanstandeten Fleisches" (§ 28), „Nicht zum Genusse der Menschen
bestimmtes Fleisch" (§ 29).

Rechtsmittel.

§ 30.　(1) Gegen die seitens der Beschaustelle im Falle des § 12 Absatz 4
vorgenommene Beanstandung einer Stichprobe sowie gegen die von der Polizeibehörde im Falle der §§ 18—21 getroffene Entscheidung kann von dem Verfügungsberechtigten innerhalb einer eintägigen Frist nach der Benachrichtigung
(§ 12 Absatz 4 und § 24 Absatz 2) Beschwerde eingelegt werden. Dieses Rechtsmittel ist im ersteren Falle bei der Beschaustelle anzumelden und hat auf Antrag
des Beschwerdeführers die Aufschiebung der weiteren Untersuchung zur Folge;
im letzteren Falle ist es bei der Polizeibehörde anzumelden und hat stets aufschiebende Wirkung. Über die Beschwerde entscheidet eine von der Landesregierung zu bezeichnende höhere Behörde, und zwar, sofern das Rechtsmittel
gegen das technische Gutachten gerichtet ist, nach Anhörung mindestens eines
weiteren Sachverständigen. Die durch unbegründete Beschwerde erwachsenden
Kosten fallen dem Beschwerdeführer zur Last.

(2) Von der endgültigen Entscheidung hat die höhere Behörde den Beschwerdeführer, die Beschaustelle, die Polizeibehörde sowie die Zoll- und Steuerstelle sofort in Kenntnis zu setzen.

Fleischbeschau.

(§ 31 ist ohne Interesse.)

Anlage a.

Anweisung für die tierärztliche Untersuchung des in das Zollinland eingehenden Fleisches.

I. Frisches Fleisch.

§§ 1—12 enthalten nur Bestimmungen für den Tierarzt.

II. Zubereitetes Fleisch.

§ 13. Zum Zwecke der im § 2 Nr. 2 vorgeschriebenen Prüfung ist das betreffende Fleischstück an einer der dicksten Stellen tief einzuschneiden und die Schnittfläche auf Farbe, Konsistenz und Geruch zu untersuchen. Bei Einzelsendungen, welche mit der Post eingehen oder nachweislich nicht zum gewerbsmäßigen Vertriebe bestimmt sind, kann die Untersuchung in anderer Weise vorgenommen werden.

Erforderlichenfalls ist auch die Kochprobe [1]) und die Prüfung auf Kochsalz [2]) vorzunehmen. Hat die Prüfung auf Kochsalz eine deutliche Reaktion nicht ergeben, so ist ein etwa hühnereigroßes Stück aus den innersten Teilen des Fleischstückes zu entnehmen und die 'Feststellung des Kochsalzgehalts [3]) auszuführen. Die Untersuchung kann auch dem Chemiker übertragen werden.

Frisches Muskelfleisch ist von roter Farbe, bestimmtem, der Tierart eigentümlichem Geruche, weichem Gefüge, zeigt eine unebene, rillige, streifige Schnittfläche, wird beim Kochen grau, weißlich oder bräunlich und enthält nur Spuren von Kochsalz.

Durchgepökeltes (gesalzenes) Muskelfleisch hat auch in den inneren Schichten den Geruch des frischen Fleisches verloren; es ist von festem Gefüge, hat glatte Schnittflächen, behält beim Kochen unter gewöhnlichen Verhältnissen die rote Farbe (Salzungsröte) auch nach dem Erkalten und enthält' erheblich mehr Kochsalz als frisches Fleisch.

Durchgekochtes (gebratenes, gedämpftes, geschmortes) Muskelfleisch hat auch in den inneren Schichten den Geruch des frischen Fleisches verloren, ist von festem Gefüge, hat eine glatte, trockene Schnittfläche und eine graue, weißliche oder bräunliche Farbe.

---

[1]) Aus der inneren Schicht des Fleischstückes wird ein flaches handtellergroßes Stück herausgeschnitten, in siedendes Wasser gebracht und 10 Minuten gekocht.

[2]) a) Herstellung des Reagens: 100 ccm einer 2%igen Silbernitratlösung werden mit 100 ccm Normalammoniakflüssigkeit vermischt. Von dieser Flüssigkeit sind je 20 g in gelben Gläschen aufzubewahren.

b) Ausführung der Prüfung: Von dem Fleische wird ein aus den inneren Schichten entnommenes haselnußgroßes, etwa 2 g wiegendes Stück in ein mit 20 g der Flüssigkeit beschicktes Reagensgläschen gebracht und darin einigemale kräftig geschüttelt. Wenn ein weißer, bei Tageslicht schnell schwärzlich werdender Niederschlag entsteht, ist das Fleisch gesalzen, wenn nicht, so ist es frisch.

[3]) 2 g Fleisch werden mit 2 g chlorfreiem Seesand und 2—3 ccm Wasser in einer Porzellanschale zu einem gleichmäßigen Brei zerrieben. Dieser wird mit geringen Mengen Wasser in einen Maßkolben von 110 ccm Inhalt gespült, der über der 100 ccm-Marke noch einen Steigraum von mindestens 10 ccm hat. Darauf wird zu der Mischung Wasser hinzugefügt, die bis 100 ccm-Marke erreicht ist. Hierauf stellt man den Kolben, nachdem sein Inhalt tüchtig durchgeschüttelt ist, 10 Minuten lang in kochendes Wasser. Hierbei gerinnt das Eiweiß und die Flüssigkeit wird fast farblos. Nunmehr wird der Kolbeninhalt durch Einstellen in kaltes Wasser schnell abgekühlt, nochmals durchgeschüttelt und filtriert. Von dem klaren, fast farblosen Filtrate werden je 25 ccm, wenn nötig, mit Natronlauge unter Anwendung von Lackmus als Indikator neutralisiert. In der neutralisierten Flüssigkeit wird nach Zusatz von 1—2 Tropfen einer kalt gesättigten Lösung vom Kaliumchromat durch Titrieren mit $\frac{1}{10}$ N.-Silbernitratlösung der Kochsalzgehalt ermittelt.

§ 14. Die einzelnen Fleischstücke sind namentlich zu prüfen zunächst an der Oberfläche a) auf Finnen und andere ungewöhnliche Einlagerungen; b) auf Farbe, Konsistenz und Geruch [1]), insbesondere blutige oder gelbliche Färbung, ranzigen tranigen Geruch, Erweichung und Lockerung des Zusammenhanges, Gasansammlungen im Bindegewebe, schmierigen Belag, Schimmelbildung, Insekten und dgl.; c) auf die Beschaffenheit der durch Anschneiden leicht erreichbaren Lymphdrüsen.

Organe, die einzeln oder im Zusammenhange miteinander oder mit anderen Fleischstücken eingeführt werden, sind nach Maßgabe der entsprechenden Vorschriften in den §§ 6—9, 11, 12 zu untersuchen.

§ 15 handelt von der Untersuchung der Därme.

III. Schlußbestimmungen.

§ 16. In Fällen, in denen das in den §§ 6—15 vorgeschriebene Untersuchungsverfahren für die gesundheitliche und veterinärpolizeiliche Beurteilung des Fleisches nicht ausreicht, ist eine mikroskopische, erforderlichenfalls auch eine bakteriologische [2]) Untersuchung vorzunehmen und die Reaktion des frischen Muskelfleisches festzustellen [3]). Dies gilt namentlich für den Fall des Verdachts von Blutvergiftung.

Beim Vorliegen des Verdachts verbotswidriger Einfuhr von zubereitetem Einhuferfleisch (§ 2 Absatz 1 Nr. 4) ist die biologische Untersuchung auszuführen [4]). Sofern diese Untersuchung, z. B. bei ungeeigneter Beschaffenheit des Materials, nicht zu einem entscheidenden Ergebnisse führt, ist die chemische Untersuchung (Anlage d zu den Ausführungsbestimmungen D, erster Abschnitt unter I) vorzunehmen.

Deuten Anzeichen auf Fäulnis, so ist durch Einschnitte festzustellen, ob die Zersetzung auf die Oberfläche beschränkt oder in die Tiefe gedrungen ist. Bestehen über das Vorhandensein von Fäulnis Zweifel, so ist frisches Fleisch der Salmiakprobe [5]) zu unterwerfen, von Salzfleisch eine kleine Probe zu kochen und auf seinen Geruch zu prüfen.

§ 17. Liegt der Verdacht der Anwendung eines der nach § 5 Nr. 3 der Ausführungsbestimmungen D verbotenen Stoffe vor, so ist unbeschadet der im § 14 Absatz 2 zu b daselbst vorgeschriebenen regelmäßigen chemischen Untersuchung, eine solche zur Aufklärung des Verdachts nach der besonderen Anweisung (Anlage c und d der Ausführungsbestimmungen D) zu veranlassen.

---

[1]) Der Geruch ist erforderlichenfalls durch die Kochprobe genauer festzustellen.

[2]) Nachdem die Oberfläche mit fast zum Glühen erhitzten Messern abgesengt ist, wird mit einem frisch ausgeglühten Messer ein Schnitt in die Tiefe geführt und mit sterilem Messer und ausgeglühter Pinzette aus der Tiefe der Muskulatur eine Probe entnommen. Diese dient 1. zur Anfertigung von Ausstrichpräparaten, 2. zur Anlegung von Kulturen auf schräg erstarrtem Agar.

[3]) Die Reaktion des frischen Muskelfleisches ist in der Weise zu prüfen, daß in die Hinterschenkelmuskulatur und an zwei weiteren möglichst voneinander entfernt liegenden Körpergegenden ein tiefer Schnitt gelegt und auf die Schnittfläche mit einem Messer mit destilliertem Wasser schwach angefeuchtetes Lackmuspapier angedrückt wird. Nach 10 Minuten wird das Papier vom Objekt abgehoben, auf eine weiße Unterlage gelegt und mit einer anderen ebenfalls angefeuchteten Probe des ursprünglichen Lackmuspapieres verglichen.

[4]) Vorschrift siehe S. 720.

[5]) Ein Reagensglas oder zylindrisches Glasgefäß von etwa 2 cm Durchmesser und 10 cm Länge wird mit einem Gemische von 1 Raumteil Salzsäure vom spezifischen Gewicht 1,124, 3 Raumteilen Alkohol und 1 Raumteil Äther beschickt, so daß der Boden des Glases etwa 1 cm hoch bedeckt ist, verkorkt und einmal geschüttelt. Darauf wird von dem Fleische mit einem reinen Glasstab eine Probe abgestreift oder ein erbsengroßes Stückchen vermöge der Adhäsion befestigt. Der so präparierte Stab wird schnell in das mit den Chlorwasserstoff-Alkohol-Ätherdämpfen erfüllte Glas gesenkt, so daß sein unteres Ende etwa 1 cm von dem Flüssigkeitsspiegel entfernt bleibt und auch die Wände des Gefäßes nicht berührt werden. Bei Gegenwart von Ammoniak entsteht nach wenigen Sekunden ein starker Nebel um die in das Gefäß versenkte Fleischprobe, welcher mit dem Grade der Fäulnis an Intensität zunimmt.

Anlage b.

Anweisung zur Untersuchung des Fleisches auf Trichinen und Finnen.

Da diese Untersuchung im wesentlichen Sache der amtlichen Fleischbeschau ist, wird von einer wörtlichen Wiedergabe der Bestimmungen abgesehen.
Die Proben für die Untersuchung sind nach § 4
a) aus den Zwerchfellpfeilern (Nierenzapfen),
b) dem Rippenteile des Zwerchfells (Kronfleisch),
c) den Kehlkopfmuskeln,
d) den Zungenmuskeln
zu entnehmen.
In Fällen, in denen die unter c und d genannten Fleischteile etwa abhanden gekommen sind, sind je eine weitere Probe an den unter a und b genannten Körperstellen oder 2 Proben aus den Bauchmuskeln zu entnehmen.
Von zubereitetem Fleische (Pökelfleisch, Schinken und Speckseiten) sind von jedem einzelnen Stücke 3 fettarme Proben von verschiedenen Stellen und womöglich aus der Nähe von Knochen und Sehnen zu entnehmen.

Anlage c.

Anweisung für die Probeentnahme zur chemischen Untersuchung von Fleisch einschließlich Fett sowie für die Vorprüfung zubereiteter Fette und für die Beurteilung der Gleichartigkeit der Sendungen.

A. Probeentnahme zur chemischen Untersuchung von Fleisch, ausgenommen zubereitete Fette.
(Vgl. §§ 11—14 und 16 der Ausführungsbestimmungen D.)

Die Probeentnahme geschieht, soweit angängig, durch den mit der Untersuchung betrauten Chemiker, sonst durch den als Beschauer bestellten approbierten Tierarzt.

I. Die Auswahl der Proben geschieht nach folgenden Grundsätzen:

1. Bei frischem Fleische (§ 13, Absatz 2 der Ausführungsbestimmungen D):
Es ist von jedem verdächtigen Tierkörper eine Durchschnittsprobe in der Weise zu entnehmen, daß an mehreren (etwa 3—5) Stellen Proben im Gesamtgewichte von etwa 500 g abgetrennt werden. Die einzelnen Proben sind möglichst der Außenseite in Form dicker Muskelstücke an saftigen Stellen des Tierkörpers zu entnehmen.

2. Bei zubereitetem Fleische:
a) Zur Feststellung, ob dem Verbote des § 5, Nr. 2 der Ausführungsbestimmungen D zuwider Pferdefleisch unter falscher Bezeichnung einzuführen versucht wird, ist aus „dem" verdächtigen Fleischstück eine Durchschnittsprobe im Gesamtgewichte von 500 g zu entnehmen, wobei möglichst Stellen mit fetthaltigem Bindegewebe auszusuchen sind.

b) Zur Untersuchung, ob das Fleisch mit einem der im § 5, Nr. 3 der Ausführungsbestimmungen D verbotenen Stoffe behandelt worden ist, sind die Proben nach folgenden Grundsätzen zu entnehmen:

α) Durchschnittsproben im Gesamtgewichte von 500 g sind zu entnehmen:
„Bei gleichartigen Sendungen im Sinne des § 12, Absatz 3 der Ausführungsbestimmungen D nach den Grundsätzen des § 14 Absatz 3, 4 ebenda,
im übrigen aus jedem einzelnen Fleischstücke, bei Speck jedoch nur aus etwaigen verdächtigen Stücken und bei Därmen nur aus etwaigen verdächtigen Packstücken."
Führt die chemische Untersuchung auch nur bei einer Probe aus einer gleichartigen Sendung zu einer Beanstandung, so ist gemäß § 12 Absatz 4 ebenda zu verfahren.
Die Durchschnittsprobe ist, abgesehen von Därmen, so auszuwählen, daß neben möglichst großen Flächen der Außenseite auch tiefere Fleisch- oder Fettschichten mitgenommen werden. Sind an der Außenseite Anzeichen von Konservierungsmitteln wahrnehmbar, so sind diese Stellen bei der Probeentnahme zu berücksichtigen.

β) Bei Fleisch, welches von Pökellake eingeschlossen ist oder äußerlich die Anwendung von Konservesalz erkennen läßt (vgl. § 14 Absatz 4, ebenda), wird außerdem eine Probe der Lake (mindestens 200 ccm) oder, wenn möglich, des Salzes (bis zu 50 g) entnommen.

c) „Aus Schinken in Postsendungen bis zu 3 Stück, aus anderen Postsendungen, im Gewichte bis zu 2 kg, ferner aus Sendungen, die nachweislich als Umzugsgut von Ansiedlern und Arbeitern eingeführt werden, sind Proben nur im Verdachtsfalle zu entnehmen."

II. Die weitere Behandlung der Proben geschieht nach folgenden Grundsätzen:

1. Die Proben sind dergestalt zu kennzeichnen, daß ohne weiteres festgestellt werden kann, aus welchen Packstücken sie entnommen wurden.

2. In einem besonderen Schriftstücke sind genaue Angaben zu machen über die Herkunft und Abstammung des Fleisches sowie über den Umfang der Sendung, der die Proben entnommen wurden. Werden bei der Probeentnahme besondere Beobachtungen gemacht, welche vermuten lassen, daß das Fleisch unter „die Verbote" in § 5, Nr. 2 und 3 der Ausführungsbestimmungen D fällt, oder wurde die Probeentnahme auf Grund derartiger Beobachtungen veranlaßt, so ist eine Angabe hierüber gleichfalls in das Schriftstück aufzunehmen. Bei gesalzenem Fleische ist zugleich anzugeben, ob dasselbe in Pökellake oder Konservesalz eingehüllt lag.

3. Zur Verpackung sind sorgfältig gereinigte und gut verschlossene Gefäße aus Porzellan, Steingut, glasiertem Ton oder Glas zu verwenden; in Ermangelung solcher Gefäße dürfen auch Umhüllungen von starkem Pergamentpapier zur Verwendung gelangen.

4. Die Aufbewahrung oder Versendung der Pökellake erfolgt in gut gereinigten, dann getrockneten und mit neuen Korken versehenen Flaschen aus farblosem Glase.

5. Konservesalz wird ebenfalls in Glasgefäßen aufbewahrt und verschickt.

6. Die Proben sind, sofern nicht ihre Beseitigung infolge Verderbens notwendig wird, solange in geeigneter Weise aufzubewahren, bis die Entscheidung über die zugehörige Sendung getroffen ist.

B. Probeentnahme zur chemischen Untersuchung zubereiteter Fette.
(Vgl. §§ 15 und 16 der Ausführungsbestimmungen D.)

1. Auf die Probeentnahme findet die Bestimmung unter A Absatz 1 Anwendung. Ausnahmsweise können hiermit andere Personen, welche genügende Kenntnisse nachgewiesen haben, betraut werden.

2. Durchschnittsproben im Gesamtgewichte von 250 g sind zu entnehmen:

a) wenn die Sendung aus einem oder zwei Packstücken besteht, oder wenn sie aus mehr als zwei Packstücken besteht, ohne daß eine gleichartige Sendung im Sinne des § 12 Absatz 3 der Ausführungsbestimmungen D vorliegt, aus jedem Packstücke;

b) wenn die Sendung aus mehr als zwei Packstücken besteht und im vorgenannten Sinne gleichartig ist, aus „jedem" gemäß § 15 Absatz 5 ebenda auszuwählenden Packstücke;

c) wenn die Untersuchung „infolge einer Stichprobenbeanstandung ausgedehnt werden muß", gemäß § 12 Absatz 4 ebenda aus allen Packstücken „der gleichartigen" Sendung.

Die Durchschnittsproben sind an mehreren Stellen des Packstückes zu entnehmen; zweckmäßig bedient man sich hierbei eines Stechbohrers aus Stahl.

„Aus Postsendungen und Warenproben im Gewichte bis zu 2 kg, ferner bei Sendungen, die nachweislich als Umzugsgut von Ansiedlern und Arbeitern eingeführt werden, sind Proben zur Untersuchung gemäß § 15 Absatz 3 ebenda nur im Verdachtsfalle zu entnehmen."

3. Die Durchschnittsproben sind dergestalt zu kennzeichnen, daß ohne weiteres festgestellt werden kann, aus welchen Packstücken sie entnommen wurden.

4. In einem besonderen Schriftstücke sind genaue Angaben zu machen über die Herkunft und Abstammung des Fettes, über den Namen und Wohnort des Empfängers, über Zeichen, Nummer und Umfang der Sendung, der die Proben entnommen wurden, über die bei der Entnahme der Probe gemachten Beobachtungen und schließlich darüber, ob die Probeentnahme zur ständigen Kontrolle oder auf Grund eines besonderen Verdachts stattfand.

Außerdem ist den Proben eine kurze Angabe über das Ergebnis der Vorprüfung beizufügen.

5. Die Aufbewahrung oder Versendung der Proben erfolgt in gutverschlossenen und sorgfältig gereinigten Gefäßen aus Porzellan, glasiertem Ton, Steingut (Salbentöpfe der Apotheker) oder von dunkelgefärbtem Glas, welche möglichst luft- und lichtdicht zu verschließen sind.

6. Die Proben sind solange aufzubewahren, bis die Entscheidung über die zugehörige Sendung getroffen ist.

C. Vorprüfung zubereiteter Fette.

(Vgl. § 15 Absatz 2 und § 16 der Ausführungsbestimmungen D.)

Die Packstücke müssen den Angaben in den Begleitpapieren entsprechen und die für den Handelsverkehr vorgeschriebene Bezeichnung tragen („Margarine", „Kunstspeisefett").

Die Fette müssen ein der betreffenden Gattung im unverdorbenen und unverfälschten Zustande zukommendes Aussehen haben. Insbesondere ist auf Farbe, Konsistenz, Geruch und Geschmack Rücksicht zu nehmen.

Folgende Gesichtspunkte müssen hierbei besonders beobachtet werden:

1. Bei Gegenwart von Schimmelpilzen und Bakterienkolonien ist festzustellen, ob diese

a) als unwesentliche örtliche äußere Verunreinigung (z. B. infolge kleiner Schäden der Verpackung),

b) als wesentlicher äußerer Überzug der Fettmasse oder

c) als Wucherungen im Innern des Fettes vorliegen.

2. Bei der Beurteilung der Farbe ist darauf zu achten, ob das Fett eine ihm nicht eigentümliche Färbung oder Verfärbung aufweist, oder ob es sonst sinnlich wahrnehmbare fremde Beimengungen enthält.

3. Bei der Prüfung des Geruchs ist auf ranzigen, „sauer-ranzigen, fauligen oder sauer-fauligen", talgigen, öligen, dumpfigen (mulstrigen, grabelnden), schimmeligen Geruch zu achten.

4. Bei der Prüfung des Geschmacks ist festzustellen, ob ein bitterer oder ein allgemein ekelerregender Geschmack vorliegt. Auch ist darauf zu achten, ob fremde Beimengungen durch den Geschmack erkannt werden können.

5. Ist Schimmelgeruch oder -Geschmack festgestellt, so ist zu prüfen, ob derselbe nur von geringfügigen äußeren Verunreinigungen des Fettes oder des Packstückes herrührt.

D. Beurteilung von Gleichartigkeit der Sendungen zubereiteten Fleisches. Probeentnahme in zweifelhaften Fällen.

Bei Anwendung des § 12 Absatz 3 der Ausführungsbestimmungen D ist nach folgenden Grundsätzen zu verfahren:

1. Bei Verschiedenheit der Verpackung darf Gleichartigkeit einer Sendung nur angenommen werden:

a) bei Fett, wenn und insoweit die Kennzeichnung gleich ist und eine äußerliche Prüfung des Inhalts keinen Verdacht verschiedener Fabrikation erregt;

b) bei sonstigem Fleische, einschließlich Därmen, wenn und insoweit die Art der Kennzeichnung und eine äußerliche Prüfung des Inhalts auf eine gleiche Fabrikation schließen lassen.

2. Als gleiche Kennzeichnung gilt bei Fett eine einheitliche Fabrikmarke. Neben der Fabrikmarke angebrachte Buchstaben und Nummern bleiben bei der Beurteilung der Gleichartigkeit einer Sendung unberücksichtigt, soweit sich aus ihnen ein Verdacht verschiedener Fabrikation nicht ergibt. Fehlt ein Fabrik-

zeichen, so darf bei Fett eine gleichartige Sendung nur insoweit angenommen werden, als die Verpackung gleich ist, auch die Art der sonstigen Kennzeichnung keinen Verdacht verschiedener Fabrikation ergibt.

3. Insoweit nach den vorstehenden Grundsätzen über die Gleichartigkeit der Sendungen von zubereiteten Fetten wegen verschiedener Verpackung oder verschiedener Kennzeichnung einzelner Teile Zweifel entstehen, ist die Probeentnahme nach § 15 Absatz 5 der Ausführungsbestimmungen D so einzurichten, daß mindestens aus jedem dieser Teile eine Probe zum Zwecke der Vorprüfung und der Prüfung gemäß § 15 Absatz 3 a, c und d ebenda entnommen wird.

4. Wird bei der nach vorstehendem Absatze vorgenommenen Prüfung der Verdacht der Ungleichartigkeit nicht bestätigt, so hat die Auswahl der Stichproben für die weitere Prüfung nach den Vorschriften im § 15 Absatz 5 und 6 ebenda zu erfolgen.

Anlage d.

Erster Abschnitt.

Untersuchung von Fleisch ausschließlich zubereiteter Fette.

I. Nachweis von Pferdefleisch:

(Er ist in erster Linie durch die biologische Untersuchung zu führen. Sofern diese Untersuchung, z. B. bei ungeeigneter Beschaffenheit des Materials, nicht zu einem entscheidenden Ergebnis führt, ist die chemische Untersuchung vorzunehmen [1]).)

a) Biologische Untersuchung.

„Zur Ausführung der biologischen Untersuchung auf Pferdefleisch [2]) und anderes Einhuferfleisch sind mit einem ausgeglühten oder ausgekochten Messer aus der Tiefe des verdächtigen Fleischstückes etwa 30 g Muskelfleisch, möglichst ohne Fettgewebe, von einer frisch hergestellten Schnittfläche zu entnehmen und auf einer ausgekochten, mit ungebrauchtem Schreibpapier bedeckten Unterlage durch Schaben mit einem ausgekochten Messer zu zerkleinern. Die zerkleinerte Fleischmasse wird in ein ausgekochtes oder sonst durch Erhitzen sterilisiertes, etwa 100 ccm fassendes Erlenmeyersches Kölbchen gebracht, mit Hilfe eines ausgekochten sterilisierten Glasstabes gleichmäßig verteilt und mit 50 ccm sterilisierter 0,85 %iger Kochsalzlösung übergossen. Gesalzenes Fleisch ist zuvor in einem größeren sterilisierten Erlenmeyerschen Kolben zu entsalzen, indem man es mit sterilem destilliertem Wasser übergießt und letzteres, ohne zu schütteln, während 10 Minuten mehrmals erneuert. Das Gemisch von Fleisch und 0,85 %iger Kochsalzlösung bleibt zur Ausziehung der im Fleisch vorhandenen Eiweißsubstanzen etwa 3 Stunden bei Zimmertemperatur oder über Nacht im Eisschrank stehen und darf, um eine klare Lösung zu erhalten, nicht geschüttelt werden. Zur Feststellung, ob die für die Untersuchung nötige Menge Eiweiß in Lösung gegangen ist, sind etwa 2 ccm der ausgezogenen Flüssigkeit in ein sterilisiertes Reagensglas zu gießen und tüchtig durchzuschütteln. Entwickelt sich dabei ein feinblasiger Schaum, der längere Zeit stehen bleibt, so ist der Auszug verwendbar. Die zu untersuchende Eiweißlösung muß für die Ausführung der biologischen Untersuchung wie alle übrigen zur Verwendung kommenden Flüssigkeiten, vollständig klar sein. Zu diesem Zwecke muß der Fleischauszug filtriert werden, und zwar entweder durch gehärtete Papierfilter, oder, wenn hierbei ein klares Filtrat nicht erzielt wird, durch ausgeglühten Kieselgur auf Büchnerschen Trichtern oder auch durch Berkefeldsche Kieselgurkerzen. Das Filtrat ist für die weitere Prüfung geeignet, wenn es wie der unfiltrierte Auszug beim Schütteln schäumt und außerdem eine Probe (etwa 1 ccm) beim Kochen nach Zusatz eines Tropfens Salpetersäure vom spezifischen Gewicht 1,153 eine opalisierende Eiweißtrübung gibt, die sich nach etwa 5 Minuten langem Stehen als eben noch erkennbarer Niederschlag zu Boden senkt.

---

[1]) Wiederholung des Wortlautes S. 716 (§ 16 Absatz 2 der Schlußbestimmungen).

[2]) Siehe Anlage a Schlußbestimmungen, Anmerkung 4, S. 716.

Dann besitzt das Filtrat die für die biologische Prüfung zweckmäßigste Konzentration des Eiweißes in der Ausziehungsflüssigkeit (etwa 1 : 300). Ist das Filtrat zu konzentriert, so muß es solange mit sterilisierter Kochsalzlösung verdünnt werden, bis die Salpetersäurekochprobe den richtigen Grad der Verdünnung anzeigt. Ferner soll das Filtrat neutral, schwach sauer oder schwach alkalisch reagieren.

Von der filtrierten, neutralen, schwach sauren oder schwach alkalischen, völlig klaren Lösung wird mit ausgekochter oder anderweitig durch Hitze sterilisierter Pipette je 1 ccm in 2 Reagenzröhrchen von je 11 cm Länge und 0,8 cm Durchmesser (Röhrchen 1 und 2) gebracht. In ein Röhrchen 3 wird 1 ccm eines ebenfalls klaren, neutral, schwach sauer oder schwach alkalisch reagierenden, aus Pferdefleisch in gleicher Weise hergestellten Filtrats eingefüllt. Weitere Röhrchen 4 und 5 werden mit je 1 ccm einer ebenso hergestellten Schweine- und Rindfleischlösung beschickt. In ein Röhrchen 6 wird 1 ccm sterilisierter 0,85%/₀iger Kochsalzlösung gegossen. Die Röhrchen werden in ein kleines passendes Reagenzglasgestell eingehängt. Sie müssen vor dem Gebrauch ausgekocht oder anderweitig durch Hitze sterilisiert und vollkommen sauber sein. Zum Einfüllen der verschiedenen Lösungen in die einzelnen Röhrchen sind je besondere sterilisierte Pipetten zu benutzen. Zu den, wie angegeben, beschickten Röhrchen wird mit Ausnahme von Röhrchen 2, je 0,1 ccm vollständig klares, von Kaninchen gewonnenes Pferdeeiweiß ausfällendes Serum von bestimmtem Titer so zugesetzt, daß es an der Wand des Röhrchens herabfließt und sich auf seinem Boden ansammelt. Zu Röhrchen 2 wird 0,1 ccm normales, ebenfalls völlig klares Kaninchenserum in gleicher Weise gegeben.

Die Röhrchen sind bei Zimmertemperatur aufzubewahren und dürfen nach dem Serumzusatze nicht geschüttelt werden. Beurteilung der Ergebnisse: Tritt in Röhrchen 1 ebenso wie in Röhrchen 3 nach etwa fünf Minuten eine hauchartige, in der Regel am Boden des Röhrchens beginnende Trübung auf, die sich innerhalb weiterer fünf Minuten in eine wolkige umwandelt und nach spätestens 30 Minuten als Bodensatz absetzt, während die Lösungen in den übrigen Röhrchen völlig klar bleiben, so handelt es sich um Pferdefleisch (oder anderes Einhuferfleisch). Später entstehende Trübungen dürfen als positive Reaktion nicht aufgefaßt werden. Zur besseren Feststellung der zuerst eintretenden Trübung können die Röhrchen bei auffallendem Tages- oder künstlichem Lichte betrachtet werden, indem hinter das belichtete Reagenzglas eine schwarze Fläche (z. B. schwarzes Papier oder dgl.) geschoben wird.

Das ausfällende Serum muß einen Titer : 20 000 haben, d. h. es muß noch in der Verdünnung 1 : 20 000 in einer Lösung von Pferdeblut-Serum binnen fünf Minuten eine beginnende Trübung herbeiführen. Derartiges Serum ist bis auf weiteres vom Kaiserlichen Gesundheitsamt erhältlich. Das Serum wird in Röhrchen von 1 ccm Inhalt versandt. Getrübtes oder auch nur opalisierendes Serum ist nicht zu verwenden. Serum, das durch den Transport trüb geworden ist, darf nur gebraucht werden, wenn es sich in den oberen Schichten binnen 12 Stunden vollkommen klärt, so daß die trübenden Bestandteile entfernt werden können. Zur Untersuchung soll stets nur der Inhalt eines Röhrchens, nicht dagegen eine Mischung mehrerer Röhrchen verwendet werden."

b) Chemische Untersuchung

1. Verfahren, welches auf der Bestimmung des Brechungsvermögens des Pferdefettes beruht.

Aus Stücken von 50 g möglichst mit fetthaltigem Bindegewebe durchsetztem Fleische wird das Fett durch Ausschmelzen bei 100° oder, falls dies nicht möglich ist, durch Auskochen mit Wasser gewonnen und im Zeiß-Wollnyschen Refraktometer nach der im zweiten Abschnitt unter IIIa gegebenen Anweisung zwischen 38 und 42° geprüft. Wenn die erhaltene Refraktometerzahl auf 40° umgerechnet den Wert 51,5 übersteigt, so ist auf die Gegenwart von Pferdefleisch zu schließen.

2. Verfahren, welches auf der Bestimmung der Jodzahl des Pferdefettes beruht.

Aus Stücken von 100—200 g möglichst mit fetthaltigem Bindegewebe durchsetztem Fleische wird das Fett in der gleichen Weise wie beim Verfahren unter 1 gewonnen und seine Jodzahl nach der im zweiten Abschnitte unter

IIIb gegebenen Anweisung bestimmt. Unter den vorliegenden Umständen ist
die Anwesenheit von Pferdefleisch als erwiesen anzusehen, wenn die Jodzahl
des Fettes 70 und mehr beträgt.

Der chemische Nachweis von Pferdefleisch ist nur dann als erbracht anzusehen, wenn beide Verfahren (Bestimmung des Brechungsvermögens und die
Bestimmung der Jodzahl des Fettes) zu einem positiven Ergebnis geführt haben.

II. Untersuchung auf verbotene Zusätze [1].

Liegt ein Anhalt dafür vor, daß ein bestimmter, verbotener Zusatz zugesetzt worden ist, so ist zunächst auf diesen zu untersuchen. Im übrigen ist
auf die nachstehend unter 1 angeführten Stoffe in allen Fällen zu untersuchen.
Verläuft diese Untersuchung ergebnislos, so ist mindestens noch auf einen der
übrigen Stoffe zu prüfen, „wobei je nach Lage des Falles tunlichst auf einen
Wechsel bei der Auswahl der Stoffe, auf die geprüft werden soll, auch bei den
aus einer Sendung entnommenen mehreren Stichproben zu achten ist."

Wird einer der genannten Stoffe gefunden, so braucht auf die übrigen
nicht weiter untersucht zu werden.

„Jedes der für die Durchschnittsprobe von 500 g entnommenen Fleischstückchen ist in Hälften zu zerlegen. Für die Untersuchung ist zunächst die
eine Hälfte aller Fleischstückchen möglichst fein zu zerkleinern und gut durchzumischen, die andere Hälfte dagegen für eine etwa notwendig werdende Nachprüfung unvermischt zu belassen." Von dieser Mischung werden die angegebenen Mengen für die Einzelprüfungen verwendet.

Bei Untersuchungen von Pökellake und von Konservesalz finden die
unten angegebenen Vorschriften sinngemäße Anwendung. Die Untersuchung
der Lake und des Konservesalzes hat derjenigen des Fleisches voranzugehen.

1. Nachweis von Borsäure und deren Salzen.

„50 g der fein zerkleinerten Fleischmasse werden in einem Becherglas
mit einer Mischung von 50 ccm Wasser und 0,2 ccm Salzsäure vom spezifischen
Gewicht 1,124 zu einem gleichmäßigen Brei gut durchgemischt. Nach halbstündigem Stehen wird das mit einem Uhrglase bedeckte Becherglas, unter
zeitweiligem Umrühren, eine halbe Stunde in einem siedenden Wasserbad erhitzt.
Alsdann wird der noch warme Inhalt des Becherglases auf ein Gazetuch gebracht, der Fleischrückstand abgepreßt und die erhaltene Flüssigkeit durch ein
angefeuchtetes Filter gegossen. Das Filtrat wird nach Zusatz von Phenolphthalein mit $^{1}/_{10}$-Normalnatronlauge schwach alkalisch gemacht und bis auf
25 ccm eingedampft. 5 ccm von dieser Flüssigkeit werden mit 0,5 ccm Salzsäure
vom spezifischen Gewicht 1,124 angesäuert, filtriert und auf Borsäure mit
Kurkuminpapier [2]) geprüft. Dies geschieht in der Weise, daß ein etwa 4 cm
langer und 1 cm breiter Streifen geglättetes Kurkuminpapier bis zur halben
Länge mit der angesäuerten Flüssigkeit durchfeuchtet und auf einem Uhrglase
von etwa 10 cm Durchmesser bei 60—70° getrocknet wird. Zeigt das mit der
sauren Flüssigkeit befeuchtete Kurkuminpapier nach dem Trocknen keine sichtbare Veränderung der ursprünglichen gelben Farbe, dann enthält das Fleisch
keine Borsäure. Ist dagegen eine rötliche oder orangerote Färbung entstanden,
dann betupft man das in der Farbe veränderte Papier mit einer 2%igen Lösung

---

[1]) Siehe auch das S. 148, 149 u. ff. über den Nachweis von Farbstoffen
und Konservierungsmitteln Gesagte.

[2]) Das Kurkuminpapier wird durch einmaliges Tränken von weißem
Filtrierpapier mit einer Lösung von 0,1 g Kurkumin in 100 ccm 90%igem
Alkohol hergestellt. Das getrocknete Kurkuminpapier ist in gut verschlossenen
Gefäßen, vor Licht geschützt, aufzubewahren.

Das Kurkumin wird in folgender Weise hergestellt:

30 g feines bei 100° getrocknetes Kurkumawurzelpulver (Curcuma longa)
werden im Soxhletschen Extraktionsapparat zunächst vier Stunden lang
mit Petroleumäther ausgezogen. Das so entfettete und getrocknete Pulver
wird alsdann in demselben Apparat mit heißem Benzol 8—10 Stunden lang,
unter Anwendung von 100 ccm Benzol, erschöpft. Zum Erhitzen des Benzols
kann ein Glyzerinbad von 115—120° verwendet werden. Beim Erkalten der
Benzollösung scheidet sich innerhalb 12 Stunden das für die Herstellung des
Kurkuminpapiers zu verwendende Kurkumin ab.

von wasserfreiem Natriumkarbonat. Entsteht hierdurch ein rotbrauner Fleck, der sich in seiner Farbe nicht von dem rotbraunen Fleck unterscheidet, der durch die Natriumkarbonatlösung auf reinem Kurkuminpapier erzeugt wird, oder eine rotviolette Färbung, so enthält das Fleisch ebenfalls keine Borsäure. Entsteht dagegen durch die Natriumkarbonatlösung ein blauer Fleck, dann ist die Gegenwart der Borsäure nachgewiesen. Bei blauvioletten Färbungen und in Zweifelsfällen ist der Ausfall der Flammenreaktion ausschlaggebend.

Die Flammenreaktion ist in folgender Weise auszuführen: 5 ccm der rückständigen alkalischen Flüssigkeit werden in einer Platinschale zur Trockne verdampft und verascht. Zur Herstellung der Asche wird die verkohlte Substanz mit etwa 20 ccm heißem Wasser ausgelaugt. Nachdem die Kohle bei kleiner Flamme vollständig verascht worden ist, fügt man die ausgelaugte Flüssigkeit hinzu und bringt sie zunächst auf dem Wasserbad, alsdann bei etwa 120° C zur Trockne. Die so erhaltene lockere Asche wird mit einem erkalteten Gemische von 5 ccm Methylalkohol und 0,5 ccm konzentrierter Schwefelsäure sorgfältig zerrieben und unter Benützung weiterer 5 ccm Methylalkohol in einen Erlenmeyerkolben von 100 ccm Inhalt gebracht. Man läßt den verschlossenen Kolben unter mehrmaligem Umschütteln eine halbe Stunde lang stehen; alsdann wird der Methylalkohol aus einem Wasserbade von 80—85° vollständig abdestilliert. Das Destillat wird in ein Gläschen von 40 ccm Inhalt und etwa 6 cm Höhe gebracht, welches mit einem zweimal durchbohrten Stopfen verschlossen wird, durch den zwei Glasröhren in das Innere führen. Die eine Röhre reicht bis auf den Boden des Gläschens, die andere nur bis an den Hals. Das verjüngte äußere Ende der letzteren Röhre wird mit einer durchlochten Platinspitze, die aus Platinblech hergestellt werden kann, versehen. Durch die Flüssigkeit wird hierauf ein getrockneter Wasserstoffstrom derart geleitet, daß die angezündete Flamme 2—3 cm lang ist. Ist die bei zerstreutem Tageslichte zu beobachtende Flamme grün gefärbt, so ist Borsäure im Fleisch enthalten.

Fleisch, in welchem Borsäure nach diesen Vorschriften nachgewiesen ist, ist im Sinne der Ausführungsbestimmungen D § 5, Nr. 3 als mit Borsäure oder deren Salzen behandelt zu betrachten.

2. Nachweis von Formaldehyd und solchen Stoffen, welche bei ihrer Verwendung Formaldehyd abgeben.

30 g der zerkleinerten Fleischmasse werden in 200° ccm Wasser gleichmäßig verteilt und nach halbstündigem Stehen in einem Kolben von etwa 500 ccm Inhalt mit 10 ccm einer 25%igen Phosphorsäure versetzt. Von dem bis zum Sieden erhitzten Gemenge werden unter Einleiten eines Wasserdampfstromes 50 ccm abdestilliert. Das Destillat wird filtriert. Bei nichtgeräuchertem Fleische werden 5 ccm des Destillats mit 2 ccm frischer Milch und 7 ccm Salzsäure vom spezifischen Gewicht 1,124, welche auf 100 ccm 0,2 ccm einer 10%igen Eisenchloridlösung enthält, in einem geräumigen Probiergläschen gemischt und etwa eine halbe Minute lang in schwachem Sieden erhalten. Durch Vorversuche ist festzustellen, einerseits, daß die Milch frei von Formaldehyd ist, andererseits, daß sie auf Zusatz von Formaldehyd die Reaktion gibt. Bei geräucherten Fleischwaren ist ein Teil des Destillats mit der vierfachen Menge Wasser zu verdünnen und 5 ccm der Verdünnung in derselben Weise zu behandeln. Die Gegenwart von Formaldehyd bewirkt Violettfärbung. Tritt letztere nicht ein, so bedarf es einer weiteren Prüfung nicht. Im anderen Falle wird der Rest des Destillats mit Ammoniakflüssigkeit im Überschusse versetzt und in der Weise, unter zeitweiligem Zusatze geringerer Mengen Ammoniakflüssigkeit, zur Trockne verdampft, daß die Flüssigkeit immer eine alkalische Reaktion behält. Bei Gegenwart von nicht zu geringen Mengen von Formaldehyd hinterbleiben charakteristische Krystalle von Hexamethylentetramin. Der Rückstand wird in etwa vier Tropfen Wasser gelöst, von der Lösung je ein Tropfen auf einen Objektträger gebracht und mit den beiden folgenden Reagenzien geprüft:

a) mit einem Tropfen einer gesättigten Quecksilberchloridlösung. Es entsteht hierbei sofort oder nach kurzer Zeit ein regulärer kristallinischer Niederschlag; bald sieht man drei- und mehrstrahlige Sterne, später Oktaeder.

b) mit einem Tropfen einer Kaliumquecksilberjodidlösung und einer sehr geringen Menge verdünnter Salzsäure. Es bilden sich hexagonale, sechsseitige, hellgelb gefärbte Sterne.

Die Kaliumquecksilberjodidlösung wird in folgender Weise hergestellt: Zu einer 10%-igen Kaliumjodidlösung wird unter Erwärmen und Umrühren so lange Quecksilberjodid zugesetzt, bis ein Teil desselben ungelöst bleibt; die Lösung wird nach dem Erkalten abfiltriert.

In nichtgeräucherten Fleischwaren darf die Gegenwart von Formaldehyd als erwiesen betrachtet werden, wenn der erhaltene Rückstand die Reaktion mit Quecksilberchlorid gibt. In geräucherten Fleischwaren ist die Gegenwart des Formaldehyds erst dann nachgewiesen, wenn beide Reaktionen eintreten.

Fleisch, in welchem Formaldehyd nach diesen Vorschriften nachgewiesen ist, ist im Sinne der Ausführungsbestimmungen D § 5, Nr. 3 als mit Formaldehyd oder solchen Stoffen, die Formaldehyd abgeben, behandelt zu betrachten."

3. Nachweis von schwefliger Säure und deren Salzen und von unterschwefligsauren Salzen.

30 g fein zerkleinerte Fleischmasse und 5 ccm 25%ige Phosphorsäure werden möglichst auf dem Boden eines Erlenmeyerkölbchens von 100 ccm Inhalt durch schnelles Zusammenkneten gemischt. Hierauf wird das Kölbchen sofort mit einem Korke verschlossen. Das Ende des Korkes, welches in den Kolben hineinragt, ist mit einem Spalt versehen, in dem ein Streifen Kaliumjodatstärkepapier so befestigt ist, daß dessen unteres etwa 1 cm lang mit Wasser befeuchtetes Ende ungefähr 1 cm über der Mitte der Fleischmasse sich befindet. Die Lösung zur Herstellung des Jodstärkepapiers besteht aus 0,1 g Kaliumjodat und 1 g löslicher Stärke in 100 ccm Wasser.

Zeigt sich innerhalb 10 Minuten keine Bläuung des Streifens, die zuerst gewöhnlich an der Grenzlinie des feuchten und trockenen Streifens eintritt, dann stellt man das Kölbchen bei etwas loserem Korkverschluß auf das Wasserbad. Tritt auch jetzt innerhalb 10 Minuten keine vorübergehende oder bleibende Bläuung des Streifens ein, dann läßt man das wieder festverschlossene Kölbchen an der Luft erkalten. Macht sich jetzt innerhalb einer halben Stunde keine Blaufärbung des Papierstreifens bemerkbar, dann ist das Fleisch als frei von schwefliger Säure zu betrachten. Tritt dagegen eine Bläuung des Papierstreifens ein, dann ist der entscheidende Nachweis der schwefligen Säure durch nachstehendes Verfahren zu erbringen:

a) 30 g der zerkleinerten Fleischmasse werden mit 200 ccm ausgekochtem Wasser in einem Destillierkolben von etwa 500 ccm Inhalt unter Zusatz von Natriumkarbonatlösung bis zur schwach alkalischen Reaktion angerührt. Nach einstündigem Stehen wird der Kolben mit einem zweimal durchbohrten Stopfen versehen, durch welchen zwei Glasröhren in das Innere des Kolbens führen. Die erste Röhre reicht bis auf den Boden des Kolbens, die zweite nur bis an den Hals. Die letztere Röhre führt zu einem Liebigschen Kühler; an diesen schließt sich luftdicht mittels durchbohrten Stopfens eine kugelig aufgeblasene U-Röhre (sog. Peligotsche Röhre).

Man leitet durch das bis auf den Boden führende Rohr des Kolbens Kohlensäure, bis alle Luft aus dem Apparat verdrängt ist, bringt dann in die Peligotsche Röhre 50 ccm Jodlösung (erhalten durch Auflösung von 5 g Jod und 7,5 g Kaliumjodid in Wasser zu 1 Liter; „die Lösung muß sulfatfrei sein"), lüftet den Stopfen des Destillierkolbens und läßt, ohne das Einströmen der Kohlensäure zu unterbrechen, 10 ccm einer wäßrigen 25%igen Lösung von Phosphorsäure einfließen. Alsdann schließt man den Stopfen wieder, erhitzt den Kolbeninhalt vorsichtig und destilliert unter stetigem Durchleiten von Kohlensäure die Hälfte der wäßrigen Lösung ab.

– Man bringt nunmehr die Jodlösung, die noch braun gefärbt sein muß, in ein Becherglas, spült die Peligotsche Röhre gut mit Wasser aus, setzt etwas Salzsäure zu, erhitzt das Ganze kurze Zeit und fällt die durch Oxydation der schwefligen Säure entstandene Schwefelsäure mit Bariumchloridlösung (1 Teil kristallisiertes Bariumchlorid in 10 Teilen destilliertem Wasser gelöst). Im vorliegenden Falle ist eine Wägung des so erhaltenen Bariumsulfats nicht unbedingt erforderlich. Liegt jedoch ein besonderer Anlaß vor, den Niederschlag zur Wägung zu bringen, so läßt man ihn absetzen und prüft durch Zusatz eines Tropfens Bariumchloridlösung zu der über dem Niederschlag stehenden klaren Flüssigkeit, ob die Schwefelsäure vollständig ausgefällt ist. Hierauf kocht man das Ganze nochmals auf, läßt dasselbe sechs Stunden in der Wärme stehen, gießt die klare Flüssigkeit durch ein Filter von bekanntem Aschengehalte, wäscht den im Becherglase zurückbleibenden Niederschlag wiederholt mit heißem Wasser aus, indem man jedesmal absetzen läßt und die klare Flüssigkeit durch das Filter gießt, bringt zuletzt den Niederschlag auf das Filter und wäscht so lange mit heißem Wasser, bis das Filtrat mit Silbernitrat keine Trübung mehr erzeugt. Filter und Niederschlag werden getrocknet, in einem gewogenen Platintiegel verascht und geglüht; hierauf befeuchtet man den Tiegelinhalt mit wenig Schwefelsäure, raucht letztere ab, glüht schwach, läßt im Exsikkator erkalten und wägt.

Lieferte die Prüfung ein positives Ergebnis, so „ist das Fleisch im Sinne der Ausführungsbestimmungen D § 5, Nr. 3 als mit schwefliger Säure, schwefligsauren Salzen oder unterschwefligsauren Salzen behandelt zu betrachten". Liegt ein Anlaß vor, festzustellen, ob die schweflige Säure unterschwefligsauren Salzen entstammt, so ist in folgender Weise zu verfahren:

b) 50 g der zerkleinerten Fleischmasse werden mit 200 ccm Wasser und Natriumkarbonatlösung bis zur schwach alkalischen Reaktion unter wiederholtem Umrühren in einem Becherglase eine Stunde ausgelaugt. Nach dem Abpressen der Fleischteile wird der Auszug filtriert, mit Salzsäure stark angesäuert und unter Zusatz von 5 g reinem Natriumchlorid aufgekocht. Der erhaltene Niederschlag wird abfiltriert und solange ausgewaschen, bis im Waschwasser weder schweflige Säure noch Schwefelsäure nachweisbar sind. Alsdann löst man den Niederschlag in 25 ccm 5%iger Natronlauge, fügt 50 ccm gesättigtes Bromwasser hinzu und erhitzt bis zum Sieden. Nunmehr wird mit Salzsäure angesäuert und filtriert. Das vollkommen klare Filtrat gibt bei Gegenwart von unterschwefligsauren Salzen im Fleische auf Zusatz von Bariumchloridlösung sofort eine Fällung von Bariumsulfat.

4. Nachweis von Fluorwasserstoff und dessen Salzen.

25 g der zerkleinerten Fleischmasse werden in einer Platinschale mit einer hinreichenden Menge Kalkmilch durchgeknetet. Alsdann trocknet man ein, verascht und gibt den Rückstand nach dem Zerreiben in einen Platintiegel, befeuchtet das Pulver mit etwa drei Tropfen Wasser und fügt 1 ccm konzentrierte Schwefelsäure hinzu. Sofort nach dem Zusatz der Schwefelsäure wird der behufs Erhitzens auf eine Asbestplatte gestellte Platintiegel mit einem großen Uhrglase bedeckt, das auf der Unterseite in bekannter Weise mit Wachs überzogen und beschrieben ist. Um das Schmelzen des Wachses zu verhüten, wird in das Uhrglas ein Stückchen Eis gelegt.

„Sobald das Glas sich an den beschriebenen Stellen angeätzt zeigt, so ist der Nachweis von Fluorwasserstoff im Fleische als erbracht und das Fleisch im Sinne der Ausführungsbestimmungen D § 5, Nr. 3 als mit Fluorwasserstoff oder dessen Salzen behandelt anzusehen."

5. Nachweis von Salicylsäure und deren „Verbindungen".

„50 g der fein zerkleinerten Fleischmasse werden in einem Becherglase mit 50 ccm einer 2%igen Natriumkarbonatlösung zu einem gleichmäßigen Brei gut durchgemischt und eine halbe Stunde lang kalt ausgelaugt. Alsdann setzt man das mit einem Uhrglase bedeckte Becherglas eine halbe Stunde lang unter zeitweiligem Umrühren in ein siedendes Wasserbad. Der noch warme Inhalt des Becherglases wird auf ein Gazetuch gebracht und abgepreßt. Die abgepreßte Flüssigkeit wird alsdann mit 5 g Chlornatrium versetzt und nach dem Ansäuern mit verdünnter Schwefelsäure bis zum beginnenden Sieden erhitzt. Nach dem Erkalten wird die Flüssigkeit filtriert und das klare Filtrat im Schütteltrichter mit einem gleichen Raumteil einer aus gleichen Teilen Äther und Petroleumäther bestehenden Mischung kräftig ausgeschüttelt. Sollte hierbei eine Emulsionsbildung stattfinden, dann entfernt man zunächst die untere klar abgeschiedene wäßrige Flüssigkeit und schüttelt die emulsionsartige Ätherschicht unter Zusatz von 5 g pulverisiertem Natriumchlorid nochmals mäßig durch, wobei nach einiger Zeit eine hinreichende Abscheidung der Ätherschicht stattfindet. Nachdem die ätherische Flüssigkeit zweimal mit je 5 ccm Wasser gewaschen worden ist, wird sie durch ein trockenes Filter gegossen und in einer Porzellanschale unter Zusatz von 1 ccm Wasser bei mäßiger

Wärme und mit Hilfe eines Luftstromes verdunstet. Der wäßrige Rückstand wird nach dem Erkalten mit einigen Tropfen einer frisch bereiteten 0,05%igen Eisenchloridlösung versetzt. Eine deutliche Blauviolettfärbung zeigt Salicylsäure an.

Fleisch, in welchem Salicylsäure nach dieser Vorschrift nachgewiesen ist, ist im Sinne der Ausführungsbestimmungen D § 5, Nr. 3 als mit Salicylsäure oder deren Verbindungen behandelt zu betrachten.

6. Nachweis von chlorsauren Salzen.

30 g der zerkleinerten Fleischmasse werden mit 100 ccm Wasser eine Stunde lang ausgelaugt, alsdann bis zum Kochen erhitzt. Nach dem Erkalten wird die wäßrige Flüssigkeit abfiltriert und mit Silbernitratlösung im Überschusse versetzt. 25 ccm der von dem durch Silbernitrat entstandenen Niederschlag abfiltrierten klaren Flüssigkeit werden mit 1 ccm einer 10%igen Lösung von schwefligsaurem Natrium und 1 ccm konzentrierter Salpetersäure versetzt und hierauf bis zum Kochen erhitzt. Ein hierbei entstandener Niederschlag, der sich auf erneuten Zusatz von kochendem Wasser nicht löst und aus Chlorsilber besteht, zeigt die Gegenwart chlorsaurer Salze an.

„Fleisch, in welchem nach vorstehender Vorschrift chlorsaure Salze nachgewiesen sind, ist im Sinne der Ausführungsbestimmung D § 5, Nr. 3 als mit chlorsauren Salzen behandelt zu betrachten."

7. Nachweis von Farbstoffen oder Farbstoffzubereitungen.

„50 g der zerkleinerten Fleischmasse werden in einem Becherglase mit einer Lösung von 5 g Natriumsalicylat in 100 ccm eines Gemisches aus gleichen Teilen Wasser und Glyzerin gut durchgemischt und eine halbe Stunde lang unter zeitweiligem Umrühren im Wasserbad erhitzt. Nach dem Erkalten wird die Flüssigkeit abgepreßt und filtriert, bis sie klar abläuft. Ist das Filtrat nur gelblich und nicht rötlich gefärbt, so bedarf es einer weiteren Prüfung nicht. Im anderen Falle bringt man den dritten Teil der Flüssigkeit in einen Glaszylinder, setzt einige Tropfen Alaunlösung hinzu und läßt einige Stunden stehen. Karmin wird durch einen rotgefärbten Bodensatz erkannt. Zum Nachweise von Teerfarbstoffen wird der Rest des Filtrats mit einem Faden ungebeizter entfetteter Wolle unter Zusatz von 10 ccm einer 10%igen Kaliumbisulfatlösung und einigen Tropfen Essigsäure längere Zeit im kochenden Wasserbade erhitzt. Bei Gegenwart von Teerfarbstoffen wird der Faden rot gefärbt und behält die Färbung auch nach dem Auswaschen mit Wasser.

Fleisch, in welchem nach vorstehender Vorschrift fremde Farbstoffe nachgewiesen sind, ist im Sinne der Ausführungsbestimmungen D § 5, Nr. 3 als mit fremden Farbstoffen oder Farbstoffzubereitungen behandelt zu betrachten."

Anhang.

Anweisung zur chemischen Untersuchung von Fleisch auf salpetrigsaure Salze[1]).

Probeentnahme.

Bei gepökeltem Fleisch werden von den Außenseiten der mit Wasser gut abgespülten Fleischstücke an mehreren Stellen flache Scheiben von etwa 1 cm Dicke abgetrennt, zweimal durch einen Fleischwolf getrieben und gut durchgemischt.

Wenn möglich, ist auch eine Probe des verwendeten Pökelsalzes zu entnehmen.

Hackfleisch, sowie Wurstmasse werden vor der Probeentnahme gut durchgemischt (wenn nötig ebenfalls unter Benutzung eines Fleischwolfs), falls nicht ein besonderer Anlaß zur Entnahme der Proben aus einzelnen Teilen vorliegt.

·[1]) Ausgearbeitet im Reichsgesundheitsamt.
Eine durch Bundesratsbeschluß herbeizuführende ausdrückliche Ergänzung der Anlage D zu den Ausführungs-Bestimmungen D zum Fleischbeschaugesetz — „Anweisung für die chemische Untersuchung von Fleisch und Fetten" — wird unter den derzeitigen Verhältnissen nicht für erforderlich gehalten.

Nachweis von salpetrigsauren Salzen.

10 g der Durchschnittsprobe werden in einem Meßkolben von 200 ccm Inhalt mit etwa 150 ccm Wasser, dem zur Erzielung einer schwach alkalischen Reaktion etwa 6 Tropfen einer 25 %igen Sodalösung zugesetzt sind, gut durchgeschüttelt. Nach $1^1/_2$stündigem Stehen unter zeitweiligem Umschütteln wird der Inhalt des Kolbens mit Wasser auf 200 ccm gebracht, nochmals umgeschüttelt und filtrirt. 10 ccm des Filtrats werden mit verdünnter Schwefelsäure und Jodzinkstärkelösung versetzt.

Tritt keine Blaufärbung der Lösung ein, so ist das Fleisch als frei von salpetrigsauren Salzen anzusehen.

Färbt sich dagegen die Lösung innerhalb einiger Minuten deutlich blau, so ist der Gehalt an salpetrigsauren Salzen gemäß dem folgenden Abschnitt quantitativ zu ermitteln.

In zweifelhaften Fällen ist die Prüfung mit dem nach dem folgenden Abschnitt entfärbten Fleischauszug zu wiederholen.

Bestimmung der salpetrigsauren Salze.

75 ccm des filtrierten Fleischauszuges werden in einem 100 ccm fassenden Meßkölbchen allmählich, tropfenweise (zweckmäßig unter Benutzung einer Bürette) und unter ständigem Umschütteln, mit 20 ccm einer kolloidalen Eisenhydroxydlösung versetzt, die durch Verdünnen von 1 Raumteil dialysierter Eisenoxychloridlösung (Liquor ferri oxychlorati dialysati, Deutsches Arzneibuch, 5. Ausg.) mit 3 Raumteilen Wasser hergestellt ist. Die Mischung wird mit Wasser auf 100 ccm gebracht, durchgeschüttelt und filtriert. Zu 50 ccm des farblosen Filtrats — entsprechend 1,88 g Fleisch — gibt man:

1 ccm einer 10 %igen Natriumacetatlösung,

0,2 ccm 30 %iger Essigsäure,

1 ccm einer möglichst farblosen Lösung von m-Phenylendiaminchlorhydrat (hergestellt aus 0,5 g des Salzes mit 100 ccm Wasser und einigen Tropfen Essigsäure).

Je nach dem Gehalt der Lösung an salpetrigsaurem Salz färbt sie sich nach kürzerer oder längerer Zeit gelblich bis rötlich.

Zum Vergleich wird eine Reihe von Lösungen in gleichartigen Gefäßen hergestellt, die in je 50 ccm Wasser verschiedene Mengen von reinem Natriumnitrit, z. B. 0,05, 0,1, 0,2, 0,3 mg enthalten. Zweckmäßig geht man dabei von einer 1 %igen Natriumnitritlösung aus, deren Gehalt mittels Kaliumpermanganats in üblicher Weise nachgeprüft worden ist, verdünnt einen Teil davon unmittelbar vor dem Gebrauch auf das Hundertfache und bringt von dieser 0,01 %igen Lösung (deren Gehalt bei längerem Stehen sich verändert) die erforderlichen Mengen auf das Volumen von 50 ccm. Jede dieser Lösungen wird mit 0,25 g Natriumchlorid und sodann in gleicher Weise wie der Fleischauszug und möglichst zu gleicher Zeit wie dieser mit der Natriumacetatlösung, der Essigsäure und der m-Phenylendiaminchlorhydrat-Lösung versetzt. Nach mehrstündigem Stehen (womöglich über Nacht) wird die Färbung des Fleischauszuges mit denen der Vergleichsreihe verglichen und danach der Gehalt des Fleischauszuges an Nitrit geschätzt. Kommt es nur darauf an zu ermitteln, ob eine Fleischprobe sicher weniger als 15 mg Natriumnitrit in 100 g Fleisch enthält (vgl. den nachstehenden Abschnitt „Beurteilung"), so genügt der Vergleich mit einer Lösung, die in 50 ccm 0,28 mg Natriumnitrit enthält.

Zur genaueren Feststellung des Gehaltes wird der Fleischauszug mit dem ihm in der Farbe am nächsten kommenden Vergleichslösung in einem Kolorimeter verglichen und danach sein Nitritgehalt berechnet. Zur Vermeidung von Fehlerquellen empfiehlt es sich, eine größere Reihe von Ablesungen auch bei verschiedenen Schichthöhen und auch nach Vertauschung der zu vergleichenden Lösungen im Kolorimeter vorzunehmen.

Bei stärkeren roten Färbungen (in Lösungen, die in 50 ccm mehr als 0,3 mg Natriumnitrit) enthalten, ist der Farbenvergleich erschwert; in solchen Fällen werden weitere 20 ccm des entfärbten Fleischauszuges entsprechend 0,75 g Fleisch auf 50 ccm verdünnt, 0,15 g Kochsalz und die übrigen Zusätze in den vorgeschriebenen Mengen hinzugefügt; die Farbe dieser Lösung wird dann mit derjenigen gleichzeitig hergestellter Vergleichslösungen verglichen.

Beurteilung.

Wird nach diesem Verfahren ein Gehalt des Fleisches an salpetrigsauren Salzen gefunden, der, auf 100 g Fleisch berechnet, 15 mg Natriumnitrit übersteigt, so besteht der Verdacht, daß das Fleisch mit salpetrigsauren Salzen behandelt worden ist.

Pökelsalze u. dgl. können in der gleichen Weise wie der entfärbte Fleischauszug auf einen Gehalt an salpetrigsauren Salzen untersucht werden. Dabei ist zu berücksichtigen, daß der synthetische Salpeter (Natriumnitrat) geringe Mengen von salpetrigsaurem Natrium enthält, das jedoch als technisch nicht vermeidbare Verunreinigung anzusehen ist, sofern seine Menge 0,5 %, des Salpeters nicht übersteigt.

Anlage e.

Zweiter Abschnitt.

Untersuchung von zubereiteten Fetten.

Proben, bei denen ein bestimmter Verdacht vorliegt, sind zunächst auf den Verdachtsgrund zu untersuchen.

Sobald sich bei der Untersuchung eines Fettes herausstellt, daß dasselbe nach Maßgabe der im folgenden unter I angegebenen Prüfungen einer der im § 15 Absatz 3 unter a bis d der Ausführungsbestimmungen D aufgeführten Bestimmungen nicht entspricht, so ist von einer weiteren Untersuchung des Fettes abzusehen.

Eine jede Durchschnittsprobe ist vor der Vornahme der einzelnen Prüfungen gut durchzumischen und für sich zu untersuchen.

I. Allgemeine Gesichtspunkte.

1. Bei der Prüfung, ob äußerlich am Fette wahrnehmbare Merkmale auf eine Verfälschung oder Nachahmung oder sonst auf eine vorschriftswidrige Beschaffenheit hinweisen, ist auf Farbe, Konsistenz, Geruch und Geschmack zu achten. Dabei sind die folgenden Gesichtspunkte zu berücksichtigen.

Bei der Beurteilung der Farbe ist darauf zu achten, ob das Fett eine ihm nicht eigentümliche Färbung oder Verfärbung aufweist oder fremde Beimengungen enthält.

Bei der Prüfung des Geruchs ist auf ranzigen, ,,sauer-ranzigen, fauligen, sauer-fauligen", talgigen, öligen, dumpfigen (mulstrigen, grabelnden), schimmeligen Geruch zu achten. Die Fette sind hierzu vorher zu schmelzen.

Bei der Prüfung des Geschmacks ist festzustellen, ob ein bitterer oder ein allgemein ekelerregender Geschmack vorliegt. Auch ist darauf zu achten, ob fremde Beimengungen durch den Geschmack erkannt werden können.

,,Ist ein ranziger Geruch oder Geschmack festgestellt, so ist die Bestimmung des Säuregrads gemäß III unter h dieses Abschnitts auszuführen."

2. Margarineproben sind auf die Anwesenheit des vom Bundesrat in Ausführung des Gesetzes vom 15. Juni 1897, betreffend den Verkehr mit Butter, Käse, Schmalz und deren Ersatzmitteln (R.-G.-Bl. 1897, S. 591), vorgeschriebenen Erkennungsmittels (Sesamöl) zu prüfen. Die Ausführung der Untersuchung geschieht ,,gemäß III unter d, γ dieses Abschnitts."

3. Bei Schweineschmalz ist die refraktometrische Prüfung mit einem Zeiß-Wollnyschen Refraktometer ,,unter Verwendung des gewöhnlichen Thermometers" auszuführen. Die Ausführung der refraktometrischen Prüfung geschieht ,,gemäß III unter a dieses Abschnitts".

4. ,,Soweit nicht auf Grund dieser Untersuchungen nach 1—3 eine Beanstandung erfolgt", ist in Ausführung des § 15 Absatz 3 unter b der Ausführungsbestimmungen D zu prüfen:

a) ob das Fett anderweitig verfälscht oder verdorben ist;

b) ob es unter das Verbot des § 3 des Gesetzes vom 15. Juni 1897 (R.-G.-Bl. S. 475) fällt;

c) ob es einen der im § 5, Nr. 3 der Ausführungsbestimmungen D verbotenen Stoffe enthält.

Die Untersuchungen unter ,,a" und ,,b" sind nach den ,,nachstehend" unter III aufgestellten Bestimmungen auszuführen. ,,In den Fällen des § 12,

Absatz 4 der Ausführungsbestimmungen D hat sich jedoch die Ausdehnung der Untersuchung zunächst nur auf dasjenige Bestimmungsverfahren zu beschränken, welches zu der Beanstandung geführt hat; soweit sich hiernach ein Verdacht nicht ergibt, bedarf es einer weiteren Untersuchung über die Stichprobenuntersuchung hinaus nicht.

Liegt ein bestimmter Verdacht vor, daß Fette, welche unter einer für Pflanzenfette üblichen Bezeichnung oder als Butter, Butterschmalz und dgl. eingeführt werden, unter das Gesetz, betreffend die Schlachtvieh- und Fleischbeschau vom 3. Juni 1900, fallen, so sind diese Fette einer Untersuchung gemäß III zu unterziehen."

Die Untersuchung unter c geschieht nach der „nachstehend" unter II gegebenen Anweisung.

Die Anzahl der zu untersuchenden Proben für die „vorstehend" angeführten Prüfungen richtet sich nach dem letzten Absatze des § 15 der Ausführungsbestimmungen D.

II. Untersuchung der Fette auf verbotene Zusätze.

Sofern nicht ein besonderer Verdachtsgrund vorliegt (Zweiter Abschnitt, Absatz 1), ist in allen Fällen auf die nachstehend unter 1 angeführten Stoffe zu untersuchen. Verläuft diese Untersuchung ergebnislos, so ist mindestens noch auf einen der übrigen Stoffe zu prüfen, „wobei je nach Lage des Falles tunlichst auf einen Wechsel bei der Auswahl der Stoffe, auf die geprüft werden soll, auch bei den aus einer Sendung entnommenen Stichproben zu achten ist".

1. Nachweis von Borsäure und deren Salzen[1]).

50 g Fett werden in einem Erlenmeyerkolben von 250 ccm Inhalt auf dem Wasserbade geschmolzen und mit 30 ccm Wasser von etwa 50° und 0,2 ccm Salzsäure vom spezifischen Gewichte 1,124 eine halbe Minute lang kräftig durchgeschüttelt. Alsdann wird der Kolben solange auf dem Wasserbad erwärmt, bis sich die wäßrige Flüssigkeit abgeschieden hat. Die Flüssigkeit wird durch Filtration von dem Fette getrennt. 25 ccm des Filtrats werden nach Ziffer II 1 des Ersten Abschnittes weiter behandelt.

Fett, in welchem Borsäure nach diesen Vorschriften nachgewiesen ist, ist im Sinne der Ausführungsbestimmungen D § 5 Nr. 3 als mit Borsäure oder deren Salzen behandelt zu betrachten."

2. Nachweis von Formaldehyd „und solchen Stoffen, die bei ihrer Verwendung Formaldehyd abgeben."

50 g Fett werden in einem Kolben von etwa 500 ccm Inhalt mit 50 ccm Wasser und „10 ccm 25%iger Phosphorsäure" versetzt und erwärmt. Nachdem das Fett geschmolzen ist, destilliert man unter Einleiten eines Wasserdampfstroms 50 ccm Flüssigkeit ab. Das „filtrierte" Destillat ist nach „Ziffer II 2 des Ersten Abschnittes" weiter zu behandeln.

„Durch den positiven Ausfall der Quecksilberchloridreaktion ist der Nachweis des Formaldehyds erbracht.

Fett, in welchem Formaldehyd nach diesen Vorschriften nachgewiesen ist, ist im Sinne der Ausführungsbestimmungen D § 5, Nr. 3 als mit Formaldehyd oder solchen Stoffen, die bei ihrer Verwendung Formaldehyd abgeben, behandelt zu betrachten."

---

[1]) Quantitativer Nachweis von Borsäure nach A. Beythien (Z. f. N. U. 1902, 5, 764).

50—100 g Margarine werden in einen weithalsigen Kolben abgewogen und mit 50 g heißem Wasser nach Aufsetzen eines Kautschukstopfens mehrmals kräftig durchgeschüttelt. Man filtriert dann den wäßrigen Teil durch ein trockenes Papierfilter und kühlt ihn ab; 40 ccm des Filtrats werden mit $^1/_{10}$ NaOH unter Verwendung von Phenolphthalein neutralisiert, darauf nach Zusatz von 25 ccm Glyzerin zu Ende titriert. In einem blinden Versuch mit bekannten Borsäuremengen wird der Titer der $^1/_{10}$-Lauge ermittelt. Der Wassergehalt der Margarine ist, da er das Volumen der Lösung vermehrt, in der Berechnung der Borsäuremengen zu berücksichtigen.

Vgl. ferner die Ermittelung der Borsäure in Butter S. 76.

Auf die Methode von Partheil-Rose (Z. f. U. N. 1902, 5, 1049) mit Ätherperforation kann nur verwiesen werden, da sie für praktische Zwecke weniger in Betracht kommt.

3. Nachweis von Alkali- und Erdalkali-Hydroxyden und -Karbonaten.

a) 30 g geschmolzenes Fett werden mit der gleichen Menge Wasser in einem mit „Kühlrohr" versehenen Kolben von etwa 500 ccm Inhalt vermischt. In das Gemisch wird $1/_2$ Stunde lang Wasserdampf eingeleitet. Nach dem Erkalten wird der wäßrige Auszug filtriert.

b) Das zurückbleibende Fett, „sowie das unter a benutzte Filter werden gemeinsam" nach Zusatz von 5 ccm Salzsäure „vom spezifischen Gewicht 1,124" in gleicher Weise, wie unter a angegeben, behandelt.

„Wird kein klares Filtrat erhalten, so bringt man das trübe Filtrat in einen Schütteltrichter, fügt auf je 20 ccm der Flüssigkeit 1 g Kaliumchlorid hinzu und schüttelt mit 10 ccm Petroleumäther etwa 5 Minuten lang aus. Nach dem Abscheiden der wäßrigen Flüssigkeit filtriert man diese durch ein angefeuchtetes Filter. Nötigenfalls wird das anfangs trübe ablaufende Filtrat solange zurückgegossen, bis es klar abläuft."

Alsdann ist das klare Filtrat von a auf 25 ccm einzudampfen und nach dem Erkalten mit verdünnter Salzsäure anzusäuern. Bei Gegenwart von Alkaliseife scheidet sich Fettsäure aus, die mit Äther auszuziehen und nach dem Verdunsten desselben als solche zu kennzeichnen ist. Entsteht jedoch beim Ansäuern eine in Äther schwer lösliche oder gelblichweiße Abscheidung, so ist diese gegebenenfalls nach der folgenden Ziffer 4 unter b auf Schwefel weiter zu prüfen.

Das klare Filtrat von b wird durch Zusatz von Ammoniakflüssigkeit und Ammoniumkarbonatlösung auf alkalische Erden geprüft.

„Tritt keine Fällung ein, dann ist die Flüssigkeit auf 25 ccm einzudampfen und durch Zusatz von Ammoniakflüssigkeit und Natriumphosphatlösung auf Magnesium zu prüfen."

Fett, in welchem nach diesen Vorschriften Alkali- oder Erdalkali-Hydroxyde und -Karbonate nachgewiesen sind, ist im Sinne der Ausführungsbestimmungen D § 5, Nr. 3 als mit Alkali- oder Erdalkali-Hydroxyden und Karbonaten behandelt zu betrachten."

4. Nachweis von schwefliger Säure und deren Salzen und von unterschwefligsauren Salzen.

„30 g Fett werden nach Ziffer II 3 des Ersten Abschnittes behandelt. Während des Erwärmens und auch während des Erkaltens wird der Kolben wiederholt vorsichtig geschüttelt.

Tritt eine Bläuung des Papierstreifens ein, dann ist der entscheidende Nachweis der schwefligen Säure durch nachstehendes Verfahren zu erbringen."

a) Zur Bestimmung der schwefligen Säure und der schwefligsauren Salze werden 50 g geschmolzenes Fett in einem Destillierkolben von 500 ccm Inhalt mit 50 ccm Wasser vermischt. Der Kolben wird darauf mit einem dreimal durchbohrten Stopfen verschlossen, durch welchen 3 Glasröhren in das Innere des Kolbens führen. Von diesen reichen 2 Röhren bis auf den Boden des Kolbens, die dritte nur bis in den Hals. Die letztere Röhre führt zu einem Liebigschen Kühler, an diesen schließt sich luftdicht mittels durchbohrten Stopfens eine kugelig aufgeblasene U-Röhre (sog. Peligotsche Röhre).

Man leitet durch die eine der bis auf den Boden des Kolbens führenden Glasröhren Kohlensäure, bis alle Luft aus dem Apparat verdrängt ist, bringt dann in die Peligotsche Röhre 50 ccm Jodlösung (erhalten durch Auflösen von 5 g reinem Jod und 7,5 g Kaliumjodid in Wasser zu 1 Liter; „die Lösung muß sulfatfrei sein"), lüftet den Stopfen des Destillationskolbens und läßt, ohne das Einströmen der Kohlensäure zu unterbrechen, 10 ccm einer wäßrigen 25%igen Lösung von Phosphorsäure hinzufließen. Alsdann leitet man durch die dritte Glasröhre Wasserdampf ein und destilliert unter stetigem Durchleiten von Kohlensäure 50 ccm über. Darauf verfährt man weiter, wie im Ersten Abschnitt unter II 3a angegeben ist.

Lieferte die Prüfung ein positives Ergebnis, so ist „das Fett im Sinne der Ausführungsbestimmungen D § 5, Nr. 3 als mit schwefliger Säure, schwefligsauren Salzen oder unterschwefligsauren Salzen behandelt zu betrachten". Liegt ein Anlaß vor, festzustellen, ob die schweflige Säure unterschwefligsauren Salzen entstammt, so ist in folgender Weise zu verfahren:

b) 50 g geschmolzenes Fett werden mit der gleichen Menge Wasser in einem mit Rückflußkühler versehenen Kolben von etwa 500 ccm Inhalt vermischt. In das Gemisch wird eine halbe Stunde lang strömender Wasserdampf eingeleitet, der wäßrige Auszug nach dem Erkalten filtriert und das Filtrat mit Salzsäure versetzt. Entsteht hierbei eine in Äther schwer lösliche Abscheidung, so wird diese auf Schwefel untersucht. Zu dem Zwecke wird der abfiltrierte und gewaschene Bodensatz nach den im Ersten Abschnitt unter II 3b gegebenen Bestimmungen weiterbehandelt.

5. Nachweis von Fluorwasserstoff und dessen Salzen.

30 g geschmolzenes Fett werden mit der gleichen Menge Wasser in einem mit Rückflußkühler versehenen Kolben von etwa 500 ccm Inhalt vermischt. In das Gemisch wird eine halbe Stunde lang strömender Wasserdampf eingeleitet, der wäßrige Auszug nach dem Erkalten filtriert und das Filtrat ohne Rücksicht auf eine etwa vorhandene Trübung mit Kalkmilch bis zur stark alkalischen Reaktion versetzt. Nach dem Absetzen und Abfiltrieren wird der Rückstand getrocknet, zerrieben, in einen Platintiegel gegeben und alsdann nach der Vorschrift im Ersten Abschnitt unter II 4 weiter behandelt.

„Fett, in welchem nach dieser Vorschrift Fluorwasserstoff nachgewiesen ist, ist im Sinne der Ausführungsbestimmungen D § 5, Nr. 3 als mit Fluorwasserstoff oder dessen Salzen behandelt zu betrachten."

6. Nachweis von Salicylsäure und deren „Verbindungen".

„Man mischt in einem Probierröhrchen 4 ccm Alkohol von 20 Volumprozent mit 2—3 Tropfen einer frisch bereiteten 0,05 %igen Eisenchloridlösung, fügt 2 ccm geschmolzenes Fett hinzu und mischt die Flüssigkeiten, indem man das mit dem Daumen verschlossene Probierröhrchen 40—50 mal umschüttelt. Bei Gegenwart von Salicylsäure färbt sich die untere Schicht violett.

Fett, in welchem nach dieser Vorschrift Salicylsäure nachgewiesen ist, ist im Sinne der Ausführungsbestimmungen D § 5, Nr. 3 als mit Salicylsäure oder deren Verbindungen behandelt zu betrachten."

7. Nachweis von fremden Farbstoffen.

Die Gegenwart fremder Farbstoffe erkennt man durch Auflösen des geschmolzenen Fettes (50 g) in absolutem Alkohol (75 ccm) „in der Wärme". Bei künstlich gefärbten Fetten bleibt die „unter Umschütteln in Eis abgekühlte und filtrierte" alkoholische Lösung deutlich gelb oder rötlich gelb gefärbt. „Die alkoholische Lösung ist in einem Probierrohre von 18—20 mm Weite im durchfallenden Lichte zu beobachten."

Zum Nachweis bestimmter Teerfarbstoffe werden 5 g Fett in 10 ccm „Äther oder Petroleumäther" gelöst. Die Hälfte der Lösung wird in einem Probierröhrchen mit 5 ccm Salzsäure vom spezifischen Gewicht 1,124, die andere Hälfte der Lösung mit 5 ccm Salzsäure vom spezifischen Gewicht 1,19 kräftig durchgeschüttelt. Bei Gegenwart gewisser Azofarbstoffe ist die unten sich absetzende Salzsäureschicht deutlich rot gefärbt.

„Fett, in welchem nach vorstehenden Vorschriften fremde Farbstoffe nachgewiesen sind, ist im Sinne der Ausführungsbestimmungen D § 5, Nr. 3 als mit fremden Farbstoffen behandelt zu betrachten."

III. Untersuchung der Fette auf ihre Abstammung und Unverfälschtheit bzw. darauf, ob sie den Anforderungen des Reichsgesetzes vom 15. Juni 1897 entsprechen.

Zu diesem Zwecke sind, „soweit nicht nachstehende Abweichungen vorgesehen sind", die Verfahren der „Anweisung zur chemischen Untersuchung von Fetten und Käsen" anzuwenden, welche auf Grund des § 12, Ziffer 2 des Gesetzes vom 15. Juni 1897 durch Bekanntmachung des Reichskanzlers vom 1. April 1898 (Zentralbl. f. d. Deutsche Reich, 1898, S. 201 bis 216) erlassen wurde.

„Bei allen tierischen Fetten, ausgenommen Margarine und Kunstspeisefett (z. B. bei Schmalz, Talg und Oleomargarin), ist in allen Fällen außer der Bestimmung des Brechungsvermögens (a) die Prüfung auf Pflanzenöle nach den nachstehenden Vorschriften und d, α oder β und e auszuführen. Bei Schmalz auch die Prüfung nach c; dagegen hat die Prüfung unter g nur in dem dort angegebenen Umfange, die Bestimmung der Verseifungszahl (f), bei mindestens je einer Probe einer Sendung und die Bestimmung der Jodzahl (b), abgesehen von besonderen Verdachtsfällen, nur dann zu erfolgen, wenn bei 40 ° die Refraktometerzahl:

    a) von Schmalz außerhalb der Grenzen 48,5—51,5,
    b) von Talg außerhalb der Grenzen 45,0—48,5,
    c) von Oleomargarin außerhalb der Grenzen 46,0—50,0 liegt.

Bei der Untersuchung von Margarine und von Kunstspeisefetten sind die Bestimmung des Brechungsvermögens (a), der Jodzahl (b) und die Prüfung auf Pflanzenöle (c, d, e und g), unbeschadet der Bestimmung im Zweiten Abschnitt unter I 2 zu unterlassen; die Bestimmung der Verseifungszahl (f) hat bei mindestens je einer Probe einer Sendung stattzufinden.

Sofern der Verdacht vorliegt, daß tierische Fette unter einer für Pflanzenfette üblichen Bezeichnung oder als Butter, Butterschmalz oder dgl. eingeführt werden, sind je nach Lage des Falles die in Betracht kommenden Verfahren der oben genannten „Anweisung zur chemischen Untersuchung von Fetten und Käsen" anzuwenden.

Läßt bei Fetten aller Art die Geruchs- und Geschmacksprobe auf eine ranzige, sauer-ranzige oder sauer-faulige Beschaffenheit des Fettes schließen, so ist die Bestimmung des Säuregrades (h) auszuführen.

Die vorstehend besonders genannten Prüfungen sind nach folgenden Verfahren auszuführen:

a) Bestimmung des Brechungsvermögens.

Die zugehörige Vorschrift findet sich im Abschnitt „Allgemeine Untersuchungsmethoden der Fette", S. 14.

b) Bestimmung der Jodzahl nach von Hübl.

Die zugehörige Vorschrift findet sich im Abschnitt „Allgemeine Untersuchungsmethoden der Fette", S. 62.

c) Nachweis von Pflanzenölen im Schmalz „nach Bellier".

„5 ccm geschmolzenes, filtriertes Fett werden mit 5 ccm farbloser Salpetersäure vom spezifischen Gewicht 1,4 und 5 ccm einer kalt gesättigten Lösung von Resorcin in Benzol in einer dickwandigen, mit Glasstopfen verschließbaren Probierröhre 5 Sekunden lang tüchtig durchgeschüttelt. Treten während des Schüttelns oder 5 Sekunden nach dem Schütteln rote, violette oder grüne Färbungen auf, so deuten diese auf die Anwesenheit von Pflanzenölen hin. Später eintretende Farbenerscheinungen sind unberücksichtigt zu lassen."

d) Nachweis von Sesamöl.

α) Wenn keine Farbstoffe vorhanden sind, die sich mit Salzsäure rot färben, so werden „5 ccm geschmolzenes Fett in 5 ccm Petroleumäther gelöst" und mit 0,1 ccm einer alkoholischen Furfurollösung (1 Raumteil farbloses Furfurol in 100 Raumteilen absolutem Alkohol gelöst) und mit 10 ccm Salzsäure vom spezifischen Gewichte 1,19 mindestens eine halbe Minute lang kräftig geschüttelt. „Bei Anwesenheit von Sesamöl zeigt die am Boden sich abscheidende Salzsäure eine nicht alsbald verschwindende deutliche Rotfärbung".

β) Wenn Farbstoffe vorhanden sind, die durch Salzsäure rot gefärbt werden, so werden 5 ccm geschmolzenes Fett in 10 ccm Petroleumäther gelöst und 2,5 ccm stark rauchender Zinnchlorürlösung zugesetzt. Die Mischung wird kräftig durchgeschüttelt, so daß alles gleichmäßig gemischt ist (aber nicht länger) und die Mischung nun in Wasser von 40 ° getaucht. Nach Abscheidung der Zinnchlorürlösung taucht man die Mischung in Wasser von 80 °, so daß dieses nur die Zinnchlorürlösung erwärmt und ein Sieden des Petroleumäthers verhindert wird. Bei Gegenwart von Sesamöl zeigt die Zinnchlorürlösung nach drei Minuten langem Erwärmen eine deutliche bleibende Rotfärbung.

Die Zinnchlorürlösung ist aus 5 Gewichtsteilen kristallisiertem Zinnchlorür, die mit einem Gewichtsteile Salzsäure anzurühren und vollständig mit trockenem Chlorwasserstoff zu sättigen sind, herzustellen, nach dem Absetzen durch Asbest zu filtrieren und in kleinen, mit Glasstopfen verschlossenen, möglichst angefüllten Flaschen aufzubewahren.

γ) „Bei der Untersuchung von Margarine auf den vorgeschriebenen Gehalt an Sesamöl werden, wenn keine Farbstoffe vorhanden sind, die sich mit Salzsäure rot färben, 0,5 ccm des geschmolzenen, klar filtrierten Fettes in 9,5 ccm Petroleumäther gelöst und die Lösung nach dem unter 1 angegebenen Verfahren geprüft."

Wenn Farbstoffe vorhanden sind, die durch Salzsäure rot gefärbt werden, so löst man 1 ccm des geschmolzenen, klar filtrierten Margarinefettes in 19 ccm Petroleumäther und schüttelt diese Lösung in einem kleinen zylindrischen Scheidetrichter mit 5 ccm Salzsäure vom spezifischen Gewichte 1,124 etwa eine halbe Minute lang. Die unten sich ansammelnde rot gefärbte Salzsäureschicht läßt man abfließen und wiederholt dieses Verfahren, bis die Salzsäure nicht mehr rot gefärbt wird. Alsdann läßt man die Salzsäure abfließen und prüft 10 ccm der so behandelten Petroleumätherlösung nach dem unter α angegebenen Verfahren.

„Hat die Margarine den vorgeschriebenen Gehalt an Sesamöl von der durch die Bekanntmachung vom 4. Juli 1897, R.-G.-Bl. S. 591 vorgeschriebenen Beschaffenheit, so muß in jedem Falle die Sesamölreaktion noch deutlich eintreten."

e) Nachweis von Baumwollsamenöl.

5 ccm Fett werden mit der gleichen Raummenge Amylalkohol und 5 ccm einer 1%igen Lösung von Schwefel in Schwefelkohlenstoff in einem weiten, mit Korkverschluß und weitem Steigrohre versehenen Reagenzglas etwa ¼ Stunde lang im siedenden Wasserbad erhitzt. Tritt eine Färbung nicht ein, so setzt man nochmals 5 ccm der Schwefellösung zu und erhitzt von neuem ¼ Stunde lang. Eine deutliche Rotfärbung der Flüssigkeit kann durch die Gegenwart von Baumwollsamenöl bedingt sein.

f) Bestimmung der Verseifungszahl (der Köttstorferschen Zahl).

Vgl. Allgemeine Untersuchungsmethoden der Fette, S. 59.

g) Prüfung auf das Vorhandensein von Phytosterin.

Wenn die vorhergehenden Prüfungen darauf hinweisen, daß eine Verfälschung von „Schmalz, Talg und Oleomargarin" mit Pflanzenölen stattgefunden hat, so ist die Untersuchung auf Phytosterin anzustellen. „Auch ohne diese Voraussetzung ist die Prüfung auf Phytosterin so häufig auszuführen, daß im Jahresdurchschnitte bei den genannten Fetten auf etwa 25 nach § 15, Absatz 6 der Ausführungsbestimmungen D bei einer Beschaustelle zur Untersuchung gelangenden Proben außer den Prüfungen in Verdachtsfällen noch je eine sonstige Prüfung auf Phytosterin entfällt."

Die Prüfung auf das Vorhandensein von Phytosterin ist in folgender Weise auszuführen:

100 g Fett werden in einem Kolben von 1 Liter Inhalt auf dem Wasserbade geschmolzen und mit 200 ccm alkoholischer Kalilauge, welche in 1 Liter Alkohol von 70 Volumprozenten 200 g Kaliumhydroxyd enthält, auf dem kochenden Wasserbad am Rückflußkühler verseift. Nach beendeter Verseifung, die etwa eine halbe Stunde Zeit erfordert, wird die Seifenlösung mit 600 ccm Wasser versetzt und nach dem Erkalten in einem Schütteltrichter viermal mit Äther ausgeschüttelt. Zur ersten Ausschüttelung verwendet man 800 ccm, zu den folgenden je 400 ccm Äther. Aus diesen Auszügen wird der Äther abdestilliert und der Rückstand nochmals mit 10 ccm obiger Kalilauge 5—10 Minuten im Wasserbad erhitzt, die Lösung mit 20 ccm Wasser versetzt und nach dem Erkalten zweimal mit je 100 ccm Äther ausgeschüttelt. Die ätherische Lösung wird viermal mit je 10 ccm Wasser gewaschen, danach durch ein trockenes Filter filtriert und der Äther abdestilliert. Der Rückstand wird in ein „etwa 8 ccm fassendes zylinderförmiges, mit Glasstopfen versehenes Gläschen gebracht und bei 100° getrocknet. Der erkaltete Rückstand wird mit 1 ccm unterhalb 50° siedenden Petroleumäthers übergossen und mit einem Glasstabe zu einer pulverförmigen Masse zerdrückt. Alsdann wird das verschlossene Gläschen 20 Minuten lang in Wasser von 15—16° gestellt. Hierauf bringt man den Inhalt des Gläschens in einen kleinen, mit Wattestopfen versehenen Trichter und bedeckt diesen mit einem Uhrglase. Nachdem die klare Flüssigkeit abgetropft ist, werden Glasstab, Gläschen und Trichterinhalt fünfmal mit je 0,5 ccm

kaltem Petroleumäther nachgewaschen. Der am Glasstabe, im Gläschen und Trichter sich befindende ungelöste Rückstand wird alsdann in Äther gelöst, die Lösung in ein Glasschälchen gebracht und der Rückstand nach dem Verdunsten des Äthers bei 100° getrocknet." Darauf setzt man 1—2 ccm Essigsäureanhydrid hinzu, erhitzt unter Bedeckung des Schälchens mit einem Uhrglas auf dem Drahtnetz etwa eine halbe Minute lang zum Sieden und verdunstet den Überschuß des Essigsäureanhydrids auf dem Wasserbade. Der Rückstand wird 3—4 mal aus geringen Mengen, etwa 1 ccm absolutem Alkohol umkristallisiert. Die einzelnen Kristallisationsprodukte werden unter Anwendung eines kleinen Platinkonus, der an seinem spitzen Ende mit zahlreichen äußerst kleinen Löchern versehen ist, durch Absaugen von den Mutterlaugen getrennt. Von der zweiten Kristallisation ab wird jedesmal der Schmelzpunkt bestimmt. Schmilzt das letzte Kristallisationsprodukt erst bei 117° (korrigierter Schmelzpunkt) oder höher, so ist der Nachweis von Pflanzenöl als „erbracht und das Fett als verfälscht im Sinne des § 21 der Ausführungsbestimmungen D anzusehen."

h) Bestimmung der freien Fettsäuren (des Säuregrades).
Siehe Allgemeine Untersuchungsmethoden der Fette, S. 59.

Schlußbericht.

Nach Beendigung der Untersuchung ist deren Ausfall dem zum Beschauer bestellten Tierarzte schriftlich mitzuteilen, soweit dieser das Beschaubuch führt.

Preußische Ministerialverfügung, betreffend die Untersuchung ausländischen Fleisches.
Vom 24. Juni 1909 [1]).

§ 7. Schweineschmalz mit einem höheren Wassergehalt als 0,3% ist als verfälscht anzusehen und von der Einfuhr zurückzuweisen.

Die Untersuchung von Schweineschmalz auf den Wassergehalt ist künftig nach der beigefügten Anleitung (Anlage 2) vorzunehmen. Sie hat nur in Verdachtsfällen zu erfolgen.

Anlage 2.
Anleitung zum Nachweise geringer Mengen Wasser im Schweineschmalz.

Man bringt in ein starkwandiges Probierröhrchen aus farblosem Glase von 9 cm Länge und 18 ccm Rauminhalt etwa 10 g der vorher gut durchgemischten Schmalzprobe und verschließt es mit einem durchlochten Gummistopfen, in dessen Öffnung ein bis 100° reichendes Thermometer so weit eingeschoben wird, bis sich dessen Quecksilberbehälter in der Mitte der Fettschicht befindet. Darauf wird das Probierröhrchen in einer Flamme allmählich erwärmt, bis das Fett die Temperatur von 70° angenommen hat. Stellt das geschmolzene Schweineschmalz bei dieser Temperatur eine vollkommen klare Flüssigkeit dar, dann enthält es weniger als 0,3% Wasser, und es bedarf keiner weiteren Untersuchung. Ist das Fett dagegen bei 70° trübe geschmolzen oder sind in demselben Wassertröpfchen sichtbar, dann wird das Probierröhrchen in einer Flamme allmählich auf 95° erwärmt und bei dieser Temperatur zwei Minuten lang kräftig durchgeschüttelt. In der Mehrzahl der Fälle wird das Fett dann zu einer völlig klaren Flüssigkeit geschmolzen sein. Alsdann läßt man das Fett unter mäßigem Schütteln in der Luft abkühlen und stellt diejenige Temperatur fest, bei der eine deutlich sichtbare Trübung des Schmalzes eintritt. Das Erwärmen auf 95°, das Schütteln und Abkühlenlassen wird zwei- bis dreimal oder so oft wiederholt, bis sich die Trübungstemperatur des Fettes nicht mehr erhöht. Beträgt die konstante Trübungstemperatur des Schweineschmalzes mehr als 75°, dann enthält es mehr als 0,3% Wasser und ist als mit Wasser verfälscht zu betrachten.

Ist das Schweineschmalz bei 95° nicht zu einer klaren Flüssigkeit geschmolzen, dann enthält es entweder mehr als 0,45% Wasser oder andere unlösliche Stoffe, wie Gewebsteile oder chemische Stoffe (Fullererde) und ist als verfälscht zu betrachten.

[1]) Ähnliche Verfügungen sind auch in den anderen Bundesstaaten erlassen. Die §§ 1—6 beziehen sich auf die tierärztliche Untersuchung, §§ 8 und 9 auf administrative Vorschriften für die Chemiker und sind deshalb hier fortgelassen.

Übersicht über die bei der chemischen Untersuchung der Fette auszuführenden Prüfungen.

		Schweineschmalz	Talg	Oleomargarin[1]	Kunstspeisefett	Margarine
Vorprüfung	Auszuführen bei allen von einer Sendung gemäß § 15(₄) der Ausführungsbestimmungen D entnommenen Stichproben	a) Prüfung, ob die Packstücke den Angaben in den Begleitpapieren entsprechen und gemäß den für den Inlandverkehr bestehenden Vorschriften bezeichnet sind („Margarine", „Kunstspeisefett"). Ausführungsbestimmungen D § 15 (₂) a und Anlage c C.)					
		b) Prüfung auf äußere Beschaffenheit: Farbe, Konsistenz, Geruch und nötigenfalls Geschmack, auf Vorhandensein von Schimmelpilzen und Bakterienkolonien sowie auf sonstige Anzeichen von Verdorbensein. (Ausführungsbestimmungen D § 15 (₂) b und Anlage c C.)					
Hauptprüfung	Auszuführen bei allen gemäß § 15 (₄) der Ausführungsbestimmungen D entnommenen Stichproben	a) Prüfung, ob äußerlich am Fette wahrnehmbare Merkmale auf eine Verfälschung oder Nachmachung oder sonst auf eine vorschriftswidrige Beschaffenheit hinweisen. (Ausführungsbestimmungen D § 15 (₂) a und Anlage d, Zweiter Abschnitt I 1.)					
		b) Bestimmung des Brechungsvermögens (Ausführungsbestimmungen D (15 (₂) d.)	—	—	—	Prüfung auf den vorgeschriebenen Gehalt an Sesamöl (Ausführungsbestimmungen D § 15 (₂) c.)
	Auszuführen bei den gemäß § 15 (₄) der Ausführungsbestimmungen D entnommenen Stichproben	a)	Bestimmung des Brechungsvermögens (Anlage d, Zweiter Abschnitt III.)		—	—
		b) Prüfung auf Borsäure. (Anlage d, Zweiter Abschnitt II.)					
		c) Sofern die Prüfung auf Borsäure ergebnislos verläuft, Prüfung auf einen weiteren verbotenen Stoff je nach Lage des Falles. (Anlage d, Zweiter Abschnitt II.)					
		d) Prüfungen auf Pflanzenöle. (Anlage d, Zweiter Abschnitt III.)			—	—
		Prüfung nach Bellier	Prüfung auf Sesamöl, Prüfung auf Baumwollsamenöl			
	Auszuführen bei Verdachtsgründen	a) Bestimmung der Jodzahl, wenn die Refraktometerzahlen bei 40° außerhalb der Grenzen liegen: (Anlage d, Zweit. Abschn. III.)				
		48,5—51,5	45,0—48,5	46—50		
		b) Bestimmung d. Säuregrads. (Anl. d, Zweit. Abschn. III.)					
	Auszuführen bei einer beschränkteren Anzahl von Proben	a) Phytosterinacetatprobe, wenn die Bestimmung des Brechungsvermögens, die Bestimmung der Jodzahl und die Prüfungen auf Pflanzenöle darauf hinweisen, daß eine Verfälschung mit Pflanzenölen stattgefunden hat, sowie bei mindestens einer von 25 der gemäß § 15 (₄) entnommenen Stichproben. (Anlage d, Zweiter Abschnitt III.)			—	—
		b) Bestimmung der Verseifungszahl in mindestens je einer Probe einer Sendung. (Anlage d, Zweiter Abschn. III.)					

[1] Sonstige tierische Fette sind wie Talg und Oleomargarin zu untersuchen.

VIII. Zuckersteuergesetz.

Ausführungsbestimmungen (vom 18. Juni 1903) zum Zuckersteuergesetz vom
27. Mai 1896
6. Jan. 1903

(Zentralbl. f. d. Deutsche Reich 1903, S. 284 und 1906, Nr. 4 und S. 947—949.)

Anlage A.

Anleitung für die Steuerstellen zur Untersuchung der Zuckerabläufe auf Invertzuckergehalt und Feststellung des Quotienten der weniger als 2 vom Hundert Invertzucker enthaltenden Zuckerabläufe.

I. Allgemeine Vorschriften.

1. Bei Beginn der Untersuchung ist zunächst eine Prüfung des Ablaufs nach dem unter II 1 beschriebenen Verfahren auf den Gehalt an Invertzucker auszuführen. Sobald sich dieser Gehalt zu 2 vom Hundert oder mehr ergibt, erfolgt das weitere Verfahren nach § 2, Absatz 4, 5 der Ausführungsbestimmungen [1].

2. Ergibt die nachfolgend unter II 2 beschriebene Untersuchung einen Quotienten von 70 oder mehr, so ist von der weiteren Prüfung des Ablaufs Abstand zu nehmen, falls nicht der Anmelder eine Untersuchung durch den Chemiker beantragt.

3. Die bei der Untersuchung der Abläufe zu verwendenden Gewichte, Meßgeräte und Spindeln müssen geeicht oder eichamtlich beglaubigt sein.

II. Ausführung der Untersuchung.

1. **Untersuchung der Zuckerabläufe auf Invertzuckergehalt.**

In einer Messing- oder Porzellanschale, deren Gewicht auszugleichen ist, werden genau 10 g des nötigenfalls durch Anwärmen dünnflüssig gemachten Ablaufs abgewogen und durch Zusatz von etwa 50 ccm warmem Wasser und Umrühren mit einem Glasstab in Lösung gebracht. Die Lösung bedarf, auch wenn sie getrübt erscheinen sollte, in der Regel einer Filtrierung nicht. Man bringt sie in einen sogenannten Erlenmeyerschen Kolben von etwa 200 ccm Raumgehalt und fügt 50 ccm Fehlingsche Lösung hinzu.

Die Fehlingsche Lösung erhält man durch Zusammengießen gleicher Teile von Kupfervitriollösung (34,6 g reiner kristallisierter Kupfervitriol, zu 500 ccm mit Wasser gelöst) und Seignettesalz-Natronlauge (173 g kristallisiertes Seignettesalz, zu 400 ccm mit Wasser gelöst; die Lösung vermischt mit 100 ccm einer Natronlauge, welche 500 g Natronhydrat im Liter enthält). Beide Flüssigkeiten sind fertig von einer Chemikalienhandlung zu beziehen und müssen getrennt aufbewahrt werden; von jeder sind 25 ccm mittels besonderer Pipette zu entnehmen und der Lösung des Zuckerablaufs unter Umschütteln zuzusetzen.

Die mit der Fehlingschen Lösung versetzte Flüssigkeit wird im Kochkolben auf ein durch einen Dreifuß getragenes Drahtnetz gestellt, welches sich über einem Bunsenbrenner oder einer guten Spirituslampe befindet, aufgekocht und 2 Minuten im Sieden erhalten. Die Zeit des Siedens darf nicht abgekürzt werden.

Hierauf entfernt man den Brenner oder die Lampe, wartet einige Minuten, bis ein in der Flüssigkeit entstandener Niederschlag sich abgesetzt hat, hält den Kolben gegen das Licht und beobachtet, ob die Flüssigkeit noch blau gefärbt ist. Ist noch Kupfer in der Lösung vorhanden, was durch die blaue Farbe angezeigt wird, so enthält die Lösung weniger als 2 vom Hundert Invertzucker, anderenfalls sind 2 oder mehr vom Hundert dieses Zuckers vorhanden.

Die Färbung erkennt man deutlicher, wenn man ein Blatt weißes Schreibpapier hinter den Kolben hält und so beobachtet, daß das Licht durch die Flüssigkeit hindurch auf das Blatt Papier fällt.

---

[1] Betr. administrative Vorschriften. Vgl. auch K. v. Buchka, Die Nahrungsmittelgesetzgebung, 1. Aufl. 1901, 92.

Sollte die Flüssigkeit nach dem Kochen gelbgrün oder bräunlich erscheinen, so liegt die Möglichkeit vor, daß noch unzersetzte Kupferlösung vorhanden ist und deren blaue Farbe nur durch die gelbbraune Farbe des Ablaufs verdeckt wird. In solchen Fällen ist wie folgt zu verfahren:

Man fertigt aus gutem, dickem Filtrierpapier ein kleines Filter, feuchtet es mit etwas Wasser an und setzt es in einen Glastrichter ein, wobei es am Rande des Trichters gut festgedrückt wird. Der letztere wird auf ein Reagensgläschen gesetzt. Hierauf filtriert man etwa 10 ccm der Flüssigkeit durch das Filter und setzt dem Filtrat ungefähr die gleiche Menge Essigsäure und einen oder zwei Tropfen einer wäßrigen Lösung von gelbem Blutlaugensalz zu. Entsteht hierbei eine stark rote Färbung des Filtrats, so ist noch Kupfer in der Lösung und somit erwiesen, daß der Zuckerablauf weniger als 2 vom Hundert Invertzucker enthält.

2. Bestimmung des Quotienten.

Als Quotient im Sinne der Vorschrift im § 1 der Ausführungsbestimmungen gilt diejenige Zahl, welche durch Teilung des hundertfachen Betrages der Polarisationsgrade des Ablaufs durch die Prozente Brix berechnet wird.

a) Ermittelung der Prozente Brix.

Man wägt in einem reinen Becherglase von etwa $^1/_2$ Liter Raumgehalt zusammen mit einem hinlänglich langen Glasstabe 200—300 g des Ablaufs auf 1 g genau ab. Nachdem man das Glas von der Wage heruntergenommen hat, fügt man etwa 150 ccm heißes destilliertes Wasser hinzu, rührt mit dem stets im Glase verbleibenden Stabe solange vorsichtig (um das Glas nicht zu zerstoßen) um, bis der Ablauf im Wasser sich vollständig gelöst hat, stellt das Glas in kaltes Wasser und beläßt es daselbst, bis der Inhalt ungefähr die Zimmerwärme angenommen hat. Hierauf trocknet man das Glas sorgfältig ab, stellt es wieder auf die Wage, setzt auf die andere Schale zu den vorhandenen weitere Gewichtsstücke, welche dem Gewichte des Ablaufs entsprechen, und läßt in das Glas solange destilliertes Wasser von Zimmerwärme, zuletzt vorsichtig und tropfenweise, einlaufen, bis die Wage abermals einspielt.

Nachdem die zweite Wägung beendet ist, rührt man die Flüssigkeit mit dem inzwischen im Glase verbliebenen Glasstabe solange gehörig um, bis sich auch nicht die geringste Schlierenbildung mehr zeigt. Der ursprüngliche Ablauf ist dann auf die Hälfte seines Gehaltes an Zucker verdünnt.

Zum Zwecke der Spindelung wird ein Teil der so vorbereiteten Flüssigkeit in einen Glaszylinder hineingegeben. Die Spindelung selbst erfolgt mittels der Brixschen Spindel nach den für die Spindelung von Branntwein, Mineralöl, Wein usw. bestehenden Regeln (siehe z. B. Alkoholermittelungsordnung, Zentralbl. f. d. Deutsche Reich 1900, S. 377). Zu beachten ist, daß die Prozente auf Fünftelprozente, die Wärmegrade auf ganze Grade abzulesen sind.

Da die abgelesenen Wärmegrade nicht immer mit der Normaltemperatur (20° C) übereinstimmen, sind die abgelesenen Prozente nur scheinbare. Zu ihrer Umrechnung auf berichtigte Prozente Brix dient die am Schlusse dieser Anlage abgedruckte Tafel 1 (s. Anmerk. S. 738). Sie enthält in der ersten mit „Wärmegrade" überschriebenen Zeile die Temperaturen von 10—29°, in der ersten mit „Abgelesene Prozente" überschriebenen Spalte die scheinbaren abgelesenen Prozente. Die folgenden Spalten geben die berichtigten Prozente. Man sucht die der abgelesenen Temperatur entsprechende Spalte und geht in dieser bis zu derjenigen Zeile, an deren Anfang, in der ersten Spalte, die abgelesenen Prozente stehen. Die Zahl, auf die man trifft, gibt die berichtigten Prozente der verdünnten Lösung. Beträgt z. B. die abgelesene Temperatur 22° und die abgelesene Prozentangabe 38,6, so findet man für die berichtigten Prozente 38,7.

Die so ermittelten berichtigten Prozente sind mit 2 zu vervielfältigen, um die berichtigten Prozente der unverdünnten Lösung zu erhalten.

b) Polarisation.

Bei der Polarisation der Zuckerabläufe ist nach Anlage C zu verfahren. Jedoch geschieht das Abwägen und Entfärben in nachfolgend angegebener Weise.

Zur Untersuchung wird nur das halbe Normalgewicht — 13,0 g — des Zuckerablaufs verwendet. Man wägt diese Menge in eine Messing- oder Porzellanschale ab, fügt 40—50 ccm lauwarmes destilliertes Wasser hinzu und rührt mit einem Glasstabe solange um, bis der Ablauf im Wasser sich vollständig gelöst hat. Hierauf wird die Flüssigkeit in einen Meßkolben von 100 ccm Raumgehalt gefüllt, und der an der Schale und dem Glasstabe noch haftende Rest mit etwa 10—20 ccm Wasser in den Kolben nachgespült. Darauf folgt die Klärung.

Man läßt zunächst etwa 5 ccm Bleiessig in den Kolben einfließen und mischt durch vorsichtiges Umschwenken. Ist die Flüssigkeit, nachdem der entstehende Niederschlag sich abgesetzt hat — was meist in wenigen Minuten geschieht —, noch zu dunkel, so fährt man mit dem Zusatz von Bleiessig fort, bis die genügende Helligkeit erreicht ist. Oft sind bis zu 12 ccm Bleiessig zur Klärung erforderlich. Dabei ist jedoch zu beachten, daß Bleiessig zwar genügend, aber in nicht zu großen Mengen zugesetzt werden darf; jeder hinzugesetzte Tropfen Bleiessig muß noch einen Niederschlag in der Flüssigkeit hervorbringen.

Gelingt es nicht, die Flüssigkeit durch den Zusatz von Bleiessig so weit zu klären, daß die Polarisation im 200 mm-Rohre ausgeführt werden kann, so ist zu versuchen, ob dies im 100 mm-Rohre möglich ist. Gelingt auch dies nicht, so muß eine neue Lösung hergestellt und diese vor dem Bleiessigzusatz mit etwa 10 ccm Alaunlösung versetzt werden; diese Lösungen geben mit Bleiessig starke Niederschläge, welche klärend wirken, und gestatten die Anwendung großer Mengen Bleiessig.

Die zur Klärung hinzugefügten Flüssigkeiten dürfen zusammen nicht so viel betragen, daß die Lösung im Kolben über die begrenzende Marke steigt. Nach der Klärung wird mit Wasser bis zur Marke aufgefüllt und gehörig durchgeschüttelt.

Nachdem die Polarisation ausgeführt ist, sind die abgelesenen Polarisationsgrade mit 2 zu vervielfältigen, weil nur das halbe Normalgewicht des Ablaufs zur Untersuchung verwendet worden ist. Hat man statt eines 200 mm-Rohres nur ein 100 mm-Rohr angewendet, so sind die abgelesenen Grade mit 4 zu vervielfältigen.

Berechnung des Quotienten. Bezeichnet man die ermittelten berichtigten Prozente Brix der unverdünnten Lösung mit B und die ermittelten Polarisationsgrade mit P, so berechnet sich der Quotient Q nach der Formel $Q = \dfrac{100\ P}{B}$. Bei der Angabe des Endergebnisses sind die Bruchteile auf volle Zehntel abzurunden, und zwar, wenn die zweite Stelle nach dem Komma weniger als 5 beträgt, nach unten, andernfalls nach oben.

Beispiele für die Feststellung des Quotienten. 223 g eines Zuckerablaufs sind mit 223 g Wasser verdünnt worden. Die Brixsche Spindel zeigt 35,2% C; nach der Tafel 1 ist die berichtigte Prozentangabe 35,3, dieses mit 2 vervielfältigt gibt 70,6. Die Polarisation des halben Normalgewichts im 200 mm-Rohre sei 25,2°; daher beträgt die wirkliche Polarisation $25,2 \times 2 = 50,4°$. Der Quotient berechnet sich hiernach auf $\dfrac{100 \cdot 50,4}{70,6} = 71,39$ oder abgerundet 71,4.

Schlußbestimmung.

Über die Untersuchung ist eine Befundsbescheinigung auszustellen, welche außer einer genauen Bezeichung der Probe folgende Angaben zu enthalten hat: das Ergebnis der Prüfung auf Invertzuckergehalt, die abgelesenen Prozente Brix der verdünnten Lösung, die Temperatur der Lösung, die berichtigten Prozente Brix nach der Vervielfältigung mit 2, das Ergebnis der Polarisation für das ganze Normalgewicht (also die abgelesenen Polarisationsgrade vervielfältigt mit 2 oder — bei Anwendung eines 100 mm-Rohres — mit 4) und den Quotienten.

Anmerkung. Die für die Steuerbeamten bestimmte Tafel 1 zur Ermittelung der berichtigten Prozente Brix aus den abgelesenen Prozenten und Wärmegraden ist hier fortgelassen.

Anlage B.

Anleitung für die Chemiker zur Feststellung des Quotienten der Zuckerabläufe und zur Ermittelung des Raffinosegehalts.

Allgemeine Vorschriften.

Die Vorschriften unter I Ziffer 2 und 3 der Anlage A finden auch auf diese Feststellung Anwendung mit der Maßgabe, daß auch nicht geeichte, jedoch eichfähige Geräte Verwendung finden dürfen, sofern sie einer genauen Prüfung durch den untersuchenden Chemiker unterzogen sind; hierüber ist bei der Mitteilung des Ergebnisses ein entsprechender Vermerk zu machen. Auf die Spindeln und Gewichte bezieht sich diese Ausnahme nicht.

In allen Fällen, in denen eine chemische Ermittelung des Gesamtzuckergehaltes stattfindet, ist bei der Berechnung des Quotienten an die Stelle der Polarisationsgrade der Gesamtzuckergehalt, als Rohrzucker berechnet, zu setzen.

Nach den Ausführungsbestimmungen soll die Feststellung des Quotienten eines Zuckerablaufs einem Chemiker übertragen werden, wenn

a) bei der Abfertigungsstelle oder dem Amte, an welches die Probe versendet ist, zur Ermittelung des Quotienten geeignete Beamte nicht vorhanden sind;

b) der Zuckerablauf 2 oder mehr vom Hundert Invertzucker enthält;

c) der Anmelder die Berechnung des Quotienten nach dem chemisch ermittelten reinen Zuckergehalte beantragt hat.

Den Chemikern wird bei der Übersendung der Proben von der Amtsstelle jedesmal mitgeteilt werden, aus welchem der angegebenen Gründe die Untersuchung erfolgen soll, und ob die Anwendung der Raffinoseformel gemäß § 2 Absatz 5 der Ausführungsbestimmungen zulässig ist.

In den unter a und b bezeichneten Fällen haben die Chemiker zunächst nach den Vorschriften der Anlage A zu verfahren, jedoch sind die Prozente Brix durch Ermittelung der Dichte des unverdünnten Ablaufs bei 20° C mittels des Pyknometers zu berechnen. Die Berechnung darf nur auf Grund der nachstehenden Tafel 2 geschehen. Ergibt diese vorläufige Untersuchung einen Quotienten, der kleiner ist als 70, und einen Invertzuckergehalt von 2 oder mehr vom Hundert, so tritt die chemische Untersuchung nach den Vorschriften des nachstehenden Abschnitts 1 ein.

Die gleichen Vorschriften gelten im Falle unter c, sobald es sich nicht um Berücksichtigung des Raffinosegehaltes handelt. Ist dagegen auch die Berücksichtigung des Raffinosegehalts vom Anmelder verlangt, so ist bei einem 2 vom Hundert nicht erreichenden Gehalt an Invertzucker nach den Vorschriften des nachfolgenden Abschnittes 2a zu verfahren. Enthält der Ablauf 2 oder mehr vom Hundert Invertzucker und ist bei der Übersendung der Proben von der Amtsstelle mitgeteilt, daß die Anwendung der Raffinoseformel zulässig ist, so ist nach Abschnitt 2b zu verfahren. Die Untersuchung auf den Gehalt an Invertzucker geschieht in beiden Fällen nach der unter II 1 der Anlage A gegebenen Vorschrift.

1. Feststellung des Quotienten ohne Rücksicht auf Raffinosegehalt.

Die folgende Vorschrift gilt in allen Fällen, unbeschadet ob Stärkezucker vorhanden ist oder nicht.

Man wägt das halbe Normalgewicht (13 g) vom Ablauf ab, löst es in einem Meßkolben von 100 ccm Raumgehalt in 75 ccm Wasser, setzt 5 ccm Salzsäure vom spezifischen Gewicht 1,19 zu und erwärmt auf 67—70° C im Wasserbade. Auf dieser Temperatur wird der Kolbeninhalt noch 5 Minuten unter häufigem Umschütteln gehalten. Da das Anwärmen 2¹/₂—5 Minuten dauern kann, wird die Arbeit im ganzen 7¹/₂—10 Minuten in Anspruch nehmen; in jedem Falle soll sie in 10 Minuten beendet sein. Man füllt nach dem Erkalten zur Marke auf, verdünnt darauf 50 ccm von den 100 ccm zum Liter, nimmt davon 25 ccm (entsprechend 0,1625 g des Ablaufs) in einen Erlenmeyerschen Kolben und setzt, um die vorhandene freie Säure abzustumpfen, 25 ccm einer Lösung von kohlensaurem Natrium zu, welche durch Lösen von 1,7 g wasserfreiem Salze zum Liter bereitet ist. Darauf versetzt man mit 50 ccm

47*

Fehlingscher Lösung (Anlage A II 1), erhitzt in derselben Weise wie bei einer Invertzuckerbestimmung zum Sieden und hält die Flüssigkeit genau 2 Minuten im Kochen. Das Anwärmen der Flüssigkeit soll möglichst rasch mittels eines guten Dreibrenners geschehen und unter Benutzung eines Drahtnetzes mit übergelegter ausgeschnittener Asbestpappe $3^1/_4$—4 Minuten in Anspruch nehmen; sobald die Flüssigkeit kräftig siedet, wird der Dreibrenner mit einem Einbrenner vertauscht. Nach dem Erhitzen verdünnt man die Flüssigkeit in dem Kolben mit der gleichen Raummenge kalten Wassers und verfährt im übrigen genau nach dem für Invertzuckerbestimmung bekannten Verfahren der Gewichtsanalyse mittels Reduktion des Kupferoxyduls im Wasserstoffstrom oder Ausfällung des Kupfers aus der salpetersauren Lösung des Kupferoxyduls auf elektrolytischem Wege. Zur Berechnung des Ergebnisses aus der gefundenen Kupfermenge ist ausschließlich die nachfolgende Tafel zu benutzen, welche den Rohrzuckergehalt unmittelbar in Prozenten angibt. Die Umrechnung des Invertzuckers in Rohrzucker ist demnach nicht erforderlich.

Bei der Berechnung des Quotienten sind im Endergebnisse die Bruchteile auf Zehntel abzurunden, und zwar, wenn die zweite Stelle nach dem Komma weniger als 5 beträgt, nach unten, anderenfalls nach oben.

Beispiel: 25 ccm des invertierten Zuckerablaufs, enthaltend 0,1625 g des Ablaufs bei der Reduktion 171 mg Kupfer; diese entsprechen 52,80% Zucker. Angenommen, der Ablauf zeige 74,6% Brix, so ist sein Quotient 70,77, oder abgerundet 70,8.

2. Feststellung des Quotienten der Zuckerabläufe mit Rücksicht auf Raffinosegehalt.

a) Besteht Sicherheit darüber, daß der Gehalt an Invertzucker 2 vom Hundert nicht erreicht, so bedarf es außer der Feststellung der Prozente Brix nur der Bestimmung der Polarisation nach Anlage A und C vor und nach der Inversion, bezogen auf das ganze Normalgewicht. Die Inversion ist nach dem unter 1. beschriebenen Verfahren auszuführen. Bezeichnen P und J die Polarisationsgrade, so ist

$$\text{der Gehalt an Zucker } Z = \frac{0{,}5124 \cdot P - J}{0{,}839}.$$

Will man außerdem den Gehalt an Raffinosehydrat ermitteln, so dient dazu die Formel $R = \dfrac{P - Z}{1{,}572}$.

Beispiel: Für einen Ablauf von 56,2% Brix, 56,6° direkter Polarisation und — 13,1° Polarisation nach der Inversion (bezogen auf das ganze Normalgewicht) berechnet sich der Zuckergehalt auf

$$Z = \frac{0{,}5124 \cdot 56{,}6 - (-13{,}1)}{0{,}839} = 50{,}18 \text{ oder abgerundet } 50{,}2 \text{ Prozent; der Gehalt}$$

an Raffinosehydrat auf $R = \dfrac{56{,}6 - 50{,}2}{1{,}572} = 4{,}07$ oder abgerundet 4,1 Prozent;

der Quotient auf $Q = \dfrac{100 \cdot 50{,}2}{56{,}2} = 89{,}32$ oder abgerundet 89,3.

b) Bei einem Gehalte von 2 vom Hundert Invertzucker und darüber muß statt der direkten Polarisation (P) des vorigen Verfahrens die Bestimmung des Gesamtzuckers in dem invertierten Ablauf mittels Fehlingscher Lösung treten.

Nachdem die Prozente Brix ermittelt worden sind, bestimmt man den Gehalt des Ablaufs an Zucker (Z), indem man die durch den invertierten Ablauf aus Fehlingscher Lösung abgeschiedene Menge Kupfer (Cu) nach den Vorschriften des Abschnitts 1 und die Inversionspolarisation (J) — bezogen auf das ganze Normalgewicht — feststellt.

Der Berechnung ist die folgende Formel zugrunde zu legen:

$$Z = \frac{582{,}98 \cdot Cu - J \cdot F_2}{0{,}9491 \cdot F_1 + 0{,}3266 \cdot F_2}$$

in welcher F_1 und F_2 die Reduktionsfaktoren einerseits des invertierten Rohrzuckers, andererseits der invertierten Raffinose bedeuten. Nachstehend sind diese Werte unter der Voraussetzung, daß nur Zucker, Invertzucker und Raffinose vorhanden sind, für die hauptsächlich in Betracht kommenden Kupfermengen von 0,120—0,230 g berechnet und ist die Formel durch Einsetzung der berechneten Werte vereinfacht worden.

Für Cu = 120 mg ist $Z = 247,0 . Cu — 0,608 . J$
130 mg $\quad Z = 247,4 . Cu — 0,607 . J$
140 mg $\quad Z = 247,7 . Cu — 0,606 . J$
150 mg $\quad Z = 248,1 . Cu — 0,605 . J$
160 mg $\quad Z = 248,4 . Cu — 0,604 . J$
170 mg $\quad Z = 248,7 . Cu — 0,604 . J$
180 mg $\quad Z = 249,2 . Cu — 0,604 . J$
190 mg $\quad Z = 249,7 . Cu — 0,604 . J$
200 mg $\quad Z = 250,0 . Cu — 0,604 . J$
210 mg $\quad Z = 250,4 . Cu — 0,605 . J$
220 mg $\quad Z = 251,2 . Cu — 0,606 . J$
230 mg $\quad Z = 251,7 . Cu — 0,607 . J.$

Da die Reduktionsfaktoren sich nur sehr langsam ändern, so genügt die vorstehende Berechnung von 0,01 zu 0,01 g Kupfer. Milligramme Kupfer rundet man beim Aufsuchen des entsprechenden Wertes in der Tafel auf Zentigramme ab, und zwar unterhalb 5 nach unten, anderenfalls nach oben.

Den Gehalt an Raffinosehydrat findet man nach der Formel

$$R = (1,054 . J + 0,344 . Z) . 1,178.$$

Beispiel: Der Ablauf habe eine Inversionspolarisation $J = — 8,5°$ und eine Menge Kupfer — nach der Inversion und bezogen auf 0,1625 g — Cu = 0,184 g ergeben. Dann ist aus der Tafel für Cu = 180 mg der Wert

$Z = 249,2 . Cu — 0,604 . J$ oder
$Z = 249,2 . 0,184 — 0,604 . (— 8,5)$
$Z = 50,98$ Prozent oder abgerundet 51,0 %.

Daraus berechnet sich nach obiger Raffinoseformel der Gehalt an Raffinosehydrat

$R = [1,054 . (— 8,5) + 0,344 . 51,0] . 1,178 = 10,11$ %
oder abgerundet $= 10,1$ %.

Schlußbestimmung.

Über jede Untersuchung ist eine Befundbescheinigung auszustellen und der Amtsstelle, welche die Probe eingesendet hat, zu übermitteln. Die Bescheinigung hat außer der genauen Bezeichnung der Probe sowie einem Vermerk über die Art der verwendeten Meßgeräte zu enthalten:

1. in den eingangs unter a bezeichneten Fällen:

    α) wenn der Invertzuckergehalt 2 vom Hundert nicht erreicht: das Ergebnis der Prüfung auf Invertzuckergehalt, die Prozente Brix oder die Dichte bei 20° und die daraus berechneten Prozente Brix, die direkte Polarisation und den berechneten Quotienten:

    β) wenn der Invertzuckergehalt 2 oder mehr vom Hundert beträgt: das Ergebnis der Prüfung auf Invertzuckergehalt, die Prozente Brix oder die Dichte bei 20° und die daraus berechnete Prozente Brix, die nach dem Verfahren unter 1 gefundene Kupfermenge und den sich daraus ergebenden Gesamtzuckergehalt, schließlich den berechneten Quotienten;

2. in den eingangs unter b bezeichneten Fällen: wie zu 1 β;

3. in den eingangs unter c bezeichneten Fällen:

    α) wenn der Invertzuckergehalt 2 vom Hundert nicht erreicht: das Ergebnis der Prüfung auf Invertzuckergehalt, die Prozente Brix oder die Dichte bei 20° und die daraus berechneten Prozente Brix, die Polarisation des Ablaufs vor und nach der Inversion — bezogen auf das ganze Normalgewicht —, den nach dem Verfahren unter 2 ermittelten Gehalt an Zucker, gegebenenfalls den an Raffinosehydrat, schließlich den berechneten Quotienten;

    β) wenn der Invertzuckergehalt 2 oder mehr vom Hundert beträgt: das Ergebnis der Prüfung auf Invertzuckergehalt, die Prozente Brix oder die Dichte bei 20° und die daraus berechneten Prozente Brix, die gefundene Kupfermenge, die Polarisation nach der Inversion — bezogen auf das ganze Normalgewicht —, die nach 2 b berechnete Menge Zucker und gegebenenfalls des Raffinosehydrats, schließlich den berechneten Quotienten.

Tafel 2

zur Ermittelung der Prozente Brix aus der Dichte bei 20° C.

Pro-zente Brix	Zehntel - Prozente									
	,0	,1	,2	,3	,4	,5	,6	,7	,8	,9
	Dichte bei 20° C für die nebenstehenden ganzen Prozente und obenstehenden Zehntel-Prozente Brix									
0	0,9982	0,9986	0,9990	0,9994	0,9998	1,0002	1,0006	1,0010	1,0013	1,0017
1	1,0021	1,0025	1,0029	1,0033	1,0037	1,0041	1,0045	1,0048	1,0052	1,0056
2	1,0060	1,0064	1,0068	1,0072	1,0076	1,0080	1,0084	1,0088	1,0091	1,0095
3	1,0099	1,0103	1,0107	1,0111	1,0115	1,0119	1,0123	1,0127	1,0131	1,0135
4	1,0139	1,0143	1,0147	1,0151	1,0155	1,0159	1,0163	1,0167	1,0171	1,0175
5	1,0179	1,0183	1,0187	1,0191	1,0195	1,0199	1,0203	1,0207	1,0211	1,0215
6	1,0219	1,0223	1,0227	1,0231	1,0235	1,0239	1,0243	1,0247	1,0251	1,0255
7	1,0259	1,0263	1,0267	1,0271	1,0275	1,0279	1,0283	1,0287	1,0291	1,0295
8	1,0299	1,0303	1,0308	1,0312	1,0316	1,0320	1,0324	1,0328	1,0332	1,0336
9	1,0340	1,0344	1,0349	1,0353	1,0357	1,0361	1,0365	1,0369	1,0373	1,0377
10	1,0381	1,0386	1,0390	1,0394	1,0398	1,0402	1,0406	1,0410	1,0415	1,0419
11	1,0423	1,0427	1,0431	1,0435	1,0440	1,0444	1,0448	1,0452	1,0456	1,0460
12	1,0465	1,0469	1,0473	1,0477	1,0481	1,0486	1,0490	1,0494	1,0498	1,0502
13	1,0507	1,0511	1,0515	1,0519	1,0524	1,0528	1,0532	1,0536	1,0541	1,0545
14	1,0549	1,0553	1,0558	1,0562	1,0566	1,0570	1,0575	1,0579	1,0583	1,0587
15	1,0592	1,0596	1,0600	1,0605	1,0609	1,0613	1,0617	1,0622	1,0626	1,0630
16	1,0635	1,0639	1,0643	1,0648	1,0652	1,0656	1,0661	1,0665	1,0669	1,0674
17	1,0678	1,0682	1,0687	1,0691	1,0695	1,0700	1,0704	1,0708	1,0713	1,0717
18	1,0721	1,0726	1,0730	1,0735	1,0739	1,0743	1,0748	1,0752	1,0757	1,0761
19	1,0765	1,0770	1,0774	1,0779	1,0783	1,0787	1,0792	1,0796	1,0801	1,0805
20	1,0810	1,0814	1,0818	1,0823	1,0827	1,0832	1,0836	1,0841	0,0845	1,0850
21	1,0854	1,0859	1,0863	1,0868	1,0872	1,0877	1,0881	1,0886	1,0890	1,0895
22	1,0899	1,0904	1,0908	1,0913	1,0917	1,0922	1,0926	1,0931	1,0935	1,0940
23	1,0944	1,0949	1,0953	1,0958	1,0962	1,0967	1,0971	0,0976	0,0981	1,0985
24	1,0990	1,0994	1,0999	1,1003	1,1008	1,1013	1,1017	1,1022	1,1026	1,1031
25	1,1036	1,1040	1,1045	1,1049	1,1054	1,1059	1,1063	1,1068	1,1072	1,1077
26	1,1082	1,1086	1,1091	1,1096	1,1100	1,1105	1,1110	1,1114	1,1119	1,1124
27	1,1128	1,1133	1,1138	1,1142	1,1147	1,1152	1,1156	1,1161	1,1166	1,1170
28	1,1175	1,1180	1,1185	1,1189	1,1194	1,1199	1,1203	1,1208	1,1213	1,1218
29	1,1222	1,1227	1,1232	1,1237	1,1241	1,1246	1,1251	1,1256	1,1260	1,1265
30	1,1270	1,1275	1,1279	1,1284	1,1289	1,1294	1,1299	1,1303	1,1308	1,1313
31	1,1318	1,1323	1,1327	1,1332	1,1337	1,1342	1,1347	1,1351	1,1356	1,1361
32	1,1366	1,1371	1,1376	1,1380	1,1385	1,1390	1,1395	1,1400	1,1405	1,1410
33	1,1415	1,1419	1,1424	1,1429	1,1434	1,1439	1,1444	1,1449	1,1454	1,1459
34	1,1463	1,1468	1,1473	1,1478	1,1483	1,1488	1,1493	1,1498	1,1503	1,1508
35	1,1513	1,1518	1,1523	1,1528	1,1533	1,1538	1,1542	1,1547	1,1552	1,1557
36	1,1562	1,1567	1,1572	1,1577	1,1582	1,1587	1,1592	1,1597	1,1602	1,1607
37	1,1612	1,1617	1,1622	1,1627	1,1632	1,1637	1,1642	1,1647	1,1653	1,1658
38	1,1663	1,1668	1,1673	1,1678	1,1683	1,1688	1,1693	1,1698	1,1703	1,1708
39	1,1713	1,1718	1,1724	1,1729	1,1734	1,1739	1,1744	1,1749	1,1754	1,1759
40	1,1764	1,1770	1,1775	1,1780	1,1785	1,1790	1,1795	1,1800	1,1806	1,1811
41	1,1816	1,1821	1,1826	1,1831	1,1837	1,1842	1,1847	1,1852	1,1857	1,1863
42	1,1868	1,1873	1,1878	1,1883	1,1888	1,1894	1,1899	1,1904	1,1909	1,1915
43	1,1920	1,1925	1,1931	1,1936	1,1941	1,1946	1,1951	1,1957	1,1962	1,1967
44	1,1972	1,1978	1,1983	1,1988	1,1994	1,1999	1,2004	1,2010	1,2015	1,2020
45	1,2025	1,2031	1,2036	1,2041	1,2047	1,2052	1,2057	1,2063	1,2068	1,2073
46	1,2079	1,2084	1,2089	1,2095	1,2100	1,2105	1,2111	1,2116	1,2122	1,2127
47	1,2132	1,2138	1,2143	1,2149	1,2154	1,2159	1,2165	1,2170	1,2176	1,2181
48	1,2186	1,2192	1,2197	1,2203	1,2208	1,2214	1,2219	1,2224	1,2230	1,2235
49	1,2241	1,2246	1,2252	1,2257	1,2263	1,2268	1,2274	1,2279	1,2285	1,2290

Pro- zente Brix	Zehntel - Prozente									
	,0	,1	,2	,3	,4	,5	,6	,7	,8	,9
50	1,2296	1,2301	1,2307	1,2312	1,2318	1,2323	1,2329	1,2334	1,2340	1,2345
51	1,2351	1,2356	1,2362	1,2367	1,2373	1,2379	1,2384	1,2390	1,2395	1,2401
52	1,2406	1,2412	1,2418	1,2423	1,2429	1,2434	1,2440	1,2446	1,2451	1,2457
53	1,2462	1,2468	1,2474	1,2479	1,2485	1,2490	1,2496	1,2502	1,2507	1,2513
54	1,2519	1,2524	1,2530	1,2536	1,2541	1,2547	1,2553	1,2558	1,2564	1,2570
55	1,2575	1,2581	1,2587	1,2592	1,2598	1,2604	1,2610	1,2615	1,2621	1,2627
56	1,2632	1,2638	1,2644	1,2650	1,2655	1,2661	1,2667	1,2673	1,2678	1,2684
57	1,2690	1,2696	1,2701	1,2707	1,2713	1,2719	1,2725	1,2730	1,2736	1,2742
58	1,2748	1,2754	1,2759	1,2765	1,2771	1,2777	1,2783	1,2788	1,2794	1,2800
59	1,2806	1,2812	1,2818	1,2824	1,2830	1,2835	1,2841	1,2847	1,2853	1,2859
60	1,2865	1,2870	1,2876	1,2882	1,2888	1,2894	1,2900	1,2906	1,2912	1,2918
61	1,2924	1,2929	1,2935	1,2941	1,2947	1,2953	1,2959	1,2965	1,2971	1,2977
62	1,2983	1,2989	1,2995	1,3001	1,3007	1,3013	1,3019	1,3025	1,3031	1,3037
63	1,3043	1,3049	1,3055	1,3061	1,3067	1,3073	1,3079	1,3085	1,3091	1,3097
64	1,3103	1,3109	1,3115	1,3121	1,3127	1,3133	1,3139	1,3145	1,3151	1,3157
65	1,3163	1,3169	1,3175	1,3182	1,3188	1,3194	1,3200	1,3206	1,3212	1,3218
66	1,3224	1,3230	1,3236	1,3243	1,3249	1,3255	1,3261	1,3267	1,3273	1,3279
67	1,3286	1,3292	1,3298	1,3304	1,3310	1,3316	1,3323	1,3329	1,3335	1,3341
68	1,3347	1,3353	1,3360	1,3366	1,3372	1,3378	1,3384	1,3391	1,3397	1,3403
69	1,3409	1,3416	1,3422	1,3428	1,3434	1,3440	1,3447	1,3453	1,3459	1,3465
70	1,3472	1,3478	1,3484	1,3491	1,3497	1,3503	1,3509	1,3516	1,3522	1,3528
71	1,3535	1,3541	1,3547	1,3553	1,3560	1,3566	1,3572	1,3579	1,3585	1,3591
72	1,3598	1,3604	1,3610	1,3617	1,3623	1,3630	1,3636	1,3642	1,3649	1,3655
73	1,3661	1,3668	1,3674	1,3681	1,3687	1,3693	1,3700	1,3706	1,3713	1,3719
74	1,3725	1,3732	1,3738	1,3745	1,3751	1,3757	1,3764	1,3770	1,3777	1,3783
75	1,3790	1,3796	1,3803	1,3809	1,3816	1,3822	1,3829	1,3835	1,3841	1,3848
76	1,3854	1,3861	1,3867	1,3874	1,3880	1,3887	1,3893	1,3900	1,3907	1,3913
77	1,3920	1,3926	1,3933	1,3939	1,3946	1,3952	1,3959	1,3965	1,3972	1,3978
78	1,3985	1,3992	1,3998	1,4005	1,4011	1,4018	1,4025	1,4031	1,4038	1,4044
79	1,4051	1,4058	1,4064	1,4071	1,4077	1,4084	1,4091	1,4097	1,4104	1,4111
80	1,4117	1,4124	1,4130	1,4137	1,4144	1,4150	1,4157	1,4164	1,4170	1,4177
81	1,4184	1,4190	1,4197	1,4204	1,4210	1,4217	1,4224	1,4231	1,4237	1,4244
82	1,4251	1,4257	1,4264	1,4271	1,4278	1,4284	1,4291	1,4298	1,4305	1,4311
83	1,4318	1,4325	1,4332	1,4338	1,4345	1,4352	1,4359	1,4365	1,4372	1,4379
84	1,4386	1,4393	1,4399	1,4406	1,4413	1,4420	1,4427	1,4433	1,4440	1,4447
85	1,4454	1,4461	1,4468	1,4474	1,4481	1,4488	1,4495	1,4502	1,4509	1,4515
86	1,4522	1,4529	1,4536	1,4543	1,4550	1,4557	1,4564	1,4570	1,4577	1,4584
87	1,4591	1,4598	1,4605	1,4612	1,4619	1,4626	1,4633	1,4640	1,4646	1,4653
88	1,4660	1,4667	1,4674	1,4681	1,4688	1,4695	1,4702	1,4709	1,4716	1,4723
89	1,4730	1,4737	1,4744	1,4751	1,4758	1,4765	1,4772	1,4779	1,4786	1,4793
90	1,4800	1,4807	1,4814	1,4821	1,4828	1,4835	1,4842	1,4849	1,4856	1,4863
91	1,4870	1,4877	1,4884	1,4891	1,4898	1,4905	1,4912	1,4919	1,4926	1,4934
92	1,4941	1,4948	1,4955	1,4962	1,4969	1,4976	1,4983	1,4990	1,4997	1,5004
93	1,5012	1,5019	1,5026	1,5033	1,5040	1,5047	1,5054	1,5061	1,5069	1,5076
94	1,5083	1,5090	1,5097	1,5104	1,5112	1,5119	1,5126	1,5133	1,5140	1,5147
95	1,5155	1,5162	1,5169	1,5176	1,5183	1,5191	1,5198	1,5205	1,5212	1,5219
96	1,5227	1,5234	1,5241	1,5248	1,5255	1,5263	1,5270	1,5277	1,5285	1,5292
97	1,5299	1,5306	1,5313	1,5321	1,5328	1,5335	1,5342	1,5350	1,5357	1,5364
98	1,5372	1,5379	1,5386	1,5393	1,5401	1,5408	1,5415	1,5423	1,5430	1,5437
99	1,5445	1,5452	1,5459	1,5467	1,5474	1,5481	1,5489	1,5496	1,5503	1,5511
100	1,5518	—	—	—	—	—	—	—	—	—

Tafel 3
zur Berechnung des Rohrzuckergehalts aus der gefundenen Kupfermenge bei 2 Minuten Kochdauer und 0,1625 g Ablauf.

Kupfer mg	Rohr-zucker %	Kupfer mg	Rohr-zucker %	Kupfer mg	Rohr-zucker %	Kupfer mg	Rohr-zucker %
79	23,57	126	38,58	173	53,42	220	68,68
80	23,88	127	38,89	174	53,72	221	69,05
81	24,12	128	39,20	175	54,03	222	69,42
82	24,43	129	39,51	176	54,34	223	69,66
83	24,74	130	39,82	177	54,65	224	70,03
84	25,05	131	40,18	178	55,01	225	70,40
85	25,35	132	40,43	179	55,32	226	70,71
86	25,66	133	40,74	180	55,63	227	71,02
87	25,97	134	41,11	181	55,94	228	71,38
88	26,28	135	41,42	182	56,25	229	71,69
89	26,52	136	41,66	183	56,62	230	72,00
90	27,45	137	42,03	184	56,86	231	72,37
91	27,69	138	42,34	185	57,17	232	72,68
92	28,00	139	42,65	186	57,54	233	73,05
93	28,31	140	42,95	187	57,85	234	73,35
94	28,62	141	43,26	188	58,15	235	73,66
95	28,92	142	43,57	189	58,52	236	74,03
96	29,23	143	43,88	190	58,83	237	74,34
97	29,54	144	44,18	191	59,14	238	74,71
98	29,85	145	44,49	192	59,45	239	75,02
99	30,15	146	44,86	193	59,82	240	75,38
100	30,46	147	45,11	194	60,18	241	75,69
101	30,83	148	45,48	195	60,43	242	76,00
102	31,08	149	45,78	196	60,80	243	76,37
103	31,38	150	46,15	197	61,17	244	76,68
104	31,75	151	46,40	198	61,42	245	77,05
105	32,06	152	46,77	199	61,78	246	77,35
106	32,31	153	47,08	200	62,15	247	77,72
107	32,68	154	47,32	201	62,46	248	78,03
108	33,05	155	47,69	202	62,77	249	78,40
109	33,29	156	48,00	203	63,08	250	78,71
110	33,60	157	48,37	204	63,45	251	79,02
111	33,91	158	48,62	205	63,75	252	79,38
112	34,22	159	48,98	206	64,06	253	79,69
113	34,58	160	49,29	207	64,43	254	80,06
114	34,83	161	49,60	208	64,80	255	80,37
115	35,14	162	49,91	209	65,05	256	80,74
116	35,51	163	50,22	210	65,42	257	81,05
117	35,75	164	50,58	211	65,78	258	81,35
118	36,06	165	50,83	212	66,03	259	81,72
119	36,43	166	51,20	213	66,40	260	82,09
120	36,74	167	51,51	214	66,77	261	82,40
121	36,98	168	51,82	215	67,08	262	82,71
122	37,35	169	52,12	216	67,38	263	83,08
123	37,66	170	52,43	217	67,69	264	83,45
124	37,97	171	52,80	218	68,06	265	83,69
125	38,28	172	53,11	219	68,37	266	84,06

Anlage C.

Anleitung zur Bestimmung der Polarisation.

Zur Bestimmung der Polarisation für Zwecke der Steuerverwaltung darf nur ein Halbschattensaccharimeter benutzt werden. Für dieses entspricht bei Beobachtung im 200 mm-Rohre ein Grad Drehung einem Gehalte von 0,26 g Zucker in 100 ccm Flüssigkeit bei der Normaltemperatur von 20° C; eine Zucker-lösung, welche in 100 ccm 26 g — das sogenannte Normalgewicht — Zucker enthält, bewirkt sonach eine Drehung von 100 Grad. Demgemäß zeigen, wenn man im 200 mm-Rohre eine Lösung untersucht, welche in 100 ccm 26 g der Probe enthält, die Grade der Skala die Prozente Zucker an. Wendet man nur die Hälfte des Normalgewichts zur Untersuchung an, so müssen die abgelesenen Grade verdoppelt werden, um Prozente Zucker zu erhalten. Dasselbe gilt für diejenigen Fälle, in denen die Untersuchung einer, das ganze Normalgewicht enthaltenden Lösung in einem 100 mm-Rohre erfolgt. Andererseits machen Untersuchungen von Lösungen des doppelten Normalgewichts im 200 mm-Rohre, sowie von solchen des einfachen Normalgewichts im 400 mm-Rohre die Halbierung der abgelesenen Grade erforderlich.

Die Untersuchungen sind, namentlich bei Polarisationen nach der Inversion, möglichst bei der vorangegebenen Normaltemperatur vorzunehmen.

Bei der Polarisation ist wie folgt zu verfahren:

Man stellt auf einer geeigneten Wage zunächst das Gewicht einer Messingschale oder eines zur Aufnahme des zu untersuchenden Zuckers dienenden, zweckmäßig an den beiden Langseiten umgebogenen Kupferblechs fest und wägt darauf das Normalgewicht, 26 g, des zu untersuchenden Zuckers ab. Falls die Zuckerprobe nicht gleichmäßig gemischt ist, ist es notwendig, sie vor dem Abwägen unter Zerdrücken der etwa vorhandenen Klumpen gut durchzurühren. Die Wägung muß mit einer gewissen Schnelligkeit geschehen, weil sonst, besonders in warmen Räumen, die Probe Wasser abgeben kann, wodurch die Polarisation erhöht wird. Man löst die abgewogene Zuckermenge alsdann in der Messingschale auf oder schüttelt sie vom Kupferblech durch einen Trichter in einen Meßkolben von 100 ccm Raumgehalt, spült anhängende Zuckerteilchen mit etwa 80 ccm destilliertem Wasser von Zimmerwärme, welches man einer Spritzflasche entnimmt, nach und bewegt die Flüssigkeit im Kolben unter leisem Schütteln und Zerdrücken größerer Klümpchen mit einem Glasstabe solange, bis der Zucker sich vollständig gelöst hat. Am Glasstabe haftende Zuckerlösung wird beim Entfernen des Stabes mit destilliertem Wasser ins Kölbchen zurückgespült, und dieses eine halbe Stunde lang in Wasser von 20° C gestellt. Hierauf wird die Flüssigkeit im Kolben mittels destillierten Wassers genau bis zu der Marke aufgefüllt. Zu diesem Zwecke hält man den Kolben in senkrechter Stellung gegen das Licht so vor sich, daß in der Höhe des Auges die Kreislinie der Marke sich als eine gerade Linie darstellt, und setzt tropfenweise destilliertes Wasser zu, bis der untere, dunkel erscheinende Rand der gekrümmten Oberfläche der Flüssigkeit im Kolbenhalse in eine Linie mit dem als Marke dienenden Ätzstrich fällt. Nach dem Auffüllen ist der Kolbenhals mit Filtrierpapier zu trocknen und die Flüssigkeit durch Schütteln gut mindestens 1—2 Minuten lang durchzumischen.

Zuckerlösungen, welche nach der weiterhin zu erwähnenden Filtrierung nicht klar oder noch so dunkel gefärbt sind, daß sie im Polarisationsapparate nicht hinlänglich durchsichtig sind, müssen vor dem Auffüllen zur Marke geklärt oder, wenn erforderlich, entfärbt werden.

Die Klärung geschieht in der Regel durch Zusatz von 3—5 ccm eines dünnen Breies von Tonerdehydrat nebst 1—3 ccm Bleiessig. Gelingt die Klärung auf diese Weise nicht, so ist der Bleiessigzusatz vorsichtig zu vermehren, jedoch nur soweit, daß jeder neu hinzugesetzte Tropfen Bleiessig noch einen Niederschlag hervorruft.

Nach der Klärung wird der innere Teil des Halses des Kölbchens mit destilliertem Wasser mittels einer Spritzflasche abgespült und die Lösung in der oben angegebenen Weise bis zur Marke aufgefüllt. Hierauf wird die im Halse des Kölbchens etwa noch anhaftende Flüssigkeit mit Fließpapier abgetupft, die Öffnung des Kölbchens durch Andrücken eines Fingers geschlossen und der Inhalt durch wiederholtes Umkehren und Schütteln des Kolbens gut durchgemischt.

Bezüglich der Klärung gelten folgende allgemeine Bemerkungen:

1. Die Flüssigkeit braucht um so weniger entfärbt zu sein, je größer die Lichtstärke der Lampe ist, welche zur Beleuchtung des Polarisationsapparats dient. Man bedient sich einer Glühlichtlampe (Spiritus oder Gas) oder einer Petroleumlampe, im Notfalle auch einer gewöhnlichen Gaslampe oder einer elektrischen Lampe, welche zu dem vorliegenden Zwecke zugerichtet ist. Doch ist ein chromsäurehaltiges Strahlenfilter zwischen Lichtquelle und Auge einzuschalten.

2. Bleiessig darf nie in allzu großer Menge zugesetzt werden. Bei einiger Übung lernt man sehr bald erkennen, wann mit dem Bleiessigzusatz aufgehört werden muß.

3. Die Wirkung des Klärmittels ist um so besser, je kräftiger die Flüssigkeit nach dem Auffüllen zur Marke durchgeschüttelt wird.

Man schreitet alsdann zur Filtrierung der Flüssigkeit mittels eines in einen Glastrichter eingesetzten Papierfilters. Der Trichter wird auf einen sogenannten Filtrierzylinder, welcher die Flüssigkeit aufnimmt, gesetzt und, um Verdunstung zu verhüten, mit einer Glasplatte oder einem Uhrglase bedeckt. Trichter und Zylinder müssen ganz trocken sein; ein Feuchtigkeitsgehalt würde eine nachträgliche Verdünnung der Zuckerlösung bewirken.

Zweckmäßig wird das Filter so groß hergestellt, daß man die 100 ccm Flüssigkeit auf einmal aufgeben kann; auch empfiehlt es sich, falls das Papier nicht sehr dick ist, ein doppeltes Filter anzuwenden. Die ersten durchlaufenden Tropfen werden weggegossen, weil sie trübe sind und durch den Feuchtigkeitsgehalt des Filtrierpapiers beeinflußt sein können. Ist das nachfolgende Filtrat trübe, so muß es auf das Filter zurückgegossen werden, bis die Flüssigkeit klar durchläuft. Es ist dringend notwendig, diese Vorsichtsmaßregel nicht zu versäumen, da nur mit ganz klaren Flüssigkeiten sich sichere polarimetrische Beobachtungen anstellen lassen.

Nachdem auf die beschriebene Weise eine klare Lösung erzielt worden ist, wird das Rohr, welches zur polarimetrischen Beobachtung dienen soll, mit dem dazu erforderlichen Teile der im Filtrierzylinder aufgefangenen Flüssigkeit gefüllt.

In der Regel ist ein 200 mm-Rohr zu benutzen; wird dabei eine genügende Klarheit des Bildes im Polarisationsapparat nicht erreicht, so ist die Benutzung eines 100 mm-Rohres vorzuziehen.

Die Beobachtungsrohre sind aus Messing oder Glas gefertigt; ihr Verschluß an beiden Enden wird durch runde Glasplatten, sogenannte Deckgläschen, bewirkt. Festgehalten werden die Deckgläschen entweder durch aufzusetzende Schraubenkapseln oder durch federnde Kapseln, welche über das Rohr geschoben und von den Federn festgehalten werden.

Die Rohre müssen gut gereinigt und getrocknet sein. Die Reinigung geschieht zweckmäßig durch wiederholtes Ausspülen mit Wasser und Nachstoßen eines trockenen Pfropfens aus Papier oder entfetteter Watte mittels eines Holzstabs. Die Deckgläser müssen blank geputzt sein und dürfen keine fehlerhaften Stellen oder Schrammen zeigen. Beim Füllen des Rohres ist seine Erwärmung durch die Hand zu vermeiden. Man faßt deshalb das unten geschlossene Rohr am oberen Teile nur mit zwei Fingern an, gießt es so voll, daß die Flüssigkeitskuppe die obere Öffnung überragt, wartet kurze Zeit, um etwa entstandenen Luftblasen Zeit zum Aufsteigen zu lassen — was durch sanftes Aufstoßen des senkrecht gehaltenen Rohres beschleunigt wird —, und schiebt das Deckgläschen von der Seite in wagerechter Richtung über die Öffnung des Rohres. Das Auschieben muß so schnell und sorgfältig ausgeführt werden, daß unter dem Deckgläschen keine Luftblase entstehen kann. Ist das Überschieben das erste Mal nicht befriedigend ausgefallen, so muß es wiederholt werden, nachdem man das Deckgläschen wieder geputzt und getrocknet und die Kuppe der Zuckerlösung an der Mündung des Rohres durch Hinzufügen einiger Tropfen der Flüssigkeit wieder hergestellt hat. Nach dem Aufschieben des Deckgläschens wird das Rohr mit der Kapsel verschlossen. Erfolgt der Verschluß mit einer Schraubenkapsel, so ist mit Sorgfalt darauf zu achten, daß diese nur soweit angezogen wird, daß das Deckgläschen nur eben in fester Lage sich befindet; ist das Deckgläschen zu fest angezogen, so kann es optisch aktiv werden, und man erhält bei der Polarisation ein unrichtiges Ergebnis. Ist die Schraube zu stark angezogen worden, so genügt es nicht, sie zu lockern, sondern man muß auch längere Zeit warten, bevor man die Polarisation vornimmt, da die Deckgläschen das angenommene Drehungsvermögen zuweilen nur langsam wieder verlieren. Um sicher zu gehen, wiederholt man alsdann die Beobachtung mehrere Male nach Verlauf von je 10 Minuten, bis das Ergebnis eine Änderung nicht mehr erleidet.

Nachdem das Rohr gefüllt ist, hält man es gegen das Licht und überzeugt sich, ob das Gesichtsfeld kreisrund erscheint, und ob insbesondere keine Teile des zur Milderung der Pressung des Deckgläschens eingelegten Gummiringes über den inneren Metallrand der Verschlußkapsel hervorragen. Zeigen sich solche Gummiteile, so ist ein anderes trockenes Rohr unter Verwendung eines weiter ausgeschnittenen Gummiringes mit der Flüssigkeit zu füllen. Sodann wird der Polarisationsapparat zur Beobachtung bereit gemacht. Dieser soll in einem Raum aufgestellt werden, welcher möglichst eine Wärme von 20° C

zeigt und welcher durch Verhängen der Fenster und dergleichen nach Möglichkeit verdunkelt ist, damit das Auge bei der Beobachtung durch seitliche Lichtstrahlen nicht gestört wird. Es ist darauf zu achten, daß die zum Apparat gehörige Lampe in gutem Stande sei. Man stellt die Lampe in einer Entfernung
von 15—20 cm vom Apparat auf. Nach dem Anzünden wartet man mindestens
eine Viertelstunde, ehe man zur Polarisation schreitet. Jede Veränderung der
Beschaffenheit der Flamme oder der Entfernung der Lampe vom Apparat,
also jedes Hoch- oder Niedrigschrauben des Dochtes oder der Flamme, jedes
Vorwärtsschieben oder Drehen der Lampe beeinflußt das Ergebnis der Beobachtung.

Durch Verschieben des Fernrohrs, welches an dem vorderen Ende des
Apparats sich befindet, stellt man diesen alsdann so ein, daß die Linie, welche
das Gesichtsfeld im Apparat in zwei Teile teilt, scharf zu erkennen ist. Man
drückt dabei das Auge nicht an das Augenglas des Fernrohrs an, sondern hält
es 1—3 cm davon ab und sorgt dafür, daß der Körper während der Beobachtung
in bequemer Stellung sich befindet, da jede unnatürliche Stellung zu einer
störenden Anstrengung des Auges führt. Wenn der Apparat richtig eingestellt
ist, muß das Gesichtsfeld kreisrund und scharf begrenzt erscheinen. Man be-
ruhige sich niemals mit einer unvollkommenen Erfüllung dieser Vorbedingung,
sondern ändere die Stellung der Lampe des Apparats oder des Fernrohres solange, bis man das bezeichnete Ziel erreicht hat.

Man überzeugt sich zunächst von der Richtigkeit des Apparats, indem
man die Polarisation einer Quarzplatte bestimmt, deren Drehungswert bekannt ist. Man legt die Platte so in den vorderen Teil des Apparats hinein,
daß sie dem Beobachter zugekehrt ist, schließt den Deckel des Apparats und
schreitet nun zur Beobachtung, indem man die Schraube unterhalb des Fernrohrs hin und her spielen läßt, bis die beiden durch die Linie getrennten Hälften
des Gesichtsfeldes gleich beschattet erscheinen.

Das Ergebnis der Nullpunktablesung wird in folgender Weise festgestellt:
Man liest an dem mit einem Nonius versehenen Skala des Apparats, welche
man durch Verschiebung eines Spiegels scharf sichtbar machen kann, das Ergebnis der Einstellung ab. Auf dem festliegenden Nonius ist der Raum von
9 Teilen der Skala in 10 gleiche Teile geteilt. Auf der Skala liest man die ganzen
Grade von 0 bis zum letzten Gradstriche vor dem Nullpunkte des Nonius ab,
die Teilung des Nonius wird zur Ermittelung der zuzuzählenden Zehntel benutzt; diese sind durch die Nummer desjenigen Nonienstriches gegeben, welcher
sich mit einem der Striche der Skala deckt. Wenn der Apparat richtig ist, so
muß die gefundene Drehung mit dem bekannten Polarisationswerte der Quarzplatte übereinstimmen. Ist dies nicht der Fall, so muß die Abweichung bei
der Polarisation der Zuckerprobe in Anrechnung gebracht werden.

Man begnügt sich nicht mit einer Einstellung, sondern macht mindestens
6 Einstellungen und berechnet das Mittel der dabei gefundenen Abweichungen.
Geben einzelne Ablesungen eine Abweichung von mehr als $^3/_{10}$ Teilstrichen
von dem Durchschnitte, so werden sie als unrichtig ganz außer Betracht gelassen. Zwischen je zwei Beobachtungen gönnt man dem Auge 20—40 Sekunden
Ruhe.

Nachdem die Prüfung des Apparats stattgefunden hat, wird das Rohr
mit der Zuckerlösung in den Apparat gelegt. Man wiederholt jetzt die Scharf-
einstellung des Fernrohrs, bis die Linie, welche das Gesichtsfeld teilt, wieder
deutlich sichtbar und ein scharfes kreisrundes Bild des Gesichtsfeldes erzielt
wird. Bleibt das Gesichtsfeld auch nach Veränderung der Einstellung getrübt,
so muß die ganze Untersuchung noch einmal von vorn begonnen werden. Hat
man dagegen ein klares Bild erzielt, so dreht man die unter dem Fernrohre
befindliche Schraube wieder solange, bis gleiche Beschattung eingetreten ist.
Hierauf liest man an der Skala denjenigen Grad, welcher dem Nullpunkt des
Nonius vorangeht und an letzterem die Zehntelgrade ab. Wiederum führt
man die einzelnen Beobachtungen mit Zwischenräumen von 10—40 Sekunden
solange aus, bis 5 oder 6 derselben untereinander um nicht mehr als $^3/_{10}$ Grade
abweichen; als Endergebnis der Polarisation nimmt man den Durchschnitt der
so ermittelten Werte. Ergab die Prüfung der Quarzplatte nicht den richtigen
Wert, so muß man die Abweichung berücksichtigen, und zwar hinzurechnen,
wenn die Polarisation zu niedrig, und abziehen, wenn sie zu hoch war.

Anlage D.

Bestimmungen über Steuervergütung und Steuerbefreiung.

I. Zu § 6 Ziffer 1 des Gesetzes.

§ 1.

Für die nachbezeichneten Waren, nämlich:

A. Schokolade und sonstige kakaohaltige Waren, soweit für diese nicht die Vergütung nach Maßgabe der Ausführungsbestimmungen zum Gesetze vom 22. April 1892, betreffend die Vergütung des Kakaozolls, beantragt wird,

B. Zuckerwerk, und zwar:

    a) Karamellen (Bonbons, Boltjes),

    b) Dragees (überzuckerte oder mit zuckerhaltigen Stoffen überzogene Samen, Kerne sowie sonstige Bonbonmassen jeglicher Art, auch mit Flüssigkeiten, mit oder ohne Zusatz von Mehl),

    c) Raffinadezeltchen (Zucker in Zeltchenform, auch mit Zusatz von ätherischen Ölen oder Farbstoffen),

    d) Schaumwaren (Gemenge von Zucker mit einem Bindemittel, wie Eiweiß, auch nebst einer Geschmacks- oder Heilmittelzutat),

    e) Dessertbonbons (Fondants usw. aus Zucker und Einlagen von Schachtelmus, Früchten usw.), sowie Cremes für Konditoreizwecke (Fondantmasse mit Zusätzen von Fetten, Sahne und aromatischen Stoffen), (vgl. Zentralbl. f. d. Deutsche Reich 1913, S. 1077),

    f) Marzipanmasse und Marzipanwaren (Zucker mit zerquetschten Mandeln, auch Nußmasse (Zucker mit zerquetschten Nüssen),

    g) Kakes und ähnliche Backwaren, sowie Kindermehl,

    h) verzuckerte Süd- und einheimische Früchte, glasiert oder kandiert, in Zuckerauflösungen eingemachte Früchte, als: Schachtelmus (Marmelade), Pasten, Kompott, Gallerte (Gelee),

    i) Eispulver (pulverförmige Gemenge von Zucker mit Tragant und Zusätzen von Fruchtessenzen, Kakao usw.),

C. zuckerhaltige Flüssigkeiten, als

    a) versüßte Trinkbranntweine,

    b) mit Zucker eingekochte alkoholhaltige oder alkoholfreie Fruchtsäfte (Fruchtsirupe),

D. flüssigen Raffinadezucker,

E. den Invertzuckersirup, welcher als Fruchtzucker- oder Honigsirup in den Handel gelangt,

    und

F. eingedickte Milch,

wird, wenn zu ihrer Herstellung im freien Verkehr befindlicher Zucker verwendet worden ist, bei der Ausfuhr oder der Niederlegung in öffentlichen Niederlagen oder in Privatlagern unter amtlichem Mitverschluß die Zuckersteuer für den verwendeten Zucker vergütet.

Nach näherer Bestimmung der obersten Landesfinanzbehörde kann auch für Waren der genannten Art, zu deren Herstellung im freien Verkehr befindliche, nachweislich versteuerte Abläufe verwendet worden sind, die Steuer vergütet werden.

§ 2.

Ein Anspruch auf Steuervergütung steht nur demjenigen zu, welcher die Waren hergestellt und sich vor der Herstellung der Steuerbehörde gegenüber schriftlich verpflichtet hat, Honig sowie steuerfreie Abläufe und Rübensäfte, ferner, soweit dies nachstehend nicht ausdrücklich gestattet ist, Stärkezucker und, abgesehen von dem Falle des § 1 Absatz 2 auch steuerpflichtige Abläufe nicht zur Bereitung von Waren derjenigen Art zu verwenden, für welche er die Vergütung in Anspruch nimmt.

Die Aufsicht darüber, daß der übernommenen Verpflichtung entsprochen wird, ist durch Einsicht der Fabrikbücher und Überwachung des Betriebs nach den von der Direktivbehörde zu erlassenden Vorschriften auszuüben.

Fabrikinhabern, welche der übernommenen Verpflichtung zuwidergehandelt haben, ist die Vergütung der Zuckersteuer hinfort zu versagen.

Die Vergütung erfolgt, soweit nicht bezüglich einzelner Arten von Waren eine andere Berechnung vorgeschrieben wird, für die Gesamtmenge des nachweisbar vorhandenen Zuckers mit Einschluß des invertierten, nicht aber für denjenigen Teil des verwendeten Zuckers, der im Laufe der Herstellung ausgeschieden oder verloren gegangen ist.

Die oberste Landesfinanzbehörde ist ermächtigt, für einzelne Betriebe erforderlichenfalls weitere Aufsichtsmaßnahmen anzuordnen.

§ 3.

Die Vergütungsfähigkeit der Waren ist dadurch bedingt, daß sie mindestens 10 vom Hundert ihres Reingewichts an Zucker enthalten.

Ein Zusatz von Stärkezucker ist bei Fondants, Pralinees und Cremes — B. e) des § 1 — und bei den daselbst unter B. a), b), d) und h) genannten Waren gestattet. Zum Färben der Zuckerwaren darf in jedem Falle aus Stärkezucker bereitete Zuckerfarbe verwendet werden.

§ 4.

Die Steuervergütung kann nur beansprucht werden, wenn

a) zuckerhaltige alkoholhaltige Flüssigkeiten, für welche auch Vergütung der Branntweinsteuer in Anspruch genommen wird, in der die Vergütung dieser Abgabe bedingenden Mindestmenge zur Abfertigung gestellt werden,

b) in den übrigen Fällen die in den gleichzeitig zur Ausfuhr oder Niederlegung angemeldeten Waren enthaltene Zuckermenge mindestens 100 kg beträgt.

Die Direktivbehörde ist befugt, Ausnahmen hiervon zuzulassen.

§ 5.

Die zuckerhaltigen Waren, für welche die Gewährung von Steuervergütung beansprucht wird, sind einer von der obersten Landesfinanzbehörde für befugt erklärten Steuerstelle anzumelden und vorzuführen. Zur Anmeldung sind Vordrucke nach Muster 4 oder, falls die Gestellung der zuckerhaltigen Waren bei einer anderen Amtsstelle erfolgen soll, nach Muster 9 zu benutzen. Im letzteren Falle ist die Anmeldung in doppelter Ausfertigung einzureichen.

Die Anmeldung hat anzugeben:

1. Zahl, Verpackungsart, Bezeichnung und Rohgewicht der Packstücke,
2. Zahl und Art der inneren Umschließungen,
3. Art und Reingewicht der zuckerhaltigen Waren,
4. den Zuckergehalt der einzelnen Waren in Hundertteilen ihres Reingewichts und
5. die Gesamtzuckermenge, welche in den Waren enthalten ist oder für welche die Vergütung beansprucht wird.

Bezüglich der Zulässigkeit einer Anmeldung des Rohgewichts der zuckerhaltigen Waren nach dem Gesamtbetrage finden die Vorschriften der §§ 39 und 41 der Ausführungsbestimmungen Anwendung.

Statt des wirklichen Zuckergehalts und der wirklich vorhandenen Gesamtzuckermenge kann der Mindestgehalt an Zucker und eine diesem entsprechende Gesamtzuckermenge angegeben werden.

§ 6.

Befinden sich in einem Packstücke Waren verschiedener Art und verschiedenen Zuckergehalts, so müssen sie durch innere Umschließungen voneinander getrennt sein.

§ 8.

Die Untersuchung der Waren und die Feststellung ihres Zuckergehalts erfolgt auf Grund von Proben, die von der Abfertigungsstelle unter Mitwirkung eines Oberbeamten und unter Zuziehung des Versenders zu entnehmen sind. Die Untersuchung geschieht auf Kosten des Versenders durch einen von der Direktivbehörde auf die Wahrnehmung der Ansprüche der Steuerverwaltung verpflichteten Chemiker nach Maßgabe der Anweisung in Anlage E.

Es bleibt der obersten Landesfinanzbehörde überlassen, die Feststellung des Zuckergehalts solcher Waren, bei denen er zufolge der gesammelten Erfahrungen mit Sicherheit durch die Polarisation bestimmt werden kann, einer zur Ermittelung des Quotienten der Zuckerabläufe berechtigten Amtsstelle (vgl. § 2 der Ausführungsbestimmungen) zu übertragen.

Die Untersuchung der Ware auf den Zuckergehalt braucht stets nur so weit ausgedehnt zu werden, daß das Vorhandensein eines der Anmeldung entsprechenden Gehalts an Zucker in der Ware nachgewiesen wird.

§ 9.

Von jeder Gattung von Waren, welche unter der nämlichen Benennung und mit dem nämlichen Zuckergehalt angemeldet ist, und wenn bezüglich der Gleichartigkeit der Ware Zweifel bestehen, von jedem für nicht gleichartig erachteten Teile der Sendung, nach vorgängiger Feststellung des Gewichts dieses Teiles, muß eine Probe von mindestens 100 g Gewicht entnommen, im Beisein des Versenders gehörig verpackt und mit amtlichem Siegel verschlossen werden, welchem der Versender sein eigenes Siegel beifügen kann.

§ 10.

Bei Waren aus Fabriken, deren Inhaber sich schriftlich verpflichtet haben, unter einer bestimmten Benennung stets nur gleichartige Waren von einer näher anzugebenden und durch Hinterlegung von Mustern festzustellenden Beschaffenheit mit dem nämlichen Zuckerzusatze zur Anmeldung zu bringen, ist nach näherer Bestimmung der Direktivbehörde von regelmäßiger Untersuchung der Ware durch einen Chemiker abzusehen und, falls sich bei der Revision keine Abweichung der Ware von den Mustern ergibt, der in der Anmeldung angegebene Zuckergehalt als richtig anzunehmen. Die Steuerstelle ist jedoch verpflichtet, auch von anscheinend dem Muster entsprechenden Waren ab und zu Proben zu entnehmen und auf Kosten der Versender untersuchen zu lassen.

§ 15.

Karamellen, welche Stärkezucker enthalten, sind nur vergütungsfähig, wenn sie mindestens 80 Grad Rechtsdrehung zeigen. Die Vergütung wird stets nur für 50 vom Hundert des Gewichts der Ware gewährt. Die Vergütung ist zu versagen, wenn bei den von den Aufsichtsbeamten in der Fabrik von Zeit zu Zeit vorzunehmenden Untersuchungen ermittelt wird, daß die zur Ausfuhr gelangenden stärkezuckerhaltigen Karamellen weniger als 50 vom Hundert ihres Gewichts an Rohrzucker enthalten.

Für Karamellen, welche Stärkezucker nicht enthalten, ist die volle Vergütung für die ermittelte Zuckermenge zu gewähren.

§ 16.

Für Erzeugnisse der im § 1 unter B. h) und C. b) bezeichneten Art wird mit Rücksicht auf den natürlichen Zuckergehalt der zur Herstellung der Waren verwendeten Früchte die Steuervergütung auf 90 vom Hundert der ermittelten Zuckermenge beschränkt.

Für verzuckerte oder in Zuckerauflösungen eingemachte Früchte gilt diese Bestimmung nur für den Fall, daß bei ihrer Herstellung Stärkezucker nicht verwendet worden ist.

Für Früchte, bei deren Herstellung auch Stärkezucker Verwendung gefunden hat, sowie für stärkezuckerhaltige Dragees, Schaumwaren, Fondants, Pralinees und Cremes (§ 1 B. b), d), e) und h) erfolgt die Vergütung nach Maßgabe des Gehalts an Rohrzucker, welcher nach der in der Anlage E unter B. h), Absatz 2 ff. enthaltenen Anweisung gefunden wird.

Für den im § 1 unter D. bezeichneten flüssigen Raffinadezucker ist die Steuervergütung nach einem Zuckergehalte von 75 vom Hundert festzusetzen, solange nicht ein geringerer ermittelt worden ist.

II. Zu § 6 Ziffer 2 des Gesetzes.

§ 25.

Inländischer Zucker und Zuckerablauf kann zur Viehfütterung unter Beobachtung der nachfolgenden Maßregeln steuerfrei verabfolgt werden:

1. Der Zucker oder Ablauf ist unter amtlicher Aufsicht zur Verwendung als Nahrungs- und Genußmittel für Menschen untauglich zu machen (zu denaturieren).

2. Die Denaturierung ist durch Vermischung mit Ölkuchenmehl, Fleischfuttermehl, Fischfuttermehl, Fischguano, Torfmehl, Schnitzelstaub, gemahlenen Schnitzeln, Kartoffelpülpe oder Reisfuttermehl in einer Menge von 20 vom Hundert des Reingewichts des Zuckers oder mit Gerstenfuttermehl oder Gerstenschrot in einer Menge von 40 vom Hundert des Reingewichts des Zuckers zu bewirken. Nötigenfalls ist der Zucker vor der Denaturierung zu vermahlen.

Bei Krystallzucker und anderem weißen Zucker soll die Körnung der Denaturierungsmittel möglichst gleich der Körnung des Zuckers sein. Ist die Verschiedenheit der Körnung so beträchtlich, daß eine Aussonderung des Zuckers möglich scheint, so ist dieser mit dem Denaturierungsmittel zusammen zu vermahlen.

Der zur Bienenfütterung bestimmte Zucker kann bis zu einer Menge von jährlich 5 kg für das Bienenstandvolk auch mit mindestens 5 vom Hundert gewaschenem feinen Sande oder feinem Quarzsand oder mit 0,1 vom Hundert Tieröl oder mit 1 vom Hundert gemahlener Holzkohle vergällt und gegen Vorlegung eines von der Bezirkshebestelle ausgestellten Berechtigungsscheins steuerfrei abgelassen werden. Der Zucker muß soweit zerkleinert sein, daß er durch ein Sieb mit Maschen von 3 mm im Geviert vollständig durchfällt. Die Vergällungsmittel sind entweder mit dem zu vergällenden Zucker zu vermahlen oder in besonderen, von der Direktivbehörde als zur Herstellung gleichmäßig vergällten Zuckers geeignet anerkannten Mischanlagen oder, wo solche Anlagen fehlen, mit Handschaufeln völlig mit dem Zucker zu vermischen. Bei der Vergällung mit Tieröl ist es gestattet, dieses Vergällungsmittel zunächst mit einem Teile des zu vergällenden Zuckers innig zu vermischen und den Rest des Zuckers alsdann mit dieser Mischung möglichst gleichmäßig zu vereinigen. Das Tieröl muß den in der Anlage D. 1 gestellten Anforderungen entsprechen.

An staatliche wissenschaftliche Lehranstalten für Bienenzucht kann unter den übrigen vorangegebenen Voraussetzungen daneben Zucker zur Bienenfütterung auch unvergällt steuerfrei abgelassen werden, wenn in der Anstalt ständig eine planmäßig geordnete Lehrtätigkeit von besonders hierzu angestellten Lehrkräften ausgeübt wird, wenn diese Lehrtätigkeit den Hauptzweck der Anstalt bildet und die Verwendung des Zuckers mit der Lehrtätigkeit in unmittelbarem Zusammenhange steht.

3. Abläufe gelten als denaturiert, wenn sie unter Zusatz von Stoffen der genannten Art oder mit trockenen Futterstoffen von schrot-, kleie- oder mehlförmiger Zerkleinerung in der Weise zu Viehfutter verarbeitet werden, daß sie die flüssige Form verlieren und ohne Benutzung undurchlässiger Gefäße versandt werden können, oder wenn ihnen Viehsalz in solcher Menge zugesetzt wird, daß ihr Quotient dadurch unter 70 sinkt.

4. Das Denaturierungsmittel ist von demjenigen, welcher die steuerfreie Verabfolgung beantragt, zu stellen; auch ist von diesem für die gehörige Vermischung mit dem Denaturierungsmittel nach Anleitung der Steuerbehörde Sorge zu tragen.

5. Die Denaturierung darf nur in einer Zuckerfabrik oder in einer öffentlichen Niederlage oder in einem Privatlager unter amtlichem Mitverschluß für inländischen Zucker stattfinden.

§ 26.

Zur Herstellung von Ultramarin kann inländischer Rohzucker nach Denaturierung durch Vermischung von 40 Teilen Rohzucker mit 34 Teilen unterschwefligsaurem Natrium (Antichlor) steuerfrei abgelassen werden.

§ 27.

Zur Herstellung von Kupferoxydul, von Pflanzenschutzmitteln und von Glanzstoff kann fein vermahlener inländischer Rübenzucker nach Denaturierung durch Vermischung mit gepulvertem Kupfervitriol steuerfrei abgelassen werden. Die Vermischung hat in dem Verhältnisse von mindestens 5 Teilen Kupfervitriol auf 100 Teile Zucker zu erfolgen.

Die Vorführung des Zuckers und des Denaturierungsmittels in unzerkleinertem Zustande kann zugelassen werden, wenn Einrichtungen zur Verfügung gestellt werden, welche gestatten, beide Stoffe zusammen in Gegenwart der Abfertigungsbeamten ohne unverhältnismäßigen Zeitaufwand fein zu vermahlen oder aufzulösen.

Kupfervitriol, der ganz oder teilweise entwässert ist oder dessen Unverfälschtheit nicht außer Zweifel steht, ist vor der Vermischung nach der Anleitung zur Untersuchung des Kupfervitriols (Anlage D 1) zu prüfen.

Zur Herstellung von Glanzstoff, insbesondere von künstlicher Seide einschließlich des künstlichen Roßhaars, kann außerdem inländischer Zucker nach Vermischung mit

5	vom Hundert	.	Natronlauge oder
5	,,	,,	Kalilauge oder
10	,,	,,	kalzinierter Soda oder
27	,,	,,	kristallisierter Soda oder
13	,,	,,	kalzinierter~Pottasche

nach den im § 28 für diese Zusatzstoffe gegebenen näheren Bestimmungen steuerfrei abgelassen werden.

§ 27a.

Zur Herstellung von Calciumcarbiderzeugnissen kann inländischer Staubzucker nach Denaturierung durch Vermischung von 100 Teilen Staubzucker mit 2 Teilen entwässertem Eisenvitriol und $^1/_1$ Teil dunkelgefärbtem Petroleum steuerfrei abgelassen werden.

§ 28.

Zur Verwendung bei der Herstellung von Seifen kann inländischer Zucker nach Vermischung mit kochender Seifenmasse steuerfrei abgelassen werden; die Vermischung hat in dem Verhältnisse von mindestens 4 kg Seifenmasse zu 1 kg Zucker zu erfolgen.

Außerdem kann inländischer Zucker zur Seifenbereitung steuerfrei abgelassen werden nach Vermischung mit:

1	vom Hundert		Seifenpulver oder
5	,,	,,	Natronlauge oder
5	,,	,,	Kalilauge oder
10	,,	,,	kalzinierter Soda oder
27	,,	,,	kristallisierter Soda oder
13	,,	,,	kalzinierter Pottasche oder
1	,,	,,	Petroleum,

sofern diese Denaturierungsmittel die in der Anlage D 1 geforderten Eigenschaften besitzen.

Bei Verwendung von Natronlauge, Kalilauge, Soda und Pottasche ist der Zucker stets vor der Denaturierung aufzulösen.

§ 28a.

Zur Verwendung bei der Herstellung von Tannin oder Oxalsäure kann feingemahlener inländischer Zucker nach Vermischung mit 1 vom Hundert pulverförmigem Tannin, dessen Gehalt an Gerbstoff mindestens 40 vom Hundert beträgt, steuerfrei abgelassen werden.

Sofern über die Unverfälschtheit oder den Gerbstoffgehalt des Denaturierungsmittels Zweifel bestehen, ist es vor der Vermischung nach der Anleitung zur Untersuchung des Tannins (Anlage D 1) zu prüfen.

§ 28b.

Zur Verwendung bei der Herstellung von Sicherheitssprengstoffen kann feingemahlener inländischer Zucker nach Vermischung mit 0,5 vom Hundert hellem Paraffinöl von starkem, widrigem Geruch und Geschmack steuerfrei abgelassen werden.

§ 28 c.

Zur Verwendung bei der Herstellung von Pergamentpapier kann inländischer Invertzucker nach Vermischung mit 1 vom Hundert Seifenpulver oder 10 vom Hundert kristallisiertem Chlorcalcium steuerfrei abgelassen werden, sofern die Vergällungsmittel die in der Anlage D 1 geforderten Eigenschaften besitzen. Die Vergällungsmittel dürfen auch vor der Vermischung in Wasser gelöst werden.

§ 28 d.

Zur Verwendung in der Textilindustrie bei der Färberei, Druckerei und Appretur kann inländischer Invertzucker nach Vermischung mit 1 vom Hundert Seifenpulver oder 3 vom Hundert Türkischrotöl steuerfrei abgelassen werden, sofern die Vergällungsmittel die in der Anlage D 1 geforderten Eigenschaften besitzen. Die Vergällungsmittel dürfen auch vor der Vermischung in Wasser gelöst werden.

§ 28 e.

Zum Einstellen von Teerfarbstoffen auf bestimmte Färbstärken kann fein gemahlener oder grießförmiger inländischer Zucker nach Vergällung steuerfrei abgelassen werden.

Zur Vergällung dürfen auf 100 Teile Zucker folgende Stoffe verwendet werden:

1. a) 10 Gewichtsteile entwässertes Natriumsulfat oder
   b) 0,25 Gewichtsteile Pyridinbasen oder
   c) 0,1 Gewichtsteil Tieröl,
   zu a bis c unter gleichzeitigem Zusatz von 0,1 Gewichtsteil eines unverdünnten beliebigen roten, grünen, blauen oder violetten oder von 1 Gewichtsteil eines unverdünnten beliebigen gelben oder braunen Farbstoffs; ferner
2. a) 1 Gewichtsteil unverdünntes Methylenblau (Tetramethylthioninchlorid) oder
   b) 1 Gewichtsteil unverdünntes Methylenviolett (asym. Dimethylsafraninchlorid).

Die unter 1 genannten Vergällungsmittel müssen die in der Anlage D 1 geforderten Eigenschaften besitzen. Bei der Vergällung mit den unter 2 genannten Stoffen genügt in der Regel eine Vergleichung mit einwandfreien Mustern, in Zweifelsfällen ist die Untersuchung durch einen Sachverständigen herbeizuführen.

§ 29.

In den Fällen der §§ 26 bis 28 e findet die Bestimmung im § 25 zu 4 Anwendung.

Die Direktivbehörde kann weitere Aufsichtsmaßnahmen anordnen.

Anlage D 1.

Bestimmungen über die Untersuchung von Denaturierungsmitteln für Zucker.

Anleitung zur Untersuchung des Kupfervitriols.

Je 10 g des zur Denaturierung vorgeführten und eines reinen, kristallisierten Kupfervitriols werden in je einem Meßkolben von 100 ccm Raumgehalt in Wasser gelöst; die Lösungen werden zu 100 ccm aufgefüllt und filtriert. Mit diesen filtrierten Lösungen werden zwei gleich weite Reagensgläser aus farblosem Glase bis zu gleicher Höhe (etwa zu ³/₄) gefüllt; die Farbentiefen beider Lösungen werden verglichen, indem man von oben her durch die Flüssigkeitssäulen gegen eine weiße Unterlage sieht. Die Lösung des zu prüfenden Kupfervitriols muß mindestens die gleiche Farbentiefe besitzen wie die Vergleichslösung.

Ist diese Bedingung erfüllt, so wird die Lösung des zur Denaturierung gestellten Kupfervitriols in einem Meßzylinder wieder vereinigt und mit Wasser zu 150 ccm aufgefüllt; die so verdünnte und durchzumischende Lösung darf dann bei einem erneuten Vergleich im Reagensglase nicht tiefer gefärbt sein als die nicht verdünnte Kupfervitriollösung.

Hierauf werden mit einer Meßpipette 1,5 ccm der Lösung des zu prüfenden Kupfervitriols und 1 ccm der nicht verdünnten Vergleichslösung entnommen, unter Zusatz von je 5 ccm Ammoniak zu je 100 ccm mit Wasser verdünnt und auf ihre Farbentiefe, wie oben beschrieben, verglichen. Die Farbentiefe der Lösung des zu prüfenden Vitriols muß mindestens die gleiche wie die der Vergleichslösung sein. An Stelle der Reagensgläser kann man sich vorteilhaft der Kolorimeterzylinder nach Neßler bedienen.

Bestehen nach der vorstehend beschriebenen Untersuchung, welche von den die Denaturierung vornehmenden Beamten ausgeführt werden kann, betreffs der Unverfälschtheit des zur Denaturierung vorgeführten Kupfervitriols noch Zweifel, es ist die chemische Untersuchung durch einen von der Direktivbehörde auf die Wahrnehmung der Ansprüche der Steuerverwaltung verpflichteten Chemiker zu veranlassen.

Anleitung zur Untersuchung des Seifenpulvers.

Reines Seifenpulver ist immer etwas gelblich gefärbt und besitzt einen schwach laugenhaft-fettigen Geschmack und schwachen Seifengeruch.

Zur Prüfung von Seifenpulver auf Reinheit und Unverfälschtheit verfährt man wie folgt:

Von dem zu untersuchenden Pulver bringt man ungefähr 1 g in ein Probierglas, fügt dazu 10—15 ccm absoluten Alkohol und erhitzt das Gemisch unter Umschütteln bis zum Kochen. Man setzt darauf 2 Tropfen einer etwa 2%igen alkoholischen Phenolphthaleinlösung hinzu. Zeigt die Flüssigkeit nach dem Umschütteln starke Rotfärbung, so ist das Seifenpulver wegen eines erheblichen Gehalts an Ätzalkalien (Natron-, Kalihydrat) als Denaturierungsmittel nicht zuzulassen. Bleibt die Lösung farblos oder ist sie nach dem Umschütteln nur ganz schwach rosagefärbt, dann ist ohne Rücksicht auf einen beim Erhitzen mit Alkohol im Probierglas etwa verbliebenen unlöslichen Rückstand die gleiche Raummenge konzentrierter Essigsäure zuzugeben und nochmals gut aufzukochen. Reines Seifenpulver gibt hierbei eine fast klare Lösung. Etwa anwesende fremde, der Seife zugesetzte mineralische Bestandteile senken sich als Niederschlag zu Boden. Ein Seifenpulver mit einem erheblichen Gehalt an mineralischen Stoffen ist als Denaturierungsmittel nicht zuzulassen. Die — falls notwendig filtrierte — Flüssigkeit versetzt man mit der doppelten Raummenge Wasser. Dabei müssen sich die Fettsäuren der Seife alsbald in öliger oder teigiger Masse abscheiden. Bei sogenanntem — als Denaturierungsmittel nicht zuzulassendem — mineralischen Seifenpulver, Talk usw. tritt dies nicht ein.

Dabei ist zu bemerken, daß auch etwaige Beimengungen von kohlensauren Alkalien (Soda, Pottasche), sowie von kohlensauren Erden (Kreide, Magnesit, Dolomit) sich in dem Gemische von Alkohol und Essigsäure auflösen. In diesen Fällen tritt jedoch bei der Zugabe der Essigsäure ein starkes oder doch deutlich bemerkbares Aufbrausen (Kohlensäureentwicklung) ein, welches jene verfälschenden Beimengungen anzeigt. Bei unvermischtem Seifenpulver findet nur eine sehr geringe Entwicklung von Kohlensäure in einzelnen Bläschen statt. Ein Seifenpulver mit einem erheblichen Gehalt an kohlensauren Alkalien oder kohlensauren Erden ist als Denaturierungsmittel nicht zuzulassen.

Anleitung zur Untersuchung der Natronlauge.

1. Eigenschaften der Natronlauge.

Die Natronlauge ist eine farblose oder gelbliche Flüssigkeit, welche rotes Lackmuspapier blau färbt. Ihre Dichte soll bei 15° nicht weniger als 1,357 (38° Baumé) betragen.

2. Titration.

Zu 5 ccm der zu untersuchenden Natronlauge läßt man nach dem Verdünnen mit 100 ccm Wasser und Zusatz von 4 Tropfen einer wäßrigen Lösung von Methylorange (1 g Methylorange in 1 Liter Wasser gelöst) Normalschwefelsäure, welche 49 g Schwefelsäure im Liter enthält, bis zum Eintritt einer deutlichen Rotfärbung unter Umrühren mit einem Glasstabe langsam zufließen. Dazu sollen wenigstens 55 ccm Normalschwefelsäure verbraucht werden.

Anleitung zur Untersuchung der Kalilauge.

1. Eigenschaften der Kalilauge.

Die Kalilauge ist eine farblose oder gelbliche Flüssigkeit, welche rotes Lackmuspapier blau färbt. Ihre Dichte soll bei 15° nicht weniger als 1,453 45° Baumé) betragen.

2. Titration.

Zu 5 ccm der zu untersuchenden Kalilauge läßt man nach dem Verdünnen mit 100 ccm Wasser und Zusatz von 4 Tropfen einer wäßrigen Lösung von Methylorange (1 g Methylorange in 1 Liter Wasser gelöst) Normalschwefelsäure, welche 49 g Schwefelsäure im Liter enthält, bis zum Eintritt einer deutlichen Rotfärbung unter Umrühren mit einem Glasstabe langsam zufließen. Dazu sollen wenigstens 56 ccm verbraucht werden.

Anleitung zur Ermittelung des Gehalts der Soda an Natriumkarbonat.

1. Eigenschaften der kristallisierten und der kalzinierten Soda.

Die kristallisierte Soda bildet mehr oder weniger große, klare, glasglänzende, farblose Kristalle, welche sich durch Verwitterung mit einem feinen, weißen Staub bedecken oder ein porzellanartiges Aussehen annehmen.

Die kalzinierte Soda bildet ein weißes Pulver, in welchem Kristalle nicht wahrzunehmen sind. Die wäßrige Lösung sowohl der kristallisierten wie der kalzinierten Soda färbt rotes Lackmuspapier blau und braust auf Zusatz einer verdünnten Säure, z. B. von Salzsäure, Schwefelsäure oder Essigsäure, unter Entwicklung von Kohlensäureanhydrid auf.

2. Ermittelung des Gehalts der Soda an Natriumkarbonat.

Von der zu untersuchenden Soda, gleichviel ob sie kristallisiert oder kalziniert ist, wird nach guter Durchmischung eine Probe entnommen, und diese, falls es nötig ist, gepulvert. Von der Probe werden 50 g in einem Literkolben mit destilliertem Wasser, wenn nötig unter Erwärmen, zu 1 Liter gelöst. Zu 50 ccm dieser Lösung gibt man etwa 4 Tropfen einer wäßrigen Lösung von Methylorange (1 g Methylorange in 1 Liter Wasser gelöst) zu, läßt dann aus einer in Zehntel Kubikzentimeter geteilten Bürette Normalschwefelsäure, welche 49 g Schwefelsäure im Liter enthält, bis zur deutlichen Rotfärbung unter Umrühren mit einem Glasstabe langsam zufließen. Die Anzahl der hierzu verbrauchten Kubikzentimeter Normalschwefelsäure wird festgestellt. Unter Benutzung der nachstehenden Tafel ersieht man aus der verbrauchten Menge der Schwefelsäure, wieviel Kilogramm der Soda zur Denaturierung von 100 kg Zucker zu verwenden sind.

Tafel

zur Ermittelung der Gewichtsmenge Soda, welche zur Denaturierung des Zuckers mit 10 % kalzinierter oder 27 % kristallisierter Soda erforderlich sind, aus der Anzahl der zur Neutralisation der Soda verbrauchten Menge Schwefelsäure.

Anzahl der verbrauchten ccm Normalschwefelsäure	Anzahl der auf 100 kg Zucker zu verwendenden kg Soda	Anzahl der verbrauchten ccm Normalschwefelsäure	Anzahl der auf 100 kg Zucker zu verwendenden kg Soda	Anzahl der verbrauchten ccm Normalschwefelsäure	Anzahl der auf 100 kg Zucker zu verwendenden kg Soda
17	27,6	28	16,8	38	12,4
18	26,1	29	16,2	39	12,1
19	24,7	30	15,7	40	11,8
20	23,5	31	15,2	41	11,5
21	22,4	32	14,7	42	11,2
22	21,5	33	14,2	43	10,9
23	20,4	34	13,8	44	10,7
24	19,6	35	13,4	45	10,4
25	18,8	36	13,1	46	10,2
26	18,1	37	12,7	47	10,0
27	17,4				

Beispiel.

50 ccm einer wäßrigen Lösung von 50 g Soda in 1 Liter Wasser verbrauchten mit Methylorange versetzt bis zum Eintritte der Rotfärbung 28 ccm Normalschwefelsäure. Dementsprechend müssen von dieser Soda 16,8 kg zur Denaturierung von 100 kg Zucker verbraucht werden.

Anleitung zur Ermittelung des Gehalts der Pottasche an Kaliumkarbonat.

1. Eigenschaften der Pottasche.

Die Pottasche bildet ein weißes Pulver, welches durch Verunreinigung rötlich oder grau gefärbt und zu Stücken zusammengeballt sein kann. Sie ist löslich in kaltem Wasser. Die Lösung färbt rotes Lackmuspapier blau und braust auf Zusatz einer verdünnten Säure, z. B. Salzsäure, Schwefelsäure oder Essigsäure, unter Entwicklung von Kohlensäureanhydrid auf.

2. Ermittelung des Gehalts der Pottasche an Kaliumkarbonat.

Von der zu untersuchenden Pottasche wird nach guter Durchmischung eine Probe entnommen und diese, wenn nötig, gepulvert. Von dieser Probe werden 65 g in einem Literkolben mit destilliertem Wasser, wenn nötig unter Erwärmen, zu 1 Liter gelöst. Zu 50 ccm dieser Lösung gibt man etwa 4 Tropfen einer wäßrigen Lösung von Methylorange (1 g Methylorange in 1 Liter Wasser gelöst) zu, läßt dann aus einer in Zehntel Kubikzentimeter geteilten Bürette Normalschwefelsäure, welche 49 g Schwefelsäure im Liter enthält, bis zur deutlichen Rotfärbung unter Umrühren mit einem Glasstab langsam zufließen. Die Anzahl der hierzu verbrauchten Kubikzentimeter Normalschwefelsäure wird festgestellt. . Unter Benutzung der nachstehenden Tafel ersieht man aus der verbrauchten Menge Schwefelsäure, wieviel Kilogramm der Pottasche zur Denaturierung von 100 kg Zucker zu verwenden sind.

Sind weniger als 37 ccm Normalschwefelsäure verbraucht, so ist die Pottasche zur Denaturierung nicht zu verwenden.

Beispiel.

50 ccm einer wäßrigen Lösung von 50 g Pottasche in 1 Liter Wasser verbrauchten mit Methylorange versetzt bis zum Eintritte der Rotfärbung 40 ccm Normalschwefelsäure, dementsprechend müssen von dieser Pottasche zur Denaturierung von 100 kg Zucker 16 kg verbraucht werden.

Tafel

zur Ermittelung der Gewichtsmenge Pottasche, welche zur Denaturierung des Zuckers mit 13% Kaliumkarbonat erforderlich sind, aus der Anzahl der zur Neutralisation der Pottasche verbrauchten Menge Schwefelsäure.

Anzahl der verbrauchten ccm Normalschwefelsäure	Anzahl der auf 100 kg Zucker zu verwendenden kg Pottasche
37	17
38	17
39	16
40	16
41	15
42	15
43	14
44	14
45	14
46	13
47	13

Anleitung zur Untersuchung des Petroleums.

Das Petroleum soll ein Leuchtpetroleum sein und bei 15° C eine Dichte von 0,79 oder darüber besitzen.

Anleitung zur Untersuchung des Tannins.

1 g des Tannins wird in einem Meßkolben mit destilliertem Wasser zu 100 ccm gelöst. Diese Tanninlösung soll farblos sein oder eine hellgelbe Farbe zeigen und soll einen stark zusammenziehenden Geschmack besitzen.

1 ccm der Tanninlösung wird darauf mit 9 ccm Wasser und 1 ccm einer 1 vom Hundert haltenden wäßrigen farblosen Gelatinelösung versetzt. Beim Schütteln soll sich die Mischung stark trüben.

Sodann werden 10 ccm einer zehnfach stärker verdünnten Tanninlösung (1 ccm der im Absatz 1 bezeichneten Lösung zu 100 ccm aufgefüllt) mit 1 ccm der Gelatinelösung vermischt. Dabei soll noch eine deutliche Opalescenz auftreten.

Demnächst werden 0,5 ccm der Tanninlösung (Absatz 1) mit 9,5 ccm Wasser und 1 ccm einer $^1/_4$ vom Hundert haltenden wäßrigen Eisenchloridlösung versetzt. Dabei soll eine tiefschwarze Färbung auftreten; auch soll sich allmählich ein tiefschwarzer Niederschlag abscheiden.

Nachdem man hierauf 10 ccm der zehnfach stärker verdünnten Lösung (0,5 ccm der Tanninlösung (Absatz 1) zu 100 ccm aufgefüllt) mit 1 ccm der Eisenchloridlösung versetzt hat, soll beim Betrachten der Flüssigkeit gegen eine weiße Unterlage noch eine deutliche schwärzlich blaue Färbung wahrnehmbar sein.

Absatz 4 der Anleitung zur Untersuchung des Kupfervitriols findet auf Tannin entsprechende Anwendung.

Anleitung zur Untersuchung des Tieröls.

Tieröl ist eine schwarzbraune Flüssigkeit von widerlichem Geruche. Wird 1 g Tieröl in Weingeist von 85 Gewichtsprozent zu 100 ccm gelöst und werden von dieser Lösung wiederum 2,5 ccm mit Weingeist von 85 vom Hundert zu 100 ccm verdünnt, so soll sich ein in diese Lösung getauchter, zuvor mit rauchender Salzsäure befeuchteter Span von Nadelholz innerhalb 5 Minuten deutlich rot färben.

Anleitung zur Untersuchung des kristallisierten Chlorcalciums.

1. Eigenschaften.

Das Chlorcalcium bildet weiße oder schwach grau gefärbte, an der Luft leicht zerfließende Kristalle und besitzt bitteren Geschmack.

2. Prüfung.

Von dem zu untersuchenden Chlorcalcium ist eine wäßrige Lösung in einer Verdünnung 1:1000 herzustellen. Hiervon wird eine kleine Menge im Probierglas mit einem Tropfen verdünnter chlorfreier Salpetersäure und einigen Tropfen Silbernitratlösung versetzt. Es soll sofort ein dicker, beim Aufkochen sich käsig zusammenballender Niederschlag von Chlorsilber entstehen.

Eine zweite Probe der wäßrigen Chlorcalciumlösung ist mit einigen Tropfen einer Ammoniumoxalatlösung zu versetzen und kurze Zeit zu kochen. Es muß sich hierbei ein reichlicher Niederschlag von Calciumoxalat abscheiden.

Anleitung zur Untersuchung des Türkischrotöls.

1. Eigenschaften.

Türkischrotöl ist gelb bis gelbbraun und besitzt rizinusölartigen Geruch und Geschmack. Es soll sich in Wasser, nötigenfalls nach Zusatz von Ammoniak klar lösen oder nur geringe, auch bei längerem Stehen haltbare Emulsionen geben.

2. Prüfung.

Sie ist durch einen chemischen Sachverständigen auszuführen und hat sich zu erstrecken

a) auf die Bestimmung des Gesamtfettgehalts nach Herbig. Der Fettgehalt soll wenigstens 40 vom Hundert betragen,

b) auf den Nachweis der organisch gebundenen Schwefelsäure.

In Zweifelsfällen ist die Prüfung nach dem Ermessen des mit der Untersuchung beauftragten Sachverständigen weiter auszudehnen.

Anleitung zur Untersuchung von entwässertem Natriumsulfat (schwefelsaurem Natrium).

Entwässertes Natriumsulfat besteht aus porösen, bröckligen, grauen oder gelblich-weißen Stücken oder aus weißem Pulver und schmilzt beim Erhitzen im' einseitig geschlossenen Glasröhrchen nicht, verflüchtigt sich auch nicht bei stärkerem Erhitzen. Es ist in Wasser löslich, die wäßrige Lösung gibt auf Zusatz einer Lösung von Bariumnitrat einen weißen Niederschlag, der sich beim Hinzufügen von verdünnter Salzsäure oder Salpetersäure nicht wieder löst.

Zur Zuckervergällung ist Natriumsulfat in fein gemahlenem Zustand zu verwenden.

Anleitung zur Untersuchung von Pyridinbasen.

1. Farbe.

Die Farbe der Pyridinbasen soll nicht dunkler sein als die einer frisch bereiteten Jodlösung, welche 2 ccm Zehntel-Normal-Jodlösung in 1 Liter destillierten Wassers gelöst enthält.

Zur Prüfung sind 2 Glasröhren von 150 mm Länge und 15 mm lichter Weite zu verwenden, welche auf beiden Seiten durch runde Glasplatten verschlossen werden. Die Glasplatten werden durch Schraubenkapseln festgehalten, welche in der Mitte eine Öffnung von 12 mm Durchmesser haben. Beim Verschließen der mit den Flüssigkeiten gefüllten Röhren dürfen Luftblasen unter der oberen Glasplatte nicht zurückbleiben.

Maßgebend für die Beurteilung sind nur die Farbentöne, welche die Flüssigkeiten zeigen, wenn man sie durch die Glasplatten gegen das in der Längsachse der Röhren einfallende Licht betrachtet.

2. Verhalten gegen Kadmiumchlorid.

10 ccm Pyridinbasen sind mit Wasser zu 1 Liter zu verdünnen. Werden alsdann 10 ccm dieser Pyridinbasenlösung mit 5 ccm einer Lösung von 5 g wasserfreien geschmolzenen Kadmiumchlorids in 100 ccm Wasser versetzt und kräftig geschüttelt, so soll innerhalb 10 Minuten eine reichliche kristallinische Ausscheidung eintreten. Als reichlich ist diese in Zweifelsfällen anzusehen, wenn sie, 10 Minuten nach dem Vermischen der Flüssigkeit auf ein gewogenes Papierfilter von 9 cm Durchmesser und 0,45—0,55 g Gewicht gebracht und ohne vorhergehendes Auswaschen, auf einer Unterlage von Filtrierpapier eine Stunde bei einer Wärme von 50—70° getrocknet, nicht weniger als 25 mg wiegt.

3. Verhalten gegen Neßlers Reagens.

Werden zu 10 ccm derselben Pyridinbasenlösung (vgl. Ziffer 2) bis zu 5 ccm Neßlersches Reagens zugesetzt, so soll ein weißer Niederschlag entstehen.

4. Siedepunkt.

100 ccm Pyridinbasen werden bei einer Wärme von 15° mit einer Pipette abgemessen und in einen Kupferkolben mit kurzem Halse von 180—200 ccm Raumgehalt gebracht. Der Kolben wird auf eine Asbestplatte mit kreisförmigem Ausschnitt gestellt. Auf diesen Kolben wird ein mit einer Kugel versehenes Siederohr von den in der nachstehenden Abbildung (Beschreibung) angegebenen Abmessungen aufgesetzt, dessen seitliches Ansatzrohr mit einem Liebigschen Kühler verbunden wird, der eine mindestens 40 cm lange Wasserhülle besitzt. Das andere Ende des Kühlers trägt einen Vorstoß, dessen verjüngtes Ende zur Vorlage führt. Als solche dient ein möglichst enger, verschließbarer Glaszylinder von 100 ccm Raumgehalt mit einer Teilung in halbe Kubikzentimeter. Durch die obere Öffnung des Siederohrs wird ein Thermometer so eingeführt, daß sein Quecksilbergefäß die Mitte der Kugel einnimmt. Da sich der ganze Quecksilberfaden des Thermometers auch bei dem höchsten bei der Destillation zu erreichenden Wärmegrade stets noch innerhalb des Siederohrs befinden soll, so ist erforderlichenfalls ein abgekürztes Thermometer zu benutzen.

(Das Siederohr soll eine Gesamtlänge von 170 mm, der obere Ansatz bis zur Kugel eine Länge von 92 mm haben; das seitlich abwärts gerichtete Rohr soll vom oberen Rohrende 25 mm, von der Kugel 55 mm entfernt sein, die Rohrweite soll 12 mm betragen.)

Die Destillation wird so geleitet, daß in der Minute etwa 5 ccm Destillat übergehen. Sobald der Quecksilberfaden des Thermometers bis auf 140° gestiegen ist, wird die Flamme ausgelöscht. Hierauf wartet man, bis keine Flüssigkeit mehr abtropft. Alsdann wird weiter destilliert, bis der Quecksilberfaden des Thermometers bis auf 160° gestiegen ist, und wieder gewartet, bis keine Flüssigkeit mehr abtropft.

Es sollen bis 140° mindestens 50 ccm und bis 160° mindestens 90 ccm übergegangen sein. In Zweifelsfällen ist die Menge des Destillats bei einer Wärme von 15° zu messen.

5. Mischbarkeit mit Wasser.

Werden 50 ccm Pyridinbasen mit 100 ccm Wasser vermischt, so soll eine klare oder doch nur so schwach opalisierende Mischung (ohne Schichtenbildung) entstehen, daß nach Ablauf von 5 Minuten und vor Ablauf von 10 Minuten nach der Vermischung Schwabacher Druckschrift durch eine Schicht von 15 cm Höhe noch zu lesen ist. Diese Prüfung ist unter Verwendung einer der zur Bestimmung der Farbe der Pyridinbasen unter 1 beschriebenen Glasröhren im zerstreuten Tageslichte vorzunehmen. Das gefüllte Rohr ist nicht unmittelbar auf die Schrift aufzusetzen, sondern senkrecht etwas darüber zu halten, damit genügend Licht auf die Schrift fällt.

6. Wassergehalt.

20 ccm Pyridinbasen und 20 ccm Natronlauge von 1,40 Dichte werden mittels einer Pipette in einen in Fünftel Kubikzentimeter geteilten, mit eingeschliffenem Glasstopfen versehenen Standzylinder gebracht und durchgeschüttelt. Nach dem Absetzen soll die entstehende obere Schicht mindestens 18,5 ccm betragen. In Zweifelsfällen ist das Gemisch vor dem Ablesen auf 15° abzukühlen.

7. Titration.

10 ccm Pyridinbasen werden in einen Kolben von 100 ccm Raumgehalt, der etwa zur Hälfte bis drei Viertel mit Wasser gefüllt ist, gegeben. Die Mischung wird umgeschwenkt, mit Wasser bis zur Marke aufgefüllt und gut durchgeschüttelt. Von dieser Mischung werden alsdann 10 ccm mit Normal-Schwefelsäure titriert, bis ein Tropfen der Mischung auf Kongopapier einen deutlichen blauen Rand hervorruft, der alsbald wieder verschwindet. Es sollen nicht weniger als 9,5 ccm der Säurelösung bis zum Eintritt dieser Reaktion verbraucht sein. Zur Herstellung des Kongopapiers wird Filtrierpapier durch eine Lösung von 1 g Kongorot in 1 Liter Wasser gezogen und getrocknet.

Anlage E.

Anleitung zur Ermittelung des Zuckergehalts von zuckerhaltigen Waren.

Nach §§ 2, 3 der Anlage D darf für zuckerhaltige Waren mit den dort gedachten Ausnahmen die Vergütung der Zuckersteuer nur gewährt werden, wenn die Waren ohne Mitverwendung von Honig, Abläufen, Rübensäften und Stärkezucker hergestellt sind. Während die Nichtverwendung dieser Stoffe im allgemeinen durch die Überwachung der Fabrik und die Einsicht der Betriebsbücher ausreichend gesichert erscheint, ist die Nichtverwendung von Stärkezucker auch durch die chemische Untersuchung von Proben der Waren auf Stärkezuckergehalt festzustellen, und zwar soll das Vorhandensein von Stärkezucker angenommen werden, wenn für 100° Rechtsdrehung, welche sich aus der direkten Polarisation berechnet, die Linksdrehung der zu untersuchenden Lösung nach der Inversion 28° oder weniger beträgt.

Der Zuckergehalt der stärkezuckerfreien zuckerhaltigen Waren ist auf verschiedene Weise festzustellen, je nachdem sie weniger als zwei vom Hundert oder mindestens zwei vom Hundert Invertzucker enthalten. Infolgedessen ist zunächst die Untersuchung auf Invertzuckergehalt nach den Vorschriften des Abschnitts II 1 der Anlage A mit der Abweichung vorzunehmen, daß die mit der Fehlingschen Lösung zu kochende Zuckerlösung nicht 10 g der Probe, sondern 10° Polarisation zu entsprechen hat.

Von zuckerhaltigen Waren, welche weniger als zwei vom Hundert Invert·
zucker enthalten, wird der Zuckergehalt nach dem Clergetschen Verfahren
festgestellt, wobei die Inversion genau nach den bezüglichen Vorschriften unter
1 der Anlage B zu bewirken, die Polarisation nach den Vorschriften in der An·
lage C auszuführen ist.

Zur Berechnung des Zuckergehalts Z dient die Formel

$$Z = \frac{100\ (P - J)}{C - \frac{1}{2}\,t}$$

P ist die Polarisation vor der Inversion, bezogen auf eine Lösung des
in dem ganzen Normalgewicht der zu untersuchenden Ware enthaltenen Zuckers
zu 100 ccm und bestimmt im 200 mm-Rohr.

J bedeutet die Polarisation der vorstehenden Lösung nach der Inversion
im 200 mm-Rohr.

Benutzt man zur Inversion die nämliche Lösung, welche zur ersten
Polarisation gedient hat, was zweckmäßig ist, so genügt es, wenn man hierzu
50 ccm der Lösung verwendet.

C ist ein Wert, der von der Menge des in der zu invertierenden Lösung
wirklich vorhandenen Zuckers abhängt. Diese Menge erhält man mit hinreichender Annäherung durch Vervielfältigung der abgelesenen Polarisation vor
der Inversion mit der Zahl Kubikzentimeter des zur Inversion benutzten Teiles
der ursprünglichen Lösung und mit dem ganzen Normalgewicht in Gramm und
durch Teilung mit 10 000. Die so ermittelte Menge, abgerundet auf ganze
Gramm, ergibt den Betrag von C aus der nachfolgenden Tafel:

Für g Zucker in 100 ccm	ist C einzusetzen mit
1	141,85
2	141,91
3	141,98
4	142,05
5	142,12
6	142,18
7	142,25
8	142,32
9	142,39
10	142,46
11	142,52
12	142,59
13	142,66

t ist die Temperatur während der Polarisation nach der Inversion im
Polarisationsapparat in Graden Celsius.

Beispiel: Es sei der in dem halben Normalgewichte der Ware, 13 g,
enthaltene Zucker zu 200 ccm gelöst; 100 ccm der Lösung entsprechen also
dem $\frac{1}{4}$-Normalgewichte. Die abgelesene Polarisation vor der Inversion betrage bei Benutzung des 100 mm-Rohres $+ 7^\circ$. Sie ist demnach mit 4 und,
weil das 100 mm-Rohr verwendet wurde, nochmals mit 2 zu vervielfältigen.
Es ergibt sich $P = + 56^\circ$.

Von der Lösung seien 50 ccm zur Inversion benutzt. Die Polarisation
nach der Inversion betrage bei Benutzung des 200 mm-Rohres $- 2,35^\circ$ und
somit für die 100 ccm der obigen ursprünglichen Lösung $- 4,7^\circ$; da die Lösung
dem $\frac{1}{4}$-Normalgewicht entspricht, so ist $J = - 18,8^\circ$. Ferner ist die Menge
des Zuckers, der in den zur Inversion verwendeten 50 ccm enthalten ist, $=$
$\frac{26 \cdot 14 \cdot 50}{10\ 000} = 1,82$. Damit findet sich aus der Tafel für C der Wert 141,91 und
es wird nunmehr die Formel zur Berechnung des Zuckergehalts, falls die Tem-
peratur während der Polarisation nach der Inversion 19° betrug,

$$Z = \frac{100\ (56 + 18,8)}{141,91 - 9,5} = 56,49$$

oder abgerundet 56,5 %.

Der Zuckergehalt derjenigen Waren, welche 2 vom Hundert oder mehr Invertzucker enthalten, ist nach dem unter 1 der Anlage B angegebenen Verfahren zu ermitteln. Zur Berechnung des Zuckergehalts dient die nachstehende

Tafel 4
zur Berechnung des Rohrzuckergehalts aus der gefundenen Kupfermenge bei 2 Minuten Kochdauer.

Cu mg	Rohr-zucker mg	Cu mg	Rohr-zucker mg	Cu mg	Rohr-zucker mg	Cu mg	Rohr-zucker mg
32	16,2	90	44,6	148	73,9	206	104,1
33	16,6	91	45,0	149	74,4	207	104,7
34	17,1	92	45,5	150	75,0	208	105,3
35	17,6	93	46,0	151	75,4	209	105,7
36	18,0	94	46,5	152	76,0	210	106,3
37	18,4	95	47,0	153	76,5	211	106,9
38	18,9	96	47,5	154	77,0	212	107,4
39	19,4	97	48,0	155	77,5	213	107,9
40	19,9	98	48,6	156	78,0	214	108,5
41	20,3	99	49,0	157	78,6	215	109,0
42	20,8	100	49,5	158	79,0	216	109,5
43	21,3	101	50,1	159	79,6	217	110,0
44	21,8	102	50,5	160	80,1	218	110,6
45	22,2	103	51,0	161	80,6	219	111,2
46	22,7	104	51,6	162	81,1	220	111,6
47	23,2	105	52,1	163	81,6	221	112,2
48	23,7	106	52,5	164	82,2	222	112,8
49	24,1	107	53,1	165	82,7	223	113,2
50	24,6	108	53,7	166	83,2	224	113,8
51	25,1	109	54,1	167	83,7	225	114,4
52	25,6	110	54,6	168	84,2	226	114,9
53	26,0	111	55,1	169	84,7	227	115,4
54	26,5	112	55,6	170	85,2	228	116,0
55	27,0	113	56,2	171	85,8	229	116,5
56	27,4	114	56,6	172	86,3	230	117,0
57	27,8	115	57,1	173	86,8	231	117,6
58	28,3	116	57,7	174	87,3	232	118,1
59	28,8	117	58,1	175	87,8	233	118,7
60	29,3	118	58,6	176	88,4	234	119,2
61	29,7	119	59,2	177	88,8	235	119,7
62	30,2	120	59,7	178	89,4	236	120,3
63	30,7	121	60,1	179	89,9	237	120,8
64	31,2	122	60,7	180	90,4	238	121,4
65	31,6	123	61,2	181	90,9	239	121,9
66	32,1	124	61,7	182	91,4	240	122,5
67	32,6	125	62,2	183	92,0	241	123,0
68	33,1	126	62,7	184	92,4	242	123,5
69	33,5	127	63,2	185	92,9	243	124,1
70	34,0	128	63,8	186	93,5	244	124,6
71	34,5	129	64,2	187	94,1	245	125,2
72	35,0	130	64,7	188	94,5	246	125,7
73	35,4	131	65,3	189	95,1	247	126,3
74	35,9	132	65,7	190	95,6	248	126,8
75	36,4	133	66,2	191	96,1	249	127,4
76	36,9	134	66,8	192	96,6	250	127,9
77	37,3	135	67,3	193	97,2	251	128,4
78	37,8	136	67,7	194	97,8	252	129,0
79	38,3	137	68,3	195	98,2	253	129,5
80	38,8	138	68,8	196	98,8	254	130,1
81	39,2	139	69,3	197	99,4	255	130,6
82	39,7	140	69,8	198	99,8	256	131,2
83	40,2	141	70,3	199	100,4	257	131,7
84	40,7	142	70,8	200	101,0	258	132,2
85	41,2	143	71,4	201	101,5	259	132,8
86	41,7	144	71,8	202	102,0	260	133,4
87	42,2	145	72,3	203	102,5	261	133,9
88	42,7	146	72,9	204	103,1	262	134,4
89	43,1	147	73,3	205	103,6	263	135,0

Cu mg	Rohr- zucker mg	Cu mg	Rohr- zucker mg	Cu mg	Rohr- zucker mg	Cu mg	Rohr- zucker mg
264	135,6	277	142,6	290	149,9	303	157,3
265	136,0	278	143,2	291	150,5	304	157,9
266	136,6	279	143,7	292	151,0	305	158,5
267	137,2	280	144,3	293	151,6	306	158,9
268	137,7	281	144,9	294	152,2	307	159,5
269	138,2	282	145,4	295	152,8	308	160,1
270	138,8	283	146,0	296	153,3	309	160,6
271	139,4	284	146,6	297	153,9	310	161,2
272	139,8	285	147,2	298	154,5	311	161,8
273	140,4	286	147,7	299	155,0	312	162,4
274	141,0	287	148,3	300	155,6		
275	141,6	288	148,9	301	156,2		
276	142,0	289	149,3	302	156,7		

Hierauf wird der Prozentgehalt an Zucker berechnet und demnächst der Gesamtgehalt als Rohrzucker in Prozenten der Probe ausgedrückt. Geringere Bruchteile als volle Zehntel-Prozente bleiben unberücksichtigt.

Bei der Herstellung der Lösung ist es in der Regel nicht zulässig, die festen Proben (Schokolade usw.) mit Wasser in einem Kölbchen bis zur Marke aufzufüllen, weil auch die unlöslichen Bestandteile einen gewissen Raum einnehmen und der hierdurch verursachte Fehler oft zu erheblich sein würde. Es ist daher in der Regel die Lösung erst nach der Filtrierung und dem Auswaschen des Rückstandes sowie nach Zusatz der Klärungsmittel zu einer bestimmten Raummenge aufzufüllen, oder durch die doppelte Polarisation einer auf 100 ccm und auf 200 ccm verdünnten Lösung die Raummenge der unlöslichen Anteile in Anrechnung zu bringen.

Für die Klärung können bestimmte Vorschriften nicht gegeben werden. Gute Dienste leistet Tonerdebrei oder Bleiessig mit darauffolgendem Zusatz einer gleich großen Menge kaltgesättigter Alaunlösung. Für die Inversionspolarisation erfolgt die Klärung zweckmäßig durch mit Salzsäure ausgewaschene Knochenkohle, deren Aufnahmevermögen für Zucker bekannt ist.

Im einzelnen ist noch folgendes hervorzuheben:

A. Schokolade und andere kakaohaltige Waren.

Man feuchtet das halbe Normalgewicht der auf einem Reibeisen zerkleinerten Probe je in einem 100 und 200 ccm-Kölbchen mit etwas Alkohol an und übergießt das Gemisch mit 75 ccm kaltem Wasser. Das Ganze bleibt unter öfterem Umschwenken ungefähr $^3/_4$ Stunden bei Zimmerwärme stehen. Alsdann füllt man genau zur Marke auf, schüttelt nochmals durch und filtriert. Die klaren Filtrate werden darauf im 200 mm-Rohre polarisiert. Bedeutet x die Raummenge der unlöslichen Anteile, a die Polarisation der Lösung im 100 ccm-Kölbchen, b diejenige im 200 ccm-Kölbchen, so ist

$$x = 100 \frac{a - 2b}{a - b}$$

und die tatsächliche Polarisation des halben Normalgewichts Schokolade für 100 ccm Lösung:

$$P = \frac{(100 - x)\,a}{100}.$$

B. Zuckerwerk.

a) Karamellen (Bonbons, Boltjes) mit Ausnahme der nicht vergütungsfähigen Gummibonbons.

Bei Karamellen, welche vom Anmelder als stärkezuckerhaltig bezeichnet worden sind, ist durch die Untersuchung festzustellen, daß sie mindestens 80° Rechtsdrehung und mindestens 50 vom Hundert Zucker nach der vorstehend angegebenen Clergetschen Formel zeigen. Anderenfalls sind sie als nicht vergütungsfähig zu bezeichnen.

Karamellen, welche als stärkezuckerfrei angemeldet sind, müssen zunächst auf Stärkezuckergehalt geprüft werden. Ist kein Stärkezucker vorhanden, so erfolgt die Untersuchung ähnlich wie bei den Raffinadezeltchen.

b) Dragees (überzuckerte Samen und Kerne, auch unter Zusatz von Mehl).

Dragees werden ähnlich wie Schokolade ausgezogen.

c) Raffinadezeltchen (Zucker in Zeltchenform, auch mit Zusatz von ätherischen Ölen oder Farbstoffen).

Man löst das Normalgewicht der Probe im Meßkolben von 100 ccm Raumgehalt, füllt zur Marke auf und nimmt die Filtrierung erst nachträglich vor.

d) Schaumwaren (Gemenge von Zucker mit einem Bindemittel, wie Eiweiß, auch nebst einer Geschmacks- oder Heilmittelzutat).

Die durch Zerreiben zerkleinerte Probe wird wiederholt in der Wärme mit 70%igem Branntwein ausgezogen. Die Auszüge werden filtriert; der Rückstand ist auf dem Filter mit 70%igem Branntwein auszuwaschen. Die vereinigten Filtrate sind durch Eindampfen auf dem Wasserbade völlig von Alkohol zu befreien; der Rückstand wird mit Wasser in ein Kölbchen von 100 ccm Raumgehalt gespült. Nach Zusatz von Bleiessig und der doppelten Menge kaltgesättigter Alaunlösung wird bis zur Marke aufgefüllt und filtriert.

e) Dessertbonbons (Fondants usw. aus Zucker und Einlagen von Schachtelmus, Früchten usw.).

Die Probe wird in einem Meßkolben von 100 ccm Raumgehalt mit Wasser übergossen. Bleibt wenig Rückstand, so kann ohne weiteres zur Marke aufgefüllt werden; anderenfalls muß die Polarisation wie unter A bestimmt werden.

f) Marzipanmasse und Marzipanwaren (Zucker mit zerquetschten Mandeln).

Die Masse wird zweckmäßig mit kaltem Wasser in einer Porzellanschale zerrieben. Das Gemisch wird durch feine Gaze durch einen Wattebausch filtriert und der Rückstand mit Wasser nachgewaschen. Das milchig getrübte Filtrat wird geklärt und entsprechend aufgefüllt. Marzipan ist in der Regel frei von Invertzucker.

g) Kakes und ähnliche Backwaren.

Man übergießt das halbe Normalgewicht der fein zerriebenen Probe in einem Kolben von ungefähr 50 ccm Raumgehalt mit etwa 30 ccm kaltem Wasser und läßt das Ganze unter öfterem Umschwenken 1 Stunde stehen. Nach dieser Zeit filtriert man die überstehende Flüssigkeit mit Hilfe einer sehr schwach wirkenden Saugpumpe, zieht den Rückstand im Kolben noch mehrmals kürzere Zeit mit kaltem Wasser aus, bringt schließlich die unlöslichen Bestandteile mit auf das Filter und wäscht mehrmals mit kaltem Wasser nach. Die vereinigten klaren Auszüge werden auf 100 ccm aufgefüllt. Der Zuckergehalt der Lösung wird in allen Fällen nach dem für die Untersuchung solcher zuckerhaltigen Waren angegebenen Verfahren ermittelt, welche 2 vom Hundert Invertzucker und darüber enthalten.

h) Verzuckerte Süd- und einheimische Früchte — glasiert oder kandiert; in Zuckerauflösungen eingemachte Früchte (Schachtelmus, Pasten, Kompott, Gallerte).

Sind die Waren stärkezuckerfrei, so ist die Bestimmung des Zuckers nach dem unter 1 in Anlage B gegebenen Verfahren auszuführen. Sind sie unter Verwendung von Stärkezucker eingemacht, so ist das weiter unten beschriebene Verfahren anzuwenden. Die Vorbereitung der Proben zur Untersuchung hat in folgender Weise zu geschehen:

Die für die Untersuchung entnommenen Früchte werden gewogen und in einen großen Trichter, in welchem sich ein Porzellansieb befindet, geschüttet. Man läßt die Zuckerlösung möglichst gut abtropfen und nimmt darauf, falls bei Steinobst die Steine vor dem Einmachen nicht entfernt worden waren, deren Entfernung vor. Die Steine werden möglichst vom Fruchtfleisch befreit, gewogen und ihr Gewicht von dem Gesamtgewicht abgezogen. Die etwa an den Händen haften gebliebenen Teile des Fruchtfleisches werden am zweckmäßigsten mit einem Messer entfernt und mit den Früchten in eine gut verzinnte Fleischhackmaschine oder eine andere geeignete Vorrichtung gebracht. Um einen gleichmäßigen Brei zu erzielen, läßt man die Masse mehrere Male durch die Maschine gehen, fügt alsdann die Zuckerlösung hinzu und schickt das Ganze noch vier- bis fünfmal durch die Maschine. Beim Arbeiten nach diesem Verfahren kann nicht vermieden werden, daß kleine Mengen des Breies an den inneren Wandungen der Gefäße haften bleiben; doch sind diese im Vergleiche zum Gesamtgewichte so gering, daß sie, ohne das Ergebnis der Untersuchung wesentlich zu beeinträchtigen, vernachlässigt werden können. Will man jedoch auf diese Menge nicht verzichten, so spült man die betreffenden Gefäße mit etwa 100 ccm lauwarmem Wasser aus, fängt die Flüssigkeit für sich auf, füllt sie zu 100 ccm auf und bestimmt darin den Rohrzuckergehalt auf dieselbe Weise wie in der Hauptmenge. Die in diesen Resten ermittelte Rohrzuckermenge ist in entsprechender Weise zu berücksichtigen.

200 g des durch die Zerkleinerung erhaltenen Breies werden auf einer empfindlichen Tarierwage abgewogen und mit destilliertem Wasser auf 1 Liter verdünnt. Man läßt die Mischung unter häufigem Umschütteln 24 Stunden an einem kühlen Orte stehen und filtriert nach dem letzten Absetzen 200 ccm durch ein großes Faltenfilter.

Handelt es sich um glasierte oder kandierte Früchte, so werden diese unter sinngemäßer Abänderung des Verfahrens in gleicher Weise für die Untersuchung vorbereitet.

Zur Ausführung der Zuckerbestimmung werden bei stärkezuckerfreien Früchten 50 ccm des nach obiger Anleitung erhaltenen Filtrates nach dem unter 1 der Anlage B vorgeschriebenen Verfahren invertiert und nach der Abstumpfung der Säuren mit einer Natriumkarbonatlösung, welche 10 g trockenes Natriumkarbonat im Liter enthält, mit Wasser zu 1 Liter aufgefüllt. 25 ccm dieser verdünnten Lösung dienen nach Zusatz von 25 ccm Wasser und 50 ccm Fehlingscher Lösung zur Zuckerbestimmung gemäß dem obengenannten Verfahren.

Bei stärkezuckerhaltigen Früchten werden

a) zur Bestimmung des reduzierenden Zuckers (Invertzucker + Stärkezucker) 100 ccm des Filtrats auf 500 ccm verdünnt; für gewöhnlich reicht dieser Grad der Verdünnung für die Ausführung der Bestimmung des reduzierenden Zuckers aus. Will man sich darüber Sicherheit verschaffen, so kocht man als Vorprobe 2 ccm Fehlingscher Lösung 2 Minuten lang mit 1 ccm des verdünnten Filtrats; wird dabei nicht alles Kupfer reduziert, so ist die Verdünnung hinreichend. Im anderen Falle müssen 25 ccm des verdünnten oder 5 ccm des ursprünglichen Filtrats auf 50 ccm aufgefüllt werden. Mit dieser Verdünnung wird alsdann in allen Fällen die Ausführung der Bestimmung des reduzierenden Zuckers möglich sein: dazu verwendet man 25 ccm der verdünnten Lösung, setzt 25 ccm Wasser und 50 ccm Fehlingsche Lösung zu und verfährt weiter nach 1 in Anlage B.

b) Die Bestimmung des Gesamtzuckers erfolgt in der gleichen Weise, wie die Zuckerbestimmung in den stärkezuckerfreien Früchten.

Der Gehalt der stärkezuckerhaltigen Früchte an Rohrzucker ergibt sich aus dem Unterschiede der auf 100 g Brei berechneten Mengen Rohrzucker vor und nach der Inversion.

Ist die bei der Zerkleinerung der Früchte an den inneren Gefäßwandungen haften gebliebene Menge des Breies besonders gesammelt und der Zuckergehalt darin ermittelt worden, so ist dieses Ergebnis bei der Berechnung entsprechend zu berücksichtigen.

Behufs Untersuchung von Schachtelmus, Pasten, Kompott, Gallerte und dgl. werden 200 g der Ware in einer Porzellanreibschale mit Wasser zu einem gleichmäßigen Brei zerrieben und mit Wasser zu 1 Liter aufgefüllt. Die Untersuchung erfolgt weiter nach dem für stärkezuckerfreie gezuckerte Früchte angegebenen Verfahren.

C. Zuckerhaltige alkoholhaltige Flüssigkeiten.

Bei der Polarisation braucht der Alkohol nicht entfernt zu werden; vor der Inversion muß dies jedoch geschehen.

D. Flüssiger Raffinadezucker.

Der flüssige Raffinadezucker enthält in der Regel Invertzucker. Die Untersuchung kann sich darauf beschränken, festzustellen, daß mindestens ein Zuckergehalt von insgesamt 75 vom Hundert vorhanden ist.

E. Invertzuckersirup.

Die Feststellung des Zuckergehalts erfolgt nach dem unter 1 in Anlage B angegebenen Verfahren.

F. Eingedickte Milch.

100 g der Milchprobe werden abgewogen, mit Wasser zu einer leicht flüssigen Masse verrührt und in einen Meßkolben von 500 ccm Raumgehalt gespült. Die Flüssigkeit wird darauf mit etwa 20 ccm Bleiessig versetzt, mit Wasser zu 500 ccm aufgefüllt, durchgeschüttelt und filtriert.

Vom Filtrat werden 75 ccm in einem Kolben von 100 ccm Raumgehalt gebracht und, wenn erforderlich, mit etwas Tonerdebrei versetzt. Darauf wird mit Wasser zur Marke aufgefüllt, filtriert und nach Anlage C polarisiert.

Ferner werden 75 ccm desselben Filtrats mit 5 ccm Salzsäure vom spezifischen Gewicht 1,19 versetzt, nach Vorschrift der Anlage B invertiert, zu 100 ccm aufgefüllt und filtriert, worauf wiederum die Polarisation[1]) für 20° C bestimmt wird. Hiernach berechnet sich der Gehalt Z der eingedickten Milch an Rohrzucker aus der Gleichung

$$Z = 1,25 \, (1,016 \cdot P - J),$$

worin P die vor der Inversion, J die nach der Inversion gefundene Polarisation bedeutet.

Beispiel: Die Polarisation P sei $+ 28,10$; die Polarisation J werde zu $- 0,30$ ermittelt. Setzt man diese beiden Zahlenwerte für P und J in die eben angegebene Formel, so erhält man

$$Z = 1,25 \, (1,016 \cdot 28,10 + 0,30) = 36,06.$$

Demnach ist der Gehalt der eingedickten Milch an Rohrzucker zu 36,1 vom Hundert anzunehmen.

Schlußbestimmung.

Über jede Untersuchung ist der Amtsstelle, welche die Probe eingesendet hat, eine Befundsbescheinigung zu übermitteln, welche außer der genauen Bezeichnung der Probe Angaben über die Art und das Ergebnis der Ermittelungen und den daraus berechneten in Hundertteilen anzugebenden Zuckergehalt, sowie einen Vermerk über die Art der verwendeten Meßgeräte zu enthalten hat.

IX. Weingesetz. Vom 7. April 1909.
(R.-G.-Bl. S. 393.)

§ 1.

Wein ist das durch alkoholische Gärung aus dem Safte der frischen Weintraube hergestellte Getränk.

§ 2.

Es ist gestattet, Wein aus Erzeugnissen verschiedener Herkunft oder Jahre herzustellen (Verschnitt). Dessertwein (Süd-, Süßwein) darf jedoch zum Verschneiden von weißem Weine anderer Art nicht verwendet werden.

§ 3.

Dem aus inländischen Trauben gewonnenen Traubenmost oder Weine, bei Herstellung von Rotwein auch der vollen Traubenmaische, darf Zucker, auch

---

[1]) Gefundene Grade der Kreisgradapparate müssen durch Division mit 0,3469 in Ventzkegrade (Zolltechn. Vorschrift) umgerechnet werden.

in reinem Wasser gelöst, zugesetzt werden, um einem natürlichen Mangel an Zucker bzw. Alkohol oder einem Übermaß an Säure insoweit abzuhelfen, als es der Beschaffenheit des aus Trauben gleicher Art und Herkunft in guten Jahrgängen ohne Zusatz gewonnenen Erzeugnisses entspricht. Der Zusatz an Zuckerwasser darf jedoch in keinem Falle mehr als ein Fünftel der gesamten Flüssigkeit betragen.

Die Zuckerung darf nur in der Zeit vom Beginne der Weinlese bis zum 31. Dezember des Jahres vorgenommen werden; sie darf in der Zeit vom 1. Oktober bis 31. Dezember bei ungezuckerten Weinen früherer Jahrgänge nachgeholt werden.

Die Zuckerung darf nur innerhalb der am Weinbaue beteiligten Gebiete des Deutschen Reichs vorgenommen werden.

Die Absicht, Traubenmaische, Most oder Wein zu zuckern, ist der zuständigen Behörde anzuzeigen.

Auf die Herstellung von Wein zur Schaumweinbereitung in den Schaumweinfabriken finden die Vorschriften der Absätze 2, 3 keine Anwendung.

In allen Fällen darf zur Weinbereitung nur technisch reiner nicht färbender Rüben-, Rohr-, Invert- oder Stärkezucker verwendet werden.

§ 4.

Unbeschadet der Vorschriften des § 3 dürfen Stoffe irgend welcher Art dem Weine bei der Kellerbehandlung nur insoweit zugesetzt werden, als diese es erfordert. Der Bundesrat ist ermächtigt, zu bestimmen, welche Stoffe verwendet werden dürfen, und Vorschriften über die Verwendung zu erlassen. Die Kellerbehandlung umfaßt die nach Gewinnung der Trauben auf die Herstellung, Erhaltung und Zurichtung des Weines bis zur Abgabe an den Verbraucher gerichtete Tätigkeit.

Versuche, die mit Genehmigung der zuständigen Behörde angestellt werden, unterliegen diesen Beschränkungen nicht.

§ 5.

Es ist verboten, gezuckerten Wein unter einer Bezeichnung feilzuhalten oder zu verkaufen, die auf Reinheit des Weines oder auf besondere Sorgfalt bei der Gewinnung der Trauben deutet; auch ist es verboten, in der Benennung anzugeben oder anzudeuten, daß der Wein Wachstum eines bestimmten Weinbergsbesitzers sei.

Wer Wein gewerbsmäßig in Verkehr bringt, ist verpflichtet, dem Abnehmer auf Verlangen vor der Übergabe mitzuteilen, ob der Wein gezuckert ist, und sich beim Erwerbe von Wein die zur Erteilung dieser Auskunft erforderliche Kenntnis zu sichern.

§ 6.

Im gewerbsmäßigen Verkehre mit Wein dürfen geographische Bezeichnungen nur zur Kennzeichnung der Herkunft verwendet werden.

Die Vorschriften des § 16 Absatz 2 des Gesetzes zum Schutze der Warenbezeichnungen vom 12. Mai 1894 (R.-G.-Bl. S. 441) und des § 1 Absatz 3 des Gesetzes zur Bekämpfung des unlauteren Wettbewerbes vom 27. Mai 1896 (R.-G.-Bl. S. 145) finden auf die Benennung von Wein keine Anwendung. Gestattet bleibt jedoch, die Namen einzelner Gemarkungen oder Weinbergslagen, die mehr als einer Gemarkung angehören, zu benutzen, um gleichartige und gleichwertige Erzeugnisse benachbarter oder nahegelegener Gemarkungen oder Lagen zu bezeichnen.

§ 7.

Ein Verschnitt aus Erzeugnissen verschiedener Herkunft darf nur dann nach einem der Anteile allein benannt werden, wenn dieser in der Gesamtmenge überwiegt und die Art bestimmt; dabei findet die Vorschrift des § 6 Absatz 2 Satz 2 Anwendung. Die Angabe einer Weinbergslage ist jedoch, von dem Falle des § 6 Absatz 2 Satz 2 abgesehen, nur dann zulässig, wenn der aus der betreffenden Lage stammende Anteil nicht gezuckert ist.

Es ist verboten, in der Benennung anzugeben oder anzudeuten, daß der Wein Wachstum eines bestimmten Weinbergsbesitzers sei.

Die Beschränkungen der Bezeichnung treffen nicht den Verschnitt durch Vermischung von Trauben oder Traubenmost mit Trauben oder Traubenmost gleichen Wertes derselben oder einer benachbarten Gemarkung und den Ersatz der Abgänge, die sich aus der Pflege des im Fasse lagernden Weines ergeben.

§ 8.

Ein Gemisch von Weißwein und Rotwein darf, wenn es als Rotwein in den Verkehr gebracht wird, nur unter einer die Mischung kennzeichnenden Bezeichung feilgehalten oder verkauft werden.

§ 9.

Es ist verboten, Wein nachzumachen.

§ 10.

Unter das Verbot des § 9 fällt nicht die Herstellung von dem Weine ähnlichen Getränken aus Fruchtsäften, Pflanzensäften oder Malzauszügen.

Der Bundesrat ist ermächtigt, die Verwendung bestimmter Stoffe bei der Herstellung solcher Getränke zu beschränken oder zu untersagen.

Die im Absatz 1 bezeichneten Getränke dürfen im Verkehr als Wein nur in solchen Wortverbindungen bezeichnet werden, welche die Stoffe kennzeichnen, aus denen sie hergestellt sind.

§ 11.

Auf die Herstellung von Haustrunk aus Traubenmaische, Traubenmost, Rückständen der Weinbereitung oder aus getrockneten Weinbeeren finden die Vorschriften des § 2 Satz 2 und der §§ 3, 9 keine Anwendung.

Die Vorschriften des § 4 finden auf die Herstellung von Haustrunk entsprechende Anwendung.

Wer Wein gewerbsmäßig in Verkehr bringt, ist verpflichtet, der zuständigen Behörde die Herstellung von Haustrunk unter Angabe der herzustellenden Menge und der zur Verarbeitung bestimmten Stoffe anzuzeigen; die Herstellung kann durch Anordnung der zuständigen Behörde beschränkt oder unter besondere Aufsicht gestellt werden.

Die als Haustrunk hergestellten Getränke dürfen nur im eigenen Haushalte des Herstellers verwendet oder ohne besonderen Entgelt an die in seinem Betriebe beschäftigten Personen zum eigenen Verbrauch abgegeben werden. Bei Auflösung des Haushalts oder Aufgabe des Betriebs kann die zuständige Behörde die Veräußerung des etwa vorhandenen Vorrats von Haustrunk gestatten.

§ 12.

Die Vorschriften der §§ 2, 4—9 finden auf Traubenmost, die Vorschriften der §§ 4—9 auf Traubenmaische Anwendung.

§ 13.

Getränke, die den Vorschriften der §§ 2, 3, 4, 9, 10 zuwider hergestellt oder behandelt worden sind, ferner Traubenmaische, die einen nach den Bestimmungen des § 3 Absatz 1 oder des § 4 nicht zulässigen Zusatz erhalten hat, dürfen, vorbehaltlich der Bestimmungen des § 15, nicht in den Verkehr gebracht werden. Dies gilt auch für ausländische Erzeugnisse, die den Vorschriften des § 3 Absatz 1 und der §§ 4, 9, 10 nicht entsprechen; der Bundesrat ist ermächtigt, hinsichtlich der Vorschriften des § 4 und des § 10 Absatz 2 Ausnahmen für Getränke und Traubenmaische zu bewilligen, die den im Ursprungslande geltenden Vorschriften entsprechend hergestellt sind.

§ 14.

Die Einfuhr von Getränken, die nach § 13 vom Verkehr ausgeschlossen sind, ferner von Traubenmaische, die einen nach den Bestimmungen des § 3 Absatz 1 oder des § 4 nicht zulässigen Zusatz erhalten hat, ist verboten.

Der Bundesrat erläßt die Vorschriften zur Sicherung der Einhaltung des Verbots, er ist ermächtigt, die Einfuhr von Traubenmaische, Traubenmost oder Wein zu verbieten, die den am Orte der Herstellung geltenden Vorschriften zuwider hergestellt oder behandelt worden sind.

§ 15.

Getränke, die nach § 13 vom Verkehr ausgeschlossen sind, dürfen zur Herstellung von weinhaltigen Getränken, Schaumwein oder Kognak nicht verwendet werden. Zu anderen Zwecken darf die Verwendung nur mit Genehmigung der zuständigen Behörde erfolgen.

§ 16.

Der Bundesrat ist ermächtigt, die Verwendung bestimmter Stoffe bei der Herstellung von weinhaltigen Getränken, Schaumwein oder Kognak zu beschränken oder zu untersagen sowie bezüglich der Herstellung von Schaumwein und Kognak zu bestimmen, welche Stoffe hierbei Verwendung finden dürfen, und Vorschriften über die Verwendung zu erlassen.

§ 17.

Schaumwein, der gewerbsmäßig verkauft oder feilgehalten wird, muß eine Bezeichnung tragen, die das Land erkennbar macht, wo er auf Flaschen gefüllt worden ist; bei Schaumwein, dessen Kohlensäuregehalt ganz oder teilweise auf einem Zusatze fertiger Kohlensäure beruht, muß die Bezeichnung die Herstellungsart ersehen lassen. Dem Schaumwein ähnliche Getränke müssen eine Bezeichnung tragen, welche erkennen läßt, welche dem Weine ähnlichen Getränke zu ihrer Herstellung verwendet worden sind. Die näheren Vorschriften trifft der Bundesrat.

Die vom Bundesrate vorgeschriebenen Bezeichnungen sind auch in die Preislisten und Weinkarten sowie in die sonstigen im geschäftlichen Verkehr üblichen Angebote mit aufzunehmen.

§ 18.

Trinkbranntwein, dessen Alkohol nicht ausschließlich aus Wein gewonnen ist, darf im geschäftlichen Verkehre nicht als Kognak bezeichnet werden.

Trinkbranntwein, der neben Kognak Alkohol anderer Art enthält, darf als Kognakverschnitt bezeichnet werden, wenn mindestens $^1/_{10}$ des Alkohols aus Wein gewonnen ist.

Kognak und Kognakverschnitte müssen in 100 Raumteilen mindestens 38 Raumteile Alkohol enthalten.

Trinkbranntwein, der in Flaschen oder ähnlichen Gefäßen unter der Bezeichnung Kognak gewerbsmäßig verkauft oder feilgehalten wird, muß zugleich eine Bezeichnung tragen, welche das Land erkennbar macht, wo er für den Verbrauch fertiggestellt worden ist. Die näheren Vorschriften trifft der Bundesrat.

Die vom Bundesrate vorgeschriebenen Bezeichnungen sind auch in die Preislisten und Weinkarten sowie in die sonstigen im geschäftlichen Verkehre üblichen Angebote mit aufzunehmen.

§ 19.

Wer Trauben zur Weinbereitung, Traubenmaische, Traubenmost oder Wein gewerbsmäßig in Verkehr bringt oder gewerbsmäßig Wein zu Getränken weiter verarbeitet, ist verpflichtet, Bücher zu führen, aus denen zu ersehen ist:

1. welche Weinbergsflächen er abgeerntet hat, welche Mengen von Traubenmaische, Traubenmost oder Wein er aus eigenem Gewächse gewonnen oder von anderen bezogen und welche Mengen er an andere abgegeben oder welche Geschäfte über solche Stoffe er vermittelt hat;
2. welche Mengen von Zucker oder von anderen für die Kellerbehandlung des Weines (§ 4) oder zur Herstellung von Haustrunk (§ 11) bestimmten Stoffen er bezogen und welchen Gebrauch er von diesen Stoffen zum Zuckern (§ 3) oder zur Herstellung von Haustrunk gemacht hat;
3. welche Mengen der im § 10 bezeichneten dem Weine ähnlichen Getränke er aus eigenem Gewächse gewonnen oder von anderen bezogen und welche Mengen er an andere abgegeben oder welche Geschäfte über solche Stoffe er vermittelt hat.

Die Zeit des Geschäftsabschlusses, die Namen der Lieferanten und, soweit es sich um Abgabe im Fasse oder in Mengen von mehr als einem Hektoliter im einzelnen Falle handelt, auch der Abnehmer, sind in den Büchern einzutragen.

Die Bücher sind nebst den auf die einzutragenden Geschäfte bezüglichen Geschäftspapieren bis zum Ablaufe von fünf Jahren nach der letzten Eintragung aufzubewahren.

Die näheren Bestimmungen über die Einrichtung und die Führung der Bücher trifft der Bundesrat; er bestimmt, in welcher Weise und innerhalb welcher Frist die bei dem Inkrafttreten dieses Gesetzes vorhandenen Bestände in den Büchern vorzutragen sind.

§ 20.

Werden in einem Raume, in dem Wein zum Zwecke des Verkaufs hergestellt oder gelagert wird, in Gefäßen, wie sie zur Herstellung oder Lagerung von Wein verwendet werden, Haustrunk (§ 11) oder andere Getränke als Wein oder Traubenmost verwahrt, so müssen diese Gefäße mit einer deutlichen Bezeichnung des Inhalts an einer in die Augen fallenden Stelle versehen sein.

Bei Flaschenlagerung genügt die Bezeichnung der Stapel.

Personen, die wegen Verfehlungen gegen dieses Gesetz wiederholt oder zu einer Gefängnisstrafe verurteilt worden sind, kann die Verwahrung anderer Stoffe als Wein oder Traubenmost in solchen Räumen durch die zuständige Polizeibehörde untersagt werden.

§ 21.

Die Beobachtung der Vorschriften dieses Gesetzes ist durch die mit der Handhabung der Nahrungsmittelpolizei betrauten Behörden und Sachverständigen zu überwachen.

Zur Unterstützung dieser Behörden sind für alle Teile des Reichs Sachverständige im Hauptberufe [1]) zu bestellen.

§ 22.

Die zuständigen Beamten und Sachverständigen (§ 21) sind befugt, außerhalb der Nachtzeit und, falls Tatsachen vorliegen, welche annehmen lassen, daß zur Nachtzeit gearbeitet wird, auch während dieser Zeit, in Räume, in denen Traubenmost, Wein oder dem Weine ähnliche Getränke hergestellt, verarbeitet, feilgehalten oder verpackt werden, und bei gewerbsmäßigem Betrieb auch in die zugehörigen Lager- und Geschäftsräume, ebenso in die Geschäftsräume von Personen, die gewerbsmäßig Geschäfte über Traubenmaische, Traubenmost, Wein, Schaumwein, weinhaltige, dem Weine ähnliche Getränke oder Kognak vermitteln, einzutreten, daselbst Besichtigungen vorzunehmen, geschäftliche Aufzeichnungen, Frachtbriefe und Bücher einzusehen, auch nach ihrer Auswahl Proben zum Zwecke der Untersuchung zu fordern oder selbst zu entnehmen. Über die Probenahme ist eine Empfangsbescheinigung zu erteilen. Ein Teil der Probe ist amtlich verschlossen oder versiegelt zurückzulassen. Auf Verlangen ist für die entnommene Probe eine angemessene Entschädigung zu leisten.

Die Nachtzeit umfaßt in dem Zeitraume vom 1. April bis 30. September die Stunden von 9 Uhr abends bis 4 Uhr morgens und in dem Zeitraume vom 1. Oktober bis 31. März die Stunden von 9 Uhr abends bis 6 Uhr morgens.

§ 23.

Die Inhaber der im § 22 bezeichneten Räume sowie die von ihnen bestellten Betriebsleiter und Aufsichtspersonen sind verpflichtet, den zuständigen Beamten und Sachverständigen auf Erfordern diese Räume zu bezeichnen, sie bei deren Besichtigung zu begleiten oder durch mit dem Betriebe vertraute Personen begleiten zu lassen und ihnen Auskunft über das Verfahren bei Herstellung der Erzeugnisse, über den Umfang des Betriebs, über die zur Verwendung gelangenden Stoffe, insbesondere auch über deren Menge und Herkunft, zu erteilen sowie die geschäftlichen Aufzeichnungen, Frachtbriefe und

---

[1]) Auf Grund von Dienstverträgen vereidigte Weinkontrolleure sind keine öffentlichen Beamten (Urteil des Preuß. Kammerger. vom 2. Juli 1912; Zeitschr. f. Unters. d. Nahr.- u. Genußm. (Gesetze) 1914, 175).

Weinkontrolleure, die als Hilfsbeamte der Staatsanwaltschaft tätig gewesen sind, können als Sachverständige abgelehnt werden (Urt. des Reichsger. I. Strafsenat vom 3. Okt. 1912; Zeitschr. f. Unters. d. Nahr.- u. Genußm. (Gesetze) 1914, 176).

Bücher vorzulegen. Personen, die gewerbsmäßig Geschäfte über Trauben-maische, Traubenmost, Wein, Schaumwein, weinhaltige oder dem Weine ähnliche Getränke vermitteln, sind verpflichtet, Auskunft über die von ihnen vermittelten Geschäfte zu erteilen sowie die geschäftlichen Aufzeichnungen und Bücher vor-zulegen. Die Erteilung von Auskunft kann jedoch verweigert werden, soweit derjenige, von welchem sie verlangt wird, sich selbst oder einem der im § 51 Nr. 1—3 der Strafprozeßordnung bezeichneten Angehörigen die Gefahr straf-gerichtlicher Verfolgung zuziehen würde.

§ 24.

Die Sachverständigen sind, vorbehaltlich der Anzeige von Gesetzwidrig-keiten, verpflichtet, über die Einrichtungen und Geschäftsverhältnisse, welche durch die Aufsicht zu ihrer Kenntnis kommen, Verschwiegenheit zu beobachten und sich der Mitteilung und Verwertung der Geschäfts- oder Betriebsgeheimnisse zu enthalten. Sie sind hierauf zu beeidigen.

§ 25.

Der Vollzug des Gesetzes liegt den Landesregierungen ob.

Der Bundesrat stellt die zur Sicherung der Einheitlichkeit des Vollzugs erforderlichen Grundsätze, insbesondere für die Bestellung von geeigneten Sach-verständigen und die Gewährleistung ihrer Unabhängigkeit fest. Er ist er-mächtigt, Vorschriften für die jährliche Feststellung der Traubenernte sowie über Zeitpunkt, Form und Inhalt der nach § 3 Abs. 4 vorgeschriebenen Anzeige zu erlassen.

Die weiter erforderlichen Vorschriften zur Sicherung des Vollzugs werden durch die Landeszentralbehörden oder die von diesen ermächtigten Landes-behörden erlassen.

Die Landeszentralbehörden sind außerdem ermächtigt, im Einvernehmen mit dem Reichskanzler die Grenzen der am Weinbau beteiligten Gebiete zu bestimmen (§ 3 Absatz 3).

Der Reichskanzler hat die Ausführung des Gesetzes zu überwachen und insbesondere auf Gleichmäßigkeit der Handhabung hinzuwirken.

§ 26.

Mit Gefängnis bis zu 6 Monaten und mit Geldstrafe bis zu dreitausend Mark oder mit einer dieser Strafen wird bestraft:

1. wer vorsätzlich den Vorschriften des § 2 Satz 2, des § 3 Absatz 1—3, 5, 6, der §§ 4, 9, des § 11 Absatz 4, der §§ 13, 15 oder den gemäß § 12 für die Herstellung und Behandlung von Traubenmost oder Trauben-maische geltenden Vorschriften oder den auf Grund des § 4 Absatz 1 Satz 2, des § 10 Absatz 2, des § 11 Absatz 2 oder des § 16 vom Bundesrat erlassenen Vorschriften zuwiderhandelt;
2. wer wissentlich unrichtige Eintragungen in die nach § 19 zu führenden Bücher macht oder die nach Maßgabe des § 23 von ihm geforderte Auskunft wissentlich unrichtig erteilt, desgleichen wer vorsätzlich Bücher oder Geschäftspapiere, welche nach § 19 Absatz 3 aufzube-wahren sind, vor Ablauf der dort bestimmten Frist vernichtet oder beiseite schafft;
3. wer Stoffe, deren Verwendung bei der Herstellung, Behandlung oder Verarbeitung von Wein, Schaumwein, weinhaltigen oder weinähn-lichen Getränken unzulässig ist, zu diesen Zwecken ankündigt, feilhält, verkauft oder an sich bringt, desgleichen wer einen diesen Zwecken dienenden Verkauf solcher Stoffe vermittelt.

Stellt sich nach den Umständen, insbesondere nach dem Umfange der Verfehlungen oder nach der Beschaffenheit der in Betracht kommenden Stoffe, der Fall als ein schwerer dar, so tritt Gefängnisstrafe bis zu 2 Jahren ein, neben der auf Geldstrafe bis zu zwanzigtausend Mark erkannt werden kann.

Auf die im Absatz 2 vorgesehene Strafe ist auch dann zu erkennen, wenn der Täter zur Zeit der Tat bereits wegen einer der im Absatz 1 mit Strafe be-drohten Handlungen bestraft ist. Diese Bestimmung findet Anwendung, auch wenn die frühere Strafe nur teilweise verbüßt oder ganz oder teilweise erlassen ist, bleibt jedoch ausgeschlossen, wenn seit der Verbüßung oder dem Erlasse der letzten Strafe bis zur Begehung der neuen Straftat drei Jahre verflossen sind.

In den Fällen des Absatz 1 Nr. 1 wird auch der Versuch bestraft.

§ 27.

Mit Geldstrafe bis zu eintausendfünfhundert Mark oder mit Gefängnis bis zu drei Monaten wird bestraft, wer den Vorschriften des § 24 zuwider Verschwiegenheit nicht beobachtet, oder der Mitteilung oder Verwertung von Geschäfts- oder Betriebsgeheimnissen sich nicht enthält.

Die Verfolgung tritt nur auf Antrag des Unternehmers ein.

§ 28.

Mit Geldstrafe bis zu sechshundert Mark oder mit Haft bis zu sechs Wochen wird bestraft, wer vorsätzlich oder fahrlässig

1. den Vorschriften des § 5 Absatz 1, des § 7 Absatz 2, des § 8, des § 10 Absatz 3 oder des § 18 Absatz 1 zuwiderhandelt;
2. den Vorschriften des § 6 oder des § 7 Absatz 1 zuwider bei der Benennung von Wein eine der Herkunft nicht entsprechende geographische Bezeichnung verwendet;
3. Schaumwein oder Kognak gewerbsmäßig verkauft oder feilhält, ohne daß den Vorschriften des § 17 und des § 18 Absatz 4, 5 genügt ist;
4. außer den Fällen des § 26 Nr. 2 den Vorschriften über die nach § 19 zu führenden Bücher zuwiderhandelt.

§ 29.

Der im § 28 bestimmten Strafe unterliegt ferner

1. wer vorsätzlich die nach Maßgabe des § 5 Absatz 2 zu erteilende Auskunft nicht oder unrichtig erteilt;
2. wer vorsätzlich die nach § 3 Absatz 4 und nach § 11 Absatz 3 vorgeschriebenen Anzeigen nicht erstattet oder den auf Grund des § 11 Absatz 3 erlassenen Anordnungen zuwiderhandelt;
3. wer vorsätzlich es unterläßt, an Gefäßen oder Flaschenstapeln die nach § 20 Absatz 1, 2 vorgeschriebenen Bezeichnungen anzubringen, oder einem auf Grund des § 20 Absatz 3 ergangenen Verbote zuwiderhandelt;
4. wer vorsätzlich den von den Landeszentralbehörden oder den von diesen ermächtigten Landesbehörden auf Grund des § 25 Absatz 3 erlassenen Vorschriften zuwiderhandelt;
5. wer den Vorschriften der §§ 22, 23 zuwider das Betreten oder die Besichtigung von Räumen, die Begleitung der Beamten oder Sachverständigen bei der Besichtigung der Räume, die Vorlegung von Geschäftsbüchern oder -papieren, die Abgabe oder die Entnahme von Proben verweigert, desgleichen wer die von ihm geforderte Auskunft nicht oder aus Fahrlässigkeit unrichtig erteilt;
6. wer eine der im § 26 Absatz 1 Nr. 1 bezeichneten Handlungen aus Fahrlässigkeit begeht.

§ 30.

Mit Geldstrafe bis zu einhundertfünfzig Mark oder mit Haft wird bestraft, wer eine der im § 29 Nr. 1—4 bezeichneten Handlungen aus Fahrlässigkeit begeht.

§ 31.

In den Fällen des § 26 Absatz 1 Nr. 1 ist neben der Strafe auf Einziehung der Getränke oder Stoffe zu erkennen, welche den dort bezeichneten Vorschriften zuwider hergestellt, eingeführt oder in den Verkehr gebracht worden sind, ohne Unterschied, ob sie dem Verurteilten gehören oder nicht; auch kann die Vernichtung ausgesprochen werden. In den Fällen des § 28 Nr. 1, 2, 3 und des § 29 Nr. 6 kann auf Einziehung oder Vernichtung erkannt werden.

In den Fällen des § 26 Absatz 1 Nr. 3 ist neben der Strafe auf Einziehung oder Vernichtung der Stoffe zu erkennen, die zum Zwecke der Begehung einer nach den Vorschriften dieses Gesetzes strafbaren Handlung bereit gehalten werden.

Die Vorschriften des Absatz 1, 2 finden auch dann Anwendung, wenn die Strafe gemäß § 73 des Strafgesetzbuchs auf Grund eines anderen Gesetzes zu bestimmen ist.

Ist die Verfolgung oder Verurteilung einer bestimmten Person nicht ausführbar, so kann auf die Einziehung selbständig erkannt werden.

49*

§ 32.

Die Vorschriften anderer die Herstellung und den Vertrieb von Wein treffender Gesetze, insbesondere des Gesetzes, betreffend den Verkehr mit Nahrungsmitteln, Genußmitteln und Gebrauchsgegenständen, vom 14. Mai 1879 (R.-G.-Bl. S. 145), des Gesetzes zum Schutze der Warenbezeichnungen vom 12. Mai 1894 (R.-G.-Bl. S. 441) und des Gesetzes zur Bekämpfung des unlauteren Wettbewerbes vom 27. Mai 1896 (R.-G.-Bl. S. 145) bleiben unberührt, soweit nicht die Vorschriften dieses Gesetzes entgegenstehen. Die Vorschriften der §§ 16, 17 des Gesetzes vom 14. Mai 1879 finden auch bei Strafverfolgungen auf Grund der Vorschriften dieses Gesetzes Anwendung. Durch die Landesregierungen kann jedoch bestimmt werden, daß die auf Grund dieses Gesetzes auferlegten Geldstrafen in erster Linie zur Deckung der Kosten zu verwenden sind, die durch die Bestellung von Sachverständigen auf Grund des § 21 dieses Gesetzes entstehen. Die Verwendung erfolgt in diesem Falle durch die mit dem Vollzuge des Gesetzes betrauten Landeszentralbehörden, durch welche die etwa verbleibenden Überschüsse auf die nach § 17 des Gesetzes vom 14. Mai 1879 in Betracht kommenden Kassen zu verteilen sind.

§ 33.

Der Bundesrat ist ermächtigt, im Großherzogtume Luxemburg gewonnene Erzeugnisse des Weinbaues den inländischen gleichzustellen, falls dort ein diesem Gesetz entsprechendes Weingesetz erlassen wird.

§ 34.

Dieses Gesetz tritt am 1. September 1909 in Kraft.

Mit diesem Zeitpunkt tritt das Gesetz, betreffend den Verkehr mit Wein, weinhaltigen und weinähnlichen Getränken, vom 24. Mai 1901 (R.-G.-Bl. S. 175) außer Kraft.

Der Verkehr mit Getränken, die bei der Verkündung dieses Gesetzes nachweislich bereits hergestellt waren, ist jedoch nach den bisherigen Bestimmungen zu beurteilen.

Bekanntmachung, betreffend Bestimmungen zur Ausführung des Weingesetzes.
Vom 9. Juli 1909.
(R.-G.-Bl. S. 549.)

Auf Grund der §§ 3, 4, 10—14, 17—19 des Weingesetzes vom 7. April 1909 (R.-G.-Bl. S. 393) hat der Bundesrat die nachstehenden Ausführungsbestimmungen beschlossen:

Zu § 3 Absatz 4.

Die Absicht, Traubenmaische, Most oder Wein zu zuckern, ist nach Maßgabe der beigefügten Muster[1] schriftlich anzuzeigen; die zuständige Behörde kann die Eintragung in Listen gestatten, die diesen Mustern nachzubilden und an geeigneten Stellen aufzulegen sind.

Für die neue Ernte ist die Anzeige vor Beginn des Zuckerns nach Muster 1 zu erstatten; dabei braucht die Menge der zu zuckernden Erzeugnisse sowie der Zeitpunkt des Zuckerns für die gesamte Ernte vom 1. September des betreffenden Jahres ab nicht angegeben zu werden. Für Wein früherer Jahrgänge ist jeder einzelne Fall des Zuckerns spätestens eine Woche zuvor nach Muster 2 anzuzeigen.

Zu §§ 4, 11, 12.

Bei der Kellerbehandlung dürfen unbeschadet der nach § 3 des Gesetzes zulässigen Zuckerung der Traubenmaische, dem Traubenmost oder dem Weine Stoffe irgend welcher Art nur nach Maßgabe der folgenden Bestimmungen zugesetzt werden.

Gestattet ist

A. Allgemein:

1. die Verwendung von frischer, gesunder, flüssiger Weinhefe (Drusen) oder von Reinhefe, um die Gärung einzuleiten oder zu fördern; die

---

[1] Ist hier weggelassen.

Reinhefe darf nur in Traubenmost gezüchtet sein. Der Zusatz der flüssigen Weinhefe darf nicht mehr als zwanzig Raumteile auf eintausend Raumteile der zu vergärenden Flüssigkeit betragen; doch darf diese Hefemenge zuvor in einem Teile des Mostes oder Weines vermehrt werden; dabei darf der Wein mit einer kleinen Menge Zucker versetzt und von Alkohol befreit werden;

2. die Verwendung von frischer, gesunder, flüssiger Weinhefe (Drusen), um Mängel von Farbe oder Geschmack des Weines zu beseitigen. Der Zusatz darf nicht mehr als einhundertundfünfzig Raumteile auf eintausend Raumteile Wein betragen; ein Zusatz von Zucker ist hierbei nicht zulässig;

3. die Entsäuerung mittels reinen, gefällten kohlensauren Kalkes;

4. das Schwefeln, sofern hierbei nur kleine Mengen von schwefliger Säure oder Schwefelsäure in die Flüssigkeiten gelangen. Gewürzhaltiger Schwefel darf nicht verwendet werden;

5. die Verwendung von reiner gasförmiger oder verdichteter Kohlensäure oder der bei der Gärung von Wein entstehenden Kohlensäure, sofern hierbei nur kleine Mengen des Gases in den Wein gelangen;

6. die Klärung (Schönung) mittels nachgenannter technisch reiner Stoffe:
   a) in Wein gelöster Hausen-, Stör- oder Welsblase,
   b) Gelatine,
   c) Tannin bei gerbstoffarmem Weine bis zur Höchstmenge von 100 Gramm auf 1000 Liter in Verbindung mit den unter a, b genannten Stoffen,
   d) Eiweiß,
   e) Käsestoff (Kasein), Milch,
   f) spanischer Erde,
   g) mechanisch wirkender Filterdichtungsstoffe (Asbest, Zellulose und dgl.),

7. die Verwendung von ausgewaschener Holzkohle und gereinigter Knochenkohle;

8. das Behandeln der Korkstopfen und das Ausspülen der Aufbewahrungsgefäße mit aus Wein gewonnenem Alkohol oder reinem mindestens 90 Raumprozente Alkohol enthaltenem Sprit, wobei jedoch der Alkohol nach der Anwendung wieder tunlichst zu entfernen ist; bei dem Versand in Fässern nach tropischen Gegenden auch der Zusatz von solchem Alkohol bis zu einem Raumteil auf einhundert Raumteile Wein zur Haltbarmachung.

B. Bei ausländischem Dessertwein (Süd-, Süßwein):

9. der Zusatz von kleinen Mengen gebrannten Zuckers (Zuckercouleur);

10. der Zusatz von aus Wein gewonnenem Alkohol oder reinem mindestens 90 Raumprozente Alkohol enthaltendem Sprit bis zu der im Ursprungslande gestatteten Alkoholmenge.

C. Bei der Herstellung von Haustrunk (§ 11 des Gesetzes):

11. die Verwendung von Zitronensäure bei der Verarbeitung von getrockneten Weinbeeren außerhalb solcher Betriebe, aus denen Wein gewerbsmäßig in den Verkehr gebracht wird.

Die Landeszentralbehörde kann die Verwendung von Zitronensäure auch bei der Verarbeitung von Rückständen der Weinbereitung und für Betriebe zulassen, aus denen Wein gewerbsmäßig in den Verkehr gebracht wird.

Zu §§ 10, 16 [1]).

Die nachbezeichneten Stoffe:

    lösliche Aluminiumsalze (Alaun und dgl.), Ameisensäure, Bariumverbindungen, Benzoesäure, Borsäure, Eisencyanverbindungen (Blutlaugensalze), Farbstoffe mit Ausnahme von kleinen Mengen ge-

---

[1]) Unter Berücksichtigung der Bekanntmachungen, betreffend Abänderung der Bestimmungen zur Ausführung des Weingesetzes, vom 21. Mai und 27. Juni 1914.

brannten Zuckers (Zuckercouleur), Fluorverbindungen, Formaldehyd und solche Stoffe, die bei ihrer Verwendung Formaldehyd abgeben, Glyzerin, Kermesbeeren, Magnesiumverbindungen, Oxalsäure, Salicylsäure, unreiner (freien Amylalkohol enthaltender) Sprit, unreiner Stärkezucker, Stärkesirup, Strontiumverbindungen, Wismutverbindungen, Zimtsäure, Zinksalze, Salze und Verbindungen der vorbezeichneten Säuren sowie der schwefligen Säure (Sulfite, Metasulfite und dgl.)

dürfen bei der Herstellung der im § 10 des Gesetzes bezeichneten dem Weine ähnlichen Getränke, von weinhaltigen Getränken, deren Bezeichnung die Verwendung von Wein andeutet oder von Schaumwein nicht verwendet werden.

Bei der Herstellung von dem Weine ähnlichen Getränken aus Malzauszügen ist außerdem die Verwendung von Zucker und Säuren jeder Art, ausgenommen Tannin als Klärmittel, sowie von zuckerhaltigen und säurehaltigen Stoffen untersagt. Nur bei Getränken, die Dessertweinen ähnlich sind und mehr als 10 g Alkohol in 100 ccm Flüssigkeit enthalten, ist der Zusatz von Zucker gestattet; doch darf das Gewicht des Zuckers nicht mehr als das 1,8fache des Malzes betragen. Wasser darf höchstens in dem Verhältnis von zwei Gewichtsteilen Wasser auf ein Gewichtsteil Malz verwendet werden; soweit der Zusatz von Zucker zugelassen ist, wird das Gewicht des Zuckers dem des Malzes zugerechnet.

Bei der Herstellung von Kognak dürfen nur die nachbezeichneten Stoffe verwendet werden:

1. Weindestillate, denen die den Kognak kennzeichnenden Bestandteile des Weines nicht entzogen worden sind und die in 100 Raumteilen nicht mehr als 86 Raumteile Alkohol enthalten;

2. reines destilliertes Wasser;

3. technisch reiner Rüben- oder Rohrzucker in solcher Menge, daß der Gesamtgehalt an Zucker, einschließlich des durch sonstige Zusätze hineingelangenden (als Invertzucker berechnet) in 100 ccm des gebrauchsfertigen Kognaks bei 15° C nicht mehr als 2 g beträgt;

4. gebrannter Zucker (Zuckercouleur), hergestellt aus technisch reinem Rüben- oder Rohrzucker;

5. im eigenen Betriebe durch Lagerung von Weindestillat (Nr. 1) auf Eichenholz oder Eichenholzspänen auf kaltem Wege hergestellte Auszüge;

6. im eigenen Betriebe durch Lagerung von Weindestillat (Nr. 1) auf Pflaumen, grünen (unreifen) Walnüssen oder getrockneten Mandelschalen auf kaltem Wege hergestellte Auszüge, jedoch nur in so geringer Menge, daß die Eigenart des verwendeten Weindestillats dadurch nicht wesentlich beeinflußt wird;

7. Dessertwein (Süd, Süßwein), der keinen Zusatz von anderem als ausschließlich aus Wein gewonnenem Alkohol enthält, jedoch nur in solcher Menge, daß in 100 Raumteilen des gebrauchsfertigen Kognaks nicht mehr als ein Raumteil Dessertwein enthalten ist;

8. mechanisch wirkende Filterdichtungsstoffe (Asbest, Cellulose od. dgl.);

9. gereinigte Knochenkohle, technisch reine Gelatine und Hausenblase;

10. Sauerstoff.

Zu § 13.

Traubenmaische, Traubenmost oder Wein ausländischen Ursprunges, die den Vorschriften des § 4 des Gesetzes nicht entsprechen, werden zum Verkehr zugelassen, wenn sie den für den Verkehr innerhalb des Ursprungslandes geltenden Vorschriften genügen.

Vom Verkehr ausgeschlossen bleiben jedoch:

a) roter Wein, mit Ausnahme von Dessertwein; desgleichen Traubenmost oder Traubenmaische zu rotem Weine, deren Gehalt an Schwefelsäure in einem Liter Flüssigkeit mehr beträgt als zwei Gramm neutralen schwefelsauren Kaliums entspricht;

b) Traubenmaische, Traubenmost oder Weine, die einen Zusatz von Alkalikarbonaten (Pottasche oder dgl.), von organischen Säuren oder deren Salzen (Weinsäure, Citronensäure, Weinstein, neutrales weinsaures Kalium oder dgl.) oder eines der in den Bestimmungen zu § 10 des Gesetzes genannten Stoffe erhalten haben.

Zu § 14 [1]).

Traubenmaische, Traubenmost oder Wein dürfen nur über bestimmte Zollämter eingeführt werden. Der Bundesrat bezeichnet die Ämter sowie diejenigen Zollstellen, bei welchen die Untersuchung von Traubenmaische, Traubenmost oder Wein stattfinden kann.

Die aus dem Ausland eingehenden Sendungen unterliegen bei der Einfuhr einer amtlichen Untersuchung unter Mitwirkung der Zollbehörden. Die Kosten der Untersuchung einschließlich der Versendung der Proben hat der Verfügungsberechtigte zu tragen.

Die Untersuchung ist staatlichen Fachanstalten und besonders hierzu verpflichteten geprüften Nahrungsmittelchemikern zu übertragen. Ausnahmsweise kann sie auch anderen Personen übertragen werden, welche genügend Kenntnisse und Erfahrung besitzen.

Bei der Untersuchung ist nach der Anweisung des Bundesrats zur chemischen Untersuchung des Weines zu verfahren; der Umfang der Untersuchung bleibt dem Ermessen des untersuchenden Sachverständigen überlassen.

Das Ergebnis der Untersuchung ist der Zollstelle alsbald schriftlich mitzuteilen. Nur die etwaige Beanstandung ist ausführlich zu begründen.

Soweit die Sendung beanstandet wird, ist sie durch die Zollbehörde von der Einfuhr zurückzuweisen. Dem Verfügungsberechtigten, der unter Angabe des Grundes alsbald zu benachrichtigen ist, steht frei, innerhalb dreier Tage nach Empfang der Nachricht bei der die Zurückweisung verfügenden Zollstelle die Entscheidung einer von der Landesregierung hierfür zu bezeichnenden höheren Verwaltungsbehörde zu beantragen. Diese Behörde entscheidet endgültig.

Von der Untersuchung befreit sind:

a) Sendungen im Einzelrohgewichte von nicht mehr als 5 kg;

b) Wein in Flaschen (Fläschchen), wenn nach den Umständen nicht zu bezweifeln ist, daß er nur als Muster zu dienen bestimmt ist;

c) Wein in Flaschen (Fläschchen), sofern das Gewicht des in einem Packstück enthaltenen Weines einschließlich seiner unmittelbaren Umschließung nicht mehr als 10 kg beträgt. Ist Wein, von dem mehrere Arten gleichzeitig in einer Sendung eingehen, nachweislich nicht zum gewerbsmäßigen Absatze bestimmt, so dürfen auch bei einem höheren Gewichte diejenigen Weinarten von der Untersuchung freigelassen werden, von denen nicht mehr als 2¼ Liter eingehen;

d) Mengen von nicht mehr als 10 kg Rohgewicht, die im kleinen Grenzverkehr eingehen;

e) zur Verpflegung von Reisenden, Fuhrleuten oder Schiffern während der Reise mitgeführte Mengen;

f) Erzeugnisse, die als Umzugsgut eingehen und nicht zum gewerbsmäßigen Absatz bestimmt sind;

g) zur unmittelbaren Durchfuhr bestimmte Sendungen.

Die Untersuchung kann unterbleiben, wenn die Einfuhrfähigkeit einer Sendung durch das Zeugnis einer wissenschaftlichen Anstalt des Ursprungslandes nachgewiesen wird, deren Berechtigung zur Ausstellung solcher Zeugnisse durch den Reichskanzler anerkannt ist.

Auch ohne solches Zeugnis kann ausnahmsweise bei hochwertigem Weine in Flaschen von der Untersuchung abgesehen werden, wenn die Einfuhrfähigkeit auf andere Weise glaubhaft gemacht wird.

Im übrigen wird das Verfahren bei der Einfuhr und der Untersuchung durch die Weinzollordnung geregelt.

Zu § 17 [2]).

Schaumwein und ihm ähnliche Getränke, die gewerbsmäßig verkauft oder feilgehalten werden, sind wie folgt zu kennzeichnen:

a) Bei Schaumwein muß das Land, in dem der Wein auf Flaschen gefüllt ist, in der Weise kenntlich gemacht werden, daß auf den Flaschen die Bezeichnung

---

[1]) Mit abgeändertem Wortlaut gemäß Bekanntmachung des Bundesrats vom 20. Juli 1910.

[2]) Mit Abänderungen nach der Bekanntmachung vom 6. Juli 1911.

In Deutschland auf Flaschen gefüllt,
In Frankreich auf Flaschen gefüllt,
In Luxemburg auf Flaschen gefüllt

usw. angebracht wird; ist der Schaumwein in demjenigen Lande, in welchem er auf Flaschen gefüllt wurde, auch fertiggestellt, so kann an Stelle jener Bezeichnung die Bezeichnung

Deutscher (Französischer, Luxemburgischer usw.) Schaumwein
oder
Deutsches (Französisches, Luxemburgisches usw.) Erzeugnis

treten.

b) Bei Schaumwein, dessen Kohlensäuregehalt ganz oder teilweise auf einem Zusatze fertiger Kohlensäure beruht, sind der unter a vorgeschriebenen Bezeichnung die Worte

Mit Zusatz von Kohlensäure

hinzuzufügen.

c) Bei den dem Schaumwein ähnlichen Getränken sind die zur Herstellung verwendeten, dem Weine ähnlichen Getränke in der Weise kenntlich zu machen, daß auf den Flaschen in Verbindung mit dem Worte Schaumwein eine die benutzte Fruchtart erkennbar machende Bezeichnung, wie Apfel-Schaumwein, Johannisbeer-Schaumwein, angebracht wird.

An Stelle dieser Bezeichnungen können die Worte Frucht-Schaumwein, Obst-Schaumwein, Beeren-Schaumwein treten.

d) Die unter a, b vorgeschriebenen Bezeichnungen müssen in schwarzer Farbe auf weißem Grunde, deutlich und nicht verwischbar auf einem bandförmigen Streifen in lateinischer Schrift aufgedruckt sein. Die Schriftzeichen auf dem Streifen müssen bei Flaschen, welche einen Rauminhalt von 425 oder mehr Kubikzentimeter haben, mindestens 0,5 cm hoch und so breit sein, daß im Durchschnitte je 10 Buchstaben die Fläche von mindestens 3,5 cm Länge einnehmen. Die Inschrift darf, falls sie einen Streifen von mehr als 10 cm Länge beanspruchen würde, auf zwei Zeilen verteilt werden. Die Worte „Mit Zusatz von Kohlensäure" sind stets auf die zweite Zeile zu setzen. Der Streifen, der eine weitere Inschrift nicht tragen darf, ist an einer in die Augen fallenden Stelle der Flasche, und zwar gegebenenfalls zwischen dem den Flaschenkopf bedeckenden Überzug und der die Bezeichnung der Marke und der Weinsorte enthaltenden Inschrift dauernd zu befestigen. Wird der Streifen im Zusammenhange mit dieser oder einer anderen Inschrift hergestellt, so ist er gegen diese mindestens durch einen 1 mm breiten Strich deutlich abzugrenzen.

e) Die unter c vorgeschriebene Bezeichnung ist in deutlichen Schriftzeichen von mindestens der unter d angegebenen Größe auf der Hauptinschrift der Flasche oder auf einem mit dieser zusammenhängenden Streifen so anzubringen, daß sie sich von anderen Angaben auf dieser Inschrift (Firma, Sortennummern und dgl.) sowie von etwa angebrachten Verzierungen deutlich abhebt.

Zu § 18.

Kognak, der in Flaschen gewerbsmäßig verkauft oder feilgehalten wird, ist nach dem Lande, in dem er fertiggestellt ist, als

Deutscher, Französischer usw. Kognak (Cognac)

zu bezeichnen.

Hat im Auslande hergestellter Kognak in Deutschland lediglich einen Zusatz von destilliertem Wasser erhalten, um unbeschadet der Vorschrift des § 13 Absatz 3 des Gesetzes den Alkoholgehalt auf die übliche Trinkstärke herabzusetzen, so ist er als

Französischer usw. Kognak (Cognac) in Deutschland fertiggestellt

zu bezeichnen.

Die Bezeichnung muß in schwarzer Farbe auf weißem Grunde deutlich und nicht verwischbar auf einem bandförmigen Streifen in lateinischer Schrift aufgedruckt sein. Die Schriftzeichen müssen bei Flaschen, welche einen Raumgehalt von 350 ccm oder mehr haben, mindestens 0,5 cm hoch und so breit sein, daß im Durchschnitte je 10 Buchstaben eine Fläche von mindestens 3,5 cm Länge einnehmen. Die Inschrift darf, falls sie einen Streifen von mehr als 10 cm Länge beanspruchen würde, auf zwei Zeilen verteilt werden. Der Streifen, der eine weitere Inschrift nicht tragen darf, ist an einer in die Augen fallenden Stelle der Flasche, und zwar gegebenenfalls zwischen dem den Flaschenkopf bedeckenden Überzug und der die Bezeichnung der Firma enthaltenden Inschrift dauerhaft zu befestigen. Wird der Streifen im Zusammenhange mit dieser oder einer anderen Inschrift hergestellt, so ist er gegen diese mindestens durch einen 1 mm breiten Strich deutlich abzugrenzen.

Zu § 19.

Wer durch § 19 des Gesetzes verpflichtet ist, Bücher zu führen, hat sich hierbei sowie bei allen mit der Buchführung zusammenhängenden Aufzeichnungen der deutschen Sprache zu bedienen. Die Landeszentralbehörde kann die Verwendung einer anderen Sprache gestatten.

Die Bücher müssen gebunden und Blatt für Blatt oder Seite für Seite mit fortlaufenden Zahlen versehen sein. Die Zahl der Blätter oder Seiten ist vor Beginn des Gebrauchs auf der ersten Seite des Buches anzugeben. Ein Blatt aus dem Buche zu entfernen ist verboten.

An Stellen, die der Regel nach zu beschreiben sind, dürfen keine leeren Zwischenräume gelassen werden. Der ursprüngliche Inhalt einer Eintragung darf nicht mittels Durchstreichens oder auf andere Weise unleserlich gemacht, es darf nichts radiert, auch dürfen solche Veränderungen nicht vorgenommen werden, deren Beschaffenheit es ungewiß läßt, ob sie bei der ursprünglichen Eintragung oder erst später gemacht worden sind.

Die Bücher und Belege sind sorgfältig aufzubewahren und auf Verlangen jederzeit den nach § 21 des Gesetzes zur Kontrolle berechtigten Beamten oder Sachverständigen vorzulegen. Sind die Geschäfsräume von den Kellereien oder sonstigen Lagerräumen getrennt, so sind die Bücher auf Verlangen auch in den zu kontrollierenden Räumen vorzulegen.

Im einzelnen ist den Vorschriften des Gesetzes nach den den Mustern A bis G [1]) beigefügten Anweisungen mit folgender Maßgabe zu genügen:

Es haben Buch zu führen:

a) Winzer, die in der Hauptsache eigenes Gewächs in den Verkehr bringen, auch wenn sie nach Erfordernis im Inlande gewonnene Trauben oder Traubenmaische zum Keltern zukaufen, nach Muster A.

Winzer, die im Durchschnitte der Jahre bei einer Ernte mehr als 30 000 Liter Traubenmost einlegen, daneben auch nach Muster C oder D, jedoch jedenfalls nach Muster C, wenn sie mehr als 10 000 Liter Traubenmost oder Wein einer Ernte zuckern;

b) Schankwirte, die ausschließlich für den eigenen Bedarf oder Ausschank im Inlande gewonnene Trauben keltern, auch wenn sie nicht zu den Winzern gehören, sofern die im Durchschnitte der Jahre hergestellte Menge 3000 Liter nicht übersteigt, nach Muster A;

c) Schankwirte, Lebensmittelhändler, Krämer und sonstige Kleinverkäufer, die Traubenmost oder Wein nur in fertigem Zustande beziehen und unverändert wieder abgeben, nach Muster F;

d) Geschäftsvermittler über die von ihnen vermittelten Geschäfte nach Muster E.

Geschäftsvermittler, die für Rechnung ihrer Auftraggeber Traubenmaische, Traubenmost oder Wein einlegen oder behandeln, haben hierüber in gleicher Weise wie über eigene Geschäfte Buch zu führen;

e) Weinhändler, Winzergenossenschaften oder andere Gesellschaften, auch wenn sie nur die Erzeugnisse ihrer Mitglieder verwerten, endlich alle übrigen zur Buchführung Verpflichteten, soweit nicht die Vorschriften unter a bis d etwas anderes ergeben, nach Muster B und daneben nach Muster C oder D, jedenfalls jedoch nach Muster C, wenn sie Traubenmaische, Traubenmost oder Wein zuckern;

---

[1]) Die Muster sind fortgelassen.

f) alle zur Buchführung Verpflichteten über den Bezug und die Verwen·
dung von Zucker oder anderen für die Kellerbehandlung des Weines
oder zur Herstellung von Haustrunk bestimmten Stoffen (§ 19 Absatz 1,
Nr. 2 des Gesetzes) nach Muster G.

Die bei dem Inkrafttreten des Gesetzes vorhandenen Bestände sind
längstens bis zum 1. Oktober 1909 in den Büchern vorzutragen. Mit Rücksicht
auf die Vorschrift des § 34 Absatz 3 des Gesetzes ist bei Getränken, soweit sich
dies nicht aus dem Eintrag ohne weiteres ergibt, in der Spalte für Bemerkungen
anzugeben, wann sie hergestellt sind.

Den zur Buchführung Verpflichteten ist gestattet, nach Bedarf ihrer
Betriebe die Bücher auch zu anderen, in dem Vordrucke der Muster nicht vor·
gesehenen geschäftlichen Aufzeichnungen zu benutzen und den Vordruck entspre·
chend zu ergänzen, soweit es unbeschadet der Übersichtlichkeit geschehen kann.

Für Lager unter Zollverschluß ersetzt die von der Zollbehörde angeordnete
und überwachte Buchführung die Buchführung nach Muster B, C, D.

Die Verwendung der Muster A bis G darf außerdem unterbleiben, wenn
die vorgeschriebenen Angaben in Bücher anderer Form eingetragen werden, die
nach den Grundsätzen ordnungsmäßiger Buchführung geführt werden, doch sind
die Muster zu verwenden, wenn die von der Landeszentralbehörde hierfür be·
stimmte Behörde festgestellt hat, daß die geführten Bücher keine genügende
Übersicht gewähren. Die Behörde entscheidet hierüber auf Anrufen des Be·
triebsinhabers oder des nach § 21 Absatz 2 des Gesetzes zur Kontrolle bestellten
Sachverständigen endgültig.

Weinzollordnung.
Vom 17. Juli 1909.

Abschnitt I.

**Vorschriften über die Mitwirkung der Zollbehörden bei der Untersuchung von
Wein, Traubenmost und Traubenmaische auf die Einfuhrfähigkeit.**

§ 1.

(1) Die Einfuhr von Wein, Traubenmost und Traubenmaische darf nur
über die Zollstellen der vom Bundesrate bestimmten Orte erfolgen. Befinden
sich an einem Orte mehrere Zollstellen, so bestimmt die oberste Landesfinanz·
behörde, welche von diesen Zollstellen die Befugnisse ausüben.

(2) Die Einfuhrbeschränkung des Absatz 1 findet keine Anwendung auf die
Fälle des § 4 Absatz 1 und der §§ 14 und 16.

§ 2.

(1) Wein, Traubenmost und Traubenmaische, die in das Zollinland ein·
geführt werden, unterliegen einer amtlichen Untersuchung auf ihre Einfuhr·
fähigkeit unter Mitwirkung der Zollbehörden, auf deren Zuständigkeit der § 1
Absatz 1 entsprechende Anwendung findet.

(2) Die Untersuchung erfolgt durch die staatlichen Fachanstalten oder
besonders verpflichteten Sachverständigen, die von den Landesbehörden hierfür
bestellt sind.

§ 3.

Die Kosten der Untersuchung einschließlich der Versendung der Proben
sind von dem Verfügungsberechtigten zu tragen. Für eine Untersuchung,
welche gemäß Anlage 1 und B I 5 lediglich zu dem Zwecke ausgeführt wird,
in Zweifelsfällen die Gleichartigkeit einer Sendung im Sinne des § 6 Absatz 1
und der Anlage 1 unter A festzustellen, sind keine Gebühren zu entrichten,
falls durch die Untersuchung der Zweifel an der Gleichartigkeit der Sendung
nicht bestätigt wird.

§ 4.

(1) Von der Untersuchung befreit sind:

1. Sendungen im Einzelrohgewichte von nicht mehr als 5 kg;
2. Wein in Flaschen (Fläschchen), wenn nach den Umständen nicht zu
bezweifeln ist, daß er nur als Muster zu dienen bestimmt ist;

3. Wein in Flaschen (Fläschchen), sofern das Gewicht des in einem Packstück enthaltenen Weines einschließlich seiner unmittelbaren Umschließung nicht mehr als 10 kg beträgt. Ist Wein, von dem mehrere Arten gleichzeitig in einer Sendung eingehen, nachweislich zum gewerbsmäßigen Absatz bestimmt, so dürfen auch bei einem höheren Gewichte diejenigen Weinarten von der Untersuchung freigelassen werden, von denen nicht mehr als 2¹/₄ Liter eingehen;

4. Mengen von nicht mehr als 10 kg Rohgewicht, die im kleinen Grenzverkehr eingehen;

5. Erzeugnisse, die aus Zollausschlüssen eingehen, wenn nachgewiesen wird, daß ihre Einfuhrfähigkeit bereits dort amtlich festgestellt worden ist;

6. zur Verpflegung von Reisenden, Fuhrleuten oder Schiffern während der Reise mitgeführte Mengen;

7. Erzeugnisse, die als Umzugsgut eingehen und nicht zum gewerbsmäßigen Absatze bestimmt sind;

8. zur unmittelbaren Durchfuhr bestimmte Sendungen.

(2) Die unmittelbare Durchfuhr, welche im Zollpapier ausdrücklich zu beantragen ist, hat, soweit nicht § 54 des Vereinszollgesetzes und § 18 der Postzollordnung Anwendung finden, auf Begleitschein I oder Begleitzettel und unter zollamtlichem Verschluß, und zwar nach Möglichkeit unter Raumverschluß, zu erfolgen. An Stelle des Verschlusses kann zollamtliche Begleitung treten. Die über derartige Sendungen ausgestellten Begleitscheine oder Begleitzettel erhalten am oberen Rande der ersten Seite den mit Buntstift oder durch Stempelabdruck zu bewirkenden Vermerk ,,Weinuntersuchung". In die über diese Begleitscheine oder Begleitzettel geführten Register ist an geeigneter Stelle derselbe Vermerk aufzunehmen.

(3) Bei hochwertigen Weinen in Flaschen kann die Untersuchung, auch abgesehen von dem Falle des § 8, durch die zuständige Zollstelle erlassen werden.

§ 5.

(1) Bei der Einfuhr untersuchungspflichtiger Sendungen hat der Verfügungsberechtigte die Wahl, ob er die Untersuchung beim Eingangsamte, sofern dasselbe zuständig ist, oder bei einem anderen zuständigen Amte vornehmen lassen will.

(2) Er hat beim Eingange der Zollstelle schriftlich anzumelden, welchem Amte er die Herbeiführung der Untersuchung zu übertragen wünscht. Wenn nach den zollrechtlichen Bestimmungen eine schriftliche Warendeklaration zu erfolgen hat, so ist die Anmeldung in dieser zu bewirken.

(3) Erfolgt die Anmeldung nicht innerhalb einer von dem Eingangsamt ein für allemal anzuordnenden Frist, und wird nicht die Wiederausfuhr der Sendung oder ihre Aufnahme in die öffentliche Niederlage oder durch Privatlager unter amtlichem Mitverschlusse beantragt, so ist die Untersuchung bei dem Eingangsamt oder, falls dieses nicht zuständig ist, bei einer benachbarten, von dem Amte zu bestimmenden zuständigen Zollstelle von Amts wegen vorzunehmen.

§ 6.

(1) Findet die Untersuchung beim Eingangsamt statt, so hat der Verfügungsberechtigte in der Anmeldung (§ 5 Absatz 2) das Erzeugungsland der Sendung zu erklären und die Begleitpapiere, insbesondere die Rechnungen, vorzulegen. Das Amt hat eine Prüfung der Sendung auf Zahl und Inhalt der Kesselwagen oder Packstücke vorzunehmen. Hierbei ist nach Maßgabe der Vorschriften in Anlage 1 unter A festzustellen, inwieweit der Inhalt der zur Sendung gehörigen Kesselwagen oder Packstücke als gleichartig angesehen werden kann. Legt der Verfügungsberechtigte Begleitpapiere oder sonstige Schriftstücke, die über die Gleichartigkeit ausreichenden Aufschluß geben, nicht vor, so ist die Sendung von der Einfuhr zurückzuweisen; jedoch ist auf Antrag des Verfügungsberechtigten die Sendung zur chemischen Untersuchung des Inhalts eines jeden Packstückes und, soweit das Ergebnis der Untersuchung nicht entgegensteht, zur Einfuhr zuzulassen.

(2) Von jeder Sendung sind für die Untersuchung Proben zu entnehmen. Die Entnahme und weitere Behandlung der Proben hat nach der in der Anlage 1 enthaltenen Anweisung unter B zu erfolgen.

(3) Die Prüfung der Sendung und die Entnahme der Proben findet an ordentlicher Amtsstelle statt. Sie kann auf Antrag mit Genehmigung des Amts·vorstandes auch an anderen Orten als der ordentlichen Amtsstelle erfolgen, so·fern an diesen Orten Räume zur Verfügung stehen, in denen die Sendung bis zur Beendigung der Untersuchung in der im Absatz 4 vorgeschriebenen Weise aufbewahrt werden kann.

(4) Bis zur Beendigung der Untersuchung ist die Sendung derart unter amtlicher Aufsicht oder unter amtlichem Verschluß aufzubewahren, daß eine Vertauschung oder Veränderung des Inhalts der einzelnen Kesselwagen oder Packstücke ausgeschlossen ist.

§ 7.

(1) Bei der Untersuchung von Wein, Traubenmost und Traubenmaische ist nach den Bestimmungen der Anlage 2 (S. 792) zu verfahren.

(2) Das Ergebnis der Untersuchung ist der Zollstelle alsbald schriftlich mitzuteilen. Die etwaige Beanstandung ist ausführlich zu begründen.

(3) Hat die Untersuchung zu keiner Beanstandung geführt, so ist die ganze Sendung zur Einfuhr zuzulassen. Im Falle der Beanstandung ist die Sendung, unbeschadet der weitergehenden, auf Grund der strafrechtlichen Bestimmungen des Vereinszollgesetzes anzuordnenden Maßregeln, nach den Vorschriften in den §§ 10, 11 zu behandeln.

(4) Auf Ersuchen der Zollstelle sind roter Wein und Most von Trauben zu solchem Weine auch daraufhin zu untersuchen, daß sie einen Zuckerzusatz nicht erhalten haben (§ 22 Absatz 1).

§ 8.

(1) Wein, Traubenmost und Traubenmaische italienischer, österreichisch oder ungarischer Erzeugung sind regelmäßig ohne Untersuchung zur Ein·fuhr zuzulassen, wenn die Sendung von einem Zeugnis über die Einfuhrfähigkeit des Erzeugnisses begleitet ist, welches von einer der hierzu bestimmten wissen·schaftlichen Anstalten des Erzeugungslandes ausgestellt ist und nachweist, daß die Untersuchung unter Beobachtung der Vorschriften vorgenommen worden ist, die hierüber im Erzeugungsland im Einvernehmen mit der Reichsverwaltung erlassen sind, und wenn sich nicht besondere Zweifel an der Richtigkeit des Zeugnisses aus der Beschaffenheit des Erzeugnisses nach Farbe, Geruch, Ge·schmack usw. oder aus anderen außergewöhnlichen Wahrnehmungen im ein·zelnen Falle ergeben.

(2) Das Zeugnis muß ersehen lassen:

a) Gewicht, Zeichen und Nummer jedes einzelnen Kesselwagens oder Packstücks;

b) die Art (Wein, Traubenmost, Traubenmaische) und Farbe des Er·zeugnisses;

c) die Herkunft des Erzeugnisses (Gemarkung, Jahrgang usw.) und seine Bezeichnung;

d) bei rotem Weine sowie bei Traubenmost und Traubenmaische zu solchem Weine, ob ein Verschnitt mit weißem Weine, weißem Trauben·most oder weißer Traubenmaische vorliegt;

e) ob das Erzeugnis einen Zuckerzusatz erhalten hat.

Der Untersuchungsbefund muß erkennen lassen:

a) daß das Erzeugnis den für den Verkehr im Erzeugungslande geltenden gesetzlichen Vorschriften entspricht;

b) daß es nicht nach den vom Bundesrate zu § 13 des Weingesetzes vom 7. April 1909 (R.-G.-Bl. S. 393) erlassenen Ausführungsbestimmungen vom Verkehre ausgeschlossen ist;

c) daß Proben aus jedem Kesselwagen oder Packstück entweder für sich oder nach Bildung einer Durchschnittsprobe (Mischprobe) untersucht worden sind. In letzterem Falle bedarf es der weiteren Bescheinigung, daß in allen Packstücken, aus deren Inhalt die Durchschnittsprobe (Mischprobe) gebildet wurde, ein gleichartiges Erzeugnis enthalten war.

Schließlich muß das Zeugnis einen Vermerk darüber enthalten, daß jeder Kesselwagen oder jedes Packstück unmittelbar nach der Probeentnahme mit einem die spätere Vertauschung oder Verfälschung des Inhalts ausschließenden Verschlusse versehen worden ist.

(3) In der Regel soll das Zeugnis einschließlich der im Falle seiner Ausfertigung in fremder Sprache ihm beizulegenden oder beizudruckenden deutschen Übersetzung von der zuständigen Kaiserlichen Konsularbehörde beglaubigt sein. Bei Zeugnissen, welche unter Benutzung eines mit der Regierung des Ursprungslandes besonders vereinbarten, sowohl in der fremden wie in deutscher Sprache abgefaßten Vordrucks ausgestellt sind, ist jedoch eine besondere Beglaubigung der Richtigkeit der Übersetzung nicht erforderlich. Außerdem kann bei Zeugnissen, die neben der Unterschrift mit dem Amtssiegel des Ausstellers oder der Anstalt versehen sind, über das Fehlen der konsularischen Beglaubigung der Unterschrift hinweggesehen werden, wenn die Abfertigungsstelle zur Prüfung der Unterschrift auf Grund der ihr amtlich mitgeteilten Nachbildung ermächtigt ist und die durch einen Oberbeamten auszuführende Vergleichung keinen Anlaß zu Bedenken bietet.

(4) Liegen besondere Gründe zum Zweifel an der Richtigkeit des Zeugnisses vor, so hat die Zollstelle eine Nachuntersuchung desjenigen Teiles der Sendung, deren Inhalt ihr Anlaß zu Bedenken gibt, durch eine der im § 2 Absatz 2 bezeichneten Anstalten oder Personen herbeizuführen. Die Kosten der Nachuntersuchung einschließlich der Versendung der Proben hat der Verfügungsberechtigte zu tragen, sofern die Untersuchung zu seinen Ungunsten ausfällt.

(5) Ist der amtliche Verschluß an den vorgeführten Kesselwagen oder Packstücken verletzt, so kann von einer nochmaligen Untersuchung Abstand genommen werden, sofern nach der Überzeugung der Zollstelle aus den Umständen hervorgeht, daß die Verschlußverletzung auf Zufall beruht und eine Veränderung des Inhalts nicht stattgefunden hat.

(6) Auf Erzeugnisse anderer Länder sind die vorstehenden Vorschriften insoweit anwendbar, als die Zollstellen hierzu durch ausdrückliche Anweisung unter Bekanntgabe der zur Ausstellung der Untersuchungszeugnisse befugten Anstalten ermächtigt werden.

§ 9.

(1) Die auf Grund der Untersuchung im Inland oder auf Grund ausländischer Zeugnisse zur Einfuhr zugelassenen Sendungen können zollamtlich weiterbehandelt werden.

(2) Die Mitteilungen über das Untersuchungsergebnis sowie die ausländischen Zeugnisse sind, erforderlichenfalls in amtlich beglaubigten Abschriften oder Auszügen, den über die Sendung vorhandenen Zollpapieren anzustempeln oder als Belege zu den Zollregistern zu nehmen.

§ 10.

(1) Soweit die Sendung beanstandet wird, ist sie durch die Zollstelle von der Einfuhr zurückzuweisen. Dem Verfügungsberechtigten, der von der Zurückweisung unter Angabe des Grundes alsbald zu benachrichtigen ist, steht frei, innerhalb dreier Tage nach Empfang dieser Benachrichtigung bei der die Zurückweisung verfügenden Zollstelle die Entscheidung der von der Landeszentralbehörde bezeichneten höheren Verwaltungsbehörde zu beantragen. Diese Behörde entscheidet entgültig.

(2) Wird eine Probe aus Packstücken mit gleichartigem Inhalte beanstandet, so sind auch die nicht untersuchten Teile der Sendung von der Einfuhr zurückzuweisen, sofern nicht der Verfügungsberechtigte innerhalb der im Absatz 1 bezeichneten Frist ihre Untersuchung beantragt. Diese Untersuchung hat sich auf jedes einzelne Packstück zu erstrecken, kann aber nach dem Ermessen des untersuchenden Sachverständigen auf den Beanstandungsgrund beschränkt bleiben.

§ 11.

Von der Einfuhr zurückgewiesene oder freiwillig zurückgezogene Erzeugnisse sind unter zollamtlicher Überwachung in das Zollausland zurückzuschaffen. An Stelle der Wiederausfuhr hat die Vernichtung unter zollamtlicher Aufsicht zu erfolgen, wenn der Verfügungsberechtigte mit der Vernichtung einverstanden ist oder es ablehnt, für die Zurückschaffung in das Zollausland zu sorgen.

§ 12.

Für die zum Zwecke der Untersuchung entnommenen und dabei verbrauchten oder unbrauchbar gewordenen Proben kommt Zoll nicht zur Erhebung.

§ 13.

(1) Findet die Untersuchung nicht beim Eingangsamt statt, so ist die Sendung an das Amt, bei dem die Untersuchung vorgenommen werden soll, unter zollamtlichem Verschluß, und zwar nach Möglichkeit unter Raumverschluß oder unter zollamtlicher Begleitung mit Begleitschein I oder Begleitzettel zu überweisen.

(2) Die über derartige Sendungen ausgestellten Begleitscheine oder Begleitzettel erhalten am oberen Rande der ersten Seite den mit Buntstift oder durch Stempelabdruck zu bewirkenden Vermerk ,,Weinuntersuchung''. In die über diese Begleitscheine oder Begleitzettel geführten Register ist an geeigneter Stelle derselbe Vermerk aufzunehmen.

(3) Nach Ankunft der Sendung bei dem Amte, bei dem die Untersuchung vorzunehmen ist, findet das in den §§ 5—12 bezeichnete Verfahren entsprechende Anwendung. Die zollamtliche Prüfung (§ 6 Absatz 1) hat sich auch darauf zu erstrecken, ob der Warenführer seinen Verpflichtungen aus dem Begleitschein oder Begleitzettel nachgekommen ist. Die zurückgewiesenen oder freiwillig zurückgezogenen Erzeugnisse sind im Falle ihrer Wiederausfuhr in dem Begleitpapier als solche zu bezeichnen.

§ 14.

(1) Untersuchungspflichtige Postsendungen sind von der Postbehörde durch die Bezeichnung ,,Weinuntersuchung'' kenntlich zu machen und einer für die Untersuchung zuständigen Zollstelle an der Grenze oder im Innern vorzuführen. Dies gilt auch dann, wenn eine Sendung erst bei der zollamtlichen Abfertigung (§§ 9 ff. P. Z. O.) als untersuchungspflichtig erkannt wird und die Zollstelle für die Untersuchung nicht zuständig ist. Die zollamtliche Abfertigung ist in diesem Falle dem für die Untersuchung zuständigen Amte zu überlassen und die Sendung der Postbehörde gegen Empfangsbescheinigung zurückzugeben. Auf Antrag des Empfängers kann von der Weiterbeförderung abgesehen und die Sendung unter zollamtlicher Aufsicht vernichtet werden.

(2) Im übrigen finden auf den Postverkehr (Absatz 1) die Vorschriften der §§ 5—12 mit der Maßgabe Anwendung, daß bei der Wiederausfuhr zurückgewiesener oder freiwillig zurückgezogener Sendungen die Ausstellung von Begleitscheinen und die Anlegung eines Zollverschlusses oder zollamtliche Begleitung nicht erforderlich ist.

§ 15.

Wird im Falle der Bestimmung einer Sendung zur unmittelbaren Durchfuhr (§ 4 Absatz 1 Ziff. 8) diese Bestimmung nachträglich geändert, so ist die Untersuchung alsbald nachzuholen. Dasselbe gilt für solche Sendungen, die über nicht zugelassene Grenzstellen in anderer Weise als mit der Post eingeführt und erst am Bestimmungsort als untersuchungspflichtig erkannt werden. In beiden Fällen sind die Vorschriften in §§ 5—14 entsprechend anzuwenden.

§ 16.

(1) Wein, Traubenmost und Traubenmaische, welche auf Grund des Regulativs, die zollamtliche Behandlung von Warensendungen aus dem Inlande durch das Ausland nach dem Inlande betreffend, zur Versendung in das Ausland abgefertigt werden, sind unter zollamtlichem Verschluß oder unter zollamtlicher Begleitung abzulassen.

(2) Beim Wiedereingangsamte hat stets die Schlußabfertigung gemäß § 11 des bezeichneten Regulativs einzutreten. Ergeben sich hierbei keine Bedenken hinsichtlich der Nämlichkeit der vorgeführten mit den ausgeführten Waren, so findet der § 2 Absatz 1 und die §§ 5—15 keine Anwendung.

(3) Die genannten Bestimmungen finden ferner keine Anwendung auf Sendungen, die gemäß § 19 der Postzollordnung aus einem Orte des Zollgebiets durch das Zollausland nach einem anderen Orte des Zollgebiets befördert werden.

§ 17.

Zur Kognakbereitung bestimmter Wein darf ohne vorherige Untersuchung zur Einfuhr zugelassen werden, nachdem er mit fein zerriebenem Kochsalz in Menge von 2 vom Hundert seines Reingewichts amtlich ungenießbar gemacht (denaturiert) oder nachdem seine Verwendung zur Kognakbereitung gemäß den Bestimmungen in den §§ 40—46 unter amtliche Überwachung genommen ist.

§ 18.

Im übrigen finden auf die Einfuhr von Wein, Traubenmost und Traubenmaische die Bestimmungen des Vereinszollgesetzes und der dazu erlassenen Ausführungsvorschriften Anwendung.

Abschnitt II.

Vorschriften über die Zollbehandlung von Weinen und Mosten der Tarifnummer 180.

a) Verschnittweine und Verschnittmoste.

§ 19.

(1) Im Sinne der vertragsmäßigen Vereinbarungen gelten:

A. als Verschnittweine solche rote Naturweine von Trauben, welche in 100 Gewichtsteilen mindestens 9,5 und höchstens 20 Gewichtsteile Weingeist und im Liter Flüssigkeit bei 100° C mindestens 28 Gramm trockenen Extrakt enthalten,

B. als Verschnittmoste solche frische Moste von Trauben zu rotem Weine, welche eine dem Mindestgehalte der Verschnittweine an Weingeist entsprechende Menge Fruchtzucker und außerdem im Liter Flüssigkeit bei 100° C mindestens 28 Gramm trockenen Extrakt enthalten.

(2) Verschnittweine und Verschnittmoste, deren Erzeugung in Tarifvertrags- oder meistbegünstigten Staaten außer Zweifel steht, unterliegen dem ermäßigten Zollsatze von 15 Mark für 1 Doppelzentner, sofern ihre Einfuhr in Fässern oder Kesselwagen unmittelbar aus dem Erzeugungsland erfolgt ist und ihre Verwendung zum Verschneiden von Wein unter Erfüllung nachstehender Bedingungen beantragt und unter zollamtlicher Überwachung vorgenommen wird.

A. Verschnittweine.

§ 20.

(1) Die Bedingung der unmittelbaren Einfuhr des Weines aus dem Erzeugungsland ist erfüllt, wenn keine zwischenzeitige Lagerung in einem dritten Lande stattgefunden hat. Als zwischenzeitige Lagerung ist der lediglich durch Umladen oder Erwarten einer geeigneten Beförderungsgelegenheit bedingte Aufenthalt nicht anzusehen.

(2) Die zwischenzeitige Lagerung in einem deutschen Freihafengebiete hat die Ausschließung von dem ermäßigten Zollsatze dann nicht zur Folge, wenn über die Weine während dieser Lagerung eine zollamtliche Kontrolle ausgeübt worden ist und eine Bescheinigung hierüber bei der Einfuhr in das Zollgebiet beigebracht wird.

(3) Zum Nachweise der unmittelbaren Einfuhr aus dem Erzeugungslande sind von dem Antragsteller die Frachtbriefe oder Schiffskonnossemente und auf Verlangen auch der geschäftliche Schriftwechsel über den Bezug der Sendung in Urschrift vorzulegen. Eine deutsche Übersetzung des Schriftwechsels ist auf Verlangen der Zollabfertigungsstelle zu beschaffen.

§ 21.

(1) Die Prüfung der Verschnittweine auf das Vorhandensein der im § 19 angegebenen Eigenschaften kann nur bei den gemäß § 2 Absatz 1 für die Untersuchung auf die Einfuhrfähigkeit zuständigen Zollstellen erfolgen. Zuständig im einzelnen Falle ist diejenige Zollstelle, bei welcher die Untersuchung auf die Einfuhrfähigkeit stattfindet.

(2) Die Absicht der Verwendung als Verschnittwein muß spätestens vor Beginn der gemäß § 6 vorzunehmenden zollamtlichen Prüfung erklärt werden.

§ 22.

(1) Die Zollstelle hat die nach der Vorschrift des § 6 unter Anlage 1 unter B entnommenen Proben von den im § 2 Absatz 2 bezeichneten Anstalten oder Personen außer auf die Einfuhrfähigkeit auch daraufhin untersuchen zu lassen, daß sie einen Zuckerzusatz nicht erhalten haben.

(2) Hat die Untersuchung der Proben zu keiner Beanstandung geführt, so gilt ihr Ergebnis auch für die nicht untersuchten Gefäße der Sendung. Ist nach dem Ergebnisse der Untersuchung der Wein zwar einfuhrfähig, aber gezuckert, so hat die Zollstelle, sofern nicht der Antrag auf Zulassung des Weines als Verschnittwein zurückgezogen wird, die Untersuchung der sämtlichen Gefäße der Sendung auf Zuckerzusatz herbeizuführen.

(3) Von der Untersuchung auf Zuckerzusatz ist mit den im § 8 bezeichneten Maßgaben abzusehen, wenn inhaltlich des zum Nachweise der Einfuhrfähigkeit beigebrachten ausländischen Zeugnisses der Wein einen Zuckerzusatz nicht erhalten hat.

§ 23.

(1) Die Untersuchung der als Verschnittweine erklärten Weine auf den Weingeist- und Extraktgehalt ist, falls sie nicht bereits von der Untersuchungsstelle (§ 2 Absatz 2) mitbewirkt worden ist, durch die Zollstelle auf Grund der aus jedem Kesselwagen oder aus mindestens der Hälfte der zu einer Sendung gehörigen Fässer zu entnehmenden Einzelproben nach der in der Anlage 3 (S. 793) abgedruckten Anweisung vorzunehmen.

(2) Falls die zollamtliche Untersuchung ergibt, daß bei der ganzen Sendung oder bei einem Teile der Fässer der Weingeistgehalt nicht innerhalb der vertragsmäßig festgesetzten Grenzen liegt oder der Extraktgehalt die festgesetzte Mindestgrenze nicht erreicht, so ist, sofern nicht der Antrag auf Zulassung des Weines als Verschnittwein zurückgezogen wird, sofort von Amts wegen eine Untersuchung der Weinsendung durch die im § 2 Absatz 2 bezeichneten Anstalten oder Personen herbeizuführen. Zu dem Zwecke werden unter Beachtung der Vorschrift in Ziffer 1 Absatz 1 der vorbezeichneten Anweisung nochmals Proben entnommen und unter amtlichem Verschlusse der Untersuchungsstelle übersandt. Diese hat jede einzelne Probe für sich zu untersuchen und dabei nach der in Anlage 2 Absatz 1 bezeichneten Anweisung zur chemischen Untersuchung des Weines mit der Maßgabe zu verfahren, daß der Weingeistgehalt nach Gewichtsteilen in Hundert anzugeben ist. Eine wiederholte Vornahme dieser Untersuchung ist nicht zulässig.

(3) Hat die Untersuchung der entnommenen Proben zu keiner Beanstandung geführt, so gilt ihr Ergebnis auch für die nicht untersuchten Gefäße derselben Sendung. Muß dagegen auch nur für ein einziges Gefäß die Anerkennung als Verschnittwein versagt werden, so sind sämtliche Gefäße der Sendung auf den Weingeist- und Extraktgehalt zu untersuchen.

(4) Hinsichtlich der Abstandnahme von der Untersuchung auf den Weingeist- und Extraktgehalt findet die Vorschrift im § 22 Absatz 3 entsprechende Anwendung.

§ 24.

(1) Über das Ergebnis der Untersuchung auf den Weingeist- und Extraktgehalt hat die untersuchende Stelle ein schriftliches Zeugnis auszustellen, in welchem für jedes untersuchte Gefäß der Weingeist- und Extraktgehalt anzuführen ist. Mit dem Zeugnis ist nach der Vorschrift im § 9 Absatz 2 zu verfahren.

(2) Der Befund über die unmittelbare Einfuhr aus dem Erzeugungsland ist in dem Abfertigungspapier schriftlich niederzulegen.

§ 25.

(1) Die Kosten der gemäß der §§ 22, 23 vorgenommenen Untersuchungen einschließlich der Versendung der Proben sind von dem Antragsteller zu tragen.

(2) Für die zum Zwecke dieser Untersuchungen entnommenen und dabei vernichteten oder zum Genuß unbrauchbar gewordenen Proben kommt Zoll nicht zur Erhebung.

§ 26.

(1) Verschnittweine, welche nicht sofort nach der Untersuchung zum Verschneiden verwendet oder weiter versendet werden, sind getrennt von den sonstigen Weinen unter amtlicher Aufsicht oder Zollverschluß zu halten.

(2) Tritt aus irgend einem Grunde vor der Durchführung des Verschneidens die Verpflichtung zur Zollentrichtung ein, so ist der Zoll nicht nach dem vertragsmäßigen Satze für Verschnittweine, sondern nach dem für andere Weine von gleichem Weingeistgehalte zutreffenden Satze der Nr. 180 des Zolltarifs zu erheben.

B. Verschnittmoste.

§ 27.

Frische Moste von Trauben zu rotem Weine, die als Verschnittmoste angemeldet werden, sind nach der in der Anlage 3 abgedruckten Anweisung auf ihren Gehalt an Fruchtzucker und trockenem Extrakte zu untersuchen. Im übrigen finden alle vorstehenden Bestimmungen über die Verschnittweine sinngemäß auf die Verschnittmoste Anwendung.

C. Ausführung des Verschnitts.

§ 28.

Der Verschnitt besteht in der Zumischung der untersuchten Verschnittweine oder Verschnittmoste zu Weißwein oder zu Rotwein in bestimmtem Mengenverhältnis und erfolgt auf Anmeldung unter amtlicher Überwachung. Die Zumischung zu Most ist nicht als ein die Anwendung des vertragsmäßigen Zollsatzes von 15 Mark für einen Doppelzentner begründender Verschnitt anzusehen.

§ 29.

Der Verschnitt kann bei den zur Prüfung der Verschnittweine und Verschnittmoste befugten Zollstellen (§ 21), ferner bei allen mit Niederlagebefugnis versehenen Zollstellen und außerdem auch bei anderen, von den obersten Landesfinanzbehörden dazu ermächtigten Zollstellen auf Antrag vorgenommen werden. Die amtliche Überwachung des Verschnitts kann auf Antrag auch außerhalb der zuständigen Amtsstelle stattfinden. Hierfür hat der Antragsteller Gebühren nach Maßgabe der Zollgebührenordnung zu entrichten.

§ 30.

(1) Die Anmeldung zum Verschneiden hat außer den sonstigen für die Zollabfertigung erforderlichen Angaben zu enthalten:

a) Menge des zu verwendenden Verschnittweins oder Verschnittmostes in Liter und

b) Art (Weiß- oder Rotwein), Abstammung (inländisch oder ausländisch) und Menge (Zahl und Art der Gefäße sowie Litermenge) des zu verschneidenden Weines.

(2) Wird roter Wein aus dem freien Verkehre des Zollgebiets zum Verschneiden vorgeführt, so bedarf es außerdem der Angabe, daß kein bereits unter amtlicher Überwachung verschnittener Wein vorliegt.

§ 31.

Die auf einmal zur Abfertigung anzumeldende Mindestmenge des Verschnittweins oder Verschnittmostes wird auf 100 Liter festgesetzt.

§ 32.

Der zu verschneidende weiße oder rote Wein muß den Anforderungen entsprechen, welche für Wein im Weingesetze vom 7. April 1909 (R.-G.-Bl. S. 393) vorgesehen sind. Getränke, welche nach § 13 des genannten Gesetzes nicht in Verkehr gebracht werden dürfen, sind zum Verschneiden mit zollbegünstigtem Verschnittwein oder Verschnittmoste nicht zuzulassen. Die Zollstelle hat sich von der vorschriftsmäßigen Beschaffenheit der zum Verschneiden vorgeführten Weine zu überzeugen und in Zweifelsfällen Gutachten hierüber von einer der im § 2 Absatz 2 bezeichneten Anstalten oder Personen auf Kosten des Antragstellers einzuholen. Von dem Antragsteller vorgelegte Zeugnisse können

nur dann als ausreichender Nachweis anerkannt werden, wenn sie von einem
geprüften Nahrungsmittelchemiker auf Grund eigener Untersuchung von
Proben der zum Verschneiden vorgeführten Weine nach Maßgabe der in Anlage 2
Absatz 1 bezeichneten Anweisung zur chemischen Untersuchung des Weines
ausgestellt sind und die Bescheinigung enthalten, daß die Gefäße unmittelbar
nach der Probeentnahme durch eine Gemeindebehörde oder durch den Zeugnis-
aussteller derart verschlossen worden sind, daß jede Veränderung ihres Inhalts
bis zur Vornahme des Verschnitts verhindert wird.

§ 33.

(1) Die Zumischung von Verschnittwein zu Rotwein gleicher oder gleichartiger Beschaffenheit ist nicht als Verschnitt im Sinne der vertragsmäßigen Ab-
machungen anzuerkennen. Mit Rücksicht hierauf hat die Zollstelle die zum
Verschneiden vorgeführten Rotweine nach ihren allgemeinen Merkmalen (Farbe,
Geschmack, Dichte, Alter usw.) mit den beizumischenden Verschnittweinen zu
vergleichen und in Zweifelsfällen einer Untersuchung durch eine der im § 2
Absatz 2 bezeichneten Anstalten oder Personen auf Kosten des Antragstellers
zu unterwerfen. Rotwein, dessen Gehalt an Weingeist oder an trockenem
Extrakte die für Verschnittwein vorgeschriebene Mindestgrenze erreicht, ist
stets als ein dem Verschnittweine gleichartiger Wein anzusehen.

(2) Rotweine, die durch Verschneiden von weißen oder roten Weinen
mit zollbegünstigtem Verschnittwein oder Verschnittmoste hergestellt sind,
dürfen nach dem Übergange des Gemisches in den freien Verkehr des Zollgebiets
nicht wiederholt zum Verschneiden mit zollbegünstigtem Verschnittwein oder
Verschnittmoste zugelassen werden. Auf Erfordern der Zollstelle hat der Antragsteller durch Vorlegung der gemäß § 19 des Weingesetzes vom 7. April 1909
(R.-G.-Bl. S. 393) etwa geführten Bücher oder in sonst geeigneter Weise dar
zutun, daß ein derartiger Vorverschnitt noch nicht stattgefunden hat.

§ 34.

(1) Der Zusatz von Verschnittwein oder Verschnittmost darf bei dem
Verschnitte von Weißwein nicht mehr als die eineinhalbfache Raummenge des
zu verschneidenden Weines (60 vom Hundert des ganzen Gemisches) und bei
dem Verschnitte von Rotwein nicht mehr als die Hälfte der Raummenge des
zu verschneidenden Weines (33¹/₃ vom Hundert des ganzen Gemisches) betragen. Die Mindestmenge des Zusatzes unterliegt, abgesehen von der Bestimmung im § 31, keiner Beschränkung.

(2) Wenn der Zusatz von Verschnittwein oder Verschnittmost die den
angegebenen Verhältniszahlen entsprechende Menge nicht erreicht, so kann
der Zusatz des an der zulässigen Höchstmenge noch fehlenden Teiles nachträglich angemeldet und mit der Wirkung der Zollermäßigung vorgenommen
werden, solange das Gemisch nicht in den freien Verkehr des Zollgebiets übergegangen ist.

§ 35.

(1) Die amtliche Feststellung der Litermenge des Verschnittweins oder
Verschnittmostes sowie des zu verschneidenden Weines hat in der Regel durch
Vermessung mittels geeichter Gefäße zu erfolgen. Soweit die Flüssigkeit sich
in vollen Fässern der gewöhnlich zur Versendung von Wein benutzten Art befindet, kann die Litermenge aus dem Gewichte des gefüllten Fasses in der Weise
berechnet werden, daß für jedes Kilogramm dieses Gewichts 0,8547 Liter in
Ansatz gebracht werden. Ebenso kann die Litermenge bei nicht vollgefüllten
Fässern durch Umrechnung aus dem Eigengewichte des Weines nach Maßgabe
des § 4 A 2 b des Weinlagerregulativs ermittelt werden.

(2) Bleibt gegenüber der Menge des zu verschneidenden Weines die Menge
des Verschnittweines oder Verschnittmostes offenbar beträchtlich hinter der
zulässigen Höchstmenge zurück und soll das Gemisch sogleich in den freien Verkehr treten, so kann von der Ermittelung der Litermenge des zu verschneidenden
Weines abgesehen werden.

§ 36.

(1) Die zum Verschnitt in öffentliche Niederlagen oder in Privatlager
unter amtlichem Mitverschluß eingebrachten inländischen Weine behalten ihre
Eigenschaft als Güter des freien Verkehrs bei, sind jedoch abgesondert zu lagern.

(2) Innerhalb desselben Teilungslagers können Verschnittweine und andere Faßweine gelagert werden, ohne daß dadurch der höhere Zollsatz der letzteren für den ganzen Lagerbestand begründet wird, wenn die Verschnittweine von den anderen Faßweinen durch räumliche Trennung oder nach dem Ermessen der Zollstelle in sonst geeignet erscheinender Weise auseinandergehalten werden.

D. Behandlung der verschnittenen Weine.

§ 37.

(1) Das durch Verschneiden von unverzolltem ausländischen Weine erhaltene Gemisch ist, wenn es nicht sofort in den freien Verkehr gesetzt wird, bis dahin in einem abgegrenzten Raume der öffentlichen Niederlage oder eines unter amtlichem Mitverschlusse stehenden Privatlagers oder, in Ermangelung solcher Räume, auf Kosten des Antragstellers in einem anderweiten geeigneten, unter amtlichen Mitverschluß zu nehmenden Raume aufzubewahren und bleibt auch bei Versendung auf Begleitschein I sowie im Falle seiner Belassung in der öffentlichen Niederlage oder in einem unter amtlichem Mitverschlusse stehenden Privatlager nach dem anteiligen Verhältnisse des darin enthaltenen ausländischen Verschnittweines oder Verschnittmostes und anderen ausländischen Faßweins zollpflichtig. Das Gemisch ist im Niederlageregister unter Anschreibung des Zollbetrags, welcher nach Maßgabe des Mischungsverhältnisses auf dem Gemische lastet, als „verschnittener Wein" festzuhalten.

(2) Ebenso ist sinngemäß zu verfahren, wenn aus dem freien Verkehre des Zollgebiets zum Verschneiden vorgeführte Weine nach Vornahme eines Teilverschnitts (§ 34 Absatz 2) in der öffentlichen Niederlage oder in einem unter amtlichem Mitverschlusse stehenden Privatlager belassen oder auf Begleitschein I versendet werden, um die spätere Ergänzung des Zusatzes von Verschnittwein oder Verschnittmost auf die zulässige Höchstmenge nicht auszuschließen.

(3) Den obersten Landesfinanzbehörden bleibt überlassen, weitere für die Zollsicherheit erforderliche Bestimmungen über die zollamtliche Behandlung des verschnittenen Weines auf den öffentlichen Niederlagen sowie den unter amtlichem Mitverschlusse stehenden Privatlagern zu treffen sowie auch die erforderlichen Ergänzungen bezüglich der Buchführung usw. vorzuschreiben.

E. Besondere Erleichterungen.

§ 38.

Die obersten Landesfinanzbehörden sind ermächtigt, für diejenigen Weinbauer, welche nicht mehr als 1 Hektar Weinland besitzen, nur selbstgewonnenen Wein verschneiden und nicht zugleich Weinhändler sind, Erleichterungen bezüglich der Überwachung der Verwendung von Verschnittweinen eintreten zu lassen. Die Vornahme des Verschnitts darf jedoch nur unter zollamtlicher Aufsicht stattfinden.

§ 39.

Die obersten Landesfinanzbehörden sind ermächtigt, die Anwendung des vertragsmäßigen Zollsatzes für Verschnittweine oder Verschnittmoste nach ihrer Verwendung zum Verschneiden von Wein ausnahmsweise in denjenigen Fällen zu genehmigen, in welchen den vorstehenden Bestimmungen versehentlich nicht völlig entsprochen worden ist. Die hiernach gewährten Vergünstigungen sind in das von den obersten Landesfinanzbehörden dem Reichskanzler behufs Vorlage an den Bundesrat alljährlich mitzuteilende Verzeichnis der aus Billigkeitsrücksichten auf gemeinschaftliche Rechnung bewilligten Zollerlasse aufzunehmen.

b) Wein zur Kognakbereitung.

§ 40.

(1) Zur Kognakbereitung bestimmte Weine in Fässern oder Kesselwagen mit einem Weingeistgehalte von nicht mehr als 20 Gewichtsteilen in 100 unterliegen, wenn sie einen anderen Zusatz als aus Wein gewonnenen Weingeist nicht enthalten und ihre Erzeugung in Tarifvertrags- oder meistbegünstigten Staaten außer Zweifel steht, dem ermäßigten Zollsatze von 10 Mark für 1 Doppelzentner, sofern sie mit fein zerriebenem Kochsalz in Menge von 2 vom Hundert ihres Reingewichts amtlich ungenießbar gemacht (denaturiert) werden oder ihre

Verwendung zur Kognakbereitung unter Erfüllung der in den §§ 41—45 vorgeschriebenen Bedingungen stattfindet.

(2) Der Zollpflichtige hat durch Bescheinigungen der ausländischen
Lieferer oder in anderer Weise (Vorlegung von Rechnungen, kaufmännischem
Schriftwechsel oder dgl.) glaubhaft darzutun, daß der Wein einen anderen
Zusatz als aus Wein gewonnenen Weingeist nicht enthält.

(3) Die Untersuchung der zur Kognakbereitung bestimmten Weine auf
den Weingeistgehalt ist durch die Zollstelle nach der in der Anlage 2 abgedruckten Anweisung vorzunehmen.

§ 41.

(1) Wer Wein mit dem Anspruch auf den ermäßigten Zollsatz von 10 Mark
zur Kognakbereitung zu verwenden beabsichtigt, hat — vorbehaltlich der
in den §§ 40 (Denaturierung) und 45 zugelassenen Ausnahmen — um die Be-
willigung eines Teilungslagers unter amtlichem Mitverschlusse (§ 1 Absatz 1
Ziffer 1 des Weinlagerregulativs) für Faßweine einzukommen.

(2) Das beantragte Weinteilungslager kann auch an Orten bewilligt
werden, welche nicht der Sitz einer Zoll- oder Steuerstelle sind (§ 2 Absatz 1
des Privatlagerregulativs). Von dem im § 2 Absatz 2 des Weinlagerregulativs
vorgeschriebenen Erfordernis eines regelmäßigen Lagerbestandes usw. darf
Abstand genommen werden.

§ 42.

(1) In das Teilungslager dürfen nur solche in Fässern oder Kesselwagen
eingeführten Weine mit einem Weingeistgehalte von nicht mehr als 20 Gewichtsteilen in 100 aufgenommen werden, die einen anderen Zusatz als aus Wein gewonnenen Weingeist nicht enthalten und deren Erzeugung in Tarifvertrags-
oder meistbegünstigten Staaten außer Zweifel steht.

(2) Die in das Teilungslager aufgenommenen Weine dürfen lediglich zur
Kognakbereitung in der Gewerbsanstalt des Lagerinhabers verwendet werden.
Jede anderweite Verwendung bedarf der nur ausnahmsweise zu erteilenden
Genehmigung des zuständigen Hauptamts.

§ 43.

(1) Die Verarbeitung des zur Kognakbereitung abgemeldeten Weines
wird amtlich überwacht. Die Überwachung kann auf die Überführung des
Weines auf das Brenngerät beschränkt werden, wenn nach den vorhandenen
Anlagen ein sicherer Verschluß des Brenngeräts zu bewerkstelligen ist und kein
Zweifel besteht, daß die Verarbeitung auf dem Brenngerät erfolgt, um Kognak
zu gewinnen.

(2) In der Abmeldung ist die Beaufsichtigung der Überführung der betreffenden Weinmenge auf das Brenngerät und die Überwachung der Kognakbereitung oder der erfolgte Verschluß des Brenngeräts amtlich zu bescheinigen.

§ 44.

Die weitere Behandlung des gewonnenen Kognaks erfolgt nach den gesetzlichen Vorschriften über die Besteuerung des Branntweins und den dazu erlassenen Ausführungsbestimmungen.

§ 45.

Wenn der Wein unmittelbar von der Zollstelle unter amtlicher Aufsicht
in die Brennereiräume verbracht und dort sofort unter amtlicher Aufsicht verarbeitet werden soll, bedarf es der Einrichtung eines Teilungslagers nicht.

§ 46.

Für die zollamtlichen Abfertigungen sowie für die Überwachung der
Verwendung des Weins sind Gebühren nach Maßgabe der Zollgebührenordnung
zu entrichten.

c) Anderer Wein und Most.

§ 47.

Die Untersuchung von anderem Weine und Moste der Tarifnummer 180,
als Verschnittwein, Verschnittmost und Wein zur Kognakbereitung, auf den
Weingeistgehalt ist von der Zollstelle nach der in der Anlage 5 abgedruckten
Anweisung vorzunehmen, sofern sie nicht von der Untersuchungsstelle (§ 2 Absatz 2) mitbewirkt worden ist.

Anlage 1.

Anweisung für die Zollbehörden zur Feststellung der Gleichartigkeit sowie zur Probeentnahme.

A. Feststellung der Gleichartigkeit.

I. Für die Beurteilung der Gleichartigkeit einer Sendung ist lediglich der Inhalt, nicht die Art der Verpackung maßgebend.

Zur Prüfung der Gleichartigkeit ist zunächst festzustellen, ob nach den Angaben in den Begleitpapieren (Rechnungen, Frachtbriefen, Konnossementen, Ladescheinen u. dgl.) oder sonstigen Schriftstücken ein gleichartiges Erzeugnis vorliegt. Als gleichartig kann eine Sendung hierbei nur betrachtet werden, wenn das Erzeugnis in allen Packstücken der Sendung das gleiche, also von der nämlichen Herkunft und der nämlichen Beschaffenheit ist. Erzeugnisse von verschiedenen Herkunftsorten, desgleichen nach Sortenbezeichnung, Jahrgang, Preis voneinander verschiedene Weine einer Sendung gelten nicht als gleichartig, auch wenn sie aus ein und demselben Weinbaugebiet, aus ein und demselben Weinbaubezirke (Gemarkung) stammen. Demnach sind auch bei gleicher Sortenbezeichnung Weine als verschiedenartig anzusehen, wenn sie mit verschiedener Jahrgangsbezeichnung eingehen oder im Preise voneinander abweichen.

II. Zur Prüfung auf die gleichartige Beschaffenheit des Erzeugnisses und ihre Übereinstimmung mit den Angaben in den Begleitpapieren usw. sind der Sendung nach Maßgabe der folgenden Bestimmungen Proben zu entnehmen und auf Farbe, Geruch, Geschmack und Flüssigkeitsgrad zu prüfen.

1. Bei Sendungen in Kesselwagen ist jedem Kesselwagen (jeder Abteilung eines solchen) eine Probe von etwa 100 ccm zu entnehmen.
2. Bei Sendungen in Fässern oder anderen Umschließungen, ausgenommen Flaschen, von gleicher Art und Größe sind Proben je von etwa 50 ccm aus dem 20. Teile, mindestens aber aus 2 Packstücken der Sendung zu entnehmen.
3. Sind im Falle unter 2 die Fässer oder anderen Umschließungen, ausgenommen Flaschen von ungleicher Art oder Größe, so sind Proben je von etwa 50 ccm aus dem 20. Teile, mindestens aber aus je 2 Packstücken jedes Anteils zu entnehmen.
4. Bei Sendungen teils in Kesselwagen, teils in Fässern oder anderen Umschließungen, ausgenommen Flaschen, ist nach Lage des Falles in sinngemäßer Weise entweder nach II 2 oder II 3 zu verfahren.
5. Bei Sendungen in Flaschen ist die Prüfung auf die Angaben in den Begleitpapieren, die Farbe des Weines und die Ausstattung der Flaschen zu beschränken; Flaschen sind nicht zu öffnen.
6. Teile einer Sendung werden als selbständige Sendungen behandelt.

III. Für die Entnahme der Weinproben aus Fässern sind Stechheber aus Glas zu benutzen, bei Traubenmost und Traubenmaische sind auch andere Heber zulässig.

IV. Die entnommenen Proben dürfen nicht miteinander vermischt werden.

B. Probenentnahme zur chemischen Untersuchung.

I. Die Anzahl der Proben richtet sich nach folgenden Bestimmungen:
Es sind zu entnehmen:

1. bei Sendungen in Kesselwagen
aus jedem Wagen (jeder Abteilung eines solchen) 1 Probe;
2. bei Sendungen in Fässern
   a) mit gleichartigem Inhalt:
   bei 1 bis 100 Fässern . . . . 1 Probe
   bei mehr als 100, aber weniger als 201 Fässern 2 Proben
   bei mehr als 200, aber weniger als 301 Fässern 3 Proben
   usw., so daß auf je 100 weitere Fässer 1 Probe entfällt.
   Wenn das Gesamtgewicht von je 100 Fässern mehr beträgt als 30 000 kg, sind bei einem Gesamtgewichte der Sendung von 30 000 bis 60 000 kg 2 Proben, von 60 000 bis 90 000 kg 3 Proben zu entnehmen usw., so daß auf je weitere 30 000 kg der Sendung 1 Probe entfällt.

b) mit ungleichartigem Inhalt:

von jedem Anteil 1 Probe.

Bestehen die einzelnen Anteile einer Sendung aus mehreren Fässern mit gleichartigem Inhalt und beträgt die Zahl der Fässer eines solchen Anteils mehr als 100, oder übersteigt das Gesamtgewicht 30 000 kg, so richtet sich die Zahl der Proben aus diesem Anteil nach den Bestimmungen unter a.

3. bei Sendungen in anderen Umschließungen, ausgenommen Flaschen, ist sinngemäß nach 2 zu verfahren.

4. bei Sendungen in Flaschen

a) mit gleichartigem Inhalt:

von je 2500 Flaschen . . . . . . 1 Probe;

b) mit ungleichartigem Inhalt:

von je 2500 Flaschen jeder Sorte 1 Probe.

5. Wenn auf Grund der vorstehend unter A vorgeschriebenen Prüfung Zweifel über die Gleichartigkeit einer Sendung oder einzelner Teile bestehen, so ist von jedem nach Ansicht der Zollstelle als verschieden in Betracht kommenden Teile 1 Probe für die chemische Untersuchung zu entnehmen.

6. Im Falle des § 6 Absatz 1 Satz 4 der Weinzollordnung ist aus jedem einzelnen Packstücke, beim Eingang in Flaschen auf je 500 Flaschen 1 Probe für die chemische Untersuchung zu entnehmen.

II. Die Menge der einzelnen Probe ist auf mindestens $^3/_4$ Liter oder $^1/_1$ Flasche zu bemessen. Die Zollstelle ist befugt, in besonderen Fällen eine größere Menge oder auf Ersuchen der Untersuchungsstelle eine Ersatzprobe zu entnehmen. Wenn der Verfügungsberechtigte auf eine möglichst schnelle Abfertigung der Sendung Wert legt und die Beschaffung einer Ersatzprobe mit Zeitverlust verbunden ist, so ist mit Zustimmung des Verfügungsberechtigten die doppelte Menge der Probe zu entnehmen.

III. Die Bestimmungen unter A III und IV finden Anwendung.

IV. Die für die Proben aus Fässern und Kesselwagen zu verwendenden Flaschen und Korke müssen vollkommen rein sein. Krüge oder undurchsichtige Flaschen, in denen etwa vorhandene Unreinlichkeiten nicht erkannt werden können, dürfen nicht verwendet werden.

V. Bei Traubenmost- und Traubenmaischeproben sind folgende Vorschriften zu beachten:

1. Zur Entnahme der Proben sind Flaschen von etwa 1 Liter Rauminhalt zu verwenden.

2. Die Proben sind aus der mittleren Flüssigkeitsschicht zu entnehmen. Hierbei ist darauf zu achten, daß die Proben von Schalen, Teilen der Kämme u. dgl. freibleiben. Die Proben dürfen nicht filtriert werden.

3. Die Proben sind in der Weise haltbar zu machen, daß die mit den Proben nur zu drei Vierteln gefüllten Flaschen fest verkorkt, zugebunden und darauf eine halbe Stunde lang im Wasserbade auf 70° C erhitzt werden.

4. Von der Haltbarmachung ist abzusehen

a) wenn die Proben ohne größeren Zeitverlust an die Untersuchungsstelle abgeliefert werden können,

b) wenn die Proben nicht mehr deutlich gären und keinen süßen Geschmack zeigen.

VI. Jede Flasche ist amtlich zu verschließen und mit einem anzuklebenden Zettel zu versehen, auf dem die zur Feststellung der Nämlichkeit notwendigen Vermerke angegeben sind.

In einem Begleitschreiben, zu dem das beigefügte Muster verwendet werden kann, ist, soweit möglich, anzugeben:

1. Name und Wohnort des Absenders, des Empfängers und des Verfügungsberechtigten;

2. Zahl, Art, Zeichen, Nummer und Gewicht der Kesselwagen, Fässer oder anderen Umschließungen;

3. Art und Farbe des Weines, des Traubenmostes, der Traubenmaische;

4. Herkunft (Erzeugungsland, Weinbaugebiet, Gemarkung, Lage) des Weines, des Traubenmostes, der Traubenmaische, bei Wein auch der Jahrgang;

5. bei Fässern und Kesselwagen der Füllungsgrad und wie weit etwa die Kahmbildung eingetreten ist;

6. ob die Proben aus Anlaß von Zweifeln über die Gleichartigkeit entnommen wurden (B I 5);

7. bei Traubenmost und Traubenmaische, ob sich diese in Gärung befinden oder wegen Mangels an Gärung des Zusatzes gärungshemmender Stoffe verdächtig erscheinen.

8. bei der Entnahme der Proben etwa gemachte besondere Beobachtungen.

Für mehrere Proben der gleichen Sorte genügt ein Begleitschreiben.

VII. Die Begleitpapiere der Sendung sind der Untersuchungsstelle auf Erfordern zur Einsichtnahme zuzusenden.

VIII. Die Proben sind sofort nach der Entnahme an die Untersuchungsstelle zu befördern. Ist die Absendung nicht alsbald ausführbar, so sind die Flaschen an einem vor Sonnenlicht geschützten kühlen Orte liegend aufzubewahren. Bei Jungwein, Traubenmost und Traubenmaische ist wegen ihrer leichten Veränderlichkeit auf besonders schnelle Beförderung Bedacht zu nehmen.

Muster.
(Zu Anlage 1.)

Zollamt I Berlin   Berlin, den 3. März 1911.
    Nr. 3150   NW. 40, Alt-Moabit 145.

Begleitschreiben
für Proben zur chemischen Untersuchung.

1. Zahl der Proben: 1 Flasche Wein, Traubenmost, Traubenmaische.

2. Bezeichnung und Nr. des zollamtlichen Abfertigungspapiers:
    a) Zollbegleitschein I, Ladungsverzeichnis Nr. 1335,
    b) überwiesen vom Grenzeingangsamt zu Hamburg, Amerikahöft,
    c) Empfangsregister Nr. 345.

3. Name und Wohnort:
    a) des ausländischen Absenders: Charles Meunier, Bordeaux,
    b) des Empfängers: W. Müller, Berlin, Friedrichstr. 200,
    c) des Verfügungsberechtigten: R. Schulz, Berlin, Lehrterstr. 100, Spediteur.

4. Lagerort des Weines, des Traubenmostes, der Traubenmaische: Zollschuppen 6.

5. a) Zahl und Art der Umschließungen: 8 Oxhoftfässer,
    b) Zeichen und Nr. der Umschließungen: C. M. 8413 bis 8420,
    c) Gewicht der Sendung: 2144 kg.

6. Art und Farbe des Weines, des Traubenmostes, der Traubenmaische: Roter Bordeauxwein.

7. Herkunft des Weines, des Traubenmostes, der Traubenmaische:
    a) Erzeugungsland: Frankreich.
    b) Engerer Bezirk (Weinbaugebiet, Gemarkung, Lage): Bordeaux, Chateau Dauzak.
    c) Bei Wein Jahrgang: 1910.

8. Bei Fässern und { a) Füllungsgrad: Fast spundvoll.
    Kesselwagen: { b) Ist Kahmbildung eingetreten und wieweit? Nein.

9. Sind die Proben aus Anlaß von Zweifeln über die Gleichartigkeit entnommen worden? Nein.

10. Bei Traubenmost { a) Sind die Proben haltbar gemacht oder nicht? —
    und { b) Ist alkoholische Gärung eingetreten oder besteht
    Traubenmaische: { der Verdacht auf Zusatz gärungshemmender
    { Stoffe? —

11. Bei Verschnitt-
wein:
{
  a) Soll festgestellt werden, ob der Wein einen
     Zuckerzusatz erhalten hat? —
  b) Sollen der Weingeist- und Extraktgehalt mit-
     geteilt werden? —

12. Bei Entnahme der Proben etwa gemachte besondere Beobachtungen: -

Neumann.
(Unterschrift.)

An das Nahrungsmittel-Untersuchungsamt
der Landwirtschaftskammer für die Provinz
        Brandenburg
            hier NW. 40,
(Untersuchungsstelle.) Kronprinzenufer 5/6.

Anlage 2.

Anweisung für die Untersuchungsstellen zur chemischen Untersuchung von Wein, Traubenmost und Traubenmaische.

Bei der Untersuchung von Wein ist nach der Anweisung des Bundesrats zur chemischen Untersuchung des Weines [1]), bei der Untersuchung von Traubenmost und Traubenmaische in sinngemäßer Anwendung dieser Anweisung zu verfahren.

Die Wahl des Untersuchungsverfahrens bei der Ermittlung solcher Stoffe, die in der Anweisung nicht berücksichtigt sind, bleibt dem Ermessen des Sachverständigen überlassen.

I. Für den Umfang der Untersuchung der Proben zur Feststellung der Einfuhrfähigkeit gelten die folgenden Vorschriften:

  A. Bei allen Proben ist auszuführen:

    1. bei Weißwein:
      a) die Bestimmung des Gehalts an Alkohol,
      b) die Bestimmung des Gehalts an Extrakt (auf direktem Wege),
      c) die Bestimmung des Gehalts an freien Säuren (Gesamtsäure),

    2. bei Rotwein:
      a) die Bestimmung des Gehalts an Alkohol,
      b) die Bestimmung des Gehalts an Extrakt (auf direktem Wege),
      c) die Bestimmung des Gehalts an freien Säuren (Gesamtsäure),
      d) außerdem ist festzustellen, ob die in dem Rotwein enthaltene
        Menge Schwefelsäure, auf 1 Liter berechnet, nicht mehr beträgt als
        2 g neutralen schwefelsauren Kaliums entspricht; hierbei ist die
        Anwendung eines abgekürzten Bestimmungsverfahrens, dessen
        Wahl dem Sachverständigen überlassen bleibt, zulässig. Wird
        dabei nicht mit Sicherheit festgestellt, daß der Gehalt an Schwefel
        säure unter dem zulässigen Grenzwert liegt, so ist die Bestimmung
        nach dem Untersuchungsverfahren in der Anweisung erneut aus
        zuführen,

    3. bei Süßwein (süßem Dessert- und Südwein):
      a) die Bestimmung des Gehalts an Alkohol,
      b) die Bestimmung des Gehalts an Extrakt (aus der Dichte),
      c) die Bestimmung des Gehalts an freien Säuren (Gesamtsäure),
      d) die Prüfung auf Rohrzucker,

    4. bei Traubenmost oder Traubenmaische:
      a) die Bestimmung des Gehalts an Alkohol,
      b) die Bestimmung des Gehalts an freien Säuren (Gesamtsäure),
      c) die Bestimmung des Gehalts an Zucker, sofern die Probe nicht
        vollständig vergoren ist. Die Bestimmung des Zuckers kann
        auch durch Titrieren mit Fehlingscher Lösung nach dem in der
        Anlage 3 angegebenen Verfahren ausgeführt werden,
      d) bei Maischen zur Rotweinbereitung ist außerdem festzustellen, ob
        die darin enthaltene Menge Schwefelsäure, auf 1 Liter berechnet,
        nicht mehr beträgt, als 2 g neutralen schwefelsauren Kaliums
        entspricht, wobei wie vorstehend unter 2 d zu verfahren ist.

---

[1]) Vgl. Zentralbl. f. d. Deutsche Reich 1896, S. 197 und von 1901, S. 234.

B. Falls das Aussehen, der Geruch, der Geschmack der Proben oder sonstige
Verdachtsgründe es notwendig erscheinen lassen, ist je nach den Umständen außer den unter A 1 bis 4 vorgeschriebenen Prüfungen noch
auszuführen:

1. bei Weißwein, Traubenmost und Traubenmaische:
    a) die Bestimmung des Gehalts an schwefliger Säure,
    b) die Bestimmung des Gehalts an Gesamtweinsäure,
    c) die Bestimmung des Gehalts an flüchtigen Säuren,
    d) die Bestimmung des Gehalts an Mineralbestandteilen,
    e) bei unvollständig vergorenem Weine die Bestimmung des Ge-
       halts an Zucker,
2. bei Rotwein:
    a) die Bestimmung des Gehalts an schwefliger Säure,
    b) die Bestimmung des Gehalts an Gesamtweinsäure,
    c) die Bestimmung des Gehalts an flüchtigen Säuren,
    d) die Bestimmung des Gehalts an Mineralbestandteilen,
    e) bei unvollständig vergorenem Weine die Bestimmung des Gehalts
       an Zucker,
    f) die Prüfung auf fremde Farbstoffe,
3. bei Süßwein (süßem Dessert- und Südwein):
    a) die Bestimmung des Gehalts an schwefliger Säure,
    b) die Bestimmung des Gehalts an Gesamtweinsäure,
    c) die Bestimmung des Gehalts an flüchtigen Säuren,
    d) die Bestimmung des Gehalts an Phosphorsäure,
    e) die Bestimmung des Gehalts an Rohrzucker,
    f) die Bestimmung des Gehalts an Mineralbestandteilen.

C. Dem Ermessen des Sachverständigen bleibt es überlassen, je nach Lage
des Falles außer den unter A und B angeführten noch eine oder mehrere
Prüfungen vorzunehmen, die sich auf den Nachweis der bei der Weinbereitung nicht zulässigen Zusätze beziehen (§§ 13, 14 des Weingesetzes;
Ausführungsbestimmungen zu §§ 4, 11, 12; 10, 16; 13).

Bei einem Teile der Proben sind diese Untersuchungen regelmäßig
vorzunehmen, so daß im Jahresdurchschnitt 5 vom Hundert aller Proben
auch den Prüfungen unter B und C unterzogen werden. Hierbei ist
insbesondere auf die etwaige Anwesenheit der im Ausland als Zusatz
erlaubten, im Inland aber verbotenen Stoffe zu achten.

II. Die Wahl der Verfahren zur Feststellung der Gleichartigkeit der
Proben bleibt dem Sachverständigen überlassen.

III. Die Einzelbestimmungen sind in der Regel nur einmal auszuführen.
Derjenige Teil der Untersuchung aber, der zu einer Beanstandung geführt hat,
ist zu wiederholen.

Anlage 3.

Anweisung für die zollamtliche Untersuchung von Verschnittwein und Verschnitt-most auf den Weingeist- oder den Fruchtzucker- und den Extraktgehalt.

Die Untersuchung der Verschnittweine und Verschnittmoste hat sich auf
die Ermittelung des Gehalts an Weingeist oder Zucker und an Extrakt zu erstrecken. Bei fertigem Weine (reinem vergorenen Traubensafte) kann von der
Bestimmung des Zuckergehaltes abgesehen werden.

1. Entnahme und Vorbereitung der Proben.

Die Proben für die Untersuchung sind, soweit nicht nach den bestehenden
Bestimmungen Erleichterungen zulässig sind, aus jedem Kesselwagen oder
aus mindestens der Hälfte der zu einer Sendung gehörigen Fässer zu entnehmen, und zwar mittels Stechhebers in einer Menge von je etwa 0,4 Liter.
Eine Vermischung der Proben miteinander ist nicht zulässig, es muß vielmehr
jede einzelne Probe für sich untersucht werden.

Die Proben sind von ihrem etwaigen Kohlensäuregehalt durch wiederholtes kräftiges Schütteln möglichst zu befreien und, wenn sie nicht klar erscheinen, demnächst durch ein doppeltes Faltenfilter von Papier zu filtrieren.

Bei Mosten geht dem Filtrieren ein Durchseihen durch ein reines trockenes
Tuch voraus. An diese Vorbereitung der Proben muß die eigentliche Untersuchung unmittelbar angeschlossen werden.

2. Ausführung der Untersuchung.

Soweit bei der Untersuchung Spindelungen stattfinden, sind die in den
,,Tafeln zur zollamtlichen Abfertigung von Verschnittweinen und Verschnittmosten" enthaltenen Vorschriften maßgebend.

Die Untersuchung umfaßt
  a) die Spindelung der Probe,
  b) die Destillation der Probe und die Spindelung des Destillats,
  c) die Titrierung der Probe mit Fehlingscher Lösung.

Die bei der zollamtlichen Untersuchung zu benutzenden Geräte (Alkoholometer, Saccharimeter, Meßzylinder, Meßkolben, Büretten usw.) sind von der
Normal-Eichungs-Kommission zu beziehen.

Die Titrierung (Ziffer 2 c) erfolgt nur dann, wenn der Zuckergehalt der
Flüssigkeit bestimmt werden soll.

a) Spindelung der Probe.

Nachdem die Probe nach Ziffer 1 vorbereitet ist, wird zunächst die
Spindelung derselben nach Maßgabe des § 1 der den Tafeln vorgedruckten
Anleitung vorgenommen.

Als Spindeln dienen Alkoholometer oder Saccharimeter, je nachdem die
Probe eine geringere oder größere Dichte hat als Wasser. Als Standglas benutzt
man das der in Anlage 2 zur Alkoholermittelungsordnung vorgeschriebenen
Brennvorrichtung beigegebene Meßglas.

b) Destillation der Probe und Spindelung des Destillats.

Demnächst erfolgt die Destillation eines Teiles der Probe nach Maßgabe
der Vorschriften in der Alkoholermittelungsordnung (§ 16 und Anlage 2 dazu).
Dabei kommen jedoch der Zusatz von Salz, die starke Verdünnung und das
Durchschütteln in der hierzu dienenden Bürette vor der Destillation in Weg-
fall. Vielmehr wird in folgender Weise verfahren: Man mißt von der Probe
in dem Meßglas 100 ccm ab, gießt diese in den Siedekolben, füllt etwa die Hälfte
des Meßglases mit Wasser nach, fügt eine Messerspitze Tannin hinzu und
destilliert. Nachdem das Destillat nahezu die Marke des als Vorlage dienenden
Meßglases erreicht hat und genau bis zu dieser Marke mit Wasser aufgefüllt ist,
wird gehörig umgeschüttelt und die Spindelung mittels des Alkoholometers
vorgenommen (§ 1 der den Tafeln vorgedruckten Anleitung).

c) Titrierung mit Fehlingscher Lösung.

Nach erfolgter Destillation und Spindelung des Destillats wird bei Mosten
stets, bei Weinen nur, wenn es aus besonderen Gründen notwendig erscheint
(z. B. wenn es zweifelhaft ist, ob der Wein vollständig vergoren ist), zur Bestimmung des Zuckergehaltes durch Titrierung der Probe mit Fehlingscher
Lösung geschritten. Hierzu wird der bei der Destillation nicht verwendete
Teil der Probe benutzt. Da nur dann ein hinreichend genaues Ergebnis erzielt
werden kann, wenn die Flüssigkeit nicht mehr als 1 vom Hundert Zucker enthält, so ist nötigenfalls der zur Titrierung bestimmte Teil der Probe vorher
zu verdünnen. Einen Anhalt für den Grad der vorzunehmenden Verdünnung
liefert die Menge des Gesamtextrakts (einschließlich allen Zuckers). Diese
Menge ist nach Ziffer 3 c zu berechnen. Die Berechnung muß daher vor der
Bestimmung des Zuckergehalts vorgenommen werden. Die Verhältniszahl für
die Verdünnung, das ist die Zahl, welche angibt, wie weit die Verdünnung vorgenommen werden muß, ergibt sich, wenn man von der berechneten und nach
oben auf ganze Einheiten abgerundeten Zahl für den Gesamtextrakt 3 abzieht.
Enthält die Probe beispielsweise 10,8 vom Hundert, also abgerundet 11 vom
Hundert Gesamtextrakt, so ist sie mit Wasser auf die 11 weniger 3, also 8 fache
Raummenge in der nachstehend beschriebenen Weise zu verdünnen.

Die Verdünnung wird in Verbindung mit dem Eindampfen (zum Zwecke
der Entfernung des Weingeistes) und Entfärben vorgenommen. Man füllt von
der Probe in eine gehörig gereinigte und getrocknete oder mit der zu unter-

suchenden Flüssigkeit ausgespülte Bürette so viel, daß die Flüssigkeit einige Zentimeter über der obersten mit 0 bezeichneten Marke steht, und läßt durch den Hahn in das ursprüngliche Gefäß wieder so viel ab, bis der untere Rand der Flüssigkeitsoberfläche diese Marke 0 genau erreicht. Aus der Bürette läßt man dann so viel Kubikzentimeter der eingefüllten Probe in eine etwa 150 ccm fassende Porzellanschale fließen, als die Teilung von 100 durch die Verhältniszahl für die Verdünnung angibt, in obigem Beispiel $\frac{100}{8} = 12{,}5$ ccm. Faßt die Bürette von der 0-Marke ab nicht die hiernach erforderliche Menge Flüssigkeit, so wird sie so oft in der vorbeschriebenen Weise gefüllt und entleert, als nötig ist, um die erforderliche Anzahl Kubikzentimeter in die Schale zu bringen.

Beträgt die Verhältniszahl mehr als 2, so ist in die Schale so viel Wasser nachzufüllen, bis die Gesamtmenge der Flüssigkeit nahezu 50 ccm erreicht hat, in obigem Beispiel also 37,5 ccm.

Nun stellt man die Schale auf ein siedendes Wasserbad und fügt, je nach der Menge und Färbung der Flüssigkeit, eine oder mehrere Messerspitzen gepulverte, möglichst kalkfreie Tierkohle hinzu, um die rote Farbe der Flüssigkeit vollständig zu beseitigen. Dann wird bis auf etwa $^1/_3$ eingedampft unter häufigem vorsichtigen Umrühren mit einem Glasstabe, welcher während des Eindampfens in der Schale verbleiben muß. Hierauf setzt man etwa 10 ccm heißes Wasser hinzu, rührt um und filtriert, indem man die Flüssigkeit den Glasstab entlang auf das Filter gießt, in ein mit einer Marke versehenes 100 ccm fassendes Meßkölbchen. Dann spült man die Schale zur Gewinnung des Restes und zum Auslaugen der Tierkohle mehrmals mit geringen Mengen kochend heißen Wassers aus, gießt dieses an dem Glasstabe jedesmal auf das Filter, so lange fortfahrend, bis das untergestellte Kölbchen nahezu bis zur Marke gefüllt ist und läßt die Flüssigkeit erkalten. Um die Flüssigkeit abzukühlen, stellt man das Kölbchen in ein mit Wasser von 14—15° C gefülltes geräumiges Gefäß, wobei zu beachten ist, daß das Wasser bis zur Marke des Kölbchens reicht. Nach 15—20 Minuten füllt man das Kölbchen mit kaltem Wasser genau bis zur Marke auf, schüttelt mehrmals durch und beschickt mit der Flüssigkeit die inzwischen gereinigte und getrocknete Bürette in der vorher beschriebenen Weise. Hierauf gibt man aus einer mit Seignettesalz-Natronlauge und einer anderen mit Kupfervitriollösung (den beiden Teilen der Fehlingschen Lösung) gefüllten Bürette je 5 ccm in einen Kochkolben von etwa 0,2 Liter Inhalt. Nach Zusatz von etwa 40 ccm Wasser erhitzt man zum Sieden und läßt die verdünnte Zuckerlösung aus der Bürette in die heiße Mischung in der Weise fließen, daß anfangs einige Kubikzentimeter auf einmal hineingelangen, später der Zufluß nur in einzelnen Tropfen erfolgt. Der Zusatz in Tropfen beginnt, sobald die ursprünglich dunkelblaue Farbe der Mischung beim Kochen in ein helles Blau übergeht. Sollte die erstmalige Füllung der Bürette hierzu nicht hinreichen, so sind weitere Füllungen vorzunehmen. Nach dem Zusatz eines jeden Tropfens wird bis zum Aufkochen erhitzt und die Farbe der Mischung durch Betrachten gegen einen weißen Untergrund beobachtet. Ist die blaue Farbe eben nicht mehr erkennbar, so liest man an der Teilung der Bürette die Anzahl der verbrauchten Kubikzentimeter Zuckerlösung bis auf 0,1 ccm genau ab.

3. Berechnung der Ergebnisse.

Die Berechnung der Ergebnisse erfolgt mit Hilfe der in Ziffer 2 Absatz 1 erwähnten Tafeln nach Maßgabe der folgenden Bestimmungen:

a) Die wahren Alkoholometerangaben sowohl der Probe als auch des Destillats werden aus Tafel 1 entnommen. War zur Spindelung der Probe ein Saccharimeter erforderlich, so werden die wahren Saccharimeterangaben gemäß § 2 Ziffer 2 der Anleitung ermittelt.

b) Die in 100 Gewichtsteilen der Probe (Wein oder Most) enthaltenen Gewichtsteile Weingeist werden aus der Tafel 1 a oder 1 b entnommen, je nachdem zur Spindelung der Probe ein Alkoholometer oder ein Saccharimeter erforderlich war.

c) Aus den Tafeln 2 und 3 entnimmt man mit Hilfe der wahren Alkoholometer- oder Saccharimeterangabe der Probe und der wahren Alkoholometerangabe des Destillats (Ziffer 1) den Gesamtextraktgehalt (einschließlich allen Zuckers).

d) Der Zuckergehalt ist aus der Verhältniszahl für die vorgenommene
Verdünnung und der Zahl der bei der Titrierung verbrauchten Kubikzentimeter Zuckerlösung aus Tafel 4 zu entnehmen.

Beträgt die nach d ermittelte Zahl für den Zuckergehalt nicht mehr als
2,5 g im Liter, so geben die nach b und c ermittelten Zahlen bereits den ganzen
Weingeistgehalt und den eigentlichen Gehalt an trockenem Extrakte. Beträgt
die Zahl für den Zuckergehalt mehr als 2,5, so zieht man zunächst 2,5 davon ab.
Der so verbleibende Überschuß wird von der nach c ermittelten Zahl für den
Gesamtextrakt in Abzug gebracht; man bekommt dadurch den eigentlichen
Extraktgehalt, d. h. den Gehalt an Gesamtextrakt ausschließlich der 2,5 g
im Liter übersteigenden Zuckermenge. Ferner entnimmt man mit demselben
Überschuß aus der Tafel 5 den entsprechenden Weingeistgehalt und zählt diesen
zu dem nach b ermittelten Weingeistgehalte der Probe hinzu; man erhält dadurch den ganzen Weingeistgehalt des dem untersuchten Most oder unvollständig vergorenen Weine entsprechenden fertigen Weines.

Sobald der ganze Weingeistgehalt mindestens 9,5 und höchstens 20 Gewichtsteile in 100 und der eigentliche Gehalt an trockenem Extrakte mindestens
28 g im Liter Flüssigkeit beträgt, darf der Wein oder Most zum Verschneiden
gegen Entrichtung des ermäßigten Zollsatzes von 15 Mark für 1 Doppelzentner
zugelassen werden.

Anlage 4.

**Anweisung für die zollamtliche Untersuchung von Wein zur Kognakbereitung
auf den Weingeistgehalt.**

1. Entnahme und Vorbereitung der Proben.

Aus jedem Kesselwagen oder aus mindestens der Hälfte der zu einer
Sendung gehörigen Fässer sind mittels Stechhebers Proben in einer Menge
von je etwa 0,4 Liter zu entnehmen.

Die Proben sind von ihrem etwaigen Kohlensäuregehalte durch wiederholtes kräftiges Schütteln möglichst zu befreien und, wenn sie nicht klar erscheinen, demnach durch ein doppeltes Faltenfilter von Papier zu filtrieren.
An diese Vorbereitung der Proben muß die eigentliche Untersuchung unmittelbar angeschlossen werden.

2. Ausführung der Untersuchung.

a) Spindelung der Proben und deren Vereinigung zu Mischproben.

Als Spindeln dienen zwei Alkoholometer und zwei Saccharimeter. Die
Alkoholometer haben eine Teilung nach 0,2 Gewichtsteilen in Hundert und
umfassen 0—12 und 10—22 Gewichtsteile. Die Saccharimeter haben ebenfalls
eine Teilung nach 0,2 Gewichtsteilen und umfassen 0—16 und 15—31 Gewichtsteile. Die Wärmeskalen der vier Geräte reichen von 10—20 Grad des hundertteiligen Thermometers und sind nach 0,5 Wärmegraden geteilt. Die Geräte
müssen amtlich beglaubigt sein.

Jede Probe ist für sich zu spindeln. Die Spindelung wird in dem der
amtlichen Brennvorrichtung (Alkoholermittelungsordnung Anlage 2) beigegebenen Meßglase vorgenommen und geschieht mit einem der beiden Alkoholometer, falls die Dichte der Proben geringer, dagegen mit einem der beiden
Saccharimeter, falls die Dichte größer ist als diejenige des Wassers, was sich beim
probeweisen Einsenken der Geräte ergibt. Das weitere Verfahren richtet sich
nach § 1 Ziffer 2 und 3 der den „Tafeln zur zollamtlichen Abfertigung von Verschnittweinen und Verschnittmosten" vorgedruckten Anleitung.

Die Spindelung hat nur den Zweck, die Gleichartigkeit der Proben festzustellen. Die Ermittelung der wahren Alkoholometer- oder Saccharimeterangaben kann daher unterbleiben, wenn bei der Spindelung dieselben Wärmegrade ermittelt wurden. In diesem Falle können die scheinbaren Alkoholometer-
oder Saccharimeterangaben der Proben verglichen werden. Andernfalls müssen
von denjenigen Proben, die nicht eine Wärme von 15° C hatten, die wahren
Alkoholometer- oder Saccharimeterangaben ermittelt werden. Geschah die
Spindelung mit einem Alkoholometer, so ist dazu Tafel 1 der „Tafeln zur zollamtlichen Abfertigung von Verschnittweinen und Verschnittmosten" zu be-

nutzen. Geschah die Spindelung mit einem Saccharimeter, so ist nach § 2 Ziffer 2 der diesen Tafeln vorgedruckten Anleitung zu verfahren.

Ergibt sich zwischen sämtlichen gespindelten Proben keine größere Abweichung als 2 vom Hundert, so sind bis zu 25 Proben aus einer gleichen Anzahl nahezu gleich großer Fässer in einer Menge von je 100 ccm unter gutem Durchrühren zu je einer Mischprobe zu vereinigen. Andernfalls sind diejenigen Proben, die sich voneinander um nicht mehr als 2 vom Hundert unterscheiden, in der Reihenfolge, die sich aus den gefundenen Alkoholometer- oder Saccharimeterangaben, von den niedrigsten anfangend, ergibt, in einer Menge von je 100 ccm unter gutem Durchrühren bis zu 25 zu je einer Mischprobe zu vereinigen.

Diese Mischproben sowie die bei der Vereinigung etwa übriggebliebenen Einzelproben sind alsdann jede für sich auf ihren Weingeistgehalt nach folgender Anweisung zu untersuchen.

b) Destillation der Misch- und Einzelproben und Spindelung der Destillate.

Die Destillation wird nach Anlage 2 zur Alkoholermittelungsordnung vorgenommen.

Von jeder Mischprobe und jeder etwa übriggebliebenen Einzelprobe werden je 100 g in einem dünnwandigen Glaskolben von etwa 100 ccm Rauminhalt genau abgewogen und in den Siedekolben F entleert. Der Glaskolben wird mit etwa 50 g, bei Proben, die mit dem Saccharimeter gespindelt wurden, mit 80—100 g destilliertem Wasser nachgespült, das Spülwasser ebenfalls in den Siedekolben F gegossen und eine Messerspitze Tannin hinzugefügt.

Alsdann wird die Probe destilliert, wobei als vorher in trockenem Zustande gewogener, dünnwandiger Glaskolben als Vorlage dient, an welchem am unteren Teile des Halses bei 100 ccm Inhalt eine Marke angebracht ist.

Sobald der Flüssigkeitsspiegel des Destillats etwa 1—2 mm unterhalb der Marke an der Vorlage steht, wird die Destillation unterbrochen, die Vorlage auf die Wage gebracht und vorsichtig tropfenweise mittels einer Pipette so viel Wasser zugegeben, daß das Gewicht des Destillats genau 100 g beträgt. Wird hierbei oder schon bei der Destillation das Gewicht von 100 g überschritten, so ist das Destillat zu verwerfen und eine neue Destillation vorzunehmen.

Sodann wird die Vorlage mit einem sauberen Kautschukstopfen verschlossen, der Inhalt durch Schütteln gut durchgemischt, und dann soviel in das der amtlichen Brennvorrichtung beigegebene, völlig getrocknete Meßglas abgegossen, bis die Marke erreicht ist. Hierauf wird der Inhalt des Meßglases mit einem der beiden beschriebenen Alkoholometer bei einer Wärme von 13—17° C gespindelt und die wahre Stärke des Destillats in der unter Ziffer 2 a angegebenen Weise abgeleitet. Die so ermittelte Stärke ist der Weingeistgehalt der untersuchten Probe. Sinkt bei Innehaltung der vorgeschriebenen Wärmegrade das Aräometer von 10—22 Gewichtsteilen in Hundert bis über den Skalenteilstrich 21,6 in das Destillat ein oder reicht die Tafel 1 nicht aus, so ist der Weingeistgehalt der Probe höher als 20 Gewichtsteile in Hundert.

Sind an Stelle der in der Anlage 2 zur Alkoholermittelungsordnung vorgeschriebenen Brennvorrichtungen andere Brennvorrichtungen zugelassen, so können auch diese Brennvorrichtungen nebst Zubehör zu der in Ziffer 2 vorgesehenen Untersuchung benutzt werden.

3. Schlußbestimmung.

Überschreitet der Weingeistgehalt auch nur einer untersuchten Misch- oder Einzelprobe die in Betracht kommende Grenze und ist der Zollpflichtige mit der Abfertigung der ganzen Sendung nach diesem Weingeistgehalte nicht einverstanden, so sind, soweit dies nicht schon geschehen ist, aus allen zu der Sendung gehörigen Gefäßen Proben zu entnehmen und nach Vorbereitung gemäß Ziffer 1 Absatz 2 einzeln in der in Ziffer 2 b angegebenen Weise auf ihren Weingeistgehalt zu untersuchen. In diesem Falle sind die Zollgefälle für die innerhalb verschiedener Grenzen liegenden Teile der Sendung getrennt zu berechnen.

Anlage 5.

Anweisung für die zollamtliche Untersuchung von anderem Weine und Moste, als Verschnittwein, Verschnittmost und Wein zur Kognakbereitung, auf den Weingeistgehalt.

Die Untersuchung kann in unbedenklichen Fällen auf eine bloße Kostprobe, wobei der Wein oder Most möglichst Zimmerwärme haben soll, beschränkt werden, wenn sich durch das Kosten die Zugehörigkeit des Weines oder Mostes zu der in Betracht kommenden Zollstaffel mit Sicherheit beurteilen läßt und im Falle einer verbindlichen Erklärung der angemeldete Weingeistgehalt nicht in der Nähe der entscheidenden oberen Grenze liegt. Ist letzteres der Fall oder ist das Ergebnis der Kostprobe ein zweifelhaftes oder erhebt der Zollpflichtige gegen das Ergebnis der Kostprobe Einspruch oder handelt es sich um sehr süßen, um sehr sauren oder um verdorbenen Wein, so hat die Feststellung des Weingeistgehalts durch Destillation und Spindelung des Destillats (Absatz 5) zu erfolgen. Bei Postsendungen darf die Abfertigung in unbedenklichen Fällen auch auf Grund einer Kostprobe bewirkt werden, wenn der angemeldete Weingeistgehalt in der Nähe der entscheidenden oberen Grenze liegt.

Beim Vorliegen einer verbindlichen Erklärung des Weingeistgehalts sind mindestens 5 vom Hundert der zu einer Sendung gehörigen Gefäße der Untersuchung (Kostprobe oder Destillation und Spindelung) zu unterwerfen. Liegt eine verbindliche Erklärung des Weingeistgehalts nicht vor, so ist die Untersuchung auf alle Gefäße zu erstrecken. Wird jedoch in letzterem Falle durch Vorlegung von Rechnungen usw. dargetan, daß es sich um Wein oder Most gleicher Art handelt, so kann die Untersuchung nach näherer Bestimmung des Amtsvorstandes auf einen Teil der Gefäße, jedoch nicht unter 10 vom Hundert beschränkt werden.

Überschreitet bei den probeweise untersuchten Gefäßen der Weingeistgehalt der Flüssigkeit auch nur in einem Gefäße die in Betracht kommende Grenze, so sind auch die übrigen Gefäße auf den Weingeistgehalt der Flüssigkeit zu untersuchen.

Aus jedem der zu untersuchenden Gefäße sind mittels Stechhebers Proben zu entnehmen. Für die Kostprobe ist nicht mehr Wein oder Most zu entnehmen, als für das Kosten unumgänglich notwendig ist. Für die Destillation und Spindelung des Destillats sind die Proben auf je etwa ¹/₄ Liter zu bemessen. Eine Vermischung der Proben miteinander ist nicht zulässig; jede einzelne Probe muß vielmehr für sich untersucht werden.

Die Destillation und Spindelung des Destillats ist in der unter Ziffer 2 b der Anweisung für die zollamtliche Untersuchung von Wein zur Kognakbereitung auf den Weingeistgehalt (Anlage 4) angegebenen Weise vorzunehmen, nachdem zuvor die Proben durch wiederholtes kräftiges Schütteln von ihrem Kohlensäuregehalt möglichst befreit sind.

Erlaß vom 30. November 1909, betreffend Verwertung gerichtlich eingezogener Weine, Getränke und Stoffe.

1. Traubenmost, Weine, weinähnliche und weinhaltige Getränke, Schaumweine und Kognak, die nicht in den Verkehr gebracht werden dürfen (§§ 13 bis 16, § 11 Absatz 2 des Gesetzes), sind zu vergällen und sodann zugunsten der Staatskasse zu verkaufen. Die Vergällung ist von der Polizeibehörde zu überwachen.

Die Vergällung hat, wenn die Flüssigkeit zur Essigbereitung verkauft wird, zu erfolgen durch Zusatz von Essigsäure (auch in Form von Essigsprit oder Essigessenz), in solcher Menge, daß die Flüssigkeit auf 100 Liter etwa 4 Liter Essigsäure enthält. Wenn die Flüssigkeit zur Verarbeitung auf Branntwein verkauft wird, hat die Vergällung durch Zusatz von 2 kg Kochsalz auf 100 Liter Flüssigkeit zu geschehen. Dabei ist darauf zu achten, daß vor Übergabe an den Erwerber das Kochsalz vollständig gelöst ist.

Enthalten die in Absatz 1 bezeichneten Getränke gesundheitsschädliche Stoffe, so sind geeignete Sachverständige darüber zu hören, ob eine Weiterverwendung zulässig ist und welche Art der Vergällung ihr vorauszugehen hat. Die Sachverständigen können für die Vergällung dieser Getränke auch andere als die in Absatz 2 bezeichneten Mittel, je nach der Weiterverwendung des Weines oder Kognaks, vorschlagen, wie z. B. die in der Branntweinsteuerbefreiungs-ordnung zur Vergällung von Branntwein für technische Zwecke vorgesehenen Mittel.

Genehmigt die Polizeibehörde (der Landrat, in Stadtkreisen die Orts-polizeibehörde) die Weiterverwendung nicht oder ist durch den Verkauf ein angemessener Erlös nicht zu erzielen, so sind die Getränke zu vernichten.

2. Die vorstehenden Bestimmungen gelten auch für Traubenmaische, die einen nach § 3 Absatz 1 oder nach § 4 des Gesetzes nicht zulässigen Zusatz erhalten hat.

3. Ist auf Einziehung von Haustrunk nur darum erkannt worden, weil er entgegen dem § 11 Absatz 4 des Gesetzes in den Verkehr gebracht worden ist, so ist nach Ziffer 1 Absatz 1 dieser Verfügung zu verfahren.

Ist jedoch durch den Verkauf ein angemessener Erlös nicht zu erzielen, so kann von der Vergällung abgesehen und der Haustrunk, sofern er nicht ge-sundheitsschädlich ist, unentgeltlich an staatliche Behörden oder an Armen- oder Krankenanstalten zum eigenen Verbrauch abgegeben werden. Der Emp-fänger ist darauf hinzuweisen, daß eine weitere Abgabe des Getränkes strafbar sein würde.

4. Getränke, die nur aus dem Grunde eingezogen worden sind, weil ihre Bezeichnung den gesetzlichen Vorschriften nicht entspricht, sind nicht zu ver-gällen, sondern unter gesetzmäßiger Bezeichnung zugunsten der Staatskasse zu verkaufen.

5. Stoffe, deren Verwendung bei der Herstellung, Behandlung oder Ver-arbeitung von Wein, Schaumwein, weinhaltigen oder weinähnlichen Getränken unzulässig ist, sind zu vernichten, wenn nicht die Polizeibehörde (Ziffer 1 Ab-satz 4) ihre Veräußerung oder sonstige Verwendung genehmigt.

X. Süßstoffgesetz vom 7. Juli 1902[1]:
(R.-G.-Bl. S. 253.)

§ 1. Süßstoff im Sinne dieses Gesetzes sind alle auf künstlichem Wege gewonnenen Stoffe, welche als Süßmittel dienen können und eine höhere Süß-kraft als raffinierter Rohr- oder Rübenzucker, aber nicht entsprechenden Nähr-wert besitzen.

§ 2. Soweit nicht in den §§ 3—5 Ausnahmen zugelassen sind, ist es verboten:

 a) Süßstoff herzustellen oder Nahrungs- oder Genußmitteln bei deren gewerblicher Herstellung zuzusetzen,

 b) Süßstoff oder süßstoffhaltige Nahrungs- oder Genußmittel aus dem Ausland einzuführen,

 c) Süßstoff oder süßstoffhaltige Nahrungs- oder Genußmittel feilzu-halten oder zu verkaufen.

§ 3. Nach näherer Bestimmung des Bundesrats ist für die Herstellung oder die Einfuhr von Süßstoff die Ermächtigung einem oder mehreren Gewerbe-treibenden zu geben.

Die Ermächtigung ist unter Vorbehalt des jederzeitigen Widerrufs zu erteilen und der Geschäftsbetrieb des Berechtigten unter dauernde amtliche

---

[1] Auf Grund der Bekanntmachung über den Verkehr mit Süßstoff, vom 7. Juni 1916 (R.-G.-Bl. S. 459), Kriegsverordnung, ist die Reichszucker-stelle ermächtigt, bis auf weiteres den Gewerbetreibenden den Bezug von Süß-stoff zum Zwecke der Herstellung folgender Erzeugnisse zu gestatten: Dunstobst, Kompotten, Schaumweinen und schaumweinähnlichen Ge-tränken, Wermutwein, Likören, Bowlen, Punschextrakten, Obst- und Beeren-weinen, Essig, Mostrich und Senf, Fischmarinaden, Kautabak, Mitteln zur Reinigung, Pflege oder Färbung der Haut, des Haares, der Nägel oder der Mundhöhle. Dieser Bekanntmachung gingen zwei Bekanntmachungen allgemeiner Art voraus; die eine datiert vom 30. März (R.-G.-Bl. S. 213), die andere vom 25. April 1916 (R.-G.-Bl. S. 340). Vgl. Zeitschr. f. Unters. d. Nahr.- u. Genußm. 1916 (Gesetze), S. 262.

Überwachung zu stellen. Auch hat der Bundesrat in diesem Falle zu bestimmen, daß bei dem Verkaufe des Süßstoffs ein gewisser Preis nicht überschritten, sowie ob und unter welchen Bedingungen eine Ausfuhr von Süßstoff in das Ausland erfolgen darf.

§ 4. Die Abgabe des gemäß § 3 hergestellten oder eingeführten Süßstoffs im Inland ist nur an Apotheken und an solche Personen gestattet, welche die amtliche Erlaubnis zum Bezuge von Süßstoff besitzen. Diese Erlaubnis ist nur zu erteilen:

a) an Personen, welche den Süßstoff zu wissenschaftlichen Zwecken verwenden wollen;

b) an Gewerbetreibende zum Zwecke der Herstellung von bestimmten Waren, für welche die Zusetzung von Süßstoff aus einem die Verwendung von Zucker ausschließenden Grunde erforderlich ist;

c) an Leiter von Kranken-, Kur-, Pflege- und ähnlichen Anstalten zur Verwendung für die in der Anstalt befindlichen Personen;

d) an die Inhaber von Gast- und Speisewirtschaften in Kurorten, deren Besuchern der Genuß mit Zucker versüßter Lebensmittel ärztlicherseits untersagt zu werden pflegt, zur Verwendung für die im Orte befindlichen Personen.

Die Erlaubnis ist ferner nur unter Vorbehalt jederzeitigen Widerrufs und nur dann zu erteilen, wenn die Verwendung des Süßstoffs zu den angegebenen Zwecken ausreichend überwacht werden kann.

§ 5. Die Apotheken dürfen Süßstoff außer an Personen, welche eine amtliche Erlaubnis (§ 4) besitzen, nur unter den vom Bundesrate festzustellenden Bedingungen abgeben.

Die im § 4 Absatz 2 zu b benannten Bezugsberechtigten dürfen den Süßstoff nur zur Herstellung der in der amtlichen Erlaubnis bezeichneten Waren verwenden und letztere nur an solche Abnehmer abgeben, welche derart zubereitete Waren ausdrücklich verlangen. Der Bundesrat kann bestimmen, daß diese Waren unter bestimmten Bezeichnungen und in bestimmten Verpackungen feilgehalten und abgegeben werden müssen.

Die zu c und d genannten Bezugsberechtigten dürfen Süßstoff oder unter Verwendung von Süßstoff hergestellte Nahrungs- oder Genußmittel nur innerhalb der Anstalt (zu c) oder des Ortes (zu d) abgeben.

§ 6. Die vom Bundesrate zur Ausführung der Vorschriften in den §§ 3, 4 und 5 zu erlassenden Bestimmungen sind dem Reichstage bis zum 1. April 1903 vorzulegen. Sie sind außer Kraft zu setzen, soweit der Reichstag dies verlangt.

§ 7. Wer der Vorschrift des § 2 vorsätzlich zuwiderhandelt, wird, soweit nicht die Bestimmungen des Vereinszollgesetzes Platz greifen, mit Gefängnis bis zu 6 Monaten und mit Geldstrafe bis zu eintausendfünfhundert Mark oder mit einer dieser Strafen bestraft.

Ist die Handlung aus Fahrlässigkeit begangen worden, so tritt Geldstrafe bis zu einhundertfünfzig Mark oder Haft ein.

§ 8. Der Strafe des § 7 Absatz 1 unterliegen auch diejenigen, in deren Besitz oder Gewahrsam Süßstoff in Mengen von mehr als 50 g vorgefunden wird, sofern sie nicht den Nachweis erbringen, daß sie den Süßstoff nach Inkrafttreten dieses Gesetzes von einer zur Abgabe befugten Person bezogen haben.

Ist in solchen Fällen den Umständen nach anzunehmen, daß der vorgefundene Süßstoff nicht verbotswidrig hergestellt oder eingeführt worden ist, so tritt statt der Strafe des § 7 Absatz 1 diejenige des Absatz 2 daselbst ein.

§ 9. In den Fällen des § 7 und § 8 ist neben der Strafe auf Einziehung der Gegenstände zu erkennen, mit Bezug auf welche die Zuwiderhandlung begangen worden ist.

Ist die Verfolgung oder Verurteilung einer bestimmten Person nicht ausführbar, so kann auf die Einziehung selbständig erkannt werden.

§ 10. Zuwiderhandlungen gegen die auf Grund dieses Gesetzes erlassenen und öffentlich oder den Beteiligten besonders bekannt gemachten Verwaltungsvorschriften werden mit einer Ordnungsstrafe von einer bis zu dreihundert Mark geahndet.

§ 11 (handelt von der Entschädigung der Süßstoffabrikanten und ist daher ohne Bedeutung).

§ 12. Der Reichskanzler ist befugt, von dem Tage der Publikation dieses Gesetzes ab, den einzelnen Fabriken den von ihnen herzustellenden Höchstbetrag von Süßstoff vorzuschreiben.

§ 13. Dieses Gesetz tritt mit dem 1. April 1903 in Kraft. Mit diesem Zeitpunkte tritt das Gesetz, betreffend den Verkehr mit künstlichen Süßstoffen, vom 6. Juli 1898 (R.-G.-Bl. S. 919) außer Kraft.

Ausführungsbestimmungen vom 23. März 1903 zum Süßstoffgesetze vom 7. Juli 1902 [1]).

§ 1. Die Durchführung der Vorschriften des Süßstoffgesetzes wird in den einzelnen Bundesstaaten denjenigen Behörden und Beamten übertragen, denen die Verwaltung der Zölle und indirekten Steuern obliegt. Auch sind die Behörden und Beamten der Lebensmittelpolizei verpflichtet, bei der allgemeinen Überwachung des Verkehrs mit Nahrungs- und Genußmitteln darüber zu wachen, daß eine unzulässige Verwendung von Süßstoff nicht stattfindet. Die Reichsbevollmächtigten für Zölle und Steuern und die Stationskontrolleure haben in bezug auf die Ausführung des Süßstoffgesetzes dieselben Rechte und Pflichten, welche ihnen bezüglich der Verwaltung der Zölle und Verbrauchssteuern beigelegt sind. Der Reichskanzler ist ermächtigt, im Einvernehmen mit den beteiligten Bundesregierungen auch andere Behörden und Beamte zur Durchführung des Gesetzes heranzuziehen.

Zu § 3 des Gesetzes.

§ 2. Zur Herstellung von Süßstoff wird unter Vorbehalt des jederzeitigen Widerrufs die Saccharinfabrik, Aktiengesellschaft, vorm. Fahlberg, List & Co. in Salbke-Westerhüsen ermächtigt. Als Süßstoff im Sinne dieser und der nachfolgenden Bestimmungen gelten auch diejenigen süßstoffhaltigen Zubereitungen, welche nicht unmittelbar zum Genusse bestimmt sind, sondern nur als Mittel zur Süßung von Nahrungs- und Genußmitteln dienen. Der Geschäftsbetrieb der Fabrik (Absatz 1) steht unter amtlicher Überwachung, auch unterliegen sämtliche Geschäftsbücher, die über den Bezug und die Verwendung der Rohstoffe, die Herstellung und Verwertung der Zwischenerzeugnisse und Rückstände und die Fertigstellung, den Verbleib und den Verkaufspreis des Süßstoffs in seinen verschiedenen Formen Aufschluß geben, der Prüfung durch die Oberbeamten der Steuerverwaltung. Diese Beamten sind auch befugt, sich die Bestände an Rohstoffen, Zwischenerzeugnissen und fertigen Süßstoffen vorzeigen zu lassen und sie nötigenfalls aufzunehmen. Die näheren Anordnungen hinsichtlich der Überwachung der Fabrik trifft die Steuerdirektivbehörde.

§ 3. Fertiger Süßstoff darf nur in bestimmten, von der Steuerbehörde zu genehmigenden und nach deren Anordnung gegen Diebstahl usw. zu sichernden Räumen aufbewahrt werden. Über den Zu- und Abgang von Süßstoff in den genehmigten Aufbewahrungsräumen und den Verbleib der abgeschriebenen Mengen hat der Leiter der Fabrik für jedes Kalenderjahr ein Lagerbuch nach einem von der Direktivbehörde vorzuschreibenden Muster zu führen. Die Eintragungen haben sofort nach der Fertigstellung und unmittelbar nach der Entnahme von Süßstoff zu erfolgen. Am Schlusse jedes Jahres ist das Lagerbuch abzuschließen und mit den zugehörigen Belegen (Bestellzetteln) der Bezirkssteuerstelle einzureichen, nachdem die Übertragung des verbliebenen Bestandes in das neue Lagerbuch erfolgt ist.

§ 4. Bei dem Verkaufe des Süßstoffes seitens der Fabrik an inländische Abnehmer darf der Preis von 30 Mark für ein Kilogramm raffiniertes Saccharin nicht überschritten werden. Der Reichskanzler wird ermächtigt, die Höchstpreise für die einzelnen in der Fabrik hergestellten Süßstoffarten unter Zugrundelegung des vorgenannten Einheitspreises festzusetzen.

§ 5. Die Ausfuhr von Süßstoff in das Ausland ist der Fabrik gestattet. Der auszuführende Süßstoff ist in der Fabrik amtlich abzufertigen und bis zum Ausgang über die Zollgrenze unter Begleitscheinaufsicht und amtlichen Verschluß zu stellen. Bei der Abfertigung des Süßstoffs sowie bei der Ausfertigung, Erledigung, Nachprüfung und Rücksendung der Begleitscheine finden die über das Begleitscheinwesen im Zollverkehr erlassenen Bestimmungen entsprechende Anwendung. Bei Versendungen nach dem Auslande mit der Post kann mit Genehmigung der Direktivbehörde von der Ausfertigung von Begleitscheinen

---

[1]) Zentralbl. f. d. Deutsche Reich 1903, S. 103.

und der Verschlußanlage abgesehen werden, sofern der abgefertigte Süßstoff bis zur Übernahme der Sendungen durch die Post unter Steueraufsicht bleibt und durch Vereinbarung mit der Oberpostbehörde verhindert wird, daß der Absender ohne Zustimmung der Steuerbehörde die aufgegebenen Sendungen zurücknimmt oder ihren Bestimmungsort ändert. Für die Versendung von Süßstoff im Verkehre mit den dem Zollgebiet angeschlossenen fremden Staaten und Gebietsteilen kann der Reichskanzler besondere Bestimmungen treffen.

Zu § 4 des Gesetzes.

§ 6. Im Inlande darf die Fabrik Süßstoff nur gegen Vorlegung des amtlichen Bezugscheins (§ 7) und nur gegen vorschriftsmäßig ausgestellte Bestellzettel (§ 8) abgeben. Auf der Rückseite des dem Besteller zurückzugebenden Bezugscheins hat die Fabrikleitung den Tag der Lieferung sowie die Art und die Menge des gelieferten Süßstoffs einzutragen und diese Eintragung durch Beischrift von Ort und Bezeichnung der Fabrik und des Namens des Eintragenden zu bescheinigen. Die Bestellzettel sind mit einem Vermerk über die Ausführung der Bestellung und mit der Nummer, unter der die Abschreibung des abgegebenen Süßstoffs im Lagerbuche (§ 3) erfolgt ist, zu versehen und bei diesem Buche aufzubewahren.

§ 7. Die Leiter von Apotheken sowie die im § 4 Absatz 2 des Gesetzes bezeichneten Personen haben, soweit sie Süßstoff beziehen wollen, die Ausstellung eines Bezugscheins — für jedes Kalenderjahr besonders — bei der Steuerbehörde durch Vermittelung der Bezirkssteuerstelle zu beantragen. In den Anträgen der im § 4 Absatz 2 des Gesetzes bezeichneten Personen ist der Verwendungszweck des Süßstoffs anzugeben. Die Ausstellung der Bezugscheine hat für die Leiter von Apotheken seitens der zuständigen Hauptzoll- oder Hauptsteuerämter nach Muster 1 zu erfolgen [1]).

Die Erteilung der Erlaubnis zum Bezug und zur Verwendung von Süßstoff an die im § 4 Absatz 2 des Gesetzes bezeichneten Personen bleibt der Direktivbehörde vorbehalten. Sie erfolgt nach Ausstellung eines Bezugscheins nach Muster 2. In den Bezugscheinen für die im § 4 Absatz 2 zu b des Gesetzes bezeichneten Gewerbetreibenden sind auch die Waren, bei deren Herstellung der Süßstoff verwendet werden soll, genau zu bezeichnen. Zur erstmaligen Erteilung eines Bezugscheins an die im § 4 Absatz 2 zu b des Gesetzes bezeichneten Gewerbetreibenden und bei einer Änderung des Verwendungszwecks für den von diesen Gewerbetreibenden zu beziehenden Süßstoff (Herstellung anderer Waren unter Verwendung von Süßstoff als der bisher erlaubten) bedarf die Direktivbehörde der Zustimmung der obersten Landesfinanzbehörde und des Reichskanzlers.

Jedem Bezugschein ist ein Muster zum Süßstoff-Bestellzettel (§ 8) beizufügen.

Widerrufene oder abgelaufene Bezugscheine sind einzuziehen.

§ 8. Die Inhaber von Bezugscheinen (§ 7) können ihren Bedarf an Süßstoff entweder unmittelbar aus der Süßstofffabrik (§ 2) oder aus einer inländischen Apotheke beziehen. Die Bestellungen haben schriftlich mittels eines nach Muster 3 auszustellenden Bestellzettels zu erfolgen. Jeder Bestellung ist der Bezugschein beizufügen.

§ 9. Als Kurort, dessen Besuchern der Genuß mit Zucker gesüßter Lebensmittel ärztlicherseits untersagt zu werden pflegt, ist zur Zeit Neuenahr in der preußischen Rheinprovinz anzusehen. Ob künftig noch andere Orte als Kurorte in diesem Sinne anzusehen sind, entscheidet die Landesregierung im Einvernehmen mit dem Reichskanzler. Als Inhaber von Gast- und Speisewirtschaften im Sinne des § 4 Absatz 2 zu d des Gesetzes gelten auch die Wohnungsvermieter, welche ihre Mieter ganz oder teilweise beköstigen. Die Abgabe von Süßstoff oder von Waren, die unter Verwendung von Süßstoff hergestellt sind, seitens dieser Wirtschaftsinhaber an Personen innerhalb des Kurorts unterliegt im allgemeinen keiner Beschränkung; die oberste Landesfinanzbehörde ist jedoch befugt, behufs Verhütung von Mißbräuchen, insbesondere zur Sicherung der Einhaltung der Vorschrift § 5 Absatz 3 des Gesetzes, Beschränkungen in der gedachten Beziehung eintreten zu lassen.

---

[1]) Hier fortgelassen.

Zu § 5 des Gesetzes.

§ 10 [1]). Süßstoff dürfen die Apotheken nur gegen Vorlegung des amtlichen Bezugsscheins (§ 7) und vorschriftsmäßig ausgestellte Bestellzettel (§ 8) oder gegen schriftliche mit Ausstellungstag und Unterschrift versehene Anweisung eines Arztes verabfolgen.

Ärzte dürfen Anweisungen zum Bezuge von Süßstoff nur in Ausübung ihres ärztlichen Berufs und über nicht größere Mengen ausstellen, als sie zur Erhaltung, oder Wiederherstellung, oder zur Abwehr von Schädigungen der Gesundheit von Menschen in dem zur Behandlung stehenden Falle erforderlich scheinen. Gegen eine solche Anwendung dürfen nicht mehr als 15 g raffiniertes Saccharin oder eine entsprechende Menge der übrigen Süßstoffarten abgegeben werden.

§ 11. Über den Verbleib des Süßstoffs hat der Leiter der Apotheke ein besonderes Buch — Süßstoff-Ausgabebuch — für jedes Kalenderjahr zu führen. In dieses ist jede auf Bestellzettel abgegebene Süßstoffmenge sofort nach der Abgabe unter Angabe des Tages der Abgabe, des Empfängers und der Form und Menge des abgegebenen Süßstoffs einzeln einzutragen. Die Eintragung des sonst abgegebenen und des im Apothekenbetriebe verwendeten Süßstoffs kann monatlich im Gesamtbetrag erfolgen.

Den Oberbeamten der Steuerverwaltung sind der Bezugsschein, das Süßstoff-Ausgabebuch nebst Belegen sowie die Bestände an Süßstoff auf Verlangen vorzulegen. Am Schlusse des Jahres sind die von den Lieferern des Süßstoffs auf dem abgelaufenen Bezugsscheine gemachten Anschreibungen und das Süßstoff-Ausgabebuch abzuschließen, die nach dem Süßstoff-Ausgabebuch verwendete oder abgegebene Menge auf dem Bezugsschein abzusetzen und der verbliebene Bestand in dem neuen Bezugsscheine vorzutragen oder, falls auf einen solchen verzichtet ist, im Süßstoff-Ausgabebuch für das neue Jahr zu vermerken. Alsdann sind der abgelaufene Bezugsschein und das Süßstoff-Ausgabebuch mit den zugehörigen erledigten Bestellzetteln und ärztlichen Anweisungen der Bezirkssteuerstelle einzureichen.

§ 12. Den Apothekern ist es ferner gestattet, von Gewerbetreibenden, denen die Erlaubnis erteilt ist, bestimmte Waren unter Verwendung von Süßstoff herzustellen, derart zubereitete Waren zum Wiederverkaufe zu beziehen. Soweit es sich hierbei um Nahrungs- oder Genußmittel handelt, ist beim Verkaufe die Vorschrift im § 16 Absatz 2 zu beachten.

§ 13. Auf Apotheken, in denen Waren unter Verwendung von Süßstoff zum Verkaufe hergestellt werden, finden für die Herstellung und den Vertrieb dieser Waren die Vorschriften des § 7 Absatz 3—5 und der §§ 16, 17 Anwendung.

§ 14. Personen, welche die Erlaubnis zur Verwendung von Süßstoff zu wissenschaftlichen Zwecken erteilt ist, sowie staatliche Behörden und öffentliche Anstalten zur Untersuchung von Nahrungs- und Genußmitteln sind von besonderen Anschreibungen über den Bezug und die Verwendung des Süßstoffs befreit. Sie sind jedoch verpflichtet, hierüber der Direktivbehörde auf Verlangen Auskunft zu geben. Am Schlusse des Jahres haben sie die von den Lieferern des Süßstoffs auf ihrem Bezugsscheine gemachten Anschreibungen abzuschließen, die Menge des im Laufe des Jahres verwendeten Süßstoffs abzusetzen, den verbliebenen Bestand in dem neuen Bezugsscheine vorzutragen und alsdann den abgelaufenen Schein der Bezirkssteuerstelle einzusenden.

§ 15. Leiter von Kranken-, Kur-, Pflege- und ähnlichen Anstalten, welchen die Erlaubnis zur Verwendung von Süßstoff für die in der Anstalt befindlichen Personen erteilt ist, dürfen Süßstoff oder unter Verwendung von Süßstoff hergestellte Nahrungs- oder Genußmittel nur innerhalb der Anstalt abgeben. Sie haben über den abgegebenen oder zur Herstellung von Nahrungs- oder Genußmitteln verwendeten Süßstoff monatlich Anschreibungen zu machen, welche mit dem ihnen erteilten Bezugsscheine den Oberbeamten der Steuerverwaltung auf Verlangen zur Einsichtnahme vorzulegen sind.

Am Schlusse des Jahres sind diese Anschreibungen abzuschließen, ihre Summe von der nach den Anschreibungen der Lieferer des Süßstoffs bezogenen

---

[1]) In dem gemäß der Bekanntmachung betreffend Süßstoff vom 21. Dezbr. 1916 veröffentlichten abgeänderten Wortlaut (Zentralbl. f. d. Deutsche Reich 1916, 44, 536—537).

Menge auf dem Bezugsschein abzusetzen und der verbliebene Süßstoffbestand in dem neuen Bezugsschein vorzutragen. Der abgelaufene Bezugsschein ist durch den Leiter der Anstalt mit einer Bescheinigung dahin zu versehen, daß die abgeschriebene Menge lediglich für die in der Anstalt befindlichen Personen verwendet worden ist, und alsdann der Bezirkssteuerstelle einzureichen.

§ 16. Die im § 4 Absatz 2 zu b des Gesetzes benannten Gewerbetreibenden dürfen den bezogenen Süßstoff nur zur Herstellung der in dem amtlichen Bezugsscheine bezeichneten Waren verwenden. Soweit es sich hierbei um Nahrungs- oder Genußmittel handelt, müssen diese Waren in den Verkaufsräumen an besonderen Lagerstellen aufbewahrt werden, welche von den ohne Verwendung von Süßstoff hergestellten Waren getrennt und durch eine entsprechende Aufschrift gekennzeichnet sind.

Die unter Verwendung von Süßstoff hergestellten Nahrungs- oder Genuß- mittel dürfen zum Wiederverkaufe nur an Apotheken, im übrigen nur an solche Abnehmer, welche derart zubereitete Waren ausdrücklich verlangen, und nur in äußeren Umhüllungen oder Gefäßen abgegeben werden, welche an in die Augen fallender Stelle die deutliche nicht verwischbare Inschrift

„Mit künstlichem Süßstoff zubereitet.

Wiederverkauf außerhalb der Apotheken gesetzlich verboten.‟

tragen. Die Ausfuhr der unter Verwendung von Süßstoff hergestellten Waren unterliegt keiner Beschränkung.

§ 17. Der Geschäftsbetrieb der im § 4 Absatz 2 zu b des Gesetzes benannten Gewerbetreibenden untersteht der amtlichen Aufsicht, deren Umfang im einzelnen Falle von der Direktivbehörde zu bestimmen ist. Den Oberbeamten der Steuer- verwaltung sind auf Verlangen die Geschäftsbücher, soweit sie Angaben über den Bezug von Süßstoff und seine Verwendung, sowie über die Herstellung und den Absatz der unter Verwendung von Süßstoff zubereiteten Waren enthalten, zur Einsichtnahme vorzulegen, und die Bestände an Süßstoff und an Waren, die unter Verwendung von Süßstoff hergestellt sind, vorzuzeigen.

Nach Anleitung dieser Oberbeamten hat der Gewerbetreibende für jedes Kalenderjahr fortlaufende Anschreibungen über die bezogenen und verwendeten Süßstoffmengen und über die unter Verwendung von Süßstoff hergestellten Waren zu führen. Die Anschreibungen sind am Schlusse des Jahres abzu- schließen und mit dem abgelaufenen Bezugscheine der Bezirkssteuerstelle ein- zureichen, nachdem die verbliebenen Bestände in den Anschreibungen für das neue Jahr vorgetragen sind.

§ 18. Der Reichskanzler ist ermächtigt, eine vorübergehende Erhöhung der gemäß § 4 festgestellten Höchstpreise für Süßstoff, sowie in einzelnen Fällen die Einfuhr von Süßstoff aus dem Ausland unter Festsetzung der Bedingungen zuzulassen.

Anweisung[1])
zur chemischen Untersuchung der künstlichen Süßstoffe.

Die chemische Untersuchung der im Handel vorkommenden Zuberei- tungen (Kristalle, Pulver, Tabletten, Plätzchen usw.)[2]) künstlicher Süßstoffe hat sich zu erstrecken:

    I. Auf den Nachweis der Art und Menge des in jenen Zubereitungen enthaltenen reinen Süßstoffes.

    II. Auf die Bestimmung des Wassers und auf den Nachweis der Art und Menge der anderweitigen Stoffe, welche dem reinen Süßstoffe zur Erhöhung seiner Löslichkeit in Wasser oder zur Herabminderung und Ausgleichung seiner Süßkraft beigemengt worden sind.

---

[1]) Diese Anweisung ist auf Anregung des Reichsschatzamtes im Kaiser- lichen Gesundheitsamt ausgearbeitet und in der Zeitschr. f. Unters. d. Nahr.- u. Genußm. 1903, 6, 681, veröffentlicht.

[2]) Zersetzte Saccharintabletten. Köhler, Zeitschr. f. Unters. d. Nahr.- u. Genußm. 1906, 11, 168; Fahlberg, List u. Co., Unzersetzlichkeit der Saccharin- tabletten; Pharm. Z. 1905, 50, 227.

I. Nachweis der Art und Menge des reinen [1]) Süßstoffes.

Vorbemerkung. Da von den bis jetzt bekannten künstlichen Süßstoffen nur das Benzoesäuresulfimid (Saccharin) Bedeutung besitzt, so ist in vorliegender Anweisung nur diese Verbindung berücksichtigt worden. Wo daher im folgenden von Süßstoff schlechthin die Rede ist, ist darunter Saccharin zu verstehen, während die Zubereitungen des Saccharins, wie sie im Handel unter mannigfachen Namen vorkommen, als künstliche Süßstoffpräparate oder künstliche Süßstoffzubereitungen bezeichnet sind.

Wo es sich nachstehend um quantitative Bestimmungen handelt, sind deren Ergebnisse auf lufttrockene Substanz zu berechnen.

1. Qualitative Prüfung auf Saccharin, $C_6H_4 \diagdown \begin{matrix} CO \\ SO_2 \end{matrix} \diagup NH$.

Wenn der künstliche Süßstoff frei von Beimengungen ist, so kann man ihn unmittelbar an seinem Schmelzpunkt erkennen: Saccharin schmilzt bei 224°, in völlig reinem Zustande bei 227—228°.

Liegt der Süßstoff jedoch in Verbindung oder Mischung mit anderen Stoffen vor, z. B. als Salz oder gemischt mit Zucker oder Parasulfaminbenzoesäure oder anderen Substanzen, so muß das Saccharin zu seiner Kennzeichnung zunächst aus dieser Mischung abgeschieden werden. Dies geschieht, indem das Süßstoffpräparat in Wasser oder, wenn es darin schwer löslich ist, in verdünnter Natronlauge gelöst und das Saccharin aus der Lösung durch Zusatz von verdünnten Mineralsäuren gefällt und erforderlichen Falles durch Umkristallisieren gereinigt wird. Alsdann wird der Schmelzpunkt des so erhaltenen Süßstoffes bestimmt. Ergibt sich hierbei die Vermutung, daß Parasulfaminbenzoesäure anwesend ist, so ist nach 2 zu verfahren. Zur Erkennung des Saccharins dienen ferner folgende Reaktionen:

Charakteristisch für das Saccharin ist vor allem sein intensiv süßer Geschmack.

Durch Erhitzen mit Ätznatron auf 250° wird der Süßstoff in Salicylsäure übergeführt. Die Schmelze wird in Wasser gelöst, die Lösung mit Schwefelsäure angesäuert und die Salicylsäure mit Äther ausgeschüttelt, die ätherische Lösung wird verdunstet und der Rückstand in Wasser aufgenommen. Die so erhaltene Lösung gibt mit Eisenchlorid eine charakteristische violette Färbung.

Ferner kann man den Schwefel des Saccharins durch Schmelzen mit einem Gemisch von Soda und Salpeter zu Schwefelsäure oxydieren und diese nachweisen.

2. Qualitative Prüfung auf Parasulfaminbenzoesäure, $C_6H_4 \begin{matrix} COOH \\ SO_2—NH_2. \end{matrix}$

Die Parasulfaminbenzoesäure steht dem Saccharin in ihrer chemischen Zusammensetzung sehr nahe; bei der Fabrikation des letzteren wird sie als Nebenprodukt gewonnen, welchem jedoch die süßenden Eigenschaften des Saccharins vollkommen fehlen. Nur die reinsten Saccharinpräparate sind frei von Parasulfaminbenzoesäure. Auf die Gegenwart dieser Säure muß daher besonders Rücksicht genommen werden.

Wenn ein in Wasser leicht lösliches Süßstoffpräparat vorliegt, so löst man dieses in wenig Wasser auf; ist das Präparat aber in Wasser schwer löslich, so übergießt man es mit wenig Wasser und fügt tropfenweise Natronlauge hinzu, bis Lösung erfolgt ist. In beiden Fällen wird die Lösung mit Essigsäure angesäuert.

Ein sogleich oder innerhalb 24 Stunden sich bildender Niederschlag wird abfiltriert, mit Wasser bis zum Verschwinden des süßen Geschmacks ausgewaschen und getrocknet. Darauf wird der Schmelzpunkt des Rückstandes bestimmt. Parasulfaminbenzoesäure schmilzt bei 288° unter Zersetzung. Aus dem Filtrat wird durch Zusatz von verdünnter Salzsäure das Saccharin abgeschieden, und wie unter 1 angegeben, umkristallisiert und gekennzeichnet.

---

[1]) Über gefälschtes Saccharin. R. Krzizan, Zeitschr. f. Unter. d. Nahr.u. Genußm. 1905, **10**, 245,

Wenn sich aber aus der mit Essigsäure angesäuerten Lösung auch nach 24 stündigem Stehen keine Kristalle ausgeschieden haben, so wird 1 g der künstlichen Süßstoffzubereitung mit 10 ccm Salzsäure (1,124 spez. Gewicht) und mit 10 ccm Wasser am Rückflußkühler 1—2 Stunden erhitzt. Die Lösung wird darauf auf dem Wasserbade eingedampft, der Rückstand mit wenig heißem Wasser aufgenommen und 24 Stunden hingestellt. Wenn Parasulfaminbenzoesäure, auch in kleiner Menge, zugegen ist, so scheidet sie sich in Form glänzender Blättchen aus. Diese werden abfiltriert und, wie oben angeführt, weiter behandelt.

3. Quantitative Bestimmungen des Saccharins und sonstiger stickstoffhaltiger Beimengungen.

a) Bestimmung des Saccharinstickstoffs.

0,5—0,7 g oder bei geringerem Gehalte der künstlichen Süßstoffzubereitung an reinem Süßstoff entsprechend größere Mengen, werden mit 20 ccm oder einer entsprechend größeren Menge einer etwa 20%igen Schwefelsäure 2 Stunden am Steigrohre zum gelinden Sieden erhitzt. Nach dem Erkalten wird die Flüssigkeit mit 200 ccm Wasser sowie mit Natronlauge im geringen Überschuß versetzt, das hierdurch entbundene Ammoniak überdestilliert und in einer Zehntelnormalschwefelsäure aufgefangen. Aus der gefundenen Menge Stickstoff ergibt sich durch Multiplikation mit 13,045 die Menge des Saccharins in der untersuchten Probe.

Dies gilt aber nur für den Fall, daß weder Ammoniumsalze noch andere, Ammoniak unter den angeführten Bedingungen abspaltende Stoffe vorliegen. Sind Ammoniumsalze vorhanden, so müssen sie nach den allgemein üblichen Verfahren der Analyse durch Destillation mit Magnesia bestimmt und die so gefundene Stickstoffmenge von dem Gesamtstickstoff in Abrechnung gebracht werden.

b) Bestimmung des Gesamtstickstoffs und der Parasulfaminbenzoesäure.

Die quantitative Bestimmung der Parasulfaminbenzoesäure ist nur erforderlich, wenn durch die qualitative Prüfung die Anwesenheit dieser Säure nachgewiesen wurde.

Die Bestimmung des Gesamtstickstoffs geschieht nach dem Verfahren von Kjeldahl.

Wird von der Menge des Gesamtstickstoffs die für Saccharin gefundene Menge Stickstoff abgezogen, so ergibt sich die Menge Stickstoff, welche in Form von Parasulfaminbenzoesäure vorhanden ist. Hieraus wird durch Multiplikation mit 14,328 die Menge der vorhandenen Parasulfaminbenzoesäure berechnet. Lagen gleichzeitig noch Ammoniumsalze vor, so ist von der Menge des Gesamtstickstoffs nicht nur die Menge des Saccharinstickstoffs, sondern auch die für die Ammoniumsalze berechnete in Abzug zu bringen.

II. Bestimmung des Wassers sowie Nachweis der Art und Menge der den künstlichen Süßstoffen beigemengten anderweitigen Süßstoffe.

a) Bestimmung des Wassers.

0,5—1 g der feingepulverten Masse werden bei 105—110° bis zum gleichbleibenden Gewichte getrocknet.

Wenn die Süßstoffzubereitung indes doppeltkohlensaures Natrium enthält, so ist vorstehendes Verfahren wegen gleichzeitiger Verflüchtigung von Kohlensäure nicht angängig. Liegt ein besonderer Anlaß vor, in diesem Falle eine quantitative Bestimmung des Wassers vorzunehmen, so ist dieselbe in der Weise auszuführen, daß die Substanz in einem Rohr im Trockenofen unter Durchleiten von trockener Luft auf 105—110° erwärmt und das Wasser in einem Chlorcalciumrohr aufgefangen und gewogen wird.

b) Nachweis der Art und Menge der beigemengten anderweitigen Stoffe.

Von Stoffen, welche dem reinen künstlichen Süßstoffe zur Erhöhung seiner Löslichkeit in Wasser oder zur Herabminderung und Ausgleichung seiner Süßkraft beigemengt sein können, kommen von mineralischen Beimengungen

Natriumbikarbonat, von kohlenstoffhaltigen Beimengungen Stärkezucker, Milchzucker, Rohrzucker besonders in Betracht. Außerdem kommt der Süßstoff in Form seines leichter löslichen Natriumsalzes vor.

Soweit der Nachweis solcher Bestandteile oder Beimengungen nicht in dem Nachstehenden besonders beschrieben ist, hat er nach den allgemein üblichen Verfahren der Analyse zu geschehen.

1. Bestimmung mineralischer Bestandteile und Beimengungen.

1—2 g Substanz werden in einer gewogenen Platinschale verascht; wenn ein Rückstand von mehr als 1—2% hinterbleibt, so wird derselbe zunächst einer qualitativen Prüfung unterworfen.

Wird Natrium in der Asche nachgewiesen, so wird eine kleine Menge des künstlichen Süßstoffpräparates in Wasser aufgelöst. Tritt hierbei eine Entwickelung von Kohlensäure ein, so weist dies auf die Anwesenheit von Natriumkarbonat (Natriumbikarbonat) hin.

Quantitative Bestimmung des Natriums.

Wenn die qualitative Prüfung die Gegenwart von Natrium ergeben hat, so werden 0,5—1 g der feingepulverten Masse von neuem in einem gewogenen Platintiegel vorsichtig mit einigen Tropfen konzentrierter Schwefelsäure durchfeuchtet und verascht. Aus der gefundenen Menge Natriumsulfat berechnet man durch Multiplikation mit 0,3243 den Gehalt an Natrium. Löst die untersuchte künstliche Süßstoffzubereitung in kaltem Wasser leicht und ohne Entwickelung von Kohlensäure auf, so liegt das Natriumsalz des Süßstoffes vor.

2. Bestimmung kohlenstoffhaltiger Beimengungen.

Schon beim Kochen des Süßstoffes nach I 3 a kann man an der Bräunung der Lösung erkennen, ob kohlenstoffhaltige Beimengungen, besonders Zuckerarten, vorhanden sind. Man nimmt folgende Prüfungen auf Zucker vor:

a) Qualitative Prüfung auf Zucker.

1—2 g der feingepulverten Masse werden in Wasser aufgelöst, wenn nötig unter Zusatz von einigen Tropfen verdünnter Natronlauge. Die Lösung wird mit Fehlingscher Lösung versetzt und zum Sieden erhitzt. Tritt eine Reduktion der Kupferlösung ein, so ist ein reduzierend wirkender Zucker vorhanden, dessen Art nach den hierfür üblichen analytischen Verfahren bestimmt werden kann. Im allgemeinen kommt hierbei nur Milchzucker in Frage.

Wenn aber die Fehlingsche Lösung nicht reduziert worden ist, so werden 1—2 g des künstlichen Süßstoffpräparates in 10 ccm Wasser gelöst und unter Zusatz von Salzsäure kurze Zeit auf dem Wasserbade erwärmt. Darauf wird die Lösung nahezu neutralisiert und mit Fehlingscher Lösung zum Sieden erhitzt. Tritt hierbei eine Reduktion der Kupferlösung ein, so ist die Anwesenheit von Rohrzucker nachgewiesen.

b) Quantitative Bestimmung des Zuckers.

Liegt ein besonderer Anlaß vor, den vorhandenen Zucker auch der Menge nach zu bestimmen, so wird

α) die quantitative Bestimmung der unmittelbar reduzierend wirkenden Zucker, wenn es sich um Stärkezucker handelt, in sinngemäßer Anwendung der „Anweisung zur chemischen Untersuchung des Weines", Abschnitt II, 10 a (Zentralbl. f. d. Deutsche Reich 1896, S. 203) ausgeführt; die Bestimmung des Milchzuckers geschieht in gleicher Weise, nur wird die Kochdauer des Reduktionsgemisches auf 6 Minuten erhöht und zur Berechnung die Soxhletsche Tafel zur Bestimmung des Milchzuckers benutzt.

β) Die quantitative Bestimmung des Rohrzuckers geschieht durch Polarisation in sinngemäßer Anwendung der Anlage C der Ausführungsbestimmungen zum Deutschen Zuckersteuergesetze vom 27. Mai 1896 (Zentralbl. f. d. Deutsche Reich 1896, S. 269).

γ) Die quantitative Bestimmung von Rohrzucker neben Stärkezucker geschieht in sinngemäßer Anwendung der „Anweisung zur chemischen Untersuchung des Weines", Abschnitt II, 10 b (Zentralbl. f. d. Deutsche Reich 1896, S. 204).

δ) Die quantitative Bestimmung von Rohrzucker neben Milchzucker
geschieht in sinngemäßer Anwendung der Anlage zur Bekanntmachung des Reichskanzlers vom 8. November 1897, betreffend
Änderungen der Ausführungsbestimmungen zum Deutschen Zuckersteuergesetze vom 27. Mai 1896.

XI. Brausteuergesetzgebung.

a) Reichsbrausteuergesetz [1]).

Vom 15. Juli 1909 (R.-G.-Bl. Nr. 43).

Nach erfolgter Zustimmung des Bundesrats und des Reichstags ist für
das innerhalb der Zolllinie liegende Gebiet des Deutschen Reichs, jedoch mit
Ausschluß der Königreiche Bayern und Württemberg, des Großherzogtums
Baden, Elsaß-Lothringens, des Großherzoglich Sächsischen Vordergerichts Ostheim und des Herzoglich Sachsen-Koburg- und Gothaischen Amtes Königsberg,
folgendes verordnet worden.

§ 1.

Zur Bereitung von untergärigem Biere darf nur Gerstenmalz, Hopfen,
Hefe und Wasser verwendet werden. Die Bereitung von obergärigem Biere
unterliegt derselben Vorschrift, es ist jedoch hierbei auch die Verwendung von
anderem Malze und von technisch reinem Rohr-, Rüben- oder Invertzucker.
sowie von Stärkezucker und aus Zucker der bezeichneten Art hergestellten
Farbmitteln zulässig.

Für die Bereitung besonderer Biere sowie von Bier, das nachweislich
zur Ausfuhr bestimmt ist, können Abweichungen von der Vorschrift im Absatz 1
gestattet werden. Die Vorschrift im Absatz 1 findet keine Anwendung auf die
Haustrunkbereitung (§ 6 Absatz 4).

Unter der Bezeichnung Bier — allein oder in Zusammenhang — dürfen
nur solche Getränke in Verkehr gebracht werden, die gegoren sind und den
Vorschriften des Absatzes 1 und 2 entsprechen. Bier, zu dessen Herstellung
außer Malz, Hopfen, Hefe und Wasser auch Zucker verwendet worden ist, darf
unter der Bezeichnung Malzbier oder unter einer sonstigen Bezeichnung, die
das Wort Malz enthält, nur in Verkehr gebracht werden, wenn die Verwendung
von Zucker in einer dem Verbraucher erkennbaren Weise kundgemacht wird
und die verwendete Malzmenge [2]) nicht unter die festgesetzte Grenze herab-
geht. Das Nähere bestimmt der Bundesrat.

Der Zusatz von Wasser zum Biere durch Brauer, Bierhändler oder Wirte
nach Abschluß des Brauverfahrens außerhalb der Brauereien ist untersagt.

§ 2.

Die Brausteuer wird von dem zur Bierbereitung verwendeten Malze und
Zucker erhoben.

Unter Malz wird alles künstlich zum Keimen gebrachte Getreide verstanden. Der dem obergärigen Biere nach Abschluß des Brauverfahrens und
außerhalb der Braustätte zugesetzte Zucker unterliegt nicht der Brausteuer. Der
Bundesrat ist befugt, den Zucker von der Brausteuer gänzlich frei zu lassen.
Als Zucker im Sinne dieses Gesetzes sind die im § 1 Absatz 1 bezeichneten Zuckerstoffe einschließlich der daraus hergestellten Farbmittel zu verstehen.

Zucker, der zur Herstellung von obergärigen Bieren verwendet wird,
bleibt insoweit steuerfrei, als er nach § 5 Absatz 3 bei der Feststellung des für die
Höhe der Steuer (§ 6) maßgebenden Gesamtgewichtes der verwendeten steuerpflichtigen Braustoffe nicht zur Anrechnung kommt.

---

[1]) Ausführungsbestimmungen dazu S. 809.
[2]) Bestimmte Festsetzungen über den Stammwürzegehalt fanden bisher
nicht statt. Die Höhe des Stammwürzegehalts richtete sich nach den herkömmlichen Gepflogenheiten und daher berechtigten Erwartungen der Verbraucher (s. Beurteilung). Während des Krieges ist ein Höchst- oder Mindestgehalt an Stammwürze in einzelnen Bundesstaaten festgesetzt worden.

§ 3.

Die Brausteuer kann auch von den zur Bereitung bierähnlicher Getränke verwendeten Malze und Zucker erhoben werden. Die Herstellung solcher Getränke kann unter Steueraufsicht gestellt, auch kann die Verwendung von anderen Malzersatzstoffen als Zucker verboten werden. Die näheren Bestimmungen trifft der Bundesrat.

Zur Herstellung von Bier oder bierähnlichen Getränken bestimmte Zubereitungen, mit Ausnahme der am Schlusse des § 1 Absatz 1 bezeichneten, aus Zucker hergestellten Farbmittel und der aus Malz, Hopfen, Hefe und Wasser hergestellten Farbebiere, dürfen nicht in den Verkehr gebracht werden.

Die Verwendung der im Absatz 2 bezeichneten Farbebiere zur Bereitung von Bier oder bierähnlichen Getränken ist gestattet, unterliegt jedoch den vom Bundesrat anzuordnenden Überwachungsmaßnahmen.

§ 4.

Ist mit der steuerpflichtigen Bereitung von Bier oder bierähnlichen Getränken zugleich eine Bereitung von Essig oder von Malzextrakt und sonstigen Malzauszügen verbunden oder werden diese Erzeugnisse aus Malz in eigens dazu bestimmten Anlagen zum Verkauf oder zu gewerblichen Zwecken bereitet, so muß die Brausteuer auch von dem zu ihrer Herstellung verwendeten Malze entrichtet werden.

Die übrigen Paragraphen interessieren den Nahrungsmittelchemiker nicht.

Von den nachstehenden Gesetzen ist ebenfalls nur das Bemerkenswerte wiedergegeben.

b) Bayerisches Malzaufschlaggesetz vom 18. März 1910.

Artikel 1 (3). Unter Malz wird alles künstlich zum Keimen gebrachte Getreide verstanden.

Artikel 2 (1). Zur Bereitung von Bier dürfen andere Stoffe als Malz (Dörr- oder Luftmalz), Hopfen, Hefe und Wasser nicht verwendet werden.

(2) Zur Bereitung von untergärigem Biere darf nur aus Gerste bereitetes Malz verwendet werden.

(3) Für die Herstellung bierähnlicher Getränke kann die Verwendung von Malzersatzstoffen verboten werden.

(4) Zur Herstellung von Bier oder bierähnlichen Getränken bestimmte Zubereitungen dürfen nicht in den Verkehr gebracht werden.

(5) Der Zusatz von Wasser zum Biere durch Brauer nach Feststellung des Extraktgehalts der Stammwürze im Gärkeller oder durch Bierhändler und Wirte ist untersagt.

c) Württembergisches Gesetz betreffend die Biersteuer vom 4. Juli 1900.

Artikel 3. Zur Bereitung von Bier dürfen statt Darr- und Luftmalz und Hopfen Stoffe irgend welcher Art als Ersatz oder Zusatz nicht verwendet werden.

Zur Bereitung von untergärigem Bier darf als Malz nur Gerstenmalz Verwendung finden.

d) Badisches Gesetz betreffend die Biersteuer vom 30. Juni 1896, in der abgeänderten Fassung vom 2. Juni 1904.

Artikel 6. Zur Bierbereitung darf außer Hopfen, Hefe und Wasser nur Malz verwendet werden.

Bei Erzeugung von untergärigem Bier ist die Verwendung von Malz auf Gerstenmalz beschränkt.

Ausführungsbestimmungen [1]
zum Reichsbrausteuergesetz vom 15. Juli 1909.
Bekanntmachung des Reichskanzlers vom 24. Juli 1909.

Von allgemeinerem Interesse sind die nachstehend abgedruckten Vorschriften.

---

[1] Auszugsweise.

Zu § 1 Absatz 1 des Gesetzes.

§ 1. Begriff der Bierbereitung. Die Ausdrücke ,,Bereitung von Bier" und ,,Bierbereitung" im Brausteuergesetze sind im weitesten Sinne zu verstehen. Sie umfassen alle Teile der Herstellung und Behandlung des Bieres in der Brauerei selbst wie außerhalb dieser — beim Bierverleger, Wirt und dgl. — bis zur Abgabe des Bieres an den Verbraucher.

§ 2. Braustoffe. (1) Bei der Bereitung von Bier ist nicht nur die Verwendung von Malzersatzstoffen aller Art — mit der für obergärige Biere in § 1 Absatz 1 des Gesetzes zugelassenen Ausnahme —, sondern auch aller Hopfenersatzstoffe sowie aller Zutaten irgend welcher Art, auch wenn sie nicht unter den Begriff der Hopfen- oder Malzersatzstoffe gebracht werden können, verboten. Ausgenommen von diesem Verbot ist nach § 3 Absatz 3 des Gesetzes die Verwendung aus Malz, Hopfen, Hefe und Wasser hergestellter Farbebiere. Untergärigem Biere darf nur Farbebier zugesetzt werden, das unter Verwendung von Gerstenmalz hergestellt ist.

(2) Die Verwendung von Bierklärmitteln, die rein mechanisch wirken und vollständig oder doch nahezu wieder vollständig ausscheiden, wie Holzspäne, frische ausgeglühte Holzkohle, ungelöste oder nur in Wasser oder Weinsteinsäure gelöste Hausenblase, verstößt nicht gegen das Verbot der Verwendung von Ersatz- und Zusatzstoffen bei der Bierbereitung. Dagegen ist die Verwendung von Bierklärmitteln, die nur unvollständig wieder ausgeschieden werden, wie Gelatine, Wahls Brewers Isinglaß, eine Art künstlicher Hausenblase, die größtenteils aus Gelatine besteht, isländisches Moos (Caragaheen — Carrageen, isländisches Moos, ein Gemenge von Seealgen) usw., bei der Bierbereitung nicht zulässig.

(3) Die Verwendung von Kohlensäure beim Abziehen des Bieres sowie beim Bierausschank ist gestattet.

(4) Die zulässigen Braustoffe müssen in der Beschaffenheit verwendet werden, in der ihnen die im Gesetze gewählte Bezeichnung zukommt.

(5) Hinsichtlich der Zulässigkeit der Verwendung macht es keinen Unterschied, ob das Malz in ganzen Körnern — mit Hülsen, ganz oder teilweise enthülst (§ 13) (2) — zerkleinert, trocken oder angefeuchtet, ungedarrt, gedarrt oder geröstet, zur Bierbereitung verwendet wird. Die Verwendung von Malzschrot, aus dem die Hülsen ganz oder teilweise entfernt sind, sowie von Malzmehl ist, soweit nicht von der Direktivbehörde Ausnahmen zugelassen werden, nur unter der Bedingung statthaft, daß das Entfernen der Hülsen oder die Vermahlung zu Mehl in der Brauerei selbst erfolgt.

(6) Die obersten Landesfinanzbehörden sind befugt, auch die Verwendung von Malzextrakt und sonstigen Malzauszügen, deren Versteuerung nachweislich erfolgt ist (§ 4 des Gesetzes), bei der Bierbereitung zu gestatten.

(7) Zur Bereitung von obergärigem Biere darf Malz aus Getreide aller Art, auch aus Buchweizen, nicht aber aus Reis, Mais oder Dari verwendet werden.

(8) Als technisch rein gilt Zucker von solcher Reinheit, wie sie in dem bei der Herstellung von Zucker gebräuchlichen Verfahren erreicht wird. Invertzucker ist das aus Rohr- oder Rübenzucker durch Spaltung mit Säuren gewonnene Gemenge von Traubenzucker und Fruchtzucker. Als Stärkezucker gilt derjenige Zucker, der durch Einwirken von Säure auf Stärke gebildet wird. Es ist zulässig, den Zucker auch in Form von wäßerigen Lösungen zu verwenden.

(9) Als Wasser im Sinne des § 1 Absatz 1 des Gesetzes ist alles in der Natur vorkommende Wasser anzusehen. Eine Vorbehandlung des Brauwassers durch Entziehen des Eisengehaltes, Entkeimen, Filtrieren, Kochen, Destillieren ist allgemein gestattet. Eine Vorbehandlung des Brauwassers durch Beifügung von Mineralsalzen (z. B. kohlensaurem oder schwefelsaurem Kalke) kann von der Direktivbehörde bei nachgewiesenem Bedürfnis insoweit gestattet werden, als dadurch das Wasser keine andere Zusammensetzung erhält, als sie für Brauzwecke geeignete Naturwässer besitzen. Die Beifügung der Mineralsalze muß vor Beginn des Brauens geschehen. Ein Zusatz von Säuren zum Brauwasser ist verboten.

(10) Unter sichernden Bedingungen darf das Hauptamt die Verwendung von in der Brauerei selbst gewonnenen Rückständen der Bierbereitung (Glattwasser, Hopfenbrühe, abgefangene Kohlensäure und dgl.) gestatten. Die Ver-

wendung von Rückständen, die bei der Bereitung obergärigen Bieres verbleiben, zu dem anderes Malz als Gerstenmalz oder Zucker verwendet wurden, ist bei der Bereitung untergärigen Bieres nicht zulässig.

§ 3. **Ober- und untergäriges Bier [1].** (1) Als obergärig gelten die mit obergäriger, Auftrieb gebender Hefe hergestellten, als untergärig, die mit untergäriger, ausschließlich zu Boden gehender Hefe bereiteten Biere. Der Alkoholgehalt der Biere ist für die Unterscheidung ohne Belang. Eine Anleitung für die Unterscheidung zwischen ober- und untergärigem Biere enthält die Anlage A [2].

(2) Die Verwendung von Zucker ist nur bei Bereitung von solchem Biere zulässig, dessen Würze mit reiner obergäriger Hefe, also weder mit untergäriger Hefe noch mit einer aus obergäriger und untergäriger Hefe zusammengesetzten Mischhefe angestellt worden ist. Das Hauptamt kann jedoch im Bedürfnisfalle die Zuckerverwendung auch bei der Bereitung solcher Biere widerruflich gestatten, die in der Hauptgärung mit reiner Oberhefe vergoren werden, denen jedoch nachher eine verhältnismäßig geringe Menge untergäriger Hefe oder untergäriger Kräusen (in Gärung befindlicher mit untergäriger Hefe angestellter Würze) zum Zwecke einer besseren Klärung oder zur Erzielung eines festeren Absetzens der Hefe zugesetzt wird. Die Genehmigung ist an folgende Bedingungen zu knüpfen:

a) der Zusatz der untergärigen Kräusen darf 15 vom 100 der Menge der mit reiner obergäriger Hefe angestellten Würze nicht überschreiten;

b) der Zusatz von untergäriger Hefe oder untergärigen Kräusen darf niemals in den Anstell- oder Gärbottichen erfolgen, sondern, sofern das Bier die Haupt- und Nachgärung in der Brauerei durchmacht, erst in den Gär- und Lagerfässern und auch hier erst, wenn keine Hefe mehr ausgestoßen wird und der auftretende zarte weiße Schaum erkennen läßt, daß die Hauptgärung und der erste Teil der Nachgärung — die sog. beschleunigte Nachgärung — beendet ist. Sofern das Bier in der Brauerei nur angegoren wird, darf der Zusatz erst in den Versandgefäßen stattfinden.

Zu § 1 Absatz 2 des Gesetzes.

§ 4. **Abweichungen von der Vorschrift im § 1 Absatz 1 des Gesetzes.** (1) Die nach § 1 Absatz 2 des Gesetzes zulässigen Abweichungen von der Vorschrift im § 1 Absatz 1 des Gesetzes für besondere Biere und für Bier, das nachweislich zur Ausfuhr bestimmt ist, unterliegen der Genehmigung der obersten Landesfinanzbehörde und den von ihr angeordneten Bedingungen.

(2) Zur erstmaligen Zulassung von Abweichungen für jede Art der besonderen Biere bedarf die oberste Landesfinanzbehörde der Zustimmung des Reichskanzlers.

Zu § 1 Absatz 4 des Gesetzes.

§ 5. **Gegorene Getränke.** Ein Getränk, bei dem die Gärung (Alkoholerzeugung) durch Erhitzen (Pasteurisieren) unterbrochen worden ist, ist als gegoren im Sinne des Gesetzes anzusehen.

§ 6. **Malzbier.** (1) Unter der Bezeichnung „Malzbier" oder einer sonstigen Bezeichnung, die das Wort Malz enthält, darf ein Bier, das unter Mitverwendung von Zucker hergestellt worden ist, nur dann in den Verkehr gebracht werden, wenn neben dem Zucker noch mindestens 15 kg Malz zur Bereitung von einem Hektoliter Bier verwendet worden sind.

(2) Die Verwendung von Zucker bei der Herstellung von Malzbier ist in den auf den Gefäßen (Fässern, Flaschen) anzubringenden Etiketten, sowie auf den von der Brauerei herausgegebenen Plakaten und sonstigen Anpreisungen des Malzbieres in deutlich lesbarer Schrift an augenfälliger Stelle anzugeben.

---

[1] Die Verwendung von Süßstoff ist nach dem Gesetz vom 7. Juli 1902 verboten.
Nach der Bekanntmachung des Reichskanzlers vom 20. Juli 1916 (R.-G.-Bl. S. 763, Kriegsverordnung) ist im Gebiet der Brausteuergemeinschaft bei der Bereitung von obergärigem Bier die Verwendung von Süßstoff bis auf weiteres zulässig.

[2] Hier nicht abgedruckt. Vgl. Beilage zur Zeitschr. f. Unters. d. Nahr.- u. Genußm. 1910; (Gesetze u. Verordn. S. 103).

Zu § 2 des Gesetzes.

§ 7. Spitzmalz. Sog. Spitzmalz, das ist angekeimtes Getreide, bei dem die Keimung so zeitig unterbrochen worden ist, daß die gebildete Diastase ohne Hinzunahme anderen Malzes zur Verzuckerung der Maische nicht ausreicht, ist nicht als Malz im Sinne des Gesetzes anzusehen.

Zu § 3 des Gesetzes.

§ 8. Bierähnliche Getränke. (1) Als bierähnlich im Sinne des § 3 des Gesetzes sind diejenigen Getränke anzusehen, welche unter Verwendung oder Mitverwendung von Malz oder Malzauszügen oder durch Vergärung von Zucker hergestellt sind und als Ersatz von Bier in den Handel gebracht oder genossen zu werden pflegen. Die Verwendung anderer Malzersatzstoffe als Zucker ist bei der Herstellung dieser Getränke verboten. Die Verwendung von Erzeugnissen der Malzdestillation gilt nicht als Malzverwendung in obigem Sinne.

(2) Malz und Zucker, die zur Bereitung der bierähnlichen Getränke unmittelbar oder mittelbar (z. B. in Gestalt von Malzauszügen) verwendet werden, unterliegen der Brausteuer.

(3) Die Anstalten, in denen die Bereitung bierähnlicher Getränke stattfindet, sind als Brauereien anzusehen.

§ 9. Verbotene Zubereitungen. Das Verbot des § 3 Absatz 2 des Gesetzes bezieht sich auf solche Zubereitungen, die nach ihrer Bezeichnung, Gebrauchsanweisung oder Anpreisung usw. zur Herstellung der im § 8 (1) genannten bierähnlichen Getränke oder von Bier bestimmt sind. Die Lösung einer der im § 1 Absatz 1 des Gesetzes bezeichneten Zuckerarten im Wasser gilt nicht als Zubereitung, wohl aber ein Gemisch von Lösungen verschiedener Zuckerarten oder von Zuckerlösungen mit Farbmitteln, Malzauszügen, Bier oder anderen Stoffen, ebenso Malzauszüge oder Bier allein.

§ 10. Färbebier. (1) Für das zur Bereitung von Färbebier verwendete Malz ist die Brausteuer zu entrichten.

(2) Die Bestimmungen über die Herstellung und Verwendung von Färbebier sind in Anlage B [1]) enthalten.

(3) Färbebiere, die außerhalb des Geltungsgebietes des Brausteuergesetzes hergestellt sind, dürfen nicht verwendet werden.

Zu § 4 des Gesetzes.

§ 11. Besteuerung der Essig- und Malzextraktbereitung. (1) Das zur Essigbereitung verwendete Malz ist auch in dem Falle steuerpflichtig, wenn aus der zur Herstellung des Essigs dienenden Malzwürze zugleich flüssige Hefe gewonnen wird.

(2) Erfolgt die Essigbereitung vorwiegend aus Branntwein, so bleibt ein Zusatz von Malz steuerfrei.

(3) Die Bereitung von Malzextrakt zu Heilzwecken in Apotheken und pharmazeutischen Laboratorien nach den Vorschriften des deutschen Arzneibuches und ebenso die Bereitung von Malzextrakten und sonstigen Malzauszügen in Anlagen, in denen diese Erzeugnisse zur Herstellung anderer Waren, z. B. Zucker- und Malzzuckerwaren, Malzessenz und dgl. restlos weiter verarbeitet werden, ist der Brausteuer nicht unterworfen. Die Bereitung von Malzextrakt und sonstigen Malzauszügen in diesen Anlagen ist jedoch, wenn sie gewerbsmäßig erfolgt, dem zuständigen Hauptamt anzumelden und unterliegt den von diesem erforderlichenfalls anzuordnenden Überwachungsmaßnahmen.

(4) Wird Malz in anderen als den in Absatz 3 bezeichneten Anlagen zur Herstellung von Malzextrakt oder sonstigen Malzauszügen verwendet oder wird von den in Absatz 3 bezeichneten Anlagen ein Teil der gewonnenen Malzauszüge verkauft oder zur Herstellung von Bier, bierähnlichen Getränken oder Essig weiterverarbeitet, so ist die Brausteuer von der gesamten verwendeten Malzmenge zu entrichten. Die Anlagen sind in diesem Falle als Brauereien anzusehen.

---

[1]) Hier nicht abgedruckt; s. Anmerkung vorige Seite.

XII.. Branntweinsteuergesetz[1])
vom 15. Juli 1909.

Für den Nahrungsmittelchemiker sind nur die §§ 107, 109 und 129 von besonderem Interesse[2]).

§ 107. Abs. 1. Die Verwendung von Branntweinschärfen ist untersagt. Die Bestimmungen, die hierüber vom Bundesrate getroffen werden, sind dem Reichstage mitzuteilen.

Absatz 2. Unter der Bezeichnung Kornbranntwein darf nur Branntwein feilgehalten werden, der ausschließlich aus Roggen, Weizen, Buchweizen, Hafer oder Gerste hergestellt ist.

§ 109. Vollständig vergällter Branntwein darf im Kleinhandel nur in Behältnissen von 50, 20, 10 und 1 Liter Raumgehalt feilgehalten werden, die verschlossen und mit einer Angabe des Alkoholgehaltes versehen sind.

§ 129. Wer den Vorschriften des § 107 oder den vom Bundesrat dazu erlassenen Bestimmungen zuwiderhandelt, wird von der zuständigen Polizeibehörde mit einer Geldstrafe von zehn bis zehntausend Mark bestraft.

Gesetz, betreffend Beseitigung des Branntweinkontingents.
Vom 14. Juni 1912[3]).
(Auszugsweise.)
§ 19.

Der Absatz 2 des § 107 des Branntweinsteuergesetzes erhält folgende Fassung:

Unter der Bezeichnung Kornbranntwein darf nur Branntwein in den Verkehr gebracht werden, der ausschließlich aus Roggen, Weizen, Buchweizen, Hafer oder Gerste hergestellt und nicht im Würzeverfahren erzeugt ist. Als Kornbranntweinverschnitt darf nur Branntwein in den Verkehr gebracht werden, der aus mindestens 25 Hundertteilen Kornbranntwein neben Branntwein anderer Art besteht. Unter der Bezeichnung Kirschwasser oder Zwetschenwasser oder ähnlichen Bezeichnungen, die auf die Herstellung aus Kirschen oder Zwetschen hinweisen (Kirschbranntwein, Kirsch, Zwetschenbranntwein und dgl.), darf nur Branntwein in den Verkehr gebracht werden, der ausschließlich aus Kirschen oder Zwetschen hergestellt ist. Die näheren Bestimmungen trifft der Bundesrat.

§ 21.

Nahrungs- und Genußmittel — insbesondere Trinkbranntwein und sonstige alkoholische Getränke —, Heil-, Vorbeugungs- und Kräftigungsmittel, Riechmittel und Mittel zur Reinigung, Pflege oder Färbung der Haut, des Haares, der Nägel oder der Mundhöhle dürfen nicht so hergestellt werden, daß sie Methylalkohol enthalten. Zubereitungen dieser Art, die Methylalkohol enthalten, dürfen nicht in den Verkehr gebracht oder aus dem Ausland eingeführt werden.

Die Vorschriften des Absatz 1 finden keine Anwendung:

1. auf Formaldehydlösungen und auf Formaldehydzubereitungen, deren Gehalt an Methylalkohol auf die Verwendung von Formaldehydlösungen zurückzuführen ist;
2. auf Zubereitungen, in denen technisch nicht vermeidbare geringe Mengen von Methylalkohol sich aus darin enthaltenen Methylverbindungen gebildet haben oder durch andere mit der Herstellung verbundene natürliche Vorgänge entstanden sind.

§ 22.

Gemische von Branntweinhefe mit Bierhefe dürfen nicht in den Verkehr gebracht, auch nicht im gewerbsmäßigen Verkehr angekündigt oder vorrätig gehalten werden.

---

[1]) R.-G.-Bl. 1909, S. 661. Eingehend ist das sehr umfangreiche Branntweinsteuergesetz in K. v. Buchka, Das „Lebensmittelgewerbe" erläutert. Nachschrift: Das Gesetz über das Branntweinmonopol vom 26. Juli 1918 siehe Z. f. U. N. (Ges. u. Verord.) 1918. 10. 417.

[2]) Siehe das dieses Gesetz ergänzende Gesetz betreffend Beseitigung des Branntweinkontingents.

[3]) R.-G.-Bl. 1912, S. 378—387.

Unter Branntweinhefe (Lufthefe, Preßhefe, Pfundhefe, Stückhefe, Bärme) im Sinne dieses Gesetzes werden die bei der Branntweinbereitung unter Verwendung von stärkemehl- oder zuckerhaltigen Rohstoffen, insbesondere von Getreide (Roggen, Weizen, Gerste, Mais), Kartoffeln, Buchweizen, Melasse oder Gemischen der bezeichneten Rohstoffe erzeugten obergärigen, frischen Hefen oder Gemische dieser Hefen verstanden.

Branntweinhefe darf nicht unter einer Bezeichnung in den Verkehr gebracht werden, die auf die Herstellung aus einem bestimmten Rohstoff hinweist (z. B. als Getreidehefe, Roggenhefe, Maishefe, Kartoffelhefe, Melassehefe), wenn die Hefe nicht ausschließlich aus diesem Rohstoff hergestellt worden ist.

Unter Bierhefe im Sinne dieses Gesetzes wird diejenige frische Hefe verstanden, die bei der Bereitung von Bier oder bierähnlichen Getränken unter Verwendung der durch die Brausteuergesetzgebung zugelassenen Rohstoffe erzeugt ist.

Bierhefe darf nur unter der Bezeichnung Preßhefe, die aus Bierhefe hergestellt ist, jedoch auch als Bierpreßhefe in den Verkehr gebracht werden.

Branntwein- oder Bierhefe, die einen Zusatz von anderen Stoffen erhalten hat, darf nicht in den Verkehr gebracht werden; jedoch darf bis zum 1. Oktober 1914 Branntwein- oder Bierhefe, der Stärkemehl (Kartoffelmehl, Reismehl, Maismehl) bis zu einer Höchstmenge von 20 Gewichtsteilen in 100 Gewichtsteilen des fertigen Erzeugnisses zugesetzt worden ist, in den Verkehr gebracht werden, wenn Art und Menge des Zusatzes deutlich gekennzeichnet werden.

Der Bundesrat wird ermächtigt, Vorschriften für die Untersuchung der Hefe zu erlassen.

§ 24.

Wer der Vorschrift des § 21 Absatz 1 vorsätzlich zuwiderhandelt, wird mit Gefängnis bis zu sechs Monaten und mit Geldstrafe bis zu zehntausend Mark oder mit einer dieser Strafen bestraft. Ist die Zuwiderhandlung aus Fahrlässigkeit begangen, so ist auf Geldstrafe bis zu eintausend Mark oder auf Gefängnis bis zu zwei Monaten zu erkennen.

§ 25.

Wer den Vorschriften des § 22 oder den vom Bundesrat dazu erlassenen Bestimmungen vorsätzlich oder fahrlässig zuwiderhandelt, wird mit Geldstrafe bis zu sechshundert Mark oder mit Haft bestraft.

§ 26.

Wer den Vorschriften des § 107 des Branntweinsteuergesetzes oder den vom Bundesrate dazu erlassenen Bestimmungen vorsätzlich oder fahrlässig zuwiderhandelt, wird im Falle des § 107 Absatz 1 mit Geldstrafe bis zu sechshundert Mark oder mit Haft, in den Fällen des § 107 Absatz 2 mit Geldstrafe bis zu zweitausend Mark bestraft. Der § 129 des Branntweinsteuergesetzes wird aufgehoben.

§ 27.

Neben der Strafe kann auf Einziehung der Gegenstände erkannt werden, die den in §§ 24—26 bezeichneten Vorschriften zuwider hergestellt, in den Verkehr gebracht oder eingeführt worden sind, ohne Unterschied, ob sie dem Verurteilten gehören oder nicht; auch kann die Vernichtung ausgesprochen werden. Ist die Verfolgung oder Verurteilung einer bestimmten Person nicht ausführbar, so kann auf die Einziehung selbständig erkannt werden.

Die Vorschriften der §§ 16, 17 des Gesetzes, betreffend den Verkehr mit Nahrungsmitteln, Genußmitteln und Gebrauchsgegenständen vom 14. Mai 1879 (R.-G.-Bl. S. 145) finden auch bei Strafverfolgungen auf Grund dieses Gesetzes Anwendung.

§ 28.

Die Vorschriften anderer Gesetze, nach denen in den Fällen der §§ 21, 22 dieses Gesetzes oder des § 107 des Branntweinsteuergesetzes eine schwerere Strafe verwirkt ist, bleiben unberührt.

Die Einziehung oder Vernichtung sowie die öffentliche Bekanntmachung der Verurteilung sind auch dann zulässig, wenn die Strafe gemäß § 73 des Strafgesetzbuches auf Grund eines anderen Gesetzes zu bestimmen ist.

§ 29.

Für das Strafverfahren in den Fällen der §§ 24—27 sind die ordentlichen Gerichte zuständig; die Vorschriften, nach denen sich das Verfahren wegen Zuwiderhandlungen gegen die Zollgesetze bestimmt, bleiben außer Anwendung.

Entwurf von Ausführungsbestimmungen zu § 107 Absatz 1 des Branntweinsteuergesetzes vom 15. Juli 1909 [1]) betreffend Branntweinschärfen.

I. Unter Branntweinschärfen sind solche Stoffe und Zubereitungen zu verstehen, die vermöge ihres Geschmacks oder ihrer berauschenden Wirkungen geeignet und bestimmt sind, den damit versetzten Trinkbranntweinen, einschließlich der Liköre- und Bitterbranntweine (Bitteren) den Anschein eines höheren Alkoholgehalts zu geben.

II. Als Branntweinschärfen sind insbesondere anzusehen:

1. Mineralsäuren,
2. Oxalsäure,
3. gebrannter Kalk,
4. Äthyläther,
5. Salpeteräther (Salpetersäureester),
6. Essigäther (Essigester),
7. Fuselöl und fuselölhaltige Zubereitungen,
8. Kampfer,
9. nachstehende Pflanzenstoffe und deren Auszüge:
   a) Pfeffer,
   b) Capsicumfrüchte (spanischer Pfeffer, Paprika, Cayennepfeffer),
   c) Paradieskörner,
   d) Bertramwurzel,
   e) Ingwer,
   f) Senfsamen,
   g) Meerrettig,
   h) Meerzwiebeln,
   i) Seidelbast,
   k) Sabadillsamen,
10. Gemische, welche unter Verwendung eines der vorgenannten Stoffe hergestellt sind.

III. Als Branntweinschärfen sind jedoch nicht anzusehen:

a) bei der Herstellung von Trinkbranntweinen, die als Kunstbranntweine in den Verkehr gebracht werden, Essigäther (Essigester),

b) bei Likören und Bitterbranntweinen (Bitteren), die unter II Nr. 9a bis e genannten Stoffe, sowie deren Auszüge und Mischungen, sofern sie nicht zur Ersparung von Alkohol, sondern zur Erzielung der besonderen Eigenart dieser Getränke und ohne Überschreitung der dazu erforderlichen Menge zugesetzt werden. Als Liköre im Sinne dieser Bestimmungen sind alle Trinkbranntweine anzusehen, die in 100 Raumteilen mindestens 10 Gewichtsteile Zucker, berechnet als Invertzucker, enthalten.

Ausführungsbestimmungen zum Branntweinsteuergesetz
vom 15. Juli 1909.
(Aus der Alkoholermittelungsordnung.)

Die Ausführungsbestimmungen zum Branntweinsteuergesetz umfassen 10 Teile:

1. Branntweinsteuergrundbestimmungen,
2. Brennereiordnung (Br.-O.),
3. Meßuhrordnung (M.-O.),
4. Branntweinbegleitscheinordnung (Bgl.-O.),

---

[1]) Nach einem Erlaß des preußischen Ministers für Handel und Gewerbe vom 23. Mai 1912; nebst Erläuterungen zur Begründung, Zeitschr. f. Unters. d. Nahr.- u. Genußm. (Ges. u. Verordn.) 1913, S. 379.

5. Branntweinlagerordnung (L.-O.),
6. Branntweinreinigungsordnung (R.-O.),
7. Alkoholermittelungsordnung (mit Anlage) (A.-O.),
8. Branntweinsteuer-Befreiungsordnung (Bfr.-O.),
9. Branntweinstatistik (für die Bemessung des Durchschnittsbrandes),
10. Kontingentierungsordnung (K.-O.).

Außerdem besteht eine Branntweinnachsteuer- und eine Essigsäureordnung. Von diesen Verordnungen enthalten folgende vom Nahrungsmittel und Steuerchemiker [1]) zu beachtende Untersuchungsvorschriften:

1. die Alkoholermittelungsordnung (Anleitung),
2. die Branntweinsteuerbefreiungsordnung (Anleitung zur Untersuchung der Vergällungsmittel),
3. die Essigsäureordnung (Unterscheidung der Essigsäure für Genußzwecke und für gewerbliche Zwecke).

Anleitung
zur Ermittelung der Alkoholmenge mit Hilfe einer besonderen Brennvorrichtung.
(Anlage 2 zu § 16 der Alkoholermittelungsordnung.)

1. Die Brennvorrichtung wird durch nachstehende Zeichnung veranschaulicht.

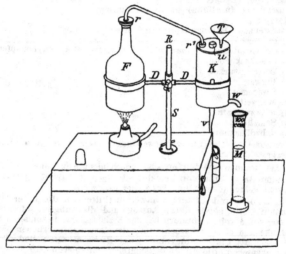

Fig. 9.

Sie besteht aus dem Siedekolben F und dem durch das Rohr R damit zu verbindenden Kühler K.

Die Zeichnung gibt die Aufstellung der Brennvorrichtung beim Gebrauche. Kolben F und Kühler K hängen in den Ringen des Doppelträgers D; dieser wird von der Säule S gehalten, die in das auf dem Kastendeckel vorgesehene Gewinde eingeschraubt ist. Das Rohr R läßt sich durch die Überwurfschraube r an den Kolben und durch eine zweite etwas kleinere Überwurf-

---

[1]) Die Branntweinsteuergrundbestimmungen schreiben im § 16 folgendes vor:

„1. Die Chemiker, welche mit amtlichen Untersuchungen beauftragt werden sollen, sind von der Direktivbehörde zu bestimmen und werden, soweit sie nicht Beamte der Zoll- und Steuerverwaltung sind, auf die Wahrnehmung der Steuerinteressen verpflichtet. In der Regel sind nur solche Chemiker zu wählen, welche mit dem Ausweise für geprüfte Nahrungsmittelchemiker versehen sind."

schraube r¹ an den Kühler dicht anziehen; die Dichtung wird an beiden Stellen durch Lederplättchen gesichert. Der Kühlzylinder umschließt eine innen verzinnte Messingschlange, die oben mit dem Rohre R in Verbindung steht und unten bei w aus dem Kühler heraustritt. Der Deckel des letzteren trägt den Trichter T, dessen Fortsatzrohr bis nahe auf den Boden von K reicht, so daß das durch T eingefüllte Kühlwasser zuerst den unteren Teil der Schlange umspült. Das warm gewordene überschüssige Wasser fließt durch das Rohr v und den überzogenen Schlauch ab. Das obere Ende von v steigt bis über den Deckel des Kühlers K auf und liegt unter der Kappe u, die zur vollständigen Entleerung von K dient.

2. Der Brennvorrichtung sind beigegeben:

a) ein Meßglas M mit einer dem Raumgehalte von 100 ccm entsprechenden Marke;

b) eine Bürette nebst Halter; diese trägt eine mit 10 ccm beginnende, von 2 zu 2 ccm fortschreitende Einteilung bis zu 300 ccm; sie ist oben mit einem geschliffenen Glasstöpsel, unten mit einem Glashahne versehen;

c) zwei kurze Thermo-Alkoholometer für 0—30 und für 29—57 Gewichtsprozent.

3. Die Probe wird vor ihrem Abtriebe mit Salz ausgeschüttelt, um etwa vorhandene aromatische Bestandteile (Ester usw.) auszuscheiden. Zu diesem Zwecke wird die Bürette senkrecht in den Halter gespannt und bis zum Teilstriche 30 ccm mit gewöhnlichem körnigen (nicht pulverisierten) Kochsalz gefüllt. Sodann werden mit dem Meßglase M genau 100 ccm des zu untersuchenden Fabrikats sorgfältig abgemessen und in die Bürette geschüttet. Das Meßglas wird nach der Entleerung mit Wasser ausgespült und letzteres gleichfalls in die Bürette gegossen; sodann wird noch soviel Wasser zugegossen, daß die Bürette bis zum Striche 270 ccm gefüllt ist. Nunmehr wird die Bürette mit dem Glasstöpsel geschlossen, aus dem Halter genommen und kräftig geschüttelt. Hat sich das Salz ganz oder bis auf einen kleinen Rückstand aufgelöst, so werden kleine Mengen Salz zugesetzt, und es wird damit unter fortwährendem kräftigem Schütteln solange fortgefahren, bis auf dem Boden der Bürette eine Schicht ungelösten Salzes in der Höhe von einigen Millimetern dauernd zurück bleibt. Anhaltendes und kräftiges Schütteln ist unbedingt erforderlich, damit eine vollständig gesättigte Salzlösung entsteht. Die Bürette wird sodann in den Halter wieder senkrecht gespannt und bleibt etwa eine Stunde lang stehen. Sind aromatische Bestandteile in dem Fabrikate vorhanden, so sondern sie sich auf der Oberfläche schwimmend als eine ölig scheinende dünne Schicht ab. Diese Absonderung wird durch öfteres Anklopfen an die Bürette beschleunigt; auch werden hierdurch die etwa an der Wandung haftenden Tröpfchen der aromatischen Beimengungen zum Aufsteigen gebracht.

Nach Ablauf der angegebenen Zeit wird die in der Bürette enthaltene Menge der alkoholhaltigen Salzlösung durch Ablesen an der Teilung der Bürette festgestellt. Dabei ist zu beachten, daß in der etwa ausgeschiedenen öligen Schicht der aromatischen Bestandteile Alkohol nicht enthalten ist; hat sich daher eine solche Schicht gebildet, so ist nur der darunter befindliche Teil der Flüssigkeit zu berücksichtigen, mithin die Ablesung an derjenigen Stelle vorzunehmen, an welcher sich die obere ölige Schicht von dem übrigen Inhalte der Bürette abscheidet.

4. Von der auf diese Weise bestimmten Menge der alkoholhaltigen Lösung wird durch Öffnen des Hahnes der Bürette genau die Hälfte in den Siedekolben F der Brennvorrichtung langsam entleert. Sodann werden in diesen Kolben mit dem Meßglase noch 100 ccm Wasser hinzugefügt. Hierauf werden Kolben und Kühler in den Doppelträger D gehängt und durch das mittels der Überwurfschrauben r und r¹ fest angezogene Rohr R miteinander verbunden. Endlich wird der Kühler mit kaltem Wasser angefüllt, bis der Überschuß aus v abzulaufen beginnt. Wird nun der Kolben F erhitzt, so fließt bald aus dem Kühler bei w eine klare Flüssigkeit in Tropfen ab, die man in dem vorher mit reinem Wasser ausgespülten und sodann völlig entleerten Meßglase M auffängt. Während des Abtriebs ist der obere Teil des Kühlers möglichst oft zu befühlen; sobald er sich warm anfühlt, gießt man sofort in den

Trichter von neuem so lange kaltes Wasser, bis der ganze Kühler sich wieder kalt anfühlt. Auf rechtzeitige Erneuerung des Kühlwassers ist in der ersten Hälfte des Abtriebs mit besonderer Aufmerksamkeit zu achten. Zweckmäßig ist es, den Kühler, wo sich dazu Gelegenheit bietet, durch einen Gummischlauch mit der Wasserleitung in Verbindung zu setzen, so daß ihn fortwährend kaltes Wasser langsam durchfließt.

Der Abtrieb ist so vorsichtig zu führen, daß ein unmittelbares Übertreten der Flüssigkeit aus dem Brennkolben durch den Kühler in das Meßglas vermieden wird. Es ist daher auch auf die Größe der Heizflamme zu achten, insbesondere empfiehlt es sich, die Flamme nur während des Anheizens nahe der Mitte des Kolbens zu halten, dagegen, sobald das Sieden eingeleitet ist und das Abtropfen von Flüssigkeit aus dem Kühler beginnt, die Lampe so weit zur Seite zu rücken, daß die Flamme nicht nur den Boden, sondern zum Teil auch den Mantel des Kolbens bestreicht. Proben, bei denen fahrlässigerweise der Abtrieb so stürmisch erfolgt, daß das Erzeugnis nicht ausschließlich in Tropfen, sondern zum Teil in zusammenhängendem Flusse abläuft, sind zu verwerfen.

Hat sich der Spiegel der Flüssigkeit im Meßglase M allmählich der Marke genähert und liegt nur noch 1—2 mm darunter, so wird das Glas vom Ausflusse w entfernt und der Abtrieb durch Beseitigung der Heizflamme unterbrochen. Hierauf füllt man in das Meßglas behutsam so viel Wasser ein, daß der Flüssigkeitsspiegel die Marke gerade erreicht, sodann schüttelt oder rührt man den Inhalt des Glases durch und senkt schließlich von den zu der Brennvorrichtung gehörigen beiden kurzen Thermoalkoholometern das entsprechende ein. Sollte etwa beim Auffangen des Erzeugnisses im Meßglas oder beim letzten Auffüllen mit Wasser der Flüssigkeitsspiegel bis über die Marke angestiegen sein, so ist der Versuch zu verwerfen.

Vor der Prüfung einer zweiten Sorte von Fabrikaten ist das Verbindungsrohr R nach Lösung der Schrauben zu entfernen und der Kolben F zu entleeren. Eine sorgfältige Reinigung des Kolbens, insbesondere von Rückständen an Salz, sowie der Bürette und des Meßglases vor jeder neuen Untersuchung, wenn möglich mit warmem Wasser, ist unbedingt nötig.

Der Kühler, der während des Gebrauches stets mit Wasser angefüllt bleibt, ist vor dem Einlegen in den zugehörigen Kasten zu entleeren, zu welchem Zwecke die Kappe u abgeschraubt werden muß.

5. Die Ermittelung der scheinbaren Stärke des durch den Abtrieb gewonnenen, genau 100 ccm betragenden Erzeugnisses mit Hilfe des entsprechenden Thermoalkoholometers und die Ermittelung der wahren Stärke unter Anwendung der Tafel 1 erfolgen nach Maßgabe der allgemeinen Vorschriften.

Aus der Temperatur und der wahren Stärke des Erzeugnisses wird mit Hilfe der Tafel 3 das Gewicht von 1 Liter des Erzeugnisses und durch Verschiebung des Komma um vier Stellen nach rechts das Gewicht von 10 000 Liter ermittelt. Für diese Gewichtsmenge wird aus der wahren Stärke des Erzeugnisses mit Hilfe der Tafel 2 die entsprechende Alkoholmenge ermittelt. Die gefundene Zahl vervielfältigt man mit 2 und erhält dadurch die Zahl der Liter Alkohol, die in 10 000 Liter der zur Abfertigung gestellten Ware enthalten sind.

6. Die in dem abzufertigenden Fabrikat enthaltene Alkoholmenge wird aus der für 10 000 Liter gefundenen Alkoholmenge und der Gesamtmenge des Fabrikats in der Weise ermittelt, daß die beiden Zahlen miteinander vervielfältigt werden und sodann in der erhaltenen Summe das Komma um vier Stellen nach links verschoben wird.

7. Werden z. B. 124 Liter Birnenessenz vorgeführt, so ist wie folgt zu verfahren: Nachdem eine Probe von 100 ccm in die Bürette gefüllt und nach entsprechendem Wasserzusatze mit Kochsalz durchgeschüttelt ist, wird nach einstündigem Stehen der Lösung, währenddessen sich eine Schicht aromatischer Beimengungen oben abgesetzt hat, die oberste Grenze des übrigen Inhalts der Bürette bei dem Striche für 268 ccm gefunden. Die Menge der alkoholhaltigen Kochsalzlösung beträgt hiernach 268 ccm, wovon die Hälfte, 134 ccm, in den Kolben abzulassen ist, indem der Hahn so lange offen gehalten wird, bis die untere Fläche der öligen Schicht mit dem Strich 134 der Skala zusammenfällt. Man füllt nun 100 ccm Wasser in den Kolben nach und treibt in das Meß-

glas 100 ccm nach dem unter Ziffer 4 beschriebenen Verfahren über. Haben
diese 100 ccm Erzeugnis bei einer Temperatur von + 13° eine scheinbare Stärke
von 16,5%, so beträgt nach Tafel 1 die wahre Stärke 17%. 1 Liter des Erzeugnisses wiegt nach Tafel 3 bei + 13° und der wahren Stärke von 17%
0,9740 kg, mithin wiegen 10 000 Liter 9740 kg. Bei 17% wahrer Stärke sind
nach Tafel 2 an Alkohol enthalten:

$$\begin{array}{r} \text{in 9000 kg} \ldots \ldots \text{1932 Liter,} \\ \text{„ 700 „} \ldots \ldots \text{150,2 „} \\ \text{„ 40 „} \ldots \ldots \text{8,6 „} \\ \hline \text{zusammen in 9740 kg} \ldots \ldots \text{2090,8 Liter.} \end{array}$$

Das Doppelte oder 4181,6 Liter bildet die Alkoholmenge von 10 000
Liter des Fabrikats. Hiernach enthalten die vorgeführten 124 Liter Birnenessenz

$$\frac{124 \times 4181,6}{10\,000} = 51,85184 \text{ Liter}$$

oder abgerundet 51,9 Liter Alkohol.

(Die Tafeln sind wegen großen Umfangs nicht mit abgedruckt. Sie sind
sämtlich in der Alkohol-Ermittelungsordnung, amtliche Ausgabe, enthalten.
Diese ist bei Julius Springer, Berlin, erschienen.)

Anleitung
zur Untersuchung von alkoholhaltigen Parfümerien, Kopf-, Zahn- und Mund-
wassern, deren Alkoholgehalt nicht nach Maßgabe der Alkoholermittelungsordnung festgestellt werden kann.

(Anlage 21 zu § 65 Branntweinsteuer-Befreiungsordnung.)

50 Gramm der Parfümerien usw. werden mit 50 Gramm Wasser und
50 Gramm Petroleumbenzin von der Dichte 0,69—0,71 in einem Scheidetrichter
kräftig geschüttelt. Nach mindestens zwölfstündiger Ruhe wird das Gewicht
der unteren Schicht bestimmt, ihre Dichte mit der Westphalschen Wage
oder einem Pyknometer bei 15° ermittelt und daraus die absolute Menge des
Alkohols in dieser Schicht berechnet. Durch Vervielfältigung mit 2 wird die
in der untersuchten Flüssigkeit enthaltene Alkoholmenge gefunden.

Enthalten die Parfümerien Harze oder andere Extraktivstoffe, so werden
50 Gramm derselben mit 50 Gramm Wasser versetzt und von dem Gemische
mindestens 90 Gramm abdestilliert. Das Destillat wird mit Wasser auf 100
Gramm aufgefüllt und, wie oben beschrieben, weiter untersucht. Falls freie
Säure zugegen ist, wird ebenso verfahren, vor der Destillation jedoch die Säure
mit Natronlauge schwach übersättigt.

Stark glyzerinhaltige Zubereitungen (Brillantine) werden mit ihrem doppelten Gewichte Wasser verdünnt; 150 Gramm dieser Verdünnung werden
destilliert, bis nahezu 100 Gramm Destillat übergegangen sind. Das Destillat
wird mit Wasser auf 100 Gramm aufgefüllt, die in ihm enthaltene Alkoholmenge ermittelt und diese durch Vervielfältigung mit 2 auf diejenige der untersuchten Brillantine usw. umgerechnet.

Anleitung
zur Untersuchung der im § 71 unter c bis h genannten Äther[1].
(Anlage 24 zu § 75 Branntweinsteuer-Befreiungsordnung.)

Aus den zu untersuchenden Äthern sind Proben in Mengen von je 100
Gramm zu entnehmen. Genau 25 Gramm Äther werden durch Kochen mit
Kalilauge am Rückflußkühler verseift, alsdann wird der Alkohol abdestilliert
und das Destillat auf das Gewicht des angewandten Äthers oder ein Mehrfaches davon mit Wasser aufgefüllt. In dem Destillate wird der Alkohol nach
Gewichtsprozenten ermittelt und daraus berechnet, wieviel Kilogramm Alkohol
in 100 kg des untersuchten Äthers enthalten sind. Durch Vervielfältigung
mit 1,25 werden die Kilogramme Alkohol auf Liter Alkohol umgerechnet. Es
ist anzugeben, wieviel Liter vergütungsfähigen Alkohols in 100 kg des vorgeführten Äthers enthalten sind.

Die Destillate sind ferner auf die Abwesenheit von Schwefeläther sowie
solcher Stoffe zu prüfen, welche nicht oder nicht notwendig aus Branntwein

[1] An a. O. sind genannt: Ameisenäther, Baldrianäther, Butteräther,
Oxaläther, Sebacinäther.

hergestellt sind und eine geringere Dichte als Wasser haben, wie z. B. Aceton
und Holzgeist.

Anleitung

zur Bestimmung des Gehalts an Nebenerzeugnissen der Gärung und Destillation.

(Sog. Fuselölbestimmung.)

(Anlage 1 zu § 5 Alkohol-Ermittelungsordnung.)

Die Bestimmung der Nebenerzeugnisse der Gärung und Destillation
erfolgt durch Ausschütteln des auf einen Alkoholgehalt von 24,7 Gewichtsprozent verdünnten Branntweins mit Chloroform. Die hierzu erforderlichen
Meßgeräte müssen von der Normal-Eichungskommission bezogen werden.

**a) Bestimmung der Dichte (des spezifischen Gewichts) beziehungs-
weise des Alkoholgehalts des Branntweins.**

Zur Feststellung der Dichte des Branntweins bedient man sich eines
mit einem Glasstopfen verschließbaren Dichtefläschchens von 50 ccm Raumgehalt. Das Dichtefläschchen wird in reinem, trockenem Zustande leer gewogen, nachdem es eine halbe Stunde im Wagekasten gestanden hat. Dann wird
es mit Hilfe eines fein ausgezogenen Glockentrichters bis über die Marke mit
destilliertem Wasser gefüllt und in ein Wasserbad von 15° C gestellt. Nach
einstündigem Stehen im Wasserbade wird das Fläschchen herausgehoben, wobei
man nur den leeren Teil des Halses anfaßt, und es wird sofort die Oberfläche
des Wassers auf die Marke eingestellt. Dies geschieht durch Eintauchen kleiner
Stäbchen oder Streifen aus Filtrierpapier, die das über der Marke stehende
Wasser aufsaugen. Die Oberfläche des Wassers bildet in dem Halse des Fläschchens eine nach unten gekrümmte Fläche; man stellt die Flüssigkeit am besten
in der Weise ein, daß bei durchfallendem Lichte der schwarze Rand der gekrümmten Oberfläche soeben die Marke berührt. Nachdem man den inneren
Hals des Fläschchens mit Stäbchen aus Filtrierpapier getrocknet hat, setzt
man den Glasstopfen auf, trocknet das Fläschchen äußerlich ab, stellt es eine
halbe Stunde in den Wagekasten und wägt es. Die Bestimmung des Wasserinhalts des Dichtefläschchens ist dreimal auszuführen und aus dem Ergebnisse
der drei Wägungen das Mittel zu nehmen. Wenn die Dichtefläschchen längere
Zeit im Gebrauche gewesen ist, müssen die Gewichte des leeren und des mit
Wasser gefüllten Fläschchens von neuem bestimmt werden, da diese Gewichte
mit der Zeit sich nicht unerheblich ändern können. Nachdem man das Dichtefläschchen entleert und getrocknet und mehrmals mit dem zu untersuchenden
Branntwein ausgespült hat, füllt man es mit dem Branntwein und verfährt
in derselben Weise wie bei der Bestimmung des Wasserinhalts des Dichtefläschchens; besonders ist darauf zu achten, daß die Einstellung der Flüssigkeitsoberfläche stets in derselben Weise geschieht.

Bedeutet:

  a das Gewicht des leeren Dichtefläschchens,

  b das Gewicht des bis zur Marke mit destilliertem Wasser von 15° C
   gefüllten Dichtefläschchens,

  c das Gewicht des bis zur Marke mit Branntwein von 15° C gefüllten
   Dichtefläschchens,

so ist die Dichte d des Branntweins bei 15° C, bezogen auf Wasser von derselben Temperatur $d = \dfrac{c-a}{b-a}$.

Den der Dichte entsprechenden Alkoholgehalt des Branntweins in Gewichtsprozenten entnimmt man der zweiten Spalte der Alkoholtafel von Windisch (Berlin 1893, bei Julius Springer).

**b) Verdünnung des Branntweins auf einen Alkoholgehalt von
24,7 Gewichtsprozent.**

100 ccm des Branntweins, dessen Alkoholgehalt bestimmt wurde, werden
bei 15° C in einem amtlich geeichten Meßkölbchen abgemessen und in eine Flasche
von etwa 400 ccm Raumgehalt gegossen. Die Hilfstafel I (S. 667) lehrt, wieviel Kubikzentimeter destillierten Wassers von 15° C zu 100 ccm Branntwein
von dem vorher bestimmten Alkoholgehalte zugefügt werden müssen, um einen
Branntwein von annähernd 24,7 Gewichtsprozent Stärke zu erhalten. Man

läßt die aus der Tafel I sich ergebende Menge Wasser von 15° C aus einer nach Fünftel-Kubikzentimeter geteilten amtlich geeichten Bürette zu dem Branntwein fließen, wobei etwa 50 ccm Wasser zum Ausspülen des Kölbchens dienen. Man schüttelt die Mischung um, verstopft die Flasche, kühlt die Flüssigkeit auf 15° C ab und bestimmt aufs neue die Dichte bzw. den Alkoholgehalt nach der unter a gegebenen Vorschrift. Der Alkoholgehalt des verdünnten Branntweins beträgt genau oder nahezu 24,7 Gewichtsprozent. Ist er höher als 24,7 Gewichtsprozent, so setzt man noch eine nach Maßgabe der Hilfstafel I berechnete Menge Wasser von 15° C zu dem verdünnten Branntwein. Ist der Alkoholgehalt des verdünnten Branntweins niedriger als 24,7 Gewichtsprozent, so entnimmt man aus der Hilfstafel II (S. 671) die Anzahl Kubikzentimeter absoluten Alkohols von 15° C, die auf 100 ccm des verdünnten Branntweins zuzusetzen sind. Die etwa erforderliche Menge absoluten Alkohols wird mit Hilfe einer amtlich geeichten Meßpipette oder Bürette zugegeben, die nach fünfzigstel oder hundertstel Kubikzentimeter geteilt ist.

Beträgt der Alkoholgehalt des verdünnten Branntweins nicht weniger als 24,6 und nicht mehr als 24,8 Gewichtsprozent, so wird er durch den berechneten Wasser- bzw. Alkoholzusatz hinreichend genau auf 24,7 Gewichtsprozent gebracht; von einer nochmaligen Alkoholbestimmung kann in diesem Falle abgesehen werden. Wird dagegen der Alkoholgehalt des verdünnten Branntweins kleiner als 24,6 oder größer als 24,8 Gewichtsprozent gefunden, so muß der Alkoholgehalt nach Zugabe der berechneten Menge Wasser bzw. Alkohol nochmals bestimmt werden, um festzustellen, ob er nunmehr hinreichend genau gleich 24,7 Gewichtsprozent ist. Ein hierbei sich ergebender Unterschied muß durch einen dritten Zusatz von Wasser bzw. Alkohol nach Maßgabe der Hilfstafel I bzw. II ausgeglichen werden.

c) Ausschütteln des verdünnten Branntweins von 24,7 Gewichtsprozent Alkohol mit Chloroform [1]).

Zwei amtlich geeichte Schüttelapparate werden in geräumige mit Wasser gefüllte Glasgefäße gesenkt, das Wasser wird auf die Temperatur von 15° C gebracht. Sodann gießt man unter Anwendung eines Trichters, dessen in eine Spitze auslaufende Röhre zu dem Boden der Schüttelapparate reicht, in jeden der beiden Schüttelapparate etwa 20 ccm Chloroform von 15° C und stellt die Oberfläche des Chloroforms genau auf den untersten die Zahl 20 tragenden Teilstrich ein; einen etwaigen Überschuß an Chloroform nimmt man mit einer langen in eine Spitze auslaufenden Glasröhre mit der Vorsicht aus den Apparaten, daß die Wände derselben nicht von Chloroform benetzt werden. In jeden Apparat gießt man 100 ccm des auf einen Alkoholgehalt von 24,7 Gewichtsprozent verdünnten Branntweins, die man in amtlich geeichten Meßkölbchen abgemessen und auf die Temperatur von 15° C gebracht hat, und läßt je 1 ccm verdünnte Schwefelsäure von der Dichte 1,286 bei 15° C zufließen. Man verstopft die Apparate und läßt sie zum Ausgleiche der Temperatur etwa eine Viertelstunde in dem Kühlwasser von 15° C schwimmen. Dann nimmt man einen gut verstopften Apparat aus dem Kühlwasser heraus, trocknet ihn äußerlich rasch ab, läßt durch Umdrehen den ganzen Inhalt in den weiten Teil des Apparates fließen, schüttelt das Flüssigkeitsgemenge 150 mal kräftig durch und senkt den Apparat wieder in das Kühlwasser von 15° C; genau ebenso verfährt man mit dem zweiten Apparate. Das Chloroform sinkt rasch zu Boden; kleine in der Flüssigkeit schwebende Chloroformtröpfchen bringt man durch Neigen und Umherwirbeln der Apparate zum Niedersinken. Wenn das Chloroform sich vollständig gesammelt hat, wird seine Raummenge, d. h. der Stand des Chloroforms in der eingeteilten Röhre abgelesen.

d) Berechnung der Menge der in dem Branntwein enthaltenen Nebenerzeugnisse der Gärung und Destillation.

Zur Berechnung des Gehalts des Branntweins an Nebenerzeugnissen der Gärung und Destillation muß die Vermehrung der Raummenge bekannt sein, die das Chloroform beim Schütteln mit vollkommen reinen Branntweinen von 24,7 Gewichtsprozent erleidet. Man bestimmt sie in der Weise, daß man mit

---

[1]) Nach Röse, Herzfeld, Windisch, Arbeiten aus dem Kaiserl. Gesundh.-Amt 1889, 5, 391.

dem reinsten Erzeugnisse der Branntwein-Reinigungsanstalten, dem sog. neutralen Weinsprit, genau nach den unter a, b und c gegebenen Vorschriften verfährt und die Raummenge des Chloroforms nach dem Schütteln feststellt. Wegen der grundsätzlichen Bedeutung dieses Versuchs mit reinstem Branntwein ist der Alkoholgehalt mit größter Genauigkeit auf 24,7 Gewichtsprozent zu bringen und ist die Ermittelung der Raummenge des Chloroforms für jeden Schüttelapparat drei- bis fünfmal zu wiederholen.

Dieser Versuch mit reinem Branntwein muß für jedes neue Chloroform und jeden neuen Apparat wieder angestellt werden; solange dasselbe Chloroform und dieselben Apparate in Anwendung kommen, ist nur eine Versuchsreihe nötig. Man mache daher den Vorversuch mit einem Chloroform, von dem eine größere Menge zur Verfügung steht. Das Chloroform ist vor Licht geschützt, am besten in Flaschen aus braunem Glase, aufzubewahren.

Ist die Raummenge des Chloroforms nach dem Ausschütteln des zu untersuchenden Branntweins gleich a ccm, ferner die Raummenge des Chloroforms nach dem Ausschütteln des im Absatz 1 bezeichneten verdünnten Weinsprits gleich b ccm, so zieht man b von a ab. Je nachdem a—b kleiner oder größer ist als 0,45 ccm, enthält der Branntwein weniger oder mehr als 1 Gewichtsprozent Nebenerzeugnisse der Gärung und Destillation auf 100 Gewichtsteile wasserfreien Alkohols. Die Zahl der Gewichtsprozente dieser Nebenerzeugnisse bis zu 5 %, erhält man erforderlichenfalls durch Vervielfältigung des Unterschiedes a—b mit 2,22.

Anleitung
zur Untersuchung der Vergällungsmittel mit Ausnahme des Essigs.
Anlage 2 zur Befreiungsordnung § 5.

A. Allgemeine Vorschrift.

1. Bei der Untersuchung jedes Vergällungsstoffs sind sämtliche hierfür vorgeschriebene Prüfungen auszuführen.

2. Sofern der mit der Untersuchung betraute Chemiker der Ansicht ist, daß die Prüfungsvorschriften im einzelnen Falle zur Beurteilung der zu untersuchenden Vergällungsmittel nicht ausreichend sind, hat er hiervon dem zuständigen Hauptamt Mitteilung zu machen und die Genehmigung zur Ausführung weiterer Untersuchungen einzuholen.

3. Die bei der Untersuchung der Vergällungsstoffe zu verwendenden Gewichte, Thermometer, Meßgeräte und Spindeln müssen geeicht oder eichamtlich beglaubigt sein.

B. Ausführung der Untersuchungen.

I. Holzgeist.

1. Farbe. Die Farbe des Holzgeistes soll nicht dunkler sein als die einer Jodlösung, welche 2 ccm Zehntel-Normal-Jodlösung in einem Liter destillierten Wassers gelöst enthält.

Zur Prüfung sind 2 Glasröhren von 150 mm Länge und 15 mm lichter Weite zu verwenden, welche auf beiden Seiten durch runde Glasplatten, sog. Deckgläschen und durch aufzusetzende Schraubenkapseln, welche in der Mitte eine Öffnung von 12 mm Durchmesser haben, zu verschließen sind. Es ist darauf zu achten, daß bei dem Verschlusse der mit den Flüssigkeiten gefüllten Röhren Luftblasen unter dem Deckgläschen nicht zurückbleiben.

Maßgebend für die Beurteilung sind nur die Farbtöne, welche die Flüssigkeiten zeigen, wenn man sie durch die Deckgläschen gegen das in der Längsachse der Röhren einfallende Licht betrachtet.

2. Siedepunkt. 100 ccm Holzgeist werden bei einer Wärme von 15° mit einer Pipette abgemessen und in einen Kupferkolben mit kurzem Halse von 180—200 ccm Raumgehalt verbracht. Der Kolben wird auf eine Asbestplatte mit kreisförmigem Ausschnitte gestellt. Auf diesen Kolben wird ein mit einer Kugel versehenes Siederohr von den in der nebenstehenden Abbildung

(Beschreibung S. 354) angegebenen Abmessungen aufgesetzt, dessen seitliches Ansatzrohr mit einem Liebigschen Kühler verbunden wird, der eine mindestens 40 cm lange Wasserhülle besitzt. Das andere Ende des Kühlers trägt einen Vorstoß, dessen verjüngtes Ende zur Vorlage führt. Als solche dient ein möglichst enger verschließbarer Glaszylinder von 100 ccm Raumgehalt mit einer Teilung in halbe Kubikzentimeter. Durch die obere Öffnung des Siede- rohrs wird ein Thermometer so eingeführt, daß sein Quecksilbergefäß die Mitte der Kugel einnimmt. Da sich der ganze Quecksilberfaden des Thermometers auch bei dem höchsten bei der Destillation zu erreichenden Wärmegrade stets noch innerhalb des Siederohrs befinden soll, so ist erforderlichenfalls ein ab- gekürztes Thermometer zu benutzen.

Die Destillation wird so geleitet, daß in der Minute etwa 5 ccm Destillat übergehen. Sobald der Quecksilberfaden des Thermometers bis auf 75° ge stiegen ist, wird die Flamme ausgelöscht. Hierauf wartet man bis keine Flüssig- keit mehr abtropft.

Es sollen bis 75° und bei einem Barometerstande von 760 mm mindestens 90 ccm übergegangen sein. In Zweifelsfällen ist die Menge des Destillats bei einer Wärme von 15° zu messen.

Beträgt der Barometerstand während der Destillation nicht 760 mm, so soll für je 30 mm 1° in Anrechnung gebracht werden; z. B. sollen bei 770 mm Barometerstand 90 ccm bis 75,3° übergegangen sein und bei 750 mm Barometer- stand bis 74,7°.

3. Mischbarkeit mit Wasser. Werden 50 ccm Holzgeist mit 100 ccm Wasser vermischt, so soll eine klare oder doch nur so schwach opalisierende Mischung (ohne Schichtenbildung) entstehen, daß Schwabacher Druckschrift nach Ablauf von 5 Minuten und vor Ablauf von 10 Minuten nach der Vermischung durch eine Schicht von 15 cm Höhe noch zu lesen ist. Diese Prüfung ist unter Verwendung des zur Bestimmung der Farbe des Holzgeistes unter 1 angegebenen Rohres im zerstreuten Tageslichte vorzunehmen. Das gefüllte Rohr wird zweckmäßig nicht unmittelbar auf die Schrift aufgesetzt, sondern senkrecht etwas darüber gehalten, damit Licht auf die Schrift fällt.

4. Gehalt an Aceton.

a) Abscheidung mit Natronlauge. 20 ccm Holzgeist und 40 ccm Natronlauge von 1,30 Dichte werden mit Hilfe einer Pipette in einen in fünftel Kubikzentimeter geteilten, mit eingeschliffenem Glasstopfen versehenen Stand- zylinder gebracht und kräftig durchgeschüttelt. Nach einer halben Stunde sollen sich nicht weniger als 5 ccm abgeschieden haben. Vor dem Ablesen ist der Zylinder mit der Flüssigkeit auf 15° abzukühlen.

b) Titration. 10 ccm Holzgeist werden in einem Literkolben, der etwa zur Hälfte bis drei Vierteln mit Wasser gefüllt ist, hineingegeben. Der Inhalt des Kolbens wird alsdann unter mehrmaligem Umschwenken mit Wasser bis zur Marke aufgefüllt und gut durchgeschüttelt. Hiervon werden alsbald 10 ccm ent- nommen, mit 10 ccm Doppelt-Normal-Natron- oder Kalilauge und darauf mit 50 ccm Zehntel-Normal-Jodlösung unter Umschwenken versetzt. Die Ausfluß- geschwindigkeit der Jodlösung ist so zu regeln, daß der Zusatz der 50 ccm 1½ Minuten in Anspruch nimmt. Nachdem die Mischung noch 1½ Minuten gestanden hat, wird sie mit 21 ccm Normal-Schwefelsäure angesäuert, worauf der Jodüberschuß mit Zehntel-Normal-Natriumthiosulfatlösung, zuletzt unter Zusatz einiger Tropfen Stärkelösung, zurücktitriert wird. Es sollen mindestens 22 ccm Zehntel-Normal-Jodlösung durch den Holzgeist gebunden werden. Die Wärme der Flüssigkeiten soll während des Versuchs 15—20° betragen.

5. Aufnahmefähigkeit für Brom. In zwei Kolben werden je 100 ccm einer Lösung von Kaliumbromat und Kaliumbromid, die nach der unten folgenden Anweisung hergestellt ist, gegeben und mit je 20 ccm Schwefelsäure von 1,29 Dichte versetzt. Diese Gemische stellen Lösungen von je 0,703 g Brom dar. Aus einer in Zehntelkubikzentimeter geteilten Bürette werden dann unter fortwährendem vorsichtigem Umschwenken in einem Kolben 20 ccm, in den anderen 30 ccm Holzgeist zugesetzt. Die Zuflußgeschwindigkeit soll so geregelt werden, daß in einer Minute annähernd 10 ccm Holzgeist zufließen. Die mit 20 ccm Holzgeist versetzte Lösung soll nicht entfärbt, dagegen die mit 30 ccm Holzgeist versetzte Lösung völlig entfärbt werden.

Die Prüfung der Aufnahmefähigkeit für Brom ist stets bei vollem Tages-licht auszuführen, die Wärme der Flüssigkeiten soll 15—20° betragen.

Anweisung zur Herstellung der Bromsalzlösung.

Nach wenigstens zweistündigem Trocknen bei 100° und Abkühlen-lassen im Exsikkator werden 2,447 g Kaliumbromat und 8,719 g Kaliumbromid, die vorher auf ihre Reinheit geprüft sind, abgewogen und in Wasser gelöst. Die Lösung wird zu 1 Liter aufgefüllt und ist vor ihrem Gebrauch in folgender Weise auf ihren Bromgehalt zu prüfen: 20 ccm Bromsalzlösung werden mit einer Pipette abgemessen, mit 10 ccm Normalschwefelsäure und einer wäßrigen Lösung von 0,5 g Jodkalium versetzt. Das ausgeschiedene Jod wird mit Zehntel-Normal-Natriumthiosulfatlösung, zuletzt unter Zusatz einiger Tropfen Stärke-lösung, bis zur Entfärbung titriert.

Es sollen wenigstens 17,2 und höchstens 18,0 ccm Zehntel-Normal-Natriumthiosulfatlösung verbraucht werden.

6. Gehalt an Estern. 10 ccm Holzgeist werden mit 40 ccm Wasser und einigen Tropfen Phenolphthaleinlösung versetzt. Zu dieser Mischung wird als-dann tropfenweise aus einer Bürette Zehntel-Normal-Natron- oder -Kalilauge gegeben, bis die entstehende Rotfärbung wenigstens kurze Zeit bestehen bleibt. Zu der eben rot gefärbten Flüssigkeit werden 20 ccm Normalnatron- oder -Kali-lauge sowie Siedesteinchen hinzugefügt, worauf die Mischung 15 Minuten am Rückflußkühler auf dem Wasserbade zum Sieden erhitzt wird. Der Überschuß an Lauge wird sofort mit Normalschwefelsäure zurücktitriert. Es sollen zur Verseifung der Ester nicht mehr als 10 ccm Normalnatron- oder Kalilauge ver-braucht werden.

II. Pyridinbasen.

1. Farbe. Wie beim Holzgeiste.

2. Verhalten gegen Kadmiumchlorid. 10 ccm Pyridinbasen werden mit Wasser zu 1 Liter verdünnt. Von dieser Pyridinbasenlösung werden 10 ccm mit 5 ccm einer Lösung von 5 g wasserfreien, geschmolzenen Cadmiumchlorids in 100 ccm Wasser versetzt und kräftig geschüttelt; es soll innerhalb 10 Minuten eine reichliche kristallinische Ausscheidung eintreten. Als reichlich ist diese in Zweifelsfällen anzusehen, wenn sie, 10 Minuten nach dem Vermischen der Flüssigkeiten auf ein gewogenes Papierfilter von 9 cm Durchmesser und 0,45 bis 0,55 g Gewicht gebracht und, ohne vorhergehendes Auswaschen, auf einer Unterlage von Filtrierpapier eine Stunde bei einer Wärme von 50—70° getrocknet, nicht weniger als 25 mg wiegt.

3. Verhalten gegen Neßlers Reagens. Werden zu 10 ccm derselben Pyridinbasenlösung (vgl. Ziffer 2) bis zu 5 ccm Neßlers Reagens zugesetzt, so soll ein weißer Niederschlag entstehen.

4. Siedepunkt. Werden 100 ccm Pyridinbasen in der für den Holzgeist vorgeschriebenen Weise destilliert, so sollen bei 140° mindestens 50 ccm, bei 160° mindestens 90 ccm übergegangen sein.

5. Mischbarkeit mit Wasser. Wie beim Holzgeiste.

6. Wassergehalt. 20 ccm Pyridinbasen und 20 ccm Natronlauge von 1,40 Dichte werden mittels einer Pipette in einen zur Abscheidung des Acetons aus dem Holzgeiste (vgl. I 4a) vorgeschriebenen Standzylinder gebracht und durchgeschüttelt. Nach dem Absetzen soll die entstehende obere Schicht mindestens 18,5 ccm betragen. In Zweifelsfällen ist das Gemisch vor dem Ab-lesen auf 15° abzukühlen.

7. Titration. 10 ccm Pyridinbasen werden in einen Kolben von 100 ccm Raumgehalt, der etwa zur Hälfte bis drei Viertel mit Wasser gefüllt ist, ge-geben. Die Mischung wird umgeschwenkt, mit Wasser bis zur Marke auf-gefüllt und gut durchgeschüttelt. Von dieser Mischung werden alsdann 10 ccm mit Normal-Schwefelsäure titriert, bis ein Tropfen der Mischung auf Kongo-papier einen deutlich blauen Rand hervorruft, der alsbald wieder verschwindet. Es sollen nicht weniger als 9,5 ccm der Säurelösung bis zum Eintritt dieser Reaktion verbraucht sein.

Zur Herstellung des Kongopapiers wird Filtrierpapier durch eine Lösung von 1 g Kongorot in 1 Liter Wasser gezogen und getrocknet.

III. Lavendelöl.

1. Farbe und Geruch. Die Farbe des Lavendelöls soll die des Holzgeistes sein. Das Öl soll den eigenartigen Geruch der Lavendelblüten haben.

2. Dichte. Die Dichte des Lavendelöls soll bei 15° zwischen 0,880 und 0,900 liegen.

3. Löslichkeit in Branntwein. 10 ccm Lavendelöl sollen sich bei 20° in 30 ccm Branntwein von 63 Gewichtsprozent klar lösen.

IV. Rosmarinöl.

1. Farbe und Geruch. Die Farbe des Rosmarinöls soll die des Holzgeistes, der Geruch soll kampferartig sein.

2. Dichte. Die Dichte des Rosmarinöls soll bei 15° zwischen 0,895 und 0,920 liegen.

3. Löslichkeit in Branntwein. 10 ccm Rosmarinöl sollen sich bei 20° in 100 ccm Branntwein von 73,5 Gewichtsprozent klar lösen.

V. Schellacklösung.

10 g der Lösung sollen mindestens 3,3 g Schellack hinterlassen, nachdem ihre Verdunstung auf dem Wasserbade vorgenommen und der eingedampfte Rückstand im Trockenschranke eine halbe Stunde lang einer Wärme von 100 bis 105° ausgesetzt worden ist.

VI. Kampfer.

Weiße kristallinische Masse oder weißes kristallinisches Pulver von starkem eigenartigem Geruch und brennend scharfem, bitterlichem Geschmacke. Werden Kampferstücke in einer Reibschale zerdrückt, so sollen die Bruchstücke dabei etwas zusammenbacken, sollen sich jedoch nach Befeuchten mit Äther zu Pulver zerreiben lassen.

5 g Kampfer sollen sich in 10 ccm Branntwein von 73,5 Gewichtsprozent bei 15° vollständig lösen. Werden 0,5 g Kampfer bei einer 100° nicht überschreitenden Temperatur verdunstet, so soll das Gewicht eines etwa verbleibenden Rückstandes nicht mehr als 25 mg betragen.

VII. Terpentinöl.

1. Dichte. Die Dichte des Terpentinöls soll bei 15° zwischen 0,855 und 0,875 liegen.

2. Siedepunkt. Werden 100 ccm Terpentinöl in der für den Holzgeist vorgeschriebenen Weise destilliert, so sollen unter 150° nicht mehr als 5 ccm, bis 175° mindestens 90 ccm übergegangen sein.

3. Mischbarkeit mit Wasser. 20 ccm Terpentinöl werden mit 20 ccm Wasser kräftig geschüttelt. Wenn nach einigem Stehen beide Schichten sich getrennt haben und klar geworden sind, so soll die obere mindestens 19 ccm betragen. Falls Zweifel an der Reinheit des Terpentinöls bestehen, soll eine Probe an die kaiserl. technische Prüfungsstelle eingesandt werden.

VIII. Benzol.

1. Löslichkeit in Wasser. Werden 10 ccm Benzol mit 10 ccm Wasser in einem in Zehntel-Kubikzentimeter geteilten Zylinder geschüttelt, so soll die obere Schicht nach 5 Minuten noch mindestens 9,5 ccm betragen.

2. Siedepunkt. Werden 100 ccm Benzol in der für Holzgeist vorgeschriebenen Weise destilliert, so sollen bis 77° nicht mehr als 1 ccm, bis 100° nicht weniger als 90 ccm übergegangen sein.

Beträgt der Barometerstand während der Destillation nicht 760 mm, so soll in der beim Holzgeist erläuterten Weise für je 22 mm 1° in Anrechnung gebracht werden.

3. Verhalten gegen Schwefelsäure. Werden 5 ccm Benzol mit 5 ccm konzentrierter reiner Schwefelsäure in einem Stöpselgläschen 5 Minuten lang kräftig geschüttelt und sodann der Ruhe überlassen, so soll nach Verlauf von weiteren 2 Minuten oder doch, sobald Schichtenbildung eingetreten ist, die Farbe der unteren Schicht nicht dunkler sein als diejenige einer frisch bereiteten Auflösung von 1 g reinen doppelt-chromsauren Kalis in 1 Liter Schwefelsäure von 50% Gehalt an Schwefelsäure (Dichte 1,40). Für die Farbenvergleichung sind 5 ccm dieser Chromatlösung in einem Stöpselglase von gleicher Art, wie das für die Probe benutzte, jedesmal frisch abzumessen und mit reinem Benzol zu überschichten.

IX. Äther (Schwefeläther).

1. Dichte. Die Dichte des Äthers soll bei 15° zwischen 0,720 und 0,735 liegen.

2. Mischbarkeit mit Wasser. Werden 20 ccm Äther mit 20 ccm Wasser in dem zur Abscheidung des Acetons aus dem Holzgeist (I, 4a) vorgeschriebenen Zylinder kräftig geschüttelt, so soll nach dem Absetzen die obere Schicht mindestens 16,5 ccm betragen.

X. Tieröl.

1. Farbe. Die Farbe des Tieröls soll schwarzbraun sein.

2. Siedepunkt. Werden 100 ccm Tieröl in der für den Holzgeist vorgeschriebenen Weise destilliert, so sollen unter 90° nicht mehr als 5 ccm, bis 180° mindestens 50 ccm übergegangen sein.

3. Pyrrolreaktion. 2,5 ccm einer 1%igen Lösung des Tieröls in Branntwein von 86 Gewichtsprozent werden mit Alkohol auf 100 ccm verdünnt. Bringt man in 10 ccm dieser Lösung, die 0,025% Tieröl enthält, einen mit konzentrierter Salzsäure befeuchteten Fichtenholzspan, so soll er nach wenigen Minuten deutliche Rotfärbung zeigen.

4. Verhalten gegen Quecksilberchlorid. 5 ccm der 1%igen Lösung des Tieröls in Branntwein von 86 Gewichtsprozent sollen beim Versetzen mit 5 ccm einer 2%igen Lösung von Quecksilberchlorid in Branntwein von 86 Gewichtsprozent alsbald eine dickflockige Fällung geben. 5 ccm der 0,025%igen Lösung des Tieröls, mit 5 ccm der Quecksilberchloridlösung versetzt, sollen alsbald noch eine deutliche Trübung zeigen.

XI. Chloroform.

1. Dichte. Die Dichte des Chloroforms soll bei 15° zwischen 1,485 und 1,489 liegen.

2. Mischbarkeit mit Wasser. Werden 10 ccm Chloroform mit 20 ccm Wasser in dem zur Abscheidung des Acetons aus dem Holzgeist (I, 4a) vorgeschriebenen Zylinder geschüttelt, so soll nach dem Absetzen die untere Schicht mindestens 9,5 ccm betragen.

XII. Jodoform.

1. Äußere Beschaffenheit. Das Jodoform soll ein zitronengelbes kristallinisches Pulver von durchdringendem Geruche sein.

2. Flüchtigkeit. Wird 1 g Jodoform durch Erhitzen verflüchtigt, so soll ein wägbarer Rückstand nicht verbleiben.

3. Schmelzpunkt. Der in kapillaren Glasröhrchen und in einem Luft- oder Flüssigkeitsbade mit einem amtlich geprüften Thermometer ohne Berücksichtigung von Korrekturen bestimmte Schmelzpunkt soll zwischen 110 und 120° liegen.

XIII. Bromäthyl.

1. Dichte. Die Dichte des Bromäthyls soll bei 15° zwischen 1,452 und 1,458 liegen.

2. Mischbarkeit mit Wasser. Werden 10 ccm Bromäthyl mit 20 ccm Wasser in dem zur Abscheidung des Acetons aus dem Holzgeist (I, 4a) vorgeschriebenen Zylinder geschüttelt, so soll nach dem Absetzen die untere Schicht mindestens 9,5 ccm betragen.

XIV. Chloräthyl.

1. Äußere Eigenschaften. Das Chloräthyl soll eine farblose, leicht bewegliche, bei Zimmerwärme vollkommen flüchtige Flüssigkeit von eigenartigem, angenehmen Geruch und brennendem Geschmacke sein.

2. Brennbarkeit. Das Chloräthyl soll mit leuchtender, etwas rußender, grüngesäumter Flamme unter Bildung von Chlorwasserstoff verbrennen.

3. Dichte. Die Dichte des Chloräthyls soll bei + 8° zwischen 0,913 und 0,920 liegen.

XV. Petroleumbenzin.

1. Äußere Beschaffenheit. Das Benzin soll aus farblosen nicht fluoreszierenden Anteilen des Petroleums bestehen.

2. Dichte. Die Dichte des Petroleumbenzins bei 15° soll zwischen 0,65 und 0,72 liegen.

3. Siedepunkt. Werden 100 ccm Petroleumbenzin in der für den Holzgeist vorgeschriebenen Weise destilliert, so sollen bis 40° nicht mehr als 5 ccm, bis 110° mindestens 75 ccm übergegangen sein.

4. Löslichkeit in Wasser. Werden 20 ccm Petroleumbenzin mit 20 ccm Wasser in dem zur Abscheidung des Acetons aus dem Holzgeist (I, 4a) vorgeschriebenen Zylinder geschüttelt, so soll nach einer halben Stunde die obere Schicht mindestens 19 ccm betragen.

5. Löslichkeit in Branntwein. 10 ccm Petroleumbenzin sollen sich bei nicht mehr als 20° in 100 ccm Branntwein von 86 Gewichtsprozent klar lösen.

XVI. Rizinusöl.

1. Äußere Beschaffenheit. Das Rizinusöl soll ein bei Zimmerwärme zähflüssiges, hellgelbliches, fettes Öl sein.

2. Löslichkeit in Branntwein. 5 g Rizinusöl sollen sich bei 15—20° in 15 g Branntwein von 86 Gewichtsprozent klar lösen.

3. Gehalt an freier Säure. Werden 5 g Rizinusöl in 25 ccm Branntwein von mindestens 80 Gewichtsprozent gelöst und mit einigen Tropfen Phenolphthaleïnlösung versetzt, so sollen zur Rotfärbung der Lösung nicht mehr als 5 ccm Zehntel-Normal-Kalilauge nötig sein.

XVII. Natronlauge.

1. Äußere Beschaffenheit. Die Natronlauge soll eine farblose oder gelbliche Flüssigkeit sein.

2. Dichte. Die Dichte der Natronlauge bei 15° soll nicht weniger als 1,357 (38° Beaumé) und nicht mehr als 1,383 (40° Beaumé) betragen.

3. Titration. 20 ccm Natronlauge werden mit Wasser auf 1 Liter verdünnt. Von dieser Lösung werden 50 ccm entnommen und mit einigen Tropfen Phenolphthaleïnlösung versetzt. Die hierdurch rotgefärbte Flüssigkeit soll durch Zusatz von 10 ccm Normal-Schwefelsäure noch nicht entfärbt werden.

XVIII. Kalilauge.

1. Äußere Beschaffenheit. Wie bei Natronlauge.

2. Dichte. Die Dichte der Kalilauge bei 15° soll nicht weniger als 1,468 (46° Beaumé) betragen.

3. Titration. Wie bei Natronlauge, jedoch sollen zur Entfärbung der durch Phenolphthaleïnlösung rot gefärbten Flüssigkeit nicht weniger als 10 und nicht mehr als 13 ccm Normal-Schwefelsäure verbraucht werden.

Anleitung
zur Untersuchung von Kollodium auf den Gehalt an Kollodiumwolle.

(Anlage 1a zu § 4 unter d, Branntweinsteuer-Befreiungsordnung.)

10 g der zu untersuchenden Flüssigkeit sind bei einer Wärme von etwa 40° in dünner Schicht zwei Stunden lang der Verdunstung zu überlassen. Es soll mindestens 0,1 g fester Rückstand verbleiben.

Anleitung
zur Untersuchung von Brauglasur, Lacken und Polituren auf ihren Gehalt an Schellack oder sonstigen Harzen.

(Anlage 1 der Befreiungsordnung, § 4 unter b und h.)

Bei den Untersuchungen ist zu unterscheiden zwischen:

1. Brauglasur, hergestellt aus einem mit 20 Liter Schellacklösung vergällten Branntwein (§ 4 unter b), und

2. Lacken aller Art (auch Brauglasur) und Polituren, hergestellt aus einem mit 0,5 Liter Terpentinöl vergällten Branntwein (§ 4 unter h).

Im Falle zu 1 sind 5 g und im Falle zu 2 sind 10 g der zu untersuchenden Flüssigkeit auf dem Wasserbade bis zum Verdunsten des Alkohols zu erwärmen und hierauf im Trockenschranke zwei Stunden lang einer Wärme von 100 bis 105° auszusetzen. In jedem Falle soll mindestens 1 g fester Rückstand bleiben.

Den Harzen sind weiter in Alkohol lösliche, nicht flüchtige, feste Bestandteile, wie Wachs, Erdwachs, Asphalt und Pech, gleichzuachten. Ungelöste feste Bestandteile sind vor der Untersuchung zu entfernen und außer Betracht zu lassen.

Anleitung
zur Untersuchung von Seifen auf ihren Gehalt an Alkohol, Wasser und verseifbaren Bestandteilen.
(Anlage 1b zu § 4 Branntweinsteuer-Befreiungsordnung.)

1. Alkoholgehalt. 25 g Seife werden in etwa 250 ccm Wasser gelöst und mit 15 ccm einer 30%igen Chlorcalciumlösung versetzt. Durch einen eingeleiteten Dampfstrahl wird der in der Mischung enthaltene Alkohol in eine tarierte Vorlage abdestilliert, bis nahezu 100 ccm Destillat übergegangen sind. Nachdem das Destillat auf 100 g aufgefüllt ist, wird der darin enthaltene Alkohol seiner Menge nach bestimmt. Das Destillat soll nicht mehr als 5 Hundertteile seines Gewichts an Alkohol enthalten.

2. Wassergehalt. 10 g Seife werden in einem Becherglase von etwa 200 ccm Raumgehalt, welches zusammen mit etwa 20 g geglühtem Sand und einem Glasstäbchen gewogen ist, mit 25 ccm Branntwein von nicht weniger als 98 Gewichtsprozent übergossen, unter zeitweiligem Umrühren auf dem Wasserbade 2 Stunden lang erwärmt und nach dem Erkalten gewogen. Die Gewichtsabnahme soll 4 g nicht überschreiten.

3. Gehalt an verseifbaren Bestandteilen. Der Rückstand von 2 wird mit 50 ccm Wasser und hierauf mit 10 ccm verdünnter Schwefelsäure (von der Dichte 1,29) versetzt. Nachdem das Gemisch eine halbe Stunde auf dem Wasserbade unter zeitweiligem Umrühren erwärmt ist, wird es mit Hilfe von heißem Wasser auf ein zur Hälfte gefülltes Papierfilter gebracht. Die ablaufende wäßrige Flüssigkeit wird so lange durch heißes Wasser ersetzt, bis ein Tropfen des Filtrats mit Bariumchloridlösung keinen Niederschlag mehr gibt. Man läßt nun die wäßrige Flüssigkeit völlig ablaufen und löst aus dem Rückstand die verseifbaren Bestandteile mit 10 ccm Branntwein von nicht weniger als 95 Gewichtsprozent und hierauf mit etwa 50 ccm Äther; das Filter wird mit 50 ccm einer Mischung von gleichen Teilen Branntwein der ebengenannten Stärke und Äther ausgewaschen und diese ätheralkoholische Lösung nach Zusatz von 2 Tropfen Phenolphthaleinlösung mit Normalkalilauge bis zur Rotfärbung titriert. Es sollen mindestens 14 ccm Normalkalilauge verbraucht werden.

Rundschreiben des Reichskanzlers (Reichsschatzamt), betreffend Verfälschung der zur Ausfuhr gegen Steuervergütung bestimmten Branntweinerzeugnisse durch Methylalkohol [1]).

Vom 28. April 1911.

Da Methylalkohol zur Zeit nicht unerheblich niedriger im Preise steht als versteuerter Branntwein, und da er nach neuerdings gemachten Beobachtungen in Fachblättern vielfach unter neuen Namen wie Spritol, Spritogen usw. als Ersatzmittel für Branntwein angepriesen wird, ist die Gefahr größer geworden, daß bei den zur Ausfuhr gegen Steuervergütung bestimmten Branntweinerzeugnissen (§ 48 Abs. 1c bis f Bfr.-O.) Verfälschungen durch Methylalkohol vorgenommen werden. Um Steuerhinterziehungen dieser Art zu ermitteln und zu verhindern, erscheint es geboten, die Branntweinerzeugnisse, und zwar nicht nur in Verdachtsfällen, sondern auch sonst wenigstens stichprobenweise auf Methylalkoholzusatz prüfen zu lassen. Es ist ferner zweckmäßig, die Untersuchung auch auf die Bestandteile des allgemeinen Vergällungsmittels und außerdem noch auf Aceton zu erstrecken.

Von der Kaiserlichen Technischen Prüfungsstelle ist die anliegende Untersuchungsanleitung in Vorschlag gebracht worden. Danach ist die Unter-

---

[1]) Zeitschr. f. Zollwesen u. Reichssteuern 1911, XI, 117. Siehe auch S. 355.

suchung einem Chemiker zu übertragen; eine etwaige Nachprüfung würde von der Kaiserlichen Technischen Prüfungsstelle vorzunehmen sein. Da es für die Untersuchung von Wichtigkeit ist, die handelsübliche Bezeichnung der Ware und möglichst auch ihre Zusammensetzung oder Bereitungsvorschrift zu wissen, so ist erforderlich, daß zugleich mit der Übersendung der Probe ihre handelsübliche Bezeichnung, bei alkoholhaltigen Heilmitteln, Fluidextrakten und Tinkturen außerdem ihre Zusammensetzung oder Bereitungsvorschrift mitgeteilt werden; auf Ersuchen werden auch über die übrigen Erzeugnisse (§ 48c, d und f Btr.-O.) die entsprechenden Angaben zu machen und weitere Proben einzusenden sein.

Nachdem der Königlich Preußische Herr Finanzminister die Oberzolldirektionen seines Verwaltungsbereiches hiernach mit Anweisung versehen hat, beehre ich mich, zu ersuchen, gefälligst entsprechende Anordnung zu treffen und die gemachten Erfahrungen, wenn nicht früher ein Anlaß eintritt, bis zum 1. Oktober 1912 mir mitzuteilen.

Anleitung zur Untersuchung der in der Branntweinsteuer-Befreiungsordnung im § 48 unter c bis f genannten Erzeugnisse.

A. Allgemeine Vorschrift.

Die im folgenden unter I—III angegebenen Prüfungen sind in der Reihenfolge vorzunehmen, in der sie aufgeführt sind. Ist bei einer dieser Prüfungen der gesuchte Stoff einwandfrei nachgewiesen worden, so kann die Vornahme der weiteren Prüfungen unterbleiben. Hat keine der Prüfungen zu einem Ergebnis geführt, so ist im Verdachtsfalle noch auf die Anwesenheit von anderen Stoffen, welche die Ermittelung der zu vergütenden Alkoholmenge verhindern, zu prüfen. Die Wahl des hierbei einzuschlagenden Verfahrens bleibt dem Chemiker überlassen.

Falls Zweifel über die Beurteilung der Prüfungsergebnisse bestehen, ist eine vom Chemiker zu einer eingehenden Untersuchung als ausreichend erachtete, amtlich verschlossene Probe mit möglichst genauer Angabe ihrer Herstellungsweise und ihres Untersuchungsergebnisses an die Kaiserliche Technische Prüfungsstelle einzusenden.

B. Ausführung der Untersuchungen.

I. Prüfung auf Methylalkohol.

Bevor an die Ausführung der Prüfung unter 5 gegangen werden kann, sind die Proben in der unter 1—4 angegebenen Weise vorzubereiten.

1. Trinkbranntweine (einschließlich der Liköre und der versüßten Branntweine), Essenzen und Fruchtsäfte.

Enthält die zu untersuchende Probe aromatische Bestandteile (Ester, ätherische Öle u. dgl.), so sind diese zunächst aus 100 ccm der Probe durch Aussalzen zu entfernen (vgl. Anl. 2 zur Alkoholermittelungsordnung). Alsdann ist die Gesamtmenge der entstandenen Salzlösung zu destillieren, bis 10 ccm übergegangen sind. Von Proben, die frei von aromatischen Bestandteilen sind, aber Extraktstoffe enthalten, werden 100 ccm ohne weiteres destilliert, bis ebenfalls 10 ccm übergegangen sind. Diese Destillate werden nach Ziff. 5 weiter behandelt. Von Proben, die weder aromatische Bestandteile noch Extraktstoffe enthalten, können 10 ccm ohne weitere Vorbehandlung nach Ziff. 5 behandelt werden.

Bei der Beurteilung des Ergebnisses der Prüfung ist zu beachten, daß in den Destillaten verschiedener vergorener Obst- und Beerensäfte (z. B. der Säfte von schwarzen Johannisbeeren, Pflaumen, Zwetschen, Mirabellen, Kirschen, Äpfeln, Weintrauben), auch in gewissen Trinkbranntweinen, z. B. in Rum, sowie in Essenzen bisweilen eine geringe Menge Methylalkohol von Natur aus vorkommen kann.

2. Heilmittel, Tinkturen und Fluidextrakte.

Auf Grund der vom Hersteller über die Zusammensetzung der Probe gemachten Angaben, nötigenfalls auf Grund von Versuchen, ist zunächst festzustellen, ob und gegebenenfalls in welcher Weise die Probe vor der Anreicherung des Methylalkohols (Ziff. 5 a) zu behandeln ist, damit bei der nachfolgenden Destillation solche Stoffe nicht mitübergehen, welche die Prüfung auf Methylalkohol beeinträchtigen können. Im übrigen ist nach Ziff. 5 zu verfahren.

Bei der Beurteilung des Ergebnisses der Prüfung ist zu beachten, daß insbesondere bei der Bereitung der Heilmittel aus pflanzlichen Stoffen bisweilen eine geringe Menge Methylalkohol auf natürlichem Wege in die Erzeugnisse gelangen kann.

3. Parfümerien, Kopf-, Zahn- und Mundwässer.

Stoffe, welche die Prüfung auf Methylalkohol beeinträchtigen können, sind nach den in Anlage 21 der Branntweinsteuer-Befreiungsordnung angegebenen Verfahren oder in einer sonst geeigneten Weise zu entfernen. Die den Alkohol enthaltende Flüssigkeit ist alsdann nach Ziff. 5 zu untersuchen.

Bei der Beurteilung des Ergebnisses der Prüfung ist auch das in Ziff. 5 Gesagte zu beachten.

4. Äther (Ester).

Die Probe ist nach der in der Anlage 24 der Branntweinsteuer-Befreiungsordnung angegebenen Vorschrift zu behandeln. Das den Alkohol enthaltende Destillat ist alsdann nach Ziff. 5 zu untersuchen.

5. Ausführung der Prüfung.

a) Anreicherung des Methylalkohols. 10 ccm der nach Ziff. 1—4 erhaltenen Flüssigkeit werden in ein etwa 50 ccm fassendes Kölbchen gegeben. Auf dieses wird alsdann ein etwa 75 cm langes, in gleichen Abständen zweimal rechtwinkelig gebogenes Glasrohr aufgesetzt, welches als Kühler dient und zu einem in halbe Kubikzentimeter geteilten Meßzylinder von 10 ccm Inhalt als Vorlage führt. Die Flüssigkeit im Kölbchen wird mit einer kleinen Flamme vorsichtig erhitzt, bis 1 ccm Destillat übergegangen ist. Das untere Ende des absteigenden Schenkels des Glasrohrs darf hierbei nicht warm werden. Alsdann ist nach b weiter zu verfahren.

b) Prüfung auf Methylalkohol. Das nach a erhaltene Destillat wird mit 4 ccm 20 %iger Schwefelsäure vermischt und in ein weites Probierglas übergeführt. Alsdann wird 1 g fein zerriebenes Kaliumpermanganat in kleinen Teilmengen in das Gemisch unter Kühlung in Eiswasser und unter lebhaftem Umschütteln eingetragen. Sobald die Violettfärbung verschwunden ist, wird die Flüssigkeit durch ein kleines trockenes Filter in ein Probierglas filtriert und das meist schwach rötlich gefärbte Filtrat einige Sekunden lang gelinde erwärmt, bis es farblos geworden ist. Von dieser Flüssigkeit wird alsdann 1 ccm abgemessen und in einem nicht zu dünnwandigen Probierglase vorsichtig und unter Kühlung mit Eiswasser mit 5 ccm konzentrierter Schwefelsäure vermischt. Zu dem abgekühlten Gemenge werden 2,5 ccm einer frisch bereiteten Lösung von 0,2 g Morphinhydrochlorid in 10 ccm konzentrierter Schwefelsäure hinzugefügt, worauf die Flüssigkeit mit einem Glasstabe vorsichtig durchgerührt wird.

c) Beurteilung der Ergebnisse. Enthält die zu prüfende Flüssigkeit Methylalkohol, so tritt bald, spätestens innerhalb 20 Minuten, eine violette bis dunkelviolettrote Färbung ein. Methylalkoholfreie Erzeugnisse liefern nur eine schmutzige Trübung.

Tritt die Färbung fast sofort und sehr stark ein, so kann ohne weiteres angenommen werden, daß der Gehalt der Probe an Methylalkohol auf einem Zusatze bei ihrer Herstellung beruht. Im Zweifelsfalle sind Gegenversuche mit Lösungen von bekanntem Gehalte an Methylalkohol und möglichst gleicher Zusammensetzung, wie sie die zu untersuchende Probe besitzt, unter denselben Bedingungen anzustellen, die bei der Untersuchung der Probe innegehalten wurden. Tritt die Färbung nur ganz schwach oder erst nach Ablauf der angegebenen Zeit auf, so ist die Anwesenheit von Methylalkohol in der Probe nicht als erwiesen anzunehmen.

II. Prüfung auf Aceton.

Die Vorbereitung der Probe zur Vornahme der Prüfung sowie die Anreicherung des Acetons erfolgen in gleicher Weise wie bei der Prüfung auf Methylalkohol. Die Prüfung selbst wird wie folgt vorgenommen: Das bei der Anreicherung (vgl. 1 unter 5a) erhaltene Destillat wird mit 1 ccm einer 10%igen Ammoniakflüssigkeit unter Umschütteln vermischt und drei Stunden verschlossen beiseite gestellt. Alsdann wird 1 ccm einer 15%igen Natronlauge sowie 1 ccm einer frisch bereiteten 2½%igen Nitroprussidnatriumlösung unter Umschütteln hinzugegeben. Bei Gegenwart von Aceton entsteht eine deutliche Rotfärbung, die auf tropfenweisen und unter äußerer Kühlung erfolgenden vorsichtigen Zusatz von 50%iger Essigsäure in Violett übergeht. Ist Aceton nicht vorhanden, so tritt, selbst bei Anwesenheit von Aldehyd, mit Nitroprussidnatriumlösung höchstens eine goldgelbe Färbung auf, die auf den Essigsäurezusatz verschwindet oder in ein mißfarbenes Gelb umschlägt.

Bei der Beurteilung schwacher Färbungen ist auch das etwaige natürliche Vorkommen geringer Acetonmengen in Erzeugnissen, zu deren Herstellung Stoffe aus dem Pflanzenreiche benutzt werden, zu berücksichtigen.

III. Prüfung auf die Bestandteile des allgemeinen Branntweinvergällungsmittels.

Diese Prüfung erfolgt nach Maßgabe der im Jahre 1906 eingeführten Anleitung für die Untersuchung von Trinkbranntweinen. Proben, welche nicht ohne weiteres nach dieser Anleitung geprüft werden können, sind in geeigneter Weise hierfür vorzubereiten.

Essigsäure-Ordnung (E.-O.)[1].
(Branntweinsteuer-Ausführungsbestimmungen vom 16. Dezember 1909; Zentralblatt f. d. Deutsche Reich 1909, 37.)

Laut § 1 ist Gegenstand der Besteuerung die im Inlande aus Holzessig oder essigsauren Salzen gewonnene, zu Genußzwecken geeignete Essigsäure, soweit sie nicht ausgeführt oder zu gewerblichen Zwecken verwendet wird.

Welche Essigsäure als zu Genußzwecken und welche als nur zu gewerblichen Zwecken geeignet anzusehen ist, ergibt sich aus Anlage 1.

Anlage 1.

Die Unterscheidung der Essigsäure für Genußzwecke und für gewerbliche Zwecke.
(Auszugsweise.)

Die im Inland aus Holzessig oder aus essigsauren Salzen gewonnene, zu Genußzwecken geeignete Essigsäure unterliegt, soweit sie nicht ausgeführt wird, einer Verbrauchsabgabe, die 0,30 Mark für das Kilogramm wasserfreier Essigsäure beträgt.

Die Menge der wasserfreien Essigsäure ist aus dem Reingewicht der Essigsäure und deren Gehalt an wasserfreier Essigsäure zu berechnen. Zur Ermittelung dieses Gehaltes dient eine Tabelle, in deren Spalte 1 die verbrauchten Kubikzentimeter Doppelt-Normal-Natronlauge von 0,4—44,0 aufgeführt sind, entsprechend einem Gehalt an wasserfreier Essigsäure in Gewichtsteilen vom Hundert 1—100 in Spalte 2.

Ergibt sich ein Gehalt an wasserfreier Essigsäure von mehr als 60 Gewichtsteilen vom Hundert, so ist die Essigsäure als zu Genußzwecken geeignet anzusehen; jedoch ist auch Essigsäure mit geringerem Gehalt als für dieselben geeignet anzusehen, wenn die Prüfung mit Kaliumpermanganat bzw. die Prüfung auf Geruch, die Verwendung zu gewerblichen Zwecken nicht bedingt.

Zur Ausführung dieser Prüfung benötigt man eine Kaliumpermanganatlösung, die 3 g dieses Salzes im Liter Wasser enthält.

---

[1] Branntweinsteuergesetz vom 15. Juli 1909; Zeitschr. f. Unters. d. Nahr.- u. Genußm. 1910, 20, Beiheft S. 1. § 110. E.-O. ebenda 137. Die E.-O. zerfällt in 107 Paragraphen; für den Chemiker hat sie nur allgemeines Interesse.

Es werden 5 ccm der Essigsäure mit 15 ccm Wasser in einem Erlen·meyer-Kölbchen vermischt und hierzu 0,3 ccm der Permanganatlösung gegeben. Bleibt die hierdurch hervorgerufene Violettfärbung bestehen, so ist nur noch die Gehaltsstärke der genußtauglichen Essigsäure festzustellen. Verschwindet jedoch diese Färbung oder geht sie in rot, braun oder gelb über, so ist zunächst noch die Prüfung auf den Geruch vorzunehmen. Es werden alsdann 5 ccm der Probe nach Zugabe einiger Tropfen einer weingeistigen Phenolphthaleinlösung (1 : 100) so lange mit Doppelt-Normal-Natronlauge versetzt, bis die Flüssigkeit beim Umschütteln rot gefärbt bleibt. Diese Flüssigkeit wird sodann bis zum beginnenden Sieden erhitzt und nun darauf geachtet, ob ein unangenehmer Geruch, etwa nach Rauch oder Schiffsteer auftritt. Ist dies der Fall, so ist die Essigsäure als nur für gewerbliche Zwecke verwendbar anzusehen und steuerfrei. Macht sich aber ein obstartiger oder sonst angenehmer Geruch bemerkbar oder tritt überhaupt kein Geruch auf, so ist die Essigsäure als für Genußzwecke geeignet anzusprechen.

In Zweifelsfällen ist die Prüfung auf Aceton vorzunehmen. 100 ccm der Probe werden im 300 ccm-Kolben mit wasserfreiem Natriumkarbonat übersättigt und auf den Kolben ein etwa 75 cm langes zweimal rechtwinkelig gebogenes Glasrohr aufgesetzt. Als Vorlage bei der Destillation dient ein Reagensglas. Nach Erhitzen des Kolbeninhalts läßt man etwa 0,5—1,0 ccm in den Zylinder übergehen, entfernt hierauf die Flamme und fügt zum Destillat 1 ccm Ammoniakflüssigkeit (0,96 spez. Gew.). Man verschließt mit einem Kork oder Glasstopfen und läßt zur Bindung etwa vorhandenen Aldehyds 3 Stunden stehen. Dann fügt man 1 ccm einer 15%igen Natron- oder Kalilauge, sowie 1 ccm einer frisch bereiteten 2,5%igen Nitroprussidnatriumlösung hinzu.

Anlage 2.

Die Stärke der Essigsäure (an wasserfreier Essigsäure) wird ermittelt, indem man von der zu untersuchenden Probe 50 g abwägt, in einen Literkolben überspült und mit Wasser bis zur Marke auffüllt. 50 ccm der mit einigen Tropfen Phenolphthalein versetzten Mischung werden mit Normal-Natronlauge bis zur Rotfärbung titriert. Die Anzahl der verbrauchten Kubikzentimeter Lauge, mit 2,4 vervielfacht, ergibt den Gehalt der Probe an wasserfreier Essigsäure in Gewichtsteilen vom Hundert.

Für die Benutzung der Tafel gilt die Vorschrift, 5 ccm Essigsäure in einem Kolben mit 50 ccm Wasser zu vermischen und nach Zugabe von Phenolphthaleinlösung mit Doppelt-Normal-Natronlauge auf Rot zu titrieren. Sind beispielsweise 31,3—31,8—32,2 oder 33,6 ccm der Lauge verbraucht worden, so zeigt die Tabelle (Spalte 2) hierfür 70—71—72—75 Gewichtshundertstel wasserfreier Essigsäure an.

Zur Vergällung von Wein, welcher als Essigrohstoff verwendet werden kann, vgl. den Preuß. Erlaß vom 30. November 1909, s. S. 798.

XIII. Salzabgaben-Befreiungsordnung [1]).

(Erlassen zum Gesetz betreffend die Erhebung einer Abgabe von Salz vom 12. Oktober 1867 [2]); veröffentlicht im Zentralbl. f. d. Deutsche Reich 1913, S. 420 ff.)

Die Ordnung enthält die Bestimmungen über die Vergällung, die Vergällungsstoffe und deren Prüfung und Verwendung; des großen Umfangs halber sei nur auf die untenstehende Literaturangabe verwiesen.

---

[1]) Vollständig in der Zeitschr. f. Unters. d. Nahr.- u. Genußm. (Ges. u. Verordn.) 1913, 325.

[2]) Das Gesetz ist in der Fassung abgedruckt, in der es für die zum Deutschen Zoll- und Handelsvereine gehörenden Staaten usw. erlassen ist. Siehe Zeitschr. f. Unters. d. Nahr.- u. Genußm. (Ges. u. Verordn.) 1913, 309.

XIV. Gesetz, betreffend Phosphorzündwaren vom 10. Mai 1903[1]).
(R.-G.-Bl. S. 217.)

§ 1. Weißer oder gelber Phosphor darf zur Herstellung von Zündhölzern und anderen Zündwaren nicht verwendet werden.

Zündwaren, die unter Verwendung von weißem oder gelbem Phosphor hergestellt sind, dürfen nicht gewerbsmäßig feilgehalten, verkauft oder sonst in den Verkehr gebracht werden.

Zündwaren der bezeichneten Art dürfen zum Zwecke gewerblicher Verwendung nicht in das Zollinland eingeführt werden.

Die vorstehenden Bestimmungen finden auf Zündbänder, die zur Entzündung von Grubensicherheitslampen dienen, keine Anwendung.

§ 2. Wer den Vorschriften dieses Gesetzes vorsätzlich zuwiderhandelt, wird mit Geldstrafe bis zu zweitausend Mark bestraft.

Ist die Handlung aus Fahrlässigkeit begangen worden, so tritt eine Geldstrafe bis zu einhundertfünfzig Mark ein.

Neben der Strafe ist auf Einziehung der verbotswidrig hergestellten, eingeführten oder in Verkehr gebrachten Gegenstände sowie bei verbotswidriger Herstellung auf die Einziehung der dazu dienenden Gerätschaften zu erkennen, ohne Unterschied, ob sie dem Verurteilten gehören oder nicht. Ist die Verfolgung oder die Verurteilung einer bestimmten Person nicht ausführbar, so ist auf die Einziehung selbständig zu erkennen.

§ 3. Die Vorschriften des § 1 Absatz 2 treten am 1. Januar 1908, im übrigen tritt das Gesetz am 1. Januar 1907 in Kraft.

XV. Kaiserliche Verordnung über das gewerbsmäßige Verkaufen und Feilhalten von Petroleum, vom 24. Februar 1882.
(R.-G.-Bl. 1882, S. 40.)

§ 1.

Das gewerbsmäßige Verkaufen und Feilhalten von Petroleum, welches, unter einem Barometerstande von 760 mm, schon bei einer Erwärmung auf weniger als 21° des hundertteiligen Thermometers entflammbare Dämpfe entweichen läßt, ist nur in solchen Gefäßen gestattet, welche an in die Augen fallender Stelle auf rotem Grunde in deutlichen Buchstaben die nicht verwischbare Inschrift „Feuergefährlich" tragen.

Wird derartiges Petroleum gewerbsmäßig zur Abgabe in Mengen von weniger als 50 kg feilgehalten oder in solchen geringeren Mengen verkauft, so muß die Inschrift in gleicher Weise noch die Worte: „Nur mit besonderen Vorsichtsmaßregeln zu Brennzwecken verwendbar" enthalten.

§ 2.

Die Untersuchung des Petroleums auf seine Entflammbarkeit im Sinne des § 1 hat mittels des Abelschen Petroleumprobers unter Beachtung der von dem Reichskanzler wegen Handhabung des Probers zu erlassenden näheren Vorschriften[2]) zu erfolgen.

Wird die Untersuchung unter einem anderen Barometerstande als 760 mm vorgenommen, so ist derjenige Wärmegrad maßgebend, welcher nach einer vom Reichskanzler zu veröffentlichenden Umrechnungstabelle unter dem jeweiligen Barometerstande dem im § 1 bezeichneten Wärmegrade entspricht.

§ 3.

Diese Verordnung findet auf das Verkaufen und Feilhalten von Petroleum in den Apotheken zu Heilzwecken nicht Anwendung.

§ 4.

Als Petroleum im Sinne dieser Verordnung gelten das Rohpetroleum und dessen Destillationsprodukte.

§ 5.

Diese Verordnung tritt mit dem 1. Januar 1883 in Kraft.

---

[1]) Anleitung zur Untersuchung im Abschnitte Technische Untersuchungen.
[2]) Vgl. auch S. 484.

XVI. Kaiserliche Verordnung, betreffend das Verbot von Maschinen zur Herstellung künstlicher Kaffeebohnen, vom 1. Februar 1891.

(R.-G.-Bl. 1891, S. 11.)

Das gewerbsmäßige Herstellen, Verkaufen und Feilhalten von Maschinen, welche zur Herstellung künstlicher Kaffeebohnen bestimmt sind, ist verboten. Gegenwärtige Verordnung tritt mit dem Tage ihrer Verkündigung in Kraft.

XVII. Bekanntmachung über den Verkehr mit Kakaoschalen, vom 19. August 1915.

(R.-G.-Bl. S. 507 [1])).

Der Bundesrat hat auf Grund des § 3 des Gesetzes über die Ermächtigung des Bundesrats zu wirtschaftlichen Maßnahmen usw. vom 4. August 1914 (R.-G.-Bl. S. 327) folgende Verordnung erlassen:

§ 1.

Es ist verboten, gepulverte Kakaoschalen oder Erzeugnisse, die mit gepulverten Kakaoschalen vermischt sind,

1. zu verkaufen, feilzuhalten oder sonst in Verkehr zu bringen,
2. aus dem Ausland einzuführen.

§ 2.

Das Verbot des § 1 erstreckt sich nicht auf Kakaoschalenteile, die in den aus Kakaokernen bereiteten Erzeugnissen bei Anwendung der gebräuchlichen technischen Herstellungsverfahren als unvermeidbare Bestandteile zurückgeblieben sind.

Der Reichskanzler kann weitere Ausnahmen zulassen [2]).

§ 3.

Das Verbot des § 1 Nr. 1 erstreckt sich nicht auf Gegenstände der im § 1 bezeichneten Art, die nach den Vorschriften des Reichskanzlers zum Genusse für Menschen unbrauchbar gemacht worden sind.

§ 4.

Mit Gefängnis bis zu sechs Monaten und mit Geldstrafe bis zu eintausendfünfhundert Mark oder mit einer dieser Strafen wird bestraft, wer vorsätzlich

1. dem Verbote des § 1 zuwiderhandelt,
2. Gegenstände, die gemäß § 3 zum Genusse für Menschen unbrauchbar gemacht worden sind, als Nahrungs- oder Genußmittel für Menschen verkauft, feilhält oder sonst in Verkehr bringt.

§ 5.

Mit Geldstrafe bis zu einhundertfünfzig Mark oder mit Haft wird bestraft, wer eine der im § 4 bezeichneten Handlungen aus Fahrlässigkeit begeht.

§ 6.

Neben der Strafe (§§ 4, 5) ist auf Einziehung der Gegenstände zu erkennen, ohne Unterschied, ob sie dem Verurteilten gehören oder nicht.

Ist die Verfolgung oder Verurteilung einer bestimmten Person nicht ausführbar, so kann auf die Einziehung selbständig erkannt werden.

§ 7.

Diese Verordnung tritt mit dem Tage der Verkündigung, die §§ 4, 5, 6 treten mit dem 25. August 1915 in Kraft.

Der Reichskanzler bestimmt den Zeitpunkt des Außerkrafttretens.

---

[1]) Kriegsverordnung.
[2]) Ergänzungsbekanntmachung vom 9. März 1917 (R.-G.-Bl. S. 222).

XVIII. Kaiserliche Verordnung, betreffend den Verkehr mit Arzneimitteln, vom 22. Oktober 1901.

§ 1.

Die in dem angeschlossenen Verzeichnisse A aufgeführten Zubereitungen dürfen, ohne Unterschied, ob sie heilkräftige Stoffe enthalten oder nicht, als Heilmittel (Mittel zur Beseitigung oder Linderung von Krankheiten bei Menschen oder Tieren) außerhalb der Apotheken nicht feilgehalten oder verkauft werden. Dieser Bestimmung unterliegen von den bezeichneten Zubereitungen, soweit sie als Heilmittel feilgehalten oder verkauft werden:

    a) kosmetische Mittel (Mittel zur Reinigung, Pflege oder Färbung der Haut, des Haares oder der Mundhöhle), Desinfektionsmittel und Hühneraugenmittel nur dann, wenn sie Stoffe enthalten, welche in den Apotheken ohne Anweisung eines Arztes, Zahnarztes oder Tierarztes nicht abgegeben werden dürfen, kosmetische Mittel außerdem auch dann, wenn sie Kreosot, Phenylsalicylat oder Resorcin enthalten;

    b) künstliche Mineralwässer nur dann, wenn sie in ihrer Zusammensetzung natürlichen Mineralwässern nicht entsprechen und zugleich Antimon, Arsen, Barium, Chrom, Kupfer, freie Salpetersäure, freie Salzsäure oder freie Schwefelsäure enthalten.

    Auf Verbandstoffe (Binden, Gazen, Watten und dgl.), auf Zubereitungen zur Herstellung von Bädern sowie auf Seifen zum äußerlichen Gebrauche findet die Bestimmung im Absatz 1 nicht Anwendung.

§ 2.

Die in dem angeschlossenen Verzeichnisse B aufgeführten Stoffe dürfen auch außerhalb der Apotheken nicht feilgehalten oder verkauft werden.

§ 3.

Der Großhandel unterliegt den vorstehenden Bestimmungen nicht. Gleiches gilt für den Verkauf der im Verzeichnisse B aufgeführten Stoffe an Apotheken oder an solche öffentliche Anstalten, welche Untersuchungs- oder Lehrzwecken dienen und nicht gleichzeitig Heilanstalten sind.

§ 4.

Der Reichskanzler ist ermächtigt, weitere, im einzelnen bestimmt zu bezeichnende Zubereitungen, Stoffe und Gegenstände von dem Feilhalten und Verkaufen außerhalb der Apotheken auszuschließen.

§ 5.

Die gegenwärtige Verordnung tritt mit dem 1. April 1902 in Kraft. Mit demselben Zeitpunkte treten die Verordnungen, betreffend den Verkehr mit Arzneimitteln, vom 27. Januar 1890, 31. Dezember 1894, 25. November 1895 und 19. August 1897 (R.-G.-Bl. 1890, S. 9, 1895, S. 1 und 455, 1897, S. 707) außer Kraft.

Verzeichnis A.

1. Abkochungen und Aufgüsse (decocta et infusa);
2. Ätzstifte (styli caustici);
3. Auszüge in fester oder flüssiger Form (extracta et tincturae), ausgenommen:

    Arnikatinktur,
    Baldriantinktur, auch ätherische,
    Benediktineressenz,
    Benzoetinktur,
    Bischofessenz,
    Eichelkaffeeextrakt,
    Fichtennadelextrakt,
    Fleischextrakt,
    Himbeeressig,
    Kaffeeextrakt,

Lakritzen (Süßholzsaft), auch mit Anis,
Malzextrakt, auch mit Eisen, Lebertran oder Kalk,
Myrrhentinktur,
Nelkentinktur,
Teeextrakt von Blättern des Teestrauchs,
Vanillentinktur,
Wacholderextrakt;

4. Gemenge, trockene, von Salzen oder zerkleinerten Substanzen, oder von beiden untereinander, auch wenn die zur Vermengung bestimmten einzelnen Bestandteile gesondert verpackt sind (pulveres, salia et species mixta), sowie Verreibungen jeder Art (triturationes), ausgenommen:

Brausepulver aus Natriumkarbonat und Weinsäure, auch mit Zucker oder ätherischen Ölen gemischt,
Eichelkakao, auch mit Malz,
Hafermehlkakao,
Riechsalz,
Salicylstreupulver,
Salze, welche aus natürlichen Mineralwässern bereitet oder den solchergestalt bereiteten Salzen nachgebildet sind,
Schneeberger Schnupftabak mit einem Gehalte von höchstens 3 Gewichtsteilen Nieswurzel in 100 Teilen des Schnupftabaks;

5. Gemische, flüssige, und Lösungen (mixturae et solutiones) einschließlich gemischte Balsame, Honigpräparate und Sirupe, ausgenommen:

Ätherweingeist (Hoffmannstropfen),
Ameisenspiritus,
Aromatischer Essig,
Bleiwasser mit einem Gehalte von höchstens 2 Gewichtsteilen Bleiessig in 100 Teilen der Mischung,
Eukalyptuswasser,
Fenchelhonig,
Fichtennadelspiritus (Waldwollextrakt),
Franzbranntwein mit Kochsalz,
Kalkwasser, auch mit Leinöl,
Kampferspiritus,
Karmelitergeist,
Lebertran mit ätherischen Ölen,
Mischungen von Ätherweingeist, Kampferspiritus, Seifenspiritus, Salmiakgeist und Spanischpfeffertinktur, oder von einzelnen dieser fünf Flüssigkeiten untereinander zum Gebrauche für Tiere, sofern die einzelnen Bestandteile der Mischungen auf den Gefäßen, in denen die Abgabe erfolgt, angegeben werden,
Obstsäfte mit Zucker, Essig oder Fruchtsäuren eingekocht,
Pepsinwein,
Rosenhonig, auch mit Borax,
Seifenspiritus,
weißer Sirup;

6. Kapseln, gefüllte, von Leim (Gelatine) oder Stärkemehl (capsulae gelatinosae et amylaceae repletae), ausgenommen solche Kapseln, welche Brausepulver der unter Nr. 4 angegebenen Art,

Copaivabalsam,
Lebertran,
Natriumbikarbonat,
Rizinusöl oder
Weinsäure
enthalten;

7. Latwergen (electuaria);

8. Linimente (linimenta), ausgenommen flüchtiges Liniment;

9. Pastillen (auch Plätzchen und Zeltchen), Tabletten, Pillen und Körner (pastilli-rotulae et trochisci-, tabulettae, pilulae et granula), ausgenommen:

aus natürlichen Mineralwässern oder aus künstlichen Mineralquellsalzen bereitete Pastillen,

einfache Molkenpastillen,
Pfefferminzplätzchen,
Salmiakpastillen, auch mit Lakritzen und Geschmackszusätzen, welche
nicht zu den Stoffen des Verzeichnisses B gehören,
Tabletten aus Saccharin, Natriumbikarbonat oder Brausepulver, auch
mit Geschmackszusätzen, welche nicht zu den Stoffen des Verzeichnisses B gehören;

10. Pflaster und Salben (emplastra et unguenta), ausgenommen:
Bleisalbe zum Gebrauche für Tiere,
Borsalbe zum Gebrauche für Tiere,
Cold-Cream, auch mit Glyzerin, Lanolin oder Vaselin,
Pechpflaster, dessen Masse lediglich aus Pech, Wachs, Terpentin und
Fett, oder einzelnen dieser Stoffe besteht,
englisches Pflaster,
Heftpflaster,
Hufkitt,
Lippenpomade,
Pappelpomade,
Salicyltalg,
Senfleinen,
Senfpapier,
Terpentinsalbe zum Gebrauche für Tiere,
Zinksalbe zum Gebrauche für Tiere;

11. Suppositorien (suppositoria) in jeder Form (Kugeln, Stäbchen, Zäpf-
chen oder dgl.) sowie Wundstäbchen (cereoli).

Verzeichnis B.

Bei den mit * versehenen Stoffen sind auch die Abkömmlinge der betreffenden Stoffe, sowie die Salze der Stoffe und ihrer Abkömmlinge inbegriffen.

*Acetanilidum.	*Antifebrin.
Acida chloracetica.	Die Chloressigsäuren.
Acidum benzoicum e resina subli-	Aus dem Harze- sublimierte Benzoe
matum.	säure.
— camphoricum.	Kampfersäure.
— cathartinicum.	Kathartinsäure.
— cinnamylicum.	Zimtsäure.
— chrysophanicum.	Chrysophansäure.
— hydrobromicum.	Bromwasserstoffsäure.
— hydrocyanicum.	Cyanwasserstoffsäure (Blausäure).
*— lacticum.	*Milchsäure.
*— osmicum.	*Osmiumsäure.
— sclerotinicum.	Sklerotinsäure.
*— sozojodolicum.	*Sozojodolsäure.
— succinicum.	Bernsteinsäure.
*— sulfocarbolicum.	*Sulfophenolsäure.
*— valerianicum.	*Baldriansäure.
*Aconitinum.	*Akonitin.
Actolum.	Aktol.
Adonidinum.	Adonidin.
Aether bromatus.	Äthylbromid.
— chloratus.	Äthylchlorid.
— jodatus.	Äthyljodid.
Aethyleni praeparata.	Die Äthylenpräparate.
Aethylidenum bichloratum.	Zweifachchloräthyliden.
Agaricinum.	Agaricin.
Airolum.	Airol.
Aluminium acetico-tartaricum.	Essigweinsaures Aluminium.
Ammonium chloratum ferratum.	Eisensalmiak.
Amylenum hydratum.	Amylenhydrat.
Amylium nitrosum.	Amylnitrit.
Anthrarobinum.	Anthrarobin.
*Apomorphinum.	*Apomorphin.

Aqua Amygdalarum amararum.	Bittermandelwasser.
— Lauro-cerasi.	Kirschlorbeerwasser.
— Opii.	Opiumwasser.
— vulneraria spirituosa.	Weiße Arquebusade.
*Arecolinum.	*Arekolin.
Argentaminum.	Argentamin.
Argentolum.	Argentol.
Argoninum.	Argonin.
Aristolum.	Aristol.
Arsenium jodatum.	Jodarsen.
*Atropinum.	*Atropin.
Betolum.	Betol.
Bismutum bromatum.	Wismutbromid.
— oxyjodatum.	Wismutoxyjodid.
— subgallicum (Dermatolum).	Basisches Wismutgallat (Dermatol).
— subsalicylicum.	Basisches Wismutsalicylat.
Bismutum tannicum.	Wismuttannat.
Blatta orientalis.	Orientalische Salbe.
Bromum hydratum.	Bromalhydrat.
Bromoformium.	Bromoform.
*Brucinum.	*Brucin.
Bulbus Scillae-siccatus.	Getrocknete Meerzwiebel.
Butylchloralum hydratum.	Butylchloralhydrat.
Camphora monobromata.	Einfach-Bromkampfer.
Cannabinonum.	Kannabinon.
Cannabinum tannicum.	Kannabintannat.
Cantharides.	Spanische Fliegen.
Cantharidinum.	Kantharidin.
Cardolum.	Kardol.
Castoreum canadense.	Kanadisches Bibergeil.
— sibiricum.	Sibirisches Bibergeil.
Cerium oxalicum.	Ceriumoxalat.
*Chinidinum.	*Chinidin.
*Chininum.	*Chinin.
Chinoidinum.	Chinoidin.
Chloralum formamidatum.	Chloralformamid.
— hydratum.	Chloralhydrat.
Chloroformium.	Chloroform.
Chrysarobinum.	Chrysarobin.
*Chinchonidinum.	*Chinchonidin.
Chinchoninum.	Chinchonin.
*Cocainum.	*Cocain.
*Coffeinum.	*Koffein.
Colchicinum.	Kolchicin.
*Coniinum.	*Koniin.
Convallamarinum.	Konvallamarin.
Convallarinum.	Konvallarin.
Cortex Chinae.	Chinarinde.
— Condurango.	Condurangorinde.
— Granati.	Granatrinde.
— Mezerei.	Seidelbastrinde.
Cotoinum.	Kotoin.
Cubebae.	Kubeben.
Cuprum aluminatum.	Kupferalaun.
— salicylicum.	Kupfersalicylat.
Curare.	Kurare.
*Curarinum.	*Kurarin.
Delphininum.	Delphinin.
*Digitalinum.	*Digitalin.
*Digitoxinum.	*Digitoxin.
*Duboisinum.	*Duboisin.
*Emetinum.	*Emetin.
*Eucainum.	*Eukain.

Euphorbium.	Euphorbium.
Europhenum.	Europhen.
Fel tauri depuratum siccum.	Gereinigte trockene Ochsengalle.
Ferratinum.	Ferratin.
Ferrum arsenicicum.	Arsensaures Eisen.
— arsenicosum.	Arsenigsaures Eisen.
— carbonicum saccharatum.	Zuckerhaltiges Ferrokarbonat.
— citricum ammoniatum.	Ferri-Ammoniumcitrat.
— jodatum saccharatum.	Zuckerhaltiges Eisenjodür.
— oxydatum dialysatum.	Dialysiertes Eisenoxyd.
— oxydatum saccharatum.	Eisenzucker.
— peptonatum.	Eisenpeptonat.
— reductum.	Reduziertes Eisen.
— sulfuricum oxydatum ammoniatum.	Ferri-Ammoniumsulfat.
— sulfuricum siccum.	Getrocknetes Ferrosulfat.
Flores Cinae.	Zitwersamen.
— Koso.	Kosoblüten.
Folia Belladonnae.	Belladonnablätter.
— Bucco.	Buccoblätter.
— Cocae.	Cokablätter.
— Digitalis.	Fingerhutblätter.
— Jaborandi.	Jaborandiblätter.
— Rhois toxicotendri.	Giftsumachblätter.
— stramonii.	Stechapfelblätter.
Fructus Papaveris immaturi.	Unreife Mohnköpfe.
Fungus Laricis.	Lärchenschwamm.
Galbanum.	Galbanum.
*Guajacolum.	*Guajakol.
Hamamelis virginica.	Hamamelis.
Haemalbuminum.	Hämalbumin.
Herba Aconiti.	Akonitkraut.
— Adonidis.	Adoniskraut.
— Cannabis indicae.	Indischer Hanf.
— Cicutae virosae.	Wasserschierling.
— Conii.	Schierling.
— Gratiolae.	Gottesgnadenkraut.
— Hyoscyami.	Bilsenkraut.
— Lobeliae.	Lobelinkraut.
*Homatropinum.	*Homatropin.
Hydrargyrum aceticum.	Quecksilberacetat.
— bijodatum.	Quecksilberjodid.
— bromatum.	Quecksilberbromür.
— chloratum.	Quecksilberchlorür (Kalomel).
— cyanatum.	Quecksilbercyanid.
— formamidatum.	Quecksilberformamid.
— jodatum.	Quecksilberjodür.
— oleinicum.	Ölsaures Quecksilber.
— oxydatum via humida paratum.	Gelbes Quecksilberoxyd.
— peptonatum.	Quecksilberpeptonat.
— praecipitatum album.	Weißes Quecksilberpräzipitat.
— salicylicum.	Quecksilbersalicylat.
— tannicum oxydulatum.	Quecksilbertannat.
*Hydrastininum.	*Hydrastinin.
*Hyoscyaminum.	*Hyoscyamin.
Itrolum.	Itrol.
Jodoformium.	Jodoform.
Jodolum.	Jodol.
Kairinum.	Kairin.
Kairolinum.	Kairolin.
Kalium jodatum.	Kaliumjodid.
Kamala.	Kamala.
Kosinum.	Kosin.
Kreosotum (e ligno paratum).	Holzkreosot.

Lactopheninum.	Laktophenin.
Lactucarium.	Giftlattichsaft.
Larginum.	Largin.
Lithium benzoicum.	Lithiumbenzoat.
— salicylicum.	Lithiumsalicylat.
Losophanum.	Losophan.
Magnesium citricum effervescens.	Brausemagnesia.
Magnesium salicylicum.	Magnesiumsalicylat.
Manna.	Manna.
Methylenum bichloratum.	Methylenbichlorid.
Methylsulfonalum (Trionalum).	Methylsulfonal (Trional).
Muscarinum.	Muskarin.
Natrium aethylatum.	Natriumäthylat.
— benzoicum.	Natriumbenzoat.
— jodatum.	Natriumjodid.
— pyrophosphoricum ferratum.	Natrium-Ferripyrophosphat.
— salicylicum.	Natriumsalicylat.
— santoninicum.	Santoninsaures Natrium.
— tannicum.	Natriumtannat.
Nosophenum.	Nosophen.
Oleum Chamomillae aethereum.	Ätherisches Kamillenöl.
— Crotonis.	Krotonöl.
— Cubebarum.	Kukebenöl.
— Matico.	Matikoöl.
— Sabinae.	Sadebaumöl.
— Santali.	Sandelöl.
— Sinapis.	Senföl.
— Valerianae.	Baldrianöl.
Opium, ejus alcaloida eorumque salia et derivata eorumque salia. (Codeinum, Heroinum, Morphinum, Narceinum, Narcotinum, Peroninum, Thebainum et alia).	Opium, dessen Alkaloide, deren Salze und Abkömmlinge, sowie deren Salze. (Kodein, Heroin, Morphin, Narcein, Narkotin, Peronin, Thebain und andere).
*Orexinum.	*Orexin.
*Orthoformium.	*Orthoform.
Paracotoinum.	Parakotoin.
Paraldehydum.	Paraldehyd.
Pasta Guarana.	Guarana.
*Pelletierinum.	*Pelletierin.
*Phenacetinum.	*Phenacetin.
*Phenocollum.	*Phenokoll.
*Phenylum salicylicum (Salolum).	*Phenylsalicylat (Salol).
*Physostigminum (Eserinum).	*Physostigmin (Eserin).
Picrotoxinum.	Pikrotoxin.
*Pilocarpinum.	*Pilokarpin.
*Piperacinum.	*Piperazin.
Plumbum jodatum.	Bleijodid.
— tannicum.	Bleitannat.
Podophyllinum.	Podophyllin.
Praeparata organotherapeutica.	Therapeutische Organpräparate.
Propylaminum.	Propylamin.
Protargolum.	Protargol.
*Pyrazolonum phenyldimethylicum (Antipyrinum).	*Phenyldimethylpyrazolon (Antipyrin).
Radix Belladonnae.	Belladonnawurzel.
— Colombo.	Colombowurzel.
— gelsemii.	Wurzel des gelben Jasmins.
— Ipecacuanhae.	Brechwurzel.
— Rhei.	Rhabarber.
— Sarsaparillae.	Sarsaparille.
— Senegae.	Senegawurzel.
Resina Jalapae.	Jalapenharz.
— Scammoniae.	Scammoniaharz.

Resorcinum purum.	Reines Resorcin.
Rhizoma Filicis.	Farnwurzel.
— Hydrastis.	Hydrastisrhizom.
— Veratri.	Weiße Nieswurzel.
Salia glycerophosphorica.	Glyzerinphosphorsaure Salze.
Salophenum.	Salophen.
Santoninum.	Santonin.
*Scopolaminum.	*Skopolamin.
Secale cornutum.	Mutterkorn.
Semen Calabar.	Kalabarbohne.
— Colchici.	Zeitlosensamen.
— Hyoscyami.	Bilsenkrautsamen.
— St. Ignatii.	St. Ignatiusbohne.
— Stramonii.	Stechapfelsamen.
— Strophanti.	Strophantussamen.
— Strychni.	Brechnuß.
Sera therapeutica, liquida et sicca, et eorum praeparata ad usum humanum.	Flüssige und trockene Heilsera, sowie deren Präparate zum Gebrauche für Menschen.
*Sparteinum.	*Spartein.
Stipites Dulcamarae.	Bittersüßstengel.
*Strychninum.	*Strychnin.
*Sulfonalum.	*Sulfonal.
Sulfur jodatum.	Jodschwefel.
Summitates Sabinae.	Sadebaumspitzen.
Tannalbinum.	Tannalbin.
Tannigenum.	Tannigen.
Tannoformium.	Tannoform.
Tartarus stibiatus.	Brechweinstein.
Terpinum hydratum.	Terpinhydrat.
Tetronalum.	Tetronal.
*Thallinum.	*Thallin.
*Theobrominum.	*Theobromin.
Thioformium.	Thioform.
*Tropacocainum.	*Tropacocain.
Tubera Aconiti.	Akonitknollen.
— Jalapae.	Jalapenwurzel.
Tuberculinum.	Tuberkulin.
Tuberculocidinum.	Tuberkulocidin.
*Urethanum.	*Urethan.
*Urotropinum.	*Urotropin.
Vasogenum et ejus praeparata.	Vasogen und dessen Präparate.
*Veratrinum.	*Veratrin.
Xeroformium.	Xeroform.
*Yohimbinum.	*Yohimbin.
Zincum aceticum.	Zinkacetat.
— chloratum purum.	Reines Zinkchlorid.
— cyanatum.	Zinkcyanid.
— permanganicum.	Zinkpermanganat.
— salicylicum.	Zinksalicylat.
— sulfoichthyolicum.	Ichthyolsulfosaures Zink.
— sulfuricum purum.	Reines Zinksulfat.

XIX. Kaiserliche Verordnung, betreffend den Verkehr mit Essigsäure, vom 14. Juli 1908.

(R.-B.-Gl. S. 475.)

§ 1. Rohe und gereinigte Essigsäure (auch Essigessenz), die in 100 Gewichtsteilen mehr als 15 Gewichtsteile reine Säure enthält, darf in Mengen unter 2 Liter nur in Flaschen nachstehender Art und Bezeichnung gewerbsmäßig feilgehalten oder verkauft werden.

1. Die Flaschen müssen aus weißem oder halbweißem Glase gefertigt, länglich rund geformt und an einer Breitseite in der Längsrichtung gerippt sein.

2. Die Flaschen müssen mit einem Sicherheitsstopfen versehen sein, der bei wagerechter Haltung der gefüllten Flasche innerhalb einer Minute nicht mehr als 50 ccm des Flascheninhalts ausfließen läßt. Der Sicherheitsstopfen muß derart im Flaschenhalse befestigt sein, daß er ohne Zerbrechen der Flasche nicht entfernt werden kann.

3. An der nicht gerippten Seite der Flasche muß eine Aufschrift vorhanden sein, die in deutlich lesbarer Weise

    a) die Art des Inhalts einschließlich seiner Stärke an reiner Essigsäure angibt,

    b) die Firma des Fabrikanten des Inhalts bezeichnet,

    c) in besonderer, für die sonstige Aufschrift nicht verwendeter Farbe die Warnung „Vorsicht! Unverdünnt lebensgefährlich" getrennt von der sonstigen Aufschrift enthält,

    d) eine Anweisung für den Gebrauch des Inhalts der Flasche bei der Verwendung zu Speisezwecken erteilt.

Weitere Aufschriften dürfen auf der Flasche nicht vorhanden sein.

§ 2. Die Vorschriften des § 1 finden keine Anwendung auf das Feilhalten und den Verkauf von Essigsäure in Apotheken, soweit es zu Heil- oder wissenschaftlichen Zwecken erfolgt.

§ 3. Das Feilhalten und der Verkauf von Essigsäure der in § 1 bezeichneten Art unter der Bezeichnung „Essig" ist verboten.

§ 4. Diese Verordnung tritt am 1. Januar 1909 in Kraft.

XX. Normalentwurf einer Polizeiverordnung, betreffend die Herstellung kohlensaurer Getränke und den Verkehr mit solchen Getränken.

(Auszugsweise.) [1]

§ 1.

Die nachstehenden Vorschriften erstrecken sich auf alle Anlagen, in denen Getränke — mit Ausnahme von Schaumwein und Fruchtschaumwein — unter Zusatz von Kohlensäure gewerbsmäßig hergestellt werden, sowie auf den gewerbsmäßigen Verkehr mit solchen Getränken.

§ 2.

Zur Herstellung solcher Getränke muß destilliertes Wasser oder Wasser aus öffentlichen Wasserleitungen verwendet werden, das bis zur Verwendung in sauberen, festverschlossenen Gefäßen aufzubewahren ist. Der zuständige Regierungspräsident, im Landespolizeibezirk Berlin der Polizeipräsident in Berlin, kann undestilliertes Wasser anderer Herkunft zur Verwendung zulassen, wenn der Unternehmer auf Grund einer örtlichen Besichtigung der Entnahmestelle und einer chemischen und bakteriologischen Untersuchung des Wassers durch geeignete Sachverständige nachweist, daß das Wasser einwandfrei ist. Die Wiederholung dieses Nachweises kann in bestimmten, von dem zuständigen Regierungspräsidenten (im Landespolizeibezirk Berlin von dem Polizeipräsidenten) festzusetzenden Zeitabschnitten und außerdem dann gefordert werden, wenn der Verdacht einer Verunreinigung vorliegt.

§ 3.

Die zu verwendende Kohlensäure muß frei von gesundheitsschädigenden Beimengungen sein; die als Zusätze zu den Getränken benutzten Salze, Säuren usw. müssen rein sein und, soweit sie im Deutschen Arzneibuche vorkommen, die dort vorgeschriebene chemische Reinheit besitzen. Zur Herstellung von Getränken, die als Frucht- oder Brauselimonaden in den Verkehr gebracht werden, dürfen neben Wasser, Kohlensäure und Rohr- oder Rübenzucker nur

---

[1] Die fehlenden §§ beziehen sich auf die Feststellung der Widerstandsfähigkeit durch den ermächtigten technischen Sachverständigen (Gewerbeinspektor). Vollständige Wiedergabe der Verordnung siehe Zeitschr. f. Unters. d. Nahr.- u. Genußm. (Ges. u. Verordn.) 1912, S. 446 nebst Erläuterungen im preuß. Runderlaß vom 26. August 1912, S. 443.

natürliche Fruchtsäfte oder reine Fruchtsirupe (Zubereitungen aus natürlichen Fruchtsäften und Zucker) benutzt werden.   Bei der Herstellung von Getränken aus dem Safte von Zitronen, Orangen und anderen Früchten der Gattung Citrus ist ein Zusatz des entsprechenden natürlichen Schalenaromas zulässig.   Enthalten die Getränke andere als die genannten Stoffe, so müssen sie als Kunsterzeugnisse gekennzeichnet werden.

Wird die Kohlensäure von den Mineralwasseranstalten in Entwickelungsapparaten aus kohlensauren Mineralien und Mineralsäuren hergestellt, so ist sie vor ihrer Verwendung in geeigneter Weise zu reinigen.   Die verwendeten Säuren müssen arsenfrei sein.

§ 4.

Diejenigen Teile der Apparate zur Herstellung und zum Ausschank der Getränke, welche mit kohlensäurehaltigem Wasser in Berührung kommen, müssen gegen verdünnte Säuren dauernd widerstandsfähig erhalten werden, insbesondere dürfen Kupfer oder dessen Legierungen nur verwendet werden, wenn sie stark verzinnt sind.   Im übrigen sind die Vorschriften des Reichsgesetzes, betreffend den Verkehr mit blei- und zinkhaltigen Gegenständen, vom 25. Juni 1887 (R.-G.-Bl. S. 273) maßgebend.

§ 5.

Die Räume, in welchen die Getränke hergestellt werden, müssen hell, gut gelüftet und sauber gehalten sein; die Apparate müssen so aufgestellt werden, daß sie von allen Seiten besichtigt werden können.   Zu Zwecken, welche die Fabrikation der in diesen Vorschriften genannten Getränke nachteilig beeinflussen können, dürfen die Räume nicht benutzt werden.

Die Flaschen, in denen kohlensaure Getränke abgegeben werden, müssen vor der Füllung gründlich gereinigt werden.   Die Benutzung von an der Mündung beschädigtenFlaschen und von Flaschen mit schadhafter Gummidichtung ist untersagt.

§ 10.

Die Apparate zur Herstellung oder zum Ausschank der unter diese Vorschriften fallenden Getränke dürfen nicht früher benutzt werden, als bis ihre Prüfung auf Widerstandsfähigkeit und Gesundheitsunschädlichkeit nach der beigefügten (nachstehend) Anweisung durch Sachverständige (§ 13) mit befriedigendem Erfolge stattgefunden hat und eine Bescheinigung darüber von dem Betriebsunternehmer der Ortspolizeibehörde vorgelegt worden ist.   Die Prüfungen sind auch dann vorzunehmen, wenn es sich um die Aufstellung bereits anderwärts betriebener Apparate handelt.

Ergeben sich bei den Prüfungen Mängel, so sind diese innerhalb der von den Sachverständigen festzusetzenden Frist zu beseitigen, erforderlichenfalls hat eine Nachprüfung stattzufinden.

Werden die hiernach auszuführenden erstmaligen Prüfungen vor der Inbetriebnahme von Apparaten am Herstellungsort ausgeführt, so sind die darüber ausgestellten, der Ortspolizeibehörde vorzulegenden Bescheinigungen anzuerkennen, wenn der Herstellungsort innerhalb des Deutschen Reichs liegt und die Prüfungen von Sachverständigen ausgeführt sind, die für ihren Bezirk anerkannt sind.   In solchen Fällen sind die an den Apparaten anzubringenden Metallschilder derart mit Zinntropfen an den Apparaten zu befestigen, daß die Tropfen halb auf dem Schilde und halb auf dem Apparate sich befinden.   Die Zinntropfen sind abzustempeln.   Der Stempel ist in den Bescheinigungen abzudrucken.   Der für den Ort der Aufstellung zuständigen Behörde bleibt vorbehalten, die Apparate darauf zu prüfen, ob sie unverletzt sind.

Die Ortspolizeibehörden sind befugt, die Prüfungen auf Gesundheitsunschädlichkeit und Betriebssicherheit der Apparate nach ihrem Ermessen von Zeit zu Zeit durch Sachverständige zu wiederholen.

Die Betriebsunternehmer sind verpflichtet, die Prüfungsbescheinigungen aufzubewahren und sie den zur Aufsicht zuständigen Beamten und Sachverständigen auf Verlangen jederzeit an der Betriebsstätte vorzulegen.

Die Bestimmungen dieses Paragraphen finden keine Anwendung auf Siphons aus Glas.

§ 13.

Die auf Grund dieser Polizeiverordnung auszuführenden Prüfungen auf
Widerstandsfähigkeit erfolgen durch die hierzu ermächtigten Ingenieure der
Dampfkessel-Überwachungsvereine in den durch den Minister für Handel
und Gewerbe festgesetzten Vereinsgebieten im staatlichen Auftrage. Die für
die chemischen (bakteriologischen) Untersuchungen anzuerkennenden Sachverständigen bestimmt der zuständige Regierungspräsident, im Landespolizeibezirk Berlin der Polizeipräsident in Berlin.

§ 15.

Zuwiderhandlungen gegen die Vorschriften dieser Polizeiverordnung
werden, sofern nicht andere Strafvorschriften Platz greifen, mit Geldstrafe bis zu
60 Mark bestraft, an deren Stelle im Unvermögensfalle entsprechende Haft tritt.

Anlage 1.

Anweisung
für die Prüfung der zur Herstellung oder zum Ausschank kohlensaurer Getränke
dienenden Apparate.
(Auszugsweise.)

II. Prüfung auf Gesundheitsunschädlichkeit.

Die Mischgefäße und metallenen Ausschankgefäße sind nach zweckentsprechender Reinigung je nach der Verwendung, zu der sie bestimmt sind,
mit Mineralwasser oder Limonade zu füllen und nach amtlichem Verschluß
ihrer Öffnungen durch den chemischen Sachverständigen mindestens 12 Stunden
unter dem bei ihrem Betriebe zulässigen höchsten Druck, der durch Kohlensäure
zu erzeugen ist, zu belassen. Darnach ist jedem zu prüfenden Gefäße durch
die Ortspolizeibehörde eine Probe von etwa 2 Liter der Flüssigkeit in reine
Flaschen zu füllen und nach amtlicher Versiegelung dem chemischen Sachverständigen zur Prüfung auf schädliche Metallsalze (Kupfer-, Zink-, Bleisalze und dgl.) zu übergeben.

(Dem Entwurfe sind Vordrucke für Gebührenordnung und Bescheinigung
der Prüfungsergebnisse beigefügt.)

In dem zu dem Normalentwurf ergangenen preuß. Ministerialerlaß vom
26. August 1912 [1]) ist der Entwurf noch eingehend erläutert. Daraus ist folgendes
zu entnehmen:

Zu § 1. Der Geltungsbereich erstreckt sich auch auf den in Schank-
stätten stattfindenden Verkehr mit Erfrischungsgetränken (Mischungen von
kohlensaurem Wasser mit Fruchtsaft), sowie auf natürliche Mineralwässer,
soweit bei deren Abfüllung Kohlensäure zugesetzt wird.

Kohlensäurehaltige Getränke mit Phantasienamen wie Champagnerweiße,
Zukunftsperle, Goldperle und dgl. müssen nicht als Kunsterzeugnisse gekennzeichnet werden, obwohl bei ihrer Herstellung möglicherweise Fruchtessenzen
oder Fruchtäther verwendet worden sind. Zusätze, wie Mittel zur Haltbarmachung (Salicyl-, Ameisensäure und dgl., Schaummittel, giftige Farben usw.)
werden auch bei Phantasieprodukten nach den für Fruchtsäfte giltigen Anschauungen beurteilt. Durch die Verordnung sollen in erster Linie die aus
natürlichen Fruchtsäften hergestellten Limonaden geschützt werden.

Stärkezucker kann an Stelle von Rohr- oder Rübenzucker unter den im
Weingesetz gestellten Voraussetzungen („technisch rein") verwendet werden;
Stärkesirup ist deklarationspflichtig.

Bemerkung: Die Rechtsgiltigkeit solcher nach dem Normalentwurf erlassenen Polizei-Verordnungen ist durch Urteil des Kgl. Preuß. Kammergerichts
vom 6. April 1914 [2]) entschieden. Nach demselben Urteil ist die Bezeichnung
einer aus Essenzen hergestellten Limonade als „Brauselimonade mit Zitronen-
geschmack" unzulässig.

---

[1]) Zeitschr. f. Unters. d. Nahr.- u. Genußm. (Ges. u. Verordn.) 1912, S. 443.
[2]) Zeitschr. f. Unters. d. Nahr.- u. Genußm. (Ges. u. Verordn.) 1914, S. 290.

XXl. Gesetz betr. die Besteuerung von Mineralwässern und künstlich bereiteten Getränken sowie die Erhöhung der Zölle für Kaffee und Tee.
Vom 26. Juli 1918.

§ 1.

Gewerbsmäßig abgefüllte natürliche Mineralwässer, ferner künstliche Mineralwässer, Limonaden und andere künstlich bereitete Getränke sowie konzentrierte Kunstlimonaden und Grundstoffe zur Herstellung von konzentrierten Kunstlimonaden unterliegen, sofern sie zum Verbrauch im Inland in verschlossenen Gefäßen in Verkehr gebracht werden und nicht schon auf Grund besonderen Gesetzes steuerpflichtig sind, einer in die Reichskasse fließenden Steuer. Als künstlich bereitete Getränke sind insbesondere steuerpflichtig zuckerhaltige Getränke, in denen die weingeistige Gärung durch die Art der Herstellung und Aufbewahrung beschränkt oder verhindert wird, sowie Getränke, die durch Vergärung zuckerhaltiger Flüssigkeiten, auch mit darauffolgender Wiederentfernung des bei der Vergärung entstandenen Weingeistes, hergestellt sind. Der Bundesrat wird ermächtigt, den Kreis der steuerpflichtigen Getränke näher zu bestimmen.

Durch Kaiserliche Verordnung mit Zustimmung des Bundesrates kann die Steuerpflicht unter Anordnung der erforderlichen Überwachungsmaßnahmen auch auf Getränke der im Abs. 1 bezeichneten Art, die in unverschlossenen Gefäßen dem Verbrauche zugeführt werden, oder auf Stoffe ausgedehnt werden, die zur Herstellung von Getränken der im Abs. 1 bezeichneten Art verwendet werden. Dabei kann vorgeschrieben werden, daß derartige Stoffe nur in bestimmten Packungen in Verkehr gebracht oder aus dem Ausland eingeführt werden dürfen und daß in diesem Falle an der Außenseite der Packungen die für die Steuerberechnung notwendigen Angaben ersichtlich gemacht werden; die Steuer soll unter Zugrundelegung der Steuersätze des § 2 so bemessen werden, wie es dem Verhältnis einer bestimmten Menge Stoffe zu den daraus herstellbaren Getränken entspricht. Die getroffenen Anordnungen sind dem Reichstag sofort oder, wenn er nicht versammelt ist, bei seinem nächsten Zusammentreten mitzuwirken. Sie sind außer Kraft zu setzen, wenn der Reichstag es verlangt.

Die Bestimmungen dieses Paragraphen beziehen sich nicht auf natürliche oder nur gesüßte Fruchtsäfte.

Höhe der Steuer.
§ 2.

Die Steuer beträgt:

1. bei Mineralwässern . . . . 0,05 Mk.
2. bei Limonaden und anderen künstlich bereiteten Getränken . . . . 0,10 „
3. bei konzentrierten Kunstlimonaden . . . . 1,00 „
4. bei Grundstoffen zur Herstellung von konzentrierten Kunstlimonaden für das Liter . . . . 20,00 „

Für Limonaden und andere künstlich bereitete Getränke, deren Weingeistgehalt die vom Bundesrate festgesetzte Grenze überschreitet, sind die doppelten Steuersätze des Abs. 1, Ziffer 2, zu entrichten.

Die steuerpflichtige Menge bestimmt sich nach der Zahl und dem Raumgehalte der an Abnehmer gelieferten Gefäße. Der Hersteller hat der Steuerbehörde unter Hinterlegung von Mustern anzumelden, in welchen Gefäßgrößen er die Erzeugnisse in Verkehr bringen will. Für die Steuerberechnung bleiben geringe Abweichungen von dem angemeldeten Raumgehalte der Gefäße, die nur auf Zufälligkeiten bei der Herstellung beruhen, nach näherer Bestimmung des Bundesrates außer Betracht. Auf den Gefäßen muß der Name des Herstellers der Erzeugnisse sowie der Ort der Herstellung angegeben sein.

(Die weiteren Vorschriften sind ohne Interesse für den Nahrungsmittelchemiker.)

Ausführungsbestimmungen [1]) **zu dem Gesetze über die Besteuerung von Mineralwässern und künstlich bereiteten Getränken. Deutsches Reich. Bekanntmachung des Reichskanzlers vom 8. August 1918 (Zentralbl. f. d. Deutsche Reich, S. 437)** [2])**.**

A. Allgemeine Bestimmungen.

§ 1. Gegenstand der Steuer. 1. Gegenstand der Steuer sind die im § 1 des Gesetzes näher bezeichneten Erzeugnisse, sofern sie zum Verbrauch im Inland in verschlossenen Gefäßen in Verkehr gebracht werden und nicht schon auf Grund besonderer Gesetze steuerpflichtig sind. Natürliche Mineralwässer unterliegen der Steuer nur insoweit, als sie gewerbsmäßig abgefüllt werden.

2. Ein gewerbsmäßiges Abfüllen natürlicher Mineralwässer liegt nicht vor, wenn an der Mineralquelle von der Bevölkerung Wasser für den eigenen Tagesbedarf abgefüllt wird, einerlei, ob die Entnahme des Wassers ohne Entgelt oder gegen Entrichtung einer von der entnommenen Flüssigkeitsmenge unabhängigen Erlaubnisgebühr erfolgt.

3. Ein Inverkehrbringen von Erzeugnissen liegt auch in den Fällen vor, in denen Verwaltungen staatlicher, gemeindlicher oder gewerblicher Anstalten in eigener Bewirtschaftung hergestellte Getränke ausschließlich an die in ihren Betrieben beschäftigten Personen abgeben.

4. Als Gefäße sind unmittelbare Umschließungen aller Art anzusehen, neben Flaschen (Krügen), Siphons, Korbflaschen, mithin u. a. auch Fässer. Der Begriff „verschlossene" Gefäße ist nicht im Gegensatze zu „unverschlossen", sondern zu „nicht verschließbaren" Gefäßen (z. B. Trinkgläsern, Eimern, Kübeln) zu verstehen. Verschließbare, unverschlossene Gefäße (z. B. Packflaschen ohne Kork, Fässer mit offenem Spundloch) machen ihren Inhalt steuerpflichtig.

5. Der Steuer unterliegen auch die aus dem Ausland eingeführten Erzeugnisse. Soweit sie zollpflichtig sind, ist die Steuer neben dem Zolle zu entrichten.

6. Als Verbrauch im Inland gilt der Verbrauch in dem innerhalb der politischen Grenzen des Reichs liegenden Gebiet und, soweit mit den dem Zollgebiet angeschlossenen Staaten und Gebietsteilen eine Gemeinschaft der Steuer begründet wird, auch der Verbrauch in diesen Staaten und Gebietsteilen.

§ 2. Begriff „Mineralwässer". Als Mineralwasser ist im Gegensatze zu dem gewöhnlichen Trinkwasser neben den Kurbrunnen jedes Wasser anzusehen, das sich durch die Art oder die Menge der darin enthaltenen Salze oder Gase von gewöhnlichem Trinkwasser unterscheidet, und zu Heil- oder Erfrischungszwecken in den Verkehr gebracht wird.

§ 3. Begriff „Limonaden und andere künstlich bereitete Getränke; natürliche Fruchtsäfte". 1. Unter Limonaden im Sinne des § 2 Ziff. 2 des Gesetzes sind säuerlich und zugleich süße Erfrischungsgetränke zu verstehen, die weingeistfrei sind oder nicht mehr als 10 g Weingeist im Liter enthalten.

2. Als andere künstlich bereitete Getränke im Sinne des § 2 Abs. 1 Ziff. 2 des Gesetzes sind insbesondere anzusehen zuckerhaltige Getränke, in denen die weingeistige Gärung durch die Art der Herstellung und Aufbewahrung beschränkt oder verhindert wird, sowie Getränke, die durch Vergärung zuckerhaltiger Flüssigkeiten, auch mit darauffolgender Wiederentfernung des bei der Vergärung entstandenen Weingeistes, hergestellt sind, alle diese, soweit der Weingeistgehalt nicht über 10 g im Liter hinausgeht. Ferner fallen unter diesen Begriff als der Biersteuer nicht unterliegende Malzgetränke sowie alle bierähnlichen Getränke, d. h. Getränke, die als Ersatz für Bier in den Handel gebracht oder genossen zu werden pflegen. Im übrigen gehören hierher alle nicht mehr als 10 g Weingeist im Liter enthaltenden künstlich bereiteten Getränke, die weder zu den auf Grund anderer Gesetze steuerpflichtigen Erzeugnissen (wie z. B. sogenannte Obstmoste) zu zählen, noch den natürlichen Fruchtsäften im Sinne des Abs. 3 (wie z. B. Himbeersaft, Himbeersirup) oder sonstigen natür-

---

[1]) Zeitschr. f. öffentl. Chem. 1918. 252.
[2]) Mit Abänderungen vom 16. Dezember 1919.

lichen Pflanzensäften (wie z. B. Birkensaft) zuzurechnen sind, noch sich als einfache Auszüge aus pflanzlichen Stoffen (wie z, B. aus Kaffee, Tee) darstellen,
noch endlich aus Honig bereitet sind (Met) oder lediglich aus Milch oder Sauer-
milch oder Bestandteilen der Milch (wie z. B. Milchwein, Kefirkumyß) bestehen.

3. Als nach diesem Gesetze steuerpflichtige Erzeugnisse gelten nicht
Säfte, welche durch Auspressen frischer Früchte gewonnen sind (natürliche
Fruchtsäfte). Natürliche Gärung sowie Veränderungen, die durch Erhitzen,
Abschäumen und Klären der Säfte oder durch den Zusatz der üblichen Frischerhaltungsmittel bedingt werden, machen natürliche Fruchtsäfte nicht zu
Erzeugnissen, die nach diesem Gesetze steuerpflichtig sind. Als solche kommen
natürliche Fruchtsäfte auch dann nicht in Betracht, wenn sie mit Zucker oder
mit Süßstoff versetzt sind (Fruchtsirup). Natürliche Fruchtsäfte sind auch
dann nicht steuerpflichtig, wenn sie mit anderen natürlichen Fruchtsäften vermischt sind. Getränke, die unter Verwendung getrockneter Früchte hergestellt
sind, werden nicht als natürliche Fruchtsäfte angesehen.

4. Fruchtsäfte, die einen Zusatz von Kohlensäure erhalten haben, wie
überhaupt alle Fruchtsäfte, von anderer als der im Abs. 3 beschriebenen Zubereitung, z. B. solche mit Zusätzen von Säuren, Farbe oder Wasser sind steuerpflichtig als Limonaden oder andere künstlich bereitete Getränke; ergibt sich
nach Verdünnen mit einer mindestens dreifachen Menge Wasser noch ein brauchbares Getränk, so sind sie als konzentrierte Kunstlimonaden steuerpflichtig.
In Zweifelsfällen entscheidet der Säuregehalt. Wenn dieser, berechnet als
Weinsäure, 2 g im Liter nicht übersteigt, so liegt ein anderes künstlich bereitetes
Getränk vor, ist er höher als 2 g im Liter, eine konzentrierte Kunstlimonade (§ 5).

§ 4. Limonaden usw. mit höherem Weingeistgehalte. Unter Limonaden
und anderen künstlich bereiteten Getränken im Sinne des § 2 Abs. 2 des Gesetzes
sind Getränke der im § 2 bezeichneten Art zu verstehen, die mehr als 10 g Weingeist im Liter enthalten.

§ 5. Begriff: „Konzentrierte Kunstlimonaden". Unter konzentrierten
Kunstlimonaden sind flüssige Gemische zu verstehen, die Süßungsmittel, Säuren
und Aromastoffe enthalten und nach Verdünnen mit einer mindestens dreifachen — in der Regel etwa zehnfachen — Menge Wasser noch eine trinkfertige Limonade oder ein anderes künstlich bereitetes Getränk ergeben. Gemische, bei denen einer der drei genannten Hauptbestandteile fehlt oder gar
der Zusatz anderer Stoffe für die Herstellung des Getränkes erforderlich ist,
sind von der Behandlung als konzentrierte Kunstlimonade nicht ausgenommen.

§ 6. Begriff: „Grundstoffe zur Herstellung von konzentrierten Kunstlimonaden." 1. Als Grundstoffe zur Herstellung von konzentrierten Kunstlimonaden gelten nur die hierzu geeigneten flüssigen bis halbfesten Gemische,
deren wesentliche Bestandteile meist Säuren und Aromastoffe mit oder ohne
Zusatz von Süßungsmitteln, Farben und Schaummitteln sind und deren Gehalt
an hauptsächlichsten Bestandteilen, wie z. B. an Säuren und Aromastoffen so
hoch ist, daß sie sich auf trinkfertige Limonade oder anderes künstlich bereitetes
Getränk nur durch Mischung mit einer sehr bedeutenden — in der Regel der
etwa zweihundertfachen — Wassermenge verarbeiten lassen; dabei ist es nicht
erforderlich, daß die Herstellung konzentrierter Kunstlimonaden als Zwischen-
erzeugnis tatsächlich beabsichtigt wird. In Zweifelsfällen entscheidet der Gehalt an titrierbarer Säure, als Weinsäure berechnet. Beträgt dieser Gehalt
mehr als 20 g im Liter, so sind die Erzeugnisse stets als Grundstoffe zur Herstellung von konzentrierten Kunstlimonaden zu behandeln; beträgt er nicht mehr
als 15 g im Liter, so hat die Behandlung als konzentrierte Kunstlimonade einzutreten. Erzeugnisse, deren Säuregehalt mehr als 15 g, aber nicht mehr als
20 g im Liter beträgt, sind in der Regel als konzentrierte Kunstlimonaden anzusehen, jedoch dann ebenfalls als Grundstoffe zu solchen zu behandeln, wenn
ihr auffällig hoher Gehalt an Aromastoffen oder ihre sonstige Beschaffenheit
darauf schließen läßt, daß sie zur Ersparung des Steuerunterschieds mit einem
niedrigeren, nachträglich zu ergänzenden Säuregehalt hergestellt sind. Reine
Aromastoffe sind nicht zu den Grundstoffen zu rechnen, sofern sie zur Herstellung eines fertigen Getränkes noch anderer Zusätze als Wasser und Süßungsmittel bedürfen.

2. Wird eine amtliche Feststellung des Säuregehaltes erforderlich, so
ist sie nach den Bestimmungen der Anlage vorzunehmen.

§ 7. **Bezeichnungszwang. 1.** Die im § 2 Abs. 3 (Schlußsatz) des Gesetzes vorgeschriebene Bezeichnung des Herstellers und des Herstellerorts auf den Gefäßen muß deutlich erkennbar sein. Sie hat bei Fässern durch Einbrennen oder durch Auftragen mit dauerhafter, nicht verwischbarer Farbe zu erfolgen. Soweit ihre Anbringung bei anderen Gefäßen als Fässern nicht bereits bei der Herstellung der Gefäße (z. B. bei Flaschen durch Einblasen) erfolgt ist, muß sie mittels besonderer festaufgeklebter oder sonst gut befestigter Zettel bewirkt werden. Die Mitbenutzung der Zettel zur Anpreisung ist zulässig. Ihre Anbringung hat zu erfolgen, bevor die Erzeugnisse aus dem Herstellungsbetrieb entfernt werden.

2. Ausländische Erzeugnisse werden zur Einfuhr nur zugelassen, wenn sie den Bestimmungen des Abs. 1 entsprechend bezeichnet sind.

3. Von dem Bezeichnungszwange sind befreit Erzeugnisse, die unter amtlicher Aufsicht ausgeführt werden (§ 35).

§ 8. **Verkehrseinschränkungen. 1.** Werden im freien Verkehr befindliche Erzeugnisse in andere Behältnisse abgefüllt, so dürfen diese Behältnisse nicht verschlossen und so wieder in Verkehr gebracht werden.

2. Abgesehen von den Fällen des § 17 Abs. 4 dürfen im freien Verkehr befindliche Erzeugnisse in steuerpflichtige Herstellungsbetriebe nur mit Genehmigung der Hebestelle eingebracht werden.

B. Überwachungsmaßnahmen.

Zu § 2 Abs. 3, §§ 6—12 des Gesetzes.

§§ 9—21 usw.

C. Entrichtung der Steuer.

Zu §§ 3, 4 des Gesetzes.

§§ 22—35 usw.

D. Verwaltungskostenvergütung.

Zu § 32 des Gesetzes.

§ 36 usw.

E. Statistik.

§ 37—39 usw.

F. Schlußbestimmungen.

§ 40. **Bierähnliche Getränke.** § 8 der Ausführungsbestimmungen zum Brausteuergesetze vom 15. Juli 1909 wird aufgehoben. Getränke, die als Ersatz für Bier in den Handel gebracht oder genossen zu werden pflegen (bierähnliche Getränke), unterliegen vom 1. September 1918 ab nur noch der Besteuerung nach den Vorschriften des Gesetzes betreffend die Besteuerung von Mineralwässern und künstlich bereiteten Getränken.

§§ 41—43 usw.

Anlage.

Anleitung zur Ermittlung des Gehaltes an titrierbarer Säure in Limonaden und anderen künstlich bereiteten Getränken, sowie in konzentrierten Kunstlimonaden und Grundstoffen zu solchen, berechnet als Weinsäure.

Die Proben sind zunächst auf Zimmerwärme zu bringen.

Erforderliche Lösungen.

Die Ermittelung geschieht durch Absättigung mit Normalnatronlauge oder Normalkalilauge, deren Wirkungswert (die Anzahl der Kubikzentimeter, die zum Absättigen von 1 ccm Normalschwefelsäure verbraucht werden) unter allen Umständen vor jeder Verwendung festgestellt werden muß, sofern seit der letzten Prüfung des Wirkungswertes 8 oder mehrere Tage verflossen sind. Die Prüfung und die Umrechnung auf die Anzahl Kubikzentimeter wahrer Normallauge geschieht nach gehörigem Umschütteln der Lauge und der Säure in den Vorratsflaschen gemäß der im Anhang zur Anleitung für die Zollabfertigung unter „Normalkalilauge" gegebenen Vorschrift unter Verwendung von 10 ccm der Lauge.

Ausführung der Untersuchung.

1. Ermittelung des Säuregehaltes in Limonaden und anderen künstlich bereiteten Getränken.

In ein Erlenmeyersches Kölbchen von 400—500 ccm Inhalt wird der Inhalt eines bis zur Marke mit der Probe gefüllten geeichten Meßkölbchens von 250 ccm Inhalt unter Nachspülen mit wenig Wasser entleert. Ist die Probe anders als rot und nur schwach gefärbt, so wird die Flüssigkeit mit einigen Tropfen weingeistiger Phenolphthaleinlösung versetzt. Alsdann wird aus einer in 1/10 ccm geteilten Bürette die Normallauge in kleinen Mengen allmählich, unter Umschwenken nach jedem Zusatz, hinzugegeben, bis die auftretende rote Färbung, die anfangs beim Schütteln immer wieder verschwindet, bestehen bleibt. Ist die Probe rot oder so stark gefärbt, daß nicht deutlich erkannt werden kann, ob die rote Färbung auftritt, so ist nach jedem Zusatz von Normallauge durch Aufbringen eines Tröpfchens der Flüssigkeit mittels eines dünnen Glasstabes auf empfindliches rotes Lackmuspapier zu prüfen, ob alle Säure gebunden ist. Ist dies der Fall, so tritt auf dem Papier ein blauer Fleck auf. Je 1 ccm wahrer Normallauge entspricht 0,3 g Weinsäure im Liter. Sind daher zum Absättigen der Probe mehr als 6,7 ccm wahrer Normallauge erforderlich, so enthält die Probe mehr als 2 g Weinsäure in 1 Liter.

2. In konzentrierten Kunstlimonaden und Grundstoffen.

Es wird wie unter 1 verfahren, jedoch werden hier 50 ccm der Probe mit Hilfe einer Pipette abgemessen. Je 1 ccm wahrer Normallauge entspricht alsdann 1,5 g Weinsäure im Liter der Probe. Sind daher zum Absättigen der Probe mehr als 13,3 ccm erforderlich, so enthält die Probe mehr als 20 g Weinsäure im Liter.

XXII. Anweisung zur Untersuchung von Kleie auf den Aschengehalt [1].

(Auszugsweise.)

Nach einem Rundschreiben des Reichsschatzamtes vom 4. März 1911.

1.

Der Sicherheit halber sind von jeder zu untersuchenden Probe 2 Aschengehaltsbestimmungen nebeneinander auszuführen. Weichen deren Ergebnisse nicht mehr als 0,30 v. H. voneinander ab, so ist aus ihnen ein Mittelwert zu bilden, der als der ermittelte Aschengehalt anzusehen ist. Anderenfalls ist noch eine dritte Bestimmung der Aschenmenge vorzunehmen und der Durchschnitt der nicht mehr als 0,30 v. H. voneinander abweichenden Ergebnisse als der ermittelte Aschengehalt anzusehen.

2.

Der Aschengehalt ist auf die Trockensubstanz zu berechnen. Daher ist zunächst eine Wasserbestimmung notwendig.

3.

Die Ermittelung des Wassergehaltes hat in flachen Metallschalen zu geschehen unter Verwendung von 5 g der Probe. Es genügt, wenn die gefüllten Schalen 1¼ Stunden in einem Trockenkasten einer Temperatur von 102—105° C ausgesetzt werden.

4.

(1) Die Veraschung ist in Platinschalen, sogenannten Weinschalen vorzunehmen. Es sind jedesmal 5 g der Probe anzuwenden, welche genau abgewogen sein müssen. Die Veraschung wird mit möglichst kleiner Flamme eingeleitet. so daß die Kleie, ohne sich zu entzünden, langsam und gleichmäßig verkohlt. Sodann wird die Kohle mittels eines dicken Platindrahtes oder eines Porzellanpistills fein zerdrückt und 5 Minuten einer etwas stärkeren Flamme ausgesetzt.

---

[1] Zeitschr. f. Unters. d. Nahr.- u. Genußm. (Ges. u. Verordn.) 1911, 144,363; s. a. Nachrichtenbl. f. d. Zollstellen 1911, 107.

(2) Hierauf wird die Kohle zweimal auf einem Wasserbade mit heißem Wasser ausgelaugt; die wäßrigen Auszüge filtriert man durch ein Filter von geringem Aschengehalt in ein Kölbchen. Sodann gibt man das Filter in die Platinschale zur Kohle, trocknet beide und verascht Kohle nebst Filter vollständig im Muffelofen.

(3) Sobald die Asche gleichmäßig grauweiß geworden ist, gießt man die filtrierte Lösung in die Platinschale zurück, verdampft auf dem Wasserbade zur Trockne, besetzt den Rückstand mit kohlensäurehaltigem Wasser, glüht nochmals kurze Zeit ganz schwach, läßt im Exsikkator erkalten und wägt.

(4) Es ist besonders darauf zu achten, daß das Auslaugen der Kohle gründlich vorgenommen wird. Auch darf die Temperatur des Ofens nicht über eine mäßige Rotglut der Muffel gesteigert werden, da anderenfalls ein Teil der noch vorhandenen mineralischen Bestandteile sich verflüchtigen könnte.

5.

(1) Beträgt der ermittelte Aschengehalt (Ziff. 2) 4,1 v. H. oder mehr und besteht der Verdacht, daß der Kleie Beschwerungsmittel zugesetzt sind, um einen höheren Aschengehalt vorzutäuschen, so ist die Ware daraufhin in einem besonderen Verfahren zu untersuchen. Dies muß stets geschehen, wenn der Aschengehalt mehr als 6 v. H. beträgt.

(2) Der für diese Feststellung einzuschlagende Versuchsweg kann den besonderen Verhältnissen und dem Einzelbefund angepaßt werden.

XXIII. Verordnung über die Genehmigung von Ersatzlebensmitteln.
Vom 7. März 1918. R.-G.-Bl. 113.

§ 1. Ersatzlebensmittel dürfen gewerbsmäßig nur hergestellt, angeboten, feilgehalten, verkauft oder sonst in den Verkehr gebracht werden, wenn sie von einer Ersatzmittelstelle (§ 2) genehmigt sind.

Der Reichskanzler kann Grundsätze darüber aufstellen, welche Gegenstände Ersatzlebensmittel im Sinne dieser Verordnung sind. Die Grundsätze sind im Reichsanzeiger zu veröffentlichen [1]).

Die von einer Ersatzmittelstelle erteilte Genehmigung gilt für das ganze Reichsgebiet.

§ 2. Die Ersatzmittelstellen sind von den Landeszentralbehörden zu errichten. Sie können für das ganze Gebiet eines Bundesstaates oder für Teilgebiete, auch für Bezirke, die aus Gebieten mehrerer Bundesstaaten gebildet sind, errichtet werden.

Die Landeszentralbehörden können bestimmen, daß die Geschäfte der Ersatzmittelstellen von bereits bestehenden Stellen wahrgenommen werden.

§ 3. Der Antrag auf Genehmigung muß enthalten:

1. Genaue Angaben über die Zusammensetzung des Ersatzlebensmittels und das Herstellungsverfahren unter Bezeichnung der Art und Menge der bei der Herstellung verwendeten Stoffe und der daraus gewonnenen Menge der Fertigerzeugnisse,

2. eine Berechnung der Herstellungskosten, sowie die Angabe des Preises, zu dem das Ersatzlebensmittel vom Hersteller und im Groß- und Kleinhandel abgegeben werden soll,

3. die wörtlich genaue Angabe, unter welcher Bezeichnung das Ersatzlebensmittel in den Verkehr gebracht werden soll:

Dem Antrage sind ferner beizufügen:

4. Zur Untersuchung geeignete Muster des Ersatzlebensmittels in der für den Kleinverkauf vorgesehenen Packung mit Bezettelung, Gebrauchsanweisung und Ankündigungsentwürfen.

Die Landeszentralbehörden oder mit ihrer Genehmigung die Ersatzmittelstellen können weitere Erfordernisse für den Antrag aufstellen.

---

[1]) Ist am 10. April 1918 geschehen, s. S. 853 u. ff.

§ 4. Der Antrag auf Genehmigung ist von dem Hersteller, bei Ersatzlebensmitteln, die aus dem Auslande eingeführt werden, von dem Einführenden zu stellen.

Will ein anderer als der Hersteller oder der Einführende das Ersatzlebensmittel unter seinem Namen oder seiner Firma in den Verkehr bringen, so ist der Antrag von diesem zu stellen.

Zuständig zur Erteilung der Genehmigung ist diejenige Ersatzmittelstelle, in deren Bezirk der zur Stellung des Antrags Berechtigte seine gewerbliche Hauptniederlassung oder in Ermangelung einer solchen seinen Wohnsitz hat.

§ 5. Die Genehmigung kann an Bedingungen geknüpft werden. Soweit reichsrechtlich Vorschriften über Ersatzlebensmittel getroffen sind, darf die Genehmigung nicht an abweichende Bedingungen geknüpft werden. Der Reichskanzler kann Grundsätze für die Erteilung und Versagung der Genehmigung aufstellen. Die Grundsätze sollen eine Versagung der Genehmigung insbesondere für die Fälle vorsehen, in denen Bedenken gesundheitlicher oder volkswirtschaftlicher Art oder persönliche Gründe der Erteilung der Genehmigung entgegenstehen.

Die Genehmigung gilt für das Ersatzlebensmittel nur insoweit, als es entsprechend den im Genehmigungsantrag enthaltenen Angaben und den bei der Erteilung der Genehmigung auferlegten Bedingungen hergestellt und in den Verkehr gebracht wird. Jede Abweichung, insbesondere in der Zusammensetzung, Bezeichnung oder im Preise ist nur nach Genehmigung der Ersatzmittelstelle zulässig.

Die Genehmigung kann außer in den Fällen des § 8 Abs. 2 auch zurückgenommen werden, wenn sich nachträglich Umstände ergeben, die die Versagung der Genehmigung rechtfertigen.

§ 6. Gegen die Versagung und die Zurücknahme der Genehmigung ist nur Beschwerde zulässig. Sie hat keine aufschiebende Wirkung.

Die Landeszentralbehörden bestimmen, welche Stellen zur Entscheidnug über die Beschwerde zuständig sind.

§ 7. Die Landeszentralbehörden bestimmen das Nähere über das Verfahren vor den Ersatzmittel- und den Beschwerdestellen [1]).

§ 8. Von sämtlichen Entscheidungen, durch die ein Ersatzlebensmittel genehmigt oder die Genehmigung eines solchen versagt oder zurückgenommen ist, sowie von sämtlichen Entscheidungen der Beschwerdestellen ist dem Kriegsernährungsamt unverzüglich Mitteilung zu machen.

Haben mehrere Ersatzmittelstellen oder Beschwerdestellen über die Genehmigung eines Ersatzlebensmittels zu entscheiden und gelangen sie zu verschiedenen Entscheidungen, so hat der Reichskanzler die endgültige Entscheidung zu treffen. Das gleiche gilt, wenn bereits genehmigte Ersatzlebensmittel durch eine andere Ersatzmittelstelle beanstandet werden und zwischen dieser und derjenigen Stelle, die das Ersatzlebensmittel genehmigt hat, keine Einigung erzielt wird.

§ 9. Bei jeder Veräußerung von Ersatzlebensmitteln an Händler oder bei der Übergabe an diese zum Zwecke der Veräußerung hat der Veräußerer dem Erwerber eine Bescheinigung auszuhändigen, aus der ersichtlich ist, von welcher Stelle, wann, unter welcher Nummer und unter welchen Bedingungen das Ersatzlebensmittel genehmigt ist. Der Erwerber darf Ersatzlebensmittel nur gegen Aushändigung dieser Bescheinigung erwerben; er hat die Bescheinigung aufzubewahren und auf Verlangen den Angestellten oder Beauftragten der Polizei und der Ersatzmittelstellen vorzulegen.

§ 10. Die Angestellten und Beauftragten der Polizei und der Ersatzmittelstellen sind befugt, Räume, in denen Ersatzlebensmittel hergestellt werden, jederzeit, Räume, in denen sie verpackt, aufbewahrt, feilgehalten oder verkauft

---

[1]) Die Ausführungsbestimmungen der Bundesstaaten sind in der mit ausführlichen Erläuterungen versehenen Schrift „Die Genehmigungspflicht für Ersatzlebensmittel" von H. Stadthagen, Berlin 1918, C. Heymanns Verlag, abgedruckt. In den „Mitteilungen für Preisprüfungsstellen", herausgegeben vom Kriegsernährungsamt Berlin, werden fortlaufend Entscheidungen des Kriegsernährungsamtes und der Beschwerdestellen bekannt gemacht.

werden, während der Geschäftszeit zu betreten, dort Besichtigungen vorzunehmen, Geschäftsaufzeichnungen einzusehen und nach ihrer Auswahl Proben gegen Empfangsbestätigung zu entnehmen.

Die Besitzer dieser Räume sowie die von ihnen bestellten Betriebsleiter und Aufsichtspersonen haben den nach Abs. 1 zum Betreten der Räume Berechtigten auf Erfordern über das Verfahren bei der Herstellung der Ersatzlebensmittel und über die zur Herstellung verwendeten Stoffe, insbesondere über deren Menge, Herkunft und Preis, Auskunft zu erteilen.

§ 11. Die nach § 10 Berechtigten sind vorbehaltlich der dienstlichen Berichterstattung und der Anzeige von Gesetzwidrigkeiten verpflichtet, über die Einrichtungen und Geschäftsverhältnisse, welche zu ihrer Kenntnis kommen, Verschwiegenheit zu beobachten und sich der Mitteilung und Verwertung der Geschäfts- und Betriebsgeheimnisse zu enthalten.

§ 12. Die Vorschriften dieser Verordnung finden auf Ersatzlebensmittel, deren Herstellung oder Vertrieb von einer dem Reichskanzler unterstellten Stelle beaufsichtigt werden, mit der Maßgabe Anwendung, daß an die Stelle der Ersatzmittelstelle die beaufsichtigende oder eine vom Reichskanzler bestimmte Stelle tritt.

§ 13. Der Reichskanzler kann die Vorschriften dieser Verordnung auf Ersatzmittel für andere Gegenstände des täglichen Bedarfs ausdehnen. Soweit er von dieser Befugnis keinen Gebrauch macht, können die Landeszentralbehörden dahingehende Bestimmungen treffen.

§ 14. Die bei Inkrafttreten der Verordnung bereits im Verkehr befindlichen Ersatzlebensmittel dürfen vom 1. Juli 1918 ab nur noch im Verkehr bleiben, wenn sie genehmigt sind.

Der Antrag auf Genehmigung solcher Ersatzlebensmittel kann auch vom Eigentümer gestellt werden.

Die Landeszentralbehörden können bestimmen, daß die nach den bisherigen Bestimmungen in einzelnen Bundesstaaten erteilte Genehmigung eines Ersatzlebensmittels als Genehmigung im Sinne dieser Verordnung gilt.

§ 15. Der Reichskanzler kann Ausführungsbestimmungen erlassen und Ausnahmen von den Vorschriften dieser Verordnung zulassen.

Soweit er von der Befugnis, Ausführungsbestimmungen zu erlassen, keinen Gebrauch macht, können die Landeszentralbehörden solche erlassen.

§ 16. Mit Gefängnis bis zu einem Jahre und mit Geldstrafe bis zu 10 000 Mk. oder mit einer dieser Strafen wird bestraft:

1. Wer Ersatzlebensmittel ohne die erforderliche Genehmigung gewerbsmäßig herstellt, anbietet, feilhält, verkauft oder sonst in den Verkehr bringt oder den bei Erteilung der Genehmigung auferlegten Bedingungen (§ 5) zuwiderhandelt;

2. wer den Vorschriften über die Verpflichtung zur Ausstellung, Aushändigung, Aufbewahrung und Vorlegung der Bescheinigung in § 9 zuwiderhandelt;

3. wer den Vorschriften in § 10 Abs. 1 zuwider den Eintritt in die Räume, die Besichtigung, die Einsicht in die Geschäftsaufzeichnungen oder die Entnahme von Proben verweigert oder die gemäß § 10 Abs. 2 von ihm geforderte Auskunft nicht erteilt oder wissentlich unrichtige oder unvollständige Angaben macht;

4. wer den Vorschriften im § 11 zuwider Verschwiegenheit nicht beobachtet oder der Mitteilung oder Verwertung von Geschäfts- oder Betriebsgeheimnissen sich nicht enthält;

5. wer den von dem Reichskanzler oder den Landeszentralbehörden erlassenen Ausführungsbestimmungen zuwiderhandelt.

Im Falle der Nr. 4 tritt die Verfolgung nur auf Antrag des Betriebsinhabers ein.

Neben der Strafe kann in den Fällen der Nummern 1, 2 und 5 auf Einziehung der Gegenstände erkannt werden, auf die sich die strafbare Handlung bezieht, ohne Unterschied, ob sie dem Täter gehören oder nicht.

§ 17. Diese Verordnung tritt am 1. Mai 1918 in Kraft.

Bekanntmachung über die Zugehörigkeit zu den Ersatzlebensmitteln.
Vom 8. April 1918.

Auf Grund von § 1 Abs. 2 der Verordnung über die Genehmigung von Ersatzlebensmitteln vom 7. März 1918 (R.-G.-Bl. S. 113) werden folgende Grundsätze aufgestellt:

I. Ersatzlebensmittel im Sinne der Verordnung vom 7. März 1918 sind alle Lebensmittel [1]), die dazu bestimmt sind, Nahrungs- oder Genußmittel in gewissen Eigenschaften oder Wirkungen zu ersetzen.

II. Unerheblich für die Zuordnung eines Mittels zu den Ersatzlebensmitteln im Sinne der Verordnung ist:

1. Die Frage, ob und inwieweit das Mittel tatsächlich geeignet ist, ein anderes Lebensmittel zu ersetzen;

es kann diesem in der Zusammensetzung, im Nähr- oder Genußwert, im Gehalt an den einzelnen Nähr- oder Genußstoffen mehr oder weniger nahekommen (Kunsthonig), oder es kann bei wesentlich anderer Zusammensetzung nur einzelne Eigenschaften oder Wirkungen des zu ersetzenden Lebensmittels haben (Backpulver für Hefe, Malzkaffee für Kaffee);

2. die Darbietungsform des Mittels;

es kann dem zu ersetzenden Lebensmittel äußerlich und in der Anwendungsart mehr oder weniger ähnlich sein (Kunsthonig, Bierersatz), oder es kann auf einer Stufe der Zubereitung und in einer anderen Form dem Verbraucher dargeboten werden (Kunsthonigpulver, Kunsthonigessenz, Gewürzwürfel, Tunkenpulver);

3. die Bezeichnung des Mittels;

es kann ausdrücklich als „Ersatz" oder dergleichen bezeichnet sein, oder die Zweckbestimmung kann aus dem sonstigen Inhalt der Bezeichnung, aus Abbildungen, aus der Bezettelung, der Ankündigung, der Gebrauchsanweisung oder aus anderen Umständen hervorgehen; auch ein Mittel, das in der Bezeichnung und der äußeren Form dem zu ersetzenden Lebensmittel gleicht, kann als Ersatzlebensmittel gelten, wenn es in der Art und Menge der zu seiner Herstellung verwendeten Rohstoffe von dem normalen Lebensmittel abweicht;

4. die Frage der Neuheit des Mittels;

es kann bereits in der Friedenszeit hergestellt und verwendet worden sein (Kaffee-Ersatz, Backpulver), oder es kann ein neuartiges Erzeugnis bilden (Muschelwurst, Gewürzwürfel).

III. Ausgenommen sind unvermischte Naturerzeugnisse, die ihrem Ursprung entsprechend in herkömmlicher, handelsüblicher Weise bezeichnet und nicht als Ersatz für andere Lebensmittel feilgehalten oder angepriesen werden, wie Blätter einer einzelnen Pflanzenart, z. B. Brombeerblätter (auch in zerkleinerter Form als Tee), Wildgemüse, Tapiokamehl, Wickenmehl, Robbenfleisch (auch in geräuchertem Zustande).

IV. Zu den Ersatzlebensmitteln im Sinne der Verordnung gehören danach unter anderen folgende Gruppen von Mitteln:

Fleisch-Ersatzmittel,
Würste, Sülzen und Puddings aus Ziegenfleisch, Kaninchenfleisch, Geflügelfleisch, Robbenfleisch, Fischen, Muscheln, Krustentieren),
Fleischextrakt-Ersatzmittel,
Krebsextrakt,
Krabbenextrakt,
Krabbenpulver,
Krebspulver,
Pilzextrakt,
Würzen,
Brühwürfel,
Sülzewürfel- und -pulver,

---

[1]) Tabakersatzmittel sind zwar Genußmittel, gelten aber nicht als Lebensmittel, da sie entbehrlich sind.

Tunkenwürfel und -pulver,

Suppen in trockener Form,

Ei-Ersatzmittel,

Butterpulver,

Kunstspeisefett,

Ersatzmittel zum Brotaufstrich,

Milchpulver mit Zusätzen,

Schlagsahne-Ersatzmittel,

Käse-Ersatzmittel,

Käsegeschmackmittel,

Backpulver,

Speisepulver,

Puddingpulver,

Paniermehl-Ersatzmittel,

Backstreumehlersatzmittel,

Kunsthonig,

Pulver, Extrakte und Essenzen zur Bereitung von Kunsthonig,

Künstliche Marmeladen, Gelees und Muse,

Pulver, Extrakte und Essenzen zur Bereitung von Marmelade,
     Gelee oder Mus,

Künstliches Fruchtaroma, in Form von Pulver oder Essenz,

Künstliche Fruchtsäfte,

Künstliche Limonaden und zu ihrer Herstellung bestimmte Gemische
     (Sirupe u. ä.),

Vanillinpulver,

Sonstige Aromapulver,

Gewürz-Ersatzmittel,

Gestreckte Gewürze,

Gewürzwürfel,

sogenannte Nährsalze und mit solchen zubereitete Lebensmittel,

Speiseöl-Ersatzmittel,

Salatwürzen, Salattunken,

fertige Tunken,

Kaffee-Ersatzmittel,

Tee-Ersatzmittel,

Kakao-Ersatzmittel,

Schokoladen-Ersatzmittel,

Extrakte, Essenzen, Würfel und Pulver zur Bereitung von Ersatz-
     getränken aller Art, auch von alkoholfreiem Punsch und Grog,

Bier-Ersatzmittel,

Likör-Ersatzmittel,

Alkoholfreie Liköre,

Rum-, Arrak- und Kognak-Ersatzmittel,

Alkoholfreier Punsch und Grog,

Obstmost-Ersatzmittel (Kunstmostansatz),

Gestreckte Konservierungsmittel für Lebensmittel,

Konservierungsmittel für Lebensmittel mit Zusätzen,

Färbemittel (mit Ausnahme von gebranntem Zucker), die für Ersatz-
     lebensmittel bestimmt sind,

Saponine und andere Schaummittel für Lebensmittel.

Der Umstand, daß eine Ware in diesem Verzeichnis nicht aufgeführt ist,
berechtigt nicht zu der Annahme, daß sie nicht zu den Ersatzlebensmitteln zu
rechnen ist [1].

Anfragen bei Zweifeln, ob eine Ware zu den Ersatzlebensmitteln gehört,
sind an das Kriegsernährungsamt Berlin zu richten.

---

[1] Ergänzungen haben wiederholt stattgefunden und sind, soweit sie
nicht schon eingefügt sind, in den „Mitteilungen für Preisprüfungsstellen" veröffentlicht worden.

Bekanntmachung von Grundsätzen für die Erteilung und Versagung der Genehmigung von Ersatzlebensmitteln.

Vom 8. April 1918 in der Fassung vom 30. September 1919, Deutsch. Reichsanz. 1918, Nr. 84 und 1919, Nr. 225.

Auf Grund von § 5 Abs. 1 der Verordnung über die Genehmigung von Ersatzlebensmitteln vom 7. März 1918 (R.-G.-Bl. S. 113) werden folgende Grundsätze für die Erteilung und Versagung der Genehmigung von Ersatzlebensmitteln aufgestellt.

A. Allgemeine Gründe für Nichtgenehmigung von Ersatzlebensmitteln.

I. Schutz des Verbrauchers:

a) Gesundheitlicher Schutz:

Mittel, deren Genuß die menschliche Gesundheit zu beschädigen geeignet ist, oder solche, an deren Unschädlichkeit für den Menschen Zweifel bestehen; verdorbene oder ekelerregende Mittel oder solche, von denen im Hinblick auf ihre Haltbarkeit oder Verpackung zu befürchten ist, daß sie verdorben sind, bis sie zum Verbrauche gelangen.

b) Wirtschaftlicher Schutz:

1. Mittel von unzweckmäßiger Zusammensetzung, in unzweckmäßiger Verpackung, von zu geringem Nähr-, Genuß- oder Gebrauchswert;

2. Mittel mit irreführender Bezeichnung oder Anpreisung, täuschender oder zweckwidriger Gebrauchsanweisung;

3. Mittel, deren Preis zu hoch ist, und zwar mit Rücksicht auf
aa) die Kosten der Rohstoffe und der Herstellung,
bb) den Nähr-, Genuß- oder Gebrauchswert.
(Ein durch teure Rohstoffe, hohe Herstellungskosten, Erfindergewinn usw. bedingter besonders hoher Preis soll nur dann als berechtigt anerkannt werden, wenn ihm ein entsprechend hoher Nähr-, Genuß- oder Gebrauchswert gegenübersteht.)

4. Mittel, deren ordnungsmäßige Herstellung aus Gründen, die in der Person des Herstellers liegen, nicht hinreichend gewährleistet ist. Als solche persönlichen Gründe kommen besonders in Betracht, daß der Hersteller bereits wegen Nahrungsmittelverfälschung bestraft ist, oder daß ihm wegen Unzuverlässigkeit der Handel mit Gegenständen des täglichen Bedarfs untersagt ist und ähnliches.

II. Schutz der Rohstoffe.

Mittel, zu deren Herstellung in einem das dringende Erfordernis übersteigenden Maße solche Roh- oder Hilfsstoffe (auch für die Verpackung) verwendet werden
a) die zur Zeit für wichtigere Zwecke in Anspruch genommen sind, es sei denn, daß sie von der zuständigen Behörde für den vorliegenden Zweck ausdrücklich freigegeben sind,
b) deren Verwendung eine unnötige, zum Nähr-, Genuß- oder Gebrauchswert des Ersatzmittels nicht im Verhältnis stehende Verteuerung herbeiführt.

III. Schutz des Gewerbes und Handels.

Mittel, deren Bezeichnung, Verpackung, Aufmachung oder Anpreisung den Verbraucher über den Wert des Mittels im Vergleiche zu anderen dem gleichen Zwecke dienenden Mitteln irrezuführen geeignet sind; s. auch I, b, 4.

B. Besondere Richtlinien für die Beurteilung einzelner Gruppen von Ersatzmitteln.

1. Backpulver.

a) Backpulver sollen in der für 0,5 kg Mehl bestimmten Menge Backpulver wenigstens 2,35 g (entsprechend etwa 1200 ccm bei 0° und Normaldruck) und nicht mehr als 2,85 g (entsprechend etwa 1450 ccm) wirksames Kohlendioxyd enthalten; natriumbikarbonathaltige Backpulver sollen soviel Kohlensäure austreibende Stoffe enthalten, daß der nach der Umsetzung verbleibende Überschuß nicht mehr beträgt als 0,8 g Natriumbikarbonat entspricht.

b) Als kohlensäureaustreibende Stoffe sind Sulfate, Bisulfate, Bisulfite, Alaun und andere Aluminiumsalze unzulässig, desgleichen Milchsäure, sofern diese in einem mineralischen Aufsaugemittel enthalten ist.

c) Solange Getreidemehl oder Kartoffelmehl für Backpulver nicht freigegeben werden, ist als Trennungsmittel ein Zusatz von reinem gefällten Kalziumkarbonat bis zu 20 vom Hundert des Gesamtgewichts ohne Kennzeichnung zulässig. Ein höherer Zusatz dieses Stoffes oder ein Zusatz anderer mineralischer Füll- oder Trennungs-Mittel ist auch unter Kennzeichnung unzulässig. Kalziumsulfat und Trikalziumphosphat sind als Nebenbestandteile saurer Kalziumphosphate nicht zu beanstanden; jedoch darf die Menge des Kalziumsulfats (berechnet als kristallwasserhaltiger Gips) im Backpulver 10 vom Hundert des Gesamtgewichts nicht übersteigen. Das Gesamtgewicht der für 0,5 kg Mehl bestimmten Menge eines phosphathaltigen Backpulvers darf im allgemeinen 18 g, sofern aber gleichzeitig mehr als 0,45 g Ammoniak darin enthalten sind, 13 g nicht übersteigen.

d) In Backpulvern sind Ammoniumverbindungen mit Ausnahme von Ammoniumsulfat insoweit zulässig, als ihr gesamter Ammoniakgehalt beim Backverfahren freigemacht wird, unbeschadet geringer Mengen, die durch die zulässigen sauren Salze gebunden werden.

e) Mittel von der Zusammensetzung der Backpulver müssen als „Backpulver" bezeichnet sein. Andere den Verwendungszweck angebende Bezeichnungen, wie Eierkuchenpulver, Eierkuchenbackpulver, Klößekochpulver, Eisparmittel und dergl. sind als irreführend anzusehen.

f) Aromatisierte oder gewürzte Backpulver sind nicht zuzulassen.

2. Ei-Ersatz und dergleichen.

a) Die Bezeichnung als Ei-Ersatz ist nur für solche Erzeugnisse zulässig, die das Ei sowohl in seinem Nährwert als auch in seinem Gebrauchswert im wesentlichen zu ersetzen vermögen; Leim oder Gelatine dürfen in solchen Erzeugnissen nicht enthalten sein.

b) Mittel, die den Anforderungen unter a) nicht entsprechen, dürfen nicht mit einer das Wort „Ei" enthaltenden Wortverbindung bezeichnet sein. Sofern in Anpreisungen oder Anweisungen für derartige Mittel auf Eier Bezug genommen wird, muß ausdrücklich bemerkt sein, daß sie das Ei nur in seinen färbenden und lockernden Eigenschaften zu ersetzen vermögen. Abbildungen von Eiern oder Geflügel auf den Packungen oder den Anpreisungen und Anweisungen sind unzulässig.

c) Die unter a) genannten Erzeugnisse dürfen als mineralische Triebmittel nur Backpulver bis zur Höhe von 20 vom Hundert des Gesamtgewichts enthalten. Für die anorganischen Bestandteile der unter b genannten Erzeugnisse gelten die gleichen Richtlinien wie für Backpulver.

d) Künstliche Färbung ist auch ohne Kennzeichnung zulässig.

3. Vanillinpulver, Aromapulver und dergleichen.

a) Als Träger für Vanillin ist ausschließlich Rohrzucker (Rübenzucker), sofern das Erzeugnis als Vanillinsalz bezeichnet ist, auch Kochsalz zulässig.

b) Zur Bezeichnung von Erzeugnissen, die unter Verwendung von Vanillin hergestellt sind, ist jede das Wort „Vanille" enthaltende Wortverbindung als Irreführung anzusehen.

c) Vanillinzucker soll mindestens 1 vom Hundert, Vanillinsalz mindestens 2 vom Hundert Vanillin enthalten.

d) Zum Aromatisieren von Speisen, auch von Backwerk bestimmte trockene Zubereitungen (Pulver, Täfelchen und dergl., die andere Stoffe als Vanillin enthalten, sind nicht zuzulassen.

4. Gewürz-Ersatz (Gewürzpulver), Gewürzwürfel und dergleichen.

a) Gewürz-Ersatzmittel sind nur zuzulassen, sofern sie in ihrem Würzwert nach Art und Stärke demjenigen Gewürze, das sie zu ersetzen bestimmt sind, annähernd entsprechen.

b) Nach einem bestimmten Gewürz benannte Gewürz-Ersatzmittel dürfen nicht lediglich durch Streckung des betreffenden Gewürzes mit indifferenten Stoffen hergestellt sein.

c) Gewürz-Ersatzmittel, die unter Verwendung auf chemischem Wege gewonnener Würzstoffe hergestellt sind, müssen als Kunsterzeugnisse gekennzeichnet sein.

d) Gewürzsalze, die unter Verwendung ätherischer Öle hergestellt sind, sind nur zuzulassen, wenn sie einen ausreichenden, der Bezeichnung entsprechenden Würzwert haben; sonstige Gewürz-Ersatzmittel und Gewürzmischungen dürfen nicht mehr als 50 vom Hundert Kochsalz enthalten.

e) Der Zusatz anderer anorganischer Stoffe als Kochsalz oder zum menschlichen Genuß ungeeigneter Stoffe bei der Herstellung von Gewürz-Ersatzmitteln und Gewürzmischungen ist unzulässig, jedoch soll der Zusatz von Strohmehl oder Spelzmehl nicht beanstandet werden; der Gehalt an Sand (in 10%iger Salzsäure unlöslichen Mineralstoffen) darf 2,5 vom Hundert des Gewichts nicht übersteigen.

5. Kunsthonig, Kunsthonigpulver, Kunsthonigessenz und dergl.

a) Kunsthonigpulver, Kunsthonigessenz und sonstige zur Bereitung von Kunsthonig bestimmte Erzeugnisse sind nur zuzulassen, sofern sie nach ihrer Beschaffenheit zu dem bezeichneten Zwecke geeignet sind.

b) Kunsthonig und zur Bereitung von Kunsthonig bestimmte Erzeugnisse müssen in ihrer Bezeichnung das Wort „Kunsthonig" enthalten. Bezeichnungen, in denen das Wort „Honig" in anderer Verbindung als Kunsthonig oder der Name einer Honigsorte oder das Wort Biene oder das Wort Extrakt vorkommt, sowie Umhüllungen mit Abbildungen von Bienen, Bienenstöcken, Honigwaben oder dergleichen sind als irreführend anzusehen.

c) In Flüssigkeiten, die zur nicht gewerbsmäßigen Bereitung von Kunsthonig bestimmt sind (Kunsthonigessenz), dürfen als Invertierungsmittel nur organische Säuren oder reine Phosphorsäure vorhanden sein. An Phosphorsäure darf die einzelne Packung nicht mehr als die zur Überführung von 1 kg Zucker in Kunsthonig genügende Menge von 5 ccm 25%iger Phosphorsäure enthalten, eine zur Verhütung mißbräuchlicher Anwendung der Säure geeignete Gebrauchsanweisung muß beigegeben sein.

d) Andere Mineralstoffe, insbesondere auch Alaun und Bisulfate, sind als Bestandteile von Kunsthonigessenz oder Kunsthonigpulver unzulässig.

e) Kunsthonig muß mindestens 78 v. H. Trockenmasse und darf höchstens 10 v. H. Rohrzucker (Saccharose) enthalten.

f) Kunsthonig muß ausreichendes honigähnliches Aroma aufweisen.

6. Marmeladenpulver, Marmeladenextrakt und dergleichen.

Künstliche Erzeugnisse dieser Art sind nicht zuzulassen.

7. Geleepulver, Sülzepulver und dergl.

a) Zur Herstellung von Gelee oder Sülze bestimmte Zubereitungen, sowie fertige Gelees, Sülzen und dergl. sind nicht zuzulassen, wenn ihr Hauptbestandteil Gelatine ist. Unreiner Leim oder Gelatine, die den Anforderungen an Speisegelatine nicht entspricht, dürfen in den genannten Erzeugnissen und dergl. nicht enthalten sein.

b) Ersatzmittel zur Bereitung von Gelee oder dergleichen, in deren Bezeichnung auf Früchte oder bestimmte Fruchtarten hingewiesen wird, müssen als Kunsterzeugnisse (z. B. „Kunstgeleepulver") gekennzeichnet sein. Sofern Früchte bei der Herstellung nicht verwendet worden sind, darf in der Bezeichnung auf Früchte gegebenenfalls nur in der Form „mit Himbeeraroma" oder der gleichen hingewiesen werden.

c) Sofern Ersatzmittel zur Bereitung von Gelee oder dergl. bei der Zubereitung im Haushalt noch einen Zusatz von Zucker erfordern, muß dies und die erforderliche Menge an Zucker in einer Gebrauchsanweisung angegeben sein.

8. Puddingpulver, Speisepulver, Süßspeisen und dergl.

a) Zur Herstellung von Süßspeisen bestimmte Zubereitungen und fertige Süßspeisen, wie Schlagsahne-Ersatzmittel und dergl. sind nicht zuzulassen, wenn ihr Hauptbestandteil Gelatine ist. Unreiner Leim und Gelatine, die den Anforderungen an Speisegelatine nicht entspricht, dürfen in den genannten Erzeugnissen und dergl. nicht enthalten sein.

b) Mineralstoffe, mit Ausnahme von Kochsalz, sind als Zusatz zu Pudding-pulver und dergleichen unzulässig.

c) Bei Puddingpulver und dergleichen, in dessen Bezeichnung auf Früchte oder bestimmte Fruchtarten oder auf „Rote Grütze" hingewiesen wird, muß eine etwaige künstliche Färbung deutlich angegeben sein.

d) Sofern Puddingpulver oder dergleichen bei der Zubereitung im Haus-halt noch einen Zusatz von Zucker erfordert, muß dies und die erforderliche Menge an Zucker in einer Gebrauchsanweisung angegeben sein.

e) Bohnenmehl und Erbsenmehl sind als Bestandteile von Pudding-pulver nicht zuzulassen.

9. Würzen, Extrakte und dergl.

a) Durch Abbau von Eiweiß und eiweißähnlichen Stoffen hergestellte Erzeugnisse, die zum Würzen von Suppen, Tunken, Gemüsen bestimmt sind („Würzen"), müssen den nachstehenden Anforderungen entsprechen.

1. Zum Abbau des Eiweißes oder der eiweißähnlichen Stoffe dürfen Salz-säure und Schwefelsäure nur als technisch reine arsenfreie Säuren verwendet sein; Kaliumverbindungen dürfen bei der Herstellung nicht verwendet sein, Kalziumverbindungen nur zur Neutralisation und Fällung von Schwefelsäure oder zur Fällung von Sulfaten, Ammoniak oder Ammoniumverbindungen nur zum Abbau, nicht aber zur Neutra-lisation der Säure oder als nachträglicher Zusatz.

2. In 100 g der fertigen Würze sollen, je nachdem sie in flüssiger oder pastenartiger Form in den Verkehr gebracht wird, enthalten sein:

bei flüssiger Würze	bei pastenartiger Würze
mindestens 18,0 g	32,0 g organische Stoffe,
„ 2,5 g	4,5 g Gesamtstickstoff,
„ 1,0 g	1,8 g Aminosäurenstickstoff,
höchstens 23,0 g	50,0 g Kochsalz.

Die Erzeugnisse müssen, abgesehen von einem etwaigen Fettgehalt und einem etwaigen geringen Rückstand in warmem Wasser löslich sein.

Für trockene Würzen gelten die gleichen Mindestgehalte wie für pasten-artige; ihr Kochsalzgehalt soll 55 v. H. nicht übersteigen.   Sofern trockene Würzen diesen Anforderungen nicht entsprechen, können sie noch zugelassen werden, wenn sie den Bestimmungen unter B 13 genügen, also unter anderem in ihrer Bezeichnung das Wort Ersatz enthalten.

b) Durch Ausziehen pflanzlicher oder tierischer Stoffe hergestellte Er-zeugnisse, die zum Würzen von Suppen, Tunken, Gemüsen bestimmt sind, aber den Anforderungen unter a 2 nicht entsprechen, dürfen nicht als „Würze" — für sich oder in Wortverbindungen — bezeichnet sein; als „Auszug" oder „Extrakt" dürfen sie nur dann bezeichnet sein, wenn zugleich der Rohstoff an-gegeben ist, aus dem sie durch Ausziehen hergestellt sind. Ihr Kochsalzgehalt darf den bei Würze entsprechender Form zugelassenen nicht übersteigen.

c) Würzen und Auszüge (Extrakte), die bei der Geschmacksprüfung einen unzulänglichen Würzwert aufweisen, sind nicht zuzulassen. Zur Geschmacks-prüfung sind bei flüssigen Erzeugnissen 3,5 g, bei pastenartigen Erzeugnissen 2,0 g in 100 ccm warmem Wasser, gegebenenfalls unter Zusatz von Kochsalz aufzulösen.

10. Salatwürze, Salattunke und dergleichen.

Derartige Erzeugnisse sind nur zuzulassen, wenn die Bezeichnung den deutlichen und in die Augen fallenden Zusatz „ohne Öl" enthält, und wenn im übrigen weder durch die Bezeichnung, Anpreisung oder Gebrauchsanweisung, noch durch die Aufmachung (Gefäßform, Abbildungen, Bezettelung usw.) auf Öl oder Salatöl hingewiesen wird.

11. Tee-Ersatz.

a) Tee-Ersatzmittel, die in erheblicher Menge gesundheitlich bedenkliche oder wertlose Pflanzenteile enthalten, sind nicht zuzulassen.

b) Tee-Ersatzmittel, deren Bezeichnung oder Umhüllung den Anschein zu erwecken geeignet ist, daß sie aus echtem Tee (Thea chinensis) bestehen, sind als irreführend bezeichnet anzusehen. Insbesondere ist für die Bezeichnung von Tee-Ersatzmitteln das Wort „Tee" nur in der Wortverbindung „Tee-Ersatz" oder in Wortverbindungen mit dem Namen der ihrer Zusammensetzung entsprechenden Pflanzen oder Pflanzenteile (z. B. „Brombeerblättertee") oder in der Zusammensetzung „Deutscher Tee, Tee-Ersatz" zulässig. Phantasiebezeichnungen usw. sind nur mit dem Zusatz „Tee-Ersatz" zulässig. Sofern das Wort Tee-Ersatz nicht die Hauptbezeichnung bildet, muß es auf allen Drucksachen in unmittelbarem Zusammenhange mit der Hauptbezeichnung und ebenso groß und augenfällig wie diese angebracht sein. Die Bezeichnung als „schwarz" ist für Tee-Ersatzmittel unzulässig. Mischungen verschiedener Tee-Ersatzmittel dürfen nicht als „Teemischung" bezeichnet sein. Mischungen von echtem Tee mit Tee-Ersatzmitteln sind nicht zuzulassen.

12. Ersatzwürste.

Bei der Herstellung von Würsten aus Ziegenfleisch, Kaninchenfleisch, Geflügelfleisch, Robbenfleisch usw. ist ein Zusatz von Wasser oder Brühe nur insoweit zulässig, als er bei der gewerbsmäßigen Herstellung entsprechender Wurstsorten aus Schweinefleisch oder Rindfleisch allgemein üblich ist; der Zusatz darf in keinem Falle 1 (ein) Gewichtsteil Wasser oder Brühe auf 3 (drei) Gewichtsteile ungewässerter Wurstmasse übersteigen.

13. Fleischbrühersatzmittel und dergl.

Fleischbrühersatzmittel und ähnliche Erzeugnisse sind nur zuzulassen, wenn sie den Bestimmungen der Verordnung über Fleischbrühwürfel und deren Ersatzmittel vom 25. Oktober 1917 (RGBl. S. 969) und außerdem folgenden Anforderungen genügen:

a) Sie müssen, abgesehen von einem etwaigen Fettgehalt und einem etwaigen geringen Rückstand, in warmem Wasser löslich sein.

b) Sie müssen in 100 g mindestens 1 g Aminosäurenstickstoff enthalten.

c) Ihr Gehalt an Stoffen, die Fehlingsche Lösung reduzieren, darf nach der Inversion höchstens 1,5 v. H. Invertzucker entsprechen.

d) Sie müssen bei der Geschmacksprüfung einen zulänglichen Würzwert aufweisen. Zur Geschmacksprüfung sind die Erzeugnisse nach den Angaben der Gebrauchsanweisung zu behandeln; falls eine solche fehlt, sind 4 g in 250 ccm warmem Wasser aufzulösen.

14. Suppen in trockener Form.

Suppenpulver, Suppenwürfel, Suppentafeln und ähnliche Erzeugnisse sind nur zuzulassen, wenn sie folgenden Anforderungen genügen:

a) Die für einen Teller Suppe (250 ccm) bestimmte Menge muß mindestens 25 g betragen; sofern das Erzeugnis bestimmt ist, in kleinen Packungen an den Verbraucher abgegeben zu werden, darf der Inhalt der kleinsten Packung nicht weniger als 50 g wiegen.

b) Die Erzeugnisse müssen mindestens zur Hälfte aus Getreidemehl oder solchen mehlartigen Stoffen bestehen, die geeignet sind, Getreidemehl für diesen Zweck zu ersetzen.

c) Der Wassergehalt darf 15 v. H. nicht übersteigen.

d) Der Gehalt an Kochsalz darf in der für einen Teller Suppe bestimmten Menge 3 g nicht übersteigen.

e) Die aus den Erzeugnissen bereiteten Suppen müssen einen der Bezeichnung entsprechenden Geruch und Geschmack aufweisen.

15. Künstliche Fruchtsäfte.

a) Bei der Herstellung von Erzeugnissen, die an Stelle natürlicher Fruchtsäfte Verwendung finden sollen, dürfen als Säuren nur Weinsäure, Zitronensäure oder Milchsäure verwendet sein, ferner auch Essigsäure, wobei aber diese nicht mehr als den vierten Teil der gesamten titrierbaren Säure ausmachen darf. Ameisensäure darf nur insoweit verwendet sein, als sie etwa zur Konservierung notwendig ist.

b) Bei der Herstellung von künstlichem Zitronensaft darf als Säure nur Zitronensäure verwendet sein; entsprechende Erzeugnisse, die unter Verwendung anderer Säuren hergestellt sind, müssen als „künstlicher Zitronensaft-Ersatz" bezeichnet sein.

c) Es ist unzulässig, auf den Packungen oder Anpreisungen, Anweisungen usw. Abbildungen anzubringen, die den Anschein zu erwecken geeignet sind, daß es sich um Erzeugnisse aus Früchten oder anderen Pflanzenteilen handelt.

16. Kunstlimonaden und deren Vorerzeugnisse.

a) Lösungen von Aromastoffen, die zur Herstellung von Kunstlimonaden bestimmt sind, müssen als „Essenzen" bezeichnet sein. Soweit sie nach Pflanzen oder Pflanzenteilen benannt sind und die Aromastoffe nicht ausschließlich diesen Pflanzen oder Pflanzenteilen entstammen, müssen sie als „Kunst-" oder „künstliche" Erzeugnisse (z. B. „künstliche Himbeeressenz") bezeichnet sein.

b) Mischungen aus Essenzen, Säuren, Färbemitteln, Schaummitteln, Süßungsmitteln in einer solchen Konzentration, daß sie nach den Ausführungsbestimmungen vom 8. August 1918 (Zentralbl. f. d. Deutsche Reich, S. 437, 480) zu dem Gesetz betreffend die Besteuerung von Mineralwässern und künstlich bereiteten Getränken usw. vom 26. Juli 1918 als Grundstoffe zur Herstellung von konzentrierten Kunstlimonaden zu behandeln sind, müssen als „Grundstoffe für Kunstlimonaden" bezeichnet sein; das zur Bereitung der trinkfertigen Kunstlimonade erforderliche Verdünnungsverhältnis muß angegeben sein.

c) Mischungen von Grundstoffen für Kunstlimonaden mit gesüßtem oder ungesüßtem Wasser in einer solchen Konzentration, daß sie nach den Ausführungsbestimmungen vom 8. August 1918 (Zentralbl. f. d. Deutsche Reich, S. 437, 480) zu dem Gesetz betreffend die Besteuerung von Mineralwässern und künstlich bereiteten Getränken usw. vom 26. Juli 1918 als konzentrierte Kunstlimonaden zu behandeln sind, müssen als „konzentrierte Kunstlimonaden" bezeichnet sein; das zur Bereitung der trinkfertigen Kunstlimonade erforderliche Verdünnungsverhältnis muß angegeben sein.

d) Bei der Herstellung von Kunstlimonaden oder deren Vorerzeugnissen dürfen als Säuren nur Weinsäure, Zitronensäure oder Milchsäure verwendet sein, ferner auch Essigsäure, wobei aber diese nicht mehr als den vierten Teil der gesamten titrierbaren Säure ausmachen darf. Ameisensäure darf nur insoweit verwendet sein, als sie etwa zur Konservierung notwendig ist.

e) Bei der Herstellung von Kunstlimonaden oder deren Vorerzeugnisse dürfen nur soviel Saponin oder saponinhaltige Zubereitungen verwendet sein, daß das fertige Getränk nicht mehr als 30 mg technisch reines Saponin in 1 Liter enthält.

f) Für Kunstlimonaden oder deren Vorerzeugnisse sind die Bezeichnungen „Champagner", „Sekt", „Weiße", auch in Wortverbindungen und auch als Nebenbezeichnungen unzulässig; die Bezeichnungen „Sprudel" oder „Selters", auch in Wortverbindungen, sind nur dann zulässig, wenn das Getränk ausdrücklich als Kunstlimonade oder künstliche Limonade bezeichnet ist.

Kunstlimonaden und deren Vorerzeugnisse, die nach Pflanzen oder Pflanzenteilen benannt sind, müssen als „Kunst-" oder „künstliche" Erzeugnisse bezeichnet sein.

g) Es ist unzulässig, auf den Packungen oder Anpreisungen, Anweisungen usw. Abbildungen anzubringen, die den Anschein zu erwecken geeignet sind, daß es sich um Erzeugnisse aus Früchten oder anderen Pflanzenteilen handelt.

h) Kohlensaure Getränke, die auf anderem als brautechnischem Wege hergestellt sind, dürfen nicht als Bierersatz bezeichnet sein, auch wenn bei ihrer Herstellung Malz, Hopfen, Karamel oder Erzeugnisse aus diesen Stoffen verwendet sind.

17. Alkoholfreie Liköre und dergl.

Alkoholfreie oder alkoholarme Ersatzgetränke für Trinkbranntwein jeder Art sind nicht zuzulassen.

18. Alkoholfreie und alkoholarme Heißgetränke und deren Vorerzeugnisse.

a) Ersatzgetränke für Punsch oder Grog müssen als „Heißgetränke" bezeichnet sein. Als „alkoholfrei" dürfen die Erzeugnisse nur bezeichnet sein, wenn in 1 Liter des fertigen Getränks weniger als 5 ccm Alkohol enthalten sind. Der Hinweis auf einen Alkoholgehalt, auch in der Form „alkoholarm", ist nur zulässig, sofern in 1 Liter des fertigen Getränks mehr als 40 ccm Alkohol enthalten sind. Erzeugnisse dieser Art, bei denen in 1 Liter des fertigen Getränks mehr als 5 ccm, aber weniger als 40 ccm Alkohol enthalten sind, sind nicht zuzulassen. Die Worte Punsch oder Grog dürfen in der Bezeichnung nur in der Zusammensetzung „mit punschähnlichem (grogähnlichem) Aroma" vorkommen.

b) Mischungen, die dazu bestimmt sind, durch Verdünnen mit gesüßtem oder ungesüßtem Wasser Ersatzgetränke für Punsch oder Grog zu liefern, müssen, wenn sie zur Bereitung des fertigen Getränks auf etwa das Dreifache zu verdünnen sind, als „konzentrierte Heißgetränke", wenn sie wesentlich stärker zu verdünnen sind, als „Grundstoffe für Heißgetränke" bezeichnet sein; das erforderliche Verdünnungsverhältnis muß angegeben sein. Im übrigen sind die Vorschriften von Absatz a sinngemäß anzuwenden.

c) Bei der Herstellung von Ersatzgetränken für Punsch oder Grog oder von Mischungen, die zu deren Bereitung bestimmt sind, dürfen als Säuren nur Weinsäure, Zitronensäure oder Milchsäure verwendet sein, ferner auch Essigsäure, wobei aber diese nicht mehr als den vierten Teil der gesamten titrierbaren Säure ausmachen darf. Ameisensäure darf nur insoweit verwendet sein, als etwa zur Konservierung notwendig ist.

19. Flüssige Aromen.

Lösungen von Aromastoffen, die zur Bereitung von Speisen, auch von Backwerk bestimmt sind, müssen als „Aroma" bezeichnet sein. Soweit sie nach Pflanzen oder Pflanzenteilen benannt sind und die Aromastoffe nicht ausschließlich Pflanzen oder Pflanzenteilen entstammen, müssen sie als „Kunst-" oder „künstliche" Erzeugnisse (z. B. „künstliches Mandel-Aroma", künstliches Zitronenaroma") bezeichnet sein.

Es ist unzulässig, auf den Packungen oder den Anpreisungen, Anweisungen usw. Abbildungen anzubringen, die den Anschein zu erwecken geeignet sind, daß es sich um Erzeugnisse aus Früchten oder anderen Pflanzenteilen handelt [1].

XXIV. Verordnung über Fleischbrühwürfel und deren Ersatzmittel.
Vom 25. Oktober 1917.

Der Bundesrat hat auf Grund des § 3 des Gesetzes über die Ermächtigung des Bundesrats zu wirtschaftlichen Maßnahmen usw. vom 4. August 1914 (R.G.Bl. S. 327) folgende Verordnung erlassen:

§ 1. Erzeugnisse in fester oder loser Form (Würfel, Tafeln, Kapseln, Körner, Pulver), die bestimmt sind, eine der Fleischbrühe ähnliche Zubereitung zum unmittelbaren Genuß oder zum Würzen von Suppen, Soßen, Gemüse oder anderen Speisen zu liefern, dürfen auf der Packung oder dem Behältnis, in denen sie an den Verbraucher abgegeben werden, nur dann die Bezeichnung „Fleischbrühe" oder eine gleichartige Bezeichnung (Brühe, Kraftbrühe, Bouillon, Hühnerbrühe usw.) ohne das Wort „Ersatz" enthalten, wenn

1. sie aus Fleischextrakt oder eingedickter Fleischbrühe und aus Kochsalz mit Zusätzen von Fett oder Würzen oder Gemüseauszügen oder Gewürzen bestehen;
2. ihr Gehalt an Gesamtkreatinin mindestens 0,45 vom Hundert und an Stickstoff (als Bestandteil der den Genußwert bedingenden Stoffe) mindestens 3 vom Hundert beträgt;
3. ihr Kochsalzgehalt 65 vom Hundert nicht übersteigt;
4. Zucker und Sirup jeder Art zu ihrer Herstellung nicht verwendet worden sind.

§ 2. Erzeugnisse der im § 1 genannten Bestimmung in fester oder loser Form, die den Anforderungen im § 1 Nr. 1—3 nicht entsprechen, dürfen nur gewerbsmäßig hergestellt, feilgehalten, verkauft oder sonst in Verkehr gebracht werden, wenn ihr Gehalt an Stickstoff (als Bestandteil der den Genußwert be-

---

[1] Diese Bestimmung bezieht sich nur auf die als „Kunst" oder „künstliche" Erzeugnisse zu kennzeichnenden Zubereitungen.

dingenden Stoffe) mindestens 2 vom Hundert beträgt, ihr Kochsalzgehalt 70 vom Hundert nicht übersteigt, Zucker und Sirup jeder Art zu ihrer Herstellung nicht verwendet worden sind und sie auf der Packung oder dem Behältnis, in denen sie an den Verbraucher abgegeben werden, in Verbindung mit der handelsüblichen Bezeichnung in einer für den Verbraucher leicht erkennbaren Weise das Wort „Ersatz"[1]) enthalten.

§ 3. Bei Erzeugnissen der in den §§ 1, 2 genannten Art, die bestimmt sind, in kleinen Packungen an den Verbraucher abgegeben zu werden, darf der Inhalt ohne die Packung nicht weniger als 4 Gramm wiegen.

§ 4. Der Reichskanzler kann Ausnahmen von den Vorschriften dieser Verordnung zulassen.

§ 5. Strafbestimmungen.

§ 6. Die Vorschriften der Verordnung über die äußere Kennzeichnung von Waren vom 18. Mai 1916 (R.G.Bl. S. 380) bleiben unberührt.

XXV. Vorschriften, betreffend die Prüfung der Nahrungsmittelchemiker, Bundesratsbeschluß vom 22. Februar 1894.

§ 1.

Über die Befähigung zur chemisch-technischen Beurteilung von Nahrungsmitteln, Genußmitteln und Gebrauchsgegenständen (Reichsgesetz vom 14. Mai 1879, R.-G.-Bl. S. 145) wird demjenigen, welcher die in folgendem vorgeschriebenen Prüfungen bestanden hat, ein Ausweis nach dem beiliegenden Muster erteilt.

§ 2.

Die Prüfungen bestehen in einer Vorprüfung und einer Hauptprüfung.

Die Hauptprüfung zerfällt in einen technischen und einen wissenschaftlichen Abschnitt.

A. Vorprüfung.

§ 3.

Die Kommission für die Vorprüfung besteht unter dem Vorsitz eines Verwaltungsbeamten aus einem oder zwei Lehrern der Chemie und je einem Lehrer der Botanik und Physik.

Der Vorsitzende leitet die Prüfung und ordnet bei Behinderung eines Mitgliedes dessen Vertretung an.

§ 4.

In jedem Studienhalbjahr finden Prüfungen statt.

Gesuche, welche später als vier Wochen vor dem amtlich festgesetzten Schluß der Vorlesungen eingehen, haben keinen Anspruch auf Berücksichtigung im laufenden Halbjahr.

Die Prüfung kann nur bei der Prüfungskommission derjenigen Lehranstalt, bei welcher der Studierende eingeschrieben ist oder zuletzt eingeschrieben war, abgelegt werden.

§ 5.

Dem Gesuche sind beizufügen:

1. Das Zeugnis der Reife von einem Gymnasium, einem Realgymnasium, einer Oberrealschule oder einer durch Beschluß des Bundesrats als gleichberechtigt anerkannten anderen Lehranstalt des Reichs[2]).

Das Zeugnis der Reife einer gleichartigen außerdeutschen Lehranstalt kann ausnahmsweise für ausreichend erachtet werden.

---

[1]) Die Bestimmungen über Ersatzbrühwürfel sind ergänzt worden. Siehe die Ersatzlebensmittelverordnung S. 859.

[2]) Der Bundesrat hat in seiner Sitzung vom 13. Mai 1902 beschlossen, das an der chemisch-technischen Abteilung einer bayerischen Industrieschule erworbene Reifezeugnis für den Übertritt in die Technische Hochschule, sowie das an der chemischen Abteilung der Königl. Sächsischen Gewerbeakademie zu Chemnitz erlangte Absolutorialzeugnis als gleichberechtigt im Sinne des § 5 Ziffer 1 der Vorschriften betreffend die Prüfung der Nahrungsmittelchemiker anzuerkennen.

2. Der durch Abgangszeugnisse oder, soweit das Studium noch fortgesetzt wird, durch das Anmeldebuch zu führende Nachweis eines naturwissenschaftlichen Studiums von sechs Halbjahren, deren letztes indessen zur Zeit der
Einreichung des Gesuchs noch nicht abgeschlossen zu sein braucht. Das Studium
muß auf Universitäten oder auf technischen Hochschulen des Reichs zurück-
gelegt sein.

Ausnahmsweise kann das Studium auf einer gleichartigen außerdeutschen
Lehranstalt oder die einem anderen Studium gewidmete Zeit in Anrechnung
gebracht werden.

3. Der durch Zeugnisse der Laboratoriumsvorsteher zu führende Nachweis, daß der Studierende mindestens fünf Halbjahre in chemischen Laboratorien
der unter Nr. 2 bezeichneten Lehranstalten gearbeitet hat.

§ 6.

Der Vorsitzende der Prüfungskommission entscheidet über die Zulassung
und verfügt die Ladung des Studierenden. Letztere erfolgt mindestens zwei
Tage vor der Prüfung, unter Verfügung eines Abdrucks dieser Bestimmungen.
Die Prüfung kann nach Beginn der letzten sechs Wochen des sechsten Studien-
halbjahres stattfinden.

Zu einem Prüfungstermin werden nicht mehr als vier Prüflinge zugelassen.

Wer in dem Termin ohne ausreichende Entschuldigung nicht rechtzeitig
erscheint, wird in dem laufenden Prüfungsjahr zur Prüfung nicht mehr zugelassen.

§ 7.

Die Prüfung erstreckt sich auf
unorganische, organische und analytische Chemie, Botanik und Physik.

Bei der Prüfung in der unorganischen Chemie ist auch die Mineralogie
zu berücksichtigen.

Die Prüfung ist mündlich; der Vorsitzende und zwei Mitglieder müssen
bei derselben ständig zugegen sein.

Die Dauer der Prüfung beträgt für jeden Prüfling etwa eine Stunde,
wovon die Hälfte auf Chemie, je ein Viertel auf Botanik und Physik entfällt.

Wer die Prüfung für das höhere Lehramt bestanden hat, wird sofern
er in Chemie oder Botanik die Befähigung zum Unterricht in allen Klassen
oder in Physik die Befähigung zum Unterricht in den mittleren Klassen erwiesen hat, in dem betreffenden Fach nicht geprüft.

§ 8.

Die Gegenstände und das Ergebnis der Prüfung werden von dem Examinator für jeden Geprüften in ein Protokoll eingetragen, welches von dem
Vorsitzenden und sämtlichen Mitgliedern der Kommission zu unterzeichnen ist.

Die Zensur wird für das einzelne Fach von dem Examinator erteilt, und
zwar unter ausschließlicher Anwendung der Prädikate „sehr gut", „gut", „genügend" oder „ungenügend".

Wenn in der Chemie von zwei Lehrern geprüft wird, haben beide sich
über die Zensur für das gesamte Fach zu einigen. Gelingt dies nicht, so entscheidet die Stimme desjenigen Examinators, welcher die geringere Zensur
erteilt hat.

§ 9.

Ist die Prüfung nicht bestanden, so findet eine Wiederholungsprüfung
statt. Dieselbe erstreckt sich, wenn die Zensur in der ersten Prüfung für Chemie
und für ein zweites Fach „ungenügend" war, auf sämtliche Gegenstände der
Vorprüfung und findet dann nicht vor Ablauf von sechs Monaten statt.

In allen anderen Fällen beschränkt sich die Wiederholungsprüfung auf
die nicht bestandenen Fächer. Die Frist, vor deren Ablauf sie nicht stattfinden
darf, beträgt mindestens zwei und höchstens sechs Monate und wird von dem
Vorsitzenden nach Benehmen mit dem Examinator festgesetzt. Meldet sich der
Prüfling ohne eine nach dem Urteil des Vorsitzenden ausreichende Entschuldigung
innerhalb des nächstfolgenden Studiensemesters nach Ablauf der Frist nicht
rechtzeitig (§ 4) zur Prüfung, so hat er die ganze Prüfung zu wiederholen.

Lautet in jedem Fache die Zensur mindestens „genügend", so ist die Prüfung bestanden. Als Schlußzensur wird erteilt
„sehr gut", wenn die Zensur für Chemie und ein anderes Fach „sehr gut", für das dritte Fach mindestens „gut" lautet;
„gut", wenn die Zensur nur in Chemie „sehr gut" oder in der Chemie und noch einem Fache mindestens „gut" lautet;
„genügend" in allen übrigen Fällen.

§ 10.

Tritt ein Prüfling ohne eine nach dem Urteil des Vorsitzenden ausreichende Entschuldigung im Laufe der Prüfung zurück, so hat er dieselbe vollständig zu wiederholen. Die Wiederholung ist vor Ablauf von sechs Monaten nicht zulässig.

§ 11.

Die Wiederholung der ganzen Prüfung kann auch bei einer anderen Prüfungskommission geschehen. Die Wiederholung der Prüfung in einzelnen Fächern muß bei derselben Kommission stattfinden.
Eine mehr als zweimalige Wiederholung der ganzen Prüfung oder der Prüfung in einem Fache ist nicht zulässig.
Ausnahmen von vorstehenden Bestimmungen können aus besonderen Gründen gestattet werden.

§ 12.

Über den Ausfall der Prüfung wird ein Zeugnis erteilt. Ist die Prüfung ganz oder teilweise zu wiederholen, so wird statt einer Gesamtzensur die Wiederholungsfrist in dem Zeugnis vermerkt. Dieser Vermerk ist, falls der Prüfling bei einer akademischen Lehranstalt nicht mehr eingeschrieben ist, auch in das letzte Abgangszeugnis einzutragen. Ist der Prüfling bei einer akademischen Lehranstalt noch eingeschrieben, so hat der Vorsitzende den Ausfall der Prüfung und die Wiederholungsfristen alsbald der Anstaltsbehörde mitzuteilen. Von dieser ist, falls der Studierende vor vollständig bestandener Vorprüfung die Lehranstalt verläßt, ein entsprechender Vermerk in das Abgangszeugnis einzutragen.

§ 13.

An Gebühren sind für die Vorprüfung vor Beginn derselben 30 Mark zu entrichten.
Für Prüflinge, welche das Befähigungszeugnis für das höhere Lehramt besitzen, betragen in den im § 7 Absatz 5 vorgesehenen Fällen die Gebühren 20 Mark. Dasselbe gilt für die Wiederholung der Prüfung in einzelnen Fächern (§ 9 Absatz 2).

B. Hauptprüfung.

§ 14.

Die Kommission für die Hauptprüfung besteht unter dem Vorsitz eines Verwaltungsbeamten aus zwei Chemikern, von denen einer auf dem Gebiete der Untersuchung von Nahrungsmitteln, Genußmitteln und Gebrauchsgegenständen praktisch geschult ist, und aus einem Vertreter der Botanik.
Der Vorsitzende leitet die Prüfung und ordnet bei Behinderung eines Mitgliedes dessen Vertretung an.

§ 15.

Die Prüfungen beginnen jährlich im April und enden im Dezember.
Die Prüfung kann vor jeder Prüfungskommission abgelegt werden.
Die Gesuche um Zulassung sind bei dem Vorsitzenden bis zum 1. April einzureichen. Wer die Vorbereitungszeit erst mit dem September beendigt, kann ausnahmsweise noch im laufenden Prüfungsjahre zur Prüfung zugelassen werden, sofern die Meldung vor dem 1. Oktober erfolgt.

§ 16.

Der Meldung sind beizufügen:
1. Ein kurzer Lebenslauf;
2. die in § 5 Nr. 1—3 aufgeführten Nachweise;
3. das Zeugnis über die Vorprüfung (§ 12);

4. Zeugnisse der Laboratoriums- oder Anstaltsvorsteher darüber, daß der Prüfling vor oder nach der Vorprüfung an einer der im § 5 Nr. 2 bezeichneten Lehranstalten mindestens ein Halbjahr an Mikroskopierübungen teilgenommen und nach bestandener Vorprüfung mindestens drei Halbjahre mit Erfolg an einer staatlichen Anstalt zur technischen Untersuchung von Nahrungs- und Genußmitteln tätig gewesen ist.

Wer die Prüfung als Apotheker mit dem Prädikat „sehr gut" bestanden hat, bedarf, sofern er die im § 5 Nr. 2 bezeichnete Vorbedingung erfüllt hat, der im § 5 Nr. 1 und 3 vorgesehenen Nachweise sowie des Zeugnisses über die Vorprüfung nicht. Wer die Befähigung für das höhere Lehramt in Chemie und Botanik für alle Klassen und in Physik für die mittleren Klassen dargetan hat, bedarf, sofern er den im § 5 unter Nr. 3 vorgesehenen Nachweis erbringt, des Zeugnisses über die Vorprüfung nicht. Wer an einer technischen Hochschule die Diplom-(Absolutorial-)Prüfung für Chemiker bestanden hat, bedarf des Zeugnisses über die Vorprüfung nicht, wenn die bestehenden Prüfungsvorschriften als ausreichend anerkannt sind [1]).

Wer nach der Vorprüfung ein halbes Jahr an einer Universität oder technischen Hochschule dem naturwissenschaftlichen Studium, verbunden mit praktischer Laboratoriumtätigkeit, gewidmet hat, bedarf nur für zwei Halbjahre des Nachweises über eine praktische Tätigkeit an Anstalten zur Untersuchung von Nahrungs- und Genußmitteln.

Den staatlichen Anstalten dieser Art können von der Zentralbehörde sonstige Anstalten zur technischen Untersuchung von Nahrungs- und Genußmitteln, sowie landwirtschaftliche Untersuchungsanstalten gleichgestellt werden.

§ 17.

Der Vorsitzende der Kommission entscheidet über die Zulassung des Studierenden. Dieser hat sich bei dem Vorsitzenden persönlich zu melden.

Die Zulassung zur Prüfung ist zu versagen, wenn Tatsachen vorliegen, welche die Unzuverlässigkeit des Nachsuchenden in bezug auf die Ausübung des Berufs als Nahrungsmittelchemiker dartun.

§ 18.

Die Prüfung ist nicht öffentlich. Sie beginnt mit dem technischen Abschnitt. Nur wer diesen Abschnitt bestanden hat, wird zu dem wissenschaftlichen Abschnitte zugelassen. Zwischen beiden Abschnitten soll ein Zeitraum von höchstens drei Wochen liegen; jedoch kann der Vorsitzende aus besonderen Gründen eine längere Frist, ausnahmsweise auch eine Unterbrechung bis zur nächsten Prüfungsperiode gewähren.

§ 19.

Die technische Prüfung wird in einem mit den erforderlichen Mitteln ausgestatteten Staatslaboratorium abgehalten. Es dürfen daher gleichzeitig nicht mehr als acht Kandidaten teilnehmen.

Die Prüfung umfaßt vier Teile. Der Prüfling muß sich befähigt erweisen:

1. eine, ihren Bestandteilen nach dem Examinator bekannte chemische Verbindung oder eine künstliche, zu diesem Zweck besonders zusammengesetzte Mischung qualitativ zu analysieren und mindestens vier einzelne Bestandteile der von dem Kandidaten bereits qualitativ untersuchten oder einer anderen dem Examinator in bezug auf Natur und Mengenverhältnis der Bestandteile bekannten chemischen Verbindung oder Mischung quantitativ zu bestimmen;

2. die Zusammensetzung eines ihm vorgelegten Nahrungs- oder Genußmittels qualitativ und quantitativ zu bestimmen;

3. die Zusammensetzung eines Gebrauchsgegenstandes aus dem Bereich des Gesetzes vom 14. Mai 1879 qualitativ und nach dem Ermessen des Examinators auch quantitativ zu bestimmen;

---

[1]) Als gleichwertig mit der Vorprüfung für Nahrungsmittelchemiker im Sinne des § 16 Absatz 2 der obigen Prüfungsordnung sind bisher von dem Reichskanzler anerkannt worden die Diplomprüfungen der Technischen Hochschulen in Stuttgart, Karlsruhe, Darmstadt und Braunschweig.

4. einige Aufgaben aus dem Gebiete der allgemeinen Botanik (der pflanz-lichen Systematik, Anatomie und Morphologie) mit Hilfe des Mikroskops zu lösen.

Die Prüfung wird in der hier angegebenen Reihenfolge ohne mehrtägige Unterbrechung erledigt. Zu einem späteren Teile wird nur zugelassen, wer den vorhergehenden Teil bestanden hat.

Die Aufgaben sind so zu wählen, daß die Prüfung in vier Wochen ab-geschlossen werden kann.

Sie werden von den einzelnen Examinatoren bestimmt und erst bei Be-ginn jedes Prüfungsteils bekannt gegeben. Die technische Lösung der Aufgabe des ersten Teils muß, soweit die qualitative Analyse in Betracht kommt, in einem Tage, diejenigen der übrigen Aufgaben innerhalb der vom Examinator bei Überweisung der einzelnen Aufgaben festzusetzenden Frist beendet sein.

Die Aufgaben und die gesetzten Fristen sind gleichzeitig dem Vorsitzenden von den Examinatoren schriftlich mitzuteilen.

Die Prüfung erfolgt unter Klausur dergestalt, daß der Kandidat die technischen Untersuchungen unter ständiger Anwesenheit des Examinators oder eines Vertreters desselben zu Ende führt und die Ergebnisse täglich in ein von dem Examinator gegenzuzeichnendes Protokoll einträgt.

§ 20.

Nach Abschluß der technischen Untersuchungen (§ 19) hat der Kandidat in einem schriftlichen Bericht den Gang derselben und den Befund zu beschreiben, auch die daraus zu ziehenden Schlüsse darzulegen und zu begründen. Die schriftliche Ausarbeitung kann für die beiden Analysen des ersten Teils zu-sammengefaßt werden, falls dieselbe Substanz qualitativ und quantitativ be-stimmt worden ist; sie hat sich für Teil 4 auf eine von dem Examinator zu be-zeichnende Aufgabe zu beschränken. Die Berichte über die Teile 1, 2 und 3 sind je binnen drei Tagen nach Abschluß der Laboratoriumsarbeiten, der Be-richt über die mikroskopische Aufgabe (Teil 4) binnen 2 Tagen, mit Namens-unterschrift versehen, dem Examinator zu übergeben.

Der Kandidat hat bei jeder Arbeit die benutzte Literatur anzugeben und eigenhändig die Versicherung hinzuzufügen, daß er die Arbeit ohne fremde Hilfe angefertigt hat.

§ 21.

Die Arbeiten werden von den Fachexaminatoren zensiert und mit den Untersuchungsprotokollen und Zensuren dem Vorsitzenden der Kommission binnen einer Woche nach Empfang vorgelegt.

§ 22.

Die wissenschaftliche Prüfung ist mündlich. Der Vorsitzende und zwei Mitglieder der Kommission müssen bei derselben ständig zugegen sein. Zu einem Termin werden nicht mehr als vier Kandidaten zugelassen.

Die Prüfung erstreckt sich:

1. auf die unorganische, organische und analytische Chemie mit besonderer Berücksichtigung der bei der Zusammensetzung der Nahrungs- und Genußmittel in Betracht kommenden chemischen Verbindungen, der Nährstoffe und ihrer Umsetzungsprodukte, sowie auch die Ermittelung der Aschenbestandteile und der Gifte mineralischer und organischer Natur;

2. auf die Herstellung und die normale und abnorme Beschaffenheit der Nahrungs- und Genußmittel, sowie der unter das Gesetz vom 14. Mai 1879 fallenden Gebrauchsgegenstände. Hierbei ist auch auf die sogenannten land-wirtschaftlichen Gewerbe (Bereitung von Molkereiprodukten, Bier, Wein, Brannt-wein, Stärke, Zucker u. dgl. m.) einzugehen;

3. auf die allgemeine Botanik (pflanzliche Systematik, Anatomie und Morphologie) mit besonderer Berücksichtigung der pflanzlichen Rohstofflehre (Drogenkunde und dgl.), sowie ferner auf die bakteriologischen Untersuchungs-methoden des Wassers und der übrigen Nahrungs- und Genußmittel, jedoch unter Beschränkung auf die einfachen Kulturverfahren;

4. auf die den Verkehr mit Nahrungsmitteln, Genußmitteln und Ge-brauchsgegenständen regelnden Gesetze und Verordnungen, sowie auf die Grenzen der Zuständigkeit des Nahrungsmittelchemikers im Verhältnis zum Arzt, Tier-arzt und anderen Sachverständigen, endlich auf die Organisation der für die Tätigkeit eines Nahrungsmittelchemikers in Betracht kommenden Behörden.

Die Prüfung in den ersten drei Fächern wird von den Fachexaminatoren, im vierten Fache von dem Vorsitzenden, geeignetenfalls unter Beteiligung des einen oder anderen Fachexaminators abgehalten. Die Dauer der Prüfung beträgt für jeden Kandidaten in der Regel nicht über eine Stunde.

§ 23.

Für jeden Kandidaten wird über jeden Prüfungsabschnitt ein Protokoll unter Anführung der Prüfungsgegenstände und der Zensuren, bei der Zensur „ungenügend" unter kurzer Angabe ihrer Gründe aufgenommen.

§ 24.

Über den Ausfall der Prüfung in den einzelnen Teilen des technischen Abschnitts und in den einzelnen Fächern des wissenschaftlichen Abschnitts werden von den betreffenden Examinatoren Zensuren unter ausschließlicher Anwendung der Prädikate „sehr gut", „gut", „genügend", „ungenügend" erteilt.

Für Botanik und Bakteriologie muß die gemeinsame Zensur, wenn bei getrennter Beurteilung in einem dieser Zweige „ungenügend" gegeben werden würde, „ungenügend" lauten.

§ 25.

Ist die Prüfung in einem Teile des technischen Abschnitts nicht bestanden, so findet eine Wiederholungsprüfung statt. Die Frist, vor deren Ablauf die Wiederholungsprüfung nicht erfolgen darf, beträgt mindestens drei Monate und höchstens ein Jahr; sie wird von dem Vorsitzenden nach Benehmen mit dem Examinator festgesetzt.

Hat der Kandidat die Prüfung in einem Fache des wissenschaftlichen Abschnitts nicht bestanden, so kann er nach Ablauf von sechs Wochen zu einer Nachprüfung zugelassen werden. Die Nachprüfung findet in Gegenwart des Vorsitzenden und der beteiligten Fachexaminatoren statt. Besteht der Kandidat auch in der Nachprüfung nicht, oder verabsäumt er es, ohne ausreichende Entschuldigung sich innerhalb 14 Tagen nach Ablauf der für die Nachprüfung gestellten Frist zu melden, so hat er die Prüfung in dem ganzen Abschnitt zu wiederholen. Dasselbe gilt, wenn der Kandidat die Prüfung in mehr als einem Fache dieses Abschnitts nicht bestanden hat. Die Wiederholung ist vor Ablauf von sechs Monaten nicht zulässig.

§ 26.

Erfolgt die Meldung zur Wiederholung eines Prüfungsteils nicht spätestens in dem nächsten Prüfungsjahre, so muß die ganze Prüfung von neuem abgelegt werden.

Wer bei der Wiederholung nicht besteht, wird zu einer weiteren Prüfung nicht zugelassen.

Ausnahmen von vorstehenden Bestimmungen können aus besonderen Gründen gestattet werden.

§ 27.

Nachdem die Prüfung in allen Teilen bestanden ist, ermittelt der Vorsitzende aus den Einzelzensuren die Schlußzensur, wobei die Zensuren für jeden einzelnen Teil des ersten Abschnitts doppelt gezählt werden, so daß im ganzen zwölf Einzelzensuren sich ergeben.

Die Schlußzensur „sehr gut" darf nur dann gegeben werden, wenn die Mehrzahl der Einzelzensuren „sehr gut", alle übrigen „gut" lauten; die Schlußzensur „gut" nur dann, wenn die Mehrzahl mindestens „gut" oder wenigstens sechs Einzelzensuren „sehr gut" lauten. In allen übrigen Fällen wird die Schlußzensur „genügend" gegeben.

Nach Feststellung der Schlußzensur legt der Vorsitzende die Prüfungsverhandlungen derjenigen Behörde vor, welche den Ausweis über die Befähigung als Nahrungsmittelchemiker (§ 1) erteilt.

§ 28.

Wer einen Prüfungstermin ohne ausreichende Entschuldigung versäumt, wird in dem laufenden Prüfungsjahr zur Prüfung nicht mehr zugelassen. Der Vorsitzende hat die Zurückstellung bei der im § 27 bezeichneten Behörde zu beantragen, falls er die Entschuldigung nicht für ausreichend hält.

Tritt ein Prüfling ohne ausreichende Entschuldigung von einem begonnenen Prüfungsabschnitt zurück, oder hält er eine der im § 19 Absatz 4 und
§ 20 vorgesehenen Fristen nicht ein, so hat dies die Wirkung, als wenn er in allen
Teilen des Abschnitts die Zensur „ungenügend" hätte.

§ 29.

Die Prüfung kann nur bei derjenigen Kommission fortgesetzt und wiederholt werden, bei welcher sie begonnen ist.   Ausnahmen können aus besonderen
Gründen gestattet werden.

Die mit dem Zulassungsgesuch eingereichten Zeugnisse werden dem
Kandidaten nach bestandener Gesamtprüfung zurückgegeben.   Verlangt er sie
früher zurück, so ist, falls die Zulassung zur Prüfung bereits ausgesprochen war,
vor der Rückgabe in die Urschrift des letzten akademischen Abgangszeugnisses
ein Vermerk hierüber, sowie über den Ausfall der schon zurückgelegten Prüfungsteile einzutragen.

§ 30.

An Gebühren sind für die Hauptprüfung vor Beginn derselben 180 Mark
zu entrichten.   Davon entfallen:

> I. auf den technischen Abschnitt für jeden der ersten drei Teile
>   25 Mark, für den vierten Teil 15 Mark,
> II. auf den wissenschaftlichen Abschnitt 30 Mark,
> III. auf allgemeine Kosten 60 Mark.

Wer von der Prüfung zurücktritt oder zurückgestellt wird, erhält die
Gebühren für die noch nicht begonnenen Prüfungsteile ganz, die allgemeinen
Kosten zur Hälfte zurück, letztere jedoch nur dann, wenn der dritte Teil des
technischen Abschnitts noch nicht begonnen war.

Bei einer Wiederholung sind die Gebührensätze für diejenigen Prüfungsteile, welche wiederholt werden, und außerdem je 15 Mark für jeden zu wieder-
holenden Prüfungsteil auf allgemeine Kosten zu entrichten.   Für die Nachprüfung in einem Fache des wissenschaftlichen Abschnitts sind 15 Mark zu
zahlen.

§ 31.

Über die Zulassung der in vorstehenden Bestimmungen vorgesehenen
Ausnahmen entscheidet die Zentralbehörde.

Ausweis für geprüfte Nahrungsmittelchemiker.

Dem Herrn ..... aus ...... wird hierdurch bescheinigt, daß er seine
Befähigung zur chemisch-technischen Untersuchung und Beurteilung von
Nahrungsmitteln, Genußmitteln und Gebrauchsgegenständen durch die vor der
.... Prüfungskommission zu .... mit dem Prädikate ...... abgelegte
Prüfung nachgewiesen hat.

........, den ..ten .... 1...

. . . .

(Siegel und Unterschrift der bescheinigenden Behörde.)

Sachregister.

(Die im Anhang befindlichen Hilfstafeln für Berechnungen und Reagentien sowie
die Gesetze und Verordnungen sind im Inhaltsverzeichnis nachzuschlagen.)

Printed in the United States
By Bookmasters